최신개정판

# CONQUEST 자연생태복원(산업)기사 필기정복

최신개정판
CONQUEST 자연생태복원(산업)기사 필기정복

초　　판 1쇄 발행 | 2020년 7월 20일
개 정 판 1쇄 발행 | 2024년 1월 03일

지 은 이 : 성운환경조경·김진호 편저
펴 낸 곳 : 도서출판 조경
펴 낸 이 : 박명권
주　　소 : 서울특별시 서초구 방배로 143 그룹한빌딩 2층
전　　화 : (02)521-4626
팩　　스 : (02)521-4627
출판등록 : 1987년 11월 27일
등록번호 : 제2014-000231호


※ 본서의 정오표는 성운환경조경 홈페이지(www.aul.co.kr)에 게시되어 있습니다. 불편을 드려 죄송합니다.
※ 파본은 교환하여 드립니다.

ISBN 979-11-6028-026-5 (13520)

최신개정판

# CONQUEST 자연생태복원(산업)기사 필기정복

부담 없이 제대로 준비하기

성운환경조경 · 김진호 편저

도서출판

# 머리말

인간세상에 있어 자연은 어떤 가치를 지니는가? 중요성을 알면서도 항상 뒷전으로 밀려나던 것이 이제는 시대의 전면에 등장하여 하나의 패러다임을 형성하고 있습니다. 오래전에 "자연계는 생태계의 원리에 의해 구성되어 있으므로 생태적 질서가 인간 환경의 물리적 형태를 지배한다."라는 이론을 주장한 맥하그(I. McHarg)의 '생태적 결정론'이 아니더라도 인간의 환경은 인간만의 환경이 아닌, 인간의 것이 아닌 것을 깨닫는 데 오랜 시간이 걸렸습니다. 이제는 인간의 기준과 경제성에 대한 논리로 훼손시킨 자연환경을 제자리로 돌려놓아야 하는 과제가 생긴 것입니다. 이에 자연환경을 복원하고 관리하기 위한 전문가가 필요하게 되어 자연생태복원기사와 자연생태복원산업기사 제도가 도입되었으며, 그리하여 그 길을 가고자 하는 여러분이 이 책을 접하게 된 것입니다.

본서는 자연생태복원(산업)기사의 첫 관문인 1차 필기시험 대비서로 출간되었습니다. 1차 필기시험의 범위는 상당히 방대한 범위를 포함하고 있어 공부해야 할 분량이 꽤 많으며, 공부에 많은 시간을 필요로 합니다. 그러나 자격증을 위하여 많은 시간을 투자하기란 쉽지 않으며, 시간의 제약에서 벗어나 공부할 수 있는 사람 또한 많지 않을 것입니다. 이에 짧은 시간에 효율적인 공부가 될 수 있도록 책을 구성하여 발간하게 되었습니다. 또한 1차시험 합격 후 2차시험에 대비한 공부에도 많은 도움이 될 것입니다.

자연생태복원 전문가를 꿈꾸는 여러분의 공부에 도움이 될 수 있도록 만들었으나 준비가 모자라 오류나 오타 등의 부족함이 있을 것이라 생각됩니다만 앞으로 계속 보완해 나갈 것을 약속드리오니 많은 관심과 성원을 부탁드립니다. 아울러 이 책을 준비하는데 참고한 저서 등의 저자께 심심한 감사를 드리며, 본서의 출간을 위해 힘써주신 ㈜환경과조경의 임직원 여러분과 학원의 여러 선생님께 고마움과 감사를 드립니다.

성운환경조경 김 진 호

**책의 구성 및 특징**

본서는 시험 범위에 대한 내용과 과목의 특성에 따라 공부해야 할 부분을 정하고, 15년여의 기출문제를 파악하여 중요도에 따라 학습의 양을 정한 후 정리하였습니다. 그리고 각 단원마다 그간의 기출문제 중 핵심적 문제를 순서별로 정리하여 자기점검과 동시에 반복적 학습이 되도록 하여 학습효율의 극대화와 시험에 대한 적응력을 높일 수 있도록 하였습니다. 또한 최근 6년간의 기출문제를 해설과 함께 별도의 단원으로 정리하여 기출문제집으로 활용할 수 있도록 하였으며, 1차시험 후 2차시험을 준비하는 데에도 유용할 것입니다.

**자연생태복원기사**

시험과목은 「생태환경 조사분석」, 「생태복원 계획」, 「생태복원 설계·시공」, 「생태복원 시후관리·평가」입니다. 그러나 본서는 과목을 환경생태학, 경관생태학, 생태복원계획, 생태복원설계·시공, 생태복원관리, 자연환경관계법규 등 6파트로 나누어 놓았습니다. 본서의 내용 중 환경생태학과 경관생태학은 「생태환경 조사분석」에 포함되며, 자연환경관계법규는 「생태복원 시후관리·평가」에 포함되는 내용입니다. 환경생태학과 경관생태학은 생태복원의 기본 바탕이 되는 이론이기에 일정 정도의 공부가 필요하며, 2차시험 준비에도 꼭 필요한 내용이므로 별도로 구성한 것입니다. 1치시험과 2차시험을 동시에 준비하는 마음으로 공부하시면 좋은 결과가 있으리라 생각합니다.

**자연생태복원산업기사**

시험과목은 「생태환경 조사」, 「생태복원 설계」, 「생태복원 시공」, 「생태복원 사후관리」입니다. 기사의 시험과목과 과목명이 조금 다르나 달리 공부할 수 있는 부분이 아니기에 구별해서 공부할 수 없습니다. 물론 자연환경관계법규의 일부가 제외되어 있으나 나머지는 전체적으로 공부를 하셔야 합니다.

# 자연생태복원기사 출제기준

필기검정방법: 객관식, 문제수: 80(각 과목당 20문제), 시험시간 : 2시간

| 필기과목명 | 주요항목 | 세부항목 | 세세항목 |
|---|---|---|---|
| 생태환경 조사분석 | 1. 데이터 해석 | 1. 데이터 정리 | 1. 분야별 환경실태 조사결과 정리 |
| | | | 2. 정성적 분석 |
| | | | 3. 정량적 분석 |
| | | | 4. 분야별 환경실태 통계값 산출 |
| | | | 5. 환경기준 비교 |
| | | 2. 시 · 공간적 분석 | 1. 시공간 통계처리 |
| | | | 2. 처리결과 도표 및 도면화 |
| | | | 3. GIS 분석 |
| | | | 4. 원격 탐사 |
| | | 3. 데이터 검증 | 1. 데이터 신뢰도 검증 |
| | | | 2. 수집자료 해석 |
| | | 4. 개체, 개체군, 군집 생태 | 1. 개체 생태 |
| | | | 2. 개체군 생태 |
| | | | 3. 군집 생태 |
| | | | 4. 생태계 생태 |
| | | 5. 국토환경 정보망 | 1. 국토환경정보망 개념 |
| | | | 2. 국토환경정보망 구축 |
| | | | 3. 국토환경정보망 이용 |
| | 2. 자연생태환경 조사 분석 | 1. 대상지 여건 분석 | 1. 환경 생태적 여건 |
| | | | 2. 사회·경제적 여건 |
| | | | 3. 역사·문화적 여건 |
| | | 2. 육상생물상 조사 분석 | 1. 육상생물상 |
| | | | 2. 육상 보호생물 |
| | | | 3. 육상생태계 특성 |
| | | | 4. 천이 |
| | | 3. 육수생물상 조사 분석 | 1. 육수생물상 |
| | | | 2. 육수 보호생물 |
| | | | 3. 육수생태계 특성 |
| | | 4. 해양생물상 조사 분석 | 1. 해양생물상 |
| | | | 2. 해양 보호생물 |
| | | | 3. 해양생태계 특성 |
| | | 5. 자연환경자산 조사 분석 | 1. 보호지역 |
| | | | 2. 법정보호종 |
| | 3. 경관생태 분석 | 1. 경관생태학의 개념 | 1. 경관생태학의 정의 |
| | | | 2. 경관생태학의 발전 |
| | | | 3. 경관생태학의 특징 |
| | | 2. 경관의 구조 | 1. 패치 |
| | | | 2. 주연부와 경계 |

| 필기과목명 | 주요항목 | 세부항목 | 세세항목 |
|---|---|---|---|
| | | | 3. 코리더와 연결성<br>4. 모자이크<br>5. 경관생태지수 |
| | | 3. 경관의 기능과 변화 | 1. 경관의 기능<br>2. 경관의 변화 |
| | | 4. 경관생태학적 지역 구분과 관리 | 1. 자연지역구분<br>2. 자연지역에서의 기능적 관계<br>3. 경관생태학적 지역구분 |
| | 4. 생태계 종합평가 | 1. 자연환경조사결과 분석 | 1. 동·식물 서식지 평가<br>2. 분류군별 먹이망 관계 분석<br>3. 생태기반 환경 평가<br>4. 생물상과 자연환경 요소 간 상호관계 분석 |
| | | 2. 종합분석 | 1. 대상지 현황의 핵심 사항 요약<br>2. 대상지 현황의 문제점 및 기회요인 파악<br>3. 문제점 해결 방안 도출<br>4. 종합분석표와 종합분석도 제작 |
| | | 3. 도시생태현황지도 분석 | 1. 비오톱 유형<br>2. 도시생태현황지도 분석 |
| | | 4. 가치평가 | 1. 생태계 보전 가치평가<br>2. 적지분석<br>3. 생태계 서비스 추정<br>4. 환경가치 추정<br>5. 자연환경총량제(자연환경침해조정제)<br>6. 생태 · 자연도 평가 |
| | | 5. 시사점 도출 | 1. 환경요인 종합 분석(SWOT) |
| | | 6. 생물다양성 | 1. 생물다양성 개념<br>2. 생물다양성 유지 |
| **생태복원계획** | 1. 환경계획의 체계와 내용 | 1. 국가환경종합계획의 체계와 내용구성 | 1. 국가환경종합계획의 체계<br>2. 국가환경종합계획의 내용구성 |
| | | 2. 자연환경보전계획의 체계와 내용구성 | 1. 자연환경보전계획의 성격, 목표, 과제<br>2. 자연환경보전계획의 위계 및 수립 절차<br>3. 자연환경보전계획의 주요내용 |
| | 2. 생태복원 구상 | 1. 사업목표 수립 | 1. 사업 기본방향 설정<br>2. 사업목표 설정<br>3. 환경윤리 |
| | | 2. 목표종 선정 | 1. 목표종 유형<br>2. 목표종 선정기준<br>3. 목표종 서식지 특성 |
| | | 3. 공간 구상 | 1. 유네스코 생물권(MAB) 프로그램<br>2. 공간구상 적정성 검토<br>3. 생태네트워크 구상 |

| 필기과목명 | 주요항목 | 세부항목 | 세세항목 |
|---|---|---|---|
| | | 4. 공간활동 프로그래밍 | 1. 도입활동 프로그래밍<br>2. 도입시설 프로그래밍 |
| | 3. 생태기반환경 복원계획 | 1. 토지이용 및 동선 계획 | 1. 토지이용<br>2. 동선계획 |
| | | 2. 지형복원 계획 | 1. 지형 조사분석 항목<br>2. 지형복원 공법<br>3. 지형복원 부산물 처리 방법<br>4. 폐기물 처리 기준 |
| | | 3. 토양환경복원 계획 | 1. 토양환경 조사분석 항목<br>2. 표토 재활용 방법 및 기술<br>3. 식재토양 성능평가<br>4. 토양복원 공법 |
| | | 4. 수환경복원 계획 | 1. 수환경 조사분석 항목<br>2. 수환경복원 공법 |
| | | 5. 환경영향평가 | 1. 환경현황조사<br>2. 환경영향예측<br>3. 저감대책 |
| | 4. 서식지 복원계획 | 1. 목표종 서식지복원 계획 | 1. 목표종 서식지 특성<br>2. 서식처 적합성 지수(HSI) |
| | | 2. 숲복원 계획 | 1. 숲의 구조와 기능<br>2. 숲 복원용 식물소재 선정<br>3. 숲 복원용 식물별 생리적, 기능적 특성<br>4. 잠재자연식생 |
| | | 3. 초지복원 계획 | 1. 초지의 구조와 기능<br>2. 초지 복원용 식물소재 선정<br>3. 초지 복원용 식물별 생리적, 기능적 특성 |
| | | 4. 습지복원 계획 | 1. 습지위치 및 규모 결정<br>2. 습지 기반환경과 지하수위<br>3. 생태방수기법 선정<br>4. 수위별 적정 습지식물 선정 |
| | | 5. 기타 서식지복원 계획 | 1. 비탈면 복원 계획<br>2. 생태하천 복원 계획<br>3. 폐광산 및 채석장 복원 계획<br>4. 생태통로 설치 계획<br>5. 인공지반 조성 계획<br>6. 기타 훼손지 복원 계획 |
| | 5. 생태시설물 계획 | 1. 보전시설 계획 | 1. 보전시설 종류별 특성<br>2. 보전시설 설치 계획<br>3. 보전시설 유지관리 계획<br>4. 보전시설 안전기준 |
| | | 2. 관찰시설 계획 | 1. 관찰시설 종류별 특성<br>2. 관찰시설 설치 계획 |

| 필기과목명 | 주요항목 | 세부항목 | 세세항목 |
|---|---|---|---|
| | | | 3. 관찰시설 유지관리 계획 |
| | | | 4. 관찰시설 안전기준 |
| | | 3. 체험시설 계획 | 1. 체험시설 종류별 특성 |
| | | | 2. 체험시설 설치 계획 |
| | | | 3. 체험시설 유지관리 계획 |
| | | | 4. 체험시설 안전기준 |
| | | 4. 전시·연구시설 계획 | 1. 전시·연구시설 종류별 특성 |
| | | | 2. 전시·연구시설 설치 계획 |
| | | | 3. 전시·연구시설 유지관리 계획 |
| | | | 4. 전시·연구시설 안전기준 |
| | | 5. 편의시설 계획 | 1. 편의시설 종류별 특성 |
| | | | 2. 편의시설 설치 계획 |
| | | | 3. 편의시설 유지관리 계획 |
| | | | 4. 편의시설 안전기준 |
| | | 6. 관리시설 계획 | 1. 관리시설 종류별 특성 |
| | | | 2. 관리시설 설치 계획 |
| | | | 3. 관리시설 유지관리 계획 |
| | | | 4. 관리시설 안전기준 |
| | 6. 생태복원사업 타당성 검토 | 1. 대상지 정보 검토 | 1. 환경생태적 여건 |
| | | | 2. 사회·경제적 여건 |
| | | | 3. 역사·문화적 여건 |
| | | 2. 세부 타당성 검토 | 1. 경제적 타당성 |
| | | | 2. 정책적 타당성 |
| | | | 3. 기술적 타당성 |
| | | 3. 사업 집행계획 수립 | 1. 생태복원사업 예산 |
| | | | 2. 생태복원사업 추진 계획 |
| 생태복원 설계·시공 | 1. 생태복원 현장관리 | 1. 사업관계자 협의 | 1. 관련기관 협의 |
| | | 2. 공정관리 | 1. 예정공정표 |
| | | | 2. 공사 관련 법규 검토 |
| | | | 3. 인력 및 장비운용 계획수립 |
| | | 3. 예산관리 | 1. 공사수량표작성 |
| | | | 2. 내역서 및 공사원가표작성 |
| | | | 3. 품셈활용 일위대가 작성 등 적산 |
| | | 4. 품질관리 | 1. 품질관리 법규 |
| | | | 2. 공사시방서 |
| | | | 3. 공종별 품질기준 |
| | | | 4. 산업표준(KS, ISO)기준 |
| | | | 5. 품질시험방법 |
| | | 5. 안전관리 | 1. 안전관리계획 |
| | | | 2. 안전점검 |
| | | | 3. 안전사고 예방 |
| | | | 4. 사고발생시 대처 |

| 필기과목명 | 주요항목 | 세부항목 | 세세항목 |
|---|---|---|---|
| | | | 5. 보상 등 사후 처리 |
| | 2. 서식지복원 설계 | 1. 목표종 서식지복원 설계 | 1. 생태네트워크 설계 |
| | | | 2. 서식환경 적합성 분석 및 정량화 |
| | | | 3. 서식환경 적합성 도면화 |
| | | | 4. 생물종 먹이연쇄 |
| | | 2. 숲복원 설계 | 1. 기존 수목 활용도면 |
| | | | 2. 식생모델 |
| | | | 3. 식생복원 설계 |
| | | | 4. 식재 및 파종 수량 |
| | | 3. 초지복원 설계 | 1. 초지 식생복원 설계 |
| | | | 2. 초본 식재 및 파종 수량 |
| | | 4. 습지복원 설계 | 1. 습지 구조 설계 |
| | | | 2. 습지 식생복원 설계 |
| | | | 3. 습지 생물종 서식처 설계 |
| | | 5. 기타 서식지복원 설계 | 1. 비탈면 복원 설계 |
| | | | 2. 생태하천 복원 설계 |
| | | | 3. 폐광산 및 채석장 복원 설계 |
| | | | 4. 생태통로 설치 설계 |
| | | | 5. 인공지반 조성 설계 |
| | | | 6. 기타 훼손지 복원 설계 |
| | 3. 생태시설물 설계 | 1. 보전시설 설계 | 1. 보전시설 설계 배치도 |
| | | | 2. 보전시설 공간별 부분 배치도 |
| | | | 3. 보전시설 용도별 상세도 |
| | | | 4. 보전시설 수량표 |
| | | 2. 관찰시설 설계 | 1. 관찰시설 설계 배치도 |
| | | | 2. 관찰시설 공간별 부분 배치도 |
| | | | 3. 관찰시설 용도별 상세도 |
| | | | 4. 관찰시설 수량표 |
| | | 3. 체험시설 설계 | 1. 체험시설 설계 배치도 |
| | | | 2. 체험시설 공간별 부분 배치도 |
| | | | 3. 체험시설 용도별 상세도 |
| | | | 4. 체험시설 수량표 |
| | | 4. 전시·연구시설 설계 | 1. 전시·연구시설 배치도 |
| | | | 2. 전시·연구시설 공간별 부분 배치도 |
| | | | 3. 전시·연구시설 상세도 |
| | | | 4. 전시·연구시설 수량표 |
| | | 5. 편의시설 설계 | 1. 편의시설 배치도 |
| | | | 2. 편의시설 공간별 부분 배치도 |
| | | | 3. 편의시설 상세도 |
| | | | 4. 편의시설 수량표 |
| | | 6. 관리시설 설계 | 1. 관리시설 배치도 |
| | | | 2. 관리시설 공간별 부분 배치도 |

| 필기과목명 | 주요항목 | 세부항목 | 세세항목 |
|---|---|---|---|
| | | | 3. 관리시설 상세도<br>4. 관리시설 수량표 |
| | 4. 서식지 복원 | 1. 목표종 서식지 복원 | 1. 생태네트워크와 서식처 연결<br>2. 목표종 생활사 특성<br>3. 목표종 적합 서식환경 |
| | | 2. 숲 복원 | 1. 숲 복원도면 이해<br>2. 숲 동·식물 서식환경 조성<br>3. 숲 복원공사로 인한 영향<br>4. 식물 군락 이식 |
| | | 3. 초지 복원 | 1. 초지 복원도면 이해<br>2. 초지 동·식물 서식환경 조성<br>3. 초지 복원공사로 인한 영향 |
| | | 4. 습지 복원 | 1. 습지 복원도면 이해<br>2. 습지 동·식물 서식환경 조성<br>3. 습지 복원공사로 인한 영향 |
| | | 5. 기타 서식지 복원 | 1. 비탈면 복원<br>2. 생태하천 복원<br>3. 폐광산 및 채석장 복원<br>4. 생태통로 설치<br>5. 인공지반 조성<br>6. 기타 훼손지 복원 |
| | 5. 생태기반환경 복원 | 1. 현장 준비 | 1. 복원사업 관련 서류 및 법규<br>2. 현장여건 파악<br>3. 시공 측량<br>4. 환경생태 위해 요소<br>5. 보호대상 이해 |
| | | 2. 현장보호시설 설치 | 1. 현장보호시설 설치공법<br>2. 현장보호시설 유지관리 방법<br>3. 가설시설 설치기준<br>4. 환경영향 저감방안 |
| | | 3. 지형 복원 | 1. 부지 정지계획 수립<br>2. 토공량 산정<br>3. 인력 및 장비 운용계획 |
| | | 4. 토양환경 복원 | 1. 이화학적 특성<br>2. 생물학적 특성<br>3. 토양 검사 결과 분석<br>4. 표토 재활용 |
| | | 5. 수환경 복원 | 1. 수질 특성<br>2. 수리·수문 특성<br>3. 수원 확보<br>4. 급·배수시설 설치<br>6. 저영향개발기술(LID) 적용 |

| 필기과목명 | 주요항목 | 세부항목 | 세세항목 |
| --- | --- | --- | --- |
| 생태복원 사후관리 · 평가 | 1. 생태복원 관련법 | 1. 생태복원 등에 관한 법령 | 1. 환경정책기본법, 시행령, 시행규칙<br>2. 자연환경보전법, 시행령, 시행규칙<br>3. 야생생물 보호 및 관리에 관한 법률, 시행령, 시행규칙<br>4. 백두대간 보호에 관한 법률, 시행령<br>5. 자연공원법, 시행령, 시행규칙<br>6. 습지보전법, 시행령, 시행규칙<br>7. 독도 등 도서지역의 생태계 보전에 관한 특별법, 시행령, 시행규칙<br>8. 생물다양성 보전 및 이용에 관한 법률, 시행령, 시행규칙<br>9. 물환경보전법, 시행령, 시행규칙<br>10. 환경영향평가법, 시행령, 시행규칙<br>11. 자연환경 관련 기타 법령 |
| | | 2. 토지이용 등에 관한 법령 | 1. 국토기본법, 시행령<br>2. 국토의 계획 및 이용에 관한 법률, 시행령, 시행규칙<br>3. 토지이용 등에 관한 기타 법령 |
| | 2. 모니터링 계획 | 1. 대상지 사업계획 검토 | 1. 사전조사결과 파악<br>2. 사업목표와 전략<br>3. 공간계획 파악<br>4. 목표종 파악<br>5. 복원 전후 변화 파악 |
| | | 2. 모니터링 목표 수립 | 1. 모니터링 기본방향<br>2. 모니터링 기본원칙<br>3. 모니터링 목표 설정 |
| | | 3. 모니터링 방법 선정 | 1. 모니터링 범위<br>2. 모니터링 항목<br>3. 모니터링 조사시기와 주기<br>4. 모니터링 수행 인력 |
| | | 4. 모니터링 예산 수립 | 1. 모니터링 예산 수립 기준<br>2. 모니터링 항목별 비용 산정 |
| | 3. 복원 후 관리계획 | 1. 모니터링결과 분석 | 1. 생태기반환경 모니터링 결과 분석<br>2. 동·식물 모니터링 결과 분석<br>3. 이용자 모니터링 결과 분석 |
| | | 2. 모니터링결과 평가 | 1. 생태기반환경 변화분석 결과 평가<br>2. 동·식물 변화분석 결과 평가<br>3. 이용자 만족도 평가<br>4. 관리방향 평가 |
| | | 3. 복원 후 관리목표 설정 | 1. 대상지 현황과 사업목표 비교<br>2. 생태적 변화 평가<br>3. 새로운 관리목표 설정 |

| 필기과목명 | 주요항목 | 세부항목 | 세세항목 |
|---|---|---|---|
| | | 4. 세부관리계획 수립 | 1. 생태기반환경 관리<br>2. 동·식물 관리<br>3. 서식지 관리<br>4. 시설물 관리<br>5. 이용자 관리 |
| | 4. 생태계 보전지역관리계획 | 1. 생태계 보전지역 현황조사 | 1. 인문환경 조사<br>2. 자연환경 조사 |
| | | 2. 생태계 보전지역 가치평가 | 1. 평가항목 및 기준<br>2. 공간별 보전가치등급 |
| | | 3. 생태계 보전지역 관리목표설정 | 1. 관리목표<br>2. 관리 기본방향<br>3. 추진전략 |
| | | 4. 생태계 보전지역 관리 세부계획 수립 | 1. 보전관리 세부계획<br>2. 복원사업 세부계획<br>3. 이용관리 세부계획<br>4. 사업기간 및 소요예산 |
| | 5. 생태계 관리평가 | 1. 생태기반환경 변화 분석 | 1. 생태기반환경 변화 조사 · 분석<br>2. 생태기반환경 변화 평가 |
| | | 2. 생물다양성 변화 분석 | 1. 목표종 서식 생태 변화<br>2. 기타 서식종 구성 및 생태지표 변화<br>3. 서식지 유형 및 크기 변화<br>4. 생물종 및 서식지 변화 평가 |
| | | 3. 이용자 만족도 분석 | 1. 이용자 만족도 및 중요도 파악<br>2. 평가요소 및 지표산정<br>3. 이용자 실태 분석<br>4. 이용 후 평가 |
| | | 4. 관리방향 설정 | 1. 관리목표<br>2. 순응적 관리방안 |

# 자연생태복원산업기사 출제기준

필기검정방법: 객관식, 문제수: 80(각 과목당 20문제), 시험시간 : 2시간

| 필기과목명 | 주요항목 | 세부항목 | 세세항목 |
|---|---|---|---|
| 생태환경 조사 | 1. 생태계 공통 | 1. 생태계 구조와 기능 | 1. 생태계의 구조<br>2. 생태계의 기능 |
| | | 2. 생태계의 물질순환 및 에너지 이동 | 1. 1차생산량 및 2차생산량<br>2. 먹이사슬 및 영양단계<br>3. 생태계의 물질순환<br>4. 생태계 내의 에너지 이동 |
| | | 3. 개체/개체군/군집 생태 | 1. 개체생태<br>2. 개체군 생태<br>3. 군집생태 |
| | 2. 환경계획의 개념 및 기초이론 | 1. 환경계획의 개념 | 1. 환경계획의 정의<br>2. 환경계획의 내용<br>3. 환경계획의 유형<br>4. 환경계획의 절차 |
| | | 2. 환경계획의 기초이론 | 1. 환경용량 및 환경생태이론<br>2. 환경공간이론<br>3. 지속가능성 이론 |
| | | 3. 환경의 구성체계와 매체관리이론 | 1. 환경의 구성체계<br>2. 환경 매체 관리이론 |
| | 3. 인문환경 조사 | 1. 인구환경 조사 | 1. 인구환경 조사계획<br>2. 지역 통계자료<br>3. 환경수용력<br>4. 주거 현황 |
| | | 2. 토지환경 조사 | 1. 토지환경 조사계획<br>2. 토지이용 현황<br>3. 상위계획<br>4. 토지피복<br>5. 보호지역<br>6. 교통체계 |
| | | 3. 문화환경 조사 | 1. 문화환경 조사계획<br>2. 교육시설 현황<br>3. 문화시설 현황<br>4. 생태관광자원 현황 |
| | | 4. 역사환경 조사 | 1. 역사환경 조사계획<br>2. 지역 역사문화<br>3. 훼손 이전의 환경조건, 서식종 |
| | 4. 생태기반 환경 조사 | 1. 기상환경 조사 | 1. 기상환경 조사계획<br>2. 기상 관측<br>3. 지역의 기상 현황 |

| 필기과목명 | 주요항목 | 세부항목 | 세세항목 |
|---|---|---|---|
| | | | 4. 표, 그래프, 도면 작성 |
| | | | 5. 기상관측소 자료 |
| | | 2. 지형환경 조사 | 1. 지형환경 조사계획 |
| | | | 2. 지형 및 지질 |
| | | | 3. 항공사진 판독 |
| | | | 4. 수치지형도 판독 |
| | | | 5. 지질도 판독 |
| | | | 6. 지형 및 지질 도면화 |
| | | 3. 토양환경 조사 | 1. 토양환경 조사계획 |
| | | | 2. 토양정보 |
| | | | 3. 토양 조사 및 평가항목 |
| | | | 4. 토양도 판독 |
| | | 4. 수환경 조사 | 1. 수환경 조사계획 |
| | | | 2. 수리·수문 특성 |
| | | | 3. 수생태 조사 |
| | | 5. 생태네트워크 조사 | 1. 생태자연도 |
| | | | 2. 국토환경성평가지도 |
| | | | 3. 경관생태학적 구조와 기능 |
| | | | 4. 생태네트워크 정의, 유형, 구성요소 |
| | | 6. 기타환경 조사 | 1. 생물종 특성 |
| | | | 2. 환경 위해 요소 |
| | | | 3. 이해관계자 의견 |
| | 5. 동물조사 | 1. 포유류 조사 | 1. 법정보호종 동정 |
| | | | 2. 조사방법 |
| | | | 3. 조사장비·재료 |
| | | 2. 양서·파충류 조사 | 1. 법정보호종 동정 |
| | | | 2. 조사방법 |
| | | | 3. 조사장비·재료 |
| | | 3. 조류(bird) 조사 | 1. 법정보호종 동정 |
| | | | 2. 조사방법 |
| | | | 3. 조사장비·재료 |
| | | 4. 곤충류 조사 | 1. 법정보호종 동정 |
| | | | 2. 조사방법 |
| | | | 3. 조사장비·재료 |
| | | 5. 어류 조사 | 1. 법정보호종 동정 |
| | | | 2. 조사방법 |
| | | | 3. 조사장비·재료 |
| | | 6. 무척추동물 조사 | 1. 법정보호종 동정 |
| | | | 2. 조사방법 |
| | | | 3. 조사장비·재료 |
| | 6. 식물조사 | 1. 식물상 조사 | 1. 법정보호종 동정 |
| | | | 2. 조사방법 |

| 필기과목명 | 주요항목 | 세부항목 | 세세항목 |
|---|---|---|---|
| | | | 3. 조사장비·재료 |
| | | 2. 식생 조사 | 1. 법정보호종 동정 |
| | | | 2. 조사방법 |
| | | | 3. 조사장비·재료 |
| | | 3. 조류(algae) 조사 | 1. 동식물 조류(algae) 조사 |
| | | | 2. 동식물 조류(algae) 조사장비 · 재료 |
| 생태복원 설계 | 1. 생태복원 도서작성 | 1. 기본계획서 작성 | 1. 기본구상도 |
| | | | 2. 기본계획 보고서 |
| | | 2. 설계도면 작성 | 1. 종합계획도 |
| | | | 2. 생태기반환경복원 설계도 |
| | | | 3. 서식지복원 설계도 |
| | | | 4. 공종별 수량표 |
| | | | 5. 프로그램 운용 |
| | | 3. 예산서 작성 | 1. 공종별 단위 수량 |
| | | | 2. 공종별 단위 단가 |
| | | | 3. 공종별 자재 단가 |
| | | | 4. 공사비 산출 |
| | | 4. 시방서 작성 | 1. 표준시방서 작성 |
| | | | 2. 전문시방서 작성 |
| | | | 3. 공사시방서 작성 |
| | | 5. 공사서류 작성 | 1. 사업 관련 인허가 서류 |
| | | | 2. 설계변경도서 |
| | | | 3. 준공도서 |
| | | | 4. 인수인계서 |
| | 2. 서식지 복원설계 | 1. 목표종 서식지복원 설계 | 1. 생태네트워크, 연결성 |
| | | | 2. 목표종의 생활사 |
| | | | 3. 법적보호종의 생활사 |
| | | 2. 숲복원 설계 | 1. 식생현황도 작성 |
| | | | 2. 기존 수목 활용도면 작성 |
| | | | 3. 식재모델 도면화 |
| | | | 4. 식생복원 계획도 작성 |
| | | | 5. 향후 변화 예측 도면 작성 |
| | | | 6. 식재 및 파종 소요량 및 재료조달 방법 |
| | | 3. 초지복원 설계 | 1. 초지조성 식물별 생리적, 기능적 특성 |
| | | | 2. 비탈면 복원공법 |
| | | | 3. 초지복원 적정공법 |
| | | | 4. 서식지 공간 |
| | | | 5. 종자 파종량 및 배합비 |
| | | 4. 습지복원 설계 | 1. 습지복원 |
| | | | 2. 습지식생 |
| | | 5. 생태하천복원 설계 | 1. 수리·수문 환경 |
| | | | 2. 생태유지유량 |

| 필기과목명 | 주요항목 | 세부항목 | 세세항목 |
|---|---|---|---|
| | | | 3. 호안<br>4. 하천 내 생태계 연결성 확보 |
| | | 6. 기타 서식지복원 설계 | 1. 비탈면 복원<br>2. 채광장 복원<br>3. 채석장 복원<br>4. 생태통로 설치<br>5. 인공지반 복원<br>6. 대체서식지 조성 |
| | 3. 생태기반환경 복원설계 | 1. 토지이용 및 동선 설계하기 | 1. 토지이용 및 동선계획<br>2. 도시생태현황도(비오톱)<br>3. 유네스코 생물권(MAB) |
| | | 2. 지형복원 설계하기 | 1. 현황측량<br>2. 지형(등고선, 지반고)<br>3. 지형복원 공법<br>4. 자원재활용 |
| | | 3. 토양환경복원 설계하기 | 1. 토양의 물리성<br>2. 토양의 화학성<br>3. 토양개량 |
| | | 4. 수환경복원 설계하기 | 1. 습지 구성 요소<br>2. 수변식생의 특성<br>3. 우배수체계 |
| 생태복원 시공 | 1.생태기반 환경복원 | 1. 현장 준비 | 1. 인·허가서류 등 복원사업 관련 각종 법규<br>2. 환경생태에 대한 위해요소 |
| | | 2. 현장보호시설 설치 | 1. 환경보호시설 종류<br>2. 환경보호시설 설치공법<br>3. 환경보호시설 유지관리<br>4. 환경영향 저감방안 |
| | | 3. 지형복원 | 1. 지형측량<br>2. 부지정지<br>3. 절·성토량 산출<br>4. 장비, 인력 운용<br>5. 지반안정화 |
| | | 4. 토양환경복원 | 1. 토양의 이화학, 생물학<br>2. 품질관리시험<br>3. 표토 |
| | | 5. 수환경복원 | 1. 수공급<br>2. 방수<br>3. 배수<br>4. 저영향개발(LID) 기법 |
| | 2. 서식지 복원 | 1. 목표종 서식지복원 | 1. 생태네트워크와 연결성<br>2. 목표종의 생활사 특성<br>3. 생물의 서식환경 구성 원리 |

| 필기과목명 | 주요항목 | 세부항목 | 세세항목 |
|---|---|---|---|
| | | 2. 숲복원 | 1. 숲복원 방법<br>2. 숲 동·식물 서식환경 조성<br>3. 식물 군락 이식 |
| | | 3. 초지복원 | 1. 초지복원 방법<br>2. 초지 동·식물 서식환경 조성 |
| | | 4. 습지복원 | 1. 습지복원 방법<br>2. 습지 동·식물 서식환경 조성<br>3. 람사르습지, 습지보호지역 복원<br>4. 저수지, 호소 등 인공습지 복원 |
| | | 5. 생태하천복원 설계 | 1. 설계도서 판독<br>2. 자연친화적인 호안 조성 |
| | | 6. 기타 서식지복원 | 1. 비탈면 복원 방법<br>2. 채광장 복원 방법<br>3. 채석장 복원 방법<br>4. 생태통로 설치 방법<br>5. 인공지반 복원 방법<br>6. 대체서식지 조성 방법 |
| 생태복원<br>사후관리 | 1. 생태복원 등에 관한 법령 | 1. 생태복원 등에 관한 법령 | 1. 환경정책기본법, 시행령, 시행규칙<br>2. 자연환경보전법, 시행령, 시행규칙<br>3. 야생생물 보호 및 관리에 관한 법률, 시행령, 시행규칙<br>4. 백두대간 보호에 관한 법률, 시행령<br>5. 자연공원법, 시행령, 시행규칙<br>6. 습지보전법, 시행령, 시행규칙 |
| | 2. 생태기반 환경 관리 | 1. 토양환경 관리<br>2. 수환경 관리 | 1. 모니터링 계획<br>2. 모니터링 실시<br>3. 평가결과<br>4. 유지관리 |
| | | 3. 기타 환경 관리 | 1. 빛 공해, 2. 소음 공해, 3. 미세먼지 |
| | 3. 서식지 관리 | 1. 숲 관리<br>2. 초지 관리<br>3. 습지 관리<br>4. 생태하천 관리 | 1. 모니터링 계획<br>2. 모니터링 실시<br>3. 평가결과<br>4. 유지관리 |
| | | 5. 종 관리 | 1. 목표종 관리, 2. 위해종, 3. 병해충 관리 |
| | | 6. 기타 서식지 관리 | 1. 기타서식지 개념, 2. 기타서식지 유형 |
| | 4. 생태시설물 관리 | 1. 보전시설 관리<br>2. 관찰시설 관리<br>3. 체험시설 관리<br>4. 전시 · 연구시설 관리<br>5. 편의시설 관리<br>6. 관리시설 관리 | 1. 시설물 관리계획<br>2. 시설물 관리유형 |

# 차례

PART 2

# 경관생태학

PART 3

## 생태복원계획

PART 5

## 생태복원관리



PART 6

## 자연환경관계법규

PART

# 1

자·연·생·태·복·원·필·기·정·복

# 환경생태학

# Chapter 1 생태계 공통

## 1 생태계 구조와 기능

### 1. 생태계(ecosystem)

(1) 생태계의 정의

① 일정한 지역에 사는 생물과 그 생물을 둘러싸고 있으면서 생물과 상호작용을 하는 환경적 요소(비생물적 요소)의 총체

② 비생물적 요소와 다양한 종류의 생물적 요소가 서로 복잡한 기능적인 관계를 유지하는 상호작용에 의해 형성된 시스템의 완결된 집합체

③ 하나의 생태계는 어느 정도 독립성을 가지면서 주위의 생태계와 밀접한 관계를 갖고 존재

(2) 생태계의 종류

① 자연생태계 : 인위적 영향이 전혀 없거나 극히 적은 생태계 –원생림, 습원, 산림생태계, 하천생태계, 호소생태계 등

② 반자연생태계 : 인위적 행위가 반복적으로 가해지면서 유지되고 있는 생태계 –경작지생태계, 초지생태계 등

③ 인위생태계 : 오염에 강한 종이나 귀화 동·식물이 비정상적으로 번식하는 등과 같은 왜곡된 생태계 –도시생태계

(3) 생태계의 기본요소

① 군집 : 군집에 의해 태양에너지보다 더 농축된 형태의 유기물 생산

② 에너지의 흐름 : 에너지는 저장·이동될 수 있으나 재사용 불가능

③ 물질의 순환 : 탄소, 질소, 인 등의 영양염류와 물은 계속 재사용 가능

### 2. 생태계의 구조

(1) 생태계의 계층구조

① 개체(individual) : 공간적으로 단일하며 생활하기 위해 필요 충분한 구조와 기능을 갖추고 있는 것 –단일한 생물종 하나

② 개체군(population) : 한 지역 내에서 같은 시간대에 사는 동일종의 집단

③ 군집(community) : 한 지역 내에서 사는 서로 다른 종의 집단

④ 생태계(ecosystem) : 어느 지역의 생물적인 것과 비생물적인 것의 총체

◘ 생태계의 창발성 원리(emergent property principle)

창발성이란 구성요소가 개별적으로 갖지 못한 특성을 구성요소를 함께 모아놓은 전체 구조에서 자발적으로 돌연히 출현하는 현상을 말한다. 이는 하위단위가 조합하여 더 크고 기능적인 전체를 이룰 때 하위계층에 없었던 성질이 상위계층에서 새로 생기게 되는 자기조직화 능력 때문에 생기게 된다.

⑤ 경관(landscape) : 서로 다른 군집과 생태계로 구성된 지역으로 여러 가지 생태계의 모임
⑥ 생물군계(biome) : 비슷한 지형과 기후조건을 가진 지역 단위 –조금은 다른 여러 경관의 모임
⑦ 생물권(biosphere) : 지구상의 모든 생태계의 범지구적인 총합

### (2) 생태계의 구성요소

1) 비생물적 요소(환경적 요소)
① 물리적 환경요소 : 빛, 대기, 온도, 토양, 기후 등
② 화학적 환경요소
㉠ 무기물 : $CO_2$, $O_2$, C, H, O, N, P, S, $H_2O$ 등
㉡ 유기물 : 생물과 무생물을 연결하는 단백질, 탄수화물, 지방, 비타민 등

2) 생물적 요소
① 생산자(producer, 독립영양생물)
㉠ 태양에너지를 받아 무기물로부터 영양물질(유기물, 식량) 생산
㉡ 녹색식물, 녹조류, 남조류, 식물성 플랑크톤, 수소세균, 황세균, 탈질 산화세균
② 소비자(종속영양생물, heterotroph)=거대소비자(macroconsumer)
㉠ 다른 생물이나 유기물을 섭취하여 에너지를 얻는 중간단계 생물
㉡ 1차 소비자(초식동물), 2차 소비자(육식동물), 3차 소비자(거대 육식 동물)
㉢ 동물, 원생동물(동물성 플랑크톤)
③ 분해자(decomposer)=미세소비자(microconsumer)
㉠ 사체 등의 유기물을 무기물로 분해
㉡ 생산자가 이용할 수 있게 하거나 소비자가 섭취할 먹이 공급
㉢ 물질순환의 원동력, 인공합성물질 분해 불가능
㉣ 세균 및 균류(곰팡이, 버섯), 미생물, 지렁이 등

**환경적 요소**
생물의 생활범위를 결정하는 중요한 요소로 생물이 생명활동을 활발히 할 수 있는 환경조건을 '최적조건'이라하고, 환경요인에 대해서 특정 생물종의 생존가능 범위를 '내성범위'라 한다.

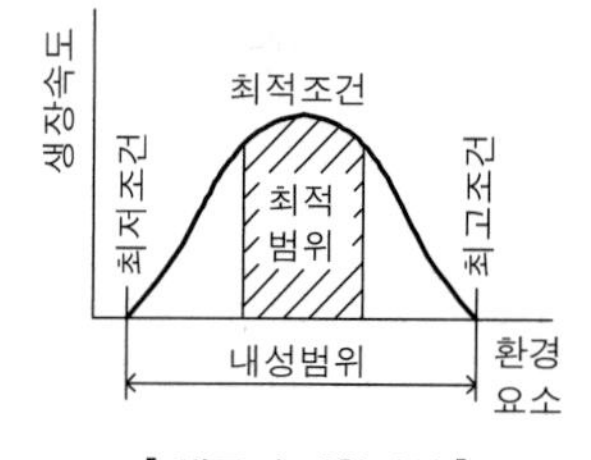

[ 생물의 생활범위 ]

## 3. 생태계의 물리적 요소

### (1) 빛

① 생물에너지의 근원으로 빛의 강도, 빛의 성질(파장), 일장(일조시간)에 적응하며 생존
② 필요 광에너지 : 광합성 유효파장(방사)
③ 탄소동화작용(광합성) : 식물이 살기 위해 행하는 작용으로 탄산가스, 물, 광에너지 필요
㉠ 광합성작용 : $6CO_2+12H_2O+$일광에너지 → $C_6H_{12}O_6+6O_2+6H_2O$
㉡ 기본 산화·환원반응 : $CO_2+2H_2A \rightarrow (CH_2O)+H_2O+2A$

**식물생육의 직접적 요소**
① 빛(방사에너지)
② 물
③ 온도

❖ 광합성 유효파장(Photosynthetically Active Radiation ; PhAR)

태양방사에 의한 빛은 약 반이 가시광선이고 나머지는 근적외선에 속한다. 태양방사의 대부분은 대기의 오존층에 흡수되고 극히 소량만이 지표에 도달된다. 지표면에 도달된 햇빛은 300nm의 자외선으로부터 4,000nm의 적외선까지의 파장으로 구성되어 있는데 이중 가시광선(400~700nm)만이 광합성에 이용되며 이를 '광합성 유효파장'이라 하는데 총 입사에너지의 45~50%를 차지한다. 즉 지구상에 생존하는 모든 생물체의 궁극적 에너지원이라 할 수 있다.

❖ 엽록소-a (chlorophyll-a)

① 엽록소의 종류 가운데 하나이다. 엽록소는 초록색을 띠며 청색광(400~450㎚)과 적색광(650~680㎚)을 받아들일 수 있다.
② 세균을 제외한 모든 광합성 생물에 존재하며, 특히 수계 환경 내의 식물 플랑크톤 세포에서 가장 보편적이고 많이 분포한다.
③ 고등식물이 공통으로 가지는 '엽록소-a'는 모든 해양식물이 가지고 있으며, 해양의 먹이사슬은 광합성 산물로 시작되기 때문에 광합성은 무척 중요하다.

### 1) 광주기성(photoperiodism)=일주율, 일장효과(日長效果)

① 일조시간의 주기적 변동에 따라 생물의 물질대사·발육·생식·행동 등 생체의 반응성이 달라지는 성질
② 명암의 교대나 온습도가 일정한 환경에서도 일정하게 나타남
③ 식물의 꽃눈분화, 동물이나 곤충·어류·조류 등에서는 번식이나 휴면 등 여러 가지 생리활동이나 행동이 빛의 명암주기에 반응
  ㉠ 단일식물 : 밤의 길이가 일정시간 이상 길어지면 개화하는 식물 -벼, 옥수수, 콩, 담배, 코스모스, 국화, 나팔꽃 등
  ㉡ 장일식물 : 밤의 길이가 일정시간 이상 짧아지면 개화하는 식물 -보리, 밀, 감자, 시금치, 누에콩, 상추 등
  ㉢ 중일식물 : 일장시간에 둔감하여 광주기와 상관없이 개화하는 식물 -강낭콩, 고추, 토마토, 튤립 등
④ 생물학적 시계 : 생물이 일주율로 시간을 감지하는 현상

### 2) 낮은 광조도의 영향

① 빛이 많이 들어오지 않는 지역에 사는 음지식물이나 음지잎 선택
② 호흡률을 낮추고, 잎의 크기를 증가시키며, 잎면적당 광합성률 증대
  ㉠ 호흡률 : 호흡에 의해 손실되는 탄소의 양을 줄여 보상점을 낮춤
  ㉡ 잎면적 : 잎의 면적을 넓혀 많은 양의 빛 흡수
  ㉢ 광합성률 : 보다 많은 엽록소를 보유하여 빛에 민감하게 반응
③ 양지(감응성)식물 : 다른 식물의 그늘에서 생존하거나 자라지 못하는 식물로 생존하기 위해서 그늘지지 않은 개방된 서식지 필요

**◘ 파장에 따른 전자기파의 분류**

태양빛은 파장에 따라 'γ선→X선→자외선→가시광선→적외선→전파'로 파장의 크기에 따라 연속적인 스펙트럼으로 나타낼 수 있다.

**◘ 일주율**

생물적 활동만이 24시간 주기가 아니고, 세포분열이나 효소 분비와 같은 생리적 활성도 일주기를 나타낸다. 이러한 현상은 명암의 교대가 없고, 온도나 습도가 일정하게 유지된 환경에서도 일정하게 나타나는데 이러한 주기성을 말한다.

**◘ 광해(光害)**

빛으로 생긴 부(마이너스)의 영향을 말한다. 야간의 빛은 주광성 곤충류를 유인하여 서식을 위협하고 야행성 곤충을 서식할 수 없게 하여 꽃가루를 이동할 곤충이 없어져 식물이 번식할 수 없게 되기도 하며, 야간의 빛이 반딧불이의 점멸보다 밝아지면 반딧불이의 번식을 저하시키기도 한다.

**◘ 호흡작용**

동·식물의 생체유지 및 성장에 필요한 에너지를 사용하는 것을 말한다.

**◘ 광합성률**

일반적인 생물권의 평균 광합성 효율은 약 20%로 본다.

④ 음지(내음성)식물 : 감응성 식물과 반대로 다른 식물의 그늘에서 살거나 자랄 수 있는 식물

⑤ 중용수 : 음성과 양성의 중간 성질을 가진 수목

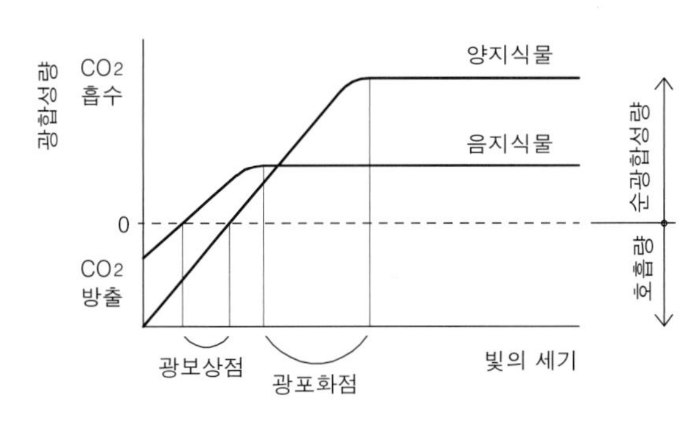


**[ 식물의 광합성 곡선 ]**

**▫ 광보상점**

광합성속도와 호흡속도가 같아지는 점으로, 광합성을 위한 $CO_2$의 흡수와 호흡으로 방출되는 $CO_2$의 양이 같아질 때의 빛의 세기를 말한다. 광보상점의 상태가 지속될 경우 식물은 성장하지 않는다.

**▫ 광포화점**

빛의 강도가 높아짐에 따라 광합성의 속도가 증가하나 광도가 증가해도 광합성량이 더 이상 증가되지 않는 포화상태의 광도를 말하며, 식물의 생육에 영향을 미치는 광도는 광보상점과 광포화점 사이에 있다.

## (2) 물

### 1) 물의역할

① 구성물 : 생체량의 약 50~90%의 구성물로 세포의 기본구조 역할

② 용매 : 기체, 무기염류, 당 등이 녹아 식물로 흡수될 수 있고 또한 다른 세포가 이용할 수 있도록 하는 역할

③ 반응물 : 광합성과 가수분해 반응 등 많은 물질대사에서 기질로 사용

④ 팽압유지 : 초본식물이 시들지 않고 꼿꼿이 서있게 하는 데 필요한 요소

⑤ 체온조절 : 높은 비열로 온도변화에 대한 완충효과

### 2) 수분스트레스에 대한 식물의 순화

① 가뭄도피형 : 가뭄이 시작되기 전에 생활사를 급히 끝마침으로 전혀 수분스트레스를 경험하지 않고 피하는 종

② 가뭄회피형 : 수분스트레스를 줄이기 위하여 수분손실을 최대한 줄이거나 수분흡수를 촉진하는 방법을 통하여 회피하는 식물

㉠ 수분손실을 줄이는 방법 : 기공을 닫음, 두꺼운 큐티클층, 잎 표면적 감소, 뿌리의 변화, CAM

㉡ 물의 흡수를 촉진하는 방법 : 도관의 증가, 뿌리의 변화, 낮은 삼투압, 이슬 흡수, 잎에 저장

③ 가뭄내성형 : 수분스트레스에 의해 낮아진 수분포텐셜을 견뎌내는 종

㉠ 탈수회피형 : 수분포텐셜은 감소하지만 팽압을 유지함으로써 생장

㉡ 탈수내성형 : 수분포텐셜와 팽압의 감소까지 견디는 식물

**▫ CAM(Crassulacean Acid Metabolism 크래슐산 대사)**

주로 밤 동안 기공을 열어 광합성에 필요한 $CO_2$를 말산에 고정하여 저장하였다가 명반응이 가능한 낮 시간에 이를 이용하여 포도당을 생산하는 식물이다. 예)사막의 선인장류, 다육질 식물, 돌나물과 식물 등

### 3) 물의 순환

① 물의 순환은 증발을 일으키는 태양에너지가 주도

② 증발된 수분은 강우 및 유수를 통하여 바다와 대기권으로 이동

③ 물의 증발은 바다에서의 증발이 가장 많음

④ 육상생태계를 유지하는 강우량의 상당부분이 바다로부터 증발된 수분의 일부(약 11%)가 내리는 것
⑤ 열대우림의 경우에는 삼림이 강우에 큰 영향을 줌

### (3) 온도

① 생물의 분포와 생리에 영향을 미치는 가장 중요한 환경요인
② 식물들의 최적온도와 견딜 수 있는 온도의 범위는 종에 따라 상이
③ 최적온도 : 단백질의 변형이 일어나지 않는 범위의 온도 −약 15~25℃
④ 온도변화에 대하여 수서생물보다 육상생물이 더 잘 적응

**◘ 온도와 습도**
온도와 습도는 지구에 살고 있는 생물의 분포를 제한하는 두 가지 지배적 제한인자이다. 생활환의 모든 단계에서 작용하며, 생존, 생식, 성장, 타종과의 상호작용(경쟁, 포식, 기생, 질병) 등의 여러 가지 요소에 영향을 미쳐 생물종의 분포를 제한한다. 빛과 산도(pH) 등 물리적 화학적 인자들도 식물과 동물의 분포에 영향을 주지만 그 영향은 국지적이다.

#### 1) 온도의 영향

① 낮은 온도의 영향
㉠ 냉해 : 세포, 조직, 기관의 파괴 등 보통 10℃ 정도의 온도에서도 발견
㉡ 직접적 피해 : 괴사, 탈색, 조직의 파괴, 생장의 감소, 종자 발아 실패 등
㉢ 간접적 피해 : 생산량 감소, 추수시기의 연장, 광합성의 감소, 뿌리의 물 흡수량 감소 등
② 고온의 영향
㉠ 광합성률 감소, 호흡의 증가, 세포막 파괴, 세포 내 물질대사 교란에 의한 괴사, 잎의 황백화, 황색반점 등
㉡ 잎의 배열과 각도조절, 잎의 큐티클 층과 털로 반사조절, 증산작용 등으로 순화

**◘ 큐티클층(cuticle layer)**
식물의 줄기나 잎, 특히 잎의 표피조직 표면에 잘 발달된 큐틴의 퇴적층이다. 큐틴이란 지방 또는 납질의 물질로서 식물의 잎으로부터 수분증산, 병원균의 침입 등을 막아 식물을 보호하는 중요한 기능을 한다.

#### 2) 온도에 대한 적응

① 베르그만의 법칙(Bergmann's rule)
㉠ 항온동물은 같은 종일 경우 추운 곳에 살수록 일반적으로 몸의 크기가 크다는 법칙
㉡ 추운 지방에 사는 종은 몸의 크기가 클수록 표면적비가 작아져서 체온유지에 유리
㉢ 더운 지방에 사는 종은 몸의 크기가 작을수록 유리
㉣ 몸집의 크기 : 사막여우<붉은여우<북극여우
② 알렌의 법칙(Allen's rule)
㉠ 항온동물의 경우 추운 곳에 사는 종이 따뜻한 곳에 사는 종에 비해 귀, 코, 팔, 다리와 같은 몸의 말단(돌출)부위가 작다는 법칙
㉡ 추운 곳에 사는 종은 몸의 말단부위가 작아야 표면적비가 작아져서 체온유지에 유리
㉢ 더운 곳에 사는 종일수록 몸의 말단부위가 커야 유리
㉣ 귀의 크기 : 사막여우>붉은여우>북극여우
③ 식물의 경우 세포의 물리화학적 변화나 잎을 떨어뜨려 추위 극복
④ 변온동물의 경우 동면이나 혈액의 빙점을 낮춰 추위 극복

⑤ 다람쥐, 곰 등 일부 항온동물의 경우도 겨울잠으로 추위 극복

❖ 베르그만의 법칙과 알렌의 법칙

항온동물은 에너지를 사용하여 체온을 일정하게 유지한다. 추운 곳에 사는 종은 주변으로 발산되는 몸의 열을 최소화하는 것이 필요하고, 더운 곳에 사는 종의 경우 물질대사 활동에 의해 발생하는 열을 주변으로 발산해야 한다. 이와 같은 원리로 추운 곳에 사는 동물과 더운 곳에 사는 동물의 체구(베르그만의 법칙)에 차이가 나타나고, 몸의 돌출부(알렌의 법칙)에 차이가 있다는 것을 제시한 것이다.

### (4) 토양

#### 1) 토양의 단면(soil depth profile)

① Ao층(유기물층, organic) : 낙엽과 그 분해물질 등 대부분이 유기물로 되어 있는 층

② A층(표층·용탈층, top soil) : 광물토양의 최상층으로 외계와 접촉되어 직접적 영향을 받는 층

㉠ 강우량에 의해 용해성 염기류가 용탈되나 낙엽을 통해 새로이 유입

㉡ 낙엽의 분해생산물이 삼투수와 함께 유입되어 흙갈색으로 착색

㉢ 양분이 풍부하고 미생물과 뿌리의 활동이 왕성

③ B층(집적층, subsoil) : 외계의 영향을 간접적으로 받으며, 표층으로부터 용탈된 물질이 쌓이는 층

㉠ A층에 비하여 부식함량이 적어서 황갈색 내지 적갈색을 보임

㉡ 모재의 풍화가 충분히 진행된 갈색토양

④ C층(모재층, parent material) : 외계로부터 토양생성작용을 받지 못하고 단지 광물질만이 풍화된 층

⑤ D층(R층, bedrock) : 기암층 또는 암반층

◘ 토양의 단면

토양을 수직 방향으로 자른 단면으로 토양의 생성, 판정과 분류 등의 자료로 활용한다.

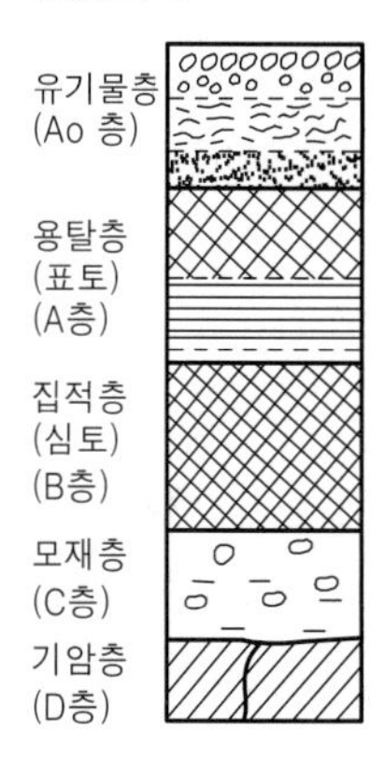


[ 토양의 단면 ]

◘ 표토(top soil 또는 surface soil)

일반적으로 표토라고 하면 0~10㎝ 전후의 토양을 의미하며, 보통 토양의 수직단면(soil profile)에서 A층에 해당한다. 토양의 층서가 잘 발달한 경우에는 A층이 15㎝ 이상인 경우도 있지만 우리나라의 경우는 대부분 10㎝ 정도까지를 표토로 인식하고 있다.

◘ 부식(humus)

토양 속에서 분해나 변질이 진행된 유기질로 부드러우며, 토양 내의 공극형성으로 공기와 보수력, 보비력이 증가하며, 토양의 입단화(단립화 團粒化)로 물리적 성질을 개선하여 토양미생물의 에너지 공급원으로 유기물의 분해를 촉진시켜 식물에 유용한 양이온치환능력이 매우 높고, 토양 내 위해성분, pH의 급격한 변화 등에 대한 완충능력을 증대시키므로 토양산성화를 막아 작물의 생육을 돕는다.

#### 2) 토양수분(토양용액)

① 결합수(화합수, pF7 이상) : 화학적으로 결합되어 있는 물로서 가열해도 제거되지 않고 식물이 직접적으로 이용할 수 없는 물

② 흡습수(pF4.5~7) : 토양입자 표면에 피막처럼 물리적으로 흡착되어 있는 물로서 가열하면 제거할 수 있으나 식물이 직접적으로 이용할 수 없는 물

③ 모관수(유효수분, pF2.54~4.5) : 흡습수의 둘레를 싸고 있는 물로서 표면장력에 의해 공극 내에 존재하며, 식물에 유용한 물
④ 중력수(pF2.54 이하) : 토양의 큰 공극을 채우고 있는 물로서 중력에 의하여 토양입자로부터 유리되어 지하수원이 되는 물
⑤ 일시위조점(초기위조점) : 토양수분이 점차 감소됨에 따라 식물이 시들기 시작하는 수분량으로 습도가 높은 대기 중에 두면 다시 회복됨
⑥ 영구위조점(위조계수) : 일시위조점을 넘어 계속 수분이 감소해 포화습도의 공기중에 두더라도 식물이 회복되지 않는 수분량으로 유효수분의 하한 – 흡착력 15bar(pF4.2)
⑦ 포장용수량 : 토양의 비모세관 공극을 채우고 있던 중력수가 빠져나가고 모세관 공극을 채운 물만 남아 있는 상태로 유효수분의 상한 –흡착력 1/3bar(pF2.54)
⑧ 유효수분량 : 식물이 고사되지 않고 이용할 수 있는 수분량(L/㎥)

·포장용수량–위조점 수분량=유효수분량

**토양 3상**
① 고체상: 50%(광물질 45%, 유기물 5%)
② 액체상: 25%(물)
③ 기체상: 25%(공기)

**이효성 유효수분**
일반적으로 pF2.54(포장용수량)와 pF4.2(영구위조점)의 수분량의 차를 이효성 유효수분이라고 한다. 유효수분량은 80L/㎥ 이상이 바람직하다.

### 3) 토양·양분 및 식물생육과의 관계
① 토양의 물리적 성질
㉠ 토성 : 입경에 의한 분류로 모래, 미사, 점토의 함유비율로 토성을 결정하며, 토양에 흡수된 양분의 양과 직접적인 관계를 가짐
㉡ 토심 : 수목이 이용할 수 있는 양분과 수분보유능력 결정
㉢ 토양구조 : 토양입자의 배열상태에 따라 근계의 발달과 양분흡수, 통기성, 투수성 등에 관계
② 토양의 화학적 성질
㉠ 식물생육에 필요한 원소는 거의 토양에서 흡수
㉡ C 및 O는 $CO_2$의 상태로 흡수되며 O는 대기나 토양에서 흡수
㉢ 미량원소는 소량으로 요구되나 다른 원소로 대체 불가능

**식물의 원소(16)**
탄소(C), 수소(H), 산소(O), 질소(N), 인(P), 칼륨(K), 칼슘(Ca), 마그네슘(Mg), 황(S), 철(Fe), 망간(Mn), 붕소(B), 아연(Zn), 구리(Cu), 몰리브덴(Mo), 염소(Cl)

**식물생육 필수원소**
① 다량원소 : 탄소(C), 수소(H), 산소(O), 질소(N), 인(P), 칼륨(K), 칼슘(Ca), 마그네슘(Mg), 황(S)
② 미량원소 : 철(Fe), 망간(Mn), 붕소(B), 아연(Zn), 구리(Cu), 몰리브덴(Mo), 염소(Cl)

## (5) 산불
### 1) 산불의 종류
① 지표화(surface fire)
㉠ 지상부만 태우는 화재로 진화가 비교적 용이
㉡ 불길의 강도가 낮고 비교적 빠른 속도로 진전하므로 수목의 피해 낮음
㉢ 화재에 대한 내성이 강한 식물의 발전에 도움
㉣ 식물의 생장에 곧 이용이 가능한 무기영양소 생성
② 수관화(crown fire)
㉠ 불길이 수관으로 번져 주위의 수관에 연속적으로 전파

ⓒ 지표화가 강한 불꽃을 만들 때 시작되고, 빠른 속도로 확산되면서, 수목의 윗부분을 태우고 목본을 포함한 대부분의 식생을 파괴
ⓒ 불길이 강하여 큰 수목에 피해가 크고 진화 곤란
ⓓ 활엽수림보다는 침엽수림에서 주로 발생

③ 지중화(ground fire)
㉠ 땅속의 유기물층에서 산소가 부족하여 서서히 연소되는 화재
㉡ 이탄층이 발달한 지역의 산림이나 낙엽층이 두터운 냉온대림에서 발생
㉢ 연소속도는 느리나 진화 곤란

2) 산불의 영향
① 씨앗을 발아시켜 종다양성 증대
② 불에 강한 식물들이 불에 약한 식물 대체
③ 밀도의 감소로 인한 간벌효과와 양지식물의 성장촉진
④ 토양의 침식 및 토양양분의 농도증가, 산도(pH) 증가
⑤ 표토의 유실로 해안, 호수 등에 부영양화 유발, 생태계 변화 초래
⑥ 초본류는 산불에 비교적 적응하여 복원력이 교목보다 우세

## 4. 생태계의 제한요인

### (1) 리비히(J.V. Liebig)의 최소량의 법칙(law of minimum, 최소양분율)
① 어떤 생물학적 과정이든지 그 속도는 필요량 대비 최소량으로 존재하는 하나의 인자에 의해 제한된다는 법칙
② 생물이 가지는 내성 또는 적응의 가장 좁은 범위의 인자(제한요인)가 그 생존을 제한한다는 법칙
③ 원소 또는 양분 중에서 가장 소량으로 존재하는 것이 식물의 생육 지배
④ 어떤 원소가 최소량 이하이면 다른 원소가 아무리 많아도 생육 불가능

### (2) 쉘포드(V. Shelford)의 내성의 법칙
① 어떤 종의 지리적 분포는 생물체가 가장 좁은 범위에 있는 환경인자에 의하여 조절된다는 법칙
② 생물체는 고유의 환경요인을 갖고 있으며 적합한 범위 내에 있어야 생장할 수 있다는 이론
③ 환경요소는 부족한 것뿐만 아니라 과다한 것도 개체군의 크기 제한

### (3) 오덤(E.P. Odum)의 결합의 법칙
① 리비히의 '최소량의 법칙'과 쉘포드의 '내성의 법칙' 결합
② 생물의 생존은 최소 요구의 대상이 되는 물질이나 한계적인 물리적 여러 조건의 양 및 불안정성에 의거한다고 주장

**생태계 물리적 제한요인**
① 빛(방사에너지)
② 물
③ 온도

**내성범위**
비생물적 환경요인(물, 온도, 빛, 토양 등)은 생물체가 살아가는데 있어서 최고치(고치사유발점)와 최저치(저치사유발점)가 있으며, 그 사이의 범위를 내성범위라고 한다. 생물은 내성범위의 중앙인 '최적범위'에서 가장 잘 자란다. 내성의 범위가 넓은 종은 넓은 지역에 분포가 가능하고, 내성이 좁은 생물체의 존재를 통해서는 환경조건을 판단하는 '지표종'으로 삼을 수 있다.

### (4) 블랙만(F.F. Blackmann)의 한정요인설

① 광합성 속도는 광합성에 영향을 미치는 여러 가지 요인 중에서 최저 상태로 존재하는 요인에 의해 결정된다는 이론

② 광합성 제한요인 : 빛(세기, 파장, 일조시간), 온도, 이산화탄소, 물 등

㉠ 빛과 이산화탄소가 충분할 경우에는 온도가 한정요인

㉡ 온도가 일정하고 이산화탄소가 충분할 경우에는 빛의 세기가 한정요인

㉢ 온도가 일정하고 빛이 충분할 경우에는 이산화탄소 농도가 한정요인

**밴크로프트(Bancroft)의 법칙**

생물이 부족한 조건하에서 조정반응을 통하여 살아가는 법칙으로 물이 적은 곳의 식물은 물이 많은 곳의 식물보다 뿌리가 더욱 발달하는 경우에 해당한다.

## 5. 생태계의 기능

### (1) 생태계의 기능적 구성요소

**1) 에너지 회로(energy circuit)**

① 생태계 내 에너지 흐름

② 초식회로 : 살아있는 식물을 직접 소비

③ 부니(유기물 잔재)회로 : 죽은 동식물 분해 –생물계와 비생물계 연결

**2) 먹이사슬(food chain)**

① 생태계 내 생물 간의 먹고 먹히는 관계의 표현

② 먹이망(food web) : 실제적으로 복잡하게 나타나는 망상구조 표현

**3) 영양염류 순환(nutrient)**

① 생태계 내 원형질의 모든 원소는 환경에서 생물로 다시 환경으로 순환

② 생태계의 물질순환은 생물이 주도권 보유

**4) 시·공간적 다양성**

생태계는 시간적, 공간적으로 다양한 형태 출현

**5) 발달과 진화**

생태계는 생물적, 무생물적 구성요소의 상호작용에 의해 보다 안정되고 균형 잡힌 상태로 발달하며 진화

**6) 제어(control)**

① 생태계는 스스로 제어할 수 있는 능력이 있어 안정된 특성을 가짐

② 생물종 다양성의 전제하에 생태계의 항상성이 유지됨

**생태계의 기능적 구성요소**

① 에너지 회로
② 먹이사슬
③ 영양염류 순환
④ 시·공간적 다양성
⑤ 발달과 진화
⑥ 제어

### (2) 가이아(Gaia) 가설(J. Lovelock)

① 지구를 환경과 생물로 구성된 하나의 유기체, 즉 스스로 조절되는 하나의 생명체로 소개한 이론

② 생물권은 자동조절적(cybernetic) 또는 제어적인 계(系)로 봄

③ 생물권은 화학적·물리적 환경을 능동적으로 조절 가능

④ 원시대기에서 이차대기(현재의 대기)로의 변화는 생물적 산물

# 2 생태계의 물질순환 및 에너지 이동

## 1. 생태계 내의 에너지 이동

### (1) 열역학 법칙

#### 1) 열역학 제1법칙(에너지보존의 법칙)

① 에너지는 창조되거나 소멸되지 않고 한 가지 형태에서 다른 형태로 전환된다는 이론

② 과정 전과 후의 에너지를 양적(量的)으로 규제하는 법칙

③ 빛에너지는 파괴되지 않으며 조건에 따라 일·열 등으로 전환

#### 2) 열역학 제2법칙(엔트로피의 법칙)

① 에너지는 사용할 수 있는 것에서 사용할 수 없는 에너지(엔트로피)로 전환된다는 이론

② 에너지의 흐름은 엔트로피가 증가하는 방향으로 흐름

③ 열역학 제1법칙과 다른 비가역적 현상 해명

④ 에너지가 흐르는 방향을 규제하는 성격의 법칙

### (2) 생태계 에너지의 흐름 및 성질

① '빛에너지→화학에너지→열에너지'의 순으로 전환

② 광합성으로 유기물에 저장된 에너지의 일부는 녹색식물의 호흡에 이용

③ 영양단계를 거치며 에너지 전환이 일어나 점차 감소 -엔트로피 증가

④ 고사한 식물체나 초식동물이 소화할 수 없는 에너지는 분해자가 이용

⑤ 영양단계에 따라 에너지의 양은 감소하나 이용효율은 일반적으로 증가

⑥ 에너지는 단일 방향으로 흐르고 열로써 분산되어 시스템 밖으로 소실

⑦ 태양에너지의 지속적인 유입만이 생태계의 지속적인 작동 가능

## 2. 일차 생산량 및 이차 생산량

### (1) 물질의 생산

① 광합성 : 태양에너지를 화학에너지로 전환하는 것

$$6CO_2+12H_2O+\text{태양에너지}\rightarrow C_6H_{12}O_6+6O_2+6H_2O$$

② 호흡 : 생존 활동을 위해 에너지를 사용하는 것

$$C_6H_{12}O_6+O_2+\text{대사에너지}\rightarrow CO_2+H_2O+\text{활동 및 생존에너지}$$

③ 보상점 : 대사 평형상에서 광합성과 호흡 일치점 -식물생장 불가능

**◘ 에너지 및 물질의 흐름**

생태계에 있어서 에너지는 물질과 함께 이동한다. 물질은 환경과 생물의 사이를 순환하지만 에너지는 일방적으로 이동되어 시스템 밖으로 소실되는 비가역적 현상이다.

**◘ 엔트로피(entropy)**

1865년 클라우지우스(R.E. Clausius)에 의해 제시된 '우주의 에너지는 일정하며, 엔트로피는 항상 증가한다'라는 개념으로, 가용할 수 있는 에너지(농축된 형태)는 일정한 방향으로만 움직이기 때문에 무용한 상태(무질서한 분산된 형태)로 변화한 자연현상이나 물질의 변화는 다시 되돌릴 수 없다는 것이다. 즉 다시 가용할 수 있는 상태로 환원시킬 수 없는, 무용의 상태로 전환된 질량(에너지)의 총량을 '엔트로피(entropy)'라고 한다.

**◘ 에머지(eMergy)**

어떤 형태의 에너지가 다른 형태의 에너지로 발전되는 데 필요한 양의 비로서 에너지 농도 또는 질을 표현하기 위한 수단으로 만들어진 개념이다. 이는 서비스나 생산물을 만들기 위해 직접 또는 간접적으로 이미 사용된 이용 가능한 에너지로 정의된다. 즉 사용된 에너지의 감소와 함께 에너지의 농도가 증가한다는 것이다.

### (2) 물질 생산력(생산량)

**1) 1차 생산량(Primary Productivity ; PP)**

① 1차 생산자(식물)가 생체량(유기물)을 생성하는 비율
② 식물이 광합성을 통하여 생산한 유기물량
③ 태양에너지가 유기화합물 속에 저장되는 양
④ 태양광이 줄어들면 1차 생산력 감소
⑤ 빛의 강도가 높아질수록 광합성효율 감소

**2) 총 1차 생산량(Gross Primary Productivity ; GPP)**

① 일정 기간 동안 생산자가 취득한 광합성에너지의 총량
② '총광합성' 또는 '총동화량'이라고도 지칭
③ 총 1차 생산력의 일부분은 식물의 호흡에 사용

**3) 순 1차 생산량(Net Primary Productivity ; NPP)**

① 총 1차 생산량에서 생산자의 호흡량을 뺀 것
② 종속영양생물이 소비할 수 있는 생물량
③ '표면광합성' 또는 '순동화량'으로도 지칭

**4) 2차 생산량(Secondary Productivity ; SP)**

① 종속영양생물이 생체량을 생성하는 비율
② 소비자 단계에서 윗 단계의 먹이로 사용될 수 있는 에너지 저장량
③ 유기물의 생산이 아닌 에너지의 전환 -총생산이나 순생산의 의미 없음

**5) 순군집생산량(Net Community Productivity ; NCP)**

① 생물군집 내의 생산자와 소비자가 필요한 모든 양분을 취하고 남은 양
② 군집의 호흡량을 초과하여 축적되는 생산량
③ 총광합성량(P)과 총호흡량(R)의 비율(P/R 비)
㉠ P/R=1 : 안정상태의 군집, 열대우림 등
㉡ P/R>1 : 독립영양군집, 천이 초기군집, 강의 중류 등
㉢ P/R<1 : 종속영양군집, 강의 상류 등

> 생산량 산정
>
> ·총 1차 생산량(GPP)=생산자 호흡량+순 1차 생산량(NPP)
>
> ·순 1차 생산량(NPP)=총 1차 생산량(GPP)-생산자 호흡량
>
> ·순 군집 생산량=순 1차 생산량(NPP)-소비자 호흡량
>
> ·생장량=순 1차 생산량(NPP)-손실량
>
> ·손실량=고사량+피식량

**◘ 1차 생산량의 분포**

일반적으로 극지에서 온대를 거쳐 열대로 갈수록 생산력이 증가하는 경향이 있다. 위도에 따라 이러한 경향이 나타나는 것은 광선과 온도가 군집의 생산력을 제한하는 요소이기 때문이다. 그러나 좁은 범위에서는 다른 요인이 생산력을 제한할 수 있는데 바다에서는 양분 부족으로, 초지와 사막에서는 물 부족으로 생산력이 낮다.

**◘ 순 1차 생산량 순서**

연안>산림>농경지>초원>호수>사막

**◘ 우리나라의 순 1차 생산력(NPP)**

식물군락이 갖는 우리나라와 일본의 순 1차 생산력은 약 10~15t/ha/년

❖ 대사회전율과 회전시간

대사회전율이란 일정시간 내에 그 생물량의 몇 %가 교체되는가를 나타내는 것이고 대사회전시간이란 생물량 전체가 교체되는 데 걸리는 시간이다.

$$\cdot \text{대사회전율} = \frac{\text{성장증가량}}{\text{현생물량}} \times 100(\%)$$

$$\cdot \text{대사회전시간} = \frac{\text{현생물량}}{\text{성장증가량}}$$

### (3) 1차 생산력의 측정법

① 수확법 : 1년생 식물, 경작식물

② 산소측정법 : 수중의 생산력측정에 적합

③ 이산화탄소법 : 육상에서 적합

④ pH법, 원료소실법, 방사성물질법, 엽록소법 등

### (4) 정규화식생지수(Normal Distribution Vegetation Index ; NDVI)

① 위성으로 녹지도(greeness)를 측정하여 그것으로부터 육상식물에 존재하는 엽록소 양에 대응하는 NDVI 취득

② 값의 단위는 없으며 −1에서 +1의 범위로 +1에 가까울수록 식생의 분포량과 활동성이 큰 것을 의미

정규화 식생지수($NDVI$)

$$NDVI = \frac{\text{근적외선 반사값} - \text{가시광선 반사값}}{\text{근적외선 반사값} + \text{가시광선 반사값}}$$

◘ 엽면적지수(LAI, Leaf Area Index)와 비엽면적(SLA, Specific Leaf Area)

엽면적지수는 식물군락의 엽면적을 그 군락이 차지하는 지표면적으로 나눈 값으로 군락의 생산성 등 생장해석에 이용되며, 일사량과 군락의 수광상태에 따라서 달라진다. 비엽면적은 엽면적의 건조중량에 대한 비율로 비엽면적은 강한 햇빛을 받으면 잎이 두껍고 무거워져 작아지고, 약한 햇빛을 받으면 잎이 얇고 가벼우므로 커진다. 따라서 강한 햇빛을 받으면 엽면적지수가 작아지고, 약한 햇빛을 받으면 엽면적지수가 커진다.

### (5) 대양의 1차 생산력

① 육지와 비교하여 대양은 생산력이 아주 낮음

② 지역적으로 양분의 유입에 따라 1차 생산력이 높은 곳도 발생

㉠ 강의 하구로부터 양분이 대륙붕으로 유입되는 곳

㉡ 대양에서의 용승(upwelling)이 일어나는 지역

◘ 대사회전

생체중의 구성물질이 합성과 분해에 의하여 교체되는 현상을 말하며, 대사회전하면서 외견상 일정한 상태에 있는 것을 동적평형(dynamic equilibrium)이라고 한다.

◘ 현존량(standing crop 현생물량)

어떤 시점에서 생태계 내의 일정한 면적이나 공간에 존재하고 있는 생물의 총량으로 단위 면적 또는 부피에 따라 건중량으로 나타낸다.

「생산력 측정법」에 대한 내용은 [생태조사방법론–물질 생산량 조사] 참조

◘ 정규화식생지수

식생지수는 단위가 없는 복사값으로 녹색식물의 상대적 분포량과 활동성, 엽면적지수, 엽록소 함량, 엽량 및 광합성 흡수, 복사량 등과 관련된 지표로 사용된다.

◘ 용승(upwelling)

지구의 자전, 해류의 흐름, 지형 등의 요인으로 저층의 수괴가 상층으로 유입되어 형성되는 것으로 영양이 풍부한 저온의 하층수 때문에 식물성 플랑크톤의 생산이 증가한다. 이에 따라 종속생물이 번성하게 되므로 생산력이 높은 어장이 생긴다.

## 3. 먹이사슬 및 영양단계

### (1) 먹이연쇄(C.S. Elton)

① 식량에너지가 독립영양생물에서 시작되어 일련의 종속영양생물인 소비자를 거쳐서 전달되는 과정

② 먹이사슬(food chain) : 포식과 피식의 단순한 수직적 관계를 나타내는 것 −통상 4~5단계로 한정

③ 먹이망(food web, 먹이그물) : 독립된 것이 아니라 포식과 피식을 포함한 다양한 상호관계를 가지고 먹이연쇄가 서로 얽혀져 있는 상태

④ 먹이연쇄는 발전단계에서는 직선적이고 초식먹이 연쇄가 우세하나 성숙단계에서는 망상이고 부니연쇄가 우세

⑤ 모든 생물이 먹이연쇄를 이루고 있어 생태평형 유지 가능

**먹이연쇄 유형**

① 포식(초식)먹이연쇄 : 녹색식물로부터 시작하여 초식동물 그리고 육식동물로 이어지는 연쇄를 말한다.

② 잔해(부니)먹이연쇄 : 생물의 사체나 배설물로부터 기인하는 비생물적 유기물질이 미생물에게 먹히고 다음으로 잔해를 섭취하는 생물과 그 포식자로 이동되는 연쇄를 말한다. 대부분 생태계의 주요 에너지 흐름은 부니계로 운행된다.

### (2) 영양단계

① 태양계로부터 같은 단계를 거쳐 양분을 공급받는 생물들의 순서를 정한 것

② 영양단계의 구분은 종의 분류가 아닌 기능의 분류

③ 하나 또는 둘 이상의 영양단계를 점유하는 종도 발생

영양단계 분류

| 생산자 및 소비자 | 영양단계(기능의 분류) | 생물 |
|---|---|---|
| 생산자 | 제1 영양단계 | 녹색식물 |
| 1차 소비자 | 제2 영양단계 | 초식자 |
| 2차 소비자 | 제3 영양단계 | 포식자,곤충 |
| 3차 소비자 | 제4 영양단계 | 상위 포식자, 곤충 |

### (3) 생태적 피라미드(C. S. Elton)

영양구조와 기능은 그래프에 의해 나타낼 수 있으며 생산자를 기반으로 연속되는 단계는 정점을 향하는 피라미드 형태로 나타남

**1) 개체수 피라미드**(pyramid of number, **개체**/㎡)

① 각 영양단계를 차지하는 생물의 단위면적당 개체수로 표시

② 대부분이 피라미드 형태지만 종종 역피라미드 형태도 나타남

**2) 생체량 피라미드**(pyramid of biomass, g/㎡)

① 각 영양단계를 차지하는 생물의 단위면적당 총 건조량, 칼로리 또는 살아있는 물질의 총량으로 표시

② 영양단계가 올라갈수록 물질대사 과정에서의 소비와 배설물로 감소

**3) 에너지 피라미드**(pyramid of energy, kcal/㎡·일)

① 각 영양단계 생체량에 저장된 에너지를 단위면적당 칼로리로 표시
② 연속되는 영양단계에서의 에너지 흐름의 비율이나 생산력 표시
③ 한 영양단계에서 다음 영양단계로는 약 10% 효율로 전달
④ 열역학 제2법칙에 의해 설명 가능
⑤ 군집의 기능적 성질과 개체군의 상대적 중요성 평가에 매우 유용
⑥ 자연생태계의 각 먹이 단계를 통한 에너지 효율 감소는 생태계의 영양단계 수를 제한

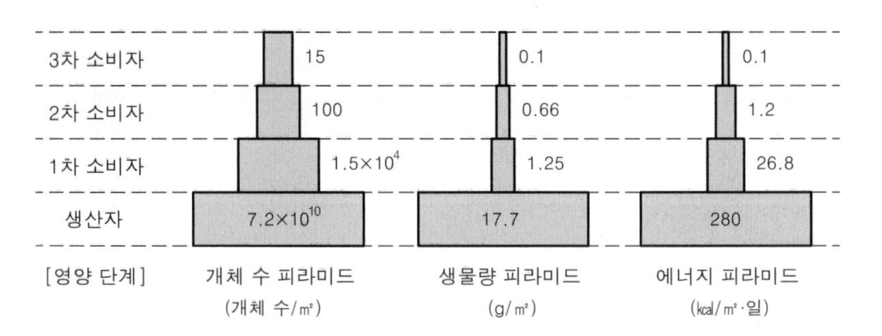


[ 생태적 피라미드 ]

**대양의 생물량 피라미드**

1차 소비자(초식동물)가 더 많은 형태를 가지게 되어 생물량 피라미드가 거꾸로 된 형태로 나타난다. 생산자는 단세포 조류로 매우 빠르게 분열함으로써 적은 생물량을 가지고 더 큰 초식동물의 생물량을 유지할 수 있게 된다. 일반적인 상황에서는 바람직하지 않은 생태적 피라미드로 본다.

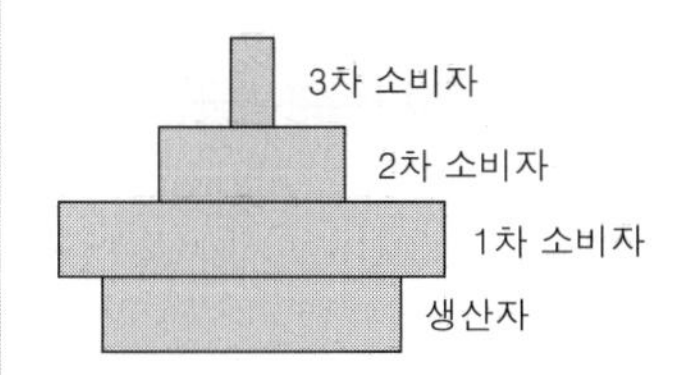


## (4) 생태적 효율

### 1) 생태학적 효율(ecological efficiency, 에너지 전환효율)

먹이연쇄상의 다음 지위 간의 에너지 흐름의 비율을 백분율로 나타낸 것

$$\text{에너지 전환효율} = \frac{\text{현단계의 에너지양}}{\text{전단계의 에너지양}} \times 100(\%)$$

### 2) 에너지 전환(전이)효율의 단계

① 소비(섭취)효율(CE) : 전 영양단계에서 생산된 에너지($P_{n-1}$) 중 다음 단계에서 섭취($I_n$)되는 비율

$$CE = \frac{I_n}{P_{n-1}} \times 100(\%)$$

② 동화효율(AE) : 섭취된 에너지($I_n$) 중에서 성장이나 일을 하는 데 사용될 수 있게 된 에너지($A_n$)의 비율

$$AE = \frac{A_n}{I_n} \times 100(\%)$$

·동화량=총섭취량−소화되지 않거나 배설된 에너지량

③ 생산효율(PE) : 동화된 에너지($A_n$) 중에서 호흡 등에 사용되고 남아 새로운 에너지($P_n$, 생물체량)로 통합되는 비율

$$PE = \frac{P_n}{A_n} \times 100(\%)$$

④ 영양효율(에너지 전환효율) : 전 단계에서 생산된 에너지를 사용하여 다음 단계의 에너지를 생산하는 과정에서의 최종적인 에너지 전이효율

$$영양효율 = CE \times AE \times PE = \frac{P_n}{P_{n-1}} \times 100(\%)$$

### (5) 생물학적 농축(생물농축, 먹이연쇄농축)

① 물질이 먹이연쇄의 단계를 거치면서 분산되지 않고 체내에 축적되는 현상

② 에너지와는 달리 화학물질은 영양단계가 높아질수록 농도 증가

③ 영양단계의 증가에 따라 농축되므로 최상위 포식자에게 더 큰 영향 초래

④ 포식자는 피식자보다 체내에 축적되어 있는 오염물질을 보다 많이 섭식

⑤ 화학물질이 생태계내로 유입되었을 경우 나타나는 bottom-up효과 심각

⑥ 자연적으로 분해가 잘 되지 않는 오염물질은 동물체내의 특정조직에 선택적으로 축적

⑦ 일부 방사성 핵종, 살충제(DDT), 수은(Hg), 카드뮴(Cd), 납(Pb) 등이 원인 물질

## 4. 생태계의 물질순환

### (1) 생지화학적 순환

① 생명체에서 필수적으로 필요한 물질은 모두 환경에서 생명체로, 생명체에서 다시 환경 속으로 계속 순환하는 경로

② 물리적·생물적 과정을 거쳐 이루어지는 생태계에서의 화학원소의 이동

③ 생지화학적 순환의 분류

㉠ 가스형 : 저장소가 기권이거나 수권인 물질순환 -탄소(C), 질소(N), 산소(O), 수소(H) 등

㉡ 침전형 : 저장소가 지각인 물질순환 -인(P), 황(S), 철(Fe), 칼슘(Ca) 등

### (2) 탄소(C)의 순환

#### 1) 탄소의 순환구조

① 식물의 잎에서 광합성작용에 의해 당·지방·단백질 등의 형태로 대기 중의 $CO_2$를 동화하고 흡수하여 영양물질이 되어 식물의 체내에 축적

② 먹이연쇄를 통하여 동물로 이동

**◘ 역피라미드**

일반적으로 개체수, 생물량, 에너지량은 상위 영양 단계로 갈수록 감소하여 피라미드 형태를 나타내지만, 에너지 효율, 개체의 크기, 생물농축도는 상위 영양 단계로 갈수록 증가하여 역피라미드 형태를 나타낸다.

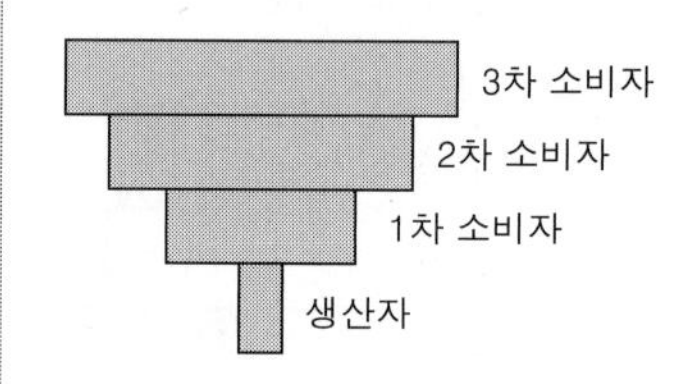


**◘ 미나마타병**

수은(Hg)을 장기간 식용하였을 때 수은중독으로 나타나는 질환이다.

**◘ TBT(유기주석화합물)**

조개나 물이끼 등이 달라붙는 것을 방지하기 위해 주로 선박 밑바닥이나 해양구조물 등에 칠하는 페인트의 주요 성분으로, 우리나라 남해 해수에 고농도로 존재하여 고둥류의 성비를 전환시킨 환경호르몬이다.

**◘ 농약의 독성표기**

① LDm, LD50 : 중간치사약량
② LCm, LC50 : 중간치사농도
③ TLm, TL50 : 중간내성한계
④ EDm, ED50 : 중간유효량
⑤ LTm, LT50 : 중간치사시간

③ 동식물의 유해에서 분해자들에 의해 대기 중으로 환원

**2) 탄소의 영향**

① 탄소는 모든 유기체의 구성원소로 광합성에 필요

② 탄소는 대기보다는 대양과 화석연료에 많이 저장되어 있음

③ 화석연료의 사용과 농경으로 인한 이산화탄소($CO_2$)의 증가로 조절능력 상실

**(3) 질소(N)의 순환**

질소고정→암모니아화 작용(광물질화 작용)→질화작용→질소동화작용→탈질작용

**1) 질소고정**

① 대기 중의 질소를 식물이 직접 이용할 수 있는 형태로 만드는 과정

② 가스 상태의 질소가 암모니아, 질산염과 같은 질소화합물로 바뀌는 것

㉠ 광화학적 질소고정 : 대기 중의 질소가 화산활동 및 번개의 방전에 의해 산소와 반응하여 질산염($NO_3^-$)을 생성하는 것으로 강우에 포함되어 토양으로 유입

㉡ 생물학적 질소고정 : 세균(박테리아) 등의 미생물이 식물의 뿌리나 토양에서 행하는 고정으로 암모늄염($NH_4^-$) 생성(질소고정세균 –*Rhizobium*, *Azotobacter*)

㉢ 산업적 질소고정 : 하버공정(Harber process)에 의해 인공적으로 공기 속의 질소와 석유 속의 수소를 이용하여 고온·고압에서 암모니아($NH_3$)를 합성하는 것으로 비료의 재료로 사용

③ 암모니아화 작용 : 생물학적 질소화합물이나 동물의 배설물·사체, 낙엽 등이 분해과정에서 토양균류의 세포호흡에 의해 암모늄염($NH_4^+$)로 전환되는 것(세균 –*Bacillus*, *Pseudomonas*)

④ 질화작용 : 암모니아가 박테리아 등에 의해 질산염($NH_4^+ \rightarrow NO_2^- \rightarrow NO_3^-$)으로 변화되는 과정(질화세균 –*Nitrosomonas*(아질산화), *Nitrobacter*(질산화))

⑤ 질소동화작용 : 암모늄염나 질산염을 식물이 흡수하여 유기물(단백질, 핵산)을 만드는 과정

⑥ 탈질작용 : 식물에 흡수되지 못한 질소화합물들이 질소를 제거하는 박테리아 등 혐기성 세균에 의하여 휘발성 형태의 질소($N_2$), 아산화질소($N_2O$)로 만들어져 다시 대기로 돌아가는 과정(탈질세균 –*Micrococcus*, *Achromobacter*, *Bacillus*)

**2) 질소의 영향**

① 질소는 모든 유기체에 필요한 생물분자의 필수원소

② 질소의 가장 큰 저장고는 대기권으로 질소 공급원 역할

**질소의 순환**

질소는 식물체에 들어가 단백질이나 핵산을 생성하는 중요한 필수성분으로 작용하나 공기중에 많이 있는 질소를 직접적으로 이용하지 못한다. 따라서 먼저 여러 기작에 의해 질소고정이 이루어 지고, 식물이 이용할 수 있는 질소화합물($NH_4^+$, $NO_3^-$)을 생성하는 등의 과정을 거치며, 그 하나의 단계에서 탈질작용을 거쳐 다시 대기중으로 돌아가는 구조를 갖는다. 또한 온대지역의 생물량이 풍부한 육수생태계에서 연평균 생지화학적 순환량이 가장 많은 기체형 순환원소에 해당한다.

③ 식물(생산자)은 암모늄염($NH_4^+$), 질산염($NO_3^-$)을 뿌리로 흡수하는데 질산염의 형태로 가장 많이 이용

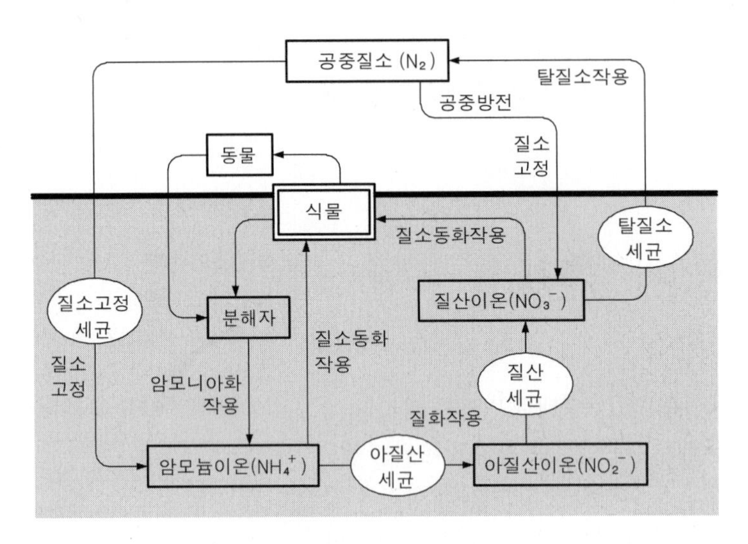


[ 질소의 순환 모식도 ]

❖ 질소고정 세균

① 공생박테리아 : *Rhizobium*(뿌리혹박테리아), *Frankia*

② 비공생박테리아 : *Azotobacter*(호기성), *Clostridium*(혐기성), *Rhodospirillum*(혐기성), *Desulfovibrio*(혐기성)

③ 남조류(공생) : *Anabaena*(cyanobacteria), *Nostoc*(염주말속).

❖ 질소고정 미생물과 공생하는 식물

콩과식물(자귀나무, 아카시아, 싸리, 칡 등), 보리수나무과식물(보리수나무, 보리장나무 등), 자작나무과식물(오리나무류 등) 등이 있다.

### (4) 인(P)의 순환

#### 1) 인의 순환구조

① 인은 기체상태의 화합물을 형성하지 않음

② 식물은 인을 보통 인산염($PO_4^{3-}$)의 형태로 흡수

③ 암석 및 해양퇴적물로 쌓이게 되는 침전형 순환으로 빠르지 않음

④ 인을 함유한 유기물이 분해되어 식물 등이 이용한 후 먹이연쇄를 통하여 다시 토양으로 환원

#### 2) 인의 영향

① 인은 DNA와 RNA 분자의 기본요소

② 토양 속의 인은 불용성으로 흔히 식물생장의 제한요인으로 작용

**지렁이**

지렁이의 배설물에는 질소 및 영양염류가 풍부하여 토양을 비옥하게 하며, 토양의 통기성과 보수성을 증가시키는 유용한 동물로서 '자연의 쟁기'라고도 불려진다.

**질소고정 관여 효소**

molybdoferredoxin, azoferredoxin 등에 의해 질소고정 반응이 나타난다.

**인의 순환**

인은 기체상태로 존재하지 않으므로 기체상태의 화합물을 만들지 않기 때문에 대기를 거치지 않고 육지에서 해양으로 해양에서 육지로 순환한다.

③ 육상에서 바다로 흘러간 인은 되돌아오기는 매우 어려우며 어류를 잡아 먹는 바닷새를 통한 방법이 유일
④ 산업용이나 농업용 비료 생산을 위한 인광석 개발은 인의 순환에 중대한 영향을 미침
⑤ 수생태계에 과대하게 흘러들어가 부영양화를 일으켜 녹조 및 퇴적물 증가 초래

**◘ 황의 순환**
지각에 존재하는 황은 화산활동이나 화석연료의 사용으로 대기권으로 유입되며, 동식물 사체 속의 유기태황을 *Aspergillus*균이 황산염($SO_4^{2-}$)으로 전환시키고, 호수의 진흙 속이나 심해에 가라앉은 황산염은 혐기성 상태에서 *Desulfovibrio*균에 의하여 기체형태의 황화수소($H_2S$)로 환원된다.

### (5) 황(S)의 순환
① 토양과 수중의 황을 식물체가 흡수하고 먹이연쇄를 통하여 토양과 물로 환원
② 황은 세포 내 원형질의 필수성분이며 자연상태에서는 제한요인이 아님
③ 화석연료의 사용으로 발생되는 아황산가스($SO_2$)는 산성비의 원인

# 3 개체군과 군집 생태학

## 1. 개체군 생태학

### (1) 개념

**1) 개체(individual)**
공간적으로 단일하며 생활하기 위해 필요·충분한 구조와 기능을 가지고 완전히 독립하여 생활하는 생물체의 기본단위

**2) 개체군(population)**
일정한 지역에 모여 살면서 자유로운 교배가 일어나는 생물의 집단으로 '복수의 개체가 특정 공간과 시간을 점유하는 동일종 개체의 집합'

**3) 메타개체군(metapopulation)**
개체군의 최상위 집단으로 지역개체군, 국지개체군을 포함하며, 여러 조각으로 나누어진 서식처 조각에서 생존하거나, 이주와 관련된 일시적이나 유동적 개체군이 서로 연결되어 개체군을 형성하게 되는 것
① 생태계 내에서 공간적으로 분리된 개체군의 연관성을 가진 체계
② 유전자 교류가 가능한 최상위 개체군으로 유전적 다양성 증대
③ 생물다양성 및 종다양성, 군집의 다양성 증대

**◘ 서식처**
생활과 관련된 여러 조건과 밀접하게 관계하는 장소이기 때문에 단순하게 위치로서의 장소가 아니라 특정 개체 혹은 개체군에 있어서의 생활환경으로 파악되며 그 성상 및 상태로서 식별되고 표시되는 것이다. 먹이, 물, 은신처, 공간을 서식지의 구성요소로 본다.

**◘ 생활사(life cycle)**
모든 생물의 출생에서 사망까지 전체의 생활과정으로 그 기간의 활동이나 행동 및 생활방법을 말한다. 1년생 식물의 경우 성장, 개화 결실, 고사의 과정을 1년 이내에 하게되고, 다년생의 경우 2년 이상을 거친다. 동물의 경우도 1년을 주기로 짝짓기, 산란, 부화, 변태, 우화, 동면을 하게 되는 데 출생, 성장, 이주, 독립, 짝짓기 등의 과정을 거친다.

### (2) 개체군 형성의 장단점(이익과 비용)

| 장점(이익) | 단점(비용) |
|---|---|
| ·먹이 정보를 쉽게 찾아 개체의 채이 성공률 증가<br>·포식 위험의 감소<br>·배우자와의 쉬운 만남<br>·유전적 다양성 증대 | ·먹이나 배우자와 같은 자원들에 대한 경쟁<br>·질병과 개생자의 전염 증가<br>·부모와 자식관계의 상실 |

### (3) 개체군의 특성

① 밀도, 출생률, 사망률, 연령분포, 생물번식능력, 분산, 생장형 등으로 한 개체군과 다른 개체군 구별

② '적응성'과 '번식적응도', '종의 유지 특성' 등 상이

③ 분산 : 개체들이 생존과 번식을 위해 그들이 태어나거나 부화한 곳 또는 그들 종자의 생산지로부터 지리적으로 멀리 새로운 서식지나 지역으로 이동하는 것

㉠ 확산 : 수세대 동안 우호적인 지역 전역으로의 개체군의 점진적 이동

㉡ 도약분산 : 새로운 지역에 개체군의 성공적인 정착이 수반되는 개체생물이 장거리를 가로지르는 이동

㉢ 장기분산(영속이주) : 지질학적 시간에 걸쳐 확장되는 것으로, 자연선택으로 인해 이주자들은 선대의 개체군과 달라짐

**◘ 동물의 이동목적**

① 부적합한 환경 회피

② 번식

③ 개체군 분산

**❖ 영역확장(range expansion)**

한 종이 점유지역이 아닌 곳으로 분포범위를 넓히는 것으로 그 종의 산포를 저해하던 요인이 제거된 경우, 이전에는 부적당하던 지역이 적당한 지역으로 변화된 경우, 종이 진화되어 부적당지역이 적당지역으로 이용할 수 있게 된 경우 등에 의해서 일어난다.

### (4) 개체군의 크기

#### 1) 개념

① 동일종의 개체는 동일한 자원을 필요로 하므로 집단으로 서식

② 개체군을 형성하는 개체수를 개체군의 크기로 지칭

③ 밀도의 증가요인은 출생과 이입이며, 감소요인은 사망과 이출

#### 2) 분산과 이주

① 분산 : 개체들이 한 장소로부터 퍼져나가는 방식

② 이주 : 한 장소에서 다른 장소로 많은 수의 생물종이 방향성을 가지고 이동하는 것

**◘ 개체군의 분산형태**

① 이입(유입) : 외부로부터의 일방적 움직임

② 이출(유출) : 내부로부터의 일방적 움직임

③ 회귀이동 : 주기적인 이탈과 복귀

### 3) 개체군의 밀도

① 밀도 : 어떠한 단위공간 속의 개체군의 크기
② 밀도효과 : 밀도의 고저가 생육에 미치는 영향
③ 경쟁밀도효과 : 동일종의 개체는 동일한 자원을 이용하므로 고밀도가 되면 자원을 둘러싼 경쟁이 일어나고 고사하는 현상
④ 종유지를 위해 경쟁을 최소화하여 개체군의 조절
　㉠ 텃세 : 서식공간을 나누어 생활하는 것
　㉡ 순위제 : 힘과 싸움에 의해 서열을 정하여 생활 –일본 원숭이
　㉢ 리더제 : 개체당 서열이 없고 경험과 지혜로운 리더만 존재 –철새, 늑대
　㉣ 사회생활 : 개체마다 일을 나누어 분업화 –개미, 벌
　㉤ 가족생활 : 그룹을 지어 생활 –사자, 하이에나

**◘ 종 유지를 위한 밀도조절**

동물의 개체군은 과밀을 인식하여 세력권을 형성하고, 밀도의존요인에 의해서 조절기능이 작동하여 대부분의 종은 전년도와 비슷한 밀도를 가진다.

**◘ 세력권**

야생동물의 행동반경의 모든 것이나 또는 부분을 말하는 것으로 다른 동물들의 침입에 대해서 방어하는 기능을 가진다.

**❖ 밀도 측정법**

① 전수조사 : 조사대상지에 존재하는 모든 생물의 수를 세는 것으로, 대형생물 또는 눈에 두드러지게 띄는 것 혹은 집합체를 형성하는 생물 등에 대하여 가능한 방법이다.
② 방형구법 : 측정지역의 추정밀도를 얻기 위하여 적당한 크기와 수의 방형구를 구획하여 그 속의 생물의 수를 측정하거나 또는 무게를 측정하는 방법이다.
③ 포획–재포획법 : 개체군의 일부를 자료로 포획하여 표지한 다음 놓아주고, 재차 포획된 자료에 포함되는 표지개체의 비율을 써서 전체의 개체를 측정하는 방법으로, 동물의 출산, 사망, 이출입 등이 적을 경우 신뢰성이 높으나 밀도의 변화가 빠를 때에는 효과가 낮아진다.
④ 제거법 : 어떤 지역으로부터 연속하여 시료를 채취하고, 누적된 개체수를 x축상에, 각 회마다 제거한 포획 개체수를 y축상에 놓아 그래프로 그린 직선이 x축과 교자할 때의 숫자를 추정 개체수로 한다.
⑤ 비구획법 : 방형구법과 같이 표본구를 정하지 않고, 일련의 랜덤(random) 상태에 기점을 취하고, 그곳을 중심으로 4지역으로 분각한 다음 기점에서 가장 가까운 개체의 거리를 측정하는 방법으로, 단위면적당 밀도는 평균거리로부터 추정이 된다.

**◘ 앨리의 효과(allee effect)**

생물이 집단을 형성하여 개체군의 유전적 다양성, 천적으로부터 위험 감소, 개체군에 필요한 개체수 확보 등 환경적응도를 향상시킨다는 이론으로, 개체군은 과밀(過密)도 해롭지만 과소(過小)도 해롭게 작용하므로 개체군의 크기가 일정 이상 유지되어야 종 사이에 협동이 이루어지고 최적생장과 생존을 유지할 수 있다는 원리를 말한다.

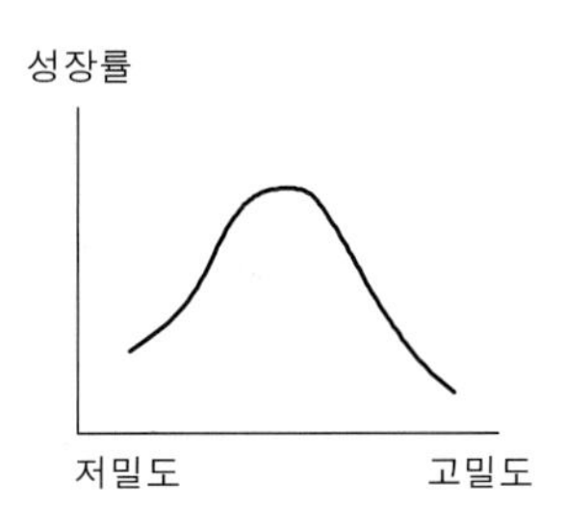


[ 앨리의 생장곡선 ]

⑤ 존속가능 최소 개체수(Minimum Viable Population ; MVP)
㉠ 국지적인 개체군이 존속하기 위해서 최소한으로 확보해야만 하는 개체수
㉡ 이식 및 복원의 경우 MVP에 못 미치는 경우 개체군의 존속 곤란
㉢ 개체수가 적은 초기에는 증식사업을 통한 개체수 확보 필요
⑥ 존속가능 최소 면적(Minimum Viable Area ; MVA) : 존속가능 최소 개체수가 필요로 하는 면적

### (5) 개체군의 연령분포(연령 피라미드)

① 발전형 : 생식전 연령층의 비율이 특히 높아 개체군의 크기가 증가할 것으로 예상되는 유형
② 안정형 : 생식전 연령층의 분포가 서서히 줄어들어 개체군의 크기변화가 없을 것으로 예상되는 유형
③ 쇠퇴형 : 생식전 연령층의 비율이 낮아 개체군의 크기가 감소할 것으로 예상되는 유형

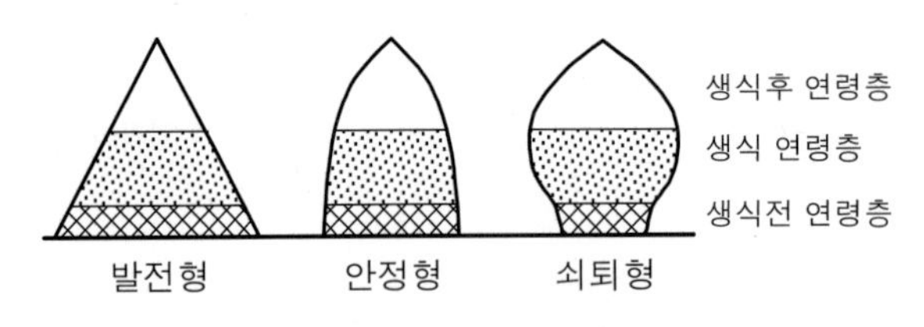


[ 개체군의 연령분포형태 ]

◘ 개체군의 연령분포
연령별 개체수를 차례로 쌓아 피라미드 형태로 나타낸 그림으로, 개체군 속의 다양한 연령집단의 비율로 현재의 번식상태를 결정할 수 있으며, 개체군의 출생률과 사망률 모두에 특히 영향을 주는 중요한 개체군의 특징이다.

### (6) 개체의 수명

#### 1) 출생률

① 생식활동(출생·부화·발아·분열)에 의해서 단위시간 동안 새로운 개체들이 더해지는 자손의 수
② 개체군 증가의 주 인자가 되며, 개체군에 내재하는 증가력

#### 2) 사망률

① 죽음에 의해서 단위시간당 개체들이 죽는 숫자로 수명과 관계되는 개념
② 생존율의 역으로 일정 시간 동안 살아남은 개체 측정 가능

◘ 수명(壽命)
① 생리적(잠재) 수명 : 최적 환경에 있는 개체들의 평균수명을 말한다.(늙어서 죽는 것)
② 생태적(현실) 수명 : 야생에서 질병이나 피식, 먹이부족, 자연재해 등 현실 환경에 존재하는 개체군의 평균수명을 말한다. 생리적 수명보다 환경의 제한으로 수명이 짧아지게 된다.

### (7) 개체군의 생존곡선

생명표의 나이에 따른 생존수를 그래프로 나타낸 것
① 볼록형(Ⅰ) : 어린 시기에 생존율이 높고 일정연령에 이르면 사망률이 높은 생물이 갖는 형태 –1년생 식물, 포유류, 사람
② 사선형(Ⅱ) : 연령에 따라 사망률이 일정한 생물이 갖는 형태 –곤충, 조류(algae), 히드라

③ 오목형(Ⅲ) : 어린 시기에 사망률이 높고 그 후에 낮아지는 생물이 갖는 형태 –다년생 목본식물, 어류, 수서무척추동물, 굴, 기생생물

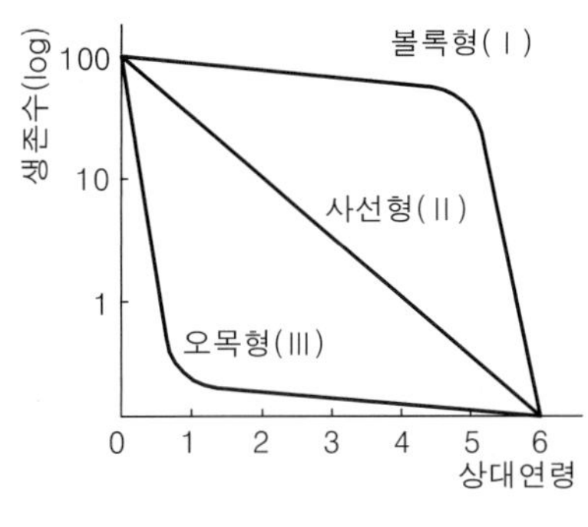


[ 생존곡선의 유형 ]

(8) 개체군의 생장

1) 지수생장형(J자형 곡선) –이론적 생장형태

① 타종의 간섭(경쟁·포식·기생 등)이 배제된 최적의 환경에서 나타나는 형태

② 제한되지 않는 환경에서의 기하학적 성장형태

③ 일시적이며 기하급수적이고 무제한으로 성장하는 것

2) 로지스틱생장형(S자형 시그모이드 곡선) –실제적 생장형태

① 서서히 증가하다가 급속증가→생장둔화→생장률 '0'이 되기까지 최종단계에 이르는 형태

② 생장률 '0'이 되는 상태가 환경과 개체군 사이에 평형이 성립된 상태

③ 평형에 이른 상태를 환경의 포용능력(환경수용력 K)으로 표시

④ S자의 형태는 개체군의 밀도가 증가하면 생기는 환경저항(공간부족·먹이부족·노폐물증가·질병증가 등)으로 개체군의 성장이 방해받는 상황을 표시

⑤ 안정된 상태의 서식지나 극상림과 같은 안정된 상태에서 나타나는 형태

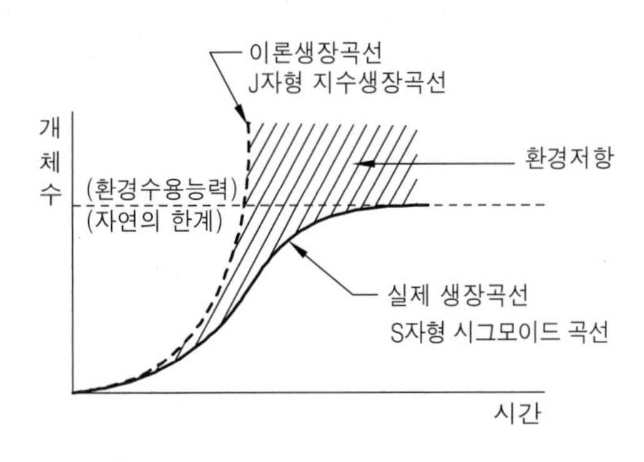


[생장곡선의 형태]

**개체군의 고유 증가력**

환경에서 존재하는 어떤 개체군이든지 평균 수명(생존율), 평균 출산율, 평균 성장률을 가지고 있으며, 이들 값은 부분적으로 환경과 생물 자신이 가진 고유의 질적 특성에 의해 결정된다. 생물의 고유 증가력(내적 증가력)은 출산율, 수명, 발아율 속도에 따라 결정된다.

3) 개체군의 변동유형

안정형, 급변형, 순환형, 불규칙형

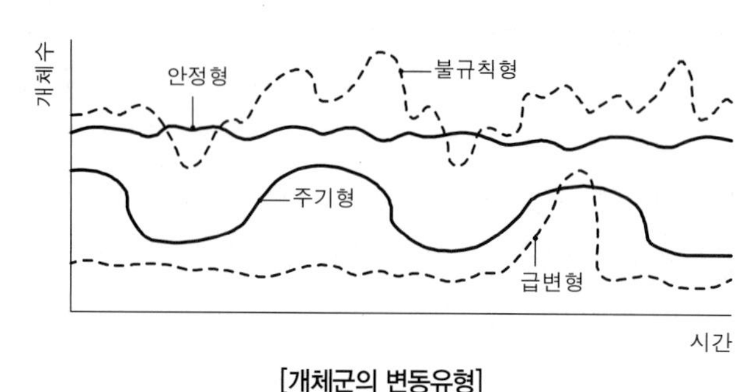


[개체군의 변동유형]

(9) 생활사 전략(Life history strategy)

1) r-선택종

① 내적 증가율(r)을 크게 하려고 하는 종-밀도 독립적

② 새로운 서식지나 불안정한 서식지에 적합

③ 소형으로 다산하며 조기에 성숙

④ 국화과, 벼과의 초본류, 곤충, 생장곡선 J형 생물

2) K-선택종

① 환경수용능력(K)에 가까이 하려고 하는 종-밀도 의존적

② 안정된 서식지에서 밀도가 평형상태로 된 경우에 적합

③ 대형으로 소산하며 천천히 성숙

④ 목본류, 포유류, 생장곡선 S형 생물

r-선택과 K-선택 특성

| 구분 | r-선택 | K-선택 |
|---|---|---|
| 기후 | 변하기 쉽고 예측 불확실 | 안정적이고 좀 더 예측 확실 |
| 생존곡선 | 보통 오목형(Ⅲ) | 보통 볼록형(Ⅰ), 사선형(Ⅱ) |
| 생장곡선 | J형 | S형 |
| 사망률 | 방향성이 없고 밀도 독립적 | 좀 더 방향성이 있고 밀도 의존적 |
| 개체군 크기 | 시간에 따라 변화<br>불평형, 불포화된 군집<br>매년 재집단화 | 시간에 따라 꽤 일정<br>평형, 포화된 군집<br>재집단화가 불필요 |
| 종내·종간 경쟁 | 느슨 | 균형 |
| 선택의 이득 | 빠른 발달, 빠른 생식, 한 번의 생식<br>높은 번식력, 작은 몸집, 다수의 후손 | 느린 발달, 느린 생식, 반복 생식<br>낮은 번식력, 큰 몸집, 소수의 후손 |
| 수명 | 보통 1년 이하 | 보통 1년 이상 |
| 천이단계 | 초기 | 후기·극상 |

◘ 개체군의 변동

개체군의 변동이란 개체군의 크기(개체수)의 변화를 나타내는 것으로 개체군을 둘러싼 무기환경의 변화에 따른 단기적 변동, 피식과 포식에 의한 장기적 변동 등으로 나타날 수 있다.

◘ 생활사 전략

각각의 종은 환경에 대한 적응도를 최대로 하기 위해 전략을 가지고 있으며 이를 '생활사 전략'이라 한다. 밀도가 높지 않은 상태의 환경에서는 높은 번식력을 가진 종이 생태적 우위를 가지며 과밀한 조건에서는 낮은 성장력으로 희소한 자원에 대한 경쟁력이 높은 종에게 유리한 선택압력으로 작용한다.

◘ 기회적 개체군

1년 중 기후변화가 많은 곳에서는 봄·여름의 온난한 계절에 급속히 개체수를 늘리고, 추운 겨울철에 큰 폭으로 개체수를 줄이는 1년생 식물 및 곤충 개체군에서 나타난다.

## (10) Grime의 생활사 전략

① 약한 스트레스와 약한 교란의 생육장소에서는 경쟁능력이 큰 경쟁전략(C전략, Competitive)종 유리
② 약한 스트레스와 강한 교란의 생육장소에서는 인위적 교란을 받은 생육지의 잡초와 같은 교란의존전략(R전략, Ruderal)종 유리
③ 강한 스트레스와 약한 교란의 생육장소에서는 스트레스에 잘 견디는 성질을 지닌 스트레스 내성전략(S전략, Stress-Tolerant)종 유리

식물의 생활사 전략선택

| 생활사분류 전략 | | 환경 스트레스강도 | |
|---|---|---|---|
| | | 낮음 | 높음 |
| 교란강도 | 낮음 | C전략(K-선택) : 경쟁 전략 | S전략 : 스트레스 내성전략 |
| | 높음 | R전략(r-선택) : 잡초 전략 | 생존 불가능 |

**개체군 조절**

① 제한인자 : 어떤 인자의 변화가 평균 밀도 또는 평형 밀도의 변화를 초래할 때 그 인자를 제한인자라 한다.
② 조절인자 : 어떤 인자로 인한 사망률이 개체군 밀도에 따라 증가하면 그 인자를 '잠재적 조절인자'라고 한다.

## (11) 개체군의 분산(산포, 공간분포)

### 1) 균일형(uniform distribution, 규칙분포)

① 전지역을 통하여 환경조건이 균일하고 개체 간에 치열한 경쟁이 일어나는 개체군으로 극히 드물게 발생
② 성숙한 수목이 모인 숲에서 볼 수 있는 유형
③ 서식단위간 밀도의 분산값이 '0'인 특성 표출

### 2) 임의형(random distribution, 불규칙분포, 기회분포)

① 한 개체의 분포 위치가 다른 개체들의 위치와 무관할 경우
② 환경조건이 비슷하고 생존경쟁도 치열하지 않은 곳에 발생
③ 자연환경조건이 균일하지만 서로 모이기를 싫어하는 개체군들에서 나타나는 유형

### 3) 괴상형(clumped distribution, 집중분포, 군생분포)

① 실제 자연환경에서 가장 잘 나타나는 형태
② 한 개체가 발견되면 근처에 다른 개체 존재 확률이 높음
③ 고르지 못한 환경조건(토양수분·양분·미기후 등)과 식물에서는 종자의 전파양식이나 무성번식, 동물에서는 사회적 행동 등으로 발생

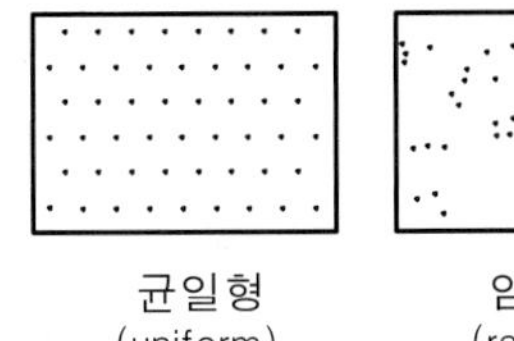
균일형 (uniform)

임의형 (random)

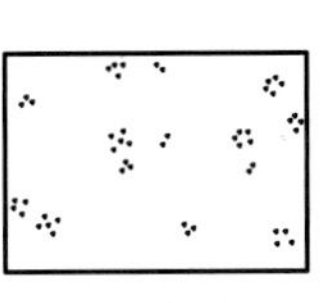
괴상형 (clumped)

[개체군 분산형]

**개체군의 분포**

개체군을 이루는 생물이 주어진 공간에서 어떠한 분포상태를 보이고 있는가를 말하는 것이다. 괴상형은 지리적 생활 장소의 차이, 계절적 변화, 생식방식 등의 원인으로 자연환경에서 잘 나타나며, 균일형과 임의형은 흔하지 않다.

### (12) 번식

#### 1) 종자번식

① 유전자 융합이나 교환이 이루어지는 유성생식

② 암수의 유전자 정보를 받음과 동시에 개체의 변이 발생 –유전적 다양성 보유 가능

③ 종자 번식이 가능한 식물을 다량으로 증식하거나 유전적 다양성을 원할 때 유용

④ 부모 개체가 되기까지 많은 시간 소요

#### 2) 영양번식

① 부모개체의 일부에서 자식 개체가 생기는 무성생식

② 유전자 조직구성이 부모와 동일하기에 유전적 다양성 보유 불가능

③ 유전적 조직구성을 변경하지 않고 증식하거나 종자증식이 곤란한 경우 이용 –삽목, 접목, 취목, 포기 나누기 등

④ 독립할 때까지는 모체로부터 영양분 흡수 –종자번식보다 살아남을 확률이 높음

⑤ 종자번식에 비해 성장 신속

### (13) 유전적 다양성

❖ 유전적 다양성

동일한 종 내의 유전적 변이의 정도를 말하는 것으로 개체의 생존율에 영향을 미치지 않는 중립적 변이와 개체의 생존율에 영향을 미치는 비중립적 변이가 있다. 비중립적 변이가 크면 환경 변화를 받더라도 살아남는 개체가 있어 개체군의 존속에 유리하다. 반대로 변이가 작으면 기후의 변화나 병충해 등에 의해 개체군이 절멸할 위험성이 커진다. 따라서 유전적인 다양성을 유지하는 것이 종의 보전에 있어 매우 중요하다.

#### 1) 병목 효과(bottle neck effect)

① 교란에 의하여 개체수가 감소한 시기의 영향을 받아 나타나는 유전적 다양성의 결과

② 개체군의 크기가 급속히 감소했을 때 일어나며, 그 후 개체군의 크기가 커지더라도 유전적 다양성은 커지지 않는 현상

#### 2) 창시자 효과

① 종이 이주한 초기의 개체군 크기가 작은 경우 개체군 크기가 커지더라도 유전적 다양성이 커지지 않는 현상

② 창시자 효과가 일어난 후 병목효과와 같은 현상 발생

◘ 종분화(種分化)

종분화란 지구상의 어떠한 한 가지 형태의 조상종이 지질학적 연대를 지나는 동안 지역에 따라 각각 다른 환경변화를 겪는다면 각 지역에서는 다른 종의 형태로 출현할 수 있음을 말하는 것이다. 이러한 종분화는 새로운 생물종이 만들어지는 진화의 과정이며, 모든 형태의 생물종은 진화의 결과이다.

◘ 진화(進化)

진화란 생물체의 개체나 그 상위의 집단에서 주로 유전적인 성질의 변화에 의해서 새로운 종이 발생하는 것을 말한다. 집단 내 개체의 형질과 성질의 차이가 그 개체의 번식력과 생존율 등의 환경적응도에서 차이를 보이게 되고, 이러한 성질이 다음 세대로 전해지기 때문인 것으로 본다. 따라서 진화가 일어나는 데에는 지리적인 격리와 환경 등의 큰 변화가 중요한 역할을 한다.

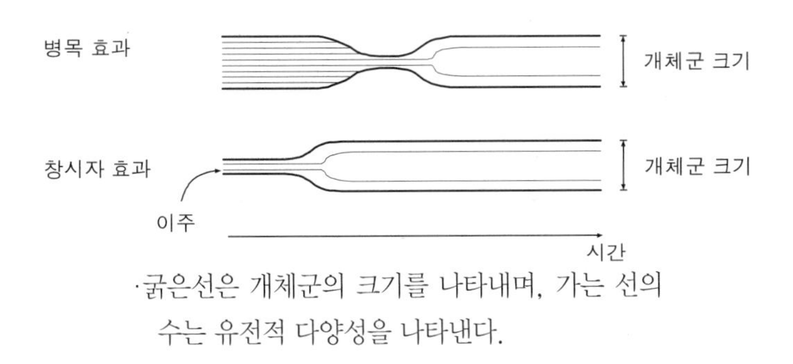


·굵은선은 개체군의 크기를 나타내며, 가는 선의 수는 유전적 다양성을 나타낸다.

**[병목 효과 및 창시자 효과]**

### (14) 개체군의 소실

① 개체군의 왜소화에 따른 '앨리의 효과' 상실

② 다양한 확률적 요인에 의한 변동

㉠ 인구학적 확률성 : 개체수의 불규칙적 내적증가율 변동

㉡ 환경의 확률성 : 환경적 요인에 의한 내적증가율 변동

㉢ 카타스트로프(대변동) : 홍수, 화산 등 파괴적 현상

㉣ 유전적 확률성 : 유전자 빈도의 확률적 변동에 의한 유전적 변이의 기회 상실

## 2. 군집생태학

### (1) 군집의 개념

① 특정한 지역 또는 특정한 물리적 서식지에서 생활하고 있는 이종 개체군의 집합체

② 개체군들이 모인 하나의 유기적 단위로 개체나 개체군과는 다른 구조적 특성 보유

③ 물질대사의 재편성을 통하여 통합된 단위로서의 기능적 특성 보유

④ 일정 장소에서 같이 생활하고 있는 이종 개체군이 종간상호관계에 의해서 조직화되어 필연적으로 생긴 개체군의 집단

> **군집(community)**
>
> 군집은 같은 장소에서 같은 시간에 생활하고 있는 개체군들의 집합체이다. 이종 개체군들이 종간 상호관계에 의해서 조직화되어 필연적으로 생긴 집단을 말하는 것으로, 서식지 내에서 에너지 자급자족이 가능한 최소한의 단위이다. 식물의 군집은 '식물군락'이라 하며, 동물의 경우는 조류군집, 어류군집 등으로 구분한다.

### (2) 군집의 유형

① 고차군집 : 비교적 높은 독립성을 갖고 있는 규모가 크고 조직이 안정된 군집

② 저차군집 : 주위의 집단에 다소나마 의존하고 있는 군집

③ 개방군집 : 삼림처럼 다른 군집과 혼합하여 존재하는 형태

④ 폐쇄군집 : 동굴처럼 뚜렷한 경계를 갖는 군집

### (3) 군집구조의 표현

① 종조성(種組成) : 군집을 이루는 생물종의 구성 –특정 개체군의 집합체
② 상관(相觀, physiognomy) : 식물 군집에 의해 형성된 겉으로 보이는 외관
③ 주기성 : 군집은 일정 주기를 기준으로 반복
④ 영양구조 : 영양단계를 포함하는 특정한 에너지 흐름의 유기성 가짐

### (4) 군집의 수직적 구조

① 삼림의 계층구조 : 광선에 대한 경쟁이 결정 요인
② 육상식피 : 엽면적 지수와 관련
③ 수중의 수직적 구조 : 물의 물리적 성질에 따라 상이
㉠ 깊이에 따라 빛의 세기가 달라져 식물성 플랑크톤은 물의 표면에 집중
㉡ 동물성 플랑크톤은 헤엄을 칠 수 있어 다양한 수직적 구조 형성
㉢ 많은 종들이 밤에는 깊은 물에서 윗부분으로 오르는 수직적 이동

### (5) 라운키에르(Raunkiaer)의 식물의 생활형

| 생활형 | 휴면아의 위치 | 대상식물 |
|---|---|---|
| 지상식물<br>대형지상식물<br>소형지상식물<br>왜형지상식물 | 지상 25㎝ 이상으로 목본식물<br>지상 8m 이상<br>지상 2~8m<br>지상 0.25~2m | 교목 및 관목, 덩굴식물 |
| 지표식물 | 지상 0~25㎝ | 덩굴성 관목, 국화 |
| 반지중식물 | 지표 바로 밑 | 민들레, 질경이 |
| 지중식물 | 지중 | 튤립, 백합, 감자, 갈대 |
| 1년생식물 | 씨 | 채송화, 봉선화 |
| 수생식물 | 수면 또는 물로 포화된 토양표면 밑 | 물옥잠, 수련, 마름, 가래 |

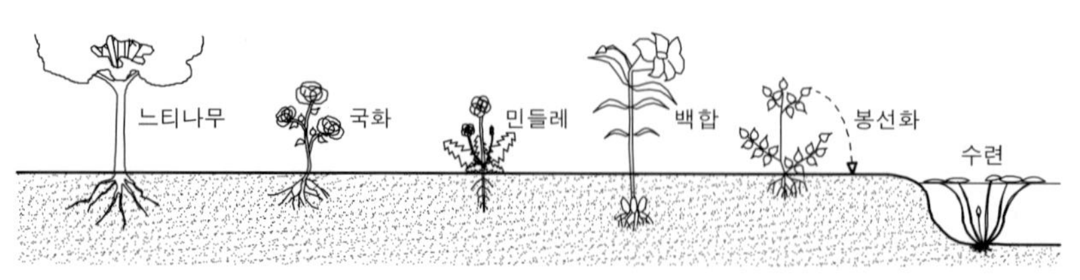


[ 라운키에르의 식물의 생활형(휴면아의 위치) ]

◘ 군집의 명명(命名) 및 분류특성

① 우점종, 생활형, 지표종 구조상의 주요한 특징
② 군집의 대사형과 같은 기능적 특성
③ 군집의 물리적 서식처의 특징

◘ 군집(community)의 속성

① 종조성(種組成)
② 다양성
③ 층위 구조
④ 먹이사슬

◘ 식물의 생활형

식물은 모든 군집들의 기본적인 생물학적 기반이고, 식물의 생육형은 군집 구조의 중요한 성분이다. 라운키에르(Raunkiaer)는 식물의 생육에 적합하지 않은 시기(겨울)에 형성되는 휴면아(休眠芽, bud)의 위치에 따라 식물의 생활형태를 구분하였다.

◘ 식물군락(plant community)

식물군집을 일컫는 식물군락은 어느 지역 내의 식생을 보다 상세하게 취급한 개념으로, 억새 초원이나 적송림과 같이 특정의 종군으로 이루어진 어떤 통합된 구체적인 집단으로 그 장소의 온도, 수분, 동물, 균류 등 생물적 환경과 상호관계를 성립하고 있다.

◘ 식생(vegetation)

지표면의 일정범위 내에 생육하는 전체 식물의 집단을 나타내며, 군집의 개념과는 달리 종간의 상호 관계를 의식하지 않는 용어이다.

(6) 종의 기능적 분류

① 우점종(dominant species) : 일정한 군집 내에서 중요한 역할을 수행하고, 다른 종에 영향(에너지 흐름이나 생활환경 등)을 미치는 그 군집을 대표하는 종으로, 생물 군집 전체의 성격을 결정하고, 일반적으로 생산량이나 현존량이 최대인 종

② 핵심종(중추종, keystone species) : 생태계의 종 가운데 종의 다양성을 유지하는데 결정적 역할을 하는 종으로 생물종 구성과 생태계 기능을 결정하는 중요한 요소 –그 종이 사라지면 생태계가 변질된다고 생각되는 종

③ 우산종(umbrella species) : 비록 생태계 내 핵심인 기능을 수행하거나 많은 종수를 차지하고 있지 않다하더라도 서식지의 요구도가 넓고, 지키면 많은 종의 생존이 확보된다고 생각되는 종

④ 지표종(표징종, indicator species) : 환경조건에 대해 극히 좁은 폭의 요구를 갖는 생물종으로, 그 지역의 환경조건이나 오염 정도를 알 수 있는 생물종

⑤ 깃대종(상징종, flagship species) : 종의 아름다움이나 매력에 의해 일반 사람들에게 서식지의 보호를 호소하는 데에 효과적인 종으로서 특정 지역의 생태계를 대표할 수 있는 중요한 종 –홍천의 열목어, 거제도의 고란초, 덕유산의 반딧불이, 태화강의 각시붕어, 광릉 숲의 크낙새 등

⑥ 희소종(희귀종, threatened species) : 서식지의 축소, 생물학적 침입, 남획 등으로 절멸의 우려가 있는 종으로 국제적 차원, 국가적 차원 그리고 지역적 차원의 희귀종 혹은 희소종 등으로 구분 가능

⑦ 목표종 : 복원지역에서 서식하기를 기대하는 생물종으로, 생태복원의 목표를 달성하기 위한 중요한 수단. 목표종의 유형으로는 생태적 지표종, 핵심종, 우산종, 깃대종, 희소종 등이 있음

⑧ 선구수종 : 천이 초기단계의 나지 혹은 초지에 먼저 침입하여 정착하는 식물

⑨ 극상수종 : 천이 후기 종으로 흔히 자연 상태에서 최후의 승자로 인정받는 종

⑩ 고유종 : 특정 지역에만 분포하는 생물의 종

⑪ 특산종 : 생물지리학적으로 특정 지역(地理區系)으로만 제한된 분포중심지를 보이는 종

⑫ 취약종 : 환경의 변화나 교란 등에 대응의 속도가 느려 도태나 지역적 절멸 우려가 높은 종

⑬ 기회종(opportunistic species) : 종에 대한 예측이 불가능하고 급변하는 환경에서 급격하게 성장하거나 번식하는 경향이 있는 종

⑭ 침입식물(invasive plant) : 귀화식물 혹은 외래식물이라고 말하는 종

### (7) 군집의 생태특성

#### 1) 최적환경

① 생리적 최적환경 : 어느 한 종만을 단순하게 경쟁 관계가 아닌 상태에서 길렀을 때에 그 종이 최대한의 성장을 하는 환경

② 생태적 최적환경 : 어느 한 종만이 아닌 타종과의 경쟁관계에서 길렀을 때 그 종이 최대한 성장하는 환경

#### 2) 경쟁

① 같은 또는 다른 종의 여러 개체들이 공급이 부족한 공통자원을 이용할 때 발생 –자원경쟁

② 생물들이 이들 자원을 취하는 과정에서 서로 해를 끼칠 때 발생 –무서열 경쟁

③ 수요에 비해서 자원 공급이 상대적으로 희소할 때 발생

④ 숲에서 식물은 햇빛과 영양소들을 차지하기 위해서 경쟁

⑤ 자원의 공급이 부족하지 않더라도 두 생물체가 다투는 중 상호 억제 – 간섭 경쟁, 서열 경쟁

생물 간의 상호작용

| 구분 | 내용 |
|---|---|
| 경쟁 | ·한 자원을 동시에 차지하려는 두 생물의 상호작용<br>·서로에게 부정적 영향을 미치는 관계<br>·종내경쟁 : 동일종의 개체들 사이에서 일어나는 경쟁<br>·종간경쟁 : 이종 개체간의 종간경쟁이 일어나며 '경쟁배타의 원리'로 비슷한 생활양식과 자원 요구를 가지는 종들 사이에서 발생 |
| 상리공생 | ·두 종간의 상호작용이 두 종 모두에게 긍정적인 효과<br>·두 종이 서로를 반드시 필요로 하는 관계 |
| 편해공생 | ·한 종은 부정적 영향을 받으나 다른 한 종은 영향을 받지 않는 비대칭적 경쟁<br>·한 종이 다른 종에게 부정적 영향을 더 많이 끼칠 때 발생<br>·다른 종에게 화학물질을 분비하는 '항생작용'<br>·식물에 의한 항생작용은 '타감작용(allelopathy)'으로 지칭 |
| 편리공생 | ·한 생물이 다른 생물과 함께 살거나 가까이 살면서 한 종만이 이익을 얻는 상호관계<br>·편리공생과 기생 사이의 구별 모호<br>·이익을 얻는 종은 먹이, 주거, 지탱, 운반 등에서 이익을 얻으며, 주로 한 종은 고착종이고 한 종은 이동성 종인 경우가 많음 |
| 원시공생<br>(원시협동) | ·두 종에게 모두 긍정적 영향을 미치지만 절대적인 관계는 아니고, 개체의 생존과 성장은 상호작용 없이도 가능한 관계<br>·서로 같은 종이나 다른 종 사이에 자연적으로 뿌리가 땅속에서 접목되는 경우 이들은 서로 호르몬을 주고받으며 더 유사해 짐 |

**▫ 분서(나누어살기)**
생활 요구 조건이 비슷한 개체군이 함께 생활할 때 경쟁을 피하기 위해 생활 공간을 서로 중복시키지 않고 달리하여 살거나(서식지 분리) 서로 다른 먹이를 먹는 것(먹이 분리)을 말한다. 예)피라미와 은어

**▫ 상리공생 예**
지의류(lichens)–조류(algae)와 곰팡이(fungus)의 관계, 리기다소나무와 균근, 콩과식물과 뿌리혹박테리아, 오리나무와 균근, 흰개미와 장내편모충, 유제동물과 위장 세균, 꽃과 벌, 개미와 진딧물, 개미와 아카시아, 짚신벌레와 단세포 조류 등

**▫ 편리공생 예**
척추동물의 대장 안 박테리아, 해삼의 항문에 사는 숨이고기, 다른 식물의 몸에 붙어사는 착생식물, 상어의 몸에 붙어사는 빨판상어, 고래의 피부에 붙어사는 따개비, 제비깃털에 묻어 운반되는 조류(algae), 왜가리 다리에 붙어 운반되는 수생식물 종자, 곤충이나 벌새의 부리에 붙어 이동되는 진드기, 열대우림과 난초 등

**▫ 원시공생 예**
게와 강장동물, 소와 소의 등에 있는 진드기를 먹는 새 등

| | |
|---|---|
| 포식 | ·포식자는 피식자에게 피해를 끼치나 환경에 잘 적응하지 못하는 피식자를 제거하여 개체군의 크기를 조절하는 방식으로 피식자 개체군에 이익을 주기도 함<br>·포식자에 의해 우점종이 제거되면 다른 종을 위한 서식지가 열려 종다양성이 증가<br>·피식자가 식물이고 포식자가 식물을 먹는 동물일 때의 관계는 '초식' |
| 기생 | ·작은 유기체가 숙주의 안 또는 밖에서 에너지와 서식처를 얻어 살아가는 경우<br>·기생과 포식은 비슷하나 포식에서는 피식자는 에너지원일 뿐 서식지는 아님 |
| 중립 | ·두 종 사이에 아무런 관련이 없는 관계<br>·비영양상의 상호작용 |
| 부생 | ·생물의 사체나 유기물로부터 에너지를 얻는 관계 |

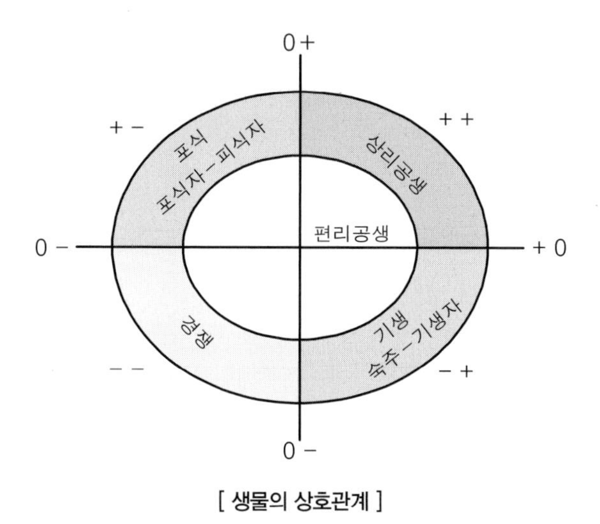


[ 생물의 상호관계 ]

**❖ 타감작용(allelopathy)**

식물체에 의한 '항생작용'으로 한 종이 화학물질(allelochemicals)을 환경으로 분비하여 다른 종의 생장을 방해하는 작용이다. 한 종이 다른 종의 물질을 빼앗는 것이 아닌 다른 물질을 첨가하여 영향을 끼치는 것으로 화학물질을 분출하는 방법도 여러 가지가 있다. 안개와 비를 통하여 씻겨 나오는 경우, 뿌리로부터 나오는 경우, 잎에서 휘발되어 나오는 경우, 죽은 부분이 분해되어 나오는 경우 등 여러 경로를 통하여 유입시킨다. 반대의 개념으로 같은 종의 다른 개체의 호감적 행동을 유발시킬 수 있는 분비물질을 페로몬이라고 한다.

**◘ 포식**

상호진화의 원동력이며 먹이 피라미드와 같은 군집의 구조나 개체군의 크기에 가장 큰 영향을 미치는 요인이다.

**◘ 피식자가 피식을 피하는 방법**

의태(mimicry, 몸의 형태·색의 변화), 위장(camouflage, 보호색), 방위(defense, 특수물질 방출), 집단행동, 회피반응(화학물질 등을 이용해 위험 알림) 등의 방법을 이용한다.

**◘ 의태(mimicry)**

포식자와 피식자의 관계에서 서로를 속이기 위하여 본래의 모습이 아닌 다른 모습으로 보여지게 하는 방법을 말한다. 은폐의태(배경에 스스로 조화), 베이츠 의태(위험한 생물 모방), 뮐러 의태(적이 관심없어 하는 생물 모방), 공격의태(다른 종의 생활사 모방), 경계의태(공격적 생물 모방) 등이 있다.

**◘ 공진화**

서로 다른 개체군이 오랜 시간에 걸쳐서 상호작용하게 되면 한 종의 유전자풀(pool)이 다른 종의 유전자풀의 변화를 유도하게 되는 것으로, 상호작용하는 두 종이 상호의존하며 진화하는 것을 말한다.

### 3) 생태적 지위(niche)

① 생물이 사는 곳뿐만 아니라 생물의 환경적 요구의 총합

㉠ 공간적 지위 : 군집에 있어서 생물종이 차지하는 물리적 공간

㉡ 영양적 지위 : 군집 내에서 해야 하는 기능상의 역할

㉢ 다차원적 지위 : 환경구배(온도·습도·토양 등)에 있어 그 생물의 위치

② 길드(guild)

㉠ 생물 공동체나 군집에서 동일한 생물자원을 비슷한 방법으로 이용하는 생물종의 그룹

㉡ 생태적 지위의 유사성은 먹이, 서식처, 활동시간으로 유추

㉢ 개구리를 포식하는 뱀과 백로, 메뚜기나 거미를 포식하는 개구리와 직박구리는 생물종의 먹이연쇄로 보면 같은 먹이자원을 이용

**❖ 경쟁배타의 원리(Gause의 법칙)**

생태학자 가우스는 두 종의 짚신벌레 2종(Paramecium aurelia, P.caudatum)을 이용한 실험으로 경쟁배타의 원리를 정립하였다. 생태적 지위가 동일한 개체군은 공존할 수 없다는 이론에 근거를 두고 있는 것으로, 생태적 지위가 동일한 개체군 사이에는 필연적으로 경쟁을 하게 되고, 경쟁의 결과로 한 개체군이 군집 내에서 사라지게 된다.

**❖ 생태적 동등종(ecological equivalent)**

지리적으로 상이한 지역에서 생태적으로 유사하거나 동일한 지위를 점하는 생물체들로, 유전학적으로는 서로 다르지만 비슷한 역할이나 생태학 지위를 차지하는 종들을 말한다.

**◘ 생태적 지위**

생물 공동체나 군집에 있어서 생물종이 차지하는 물리적 공간이나, 군집 내에서 해야 하는 기능상의 역할, 환경구배(온도·습도·토양 등)에 있어 그 생물의 위치를 말한다.

**◘ 지위 유사종(synusia, 길드)**

식물군집에서 비슷한 기능을 수행하거나 생활형 혹은 같은 자원을 이용하는 무리를 일컫는 말로서 동물에서는 길드(guilds)라고 부른다.

**◘ 군집의 분리과정**

① 경쟁적 배제
② 상호의존적 종개체군간의 공생
③ 종개체군의 진화

# 핵심문제 해설



**01** 생태계 계층구조를 작은 단위에서 큰 단위로 바르게 나열한 것은? 기-17-1

① 개체-군집-생물군계-생물권
② 군집-개체군-생태계-생물권
③ 경관-개체군-생물지리적지역-생물권
④ 생물권-개체-개체군-지구환경

해 개체→개체군→군집→생태계→경관→생물군계(지역)→생물계(생물권, 생태권)

**02** 생태계의 창발성 원리(emergent property principle)를 바르게 설명한 것은? 기-16-2

① 생명세포의 분열은 결국 환경조절인자에 의해 극대화될 수 있다.
② 생태계 에너지 흐름은 무질서도의 증가에 따른 개별단위 개체의 생산성을 촉진한다.
③ 효율적인 영양의 순환이 미생물생태계의 에너지 효율을 최대 100배 이상 증진시킨다.
④ 하위단위가 조합하여 더 크고 기능적인 전체를 이룰 때 하위계층에 없었던 성질이 상위계층에서 새로 생긴다.

**03** 생태계의 생물적 구성요소에 해당하지 않는 것은? 기-19-1

① 대기(atmosphere)
② 생산자(producer)
③ 분해자(decomposer)
④ 거대소비자(macroconsumer)

**04** 생태계의 생물적 구성요소 중의 하나인 생산자(producer)에 해당하지 않는 것은? 기-19-2

① 남조류 ② 속씨식물
③ 광합성 세균 ④ 종속영양성 식물

**05** 생태계는 영양적(Trophic)인 입장에서 두 개의 구성요소를 갖는다. 이중 무기물을 사용하여, 복잡한 유기물질의 합성을 주로 하는 것은? 기-14-2, 기-17-3

① 독립영양부분(autotrophic component)
② 종속영양부분(heterotrophic component)
③ 대형소비자(macroconsumers)
④ 섭식영양자(phagotrophs)

해 ②③④ 모두 무기물을 유기물로 합성하지 못한다.

**06** 에너지가 무기 환경에서 생물계로 들어오는 최초 과정에 해당되는 것은? 기-14-1

① 분해자에 의한 생물 사체의 분해
② 생산자의 1차 소비자에 의한 소비
③ 생산자의 광합성
④ 1차 소비자의 2차 소비지에 의한 소비

**07** 생태계의 구조에 대한 설명으로 틀린 것은? 기-19-3

① 생태계는 크게 비생물적 구성요소와 생물적 구성요소로 나눌 수 있다.
② 거대소비자는 다른 생물이나 유기물을 섭취하는 동물 등의 종속영양생물을 말한다.
③ 생산자는 간단한 무기물로부터 먹이를 만들 수 있는 녹색 식물과 물질순환에 관여하는 무기물 등을 말한다.
④ 분해자는 미세소비자로서, 사체를 분해시키거나 다른 생물로부터 유기물을 취하여 에너지를 얻는 세균, 곰팡이 등의 종속영양생물 등을 들 수 있다.

해 ③ 생산자는 태양에너지를 받아 무기물로부터 영양물질(유기물)을 만드는 녹색식물을 말한다.

**08** 다음 생태계의 구조와 기능에 대한 설명으로 적절한 것은? 기-15-1

① 영양단계에 따라 1차 생산자, 2차 생산자, 소비자, 분해자의 구조를 이룬다.

정답 01. ① 02. ④ 03. ① 04. ④ 05. ① 06. ③ 07. ③ 08. ③

② 생산자는 종속영양자로서 상위단계에 영양물질을 공급해준다.
③ 영양단계에서 생물은 여러 단계에 속하는 경우가 많으며 일생 중 영양단계가 변하는 경우가 발생한다.
④ 독립영양자는 죽은 식물체나 동물체를 무기물로 분해하여 영양물질을 공급한다.

**09** 다음 설명의 ( )에 들어갈 용어는? 기-17-2

> 해양의 먹이사슬은 광합성 산물로 시작되기 때문에 식물에 있어 광합성은 무척 중요하다. 엽록소는 초록색을 띠며 청색광(400~450nm)과 적색광(650~680nm)을 받아들일 수 있다. 고등식물이 공통으로 가지는 ( )는 모든 해양식물이 가지고 있다.

① 엽록소 a ② 엽록소 b
③ 엽록소 c ④ 엽록소 e

**10** 녹색식물 광합성 작용의 생화학적 공식은? 기-16-3, 기-19-1

① $H_2O+CO_2$+일광에너지 → $(CH_2O)_n+O_2$
② $H_2O+CO_2$+일광에너지 → $(CH_2O)_n+O_3$
③ $H_2O+CO_2$+일광에너지 → $(CH_3O)_n+O_2$
④ $H_2O+CO_2$+일광에너지 → $(CH_3O)_n+O_3$

**11** 광합성 과정 중 산화·환원반응에 적합하게 구성된 과정은? 기-14-2, 기-18-2

① $CO_2+H_2O$+태양에너지 = glucose$+O_2$
② $CO_2+2H_2A \rightarrow (CH_2O)+H_2O+2A$
③ $2H_2A \rightarrow 4H+2A$
④ $4H+CO_2 \rightarrow (CH_2O)+H_2O$

**12** 식물의 개화 강도가 일장 시간에 둔감하여 광주기와 상관없이 꽃을 피우는 식물을 무엇이라고 하는가? 기-15-1

① 단일식물 ② 중일식물
③ 장일식물 ④ 고온식물

해 ① 단일식물 : 밤의 길이가 일정시간 이상 길어지면 개화하는 식물
③ 장일식물 : 밤의 길이가 일정시간 이상 짧아지면 개화하는 식물
④ 고온식물 : 습기와 열을 필요로 하는 열대식물

**13** 토양단면에 대한 설명으로 옳은 것은? 기-16-2

① 표층토는 A층으로서 부식의 양이 적어 황갈색을 나타내게 된다.
② B층은 낙엽이나 유기물이 축적되어 암흑색을 나타내게 된다.
③ 표층토의 부식질은 물과 양분을 흡수 보유하는 능력이 많아 식물생육에 유익한 성분이다.
④ 부식질은 흙속 미생물의 활동을 억제하여 토양이 부패하는 것을 억제하는 효과가 있다.

해 ① 표층토는 A층으로서 낙엽이나 유기물이 축적되어 암흑색을 나타내게 된다.
② B층은 부식의 양이 적어 황갈색을 나타내게 된다.
④ 부식질은 흙속 미생물의 활동을 원활하게 하여 토양이 부패하는 것을 억제하는 효과가 있다.

**14** 다음 부식(腐植)의 기능 중 옳은 것은? 기-16-2

① 부식은 식물의 영양분을 저장하는 능력이 감소한다.
② 부식은 흡습계수가 크기 때문에 보수력이 증가한다.
③ 병원미생물의 생활장소로 알맞아 배양기 역할을 한다.
④ 암흑색과 분해 시 발열 때문에 지온이 낮아지는 경향이 있다.

**15** 다음에서 포장용수량에 대한 설명으로 가장 적합한 것은? 기-14-2

① 식물이 이용하는 작은 공극에 있는 물의 양
② 토양이 물에 완전히 젖은 후 중력수가 제거되고 남은 물의 양
③ 강우에 의해 토양의 큰 공극을 채우고 있는 수분의 양



정답 09. ① 10. ① 11. ② 12. ② 13. ③ 14. ② 15. ②

④ 토양입자의 표면에 흡착되어 있는 수분의 양

**16** 2000년 동해안에 대형 산불이 발생하여 막대한 임야가 손실되었다. 산불의 영향에 대한 설명으로 가장 거리가 먼 것은? 기-16-1

① 표토가 유실되어 해안과 하천의 생태계를 변화시킨다.
② 초본류는 산불에 비교적 적응하여 복원력이 교목보다 뛰어나다.
③ 화재 후 연소된 유기물 잔재 속 광물질이 방출되어 지력을 높이고 토양을 비옥하게 한다.
④ 인간은 유기물질이 위험한 수준까지 축적되기 전 일부러 불을 질러 생태계 관리수단으로 삼기도 한다.

해 ③ 산불의 영향으로는 토양의 침식 및 토양양분의 농도 증가, 산도(pH) 증가 등이 있고 또한 뿌리의 죽음과 분해 가능한 물질의 감소는 토양호흡을 감소시킨다.

**17** 생태계의 제한요인에서 식물의 생산성은 가장 많이 결핍된 단일원소의 양에 의해 결정된다는 법칙은 무엇인가? 기-14-2, 기-17-2

① Shelford의 제한법칙
② Bergmann의 최소량의 법칙
③ Liebig의 최소량의 법칙
④ Gause의 제한법칙

**18** 최소량의 법칙(Liebig's law of minimum)에 관한 설명으로 가장 거리가 먼 것은? 기-16-2

① 식물에는 필요원소 또는 양분 각각에 대하여 그 생육에 필요한 최소한의 양이 있다.
② 만일 어떤 원소가 최소량 이하이면 다른 원소가 아무리 많아도 생육에 지장이 있다.
③ 원소 또는 양분 중에서 가장 소량으로 존재하는 것이 식물의 생육을 지배한다.
④ 원소 또는 양분 중에서 가장 다량으로 존재하는 것이 식물의 생육을 지배한다.

해 Liebig 최소량의 법칙은 어떤 생물학적 과정이든지 그 속도는 필요량 대비 최소량으로 존재하는 하나의 인자에 의해 제한된다는 법칙이다. 만일 어떤 원소가 최소량 이하이면 다른 원소가 아무리 많아도 생육할 수 없으며, 원소 또는 양분 중에서 가장 소량으로 존재하는 것이 식물의 생육을 지배한다는 것으로 '최소양분율' 또는 '최소율'이라고도 한다.

**19** 환경요인에 대해서 특정 생물종의 생존가능 범위를 무엇이라고 하는가? 기-14-2

① 비생물범위 ② 내성범위
③ 생물범위 ④ 서식범위

해 ② 비생물적 환경요인(물, 온도, 빛, 토양 등)은 생물체가 살아가는 데 있어서 최고치(고치사유발점)와 최저치(저치사유발점)가 있으며, 그 사이의 범위를 내성범위라고 한다.

**20** 어느 개체 또는 집단이 생존하고 증식하는 것이 여러 환경조건들이 조합되어 나타나는 결과라는 결합법칙을 주장한 사람은? 기-17-1

① Liebig ② Odum
③ Shelford ④ F. Muller

**21** 가이아 가설(Gaia hypothesis)에 관한 설명 중 틀린 것은? 기-18-1

① 생물권은 화학적, 물리적 환경을 능동적으로 조절한다.
② 화산 폭발, 혜성의 충돌 또한 범지구적 항상성 범주에 든다.
③ 원시대기에서 이차대기(현재 대기)로의 변화는 생물적 산물이다.
④ 생물권은 자동조절적(cybernetic) 또는 제어적인 계이다.

해 가이아 가설은 지구를 환경과 생물로 구성된 하나의 유기체, 즉 스스로 조절되는 하나의 생명체로 소개한 이론이다.

**22** '엔트로피의 증가'가 의미하는 것으로 가장 적절한 것은? 기-18-2

① 유기에너지의 상태로 바뀌는 현상

정답 16. ③ 17. ③ 18. ④ 19. ② 20. ② 21. ② 22. ④

② 잠재적 에너지의 상태로 바뀌는 현상
③ 오염된 에너지의 상태로 바뀌는 현상
④ 사용 불가능한 에너지의 상태로 바뀌는 현상

해 엔트로피란 에너지의 형태가 사용할 수 있는 형태에서 사용할 수 없는 형태로 바뀐 에너지량을 말한다. 또한 엔트로피는 생태계 내 무질서의 척도로 사용된다.

**23** 생태계의 에너지 흐름 과정의 순서가 옳은 것은? 기-17-3

① 열에너지 → 화학에너지 → 빛에너지
② 빛에너지 → 화학에너지 → 열에너지
③ 빛에너지 → 열에너지 → 화학에너지
④ 화학에너지 → 열에너지 → 빛에너지

**24** 식물에 의해 단위시간, 단위면적당 만들어지는 생체량은? (단, 단위로는 에너지단위($cal \cdot m^{-2} \cdot day^{-1}$)나 무게($gC \cdot m^{-2} \cdot day^{-1}$)를 사용한다.) 기-19-1

① 1차 생산력(Primary productivity)
② 2차 생산력(Secondary productivity)
③ 영양단계(Trophic level)
④ 현존량(Standing crop)

**25** 다음 표는 초원, 성숙림의 연간생산량 및 호흡량이다. 빈 칸의 적정한 값은? 기-15-3

| 구분 | 초원(cal/㎡/yr) | 성숙림(cal/㎡/yr) |
|---|---|---|
| 1차 총생산량 | 24,400 | 45,000 |
| 독립영영자의 호흡량 | 9,200 | 32,000 |
| 1차 순생산량 | ㉠ | ㉡ |
| 종속영영자의 호흡량 | 800 | 13,000 |
| P/R비율 | ㉢ | ㉣ |

① ㉠:15,200, ㉡:13,000, ㉢:2.4, ㉣:1
② ㉠:14,400, ㉡:32,000, ㉢:2.4, ㉣:1.4
③ ㉠:15,200, ㉡:13,000, ㉢:2.7, ㉣:1
④ ㉠:14,400, ㉡:32,000, ㉢:2.7, ㉣:1.4

해 ·초원
1차 순생산량=24,000−9,200=15,200
P/R비=24,400/(9,200+800)=2.4
·성숙림
1차 순생산량=45,000−32,000=13,000
P/R비=45,000/(32,000+13,000)=1

**26** 생태계의 대사회전(Turnover)에 관한 설명으로 올바른 것은? 기-14-2

① 육상은 수중생태계보다 대사회전 시간이 짧다.
② 대사회전은 최종 소비자 집단의 개체수에 비례한다.
③ 바다의 독립영양생물들의 대사회전은 느리게 진행된다.
④ 현존량/현존량의 대체속도를 대사회전으로 간주한다.

해 대사회전이란 생체중의 구성물질이 합성과 분해에 의하여 교체되는 현상을 말하며, 대사회전하면서 외견상 일정한 상태에 있는 것을 동적평형(dynamic equilibrium)이라고 한다.

**27** 산림의 생물량이 20000g/㎡, 매년 성장증가량이 1000g일 때 대사회전율(A)과 대사회전시간(B)은? 기-16-2

① A:0.2, B:5년　② A:0.05, B:20년
③ A:5, B:5년　④ A:0.5, B:20년

해 대사회전율이란 일정시간 내에 그 생물량의 몇 %가 교체하는가를 나타내는 것이고 대사회전시간이란 생물량 전체가 교체되는데 걸리는 시간이다.

$$A = \frac{\text{성장증가량}}{\text{현생물량}} = \frac{1000}{20000} = 0.05$$

$$B = \frac{\text{현생물량}}{\text{성장증가량}} = \frac{20000}{1000} = 20(\text{년})$$

**28** 생태계의 먹이연쇄에 관한 설명으로 틀린 것은? 기-19-1

① 영양단계의 분류는 종의 분류로 이루어진다.
② 천이 초기의 먹이연쇄는 단순하고 직선적인 경향이 있다.
③ 먹이연쇄에 있어서 각 이동단계마다 일정부분



정답 23. ② 24. ① 25. ① 26. ④ 27. ② 28. ①

의 잠재에너지가 열로 사라진다.
④ 먹이연쇄에서 상부 영양단계로 이동할 때마다 약 90%의 에너지가 소실된다.

해 ① 영양단계의 구분은 종의 분류가 아닌 기능의 분류로 이루어진다.

**29** 생물의 사체나 배설물로부터 에너지 흐름이 시작되는 먹이사슬은? 기-19-2

① 방목 먹이사슬　② 부니 먹이사슬
③ 육상 먹이사슬　④ 해양 먹이사슬

**30** 생태학적 피라미드의 종류가 아닌 것은? 기-14-2, 기-19-1

① 개체수 피라미드　② 생체량 피라미드
③ 에너지 피라미드　④ 환경요인 피라미드

**31** 생태적 피라미드(ecological pyramid) 중 군집에 기능적 성질의 가장 좋은 전체도(全體圖)를 나타내며, 피라미드가 항상 정점이 위를 향한 똑바른 형태의 피라미드로서 생태학적으로 가장 큰 의의를 가진 것은? 기-14-1

① 개체수 피라미드　② 에너지 피라미드
③ 개체군 피라미드　④ 생체량 피라미드

해 ② 에너지 피라미드는 연속되는 영양단계에서의 에너지 흐름의 비율이나 생산력으로 나타낸다. 군집의 기능적 성질을 잘 보여주며 군집 내의 개체군의 상대적 중요성 평가에 잘 쓰인다.

**32** 영양구조 및 기능을 함께 볼 수 있는 것으로 생태적 피라미드의 모형을 이용하는데, 다음 중 개체의 크기에 따라 역피라미드의 구조 등 변수가 많기 때문에 바람직하지 않은 생태적 피라미드는? 기-18-3

① 개체수 피라미드(pyramid of numbers)
② 생체량 피라미드(biomass pyramid)
③ 에너지 피라미드(pyramid of energy)
④ 생산력 피라미드(pyramid of productivity)

**33** 다음 중 에너지 효율이 가장 높은 것은? 기-16-1

① 토끼풀　② 뱀
③ 개구리　④ 메뚜기

해 영양단계에 따라 에너지의 양은 감소하나 에너지효율은 일반적으로 증가한다.

**34** 먹이그물의 상위단계에 있는 생물이 높은 독성물질을 체내에 축적하기 쉽다. 먹이연쇄단계를 거치면서 확산 희석되지 않고 오히려 농축되는 현상은? 기-17-2

① 영양단계농축　② 생물농축
③ 물질농축　④ 독성농축

**35** 영양단계 및 생물농축에 대한 설명으로 가장 거리가 먼 것은? 기-16-1

① 에너지와는 달리 화학물질은 영양단계가 높아질수록 그 농도가 높아진다.
② 화학물질이 생태계내로 유입되었을 경우 나타나는 bottom-up효과가 심각한 문제로 대두된다.
③ 피식자는 포식자보다 체내에 축적되어 있는 오염물질을 보다 많이 섭식하게 된다.
④ 자연적으로 분해가 잘 되지 않는 오염물질은 동물체 내의 특정조직에 선택적으로 축적된다.

해 ③ 피식자보다 포식자가 영양단계에 따라 체내에 축적되어 있는 오염물질을 보다 많이 섭식하게 된다.

**36** 중금속에 오염된 어느 늪지에 다음의 생물이 살고 있다. 생물농축이 일어날 경우 생체 내 중금속 농도가 가장 높은 생물은? 기-15-2

① 하루살이　② 피라미
③ 배스　④ 식물성 조류

해 생물농축(먹이연쇄 농축)은 먹이연쇄에 의해 영향을 받는 일부 몇 가지 물질은 먹이연쇄의 단계를 거치면서 분산 되는 대신 체내에 축적되는 현상을 말하는데 영양단계의 증가에 따라 농축되므로 최상위 단계의 포식자에게 더 큰 영향을 미치게 된다.

정답 29. ② 30. ④ 31. ② 32. ① 33. ② 34. ② 35. ③ 36. ③

**37** DDT의 환경생태학적 영향이 아닌 것은? 기-16-3

① 생물학적 농축 능력을 가진다.
② 지방이나 지질에 높은 용해도를 가진다.
③ 현재 대부분의 선진국은 사용하지 않는다.
④ 먹이사슬의 하위단계 생물에서 고농축 된다.

해 ④ DDT는 먹이사슬의 최상위에 있는 조류나 사람에게 치명적 영향을 미친다.

**38** 수은(Hg)을 함유하는 폐수가 방류되어 오염된 바다에서 잡은 어패류를 섭취함으로서 발생하는 병은? 기-18-1

① 이따이이따이병 ② 미나마타병
③ 피부흑색병 ④ 골연화증

해 ② 미나마타병은 수은중독으로 인한 질환이다.

**39** 다음의 설명에 해당되는 것은? 기-17-3

| 유기체와 환경사이를 왔다갔다 하는 화학원소들의 순환 경로 |
|---|

① 물질 순환 ② 에너지 순환
③ 생지화학적 순환 ④ 생물종 순환

**40** 생태계의 생물군집은 주위의 무기적인 환경과 끊임없이 물질의 순환이 일어나고 있다. 대표적인 물질순환이 아닌 것은? 기-18-1

① 물순환 ② 공기순환
③ 탄소순환 ④ 질소순환

**41** 생물체를 구성하는 가장 기본적인 원소로서 지구상의 모든 생물들은 이것을 기본으로 유기체를 구성하고 있으며 주로 녹색식물에 의해 유기물로 합성되는 원소는? 기-18-2

① 산소 ② 수소
③ 황 ④ 탄소

**42** 탄소순환을 바르게 설명한 것은? 기-17-1

① 대기권에서 탄소는 주로 $CO_2$, CO의 형태로 존재한다.
② 생물체가 죽으면 미생물에 의하여 분해되어 유기태탄소로 돌아간다.
③ 지구에서 탄소를 가장 많이 보유하고 있는 부분은 산림이다.
④ 녹색식물에 의하여 유기태탄소가 무기태탄소로 전환된다.

해 ② 죽은 동식물의 유해 속에 들어 있는 탄소는 분해자인 박테리아에 의해 대기중으로 되돌아간다.
③ 탄소를 가장 많이 보유하고 있는 부분은 지각으로서 석탄·석유·석회석·퇴적토 등이 전체 탄소의 99% 이상을 차지하고 있다.
④ 녹색식물에 의하여 무기태탄소가 유기태탄소로 전환된다.

**43** 미생물 또는 화산활동 및 번개의 방전 등에 의해 생태계에 유입되는 물질을 생성하는 생물지화학적 순환(biogeochemical cycle)은? 기-16-2, 기-19-1

① 산소순환 ② 질소순환
③ 인순환 ④ 황순환

**44** 생태계 내의 질소순환(Nitrogen Cycle)에서 생산자들이 질소를 이용할 때의 형태는? 기-19-2

① $NO_3^-$ ② $N_2O$
③ $N_2$ ④ $NH_4^+$

해 ① 질산염, ② 아산화질소, ③ 질소, ④ 암모늄염
·식물(생산자)은 암모늄염($NH_4^+$), 질산염($NO_3^-$)을 뿌리로 흡수하는데 질산염의 형태로 가장 많이 이용한다.

**45** 질소순환 과정을 바르게 설명한 것은? 기-18-3

① 낙엽 등에 존재하는 유기태질소는 질산화작용에 의하여 $NH_4^+$ 형태의 무기태질소를 만든다.
② $NH_4^+$가 토양미생물에 의하여 $NO_3^-$로 산화되는 과정을 암모늄화작용이라고 한다.
③ 수목의 뿌리는 이온 형태로 된 유기태질소의 형태로 흡수한다.
④ 질산태질소($NO_3^-$)는 산소공급이 부족하여 혐기성 상태가 되면, 질소가스로 환원되어



정답 37. ④ 38. ② 39. ③ 40. ② 41. ④ 42. ① 43. ② 44. ① 45. ④

대기권으로 되돌아 간다.

해 ① 낙엽 등에 존재하는 유기태질소는 암모늄화작용에 의하여 $NH_4^+$ 형태의 무기태질소를 만든다.

② $NH_4^+$가 토양미생물에 의하여 $NO_3^-$로 산화되는 과정을 질화작용이라고 한다.

③ 수목의 뿌리는 이온 형태로 된 무기태질소의 형태로 흡수한다.

**46** 식물이 이용할 수 있는 질소 형태부터 질소의 순환을 올바른 순서로 설명하고 있는 것은? 기-18-2

① 유기질소→아질산염→암모니아→질산염
② 질산염→원형질→암모니아→아질산염
③ 아미노산→원형질→질산염→아질산염
④ 아질산염→아미노산→암모니아→원형질

해 ② 식물이 질산염을 흡수하여 동화작용에 의해 단백질이나 핵산 등의 원형질이 만들어지며, 식물의 고사나 소비자의 사체나 배설물이 분해되어 암모니아가 되고, 그것이 아질산염을 거쳐 질산염이 만들어지는 과정을 순환한다.

**47** 질소고정 방법으로 가장 적합하지 않은 것은? 기-19-2

① 산업적 질소고정
② 번개에 의한 질소고정
③ 미생물에 의한 질소고정
④ 생태계 천이에 의한 질소고정

**48** 질소를 고정할 수 있는 생물이 아닌 것은? 기-19-3

① *Nostoc*과 같은 남조류
② *Nitrobacter*와 같은 질산화 세균
③ *Rhodospirillum*과 같은 광영양 혐기세균
④ *Desulfovibrio*와 같은 편성 혐기성 세균

해 질소고정 세균

· 공생박테리아 : *Rhizobium*(뿌리혹박테리아), *Frankia*

· 비공생박테리아 : *Azotobacter*(호기성), *Clostridium*(혐기성), *Rhodospirillum*(혐기성), *Desulfovibrio*(혐기성)

· 남조류(공생) : *Anabaena*(cyanobacteria), *Nostoc*(염주말속)

**49** 질소고정 박테리아는 질소의 순환과정에 깊이 관여하고 있다. 다음 중 질소고정 박테리아로 널리 알려져 있는 것은? 기-16-3

① *Rhizobium* ② *Nitrobacter*
③ *Nitrosomonas* ④ *Micrococcus*

해 ②③ 질화세균, ④ 탈질세균

**50** 환경 중 암석에 저장소를 가지며 생명의 DNA와 RNA에 주요 구성물질을 이루고 있는 것은? 기-18-1

① 인 ② 황
③ 철 ④ 질소

**51** 인의 순환에 대한 설명으로 틀린 것은? 기-19-3

① 척추동물의 뼈를 구성하는 성분이다.
② 호소의 퇴적물에 축적되는 경향이 있다.
③ 해양에서 육지로 회수되는 인에는 기체상 인화합물이 가장 많다.
④ 토양 속의 인은 불용성으로 흔히 식물생장의 제한요인으로 작용한다.

해 ③ 인은 기체상태의 화합물을 형성하지 않으며, 육상에서 바다로 흘러간 인이 되돌아오는 방법은 어류를 잡아먹는 바닷새를 통한 방법이 유일하다.

**52** 황(S)순환의 설명으로 옳지 않은 것은? 기-18-2

① 동식물 시체 속의 유기태황을 분해하여 $SO_4^{2-}$으로 전환시키는 미생물은 *Aspergillus*이다.
② 호수의 진흙 속이나 심해의 바닥에 가라 앉은 $SO_4^{2-}$은 혐기성 상태에서 *Desulfovibrio*에 의하여 기체형태의 $H_2S$로 환원된다.
③ 산성비란 산도(pH)가 6.5 이하인 강우를 말하며, 대기 중의 $NO_X$와 아황산가스($SO_2$)가 녹아서 약한 산성을 나타낸다.
④ 지각에 존재하는 황은 화산활동과 화석연료의 연소를 통하여 대기권으로 유입된다.

해 ③ 눈 또는 빗물의 산도(pH)가 5.6 미만인 경우를 산성비라고 말한다.

정답 46. ② 47. ④ 48. ② 49. ① 50. ① 51. ③ 52. ③

**53** 어떤 특정 시간에 특정 공간을 차지하는 같은 종류의 생물집단은? 기-18-1

① 생태군 ② 개체군
③ 우점군 ④ 분류군

**54** 생물 개체군은 어떤 특정 공간을 점유하는 동일한 종으로 구성된 집합체로서 통계적인 몇 가지 특성을 가지고 있다. 이에 해당되지 않는 것은? 기-17-3

① 밀도 및 분산 ② 출생률과 사망률
③ 연령분포 ④ 생활형

해 ①②③ 이외에 생물번식능력, 생장형 등이 있다.

**55** 개체군의 크기를 측정하는 방법 중 개체수 밀도를 측정하는 방법이 아닌 것은? 기-18-3

① 선차단법 ② 측구법
③ 대상법 ④ 표비교법

**56** 총 단위 공간당의 개체수로 정의되는 것은? 기-18-3

① 조밀도 ② 고유밀도
③ 생태밀도 ④ 분산밀도

**57** '개체군내에는 최적의 생장과 생존을 보장하는 밀도가 있다. 과소 및 과밀은 제한요인으로 작용한다.'가 설명하고 있는 원리는? 기-17-1, 기-18-3

① Allee의 원리 ② Gause의 원리
③ 적자생존의 원리 ④ 항상성의 원리

해 ① 앨리의 효과(allee effect)란 생물이 집단을 형성하여 개체군의 유전적 다양성, 천적으로부터 위험 감소, 개체군에 필요한 개체수 확보 등 환경적응도를 향상시킨다는 이론으로, 개체군은 과밀(過密)도 해롭지만 과소(過小)도 해롭게 작용하므로 개체군의 크기가 일정 이상 유지되어야 종 사이에 협동이 이루어지고 최적생장과 생존을 유지할 수 있다는 원리를 말한다.

**58** 어린 개체가 많은 집단으로 장차 개체군이 커질 수 있는 개체군 연령 분포형태는? 기-15-3

① 쇠퇴형 ② 안정형
③ 발전형 ④ 표주박형

해 ③ 발전형은 생식전 연령층의 비율이 특히 높아 개체군의 크기가 증가할 것으로 예상되는 피라미드 유형을 말한다.

**59** 개체군(population)의 출생률과 사망률 모두에 특히 영향을 주는 중요한 개체군의 특징은? 기-16-3

① 연령분포(age distribution)
② 수용능력(carrying capacity)
③ 생식 잠재력(reproductive potential)
④ 환경저항(environmental resistance)

**60** 개체군의 연령조성에 대한 설명으로 틀린 것은? 기-16-2

① 꿀벌의 연령조성은 계절에 따라 변화한다.
② 곤충들은 일반적으로 생식연령이 생활사의 반을 차지한다.
③ 연령조성은 팽창형, 안정형, 감소형으로 구분된다.
④ 개체군의 연령은 전생식연령, 생식연령, 후생식연령으로 구분된다.

해 ② 곤충의 생식연령은 종류에 따라 다르나 일반적으로 매우 짧다.

**61** 개체군 생태학에서 사망률(mortality)에 대한 설명으로 가장 적절한 것은? 기-14-1, 기-19-3

① 단위 공간당 개체군의 크기를 말한다.
② 단위 시간당 죽음에 의해서 개체들이 사라지는 숫자를 말한다.
③ 단위 시간당 생식 활동에 의해서 새로운 개체들이 더해지는 숫자를 말한다.
④ 개체들이 공간에 분포되는 방법으로서 임의분포, 균일분포, 집중분포 등으로 구분한다.

**62** 생물 개체군 성장곡선에 대한 설명으로 틀린 것은? 기-16-1, 기-19-3

① J자형, S자형 성장곡선이 나타난다.



정답 53. ② 54. ④ 55. ④ 56. ① 57. ① 58. ③ 59. ① 60. ② 61. ② 62. ③

② J자형 성장곡선은 외부 환경요인에 의해 조절된다.
③ S자형 성장곡선은 불안정한 하등생물상에서 보여진다.
④ 수용한계(수용능력 K)는 최적밀도 수준이 아니다.

해 ③ S자형 성장곡선은 안정된 상태의 서식지나 극상림과 같은 안정된 상태에서 나타난다.

**63** 다음 [보기]의 ㉠, ㉡에 해당되는 것은? 기-17-1

> 일반적으로 ( ㉠ )자형 생장형을 보이는 개체군의 종은 r-선택을, ( ㉡ )자형 생장형을 보이는 개체군의 생물체는 K-선택을 받는다.

① ㉠ K, ㉡ S　② ㉠ J, ㉡ K
③ ㉠ J, ㉡ S　④ ㉠ S, ㉡ J

**64** 어떤 환경에서 생물체가 여러 해 동안 점근선 밀도(K) 가까이에 존재 하며, 이러한 생물체는 K-선택을 받는다. 다음 중 K-선택생물의 특징이 맞는 것은? 기-14-1

① 짧은 생활사를 갖는다.
② 부모로부터 자원의 분배가 적다.
③ 몸집이 큰 소수의 자손을 생산한다.
④ 일찍 성숙하여 생식률을 높인다.

해 K-선택종은 환경수용능력(K)에 가까이 하려고 하는 종으로, 안정된 서식지에서 밀도가 평형상태로 된 경우에 적합하고 대형으로 소산하며 천천히 성숙하는 성질을 갖는다.

**65** 개체군의 특성에 관한 설명 중 틀린 것은? 기-19-1

① 일시적이며 기하급수적이고 무제한으로 성장하는 것을 지수함수형(J형)이라 한다.
② 밀도의 증가에 따라 제한요인의 작용으로 성장률이 감소하는 경우 시그모이드형(S형)이라 한다.
③ 일시적이며 불안정하고 변동하기 쉬운 서식지에서는 r-선택이 이루어지며 개체군 내부 밀도의 영향을 받는다.
④ K-선택은 환경수용능력에 가깝게 성장하는 안정한 서식지의 개체군에서 이루어지며, 극상림과 같은 안정된 상태에서 나타난다.

해 ③ 일시적이며 불안정하고 변동하기 쉬운 서식지에서는 r-선택이 이루어지며 개체군 내부 밀도의 영향을 받지 않는다. 개체군의 밀도가 사회압을 받을 수 있는 환경에 놓여 있지 않는 곳에서 서식하는 밀도 독립적인 기회적 개체군이 많기 때문이다.

**66** 개체군의 분산형태 중 균일형(uniform distribution)에 적합한 것은? 기-15-3

① 자연생태에서 많이 나타나는 현상
② 전 지역을 통하여 환경조건이 균일하고 개체 간에 치열한 경쟁
③ 생존경쟁이 치열하지 않고 환경조건이 균일하지 않은 곳
④ 환경이 고르지 못하고 생식이나 먹이를 구하는 개체군

해 ② 개체군의 분산형태 중 균일형은 전 지역을 통하여 환경조건이 균일하고 개체 간에 치열한 경쟁이 일어나는 개체군으로 극히 드물게 발생한다.

**67** 개체군의 구조 유형 중에서 자연환경조건이 균일하지만 서로 모이기를 싫어하는 개체군들에서 나타나는 분포형은? 기-15-1, 기-17-3

① 규칙분포(uniform distribution)
② 임의분포(random distribution)
③ 집중분포(clumped distribution)
④ 고립분포(isolated distribution)

**68** 식물에서는 종자의 전파양식이나 무성번식에 의해 일어나며 동물은 사회적 행동에 의해 서로 비슷한 종끼리 유대관계를 형성하기 때문에 나타나는 개체군의 공간분포양식은? 기-18-3

① 규칙분포(uniform distribution)
② 집중분포(clumped distribution)
③ 기회분포(random distribution)
④ 공간분포(space distribution)

정답 63. ③ 64. ③ 65. ③ 66. ② 67. ② 68. ②

**69** 개체군의 공간분포에 관한 설명으로 틀린 것은? 기-19-3

① 자연에서 흔히 있는 분포형은 집중분포이다
② 새의 세력권제는 새를 불규칙적으로 분포하게 한다.
③ 규칙분포는 바둑판처럼 심은 과수원 나무의 분포에서 볼 수 있다.
④ 개체군의 집중분포는 습도, 먹이, 그늘과 같은 환경요인 때문이다.

해 ② 새의 세력권은 일정한 간격을 두고 형성되므로 규칙적으로 분포되게 한다.

**70** 한 종이 점유지역이 아닌 곳으로 분포범위를 넓히는 영역확장(range expansion)의 경우가 아닌 것은? 기-14-1, 기-19-3

① 그 종이 양육과 훈련행동을 하는 경우
② 그 종의 산포를 저해하던 요인이 제거 된 경우
③ 이전에는 부적당하던 지역이 적당한 지역으로 변화된 경우
④ 종이 진화되어 부적당지역이 적당지역으로 이용할 수 있게 된 경우

**71** 다음 설명하는 현상을 무엇이라 하는가? 기-15-3

> 지구상의 어떠한 한 가지 형태의 조상종이 지질학적 연대를 지나는 동안 지역에 따라 각각 다른 환경변화를 겪는다면 각 지역에서는 다른 종의 형태로 출현할 수 있다.

① 적응　② 진화
③ 증식　④ 종분화

해 보기의 설명과 같은 종분화는 새로운 생물 종이 만들어지는 진화의 과정이며, 모든 형태의 생물종은 진화의 결과이다.

**72** 생물학적 체제에서 가장 상위계급은? 기-17-3

① 분자　② 조직
③ 군집　④ 개체

해 ③ 군집이란 같은 장소에서 같은 시간에 생활하고 있는 개체군들의 집합체이다.

**73** 생물군집의 특성이 아닌 것은? 기-16-2, 기-19-2

① 비중　② 우점도
③ 종의 다양성　④ 개체군의 밀도

**74** 지표종(indicator species)에 대한 설명으로 틀린 것은? 기-17-3

① 내성범위가 좁은 종은 넓은 종보다 더 확실한 지표가 된다.
② 희소종일수록 좋은 지표종이다.
③ 환경조건이 극단적으로 악화되어도 생존이 가능한 종은 그런 환경조건에 대한 좋은 지표종이다.
④ 보통 몸이 작은 종은 큰 종보다 더 좋은 지표종이 된다.

**75** 군집의 구조적 측면에서 같은 표징종을 포함하는 식물의 군집은? 기-15-1, 기-19-3

① 군락　② 우점종
③ 부수종　④ 지표종

해 일정한 자연환경에서, 서로 유기적인 연관관계를 가지고 생활하고 있는 식물개체군(vegetation)들의 집단을 군락이라고 한다.

**76** 생물군집에서 여러 다른 종들 사이에 일어날 수 있는 상호관계가 아닌 것은? 기-17-3

① 공생　② 기생
③ 호흡　④ 경쟁

**77** 생태계를 구성하고 있는 생물종간의 상호작용의 형태가 아닌 것은? 기-18-2

① 경쟁　② 기생
③ 포획　④ 공생

**78** 두 개체군 상호 간에 불이익을 초래하는 관계는? 기-15-2, 기-18-1, 기-19-3

① 기생　② 포식
③ 편리공생　④ 경쟁



정답 69. ② 70. ① 71. ④ 72. ③ 73. ① 74. ④ 75. ① 76. ③ 77. ③ 78. ④

해 ④ 경쟁은 한 군집 내에 같이 살고 있는 다른 종 또는 같은 종 사이에서 제한된 자원 등을 놓고 경쟁하며 각 개체에 부정적 영향을 미치게 된다.

**79** 다음 편리공생 관계에 있는 것은? 기-15-1

① 해삼과 숨이고기
② 콩과식물과 뿌리혹박테리아
③ 개미와 진딧물
④ 참나무류와 겨우살이

해 편리공생은 한 종에게는 이익이 되고 다른 종에게는 영향이 없는 관계를 말하며, 그 예로 사람의 대장 안 박테리아, 해삼의 항문에 사는 숨이고기, 고래의 피부에 붙어사는 따개비, 제비깃털과 조류(algae) 등 이 있다.

**80** 다음 그림 중 편리공생의 위치를 나타내는 것은? 기-16-1, 기-19-2

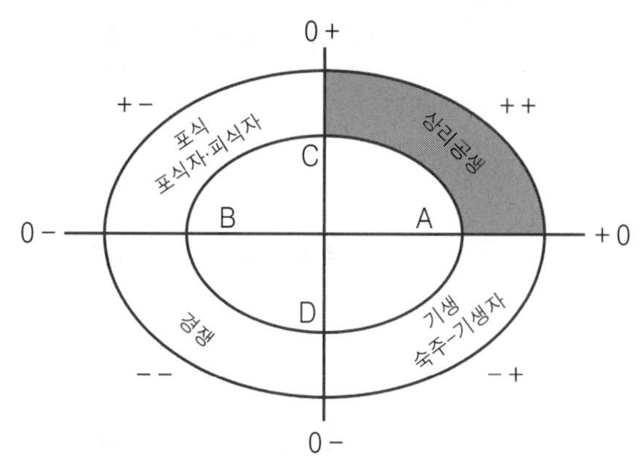


① A ② B
③ C ④ D

**81** 한 종개체군과 다른 종개체군 사이에서 두 개체군이 모두 이익을 얻으며 서로 상호작용을 하지 않으면 생존하지 못하는 관계는? 기-17-1, 기-19-3

① 상리공생 ② 상조공생
③ 편리공생 ④ 내부공생

**82** 두 생물 간에 상리공생(mutualism) 관계에 해당하는 것은? 기-18-3

① 관속 식물과 뿌리에 붙어 있는 균근균
② 호도나무와 일반 잡초
③ 인삼 또는 가지과 작물의 연작
④ 복숭아 과수원의 고사목 식재지에 보식한 복숭아 묘목

해 상리공생(mutualism)은 두 종간의 상호작용이 두 종 모두에게 긍정적인 효과로 식물은 무기 화합물과 미량 원소를 균근균에서 받는 한편, 균근균은 식물에서 광합성 산물을 받는다.

**83** 두 가지 다른 생물의 관계에서 편리공생의 예로 가장 적합한 것은? 기-19-2

① 개미와 아카시아
② 열대우림과 난초류
③ 리기테다소나무와 균근
④ 콩과식물과 뿌리혹박테리아

해 ①③④ 상리공생

**84** 생태계 내 종 및 개체군 사이의 상호작용이 바르게 연결된 것은? 기-19-1

① 편해공생 – 상호관계는 서로에게 해를 끼침
② 편리공생 – 상호관계는 서로에게 균등하게 유익함
③ 기생 – 어느 한 쪽에게는 유익하며 다른 한 쪽에게는 해를 끼침
④ 경쟁 – 각각의 종과 종 사이에 직접적 또는 간접적으로 영향이 없음

해 ① 편해공생 – 어느 한 쪽에게는 영향이 없으나 다른 한 쪽에게는 해를 끼침
② 편리공생 – 어느 한 쪽만 유익함
④ 경쟁 – 상호관계는 서로에게 해를 끼침

**85** 다음에서 한 종이 다른 종을 먹이로 이용하는 영양상의 상호작용이 아닌 것은? 기-17-2

① 중립 ② 초식
③ 기생 ④ 포식

해 ① 중립은 개체군의 상호관계에서 영향을 받지 않는 관계이다.

정답 79. ① 80. ① 81. ① 82. ① 83. ② 84. ③ 85. ①

**86** 개체군의 상호작용과 관련하여 경쟁적 배제의 원리(competitive exclusion principle)를 기술한 것이 아닌 것은? 기-15-1

① 가우스(Gause)의 원리라고도 한다.
② 두 개체군 사이에 생태적 지위가 중복될 수 없다는 원리를 말한다.
③ 양쪽 개체군에 이익을 주지만 그 관계에는 구속성이 없다는 원리를 말한다.
④ 결과적으로 격렬한 경쟁은 생태적 지위가 어느 정도 중복되었을 때 발생한다.

해 경쟁적 배제의 원리(competitive exclusion principle)는 두 개의 종은 자원의 제한된 조건아래서 영구적으로 같이 살지 못하고, 동일한 방식으로 환경과 상호작용을 할 수 없다는 원리로서 경쟁의 결과 한 종이 다른 한 종을 지위(Niche)에서 배제하는 것으로 "가우스의 원리"라고도 한다.

**87** 식물체 또는 그 일부분에서 합성된 화학물질들이 외부로 배출되어 타식물에게 영향을 주는 작용을 타감작용(allelopathy)이라 한다. 다음 중 타감작용으로 인한 화학물질의 효과가 아닌 것은? 기-16-2

① 기피제 ② 탈출제
③ 페로몬 ④ 생육억제제

해 ③ 같은 종의 다른 개체의 호감적 행동을 유발시킬 수 있는 분비물질을 페로몬이라고 한다.

**88** 생태계의 포식상호작용에서 피식자가 포식자로부터 피식되는 위험을 최소화하기 위한 장치로 볼 수 없는 것은? 기-16-2, 기-19-2

① 의태(mimicry)
② 방위(defense)
③ 위장(camouflage)
④ 상리공생(mutualism)

**89** 공진화(coevolution)에 대한 설명으로 옳지 않은 것은? 기-17-3

① 둘 이상의 종이 상호작용하여 일어나는 진화이다.
② 두 종 모두에서 일어나는 변화이다.
③ 많은 군집들이 수 세대 동안 진화를 반복하면서 발전되어 왔다.
④ 상리공생하는 군총에서는 공진화가 필요 없다.

해 공진화란 서로 다른 개체군이 오랜 시간에 걸쳐서 상호작용하게 되면 한 종의 유전자풀(pool)이 다른 종의 유전자풀의 변화를 유도하게 되는 것으로, 상호작용하는 두 종이 상호의존하며 진화하는 것을 말한다.

**90** 생물이 생태계에서 차지하는 구조적, 기능적 역할을 종합적으로 나타내는 개념은? 기-16-1

① 생태적 지위(ecological niche)
② 길드(guild)
③ 지위유사종(synusia)
④ 주행성(diurnal)

해 ① 생태적 지위란 생물 공동체나 군집에 있어서 생물종이 차지하는 물리적 공간이나, 군집 내에서 해야 하는 기능상의 역할, 환경구배(온도·습도·토양 등)에 있어 그 생물의 위치를 말한다.

**91** 생태적 지위(ecological niche)에 대한 설명으로 틀린 것은? 기-18-3

① 한 종이 생물 군집 내에서 어떠한 위치에 있는 지를 나타내는 개념이다.
② 전혀 다른 식물이 동일한 생태계지위를 가지는 경우는 없다.
③ 생물이 점유하는 물리적인 공간에서의 지위를 서식장소 지위라고 한다.
④ 온도, 먹이의 종류 등 환경 요인의 조합에서 나타나는 지위를 다차원적 지위라 한다.

해 ② '생태적 지위'란 생물 공동체나 군집에 있어서 생물종이 해야 하는 기능상의 역할을 말하는 것으로, 개구리를 포식하는 뱀과 백로, 메뚜기나 거미를 포식하는 개구리와 직박구리는 생물종의 먹이연쇄로 보면 같은 먹이자원을 이용하는, 서로 동일한 생태적 지위에 있다고 볼 수 있다.

**92** 생태적 동등종(ecological equivalent)의 설명으로 옳은 것은? 기-19-1

① 유전학적으로 비슷하지만 서식지가 다른



정답 86. ③ 87. ③ 88. ④ 89. ④ 90. ① 91. ② 92. ④

종들
② 유전학적으로 다르지만 서식지가 동일한 종들
③ 유전학적으로 비슷하지만 다른 생태학 지위를 차지하는 종들
④ 유전학적으로 다르지만 비슷한 역할이나 생태학 지위를 차지하는 종들

# Chapter 2 육상생태계

## 1 주요 육상생태계의 이해

### 1. 육상생태계의 구조

(1) 생물상(biota)

① 생물군을 나타내는 용어로서 fauna와 flora를 합친 한 지역의 동식물 표현

② 식물상(flora) : 특정의 한정된 지역에 분포하며 생육하는 식물의 모든 종류로, 그 지역에 생육하는 식물종의 무리 –식물군

③ 동물상(fauna) : 어떤 특정한 환경 또는 지역에서 서식하고 있는 동물이나 동물군의 총칭

◘ 식물분포의 지배요인
기온, 강수량

◘ 식물분포의 결정요인
① 기후조건
② 토양조건
③ 변화하는 환경요인에 대한 적응성

(2) 육상군집의 종류

1) 산림

① 목본식물 위주의 군집 형성

② 기온이 높고 강우량이 많은 지역에 형성

③ 열대우림, 낙엽활엽수림, 상록활엽수림, 침엽수림

2) 초원

① 화본과식물을 주로 하는 초본식물로 덮인 곳

② 강수량이 부족하거나 저온으로 수목이 자라기 어려운 지역에 널리 분포

③ 팜파스, 사바나, 벨트, 스텝, 프레리, 툰드라

3) 황원(荒原)

① 온도, 강수량 등의 환경이 열악하여 식물 생장에 적합하지 않은 곳

② 일반적인 식물은 생육이 불가능하고 특수한 식물 서식

③ 사막, 사구

### 2. 육상 생물군계

◘ 생물군계(biome)
같은 자연환경 밑에 있는 지역의 생물군을 이르는 말로써 여러 개의 생태계가 모여서 형성되는 생태계의 상위계급으로 넓은 기후적 지역에 대한 군집의 특성을 '생물군계'라고 하며, 최대의 육상군집 단위이다. 북극을 기준으로 적도쪽으로 '툰드라–타이가–온대낙엽수림–초원–사막–열대우림'의 6개 생물군계로 구분한다.

(1) 툰드라(tundra, 한대식물구)

① 수목 북방한계선 이상의 극지방 주위에서 나타나는 생물군계

② 가장 따뜻한 달의 연평균 기온 10℃ 이하 –여름 밤기온 0℃에 근접

③ 봄과 여름에 표층은 해동되나 토양의 아래층은 영구동토 –이탄층 형성

④ 강수량은 적으나 증발량도 적어 습윤한 환경 유지

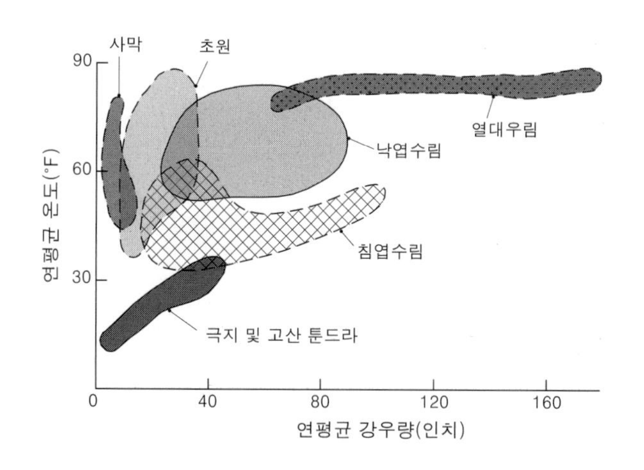


[생물군계 분포]

⑤ 토양은 히스토졸(histosols)과 엔티졸(entisols)로 형성
⑥ 식물의 생육기간이 50~90일 정도로 큰 나무가 자라기 어려움
⑦ 지의류, 선태류, 벼과, 사초과 등이 우점 –버드나무, 자작나무도 서식
⑧ 짧은 여름기간 동안 증가하는 생물량으로 이동성 물새의 번식 활발
⑨ 교란발생 시 회복에 오랜 기간이 소요
⑩ 북미산 순록 등 대형 초식동물 서식

(2) 타이가(taiga, 북부침엽수림)

① 툰드라와 온대낙엽수림 사이로 북미와 유라시아를 횡단하는 넓은 띠 모양으로 형성된 생물군계
② 겨울은 길고 추우며 여름은 짧고 온난하며, 3~4개월의 생육기간 가짐
③ 1년 중 6개월 이상의 평균기온이 0℃ 이하이고 땅은 눈으로 덮여있음
④ 일부 호수, 연못 그리고 이끼로 덮인 늪 등에 의한 산림형성
⑤ 토양은 포드졸(spodosols)로 두꺼운 부식질층 형성
⑥ 상록침엽수의 교목류 발달, 1~2종의 교목이 광대한 지역 점유
⑦ 대부분 상록침엽수로 가문비나무 우점, 전나무, 낙엽송, 소나무
⑧ 활엽수 등도 나타나지만, 표토는 지의류, 선태류, 고사리류가 우점되어 두 층의 군락 형성

(3) 온대낙엽수림(temperate forests)

① 비교적 길고 더운 여름과 추운 겨울이 구분되어 계절의 변화가 뚜렷
② 북미, 서유럽, 우리나라와 일본, 중국 동부 등
③ 연평균 기온 6~13℃, 강우량은 150~200㎝, 생육기간이 4~6개월 정도
④ 생육기간이 길어 순1차생산력과 현존량은 타이가의 거의 2배에 가깝고

**수목한계선(timber line)**

수목한계선은 토양의 부족, 짧은 성장기간, 여름까지 지속되는 과도한 눈(雪) 등의 환경조건에 의해 나무들이 자랄 수 없는 경계로, 나무들이 빽빽하게 들어차 수풀을 이룰 수 있는 삼림 한계선(forest line)과 같은 의미로 활용된다. 우리나라에서는 백두산에서 유일하게 해발고도 1,000m 부근에 수목한계선이 나타난다.

무기질순환도 신속

⑤ 토양은 회갈색 포드졸 토양, 진흙이 많이 포함되어 있고 영양염류도 풍부

⑥ 식생의 구조는 4개의 층위로, 침엽수와 활엽수가 혼합되어 나타나는 식생

⑦ 식생은 광엽교목 우세 –떡갈나무, 단풍나무, 너도밤나무, 자작나무, 호두나무

⑧ 상층의 수관층 잎이 떨어지면 햇빛이 땅 위에까지 도달하여 씨앗의 발아나 초본류, 어린 나무의 생장 촉진

### (4) 초원(grassland)

① 대부분의 초원은 대륙의 약간 건조한 지역에서 발생

② 온대초원은 미국의 프레리(prairie), 러시아의 스텝(steppe), 아르헨티나의 팜파스(pampas), 남아프리카의 벨트(veldt), 열대초지의 사바나(savanna) 등 지역에 따라 달리 지칭

③ 여름철은 길고 더우며, 겨울철도 길고 추움

④ 연강우량은 40~60㎝ 정도로 여름철에 최대 강우

⑤ 토양은 매우 다양하고 색깔은 보통 진한 갈색토로 중성이며 비옥

⑥ 대부분이 화본과 식물로 초본류가 우점하며 다양한 초식동물이 서식

### (5) 사막(desert)

① 극심한 가뭄이 있는 지역으로 연간 강우량이 25㎝ 이하인 곳 또는 증발이 심한 지역에서 발생

② 북미의 남서부, 남미의 서부, 아라비아, 아프리카 북부, 남아프리카, 호주 등에 분포

③ 기온은 높은 곳과 낮은 곳 등 다양하나 일반적으로 낮 동안 건조하고 뜨겁다가 밤이 되면 급속하게 냉각되어 매우 춥고 바람이 강함

④ 토양은 대부분 아리도솔(aridosols), 초본이 좀 더 많은 곳은 몰리솔(mollisols)

⑤ 일년생 식물들이 많은 부분을 차지, 선인장과에 속하는 식물, 키 작은 여러 가지 형태의 건생관목이 우점

### (6) 열대우림(tropical rain forest)

① 적도 부근 남·북위 각각 5~6° 또는 10°에 가까운 지역의 고온다습한 기후에 발달한 식생대로, 상록활엽수 위주의 대밀림 형성 –북미의 북서부, 남미의 아마존, 서부아프리카, 인도네시아 등

② 연평균기온은 17℃ 이상, 연간 강수량은 240~450㎝ 정도이고 가물 때에도 120㎝ 이상으로 연간 비가 내리는 지역

**◘ 초원**

주기적인 불이나 초식동물의 활동으로, 낙엽수림으로 쉽게 천이되지 않고 초원이 유지된다.

**◘ 열대사바나**

열대우림지역의 경계에 존재하는 독특한 유형의 초원(인도, 아프리카, 남미 등)으로 다른 열대산림과 달리 건조기가 길고 화재가 빈번히 발생하는 생태계이다. 초본식물들이 주종을 이루고 키가 낮은 종려나무, 아카시아가 우점하여 옥시솔(oxisols)토양이 우세한 지역이다.

**◘ 차파렐(chaparral)**

미국 남서부 태평양 연안, 칠레 연안, 지중해, 아프리카 최남단, 오스트레일리아의 남부 등의 해안에만 분포하는 생물지역으로 해양성 기류, 적은 강수량, 긴 여름철 가뭄이 나타나는 아열대 지방에서 성장할 수 있는 활엽상록수가 서식한다. 토양이 얕은 빈영양지에 높이 1~3m의 경엽성의 반관목림 발달하고, 생태학자들은 "불에 의해 형성된 아극상군집"이라고 표현하기도 한다.

③ 지표에서 가장 변동이 작은 환경으로 오랫동안 풍화를 받은 노년기 토양
④ 종이 가장 풍부하고 복잡한 층위를 형성한 군락 구성
⑤ 낮은 우점도와 많은 생물종으로 종다양성 측면에서 가장 우수한 생물군계
⑥ 빛이 수관층을 투과하기 어렵고 하위층은 매우 어두워 다양한 착생식물과 기생식물이 많이 분포
⑦ 산림생태계 내에서 낙엽 분해속도 및 무기물순환이 가장 빠른 지역

## 2 육상생태계의 천이

### 1. 육상생태계의 천이개념

#### (1) 천이의 개념

① 천이는 시간에 따라 어떤 지역에 있는 종들의 방향적이고 계속적인 변화를 의미
② 천이는 이론적으로 방향성이 있으며 그 결과를 예측 가능
③ 일정기간 동안 일어난 생물군집 발전의 규칙적인 과정
④ 초기 개척군집이 토양의 성질을 변화시켜 새로운 종이 자랄 수 있도록 하는 과정의 반복
⑤ 천이는 이용할 수 있는 에너지에 대한 최대의 생체량과 생물과의 공생적인 기능이 유지되는 안정된 군집에 도달되었을 때 완결

**천이**
어떤 장소에서 존재하는 생물공동체가 시간의 경과에 따라 종조성이나 구조를 변화시켜 다른 생물공동체로 변화해 나가는 시간적 변화의 과정을 '생태천이' 또는 '천이'라고 한다. 변화 과정의 마지막 단계인 안정된 시기를 극상(climax)이라고 하며, 식생의 천이는 '식생천이'라 한다.

**❖ 천이계열**

선구식생에서 중간식생을 거쳐 극상에 이르는 천이의 과정(stages)을 말한다. 식생천이는 단계에 따라 출현하는 식물종이 다르며 성질의 차이도 있다. 일반적으로 천이 초기에는 불안정한 환경에서 잘 적응하고 산포능력이나 휴면성을 지닌 식물인 R선택종이 유리하고, 후기에는 내음성이 높고 종간의 경쟁력이 우수한 종인 K선택종이 유리하다. 극상은 전체적으로 안정되고 정적인 상태라고 규정하고 있으나, 그 내부는 소천이를 내포한 동적인 구조로 생각되고 있다. 즉, 극상 상태의 종다양성은 여러 가지 미시적인 소천이 단계의 모자이크에 의해 유지되고 있다.

#### (2) 천이의 6단계(F.E Clements)

① 나지 : 1차 천이에서 새로운 표층의 노출이나, 2차 천이에서 이전 식생이 제거된 상태
② 이주 : 인접지역으로부터 씨, 포자 또는 식생적 번식자 등의 이주로 – 2차 천이에서는 이미 토양 내 존재하는 상태

**천이의 6단계**
① 나지
② 이주
③ 정주
④ 경쟁
⑤ 상호작용
⑥ 안정

③ 정주 : 발아, 초기성장 및 식물체의 정착
④ 경쟁 : 정착식물들 사이의 경쟁
⑤ 상호작용 : 서식처에 있는 식물들의 자발적 효과
⑥ 안정 : 극상형성

### (3) 천이 모델(초기종의 반작용 모델 Connell, Sltyler)

#### 1) 천이촉진모델

① 각 단계에서 환경을 자신에게는 그리 적당치 않고 다른 종에게 더 적당하도록 변화시키기 때문에 다른 종으로 대치된다는 이론
② 종 대치는 질서있고 예측이 가능하므로 천이의 방향성이 생기게 됨
③ 그 지역의 기후에 따라 천이가 결정된다는 기후극상에 따른 것
④ 종 대치가 이전 단계에 의해 촉진

#### 2) 천이억제모델

① 어떤 지역에서의 발달은 그 곳에 어떤 종이 최초로 왔느냐에 따라 결정되므로 천이를 매우 이질적으로 보는 이론
② 각 종은 어떤 새로운 종을 제거하거나 억압하여야 하므로 반드시 질서적이지 않음
③ 천이는 군집이 항상 기후극상을 향하여 수렴되지 않으므로 더욱 개별적이고 예측하기 곤란
④ 어느 종이든 새로운 이입자에 대하여 대항하고, 수명이 짧은 종에서 수명이 긴 종으로 진행되나 질서있는 대치가 이루어지지 않는다는 것
⑤ 현재의 거주종이 손상을 당하거나 죽을 때까지 억제

#### 3) 천이내성모델

① 촉진모델과 억제모델의 중간형
② 초기 천이종의 존재가 중요한 것은 아님
③ 어느 종이라도 천이를 시작할 수 있으나 경쟁력 있는 몇 종들이 극상군집에서 우점
④ 제한적인 자원에 대해 내성이 있는 초기 정착자의 솎아냄에 의해서 진행된다는 이론
⑤ 종 대치가 현재 거주종에 의해 영향을 받지 않음

### (4) 극상학설

#### 1) 단극상설(F. Clements)

① 천이의 방향이 기후에 의해 정해져 있다는 이론 –기후 극상만을 인정
② 천이의 시작이 무엇으로부터 시작되었든지에 상관없이 천이의 종점은 주어진 기후 지역에서는 오직 하나의 극상만이 존재한다는 것

**◘ 극상의 개념**
천이가 진행되어 물리적 서식처와의 평형 상태에 있고, 자기 영속의 상태에 있는 최종적으로 안정된 군집을 '극상군집'이라고 한다. 그러나 극상은 하나의 상징적 개념이며, 실제로 여러 가지 요인들이 항상 변하기 때문에 극상이 성취되는 일은 흔치 않다.

2) 다극상설(A. Tansley)

① 어떤 지역의 극상은 한 요인에 의하거나 다른 여러 요인(기후·토양조건·지형과 불 등의 교란)의 조화에 의해 극상이 달리 나타날 수 있다는 이론

② 기후조건이 같아도 극상은 토양극상, 지형극상, 생물적 극상 등으로 다를 수 있다는 것

3) 극상 유형설(R.H. Whittaker)

① 극상은 환경적 구배에 따라 점진적으로 변화하며, 뚜렷이 구분되지 않는 극상유형의 연속체로서 독립적으로 분리될 수 없다는 이론

② 다극상설의 개념을 인정하고 변형한 것

**◘ 중규모 교란설**

교란에 약한 종이 절멸하지 않을 중간 정도의 교란이 있을 때에 종의 풍부함이 가장 높아진다는 학설을 말한다. 교란이 커지면 약한 종이 소멸하여 종의 풍부함이 낮아지고, 교란이 작아지면 천이가 진행되어 한정된 극상종이 되기 때문에 종의 풍부함이 낮아진다.

## 2. 육상생태계 천이과정

### (1) 천이의 종류

1) 1차 천이와 2차 천이

① 1차 천이

㉠ 화산 분지와 같이 토양층이나 식생도 존재하지 않는 상태에서 시작하는 천이

㉡ 식물의 이입과 정착에 영향을 주는 요인 : 지표면의 안정성과 종 공급원의 유무

㉢ 식생천이 과정

·나지→지의류→선태류→1·2년생 초본→다년생 초본→관목림→양수림→혼합림→음수림

·건성천이 : 암반, 자갈밭, 건조한 사구 등에서 진행되는 일반적 천이

·습성천이 : 호수나 늪과 같이 물에서부터 시작되는 천이

② 2차 천이

㉠ 이전 군집이 파괴된 곳에 새롭게 형성되는 군집의 정착

㉡ 산림벌채나 산불로 식생만 사라진 상태에서 시작하는 천이

㉢ 토양이 속에 남은 뿌리나 매토종자에 의해 빠른 속도로 식물 재생

㉣ 지표면은 안정된 곳이 많으므로 천이는 급속히 진행

2) 자발적 천이와 타발적 천이

① 자발적 천이 : 선행식물 군락에 의한 천이로, 환경과 군집의 변화 모두 생물 그 자체의 생물학적 작용의 결과에 기인한다는 것

② 타발적 천이 : 환경적 변화에 의한 천이로, 식물상의 변화가 고유종에

**◘ 방해극상**

군집이 인간이나 또는 가축에 의하여 안정이 유지되는 극상을 말한다.

**◘ 교란**

교란은 군집구조를 흩트리고 가용자원, 물질 가용성 또는 물리적 환경을 변화시키는 어떤 돌발적 사건이다. 교란은 생태군집에 발생빈도와 강도에 따라 많은 다른 방식으로 영향을 줄 수 있다.

**◘ 중성천이**

빙하토와 같이 적습한 토양에서 시작되는 천이를 말한다.

**◘ 매토종자**

야외에서 성숙하여 산포된 종자 중에는, 발아하지 않고 그대로 토양에 묻혀 토양 속에서 휴면하면서 보존된 종자가 있다. 이를 '매토종자'라 한다. 토지를 개변할 때 매토종자를 포함한 표토를 채취하여, 개변된 토지에 산포함으로써 원래의 식생을 복원시키는 방법도 있으나 종에 따른 환경조건이 다르기에 어렵다.

의한 조절이라기보다는 가뭄 등의 외부적 교란에 기인하는 것

3) 방향적 천이와 순환적 천이

① 방향적 천이 : 일반적인 생태천이의 개념에 부합하는 일련의 과정으로 진행되는 천이

② 순환적 천이 : 안정된 극상 군집에서 아주 국소적인 규모로 변화하는 천이로 소공간의 모자이크 생성

4) 시간적 천이와 지형적 천이

① 시간적 천이 : 하나의 극상 군집 내에 주기적·지역적인 교란 등이 반영되어 여러 단계의 천이계열이 나타나는 모자이크 군집의 천이

② 지형적 천이 : 모자이크 양상이 남사면과 북사면, 토양, 염분 등 지형적 차이로 나타나는 천이

5) 점진(진행)적 천이와 퇴행적 천이

① 점진적 천이 : 일반적인 생태천이의 개념에 부합하여 천이계열에 따라 점점 생체량이 커지는, 보다 복잡한 군집으로 진행되는 천이

② 퇴행적 천이 : 정상적인 천이를 방해하는 어떤 것의 영향으로 천이계열이 역행하는 구조로 진행되어 생체량의 감소 및 단순하고 빈약한 종들로 구성되는 과정의 천이

6) 정상천이와 편향천이

① 정상천이 : 일반적인 천이가 순조롭게 진행되어 식생이 발달하고 종다양성이 높아지는 천이

② 편향천이 : 일반적인 천이가 일어나지 않아 식생이 발달하지 못하고 후계 종을 잃어버리는 천이

7) 종의 이입 모델(F.E. Egler)

① 식물상교체 모델 : 개척 종의 군집에 새로운 후기 종이 침입하여 군집의 변화를 도모하는 모델

② 초기종조성 모델 : 천이의 전 과정을 통하여 그 지역을 점유할 모든 종이 천이가 시작될 때부터 그 지역에 존재하고 있었다는 모델

(2) 천이의 진행에 따른 생태계 속성(E. P Odum)

천이의 군집 내 변화

| 속성 | | 개척단계 | 성숙단계 |
|---|---|---|---|
| 군집 에너지학 | 총생산/군집호흡(P/R) | 1 초과 또는 미만 | 1에 접근 |
| | 총생산/현존 생산량(P/B) | 고 | 저 |
| | 현존 생체량/단위에너지 흐름(B/E) | 저 | 고 |
| | 총군집생산량(수확량) | 고 | 저 |
| | 먹이연쇄 | 직선형 | 망상형 |

□ 천이와 생산성

생산력은 다양성과 비슷하게 천이가 진행됨에 따라 초기단계에서 점진적으로 증가하다가 극상의 군집에 가까이 오면 자기 영속성으로 생산성은 감소한다. 이러한 경향은 최고로 성숙한 개체들의 생체량 감소 및 여러 가지 이유로 생산력 감소와 순생산성의 감소로 나타난다.

| | | | |
|---|---|---|---|
| 군집구조 | 전 유기물 | 소 | 대 |
| | 무기영양염 | 생체 외 | 생체 내 |
| | 종다양성-풍부도 | 저 | 고 |
| | 종다양성-균등도 | 저 | 고 |
| | 생화학적 다양성 | 낮다 | 높다 |
| | 층상구조 및 공간적 이질성 | 조직화 불충분 | 조직화 충분 |
| 생활사 | 생태적 지위 범위 | 넓다 | 좁다 |
| | 생물체 크기 | 소 | 대 |
| | 생활사 | 짧고 단순 | 길고 복잡 |
| | 생장형 | r-선택 | K-선택 |
| | 생산 | 양 | 질 |
| 영양순환 | 영양염류의 순환 | 개방적 | 폐쇄적 |
| | 생물과 환경의 영양물 교환속도 | 빠르다 | 느리다 |
| | 영양물 재생의 부스러기 역할 | 중요하지 않음 | 중요함 |
| 총체적 항상성 | 내적 공생 | 미발달 | 발달 |
| | 영양물의 보존 | 불충분 | 충분 |
| | 안정성(외부 교란에 대한 저항) | 불충분 | 충분 |
| | 엔트로피 | 높다 | 낮다 |
| | 정보 | 저 | 고 |

❖ 안정성과 항상성

안정성은 교란으로부터 회복되는 능력을 뜻하는 동적 개념이며, 항상성은 외부환경과 생물체내의 변화에 대응하여 순간순간 생물체 내의 환경을 일정하게 유지하려는 현상을 이르는 것으로 생태계 내에서는 군집의 안정성과 같은 개념으로 쓰인다. 항상성을 유지시키려는 기작이 선택성과 회복성, 저항성이다.

◘ 군락과 생태계 안정성의 성분

① 지속성(persistence)
② 불변성(constancy)
③ 회복성(resilience)

## 3 생물다양성 중요성 및 유지방안

### 1. 생물다양성의 개념

(1) 생물다양성의 계층간 관계

1) 유전자 다양성(genetic diversity)

① 개체군 내부 유전자 구성의 다양성
② 같은 종이라도 개체별로 가지고 있는 유전자는 다양하게 존재
③ 단일 개체군 내와 격리되어 있는 개체군 간의 다양성(지리적 변이)도

◘ 생물다양성

지구상의 생물이 다양하게 존재하는 모습을 통틀어 '생물다양성'이라 부르며, 종다양성보다도 폭넓은 개념으로서 다양하다는 것에 가치를 둔 환경경관을 형성한다. 생물다양성은 종내 '유전자의 다양성', 생태계에서의 '종다양성', 경관(지역)에 있어서의 '생태계의 다양성', 국토에 있어서의 '경관의 다양성'이라는 계층성을 가지고 있다.

포함된 개념

④ 종의 번식, 질병에 대한 저항, 환경에 대한 적응 등 종과 개체군 사이에 지대한 영향을 미침

㉠ 적응도에 영향을 주는 유전자 변이 : 환경변화에 대한 종의 존속 가능성 제고

㉡ 중립적인 유전자 변이 : 종의 진화의 역사를 반영한 것으로 자연사 연구의 관점

⑤ 인류는 유전자다양성을 이용하여 우수한 식량자원 발굴

2) **종다양성**(species diversity)

① 지구상에서 관찰되는 전체 생물종을 지칭

② 각각의 생물종은 상호관계를 맺어 생태계를 형성하고 균형 유지

③ 한 종의 멸종은 생태계 내 상호 의존하는 다른 종과 연쇄적 영향 발생

④ 종다양성 이해

㉠ 한 군집에서 얼마나 많은 생물종들이 군집을 이루고 있는가에 대한 복잡한 정도를 나타내는 것

㉡ 구성종의 풍부성(종의 수)과 균등도(각 종의 개체수 분포)에 의해서 결정

㉢ 소수의 보통종 또는 우점종이 각 영양단계의 에너지 흐름을 담당하고, 대다수를 구성하는 희소종이 영양단계나 군집 전체의 종다양성 결정

㉣ 종다양성은 서식처의 복잡한 정도가 높을수록, 지역의 규모가 클수록, 종의 지리적 근원지에 가까울수록 증가

㉤ 종다양성이 낮으면 환경의 변화에 민감하여 손상받기 쉬움

㉥ 환경조건이 열악한 곳에서는 군집의 건전한 유지를 위해 종다양성이 감소되는 경우도 존재

3) **생태계 다양성**(ecosystem diversity)

① 한 지역에서의 서식 및 생육하는 생물과 대기·토양·물·기후 등의 물리적 환경요소와 이들 구성요소 간의 상호작용까지 포함하는 개념

② 물질의 순환과 에너지의 흐름 등의 생태계의 과정은 생태계 구성요소들 간의 상호작용에 의해 안정한 생태계 유지

㉠ 생산자·소비자·분해자들이 군집을 이루어 포식과 피식·경쟁·공생·기생 등 다양한 관계 형성

㉡ 먹이망과 영양단계 과정 속에서 물질의 순환 및 에너지 이동

③ 생태계다양성이 높은 지역은 생태계 교란에도 내성이 강하여 생태계 안정성에 기여

4) **경관의 다양성**

① 경관은 다양한 이질적 요소가 모자이크처럼 구성된 것

② 경관 내에 다양한 생태계가 분포하여 다양한 종의 서식

**◘ 종(species)**

다양성을 구성하는 기본단위로 자연상태에서 자유롭게 교배할 수 있는 개체 또는 개체군으로 정의한다.

**◘ 절지동물**

현재까지 학계에 보고된 생물종 중 종다양성이 가장 높은 분류군이며, 곤충과 거미, 갑각류 등을 포함한다. 그 중 곤충은 지구상의 생물군 중 확인 및 명명된 생물종의 수가 가장 많다.

### (2) 생물다양성에 영향을 줄 수 있는 6인자

| 인자 | 원리 |
|---|---|
| 진화적 속도 | 더 많은 시간과 더 빠른 진화는 신종의 진화를 허용한다. |
| 지리적 면적 | 더 큰 면적과 물리적·생물적으로 복잡한 서식지는 더 많은 생태적 지위를 제공한다. |
| 종간 상호작용 | 경쟁은 생태적 지위의 분할에 영향을 주고 포식은 경쟁적 배제를 지연시킨다. |
| 대기에너지 | 보다 적은 수의 종들은 열악한 기후 조건을 견딜 수 있다. |
| 생산성 | 수도는 생산성 또는 에너지의 종간 분할에 의해 제한된다. |
| 교란 | 적당한 교란은 경쟁적 배제를 지연시킨다. |

## 2. 생물다양성 유지의 중요성

### (1) 생물다양성의 가치

#### 1) 경제적 가치

① 식량이나 식료품 활용, 다양한 품종개발에 의한 대량 생산
② 의약품, 신물질 개발, 천연물질 제공, 에너지원, 인간의 수명연장

#### 2) 생태적 가치

① 생태계의 안정성 확보 및 지속성 유지 등 생태·생물적 고유의 가치
② 오염물질 및 공기정화, 산소공급, 영양물질 순환, 대기환경의 개선

#### 3) 문화적 가치

① 자연관광, 레저문화 창출
② 교육 및 학습의 장

**◘ 생물자원**

인류를 위하여 실질적 또는 잠재적으로 사용되거나 가치가 있는 유전자원·생물체 또는 그 부분·개체군 또는 생태계의 그 밖의 생물적 구성요소를 포함한다.

### (2) 종의 소멸 원인 및 대책

① 농지확장, 도로·택지개발 등 생육·서식지의 파괴·소실과 분단화·고립화→계획적 개발 및 서식처 보호 및 복원 시행
② 화학적 오염, 무질서한 이용 등 생육·서식환경의 질적 저하 등→화석연료, 화학비료·농약 사용 및 무절제한 채취 등 제한
③ 이입종에 의한 포식이나 경쟁, 먹이사슬 및 서식지 교란→무분별한 외래종 도입 및 사육 제한
④ 인구증가 등 인간에 의한 남획(무자비한 포획) 및 도살 등→높은 생태적 효율 및 지속가능한 생산기법 연구 및 상업적 거래 제한

**◘ 종의 소실 원인**

① 생육·서식지 분단화·고립화
② 생육·서식환경의 질적 저하
③ 이입종에 의한 포식이나 경쟁
④ 사람에 의한 난획(무자비한 포획)

## 3. 생물다양성 유지방안

### (1) 현지보전과 장외보전

1) 현지 내(in-situ, on site) 보전(현지보전)

① 현지 내의 서식처 보전

② 자연환경에서의 종의 적정한 개체 유지 및 회복

③ 서식지 보전을 위한 보호구역이나 보존지구 설정

④ 중요 생물종이 서식하는 지역에 대한 관리

2) 현지 외(ex-situ, off site) 보전(장외보전)

① 인위적 환경조절이 가능한 장소에서 생물종 보전

② 현지의 열악한 환경으로부터 안전한 지역으로 이주시켜 보전

③ 동물원, 식물원, 종자은행 등을 통한 외부적 환경요소 배제

**보전 전략**

현지보전과 장외보전은 상호간에 보완적 관계를 가진다. 장외보전 개체들을 자연 속에 방사시키거나 사육 개체군에 대한 연구를 통해 대상종의 생물학적 지식을 알 수 있어 현지보전 개체들의 보호를 위한 새로운 프로그램이 가능하다.

### (2) 레드리스트(IUCN 적색목록 범주)

| 구분 | 내용 |
|---|---|
| 절멸종(EX) | 마지막 개체가 죽었다는 사실에 합리적 의심의 여지가 없을 경우 |
| 야생절멸종(EW) | 사육·재배 환경, 포획 상태 또는 과거 서식범위에서 상당히 떨어진 장소의 귀화 개체군(또는 개체군들)으로만 생존이 가능하다고 알려진 경우 |
| 위급종(CR) | 야생에서 멸종할 가능성이 대단히 높은 종<br>최적 가용 증거를 통해 분류군이 위급에 해당하는 기준을 충족할 경우 |
| 위기종(EN) | 보호대책이 없으면 야생에서 멸종할 가능성이 높은 종<br>최적 가용 증거를 통해 분류군이 위기에 해당하는 기준을 충족할 경우 |
| 취약종(VU) | 위급·위기는 아니나 야생에서 멸종 위험이 높은 종<br>최적 가용 증거를 통해 분류군이 취약에 해당하는 기준을 충족할 경우 |
| 준위협종(NT) | 기준에 따른 평가에서 현재 위급, 위기 또는 취약 상태는 아니지만 그 상태에 근접하거나 머지않아 멸종위기 범주에 해당할 경우 |
| 관심대상종(LC) | 기준에 따른 평가에서 현재 위급, 위기, 취약 또는 준위협 상태가 아닐 경우 |
| 정보부족종(DD) | 절멸위험의 직접적 또는 간접적 평가를 수행하기 위한 정보가 불충분할 경우 |
| 미평가종(NE) | 기준에 따른 평가가 아직 수행되지 않았을 경우 |

**레드리스트(Red List)**

국제자연보호연맹(IUCN)이 멸종 위기에 처한 동식물에 대해 2~5년마다 발표하는 보고서로 정식 명칭은 '멸종 위기에 처한 동식물 보고서'이다.

### (3) 인간과 생물권 프로그램(Man and Biosphere program ; MAB)

1) 개념

① 범지구적 차원의 정부간에 이루어지는 과학적 프로그램

② 생물권에 인간이 어떻게 영향을 미치는지를 연구하고 더 이상의 생물권 파괴를 막기 위하여 출범

③ 보호지역의 한계를 극복하고자 정교한 생물권보전지역 설치

**❖ MAB(Man and Biosphere program)**

유네스코에서 1971년 생물권 보호지구의 국제망을 형성한 계획으로 생물권보호지구는 지방주민의 이익을 보장하기 위하여 지속적인 발전·보전 노력이 양립할 수 있는 가능성을 모색한 모형설정이 기획되었던 계획이다. 동·식물, 대기, 해안의 자연뿐 아니라 인간을 포함한 전체로서의 생물권에 인간이 어떻게 영향을 미치는지를 연구하고 더 이상의 생물권 파괴를 막기 위하여 전세계가 함께 일하고자 출범하였으며, 현재 120여 개의 나라가 이 프로그램에 참여하고 있다.

### 2) 생물권보전지역

① MAB 프로그램을 실행하는 방안으로 고안
② 생물다양성 보전과 지속가능한 발전을 지속시키기 위해 지정
③ 3대 기능적 목적
㉠ 경관, 생태계, 종, 유전적 변이의 보전
㉡ 사회문화적, 생태적으로 지속가능한 경제와 인간의 발전
㉢ 시범사업, 환경교육, 연구 및 모니터링을 통한 지원
④ 핵심구역(핵심지역), 완충구역(완충지역), 협력구역(전이지역)으로 구분

유네스코 MAB의 생물권보전지역의 구역 평가기준 및 허용행위

| 구분 | 내용 | 허용 행위 |
|---|---|---|
| 핵심구역(core area) | ·희귀종, 고유종, 멸종위기종이 다수 분포하고 있으며 생물다양성이 높고 학술적 연구가치가 큰 지역 | ·모니터링<br>·파괴적이지 않은 조사·연구·교육 |
| 완충구역(buffer zone) | ·핵심구역 이외의 보전이 필요한 지역으로 핵심구역의 보호를 위해 필요한 지역 | ·연구소와 실험연구<br>·교육 및 레크리에이션<br>·관광 및 휴식 |
| 협력구역(transition area) | ·핵심구역 및 완충구역 이외의 인접지역으로 핵심구역의 보호를 위해 필요한 지역으로 지역발전에 이바지 할 수 있는 지역 | ·인간거주지역<br>·관광 및 휴식 |

⑤ 생물권보전지역 지정 기준
㉠ 생물다양성 보전의 중요성이 인정되는 곳
㉡ 인간의 간섭에 의해 변화되는 지역이 포함된 곳
㉢ 적절한 면적으로 3개 구역의 구획이 가능한 지역
㉣ 공공기관 및 지역공동체, 민간인들이 참여할 수 있는 장치 마련
⑥ 관리에 있어 다양한 이해당사자들과 지역 커뮤니티의 참여
⑦ 연구와 모니터링을 통한 건전하고 지속가능한 실행과 정책의 논증
⑧ 교육과 훈련을 위한 모범적인 공간으로서의 역할
⑨ 세계 네트워크(world network)에 참여

**◘ 지구생물다양성전략(global bio-diversity strategy)**

지구상에 필수적인 생태학적 작용물과 생명체제를 유지하고, 지구의 생물다양성을 보전하며, 지구 천연자원의 지속가능한 개발을 보장하기 위한 목적을 가지고 있다.

**◘ 우리나라의 생물권보전지역**

설악산 생물권보전지역(1982), 제주도 생물권보전지역(2002), 신안 다도해 생물권보전지역(2009), 광릉숲 생물권보전지역(2010), 고창 생물권보전지역(2013), 순천 생물권보전지역(2018), 강원생태평화 생물권보전지역(2019), 연천임진강 생물권보전지역(2019), 완도 생물권보전지역(2021)

### (4) 세계자연보전연맹(IUCN)

① 전세계 자원 및 자연보호를 위하여 UN의 지원을 받아 1948년에 국가, 정부기관 및 NGO의 연합체 형태로 창설된 국제기구

② 생물다양성 등 자연보전대책 강구, 자연보전과 이용의 조화를 위한 전략 모색, 회원(국)간의 자연보전을 위한 정보교류

③ UNESCO 세계자연유산 심사, 멸종위기 동·식물의 국제거래, 생물다양성 협약, 세계자연헌장 초안 작성 등 수행

④ 생물다양성의 보호를 위한 보호지역 카테고리에는 학술적(엄정)보호지역, 야생원시지역, 국립공원, 천연보호구역, 종 및 서식지관리지역, 자연(해역)경관보호지역, 자원관리보호지역 등이 있다.

### (5) 멸종위기에 처한 야생동·식물종의 국제거래에 관한 협약(Convention on International Trade in Endangered Species of Wild Flora and Fauna ; CITES)

① 야생동식물종의 국제적인 거래로 인한 동식물의 생존위협 방지

② 1973년 3월 3일 워싱턴에서 조인되어 1975년부터 발효 –'워싱턴 협약'

### (6) 생물다양성협약(Convention on Biological Diversity ; CBD)

#### 1) 생물다양성협약 목적 및 원칙

① 인간의 경제개발 활동으로부터 생물다양성 보전

② 생물다양성 구성요소인 생물자원의 지속가능한 이용

③ 유전자원을 이용하여 발생되는 이익의 공평한 배분

④ 자국 관할하의 유전자원에 대한 주권적 관리권한 향유

#### 2) 생물다양성 보전대책

① 생물다양성의 보전과 지속가능한 이용을 위한 제반대책 수립

② 생물다양성 구성요소에 대한 목록조사 및 감시

③ 현지 내(in-situ) 및 현지 외(ex-situ) 보전조치의 강구

④ 교육, 훈련, 연구 및 홍보에 필요한 조치 및 장려

⑤ 환경영향평가의 실시 및 악영향의 최소화를 위한 조치 수립

#### 3) 유전자원에의 접근

① 자국 천연자원에 대한 주권적 권리와 유전자원 접근에 대한 결정권 보유

② 유전자원에 대한 접근은 상호합의된 조건과 유전자원 제공국의 사전통고승인(PIC)을 받은 경우에 한정

③ 유전자원의 상업적 및 기타 이용으로부터 발생하는 이익을 자원제공국과 공평하게 공유할 수 있도록 입법적, 행정적, 정책적 조치 강구

#### 4) 기술에의 접근 및 기술이전

① 상호합의된 경우 양허적, 특혜적 조건을 포함하는 공정하고 최혜적인

**◘ 생물다양성협약(CBD)**

생물다양성의 보존과 지속 가능한 이용을 위하여 1992년 5월(케냐, 나이로비) 생물다양성협약 전권대표회의에서 생물다양성협약이 채택되었고, 1992년 6월 브라질 리우에서 개최된 유엔환경개발회의(지구정상회의)에서 158개국이 서명하였으며 1993년 발효되었다. 우리나라는 1994년에 가입하였다.

조건으로 제공

② 지적소유권 관련기술은 지적소유권의 적절하고 효과적인 보호하에 접근 및 이전 제공

③ 유전자원 제공국이 그 자원을 이용하는 기술에 접근 또는 이전받을 수 있도록 적절한 입법적, 행정적, 정책적 조치 강구

④ 특허권 등 지적소유권이 협약이행에 영향을 미침을 인식하고, 이 권리가 협약목적을 지원할 수 있도록 협력

### 5) 생명공학기술의 관리 및 그 이익의 배분

① 유전자원 제공국이 생명공학기술의 연구활동에 참여할 수 있는 조치의 강구

② 유전자원 제공국이 그 유전자원에 근거한 생명공학기술로부터 얻어지는 결과 및 이익에 우선적으로 접근(상호합의된 조건하에)할 수 있도록 조치

③ 유전자변형생물체(LMOs)의 안전한 이동, 취급 및 사용과 관련, 사전통보합의(AIA : Advance Informed Agreement)를 포함한 적절한 절차를 규정하는 의정서 작성을 검토

④ 유전자변형생물체(LMOs)의 안전한 취급에 관한 정보 및 잠재적 악영향에 관한 정보교환

**❖ 환경 및 개발에 관한 유엔 회의(UNCED)–리우선언(1992)**

리우회의(Rio Summit) 또는 지구정상회의(Earth Summit)는 1992년 6월 3일부터 6월 14일까지 브라질 리우데자네이루에서 열린 국제 회의로, 전 세계 185개국 정부 대표단과 114개국 정상 및 정부 수반들이 참여하여 지구 환경 보전 문제를 논의한 회의이다. 21세기 지구환경보전을 위한 국가, 국제기구, 단체 및 국민들이 실천해야 할 책임과 역할을 제시해 주는 것으로 전 지구환경의 완전성과 개발시스템을 보호하기 위하여 국가간의 새로운 기구동반자적 협력체계를 구축하는 데 그 목표를 두었다. 또한 지구 환경문제에 대한 관심과 지속가능한 발전을 위한 행동계획을 담은 '의제21(Agenda21)'을 채택하였고, 이를 기점으로 친환경적 개발을 통한 '지속가능한 사회'로 전환하는 계기가 되었으며, 기후변화협약 및 생물다양성협약 서명도 이 회의에 포함되었다.

**❖ 지속가능발전 세계정상회의(WSSD 2002)–'리우+10'**

2002년 남아프리카 공화국 요하네스버그에서 열린 세계정상회의는 의제21 채택 10주년을 맞아 그 동안 국제사회의 실천행동을 평가하는 자리였으며, 국제기관의 합의에 바탕을 둔 다양한 사업 중 유엔사무총장 제안의 5대 과제(WEHAB : Water(물), Energy(에너지), Health(건강 혹은 보건), Agriculture(농업), Biodiversity(종다양성))가 대두되었다.

# 핵심문제 해설



**01** 북반구의 육상생태계 중 짧은 여름기간 동안 증가하는 생물량에 의해 이동성 물새의 번식이 주로 이뤄지는 지역은? 기-18-2

① 팜파스 ② 툰드라
③ 차파렐 ④ 열대우림

**02** 툰드라(Tundra)의 설명으로 틀린 것은? 기-18-1

① 북쪽의 극지에 해당한다.
② 교란발생 시 회복에 오랜 기간이 걸린다.
③ 봄과 여름이 오면 토양의 아래층은 그대로 영구동토로 남아 있으나 표층은 해동된다.
④ 건생식물이 우점한다.

해 ④ 툰드라 지역은 강수량은 적으나 증발량도 적어 습윤한 환경을 유지하고 있으며, 주로 지의류, 선태류, 벼과, 사초과 등이 우점한다.

**03** 남아메리카의 팜파스(pampas), 아프리카의 벨트(veldt)와 사바나(savanna)로 대표되는 육상 생태계의 종류는? 기-17-3

① 초원 ② 사막
③ 열대 우림 ④ 온대 낙엽수림

**04** 열대우림지역의 경계에 존재하는 독특한 유형의 초원으로 다른 열대삼림과는 달리 건조기가 긴 육상생태계는? 기-14-3

① 사막 ② 타이가
③ 열대사바나 ④ 온대낙엽수림

해 ③ 사바나는 사막과 열대우림지역 중간에 위치하고 있으며 항상 더운 날씨에 우기와 건기가 뚜렷하게 나타나는 특징이 있다.

**05** 사막은 열대, 온대, 한대 어느 지역에도 존재하며, 사막은 낮과 밤의 온도차가 30℃에 이를 정도로 기온차가 심한 지역이다. 이러한 사막의 연간 강수량에 대한 표현 중 맞는 것은? 기-15-2

① 연간 강수량이 50㎜ 미만인 지역
② 연간 강수량이 150㎜ 미만인 지역
③ 연간 강수량이 250㎜ 미만인 지역
④ 연간 강수량이 500㎜ 미만인 지역

해 ③ 사막은 극심한 가뭄이 있는 지역으로 연간 강우량이 250㎜ 이하인 곳 또는 증발이 심한 지역을 말한다.

**06** 적도를 중심으로 남위와 북위 각각 10° 이내의 지역으로 남미의 아마존, 서부아프리카와 인도네시아 등의 지역에 나타나는 식생대는? 기-15-1, 기-17-2

① 사막식생 ② 툰드라
③ 온대 초원 ④ 열대우림

해 ④ 열대우림(tropical rain forest)은 적도 부근 남북위 각각 5~6° 또는 10°에 가까운 지역으로 북미의 북서부, 남미의 아마존, 서부아프리카, 인도네시아 지역으로 고온다습한 기후대를 형성하는 지역을 말한다.

**07** 다음 중 세계의 열대우림 지역이 아닌 곳은? 기-15-2

① 아마존 분지 ② 서부 아프리카
③ 인도네시아 ④ 북아메리카

해 열대우림지역은 북미의 북서부, 남미의 아마존, 서부아프리카, 인도네시아 지역으로 고온다습한 기후대를 형성하는 지역이다. 북아메리카는 온대낙엽수림(temperate forests)에 속한다.

**08** 시간에 따른 군집의 변화를 무엇이라 하는가? 기-19-2

① 항상성 ② 다양성
③ 생태적 천이 ④ 생명부양시스템

**09** 생태적 천이에 따른 항상성에 대한 설명으로 틀린 것은? 기-14-1

① 천이 초기단계에서는 군락이 빨리 치환되므로 불안정하다.
② 군집이 성숙할수록 영양물 보존이 충분하다.
③ 천이 초기단계에서는 내적공생이 발달한다.



정답 01. ② 02. ④ 03. ① 04. ③ 05. ③ 06. ④ 07. ④ 08. ③ 09. ③

④ 성숙군집일수록 파괴에 대한 방어력이 커져 항상성이 증가한다.

해 ③ 천이 초기단계에서는 군락이 빨리 치환되므로 불안정하고, 성숙할수록 파괴에 대한 방어력이 커져 항상성이 증가하므로 천이의 성숙단계에서 내적공생이 발달한다.

**10** 생물군집의 시간적 변천과정을 생태적 천이라고 하는데, 다음 중 육상식물의 천이과정을 바르게 표현한 것은? 기-16-2

① 나지→관목→다년생 초본류→광엽수림
② 나지→일년생 초본류→관목→광엽수림
③ 일년생 초본류→광엽수림→관목→나지
④ 관목→다년생 초본류→나지→광엽수림

**11** 생태적 천이에 나타나는 특성으로 옳지 않은 것은? 기-18-3

① 성숙단계로 갈수록 순군집생산량이 낮다.
② 성숙단계로 갈수록 생물체의 크기가 크다.
③ 성숙단계로 갈수록 생활사이클이 길고 복잡하다.
④ 성숙단계로 갈수록 생태적 지위의 특수화가 넓다.

해 ④ 생태천이에서 성숙단계에 도달할수록 생태적 다양성이 높아지므로 생태적 지위의 특수화가 좁아진다.

**12** 생태계의 발전과정에 대하여 서술한 것으로 잘못된 것은? 기-18-3

① 생태계의 발전과정을 생태적 천이(Ecological succession)라고 한다.
② 생태계는 일정한 생장단계를 거쳐 성숙 또는 안정되며 최후의 단계를 극상(climax)이라 한다.
③ 초기 천이단계에서는 생산량보다 호흡량이 많으며 따라서 순생산량도 적다.
④ 성숙한 단계에서는 생산량과 호흡량이 거의 같아지므로 순생산량은 적어진다.

해 ③ 천이 초기단계에는 광합성량이 호흡량을 초과하여 순생산량이 증가한다.

**13** 다음 설명의 ( )안에 알맞은 용어는? 기-15-2, 기-19-1

> 시간의 경과에 따라 생태계 내 종의 구조 및 군집과정이 변화하는 것을 천이(succession)라고 부르며, 이들의 마지막 단계를 ( )군집이라 부른다.

① 최종(final) ② 극대(maximum)
③ 극상(climax) ④ 극단(extreme)

해 ③ 한 시점에서의 생물상이 시간에 따라 점차 다른 생물상으로 변화하여 궁극적으로 주위환경과 조화를 이룸으로써 생물상의 변화가 거의 없는 안정상태로 유도되는 과정을 극상(climax)이라고 한다.

**14** 천이(succession)는 시간에 따라 어떤 지역에 있는 종들의 방향적이고 계속적인 변화를 의미한다. 수십 년이나 수백 년이 지난 다음에 종조성에서의 중요한 변화가 발생하지 않는 안정된 군집은? 기-19-3

① 극상군집 ② 수관교체
③ 사구천이 ④ 개척군집

**15** 다음 중 극상(極相; climax)의 설명으로 가장 거리가 먼 것은? 기-16-2

① 대상지역의 기후조건과 평행상태를 이룬 극상을 기후극상이라고 한다.
② 어느 특정장소에서 그 장소의 기후극상도 토양극상도 아닌 안정된 군집이 인간이나 가축에 의해서 유지되는 경우 극상이라고 하지 않는다.
③ 기후극상이 발달할 수 없는 지형이나 토양에서 이루어진 극상을 토양극상이라고 한다.
④ 우리나라 온대중부지역의 대표적인 기후극상은 서어나무림이다.

**16** 극상군집과 관련된 설명이 아닌 것은? 기-17-3

① 방해극상 ② 다극상설
③ 개척군집 ④ 단극상설

해 ③ 개척군집은 천이계열과 관련된 것이다.

정답 10. ② 11. ④ 12. ③ 13. ③ 14. ① 15. ② 16. ③

**17** 1차 천이의 개척자 생물군은 무엇인가? 기-14-1

① 지의류 ② 잡초
③ 관목 ④ 교목

**18** 암반, 자갈밭, 간조한 사구 등과 같은 곳에서 진행되는 천이는? 기-14-3

① 담수천이 ② 호소천이
③ 건생천이 ④ 습생천이

해 ③ 1차 천이는 시작되는 장소에 따라 건성천이, 습성천이, 중성천이로 세분화된다. 건성천이는 암석지나 사구 등의 건조한 장소에서 시작되는 천이를 말한다.

**19** 천이이론은 식물군집이 일정한 변화계열을 거치며 마지막에는 가장 안정한 극상군집이 된다는 가설이다. 이 가설에 따른 식물군집의 변화 과정으로 가장 옳은 것은? 기-13-2

① 산불 및 교란에 따른 황폐화 → 초본 → 덤불 또는 관목 → 교목 → 극상
② 산불 및 교란에 따른 황폐화 → 덤불 → 관목 → 초본 → 교목 → 극상
③ 산불 및 교란에 따른 황폐화 → 덤불 → 초본과 관목 → 교목 → 극상
④ 산불 및 교란에 따른 황폐화 → 관목과 교목 → 덤불 → 초본 → 극상

**20** 다음 내용은 해안가의 암반에 있어서의 몇 차 천이에 해당하는가? 기-16-1

> 하나의 완전한 미생물막을 갖고 있는 바위나 또는 피막상의 해조류에 의한 군락화를 말한다. 이러한 형태의 천이는 태풍에 의해서 해조류의 조관 혹은 따개비류나 담치류가 덮고 있던 바위표면이 떨어져 나가는 재해적 사건 이후에 일어난다.

① 1차 천이 ② 2차 천이
③ 3차 천이 ④ 4차 천이

해 ② 2차 천이는 어떠한 천이과정이 진행되고 있던 상태에 큰 교란이 발생한 후 진행되는 천이로 아무것도 없는 상태에서 진행되는 1차 천이에 비해 진행속도가 빠르다.

**21** 2차 천이에 관한 설명으로 옳은 것은? 기-17-1

① 콘크리트 옥상에서 식물의 정착
② 노출된 암석에 지의류가 부착하기 시작하는 천이단계
③ 이전 군집이 파괴된 곳에 새롭게 형성되는 군집의 정착
④ 생물이 살지 않은 환경에 개척자 생물부터 시작하는 천이단계

해 ③ 2차 천이는 어떠한 천이과정이 진행되고 있던 상태에 큰 교란이 발생한 후 진행되는 천이로 아무것도 없는 상태에서 진행되는 1차 천이에 비해 진행속도가 빠르다.

**22** 자생적 독립영양 천이의 설명으로 틀린 것은? 기-16-2

① 총생물량은 증가한다.
② 개체의 크기는 작아지는 경향을 나타낸다.
③ 비생물적 유기물질은 증가한다.
④ 생물종의 구성은 처음에는 빠르게 변화하고, 시간이 흐르면서 차차 느리게 변화된다.

해 ② 개체의 크기는 커지는 경향을 나타낸다.

**23** 생물다양성의 직접적인 가치로서 적당하지 않는 것은? 기-15-3

① 예술활동의 대상으로서 예술적 가치
② 공기정화, 산소공급, 영양물질 순환과 같은 생태적 가치
③ 의약품, 식량, 신물질 개발, 에너지원으로 이용 가능한 직접적 실용가치
④ 생물 스스로의 생존 권리와 인간이 생물을 멸종시킬 권리가 있느냐 하는 윤리적 혹은 생물 고유의 본질적 가치

**24** 생물다양성의 범주에 포함되는 개념이 아닌 것은? 기-18-2

① 종다양성
② 유전적 다양성
③ 군집 및 생태계 다양성
④ 환경 다양성



정답 17. ① 18. ③ 19. ① 20. ② 21. ③ 22. ② 23. ① 24. ④

해 생물다양성은 종내 '유전자의 다양성', 생태계에서의 '종 다양성', 경관(지역)에 있어서의 '생태계의 다양성', 국토에 있어서의 '경관의 다양성'이라는 계층성을 가지고 있다.

**25** 군집 수준의 생물종다양성을 결정짓는 두 가지 요소는? 기-19-2

① 균등도(evenness), 변이도(variety)
② 생물량(biomass), 유사도(similarity)
③ 우점도(dominance), 중요치(importance value)
④ 종풍부도(species richness), 균등도(evenness)

해 ④ 군집을 비교할 때에는 풍부도와 균등도의 조화가 필요하며 그것을 종다양성이라고 한다.

**26** 생물종다양성이 감소하는 원인에 해당하지 않는 것은? 기-17-2

① 인구의 증가, 오염, 외래종의 유입
② 남용, 오염, 서식지의 물리적 변화
③ 서식지의 파괴, 습지의 보전, 토종의 유지
④ 인구의 증가, 외래종의 유입, 서식지의 외형적 변화

**27** UNESCO의 MAB(Man and Biosphere Reserve)의 평가기준에서 "희귀종, 고유종, 멸종위기종이 많은 곳"으로 구분한 이 지역은? 기-14-1, 기-17-2

① 완충지역(Buffer Area)
② 전이지역(Transition Area)
③ 가치지역(Value Area)
④ 핵심지역(Core Area)

해 ④ 핵심(core)지역은 희귀종, 고유종, 멸종위기종이 많거나 생물다양성이 높은 곳이다.

**28** "지구 생물다양성 전략"의 목적을 달성하기 위해서 국제적으로 권장되고 있는 내용과 가장 거리가 먼 것은? 기-19-3

① 생물다양성협상을 이행한다.
② 국제적 실행기구를 만든다.
③ 생물다양성의 중요성을 국가계획 수립 시 고려한다.
④ 지구자원에 대한 전략적이고 활발한 개발을 보장한다.

**29** 멸종위기에 처한 야생 동·식물의 보호를 위해 체결한 국제 협약은? 기-15-1

① 교토의정서 ② London 협약
③ Basel 협약 ④ CITES 협약

해 ④ CITES 협약은 멸종위기 야생동·식물종의 국제거래에 관한 협약으로 불법거래나 과도한 국제거래로부터 멸종위기에 처한 야생동·식물종을 보호하기 위하여, 야생동·식물 수출입 국가들이 상호협력하여 국제거래를 규제함으로써 서식지로부터의 무분별한 채취 및 포획을 억제하기 위해 1973년 미국 워싱턴에서 채택되었다.

**30** 자연 생태계 보전에 관한 대표적인 국제기관은? 기-18-2

① IUCN ② UNESCO
③ OECD ④ FAO

해 ① 국제자연보호연맹

**31** 국제자연 보전연맹(IUCN)은 생물다양성의 보호를 위하여 보호구역의 명칭, 정의, 유형을 분류하였는데 이에 해당되지 않는 것은? 기-15-3

① 야생원시지역(wildness Area)
② 국립공원(National park)
③ 육상 및 해양경관 보호구역(Protected Land scape / seascape)
④ 생태관광지역(Ecotourism Area)

해 보호지역 카테고리에는 학술적(엄정)보호지역, 야생원시지역, 국립공원, 천연보호구역, 종 및 서식지관리지역, 자연(해역)경관보호, 자원관리보호지역 등이 있다.

**32** 다음 중 생물다양성 협약의 내용으로 거리가 먼 것은? 기-15-1, 기-18-3

① 유전자원 및 자연서식지 보호를 위한 전략
② 생물다양성 보전과 서식지 개발을 위한 정책
③ 생물자원의 접근 및 이익공유에 관한 사항

정답 25. ④ 26. ③ 27. ④ 28. ④ 29. ④ 30. ① 31. ④ 32. ②

④ 생태계 내에서 생물종다양성의 역할과 보존에 관한 기술 개발

해 ② 서식지 개발에 대한 내용은 없다.

**33** 생물다양성에 관한 협약서상 생물자원에 대한 설명으로 적절하지 않은 것은? 기-16-3

① 생태계의 구성요소이다.
② 지구상의 모든 생물을 포함한다.
③ 코끼리떼, 옥수수밭, 물고기떼, 종자, 유전자는 생물자원에 포함된다.
④ 실질적 혹은 잠재적으로 사용되거나 가치가 있는 유전자원 및 생물체이다.

해 ② 생물자원이라 함은 인류를 위하여 실질적 또는 잠재적으로 사용되거나 가치가 있는 유전자원·생물체 또는 그 부분·개체군 또는 생태계의 그 밖의 생물적 구성요소를 포함한다.

**34** 리우환경선언과 관련하여 채택된 것이 아닌 것은? 기-18-1

① 기후변화 협약 ② 세계자연헌장
③ 생물다양성 협약 ④ 의제21(Agenda21)

**35** 환경적으로 건전하고 지속가능한 발전(ESSD)이 범지구적으로 보편화된 계기는? 기-14-3

① 1992년 '리우지구정상회담'을 기점으로 친환경적 개발을 통한 "지속가능한 사회"로 전환하는 계기가 되었다.
② 1973년 스톡홀름에서 유엔 산하의 유엔환경계획(UNEP) 기구에서 발표하였다.
③ 1983년 환경과 개발에 관한 세계 위원회(WCED)에서 발표 하였다.
④ 1996년 9월 국제표준화기구에 의하여 발효된 ISO 14001 내용에 포함되어 있다.

해 ① 1992년 "리우지구정상회담"에서 지구 환경문제에 대한 관심과 지속가능한 발전을 위한 행동계획을 담은 '의제21(Agenda21)'을 채택하였고, 이를 기점으로 친환경적 개발을 통한 '지속가능한 사회'로 전환하는 계기가 되었다.

**

[참조] 이 후의 문제는 자연생태복원기사 환경생태학개론에 출제된 문제 중 [생태조사방법론]에 포함되는 것을 별도로 모아 놓은 것이며, 이론은 [PART5 생태조사방법론]을 참고하시기 바랍니다.

**36** 조사대상지역 토양의 용적밀도는 1.2이고 입자밀도는 2.65일 때 공극률은? 기-16-3

① 40% ② 45%
③ 50% ④ 55%

해 공극률(간극률)은 일정 체적에서 비어있는 비율을 말하는 것으로 반대의 개념으로는 실적률이 있다. 공극률은 (100−실적률)로 구하며, 이를 이용하여 다음의 식으로 구한다.

$$공극률 = (1 - \frac{용적밀도}{입자밀도}) \times 100(\%)$$

$$\rightarrow (1 - \frac{1.2}{2.65}) \times 100 = 54.71 \rightarrow 55\%$$

**37** 포유류 조사 중 족적, 배설물, 식흔 등에 의한 종 확인방법에 해당되는 것은? 기-14-1, 기-17-1

① Field sign ② Sand track
③ Snap trap ④ Point census

해 ② 모래판을 설치하여 이동하는 포유류의 족적을 조사하여 대상포유류의 종류 및 상대밀도를 파악하기 위하여 적용하는 방법이다.
③ 쥐덫을 이용한 포획조사 방법이다.
④ 일정한 장소에서의 관찰 및 촬영으로 야생동물의 종류와 개체수를 기록하고, 야생동물이 살고 있는 상태나 환경을 조사하는 직접관찰법이다.

**38** 다음 설명에 해당되는 조류조사 방법은? 기-12-2, 기-16-3

| 조사지 주변 길을 걸으며 조류 관찰, 울음소리를 확인하는 방법 |
|---|

① 직접확인방법 ② 선조사법
③ 정점기록법 ④ 라이브트랩

**39** 야생동물 생태조사에서 채택한 포획−재포획의 조사



정답 33. ② 34. ② 35. ① 36. ④ 37. ① 38. ② 39. ②

방법 결과 다음과 같은 자료가 주어졌을때, 총 개체군의 크기는 얼마인가? 기-15-2

| 110개체의 야생동물이 표지되어 방출되고 며칠 후 잡힌 100개체 중 20개체가 표지된 것으로 확인되었음 |
|---|

① 500개체 ② 550개체
③ 600개체 ④ 650개체

해 총 개체군 크기 $N=\frac{n}{r}\times M$

M : 제1표본 표지된 개체수, n : 제2표본 개체수
r : 제2표본 중 표지된 개체수

→ $\frac{100}{20}\times 110=550$(개체)

**40** 하천생태계의 조사방법 중 틀린 것은? 기-14-3

① 하천내로 들어가 발에 느껴지는 감촉을 확인하여 하상의 경도, 유기성의 저질의 퇴적상태 등을 확인한다.
② 하천 바닥의 돌을 집어보아 돌 바닥의 색깔을 관찰하여 혐기적으로 유기물의 유하량이 많은지를 조사한다.
③ 비가 내리지 않았을 경우 물속에 수초가 살고 있는지를 조사하여 유량의 변동이 많고 적음을 확인한다.
④ 수생곤충은 이동성이 많아 수질의 판정에 불합리하기 때문에 지표종으로 이용하기가 어렵다.

해 ④ 대부분의 종들이 이동성이 적어 지역적인 환경의 특성을 대변하므로 장시간에 걸친 환경변화를 판단하기에 지표로서의 역할이 충분히 가능하다.

**41** 생태계 군집 구조를 측정하는 생물지수가 아닌 것은? 기-17-2

① 균등도 ② 종풍부도
③ 종다양도 ④ 종포화도

**42** 종다양성지수는 Shannon Index(H)=−ΣPi log Pi로 나타내곤 하는데 여기서 Pi란 무엇인가? 기-15-2

① i번째 종의 상대적 균등도
② i번째 종의 절대적 우점도
③ i번째 종의 절대적 생물량
④ i번째 종의 상대적 풍부도

**43** 다음 군집 A, B의 종다양성의 Shannon지수 값은? (단, 계산의 log의 밑을 2로 하고($log_2$), 표 안의 수치는 각 군 집에 속하는 종의 관찰 개체수이다.) 기-13-1

| 구분 | 군집 A | 군집 B |
|---|---|---|
| 종1 | 4 | 4 |
| 종2 | 4 | 4 |
| 종3 | 8 | 4 |
| 종4 | 0 | 4 |

① 군집 A : 2, 군집 B : 1.5
② 군집 A : 4, 군집 B : 2
③ 군집 A : 2, 군집 B : 4
④ 군집 A : 1.5, 군집 B : 2

해 다양도지수 $H'=-\Sigma(p_i\times \ln p_i)$, $p_i=\frac{n_i}{N}$

N : 총 개체수, $n_i$ : 각 종의 개체수
$p_i$ : 전체 출현종 중 i번째 종이 차지하는 비율 (각 종의 상대적 풍부도)

−각 종의 $P_i$(상대적 풍부도)

| 구분 | 군집 A | 군집 B |
|---|---|---|
| 종1 | 0.25 | 0.25 |
| 종2 | 0.25 | 0.25 |
| 종3 | 0.5 | 0.25 |
| 종4 | 0 | 0.25 |

→ 지문의 조건에 따라 ln 대신 $log_2$ 를 사용하여 계산한다.
· 군집A= $-(0.25\log_2 0.25+0.25\log_2 0.25+0.5\log_2 0.5+0)$ $=1.5$
· 군집B= $-(0.25\log_2 0.25+0.25\log_2 0.25+0.25\log_2 0.25+0.25\log_2 0.25)=2.0$

**44** Sample A에서 16종이 조사되었고 Sample B에서 18종이 조사되었으며 Sample A와 Sample B에 포함된

정답 40. ④ 41. ④ 42. ④ 43. ④ 44. ④

공통종수가 5종이라고 할 때 Sample A와 Sample B 사이의 유사성 지수는 얼마인가? 기-15-3

① 0.147 ② 0.197
③ 0.244 ④ 0.294

해 소렌슨 계수 $C_S = \frac{2W}{A+B}$

A : 군집 A의 종수, B : 군집 B의 종수
W : 두 군집에서 공통되는 종수

→ $\frac{2 \times 5}{16+18} = 0.294$

**45** 군집의 우점도-다양성(Dominance-diversity) 곡선 중 A, B, C 곡선에 대한 설명으로 옳지 않은 것은?

기-07-4, 기-18-2

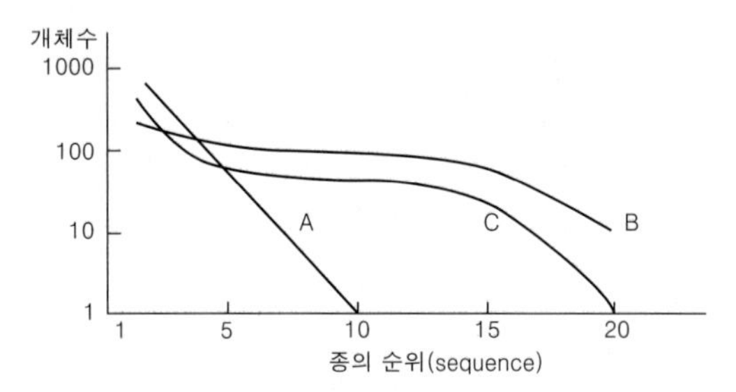


① A곡선은 생태학적 niche의 선점을 수반하는 분포형으로 가장 개체수가 많은 종은 다음 개체수가 많은 종의 2배이다.
② B곡선은 대부분의 자연적인 군집내에서 나타나는 우점도와 종다양성의 특성을 보여준다.
③ C곡선은 생태학적 niche가 불규칙하게 분포하면서 서로 인접하지만 중복되지 않는 경우로 우점도와 종다양성간의 극단적인 형태이다.
④ 거친 환경 속에서 끊임없이 niche의 선점을 위해 경쟁할 경우에는 C곡선의 형태로, 중복되지 않은 영토확보를 위한 경쟁이 발생한 경우에는 점차 A곡선의 형태를 보인다.



정답 45. ④

# Chapter 3 육수 및 연안생태계

## 1 육수생태계의 이해

### 1. 육수(담수)생태계의 구조

#### (1) 육수생태계의 종류

1) **유수생태계**(lotic ecosystem)
① 계류, 하천, 강과 같이 흐르는 특성을 가진 곳의 생태계
② 규모가 다양하여 다양한 특성을 보유하고 있으며 생태적 다양성도 상이

2) **정수생태계**(lentic ecosystem, **유입생태계**)
① 연못, 호수와 같이 정지된 물의 흐름이 없는 정체된 수생태계
② 물의 정체로 영양염류의 유입과 퇴적작용이 일어나는 생태계

3) **습지생태계**(wetland ecosystem)
① 육상생태계와 수생태계의 전이지대로 생물다양성이 높고 생산성도 높음
② 육상생태계와 수생태계의 두가지 특성을 가지므로 육상동식물 및 수서생물의 서식처
③ 수문·토양·식생이 습지를 판별하고 분류하는 중요 요소

> ❖ 추이대(ecotone, 전이지대)
>
> 육역과 수역, 산림과 초원, 연질과 경질의 해저 군집 등 서로 다른 종류의 경관요소가 접하는 곳(가장자리, 이행부)에 생기는 지역을 말한다. 접합지대 또는 긴장지대로서 상당한 넓이를 가지는 경우도 있으나 일반적으로 짧은 거리에서 환경이 갑자기 바뀌기 때문에 각각의 서식환경을 필요로 하는 생물뿐만 아니라, 양쪽의 환경을 모두 필요로 하는 생물들도 많아서 생물다양성 보전에 중요한 장소라 할 수 있다.

#### (2) 육수생태계의 특징

1) 제한요소
① 온도 : 수중 변동이 적음, 수서생물은 온도에 좁은 내성을 가짐
② 투명도 : 광합성 능력을 제한하는 요소
③ 흐름 : 기체, 염류, 소형생물의 분포 규정
④ 용존산소량(Do) : 어패류의 생존제한

◘ 육수생태계

일반적으로 담수생태계는 계류, 평지하천, 강과 같은 유수생태계와 논, 연못, 호수와 같은 정수생태계로 나누며, 저서성 대형무척추동물은 이와 같은 다양한 환경에 적응해 서식한다. 그런데 동일한 수계에 서식한다 하더라도 종에 따라서 선호하는 미소서식환경에는 뚜렷한 차이가 있다.

◘ 추이대의 주변종

① 추이대 본래의 종
② 추이대에서 더 많은 시간을 보내는 종
③ 추이대에서 가장 많이 출현하는 종

2) 담수생물의 생활형

① 저서생물(benthos)

㉠ 저부에 부착하거나 퇴적물에 부착해서 사는 생물로 퇴적물 분해에 기여

㉡ 지렁이, 다슬기 등 미소 무척추동물

② 플랑크톤(plankton, 부유생물)

㉠ 식물성 플랑크톤과 동물성 플랑크톤 등 수류에 떠다니는 생물

㉡ 식물성 플랑크톤은 고등식물과 함께 생산자 역할 –규조류, 남조류, 녹조류

㉢ 동물성 플랑크톤은 식물성 플랑크톤을 섭취하는 소비자 –윤충류, 요각류, 폐충류, 물벼룩 등

③ 유영동물(nekton) : 물고기, 양서류, 유영곤충 등 헤엄치는 생물

④ 수표생물(neuston) : 수면에서 살거나 떠서 유영하는 생물 –소금쟁이, 원생생물이나 박테리아 등의 미세 생물체

⑤ 부착생물(periphyton)

㉠ 동식물이나 바위 표면에 부착하여 사는 생물

㉡ 히드라, 나팔벌레, 규조, 좀벌레

3) 수생식물

① 수생환경

㉠ 정수식물 : 물속의 토양에 뿌리를 뻗고 수면 위까지 성장하는 식물 –갈대, 부들, 큰고랭이, 달뿌리풀, 물억새, 석창포, 줄, 택사, 미나리, 고마리 등

㉡ 침수식물 : 물속의 토양에 뿌리를 뻗으나 수면 아래 물속에서 성장하는 식물 –물수세미, 물질경이, 말즘, 검정말 등

㉢ 부엽식물 : 물속의 토양에 뿌리를 뻗으며 부유기구로 인해 수면에 잎이 떠 있는 식물 –수련, 마름, 어리연꽃, 자라풀 등

㉣ 부유식물 : 물속에 뿌리가 떠 있고 수면에 식물체 전체가 떠다니는 식물 –개구리밥, 생이가래 등

② 육지환경

㉠ 수환경 경계부 콩과 식물 : 족제비싸리, 조록싸리, 참싸리, 칡, 새콩, 차풀, 비수리 등

㉡ 특히 물가나 그 주변에는 위의 콩과식물 및 오리나무, 버드나무, 갯버들, 눈갯버들, 왕버들, 고마리, 갈풀, 골풀, 포플러, 동의나물, 비비추, 부처꽃, 앵초, 숫잔대, 꽃창포, 속새, 질경이, 택사, 세모고랭이, 흑삼릉, 매자기, 가시연꽃, 순채, 왜개연꽃, 물옥잠 등 도입

**◘ 수생태계 생물 분류**

수생생태계 서식 생물그룹은 보편적으로 생활형에 따라 플랑크톤(Plankton, 부유생물), 유영동물(Nekton), 저서생물(Benthos) 3그룹으로 구분한다.

**◘ 세스톤(seston)**

해양, 호수와 늪 등의 물 속에 부유(浮遊)하는 생물과 무생물을 모두 포함하는 용어이다. 부유하는 고형물(固形物)로 생물세스톤은 플랑크톤 전체를 포함하고, 무생물세스톤은 생명이 없는 미립물을 말한다.

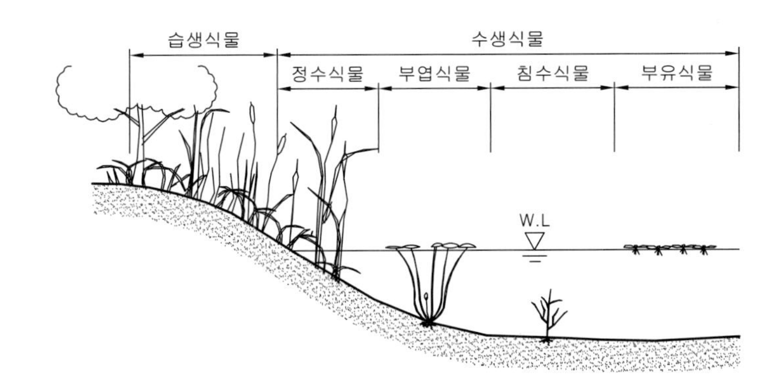


[ 수생태계 주위의 식생모식도 ]

## 2. 육수생태계의 특성

### (1) 유수생태계

#### 1) 일반적 특성

① 유수생태계는 유속이 일차적 제한요인이 되며, 유속은 온도나 산소농도의 층별 차이 방지

② 유수생태계는 낮은 생산성을 갖게 하며 육지로부터 흘러드는 물질에 의해 보충

③ 물질이동의 중요한 경로로서 유기물이나 무기물을 하류로 이동

④ 상류지역에서는 침식작용이 일어나며, 수온이 낮고 산소가 풍부하며, 송어 열목어 등 서식

⑤ 하류지역에서는 퇴적작용이 일어나며, 수온이 높고 부유물질이 많으며, 산소요구도가 덜한 잉어, 메기, 농어 등 서식

⑥ 여울과 소가 있으며 생물서식장소의 연속성 보유

⑦ 여울지역은 물의 흐름이 빠르고 얕아 용존산소량 많고 부착성 생물 서식

⑧ 소는 수심이 깊고 유속이 느려지는 지역 –바닥에 굴을 파거나 헤엄치는 동물, 유근식물이 서식할 수 있는 환경 제공

⑨ 하도 정비나 모래 채취 등으로 여울과 소가 제거되면서 다양한 서식처 소멸

#### 2) 하천식생의 기능

① 하안보호 : 홍수 시 유속의 감소, 식물체의 근계형성으로 하안보호

② 경관형성 및 친수공간 제공 : 휴식과 레저가 가능한 친수공간 확보

③ 서식처 제공 : 소동물과 조류의 먹이처 및 서식처 역할, 생태통로의 기능

④ 하천의 자정작용

㉠ 자정단계 : 분해지대→활발한 분해지대→회복지대→정수지대

㉡ 오염물질이 시간이 지남에 따라 식물체에 포집되거나 무해한 물질로

**◘ 지리적 천이**

하천은 지리적 발원지 상류에서부터 하류인 하구에 이르기까지 생물상이 단계적으로 변하는데 이때 종의 수평구조가 나타난다. 또한 시간이 경과함에 따라 서식지나 생물상이 상류방향으로 변하기도 한다. 이러한 현상을 '지리적 천이'라 한다.

**◘ 하천의 자정작용**

하천에 어느 정도의 유기물이 유입되더라도 물리·화학·생물학적 작용에 의하여 어느 정도 깨끗해지는 현상을 말하며, 여기에는 산소가 필수적 요소가 된다.

전환

㉢ 오염물질이 과도하게 유입되면 혐기성화가 일어나 더 이상 자정작용 불가능

㉣ 독성을 가진 물질이 유입되면 생물종의 다양성은 없어지고 자정계수 낮아짐

> ❖ 빈부수성 수역(청정수역)
>
> 서식 생물과 생태학적 수질환경을 기준으로 수질상태를 4단계로 구분한 것으로써 수질등급 중 가장 양호한 수질상태를 표현하며, 맑고 산소가 풍부해 산화력이 강한 수역을 지칭하는 수역이다. 일반적으로 깨끗한 수환경에서 흔히 관찰되는 플라나리아류를 빈부수성 수역의 지표군으로 이용한다.

### (2) 정수생태계

#### 1) 일반적 특성

① 정수생태계는 물의 정주기간에 의해 생물들의 분포와 종류 결정

② 물이 한 곳에 체류하는 시간이 매우 길어 생태적으로 자정작용이나 회복에 대한 조절기능 저하

③ 온대지역의 호수는 여름 동안 층위형성을 하며 4℃에 도달할 때까지 밀도는 증가하여 깊이에 따라 온도 감소

④ 바닥에 퇴적되는 유기물이 많아 부니먹이사슬 중요

#### 2) 호소의 생성원인

① 케틀호(kettle lake) : 후퇴하는 빙하에 의해서 형성

② 우각호(oxbow lake) : 사행천이 반듯하게 되면서 과거의 강이 호수로 된 것

③ 칼데라호(caldera lake) : 화산의 분화구에 생성

#### 3) 호소의 물리적 특성

① 연안대(littoral zone)

㉠ 호안의 가장자리 지역으로 빛이 바닥까지 도달하는 수심이 얕은 지역

㉡ 주로 정수식물이나 부엽식물 등 유근식물이 자라는 곳

㉢ 광합성이 가장 활발하게 일어나는 지역으로 호수에서 생산성이 가장 높은 지역

㉣ 생산자 : 광합성 세균, 식물성 플랑크톤

㉤ 소비자 : 원생동물, 달팽이, 홍합, 수생곤충, 곤충의 유생 등

② 준조광대(limnetic zone, 충대)

㉠ 연안 이외의 가운데 지역으로 광선이 효과적으로 투과되는 깊이(보상수준)까지의 개수면

㉡ 깊은 지역에는 조류, 얕은 지역에는 침수식물 등 서식

**◘ 호소**

육지의 정수지역을 통틀어 '호소'라고 하는데 흔히 말하는 연못(pond)이나 호수(lake)의 생태계를 말하며, 호수는 연못보다 더 크며 구조에 따라 다양하고 복잡한 생물군집을 형성한다.

㉢ 얕고 작은 연못에서는 이 층이 없으며, 전 층을 진광층(euphotic zone)으로 표현

㉣ 생산자 : 유글레나, 볼복스 층 편모성 조류, 식물성 플랑크톤·동물성 플랑크톤

㉤ 소비자 : 윤충류 요각류, 지각류, 청어, 육식성 농성, 창꼬치

③ 심연대(심저대, profundal zone)

㉠ 준조광대의 하부로 빛이 투과하지 못하는 지역으로 조류와 식물의 서식 불가능

㉡ 대부분의 연못에서는 이 층이 없음

㉢ 바닥은 주로 진흙 토적물이 많고, 산소가 부족하여 혐기성 세균의 분해가 이루어지는 곳으로 무기물 풍부

㉣ 소비자 : 대합조개, 지렁이, 곤충의 유생

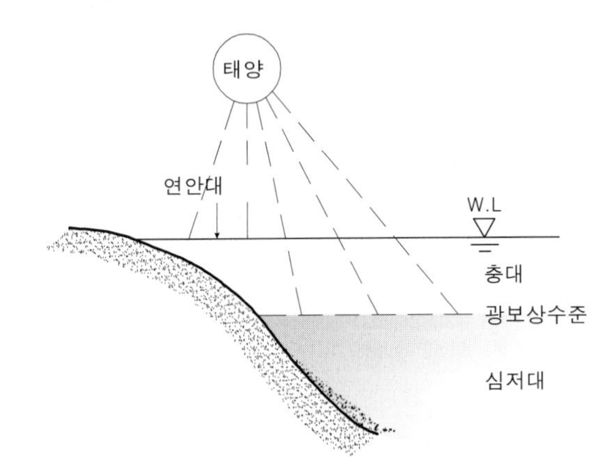


[ 호수의 충대 모식도 ]

### 4) 호소의 성층현상

① 성층현상(stratification)

㉠ 밀도가 다른 수괴가 서로 섞이지 않고 상하로 층상을 이루어 겹치는 현상

㉡ 봄부터 여름에 걸쳐 호수의 수온은 뚜렷한 성층 형성

② 성층의 구분

㉠ 표수층 : 표층 부근은 와동이나 대류 작용 때문에 물이 잘 혼합하여 수온이 거의 균일하게 되어 있는 최상부층 -밀도 낮고 산소농도 높음

㉡ 수온약층(변수층) : 심수층과 표수층의 중간층으로 수온이 급변하는 층 -호흡률과 광합성률이 거의 같음

㉢ 심수층 : 수온이 균일한 최하층으로 유동이 거의 없음 -밀도 높고 산소농도 낮음

❖ 전도현상

수온의 변화에 의하여 성층이 파괴되어 물의 순환이 일어나게 되는 현상이다. 수온의 차이가 발생하여 성층이 형성된 여름을 '하계 정체기', 겨울을 '동계 정체기'라 하고, 이에 대해 가을 또는 봄에 수온의 성층이 보이지 않고, 전 층의 물이 순환(전도)하고 있는 시기는 '추계 순환기' 또는 '춘계 순환기'라 불린다. 이와 같이 어느 정도 이상의 깊이가 있는 호수는 매년 봄 가을 2회 순환하고, 여름과 겨울에 2회 정체한다.

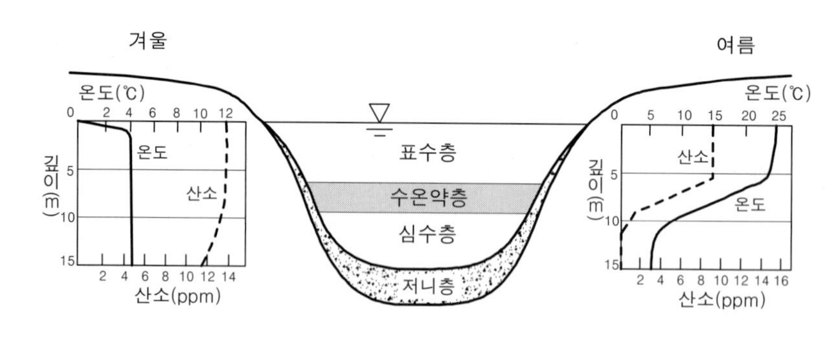


[ 호소의 계절별 수온변화 ]

5) 빈영양호

① 영양염류가 적어서 물 밑까지 산소가 포화된 호수
② 삼림으로 둘러싸인 산지에 있는 크고 깊은 호소는 이 형에 속함
③ 부식토가 적어 수생식물이 적으나, 산소가 물 밑까지 있어 저서동물 많음
④ 호수는 검푸른 남색 또는 짙은 녹색으로 물이 맑아 투명도는 10~30m까지도 가능
⑤ 식물성 플랑크톤류(규조류, 편모조류, 황갈조류 서식)는 적으나 갑각류는 비교적 많음

6) 부영양호(eutrophic lake)

① 물속에 영양물질(N, P 등)이 많아 생물이 잘 자라는 큰 호수
② 봄·가을 녹조류·남조류의 번식으로 물은 녹색·황록색을 띠며, 투명도 5m 이하
③ 식물성 플랑크톤과 동물성 플랑크톤 등의 이상 번식으로 수질 악화
④ 물꽃현상이 발생하면 정수작업으로도 곤란하여 수돗물로 사용 불가능
⑤ 바닥에 부식토가 두껍게 퇴적되어 있으므로 수초가 무성하게 자라며, 그것에 달라붙는 곤충의 유충, 연체동물, 원생동물 등이 많음
⑥ 부영양화의 지표
　㉠ 심층수의 용존산소(DO) 농도의 단계적 감소 및 화학적 산소요구량(COD) 농도 증가
　㉡ 질소(N), 인(P), 탄수화물 등의 농도 증가

**◘ 부분순환호(meromictic lake)**

연간을 통해 호소 전층이 순환하는 일이 없고 순환이 표면에서 어떤 심도까지 한정되어 있는 호소를 말한다. 이 경우 상층의 순환하는 층을 혼합층이라 하고, 하층은 순환하지 않아 거의 무산소 상태이며 이 층을 정체층이라 한다.

**◘ 부영양호**

수심이 비교적 얕고, 일반적으로 평지에 고이는 얕은 호수가 이에 속하며, 물속에는 유기물이 풍부하여 이를 분해시키기 위한 산소가 소비되므로 여름철에는 밑층의 물에 산소가 결핍되거나 때로는 소실되기도 한다. 따라서, 산소가 적어도 살 수 있는 각다귀의 유충이나 실지렁이가 많이 서식하며, 어류로는 난수성의 붕어, 잉어, 빙어 등도 서식한다.

㉢ 식물성 플랑크톤의 증식 및 잔해물 증가

⑦ 부영양호의 문제점

㉠ N, P 등 영양물질 과다유입의 부영양화 가속화

㉡ 종다양성 감소와 수중생태계 파괴

㉢ 조류의 고밀도 성장에 의한 적조, 녹조, 탁도의 증가

㉣ 건강상 유해, 음용수로의 부적합, 악취, 수심 감소 등

㉤ 상업적 어종 감소

⑧ 부영양호 억제대책

㉠ 영양물질의 유입을 차단하고 유입수의 고도 처리, 영양염류 제거

㉡ 철, 알루미늄 등을 첨가하여 인산염 등 영양염류를 침전시켜 불활성화

㉢ 바닥의 저질토 제거(준설)와 심층수의 월류 및 폭기(성층파괴) 시행

㉣ 조류 확산방지를 위한 일광차단, 수초의 경작 및 수확으로 생물량 제거

㉤ 저농도 외부수류 유입, 효율적 먹이망 구축 등 생태학적 관리

㉥ 저질토 도포, 활성탄분말, 황산동, 염화동, 염소 사용 등 화학적처리

**❖ 부영양화지수(Trophic Status Index ; TSI)**

일반적으로 호수의 영양상태지표(TSI)는 총인(TP) 농도, 엽록소-a(chlorophyll-a) 농도, 투명도(SD)의 상관관계를 분석하여 부영양화의 발생여부 및 진행 정도를 0~100의 수치범위로 평가하는 Carlson이 제안한 방법을 사용한다. 우리나라의 기준은 Vollenweider의 총인과 총질소를 기준으로 하는 영양상태 분류방법에 따르고 있으나, 엽록소-a와 투명도의 기준은 OECD와 미국 EPA에서 제시된 기준을 따르며, 이를 기준으로 한국형 부영양화지수를 개발하여 사용하고 있다.

부영양화지수에 의한 판별

| 부영양화지수(TSI) | 영양상태 |
| --- | --- |
| 〈 20 | 극빈영양 |
| 30~40(30 미만) | 빈영양 |
| 45~50(30~50 미만) | 중영양 |
| 53~60(50~70 미만) | 부영양 |
| 〉70(70 이상) | 과영양 |

·( )는 우리나라 법률상 기준임

총인과 총질소에 의한 판별

| 영양상태 | 총인(mg/L) | 총질소(mg/L) |
| --- | --- | --- |
| 극빈영양 | 〈 0.005 | 〈 0.20 |
| 빈중영양 | 0.005~0.01 | 0.20~0.40 |
| 중영양 | 0.01~0.03 | 0.30~0.65 |
| 중부영양 | 0.03~0.10 | 0.50~1.50 |
| 부영양 | 〉0.10 | 〉1.50 |

**◘ 물꽃현상(water bloom)**

부영양화 된 호수의 경우 봄·가을에 녹조류·남조류가 대량 증식하여 물 표면의 색깔이 녹색이나 갈색으로 변하는 현상을 말한다.

빈영양호와 부영양호의 특성 비교

| 특성 | 빈영양호 | 부영양호 |
|---|---|---|
| 물의 투명도 | 맑다 | 혼탁하다 |
| Secchi disk 투명도 | 투명도 2m 이상 | 투명도 2m 이하 |
| 물의 색 | 검푸른 색 | 연녹색, 초록색, 갈색 |
| 수심 | 깊다 | 얕다 |
| 식물플랑크톤의 양 | 적다<br>Chl-a농도 $7mg/m^3$ 이하 | 많다<br>Chl-a농도 $7mg/m^3$ 이상 |
| 식물플랑크톤 우점종의 종류 | 규조류, 와편모조류 | 남조류, 녹조류 |
| 수중 영양염류 인(P)의 농도 | $25mg/m^3$ 이하 | $25mg/m^3$ 이상 |
| 동물플랑크톤의 양 | 적다 | 많다 |
| 여름 성층기의 심층산소 | 충분하다 | 적거나 고갈되기도 한다 |
| 저서동물의 양과 종류 | 양은 적으나<br>종류수가 다양하다 | 양은 많으나<br>종류수가 적다 |
| 어류의 양 | 적다 | 많다 |
| 어류의 종류 | 계류어, 냉수어종<br>(송어, 열목어 등 연어과) | 온수어종<br>(잉어, 붕어 등 잉어과) |

### (3) 습지생태계

#### 1) 습지의 정의

① 습지보전법 정의

㉠ '습지'란 담수·기수 또는 염수가 영구적 또는 일시적으로 그 표면을 덮고 있는 지역으로 내륙습지와 연안습지를 말한다.

㉡ 내륙습지 : 육지 또는 섬에 있는 호수, 못, 늪 또는 하구 등의 지역

㉢ 연안습지 : 만조 때 수위선과 지면의 경계선으로부터 간조 때 수위선과 지면의 경계선까지의 지역

② 습지의 정의(람사르 협약)

'습지'란 인공적, 영구적, 임시적 또는 정체된 물, 흐르는 물, 담수, 염수를 불문하고 소택지, 늪, 이탄지 및 수역을 말하며, 간조 시에 수심 6m를 넘지 않는 해역으로 정의한다.

#### 2) 습지생태계

① 육상생태계와 수생태계의 전이지대

② 습지의 수문·토양·식생이 습지를 판별하고 분류하는 주요 지표

③ 습윤상태를 유지하면서 특별히 그 상태에 적응된 식생이 서식하고 있는 곳

④ 부들, 달뿌리풀, 택사, 보풀, 줄 등이 수생식물이 분포하는 곳

**◘ 습지생태계**

습지는 육상생태계와 수중생태계가 균형을 이루는 전이지대이다. 습윤상태를 유지하면서 이에 적응된 식생이 발달하고 다양한 서식지가 조성되므로 생물다양성이 높고 환경의 보전에 있어서도 중요한 지역이다.

**◘ 습지의 판별·유형분류 요소**

① 습지수문
② 습윤토양
③ 습지식물

### 3) 습지의 기능

① 생태적·사회적·경제적 가치 보유
② 다양한 어류 및 동물의 서식환경을 제공하여 생물다양성 제고
③ 자정능력을 통한 수질환경을 개선 및 홍수를 조절, 지하수 보충
④ 레크리에이션을 위한 기능 및 교육과 학습을 위한 장소 제공

**❖ 습원의 환경**

습원의 물은 중성이지만 물이끼 등의 수소이온 방출 등 식물생육이 많아짐에 따라 산성화되어 간다. 습원은 수분함량이 높고 물의 비열이 크며, 퇴적된 이탄층의 단열작용으로 온도변화는 느리다. 우리나라 유일의 고층 습원인 대암산 습원도 이탄층이 잘 발달되어 있으며, 식생은 식충식물인 끈끈이주걱, 벌레잡이통발 등이 있고 그 외 오이풀, 물이끼, 삿갓사초 등도 자생한다.

**◘ 습지의 간이기능평가 항목**

① 식물군집의 수
② 주변 토지이용
③ 야생동물의 이동통로
④ 다른 습지까지의 거리
⑤ 식물군집의 혼재도
⑥ 습지의 규모

### 4) 습지의 유형

① 산성습원(bog) : 배수가 불량하고 오목한 지형에 발달한 강우형 습지로, 관목과 아교목류가 기반이 되어 이탄층이 빠르게 발달
② 알칼리습원(fen) : 사면의 아래쪽에 형성되는 개방된 담수습지(지하수형)로 초본류가 우점되어 이탄층이 서서히 발달하며, 영양물질 풍부
③ 늪(marsh) : 호소의 주변이나 하천의 범람으로 인해 발생하며, 영양물질의 유입으로 이탄의 발달이 억제되고 갈대·부들 등의 벼과 식물과 사초과 식물 우점
④ 소택지(swamp) : 정체수에 의한 습지로 숲이나 관목덤불 등으로 덮인 습지로 수생식물, 관목류, 아교목 등 다양한 식생의 목본류 우세
⑤ 습초지(wet meadow) : 습한 토양이나 물이 있는 곳에서 발생하는 초지로 , 일반적으로 늪에서의 식생과 비슷
⑥ 플라야(playa) : 건조지대의 내륙분지 중앙에 폭우가 내린 후 일시적으로 고이는 소금호수나 호소가 말라버린 뒤 땅 표면에 드러난 평평한 평야
⑦ 하구습지 : 강이나 하천으로부터 흘러나오는 담수가 해안지역을 따라서 바다의 염수와 섞이는 지역에 형성되는 습지
⑧ 수변습지(riparian wetlands) : 호수나 하천에 의해 발생되는 습지

**◘ 이탄습지(peatland)**

이탄은 화본과식물 혹은 수목질의 유기물이 늪지대와 같은 분지 지형에 두껍게 퇴적하여 생물화학적인 변화를 받아서 분해되거나 변질된 탄소 화합물을 말하며, 이탄이 최소한 수백년에서 수천년동안 쌓여서 만들어진 습지를 이탄습지라고 부른다. 많은 이산화탄소 저장능력을 가지고 있으며, 평균적으로 2~12m 정도의 이탄토가 대량으로 쌓인 곳이다. 우리나라 오대산 해발 1200m 부근에도 이탄습지가 있다.

**❖ 우리나라 람사르 습지**

대암산 용늪(1997. 3)을 시작으로 우포늪(1998. 3), 신안장도 산지습지, 순천만·보성갯벌, 제주 물영아리오름, 무제치늪, 두웅습지, 무안갯벌, 제주 물장오리오름, 오대산 국립공원 습지, 강화 매화마름 군락지, 제주 1100고지, 서천갯벌, 고창·부안갯벌, 제주 동백동산 습지, 고창 운곡습지, 증도갯벌, 한강밤섬, 송도갯벌, 제주 숨은물뱅듸, 한반도습지, 순천 동천하구, 대부도갯벌(2018. 10) 순으로 23개 지역이 람사르 습지로 지정되어 있다.(2020년 7월 기준)

**◘ 람사르 협약(Ramsar convention)**

물새서식지로서 중요한 습지보호에 관한 협약으로, 1971년 이란의 람사르에서 채택되어 1975년에 발효된 람사르 협약은 국경을 초월해 이동하는 물새를 국제자원으로 규정하여 가입국의 습지를 보전하는 정책을 이행할 것을 의무화하고 있다. 우리나라는 1997년 7월 28일 국내에서 람사르 협약이 발효되면서 세계에서 101번째로 람사르 협약에 가입하였다.

# 2 해양생태계의 이해

## 1. 해양생태계의 구조

### (1) 해양생태계

① 모든 바다는 연속되어 있고 항상 순환하며, 지구표면의 70% 점유
② 생물의 밀도는 섬이나 대륙의 주변에서 높음
③ 생물의 자유로운 운동에 온도, 염분 농도, 깊이가 장벽으로 작용
④ 많은 종류의 파도나 달 및 태양의 인력에 의한 조석(tide) 뚜렷
⑤ 바닷물의 염분농도는 3.2% 전후(담수는 0.05% 이하)
⑥ 용존영양염의 농도가 낮아 해양개체군 크기의 제한요소로 작용

**◘ 조석의 차**
지구와 태양과 달이 일직선에 놓이는 보름과 그믐 직후에는 조석 차이가 큰 사리가 나타나고, 반대로 태양과 달이 지구에 대해 직각으로 놓이는 반월 직후에는 조석 차이가 적은 조금이 나타난다.

### (2) 해양환경

#### 1) 깊이에 의한 구분

① 연안대 : 조석이 일어나는 연안 일대의 수역을 말하며, 영양염류와 광선이 풍부하여 생물에게 유리한 서식지
② 천해대 : 수심 200m 이내의 대륙붕 지역으로, 수심 50~200m까지를 아연안대라 하며 유용생물이 풍부하여 좋은 어장 형성
③ 외양대 : 수심 200m 이상의 대륙사면, 심해평원 등의 깊은 먼 바다지역으로 연안에 비해 영양염류가 적어 생물다양성은 낮음

#### 2) 태양빛에 의한 구분

① 유광대
㉠ 수심 약 150~200m로 태양빛이 투과해 광합성이 일어나는 깊이
㉡ 연안대와 천해대의 바닥까지 광합성 가능
㉢ 식물성 플랑크톤에 의한 생산력으로 먹이사슬이 길게 나타남
㉣ 유광대의 하한을 보상심도라 지칭
② 무광대 : 유광대 이하의 깊이로 유광대에서 생산된 유기물에 의존

**◘ 보상심도(보상깊이, compensation depth)**
해양에서 총일차생산량은 표층에서는 호흡량보다 크지만 수심이 깊어질수록 점차 감소하여 어느 깊이에서는 호흡량과 같아져 순일차생산량이 생기지 않는 이 깊이를 보상심도라 하며 상대조도 1%가 되는 수심과 동일하다.

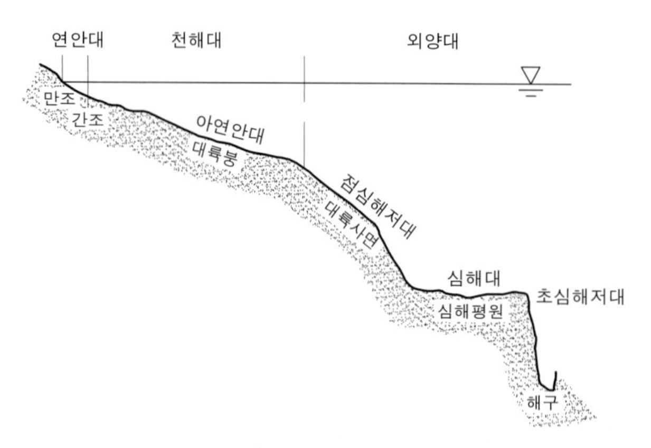


[ 해양의 구조 ]

## 2. 해양생태계의 특성

### (1) 연안생태계

#### 1) 연안대 특성

① 연안 일대의 수역으로 햇빛과 영양분이 풍부하고 생산성이 높은 서식처
② 조간대
　㉠ 연안대의 일정부분으로 구별하나 같이 쓰이기도 함
　㉡ 밀물과 썰물이 반복되어 수시로 변하는 혹독한 환경조건
　㉢ 육상생물과 해양생물에게 큰 스트레스로 작용
③ 해양환경과 육상환경이 맞닿는 환경의 전이지대
④ 해변, 갯벌, 만, 삼각주 등의 다양한 지형
⑤ 지질과 저질, 퇴적물의 유형·크기·모양에 따라 독특한 생태계 발달
⑥ 파랑 등의 영향으로 유기성 쇄설물과 해조류나 어패류의 사체 등 유기물의 계속적 퇴적
⑦ 생물들에게 필요한 먹이가 육상에서 지속적으로 유입되어 종다양성과 생산성이 높은 지역
⑧ 식물플랑크톤에게 유리한 환경으로 먹이사슬 구조의 양호한 발달
⑨ 해양면적의 10%를 차지하고 있으나 해양생물종의 90%가 분포하는 곳

#### 2) 해안암반

① 밀물과 썰물에 따른 노출에 적응하는 대부분의 생물은 바위나 해초에 부착하여 생활
② 거의 모든 동물문(phyla)이 나타나며, 편충, 해면, 이끼벌레, 극피동물, 연체동물, 갑각류, 피낭류, 작은 어류 등 서식
② 바위에 밀착(삿갓조개, 군부), 점액질 분비(말미잘), 뚜껑 닫기(따개비, 홍합) 등으로 건조에 대처
③ 표면적 최소화(열의 흡수율 최소), 패각의 굴곡 증대(열 방출), 증발(열 방출) 등으로 고온에 대처

#### 3) 하구(estuary, 기수)

① 하천의 담수와 해수가 혼합되는 수역으로, 조류 및 어류를 포함한 많은 생물의 서식지
② 상업적으로 가치 있는 어류의 산란, 양육지
③ 매우 생산성이 높은 환경의 하나
④ 육상기인 퇴적물 및 오염물질을 처리하는 자연정화지의 역할
⑤ 자연재해의 방지나 공간이용의 측면에서 홍수피해를 저감하고, 해일과 같은 자연재해로부터 육상생물 및 국민재산 보호
⑥ 만입(灣入)된 지역은 항구의 최적지로 해상운송 및 산업 활성화를 통하여 사회·경제적으로 매우 중요한 역할 수행

**◘ 연안대(littoral zone)**
밀물 때에 잠시 잠기거나 해수 입자의 영향을 받는 조상대(潮上帶)와 평균간조선 아래인 조하대(潮下帶)의 사이를 조간대(潮間帶, intertidal zone)라 한다.

**◘ 대상분포**
조간대 지역은 조석의 주기에 따라 대기에 노출되고 환경변화에 따라 서식생물의 종류가 다르게 나타나게 된다. 암반지역에서는 이러한 현상이 상대적으로 뚜렷하게 나타나는데 해수면의 수평높이에 따라 달라지는 조간대 생물의 분포를 나타내는 용어이다.

**◘ 하구(河口)**
강·하천이 바다와 만나는 지점으로, 해수가 침입하는 하천의 하류부로 조수가 들어오는 곳까지를 하천의 범위로 말한다. 하구에서는 밀도가 다른 해수와 담수가 만나 특이한 수질과 수온이 분포하므로 염분·습도·온도 등 극심하고 다양한 서식환경에 적응하는 생물이 많은 곳이다.

4) 갯벌(tidal flat)

① 기질이 불안정하여 부착생물보다는 구멍 속에 사는 생물이 다수
② 생물다양성이 높고 생산성이 높은 생물서식지
③ 수자원을 포함한 다양한 해양생물의 서식지 및 산란지
④ 오염정화와 자연재해의 저감능력이 탁월한 생태자원
⑤ 모래갯벌, 펄갯벌, 혼합갯벌로 구분

5) 산호초(coral reefs)

① 강장동물인 산호충의 균체, 유해나 분비물 등으로 구성된 석회질, 탄산칼슘의 암초
② 수온 20℃ 이상에서만 생기므로 남·북위 30° 이내에서만 출현
③ 수심 50m 미만의 햇볕이 잘 드는 깨끗한 수역에서 생성
④ 염분의 변화가 크지 않은 곳에서 잘 자람
⑤ 해양생물의 서식처로서 생물다양성이 높고, 생산성 높은 군집 형성

6) 맹그로브 소택지

① 맹그로브는 광엽상록교목 혹은 관목의 염생식물로 피목을 통하여 호흡하는 기근 발달
② 산호초의 배후면이나 만의 내부, 섬으로 둘러싸여 보호 받을 경우에 형성
③ 열대 및 아열대지방 해안의 우점종으로 조간대의 갯벌 해안에 잘 발달

7) 용승류(upwelling)

① 지구의 자전, 해류의 흐름, 지형 등의 요인 작용
② 급히 깊어지는 연안 경사에서 바다로 밀어내는 바람이 끊임없이 부는 곳에서 발생
③ 깊은 곳에 쌓인 영양염 풍부한 냉수를 표면으로 끌어올림
④ 영양분의 농도와 생물의 밀도가 높아 가장 생산적인 어장 형성
⑤ 페루 해류에 의해서 형성되는 용승류는 세계에서 가장 풍부한 어장의 하나

(2) 점심해저대, 심해대 및 초심해대

1) 점심해저대(대륙사면)

① 대륙붕과 해저 사이의 사면으로 골짜기가 있고 동물상이 비교적 풍부
② 유리해면, 불가사리와 유연관계가 깊고 고착생활하는 갯나리, 새우, 대합 전두류 등 서식

2) 심해대(심해평원)

① 대륙사면이 끝나는 바깥쪽에 발달한 깊고 평평한 심해평원으로 부니식자(해삼, 극피동물, 갑각류, 다공류, 세균 등)와 포식자(어류) 서식
② 대부분 보편종으로 깊어질수록 생물의 수나 종류 감소
③ 수온이 2~3℃이고 항상 어둡고 물리적 환경 일정

**◘ 갯벌**

우리나라의 경우 '습지보전법'에 의한 '연안습지'의 대부분이 갯벌이므로 연안습지와 갯벌을 혼용하고 있다. 갯벌면적의 증감은 건강한 생태계와 해양생태계의 유지여부를 판단할 수 있는 중요한 지표 중의 하나이다.

**◘ 산호초 종류**

육지와 바다의 상대적 관계에 따라 종류가 달라지는데 해안에 붙어 있는 것을 거초(안초), 해안과 산호초가 떨어져 있는 보초, 산호초가 환상을 이루고 중심부가 낮게 생긴 것을 환초라 한다. 산호초의 생성이 거초-보초-환초의 순으로 진행하는 것으로 본다.

❖ 엘리뇨 현상(El Niño)

남아메리카 페루 및 에콰도르의 서부 열대 해상에서 수온이 평년보다 높아지는 현상이다. 적도에는 연중 일정한 방향으로 무역풍이 부는데, 남반구에서 부는 남동 무역풍은 바다의 따뜻한 표층수를 서쪽으로 이동시키고 표층수 아래 존재하는 차가운 온도의 바닷물이 위로 올라오게 된다.(용승 현상) 이때 올라온 풍부한 영양분은 부유성 생물의 빠른 성장을 도와 활발한 어업 활동을 가능케 한다. 그러나 무역풍이 약해지면 서태평양의 따뜻한 바닷물이 동쪽으로 이동하여 태평양 적도 인근의 바닷물에 유입된다. 이때 깊은 바다에 존재하는 차가운 바닷물이 아래로 밀려나 상승하는 힘이 약해지고 용승현상이 줄어들게 되며, 페루 연안에서는 바닷물이 따뜻해지는 '엘니뇨 현상'이 발생하게 된다. 이런 현상이 크리스마스 때 종종 일어났기 때문에 아기예수를 상징하는 이름인 '엘리뇨(El Niño)'라는 이름으로 불리게 되었다. 다시, 동태평양의 무역풍이 강해져서 서태평양의 약한 바람과 마주치면 엘니뇨가 종식되거나 '라니냐(la Niña)'가 발생한다. 라니냐는 엘니뇨의 반대 현상으로 적도 무역풍이 평년보다 강해지고 태평양 중동부의 해면 온도가 낮아지는 현상이다. 엘리뇨는 전 세계에 이상기후를 일으켜 페루 연안의 어업의 피해와 폭풍, 홍수 등을 일으키고 반대 지역인 필리핀, 인도네시아, 오스트레일리아에는 가뭄 피해를 주기도 한다.

## 3 육수 및 연안생태계의 오염과 보전

### 1. 육수생태계의 오염과 대책

#### (1) 수질오염과 대책

**1) 오염원인**

① 생활하수, 비료, 농약 등 각종 유기물의 혼입에 따른 영양염류 과다로 인한 하천과 호소의 오염
② 유기성 침전물질 퇴적과 분해자들의 산소 이용으로 용존산소 고갈
③ 발전소 등에서 나오는 폐열이 첨가된 물의 방류, 방사성 폐수
④ 광산, 폐기물 저장 및 석유화산업에 의한 침출수의 토양침투
⑤ 트리클로로에틸렌, 사염화탄소, 벤젠 등의 매립 -지하수 오염
⑥ 추운 겨울 제빙염의 사용
⑦ 비점오염원의 증가

**2) 오염대책**

① 유기물의 혼입 방지를 위한 대책 마련
② 유기성 퇴적물의 제거 및 정화시설 설치 -질소와 인 제거율 제고

◘ 제빙염의 잠재적 위험성
① 식생의 파괴
② 지하수 염분 오염
③ 인근 하천의 오염

③ 공해물질의 차단과 비점오염원의 저감을 위한 환경대책 강구
④ 토양매립과 침출수 처리를 위한 대책 마련
⑤ 가정에서의 무린 세제 사용

❖ 비점오염원

광역적으로 분산되어 배출되는 오염원으로 배출지점을 알 수 없는 오염원을 말한다. 비점오염물질은 주로 비가 올 때 지표면 유출수와 함께 유출되는 오염물질로서 농지에 살포된 비료나 농약, 토양침식물, 축사유출물, 교통오염물질, 도시지역의 먼지와 쓰레기, 자연동·식물의 잔여물, 지표면에 떨어진 대기오염물질 등을 말한다. 반대로 점오염원은 오염 배출을 명확히 확인할 수 있는 점으로부터 하수구나 도랑 등의 형태로 배출되는 오염원이다.

### 3) 수질오염의 지표

① 용존산소(Dissolved Oxygen ; DO)
㉠ 물속에 용해되어 있는 산소량
㉡ 물이 깨끗한 경우에는 그 온도에서의 포화량 가까이 함유
㉢ 표수층에서 가장 높고 심수층에서는 소량만 존재
㉣ 용존산소의 농도(ppm, mg/L)는 호기성 미생물의 호흡대사를 제한하는 인자로 작용

② 생물화학적 산소요구량(Biochemical Oxygen Demand ; BOD)
㉠ 물 속의 호기성 미생물이 유기물을 분해할 때 사용하는 용존산소의 양
㉡ 생물분해가 가능한 유기물질의 정도로 수질규제 항목 중 가장 일반적인 것
㉢ 도시폐수·하천의 유기물질 등의 산화에 소요되는 용존산소의 양을 ppm 또는 mg/L으로 나타낸 것

③ 화학적 산소요구량(Chemical Oxygen Demand ; COD)
㉠ 물속의 유기물 등의 오염물질을 산화제(과망간산칼륨, 중크롬산칼륨)로 산화 분해시켜 정화하는 데 이때 소비되는 산화제의 양에 상당하는 산소량을 ppm 또는 mg/L로 나타낸 것
㉡ 일반적으로 공장폐수는 무기물을 많이 함유하고 있어 COD 측정

④ 대장균군수(count of coliform group)
㉠ 대장균군은 그람음성·무아포성의 간균으로서 유당을 분해하여 가스 또는 산을 발생하는 모든 호기성 또는 통성 혐기성 균을 지칭
㉡ 정량시험으로 대장균군수를 측정하여 오염의 농도 추정
㉢ 오염된 물이나 하수에서 비교적 개체수가 많이 발견되고 실험이 용이하여 지표 미생물로 흔히 이용

**◘ 토양침식(erosion)**

토양침식은 주로 농경지의 표토(表土)가 물·바람 등의 힘으로 이동하여 상실되는 현상으로, 지나친 경작이나 방목 등이 원인이 되기도 한다. 침식이 일어나면 식물이나 작물재배에 적합한 흙이 먼저 씻겨나가서 경작이 불가능한 지역이 증가하게 되고, 강우량이 적은 지역에서는 사막화를 초래할 수도 있다.

**◘ 수질오염의 지표**

수질오염은 침전물, 공업폐수, 유기물질, 열 등에 의하여 발생한다. 수질오염의 중요 지표로는 pH(수소이온지수), DO, BOD, COD, SS(부유고형물), 플랑크톤, 저생생물, 대장균군수 등이 있다.

**◘ 지하수의 특징**

① 지표수보다 경도가 높다.
② 지표수에 비하여 자연·인위적인 국지조건에 따른 영향이 크다.
③ 수온변동이 적고, 심층수의 경우는 연중 항온상태를 유지한다.
④ 자정작용의 속도가 느리다.

**❖ 수서곤충의 유용성**

각종 오염형태에 따라 수환경의 변화분석에 있어서 수서곤충은 다양한 오염원에 대한 분별적인 민감성이 높으며, 대부분의 자연적인 담수생태계에 다양한 종들이 풍부하게 분포하기 때문에 채집이 용이하고 보편성도 높다. 또한 대부분의 종들이 이동성이 적어 지역적인 환경의 특성을 대변하므로 장시간에 걸친 환경변화를 판단하기에 충분한 지표로서의 역할이 가능하다.

### (2) 습지의 외래종

#### 1) 출현원인 및 영향

① 인간의 과도한 욕심에 의한 도입과 관리 부실
② 물자와 사람에 의한 우연한 이입
③ 생태계 교란으로 인한 기존의 생물학적 군집의 상호작용 변화 초래
④ 토종 개체수 급감 및 절멸
⑤ 생물 다양성을 감소를 가속화하는 요인

#### 2) 제거 방법

① 물리적 제거방법
㉠ 수작업에 의한 제거 : 과도하게 성장한 식물을 직접 뽑아냄
㉡ 서식처 환경 변화 : 퇴적물 제거 및 수위조절을 통한 서식환경 조절
② 화학적 제거방법 : 화학적 제초제 사용

## 2. 연안생태계의 오염과 대책

### (1) 갯벌훼손

#### 1) 오염원인 및 영향

① 오염물질의 육지로부터의 유입
② 생물자원의 감소에 따른 생물량 및 생물다양성 감소
③ 자연적 생산성 감소 및 자원의 손실
④ 자연적인 정화기능 감소
⑤ 간척지 사업으로 인한 갯벌 면적의 감소
㉠ 조간대의 형태와 조석의 이동특성 변화
㉡ 생물의 서식형태와 수자원 생산체계의 변화와 수질정화능력 저하
㉢ 육지와 해양사이의 완충능력 저하
㉣ 어류의 산란장 및 해류의 변화로 정화능력 상실

#### 2) 오염대책

① 가장 큰 오염원인 육지로부터의 오염원 유입의 체계적 관리
② 인공 간척지를 조성하는 경우 사후관리체계 수립

**◘ 연안의 문제점**

① 갯벌훼손의 증대 −정화·완충능력 약화
② 해양생물의 다양성 감소 −서식처·생태계 변화
③ 연안 이용의 쾌적성 감소

**◘ 육상개발에 따른 토사의 유입**

① 해수의 탁도 증가, 동물의 질식
② 태양광의 투과 방해
③ 식물의 1차 생산력 감소
④ 저서동물군의 구조변화 및 성장을 방해
⑤ 여과식자의 아가미를 막아 섭식활동 방해
⑥ 토사의 유독성물질이 해양저서환경에 축적

### (2) 열오염

#### 1) 오염원인 및 영향

① 발전소, 공장 등에서 배출되는 온열폐수의 유입
② 수온의 상승으로 인한 수중생태계의 붕괴
③ 생물체의 생식주기·소화율 등에 영향 -이상증식, 이상산란
④ 저층의 인산염, 질산염 등을 상부로 이동시켜 조류의 번식 촉진
⑤ 해양에서의 비정상적인 조류의 출현으로 적조 야기

#### 2) 오염대책

① 발전소, 공장의 배출수 관리
② 수온상승을 막기 위한 완화적 저류방법 개발

□ 고온에 의한 생태적 영향
① 물의 밀도 감소
② 용존산소의 감소
③ 수계 생태계의 변화

### (3) 유류오염

#### 1) 오염원인 및 영향

① 유류사고의 발생에 의한 피막형성
② 유류의 갯벌 침입에 의한 질식효과 발생
③ 일사량 감소로 인한 식물생장 저해
④ 생물환경의 변화로 인한 먹이사슬 붕괴
⑤ 생태계 손상 및 경관저해, 관광수입 감소

#### 2) 오염대책

① 신속한 방제조치 계획수립 -오일펜스, 연소, 흡입, 흡수, 침강 등
② 유출된 기름의 확산 방지를 위한 신속한 대응 및 기법 개발
③ 유출된 기름의 신속한 수거기법 개발

□ 해양오염의 주요 원인물질
① 석유류
② N, P 등 영양염류
③ 냉각수(온배수)

□ 해상 석유오염의 직접적 원인
① 석유 시추 시 폭발이나 유조선 사고
② 유조선의 석유 선적 및 하역 시에 발생하는 석유 배출
③ 유조선을 세척하거나 석유로 오염된 균형수(ballast water)의 방류
④ 해저 파이프, 송유관 파손 유출

### (4) 적조(赤潮, red tide)

#### 1) 오염원인 및 영향

① 바닷물 속의 플랑크톤의 이상번식으로 인하여 집적으로 바닷물의 색깔이 붉게 변하는 현상
② 유광층에 영양염류가 풍부하며, 빛의 세기와 파장·수온·염분이 적당할 때 출현
③ 미량금속(Ca, Mg, Fe, Co, Ni, Mn)이나 유기물의 유입으로 해역의 부영양화에 따라 식물플랑크톤의 증식
④ 증식한 생물이 해류·조석류 또는 바람의 영향으로 집적
⑤ 주광성 등 생물 자체의 운동으로 집합
⑥ 수중의 용존산소 결핍 및 점성질에 의한 질식 폐사
⑦ 편모조류에는 유독종이 많아 어류를 폐사 및 어패류 섭취 시 중독 발생
⑧ 적조생물이 갑자기 대량으로 죽으면 유독세균이 번식하여 어패류 폐사
⑨ 온대지방에서는 수온이 올라가는 봄부터 초여름 시기에 많이 발생

□ 조류발생의 환경요인
담수 또는 연안에서 조류발생과 가장 관련이 깊은 환경요인은 광선, 영양물질, 온도 등의 상호작용에 기인한다.

□ 우리나라 해안의 영향
우리나라 3면의 바다 중 남해는 연중 계속해서 대마난류의 영향을 받으며 서쪽의 중국 대륙으로부터 유입되는 담수의 영향도 예상되는 해역이다. 또한 동해안의 적조도 대마난류의 영향으로 보고 있다.

2) 적조의 대책

① 과잉의 영양염·유기물·금속 등의 유입 차단이 가장 중요

② 약품살포에 의한 사멸, 점토에 의한 강제침전, 펌프에 의한 회수 등

(5) 백화현상(갯녹음)

1) 백화원인

① 수온상승, 매립, 간척 등에 따른 부유물 증가, 담수의 대량 유입

② 이용가치가 없는 무절석회조류의 대량 번식으로 인한 연안 암석표면의 변색(홍색, 백색) –해조류 서식 불가능

③ 해조류의 서식처 소실에 따른 성게, 소라 등의 생존 불가능 –황폐화 진행

④ 우리나라의 경우 주로 동해안에 발생

2) 백화의 대책

① 해중림 조성에 의한 유익한 해조류 번식 및 군락 형성

② 육상의 부유물 유입의 차단 및 관리

③ 매립, 간척사업 등에 의한 부유물 억제

□ 갯녹음

바닷물 속에 고체 상태로 석출되어 떠다니는 탄산칼슘이 바닷물 속을 오래 떠다니다가 서서히 침전해 해저생물이나 해저의 바닥, 해저 바위에 달라붙게 되는데, 눈이 내린 것처럼 온통 흰색으로 보이게 된다. 이 현상이 발생하는 원인에 대해서는 아직 정확히 밝혀진 것은 없으나 바닷물 속에 녹아 있는 칼슘의 양 및 수온 변화에 따른 탄산칼슘의 용해도 등과 관련이 있을 것으로 추정되고 있다.

□ 해중림

바닷속 해조류가 집단으로 군락을 이루는 바다의 숲을 지칭한다. 미역, 다시마, 감태 등의 갈조류를 중심으로 형성하며, 이는 바다 속의 전복, 소라, 성게 등의 생물들에게 먹이를 제공하고 부착란을 낳는 바다 생물의 산란장, 성육장, 은신처 등의 역할을 한다.

(6) 기타 대처방안

① 해양침식 지역 : 침식 지역에 석축을 쌓아 지속적인 토사유실 방지

② 담수 유입 : 유입 장소를 택하여 서식지를 조성

③ 갯벌 유입 오·폐수 : 생활하수 및 축산폐수, 농업용수가 대부분이므로 정화대책 수립

④ 회피·저감의 경우 타당성 및 대상 조치를 검토하고 그것에 대한 효과 및 영향조사

⑤ 다양하고 유일한 생태계 기능을 가진 곳은 기능 전체를 복원

⑥ 인공 간척지를 조성하는 경우 사후관리체계 수립

□ 런던투기 협약(London Dumping Convention ; LDC)

'폐기물 및 기타 용질의 투기에 의한 해양오염방지협약'으로 1972년 12월 런던에서 채택되어 1975년 8월 발효되었다. 선박, 항공기 또는 해양시설로부터 폐기물 등의 해양투기 및 폐기물의 해상소각의 규제를 목적으로 하고 있으며, 한국은 1992년에 가입해 1994년부터 가입국으로서 효력이 발생하였다.

(7) 해양오염의 지표종(indicator species)

1) 지표종

① 특정군집이나 서식지역의 환경상태를 측정하는 척도로 이용되는 생물

② 환경조건에 대해 극히 좁은 폭의 요구를 갖는 생물종

③ 환경이 극단적으로 악화 되었을 경우에도 생존이 가능한 종은 그 환경의 좋은 지표종

④ 일반적으로 다수종에 비하여 희소종일수록 좋은 지표종 역할수행

**2) 해양오염 지표종의 특성**

① 오염이 극심해지는 최후의 단계까지 견딜 수 있는 종

② 오염의 정도에 따라 다른 종들의 개체수가 감소하고 지표종은 더 많은 개체수를 보임

③ 환경이 회복되어 가면 점차로 서식밀도 감소

**❖ 환경지표생물의 적합성**

① 환경변동에 대하여 민감하게 반응할 것

② 특정한 환경변동에 대하여 특이적인 반응을 나타낼 것

③ 환경변화와 생물의 반응과의 관계를 수량적으로 파악할 수 있을 것

④ 장기간 계속 반응하여 환경변화의 적산적 효과를 평가할 수 있을 것

# 핵심문제 해설

**01** 점이대 또는 추이대(ecotone)의 설명으로 틀린 것은? 기-15-2

① 갑작스런 변화가 일어나는 지점이다.
② 가장자리 효과(edge effect)가 나타난다.
③ 생물다양성이 감소하는 양상이 나타난다.
④ 해변의 조간대가 점이대의 좋은 예이다.

해 ③ 에코톤은 두 개의 이질적인 환경의 변이대를 말하며 짧은 거리에서 환경이 갑자기 바뀌기 때문에 일반적으로 생물의 종류가 풍부하다.

**02** 다음 [보기] 설명의 ( )에 적당한 용어들은? 기-16-3

> 생태계에서 상이한 군집들이 만나는 가장자리의 생물종다양도가 군집 내부보다 더 높다.
> 이러한 전이지대를 ( ㉠ )라 하고, 인접 군집의 생태적 지위가 모두 나타나거나 독특한 다른 생태적 지위를 갖기도 하며 종다양도가 커지는 것을 ( ㉡ )라고 한다.

① ㉠ 추이대, ㉡ 종다양성 효과
② ㉠ 추이대, ㉡ 가장자리 효과
③ ㉠ 모서리, ㉡ 가장자리 효과
④ ㉠ 모서리, ㉡ 주연효과

**03** 호수에서 생산자 역할을 하는 것끼리 바르게 나열된 것은? 기-19-1

① 남조류, 녹조류, 어류
② 수초, 녹조류, 파충류
③ 규조류, 녹조류, 양서류
④ 대형수초, 규조류, 녹조류

**04** 수계생태계를 이루고 있는 생물적 부분을 생활형에 따라 구분한 것으로 해당하지 않는 것은? 기-15-3, 기-19-1

① 플랑크톤　② 척추동물
③ 유영동물　④ 저서동물

해 수생태계는 저서생물, 부착생물, 부유생물, 유영동물, 수표생물로 분류할 수 있다. 척추동물은 동물분류학상의 구분이다.

**05** 호소의 중심부로부터 육상까지 일정한 경사를 가진 경우에 형성되는 식생이 아닌 것은? 기-15-3

① 정수식생　② 부유식생
③ 부엽식생　④ 해안식생

**06** 수생식물의 생활형 특성 중 정수식물(floating vegetation, 추수식물)로만 구성된 것은? 기-16-1

① 부들, 갈대　② 줄, 수련
③ 연꽃, 고랭이　④ 어리연꽃, 자라풀

해 정수식물 : 뿌리를 토양에 내리고 줄기, 잎의 일부 또는 모두를 물 위로 내놓아 대기중에 잎을 펼치는 식물로 갈대, 부들, 애기부들, 줄, 고랭이, 큰 고랭이, 창포, 보풀, 벗풀, 골풀, 갈풀, 물억새, 물봉선, 물옥잠, 미나리, 택사 등이 있다.

**07** 뿌리를 토양에 내리고 잎을 수면에 띄우는 수생식물에 해당하는 습지식물은? 기-19-1

① 갈대　② 검정말
③ 어리연꽃　④ 개구리밥

해 ① 정수식물, ② 침수식물, ③ 부엽식물, ④ 부유식물

**08** 나사말처럼 뿌리를 물 밑 바닥에 고착시키고 잎과 줄기를 물속에 잠기도록 하여 생활하는 식물은? 기-15-2

① 정수식물　② 부생식물
③ 부엽식물　④ 침수식물

해 ④ 침수식물은 식물 전체가 물속에 잠겨있고 뿌리를 토양에 내려 고정되어 있는 수생식물로 물수세미, 검정말, 말즘, 물질경이, 붕어마름, 새우가래 등이 있다.

**09** 호소 내 수생식물의 구성종으로 적합하지 않는 것은? 기-18-1

정답 01. ③ 02. ② 03. ④ 04. ② 05. ④ 06. ① 07. ③ 08. ④ 09. ③

① 침수식물 : 검정말, 붕어마름
② 정수식물 : 부들, 골풀
③ 소택관목식물 : 버드나무, 굴참나무
④ 부유식물 : 개구리밥, 생이가래

해 ③ 버드나무와 굴참나무는 교목이다. 소택관목으로는 갯버들, 눈갯버들 등이 적합하다.

**10** 연안대에 서식하는 식물의 종류를 잘못 설명한 것은? 기-19-2

① 부유(floating)식물 – 몸체가 전부 물에 잠긴 상태로 떠 있는 수초
② 부엽(floating leaved)식물 – 물속의 토양에 뿌리를 내리며, 잎이 물 위에 떠 있는 식물
③ 정수(emergent)식물 – 물속의 토양에 뿌리를 내리며, 몸체는 물에 잠겨 있고, 잎은 물 위로 성장하는 식물
④ 침수(submerged)식물 – 물속의 토양에 뿌리를 내리며, 몸체가 모두 물에 잠겨 있는 수초

해 ① 부유(floating)식물 – 물에 뿌리가 떠 있고 몸체가 물에 떠 있는 수초

**11** 하천은 발원지 상류에서부터 하류인 하구에 이르기까지 생물상이 단계적으로 변하는데, 이때 종의 수평구조가 나타난다. 또한 시간이 경과함에 따라 서식지나 생물상이 변하게 된다. 이와 같은 현상은? 기-14-3, 기-17-2

① 천이계열 ② 지리적 천이
③ 지사적 천이 ④ 타발 천이

**12** 호수에서 수온구배에 따른 성층을 나타내는 용어가 아닌 것은? 기-18-3

① 중수층(Metalimnion)
② 표수층(Epilimnion)
③ 저수층(Bottom)
④ 심수층(Hypolimnion)

**13** 수온의 계절적 변동에 따라 구분한 호소의 수직적 층 중 여름이 되면 상층부는 수온이 높고 깊은 곳에서는 낮으며 중간에서 수온이 급격하게 저하되는 층을 무엇이라 하는가? 기-14-3

① 표수층(epilimnion)
② 수온약층(thermocline)
③ 심수층(hypolimnion)
④ 온도성층(thermal stratification)

해 ② 수온약층(thermocline)은 순환층과 정체층의 중간층으로 수심 1m당 ±0.9℃ 이상 수온이 급격하게 변하는 층을 말한다.

**14** 호수의 층상구조 설명으로 옳지 않은 것은? 기-19-3

① 표수층은 산소와 영양분이 풍부한 층이다.
② 수온약층은 온도와 산소가 급격히 변하는 층이다.
③ 심수층은 산소는 부족하나 영양분이 풍부한 층이다.
④ 호수는 일반적으로 표수층, 수온약층, 심수층으로 나눌 수 있다.

해 ① 표수층에는 산소, 심수층에는 영양분이 풍부하다.

**15** 여름에 온대지방의 호수들은 깊이에 따라 표수층, 중수층(수온약층), 심수층으로 나누어지는 데, 이들의 설명으로 틀린 것은? 기-17-3

① 수중 용존산소량은 표수층이 가장 높고, 심수층이 적다.
② 수심에 따른 밀도는 표수층에서는 낮게 유지되고, 심수층에서는 높게 유지된다.
③ 표수층은 심수층에 비해 산소와 영양염이 충분한 층이다.
④ 수온약층은 온도가 급격히 변하는 변수층이다.

해 ③ 표수층은 심수층에 비해 산소의 농도는 높으나 영양염은 낮다.

**16** 아래 그림은 온대지방에서 수심이 깊은 호수의 환경요인 프로파일이다. 그래프 상의 실선과 점선이 나



정답 10. ① 11. ② 12. ③ 13. ② 14. ① 15. ③ 16. ③

타내는 요인은? 기-17-1

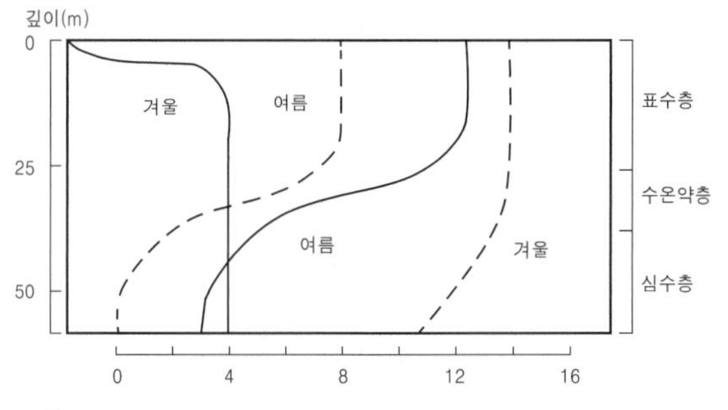


① BOD, COD
② 총질소, 총인
③ 온도, 산소농도
④ 압력, 수소이온농도

**17** 부분순환호(meromictic lake)에 대한 설명으로 가장 거리가 먼 것은? 기-14-2, 기-19-2

① 하층은 무산소 상태이다.
② 상하층이 동질적인 환경이다.
③ 하층이 상층보다 밀도가 높다.
④ 상하층의 물이 섞이지 않아 층형성이 계속 유지된다.

**해** 부분순환호(meromictic lake)란 연간을 통해 호소 전층이 순환하는 일이 없고 순환이 표면에서 어떤 심도까지 한정되어 있는 호소를 말한다. 이 경우 상층의 순환하는 층을 혼합층이라 하고, 하층의 순환하지 않는 층을 정체층이라 한다.

**18** 다음 2개의 그림은 온대 호수의 계절 양상을 나타낸 것이다. 위, 아래 그림의 계절을 순서대로 바르게 나열한 것은? 기-15-3

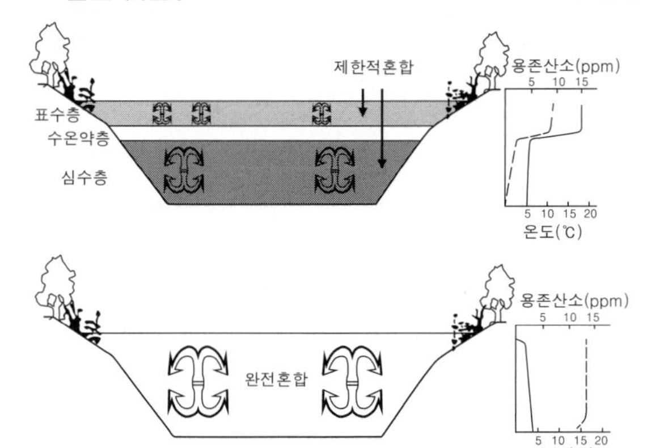


① 봄, 가을 ② 가을, 봄
③ 겨울, 여름 ④ 여름, 겨울

**해** ④ 여름에는 수온과 용존산소 변화가 심하여 수심별로는 S자 형을 나타내며, 겨울에는 가을철의 전도현상에 의하여 이미 물이 혼합하여 수질이 거의 균등해진 이후이므로 수심별로 수온과 용존산소의 차이가 심하지 않다.

**19** 육수생태계의 영양상태를 파악하기 위해 영양상태지표(Trophic Status Index : TSI, 1971, Carlson이 제안)는 생태계에 영향을 주는 3가지 요인들의 상관관계를 분석하여 0~100의 범위내로 구분하고 있다. 이러한 영양상태지표 3가지 요인에 포함되지 않는 것은? 기-17-1

① 인 ② 클로로필
③ 투명도 ④ 질소

**20** 물이 깨끗하고 적은 개체수의 수서생물이 살고 있는 호수에 인근지역의 가축분뇨와 생활하수 등이 유입되면서 호수생태계가 변화하기 시작하였다. 이때 호수 영양상태의 경과된 변화는? 기-19-2

① 부영양화 → 소택지
② 소택지 → 빈영양화
③ 빈영양화 → 부영양화
④ 부영양화 → 빈영양화

**21** 육상생태계에서 식물플랑크톤의 이상증식으로 인하여 일어나는 부영양화는 어떤 영양염류의 과잉유입으로 인하여 발생되는가? 기-16-1

① 질소, 인
② 인, 이산화탄소
③ 이산화탄소, 단백질
④ 단백질, 질소

**해** ① 부영양화의 지표로 질소(N), 인(P)의 농도를 판단한다.

**22** 수질의 부영양화 현상과 가장 거리가 먼 것은? 기-14-1, 기-19-2

① 생물농축 ② 적조현상

**정답** 17. ② 18. ④ 19. ④ 20. ③ 21. ① 22. ①

③ 용존산소의 고갈 ④ N, P의 과량 유입

해 ① 생물농축은 먹이연쇄에 의해 영향을 받는 일부 몇 가지 물질은 먹이연쇄의 단계를 거치면서 분산되지 않고 체내에 축적되는 현상을 말한다.

**23** 부영양화 현상에 관한 설명 중 틀린 것은? 기-19-3

① 부영양화 현상이 있으면 용존산소량이 풍부해진다.
② 부영양화된 호수는 식물성 플랑크톤이 대량 발생되기 쉽다.
③ 부영양화 현상은 물이 정체되기 쉬운 호수에서 잘 발생한다.
④ 부영양화된 호수는 식물성 조류에 의하여 물의 투명도가 저하 된다.

해 ① 부영양화 현상이 있으면 미생물에 의한 분해작용에 산소가 많이 소비되므로 용존산소량이 감소한다.

**24** 다음 부영양화의 피해에 관한 설명으로 가장 거리가 먼 것은? 기-14-3, 기-19-1

① 어패류 폐사
② 악취 발생
③ 수중생태계 파괴
④ 조류의 이상번식에 의한 투명도 증가

해 빈영양호가 부영양호로 변하는 현상을 "부영양화"라 하며 부영양호(eutrophic lake)의 투명도는 5m 이하로 종다양성 감소와 수중생태계 파괴, 조류의 고밀도 성장에 의한 적조, 녹조, 탁도의 증가, 음용수로의 부적합, 악취, 수심 감소 등의 문제점이 있다.

**25** 다음의 부영영화에 대한 설명 중 옳지 않은 것은? 기-15-1

① 부영양화 현상을 일으키는 주요 영양염류 중 인과 질소가 가장 중요한 요소이다.
② 호소가 부영양화됨에 따라 1차적으로 나타나는 현상으로 원래 순수한 물은 검푸른 색인데, 부유물질이 많을수록 청색에서 녹색을 거쳐 황색으로 변한다.
③ 빈영양호에서는 규조류와 편모조류, 황갈조류 등이 주로 서식하고, 부영양호에서는 녹조류와 남조류의 비중이 커져 이에 따른 색의 변화도 생긴다.
④ 수심이 얕은 호소에서 부영양화가 진행되면 수초와 식물플랑크톤의 증식이 증가되어 배의 운행을 방해하기도 하고 썩어 냄새를 내기도 한다.

해 ④ 썩는 냄새는 성층현상이 일어나는 깊은 호소의 심층에서 산소가 고갈되었을 경우 산소가 없는 환경에서 유기물이 박테리아에 의해 분해되는 과정에서 발생되는 메탄($CH_4$)에 의한 것이다.

**26** 우리나라에서 부영양화를 판정하는 기준으로 사용하는 불렌바이더의 영양상태 분류방법 중 극빈영양상태를 나타내는 총인(mg/L)의 기준은? 기-17-2

① 〈 0.20 mg/L ② 〈 0.005 mg/L
③ 0.005~0.01 mg/L ④ 〉 0.10 mg/L

해 우리나라의 기준은 R.V. Vollenweider의 총인과 총질소를 기준으로 하는 영양상태 분류방법에 따르고 있으나, 엽록소-a와 투명도의 기준은 OECD와 미국 EPA에서 제시된 기준을 따른다.

**27** 호수에서 남조류(blue-green algae) bloom을 주도하는 인자가 아닌 것은? 기-15-2

① 낮은 N/P 비율
② 풍부한 동물성플랑크톤
③ 20℃ 이하의 낮은 수온
④ 움직임이 별로 없는 조용한 물의 상태

해 ③ 물꽃현상(water bloom)은 부영양화된 호수의 경우 봄·가을에 녹조류·남조류가 번성하여 생기는 현상으로 낮은 수온에서는 발생하지 않는다.

**28** 습지 인식을 위한 습지의 중요 구성요소 3가지에 포함되지 않는 것은? 기-16-1

① 습지 수문 ② 습지 동물
③ 습지 식물 ④ 습윤 토양

**29** 다음이 설명하고 있는 생태계는? 기-16-2



정답 23. ① 24. ④ 25. ④ 26. ② 27. ③ 28. ② 29. ③

| -육상과 수중생태계의 두 가지 특성을 함께 가진다.<br>-수서생물과 육상 동·식물의 서식처로서의 기능을 수행한다.<br>-대부분의 생태계에서 생물의 다양성이 매우 높다. |
|---|

① 유수생태계 ② 정수생태계
③ 습지생태계 ④ 하구역생태계

**30** 습지보전 대책으로서 국제적으로 중요한 습지, 특히 물새 서식지에 관한 국제적인 협약으로서 이란에서 채택되어 발효된 협약은? 기-19-1

① 람사 협약 ② 헬싱키 협약
③ 몬트리올 협약 ④ 나이로비 협약

**31** 습지의 간이기능평가(Rapid Assessment of wetlands) 중 식생 다양성 및 야생동물 서식처의 평가를 위한 항목이 아닌 것은? 기-08-4

① 유입 및 유출 형태
② 식물 군집의 수
③ 주변 토지 이용
④ 야생동물의 이동 통로

해 습지의 간이평가항목에는 식물 군집의 수, 주변 토지 이용, 야생동물의 이동 통로, 다른 습지까지의 거리, 식물군집의 혼재도, 습지의 규모 등이 있다.

**32** 해양경관을 이루고 있는 대부분의 지역이 해안인데, 다음 설명에서 해안에서 일어나는 현상으로 옳지 않은 것은? 기-16-3

① 해안은 육지, 대기, 바다가 만나면서 서로에게 영향을 주고 받는 연안에 이루어진 좁고 긴 지대를 말한다.
② 해안은 육지와 해양환경의 전이대(transitional zone)로 습지, 갯벌, 사구 등 다양한 환경들이 있으며, 이들은 서로 평형을 유지하며 완충지 역할을 한다.
③ 해안지역은 지구에서 가장 평평한 부분 중 하나로 대륙사면이 끝나는 바깥쪽에 발달하며, 수온, 염분, 흐름의 변화가 적은 지역이다.
④ 해안지역은 간척사업을 통하여 농업, 공업, 신도시, 위락시설 등의 건설로 급속히 변화되어, 생물 서식지 파괴가 일어나기도 하는 지역이다.

해 ③ 심해평원은 지구에서 가장 평평한 부분 중 하나로 대륙사면이 끝나는 바깥쪽에 발달하며, 수온, 염분, 흐름의 변화가 적은 지역이다.

**33** 바다와 호수에 분포하는 수초의 경우 광은 광합성에 영향을 주고 있다. 이러한 수중의 광조건에 대한 설명으로 옳은 것은? 기-14-3

① 물이 맑은 먼 바다의 보상심도는 100~120m가 된다.
② 식물플랑크톤의 광합성 속도는 수심이 깊어짐에 따라 빨라진다.
③ 식물플랑크톤의 보상심도는 상대조도 10%가 되는 수심과 일치한다.
④ 보상심도보다 위에 있는 층을 무광층, 아래쪽의 층을 유광층이라 한다.

해 ② 식물플랑크톤의 광합성 속도는 수심이 깊어짐에 따라 느려진다.
③ 식물플랑크톤의 보상심도는 상대조도 1%가 되는 수심과 일치한다.
④ 보상심도보다 위에 있는 층을 유광층, 아래쪽의 층을 무광층이라 한다.

**34** 연안(coast)에 대한 설명으로 틀린 것은? 기-16-3

① 연안생태계는 육상식생을 포함한다.
② 육지와 해양 사이의 생태적 전이대이다.
③ 연안은 해안의 농경지 생태계와 무관하다.
④ 해양기후 변화에 의하여 직접적으로 영향을 받는다.

해 ③ 연안은 해안의 농경지 생태계에서 유입되는 물질에 영향을 받는다.

**35** 연안생태계 지역을 잘못 설명한 것은? 기-18-2

① 바닷가 부근의 해양생태계와 육상생태계

정답 30. ① 31. ① 32. ③ 33. ① 34. ③ 35. ③

간의 경계지역을 조간대라고 한다.
② 썰물 때의 곳에서부터 대륙붕 가장자리까지의 지역이다.
③ 대륙붕 가장자리에서부터 바다 쪽 전체를 포함한다.
④ 수심 0~200m까지의 지역으로 빛이 투과하는 지역을 투광대라고 한다.

**36** 조간대 지역은 조석의 주기에 따라 대기에 노출되고, 환경변화에 따라 서식 생물의 종류가 다르게 나타나게 된다. 해수면의 수평 높이에 따라 달라지는 조간대 생물의 분포를 나타내는 용어는? 기-18-2

① 대상분포 ② 임계분포
③ 평형분포 ④ 규칙분포

**37** 해수지역과 기수지역에 서식하는 규조류를 비교해 볼 때 염분농도에 따라 기수(brackish water)지역에 서식하는 규조류의 특징을 바르게 설명한 것은? 기-16-1

① 생물 크기가 대체로 크다. 서식종의 종수가 많다.
② 생물 크기가 대체로 작다. 서식종의 종수가 많다.
③ 생물 크기가 대체로 크다. 서식종의 종수가 적다.
④ 생물 크기가 대체로 작다. 서식종의 종수가 적다.

**38** 해안 염습지에 대한 설명으로 옳지 않은 것은? 기-16-3

① 염생식물이 살고 있다.
② 맹그로브(mangrove) 같은 염생식물은 비염분토양에서 더 잘 자란다.
③ 퉁퉁마디 같은 일부 염생식물은 사막식물과 같이 다육질이다.
④ 토양의 염분농도가 높으면 식물은 충분한 물을 얻기가 어려워진다.

해 ② 맹그로브는 열대지방 해안의 우점종으로 조간대의 갯벌 해안에서 잘 발달한다.

**39** 맹그로브의 특징을 바르게 설명한 것은? 기-15-1

① 열대 및 아열대 조간대의 습지에 분포한다.
② 열대해안의 환초(coral reef)를 형성한다.
③ 플랑크톤을 섭취하는 동물개체군의 명칭이다.
④ 최근 백화현상이 문제되고 있다.

해 ① 열대나 아열대의 해변이나 하구의 습지에서 자라는 관목이나 교목을 맹그로브라고 한다.

**40** 지구자전, 해류의 흐름, 지형 등의 요인으로 저층의 수괴가 상층으로 유입되어 형성되며 생산력이 높은 어장이 발생하는 특징을 가지고 있는 것은? 기-18-3

① 저탁류(turbidity current)
② 원심력(centrifugal force)
③ 용승류(upwelling)
④ 적도해류(Equatorial current).

**41** 엘리뇨 현상에 대한 설명으로 틀린 것은? 기-16-1

① 열대 남미 페루연안까지 영향을 미치는 현상이다.
② 해수면의 온도가 평년보다 낮아지는 현상이다.
③ 무역풍이 약해지는 경우 발생한다.
④ 인도네시아, 필리핀에서는 대체로 가뭄이 발생하곤 한다.

해 ② 엘리뇨 현상은 남아메리카 페루 및 에콰도르의 서부 열대 해상에서 해수면의 온도가 평년보다 높아지는 현상이다.

**42** 수질오염과 관련된 주요 폐수로 가장 거리가 먼 것은? 기-19-1

① 생활하수 ② 계곡수
③ 광산폐수 ④ 방사성 폐수

**43** 1980년대 들어서 일반의 관심을 끌게 된 것으로 트



정답 36. ① 37. ④ 38. ② 39. ① 40. ③ 41. ② 42. ② 43. ③

리클로로에틸렌, 사염화탄소, 벤젠 등의 매립에 의해 발생한 오염은? 기-18-3

① 호수오염 ② 해저오염
③ 지하수오염 ④ 대기오염

**44** 호소의 유역으로부터 유입되는 인의 배출원으로 가장 거리가 먼 것은? 기-18-2

① 비료 ② 가축분뇨
③ 하수 처리장 ④ 생활하수

**45** 다음 보기가 설명하는 것은? 기-14-1, 기-19-3

> 화학적으로 분해 가능한 유기물을 산화시키기 위해 필요한 산소의 양

① DO ② SS
③ COD ④ BOD

해 ① 용존산소, ② 부유고형물, ③ 화학적 산소요구량, ④ 생물화학적 산소요구량

**46** 자연 수역의 수질 오염을 조사하는데 이용되지 않는 지표는 어느 것인가? 기-07-2

① DO ② BOD
③ 맛과 냄새 ④ CO의 함량

해 수질 오염의 이화학적 지표로는 pH(수소이온지수), 용존산소(Do), 생물화학적 산소요구량(BOD), 화학적 산소요구량(COD), 대장균군, 맛과 냄새를 이용한다.

**47** 해양오염의 가장 큰 원인은? 기-17-2

① 해상교통
② 육지로부터의 오염원 유입
③ 직접적인 해상 투기
④ 심해개발

**48** 육상개발과 관련하여 해양으로 유입된 토사가 연안생태계에 미치는 피해에 해당되지 않은 것은? 기-16-1

① 식물의 1차생산력 증가
② 동물의 질식
③ 독성물질의 증가
④ 저서동물군의 구조변화

해 ① 식물의 1차생산력의 감소를 가져온다.

**49** 연안지역을 육지화 시키는 간척(reclamation)에 의해 나타나는 현상이 아닌 것은? 기-18-1

① 지역 활성화
② 농경지 또는 산업용지 확보
③ 도로와 연안 교통망 개설 등 교통개선
④ 간척지 개발에 의한 해양오염 감소

해 ④ 간척지 개발에 의한 해양오염 증가

**50** 발전소 등의 냉각수에 의한 열오염(thermal pollution)에 관한 설명으로 틀린 것은? 기-14-1

① 수온상승으로 물속의 용존산소가 감소한다.
② 생물체의 생식주기, 소화율 등에 영향을 미친다.
③ 상승된 온도조건의 수계에서 생물체의 성장률은 감소된다.
④ 해양에서 비정상적인 조류의 출현으로 적조가 야기될 수 있다.

**51** 발전소의 열수로 인해 나타날 수 있는 영향과 거리가 먼 것은? 기-15-1

① 안개, 안무의 이상 생성을 유발시킨다.
② 수중의 DO 농도를 증가시킨다.
③ 수중 미생물의 생활리듬을 파괴하여 이상증식 또는 이상산란 현상을 초래한다.
④ 호수나 저수지 저층의 인산염, 질산염 등을 상부로 이동시켜 조류의 번식을 촉진시킨다.

**52** 기름 유출로 인해 발생되는 해안지역의 오염현상에 대한 설명으로 가장 거리가 먼 것은? 기-16-2

① 뿌리가 얕은 1년생 해조류들은 체내 저장영양분이 거의 없기 때문에 기름 유출로 인해 광합성이 어려워진 상태에서 더욱 피해를 입기가 쉽다

정답 44. ③ 45. ③ 46. ④ 47. ② 48. ① 49. ④ 50. ③ 51. ② 52. ②

② 유화제와 같은 계면활성제는 모래입자 사이의 공극수의 표면장력을 증가시킴으로써 모래의 물리적인 현상을 변형시켜 해양오염을 제거하기 때문에 1990년대 이후 널리 이용되고 있다.
③ 염습지에서는 잘게 부서진 기름덩어리의 작은 조각들이 가장 유독하지만, 큰 덩어리들과 원유들은 식생을 완전히 녹여 버릴 수가 있으며, 사멸된 지역에 다시 그 종이 자리잡기 위해서는 장기간의 시간을 필요로 한다.
④ 1년생 종들의 경우가 기름에 가장 민감하여 완전히 사망하게 되거나 생식기관이 심하게 타격을 받게 되며, 일부 저항성 및 내성이 있는 식물종이라도 기름에 의해서 계속되는 빛의 산란 때문에 결국은 사망할 가능성이 높다.

해 ② 유화제의 경우 친수기와 친유기를 가지고 있어 생태계의 물리적 구조를 변형시켜 본래의 생태계 유지를 어렵게 한다.

**53** 적조발생의 원인으로 틀린 것은? 기-14-2, 기-19-3

① 질소, 인과 같은 영양물질이 유입될 때
② 바닷물의 염분농도가 높아졌을 때
③ 바닷물 온도가 섭씨 25℃ 이상일 때
④ 철, 코발트 등 미량금속류가 첨가되었을 때

해 적조는 육지로부터 다량의 영양염(N.P) 또는 생활하수가 다량 유입되거나 부패성 유기오염 물질과 미량금속(Ca, Mg, Fe, Co, Ni, Mn) 및 증식 촉진물질(비타민 등)이 풍부하게 용존 되어있고, 일사량이 풍부하며, 수온이 높고, 염분이 낮은 환경조건에서 발생된다.

**54** [보기]의 ( )에 들어갈 적합한 용어는? 기-18-1

| 우리나라 3면의 바다 중 남해는 연중 계속해서 ( )의 영향을 받으며 서쪽의 중국 대륙으로부터 유입되는 담수의 영향도 예상되는 해역이다. |
|---|

① 연안류 ② 대마난류
③ 동한난류 ④ 북한한류

**55** 해양에서 오염의 정도를 지시해주는 오염지표종에 대한 설명으로 옳지 않은 것은? 기-14-3, 기-17-3

① 오염이 극심해지는 최후까지 견딜 수 있다.
② 환경이 회복됨에 따라 점차로 서식밀도가 감소한다.
③ 대부분 생활사가 길고, 몸이 크며, 연중산란이 가능한 기회종으로 구성되어 있다.
④ 오염의 진행에 따라 다른 종들은 개체수가 감소하고, 지표종은 더 많은 개체수를 보인다.

해 ③ 기회종(opportunistic species)은 종에 대한 예측이 불가능하고 급변하는 환경에서 급격하게 성장하거나 번식하는 경향이 있는 종이므로 지표종으로 부적합하다.


정답 53. ② 54. ② 55. ③

# Chapter 4 생태계 서비스 및 환경문제

## 1 생태계 서비스

### 1. 생태계 서비스 개념 및 필요성

#### (1) 생태계 서비스 개념

생태계 서비스는 인간이 직·간접적으로 필요로 하며 만족하는 생산물과 서비스를 제공하는 생태계의 능력 또는 그 혜택으로 정의

❖ 생태계 서비스의 기반

생태계 서비스는 생태계의 온전한 형태와 기능을 기반으로 하고 이를 위한 지표로 생물다양성을 기반으로 한다. 생물다양성의 극대화는 본문의 네 가지의 카테고리에 해당되는 혜택 대부분을 제공한다. 생물다양성은 육상, 해상 및 그 밖의 수중 생태계와 이들 생태계로 구성되는 복합생태계 등 모든 분야의 생물체 간의 변이성을 말하며, 이는 종 내의 다양성, 종간의 다양성 및 생태계의 다양성을 포함하므로 생태계 서비스와 밀접한 관련이 있다고 할 수 있다.

#### (2) 생태계 서비스 필요성

① 생태계 서비스의 혜택을 금전적(경제적) 가치로 환산하여 평가
② 생물 다양성의 보전 및 관리를 위한 효과적인 도구
③ 일반인에게 생태계 서비스의 중요성을 알리기 위한 도구
 ㉠ 난개발 등을 막기 위한 도구 활용
 ㉡ 기후변화와 외래종 침입의 부정적 영향에 의한 생태계 서비스 혜택 감소 인식

#### (3) 생태계 서비스의 유형(종류) 및 구성요소

① 다른 생태계 서비스의 전제가 되는 유지 및 부양서비스 : 토양 형성, 광합성, 일차생산, 영양물질 순환, 물 순환, 종자산포
② 생태계로부터 생산되는 생산물의 공급 기능 : 식량, 섬유, 유전자원, 신선한 물, 광물질, 약용 자원
③ 생태계 과정들을 조절함으로써 얻어지는 조절 기능 : 공기 질 조절, 기후 조절, 물 조절, 침식 조절, 물 정화 및 쓰레기 처리, 질병 조절, 유해생물 조절, 수분, 자연적 위험 요소 조절
④ 생태계와 인간의 상호작용을 통해서 실현되는 문화적 기능 : 정신적 및

◘ 생태계 서비스 유형
① 지원 서비스
② 공급 서비스
③ 조절 서비스
④ 문화 서비스

종교적 가치, 지식 및 교육의 가치, 전통적 가치 휴양 및 관광 자원

(4) 인간의 삶의 질 향상을 위한 구성요소

① 안전 : 개인 안전, 안전한 자원 이용, 재난으로부터의 보호
② 삶의 질 향상을 위한 기본물품 : 적절한 생계수단, 적당한 영향, 쉼터
③ 건강 : 활력, 정신건강, 깨끗한 물과 공기의 이용
④ 좋은 사회적 관계 : 사회적 결합, 상호존중, 타인에 대한 원조능력
⑤ 선택의 자유와 활동 : 무엇을 하거나 되기 위한 성공기회

## 2 환경문제 이해

### 1. 지역적 환경문제 이해

(1) 자연생태계의 훼손

1) 자연환경특성 이해

① 상호 관련성 : 여러 변수 상호간에 인과관계가 성립되어 문제해결 곤란
② 광역성 : 공간적으로 광범위한 영향권을 형성하여, 한 지역, 한 국가만의 문제가 아닌 지구적 문제로 대두
③ 시차성 : 문제의 발생시기와 이로 인한 영향이 현실적으로 나타나는 시점 사이에 상당한 시간차 존재
④ 탄력성과 비가역성 : 환경이 갖는 자체 정화능력으로 인하여 어느 정도 원상회복이 가능하나(탄력성) 일정 이상의 손상에는 복원력(자정능력)이 떨어져 회복 불가능(비가역성)
⑤ 엔트로피 증가 : 자원의 사용에  따라 자원의 감소, 환경오염의 증가, 쓰레기의 발생 필연적

2) 자연생태계의 훼손 원인

① 수자원, 어류, 공기, 수질정화 및 지역적 기후변화, 자연재해, 질병
② 생태계의 역동성 저하
③ 생태계 서비스에 의한 경제적 이득의 불평등 분배
④ 경작지를 위한 산림 및 토지의 훼손의 지속적 증가

3) 생태계 훼손의 대책

① 지역적 토지이용 및 회복
② 생태계 서비스의 지속가능한 방안 및 평가 시스템 개발
③ 생태계 훼손에 대한 복구능력을 돕는 탄력성 고려
④ 사회구성원에게 제공되는 생태계의 이득 공유

❖ 삼림훼손

육상생태계에서 삼림은 생산자로서의 기능과 매우 큰 현존량을 지니고 있다. 각종 개발과 도로의 정비로 인한 삼림훼손에 대한 영향은 아주 크게 작용한다. 탄소동화작용의 감소로 인한 지구 온난화, 서식지 변화에 의한 종의 감소, 절·성토에 의한 토양의 침식, 영양염류의 소실로 인한 비옥도 감소, 시설물 매립에 의한 수맥변화와 습지환경의 소멸, 도로의 이동로 단절 등 여러 가지의 부작용이 나타나 한 곳의 피해가 아닌 광역적 피해로 나타난다.

### (2) 토양오염

#### 1) 토양오염 원인 및 영향

① 토양의 오염은 유동성이 없으나 집적되어 지속되며 정화 곤란
② 중금속이 용해된 산업폐수의 침투로 인한 식물체 유입과 인체 피해
③ 농약 및 화학비료, 세제의 사용에 의한 유기물 및 무기물의 과다축적
  ㉠ 토양의 산성화 가속
  ㉡ 토양의 구조 변화 및 토양세균의 변화에 의한 척박화
④ 유류의 관리소홀 및 사고에 의한 토양의 미세환경 변화로 생물 서식지 파괴

#### 2) 토양오염 대책

① 농업용수와 산업용수, 폐기물과 폐수의 관리 철저
② 오염물질의 사용에 대한 사용기준 준수
③ 상시 모니터링을 통한 감시 및 관리 강화
④ 다양한 방법을 통한 토양의 정화 및 구조 개선
⑤ 흙의 주변환경 개선 및 객토를 통한 오염물질 제거

### (3) 도시열섬 현상

#### 1) 열섬현상의 원인과 영향

① 도시(또는 도심)의 기온이 주변지역보다 높게 나타나는 미기후현상
② 도심의 기온이 외곽지역보다 1~4℃ 정도 높게 형성
③ 대기오염에 의한 열의 이동 방해
④ 도시 내의 열발생 시설 및 기구의 사용
⑤ 열용량이 큰 도시의 건축물 및 포장재 사용
⑥ 공기의 정체와 스모그(smog)로 인한 호흡기 질병 발생
⑦ 아황산가스, 질소화합물 등 광학작용으로 온실가스 발생
⑧ 에너지 사용의 증가
⑨ 인간생활의 쾌적성 저해

◘ 농경생태계의 특성

농경생태계는 반인공적 생태계이고 불안정한 생태계이다. 생물량이 대부분 작물로서 이루어지도록 관리되어 구성종이 적고 단순한 생태계로 되어있다. 생산물은 사람이나 가축에게 소비되기 때문에 생태계 내 다른 소비자의 존재를 가능한 배제하였다.

◘ 농약의 환경영향

① 생물체 내 농약 잔류
② 해충의 살충제에 대한 저항성 증가
③ 토양 및 수질오염

◘ 비농약 해충구제법

① 생물학적 조절
② 유전적 조절
③ 호르몬과 페로몬 이용법

2) 열섬현상 대책

① 도시의 녹지 확충과 바람길 확보

② 옥상녹화, 벽면녹화 등 건축물의 열저장 차단 및 수분의 저장

③ 배출되는 열의 저감대책 고려

④ 에너지 사용 저감

### (4) 오염저감을 위한 물순환

1) 오염원의 종류

① 점오염원 : 특정 장소에서 배출되는 오염원

② 비점오염원 : 비점오염원은 건기 시 토지표면에 축적된 다양한 오염물질(유기물, 영양염류, 중금속, 입자상 물질, 각종 유해 화학물질 등)이 강우유출수와 함께 유출되어 수질 및 토양오염을 일으키는 배출원을 지칭

③ 현재 점오염원보다 비점오염원으로부터 발생하는 오염물질의 수계 오염기여도 증가

④ 비점오염물질로는 토사, 영양물질, 박테리아와 바이러스, 기름과 그리스, 금속, 유기물질, 농약, 협잡물로 구분

2) 오염저감시설

① 자연형시설 : 저류시설(저류지, 연못), 인공습지, 침투시설(유공포장, 침투조, 침투저류지, 침투도랑), 식생형 시설(식생여과대, 식생수로) 등

② 장치형 시설 : 여과형 시설, 와류형 시설, 스크린형 시설, 응집·침전 처리형 시설, 생물학적 처리형 시설

③ 해당지역의 강우빈도 및 유출수량, 오염도 분석 등을 통하여 설계규모 및 용량 결정

④ 토양특성, 지하수위, 경사도, 자연유하 가능성, 배수면적 등 물리적 조건 고려

⑤ 기후적 특성, 유역요소, 강우유출수 관리능력, 오염물질 제거능력, 지역사회와 환경요소, 유지관리 용이성 및 공공안전성 등 고려

## 2. 지구적 환경문제 이해

### (1) 기후변화

1) 원인 및 영향

① 지구온난화로 인한 지구의 평균기온 상승이 주 원인

② 식물과 동물의 서식지는 기존의 서식지가 아닌 곳으로 이동

③ 전 세계적으로 산림 생태계뿐만 아니라 다양한 생태계에 영향 미침

④ 식량생산 병해충 생태계 수자원 농경지 등 다양한 분야에 있어서 영향

⑤ 해수면의 상승으로 인한 연안식생의 변화로 지구의 탄소량 증가

**◘ 기후변화 정의**

현재의 기후계가 자연적이거나 인위적 원인으로 인해 변화하는 것을 뜻한다. 기후변화를 방지하기 위한 '몬트리올 의정서'에서는 "지구온난화는 간접적으로 전체 대기의 성분을 바꾸는 인간활동에 의한 변화이며, 비교할 수 있는 시간 동안 관찰된 자연적 기후변동을 포함한 기후의 변화"로 정의하고 있다.

⑥ 해양생태계 서식지의 변화, 어획량 변동, 어종의 변화 발생
⑦ 온도상승으로 인한 열대성 모기 매개 질병(말라리아, 댕기열 등) 확산

2) 기후변화 요인
① 자연적 요인 : 지구 내부의 작용(환류, 화산활동 및 우연적 현상), 외부의 힘(태양의 활동, 지구의 공전 및 운석)
② 인간의 활동 : 온실가스 배출, 미세먼지나 구름, 토지이용의 변화 등
③ 빙하는 기후변화의 가장 민감한 지표 중 하나
④ 온실가스에 의한 복사강제(radiative forcing)가 기후변화의 주요 외적 요인

3) 기후변화에 의한 영향예측
① 작은 섬지역에서 담수의 양 감소
② 생태계 내의 생물다양성 감소
③ 식량생산성 감소, 산업·사회 및 건강에 악영향 초래

4) 기후변화에 대한 생물의 반응
① 개체군은 적합한 서식지로 이동
② 개체들이 환경변화에 맞는 표현형을 발달시켜 적응
③ 개체군은 자연선택에 의한 유전적 변화를 통하여 변한 환경에 적응 및 진화

**기후변화에 의한 산림의 변화**
지구 전체 광합성량의 2/3를 차지하고 있으며 육상생태계 탄소의 80%, 토양 탄소의 40%를 보유하고 있는 산림생태계는 기후변화로 영향을 받으면 대기와 교환하는 물, 에너지, 이산화탄소의 양도 달라지며 이로 인해 다시 기후시스템에 영향을 주게 된다. 특히 산림은 가뭄 홍수 및 장기적인 기후변화에 따라 다양하게 영향을 받을 것으로 파악된다.

(2) 지구온난화(온실효과 global warming)

1) 지구 표면의 평균온도가 상승하는 현상
① 화석에너지로 발생된 온실가스가 지구 밖으로 방출되는 복사열을 감소하게 만들어 지구온난화 현상출현
② 대표적인 온실가스 : 이산화탄소($CO_2$), 메탄($CH_4$), 아산화질소($N_2O$), 과불화탄소(PFCs), 수소불화탄소(HFCs), 육불화황($SF_6$)

**지구 대기권의 구분(atmosphere)**
'대류권→성층권→중간권→열권'으로 분류할 수 있으며, 대류권의 바깥쪽을 '외기권'이라 한다. 기상현상과 대류현상은 대류권에서 일어난다.

2) 온실효과의 영향
① 탄소 등의 물질순환의 변화
② 극지방의 빙하가 녹아 해수면 상승에 의한 범람과 기후대의 변화로 인한 식생의 변화 및 생태계 교란
③ 강우의 패턴변화로 홍수, 폭우, 사막화, 태풍과 같은 이상기후 유발

3) 근본적인 해결방법
① 온실가스의 배출량을 줄이는 것
② 에너지 절약, 폐기물 재활용, 환경친화적 상품 사용, 신에너지 개발 등

4) 국제협약
① 1992년 6월 유엔환경개발회의(UNCED)에서 기후변화협약(UNFCCC) 채택
② 1997년 12월 교토의정서를 채택하여 2005년 2월 발효

❖ 기후변화협약(UNFCCC)

지구온난화 방지를 위한 온실가스의 규제로 지구의 온난화를 규제·방지하기 위한 국제협약이다. 1992년 6월 브라질 리우에서 개최된 유엔환경개발회의(지구정상회의)에서 채택되었으며, 우리 나라는 1993년 12월 47번째로 기후변화협약에 가입하였다. 정식명칭은 '기후변화에 관한 유엔 기본협약'이고 '리우환경협약'이라고도 한다. 목적은 이산화탄소를 비롯한 온실가스의 방출을 제한하여 지구온난화를 막는 것이다. 대표적인 규제대상 물질로 탄산·메탄가스·프레온가스 등이 있다.

❖ 교토의정서(Kyoto protocol)

기후변화협약에 따른 온실가스 감축목표에 관한 의정서로 지구온난화 규제 및 방지를 위한 국제협약인 기후변화협약의 구체적 이행 방안이며, 선진국의 온실가스 감축 목표치를 규정하였다. 1997년 12월 일본 교토에서 개최된 기후변화협약 제3차 당사국총회에서 채택되었다. 이산화탄소($CO_2$), 메탄($CH_4$), 아산화질소($N_2O$), 불화탄소(PFCs), 수소화불화탄소(HFCs), 불화유황($SF_6$) 등 6가지 온실가스배출량을 줄이기 위한 국제협약이며, 감축 이행시 신축성을 허용하기 위하여 배출권거래(Emission Trading), 공동이행(Joint Implementation), 청정개발체제(Clean Development Mechanism) 등의 제도를 도입하였다.

### (3) 오존층의 파괴

#### 1) 오존의 특성 및 파괴 원인

① 오존($O_3$)은 산소분자($O_2$)와 산소원자(O)가 결합된 물질
② 오존분자들은 성층권인 지상 25㎞ 높이에서 한데 뭉쳐 오존층을 형성하며, 태양의 강렬한 자외선을 99% 이상 흡수·차단
③ 오존층을 파괴하는 주범은 프레온 가스라는 물질로 '염화불화탄소(CFC)'

#### 2) 오존의 피해

① 오존은 자동차의 배기가스에서 배출되는 질소화합물($NO_X$)과 휘발성유기화합물(휘발유, LPG, 벤젠 등)이 자외선에 의해 분해되어 생기는 2차 오염물질
② 자동차가 많은 도시 지역과 휘발성 유기화합물을 많이 사용하는 지역에서 잘 발생
③ 연간 평균 오염도의 변화보다는 단기간 고농도일 경우에 인체에 유해
④ 광화학 스모그를 유발하고 호흡기 자극 –0.03ppm 이상 시 경보 발령
⑤ 식물의 생장을 억제하여 삼림생태계에도 큰 영향을 미침

◘ 2차 오염물질

대기 중에서 두 가지 이상의 성분 간에 화학 반응이 일어나 형성되는 해로운 화학물질로 오존, 아세트알데히드, 과산화수소, 질산과산화아세틸(PANs), 케톤, 삼산화황($SO_3$) 등이 있다.

❖ 프레온가스(염화불화탄소, CFC)

프레온 가스는 불연성으로 독성과 자극이 없으며, 화학적으로 안정하기 때문에 대기권으로 방출된 후에도 거의 분해되지 않고 쉽게 성층권까지 올라간다. 성층권에 올라간 염화불화탄소는 자외선에 의해 분해되어 염소원자를 방출하고, 염소원자가 오존의 생성·소멸과정에서 발생하는 산소원자들을 산소분자로 합성해 버리기 때문에 성층권의 오존은 점차 산소 분자로 바뀌게 되어 오존층이 파괴되고, 오존층이 파괴되면 지구에 도달하는 자외선이 많아져 피부암, 백내장 등을 유발하게 된다.

◘ 오존층 보호를 위한 국제 협약

① 비엔나 협약(Vienna Convention, 1985년)
② 몬트리올 의정서(Montreal Protocol, 1989년)
③ 런던회의(London Revisions to the Montreal Protocol, 1992년)

### (4) 산성비(산성강하물)

① 빗물의 산성도가 pH5.6 미만인 경우로 정의
② 산성비의 원인은 화석연료로 인한 아황산가스와 질소산화물, 염소이온 등으로 추측
③ 공장이나 자동차에서 방출되는 황산화물이나 질소산화물이 빗물에 섞여 지상으로 낙하
④ 산성안개(acid fog)가 산성비보다 일반적으로 산성화 피해 가중
⑤ 수중생태계의 산도 증가로 수중생태계 파괴 및 어류 개체수 감소
⑥ 수소이온 증가와 알루미늄이온의 인산고정에 따른 인산 결핍 발생
⑦ 식물의 잎 조직의 파괴 및 물의 증산을 촉진하여 식물의 영양과 물의 결핍 초래
⑧ 토양의 산성화로 식물의 뿌리에 흡수되어 물질대사에 큰 영향을 미침
⑨ 토양미생물에 영향을 미쳐 물질의 흐름 방해
⑩ 염기의 유실 및 용탈에 의한 토양의 비옥도와 생산성 저하

◘ 토양 산성화

산성강하물 등과 산성비료(황산암모늄, 황산칼륨, 염화칼륨 등)의 사용으로 인해 황산이온, 염소이온 등의 산성염류가 축적되어 토양산성화의 원인이 된다.

◘ 산성강하물

산성강하물은 화력발전, 제련소, 공업단지, 자동차 배기가스 등에 의해 산성 물질이 대기 중으로 날아가 비나 구름, 안개, 눈, 분진, 등과 같이 습성강하물, 건성강하물 등의 형태로 땅에 내리는 것을 의미한다. 공업화가 일찍부터 이루어져왔던 지역에서 산성강하물에 의한 피해가 높은 경향을 보인다.

### (5) 사막화(desertification)

#### 1) 사막화 원인 및 영향

① 자연적 요인인 가뭄, 건조화 현상과 인위적 요인인 관개, 산림벌채, 환

경오염 등이 복합적으로 작용하여 토지가 사막환경화 되는 현상

② 숲이 사라져서 지표 반사율이 증가하고, 냉각화되어 강우량이 감소하여 더욱 빠른 속도로 사막화가 진행

③ 해마다 전세계적으로 600만㏊의 면적 사막화

④ 오늘날 사막화 현상은 아프리카 사하라사막 남부의 사헬 지역 같은 건조, 반건조 지대에서 주로 출현

⑤ 식생의 감소로 점차 산소가 부족해져 야생동물은 멸종 위기에 이르고 물 부족현상으로 작물재배가 불가능해 극심한 식량난 발생

⑥ 이산화탄소의 양이 많아져 지구온난화의 원인 제공

**2) 사막화 방지 노력**

① 사막화 현상을 방지하기 위하여 유엔 환경 계획(UNEP)과 민간 단체에서 노력

② 사하라 사막의 남쪽 끝의 사헬 지방의 사막화를 막고 푸르게 하려는 '사헬 그린벨트 계획'

③ 이집트 건조 지대에서 시도하는 '그린 어스 계획(Green Earth Project)'

# 핵심문제 해설



**01** 대규모의 산림도로정비가 생태계에 미치는 영향 중 옳지 않은 것은? 기-14-1

① 도로 부설로 인해 산림생태계의 일부가 없어져 버린다.
② 절토, 성토를 통해 인공적인 경사면이 형성되며 통과차량에 의해 식생의 변화가 생긴다.
③ 기초시설의 매설로 인해 지하 수맥이 변화하고 습지 환경의 소멸이 일어나기도 한다.
④ 대규모 지형변화가 있을 경우 지하터널보다는 절토를 하여 시공하도록 한다.

**02** 삼림의 제거로 인하여 나타나는 환경 변화가 아닌 것은? 기-16-3

① 토양침식의 증가
② 서식지의 전환에 따른 종다양성의 감소
③ 탄소동화작용의 감소로 인한 지구온난화
④ 영양염류 축적으로 인한 토양의 비옥도 증가

**03** 토양침식의 주된 원인이 아닌 것은? 기-17-3

① 과도한 목축 ② 과도한 경작
③ 간벌 ④ 산림제거

해 ③ 간벌은 나무의 발육을 돕기 위해 불필요한 나무를 솎아 베어 내는 것으로 하층식생 제거로 인한 경쟁해소와 밀도 감소의 효과가 있다.

**04** 중금속에 오염된 토양을 완전히 원래의 상태로 되돌리는 방법으로 택할 수 있는 것은? 기-17-2

① 흡착 또는 특이식물 재배
② 흙갈이 객토
③ 갈아엎기
④ 혼층갈이

**05** 농약이 환경에 미치는 영향이 아닌 것은? 기-18-2

① 생물 체내 농약 잔류
② 천적의 증가
③ 해충의 살충제에 대한 저항성 증가
④ 토양 및 수질오염

**06** 농약을 사용하지 않는 해충구제 방법에 해당되지 않는 것은? 기-17-3

① 생물학적 조절
② 유전적 조절
③ 호르몬과 페로몬 이용법
④ 유기인제의 살포

**07** 환경변화에 대한 생물체의 반응(response)이 아닌 것은? 기-19-2

① 압박(stress) ② 치사(lethal)
③ 차폐(masking) ④ 조절(controlling)

해 압박은 반응을 일으키는 원인이다.

**08** 지구환경의 물질순환 중 지구온난화와 가장 관계 있는 것은? 기-14-2

① 탄소 순환(the Carbon cycle)
② 질소 순환(the Nitrogen cycle)
③ 인 순환(the Phosphorus cycle)
④ 물 순환(the Hydrologic cycle)

**09** 지구 온난화의 생태학적 영향에 대한 설명으로 틀린 것은? 기-19-3

① 지구 온난화로 인해 해수면이 낮아 질 것이다.
② 생물학자들은 지구 온난화가 서식지를 이동할 수 없는 식물에서 특히 커다란 영향을 미치게 될 것으로 믿고 있다.
③ 지구 온난화로 인해 잡초, 곤충, 다양한 환경에서 살아가는 질병매개 생물체는 개체수가 크게 증가하게 된다.
④ 지구 온난화는 여러 지역에서 강우 패턴을

정답 01. ④ 02. ④ 03. ③ 04. ② 05. ② 06. ④ 07. ① 08. ① 09. ①

변화시켜 더욱 빈번하게 가뭄이 일어나게 한다.

**10** 지구온난화 및 온실효과의 원인이 되는 가스가 아닌 것은? 기-15-2

① 아산화질소($N_2O$)
② 메탄($CH_4$)
③ 아황산가스($SO_2$)
④ 염화불화탄소(CFCs)

해 온실가스는 매우 다양하나 이산화탄소($CO_2$), 메탄($CH_4$), 아산화질소($N_2O$), 프레온 가스(CFCs), 육불화황($SF_6$) 등이 대표적으로 꼽힌다. 아황산가스($SO_2$)는 강우의 산성화에 가장 큰 영향을 미치는 원인물질이다.

**11** 지구온난화를 유발하는 이산화 탄소의 양을 감축하여 온실가스에 대한 대비책 마련을 위해 채택된 것으로 기후변화 협약과 관련 된 것은? 기-15-2, 기-19-3

① 교토 의정서 ② 워싱턴 의정서
③ 제네바 의정서 ④ 몬트리올 의정서

해 ① 교토의정서는 기후변화 협약에 따른 온실가스 감축목표에 관한 의정서로 지구온난화 규제 및 방지를 위한 국제 협약인 기후변화 협약의 구체적 이행 방안이며, 선진국의 온실가스 감축 목표치를 규정하였다.

**12** 지구의 기후변화와 열섬효과 등 인류생존에 큰 영향을 주고 있는 오존층을 보호하려는 노력을 하고 있다. 다음 중 오존층은 대기의 어디에 위치하는가? 기-14-3, 기-18-2

① 대류권 ② 성층권
③ 전리권 ④ 외기권

해 ② 성층권(지상12~50㎞)에는 전체 오존량의 90%이상이 존재하며 특히 지상 20~25㎞의 고도에 가장 높은 농도로 밀집되어 있는데 이 층을 "오존층"이라고 한다.

**13** 대기생태계에 대한 설명 중 대류를 층화(stratification)에 의해 나누었을 때, 기상현상과 대류현상이 일어나는 권역은? 기-16-2

① 대류권 ② 성층권
③ 중간층 ④ 전리층

**14** 오존의 환경오염에 관한 설명으로 가장 거리가 먼 것은? 기-15-2, 기-18-2

① 자동차배출가스가 오존오염의 주원인 중 하나이다.
② 오존은 주로 이산화질소와 탄화수소가 태양광선과 반응하여 생성된다.
③ 오존층은 지구 상층부에서 적외선을 막아주기 때문에 생물이 살아갈 수 있는 환경을 만들어 준다.
④ 일사량이 많고 고온인 여름철에 주로 오존농도가 높다.

해 ③ 오존층은 지구 상층부에서 자외선을 막아주기 때문에 생물이 살아갈 수 있는 환경을 만들어 준다.

**15** 다음 중 「CFCs(염화불화탄소)」에 대한 설명으로 틀린 것은? 기-15-1, 기-19-1

① 불안정한 화합물이다.
② 불연성이다.
③ 독성과 자극이 없다.
④ 염소, 불소, 탄소를 함유한 합성화합물질이다.

해 ① CFCs(염화불화탄소)는 화학적으로 매우 안정하여 쉽게 분해되지 않는다.

**16** 대기 중에서 1차 오염물질이 광화학반응에 의해서 생성시키는 2차 오염물질이라고 볼 수 없는 것은? 기-16-3

① 케톤(Ketone)
② 알데히드(aldehyde)
③ 아세트산(acetic acid)
④ 질산과산화아세틸(PAN)

**17** 주요 대기 오염물질 중 2차 오염물질로 볼 수 있는 것들로만 나열된 것은? 기-19-1

① 오존, 과산화수소, PANs, $SO_3$
② 석면, 이산화질소, 오존, 사염화탄소
③ 오존, 아황산가스, 메탄가스, PANs
④ 일산화탄소, 수산화라디칼, 메탄가스, VOC



정답 10. ③ 11. ① 12. ② 13. ① 14. ③ 15. ① 16. ③ 17. ①

**18** 대기오염물질의 중요한 제한요인 중 육상생태계의 교란을 일으키는 원인이 아닌 것은? 기-18-1

① 빛의 조사량과 광도
② 생물들의 내성한계
③ 온도상승에 따른 기후변화
④ 기후변화에 따른 강우량의 변동

해 ①③④의 영향에 따라 원생태계의 변화가 일어난다.

**19** 오존층 보호를 위한 국제 협약이 아닌 것은? 기-14-2

① 비엔나 협약(Vienna Convention, 1985년)
② 몬트리올 의정서(Montreal Protocol, 1989년)
③ 헬싱키 의정서(Helsinki Protocol, 1985년)
④ 런던회의(London Revisions to the Montreal Protocol, 1992년)

**20** 다음 중 호소의 산성화와 어류의 개체수 감소를 초래하는 것은? 기-14-3, 기-17-2

① 산성비　　② 지구온난화
③ 온실효과　　④ 방사능 동위원소

해 ① 빗물의 산성도가 pH5.6 미만인 경우를 '산성비'라고 하며 수중생태계의 산도 증가를 가져와 수중생태계의 파괴를 가져온다.

**21** 산성비를 잘못 설명한 것은? 기-18-3

① 산성비의 원인은 황산이온, 질산이온, 염소이온 등이다.
② pH6.0 보다 높은 pH를 나타내는 강우를 말한다.
③ 공장이나 자동차에서 방출되는 황산화물이나 질소산화물이 빗물에 섞여 지상으로 낙하해 온 것이다.
④ 흙 속의 미네랄과 영양염을 녹여 내어 용출하기 때문에 비옥한 토양이 황폐화 된다.

해 ② 산성비란 빗물의 산성도가 pH5.6 미만인 경우로 정의한다.

**22** 황산암모늄, 황산칼륨, 염화칼륨 등의 비료성분이 가져올 수 있는 토양환경의 변화는? 기-14-1, 기-18-2

① 토양 부영양화　　② 토양 산성화
③ 토양 건조화　　④ 토양 사막화

해 ② 황산암모늄, 황산칼륨, 염화칼륨은 산성비료로 이러한 화학비료의 사용으로 인해 황산이온, 염소이온 등의 산성염류가 축적되어 토양산성화의 원인이 된다.

정답 18. ② 19. ③ 20. ① 21. ② 22. ②

# Chapter 5 생태조사·분석

## 1 생태조사 계획

### 1. 생태조사 개요

(1) 계획의 수립

① 생태조사를 위한 계획수립 시 조사목적을 가장 중요하게 생각하면서도 가장 많이 간과함
② 생태조사에 있어 우선적으로 사전에 과제 수행 목적을 정확히 인지하는 것이 중요함
③ 식생도 등 문헌이나 자료, 설문조사를 통하여 자연의 개략적인 현황을 파악하고, 그것을 기초로 조사방법, 조사시기, 조사장소 설정
④ 조사에 사용되는 지도는 기본적으로 1:25,000 지형도 사용

생태조사의 기본목적

| 기본목적 | 주요내용 |
|---|---|
| 생태계의 보존 | 각 생물군과 더불어 생물의 서식지역을 포함한 특정지역의 영속적이며 지속적인 보호(인간의 간섭이 전혀 없게 하는 것을 전제로 한다) |
| 생태계의 보전 | 불특정 다수지역의 한정적 보호(일부 인간의 간섭이 있으며, 이용 가능 측면을 고려한다) |
| 생태계의 복원 | 훼손되고 파괴된 지역의 새로운 복구(지속가능한 발전을 위한 회복의 추구) |

생태조사 계획 수립 원칙

| 항목 | 주요내용 |
|---|---|
| 조사목적의 인지 | 일반 학술조사와 특정사업 구분 |
| 조사대상의 우선순위 결정 | 천연기념물, 멸종위기야생동물 우선조사, 각 생물군 특성에 따른 조사시기 결정 |
| 주변환경 및 생물군락과의 연관성 고려 | 환경요인 및 주변서식동물 특성 검토 |
| 자료수집 | 과거 선행 연구자료 비교·검토 |
| 문제점 및 대안 제시 | 현지관찰, 생태학 실험, 모델링 등을 통해 문제점 파악 및 현실성 있는 대안 제시 |

◘ 생태학 연구 단계(생태조사 수행단계)
① 문제의 파악
② 연구대상의 범위 확정
③ 실험 또는 조사계획 수립
④ 표본추출방법의 선정 및 표본의 수집
⑤ 자료의 분석
⑥ 결론의 도출
⑦ 보고서 작성

◘ 현장조사 준비사항
① 문헌조사 및 검토
② 항공사진, 지도, 사진의 준비
③ 서식지에 대한 예비적 기재 내용

### (2) 우선 조사항목 및 내용

#### 1) 생물종의 조사분석

① 육상생태계 : 식물상 및 식생, 곤충류, 조류, 포유류, 양서류, 파충류, 그 외 분류군의 조사 및 분석
② 육수생태계 : 수생식물 및 식생, 동·식물플랑크톤, 저서성대형무척추동물, 어류, 조류, 포유류, 양서류, 파충류, 그 외 분류군의 조사 및 분석
③ 해양생태계 : 동·식물플랑크톤, 저서생물, 염생식물, 해조류, 어류, 조류, 그 외 분류군의 조사 및 분석

#### 2) 주변환경 조사 및 분석

① 서식처 : 서식처의 종류, 형태, 분포특성 조사 및 분석
② 환경요인 : 수질, 대기질, 토양 조사 및 분석, 기타 이화학적(기온, 수온, 습도 등) 분석

#### 3) 종합결과

① 통계 : 우점도지수, 다양도지수, 균등도지수, 다양도지수, 군집, 요인, 생태자연도, 그 외 각종 생물학적 지수의 분석
② 문헌 : 정부보고서(환경부 전국자연환경조사 등), NGO 및 지자체 보고서, 관련 연구소 및 기업 연구 보고서 분석
③ 모델링 : 미래예측, 저감방안 및 대안제시
④ 가치평가 : 보존, 보전, 복원, 이용의 타당성 및 이용 분석

**◘ 우선순위 및 조사항목**
생물종의 분석은 조사 목적에 따라 다르지만 기본적으로 천연기념물, 환경부 지정 희귀 및 멸종위기 야생동식물, 우점종 등을 우선으로 하며, 분포특성을 밝히기 위하여 각 생물군의 분포비율 등을 조사지점 혹은 서식처 특성별로 항목을 산정해야 한다.

**◘ 조사방법**
생물의 조사는 기본적으로 관찰을 우선으로 하며, 실험 등 부득이한 경우에만 채집을 실시한다. 그 외 현지에서 야장작성, 사진촬영, 녹음 등과 주변환경에 대한 조사와 이해가 선행되어야 한다.

## 2. 표본추출 방법

### (1) 무작위 표본추출(단순 임의추출, random sampling)

① 추출순서
 ㉠ 추출하려는 생태적 실체의 범위 확정
 ㉡ 표본추출의 방법 설정
 ㉢ 표본추출 착수
② 무작위 표본 : 무작위 표본추출법으로 추출한 표본
③ 표본추출 시 난수표 또는 컴퓨터로 난수를 발생시켜 선정
④ 이동성이 거의 없는 일부 소형동물은 식물의 적용방법 가능

### (2) 반복 표본추출(계출 임의추출, repeated sampling)

① 측정값의 불명확성을 반복측정을 통해 극복하려는 방법
② 한 표본과 다른 표본 사이의 변동이 큰 생태표본에 대한 평균의 변동을 작게 하려는 방법
③ '종-면적곡선'(종-표본곡선)과 성취도 곡선으로 반복 표본수 평가
 ㉠ '종-면적곡선'(종-표본곡선)을 이용하여 표본의 반복수와 표본 크기

**◘ 표본추출법**
개체군이나 군집의 속성을 기재하려면 밀도, 빈도, 피도, 생물량 등을 측정한다. 개체수나 생체량을 산정하기 위해서는 정량적 조사에 의해 전수를 모두 세는 방법이 가장 정확하나 현실상 어려운 경우가 많아, 임의로 일부 표본을 추출하여, 이 표본들을 대상으로 집단의 크기와 개체군의 분포, 종다양성 및 생산성과 같은 생태적 특성을 밝히는 통계학적 방법을 사용한다.

**◘ 무작위표본추출**
모집단 내의 각 원소가 표집될 기회가 균등하며, 추출한 표본 속의 한 원소가 다른 원소의 추출에 영향을 주지 않도록 하여 표본을 추출하는 방법이다.

평가

㉡ 성취도 곡선을 이용하여 어떤 생태적 변수의 누적평균값을 나타내어 반복수 평가

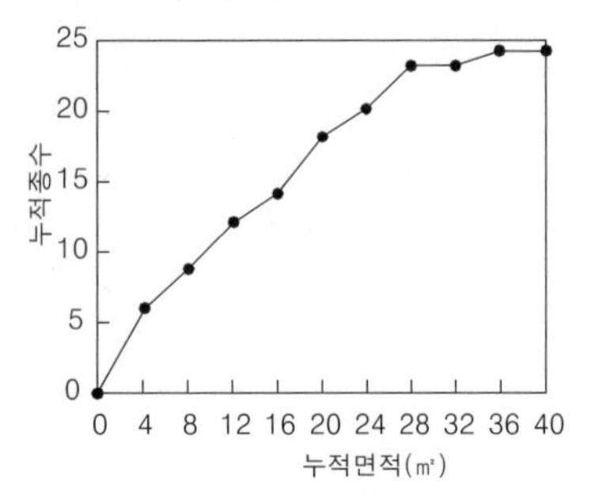


누적 종수를 누적 면적에 대하여 표시하면 종–면적 곡선이 그려진다.

[ 종–면적곡선 ]

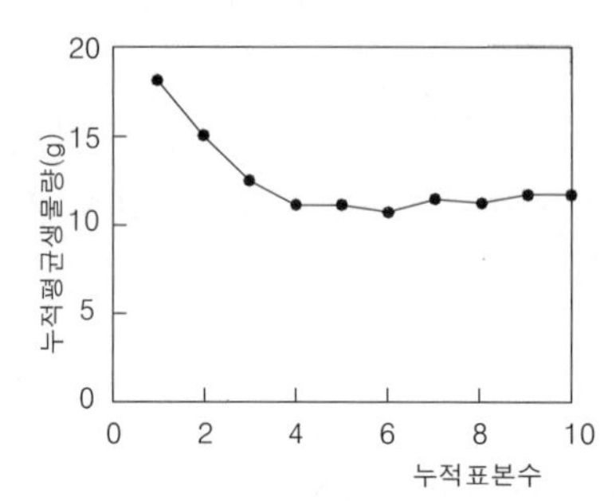


누적 표본수에 대한 누적 평균생물량으로 표시하면 성취도곡선이 그려진다.

[ 성취도 곡선 ]

### (3) 하위 표본추출(계층 표본추출, subsampling)

① 야외에서 얻은 표본 중 일부(하위표본)를 무작위로 추출하여 다시 조사
② 하위표본추출도 표본추출과 똑같이 표본에서 무작위 추출
③ 모집단을 동질적인 하위집단으로 나누고 그 하위집단에서 무작위 추출
④ 조사 대상지역의 환경조건이 뚜렷하게 이질적인 경우 유용
⑤ 표본추출의 문제는 계층에 의해 크게 상이하기 때문에 계층화 시도
⑥ 평균과 신뢰한계 추정치를 계층별로 구할 필요가 있을 경우 적용
⑦ 모집단의 모수를 보다 정밀하게 추정하여 통계량의 신뢰한계 좁힘
⑧ 가장 엄밀하고 정확한 방법

## 3. 조사빈도

### (1) 계절별 조사

#### 1) 식물조사

① 수생식물은 여름 장마 이전 활발하게 성장, 9월 이후 종 확인 곤란
② 육상식물상은 여름 이전 조사가 가장 중요
③ 일반적 식물조사 –봄, 여름, 가을 연 3회 기본
㉠ 제1회 조사 : 4월에서 5월 중순 봄식물 조사
㉡ 제2회 조사 : 6월 장마 전에 늦봄 및 초여름식물 조사
㉢ 제3회 조사 : 8월에서 9월에 여름 및 가을식물 조사

#### 2) 조류(새)

① 봄, 여름, 가을, 겨울 연 4회 조사
② 텃새와 철새 등으로 나뉘어 계절에 따른 출현 특성 상이

**◘ 조사빈도**

각 생물군별로 지역별, 계절별 특성이 다르며 먹이 섭식패턴이 상이하기 때문에 적정한 횟수와 시기는 전체 생태계의 이해와 복원에 대한 중요한 단서를 제공한다. 생태조사는 자주, 많이 할수록 좋으나 일반적으로 조류는 계절별로 연 4회 혹은 월 1회 정도가 적당하다.

**◘ 조사빈도의 고려요인**

① 조사대상 종 출현시기
② 조사예산
③ 조사방법

③ 번식시기 또는 철새의 이동시기를 고려하여 추가로 조사

3) 곤충

① 봄, 여름, 가을, 겨울 연 4회 실시

② 4~10월 중 계절별로 3회 실시, 겨울은 필요에 따라 실시

4) 양서·파충류

① 봄, 여름, 가을 연 3회 실시

② 종에 따라 산란시기를 고려하여 조사시기 결정

(2) 산란시기, 개화시기별 조사

① 동물 : 4~6월 산란기·짝짓기 기간, 성체 출현 최고조 시 –관찰 용이

② 곤충류 : 봄·여름 우화 후 –가을 이후 알과 유충 상태로 관찰 곤란

③ 생태특성 파악 후 생태특성에 따라 조사시기 결정

## 2 식물군집 조사

### 1. Braun–Blanquet법

(1) 개요

① 식생을 묘사하고 분류하기 위하여 식물군집을 조사하는 방법

② 조사구 범위에 나타나는 식물의 양적 평가로 완전한 목록 작성

③ 식생의 전반적인 변화는 거의 연속적이지만, 군락단위(nodum)가 매우 불연속이라는 것을 전제로 하는 방법

④ 식생 내 동일한 지점에서 나타나는 모든 종을 기록하고 각 종의 피복정도를 평가하는 데 집중

(2) 야외조사

1) 식생조사의 기구

① 기본적 기구 : 줄자(50m 이상, 2~5m), 카메라

② 입지 지형 측정기구 : 고도계, 경사계, 조도계, 건습도계

③ 군락 또는 식물 측정기구 : 쌍안경, 측고기, DBH메터, 식물 채집용 기구 한 벌

④ 조사용지와 필기도구

2) 표본구 크기

① 최소면적

㉠ 군락이 성립하여 유지하기에 필요한 최소면적은 식물사회학적인 의미로 최소면적이자 표본구의 일차 목표

◘ 브라운 블랑케법

식물집단과 생활사를 조사하는 것으로 전체 군집의 일부분을 조사하여 대표성을 나타내는 샘플을 정하는 방법으로 '릴르베 방법(releve method)', 'ZM(Zurich Montpellier) 학파의 방법'으로도 지칭한다. 식물군집의 개념에 대한 불연속설(유기체설)에 따라 군집을 분류하는 방법이다. 식생연구 조사체계의 기본적 접근법으로 측구법과 혼용하여 사용하며, 식물사회상적 군집분류 과정에 기초한다.

◘ 현지조사과정

조사목적을 정립하고 조사지를 선정한 후 해당지역에 대한 문헌조사 및 검토, 항공사진, 지도, 사진 등을 준비하고, 서식지에 대한 예비적 내용을 기재하는 등의 준비가 필요하다.

㉡ 둥지방형구를 이용하여 면적을 확대하면서 '종-면적 곡선' 이용

㉢ 조사구 모양은 최소면적이 일정하면 정방형이든 장방형이든 '종-면적 곡선'에는 영향 없음

② 종-면적 곡선(species-area curve)

㉠ 조사면적에 따른 종수를 나타낸 그래프인 '종-면적 곡선'은 가로축에 조사면적, 세로축에 발견종수 기록

㉡ 좁은 면적에서 곡선이 급히 상승하고 면적이 넓어짐에 따라 완만하게 굽고 더 넓어지면 수평

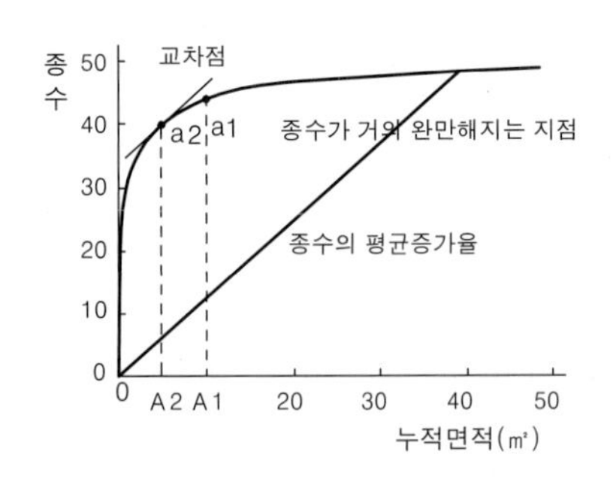


[ 종-면적곡선 ]

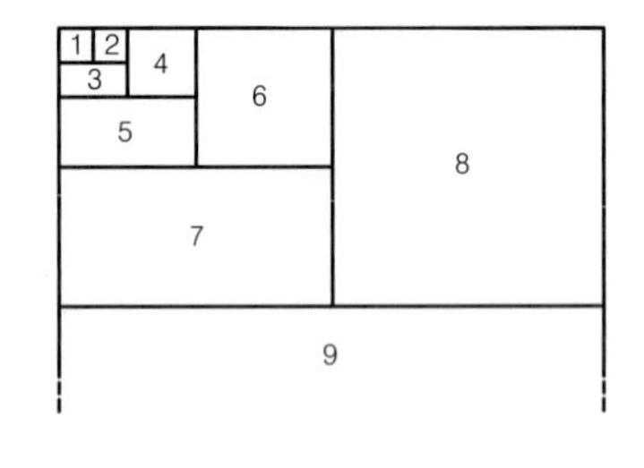


[ 둥지방형구 ]

3) 피도(coverage)

① 군락 내에서 우열의 비율을 나타내는 우점도와 동일하게 사용

② 식생 전체의 식피율과 계층별 식피율을 백분율로 조사

③ 피도(우점도) 계급 : 식생이 지표면을 덮는 면적의 정도를 백분율과 외관으로 나타난 특징을 기준으로 7개로 구분한 것

피도계급(cover class) 판정 기준〈Braun-Blanquet〉

| 피도계급 | 판정기준 |
|---|---|
| 5 | 표본구 면적의 75~100%(3/4~1)를 차지하는 종 |
| 4 | 표본구 면적의 50~75%(1/2~3/4)를 차지하는 종 |
| 3 | 표본구 면적의 25~50%(1/4~1/2)를 차지하는 종 |
| 2 | 표본구 면적의 5~25%(1/20~1/4)를 차지하는 종 |
| 1 | 표본구 면적의 5% 이하로 개체수가 많으나 피도가 낮은 종 |
| + | 피도가 낮고 산재되어 나타나는 종(피도 1% 정도) |
| γ | 우연히 또는 고립하여 나타나는 종(피도는 극히 낮음) |

4) 군도(Sociability)

① 정성적(定性的)인 군락측도의 하나로 개개의 종이 흩어져 살거나 모여서 사는 등의 집합의 상태를 나타내는 것

② 조사구 내에 있는 개별식물의 배분상태를 5계급으로 구분

**◘ 표본구(조사구) 설정**

먼저 넓은 지역을 두루 답사하여 군집의 유형을 구별하고, 다음에 비슷한 생육지와 상관이 되풀이 하여 나타나는 균질한 식분(stand) 중에서 그 지역을 대표하는 것을 주관적으로 선정한다.

**◘ 식물군집의 최소면적(온대림)**

- 교목림 : 200~500㎡
- 관목림 : 50~200㎡
- 건생초지 : 50~100㎡
- 습생초지 : 5~10㎡
- 선태류, 지의류 : 0.1~4㎡

**◘ Ellenberg의 조사면적 예시**

- 지의군락 : 0.1~1㎡
- 선태군락 : 1~4㎡
- 경지 잡초군락 : 25~100㎡
- 방목지 초원 : 5~10㎡
- 벌초지 초원 : 10~25㎡
- 건생초원 : 50~100㎡
- 삼림군락 : 200~500㎡

**◘ 종조성**

Braun-Blanquet법(ZM 학파)의 식물 군락분류에서 가장 근간이 되는 요소로 식생자료 중 종조성의 기록이 핵심이 된다. 종조성의 목록 작성, 구성종의 우점도와 군도, 활력도, 착화결실의 유무 등 순서에 따라 이루어지며, 측정자와 기록자가 2인 1조가 되면 능률적이다.

군도계급 판정 기준

| 군도계급 | 판정기준 |
|---|---|
| 5 | 방형구 내에서(혹은 조사면적에서) 전체적으로 퍼져있어 카페트처럼 말려있는 형태(피도 80~100% 정도) –대군 |
| 4 | 조사면적 내에 조사하고 있는 한 종이 가득 차있는 형태가 아니며, 드문드문 비어있는 형태로 마치 카페트에 구멍이 난 것처럼 한 종이 없는 면적 출현 |
| 3 | 조사면적 내에서 한 종이 몇 군데에서 나타나며, 그 면적이 군도 4보다 적음(피도 30~40% 정도) –반상(소반·쿠션) |
| 2 | 조사면적 내에서 드문드문 나타남 –군상·주상 |
| 1 | 조사면적 내에서 우연히 출현하며, 고립해서 존재 –단독 |

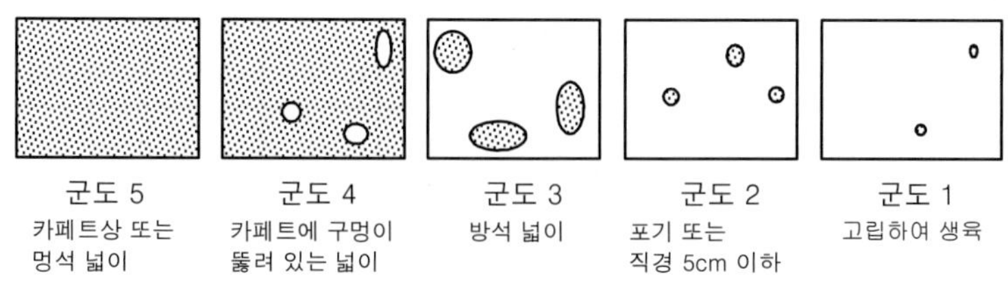


[ 군도계급 ]

## 2. 측구법(방형구법, plot sampling method)

### (1) 개념

① 개체군이나 군집의 종조성과 구조를 정량적으로 조사하는 표본추출법
② 육상식물의 표본추출에 가장 많이 이용 –각 생물군의 서식처에 따른 특성을 상세히 비교 가능
③ 수중저서생물인 고착성 동물, 이동속도가 느린 동물 표본 추출에도 이용
④ 개체군이나 군집의 정확한 정보를 얻기 위해 여러 개의 방형구를 반복 측정
⑤ 측구법의 정확성을 높이기 위해서는 반드시 무작위 추출
⑥ 측구법이 적용된 조사지점은 반드시 정확한 대표성 확보
⑦ 하천 또는 습지의 가장자리와 같이 환경구배가 잘 나타나는 곳의 식물 군집 조사에는 부적절

### (2) 방형구의 모양

① 조사는 정확도(accuracy)와 정밀성(precision)을 갖는 것이 중요
② 방형구의 가장자리가 늘어날수록 정밀성이, 줄어들수록 정확도가 큼
③ 측구(plot)는 정방형이나 장방형일수도 있으며 경우에 따라 원형도 가능
④ 연못의 저서생물 표본추출에는 원형방형구를 흔히 사용

**측구법(방형구법)**

일정면적의 조사구를 설정하여 그 지역 내의 모든 동물 혹은 식물의 전수를 확인하는 방법으로 매우 정확한 결과치를 제공한다. 정방형을 기본으로 하는 작은 방형구를 이용하여 조사하므로 방형구법(quadrat method)이라고도 한다.

### (3) 방형구의 크기

① 일반적으로 가장 커다란 종의 평균적인 수관면적(canopy)의 약 2배
② 우점종의 높이를 한 변으로 하는 정방형 방형구의 넓이
③ 모든 방형구에 한 종 또는 두 종의 식물이 포함되도록 정하거나, 가장 일반적인 종이 80% 이상 나타나도록 설정
④ 사막의 관목림인 경우 조사자 1인의 크기(한 변 약 2m 정도)를 정하고, 두세 사람의 경우 두 배 정도가 적당
⑤ 최소면적은 둥지방형구(nested quadrat)를 이용하여 면적을 확대하면서 조사한 '종-면적곡선'으로 결정 가능
⑥ 층구조가 복잡한 산림구조에서는 층에 따라 방형구의 넓이 조절 가능

### (4) 방형구수와 배치

① 방형구수를 늘려가면서 더 이상 피도의 변화가 없을 때까지의 수 사용
② 피도의 변화가 5% 이하일 때 변화가 없는 것으로 결정
③ 설치 위치는 격자법, 계통추출법, 표준무작위추출법으로 결정

### (5) 군락측도

1) 피도(coverage ; C)

$$C_i(i\text{종의 피도}) = \frac{a_i(i\text{종의 투영면적})}{A(\text{총 조사면적})} \times 100(\%)$$

① 방형구 면적에 대한 캐노피 밑에 있는 면적의 백분율(%)
② 겹치는 부분이 있으면 한 번만 산입
③ 작은 식물의 경우 겹쳐진 부분이 있으면 별도로 피도 산정
④ 어떤 식생에서는 겹치는 캐노피로 총 피도가 100%를 넘기도 하나 그래도 맨땅이 존재 -맨땅 100%에서 식물의 총 피도를 뺀 값과 불일치

2) 밀도(절대밀도, density ; D)

$$D_i(i\text{종의 밀도}) = \frac{n_i(i\text{종의 개체수})}{A(\text{총 조사면적})}$$

① 밀도 : 단위면적 또는 단위부피(공간) 내의 개체수
㉠ 방형구 내에 뿌리내린 식물의 수 산정
㉡ 그루터기나 지하경으로 영양번식하는 경우 줄기 또는 경엽부의 수 산정
② 수도(abundance ; N) : 일정면적 위에 나타나는 개체수

**◘ 피도**
생육지 면적에 대한 어떤 식물종의 지상부의 가장자리를 밑으로 투영하여 지면을 덮는 면적의 백분율(%)로서, 어떤 종이 덮는 지표면의 면적을 전체 생육지 면적으로 나눈 값이다. 피도는 계급별로 측정하는데, 동일계층 내에서 동일종의 중첩은 한 층으로 측정하고 이종의 중첩은 따로따로 측정한다.

**◘ 상대피도(RCi)**
군집 내 모든 식물의 총 피도에 대한 한 종의 피도를 백분율로 나타낸 것으로 총 상대피도는 100%이다.

**◘ 상대밀도(RDi)**
군집 내 모든 식물의 총 밀도에 대한 한 종의 밀도를 백분율로 나타낸 것이다.

㉠ 추정적 개체수를 의미하며 5계급으로 표시

㉡ 어떤 종이 출현한 표본(방형구)만큼에 있어서의 평균개체수 −다음의 식에서 표본면적 제외

$$N_i(i\text{종의 수도}) = \frac{n_i(i\text{종의 개체수})}{J_i(i\text{종이 출현한 표본수}) \times \text{표본면적}}$$

**❖ 밀도지수(index of density ; ID)**

밀도지수(ID)는 단위면적이나 단위체적당 개체수인 절대밀도와 달리 '서식지당 개체수'나 '채집활동 행위당 개체수' 곧 개체군의 강도(population intensity)로 나타낸다.

① 서식지당 개체수 예

㉠ 잎당의 딱정벌레 개체수

㉡ 숙주생물당 기생충 개체수

② 채집활동 행위당 개체수 예

㉠ 한 번 휩쓴 포충망 당 메뚜기 개체수

㉡ 시간당 잡은 물고기 개체수

㉢ 걸어온 거리 km당 발견되는 까치 개체수

㉣ 하룻밤당 덫당 잡힌 쥐 개체수

**◘ 생태밀도**

조사한 서식지의 모든 공간이 어떤 종의 서식에 적합한 것이 아니므로 실제 서식지 면적당 개체수로 나타내어 생태학적 의미를 적용한 것이다.

**◘ 밀도지수**

동물은 식물에 비하여 운동성이 강하기 때문에 표본추출에서 절대밀도를 정확히 측정하기는 어렵거나 불가능하다. 그러나 밀도지수(ID)를 계산하여 같은 크기의 면적에 개체수가 다른 정도를 표시하는 등과 같이 비교의 목적으로 이용할 수 있다.

### 3) 빈도(frequency ; F)

$$F_i(i\text{종의 빈도}) = \frac{J_i(i\text{종이 출현한 표본수})}{P_t(\text{추출한 총 표본수})} \times 100(\%)$$

① 전체 표본(방형구)수에 대한 어떤 종이 출현한 표본수의 백분율

② 뿌리내린 개체가 한 개라도 있으면 포함시켜 표시하며, 뿌리내리지 않고 존재하기만 해도 산입

③ 개체가 고르게 흩어져 있는지, 모여 있는지의 분포유형 검정에 이용 가능

**◘ 상대빈도(RFi)**

군집 내 모든 식물의 총 빈도에 대한 한 종의 빈도를 백분율로 나타낸 것이다.

**◘ 수도, 빈도, 밀도의 관계**

$$\text{수도}(N_i) = \frac{\text{밀도}(D_i)}{\text{빈도}(F_i)} \times 100$$

### 4) 중요치(중요도, importance value ; IV)

$$IV_i(i\text{종의 중요도}) = RC_i + RD_i + RF_i$$

여기서, $RC_i$ : $i$종의 상대피도

$RD_i$ : $i$종의 상대밀도

$RF_i$ : $i$종의 상대빈도

① 전체 군집에 대한 한 종의 상대적인 기여도로서 상대피도, 상대밀도, 상대빈도의 합

② 특정 종의 중요치는 군집 내에서 그 종의 중요성 또는 영향력을 나타내는 총체적 척도
③ 중요도가 가장 큰 종이 그 군집의 우점종임
④ 중요치가 큰 종이 반드시 생물량도 큰 것은 아님
⑤ 군집 내의 어떤 종의 중요도는 0~3.0(0~300%) 사이의 값을 지님
⑥ 야외의 사정에 따라 두 가지 혹은 네 가지 요인으로부터 산출 가능 -요인이 많을수록 중요치의 객관성 증가

## 3. 대상법 및 선차단법

### (1) 띠대상법(belt transect)

① 두 줄 사이의 폭을 일정하게 유지하고, 기다란 띠 안의 생물 조사
② 띠(belt)는 모든 개체의 수를 세고 그 양을 잴 수 있는 좁고 긴 땅의 조사지
③ 표본은 너비와 길이를 가진 측구법으로 취급하여 계산과정 이용
④ 생육지의 환경구배를 따라 양편에 말뚝을 박고 일정한 폭을 유지하며 긴 줄 설치
⑤ 키가 낮은 초지나 관목림 조사에는 편의상 한 줄만 늘인 다음 조사자가 1~2m 길이의 장대를 가지고 줄 위를 걸으며 한편 또는 양편에 장대를 대어 띠의 폭 결정
⑥ 연속적인 환경구배에 따른 생물의 반응을 조사하는데 이용
⑦ 생태적 천이의 단계나 추이대(ecotone)의 군락변화 연구에 적합
⑧ 방형구법에 비하여 시간과 노력 절감

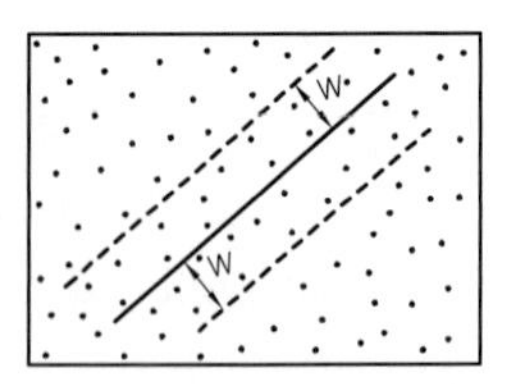

[ 띠대상법 ]

### (2) 선차단법(line intercept)

① 군락을 횡단하여 한 줄을 직선으로 늘이고 그 선에 접하는 식물 조사
② 선의 길이를 단위로 하여 밀도와 상대밀도를 측정③ 피도는 차단길이 또는 차단거리로 측정
③ 개체 사이의 구분이 어려워 정확한 절대밀도의 측정이 어려운 초지군집 조사에 널리 이용
④ 연속적인 환경구배에 따른 생물의 반응이나 전이지역에서의 군집조사에 효율적 이용
⑤ 방형구법에 비하여 시간과 노력 절감

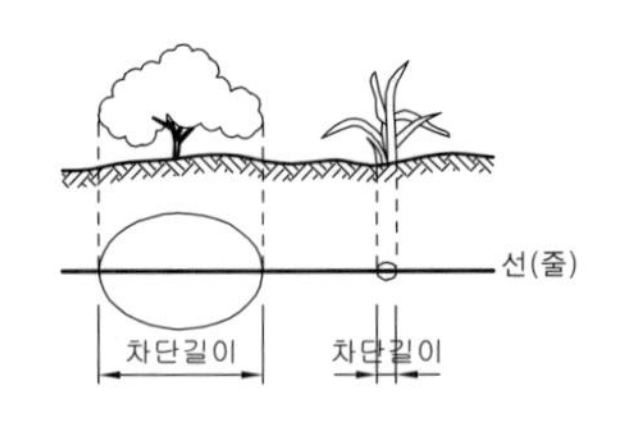

[ 선차단법 ]

**◘ 선차단법 특성**

선차단법으로 표본을 추출하여 얻은 확률은 식물의 크기에 따라 다르게 나타난다. 즉, 몸집이 큰 식물은 작은 것보다 더 자주 출현한다. 공간분포의 유형은 빈도값에 영향을 미친다.

### (3) 자료의 정리와 계산

하나하나의 줄 간격을 각각의 방형구로 간주하여 방형구법 적용

$$IC_i(i\text{종의 선형피도}) = \frac{I_i(i\text{종의 차단길이의 합})}{L(\text{줄의 총 길이})} \times 100(\%)$$

$$ID_i(i\text{종의 선형밀도}) = \frac{N_i(i\text{종의 총 개체수})}{L(\text{줄의 총 길이})}$$

$$F_i(i\text{종의 빈도}) = \frac{J_i(i\text{종이 출현하는 간격수의 합})}{K(\text{총 간격수, 표집점수의 합})} \times 100(\%)$$

$$IV_i(i\text{종의 중요도}) = RC_i + RD_i + RF_i$$

여기서, $RC_i$ : $i$종의 상대피도

$RD_i$ : $i$종의 상대밀도

$RF_i$ : $i$종의 상대빈도

## 4. 거리법(간격법, distance method)

① 임의의 표준점과 한 식물 개체 사이의 거리 또는 한 개체와 다른 개체 사이의 거리, 식물명과 기저면적 기록

② 표준점은 전 군집에 걸쳐 정하거나 가상적인 선에 따라 무작위로 설정

③ 자료를 가지고 경험적 또는 수정계수를 이용하여 밀도나 피도 계산

④ 모든 종에 대한 총 거리를 합한 다음 평균거리 산출

### (1) 사분각법(point quarter method)

① 표준점으로부터 사분각 내의 한 개체씩 이름, 거리 및 기저면적(흉고직경) 기록

② 모든 종의 개체수=포인트수×4

③ 1ha(10,000㎡)당 총 밀도 $TD = \dfrac{10{,}000}{(\text{평균거리})^2}$

### (2) 최단거리법(nearest individual method)

① 표준점으로부터 선의 좌우나 식물의 종류에 관계없이 가장 가까운 한 개체만을 기록

② 1ha(10,000㎡)당 총 밀도 $TD = \dfrac{10{,}000}{2(\text{평균거리})^2}$

◘ 거리법

거리법은 방형구법이 많은 노력과 시간이 소요되고 방형구의 넓이, 모양 및 수에 따라 결과가 달라지는 점을 보완하고, 정확성을 높이는 군집조사방법이다. 무작위 분포하는 식물군집이나 정착성 동물군집에서 소수의 개체를 조사하여 정확한 결과를 얻을 수 있으나, 밀집되거나 균등분포를 하는 개체군에서는 이용하지 못한다.

◘ 거리법 피도 계산

$$C_i = \frac{a_i \times D_i}{n_i}$$

여기서,

$C_i$ : $i$종의 피도

$a_i$ : $i$종이 덮는 면적

$D_i$ : $i$종의 밀도

$n_i$ : $i$종의 개체수

### (3) 인접개체법(nearest neighbor method)

① 표준점으로부터 선의 좌우나 식물의 종류에 관계없이 가장 가까운 한 식물을 정하고, 이 식물로부터 다시 최단거리에 위치한 식물 기록

② 1ha(10,000㎡)당 총 밀도 $TD = \frac{10,000}{1.67(\text{평균거리})^2}$

### (4) 제외각법(random pair method)

① 표준점에 가장 가까이에 있는 개체를 정하고, 그 나무로부터 기준선을 넘어 가장 가까이 있는 나무를 선정 후 두 번째 식물 기록

② 1ha(10,000㎡)당 총 밀도 $TD = \frac{10,000}{0.8(\text{평균거리})^2}$

## 5. 플랑크톤 조사

### (1) 플랑크톤(plankton)

① 스스로 헤엄칠 수 있거나 없어도 부유생활하며 수동적 이동

② 식물플랑크톤은 광합성으로 수중의 생산자 역할 –남조류, 규조류 녹조류, 편모조류 등

③ 식물플랑크톤의 서식 결정 요인 : 질소화합물·인화합물 등의 무기양분, 염분도, 온도, 물의 흐름, 빛의 파장과 세기, 수심 등

④ 식물플랑크톤은 중성포르말린으로 최종농도가 0.4%가 되게 고정

⑤ 동물플랑크톤은 중성포르말린으로 최종농도가가 4~10%가 되게 고정

**□ 플랑크톤(plankton)**

플랑크톤은 물에 떠서 사는 작은 부유생물로 크게 동물플랑크톤과 식물플랑크톤으로 구분하고, 서식 수역에 따라 해양플랑크톤, 호소플랑크톤, 염수플랑크톤, 기수플랑크톤, 담수플랑크톤으로 나뉜다. 또한 크기에 따라서도 구분하는 등 생태적·형태적 구분에 의한 많은 이름이 있다.

플랑크톤의 크기에 따른 분류

| 분류군 | 직경 | 예 |
|---|---|---|
| 소형넥톤(micronekton) | 20~200㎜ | 새우류 |
| 대형플랑크톤(macroplankton) | 2~20㎜ | |
| 중형플랑크톤(mesoplankton) | 0.2~2㎜ | |
| 소형플랑크톤(microplankton) | 20~200㎛ | 대형식물플랑크톤, 섬모충류, 윤충류 |
| 미소플랑크톤(nanoplankton) | 2~20㎛ | 소형식물플랑크톤, 소형편모충류 |
| 초미소플랑크톤(utrananoplankton) | 〈2㎛ | 박테리아, 초미소조류, 초미소편모충류 |

### (2) 식물플랑크톤(phytoplankton)

#### 1) 채집

① 채수기 : 반돈(Van Dorn) 채수기(수심이 깊은 강이나 호수), 난센채수기 사용

② 플랑크톤 그물 : 일반적 그물코(망목) 50~60㎛
  ㉠ 그물코보다 작은 플랑크톤은 그물을 빠져나가므로 정성용 채집 불가
  ㉡ 담수에서는 단세포 소형 조류가 우점하는 경우가 많으나 이들은 빠져나가고 군체 또는 사상체 대형 조류가 주로 채집

③ 일시보관 : 최종농도가 0.5~2%인 중성포르말린(20g sodium borate+1L 37% formalin) 용액, 혹은 0.3% Lugol 용액으로 고정

④ 장기간 보관 : 1,000mL의 표본에 0.3% Lugol 용액 1.0mL를 더하고, 중성포르말린으로 최종농도가 2.5%가 되도록 고정

⑤ 짙은 포르말린은 세포를 변형시킬 수 있으므로 적합한 농도로 고정

**❖ 용액의 조제**

① 중성포르말린
  [ 20g sodium borate+1L 37% formalin ]
  ·sodium borate : 붕산나트륨(소듐브레이트), $Na_2B_4O_7$
  ·formalin : 포름알데히드($CH_2O$)의 수용액

② Lugol 용액 조제
  [ 200mL **증류수**+Potassium iodide 20g+iodine 10g+**빙초산** 20mL ]
  ·potassium iodide : 요오드화 칼륨(아이오딘화 칼륨), KI
  ·iodine : 요오드(아이오딘), $I_2$

### 2) 플랑크톤 동정

① 농축된 표본을 현미경 하에서 400배 또는 1,000배로 관찰

② 규조는 세포 골격이 규산질로 되어 있어 그 형태가 동정의 열쇠가 되므로 영구표본 제작

### 3) 플랑크톤 관찰 및 계수

① Sedgwick-Rafter 플랑크톤 계실, Palmer-Maloney 플랑크톤 계실을 사용하여 관찰

② 부피당 플랑크톤 수 계수 또는 Hemacytometer 사용 가능

### 4) 생물량 측정

① 편의상 세포수, 세포면적, 세포부피, 탄소량, 광합성 색소량, APT량 등으로 표현

② 식물 플랑크톤은 세포수를 기준으로 생물량을 나타낼 경우 진정한 생물량보다 대형세포는 과소평가되고, 소형세포는 과대평가됨

**◘ 플랑크톤 군집조사 순서**

반돈(Van Dorn)채수기→루골(Lugol)용액→농축용 1000mL 메스실린더→플랑크톤 계실

## 3 동물군집 조사

### 1. 동물군집조사

(1) 표지법(포획–재포획법, capture–recapture method)

① 포유동물, 곤충, 물고기, 새 등과 같이 이동성이 큰 동물개체군 조사
② 개체군의 밀도, 출생률 및 사망률의 장기적 모니터링에 적합

$$\frac{\text{제1표본의 개체수}(M)}{\text{개체군의 총개체수}(N)} = \frac{\text{제2표본 중의 표지된 개체수}(r)}{\text{제2표본의 개체수}(n)}$$

$$\therefore \text{총 개체수 } N = \frac{n}{r} \times M$$

❖ 표지법 예

한 연못에서 142마리의 물고기(제1표본)를 잡아서 지느러미 일부를 잘라 표지를 하고 방사한 후 1개월 뒤 119마리의 물고기(제2표본)를 잡아 보니 지느러미가 절단된 개체수가 34마리 였다면 이 연못에 살고 있는 물고기의 개체수를 구하시오.

해) 총 개체수 $N = \frac{n}{r} \times M = \frac{119}{34} \times 142 = 497$(마리)

(2) 제거법

① 개체수를 정확히 산정하기 어려운 개체수 크기 추정
② 한 번에 대부분의 표본이 추출될 만큼 작은 개체군에 적합 –물달팽이
③ 한 표본당의 개체수를 Y축에, 누적 개체수를 X축에 표시하여 회귀직선이 X축과 만나는 곳으로 추측
④ 표본당 개체수가 직선식에 따른다고 가정할 경우의 산출식

추정개체수($N$)

$$N = \frac{C_n}{p} + S_{n-1}, \quad p = (1 - \frac{C_n}{C_{n-1}}) \quad \text{또는} \quad N = \frac{(C_{n-1})^2}{C_{n-1} - C_n} + S_{n-1}$$

여기서, $C_n$ : $n$번째 포획한 개체수
$C_{n-1}$ : $n-1$번째 포획한 개체수
$S_{n-1}$ : $n-1$번째의 포획한 누적개체수
$p$ : 단위시간당 포획률

❖ 제거법 예

연못에서 제거법으로 어류를 조사한 1차시기에 60마리, 2차시기에 57마리를 포획하여 제거하였을 때 어류의 추정개체수와 연못에 남아있는 개체수를 구하시오(단, 포획된 어류의 수는 직선식에 따른다고 가정한다).

① 추정개체수 $N = \frac{(C_{n-1})^2}{C_{n-1} - C_n} + S_{n-1} = \frac{60^2}{60-57} + 0 = 1,200$(마리)

② 연못에 남아있는 개체수=1,200−(60+57)=1,083(마리)

## 2. 육상 무척추동물

### (1) 토양의 대형무척추동물 조사

① 토양의 대형무척추동물은 몸집이 작고 밀도가 높으므로 추출면적 0.1~0.2㎡ 측구 설정

② 땅 속 10㎝ 깊이까지의 토양, 낙엽, 식물의 뿌리 등 모두 채집

③ 토양 동물상을 완전히 조사하려면 토양과 낙엽을 25% 소금물 또는 45~50℃의 물에 담그고 천천히 저어서 수면에 떠오르는 동물 채집

④ 곤충을 포함한 대부분의 절지동물의 성충, 알, 애벌레, 번데기 추출

⑤ 따뜻한 소금물은 언 땅에서 채집한 토양표본에 특히 효과적

### (2) 토양의 소형무척추동물

**1) 베어만 깔대기(baermann funnel)**

① 토양이나 식물체에 사는 선충류 추출

② 선충류가 물보다 비중이 큰 현상을 이용하여 분리 −1~2시간 소요

**2) 벌리스−툴그렌 깔대기(Berlese−Tullgren funnel)**

① 토양의 소형무척추동물 추출

② 백열전구의 빛과 열 및 건조의 자극을 받아 아래쪽에 있는 70% 에탄올, 4% 포르말린 또는 물이 담긴 그릇으로 낙하

**3) 판자조각(drop−board) 및 흡인병 이용**

① 땅 속에 숨어사는 은폐동물 추출

② 면적 0.1㎡의 얇은 판자조각을 땅바닥에 배치하여 어둡고 서늘하며, 습기가 있는 미소서식지를 좋아하는 은폐동물 추출

③ 은폐동물은 대개 빛을 싫어하므로 판자에서 흡인병으로 재빨리 포획

**□ 토양표본**

소형무척추동물을 정량적으로 조사하기 위해서는 먼저 숲속의 토양 위에 일정한 면적을 표시하고, 모종삽이나 토양 코어(soil core)로 일정한 깊이까지 토양과 낙엽을 파내어 비닐주머니에 담아 밀봉한 다음 실험실로 가져온다.

### (3) 지상의 무척추동물

**1) 등화채집(light trap)**

① 야간에 활동하거나 주광성 곤충(나방류) 채집에 필수적인 방법

② 숲이 우거진 능선이나 계류가 낀 다소 높고 트인 언덕에 설치

③ 베르레제 집충기(berless funnel) : 토양성·부엽성 곤충 채집
④ 멜레이즈 그물덫(malaise trap) : 날아다니는 곤충 채집

**2) 함정채집(pitfall trap)**

① 함정을 파서 딱정벌레, 먼지벌레 등 지면 배회성 곤충 채집
② 함석이나 플라스틱 컵을 이용하여 3~5개씩 인접시켜 매립
③ 뚜껑대신 나뭇잎으로 덮고 효율을 높이기 위해 먹이 이용

**3) 포충망을 이용하는 방법(sweeping)**

① 특별한 곤충을 보고 휘둘러서 채집 –큰 곤충 채집
② 식물 위에서 포충망을 휘둘러서 채집 –짧은 시간에 여러 종류를 많이 쉽게 채집

**4) 털어잡기망을 이용하는 방법(beating)**

① 삼림에 사는 무척추동물에 이용
② 풀잎, 나뭇잎이나 수목에 기생하는 곤충 채집 시 망을 밑에 받쳐놓고 기주식물을 두들기거나 충격을 가해 채집

**5) 기타 방법**

① 먹이를 이용하는 방법 : 흑설탕, 과일즙, 알콜 등을 나무에 발라 유인
② 식육성·부식성 곤충 : 닭내장, 생선토막 등을 넣어 지면과 같게 묻어 채집
③ 페로몬 장치 : 자웅성별에 따라 유인
④ 쟁반모양의 용기에 노란 페인트로 칠하고 고정액을 1/2 정도 채워 설치

**(4) 저서생물 포획조사**

① 수심 50㎝ 이하 담수역에서는 서버넷(Surber net, 25×25㎝, 망목 5㎜ 정도), D형 채집망, 족대, 갈퀴 등 준비, 서버넷의 길이는 입구 지름의 2배 이상인 것 사용
② 유속이 느린 수역에서는 Grab, Scoop을 이용하여 가능한 한 수초가 풍부한 지점에서 채집
③ 수폭이 좁고 수심 50㎝ 이상인 강이나 호수에서는 자가 달린 Grab을 이용하여 하상을 끌어 채집
④ 수폭이 넓은 수체에서는 Ekman grab, Ronar dredge를 이용하여 채집
⑤ 저서동물은 70% 알콜이나 5% 포르말린 용액으로 고정
⑥ 저서성 대형무척추동물의 표본은 현지에서 Kahle's fluid(DW 59%, Ethyl alcohol 28%, formalin 11%, acetic acid 2%)로 고정하고 2일후 80% ethanol에 보관

**◘ 저서생물 특성**

담수생태계의 밑바닥에서 사는 저서동물은 수서곤충류, 빈모류, 거머리류, 연체동물 등으로 이루어져 있다. 저서동물은 저토의 특성에 따라 종류가 다르기 때문에 저토에 따라 채집방법이 달라야 한다.

**◘ 드렛지(dredge)**

저인망과 원리가 같고 크기만 작을 뿐이며, 50×100㎝ 크기의 철제 프레임에 망을 붙여 늘어뜨린 형태로서 배의 뒷전에 내리고 약 20분간 바닥을 끌면서 조하대 저서동물을 채집할 수 있다.

## 3. 포유류

**1) 포획조사**

① 함정포획조사(pitfall trap) : 식충류의 경우 덫을 지면에 묻고 추락한 동물 포획

② 쥐덫(snap trap) : 동물을 먹이로 유인한 후 압살 포획
③ 생포틀(live trap, sherman trap) : 설치류 포획에 주로 이용 –먹이로 유인하며 곰 등 대형동물에도 사용
④ 박쥐그물 : 가는 면실로 된 그물망 사용 –사전허가 필요

2) 직접관찰
① 정점조사 : 일정한 장소에서 관찰하는 방법으로 야생동물의 종류와 개체수, 환경 관찰 –잘 사용하지 않음
② 라이트센서스 : 야간조명을 이용하여 우제류와 야행성 동물의 망막에 반사된 빛으로 관찰
③ 항공조사 : 중대형류 등 관찰에 사용, 적설기 관찰에 용이

3) 흔적조사(Field sign)
① 야행성으로 직접관찰이 용이하지 않은 동물의 서식 유무 관찰
② 배설물, 둥지, 휴식처, 털, 발자국, 식흔, 위 내용물 등 관찰
③ 모래트랙법(sand track) : 모래판을 설치하여 이동하는 포유류의 족적을 조사하여 대상포유류의 종류 및 상대밀도 파악

4) 청문조사
① 현지 주민과 수렵인, 영농인, 약초채취꾼 등에 사진을 제시하여 확인
② 연령, 학력, 이해관계에 따른 편차 및 왜곡 발생

**◘ 포획조사**
포유류의 채집도구로서는 엽총, 덫, 그물 같은 것이 사용되는데, 대형·중형의 포유동물은 엽총과 덫을 사용하고, 소형의 포유동물은 주로 쥐덫을 사용하며, 박쥐류는 새그물을 사용한다.

**◘ 우제류(偶蹄類)**
척추동물 포유강 소목에 속하는 유제류 중에서 발굽이 짝수인 소, 양, 돼지 등의 동물군을 말한다.

## 4. 양서류·파충류

1) 포획조사
① 무미목(개구리류)
㉠ 조사지역 주변 좌우 10m 간격으로 이동중인 개체 채집
㉡ 바위틈, 하천, 수로 계곡, 저습지 주변의 초지에서 포충망 이용
② 유미목(도롱뇽류)
㉠ 물이 고여 있는 작은 웅덩이에 산란한 알 확인
㉡ 물이 흐르는 하천 중 유속이 느린 곳을 찾아 유생 확인
㉢ 알이 확인되면 활엽수림의 음지쪽에 쓰러진 고목이나 바위틈에서 성체 확인
㉣ 야간에는 추락덫(pitfall trap) 이용
③ 파충류
㉠ 도마뱀(장지뱀)류 : 묵밭, 초지 주변, 하천변과 햇볕이 잘 드는 돌을 들추어 포충망으로 포획
㉡ 뱀류 : 저지대 임연부, 묵정밭 주변, 석축, 돌담, 돌밑 등에서 집게와 포충망으로 포획
㉢ 거북이류 ; 호수, 연못, 용수로, 하천 등 관찰

**◘ 양서류·파충류 조사 특성**
양서류는 수중이나 육상에서 동시에 서식하고, 활동시기가 종마다 다르기 때문에 대상에 따라 조사시기나 방법을 달리해야 한다. 또한 사는 장소가 다르기 때문에 단위면적당 밀도를 추정하기 어려우며, 서식하고 있는 총 개체수를 세거나 해당 종의 유무에 의한 정성조사를 한다.

㉣ 수중의 파충류는 포획이 곤란하므로 쌍안경으로 서식 유무만 파악

2) 간접확인법

① 무미목 울음소리(call) : 야간에 논, 밭, 수로 등에서 울음소리로 식별

② 파충류 흔적(slough) : 뱀이 탈피한 허물을 수거하여 종의 서식유무 확인

3) 청문조사 : 포유류와 동일

### 5. 조류

1) 포획조사

① 소형 솔새류나 이동시기 종의 확인을 위해 그물이나 총 이용

2) 직접관찰

① 정점조사(spot census)

㉠ 넓은 행동권을 가지는 맹금류 및 두루미류, 야행성 올빼미류 및 쏙독새 등의 개체수 파악에 적합

㉡ 조사구역 내에서 사방의 관찰이 용이한 지점 선정 −조사지역이 넓을 경우 일정 간격으로 몇 개의 조사정점 설정

㉢ 산등성이나, 해안에서 시행하며 서식유무 확인 및 사진촬영

② 선조사법(line census) : 일정한 속력(1.5~2km/hr)으로 걸으며 조사자의 양쪽(좌우 약 25~50m)에 나타난 조류 식별

3) 청문조사 : 포유류와 동일

**◘ 조사 횟수**

일반적으로 조류(鳥類)군집 조사방법인 세력권 도식법으로 조사 시 조사 횟수는 8~10회 정도 시행한다.

**◘ 조류의 번식단계**

결혼기→영소기→산란기→포란기→육추기→가족기

## 4 물질 생산량 조사

### 1. 육상군집 생물량 측정법

(1) 수확법(주로 초본류 생산량 측정)

① 방형구 크기는 측정값의 분산을 최소화 시키는 방향으로 결정

② 초지의 균질한 부분에 방형구를 놓고 지상 3cm 높이에서 경엽부를 모두 베어 비닐 주머니에 넣음

③ 경엽부를 베어낸 다음 지하 0.3m를 파내어 채취

④ 경엽부와 지하부 건중량을 합쳐 식물체의 건중량 도출

(2) 잎의 증가분 측정

① 리터 트랩의 설치 : 최소 10개 이상을 랜덤하게 설치

② 낙엽의 채취 : 숲의 순환과정에 따라 낙엽 채취 − 70℃ 오븐에서 48시간 건조 후 건중량 측정

**◘ 수확법**

일정 면적 내의 식물을 채취하여 생산량을 측정하는 방법으로 초본식물에 주로 적용하고 있으며, 경엽부를 베어낸 다음 건조시킨 중량으로 나타낸다. 생육기간 중 일정 시간 간격으로 건조중량을 측정하여 최고에 달한 생산량을 순생산량으로 간주한다. 초지와 관목지대에서의 지상부 생물량 추정에 가장 보편적이고 간단한 방법이다.

③ 이중표집기법 : 엽면적지수(LAI)의 변화로 잎의 생물량을 알 수 있고, 그것으로 숲에서의 잎생산량 추정 가능

**❖ 엽면적지수, 엽면적비와 비엽면적**

① 엽면적지수(LAI, leaf area index)
식물군락의 엽면적을 그 군락이 차지하는 지표면적을 나눈 값으로 군락의 생산성 등 생장해석에 이용된다.

② 엽면적비(LAR, leaf area ratio) [$cm^2$ leaf area/g DM]
개체 무게에 대한 엽면적의 비로서 한 식물체를 얼마나 넓은 엽면적이 생장·유지하는가 하는 척도이다.

③ 비엽면적(SLA, specific leaf area) [$cm^2$ leaf area/g DM]
개체당 엽면적은 햇빛의 강도에 따라 식물 스스로가 조절하므로 한 식물 개체 내에서도 양엽은 잎이 두껍고, 음엽은 얇다. 단위엽건중량당의 엽면적의 비를 비엽면적이라 하며, 이와 반대로 단위엽면적당의 엽건중량을 엽건조량지수(LMI, leaf dry matter index)라 한다.

### (3) 목질부 수확량 측정

#### 1) 상대생장법

① 나무의 흉고직경(D)과 높이(H)를 이용한 상대생장식에 대입하여 현존량 도출

② 나무의 흉고직경(D)과 높이(H)를 이용한 지수형 생장식으로 정보 도출

③ 상대생장률(RGR, relative growth rate)은 단위 시간 및 단위 면적당 건물량의 증가로 표현

#### 2) 경험식에 의한 추정(Whittaker and Marks)

· $TB = 0.5 \times BABH \times TH$

· $TNPP = 0.5 \times AWI \times TH$

여기서,

$TB$(Tree Biomass) : 나무 생물량

$TH$(Tree Height) : 나무높이

$BABH$(Basal Area at Breast Height) : 흉고높이 기저면적

$TNPP$(Tree Net Primary Production) : 목질부 순 1차생산량

$AWI$(Annual Wood Increment) : 연 목질 증가분

#### 3) 생육분석법

① 시간의 경과에 따라 생물이 지수함수적 생장을 한다는 원리 도입

② 순동화율(NAR, net assimilation rate)은 상대생장률에 엽면적의 개념이 더 추가된 것

**◘ 잎과 잔가지 측정**

숲에서 잎과 잔가지에 대한 생산성은 보통 바구니나 숲 하층부에서 이용할 수 있는 리터트랩을 사용하여 추정한다. 적어도 일년 이상의 시간동안 주어진 기간 내에 자상부 생산을 나타내는 낙엽량으로서 잔가지와 잎을 모으는 것이 목적이다.

**◘ 층별 예취법(stratified clip method)**

식물군락의 생산구조를 해명하기 위한 기법으로, 식물군집 내에서 광합성부(잎)와 비광합성부(엽병, 줄기, 가지, 생식기관)의 공간배치를 조사하는 방법이다. 층별 예취를 하여 광합성부와 비광합성부의 수직분포를 나타낸 생산구조도는 식물의 기관별 양과 공간배치 및 수관상태를 한눈에 보이므로 종간경쟁이나 계절적 천이의 연구에 이용된다.

③ 순동화율(NAR)과 상대생장률(RGR)을 고려하여 엽면적비(LAR)와 비엽면적(SLA) 산출

## 2. 수중생태계의 생산량 측정

### (1) 명병-암병법

① 수중의 플랑크톤이나 식물의 생산량·생물량 측정
② 측정법은 간단하나 용도가 많고, 정확하며, 광합성과 호흡 동시 측정
③ 시료병은 검사전 윈클러 시약으로 즉시 고정 후 용존산소량(DO) 측정
④ 부피 300㎖ 시료병(명병, 암병, 시발병)에 대한 용존산소량을 측정하여 관계식으로 산출
㉠ 명병 : 시료수를 채집한 투명한 병으로 채수 깊이에 2시간 방치 후 용존산소 측정
㉡ 암병 : 시료수를 채집한 병을 알루미늄호일로 싼 후 채수 깊이에 2시간 방치 후 용존산소 측정
㉢ 시발병 : 시료수를 채집한 병으로 즉시 용존산소 측정

생산량 산정

· 순광합성량=명병 용존산소량 – 시발병 용존산소량
· 호흡량=시발병 용존산소량–암병 용존산소량
· 총광합성량=명병 용존산소량–암병 용존산소량

⑤ 하루 동안의 광합성량은 매 시간마다 반복하여 실시
⑥ 수중생태계는 깊이, 식물플랑크톤 분포, 환경요인 등이 다르므로 깊이에 따른 조사 병행 실시
⑦ 현재는 윈클러법을 이용하지 않고 용존산소측정기로 직접 용존산소량을 측정하므로 한 번에 많은 수의 표본 처리 가능

### (2) 방사성 동위원소($^{14}C$)법

① 원양과 같은 생산성 낮은 수체에 유용
② 경비가 많이 드는 단점이 있으나 정확성 높은 장점 보유
③ 식물플랑크톤이 들어 있는 물 표본에 방사성 동위원소를 첨가한 후 광합성반응을 유발시켜 동화율 측정

식의 성립 전제

$$\frac{\text{무기탄소 동화량}(x)}{\text{물표본 속의 총 무기탄소량}} = \frac{{}^{14}C\text{의 동화량}}{\text{물표본에 첨가한 총 }{}^{14}C\text{량}}$$

④ 배양기간은 실험결과에 큰 영향을 미치므로 보통 2~4시간으로 제한
⑤ 광합성에 이용되지 않은 $CO_2$를 제거하기 위해 인산이나 염산 용액 사용

◘ 방사성 동위원소법의 전제

방사성 동위원소법은 "식물 플랑크톤에 들어 있는 물 표본에 첨가한 특정한 방사성 동위원소가 유기물로 동화되는 비율은 물 속의 비방사성 동위원소와 같다."는 전제로 첨가한 방사성 동위원소를 이용하여 자연에 존재하는 비방사성 동위원소의 양을 정량화 할 수 있다.

# 5 토양환경 조사

## 1. 토양시료의 채취

### (1) 토양의 단면(soil depth·profile)

① Ao층(유기물층) : 낙엽과 그 분해물질 등의 유기물층 -L, F, H층
② A층(표층·용탈층) : 광물토양의 최상층으로 강우량에 의해 용해성 염기류가 용탈되나 유기물이 계속 유입되어 흑갈색으로 착색 -양분이 풍부, 미생물과 뿌리의 활동 왕성
③ B층(집적층) : 표토에서 걸러진 속질이 모여서 각주상이나 원주상의 구조를 하여 색깔이 고르지 않은 층
④ C층(모암층) : 풍화된 광물질만을 갖고 있는 층
⑤ D층(R층) : 암반층 또는 기암층

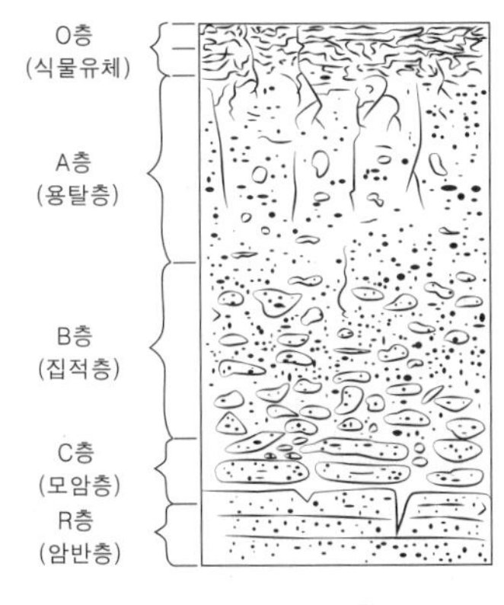


[ 토양층 단면도 ]

### (2) 토양채토

① 표토 채취는 부삽이나 토양채취기(soil hand auger)로 채토하며, 물밑의 저질토는 추를 단 채니기 이용
② 토양미생물 조사를 위한 시료는 A층 대상으로 채취 -일반적으로 0.5~1.0㎏
③ 토양채취는 임의의 조사지점에서 랜덤(random)하게 반복 채토
④ 5m 정도의 간격으로 동서남북 각 방향에서 채취
⑤ 토양오거로 채토할 경우 토양오거를 지표면에 수직으로 박아 채토하고, 삽을 이용할 경우 일정한 깊이의 흙을 떠내 시료로 사용
⑥ 많은 양의 토양표본은 예리하고 납작한 삽으로 단면을 만들어 채토
⑦ 표토만 채토할 때는 날카롭게 갈은 슬리브(sleeve)를 지표면에 수직으로 박아 채토
⑧ 토양 채취 후 잡초, 유기물 등 이물질 제거
⑨ 토양표본은 튼튼한 플라스틱 주머니에 밀봉하고 가능한 빨리 분석
⑩ 저질토의 pH는 가능한 현장에서 측정
⑪ 토양분석에 앞서 곱게 빻은 후 2㎜(10mesh) 체눈을 통과시킨 것 사용
⑫ 조제가 끝난 시료 500g 정도를 시료내역을 기입할 수 있는 봉투에 담아 습기가 적은 곳에 보관

**◘ 표토**

일반적으로 표토(top soil 또는 surface soil)라고 하면 0~10㎝ 전후의 토양을 의미하며, 보통 토양의 수직단면의 A층에 해당된다. 토양의 층서가 잘 발달된 경우에는 A층이 15㎝ 이상인 경우도 있지만 우리나라의 경우는 대부분 10㎝ 정도까지를 표토로 인식하고 있다

**◘ 부식토(humus)**

부식토는 토양유기물이 박테리아와 균 등의 미생물 작용에 의하여 원조직이 변질되거나 합성된 갈색 또는 흑갈색의 유기성분이 많고 비옥한 토양을 말한다.

## 2. 토양의 물리적 성질(토성)

### (1) 토성분류표 이용

① 토성분석을 위해서는 완전한 분산 필요
② 분산은 고착제, $Ca^{2+}$의 제거, 기계적 교반, 분산제 사용

**◘ 토성**

토양은 입자의 굵기에 따라 자갈(gravel), 모래(sand), 미사(silt) 및 점토(clay) 등으로 구분한다. 토양의 입도 구분은 미국 농무성(USDA) 기준, 국제표준 기준에 따라 다소 차이가 있으나 주로 미국 농무성에서 분류한 방법이 많이 이용되고 있으며, 입자들의 구성에 따라 토성을 구분한다.

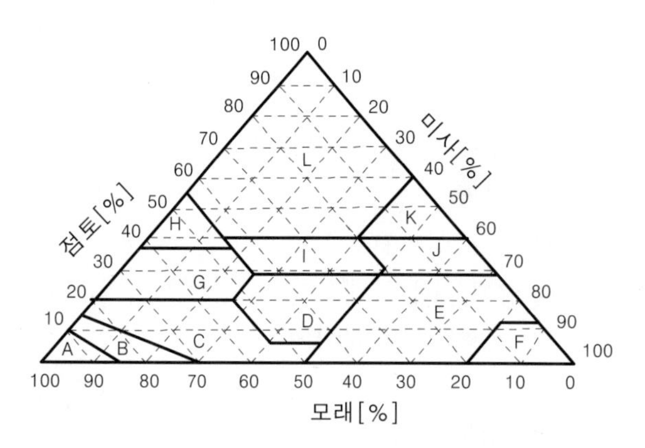


A : 사토(sand) (S)
B : 양질사토(loamy sand) (LS)
C : 사양토(sandy loam) (SL)
D : 양토(loam) (L)
E : 미사질양토(silt loam) (SiL)
F : 미사토(silt) (Si)
G : 사질식양토(sandy clay loam) (SCL)
H : 사질식토(sandy clay) (SC)
I : 식양토(clay loam) (CL)
J : 미사질식양토(silty clay loam) (SiCL)
K : 미사질식토(silty clay) (SiC)
L : 식토(clay) (C)

**[ 토성구분(미국 농무부법) ]**

토양구분과 그 크기 (단위:㎜)

| 구분 | | 국제토양학회법 | 미국농무성법 |
|---|---|---|---|
| 모래 | very coarse sand | – | 2.00~1.00 |
| | coarse sand | 2.00~0.20 | 1.00~0.50 |
| | medium sand | – | 0.50~0.25 |
| | fine sand | 0.20~0.02 | 0.25~0.10 |
| | very fine sand | – | 0.10~0.05 |
| 미사 silt | | 0.02~0.002 | 0.05~0.002 |
| 점토 clay | | 〈 0.002 | 〈 0.002 |

### (2) 비중계법 이용

① 0.05㎜ 이하 미사+점토 부분의 함유비를 규명하기 위한 시험
② 토양입자의 침강속도를 이용하는 방법, 체분석 포함

### (3) 흙의 상태 기본공식

· 간극비 $e = \frac{V_v}{V_s} = \frac{n}{n-1}$

· 간극률 $n = \frac{V_v}{V} \times 100 = \frac{e}{1+e} \times 100$

**▫ 토양삼상**

토양 내에서 입자가 차지하는 공간을 제외한 나머지 공간(물 또는 공기로 채워질 수 있는 공간)을 공극이라 하고, 토양입자, 토양 수분, 토양 공기 이 세가지를 토양삼상이라 한다. 일반적으로 건전한 토양의 경우 다음과 같은 비율을 갖는다.

① 고체 50%(무기물 45%+유기물 5%)
② 액체 물 25%
③ 기체 공기 25%

· 함수비 $w = \frac{W_w}{W_s} \times 100$

여기서, $V$ : 흙의 전체적, $V_s$ : 흙만의 체적

$V_v$ : 공극의 체적, $W_w$ : 물의 중량, $W_s$ : 흙만의 체적

## 6 자료정리·분석

### 1. 개체군의 동태

#### (1) 생명표

① 개체군의 자연증가율 및 연령별 기대수명 등 표시, 생존곡선 작도 가능

② 개체군의 생장은 출생, 사망, 이입, 이출에 의해 결정됨

㉠ 동시출생집단 생명표(chort life table) : 일년생 식물이나 곤충 등 단명한 개체군에 작성

㉡ 정적 생명표(static life table) : 목본식물, 새, 쥐 등 수명이 긴 개체군에 작성

③ J자 생장곡선식(지수생장식)과 S자 생장곡선식(로지스트 생장식)

· 지수생장식 $\frac{dN}{dt} = rN$

· 로지스트생장식 $\frac{dN}{dt} = rN\frac{K - N}{K}$

여기서, $N$ : 개체군 내의 개체수, $r$ : 내적 자연증가율

$t$ : 시간, $K$ : 생물종에 대한 환경수용력

#### (2) 타감작용(allelopahy)

① 이차대사물질을 주변환경에 방출하여 인접한 식물의 발아와 생장 억제

② 화학물질은 침출, 확산, 세탈, 분해과정을 통하여 환경으로 배출

③ 상극물질을 추출하여 처리구와 무처리구 만들어 발아시험과 생장시험

### 2. 종다양성

#### (1) 일반적 개념

① 다양성 : 군집의 복잡한 정도

② 풍부도 : 존재하는 총 종수에 근거한 종의 밀도

**◘ 생명표**
한 개체군 내의 사망률과 출생률의 연령계급별 개체수를 쉽게 볼 수 있도록 꾸민 표이다.

**◘ 환경수용력(K)**
환경수용력은 먹이, 공간, 노폐물 등에 의해 결정되며, 생장식에서 K=N 이면 우변이 '0'이 되어 생장률 '0'이 되는 상태가 되고, 이는 환경과 개체군 사이에 평형이 성립된 상태를 의미한다.

**◘ 타감(상극)작용**
한 종이 필요한 공간을 확보하기 위하여 화학물질(allelochemicals)을 환경으로 분비하여 다른 종의 생장을 방해하는 작용으로, 식물에서 직접 경쟁의 좋은 예이다.

**◘ 종다양성**
종의 풍부도는 군집 내의 어떤 지역에서의 단순한 종수만을 의미하나 균등도는 구성종의 분포되어 있는 정도를 나타내므로 군집을 비교할 때에는 풍부도와 균등도의 조화가 필요하며 이것을 종다양성이라 한다.

③ 균등도 : 우점종의 정도와 종의 상대적 수도에 의한 균등도
④ 다양성이 높은 곳 : 오래된 군집, 극단적이지 않은 서식지, 자원이 다양한 곳, 생산성이 높은 곳, 포식동물이 적당히 있는 곳, 적당히 교란이 있는 곳

### (2) 풍부도의 일반적 특징

① 서식지의 복잡한 정도에 따라 종의 풍부도는 증가
② 지역의 규모가 클수록 종의 풍부도 증가
③ 종의 지리적 근원지가 가까울수록 종의 풍부도 증가
④ 고위도에서 저위도로 갈수록 종수가 다소 증가

### (3) 종풍부도(species richness)

마가레프(Margalef) 지수

$$\text{풍부도지수 } R_1 = \frac{S - 1}{\ln(N)}$$

여기서, $S$ : 종의 수, $N$ : 총 개체수

### (4) 종다양도(species diversity)

① 외부의 압력에 영향을 적게 받는 군집구조 능력의 척도
② 종다양도가 높은 군집은 에너지 유동, 먹이망, 포식, 경쟁, 지위분배에 있어 복잡하고 다양
③ 군집이 성숙해 갈수록 더 복잡하고 안정되게 되는 성숙도지수로 이용
④ 샤논-위너(Shannon-Wiener) 지수 : 다양도가 높으면 불확실성이 높고 다양도가 낮으면 불확실성이 낮다는 개념 도입
㉠ 풍부성을 지닌 종보다 희귀성을 지닌 종에 더 비중을 둠
㉡ 표본 내에 한 종만 있을 때 $H'$ 는 0이 아님
㉢ S개의 종이 모두 똑같은 개체수일 때 $H'$ 는 최대
㉣ $H'$ 값은 군집 내의 수도 이외에 서식지의 이질성, 생물량의 다양도, 피도의 다양도를 상대값으로 나타내는데 이용 –절대값은 의미 없음

$$\text{다양도지수 } H' = -\Sigma(p_i \times \ln p_i), \quad p_i = \frac{n_i}{N}$$

여기서, $N$ : 총 개체수, $n_i$ : 각 종의 개체수
$p_i$ : 전체 출현종 중 $i$번째 종이 차지하는 비율

**종풍부도**

일정 면적 내의 종수로서 종풍부도는 군집 내에 존재하는 종의 수에 근거한 종의 밀도를 의미한다. 즉, 단위지역마다 종들이 얼마나 나타나는가를 보여주며, 가장 간단한(낮은 수준의) 종다양도라고 할 수 있다.

**종다양도**

종풍부도와 각 종에 속하는 개체수(또는 수도)가 얼마나 고르게 분포하는가를 나타내는 균등도를 동시에 나타내는 척도이다. 종다양도는 종의 이질성이라고도 말하며, 한 군집 내에 다수의 종들이 비슷한 개체수로 출현하면 종다양도가 높고, 한 종의 개체수가 상대적으로 많으면 낮다고 한다.

**종균등도**

종수(종풍부도)와 각 종에 속하는 개체의 많고 적음(균등도)의 두 요소가 종합된 수치로 이것들의 조화를 종다양성이라 한다.

### (5) 종균등도(species evenness)

① 풍부도는 종수로 나타내고, 균등도는 관찰한 표본의 종 수도가 군집의 최대가능다양도에 얼마나 근접하는가를 표시

② 총종수 $s$와 개체수 $N$을 가지는 표본의 최대가능다양도는, $N$이 $s$ 가운데에서 가능한 고르게 분포할 때 인 $n_i = N/s$ 일 때 존재

$$균등도\ E' = \frac{H'}{\ln(s)}\quad \text{(Pielou 식)}$$

### (6) 생태적 지위(ecological niche)

① 생태적 지위폭(ecological niche breadth) : 서식지의 환경요인에 대한 생물의 최저내성한계와 최고내성한계 사이의 폭 −내성범위

② 생태적 중복역 : 환경요인 또는 환경자원의 이용이 서로 같거나 서로 비슷할 때 발생

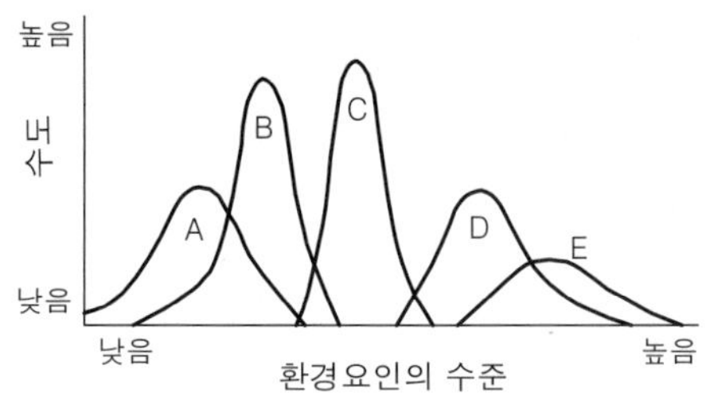


중복된 경우는 경쟁을 하는 관계이고, 중복이 안된 경우는 경쟁이 일어나지 않는다. 또한 중복역이 넓은 A와 B, D와 E 사이에는 경쟁이 심하고, B와 C, C와 D 사이에는 중복역이 좁아 경쟁이 약하다.

[ 생태적 지위중복 ]

> **생태적 지위**
> 생물이 서식지를 차지하는 공간뿐만 아니라 군집내에서 영위하는 고유한 기능, 즉 먹이사슬의 위치, 환경경사 상의 기능을 말한다. 생태적 지위는 공간 또는 서식지 지위, 영양적 지위, 다차원 지위로 구분한다.

## 3. 군집 유사도의 측정(군집계수)

### 1) 자카드(Jaccard)계수

$$자카드계수\ C_J = \frac{W}{A+B-W}$$

여기서, $A$ : 군집 $A$의 종수, $B$ : 군집 $B$의 종수

### 2) 소렌슨(Sørensen)계수

$$소렌슨계수\ C_s = \frac{2W}{A+B}$$

여기서, $A$ : 군집 $A$의 종수, $B$ : 군집 $B$의 종수

> **유사도**
> 유사도 지수값이 0이 되는 경우 공통종이 없는 경우이며, 1이 되면 모든 종이 군집에 출현하는 유사성이 완전한 경우이다.

> **Jaccard 와 Sørensen 계수**
> 자카드계수와 소렌슨계수는 출현종의 유·무만을 계산하고, 출현종의 개체수를 고려하지 않았다는 단점을 가지고 있다.

> **유사도 관련 지수**
> Jaccard 지수, Sørensen 군집계수 외 모리시타 지수, 수도의 차, Shannon−Wiener 정보이론 지수, Horn 군집중복 지수 등으로 유사도를 비교할 수 있다.

# 핵심문제 해설



**01** 생태조사의 기본목적에 부합되지 않는 것은? 산기-09-4

① 각 생물군 및 생물의 서식지역을 포함한 특정 대상지역의 영속적이며 지속적인 보호
② 불특정 다수지역의 한정적 보호
③ 훼손되고 파괴된 지역의 새로운 복구
④ 생태계의 이용범위 확대와 이용효율의 극대화

**02** 다음 중 주어진 조사 대상지역의 생태계 특성을 정확히 파악하고 기초적인 자료를 획득하기 위한 생태조사의 기본 목적이 아닌 것은? 산기-12-1, 산기-16-1

① 생태계의 보존　② 생태계의 개발
③ 생태계의 보전　④ 생태계의 복원

**03** 다양한 생태문제에 대한 조사 시 가장 중요한 것은? 산기-13-1

① 연구해야 할 실체의 명백한 정의
② 조사 지점의 접근로 탐색
③ 조사 지역까지 이동 방법
④ 자료의 주관적 분석

**04** 생태조사를 수행하는데 있어서 제일 먼저 선행되어야 할 단계는? 산기-04-5, 산기-11-1

① 연구대상 범위의 확정
② 실험 또는 조사계획 수립
③ 생태적 문제의 파악
④ 표본 추출방법의 산정

해 생태조사 수행 단계
문제의 파악→연구대상의 범위 확정→실험 또는 조사계획 수립→표본추출방법의 선정 및 표본의 수집→자료의 분석→결론의 도출→보고서 작성

**05** 생태조사의 보고서 작성에 관한 다음 설명들 중 옳지 않은 것은? 산기-10-3

① 서론에서는 관심 있는 문제의 특성, 연구목적, 검정하려는 가설, 문헌에서 읽은 배경 등을 기술한다.
② 방법에서는 방법의 착안점과 정보를 얻은 문헌을 소개한다.
③ 결과작성에서 가설과 맞지 않은 사실은 제외한다.
④ 신문과 비교했을 때 논의는 신문의 사설에 해당한다.

**06** 생태계조사의 계획 수립 원칙에 해당되지 않는 것은? 산기-08-2

① 조사목적의 인지
② 조사 대상 우선순위 결정
③ 주변 환경 및 생물군과의 연관성 고려
④ 동·식물상 조사

해 생태계조사의 계획수립의 원칙
① 조사목적을 정확히 인지한다.
② 조사대상의 우선순위를 결정한다.
③ 주변 환경 및 생물군과의 연관성을 고려한다.
④ 문제점 파악 및 현실성 있는 대안 제시

**07** 조사계획의 단계 중 가장 먼저 실시해야 하는 것은? 산기-16-3

① 야외조사
② 문헌조사
③ 결과 검정
④ 정보에 대한 요약과 분석

**08** 생태조사 절차 중 일반적으로 가장 최종적으로 수행하게 되는 절차는? 산기-15-3, 산기-19-3

① 자료 수집
② 조사목적의 인지
③ 문제점 및 대안제시
④ 조사대상 우선순위 결정



정답 01. ④ 02. ② 03. ① 04. ③ 05. ③ 06. ④ 07. ② 08. ③

**09** 조사지역의 우선순위를 선정할 때 [보기]에 제시된 지역을 바르게 나타낸 것은? 산기-17-3

> ㉠ 자연성이 뛰어난 지역
> ㉡ 희귀 동식물종 서식 지역
> ㉢ 국립공원 및 도립공원 지역
> ㉣ 자연생태계 보호지역

① 생태계 연결지역
② 취약생태계 지역
③ 우수 및 보존대상 지역
④ 장기생태연구 조사 지역

**10** 육상생태계의 조사항목이 아닌 것은? 산기-09-4

① 식물상 ② 플랑크톤
③ 포유류 ④ 곤충

**11** 육상생태계의 생태조사 시 우선 조사항목에 해당되지 않는 것은? 산기-07-2, 산기-15-1

① 양서류의 조사 분석
② 수생식물의 조사 분석
③ 조류(새)의 조사 분석
④ 식물상 및 식생의 조사 분석

**해** 수생생물의 조사 분석은 육수생태계의 생태조사 시 우선 조사항목에 속한다.

**12** 어떤 생태계를 조사할 때에는 다음과 같은 항목을 조사하게 되는데 이러한 항목과 관계있는 것은? 산기-10-2

> 조사항목 : 수생식물 및 식생, 동·식물플랑크톤 어류, 조류, 양서류, 파충류, 기타 중요성이 인정되는 항목 추가

① 산림생태계 ② 육수생태계
③ 해양생태계 ④ 육상생태계

**13** 다음 생태조사에 있어서의 우선 조사항목들 중 성격이 다른 하나는 무엇인가? 산기-14-3

① 수질 조사 및 분석
② 대기질 조사 및 분석
③ 서식처의 종류 조사 및 분석
④ 생태자연도 조사 및 분석

**해** ①②③ 주변환경 조사 및 분석 항목, ④ 종합결과 항목

**14** 생태조사용 표본추출에 있어서 추출한 표본 속의 원소가 다른 원소의 추출에 영향을 미치지 않는 표본추출 방법은? 산기-05-4, 산기-12-1

① 상위표본추출 ② 하위표본추출
③ 랜덤표본추출 ④ 반복표본추출

**해** 랜덤(무작위) 표본추출(random sampling)이란 조사대상에 일련번호를 부여하고 난수를 발생시켜 표본을 추출하여 무작위 표본을 얻는 것으로, 모집단 내의 각 원소가 표집 될 기회가 균등하며, 추출한 표본 속의 원소가 다른 원소의 추출에 영향을 미치지 않도록 하고, 표집도중 전집 자체에 아무런 변동이 없도록 하는 방법이다.

**15** 무작위 표본추출과 관련하여 설명한 내용 중 옳지 않은 것은? 산기-17-1

① 난수표를 이용하는 경우가 많다.
② 종-면적곡선을 이용하여 표본수를 결정한다.
③ 모집단 내의 각 원소가 표집 될 기회가 균등하다.
④ 난수표는 무작위 지도좌표나 번호가 매겨진 표본 추출지도를 선정하는데도 이용된다.

**해** ② '종-면적곡선'을 이용하는 방법은 반복표본추출이다.

**16** 생태조사 시 표본추출에 관한 내용으로 틀린 것은? 산기-18-3

① 표본은 자연상태의 실체가 아니어도 상관없다.
② 표본의 추출은 통계적 개체군으로부터 무작위 추출한다.
③ 생물학적 개체군은 일정한 면적에서 서식하는 단일종의 생물체들의 집합이다.
④ 통계적 표본은 데이터보다 큰 집합의 일부를 측정하여 분석하는 데 적용한다.

**해** ① 표본은 조사지역의 실체와 같으며, 대표성을 확보하여야 한다.

**정답** 09. ③ 10. ② 11. ② 12. ② 13. ④ 14. ③ 15. ② 16. ①

**17** 표본 추출 방법 중 환경 조건이 뚜렷하게 둘로 나뉠 경우 이용하기에 가장 적합한 것은? 산기-07-4

① 양의 추출법(무작위추출법)
② 계통 표본 추출법(규칙적인 추출법)
③ 계층 임의 추출법
④ 방형구법

**18** 종-면적 곡선(species-area curve)으로 평가할 수 있는 것은? 산기-19-3

① 종간 경쟁 ② 종 풍부도
③ 개체군 분포 ④ 개체군 증식

**19** 생태계 조사에서 조사빈도의 고려요인으로 중요성이 가장 낮은 것은? 산기-05-2, 산기-11-1

① 조사대상 종 출현시기
② 조사예산
③ 조사방법
④ 녹지율

**20** 생태조사의 조사 빈도에 관한 설명 중 옳지 않은 것은? 산기-08-2

① 생태 조사 시 적절한 조사 횟수와 시기는 전체 생태계의 이해와 복원에 대한 중요한 단서를 제공한다.
② 조류(새)와 같은 일부 생물군은 텃새와 철새 등으로 나뉘어 계절에 따른 출현 특성이 현저히 다르다.
③ 현실적으로 조사 횟수는 많을수록 좋으나, 일반적으로 조류(새)는 계절별로 연 4회 혹은 월 1회 정도가 적당하다.
④ 수생식물의 확인은 장마나 태풍 이후인 9월 이후에 종확인이 가장 유리하다.

해 수생식물의 경우 9월 이후에는 종의 확인이 곤란하므로 가장 활발하게 성장하는 여름 장마 이전에 조사하는 것이 유리하다.

**21** 동·식물 분류군과 조사 시기(우리나라의 중부지방에 해당)를 연결한 것이다. 꼭 필요하지 않은 계절이 포함된 것은? 산기-16-3

① 식물상-봄, 여름, 가을, 겨울
② 조류(새)-봄, 여름, 가을, 겨울
③ 양서류-봄, 여름, 가을
④ 어류-봄, 여름, 가을, 겨울

**22** 식물군집 분류를 위하여 작성하는 식생조사표에 나타나는 항목으로 가장 부적당한 것은? 산기-05-2, 산기-19-3

① 지형 ② 기후
③ 조사구 면적 ④ 표고

**23** 식생조사 시 입지 지형 조건을 측정하는 기구만으로 구성된 것은? 산기-17-1

① 줄자, DBH meter, 경사계, 고도계
② 조도계, 카메라, 건습도계, 쌍안경
③ 고도계, 경사계, 조도계, 건습도계
④ 뿌리삽, 전정가위, 견출지, 조사용지

**24** 식생을 묘사하고 분류하기 위하여 식물군집을 조사하는 방법은? 산기-12-3

① 대상법
② 측구법
③ 방형구법
④ Braun-Blanquet방법

**25** Braun-Blanquet법으로 온대지방에서 식물군락의 계층구조를 조사할 때 최소 조사면적이 가장 큰 대상은? 기-10-3, 산기-15-3

① 초지 ② 관목림
③ 교목림 ④ 선태류

해 식물군집의 최소면적(온대림)
· 교목림 : 200~500㎡ · 관목림 : 50~200㎡
· 건생초지 : 50~100㎡ · 습생초지 : 5~10㎡
· 선태류, 지의류 : 0.1~4㎡



정답 17. ③ 18. ② 19. ④ 20. ④ 21. ① 22. ② 23. ③ 24. ④ 25. ③

**26** 다음은 각종의 군락에 대하여 Ellenberg가 예시한 quadrat의 크기 중 맞지 않는 것은? 산기-07-4

① 선태군락 : 1~4㎡
② 방목초원 : 5~10㎡
③ 건생초원 : 10~25㎡
④ 삼림군락 : 200~500㎡

**27** 다음 중 중부 유럽에서 시작된 브라운-브란케방법(Z-M 학파)의 군락분류에서 가장 근간이 되는 요소는 무엇인가? 산기-14-3

① 식생형 ② 지리변이
③ 종조성 ④ 표징종

해 종조성은 식물의 군락분류에서 가장 근간이 되는 요소로 식생자료 중 종조성의 기록이 핵심이 된다. 종조성의 목록 작성, 구성종의 우점도와 군도, 활력도, 착화결실의 유무 등 순서에 따라 이루어진다.

**28** 식물의 식생 조사 시 흔히 이용하는 Braun-Blanquet의 피도계급은 7계급으로 구분된다. 다음 중 이 계급을 판정하는 기준으로 설정이 잘못된 것은? 기-06-4, 산기-12-1, 산기-13-1

① 계급1 : 개체수가 많지만 피도가 조사면적의 5% 이하를 차지하는 종
② 계급2 : 피도가 조사면적의 6-25%를 차지하는 종
③ 계급3 : 피도가 조사면적의 26-50%를 차지하는 종
④ 계급4 : 피도가 조사면적의 51-100%를 차지하는 종

해 피도계급 4 : 조사면적의 50~75%를 차지하는 종

**29** Braun-Blanquet 방법으로 조사할 때 피도가 조사면적의 5~25%일 때 피도계급은? 기-10-3, 산기-16-3, 산기-19-3

① 1 ② 2
③ 3 ④ 4

**30** 식물의 피도 측정 시 기저면적(basal area)은 지상 어느 정도 높이에서 나무줄기의 직경을 측정하는가? 산기-06-2

① 약 50㎝ ② 약 80㎝
③ 약 130㎝ ④ 약 200㎝

**31** 식물의 군집조사방법으로 적절하지 않은 것은? 산기-16-1

① 방형구법 ② 재포획법
③ 대상법 ④ 선차단법

해 재포획법은 식물군집에 이용하지 않으며, 포유동물, 곤충, 물고기, 새 등과 같이 이동성이 큰 동물개체군 조사에 이용한다.

**32** 다음 [보기]의 설명이 나타나는 표본추출법은? 산기-11-1, 산기-19-3

| -개체군이나 군집의 종 조성과 구조를 정량적으로 조사한다.<br>-육상식물의 표본추출에 가장 많이 이용되며 보통 정방형의 방형구가 이용된다. |
|---|

① 측구법 ② 대상법
③ 선상법 ④ 접점법

**33** 다음 중 방형구법에 대한 설명으로 틀린 것은? 산기-17-3

① 조사의 정확성을 높이기 위해서는 반드시 유의추출을 해야 한다.
② 개체군이나 군집의 종조성과 구조를 정량적으로 조사하는 표본추출법이다.
③ 측구(plot)의 형태는 대개 정방형이거나 장방형이지만 편의에 따라 원형이나 다른 모양으로 변형할 수도 있다.
④ 표본추출은 개체군이나 군집의 정확한 정보를 얻기 위해서는 여러 개의 방형구를 조사하여야 한다.

해 ① 조사의 정확성을 높이기 위해서는 반드시 임의추출(랜덤추출)을 해야 한다.

정답 26. ③ 27. ③ 28. ④ 29. ② 30. ③ 31. ② 32. ① 33. ①

**34** 다음 중 측구법에 대한 설명으로 옳지 않은 것은? 산기-15-3

① 방형구의 크기는 최소역을 기준으로 한다.
② 방형구의 모양은 반드시 정사각형이 되어야 한다.
③ 군집의 종류와 조사목적에 따라 측구의 넓이, 모양, 설치 횟수, 설치하는 위치를 적절히 선정한다.
④ 정확성을 높이기 위해서는 반드시 무작위추출을 해야 한다.

해 방형구의 모양은 정방형이나 장방형일 수도 있으며 경우에 따라 원형도 가능하다.

**35** 방형구의 크기를 결정하는 방법으로 적당하지 않은 것은? 산기-05-4

① 최소면적의 결정은 종-면적 곡선을 이용한다.
② 조사지역에 가장 보편적으로 출현하는 종이 모든 방형구의 80% 이상에서 나타나게 한다.
③ 우점종의 높이를 한 변으로 하는 정방형을 방형구의 넓이로 할 수 있다.
④ 가장 큰 종의 평균 수관면적을 방형구의 크기로 잡는 것이 좋다.

해 ④ 일반적으로 가장 큰 종의 평균 수관면적의 약 2배를 방형구의 크기로 잡는다.

**36** 방형구법으로 식물 군락을 조사할 때 적정한 방형구 수를 결정하는 방법은? 산기-18-3

① 조사 장소 1ha에 1개의 방형구
② 조사 면적의 5%에 해당하는 방형구 수
③ 한 군락에서 1개 이상의 방형구
④ 방형구 수를 늘려가며 출현종의 누적 평균 피도를 구했을 때 변화가 5% 이하일 때의 방형구 수

**37** 열개의 방형구에서 식물을 조사한 결과 A, B, C, D 각 종의 평균피도가 80%, 50%, 40%, 30%로 나타났다. 종 A의 상대피도(%)는? 산기-17-3

① 80　　② 50
③ 40　　④ 30

해 상대피도 $= \dfrac{\text{한 종의 피도}}{\text{전체 종의 피도 합}} \times 100(\%)$

$\rightarrow \dfrac{80}{80+50+40+30} \times 100 = 40(\%)$

**38** 밀도지수(index of density, ID)에 해당되지 않는 것은? 산기-19-3

① 100㎡ 당 소나무 개체수
② 잎 당의 딱정벌레 개체수
③ 숙주생물당 기생충 개체수
④ 걸어온 거리 ㎞ 당 발견되는 까치의 개체수

해 ① 절대밀도
밀도지수(ID)는 단위면적이나 단위체적당 개체수인 절대밀도와 달리 '서식지당 개체수'나 '채집활동 행위당 개체수' 곧 개체군의 강도(population intensity)로 나타낸다.

**39** 강원도 횡성지역에서 쇠똥구리의 서식 밀도를 조사하기 위하여 16개의 방형구를 아래의 그림과 같이 설치 한 결과 방형구내 숫자만큼의 개체수가 확인되었다. 각 방형구의 넓이가 0.81㎡라고 가정하면 ㎡ 당 쇠똥구리의 밀도는? (단, 소수점 3자리에서 반올림한다.) 산기-06-2

| | | | |
|---|---|---|---|
| 0 | 2 | 0 | 1 |
| 1 | 0 | 0 | 0 |
| 0 | 1 | 1 | 1 |
| 0 | 1 | 1 | 0 |

① 0.56　　② 0.69
③ 0.81　　④ 0.98

해 밀도 $= \dfrac{\text{개체수}}{\text{조사면적}} = \dfrac{9}{0.81 \times 16} = 0.69$

**40** 2012년 소흑산도 면적 50ha에 살고 있는 동물수를 조사한 결과 다람쥐 150마리, 노루 50마리, 갈매기 200마리, 올빼미 150마리, 산양 50마리 등으로 조사되었다. 1년 후 갈매기 100마리와 올빼미 100마리가 대흑산도로 이주 하였을 때 소흑산도의 갈매기의 상


정답 34. ② 35. ④ 36. ④ 37. ③ 38. ① 39. ② 40. ④

대밀도(%)는? 산기-17-3

① 2.5 ② 5
③ 15 ④ 25

해 상대밀도 = $\frac{\text{한 종의 개체수}}{\text{전체 종의 개체수}} \times 100(\%)$

→ $\frac{100}{150+50+100+50+50} \times 100 = 25(\%)$

**41** 식생조사의 방형구법에서 A종의 빈도란 무엇을 의미하는가? 산기-15-1

① 총 조사한 방형구 수에 대한 A종이 출현한 방형구 수의 %
② 총 조사한 방형구 면적에 대한 A종이 차지하는 면적의 %
③ 전체 방형구에 포함된 개체수에 대한 A종 개체수의 %
④ 조사지 전체 면적에 대한 A종이 포함된 방형구 면적의 %

**42** 다음을 이용해서 중요치(IVi)를 구하면? 산기-10-3

| 개체수 : 30, 상대밀도 : 0.5, 상대빈도 : 0.4, 상대피도 : 0.6 |
|---|

① 1.5 ② 5.0
③ 0.024 ④ 0.24

해 중요치=상대밀도+상대빈도+상대피도=0.5+0.4+0.6=1.5

**43** 중요치 또는 중요도(Importance value)의 설명으로 가장 거리가 먼 것은? 산기-18-3

① 중요치가 큰 종이 반드시 생물량도 큰 것은 아니다.
② 중요치가 가장 큰 종이 그 군집의 우점종이다.
③ 어느 종의 상대밀도, 상대빈도, 상대피도를 합한 값이다.
④ 두 가지 이상의 측정 자료를 사용하였을 경우 군집에서 어느 종의 중요치 범위는 0~100% 이다.

해 ④ 세 가지 자료를 사용하며 0~300% 사이의 값을 갖는다.

**44** 다음 중 대상법(transect method)에 대한 설명으로 맞지 않은 것은? 기-05-2, 산기-10-3

① 기다란 띠 안에 분포하는 생물을 조사하는 방법이다.
② 연속적인 환경구배에 따른 생물의 반응을 조사하는데 이용된다.
③ 대상법은 띠대상법, 측구법 및 선차단법이 있다.
④ 추이대(ecotone)의 군락변화 연구에 적합하다.

**45** 선차단법(line intercept)에 의한 군집조사를 나타낸 그림의 방법을 바르게 설명한 것은? 산기-15-3

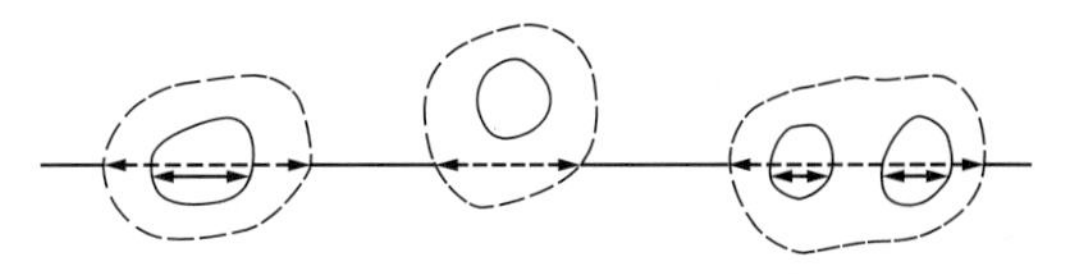


① 일반적으로 방형구법보다 시간과 노력이 많이 필요하다.
② 층구조가 복잡한 식물군집에서는 각 층을 구분하여 조사한다.
③ 이 방법으로 측정한 피도는 방형구법으로 측정한 결과와 같다.
④ 식물 개체 사이의 구분이 곤란한 초지군집에서는 이용할 수 없다.

**46** 네 가지 거리법(distance method)에 의해 조사한 결과 평균치가 2m이었다. 각 방법에 따른 ha당 밀도의 추정치가 틀린 것은? 산기-16-3

① 제외각법(random pair method) : 3125
② 사분각법(point centered method) : 2500
③ 인접개체법(nearest neighbor method) : 1497
④ 최단거리법(nearest individual method) : 2000

정답 41. ① 42. ① 43. ④ 44. ③ 45. ④ 46. ④

해 ① $\frac{10,000}{0.8A} = \frac{10,000}{0.8 \times (2 \times 2)} = 3,125$

② $\frac{10,000}{A} = \frac{10,000}{2 \times 2} = 2,500$

③ $\frac{10,000}{1.67A} = \frac{10,000}{1.67 \times (2 \times 2)} = 1,497$

④ $\frac{10,000}{2A} = \frac{10,000}{2 \times (2 \times 2)} = 1,250$

**47** 다음 목본식물의 표집방법 중 확률적으로 두 지점 간(개체–개체 혹은 조사지점– 개체) 거리가 가장 먼 것은? 산기–07–4, 산기–16–1

① 사분각법 ② 최단거리법
③ 인접개체법 ④ 제외각법

해 제외각법>사분각법>인접개체법>최단거리법

**48** 야생동물을 대상으로 하는 군집조사에서 일반적인 조사 항목에 포함되지 않는 것은? 산기–13–1

① 개체들이 덮고 있는 면적
② 서식밀도
③ 조사지에서의 총 서식 개체수
④ 서식범위

**49** 연못에서 어류의 밀도를 표지법으로 측정할 때 만족하여야 할 조건은? 산기–15–3

① 표지된 개체가 연못에 고르게 퍼져야 한다.
② 포획 될 확률이 개체 크기에 비례하여야 한다.
③ 표지된 개체가 포식자에게 쉽게 노출되어야 한다.
④ 표지 안 된 개체가 죽더라도 표지된 개체는 죽어서는 안된다.

해 표지법의 가정
·모든 개체는 포획될 확률이 같으며, 고르게 퍼져 있어야 한다.
·모든 개체는 출생, 사망, 이출·입의 기회가 같다.
·표지된 개체가 포식자에게 쉽게 포식되거나 표지방법이 개체의 사망률을 증대시킬 경우 이 방법을 적용시킬 수 없다.

**50** 표지법을 사용하여 연못의 붕어개체군의 개체수를 추정하려 한다. 한 연못에서 96마리의 붕어(제1표본)를 잡아서 지느러미의 일부를 잘라 표지를 하고, 그 연못으로 돌려보낸 다음 1개월 뒤에 다시 152마리의 붕어(제2표본)를 잡아서 지느러미가 절단된 개체수를 계수하였더니 38마리였다. 이 연못에 몇 마리의 물고기가 살고 있겠는가? (단, 제1표본의 개체수(M)/개체군의 총개체수(N)=제2표본 중의 표지된 개체수(r)/제2표본의 개체수(n)이다.) 산기–14–3

① 380 ② 384
③ 388 ④ 392

해 총 개체군 크기 $N = \frac{n}{r} \times M$
M : 제1표본 표지된 개체수, n : 제2표본 개체수
r : 제2표본 중 표지된 개체수
→ $\frac{152}{38} \times 96 = 384$(개체)

**51** 야생동물생태조사에 있어서 중요한 포획–재포획에 관한 정보가 주어졌을 때, 총 개체군의 크기는? (단, 110개체의 야생동물이 표지되어 방출하고, 며칠 후 잡힌 100개체 중 20개체가 표지된 것으로 확인되었다.) 기–15–2, 산기–17–1

① 500개체 ② 550개체
③ 5000개체 ④ 5500개체

해 총 개체군 크기 $N = \frac{n}{r} \times M$
M : 제1표본 표지된 개체수, n : 제2표본 개체수
r : 제2표본 중 표지된 개체수
→ $\frac{100}{20} \times 110 = 550$(개체)

**52** 다음은 어떤 동물을 제거법에 의하여 조사한 결과이다. 이 동물의 총 개체수는? 산기–12–3

| 채집순서 | 포획된 개체수 |
|---|---|
| 1 | 400 |
| 2 | 200 |
| 3 | 100 |
| 4 | 50 |

① 750 ② 800
③ 850 ④ 900

 정답 47. ④ 48. ① 49. ① 50. ② 51. ② 52. ②

**해** 추정개체수 $N = \frac{(C_{n-1})^2}{C_{n-1} - C_n} + S_{n-1}$

$C_n$ : n번째 포획한 개체수

$C_{n-1}$ : n－1번째 포획한 개체수

$S_{n-1}$ : n－1번째의 포획한 누적개체수

$\rightarrow \frac{400^2}{400-200} + 0 = 800$(마리)

**53** 육상 무척추동물의 종류에 따른 채집방법으로 옳은 것은? 산기-14-3, 산기-17-1

① 지면을 기어 다니는 절지동물은 바닥에 흰색 천을 놓고 채집한다.
② 토양이나 식물체 내에 사는 선충류는 함정(pit trap, pitfall trap)을 파서 채집한다.
③ 풀밭의 무척추동물은 튼튼한 포충망으로 풀밭을 휩쓰는 스위핑(sweeping)법으로 채집한다.
④ 나무의 위쪽에 붙어사는 무척추동물은 베어만 깔대기(Baermann funnel)를 이용하여 채집한다.

**해** ① 절지동물은 입구가 지면과 같은 높이로 묻어 함정(pitfall)을 만든다.
② 베어만(baermann) 깔때기를 이용하여 추출한다.
④ 털어잡기망(beating)을 이용하여 채집한다.

**54** 벌리스-툴그렌 깔대기(Berlese-Tullgren funnel)는 어떤 동물의 채집에 가장 적합한가? 산기-06-2

① 교목층 수관의 무척추 동물
② 포복동물
③ 토양의 소형무척추 동물
④ 대형 무척추 동물

**55** 흡인병을 이용하여 채집하는 동물로 가장 적합한 것은? 산기-07-2

① 은폐동물
② 저서동물
③ 포복동물
④ 토양 소형 무척추동물

**해** 땅 속에 숨어사는 은폐동물은 판자조각(drop-board) 이용하여 추출하며, 모여든 동물은 대개 빛을 싫어하므로 판자에서 흡인병으로 재빨리 잡아야 한다.

**56** 곤충채집 방법으로 적당하지 않은 것은? 산기-15-3

① 끈끈이 채집법(sticky trap)
② beating법
③ 포충망법(sweeping)
④ Field-sign

**해** 곤충채집방법으로는 포충망법(sweeping), 털어잡기망법(beating), 먹이를 이용하는 방법, 끈끈이 채집(sticky trap), 등화채집법(light trap) 등이 있다.

**57** 다음 [보기]가 설명하는 기구는? 산기-19-3

> 50×100㎝ 크기의 철제 프레임에 망을 붙여 늘어뜨린 형태로서 배의 뒷전에 내리고 약 20분간 바닥을 끌면서 조하대 저서동물을 채집할 수 있다.

① 그랩(grab)
② 코아러(corer)
③ 드렛지(dredge)
④ 채니기(grab sampler)

**58** 저서성 대형무척추동물의 표본을 현지에서 고정할 경우에 이용되는 Kahle's fluid의 구성비는? 산기-13-1

① DW 60%, Ethyl alcohol 30%, formalin 5%, aceticacid 5%
② DW 50%, Ethyl alcohol 25%, formalin 15%, aceticacid 10%
③ DW 59%, Ethyl alcohol 28%, formalin 11%, aceticacid 2%
④ DW 55%, Ethyl alcohol 32%, formalin 10%, aceticacid 3%

**59** 다음 저서성 대형 무척추동물의 채집방법으로 부적합한 것은? 산기-08-2

① 수심 200㎝ 이상의 수역에서는 망목지름 0.5㎜의 Surber net을 사용한다.
② 유속이 느린 수역에서는 Grab, Scoop을 이용하여 가능한 한 수초가 풍부한 지점에서 채집

**정답** 53. ③ 54. ③ 55. ① 56. ④ 57. ③ 58. ③ 59. ①

한다.

③ 수폭이 좁고 수심 50㎝ 이상인 강이나 호수에서는 자가 달린 Grab을 이용하여 하상을 끌어 채집한다.

④ 수폭이 넓은 수체에서는 Ekman grab, Ronar dredge를 이용하여 채집한다.

해 수서곤충 및 저서성 대형 무척추동물에 대해서는 수심 50㎝ 이하의 수역에서는 Surber net(25㎝×25㎝; 망목지름 0.5㎜)을 사용하여 채집한다.

**60** 플랑크톤의 크기에 따른 분류를 나타낸 것으로 바르지 않은 것은? 산기-18-3

① 초미소플랑크톤:〈2㎛, 박테리아, 초미소 조류, 초미소 편모충류

② 미소플랑크톤:2~20㎛, 소형식물플랑크톤, 소형편모충류

③ 소형플랑크톤:20~200㎛, 대형식물플랑크톤, 섬모충류, 윤충류

④ 소형넥톤:2~20㎛, 새우류

해 ④ 소형넥톤 : 20~200㎜, 새우류

**61** 식물플랑크톤 고정액으로 맞지 않는 것은? 산기-13-1

① $NH_4$

② Lugol 용액

③ Formalin

④ 20㎖의 빙초산+증류수

해 현장에서 식물플랑크톤 시료를 즉시 관찰하는 것은 많은 제약이 있으므로 고정하여 보관한 후 관찰하게 된다. 일반적으로 식물플랑크톤은 중성 formalin, Lugol용액, 요오드용액, glutaraldehyde로 고정한다.

**62** 식물성플랑크톤 시료를 고정하기 위한 루골(Lugol) 보존제를 조제하는 방법으로 옳은 것은? 산기-17-3

① 100㎖증류수+Potassium iodide 5g+iodine 5g+빙초산 5㎖

② 100㎖증류수+Potassium iodide 15g+iodine 15g+빙초산 15㎖

③ 100㎖증류수+Potassium iodide 10g+iodine 10g+빙초산 10㎖

④ 100㎖증류수+Potassium iodide 10g+iodine 5g+빙초산 10㎖

**63** 포유류 개체군의 서식지 이용과 개체 간 공간이용 및 상호작용을 파악하는데 가장 효과적이고 바람직한 조사방법은? 산기-09-4

① 선조사법(line census method)

② 정점조사법(point count census method)

③ 세력권도식법(territory mapping method)

④ 무선추적법(radio tracking method)

**64** 조류군집조사를 위해 선 조사법을 수행할 때 이동속도(㎞/h)로서 가장 적절한 것은? 산기-19-3

① 1~2 ② 3~4

③ 5~6 ④ 7~8

**65** 조류(bird)의 조사방법으로 타당성이 적은 것은? 산기-13-1

① 산지에서 일정 속도로 보행하면서 기록

② 논에서 개시점과 종료점에서 일정시간씩 기록

③ 울음소리로 확증된 종 및 개체수는 조사결과 제외

④ 철새는 철새가 가장 많이 도래하는 시기에 조사

**66** 일반적으로 조류(鳥類)군집 조사방법인 세력권 도식법으로 조사 시 조사 횟수는? 산기-10-2

① 1~2회 ② 3~4회

③ 5~6회 ④ 8~10회

**67** 다음 중 생태계에서 생산력에 관한 설명으로 옳지 않은 것은? 산기-15-3

① 1차 총생산력 : 측정기간 동안 호흡으로 사용되는 유기물을 포함한 광합성의 총량

② 1차 순생산력 : 측정기간 동안 호흡에 사용되는 유기물을 뺀 식물 조직 내에 축적되는 유기물의 양



정답 60. ④ 61. ① 62. ④ 63. ④ 64. ① 65. ③ 66. ④ 67. ④

③ 군집 순생산력 : 일정한 기간(보통 발육기간) 또는 1년 동안 종속영양생물에게 이용되지 않는 유기물 축적량
④ 2차 생산력 : 먹이를 섭취한 종속영양생물이 호흡에 사용되는 에너지를 포함한 모든 에너지의 양

해 2차 생산력이란 소비자 단계에서 다른 생물체(식물 또는 동물)를 먹고 사는 생물체가 생산한 새로운 동화량으로서 유기물이 전환되어 축적된 에너지의 양을 말한다.

**68** 식물의 호흡량과 순 1차 생산량(net primary production)을 합친 것은? 산기-16-1

① 현존 생물량(standing biomass)
② 군집 생산량(community production)
③ 1차 총생산량(gross primary production)
④ 순 생태계 생산량(net ecosystem production)

**69** 다음 표는 중부지방의 초원지대의 생태계에 있어서의 kcal/㎡/1년으로 나타낸 연간 생산량과 호흡량이다. 이 초원지대의 군집순생산량 값은? 산기-04-5

| 구분 | 초원지대 | 소나무림 |
|---|---|---|
| 1차 총생산 | 24,400 | 12,200 |
| 독립영양자 호흡 | 9,100 | 4,700 |
| 종속영양자 호흡 | 3,800 | 4,600 |

① 15,200 ② 14,400
③ 8,400 ④ 7,300

해 군집순생산량은 생물군집 내 독립영양생물과 종속영양생물이 필요한 모든 양분을 취하고 남은 양을 말한다.
(24,400+12,200)−(9,100+4,700)−(3,800+4,600)=14,400

**70** 다음 중 순생산량을 측정하는데 사용되지 않는 방법은? 산기-04-5, 산기-12-3

① 수확법 ② 이산화탄소법
③ 산소측정법 ④ 오존법

해 ①②③ 외 상대생장법, 생육분석법, 방사성 동위원소법, 염록소-a법 등이 있다.

**71** 일반적으로 생물량 조사 시 탈회분량을 측정할 때 시료를 태우는 온도로 가장 적합한 것은? 산기-07-2, 산기-14-3

① 약 300℃ ② 약 400℃
③ 약 500℃ ④ 약 600℃

**72** 초본식물의 생산성 측정을 위한 가장 보편적이고 간단한 방법은? 산기-08-2, 산기-13-1, 산기-18-3

① 수확법 ② 상대생장법
③ 영구방형구법 ④ 동화챔버법

해 수확법(harvest method) : 일정 면적 내의 식물을 채취하여 생산량을 측정하는 방법으로 주로 초본식물에 적용한다. 조사구 내 지상 3㎝ 높이를 기준으로 경엽부를 베어내고 뿌리부도 채취한 후 건조중량을 측정하여 생산량을 측정한다.

**73** 산림에서 잎의 생산량 측정과 관계있는 것은? 산기-11-1, 산기-19-3

① 그물
② 흉고직경 측정
③ 가지의 건중량 측정
④ 리터 트랩(litter trap) 설치

**74** 육상식피에서 수직적 계층 구조를 조사하는데 중요한 개념이 엽면적 지수(leaf area index)이다. 다음 엽면적 지수에 관한 설명 중 옳지 않은 것은? 산기-10-3

① 엽면적 지수는 총 지표면적에 대한 총 엽면적의 비이다.
② 엽면적 지수가 증가함에 따라 식피에서 가장 낮게 달리는 잎은 광합성을 위한 충분한 빛을 받아 생육한다.
③ 엽면적 지수가 2.0이라는 것은 1㎡의 지표면적 위에 매달린 잎을 측정했을 때 엽면적이 2㎡이라는 것을 의미한다.
④ 단층배열은 모든 잎을 하나의 연속된 층으로 다층배열은 잎을 몇 층 사이에 느슨하게 퍼뜨리게 배열하는 것이다.

정답 68. ③ 69. ② 70. ④ 71. ③ 72. ① 73. ④ 74. ②

해 엽면적 지수가 증가하면 가장 낮게 달리는 잎은 광합성을 위한 충분한 빛을 받기 어렵다.

**75** 산림의 상대생장법에서 사용되는 상대생장식의 설명으로 옳은 것은? 산기-07-4, 산기-12-1

① 흉고직경과 수고를 상대생장식에 대입하여 현존량을 구한다.
② 흉고직경과 수고를 상대생장식에 대입하여 연순생산량을 구한다.
③ 기저면적과 밀도를 상대생장식에 대입하여 현존량을 구한다.
④ 기저면적과 밀도를 상대생장식에 대입하여 연순생산량을 구한다.

**76** 생육분석법으로 고등식물의 생산성을 추정할 때 이용하는 지표에 대한 설명으로 옳지 않은 것은? 산기-10-3

① 엽면적비(LAR, leaf area ratio)는 한 개체당 엽면적을 나타낸 것이다.
② 순동화율(NAR, net assimilation rate)은 상대생장률에 엽면적의 개념이 더 추가된 것이다.
③ 비엽면적(SLA, specific leaf area)은 동일종이라도 빛을 받는 정도에 따라 크게 달라진다.
④ 상대생장률(RGR, relative growth rate)은 단위 시간 및 단위 면적당 건물량의 증가로 나타낸다.

해 ① 엽면적비(LAR, leaf area ratio)란 한 개체의 무게당 엽면적을 나타낸 것이다.

**77** 식물의 생산구조를 확인하기 위한 조사법은? 산기-10-3

① 층별 예취법 ② 짝 구획법
③ 생물량 측정법 ④ 건중량 측정법

**78** 다음 1차 생산량을 측정하는 방법 중 주로 수중식물에 이용하는 것은? 산기-05-4

① 수확법 ② 엽록소 a 측정법
③ $CO_2$ 측정법 ④ 상대생장법

해 ① 초본류, ③④ 목본류

**79** 팔당호 수심의 50㎝ 깊이에서 명병-암병법으로 1시간 동안 용존산소량의 변화를 측정한 결과를 이용하여 순광합성량(mg $O_2 \cdot L^{-1} \cdot hr^{-1}$), 호흡량(mg $O_2 \cdot L^{-1} \cdot hr^{-1}$) 및 총광합성량(mg $O_2 \cdot L^{-1} \cdot hr^{-1}$)은? 산기-17-1

| |
|---|
| –시발병(initial bottle) : 8.10mg $O_2 \cdot L^{-1} \cdot hr^{-1}$ |
| –명병(light bottle) : 8.50mg $O_2 \cdot L^{-1} \cdot hr^{-1}$ |
| –암병(dark bottle) : 8.05mg $O_2 \cdot L^{-1} \cdot hr^{-1}$ |

① 0.40, 0.05, 0.45 ② 0.45, 0.05, 0.40
③ 0.05, 0.45, 0.40 ④ 0.45, 0.40, 0.05

해 · 순광합성량=명병–시발병=8.5–8.1=0.40
· 호흡량=시발병–암병=8.1–8.05=0.05
· 총광합성량=명병–암병=8.50–8.05=0.45

**80** 광합성량을 방사성 동위원소법으로 측정할 때와 관련하여 설명한 내용 중 옳지 않은 것은? 산기-17-3

① 식물 플랑크톤에만 적용이 가능하다.
② 배양액에 오랫동안 배양할수록 광합성량이 많아 오차가 감소한다.
③ 생산량이 많은 수체보다 원양(遠洋)처럼 생산량이 적은 수체에 유용하게 이용된다.
④ 광합성에 이용되지 않은 $CO_2$를 제거하기 위해 인산이나 염산 용액을 사용한다.

해 배양기간은 실험결과에 큰 영향을 미치므로 보통 2~4시간으로 한다.

**81** 다음 중 식물의 낙엽 분해율 측정과 관련된 설명으로 옳지 않은 것은? 산기-13-1

① 분해에 관여하는 미세 종속 영양생물은 주로 박테리아, 균류, 선충류, 원생생물, 윤충류 등이다.
② 리터백의 크기는 조사하려는 낙엽을 충당할 수 있을 정도여야 한다.



정답 75. ① 76. ① 77. ① 78. ② 79. ① 80. ② 81. ③

③ 리터백의 그물 크기는 0.1㎜로 정해져 있는 표준폼을 사용하여야 한다.
④ 조사구역 내에 배치된 리터백의 수는 예상하는 분해율과 지역의 미세기후에 다르게 한다.

해 리터백의 크기는 일반적으로 1㎜의 그물눈에 20×20㎝ 크기를 많이 사용하나 연구목적에 따라 적절히 조정한다.

**82** 낙엽의 분해율을 측정하기 위하여 mesh size 1㎜인 낙엽주머니에 낙엽을 넣고 임상에 1년간 놓아 둔 후 회수하여 건량 감소를 측정하였다. 1년 동안 건량기준 50%가 사라진 경우 분해 상수 k는? (단, 분해상수 k는 $Xt/Xo=e^{-kt}$ 식을 통해 구하며, ln0.5=−0.693, ln1=0, ln2=0.693, ln50=3.912이다.) 산기-18-3

① 3.912 ② 1.386
③ 0.693 ④ −0.693

해 $0.5=e^{-kt}$ → ln0.5=−k

**83** 낙엽분해에 미치는 미생물 활성 조사에 MUF(methlumbelliferyl)기를 가진 기질을 이용하는 방법에 대한 설명으로 틀린 것은? 산기-17-1

① 효소 활성도가 낮을 때 사용하는 방법이다.
② 형광을 측정하여 MUF의 농도를 알면 효소 활성도를 계산할 수 있다.
③ MUF기를 가진 기질은 형광을 내지만 외분비 효소에 의해 분해되어 유리된 MUF는 형광을 내지 않는다.
④ 측정하려는 시료를 MUF-기질과 함께 항온 진탕기에서 일정 시간 진탕한 후 원심분리하여 추출한 상등액에서 형광을 측정한다.

해 ③ MUF기를 가진 기질은 형광을 내지 않으나 외분비 효소에 의해 분해되어 유리된 MUF는 형광을 내게 된다.

**84** 온도측정에 관한 설명으로 옳지 않은 것은? 산기-08-2

① 기온은 대기와 온도계가 평형이 될 때의 온도이다.
② 온도의 단위는 Celsius와 Fahrenheit 등이 있다.
③ 기온은 공간적 변화가 있으므로 여러 개의 봉상 온도계로 측정한다.
④ 봉상온도계의 종이 가리개는 피부온도 전도를 막기 위함이다.

해 ④ 봉상온도계의 종이 가리개는 햇빛을 가리고 통풍을 원활하게 해준다.

**85** 식물의 광합성에 이용되는 가시광선의 파장 범위로 가장 적합한 것은? 산기-12-1

① 1~100㎚
② 100~300㎚
③ 390~710㎚
④ 800~1000㎚

**86** 다음 기후도에서 사선(▨, diagonal line)으로 표시하는 것은? 산기-15-1

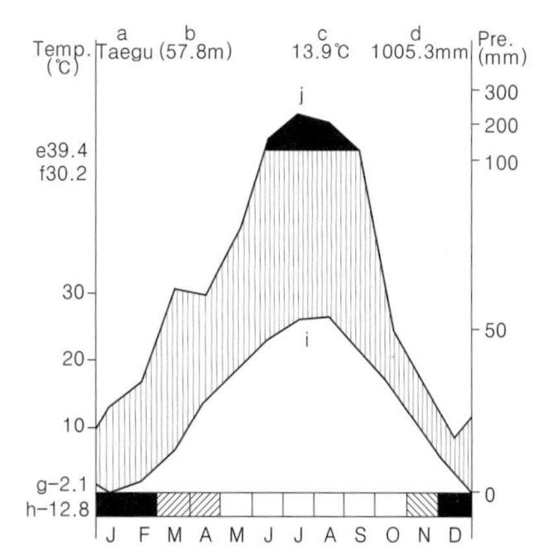


① 절대 연 최저기온
② 최한월의 일평균 최고기온
③ 절대 최저기온이 0℃ 이하의 날이 있는 달
④ 평균일 최저기온이 0℃ 이하의 날이 있는 달

해 ① h, ② g, ④ 검은 막대

**87** Walter(1975)가 제안한 클라이메이트(Climate) 다이어그램에서 얻을 수 없는 정보는? 산기-16-1

① 춘계에 영하 이하인 최종 날짜

정답 82. ③ 83. ③ 84. ④ 85. ③ 86. ③ 87. ①

② 강수량과 기온에 대한 각각의 자료수합 연수
③ 열대지방의 식물이 다른 지역으로 이주하여 귀화종으로 전환이 가능한지의 판별
④ 건조기, 우기 및 습윤한 시기, 기록적인 최저 온도, 토양이 결빙되어 있는 시기, 해발고도를 포함한 백엽상의 높이

해 클라이메이트 다이어그램(climate diagram) : 기후요인과 식물의 성장을 표시한 것으로, 관측지점, 해발고도, 연평균 기온, 연평균 강수량, 절대최고기온, 월평균 기온, 월평균 강수량 등을 알 수 있다.

**88** 채토법에서 일반적으로 표토를 나타내는 깊이는? 산기–15–1

① 0~10㎝　② 0~20㎝
③ 10~20㎝　④ 20~40㎝

**89** 그림과 같이 토양층을 O, A, B, C 및 R층으로 구분할 때 각 층에 대한 설명 중 옳지 않은 것은? 산기–13–1

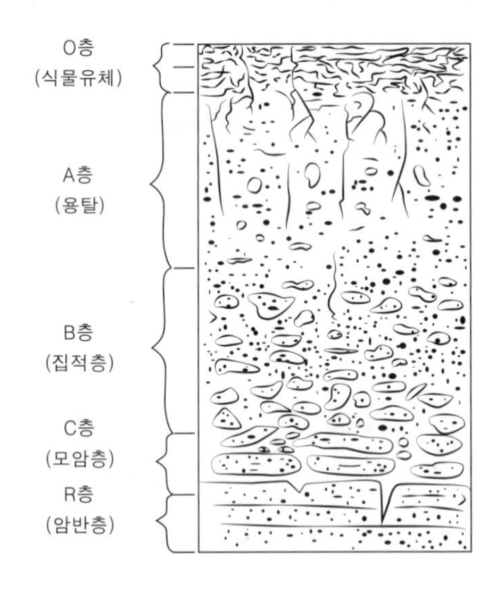


① 일반적으로 냉대지방에는 O층이 온대지방보다 깊다.
② 일반적으로 건조지역에서는 증발률이 높기 때문에 B층이 단단하며, 이를 경판(hardpan)이라 부른다.
③ 일반적으로 열대지방은 온대지방보다 유기물의 생산량이 많기 때문에 O층과 A층이 깊다.
④ 일반적으로 A층은 상층토, B층은 하층토라 하며 토양 단면에서 주로 A층을 측정한다.

해 ③ 열대지방의 분해율이 온대지방보다 높으므로 O층의 깊이가 온대지방보다 얕다.

**90** 토양시료 채취 시 토양의 단면 중 어느 층을 채취하는가? 산기–19–3

① A층　② B층
③ C층　④ D층

**91** 토양단면에서 토양층의 설명으로 틀린 것은? 산기–18–3

① O층은 유기물질의 층으로 L층, F층, H층으로 구분된다.
② A층은 퇴적층으로, 보통 밝은색을 띤 작은 조각의 모양을 한 유기물질의 토양층이다.
③ B층은 A층에서 걸러진 물질로 이루어졌고 보통 원주 모양을 하고 있다.
④ C층은 모암층으로 암석을 이루는데 풍화된 모암 물질을 갖고 있다.

해 ② A층은 표층 또는 용탈층으로 불리며 광물토양의 최상층으로 외계와 접촉되어 직접적인 영향을 받는 층이다.

**92** 다음 중 어느 것의 결과로 부식토(humus)가 형성되는가? 산기–09–4, 산기–15–1

① 모래와 점토가 혼합되어
② 동물에 의한 굴 파기에 의해
③ 토양 이산화탄소의 농도 증가에 의해
④ 죽은 생물에서 박테리아와 균(fungi)의 활동에 의해

해 부식토는 토양유기물이 박테리아와 균 등의 미생물 작용에 의하여 원조직이 변질되거나 합성된 갈색 또는 흑갈색의 유기성분이 많고 비옥한 토양을 말한다.

**93** 토성은 토양 중 모래(sand), 미사(silt), 점토(clay)의 비율을 나타낸 것이다. 토성을 나타낸 다음 그림에 관한 설명 중 옳은 것은? (단, 미국농무성 토양분류

 • 정답 88. ① 89. ② 90. ① 91. ② 92. ④ 93. ①

를 활용한다.) 산기-13-1

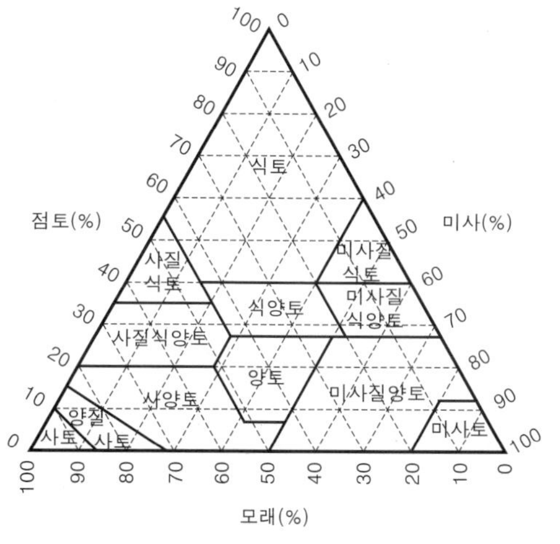


① 사토는 15%이하의 미사와 점토로 되어 있다.
② 양질사토는 15~35% 미사와 점토로 되어 있다.
③ 사양토는 30~60%의 미사와 점토로 되어 있다.
④ 식토는 40% 이상의 점토, 60% 이하의 미사, 30% 이하의 모래로 되어 있다.

**94** 토양의 가비중(bulk density)측정 결과 다음과 같은 수치를 얻었을 때 가비중(g/㎤)은? 산기-16-1

> –core의 용적=100㎤
> –core의 무게=10g
> –core와 토양의 건조 전 중량=59g
> –건조 후 core와 토양 중량=38g

① 0.11 ② 0.28
③ 0.38 ④ 0.49

해 가밀도 $dP(g/cm^3) = \frac{St}{V} \times \frac{Sd}{Sw}$

$\rightarrow \frac{59-10}{100} \times \frac{38-10}{(38-10)+(49-28)} = 0.28(g/cm^3)$

**95** 미사(Silt) 입자의 직경으로 올바른 것은? (단, 미국농무성(USDA)체계에 따름) 산기-19-3

① 0.002㎜ 이하 ② 0.002~0.05㎜
③ 0.05~0.10㎜ ④ 0.1~0.25㎜

**96** 토양의 수분함량을 측정하기 위해 항온건조기에서 건조시키려고 한다. 이때의 건조 온도로 가장 적합한 범위는? 산기-09-4, 산기-10-2, 산기-12-1, 산기-19-3

① 35~45℃ ② 85~95℃
③ 105~115℃ ④ 155~165℃

해 토양의 수분함량을 측정하기 위한 건조는 약 105℃로 18시간 건조시킨다.

**97** 다음 중 젖은 토양을 비이커에 넣어 105℃에서 24시간 이상 건조시킨 후 무게를 측정하여 토양의 수분함량을 측정하면 얼마인가? 산기-13-1

> –비이커의 무게:100g
> –젖은 토양+비이커의 무게:150g
> –건조 후 토양+비이커의 무게:140g

① 5% ② 10%
③ 20% ④ 25%

해 $\text{토양 수분함량} = \frac{\text{젖은 흙 중의 물의 중량}}{\text{건조한 흙의 중량}} \times 100(\%)$

$\rightarrow \frac{150-140}{140-100} \times 100 = 25(\%)$

**98** 포장용수량(field capacity)의 설명으로 옳은 것은? 산기-15-3

① 식물의 생육에 가장 적합한 수분조건
② 모세관수가 제거된 상태의 토양수분함량
③ 포장용수량에 해당하는 수분함량은 사질함량이 많은 토양일수록 많아진다.
④ 포장용수량에 위조점 수분함량을 더하면 유효수분의 함량이 된다.

해 포장용수량이란 토양의 비모세관 공극을 채우고 있던 중력수가 빠져나가고 모세관 공극을 채운 물만 남아 있는 상태로 유효수분의 상한을 말한다.–흡착력 1/3bar(pF 2.54)

**99** 식물의 뿌리가 흡수할 수 있는 최소한의 토양 함수량의 경계는? 산기-15-1

① 야외용수량 ② 위조계수
③ 유효수 ④ 결합수

해 수분함량이 감소하여 위조가 심해지면 습기로 포화된 공

정답 94. ② 95. ② 96. ③ 97. ④ 98. ① 99. ②

기 중에서도 시들었던 잎의 팽압이 회복되지 않게 되는데, 이 상태를 영구위조라 하고, 이때의 토양수분함량을 위조계수라 한다.

**100** 토양의 유기물 함량을 구하기 위하여 실험을 수행한 결과이다. 이 토양의 유기물 함량은? 산기-16-3

| |
|---|
| -생토양의 토양 무게 : 50g<br>-105℃에서 건조 후 토양 무게 : 40g<br>-550℃에서 태운 후 토양 무게 : 39g |

① 2% ② 2.5%
③ 20% ④ 78%

해 유기물함량(작열감량) $= \frac{40-39}{40} \times 100 = 2.5(\%)$

**101** 토양의 유기물 함량을 계산하기 위하여 음건시킨 토양을 105℃에서 24시간 건조시킨 후 550℃에서 4시간 작열시켜 다음과 같은 결과를 얻었다. 유기물 함량(%)은? (단, 도가니의 무게:15g, 음건된 시료의 무게:12g, 105℃에서 24시간 건조시킨 후 도가니+시료의 무게:25g, 이를 용광로에 넣고 작열시킨 후 도가니+시료의 무게:22g) 산기-17-3

① 10 ② 20
③ 30 ④ 40

해 ·105℃에서 건조된 시료 무게 : 25-15=10g
·용광로에서 작열된 시료 무게 : 22-15=7g
→ $\frac{10-7}{10} \times 100 = 30(\%)$

**102** 토양의 미생물 생물량을 측정하는 방법으로 클로로포름 훈증(chloroform fumigation)법이 있다. 이 방법으로 미생물의 생물량을 측정하기 위해 발생되는 $CO_2$의 양을 측정하였다. 훈증시료의 $CO_2$발생량이 240㎍/g이고, 미훈증시료의 $CO_2$발생량이 200㎍/g이었다. 이 토양의 균류와 세균의 비는 2:1이고 균류의 평균 광물화율은 50%이며 세균의 광물화율이 20% 이었다면, 이 토양의 미생물량은 얼마인가? 산기-13-1

① 60㎍/g ② 80㎍/g
③ 100㎍/g ④ 1200㎍/g

해 미생물 현존량 $C = \frac{F_C - U_{FC}}{k_C}$

C : 미생물 생체량에 포함된 탄소의 양
$F_C$ : 훈증한 토양시료에서 발생한 이산화탄소량
$U_{FC}$ : 훈증하지 않은 토양시료에서 발생한 이산화탄소량
$k_C$ : 이산화탄소로 광물화된 생체량 C의 비율

→ 광물화율 $k_C = \frac{50 \times 2 + 20}{3} = 40(\%)$

$C = \frac{240-200}{0.4} = 100(\mu g/g)$

**103** 수환경 분석요인으로 측정하는 투명도(transparence)에 대한 설명으로 옳지 않은 것은? 산기-13-1

① 점토, 침니, 미세한 유기 및 무기물질, 플랑크톤 및 기타 미생물들 부유물질에 따라 달라진다.
② 물속에 있는 투명도판이 보이게 되는 깊이로 나타낸다.
③ 투명도판은 지름 50㎝, 두께 1㎝에 지름 5㎝의 구멍이 10개 뚫려 있는 백색원판을 사용하여야 한다.
④ 일기, 시각, 개인차 등에 따라 달라지므로 측정조건을 기록해 두어야 한다.

해 투명도판은 무게가 3㎏, 지름 30㎝, 지름 5㎝의 구멍 8개가 뚫린 백색원판을 사용한다.

**104** 용존산소(DO)의 농도에 영향을 미치는 요인으로 가장 거리가 먼 것은? 산기-16-3

① 수온 ② 광합성
③ 호흡 ④ 증발량

해 용존산소(dissolved oxygen ; DO)란 물속에 용해되어 있는 산소량이다. 물이 깨끗한 경우에는 그 온도에서의 포화량 가까이 함유된다. 공기와 직접 접하고 광합성이 활발한 표수층에서 가장 높고 심수층에서는 소량만 존재한다. 용존산소의 농도(ppm, ㎎/L)는 호기성 미생물의 호흡대사를 제한하는 인자이다.

**105** 하천 및 호수의 수질환경을 판별하기 위하여 DO, BOD, COD, 부유물질 등을 측정하는데 측정 시 많을수록 수질이 좋은 것은? 산기-11-1



정답 100. ② 101. ③ 102. ③ 103. ③ 104. ④

① DO ② BOD
③ COD ④ 부유물질양

해 용존산소(dissolved oxygen ; DO) : 물속에 용해되어 있는 산소량이다. 물이 깨끗한 경우에는 그 온도에서의 포화량 가까이 함유된다. 공기와 직접 접하고 광합성이 활발한 표수층에서 가장 높고 심수층에서는 소량만 존재한다.

**106** 도시를 지나는 강은 도시로부터 많은 양의 오폐수를 받아들인다. 도시의 하수가 강으로 유입되었을 때 나타나는 현상을 맞게 표현한 것은? 산기-12-1

① 유기물은 증가하고 용존산소는 감소한다.
② 유기물은 증가하고 용존산소도 증가한다.
③ 유기물은 감소하고 용존산소는 증가한다.
④ 유기물은 감소하고 용존산소도 감소한다.

**107** 수질오염원 중 점오염원에 대한 설명이 아닌 것은? 산기-18-3

① 합류식 관도의 우수 월류수
② 하수도가 보급되지 않는 소도시지역의 우수 유출수
③ 대단위 가축 사육장에서의 침출수 및 우수 유출수
④ 운영중인 광산의 우수 유출수 및 배출수

해 점오염원은 오염 배출을 명확히 확인할 수 있는 점으로부터 하수구나 도랑 등의 형태로 배출되는 오염원이고, 비점오염원은 넓은 지역으로부터 빗물 등에 의해 씻겨지면서 배출되어 정확히 어디가 배출원인지 알기 어려운 산재된 오염원으로부터 배출되는 것을 의미한다.

**108** COD(화학적 산소요구량)에 관한 설명으로 틀린 것은? 산기-08-2

① COD분석방법에는 산성 $KMnO_4$법과 알칼리성 $KMnO_4$법이 있다.
② 일반적으로 공장폐수 가운데 무기질을 함유하고 있어 BOD측정이 불가능한 경우에 사용한다.
③ 주로 유기물질의 함량을 간접적으로 나타내는 지표이다.
④ COD분석에는 BOD 측정시간에 비해 장시간 소요된다.

해 ④ BOD 실험은 일반적으로 5일이 필요한데 비하여 COD의 측정은 높은 온도와 강한 산화제에 의한 격렬한 조건에서 반응시키므로 2시간 이내로 측정할 수 있다.

**109** 환경의 영향을 생물의 반응을 통해서 파악하기 위하여 환경지표생물이 지녀야 할 적합성에 해당되지 않는 것은? 산기-05-4, 산기-13-1

① 환경변동에 대하여 민감하게 반응할 것
② 일반적인 환경변동에 대하여 특이적인 반응을 나타낼 것
③ 환경변화와 생물의 반응과의 관계를 수량적으로 파악할 수 있을 것
④ 장기간 계속 반응하여 환경변화의 적산적 효과를 평가할 수 있을 것

해 ② 독특한 환경변동에 대하여 특이적인 반응을 나타낼 것

**110** 다음은 두 가지의 개체군 증가식이다. 아래 공식 및 해당 생물군과 관련하여 해석한 것 중 잘못된 것은? 산기-16-3

> ㉠ $dN/dt=rN$
> ㉡ $dN/dt=rN((K-N)/K)$

① ㉠식은 개체군 증가 형태가 J자형을, ㉡식은 S자형을 나타낸다.
② ㉠식은 환경의존적, ㉡식은 밀도의존적인 특성을 보이는 개체군에서 각각 나타난다.
③ ㉡식에서 K는 먹이, 공간, 노폐물 등에 의해 결정된다.
④ ㉡식에서 K=N 이면 우변이 '0'이 되며 그 지역에 해당하는 개체군이 없다는 것을 의미한다.

해 ④ 생장률 '0'이 되는 상태가 환경과 개체군 사이에 평형이 성립된 상태이다.

**111** 개체군의 분포는 임의분포, 집중분포, 규칙분포로 구분할 수 있는데, 이 중 평균 및 분산을 계산하여

정답 105. ① 106. ① 107. ② 108. ④ 109. ② 110. ④

임의분포를 나타내고자 할 때 그 관계로 옳은 것은?
산기-17-3

① 평균=분산 ② 평균>분산
③ 평균<분산 ④ 평균≠분산

해 ② 규칙분포, ③ 집중분포

**112** 개체군의 지수생장식을 나타낸 미분식으로 옳은 것은? 산기-14-3

① $\frac{dN}{dt} = rN$
② $Nt = N_0e^{rt}$
③ $\ln Nt = \ln N_0 + rt$
④ $\frac{Nt}{dt} = ert$

**113** 개체군의 공간분포를 판정하는 방법에 대한 설명으로 옳지 않은 것은? 산기-13-1

① 적합도(goodness of fit) 검정으로 판정할 때 자유도는 가장 큰 숫자에서 2를 빼면 된다.
② 적합도(goodness of fit) 검정에서 $x^2$값이 $x^2$ 분포표의 값보다 작으면 random 분포를 의미한다.
③ 평균개체수에 대한 분산의 비(variance tomean ratio)의 방법에서는 값이 1보다 크면 clumped로 판정한다.
④ Morisita 지수값이 0이면 clumped분포로 판정하고, uniform분포를 할 경우의 값은 총 방형구수와 같아진다.

해 ④ Morisita 지수값이 0이면 uniform분포로 판정하고, clumped분포를 할 경우의 값은 총 방형구수와 같아진다.

**114** 다음 중 종 다양성에 대한 설명으로 옳은 것은?
산기-15-3

① 군집 내 서식하는 모든 종의 개체수 총합
② 군집 내 서식하고 있는 종의 풍부도와 균등도의 조합
③ 군집 내 일정지역에 서식하는 1차 생산자의 개체수
④ 한 표현형의 개체군에 대한 상대적 평균 기여도로 측정되는 개체 간 인구통계적 차이의 정도

**115** 종풍부도와 종다양도를 나타내는 지수가 아닌 것은?
산기-16-3

① Margalef지수 ② Simpson지수
③ Shannon지수 ④ Jaccard지수

해 ④ Jaccard지수는 군집유사도를 나타내는 값이다.

**116** 다음 표에서 A, B, C 및 D의 Margalef의 종다양성 지수는 각각 얼마인가? 산기-10-2

| | 군집 | | | |
|---|---|---|---|---|
| | A | B | C | D |
| n1 | 20 | 96 | 30 | 97 |
| n2 | 20 | 1 | 30 | 1 |
| n3 | 20 | 1 | 30 | 1 |
| n4 | 20 | 1 | 10 | 1 |
| n5 | 20 | 1 | – | – |
| 총계 | 100 | 100 | 100 | 100 |

① A=0.05, B=0.05, C=0.04, D=0.04
② A=2, B=2, C=1.5, D=1.5
③ A=0.2000, B=0.9220, C=0.2800, D=0.9421
④ A=0.8000, B=0.0780, C=0.7200, D=0.0579

해 Margalef지수 $R = \frac{S-1}{\ln(N)}$

S : 종의 수, N : 총개체수
자연대수(ln) 대신 10을 밑수로 취하는 log를 사용한다.

$\rightarrow R_A \text{ or } R_B = \frac{5-1}{\log 100} = 2.0$

$R_C \text{ or } R_D = \frac{4-1}{\log 100} = 1.5$

**117** 생태적 지위(niche)를 구분할 때 속하지 않는 것은?
산기-15-3

① 공간적 지위 ② 영양적 지위
③ 시간적 지위 ④ 다차원적 지위



정답 111. ① 112. ① 113. ④ 114. ② 115. ④ 116. ② 117. ③

**118** 다음 표는 어느 군집의 종수와 각 종에 속하는 수도를 조사한 자료이다. 이 자료를 이용하여 Simpson의 종 다양도 지수(Ds)를 계산한 것으로 옳은 것은?

산기-10-2

| 종명 | 수도(ni) |
|---|---|
| 나무좀 | 17 |
| 흰개미 | 11 |
| 왕개미 | 4 |
| 계 | 32 |

① 0.603 ② 0.595
③ 0.485 ④ 0.397

해 다양도지수 $Ds = 1 - \frac{\Sigma n_i(n_i-1)}{N(N-1)}$

N : 총개체수, $n_i$ : 각 종의 개체수

→ $1 - \frac{17(17-1)+11(11-1)+4(4-1)}{32(32-1)} = 0.603$

**119** A와 B지역을 조사한 결과 두 지역에 공통적으로 나타난 종이 10종, A지역에 출현하나 B지역에는 출현하지 않는 종이 8종, B지역에 출현하나 A지역에 출현하지 않는 종이 7종인 경우 Jaccard coefficient를 이용하여 구한 두 지역의 community 유사도는?

산기-12-3, 산기-17-1

① 5/2 ② 2/5
③ 3/2 ④ 2/3

해 자카드 계수 $C_J = \frac{W}{A+B-W}$

A : 군집 A의 종수, B : 군집 B의 종수
W : 두 군집에서 공통되는 종수

→ $\frac{10}{18+17-10} = \frac{2}{5}$

**120** 군집 A에 출현하는 종이 20종, 군집 B에 출현하는 종이 15종, 두 군집에 공통으로 출현하는 종이 10종이라고 할 때 Jaccard 군집 유사 계수를 구하면?

산기-18-3

① 0.29 ② 0.40
③ 0.57 ④ 0.70

해 Jaccard 계수 $C_J = \frac{W}{A+B-W}$

A : 군집 A의 종수, B : 군집 B의 종수
W : 두 군집에서 공통되는 종수

→ $\frac{10}{20+15-10} = 0.40$

**121** 다음 중 군집의 유사성을 나타내는데 사용하는 지수는?

산기-14-3

① Simpson 지수 ② Shannon 지수
③ Sørensen 지수 ④ Dominance 지수

**122** 다음 조건에서 두 군집의 유사도(Sørensen계수)는?

산기-19-3

| |
|---|
| -군집 A의 종 수: 40종 |
| -군집 B의 종 수: 36종 |
| -공통된 종: 24종 |

① 0.24 ② 0.32
③ 0.63 ④ 1

해 소렌슨 계수 $C_S = \frac{2W}{A+B}$

A : 군집 A의 종수, B : 군집 B의 종수
W : 두 군집에서 공통되는 종수

→ $\frac{2 \times 24}{40+36} = 0.63$

**123** 환경요인과 관계없이 두 개체군 상호간에 친숙하여 서로 가까이 존재하는 결합관계는?

산기-13-1

① 양성결합 ② 음성결합
③ 기회결합 ④ 상호결합

**124** 다음 중 상극(타감, allelopathy)작용을 하는 식물이 아닌 것은?

산기-16-3

① 소나무 ② 호두나무
③ 쑥 ④ 배추

해 타감작용이란 식물체에 의한 '항생작용'으로 한 종이 화학물질을 환경으로 분비하여 다른 종의 생장을 방해하는 작용이다.

정답 118. ① 119. ② 120. ② 121. ③ 122. ③ 123. ① 124. ④

**125** 다음 중 먹이그물의 작성에서 고려하여야 할 것은? 산기-14-3

① 영양단계 ② 먹이 섭취량
③ 물질 교환량 ④ 에너지 전환효율

해 영양단계란 태양계로부터 같은 단계를 거쳐 양분을 공급받는 생물들의 순서를 정한 것이다.

**126** 먹이그물에서 하위계층을 이루는 것은? 산기-16-1

① 소비자단계 ② 분해자단계
③ 생산자단계 ④ 고차소비자단계

해 먹이그물은 생산자-소비자-분해자 순으로 계층이 구성되어있다.

**127** 자연생태계의 평형을 유지하는데 가장 밀접한 관계가 있는 것은? 산기-17-3

① 천이 ② 공생
③ 극상 ④ 먹이연쇄

**128** 생물량을 조사한 결과를 바탕으로 작성한 먹이피라미드가 그림과 같이 나타났을 때 해당하는 생태계는? 산기-18-3

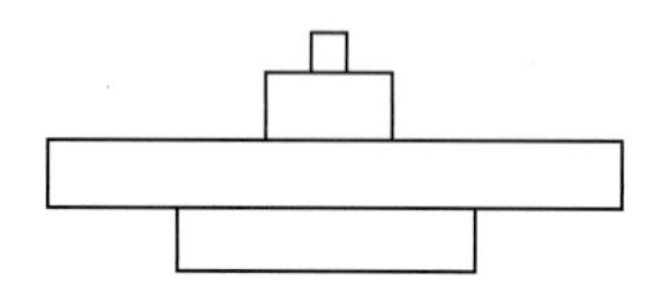

① 초원 ② 침엽수림
③ 활엽수림 ④ 해양

해 역피라미드는 개체수 및 생물량 피리미드가 생산자의 개체수나 생물량이 적게 나타나는 경우로 해양생태계에서 나타나는 특징적인 경우이다.

**129** 생물체를 구성하는 기본원소들은 생물권을 순환하며 지구의 구성성분이 생물의 구성성분이 되며 이러한 변환과정에 화학적 반응이 관여하게 되는데 이와 같은 순환을 무엇이라 하는가? 산기-10-2

① 퇴적형 순환 ② 기체 순환
③ 무기화합물 순환 ④ 생지화학적 순환

**130** 생지화학적 순환의 요소에 관한 설명이 아닌 것은? 산기-15-1

① 구아노는 질소순환의 한 단계이다.
② 담수에서 인은 조류(algae)의 제한요인 중 하나이다.
③ 합성세제의 주원료 중 하나인 인은 인위적인 요인에 의해 환경에 과잉 공급되고 있다.
④ 환경에 있던 영양염류가 생산자를 통해 소비자 분해자를 거쳐 다시 환경으로 돌아가는 것을 뜻한다.

해 구아노는 건조한 해안지방에서 바다새의 배설물이 응고·퇴적된 것으로 인순환의 한 단계이다.

**131** 생태계의 물질순환을 설명하는 방법 중에 생지화학적 순환이 있다. 생지화학적 순환에 관한 설명으로 옳지 않은 것은? 산기-17-1

① 생지화학적 순환은 기체형 순환과 퇴적형 순환이 있다.
② 생지화학적 순환이란 물질이 생물과 비생물적 환경 사이를 순환하는 것을 말한다.
③ 생지화학적 순환에서 중요하게 다루어지는 원소로 탄소, 질소, 인이 있는데, 이는 생물체를 구성하는 중요원소이기 때문이다.
④ 탄소의 생지화학적 순환을 이해하기 위해서는 광합성량과 호흡량만을 조사하면 된다.

해 ④ 산업혁명 이후의 인간에 의한 화석연료의 연소와 토지이용형태의 변화는 지구수준의 탄소순환에 큰 영향을 주고 있다.



정답 125. ① 126. ③ 127. ④ 128. ④ 129. ④ 130. ① 131. ④

PART

# 2

자·연·생·태·복·원·필·기·정·복

# 경관생태학

# Chapter 1 경관생태학의 기초

## 1 경관생태학의 개념

### 1. 경관생태학의 정의

(1) 경관

1) 정의

① 지표를 구성하는 여러 요소가 모자이크처럼 분포하는 일정 지역

② 시각적·지각적이며 미적인 개념뿐만 아니라 그 지역이 가지고 있는 종합적인 생태학적 특성을 포함하는 총체적인 실체

2) 트롤(Troll, 1939)과 경관

① 경관이라는 말은 지역(region)이라는 공간적 의미 보유

② 지권 및 생물권과 인공물이 통합된 인간 생존공간의 '총체적인 공간적·시각적 실체'로 정의

③ 경관을 부분의 합 이상인 '전체'를 의미하는 통합된 총체적 실체로 지칭

**생태계의 계층구조**

개체→개체군→군집→생태계→경관→생물군계(지역)→생물권(권역)→지구

(2) 경관생태학

1) 경관생태학의 개념

① 경관과 생태학이 갖는 개념들의 통합된 개념

② 지권과 생물권의 다층화된 총체적 생존공간 -상호작용하는 체계(Buchwald)

③ 생물공동체와 그것을 둘러싸는 환경조건사이에 존재하는 종합적이고, 일정한 법칙아래 복합적인 상호작용을 해명하는 학문(Troll)

④ 경관을 '시각적 측면의 경관', '분포적 측면의 경관', '생태계로서의 경관'으로 구분(Zonneveld and Forman)

⑤ 이질적인 패치간의 공간적·기능적 관계가 시간에 따라 어떠한 변화가 나타나는가를 연구하는 학문 -구조, 기능, 변화 강조

⑥ 경관모자이크, 경관패턴 등 특정한 분포나 질서를 가진 자연지역 단위를 연구대상으로 함

⑦ 지속가능한 환경의 조성을 중시여기고 있으므로 매우 중요한 분야이며, 환경복원의 기초분야

⑧ 연구성과를 실천에 옮기려는 실천 과학적 성격의 학문

2) 트롤(Carl Troll)의 경관생태학

① 과학적 연구가 분석적 방향으로 치우쳐 지역, 지역환경, 인간과 환경의

관계 규명이 어렵다고 판단하여 경관생태학 분야 제창
② 항공사진 분석의 무한한 잠재력 인식 –'경관생태학' 용어 창시
③ 항공사진 판독을 최초의 기술적 수단으로 사용하면서 개념 등장
④ 항공사진 판독에 의해 지역을 분류하고 각각의 경관내의 기능적 관계를 밝히고, 경관의 시각적 변화 추정

❖ 트롤(Carl Troll)

현대 경관생태학의 원리와 개념을 최초로 제공하였으며, '지리적 경관'이라는 용어를 "그 외관과 그것의 여러 현상간의 상호연관에 의해서, 또한 내부적·외부적인 위치관계에 의해서 일정한 특징을 갖는 공간단위를 형성하며, 그 위에 또한 지리적, 자연적 경계로 다른 특징을 갖는 경관으로 이행하는 지표에 나타난 하나의 구획을 의미한다"고 하였다. 경관생태학은 경관과 생태학이 갖는 각각의 개념이 통합된 개념으로 세밀한 분석적 해석이 아닌 종합적 접근과 평가 및 해석을 하고자 하였다.

### 3) 포맨과 고든(R.T.T. Forman and M. Godron, 1986)의 경관생태학

① 구조, 기능, 변화 3가지 측면에 초점
② 구조 : 구별되는 생태계나 거기에 존재하는 요소(에너지, 물질, 종의 크기와 모양 등)의 배치나 분포 등 생태계 사이의 공간적 관계
③ 기능 : 공간요소의 상호작용으로 생태계 구성요소 사이에서 에너지, 물질, 유기체의 흐름, 종의 이동 등
④ 변화 : 생태적인 모자이크의 구조 및 기능의 시간적인 치환

### 4) 조네벨트(B. Zonneveld)의 경관생태학

① 서로 영향을 주는 모든 요소로 구성된 총체적 실체로서 경관을 연구하는 'landscape science'의 중요분야로 인식
② 경관은 살아있는 유기체보다는 토지가 경관생태학의 중심임을 강조

경관단위의 공간적 위계(Ben Zonneveld)

| 구 분 | 내 용 |
|---|---|
| 에코톱 | 지권의 토지속성 중 최소한 하나(대기, 식생, 토양, 암석, 수분 등)에서 동질성을 갖는 가장 작은 총체적인 토지단위 |
| 소단위 토지 | 공간적 상호관련성을 갖고 최소한 하나의 토지속성이 강하게 연결된 에코톱의 조합 |
| 토지체계 | 조사 스케일에서 편리한 하나의 도식단위를 이루는 소단위 토지의 조합 |
| 경관 | 하나의 지리적 단위에서 토지체계(land system)의 조합 |

### 5) 랭거(Langer)와 경관생태학

① 내부 기능, 공간적 조직과 경관과 관련된 체계의 상호관련성을 다루는 과학적 학문

② 자연경관과 문화경관의 차이 탐색
③ 토지이용을 통해 인간에 의한 영향으로 나타나는 문화경관은 자연과학과 관련될 뿐만 아니라 사회과학과도 관련됨을 강조
④ 문화경관에서 인간에 의한 요소는 자연적 요소와 관련되는 것만이 아니라 계획과정과 관련된 '지리사회적 체계'의 높은 수준의 전체 형성

## 2. 경관생태학의 특징

### (1) 경관생태학 특징

① 목적 : 상충되는 자연적, 문화적, 사회경제적 수요를 조정하고 동시에 인간의 생물적 환경 증진
② 고전적 생물학의 영역을 넘어 식물사회학, 경제학, 지리학, 문화과학과 현대적 토지이용을 연결하는 인간중심적 지식의 영역

### (2) 경관생태학의 중요원리

① 경관의 구조 : 경관요소의 공간적 패턴 및 배열
② 경관의 기능 : 구조간의 동물, 식물, 물, 바람, 물질, 에너지의 이동과 흐름
③ 경관의 변화 : 시간의 경과에 따른 공간적 패턴과 기능의 역동성 및 변화

### (3) 경관구조적 패턴 3요소

1) 패치(patch, 조각)

① 면적 요소로 클 수도 작을 수도, 수가 적을 수도 많을 수도 있음
② 원형이나 긴 모양, 고른 모양이나 소용돌이 모양일 수도 있음
③ 분산되어 있을 수도 있고 집단화되어 있을 수도 있음
④ 주변 배경과 상관적으로 상이하게 구별되는 일정 면적의 생태적 공간 –산림의 경우 상관적으로 경계가 구분이 되는 식생형 구분
⑤ 생성기작
㉠ 역동적 교란 : 하천의 생성 등
㉡ 지형학적 요소 : 침식과 퇴적, 빙하 등 식생지대의 제한요인
㉢ 인공적 요소 : 철도, 도로 등 그물형태의 인공적 조각
㉣ 혼합작용 : 자연적 기작과 인공적 기작으로 조합

2) 코리더(corridor, 통로)

① 선적 요소로 좁을 수도 넓을 수도 있음
② 직선이거나 곡선일 수도 있으며, 연속이나 불연속일 수도 있음
③ 선형적 특성을 가지며, 물질(물질, 에너지, 생물) 이동의 속성 보유

3) 매트릭스(matrix, 바탕)

① 면적 요소(패치)와 선적 요소(코리더)를 둘러싸고 있는 요소
② 하나나 여러 개로 분리될 수 있음
③ 이질적일 수도 있으나 동질적일 수 있음
④ 연속적일 수도 있으며, 구멍이 뚫린 형태일 수도 있음

(4) 경관의 변화

① 전체적인 넓은 스케일의 경관은 모자이크지만, 국지적인 스케일의 주거단지는 패치, 코리더, 매트릭스로 구성됨
② 생울타리, 연못, 주택, 산림, 도로 등의 도입으로 인한 모자이크의 변화는 기능의 변화 초래
③ 동물의 이동경로 변경, 유수방향 변경, 토양입자의 침식변화, 인간의 다른 이동 등
④ 한 요소의 제거는 다른 방식으로 흐름 변경
⑤ 기존요소의 재배치는 근린기능에 상당한 변화 초래
⑥ 공간적 요소와 배열은 조경가와 토지이용계획가를 위한 길잡이가 됨
⑦ 자연과정에 따라 경관변화 발생 –모자이크의 연속적 변화

생태학과 경관생태학 비교

| 생태학 | 경관생태학 |
|---|---|
| 학문적 탐구 | 연구의 성과를 실천에 옮기는 실천과학 |
| 상대적으로 동질적인 공간단위 내에서 일어나는 식물, 동물, 대기, 물, 토양 사이의 수직적 관계 연구 | 공간단위 사이의 관련성에 초점을 둔 수평적 관계 연구 |
| 내부요소의 역할을 비롯한 물질·에너지 흐름에 관심 | 경관의 공간적 차원, 배치의 규칙성, 분포, 생태계의 내용과 기능(흐름, 상호작용, 변화)에 영향을 미치는 공간적 구성의 역할에 관심 |
| 분명한 공간적 한계없이 주로 생태계 내의 과정에 대한 수직적 연구에 치중 | 경관 내 또는 경관간의 수평적 경계를 오가는 공간적 연구에 치중 |

## 2 경관의 구조

### 1. 경관구조의 연구

(1) 도서(섬)생물지리학 이론

1) 도서생물지리이론

① 면적이 큰 것이 작은 것보다 종의 보존에 효과적
② 큰 면적 하나가 작은 면적 여러 개보다 종의 보존에 더 효과적

◘ 경관의 구조
생물이나 특정한 물질 등 공간을 특징짓는 대상물의 분포패턴 및 그 배경이 되는 구조적 요인을 말한다. 크게 패치, 코리더, 매트릭스로 분류한다.

③ 인접한 구역이 가까울수록 서식처 선택의 폭이 넓어져 이주 속도 및 위험 시 도피에 용이

④ 여러 개의 구역은 직선적 배열보다는 서로 같은 거리로 모여 있는 것이 유리

⑤ 조건이 같을 경우 길쭉한 형태보다는 둥근 형태의 서식처가 유리

⑥ 서로 떨어진 구역 사이에 통로를 놓음으로써 이입의 증가와 멸종의 방지에 효과적

2) 도서생물지리이론 응용

① 도서는 육지에 비해 생물종류가 적은 것에 주목하여 섬에 몇 종류의 생물이 서식가능한지를 연구

② 도서의 면적이 좁아 서식가능한 개체수가 제한되어 멸종하기 쉽지만 육지로부터 개체의 이주가 빈번하면 멸종으로부터 벗어날 수 있다는 사고에서 시작

③ 서식지를 섬으로 주변의 비서식지를 해양으로 간주하여 육상의 생물군집에 적용

㉠ 큰 섬은 작은 섬보다 더 많은 종 보유

㉡ 대륙에 가까운 섬은 멀리 떨어져 있는 섬보다 더 많은 종 보유

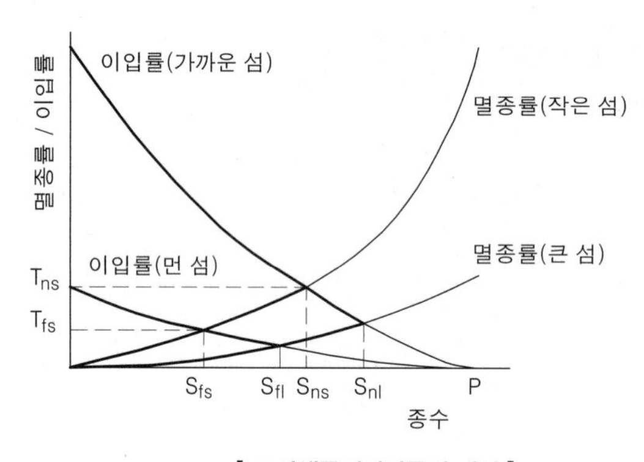


[ 도서생물지리이론의 개념 ]

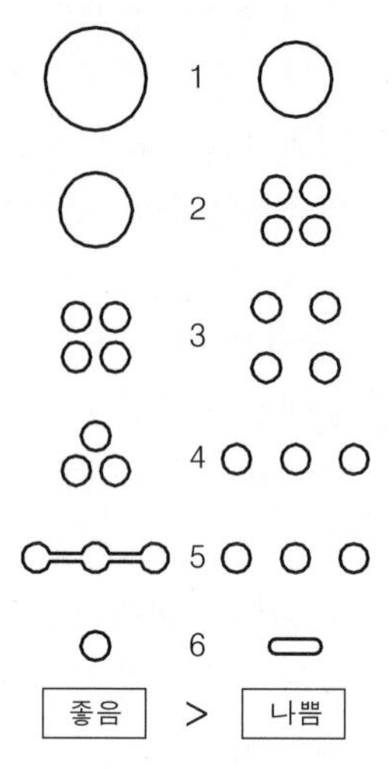


[ 도서생물지리이론의 응용 ]

(2) 환경경도분석

① 같은 종이라도 장소에 따라 환경에 대한 반응이 다르므로 지역계획이나 생물보전계획에 있어 고전적 기준 회피

② 대상지의 주요한 환경요인을 환경경도분석에 의해 추출하여 환경요인에 대한 개별종의 선호도나 내성 등을 파악 후 계획 작성

③ 직접경도분석 : 기존의 환경요인에 생태계 혹은 생물군집의 조사결과를 직접 대비하는 분석법

④ 간접경도분석 : 생물군집의 종조성 변화의 패턴을 이해하여 그 배경이 되는 환경요인을 추정하는 분석법

**환경경도**

지리적·공간적 위치에 따라 환경적 특성이 달리 나타나는 연속적인 변화를 말한다.

**환경경도분석**

어떤 지역에서 생태계의 공간적인 차이에 영향을 미치는 환경요인과 실제 관찰되는 생물군집의 종조성비를 비교하여 생물군집 혹은 생태계가 환경의 변화에 의해 어떤 영향을 받는지를 분석하는 것이다.

**❖ 도서생물지리학 응용 자연보전지구 설계지침(Diamond, 1975)**

① 전체 유역, 이주 경로, 섭식 장소 등은 보전지역 내부에 있는 것이 바람직하다.
② 넓은 지역을 필요로 하는 큰 포유동물에게는 큰 것이 작은 것보다 더 낫다.
③ 파편화되지 않은 것이 파편화된 것보다 더 낫다.
④ 재해와 인간의 개발로부터 보호받을 수 있고 고유종이나 희귀종이 서식할 수 있기 때문에 면적이 같을 경우에는 숫자가 많은 것이 더 낫다.
⑤ 서로 가까이 있을수록 이웃한 보전지구로 쉽게 이주할 수 있기 때문에 멀리 떨어져 있는 것보다 낫다.
⑥ 그러나 재해, 질병, 인간의 이용에 대한 영향을 감소시키고 다양한 서식지, 생물종수, 종 내 유전자 다양성을 증대하기 위해서 멀리 떨어져 있는 것이 좋다.
⑦ 자연적 연결성, 즉 통로를 유지하는 것이 훨씬 좋은 대안이다.
⑧ 작은 징검돌 모양의 보전지구가 있는 것이 없는 것보다 낫다.
⑨ 서식지 이질성이 높은(예를 들어 산, 호수) 보전지구는 다양한 서식환경을 가지고 있기 때문에 더 많은 종들을 보유한다.
⑩ 대륙 규모의 서식처 통로는 특히 고위도 지역에서 기후변화를 극복하는 데에 필수적이다.
⑪ 투과성이 있는 가장자리는 보전지구를 통과하는 동물의 이동을 촉진한다. 가장자리의 급격한 변화 정도, 너비, 수직구조, 자연적 불연속성이 투과성에 영향을 준다.
⑫ 폭이 좁은 보전지구(대략 200~500m)는 포식자나 잡종에 의한 침입을 촉진할 수 있다.
⑬ 핵심 내부 산림이 없거나 아주 작은 보전지구에는 일부 철새들에게 필요한 장소가 부족할 수도 있다. 또한 면적과 둘레길이의 비가 더 높을수록 외부 영향들을 완화하고 동물의 이동을 촉진한다.
⑭ 최소존속가능개체군 크기에 대한 최소치 예측은 개체군이 존속할 수 없다고 가정하는 것보다 낫다.
⑮ 소규모 보전지구는 보전지구체계에서 일부 종들을 위해 유용한 용도를 가질 수 있다.
⑯ 지엽적인 관점보다는 광역적인 관점을 가지는 것이 보전지구의 생물상을 보존하는데 중요하다.

## 2. 패치(patch)

### (1) 식생패치의 유형(기원)

① 잔여패치 : 농경지의 산림지역 같은 이전의 광범위한 경관이 남겨진 지역 –원래의 지역이 남겨진 경우
② 도입패치 : 농경지에 새로운 교외지역의 개발 또는 산림 내 소규모 초

**◘ 식생패치의유형**

① 잔여패치
② 도입패치
③ 간섭(교란)패치
④ 환경자원패치
⑤ 재생패치

지 –새로 도입된 종이 우점하게 되는 경우
③ 간섭(교란)패치 : 산림 내의 산불이 난 지역 또는 심한 폭풍에 의해 파괴된 지역 –국지적 교란이 생긴 경우
④ 환경자원패치 : 도시 내 습지 또는 사막의 오아시스 –주변지역과 다른 환경을 가진 경우
⑤ 재생패치 : 교란된 지역의 일부가 회복되면서 주변과 차별성을 가지는 경우

(2) 패치의 크기(큰 패치가 두 개로 나누어질 때 비교)

1) 종다양성 측면
① 주연부 서식처가 증가하고 주연부종의 개체수 약간 증가
② 대부분의 주연부종은 흔한 종으로 패치 분리는 바람직하지 않음
③ 내부 서식처 감소로 내부종의 개체군 크기와 개체수 감소
④ 흔한 주연부종의 다양성과 풍부도는 증가시키나 보전할 가치가 있는 내부종의 다양성과 풍부도는 감소할 수 있어 바람직하지 않음

2) 국지적 멸종 가능성
① 큰 패치가 종이 국지적으로 멸종할 가능성 낮음
② 큰 패치는 더 많은 서식처를 가지게 되어 더 많은 종 포함
③ 큰 패치일수록 다양한 비오톱을 포함하며, 서식처·종다양성 증가

3) 큰 패치의 장점
① 대수층과 호수의 수질보호에 유리
② 차수가 낮은 하천의 연결성 보장, 대수층과 서로 연결하여 하천네트워크 보호
③ 대부분의 내부종의 개체군 유지에 필요한 중심서식처 제공
④ 큰 행동권을 갖는 척추동물 유지, 자연적 간섭의 피해 최소화
⑤ 주변의 패치나 매트릭스에 종의 공급원이 되어 메타개체군 유지에 기여
⑥ 내부종 또는 행동권이 넓고 영양단계가 높은 종의 보호를 위한 네트워크 구성

4) 작은 패치의 장점
① 매트릭스의 부정적 영향이 광범위하게 확산되는 것 방지
② 바탕의 이질성을 증대시켜 토양의 침식 감소
③ 피식자가 포식자로부터 피할 수 있는 공간 제공
④ 종의 이동을 위한 징검다리 역할
⑤ 큰 패치가 없는 곳에서 그 지역의 특이한 종 서식

5) SLOSS(Single Large or Several Small) 논쟁
① 큰 패치는 대형동물의 유지에 유리
② 여러 개의 작은 패치는 서식처 다양성을 유지하여 종다양성 유지

**SLOSS 논쟁**
도서생물학을 육상에 적용하는 과정에서 파편화된 서식처의 면적에 대한 논의로서 한 개의 큰 패치와 여러 개의 작은 패치 중 어느 것이 생태적으로 유리한가의 논쟁을 말한다.

③ 큰 패치가 없는 경관은 기본적 토대가 없어 불안정
④ 큰 패치만 있는 경관은 서식처의 다양성이 부족할 가능성 내포
⑤ 작은 패치는 큰 패치의 보완물, 징검다리 서식처 역할이 이상적

### (3) 패치의 수

#### 1) 패치의 수와 특성

① 어떤 지역의 패치의 수가 같을 경우, 패치의 수가 많아질수록 각각의 패치의 면적 감소
② 현재 있는 패치 중의 하나가 감소하면 전체 서식처 면적 감소
③ 면적 감소는 종군의 크기 감소, 서식처의 다양성 감소 및 종다양성 감소
④ 패치의 제거는 메타개체군 크기의 감소
㉠ 국지적인 패치 내 멸종가능성 증대
㉡ 재이입과정 지연
㉢ 메타개체군 안정성 감소

#### 2) 큰 패치의 수

① 하나의 큰 패치가 거의 모든 종을 포함할 경우 두 개 정도의 큰 패치만 있어도 종풍부도 유지 가능
② 하나의 패치가 한정된 종의 일부만 포함하고 있는 경우에는 4~5개의 패치가 있어야 종풍부도 유지 가능
③ 일반종은 큰 패치에는 없고 많은 수의 작은 패치에서 생존
④ 작은 패치가 개별적으로 존재하는 경우 부적합 하나, 집단적으로 분포하는 경우는 적합 가능

#### 3) 연결성

① 격리된 패치에서 종이 국지적으로 멸종할 가능성은 패치의 연결성이 감소할수록, 격리도가 증가할수록 증가
② 격리는 거리뿐만 아니라 종의 이동을 방해하는 매트릭스 서식처의 질에 의해서도 좌우
③ 주요한 서식처에 인접한 패치는 멀리 있는 패치보다 일정한 시간 내에서 이입 또는 재이입의 기회 증가
④ 대규모 서식처와 연결성이 높은 패치는 멸종 가능성은 감소
⑤ 작은 패치와 큰 패치를 연결하는 생태통로 조성으로 국지적 멸종 방지
⑥ 보전을 위한 패치의 선정기준
㉠ 전체 시스템에서의 기여도 : 경관이나 지역에서 패치간의 관련성 또는 연결에 유리한 입지인지의 여부
㉡ 독특한 특성을 가진 패치 : 희귀종, 멸종위기종, 특산종을 포함한 패치
⑦ 최적의 연결망 형태 조건
㉠ 높은 수준의 우회성이 있을 것

**◘ 메타개체군**
지역적으로 분리되어 있으나 종의 이동이 일어나 교류가 일어나고 있으며 같은 계층구조를 갖는 개체군 중 최상위의 것을 말하는 것으로, 경관 전체로서의 기능 즉, 생물의 이동이나 경관요소 간의 관련성을 설명할 수 있다.

ⓛ 통로 폭의 변화가 클 것 –통로의 길이가 길수록 넓게 할 것
ⓒ 연결할 대상 서식지 간의 거리는 가능한 짧고, 직선을 유지할 것
ⓔ 그물눈의 크기가 다양할 것
ⓜ 통로 안에서 서식하는 특성을 지닌 종의 경우 이들의 서식이 가능한 크기일 것
ⓑ 통로의 단위 길이에 나타나는 틈의 수가 적을 것 –틈의 수가 적을수록 연결성 높음

### (4) 주연부와 경계

#### 1) 주연부의 형태

① 두 가지 생태계가 만나는 일정한 폭으로, 일반적으로 100m 정도의 지역이나, 인접한 생태계, 환경조건에 따라 다양한 폭을 지님
② 수직적 · 수평적으로 구조적 다양성이 높은 식생의 주연부는 동물종의 풍부도 증가
③ 식생의 층위구조가 많을수록 높은 층위와 낮은 층위에 사는 종이 함께 살아 종다양성 증가
④ 다양한 층위구조와 넓은 폭을 가진 주연부가 주연부 자체의 종다양성도 높고, 내부 서식처도 잘 보호됨
⑤ 주풍방향과 태양에 노출된 쪽의 주연부가 더 넓은 폭 보유
⑥ 주연부에서 내부로 들어갈수록 온도, 풍속, 습도, 조도, 토양습도 등이 내부로 들어가면서 점차적으로 변화하며, 변화가 점진적으로 일어날수록 주연부 폭 증가
⑦ 행정적 보호구역의 경계는 자연적인 생태계와 일치하지 않음
⑧ 필터, 완충지대 역할, 보호구역 내부로 미치는 주변지역의 영향 저감
⑨ 주연부간 변화 정도가 클수록 주연부의 경계를 따라 이동 증가
⑩ 주연부간 변화가 작을수록 주연부를 구성하는 두 경관요소(생태계) 사이를 이동하는 에너지와 물질, 종의 이동 증가

#### 2) 주연부의 경계

① 자연적으로 만들어진 주연부는 곡선이며 복잡하고 부드러움
② 곡선적 경계는 경계를 가로질러 이동하는 종에 유리
③ 인공적 경관에서는 직선적 경계가 많음
④ 직선적 경계는 경계를 따라 이동하는 종 많음
⑤ 직선적 경계에 비해 작은 패치를 가진 곡선적 경계가 토양침식을 막고 동물의 이동에 유리
⑥ 주연부의 곡선성과 폭이 주연부 서식처의 총량 결정에 유용
⑦ 주연부를 따라 굴곡이 많은 것이 직선적 주연부보다 서식처 다양성이 높고, 종다양성 증가

**주연부**
주연부는 패치의 내부와 비교할 때, 환경이 상당히 다른 패치의 바깥 부분을 말한다. 패치 주연부의 수직적·수평적 구조, 폭, 종구성, 종풍부도가 내부조건과 다르고, 주연부 효과도 보인다. 경계가 곡선이든 직선이든 주연부를 가로지르는 유기물, 물, 에너지, 종의 흐름에 영향을 준다.

#### 3) 패치의 형태

① 굴곡이 많은 패치는 주연부 서식처의 비율이 높아지고, 주연부종의 수가 조금 높아지며, 내부종의 수는 급격히 감소

② 패치의 형태가 굴곡이 심할수록 긍정적이든 부정적이든 패치와 주변 매트릭스간에 존재하는 상호작용 증가

③ 주변 매트릭스가 인공적인 경관인 경우 부정적인 영향이 많아서 굴곡이 많은 패치 불리

④ 주변 매트릭스가 농경지 등 인공경관보다 영향이 적을 경우 상대적으로 굴곡이 많아도 영향 적음

## 3. 코리더와 연결성

### (1) 코리더의 특성

① 시각적으로 구별되는 선적 요소로 다양한 경관요소간의 연결성 증대

② 하천식생대는 오염물질 여과로 하천의 생태계 보호

③ 농경지 주변 생울타리는 방풍 및 야생동물 이동에 일조

④ 대규모 서식처를 연결하는 코리더는 멸종위기종의 서식처간 이동을 도와 멸종 방지

⑤ 자연적 코리더는 인간이 자르거나 구멍을 내지 않는 한 연속적 형태

⑥ 인간이 만든 코리더는 일반적으로 좁고 유지하는데 많은 비용 소요

**◘ 코리더 증대방안**

① 코리더를 통한 직접적 연결(가장 효과적)

② 징검다리 녹지

③ 기존 녹지의 면적 확대

### (2) 식생코리더 역할

① 생물다양성 보호 : 주요한 하천 서식처, 이입, 재이입을 위한 이동통로 등 제공

② 수자원 관리에 기여 : 홍수조절, 침전물 조절, 저수용량, 지속가능한 어류 개체군 낚시 등

③ 선적코리더는 농작물이나 가축을 위한 방풍림, 농업 및 임업생산 증진, 토양침식 및 사막화 방지

④ 레크리에이션 장소 : 사냥감 관리, 야생동물 보전, 하이킹, 보트 타기, 스키 등

⑤ 공동체와 문화적 결집에 기여 : 근린의 정체성 향상, 야생동물 이동통로 제공, 문화의 다양성 증진

⑥ 자연보호구역에서 격리된 종의 이동통로 제공

### (3) 내부구조와 외부구조

① 코리더에서 군집에 영향을 주는 구조적 특징

㉠ 폭은 양안이 상당히 다른 환경적 경도 보유

㉡ 코리더의 중심부분은 독특한 내부적 특징 보유(하천, 강, 도로, 벽, 제방 등), 넓은 코리더에서는 내부환경 존재
㉢ 식물과 동물군집의 특성은 수직적 구조, 종풍부도, 구성, 개체수 등 포함
② 폭, 내부특성(내부환경) 등이 코리더 기능을 결정하는 공간적 변수

## 4. 코리더의 기능

### (1) 서식처

#### 1) 코리더와 종과의 관계

① 주연부종과 일반종 우세 –일반적 종만이 급격한 환경변화에 대응 가능
② 다양한 서식처를 선호하는 종과 외래종 등 간섭에 잘 견디는 종 우세
③ 희귀종이나 멸종위기종은 자연식생 잔여지가 아니라면 존재하지 않음
④ 두 개의 주연부가 인접해 있으면 일반적으로 높은 종밀도 보유

#### 2) 코리더의 종류

① 선적 코리더 : 주연부종이 많은 좁은 선적 요소
② 대상코리더 : 중앙부분에 내부종이 있을 정도의 충분히 넓은 코리더
③ 잔여 선적 코리더 : 극히 일부 내부종이 존재하나 패치의 주연부나 갭(gap)에 사는 종과 유사

### (2) 이동통로

① 하천코리더를 통한 물, 침전물, 유기물, 영양물질의 중력 이동
② 바람, 에너지, 씨앗 등의 이동, 철새의 서식지 이동
③ 야생동물의 행동권 범위에서의 이동, 서식처·짝짓기를 위한 이동
④ 야생동물의 이동은 유전자 이동을 통해 유전적 다양성 유지, 근친교배에 의한 유전적 침체 방지
⑤ 야생동물을 통한 식물의 이동
⑥ 코리더의 폭 : 이동에 미치는 영향은 중요하나 코리더의 형태와 이동하는 대상에 따라 다양
⑦ 코리더의 길이 : 길이 또는 연결성은 식물의 이동에 영향을 미치고, 동물에 의해 이동하는 식물종에게 특히 중요
⑧ 기후변화를 완화시켜주는 역할 : 고지대와 저지대를 연결해주는 역할

### (3) 여과기능

① 코리더 내의 식물과 동물은 코리더를 횡단하는 물질과 상호작용
② 코리더 내의 틈이 있으면 통과하는 물질이 쉽게 이출 –하천코리더 오염
③ 코리더의 연결성은 코리더에서 틈의 빈도로 측정 가능

◘ 코리더의 기능
① 서식처 기능
② 이동통로 기능
③ 여과 기능
④ 장벽 기능
⑤ 종의 공급 및 수요처 기능
⑥ 소멸지

◘ 갭(gap)
생태적으로 단절된 지역이나 구간을 말한다.

◘ 코리더의 이동성
야생동물은 일반적으로 코리더가 넓을수록, 끊어진 정도가 낮을수록, 구불구불한 정도가 낮을수록, 중간에 다른 경관요소가 없을수록, 환경적 경도가 낮을수록, 중간에 입구나 출구가 없을수록, 코리더를 횡단하는 도로나 하천이 없을수록, 코리더의 길이가 짧을수록 잘 이동한다.

④ 코리더의 폭과 좁아지는 곳의 여부도 여과기능에 영향을 줌

### (4) 장벽 기능

① 코리더는 야생동물의 행동권을 갈라놓는 자연적 방벽
② 코리더는 개체군을 분리하는 벽, 식물종이 사는 경계
③ 인위적 코리더의 장벽역할 : 돌, 운하, 파이프라인, 철도, 송전 등
㉠ 야생동물의 이동 방해, 개체군의 크기 감소
㉡ 개체군간의 유전적 교류를 막아 국지적 멸종 유발
㉢ 생태통로 조성으로 단절된 서식처간 연결성 증대

### (5) 종의 공급원 및 수요처

#### 1) 공급원

① 코리더 구조가 공급원 기능에 영향을 미침
② 코리더의 폭은 내부종이 얼마나 서식할 수 있는지 결정
③ 코리더 내 다른 경관요소의 존재 여부, 환경적 경도 등은 전체 서식 종수 결정

#### 2) 수요처

① 매트릭스에서 코리더로 새로 유입
② 눈, 토양, 씨앗이 코리더 수목에 의해 고정
③ 물에 의해 침식된 토양입자, 농약과 매트릭스에서 야생동물이 하천으로 유입
④ 폭과 끊어진 정도, 수직적 구조가 바람에 의해 집적되는 물질의 양 결정
⑤ 구불구불한 정도, 주연부의 구조, 변화의 정도가 유입되는 대상을 수용하는 정도에 영향을 미침

### (6) 코리더와 연결성

① 코리더의 폭과 연결성은 코리더 기능의 조절인자로 작용
② 종의 이동에서 갭(gap)의 영향은 종 이동의 스케일과 갭의 길이, 코리더와 갭의 대비 정도에 따라 다름
③ 열지어 있는 징검다리(작은 패치)는 코리더가 있는 경우와 없는 경우의 중간 정도의 연결성 보유 –패치간 내부 이동에 중간 정도의 효과
④ 징검다리 역할의 패치 손실은 이동 방해와 패치 격리도 증가
⑤ 큰 패치간 징검다리 집단이 공간적으로 적합하게 배치된 경우 여분의 경로 및 선형 이동통로 제공
⑥ 인공적인 코리더는 완벽하게 연결되고, 직선적, 규칙적인 인간의 간섭
㉠ 메타개체군에서 종을 분리하는 장벽으로 작용
㉡ 간섭에 강한 종만이 이동통로로 사용

㉢ 침식, 침전물, 외래종, 인간의 영향을 제공하는 역할

## 5. 모자이크

### (1) 매트릭스와 연결성

① 네트워크의 대안적 경로 또는 고리는 갭, 간섭, 포식자, 코리더 내 사냥꾼 등의 부정적 영향을 줄이며, 이동의 효율성 증대

② 네트워크의 메쉬 크기가 감소할수록 코리더를 기피하며 코리더에 의해 방해받는 종의 생존가능성은 급격히 감소

③ 자연식생 코리더의 상호교차 지점에 보통 몇 가지의 내부종이 존재하며, 종풍부도가 네트워크의 다른 곳보다 높음

④ 작은 패치 또는 코리더의 네트워크에 연결된 결절점

㉠ 개체가 휴식하고 번식하는 서식처 제공 및 더 높은 생존율, 더 많은 이동 유도

㉡ 네트워크와 격리된 같은 크기의 패치보다 약간 많은 종과 더 낮은 멸종률 가짐

### (2) 매트릭스와 파편화

① 특정한 서식처 형태의 총량을 감소시키며, 이에 비례해서 훨씬 더 많은 내부 서식처 손실 초래

② 교외화와 이에 따라 외래종이 침범하는 경관에서 생물다양성 또는 자연보호구를 완충지대로 이용하여 침입에 의한 피해 방지

③ 미세하게 파편화된 서식처는 보통 서식범위가 넓은 종에서는 연속된 서식처로 지각

④ 거칠게 파편화된 서식처는 가장 큰 서식범위를 갖는 큰 동물을 제외한 거의 모든 종에게 불연속적인 것으로 지각

⑤ 입자가 거친 경관과 미세한 지역이 함께 있는 큰 패치

㉠ 생태적 이점 발휘, 인간을 포함한 다양한 서식처 요구종에게 유리

㉡ 환경자원과 이용의 폭 확대

⑥ 비슷한 크기의 특수종은 일반종보다 미세한 스케일의 파편화에 부정적인 영향을 더 강하게 받음

⑦ 특수종이 서식하는 지역에서는 미세한 규모의 파편화도 제한

⑧ 다양한 서식처가 필요한 종의 선호지역

㉠ 수렴되는 지점 : 3개 이상의 서식처가 모여있는 지점

㉡ 인접 : 인접한 서식처 형태의 다양한 조합

㉢ 서식처 분산 : 집단화된 것보다는 흩어진 서식처

**◘ 네트워크 연결성**

네트워크의 연결성과 순환성의 결합은 네트워크가 얼마나 단순한지 복잡한지를 나타내며, 종 이동을 위한 연결의 효율성에 관한 전체적인 지수를 말한다. 여기서, 연결성은 모든 결절점이 코리더에 의해 연결된 정도이며, 순환성은 네크워크 내 고리 또는 대안적 경로가 존재하는 정도이다.

**◘ 파편화**

파편화는 몇 가지 토지전용 과정의 하나로 생각할 수 있고, 이것은 서식처의 감소와 격리화를 가져온다. 파편화는 자연적 간섭에 의해서도 생기지만, 인간활동에 의해서도 나타난다. 인간의 간섭에 의한 자연적 작용으로 경관구조에서 유사성을 보이는 프랙털 구조가 발견되기도 한다.

**◘ 프랙털 이론(fractal theory)**

척도를 뛰어넘는 경관 패턴의 외삽을 가능하게 하고 미세규모의 측정값으로 광역화 패턴을 예측하게 해주는 경관생태학의 새 이론이다.

**◘ 프랙털 지수(Fractal Dimension Index)**

프랙털 차원 지수는 경관조각의 면적에 대한 경계선 길이의 비로 표현한 지수로서 가장자리종이 서식하기에 유리한 서식조건을 파악하는데 매우 유리한 지표이다.

프랙털지수(D)

$$D = \frac{2 \times \ln(0.25 \times \text{둘레})}{\ln(\text{면적})}$$

# 3 경관의 기능과 변화

## 1. 경관의 특성

### (1) 경관의 기능연구

① 경관요소간의 생물, 물질, 에너지의 이동 및 이들에 의해 결정되는 경관요소의 상호관계 규명

② 공간적 넓이를 갖고 있는 물질순환계의 연구, 생물의 이동, 공간이용의 연구

### (2) 경관의 변화

① 경관구조의 변화 : 생물의 분포나 지구환경요소, 토지이용 등 자료를 시계열적으로 해석하여 파악하고, 토지이용의 변화과정을 파악하는 유형이 많음

② 경관기능의 변화 : 과거의 자료가 없는 경우 과거의 경관으로부터 추정해야 하므로 역사적 자료분석에 의한 경관연구 필요

### (3) 메타개체군론(metapopulation theory)

① 국소개체군 : 전혀 분단되어 있지 않은 개체나 유전자의 교류가 빈번하게 이루어지는 개체군

② 지역개체군 : 다소의 분단에 의해 분리되어 있으나 상호관계를 갖고 있는 복수의 개체군

③ 메타개체군 : 복수의 지역개체군간에 낮은 빈도의 교류가 있는 지역개체군의 연합체 중 최상위 개체군, 공간적으로 분리되어 있으나 개체들의 전파에 의해 연결되어 있는 아개체군들로 이루어진 개체군

④ 어떤 서식지에서 국소개체군이 멸종하여도 다른 서식지로부터 개체군의 이주에 의해 국소개체군이 재생되어 메타개체군 존속

⑤ 서식지간의 연결성에 대한 중요성 더욱 강조

⑥ 메타개체군을 이용한 복원방법

㉠ 포획번식 : 야생에서 복원할 종을 포획하여 번식과정을 거쳐 방사하는 것 -이상적인 방법으로 비용 과다 소요

㉡ 방사 : 이전에 서식했던 장소에 야생동물을 풀어주는 것 -신속한 복원

㉢ 이주 : 인간의 힘에 의해 어떤 지역에서 다른 지역으로 복원할 대상을 이동시키는 것 -멸종된 지역의 하위 개체수 증대 방법

> **메타개체군론**
> 경관전체로서의 기능 즉, 생물의 이동이나 경관요소간의 관련성을 설명하는 이론이다. 지역적으로 분리되어 있으나 종의 이동이 일어나 교류가 일어나고 있으며, 같은 계층구조를 갖는 개체군 중 최상위 개체군을 말한다.

### (4) 경관의 변화 파악 방법

① 메타개체군 수리모델 : 복수의 국소개체군 개체수 변화를 개개의 서식

지 환경조건과 서식지간의 개체 이동에 의한 개체수 변화에 의해 설명하는 것으로, 서식지간의 연결성에 의존하는 개체의 이동모델에 중점

② 갭이론 모델 : 식물군락 내부에서 보여지는 천이단계의 불균일성을 군락전체의 유지를 위한 필수구조로 간주

③ 격자모델 : 공간을 메쉬로 분할하여 개체군의 변화를 시뮬레이션

## 2. 경관의 구조

### (1) 경관의 구조와 기능의 원리

① 경관에서 개별 생태계(경관요소)는 패치, 코리더, 매트릭스로 인식

② 동물, 식물, 생체량, 열에너지, 물, 미량원소 같은 넓은 의미의 생태적 대상은 경관요소에 이질적으로 분포

③ 생태적 대상은 경관간을 계속적으로 이동

④ 경관은 이질적이며, 현존하는 패치, 코리더, 매트릭스간의 종, 에너지, 물질의 분포가 구조적으로 상이

⑤ 경관은 구조적 경관요소간에 종, 에너지, 물질의 흐름도 기능적으로 상이

**경관을 지배하는 7가지 원리**

① 경관구조와 기능의 원리
② 생물적 다양성의 원리
③ 종 흐름의 원리
④ 유기물 재분배의 원리
⑤ 에너지 흐름의 원리
⑥ 경관변화의 원리
⑦ 경관 안정성의 원리

### (2) 생물적 다양성의 원리

① 큰 패치 줄이기 : 종다양성 증가

㉠ 내부환경을 요구하는 종은 상대적으로 감소

㉡ 주연부와 주연부종을 가지며, 산란, 먹이의 섭취, 휴식을 위해 하나 이상의 생태계를 요구하는 동물이 선호

㉢ 많은 생태계가 존재해 각 생태계가 독특한 생물상과 종의 풀을 가지기 때문에 경관의 종다양성은 높아짐

② 경관의 이질성은 희귀한 내부종의 수를 감소시키고, 2개 또는 그 이상의 경관요소를 요구하는 주연부종을 증가시켜 잠재적으로 전체종은 증가됨

## 3. 경관의 기능

### (1) 종 흐름의 원리

① 종의 분포와 경관구조는 피드백 루프로 연결됨

② 자연 또는 인간의 간섭은 다른 종의 확산에는 좋으나, 분포에 있어 민감한 종은 감소

③ 종의 재생산과 확산은 전체 경관요소를 제거·변화·창조 가능

④ 입지에 있어서의 이질성은 종의 흐름과 기타 다른 흐름의 기본적 원인

⑤ 경관요소간의 종의 확산과 집중은 경관의 이질성에 주요한 영향을 주며 경관의 이질성에 의해 규제를 받음

(2) 유기물 재분배의 원리

① 미량원소는 물, 바람, 동물에 의해 드나들며, 하나의 생태계 내에서 다른 생태계로 재분배

② 간섭이 심할 경우 생태계 내에서의 통제기작 방해하여 다른 생태계로 이동 촉진

③ 경관요소간의 미량유기물의 재분배율은 경관요소에서 간섭강도와 비례

(3) 에너지 흐름의 원리

① 공간적 이질성의 증가는 경관요소의 경계 에너지 흐름 증가

② 작은 패치일수록 공기, 바람, 열에너지가 다른 요소로 쉽게 이동

③ 작은 패치일수록 주연부 동물의 비율이 높아지고, 초식동물을 통해 식물 이동

④ 경관요소 경계 간의 열에너지와 생체량의 흐름은 경관의 이질성과 비례

## 4. 경관의 변화

(1) 경관변화의 원리

① 적당한 간섭은 보통 경관 내에서 더 많은 패치와 코리더 생성

② 심한 간섭은 더 동질적인 경관을 만들어 패치와 코리더 제거

③ 간섭을 받지 않을 때 점진적으로 동질적 변화

④ 적당한 간섭은 급속도로 이질성 증가

⑤ 심한 간섭은 이질성의 증가 또는 감소 가능

(2) 경관 안정성의 원리

① 안정성은 간섭에 저항하는 정도와 간섭으로부터의 회복력

② 각 경관요소는 자신의 안정성 보유

③ 경관의 전체 안정성은 현존하는 경관요소의 각 형태의 비율 반영

④ 작은 생체량을 지닌 경우 간섭에 저항 못하나 쉽게 복구 가능

⑤ 큰 생체량을 지닌 경우 간섭에 잘 저항하나 복구는 느림

⑥ 경관모자이크 안정성 증가방식

㉠ 물리적 체계의 안정성(생체량이 없을 때)

㉡ 간섭으로부터 빠른 회복(작은 생체량 존재할 때)

㉢ 간섭에 대한 저항성(보통 높은 생체량 존재할 때)

## 5. 경관의 이질성

(1) 이질성의 종류

① 미시적 이질성 : 높은 고도에서 보면 동질적으로 보이고 고도를 낮추어

◘ 경관의 이질성

경관은 매우 다양한 이질적 요소가 모자이크처럼 구성된 것을 특징으로 하며, 이러한 경관요소의 다양한 구성 정도를 경관의 이질성이라 한다.

조망하면 다양한 초본류와 관목으로 구성된 다양한 경관요소가 보이는 것 –아프리카 사바나

② 거시적 이질성 : 가까이서 보면 단일 경작지로 동질적으로 보이지만, 높은 고도에서 보면 다양한 작물재배지와 농촌마을을 볼 수 있는 경관 –미국 중서부 농경지

◘ 레빈(Levin)의 경관 공간패턴 원인
① 지역 특이성(local uniqueness)
② 발달단계 차이(phase difference)
③ 확산(dispersal)

(2) 이질성이 종다양성에 미치는 영향

① 이질성의 정도가 중간 정도일 때 종다양성이 가장 높음
② 경관 내 다양한 서식처가 분포하면 각각의 서식처를 요구하는 종이 다르므로 종다양성 증가
③ 경관요소가 너무 다양하여 각 서식처의 크기가 줄어들면 오히려 종다양성 감소

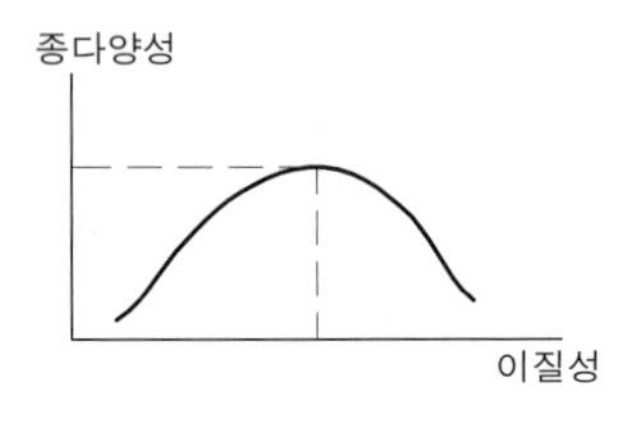


[ 이질성과 종다양성의 관계 ]

◘ 경관에 대한 저항과 이질성

경관저항(Landscape resistance)은 생물이나 에너지 또는 물질의 이동이나 흐름을 방해하는 경관의 구조적 특징의 영향을 나타내며, 이질성이 커지면 경관저항이 증가한다. 경관저항은 단위 루트당 경계의 수로 표시하는 경계교차빈도(boundary–crossing frequency)로 표시하기도 하며, 동물들은 이동할 때 가능한 한 경관의 경계수가 적은 긴 루트를 택하려는 경향을 보인다.

## 6. 주연부 효과

(1) 주연부 효과

① 다른 지역과는 달리 주연부에서 개체군의 밀도나 종다양성이 높아지는 현상
② 두 가지 생태계에 서식하는 종이 모두 출현 가능
③ 두 가지 이상의 생태계를 요구하는 종은 주연부에만 출현

◘ 주연부(edge)
두 가지 이상의 생태계가 만나서 형성되는 일정한 폭의 선적인 지역을 말한다. 주연부는 패치 내부의 급격한 환경변화를 막아주며 다른 지역과는 다른 독특한 생태적, 환경적 특성을 갖는다.

(2) 주연부에 서식하는 일반적인 종

① 간섭에 대한 적응성이 높고 두 가지 환경 모두 선호
② 대부분의 주연부종은 일반적인 경관에서 쉽게 볼 수 있는 종
③ 주연부에서만 볼 수 있는 종은 거의 없고, 희귀종도 거의 없음

(3) 다양한 서식처를 요구하는 종

① 두 개 이상의 다양한 서식처 요구
② 두 가지 서식처를 넘나들며 먹이를 구하고 번식처와 휴식처로 이용

## 7. 파편화(단편화, 분단화, 분절화) 영향

### (1) 파편화 원인 및 특징

① 도로 건설, 도시의 개발, 댐의 건설 등 인간의 토지이용 활동
② 서식처 면적의 감소, 서식처간의 단절, 주연부 증대와 내부 면적 감소
③ 서식처 파편화 시 각각의 서식처 면적이 줄고, 서식처에 장벽 발생
④ 초원의 파편화는 자연발화에 의한 조각생성을 저해하고 그에 따라 종 손실을 일으키는 경우도 발생

□ 파편화(habitat fragmentation)
커다란 자연상태의 서식처가 인위적으로 두 개 이상의 작은 서식처로 나누어지는 것을 말한다.

### (2) 파편화 과정

① 천공 : 토지변형의 과정에서 대부분 발생
② 절단 : 도로나 철도의 신설 등 같은 폭으로 패치를 분할하는 것
③ 단편화 : 서식지 또는 토지가 작은 부분들로 나뉘는 것
④ 축소(응축) : 패치와 같은 물체의 크기가 감소하는 것
⑤ 마멸(마모) : 패치 및 통로와 같은 것이 사라지는 것

□ 파편화 과정
천공→절단→단편화→응축→마모

### (3) 파편화 영향

#### 1) 초기배제 효과

① 큰 면적을 요구하는 종이나 간섭에 민감한 종은 간섭 초기에 다른 곳으로 이동하거나 사라지는 것
② 큰 면적을 요구하는 대형 포유류나 간섭에 민감한 희귀종은 멸종 가능성 증가

#### 2) 장벽과 격리화

① 개체군 간의 이동 단절
② 단위개체군 유지에 필요한 최소 개체군 이하로 크기가 감소하다 멸종

#### 3) 혼잡효과

① 파편화된 초기에 한 패치에 개체들이 모이는 일시적인 현상
② 개체들간의 자원에 대한 경쟁이 심화되어 개체군의 밀도 감소
③ 파편화된 후 다른 서식처 이동이 곤란하여 초기에 영향이 큼

#### 4) 국지적 멸종

① 파편화는 장기적으로 국지적 특정종의 멸종 초래
② 멸종에 영향을 주는 요인
㉠ 개체군의 크기가 작아지는 경우
㉡ 개체군의 공간적 범위가 변하는 경우
㉢ 개체군의 크기가 감소하여 유전적 풀(pool)이 줄어서 유전적 다양성이 감소하는 경우
㉣ 개체군의 크기가 감소하여 환경에 대한 적응성이 감소하는 경우

**파편화에 의한 멸종가능성이 높은 종**

지리적 분포범위가 좁은 종(특이한 서식처를 요구하는 종), 하나 또는 소수의 개체군으로 구성된 종, 개체군의 크기가 작은 종, 개체군의 크기가 감소하는 종, 개체군의 밀도가 낮은 종, 넓은 행동권을 요구하는 종, 몸체가 큰 종, 종의 확산이 어려운 종(이동성이 낮은 종), 계절적 이주 종, 유전적 변이가 낮은 종, 특이한 생태적 지위를 요구하는 종, 안정된 환경에서만 생육하는 종, 집합체를 형성하는 종, 인간에 의해 포획되는 종, 희귀종, 영양단계가 높은 종, 산포가 제한되는 종, 잠재적 생산능력이 낮은 종 등이 있다.

### (4) 파편화(고립화)의 결과

#### 1) 면적효과

① 서식지의 면적이 클수록 종수나 개체수가 많아지는 것 의미

② 분단화로 인해 개개의 서식지 면적이 작아지면 개체수나 종수 감소됨

#### 2) 거리효과

① 서식지간의 거리가 짧을수록 생물의 왕래가 용이하게 된다는 것 의미

② 분단화로 인해 서식지간 거리가 길어지면 보금자리와 먹이채집 장소간의 일상적인 이동이나 개체분산, 유전자 이동 등의 이동이 곤란해져서 개체의 생존이나 번식에 악영향을 끼치게 됨

#### 3) 장벽효과(격리화)

① 거리효과와 같은 영향을 초래하게 되는 것인데 거리에 의한 분단화 대신 시설이 장벽이 되어 개체군을 분단한다는 점이 다름

② 장벽효과의 정도는 동물의 이동공간과 이동능력에 따라 상이

③ 공중이동 동물에게서는 나타나기 어렵고 육상이동 동물이나 수중이동 동물에서는 현저히 나타남

#### 4) 연변효과(가장자리효과)

① 각각의 서식지에 있어서 분단에 따른 연변부 비율이 높아져 수림 깊숙한 곳 등 안정된 내부 환경을 좋아하는 종이 서식하기 어려워지는 현상

② 연변부는 빛, 바람, 소음, 진동 등 물리적 영향을 외부로부터 받기 쉬기 때문에 서식환경이 질적으로 저하

③ 내부면적의 감소는 내부종에게는 치명적으로 작용

**파편화 정도 측정 시 고려사항**

① 파편화된 각 패치의 면적
② 패치의 형태
③ 파편화된 각 패치간의 이격거리
④ 파편화된 패치의 배열(연결성 측면)

**파편화(고립화)의 결과**

① 면적효과
② 거리효과
③ 장벽효과
④ 가장자리효과

# 핵심문제 해설



**01** 다음 중 경관의 개념과 연관성이 가장 적은 것은? 기-14-1

① 지역의 전체 특성
② 시각적으로 아름다운 매스
③ 항공사진이나 높은 곳에서 내려다 본 면적
④ 시각적으로 동질인 생태계의 집합체가 비슷한 형태로 반복적으로 나타나는 토지

**02** 경관생태학에 대한 개념 설명과 거리가 먼 것은? 기-14-2, 기-17-1

① 조경과 토지관리 및 계획 그리고 인문지리와 생태학 분야의 총체적 접근을 시도
② 여러 가지 다른 요소로 이루어져 있는 총체적인 실체로서 토지를 고려하는 지리학적 접근을 시도
③ 공간적인 이질성의 발달과 역동성, 시공간적 상호작용과 교환원리를 고려
④ 개체, 가족, 사회 및 군집의 발달원리를 연구하는 학문 분야

해 경관생태학은 생물공동체와 그것을 둘러싸는 환경조건 사이에 존재하는 종합적이고, 일정한 법칙아래 복합적인 상호작용을 하는 현상을 해명하는 학문이다.

**03** 경관생태학 연구의 특징이 아닌 것은? 기-14-3

① 단일생태계를 조사 대상으로 한다.
② 생태단위조각(patch)을 이용하여 정량적인 방법으로 표현한다.
③ 인간의 역사 혹은 동물의 생활사 등을 생태학적으로 연구한다.
④ 지역 경관의 이론 또는 방법론의 실제적 적용 가능성을 강조한다.

해 경관생태학은 경관모자이크, 경관패턴 등 특정한 분포나 질서를 가진 자연지역 단위를 연구대상으로 하며, 연구성과를 실천에 옮기려는 실천 과학적 성격의 학문이다.

**04** 경관생태학의 특성이 아닌 것은? 기-16-2

① 식물생리에 적합한 환경 연구
② 공간적인 이질성의 발달과 역동성
③ 이질적인 경관 사이의 상호작용과 교환
④ 생물적·비생물적 과정에 대한 공간 이질성의 영향

**05** 경관생태(Landscape Ecology)라는 용어를 가장 먼저 사용한 사람은? 기-14-2, 기-16-3, 기-18-1

① C. Troll ② I. S. Zonneveld
③ E. Haecke ④ L. Finke

해 트롤(Carl Troll)은 독일의 지리학자로 1939년 초에 동부아프리카에서 토지이용과 개발의 문제점을 연구하면서, 경관에 대한 항공사진 분석의 무한한 잠재력을 인식하고 '경관생태학'이라는 용어를 만들었다.

**06** 트롤(Troll, C.)에 의한 최소의 경관개체에 대한 설명이 아닌 것은? 기-19-2

① 최소의 경관개체를 에코톱이라 한다.
② 동질의 잠재자연식생이 분포하는 영역이다.
③ 기후와 토양, 식생 간의 상호작용이 두드러진다.
④ 경관개체의 내부에는 여러 가지 요소 간의 긴밀한 상호작용이 인정된다.

해 ② 동질의 환경적 속성을 가진 영역이다.

**07** 미국의 Forman 교수가 제시한 경관생태학에서 다루는 구조, 기능 변화의 측면을 설명한 것 중 해당되지 않는 것은? 기-14-1

① 모자이크의 시간적 치환
② 생태계내의 에너지, 물질, 종의 이동
③ 생태계의 분포나 생태계 사이의 공간적 관계
④ 식물체의 광합성과 성장 관계

정답 01. ② 02. ④ 03. ① 04. ① 05. ① 06. ② 07. ④

**08** 에코톱의 개념에 대한 설명으로 가장 적합한 것은? 기-17-3

① 공간적 상호관련성을 갖는 최소한의 토지속성
② 하나의 지리적 단위에서 land system의 조합
③ 주변 경관에 영향을 미치며 인간생활에 변화를 유도하는 토지이용체계
④ 지권의 토지속성 중 최소한 하나에서 동질성을 갖는 가장 작은 총체적인 토지단위

**09** 경관생태학에서 경관 요소간의 생물이나 물질, 에너지의 이동 등 이들 지점간의 관련성을 의미하는 것은? 기-16-2

① 경관의 기능 ② 경관의 구조
③ 경관의 변화 ④ 경관의 안정

해 ② 경관의 구조는 경관요소의 공간적 패턴 및 배열을 말한다.
③ 경관의 변화는 시간의 경과에 따른 공간적 패턴과 기능의 역동성 및 변화를 말한다.

**10** 경관의 구조, 기능, 변화의 원리와 관계가 없는 것은? 기-19-3

① 경관 안정성의 원리
② 에너지 흐름의 원리
③ 천이의 불균일성 원리
④ 생물적 다양성의 원리

**11** 경관생태연구의 공간 구조적 측면을 가장 잘 설명하고 있는 것은? 기-16-1

① 개체군의 파악에 중점을 둔다.
② 생물종의 생리적 특성을 주로 연구한다.
③ 에너지 흐름 및 물질 순환 작용을 중요하게 다룬다.
④ 서로 다른 경관조각들의 배열상태 위치 및 영역성 등의 관점을 주로 파악한다.

**12** 경관을 이루는 기본적인 단위는 경관요소이며, 크게 3가지로 나눌 수 있다. 이에 포함되지 않는 것은? 기-14-3, 기-18-2, 기-18-3

① 공간(space) ② 조각(patch)
③ 바탕(matrix) ④ 통로(corridor)

해 경관요소의 종류에는 패치(Patch, 조각), 코리더(Corridor, 통로), 매트릭스(Matrix, 바탕)가 있다.

**13** 경관 구성요소를 가장 바르게 나열한 것은? 기-18-1

① 패치 – 산림 – 농경지
② 패치 – 코리더 – 매트릭스
③ 코리더 – 매트릭스 – 수목
④ 패치 – 코리더 – 건축물

**14** 경관의 구조에 대한 설명으로 옳지 않은 것은? 기-16-3

① 경관을 이루는 기본단위인 경관요소는 패치, 매트릭스, 코리더로 이루어져 있다.
② 보전의 중요성이 높은 종을 위해서 원형보다 굴곡이 많은 패치가 좋다.
③ 매트릭스는 경관구조에서 패치와 코리더를 둘러싸고 있는 배경이 되는 경관요소를 말한다.
④ 코리더는 서식처 기능, 이동통로 기능, 여과 기능, 종의 공급 및 수요처의 기능을 가지고 있다.

해 ② 굴곡이 많은 패치는 주연부 서식처의 비율이 높아지고, 주연부종의 수가 조금 높아지며, 내부종의 수는 급격히 감소한다.

**15** 패치(patch)의 크기에 대한 설명 중 옳은 것은? 기-17-3

① 큰 패치가 작은 두개의 패치로 나뉘어지면, 내부종의 개체군의 크기와 수를 증가시킨다.
② 큰 패치가 두개의 패치로 나뉘어지면, 주연부 서식처는 줄어들고 종의 개체군은 커진다.
③ 종이 국지적으로 멸종할 가능성은 패치 크기가 작고 서식처 질이 낮아질수록 높아진다.



정답 08. ④ 09. ① 10. ③ 11. ④ 12. ① 13. ② 14. ② 15. ③

④ 큰 패치는 더 많은 서식처를 가지게 되고, 작은 패치보다 더 적은 종을 포함하게 된다.

해 ① 큰 패치가 작은 두 개의 패치로 나누어지면, 내부 서식처 감소로 내부종의 개체군 크기와 개체 수가 감소한다.

② 큰 패치가 두 개의 패치로 나누어지면, 주연부 서식처는 증가하고 주연부종의 개체수는 약간 증가한다.

④ 큰 패치는 더 많은 서식처를 가지게되어 더 많은 종을 포함하게 된다.

**16** 경관생태학에서의 공간요소를 나타내는 그림이다. 그림에 대한 설명으로 부적합한 것은? 기-18-1

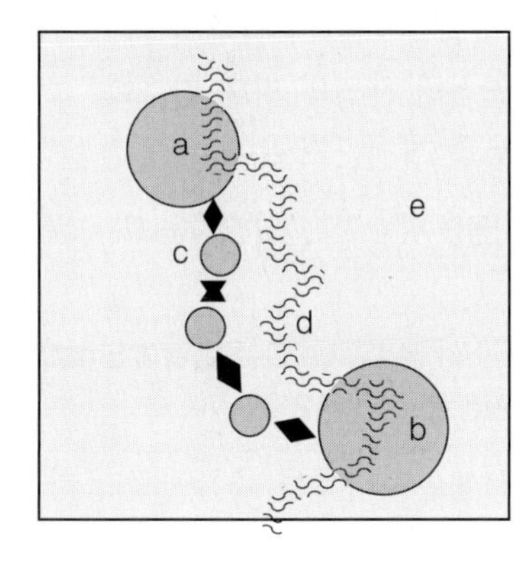


① a, b는 생물서식공간이며 종 공급지로서 중요한 역할을 한다.
② c는 보조 패치로서 종 이동의 단절을 막을 수 있다.
③ d는 하천으로 생물서식처로만 기능을 한다.
④ e는 패치와는 이질적인 요소이며, 전체 토지면적의 반 이상을 덮고 있다.

해 ③ d는 코리더 역할로서 서식처뿐만 아니라 이동통로의 기능을 한다.

**17** 울릉도가 독도보다 더 많은 생물종을 갖고 있다면 이를 설명하는 이론에 가장 가까운 것은? 기-15-2, 기-18-1

① 메타개체군 이론
② 동태적 보전이론
③ 도서생물지리학이론
④ 경쟁적 배제의 원리이론

해 ③ 도서생물지리학 이론은 큰 섬은 작은 섬보다 더 많은 종을 보유하고 있고, 대륙에 가까운 섬은 멀리 떨어져 있는 섬보다 더 많은 종을 보유하고 있다는 내용이다.

**18** 지역환경시스템의 경관계획에 있어서 그림에서 보여주는 바와 같이 가장 우선되는 생태학적 필수 요소들이 4가지 있다. 이들 필수 요소에 대한 설명이 잘못된 것은? 기-19-2

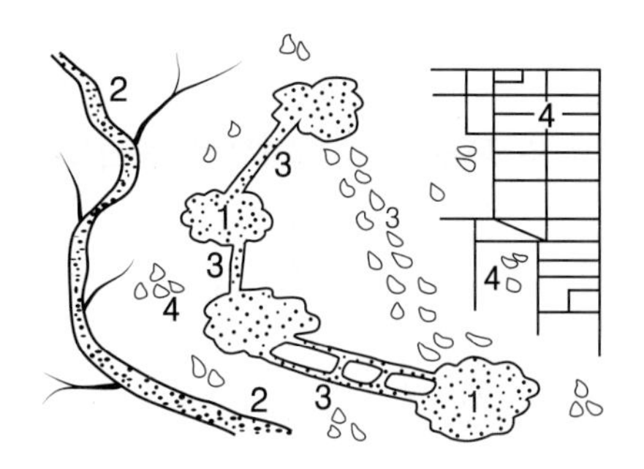


① 1 : 몇 개의 큰 농경지 바탕
② 2 : 주요 지류 또는 하천통로
③ 3 : 큰 조각 사이의 통로와 징검다리의 연결성
④ 4 : 기질을 따라 나타나는 자연의 불균일성 흔적

해 1은 패치(Patch)이며 1,2,3,4를 둘러싸고 있는 것이 매트릭스(matrix)이다.

**19** 도서생물지리학에 대한 설명으로 틀린 것은? 기-16-2

① 멸종률은 섬의 위치에 의해 결정된다.
② 이입률은 섬과 대륙과의 거리에 반비례한다.
③ 도서의 종수는 이입률과 멸종률에 의해 결정된다.
④ 도서생물지리학은 MacArthur와 Wilson이 주장했다.

해 ① 멸종률은 섬의 위치와 크기에 의해 결정된다.

**20** 섬생물지리학 이론 중 올바르지 않은 것은? 기-14-1, 기-17-3

① 큰 섬에는 작은 섬보다 더 많은 종이 분포한다.

정답 16. ③ 17. ③ 18. ① 19. ① 20. ②

② 종 소멸은 작은 섬보다 큰 섬에서 더 잘 일어난다.
③ 육지에 가까운 섬의 정착(=이입)율은 멀리 떨어진 섬보다 높다.
④ 대륙에서 가까운 섬에는 멀리 떨어진 섬보다 더 많은 종이 분포한다.

해 ② 섬이 클수록 다양한 종이 서식할 수 있으며 작은 섬일수록 종이 소멸하기 쉽다.

**21** 다음은 도서생물지리학의 평형이론 그래프이다. 괄호 1, 2, 3, 4에 차례대로 맞게 쓴 것은? 기-15-2

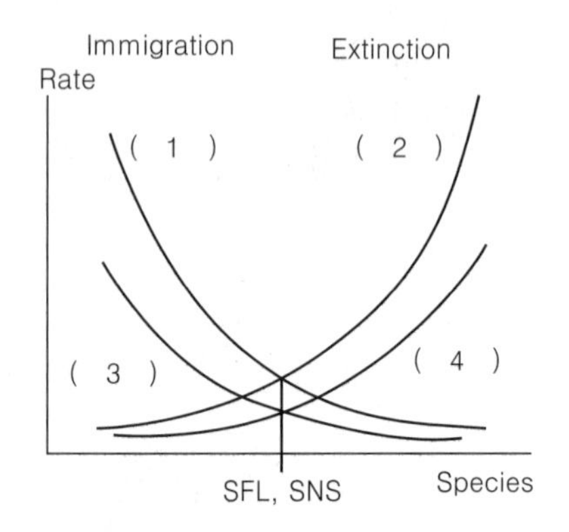


① near, small, far, large
② near, far, small , large
③ small, near , large, far
④ small, near, far, large

**22** 섬생물지리학에 기반한 자연보전지구 설계지침이 아닌 것은? 기-15-2

① 파편화되지 않은 경우가 파편화된 것보다 더 낫다.
② 큰 패치는 작은 패치보다 더 낫다
③ 전체유역, 이주로, 섭식장소(feeding grounds) 등은 보전지역 내부보다 외부에 있는 것이 낫다.
④ 서로 멀리 떨어져 있는 경우보다 보존지역들이 서로 가까이 있는 경우가 낫다.

해 ③ 전체유역, 이주로, 섭식장소(feeding grounds) 등은 보전지역 내부에 있는 것이 낫다.

**23** 경관조각의 생성요인에 따른 분류가 아닌 것은? 기-18-3

① 회복조각 ② 도입조각
③ 환경조각 ④ 재생조각

해 식생패치의 유형으로는 잔여패치, 도입패치, 간섭패치, 환경자원패치, 재생패치가 있다.

**24** 경관생태학적 관점에서 보았을 때, 다음 중 큰 패치의 장점이 아닌 것은? 기-15-2

① 서식지, 네트워크 보호
② 종 이동을 위한 징검다리 역할
③ 자연적인 간섭의 피해 최소화
④ 내부종 개체군의 유지

해 ② 종 이동을 위한 징검다리 역할을 하는 것은 작은 패치다.

**25** SLOSS(Single Large Or Several Small) 논쟁에 대한 설명으로 틀린 것은? 기-16-2

① 도서생물지리학을 육상에 적용하는 과정에서 파편화된 서식처의 면적에 대한 논쟁이다.
② 종수와 경관조각의 크기는 어떠한 관련성을 가질 것인가에 대한 논쟁이다.
③ 큰 경관조각 주변 바탕에 작은 경관조각이 산재하여 징검다리 서식처의 역할을 하는 것이 이상적이다.
④ 여러 개의 작은 경관패치는 대형동물의 유지에 유리하다.

해 ④ 여러 개의 작은 패치보다는 큰 패치가 대형동물의 유지에 유리하다.

**26** 다음 중 SLOSS(Single large or several small)의 이론에 대한 내용 중 틀린 것은? 기-15-2

① 한 개의 큰 패치는 많은 생물종의 보호에 유리하다.
② 패치의 거리는 가깝게 조성하는 것이 생물종 보호에 유리하다.
③ 패치 사이에 생물종의 이동을 돕기 위해 통로를 조성하는 것이 필요하다.


정답 21. ① 22. ③ 23. ① 24. ② 25. ④ 26. ④

④ 여러 개의 작은 패치는 환경변화에 흔히 일어나기 쉬운 종의 사멸을 완충해 준다.

**해** SLOSS(single large or several small)는 "큰 보호지 하나가 있는 것이 좋은지(SL), 작은 보호지 여러 개가 있는 것이 좋은지(SS)"에 대한 연구로 SS에서는 임연종이 많고, SL에서는 내부종 및 영양단계가 높은 야생동물에게 유리하다는 이론이 있으므로 큰 패치일수록 환경변화에 대한 저항성이 크다.

**27** 경관을 이루는 요소 중 패치에 관한 설명으로 틀린 것은? 기-19-1

① 식생패치의 기원에 따라 잔여, 도입, 간섭(교란), 환경자원패치 등으로 나눌 수 있다.
② 큰 패치가 작은 패치로 나누어지면 내부종은 줄어들고 주연부종은 늘어난다.
③ 주연부 면적이 넓어지면 내부종 다양성과 풍부도가 증가하여 보전가치가 높아진다.
④ 자연식생을 가지는 큰 패치는 하천 네트워크를 보호하고 중심서식처를 제공하며 자연적 간섭의 피해를 최소화 한다.

**해** ③ 주연부 면적이 넓어지면 흔한 주연부종의 다양성과 풍부도는 증가시키나 보전할 가치가 있는 내부종의 다양성과 풍부도는 감소할 수 있어 바람직하지 않다.

**28** 패치와 패치가 만나 형성되는 경계에 관한 설명으로 틀린 것은? 기-18-1

① 자연경관에서 패치와 패치가 만나는 경계부는 곡선이며 복잡하고 부드럽다.
② 인위적으로 만들어진 경계부는 직선적이다.
③ 곡선적 경계는 경계를 따라 이동하는 종에게 유리하고, 직선적 경계는 경계를 가로질러 이동하는 종에게 유리하다.
④ 작은 패치를 가진 곡선적 경계가 토양침식을 막고 야생동물이 이동할 때 유리하다.

**해** ③ 직선적 경계는 경계를 따라 이동하는 종에게 유리하고, 곡선적 경계는 경계를 가로질러 이동하는 종에게 유리하다.

**29** 경관생태학의 관점에서 볼 때 큰 조각(large patch)과 작은 조각(small patch)의 생태적 가치에 대한 설명으로 틀린 것은? 기-19-1

① 큰 조각은 대수층과 호수의 수질보호에 유리하다.
② 작은 조각은 환경 변화에 따라 흔히 일어나기 쉬운 종의 사멸을 완충해 준다.
③ 큰 조각은 주변의 바탕이나 작은 조각으로 전파될 종의 공급원이 되어 메타개체군 유지에 공헌한다.
④ 작은 조각은 바탕의 이질성을 증대시켜 토양 침식을 감소시키고, 피식자가 포식자로부터 피할 수 있는 공간을 제공한다.

**해** ② 큰 조각은 환경 변화에 따라 흔히 일어나기 쉬운 종의 사멸을 완충해 준다.

**30** 경관조각(patch) 모양을 결정짓는 요인 중 가장 거리가 먼 것은? 기-19-3

① 생물다양성
② 역동적인 교란
③ 침식과 퇴적, 빙하 등의 지형학적 요소
④ 인공적인 조각에서 많이 볼 수 있는 철도, 도로 등과 같은 그물형태

**해** ② 조각의 생성기작에는 역동적 교란, 지형학적 요소, 인공적 요소, 혼합작용 등이 영향을 미친다.

**31** 코리더의 기능으로 틀린 것은? 기-19-3

① 공급원 ② 서식처
③ 여과장치 ④ 오염 발생원

**해** 코리더는 서식처, 이동통로, 여과, 장벽, 종의 공급 및 수요처, 소멸지 등의 기능을 갖는다.

**32** 야생동물 측면에서의 코리더 역할을 서술한 것으로 가장 거리가 먼 것은? 기-17-1

① 메타개체군 형성에 기여한다.
② 계절적으로 또는 일상적으로 야생동물의 이동이 가능하도록 해준다.
③ 동물의 유전자 이동을 도와 개체군간 유전자의 흐름으로 유전적 다양성을 유지시켜 준다.

정답 27. ③ 28. ③ 29. ② 30. ① 31. ④ 32. ④

④ 내부 서식처를 제공하여 동물들이 풍부하게 서식하고 자연적 간섭의 피해를 최소화할 수 있다.

해 ④ 조각(patch)에 대한 설명이다.

**33** 생물보전지구의 크기와 수를 결정할 때 고려되어야 할 사항은? 기-18-2

① 여러 개의 작은 패치보다는 적은 수의 큰 패치가 개체군을 유지하는데 유리하다.
② 적은 수의 큰 패치보다는 여러 개의 작은 패치가 개체군을 유지하는데 유리하다.
③ 생물의 서식처로서 숲 패치는 항상 동질적인 비역동성을 유지하는 동일한 면적이어야 한다.
④ 최소존속개체군이 유지되기 위해서는 경관패치의 크기 보다는 패치들 간의 연결성이 더 중요하다.

**34** 경관의 변화에 따른 수문학적 현상의 해석으로 가장 거리가 먼 것은? 기-17-2

① 지피상태를 바꾸는 토지이용과 도시화는 지하로 침투되는 빗물의 양을 감소시킨다.
② 벌목에 의한 임상의 변화는 증발산의 양을 감소시킨다.
③ 삼림이 경작지로 바뀌는 경우 지하수가 상승하여 토양에 염분을 집적시킬 수 있다.
④ 지피상태를 바꾸는 도시화는 증발산량과 지하로 침투되는 빗물의 양을 감소시키고, 지표를 통해 하천으로 흐르는 물의 양도 감소시킨다.

해 ④ 지표를 통해 하천으로 흐르는 물의 양은 증가한다.

**35** 지역적으로 분리되어 있으나 종의 이동이 일어나 교류가 일어나고 있으며 같은 계층구조를 갖는 개체군 중 최상위의 것을 무엇이라고 하는가? 기-14-1

① 국소개체군 ② 메타개체군
③ 최소존속개체군 ④ 지역개체군

해 메타개체군(metapopulation)은 공간적으로 분리되어있으나 유전자 교류가 가능한 개체군의 최상위 집단으로 하부에 국지개체군, 지역개체군을 포함한다.

**36** 종 또는 개체군의 복원에 대한 보기의 설명에서 각각의 ( )에 들어갈 용어를 순서대로 나열한 것은? 기-16-3, 기-19-3

> 종 또는 개체군의 복원을 위항 프로그램을 적용하기 위해서는 ( ㉠ )의 개념이 적용될 수 있다. 이를 통한 종 또는 개체군의 복원방법에는 크게 3가지가 있는데, ( ㉡ )이/가 대표적인 방법이다.

① ㉠ 메타개체군, ㉡ 이주(Translocation)
② ㉠ SLOSS, ㉡ 방사 (Reintroduction)
③ ㉠ 비오톱(Biotope), ㉡ 포획번식 (Captive Breeding)
④ ㉠ 포획번식(Captive Breeding), ㉡ 방사(Reintroduction)

**37** 다음 중 경관의 안정성에 대한 설명으로 틀린 것은? 기-15-2, 기-19-2

① 안정성은 경관의 간섭에 대한 저항하는 정도와 간섭으로부터의 회복력을 말한다.
② 생체량이 높은 경우 체계는 보통 간섭에 저항력이 높으며 간섭으로부터의 회복 또한 빠르다.
③ 경관의 전체 안정성은 현존하는 경관요소의 각 형태의 비율을 반영한다.
④ 경관 모자이크의 안정성은 물리적 체계의 안정성, 간섭으로부터의 빠른 회복, 간섭에 대한 강한 저항성 등 세 가지 방식으로 증가한다.

해 경관의 안정성 원리는 경관의 간섭에 대한 저항하는 정도와 회복력을 말하는 것으로, 각 경관요소는 자신의 안정성 정도를 가지고 있으며, 경관 전체의 안정성은 현존하는 경관요소의 각 형태의 비율을 반영한다. 물리적 체계의 안정성, 간섭으로부터의 빠른 회복(낮은 생체량이 존재 할 때), 간섭에 대한 강한 저항성(높은 생체량이 존재할 때)으로 안정성을 확보한다.


정답 33. ① 34. ④ 35. ② 36. ① 37. ②

**38** 서식처 면적의 관점에서 종 다양성과 이질성을 나타내는 그래프는? 기-15-3

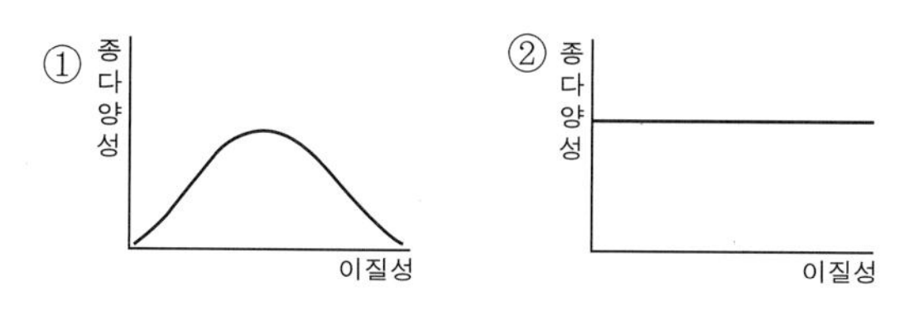


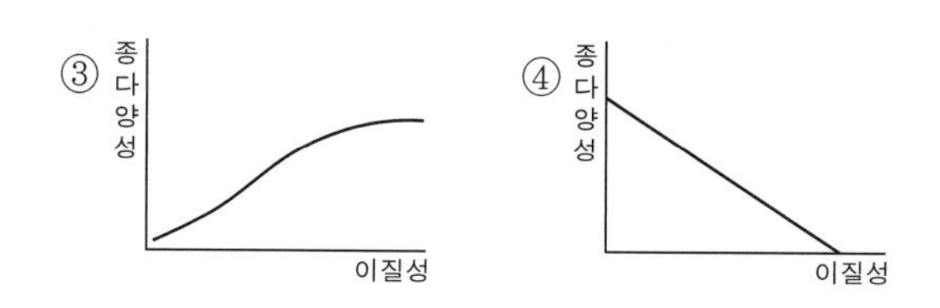


**해** ① 경관의 종다양성은 이질성의 정도가 중간 정도일 때 가장 높다고 할 수 있다.

**39** 경관에 대한 저항(resistance)과 이질성(heterogeneity)에 대한 설명 중 틀린 것은? 기-15-1

① 경관저항은 생물이나 에너지 또는 물질 등의 이동이나 흐름을 방해하는 경관의 구조적 특징의 영향을 나타낸다.
② 경관저항은 단위루트당 경계의 수로 표시하는 경계교차빈도(boundary-crossing frequency)로 표시하기도 한다.
③ 산림조류의 경우 건물이 들어선 지역과 도로 등에서는 이질성으로 느껴 경관저항이 줄어든다.
④ 동물들은 이동할 때 가능한 한 경관의 경계수가 적은 긴 루트를 택하려는 경향을 보인다.

**해** ③ 조류는 날아다니므로 건물에 큰 이질성을 느끼지 않는다.

**40** 가장자리 효과의 설명으로 가장 적합하지 않는 것은? 기-19-2

① 토양의 상태를 조절한다.
② 태양복사에너지를 조절한다.
③ 인간은 가장자리를 유지하는데 주도적인 역할을 한다.
④ 사냥감이 되는 초식동물의 밀도는 내부지역보다 더 낮다.

**해** ④ 주연부를 선호하는 종은 간섭에 대한 적응성이 높고 두 가지 환경 모두 선호하는 종으로 대부분 일반적인 경관에서 쉽게 볼 수 있는 종이므로 다양성 및 밀도가 높게 나타난다.

**41** 가장자리(edge)의 특성에 대한 설명 중 틀린 것은? 기-15-1, 기-17-3

① 가장자리는 생물학적 풍요의 상징이다.
② 가장자리에서는 높은 종 풍부도와 밀도를 나타낸다.
③ 대체적으로 굴곡과 변화가 많아 구조가 복잡한 가장자리에서 종다양성과 생태적 잠재력이 높다.
④ 경관조각(patch)의 크기가 클수록 가장자리 종의 수는 감소한다.

**42** 경관 파편화의 정도를 측정할 때 고려하지 않는 것은? 기-15-3, 기-16-1

① 파편화된 패치의 색상
② 파편화된 패치의 면적
③ 파편화된 패치의 이격거리
④ 파편화된 패치의 배열

**해** ②③④ 외 패치의 형태도 고려한다.

**43** 토지가 변형되는 공간 과정의 설명으로 틀린 것은? 기-16-1

① 천공화는 토지변형의 과정에서 드물게 발생한다.
② 마멸은 패치 및 통로와 같은 것이 사라지는 것이다.
③ 축소는 패치와 같은 물체의 크기가 감소하는 것이다.
④ 단편화는 서식지 또는 토지가 작은 부분들로 나뉘는 것이다.

**해** 천공화는 대부분의 토지변형의 과정에서 일어나며, 파편

**정답** 38. ① 39. ③ 40. ④ 41. ④ 42. ① 43. ①

화(단편화)의 과정은 천공→절단→단편화→축소→마멸의 순으로 이루어진다.

**44** 토지이용과 경관생태학에 대한 설명으로 틀린 것은? 기-16-2

① 파편화가 생물종에 미치는 영향은 공간이 변형된 결과이다.
② 인공위성 자료를 이용하여 삼림조각의 변화에 대한 경관변화를 알 수 있다.
③ 토지이용의 변화와 파편화는 조각의 크기와 조각들 사이의 연결성을 증대시킨다.
④ 경관변화의 유형과 생태적인 과정의 관계를 밝히는 것이 경관생태학의 중요한 이슈다.

해 ③ 서식처 파편화 시 각각의 서식처 면적이 줄고, 서식처에 장벽이 발생한다.

**45** 커다란 서식처가 두 개 이상의 작은 서식처로 나뉘는 파편화의 영향으로 알맞지 않은 것은? 기-17-2

① 침투효과 ② 장벽과 격리화
③ 혼잡효과 ④ 국지적 멸종

해 서식지 분단화(파편화)의 영향으로는 초기배제효과, 장벽효과(격리화), 혼잡효과, 국지적 멸종이 있다.

**46** 서식지의 파편화가 개체군에 미치는 영향에 대한 설명으로 가장 거리가 먼 것은? 기-16-2

① 파편화 초기에는 개체군에 영향을 주지 않는다.
② 파편화는 파편화된 서식처간에 종이 이동하는 것을 막는다.
③ 파편화가 일어나면 개체군 밀도가 증가하여 혼잡효과가 나타난다.
④ 파편화 후 시간이 지나면 장기적으로 국지적인 멸종이 일어날 수 있다.

해 ① 파편화의 초기에 나타나는 효과로는 초기배제효과가 있으며, 이는 큰 면적을 요구하는 종이나 간섭에 민감한 종이 간섭 초기에 다른 곳으로 이동하거나 사라지는 것을 말한다.

**47** 파편화에 민감하여 멸종 가능성이 높은 종이 아닌 것은? 기-16-1

① 지리적인 분포범위가 넓은 종
② 개체군 크기가 작은 종
③ 넓은 행동권을 요구하는 종
④ 종의 확산이 어려운 종

해 파편화에 의하여 멸종가능성이 높은 종에는 희귀종, 영양단계가 높은 종, 산포가 제한된 종, 지리적 분포범위가 좁은 종, 행동반경이 큰 종, 이동성이 낮은 종, 개체군의 크기가 작은 종, 특이한 서식처를 요구하는 종, 잠재적 생산능력이 낮은 종, 유전적 변이가 낮은 종 등이 있다.

**48** 교란으로 나타나는 서식처 파편화에 대한 설명 중 틀린 것은? 기-18-2

① 자연식생지역의 파편화는 지표 교란에 의해 바람, 일조, 건조 등의 물리적 구조 변화를 초래한다.
② 파편화는 공간적으로 내부/가장자리의 비율을 증가시킨다.
③ 파편화는 연결성과 전체 내부면적을 감소시킨다.
④ 초원의 파편화는 자연발화에 의한 조각생성을 저해하고 그에 따라 종 손실을 일으키는 경우도 있다.

해 ② 파편화는 패치의 면적을 기준으로 가장자리 비율이 늘어난다.

**49** 경관생태학은 경관의 구조, 기능 변화에 중점을 둔 연구 영역이다. 다음 중 경관생태학적 관점에서 고려해야 할 요소로 맞는 것은? 기-14-3

① 경관모자이크(Landscape Mosaic)는 동질적(homogeneous)인 공간의 집합이며, 종, 에너지, 물질의 여러 가지 분포가 경관의 구조를 결정한다.
② 경관의 코리더(corridor), 매트릭스(matrix), 패치 (patch)를 통한 동·식물의 이동과 교환은 경관의 동질성을 보다 높여준다.
③ 경관모자이크가 안정된 것은 생체량(biomass)이 존재하여 물리적으로 시스템이 불안정되



정답 44. ③ 45. ① 46. ① 47. ① 48. ② 49. ④

어 있는 경우, 혹은 생체량이 작은 경우로 교환으로부터의 회복이 늦은 경우, 반대로 생체량이 커서 교환에 대한 저항성이 매운 낮은 경우의 세 가지이다.

④ 경관모자이크(Landscape Mosaic)의 구조는 중간정도의 교란(攪亂 ; disturbanae)을 받으면 이질성을 높여준다.

해 경관모자이크(landscape mosaic)는 패치, 코리더, 매트릭스 등 이질적 공간이 모여 전체적 경관을 이루는 모습이나 경관패턴을 일컫는 말로서 종, 에너지, 물질의 여러 가지 분포가 경관의 구조를 결정하며, 경관의 이질성은 공존 가능한 전체의 개체수를 늘려 종다양성에 기여한다.

**50** 경관요소 간의 연결성을 확대하는 방법으로 가장 거리가 먼 것은? 기-19-3

① 코리더의 설치
② 징검다리식 녹지보전
③ 기존 녹지의 면적확대
④ 동물이동로 주변의 포장도로 증설

정답 50. ④

# Chapter 2 GIS·RS와 경관생태학

## 1 지리정보시스템(GIS)

### 1. GIS(Geographic Information System) 개념 및 적용

(1) GIS의 역사

① 1963년 캐나다에서 처음 시작
② 1960~1970년대 : 1960년대 시작과 1970년대 그래픽처리 기술 발달
③ 1980년대 : GIS가 세계 각국으로 확산된 시기, 인공지능 도입
④ 1990년대 : 응용분야 확산과 사용자 인터페이스 발전
⑤ 2000년대 : 일반인들이 활용할 수 있는 정보시스템 구축

(2) GIS의 개념

① 지구 좌표계를 기준으로 하여 취득한 공간정보를 효과적으로 입출력, 저장, 관리, 변환, 분석하기 위하여 고안된 하드웨어, 소프트웨어, 공간자료, 사람 등의 조합
② 측량, 원격탐사, 항공사진, GPS, Mobile 통신 등의 기술과 연계되어 'geographic information science'로 개념 확장

❖ 지리정보시스템(GIS) 상세개념

① 지도자료와 속성자료, 소프트웨어, 하드웨어, 분석기법, 사람의 5대 요소를 가지고 자료를 입력, 설계, 저장, 분석, 출력의 일련의 과정을 총괄하는 개념이다.
② 지리적 위치를 갖고 있는 지표면과 지하 및 지상공간에 존재하는 자연물과 인공물에 대한 위치정보와 속성정보를 컴퓨터에 입력하여 데이터베이스화 또는 해석·처리하는 시스템이다.
③ 데이터베이스화된 위치정보와 속성정보를 이용하여 각종 계획수립과 의사결정 및 산업활동을 효율적으로 지원할 수 있도록 만든 첨단 시스템이다.

(3) GIS의 기능적 요소

① 자료획득 : 필요한 자료의 수집과 확인 과정
② 자료의 전처리 : 자료의 입력을 위한 여러 가지 방법상의 조작
③ 자료의 관리 : 자료의 등록, 갱신, 삭제 등의 데이터베이스 구축

◘ 지리정보시스템(GIS)
인간생활에 필요한 지리정보를 컴퓨터 데이터로 변환하여 효율적으로 활용하기 위한 정보시스템이다. 특정 목적을 가지고 실세계로부터 공간자료를 저장하고, 추출하며 이를 변환하여 보여주거나 분석하는 강력한 도구로 하드웨어, 소프트웨어, 공간자료, 사람 등의 조합을 의미한다.

◘ 정보시스템
의사결정에 필요한 정보를 생성하기 위한 제반 과정으로서 정보를 수집, 관측, 측정하고 컴퓨터에 입력하여 저장, 관리하며 저장된 정보를 분석하여 의사결정에 반영할 수 있는 시스템이다.

◘ GIS의 기능적 요소 5단계
자료획득→자료의 전처리→자료관리→조정과 분석→결과출력

④ 조정과 분석 : 데이터베이스의 자료를 활용한 분석과 조작
⑤ 결과출력 : 모니터, 프린터 등에 도표, 지도 등의 최종적 정보 생성

### (4) GIS의 장점

① 공간문제에 대한 모델을 제시함으로써 의사결정과정에 도움을 준다.
② 공간데이터와 속성데이터를 이용하여 다양한 조회 및 검색을 할 수 있다.
③ 지리정보를 효과적으로 수집, 저장, 유지, 관리 할 수 있다.
④ 지도의 생산·수정 및 유지관리에 드는 시간과 비용 절감
⑤ 서로 다른 축척과 내용의 지도를 쉽게 중첩

## 2. GIS의 구성요소

### (1) 자료(data)

① GIS 구성요소 중 가장 중요한 핵심요소로 전체 작업량의 70~80% 차지
② 속성자료(data) : 일반적 자료로 기존에 구축된 정보 이용 –도로, 토지이용, 시설물 등
③ 공간자료(data) : 도형 및 공간자료로 데이터유형에 따라 세분화 되며, 데이터 특성에 따라 분석·처리과정 상이 –벡터(vector) 데이터와 래스터(raster) 데이터로 구분

벡터 데이터와 래스터 데이터 비교

| 구 분 | 내 용 |
|---|---|
| 벡터 데이터 | ·기하학정보 : 점, 선(점들의 집합), 면으로 구성된 정보차원<br>·위상구조 : 점, 선, 면들의 공간 형상들의 공간 관계를 말하며, 다양한 공간형상들 간의 공간 관계 정보를 인접성, 연속성, 영역성 등으로 제공<br>·메타데이터 : 데이터의 좌표체계정보, 품질정보, 제작 및 프로세스 정보, 제작자 등 실제 데이터는 아니나 데이터에 대한 유용한 정보를 목록화하여 제공<br>·그래픽의 정확도가 높으며, 복잡한 현실세계의 묘사 가능<br>·여러 레이어의 중첩이나 분석에 기술적인 어려움 수반<br>·CAD 분야 이용 |
| 래스터 데이터 | ·현실세계의 공간상에 있는 객체나 현상을 일련의 셀(cell)들의 집합으로 표현<br>·가장 간단한 데이터 모델<br>·셀크기가 작을수록 보다 정밀한 공간현상 잘 표현<br>·격자모양으로 구성되어 정확한 위치 표현 곤란<br>·인공위성 이미지(데이터), 항공사진 데이터, 좌표정보 이미지 데이터 등<br>·원격탐사 분야 이용 |

◘ GIS의 구성요소
GIS업무를 효과적으로 수행하기 위해 필요한 요소들로서, 가장 중요한 요소로는 하드웨어(컴퓨터)와 이를 구동시키는 소프트웨어(프로그램), 자료(데이터), 방법(분석기법), 이용자(사람)를 들 수 있다. 이 5가지 요소를 'GIS의 구성요소'라고 한다.

◘ 자료의 차원
① 점(point) : 0차원 –수준점
② 선(line) : 1차원 –철로
③ 면(area) : 2차원 –필지
④ 표면(surface) : 3차원 –지형기복도

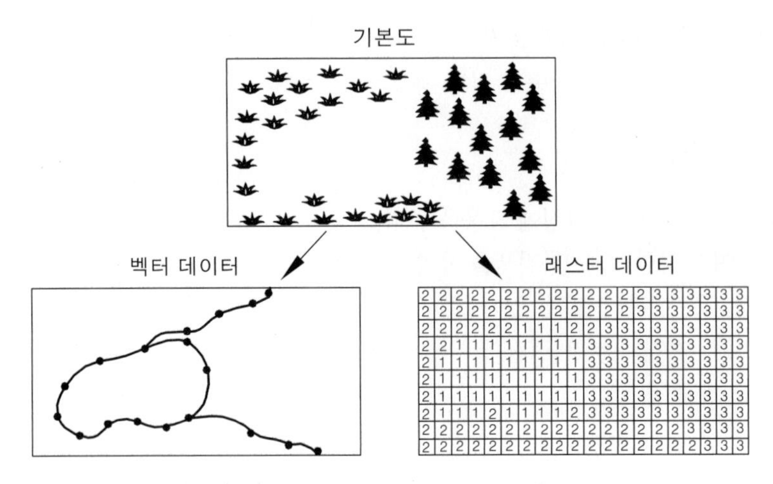


[ 벡터 데이터와 래스터 데이터 비교 ]

벡터 데이터와 래스터 데이터 비교

| 구 분 | 장 점 | 단 점 |
|---|---|---|
| 벡터 데이터 | ·지도와 비슷하고 높은 시각적 효과<br>·복잡한 현실세계의 묘사 가능<br>·고해상도의 높은 공간적 정확도 보유<br>·저장 공간이 적은 효율적 저장<br>·공간 객체에 대한 추출, 일반화, 갱신 용이 | ·복잡한 데이터 구조<br>·고도의 기술적 지식 요구<br>·고가의 하드웨어와 소프트웨어<br>·공간 연산이 상대적으로 어렵고 시간 많이 소요 |
| 래스터 데이터 | ·간단한 데이터 구조<br>·중첩, 근접 등의 공간분석 용이<br>·원격 탐사 영상자료와 연계 용이<br>·다양한 모델링 작업 용이<br>·저가의 하드웨어 및 소프트웨어 | ·공간적 불일치와 낮은 시각적 효과<br>·현실세계의 미흡한 반영으로 모호한 형상<br>·벡터에 비해 낮은 해상도<br>·대용량 데이터셀로 저장용량 증대 |

**커버리지 데이터와 경계 데이터**

레이어(layer) 또는 커버리지(coverage) 데이터는 단일주제와 관련된 데이터 세트를 의미하며, 일정지역에 걸쳐 연속적인(불균등한) 데이터 특성을 갖는 래스터정보의 기본요소를 의미한다. 또한, 공간자료와 속성자료를 갖고 있는 수치지도를 의미하며, 하나의 인공위성 영상에 포함되는 지상의 면적을 의미하기도 한다. 경계(boundary) 데이터는 대부분의 경우 불연속적인(균등한) 데이터의 형태를 가지고 있는 지형지물에 연관된 데이터로 벡터 데이터로 불리는 것이다.

(2) 기타요소

① 소프트웨어 : 사용형태에 따른 프로그래밍 및 운영체제 환경 적합도

② 하드웨어 : 데이터의 구축을 위한 기반인 입출력 장치

③ 이용자 : 시스템 구축, 유지관리, 활용에 관여하는 모든 사람

④ 방법 : 목적에 따라 적용되는 방법론이나 절차

**GIS 응용시스템을 구현하기 위한 작업 절차**

요구분석→현행물리모델 설계→신논리모델 설계→레이어DB 설계→응용업무 구현→시험

**우리나라 국가기본도의 평면좌표계**

TM 좌표계

# 2 원격탐사(RS)

## 1. RS(Remote Sensing)의 개념

### (1) RS의 원리 및 특성

① 어떠한 물체든 자신만의 독특한 전자파를 방출, 반사, 흡수, 통과하는 특성 보유
② 방출되거나 반사되어 온 전자파의 양을 측정하여 판독하거나 필요한 값을 얻는 것
③ 수동적 시스템 : 태양, 지열 등 자연상태에서 발생되는 전자파 이용
④ 능동적 시스템 : 시스템 자체에서 인공적인 전자파를 발사하는 것
⑤ 대상물이나 현상에 직접 접하지 않고 식별·분류·판독·분석·진단
⑥ 특정 지역의 환경특성을 광역환경과 비교하면서 파악
⑦ 시간적 추이에 따른 환경의 변화 파악
⑧ 도시녹지의 질과 양의 파악
⑨ 원지반의 기복상태 등 파악

RS의 장단점

| 장 점 | 단 점 |
|---|---|
| ·단시간 내에 광범위한 지역의 정보를 수집하여 해석·진단가능<br>·기록된 정보 자체를 언제나 재현 가능<br>·대상물에 직접적 접촉 없이 정보수집 | ·표면, 표층의 정보만 가능<br>·심층부 정보는 간접적으로만 수집<br>·계측에 경비 과다 소요<br>·해상도 및 기술적 한계에 따른 자료의 한계성 |

### (2) RS의 원리

#### 1) 전자파 스펙트럼

① 주파수 파장 편광성 및 에너지로서 특성 구분
② 물체와 반응하는 양상별로 Radio–TV파, Radar파, 적외선, 가시광선, 자외선, X–선, 감마선으로 분류
③ 대부분의 위성은 적외선을 포함하는 가시광선영역(0.4–1.1㎛) 과 열적외선 영역(10.5–12.5㎛)을 주로 이용하며, 그 외에 SEASAT, Space shuttle 등 특수위성 및 우주선이 Radar파 영역 이용

#### 2) 전자파정보특성

① 센서에 의해 감지된 전자파에너지는 수증, 대기 및 이온의 영향을 받아 변질되어 잡음(noise) 첨가됨
② 가시광선이 대기 및 수중을 통과하는 동안 흡수, 산란, 굴절, 반사 등의 광학현상 발생

**◘ 원격탐사(RS)**

비접촉 센서시스템을 이용하여 기록, 측정, 화상해석, 에너지 패턴의 디지털 표시 등을 함으로써 관심의 대상이 되는 물체와 환경의 물리적 특징에 관한 신뢰성 높은 정보를 얻는 예술, 과학 및 기술이다. 항공기, 기구, 인공위성 등을 이용하여 탐사하는 것으로 원격탐사, 원격탐지, 원격측정 등을 말한다.

**◘ 원격탐사의 장점**

① 광역성
② 동시성
③ 주기성
④ 접근성
⑤ 기능성
⑥ 전자파이용성

3) 측정요소

① 가시광선 영역 : 반사, 향후 산란에너지

② 적외선 영역 : 복사열에너지

③ Radar파 영역 : 파의 왕복시간

4) 태양광 이용 원격탐사시스템

① 태양광을 에너지원으로 사용하는 수동적 원격탐사시스템

② 태양에너지와 대상물에서 반사되는 에너지간의 관계에 기인

(3) 원격탐사의 결과

① 원격탐사 처리과정의 최종 단계는 이미지에서 추출된 정보들을 이용하여 보다 나은 정보를 생산 하는 것

② 국지적인 문제를 해결하는 보조적 수단으로 응용하는 것

③ 원격탐사 자료의 응용을 위해 작업자, 개인의 아이디어와 창의성 중요

■ 이미지 획득 시스템 7단계

① 에너지원 또는 조명

② 방사와 대기

③ 관심대상체와의 반응

④ 센서에 의한 에너지의 기록

⑤ 전달, 수집, 처리

⑥ 해석과 분석

⑦ 자료의 응용

## 2. 원격탐사 인공위성

(1) Landsat TM/ ETM+

① 1972 USGS에서 개발하여 ERTS-1이란 이름으로 발사되기 시작한 지구최초의 탐사위성 발사 계획

② Landsat(Land Satellite)이라는 이름으로 개명되어 현재 7호까지 발사

③ RGB(적·녹·청) 채널로 가시광선 영역의 컬러 촬영, 적외선 채널 4개

④ 약 705km의 고도에서 시속 26,000km/h 속도, 1일 15회 지구 회전

⑤ 185×170km 영상촬영, 99분마다 궤도 회전, 16일 주기로 동일지점 통과

Landsat 7의 ETM+ 센서의 제원

| 밴드 | 파장 | 영역 | 크기 | 분광특성 및 응용분야 |
|---|---|---|---|---|
| 1 | 0.450-0.515 | Blue | 30m | 물의 투과에 의한 연안역 조사, 토양·식생의 판별, 산림의 유형조사 인공물의 식별 |
| 2 | 0.525-0.605 | Green | 30m | 식생의 녹색반사 측정에 의한 식생판별 및 활력도 조사, 인공물의 식별 |
| 3 | 0.630-0.690 | Red | 30m | 엽록소 흡수량을 측정하여 식물종 구분, 인공물 식별 |
| 4 | 0.750-0.900 | Near-IR | 30m | 식생유형 활력도, 생체량의 측정, 수륙의 경계 식별, 토양수분 판별 |
| 5 | 1.550-1.750 | Mid-IR | 30m | 식생과 토양의 함수량 지표, 눈과 구름의 식별 |
| 6 | 10.40-12.50 | Thermal | 60m | 식생 stress 분석, 토양수분 판별, 온도분포 측정 |
| 7 | 2.090-2.350 | Mid-IR | 30m | 광물 및 암석유형 판별, 식생의 수분 정도 구별 |
| 8 | 0.520-0.900 | Pan | 15m | 전정색(Panchromatic) 영상의 획득 |

### (2) IRS 영상(1998)

① 인도의 우주연구사업단이 주도하는 인도 고유의 지구관측 위성
② 평균고도 817km, 24일마다 동일지점 촬영
③ 전정색(Pan) 70×70km, 컬러(LISS3) 104×104km 영상촬영

IRS 센서의 제원

| 밴드 | 파장 | 영역 | 크기 | 분광특성 및 응용분야 |
|---|---|---|---|---|
| 1 | 0.050–0.750 | Pan | 5.87m | 물의 투과에 의한 연안역 조사 토양·식생의 판별, 산림의 유형조사 인공물의 식별 |
| 2 | 0.52–0.59 | LISS3 | 23.5m | 식생의 녹색반사 측정에 의한 식생판별 및 활력도 조사, 인공물의 식별 |
| 3 | 0.62–0.68 | LISS3 | 23.5m | 엽록소 흡수량을 측정하여 식물종 구분, 인공물 식별 |
| 4 | 0.77–0.86 | LISS3 | 23.5m | 식생유형, 활력도, 생체량의 측정, 수륙의 경계 식별, 토양수분 판별 |
| 5 | 1.55–1.70 | LISS3 | 23.5m | 식생과 토양의 함수량 지표 눈과 구름의 식별 |

### (3) 아리랑 영상(1999)

① 1호 : 전자지도제작(중요 임무), 해양관측, 우주환경관측, 고도 685km 상공 궤도를 98분마다 회전, 한번에 15km 촬영, 해상도 6.6m
② 2호 : 대규모의 자연 재해를 감시, 각종 자원의 이용 실태를 파악, 지리정보시스템에 활용 가능한 고해상도의 지구 관측 영상 제공, 1m 해상도의 팬크로매틱 영상과 4m 해상도 영상 촬영

### (4) IKONOS(1999)

① 미국의 세계 최초의 첩보급 상용 위성
② 1m 해상도 팬크로매틱 영상과 4m 해상도의 다중대역 이미지 동시 취득
③ 환경부 토지피복지도 제작사업에서 도시지형 관찰에 이용
④ 정밀수치지형 모델(DTM) 추출, 수치지도제작, 주요 농작물 식별, 재배면적 및 분포 조사, 산림 면적 조사 및 산림 자원 관리, 수자원 조사, 도시환경, 대기오염, 수질, 폐수 처리, 해양 오염, 원격탐사에 의한 인구조사, 교통계획, 도시계획 및 지역계획, 위치선정, 자연 재해에 의한 변화에 신속 대응, 화학, 미생물, 방사능 오염 지역 탐사 등에 활용

### (5) SPOT 위성

① 프랑스에 의하여 1986년에 최초로 발사 –현재 7호 위성
② 고도 832km, 26일마다 동일 지점 촬영, 98.7°의 궤도 경사각
③ 지구의 폭 117km를 일시에 관측, HRV/XS의 해상력은 약 20m²

# 핵심문제 해설



**01** 특정 목적을 가지고 실세계로부터 공간자료를 추출하며 이를 변환하여 보여주거나 분석하는 강력한 도구로 하드웨어, 소프트웨어, 공간자료, 인력 등의 조합을 의미하는 것은? 기-15-3, 기-18-3

① 원격탐사 ② 측량
③ 지리정보시스템 ④ 범지구측위시스템

**02** GIS의 구성요소를 가장 올바르게 나열하고 있는 것은? 기-17-1

① 셀, 레스터, 소프트웨어
② 이용자, 방법, 레스터
③ 하드웨어, 소프트웨어, 벡터
④ 자료, 소프트웨어, 이용자

해 GIS는 자료, 소프트웨어, 하드웨어, 이용자, 방법론의 5가지 구성요소가 유기적으로 연계되어야 적합한 결과를 얻을 수 있다.

**03** GIS(지리정보체계) 자료의 구축 및 활용 절차를 바르게 순서대로 나열한 것은? 기-17-1, 기-18-2

① 자료획득 → 모의실험 → 전처리 → 모델 → 결과출력
② 현장조사 → 실험실 분석 → 자료획득 → 결과도출 → 자료해석
③ 자료획득 → 전처리 → 자료관리 → 조정과 분석 → 결과출력
④ 현장조사 → 자료획득 → 자료해석 → 전처리 → 결과출력

**04** 지리정보체계(GIS)에 대한 설명으로 틀린 것은? 기-19-1

① 지리정보체계가 포함해야만 하는 기능적 요소들은 자료획득, 자료의 전처리, 자료관리, 조정과 분석, 결과출력이 해당된다.
② 지도자료, 속성데이터, 소프트웨어, 하드웨어, 사람의 5대 요소를 가지고 자료를 입력, 설계, 저장, 분석, 출력하는 일련의 작업을 총괄하는 개념이다.
③ 1966년 미국의 North Carolina 주립대학에서 개발이 시작되었으며, 통계적인 분석과 자료관리, 그래프 작성, 프로그래밍 등 다양한 기능을 갖춘 종합정보 관리시스템이다.
④ 지표면과 지하 및 지상공간에 존재하고 있는 각종 자연물(산, 강, 토지 등)과 인공구조물(건물, 철도, 도로 등)에 대한 위치정보와 속성정보를 컴퓨터에 입력하여 데이터베이스화 또는 해석·처리하는 시스템이다.

해 ③ 1963년에는 톰린슨의 주도로 세계 최초로 캐나다 지리정보시스템이 구축되었고, 캐나다 전역의 토지측정자료를 수집하고, 토양의 질을 1에서 7등급으로 나눈 지도였다.

**05** GIS의 구성요소 중 데이터에 관한 설명으로 옳지 않은 것은? 기-14-1

① 벡터 데이터의 위상구조는 점, 선, 면들의 공간형상들의 공간관계를 말한다.
② GIS 데이터 중 벡터 데이터와 래스터 데이터는 속성데이터에 속한다.
③ 메타데이터는 데이터의 좌표체계 정보, 데이터 제작 및 프로세스 정보 등 자료의 유용한 정보를 목록화한 것이다.
④ 래스터 데이터의 유형으로는 인공위성에 의한 이미지, 항공사진 이미지 등이 있다.

해 ② 벡터 데이터와 래스터 데이터는 공간데이터이며 속성데이터에는 도로, 토지이용, 시설물 등의 자료이다.

**06** 다음 중 벡터 데이터의 구성요소 중 점, 선, 면에 따라 정보차원이 달리 구성되어 저장되는 것은? 기-15-1, 기-17-2

① 위상구조 ② 메타데이터
③ 기하학 정보 ④ 래스터 데이터



정답 01. ③ 02. ④ 03. ③ 04. ③ 05. ② 06. ③

해 ① 위상구조 : 점, 선, 면 등의 공간형상들 간의 공간관계 정보를 제공한다.
② 메타데이터 : 데이터는 아니나 데이터에 대한 유용한 정보를 목록화한 것이다.
④ 래스터 데이터 : 실세계 공간현상을 일련의 셀(cell)들의 집합으로 표현한다.

**07** GIS 데이터(data)의 구성요소 중 위계가 잘 연계된 것은? 기-17-2

① 공간데이터, 속성데이터, 메타데이터
② 속성데이터, 벡터 데이터, 데이터베이스
③ 속성데이터, 래스터 데이터, 인공위성데이터
④ 공간데이터, 벡터 데이터, CAD데이터

**08** 벡터자료와 래스터자료의 차이점으로 옳지 않은 것은? 기-14-2

① 벡터자료는 공간적 정확성이 높은 장점이 있다.
② 벡터자료는 복잡한 데이터구조를 갖는 단점이 있다.
③ 래스터자료는 원격탐사 영상자료와 연계가 용이한 장점이 있다.
④ 래스터자료는 다양한 모델링을 할 수 없는 단점이 있다.

해 ④ 래스터자료는 다양한 모델링 작업이 용이한 장점이 있다.

**09** GIS에서 커버리지 또는 레이어(coverage or layer)에 대한 설명으로 옳지 않은 것은? 기-18-1

① 단일주제와 관련된 데이터 세트를 의미한다.
② 공간자료와 속성자료를 갖고 있는 수치지도를 의미한다.
③ 균등한 특성을 갖는 래스터정보의 기본요소를 의미한다.
④ 하나의 인공위성 영상에 포함되는 지상의 면적을 의미하기도 한다.

**10** 항공 탑재체에 의한 원격탐사 종류가 아닌 것은? 기-15-2

① 항공기 ② 기구 및 위성
③ 조류탑재기 ④ 육안관찰

**11** 원격탐사(RS)기법의 특징에 대한 설명으로 틀린 것은? 기-19-3

① 컴퓨터를 이용하여 손쉽게 분석할 수 있다.
② 광범위한 지역의 공간정보를 획득하기에 용이 하다.
③ 정밀한 땅속 지하 암반의 형태를 쉽게 추출할 수 있다.
④ 시각적 정보를 지도의 형태로 제공함으로써 누구나 이해하기 용이 하다.

해 ③ 원격탐사의 경우 심층부 정보는 간접적으로만 수집이 가능한 단점이 있다.

**12** 원격탐사(Remote Sensing)를 환경문제에 응용할 때의 유리한 특징으로 볼 수 없는 것은? 기-19-2

① 일시성 ② 주기성
③ 광역성 ④ 동시성

**13** 원격탐사와 GIS를 경관생태학과 접목하여 가장 적절하게 활용할 수 있는 사례는? 기-19-1

① 생태이동통로의 적지 선정
② 환경영향평가에서의 경관 평가
③ 해안갯벌의 서식처 보호구역 설정
④ 쓰레기매립지의 생태공간계획 및 평가

**14** Landsat TM 위성자료의 활용에 대한 설명으로 옳은 것은? 기-14-1, 기-17-3

① 밴드1은 엽록소 흡수 및 식물의 종분화 등을 알 수 있다.
② 밴드4는 활력도 및 생물량 추정에 용이하다.
③ 밴드6은 육역과 수역의 분리에 용이하다.
④ 밴드7은 식생의 구분에 적합하다.

해 ① 밴드1은 물의 투과에 의한 연안역 조사, 토양·식생의 판별, 산림의 유형조사 인공물의 식별 등을 알 수 있다.
③ 밴드6은 식생 stress 분석, 토양수분 판별, 온도분포 측

정답 07. ④ 08. ④ 09. ③ 10. ④ 11. ③ 12. ① 13. ① 14. ②

정에 용이하다.

④ 밴드7은 광물 및 암석유형 판별, 식생의 수분 정도를 구별할 수 있다.

**15** 지구관측위성 Landsat TM의 근적외선 영역(파장 : 0.76~0.90㎛)을 이용한 응용분야는? 기-18-1

① 식생유형, 활력도, 생체량 측정, 수역, 토양 수분 판별
② 물의 투과에 의한 연안역 조사, 토양과 식생의 판별, 산림유형 및 인공물 식별
③ 광물과 암석의 분리
④ 식생의 스트레스(stress) 분석, 열추정

**16** 토지피복분류에 주로 사용하는 Landsat TM/ETM+ 영상에 대한 설명으로 알맞은 것은? 기-14-3

① 30m 공간해상도를 갖는 7개의 band로 이루어져 있다.
② Landsat영상을 이용하여 나무의 수종까지 구분이 가능 하다.
③ 열적외선 band를 이용하여 온도분포를 측정할 수 있다.
④ Landsat ETM+의 경우 15m 공간해상도의 칼라영상을 포함하고 있다.

해 Landsat ETM+ 센서는 8개의 밴드로 30, 60m 해상도의 컬러영상과 15m 해상도의 전정색(흑백)영상이 가능하다.

**17** 고도 832㎞에서 지구의 폭 117㎞를 일시에 관측하며, 26일 마다 동일 위치로 돌아오는 태양동기 준회귀 궤도를 가지고 있는 위성으로서 HRV/XS의 해상력이 약 20㎡인 위성은? 기-19-3

① SPOT ② MOS-1
③ Landsat TM ④ Landsat MSS

**18** 경관생태학에서 많이 이용하는 RS에 관한 설명으로 가장 거리가 먼 것은? 기-19-1

① Landsat TM 같은 경우 50m의 해상도 영상을 획득하여 우리나라에서 자주 사용되고 있다.
② IKONOS 영상의 경우 첩보급 상용위성으로서 1m, 4m의 해상도를 획득하여 그 활용성이 우수하다.
③ 전자파정보는 물체에 반사되어 센서로 되돌아오는 과정에서 수중, 대기 및 이온층의 영향을 받아 noise가 첨가되기 때문에 고려할 사항이 많다.
④ 비접촉 센서시스템을 이용하여 기록, 측정, 화상해석, 에너지 패턴의 디지털표시 등을 함으로써 관심의 대상이 되는 물체와 환경의 물리적 특징에 관한 신뢰성 높은 정보를 얻는 과학 및 기술이라고 정의된다.

해 ① Landsat TM 같은 경우 30m의 해상도 영상을 획득하며, 우리나라에서 자주 사용되고 있다.



정답 15. ① 16. ③ 17. ① 18. ①

# Chapter 3 지역환경시스템과 지역

## 1 지역환경시스템

### 1. 거시적 측면에서의 전체상 파악

#### (1) 지역적 파악

① 처음부터 종합적인 접근을 취하는 것이 경관생태학의 기본 사고
② 생태계 자체의 해석보다 지역환경의 질을 평가하여 바람직한 지역환경 조성
③ 지역환경의 파악을 위해 항공사진판독법 이용 –트롤

> **지역환경**
> 지역적 확대를 갖는 종합적 환경이므로 그 전체상을 이해하기 위해서는 경관에 대한 분석중심의 방법부터 종합화를 목표로 한 방법으로 크게 전환할 필요가 있다.

#### (2) 토지시스템 조사

① 균질한 공간단위를 토지단위, 균질단위가 모여 하나의 결절적인 단위를 구성하는 것
② 두 단위를 구별하면서 주로 토지시스템을 도식화 하는 것
③ 지리학의 등질지역, 결절지역과 같은 연구방식

### 2. 등질지역과 결절지역

#### (1) 지역의 구분

① 등질지역(경관단위) : 동질적인 성격을 갖는 공간적 확대, 지역 전체가 동일조건에 있어 보기 좋음
② 결절지역(경관시스템) : 이질적 성격을 갖는 등질지역의 결합, 개개의 지역성격이 다르기 때문에 지역 전체를 동일조건으로 간주할 수 없음

#### (2) 지역의 관계

① 일반적으로 지역은 공간범위를 바꾸며 등질공간과 결절공간을 되풀이
② 자연지역의 예
㉠ 구릉지는 언덕정상사면, 언덕배사면, 골짜기의 저지(低地)인 등질지역(미지형 단위)부터 형성
㉡ 미지형의 등질지역이 모여 구릉지 안에서 소유역이라는 결절지역 형성
㉢ 소유역이 모여 구릉이라는 등질지역 형성
㉣ 등질지역인 산지, 구릉지, 대지, 저지가 대하천의 유역 등을 통하여 큰 결절지역 형성

ⓜ 큰 결절지가 모여 평야라는 등질지역 형성
ⓑ 작은 범위에서 국가, 지구 전체에 걸쳐 결절지역과 등질지역으로 반복됨
③ 토지이용측면의 예
㉠ 촌락, 농지, 산림 등 각각의 등질지역이 조합되어 농촌취락이라는 결절지역 형성
㉡ 농촌취락은 등질지역인 농업지역에 포함되며, 공업지역과 같은 수준의 공간단위 형성
㉢ 상위공간(시군권역)은 농업지역, 공업지역을 포함한 결절지역 형성
㉣ 세계 전체 토지이용시스템까지 결절지역과 등질지역으로 반복됨

(3) 계획의 방법
① 목적으로서의 계획(물적창출과정)
㉠ 물적창출을 하는 것으로 농촌에 도로를 정비하거나 산지에 나무를 식재하는 것 등
㉡ 등질지역의 인식 중요
② 수단으로서의 계획(공간이용계획)
㉠ 공간이용의 기본방침을 정하는 것으로 토지이용의 질서화 등의 계획
㉡ 결절지역의 인식 중시

❖ 등질지역과 결절지역의 예
① 자연지역 예
등질(언덕정상사면, 언덕배사면, 골짜기의 저지)→결절(소유역)→등질(구릉, 산지, 대지, 저지)→결절(대하천 유역)→등질(평야)
② 토지이용측면 예
등질(촌락, 농지, 산림)→결절(농촌취락)→등질(농업지역, 공업지역)→결절(시군권역)→등질(농업지대)→결절(광역권)

## 2 경관생태학적 지역 구분과 관리

### 1. 자연지역에서의 기능적 관계

(1) 수직적 관계와 수평적 관계
① 수직적 관계 : 교목층, 초본층 등 구성요소들 간의 상호관계, 지형, 지질, 토양, 물, 식생, 동물군집, 기후 등의 입체적인 상호관계
② 수평적 관계 : 수직적 구조를 하나의 생태계로 간주하여 복합적이고 이질적인 생태계의 지역적 분포와 상호 관련성의 관계

◘ 자연지역의 구분
지질, 토양, 물수지, 대·중기후, 지형, 식생 등 모든 부분을 고려하여 실시한다.

◘ 트롤의 관계성
트롤은 경관생태학을 어떠한 공간단위의 '수직적 관계'와 공간단위간의 '수평적 관계'의 양방향을 연구하는 분야라고 생각하였다.

### (2) 경관생태학 고려사항(Forman)

① 경관모자이크는 이질적인 공간의 집합이며, 종, 에너지, 물질의 여러 가지 분포가 경관의 구조를 결정하고, 경관의 이질성은 공존 가능한 종의 개체수를 늘림

② 기능은 공간요소의 상호관계, 즉 생태계 내의 에너지, 물질, 종의 비율이며, 종의 확대와 축소는 경관의 이질성 좌우함

③ 경관의 패치, 코리더, 매트릭스를 통한 동·식물의 이동과 교환은 경관의 이질성을 높임

④ 경관모자이크의 구조는 교란이 되지 않으면 보다 특질의 방향으로 진행하며, 중간 정도의 교란은 이질성을 급격히 높이며, 높은 강도의 교란은 이질성을 높이거나 낮추어 줌

⑤ 경관모자이크가 안정된 것

㉠ 생체량이 존재하여 물리적으로 시스템이 안정되어 있는 경우

㉡ 생체량이 작아 교란으로부터의 회복이 빠른 경우

㉢ 생체량이 커서 교란에 대한 저항성이 매우 높은 경우

**◘ 경관모자이크**

경관을 구성하는 지형, 토질, 토양, 식생, 동물, 기후라고 하는 요소가 유기적인 수직적 관계를 가진 특질의 경관단위(landscape unit)를 구성하고, 또한 다른 경관단위와의 상호작용(자연적 조건과 인위적 조건의 영향)을 통하여 수평적으로 또는 규모적으로 배치되는 것을 말한다.

### (3) 항공사진의 유용성

① 경관은 상호의존적인 생태계군의 군집으로부터 이질적인 토양으로의 확대이며, 군집은 유사한 형질을 가지면서 반복적으로 나타남

② 항공사진은 경관을 구성하는 생태계의 윤곽을 파악하기 위하여 사용함과 동시에 일반적으로 명료한 경계의 설정을 위해 사용됨

**◘ 중요 경관자료**

① 항공사진
② 디지털 원격탐사 자료
③ 문헌자료와 센서스

# 3 비오톱의 개념 및 분류

## 1. 비오톱의 개념

### (1) 비오톱 개념

① 식물과 동물로 구성된 3차원의 공간

② 다양한 야생생물과 미생물이 서식하고 자연의 생태계가 기능하는 공간

③ 생물 생태적 요소들 중심의 동질성을 나타내는 경계를 가진 최소단위공간

**◘ 비오톱(biotope)**

비오톱은 '생명'을 나타내는 bio와 '장소'를 나타내는 top의 합성어로, 영어로는 biotope, 독일어로는 biotop이다. 어떤 일정한 야생 동·식물의 서식공간이나 중요한 일시적 서식공간을 의미한다. 일반적인 의미인 생물군집의 서식공간과 서식공간으로서 최소한의 면적을 가지며, 그 주변공간과 명확히 구분되는 공간의 포괄적 의미를 갖는다.

### (2) 비오톱 특성

① 주변공간과 분명한 경계를 갖고 구분할 수 있음은 물론 그 구분에 재현성이 있도록 한 토지의 구획
② 습지, 산림, 초지, 호소 등 우리주변의 모든 자연경관을 이루고 있는 모자이크
③ 규모가 큰 산림생태계나 규모가 작은 박쥐의 둥지도 비오톱으로 파악
④ 중립적 가치개념 –보전가치나 다양성이 낮아도 동일한 비오톱으로 인식

**비오톱의 개념 결정특성**
① 생물서식지의 분포지로서 위치적 특성
② 서식환경의 질적 특성
③ 서식환경의 입지적 특성

## 2. 비오톱의 보전 및 조성의 필요성

### (1) 비오톱의 보전과 조성

① 보전 : 현재 양호하게 보전되어 온 비오톱을 계속적으로 지속가능하게 최소한의 영향으로 관리하는 것
② 조성 : 황폐한 땅에 다양한 동·식물의 생활공간을 창조하거나 원래의 비오톱으로 복원하거나 개선하는 모든 행위

### (2) 비오톱의 역할 및 기능

① 지역에 맞는 휴식경관 제공, 자연과의 친근감 조성과 이해, 지구적 환경보전 의식의 양성, 생물다양성 유지
② 에너지 절약, 새로운 사람과 자연의 공생·조화, 자원의 재활용
③ 완전한 에코사이클 실현
④ 중·소 비오톱에서 도시·지역 규모, 지구규모 수준으로 연계·발전
⑤ 기후, 토양, 수질 보전, 레크리에이션을 위한 자리 제공
⑥ 생물종 서식의 중심지 역할 –은신처, 분산, 이동통로 등
⑦ 도시의 환경변화 및 오염의 지표

**서식장소**
생활과 관련된 여러 조건과 밀접하게 관계하는 장소이기 때문에 단순하게 물리적 위치로서의 장소가 아니라 특정 개체 혹은 개체군에 있어서의 생활환경으로 파악되며 그 성상 및 상태로서 식별되고 표시되는 것이다. 먹이, 물, 은신처, 공간을 서식지의 구성요소로 본다.

### (3) 비오톱 보전 및 조성 시 범위

① 대면적 비오톱 : 면적인 넓이가 있고, 정도의 차이는 있으나 균일성 높은 대면적의 생태계 –초원, 산림, 경작지, 넓은 수면
② 소면적 비오톱 : 수공간 가까운 갈대군락 등 대면적 생태계에 근접하거나 습지나 연못 내부에 섬상 분포하는 소면적, 점상의 서식공간
③ 선상 비오톱 : 가늘고 긴 선상의 윤곽을 가진 서식지 –가장자리, 산울타리, 시냇물 등

**비오톱의 보전**
비오톱의 보전은 장기적으로 계획되어, 그 계획 내에서 보전할 경우 계속적으로 생기고 있는 장해를 될 수 있는 한 제거해야 한다.

### (4) 비오톱 보전 및 조성의 원칙

① 조성 대상지 본래의 자연환경 보전·복원 –자연환경 파악이 필수
② 생물과 비생물의 이용소재는 그 지역 본래의 것 사용

③ 회복·보전할 생물의 계속적 생존을 위해 적당한 수질의 용수 확보
④ 순수한 자연생태계 보전을 위해 사람의 차단을 위한 핵심지역 설정
⑤ 설계에 의해 조성된 후, 자연에 의한 복원이 가능한 설계기술 필요
⑥ 행정계획만이 아닌 어떤 형식으로든 시민참가 도모
⑦ 비오톱 네트워크 시스템 구축을 위해 조성 후 모니터링 충분히 실시

### (5) 비오톱의 보전 시 고려사항

#### 1) 특정 천이단계에 안정시키는 것

① 자연적 천이는 적절한 간섭에 의해 바람직한 단계로 안정 됨
② 일반적인 보전조치 시 에너지 투입과 인위적 간섭 최소화
③ 넓은 공간이 필요하고 전체 모자이크 안에 완전한 순환계가 성립하도록 토지의 결합 필요

#### 2) 동일한 비오톱에서의 보전조치의 시간적인 단계

① 연주기를 고려하여 이용의 전환을 꾀하면서 보전
② 휴한기 기간이 다른 휴한지가 모자이크상에 분포하도록 계획
③ 여러 토지의 식생이 각각 다른 천이단계에 있도록 계획

#### 3) 여러 가지 서식지가 공존하는 비오톱의 보전·형성

① 인위적 생태계의 복합체에서 보전할 경우 자연입지에 있던 형태로 공간적 차이를 갖도록 계획
② 군집생태학적으로 조화된 해결책 중요

### (6) 비오톱의 조성계획 시 고려사항

#### 1) 입지의 문제 : 동·식물을 위해 우선적으로 준비된 토지

① 존재하지 않거나 존재감이 미미했던 서식공간의 요소나 구조 도입
② 기존 서식공간의 구조 소멸
③ 새로운 요소의 도입이 경관생태학적으로 유효한지, 풍부하게 하는지 고려
④ 희소하고 위기상태인 비오톱 타입은 재생 및 대체 가능성에 문제가 있으므로 현상유지에 전력
⑤ 조성 시 경관이 갖는 자연경관의 특징이 보전·유지되도록 계획
⑥ 조성 시 영향받기 쉽고 자연상태에 가까울수록 엄격한 기준 적용
⑦ 보호할 가치가 있는 기존의 생물군집에 대한 지속적인 방해 회피

#### 2) 주변관계의 시점 : 비슷한 서식공간이 주변에 존재하고 있을 것

① 새롭게 만들어지는 곳에 기존의 서식공간에서 이주될 것 기대
② 적절한 비오톱타입이 있으면 비오톱 조성의 성공 중요요소
③ 자연에 가까운 상태에 있는 자연지역에 가까이 농림업으로 이용되는 토지를 대상으로 새롭게 조성·설치

3) 의도적인 계획 : 특정한 목표와 방향에 따른 계획적인 조치필요

① 현재 보호가 필요한 생물(생물군집)이 훼손되지 않도록 현상 파악

② 특정한 종이 아닌 전형적인 동물상과 식물상이 최대한 잘 조화되도록 공존을 가능하게 하는 기초적 조건의 조성 시도

**비오톱 생명현상의 기초요인**

① 공간적 구조의 차원(공간적인 규모와 구조)

② 물리적·화학적 차원(환경과 매체, 물질순환)

③ 생물학적 차원(동종 및 이종 사이의 공생과 항생)

### (7) 비오톱 조성계획 요소

1) 면적

① 비오톱 타입에 필요한 최소면적 확보 방법

② 비오톱에 특징적인 소구조가 존재할 수 있는 가장 작은 공간의 면적으로 설정

종수–면적 관계식

$$S = cA^z, \quad \log S = z\log A + \log c$$

여기서, $S$ : 종의 수(종다양성), $A$ : 면적, $c, z$ : 상수

③ 종수–면적 곡선도 사용으로 최소면적 산출

㉠ 종수의 증가는 면적의 크기와 양의 상관관계를 가짐

㉡ 종수의 증가는 일정면적이 되면 더 이상 급격한 증가는 없음

㉢ 종수–면적 곡선은 지역별, 서식지별 차이가 존재하므로 각 지역에 맞는 상수 사용

④ 곤충의 비행거리나 갑각류의 주행거리 등 명확한 행동거리 고려

⑤ '지표성 원칙'으로 필요한 면적 산출

⑥ 비오톱 유지에 필요한 최소면적의 학술적 검증 –개체군 동태 연구

⑦ 조성목표는 최소면적 이상 필요 –종수는 비오톱 크기와 함수적 관계

2) 비오톱의 수와 배치

① 유전자 흐름을 위한 충분한 수의 존재와 공간적으로 밀접한 결합 유지

② 개체수가 위험단계로 감소한 개체군은 이입에 의해 유지되어야 함

③ 섬상의 비오톱을 모아서 배치하는 것은 비오톱의 거리가 없다는 것

④ 섬상의 배치가 점과 선상으로 배치하는 것보다 이입 촉진에 유리

3) 코리더와 디딤돌 비오톱

① 단절되어 분리된 공간에서 야기된 고립화 영향의 저하 및 상쇄

② 규모로 인해 고유한 개체군이 장기간에 걸쳐 서식은 어려우나 서식의 핵이되는 지역 사이를 이동하게 하는 토지

**지표성의 원칙**

비오톱의 최소면적을 결정하기 위해 면적에 대한 요구가 가장 높은 종 개체군의 유지에 필요한 면적을 구하여, 이 값을 그 비오톱 타입이 필요로 하는 최소면적의 기준치로 정하는 것이다.

**코리더와 디딤돌 비오톱 예시**

낙차공이나 방죽, 지하 배수로화된 유로에 이동 시 장해물을 철거하는 것은 코리더나 디딤돌비오톱을 새롭게 마련하는 것과 기능적으로 동등할 수 있다.)

③ 일반적으로 코리더나 디딤돌 비오톱이 발달된 구조를 유지하는 것이 새로이 조성하는 것보다 중요

4) 완충대(ecotone, 추이대)

① 주위의 악영향(화학비료 살충제, 가축의 답압)을 가능한 작게 유지하기 위해 충분한 넓이 확보

② 경계효과를 고려하여 완충능력있는 경계부분 확대·형성

③ 범위나 규모는 지형이나 지하수류와 같이 비오톱타입 및 주변영향으로부터 지켜야할 종과 같은 조건에 따라 상이

5) 서식지의 형태

① 주변 경계부분에 대해 핵이되는 부분의 비율이 최대가 되도록 최대한 조밀하고, 자연상태에 있던 형상으로 계획

② 고립림에서 삼림성 조류의 종수는 면적보다는 패치의 외곽선 길이와 상관관계가 높음

6) 경관특성

① 새로운 장소의 경관특성과 주위의 특질 고려

② 경관 또는 자연공간에 어울리지 않는 요소 회피

③ 비오톱 주변부도 경관생태학적 관점에서 매우 중요

(8) 비오톱 조성의 한계점

1) 비오톱 조성의 한계

① 비오톱 타입이 발달할 때 긴 시간 필요

② 잠재적인 종 공급원이 없어지거나 급격한 감소

③ 새로운 비오톱에 대한 주변지역으로부터의 악영향 증가

④ 긴 시간이 걸려 성장·발달한 토양단면과 그와 결부된 식생이 있는 장소가 인위적인 활동에 의해 불가역적으로 변화

2) 비오톱의 설치, 조성, 관리의 문제검토

① 문제점은 비오톱의 입지선정의 단계에서 이미 시작

② 각각의 조치에 따라 이익을 받는 종과 불이익을 받는 종의 관계 검토

③ 생태학적인 분석 및 확실한 근거에 따른 후보지 선정

④ 조성목표의 신중한 결정, 적절한 보전계획의 작성 우선 실시

비오톱타입의 재생능력 검토

| 구 분 | 내 용 |
|---|---|
| 일년생 초본군락, 동물상 | 1~4년 |
| 부영양수역의 식생 | 8~15년 |
| 식재된 울타리 | 10~15년 |

| 빈영양단경초지 | 10년 |
|---|---|
| 빈영양수역 식물 | 20~30년 |
| 채석장, 동굴 서식종의 종 이입 | 100~200년 |
| 식재지 | 성숙단계에 따라 상이 |
| 잔존원생림 고유 동물상 | 수백년으로도 회복 불가능 |
| 고층습원 | 천년이 걸려 1m 토탄층 조성 |

## 3. 비오톱 지도화

❖ 비오톱 지도화

① 비오톱 지도화는 자연환경복원계획을 수립하는 데 있어서 정확한 위치를 파악하고 한눈에 대상지역에 대한 종합적인 정보를 습득할 수 있는 중요한 자료가 되므로 필히 작성해야할 것 중에 하나이다.

② 서식처의 경계를 명확히 결정하며 서식처가 불분명한 지역을 확정하여 코딩에 따라 컬러나 모양을 넣어 표시하며 식생자연 서식처, 습지 서식처, 동물서식처 등으로 상세히 구분하여 작성할 필요가 있다.

### (1) 비오톱 지도화 방법

#### 1) 선택적 지도화 방법(속성 지도화 방법)

① 보호할 가치가 매우 높은 특별한 지역에 한해서 실시하는 방법
② 주로 단기간에 지도화를 실시할 때 사용
③ 신속하고 저렴한 비용으로 지도작성 가능
④ 세부적인 비오톱 정보를 요구하는 계획을 검토하는 자료로 불충분

#### 2) 포괄적 지도화 방법

① 토지이용의 모든 유형 도면화하여 내용적 정밀도 가장 우수
② 생물학적, 생태학적으로 특징지어진 도시 내 모든 비오톱 유형을 파악할 수 있도록 기록하는 것
③ 도시 전체에 대한 종합적인 지도작성을 통하여 상세한 정보 가능
④ 많은 인력과 돈과 시간 소요
⑤ 대규모 지역보다는 도시 및 지역단위 차원의 생태계 보전 등을 위한 자료로 활용하기 위해 적당한 방법 –베를린, 서울시 적용

#### 3) 대표적 지도화 방법

① 선택적 지도화와 포괄적 지도화 방법의 절충형
② 유형분류는 전체적으로 수행
③ 조사 및 평가는 동일 유형 내 대표성이 있는 유형을 선택하여 추진
④ 평가의 결과를 재차 동일하거나 유사한 비오톱 유형에 적용하는 법

◘ 비오톱의 생태적 가치 평가지표
① 재생복원능력
② 종다양도
③ 희귀종의 출현 유무
④ 이용강도

⑤ 시간과 비용 절감
⑥ 비오톱에 대한 많은 자료가 구축된 상태에서 적용 용이

### (2) 비오톱 지도화 과정

① 전단계 : 조사지역의 범위설정, 자료수집 및 분석 -문헌 및 보고서, 역사지도 및 현재지도, 항공사진, 지역전문가, 토지이용현황 등의 조사 및 유형화를 위한 주제도 작성
② 조사단계 : 비오톱 유형의 지도화, 조사대상지역 선정, 사례지역 지도화
③ 분석 및 평가단계 : 현황자료분석, 비오톱 유형 평가, 비오톱의 보호·유지·개발을 위한 프로그램의 적용, 사후평가

### (3) 도시 비오톱 지도의 활용가치

① 경관녹지계획 수립의 핵심적 기초자료 제공
② 자연보호지역, 경관보호지역 및 주요생물서식공간 조성의 토대 제공
③ 토양 및 자연체험공간의 타당성 검토를 위한 기초자료 제공

**❖ 주제도(도시생태현황지도 작성지침, 환경부)**

각 비오톱(공간)의 유형화와 평가를 위해 생태적·구조적 정보를 분석하고 다양한 도시생태계 정보의 표현과 도시생태현황지도(비오톱지도)의 효과적인 활용을 위해 조사 및 작성되는 지도를 말하며 비오톱 유형화에 사용되는 토지이용현황도, 토지피복현황도, 지형주제도, 식생도, 동·식물상 주제도를 "기본 주제도"라 한다.

**◘ 비오톱 유형화를 위한 기초조사 사항(서울시)**

① 토지이용 유형도
② 불투수포장유형도
③ 현존식생유형도
④ 조사단위 지역별 속성자료

**◘ 서울시 비오톱 유형**

주거지비오톱, 상업 및 업무지 비오톱, 공업지 및 공공용지 비오톱, 교통시설 비오톱, 조경녹지 비오톱, 하천 및 습지비오톱, 경작지 비오톱, 산림지 비오톱, 유휴지 비오톱

# 핵심문제 해설



**01** 다음 등질지역과 결절지역에 대한 설명 중 옳지 않은 것은? 기-15-1, 기-19-1

① 등질지역은 동질적인(homogeneous) 성격을 갖는 공간을 의미한다.
② 결절지역은 이질적인(heterogeneous) 성격을 갖는 등질지역의 집합체이다.
③ 일반적으로 지역은 공간범위를 바꾸면서 등질공간, 결절공간을 되풀이 한다.
④ 수단으로서의 계획에서는 등질지역의 인식이 중시되는 한편, 목적으로서의 계획에서는 결절지역의 인식이 중요하다.

해 ④ 수단으로서의 계획에서는 결절지역의 인식이 중시되는 한편, 목적으로서의 계획에서는 등질지역의 인식이 중요하다.

**02** 결절지역에 대한 설명으로 가장 적절한 것은? 기-17-3

① 이질적인 성격을 갖는 등질지역의 집합
② 동질적인 성격을 갖는 공간적 확대
③ 동일조건하에 놓인 지역 전체
④ 목적으로서 계획의 영역

해 ②③④ 등질지역

**03** 등질지역과 결절지역을 개념적으로 구별하는 것은 매우 중요하다. 하지만 이것은 등질지역이라 봐야하는지 결절지역이라 봐야하는지에 관해서는 종종 혼란이 있다. 이러한 혼란을 줄이기 위한 방법으로 지역구분의 기준이 될 수 있는 것은? 기-15-1, 기-19-2

① 방향 ② 연결
③ 종류 ④ 공간범위

해 일반적으로 지역은 공간범위를 바꾸면서 등질공간과 결절공간을 되풀이 한다.

**04** 등질지역과 결절지역의 관계는 토지이용 측면에서 중요한 의미를 갖는다. 다음 중 토지이용측면에서 같은 수준의 공간단위를 바르게 묶은 것은? 기-17-1

| 1. 농업지역 2. 농지 3. 산림 4. 광역권<br>5. 촌락 6. 공업지역 7. 상업지역 |
|---|

① 1, 3, 4 ② 1, 2, 4
③ 1, 5, 6 ④ 2, 3, 5

해 등질지역과 결절지역의 구분
·자연지역 : 등질(언덕정상사면, 언덕배사면, 골짜기의 저지)→결절(소유역)→등질(구릉, 산지, 대지, 저지)→결절(대하천 유역)→등질(평야)
·토지이용측면 : 등질(촌락, 농지, 산림)→결절(농촌취락)→등질(농업지역,공 업지역)→결절(시군권역)→등질(농업지대)→결절(광역권)

**05** 자연지역 구분에서 고려되어야 할 주요인자가 아닌 것은? 기-16-3

① 토양 ② 지형
③ 식생 ④ 물질순환

해 자연지역의 구분은 지질, 토양, 물수지, 대·중기후, 지형, 식생 등 모든 부분을 고려하여 실시한다.

**06** 경관을 구성하는 지형, 토질, 식생 등의 경관 단위가 자연적 조건과 인위적 조건의 영향을 받아 수평적으로 또는 규모적으로 배치된 형태를 일컫는 경관생태학 용어는? 기-17-2

① 경관모자이크(Landscape Mosaic)
② 경관패치(Landscape Patch)
③ 경관코리더(Landscape Corridor)
④ 경관단위(Landscape Unit)

**07** 경관모자이크 특징을 정량적으로 기술하는 지수들의 유형이 아닌 것은? 기-15-3

① 다양성 ② 풍부도
③ 생태적 지위 ④ 균등도

 정답 01. ④ 02. ① 03. ④ 04. ④ 05. ④ 06. ① 07. ③

해 ③ 생태적 지위는 생물 공동체나 군집에 있어서 생물종이 해야 하는 기능상의 역할을 말한다.

**08** 비오톱(Biotop)의 개념을 가장 바르게 설명한 것은? 기-18-1

① 지생태적 요소 중심의 동질성을 나타내는 공간단위
② 인문적 요소들의 상호작용을 통해 나타나는 동질적 공간단위
③ 생물생태, 지생태, 인문적 요소들의 상호복합 작용을 통해 동질성을 나타내는 공간단위
④ 어떤 일정한 야생 동·식물의 서식공간이나 중요한 일시적 서식 공간단위

**09** 비오톱에 대한 설명으로 거리가 먼 것은? 기-17-1

① 특정한 식물이나 생물군집이 생존할 수 있는 환경조건을 갖춘 토지이다.
② 개체 혹은 개채군의 생활환경으로서 장소가 아니라 물리적 위치로 파악된다.
③ 다양한 야생동·식물과 미생물이 서식하고 자연의 생태계가 기능하는 공간을 의미한다.
④ 순수한 자연생태계의 보전복원을 위해 사람이 들어가지 못 하는 핵심지역을 설정한다.

**10** 비오톱 조성의 역할이 아닌 것은? 기-14-2

① 생활환경의 개선
② 주민 소득 증대에 기여
③ 환경교육의 장소 제공
④ 자연생태계의 복원

**11** 도시 비오톱의 기능 및 역할과 가장 거리가 먼 것은? 기-19-3

① 생물종 서식의 중심지 역할을 수행한다.
② 기후, 토양, 수질 보전의 기능을 가지고 있다.
③ 건축물의 스카이라인 조절 기능을 가지고 있다.
④ 도시민들에게 휴양 및 자연체험의 장을 제공해준다.

**12** 비오톱의 보호 및 조성의 원칙에 해당하지 않는 것은? 기-14-3, 기-17-3

① 비오톱 조성 시 동일한 기본면적단위를 우선적으로 적용한다.
② 조성 대상지 본래의 자연환경을 복원하고 보전한다.
③ 비오톱 조성의 설계 시 이용소재는 그 지역 본래의 것으로 한다.
④ 회복, 보전할 생물의 계속적 생존을 위하여 이에 상응하는 수질의 용수를 확보하도록 한다.

해 ① 비오톱 조성 시 형태와 면적이 다양하도록 조성하며, 비오톱 타입에 필요한 최소면적을 확보한다.

**13** 비오톱을 보전 및 조성할 때 고려해야 할 원칙으로 부적합한 것은? 기-15-1, 기-18-2

① 조성 대상지 본래의 자연환경을 복원하고 보전하며, 이를 위해 자연환경은 필수적으로 파악한다.
② 생물과 비생물을 모두 포함하는 이용소재는 외부에서 도입하여 본래의 취약점을 보완하도록 한다.
③ 회복, 보전할 생물의 계속적 생존을 위하여 이에 상응하는 용수를 확보하도록 한다.
④ 비오톱 네트워크 시스템 구축을 위해 해당 비오톱 조성 후 모니터링을 충분히 실시한다.

해 ② 생물과 비생물의 이용소재는 그 지역 본래의 것을 사용한다.

**14** 비오톱 조성계획에서 고려해야 할 경관생태학적 요소가 아닌 것은? 기-17-3

① 서식지의 면적과 수
② 코리도(Corridor)와 완충대
③ 주변경관의 특성
④ 교통에 의한 접근성

정답 08. ④ 09. ② 10. ② 11. ③ 12. ① 13. ② 14. ④

**15** 다음 비오톱 조성계획 요소에 대한 설명으로 가장 적합한 것은? 기-16-2

① 비오톱 내 전형적인 종의 유전자 흐름을 일시적으로라도 문제가 없어지도록 하려면 비오톱의 수가 적을수록 유리하여 공간적으로 충분한 거리를 유지하는 것이 좋다.
② 비오톱의 최소면적은 단위면적당 서식지와 구조의 다양성에 크게 좌우되기 때문에 면적은 가장 큰 공간의 면적으로 설정한다.
③ 지표성의 원칙이란 각 비오톱 타입에서 면적에 관한 요구가 가장 높은 종 개체군의 유지에 필요한 면적을 구하여, 이 값을 그 비오톱타입이 최소 필요 면적의 기준치로 정하는 것이다.
④ 비오톱의 연결성을 확보하기 위해 징검돌(stepping stone) 비오톱이 매우 유용하므로 물리적으로 선형 또는 대형의 연결을 꾀하기보다는 징검돌형 비오톱을 확보하는 것이 바람직하다.

해 ① 비오톱 내 유전자 흐름을 위한 충분한 수의 존재와 공간적으로 밀접한 결합을 유지하는 것이 좋다.
② 비오톱 타입에 필요한 최소면적을 확보하고, 비오톱의 크기가 일정면적이 되면 그 이상 크기가 증가되어도 종수의 급격한 증가는 없다.
④ 일반적으로 코리더는 선형이나 대형이 더 유리하며, 보완적 요소로 디딤돌 비오톱을 형성하는 것이 좋다.

**16** 비오톱 타입에 따른 재생능력이 잘못 설명된 것은? 기-17-1

① 부영양수역 식생의 경우 재생에는 8~15년이 필요하다.
② 1년생 초본군락이 재생하는데 필요한 시간은 1~4년이 필요하다.
③ 식재에 의해 조성된 울타리의 경우 재생에는 50~100년이 필요하다.
④ 채석장, 동굴에만 서식하는 종은 이입하는데 100~200년이 필요하다.

해 ③ 식재에 의해 조성된 울타리의 경우 재생에는 10~15년이 필요하다.

**17** 비오톱을 지속적으로 보전 관리해야 하는 이유중 하나는 그것이 한 번 훼손되면 원상태로 재생되는데 오랜 시간이 소요되기 때문이다. 다음의 비오톱 타입 중 훼손 후 재생에 가장 오랜 시간이 소요되는 것은? 기-15-2, 기-19-3

① 빈영양수역의 식물
② 부영양수역의 식생
③ 빈영양단경초지
④ 동굴에서만 서식하는 생물종

해 ① 20~30년, ② 8~15년, ③ 10년, ④ 100~200년

**18** 비오톱의 생태적 가치평가지표로 가장 타당한 것은? 기-18-2

① 이용강도 – 희귀종의 출현 유·무 – 재생복원능력
② 이용강도 – 접근성 – 포장률
③ 포장률 – 종 다양성 – 소득수준
④ 종 다양성 – 재생복원능력 – 인구밀도

해 비오톱의 생태적 가치평가지표로는 재생복원능력, 종다양도, 희귀종의 출현 유무, 이용강도 등을 들 수 있다.

**19** 도시 비오톱 지도화의 방법으로 볼 수 없는 것은? 기-16-3

① 선택적 지도화 방법
② 포괄적 지도화 방법
③ 객관적 지도화 방법
④ 대표적 지도화 방법

해 비오톱 지도화 방법에는 선택적 지도화, 포괄적 지도화, 대표적 지도화(절충형)가 있다. 선택적 지도화는 보호할 가치가 높은 특별지역에 한해서 조사하는 방법이고, 포괄적 지도화는 전체 조사지역에 대한 자세한 비오톱의 생물학적·생태학적 특성을 조사하는 방법이며, 대표적 지도화는 선택적 지도화와 포괄적 지도화의 절충형으로, 대표성이 있는 비오톱 유형을 조사하여 이를 동일하거나 유사한 비오톱 유형에 적용하는 방법이다.


정답 15. ③ 16. ③ 17. ④ 18. ① 19. ③

**20** 비오톱 지도화에는 선택적 지도화, 포괄적 지도화, 대표적 지도화로 구분되어 사용된다. 포괄적 지도화의 설명에 해당하는 것은? 기-18-3

① 보호할 가치가 높은 특별지역에 한해서 조사하는 방법
② 도시 및 지역단위의 생태계 보전 등을 위한 자료로 활용 가능
③ 대표성이 있는 비오톱을 조사하여 유사한 비오톱 유형에 적용하는 방법
④ 비오톱에 대한 많은 자료가 구축된 상태에서 적용이 용이

해 ① 선택적 지도화, ③④ 대표적 지도화

**21** 비오톱 지도화 방법 중 유형분류는 전체적으로 수행하고, 조사 및 평가는 동일 유형(군)내 대표성이 있는 유형을 선택하여 추진하는 것은? 기-18-3

① 선택적 지도화 ② 배타적 지도화
③ 대표적 지도화 ④ 포괄적 지도화

**22** 비오톱 유형분류에 필요한 기초 자료의 종류를 가장 바르게 나열한 것은? 기-15-3, 기-18-1

① 토지이용형태도면, 수질도면, 토양도면
② 식생도면, 항공사진, 교통지도
③ 지형도면, 항공사진, 식생도면
④ 항공사진, 지적도, 인구분포도면

해 비오톱 유형화를 위해 문헌 및 보고서, 역사지도 및 현재지도, 항공사진, 지역전문가, 토지이용현황 등의 조사 및 주제도(토지이용현황도, 토지피복현황도, 지형주제도, 식생도, 동·식물상 주제도)를 활용한다.

**23** 서울시(2000년)에서 분류한 비오톱(biotope) 유형에 포함되지 않는 것은? 기-14-1

① 주거지 비오톱
② 불투수성 토양 비오톱
③ 조경녹지 비오톱
④ 산림지 비오톱

해 2000년 서울시에서 분류한 비오톱(biotope) 유형은 주거지 비오톱, 조경녹지 비오톱, 산림지 비오톱, 교통시설 비오톱, 유휴지 비오톱, 하천 및 습지 비오톱, 경작지 비오톱, 상업 및 업무지 비오톱 등이 있다.

**24** 도시 비오톱 지도의 활용 가치에 대한 설명으로 옳지 않은 것은? 기-14-1, 기-18-2

① 경관녹지계획 수립의 핵심적 기초 자료를 제공한다.
② 자연보호지역, 경관보호지역 및 주요 생물서식공간 조성의 토대를 제공한다.
③ 생태 도시건설을 위한 기초 자료로는 큰 의미가 없다.
④ 토양 및 자연체험공간 조성의 타당성 검토를 위한 기초 자료를 제공한다.

해 ③ 도시 비오톱 지도는 생태 도시건설을 위한 기초 자료로 이용할 수 있다.

정답 20. ② 21. ③ 22. ③ 23. ② 24. ③

# Chapter 4 자연경관생태

## 1 산림

### 1. 산림과 녹지

(1) 경관생태학적 관점

① 경관모자이크의 한 단위로서 산림경관 분석
② 경관의 형태, 크기, 연결성 등의 적합성 파악
③ 경관계획 분야에 실천적인 지침과 기준의 제시가 목적

(2) 산림의 정의(산림자원의 조성 및 관리에 관한 법률)

① 집단적으로 자라고 있는 입목·죽과 그 토지
② 집단적으로 자라고 있던 입목·죽이 일시적으로 없어지게 된 토지
③ 입목·죽을 집단적으로 키우는 데에 사용하게 된 토지
④ 산림의 경영 및 관리를 위하여 설치한 도로 –임도
⑤ 토지에 있는 암석지와 소택지(늪과 연못으로 둘러싸인 습한 땅)
⑥ 과수원, 차밭, 꺾꽂이순 또는 접순의 채취원, 건물 담장 안의 토지, 논두렁·밭두렁, 하천·제방·도랑 또는 연못 등에 생육하고 있는 입목·죽 제외

□ 산림생태계
산림녹지를 기반으로 한 일정한 지역의 생물공동체와 이를 유지하고 있는 무기적 환경이 결합된 물질계 또는 기능계이다.

### 2. 생태천이와 산림녹지 경관

(1) 생태천이의 유형

1) 1차 천이

① 자연상태에서 하등식물부터 정착하여 산림으로 변화
② 습성천이 : 호수나 습원에서 시작되는 천이
③ 건성천이 : 암석이나 사구 등에서 시작되는 천이
④ 중성천이 : 적절한 양분을 가진 토양에서 시작되는 천이
⑤ 생태계 내적 요인에 의해 진행되는 '자발적 천이'

2) 2차 천이

① 인위적이거나 자연적 교란에 의해서 기존의 식물군집이 손상되면서부터 시작되어 자연상태로 복귀하고자 진행하는 천이
② 외부로부터의 힘에 의해 진행되는 '타발적 천이'
③ 1차 천이에 비해 출발점이 빨라 우리나라의 경우 수 백년 소요

□ 생태천이
한 지역의 생물상이 시간이 지남에 따라 다른 생물상으로 변화하여 궁극적으로 주위환경과 조화를 이룸으로써 생물상의 변화가 거의 없어지는 안정상태로 유도되는 진행과정을 말한다. 최종적으로 도달하게 되는 안정되고도 영속성있는 상태를 '극성상(극상 climax)'이라 한다.

3) 진행적 천이

① 세월이 흐르면서 이주·정착하는 종이 다양해지고 수직적 층화가 생겨 현존 생태량이 증가하면서 안정된 구조를 보이는 천이

② 생태적 안정성이라는 방향성을 갖기 때문에 '방향적 천이'로 지칭

③ 천이의 마지막 극상군집이 되면 부분적으로 숲틈이 생기면서 어린 수목이나 그 조건에 맞는 다른 식생형이 자라는 '순환적 천이' 양상 출현

4) 퇴행적 천이

① 인위적·자연적 방해작용에 의해 천이 계열이 역행하는 구조의 천이

② 군집의 속성이 보다 단순하고 획일화 되며, 빈약한 종들로 생체량 감소

(2) 천이계열과 극상림

1) 천이계열

① 선구식생 도입단계→중간식생 경쟁단계→안정화 단계(극상상태)

② 개척단계→강화단계→아극상단계→극상상태(Dansereau 1957)

2) 단극상설(F. Clements)

① 주어진 기후지역에서는 동일한 종구성과 구조를 가지는 식물군집을 갖는다는 이론

② 수백 년, 수천 년이 흐르면서 기후특성에 맞는 생태적 수렴과 입지적 수렴이 된다는 이론

3) 다극상설(A. Tansley)

① 기후조건 이외에도 토양, 지형, 산불, 생물 등에 의해 식물군집의 생육분포가 달라진다는 것으로 토양극상, 지형극상, 산화극상, 생물극상의 존재 인정

② 각기 다른 천이단계가 만들어 내는 모자이크형의 극상상태를 가짐

③ 다극상의 상태는 환경경사에 의해 생긴다는 발전적 제안 등장

◘ 천이과정

천이과정을 완전하게 이해하기 위해서는 교란의 강도, 크기, 빈도 요인을 이해해야 한다.

(3) 천이에 따른 산림녹지경관의 변화

1) 정량적 측면

① 총생산량(P) : 산림군집의 총광합성량

② 호흡량(R) : 개체가 성장하고 유지하기 위한 소비량

③ 총생체량(B) : 생물의 성장으로 인한 총생체량

④ 생태천이가 진행될수록 초기에는 P/B율이 증가하지만 후기로 갈수록 생체량이 많아져 P/B율 감소

⑤ 후기에는 생체를 유지하기 위한 호흡량이 증가해 P/B율이 1에 접근하게 되고 순군집생산량(P−R)은 초기단계보다 감소

⑥ 후기 생태계의 기본적인 전략은 개체수를 높이려는 'r 전략' 보다는 일정한 수준에서 개체수를 제한하려는 'K 전략' 가짐

2) 정성적 측면

① 먹이사슬은 복잡한 망구조를 가지며 상당량의 생체량이 미생물에 의해서 분해되는 부식질 먹이연쇄가 큰 비중 차지
② 초기에는 채식먹이사슬 특성
③ 산림군집이 발달하여 다층적 구조를 이루며 종다양성 증가
④ 성숙된 온대활엽수림의 경우 상층임관이 울폐되어 내음성이 강한 몇 수종에 의해 우점되어 종다양성 감소

3) 기타

① 일반적 산림생태계에서 천이 초기에 조성되는 선구수종은 내음성이 약한 양수이고 후기에는 내음성이 강한 음수로 구성
② 실제 천이진행단계와 수목의 내음성의 관계가 명확하지 않은 경우도 많음
③ 특정한 환경조건에서는 양수 또는 중간내음성 수종에 의해 산림경관 유지 –산능선이나 암반노출지의 소나무림

## 3. 산림녹지생태계와 산림대

### (1) 생물군계와 식물구계

1) 생물군계(biome)

① 지구의 생물권을 대륙스케일로 구분하는 개념
② 유사한 환경조건, 유사한 지형조건과 유사한 생물형을 갖는 생물군집 단위
③ 식생의 특성만으로는 식물군계(plant formation)로 표현

2) 식물구계

① 식물분포에 따라 생물상을 연구하는 구계지리학에서 분류
② 지구상을 식물구계계, 구계역, 구계구로 분류
③ 우리나라의 산림생태계는 북대식물구계계 중 중국·만주·일본을 포함하는 동아구계역 중 한국구에 속함

**◘ 세계식물구계 분류(Ronals Good)**

① 북대식물구계계
② 구열대식물구계계
③ 신열대식물구계계
④ 오스트레일리아식물구계계
⑤ 케이프식물구계계
⑥ 남극식물구계계

### (2) 산림대

① 기후 : 동북아시아 온대몬순기후
② 생물군계 : 온대 낙엽활엽수림 지대
③ 산림구계 : 북대식물구계계의 동아식물구계역의 한국구계구
④ 우리나라 수평산림대 구분
㉠ 난대림 : 연평균 기온 14℃ 이상 지역 –35° 30′ 이남지역
㉡ 온대림 : 연평균 기온 14℃~5℃ 지역 –35°~43° 지역(전체의 85%)
㉢ 아한대림 : 연평균 기온 5℃ 이하 지역 –고산지역

**◘ 우리나라 산림의 온대림과 한대림의 수직적 경계(해발 표고)**

한라산 1500m, 지리산 1300m, 설악산 1000m, 백두산 700m 정도에서 나타난다.

### (3) 생태권역과 생태지역

① 생태권역 : 5개의 산악권역 및 산야권역으로 분류
② 생태지역 : 생태적 단위를 세분화하여 16개 생태지역으로 분류

### (4) 산림토양과 산림습지, 산림동물상 분포

#### 1) 산림토양과 산림습지

① 산림토양 : 갈색토양(내륙산악지방의 대부분), 적황색토양(건조한 산성토양), 암적색토양, 회갈색토양, 화산회토양, 침식토양, 미숙토양, 암쇄토양
② 산림습지 : 대암산 용늪, 울산 정족산 무제치늪, 양산 천성산 화엄늪, 수원 칠보산 고층습원 등이 있고 모두 희귀식물 서식

#### 2) 산림동물상분포

① 포유류 : 워낙 분포영역이 넓고 한반도는 동물지리구상 구북구에 속함
② 조류 : 생물지리적 분포상 중국아구에 속하며, 백두산고준지대(한국고지소구)와 한국저지소구로 분류
③ 담수어류 : 계류, 상류, 중류, 하류, 저수지와 용수로 등으로 구분

**◘ 생태단위**
생태경관관리 및 계획을 위한 경관생태학적 관점에서 보면 동질적 생태구간 또는 생태단위를 설정하는 것이 매우 중요하다. 생태단위를 작게 잡으면 이질성의 정도는 높아지지만 크게 잡으면 오히려 동질성이 높아지게 된다.

## 4. 산림녹지경관의 생태적 보전과 계획

### (1) 그린네트워크

① 핵심지역 : 대규모의 자연녹지가 보전되어 생태적 거점핵심지역으로 작용 –자연공원, 생태계보전지역, 천연보호구역 등
② 통로지역 : 핵심지역을 연결하는 역할 –산림보전녹지, 하천, 녹도 등
③ 완충지역 : 핵심지역과 통로지역들 사이 개발지역 주변에 설치 –도로의 단절구간에 야생동물 이동통로, 정원이나 공개공지에 소생물서식공간, 옥상정원과 벽면녹화 등

**◘ 산림경관생태**
산의 영양물질은 토양보다 식물에 저장되는 경향이 있으나, 고도가 높아짐에 따라 분해비율이 낮아져 고도에 따라 식생변화 추이가 달라지기도 한다.

### (2) 생태적 동태(ecological dynamics)에 따른 계획 –적응적 계획

① 계획의 목표가 생태적 극상상이라는 원형성을 근거로 시작
② 극상상으로의 복원이 가능하도록 대상지역의 환경특성, 수종구성과 밀도 등 도입
③ 산림녹지를 서식공간으로 하는 조류, 어류, 곤충도 포함
④ 하천생태계의 복원에서는 여울과 소라는 수환경과 수변의 식생복원이 가능한 구조를 갖도록 복원
⑤ 생태적 동태는 불확실성이라는 개연성이 매우 높다는 한계성 가짐
⑥ 개발에 따른 환경의 변화 역시 불확실성의 한계 가짐
⑦ 불확실성을 줄이기 위해 모니터링계획과 관리계획 등 병행

**◘ 생태적 동태**
생태적 동태 계획이란 생태계의 시간에 따른 변화양상을 생태적 동태라 하며, 여기에는 비교적 장기간의 시간의 흐름에 따라 생태적 안정성을 찾아가는 생태적 천이의 개념과 확률적으로 발생하는 홍수, 산불, 병충해, 산사태 등의 생태적 현상도 포함된다.

❖ 적응적 생태계 관리(Adaptive ecosystem management)

적응적 관리(순응적 관리)란 항상 변화하여 그 변화의 예측이 어려운 생태계를 동적인 성질에 입각하여 유연성 있게 관리하는 순환적 접근방법으로 생태계가 지속되는 것이 가능하도록 하는 과정 및 유형의 영구화를 목적으로 생태계를 관리하는 것이다. 복원 실행 후의 모니터링과 유효성 평가로부터 습득한 현장지식을 근거로 지속적으로 관리하며 개선해나가는 체계적인 과정이다. 특히 야생생물이나 생태계의 보전 및 복원사업에 이용된다.

◘ 적응적 계획(Adaptive planning)

시간에 따라 변화하는 생태계의 동적인 성질인 생태적 동태를 고려한 생태계획의 유형을 말한다.

### (3) 에코톱도면과 산림녹지기능도

#### 1) 생태지도

① 산림녹지경관을 생태적으로 보전하고 계획하기 위한 첫 번째 과제

② 생태적 동질성과 이질성 판단

◘ 산림녹지의 주요 기능

① 수자원보호

② 자연 및 경관보호

③ 휴양기능보호

#### 2) 산림기능도 작성과 활용

① 임상도 : 항공사진을 판독한 임상, 주요 수종, 경급, 영급소밀도 등 임황자료를 지형도에 작성한 축척 1:25,000 도면으로, 산림관련도면 중 가장 많이 활용

② 산지이용구분도 : 산림관리자료(생산임지, 공익임지, 준보전임지)를 집계해 시도별로 구분한 자료 대장

③ 현존식생도 : 전국에 분포한 식물군락의 종조성을 밝혀주는 자료로 침엽수림, 낙엽활엽수림, 상록활엽수림, 식재림, 초지로 임분형태를 나누어 표시

④ 녹지자연도 : 일정 토지의 자연성을 나타내는 지표로서, 식생과 토지이용 현황에 따라 녹지공간의 상태 등급화, 그 지역의 자연상태 및 환경적 가치 판단, 환경계획수립의 기초자료로 활용

⑤ 생태·자연도

㉠ 산·하천·내륙습지·호·농지·도시 등에 대하여 자연환경을 생태적 가치,자연성, 경관적 가치 등에 따라 등급화하여 작성된 지도(자연환경보전법)

㉡ 1:25,000 이상의 지도에 실선으로 표시

㉢ 생태자연도는 1, 2, 3등급 권역과 별도관리지역으로 구분

㉣ 식생등급, 임상도, 녹지자연도, 자연환경특성을 고려하여 작성

◘ 산림녹지관련 도면

국내 산림녹지관련 도면에는 산림청 주관의 임상도, 영림계획도, 입지도, 정밀토양도, 경사구분도, 산지이용구분도와 환경부주관의 현존식생도, 녹지자연도, 생태자연도 등이 있다.

# 2 해안·해양

## 1. 해안/해양의 유형별 경관생태

### (1) 우리나라 해안경관

1) 해안경관

① 육지 경관과 다르게 상대적으로 넓은 경관과 육지와 다른 경관 가짐

② 기상이나 조석, 조류, 바람 등 물리적 요인과 퇴적물의 침식, 퇴적, 운반 등 지질학적 요인에 우선적으로 좌우됨

③ 동·식물과 연계되서 나타나는 자연풍경과 인간활동의 결과에 의한 인위적 역사·문화·심미적 요소 등으로 구분

㉠ 자연경관 : 염습지, 갯벌, 사구 등

㉡ 인공경관 : 연안 방파제, 항만, 해안 도시 등

2) 동해안

① 해안선 단순, 산지가 해안에 인접, 사구 발달, 여러 작은 하천 입구

② 해안선을 따라 자연호수 발달 -풍호, 경포호, 향호, 매호, 화진포 등

3) 서해안

① 해안선이 복잡하여 리아스식 해안 발달, 희귀 철새 중간 기착지

② 조수간만의 차가 커 곳곳에 넓은 갯벌 형성 -전체 갯벌의 83% 분포

③ 세계 5대 갯벌지대 : 서해안 갯벌, 네덜란드, 독일, 덴마크 및 영국을 포함하는 북해 연안, 캐나다 동부해안, 미국 동부 조지아 해안, 남아메리카 아마존 하구

4) 남해안

① 해안선이 극도로 복잡하여 리아스식 해안의 전형, 다도해,

② 여수반도를 기준으로 동부에 한려, 서부에 다도해 해상 국립공원 지정

5) 해양오염

① 수요증대에 따른 난개발 초래와 연안 국토의 체계적 관리 미흡

② 연안의 물리적 환경 변형에 의한 연안환경의 오염과 황폐화로 자연재해에 대한 취약성 노출

③ 오염에 의한 부영양화로 적조 발생 및 저산소 수괴형성

④ 해양생태계를 파괴시키고 있는 내분비계 장애물질은 오존층 파괴 및 온난화 현상과 더불어 3대 환경문제로 대두

### (2) 해양환경 형성의 물리적 요인

1) 해류

① 해류는 해양 속을 일정한 방향과 속도로 흐르는 바닷물의 운동

② 지구 자전의 영향을 받아 북반구에서는 시계방향으로, 남반구에서는

**◘ 해양**

해양은 지구 전체 표면적의 약 71%를 차지하고, 육지는 약 29%에 불과할 정도로 지구의 많은 부분이 물로 덮여 있다. 또한 지구상의 전체 물 중 99%를 해수가 차지하고 나머지 1%를 담수가 차지하고 있다.

**◘ 해안**

육지, 대기, 바다가 서로 만나면서 서로에게 영향을 주고받는 연안에 이루어진 좁고 긴 지대를 말한다.

**◘ 내분비계장애물질(환경호르몬)**

환경호르몬은 환경 중 배출된 화학물질이 체내에 유입되어 마치 호르몬 처럼 작용하여 생태계 내의 생물 등에 여러 부작용을 나타내는 물질이다. 일반적으로 잘 분해되지 않고, 지방세포 등에 오랫동안 저장되어 생식기능 저하, 기형, 성장장애, 암 등을 유발하며, 생물농축에 의하여 고차소비자에게 더욱 큰 영향을 미치기도 한다.

시계 반대방향 흐름

③ 한류 : 극지방에서 적도로 흐르는 해류, 플랑크톤이 많음 –쿠릴(오야시오)해류, 북한한류

④ 난류 : 적도에서 고위도 방향으로 흐르는 해류, 고온고염, 투명한 남색 –쿠로시오해류, 멕시코만류

해류의 종류

| 구 분 | 내 용 |
|---|---|
| 취송류<br>(풍성해류) | ·바람에 의해 발생하는 해류로 바람의 세기·방향·지속 시간 등에 의해 결정됨<br>·북반구에서는 바람이 부는 방향의 오른쪽 45° 정도의 각도로 흐름(남반구는 반대)<br>·수심이 깊어질수록 각도가 점점 줄어들어 어느 길이에서는 반대방향으로 흐르는 해류 발생 |
| 경사류 | ·외부적 요인으로 해수면의 경사가 생겼을 때 바닷속의 압력 분포와 평형을 이루기 위해 발생<br>·기압변화, 강수, 증발량의 차이, 강물 유입 등이 원인 |
| 밀도류 | ·바람을 주원동력으로 하고 지구자전, 대륙작용, 수온과 염분농도의 차 등으로 발생<br>·다른 물의 경계선에서 나란히 흐르며 밀도차가 클수록 빠름 |
| 지형류 | ·압력경도력과 전향력의 두 힘이 평형을 이루면서 일어나는 해수의 운동 |
| 보류 | ·어떤 지역의 해수가 다른 곳으로 이동할 경우 주위의 해수가 빈곳을 채워주기 위해 밀려들기 때문에 생기는 해류<br>·심층에서 찬 해수가 올라오면 용승류, 반대의 경우는 침강류 |

### (3) 조석(tide) 및 조류(tidal currents)

1) 조석

① 얕은 바다일수록 달의 인력 영향으로 바닷물의 수위가 크게 변동

② 만조와 간조가 12시간 25분 간격으로 발생

③ 우리나라의 경우 간만의 차가 대부분 지역에서 5m 이상

④ 조차가 큰 해안에서는 갯벌 발달

2) 조류

① 좁은 만이나 해협에서는 왕복성 조류가 흐름, 조차가 클수록 빠름

② 좁은 해협이나 수로를 통과할 때 유속이 매우 빠름

③ 토사 운반 및 퇴적 또는 침식으로 해안지형 변화에 큰 영향

④ 해면에서 해저까지 전 수심에서 거의 같은 속도로 흐름

3) 파도

① 해수면 위를 가로질러 부는 바람에 영향을 받아 발생

② 파도가 연안에 전달하는 에너지의 크기는 파고에 의해 좌우

**◘ 조석**

지구에 대한 태양과 달의 인력으로 발생하는 해면의 규칙적인 승강운동(1차원적 운동)을 말하며, 조수간만의 정도는 위도와 바다의 수심, 해안선의 윤곽 등에 의해 차이가 생긴다.

**◘ 조류(조석류)**

태양과 달 등에 의한 조석 때문에 생기는 수평의 흐름(수평운동, 3차원적 운동)을 말하며, 넓은 범위의 해류에 포함되지만 일반적으로 해류와 분리하여 생각하는 경우가 많다. 그 이유는 조류는 해류와 달리 지속적으로 흘러가는 것이 아니라 시간에 따라 방향과 속도가 변하고, 일정한 시간이 지나면 원래의 상태가 되기 때문이다.

③ 파랑의 굴절현상 : 파봉선이 수심선과 평행하게 되고자 해안선을 따라 구부러지게 되는 현상
④ 파랑의 회절현상 : 파랑의 에너지가 큰 쪽에서 작은 쪽으로 이동하는 현상

❖ 용어 설명

① 사리 : 지구와 태양과 달이 일직선 상에 놓이는 보름과 그믐 직후 조차가 클 때
② 조금 : 태양과 달이 지구에 대해 직각으로 놓이는 반월 직후 조차가 적을 때
③ 조차 : 고조면과 저조면과의 수직거리
④ 고조(만조) : 해면이 최고로 된 상태
⑤ 저조(간조) : 해면이 최저로 된 상태
⑥ 창조(들물, 밀물) : 해면이 상승하는 동안을 일컬음
⑦ 낙조(날물, 썰물) : 해면이 하강하는 동안을 일컬음
⑧ 정조 : 밀물과 썰물 사이의 평균수면이 되었을 때, 즉 수평방향 유속이 '0'인 상태
⑨ 기조력 : 조석의 발생의 원인이 되는 외력, 태양과 달의 인력에 의해 발생
⑩ 계류 : 조류가 거의 정지한 상태
⑪ 전류 : 조류가 방향을 바꾸는 현상
⑫ 왕복조류 : 조류 흐름이 밀물에서 계류와 전류, 썰물의 순으로 반대방향으로 변화
⑬ 회전조류 : 시간에 따라 조류 흐름방향이 시계방향, 반시계방향으로 돌아가며 변화
⑭ 쇄파 : 파도가 유체역학적으로 불안정한 상태가 되어 부서지는 현상 -거품 발생
⑮ 파봉선 : 파의 봉우리를 이어 표시한 선으로 파의 진행방향과 직각으로 나타남

## 2. 해양의 유형별 경관생태

### (1) 갯벌(간석지)

#### 1) 갯벌의 특징

① 파랑의 영향이 적고 저질의 안정성 높은 해안생물의 안정된 서식처
② 세립질로 넓게 퇴적되어 건조시에도 보수력 높음
③ 내염성 식물이 많은 염생습지의 형성이 많은 지역

#### 2) 갯벌의 종류

① 모래갯벌(사질갯벌)
㉠ 해수의 흐름이 빠른 수로 주변이나 바람이 강한 지역의 해변에 형성
㉡ 해안의 경사가 급하고 갯벌의 폭이 좁음 -보통 1㎞ 정도
㉢ 조개류(여과식자), 고둥류(퇴적물식자) 서식

◘ 모래갯벌

바닥이 주로 모래로 되어 있는 갯벌로, 모래 입경 0.2~0.7㎜, 유기물 함량 1~2%, 점토함량 4% 이하로 구성되어 있다. 우리나라의 경우 서해안의 파랑에 개방된 해역에서 잘 나타난다.

② 펄갯벌

㉠ 모래질 함량 10% 이하, 펄 함량 90% 이상

㉡ 퇴적물의 간극이 좁아 산소나 먹이를 포함하는 바닷물의 침투 곤란

㉢ 모래갯벌에 비하여 갑각류나 조개류보다는 갯지렁이류 우점

㉣ 퇴적물식자가 많으며, 유기물이 풍부한 퇴적물을 흡입하여 섭식하거나 감촉수의 섬모운동 또는 긴 입수관으로 퇴적물에서 영양분 섭취

③ 혼합갯벌

㉠ 모래나 펄이 각각 90% 미만으로 섞여 있는 퇴적물로 구성

㉡ 펄이 많으면 모래펄갯벌, 모래가 많으면 펄모래갯벌로 구분

**◘ 우리나라 갯벌**

국내에서 전형적인 갯벌로 알려진 강화도 주변 갯벌의 대부분은 한강의 상류에서 하구를 통해 경기만으로 유입·운반된 것이며, 전남 고흥 등지의 갯벌은 점토질 함량이 68% 이상으로 높고, 유기물 함량 10 이상이며, 함수량도 높다.

### (2) 자갈해안

① 서식생물은 매우 한정된 고착생물이 낮은 서식밀도로 서식

② 저질의 공극률이 커 산소투과율은 좋으나 퇴적물식자에게는 부적합

③ 큰 에너지의 파도에 의해 고착·부착하기가 쉽지 않음

**◘ 자갈해안**

해안가 암반의 침식으로 생긴 암편이나 하천에 의해 운반된 다양한 크기의 퇴적물과 패각을 만드는 생물의 파편으로 되어있다. 다양한 타입의 자갈(크기 2㎜ 이상)들은 인근 지역 해안가의 암반과 광물질의 지질학적 특성을 반영하게 된다.

### (3) 암반해안(암석해안)

① 기본요소 : 파식절벽, 파식대지, 해파건조대지, 해빈

② 다양한 공간구조의 형성으로 다양한 생물의 서식처 제공

③ 대상분포는 상부조간대, 중부조간대, 하부조간대로 구분

**◘ 대상분포**

조간대지역은 조석의 주기에 따라 대기에 노출되고, 이곳에 서식하는 생물은 이러한 환경변화에 적응하여 노출되는 정도에 따라 출현하는 생물의 종류가 다르게 나타난다. 암반지역에서는 이러한 현상이 상대적으로 뚜렷하게 나타나는데, 해수면의 수평높이에 따라 달라지는 조간대생물의 분포를 대상분포라 한다.

**◘ 암반해안**

해파에 의한 침식의 한 예로서, 주로 파도의 침식작용의 결과로 형성된다. 파도에 의한 침식작용은 물과 공기의 압력작용, 파도에 의해 이동되는 모래나 자갈에 의한 마모작용, 석회암 해안에서는 물에 의한 용해작용의 형태로 진행된다.

### (4) 사빈

① 사취 : 모래, 자갈, 패사 등과 같은 퇴적물이 바다쪽으로 길게 돌출되어 퇴적된 지형으로, 한쪽 끝에 해빈이 붙어 있고 돌출된 끝부분이 새의 부리처럼 구부러짐

② 사주 : 사취가 길게 성장하여 제방처럼 성장한 퇴적지형

③ 만구사주 : 사취와 사주가 발달하여 만의 입구를 막고 있는 지형

④ 석호 : 만구사주 뒤쪽에 생긴 호수로 바다와 분리된 호소

⑤ 육계사주 : 사주나 사취가 길게 발달하여 인근 섬과 연결된 것 −육계도

**◘ 우리나라 사빈**

동해안은 급경사 하천으로부터 모래를 충분히 공급받고 파랑의 작용이 활발하여 깨끗하고 넓은 사빈이 많이 발달하였고, 서·남해는 조차가 크고 섬이 많기 때문에 파랑의 작용이 약하여 동해안에 비하여 사빈의 발달이 미약하다.

**◘ 사빈**

해수욕장으로 이용되는 사빈은 파랑의 작용에 의하여 해안에 모래가 퇴적된 지형이다. 사빈을 구성하는 모래는 바다로 유입하는 하천에 의하여 육지로부터 공급되고, 이들 모래가 파랑의 작용으로 해안으로 밀어 올려져서 형성된다.

### (5) 사구(모래 언덕)

① 사구의 종류
㉠ 전사구(1차 사구) : 바다로부터 가장 가까운 해안선을 따라 형성된 사구
㉡ 후사구(2차 사구) : 퇴적된 모래가 다시 침식·운반·퇴적되어 전사구 뒤편에 형성된 사구

② 기능
㉠ 육지와 바다 사이의 퇴적물량 조절로 해안 보호
㉡ 해안 고유생물의 서식지
㉢ 해안과 육상환경의 전이지대
㉣ 해안 주변의 식수원 저장지
㉤ 아름다운 경관지

③ 서식생물
㉠ 해안과 육상 환경에 모두 적응하여 살아가는 다양한 생물 서식
㉡ 사구식생, 갑각류, 곤충류, 조류, 파충류

④ 해안과 사구의 상호작용
㉠ 모래 : 식물의 성장억제, 지형형태 결정
㉡ 염분 : 해빈 근처의 식물 성장범위 제한
㉢ 지하수 : 식물플랑크톤을 위한 영양분 제공
㉣ 유기물 교환 : 사구와 해빈에 먹이사슬 제공

⑤ 사구에 서식하는 식물종들의 일반적인 특징
㉠ 모래를 여러 해 동안 고정 할 수 있는 다년생 식물
㉡ 모래 속에 묻힐 경우에는 살아남아 모래더미 밖으로 계속 생장 가능한 식물
㉢ 사구의 확장을 위해 식물이 횡적으로 점유면적을 늘일 수 있는 식물

**◘ 사구**
해안사구는 해류, 하안류에 의하여 사빈으로 운반된 모래가 파랑과 바람에 의하여 밀려 올려지고 그곳에서 탁월풍의 작용을 받아 모래가 낮은 구릉모양으로 쌓여서 형성된 지형이다. 또한, 해안과 육상환경의 전이지대로서 특유한 식생이 서식하여 생태적으로 매우 중요한 지역이다.

**◘ 해안사구 형성요소**
① 모래 공급량
② 입도 분포
③ 풍속 및 풍향
④ 식물의 특성
⑤ 주위의 지형
⑥ 기후 등

### (6) 식생해안

#### 1) 염생식물 해안습지

① 염습지 식생은 고조선보다 다소 위쪽에 위치하나 조석에 따라 해수의 출입이 있는 곳에 위치
② 감조니질지 : 염습지 주변 갈대가 잘 발달하고 밑바닥은 펄로된 곳
③ 해수의 영향을 받는 하안은 갈대가 순군락을 이루며 이어서 갯는쟁이, 해홍나물, 퉁퉁마디, 칠면초 등이 바다를 향하여 서식
④ 갈대군락
㉠ 갈대는 내염성이 상당히 강하며 담수에서 기수지역에 이르기까지 염분농도가 넓은 범위에 걸쳐 서식
㉡ 유속이 빠르거나 수위가 급격하게 변하는 불안정한 곳 회피
㉢ 담수나 기수 지역의 펄이나 유기물이 풍부한 곳에서 생육

**◘ 염생식물(halophyte)**
일반적으로 토양의 염분농도가 높아 일반 육상식물이 생육할 수 없는 지역의 식물을 말한다.

**◘ 염생식물 해안습지**
하구역의 후미처럼 담수 유입의 영향을 받는 곳에 발달된 소택지에는 조석의 주기에 따라 기수나 해수가 들어오고 나가는 습지이다. 우리나라의 경우 서해안 간석지를 중심으로 해안 식생(염생식물)이 잘 발달되어 있다.

#### 2) 거머리말 군락지

① 해수유동 제어와 그늘이 있는 작은공간 형성으로 부착생물의 착생기반 제공, 어류의 산란과 유어의 보육, 생육장소 및 피난처 형성
② 연안의 기초 생산력 증대, 질소와 인 등 영양염류 흡수
③ 고사한 식물로부터 유기쇄설입자 공급, 먹이연쇄, 생리활성 물질 공급원

**❖ 염생식물의 염분에 대응한 기작**

① 염분자체의 흡수 억제기작 및 액포를 사용하여 염분을 저장하는 기작
② 표피의 염선에 염분을 축적하였다가 세포가 파괴되면서 체외로 배출하는 기작
③ 뿌리에 흡수된 염분이 잎까지 이동되었다가 다시 뿌리를 통하여 토양으로 이동되는 기작

**◘ 거머리말**
해수에서 수중생활을 하면서 성장하여, 꽃이 피고 수정이 일어나는 해양 현화식물이다.

### (7) 하구역(기수역)

① 상업적 가치있는 어류의 산란·양육지, 자연재해 방지나 홍수피해 저감
② 잘 보전된 하구는 매우 생산성이 높은 환경의 하나
③ 육상기인 퇴적물 및 오염물질을 처리하는 자연정화지 역할
④ 해일과 같은 자연재해로부터 육상생물 및 국민의 재산 보호
⑤ 레크리에이션 및 휴식공간 제공, 항구의 최적지로 해상운송 및 산업활성화

**◘ 하구역(기수역)**
하천의 담수가 해수와 혼합되는 수역으로 조류 및 어류를 포함한 많은 생물의 서식지이다. 염분구배가 뚜렷하여 담수에서부터 해수에 이르는 넓은 폭을 나타내는 데 일반적으로 염도 0.5‰~30‰까지의 구역을 하구역으로 본다..

## 3. 해안/해양경관의 인공적 변화

### (1) 간척 및 매립 영향

① 갯벌면적 감소
② 해수순환 양상 및 퇴적환경 변화 초래
③ 물질순환 및 생태환경 변화로 갯벌기능 상실, 수질악화
④ 오염물질의 자정작용 감소, 수질악화로 인한 오염
⑤ 수자원의 감소, 홍수 및 태풍 조절기능 저하

**◘ 간척 및 매립**
농경지나 택지, 산업단지의 확보를 위하여 지난 반세기 동안 네덜란드 북해 연안과 더불어 우리나라의 서해안에서 가장 활발하게 일어났던 훼손으로, 인위적으로 해안경관을 변화시켜 친환경적이지 못하고, 자연적인 해안 경관을 해치게 되는 원인이 되고 있다.

### (2) 해저면 준설 영향

① 연안생태계의 서식기반 교란 및 부유토사로 인한 1차생산력 저하
② 연안생태계의 생물다양성 감소 및 서식지 파괴
③ 조류나 연안류 흐름에 영향을 미처 퇴적과 침식에 의한 해안선 변화

## 4. 해안·해양경관보전

### (1) 인공갯벌 조성

1) 인공갯벌 목적

① 상실 위험이 있는 기존 갯벌의 보호 및 기능 유지
② 기능을 상실한 갯벌의 회복
③ 훼손된 갯벌의 복원
④ 간척 등으로 상실된 갯벌을 대체할 수 있는 갯벌의 조성
⑤ 연안환경 인프라로서의 새로운 갯벌 창출
⑥ 보전구역과 개발구역간의 완충지대 역할

2) 인공갯벌 조성방법

① 인공식재 : 인위적 염생식물·수초 등의 식재로 부유퇴적물 침강촉진 및 침식방지
② 적절한 구조물 설치 : 파랑과 유속 제어로 퇴적 촉진
③ 준설토 이용 : 인공구조물 기법과 함께 다른 연안개발사업과 병행
④ 수리·수문학적 기법 : 부유식 방파제, 이안제, 잠제 등을 설치하여 파랑에너지 제어나 해수유동 양상 변경으로 유기물 유입과 토사의 퇴적 유도

**◘ 인공갯벌**
자연적이거나 인위적 원인에 의한 갯벌의 상실, 오염, 항만 등 연안구조물에 의한 주변 갯벌의 훼손 등에 대처하는 방안의 하나로, 인위적으로 갯벌을 조성하여 생물의 서식환경을 제공하는 것이다.

### (2) 대체습지 조성

1) 습지의 정의(Mitsh and Gosselink)

① 물이 퇴적물을 덮고 있거나 퇴적물 속 또는 식물의 뿌리가 있는 곳에 침투해 있는 곳
② 육상과 다른 독특한 퇴적물 특성을 가짐
③ 침수에 견디지 못하는 식물이 있는 경우는 습지가 아님

2) 습지의 종류

① 내륙습지 : 육지 또는 섬 안에 있는 호 또는 소와 하구 등의 지역
② 연안습지 : 만조 시의 수위선과 간조 시의 수위선 사이의 지역
③ 해안습지 : 바다 가장자리에 있는 습지로 수심 6m까지의 산호초와 일부 천해대 포함

3) 대체습지 조성

① 해안에서 대체습지 설계 시 해안지형의 유지를 목적으로 하는 방안
② 해안생태계의 조성을 위한 생물의 서식기반·조건을 만족시키는 방안

**◘ 법률적 습지의 정의**
담수, 기수 또는 염수가 영구적 또는 일시적으로 그 표면을 덮고 있는 지역으로서 내륙습지 및 연안습지를 말한다.(습지보전법)

### (3) 해안사구 복원기법

① sand-trap fence에 의한 모래 집적 : 나뭇가지, 갈대 매트, 플라스틱이나 목재 펜스 사용
② 인위적 사구 육성 : 사구보강, 해변육성, 수면 밑 해안육성 등 모래를 인위적으로 쌓거나 덮어 해안 보호 및 안정화
③ 사구식물의 식재 : 인접한 곳의 식물을 사용하여 식재

#### (4) 워터프론트(waterfront)

1) 수변공간의 특성
① 사람의 오감을 통해 전달되는 풍요로움과 편안함을 주는 정서적 성질
② 수면 상에 있는 물건을 실제보다 떨어져 보이게 하는 성질
③ 도시공간을 일체적이고 안정된 분위기로 만드는 효과
④ 사람들의 마음을 진정시키는 효과 –해방감이나 질서감의 개방공간(open space) 효과
⑤ 도시의 소음을 정화시켜주는 효과

2) 워터프론트 공간적 특성
① 공적 공간이라는 인식이 강함
② 바다, 하천 등으로 자연(흐름, 간만, 생물서식, 자정작용 등)에 접하기 쉬움
③ 문화나 역사의 축적이 많음
④ 수역의 존재에 의해 조망이 좋음
⑤ 부지 전면이 수역이기 때문에 접근이 한정됨
⑥ 토지이용에 특화된 것이 많음
⑦ 일반적인 도시생활에 제공되는 인프라스트럭처가 정비되어 있지 않음

**◘ 워터프론트**
일본건축학회에서는 워터프론트를 '수계에 접하는 육역주변 및 그것에 매우 가까운 수역을 포함하는 공간'이라고 정의 하였듯이 공간의 개념을 가지고 있다. 워터프론트라는 공간은 자연에 대한 욕구와 행동욕구, 문화욕구를 만족시키는 조건이 갖추어지도록 계획되고 있다.

## 3 습지

### 1. 습지 경관생태의 구조와 특성

#### (1) 습지의 기능

① 어류 및 야생동물의 서식처 : 종다양성 유지, 물질순환
② 환경의 질 개선 : 토양안정, 오염조절, 물에 포함된 침전물과 유기물 제거
③ 물순환 기능 : 홍수조절, 지하수 저장 및 충진, 지표수 공급 및 유량조절
④ 사회경제적 가치 : 생산성이 뛰어난 생태계, 레크리에이션 장소 제공, 아름다움 제공

**◘ 습지의 기능**
습지의 기능이란 습지 내에서 발생되는 일련의 과정으로 정의될 수 있으며, 그 과정에는 수문저장, 영양물질 변형, 생명체의 성장, 습지 식생의 다양성 등을 포함한다.

#### (2) 기능평가

1) 간이평가
① 숙련된 평가 전문가가 1~2회 정도 현장답사와 내업을 통해 이루어짐
② 보통 하루 정도의 현장조사로 충분 –RAM

2) 종합평가
생태계를 구성하는 다양한 전문가들의 정밀한 조사 및 자료를 수집하고 평가전문가가 종합하여 평가 –수 개월에서 1년의 기간 소요(HGM)

3) 기타 평가방식

① Logic approach : 어의, 표현 등으로 평가결과 표현 –WET
② Mechanistic approach : 수학적 공식이나 데이터 이 용 –IVA, HGM
③ 직접평가법 : 총 득점을 일정 기준에 의해 구분하여 보전가치 결정
④ 간접평가법 : 자연성과 생태적 가치가 높은 비교습지와 상대적 평가

### (3) 기능평가 모델의 특징

① WET Ⅱ : 11개의 범주로 개별습지의 기능과 가치를 종합적으로 평가
② HEP : 어류 및 야생동물의 서식처 평가를 위한 방법
③ EMAP : 습지가 얼마나 기능을 잘 수행하는지에 대한 평가
④ HGM : 습지평가에 대한 기능 지표를 설정하고 적용하는 것
⑤ RAM : 숙련된 연구자가 하루 정도의 현장조사로 충분한 평가

## 2. 습지 경관생태의 보전과 관리

### (1) 보전 가치 평가 및 기준

유네스코 MAB의 생물권 보전지역 평가기준 및 허용행위

| 구분 | 내용 | 평가기준 | 허용 행위 |
|---|---|---|---|
| 핵심구역<br>(핵심지역)<br>(core area) | 희귀종, 고유종, 멸종위기종이 다수 분포하고 있으며 생물다양성이 높고 학술적 연구가치가 큰 지역 | ·희귀종, 고유종, 멸종위기종이 많은 곳<br>·생물다양성이 높은 곳<br>·자연생태계가 원시성을 유지하고 있거나 자연자원이 풍부하여 학술적 연구가치가 높은 곳<br>·각종 다양한 생태계를 대표할 수 있는 지역 | ·모니터링<br>·파괴적이지 않은 조사·연구·교육 |
| 완충구역<br>(완충지역)<br>(buffer zone) | 핵심지역 이외의 보전이 필요한 지역으로 핵심지역의 보호를 위해 필요한 지역 | ·핵심지역 이외의 보전이 필요한 지역<br>·핵심지역의 경관보호를 위하여 필요하다고 인정되는 지역 | ·연구소와 실험연구<br>·교육 및 레크리에이션<br>·관광 및 휴식 |
| 협력구역<br>(전이지역)<br>(transition area) | 핵심구역 및 완충지역 이외의 인접지역으로 핵심지역의 보호를 위해 필요한 지역으로 지역발전에 이바지할 수 있는 지역 | ·핵심구역 및 완충지역 이외의 인접지역<br>·핵심지역 및 완충지역의 관리를 위하여 필요한 지역<br>·생태계 보전지역의 적절한 관리를 위하여 필요한 지역 | ·인간거주지역<br>·관광 및 휴식 |

**습지의 현명한 이용**

인류의 이익을 위해 습지를 자연요소로서 관리하고 지속적으로 이용하는 것이라 할 수 있다. 습지의 현명한 이용의 전제는 습지 기능과 가치를 보전하기 위해 개발사업에 의한 습지의 훼손이 불가피한 경우 총체적인 사업의 효과가 습지보전에 순이익이 될 수 있도록 대체 조치를 필요로 한다.

### (2) 자연지역의 생태계 보전

#### 1) 자연지역 및 습지의 훼손

습지의 훼손을 유발하는 요인

| 구 분 | 주된 훼손요인 |
|---|---|
| 자연요인에 의한 훼손 | ·생태계 훼손 : 식생 및 종의 손실·훼손, 귀화식물의 침입<br>·침식 : 사면침식, 해안침식<br>·자연재해 : 태풍, 홍수, 해일<br>·해수 : 해류방향의 변화, 해수면 상승 |
| 인문요인에 의한 훼손 | ·인간의 행위 : 오염원 방출, 독성물질 폐기 및 방출, 여가 용도로의 이용<br>·건설행위 : 매립, 굴착, 댐건설, 구조물 건설, 갑문, 운하, 비행장 건설 등<br>·습지의 용도변경 : 염전, 양어장, 연밭 등으로 활용<br>·주변 토지이용 : 논, 밭 등의 경작지, 목축 이용 |
| 오염원으로 인한 훼손 | ·점오염원 : 산업 및 상업지역, 도시지역, 오물 및 하수처리장, 쓰레기 매립지, 마리나 시설 및 골프용지, 경작지<br>·비점오염원 : 경작지, 목축지, 광업지역, 건설현장, 잔디 및 골프장 |

#### 2) 생태계 복원의 대상과 유형

① 훼손되거나 황폐화된 지역에 기존 식생과 야생동물의 서식처 회복
② 오염된 지역에 있어서 야생생물의 가치를 높이는 것
③ 변화된 지역에 대해서 자생종과 변화 이전에 서식한 생물종의 서식처 창출 활동

복원의 유형

| 유 형 | 내 용 |
|---|---|
| 복원 (restoration) | ·교란 이전의 상태로 정확하게 돌아가기 위한 시도<br>·시간과 많은 비용이 소요되기 때문에 쉽지 않음 |
| 복구 (rehabilitation) | ·완벽한 복원보다는 못하지만 원래의 자연상태와 유사한 것을 목적으로 하는 것 |
| 대체 (replacement) | ·현재 상태를 개선하기 위하여 다른 생태계로 원래의 생태계를 대체하는 것<br>·구조에 있어서는 단순할 수 있으나 보다 생산적일 수 있음<br>·초지의 농업적 목초지 전환(단순화되지만 높은 생산성 보유) |

□ 생태계 복원
자연적이거나 인위적 간섭에 의해서 훼손된 중요한 서식처나 생물종을 훼손 이전의 상태나 유사한 상태로 돌리는 것을 의미한다. 자연지역 생태복원은 생태학적 원리를 바탕으로 자연적이며 자기유지적인 생태계를 재창조하는 것이 필요하다.

#### 3) 생태계 복원원칙

① 대상지역의 생태적 특성을 존중하여 복원계획 수립 및 시행
② 각 입지별로 유일한 생태적 특성을 인식하여 복원계획 수립 시 반영
③ 다른 지역과 차별화되는 자연적 특성 우선적 사용

④ 적용하는 복원효과를 잘 검증할 수 있는 지역 선정하여 우선 계획
⑤ 적은 유지비용과 생태적으로 지속가능한 복원방안 모색
⑥ 도입되는 식생은 가능한 고유식생을 우선적으로 사용
⑦ 생태계의 전체적이며 스스로 유지되는 성질의 회복에 중점

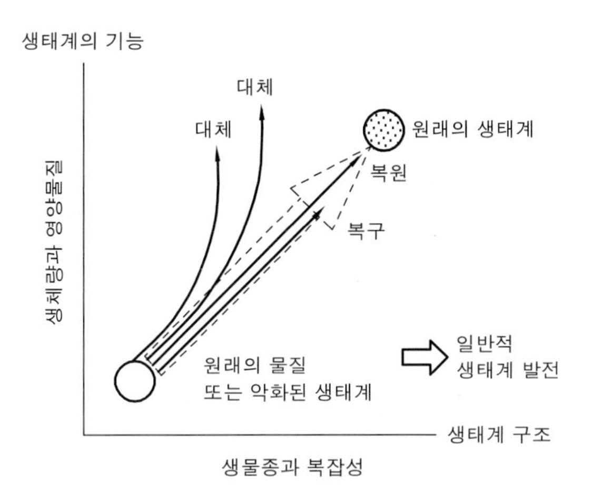


[ 생태복원의 단계와 유형 ]

유형별 습지 복원계획 시 고려사항

| 유형 | 내용 |
|---|---|
| Restored Wetlands | · 유역에서 유입된 토사의 영향으로 지반이 높아져 개답이 가능해진 지역으로 습지로 복원하려면 토사의 제거가 선행되어져야 함<br>· 유수습지에서 토사의 제거는 유수습지의 배수능력을 증가시킬 수 있고 수목류의 식재는 첨두우수유출량을 줄여 수문학적으로 유리한 측면이 있음<br>· 수목의 식재에 있어 토양 내 염분 정도를 고려해서 내염성이 우수한 수종을 선정하도록 함 |
| Created Wetlands | · 생태공원의 각 서식처와 연계되어 자연형 수로의 선상에 위치하도록 함<br>· 홍수 시에는 복원된 습지 전체가 수몰될 수 있으므로 이를 고려한 사면형태 및 식재에 관한 계획을 수립해야 함 |
| Constructed Wetlands | · 간척지의 배수체계를 고려하여 주요 배수로의 말단에 조성해 주면 효과를 극대화할 수 있음<br>· 충분한 습지면적을 확보하기 위해 배수로 주변의 논을 일부 이용하도록 함<br>· 유수습지의 수위를 고려하여 습지의 깊이를 결정 |
| Enhanced Wetlands | · 조류를 포함한 다양한 서식처로서 관리하되, 적합한 야생동물 관리기법을 사용하고, 필요한 부분에 대해서는 새로운 습지를 조성함<br>· 새로운 습지를 조성할 때 현재와 유사한 환경으로 조성하며, 그 지역의 독특한 생물상이 보전될 수 있도록 함<br>· 습지복원을 통한 수질정화효과를 동시에 도모 |

# 핵심문제 해설



**01** 거시적 측면에서 자연생태경관의 유형으로 볼수 없는 것은? 기-15-2

① 자연산림경관 ② 해안경관
③ 자연보전지역 ④ 농촌경관

**02** 산림생태계의 생태적 천이 중 특성이 다른 것은? 기-17-2

① 습성 천이 ② 자발적 천이
③ 2차 천이 ④ 건성 천이

해 ①②④ 1차천이
2차천이 : 인위적·자연적 교란에 의한 천이, 타발적 천이

**03** 인위적인 자연적 방해 작용으로 군집의 속성이 보다 단순하고 획일화되는 천이를 무엇이라 하는가? 기-15-1, 기-18-3

① 퇴행적 천이 ② 건성 천이
③ 중성 천이 ④ 진행적 천이

해 ① 퇴행적 천이는 정상적인 천이를 방해하는 어떤 것의 영향으로 천이계열이 역행하는 구조로 진행되어 생체량의 감소 및 단순하고 빈약한 종들로 구성되는 과정의 천이를 말한다.

**04** 천이에 대한 설명으로 가장 적합하지 않은 것은? 기-17-3

① 생태계 외부의 힘으로 진행되는 2차천이를 타발적 천이라 한다.
② 종이 다양해지고 현존 생태량이 증가하게 되면 진행적 천이라 한다.
③ 극상군집상태에서 다시 어린 수목이 자라는 현상을 퇴행적 천이라 한다.
④ 1차천이 중 암석지나 사구 등에서 시작되는 것은 건성 천이라 한다.

해 ③ 극상군집상태에서 외부적 환경에 의해 극상식생이 수명을 다해서 다시 어린 수목이나 그 조건이 맞는 다른 식생형이 자라게 되는 것을 순환적 천이라 하며, 퇴행적 천이란 정상적인 천이를 방해하는 어떤 것의 영향으로 천이계열이 역행하는 구조로 진행되어 생체량의 감소 및 단순하고 빈약한 종들로 구성되는 과정의 천이를 말한다.

**05** 다음 설명 중 ( )에 해당하지 않는 것은? 기-17-3

| 천이과정을 완전하게 이해하기 위해서는 교란의 ( ), ( ), ( ) 요인을 이해해야 한다. |
|---|

① 강도 ② 크기
③ 계절 ④ 빈도

**06** 다음 설명의 ( )에 해당하는 생태학적 용어가 순서대로 나열된 것은? 기-16-3

| ( )는 한 지역의 생물상이 시간이 지남에 따라 다른 생물상으로 변화하여 궁극적으로 주위환경과 조화를 이룸으로써 생물상의 변화가 거의 없어지는 안정 상태로 유도되는 진행과정을 말하는데 ( )에서 시작하여 선구식생 도입단계, ( ), 안정화단계를 거치게 된다. 이 마지막 단계를 ( )라 한다. |
|---|

① 생태변이, 경쟁단계, 환경천이, 생태안정화
② 생태천이, 무식생상태, 경쟁단계, 극상상태
③ 생태변이, 1차 천이, 경쟁단계, 2차 천이
④ 생태천이, 경쟁단계, 극상상태, 생태안정화

**07** 생태천이로 인해 산림생태계는 산림군집의 기능적, 구조적 변화를 가져오게 된다. 이에 대한 설명으로 알맞지 않은 것은? 기-18-1

① 천이 후기단계로 갈수록 종다양성이 높고 생태적 안정성이 높아진다.
② 생태계의 기본전략은 K 전략에서 r 전략으로 변화한다.
③ 생태천이 초기에는 광합성량과 생체량의 비(P/B)가 높다.
④ 생태천이 후기에는 호흡량이 높아져 순군집 생산량은 초기 단계보다 오히려 낮아진다.



정답 01. ④ 02. ③ 03. ① 04. ③ 05. ③ 06. ② 07. ②

해 ② 생태계의 기본전략은 r 전략에서 K 전략으로 변화한다.

**08** 우리나라의 산림경관 중 건조하기 쉬운 산능선이나 암반 노출지역에 나타나는 산림식생은? 기-17-3

① 굴참나무림　　② 서어나무림
③ 잣나무림　　④ 소나무림

**09** 생태적 동태(ecological dynamics)를 고려한 생태계획의 유형을 지칭하는 것은? 기-16-1

① 적응적 계획　　② 공원녹지 계획
③ 지구단위 계획　　④ 경관 계획

해 적응적 계획이란 생태계의 시간에 따라 변화하는 생태계의 동적인 성질인 생태적 동태를 고려한 생태계획을 말한다.

**10** 국내의 산림녹지 관련 도면이 아닌 것은? 기-17-1

① 임상도　　② 녹지자연도
③ 현존식생도　　④ 지적도

해 ④ 지적도는 토지 관련 도면

**11** 임상도에서 얻을 수 있는 정보가 아닌 것은? 기-17-1

① 경급　　② 영급
③ 종다양성　　④ 주요 수종

해 임상도는 우리나라 국토의 산림이 어떻게 분포하고 있는가를 보여주는 대표적인 산림지도로 수종·경급·영급·수관밀도·주요 수종 등 다양한 속성정보를 포함하고 있으며 지형도, 토양도, 지질도 등과 더불어 국가기관에서 전국적 규모로 제작하는 주요 주제도 중 하나이다.

**12** 산림의 자연성을 파악하는 도면으로 자연생태 및 환경적 가치를 판단할 수 있는 지표로서 식생과 토지이용현황에 따라 산림공간의 상태를 등급화한 도면은 무엇인가? 기-14-3, 기-17-2

① 녹지자연도　　② 임상도
③ 현존식생　　④ 산지이용구분도

해 녹지자연도는 인간에 의한 간섭의 정도에 따라 식물군락이 가지는 자연성의 정도를 수역(0등급)과 육역(10등급)을 포함하여 11등급으로 나눈 지도로서 주로 식생유형을 기준으로 산정되며 등급이 높을수록 자연에 가까운 상태라는 것을 의미한다.

**13** 생태계 관련 도면 중 생태적가치, 자연성, 경관적 가치에 따라 3등급화한 것으로서 식생등급, 임상도 등 자연환경 특성을 고려하여 작성된 지도는? 기-14-2

① 녹지자연도　　② 생태자연도
③ 현존식생도　　④ 산지이용도

해 생태자연도는 산·하천·내륙습지·호소·농지·도시 등에 대하여 자연환경을 생태적 가치, 자연성, 경관적 가치 등에 따라 등급화하여 작성된 지도를 말한다.

**14** 다음 중 (　)안에 들어갈 설명으로 가장 적당한 것은? 기-15-3

| 해양은 지구 전체 표면적의 약 (　)를 차지할 정도로 지구의 많은 부분을 차지하고 있다.(해양 면적 : 3억 6000만㎢) 또한 지구상의 물은 담수와 해수로 나눌 수 있는데 이 중 해수는 약 (　)를 차지하고 있다. |
|---|

① 50%, 50%　　② 60%, 79%
③ 60%, 86%　　④ 71%, 99%

**15** 한반도 해안경관의 설명으로 옳지 않은 것은? 기-14-3, 기-18-2

① 동해안은 융기해안으로서 해안선이 단조롭다.
② 동해안은 주로 조석(tide)이 모래를 옮겨와 사빈해안을 만들었다.
③ 서해안은 갯벌이 매우 잘 발달되어 있다.
④ 서해안에 발달한 사구는 강한 서풍에 의해 형성된 것이다.

해 ② 사빈을 구성하는 모래는 바다로 유입하는 하천에 의하여 육지로부터 공급되고, 이들 모래가 파랑의 작용으로 해안으로 밀어 올려져서 형성된다.

**16** 해안 연안에 무절석회조류의 이상증식으로 인하여 발생하는 것으로, 어류자원 및 해조자원에 심각한 피해가 발생한다. 우리나라는 주로 동해안에 많이

정답 08. ④ 09. ① 10. ④ 11. ③ 12. ① 13. ② 14. ④ 15. ② 16. ③

발생하여 연안자원에 피해를 입히고 있는데 이 현상은? 기-14-1

① 적조현상 ② 녹조현상
③ 백화현상 ④ 청수현상

해 ③ 백화현상 (갯녹음)은 유용한 대형 해초군락이 소멸하고, 이용가치가 없는 해조류인 무절석회조류가 대량 번식하여 연안의 바위 표면이 백색 또는 홍색으로 변화하는 현상으로 우리나라의 경우 주로 동해안에 많이 발생하여 연안 자원에 피해를 입히고 있다.

**17** 지난 반세기 동안 네덜란드 북해 연안과 더불어 우리나라의 서해안에서 가장 활발하게 일어났던 훼손으로, 인위적으로 해안경관을 변화시켜 친환경적이지 못하며 자연적인 해안경관을 해치게 된 것은? 기-15-3, 기-18-1

① 쓰레기 투기
② 해상 유류 유출 사고
③ 간척 및 매립
④ 연안의 수많은 양식시설

해 간척사업은 직접적으로 갯벌면적을 감소시킬 뿐만 아니라, 방조제 등 대규모 시설물에 의해 주변지역의 해수순환 및 퇴적환경의 변화를 초래하게 되고, 결과적으로 물질순환 및 생태환경을 변화시켜 주변 갯벌의 기능상실과 수질악화 등 연안환경에 악영향을 미치는 부작용을 수반하게 된다.

**18** 해류의 종류 중 하나로 압력경도력(pressure gradient)과 전향력(coriolis force)의 두 힘이 평형을 이루면서 일어나는 해수의 운동은? 기-14-1, 기-17-1

① 취송류 ② 지형류
③ 경사류 ④ 밀도류

해 ① 해수면에 부는 바람에 의해 생기는 흐름을 말한다.
③ 해수면의 경사에 의한 흐름을 말한다.
④ 해수의 온도나 염분의 분포에 의해 발생하는 해류를 말한다.

**19** 다음 중 갯벌에 대한 설명으로 옳은 것은? 기-16-2

① 모래갯벌, 펄갯벌, 사빈으로 구분한다.
② 펄갯벌에서는 갯지렁이류가 우점한다.
③ 모래갯벌은 해수의 흐름이 느린 곳에 형성된다.
④ 펄갯벌은 펄 함량이 50% 이상인 갯벌을 말한다.

해 ① 갯벌의 종류에는 모래갯벌(사질갯벌), 펄갯벌, 혼합갯벌이 있다.
③ 모래갯벌은 해수의 흐름이 빠른 수로 주변이나 바람이 강한 지역의 해변에 형성된다.
④ 펄갯벌은 모래질 함량 10% 이하, 펄 함량 90% 이상인 갯벌을 말한다.

**20** 다음에 해당되는 특징을 가진 해안경관은? 기-19-1

| -저질의 공극률이 매우 높다.<br>-큰 에너지의 파랑작용이 우세하다.<br>-매우 한정된 종들이 낮은 서식밀도로 서식한다. |
|---|

① 사빈 ② 모래갯벌
③ 자갈해안 ④ 암반해안

**21** 해안경관의 대표적 유형으로 볼 수 없는 것은? 기-17-1

① 호수 ② 갯벌
③ 사구 ④ 식생해안

해 해안경관의 유형으로는 암반해안(암석해안), 자갈해안, 사빈해안, 간석지(갯벌)해안, 식생해안 등이 있다.

**22** 해양의 유형별 경관생태에 대한 설명 중 틀린 것은? 기-19-3

① 갯벌의 유형에는 모래 갯벌, 펄 갯벌, 혼합 갯벌 등이 있다.
② 암반해안은 해파에 의한 침식해안으로 파도의 침식 작용의 결과로 형성된다.
③ 해안 사구는 육지와 바다 사이의 퇴적물양을 조절하여 해안을 보호하는 기능을 가지고 있다.
④ 사빈은 해류, 하안류에 의하여 운반된 모래가 파랑에 의하여 밀려 올려지고 탁월풍의 작용을 받아 모래가 낮은 구릉 모양으로 쌓인 지형을


정답 17. ③ 18. ② 19. ② 20. ③ 21. ① 22. ④

말한다.

해 ④ 사구는 해류, 하안류에 의하여 사빈으로 운반된 모래가 파랑에 의하여 밀려 올려지고 탁월풍의 작용을 받아 모래가 낮은 구릉 모양으로 쌓인 지형을 말한다.

**23** 해안 사구에 대한 설명으로 틀린 것은? 기–14–2, 기–19–3

① 해안 고유식물과 동물의 서식지 기능을 한다.
② 해안사구는 육지와 바다 사이의 퇴적물의 양을 조절한다.
③ 해안사구 형성에 영향을 주는 요인으로 모래 공급량, 풍속 및 풍향이 있다.
④ 해안사구는 1차 사구와 2차 사구로 구분하고, 바다 쪽 사구를 2차 사구라고 한다.

해 ④ 바다로부터 가장 가까운 해안선을 따라 형성된 사구를 전사구(1차 사구)라 하고, 퇴적된 모래가 다시 침식·운반·퇴적되어 전사구 뒤편에 형성된 사구를 후사구(2차 사구)라 한다.

**24** 다음 중 염분농도가 낮은 곳에서 높은 곳으로 분포하는 해안 염생식물의 나열이 옳게 된 것은? 기–14–1

① 부들 → 갈대 → 해홍나물
② 해홍나물 → 갈대 → 부들
③ 갈대 → 해홍나물 → 부들
④ 해홍나물 → 부들 → 갈대

해 해수의 영향을 받는 하안은 갈대가 순군락을 이루며 이어서 갯는쟁이, 해홍나물, 퉁퉁마디, 칠면초 등이 바다를 향하여 서식한다. 줄이나 부들은 내염성이 강하지 않다.

**25** 해안식생에 대한 설명으로 옳지 않은 것은? 기–18–2

① 하구역의 후미처럼 담수유입의 영향을 받는 곳에 발달된 소택지에는 해안습지가 존재하며, 염생식물이 발달한다.
② 해수의 영향을 받는 하구역의 물가에서는 부들이나 줄이 순군락을 형성하며, 갯는쟁이, 해홍나물, 퉁퉁마디, 칠면초 등의 염생식물 군락이 바다쪽으로 나타난다.
③ 거머리말은 연안역의 기초 생산력을 증대시키며, 질소와 인 등의 영양염류를 흡수하고 생리활성 물질의 공급원이다.
④ 거머리말의 생육장소는 조간대와 조하대의 경계지역에서 나타나며 조하대에서도 넓은 초지를 형성한다.

해 ② 해수의 영향을 받는 하안은 갈대가 순군락을 이루며 이어서 갯는쟁이, 해홍나물, 퉁퉁마디, 칠면초 등이 바다를 향하여 서식한다. 줄이나 부들은 내염성이 강하지 않다.

**26** 갯벌에 대한 간척 및 매립이 오래 전부터 시행되어 왔는데, 이로 인하여 발생된 문제점으로 볼 수 없는 것은? 기–19–1

① 농경지의 부족
② 수산자원의 감소
③ 오염물 자정작용의 감소
④ 수질악화로 인한 오염 발생

**27** 인공갯벌의 조성목적이라고 볼 수 없는 것은? 기–19–2

① 연안개발 적합지로 공간의 활용
② 상실된 갯벌을 대체할 수 있는 갯벌의 조성
③ 연안환경 인프라로서 새로운 갯벌의 창출
④ 상실 위험이 있는 기존 갯벌의 보호 및 기능 유지

**28** 인공구조물에 의해 연안경관의 변화를 창출하는 방법이 아닌 것은? 기–14–1, 기–17–2

① 돌제 ② 인공식재
③ 이안제(離岸堤) ④ 부유식 방파제

해 인공구조물에 의한 연안경관의 변화를 창출하는 방법에는 돌제, 이안제, 방파제, 양빈 등이 있다.

**29** 인위적 사구 육성방법이 아닌 것은? 기–18–3

① 사구보강 ② 대체습지육성
③ 해변육성 ④ 수면 밑 해안육성

정답 23. ④ 24. ① 25. ② 26. ① 27. ① 28. ② 29. ②

**30** 다음 습지생태계의 평가를 위한 모델 중 설명이 틀린 것은? 기-19-2

① EMAP : 캐나다 정부에서 주관하는 환경평가기법으로 생물상의 평가에 탁월하다.
② HEP : 어류 및 야생동물서식지를 평가하기 위한 모델로 지표종을 선정하여 평가한다.
③ RAM : 숙련된 연구자들이 짧은 기간의 현장조사를 통하여 얻은 자료를 이용한다.
④ IBI : 특정 습지의 구조와 기능을 자연상태의 습지와 비교하여 평가한다.

해 ① EMAP : 습지가 얼마나 기능을 잘 수행하는지에 대하여 평가한다.

**31** UNESCO에서 제안한 보전지역관리를 위한 용도지역 구분이 아닌 것은? 기-14-2, 기-17-1

① 핵심지역 ② 완충지역
③ 수변지역 ④ 전이지역

**32** UNESCO MAB의 생물권보전지역에 의한 기준에서 다음 설명에 해당되는 지역은? 기-19-3

> 희귀종, 고유종, 멸종위기종이 다수 분포하고 있으며 생물다양성이 높고 학술적 연구가치가 큰 지역으로서 전문가에게 의한 모니터링 정도의 행위만 허용된다.

① 핵심지역(Core Area)
② 완충지역(Buffer Zone)
③ 전이지역(Transition Are
④ 보전지역(Conservaion Area)

해 ② 완충지역 : 핵심지역을 보호할 수 있도록 제반 활동 및 이용이 통제되는 지역
③ 전이지역 : 자연보존과 지속가능한 방식의 산림업, 방목, 농경 및 여가활동이 함께 이루어지는 지역으로 일정한 개발이 허용되는 지역

**33** 자연의 복원과 관련된 용어의 설명 중 가장 올바른 것은? 기-18-2

① 복원 : 훼손된 자연의 기능만 새롭게 조성하는 것
② 복구 : 훼손된 자연을 자연상태와 유사한 상태에 도달하도록 회복시키는 것
③ 재배치 : 훼손되기 이전의 자연구조를 원래 있는 상태로 완전히 회복시키는 것
④ 대체 : 훼손된 지역을 자연의 회복력에 의하여 완전히 재생되도록 하는 것


정답 30. ① 31. ③ 32. ① 33. ②

# Chapter 5 인공경관생태

## 1 농촌

### 1. 농촌의 경관생태학 개념

#### (1) 농촌경관의 특징

① 토지이용과 농업생산력을 기본으로 하는 인간의 활동과 그에 파생되는 생태계의 구조와 기능에 의하여 다양한 서식지와 고유한 동물상 보유
② 경관생태학적, 보전생물학적인 주요한 특성 가짐
③ 자연생태계와는 시공간적으로 다른 물질순환의 생태기능적 특성 출현
④ 경작이나 매립 등의 토양이용 과정으로 발생하는 침식과정은 도시하천 및 연안 간석지생태계에도 영향 파급
⑤ 구조와 기능적으로 다른 생태계와 연계되어 있어 경관생태적 측면의 이행대(ecotone)로 평가
⑥ 식생배열은 공간적·시간적 모자이크 특성을 동시에 반영

■ 농촌경관
농촌은 인간의 활동과 자연환경의 조화 그리고 생태적 과정에 의하여 형성된 생태계들이 시간의 경과와 함께 독특한 공간배열로 인하여 모자이크 경관을 보이고 있으며, 과수원, 수원함양림, 마을림, 잡목림, 자연림 등이 패치의 형태로 분포한다.

#### (2) 산촌경관의 특징

① 최근 많은 지역의 산촌은 골프장, 도로 및 석산개발, 스키장 건설, 송전탑 등 인간의 다양한 욕구에 따라 광범위하게 경관구조 변화
② 화전경작은 전통적인 산지이용의 방법으로써 독특한 인문·사회적 특성을 가지고 있으며, 우리나라 산촌경관 구조의 변화와 밀접한 관계를 맺고 있음

■ 산촌경관
산간농촌을 둘러싸고 있는 산지는 인간과 자연이 연결된 생태계로서 그 존재 양식은 지형, 기후, 수문, 토양 등 물리적 환경요인뿐만 아니라 인문·사회적 환경에 의해 큰 영향을 받아왔다.

#### (3) 농촌경관의 변화

① 농지 전환을 통한 토지모자이크의 변화
② 농촌 노동인구의 감소로 인한 휴경지 증가
③ 고립된 마을의 증대
④ 소나무, 참나무류 등의 2차림이 우점하였던 마을림의 외래종 우점
⑤ 도시화에 의한 농촌산업의 구조적 변화로 지속가능한 이용 쇠퇴

■ 경작지 경관요소
① 포위된 숲
② 띠형 수림
③ 습지 및 저수지

■ 2차림의 중요성
① 생물의 종다양성 보호
② 환경보호림
③ 쾌적한 전원공간

#### (4) 생태공간도면

① 조림지, 숲, 하천, 경작지, 주거지 등 표기되는 농촌지역의 생태도면
② 식생의 유형과 우점경관요소 등의 생물적 요소가 인간활동 및 지형요소

와 어떤 관계가 있는지 파악

③ GIS로 작성된 것은 패치, 통로 등 경관요소들의 크기 및 연결성, 인접성, 네트워크 등 분석 가능

④ 연구 목적과 범위에 따라 대상지역의 축척 결정 및 작성

⑤ 경관을 도해한 다양한 기본도면은 경관을 구성하는 기본요소들의 공간적 배치를 수평적으로 나타내 줌

⑥ 경관모자이크는 시공간적으로 입도나 축척에 영향을 받아 미세하거나 광역척도까지 대상의 범위에 의존

⑦ 경관생태학에서의 요소(패치, 코리더, 매트릭스)는 수평적인 관점에서 이질성에 의해 구별되는 공간적인 개방계임

**◘ 경관식생도**
특정지역의 식생정보와 토지이용정보, 지형정보를 함축적으로 볼 수 있는 자료이다. 경관생태연구에 있어서 생태도면의 작성은 기본적인 단계이며 기초적인 공간자료이다.

## 2. 농촌경관생태의 구조와 특성

### (1) 경관구조

#### 1) 패치형태지수

① 패치의 면적과 가장자리 길이의 비율로 패치의 형태 파악

② 가장자리의 생태적인 건전성과 교란 정도를 간접적으로 파악

③ 패치의 가장자리

㉠ 외부로부터의 영향을 완화시키거나 적절하게 패치의 내부에 전달해 주는 세포막과 같은 역할

㉡ 자연생태계에서 패치가 교란을 받으면, 천이초기종인 선구식물이 가장자리로부터 내부로 들어가 채워짐

㉢ 올록볼록한 가장자리의 모양과 정도는 외부환경과 접할 수 있는 표면적을 결정하므로 매우 중요

#### 2) 농촌의 경관 특성

① 천이과정에 의하여 형성되어 가는 숲에 비하여 인간이 조성한 숲이나 조림지, 주거지 등은 매우 단조로운 형태로 패치형태지수가 낮음

② 버려진 경작지 등은 자연천이에 의하여 식생이 바뀌어 패치형태지수 높아짐

③ 농촌녹지 중에서도 소나무·활엽수 혼합림 같이 자연천이과정의 식생패치는 복잡한 형태로 패치형태지수 높음

④ 소나무로 구성된 농촌의 마을숲 내외부에 있는 많은 묘지의 영향으로 패치형태지수 높음

⑤ 농촌경관은 묘지관리와 농업 등에 의하여 주기적·반복적인 교란 발생

⑥ 농촌경관의 복원 및 보전을 위한 반영 요소 –경작지, 2차식생, 묘지

⑦ 기후적 요인에 의해 공간요소나 배열양식에 차이는 있으나 우리나라의 경우 대부분 유사

**◘ 묘지**
우리나라 농촌경관의 독특한 식생으로 조성과정과 관리상태에 따라 형태가 다양하지만 거의 인공적인 특성을 보이고 있다.

**◘ 농촌경관의 이질성 원인**
다양한 인간활동으로 사회경제적 결과 및 자연의 균형과 배치에도 영향을 주고 있으며, 경관모자이크 내의 공간적 유형과 다양성은 그 지역에서의 교란을 반영한다.

**◘ 농촌마을의 경관요소 배치**

도로→논→밭→주거지→과수원(대나무 숲)→묘지→관리림(소나무, 상수리나무림 등)→조림지(리기다소나무 등)→자연식생(소나무·신갈나무 혼합림)

### (2) 농촌경관의 변화에 미치는 영향

① 사회경제적 요인 : 지역의 사회·경제적 변화와 밀접한 관계 가짐
② 문화경관의 소실 : 묘지 등의 조성과 관리
③ 조림지 발달과 화석연료 의존도 증가 : 전통적 방법에서 기계화 전환
④ 토지이용 및 관리체계 변화 : 도시인구의 농촌유입, 토지이용형태 변화

# 2 도시

## 1. 도시생태계의 개념

### (1) 도시

① 문화발달과 경제적·사회적 혁신의 중심
② 문화와 예술, 건축과 통신, 여러 사회기반시설과 작업장, 여가시설 제공
③ 높은 개발밀도, 부족한 녹지 오픈스페이스, 교통과밀, 폐기물 등 발생
④ 서식공간이 규칙성을 가지고 종조성에 영향을 미침

### (2) 도시생태계 특성

① 인간과 자연으로 구성되며 인간은 특이한 사회구조 형성
② 경제활동을 하며 자연(생물군집과 지형) 변형
③ 외부로부터 다량의 물질과 에너지 도입 및 생산품과 폐기물 배출
④ 태양에너지 외에 화석과 원자력에너지를 도입해야하는 종속영양계
⑤ 에너지 및 물질의 일방적 흐름 및 높은 엔트로피
⑥ 도시를 지원할 충분한 독립영양생태계가 있어야만 유지 가능
⑦ 서식지 파괴, 토양오염, 녹지면적 축소 등에 의한 자기조절능력 상실
⑧ 생물서식공간의 단절 및 고립화로 생물다양성 저하
⑨ 도시환경에 새롭게 적응한 귀화동식물의 출현빈도 상승

## 2. 도시경관생태의 구조와 특성

### (1) 도시경관생태의 구조

① 바탕 : 도시를 포함하는 지형·지세 또는 행정구역 전역으로 설정할 수 있으며, 눈에 보이지 않는 도시기후와 같은 물리적 환경 포함

**◘ 도시**

라첼(Ratzel, 1844~1904)은 '도시는 일정형태의 직업활동이 있어야 하고, 일정한도 이상의 인구가 집중하고 있어야 하며, 거주지가 집단적이어야 한다'고 정의하였다.

**◘ 도시생태계**

경관생태학에서 자연환경요소가 유기적인 수직관계를 가진 독특한 경관단위를 구성하고 자연 및 인공조건의 상호작용을 통해 경계를 형성하는 지역으로 정의한다.

**◘ 도시경관**

도시는 하나의 유기체로서 생명체의 생장곡선과 같이 성장·발전·쇠퇴의 대사과정을 거치며, 도시를 구성하는 3요소인 도시민, 자연환경, 인공환경의 상호작용 정도에 따라 도시의 건전한 발전이 지속될 수도 있고 단절될 수도 있다.

② 패치 : 도시를 둘러싸고 있는 산림녹지, 산림 내 저수지와 과수원, 주거지역과 상업지역, 공항과 항구, 다양한 형태의 도시공원 층으로 구성
③ 통로 : 도시를 관류하는 하천, 방사형 또는 격자형 도로 등

### (2) 도시경관생태의 특성

① 기후 특성(미기후) : 도시 내부와 교외나 주변지역을 비교했을 때 다른 성질의 기후를 나타내는 것
② 토양 특성 : 지하수 감소, 건조화, 부영양화, 답압, 오염 등
③ 건축물 특성 : 불연속적 공간, 지속적 난방
④ 생물학적 특성 : 불균질한 서식지, 공간의 분리, 동질적인 비오톱
⑤ 환경요소간의 시간에 따른 변이 : 역동성은 크나 리듬성 저하

**◘ 도시열섬현상**

도시의 기온이 주변보다 높아지는 현상으로, 에너지 소비열 발생과 대기오염물질에 의한 온실효과, 시설물에 의한 고공대기의 열교환 감소 및 열용량 증가, 불투수 면적의 증가에 의한 증발산의 감소에 따라 나타나는 총체적인 현상을 말한다.

### (3) 도시의 식물상과 동물상

#### 1) 도시에서 생물의 종수가 많은 이유

① 도시구조와 토지이용패턴에 의한 서식공간의 이질성은 특별한 생태적 지위 창출
② 도시는 인위적 영향에 의하여 새로운 귀화종이 확산될 수 있는 장소
③ 도시의 급격한 변화는 개척자종의 확산 촉진 –대부분이 귀화종
④ 동물도 도시 외곽보다는 도시(특히 도시 주변부에서 많고, 도시 내부에서는 종수가 상당히 많음)에서 많음 –도심이나 새로 조성된 공간에서는 비교적 적음

#### 2) 도시환경과 특정 종과의 관련성

① 식물과 동물은 특별한 환경요소에 대한 생물지표로 이용
② 지의류 : 도심에 분포하지 않음(지의류 사막지대로 묘사)
③ 선태류 : 도심에서 뚜렷한종 감소 –모르타르 연접부, 포장의 갈라진 틈새, 잔디밭 서식
④ 목본에서 성장하는 지의류·선태류의 감소는 대기오염과 습도 저하 때문

#### 3) 도시생물군집 분류

① 도시화 이전에 존재했던 또는 의도적으로 조성된 생물군집
② 환경인자 조합과 특별한 도시유입 결과로 도시에만 출현하는 군집
③ 공원과 정원의 조림식생

**◘ 도시에서 식생의 역할**

도시생태계에서는 사회적 · 문화적 기능이 크게 나타나므로 심미적 도시경관, 이미지와 정체성, 교육적 측면에서 큰 의미를 가지게 되며, 도시민을 위한 환경개선(기후 개선, 대기오염물질 정화)에도 중요한 역할을 한다.

## 3. 도시경관생태의 보전과 관리

### (1) 생태적인 도시계획 및 개발을 위한 지침

① 자연보호구역 설정
② 자연보호 및 경관보호에 있어서 구역에 따른 정체성 확보

③ 자연경관에 대한 침해 최소화
④ 도심의 환경에 적응하여 자생하는 생물종 고려
⑤ 동일한 토지이용이 오랫동안 지속되어진 공간의 우선적 보호
⑥ 서식지 다양성 유지
⑦ 토지이용에 대한 밀도의 다양화
⑧ 규모가 크고 서로 연결되어 있는 오픈스페이스의 우선적 보호
⑨ 오픈스페이스 연결
⑩ 도시 생태계 내에서 건축물들의 기능적 연결

### (2) 도시생태계 평가유형

① 환경영향평가, 전략환경평가(이전 사전환경성검토)
② 도시계획 환경성검토, 개발행위기준, 생태자연도, 비오톱 평가 등

## 3 인공지반

### 1. 광산·채석장

#### (1) 채광과 채석에 의한 환경훼손

① 지하자원의 개발은 필연적으로 환경문제 수반
② 대규모 산림훼손 유발로 자연경관자원 및 산림생태 훼손
③ 동·식물 서식처 파괴 및 단절과 기존과 다른 이질적 경관 조성
④ 개발 후 복구 미실시로 토사유출 및 침출수에 의한 수질 악화

**광산·채석장의 유형에 의한 복구 시 고려사항**

① 복구목표
② 채광·채석 종료 시 형상
③ 훼손지의 규모
④ 가시권 및 비가시권

#### (2) 광산·채석장 보전 및 관리 시 경관에 대한 고려사항

① 경관이 어떠한 기능을 하는가에 대한 고려
② 무엇이 경관을 훼손하는가에 대한 고려
③ 우리가 경관을 되살릴 수 있는가에 대한 고려

### 2. 댐

#### (1) 댐의 구조

① 전용댐 : 한 가지 목적만을 갖는 댐
② 다목적댐 : 두 가지 이상의 목적을 갖는 댐
③ 저수댐 : 물이 풍부한 시기에 저류하여다가 물 부족 시 공급
④ 취수댐 : 물이 필요한 곳으로 보내기 위한 송수시설에 물 제공
⑤ 지체댐 : 홍수 유출을 일시적으로 지체시켜 홍수 피해 경감

### (2) 댐의 건설에 따른 환경변화

#### 1) 자연환경 변화

① 거주지, 농지, 임야의 수몰 및 생물서식지 침수로 생물다양성 감소
② 주변 저수지, 범람원, 삼각주 등의 주변 습지에 주기적인 범람으로 인한 생태계 교란
③ 미기상의 변화 및 수면을 이용 생물 증가
④ 식생의 파괴, 절개비탈면 발생, 호안의 나지화
⑤ 식생 및 동물 서식지 감소 및 분리, 동물 및 어류의 이동 저해
⑥ 저수지에 퇴사, 소하천 감소
⑦ 수질의 변화 및 유입하천의 하상 증가
⑧ 하류하천의 하상 재료 변화 및 하상의 저하
⑨ 저류수의 방류에 의한 수질 변화
⑩ 인근 해양생태계에 영향
⑪ 유황의 안정 및 홍수에 의한 교란의 감소, 친수성 생물 증가

#### 2) 식생변화

① 수위변동에 따른 변화 : 입지 및 토양의 소실, 심토가 노출된 토지의 조성, 삼림의 벌채, 주기적 침수, 수온·수질 악화 등
② 유수변 식물군락의 교란
③ 수변부 주위의 식생감소 및 종다양성 변화 증가

#### 3) 경관적 영향

① 직접적 영향 : 댐·부속시설물 건설에 의한 시각적 질의 변화, 대규모 비탈면 형성, 식생유실, 유수량과 유수폭 변화
② 간접적 영향 : 도로 및 교량의 신축, 교통량 증가로 인한 소음과 먼지 발생, 부유물질 증가로 인한 시각적 불쾌감, 수질의 오염과 탁도 증가, 주변토지이용의 변화

**◘ 경관적 해결방안**
① 주변경관과 조화
② 친환경적 설계
③ 지역성을 반영한 설계

## 3. 도로비탈면

### (1) 비탈의 구분 및 유형

① 자연비탈면
② 인공비탈면(인공사면) 구조 : 비탈어깨, 비탈면, 소단, 비탈밑으로 구성
㉠ 절개비탈면 : 암석비탈면(경암, 연암, 풍화암), 토사비탈면(바위비탈면, 호박돌비탈면)
㉡ 성토비탈면 : 암석쌓기비탈면, 사력쌓기비탈면, 흙쌓기비탈면
③ 기울기(구배, 물매) : 수직높이 1에 대하여 수평거리 n의 기울기를 1 : n으로 표시

**◘ 비탈면**
땅깎기 공사(절토) 또는 흙쌓기 공사(성토) 등에 의해서 인공적으로 형성된 사면을 말하는데 보통 비탈을 비탈면(사면)이라고도 한다.

**◘ 경사도(G) 계산**

$$G = \frac{수직거리(D)}{수평거리(L)} \times 100(\%)$$

### (2) 생물서식처로의 도로 비탈면

① 서식처, 도관(통로), 장벽, 여과대, 공급원, 수용처 기능
② 개방된 식생과 띠의 유지를 위한 관리로 규칙적 교란 발생
③ 도로변 자연숲띠는 경관 내에서 연결되어 거대한 녹지네트워크 형성
④ 도로통로 : 자동차의 도로와 이에 부속된 평행한 식생띠
⑤ 자연식생띠 : 자연 또는 토착식생의 평행띠가 도로변과 접하는 것

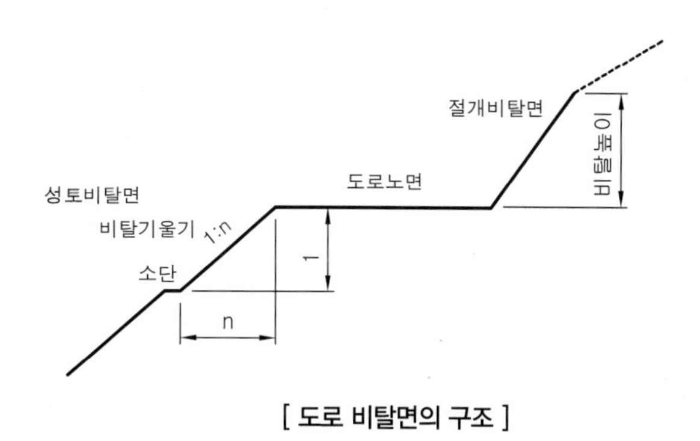


[ 도로 비탈면의 구조 ]

**◘ 도로의 경관생태적 영향**
① 유형 및 기능 변화
② 바탕 및 패치의 파편화
③ 서식처 단절, 종다양성 변화
④ 가장자리효과
⑤ 물질 및 에너지의 자연환경의 흐름 차단
⑥ 비탈면의 대형화

### (3) 도로비탈면의 보전과 관리

① 도로경관 계획 : 시각적 측면의 접근에서 생태환경적 측면적 접근
② 비탈면경관 계획 : 도로기능 이상의 환경보전과 복원기술 검토
③ 도로비탈면 복원
㉠ 자연의 원리 이해 : 식물의 복원에 의한 녹화가 아닌 지형의 복원과 토양의 복원 및 자연적 식물의 도입 또는 인위적 도입을 통한 시간의 단축
㉡ 동·식물 생육서식환경으로서 도로(비탈면)
·도로의 안전성 확보
·경관자원(인간 위주의 이용과 동·식물의 생육·서식환경 등)으로 높은 부가가치 확보가 중요
·표토침식 방지를 위한 녹화는 식생의 천이에 따라 곤충류와 조류 등의 다양화가 일어나 국지적 생물군집의 형성 가능
·작은 단과 옹벽 위에 물웅덩이 조성으로 동물휴식처 기능 가능
·고립된 삼림을 연속시켜 동물의 이동경로 기능 가능
·도심부 숲의 연속성을 유지시켜 동·식물의 생육, 서식권의 연속성 확보와 유전적 격리의 해소에 도움이 됨
·동·식물 공급원이 되는 양호한 자연(핵심지역) 등 주변과의 연계성 검토
㉢ 도로(비탈면)의 생태복원을 위한 제언
·환경친화적인 건설사업으로 추진 –자연생태계의 무한한 가치 인정
·그 지역에서 발생하는 자연재료를 최대한 재활용하는 기술 개발 및 보급
·절·성토 비탈면의 크기 최소화 등 생태적복원녹화를 고려한 설계

**◘ 도로비탈면 녹화 시 검토사항**
① 사면의 형상
② 식생공법
③ 사면 식재지 구조

·주변환경과의 연계성, 자연적 생태천이 유도, 완충지대 역할 –목·초본의 생육환경 제공

## 4. 옥상녹화

### (1) 옥상녹화 개념

① 지상공간의 녹화를 고려하여 유사하게 조성
② 야생조류의 유치 등 생물서식처로서 중요한 기능
③ 도시환경보전을 위해 필요한 공간
④ 생태역으로서의 기능과 녹지총량 증대 측면에서 중요성 강조

### (2) 옥상생태계 조성효과

① 생태계 복원 : 조류, 곤충, 물고기 등과의 공생을 위한 비오톱 조성
② 건축물 냉난방 에너지 절약 효과 : 열전도율 저감
③ 도시열섬화 완화 : 일사의 반사 및 증발산 작용
④ 도시홍수 예방 : 일시적 유출량의 감소 및 저류 효과
⑤ 대기정화 : 중금속 흡수 및 흡착, 산소 방출로 공기정화
⑥ 수질정화 : 미세한 분진 등 토양의 여과작용
⑦ 소음경감 : 소리파장의 흡수·분쇄로 소음경감
⑧ 도시경관향상 : 가로경관 향상 및 휴식·휴양공간 제공
⑨ 건물의 내구성 향상 : 산성비와 자외선으로부터의 구조체 노화 방지

◘ 옥상녹화

인공적인 구조물 위에 인위적인 지형, 지질의 토양층을 새롭게 형성하고 식물을 주로 이용한 식재를 하거나 생물서식공간으로서의 공간을 만들어서 생물서식공간을 조성하는 것을 말한다.

# 핵심문제 해설



**01** 인공경관 생태의 유형으로 볼 수 없는 것은? 기-19-2

① 농촌
② 도시
③ 도서(섬)
④ 도로 및 건축 구조물

**02** 우리나라 산촌의 경관생태에 대한 설명으로 가장 거리가 먼 것은? 기-16-3

① 지질·지형적 특성과 파랑에 의해 형성된 기암괴석의 절경과 자연암반에 발달한 기묘한 식생과 함께 독특한 지형이 창출한 경관이다.
② 최근 많은 지역의 산촌은 골프장, 도로 및 석산개발, 스키장 건설, 송전탑 등 인간의 다양한 경제적 욕구에 따른 광범위한 개발행위로 그 경관구조가 변하고 있다.
③ 화전경작은 전통적인 산지이용의 방법으로써 독특한 인문·사회적 특성을 가지고 있으며, 우리나라 산촌 경관구조의 변화와 밀접한 관계를 맺고 있다.
④ 인간과 자연이 연결된 생태계로서 그 존재양식은 지형, 기후, 수문, 토양 등 물리적 환경요인 뿐만 아니라 인문·사회적 환경에 의해 큰 영향을 받아왔다.

**해** 파랑은 연안에서 일어나는 환경에 해당된다.

**03** 최근 농촌경관 변화의 경향과 관계가 없는 것은? 기-19-3

① 고립된 마을의 증가
② 농지전환을 통한 토지모자이크의 변화
③ 농촌 마을 숲 관리 및 연료목 사용 증가
④ 농촌 노동 인구의 감소로 인한 휴경지 증가

**04** 인위적 교란을 지속적으로 받고 있는 농촌 경관의 경관생태학적인 복원 및 보전을 위해 반드시 고려되고 반영되어야 할 요소가 아닌 것은? 기-15-3, 기-18-2

① 경작지 ② 묘지
③ 2차 식생 ④ 주택

**05** 농촌환경복원전략으로 가장 거리가 먼 것은? 기-16-1

① 농촌경관의 전통적인 경관구조를 바탕으로 경관구조의 기본을 살린 복원을 실시한다.
② 복원하고 싶은 생태계 중에서 고차소비자를 중심으로 비오톱을 형성한다.
③ 생물공간을 이어서 서로 연속되는 비오톱을 구현한다.
④ 농촌경제의 활성화를 위하여 에너지보조를 통한 생산성 증대를 모색한다.

**06** 최근 경관생태학에 대한 관심이 높아지면서 도시림을 비롯한 농·산촌지역의 2차 식생의 중요성으로 가장 옳은 것은? 기-17-2

① 생물종다양성의 보호, 환경보호림, 쾌적한 전원공간
② 목재생산, 자연휴양림, 생물서식공간
③ 자연공원, 생물서식공간, 임산자원
④ 퇴비생산, 버섯재배, 목재생산

**07** 인간에 의해 간섭을 받고 있는 농·산촌경관에 대하여 틀린 것은? 기-18-2

① 2차 식생 농·산촌경관의 주요 요소는 2차 식생과 경작지이다.
② 농·산촌경관의 계획 시 물리적 환경과 주변 요소 간의 상호 관계를 고려한다.
③ 토양 및 지형 유형과 경관구조의 변화는 관계가 없다.

정답 01. ③ 02. ① 03. ③ 04. ④ 05. ④ 06. ① 07. ③

④ 농·산촌경관의 복원·보전 및 설계 시 서식지와 생물상, 생태계 규모를 조사한다.

**08** 도시생태계가 갖는 독특한 특성이 아닌 것은? 기-15-3, 기-18-3

① 태양에너지 이외에 화석과 원자력에너지를 도입하여야 하는 종속영양계이다.
② 외부로부터 다량의 물질과 에너지를 도입하여 생산품과 폐기물을 생산하는 인공생태계이다.
③ 도시개발에 의한 단절로 인하여 생물다양성의 저하가 초래되어 생태계 구성요소가 적은 편이다.
④ 모든 구성원 사이의 자연스러운 상호관계가 일어난다.

해 ④ 도시는 왜곡된 생태계로서 구성원 사이의 자연스러운 상호관계가 일어나기 어려운 구조다.

**09** 도시경관생태의 특징은 도시기후가 교외나 그 주변 지역과 비교하여 다른 성질을 나타낸다는 것인데, 이러한 현상 중 가장 뚜렷한 것이 도심을 중심으로 기온이 상승하는 현상이다. 이러한 도시의 비정상적인 기온 분포는? 기-18-3

① 미기후 ② 온실효과
③ 이질효과 ④ 열섬효과

**10** 도시가 기후에 미치는 영향으로 틀린 것은? 기-17-1

① 도시의 구조물들은 농촌에 비해 표면적이 좁다.
② 도시대기 중의 부유입자가 태양빛과 열을 반사시킨다.
③ 도시의 농촌의 기후차이는 구성재료의 차이에 기인한다.
④ 도시의 냉·난방장치의 사용이 열섬효과를 가져온 원인 중 하나이다.

해 ① 도시의 구조물은 농촌에 비해 밀폐도가 높고, 크기가 커서 표면적이 넓다.

**11** 도시생태계의 생물은 자연생태계에서의 그것과 큰 차이를 나타낸다. 이는 도시 환경이 자연환경과 큰 차이를 갖기 때문인데, 이러한 도시에서 생활하는 생물 군집으로 보기 힘든 것은? 기-16-3

① 공원과 정원의 조림 식생
② 도시화 이전에 존재했던 생물 군집의 일부
③ 자연형 하천 주위에 형성된 저습지에 서식하는 보호종 군집
④ 환경인자의 조합과 특별한 도시유입의 결과로서 도시에만 나타나는 생물군집

**12** 도시개발에서 자연보호와 종보호를 위한 지침에 관한 설명으로 적절하지 않은 것은? 기-19-1

① 오랫동안 동일한 환경 속에서 유지되었던 생태계는 우선적으로 보호되어야 한다.
② 도시개발에서 기존의 오픈스페이스와 생태계는 우선적으로 보호되어야 한다.
③ 도시개발에서 기존의 비오톱을 보호하는 것보다는 새로운 비오톱의 조성이 더욱 중요하다.
④ 도시 전체에서 비오톱 연결망을 구축하여 그 안에서 기존의 오픈스페이스가 연결되도록 한다.

해 비오톱은 기존의 것을 보호하는 것이 새로이 조성하는 것보다 더욱 중요하다.

**13** 생태적인 도시계획 및 개발을 위한 지침에 관한 설명으로 가장 거리가 먼 것은? 기-16-2

① 오픈스페이스를 연결한다.
② 서식지의 다양성을 유지한다.
③ 자연과 경관에 대한 침해를 최소화한다.
④ 사람 중심의 식물상과 동물상을 고려한다.

**14** 도시경관생태의 보전과 관리를 위한 생태적인 도시계획을 위한 적절한 지침이 아닌 것은? 기-16-3, 기-19-3

① 도심에 적응하는 생물상을 고려한다.


정답 08. ④ 09. ④ 10. ① 11. ③ 12. ③ 13. ④ 14. ③

② 토지 이용에 대한 밀도를 다양하게 한다.
③ 생물다양성을 높이기 위해 특정 외래수종을 도입한다.
④ 도시 내의 큰 숲은 가능하면 보전하여 보호구역을 만든다.

해 ③ 도시환경에 적응하여 자생하는 자생종을 고려한다.

**15** 도시경관생태를 보전하기 위한 친환경적 계획기법이 아닌 것은? 기-16-2

① 비오톱 지도화 ② 경관생태계획
③ 인공지반 녹화 ④ 하천정비와 복개

**16** 광산·채석장과 같은 대단위 훼손지역에서 자연경관의 보전 및 관리를 위해 반드시 고려해야 할 사항으로 가장 거리가 먼 것은? 기-17-3

① 경관이 어떻게 기능하는가?
② 무엇이 경관을 훼손하는가?
③ 경관의 보전은 어느 부서에서 하는가?
④ 우리가 경관을 되살릴 수 있는가?

**17** 다음 중 광산·채석장의 유형 구분 및 계획 시 고려할 사항이 아닌 것은? 기-14-1, 기-17-2

① 복구목표
② 채광·채석 종료시 형상
③ 훼손지의 규모
④ 서식처의 파편화

해 산림청의 기준에서는 ①②③ 외에 가시권 및 비가시권 등을 기준으로 구분한다.

**18** 댐의 기능상 홍수 유출을 일시적으로 지체하여 갑작스런 홍수로 인한 피해를 막기 위한 댐으로 가장 적당한 것은? 기-19-1

① 지체댐 ② 저수댐
③ 취수댐 ④ 다목적댐

해 ② 저수댐 : 물이 풍부한 시기에 저류하여다가 물이 부족할 때 공급한다.
③ 취수댐 : 물이 필요한 곳으로 보내기 위한 송수시설에 물을 제공한다.
④ 다목적댐 : 두 가지 이상의 목적을 갖는 댐이다.

**19** 댐 건설로 인한 경관적 영향으로 옳지 않은 것은? 기-14-3

① 유속 증가
② 식생 유실
③ 시각적 질의 변화
④ 대규모 절성토 비탈면 형성

해 경관적 영향
·직접적 영향 : 댐·부속시설물 건설에 의한 시각적 질의 변화, 대규모 비탈면 형성, 식생유실, 유수량과 유수폭 변화
·간접적 영향 : 도로 및 교량의 신축, 교통량 증가로 인한 소음과 먼지 발생, 부유물질 증가로 인한 시각적 불쾌감, 수질의 오염과 탁도 증가, 주변토지이용의 변화

**20** 댐이 환경에 미치는 영향으로 거리가 먼 것은? 기-19-2

① 어류 등의 이동 저해
② 소하천의 감소, 수질의 변화
③ 식생 및 동물 서식지역의 감소와 분리
④ 하류하천의 하상 재료 변화 및 하상의 상승

해 ④ 하류하천의 하상 재료 변화 및 하상의 저하

**21** 도로 비탈면의 구조에 포함되지 않는 것은? 기-19-3

① 소단 ② 절개비탈면
③ 성토비탈면 ④ 자연비탈면

해 도로 비탈면 구조에 포함되는 것은 인공적인 행위에 의한 것이다.

**22** 도로 비탈면의 식생복원 효과에 대한 설명으로 가장 거리가 먼 것은? 기-16-1

① 서식권의 연속성 확보
② 사면붕괴 위험 증진
③ 유전적 격리의 해소
④ 표토의 침식방지

해 도로의 비탈면의 녹화는 토양의 안정화에 도움이 되어 토

정답 15. ④ 16. ③ 17. ④ 18. ① 19. ① 20. ④ 21. ④ 22. ②

양의 침식이나 사면의 붕괴에 도움이 된다.

**23** 도로의 비탈면 녹화를 위한 중요 검토사항으로 볼 수 없는 것은? 기-16-2

① 교통량　　② 사면 형상
③ 식생공법　　④ 사면 식재지 구조

**24** 옥상녹화의 필요성으로 알맞지 않은 것은? 기-17-3

① 대기 정화
② 매트릭스 코리더 형성
③ 도시 홍수 지연
④ 건축물의 냉난방 에너지 절약효과

**해** 옥상녹화의 효과로는 ①③④ 외에 수질정화, 소음경감, 도시열섬화 완화, 생태계 복원, 점적 코리더, 도시경관 향상 등이 있다.

**25** 옥상녹화의 생태적 효과와 가장 거리가 먼 것은? 기-18-2

① 녹시율의 증대
② 도시 미관 증진
③ 도시 열섬 완화
④ 소생물 서식공간 증대

**해** 녹시율이란 특정 지점에서 녹지 공간이 차지하는 비율로 실제 사람의 눈으로 파악되는 녹지의 양에 대한 지표이다.

**26** 인공지반의 녹화 특히 옥상녹화와 관련한 설명 중 잘못된 것은? 기-15-1

① 식물의 증발산 작용에 의해 도시열섬화를 완화할 수 있다.
② 토양과 식물은 지붕에 비해 열전도율이 낮아 냉·난방에너지를 절약할 수 있다.
③ 토양수분과 뿌리성장으로 인해 건물의 단열성이 약화될 가능성이 크다.
④ 소리파장을 흡수하여 분쇄하므로 소음을 경감시킬 수 있다.

**해** ③ 옥상녹화 및 벽면녹화를 통해 건물의 보온 및 단열효과로 냉·난방 에너지 절약의 효과가 있다.

**27** 생태계 완결성 회복을 위한 생태복원에 대한 설명으로 가장 거리가 먼 것은? 기-16-1

① 채석 적지는 적절한 복구가 이뤄지지 않으면 침출수에 의한 하류지역의 수질오염이 야기될 수 있다.
② 도로비탈면은 식생천이가 일어나지 않으므로 곤충과 조류의 다양화가 일어나지 않는다.
③ 도시생태계 내에서 옥상녹화는 녹지총량의 증대에 기여한다.
④ 광산의 개발과 복원의 동시진행은 채취된 식생과 토양을 복원에 재활용 할 수 있어 바람직하다.

**해** ② 비탈면도 식생의 천이에 따라 곤충류와 조류 등의 다양화가 일어나 국지적 생물군집 형성이 가능하다.



정답 23. ① 24. ② 25. ① 26. ③ 27. ②

# Chapter 6 복원·개발계획과 경관생태

## 1 보전·복원계획과 경관생태

### 1. 보전생물학, 복원생태학, 경관생태학의 개념

#### (1) 복원생태학의 4가지 기원

① 보전생물학 : 개별 종의 복원과 개체수 증대 등 개체수준의 복원
② 경관생태학 : 개별 종보다는 생태계 복원 및 관리 등 전체 경관에 주목
③ 습지관리 : 습지의 관리·복원에 대한 정책 및 습지의 가치 증대-생태계의 기능
④ 훼손지 녹화 및 복구 : 훼손되어 극도로 열악한 환경 복원 노력-식생군집의 복원

#### (2) 복원목표의 수준별 장단점

| 목표의 수준 | 장점 | 단점 |
| --- | --- | --- |
| 종의 복원 | ·멸종위기종의 보전<br>·생물다양성의 증진 | ·생태계, 경관수준의 상호작용과 과정에 대한 인식 부족<br>·다른 종에 대한 예상 못한 피해<br>·하나의 목표종에 대한 관심이 다른 종에 대한 소홀로 이어짐 |
| 생태계 기능의 복원 | ·종 유지를 위해 필요한 대규모 과정의 인식<br>·다양한 기관, 이익단체의 관리목표의 통합 증진<br>·생태적 실체의 역동적 특성 인식 | ·불분명한 생태계에 대한 정의가 복원되어야 할 단위를 정하는데 어려움을 초래함<br>·생태계 기능에 대한 정의와 일반화가 어렵고, 기능성이 규모에 따라 다르고, 기능간의 상호관련성이 부족함 |
| 생태계 서비스의 복원 | ·복원자금 등 대중적 지원 유도<br>·특정한 실천행동 쉽게 도출 | ·생태계 기능과 유사하게 정의 및 규모와 관련한 문제가 있음<br>·가치는 지불의사 또는 경제적 조건의 항구성에 있음<br>·하나의 서비스의 제공은 다른 서비스를 배제할 수 있음 |

### (3) 복원생물학과 보전생물학

| 구 분 | 보전생물학 | 복원생태학 |
|---|---|---|
| 문제 제기 | 개별 종의 멸종, 개체군의 감소 | 장기적인 생태적 기능 회복 |
| 관심 수준 | 유전자, 개체군 | 군집생태계 |
| 관심 생물 | 척추동물 | 식물 |
| 주요 개념 | 메타개체군, 존속최소개체군 | 천이 |
| 접근 방법 | 서술적, 이론적(모델링), 동물학적 | 실험적, 식물학적 |

### (4) 복원생태학과 경관생태학

| 구 분 | 내 용 |
|---|---|
| 보전생물학 | ·개체수준의 복원<br>·멸종의 유전적 기작과 복원을 위한 유전적 다양성 확보 중요시 |
| 복원생태학 | ·군집수준의 복원<br>·모든 생물의 서식기반이 되는 천이를 통한 식물군집의 회복 강조 |
| 경관생태학 | ·다양한 군집 또는 생태계의 집합인 경관복원에 치중<br>·다양한 군집 또는 생태계의 집합인 경관(서식처)복원을 통한 종다양성 추구 |

## 2. 복원을 위한 경관생태학의 적용

### (1) 조정 역할로서의 경관생태학

① 정치, 경제, 사회, 과학분야의 의견과 지식 수렴
② 최종적인 목표와 방법을 결정하는 조정자 역할
③ 경관생태학적 지식뿐만 아니라 이해를 조정하고 협상하기 위한 사회전반에 대한 이해 필요

### (2) 복원관련 전문분야로서의 경관생태학

① 훼손된 생태계를 복원하는데 목표 설정 및 이론적 기반 제공
② 보전생물학, 자원경제학, 환경윤리, 이해당사자 등의 갈등 조정
③ 복원이라는 공통의 목표를 실현하기 위해 전문적 지식과 공법 제시
④ 전문적인 지식에 근거해서 대안과 방향 제시 능력 필요

## 3. 보호구설계와 경관생태학

### (1) 자연보호구의 가치

① 자연과 생물다양성의 보전
② 무한한 잠재력을 가진 생물자원 및 유전자 자원 제공
③ 생물에 대한 과학적 연구 장소의 제공

**◘ 자연보호구**

가장 훼손되지 않은 생태계를 가진 지역으로 면적이 큰 지역에 지정된다. 보호구의 면적이 최소개체군을 유지하기 위한 면적보다 좁을 경우, 장기적으로 야생동물 개체군이 유지되기 어렵다.

④ 더 엄격하게 보호된 지역의 완충작용
⑤ 구조물과 토지이용 행위 등 인간의 역사 보전
⑥ 생활의 전통적 방법 유지
⑦ 인간에게 레크리에이션과 자연의 영감 제공
⑧ 환경교육과 자연에 대한 이해의 제공
⑨ 자연과 조화 속에서 지속적인 이용체계의 제시

### (2) 자연보호구 보전의 패러다임의 변화

① 전통적인 평형패러다임에서 비평형패러다임으로 사고의 전환
② 평형패러다임은 인간의 간섭을 제외 했기에 부정확 함
③ 인간의 간섭이 없는 생태계는 없으므로 비평형패러다임이 전환

평형패러다임과 비평형패러다임의 보전원리 비교

| 구 분 | 전통적 시각 또는 평형패러다임 | 현대적 시각 또는 비평형패러다임 |
|---|---|---|
| 목표 | 가치있는 생태적 대상 보존(독특한 개체, 군집, 서식처 등) | 자연적 또는 반자연적 경관에서 대표적인 생태적 과정과 맥락 보존(생태적 건강성, 다양성) |
| 초점 | 폐쇄되고 정적인 군집으로 둘러싸인 고정된 자연지역 | 개방되고 동적인 군집을 유지하는 이질적인 경관 모자이크(예:기능적 모자이크) |
| 주제 | 생명의 결과/고정된 최종 결과물 | 생명의 상황/다양한 원인 |
| 강조 | 대상의 안정성과 유지, 구조적 완결성 | 구조적 맥락, 동적인 과정, 역사적 우연성 |
| 인간 | 문화적 경관과 인간은 구성요소에서 제외 | 반자연적 경관, 인간이 통합된 경관 |
| 스케일 | 일반적으로 소규모/대상의 크기에 의해 결정 | 일반적으로 대규모/과정의 범위에 의해 결정 |
| 은유 | '자연의 균형', 자연은 불변이고 자기유지적임 | '자연의 흐름', 자연은 복합적이고 동적임 |
| 지식 | 생태적 이해는 필수적이 아님 | 생태계에 대한 지식은 중요함 |
| 파트너쉽 | 경쟁적이고 독립적인 학문집단, 협력이 강조되지 않음 | 학제간 의사소통과 협력이 필수적임 |
| 관리 | 무개입에서 소극적이고 제한된 관리 | 과정과 맥락(구조와 연결성)에 대한 적극적인 관리 |

### (3) 보호구 설계를 위한 접근방법(전제조건)

① 최근에 생태계에 대한 지식이 상당히 증대함
② 생태계 기능의 건강성을 보전하기 위한 생물보호구 접근 필요
③ 학제간 교류와 협력의 형태로 연구가 진행되어야 함

# ② 개발계획과 경관생태

## 1. 자연과 인공환경의 생태학

### (1) 자연환경과 인공환경의 대립과 조화

① 경관의 교란은 자연과 인간을 포함하는 생태계 변화과정에 영향을 미침
② 패치의 생성과 소멸의 비율이 균형을 유지하고 있으면 동적평형상태
③ 교란의 공간크기가 경관이나 식생의 단위보다 크면 평형상태 벗어남
④ 자연을 살린 인공환경의 복원(재생) 전개 필요
⑤ 인공환경의 생태화로 경관단위의 규모와 공간성 제시

### (2) 비의도적인 환경변화의 제어

① 의도적인 변화의 결과 일어나는 비의도적인 변화제어-피드백 구축
② 생태학적 개발 : 비의도적 환경변화를 제어하는 개발
③ 환경제어 시 지역의 기후특성 중시로 비의도적 환경변화 방지
④ 환경제어 주요인 파악 시 역사적인 환경변화 과정파악이 효과적
⑤ 환경변화 제어는 평형계의 재생과 토지자연체계와의 조화 중요

### (3) 생태적 개발과 환경보전

① 환경에 관한 가치의 감소 최소화 및 저비용으로 지역의 가능성 도출
② 환경관리에 중점을 두고 토지이용계획에 있어 충분한 환경영향 평가
③ 국제적·국내적 기금을 설정하고 환경교육 필요
④ 지역주민과 의사결정자의 교류, 주민참가, 계획의 참신한 태도 필요
⑤ 국제적인 자원에서의 정치나 경제 관계에 주목

## 2. 생태통로 및 생태축

### (1) 생태축 구성요소

1) **핵심지역**(core area)

① 중요한 생태계, 서식처, 개체군을 보전하기 위한 환경조건을 갖춘 지역
② 생물종의 공급원이 되는 대규모 녹지로 반드시 보전되는 지역
③ 개발행위 및 인간의 간섭이 배제되어야 하는 지역
④ 핵심지역 주변에는 일정한 폭의 완충지역이 반드시 필요

2) **완충지대**(buffer zone)

환경오염 및 토지의 형질변경 등 생태축 외부의 인간활동에 의한 잠재적인 생태적 영향으로부터 생태축을 보호하기 위한 일정 폭의 지역

3) **징검다리 녹지**(stepping stone)

**◘ 생태축**

생태적 구조와 기능의 보호를 위한 여러 구성요소의 통합체로 생태계를 연결하여 에너지와 물질의 흐름, 동식물의 이동을 촉진하는 기능을 하며, 녹지축, 하천축, 비오톱 등을 포함한다. 생태축은 핵심지역, 완충지역, 징검다리 녹지, 생태통로 4가지로 구성된다.

① 생태적으로 격리된 지역의 패치 사이에 존재하는 하나 이상의 독립된 패치
② 생물서식공간이 단절되어 분리된 공간에서의 고립화의 영향을 완화한다.
③ 핵심지역 사이를 이동할 수 있는 징검다리 역할
④ 동물의 이동을 돕고 자원이나 피난처 제공
⑤ 핵심지역을 보조하는 중규모의 녹지로서 서식처 다양성 측면에서 중요

4) 생태통로(ecological corridor)
① 종의 공급원인 핵심지역 또는 거점녹지를 연결하는 선적인 녹지 요소
② 녹지간의 종의 이동·이입을 촉진하여 개체군의 장기적인 유지에 기여

5) 복원지역(restoration area)
① 생태축을 설치할 때, 환경개선이 필요한 지역으로 복원 관리 필요
② 광범위하게 훼손된 경우 기존 상태에서 자연보전이 어려운 지역 복원

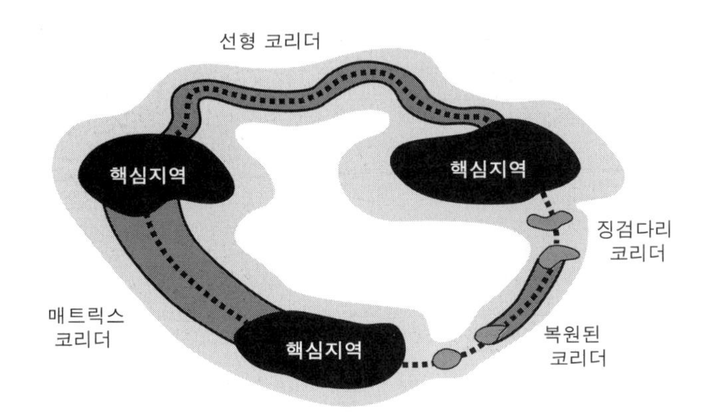


[ 생태축 개념도 ]

(2) 생태축의 역할과 기능

1) 생태축 필요성
① 특정 종의 서식처, 이동을 위한 통로, 격리된 지역의 여과장치
② 주변 매트릭스에 환경적, 생물학적 영향을 주는 자원
③ 생물다양성 보전을 위한 서식처간의 연결성 증대
④ 패치간 동물의 이동 증대로 개체군간 상호작용으로 인한 개체군 증대
⑤ 도시 내 생태계의 균형 유지
⑥ 서식처간의 연결이 무조건 좋은 것만은 아닐 수 있음

2) 서식처 단절의 유형
① 두 개의 주요 서식처로 단절
② 한 개의 주요 서식처와 국지적 서식처로 단절
③ 주요 서식처가 작은 국지적 서식처로 파편화

생태축의 장점과 단점

| 장 점 | 단 점 |
|---|---|
| 1. 이입의 증대<br>·종풍부도, 다양성의 증대 및 유지<br>·특정 종의 개체군 크기 증대<br>·멸종가능성의 감소<br>·근교약세 예방/유전적 다양성 유지<br>2. 넓은 영역성을 가진 종의 먹이획득 지역의 증대-이동성 증진<br>3. 패치간의 이동을 통한 대피지역 증대<br>4. 서식처간 혼합을 위한 접근성 증대<br>5. 대규모 간섭으로부터의 피난처 제공<br>6. 그린벨트의 제공<br>·도시확산 방지/대기오염 저감<br>·레크리에이션 기회의 제공<br>·경관의 증진과 보호<br>·토지 가치의 증대 | 1. 이입의 증대 : 질병, 해충 등의 확산 증대, 개체군간 유전적 변이의 수준 감소<br>2. 산불, 기타 전염성 재해의 확산<br>3. 사냥꾼, 침입자, 포식자에 대한 노출 증대<br>4. 원하는 특정한 종이 이동하지 않을 수 있음<br>5. 비용의 과다/전통적인 보전방법과 갈등 |

### (3) 생태축 스케일

#### 1) 지역적 스케일에서 생태축 목적

① 유전자의 흐름을 돕고 도로건설, 도시개발, 벌목 등을 통해 단절될 수 있는 유전자 형질의 다양성 유지

② 넓은 지역에서 사는 중요한 생물종의 이동 보조

③ 훼손되지 않은 넓은 서식처를 요구하는 멸종위기종 보호

#### 2) 국지적 스케일에서 생태축 목적

① 야생동물의 계절적 이동을 돕기 위해 높은 고도의 저장고와 낮은 곳을 잇는 통로 제공

② 이동성이 적고 서식처 환경변화에 저항력이 떨어지는 종의 핵심지역에서의 종다양성 유지

③ 어린 종들의 이동 보조

④ 희귀종을 위한 서식지 제공함으로써 인접지역으로의 동물 유입 유도

생태축의 역할과 기능

| 기 능 | 내 용 |
|---|---|
| 생태적 기능 | ·단절된 생태계의 연결을 통한 생물의 이동성 증진 및 개체군 유지<br>·생태계간 에너지, 물질, 동물의 이동 증진/바람통로로서 기능<br>·생물다양성의 유지 및 증대<br>·다양한 생물종으로 구성된 생태계를 구성함으로써 도시 내 생태계의 균형 유지 |

| | |
|---|---|
| 보전생물학적 기능 | ·유전자 풀(gene pool)의 유지 및 근친교배에 의한 유전적 약화 방지<br>·동물서식처 제공을 통해 야생동물 보전에 기여<br>·서식처 파편화에 의한 국지적인 종의 고립과 멸종 방지 |
| 공원녹지적 기능 | ·녹지의 연결을 통한 이용성 및 접근성 증진<br>·도시 내 녹지율 증대<br>·주 5일제 확대에 따른 다양한 레크리에이션 장소 제공 |
| 생활환경적 효과 | ·대기오염 및 소음 저감<br>·도시 미기후의 조절<br>·녹지에 대한 접근성과 체감 녹지율의 증대 |

## 3. 하천코리더

### (1) 하천코리더의 기능

① 육지와 수계부의 경계부이며 오염물질을 흡수 또는 흡착하고, 수생태계에 필수적인 물질 공급

② 하천의 흐름을 완화하여 물의 이용가능성을 증대하고 홍수 조절

③ 식생은 물의 흐름이나 침식에너지를 감소시켜 하천변 침식 완화

④ 하천변 식생은 그늘을 만들어 수온을 조절하며, 많은 수생동물의 서식지에 중요한 변수로 작용

### (2) 하천코리더 복원과 설계

#### 1) 하천코리더 설계

① 설계목적 : 수자원 보호와 환경적 건강성 유지

② 하천생태계의 주요소 : 수문, 식생, 지형

③ 하천코리더 포함지역 : 구불구불한 하천형태, 하천변 식생, 지하수를 충전할 수 있는 지역, 인접 지류, 골짜기, 배수로

④ 하천코리더의 폭 : 식생의 복잡성, 식생의 밀도, 식생의 거친 정도, 미시적 지형 고려

#### 2) 하천코리더 복원

① 원래의 하천구조, 수문학적 과정과 식생으로 복원하여 자연적인 서식처 창조 필요

② 원래의 흐름 복원, 적합한 굴곡 패턴과 웅덩이 복원

③ 댐이나 보는 원칙적으로 제거

④ 깨끗한 수질의 유지, 특별한 어족자원 유지 및 식생 회복

#### 3) 하천코리더 설계기준

① 노선의 선정

㉠ 수로, 하천코리더 인접지 포함, 가능한 연속적인 구간 선정, 수로 양안

㉡ 상류와 하류의 관련성 이해-위치, 식생의 기능 및 차이

**◘ 하천코리더**

선적인 하천을 따라 독특한 식생대를 갖는다. 하천과 주변 식생대를 포함하여 하천코리더라 하며, 흐르는 물, 습하고 비옥한 토양, 잘 발달한 식생이 특징이며, 동적인 환경을 갖는다. 하천코리더의 생태적 건강성은 보통 상류로부터의 침전물, 유기물, 기타 물질의 유입에 의해 결정된다.

**◘ 하천코리더 기능**

수질결정 요인, 수문학적 조절, 침전물과 영양물질 여과, 침식과 침전물 조절, 영양물질 제거, 수온조절 등의 기능을 한다.

**◘ 하천코리더에 대한 인간활동의 영향**

하천코리더의 건강성에 영향을 주는 주요한 인간활동은 농업, 도시화, 임업, 운송, 레크리에이션, 홍수관리, 수원공급을 위한 물의 이용 등이다.

㉢ 하천코리더에 가능한 모든 지류 포함
㉣ 급경사지, 침식잠재력 높은 지역, 생물다양성 높은 지역, 희귀종 서식지 등과 두 개 이상의 하천이 만나는 지역과 다른 하천코리더와 교차하는 결절점에 우선순위 적용

② 폭의 결정
㉠ 하천군집과 하천코리더의 건강성에 대한 주변 토지이용현황 파악과 이해-침전물·영양물질 흐름, 수문, 국지적인 생물 건강성 조사
·하천의 충적지, 하천변 식생, 습지, 하천의 지하수 체계 포함
·기타 간헐적으로 물이 흐르는 지류, 도랑, 배수로, 지하수 충전 및 유출지역, 급경사지, 실제 또는 잠재적 침식지역 포함
㉡ 폭은 주변 토지이용의 영향에 따라 결정하되 벌채지, 집약적 농업지, 고밀도 주택개발지 등은 넓은 폭 필요

③ 부지설계와 관리계획 수립
㉠ 자연적 군집과 하천과정 유지-자연적 하천 흐름 유지 및 복원필요
㉡ 작은 하천에서 낮은 수온유지 시 최소한 교목이 포함된 식생과 녹음 필요
㉢ 식생관리가 필요한 지역은 수직적 식생구조(특히 지피가 중요) 유지
㉣ 하천변 식생은 제거하지 않는 것이 좋음
㉤ 복원을 위해 자생종이 아닌 종 필요 시 여과능력이 뛰어나고 질소가 부족한 곳에서 잘 자라는 종 선정
㉥ 침전물이 많고, 여과를 위해 폭이 불충분할 경우 저류지나 밀도가 높은 식생을 가진 제방 도입
㉦ 질소여과가 중요한 기능인 곳에서는 장기적인 선택적 벌목 계획 수립
㉧ 가능한 하천식생에서 가축을 배제하고, 불가피하면 한 쪽 변 등 좁은 구역으로 제한-특히 건조지역에서 중요

### (3) 유역과 하천네트워크

#### 1) 유역

① 생태계 연구, 경관설계 및 관리에 유용한 단위
② 행정구역단위와 불일치-보통 하천은 행정구역의 경계
③ 하천코리더의 유량과 침전물은 유역의 면적, 하천의 길이, 형태, 상류와 하류의 고도차에 의해 결정
④ 유역의 발달은 물리·화학·생물학적 요소에 의해 지배되며, 기후, 기반암이 매우 중요한 요인
⑤ 강우량과 기온, 토양과 식생의 상호작용이 유역의 형태 결정
⑥ 유역의 형성은 모암풍화, 토양침식, 이동, 침식물질의 퇴적에 의한 동적인 과정

**◘ 유역**
유역은 하천과 지류로 지표수가 흘러드는 구역을 말한다. 유역은 하천코리더보다 더 큰 생태계이며, 유역은 지형(능선 또는 분수령)에 의해 결정된다.

⑦ 침전물은 범람원을 따라 흘러 연못, 호수, 저수지, 바다에 퇴적

⑧ 하천변 식생대는 토양의 구조와 성분에 영향을 받으며, 오염물질을 여과하는 기능을 하므로 보호·조성

2) 하천

① 우리나라 하천은 여름 집중호우기가 최대 유량 시기이며, 하천의 침식과 퇴적도 최대가 됨

② 상류 : 빠른 유속, 급한 경사, 녹음이 있는 수로, 낮은 수온, 적은 유기물과 퇴적물

③ 하류(높은 하천차수를 갖는 하천) : 넓은 유역면적, 긴 길이, 넓고 깊은 하천단면, 더 큰 고도차, 완만한 경사

④ 물리적 경도는 생태적 기능에 영향을 주어 생물군집의 구조적, 기능적 특성의 연속을 보임

⑤ 하천차수(Stream order)

㉠ 1차 하천 : 최상류의 하천이 다른 하천과 만나는 처음 지점까지의 구간

㉡ 차수 부여방법 : 1차 하천 두 개가 합쳐지면 2차 하천, 다시 2차 하천 두 개가 합쳐지면 3차 하천 등의 방법으로 계속적 증가

**◘ 하천의 차수**

하천의 규모, 분기 정도를 구분하기 위하여 부여한 수치로 하천의 상대적 크기를 나타내는 개념이다. 보통 산악하천은 1–2차수를 갖는 하천이며, 커다란 사행하천은 6–8차수를 갖는 하천이다. 하천차수 1과 2사이에는 생태적, 수문학적으로 중요한 차이가 있으나 6과 8은 큰 차이가 없다.

[ 하천의 차수 ]

## 3 생태복원기술과 경관생태

### 1. 종 또는 개체군의 복원

(1) 동물의 이동

① 이동 : 일방적 움직임으로 어렸을 때 어떤 개체가 낳은 곳에서 새로운 서식처로 움직이는 것

② 이주 : 계절적이고 주기적인 움직임으로 새로운 먹이를 찾거나 험한 기후조건을 피하기 위해 위도와 고도를 따라 움직이는 것

③ 행동권 이동 : 먹이를 얻기 위해 하루(일주일, 한 달) 정도의 기간 내에 상당히 한정되고 알려진 공간에서 움직이는 것

④ 돌발적 이동 : 정상적인 상황에서 일어나지 않는 불규칙한 이동으로 갑자기 험한 기후 또는 질 좋은 자원이 발견될 때 움직이는 것

⑤ 분산 : 야생동물의 일시적인 이동이 아니라 태어난 지역을 떠나 영구히 이동하는 것

**◘ 동물의 이동목적**

① 부적합한 환경의 장소 회피
② 번식
③ 개체군 분산

**◘ 세력권**

둥지를 중심으로 다른 개체들과 공동으로 사용하지 않고 자신만이 배타적으로 사용하는 고유영역을 말한다.

(2) 종 복원의 방법(메타개체군 개념 적용)

1) 포획번식

① 야생에서 복원할 종을 포획하여 번식과정을 거쳐 방사하는 것

② 이상적 방법이나 비용이 많이 소요
③ 포획번식 시 하위개체군간의 유전자 흐름, 효율적 개체군의 크기, 변종의 비율, 복원종의 사회적 구조에 대한 고려 필요
④ 포획단계–번식 및 성장 단계–수용능력 단계의 순서로 진행

2) 방사
① 이전에 서식했던 장소에 야생동물을 풀어 주는 것
② 가장 신속한 복원 방법
③ 동물의 유전학, 복원하고자 하는 장소의 적합성 고려

3) 이주
① 인간의 힘에 의해 어떤 지역에서 다른 지역으로 복원할 대상을 이동 시키는 것
② 멸종된 지역에서 새로운 하위개체군을 형성하거나 기존 하위개체군의 개체수를 증대하고자 할 경우 주로 사용

## 2. 서식처 또는 군집의 복원

### (1) 서식처 복원

① 서식처 : 어떤 유기체가 생존하는데 영향을 주는 자원이 제공되는 지역
② 철새가 이동하는 경로, 어떤 동물이 점유하는 땅 모두 서식처임
③ 서식처 형태 : 어떤 지역의 식생 형태 또는 극상단계에 도달하는 과정에서의 잠재식생

□ 서식처 구성요소
먹이, 물, 은신처, 공간

### (2) 서식처 이용가능성

① 서식처 이용가능성 : 동물에게 필요한 물리·생리적 요소에 대한 접근성
② 특정 포식자에게 필요한 피식자의 양을 표본 추출된 지역에 덫을 놓아 전체 자원의 양 측정
③ 현실적으로 서식처 이용가능성 측정은 매우 어려워 동물이 이용하는 지역에서 자원의 풍부도나 양 측정

### (3) 서식처의 질

① 개체 또는 개체군의 유지를 위해 적합한 조건을 제공하는 환경의 능력
② 어떤 종의 생존, 번식, 개체군 유지를 위한 자원을 제공하는 능력에 따라 높고 낮음 표시
③ 식생, 먹이, 번식지, 포식자 등이 서식처의 질 결정

### (4) 생물다양성

① 살아 있는 유기체의 수, 종류, 변이성

② 어떤 지역의 유전자, 종, 생태계의 총체
③ 유전자, 종, 생태계 수준을 포함하는 표준적 접근뿐만 아니라 경관의 다양성 포함
④ 어떤 주어진 집합에서 생태계, 종, 유전자 수와 빈도를 포함하는 자연의 종류에 대한 포괄적 단어
⑤ 북극에서 적도로 갈수록 생물다양성 증가
⑥ 열대우림지역 : 종풍부도가 가장 높은 지역으로 지구상 모든 생물의 50% 이상 포함

**▫ 생물다양성의 정의**

생물다양성은 생물과 그 과정의 다양성이다. 그것은 살아 있는 유기체의 종류, 유기체간의 유전적 차이, 유기체가 사는 군집과 생태계 및 유기체가 기능하게 하는 항상 변하고 적응하는 생태과정, 진화과정의 차이를 포함한다.

### (5) 식생의 생태학적 관리

① 천이촉진 방식 : 천이의 진행을 인위적으로 촉진시켜, 목표로 하는 생물군집의 생식·생육을 위한 조건을 지원하여 생물 이입
② 천이억제 방식 : 천이의 진행을 인위적으로 억제시키거나 지연 또는 역행시켜, 목표자연이 성립되지 않을 때 제거 및 적절한 교란 조치
③ 천이순응 방식 : 자연의 변화를 자연 천이와 재생에 맡기고, 천이에 따라 발생하는 생물군집과 생태계 스스로의 변화를 존중하며, 가능한 영향만 배제하고 정상적인 진행 유지

### (6) 생물서식공간 조성 시 고려사항

① 주변환경에 대한 정확한 분석과 이해 : 주변지역에 서식처의 유무, 전반적인 환경조건에 따라서 복원될 서식처의 유형과 규모, 형태, 특성 등 결정
② 생태네트워크 : 현재의 서식처들을 유기적으로 연결하기 위해 야생동물의 이동경로와 이동범위 및 한계 등을 고려하여 생태적 연결성을 확보
③ 지역 주민의 참여 : 지역주민과 파트너쉽을 형성하여 서식처의 구상·조성·유지·관리 과정까지 참여함으로써 환경에 대한 중요성 인식

**▫ 자연환경 유지복원 유형**

① 유지 중심 : 보존형, 보전형, 보호형
② 복원 중심 : 수복형, 재현형, 창출형

### (7) 경관생태학적 복원 시 문제점

① 우리와 다른 물리적 환경을 가진 미국이나 유럽의 이론 적용
② 국토의 많은 부분이 산지로 구성
③ 온대역 4계절의 구분으로 지속적인 식물의 천이 곤란
④ 강우량이 장마기간에 집중되어 높은 하상계수

# 핵심문제 해설



**01** 보전생물학, 복원생태학, 보전생물학의 특징을 설명한 것으로 가장 거리가 먼 것은? 기-16-1

① 보전생물학은 개별 종의 멸종을 최소화하는데 관심을 갖는다.
② 경관생태학은 전체 경관에 주목하며, 메타개체군 이론에 관심을 갖고 있다.
③ 복원생태학은 대형 포유류 등과 같은 척추동물의 복원에 동물행동학이 중요한 원리이다.
④ 복원생태학이나 경관생태학 모두 생물다양성의 보전이라는 공통의 목표를 가지고 있다.

해 ③ 복원생태학은 모든 생물의 서식기반이 되는 천이를 통한 식물군집의 회복을 강조한다.

**02** 복원생태학과 경관생태학의 차이를 가장 잘 표현하는 개념은? 기-16-2

① 생물다양성의 증진여부
② 서식지의 복원 및 확충
③ 생태복원 대상의 규모
④ 인간의 간섭과의 연관정도

해 복원생태학은 군집수준의 복원, 경관생태학은 다양한 군집 또는 생태계의 집합인 경관복원에 치중한다.

**03** 다음 학문 중 연구대상의 크기 순으로 바르게 나열한 것은? 기-17-3

① 복원생태학 〉 경관생태학 〉 보전생물학
② 복원생태학 〉 보전생물학 〉 경관생태학
③ 경관생태학 〉 복원생태학 〉 보전생태학
④ 경관생태학 〉 보전생태학 〉 복원생태학

해 보전생물학은 개체수준의 복원, 복원생태학은 군집수준의 복원, 경관생태학은 다양한 군집 또는 생태계의 집합인 경관복원에 치중한다.

**04** 개체군 크기를 늘리고 최소존속개체군 이상이 되도록 하는 보전생물학적인 방법으로 적당하지 않은 것은? 기-19-3

① 서식처의 확대
② 생태통로의 설치
③ 멸종위기 동·식물의 수집
④ 패치연결 징검다리 녹지의 조성

**05** 보전 및 복원해야 할 대상인 자연보호구의 가치가 아닌 것은? 기-17-1

① 유전자원의 제공
② 환경교육의 장소제공
③ 자연 및 생물다양성의 보전
④ 다른 지역으로의 생물이동 방해

해 자연보호구의 복원가치는 ①②③ 외에 생물에 대한 과학적 연구의 장소 제공, 더 엄격하게 보존된 지역의 완충작용, 구조물과 토지이용 행위 등 인간의 역사 보전, 생활의 전통적 방법 유지, 인간에게 레크레이션과 자연의 영감 제공, 자연과의 조화 속에서 지속적인 이용체계의 제시 등이 있다.

**06** Diamond가 제시한 보호구 설계를 위한 기준으로 옳지 않은 것은? 기-18-2

① 보호구의 면적이 클수록 바람직하다.
② 같은 면적일 경우 여러 개로 나뉘어있는 것보다 하나로 있는 것이 바람직하다.
③ 패치간의 거리가 가까운 것이 바람직하다.
④ 같은 면적일 경우 주연부 길이가 큰 것이 유리하다.

해 ④ 주연부는 생물다양성 측면에서 긍정적인 장소일 수 있으나 길이가 너무 큰 것은 내부종에게 불리함으로 작용한다. 기준 내용중 '면적과 둘레길이의 비가 더 높을수록 외부 영향들을 완화하고 동물의 이동을 촉진한다.'라는 내용이 포함되어 있다.

**07** 자연보호구에서 야생동물 개체군의 보전을 위해 가장 시급한 것은? 기-17-1

① 충분한 면적을 확보



정답 01. ③ 02. ③ 03. ③ 04. ③ 05. ④ 06. ④ 07. ①

② 기후변화에 따른 파급효과 고려
③ 보전프로그램 및 모니터링 기법
④ 전통적 토지이용과 자원채취 허용

**08** 생태축의 기능에 대한 설명으로 틀린 것은? 기-15-3

① 종의 고립 증대
② 도시 미기후의 조절
③ 유전자 풀(pool)의 유지와 근교약세의 방지
④ 생태계의 연결을 통해 생물이동의 증진

해 생태축은 생태적 구조와 기능을 보호하기 위해 여러 구성요소의 통합체이며 녹지축을 포함하는 개념으로 생태계를 연결하여 에너지, 물질, 종의 이동을 촉진하는 기능을 한다.

**09** 다음 생태축의 역할과 기능 중 생태적인 기능에 해당되지 않는 것은? 기-14-1

① 생물다양성의 유지 및 증대
② 녹시율의 증대
③ 생태계간 에너지와 동물의 이동 증진
④ 자연생태계와 인접한 도시생태계의 균형유지

해 ② 녹시율은 일정지점에 서있는 사람의 눈높이를 기준으로 보이는 범위의 녹지비율을 말하는데 기존 녹지율의 평면적이고 수평적인 한계를 극복하고자 개발된 개념이다.

**10** 생태통로의 기능 중 순기능에 해당하는 것은? 기-18-1

① 장벽기능 ② 복원기능
③ 흐름 또는 이동기능 ④ 침몰기능

**11** 하천은 경관요소에서 코리더(Corridor)로서 매우 중요한 기능을 한다. 다음 하천 코리더에 대한 설명 중 거리가 먼 것은? 기-15-2

① 하천은 선형(Line) 또는 대형(Strip)의 코리더로서 야생동물의 서식처 기능을 갖는다.
② 선형(Line)의 하천코리더에는 주연부종이나 일반종보다 희귀종이나 멸종위기종의 서식가능성이 높다
③ 하천코리더는 물, 침전물, 유기물, 영양물질 등이 중력에 따라 이동함은 물론 야생동물도 일정한 행동권 범위 내에서 하천코리더를 따라 이동한다.
④ 하천코리더는 서식처로서의 기능, 이동통로로서의 기능, 오염물질의 여과기능, 장벽의 기능, 종의 공급원 및 수요처 기능 등 생태적으로 매우 유용한 요소이다.

해 ② 선형의 하천코리더의 경우 환경적 범위로 인하여 가능성 측면으로만 보면 일반종의 서식가능성이 높다.

**12** 하천 코리더(riparian corridor)의 상류와 하류에 대한 설명으로 가장 거리가 먼 것은? 기-16-1

① 상류는 급한 경사와 빠른 유속을 갖는다.
② 상류의 수온은 높고 하류는 낮다.
③ 하류로 갈수록 하천의 폭이 넓어지고 용존산소가 낮아진다.
④ 상류에는 높은 용존산소를 요구하는 어류가 서식한다.

해 상류의 특징에는 빠른 유속, 급한 경사, 녹음이 있는 수로, 낮은 수온, 적은 유기물과 퇴적물 등이 있다.

**13** 다음 경관생태적 원리에 입각한 자연형 하천복원의 유의점을 설명한 것으로 옳지 않은 것은? 기-14-2

① 실시예정구간의 수리특성을 충분히 감안한다.
② 표준단면을 설정하여 상·하류 일률적으로 하천 폭을 설정한다.
③ 치수계획에 지장이 없는 범위 내에서 다자연형 하천 조성 방안의 검토가 필요하다.
④ 하천지역의 자연적인 조건 및 특성을 충분히 파악하여 구간별 차별화된 구성방안을 마련한다.

**14** 높은 하천차수를 갖는 하천의 특징과 거리가 먼 것은? 기-19-2

① 짧은 길이
② 완만한 경사
③ 넓은 유역면적
④ 넓고 깊은 하천 단면

정답 08. ① 09. ② 10. ③ 11. ② 12. ② 13. ② 14. ①

해 하천차수는 하류로 갈수록 높아지므로 하천차수가 높을수록 긴 길이를 가진다.

**15** 동물의 행동권 이동(home range movement)을 가장 올바르게 설명하고 있는 것은? 기-15-3

① 먹이를 얻기 위해 하루 정도의 기간 내에 상당히 안정된 공간에서 움직이는 것
② 일방적으로 움직이는 것
③ 계절적이고 주기적으로 움직이는 것
④ 정상적인 상황에서는 일어나지 않는 불규칙한 이동

해 ② 이동, ③ 이주, ④ 돌발적 이동

**16** 야생동물 복원에서 야생동물 종의 움직임에 대한 고려는 매우 중요하다. 다음 설명에 해당하는 움직임은? 기-18-3

| 먹이를 얻기 위해 하루(또는 일주일, 한달)정도의 기간 내에 상당히 한정되고 알려진 공간에서 움직이는 것 |
|---|

① 이동(dispersal)
② 이주(migration)
③ 돌발적 이동(eruption movement)
④ 행동권 이동(home range movement)

해 ① 새로운 서식처로 움직이는 것
② 철새같이 계절적으로 움직이는 것
③ 갑작스런 기후 또는 환경변화로 움직이는 것

**17** 야생동물의 이동유형에 대한 설명으로 가장 옳은 것은? 기-17-2

① 분산 – 야생동물이 주기적으로 이동하는 것
② 계절적 이동 – 야생동물의 일시적인 이동이 아니라 태어난 지역을 떠나 영구히 이동하는 것
③ 세력권 – 둥지를 중심으로 다른 개체들과 공동으로 사용하지 않고 자신만이 배타적으로 사용하는 고유영역
④ 서식지 분할 – 야생동물이 먹이를 구하기 위해 혹은 천적으로부터 자신을 방어하기 위해 매일 혹은 주기적으로 이동하면서 서식지를 바꾸는 것

해 ① 분산은 개체들이 생존과 번식을 위해 그들이 태어나거나 부화한 곳 또는 그들 종자의 생산지로부터 멀리 새로운 서식지나 지역으로 영구히 이동하는 것을 말한다.
② 계절적 이동은 야생동물의 일시적으로 이동하는 것을 말한다.
④ 서식지 분할이란 생활요구조건이 비슷한 개체군이 함께 생활할 때 경쟁을 피하기 위하여 생활공간을 서로 중복시키지 않고 달리하여 사는 것이다.

**18** 종 또는 개체군의 복원을 위한 방법이라고 보기 어려운 것은? 기-15-1, 기-17-2, 기-18-3

① 포획번식　② 유전자 전이
③ 방사　④ 이주

**19** 매립지의 식생복원 시 복토하는 토양에 주변의 산림토양과 유사한 토양조건을 만들어주고 미래의 식생을 예측하여 식생복원을 유도하는 방법은? 기-17-3

① 천이촉진　② 천이억제
③ 천이순응　④ 군락조성


정답 15. ① 16. ④ 17. ③ 18. ② 19. ①

# Chapter 7 환경영향평가와 경관생태

## 1 환경영향의 경관생태학적 개념과 이해

### 1. 환경영향평가의 개념

(1) 환경영향평가제도 개념

① 산업화와 인구증가로 자원의 고갈, 자연환경훼손, 환경오염문제 발생
② 자연환경에 대한 개발과 보전의 조화를 위한 환경평가제도 도입
③ 보다 적극적인 환경관리정책 시행

(2) 환경영향평가 시행과정

① 1969년 미국이 국가환경정책법 최초 시행
② 우리나라 1981년 실시와 1993년 환경영향평가법 제정
③ 사전환경성검토(환경정책기본법)와 환경영향평가(환경영향평가법)로 이원화 된 것을 2011년 하나의 법률로 통합

◘ 환경성 검토의 시각
① 인간과 자연의 존중
② 생태적 계획원리의 반영
③ 환경오염의 최소화
④ 물질순화체계의 유지
⑤ 도시 어메니티(amenity)

### 2. 환경영향의 경관생태학적 개념

(1) 환경영향평가의 시행방안

① 생물종에서부터 생태계에 이르기까지 다양한 측면고려
② 출현종의 생태적 특성에 따른 영향예측과 보전대책을 위한 해당지역의 생물종 조사
③ 생물종은 특정 서식지를 선호하므로 서식지를 구분하여 보전대책 수립

(2) 환경영향평가 목적

① 사업시행으로 인하여 인간을 포함한 각종 생물이 서식하는 생태계에 미치는 영향예측과 저감방안 수립
② 개발사업 시 동·식물상 분야에 대한 생물다양성 보전

# ② 환경영향평가와 경관생태

## 1. 전략환경영향평가와 경관생태

❖ 전략환경영향평가

환경에 영향을 미치는 상위계획을 수립 할 때, 환경보전계획과 부합하는지의 여부 확인 및 대안의 설정·분석 등을 통하여 환경적 측면에서 해당 계획의 적정성 및 입지의 타당성 등을 검토하여 국토의 지속가능한 발전을 도모하는 것을 말한다.

**◘ 환경영향평가 구분**

전략환경영향평가는 개발사업의 계획단계에서 해당 사업의 입지 타당성에 대한 검토가 주 목적이며, 환경영향평가는 해당 사업의 시행으로 인하여 환경에 미치는 영향을 최소화할 수 있는 방안의 검토이다.

### (1) 현황조사(현황파악)

① 개발사업의 유형(댐, 하천정비, 산업단지, 도시개발, 관광개발 등)
② 개발대상지역의 경관(산림, 하천, 경작지, 주거지 등) 및 경관요소(바탕, 조각, 통로 등)의 배열형태
③ 환경관련 보전지역의 지정현황, 생태자연도, 현존식생도, 녹지자연도(또는 식생보전등급도)
④ 동·식물상, 주요종(법적 보호종, 희귀종 등) 및 주요 생물서식공간의 분포현황

### (2) 경관생태적 영향예측

① 자연생태계 및 생태통로(혹은 생태축)의 단절 여부
② 종다양성의 변화 정도
③ 생물서식공간의 파괴, 훼손, 축소의 정도
④ 경관의 변화 정도
⑤ 위의 사항으로 인한 지역생태계의 구조와 기능에 미치는 영향 정도
⑥ 현실적인 보전대책 및 저감대책의 수립 가능성

### (3) 저감대책

#### 1) 경관생태네트워크 계획

① 식생, 농지, 하천, 습지 등 모든 경관을 대상으로 실시
② 모든 경관요소를 연결하는 생태인프라 구축
③ 물, 공기, 토양, 지질, 지형 등 다양한 물리적 인자 함께 고려

#### 2) 경관생태네트워크 구성요소

① 핵심생태지역
㉠ 사업지역에 인접하여 비교적 생태계와 풍부한 생물종 자원을 유지하고 있는 지역

**◘ 경관생태네트워크 구상**

토지이용의 구상은 입지선정단계에서부터 시작되어야 하며, 이때 경관생태네트워크의 구상은 입지의 적합성 판단과 함께 가장 근본적인 저감대책의 수립으로 연결되기 때문이다. 사업대상지구의 자연환경과 서식환경을 파악하고, 대상지구 내의 비오톱과 생물의 만남에 대한 구체적인 공간형성의 장을 검토한다.

㉡ 태양에너지의 상당부분을 유기물로 축적하고, 수원이 확보되어 있어 에너지 흐름과 물질의 순환이 원활하게 이루어질 수 있는 여건을 갖춘 지역

㉢ 생물자연지구로서 다양한 동·식물의 영속적인 거처를 보증하고 지역 전체의 종공급원 역할

② 거점생태지역

㉠ 핵심지역의 생물들이 먹이자원을 확보하거나 유전적 다양성을 유지하는데 필요한 지역

㉡ 사업지구 내 소규모 생물서식공간으로서 보존녹지지역(산림지역)과 소류지 포함

㉢ 사업지역 내에서 동·식물종의 분포영역 확대

㉣ 자연환경 재생·창출 및 친근한 비오톱으로서의 기능 강화

③ 연결생태지역(생태통로)

㉠ 핵심지역과 거점지역을 적절히 연결시킬 수 있는 지역

㉡ 하천이나 녹지로 거점 및 핵심생태지역에 서식하는 생물종이나 유전자의 상호교류 도모

㉢ 생물의 이동공간 확보 및 서식지 사이의 종의 이동 보장

## 2. 환경영향평가와 경관생태

**❖ 환경영향평가**

환경에 영향을 미치는 실시계획·시행계획 등의 허가·인가·승인·면허 또는 결정 등을 할 때에 해당사업이 환경에 미치는 영향을 미리 조사·예측·평가하여 해로운 환경영향을 피하거나 제거 또는 감소시킬 수 있는 방안을 마련하는 것을 말한다.

### (1) 현황조사

#### 1) 현황조사 원칙

① 현황조사는 생태계 유형별 혹은 서식지를 중심으로 시행

② 사업의 특성이나 사업지역에 따라 현황조사 실시

③ 현황조사에 따라 영향예측이나 저감방안의 효과적 수립 가능

④ 현황조사 결과도 생태계 혹은 서식지별로 제시되어야 하고, 그 결과를 토대로 각 생태계 및 서식지의 보전우선순위 평가

#### 2) 생태계 유형 분류

① 대분류 : 육상생태계, 담수생태계

② 중분류 : 삼림생태계, 하천생태계, 호소생태계, 농경지생태계, 도시생태계 등

**◘ 환경평가 시 중점평가인자선정 기법**

① 체크리스트법(Cheklist Method)
② 매트릭스 분석방법(Matrix Method)
③ 네트워크법(network method)
④ 지도중첩법

**◘ 현황조사**

현황조사는 먼저 사업특성이나 지역에 따라 현황조사 내용을 달리함으로써 영향예측이나 저감방안을 효과적으로 수립할 수 있을 뿐만 아니라 시간과 예산을 효율적으로 분배할 수 있다. 이것은 일종의 스코핑 단계로 보면 된다.

**◘ 스코핑(scoping)**

환경영향평가계획서 심의를 위해 평가항목, 평가범위, 조사횟수, 조사기간, 간이평가 대상여부 등의 중점 항목을 미리 결정하는 절차를 말한다.

③ 소분류 : 연못, 저수지, 하천, 계곡, 삼림, 논, 밭, 임연, 습지 등
④ 미소서식지 : 소, 여울, 암벽 등-필요에 따라 구분

### 3) 동물서식지 구분

① 면적이 넓고 균일성이 높은 대면적의 생태계 : 초원, 삼림, 경작지, 넓은 호수 등
② 특정한 종류의 대면적 생태계와 매우 근접한 곳(수역과 인접한 갈대군락), 다양한 대면적의 생태계 내부에 섬의 형태로 분포한 소면적(습지, 연못, 절개지) 또는 점상(새의 둥지)의 서식공간
③ 가늘고 긴 선상의 형태를 가진 서식지 : 가장자리, 산울타리, 시냇물 등

### 4) 현황조사 내용

① 전략환경평가와 동일
② 보다 정확한 영향예측과 실질적인 저감대책에 반영되어야 하므로 해당 분류군의 출현이 왕성한 시기에 현지조사 반드시 시행

## (2) 영향예측

### 1) 경관바탕

① 전체 토지의 반 이상을 덮고 있는 부분
② 두 가지 특징이 동등하게 나타나는 경우에는 연결성이 높은 부분
③ 에너지와 물질, 생물종, 정보의 흐름에 가장 우세한 역할(역동성 통제력)을 하는 경관요소
④ 상대적인 면적, 연결성, 경관 통제력의 우세성에 따라 시간이 지나며 변화

### 2) 영향예측 주요요소

① 생태통로(생태축)의 단절여부 : 동일 생태계 및 다른 생태계와의 단절에 대한 영향예측
② 생물종 및 개체군에 미치는 영향 : 법적보호종 및 희귀종 우선 검토와 영향이 크다고 판단되는 일반종 개체군도 고려
③ 생물서식공간에 미치는 영향
④ 생태계 유형별 영향예측

## (3) 저감대책

### 1) 경관바탕의 조각화

① 경관조각의 4가지 속성 : 신장, 굴곡, 내부, 둘레
② 둥근형 : 둘레/면적이 최소인 형태로 에너지, 물질, 생명체 등의 자원을 보호하는데 효과적
③ 굴곡형 : 둘레/면적이 최대인 형태로 외부와 에너지, 물질, 생명체의 상호작용을 증가시키는데 효과적

**◘ 현황조사를 생물서식공간 중심으로 하는 이유**

환경에 영향을 미치는 상위계획을 수립 할 때, 환경보전계획과 부합하 구체적인 사업계획 및 저감대책은 생물서식공간(혹은 경관요소)의 배열상태와 이들 서식공간의 보전우선순위, 연결성 확보방안에 따라 이루어지므로, 생물종도 결국은 서식지 중심으로 보전대책이 수립되어야 하기 때문이다.

**◘ 경관평가 요소**

① 생물종의 이동과 분포
② 경관을 구성하는 경관요소의 배치
③ 경관을 구성하는 경관요소의 구조와 유형

④ 그물형 : 도로, 철도 등에 의해 구분된 조각 사이의 객체로서 정보를 운반하는 도관 역할
⑤ 일반적으로 여러 개의 조각보다 적은 수의 큰 조각이 개체군 유지에 유리
⑥ 작은 조각을 선호하는 생물종도 존재

2) 통로
① 자연통로 : 곡선으로 연속적-하천, 산능선, 동물이동로 등
② 인공통로 : 전선, 송유관, 가스관, 돌담, 생울타리, 도랑, 등산로, 고속도로, 철로-직선이며 곳곳에 빈틈이 많음
③ 기능 : 서식처, 도관, 장벽, 여과대, 공급원, 수용처

3) 경계와 가장자리
① 서식처, 여과, 장벽, 도관, 공급원, 소멸처 기능
② 교란요인에 잘 견디는 비특화종 많이 서식
③ 종풍부도와 밀도가 높고, 종의 진화에도 중요한 역할 수행
④ 생물다양성 측면에서 긍정적 장소

4) 도로와 댐
① 도로나 댐의 건설은 생태계의 연결성에 대한 충분한 분석 필요
② 도로사업은 많은 유형의 생태계(서식지)를 반복해서 훼손하며 통과
③ 단일생태계나 다른 생태계의 단절구간 파악 및 연결성 확보방안 수립
④ 서식지의 연결성 확보는 생태계 기능을 위한 최소한의 유지 방안

5) 저감대책의 수립
① 개발사업의 입지선정 단계뿐만 아니라 환경영향평가에서 가장 근본적인 대책으로도 유용한 생태인프라 구축 방안인 경관생태네크워크 구축으로 귀결
② 생물종에 대한 보전대책은 서식지(생태계)의 구조와 기능을 보전하는 것

환경영향평가에서 경관생태학적 개념 도입 시 수행내용

| 단 계 | 내 용 |
|---|---|
| 현황조사<br>(생물상, 생태계) | 식생, 녹지자연도, 생물상, 생물서식공간(비오톱), 생태계 관련 보전지구, 보호수 등 |
| 조사결과분석 | 주요종(법적보호종, 희귀종) 현황, 생태계 관련 보전지구, 경관요소의 배열상태, 생물서식공간의 분포현황, 생물서식공간별 상태평가(혹은 타지역과 비교평가), 생태계 연결성 등 |
| 영향예측 | 생물종 및 주요생물서식공간에 미치는 영향, 생태계의 기능적·구조적 단절 등 |
| 저감방안 | 주요생물종에 대한 저감방안, 경관생태네트워크 계획 등 |

# 핵심문제 해설



**01** 개발사업 시 동·식물상 분야에 대한 환경영향평가의 가장 근본적인 목적은? 기-15-3

① 미적 경관 향상
② 생물 다양성 보전
③ 특정 개체수의 증가
④ 문화경관 다양성 향상

**02** 환경영향평가의 영향예측과 관련하여 경관생태학적 관점에서 보다 구체화되어야 할 사항과 관련이 가장 적은 것은? 기-14-1

① 생태통로(또는 생태축)의 단절여부
② 생물서식공간에 미치는 영향
③ 생태계의 유형별 영향예측
④ 지역 고유종의 우점도

해 환경영향평가 영향예측 주요요소로는 ①②③ 외 생물종 및 개체군에 미치는 영향이 있다.

**03** 환경영향평가를 위하여 시행하는 영향예측에 필요한 판단 기준으로 부적합한 것은? 기-18-3

① 경관의 변화 정도
② 자연 생태계의 단절 여부
③ 종다양성의 변화 정도
④ 조경 수목

해 전략환경영향평가의 경관생태적 영향예측에는 ①②③과 생물서식공간의 파괴, 훼손, 축소의 정도, 앞의 내용으로 인한 지역생태계의 구조와 기능에 미치는 영향 정도, 현실적인 보전대책 및 저감대책의 수립 가능성이 있다.

**04** 사업시행으로 인한 영향예측 시 집중적으로 검토되어야 할 사항으로 가장 거리가 먼 것은? 기-18-2

① 자연생태계의 단절 여부
② 종다양성의 변화 정도
③ 일반적인 저감대책의 수립
④ 경관의 변화 정도

해 ①②④ 외 생물서식공간의 파괴, 훼손, 축소의 정도와 현실적인 보전대책 및 저감대책의 수립가능성을 검토한다.

**05** 환경영향평가의 현황조사는 생물서식공간을 중심으로 이루어지는 것이 바람직한데, 경관생태학적인 측면의 이유로 적당한 것은? 기-19-1

① 현황조사 시 조사자들의 편의를 도모할 수 있기 때문이다.
② 모든 주요 생물종은 특정한 생물서식공간에 서식하기 때문이다.
③ 모든 생물서식공간은 습지를 중심으로 발달하므로 습지보전을 위해서 필요하기 때문이다.
④ 저감대책 수립은 생물서식공간의 보전 우선순위나 그 배열상태를 고려해야하기 때문이다.

해 현황조사를 생물서식공간 중심으로 하는 이유는 구체적인 사업계획 및 저감대책은 생물서식공간(혹은 경관요소)의 배열상태와 이들 서식공간의 보전우선순위, 연결성 확보 방안에 따라 이루어지므로, 생물종도 결국은 서식지 중심으로 보전대책이 수립되어야 하기 때문이다.

**06** 환경영향평가에서 경관생태학적 개념을 도입한 동·식물상을 평가하기 위한 단계별 설명으로 옳지 않은 것은? 기-15-1

① 현황조사 단계 : 식생, 녹지자연도, 생물상, 생물서식공간, 생태계 관련 보전지구, 보호수 등을 조사한다.
② 조사결과 단계 : 주요종(법적보호종, 희귀종) 현황, 경관요소의 배열상태, 생물서식공간의 분포현황, 생태계 연결성 등을 분석한다.
③ 영향예측 단계 : 개발사업으로 인한 경제적인 소득향상, 이윤창출 등에 대한 영향을 예측한다.
④ 저감방안 단계 : 개발사업으로 인한 악영향을 감소하기 위한 방안을 제시한다.

해 ③ 영향예측은 생태통로(생태축)의 단절 여부, 생물종 및 개체군에 미치는 영향, 생물서식공간에 미치는 영향, 생태



정답 01. ② 02. ④ 03. ④ 04. ③ 05. ④ 06. ③

계의 유형별 영향예측에 중점을 두어 구체적으로 이루어져야 한다.

**07** 아파트와 같은 대규모 택지개발 예정지역이 산림 인접지역으로 결정되었다. 환경영향평가 조사결과 산림 가장자리에 다양한 야생동식물이 서식하는 것으로 나타났다. 환경친화적인 계획수립을 위해 가장 적합한 저감방안은? 기-16-3

① 주변의 다른 산림으로 야생동식물을 이전시켜 종의 감소를 줄이도록 한다.
② 택지개발지역과 산림지역에 장벽을 설치하여 야생동물의 이동을 차단하도록 한다.
③ 택지조성 시 택지개발지역 중심부에 인공습지를 조성하여 사람과 야생동물의 만족도를 모두 높이도록 한다.
④ 산림경계와 택지조성지역 사이에 일정 간격을 두어 계곡부에 연못을 설치하는 등 야생동물의 서식처를 제공하도록 한다.

**08** 환경영향평가 기법에서 중점평가인자선정기법과 관계가 없는 것은? 기-19-3

① 네트워크법
② 격자분석법
③ 지도중첩법
④ 체크리스트법

해 중점평가인자선정기법에는 체크리스트법(Cheklist Method), 매트릭스 분석방법(Matrix Method), 네트워크법(network method), 지도중첩법 등이 있다.

**09** 경관조각의 형태적 특성과 관계가 없는 것은? 기-16-3

① 굴곡 ② 내부
③ 둘레/면적의 비 ④ 야생동물의 종수

해 경관조각의 4가지 속성에는 신장, 굴곡, 내부, 둘레가 있으며, 둘레/면적비를 고려한 형태적 특성을 고려한다.

**10** 다음은 토지이용에 따른 경관특성변화 요소이다. 이 중 관련성이 가장 적은 것은? 기-16-2, 기-19-2

① 조각의 크기 ② 인공구조물
③ 둘레길이 ④ 연결성

**11** 경관조직의 형태적 특성을 결정짓는 요소로 볼 수 없는 것은? 기-15-2

① 신장성 ② 굴곡성
③ 내부면적 ④ 개체군의 크기

**12** 척도를 뛰어넘는 경관 패턴의 외삽을 가능하게 하고 미세 규모의 측정값으로 광역화 패턴을 예측하게 해주는 경관생태학의 새 이론은? 기-17-2

① 프랙털 이론(fractal theory)
② 중립 이론(neutral theory)
③ 침투 이론(percolation theory)
④ 자기조직임계(self-organized criticality)

**13** 도시생태계 평가에 사용될 수 있는 방안 중 가장 거리가 먼 것은? 기-18-1

① 환경영향평가제도
② 사전환경성검토
③ 산지특성평가
④ 비오톱 평가

정답 07. ④ 08. ② 09. ④ 10. ② 11. ④ 12. ① 13. ③

MEMO

PART

# 3

자·연·생·태·복·원·필·기·정·복

# 생태복원계획

# Chapter 1 환경계획의 기초

## 1 환경계획의 개념

### 1. 환경계획의 정의

(1) 환경의 이해

1) 환경의 정의

① 생물의 생활에 영향을 미치는 외부환경의 모든 것

② 생물의 생활에 영향을 주는 공간, 서식처, 생활권

유엔환경계획의 환경범주

| 대범주 | 하위범주 |
|---|---|
| 자연환경 | 대기권, 수권, 지권, 생물적 환경(생산자, 소비자, 분해자) |
| 인간환경 | 인구, 주거, 건강, 생물생산체계, 산업, 에너지, 운송, 관광, 환경교육과 공공인식, 평화안전 및 환경 |

2) 환경문제의 배경과 원인

① 산업의 발달로 인한 환경문제와 사회문제를 야기하는 원인 제공

② 자원의 수요증가, 자원고갈, 오염 가속화의 악순환 초래

③ 산업화와 도시화에 의한 자연환경의 오염 유발

3) 환경문제

① 도시생태계

㉠ 자연적인 요소에 인간의 활동이라는 요소가 더해짐으로써 자연생태계와 구별되는 생태계

㉡ 사회·경제·자연의 결합으로 성립되는 복합생태계(complex ecosystem)

㉢ 자연시스템과 인위적 시스템 상호간의 에너지 및 물질교환에 의해 기능 유지

㉣ 인위적 시스템은 그 기능을 유지하기 위해 자연시스템으로부터 많은 양의 에너지와 물질들을 조달 받은 뒤 재생불가능한 이용가치가 없는 에너지로 전환시켜 방출

㉤ 대도시는 인위적 시스템의 활동이 두드러진 공간이며, 물질순환관계 불균형으로 많은 문제점 내포

㉥ 자연시스템을 구성하고 있는 대기, 토양, 공기, 물, 녹지 등이 오염되어 자정기능을 상실하여 물질순환작용의 균형 파괴

② 지구온난화 : 생활환경의 변화에 의한 생태계의 변화에 대한 적응

㉠ 강수량, 강수패턴, 토양함수율, 증발산량, 해수면 등의 변화 발생
㉡ 동·식물의 구성종이나 서식처의 이동 등 생태계 전반에 영향을 미쳐 종의 절멸 발생 가능
㉢ 식물은 동물과 달리 생존 적지로의 이동이 불가능하므로 피해 증가

③ 도시열섬현상 : 생활환경 악화 및 건강저하, 전력소비 급증

❖ 열섬현상(heat island)

도시와 교외 기온의 지역분포를 도시하면 도심부를 중심으로 마치 섬의 등고선도와 같은 동심원 모양의 폐곡선이 나타나게 되는 데 이를 열섬(heat island)이라 한다. 열섬은 결국 도시기온의 상승결과로 나타나는 현상이다. 대기오염, 지표면의 포장 증대, 도시 내 인공열의 발생 등에 기인하며, 전세계적으로 도시들은 주변 교외지역보다 보통 1~4℃ 정도 더 기온이 높게 나타난다.

### 4) 환경문제의 환경특성

① 상호 관련성 : 여러 변수 상호간에 인과관계가 성립되어 문제해결 곤란
② 광역성 : 개방적인 환경체계의 특성에 따라 공간적으로 광범위한 영향권을 형성하여, 한 지역, 한 국가만의 문제가 아닌 지구적 문제로 대두
③ 시차성 : 문제의 발생시기와 이로 인한 영향이 현실적으로 나타나는 시점 사이에 상당한 시간차 존재
④ 탄력성과 비가역성 : 환경이 갖는 자체 정화능력으로 인하여 어느 정도 원상회복이 가능하나(탄력성) 일정 이상의 손상에는 복원력(자정능력)이 떨어져 회복 불가능(비가역성)
⑤ 엔트로피 증가 : 엔트로피란 사용 가능한 에너지에서 사용 불가능한 에너지(쓰레기)로 변화하는 현상으로, 자원의 사용에 따라 자원의 감소, 환경오염의 증가, 쓰레기의 발생이 필연적으로 발생

◘ 환경문제의 환경특성
① 상호 관련성
② 광역성
③ 시차성
④ 탄력성과 비가역성
⑤ 엔트로피 증가

◘ 엔트로피(entropy)
열역학 제2법칙으로 에너지의 형태가 사용할 수 있는 형태에서 사용할 수 없는 형태로 바뀐 에너지량을 말하는 것으로, 엔트로피의 증가는 자원의 감소를 의미하며, 우주 전체의 엔트로피는 항상 증가한다. 엔트로피는 생태계 내 무질서의 척도로도 사용된다.

### (2) 환경계획의 정의

① 환경의 개념적 틀 안에서 환경적 문제를 해결하려는 절차 또는 방법
② 공간계획에 생태환경적 관점과 수단을 가미하여 보다 나은 생활환경을 도모하는 것
③ 생태계와 인공계의 관계를 공간적인 조정에 의해 배치
④ 인간과 인간생태계의 관계를 고려한 접근 강조

계획·설계 패러다임

| 구분 | 내용 |
|---|---|
| 데카르트적 | 자연 위의 인간, 기계적이고 세분적 접근, 독립성, 분석적 |
| 전체론적 | 자연과 인간의 조화, 생태적·유기적이고 체계적 접근, 상호의존성, 직관적 통찰력 |

### (3) 환경계획의 영역적 분류

#### 1) 오염관리계획

① 인간환경을 저해한다는 바탕에서 바람직한 기준설정과 그 기준을 충족시키는 배출원이나 활동을 관리하는 시나리오 제시
② 환경보전을 위한 환경기준, 배출기준, 환경의 질과 배출모델과의 관계모델 구축

#### 2) 환경시설계획

① 신도시 건설이나 지역계획에서 물질대사를 제어하는 시설계획
② 환경자원의 회복을 위한 시설 배치와 기술에 의해 환경안정도를 높이려는 사고방식

#### 3) 환경자원 관리계획

① 자원서비스로 환경의 혜택을 파악하고, 환경자원의 지속적이며 공평한 공급과 유지
㉠ 생물이나 자연에 대한 희소성이나 귀중함의 차원에서 보존하는 일
㉡ 인간생활을 풍요롭게 하는 측면에서의 보존, 창조
㉢ 야생생물이 생존할 수 있는 자연을 확보하는 일
② 실천활동 : 내셔널트러스트운동, 자연공간보존·개선계획, 문화거리보존운동, 연안지역 환경자원관리계획 등

**❖ 적응적 생태계 관리(Adaptive ecosystem management)**

적응적 관리(순응적 관리)란 항상 변화하여 그 변화의 예측이 어려운 생태계를 동적인 성질에 입각하여 유연성 있게 관리하는 순환적 접근방법으로 생태계가 지속되는 것이 가능하도록 하는 과정 및 유형의 영구화를 목적으로 생태계를 관리하는 것이다. 복원 실행 후의 모니터링과 유효성 평가로부터 습득한 현장지식을 근거로 지속적으로 관리하며 개선해나가는 체계적인 과정이다. 특히 야생생물이나 생태계의 보전 및 복원사업에 이용된다.

#### 4) 생태환경계획

① 생태계를 보존하면서 인간의 거주나 활동장소를 선택해 가기 위한 계획
② 지역의 생태환경조건을 토지에 투영시켜 토지이용방법의 적부 평가 – 도면 중첩법
③ 환경을 일정한 크기를 가진 공간의 유기적 특성으로 해석하고 그 특성을 생태계의 기능, 구조, 경관으로부터 찾아내는 것
④ 특성을 나타내는 최소공간의 단위로 그리드방식이나 의미있는 지형영역, 식생영역 설정
⑤ 개발구상에 의존하지 않고 토지적성평가를 통한 지역유형배분(zoning)으로 개발·보전의 기본골격도를 만드는 접근방법도 사용

**◘ 내셔널트러스트(national trust)**

시민들의 자발적인 모금이나 기부·증여를 통해 보존가치가 있는 자연자원과 문화자산을 확보하여 시민주도로 영구히 보전·관리하는 시민환경운동이다. 시민운동이나 1907년 영국의회에서 특별법으로 내셔널트러스트 법안이 제정되어 '양도불능의 원칙'에 의한 '영구보전'이 가능해졌으며, 우리나라의 경우도 2006년에 국민신탁법을 제정하여 시행하고 있다.

**◘ 도면중첩법(overlay method)**

이안 맥하그(I. McHarg)가 제안한 것으로, 생태적 인자들에 관한 여러 도면을 겹쳐서 효율적으로 일정지역의 생태적 특성, 토지이용적성을 종합적으로 평가하여 개발지구에 대한 대안을 선정하는 기법이다.

5) 심미적 환경계획

① 풍경, 경관 정서, 의미의 분석이나 해석에 초점을 두는 계획

② 형태만이 아닌 청각 등 다른 감각으로 느낄 수 있는 환경 포함

## 2. 환경계획의 내용

### (1) 환경계획의 의미와 필요성

1) 환경계획 시 고려사항

① 해당지역과 주변지역을 포함한 유역권 전체에 대한 조사·분석

② 인간과 생태계의 관계를 고려한 접근 강조

③ 환경 위기의식이 기본 바탕을 이루는 계획

④ 계획·설계의 주제와 공간의 주체를 생물종으로 전제

⑤ 지속가능한 설계·계획, 시공과정과 장기적인 관리 고려

⑥ 토지의 수용력 특성을 바탕으로 시설의 종류와 밀도 조절

⑦ 에너지 절약적이고 물질순환적인 공간 설계

2) 환경계획의 대상

① 공간유형별 : 도시, 농촌, 산림, 연안역, 습지, 수변, 하천 등

② 개발유형별 : 택지, 사업단지, 관광지, 도로 등

③ 계획형태별 : 생태도시, 생태주거단지, 생태마을, 생태공원 등

④ 참여형 : 시민참여, 생태교육, 국제협력 등

### (2) 지속가능한 발전을 위한 환경계획의 차원(단계별 접근방법)

① 쾌적한 환경 보존과 환경창조를 위한 생태, 대기 등 부문별 환경계획

② 환경친화적 행정 및 정책구조 형성을 위한 계획

③ 환경친화적 사회기반 형성을 위한 계획

환경계획의 차원(단계)과 내용

| 차원(단계) | 계획의 내용 |
|---|---|
| 부문별 환경계획 | ·자연생태계 보전 –녹지보전 및 네트워크 형성, 야생생물 서식지 보호, 자연경관 보호 및 토양보전<br>·토지이용, 자원 및 에너지절약, 대기 및기후, 수자원 및 수질, 용수공급 및 처리, 폐기물 재활용 및 처리, 소음방지 |
| 행정 및 정책구조 | ·국가, 시, 도의 환경비전과 전략<br>·지속가능발전을 위한 계획이념과 지침<br>·중앙과 지방, 광역과 기초 간의 합리적 업무분장<br>·계획부서와 환경부서 간 또는 기타 부서 간의 통합 조정 기능 |
| 사회기반 형성 | ·토지이용계획, 개발계획, 산업계획, 에너지계획, 교통계획 등<br>·국제환경 협력체계, 지방의제21, 시민단체의 참여 활성화, 시민참여의 제도적 장치, 환경교육 및 감시 환경정보시스템, 환경정보 공개 |

**환경계획의 의미**

자연환경의 창조, 복원, 조성을 위한 대상의 조사, 분석, 진단, 문제의 해결, 대안마련 등의 과정을 거쳐 문제를 해결하는 방법을 포함하게 된다. 인간을 중심으로 한 대상에서 벗어나 생태학적 지식과 기술이 보다 중요하게 관여한다고 볼 수 있다.

## 3. 지속가능발전과 환경계획

### (1) 지속가능발전 개념

#### 1) 지속가능발전 개념 : 환경+경제+사회

① 지속가능성에 기초하여 경제의 성장, 사회의 안정과 통합, 환경의 보전이 균형을 이루는 발전

② 현재 세대의 필요를 충족시키기 위하여 미래 세대가 사용할 경제·사회·환경 등의 자원을 낭비하거나 여건을 저하시키지 아니하고 서로 조화와 균형을 이루는 것

#### 2) 지속가능발전의 핵심요소(포괄적 개념)

① 경제적 지속성

② 사회적 지속성

③ 환경적 지속성

### (2) 지속가능발전의 기본원칙

① 세대간의 형평성 : 현 세대의 과도한 이용과 개발 제한

② 생태적 수용력 안에서의 개발 : 오염물질을 정화능력 범위에서 배출

③ 사회정의의 관점에서 개발 : 기초욕구의 충족으로 절대빈곤층 추방과 사회구성원들이 공동체적 의식과 가치관 성립 –사회적 통합

④ 삶의 질 향상 : 삶이 더욱 쾌적하고 안정될 수 있도록 건강한 환경 유지

⑤ 국제적 책임 : 지역의 환경문제와 지구환경문제가 서로 연결되어 있음을 인식하고, 환경보전, 빈곤퇴치 등 전 지구적 차원에서 협력

지속가능성의 3단계

| 단계 | 정책 | 경제 | 사회 |
|---|---|---|---|
| 아주 약한 지속가능성 | 구호적 정책통합 | 경제적 수단과 환경보호와의 미미한 연계 | 미진한 의식 수준과 언론의 저조한 관심 |
| 약한 지속가능성 | 공식적 정책 통합과 적절한 목표 설정 | 미시 경제적 인센티브의 근본적 재편 | 미래 비전에 입각한 공공환경교육 도입 |
| 강한 지속가능성 | 확고한 정책 통합과 강력한 국제협약 이행 | 완벽한 경제적 가치화, 산업 및 국가적 차원의 녹색계정 확립, 환경세 도입 | 환경교육프로그램 체계화, 지역발전을 위한 지방정부의 주도적 역할 |

난개발과 지속가능개발 비교

| 평가기준 | 난개발 | 지속가능개발 |
|---|---|---|
| 수용인구 | 물리적 수용능력(주택, 도로의 용량 등)범위 내에서 산정 | 환경용량 범위 내에서 수용능력 판단 |
| 이론 | 갈등이론 | 협력이론 |

◘ 지속가능발전(ESSD)

이 용어는 '세계환경개발위원회'(WCED)가 1987년에 브룬트란트(Brundtland) 보고서에서 최초로 언급하였으며, "미래 세대의 욕구를 충족시킬 수 있는 능력을 저해하지 않으면서 현재 세대의 욕구를 충족시키는 발전"이라고 정의하면서 본격적으로 사용하기 시작하였다. 생태적 회복성, 경제성장, 형평성의 내용을 담고 있다.

◘ 지속가능발전의 여러 원칙

① 공생의 원칙
② 조화의 원칙
③ 번영의 원칙
④ 형평의 원칙
⑤ 미래세대의 원칙
⑥ 자연보호의 원칙
⑦ 자급경제의 원칙
⑧ 오염자부담의 원칙
⑨ 예방적 조치의 원칙
⑩ 생태적 원리의 반영원칙
⑪ 정보공개 및 참여의 원칙

| 계획기준 | 획일적임 | 도시 혹은 지역특성, 즉 장소성을 고려함 |
|---|---|---|
| 접근방법 | 교량접근 | 환경한계접근 |
| | 분야별 접근 | 통합적 접근 |
| | 지자체별 접근 | 지자체간의 파트너쉽에 의한 접근 |
| 기반시설 및 기본적 서비스 | 적절한 기반시설 및 기본적 서비스 미흡 | 적절한 기반시설 및 기본적 서비스의 제공 |
| 고용과 경제적 기회 | 고용과 경제적 기회 미흡 | 충분한 고용과 경제적 기회 제공 |
| 개발방법 | 피해받기 쉬운 개발 | 피해받지 않는 개발 |
| 사회적 형평성 | 계층간의 갈등 | 현 세대 내에서는 물론, 미래 세대와 현 세대간의 형평성 추구 |
| 환경정의 | 환경의무 이행의 획일화 | 환경의무 이행의 차등화 |

## 4. 공간계층 및 규모와 환경계획

### (1) 국토 및 지역차원의 환경계획

① 국토의 각종 계획과 정책을 수립함에 있어 지속가능발전의 원칙을 이행하고자 하는 계획
② 인간활동이 환경적 고려사항에 의해 제한받아야 함을 전제로 한 계획
③ 현세대의 부주의로 차세대에 미치는 피해 방지 -현세대 인간의 활동이 환경에 미치는 영향 사전 방지
④ 환경의 효율적 보호 및 자연자원의 효율적 이용
⑤ 재생이나 순환 가능한 물질 사용 및 폐기물 최소화로 자원 보전
⑥ 환경비용은 환경을 훼손시키는 사람이 지불
⑦ 프로그램 및 정책에 대한 이행 및 관리책임을 가장 낮은 수준의 정부에서 맡도록 해야 함
⑧ 지역차원의 계획
㉠ 강과 하천, 호수나 습지 등의 수질향상을 위한 지역설정(유역차원의 접근, 생물지리지역 접근, 생태적 단위목적의 접근)
㉡ 유역차원의 복원 및 수질향상 계획 등

### (2) 도시 및 단지차원의 환경계획

#### 1) 지속가능한 도시

① 커뮤니티들의 생태발자국 최소화, 자연과 공생하는 도시
② 건강하고 지속가능한 도시의 개발과 운영을 위한 생태계 특성 고려

**□ 지속가능도시**
지속가능성과 세대간, 사회적, 경제적, 정치적 형평성에 바탕을 둔 도시비전을 제시하고자 하는 개념으로, 이를 통하여 장기적인 경제·사회 안보의 달성을 목표로 생물다양성과 자연생태계의 가치를 인식하고 보호하며 복원하고자 하는 것이다.

③ 인간적 가치와 문화적 가치, 역사와 자연계를 포함한 도시 특성 인식
④ 에너지 절약형 토지이용구조, 물순환을 위한 물의 재사용

2) 생태도시

① 지속가능도시의 바탕이 되는 도시
② 생태적 원칙을 바탕으로 환경적, 경제적, 사회문화적 상호작용 이해
③ 재생에너지 확대, 우수의 재활용 등과 오픈스페이스의 이용과 폐기물 전략, 주택과 통합되는 자연서식처의 창출 등에 필요한 기술 요구

3) 생태네트워크 계획

① 기존의 자생식물을 최대한 보전·활용
② 기존의 녹지를 적극적으로 보전하고 최대한 계획에 활용
③ 단지 중심부에 핵 소생물권 거점 역할을 하는 중앙녹지대 조성
④ 거점 녹지와 점 녹지를 체계적으로 연결하는 계획기법 필요

4) 생태마을

① 인간의 활동을 자연환경과 해롭지 않게 통합하고 건강한 개발을 유지하며 미래에도 계속될 수 있는 인간척도의 정주지
② 목적 : 4가지 순환체계의 존중과 복원
㉠ 물리적 구조를 나타내는 지구
㉡ 하부기반 시스템을 나타내는 물
㉢ 사회구조를 나타내는 불
㉣ 문화를 나타내는 대기

5) 퍼머컬쳐(permaculture, Mollison 1991)

① 목적 : 인간에게 지속가능한 방법으로 식물, 에너지, 쉘터 등 물질·비물질적인 요구를 충족시켜주는 랜드스케이프와 인간의 조화로운 통합
② 자연생태계의 다양성, 연결성, 안정성, 순환성, 자립성 등 채용
③ 농업적으로 생산적인 생태계 유지·관리
④ 오염물질을 전형적 흐름에서 순환적 흐름으로 바꾸어 활용

**◘ 생태네트워크**

생태네트워크는 파편화된 생태계 및 서식처에 대응하고 도시생태계 복원의 효율성과 다양성 증진을 위한 계획 방법과 수단이다. 즉 사람이 자연을 이용하는데 있어 공간계획이나 물리적 계획을 위한 모델링 도구(녹도, 서식처·습지형·산림 네트워크)로서 핵심지역, 완충지역, 생태적 코리더, 복원지역 등의 요소로 네트워크를 구성한다.

(3) 개별공간 차원의 환경계획

1) 생태공원

① 보전생물학 또는 생태복원학을 이론적 바탕으로 하는 공원
② 생물종과 생태계 기반의 환경 간의 관련성에 집중
③ 훼손되기 이전의 상태로 되돌리면서 다양한 기능 회복

2) 지역사회 숲

① 야생생물의 가치가 높은 서식처 등 자연보전의 중요성이 있는 지역을 파악하여 보호 및 적절한 관리 강구
② 야생동물이 다른 서식처로 이동할 수 있는 기회 제공
③ 사람들의 일상생활에서 자연과의 접촉기회 제공

3) 비오톱

① 조용한 휴식처, 환경에 대한 교육의 기회 제공
② 환경적 우월성으로 지역 경제발전과 경제적 이득 제공
③ 도시환경의 건전성 지표로 환경모니터링 역할 수행
④ 오염과 먼지 등의 감소효과로 환경개선과 매력적 경관 제공
⑤ 비오톱의 기능
㉠ 도시생물종의 은신처 및 이동통로
㉡ 도시민의 여가·휴식 및 레크리에이션 공간
㉢ 자연학습 교육 및 체험장
㉣ 환경교육 및 생태연구를 위한 실험지역
㉤ 환경변화 및 환경오염에 대한 생태적 지표

4) 생태건축

① 현대 주택문제의 환경친화적인 대안
② 주거환경을 개선시키고 보다 넓은 범위의 환경영향 저감 가능

**비오톱(bio tope)**

비오톱은 '생물공동체의 서식처', '어떤 일정한 생명집단 및 사회 속에서 3차원적이고 지역적으로 다른 것들과 구별할 수 있는 생명공간 단위', 또는 '동식물로 이루어진 어떤 생물사회 속에서 3차원적이고 지역적으로 특정지을 수 있는 생명공간' 등으로 정의되며, 생물군집이 서식하고 이동하는 데 도움이 되는 소면적의 단위공간으로 '소생태계'를 말한다.

**소생태계**

생물다양성을 높이고 야생동 · 식물의 서식지간의 이동가능성 등 생태계의 연속성을 높이거나 특정한 생물종의 서식조건을 개선하기 위하여 조성하는 생물서식공간을 말한다. (자연환경보전법)

## 2 환경계획의 기초이론

### 1. 환경가치평가

#### (1) 환경가치의 필요성

① 환경개선이 좋다는 것과 얼마나 가치가 있는지의 비교 필요
② 환경가치는 그것을 위한 경제적 부담에 대한 인식 필요
③ 환경의 가치를 정확하게 계산하는 것이 환경보전의 설득력 보유
④ 환경개발은 개발의 순이익이 '0'보다 클 때에만 타당

**환경계획의 주요 개념과 이론**

① 환경경제이론
② 환경용량개념
③ 환경생태(응용)이론
④ 환경공간이론

#### (2) 환경가치 추정법

1) 지불용의액 추정(조건부가치 추정)

① 사람들이 환경에 부여하는 가치 혹은 환경개선에 대한 사람들의 지불의사를 확인하는 방법
② 지불용의액을 전부 합친 값을 깨끗해지는 환경의 총 가치로 추정

2) 여행비용에 의한 추정

① 자연환경을 찾아가 즐기는 데에 지불하는 비용을 환경가치로 추정
② 비용에는 여행에 소요되는 시간을 금전으로 환산한 비용 포함

3) 속성가격에 의한 추정

① 시장에서 유통되는 상품의 가격으로부터 환경의 가치 추정
② 사람들이 원하는 환경적 가치가 특정상품의 가격에 내포된 경우

## 2. 환경용량

### (1) 환경용량의 개념

① 재생가능한 자연자원이 지탱할 수 있는 유기체의 최대규모
② 일정한 지역 안에서 환경의 질을 유지하고, 환경훼손에 대하여 자연환경이 스스로 수용·정화 및 복원할 수 있는 한계
③ 일정 생태계 또는 서식지의 회복 불가능한 훼손 없이 지탱될 수 있는 한 종 또는 몇 개 종의 최대 개체군의 '밀도 상한' –수용력

**생태학적 환경용량**
① 환경의 자정능력
② 지역의 수용용량
③ 자원의 지속가능성

### (2) 환경용량의 평가

**1) 생태적 발자국(Ecological Footprint, Rees 1990) 지수 방법**

① 인간의 각 경제활동에 소요되는 모든 자원을 하나의 평가단위인 생산적인 토지소비 면적으로 환산하여 계산하는 방식
② 지수 산정을 위한 1인당 연평균 소비량 및 토지면적 필요

**2) 에머지 분석(Emergy 분석) 방법**

① 재화와 용역의 생산에 필요한 에너지 측면의 가치를 과학적으로 측정
② 평가하고자 하는 서비스나 생산물의 가치를 에너지의 관점에서 평가

### (3) 환경용량 개념의 수용력

① 물리적 수용력 : 지형·지질·식생·물·안전성 등에 따라 결정되는 수용력
② 생태적 수용력 : 생태계의 균형을 깨뜨리지 않는 범위 내에서의 수용력
③ 사회적 수용력 : 인간이 활동하는 데 필요한 육체적·정신적 수용력
④ 심리적 수용력 : 이용자의 만족도에 따라 결정되는 수용력

**한계 수용력(carrying capacity)**
본질적 변화 없이 외부의 영향을 흡수할 수 있는 능력으로 자연의 상태에 따라서 이용을 제한하고 개발의 한도를 조정한다.

### (4) 환경수용능력의 결정

① 자연이 수용할 수 있는 환경이슈를 평가하는 도구
② 환경이슈가 도시에 미치는 장기적 영향을 이해시킬 수 있는 방법
③ 환경용량(환경수용력) 산정에 필요한 기준
㉠ 중요한 환경자본
㉡ 기술적 연구와 인식적 연구에서 확인된 중요한 이슈와 지표
㉢ 환경용량 기준

### (5) 환경수용력을 이용한 환경계획

① 환경용량의 개념이 성장의 한계를 우선적으로 전제
② 바람직스럽지 않은 환경의 변화를 초래하는 인간활동의 한계
③ 대체로 다양한 환경요인 중에서 대표 환경요인을 추출하여 그 요인을 기준으로 인간 활동의 한계 파악

**환경계획의 환경용량**
환경용량은 지역의 크기와 그 지역에 생존하고 있는 유기체 특성의 함수관계로 표시된다. 다른 조건이 동일할 경우 더 넓고 자연자원이 풍부한 지역일수록 더 큰 환경용량을 가지며, 같은 규모의 지역에 적은 에너지를 필요로 하는 종은 많은 에너지를 필요로 하는 종보다 더 큰 환경용량을 가진다.

## 3. 환경생태(응용)이론

### (1) 생물간 상호작용 및 서식지

① 생물간 상호작용 : 포식관계, 공생관계, 환경적 관계
② 서식지 : 삶을 영위하기 위한 에너지, 번식, 월동 등이 일어나는 장소
③ 생태천이 : 천이계열(천이과정) –초기, 후기, 극상
④ 생물종다양성: 생물집단의 극성상태를 판정하는 지표 –균제도, 우점도

### (2) 생물종 보존

① 장내(in–situ)보존 : 생태적 가치가 있는 지역을 보존지역으로 지정
② 장외(ex–situ)보존 : 생육환경을 자연상태와 유사하게 조성하여 보존

## 4. 환경공간이론

### (1) 도시생태계

① 인공계가 우위를 차지하면서도 인위적으로 조성된 공원이나 보전녹지 등 다수의 반자연지 존재
② 도시 주변부에 야산 등의 반자연생태계나 자연생태계 존재
③ 인공계와 생태계가 혼재해 있어 환경적 접근 공간 다수
④ 넓은 서식공간을 필요로 하는 포유류나 맹금류등 고차원적인 포식자 서식 불가능
⑤ 귀화식물이나 귀화동물 등 도시환경에 적응할 수 있는 특유한 종의 출현
⑥ 특정한 생물(까마귀, 비둘기 등), 도시화 동물의 개체수 증가
⑦ 생물의 다양성 저하 및 생태계의 구조 단순화

### (2) 생물지리역 접근

① 계획, 보전, 개발에 있어 장소성에 바탕을 둔 접근개념
② 경관의 연속성을 중시하고 분석된 각 경관단위를 통합하는 접근
③ 자원만이 아닌 장소가 지니는 특성과 문화재 등 문화자원 고려

생물지리지역의 구분방법 및 특징

| 구분 | 방법 및 특징 |
|---|---|
| 생물지역<br>(bioregion) | ·생물지리학적 접근단위의 최대단위<br>·지역에서의 독특한 기후, 지형, 식생, 유역, 토지이용 유형에 의해 구분<br>·대상지역 경관에 있어 보전가치 평가 및 계획과 관리의 개념적 틀 제공 |
| 하부생물지역<br>(subregion) | ·생물지역의 바로 아래 단계이며, 경관지구의 상위 단계<br>·생물지역 내에서 자원, 문화 등에 있어 독특한 특징을 가진 경우에 해당 |

◘ 생태계와 인공계
환경계획에서 다루고자 하는 대상은 생태계와 인공계의 관계를 조정하는 것을 목적으로 하기 때문에 양자가 접하는 공간이 중요한 대상이 된다.

| | |
|---|---|
| 경관지구<br>(landscape district) | ·하부생물지역의 하위 단계<br>·유역과 산맥에 의해 구분되며 관찰자가 인식할 수 있는 범위<br>·지역주민이 그 지역에 대한 친밀한 이름을 가지는 경우가 많으며, 특정지역으로 인식하기도 함<br>·지형 동·식물 서식현황, 유역, 토지이용패턴을 중심으로 일차적으로 구분하며, 현지답사를 통하여 문화 및 생활양식을 추가로 고려하여 구분 |
| 장소단위<br>(place unit) | ·경관지구의 하위 단계이며 생물지리학적 구분에 있어 최소단위<br>·독특한 시각적 특징을 지닌 지역으로 위요된 공간<br>·시각적으로 즉가적인 구별 가능<br>·경계에 있어 식생, 지형, 능선 및 자연부락 등에 의해 결정 |

#### (3) 생물지역계획

① 생물지역주의를 바탕으로 공간계획에 생태적 접근방법 결합

② 생물지역주의는 지역에 있어 문화적·생물적 다양성 중시

③ 경관생태학적 방법 : 분절된 토지를 연계해 에너지 흐름과 동·식물의 이동 흐름을 원활하게 하는 데 기여

생물지역주의 패러다임과 산업·과학주의 패러다임 비교

| 구분 | 생물지역주의 | 산업·과학주의 |
|---|---|---|
| 규모 | 지역, 공동체 | 주(州), 국가·세계 |
| 경제 | 보전, 안정, 자급, 협력 | 착취, 변화·진보, 세계경제, 경쟁 |
| 정체(政體) | 분권화, 상보성, 다양성 | 집권화, 위계, 획일성 |
| 사회 | 공생, 진화, 분리 | 양극화, 성장·폭력, 단일재배 |

## 3 환경계획의 방법론

### 1. 생태·녹지 네트워크론

#### (1) 생태네트워크의 개념

① 생물다양성 증진 및 생태계를 회복시키기 위해 각각의 공간들이 서로 유기적으로 연계될 수 있도록 만드는 것

② 생물의 서식공간을 기본단위로 하여 지역 전체의 생태적 재생을 목표로 한 새로운 환경정책

◘ 생태네트워크의 개념
기본적으로 개별적인 서식처와 생물종을 목표로 하지 않고 지역적인 맥락에서 모든 서식처와 생물종의 보전을 목적으로 하는 공간상의 계획이다.

#### (2) 생태네트워크의 특징(환경보호전략)

① 생물다양성의 시점 : 희귀 동식물 및 보편적 야생생물을 포함한 보호

② 광역네트워크의 시점 : 개개의 동식물 생태를 포함한 네트워크화
③ 환경복원·창조의 시점 : 기존의 서식공간보전을 기초로 종공급 가능성을 고려하여 다양한 야생생물의 재생이 가능한 환경개선 및 개발사업 연계

### (3) 생태네트워크의 필요성

① 무절제한 개발로 인해서 훼손된 환경을 개발과 보전이 조화를 이루면서 자연지역 보전
② 생물서식처의 독립적 기능으로는 생물다양성 증진에 기여 불가능 –유기적 연결 필요
③ 지역차원에서 생물종의 소멸 비율 최소화와 자연화를 위한 기회의 최대화
④ 불필요한 생물서식공간의 조성으로 인한 경제적 손실비용 최소화
⑤ 도시 및 지역계획차원에서의 전체적인 골격을 유지하면서도 도시를 하나의 시스템으로 유지하여 파편화된 생태계 및 서식처 보전

### (4) 생태네트워크의 구성원리

#### 1) 형태에 따른 구분

① 점(point) : 크기는 작지만 징검다리(stepping stone)로서 연결성에 기여할 수 있는 점적 요소
② 선(line) : 면·점적 요소들을 유기적으로 연결시켜줄 수 있는 선적 요소
③ 면(area) : 생태적으로 중요한 일정 면적 이상의 면적 요소

#### 2) 공간구성 원리

① 핵심지역(core) : 중요한 종의 이동, 번식과 관련된 지역이나 생태적으로 중요한 서식처
② 코리더(corridor) : 핵심지역 사이를 연결시켜주는 구조로 연결되지 않은 징검다리형이나 가는 선형, 넓은 폭을 가진 면적 형태도 가능
③ 완충지역(buffer) : 핵심지역과 코리더를 외부 위협요인으로부터 충격을 감소시키기 위한 지역

**◘ 핵(core)**
도시 등 일정 지역단위에서 생물다양성의 원천이 되는 유전자 공급원이 되어야 할 대규모의 핵심적인 자연공간을 말하며, 서울의 북한산 국립공원 등이 이에 해당된다.

### (5) 생태네트워크의 유형

① 서식처 및 생물종 특성에 따른 유형 : 습지네트워크, 산림네트워크, 공원네트워크, 하천·강네트워크
② 공간특성에 따른 유형(보편적) : 지역적 차원, 국가적 차원, 국제적 차원
③ 네트워크 형태에 따른 분류
㉠ 가지형 네트워크 : 하천과 같이 일정한 방향성을 가진 서식처에 적용
㉡ 원형 네트워크 : 도로와 같이 어디로든 연결될 수 있는 성격의 서식처에 적용 –징검다리형의 서식처 숫자가 많아 질수록 원형에 접근

**◘ 녹지네트워크(green network)**
생태네트워크와 유사하나, 네트워크를 위한 연결대상이 주로 식생, 공원, 녹지, 산림으로 제한된다.

### (6) 생태네트워크 계획 시 고려사항

① 생물의 생식·생육공간이 되는 녹지 확보 : 산림환경, 초원환경, 수변환경 등을 적절하게 보전
② 생물의 생식·생육공간이 되는 녹지의 생태적 기능의 향상 : 대상·선상의 공간, 섬상·점상의 공간 활용
③ 인간성 회복의 장이 되는 녹지의 확보 : 산림과의 만남의 공간, 수변과 만남의 공간 조성
④ 환경학습의 장으로서 녹지의 활용 : 자연체험의 촉진, 체험학습의 실시

### (7) 도시 생태·녹지네트워크의 계획 과정

① 조사 : 생물현황, 녹지, 자연환경·사회환경 조사
② 해석 : 녹지의 생태적·사회환경 해석과 자연적·사회적 특성 파악
③ 평가 : 녹지의 중요성, 장기적인 담보성 평가를 기본으로 종합평가
④ 과제정리 : 평가결과를 바탕으로 생물다양성 유지, 증대, 생물과의 만남을 확보하기 위한 과제 정리
⑤ 계획 : 선행 과정을 바탕으로 계획의 목표 및 네트워크의 기본구조 설정, 생태 인프라(핵심, 완충, 거점, 통로, 완충지구 등)의 배치 검토와 환경활용의 방향성 설정, 계획의 실현방법 검토

### (8) 생태네트워크 연결지역 복원·녹화 추진방향

① 자연회복을 도와주도록 진행 –식물이 생육하기 쉬운 조건 정비
② 자연군락의 재생·창조 –식물의 침입·정착이 용이하도록 적극적 도입
③ 자연에 가까운 방법으로 군락 재생 –식물천이의 촉진 도모

## 2. 토지 환경성 평가의 개념

### (1) 토지적성평가

① 도시계획 입안권자가 도시·군기본계획을 수립·변경하거나 도시·군관리계획을 입안하는 경우에 행하는 기초조사
② 평가등급의 부여 : 도시·군관리계획을 입안하고자 하는 경우에는 토지적성평가 결과에 따라 가~마등급의 5개 등급으로 구분

### (2) 토지환경성평가

① 환경적합성 분석이라는 구체적인 과정으로 시행
② 토지가 지닌 환경적 능력(성능)의 정도를 일련의 등급으로 표시하거나 영향의 정도 표시
③ 개발에 따른 환경적 영향의 정도를 파악하는 방법

**◘ 생태축**

생물다양성을 증진시키고 생태계 기능의 연속성을 위하여 생태적으로 중요한 지역 또는 생태적 기능의 유지가 필요한 지역을 연결하는 생태적서식공간을 말한다.(자연환경보전법)

**◘ 우리나라 4대 핵심생태축**

① 백두대간 생태축
② DMZ 생태축
③ 도서연안 생태축
④ 5대강 수생태축

**◘ 공간규모에 따른 이동통로의 유형**

① 울타리 규모
② 경관모자이크 규모
③ 광역적 규모

**◘ 도시생태네트워크 접근방법**

① 토지이용을 중심으로 하는 법
② 경관생태학에 의한 방법
③ 생물종의 분포 및 이동에 의한 방법

**◘ 토지적성평가**

국토의 난개발을 방지하고 개발과 보전의 조화를 유도하기 위하여 토지의 토양·입지·활용가능성 등에 따라 토지의 보전 및 이용가능성에 대한 등급을 분류하여 토지이용도 구분의 기초를 제공하는 제도이다.

**❖ 토지환경성평가**

'환경자원의 지속가능한 보전을 통한 토지의 생태적 건강성·환경정의(세대간 형평성)·어메니티를 도모하기 위하여 토지가 지닌 물리적·환경적 가치를 중점적으로 평가하여 보전이 요구되는 토지의 환경적 능력(성능)의 정도를 판단하거나 인근 개발입지로 인한 특정 토지의 환경적 영향의 정도를 평가하는 환경계획 및 환경영향평가의 한 과정'이라 정의할 수 있다.

### (3) 토지피복지도

① 주제도의 일종으로 지구표면 지형지물의 형태를 일정한 과학적 기준에 따라 분류하여 동질의 특성을 지닌 구역을 color indexing한 후 지도의 형태로 표현한 공간정보

② 해상도에 따라 대분류(해상도 30m급), 중분류(해상도 5m급), 세분류(해상도 1m급)의 3가지 위계로 분류

③ 지표면의 투수율(透水率)에 의한 비점오염원 부하량 산정, 비오톱 지도 작성에 의한 도시계획 등에 폭넓게 활용

### (4) 국토환경성평가지도 활용방안

① 환경성 평가 등에 객관적인 정보 제공

② 도시계획수립 및 보전지역의 지정을 위한 기초자료 제공

③ 개발 사업 및 택지개발 등 지구지정 및 개발사업계획 작성에 활용

④ 전략환경영향평가 및 환경영향평가에 활용

⑤ 토지적성평가와 연계하여 활용

**국토환경성평가지도의 평가 등급별 관리원칙**

| 등급<br>(보전가치) | 관리원칙 |
|---|---|
| 1등급<br>(매우 높음) | ·최우선 보전지역으로서 원칙적으로 일체의 개발을 불허<br>·환경생태적인 보전핵심이며 녹지거점지역으로 환경을 영속적으로 보전해야 할 지역 |
| 2등급(높음) | ·우선 보전지역으로서 개발을 불허하는 것을 원칙으로 하지만 예외적인 경우에 소규모의 개발을 부분 허용<br>·개발계획지구에 포함 시에는 보전용도지역으로 우선 지정하거나 원형녹지로 존치 |
| 3등급(보통) | ·보전에 중점을 두는 지역이지만 개발의 행위, 규모, 내용 등을 환경성평가를 통하여 조건부 개발을 허용<br>·개발행위를 완충하는 지역으로 개발이 생태계의 기능을 저하시키지 않아야 함<br>·개발계획 수립이전에 환경계획을 반드시 수립 |

**◘ 국토환경성평가지도**

우리가 살고 있는 국토를 친환경적이고 계획적으로 보전, 개발 및 이용하기 위하여 환경적 가치(환경성)를 여러 가지로 평가하여 전국을 5개 등급(환경적 가치가 높은 경우 1등급으로 분류)으로 나누어 구분하고 색깔을 달리하여 지형도에 표시한 알기 쉽게 만든 지도이다. 전 국토를 대상으로 산림지역, 농경지역, 도시지역으로 구분하여 평가한다.

**◘ 등급별 관리원칙**

① 1, 2등급 : 보전지역

② 3등급 : 완충지역

③ 4, 5등급 : 친환경적 관리지역

| | |
|---|---|
| 4등급(낮음) | ·이미 개발이 진행되었거나 진행중인 지역으로 개발을 허용하지만 보전의 필요성이 있으면 부분적으로 보전지역으로 지정하여 관리<br>·개발수요관리를 전제로 친환경적 개발 추진(가능한 환경계획 수립 후 개발계획 진행) |
| 5등급<br>(매우 낮음) | ·개발을 허용하는 지역으로 체계적이고 종합적으로 환경을 충분히 배려하면서 개발을 수용<br>·계획적 이용을 추진 |

## 3. 생태자연도 구축 방법

### (1) 생태자연도 제작방법

#### 1) 전국자연환경조사

① 법적근거 : 자연환경보전법 제30조(자연환경조사)

② 5년마다 전국의 자연환경 조사 –생태·자연도에서 1등급 권역으로 분류된 지역과 자연상태의 변화를 특별히 파악할 필요가 있다고 인정되는 지역에 대하여는 2년마다 자연환경 조사 가능

③ 자연환경조사 내용

㉠ 산·하천·도서 등의 생물다양성 구성요소의 현황 및 분포

㉡ 지형·지질 및 자연경관의 특수성

㉢ 야생동·식물의 다양성 및 분포상황

㉣ 환경부장관이 정하는 조사방법 및 등급분류기준에 따른 녹지등급

㉤ 식생현황

㉥ 멸종위기 야생동·식물 및 국내 고유생물종의 서식현황

㉦ 경제적 또는 의학적으로 유용한 생물종의 서식현황

㉧ 농작물·가축 등과 유전적으로 가까운 야생종의 서식현황

㉨ 토양의 특성

**❖ 정밀조사와 생태계의 변화관찰**

자연환경조사결과 새롭게 파악된 생태계로서 특별히 조사 · 관리할 필요가 있다고 판단되는 경우, 자연적 또는 인위적 요인으로 인한 생태계의 변화가 뚜렷하다고 인정되는 지역에 대하여는 보완조사 및 생태계의 변화내용을 지속적으로 관찰하여야 한다.

**◘ 생태자연도**

생태·자연도는 산, 하천, 내륙습지, 호소, 농지, 도시 등에 대하여 자연환경을 생태적 가치, 자연성, 경관적 가치 등에 따라 등급화(1~3등급 및 별도관리지역)하여 작성한 지도로 자연환경조사 결과를 기초로 하여 작성한다.

**◘ 생태·자연도 평가항목**

생태·자연도는 "식생, 멸종위기 야생생물, 습지, 지형" 항목을 기준으로 평가한다.

#### 2) 생태·자연도 작성방법

① 생태·자연도는 자연환경조사 결과를 기초로 하여 작성 –조사 종점일로부터 2년 이내에 반영

② 축척 1:25,000 이상의 지형도에 작성

③ 평가항목의 경계표시 : 생태·자연도 평가항목의 경계는 실선과 격자를

병행하여 표시

㉠ 실선 표시 : 식생, 습지, 지형과 멸종위기 야생생물 중 철새도래지, 국제협약보호지역

㉡ 격자 표시 : 멸종위기 야생생물 서식지

· 격자(grid)법 250m×250m(62,500㎡) –명확할 경우 실선 표시 가능

④ 등급평가 최소면적 : 2,500㎡

### (2) 생태자연도의 활용

① 1등급 권역 : 자연환경의 보전 및 복원

② 2등급 권역 : 자연환경의 보전 및 개발·이용에 따른 훼손의 최소화

③ 3등급 권역 : 체계적인 개발 및 이용

생태·자연도의 등급 구분

| 등급 | 특성 |
|---|---|
| 1등급 | ·멸종위기 야생생물의 주된 서식지·도래지 및 주요 생태축 또는 주요 생태통로가 되는 지역<br>·생태계가 특히 우수하거나 자연경관이 특히 수려한 지역<br>·생물의 지리적 분포한계에 위치하는 생태계 지역 또는 주요 식생의 유형을 대표하는 지역<br>·생물다양성이 특히 풍부하거나 보전가치가 큰 생물자원이 존재·분포하는 지역<br>·자연원시림이나 이에 가까운 산림 또는 고산초원<br>·자연상태나 이에 가까운 하천·호소 또는 강하구 |
| 2등급 | ·1등급 권역에 준하는 지역으로 장차 보전의 가치가 있는 지역<br>·1등급 권역의 외부지역으로 1등급 권역의 보호를 위하여 필요한 지역<br>·완충보전지역과 완충관리지역으로 구분 |
| 3등급 | 1등급 권역, 2등급 권역 및 별도관리지역으로 분류된 이외의 지역으로서 개발 또는 이용의 대상이 되는 지역(개발관리지역, 개발허용지역) |
| 별도관리지역 | 다른 법률에 의하여 보전되는 지역 중 역사적·문화적·경관적 가치가 있는 지역이거나 도시의 녹지보전 등을 위하여 관리되고 있는 지역(자연공원·천연기념물·산림·야생생물·수산자원·습지·백두대간보호지역 및 구역 생태경관보전지역) |

### (3) 녹지자연도

① 미래의 자연자원 이용과 보호를 위한 기본방향 설정 및 환경계획수립의 기초 자료로서의 역할

② 일정 지역에 대한 전체적인 자연의 질 평가 가능

**녹지자연도**

현재 자연성이 어느 정도 남아있는가와 동시에 자연파괴가 어느 정도 진행되고 있는가를 나타내는 녹지공간의 자연성 지표로서, 일정 토지의 식생과 토지이용(인간의 간섭) 현황에 따라 수권(0등급)과 육지권(10등급)을 포함하여 녹지공간의 상태를 11등급으로 분류하였다.

녹지자연도 등급 사정기준

| 권 | 등급 | 명 칭 | 등급별 내용 및 이해의 개요 |
|---|---|---|---|
| 육지권 | 1 | 시가지<br>조성지 | 녹지식물이 거의 존재하지 않는 지구<br>(해안, 암석산지 및 해안사지 등) |
| | 2 | 농경지 | 논 또는 밭 등의 경작지 |
| | 3 | 과수원 | 경작지나 과수원, 묘포지 등과 같이 비교적 녹지식생의 분량이 우세한 곳 |
| | 4 | 이차초원(A) | 잔디군락이나 인공초원(목장) 등과 같이 비교적 식생의 키가 낮은 이차림으로 형성된 초원지 |
| | 5 | 이차초원(B) | 갈대, 조릿대군락 등과 같이 비교적 식생의 키가 높은 이차초원지 |
| | 6 | 조림지 | 각종 활엽수 또는 침엽수의 식림지<br>은수원사시나무~일본잎갈나무~소나무~잣나무 등 |
| | 7 | 이차림(A) | 일반적으로 이차림이라 불리우는 대상식생지구. 서어나무~상수리나무~졸참나무군락 등 : 소위 유령림, 약 20년생까지 |
| | 8 | 이차림(B) | 원시림 또는 자연식생에 가까운 이차림. 신갈나무~물참나무~가시나무맹아림 등 : 소위 장령림, 약 20~50년생 |
| | 9 | 자연림 | 다층의 식물사회를 형성하는 천이의 마지막에 이르는 극상림지구. 가문비나무~전나무~분비나무군락 등의 임상 : 고령림, 약 50년생 이상 |
| | 10 | 고산자연초원 | 자연식생으로서 고산성 단층의 식생사회를 형성하는 지역 |
| 수역 | 0 | 수 역 | 저수지, 하천유역(하중사구 포함) |

## 4. 자연입지적 토지이용방법 기본방향

① 생태·자원관리형 보전 : 자연환경은 경관적으로 우수한 지역인 반면 생태적으로 보전 가치가 높은 지역

② 무분별한 난개발 방지 : 자연환경을 보전지역과 지속가능한 이용을 위한 정비지역으로 구분

③ 경관자원과 조화된 개발 유도 : 자연환경의 토지이용관리의 대상이 되는 지역에 건축물 조성 시 자연환경·주변 건축물과 조화 검토

◘ 지속가능한 발전 원칙에 바탕한 토지이용

① 생태·자원관리형 보전
② 무분별한 난개발 방지
③ 경관자원과 조화된 개발 유도

## 5. 토지이용유형별 특성

① 산림·계곡환경 : 보전중심의 경관관리와 친환경 관리 시행

② 하천·호수환경 : 하안선 및 호안선 보전 및 수변과 조화된 친환경적 경

◘ 산림·계곡환경 관리방안

① 생태계 훼손방지 기준 강화 –보전위주 관리계획 강화
② 산과 계곡으로의 경관축과 조망권 설정
③ 자연환경자원과 조화된 건축지침

관 조성
③ 해안환경 : 자연환경오염을 최소화하고 공공기반시설 확충
④ 역사·문화환경 : 자연환경과 역사적 유산이 융화된 경관 형성·관리

## 6. 환경지표 개념 및 종류

① 환경에 관한 어떤 상태를 가능한 정량적으로 평가하는 것
② 환경의 상태나 환경정책의 추진상황을 측정하는 것
③ 환경자료를 필요에 따라 가공하여 환경의 현황이나 환경정책을 평가하는 재료로서 사용하는 것

OECD의 환경지표 설정을 위한 PSR구조

| 구조 | 내용 |
|---|---|
| 압력(환경부하, pressure) | 경제활동의 과정에서 환경에 압력을 주는 요인들로 인구, 교통량, 자원소비량, 인공구조물 등이 해당된다. |
| 상태(환경상태, state) | 대기오염, 수질오염, 생태서식지 및 종 다양성 파괴 등과 같이 환경오염과 환경파괴의 정도를 나타내는 요인들이다. |
| 대응(대책, response) | 상태요인을 개선하려는 정부, 기업, 시민 혹은 국제사회 차원의 노력을 말하는 것으로서, 규제 제도, 기업의 환경투자, 환경보전 실천행위 등을 내용으로 한다. |

**하천·호수환경 관리방안**

① 하안선·호안선 관련 개발금지구역의 설정 및 관리
② 주요조망점으로부터 시각회랑 확보
③ 건축물 허가기준 강화, 환경오염 규제기준 강화

**지표**

어떤 대상이 다수의 상태변수에 의해 규정되는 경우 그 대상이 갖는 특성 중 특히 표현하고 싶은 것을 가능한 한 소수의 특성값으로 투영해 알기쉽게 표현한 것이다.

**도시지속성지표**

① 압력(pressure)
② 상태(state)
③ 대응(response)

# 핵심문제 해설



**01** 유엔환경계획의 환경범주는 대범주로서 자연환경과 인간환경으로 나누고 있다. 다음 중 자연환경의 하위범주에 속하는 것은? 기-19-1

① 인구　② 주거
③ 수권　④ 에너지

**해** 유엔환경계획의 대범주
·자연환경 : 대기권, 수권, 지권, 생물적 환경(생산자, 소비자, 분해자)
·인간환경 : 인구, 주거, 건강, 생물생산체계, 산업, 에너지, 운송, 관광, 환경교육과 공공인식, 평화안전 및 환경

**02** 도시생태계를 설명한 것으로 적합하지 않은 것은? 기-18-1

① 도시생태계는 주로 자연시스템으로부터 인위적 시스템으로의 에너지 이전에 의해서 기능이 유지된다.
② 도시생태계는 사회-경제-자연의 결합으로 성립되는 복합 생태계이다.
③ 대도시들은 물질순환관계의 불균형으로 많은 문제점을 안고 있다.
④ 대도시에서는 자연시스템을 구성하고 있는 대기, 토양, 공기, 물, 녹지 등이 오염되어 자정능력을 상실하고 있다.

**해** ① 도시생태계는 자연시스템과 인위적 시스템 상호간의 에너지 및 물질교환에 의해 그 기능이 유지된다.

**03.** 다음 중 일반적인 도시생태계에 대한 설명으로 옳지 않은 것은? 기-15-1

① 인위적인 생태 시스템
② 에너지의 원활한 순환이 가능한 체계
③ 한 방향으로 이동하는 에너지 흐름
④ 인공적이고 불균형한 물질순환 체계

**해** 도시생태계는 '자연-사회-경제'로 결합된 복합생태계를 이루고 있어 자연적 시스템과 인위적 시스템 상호간에 에너지 및 물질이 순환하는 구조를 가지게 되는데, 자정능력이 있는 자연생태계와 달리 자정능력이 없는 대규모 도시에서는 물질순환계가 원활히 작동하지 못하여 공기, 물, 토양, 녹지 등의 오염이 심각하게 나타나고 균형이 파괴되게 된다.

**04** 오늘날 야기되는 대표적인 환경문제가 아닌 것은? 기-14-1, 기-16-2

① 이산화탄소 감소　② 대기오염
③ 지구온난화　④ 자원고갈

**해** 이산화탄소는 지구온난화를 일으키는 6대 온실가스에 해당되는 것으로 가스농도의 증가로 인하여 온실효과를 일으킨다.

**05** 지구온난화 영향에 관한 설명으로 옳지 않은 것은? 기-18-2

① 해수면의 상승
② 세계적인 기상이변의 빈도가 증가
③ 동식물 종의 다양성 증대
④ 개발도상국의 농업생산력 저하

**해** ③ 동·식물의 구성종이나 서식처의 이동 등 생태계 전반에 영향을 미쳐 종의 절멸을 야기할 수도 있다.

**06** 도시가 외곽지역보다 기온이 1~4℃ 더 높고 도시기온의 등온선을 표시하면 도심부를 중심으로 섬의 등고선과 비슷한 형태를 나타내는 현상은? 기-19-1

① 바람통로　② 열대야현상
③ 지구온난화　④ 도시열섬현상

**07** 도시열섬의 해결책으로 적당하지 않는 것은? 기-18-3

① 지붕과 도로에 밝은 색을 사용하는 등 포장재료를 열반사율이 높은 것으로 교체한다.
② 수목식재를 통한 도시의 기온을 낮추고 대기중의 이산화탄소를 줄이도록 한다.
③ 비용이 적게 들고 내구성이 강한 아스팔트



정답 1. 01. ③ 02. ① 03. ② 04. ① 05. ③ 06. ④ 07. ③

포장을 권장한다.

④ 수목식재를 통해 나무는 땅속의 지하수를 흡수하고 나뭇잎의 증산작용을 통해 직접적으로 주변공기를 시원하게 한다.

**해** 도심의 열섬현상은 콘크리트 빌딩의 밀집과 아스팔트 도로 포장 등 열용량이 큰 재료를 사용한 도시구조에서 비롯되므로 열용량이 작은 자연적·생태적 재료를 사용한다.

**08** 환경의 특성에 대한 설명으로 틀린 것은? 기-19-3

① 자연자원은 풍부할수록 회복탄력성이 높지만, 파괴될수록 복원력이 떨어진다.

② 환경문제는 어느 한 지역, 한 국가만의 문제가 아니라, 범지구적, 국제간의 문제이다.

③ 환경문제는 문제발생시기와 이로 인한 영향이 현실적으로 나타나는 시점 사이에 차이가 존재하지 않는다.

④ 환경문제는 상호 작용하는 여러 변수들에 의해 발생하므로 상호간에 인과관계가 성립되어 문제해결을 어렵게 한다.

**해** ③ 환경문제는 문제발생시기와 이로 인한 영향이 현실적으로 나타나는 시점 사이에 차이가 존재한다.(시차성)

**09** 환경문제의 특성에 해당되지 않는 사항은? 기-14-1, 기-17-3

① 엔트로피 감소 ② 상호관련성
③ 광역성 ④ 시차성

**해** 엔트로피란 사용 가능한 에너지에서 사용 불가능한 에너지(쓰레기)로 변화하는 현상으로, 자원의 사용에 따라 자원의 감소, 환경오염의 증가, 쓰레기의 발생이 필연적으로 따르므로 엔트로피는 항상 증가하게 된다.

**10** 가렛 하딘(garrett hardin)의 「공유지의 비극」에 해당하지 않는 것은? 기-14-2, 기-17-3

① 개인의 이익을 극대화하려고 한다.

② 각각의 목장주에게 할당된 가축이 있다.

③ 공공재의 중요성에 대해 기술하고 있다.

④ 자연자원은 무한하므로 관리가 필요하지 않다.

**해** 공유지의 비극이란 미국의 생물학과 교수인 개럿 하딘에 의해 만들어진 개념으로 지하자원, 초원, 공기, 호수에 있는 고기와 같이 공동체 모두가 사용해야 할 자원을 사적 이익을 주장하는 시장의 기능에 맡겨 두면 자원이 고갈될 위험에 처하는 것에 대하여 일정한 초지와 목장주의 예를 들어 설명하였다. 개인들의 이익 추구에 의해 전체의 이익이 파괴되어 공멸을 자초한다는 개념이다.

**11** 자정능력의 한계를 초과하는 과다한 오염 물질이 유입되면 환경은 자정작용을 상실하여 훼손되기 이전의 본래 상태로 돌아가기 어렵게 되는데 이와 같은 환경의 특성은? 기-18-3

① 상호관련성 ② 광역성
③ 시차성 ④ 비가역성

**12** 환경의 자정능력에 대한 설명으로 틀린 것은? 기-15-1, 기-17-3

① 변화에 적응하고 균형을 유지한다.

② 수질, 대기, 토양분야에 주로 적용된다.

③ 생태계의 자정능력에는 일정한 한계가 있다.

④ 오염물질의 배출 초과와는 관련이 없다.

**해** ④ 환경이 갖는 자체 정화능력으로 인하여 어느 정도 원상회복이 가능하나(탄력성) 일정 이상의 손상에는 복원력(자정능력)이 떨어져 회복하지 못하게 된다.

**13** 환경계획이나 설계의 패러다임 중 자연과 인간의 조화, 유기적이고 체계적 접근, 상호의존성, 직관적 통찰력 등을 특징으로 하는 패러다임은? 기-18-1

① 데카르트적 패러다임

② 전체론적 패러다임

③ 직관적 패러다임

④ 뉴어버니즘 패러다임

**14** 환경계획의 영역적 분류 중 내셔널트러스트 운동과 가장 깊은 관련을 가진 분야는? 기-16-3

① 오염관리계획 ② 환경자원관리계획
③ 환경시설계획 ④ 생태건축계획

**정답** 08. ③ 09. ① 10. ④ 11. ④ 12. ④ 13. ② 14. ②

**15** 자연자원을 관리하는 방법 중 생태계가 지속되는 것이 가능하도록 하는 과정 및 유형의 영구화를 목적으로 생태계를 관리하는 것은? 기-16-1

① 적응적 생태계 관리(Adaptive ecosystem management)
② 지속적 생태계 관리(Sustainable ecosystem management)
③ 생태적 생태계 관리(Ecological ecosystem management)
④ 영구적 생태계 관리(Permanent ecosystem management)

해 적응적 관리(순응적 관리)란 항상 변화하여 그 변화의 예측이 어려운 생태계를 동적인 성질에 입각하여 유연성 있게 관리하는 순환적 접근방법으로 생태계가 지속되는 것이 가능하도록 하는 과정 및 유형의 영구화를 목적으로 생태계를 관리하는 것이다. 복원 실행 후의 모니터링과 유효성 평가로부터 습득한 현장지식을 근거로 지속적으로 관리하며 개선해나가는 체계적인 과정이다. 특히 야생생물이나 생태계의 보전 및 복원사업에 이용된다.

**16** 다음 [보기]의 설명에 해당하는 계획은? 기-15-3

> –지역의 생태계를 보존하면서 인간의 주거나 활동장소를 선택해 가기 위한 계획
> –I. McHarg가 시도한 바와 같이 지도를 중첩하여 보다 효율적으로 토지이용의 적정성을 평가하여 개발지구에 대한 대안을 선정하는 기법

① 심미적환경계획 ② 생태환경계획
③ 환경자원관리계획 ④ 광역환경관리계획

**17** 환경계획 및 설계 시 고려되어야 할 내용으로 가장 거리가 먼 것은? 기-19-2

① 환경위기의식이 기본바탕이 되어야 한다.
② 계획·설계의 주제와 공간의 주체가 생물종이 되어야 한다.
③ 에너지 절약적이고 물질순환적인 공간설계가 이루어져야 한다.
④ 자본 창출을 위한 생산성을 높일 수 있어야 한다.

해 ①②③ 외에 인간과 생태계를 고려한 접근과 지속가능한 설계·계획, 시공과정과 장기적인 관리 등을 들 수 있다.

**18** 다음 중 환경계획단계의 내용으로 적합하지 않은 것은? 기-15-3

① 자연생태계 보전
② 자원 및 에너지 절약
③ 수자원 및 수질, 용수공급 및 처리
④ 환경정보시스템, 환경정보 공개

해 ④ 환경정보시스템, 환경정보 공개는 사회기반 형성을 위한 계획단계의 내용이다.

**19** 사회기반형성 차원에서의 환경계획의 내용과 거리가 먼 것은? 기-19-3

① 소음방지
② 에너지계획
③ 환경교육 및 환경감시
④ 시민참여의 제도적 장치

해 ① 소음방지는 부문별 환경계획 차원에서의 환경계획에 속한다.

**20** 지속가능한 발전(ESSD)의 개념 중 맞지 않는 것은? 기-17-3

① 1987년 브룬트란트(Brundtland) 보고서에서 최초로 언급되었다.
② 경제와 환경을 동시에 고려하기는 어렵다.
③ 생태적 회복성, 경제성장, 형평성의 내용을 담고 있다.
④ 미래세대의 후생을 저해하지 않는 범위 내에서 현재의 필요를 충족시킨다.

해 ② 지속가능한 발전이란 지속가능성에 기초하여 경제의 성장, 사회의 안정과 통합, 환경의 보전이 균형을 이루는 발전을 말한다.

**21** 지속가능성의 단계 중 환경교육 프로그램을 체계화하고, 지역발전을 위한 지방정부의 주도적 역할을 강조하는 단계에 해당되는 것은? 기-19-1



정답 15. ① 16. ② 17. ④ 18. ④ 19. ① 20. ② 21. ④

① 아주 약한 지속가능성
② 약한 지속가능성
③ 보통의 지속가능성
④ 강한 지속가능성

해 ① 아주 약한 지속가능성 : 미진한 의식 수준과 언론의 저조한 관심
② 약한 지속가능성 : 미래 비전에 입각한 공공환경교육 도입

**22** 지속가능성의 달성을 위해 국토 및 지역차원에서의 환경계획 수립 시 고려될 수 있는 사항이 아닌 것은? 기-14-3, 기-18-3

① 인간의 활동은 환경적 고려사항에 의해서 궁극적으로 제한한다.
② 환경에 대한 우리의 부주의의 대가를 차세대가 치르도록 해서는 안된다.
③ 재생이나 순환 가능한 물질을 사용하고 폐기물을 최소화함으로써 자원을 보전한다.
④ 프로그램 및 정책에 대한 이행 및 관리책임을 가장 낮은 수준의 민간에서 맡도록 해야 한다.

해 ④ 프로그램 및 정책에 대한 이행 및 관리책임을 가장 낮은 수준의 정부가 맡도록 해야 한다.

**23** 도시 및 단지 차원의 환경계획이 아닌 것은? 기-18-1

① 생태네트워크 계획
② 생태마을과 퍼머컬처
③ 생태건축
④ 지속가능도시

해 도시 및 단지 차원의 환경계획에는 지속가능도시, 생태도시, 생태네트워크 계획, 생태마을과 퍼머컬쳐 등이 있으며, 생태건축은 생태공원, 지역사회 숲, 비오톱 등과 함께 개별 공간 차원의 환경계획에 속한다.

**24** 도시 및 지역차원의 환경계획으로 생태네트워크의 개념이 아닌 것은? 기-16-1, 기-19-3

① 공간계획이나 물리적 계획을 위한 모델링 도구이다.
② 기본적으로 개별적인 서식처와 생물종을 목표로 한다.
③ 지역적 맥락에서 보전가치가 있는 서식처와 생물종의 보전을 목적으로 한다.
④ 전체적인 맥락이나 구조측면에서 어떻게 생물종과 서식처를 보전할 것인가에 중점을 둔다.

해 ② 기본적으로 개별적인 서식처와 생물종을 목표로 하지 않고 지역적인 맥락에서 모든 서식처와 생물종의 보전을 목적으로 하는 공간상의 계획이다

**25** 퍼머컬처의 기본원리가 되는 자연생태계의 특성이 아닌 것은? 기-15-2

① 다양성 ② 순환성
③ 안정성 ④ 종속성

해 자연생태계의 다양성, 연결성, 안정성, 순환성, 자립성 등을 채용하여 농업적으로 생산적인 생태계를 유지·관리하는 것이다.

**26** 생물공동체의 서식처, 어떤 일정한 생물집단 및 입체적으로 다른 것들과 구분될 수 있는 생물집단의 공간영역으로 정의될 수 있는 환경계획의 공간 차원은? 기-16-1

① 비오톱 ② 생태공원
③ 산림 ④ 지역사회

**27** 도시지역에서 비오톱의 기능에 해당하지 않는 것은? 기-17-1, 기-17-3

① 도시민의 휴식 공간
② 환경교육을 위한 실험지역
③ 난개발방지를 위한 개발 유보지
④ 도시생물종의 은신처 및 이동통로

해 ①②④ 외에 자연과의 친근감 조성과 이해, 지구적 환경보전 의식의 양성, 생물다양성 유지, 완전한 에코사이클 실현, 지구규모 수준으로 연계·발전 등이 있다.

**28** 야생동물 이동통로 설계 시 중요하게 고려할 사항으로 가장 거리가 먼 것은? 기-18-1, 기-18-2

정답 22. ④ 23. ③ 24. ② 25. ④ 26. ① 27. ③ 28. ②

① 야생동물 이동능력
② 주변의 기후·기상
③ 이동통로에서 인간에 의한 간섭 여부
④ 연결되어야 할 보호지역 사이의 거리

**29** 환경가치를 추정하는 데 가장 널리 이용되는 방법으로, 사람들이 환경에 부여하는 가치 혹은 환경개선에 대한 지불용의액을 사람들에게 직접 물어보는 방법은? 기-17-1

① 조건부가치추정방법 ② 여행비용방법
③ 속성가격기법 ④ 대체비용법

해 ② 여행비용방법 : 사람들의 행태(사람들이 자연환경을 찾아가는데 실제로 지불하는 비용)를 환경의 가치에 대한 추정치로 삼는 것을 말한다.
③ 속성가격기법 : 실제로 시장에서 유통되는 가격으로부터 환경의 가치를 추정하는 방법이다.

**30** 다음 중 환경의 자유재(free goods)에 대한 설명으로 틀린 것은? 기-16-2

① 자유재는 분리되지 않음
② 시장에서 판매되지 않음
③ 자유재는 관리 없이 무한정 쓸 수 있음
④ 재화의 창출에 아무도 자발적으로 공헌할 준비가 되어 있지 않음

해 ③ 자유재라 하더라도 시간과 장소에 따라 달라지며 관리하지 않고 무한정 쓸 수 있다는 개념은 아니다.
·자유재란 공기와 같이 거의 무한으로 존재하여 인간의 욕망에 대한 희소성이 없으며, 각 개인이 대가를 치르지 않고 자유로 처분할 수 있는 재화를 의미한다. 그러나 환경적 가치로 생각할 때에는 그것에 대한 인식이 바뀌어 경제재(economic goods)로 변해가는 것들도 있다. 예) 물, 공기

**31** 일정한 지역에서 환경의 질을 유지하고 환경오염 또는 환경훼손에 대하여 환경이 스스로 수용·정화 및 복원 할 수 있는 한계를 말하는 것은? 기-19-2

① 환경용량 ② 환경훼손
③ 환경오염 ④ 환경파괴

**32** 환경용량 개념에 대한 생태학적 측면과 관계없는 것은? 기-19-3

① 지역의 수용용량
② 생태계 자정능력
③ 지역의 경제적 개발수용력
④ 자연 자원의 지속가능한 생산

**33** 환경용량을 평가할 때 사용되는 지표 중의 하나로 재화와 용역의 생산에 필요한 에너지 측면의 가치를 과학적으로 측정한 것은? 기-18-2

① 생태적 발자국 ② 에머지
③ 에너지 지수 ④ 에너지환경지표

**34** 환경수용능력의 산정기준이 아닌 것은? 기-18-1

① 환경자본 ② 환경 이슈와 지표
③ 환경용량 기준 ④ 환경적 개발방식

**35** 성공적인 자연환경복원이 이루어지기 위한 생태계 복원 원칙이 아닌 것은? 기-19-2

① 대상지역의 생태적 특성을 존중하여 복원계획을 수립, 시행한다.
② 각 입지별 유일한 생태적 특성을 인식하여 복원계획을 수립, 반영한다.
③ 다른 지역과 차별화 되는 자연적 특성을 우선적으로 고려한다.
④ 도입되는 식생은 가능한 조기녹화를 고려한 외래수종을 우선적으로 하고 추가로 자생종을 사용한다.

해 ④ 도입되는 식생은 가능한 고유식생을 우선적으로 사용한다.

**36** 다음 중 훼손된 자연을 회복시키고자 하는 세가지 단계에 해당되지 않는 것은? 기-15-2, 기-17-3, 기-18-1

① 복원(restoration)
② 복구(rehabilitation)
③ 대치(replacement)
④ 개발(development)



정답 29. ① 30. ③ 31. ① 32. ③ 33. ② 34. ④ 35. ④ 36. ④

**37** 생태적 복원의 유형에 대한 설명으로 틀린 것은? 기-19-3

① 복구(rehabilitation) – 완벽한 복원으로 단순한 구조의 생태계 창출
② 복원(restoration) – 교란 이전의 상태로 정확하게 돌아가기 위한 시도
③ 복원(restoration) – 시간과 많은 비용이 소요되기 때문에 쉽지 않음
④ 대체(replacement) – 현재 상태를 개선하기 위하여 다른 생태계로 원래의 생태계를 대체하는 것

해 복구는 완벽한 복원보다는 못하지만 원래의 자연상태와 유사한 것을 목적으로 하는 것이다.

**38** 환경계획을 위해 요구되는 생태학적 지식으로 볼 수 없는 것은? 기-14-1, 기-19-3

① 자연계를 설명하는 이론으로서의 순수생태학적 지식
② 훼손된 환경의 복원과 새로운 환경건설에 관련된 지식
③ 토지이용계획 수립에 필요한 지역의 개발계획에 관련된 정보
④ 인간의 환경에 있어서 급속히 파괴되는 자연조건과 불균형에 대처하기 위한 지식

**39** 생물지리지역 접근에서 생물지리지역의 구분에 대한 설명으로 잘못된 것은? 기-18-2

① 생물지역은 생물지리학적 접근단위의 최대단위이다.
② 하부생물지역은 지역에서의 독특한 기후, 지형, 식생, 유역, 토지이용유형에 의해 구분한다.
③ 경관지역은 유역과 산맥에 의해 구분되며 관찰자가 인식할 수 있는 범위이다.
④ 장소단위는 독특한 시각적 특징을 지닌 지역으로 위요된 공간(enclosed space)이다.

해 ② 하부생물지역은 생물지역 내에서 자원, 문화 등에 있어 독특한 특징을 가진 경우에 해당된다.

**40** 지역 환경 생태계획의 생태적 단위를 큰 것부터 작은 순서대로 나열한 것은? 기-16-2, 기-19-2

① Landscape District→Ecoregion→Bioregion→Sub–bioregion→Place unit
② Bioregion→Sub–bioregion→Ecoregion→Place unit→Landscape District
③ Place unit→Bioregion→Sub–bioregion→Ecoregion→Landscape District
④ Ecoregion→Bioregion→Sub–bioregion→Landscape District→Place unit

해 ④ Ecoregion(생태지역)→Bioregion(생물지역)→Sub–bioregion(하부생물지역)→Landscape District(경관지구)→Place unit(장소단위)

**41** 다음의 생물지역주의와 산업·과학주의 패러다임 비교해서 그 연결이 맞지 않는 것은? 기-19-1

| 구분 | 생물지역주의 | 산업·과학주의 |
|---|---|---|
| 규모 | 공동체 | 국가/세계 |
| 경제 | 자급 | 세계경제 |
| 정체 | 다양성 | 획일성 |
| 사회 | 협력 | 상생 |

① 규모 ② 경제
③ 정체 ④ 사회

해 생물지역주의와 산업·과학주의 패러다임 비교

| 구분 | 생물지역주의 | 산업·과학주의 |
|---|---|---|
| 규모 | 지역, 공동체 | 주(州), 국가·세계 |
| 경제 | 보전, 안정, 자급, 협력 | 착취, 변화·진보, 세계경제, 경쟁 |
| 정체 | 분권화, 상보성, 다양성 | 집권화, 위계, 획일성 |
| 사회 | 공생, 진화, 분리 | 양극화, 성장·폭력, 단일재배 |

**42** 유네스코 MAB(man and the biosphere programme)에 대한 설명으로 옳지 않은 것은?

정답 37. ① 38. ③ 39. ② 40. ④ 41. ④ 42. ④

기-15-2, 기-18-2

① 핵심지역, 완충지역, 전이지역의 3가지 기본 요소로 구분한다.
② 생물권에 인간이 어떻게 영향을 미치는지를 연구하고 생물권의 파괴를 막기 위하여 출범하였다.
③ 지속적인 위협을 받고 있는 보호지역의 한계를 극복하기 위해 생물권 보전지역을 지정하였다.
④ 동·식물 개체군이 일정한 서식환경에서 증가할 때 환경의 저항을 받아 일정한 상한에 도달해 평형상태를 지속한다는 개체군 성장한계이론을 기본으로 한다.

해 MAB란 유네스코에서 1971년 생물권 보호지구의 국제망을 형성한 계획으로 생물권보호지구는 지방주민의 이익을 보장하기 위하여 지속적인 발전·보전 노력이 양립할 수 있는 가능성을 모색한 모형설정이 기획되었던 계획을 말한다.

**43** 1971년 유네스코가 설립한 MAB(Man and the Biosphere Programme)에서 지정한 생물권보전지역을 구분하는 세 가지 기본요소가 아닌 것은? 기-15-1, 기-19-2

① 완충지역 ② 핵심지역
③ 전이지역 ④ 관리지역

**44** 유네스코(UNESCO)는 생물다양성을 보전하고 지역사회의 발전을 도모하기 위해 생물권보전지역을 지정하고 있다. 생물권보전지역으로 지정되지 않는 곳은? 기-16-3

① 설악산 ② 광릉숲
③ 신안 다도해 ④ 지리산

해 유네스코 생물권보전지역으로 지정된 곳 : 설악산, 제주도, 광릉숲, 신안 다도해, 고창, 순천, 강원생태평화, 연천임진강

**45** 군락조사 방법 중 식물의 피도와 수도를 조합한 것으로서 브라운 브랑케의 종합피도 측정법에 의한 우점도의 기준이 틀린 것은? 기-10-3

① 5 : 조사면적의 3/4이상을 피복
② 4 : 조사면적의 1/2~3/4 피복
③ 3 : 조사면적의 1/4~1/2 피복
④ 2 : 조사면적의 1/10~1/3 피복

해 ④ 2 : 조사면적의 1/20~1/4 피복
(군락측도 이론 내용은 [생태조사방법론] 참조)

**46** 식생군락을 측정한 결과, 빈도(F)가 20, 밀도(D)가 10이었을 때 수도(abundance) 값은? 기-08-2, 기-18-3

① 10 ② 25
③ 50 ④ 200

해 $수도(N_i) = \frac{밀도(D_i)}{빈도(F_i)} \times 100 = \frac{10}{20} \times 100 = 50$

**47** 다음 중 생태네트워크 특징에 대한 설명으로 틀린 것은? 기-15-1

① 도시개발의 촉진
② 생물다양성 증진
③ 광역네트워크 구축
④ 생태환경 복원 및 창출

해 생태네트워크는 무절제한 개발로 인하여 단편화된 생태계를 연결하여 생물다양성과 서식처를 보전하고 확대하기 위한 공간상 계획개념이다.

**48** 생태네트워크의 필요성에 대한 설명 중 잘못된 것은? 기-14-2

① 무절제한 개발로 인한 훼손된 환경을 개발과 보전이 조화를 이루면서 자연지역을 보전하기 위해서이다.
② 생물다양성 증진 및 생태계를 회복시키기 위해서는 각각의 공간들이 유기적으로 연계될 수 있어야 한다.
③ 불필요한 생물서식공간의 조성으로 인한 경제적 손실비용을 최소화하기 위해서이다.
④ 생물서식공간을 각각의 독립적인 공간으로 조성하기 위해서이다.

해 ④ 서식처의 독립적 기능으로는 생물다양성 증진에 기여



정답 43. ④ 44. ④ 45. ④ 46. ③ 47. ① 48. ④

할 수 없으므로 유기적 연결이 필요하다.

**49** 경관을 이루는 기본단위인 경관요소와 가장 거리가 먼 것은? 기-19-2

① Patch ② Corridor
③ Matrix ④ View point

**50** 생태네트워크를 구성하는 원리 중 형태에 따른 분류가 아닌 것은? 기-19-3

① 점(Point)형
② 선(Line)형
③ 면(Area)형
④ 징검다리(Stepping stone)형

**51** 생태네트워크를 구성하는 요소가 아닌 것은? 기-14-1, 기-17-3

① 핵심지역 ② 개발지역
③ 완충지역 ④ 생태적 코리더

**52** 생태네트워크 유형분류 중 공간특성에 따른 분류가 아닌 것은? 기-17-2

① 지역적 차원 ② 사회적 차원
③ 국가적 차원 ④ 국제적 차원

**53** 녹지네트워크의 구성요소를 점요소, 선요소, 면적요소로 구분할 때 면적요소에 해당하는 것은? 기-19-2

① 화분 ② 가로수
③ 생태통로 ④ 서울의 남산

**54** 자연환경보전법에서 규정한 '생태축'의 설명으로 ( )에 들어갈 단어가 순서대로 옳은 것은? 기-16-3

| ( )을 증진시키고 생태계 기능의 ( )을 위하여 생태적으로 중요한 지역 또는 생태적 기능의 유지가 필요한 지역을 연결하는 생태적 서식공간을 말한다. |
|---|

① 생태연결성, 다양성
② 생태연결성, 자립성
③ 생물다양성, 안정성
④ 생물다양성, 연속성

**55** 한반도의 생태축은 田자형으로 구성되어 있다. 다음 중 한반도의 생태축에 해당하지 않은 경우는? 기-15-3, 기-19-3

① 백두대간 생태축
② 한강 생태축
③ 남해안 도서보전축
④ 남북접경지역 생태보전축

**해** 한반도 규모의 백두대간 생태축, 접경지역 생태보전축, 서해안 습지생태보전축, 남해안 도서보전축, 동해안 경관보전축 그리고 중국, 러시아 접경지대 생태보전축의 구상(2001)이 한반도 핵심생태축의 기본 모형이 되었다.

**56** 백두대간의 무분별한 개발행위로 인한 훼손을 방지함으로써 국토를 건전하게 보호하고, 쾌적한 자연환경을 조성하기 위하여 백두대간 보호지역을 지정 구분한 것은? 기-15-1, 기-19-3

① 핵심구역, 전이구역
② 핵심구역, 완충구역
③ 완충구역, 전이구역
④ 핵심구역, 완충구역, 전이구역

**해** 백두대간보호지역의 구분
- 핵심구역 : 백두대간의 능선을 중심으로 특별히 보호하려는 지역
- 완충구역 : 핵심구역과 맞닿은 지역으로서 핵심구역 보호를 위하여 필요한 지역

**57** 야생동물의 이동 중 공간규모에 따른 이동통로의 유형이 아닌 것은? 기-16-3

① 가장자리 규모 ② 울타리 규모
③ 경관모자이크 규모 ④ 광역적 규모

**58** 생태네트워크계획에서 고려할 사항으로 우선순위가 가장 낮은 것은? 기-18-1

① 재해방지 및 미기상조절을 위한 녹지의 확보
② 생물의 생식·생육공간이 되는 녹지의 생태적

**정답** 49. ④ 50. ④ 51. ② 52. ② 53. ④ 54. ④ 55. ② 56. ② 57. ① 58. ①

기능 향상
③ 인간성 회복의 장이 되는 녹지 확보
④ 환경학습의 장으로서 녹지 활용

해 ②③④ 외에 생물의 생식·생육공간이 되는 녹지 확보를 고려한다.

**59** 생태네트워크 계획 시 고려할 주요 내용의 설명으로 틀린 것은? 기-17-1

① 인간성 회복의 장이 되는 녹지 확보
② 생물의 생식·생육공간이 되는 녹지의 확보
③ 국토종합계획상의 개발 방향에 따른 녹지 확보
④ 생물의 생식·생육공간이 되는 녹지의 생태적 기능 향상

해 ①②④ 외에 환경학습의 장으로서 녹지의 활용을 고려한다.

**60** 도심의 광장녹지로부터 농촌, 자연지역에 이르는 생태네트워크의 시행방안에 있어서 고려사항이 아닌 것은? 기-16-3

① 기존 자생수목을 최대한 보전 활용
② 기존 녹지를 적극적으로 보전하고 최대한 계획에 활용
③ 단지 중심부에 핵 소생물권 역할을 하는 중앙녹지대를 조성
④ 단지 내 생물이 이동할 수 있는 거점녹지와 점녹지를 분산 조성

해 ④ 거점녹지와 점녹지를 체계적으로 연결하는 계획기법이 필요하다.

**61** 생태환경 복원 및 녹화의 목적을 달성하기 위한 추진방향으로 옳지 않는 것은? 기-17-3

① 자연회복을 도와주도록 하여야 한다.
② 자연의 군락을 재생·창조 하여야 한다.
③ 자연흐름과 물리적으로 구분되는 방법으로 군락을 재생하여야 한다.
④ 자연에 가까운 방법으로 군락을 재생하여야 한다.

해 ④ 식물천이 촉진을 도모한다는 관점으로 자연흐름을 존중하여야 한다.

**62** 생태환경 복원·녹화의 목적을 달성하기 위하여 식물군락이 갖는 환경 개선력을 살린 기술의 활용 방향으로 올바른 것은? 기-18-3

① 식물군락의 재생은 자연 그 자체의 힘으로는 회복이 어려우므로, 인위적으로 자연 진행에 도움을 주어 회복력을 갖도록 유도한다.
② 식물의 침입이나 정착이 용이하지 않은 장소는 최소한의 복원·녹화를 추진할 필요가 없다.
③ 군락을 재생할 때, 자연에 가까운 형상을 조성하기 위하여 극상군락의 식생 및 신기술을 적용하여 조성하여야 한다.
④ 식물천이 촉진을 도모한다는 관점으로 자연흐름을 존중하여야 한다.

해 생태환경 복원·녹화 방법
·자연회복을 도와주도록 한다.
·자연군락을 재생·창조하여야 한다
·자연에 가까운 방법으로 군락을 재생하여야 한다.

**63** 국토의 난개발을 방지하고 개발과 보전의 조화를 유도하기 위하여 토지의 토양·입지·활용가능성 등에 따라 토지의 보전 및 이용가능성에 대한 등급을 분류하여 토지용도 구분의 기초를 제공하는 제도는? 기-16-1, 기-18-1

① 토지적성평가 ② 토지환경성평가
③ 토지이용계획 ④ 용도지역지구제

**64** 토지의 일반적인 환경성평가 과정으로 옳은 것은? 기-19-1

① 환경적합성 분석→환경 기초조사 자료→환경성평가도 작성→보전적지 등급 분류
② 환경적합성 분석→환경 기초조사 자료→보전적지 등급 분류→환경성평가도 작성
③ 환경 기초조사 자료→환경적합성 분석→환경성평가도 작성→보전적지 등급 분류


정답 59. ③ 60. ④ 61. ③ 62. ① 63. ③ 64. ④

④ 환경 기초조사 자료→환경적합성 분석→보전적지 등급 분류→환경성평가도 작성

**65** 국토환경성평가도를 평가하기 위해서는 각각의 평가항목을 등가중치법에 의해 평가항목별 가중치를 고려하지 않고, 최소지표법을 이용하여 종합화한다. 최소지표법의 장점이 아닌 것은? 기-17-1

① 보전가치에 최고 가중치 부여
② 보전가치판단에 대한 자의성 방지
③ 가치에 따른 점수화로 용도 간 경쟁 시 유리
④ 토지가 가진 환경가치를 최우선적으로 반영

**66** 국토환경성평가도에서 3등급에 해당하는 관리원칙은? 기-14-2

① 이미 개발이 진행되었거나 진행 중인 지역으로 개발을 허용하지만 보전의 필요성이 있으면 부분적으로 보전지역으로 지정하여 관리
② 개발을 허용하는 지역으로 체계적이고 종합적으로 환경을 충분히 배려하면서 개발을 수용
③ 보전지역으로서 개발을 불허하는 것을 원칙으로 하지만 예외적인 경우에 소규모의 개발을 부분 허용
④ 보전에 중점을 두는 지역이지만 개발의 행위, 규모, 내용 등을 환경성평가를 통하여 조건부 개발을 허용

해 ① 4등급, ② 5등급, ③ 2등급

**67** 토지피복지도에 관한 설명으로 틀린 것은? 기-16-3

① 주제도의 일종으로 지구표면 지형지물의 형태를 일정한 과학적 기준에 따라 분류하여 동질의 특성을 지닌 구역을 color indexing한 후 지도의 형태로 표현한 공간정보 DB를 말함
② 해상도에 따라 대분류(해상도 100m급), 중분류(해상도 50m급), 세분류(해상도 20m급), 세세분류(해상도 5m급)의 4가지 위계를 가짐
③ 지표면의 투수율(透水率)에 의한 비점오염원 부하량 산정, 비오톱 지도 작성에 의한 도시계획 등에 폭넓게 활용
④ 우리나라 실정에 맞는 분류기준을 확정하여 1998년 환경부에서 최초로 남한지역에 대한 대분류 토지피복도 구축

해 ② 해상도에 따라 대분류(해상도 30m급), 중분류(해상도 5m급), 세분류(해상도 1m급)의 3가지 위계를 가짐

**68** 토지관련 주제도 중 전 국토를 대상지역으로 하지 아니하고 주로 도시화지역을 대상으로 구축하는 주제도는? 기-14-3, 기-17-3

① 토지특성도 ② 토지이용현황도
③ 생태·자연도 ④ 토지피복지도

**69** GIS로 파악이 가능한 자연환경정보의 내용이 아닌 것은? 기-18-1, 기-18-2

① 대상지 규모 ② 오염물질 종류
③ 산림 및 산지 ④ 토지 피복/이용

해 GIS를 활용하여 심층적 정보인 물질의 종류까지 알 수는 없다.

**70** 국토환경성평가도의 활용에 대한 설명으로 가장 거리가 먼 것은? 기-16-1

① 도시계획 수립에 있어 계획가에게 판단의 기초자료로 활용이 가능하다.
② 택지개발 등 지구지정 및 개발사업계획 작성에 활용한다.
③ 산림보호지역 등 자연환경보전을 위한 보호구역 지정에 활용한다.
④ 관광권계획, 지역계획 등 행정계획의 수립에 활용이 가능하다.

해 법령상 보전용도 지역을 고려하여 국토환경성평가지도를 작성하므로 ③은 해당되지 않는다.

**71** 다음은 토양 분류에 따른 토지능력에 대한 특징이다.

정답 65. ③ 66. ④ 67. ② 68. ① 69. ② 70. ③ 71. ②

몇 급지에 해당하는 토지인가? 기-16-1, 기-19-2

> -농업지역으로 보전이 바람직한 토지
> -교통이 편리하고 인구가 집중되어있는 지역으로 집약적 토지이용이 이뤄지는 지역
> -도시근교에서는 과수, 채소 및 꽃 재배, 농촌지역에서는 답작이 중심이 되며, 전작지는 경제성 작물 재배 등 절대 농업지대

① 1급지 ② 2급지
③ 3급지 ④ 5급지

**72** 자연환경보전법의 규정에 따라 산·하천·습지·호소·농지·도시·해양 등에 대하여 자연환경을 생태적 가치, 자연성, 경관적 가치 등으로 등급화하여 작성된 지도는? 기-17-1

① 생태·자연도 ② 녹지자연도
③ 국토생태현황도 ④ 자연환경현황도

**73** 다음 중 생태·자연도 작성방법이 옳은 것은? 기-16-2

① 격자는 grid법으로 정하며 한 격자는 250×250m로 한다.
② 평가항목의 경계는 파선, 실선 및 1점 쇄선과 격자를 병행하여 표시한다.
③ 평가항목 중 "식생, 습지, 지형"은 원칙적으로 파선으로 경계를 표시한다.
④ 3만분의 1의 지형도에 작성함을 원칙으로 한다.

해 ② 평가항목의 경계는 실선과 격자를 병행하여 표시한다.
③ 평가항목 중 "식생, 습지, 지형"은 원칙적으로 실선으로 경계를 표시한다.
④ 2만5천분의1 이상 지형도에 작성함을 원칙으로 한다.

**74** 일정 토지의 자연성을 나타내는 지표로서 식생과 토지의 이용현황에 따라 녹지공간의 상태를 등급화한 것은? 기-18-3

① 생태·자연도 ② 녹지자연도
③ 국토환경성평가도 수관밀도

**75** 녹지자연도에 대한 설명으로 틀린 것은? 기-18-2

① 녹지자연도는 자연환경의 생태적 가치, 자연성, 경관적 가치 등에 따라 등급화한 지도이다.
② 녹지자연도는 식생과 토지이용현황을 기초로 하여 작성한다.
③ 녹지자연도 8등급 이상의 경우, 실제적인 개발행위가 불가하다.
④ 유사식물군집으로 그룹화하여 자연성 정도를 등급화하기 때문에 녹지자연도는 인위적이고 주관적인 명목 지표라는 한계가 지적되고 있다.

해 녹지자연도는 일정 토지의 자연성을 나타내는 지표로서 식생과 토지의 이용현황에 따라 녹지공간의 상태를 등급화한 것이다.

**76** 녹지자연도의 등급별 토지이용 현황에 대한 연결로 틀린 것은? 기-17-1, 기-19-2

① 1등급(시가지) : 녹지식생이 거의 존재하지 않는 지구
② 3등급(과수원) : 경작지나 과수원, 묘포지 등과 같이 비교적 녹지식생의 분량이 우세한 지구
③ 6등급(2차림) : 1차적으로 2차림이라 불리는 대상 식생지구
④ 9등급(자연림) : 다층의 식물사회를 형성하는 천이의 마지막에 나타나는 극상림지구

해 ③ 6등급(조림지) : 각종 활엽수 또는 침엽수의 식림지

**77** 일정 토지의 자연성을 나타내는 지표로서 식생과 토지의 이용현황에 따라 녹지공간의 상태를 등급화한 녹지자연도의 등급 기준으로 틀린 것은? 기-19-3

① 3등급 – 과수원 – 경작지나 과수원, 묘포지 등과 같이 비교적 녹지식생의 분량이 우세한 지구
② 4등급 – 2차초원 – 갈대, 조릿대군락 등과 같이 비교적 식생의 키가 높은 2차 초원지구


정답 72. ① 73. ① 74. ② 75. ① 76. ③ 77. ②

③ 6등급 - 조림지 - 각종 활엽수 또는 침엽수의 식생지구
④ 7등급 - 2차림 - 1차적으로 2차림으로 불리는 대생식생지구

해 ② 4등급 - 2차초원 - 잔디군락이나 인공초원(목장) 등과 같이 비교적 식생의 키가 낮은 이차림으로 형성된 초원지

**78** 현존 식생 조사결과가 논 10ha, 과수원 10ha, 잣나무 조림지 10ha, 20년 미만의 신갈나무 군집 20ha로 조사되었다. 이 조사결과에서 녹지자연도 3등급에 해당하는 지역의 면적 비율(%)은? 기-17-2

① 10% ② 20%
③ 30% ④ 40%

해 논 2등급, 과수원 3등급, 잣나무 조림지 6등급, 20년 미만 조림지는 7등급이므로 과수원만 3등급에 해당된다.

$$\rightarrow \frac{10}{10+10+10+20} \times 100 = 20(\%)$$

**79** 현존식생조사를 실시한 결과 밭 1㎢, 논 1㎢, 일본잎갈나무 조림지 1㎢, 20년 미만 상수리나무림 1㎢, 20년 이상 신갈나무림 1㎢으로 조사되었다. 환경영향평가 협의 결과 녹지자연도 7등급 이상은 보전하고 나머지는 개발 가능한 것으로 협의되었다. 이 대상지에서 개발 가능한 가용지 면적(㎢)은? 기-18-2

① 2 ② 3
③ 4 ④ 5

해 논과 밭은 2등급, 조림지는 6등급, 상수리나무림은 7등급, 신갈나무림은 8등급에 해당된다.
→ 밭+논+조림지= 1+1+1=3(㎢)

**80** 전체1㎢의 개발대상지를 조사한 결과 논이 0.5㎢, 20년 이상 된 2차림이 0.1㎢, 과수원이 0.2㎢, 잣나무 조림지가 0.2㎢로 조사되었다. 이를 바탕으로 녹지자연도를 작성하였을 때 5등급 이상에 해당하는 면적의 비율(%)은? 기-14-1, 기-19-1

① 10 ② 20
③ 30 ④ 40

해 논(2등급) 0.5㎢, 20년 이상된 2차림(8등급) 0.1㎢, 과수원(3등급) 0.2㎢, 잣나무 조림지(6등급) 0.2㎢

$$\rightarrow \frac{0.1+0.2}{0.5+0.1+0.2+0.2} \times 100 = 30(\%)$$

**81** 환경계획의 입지선정 요소 중 중요하게 활용되고 있는 경사도 100%의 도수로 적당한 것은? 기-17-3

① 45도 ② 30도
③ 15도 ④ 10도

**82** 자연입지적 토지이용유형에서 자연자원 유형이 아닌 것은? 기-19-3

① 역사·문화환경 ② 해안환경
③ 하천·호수환경 ④ 산림·계곡환경

**83** 다음 중 자연 입지적 토지이용유형별 세부관리방안 중에서 산림·계곡환경 관리방안에 대한 설명이 아닌 것은? 기-15-1

① 생태계 훼손방지 기준 강화
② 주변 자연경관과 조화되는 대비 색상 기준 도입
③ 산과 계곡으로의 경관축과 조망점 설정
④ 자연환경자원과 조화되는 건축지침 수립

**84** 자연입지적 토지이용 유형과 기본 방향의 연결이 틀린 것은? 기-15-3, 기-19-1

① 산림·계곡환경 - 보전중심의 경관 관리
② 하천·호수환경 - 수변경관 중심의 대규모 관광 및 상업지역 조성
③ 역사·문화환경 - 역사·문화 경관자원과 조화된 경관 형성
④ 해안환경 - 자연환경오염의 최소화 및 공공기반 시설의 확충

해 ② 하천·호수환경 - 하안선 및 호안선 보전 및 수변과 조화된 친환경적 경관 조성

**85** 하천 및 호수 환경의 친환경적인 관리지침에 대한 제안으로 부적합한 것은? 기-18-2

① 하안선, 호안선 관련 개발금지구역의 설정

정답 78. ② 79. ② 80. ③ 81. ① 82. ① 83. ② 84. ② 85. ③

및 관리
② 주요 조망점으로부터 시각회랑 확보
③ 건축물 허가 기준의 완화
④ 환경오염 규제 기준의 강화

해 ③ 건축물 허가 기준의 완화는 오염물질의 증가를 가져와 환경적 영향을 증가시키게 된다.

**86** 환경지표의 개념에 대한 설명으로 틀린 것은? 기-15-2, 기-19-1

① 환경에 관한 어떤 상태를 가능한 정량적으로 평가하는 것
② 정책 목표를 개략적으로 제시하고 정책 효과를 평가하는 기초가 되는 것
③ 환경의 상태나 환경정책의 추진 상황을 측정하는 것
④ 환경 자료를 필요에 따라 가공하여 환경 현황이나 환경정책을 평가하는 재료로서 사용하는 것

해 ② 정책 목표를 구체적으로 제시하고 정책 효과를 정량적으로 평가한다.

**87** 환경지표는 정보전달의 제1종 지표와 가치평가의 제2종 지표의 체계로 나누어 볼 수 있는데, 다음 중 제2종 지표로만 묶여진 것은? 기-14-1

① 물가지수, 대기질 종합지표
② 오염피해 지표, 대기질 종합지표
③ 도시쾌적성·만족도 지표, 오염피해 지표
④ 오염피해 지표, 수질종합지표

해 제1종 지표 : 물가지수, 대기질 종합지표, 수질종합지표

**88** OECD에서 채택한 환경지표 설정을 위한 요소로 인간과 환경의 대응 관계에 대한 3가지 구조요소에 해당하지 않는 것은? 기-14-2, 기-17-3

① 계획(plan)
② 환경상태(state)
③ 대책(response)
④ 환경에의 부하(pressure)

**89** OECD의 환경지표 설정을 위한 PSR구조에서 대응(response)에 해당되는 것은? 기-15-3, 기-18-1

① 에너지, 운송, 제조업, 농업
② 행정, 기업, 국제사회
③ 대기, 토양, 자연자원
④ 학교, 민간단체, 군대

해 PSR(Pressure-State-Response)구조
·Pressure(압력) : 경제활동의 과정에서 환경에 압력을 주는 요인들로 인구, 교통량, 자원소비량, 인공구조물 등이 해당된다.
·State(상태) : 대기오염, 수질오염, 생태서식지 및 종 다양성 파괴 등과 같이 환경오염과 환경파괴의 정도를 나타내는 요인들이다.
·Response(대응) : 상태요인을 개선하려는 정부, 기업, 시민 혹은 국제사회 차원의 노력을 말하는 것으로서, 규제제도, 기업의 환경투자, 환경보전 실천행위 등을 내용으로 한다.

**90** OECD에서 채택한 환경지표 구조는 압력(Pressure)–상태(Status)–대응(Response)구조였다. 다음 환경 문제를 해석하는 환경지표 중 PSR구조가 아닌 것은? 기-18-3

① 기후변화 : 압력(온실가스 배출) – 상태(농도) – 대응(CFC 회수)
② 부영향화 : 압력(질소, 인 배출) – 상태(농도) – 대응(처리관련 투자)
③ 도시환경질 : 압력(VOCs, NOx, SOx 배출) – 상태(농도) – 대응(운송정책)
④ 생물다양성 : 압력(개발사업) – 상태(생물종수) – 대응(보호지역 지정)

해 ① 기후변화 : 압력(온실가스 배출) – 상태(농도) – 대응(온실가스 방출 제한)


정답 86. ② 87. ③ 88. ① 89. ② 90. ①

# Chapter 2 환경계획의 체계

## 1 국가환경종합계획의 체계

### 1. 국가환경종합계획의 체계

① 법적근거 : 「헌법」 제35조, 「환경정책기본법」 제14조
② 계획기간 : 20년(제5차 2020~2040년)
③ 비전 : 국민과 함께 여는 지속가능한 생태국가(제5차)
④ 위상 : 전 국토를 대상으로 한 환경분야의 범정부 최상위 계획
⑤ 역할 : 타 중앙행정기관·지자체 환경계획에 대한 기본원칙 및 방향 제시
⑥ 국가환경종합계획의 정비 : 환경적·사회적 여건 변화 등을 고려하여 5년마다 국가환경종합계획의 타당성을 재검토하고 필요 시 정비
⑦ 환경보전중기종합계획 : 국가환경종합계획의 종합적·체계적 추진을 위하여 5년마다 환경보전중기종합계획 수립
⑧ 시·도의 환경보전계획 : 국가환경종합계획 및 중기계획에 따라 관할 구역의 지역적 특성을 고려하여 해당 시·도의 환경보전계획 수립·시행
⑨ 시·군·구의 환경보전계획 : 국가환경종합계획, 중기계획 및 시·도 환경계획에 따라 관할 구역의 지역적 특성을 고려하여 해당 시·군·구의 환경보전계획 수립·시

□ 국가환경종합계획의 의의

향후 20년간의 국가 환경정책의 비전과 장기전략을 제시하는 법정계획이다.

□ 환경계획의 위계

① 국가환경종합계획
② 환경보전중기종합계획
③ 시·도의 환경보전계획
④ 시·군·구의 환경보전계획

### 2. 국가환경종합계획의 내용

① 인구·산업·경제·토지 및 해양의 이용 등 환경변화 여건에 관한 사항
② 환경오염원·환경오염도 및 오염물질 배출량의 예측과 환경오염 및 환경훼손으로 인한 환경의 질(質)의 변화 전망
③ 환경의 현황 및 전망
④ 환경정의 실현을 위한 목표 설정과 이의 달성을 위한 대책
⑤ 환경보전 목표의 설정과 이의 달성을 위한 사항에 관한 단계별 대책 및 사업계획
⑥ 사업의 시행에 드는 비용의 산정 및 재원 조달 방법
⑦ 직전 종합계획에 대한 평가 및 전항에 부대되는 사항

□ 지속가능한 발전 실현방안

① 환경적 지속가능성
② 사회적 지속가능성
③ 경제적 지속가능성

□ 국토환경보전계획의 계획기조

① 공생의 원칙(인간과 자연의 공생)
② 조화의 원칙(개발과 보전의 조화)
③ 번영의 원칙(환경보전과 경제성장의 조화)
④ 형평의 원칙(현 세대와 미래 새대의 형평)

국토환경보전계획의 목표 및 추진전략

| 목표 | 추진전략 및 과제 |
|---|---|
| 개발과 조화된 국토환경보전체계 구축 | 국토환경성평가 및 평가지도 작성, 국토환경지표 개발, 지역특성을 고려한 국토환경보전방안 마련 |
| 환경친화적 개발 유도·지원 | 환경친화적 계획기법 개발·보급, 사전환경성검토제도 보완·발전, 환경영향평가제도의 효과성·효율성 제고 |
| 국토환경보전정책의 추진기반 강화 | 국토환경 현황조사 체계 구축, 국토환경정보망 구축·운영, 국토환경보전 전문인력 육성·지원 |

**국토환경보전계획**

국가환경종합계획의 국토환경보전 부문의 계획으로 수립하도록 하고 있으며, 계획의 기본이념은 환경적 지속가능성을 강조하여 '건강하고 쾌적한 국토환경을 유지·보전'하여 지속가능한 발전을 이루는 것이다.

## 2 자연환경보전기본계획의 체계

### 1. 자연환경보전기본계획의 체계

① 법적근거 : 자연환경보전법 제8조

② 계획기간 : 10년

③ 시행성과를 2년마다 정기적으로 분석·평가하고 그 결과를 자연환경보전정책에 반영

④ 위상 : 국가환경종합계획 중 자연환경보전분야의 하위계획이며, 우리나라 자연환경분야 최상위 종합계획

㉠ 자연환경 보전을 위한 최상위 계획으로 생태계, 생물종, 유전다양성, 생물안전, 생태계 서비스 부문을 포괄하는 전략계획

㉡ 생물다양성을 증진하기 위한 국가생물다양성전략의 내용을 반영하여 실천과제를 추진하는 실행계획

㉢ 자연환경보전실천계획, 야생생물보호세부계획, 지방생물다양성전략 등 지자체 추진계획의 방향을 제시하는 계획

⑤ 시·도 자연환경보전 실천계획

㉠ 환경부의 전국자연환경보전계획 작성지침 시달

㉡ 시·도의 자체적 실천계획 수립 −계획기간 10년

**자연환경보전기본계획의 의의**

자연환경보전법에 근거한 장기종합계획이며, 자연환경보전기본원칙과 자연환경보전기본방침을 실천하기 위해 향후 10년간 추진할 사항을 담은 기본계획으로, 국가환경종합계획의 자연 환경분야 실천과제 추진을 위한 부문계획이다.

### 2. 자연환경보전기본계획의 내용

#### (1) 자연환경보전의 기본원칙

① 자연환경은 모든 국민의 자산으로서 공익에 적합하게 보전되고 현재와 장래의 세대를 위하여 지속가능하게 이용

② 국토의 이용과 조화·균형을 이루는 자연환경보전

③ 자연생태와 자연경관은 인간활동과 자연의 기능 및 생태적 순환이 촉진되도록 보전·관리

④ 모든 국민이 자연환경보전에 참여하고 자연환경을 건전하게 이용할 수 있는 기회 증진
⑤ 자연환경을 이용하거나 개발하는 때에는 생태적 균형이 파괴되거나 그 가치가 저하되지 않도록 하고 파괴·훼손 시 최대한 복원·복구
⑥ 자연환경보전에 따르는 부담은 공평하게 분담, 혜택은 지역주민과 이해관계인 우선
⑦ 자연환경보전과 자연환경의 지속가능한 이용을 위한 국제협력 증진
⑧ 자연환경을 복원 시 환경변화에 대한 적응 및 생태계의 연계성 고려, 과학적 지식과 정보 활용, 국가·지방자치단체·지역주민·시민단체·전문가 등 모든 이해관계자의 참여와 협력을 바탕으로 복원

### (2) 자연환경보전기본방침

① 자연환경의 체계적 보전·관리, 자연환경의 지속가능한 이용
② 중요하게 보전하여야 할 생태계의 선정, 멸종위기에 처하여 있거나 생태적으로 중요한 생물종 및 생물자원의 보호
③ 자연환경 훼손지의 복원·복구
④ 생태·경관보전지역의 관리 및 해당 지역주민의 삶의 질 향상
⑤ 산·하천·내륙습지·농지·섬 등에 있어서 생태적 건전성의 향상 및 생태통로·소생태계·대체자연의 조성 등을 통한 생물다양성의 보전
⑥ 생태축의 보전 및 훼손된 생태축의 복원
⑦ 자연환경에 관한 국민교육과 민간활동의 활성화
⑧ 자연환경보전에 관한 국제협력
⑨ 자연환경보전을 위한 전문인력의 육성 및 연구·조사기관의 확충
⑩ 자연환경보전을 위한 사업추진 및 비용조달

### (3) 자연환경보전기본계획의 내용

① 자연환경의 현황 및 전망에 관한 사항
② 자연환경보전에 관한 기본방향 및 보전목표설정에 관한 사항
③ 자연환경보전을 위한 주요 추진과제에 관한 사항
④ 지방자치단체별로 추진할 주요 자연보전시책에 관한 사항
⑤ 자연경관의 보전·관리에 관한 사항
⑥ 생태축의 구축·추진에 관한 사항
⑦ 생태통로 설치, 훼손지 복원 등 생태계 복원을 위한 주요사업에 관한 사항
⑧ 자연환경종합지리정보시스템의 구축·운영에 관한 사항
⑨ 사업시행에 소요되는 경비의 산정 및 재원조달 방안에 관한 사항
⑩ 자연보호운동의 활성화에 관한 사항
⑪ 자연환경보전 국제협력에 관한 사항

❖ 생태·경관보전지역

① 생물다양성이 풍부하여 생태적으로 중요하거나 자연경관이 수려하여 특별히 보전할 가치가 큰 지역으로서 환경부장관이 지정·고시하는 지역을 말한다.

② 자연생태·자연경관을 특별히 보전할 필요가 있는 지역을 생태·경관보전지역으로 지정할 수 있다.

㉠ 자연상태가 원시성을 유지하고 있거나 생물다양성이 풍부하여 보전 및 학술적연구가치가 큰 지역

㉡ 지형 또는 지질이 특이하여 학술적 연구 또는 자연경관의 유지를 위하여 보전이 필요한 지역

㉢ 다양한 생태계를 대표할 수 있는 지역 또는 생태계의 표본지역

③ 생태·경관보전지역의 지속가능한 보전·관리를 위하여 생태적 특성, 자연경관 및 지형여건 등을 고려하여 생태·경관보전지역을 다음과 같이 구분하여 지정·관리할 수 있다.

㉠ 생태·경관핵심보전구역(핵심구역) : 생태계의 구조와 기능의 훼손방지를 위하여 특별한 보호가 필요하거나 자연경관이 수려하여 특별히 보호하고자 하는 지역

㉡ 생태·경관완충보전구역(완충구역) : 핵심구역의 연접지역으로서 핵심구역의 보호를 위하여 필요한 지역

㉢ 생태·경관전이(轉移)보전구역(전이구역) : 핵심구역 또는 완충구역에 둘러싸인 취락지역으로서 지속가능한 보전과 이용을 위하여 필요한 지역

④ 생태·경관보전지역의 지정에 사용하는 지형도는 생태·경관보전지역의 구역별 범위 및 면적을 표시한 축척 1:5,000 이상의 지형도로서 지적도가 함께 표시되거나 덧씌워진 것을 말한다.

⑤ 생태·경관보전지역에서의 행위제한

㉠ 핵심구역안에서 야생동·식물을 포획·채취·이식(移植)·훼손하거나 고사(枯死)시키는 행위 또는 포획하거나 고사시키기 위하여 화약류·덫·올무·그물·함정 등을 설치하거나 유독물·농약 등을 살포·주입(注入)하는 행위

㉡ 건축물 그 밖의 공작물(건축물 등)의 신축·증축(생태·경관보전지역 지정 당시의 건축연면적의 2배 이상 증축하는 경우에 한한다) 및 토지의 형질변경

㉢ 하천·호소 등의 구조를 변경하거나 수위 또는 수량에 증감을 가져오는 행위

㉣ 토석의 채취

⑥ 생태·경관보전지역안에서 위반되는 행위를 한 사람에 대하여 그 행위의 중지를 명하거나 상당한 기간을 정하여 원상회복을 명할 수 있다. 다만, 원상회복이 곤란한 경우에는 대체자연의 조성 등 이에 상응하는 조치를 하도록 명할 수 있다.

# 3 국토공간계획의 체계

## 1. 국토계획

① 국토종합계획 : 국토 전역을 대상으로 하여 국토의 장기적인 발전 방향을 제시하는 종합계획
② 도종합계획 : 도 또는 특별자치도의 관할구역을 대상으로 하여 해당 지역의 장기적인 발전 방향을 제시하는 종합계획
③ 시·군종합계획 : 관할구역을 대상으로 하여 해당 지역의 기본적인 공간구조와 장기 발전 방향을 제시하고, 토지이용, 교통, 환경, 안전, 산업, 정보통신, 보건, 후생, 문화 등에 관하여 수립하는 계획으로서 「국토의 계획 및 이용에 관한 법률」에 따라 수립되는 도시·군계획
④ 지역계획 : 특정 지역을 대상으로 특별한 정책목적을 달성하기 위하여 수립하는 계획 –지역 특성에 맞는 정비나 개발 계획
㉠ 수도권 발전계획 : 수도권에 과도하게 집중된 인구와 산업의 분산 및 적정배치를 유도하기 위하여 수립하는 계획
㉡ 지역개발계획 : 성장 잠재력을 보유한 낙후지역 또는 거점지역 등과 그 인근지역을 종합적·체계적으로 발전시키기 위하여 수립하는 계획
⑤ 부문별계획 : 국토 전역을 대상으로 하여 특정 부문에 대한 장기적인 발전 방향을 제시하는 계획

◘ 국토공간계획
「국토기본법」의 적용을 받는 국토계획과 「국토의 계획 및 이용에 관한 법률」에 의한 도시·군계획으로 나뉘어진다.

◘ 국토계획
국토를 이용·개발 및 보전함에 있어서 미래의 경제적·사회적 변동에 대응하여 국토가 지향하여야 할 발전방향을 제시하는 계획을 말한다.

## 2. 도시계획

### (1) 광역도시계획

① 인접한 둘 이상의 행정구역(광역계획권)에 대하여 장기적인 발전방향을 제시하거나 시·군간 기능을 상호 연계하기 위하여 수립하는 계획
② 광역도시계획의 지위
㉠ 도시·군계획체계상의 최상위계획
㉡ 광역계획권내 도시·군기본계획, 도시·군관리계획 등에 대한 지침
③ 계획수립시점으로부터 20년 내외를 기준으로 5년마다 타당성 재검토 후 정비 –개발제한구역의 조정은 원칙적으로 재검토 불가
④ 광역계획권의 문화·여가공간 및 방재에 관한 사항

◘ 광역계획권 지정
국토교통부장관 또는 도지사는 인접한 둘 이상의 특별시·광역시·시 또는 군의 공간구조 및 기능을 상호연계 시키고 환경을 보전하며 광역시설을 체계적으로 정비하기 위하여 필요하다고 인정하는 경우 광역계획권으로 지정할 수 있다.

### (2) 도시·군계획

특별시·광역시·특별자치시·특별자치도·시 또는 군의 관할 구역에 대하여 수립하는 공간구조와 발전방향에 대한 계획으로서 도시·군기본계획과 도시·군관리계획으로 구분

### (3) 도시·군기본계획

① 관할 구역에 대하여 기본적인 공간구조와 장기발전방향을 제시하는 종합계획으로서 도시·군관리계획 수립의 지침이 되는 계획 –사회·경제적 측면까지 포함

② 도시·군기본계획의 지위

㉠ 국토종합계획, 도종합계획, 광역도시계획 등 상위계획의 내용을 수용하여 시·군이 지향하여야 할 바람직한 미래상 제시

㉡ 도시·군관리계획의 지침적 계획으로서의 위상

㉢ 최상위 공간계획 –공간구조 및 입지와 토지이용에 관한 한 부문별 정책이나 계획 등에 우선

③ 계획수립시점으로부터 20년을 기준으로 하되, 5년마다 타당성 재검토 후 정비

### (4) 도시·군관리계획

① 관할 구역의 개발·정비 및 보전을 위하여 수립하는 토지 이용, 교통, 환경, 경관, 안전, 산업, 정보통신, 보건, 복지, 안보, 문화 등에 관한 계획

② 기준년도로부터 장래의 10년을 기준으로 하고, 5년마다 재검토하고, 목표년도는 도시·군기본계획의 재검토 시점으로부터 10년으로 함

③ 도시·군관리계획 결정의 효력은 지형도면을 고시한 날부터 발생

④ 도시·군관리계획도서중 계획도는 축척 1:1,000 또는 축척 1:5,000(없는 경우 1:25,000) 지형도에 도시·군관리계획사항을 명시한 도면으로 작성

⑤ 도시·군계획시설에 대하여 그 고시일부터 20년이 지날 때까지 그 시설의 설치에 관한 도시·군계획시설사업이 시행되지 아니하는 경우 그 도시·군계획시설결정은 그 고시일부터 20년이 되는 날의 다음날에 그 효력 상실

### (5) 지구단위계획

① 도시·군계획 수립 대상지역의 일부에 대하여 토지 이용을 합리화하고 그 기능을 증진시키며 미관을 개선하고 양호한 환경을 확보하며, 그 지역을 체계적·계획적으로 관리하기 위하여 수립하는 도시·군관리계획

② 지구단위계획구역 및 지구단위계획은 도시·군관리계획으로 결정

③ 지구단위계획은 향후 10년 내외에 걸쳐 나타날 시·군의 성장·발전 등의 여건변화와 향후 5년 내외에 개발이 예상되는 일단의 토지 또는 지역과 그 주변지역의 미래모습을 상정하여 수립하는 계획

④ 지구단위계획에 의하여 다른 도시·군관리계획이 변경되거나 다른 도시·군관리계획에 의하여 지구단위계획이 변경되는 경우에는 가급적 양

자를 동시에 입안

⑤ 지구단위계획의 내용
- ㉠ 용도지역이나 용도지구를 대통령령으로 정하는 범위에서 세분하거나 변경하는 사항
- ㉡ 기존의 용도지구를 폐지하고 그 용도지구에서의 건축물이나 그 밖의 시설의 용도·종류 및 기반시설의 배치와 규모
- ㉢ 도로로 둘러싸인 일단의 지역 또는 계획적인 개발·정비를 위하여 구획된 일단의 토지의 규모와 조성계획
- ㉣ 건축물의 용도제한, 건축물의 건폐율 또는 용적률, 건축물 높이의 최고한도 또는 최저한도
- ㉤ 건축물의 배치·형태·색채 또는 건축선에 관한 계획
- ㉥ 환경관리계획 또는 경관계획
- ㉦ 교통처리계획

⑥ 지구단위계획구역의 지정에 관한 도시·군관리계획결정의 고시일부터 3년 이내에 그 지구단위계획구역에 관한 지구단위계획이 결정·고시되지 아니하면 그 3년이 되는 날의 다음날에 효력 상실

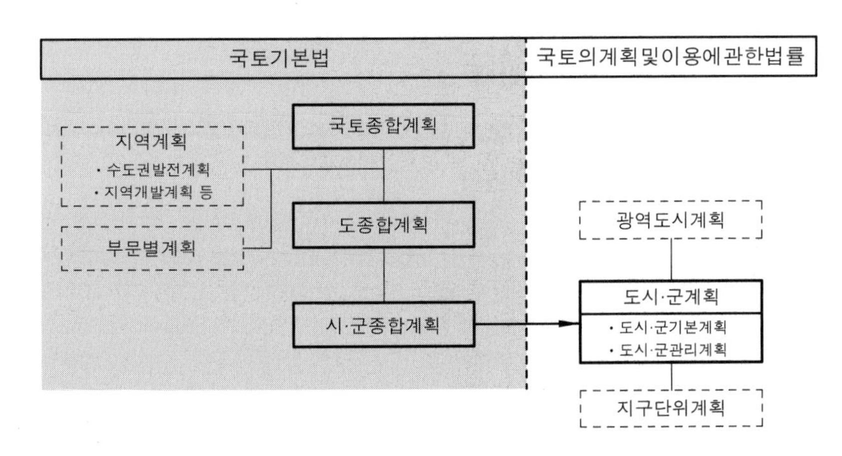


[ 우리나라 국토계획의 종류와 체계 ]

종합계획의 분류

| 구분 | 국토종합계획 | 도종합계획 | 시·군종합계획 |
|---|---|---|---|
| 계획목적 | 국토의 장기적인 발전방향 제시 | 도의 장기적인 발전 방향 제시 | 시·군의 공간구조와 장기적인 발전방향 제시 |
| 계획내용 | 경제사회적 측면과 공간구조적 측면 | 경제사회적 측면과 공간구조적 측면 | 도시·군계획 기준 |
| 법적구속력 | 없음 | 없음 | 도시·군계획 기준 |
| 계획기간 | 20년, 5년마다 정비 | 20년 | 도시·군계획 기준 |
| 계획구역 범위 | 국토 전체 | 도 관할구역 전체 | 시·군 관할구역 전체 |

**◘ 국토계획과 광역도시계획**

국토종합계획은 광역도시계획의 상위계획이며, 국토종합계획중 부문별 계획도 광역도시계획의 상위계획이 된다. 지역계획중에서는 광역권개발계획과 수도권정비계획이 광역도시계획의 상위계획이 된다. 광역도시계획을 수립할 경우에는 이러한 상위계획과 조화를 이루어야 한다.

**◘ 국토공간간계획의 위계**

① 국토종합계획
② 도종합계획
③ 시·군종합계획(도시·군계획)
④ 도시·군기본계획
⑤ 도시·군관리계획
⑥ 지구단위계획

시·군계획의 분류

| 구분 | 광역도시계획 | 도시·군기본계획 | 도시·군관리계획 |
|---|---|---|---|
| 계획목적 | 광역권의 장기적인 발전방향 제시 | 공간구조와 장기발전 방향 제시 및 도시·군관리계획 수립의 지침 | 도시 개발·정비·보전 및 규제지침 제시 |
| 계획내용 | 공간구조와 경제사회적 측면 포함 | 공간구조와 경제사회적 측면 포함 | 공간구조 분야 |
| 법적구속력 | 없음 | 없음 | 있음 |
| 계획기간 | 20년, 5년마다 정비 | 20년, 5년마다 정비 | 10년, 5년마다(기본계획에 따라) 정비 |
| 계획구역 범위 | 광역계획권 | 시·군 관할구역 전체 | 시·군 관할구역 전체 |

도시계획의 위계
① 광역도시계획
② 도시·군기본계획
③ 도시·군관리계획
④ 지구단위계획

## 4 토지이용체계와 용도별 특징

### 1. 토지이용과 용도지역제도

① 정주환경의 현재와 장래의 공간구성 기능
② 토지이용의 규제와 실행수단의 제시 기능
③ 세부 공간환경의 설계에 대한 지침 제시 역할
④ 난개발의 방지 기능
⑤ 사회의 지속가능성을 위한 토지의 보전 기능

### 2. 용도지역의 종류와 특성

(1) 용도지역의 체계

1) 용도지역

① 토지의 이용 및 건축물의 용도, 건폐율, 용적률, 높이 등을 제한함으로써 토지를 경제적·효율적으로 이용
② 공공복리의 증진을 도모하기 위하여 서로 중복되지 아니하게 도시·군관리계획으로 결정하는 지역

2) 용도지구

① 토지의 이용 및 건축물의 용도·건폐율·용적률·높이 등에 대한 용도지역의 제한을 강화하거나 완화하여 적용
② 용도지역의 기능을 증진시키고 미관·경관·안전 등을 도모하기 위하여 도시·군관리계획으로 결정하는 지역

3) 용도구역

① 토지의 이용 및 건축물의 용도·건폐율·용적률·높이 등에 대한 용도지

역 및 용도지구의 제한을 강화하거나 완화하여 적용
② 시가지의 무질서한 확산방지, 계획적이고 단계적인 토지이용의 도모
③ 토지이용의 종합적 조정·관리 등을 위하여 도시·군관리계획으로 결정하는 지역

지역·지구·구역의 구분

<table>
<tr><td rowspan="7">용도지역</td><td rowspan="4">도시지역</td><td>주거지역</td><td>전용주거지역·일반주거지역·준주거지역</td></tr>
<tr><td>상업지역</td><td>중심상업지역·일반상업지역·근린상업지역·유통상업지역</td></tr>
<tr><td>공업지역</td><td>전용공업지역·일반공업지역·준공업지역</td></tr>
<tr><td>녹지지역</td><td>보전녹지지역·생산녹지지역·자연녹지지역</td></tr>
<tr><td>관리지역</td><td colspan="2">보전관리지역, 생산관리지역, 계획관리지역</td></tr>
<tr><td colspan="3">농림지역</td></tr>
<tr><td colspan="3">자연환경보전지역</td></tr>
<tr><td>용도지구</td><td colspan="3">경관지구(자연·시가지·특화), 고도지구, 방화지구, 방재지구(시가지·자연), 보호지구(역사문화환경·중요시설물·생태계), 취락지구(자연·집단), 개발진흥지구(주거·산업유통·관광휴양·복합·특정), 특정용도제한지구, 복합용도지구</td></tr>
<tr><td>용도구역</td><td colspan="3">개발제한구역, 도시자연공원구역, 시가화조정구역, 수산자원보호구역, 입지규제최소구역</td></tr>
</table>

### (2) 용도지역의 지정

① 도시지역 : 인구와 산업이 밀집되어 있거나 밀집이 예상되어 그 지역에 대하여 체계적인 개발·정비·관리·보전 등이 필요한 지역
② 관리지역 : 도시지역의 인구와 산업을 수용하기 위하여 도시지역에 준하여 체계적으로 관리하거나 농림업의 진흥, 자연환경 또는 산림의 보전을 위하여 농림지역 또는 자연환경보전지역에 준하여 관리할 필요가 있는 지역
㉠ 보전관리지역 : 자연환경 보호, 산림 보호, 수질오염 방지, 녹지공간 확보 및 생태계 보전 등을 위하여 보전이 필요하나, 주변 용도지역과의 관계 등을 고려할 때 자연환경보전지역으로 지정하여 관리하기가 곤란한 지역
㉡ 생산관리지역 : 농업·임업·어업 생산 등을 위하여 관리가 필요하나, 주변 용도지역과의 관계 등을 고려할 때 농림지역으로 지정하여 관리하기가 곤란한 지역
㉢ 계획관리지역 : 도시지역으로의 편입이 예상되는 지역이나 자연환경을 고려하여 제한적인 이용·개발을 하려는 지역으로서 계획적·체계적인 관리가 필요한 지역

③ 농림지역 : 도시지역에 속하지 아니하는 농업진흥지역 또는 보전산지 등으로서 농림업을 진흥시키고 산림을 보전하기 위하여 필요한 지역
④ 자연환경보전지역 : 자연환경·수자원·해안·생태계·상수원 및 문화재의 보전과 수산자원의 보호·육성 등을 위하여 필요한 지역

### (3) 용도구역의 지정

① 개발제한구역 : 국토해양부장관은 도시의 무질서한 확산을 방지하고 도시주변의 자연환경을 보전하여 도시민의 건전한 생활환경을 확보하기 위하여 도시의 개발을 제한할 필요가 있거나 국방부장관의 요청이 있어 보안상 도시의 개발을 제한할 필요가 있다고 인정되는 구역
② 도시자연공원구역 : 도시의 자연환경 및 경관을 보호하고 도시민에게 건전한 여가·휴식공간을 제공하기 위하여 도시지역 안에서 식생이 양호한 산지의 개발을 제한할 필요가 있다고 인정되는 구역

### (4) 별도의 지정 구역

① 개발밀도관리구역 : 개발로 인하여 기반시설이 부족할 것으로 예상되나 기반시설을 설치하기 곤란한 지역을 대상으로 건폐율이나 용적률을 강화하여 적용하기 위하여 지정하는 구역
② 기반시설부담구역 : 개발밀도관리구역 외의 지역으로서 개발로 인하여 도로, 공원, 녹지 등 기반시설의 설치가 필요한 지역을 대상으로 기반시설을 설치하거나 그에 필요한 용지를 확보하게 하기 위하여 지정·고시하는 구역

지역의 건폐율 및 용적률 최대한도(다음의 범위에서 조례로 정함)

| 지역구분 | | 건폐율 | 용적률 |
|---|---|---|---|
| 도시지역 | 주거지역 | 70% 이하 | 500% 이하 |
| | 상업지역 | 90% 이하 | 1,500% 이하 |
| | 공업지역 | 70% 이하 | 400% 이하 |
| | 녹지지역 | 20% 이하 | 100% 이하 |
| 관리지역 | 보전관리지역 | 20% 이하 | 80% 이하 |
| | 생산관리지역 | 20% 이하 | 80% 이하 |
| | 계획관리지역 | 40% 이하 | 100% 이하 |
| 농림지역 | | 20% 이하 | 80% 이하 |
| 자연환경보전지역 | | 20% 이하 | 80% 이하 |

·도시지역, 관리지역, 농림지역 또는 자연환경보전지역으로 용도가 지정되지 아니한 지역에 대한 건폐율과 용적률은 자연환경보전지역에 관한 규정을 적용한다.

# 핵심문제 해설

**01** 국가환경종합계획은 몇 년마다 수립해야 하는가? 기-18-3, 기-19-1

① 5년 ② 10년
③ 15년 ④ 20년

해 환경정책기본법

**02** 국가환경종합계획은 한반도의 자연환경과 생활환경을 온전하고, 건강하게 하여 지속 가능한 사회를 실현하고자 하는 데 그 목표가 있다. 국가환경종합계획과 관련된 설명 중 틀린 것은? 기-16-2

① 국가환경종합계획은 10년마다 수립하여야 한다.
② 국가환경종합계획에는 "국토환경의 보전에 관한 사항"을 포함하여야 한다.
③ 국가환경종합계획의 추진을 위해 환경보전중기종합계획은 5년마다 수립하여야 한다.
④ 국가환경종합계획을 변경하려면 그 초안을 마련하여 공청회 등을 열어 국민, 관계전문가 등의 의견을 수렴한 후 국무회의의 심의를 거쳐 확정한다.

해 ① 국가환경종합계획은 20년마다 수립하여야 한다.(국토기본법)

**03** 국토환경보전계획의 계획기조와 내용을 연결한 것 중 옳지 않은 것은? 기-17-2

① 인간과 자연의 공생 – 자연은 인간에게 생명과 삶의 터전을 제공
② 개발과 보전의 조화 – 환경의 건전성을 바탕으로 하는 상호보완적인 관계
③ 환경보전과 경제성장의 조화 – 환경보전과 경제성장은 상반관계
④ 현 세대와 미래 세대의 형평 – 미래 세대의 환경자원을 현 세대가 빌려 사용

해 ③ 종래에는 환경보전과 경제성장은 상반관계라는 인식이 지배했으나 지속가능한 발전을 위해서는 상호보완적 관계로 인식하여야 한다. 지속가능한 발전을 위한 '번영의 원칙'에 합당한 내용이다.

**04** 국토환경보전계획의 목표와 가장 거리가 먼 것은? 기-16-3

① 환경친화적 개발 유도·지원
② 자연생태계보전지역의 지정
③ 국토환경보전정책의 추진기반 강화
④ 개발과 조화된 국토환경보전체계를 구축

**05** 국토환경보전계획의 3대 목표 중 하나인 개발과 조화된 국토환경보전체계 구축을 위한 주요 추진전략 및 과제가 아닌 것은? 기-17-1

① 국토 환경 정보망 구축, 운영
② 국토환경지표개발
③ 지역 특성을 고려한 국토 환경보전 방안 마련
④ 국토환경성평가 및 평가지도 작성

해 ① 국토 환경 정보망 구축, 운영은 국토환경보전정책의 추진기반 강화에 대한 추진전략이다.

**06** 환경정책기본법 안에서 국가환경종합계획의 수립 시 포함해야 할 사항이 아닌 것은? 기-14-3

① 환경의 현황 및 전망
② 국토종합 계획상의 개발방향에 따른 환경오염과 환경 훼손의 정도에 관한 사항
③ 인구·산업·경제·토지 및 해양의 이용 등 환경변화 여건에 관한 사항
④ 환경오염원·환경오염도 및 오염물질 배출량의 예측과 환경오염 및 환경훼손으로 인한 환경의 질 변화 전망

해 ①③④ 외 국가환경종합계획의 내용
·환경보전 목표의 설정과 이의 달성을 위한 다음 사항에 관한 단계별 대책 및 사업계획
·사업의 시행에 드는 비용의 산정 및 재원 조달 방법

정답 01. ④ 02. ① 03. ③ 04. ② 05. ① 06. ②

·직전 종합계획에 대한 평가
·전항에 부대되는 사항

**07** 환경부장관은 자연환경보전기본계획의 시행성과를 몇 년마다 정기적으로 분석·평가하고 그 결과를 자연환경보전 정책에 반영하여야 하는가? 기-14-1, 기-19-1

① 2년 ② 3년
③ 5년 ④ 10년

해 자연환경보전법

**08** 환경부에서 추구하고 있는 자연환경보전계획의 실천목표들로 가장 바람직한 것은? 기-15-1, 기-17-3

① 자연환경 관리기반 구축, 친환경적 국토관리, 생물 다양성 보전 및 관리 강화
② 지구온난화 예방 및 $CO_2$ 감축 방안, 자연자산의 지속 가능한 이용, 친환경적 국토 관리
③ 생물다양성 보전 및 관리강화, 자연공원조성 확대, 자연보호 교육·홍보 강화
④ 남·북한 및 국제협력 강화, 자연환경 관리기반 구축, 친환경농업 홍보 강화

해 ① 외에 자연자산의 지속가능한 이용, 자연보호 교육·홍보 강화, 남·북한 및 국제협력 강화 등이 있다.

**09** 자연환경보전을 위한 기본방침에 포함되지 않는 사항은? 기-14-2

① 자연환경 훼손지의 복원·복구
② 남북한 및 지구차원의 자연보호 협력관계 완화
③ 생태·경관보전지역의 관리 및 해당 지역주민의 삶의 질 향상
④ 자연환경의 체계적 보전·관리, 자연환경속의 지속 가능한 이용

해 ①③④ 외 자연환경보전기본방침(자연환경보전법)
·중요하게 보전하여야 할 생태계의 선정, 멸종위기에 처하여 있거나 생태적으로 중요한 생물종 및 생물자원의 보호
·산·하천·내륙습지·농지·섬 등에 있어서 생태적 건전성의 향상 및 생태통로·소생태계·대체자연의 조성 등을 통한 생물다양성의 보전
·자연환경에 관한 국민교육과 민간활동의 활성화
·자연환경보전에 관한 국제협력
·자연환경보전을 위한 전문인력의 육성 및 연구·조사기관의 확충
·자연환경보전을 위한 사업추진 및 비용조달

**10** 자연환경보전기본계획의 내용으로 적절하지 않는 것은? 기-14-2, 기-19-3

① 자연경관의 보전·관리에 관한 사항
② 지방자치단체별로 추진할 주요 자연보전시책에 관한 사항
③ 사업시행에 소요되는 경비의 산정 및 재원조달 방안에 관한 사항
④ 행정계획과 개발 사업에 대한 환경친화적 계획 기법 개발에 관한 사항

해 ③ 환경문제는 문제발생시기와 이로 인한 영향이 현실적으로 나타나는 시점 사이에 차이가 존재한다.(시차성)
① 탄력성과 비가역성, ② 광역성, ④ 상호관련성

**11** 환경부장관은 자연환경보전법에 의거하여, 생태·경관보전지역의 지속가능한 보전·관리를 위하여 생태적 특성, 자연경관 및 지형여건 등을 고려하여, 3가지로 구분하여 지정관리 할 수 있는 바, 다음 중 3가지 분류에 속하지 않는 것은? 기-15-1

① 생태·경관핵심보전구역
② 생태·경관완충보전구역
③ 생태·경관유보보전구역
④ 생태·경관전이보전구역

**12** 특별시·광역시·특별자치시·특별자치도·시 또는 군의 관할 구역에 대하여 기본적인 공간구조와 장기발전방향을 제시하고, 그 내용이 사회경제적 측면까지 포함하는 장기종합계획이며, 5년마다 관할 구역의 타당성 여부를 전반적으로 재검토하여 이를 정비하는 계획은? 기-16-3

① 도시·군기본계획 ② 도시·군관리계획
③ 광역도시계획 ④ 지구단위계획

해 국토의 계획 및 이용에 관한 법률


정답 07. ① 08. ① 09. ② 10. ④ 11. ③ 12. ①

**13** 「국토의 계획 및 이용에 관한 법률」에 의한 도시계획의 특성 설명으로 적합하지 않은 것은? 기-15-1

① 도시·군관리계획도서 중 계획도는 축척 1/1000 또는 1/5000의 지형도에 도시·군관리계획 사항을 명시한 도면으로 작성하여야 한다.
② 도시·군기본계획의 계획기간은 10년이고 3년마다 재정비한다.
③ 도시·군관리계획 결정의 효력은 관련 규정에 따라 지형도면을 고시한 날부터 발생한다.
④ 국토의 이용·개발과 보전을 위한 계획의 수립 및 집행 등에 필요한 사항을 정하여 공공복리를 증진시키고 국민의 삶의 질을 향상시키는 것을 목적으로 한다.

해 도시·군기본계획의 계획기간은 20년이고, 5년마다 관할 구역의 도시·군기본계획에 대하여 그 타당성 여부를 전반적으로 재검토하여 정비하여야 한다.

**14** 다음 중 지구단위계획의 포함내용으로 틀린 것은? 기-16-2

① 환경관리계획 또는 경관계획
② 토지의 용도별 수요 및 공급에 관한 사항
③ 건축물의 배치·형태·색채 또는 건축선에 관한 계획
④ 용도지역이나 용도지구를 대통령령으로 정하는 범위에서 세분하거나 변경하는 사항

해 ①③④ 외 지구단위계획의 포함내용(국토의 계획 및 이용에 관한 법률)
·기존의 용도지구를 폐지하고 그 용도지구에서의 건축물이나 그 밖의 시설의 용도·종류 및 규모 등의 제한을 대체하는 사항
·기반시설의 배치와 규모
·도로로 둘러싸인 일단의 지역 또는 계획적인 개발·정비를 위하여 구획된 일단의 토지의 규모와 조성계획
·건축물의 용도제한, 건축물의 건폐율 또는 용적률, 건축물 높이의 최고한도 또는 최저한도
·교통처리계획

**15** 계획은 사회의 보편적 가치를 토대로 한 집합적 의사결정 시스템으로 존재하는 동시에 현실의 문제를 해결하는 기술적 해결책의 역할을 하기도 한다. 이에 기초해 논의되는 토지이용계획의 역할로 틀린 것은? 기-14-1, 기-16-1, 기-18-1, 기-18-3

① 난개발의 방지
② 사회의 지속가능성을 위한 토지의 보전 기능
③ 세부 공간 환경설계에 대한 지침 제시
④ 토지이용현황의 적합성 판단과 규제 수단 제시

해 ④ 토지이용현황의 적합성 판단보다는 합리적인 이용 방향을 유도하고자 하는 수단이다.

**16** 우리나라에서 환경보전을 목적으로 활용되는 토지이용 규제에 해당이 되지 않는 것은? 기-18-2

① 토지관련 법령에 의한 토지의 기능과 적성을 고려
② 일정한 지역을 환경보전에 필요한 지역으로 지정하여 규제
③ 지역, 지구를 지정하여 환경보전 목적에 배치되는 일정한 행위를 제한
④ 자연환경보전법에 의한 특별대책지역으로 지정

**17** 토지이용계획의 역할과 거리가 먼 것은? 기-19-2

① 토지이용의 규제와 실행수단의 제시 기능
② 세부 공간 환경설계에 대한 지침제시의 역할
③ 사회의 지속가능성을 위한 토지의 보전 기능
④ 토지의 개발이 소유자에 의해 자의적으로 이루어지게 하는 기능

해 ④ 토지 소유자에 의한 자의적인 난개발 방지 기능

**18** 국토의 계획 및 이용에 관한 법률에서 국토는 토지의 이용실태 및 특성, 장래의 토지이용방향 등을 고려하여 용도지역으로 지정하는 데 다음 중 그 구분에 해당하지 않는 것은? 기-16-2

① 관리지역 ② 경관지역
③ 도시지역 ④ 자연환경보전지역

해 용도지역에는 도시지역, 관리지역, 농림지역, 자연환경보

정답 13. ② 14. ② 15. ④ 16. ④ 17. ④ 18. ②

전지역이 있다.

**19** 우리나라의 용도지역체계에 대한 설명으로 틀린 것은? 기-19-1

① 우리나라의 4대 용도지역은 도시지역, 관리지역, 농림지역, 자연환경보전지역으로 나뉘어진다.
② 도시지역은 인구와 산업이 밀집되어 있거나 밀집이 예상되는 지역에 체계적인 개발·정비·관리·보전 등이 필요한 지역이다.
③ 농림지역은 도시지역에 속하지 아니하는 농지법에 의한 농업진흥지역 또는 산림법에 의한 보전임지 등으로서 농림업의 진흥과 산림의 보전을 위하여 필요한 지역이다.
④ 우리나라의 용도지역체계는 환경정책기본법에 의해 지정되는 40개의 용도지역으로 나누어진다.

해 ④ 우리나라의 용도지역체계는 국토계획 및 이용에 관한 법률에 의해 나누어진다.

**20** 다음 설명에 해당하는 용도지역은? 기-16-3

| 도시지역에 속하지 아니하는 「농지법」에 따른 농업진흥지역 또는 「산지관리법」에 따른 보전산지 등으로써 농림업을 진흥시키고 산림을 보전하기 위하여 필요한 지역 |
|---|

① 산림지역 ② 농림지역
③ 녹지지역 ④ 자연환경보전지역

**21** 도시지역의 녹지지역 세분화에 해당하지 않는 지역은? 기-19-3

① 전용녹지지역 ② 보전녹지지역
③ 생산녹지지역 ④ 자연녹지지역

해 국토의 계획 및 이용에 관한 법률

**22** 「국토의 계획 및 이용에 관한 법률」상 관리지역의 세분화된 용도에 해당하지 않는 것은? 기-15-2

① 일반관리지역 ② 계획관리지역
③ 보전관리지역 ④ 생산관리지역

**23** 도시지역과 그 주변 지역의 무질서한 시가화를 방지하고 계획적·단계적인 개발을 도모하기 위하여 대통령령이 정하는 일정기간동안 시가화를 유보할 필요가 있다고 인정하여 지정하는 구역은? 기-19-3

① 시가화관리구역 ② 시가화조정구역
③ 시가화유보구역 ④ 시가화예정구역

해 국토의 계획 및 이용에 관한 법률

**24** 다음 용도지역 중 최대 건폐율 한도가 다른 지역은? 기-17-1

① 녹지지역 ② 계획관리지역
③ 보전관리지역 ④ 자연환경보전지역

해 계획관리지역의 건폐율은 40% 이하고, 나머지는 20% 이하다.

**25** 국토의 계획 및 이용에 관한 법률상 용도지역에서 건폐율의 최대한도 기준으로 옳지 않은 것은? 기-19-2

① 녹지지역 : 20퍼센트 이하
② 농림지역 : 40퍼센트 이하
③ 생산관리지역 : 20퍼센트 이하
④ 계획관리지역 : 40퍼센트 이하

해 ② 농림지역 : 20퍼센트 이하

**26** 관할구역의 면적 및 인구규모, 용도지역의 특성 등을 감안하여 대통령령이 정하는 기준에 따라 특별시·광역시·특별자치시·시 또는 군의 조례로 정하도록 하고 있는, 용도지역 안에서의 용적률의 최대한도 중 모두 맞는 것은? 기-15-2

① 주거지역 500% 이하, 계획관리지역 100% 이하
② 상업지역 1,200% 이하, 생산관리지역 70% 이하
③ 공업지역 300% 이하, 농림지역 50% 이하
④ 녹지지역 100% 이하, 생산관리지역 70%



정답 19. ④ 20. ② 21. ① 22. ① 23. ② 24. ② 25. ② 26. ①

이하

해 국토의 계획 및 이용에 관한 법률
② 상업지역 1,500% 이하, 생산관리지역 90% 이하
③ 공업지역 400% 이하, 농림지역 70% 이하
④ 녹지지역 100% 이하, 생산관리지역 20% 이하

**27** 국토의 계획 및 이용에 관한 법률에 근거하여 도시지역 내 주거지역에서 100평의 땅을 가지고 있는 사람이 필로티가 없는 건축물을 신축한다면 법상의 한도 내에서 가능한 건축물은? 기-17-1

① 바닥면적 60평의 10층 건축물
② 바닥면적 60평의 9층 건축물
③ 바닥면적 70평의 10층 건축물
④ 바닥면적 70평의 7층 건축물

해 주거지역의 건폐율 70% 이하, 용적률 500% 이하
·바닥면적 100×0.7=70(평)
·층수 100×5/70=7.1 → 7층

**28** 주거·상업 또는 공업지역에서의 개발행위로 인하여 기반시설(도시·군계획시설을 포함)의 처리·공급 또는 수용능력이 부족할 것으로 예상되는 지역 중 기반시설의 설치가 곤란한 지역에 대해 지정할 수 있는 구역은? 기-14-1

① 개발밀도관리구역 ② 개발제한구역
③ 시설용도제한구역 ④ 기반시설부담구역

**29** 국토의 계획 및 이용에 관한 법률상 용어 설명이 옳지 않은 것은? 기-14-1

① 공동구 : 지하매설물을 공동 수용함으로써 미관의 개선, 도로구조의 보전 및 교통의 원활한 소통을 위하여 지하에 설치하는 시설물
② 용도지구 : 토지의 이용 및 건축물의 용도·건폐율·용적율·높이 등에 대한 용도지역의 제한을 강화 또는 완화하여 적용함으로써 용도지역의 기능을 증진시키고 미관·경관·안전 등을 도모하기 위하여 도시·군관리계획으로 결정하는 지역
③ 개발밀도관리구역 : 개발로 인하여 기반시설의 부족할 것으로 예상되나 기반시설의 설치가 곤란한 지역을 대상으로 건폐율 또는 용적율·높이·녹지율을 강화하여 적용하기 위하여 지정하는 구역
④ 기반시설부담구역 : 개발밀도관리구역 외의 지역으로서 개발로 인하여 기반시설의 설치가 필요한 지역을 대상으로 기반시설을 설치하거나 그에 필요한 용지를 확보하게 하기 위하여 관련 규정에 의해 지정·고시하는 구역

해 ③ 개발밀도관리구역 : 개발로 인하여 기반시설이 부족할 것으로 예상되나 기반시설을 설치하기 곤란한 지역을 대상으로 건폐율이나 용적률을 강화하여 적용하기 위하여 지정하는 구역을 말한다.

정답 27. ④ 28. ① 29. ③

# Chapter 3 생태복원계획 일반

## 1 생태복원의 개념 및 이론

### 1. 생태복원의 개념

(1) 생태복원의 정의

① 생태계를 복원하고 관리하는 실제 행위
② 인간에 의해 손상된 고유생태계의 다양성과 역동성을 고치려는 과정
③ 생태적 완결성의 회복과 관리를 돕는 과정
④ 질적·양적으로 저하되었거나, 훼손되었거나, 파괴된 생태계의 회복을 도와주는 과정

(2) 개념적 해석

① 생물종의 조합, 군집 구조, 생태적 기능, 물리적 환경의 적합성 등 생태계 회복의 시작 또는 가속화시키는 의도적 행위
② 생태계 서비스 흐름의 복구
③ 심미적·개인적 성취감 등의 영역에서 자연과 인간의 관계 개선
④ 생물서식처 및 생물종을 증진시키고자 하는 환경기술

복원과 관련된 개념

| 구분 | 정의 및 내용 |
|---|---|
| 복원<br>(restoration) | ·훼손되기 이전의 상태로 돌리는 것<br>·교란이전의 상태로 정확히 돌아가기 위한 시도로 많은 시간과 비용이 소모되어 쉽지 않다. –불가능에 가까움 |
| 복구<br>(rehabilitation) | ·원래의 상태로 되돌리기 어려운 경우 원래의 자연상태와 유사한 것을 목적으로 하는 것이다. |
| 개선<br>(reclamation) | ·새로운 토지이용의 개념이 포함되어 있다.<br>·농사를 위해 적합한 토지를 만드는 것이다. |
| 저감<br>(mitigation) | ·오염이나 훼손을 완화시키거나 경감시키는 것이다. |
| 향상<br>(enhancement) | ·질이나 중요도, 매력적인 측면을 증진시키는 것이다. |
| 대체<br>(replacement) | ·현재의 상태를 개선하기 위하여 다른 생태로 원래의 생태계를 대체하는 것이다.<br>·구조에 있어서는 간단할 수 있지만 보다 생산적일 수 있다.<br>·초지를 농업적 목초지로 전환 –높은 생산성 보유 |

◘ 생태계 복원의 근본개념

① 생물과 인간의 공존방법구축
② 생물종다양성의 확대
③ 생물생활과 생태계의 파악

| 개조 (remediation) | ·건강한 생태계 조성을 위해 개조하는 것으로 결과보다는 과정을 중요시 한다. |
|---|---|
| 재생 (renewal) | ·재이용 계획에서 유동성이 가능한 형태로 바꾸어 주는 것이다. |

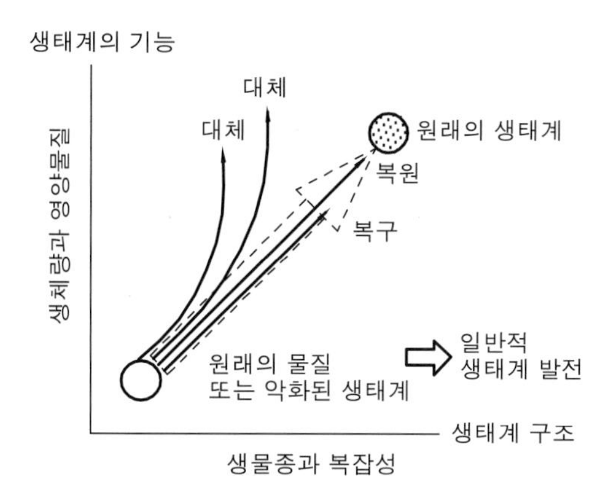


[ 생태복원의 단계와 유형 ]

### (3) 생태복원공학의 필요성

① 생물다양성 증진을 위한 건강한 생태계확보
② 수많은 생물종이 어우러져 살아가기 위한 수단
③ 각종 지구환경문제의 해결을 위한 수단
④ 인간과 자연환경의 건강성을 연계시키는 수단
⑤ 개발에 따른 서식처와 생물종에 대한 보상
⑥ 지구의 지속가능성 증진 –생태적 발자국의 개선
⑦ 미래산업으로서의 생태복원

### (4) 생태복원의 대상

① 훼손된 생태계 : 교란 및 간섭, 식생, 토양, 지역 등의 훼손지
② 서식처와 생물종의 복원 : 야생생물 서식지, 습지 및 산림, 광산, 비탈면 복원

## 2. 생태복원과 관련된 이론

### (1) 자기설계적 복원과 설계적 복원

#### 1) 자기설계적 복원

① 복원된 지역에서 그 지역의 능력에 따라 자연적으로 식물이 침입하여 시간의 흐름을 존중하면서 복원되도록 하는 방법 –수동적 방법
② 충분한 시간을 제공하고, 공학적 요소들이 스스로 이루어지도록 하는

**◘ 생태적 발자국(ecological footprint)**
사람이 사는 동안 자연에 남긴 영향을 토지의 면적으로 환산한 수치로 그 수치가 클수록 지구에 해를 많이 끼친다는 의미이기 때문에 인간이 자연에 남긴 피해 지수로 이해할 수 있다. 생태적 발자국 분석은 토지의 형태에 따라 경작지(Arable land), 목초지(Pasture land), 산림(Forested land), 바다(Sea), 개발지(Built land), 에너지토지(Energy land), 생물다양성토지(Biodiversity land) 등으로 분류한다.

것으로 '생태계 수준'을 강조한 것

③ 생태계의 총체적인 과정으로 본 접근방법

2) 설계적 복원

① 천이의 과정을 존중하여 식물의 생활사에 초점을 둔 접근방법

② 어떤 유형을 창출해내기 위한 공학적인 식재전략을 선호

③ 자기설계적 복원과 달리 '개체군 수준'을 강조한 것이며, 식생의 발달을 개별적인 종에 의지

**◘ 서식처 적합성(habitat suitability) 분석**

생물종별로 요구되는 서식처 조건을 지수화하고 그 지수를 토대로 가장 적합한 생물종 서식처를 도출하는 기법을 말한다.

(2) 침입이론

① 자연적 침입은 복원에 있어 매우 중요한 기작

② 식생의 복원은 자연적인 식물종의 분산 및 침입에 의해 진행

③ 비용의 절감과 자연적인 유전형질 확보

(3) 틈(GAP) 분석

① 현재 보호되고 있는 지역과 생태계조사에 따라 보호해야하는 새로운 지역에 대한 차이를 비교·분석하는 접근방법

② 초기의 보호지역 설정이 시간에 따라 축소·확대될 수 있는 가능성 점검

③ 주기적인 모니터링으로 보호지역의 효율적 관리 가능

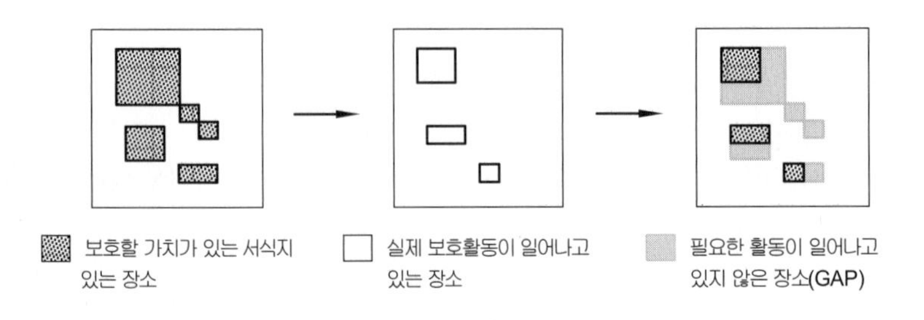


[ 틈(GAP) 분석 개념도 ]

**◘ 시나리오 예측**

일반적으로 생태계의 보전이나 복원을 적극적으로 하는 시나리오, 개발을 인정하는 시나리오, 앞 두가지의 중간 시나리오, 아무런 조치를 취하지 않는(no action) 시나리오 등으로 준비하여 각각의 시나리오에서 대상종이나 생태계의 변화를 예측한다.

(4) 시나리오 분석

① 계획의 장래 효과가 생물다양성을 훼손시키는지 여부를 예측하여 복수의 대안을 비교·분석하는 접근방법

② 지형의 변화와 식생천이와 같이 자연적 요인으로 작성

③ 개발과 규제같이 사회적 요인으로 작성

**◘ 천이**

어떤 장소의 생물공동체가 시간의 경과에 따라 종조성이나 구조를 변화시켜 다른 생물공동체로 변화해 나가는 시간적 변화의 과정을 말한다.

(5) 천이이론

1) 생태복원과의 관계

① 서식처를 구성하는 종의 변화 및 생활형과 층위구조 변화

② 천이의 진행에 따라 야생동물의 개체수 증가

### 2) 천이계열

① 천이계열 : 선구식생에서 중간식생을 거쳐 극상에 이르는 천이의 과정

② 식생 변화 : 나지→1,2년생 초본기→다년생 초본기→관목림기→호양성 교목림기→내음성 교목림기

③ 천이 초기에는 입지조건과 더불어 이입과 정착의 과정이 중요하며, 주위에 종의 공급원 유무에 따라 천이의 진행방법 크게 상이

④ 천이 초기 : 불안정한 환경에서 잘 적응하고 산포능력이나 휴면성을 지닌 식물 유리(r−선택종)

⑤ 천이 후기 : 내음성이 높고 종간의 경쟁력이 우수한 종 유리(K−선택종)

⑥ 극상 : 전체적으로 안정되고 정적인 상태라고 규정하고 있으나, 그 내부는 소천이를 내포한 동적인 구조로 인식

⑦ 극상상태의 종다양성은 여러 가지 미시적인 소천이 단계의 모자이크에 의해 유지

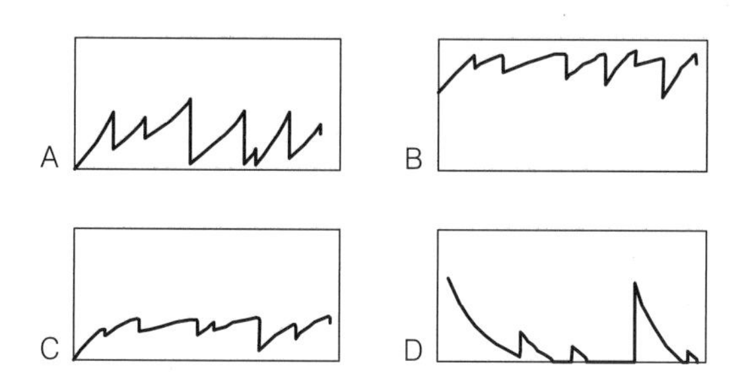


A : 정기적 교란이나 개척화 후 식물 개체군의 성장 변화

B : 환경적 수용능력(수용력이 높고 종이 많은 상태)의 제한에 의해 우점되는 곳의 역동성

C : 'B'와 같은 경우이나 수용력이 낮고 종도 드문 곳의 변화

D : 갑작스러운 개척화나 토양 내 종자은행의 교란 후에 개체군이 소멸하는 곳의 변화

**[ 시간의 흐름에 따른 식물 개체군의 변화 ]**

천이 단계와 목본식물종의 생활사 및 생리적 특성

| 구분 | 천이 초기종 | 천이 후기종 |
|---|---|---|
| 성장속도 | 빠름 | 늦음 |
| 초산령 | 낮음 | 높음 |
| 종자크기 | 작음 | 큼 |
| 종자산포양식 | 풍산포, 동물산포 | 동물산포, 중력산포 |
| 종자의 휴면성 | 있음 | 없음 |
| 내음성 | 없음 | 있음 |

**◘ 생태복원과 천이**

천이는 생태복원의 근간이 되는 학설로서 천이에 대한 식물생태학적 지식은 복원을 위한 식재설계기법의 마련이나 전략을 도출하는 데 매우 유용하며, 바람직한 관리방향을 제시하는 데도 큰 도움을 줄 수 있다.

**◘ 생활사 전략**

각각의 종은 환경에 대한 적응도를 최대로 하기 위해 전략을 가지고 있다. r−선택종은 내적 증가율(r)을 크게 하려고 하는 종이며, K−선택종은 환경수용능력(K)에 가까이 하려고 하는 종이다.

**◘ 천이와 종다양성**

천이초기에는 증가하나 개체의 크기가 증가함에 따라 성숙된 단계에서는 안정되거나 감소한다.

## 3. 생물과 인간의 거리

도주거리, 임계거리, 공격거리

| 구분 | 내용 |
|---|---|
| 도주거리 | 동물에 있어 포식자 등 적이 일정한 거리에 달하면 도망을 치는 거리 |
| 공격거리 | 도주거리를 침범 당하여 적으로부터 도망칠 수 없는 막다른 곳에 몰리거나 그렇다고 느끼는 순간 갑자기 공격행동을 할 때의 거리 |
| 임계거리 | 도주거리와 공격거리간의 임계반응을 나타내는 부분의 거리 |

조류와 인간의 거리관계

| 구분 | 내용 |
|---|---|
| 비간섭거리 | 조류가 인간의 모습을 알아차리면서도 달아나거나 경계의 자세를 취하지 않고 먹이를 계속 먹거나 휴식하는 거리 |
| 경계거리 | 이제까지의 행동을 중지하고 인간 쪽을 바라보거나 경계 음을 내거나 또는 꽁지와 깃을 흔드는 행동을 취하는 거리로, 경계는 취하나 이동하는 행동은 취하지 않는 상태의 거리 |
| 회피거리 | 인간이 접근하면 수cm에서 수십cm를 걸어 다니거나 또는 가볍게 뛰기도 하면서 물러나 인간과의 일정한 거리를 유지하려고 하는 거리 |
| 도피거리 | 인간이 접근함에 때라 단숨에 장거리를 날아가면서 도피를 시작하는 거리 |

생물과의 만남 방법

| 구분 | 내용 |
|---|---|
| 관찰벽 | 인간의 모습을 감추기 위해 만들어진 차폐벽으로, 벽의 단절효과에 힘입어 조류의 도피거리 이내에 까지 접근하여 관찰하는 데 이용 |
| 사파리차 | 전망이 좋고 개방적 경관인 아프리카의 사바나에서 발달한 방법 |
| 먹이를 매달아 주는 방법 | 먹이를 가져다주거나 매달아 놓아 동물을 인간 앞에 유인하여 만나는 방법 |

## 4. 환경포텐셜

### (1) 환경포텐셜의 개념

① 특정 장소에 있어서 종의 서식이나 생태계 성립의 잠재적 가능성을 나타내는 개념

② 시간이 지나면서 천이가 진행될 잠재력(가능성)의 의미

### (2) 환경포텐셜 종류

#### 1) 입지 포텐셜

① 기후·지형·토양·수환경 등의 토지적 조건에 관한 환경포텐셜

② 토지적 조건이 특정 생태계의 성립에 적당한가의 여부

2) 종의 공급 포텐셜

① 식물의 종자나 동물의 개체 등이 다른 곳으로부터 공급될 가능성
② 종의 공급원과 공급처의 공간적 관계, 종의 이동력에 의해 결정
③ 종의 공급원과 공급처가 가까울수록, 이동력이 좋을수록 유리
④ 공중이동 동물의 종 공급은 일반적으로 이동속도가 빠르고 범위 넓음

3) 종간 관계의 포텐셜

① 생물간 상호작용을 형성하는 종간관계가 성립할 가능성
② 먹고 먹히는 포식관계나 자원을 둘러싼 경쟁관계 등

4) 천이의 포텐셜

① 생태계의 시간적 변화가 어떤 과정을 거쳐 어느 정도의 속도로 진행되며, 최종적으로 어떠한 모습이 될 것인가 하는 가능성
② 입지 포텐셜, 종의 공급 포텐셜, 종간 관계의 포텐셜 세 가지의 포텐셜에 의해 결정

### (3) 환경포텐셜 평가

① 종의 서식이나 생태계의 성립 가능성을 진단하여 예측하는 것
② 환경포텐셜의 구성요소인 입지 포텐셜, 종의 공급 포텐셜, 종간관계의 포텐셜, 천이 포텐셜을 조사한 자료에 의거하여 검토·평가
③ 평가에 따라 종의 서식지나 생태계를 복원할 때 미리 그 가능성을 알 수 있어 적절한 후보지의 선정이나 목표 설정 가능

**◘ 잠재자연식생**
현존 식생에서 이루어지고 있는 경작이나 관리 등의 인위성을 제거했을 경우, 그 곳에서 성립될 것이라고 예상되는 자연식생을 말한다. 현재 시점에서 그 토지에 대한 잠재적인 능력을 추정하는 것으로 앞으로의 환경 변화 및 자연식생 발달 과정을 예측하는 것이라 할 수 있다.

## 5. 서식지 구성요소

### (1) 먹이

① 자연생태계의 원리에 부합하는 환경조성
② 각 생물종의 섭식 생태 및 먹이 선호도 고려
③ 식생천이 조절로 다양한 식생을 도입하여 먹이연쇄를 복잡하게 유도

### (2) 물

① 포유류나 조류 모두 직간접적으로 필수적인 요소
② 음용수 제공 및 먹이, 번식지 제공, 도피처, 피난처, 휴식처 등 제공
③ 하천, 연못, 저수지, 습지 등에 야생조수를 유치·유인하기 위한 환경조성

### (3) 은신처(둥지, Cover)

① 위험으로부터 동물을 보호해 주고, 서식활동을 보호해 주는 안식처

**◘ 서식지**
서식지란 생물들이 살아가는 장소의 개념으로, 종의 일차적 분포지 또는 물리적 장소를 의미한다. 또 서식지는 생물 종에게 모든 생활 조건을 제공하는 장소이다. 생물 종의 행동 양식에 따라 서식지는 먹이터, 번식터, 휴식처, 은신처 등의 공간을 요구하며 이러한 공간을 합쳐 생물의 행동권(home range)이라 한다.

**◘ 서식지(서식처) 구성요소**
① 먹이
② 물
③ 은신처
④ 공간

② 대부분 식생으로 구성되어 야생동물이 번식과 생육을 할 수 있는 장소
③ 겨울은신처, 피난은신처, 휴식은신처, 수면은신처, 번식은신처, 체온유지은신처

(4) 공간(space)

1) 행동권(home range)
① 야생동물이 생활하는 데 필요한 공간을 의미하며 야생동물의 행동 범위
② 섭식 장소, 잠자리, 음용 장소, 이동로, 피난처, 월동 장소, 번식 장소, 새끼를 기르는 장소 등
③ 다른 개체들과 공유하거나 함께 사용할 수 있다는 것이 행동권의 가장 큰 특징

2) 세력권(territory)
① 야생동물의 무리가 같은 종의 다른 개체 또는 다른 무리로부터 방어하여 점유하는 지역 -텃세권
② 야생동물은 자신의 세력권 내에서 먹이, 물, 둥지, 잠자리 등과 같이 생존의 필수요소를 안정적으로 확보와 번식을 위해 세력권 형성
③ 다른 개체와 공유하지 않고 독점적으로 사용
④ 다른 동물들이 자신의 세력권에 침입하면 경고, 위협, 물리적 압박을 가하는 적대적 행동 실시

서식지 구성요소

| 먹이 | 물 | 은신처 | 공간 |
|---|---|---|---|
| 생존에 필요한 먹이자원 | 물 획득 장소<br>먹이 획득 장소<br>은신처, 서식지 | 피난처, 둥지<br>잠자리, 휴식터 | 행동권과 세력권<br>먹이획득 공간<br>짝짓기·산란공간<br>생활·휴식공간 |

행동권과 세력권 비교

| 구분 | 행동권 | 세력권 |
|---|---|---|
| 개념 | ·야생동물이 생활하는 데 필요한 포괄적인 서식지역 | ·텃세권<br>·야생동물의 방어를 위해 점유하는 공간이자 독점적으로 사용하는 고유영역 |
| 타개체와의 관계 | ·타개체와 함께 사용<br>·타개체와 무관 | ·타개체에 대한 방어 행위 |
| 특징 | ·섭식 장소, 영소 장소, 번식 장소, 피난 장소 등 생물 종의 서식 특성에 따라 상이한 범위를 가짐 | ·타개체에 대한 방어 및 공격 행동<br>·유·무형의 세력권 표시<br>·평생 또는 번식기 형성 |

**공간(space)**

야생동물은 정상적인 생활을 하기 위해 일정 범위의 공간이 필요하다. 야생동물이 필요로 하는 공간은 행동권(home range)과 세력권(territory)으로 구분할 수 있다

**서식처의 크기**

① 야생동물의 수를 결정하는 생태적 수용력의 지표
② 서식처의 크기는 획일적이지 않도록 조성
③ 서식처의 크기는 가능한 크게 조성
④ 정착해 사는 종과 이동하는 종의 서식처 크기의 차이 고려

| 역할 | ·생활 및 서식 활동<br>·동물 개체군의 서식 공간 범위 및 구조 파악 | ·순위 관계 형성 및 과밀 방지<br>·먹이, 둥지, 이성 등 생존 필수요소의 안정적 확보 |
|---|---|---|

# 2 생태계 종합평가

## 1. 자연환경조사 결과분석

### (1) 자연환경 조사 결과의 종합적 파악

① 생태기반환경 조사 결과 파악 : 기상환경, 지형환경, 토양환경, 수환경
② 생물 서식환경 조사 결과 파악
㉠ 식물상 : 귀화식물, 법정 보호종 및 보호수, 노거수, 외래종 및 생태계교란 생물 정리 및 현존식생도 작성
㉡ 식생 : 조사구별 상대우점치를 산출하고 평면 및 단면 도면화
③ 동물 서식환경 조사 결과 파악 : 분류군별 분포 현황, 법정 보호종, 외래종 및 생태계교란 생물 정리 및 동물 분포도 작성

### (2) 동·식물, 생태기반환경, 서식지의 상호관계 분석

① 생태복원 대상 지역에 대한 생태계의 질적 저하 및 훼손 원인의 체계적 파악을 위한 인지도 작성
② 야생동물과 서식환경 사이의 관계 파악
㉠ 출현한 생물종의 목록 확인 및 분류군별 분포도 검토
·서식지 추정과 지형·식생·토지이용 등 주변 환경과의 특이 사항 검토
·생물종의 생태적 지위 중 공간지위 파악
㉡ 출현 생물종에 대한 서식환경 조사
㉢ 공간, 은신처, 먹이, 수환경을 중심으로 서식환경 조사 정리
③ 생물 상호 간 섭식 및 포식 관계 파악
㉠ 둥지를 짓는 장소와 관련된 영소 길드(nesting guild) 분석
㉡ 먹이를 먹는 장소와 관련된 채이 길드(foraging guild) 분석
㉢ 생물종의 서식환경 사이의 관계를 생태적 지위와 길드를 연계하여 파악
④ 분류군별 먹이망 관계를 분석하기 위해 생물 상호 간 섭식 및 포식 관계 파악
㉠ 출현종 중 대표종 선별 후 먹이원 조사
㉡ 먹이원을 토대로 분류군별 1차 소비자, 2차 소비자, 3차 소비자, 고차 소비자 등으로 구별
㉢ 대표종에 대한 상호관계 도식화 및 영양 지위도 파악

**◘ 생물과 환경 간의 상호관계**
생물 요소와 비생물 요소와의 관계는 작용, 반작용, 상호작용의 세 가지로 나눌 수 있다. 작용(action)은 환경이 생물에 미치는 영향이며, 반작용(reaction)은 생물이 환경에 미치는 영향이고, 상호작용(interaction)은 생물들끼리 서로 주고받는 영향을 말한다.

### (3) 행동영역 및 서식영역 분석

① 현장 조사 이동 경로를 확인하고 도면에 표시
② 조사 지점별 출현종 목록 정리
③ 현장 조사 시 출현한 종을 도면에 표시

## 2. 종합분석

### (1) 종합분석 내용

① 조사·분석된 결과를 생태기반환경, 동·식물, 인문환경의 각 분야별로 핵심내용 요약
② 조사·분석된 결과에 따른 대상지의 문제점을 분야별로 도출
③ 조사·분석된 결과에 따른 대상지의 기회 요인을 분야별로 도출
④ 분야별로 도출된 문제점을 해결하기 위한 계획의 방향 도출
⑤ 종합분석표 활용
㉠ 대상지역의 문제점, 잠재력, 기회성 파악
㉡ 생태복원 계획의 시사점을 도출하는 기초자료로 활용
㉢ 사업의 기본방향 및 기본전략 제시, 복원을 위한 공간계획의 근거자료로 활용

**◘ 종합분석표**
종합분석표는 종합분석결과를 정리한 표이다. 종 분석표는 사업대상지의 환경부문별 및 항목별 조사 · 분석 내용에 대하여 현황, 문제점, 강점, 약점, 잠재력, 기회성 등으로 구분하여 일목요연하게 요약하고 정리하는 표형식의 문서를 말한다.

### (2) 종합분석도(comprehensive analysis map) 작성

① 수치지형도 또는 지형 현황 측량도 등을 사용하여 기초도면(base map) 작성
② 현황조사·분석 자료를 취합하고 분류한 후 각 분석내용의 우선순위 결정
③ 기초도면에 조사·분석 내용을 이해하기 쉽게 도식화
④ 단면도, 사진 등의 자료를 활용하여 종합분석도 작성

**❖ 종합분석도 활용**
종합분석표와 마찬가지로 생태복원계획의 시사점을 도출하는 기초자료로 활용하며 사업의 기본방향 및 기본전략 제시, 복원을 위한 공간계획의 기초근거자료로 활용한다.

**◘ 종합분석도**
생태복원사업 대상지역에 대하여 수집한 생태기반환경, 생물서식환경, 인문 · 사회환경 조사내용 중 핵심사항을 정리 · 분석 · 종합하고 이를 그림 · 기호 등으로 시각화하여 한눈에 파악할 수 있도록 평면적 또는 입체적으로 표현한 지도 또는 도면을 말한다.

## 3. 가치평가

### (1) 보전가치 평가의 목표 설정 및 평가항목·기준 도출

① 생태계 보전가치 평가의 목표 설정
㉠ 생태계를 보전, 복원 또는 향상할 것인지에 대한 결정
㉡ 대상지의 성격, 규모, 지역 생태계의 특성 등을 고려하여 목표 설정
② 생태계 보전가치 평가의 항목 및 평가기준 도출

**◘ 보전가치 평가 항목**
① 희귀성
② 다양성
③ 자연성
④ 고유성
⑤ 전형성

㉠ 설정된 목표에 따라 평가항목 및 평가기준 도출
㉡ 평가항목은 보전가치 평가의 목표에 따라서 탄력적으로 설정

❖ 생태계 보전가치 평가

생태계 보전가치 평가는 사업대상지의 생태계 건강성을 생태계 현황자료를 근거로 진단하여 평가하는 것이다. 생태계 보전가치는 생태계가 얼마나 희소성을 갖는지, 얼마나 다양한지, 천이 과정에서 극상에 얼마나 가까운지, 얼마나 지역적 차원에서 고유한지, 얼마나 일반적이며 본질적인 특성이 있는지에 따라 결정된다. 이러한 평가결과를 바탕으로 보전, 복원, 대체, 향상 등 생태복원의 유형을 결정할 수 있으며 사업 대상지의 복원방향을 수립할 수 있다.

보전가치 평가 방법

| 구분 | | 세력권 |
|---|---|---|
| 최소지표법 | | ·절대평가법<br>·평가항목 중 가장 높은 등급을 해당 토지의 등급으로 지정함으로써 보전가치에 최고 가중치를 부여하는 방법<br>·보전가치에 대한 자의성 방지<br>·토지의 환경적 가치를 최우선 반영 |
| 가중치법 | 등가중치법 | ·평가항목별 동일한 값을 부여하는 평가방법<br>·토지이용과 연계 유리<br>·보전가치 축소 가능성 존재 |
| | 상대가중치법 | ·상대평가법<br>·평가항목별 중요도를 고려하여 상대가중치를 부여하는 평가방법<br>·전문가 의견 수렴 필요 |

◘ 국토환경성평가 최소지표법 장·단점

① 보전가치판단에 대한 자의성 방지
② 보전가치에 최고 가중치를 부여함으로써 토지가 가진 환경가치를 최우선적으로 반영
③ 보전지역 파편화에 따라 개발계획과의 연계 시 곤란
④ 주변지역과의 연계판단 곤란

### (2) 항목별 주제도 작성

① 자연환경 분석 및 인문·사회환경 분석자료를 활용하여 항목별 주제도 작성
② 작성한 평가항목별 주제도를 활용하여 생태계 보전가치 평가

### (3) 보전가치 평가결과 종합 및 보전등급 구분

① GIS 중첩기법으로 평가한 생태계 보전가치 결과 종합
② 생태계 보전가치 평가결과의 최고점과 최저점의 분포범위 확인
③ 대상지의 규모·성격·특성을 고려하여 보전등급으로 3~7등급으로 구분
–일반적으로 5등급으로 구분
④ 보전등급을 구분한 다음, 도면에 색채 또는 기호를 사용하여 표현하고 생태계 보전가치 평가등급도 완성

### (4) 복원기본방향 도출

① 생태계 보전가치 평가등급에 따라 보전·복원·향상 방안의 기본방향 도출
② 평가등급을 반영하여 대상지 공간구획 및 복원방향 설정
㉠ 핵심구역(core area)
·생물다양성 보전을 위한 핵심서식지이거나 교란이 거의 일어나지 않은 건강한 생태계임을 고려하여 엄격히 보호되는 구역
·보전(conservation)을 생태복원 기본방향으로 설정
㉡ 완충구역(buffer area)
·핵심구역을 둘러싸고 있거나 연접한 곳으로 핵심구역의 외부로부터의 악영향 또는 부정적 영향을 완화하는 역할을 하는 구역
·향상, 개선 등을 생태복원 기본방향으로 설정
㉢ 협력구역(transition area)
·지속가능한 방식으로 이용하는 구역으로 생태계 보전가치평가에서는 일반적으로 낮은 보전등급이 나타나는 곳으로 지형, 토양, 서식지 등이 훼손된 곳
·복원, 복구, 대체 등을 생태복원 기본방향으로 설정
③ 공간별 생태복원의 유형 결정

보전등급에 따른 생태계복원 계획방향의 설정

| 보전등급 | | | 공간구분 | 생태복원 계획방향 (생태복원 유형) |
|---|---|---|---|---|
| 3개 등급 | 5개 등급 | 7개 등급 | | |
| 1 등급 | 1 등급 | 1 등급 | 핵심구역 (core area) | 보전 |
| | 2 등급 | 2 등급 | | |
| 2 등급 | 3 등급 | 3 등급 | 완충구역 (buffer area) | 향상, 개선 등 |
| | | 4 등급 | | |
| | | 5 등급 | | |
| 3 등급 | 4 등급 | 6 등급 | 협력 구역 (transition area) | 복원, 복구, 대체 등 |
| | 5 등급 | 7 등급 | | |

### (5) 대상지의 가치평가

① 대상지가 제공하는 각종 혜택을 파악하여 대상지의 생태계 서비스에 대한 가치평가
② 경제적 가치추정기법
㉠ 현시선호법(revealed preference method) : 시장의 행동을 관찰하여 환경재의 사용가치를 추정하는 방법
·시장가격법 : 시장에서 거래되는 재화와 용역에 대한 가격을 이용하는

□ 생태계 서비스의 가치 추정
생태계 서비스의 경제적 가치 추정은 생태계 또는 환경의 고유 특성을 경제적 수치나 값어치로 환산하여 얼마만큼 중요한지를 추정하는 방법을 말한다.

방법

·속성가격 측정법(헤도닉 가격법) : 개인이 구매하는 상품의 구성요소에 공공재의 수준이 포함되어 있는 경우 적용하는 방법

·여행비용법 : 비시장 재화의 가치를 그 재화의 관련 시장에서 소비행위와 연관시켜서 간접적으로 측정하는 방법

㉡ 진술선호법(stated preference method) : 가상의 시장을 설정하여 지불 의사액을 추정하는 방법

㉢ 편익이전법(benefit transfer method) : 기존 환경 가치추정 연구결과 및 자료를 유사 대상에 적용하여 가치를 추정하는 방법

## 4. 시사점 도출

### (1) SWOT 분석

① 대상지의 생태복원 성공과 실패 관련 시사점 도출방안

❖ SWOT 분석

원래 기업의 환경을 분석하는 방법으로 SWOT 분석은 목표를 달성하기 위해 의사결정을 해야 하는 기업이나 개인에 대한 강점(strength, S), 약점(weakness, W), 기회(opportunity, O), 위협(threat, T)의 4가지 요인을 기초로 사업을 평가하고 전략을 수립하는 방안이다. 강점과 약점의 내부 환경 요인과 기회와 위협의 외부 환경 요인으로 구분하고 2×2 매트릭스를 작성하여 분석한다.

② SWOT 분석요인

㉠ 내부 환경요인 분석 : 대상지가 가지고 있는 조건이나 주변 환경 등

·강점요인 : 내부적인 요인이 장점으로 작용하거나 다른 조건과 비교하여 구별되는 강점을 부각해 분석하는 방법

·약점요인 : 내부적인 요인이 단점으로 작용하거나 다른 조건과 비교하여 특별히 부각할만한 점이 없는 약점을 분석하는 방법

㉡ 외부 환경(PEST)요인 분석 : 정치(정책, politics), 경제(economics), 사회(society), 기술(technology)

·기회요인 : 대상지가 가진 잠재력이나 장·단점 요인이 외부적인 환경에 비추어봤을 때 도움이 되거나 기회로 작용할 수 있는 특성들을 부각해주는 분석 방법

·위협요인 : 대상지 외부 환경이나 사회적 환경이 대상지 내에 좋지 않은 영향을 미치거나 위협적인 요인으로 작용할 수 있는지에 대하여 분석하는 방법

③ 세부전략 도출

㉠ SO 전략(강점-기회 전략) : 기회를 활용하기 위해 강점을 사용하는 전략

◘ 생태계 서비스 유형

① 공급 서비스
② 조절 서비스
③ 지원 서비스
④ 문화 서비스

◘ 시사점 도출

종합적으로 분석한 결과와 보전가치 평가 결과를 통하여 사업 대상지가 가진 내·외적인 문제점을 파악하고, 이를 해결하기 위해 관련 시사점을 도출하는 것은 매우 중요하다. 여러 가지 방법 중 사회 전반적으로 널리 사용하고 있는 SWOT 분석은 기본 방향 정립 및 기본 구상 수립에 필요한 시사점을 도출할 수 있다.

㉡ ST 전략(강점–위협 전략) : 위협을 회피하기 위해 강점을 이용하는 전략
㉢ WO 전략(약점–기회 전략) : 약점을 극복함으로써 기회를 활용하는 전략
㉣ WT 전략(약점–위협 전략 ) : 위협을 회피하고 약점을 최소화하는 전략
④ 요인별 세부전략 도출 : 요인별로 개별 전략 수립
㉠ 강화 전략 : 강점을 최대한 이용하여 극대화하는 전략
㉡ 보완 전략 : 약점을 가릴 수 있도록 보완하는 전략
㉢ 활용 전략 : 기회를 적극적으로 활용하는 전략
㉣ 극복 전략 : 위협을 억제하고 최소화하려는 전략

### (2) 시사점 도출

① 종합분석의 내용을 바탕으로 계획에 시사하는 바를 간략하게 서술
② 도출된 시사점을 활용하여 계획기본방향 설정을 위한 기초자료로 활용

## 3 생태복원의 계획 및 설계

### 1. 자연생태복원의 접근

### (1) 자연환경복원의 원칙

① 대상지역의 특성을 존중하여 복원계획 수립 및 시행
② 각 입지별 유일한 생태적 특성을 인식하여 계획 수립
③ 다른 지역과 차별화되는 자연적 특성을 우선적 고려
④ 복원효과를 잘 검증할 수 있는 우선순위 지역 선정
⑤ 적은 유지비용과 생태적 지속가능한 복원방안 모색
⑥ 도입되는 식생은 가능한 고유식생의 우선적 사용
⑦ 개별적이 아닌 생태계 전체적이며 스스로 유지되는 성질의 회복에 중점

❖ 생태복원의 과정

일반화된 계획 분야의 과정에 따르게 되나, 복원목적이 명확하지 않은 경우에는 대상지역에 대한 '조사·분석, 평가'의 과정을 거친 후 '목표·목적 설정'이 이루어진다. 대체적으로 생태복원의 과정은 '조사·분석→평가→목표·목적 설정→기본구상→계획·설계→시공→유지·관리'의 단계로 시행된다.

### (2) 복원계획 시 고려사항

① 여러 분야의 전문가들이 참여하는 팀 구성
② 목표, 목적, 방법의 명확한 규정
③ 대상지의 수문학적, 지리학적, 생물학적 변수 분석

□ 생태복원의 기본 접근방법

① 자연형성과정을 고려한 접근
② 지역 고유의 역사와 문화를 존중하는 설계
③ 전통 생태 지혜를 고려한 접근
④ 유역차원의 접근

□ 생태복원의 단계별 과정

① 대상지역의 여건 분석
② 부지 현황조사 및 평가
③ 복원목적의 설정
④ 세부 복원계획의 작성
⑤ 시행, 관리, 모니터링의 실시

④ 상세한 대상지 수립 및 대상지에 대한 종 선정
⑤ 재료, 구성, 생물종의 지역적 생물상 반영
⑥ 시간적·공간적 식재계획 및 군집에 대한 상세한 설계
⑦ 계획된 종들의 원천 확인 및 바람직하지 않은 외래종 조절
⑧ 피드백과 중간수정에 대한 계획 수립
⑨ 장기적인 모니터링과 관리, 유지계획의 수립

## 2. 생태복원계획 및 설계

### (1) 생태조사·분석

① 생태계 구조와 기능의 파악
② 인접지역의 서식처 등 주변지역 생태계 유형
③ 대상지의 물리적 조건(지형, 토양유형, 배수특성 등)
④ 서식처의 형태, 특성, 조건(접근도로, 인공구조물과 인간의 이용 등)
⑤ 인간의 접근과 영향
⑥ 생태계의 중요성 평가(생태적 연령, 자생종, 서식처 크기, 연속성, 빈도, 다양성 등)

◘ 생태조사·분석
복원에 있어 훼손 전의 정보를 수집하고 조사하는 일은 매우 중요하며, 생물다양성 목적이나 토지이용 계획과도 맞물린 지역적 맥락의 파악이 우선되어야 한다.

자연환경복원을 위한 조사·분석 항목과 내용

| 항목 | 내용 |
|---|---|
| 지역적 맥락의 조사·분석 | ·주변지역과 대상지역에 관한 기존 계획의 파악 –주변지역이 대상지역에 미치는 영향 파악<br>대상지역의 자연·문화적 특성은 광역적 자연성 맥락의 연계성 파악 |
| 역사적 기록의 조사 및 분석 | ·대상지역에 대해 훼손되기 이전의 상태와 훼손되는 원인과 과정을 거치면서 어떻게 변화했는지에 대하여 조사<br>·고지도, 지형도, 항공사진, 인공위성 영상, 화분(꽃가루), 지역주민의 의견 등으로 조사·분석 |
| 기반환경의 조사 및 분석 | ·지형(경사, 고도, 향, 굴곡이나 기복의 패턴), 기후, 수리·수문·수질, 토양 등의 조사·분석 |
| 서식처의 조사 및 분석 | ·서식처의 유형(수림대·과수원·척박토양·습지 등) 분류 및 유형별 조사·분석(서식처의 형태·특성·조건 등), 서식처 유형의 도면화 |
| 생물종의 조사 및 분석 | ·식생 및 식물상, 곤충, 어류, 양서·파충류, 조류, 포유류의 조사·분석 |
| 인문사회환경의 조사 및 분석 | ·토지이용, 인간의 접근과 영향, 접근도로, 인공구조물과 인간 이용의 조사·분석 |
| 조사·분석결과의 종합과 평가 | ·조사분석결과의 종합(도면화 및 중첩, 서식환경과 생물상 간의 상관관계, 생태적 발자국 분석, 환경적 민감지역 분석 등)과 평가 |

### (2) 조사·분석결과의 평가

① 보전가치평가 : 생태조사 결과를 토대로 보전할 것인지, 복원할 것인지를 결정하는 기법
② 여과법 : 희귀종이나 복원의 목표 종을 최우선적으로 고려할 경우 무관한 다른 환경요인들을 배제시키는 기법
③ 생태적 영향평가 : 제안된 개발사업이 생태계 혹은 생태계의 구성요소에 미치는 잠재적 영향을 파악하고, 계량화하여 평가하는 방법

### (3) 복원목표의 설정

#### 1) 기본방향

① 사업의 방향과 사업 후 성패를 결정하는 기준
② 복원목표의 구체적 4단계(M. Hough, 1995)
㉠ 일반적 고려사항 : 복원목표의 우선순위에 따른 상충 내용
㉡ 현재 조건의 시사성 : 현재 조건에 따른 목표 수립
㉢ 복원의 기회요소와 장점 : 식생교육, 레크리에이션 등의 기회요소 수립
㉣ 현실성 : 현실성에 대한 파악으로 복원의 결과, 주변 지역으로부터의 이주, 인간활동과 야생동물의 서식지간 충돌 등 판단

#### 2) 목표 설정의 접근방법

① 보전형 접근방법 : 생태계 유지에 역점을 둔 접근방법
② 복원형 접근방법 : 없어진 생태계를 회복시키는 접근방법
㉠ 모범형 접근방법 : 대상지의 인근지역의 잘 보전된 생태계를 모델로 설정
㉡ 잠재형(포텐셜형) 접근 : 환경포텐셜 평가에 기초하여 잠재적으로 성립 가능한 생태계 속에서 목표 선택법
③ 기능과 구조를 고려한 접근방법
㉠ 생태계가 지니고 있는 전반적인 기능과 구조를 고려하여 목표 설정
㉡ 다기능형 생태계를 조성하는 경우 여러 기능을 고려한 최적의 설계 요구

#### 3) 목표종의 선정

① 목표종은 생태복원의 목표를 달성시키기 위한 중요 수단
② 역사적 기록의 분석이나 환경잠재력 평가, 적합성 분석 등으로 선정
③ 가급적 정량적이고 구체적으로 선정
④ 희귀종이나 우산종, 깃대종 등에 대한 우선적 검토 필요

### (4) 기본구상(대안설정)

① 대안의 작성 : 2~3개 정도 작성하여 각 대안들에 대한 생태적, 기술적, 경제적 측면 등 다양한 시각에서 분석
② 대안의 평가 : 틈(GAP) 분석, 시나리오 분석 등으로 분석하여 입안

### (5) 생태복원의 계획 및 설계

#### 1) 생태복원의 계획 및 설계 시 고려사항

① 다양한 공간구조의 형성
② 생물종 관점에서의 계획·설계와 생물종에 대한 이해 노력
③ 식물재료는 가능한 현장과 인근에서 채취한 자생종 사용
④ 과거의 기록들에 충실하고 미래의 환경을 예측하면서 접근
⑤ 복원하고자 하는 지역의 자연환경에 대한 학습과 도입

#### 2) 공간구획

① 생태계 보전가치의 평가 결과에 따라 유네스코 MAB 접근법 활용 −핵심지역, 완충지역, 전이지역
② 도서생물지리 모델을 기반으로 한 보호지역 설계원리 이용 가능
③ 자연적(복원) 공간과 인공적(이용) 공간의 조정
㉠ 격리형 조정 : 자연계와 인공계를 구분하여 양자를 격리하는 방법
㉡ 융합형 조정 : 반자연생태계와 인공계의 기능을 융합하는 방법
④ 보전공간과 이용공간의 목적에 따른 비율 조정 −이용공간의 최소화

**❖ 동선계획**

생태복원지역에서의 동선은 최소한으로 조성하는 것이 좋으며, 핵심지역으로 설정된 곳은 동선을 도입하지 않는 것이 바람직하다. 완충지역이나 전이지역일지라도 관찰, 학습, 체험을 위한 최소한의 동선만을 도입하는 것이 좋다.

**◘ 생태복원 성공여부의 모니터링**

모니터링은 환경변화에 민감한 지표종을 활용하기도 하며, 생물의 활동 및 생활사를 반영한 계절에 따른 조사가 중요하다. 생태계 복원은 모니터링 후 결과를 바탕으로 관리에 들어가는 것이 일반적이다.

**◘ 생태복원 성공여부의 평가기준**

① 지속가능성
② 침입가능성
③ 생산성
④ 영양물질 보유
⑤ 생물학적 상호작용

# 핵심문제 해설



**01** 생태계복원의 근본개념이라고 볼 수 없는 것은? 기-15-2

① 생물과 인간의 공존방법구축
② 생물종다양성의 확대
③ 생물생활과 생태계의 파악
④ 생태계단순화의 촉진

**02** 복원의 유형 중에서 대체에 대한 설명에 해당하지 않는 것은? 기-18-2

① 훼손된 지역의 입지에 동일하게 만들어 주는 것
② 다른 생태계로 원래 생태계를 대신하는 것
③ 구조에 있어서는 간단할 수 있지만, 보다 생산적일 수 있음
④ 초지를 농업적 목초지로 전환하여 높은 생산성을 보유하게 함

해 ① 복구

**03** 자기설계적 복원에 대한 설명이 아닌 것은? 기-17-2

① 수동적 복원이라고도 한다.
② 공학적인 식재 전략을 선호한다.
③ 시간의 흐름을 존중하는 접근이다.
④ 생태계의 능력과 잠재력을 강조하는 접근이다.

해 ② 공학적인 식재 전략을 선호하는 것은 설계적 복원 내용이다.

**04** 서식처 적합성(habitat suitability) 분석을 가장 적절하게 설명한 것은? 기-18-3

① 희귀종이나 복원의 목표 종을 최우선적으로 고려할 경우 무관한 다른 환경요인들을 배제시키는 기법
② 생태조사 결과를 토대로 보전할 것인지, 복원할 것인지를 결정하는 기법
③ 제안된 개발사업이 생태계 혹은 생태계의 구성요소에 미치는 잠재적 영향을 파악하고, 계량화하여 평가하는 방법
④ 생물종별로 요구되는 서식처 조건을 지수화하고, 그 지수를 토대로 가장 적합한 생물종 서식처를 도출하는 기법

**05** 다음 설명에 해당하는 분석 방법은? 기-18-1

| 생물의 종, 식생, 생태계 등의 실제 분포와 그것이 보호되고 있는 상황과의 괴리를 도출하여 보호계획에 도입하기 위한 방법 |
|---|

① GAP 분석 ② 시나리오 분석
③ 서식처 적합성 분석 ④ 영역성 분석

**06** 복원 계획을 위한 분석 기법 중 계획의 장래 효과를 예측하여 복수의 대안을 비교하는 분석 방법은? 기-18-2

① GAP 분석 ② 시나리오 분석
③ 행동권 분석 ④ 중첩분석

**07** 천이의 설명으로 가장 거리가 먼 것은? 기-16-1

① 일반적으로 선구식생에서 중간식생을 거쳐 극상에 이른다.
② 천이의 초기단계에는 성장속도가 빠르고 산포능력이나 휴면성이 있는 종자를 지닌 식물이 유리하다.
③ 진행천이(1차 천이)과정은 나지→다년생초본기→1,2년생 초본기→관목림기→내음성 교목림기→호양성 교목림기와 같이 군락의 종조성이나 생활형의 변화로써 파악할 수 있다.
④ 천이초기에는 입지조건과 더불어 이입과 정착의 과정이 중요하다. 따라서 종의 공급원의 공급 유무에 따라 천이의 진행방법은 크게 달라진다.

해 ③ 진행천이(1차 천이)과정은 나지→1,2년생 초본→다년생



정답 01. ④ 02. ① 03. ② 04. ④ 05. ① 06. ② 07. ③

초본→관목림→양수림→음수림 순으로 진행된다.

**08** 산림은 자연에 적응하면서 거기에 적합한 형태의 산림으로 구성된 후 안정된다. 이 때 안정 상태로의 진입형태로 볼 수 있는 산림형태는? 기-17-3

① 아까시나무림 ② 참나무림
③ 잣나무림 ④ 전나무림

해 ② 참나무림은 천이과정 중 후기에 속한다.

**09** 생활사 전략 중 새로운 서식자나 불안정한 서식지에 적합하고 소형, 다산, 조기성숙 등의 특성을 가지는 경우는? 기-14-2

① r 선택 ② K 선택
③ C 전략 ④ S 전략

해 ① r-선택종은 내적 증가율(r)을 크게 하려고 하는 종으로, 새로운 서식지나 불안정한 서식지에 적합하고, 소형으로 다산하며 조기에 성숙하는 성질을 갖는다.

**10** 자생적 독립영양 천이유형에서 종 다양성의 천이과정으로 가장 적합한 것은? 기-19-3

① 지속적으로 증가한다.
② 처음에는 감소하나 개체의 수가 증가함에 따라 성숙된 단계에서는 증가한다.
③ 처음에는 감소하나 개체의 수가 증가함에 따라 성숙된 단계에서는 안정된다.
④ 처음에는 증가하나 개체의 크기가 증가함에 따라 성숙된 단계에서는 안정되거나 감소한다.

**11** 도시생태계 복원을 위한 절차 중 가장 선행되어야 하는 것은? 기-18-2

① 시행, 관리, 모니터링의 실시
② 복원계획의 작성
③ 복원목적의 설정
④ 대상지역의 여건분석

해 복원과정의 순서는 대상지역의 여건분석→부지 현황조사 및 평가→복원목적의 설정→세부 복원계획의 작성→시행·관리·모니터링 실시 순이다.

**12** 생태복원계획 및 설계과정이 옳게 나열된 것은? 기-16-1

① 조사→분석→계획→평가→ 목표설정→설계→시공→관리
② 조사→분석→평가→ 목표설정→계획→설계→시공→관리
③ 목표설 정→조사→분석→계획→관리→ 설계→시공→평가
④ 목표설정→조사→분석→계획→평가→ 설계→시공→관리

**13** 자연환경복원을 위한 생태계의 복원과정에서 ( )에 적합한 것은? 기-18-3

> 대상지역의 여건 분석→부지현황조사 및 평가→( )→복원계획의 작성→시행, 관리, 모니터링의 실시

① 적용기술 선정 ② 공청회 개최
③ 예산 확인 ④ 복원목적의 설정

**14** 생태복원사업 시 시공 후 관리방법 중 가장 합리적인 방법은? 기-15-3

① 운영관리 ② 순응관리
③ 적응관리 ④ 하자관리

**15** 생태복원 성공여부의 평가기준과 가장 거리가 먼 것은? 기-19-1

① 지속가능성 ② 생산성
③ 귀화식물 우점도 ④ 생물학적 상호작용

**16** 복원하고자 하는 대상지역에 대해 훼손되기 이전의 상태와 훼손되는 원인과 과정을 거치면서 어떻게 변화했는지를 조사하는 방법은? 기-17-1

① 지역적 맥락의 조사
② 역사적 맥락의 조사
③ 생태기반환경의 조사

정답 08. ② 09. ① 10. ④ 11. ④ 12. ② 13. ④ 14. ② 15. ③ 16. ②

④ 생태환경의 조사

**17** 생태복원 대상지역에 영향을 미치는 주변 지역을 조사하여, 복원 예정 지역에 미치는 영향을 파악하는 것은? 기-17-3

① 지역적 맥락(regional context)의 조사
② 역사적 자료의 조사
③ 원형(prototype)의 조사
④ 생태적 기반 조사

**18** 영양단위의 최상위에 위치하는 대형포유류나 맹금류 등 서식에 넓은 면적을 필요로 하고, 이 종을 지키면 많은 종의 생존이 확보된다고 생각되며 생태계 보전 및 복원의 목표가 되는 종군을 무엇이라 하는가? 기-19-2

① 지표종 ② 핵심종
③ 상징종 ④ 우산종

**19** 자연환경복원계획을 수립하기 위한 여러 요소의 설명으로 가장 거리가 먼 것은? 기-17-2

① 지형의 조사, 분석에서는 대상지의 경사, 고도, 방향 등을 위주로 하여야 한다.
② 토양은 자연적 식생 천이에 그리 중요한 요소는 아니나 초기 복원에 중요한 요소이다.
③ 수리, 수문, 수질의 조사와 분석은 습지, 하천, 넓은 유역의 계획에 중요한 요소이다.
④ 기후는 동식물분포, 식물의 발달, 천이에 영향을 끼칠 뿐만 아니라 인간의 형태에도 중요한 인자이다.

**20** 생태복원을 위한 공간구획 및 동선 계획 단계의 내용과 가장 거리가 먼 것은? 기-19-3

① 동선은 최대한으로 조성하는 것이 바람직하다.
② 공간 구획은 핵심지역, 완충지역, 전이지역으로 구분한다.
③ 목표종이 서식해야 하는 지역은 핵심지역으로 설정한다.
④ 자연적인 공간과 인공적인 공간은 격리형 혹은 융합형으로 조정한다.

해 ① 동선은 생물서식에 방해를 가져옴으로 최대한으로 억제하는 것이 바람직하다.

**21** 생태와 관련된 설명으로 부적합한 것은? 기-16-1

① 비간섭 거리 : 조류가 인간의 모습을 포착하고도 달아나거나 경계의 자세를 취하는 일이 없이 계속 먹거나 휴식을 취할 수 있는 거리
② 도피거리 : 인간이 접근함에 따라 단숨에 장거리를 날아가면서 도피를 시작하는 거리
③ 회피거리 : 인간이 접근했을 시 가볍게 뛰기도 하면서 하고 있던 행동을 중지하고 경계음 등을 내면서 그 장소에서 하던 행위를 조심스레 계속하는 거리
④ 임계거리 : 일반적으로 도주거리와 공격거리간의 임계반응을 나타내는 거리의 폭

해 ③ 회피거리 : 인간이 접근하면 수cm에서 수십cm를 걸어 다니거나 또는 가볍게 뛰기도 하면서 물러나 인간과의 일정한 거리를 유지하려고 하는 거리

**22** 조류와 인간의 거리 중에서 사람이 접근하면 수십cm에서 수m를 걸어 다니면서 사람과의 일정한 거리를 유지하려고 하는 거리는? 기-15-3, 기-19-2

① 경계거리 ② 회피거리
③ 도피거리 ④ 비간섭거리

**23** 생물다양성의 종류로 분류되기 어려운 것은? 기-16-3

① 천이의 다양성 ② 서식처의 다양성
③ 유전자의 다양성 ④ 생물종의 다양성

해 생물다양성은 유전자, 종, 생태계 수준을 포함하는 표준적 접근뿐만 아니라 경관의 다양성도 포함한다.

**24** 생물 다양성의 보존에 대한 설명으로 틀린 것은? 기-19-3

① 생물 다양성은 종내, 종간, 생태계의 다양성을 포함 한다.



정답 17. ① 18. ④ 19. ② 20. ① 21. ③ 22. ② 23. ① 24. ④

② 생물 다양성은 생물종은 물론 유전자, 서식처의 다양성을 포함한다.
③ 생물 다양성은 자연환경복원의 가장 중심적인 과제이다.
④ 생물 다양성은 서식처 복원보다는 생물종의 복원에 더욱 관심을 가져야 한다.

해 ④ 기존에는 생물종의 복원에 관심을 많이 가졌으나, 최근에는 서식지 복원이 주요 대상이 된다.

**25** 다음 중 생물다양성 위계 중 최하위를 구성하는 위계는? 기-15-1

① 유전자의 다양성
② 종의 다양성
③ 생태계의 다양성
④ 경관의 다양성

**26** 도시의 생물다양성 보전을 위해 고려해야 할 사항으로 부적합한 것은? 기-18-2

① 생물 개개의 서식처 보전만으로 다양성을 유지할 수 없으므로 서식공간의 네트워크가 필요하다.
② 개개의 생물종 보전대책이 종의 장기적인 생존을 위해 최우선적으로 고려되어야 한다.
③ 미래의 생물서식환경과 종의 생존을 위해 넓은 범위에서의 대책이 시급하다.
④ 서식지 규모의 단편화, 축소화, 질적 악화를 방지하기 위해서는 서식환경 전체를 대상으로 하는 대책이 필요하다.

**27** 환경포텐셜에 대한 설명으로 가장 거리가 먼 것은? 기-16-2

① 환경포텐셜은 특정 장소에 있어서, 종의 서식이나 생태계성립의 잠재적 가능성을 나타내는 개념이다.
② 천이의 포텐셜은 입지포텐셜, 종의 공급포텐셜, 종의 관계포텐셜의 3가지 포텐셜에 의해 결정된다.
③ 종의 공급포텐셜은 특정 장소에 대한 종의 공급가능성으로 종의 공급원과 공급처의 공간적 관계, 종의 이동력이라는 2가지에 의해 결정된다.
④ 종의 관계포텐셜은 생태계의 시간적 변화가 어떤 과정을 거쳐 어느 정도의 속도로 진행되며, 최종적으로 어떤 모습이 될 것인가 하는 가능성이다.

**28** 환경포텐셜에 대한 설명으로 틀린 것은? 기-18-1

① 복원잠재력을 의미한다.
② 환경의 생태수용력을 의미한다.
③ 시간이 지나면서 천이가 진행될 가능성을 의미하기도 한다.
④ 특정 장소에서 종의 서식이나 생태계 성립의 잠재적 가능성을 나타내는 개념이다.

**29** 환경포텐셜 유형 중에서 기후, 지형, 수환경, 토양 등의 토지적 조건이 특정 생태계의 성립에 영향을 미칠 가능성이 있는 것은? 기-17-1

① 종의 공급 포텐셜 ② 종간 관계 포텐셜
③ 입지 포텐셜 ④ 천이 포텐셜

**30** 환경포텐셜에 관한 설명 중 옳은 것은? 기-14-1, 기-18-3

① 입지포텐셜은 기후, 지형, 토양 등의 토지적인 조건이 어떤 생태계의 성립에 적당한가를 나타내는 것이다.
② 종의 공급포텐셜은 먹고 먹히는 포식의 관계나 자원을 둘러싼 경쟁관계 등 생물간의 상호작용을 나타내는 것이다.
③ 천이의 포텐셜은 생태계에서 종자나 개체가 다른 곳으로부터 공급의 가능성을 나타내는 것이다.
④ 종간관계의 포텐셜은 시간의 변화가 어떤 과정과 어떤 속도로 진행되며 최종적으로 어떤 모습을 나타내는가를 보여주는 가능성을 나타내는 것이다.

정답 25. ① 26. ② 27. ④ 28. ② 29. ③ 30. ①

해 ② 종간관계포텐셜, ③ 종의 공급포텐셜, ④ 천이의 포텐셜

**31** 잠재자연식생(potential natural vegetation)의 개념과 다른 설명은? 기-16-2

① 토지에 나타난 자연식생의 잠재적인 가능성
② 천이의 마지막 단계에 나타나는 극상군락과 일치함
③ 현존식생에 가해진 인위성이 제거되었을 경우 성립되는 식생
④ 불가역적 토지변화가 있는 곳은 원식생으로 변화가 안 됨

해 잠재자연식생은 어떤 지역에서 인간의 간섭을 완전히 배제하면서 현재의 환경조건을 모두 총화하여 자연적으로 발달하게 되는 지속군락으로 극상식생이 포함될 수는 있으나 극상군락과 일치할 수 없다.

**32** 잠재자연식생에 대한 설명으로 틀린 것은? 기-19-1

① 극상이 되기 이전단계의 식생구조를 의미한다.
② 대상식생과 자연식생의 종조성 등의 비교에 의해 추정한다.
③ 현 시점에서의 토지에 대한 잠재적인 능력을 추정한다.
④ 현존식생에 가해지는 인위성을 제거했을 경우 예상되는 자연식생의 모습이다.



정답 31. ② 32. ①

# Chapter 4 생태복원계획

## 1 생태복원구상

### 1. 사업목표 수립

#### (1) 사업수립 일반

1) 사업목표의 기능

① 생태복원사업이 나아갈 방향 제시
② 생태복원사업의 정당성을 인정받을 수 있는 근거 확보
③ 생태복원사업의 효과성을 평가하는 척도 기능

2) 사업 목표가 갖추어야 할 조건

① 구체적인 목표(specific goals)
② 측정 가능한 목표(measurable goals)
③ 달성 가능한 목표(achievable goals)
④ 합리적인 목표(reasonable goals)
⑤ 시간 한계가 정해진 목표(time-bound goals)

3) 생태복원의 접근 방법

① 생태공학적 접 방법(정량적 접근방법) : 목표달성과 콘셉트 및 테마 구현을 위한 해결책을 생태공학적 지식과 기술을 활용하여 과학적으로 모색하는 접근 방법
② 전통 생태학적 접근 방법(정성적 접근 방법) : 오랫동안 자연과의 상호작용과 시행착오를 거쳐 축적한 경험과 지혜를 이용하여 해결책을 모색하는 접근방법
③ 사회과학적 접근 방법 : 인간과 인간 사이의 관계에서 일어나는 사회현상과 인간의 사회적 행동을 탐구하는 경험과학에서 해결책을 모색하는 접근방법으로 환경수용력을 고려하여 자연생태계를 지속 가능한 수준에서 현명하게 이용하는 것을 추구하는 방법

#### (2) 목표수립 및 미래상 정립

① 사업의 배경 및 목적을 재확인을 위해  사업기획서, 과업지시서 등 재검토
② 종합분석표와 종합분석도 이해
③ 도출된 세부전략 이해
④ 사업목표 수립 및 미래상 정립

**사업목표(project goals)**
목표(goal)의 사전적 의미는 어떤 목적을 이루려고 지향하는 실제적 대상이며 일정한 과정을 거쳐 마지막에 이르려고 하는 일이나 상태를 말한다.

㉠ 핵심 훼손 원인 파악
㉡ 사업 대상지의 바람직한 미래 모습 상상
㉢ 그림이나 글을 사용하여 구체적으로 표현

### (3) 사업(설계) 콘셉트 및 테마 작성

① 대상지 및 주변 지역의 생태적 가치에 근거하여 작성
② 대상지의 생태적 정체성을 재현하는 중심사고이며 생태복원을 통하여 성취하고자 하는 의도의 집약체
㉠ 연관키워드, 핵심 키워드 도출
㉡ 사업(설계) 콘셉트 및 테마 선정 및 전개·발전

### (4) 사업(설계) 콘셉트를 실현하기 위한 기본전략 설정

① 생태기반환경에 대한 기본전략 설정
② 생태환경에 대한 기본전략 설정

## 2. 목표종 선정

### (1) 목표종의 유형 이해

① 개체군의 상호작용 및 생태적 지위 이해
② 생물 종의 기능적 분류, 즉 목표 종의 유형 이해

### (2) 대상지의 목표종 선정

① 대상지의 목표종 선정을 위한 기준 작성
·현지에서 서식이 확인된 생물 종
·과거에 서식이 확인된 중요 생물 종
·현지에서 서식하거나 출현한 법정 보호종
·사업 대상지 생태계를 대표할 수 있는 생물 종
·주변 핵심지역에서 유입이 가능한 생물 종
·생태적 지위 또는 영양단계에서 중요한 역할을 하는 생물 종
·생태계에서 중요한 기능을 수행하는 생물 종
·사람들에게 우호적이며 친근한 생물 종
·상징적 의미가 있는 생물 종
·생물계절
·목표연도
② 대상지의 목표 종 후보군 선정
·대상지에서 서식 또는 출현한 생물종 파악
·대상지의 생태계를 대표하는 생물종 파악

**사업의 기본전략**

사업의 기본전략이란 사업 목표와 사업(설계) 콘셉트를 실현하려는 방법을 의미한다. 생태기반환경, 생태환경, 현명한 이용의 3가지 측면에서 사업 목표와 사업(설계) 콘셉트를 실현할 수 있는 문제점 해결 및 잠재력 극대화를 위한 기본전략을 설정한다.

**목표종(target species)**

훼손된 생태계를 복원한 후 안정적이며 지속해서 서식하기를 원하는 생물 종을 말한다. 목표종이 훼손되었던 사업대상지에 서식한다는 의미는 사업대상지의 훼손된 생태계가 목표종 서식에 적합한 환경으로 복원되었다고 이해할 수 있다. 따라서 목표종은 생태복원의 목표를 달성하는 중요한 수단이며 생태복원 목표달성을 평가할 수 있는 주요한 지표이다. 목표종은 사업대상지에 서식 또는 출현한 주요 생물종 중에서 해당 생물종의 생태적 지위와 기능을 고려하여 선정해야 한다.

- ·주변 핵심지역(core area) 및 주요 생물종 공급원(source)에서 유입이 가능한 생물종 파악
- ·사업 대상지에서 중요한 생태적 기능을 할 수 있는 생물종 파악
- ·사람들에게 우호적이며 친근한 생물종 파악
- ·대상지에 서식 또는 출현한 생물종 중 역사적으로, 문화적으로 상징적 의미를 지니는 생물종 파악

③ 목표종 선정기준을 적용하여 사업대상지의 최종 목표종 선정

### (3) 선정된 목표종의 서식지 구성요소와 서식특성 파악

① 목표종의 생활사(life cycle) 파악

② 목표종의 서식지 요구조건 파악

분류군별 핵심 구성요소

| 구분 | 내용 |
|---|---|
| 포유류 | 동면지, 보금자리, 먹이 자원, 활동권 |
| 조류 | 번식지, 채식지, 월동지, 커버 자원(잠자리, 휴식처 등) |
| 양서류·파충류 | 집단 산란지, 활동지, 동면지, 이동 경로 |
| 어류 | 산란지, 먹이 자원, 회유성 어류의 이동 경로 |
| 곤충류 | 산란지, 먹이 자원, 월동지, 피난처 |

## 3. 공간구상

### (1) 대상지 공간구분

① 생태계 보전가치평가결과 확인

② 보전가치 등급에 따라 핵심구역, 완충구역, 협력구역 구분

㉠ 생물 서식공간인 핵심구역은 일반적으로 50% 이상으로 구획

㉡ 지속 가능한 이용공간인 협력구역은 25% 이하로 구획

### (2) 서식지 구성 및 배치

① 핵심구역을 중심으로 적정 규모의 목표종 서식지 구성 및 배치

㉠ 목표종의 서식환경을 조사 및 요구조건 파악

㉡ 목표종이 서식하는 데 필요한 공간, 은신처, 먹이, 수환경(물) 등 목표종 서식지의 구성요소 중심으로 조사

② 목표종에 관한 서식지 적합성 지수(HSI) 항목 도출

③ 목표종의 서식지 복원모형(habitat restoration model) 개발

④ 사업 대상지에 목표종의 서식지 복원모형 적용

㉠ 목표 종의 서식지 위치 선정

**◘ 구역면적 비율**

세계자연보전연맹(IUCN)의 보호지역 관리 가이드라인에 보호지역의 최대 25%까지를 보호지역의 주요 목적과 양립할 수 있는 다른 용도로 활용할 수 있다는 '보호지역의 75% 관리 규칙(the 75% rule)'을 명시하고 있다. 따라서 이를 적용하여 협력구역은 복원 대상지 전체 면적의 25% 이하로 배분한다.

**◘ 서식지 적합성 지수(Habitat Suitability Index, HSI)**

특정 야생생물이 서식할 수 있는 서식지의 능력 즉 공간의 수용력을 나타내는 정량적 지표이다. 동일한 생물종에 대하여 최적의 서식지 조건과 적용대상 지역의 서식지 조건의 상대비로 나타낸다.

$$HSI = \frac{\text{대상지의 서식지 조건}}{\text{최적의 서식지 조건}} = 0 \sim 1$$

HSI가 1에 가까울수록 해당 대상 생물종의 최적 서식지임을 나타낸다.

㉡ 목표 종의 서식지 규모와 형태 결정
㉢ 목표 종의 서식지 복원모형을 적용하여 서식환경 구성

### (3) 생태시설물 계획

① 핵심구역, 완충구역, 협력구역의 용도를 고려하여 원활한 이동 동선 구성

㉠ 이동동선 구성의 기본원칙 이해
- 대상지의 접근성, 주변지역 교통망, 토지이용계획과의 관계 고려
- 기능별 위계에 따라 동선체계를 구성하고 기능과 성격이 다른 동선은 분리
- 핵심구역의 동선은 최소화하고 생물서식 및 이동 방해 금지
- 기존 지형을 최대한 이용하여 지형 훼손을 최소화하는 이동동선 구성

㉡ 공간의 용도를 고려하여 원활한 이동동선 구성
- 핵심구역 안으로 접근 및 이동하는 동선 설치 금지 – 연구용은 최소한으로 설치
- 완충구역의 동선은 핵심구역에 부정적 영향을 끼치지 않는 범위 내에서 설치
- 협력구역의 동선은 기능별 위계에 따라 동선체계를 구성하고 지속 가능한 활동을 원활히 지원할 수 있도록 배치

② 각 구역의 용도를 고려하여 생태시설물 구성 및 배치

㉠ 생태시설물 구성 및 배치의 기본원칙 이해
- 생태시설물은 기능에 따라 보전시설, 관찰시설, 체험시설, 전시·연구시설, 편의시설, 관리시설로 구분하여 적재적소에 배치
- 생태시설물의 배치는 생물권 보전지역(BR)의 공간 모형을 고려하여 참여적 관리방식, 보전강도, 이용강도를 기준으로 공간 및 시설물의 용도에 맞게 배치
- 생태시설물은 생태적 수용력을 고려하여 해당 공간이 허용하는 시설의 종류, 위치, 규모, 이용자 수를 초과하지 않도록 배치
- 생태시설물의 재료는 친환경적인 소재 사용과 해당 지역 고유의 재료를 최대한 활용하고 될 수 있으면 목재, 철재, 돌 등 자연 소재 이용
- 생태시설물의 형태 및 색채는 자연과 조화롭게 구성하고 절·성토 최소화
- 필수 생태시설물을 제외하고 그 외 시설은 제한적으로 도입
- 생태시설물은 기능 및 유지·관리를 고려하여 배치

㉡ 공간의 용도를 고려하여 생태시설물 구성
- 핵심구역에는 보전시설, 관찰시설, 연구시설의 생태시설물 설치
- 완충구역에는 핵심구역에 부정적 영향을 끼치지 않는 범위 내에서 생태시설물 설치
- 협력구역에는 다양한 유형의 생태시설물 설치

### (4) 공간구상도 작성

① 사업목적에 부합하는 다양한 대안 수립
 ㉠ 대안은 2~3개 정도로 작성
 ㉡ 각 대안에 대한 사업 목적, 생태성, 시공성, 경제성 등 다양한 측면에서 구체적 방안 작성
② 대안의 평가를 위해 평가기준 설정
③ 의뢰인 혹은 지역 주민에게 평가받은 후 대안의 문제점 개선
④ 파악된 대안의 장단점을 통해 구상안을 보강하고 최종 기본구상도 완성
⑤ 최종 공간구상도를 바탕으로 기본계획도(마스터플랜) 작성

## 4. 공간 활동 프로그래밍

### (1) 각 공간별 목표종 서식지와 도입활동 프로그래밍

① 생태계 보전가치평가 결과를 반영하여 생물권 보전지역(BR) 공간모형의 공간구분 기준으로 사업 대상지를 구획한 공간구상도 검토
② 사업목표 및 기본전략을 고려하여 복원 프로그램 작성
③ 각 구역의 세 가지 토지용도와 특성 파악 및 공간 활동 프로그램 계획
④ 공간 활동 프로그램에 따라 세부공간 배치
⑤ 각 세부공간의 기능, 역할, 용도에 따라 생태시설 배치

공간별 도입 활동 프로그램 및 도입 시설

| 구분 | 공간 활동 프로그램 | 시설 |
|---|---|---|
| 핵심 구역 | ·조류탐조 ·나뭇잎 퍼즐<br>·다람쥐 밥주기 ·숲 스트레칭<br>·곤충아파트 만들기<br>·나만의 생물도감 만들기<br>·숲 생태 심포지움 | ·도토리복원 숲 ·천이유도숲<br>·경관복원숲 ·연구 test bed<br>·새소리, 숲체험 탐방로<br>·기후변화대응 숲<br>·티연구과제 연계 |
| 완충 구역 | ·습지 생태계 체험 ·도토리 공기놀이<br>·새 모이대 만들기 ·새 집 달아주기<br>·습지 생태계 체험<br>·새 모이대 만들기 | ·새소리탐방로 ·망토군락숲<br>·생명의숲 ·빗물습지<br>·기후변화대응습지<br>·생물다양성습지 |
| 협력 구역 | ·나비관찰 여행 ·알뜰마당 행사<br>·여름 생태 학교 ·숲 속 예술제<br>·야간 생태 체험 ·근현대사 체험 | ·토리노마당 ·에코뮤지엄<br>·그린파이마당 ·당산근린공원<br>·생태체험시설 ·탐방안내소<br>·생태교실 ·문화유적<br>·커뮤니케이션 공간 |

### (2) 서식지 규모 산정

① 목표종의 생활사, 서식지 구성요소, 서식특성을 재확인
② 목표종의 최소존속개체군(Minimum Viable Population, MVP) 파악

③ 목표 종의 최소 존속 면적(Minimum Viable Area, MVA) 파악
④ 목표 종의 서식지 규모 산정

(3) 이용수요 추정

① 도입 활동에 필요한 생태시설물 선정
② 수용력에 의한 이용수요 추정
㉠ 물리적 수용력에 의한 이용수요 추정 : 토지용도별 적지 혹은 시설물별 가용지를 찾아내고 이 면적에 대한 수용능력을 산정하는 것
· 최대 시 이용자 수 = 이용가능면적 ÷ 1인당 이용면적(원 단위)
· 최대 일 이용자 수 = 최대 시 이용자 수 ÷ 회전율
· 연간 이용자 수 = 최대 일 이용자 수 ÷ 최대일률
㉡ 사회적 수용력에 의한 이용수요 추정 : 주변 지역 전체에 대한 수요를 추정하고 이에 대한 일정 비율을 해당 지역에 배분하는 방법
· 연간 이용자 수 = 인구 × 연간이용회수 × 분담률
· 최대 일 이용자 수 = 연간 이용자 수 × 최대일률
· 최대 시 이용자 수 = 최대 일 이용자 수 × 회전율
㉢ 생태적 수용력에 의한 이용수요 추정 : 물리적 수용력을 기반으로 자연생태계의 자기회복능력(self-repair capacity)을 고려하고 생태적 제한 인자를 반영하여 이용수요를 추정하는 방법
③ 수용력 산정 방식별 이용수요 추정 결과를 비교하여 적정 이용수요 결정
④ 결정된 연간 이용자 수로 최대 시 이용자 수를 산정한 후, 여기에 60~80% 수준에서 경제적인 최대 시 이용자수 결정
⑤ 이용규모(원단위)를 통해 시설규모 산정
· 시설규모 = (이용률)×(단위규모)×(최대 시 이용자 수)

## 2 생태복원 사업타당성 검토

### 1. 복원사업 대상지 정보 검토

(1) 대상지 선정

① 대상지의 훼손 상태, 역사적 현황, 생태적 기능 등을 검토하여 선정
② 생물 지리적 입지, 토지 소유 현황, 훼손지 현황 등 기초현황조사를 통하여 지역개황 파악
③ 기초현황조사 결과를 기초로 사업 후보지군 선정 및 최종 사업대상지 선정
④ 최종 선정대상지의 현황조사, 분석, 진단, 평가 시행

### (2) 사업 필요성 및 우선순위 결정

① 분석결과를 종합적으로 판단하여 목표정립
② 사업전략 구상 및 공간구상(안) 작성

### (3) 사업범위 설정

① 사업 대상지 구역의 경계 검토
② 지적도를 기초로 지형 및 땅 위 물체 등 토지이용 및 소유현황 등 고려
③ 용도지역, 용도구역, 용도지구, 도시·군계획시설 등의 도시계획선을 기준으로 사업 대상지 구역의 적합한 경계 검토

### (4) 생태계 영향, 생태서비스 효과분석

① 해당 사업과 목적 및 내용이 유사한 사례를 조사하여 정리
② 유사 사례를 통해 계획의 시사점 도출
③ 사업 시행으로 발생하는 생태계 영향 예측
④ 생태계 서비스 등 사업의 기대효과 전망

### (5) 공청회 및 설명회 개최

① 공청회 개최 14일 전까지 공지 및 공청회 주재자, 토론자, 발표자 위촉
② 전문가와 지역주민의 의견 수렴 및 반영
③ 설명회 결과를 지역주민 및 해당 이해 당사들이 확인할 수 있도록 공지

## 2. 관련 법규 검토

① 대상지의 토지이용 현황 파악 및 토지이용 규제사항 확인
㉠ 대상지의 도시·군기본계획 관련 사항 조사
㉡ 개별법에 따라 지정된 사업 대상지의 용도지역·지구·구역 현황 조사
㉢ 대상지의 토지이용현황 조사
② 환경정책과의 연관성을 이해하기 위하여 상위계획 검토
㉠ 국가환경종합계획과 분야별 국가환경기본계획 검토
㉡ 국가환경기본계획의 내용 중 사업 대상지와 관련성이 있는 내용요약
㉢ 광역 및 지역 환경종합계획 검토
③ 사업 대상지 주변 사업계획 검토

## 3. 세부 타당성 검토

### (1) 경제적 타당성 검토

① 생태복원사업으로 발생하는 환경 및 생태계 서비스의 경제적 가치추정(편익분석)

② 생태복원사업 추진·시행에 필요한 비용 추정 – 초기투자비, 경상운영비, 재투자비, 감가상각비, 잔존가치 등
③ 생태복원사업의 경제성 분석

경제성 분석 기법의 비교

| 분석기법 | 판단 | 장점 | 단점 |
|---|---|---|---|
| 편익/비용 비율 | B/C≥1 | ·이해 용이<br>·사업규모 고려 가능<br>·비용 편익 발생기간의 고려 | ·편익과 비용의 명확한 구분 곤란<br>·상호배타적 대안 선택의 오류 발생 가능<br>·사회적 할인율의 파악 필요 |
| 내부수익률 | IRR≥r | ·사업의 수익성 측정 가능<br>·타 대안과 비교 용이<br>·평가과정과 결과 이해가 용이 | ·사업의 절대적 규모를 고려하지 않음<br>·몇 개의 내부수익률이 동시에 도출될 가능성 내재 |
| 순현재가치 | NPV≥0 | ·대안 선택시 명확한 기준 제시<br>·장래발생편익의 현재가치 제시<br>·한계 순현재가치 고려<br>·타 분석에 이용 가능 | ·사회적 할인율의 파악 필요<br>·이해의 어려움<br>·대안 우선순위 결정 시 오류 발생 가능 |

(2) 정책적 타당성 검토
① 상위계획과의 부합성과 관련 법규에 대한 적법성 파악
② 지역균형발전, 정책의 일관성 및 추진 의지, 사업 추진상의 위험 요인, 생태복원사업 특수성 등 정책적 타당성 검토항목 분석

정책적 타당성 검토항목

| 구분 | 세부평가항목 |
|---|---|
| 지역균형발전 | ·지역낙후도<br>·지역경제 파급효과<br>·추가평가항목(선택적) |
| 정책의 일관성 및 추진의지 | ·관련계획 및 정책방향과의 일치성<br>·사업추진 의지 및 선호도<br>·사업의 준비 정도<br>·추가평가항목(선택적) |
| 사업추진상의 위험요인 | ·재원조달가능성<br>·환경성(필요 시)<br>·추가평가항목(선택적) |
| 사업특수평가항목 | ·추가평가항목(선택적 |

### (3) 기술적 타당성 검토

① 생태복원사업에 환경기술과 생태 공학 기술 적용성 파악
② 각각의 부문별 계획의 해결과제 중 환경 및 생태공학기술을 적용할 수 있는 요소 도출
③ 환경 및 생태공학 기술, 기법, 공법을 비교·검토한 결과를 바탕으로 최적의 방안 선정

## 4. 사업 집행계획 수립

### (1) 사업예산 작성

① 대상지의 공간 구상(안)과 유지관리계획을 바탕으로 생태복원사업을 추진·시행하는 데 소요되는 예산 산출
② 생태복원사업에 필요한 예산 항목 검토 및 소요비용 산출
㉠ 항목 검토 –용지보상비, 생태복원 공사비, 부대경비, 예비비 등
㉡ 항목별로 소요되는 비용 산출

### (2) 사업관계자 참여계획 수립

① 생태복원사업을 원활히 추진할 수 있는 체계구축
② 환경 거버넌스 및 파트너쉽 생태복원 협의체 구성
③ 협의체 구성원의 참여계획 수립

생태복원사업 협의체 구성원의 역할 분담

| 구분 | | 역할 |
|---|---|---|
| 공공부문 | 중앙정부 | ·법 및 제도 근거 마련<br>·예산 지원<br>·정책적 지원<br>·협의체 활동관리 및 평가<br>·사업 추진 및 시행 주체 |
| | 지방정부 | ·생태복원사업의 행정적 지원<br>·지역주민 및 환경시민단체의 활동 지원<br>· 의견 조정자 역할<br>· 사업 추진 및 시행 주체 |
| 민간부문 | 주민 | ·협의체 활동 참여<br>·지역환경 보전 및 유지 감시활동<br>·참여 수준 향상 및 활성화 |
| | 기업 | ·지역사회 재정적, 기술적 지원<br>·복원사업을 위한 시설물 및 기술 지원(복원사업자) |
| | 환경시민단체 | ·협의체 위상 확보<br>·지역환경 보전 및 유지 감시활동<br>·지역민의 참여 활성화 노력 |
| | 전문가 그룹 | ·기술정보 지원<br>·사업방향 자문 |

**◘ 환경 거버넌스 (environmentalgovernance)**

생태복원 협의체는 환경문제 해결 또는 생태복원을 통하여 상호 이익 증대를 목적으로 정부, 기업, 민간 시민단체 등 이해당사자들로 구성된 운영 체제를 말한다. 파트너쉽(partnership)은 이해당사자들의 상호 이익 증대를 목적으로 협력하기로 한 합의를 의미하며 환경 거버넌스(생태복원 협의체)는 파트너쉽에 근간을 두고 운영한다.

**◘ 생태복원사업의 추진체계**

공공부문과 민간부문으로 구분한다. 생태복원사업은 공공부문과 민간부문이 상호협력체계를 구축하고 역할을 분담하여 추진한다. 일반적으로 생태복원사업은 공공부문이 사업시행과 유지관리 주체의 역할을 맡으며 민간부문이 운영주체의 역할을 맡는다.

생태복원사업 추진단계별 구성원의 참여분야

| 구분 | | 공공부문 | 민간부문 |
|---|---|---|---|
| 사업 착수 단계 | 사업기본 계획 수립 | ·사업 기획<br>·사업 예산 확보<br>·사업 부지 선정 및 토지매입<br>·용역 발주 및 관리<br>·인·허가 및 행정절차 지원<br>·홍보 | ·지역사회 의견수렴<br>·의견제시<br>·기술자문 및 정책제안<br>·사업협조 및 지원 |
| 복원 단계 | 기본 및 실시설계 | | |
| | 복원공사 | 복원공사 발주 및 관리·감독 | |
| 유지·관리 단계 | 사후 모니터링 | ·용역 발주 및 관리<br>·민간부문 예산 지원 | ·모니터링 실시 및 참여<br>·재능기부 |
| | 관리 | ·관리 시행 | ·지역사회 의견수렴<br>·의견제시<br>·기술자문 및 정책제안<br>·자원봉사 |
| | 운영 | ·이용 프로그램 운영 지원<br>·홍보 | ·이용프로그램 운영 및 참여<br>·기술자문 및 정책제안<br>·홍보 |

**◘ 구성원의 역할**

사업착수단계 및 복원단계는 공공부문에서 사업추진·시행 전반에 대해 주도적 역할을 하며 민간부문은 지역사회 의견수렴 및 자문의견제시 등 보조적인 역할을 한다. 유지·관리단계에서는 공공부문이 예산지원 및 운영지원 등 보조적인 역할을 하며 민간부문이 사후모니터링 시행, 이용프로그램 운영 등 주도적인 임무를 수행한다.

### (3) 사업비 확보 계획 수립

① 사업비 재원의 종류 확인 및 공공재원의 종류 검토

② 자주재원(지자체 재원)에서의 사업비 확보가능성 검토

③ 의존재원 중 국고보조금에서 사업비 확보가능성 검토

**◘ 사업비 성격**

모든 사람이 공동으로 이용하는 공공재인 자연환경과 생태계를 보전하고 복원하여 국민의 삶의 질 향상을 도모하는 사업이 생태복원사업으로 대표적인 공익사업이라고 할 수 있다. 민간개발사업으로 유발된 훼손지를 복원하는 사업을 제외하면 생태복원사업에 투자되는 재원은 대부분 공공재원이다.

### (4) 단계별사업 추진계획 수립

① 사업의 원활한 집행 및 추진을 위하여 단계를 구분 –착수단계, 복원단계, 유지·관리단계

② 사업의 단계별로 추진해야 할 업무를 구체적으로 배분

③ 단계별 주요 업무 내용

㉠ 사업착수단계 : 사업기본계획 수립 –사업의 기획, 기본계획(안) 작성

㉡ 복원단계 : 기본 및 실시설계, 복원공사, 유지·관리 준비

㉢ 유지·관리 단계 : 개장 사후모니터링 관리 운영

## 3 분야별 환경계획

### 1. 생태도시 환경계획

#### (1) 생태도시의 개념

**◘ 생태도시(Eco city)**

생태도시란 도시를 하나의 유기적 복합체로 보아 다양한 도시활동과 공간구조가 생태계의 속성인 다양성, 자립성, 순환성, 안정성 등을 포함하는 인간과 자연이 공존할 수 있는 환경친화적인 도시를 말한다.

① 개념 : 도시의 환경문제를 해결하고 환경보전과 개발을 조화시키기 위한 방안으로 성립
② 목표 : 기성도시에서 도시환경의 부정적 요소를 지양하여 인간과 자연이 조화된 도시 건설
③ 원칙 : 환경적으로 건전하며 지속가능한 도시 창출

(2) 생태도시계획 시 고려사항(계획원리 요소)

① 환경친화적 토지이용·교통·정보통신망 구축
② 자연과 공생할 수 있도록 생태공간 및 녹지환경을 풍부하게 조성
③ 청정환경을 위한 물과 바람의 적절한 조절 및 활용
④ 친환경 도시를 위한 자연 및 재생에너지 이용
⑤ 청정환경을 위한 적극적인 환경폐기물의 관리
⑥ 어메니티(amenity) 확보를 위한 경관 및 문화시설조성

❖ 생태도시의 유래

① 최초의 생태도시 논의는 하워드(E. Howard)의 '전원도시'에서 찾을 수 있으나, 현대적 의미의 생태도시는 1975년미국 캘리포니아에서 시작된 Urban Ecology란 비영리단체를 설립하면서 개념이 정립되어 발전되어 왔다. 브라질의 브라질리아와 꾸리찌바, 호주의 캔버라, 캐나다의 오타와, 일본의 코호쿠와 기타규슈 등이 외국의 대표적 사례이다.
② 우리나라의 생태도시에 대한 논의는 1990년대에 들어서 시작되었으며, 제3차 국토종합개발계획에서 환경보전도시(Ecopolis)의 개념을 구체적으로 도입하였고, 1991년 용인군과 포항시를 환경보전시범사업지역으로 확정하여 환경보전시범도시 조성계획을 작성하였다.

❖ 전원도시(garden city)

1902년 에베니저 하워드(Ebenezer Howard)가 도시와 전원의 공간적 기능을 적절히 조화시키는 이상도시로 제시한 것이다. 도시의 편리성과 기능성을 농촌의 쾌적성과 자연성에 결합시키고자 하였으며, 근린주구 이론과 신도시 개발의 기틀을 마련하였다. 상업·공업·행정·교육 등 독립된 도시로 충분한 도심 녹지를 확보하고, 도·농결합의 공동사회와 자급자족기능 확보를 위한 산업을 유치하고, 공공공급시설은 그 도시에서 자체로 해결하도록 하였다. 또한 도시 성장과 개발이익의 일부를 환수하며, 도시 내의 토지를 도시개발에 이용하고 계획의 철저한 이행을 위해 토지를 영구히 공유하기로 하였다.

## 2. 생태주거단지 환경계획

(1) 생태주거단지 접근방법

◘ 생태도시계획 원칙
① 미래세대에 대한 배려
② 자연생태계의 보전
③ 자급자족성
④ 사회적 형평성
⑤ 주민참여

◘ 생태도시계획의 특성
① 단계별 환경영향 고려
② 계획평가요소의 변화
③ 도시계획의 패러다임 변화

◘ 동심원이론
버제스(Ernest W. Burgess, 1925)의 동심원이론은 도시생태학적 접근방법 중 하나인 도시 내 토지이용 형태를 결정하는 이론으로 도시의 성장과정은 사회 계층의 공간적 분화 과정에 의하여 다섯 개의 동심원으로 이루어진다는 이론을 통하여 도시 내부 구조를 파악하였다. 각 동심원은 중심업무지구, 점이지대, 근로자 주택지대, 중산층 주택지대, 통근자 지대인 5개 지대로 구성된다.

◘ 생태주거단지
최적의 생태건축물에 국한되지 않고 집 주변의 녹지와 주거단지의 녹지공간이 외부공간, 교통문제, 사회와 사회정책, 더 나아가 인간과 자연과의 조화를 추구하는 것이다. 즉, 최적의 상태를 유지하기 위해 자연자원을 가장 효율적으로 사용하고, 환경파괴를 최소화함으로써 자연자원을 생태적으로 지속가능하게 사용할 수 있는 단지를 의미한다.

① 환경계획적 접근방법 : 지형이나 풍토, 녹지 등 자연환경을 최대한 보전하고자 하는 방법
② 생태적 접근방법 : 자연이 지니고 있는 본래의 가치 및 체계를 밝혀내어 인간의 사회적 가치 및 체계와의 조화에 초점을 맞추는 방법
③ 행태·심리적 접근방법 : 환경과 인간의 상호작용에 대한 이해를 통해 환경에 대한 적절한 통제를 추구하고자 하는 방법
④ 시각·미학적 접근방법 : 미적 질서를 인간환경 창조에 구현하고자 하는 방법
⑤ 사회적 접근방법 : 환경계획을 사회적 변화로 보고 거주자의 요구를 인식해야 한다는 인간심리적 측면에 관심을 두고 접근하는 방법

### (2) 생태주거단지 계획요소

① 단지배치 : 자연지형 활용, 주동배치, 적정밀도, 주차장, 차도·보행로
② 외부공간 : 녹지공간, 어린이 놀이공간, 수처리공간, 폐기물처리공간, 포장공간, 녹지·식생
③ 건축물 : 재료·에너지, 연계성, 건축기술, 외부공간
④ 사회적 교류 : 교류공간, 주민참여
⑤ 에너지 및 자원 : 에너지, 물, 대기, 토양, 물질

## 3. 생태마을 환경계획

① 자연에너지를 잘 이용할 수 있는 배치
② 자연경관과 조화되는 배치
③ 오수와 쓰레기를 오염없이 처리할 수 있는 배치
④ 자연생태계 질서를 훼손하지 않는 배치

## 4. 생태공원 환경계획

### (1) 생태공원의 배경 및 필요성

① 도시개발로 인한 자연환경의 훼손과 동식물의 서식처 단편화
② 조성되는 공원의 비생태적 조경식재와 과도한 포장
③ 생물종수의 감소를 막고 자연과 인간이 공존하면서 다양한 동식물의 서식공간을 조성하여 야생생물이 돌아올 수 있도록 하는 계획 필요
④ 생태적 그린네트워크화로 지구환경보전이나 야생생물과의 공생에 적합한 도시생태계구축 필요

### (2) 생태공원 조성 이론

① 생물다양성 : 유전자, 종, 소생물권 등의 다양성으로 생물학적 다양성

**◘ 생태주거단지 계획 및 설계 과정**

조성목표 및 목적설정 → 전략설정 → 대상지 현황조사 및 분석 → 기본구상(기본방향 설정) → 기본계획 및 설계

**◘ 주거단지 녹지의 기능**

① 미기후 조절
② 소음방지
③ 대기정화

**◘ 생태마을(자연환경보전법)**

생태적 기능과 수려한 자연경관을 보유하고 이를 지속가능하게 보전·이용할 수 있는 역량을 가진 마을로서 환경부장관 또는 지방자치단체의 장이 지정한 마을을 말한다. 생태·경관보전지역 안의 마을, 생태·경관보전지역 밖의 지역으로서 생태적 기능과 수려한 자연경관을 보유하고 있는 마을(산림기본법에 의한 산촌진흥지역의 마을 제외)을 생태마을로 지정할 수 있다.

**◘ 생태마을계획**

생태마을의 기본원리는 자율적인 에너지공급, 지역적 자율 상하수도 시스템, 생태적인 폐기물처리, 자율적인 식량공급, 자연과의 연계를 통한 기온조절, 향토적이고 자연적인 건축재료 등을 들 수 있다. 이를 기반으로 생태마을 단위에서 자율성을 통해 하나의 안정되고 지속적인 생태시스템을 구축하는 것이다.

**◘ 생태공원계획 개념**

도시개발과 인구증가에 따른 식재공간의 감소와 공원녹지에 외래수종 및 다른 지역에서 오는 수종을 식재하는 것을 용납하지 않고 환경보호와 생물을 보호하고 자연미를 증대시키고 최소의 에너지 유입과 유지관리가 용이하도록 유도하는 공원을 조성하고 종 보전에 관심을 갖도록 하는 것이다.

# 4 친환경적 단위사업계획

## 1. 환경친화적 택지개발계획

### (1) 환경친화적 택지개발계획의 목적

① 지구환경의 보전 : 지구환경이나 순환계·생태계가 더 이상 나빠지지 않도록 택지개발 시 지구환경에 부하(나쁜 영향)를 가능한 작게 하고자 하는 것

② 지구환경과의 친화 : 거주자가 가까이 있는 자연환경이나 생태계를 즐겨 조화로운관계를 유지해 나가고자 하는 것

### (2) 환경친화적 택지개발계획 수립을 위한 기본원칙

① 개발계획수립 시 개발대상지의 산림, 구릉지, 전·답 등의 기존 녹지를 조사·분석하여, 보전가치가 있는 지형·지질의 존재 유무 및 보전대책, 임상이 양호한 임야지역의 보전대책 마련

② 특정 야생 동·식물, 천연기념물 및 보호수, 문화재 보전대책 마련

③ 대상지 오픈스페이스의 생물다양성 증대 및 소생물권의 중심지 역할을 하기 위해 단지 중심부에 거점으로 인공산과 어류연못 등의 중앙녹지대 핵(core)소생물권을 조성하고, 이를 중심으로 단위 거점소생물권(연못, 채원, 자연학습원, 약초원, 유실수원 등)을 균등하게 배치하고 이를 연결한 그린네트워크 구축

④ 지역 오픈스페이스의 생태적인 안정을 위해 택지개발내부 그린네트워크는 택지외부와 인접하는 하천이나 구릉지를 이용하여 네트워크를 연결하거나, 인공적으로 지하 생물이동통로, 에코브리지 등을 설치하여 생물들이 이동할 수 있도록 연결

⑤ 대상지의 경관을 향상하고 국부적으로는 에너지 절약과 비오톱을 확대하기 위해 건물옥상 및 인공지반을 활용하여 옥상녹화, 인공지반 녹화, 벽면녹화 등을 통하여 녹지면적을 최대한 확대

⑥ 토양은 고층·고밀화 되어가는 주거지의 접지성 추구나 양호한 생육환경을 위한 비옥도, 빗물을 자연적으로 흡수하는 투수성 등 다양한 측면에서 중요하며 건폐되거나 포장되지 않은 나대지의 토양으로 가치가 있음. 따라서 표토는 미생물들이 서식과 양호한 식물생장을 위한 비옥한 토양의 보전을 위해 최대한 보전하여 단지 생태계 회복 도모

⑦ 택지개발단위별로 주민들이 쉽게 관찰할 수 있는 장점으로 인해 자발적인 참여와 노력을 유도할 수 있는 생물지속성 지표종(깃대종)을 설정하여 이들 생물이 생존할 수 있도록 서식처 및 주변환경 개선

**◘ 환경친화적 택지개발계획**

환경문제를 근본적으로 해결하고 예방하고자 하는 목적하에 모든 개발행위와 경제활동에서 환경을 중요하게 배려하여 환경에 미치는 악영향을 최소화 시키고자하는 택지개발을 말한다. 단지개발 시 자연보존 문제를 동시적으로 고려하여, 인간과 자연 상호간에 유익함을 제공하고, 지구환경의 보전에 나쁜 영향을 줄이려는 의도를 가지고 있다.

**◘ 택지개발계획의 환경친화적인 문제점**

① 개발우선 주택정책과 경제성 위주의 개발

② 택지개발 관련제도의 특수성과 경직성

③ 친환경적인 택지개발 계획지표와 기준 미비

## 2. 환경친화적 하천정비

### (1) 하천의 기능 및 정비계획

① 이수기능 : 상업, 농업, 공업용수 및 수운, 수력발전 등과 같은 물을 이용하는 기능
② 치수기능 : 홍수방지를 목적으로 지역의 안전을 위한 기능이며, 하천 주변에 인간이 정주하는 한 항상 대비해야 하는 가장 기본적인 기능
③ 환경기능 : 수질의 자정기능, 동식물의 서식처 기능, 수변공간자원 기능을 제공해주는 친수·공간기능
④ 정비계획 절차와 내용 : 홍수위, 하상상태, 물수지분석 등 홍수위분석에 필요한 조사 및 계획이 주 대상

◘ 하천의 기능(관리개념)
① 이수기능
② 치수기능
③ 환경기능

### (2) 하천정비계획의 환경적 문제점

① 하도정비, 골재채취, 고수부지 조성 등에 의한 자연환경 훼손
② 육수동·식물상 현황조사결과 미흡(하천별 조사, 조사시기 등)
③ 공사 시 토사유출로 인한 육수생태계 영향
④ 제방축조용 토량 부족 시 토취장 개발로 인한 영향
⑤ 낙차공, 수중보 등의 설치로 인한 수생태계 단절
⑥ 하천의 직선화, 하상의 평면화 등 수서생물 서식처의 단순화 및 호안 세굴현상 발생
⑦ 하천의 유출분석에 이용되는 수위 및 유량측정 자료의 부족
⑧ 수질오염에 대한 오염부하량 삭감 계획의 미흡
⑨ 홍수피해의 사례가 없어 치수적 측면의 당위성이 부족한 사업시행

### (3) 환경친화적 하천정비계획을 위한 기본방향

① 하천의 제반 기능이 조화된 체계적인 하천관리
② 하천생태계의 보전과 복원
③ 수환경 및 하천공간과의 일체화된 정비
④ 친수성 회복과 지역사회에 부응하는 하천정비
⑤ 거시적인 안목과 지속적인 유지관리

## 3. 환경친화적 도로계획

### 1) 사업구상 단계

① 사업의 필요성 및 입지 타당성 분석
② 경제적 편익, 교통소통 효과뿐 아니라 환경보전 편익도 고려

### 2) 노선선정 단계

① 도로계획의 토대가 되는 중요한 단계

◘ 환경친화적 도로
도로를 계획하고 설계하는데 있어서 자연의 훼손을 최소화하고, 훼손된 자연을 원래의 자연상태에 가깝게 복구함으로써 주위 환경과 조화되도록 하는 것이다. 즉 도로에 의해 자연환경과 생활환경이 파괴되지 않고, 지역 전체로 볼 때 일체감을 갖도록 하는 것이다.

② 사회·환경적 영향, 경제적 효과, 건설비용, 도로구조의 기술적 부분 등 종합적 고려

## 5 참여형 환경계획

### 1. 시민참여형 환경계획

#### (1) 시민참여형 환경계획의 개념 및 유형

① 직·간접적으로 이해관계가 있는 시민들이 환경계획과정에 주체적으로 참여하는 일체의 행위

② 투입유형에 따른 분류

㉠ 저항형 : 개발정책에 따른 환경오염에 대한 저항 발생

㉡ 요구형 : 정부 등 정책수립과정의 교섭 등에 편입시켜 요구 반영

㉢ 공동생산형 : 자발적 감시 등 정부와 시민이 공동으로 문제 해결

㉣ 자주관리형 : 시민 스스로 문제를 해결하는 방식

#### (2) 시민의 영향력에 따른 참여단계(S. R. Arnstein, 1969)

① 주민참여 과정의 단계는 '비참여 → 명목적 참여 → 시민의 권력'의 3분류 8단계로 발전

② 가장 효율적 단계의 시민참여는 위의 세 단계(시민권력)에서 발생

③ 시민권력 단계는 성취하기 어려우나 효율적인 결정에 매우 중요

시민의 영향력을 기준으로 한 참여수준

| 분류 | 단계 | |
|---|---|---|
| 시민의 권력 단계<br>(상위단계) | 시민통제, 자치 | 실질적 참여 |
| | 권한위임 | |
| | 제휴, 협력, 공동의사결정 | |
| 명목적 참여 단계<br>(중간단계) | 회유 | 상징적 참여 |
| | 상담, 자문, 협의 | |
| | 정보제공, 교육 | |
| 비참여 단계<br>(하위단계) | 치료 | 실질적 비참여 |
| | 조종, 조작 | |

#### (3) 욕구단계이론

1) 메슬로(A. H. Maslow) –5단계 욕구이론

① 인간의 욕구는 낮은 단계의 욕구로부터 시작하여 그것이 충족됨에 따라

**◘ 시민참여**

60년대 이후 참여형 민주주의의 발전과 시민의식의 성숙과 더불어 폭넓게 보급된 개념으로, 일반인이 정책과정과 같은 지역사회 구성원에 영향을 미치는 사항에 대하여 시민의 적극적인 참여를 통해 일정한 통제를 가하는 과정을 말한다.

**◘ 시민참여형 환경계획**

환경정책 수립이나 계획과정이 정부주도의 하향식 및 밀실구조에서 탈피하여 이해 당사자가 공동의 이익을 추구함으로써 환경의 질을 높이기 위한 과정으로 본다.

서 차츰 상위 단계로 진행

② 인간에게 동기를 부여할 수 있는 욕구가 5개로 계층 형성

㉠ 1단계 : 생리적 욕구 –의, 식, 주, 성, 돈 등

㉡ 2단계 : 안전욕구 –안전, 질서, 보호, 위험 감소 등

㉢ 3단계 : 소속감, 애정욕구 –가족, 친척, 친구, 멤버십

㉣ 4단계 : 자존욕구 –야심, 과시, 우월성

㉤ 5단계 : 자아실현욕구 –성취, 성공

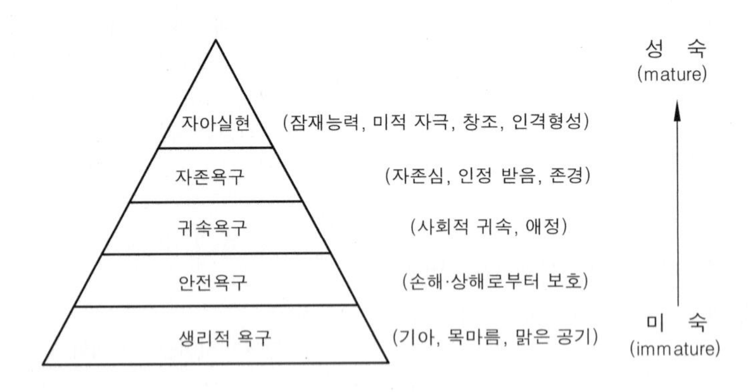


[ 메슬로 욕구 위계 ]

### (4) 옴부즈만(ombudsman)

> ◘ 옴부즈만 제도
> 1809년 스웨덴에서 최초로 창설되었으며, 시민의 입장에 서서 행정권의 남용을 막아주고, 폐쇄적인 관료주의 관행을 타파하고, 개혁추진과 민주적·정치적인 대변기능을 효과적으로 수행할 수 있는 행정통제 메커니즘이다.

1) 옴부즈만의 역할

① 국민의 대리자, 국민과 행정의 중계자 역할

② 양자간에 발생하는 문제를 가능한 넓게 수용

③ 정의실현과 권리구제실현을 위해 간이·신속한 절차에 의해 문제를 해결하는 파수꾼 역할

2) 옴부즈만의 기능

① 국민의 권리구제 기능, 민주적 행정통제 기능

② 사회적 이슈의 제거 및 행정정보 공개기능

③ 갈등해결 기능, 민원안내 및 민원종결 기능

## 2. 환경계획과 국제협력

> ◘ 국제협력의 필요성
> 성장과 개발은 대가로 환경훼손이라는 비용을 지불하게 된다. 그리고 그 환경오염은 특정 국가 내에만 국한되는 것이 아니라 인접한 국가들에까지 그 영향을 미치고 있어 지구 환경보전에 대한 국제적 협력과 공조가 필수적으로 요구되고 있다.

### (1) 국제협력의 유형

① 양자간 또는 다자간 조약

㉠ 협약, 의정서, 협정서 등 국제적인 합의로 상당한 수준의 구속력 보유

㉡ 두 나라, 특정지역, 범지구적으로도 체결 가능

② 국제기구

㉠ 환경협약의 실천을 위한 일정한 권한을 가진 기구 설치

㉡ 상당수준의 구속력을 갖거나 국제적인 발전방향 제시

③ 국제관습법 : 구속력있는 국제법상의 규칙으로 특정 관행이나 국제사회에 대하여 의무관계 설정

④ 국제사법기관의 판결 : 국제사법재판소와 같은 기구의 판결은 강한 구속력을 지니며, 국제적인 환경규제나 정책수립에 매우 중요

⑤ 선언, 지침, 권고안, 헌장 : 법적 구속력은 없지만 실천과제나 향후의 발전방향 제시

### (2) 국제협력기구

#### 1) 유엔환경계획(UNEP, 1972)

① 종합적인 환경규제, 환경법과 정책의 개발 등에 중요한 기능 수행

② 육지오염원에 의한 해양오염, 오존층, 유해화학물 등의 대책

③ 오존물질 감축, 몬트리올 의정서, 바젤협약 등 달성

#### 2) 세계자연보호기금(WWF, 1961, 비정부기구)

① 영국 런던동물원의 세계야생생물기금에서 출발

② 생태계 보존과 공해방지, 자연자원의 지속적 추진 등으로 활동 확대

③ 멸종위기 동·식물 선정, 국가정책, 환경단체 등 환경인식에 큰 영향

#### 3) 그린피스(Greenpeace, 1971, 비정부기구)

① 유럽, 북미, 아시아 등의 40개국이 참여

② 정부나 기업의 기부를 받지 않고 회원의 회비·기부 등에 의해 유지

③ 생물다양성과 환경위협, 기후변화, 원시림 보존, 해양보존, 고래잡이 금지, 유전공학연구 제한, 핵확산 금지, 독성화학물 제거, 지속가능한 무역 장려 등에 관심

#### 4) 세계자연보전연맹(IUCN, 1948, 비정부기구)

① 전세계 정부 및 비정부기구가 참여하는 비정부 환경단체

② 지방정부나 NGO와도 적극적 연결, 멸종위기생물 목록(Red Data Book) 발표

③ 다양성 보존과 생태적으로 지속가능한 자연자원의 이용에 관심

### (3) 국제협력 프로그램

#### 1) 기후변화협약(1990, 한국 1993년 가입)

① 목적 : 온실가스의 방출을 제한하여 지구온난화 방지

② 규제대상 물질 : 탄산, 메탄가스, 프레온가스

③ 기본원칙, 온실가스 규제문제, 재정지원 및 기술이전 문제, 특수상황에 처한 국가에 대한 고려

④ 체결국은 염화불소(프레온가스, CFC)를 제외한 모든 온실가스의 배출량과 제거량을 조사·보고하고, 기후변화방지를 위한 국가계획도 작성

**◘ 온실가스**

지구온난화는 대기 중의 온실가스(GHGs: Greenhouse Gases)의 농도가 증가하면서 온실효과가 발생하여 지구 표면의 온도가 점차 상승하는 현상을 말한다. 온실효과를 일으키는 6대 온실가스는 이산화탄소($CO_2$), 메탄($CH_4$), 아산화질소($N_2O$), 수소불화탄소(HFCs), 과불화탄소(PFCs), 육불화황($SF_6$)이다.

2) 몬트리올 의정서(1986, 한국 1992년 가입)

① 목적 : 오존층 파괴물질의 생산 및 사용의 규제
② 비엔나협약(1985)을 보완 – 오존파괴물질 감축과 대체물질 개발 추구
③ 오존층 보호를 위한 구체적 규제조치 확립

3) 생물다양성협약(CBD, 1992, 한국 1992년 가입)

① 1992년 브라질 리우데자네이루에서 열린 지구정상회의에서 체결
② 목적 : 생물종을 보호하여 희귀유전자 보존, 생태계의 다양성, 생태계의 균형유지
③ 생물종의 감소를 방지하고 생물자원의 합리적 이용
④ 특정한 종을 보호하기 위한 것이 아닌 파괴되어 가거나 멸종되어 가는 생물의 다양성을 보존하기 위한 포괄적 협정

◘ 생물다양성 보전 이유
① 유전자 자원으로의 가치
② 농업·의학·산업적 중요성
③ 생태계의 안정성 유지

4) 멸종위기 야생동식물종의 국제거래에 관한 협약(CITES, 1973, 한국 1993년 가입)

① 불법거래나 과도한 국제거래로부터 멸종위기의 야생동식물 보호
② 야생동식물 수출입 국가들이 상호협력하여 국제거래 규제
③ 서식지로부터의 무분별한 채취 및 포획 억제

5) 람사협약(the Ramsar Convention, 1971, 한국 1997년 가입)

① 정식명칭 : 물새 서식지로서 특히 국제적으로 중요한 습지에 관한 협약
② 자원의 보전과 현명한 이용에 관해 맺어진 최초의 정부간의 협약
③ 목적 : 현재와 미래에 있어서 습지의 점진적 침식과 손실 방지
④ 습지는 경제적, 문화적, 과학적 및 여가적으로 큰 가치를 가진 자원이며 이의 손실은 회복될 수 없다는 인식 전제

◘ 람사협약 습지
자연적 또는 인공적, 담수나 염수에 관계없이 소택지, 습원 등을 말하며 간조시에 수심이 6m를 넘지않는 해역을 포함한다. 개펄, 호수, 하천, 양식장, 해안, 산호초도 습지에 포함된다.

6) 바젤협약(1989, 한국 1994년 가입)

① 목적 : 유해폐기물의 국경간 이동 방지
② 폐기물 이동에 의한 인류건강과 환경파괴 방지
③ 가입국과 비가입국간의 유해폐기물 수출입 금지 및 발생 최소화

(4) 환경거버넌스(governance)

① 정부와 시민사회가 협력하여 환경문제 등의 사회문제를 해결하는 것
② 중앙정부, 지방정부, 정치적·사회적 단체, NGO, 민간기구 등 다양한 구성원들로 이루어진 네트워크 강조
③ 반관반민(半官半民)·비영리·자원봉사 등의 조직이 수행하는 공공활동
④ 다양한 참여자로 구성된 네트워크의 구성원들은 상호독립적

◘ 환경거버넌스
거버넌스는 레짐이 발전된 형태로서 여러 관련 이슈를 다루는 레짐간의 네트워크로 이해할 수 있다. 즉 공유된 목적에 의해 일어나는 활동을 말한다. 거버넌스는 '국가경영' 또는 '공공경영'이라고도 번역되며, 최근에는 행정을 거버넌스의 개념으로 보는 견해가 확산되어 가고 있다.

## 3. 환경계획 과정에서의 환경갈등 및 분쟁

(1) 분쟁의 예방과 해소 원칙

① 환경자원에 대한 재산권 규정 : 공정하고 실현가능한 재산권 도출
② 원인자(오염자) 부담원칙 : 분쟁해결을 위한 사회적 비용 부담
③ 수익자 부담원칙 : 공공사업의 경우 이익을 받는 특정인의 부담
④ 부분적 능력자 부담원칙 : 지자체의 재정자립도에 따라 부과

### (2) 분쟁조정의 종류

① 알선 : 비교적 간단한 사건으로 당사자간 화해를 유도하여 해결 도모 – 처리기간 3개월
② 조정 : 알선으로 해결이 곤란한 경우 조정위원회가 사실 조사 후 조정안을 작성하여 양측에 일정기간을 정하여 수락을 권고 –처리기간 9개월
③ 재정 : 알선·조정으로 해결이 곤란한 손해배상 사건 등에 재정위원회가 인과관계 유무 및 피해액을 판단하여 결정하는 재판에 준하는 절차로 중앙환경분쟁조정위원회에서만 취급 –처리기간 9개월

□ 환경분쟁 처리기관
① 중앙환경분쟁조정위원회
② 지방환경분쟁조정위원회

## 4. 지방의제21

### (1) 지방의제21 특징

① 의제21 28장에 지구환경보전에 지방정부 역할의 중요성을 강조하고 지역주민과 협의하여 지방의제21을 추진하도록 권고
② 1997년 환경부의 '지방의제21 작성지침' 보급과 설명회로 전국 확대
③ 1999년 지방의제21 전국대회, 2000년 지방의제21 전국협의회 창립

□ 의제21
1992년 브라질 리우에서 개최된 유엔환경개발회의(UNCED)에서 21세기 지구환경보전을 위한 행동강령으로 의제21 채택하였다. 이 의제21은 지속가능한 발전을 이루기 위한 국가적·지역적 차원의 실천계획이자 행동지침이라 할 수 있다. 지방의제21은 지방자치단체가 지방차원의 지속가능한 개발정책을 수립하고 집행하기 위해 지역사회 모든 부문과의 협조체계를 구축하는 과정을 말한다.

지방의제21 지향성(추진방향)

| 구분 | 주요내용 | 비고 | |
|---|---|---|---|
| 지속가능한 개발 | ·경제개발(지역경제의 지속적 성장)<br>·사회환경개발(기초수요와 형평성)<br>·생태개발(환경오염과 수용력, 자원관리) | 추진방향 | 목표가치 |
| 파트너십 | ·정책차원의 파트너십(합의형성 등)<br>·운영차원의 파트너십(역할분담 등) | 추진방식 | 전략가치 |
| 지방가치 | ·지방자원의 가치 재발견 및 인식<br>·지방환경문제의 재발견 및 인식<br>·지구적 차원의 환경(자원)가치의 재인식 | 추진내용 | |

### (2) 우리나라 지방의제21의 성격

① 기초단위의 시민운동이자 녹색공동체
② NGO 중심의 파트너십에 기초한 녹색거버넌스
③ 지방분권화 시대의 상향식 계획 및 실천수단
④ 전국 네트워크 체계 연대조직

## 5. 어메니티(amenity) 플랜

### (1) 어메니티 개념

① 총제적인 환경의 질 : 어느 한 특성을 말하는 것이 아니라 쾌적한 상태로서의 종합적인 환경의 질
② 인간이 기분 좋다고 느끼는 물리적 환경상태 : 오감으로 전달되는 기분
③ 한 사회의 정치·경제·사회의 발전 수준과 구성원들의 가치관과 관습에 따라 변화할 수 있는 상대적 개념
④ 경제적 가치를 지니는 개념 : 어메니티가 있는 시간·공간은 희소성이 있기 때문에 경제적인 관점에서 추상적 가치를 가격으로 환산하는 것
⑤ 있어야 할 것이 있어야할 장소에 존재하는 것

> ❖ 어메니티
>
> 인간의 요구나 욕망이 충족되는 행복이나 복지와 유사한 개념으로 환경과 그 환경이 제시하는 자극의 강도, 시·공간에 따라 달라진다. '보통 쾌적한 환경', '살기 좋음' 등으로 해석되지만 그 의미는 훨씬 포괄적이고 다양하고, 생리적 요구도, 인지 및 평가의 태도, 학습, 의지 등과 같은 수용자의 요인에 따라 달라지므로 이를 정의하기란 쉽지 않다. 일반적으로 농촌 특유의 자연환경과 전원풍경, 지역 공동체 문화, 지역 특유의 수공예품, 문화유적 등 다양한 차원에서 사람들에게 만족감과 쾌적성을 주는 요소를 통틀어 일컫는다.

### (2) 어메니티 플랜의 기본방침

① 지역특성을 감안하여 시민의향을 반영한 개성적 계획
② 계획의 실현가능성 보유
③ 기존의 계획과 신규 시책과의 유기적 연계관계
④ 민·관의 역할분담을 명확히 하여 민간활력의 적극적 활용
⑤ 사업실시 순서의 구체적 명시

◘ 어메니티 플랜의 기본방향(기본구상)

① 지역의 깨끗함과 조용함 유지
② 자연과의 공생 및 친근함 조성
③ 지역의 아름다움과 여유로움 제공
④ 지역의 역사와 문화보호·육성

## 6. 환경영향평가

### (1) 환경영향평가의 기본원칙

① 보전과 개발이 조화와 균형을 이루는 지속가능한 발전이 되도록 하여야 함
② 환경보전방안 및 그 대안은 과학적으로 조사·예측된 결과를 근거로 하여, 경제적·기술적으로 실행할 수 있는 범위에서 마련
③ 대상이 되는 계획 또는 사업에 대하여 충분한 정보 제공 등을 함으로써 환경영향평가 등의 과정에 주민 등이 원활하게 참여할 수 있도록 노력

◘ 환경영향평가 목적

환경에 영향을 미치는 계획 또는 사업을 수립·시행할 때에 해당 계획과 사업이 환경에 미치는 영향을 미리 예측·평가하고 환경보전방안 등을 마련하도록 하여 친환경적이고 지속가능한 발전과 건강하고 쾌적한 국민생활을 도모함을 목적으로 한다.(환경영향평가법)

④ 결과는 지역주민 및 의사결정권자가 이해할 수 있도록 간결하고 평이하게 작성
⑤ 계획 또는 사업이 특정 지역 또는 시기에 집중될 경우에는 이에 대한 누적적 영향을 고려하여 실시
⑥ 환경영향평가 등은 계획 또는 사업으로 인한 환경적 위해가 어린이, 노인, 임산부, 저소득층 등 환경유해인자의 노출에 민감한 집단에게 미치는 사회·경제적 영향을 고려하여 실시

### (2) 우리나라 환경영향평가

#### 1) 전략환경영향평가(SEA; Strategic Environmental Assessment)

환경에 영향을 미치는 상위계획을 수립할 때에 환경보전계획과의 부합 여부 확인 및 대안의 설정·분석 등을 통하여 환경적 측면에서 해당 계획의 적정성 및 입지의 타당성 등을 검토하여 국토의 지속가능한 발전을 도모하는 것을 말한다.

#### 2) 환경영향평가(EA; Environmental Assessment)

환경에 영향을 미치는 실시계획·시행계획 등의 허가·인가·승인·면허 또는 결정 등(이하 "승인등"이라 한다)을 할 때에 해당 사업이 환경에 미치는 영향을 미리 조사·예측·평가하여 해로운 환경영향을 피하거나 제거 또는 감소시킬 수 있는 방안을 마련하는 것을 말한다

#### 3) 소규모환경영향평가

환경보전이 필요한 지역이나 난개발이 우려되어 계획적 개발이 필요한 지역에서 개발사업을 시행할 때에 입지의 타당성과 환경에 미치는 영향을 미리 조사·예측·평가하여 환경보전방안을 마련하는 것을 말한다.

전략환경영향평가와 환경영향평가 비교

| 전략환경영향평가(SEA) | 환경영향평가(EIA) |
| --- | --- |
| ·의사결정 초기단계에서 실시<br>·제안된 개발계획에 대한 능동적 접근<br>·지속가능 발전, 환경적 연관성 규명<br>·광범위한 잠재적 대안 고려 가능<br>·누적영향에 대한 조기 경고<br>·환경적 합목적성 충족 및 자연환경 시스템의 유지에 중점<br>·덜 상세하지만 넓은 안목에서 비전과 포괄적 프레임워 제시 가능 | ·의사결정 마지막 단계에서 실시<br>·제안된 개발계획에 대한 수동적 접근<br>·환경상 영향에 관한 구체적 규명<br>·대안검토 곤란<br>·누적영향에 대한 검토 곤란<br>·환경영향 최소화 방안에 중점<br>·좁은 범위에서 매우 상세한 검토 |

전략환경영향평가 분야 및 항목

| 구분 | 평가내용 | 세부항목 |
|---|---|---|
| 정책계획 | 환경보전계획과의 부합성 | ·국가 환경정책<br>·국제환경 동향·협약·규범 |
| | 계획의 연계성·일관성 | ·상위 계획 및 관련 계획과의 연계성<br>·계획목표와 내용과의 일관성 |
| | 계획의 적정성·지속성 | ·공간계획의 적정성<br>·수요 공급 규모의 적정성<br>·환경용량의 지속성 |
| 개발기본계획 | 계획의 적정성 | ·상위계획 및 관련 계획과의 연계성<br>·대안 설정·분석의 적정성 |
| | 입지의 타당성 | ·자연환경의 보전 : 생물다양성·서식지 보전, 지형 및 생태축의 보전, 주변 자연경관에 미치는 영향, 수환경의 보전<br>·생활환경의 안정성 : 환경기준 부합성, 환경기초시설의 적정성, 자원·에너지 순환의 효율성<br>·사회·경제 환경과의 조화성: 환경친화적 토지이용 |

환경영향평가 분야 및 항목 : 6개 분야 21항목

| 평가분야 | 세부항목 |
|---|---|
| 자연생태환경 분야 | 동·식물상, 자연환경자산 |
| 대기환경 분야 | 기상, 대기질, 악취, 온실가스 |
| 수환경 분야 | 수질(지표·지하), 수리·수문, 해양환경 |
| 토지환경 분야 | 토지이용, 토양, 지형·지질 |
| 생활환경 분야 | 친환경적 자원 순환, 소음·진동, 위락·경관, 위생·공중보건 , 전파장해, 일조장해 |
| 사회환경·경제환경 분야 | 인구, 주거(이주의 경우 포함), 산업 |

### (3) 환경영향평가의 협의절차

#### 1) 환경영향평가협의회 구성·운영

① 평가항목·범위 등을 결정하는 절차(scoping)

② 모든 대상사업에 적용하도록 의무화

③ 사업자, 승인받아야 하는 경우는 승인기관장이 운영

④ 환경영향평가협의회는 학식과 경험이 풍부한 자로 주민대표, 시민단체 등 민간전문가 포함

#### 2) 평가서초안 작성

① 사업자의 작성

② 최종적 평가서에 앞서 지역주민과 관계기관의 의견수렴을 위해 작성

### 3) 주민의견 수렴

① 공람·공고, 주민설명회 개최 등으로 의견 수렴 및 이해관계 미리 조정

② 의견수렴 범위는 영향대상지역으로 한정

### 4) 평가서 작성·협의

① 평가서 초안을 기초로 주민의견수렴 결과를 반영하여 구체적으로 작성

② 사후환경영향조사계획을 수립·제시하여 사후영향을 관리하도록 유도

③ 사업자가 작성하며 그에 따른 최종적 책임도 사업자에게 부담

### 5) 협의내용 등의 사후관리

① 사업자의 의무, 협의내용의 관리·감독, 사전시행 금지, 사업착공 통보

② 우리나라만의 특유한 제도로 실효성 확보를 위한 이행수단으로 도입

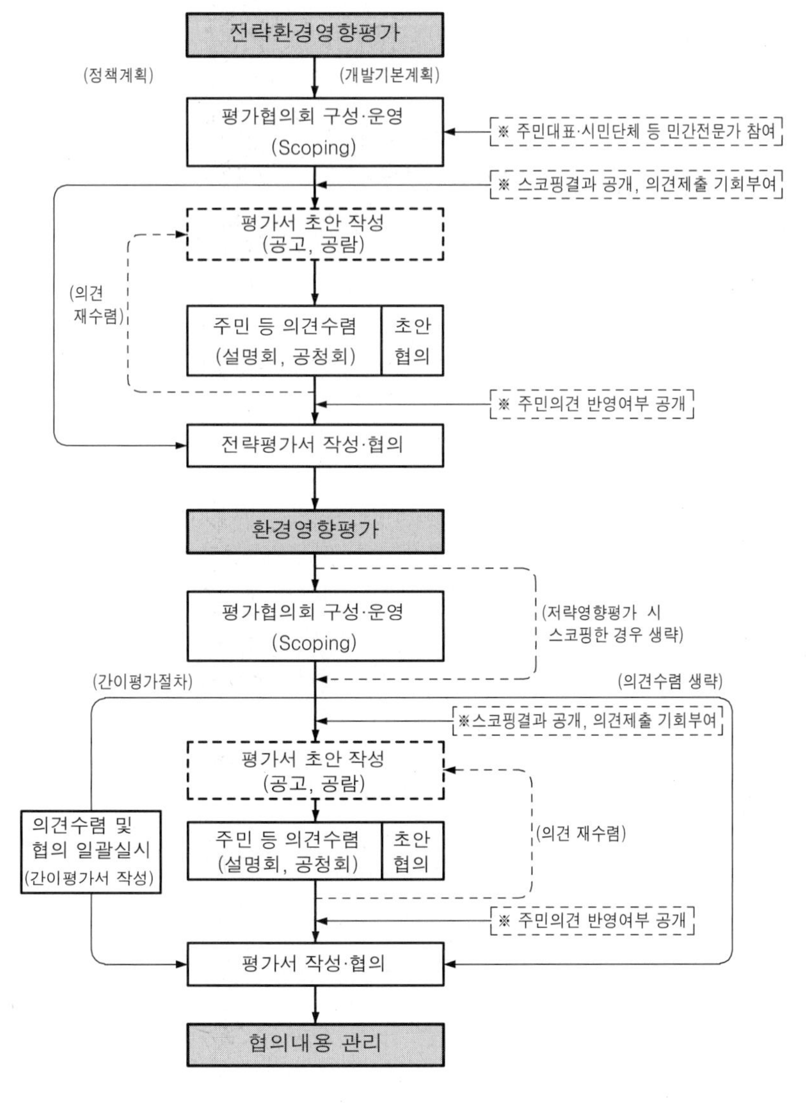


[ 환경영향평가 절차도 ]

**스코핑(scoping)**

대상계획에 대한 대상지역, 환경보전방안의 대안, 평가항목·범위·방법 등을 결정하는 절차를 말한다. 해당지역 및 주변 지역의 입지 여건, 토지이용상황, 사업의 성격, 환경 특성, 계절적 특성변화(환경적·생태적으로 가치가 큰 지역) 등을 고려한다.

# 핵심문제 해설



**01** 도시를 하나의 유기적 복합체로 보아 다양한 도시활동과 공간구조가 생태계의 속성인 다양성, 자립성, 순환성, 안정성 등을 포함하는 인간과 자연이 공존할 수 있는 환경 친화적인 도시는? 기-17-1

① 메가도시(Mega city)
② 생태도시(Eco city)
③ 압축도시(Compact city)
④ 스마트시티(Smart city)

**02** 생태도시 계획에 있어서 생태적 원칙에 적합하지 않은 것은? 기-19-2

① 순환성 ② 다양성
③ 개별성 ④ 안정성

해 생태도시란 도시를 하나의 유기적 복합체로 보아 다양한 도시 활동과 공간구조가 생태계의 속성인 다양성, 자립성, 순환성, 안정성 등을 포함하는 인간과 자연이 공존할 수 있는 환경친화적인 도시를 말한다.

**03** 다음 중 생태도시와 관련된 설명으로 틀린 것은? 기-15-1

① 생태도시란 도시를 하나의 유기적 복합체로 보아 다양한 도시활동과 공간구조가 생태계의 속성인 다양성·자립성·순환성·안정성 등을 포함하는 인간과 자연이 공존할 수 있는 환경친화적인 도시이다.
② 우리나라의 생태도시에 대한 논의는 1990년대에들어서 시작되었으며, 제4차 국토종합개발 계획에서 환경보전도시(Ecopolis)의 개념을 구체적으로 도입하였다.
③ 국외 생태도시의 대표적인 사례로 일본의 키타큐슈, 브라질의 꾸리찌바 등을 들 수 있다.
④ 환경부는 1991년 용인군과 포항시를 환경보전시범사업지역으로 확정하여 환경보전시범도시 조성계획을 작성하였다.

해 ② 우리나라의 생태도시에 대한 논의는 1990년대에 들어서 시작되었으며, 제3차 국토종합개발계획에서 환경보전도시(Ecopolis)의 개념을 구체적으로 도입하였다.

**04** 생태도시의 설계지표 설정 시 고려해야할 사항이 아닌 것은? 기-19-3

① 정보수집이 용이해야 한다.
② 단기간에 걸친 경향을 보여주어야 한다.
③ 개별적, 종합적으로 의미가 있어야 한다.
④ 정책, 서비스, 생활양식 등의 변화를 유발해야 한다.

**05** 생태도시에 적용할 수 있는 계획요소로서 관련이 가장 적은 것은? 기-19-2

① 관광 분야 ② 물·바람 분야
③ 에너지 분야 ④ 생태 및 녹지 분야

해 ②③④ 외에 토지이용 및 교통·정보통신 분야, 환경 및 폐기물 분야 어메니티 분야가 있다.

**06** 생태도시건설을 위한 계획요소가 아닌 것은? 기-16-3, 기-19-1

① 보행자 공간 네트워크화
② LPG, LNG 사용의 최소화 방안
③ 오픈스페이스 확보를 위한 건물배치
④ 주민참여에 의한 지역사회 활동 및 도시관리 유지방안

해 ② LPG, LNG 사용의 확대

**07** '전원도시(Garden city)'의 개념으로 가장 거리가 먼 것은? 기-16-3

① 공공공급시설은 그 도시에서 자체로 해결하도록 하였다.
② 도시 내의 토지를 도시개발에 이용하기 위하여 영구히 공유로 하였다.
③ 공업시설은 배제함으로서 환경오염을 사전



정답 01. ② 02. ③ 03. ② 04. ② 05. ① 06. ② 07. ③

차단하고, 전원의 느낌을 갖도록 하였다.
④ 1902년 에베니저 하워드(Ebenezer Howard)가 도시와 전원의 공간적 기능을 적절히 조화시키는 이상도시로 제시한 것이다.

해 ③ 주거, 산업, 농업 기능이 균형을 이룬 도시로 자족기능을 갖춘 계획도시이며, 도·농결합의 공동사회와 자급자족 기능 확보를 위한 산업을 유치하였다.

**08** 도시생태학적 접근방법 중 하나인 도시 내 토지이용 형태를 결정하는 이론으로 도시의 성장과정은 중심업무지구, 점이지대, 근로자 주택지대, 중산층 주택지대, 통근자 지대인 5개 지대로 구성된다는 버제스(Ernest W. Burgess)의 이론은? 기-16-2

① 선상 이론 ② 지대 이론
③ 다핵심 이론 ④ 동심원 이론

**09** 전원도시의 개념이 미국에서 최초로 실현되었다는 래드번(Radburn) 계획의 설명 중 틀린 것은? 기-18-2

① 래드번의 개념은 12~20㏊의 대가구(Super Block)를 형성하는 것이었고, 그 가운데로는 통과교통이 지나지 않도록 했다.
② 거실과 현관, 침실이 주거의 앞쪽 정원을 보게 함으로써 개방감을 주었다.
③ 녹지내부의 도로는 보행자전용의 도로이며, 자동차도로와 교차하는 곳에서는 육교나 지하도로 처리되어 있다.
④ 단지 내 통과교통을 차단하고 보차도를 분리하며, 교통사고 위험을 줄이는 쿨데삭(Cul-de-sac) 개념을 채택하였다.

해 ② 주택의 후면에 정원 및 녹지대, 보도를 배치하여 차량으로부터 분리된 안전한 녹지를 확보하고, 주택의 거실은 후면의 정원을 향하도록 배치하였다.

**10** 주거단지에서 녹지가 가지는 기능과 가장 거리가 먼 것은? 기-16-1

① 미기후 조절 ② 소음방지
③ 대기정화 ④ 폐기물 처리

**11** 생태건축 계획의 요소와 가장 거리가 먼 것은? 기-14-2, 기-18-3

① 중앙난방 계획
② 기후에 적합한 계획
③ 적절한 건축재료 선정
④ 에너지 손실 방지 및 보존 고려

해 ②③④ 외 물질순환체제 고려

**12** 생태건축계획에서 수동적 에너지 손실 방지 및 보존을 고려하기 위한 내용으로 거리가 먼 것은? 기-14-3, 기-17-2

① 지형을 고려한 입지 선정
② 건물의 형태와 연결성
③ 건물의 방향
④ 건물 사용자

**13** 생태공원 조성을 위한 기본 원칙에 해당하지 않는 것은? 기-15-1, 기-19-2

① 지속가능성 확보
② 생물적 다양성 확보
③ 생태적 건전성 확보
④ 관리인력 수요 창출

**14** 생태공원은 자연생태계의 기본적인 이념을 기본으로 하여 조성되었다. 조성이론 중 틀린 것은? 기-17-2, 기-19-3

① 지속가능성은 생물자원을 지속적으로 보전, 재생하여 생태적으로 영속성을 유지한다.
② 생물적 다양성은 유전자, 종, 소생물권 등의 다양성을 의미하여 생물학적 다양성과 생태적 안정성은 반비례한다.
③ 생태적 건전성은 생태계 내 자체생산성을 유지함으로써 건전성이 확보되며 지속적으로 생물자원 이용이 가능하다.
④ 최소한의 에너지 투입은 자연순환계를 형성하여 에너지, 자원, 인력 투입을 절감하고, 경제적 효율을 극대화할 수 있도록

정답 08. ④ 09. ② 10. ④ 11. ① 12. ④ 13. ④ 14. ②

계획한다.

해 ② 생물적 다양성은 유전자, 종, 소생물권 등의 다양성을 의미하여 생물학적 다양성과 생태적 안정성은 비례한다.

**15** 다음 중 생물다양성의 유지·복원을 위한 환경계획으로 틀린 것은? 기-15-1, 기-17-2, 기-17-3

① 자연지역과 인위지역 사이에 완충지역을 배치한다.
② 인간의 이용을 중심으로 하는 구역과 자연지역을 별도 구분 없이 계획해야 한다.
③ 자연지역을 가능한 크게 만들고 통로를 설치하여 생물적 네트워크를 확보하는 것이 중요하다.
④ 생물 다양성의 유지·복원을 위해 일정 수준 이상의 공간이 확보되어야 한다.

**16** 도시생태공원계획 시 고려할 사항으로 가장 거리가 먼 것은? 기-16-2

① 세부적인 환경을 고려하여 야생동물을 위한 환경을 조성
② 식재 시 식물들의 지역성보다는 수종의 다양성을 고려
③ 기존의 수림지나 초지, 수변공간 등과 인접한 장소 선정
④ 구역의 보호, 육성을 위해 이용제한 등을 필요에 따라 마련

해 ② 공원 내 식생은 지역의 잠재자연식생의 구성종이나 식이식물을 이루는 다양한 식물들을 적극적으로 도입하고 식재수종을 다양화한다.

**17** 생태공원을 계획·설계할 때 고려해야 할 조건이 아닌 것은? 기-17-1

① 인간과 생물 간의 거리는 가능한 가깝게 하는 것이 좋다.
② 생물종의 생활사 및 생육·서식공간의 특성을 충분히 이해해야 한다.
③ 생물종이 사람의 관찰대상인가 아닌가에 따라 접촉 공간 설치 유무를 결정한다.
④ 목표종의 서식환경을 조성하기 위해서는 서식공간의 최소면적에 관련된 전문가의 도움을 얻는다.

해 ③ 인간과 생물간 적절한 이격거리(도피거리, 비간섭거리 등)를 확보하여 간섭을 최소화 한다.

**18** 다음 중 생태관광의 기본원칙으로 가장 거리가 먼 것은? 기-14-3, 기-17-2

① 자연환경의 보전
② 관광객 편의성의 증진
③ 관광객의 환경인식 제고
④ 지역주민의 경제적, 사회적, 환경적 편익의 보장 및 증대

해 생태관광의 기본원칙 : 자연의 지속적인 보전에 기여하고, 환경교육 및 해설의 기회를 제공하며, 지역사회에 실질적으로 지속적인 혜택을 제공할 수 있어야 한다.

**19** 옥상녹화 및 벽면녹화로 인한 기대효과로 가장 거리가 먼 것은? 기-15-2, 기-19-1

① 에너지 절약
② 도시환경 개선
③ 소동물들의 서식처 제공
④ 도시의 부족한 농업생산 공간 확보

**20** 환경친화적인 토지이용계획으로 옳지 않은 것은? 기-19-2

① 선진도시와 같이 도시 구조를 명확히 한 후 환경 보전형 도시로 도모할 필요가 있다.
② 도시지역 전체의 토지이용에 대한 상세한 규제와 통제가 필요하다.
③ 도시의 분절화를 위해서는 도시 전체를 한꺼번에 계획해서 사업해 나가야 한다.
④ 도시 시가지를 분절화 시켜 여러 가지 영향에 대해서 완화할 필요가 있다.

해 ③ 개발을 최소화하고 개발의 우선순위를 정하여 특성에 맞는 계획으로 분절화 한다.



정답 15. ② 16. ② 17. ① 18. ② 19. ④ 20. ③

**21** 환경친화적 택지개발계획 수립을 위한 기본원칙으로서 자연자원보전 및 복원부문의 내용에 맞지 않는 것은? 기-14-1

① 물순환을 고려하여 보도 등은 불투수성 재료로 포장하여 우수담수를 위한 오픈공간을 조성한다.
② 건물옥상 및 인공지반을 이용하여 옥상녹화, 인공지반녹화, 벽면녹화 등을 통하여 녹지면적을 최대한 확대한다.
③ 보전가치가 있는 지형·지질의 존재 유무와 보전대책 및 임상이 양호한 임야지역의 보전대책을 마련한다.
④ 단지 내 단위 거점소생물권의 연못, 채원, 자연학습원, 약초원, 유실수원 등을 균등하게 배치하고 이들의 그린 네트워크를 구축한다.

**22** 환경친화적 단지조성계획의 기본목표에 대한 설명으로 틀린 것은? 기-19-3

① 기존의 식생·자연지형·수로 등의 변경을 최대화함으로써 환경부하를 줄일 수 있도록 유도하고 녹지공간을 체계화한다.
② 수자원 순환의 유지 및 쓰레기의 재활용 건축재료의 이용 등 자연환경의 순환체계를 보존하여 자연계의 물질 순환이 활성화 될 수 있도록 유도한다.
③ 자연생태계가 유지될 수 있도록 일정 규모의 소생물권을 조성하여 훼손되어 가고 있는 소생물권을 유지·복원할 수 있도록 계획한다.
④ 에너지 소비를 줄일 수 있는 재료의 사용 및 자연에너지를 최대한 줄일 수 있는 계획을 함으로써 환경오염물질의 배출을 줄일 수 있도록 유도한다.

**23** 하천의 주요기능으로 가장 거리가 먼 것은? 기-15-3, 기-17-1

① 이수기능 ② 위락기능
③ 치수기능 ④ 환경기능

**24** 하천정비에서 고려할 환경적 문제점으로 틀린 것은? 기-15-3

① 무분별한 하천정비로 습지대가 감소한다.
② 육수생태계의 다양성에 치명적인 인위적 훼손을 야기시킨다.
③ 하천생태계의 다양성이나 사업계획의 타당성이 철저히 검증되지 못하고 있다.
④ 재난방지와 치수기능을 강화시키기 위한 하천의 정비로 인해 경관의 다양성을 증가시켰다.

해 ④ 재난방지와 치수기능을 강화시키기 위한 하천의 정비로 인해 경관을 획일화 시켰다.

**25** 하천 정비 사업으로 인한 문제점 및 현상으로 적절하지 않은 것은? 기-15-2

① 공사 시 토사 유출로 인한 육수생태계 영향
② 낙차공, 수중보 등 설치로 인한 하천 유속의 원활
③ 제방축조용 토사 부족 시 토취장 개발로 인한 영향
④ 하도정비, 골재채취, 고수부지 조성 등으로 자연환경 훼손

**26** 하천복원에 대한 설명으로 틀린 것은? 기-16-1

① 하천 복원의 대상은 기본적으로 하도를 포함한 홍수터, 강터, 제방 등이 될 수 있다.
② 하천복원은 하천에 교란을 주는 활동이나 자연적인 회복을 막는 활동 등을 가능한 억제하는 것으로부터 시작한다.
③ 넓은 의미에서 하천복원은 경관생태적으로 하천과 연속한 주변회랑과 같은 수변을 포함한다.
④ 자연적인 회복이 불가능할 경우는 최대한 비적극적이고 비간섭적인 복원방법이 바람직하다.

해 ④ 자연적인 회복이 불가능할 경우는 거시적 안목으로 수환경 및 하천공간과의 조화를 고려하는 인위적인 간섭이 불가피하다.

정답 21. ① 22. ① 23. ② 24. ④ 25. ② 26. ④

**27** 환경친화적인 하천정비계획의 기본방향이라고 볼 수 없는 것은? 기-17-3

① 하천의 제반기능이 조화된 체계적인 하천관리
② 수환경 및 하천공간과의 일체화된 정비
③ 친수성회복과 지역사회에 부응하는 하천정비
④ 특정 구간의 친수성 회복을 위해 단기적으로 집중정비

해 ①②③ 외에 하천생태계의 보전과 복원, 거시적인 안목과 지속적인 유지관리 등이 있다.

**28** 자연형 하천조성을 위한 공간계획을 하려고 할 때 틀린 것은? 기-18-1

① 식생이 훼손되지 않는 범위 내에서 기존의 동선을 최대한 활용한다.
② 이용정도에 따라 보존구역, 친수구역, 전이구역으로 공간을 구획한다.
③ 시설물은 대상구역 내 다양성과 변화감이 조율될 수 있도록 선정한다.
④ 하천식생은 묘목을 제외한 모든 수목은 사전에 뿌리돌림을 실시하도록 한다.

해 ③ 시설물은 대상구역 내 정보전달시설이나 보호시설 등으로 제한하며 주변과 조화로운 시설물을 설치한다.

**29** 환경 친화적인 도로계획의 개념으로 가장 거리가 먼 것은? 기-16-2

① 노선선정 단계에서 사회·환경적 영향, 경제적효과, 건설비용, 도로구조의 기술적 부문 등을 종합적으로 고려하여야 한다.
② 사업구상단계에서는 환경보전의 편익은 고려하지 않더라도 경제적 편익, 건설비용, 교통소통 효과 등은 반드시 고려되어야 한다.
③ 도로설계에 있어서 자연의 훼손을 최소화하고, 훼손된 자연을 원래의 자연생태에 가깝게 복구함으로써 주위 환경과 조화되도록 한다.
④ 환경친화적인 도로설계는 도로에 의해 자연환경과 생활환경이 파괴되지 않고, 지역전체로 볼 때 일체감을 갖도록 하는 것이다.

해 ② 사업구상단계에서는 경제적 편익, 건설비용, 교통소통 효과뿐만 아니라 환경보전의 편익도 함께 고려되어야 할 필요성이 있다.

**30** 참여형 환경계획에 대한 설명으로 옳은 것은? 기-14-3, 기-18-3

① 시민참여는 시대·국가는 달라도 참여형태는 동일하다.
② 시민참여는 1960년 이전부터 참여형 민주주의 발전과 시민의식의 성숙과 더불어 보급된 개념이다.
③ 시민참여는 계획에 직·간접으로 이해관계가 있는 시민들만이 주도적으로 참여하는 방법이다.
④ 환경정책 수립이나 계획과정이 정부주도의 하향식, 밀실구조에서 탈피하여 이해당사자가 공동이익을 추구함으로서 환경의 질을 높이기 위한 과정이다.

해 시민참여형 환경계획 : 환경정책 수립이나 계획과정이 정부주도의 하향식 및 밀실구조에서 탈피하여 이해당사자가 공동의 이익을 추구함으로써 환경의 질을 높이기 위한 과정으로 본다. 직·간접적으로 이해관계가 있는 시민들이 환경계획과정에서 주체적으로 참여하는 일체의 행위를 말하며, 모든 시민에게 계획이나 의사결정과정에 참여의 기회를 넓힘으로써 시민이 원하는 바가 계획에 반영되게 하는 방법을 말한다.

**31** 1809년 스웨덴이 최초로 창설한 것으로서 다음 설명에 해당하는 것은? 기-17-2

> 초기에는 의회의 대리인으로서 행정을 감시하는 역할을 하였으나, 다른 국가로 전파되며 국민의 대리인 성격을 강하게 띠게 되었으며, 현재는 국민의 대리자로서 국민과 행정의 중개자로서 양자간에 발생하는 문제를 형식에 머물지 않고 해결하는 등 다양한 파수꾼 역할을 수행한다.

① 옴부즈만 제도　② 시민참여 제도
③ 주민정보공개 제도　④ 권한위임 제도



정답 27. ④ 28. ③ 29. ② 30. ④ 31. ①

**32** S.R Arnstein(1969)은 시민의 영향력을 기준으로 참여수준을 3분류 8단계로 구분하였다. 다음 중 가장 효율적인 단계의 시민참여는? 기-16-3, 기-19-1

① 치료 ② 회유, 상담
③ 시민통제/자치 ④ 정보제공, 교육

해 가장 효율적 단계의 시민참여는 위의 세 단계(시민권력)에서 발생한다.

·시민의 영향력을 기준으로 한 참여수준

| 분류 | 단계 |
|---|---|
| 시민의 권력 단계 (상위단계) | 시민통제, 자치 |
| | 권한위임 |
| | 제휴, 협력, 공동의사결정 |
| 명목적 참여 단계 (중간단계) | 회유 |
| | 상담, 자문, 협의 |
| | 정보제공, 교육 |
| 비참여 단계 (하위단계) | 치료 |
| | 조종, 조작 |

**33** 옴부즈만(Ombudsman) 제도에 관한 설명으로 틀린 것은? 기-14-2, 기-18-3

① 1809년 독일에서 최초로 창설되었다.
② 조선시대의 신문고 제도 및 암행어사 제도와 유사한 제도이다.
③ 다른 기관에서 처리해야 할 성격의 민원에 대해서 친절히 안내하는 기능을 한다.
④ 행정기관의 위법-부당한 처분 등을 시정하고 국민에게 공개하는 등의 민주적인 통제기능을 한다.

해 옴부즈만 제도는 1809년 스웨덴에서 최초로 창설되었으며, 시민의 입장에 서서 행정권의 남용을 막아주고, 폐쇄적인 관료주의 관행을 타파하고, 개혁추진과 민주적·정치적인 대변기능을 효과적으로 수행할 수 있는 행정통제 메커니즘이다.

**34** 옴부즈만(ombudsman) 제도의 기능과 거리가 먼 것은? 기-19-1

① 갈등해결 기능
② 국가재정확보 기능
③ 국민의 권리구제 기능
④ 사회적 이슈의 제기 및 행정정보 공개 기능

해 옴부즈만의 기능으로는 국민의 권리구제, 민주적 행정통제, 사회적 이슈의 제거 및 행정정보 공개, 갈등해결, 민원안내 및 민원종결 기능 등이 있다.

**35** 비정부기구로 생물다양성과 환경위협에 관심을 가지며 기후변화 방지, 원시림 보존, 해양보존, 유전공학연구의 제한, 핵확산 금지 등을 위해 활동하는 국제민간협력기구의 명칭은? 기-18-3

① 그린피스(Greenpeace)
② 세계자연보호기금(WWF)
③ 세계자연보전연맹(IUCN)
④ 지구의 친구(Friends of the Earth)

**36** 1948년 설립되어 전 세계의 정부 및 비정부기구가 참여하고 있으며, 멸종위기에 처한 동식물의 현황과 위협 수준을 담은 '적색목록서(Red Data Book)'를 발간하는 국제기구는? 기-16-2

① 유엔환경계획(UNEP)
② 세계자연보전연맹(IUCN)
③ 세계야생생물기금(WWF)
④ '멸종위기에 처한 야생동식물종의 국제거래에 관한 협약'(CITES) 사무국

해 ① 유엔환경계획(UNEP) : 종합적인 환경규제, 환경법과 정책의 개발 등에 중요한 기능 수행
③ 세계야생생물기금(WWF) : 영국 런던동물원의 세계야생생물기금에서 출발하여 생태계 보존과 공해방지, 자연자원의 지속적 추진 등으로 활동 확대
④ 멸종위기에 처한 야생동식물종의 국제거래에 관한 협약(CITES) : 불법거래나 과도한 국제거래로부터 멸종위기의 야생동식물 보호

**37** 기후 변화 협약의 내용이 아닌 것은? 기-19-3

① 몬트리올 의정서에서 규제 대상물질을 규정하고 있다.
② 규제대상물질은 탄산, 메탄가스, 프레온 가스 등이 대표적인 예이다.

정답 32. ③ 33. ① 34. ② 35. ① 36. ② 37. ①

③ 협약의 목적은 이산화탄소를 비롯한 온실가스의 방출을 제한하여 지구온난화를 방지하고자 하는 것이다.
④ 협약내용은 기본원칙, 온실가스 규제문제, 재정지원 및 기술이전문제, 특수상황에 처한 국가에 대한 고려로 구성되어 있다.

해 몬트리올 의정서는 오존층 파괴물질의 생산 및 사용의 규제를 목적으로 한 협약이다.

**38** 교토의정서에 규정된 온실가스의 짝으로 틀린 것은? 기-17-2

① 이산화탄소($CO_2$), 메탄($CH_4$)
② 아산화질소($N_2O$), 수소불화탄소(HFCs)
③ 과불화탄소(PFCs), 육불화황($SF_6$)
④ 일산화탄소(CO), 이산화황($SO_2$)

해 교토의정서에서는 기후변화에 막대한 영향을 미치는 6개 온실 가스를 별도로 구분하고 있다. 이산화탄소($CO_2$), 메탄($CH_4$), 아산화질소($N_2O$), 수소불화탄소(HFCs), 과불화탄소(PFCs), 육불화황($SF_6$)이다.

**39** 생물종의 감소를 방지하고 생물자원의 합리적 이용을 위해 1992년 6월 리우데자네이루에서 채택된 협약은? 기-17-3

① 람사협약 ② 생물다양성협약
③ 사막화방지협약 ④ 기후변화협약

**40** 1992년 브라질 리우 지구정상회의에서 채택된 생물다양성협약의 주요 목적에 해당하지 않는 것은? 기-17-2

① 생물다양성의 보존
② 다양한 생물다양성의 지속가능한 이용
③ 유전자원의 이용에 의해 발생되는 이익의 공정한 배분
④ 멸종위기에 처한 야생생물에 대한 상업적 국제거래 규제

해 ④ 멸종위기 야생동식물종의 국제거래에 관한 협약(CITES) 내용이다.

**41** 야생동물이 멸종위기에 처하게 되는 이유에 해당하지 않는 것은? 기-16-3

① 서식지의 파괴 ② 향토수종 확대
③ 환경오염 ④ 과도한 이용

**42** 다음 설명과 관련된 협약은? 기-15-3

| -습지보호를 위한 국제 협약<br>-물새 서식지로서 특히 국제적으로 중요한 습지에 관한 협약 |
|---|

① 람사협약 ② 몬트리올협약
③ 나이로비협약 ④ 리우협약

**43** 다음 바젤협약(Basel Convent ion)과 관련된 내용 중 옳지 않은 것은? 기-14-3

① 우리나라도 1994년 가입하였다.
② 리우환경회담에서 결정되었다.
③ 유해 폐기물의 국가간 이동금지에 대한 협약이다.
④ 유해폐기물의 국가간 이동뿐만 아니라 자국 내의 폐기물 발생을 최소화 한다.

해 바젤협약 : 유해폐기물의 국가 간 이동 및 처리에 관한 국제협약으로 1989년 3월 카이로 지침을 바탕으로 스위스 바젤에서 세계 116개국 대표가 참석한 가운데 바젤협약이 채택되었으며, 우리나라는 1994년 가입하였다. 유해 폐기물에 대한 국제적 이동의 통제와 규제를 목적으로 한다.

**44** 정부와 시민사회가 협력하여 환경문제 등의 사회문제를 해결하는 것을 의미하는 활동은? 기-19-1

① 환경 거버넌스(governance)
② 환경 비정부기구(NGO)
③ 환경 옴부즈만(ombudsman)
④ 환경 비이익단체(NPO)

해 거버넌스(governance)는 정부·준정부를 비롯하여 반관반민(半官半民)·비영리·자원봉사 등의 조직이 수행하는 공공활동, 즉 공공서비스의 공급체계를 구성하는 다원적 조직체계 내지 조직 네트워크의 상호작용 패턴으로서 인간의 집단적 활동으로 파악할 수 있다.


정답 38. ④ 39. ② 40. ④ 41. ② 42. ① 43. ② 44. ①

**45** 1991년부터 환경분쟁조정위원회가 설치되어 환경오염으로 인한 국민의 건강 및 재산상의 피해를 행정기관에 의해 신속, 공정한 분쟁조정으로 구제할 수 있는 제도가 시행되고 있는 바, 다음 중 우리나라에서 시행되는 분쟁조정 종류가 아닌 것은?

기-16-2, 기-18-3

① 알선　　② 화의
③ 조정　　④ 재정

해 ① 알선 : 비교적 간단한 사건으로 당사자간 화해를 유도하여 해결 도모하는 것
③ 조정 : 알선으로 해결이 곤란한 경우 조정위원회가 사실 조사 후 조정안을 작성하여 양측에 일정기간을 정하여 수락을 권고하는 것
④ 재정 : 알선·조정으로 해결이 곤란한 손해배상 사건 등에 재정위원회가 인과관계 유무 및 피해액을 판단하여 결정하는 재판에 준하는 절차

**46** 지방의제21(Local Agenda 21)의 설명 중 옳지 않은 것은?

기-18-3

① 1992년 브라질의 리우에서 개최된 유엔환경계획(UNEP)에서는 21세기 지구환경보전을 위 한 행동강령으로서 의제21을 채택하였다.
② 의제21의 28장에서는 지구환경보전을 위한 지방정부의 역할을 강조하면서 각국의 지방정부가 지역주민과 협의하여 지방의제21을 추진하도록 권고하였다.
③ 1997년 4월에는 우리나라 환경부에서 지방의제21 작성지침을 보급하고 순회 설명회를 개최하면서 지방의제21의 추진이 전국적으로 확산되었다.
④ 1999년 9월 제1회 지방의제21 전국대회(제주) 이후 수차례의 토론과 협의를 거쳐 2000년 6월 지방의제21 전국협의회가 창립되었다.

해 ① 1992년 브라질의 리우에서 개최되어 지방의제21를 채택한 회의는 유엔환경개발회의(UNCED)이다.

**47** 어메니티 플랜의 기본방침으로 가장 거리가 먼 것은?

기-17-3

① 지역의 특성을 감안하여 시민의 의향을 충분히 반영한 개성적인 계획이어야 한다.
② 계획의 내용은 실현가능성이 있어야 한다.
③ 민·관의 역할 구분 없이 지역경제의 활성화에 우선적으로 기여할 수 있어야 한다.
④ 종래 행해져 왔던 개별 시책, 신규 시책과 유기적인 연계관계를 가져야 한다.

해 ③ 민·관의 역할분담을 명확히 하여 시민, 기업, 각종 단체 등의 민간활력을 적극적으로 활용한다.

**48** 환경영향평가를 설명하는 것으로 틀린 것은? 기-16-1

① 환경영향의 사전 예측
② 의사결정의 참고 수단
③ 환경관리기능의 수행
④ 사업계획과 독립된 분석·평가 절차

해 환경영향평가는 환경에 미칠 영향을 종합적으로 예측하고 분석·평가하는 과정으로서, 궁극적으로는 환경파괴와 환경오염을 사전에 방지하기 위한 정책수단으로서 환경정적으로 건전하고 지속가능한 개발(ESSD)을 유도하여 쾌적한 환경을 유지·조성하는 것을 목적으로 한다.

**49** 환경영향평가제도에 대한 설명으로 가장 부적합한 것은?

기-16-1

① 개발과 보전의 균형추구
② 개발사업에 대한 규제적 수단으로 변질되었다는 일부의 문제점 제기
③ 계획이 확정되기 이전 단계에서 환경에 영향을 미치는 근본적인 문제 검토
④ 개발사업을 수립·시행하는데 있어 환경적 측면까지 종합적으로 고려하도록 함

해 환경에 미칠 영향을 종합적으로 예측하고 분석·평가하는 과정으로서, 환경보전방안 및 그 대안은 과학적으로 조사·예측된 결과를 근거로 하여, 경제적·기술적으로 실행할 수 있는 범위에서 마련한다.

**50** 환경영향평가 등의 기본원칙에 대한 설명으로 틀린 것은?

기-16-3

① 계획 또는 사업이 특정지역에 편중되는 누적영향을 고려하지 않는다.

정답 45. ② 46. ① 47. ③ 48. ④ 49. ③ 50. ①

② 보전과 개발이 조화와 균형을 이루는 지속가능한 발전이 되도록 하여야 한다.
③ 결과는 지역주민 및 의사결정권자가 이해할 수 있도록 간결하고 평이하게 작성되어야 한다.
④ 대상이 되는 계획 또는 사업에 대하여 충분한 정보 제공 등을 함으로써 환경영향평가 등의 과정에 주민 등이 원활하게 참여할 수 있도록 노력하여야 한다.

해 ① 계획 또는 사업이 특정 지역 또는 시기에 집중될 경우에는 이에 대한 누적적 영향을 고려하여 실시한다.

**51** 우리나라의 환경영향평가제도에 대한 설명으로 틀린 것은? 기-16-1

① 1977년 환경보전법에 의해 도입
② 1993년 환경영향평가법 단일법으로 제정
③ 2000년 환경·교통·재해 등에 관한 영향평가법으로 통합 시행
④ 2006년 환경영향평가법으로 다시 분리

해 ④ 2009년 환경영향평가법으로 교통·재해·인구 분리
·2012년 환경영향평가법에서 환경정책기본법의 사전환경성검토제도를 통합시키고 전략환경평가제도를 도입하였다.

PART

# 4

자·연·생·태·복·원·필·기·정·복

# 생태복원설계·시공

# Chapter 1 생태복원 재료

## 1 생태복원 식물재료

### 1. 식물재료의 종류

#### (1) 목본류의 분류

① 교목 : 다년생 목질인 곧은 줄기가 있고 줄기와 가지의 구별이 명확하며, 중심줄기의 신장생장이 현저한 수목

② 관목 : 교목보다 수고가 낮고 일반적으로 곧은 뿌리가 없으며, 목질이 발달한 여러 개의 줄기를 가진 수목

③ 만경류 : 다른 것에 감기거나 부착하면서 자라는 덩굴성 식물

④ 침엽수 : 바늘모양의 잎을 가진 나자식물(겉씨식물)의 목본류

⑤ 활엽수 : 넓은 잎을 가진 피자식물(속씨식물)의 목본류

⑥ 상록수 : 항상 푸른잎을 가지고 있으며 모든 잎이 일제히 낙엽되지 않는 수목

⑦ 낙엽수 : 낙엽계절에 일제히 모든 잎이 낙엽되거나 잎의 구실을 할 수 없는 고엽이 일부 붙어있는 수목

수목의 구분

| 구분 | 성상 | 수종 |
|---|---|---|
| 상록침엽수 | 상록침엽교목 | 주목, 비자나무, 전나무, 구상나무, 소나무, 곰솔(흑송), 잣나무, 섬잣나무, 향나무, 측백나무, 노간주나무 등 |
| | 상록침엽관목 | 개비자나무, 설악눈주목, 눈향나무, 눈측백 등 |
| 상록활엽수 | 상록활엽교목 | 후박나무, 녹나무, 가시나무, 감탕나무, 동백나무, 후피향나무, 아왜나무, 조록나무, 담팔수 등 |
| | 상록활엽관목 | 광나무, 돈나무, 다정큼나무, 꽝꽝나무, 차나무, 팔손이, 사철나무, 회양목, 식나무 등 |
| 낙엽침엽수 | 낙엽침엽교목 | 잎갈나무 (은행나무·낙우송·메타세쿼이아·일본잎갈나무 –비자생식물) |
| 낙엽활엽수 | 낙엽활엽교목 | 층층나무, 물푸레나무, 자작나무, 서어나무, 신갈나무, 굴참나무, 팽나무, 산벚나무, 함박꽃나무, 단풍나무 |
| | 낙엽활엽관목 | 생강나무, 조팝나무, 찔레꽃, 병꽃나무, 병아리꽃나무, 싸리, 골담초, 화살나무, 보리수나무, 철쭉, 진달래, 개나리, 좀작살나무 |

| 만경류 (덩굴성 식물) | 상록덩굴식물 | 멀꿀, 모람, 줄사철나무, 송악, 마삭줄, 인동덩굴 등 |
|---|---|---|
| | 낙엽덩굴식물 | 등, 으름덩굴, 노박덩굴, 다래, 담쟁이덩굴, 머루 등 |

### (2) 초본류 분류

① 초화류 : 일반적으로 목질부가 발달하지 않은 풀로써 초본성에 피는 꽃이나 아름다운 꽃이 피는 종류의 풀을 지칭하며 지피식물로도 사용

② 잔디 : 지표면을 낮게 피복하는 지피식재의 대표적 식물로 난지형 잔디와 한지형 잔디로 구분

③ 수생식물 : 수중 생활에 적응하여 수중에서 생육하게 되는 식물로서 생활형에 따라 정수식물, 부엽식물, 부유식물, 침수식물로 구분

㉠ 정수식물 : 물속의 토양에 뿌리를 뻗고 수면 위까지 성장하는 식물

㉡ 부엽식물 : 물속의 토양에 뿌리를 뻗으며 부유기구로 인해 수면에 잎이 떠 있는 식물

㉢ 부유식물 : 물속에 뿌리가 떠 있고 물속이나 수면에 식물체 전체가 떠다니는 식물

㉣ 침수식물 : 물속의 토양에 뿌리를 뻗고 수면 아래 물속에서 성장하는 식물

④ 염생식물 : 소금기가 많은 땅에서 자라는 식물로 바닷가나 내륙의 염분이 있는 호숫가, 암염(岩鹽) 지대에서 자라는 식물

초본류의 구분

| 구분 | 초종 | |
|---|---|---|
| 초화류 | 감국, 곰취, 구절초, 금낭화, 나도양지꽃, 동의나물, 동자꽃, 기린초, 쑥부쟁이, 매발톱꽃, 벌개미취, 복수초, 붉노랑상사화, 붓꽃, 산괴불주머니, 삼지구엽초, 섬초롱꽃, 애기원추리, 앵초, 용머리, 원추리, 비비추, 좀비비추, 참나리, 큰산꼬리풀, 털부처꽃, 한라구절초, 큰꿩의비름, 은방울꽃, 달뿌리풀, 제비꽃, 금불초, 수크령 등 | |
| 잔디 | 난지형 잔디 | 잔디, 금잔디, 비단잔디, 갯잔디, 버뮤다그래스 |
| | 한지형 잔디 | 켄터키블루그래스, 페레니얼라이그래스, 크리핑벤트그래스, 톨페스큐, 크리핑레드페스큐 등 |
| 수생식물 | 정수식물 | 갈대, 부들, 매자기, 줄, 택사, 보풀, 큰고랭이, 창포 등 |
| | 부엽식물 | 수련, 가시연꽃, 어리연꽃, 노랑어리연꽃, 순채, 자라풀 등 |
| | 부유식물 | 개구리밥, 좀개구리밥, 생이가래, 부레옥잠 등 |
| | 침수식물 | 붕어마름, 검정말, 말즘, 물수세미, 새우가래 등 |
| 염생식물 | 칠면초, 해홍나물, 나문재, 퉁퉁마디, 갯개미취, 천일사초, 가는갯능쟁이, 통보리사초, 버들명아주, 둥근잎명아주, 갯메꽃, 참골무꽃 등 | |

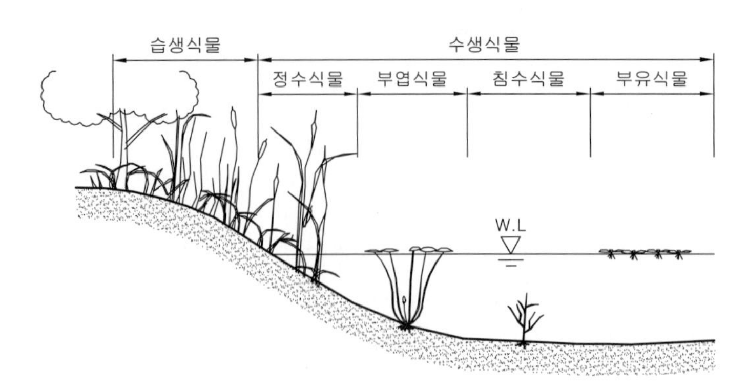


[ 수생식물의 유형 구분 모식도 ]

(3) 지피식물

1) 지피식물의 특성

① 낮은 수고로 성장하며 잎, 꽃, 열매, 생육수형의 관상가치 우수

② 정원, 공원 등의 평탄지 및 절개지, 경사지, 건물이나 담장 등 구조물의 표면녹화

③ 광대한 면적의 지면을 단일종의 식물로 치밀하게 녹화

2) 지피식물의 기능

① 잎이나 줄기는 빗물의 충격력 및 지표면 빗물의 흐름을 감소시켜 토양 입자의 유실 억제

② 근계는 분포밀도가 높아 표층토의 침투능력을 개선시키고, 지표면 빗물의 흐름 억제

**지피식물**

지피식물이란 군식하며 지표면을 60㎝ 이내로 피복할 수 있는 식물로 수고의 생육이 더디고 지하경 등 지하부의 번식력이 뛰어난 식물을 말한다. 일반적으로는 아름다운 경관조성이나 토양침식방지, 척박지나 음지 등의 녹화에 사용하는 식물을 말한다.

(4) 잔디

1) 잔디의 기능

① 토양오염방지, 토양침식방지, 먼지발생감소

② 산소공급, 수분보유능력 향상, 조류 서식방지

③ 기상조절, 대기정화, 소음완화

④ 쾌적한 녹색 환경조성, 스포츠 및 레크리에이션 공간제공, 운동경기 시 부상방지

2) 한국잔디류의 특성

① 우리나라에 자생하는 난지형 잔디 –잔디, 금잔디, 비단잔디, 갯잔디

② 포복경과 지하경에 의해 옆으로 확산

③ 내건성·내서성·내한성·내병성·내답압성 우수

④ 내음성이 비교적 약하여 그늘진 곳에는 부적당

⑤ 5월~9월까지 푸른 상태가 유지되나 나머지 7개월은 황색상태 지속

⑥ 조성시간이 길고 손상 후 회복속도 느림

**잔디의 구분**

외래종(서양잔디)과 재래종(한국잔디)으로 나누어 부르기도 하나 생육적온이 15~25℃로서 한국의 겨울에도 녹색을 유지하는 한지형 잔디와 생육적온이 25~35℃인 난지형 잔디로 구분한다. 우리나라는 한지와 난지가 함께하는 전이지대로 많은 종류의 잔디가 이용된다.

⑦ 병충해가 거의 없으며, 공해에 강하여 관리가 용이
⑧ 공원·정원·경기장·골프장 등에 거의 이용

### 3) 잔디별 특성

① (들)잔디(Zoysia japonica) : 전국 각지 산야에 많이 식생
㉠ 잎이 거칠며 매우 강건하고 답압에 잘 견딤
㉡ 잎의 너비 4~7㎜, 길이 10~20㎝ 정도
㉢ 바닷가나 사질양토에서 잘 자라나 점질토에서도 견딤
㉣ 공원, 운동경기장, 공항, 골프장 러프 등에 사용
② 금잔디(Zoysia matrella) : 중부 이남 지방에 자생
㉠ 들잔디에 비해 잎이 연하고 섬세하며 아름다움
㉡ 보통 잎의 너비 1~4㎜, 길이 4~12㎝ 정도
㉢ 정원의 잔디밭, 공원, 골프장 티·그린·페어웨이 등에 사용
③ 비단잔디(Zoysia tenuifolia) : 주로 남부지방과 제주도에서 사용
㉠ 포복경과 잎이 매우 섬세하며 잎의 너비 1㎜ 내외, 길이 1~3㎝ 정도
㉡ 침상(針狀)을 이루고 빳빳한 느낌이 들며 대단히 아름다움
㉢ 관리하기가 어려워 화단의 경계 긋기 등 소규모로 사용
④ 갯잔디(Zoysia sinica) : 서해안의 모래땅에 자생
㉠ 고운 잔디이나 줄기가 상부로 곧게 자라 조원용으로는 부적합
㉡ 잎의 너비 1~3㎜, 길이 3~8㎝ 정도

한국잔디의 특성 비교

| 종류 | 엽폭(㎜) | 내건조성 | 질감 | 생육정도 | 내한성 |
|---|---|---|---|---|---|
| 잔디(Zoysia japonica) | 4~6 | 강 | 거 침 | 왕성 | 강 |
| 금잔디(Z. matrella) | 1.2~2 | 강 | 중 간 | 왕성 | 약 |
| 비단잔디(Z. tenuifolia) | 1 이하 | 약 | 섬세함 | 중 | 매우 약 |
| 갯잔디(Z. sinica) | 1~3 | 약 | 거 침 | 약 | 중 |

⑤ 켄터키 블루그래스(Kentucky bluegrass) : 한지형 잔디
㉠ 지하경을 옆으로 뻗어 번식하며 중간 정도의 질감을 지님
㉡ 잎의 너비 폭 1.8~3.2㎜, 길이 5.4~10㎝ 정도
㉢ 배수가 잘되고 비교적 습하며, 중성 또는 약산성 토양에서 잘 생육
㉣ 한지형 잔디 중 가장 많이 사용하며, 골프장(그린 제외), 경기장, 일반 잔디밭 등에 이용
⑥ 파인 페스큐(Fine fescues) : 한지형 잔디
㉠ 주로 분얼에 의해 옆으로 퍼지며 엽폭이 매우 가늘어 섬세
㉡ 배수가 잘 되고 내음성도 크며 척박한 토양에 강해 관리용이
㉢ 그늘에 강해 빌딩주변이나 녹음수 밑에 이용 가능
⑦ 톨 페스큐(Tall fescues) : 한지형 잔디

㉠ 포복경 없이 분얼에 의해 옆으로 퍼지며, 주형(bunch type) 생육
㉡ 잎 표면에 도드라진 줄이 있고 엽폭이 5~10㎜로 한지형 잔디 중 가장 거친 질감 보유
㉢ 어떠한 토양조건에도 잘 적응하며, 고온·건조·병충해에도 강하나 내한성이 비교적 약함
㉣ 비행장·공장·고속도로변 등 시설용 잔디로 이용

## 2. 식물의 식재

### (1) 수목의 규격

1) 수고(H：heigh, 단위： m)
① 지표면에서 수관 정상까지의 수직거리 –돌출된 도장지 제외
② 관목의 경우 수고보다 수관폭 더 클 때에는 그 크기를 수고로 표시

2) 수관폭(W：width, 단위：m)
① 수관 투영면 양단의 직선거리 –타원형 수관은 최장과 최단의 평균길이
② 수관이 일정방향으로 길게 성장한 경우에는 수관폭과 수관길이로 표시

3) 흉고직경(B：breast, 단위：㎝)
① 지표면에서 1.2m 부위의 수간직경
② 쌍간일 경우에는 각간의 흉고직경 합의 70%가 각간의 최대 흉고직경보다 클 때에는 이를 채택하고, 작을 때에는 각간의 최대흉고 직경 채택

4) 근원직경(R：root, 단위：㎝)
지표면 접하는 줄기의 직경 –가슴높이 이하에서 줄기가 갈라지는 수목에 적용

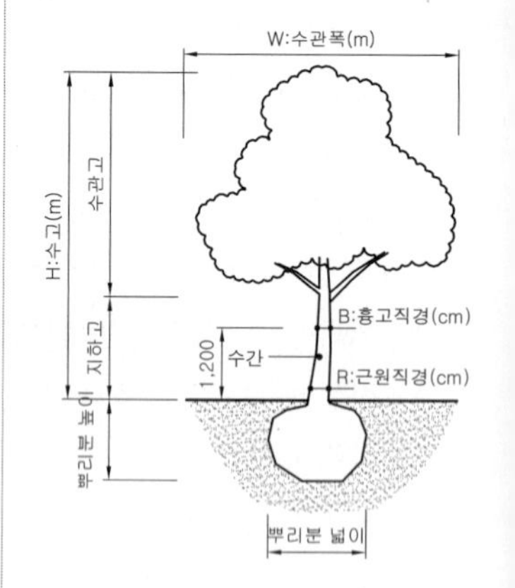

[ 수목의 표시 ]

### (2) 규격의 표시방법

1) 교목
① H×B : 곧은 줄기가 있는 수목 –은행나무, 메타세쿼이아, 버즘나무 등
③ H×R : 줄기가 흉고부 아래에서 갈라지거나 흉고부 측정이 어려운 나무 –느티나무, 단풍나무, 감나무 등 거의 대부분의 활엽수에 사용
③ H×W : 가지가 줄기의 아랫부분부터 자라는 침엽수나 상록활엽수에 사용 –잣나무, 주목, 굴거리나무, 아왜나무, 태산목 등

2) 관목
기본적으로 'H×W'로 표시하며 필요에 따라 가짓수, 수관길이 등 지정

3) 만경류
'H×R'로 표시하며, 필요에 따라 흉고직경(B) 지정

4) 초화류
'분얼'이나 '포트' 사용

**◘ 수목규격의 허용차**
수목규격의 허용차는 수종별로 –10%~+10% 사이에서 여건에 따라 발주자가 정하는 바에 따른다. 단, 허용치를 벗어나는 규격의 것이라도 수형과 지엽 등이 지극히 우량하거나 식재지 및 주변여건에 조화될 수 있다고 판단되어 감독자가 승인한 경우에는 사용할 수 있다.

**◘ 분얼(tillering)**
화본과 식물에서 뿌리에 가까운 줄기의 마디에서 가지가 갈라져 나오는 것을 말하며, 화본과 이외 식물의 곁가지에 해당한다.

### (3) 수목의 이식

#### 1) 이식시기

① 춘식 : 대체로 해토 직후부터 3월 초~3월 중순까지가 적기
② 추식 : 낙엽을 완료한 시기로 보통 10월 하순~11월까지가 적합
③ 중간식 : 춘식과 추식을 제외한 늦봄부터 초가을 전까지의 식재

#### 2) 굴취

① 이식하기 위하여 수목을 캐내는 작업으로 분뜨기 및 뿌리감기 실시
② 뿌리감기굴취법, 나근굴취법, 추적굴취법, 동토법, 상취법

#### 3) 뿌리분의 크기 및 형태

① 보통 분의 너비는 근원직경의 4배, 깊이는 너비의 1/2 이상
② 수식에 의한 방법

$$\text{뿌리분의 지름(cm)} = 24 + (N - 3) \times d$$

여기서, $N$ : 근원지름, $d$ : 상수 4(낙엽수를 털어 파 올릴 경우 5)

③ 현장결정 방법 : 근원직경(㎝)의 4배

**뿌리분**
뿌리와 흙이 서로 밀착하여 한덩어리가 되도록 한 것으로 이식 시 활착률을 높이기 위해 흙을 많이 붙이는 것이 좋으나 너무 커서 운반할 때 뿌리분이 깨지면 오히려 활착률이 떨어지므로 적당한 크기를 고려한다.

[ 뿌리분감기 ]

### (4) 잔디식재

#### 1) 종자 및 뗏장

① 잔디종자는 순량률 98% 이상, 발아율 60%(자생잔디) 및 80%(도입잔디) 이상
② 뗏장은 일반 뗏장과 롤뗏장으로 구분하며, 농장 재배품 채택

#### 2) 잔디의 파종(종자번식)

파종량 산정

$$W = \frac{G}{S \times P \times B}$$

여기서, $W$ : 파종량($g/m^2$), $G$ : $m^2$당희망립수(립/$m^2$)
$S$ : $g$당 평균립수(립/$g$), $P$ : 순도, $B$ : 발아율

#### 3) 잔디의 식재(영양번식)

① 풀어심기(spriging, 줄기파종·포복경심기) : 잔디의 포복경 및 지하경을 땅에 묻어주는 것
② 뗏장심기(떼붙이기) : 식재대상지에 뗏장을 붙이는 방법으로, 뗏장 사이의 간격에 따라 소요량과 조성속도 상이
㉠ 평떼식재 : 뗏장을 서로 어긋나게 틈새 없이 붙이는 방법

**잔디의 번식법**
난지형 잔디는 발아율이 낮아 영양번식을 주로 하며, 한지형 잔디는 발아율이 좋아 종자번식이 대부분을 차지한다.

**뗏장**
잔디의 포복경 및 뿌리가 자라는 잔디토양층을 일정한 두께와 크기로 떼어낸 것을 말한다.

**잔디 파종시기**
① 난지형 : 5~6월 초
② 한지형 : 최적기 9~10월 초, 2차 적기 3~6월

**영양번식 적기**
뗏장은 이식 후 관리만 잘하면 언제나 가능하다.
① 난지형 : 4~6월
② 한지형 : 9~10월과 3~4월

㉡ 이음매식재 : 뗏장 사이에 일정한 간격을 두고 이어서 붙이는 방법
㉢ 어긋나게 식재 : 뗏장을 어긋나게 배치하여 심는 방법
㉣ 줄떼식재 : 뗏장을 10~30㎝ 간격으로 줄을 지어 붙이는 방법
③ 식생매트 붙이기(롤잔디 붙이기) : 뗏장이 길며 말린 상태로 운송

잔디규격 및 식재기준

| 구분 | 규격(㎝) | 식재기준 |
|---|---|---|
| 평떼 | 30×30×3 | 1㎡당 11매 |
| 줄떼 | 10×30×3 | 1/2줄떼 : 10㎝ 간격, 1/3줄떼 : 20㎝ 간격 |

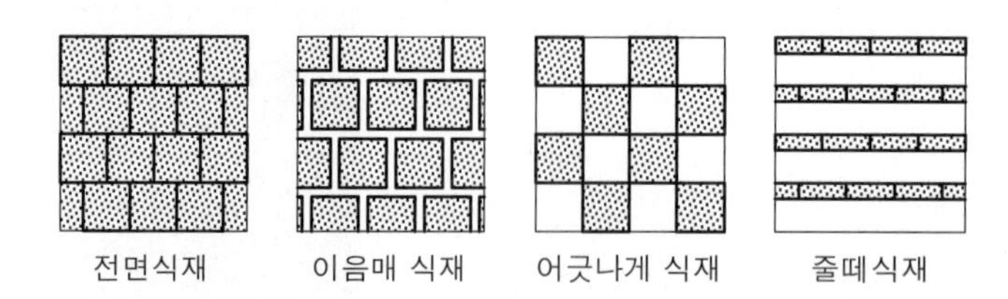


[ 잔디식재방법 ]

(5) 식재층 조성을 위한 방법
① 식재기반은 식물이 살아갈 기반이므로 지형과 토양의 측면 동시 고려
② 적합한 지형과 토양 유지 및 적합한 방향과 경사도 요구
③ 식재지반이 열악한 곳은 성토법과 객토법 활용

경사지 식재층 조성방법

| 경사도 | 조성방법 |
|---|---|
| 0~3% | 표면배수에 문제가 있으나 정지할 필요성 최소, 대규모 식재군 조성이나 마운딩 처리 |
| 4~8% | 완만한 구릉지역으로 흥미로운 시각적 경험 제공, 정지작업량 점차 증가, 식재지로 가장 적당 |
| 9~15% | 구릉지이거나 암반노출지로 강한 시각적 요소 보유, 상대적으로 많은 정지작업 요구, 토양층이 깊지 않아 관상수목의 집중 식재 불가능 |
| 16~25% | 일반적인 식재기술로는 식재 불가능 |

식재비탈면의 기울기(조경설계기준)

| 기울기 | | 식재가능식물 |
|---|---|---|
| 1 : 1.5 | 66.6% | 잔디, 초화류 |
| 1 : 1.8 | 55% | 잔디, 지피, 관목 |
| 1 : 3 | 33.3% | 잔디, 지피, 관목, 아교목 |
| 1 : 4 | 25% | 잔디, 지피, 관목, 아교목, 교목 |

▫ 경사도(G) 계산

$$G = \frac{\text{수직거리}(D)}{\text{수평거리}(L)} \times 100(\%)$$

▫ 토양경도별 식물생육상태(산중식)

| 항목 | 개량목표치 |
|---|---|
| 18㎜ 이하 | 식물의 생육 양호 |
| 18~23㎜ | 근계생장에 적당 |
| 23~27㎜ | 식물의 생육은 양호하지만 생육활성이 그다지 좋지 않음 |
| 27~30㎜ | 너무 단단해서 식물의 생육이 곤란함 |
| 30㎜ 이상 | 식물의 근계의 침입이 곤란함 |

식물의 생육토심

| 식물의 종류 | 생존 최소 토심(㎝) | 생육 최소 토심(㎝) |
|---|---|---|
| 잔디, 초화류 | 15(인공토 10) | 30 |
| 소관목 | 30(인공토 20) | 45 |
| 대관목 | 45(인공토 30) | 60 |
| 천근성 교목 | 60(인공토 40) | 90 |
| 심근성 교목 | 90(인공토 60) | 150 |

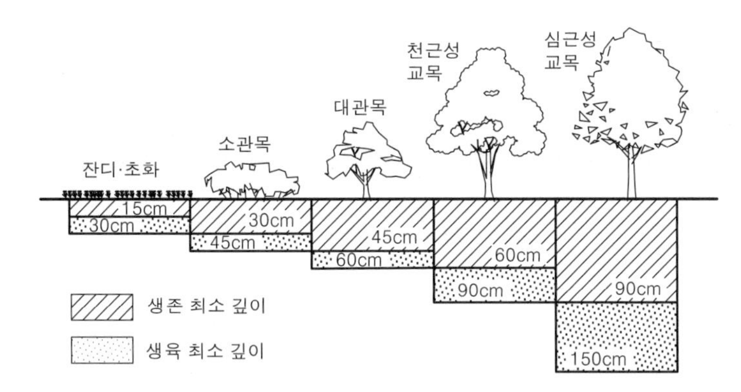


[ 수목식재상 최소토양층의 깊이 ]

## 2 생태복원 및 녹화 기반재료

### 1. 복원 및 녹화 기반재료 종류

#### (1) 토양유기물과 부식

① 유기물 : 식물을 비롯하여 동물·미생물 등의 유체

㉠ 유기질 자체는 식물에 대해 직접적인 영양원이 되지 않음

㉡ 양분의 공급원, 토양의 물리적 성질 개선, 비료성분의 흡수유지, 토양 반응에 대한 완충작용 등의 역할

② 부식(humus) : 토양 속에서 분해나 변질이 진행된 유기질 지칭

㉠ $Ca^{2+}$, $Mg^{2+}$, $K^{+}$, $Na^{+}$ 등의 양이온치환능력이 매우 높음

㉡ 양분을 흡수·보유하는 능력이 커 암모니아·칼륨·석회 등의 유실 방지

㉢ 토양미생물의 에너지 공급원으로 유기물의 분해촉진

㉣ 유익한 토양동물 및 미생물 활동을 활발하게 생육 자극

㉤ 토양의 입단화(단립화, 團粒化)로 물리적 성질 개선

㉥ 토양 중 유효인산의 고정 억제 및 용수량 증가로 한발 경감

㉦ 토양 내의 공극형성으로 공기와 물의 함량 및 보비력 증대

㉧ 토양 내 위해성분, pH의 급격한 변화 등에 대한 완충능력을 증대시키므로 토양산성화를 막아 작물의 생육 보조

◘ 토양의 입단구조 형성법

① 퇴비 등의 유기질 비료를 주고, 토양 속의 유기질의 양을 많게 할 것

② 도랑 등을 만들어 배수를 좋게 할 것

③ 사토의 경우 식토 같은 점토질 흙을, 식토에는 사질이 많은 사토 객토

③ 표토(表土)

㉠ 표토는 일반적으로 A층이라고도 하며 표토가 식물에 적당 –산림에서는 B층을 포함하기도 함

㉡ 경운에 의해 이동되는 부위이기도 하며, 부지를 조성 시 기존의 표층토를 긁어모았다가 식재할 때 사용

### (2) 토양개량제

**❖ 토양개량제**

① 고분자화합물(합성수지)계는 폴리에틸렌계, 폴리비닐알코올과 아크릴산계 등이 있으며 토양의 입단 형성을 촉진하여 단립화하고 보수재로서 건조한 지역의 기반재로 사용된다.

② 유기질계에는 짚, 수피, 왕겨, 이탄, 목탄, 피트모스, 후미론, 템프론 등이 있으며 토양을 팽윤시켜 단립화를 촉진하고 토양의 보수성과 배수성을 회복시킨다.

③ 무기질계에는 암석, 광물계통의 재료로 버미큘라이트, 펄라이트, 제올라이트, 벤토나이트, 세라소일 등이 있으며 다공질로 토양산성 완화, 보비력 증가, 보수력 개선, 중점질토의 통기성 개선 작용을 한다.

④ 유기·무기복합 토양개량제로는 유기질과 무기질 계통이 혼합된 자재가 사용되기도 한다.

#### 1) 부식(부엽토)

부엽은 완전 부숙된 것보다 미숙한 것을 건조시켜 사용

#### 2) 피트모스(Peat moss) –이탄(泥炭)

① 목본식물이 퇴적되어 화석화되는 과정에 생성연도가 오래지 않아 화석연료로 사용되지 못하는 것

② 대공극의 형성에 의한 팽창, 통기성의 확보, 보수기능 향상 등의 물리적인 개선효과 기대 –사질토, 점성토 모두 사용

③ 토양공극이 78%로 통기성이 높고 건물량(乾物量)의 5~6배 보수성이 있고 95% 정도의 유기물 용토

④ 양이온 치환용량(CEC)이 150~180me/100g 정도로 높은 편임

⑤ 일반적으로 산성도(pH)가 3.5~5.0 정도로 낮기 때문에 중화처리로 pH를 조절해야 안정성이 있음

⑥ 쉽게 분해되기 어려운 성질을 가지기 때문에 지속성 가짐

#### 3) 버미큘라이트(Vermiculite)

① 운모상의 토양인 질석을 고온(900℃) 소성하여 팽창시킨 회백색·갈색계의 경량토로 다공질이며 보수성·통기성·투수성 우수

② 염기성치환용량이 커서 토양개량제 중 보비력 가장 우수

**◘ 표토**

지표면을 이루는 토양으로 풍화(風化)가 진행되고 부식(腐植)이 많이 이루어져 흑색 또는 암색을 띤다. 유기물이 풍부하여 토양미생물이 많고 식물의 양분, 수분의 공급원이 된다.

**◘ 토양개량**

작물의 생육에 알맞도록 토양의 이화학성 등을 개량하여 토양의 생산력을 높이기 위한 여러 가지 종류의 방법을 말한다. 토양을 깊이 갈고(심경), 토양을 바꿔주는(객토) 등의 이화학적 방법, 토양 중에 결핍된 양분을 보충하고(시비), 산성토양에 석회를 사용하며(中和), 부식성분을 증가시키기 위해 퇴비를 주는 화학적 방법, 관개·배수시설 등을 통한 공학적 방법 등을 행한다.

**◘ 염기성(양이온)치환용량 개선**

우리나라와 같이 양이온치환용량(CEC)이 낮은 토양이거나 강우량이 많은 지역의 토양의 $Ca^{2+}$, $Mg^{2+}$, $K^{+}$ 등이 용탈되기 쉬운 토양의 경우 이에 대한 비료를 공급하는 것과 함께 양질의 점토, 양이온치환용량이 큰 제올라이트 또는 벤토나이트를 토양에 첨가함으로써 토양의 화학성을 개선시키는 것이 필요하다.

#### 4) 펄라이트(Perlite)

① 진주암, 흑요석을 고온(1,400℃) 소성하여 팽창시킨 회백색의 경량토로 다공질이며 보수성, 통기성, 투수성 우수

② 모래에 비해 86%정도 가볍고 염기성치환용량이 적어 보비성은 없음

#### 5) 제올라이트(Zeolite)

① 자연적 결정도 있으나 대부분 순수한 형태로 존재하지 않아 대부분 합성을 통해 생산 −비석이나 응회암을 분말로 만든 것

② 팽윤성이 없기 때문에 점질토의 개량에 효과

③ 양이온의 작용에 의해 불포화 탄화수소나 극성물질을 선택적으로 강하게 흡착하는 성질 보유

④ 양이온치환용량이 큰 다공성 구조로 되어 있어 보비력 우수

#### 6) 생석회(CaO)

① 뿌리발육 촉진과 식물체의 조직 강화로 병해 등에 대한 저항력 증가

② 산성토양을 중성토양으로 중화하고, 토양미생물의 활동을 촉진하여 유기물 분해촉진과 입단구조의 발달촉진 등 토양의 물리성 개선

③ 중금속 흡수 억제 중금속에 의한 유독작용 경감

④ 탄수화물 및 양분의 유효도를 증진시켜 작물의 뿌리 발육 및 생육 촉진

#### 7) 폴리에틸렌계 고분자계 토양개량제

폴리아크릴산 소다, 사용량 0.05~0.1%(중량비), 점토의 입단구조의 형성에 효과적

**❖ 산성토양 개량법**

① 석회석 분말, 생석회, 탄산석회, 소석회, 규회석 분말을 첨가한다.

② 퇴비, 구비, 녹비 등 유기물을 사용하여 토양 완충능력을 증대시키고, 토양의 물리·화학적 성질을 개선시킨다.

### (3) 비료의 시용

① 기비(基肥, 밑거름) : 파종하기 전이나 이앙·이식 전에 주는 비료로 작물이 자라는 초기에 양분을 흡수하도록 주는 비료

㉠ 주로 지효성(또는 완효성) 유기질 비료 사용

㉡ 늦가을 낙엽 후 10월 하순~11월 하순 땅이 얼기 전, 또는 2월 하순~3월 하순의 잎이 피기 전 시비

㉢ 연 1회를 기준으로 시비

② 추비(追肥, 웃거름·덧거름) : 수목의 생육 중 수세회복을 위하여 추가로 주는 비료로 영양을 보충하는 시기에 주는 비료

㉠ 주로 속효성 무기질(화학) 비료를 수목의 생장기인 4월 하순~6월 하순에 시비

㉡ 연1회에서 수회 식물의 상태에 따라 시비

**◘ 소석회**
산화칼슘에 물을 가하여 얻는 흰색의 염기성 가루. 물에 약간 녹아서 석회수가 생기며 소독제, 산성 토양의 중화제, 표백분의 원료, 회반죽, 모르타르의 재료 따위로 쓰인다.

**◘ 퇴구비**
퇴비란 볏집이나 기타 식물체를 부숙시킨 것이고, 구비란 유기물을 가축분뇨와 함께 부숙시킨 것으로 이러한 부산물 비료를 통틀어 퇴구비라 한다.

**◘ 비료의 3대 요소**
질소(N), 인산(P), 칼륨(K)

**◘ 식물생육요소**
① 다량요소 : 탄소(C), 수소(H), 산소(O), 질소(N), 인산(P), 칼슘(Ca), 마그네슘(Mg), 칼륨(K), 황(S)
② 미량요소 : 철(Fe), 망간(Mn), 동(Cu), 아연(Zn), 붕소(B), 몰리브덴(Mo), 염소(Cl)

### (4) 시멘트 및 콘크리트(concrete)

#### 1) 시멘트의 성질

| 구분 | 내용 |
|---|---|
| 비중 | 3.05~3.18 –보통 3.15 |
| 단위용적중량 | 1,200~2,000kg/㎥ –보통 1,500kg/㎥ |
| 분말도 | 시멘트 입자의 고운 정도(2,800~3,000㎠/g) |
| 수화작용 | 시멘트에 물을 첨가하면 시멘트 풀이 되고 시간이 흐르면 유동성을 잃고 굳어지는 일련의 화학반응 –수화열 발생 |
| 응결 | 수화작용에 의해 굳어지는 상태를 지칭 –대개 1시간 후 시작되어 10시간 이내로 상태완료 |
| 경화 | 응결 후 시멘트 구체의 조직이 치밀해지고 강도가 커지는 상태로 시간의 경과에 따라 강도가 증대되는 현상 |

**◘ 수화열**

시멘트의 응결과 경화 전반에 관계하는 것을 '수화반응'이라 하고 그 과정에서 발생하는 열을 '수화열'이라 한다. 일반적으로 분말도가 높을수록 발열량이 커지고 건조수축도 커지게 된다.

#### 2) 콘크리트의 구성

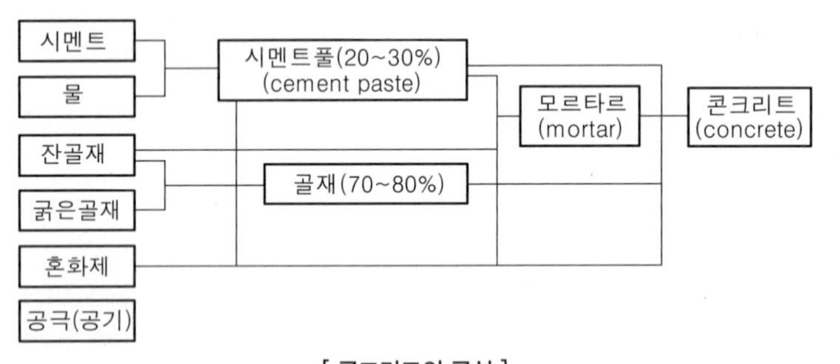


[ 콘크리트의 구성 ]

**◘ 콘크리트**

시멘트와 골재를 물과 혼합하여 시간의 경과에 따라 물의 수화반응(水和反應)에 의해 굳어지는 성질을 가진 인조석의 일종이다.

#### 3) 콘크리트의 장·단점

| 장점 | 단점 |
|---|---|
| ·압축강도가 큼<br>·내화·내수·내구적<br>·철과의 접착이 잘 되고 부식 방지력이 큼<br>·형태를 만들기 쉽고 비교적 가격 저렴<br>·구조물의 시공이 용이하고 유지관리 용이 | ·인장강도 약함(압축강도의 1/10)<br>·자중이 커 응용범위 제한<br>·수축에 의한 균열 발생 –구조적, 미관 등 저해<br>·재시공 등 변경·보수 곤란 |

**◘ 철근콘크리트**

콘크리트의 단점인 인장력을 보완하기 위해 철근을 일체로 결합시켜 콘크리트는 압축력에 저항하고 철근은 인장력에 저항하도록 구조체를 형성시킨 것이다.

#### 4) 혼화재료의 종류

① 혼화재(混和材)

㉠ 시멘트량의 5% 이상으로, 시멘트의 대체 재료로 이용되고 사용량이 많아 그 부피가 배합계산에 포함되는 것

㉡ 플라이애쉬, 규조토, 고로 슬래그, 팽창제, 착색재 등

**◘ 플라이애쉬(포졸란) 효과**

① 시공연도 개선효과
② 재료분리, 블리딩 감소
③ 수화열 감소, 건조수축 방지
④ 해수, 화학적 저항성 증진
⑤ 초기강도 감소, 장기강도 증가

② 혼화제(混和劑)

㉠ 시멘트량 1% 이하의 약품으로 소량사용하며 배합계산에서 무시

㉡ AE제, AE감수제, 유동화제, 촉진제, 지연제, 급결제, 방수제, 기포제

혼화제의 종류

| 구분 | 내용 |
|---|---|
| AE제 | 콘크리트 중에 작은 기포를 고르게 발생시켜 유동성·시공연도 증진, 동결융해 저항성·재료분리 저항성 증가, 단위수량·수화열 감소효과, 내구성·수밀성 증대, 블리딩 감소, 응결시간 조절(지연형, 촉진형) |
| AE감수제 | 시멘트 입자의 유동성을 증대해 수량의 사용을 줄여 강도, 내구성, 수밀성, 시공연도 증대 –유동화제도 성능 동일 |
| 응결경화 촉진제 | 염화칼슘, 염화나트륨, 식염을 사용하여 초기강도를 증진시키고 저온에서도 강도 증진효과가 있어 한중콘크리트에 사용 –내구성 저하 우려 |
| 응결지연제 | 구연산, 글루코산, 당류 등을 사용하여 응결시간을 늦추어 슬럼프값 저하를 막고, 콜드조인트 방지나 레미콘의 장거리 운반 시 사용 |
| 방수제 | 수밀성 증대를 목적으로 방수제 사용 |
| 기포제 | 발포제를 사용하여 경량화, 단열화, 내구성 향상 |

5) 골재

① 골재크기에 따른 분류

㉠ 잔골재 : 5㎜ 체에 중량비로 85% 이상 통과하는 것 –모래

㉡ 굵은골재 : 5㎜ 체에 중량비로 85% 이상 남는 것 –자갈

② 골재비중에 따른 분류

㉠ 보통골재 : 절건비중이 2.5~2.7 정도의 것으로 강모래, 강자갈, 부순모래, 부순자갈 등

㉡ 경량골재 : 절건비중이 2.5 이하로 천연화산재, 경석, 인공질석, 펄라이트 등

㉢ 중량골재 : 절건비중이 2.7 이상으로 중정석(重晶石), 철광석 등에서 얻은 골재

**골재**

골재는 콘크리트양의 70~80% 정도를 차지하고 있어 콘크리트의 특성에 큰 영향을 미친다. 표면이 거칠고 둥글며 강도가 뛰어나고 실적률이 좋고 깨끗한 골재를 사용해야 하며, 입도가 좋고 골재의 치수가 크면 시멘트 및 물의 양이 줄고 강도 및 내구성이 향상된다.

6) 물·시멘트비(W/C ratio)

① 물과 시멘트의 중량백분율로 압축강도가 최대 영향인자이고, 내구성·수밀성이 지배요인

② 물·시멘트비는 시험에 의해 정하는 것이 원칙, 보통 50~65%

7) 굳지 않은 콘크리트 성질

① 컨시스턴시(consistency, 반죽질기) : 수량에 의해 변화하는 콘크리트의 유동성의 정도, 혼합물의 묽기 정도, 시공연도에 영향을 줌

② 워커빌리티(workability, 시공연도) : 반죽질기에 의한 작업의 난이도 정도 및 재료분리에 저항하는 정도 –시공의 난이정도(시공성)
③ 플라스티시티(plasticity, 성형성) : 재료분리가 일어나지 않으며, 거푸집 형상에 순응하여 거푸집 형태로 채워지는 난이정도(점조성)
④ 피니셔빌리티(finishability, 마감성) : 골재의 최대치수, 잔골재율, 잔골재의 입도 등에 따르는 마무리하기 쉬운 정도(표면정리의 용이성)

### 8) 특수콘크리트

| 구분 | 내용 |
|---|---|
| 한중(寒中) 콘크리트 | 하루 평균 기온이 4℃ 이하로 동결 위험이 있는 기간에 시공하는 콘크리트로 동결 시 초기강도 저하, 내구성 및 수밀성 저하 |
| 서중(暑中) 콘크리트 | 하루 평균기온이 25℃ 또는 최고 기온이 30℃를 초과하는 때에 타설하는 콘크리트로 슬럼프 저하, 수분의 급격한 증발, 건조수축균열, 콜드조인트 발생 |
| 경량 콘크리트 | 천연, 인공경량골재를 일부 혹은 전부를 사용하고 단위용적중량이 1.4~2.0t/㎥의 범위에 속하는 콘크리트 |
| 숏크리트 (shotcrete) | 압축공기를 사용하여 모르타르를 절토 비탈면 표면부에 피복시켜 불연속면에 대한 접착을 유도하고 구속압을 일정하게 유지시켜 안정성을 확보하는 공법 |
| 폴리머 콘크리트 | 폴리머를 결합재의 일부 또는 전부로 사용하여 골재를 결합한 콘크리트로 강도 증대, 균열특성 개선, 내구성, 불투성 등 증대 |
| 수중 콘크리트 | 수중에서 타설되는 콘크리트로 수면 하에 수밀성 버킷이나 트레미관을 내리고 부배합 콘크리트 사용 |
| 식생콘크리트 (다공질 콘크리트) | ·다공질콘크리트와 보수성 재료, 비료, 표층의 객토층으로 구성<br>·뿌리의 성장을 위한 연속공극, 미생물 서식 공간, 투수성 확보<br>·콘크리트에 직접 또는 표면에 얇은 객토층을 확보하여 종자파종 |
| 조습성 콘크리트 | 콘크리트에 흡수성이 뛰어난 제올라이트를 혼합하여 콘크리트에 미세한 공극을 만들어 단열 및 결로방지 및 습도조절 능력을 높인 콘크리트 |
| 녹화블록·잔디블록 | 일정한 형태로 성형된 콘크리트블록에 잔디가 생육할 수 있는 공간이나 공극을 확보하여 만든 포장재 |

**콘크리트와 온도**
콘크리트의 응결 및 경화는 4℃ 이하가 되면 더욱 완만해지며 –3℃에서 완전 동결되어 더 이상 경화되지 않는다.

**자원순환콘크리트**
일종의 자원의 재활용 기법으로 폐콘크리트를 골재로 하여 만들어진 콘크리트를 말한다.

## (5) 목재

### 1) 목재의 장·단점

| 장점 | 단점 |
|---|---|
| ·비중이 작고 가공 용이<br>·열전도율이 작아 보온·방한·단열 효과 우수<br>·음의 흡수 및 차단 효과 높음<br>·흡습(吸濕)조절 능력 우수 | ·부패, 충해, 풍해에 약함<br>·가연성으로 화재에 취약하여 제한적 사용<br>·흡수성과 신축변형이 큼<br>·균일한 품질을 얻기 곤란 |

2) 목재의 강도

① 함수율이 작아질수록 목재는 수축하며, 목재의 강도는 증가
② 섬유 포화점(함수율 30%) 이상은 강도 불변
③ 섬유 포화점 이하부터 건조 정도에 따라 강도 증가
④ 전건상태는 섬유 포화점 강도의 약 3배

◘ 목재의 건조목적

① 균에 의한 부식과 충해방지
② 변형, 수축, 균열 방지
③ 강도 및 내구성 향상
④ 중량 경감으로 취급 및 운반비 절감
⑤ 도장 및 약제처리 가능

(6) 석재

1) 경도에 의한 분류

① 강도는 대체로 비중에 비례하여 무거운 석재일수록 큼
② 인장강도는 압축강도의 1/10~1/20 정도에 불과해 인장재나 휨재의 사용은 회피

◘ 석재의 압축강도 비교

화강암>대리석>안산암>사암>응회암>부석(화산석)

◘ 석재의 흡수율 비교

대리석>화강암>안산암>사암>응회암

2) 형상에 의한 분류

| 분류 | 내용 |
|---|---|
| 각석(角石) | 폭이 두께의 3배 미만이고, 폭보다 길이가 긴 직육면체 형태의 돌 |
| 판석(板石) | 두께가 15㎝ 미만이고, 폭이 두께의 3배 이상인 것으로 바닥(포장용)이나 벽체에 사용 |
| 마름돌 | 각석 또는 주석과 같이 일정한 규격으로 다듬어진 고급품으로서 건축이나 포장 등에 사용 –대체로 30㎝×30㎝, 길이 50~60㎝의 돌을 많이 사용 |
| 견치돌 | 피라미드형(사각뿔형)의 석축용 돌을 말하며, 돌을 뜰 때 전면, 뒷면, 돌길이, 접촉부 사이의 치수를 특별한 규격에 맞도록 다듬어낸 돌 –주로 옹벽 등의 메쌓기·찰쌓기용으로 사용 |
| 깬돌(할석) | 견치돌 형태이나 치수가 불규칙하고 뒷면이 없는 돌 |
| 잡석 | 크기가 지름 10~30㎝ 정도로 크고 작은 알로 고루고루 섞여져 형상이 고르지 못한 큰 돌 –큰 돌을 막 깨서 만드는 경우도 있음 |
| 야면석 | 표면을 가공하지 않은 천연석으로 운반이 가능한 비교적 큰 석괴 |
| 호박돌 | 호박형의 천연석으로 가공하지 않은 지름 18㎝ 이상 크기의 돌 –사면보호, 연못 바닥, 원로 포장, 벽면의 장식 |
| 조약돌 | 가공하지 않은 천연석으로 지름 10~20㎝ 정도의 계란형 돌 |
| 자갈 | 지름 2~3㎝ 정도이며, 콘크리트 골재, 석축의 메움돌로 사용 |

◘ 견치돌의 규격

형상은 사각뿔형(재두각추체)에 가깝고, 전면은 거의 평면을 이루며 대략 정사각형으로 뒷길이, 접촉면의 폭, 윗면 등의 규격화된 돌로서 4방락 또는 2방락의 것이 있으며, 접촉면의 폭은 전면 1변의 길이의 1/10 이상이어야 하고, 접촉면의 길이는 1변의 평균길이의 1/2 이상, 뒷 길이는 최소변의 1.5배 이상으로 한다.

3) 석축쌓기

① 찰쌓기 : 돌을 쌓아올릴 때 뒤채움을 콘크리트로 하고, 줄눈은 모르타르를 사용하여 쌓는 방법
 ㉠ 1일 쌓기 높이는 1.2m를 표준으로 최대 1.5m 이내로 하고, 이어쌓기 부분은 계단형으로 마감
 ㉡ 쌓기는 뒷고임돌로 고정하고 콘크리트를 채워가며 쌓기

◘ 돌쌓기와 돌붙임

① 돌쌓기(석축) : 경사도가 1:1 보다 급한 경우
② 돌붙임(장석) : 경사도가 1:1 보다 완만한 경우

㉢ 맞물림 부위는 견치돌 10㎜ 이하, 막깬돌 25㎜ 이하

㉣ 뒷면의 배수를 위해 3㎡ 마다 1개소의 비율로 직경 50㎜의 PVC관을 사용하여 근원부가 막히지 않도록 설치

㉤ 돌쌓기의 밑돌은 될수록 큰 돌 사용

② 메쌓기 : 접합부를 다듬고 뒷틈 사이에 고임돌 고인 후 모르타르 없이 골재로 뒤채움을 하는 방식

㉠ 1일 쌓기 높이는 1.0m 미만

㉡ 맞물림 부위는 10㎜ 이내로 하며, 해머 등으로 다듬어 접합시키고, 맞물림 뒷틈 사이에 조약돌을 괴고, 뒷면에 잡석 채우기

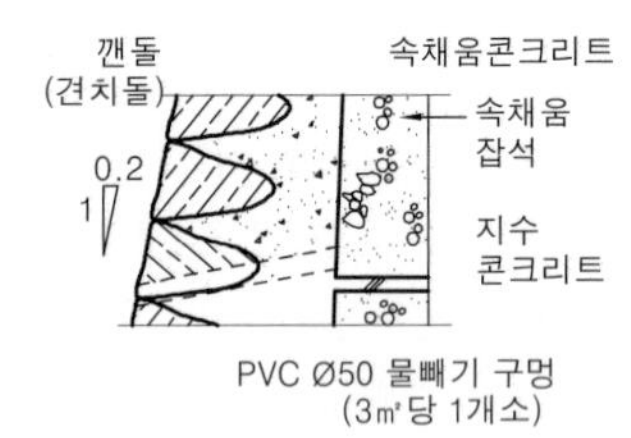


[ 자연석 찰쌓기 ]

깬돌
(견치돌)
속채움 잡석
0.3
1
속채움잡석

[ 자연석 메쌓기 ]

(7) 호안용 재료

1) 야자섬유 두루마리(coir roll)의 재질 및 표준규격

① 길이 4m×지름 0.3m 크기의 실린더형, 외부망체 줄눈 2㎝×2㎝, 두께 8~10㎜

② 무게는 내부야자섬유 30~35kg/㎥, 외부망체 3.2kg/㎥

③ 내부야자섬유는 이물질을 제거한 100% 야자섬유

④ 외부망체는 100% 야자섬유를 불순물 제거 후 실 모양으로 방적하여 두께 8~10㎜로 꼬아 제작

2) 야자섬유망(coir net) 재질 및 표준규격

① 폭 2m×길이 20m, 망체 20㎜×20㎜, 두께 5㎜ 이상

② 야자섬유로프는 100% 야자섬유의 불순물을 제거한 후 두께 5~6㎜로 꼬아 제작

③ 고정핀(상단 및 소단 부분)과 착지핀(사면)은 나무말뚝 또는 철근으로 1개/㎡ 이상 박음

④ 사면의 토사 유실방지를 위한 야자섬유망은 양옆과 끝부분이 10㎝ 이상 겹치도록 설치

3) 황마

식생이 활착하기 전 배면토사의 유출방지용으로 천연섬유로 제작된 100% 황마(jute mesh) 섬유로 만든 망체로 실의 두께는 2~2.5㎜

**야자섬유 두루마리**

야자섬유 두루마리는 야자섬유로 만든 박판(sheet)과 야자섬유를 섬유망체에 균일한 밀도로 채워 두루마리 형태로 제작된 것을 말한다.

#### 4) 버드나무류

① 꺾꽂이용 가지는 주가지가 1~2㎝의 직경이어야 하며 적어도 약 25% 이상의 맹아력이 있는 가지 혼합
② 가지는 견실한 것을 선택하되 신아와 나무잎을 가지당 2~3개 정도 유지
③ 갯버들이 과번성하여 치수안전도에 영향을 미칠 수 있는 곳은 부분군락 적용을 실시하고 재료는 눈갯버들 적용
④ 갯버들은 8㎜ 이상의 원줄기에 의한 재료만 사용한다.
⑤ 공사에 의해 절취되는 부분이나 기존 군락의 20% 이내에서 솎아 채취
㉠ 채취 시 하단부는 꺾꽂이가 용이하도록 채취
㉡ 시공 시기는 새눈이 나오는 4~5월 중순경(부득이한 경우 10월~11월 중순경)까지 하며, 채취 후 12시간 이내에 꺾꽂이 실시
㉢ 각 가지마다 2~3 개의 잎이나 눈이 달려 있도록 채취

꺾꽂이용 나무의 길이

| 공법구분 | 통나무돌채움공 | 버드나무역기공 | 야자섬유두루마리공 | 야자섬유망공 | 기타(저수호안) |
|---|---|---|---|---|---|
| 꺾꽂이용 나무길이 | 80~100㎝ | 70~90㎝ | 60~80㎝ | 40~60㎝ | 60~100㎝ |

#### 5) 나무말뚝

① 목재의 함수율은 18% 이하로 굽은 것, 갈라진 것, 옹이가 많은 것, 벌레 먹은 것, 썩은 것 등은 사용 금지
② 지지용 말뚝으로 사용되는 목재는 생통나무, 원주목 사용. 단, 부득이 한 경우 방부목 사용(심재 부분이 약 80% 이상 방부 처리된 것)

#### 6) 섶단

버드나무, 갯버들 등 삽목이 가능하고 맹아력이 있는 수종의 가지와 천연 야자섬유에 갈대 등 식재

#### 7) 욋가지

버드나무가지를 발모양으로 엮어 사면보호용으로 사용

#### 8) 돌망태

철망에 돌을 채워 유속이 빠른 하안의 안정에 사용

#### 9) 유공블록

유공블록은 어류의 종류와 생태 환경유지에 적합한 것 사용

#### 10) 환경블록

① 콘크리트 환경블록의 압축 강도는 18.0MPa(180kg/㎠) 이상의 재료를 선정하되, 적용 구간의 유속(소류력)에 따라 결정
② 환경블록의 공극은 내구성 및 치수안전도가 확보되는 전제하에 최대한의 공극이 있는 블록을 우선 적용. 단, 쌓기 호안의 경우에는 예외

### (8) 식생섬(인공부도)

① 섬을 띄우기 위한 부체, 식물 지지체(생육기반재), 망체, 부자, 고정 및 계류장치 등으로 구성되고 1×1m 또는 2×2m 모듈로 제작
② 뿌리에서 인과 질소 등의 오염물질 흡수 제거
③ 수중의 식물뿌리에 공생하는 미생물들에 의한 오염물질 분해
④ 갈대, 달뿌리풀, 부들, 줄 등 수질정화력이 뛰어난 정수식물 이용

방수재료별 적용 규모와 특징

| 구분 | 적용규모 | 특징 | 비고 |
|---|---|---|---|
| 진흙 | 중규모 ~ 대규모 | ·습지의 크기 제한 없이 시공가능<br>·수원확보지, 물 공급 용이한 지역에 적용<br>·식물 뿌리 생장 시 방수층 문제 발생 | 자연지반 |
| 진흙 + 벤토나이트 | 중규모 ~ 대규모 | ·방수기능 강화<br>·대규모, 자연형 생태습지 조성 시 적용 | 자연지반 |
| 방수시트 | 소규모 ~ 중규모 | ·방수기능 강화<br>·방수 시트 설치 후 상부에 토양 도입 시 생물도입 가능<br>·필요 시 하부 구조나 시설 등을 보호해야 하는 경우<br>·시트 하부에 몰탈층 등을 설치 가능 | 인공지반 |

## 2. 재료의 선정

### (1) 표토(表土)

식재기반 조성토양은 물리성, 화학성, 양분 성분의 균형을 내용으로 한 양질의 토사이어야 하며, 진흙, 잡초, 기타 불순물의 혼입이 없는 토양이어야 함

### (2) 혼합토양

토양의 경량화, 물리성 개선 및 지력증진이 되도록 일반토양과 토양개량제가 일정 비율로 혼합되어야 함

### (3) 인공토양

① 식물생육에 필요한 양분(N, P, K 및 Mg, Ca, Na 등의 미량원소)이 고루 함유되어야 하며 흙 및 기타 유기불순물이 포함되지 않아야 함
② 경량이며 보수성, 통기성, 배수성, 보비성을 지녀야 함

### (4) 토양개량제

① 흙, 잡초종자 또는 기타 불순물이 혼합되지 않아야 함

**◘ 식생섬**

식생을 도입할 수 있는 재료를 사용하여 물새와 어류의 서식환경 창출, 경관향상, 수질정화, 호안침식 방지 등의 기능을 가지며, 개방수면에 식생을 도입하기 위한 공법이다.

② 모래는 중사(0.25~0.5 ㎜) 성분이 80% 이상인 강모래이어야 함
③ 이탄토는 건조시켜 잘게 부수어 No. 10 체거름에 90% 이상, No. 100 체거름에 50% 이상 통과될 수 있어야 함
④ 피트모스는 나무뿌리, 돌 등과 같은 이물질이 섞이지 않은 것으로서 건물 중 대비 85% 이상의 유기물질을 함유하고 pH4~5의 기준을 충족하고, 포장으로 인하여 뭉쳐진 상태의 것을 잘게 부수어 사용
⑤ 부숙톱밥은 완전하게 부숙되어야 하며, 유해물질이 혼합되지 않아야 함
⑥ 펄라이트, 버미큘라이트, 제올라이트 등의 광물성 토양개량제는 입도가 균일하고, 쉽게 부스러지지 않아야 함
⑦ 석회는 탄산석회, 생석회, 소석회 등을 이용하되 No. 10 체거름에 90% 이상, No. 100 체거름에 50% 이상 통과될 수 있어야 함

### (5) 비료

① 절개지나 매립지는 토양양분이 결핍되므로 밭흙과 같은 비옥한 토양을 객토하거나 질소, 인산, 칼륨의 원소를 비료로 공급
② 양분요구도와 광선요구도는 보통 상반된 관계를 지님
③ 사질토는 점토질의 토양보다 질소가 결핍되기 쉽고, 산성토양이나 유기물이 적은 토양도 질소가 결핍되기 쉬우므로 퇴비 등의 부식질을 많이 주는 것이 적당
④ 지력이 낮은 척박지에서는 비료목 식재

**❖ 비료목**

근류균(根瘤菌)을 가진 수종으로서 근류균에 의한 공중질소의 고정작용을 이용하여 질소를 다량으로 함유한 낙엽이나 낙지를 토양에 반환시켜 토양의 물리적 조건과 미생물적 조건을 개선하는 한편 토양질소의 증가와 부식의 생성을 꾀하고자 하는 나무를 말한다. 질소고정 미생물에는 *Azotobacter*, *Rhizobium*, *Clostridium* 등이 있다.

**❖ 근류균을 가진 수목(비료목)**

① 콩과 : 다릅나무, 자귀나무, 아까시나무, 주엽나무, 싸리, 족제비싸리, 골담초, 낭아초, 칡
② 콩과 초류 : 알팔파(자주개자리), 클로버(토끼풀), 완두, 벌노랑이, 비수리
③ 보리수나무과 : 보리수나무, 보리장나무
④ 자작나무과 : 오리나무류
⑤ 소귀나무과 : 소귀나무

# 핵심문제 해설



**01** 녹화용 자생식물 중에서 그 특성(꽃, 형태, 관상 및 생태 등)이 바르게 연결된 것은? 기-16-1

① 구상나무-4월 갈색 개화-낙엽침엽성-열매의 관상가치
② 쪽동백나무-5월 붉은색 개화-상록활엽성-꽃과 열매의 관상가치
③ 층층나무-5월 붉은색 개화-낙엽활엽성-어릴 때 생장속도 느림
④ 노각나무-6월 흰색 개화-낙엽활엽성-꽃과 줄기의 관상가치

**02** 다음 생태분류군과 식물종 관계의 나열 중 틀린 것은? 기-14-1

① 정수식물 – 갈대
② 부엽식물 – 줄
③ 침수식물 – 검정말
④ 부유식물 – 생이가래

해 ② 줄(정수식물)

**03** 부레옥잠, 개구리밥과 같이 물속으로 뻗는 뿌리줄기가 항상 수면을 떠다니는 식물은? 기-15-1, 기-17-3

① 정수식물 ② 부엽식물
③ 침수식물 ④ 부유식물

해 ② 부유식물(부생식물)은 물 위에 자유롭게 떠서 사는 수생식물로 뿌리가 있으나 바닥에 닿지 않는 식물을 말하며 개구리밥, 물개구리밥, 좀개구리밥, 생이가래, 부레옥잠 등이 있다.

**04** 다음의 습지식물 중 정수(挺水) 식물종은? 기-15-2

① 매자기 ② 붕어마름
③ 부레옥잠 ④ 물수세미

해 ② 침수식물, ③ 부유식물, ④ 침수식물

**05** 다음의 습지식물 중 침수(侵水) 식물종은? 기-15-3

① 개구리밥(Spirodela polyrhiza)
② 골풀(Juncus effusus var. decipiens)
③ 부들(Typha orientalis)
④ 물수세미(Myriophyllum verticillatum)

해 ① 부유식물, ②③ 정수식물

**06** 침수성 식물로만 맞게 짝지어진 것은? 기-16-2

① 검정말, 물수세미, 거머리말, 말
② 가래, 마름, 순채, 수련, 개연꽃
③ 갈대, 줄, 부들, 애기부들, 창포
④ 오리나무, 버드나무류, 들메나무, 낙우송

**07** 부유(浮游)식물에 해당하는 습지식물은? 기-16-1

① 애기부들 ② 마름
③ 생이가래 ④ 물수세미

해 ① 정수식물, ② 부엽식물, ④ 침수식물

**08** 한국 하천습지에 생육하는 수생식물 중 부엽식물이 아닌 것은? 기-15-2

① 노랑어리연꽃 ② 마름
③ 자라풀 ④ 개구리밥

해 ④ 부수식물

**09** 하부연안대에서 육지에서 호수쪽을 향하여 분포하고 있는 수생식물의 순서로 적합한 것은? 기-16-3

① 부엽식물→침수식물→부수식물→ 추수(정수) 식물
② 부엽식물→침수식물→추수(정수)식물→부수식물
③ 추수(정수)식물→침수식물→부엽식물→부수식물
④ 추수(정수)식물→부엽식물→침수식물→부수식물



정답 01. ④ 02. ② 03. ④ 04. ① 05. ④ 06. ① 07. ③ 08. ④ 09. ④

**10** 수질정화 식물과 가장 거리가 먼 것은? 기-19-3

① 부들, 갈대 ② 택사, 돌피
③ 부레옥잠, 부들 ④ 개구리밥, 창포

**11** 하천생태계에 대한 설명으로 가장 거리가 먼 것은? 기-16-1

① 하천생태계를 이루는 기본적인 요소는 하천에 유입되는 물질과 에너지, 하천 형태나 물의 흐름에 따라서 만들어 지는 서식장소, 생물의 세 가지로 볼 수 있다.
② 하천의 생물 서식지는 하상 형태 및 물의 흐름과 관련이 깊으며 여울과 연, 부석대 등은 수역의 대표적인 서식지이다.
③ 부엽식물, 침수식물대로서 물 흐름이 고요하여 유량이 안정된 수역에는 개연꽃 등의 침수식물과 말즘이나 검정말 등의 부엽식물이 번성하여, 이곳은 어류의 산란장소나 치어의 생육장소로 이용된다.
④ 운반하던 퇴적물이 침전하여 물속에 퇴적지형을 이루고, 이 퇴적지형이 점차 수면 가까이로 성장하면 수초가 자라게 되고 이로 인해 유속이 느려져 더 많은 퇴적물이 집적되는데 수면위로 드러난 것을 "하중도"라고 한다.

**해** ③ 개연꽃은 부엽식물이고, 말즘과 검정말은 침수식물이다.

**12** 다음의 특성을 가진 잔디는? 기-19-2

> 주로 대전 이남에서 자생하고 있으며, 일본에서는 중잔디, 고려잔디, 혹은 조선잔디라 한다. 잎 너비는 1~4mm, 초장은 4~12cm정도로 매우 고운 잔디로 경기도 이남지역에서 월동 가능하다. 주로 서울 이남지역에서 정원, 경기장, 골프장, 공원용 등으로 적당하다.

① Zoysia sinca(갯잔디)
② Zoysia japonica(들잔디)
③ Zoysia matrella(금잔디)
④ Zoysia tenuifolia(비로드잔디)

**13** 다음 식물 중 내건성이 가장 우수한 녹화용 식물은? 기-14-2, 기-19-1

① Zoysia spp. ② Festuca spp.
③ Sedum spp. ④ Poa spp.

**해** ① Zoysia spp. : 잔디속(한국잔디류)
② Festuca spp. : 김의털속(페스큐류)
③ Sedum spp. : 돌나물속(세덤류)
④ Poa spp. : 포아풀속(블루그라스류)

**14** 이식할 수목의 뿌리돌림을 사전에 실시하는 근본적인 목적은? 기-15-3

① 운반 중량을 감소시키기 위해
② 이식구덩이 크기를 축소하기 위해
③ 이식을 위한 굴취를 쉽게 하기 위해
④ 이식력이 약한 수목을 이식하기 위해

**해** 뿌리돌림은 이식할 수목의 활착을 돕기 위하여 사전에 뿌리를 잘라 세근(실뿌리)을 발생시키려는 것이다.

**15** 다음 중 파종중량(W)의 산출식으로 옳은 것은? [단, G : 발생기대본수(본/m²), S : 평균입수(입/g), P : 순량률(%), B : 발아율(%)] 기-14-1, 기-18-3

① $\frac{G}{S \times P \times B}$ ② $\frac{S}{G \times P \times B}$
③ $\frac{S \times P \times B}{G}$ ④ $\frac{G \times P \times B}{S}$

**16** 2000m²의 면적에 발생기대본수 2000(본/m²)을 파종하고자 할 때 파종량(kg)은? (단, 발아율 50%, 평균입수 2000입/g, 순량율 80%) 기-16-1

① 2.5 ② 5
③ 2500 ④ 5000

**해** 파종량 $W = \frac{G}{S \times P \times B}$

$\rightarrow \frac{2000}{2000 \times 0.8 \times 0.5} \times 2000 \div 1000 = 5(kg)$

**17** 다음 중 식물의 영양번식 방법에 해당하지 않는 것은? 기-15-1

**정답** 10. ② 11. ③ 12. ③ 13. ③ 14. ④ 15. ① 16. ② 17. ①

① 종자에 의한 번식
② 조직배양에 의한 번식
③ 삽목에 의한 번식
④ 접목에 의한 번식

해 ① 영양번식은 식물체 일부 조직이나 영양기관인 잎, 줄기, 뿌리 등에 의한 번식으로 종자에 의한 번식과 구분된다.

**18** 부식(腐植 ; humus)의 기능과 식생과의 관계를 잘못 설명한 것은? 기-15-1

① 토양 중 유효인산의 고정을 증대하여 미생물의 활동을 활발하게 한다.
② Ca, Mg, K, $NH_4$ 등의 염기를 흡착하는 염기치환용량이 크다.
③ 호르몬과 비타민을 함유하여 고등생물과 토양미생물의 생육을 자극한다.
④ 토립을 연결시켜 안정한 입단구조를 형성한다.

해 ① 부식은 토양 중 유효인산의 고정을 억제한다.

**19** 식재기반에 요구되는 조건이 아닌 것은? 기-18-1

① 식물의 뿌리가 충분히 뻗을 수 있는 넓이가 있어야 한다.
② 식물의 뿌리가 충분히 생장할 수 있는 토층이 있어야 한다.
③ 물이 하부로 빨리 빠져나가지 않도록 하층과의 경계에 불투수층이 있어야 한다.
④ 어느 정도의 양분을 포함하고 있어야 한다.

**20** 토양개량에 쓰이는 자재 중 피트모스에 대한 설명으로 옳지 않은 것은? 기-14-3, 기-15-1

① 토양에 사용하면 대공극의 형성에 의한 팽창, 통기성의 확보, 보수기능의 향상이라는 물리적인 개선효과를 기대할 수 있다.
② 양이온교환용량(CEC)이 퇴비에 비해 높다.
③ 유기질자재이므로 쉽게 분해되기 어려운 성질을 가지기 때문에 지속성이 있다.
④ 일반적으로 pH7 이상의 알카리성을 나타내기 때문에 중화처리를 하지 않아도 된다.

해 ④ 피트모스는 일반적으로 산성도(pH)가 3.5~5.0 정도로 낮기 때문에 중화처리로 pH를 조절해야 안정성이 있다.

**21** 토양개량재인 피트모스에 대한 설명으로 틀린 것은? 기-19-3

① 일반적으로 pH7~8 정도의 알칼리성을 나타내므로 산성토양의 치환에 적합하다.
② 섬유가 서로 얽혀서 대공극을 형성하는 것과 함께 섬유자체가 다공질이고 친수성이 있다는 특징이 있다.
③ 보수성, 보비력이 약한 사질토, 또는 통기성, 투수성이 불량한 점성토에서의 사용이 효과적이다.
④ 양이온교환용량(CEC)이 130㎎/100g 정도로 퇴비에 비해 높아서 보비력의 향상에 효과적이다.

해 ① 피트모스는 일반적으로 산성도(pH)가 3.5~5.0 정도로 낮기 때문에 산성토양에는 적합하지 않다.

**22** 연암 및 요철이 심한 경암의 비탈면에 녹화하기 위해 식생기반재 뿜어 붙이기를 하는 경우에 대한 설명으로 옳지 않은 것은? 기-15-1

① 건식공법이 시공성이 빠르다.
② 조기녹화에 치중하여 빠르게 피복시키는 공법이다.
③ 초기 발아가 우수한 외래도입초종들은 생육이 왕성하므로 매끄럽고, 절리가 없는 암반에서도 식생기반재 위에서 생육이 가능하다.
④ 사용하는 재료의 성질에 따라 무기질계와 유기질계로 구분되며, 유기질계는 펄라이트, 버미큘라이트, 벤토나이트 등의 경량자재를 사용하는 방법이다.

해 ·무기질 토양 개량재 : 규조토 소성립, 제오라이트, 버미큘라이트, 펄라이트, 벤토나이트와 같은 다공질 경량자재를 사용한다.
·유기질 토양 개량재 : 동식물질계로 피트모스, 바크퇴비, 오니비료, 이탄과 같이 물리성, 화학성 개량 자재와 토양의



정답 18. ① 19. ③ 20. ④ 21. ① 22. ④

입단화를 촉진하고 통기성, 배수성과 수분 보수력을 개량할 목적으로 사용하는 다기능 고분자계 자재를 사용한다.

**23** 다음 토양개량자재에 대한 설명 중 틀린 것은? 기-14-2

① 이탄 : 물이끼, 탄화된 풀잎 등이 주원료
② 제오라이트 : 흑운모를 분쇄하여 고온가열 처리한 것
③ 펄라이트 : 진주암, 흑요석 등을 분쇄하고, 고온가열 처리한 것
④ 규조토소성립 : 규조토를 조립(입경 2㎜)하여 구워 완성한 것

해 ② 제오라이트는 결정성 알루미노 규산염의 하나로 색깔은 투명하거나 백색반투명이며 비석(沸石)이라고도 한다.

**24** 일반적으로 인산이 토양 중에 과다하게 있을 경우 식물에 결핍되기 쉬운 성분은? 기-18-1

① 철　② 마그네슘
③ 아연　④ 칼륨

해 인산은 아연과 길항작용을 하고 나머지 철, 마그네슘, 칼륨과는 상승작용을 한다.

**25** 다음의 골재에 관한 설명 중 옳은 것은? 기-15-2, 기-18-1

① 천연 경량골재에는 팽창성 혈암, 팽창성 점토, 플라이애시 등을 주원료로 한다.
② 잔 골재의 절건비중은 2.7 미만이다.
③ 골재의 표면 및 내부에 있는 물의 전체 질량과 절건 상태의 골재 질량에 대한 백분율을 골재의 표면수율이라 한다.
④ 굵은 골재의 최대치수는 질량으로 90% 이상을 통과시키는데 체 중에서 최소 치수의 체 눈을 체의 호칭치수로 나타낸 굵은 골재의 치수이다.

해 ① 플라이애시는 골재가 아닌 혼화재에 속한다.
② 잔골재는 비중이 아닌 크기로 구분한다.
③ 골재의 표면 및 내부에 있는 물의 전체 질량의 절건상태의 골재 질량에 대한 백분율을 골재의 함수율이라 한다.

**26** 굵은 골재의 최대치수, 잔골재율, 잔골재의 입도, 반죽질기 등에 따르는 마무리하기 쉬운 정도를 나타내는 것으로서 굳지 않은 콘크리트의 성질을 무엇이라 하는가? 기-15-3

① 성형성(plasticity)
② 반죽질기(consistency)
③ 워커빌리티(workability)
④ 피니셔빌리티(finishability)

**27** 환경문제 해결에 부응하는 콘크리트가 아닌 것은? 기-16-2

① 한중 콘크리트　② 식생 콘크리트
③ 조습성 콘크리트　④ 자원순환 콘크리트

**28** 다음 중 매립지 복원공법이 아닌 것은? 기-14-2

① 성토법　② 치환객토법
③ 사주법　④ 숏크리트공법

해 ④ 숏크리트공법은 콘크리트 또는 모르타르를 압축공기로 시공 면에 뿜는 공법을 말한다. 매립지 복원 공법에는 성토법 ,치환객토법, 비사방지용 산흙 피복법, 사주법, 사구법이 있다.

**29** 구조물의 자중을 증대시키는 결함을 개선함과 동시에 우수한 성능을 부여할 목적으로 사용되는 경량콘크리트의 기건당위용적질량(t/㎥)은 얼마 이하인가? 기-15-3

① 1.5　② 2.0
③ 2.5　④ 3.0

**30** 녹화공사용 시공자재로서의 목재의 성질을 잘못 설명한 것은? 기-19-2

① 가공의 횟수가 적어 부패의 위험성이 적다.
② 리기다소나무, 밤나무, 참나무류 등은 기초말뚝으로도 사용된다.
③ 통나무는 거친 질감을 갖고 있지만, 원목이라는 점에서 자연스러움의 표현이 가능하다.
④ 침엽수의 간벌재는 임도개설 시에 절·성토비

정답 23. ② 24. ③ 25. ④ 26. ④ 27. ① 28. ④ 29. ② 30. ①

탈면의 비탈 침식 방지 공사용으로 사용할 수 있다.

해 ① 목재는 가공횟수와 상관없이 충해 및 풍화로 부패하기 쉬운 단점이 있다.

**31** 콘크리트 또는 모르타르를 시공면에 뿜어붙이는 공법은? 기-14-3

① 숏크리트
② 레디믹스트 콘크리트
③ 경량골재 콘크리트
④ 섬유보강 콘크리트

해 숏크리트는 콘크리트 또는 모르타르를 압축공기로 시공면에 뿜는 공법을 말한다.

**32** 우리나라의 석재 중에서 가장 많은 것은? 기-17-2

① 현무암 ② 안산암
③ 화강암 ④ 응회암

**33** 채석장에서 돌을 뜰 때 앞면, 길이(뒷길이), 뒷면, 접촉 면, 허리치기의 치수를 특별한 규격에 맞도록 지정하여 만든 쌓기용 석재는? 기-14-3

① 각석 및 판석 ② 마름돌
③ 견치돌 ④ 사고석

해 견치돌은 앞면, 길이, 뒷면, 접촉면, 허리치기의 치수를 특별한 규격에 맞도록 다듬어 만든 정사각뿔 모양의 석축용 돌을 말한다.

**34** 훼손지환경녹화 공사용 재료인 석재로서 형상은 재두각추체에 가깝고, 전면은 거의 평면을 이루며 대략 정사각형으로서 뒷길이, 접폭면의 폭, 뒷면 등이 규격화된 쌓기용 석재는? 기-17-2

① 마름돌 ② 각석
③ 견치돌 ④ 야면석

**35** 생태복원용 돌 재료에 대한 설명으로 맞는 것은? 기-18-1

① 조약돌은 가공하지 않은 자연석으로서 지름 10~20 ㎝ 정도의 계란형 돌이다.
② 호박돌은 하천에서 채집되어 지름 50~70 ㎝로 가공한 호박형 돌이다.
③ 야면석은 표면을 가공한 천연석으로서 운반이 가능한 비교적 큰 석괴이다.
④ 견치석은 전면, 접촉면, 후면 등을 구형에 가깝게 규격화 한 돌이다.

해 ② 호박돌은 호박형의 천연석으로 가공하지 않은 지름 18 ㎝ 이상 크기의 돌이다

③ 야면석은 표면을 가공하지 않은 천연석으로 운반이 가능한 비교적 큰 석괴이다.

④ 견치석은 전면, 접촉면, 후면 등을 사각뿔형(재두각추체)에 가깝게 규격화 한 돌이다.

**36** 돌쌓기공사의 시공방법 설명으로 옳은 것은? 기-14-1

① 찰쌓기공법은 메쌓기공법보다 석축 뒤의 물빼기에 특별히 유의하지 않아도 된다.
② 돌쌓기벽의 기울기는 일반적으로 찰쌓기공법에서 1:0.3, 메쌓기 공법에서는 1:0.2를 표준으로 한다.
③ 돌과 돌 사이는 채움돌과 자갈 등으로 채우고, 위로부터의 압력이 균등하게 전달되도록 시공한다.
④ 넷붙임과 넷에움은 돌의 사용개수가 같다.

**37** 자연형 하천복원에 활용하는 야자섬유 재료의 규격 및 설치기준으로서 틀린 것은? 기-14-3, 기-18-3

① 야자섬유 두루마리의 규격은 길이 4m×지름 0.3m 크기의 실린더형을 표준으로 한다.
② 야자섬유망의 규격은 폭 1m×길이 10m를 표준으로 한다.
③ 야자섬유로프는 100% 야자섬유의 불순물을 제거한 후 두께 5~6㎜로 꼬아 만든다.
④ 야자섬유망은 사면에 철근 착지핀을 1개/㎡ 이상 박아 견고히 설치한다.

해 ② 야자섬유망의 규격은 폭 2m×길이 20m를 표준으로 한다.



정답 31. ① 32. ③ 33. ③ 34. ③ 35. ① 36. ③ 37. ②

**38** 버드나무류 꺾꽂이 재료를 이용한 자연형 하천복원 공사에 대한 설명 중 맞는 것은? 기-18-2

① 꺾꽂이용 주가지의 직경은 1㎝ 미만인 것을 선발한다.
② 가지의 증산을 방지하기 위해 잎을 모두 제거한다.
③ 채취 후 12시간 이내에 꺾꽂이가 가능하도록 해야 한다.
④ 시공은 생장이 정지한 11~12월 중순경에 한다.

**해** ① 꺾꽂이용 가지는 주가지가 1~2cm의 직경이어야 한다.
② 신아와 나뭇잎을 가지당 2~3개 정도 유지하도록 해야 한다.
④ 시공 시기는 새눈이 나오는 4~5월 중순경(부득이한 경우 10월~11월 중순경)까지 한다.

**39** 훼손지 복원 시 공중질소를 고정하는 근균과 공생하는 콩과식물을 도입함으로 토양환경의 개선을 도모할 수 있다. 훼손된 비탈면에 도입할 수 있는 콩과식물에 해당되지 않는 것은? 기-19-1

① 싸리나무 ② 알팔파
③ 오리나무 ④ 낭아초

**해** ③ 자작나무과

**40** 생태복원 시 식재할 수 있는 질소고정 식물로만 구성된 것은? 기-15-3

① 개나리, 이팝나무, 보리수나무
② 개나리, 조팝나무, 삼나무
③ 보리수나무, 자귀나무, 다릅나무
④ 낙상홍, 주엽나무, 피나무

**해** 콩과식물로는 아까시나무, 다릅나무, 족제비싸리, 싸리류, 자귀나무, 토끼풀, 자주개자리, 벌노랑이 등이 있으며 비 콩과식물로는 자작나무과의 오리나무류, 보리수나무과의 보리수나무, 보리장나무, 소귀나무과의 소귀나무 등이 있다.

**정답** 38. ③ 39. ③ 40. ③

# Chapter 2 생태복원 시행공정

## 1 생태복원 시행공정

### 1. 생태복원 시행공정의 필요성

#### (1) 시공의 기본방향

① 목표종 또는 대상지역의 중요 생물종의 생활사 고려
② 공사 범위 및 장소의 최소화로 생태계에 미치는 영향 최소화
③ 기존에 서식하고 있는 생물종의 공사기간 중 피난처 확보
④ 시험시공 계획서에 의한 시험시공의 실시
⑤ 재료의 검수 및 확인 철저
⑥ 대상지역의 역사적 기록을 위한 사진자료의 확보

#### (2) 재료선정의 기준

① 자연향토경관과 조화되고 미적효과가 높은 것
② 번식이 용이하고, 생태적 특성에 대한 교육적 가치가 높은 종
③ 복원대상지 주변식생과 생태적·경관적으로 조화될 수 있는 식물 -자생수목 및 자생초화류 사용
④ 생장에 따라 식생의 천이가 빠르게 이루어지는 것으로 궁극적으로 극상을 감안한 잠재식생 선정
⑤ 식생 이외의 재료는 가급적 자연재료 사용
⑥ 인공재료 사용 시 생태복원을 전제로 생산된 재료를 사용하며, 기존 블록이나 콘크리트 도입 시 다공성 재료 사용

### 2. 공정시행(공사시공방식)

#### (1) 직영공사

발주자(시공주)가 직접 재료를 구입하고 인력을 수배하여 자신의 감독 하에 시공하는 방법

| 장점 | 단점 |
|---|---|
| ·도급공사에 비해 확실한 공사 가능<br>·발주·계약 등의 절차 간단<br>·임기응변 처리 용이<br>·관리능력이 있으면 공사비 저감 가능 | ·관리능력이 없으면 공사비 증대 우려<br>·재료의 낭비와 잉여, 시공시기 차질 우려<br>·공사기간의 연장 우려 |

### (2) 일식도급공사

공사 전체를 한 도급자에게 맡겨 시공업무 일체를 도급자의 책임하에 시행하는 방식

| 장점 | 단점 |
| --- | --- |
| ·계약 및 감독의 업무가 단순<br>·공사비가 확정되고 공사관리 용이<br>·가설재의 중복이 없으므로 공사비 절감 | ·발주자 의도의 미흡한 반영 우려<br>·하도급 관행으로 부실시공 야기 우려 |

## 3. 공사관리 시공계획

### (1) 시공관리(공정관리)

**❖ 시공계획**

각종 세부공사의 시공에 대한 우선순위의 결정이나 설계도면 및 시방서에 의해 양질의 공사목적물을 생산하기 위하여 기간 내에 최소의 비용으로 안전하게 시공할 수 있도록 조건과 방법을 결정하는 계획을 의미한다.

**❖ 시공계획과정**

사전조사→기본계획→일정계획→가설 및 조달계획→관리계획

**◘ 공정관리의개요**

공사의 품질 및 공시에 대하여 계약 조건을 만족하면서 능률적이고 경제적인 시공을 계획하고 관리하는 것이 요구된다. 또 공정관리에는 착공에서 준공까지 시간적 관리는 물론, 공정과 공종을 종합적으로 검토하고 노동력, 기계 설비, 자재 등의 자원을 효과적으로 활용하는 방법과 수단이 강구되어야 한다.

#### 1) 공정관리의 4단계(순서)

① 계획(Plan) : 공정계획에 의한 실시방법 및 관리의 생산수단 사용계획
② 실시(Do) : 공사의 진행, 감독, 작업의 교육 및 실시
③ 검토(Check) : 작업의 내용을 검토하여 실제와 계획의 비교·검토
④ 조치(Action) : 실시방법 및 계획을 수정하여 재발 방지 및 시정조치

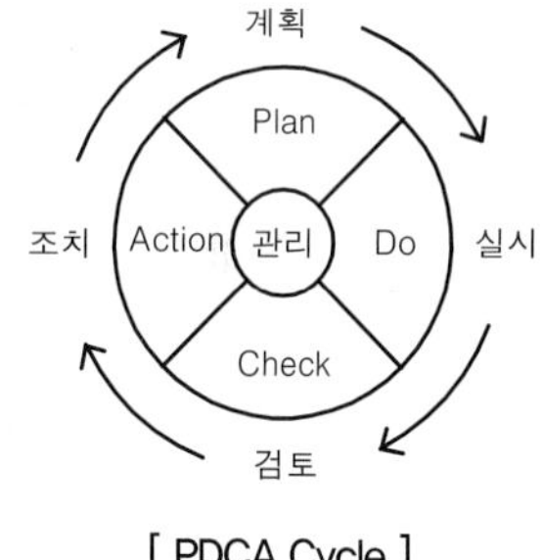


[ PDCA Cycle ]

#### 2) 시공관리(공사관리)의 3대 목표

① 공정관리 : 가능한 공사기간 단축
② 원가관리 : 가능한 싸게 경제성 확보
③ 품질관리 : 보다 좋은 품질 유도
④ 안전관리 : 보다 안전한 시공(4대 목표의 경우에 포함)

#### 3) 관리의 상관관계

① 공기가 너무 빨라지거나 늦어지면 원가는 상승 –최적공기 설정
② 원가가 낮을수록 품질은 저하 –합리적 조정 필요
③ 공기가 빠를수록 품질은 저하 –적정속도 확보

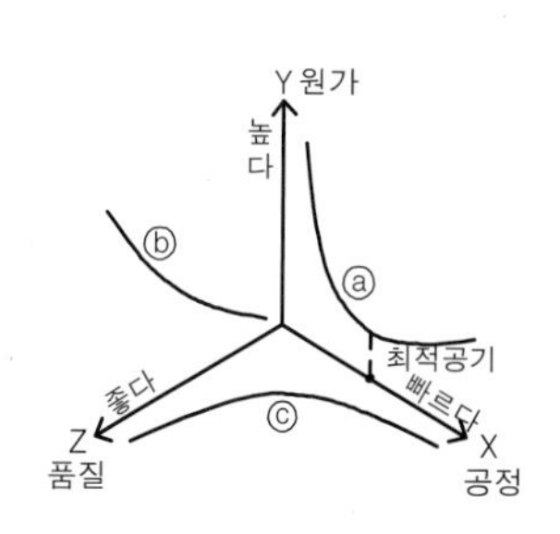


[ 공정·원가·품질의 상관관계도 ]

#### 4) 공정계획 수립 시 파악되어야 할 사항

① 부지 현황 검토 : 부지 경계 확인, 자연환경 현황 확인, 부지 내 환경, 주변 환경

② 설계도서 검토
㉠ 설계도서 간 모순, 오류, 누락, 중복 등 수정 또는 개선이 필요한 경우
㉡ 설계도서와 현장 여건이 부합하지 않는 경우
㉢ 공법, 재료 등이 부적당하거나 개선이 필요한 경우
·우수 침투형 자재의 선정 ·생물다양성과 관련된 기술의 선정
·LID 관련 기술의 선정 ·환경 훼손이 적은 자재의 선정
·순응적 관리 기술의 선정 ·동식물의 영향이 적은 자재의 선정
·상위 법규 계획의 변동 또는 발주자의 지시에 의한 경우
·지자체의 요구, 민원 발생 등 외부 여건에 대응하여야 하는 경우
③ 시공 조건 확인
㉠ 현장 여건 파악
㉡ 자재 적재 장소의 확인
㉢ 작업 동선의 확인
㉣ 철거나 이설이 필요한 지장물 확인
④ 식재 여건 및 착수 시기 검토
㉠ 보호 수종 등 기존 식생의 파악
㉡ 가식장 및 수목 이식 여건의 파악
㉢ 식재 여건의 파악
㉣ 토양 여건(토심, 토질, 토성, 토양 오염 등) 확인
⑤ 동·식물의 생활 환경의 파악
㉠ 기존 자연환경의 훼손이나 방해 요인 파악
㉡ 생애 주기에 따른 동물의 활동에 대한 파악(목표종이 있을 경우)
㉢ 작업 가능 시점의 파악
⑥ 여건의 파악
㉠ 민원의 여지에 대한 파악
㉡ 배수 및 전기 등 공사에 필요한 환경에 대한 파악
㉢ 환경 훼손 또는 오염에 대한 방지

**설계도서의 검토**

설계 도면 검토는 공정계획을 수립하기 전 부지 현황에 따른 작업 효율의 경제성과 시공성을 확인하고, 설계 도면에서 누락되거나 수정되어야 하는 부분이 있는지를 파악하여 공정계획을 수립하는 데 목적이 있다.

### 5) 공정계획의 내용

① 공정계획 절차
㉠ 부분 작업의 시공 순서 결정
㉡ 공정에 적정한 시공 기간 산정
㉢ 총공사 기간 범위에서 시공 순서 및 기간 조율
㉣ 각 공정을 타당한 시간 범위에서 진행
㉤ 공사 기간 내 공사 종료
② 경제적 공정계획
㉠ 가설공사비, 현장관리비 등의 합리적 산정

㉡ 기계 설비와 소모 재료, 공구 등의 적정한 사용
㉢ 기계와 인력의 손실이 발생하지 않도록 계획
㉣ 일정 및 기술 인력 가동을 위한 효율적인 운용 계획 수립

③ 최적 공기의 결정
㉠ 최적 공기: 직접비(노무비, 재료비, 가설비, 기계 운전비 등), 간접비(관리비, 감가상각비 등)를 합한 총공사비가 최소로 되는 최적 공기
㉡ 표준 공기: 표준 비용(각 공종의 직접비가 최소로 투입되는 공법으로 시공하면 전체 공사의 총직접비가 최소가 되는 비용)에 요하는 공기, 즉 공사의 직접비를 최소로 하는 최장 공기

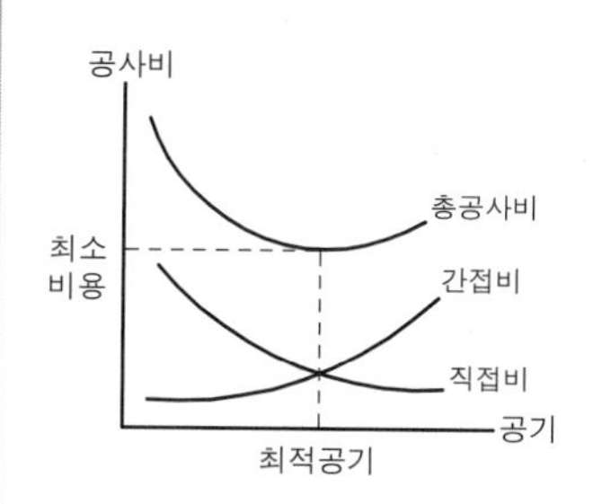

[ 최소비용과 최적공기의 관계 ]

④ 공정상의 기대 시간
㉠ 공정표 작성에서 경험이 없는 건설공사의 작업 소요 시간을 산정할 때는 3개의 추정치(낙관, 정상, 비관)를 확률 계산하여 공정상의 기대 시간(D) 산출
㉡ 기대 시간: D=(a+4m+b)/6 (a: 낙관시간, m: 정상시간, b: 비관시간)

⑤ 공기단축
㉠ 공의 단축은 비용의 증가를 가져오므로 추가비용이 최소가 될 수 있도록 계획
㉡ 직접비만을 고려한 공기단축과 MCX이론이 포함된 최적 공기 계획
㉢ 비용구배
·작업을 1일 단축할 때 추가되는 직접비용

$$\text{비용구배} = \frac{\text{표준공기}-\text{특급공기}}{\text{특급비용}-\text{표준비용}}$$

❖ MCX(minimum cost expediting theory)
각 작업을 최소의 비용으로 최적의 공기를 찾아 공정을 수행하는 관리기법을 말한다.

**◘ 공기단축**
지정된 공기보다 계산되어진 공기가 긴 경우나 작업이 지연되어 공기가 늘어 날 가능성이 있는 경우에 행하여진다.

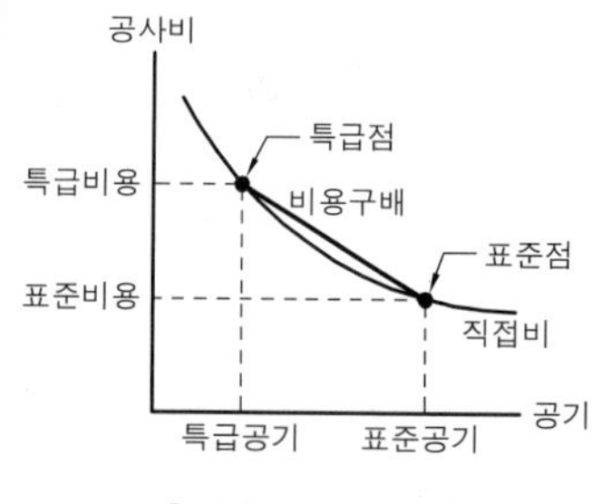

[ 비용구배 그래프 ]

⑥ 공정계획

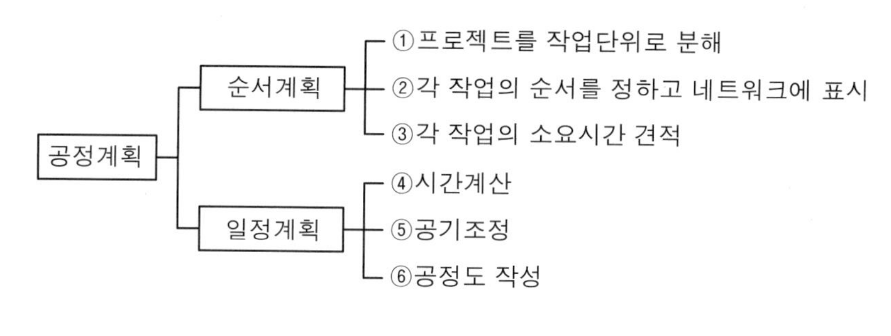

[ 공정계획순서 ]

**◘ 공정계획**
관리를 하기 위한 사전작업으로 부분작업의 시공시간 및 순서를 정하여 공기 내에 공사가 완료될 수 있도록 타당성 있는 계획이 되도록 한다.

### (2) 원가관리(예산관리)

#### 1) 원가관리 지표

① 실행예산과 실제 시공비를 대조 초과비용 발생 통제
② 차액의 발생원인 분석·검토
③ 장래 다른 공사의 예산을 위한 자료 작성

#### 2) 원가관리 저해요인

① 시공관리의 불철저
② 작업의 비능률
③ 작업대기시간의 과다
④ 부실시공에 따른 재시공작업 발생
⑤ 물가 등 시장정보 부족
⑥ 자재 및 노무, 기계의 과잉조달

#### 3) 원가관리 수단

① 가동률 향상 : 작업실태 분석에 따라 생산손실 저감
② 기계설비 정비 : 기계 및 장비의 고장에 따른 작업손실 방지
③ 품질관리 강화 : 재시공 등의 시공불량 저감
④ 공정관리 개선 : 작업속도를 능률적으로 운용하여 공기단축
⑤ 공법 개선 : 공업화, 표준화, 기계화 등 공법 개선에 의한 원가절감
⑥ 구매방법 개선 : 구매량, 대금지불방법 등의 개선에 의한 원가절감
⑦ 현장경비 절감 : 불필요한 현장경비 절감

#### 4) 공사비 산정과정

공사 규모와 공사의 여건에 맞는 제잡비율을 산정하여 총공사비를 산출하고 공사비 내역서 작성

공사비산정과정

| 순서 | 내용 |
|---|---|
| 설계도서의 검토 | 해당 공사의 설계 도면과 시방서를 검토하여 누락되거나 잘못 설계된 부분이 있는지 확인 |
| 공사현장 조사 | 설계도서에 명시되지 않은 사항을 사전 조사를 통하여 자료를 수집하고 견적에 반영 |
| 수량산출 | 설계 도면 및 시방서에 의해 재료 소요량 및 필요 노무량 산출 |
| 단위공종 품셈산출 | 품셈에 의해 단위 공종을 결정 |
| 단가결정 | 재료 단가, 노무 단가, 복합 단가로 구성하며 재료 및 노무, 중기 임대료 등 객관성 있는 기준 가격 결정 |
| 일위대가표 작성 | 단가와 품셈에 의해 단위 공종의 일위대가표 작성 |

**원가관리**
공사를 경제적으로 시공하기 위해 재료비, 노무비 및 그 밖의 비용을 기록·통합하고 정리·분석하여 개선하는 방법과 이를 위한 활동이다.

**공사비 산정**
우선 해당 설계도서의 누락 및 잘못된 설계에 대한 면밀한 검토를 바탕으로 공사현장 여건을 확인하여 실제 공사에 소요되는 자재, 인력, 장비 등을 수량화하여 단위 공종을 산정한다. 단가에 따른 일위대가표를 작성하여 수량을 곱하여 해당 공종의 세목별 공사비를 산출하여야 한다.

| | |
|---|---|
| 순공사비 (공사원가) 산정 | 각 공종별 수량에 일위대가표의 단가를 곱하여 해당 공종의 세목별 공사비 산출 |
| 총공사비 산정 | 공사 규모와 여건에 맞는 제잡 비율을 산정하여 총공사비를 산출하고 공사비 내역서 작성 |

#### 5) 실행예산

① 실행예산은 공사현장에서 실제로 집행될 공사비 예산임

② 실행예산은 가실행, 본실행, 변경실행으로 나누어 사용됨

■ 실행예산
실행 예산은 공사 수행에 투입되는 예산을 편성하게 되는데 공종별로 상세한 재료및 품을 계산하고 재료 및 직종별로 실행 가격을 적용하여 산출하여야 한다.

#### 6) 실행예산서 작성 시 고려 사항

① 총액도급 계약의 경우

㉠ 당초 설계내역서의 순공사비(직접 재료비와 직접 노무비)의 물량은 변경할 수 가 없으나 실행예산서의 순공사비는 도급계약 내역서의 계약물량과 일치할 필요는 없음

㉡ 설계도서를 검토한 후 현장실사 과정에서 도급계약 내역서가 과다·과소 계상되거나 실행예산에 추가 반영해야 할 원가 파악

㉢ 자재비의 계상은 시장거래가격을 상세하게 파악

㉣ 자재입 단가를 결정할 때에는 자재비 결재방법을 확인하고, 결재방법에 따라 5~20% 정도 자재구입단가가 다를 수 있음

② 수량 및 내역계약의 경우

㉠ 수량 및 내역 계약의 경우 공사량에 따라 설계변경 또는 정산 시 당초 도급계약 내역서의 자재 수량과 각종 내역 및 단가를 근거로 하여 설계변경 실시

㉡ 현장실행예산서는 현장실측을 통하여 산출된 물량으로 계상하고, 도급계약 내역서와 상이한 부분은 필요시 변경실행예산 작성

㉢ 당초 도급계약 내역서의 특정 공종에 대한 내역이 누락되었거나 과소·과대 계상된 것을 확인하였을 때는 변경실행예산 작성

③ 단가계약의 경우

㉠ 단가계약은 일정한 공사 기간을 정하고, 물량의 증감에 따른 설계변경에 초점을 맞추어 수시 발생되는 공사량 시공

㉡ 계약기간 동안 동일한 단가를 적용하고, 총사업량을 물량으로 정하거나 사업비로 정하여 발주

### (3) 품질관리

#### 1) 품질관리 기법

① 관리의 4단계인 계획(Plan)→실시(Do)→검토(Check)→조치(Action)의 단계로 관리

■ 품질관리
수요자의 요구에 맞는 품질의 제품을 경제적으로 만들어 내기 위한 모든 수단의 체계를 말한다.

② 통합적 품질관리(TQC) : 체계적이면서 종합적으로 조정

③ TQC 7가지 도구(Tools)

㉠ 히스토그램(Histogram) : 데이터가 어떤 분포를 하고 있는지를 알아보기위해 작성하는 그림

㉡ 파레토도(Pareto Diagram) :불량 발생건수를 항목별로 나누어 크기순서대로 나열해 놓은 그림

㉢ 특성요인도(Fish-Bone Diagram) : 결과에 원인이 어떻게 관계하고 있는지를 한 눈에 알 수 있도록 작성한 그림

㉣ 체크시트(Check sheet) : 계수치의 데이터가 분류항목의 어디에 집중되어 있는가를 보기 쉽게 나타낸 그림이나 표

㉤ 각종그래프(Graph):한 눈에 파악되도록 숫자를 시각화한 각종그래프

㉥ 산점도(산포도, Scatter Diagram):대응되는 2개의 짝으로 된 데이터를 그래프에 점으로 나타낸 그림

㉦ 층별(stratification) :집단을 구성하고 있는 데이터를 특징에 따라 몇개의 부분집단으로 나눈 것

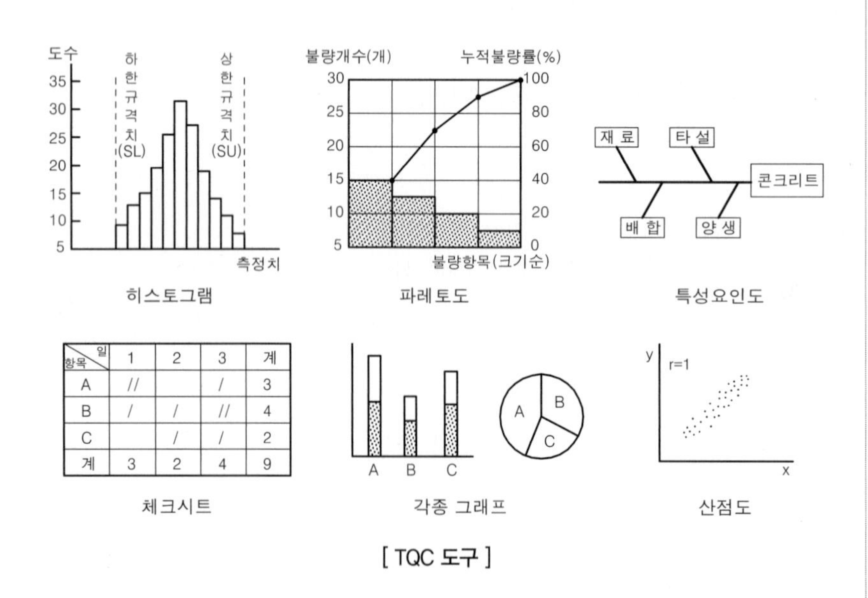


[ TQC 도구 ]

## 2) 품질관리 계획서의 감독 사항

① 품질관리 계획서 및 품질관리 절차서, 지침서 등 품질 관련 문서의 제출 시기 및 수량

② 품질관리 계획서 등 품질 관련 문서의 검토·승인 시기

③ 하도급자의 품질관리 계획 이행에 관한 시공자의 책임 사항

④ 공사 감독자 또는 건설 사업 관리 기술자가 실시하는 품질관리 계획 이행 상태 확인의 시기 및 방법

⑤ 품질관리 계획 이행의 부적합 사항의 처리 및 기록

3) 품질관리 계획서의 작성 원칙

① 품질관리 계획서 및 품질관리 절차서, 지침서 등 품질 관련 문서의 제출 시기 및 수량
② 품질관리 계획서 등 품질 관련 문서의 검토·승인 시기
③ 하도급자의 품질관리 계획 이행에 관한 시공자의 책임 사항
④ 공사 감독자 또는 건설 사업 관련 기술자가 실시하는 품질관리 계획 이행 상태 확인의 시기 및 방법

4) 시공 상태의 품질관리

① 공정계획에 의한 월별, 공종별 시험 종목 및 시험 횟수
② 품질관리자 및 공정에 따른 인원 충원 계획
③ 품질관리 담당 건설 사업 관리 기술자의 인원수 및 직접 입회, 확인이 가능한 적정 시험 횟수
④ 공종의 특성상 품질관리 상태를 육안 등으로 간접 확인할 수 있는지 여부
⑤ 작업 조건의 양호·불량 상태
⑥ 타 현장의 시공 사례에서 하자 발생 빈도가 높은 공종인지 여부
⑦ 품질관리 불량 부위의 시정이 용이한지 여부
⑧ 시공 후 지중에 매몰되어 추후 품질 확인이 어렵고 재시공이 곤란한지 여부
⑨ 품질 불량 시 인근 부위 또는 타 공종에 미치는 영향의 경중 정도
⑩ 시공이 광활한 지역에서 이루어져 접근이 용이한지 여부

5) 공종별 중점 품질관리 방안 수립 시 고려사항

① 중점 품질관리 공종의 선정
② 중점 품질관리 공종별로 시공 중 및 시공 후 발생 예상 문제점
③ 각 문제점에 대한 대책 방안 및 시공 지침
④ 중점 품질관리 대상 구조물, 시공 부위, 하자 발생 가능성이 큰 지역 또는 부위 선정
⑤ 중점 품질관리 대상의 세부 관리 항목 선정
⑥ 중점 품질관리 공종의 품질 확인 지침
⑦ 중점 품질관리 대장을 작성·기록·관리하고 확인하는 절차

(4) 안전관리

1) 안전관리 계획의 수립 시 고려사항

① 공사 개요 : 공사 전반에 대한 개략을 파악하기 위한 위치도, 공사 개요, 전체 공정표 및 설계도서
② 안전관리 조직 : 시설물의 시공 안전 및 공사장 주변 안전에 대한 점검·

**안전관리**
복원 공사를 진행함에 있어 공사현장의 안전을 고려하여 안전 관련 법령에서 정한 요건을 준수하여 적절한 안전관리 계획을 수립하고 이행함으로써 건설공사 안전관리를 이행할 수 있어야 한다.

확인 등을 위한 관리 조직
③ 공정별 안전 점검 계획 : 자체 안전 점검, 정기 안전 점검의 시기·내용, 안전 점검 공정표 등 실시 계획 등에 관한 사항을 수행
④ 공사장 주변 안전관리 대책 : 공사장 및 공사현장 주변에 대한 안전관리에 관한 사항 및 하천, 습지의 경우 수심과 유속 등의 안전에 문제가 있을 수 있는 사항을 점검하고 대책 수립
⑤ 안전관리비 집행 계획 : 안전관리비의 계상액, 산정 명세, 사용 계획 등에 관한 사항을 살피고 계획 수립
⑥ 안전교육 계획 : 안전교육 계획표, 교육의 종류, 내용 및 교육 관리에 관한 계획 수립
⑦ 비상시 긴급 조치 계획 : 공사현장에서의 비상사태에 대비한 비상 연락망, 비상 동원 조직, 경보 체제, 응급조치 및 복구 등에 관한 사항 계획

### 2) 안전 위협 요소

① 다양한 장비의 사용
㉠ 양중 및 이동·굴착 등 장비의 다양성
㉡ 양중 및 이동자재의 비규격화(대형·비정형 자연자료)
② 공종 및 재료의 특성
㉠ 소규모 다수의 공종으로 구성
㉡ 수목·자연석 등 자연재료가 대상
㉢ 현장 내 수형정리 등 자연재료의 가공 및 절단 작업 다수
③ 근로자의 고령화
㉠ 식재공사 전문작업자의 노령화
㉡ 초화류공사 시 대량의 작업자 투입
㉢ 혹서기·혹한기 준공일정 준수를 위한 식재공사 진행

**□ 복원공사 특성**
복원 공사는 계획된 부지를 절토하고나 평탄하게 조성하지 않기 때문에 지형 및 환경이 일정하지 않고, 자연을 대상으로 하기에 변화 양상이 일반 공사보다 심하다는 특성을 가지고 있다.

### 3) 사고처리

① 사고자의 구호 : 사고발생통보를 받은 후 즉시 현지에 가서 응급처치·구급차요청·호송 등 조치
② 관계자에게 통보 : 사고자의 가족 및 보호자에게 가능한 빨리 통보하고, 특히 관리하자에 의한 경우에는 관계자에게 잘 설명하여 차후문제 발생 억제
③ 사고상황의 파악 및 기록 : 사고 후 책임소재를 명확히 하기 위하여 대단히 중요하며, 사진촬영, 사정청취, 도면작성, 목격자의 주소·이름 등 파악·기록
④ 사고책임의 명확화 : 공원관리자, 피해자, 보호자 중 책임소재를 빨리 검토하여 대응조치

**□ 사고처리의 순서**
① 사고자의 구호
② 관계자에게 통보
③ 사고상황의 파악 및 기록
④ 사고책임의 명확화

## (5) 공정표

### 1) 횡선식 공정표(막대그래프 공정표, Bar Chart, Gantt Chart)

① 막대그래프로 나타내는 공정표로서 간트차트에서 유래

② 세로축에 공사종목을 나타내고, 가로축에는 공사종목의 소요시간을 막대의 길이로 표시

③ 비교적 작성이 쉽고 공사 내용의 개략적인 파악이 용이하여 단순 공사나 시급한 공사에 많이 사용

④ 일반적 작성 순서

㉠ 부분 공사(가설공사, 토공사, 콘크리트 공사 등)를 공사 진행 순서에 따라 종으로 나열

㉡ 공기를 횡축에 표시

㉢ 부분 공사의 소요 공기 계산

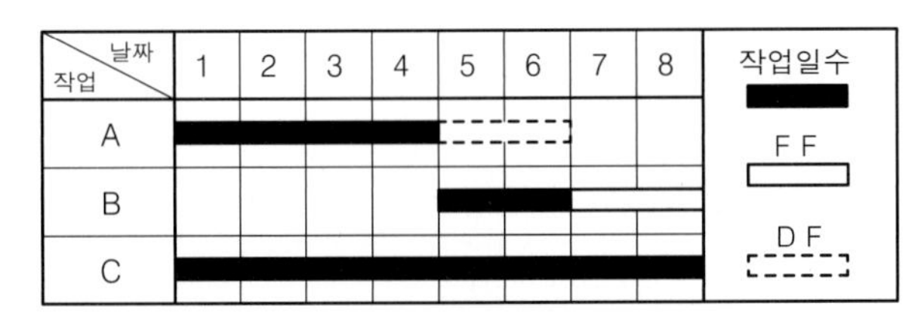


[ 횡선식 공정표 ]

### 2) 기성고 공정 곡선

① 작업의 관련성은 나타낼 수 없으나 예정 공정과 실시 공정을 대비시킨 진도 관리를 위해 사용

② 진도관리곡선은 예정진도 곡선(S-curve)과 상부허용한계선과 하부허용한계선(Banana-curve)를 기준으로 관리 표시

③ 공정의 움직임 파악이 쉬워 공사지연에 대한 조속한 대처 가능

### 3) 네트워크 공정표(network chart)

① 화살선과 원으로 조립된 망상도로 표현

② 정량적·도해적으로 공사의 전체 및 부분의 파악 용이

③ 주공정 및 여유공정의 파악으로 일정에 탄력적 대응 가능

④ 공사일정 및 자원배당에 의한 문제점의 예측 가능

⑤ 작성과 검사 및 수정에 특별한 기능과 시간 필요

⑥ CPM 공정표와 PERT 공정표로 구분

⑦ 네트워크 공정표 작성의 주안점

㉠ 경제 속도로 공사 기간의 준수 및 경비절감

㉡ 기계, 자재, 노무의 유효한 배분 계획 및 합리적 운영

㉢ 공사비(노무비, 재료비)가 최소가 되도록 운영

**공정표**

공정표는 지정된 공사기간 내에 계획한 예산과 품질로 완성물을 만들기 위한 계획서이며 동시에 공사의 진척상황을 쉽게 알 수 있도록 시각적인 방법으로 표시해 놓은 것이다.

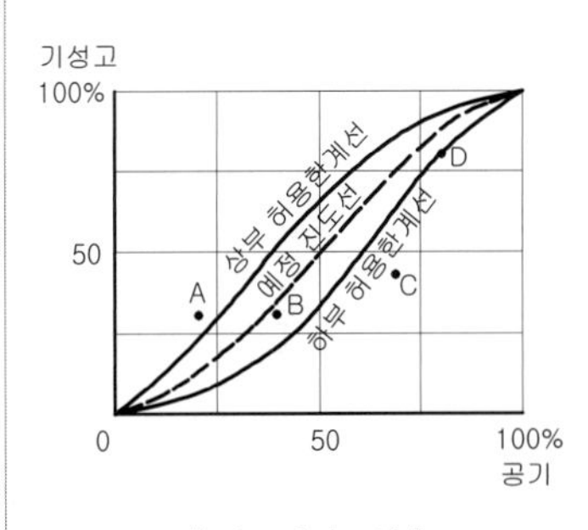


[ 진도관리곡선 ]

PERT 공정표와 CPM 공정표의 비교

| 구분 | PERT(program evaluation and review technique) | CPM(critical path Method) |
|---|---|---|
| 개발 | 미 해군 개발(1958), Polaris 잠수함 탄도 미사일 개발에 응용 | Dupont사에서(1957) 플랜트 보전에 사용 |
| 주목적 | 공사기간 단축 | 공사비용 절감 |
| 활용 | 신규 사업, 비반복 사업, 대형 프로젝트 | 반복 사업, 경험이 있는 사업 |
| 요소작업 추정시간 | 3점 추정<br>$\cdot t_e = \dfrac{t_o + 4t_m + t_p}{\text{대지면적}}$<br>여기서, $t_e$ : 소요시간, $t_o$ : 낙관시간<br>$t_m$ : 정상시간, $t_p$ : 비관시간<br>신규 사업을 대상으로 하기 때문에 3점 추정 시간을 취하여 확률 계산 | 1점 추정<br>$\cdot t_e = t_m$<br>여기서, $t_e$ : 소요시간<br>$t_m$ : 정상시간<br>경험이 있는 사업을 대상으로 하기 때문에 정상 시간치로 소요 시간 추정 |
| 일정계획 | ·일정 계산이 복잡<br>·결합점 중심의 이완도 산출 | ·일정 계산이 자세하고 작업 간 조정 가능<br>·작업 재개에 대한 이완도 산출 |

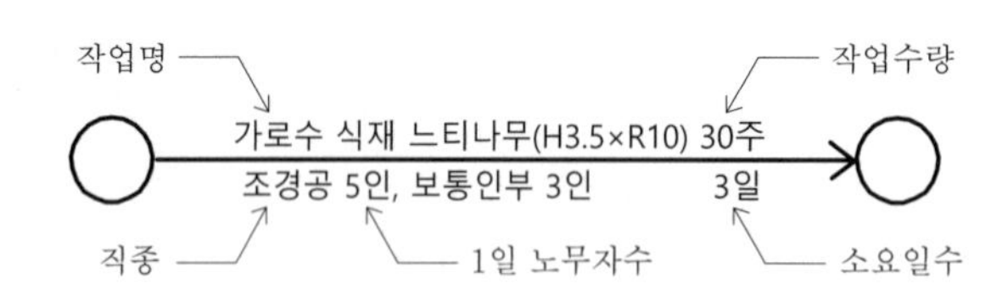


**[ 네트워크 공정표 표시 방법 ]**

횡선식 공정표와 네트워크 공정표의 비교

| 구분 | 횡선식 공정표 | 네트워크 공정표 |
|---|---|---|
| 작업기간 표시 | 막대길이로 표시용 | 화살선 네트워크로 표시 |
| 작업선후 관계 | 작업 선후관계 불명확 | 작업 선후관계 명확 |
| 중점관리 | 공기에 영향을 주는 작업 발견이 어려움 | 공기관리 중점작업을 최장경로에 의해 발견 |
| 탄력성 | 일정변화에 손쉽게 대처하기 어려우나 공정별, 전체공사 시기 등이 일목요연 | 한계경로 및 여유공정을 파악하여 일정변경 가능 |
| 예측기능 | 공정표 작성이 용이하나 문제점의 사전예측 곤란 | 공사일정 및 자원배당에 의해 문제점의 사전예측 가능 |

| 통제기능 | 통제기능이 미약 | 최장경로와 여유공정에 의해 공사 통제 가능 |
|---|---|---|
| 최적안 | 최적안 선택 기능이 없음 | 비용과 관련된 최적안 선택이 가능 |
| 용도 | 간단한 공사, 시급한 공사, 개략공정표 | 복잡한 공사, 대형공사, 중요한 공사 |

# 2 복원재료의 적산 및 시방서

## 1. 복원재료 적산

### (1) 적산과 견적

① 적산 : 공사여건과 계약내용, 시방서, 설계도면을 기초로 공사에 소요되는 재료량 및 노동량을 산출하는 것

② 견적 : 수량을 산정한 것에 단가를 적용하여 비용을 산출하는 것

### (2) 재료의 할증

운반에서부터 사용에까지 발생하는 손실에 대한 보정량을 말하며, 채집과정에서 발생되는 손실은 계상할 수 없음

주요재료의 할증률

| 종목 | | 할증률(%) | 종목 | | 할증률(%) |
|---|---|---|---|---|---|
| 조경용 수목 | | 10 | 시멘트블록 | | 4 |
| 잔디 및 초화류 | | 10 | 경계블록 | | 3 |
| 목재 | 각재 | 5 | 호안블록 | | 5 |
| | 판재 | 10 | 원형철근 | | 5 |
| 원석(마름돌용) | | 30 | 이형철근 | | 3 |
| 석판재 붙임용재 | 정형돌 | 10 | 레미콘 | 무근 구조물 | 2 |
| | 부정형돌 | 30 | | 철근 구조물 | 1 |

### (3) 체적(토량)환산계수(f)

| 구하는 Q / 기준이 되는 q | 자연상태 체적 | 흐트러진상태 체적 | 다져진상태 체적 |
|---|---|---|---|
| 자연상태 체적 | 1 | L | C |
| 흐트러진상태 체적 | 1 / L | 1 | C / L |
| 다져진상태 체적 | 1 / C | L / C | 1 |

□ 수량

① 정미량 : 설계도서를 기준으로 세밀하게 산출되는 설계수량

② 소요량 : 정미량에 할증량을 합하여 산출한 재료의 할증수량(구입량)

□ 체적(토량)변화율

$$L=\frac{\text{흐트러진상태 체적}}{\text{자연상태 체적}}$$

$$C=\frac{\text{다져진상태 체적}}{\text{자연상태 체적}}$$

## 2. 재료별 수량산정

### (1) 토공량

#### 1) 단면법

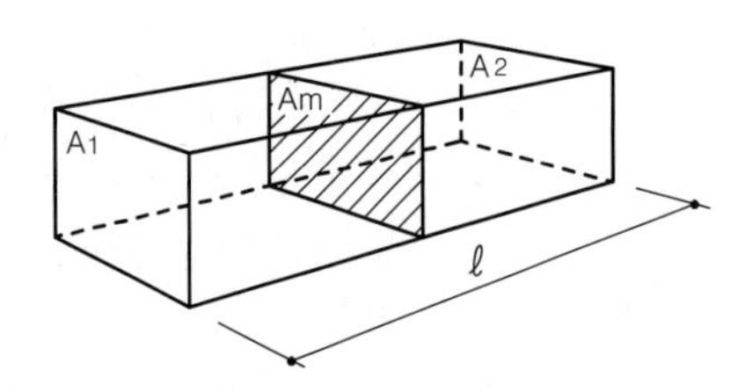


- 양단면 평균법 $V = (\frac{A_1 + A_2}{2}) \times L$
- 중앙단면법 $V = A_m \times L$
- 각주공식 $V = \frac{L}{6} \times (A_1 + 4A_m + A_2)$

여기서, $V$ : 체적, $A_1, A_2$ : 양단면적, $A_m$ : 중앙단면적
$L$ : 양단면 사이의 거리

**단면법**

수로, 도로 등 폭에 비하여 길이가 긴 선상의 물체를 축조하고자 할 경우 측점들의 횡단면에 의거 절토량 또는 성토량을 구하는 방법

#### 2) 점고법

① 사각형 분할법

h1 h2 h2 h1
h2 h4 h4 h2
h2 h4 h3 h1
h1 h2 h1

$$V = \frac{A}{4}(\Sigma h_1 + 2\Sigma h_2 + 3\Sigma h_3 + 4\Sigma h_4)$$

여기서, $A$ : 1개의 사각형 면적
$\Sigma h_1$ : 1개의 사각형에만 관계되는 점의 지반고의 합
$\Sigma h_2$ : 2개의 사각형에만 관계되는 점의 지반고의 합
$\Sigma h_3$ : 3개의 사각형에만 관계되는 점의 지반고의 합
$\Sigma h_4$ : 4개의 사각형에만 관계되는 점의 지반고의 합

**점고법**

비교적 평탄한 넓은 지역의 토공용적을 산정하기에 적합한 방법으로 대개는 사각형 분할법을 사용하고 더 높은 정밀도를 요할 때는 삼각형 분할법을 사용한다.

② 삼각형 분할법

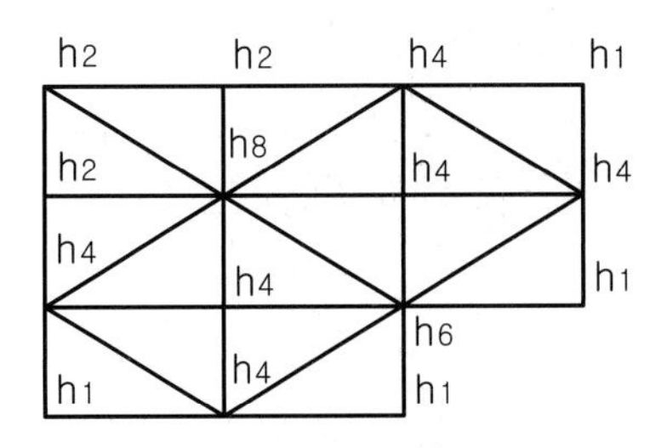


$$V = \frac{A}{3}(\Sigma h_1 + 2\Sigma h_2 + 3\Sigma h_3 + \cdots + 8\Sigma h_8)$$

여기서, $A$ : 1개의 삼각형 면적

$\Sigma h_1$ : 1개의 삼각형에만 관계되는 점의 지반고의 합

$\Sigma h_2$ : 2개의 삼각형에만 관계되는 점의 지반고의 합

$\Sigma h_3$ : 3개의 삼각형에만 관계되는 점의 지반고의 합

$\Sigma h_8$ : 8개의 삼각형에만 관계되는 점의 지반고의 합

3) 등고선법

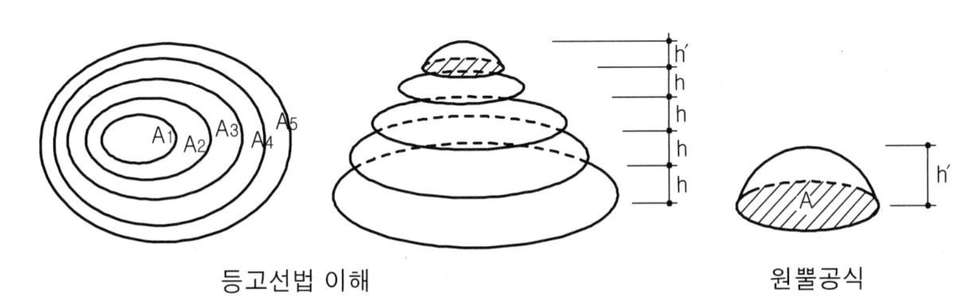


등고선법 이해 원뿔공식

· $V = \frac{h}{3}(A_1 + 4(A_2 + A_4 + \cdots + A_{n-1}) + 2(A_3 + A_5 + \cdots + A_{n-2}) + A_n)$

여기서, $h$ : 등고선의 간격, $A_i$ : 각 등고선의 폐합된 단면적

· 원뿔공식 $V = \frac{h'}{3} \times A$

여기서, $h'$ : 가장 높은 등고선에서 정상까지의 높이

$A$ : 마지막 등고선의 폐합된 단면적

**등고선법**

지형도의 폐합된 등고선의 단면적으로 토공량이나 저수량을 계산하는 방법이다. 계산 시 마지막 등고선 이상의 높이가 주어지면 원뿔공식을 사용하여 구한 후 추가한다.

### (2) 수목 및 잔디 수량산출

① 수목 : 수종 및 규격별로 산출(단위:주)

② 잔디 : 식재면적(㎡)에 식재방법에 따른 소요매수를 적용하여 산출(품의 적용시 식재면적 이용)

잔디규격 및 식재기준

| 구분 | 규격(cm) | 식재기준 |
|---|---|---|
| 평떼 | 30×30×3 | 1m²당 11매 |
| 줄떼 | 10×30×3 | 1/2줄떼 : 10cm간격, 1/3줄떼 : 20cm간격 |

## 3. 공사비 산출

### (1) 원가계산

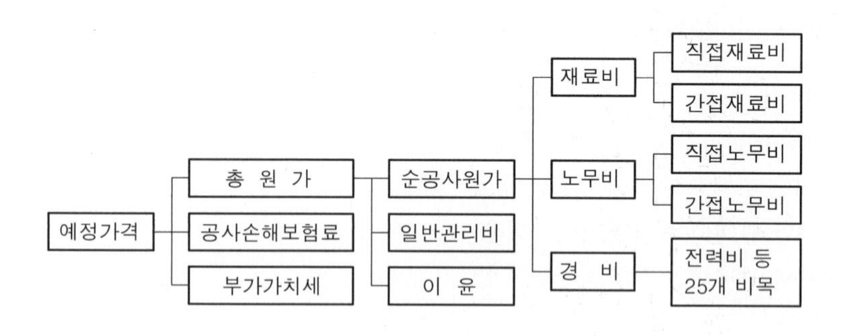


[ 예정가격 ]

#### 1) 재료비

① 직접재료비 : 공사 목적물의 실체를 형성하는 물품의 가치

② 간접재료비 : 실체를 형성하지 않으나 공사에 보조적으로 소비되는 물품의 가치

③ 작업설·부산물 등(△) : 시공 중에 발생하는 부산물 등으로 환금성이 있는 것은 재료비로부터 공제

> 소계=직접재료비+간접재료비−작업설·부산물 등의 환금액

#### 2) 노무비

① 직접노무비 : 직접작업에 종사하는 자의 노동력의 대가 −기본급, 제수당, 상여금, 퇴직급여충당금

② 간접노무비 : 작업현장에서 보조작업에 종사하는 자의 노동력의대가 −기본급, 제수당, 상여금, 퇴직급여충당금

> 간접노무비=직접노무비×간접노무비율

#### 3) 경비

공사의 시공을 위하여 소요되는 공사원가 중 재료비, 노무비를 제외한 원가 −전력비, 수도광열비, 임차료, 보험료, 도서인쇄비, 폐기물처리비 등

**◘ 산재보험료**
노무비×법정요율

**◘ 안전관리비**
(재료비+직접노무비)×법정요율

**◘ 환경보전비**
(재료비+직접노무비+산출경비)×법정요율

**◘ 순공사원가**
재료비+노무비+경비

#### 4) 일반관리비

기업의 유지를 위한 관리활동 부문에서 발생하는 제비용

> 일반관리비=(재료비+노무비+경비)×일반관리비율

#### 5) 이윤

영업이익을 말하며 이윤율 15%를 초과할 수 없음

> 이윤=(노무비+경비+일반관리비)×이윤율

□ 경비의 합산
이윤산정 시 경비 중 기술료 및 외주가공비는 제외하여야 한다.

#### 6) 총원가

> 총원가=재료비+노무비+ 경비+일반관리비+이윤

#### 7) 공사손해보험료

공사계약일반조건에 의해 공사손해보험에 가입할 때 지급하는 보험료

> 공사손해보험료=총원가×보험료율

### (2) 표준시장단가

① 건설 공사 예정가격 작성 기초 자료 중 하나로, 시장거래가격을 토대로 각 중앙관서의 장이 정하는 단가기준
② 직접공사비 : 재료비, 직접노무비, 직접공사경비
③ 간접공사비 : 간접노무비, 산재보험료, 고용보험료, 안전관리비 등

## 4. 시방서

### (1) 시방서의 적용순위

① 현장설명서→공사시방서→설계도면→표준시방서→물량내역서
② 모호한 경우 발주자(감독자)가 결정

□ 시방서
시방서는 설계도면에 표시하기 어려운 사항을 설명하는 시공지침으로 도급계약서류의 일부이며, 공사의 설계도면과 시방서의 내용에 차이가 날 경우 상호 보완적인 효력을 가진다.

### (2) 시방서의 분류

#### 1) 표준시방서

① 시설물의 안전 및 공사시행의 적정성과 품질확보 등을 위해 시설물별로 정한 표준적인 시공기준
② 발주자 또는 설계 등 용역업자가 작성하는 공사시방서의 시공기준

#### 2) 전문시방서

① 시설물별 표준시방서를 기준으로 작성
② 모든 공종을 대상으로 하여 특정한 공사의 시공기준

□ 시방서 포함 내용
① 시공에 대한 보충 및 주의 사항
② 시공방법의 정도, 완성 정도
③ 시공에 필요한 각종 설비
④ 재료 및 시공에 관한 검사
⑤ 재료의 종류, 품질 및 사용

③ 공사시방서의 작성에 활용하기 위한 종합적인 시공기준

3) 공사시방서

① 계약도서에 포함되며 표준시방서 및 전문시방서를 기본으로 작성
② 공사의 특수성·지역여건·공사방법 등을 고려하여 현장에 필요한 시공방법, 자재·공법, 품질·안전관리 등에 관한 시공기준을 기술한 시방서
③ 공사시방서 작성 시 표준시방서와 전문시방서에 작성되지 않은 사항이나 표준시방서의 내용에 대한 삭제·보완·수정 또는 추가사항 기입

**◘ 특별시방서(공사시방서)**
일반시방서의 범위 안에서 전문적인 규정과, 일반시방서에 규정되지 않은 특정분야의 특정 규범을 정하는 시방서로서, 특정분야의 기술적인 부문에 대하여 제시되는 것으로 일반시방서의 내용과 상이할 경우 특별시방서에 따른다.

## 3 생태복원사업 현장관리 및 자문

### 1. 생태계보전부담금 반환사업 수요조사

① 근거규정 : 「자연환경보전법」 제50조 및 같은 법 시행령 제46조
② 사업대상 : 소생태계 조성사업, 대체자연 조성사업, 생태통로 조성사업, 자연환경보전·이용시설 설치사업, 훼손된 생태계의 복원을 위한 사업
③ 대상지 : 생태계가 훼손되거나 방치된 국·공유지 대상
④ 신청대상 : 생태계보전부담금 납부자 또는 자연환경보전사업 대행자
㉠ 자연환경보전사업 대행자
·부담금 납부자로부터 자연환경보전사업의 시행 및 부담금 반환에 관한 동의를 얻은 자
·자본금 : (법인)7억원, (개인)14억원 이상
·시설 : 사무실 전용면적 33m² 이상
·기술인력 : 자연환경관리기술사 1명 등 5명 이상
㉡ 반환 신청액 : 사업 면적 및 내용을 고려하여 사업비 신청
·총 납부한 금액의 50% 이내, 최대 7억원
·설계비, 공사비, 모니터링비, 생태자문비, 생태복원감리비 등 포함

**◘ 생태계보전부담금 반환사업 목적**
생태계보전부담금 납부자 또는 자연환경보전사업 대행자가 환경부 승인을 얻어 자연환경보전사업을 시행하는 경우 납부한 부담금의 일부를 반환하여 훼손된 생태계 보전 및 복원사업을 유도하기 위함이다.

### 2. 생태복원사업 절차

(1) 수요 조사 및 대상 사업 선정 절차

① 반환사업 신청(납부자 또는 대행자) : 관할 유역·지방환경청 및 해당 시·도와 시·군·구에 제출
② 검토의견서 제출(시·도, 시·군·구) : 사업 검토의견서를 환경청에 제출
③ 사업계획서 검토의견 제출 : 관할 지역 내 사업우선순위 검토 결과를 환경부에 제출
④ 대상사업 선정 : 환경부에서 선정

### (2) 반환사업 승인 신청 및 승인 절차

① 반환사업 승인 신청(납부자 또는 대행자) : 선정 사업에 대한 반환사업 대상 여부 확인서류 및 승인신청서와 자료를 환경부 및 관할지역 유역·지방환경청에 제출

② 반환사업 승인신청서 접수·검토(환경청) 및 승인·통지(환경부) : 반환사업 승인신청서 접수 후 30일 이내 승인통지

### (3) 관련 인·허가 등 행정절차

① 인·허가 및 행정절차 검토(납부자 또는 대행자 및 지자체) : 관련 인허가 및 행정절차에 대한 실행계획, 승인조건 조치계획서를 해당 환경청에 제출

② 인·가 및 행정절차 이행(납부자 또는 대행자) : 인·허가 진행시 발생되는 계획 및 설계 변경사항에 대하여 해당 지자체와 협의

③ 관련 행정절차 완료 및 보고(납부자 또는 대행자) : 인·허가 과정에서 변경된 사항에 대하여 해당 환경청에 보고

### (4) 공사시행

① 착공신고서 제출 및 수리(납부자 또는 대행자) : 납부자 또는 대행자는 착공신고서 및 시공계획서를 환경청에 제출 후 신고 수리

② 착수반환금 신청(납부자 또는 대행자) : 납부자 또는 대행자는 착수반환금 요청시 신청서를 환경부에 제출

③ 시공(납부자 또는 대행자) : 환경청은 지속적인 점검 실시, 착수반환금 집행내역 확인, 사업계획 변경승인

### (5) 준공 완료 및 준공 검사

① 준공 검사 요청 및 검사(납부자 또는 대행자) : 평가결과에 따른 보완사항 이행, 준공서류를 환경청에 제출

② 평가결과 보완 및 준공서류 제출(납부자 또는 대행자) : 환경청은 준공통보, 준공 검사 결과를 환경부에 보고

③ 준공 검사 및 정산 결과 보고 : 환경청에 준공 검사 요청

### (6) 반환금 신청 및 산정·지급

① 반환금 신청(납부자 또는 대행자) : 준공 검사 결과를 토대로 반환금 신청

② 반환금 산정(환경부) : 준공 검사 및 정산 결과 등을 종합 검토한 후 반환금 산정

③ 반환금 지급(환경부) : 반환금 신청 후 30일 이내 반환금 지급

(7) 유지관리 및 사후 모니터링

① 관리주체 이관 : 유지관리비용 확보 및 유지관리 실시, 3년차부터 사후 모니터링 실시

㉠ 공사 완료 후 유지관리는 해당 관리주체(지자체, 토지소유자 등)로 이관

㉡ 납부자 또는 대행자는 사업 완료 후 2년간 하자·보수 및 사후 모니터링을 실시하고, 매년 결과 보고서를 작성하여 다음년도 2월말까지 해당 환경청과 지자체에 제출

㉢ 관할 환경청에서는 모니터링 결과보고서를 관계 전문기관(국립생태원, 국립공원공단, 한국수자원공사 등)에 검토를 의뢰

② 1차 년도 사후 모니터링 및 하자보수 실시(관리주체) : 사후 모니터링 및 하자보수 실시, 1년차 사후 모니터링 결과서 작성 및 제출

③ 2차 년도 사후 모니터링 및 하자보수 실시(관리주체) : 사후 모니터링 및 유지관리 실시, 2차 년도 사후 모니터링 결과서 작성 및 제출

㉠ 유지관리 : 준공 후 4년간 실적을 환경청에 제출

㉡ 모니터링 : 준공 후 3년차부터 2년간 실적을 환경청에 제출

㉢ 1차 년도는 연 2회 이상 심층 모니터링을 수행하고 2차 년도 이후에는 목표종의 생육활동시기에 따라 연 2회 이상 수행

㉣ 사후 모니터링 결과는 복원 사업 전과 후의 서식환경 및 생물상 변화의 비교, 분석을 통한 효과 검증과 보전되어야 할 사항과 개선, 복원 및 향상되어야 할 사항을 정확히 파악하여 순응적 관리(Adaptive management)에 활용

㉤ 사후 모니터링은 모니터링 계획서와 아래의 조사 항목 및 내용을 원칙으로 실시

사후 모니터링 조사 항목 및 내용

| 조사 항목 | 조사 내용 |
|---|---|
| 생태기반 환경 | ·대상지 및 주변 지역의 기후 및 기상, 지형, 수리·수문(수질포함), 토양 등을 대상 |
| 서식처 | ·복원사업 후 조성된 서식처 유형을 대상으로 안정성, 훼손 여부 등을 조사 |
| 생물종 | ·대상지 목표종을 중심으로 조사하되, 식생은 기본적으로 조사<br>·동물상은 모든 분류군에 대한 조사를 원칙으로 하나, 대상지 현황에 따라 중점 동물분류군 선정 가능<br>·식생 복원 관점에서 중요 생물종의 서식 여부, 적용 공법지역에 도입된 식물의 정착 및 천이 여부, 도입 식물의 성장률 등을 모니터링 |
| 복원 공법 적용 지역 | ·필요한 경우에 한하며, 지형의 안전성, 수목의 활력상태, 식생 피복률 및 활착 여부 등과 해당 복원 사업을 위해서 특별히 적용한 공법들이 있는 경우 집중 모니터링 실시 |
| 복원 재료 및 시설물 | ·복원시설물의 안전성과 관리 및 활용 상태 등을 조사<br>·이용시설물은 이용에 의한 훼손이나 활용빈도 등을 조사 |

## 3. 기관별 역할

### (1) 환경부

① 반환사업 계획 수립 및 시행, 대상 사업의 수요 조사 및 선정
② 기본 계획 공모 및 사업자 선정, 현장 점검 및 확인(필요시)
③ 반환사업 승인, 반환금 지급

### (2) 환경청

① 반환사업계획서 접수·검토(서류 및 현장), 착공신고 수리
② 반환사업 승인 후 공사과정 현장점검 및 관리(1~2회)
③ 사업계획 변경 승인, 준공검사(현장 확인) 및 결과보고
④ 준공결과 통보(지자체, 납부자 또는 대행자), 사후 모니터링 점검

### (3) 지자체

① 사업부지 제공 또는 사업부지 사용허가 관련 협의
② 반환사업 대행동의 및 대행동의 확보를 위한 행정 이행
③ 인·허가 및 행정절차 검토 및 신청·협의 등 이행
④ 지역 의견 수렴
⑤ 복원 완료 지역 운영 및 사후 유지·관리
⑥ 유지관리 예산 확보(생태계보전부담금 교부금 등 활용)
⑦ 유지관리 및 모니터링 실적 보고(3차년부터 2년간)

### (4) 납부자 또는 대행자

① 사업 계획 수립 및 반환사업 승인 신청
② 관련 인·허가 및 행정 절차 검토 및 제출 서류 작성
③ 생태자문단 운영
④ 사업 시행
⑤ 준공 도서 작성 및 준공검사 신청
⑥ 공사 완료 후 2년간 사후 모니터링 및 결과 보고서 작성·제출(환경청)
⑦ 공사 완료 후 2년간 하자·보수 실시

## 4. 생태자문단 및 생태복원감리

### (1) 생태자문단 개요

① 구성 : 생태복원 계획·설계 및 자연생태 분야의 전문가 등으로 30명 인력풀 구성
② 적용대상 : 생태계보전부담금 반환금을 이용한 생태복원 사업 중 자연환경보전사업 대행자가 시행하는 사업에 적용
③ 운영방법 : 환경부와 (사)한국생태복원협회가 인력풀에서 전문가 2명을

선정하여 운영
·사업기간 중 설계단계 1회 운영 : 계획·설계 분야 1명, 자연생태 분야 1명으로 총 2명 구성

④ 주요 기능
㉠ 목표종 및 서식처 특성을 고려한 설계 적정성 검토
㉡ 사업계획, 설계내역 적합성 검토

⑤ 생태자문단 주요 내용
㉠ 설계단계
·대상지 현황과 설계도면, 내역의 적정성 여부(도입 수종, 수량, 소재, 공법 등 검토)
·공종별 자재, 수목, 시설물 등 단가, 수량 등 사업비 검토
㉡ 자문 및 검토결과 조치방법
·설계단계 현장 확인 후 생태자문 검토의견서를 작성하여 사업대행자에게 송부

### (2) 생태복원감리 개요

① 구성 : 생태복원사업 수행 경험이 있는 전문가 등으로 인력풀 구성

② 적용대상 : 생태계보전부담금 반환금을 이용한 생태복원 사업 중 자연환경보전사업 대행자가 시행하는 사업에 적용

③ 운영방법 : 환경청과 (사)한국생태복원협회가 인력풀에서 전문가 1명을 선정하여 운영

④ 주요 기능
㉠ 사업계획, 설계내역 및 사업비의 적합성 검토
㉡ 실시설계에 따른 시공내역 및 공사과정의 적정성 검토
㉢ 공사과정에서의 공정관리 및 품질관리
㉣ 착공, 공사, 준공(기성) 등 단계별 현장점검 및 감리보고서 작성

⑤ 생태복원감리 단계별 주요 내용
㉠ 착공단계
·사업계획서와 실시설계 내역, 도면과의 적정성 여부
·공종별 자재, 수목, 시설물 등 단가, 수량 등 사업비 적정 적용 여부
·사업현장 및 주변 환경여건과 목표종, 서식지 조성 등 설계 내용과의 부합 여부
㉡ 공사단계
·사업진행일정 준수상태 및 시공과정을 성실하게 수행하는지 여부
·설계내역과 시공내용의 부합 여부
·기반정비, 식재 등 공사시기의 적절성 여부
·사업시행으로 인한 주변 환경 피해 발생 및 대응 여부

·자재 및 시공품질 적절성 및 공기 준수 여부

㉢ 준공단계

·규격, 수량, 위치, 동선 등 설계내역대로 적정 시공 여부

·사업비 집행의 적정성 여부

·준공도면 및 준공내역 등 준공도서가 시공된 대로 작성되었는지 여부

·모니터링 계획의 적정성 여부

·사업자와 지자체 관리부서와의 인계·인수(대행자가 사업의 전부를 완료한 후 반환신청하는 경우) 업무 지원

㉣ 생태복원감리 및 결과 조치방법

·단계별 점검 및 현장 확인 후 감리보고서를 작성하여 사업자, 환경청에 송부

·사업계획, 설계도서의 내용과 다르게 시공한 경우

·현지여건에 따른 경미한 변경사항의 경우에는 설계변경도면, 수량증감 및 증감공사비 내역을 확인하여 현장 조치

·사전협의 없이 중대한 사항을 변경하여 시공한 경우에는 공사 중지, 재시공 등 조치하고 감리보고서에 조치사항을 기재

·설계내역이 현장여건에 적합하지 않아 변경이 필요한 경우 변경 필요성 등을 감리보고서에 기재

생태복원사업 절차

| 구분 | 단계 | 구분 | 시행 주체 | 주요 내용 |
|---|---|---|---|---|
| 1차 연도 | 1 단계 | 수요 조사 및 대상 사업 선정 | ·환경부<br>·환경청 | ·신청자 : 반환사업 신청 내역서 제출<br>·지자체 : 검토 결과서 제출<br>·환경청 : 사업계획서 접수 및 검토<br>※필요시 관계 전문기관의 의견을 들을 수 있음<br>·환경부 : 취합 및 대상사업 선정 |
| | 2 단계 | 반환사업 승인 신청 및 승인 | ·납부자 또는 대행자(신청)<br>·환경청(접수·검토)<br>·환경부(승인) | ·신청자 : 대상사업에 대하여 반환사업 승인 신청<br>※납부자는 납부내역, 대행자는 대행동의서 첨부<br>·환경청 : 승인신청서 접수 및 검토의견 제출<br>※ 필요시 관계 전문기관의 의견을 들을 수 있음<br>·환경부 : 서류 검토 후 승인 통보 |
| | 3 단계 | 관련 인·허가 및 행정 절차 | 해당 지자체 및 납부자 또는 대행자 | ·지자체 : 인·허가 등 행정절차 검토 및 협조<br>·납부자 또는 대행자 : 관련 인·허가 검토 및 시행, 생태자문단 운영(설계자문) |
| | 4 단계 | 착공 | ·납부자 또는 대행자(공사 시행)<br>·환경청(관리·감독) | ·납부자 또는 대행자 : 공사 시행 및 생태자문단 운영(시공자문), 착수반환금 신청(필요시)<br>·환경청 : 진행 과정 등에 대한 관리·감독, 착수, 반환금 집행내역 확인<br>·환경부 : 착수반환금 사용계획 검토 및 지급 |

| | | | | |
|---|---|---|---|---|
| | 5<br>단계 | 준공 완료 및 준공검사 | ·납부자 또는 대행자(준공)<br>·환경청(검사) | ·납부자 또는 대행자 : 준공 완료 및 준공 검사 요청, 준공 서류 작성<br>·환경청 : 준공 검사 및 정산 / 결과 보고(환경부) / 준공검사 통보(지자체, 납부자 또는 대행자)<br>·사업 인계·인수(환경청 제출) |
| | 6<br>단계 | 반환금 신청 및 산정·지급 | ·납부자 또는 대행자(신청)<br>·환경부(산정·지급) | ·납부자 또는 대행자 : 준공 완료된 사업에 대한 반환금 신청<br>·환경부 : 반환금 산정 및 지급 |
| 1차 연도 이후 | 7<br>단계 | 유지 관리 및 사후 모니터링 | 지자체 및 토지소유자, 납부자 또는 대행자 | ·지자체 및 토지소유자<br>·유지관리 : 준공 후 4년간 실적을 환경청에 제출<br>·모니터링 : 준공 후 3년차부터 2년간 실적을 환경청에 제출<br>·납부자(시행자) 또는 대행자<br>·모니터링 : 준공 후 2년간 실적을 환경청에 제출 |

# 핵심문제 해설

**01** 생태복원의 각 단계를 설명한 것으로 틀린 것은? 기-17-1

① 목표설정이란 생태계와 인공계의 관계를 조정할 때 구체적인 수준을 정하는 것이다.
② 시공은 목표종의 서식에 적합한 공간을 만드는 것으로 종의 생활사를 고려하여야 한다.
③ 조사 및 분석에서 생태계는 지역마다 그 특징이 유사하므로 대표적인 지역에 대한 조사만 수행해도 된다.
④ 계획은 생태계와 인공계의 관계를 공간적인 배치에 의해 조정함과 동시에 생태계의 질, 크기, 배치 등을 결정하는 것이다.

해 ③ 조사 및 분석에서는 위치, 주위환경과 특성, 조례 및 법률, 비형, 수문, 토양, 식생, 기후 등 설계에 영향을 미칠 수 있는 부지현황들을 조사·분석하여야 한다.

**02** 생태계 복원을 위한 재료선정 기준으로 볼 수 없는 것은? 기-16-3

① 자생수목 및 자생초화류의 사용
② 피복효과가 낮은 식물 위주로 사용
③ 번식이 용이하고, 교육적 가치가 높은 식물 사용
④ 식생 이외의 재료는 가급적 자연재료를 사용

**03** 생태복원 지역의 안내시설물 설치기준으로 잘못된 것은? 기-14-3

① 안내시설물은 복원지역의 입구에 설치하여 많은 탐방객이 보기 쉽게 한다.
② 안내시설물의 형태는 주변 경관과 조화되도록 한다.
③ 안내시설물의 재료는 국내에서 생산되는 목재를 사용 한다.
④ 안내시설물의 색채는 적색 및 흰색 계통을 많이 사용 한다.

해 ④ 안내시설 설치 시 기능적 효율성과 주변경관과의 조화를 고려하여 설치하고 안내시설의 식별, 판독, 주목성과 같은 요소를 확보하도록 이용자의 신체적 조건을 고려한다.

**04** 자연생태복원 공사 시행시 시공관리 3대 목표가 아닌 것은? 기-11-3

① 노무관리 ② 품질관리
③ 공정관리 ④ 원가관리

**05** 다음 중 품질관리 4단계의 순서가 맞는 것은?

① 실시－조치－검토－계획
② 조치－검토－실시－계획
③ 조치－실시－검토－계획
④ 계획－실시－검토－조치

**06** 원가관리의 내용으로 맞지 않는 것은?

㉮ 실행예산과 실 가격을 대조한다.
㉯ 원가의 발생을 통제한다.
㉰ 시공관리의 3대 목표 중 하나이다.
㉱ 기성고를 높이기 위한 수단이다.

해 원가관리는 공사를 경제적으로 시공하기 위해 재료비, 노무비 및 그 밖의 비용을 기록·통합하고 정리·분석하여 개선하는 방법과 이를 위한 활동이다.

**07** 품질관리에 관한 사항으로 맞지 않는 것은?

㉮ 원가절감을 위한 수단 중 하나이다.
㉯ 공사목적물의 품질유지를 위한 것이다.
㉰ 생산성을 향상시킬 수 있다.
㉱ 공정관리를 촉진하여 품질을 향상시킨다.

**08** TQC를 위한 7가지 도구 중 다음 설명이 의미하는 것은?

> 모집단에 대한 품질특성을 알기 위하여 모집단의 분포상태, 분포의 중심위치, 분포의 산포 등을 쉽게 파악할 수 있도록 막대그래프 형식으로 작성한 도수분포도를 말한다.

정답 01. ③ 02. ② 03. ④ 04. ① 05. ④ 06. ④ 07. ④ 08. ③

① 파레토도　② 체크시트
③ 히스토그램　④ 특성요인도

**09** 간단한 공사의 공정을 단순비교 할 때 흔히 쓰이는 공정관리 기법은?

㉮ 횡선식 공정표(Bar Chart)
㉯ 네트워크(Net work)공정표
㉰ 기성고 공정곡선
㉱ 칸트차트(Gantt Chart)

**10** 다음 공정표 중 공사의 전체적인 진척상황을 파악하는데 가장 유리한 공정표는 무엇인가?

① 횡선식 공정표
② Network 공정표
③ 사선식 기성고 공정표
④ CPM 공정표

해 사선식(기성고) 공정표
- 작업의 관련성은 나타낼 수 없으나 예정공정과 실시공정(기성고) 대비로 공정의 파악 용이
- 공정의 움직임 파악이 쉬워 공사지연에 대한 조속한 대처 가능
- 가로축은 공기, 세로축은 공정을 나타내어 공사의 진행상태(기성고)를 수량적으로 표시

**11** 네트워크 공정표의 기본 구성요소들에 대한 설명으로 틀린 것은?

① 작업(Activity) : 공사를 구성하는 각개의 개별단위 작업을 표시한다.
② 더미(Dummy) : 실제의 작업은 행하여지는 것이 아니고 선행과 후속의 관계를 나타내주기 위하여 사용한다.
③ 작업(Activity) : 작업의 표시는 실선의 화살표로 나타내는데, 화살선의 위에는 작업명을 아래에는 소요시간을 기재한다.
④ 더미(Dummy) : 명목상의 작업이지만, 소요시간은 0(zero)으로 하지는 않는다.

해 ④ 더미(Dummy): 명목상의 작업이므로, 소요시간은 0(zero)이다.

**12** 공정관리에 있어서 최장경로(critical path)를 바탕으로 하여 표준시간, 표준비용, 한계시간, 한계비용의 4개와 간접비 또한 고려하여 비용을 최소화하는 경제적인 일정계획을 추구하는 네트워크 수법은?

① CPM　② PERT
③ GANTT　④ RAMPS

**13** PERT와 CPM 공정표의 차이점으로 옳은 것은?

① CPM은 신규 및 경험이 없는 건설공사에 이용되나 PERT는 경험이 있는 공사에 이용된다.
② CPM은 더미(Dummy)를 사용하나 PERT는 사용하지 않는다.
③ CPM은 화살선으로 작업을 표시하나 PERT는 원으로 작업을 표시한다.
④ CPM은 소요시간 추정에서 1점 추정인 반면 PERT는 3점 추정으로 한다.

**14** 네트워크 공정표의 크리티칼 패스(critical path)에 대한 설명으로 맞지 않는 것은?

① 공기는 크리티칼 패스에 의해 결정된다.
② 여러 경로 중 가장 시간이 긴 경로를 말한다.
③ 크리티칼 패스는 일의 개시시점을 말한다.
④ 크리티칼 패스상의 공종은 중점관리대상이 된다.

해 ③ 작업의 시작점에서 종료점에 이르는 가장 긴 패스를 말한다.

**15** 생태복원을 위해 다져진 토량 18,000㎥을 성토할 때 운반토량은 얼마인가? (단, 토량변화율은 L은 1.25, C는 0.90이다.) 기–15–2, 기–19–2

① 25,000㎥　② 22,500㎥
③ 20,250㎥　④ 20,000㎥

해 운반토량 $V = 18,000 \times \frac{1.25}{0.9} = 25,000(m^3)$

**16** 지형복원을 위해 다져진 10,000㎥의 흙을 성토할

경우 운반할 토량은 약 얼마인가? (단, 토량변화율 L=1.2, C=0.8 이다.) 기-15-3

① 7,000㎥ ② 8,000㎥
③ 15,000㎥ ④ 16,000㎥

해 운반토량 $V = 10,000 \times \frac{1.2}{0.8} = 15,000(m^3)$

**17** 비탈다듬기공사에서 단면적 $A_1$과 $A_2$는 각각 2.1㎡, 0.7㎡이며, $A_1$과 $A_2$의 거리가 6m인 경우, 평균단면적법을 이용하여 계산한 토사량은? 기-14-1, 기-19-3, 기-22-1

① 16.8㎥ ② 8.8㎥
③ 8.4㎥ ④ 2.4㎥

해 평균단면적법 $V = \frac{A_1 + A_2}{2} \times L$

$\rightarrow \frac{2.1+0.7}{2} \times 6 = 8.4(m^3)$

**18** 양단면적이 각각 60㎡, 50㎡이고, 두 단면간의 길이가 20m일 때의 평균단면적법에 의한 토사량(㎥)은 얼마인가? 기-19-2

① 750 ② 900
③ 1100 ④ 1500

해 $V = \frac{A_1 + A_2}{2} \times L = \frac{60+50}{2} \times 20 = 1100(m^3)$

**19** 하천 둑을 밑폭 5m, 위폭 2m, 높이 2m의 50m 연장 둑을 조성하였을 때 취토 토사량(㎥)은? 기-14-3, 기-19-1

① 250㎥ ② 300㎥
③ 350㎥ ④ 400㎥

해 토량 = 단면적 × 길이 = $(\frac{5+2}{2} \times 2) \times 50 = 350(m^3)$

**20** 면적 300㎡인 하천 호안에 규격이 30×30㎝인 갈대뗏장(sod)을 입히는 데 필요한 매수는? 기-18-1

① 약 333매 ② 약 3030매
③ 약 3334매 ④ 약 3950매

해 ③ $\frac{300}{0.3 \times 0.3} = 3,333.3 \rightarrow 3,334$매

**21** 구형분할법을 이용하여 계산한 다음 지역의 체적(㎥)은? (단, 정사각형의 한 변의 길이는 1m이다.) 기-21-3, 기-22-2

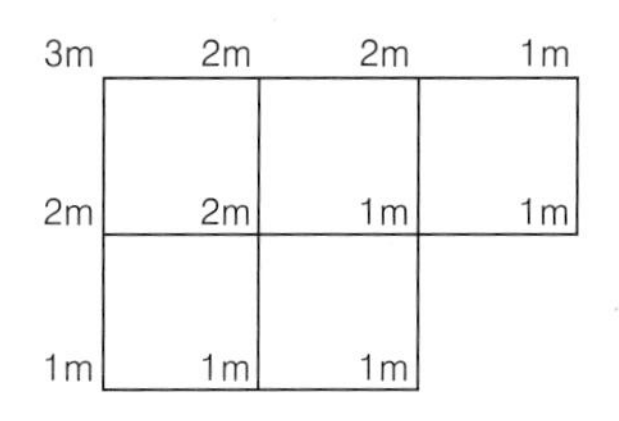


① 4㎥ ② 5㎥
③ 6㎥ ④ 8㎥

해 $\Sigma h1 = 3+1+1+1+1 = 7(m)$

$\Sigma h2 = 2+2+2+1 = 7(m)$

$\Sigma h3 = 1m$

$\Sigma h3 = 2m$

$V = \frac{1}{4} \times (7+2\times7+3\times1+4\times2) = 8(m^3)$

**22** 그림과 같이 85m에서부터 5m 간격으로 증가하는 등고선이 삽입된 지형도에서 85m 이상의 체적을 구한다면 약 얼마인가? (단, 정상의 높이는 108m이고, 마지막 1구간은 원추공식으로 구한다.)

등고선의 면적
105m : 30.5㎡
100m : 290㎡
95m : 545㎡
90m : 950㎡
85m : 1525.5㎡

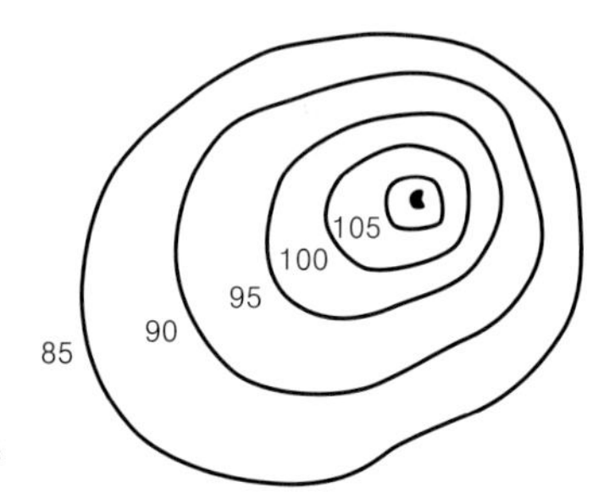


① 12677㎥ ② 12707㎥
③ 12894㎥ ④ 12516㎥

해 $V1 = \frac{5}{3} \times (30.5+4\times(290+950)+2\times545+1,525.5)$

$= 12,676.67(m^3)$

$V2 = \frac{3}{3} \times 30.5 = 30.5(m^3)$

$\therefore V = 12,676.67+30.5 = 12,707.17(m^3)$

**23** 생태복원 관련한 공사의 순공사원가 계산을 구성하는 3가지 비목으로만 구성된 것은? 기-15-3

정답 16. ③ 17. ③ 18. ③ 19. ③ 20. ③ 21. ④ 22. ②

① 재료비, 일반관리비, 이윤
② 재료비, 일반관리비, 경비
③ 재료비, 노무비, 이윤
④ 재료비, 노무비, 경비

**24** 다음 ( ) 안에 각각 적합한 용어는?

| ( ㉠ )는 공사시공 과정에서 발생하는 재료비, 노무비, 경비의 합계액을 말하며, ( ㉡ )는 기업유지를 위한 관리활동부분에서 발생하는 제비용을 말하고, ( ㉢ )는 공사계약 목적물을 완성하기 위해 직접작업에 종사하는 종업원 및 노무자에게 제공되는 노동력의 대가를 말한다. |
|---|

① ㉠순공사비 ㉡공사원가 ㉢간접노무비
② ㉠공사원가 ㉡일반관리비 ㉢간접노무비
③ ㉠순공사비 ㉡공사원가 ㉢직접노무비
④ ㉠공사원가 ㉡일반관리비 ㉢직접노무비

해 · 직접노무비 : 직접작업에 종사하는 자의 노동력의 대가
· 간접노무비 : 작업현장에서 보조작업에 종사하는 자의 노동력의대가

**25** 공사원가에 포함되지 않는 것은?

① 부가가치세 ② 직접노무비
③ 운반비 ④ 기계 경비

**26** 기업의 유지를 위한 관리활동부문에서 발생하는 제비용으로서 제조원가에 속하지 아니하는 모든 영업비용 중 판매비 등을 제외한 비용으로 기업손익계산서를 기준으로 산정하는 것은?

① 재료비 ② 이윤
③ 경비 ④ 일반관리비

**27** 이윤 계산시의 합계액에 포함되지 않는 것은?

① 노무비 ② 일반관리비
③ 재료비 ④ 경비

해 이윤 = (노무경비 + 경비 + 일반관리비)×이윤율

**28** 원가관리의 저해요인이 아닌 것은? 기-22-1

① 선급금의 미지급
② 작업대기시간의 과다
③ 물가 등 시장정보 부족
④ 부실시공에 따른 재시공작업 발생

**29** 다음 중 시방서에 포함되는 내용이 아닌 것은?

① 단위공사의 공사량이 기재되어 있다.
② 공사의 개요가 기재되어 있다.
③ 시공상의 일반적인 주의사항이 기재되어 있다.
④ 도면에 기재할 수 없는 공사내용이 기재되어 있다.

해 시방서 포함 내용
· 시공에 대한 보충 및 주의 사항 · 시공방법의 정도, 완성 정도
· 시공에 필요한 각종 설비 · 재료 및 시공에 관한 검사
· 재료의 종류, 품질 및 사용

**30** 건설공사의 계약도서에 포함되는 시공기준이 되는 시방으로 개별공사의 특수성, 지역여건, 공사방법 등을 고려하여 설계도면에 표시할 수 없는 내용과 공사수행을 위한 시공방법, 품질관리 등에 관한 시공기준을 기술한 시방서는?

① 표준시방서 ② 전문시방서
③ 공사시방서 ④ 현장설명서



정답 23. ④ 24. ④ 25. ① 26. ④ 27. ③ 28. ① 29. ① 30. ③

# Chapter 3 생태복원설계·시공

## 1 생태기반환경 복원

### 1. 토양환경요인

#### (1) 토양의 생성 요인

1) 기후

① 토양생성에서는 토양 중 물의 이동방향과 물의 양이 가장 중요
② 강우량이 많을수록 토양 중 염기의 용탈이 심하게 일어나 산성토양으로 발달
③ 습윤지대에서는 식생이 왕성하여 토양의 유기물함량이 많고 화학적 반응이 쉽게 일어남
④ 습윤지대에서는 토층분화가 쉽게 일어나고 산성토양 발달
⑤ 강우량이 적은 건조지대에서는 물이 주로 상향 이동하기 때문에 토양교질물의 하향이동이 거의 일어나지 않음

2) 생물

① 식생의 종류에 따라 토양에 공급되는 유기물의 양이 다르며, 토양의 침식 방지에 기여하는 정도 상이
② 침엽수의 낙엽은 완전히 부식되지 않고 유기산 정도로 방출되기 때문에 토양이 산성화됨

3) 모재

토양생성인자 중 모재가 토양특성에 미치는 영향이 가장 크며 모재의 특성 및 풍화환경에 대한 저항 정도 등에 따라 토양특성도 상이

4) 지형

토양생성에 있어서 기후 및 식생과 함께 토양의 수분함량 및 토양침식에 영향을 줌

5) 시간

시간은 다른 토양생성 인자와 함께 토양의 발달을 가속화시키는 활동적인 요소이며, 토양생성속도는 온도, 강우량, 화학적 특성, 생물의 활동 등에 따라 상이

#### (2) 토양의 분류

1) 토양입자의 크기에 따른 분류

**◘ 토양생성**
토양은 암석이 분해되어 이루어진 무기물과 동식물의 썩은 물질이 섞여서 된 물체로 지구의 지각을 이루는 물질을 말한다. 토양생성에 관여하는 인자는 기후, 생물, 지형, 모재 및 시간 등이며 이들 인자는 토양생성과정에 있어서 서로 연관된 작용을 하고 있으며, 또한 이들 인자들의 상대적 세기에 따라 특징적인 상이한 토양이 만들어진다.

**◘ 기후**
강우량과 온도는 중요한 인자로서 주로 토양 중 유기물, 토양수분함량 및 점토광물의 생성과 암석풍화에 영향을 미친다.

**◘ 생물**
동식물은 유기물의 함량과 종류 및 분포에 영향을 줄 뿐만 아니라 토양의 물리성에 중요한 토양구조 및 공극의 특성에 변화를 일으켜 토양의 층위간의 특성차이를 균일하게 하는 작용 및 암석의 풍화작용 등에 관여한다.

**◘ 모재인자**
토양의 단면특성을 결정하는 기본적인 인자인 동시에 토양생성에 대한 기후인자의 특성을 촉진시키거나 지연시키는 역할을 한다.

「토양단면 및 토성분류」에 대한 내용은 p.147 [환경생태학-토양환경조사] 참조

① 모래(sand) : 입경 0.05~2.0㎜, 육안으로 구분이 가능하고 거친 촉감
② 미사(silt) : 입경 0.002~0.05㎜, 현미경·렌즈로 구분이 가능하고 미끄러우며 점착성 없음
③ 점토(clay) : 입경 0.002㎜ 미만, 고배율 현미경으로만 구분이 가능하고 점착성 있음

토양구분과 그 크기 (단위:㎜)

| 구분 | | 국제토양학회법 | 미국농무성법 |
|---|---|---|---|
| 자갈(역, gravel) | | 〉2.00 | 〉2.00 |
| 모래 | 왕모래(극조사, very coarse sand) | – | 2.00~1.00 |
| | 거친모래(조사, coarse sand) | 2.00~0.20 | 1.00~0.50 |
| | 중모래(중사, medium sand) | – | 0.50~0.25 |
| | 가는모래(세사, fine sand) | 0.20~0.02 | 0.25~0.10 |
| | 고운모래(극세사, very fine sand) | – | 0.10~0.05 |
| 미사(silt) | | 0.02~0.002 | 0.05~0.002 |
| 점(clay) | | 〈 0.002 | 〈 0.002 |

2) 토성(texture, soil class)

① 토양의 분류를 토성이라고 하며, 모래·미사·점토의 함유비율에 의하여 결정
② 점토분이 많은 식토는 보수력 및 보비력은 크나 통기성 불량
③ 모래분이 많은 사토는 보수력 및 보비력은 작으나 통기성 양호

토양의 점토비율과 촉감에 의한 판정

| 구분 | 점토의 비율 | 손가락 촉감에 의한 판정 |
|---|---|---|
| 사토(S) | 12.5% 이하 | 까칠까칠하고 모래만 만지는 느낌(거친 촉감) |
| 사양토(SL) | 12.5~25.0% | 대부분 모래인 것 같은 촉감 |
| 양토(L) | 25.0~37.5% | 모래 끼가 있는 중간적 촉감 |
| 식양토(CL) | 37.5~50.0% | 대부분 점토이나 일부 모래를 느낄 수 있는 것 |
| 식토(C) | 50.0% 이상 | 대부분 모래를 느끼지 못하고 미끈미끈한 점토의 느낌 |

❖ 토양조사항목

① 화학적 특성 : 토양산도(pH), 전기전도도, 염기성치환용량, 전질소량, 유효태인산함유량, 치환성칼륨, 치환성칼슘, 치환성마그네슘, 염분농도, 유기물함량
② 물리적 특성 : 입도, 투수성, 공극률, 유효수분량, 토양경도

◘ 토양 작용

토압의 층위가 생기기 전, 즉 부드러운 물질이 생성될 때까지의 작용을 '풍화작용'이라 하고, 그 후 토양단면이 생성되는 작용을 '토양생성작용'이라 한다.

◘ 지각 구성 8대 원소

지각의 광물을 구성하는 원소 중 약 98% 이상을 8가지 원소가 차지하고 있으며, 원소들의 질량 비율로 볼 때 산소와 규소가 대부분을 차지하며, O〉Si〉Al〉Fe〉Ca〉Na〉K〉Mg의 순으로 이루어진다.

◘ 토양특성

① 물리적인 특성 : 토성, 토양 3상, 토양 공극, 토양 밀도, 토양 온도 등
② 화학적 특성 : 산도(pH), 전기전도도, 양이온치환용량, 염기포화도 등

### (3) 토양의 구조(soil structure)

#### 1) 구조분류

| 구분 | 내용 |
|---|---|
| 단립구조<br>(單粒構造) | 해안의 모래와 같이 각각의 분산된 토양입자가 단독으로 배열된 구조로 특정한 구조를 갖지 않음 |
| 입단구조<br>(粒團構造) | 단립이 미생물 검(gum)·점토 등에 의해 몇 개씩 뭉쳐져서 입단을 이루고 다시 고차입단을 이루는 구조로 입체적 배열로 공극형성이 잘 이루어짐 |

#### 2) 입단화 효과

① 토양 공극 내 물과 공기의 충분한 보유 및 원활한 이동
② 유기물이 부식되어 미생물이나 소동물의 수적 증가로 토양의 물리성 증진
③ 식물의 가는 뿌리와 토양 생물의 활동, 사상균과 방선균의 활동은 토양 입단화를 촉진
④ 점토는 수화반경이 작아 입자들의 엉킴현상을 증진시킴

#### 3) 형상분류

| 구분 | 내용 |
|---|---|
| 판상구조 | 토양입자가 얇은 층으로 배열되어 수직배수가 불량한 습윤지 토양, 논토양 하층부 등의 구조 |
| 주상구조 | 토양입자가 수직방향으로 배열되어 수직배수 양호한 염류토 심토, 건조지 심토 등에 나타나며, 각주상, 원주상으로 구분 |
| 괴상구조 | 외관이 다면체로 각괴 원괴의 형상으로 통기성이 양호하여 뿌리의 발달이 원활한 구조로 산림토양 등에서 나타남 |
| 구상구조 | 입단이 구형으로 공극형성이 좋아 식물생육에 좋은 구조를 가지고 있으며 유기물이 많은 경작지 토양, 표토 등에서 많이 나타나고, 입상, 분상으로 구분 |

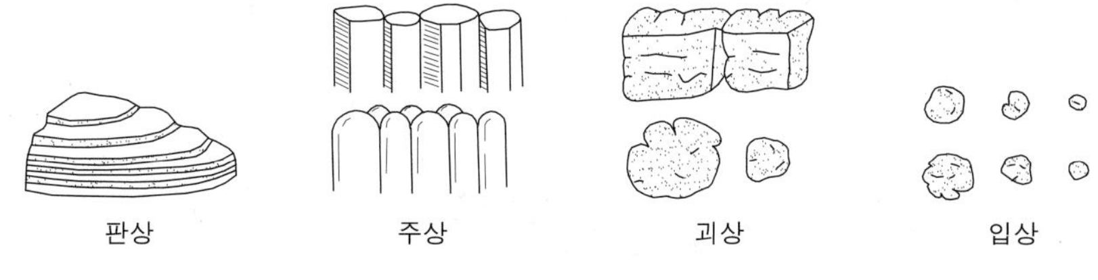


[ 토양의 형상 ]

#### 4) 토양 3상

① 고상(광물질, 유기물), 액상, 기상의 토양 구성요소
② 고체입자의 충진이나 건습상태의 지표로 식물의 뿌리생장과 밀접한 관계
③ 기상률 20% 이상, 고상률 50% 이하 : 식물의 근계발달에 영향 없음
④ 기상률 10% 이하, 고상률 60% 이상 : 식물의 근계발달에 현저한 영향

**◘ 토양의 구조**

토양입자의 배열상태(결합상태)로 구조에 따라 통기성과 투수성 등이 달라진다.

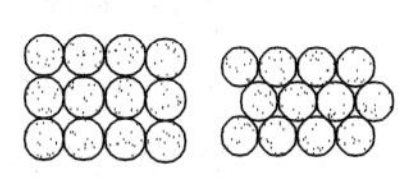

단립(홑알)구조

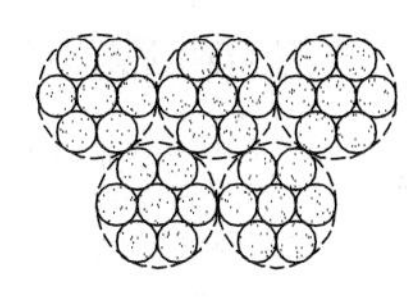

입단(떼알)구조

[ 토양의 구조 ]

**◘ 니상구조(泥狀構造)**

부식 함량이 적은 미사질 토양에서 때때로 발견되며, 이 구조는 소공극은 많지만 대공극이 없으므로 통기성 및 투수성이 나쁘다.

**◘ 토양(흙) 3상의 이상적 비율**

① 고체상 : 50%(흙입자) –(광물질 45%, 유기물 5%)
② 액체상 : 25%(물)
③ 기체상 : 25%(공기)

### (4) 토양유기물

#### 1) 유기물의 기능

① 토양의 구조 개량 −공극과 통기성, 보수력 증가
② 토양의 온도변화 완화 및 토양반응 완충능력
③ 무기영양소에 대한 흡착력(양이온치환용량) 증가
④ 분해되어 영양소 공급 및 토양미생물에게 에너지 제공
⑤ 낙엽이 분해될 때 끝까지 분해되지 않고 남은 페놀화합물과 탄닌류가 다른 생물의 생장을 억제하는 부정적 효과도 있음 −타감작용

#### 2) 양이온치환용량(염기치환용량, CEC)

① 토양입자의 표면이 띠고 있는 음전하로 말미암아 붙어있는 $Ca^{2+}$, $Mg^{2+}$, $K^{+}$, $Na^{+}$ 등 교환될 수 있는 양이온의 총량 −보비력, 완충능력
② 토양이나 교질물 100g이 보유하는 치환성 양이온의 총량을 mg당 양으로 나타낸 것(단위는 me/100g)
③ CEC가 높을수록 보비력과 토양반응에 대한 완충능력이 크고 비옥도가 높아 식물의 생육에 유리
④ 토양 중의 점토 광물과 부식(腐植)이 많은 CEC 능력 보유 −보비력 우수

**◘ 타감작용(allelopathy)**
식물이 자신을 지키기 위하여 생산·배출하는 화학물질로 인하여 동종·이종의 식물, 동물, 미생물 등에 미치는 영향을 말한다.

**◘ 양이온치환용량 범위**
일반적으로 수목이 정상적으로 생육할 수 있는 수림지의 자연비옥도 조사항목 중 CEC 범위는 7~15me/100g이며, 유기물이 정상적으로 존재하는 토양의 경우 10~30me/100g 정도로 본다.

### (5) 토양의 공극

#### 1) 공극의 역할

① 통기성, 투수성, 뿌리의 신장 등에 중요
② 공극의 크기에 따라 공기의 유통과 물의 저장은 반대적 특성 지님
③ 부식이 많은 토양은 공극량이 많고 입단구조 형성 양호

#### 2) 토양수분(토양용액)

① 식물의 모근(毛根)에 흡수되는 염류의 용제 역할
② 잎에서 이루어지는 광합성에 필요한 수분의 원천
③ 지표로부터 증발에 의한 지온의 조절
④ 토양수분은 흙 입자와 물이 결합하는 힘에 따라 구분

**◘ 토양 공극(기상+액상)**
무기입자와 무기입자 사이에 공기나 물로 채워진 공간을 말한다. 토양의 공극률은 진비중과는 무관하고, 가비중과 밀접한 관련을 갖고 있다.

### (6) 토양의 산성화

① 점토나 부식에 흡착된 수소이온($H^{+}$)의 방출
② 점토광물 중의 알루미늄이온($Al^{+3}$)이 용해되어 수소이온 방출
③ 유기물 분해에 의해 생성되는 $CO_2$와 각종 유·무기산의 영향
④ 많은 비로 인하여 발생되는 토양염기의 용탈로 인한 영향
⑤ 질소비료의 질화작용에 의해 질산이온($NO_3^{-}$) 생성 시 수소이온 증가
⑥ 산성비에 포함된 황산이온, 질산이온, 염소이온의 영향
⑦ 황산암모늄, 염화암모늄, 황산칼륨 등의 비료 사용

**◘ pH(hydrogen exponent)**
pH는 물의 산성이나 알칼리성의 정도를 나타내는 수치로서 수소이온($H^{+}$) 농도의 지수로 0~14의 범위로 나타낸다. 중성은 pH7이며, pH7 미만은 산성, pH7을 넘는 것은 알칼리성이다.

❖ 토양의 미생물

① 수목의 뿌리에 담자균류가 침입하여 식물로부터 광합성 산물을 받으며 공생관계를 맺고 살아가는 생물로 내생균근과 외생균근으로 분류한다.

② 내생균근은 뿌리의 세포 속으로 들어가 식물에게 토양 양분의 흡수에 도움을 준다.

③ 외생균근은 뿌리의 깊은 부분이 아닌 피층주변에 붙어 균사다발이 신장하여 식물의 뿌리를 보호해 주고, 양분과 수분의 흡수능력을 향상시켜 주며, 건조 및 병원균에 대한 저항력을 높여 준다.

### (7) 토양의 침식

① 지표면침식(빗물침식) : 내린 빗물이 지표면을 흐르면서 토양입자를 분산시키고 이동·운반하는 침식의 형태

② 지중침식 : 지표면 아래의 침투수가 땅 속을 통과할 때의 침식

빗물침식의 구분

| 구분 | 침식의 유형 |
|---|---|
| 지표면침식<br>(빗물침식, 우수침식) | 빗방울 침식(우적침식, 타격침식) |
| | 면상침식(층상침식, 평면침식, 표면침식)) |
| | 누구침식(세류침식, 누로침식, 우열침식) |
| | 구곡침식(계곡침식, 협곡침식, 걸리침식) |
| | 야계침식(계천침식, 계간침식) |
| 지중침식 | 용출침식(용수침식) |
| | 복류수침식(지중세굴침식, 파이핑침식) |

빗물침식의 유형별 특징

| 유형 | 특징 |
|---|---|
| 우적침식<br>(빗방울 침식) | ·지표면의 토양입자를 빗방울이 타격하여 분산작용과 운반작용에 의하여 발생<br>·빗방울의 크기와 낙하속도에 침식에 영향을 미침 |
| 면상침식 | ·빗방울의 튐과 표면 유거수의 작용으로 일어나는 침식<br>·침식의 진전도가 느리기 때문에 즉각적인 감지 어려움 |
| 누구침식 | ·면상침식이 더욱 진전되어 비탈면 상하방향의 물길 또는 자연적인 비탈면 요부에 표면 유거수가 집중되어 유하세력이 증가함에 따라 하나의 분명한 물길을 형성하면서 진행되는 침식 |
| 구곡침식 | ·누구침식이 더욱 진전되어 보다 넓고 깊은 침식골, 구곡을 형성하는 왕성한 침식<br>·침식의 정도나 도랑의 크기가 커 경운작업으로는 불가능 |

| 야계침식 | ·구곡이 더욱 발전된 단계로 볼 수도 있으나 이미 협소한 소규모의 유로·하천의 성격을 가지게 된 경우 |
|---|---|

## 2. 지형의 조작

### (1) 지형의 조작

① 훼손된 지형을 대상으로 기복을 형성하여 물의 흐름과 고임 조절
② 복원할 식생을 고려하여 식재에 적합한 환경 조성
③ 복원 대상지역의 지형이 원래의 것인지 아닌지에 대한 파악 중요
④ 복원할 지역의 지형이 원래 평탄지라면 지형조작을 통해 저습지와 구릉지를 조성하여 다양한 환경 제공

### (2) 지형의 표시

① 점고법
㉠ 지표면의 표고나 수심을 도상에 숫자로 기입하는 방법
㉡ 등고선으로 충분히 표현할 수 없을 경우 보완적으로 사용
② 등고선법
㉠ 어떤 기준면에서부터 일정한 높이마다 한 둘레씩 등간격으로 구한 것을 평면도상에 나타내는 것
㉡ 높이차, 경사도 등 지형을 나타내는 다양한 정보 제공

### (3) 등고선의 정의 및 특징

#### 1) 등고선의 종류

① 주곡선 : 각 지형의 높이를 표시하는 데 기본이 되는 등고선
② 계곡선 : 지형의 높이를 쉽게 읽기 위하여 주곡선 5개마다 굵게 표시
③ 간곡선 : 주곡선 간격의 1/2로 파선으로 표시한 등고선
④ 조곡선 : 간곡선 간격의 1/2로 가는 점선으로 표시한 등고선

#### 2) 등고선의 성질

① 등고선상의 모든 점의 높이는 같다.
② 등고선은 반드시 폐합되며 도중에 소실되지 않는다.
③ 서로 다른 높이의 등고선은 절벽이나 동굴을 제외하고 교차하거나 폐합되지 않는다.
④ 등고선의 최종 폐합은 산정상이나 가장 낮은 요(凹)지에 생긴다.
⑤ 등고선 사이의 최단거리 방향은 등고선에 수직한 방향이며 강우 시 배수의 방향이다.
⑥ 등고선은 등경사지에서는 등간격이다.
⑦ 등고선의 간격이 넓으면 완경사지이고 좁으면 급경사를 이루는 지형이다.

⑧ 볼록경사에서는 낮은 쪽으로 갈수록 간격이 넓게 형성된다.
⑨ 오목경사에서는 높은 쪽으로 갈수록 간격이 좁게 형성된다.
⑩ U자형의 등고선이 산령이며, V자 형의 등고선은 계곡이다.
⑪ 산령과 계곡이 만나 이들의 등고선이 서로 쌍곡선을 이루는 것과 같은 부분을 안부(고개)라 한다.

### (4) 부지조성

① 절토에 의한 등고선 변경

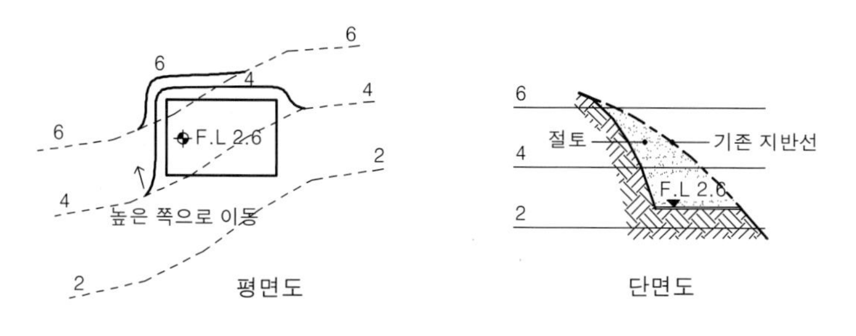


[ 절토에 의한 등고선 조작 ]

**◘ 절토에 의한 조정**
계획면보다 높은 지역의 흙을 깎는 작업으로, 부지의 계획높이보다 높은 등고선은 지형이 높은 쪽으로 이동하므로 계획높이와 가까운 등고선부터 변경해 나간다.

② 성토에 의한 등고선 변경

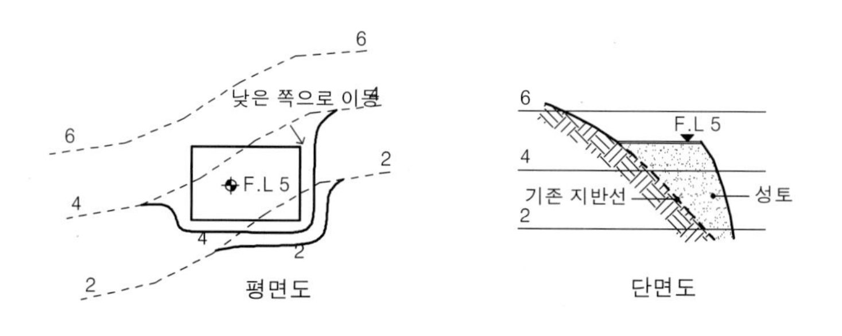


[ 성토에 의한 등고선 조작 ]

**◘ 성토에 의한 조정**
계획면까지 흙을 쌓는(메꾸는) 작업으로, 부지의 계획높이보다 낮은 등고선은 지형이 낮은 쪽으로 이동하므로 계획높이와 가까운 등고선부터 변경해 나간다.

③ 절·성토에 의한 등고선 변경

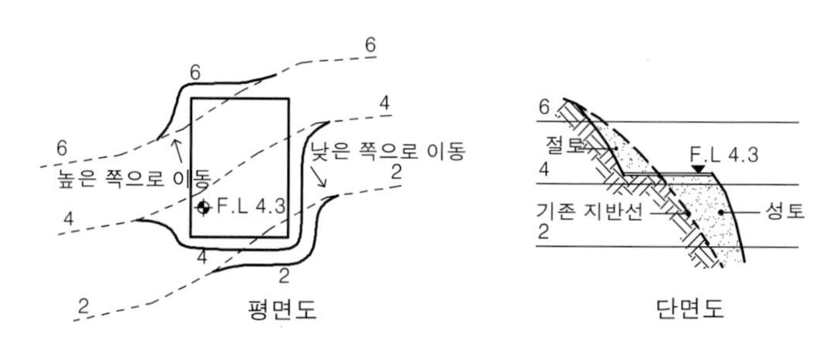


[ 절·성토에 의한 등고선 조작 ]

**◘ 절·성토에 의한 조정**
부지의 계획높이 보다 높은 등고선은 지형이 높은 쪽으로 이동하고, 계획높이 보다 낮은 등고선은 지형이 낮은 쪽으로 이동한다.

## 3. 현장준비

### (1) 보호대상의 확인 및 관리

① 우선 보호대상 파악

㉠ 사전 조사 내용 검토 후 우선 보호대상 파악 : 주요 생물종, 법정보호종, 문화재

㉡ 우선 보호대상이 발견된 경우 우선 보호대상 표식 설치

㉢ 우선 보호대상에 따른 보호조치 시행

② 자연생태계의 보호

㉠ 공사착수 전 자연생태계보호를 위한 교육과 보호조치

㉡ 생태계 조사 –환경특성과 군집의 구조 확인 및 보존·재생방안 강구

㉢ 울타리 설치, 답압피해 방지를 위한 멀칭이나 판자덮기, 굴취 및 가식의 보호조치

㉣ 멸종위기 야생생물이 발견되었을 경우 시공을 중지하고, 관할 관청 신고 후 법적 절차에 따라 조치 시행

- 사업으로 피해가 발생한 경우(보호종 훼손) : 지체없이 통보(특별한 사정이 있을 경우 24시간 이내)
- 피해발생 우려가 있는 경우(보호종 발견) : 관할 관청에 3일 이내 통보

③ 문화재 보호

㉠ 문화재의 발굴이 예상되는 지역에서는 매장물 보호조치

㉡ 공사중 매장문화재 발견 시 즉시 작업 중지 후 관계기관 통보

- 대상지가 문화재현상변경 허가대상구역(역사·문화·환경 보존지역) 내에 위치할 경우, 「문화재보호법」에 의한 문화재현상변경허가 실시
- 문화재현싱변경허가 조건에 따라 사전에 문화재 지표조사 실시
- 지표조사 시 매장 문화재가 존재하는 경우 문화재 시굴조사 실시
- 시굴조사 시 유적이 발굴되면 문화재 정밀발굴조사 실시
- 발굴조사 후 문화재에 따라 조치

④ 현장 주변 위해 요소 파악 및 조치

㉠ 기존 시설물 : 주변 구조물·건물, 진입 도로 현황, 인접 도로의 교통규제 상황, 지하 매설물 및 장애물, 부지 경계선 및 지반의 고저차, 문화재의 유무 등

㉡ 생활환경 위해 요소 : 대기환경(PM–10, $NO_2$, $O_3$, 온실가스, 악취, 기타 중금속 등), 수환경(점·비점 오염원, 지하수위 강하), 토양환경(연약지반, 절·성토 비탈면, 유류, 중금속 등), 생활환경(소음·진동, 폐기물 등)

### (2) 부지배수 및 침식방지

① 원활한 배수를 위해 표면배수로 설치

**◘ 현장 조사 항목**

① 생태기반환경 : 동식물종의 서식 및 생육의 기반이 되는 물리 · 화학적인 환경으로 지형, 토양환경, 수환경, 대기환경 등

② 생태환경 : 식물상 및 식생과 포유류, 조류, 양서류, 파충류, 곤충류 등의 육상동물, 어류, 저서동물 등의 육수동물상

② 가능한 표면유출거리를 작게 하고 경사면의 경사를 완만하게 하여 침식 최소화
③ 지표식생이 제거된 곳의 대규모 표면유출로 인한 침식에 주의
④ 비탈면과 같은 녹화지역은 공사 초기단계에 파종 -침식방지 및 조기녹화 효과
⑤ 공사부지 내 우수 및 혼탁류의 외부유출로 인한 피해 방지-임시저수시설, 물막이공 설치

## 4. 환경보호시설 설치

### (1) 가설시설물

① 가설방호책 : 시공구역 무단출입 방지, 시공작업으로 인한 인접 재산의 손상 방지
② 방화 및 도난방지 : 화재예방과 구급에 대한 교육 실시 및 위험예방을 위한 경고표시
③ 가설울타리 : 공사현장 주위에 높이 1.8m 이상으로 설치. 다만, 현장부지 경계선으로부터 50m 이내에 주거·상가건물이 있는 경우에는 높이 3m 이상으로 설치
④ 가설방음벽 : 공사소음을 저감할 수 있도록 가설방음벽 설치
⑤ 공사표지판 : 사업자는 건설산업기본법에 의하여 건설공사 현황표지 설치
⑥ 가설도로 : 공사초기에 설치할 도로의 노반과 보조기층을 깔고 공사기간 중에 사용할 수 있는 가설도로 건설
⑦ 주차장 : 임시주차장 설치
⑧ 현장사무소 : 지붕 및 벽체가 있는 공간으로서, 조명설비, 전기설비, 환기설비, 냉·난방설비, 기타보안 및 안전방재시설 등 설치
⑨ 재료보관 창고 : 보관 재료의 품질 및 기능이 손상되지 않는 구조로 하고, 물빠짐이 좋은 곳에 설치
⑩ 기타 가설건물 : 각종 편의시설, 가설식당과 가설화장실 등 법규에 맞도록 설치

**◘ 환경보호시설 범위**

환경보호시설은 현장을 효율적으로 관리 및 운영하기 위해 임시로 설치하는 가설시설물, 가설공급설비와 환경피해가 최소화되도록 자연환경 및 생활환경 보전과 환경오염방지를 위한 환경관리시설을 말한다.

**◘ 공사용 장비**

공사계획에 따라 현장에 투입되는 공사용 장비(이동식 크레인, 고정식 크레인, 리프트, 윈치, 호이스트, 고소 작업차 등)의 사용 계획서를 담당자에게 제출하고, 적재 하중의 초과, 과속 등을 피하고 안전 운행에 따라 조치를 하여야 하며, 수시 점검 및 운전자에 대한 안전교육 등 안전관리에 철저를 기하여야 한다.

### (2) 가설공급설비

① 가설전기 : 동력용·조명용 전기용량 등을 감안하여 전기수급계획 수립
② 가설조명 : 구간별 조도기준을 준수하여 설치
③ 가설냉·난방 : 시공작업을 위해 명시된 조건 유지
④ 가설환기시설 : 현장 내 폐쇄된 구역에 설치
⑤ 가설전화 및 통신 : 전화 및 통신설비, 유무선통신망 확보

⑥ 가설상수 : 시공작업을 위해 필요한 양과 적합한 수질의 급수시설 착공 전 설치
⑦ 가설하수 : 기존시설물을 사용할 수 없는 경우 착공 전 하수시설 설치·유지
⑧ 가설현장배수 : 현장의 바닥면은 자연배수가 되도록 경사를 두고 필요하면 펌프 설치, 흙탕물의 유입이 우려되는 지역에는 침사지 등 설치·운영

### (3) 환경관리계획 및 환경관리시설

#### 1) 환경보전 대책

① 대기질
㉠ 현장 주변의 쾌적한 대기환경 조성을 위해 법에 따른 환경기준 유지
㉡ 대기 중에 비산먼지를 발생시키는 경우 억제 시설 설치나 필요한 조치 시행
㉢ 사업 수행 시 발생되는 폐기물을 소각하고자 할 때에는 폐기물관리법에서 정하는 적합한 소각시설에서 소각
② 수질
㉠ 현장 주변에 수질오염물질 배출 시 법에 따른 배출허용기준 준수
㉡ 불가피하게 수질오염물질이 발생하는 경우 토사유출 저감시설 등 수질오염 방지시설 설치·운영
③ 소음·진동
㉠ 법에 따른 생활소음·진동관리기준 준수
㉡ 공사차량의 운행속도를 제한하거나 소음방지시설을 설치
④ 폐기물
㉠ 현장에서 배출되는 폐기물은 법에 따라 분리수거, 수집·운반·보관 및 처리
㉡ 폐기물을 처리하기 위한 시설은 법에 의한 시설 설치·운영
㉢ 폐기물 중 재활용이 가능한 폐기물은 법에 따라 처리되도록 발주자 및 감독자와 협의 후 처리
⑤ 토양보전
㉠ 사업 수행 시 현장에서 발생하는 토양오염 유발시설은 법에 따라 조치
㉡ 토공작업 시 표토 등 비옥도가 높은 토양을 일정장소에 수집·보관·관리하여 식재토양으로 재활용
㉢ 우기에 비탈면 토사가 유출되지 않도록 보호조치시행, 가능한 우기 회피
⑥ 생태계 보전
㉠ 자연생태계를 고려한 환경친화적 건설공사가 될 수 있도록 노력
㉡ 사업 시행에 따른 식생의 훼손 최소화, 이식이 가능한 수목은 최대한

**◘ 환경관리 계획**
사업자는 수행 과정에서 환경피해가 최소화되도록 자연환경 및 생활환경 보전과 환경오염방지 등에 관한 환경관리 계획을 수립하여 환경관리 계획을 작성하여 제출한다.

활용

㉢ 건설지역에 따라 동·식물의 서식지, 이동로의 단절 등 최소화

㉣ 설계에 보전하도록 지정된 식생·경관 구조물은 발주자 또는 공사감독자의 승인을 받은 임시 울타리 등으로 구분

㉤ 건설활동은 지표수 및 지하수의 오염을 피하기 위해 감독·관리·통제하에 시행

⑦ 기타 환경관리

㉠ 사업자는 비탈면 발생지역의 안전 도모, 산사태 방지와 연약지반 등에서 발생하는 지반침하 및 배출수에 의한 피해가 발생하지 않도록 조치

㉡ 사업자는 공사 중 환경오염 피해대상지역 상태의 사전 파악 및 대책 수립

㉢ 사업자는 공사 시 발생할 수 있는 문화재의 훼손방지를 위한 사전조치 시행

㉣ 사업자는 환경영향평가법에 의한 협의 결과 이행

### 2) 환경관리시설

① 비산먼지 방지 시설 : 방진 덮개(방진망, 방진막, 방진벽 등), 세륜시설

② 토사유출 저감 시설 : 침사지, 오탁방지막 등

③ 가설사무실 오수 처리 시설 : 단독 또는 공동

④ 소음·진동 방지 시설 : 저소음 공법

⑤ 현장비 소음 저감 시설 : 가설 방음벽

### 3) 환경영향 및 저감방안

① 사업 시행으로 주변 생태계 및 생물종에 미치는 영향 파악

② 영향이 예상되는 경우 생태계 현황 및 생물종 특성에 따른 저감대책 수립

생태계 영향 예측 및 저감 대책

| 구분 | 영향예측 항목 | 저감대책 |
|---|---|---|
| 육상식물상 | 식물상 변화, 식생 변화<br>훼손 수목량 산정 | ·주요 종과 개체에 대한 대책<br>·식생 훼손의 저감과 복원<br>·공사 및 운영 시 저감 대책<br>·훼손 수목 처리 방안 |
| 육상동물상 | 포유류, 조류, 양서류, 파충류<br>육상곤충류 | ·사업 시행으로 인한 영향 파악<br>·주요종, 서식 환경에 대한 저감 대책 |
| 육수생물상 | 어류, 저서성 대형무척추동물<br>플랑크톤, 부착생물 | |
| 생태계 | ·광역 생태계의 변화<br>·녹지자연도, 식생보전등급,<br>·생태자연도의 변화<br>·주요 서식지와 이동로에 대한 영향 | ·수생태계 훼손의 저감과 복원<br>·서식지와 생태네트워크 보전 |

## 4. 토지이용 및 동선계획

### (1) 토지이용계획 수립

① UNESCO MAB 원칙에 따라 핵심, 완충, 협력공간 구획
㉠ 종의 이동 등 생태축 연결을 위한 생태통로(corridor) 계획
㉡ 훼손지역을 복원공간으로 구획하고, 복원 방법 제시
㉢ 이용지역, 학습지역 구획 후 핵심·완충·협력 지역별 구성비 산출

② 생태네트워크 구축을 위한 공간 토지이용계획
㉠ 자연환경의 보전방안, 생태체험 및 탐방이 이루어질 수 있도록 효율적인 공간 활용계획 수립
㉡ 주변 야생 동·식물 서식환경에 적합한 토지이용계획 수립
㉢ 공간상의 특성과 제한조건 등 수용가능한 기능을 공간별로 구분
㉣ 기존의 지형이나 식생 등 자연자원을 적극적으로 활용하며 양호한 자연경관은 최대한 보존
㉤ 상충되는 기능은 분리하고 상호보완 기능은 인접 배치

**◘ 토지이용계획 수립**
대상지 내 핵심, 완충, 협력, 통로, 복원 지역, 지속 가능한 이용 지역을 공간 구획하기 위하여 분석도와 종합 분석도, 구상도를 검토하여 토지이용계획을 수립한다.

### (2) 대상지 내외 동선계획 수립

① 동선의 위계 설정과 기능별로 성격이 다른 동선은 분리
㉠ 서식지의 생물종 보존을 위해, 서식환경의 간섭을 최소화하는 동선 연계계획 수립
㉡ 조성 후 유지관리를 위한 최소의 관리동선 및 탐방동선 계획
㉢ 동선의 포장재료는 자연재료 도입

② 각 공간과 시설을 연결하는 동선을 계획하고 기본계획도 작성

**◘ 동선의 위계**
주변 지역의 교통망과 접근성, 토지이용 계획과의 상관관계 등을 감안한 기능적이고 효율적인 동선 체계가 되도록 위계가 부여된 동선을 구분한다. 또한 주요 생물 서식지 등 핵심 지역의 동선은 최소화하고, 생물 서식 및 이동에 방해되지 않도록 한다.

### (3) 도면 작성

① 토지이용과 동선계획을 기본으로 한 각 이용시설 배치계획 수립
② 유네스코 MAB 공간 구획과 토지이용 및 동선 설계
③ 서식지계획에 비오톱유형도 활용

## 5. 지형복원

### (1) 원지형 확인 및 복원계획 수립

① 현황조사 및 분석을 통해 얻은 정보 참고
② 원지형을 확인하기 위하여 고지도 및 항공사진 분석
③ 원지형을 복원할 수 있는 곳은 절·성토를 통해서 복원계획 수립
㉠ 기존지형을 활용하여 생물서식환경과 지형의 특성이 보전되도록 계획
㉡ 경관과 구조적 측면 및 주변지형과의 연결성을 검토하여 형태 결정
㉢ 지형의 훼손이 최소화되도록 복원계획 수립

### (2) 계획고 확정 및 지형복원 설계도 작성

① 절·성토의 이동을 최소한으로 한 토공계획 수립

② 비탈면의 기울기는 성토 1:2~3, 절토 1:1~2의 기울기 적용

③ 지형 변화로 인한 우수의 유입과 유출 등을 고려한 배수계획

④ 훼손된 지형은 구조적으로 안정되도록 안식각 유지

⑤ 복원 목표에 부합하는 계획고 확정

### (3) 지형조성 기본 방향

① 생태복원의 목적, 시설의 기능에 따라 다양한 지형조성

② 가능한 한 건축물의 시설 입지를 제외하고는 평탄지형이 발생하지 않도록 조성

③ 농경지의 회복을 위한 지형조성 방향

㉠ 농경지 조성 이전의 자연 지형 회복

㉡ 자연지형으로의 회복이 어려운 경우 복원목표에 적합한 지형으로 복원

④ 습지조성 방향

㉠ 인위적인 터파기를 지양하고 지형의 변화에 따른 저지대를 위주로 설치

㉡ 바닥 토양은 점토함량을 높이는 개량을 통하여 조성

⑤ 지형조성의 목적 및 기본방향 숙지

㉠ 원지형 훼손 없이 사업시행이 되는 경우, 기존지형을 최대한 보존

㉡ 본래의 지형을 최대한 복원하거나 사업 목적에 맞게 지형 조성

㉢ 사업의 복원목적 및 목표종을 검토하여 생물서식 유도, 생물 이동통로 확보, 자연스러운 천이유도, 다층림 조성 등을 위하여 경사를 고려하고 다양한 지형조성

㉣ 사업지 내 연약지반, 불안정한 비탈면, 지반침하 등이 있는 경우, 그에 따른 보강조치 후 지형을 조성하여 구조적인 안정성 확보

### (4) 지형 조성 계획 수립

① 지형조성 계획고 결정

㉠ 토공량이 최소가 되도록 하며, 절·성토량의 최소화를 우선적으로 고려

㉡ 대규모 지하 굴착이 불가피한 경우 지하수위 변화와 지반 안전성에 대한 대책수립

㉢ 흙쌓기층의 무게에 의한 침하 대책 및 절·성토에 의한 비탈면의 안정성 확보

② 토공량 산정 : 결정된 계획고를 토대로 토공량 산정

③ 토공량 균형 계획방안 검토

㉠ 대상지 전체의 토공량이 균형을 이룰 수 있도록 하여 흙의 반출입이 발생하지 않도록 계획방안 검토

ⓒ 토공량이 균형이 이루어지지 않을 때에는 발주처와 협의하여 지구 외의 토취장·사토장 선정 – 가능한 운반 거리가 짧은 곳 선택

④ 배수계획 수립

㉠ 배수시설 설계도면을 보고 대상지에 설치할 위치·형태·배치 및 형상 파악

㉡ 흙이 동결되어 있는 경우에는 관의 매설 및 되메우기 작업 중지

㉢ 강우 등으로 인하여 흙다짐이 최적 함수율보다 과습할 경우 되메우기 작업 중지

㉣ 빗물에 의한 굴취 토사의 유출로 환경 피해가 발생하지 않도록 방지시설 설치

### (5) 지형조성

① 준비 작업

② 절토 및 성토

㉠ 성토 부위가 침하될 것을 고려하여 덧쌓기 실시

㉡ 식재 지역인 경우 자연상태의 토양과 같은 다짐 정도로 성토

㉢ 절·성토 과정에서 지나치게 습하거나 악취가 나며 지반이 불안정한 토양 발견 시 문제점 해결 후 치환

③ 터파기

㉠ 터파기 시행 전 매설된 지장물 조사 후 철거 등의 조치 강구

㉡ 소정의 깊이와 폭으로 굴착한 다음 바닥을 고르고 감독자 검사

④ 되메우기

㉠ 되메우기 및 다짐을 할 때 구조물에 손상을 주지 않도록 주의

㉡ 되메우기한 뒤 침하가 예상되는 경우에는 적당히 덧쌓기 실시

⑤ 잔토처리(운반)

㉠ 산재된 소량의 잔토처리는 조성되는 대지의 형상에 큰 영향을 미치지 않는 범위에서 현장 내에 소운반하여 고르게 포설

㉡ 잔토의 발생량이 많을 경우 흙쌓기용으로 유용하거나 외부로 반출

⑥ 마운딩 조성

㉠ 마운딩 조성에 사용하는 토양은 표토를 원칙으로 하며 표토가 없는 경우에는 양질의 토사 활용 가능

㉡ 마운딩 조성 시에는 부등 침하가 발생하지 않도록 설계서에서 정한 소정의 다짐 실시

㉢ 마운딩 형태는 공사시방서 또는 설계도면에 따라 최대한 자연스럽게 조성

㉣ 마운딩의 기울기는 공사시방서 및 설계도면에 명시된 바에 따르되 명시되지 않은 경우 5~30°의 범위에서 자연 구릉지 형태로 조성

**◘ 지형조성 준비작업**

우기의 지형 조성 작업은 토양 함수비의 과다를 초래하므로 연기하고, 동절기에는 원칙적으로 흙쌓기 작업을 중단하여야 하나 전석이나 파쇄암인 경우는 예외로 한다. 지형 조성 작업면의 물, 얼음, 폐콘크리트류 및 기타 유해 물질을 제거한 후 작업하며, 필요한 경우 배수구를 설치하여 배수한다.

㉤ 마운딩은 빗물의 흐름이 정체되지 않고 배수계통으로 출수되도록 시공하며, 강우 시 토사가 유출되지 않도록 유의
㉥ 외부 반입토를 사용하여 마운딩을 조성할 때에는 사전에 감독자의 승인 필요

⑦ 배수시설 설치
㉠ 대상지 여건을 검토하여 시공 상세도와 부합되는 시공 실시
㉡ 맹암거, 집수정(자갈) 등의 심토층 배수시설 터파기는 작업 완료 시까지 터파기 비탈면이 안정되도록 관리
㉢ 관 부설 깊이는 원칙적으로 동결선 이하로 실시
㉣ 관로 되메우기 시 관이 손상되거나 변형되지 않도록 배수관 상단까지 모래나 부드러운 토사로 채워 충분히 다짐을 시행하고, 나머지 부분은 되메우기 실시 후 다짐
㉤ 빗물받이 등 배수 구조물 설치 시 누수가 없도록 시공, 심토층 집수정에 유입되는 물은 유출구보다 최소 0.15m 높게 설치
㉥ 배수관의 설치는 공사시방서 및 설계도면에 따라 실시
㉦ 유공관 표면 혹은 골재 또는 배수판 상부의 토양층과 분리시키기 위하여 토양 분리포 및 부직포 설치 –연결 부위는 최소 0.2m 이상 겹치도록 설치
㉧ 설계도면에 표시된 기울기에 맞도록 하여 토출구 부분에서부터 다발관 설치
·다발관의 접합은 연결 소켓(재질: PVC, THP)을 본당(4.5m) 1개씩 사용
·연결 소켓은 L=0.3m로 양쪽에서 다발관이 각각 0.15m 유입되도록 설치
㉨ 인공지반 위나 일반토사 위에 자갈 배수층을 설치할 때는 ø20~30mm의 자갈 사용
㉩ 모든 관의 매설과 각종 시험이 완료되어 감독원의 승인 후, 공사의 뒷정리가 완전히 마무리된 상태인 경우 공사완료

## 6. 토양환경 복원

### (1) 토양 복원방법 및 개량계획 수립

① 토양오염 지역을 구획하고, 오염원을 분석하여 정리
② 오염원의 차단계획 수립
③ 토양개량계획 수립
㉠ 가능한 한 자연지역의 토양과 유사한 조건 제공
㉡ 자연 표토층의 토양환경 및 입단구조로의 복원과 표토손실 최소화
㉢ 매토종자는 목표식생 형성이 가능하다고 예측될 경우 활용
㉣ 토양동물·미생물의 서식지 복원 시 빛·토양수분·토성·공극 등 고려

### (2) 토양의 화학적·물리적 개량계획 수립

① 철분이나 기타 양분이 부족한 경우 철을 함유한 자재나 규산석회 외에 우량한 점토, 산의 붉은 흙으로 객토
② 산성토양은 소석회나 탄산석회, 고토석회 등 시용 –깊이 30cm 이상
③ 사질토양은 점토를 객토하고 유기질 비료 시용
④ 점질토양에는 사질토나 산적토 객토
⑤ 사토는 양분이 많고 점토함량이 높은 흙으로 객토
⑥ 토양 비옥도 증진 시 퇴비 시용
⑦ 물리성 개량은 토성, 입단화, 투수성·통기성 및 배수성 개량으로 시행

### (3) 표토 활용계획 수립 및 보전계획도 작성

① 토양분석을 통한 오염 유무와 유기질량 등을 확인하여 활용여부 결정
② 표토의 이용 목적, 수량 등 결정
㉠ 표토의 저장장소 우수나 토사의 유출이 적은 곳 선정
㉡ 토심 15~20cm 이내의 표토층 활용
㉢ 재활용을 위해 임시로 쌓는 표토는 3m 이하의 높이로 적치
㉣ 표토 활용 시 하층토와 복원한 표토와의 조화를 위해 최소 20cm 이상의 지반 경운 후 포설
③ 표토 보전계획도 작성 : 표토의 도면화 및 물량산출, 활용안 도면작성

### (4) 토양환경 복원계획도 작성

① 객토의 필요성 판단
② 치환·객토량, 토양 개량재 소요량에 대한 설계도면 작성
③ 치환·객토량, 토양 개량재 성분과 소요량, 비율 산정
④ 환경 신기술 적용

### (5) 토양환경 복원

#### 1) 토양환경의 조성 특성 이해

① 설계도면을 검토하여 생태복원 목적에 부합한 토양환경의 조성 특성 이해
② 토양환경 조성 시공 계획서를 검토하여 표토발생 지역, 부지 내 유용토, 반입토양에 대해 확인한 후 토양시료 채취

#### 2) 대상지의 토양 시료채취 및 분석

① 설계도면을 검토하여 주요 지점의 토양시료 채취 –다양한 환경의 표본 채취 –규모와 목적에 따라 계절과 조사 횟수를 다르게 설정
② 채취한 토양시료를 국가 또는 공공기관이 인정하는 시험기관에 의뢰 –현장조사 및 실내조사 병행
③ 토양분석 결과를 해석하여 활용

**◘ 토양의 분석**
일반적으로 표토와 물리성, 화학성을 분석하며, 필요시 토양 소동물, 토양 미생물 등의 정밀 조사를 실시한다. 토양의 물리적 특성은 유효수분, 공극률, 포화 투수계수, 토양 경도와 토양의 화학적 특성은 토양 산도, 전기 전도도, 부식 함량, 양이온 치환 용량, 전질소량, 유효태 인산 함유량, 치환성 칼슘·칼륨·마그네슘 함유량, 염분 농도 및 유기물 함량 등이다.

**◘ 표토**
지질 지표면을 이루는 흙으로 유기물, 미생물이 풍부하여 식물의 양분과 수분의 공급원 역할을 수행하는 표층 토양을 말한다. 일반적으로 지표면으로부터 30cm까지를 표토로 정의한다.

### 3) 표토 재활용 계획 수립

① 준비작업 : 분포현황을 사전에 조사하여 활용계획을 감독자 승인 후 시행

② 표토의 채집

㉠ 강우로 인하여 표토가 습윤상태인 경우 채집작업 회피

㉡ 먼지가 날 정도의 이상 조건일 경우 감독자와 시행여부 협의

㉢ 지하수위가 높은 평탄지에서는 가능한 한 채집 회피

㉣ 채집 두께는 사용 기계의 작업능력 및 안전을 고려하여 설정

㉤ 토사유출에 따른 재해 방재상 문제가 없는 구역에서 실시

③ 표토의 보관

㉠ 표토의 성질 변화, 바람에 의한 비산, 빗물에 의한 유출, 양분의 유실 등에 유의하여 식물로 피복하거나 비닐 등으로 덮어 보관

㉡ 배수가 양호하고 평탄하며 바람의 영향이 적은 장소 선택

㉢ 가적치의 최적 두께는 1.5m, 최대 3.0m 초과 금지

④ 표토의 운반

㉠ 운반 거리를 최소로 하고 운반량은 최대로 시행

㉡ 토양이 중기 사용에 의하여 식재에 부적합한 토양으로 변화되지 않도록 채취, 운반, 적치 등의 적절한 작업 순서 설정

㉢ 동일한 토양이라도 습윤상태에 따라 악화 정도가 다르므로 악화되기 쉬운 표토의 운반은 건조기에 시행

⑤ 표토의 재활용

㉠ 수목식재 시 식재수목의 종류에 따라 적정한 두께로 포설

㉡ 생태복원 녹화공사에서는 공사시방서에서 정하는 바에 따라 다른 토양 재료와 적절한 양으로 혼합하여 사용

㉢ 하층토와 표토와의 조화를 위하여 깊이 0.2m 이상 경운 후 포설

㉣ 표토의 다짐은 수목의 생육에 지장이 없을 정도로 시행

## 7. 수환경 복원

### (1) 수환경 복원 계획 목표 수립

① 수환경 조사결과 분석

② 대상지 내 생물다양성 증진을 위해 수환경 조성

③ 생물서식처 제공, 수질정화, 탄소저감 및 저류기능 등 다양한 기능을 수행하도록 수환경 계획

④ 수원 확보방안, 수체계의 유형 및 규모, 요소별 계획기법 결정

**수리·수문의 복원**

물은 지구상의 생물종들에 있어 중요한 서식처 요구조건이다. 식물의 출현에 영향을 주는 습지나 실개울의 조성을 위해서는 물을 어떻게 확보할 것인가를 우선적으로 해결한 후 수심이나 유속 등에 대한 것을 고려해야 한다.

### (2) 수리·수문 계획

① 대상지 내 유역면적 산출, 유출량, 수위 계산

② 대상지 내 습지, 계류 등 우수의 집적 및 저장량 계산
③ 물이 대상지 내로 유입되어 증발산되는 양 산출
④ 우수량이 필요량보다 적을 때 보충할 수 있는 수원 확보계획 수립
⑤ 배수체계와 습지조성 시 방수계획 수립
⑥ 유출계수 적용 및 대상지 전체 유출량 산출

❖ 최적 습지규모

① 초기우수 처리를 목적으로 할 경우에는 전체 유역 면적의 2~4% 규모로 조성하는 것이 바람직하다. 이때 전처리를 위한 침전지나 하천변 완충녹지를 조성하는 경우는 1~2%로 줄일 수 있다.
② 오염물질 제거를 위한 습지는 평균 10,000㎡~1,000,000㎡로 조성되고 있으며, 다양한 야생동물의 유인 및 서식을 목적으로 하는 습지는 5,000㎡~40,000㎡가 바람직하다. 최소한 200㎡ 이상은 확보하여야 한다

### (3) 유출량 산정

#### 1) 우수유출량 산정

① 강우강도 : 단위시간 동안 내린 강우량(mm/hr)으로 강우시간이 1시간보다 작은 경우 1시간으로 환산

· Sherman형 $I = \frac{a}{t^n}$

· Talbot형 $I = \frac{a}{t+b}$

· Isiguro형 $I = \frac{a}{\sqrt{t}+b}$

여기서, $I$ : 강우강도(mm / hr), $t$ : 강우계속시간, $a, b, n$ : 상수

② 유출계수 : 유출량과 강우량의 비율로 1년 단위의 비율이나 1시간, 1분 등의 단위시간의 비

$$유출계수\ C = \frac{최대우수유출량}{강우강도 \times 배수면적}$$

③ 우수유출량 : 강우시간, 강우강도, 토양형태, 배수지역 경사, 배수지역 크기, 토지이용에 따라 상이

우수유출량 $Q = C \times I \times A$ <합리식>

여기서, $C$ : 유출계수, $I$ : 강우강도, $A$ : 배수면적

◘ 우수유출량(runoff)

강수량 중 증발 및 흡수되거나 고이는 물 등 도중에 없어지는 물 이외에 하천이나 배수시스템에 도달하는 물의 양을 말한다.

◘ 유달시간(도달시간)

우수가 배수구역의 제일 먼 곳에서 부지 밖의 배수구로 배수될 때까지 움직이는 데 소요되는 시간을 말한다. 유입시간과 유하시간의 합으로 나타내며 강우계속시간과 동일하게 가정한다.

◘ 우수유출량 합리식 응용

$$Q = \frac{1}{360} CIA(\text{ha})$$

$$Q = \frac{1}{3.6} CIA(\text{km}^2)$$

2) 수로유출량

① 유적(유수단면적) : 수로단면 중 물이 점유하는 부분

② 평균유속 : 단위시간에 유적 내의 어느 점을 통과하는 물입자의 속도

$$Q = A \times v$$

여기서, $Q$ : 유량($m^3$ / sec), $A$ : 유수단면적($m^2$), $v$ : 평균속도(m / sec)

### (4) 대상지 내 수원 확보방안 계획 수립

① 빗물(우수), 주변 하천이나 계곡수, 용출수, 지표수, 지하수, 상수, 중수 등 다양한 수원 확보

② 습지조성으로 우수저장 및 서식처 활용

③ 하천이나 계곡에서 별도의 수로를 확보하여 습지 내로 공급

④ 용출되는 물의 양에 따라서 습지나 수로의 규모·길이 결정

### (5) 수원 확보량에 따른 복원목적별 계획 수립

① 습지의 형태는 다양할수록 좋으며, 물의 흐름방향을 고려하여 흐름이 없는 공간이 생기지 않도록 계획

② 습지는 대상지 위치에 따라 소택형, 호수형, 산림형 등으로 분류하고 목적에 따라 침전, 수질정화, 생물다양성 확보 등의 기능이 가능하도록 계획

③ 습지의 규모는 복원목적(정화습지, 저류습지, 논습지, 계류, 둠벙, 개방수면 등) 및 확보할 수 있는 수원의 양에 따라 결정

### (6) 수환경 조성 시 고려 인자

① 자연환경 요소 : 기온, 강수량, 풍속 등 인공습지의 운영 및 식물의 생육조건, 생물도입 등에 관여

② 토양 : 습지식물을 지지하며 생물학적·화학적 정화장소이며, 제거된 오염물질의 저장공간

③ 수리·수문 : 인공습지의 시설규모 및 용량, 체류시간, 수심과 관련

④ 수질 : 유입 수질은 유역 특성에 따라 다르며 일반적으로 유입 부유사, 질소·인과 같은 영양염류, 유기물 등이 주요 제거대상

⑤ 습지식물 : 수심, 유입 오염물질의 성상 및 유속을 고려하여 선정

**◘ 수환경의 조성 목적**

물은 지구 상의 생물종에게 매우 중요한 서식처 요구 조건이며 생물다양성의 증진이나 수질 정화, 기후 조절 등을 목적으로 생태복원사업에서 빠지지 않는 중요한 요소이다.

**◘ 수환경 조성 시 고려 인자**

자연환경 요소, 토양, 수리·수문, 수질, 식물, 생물 서식 환경과 경관 등

### (7) 수환경의 조성 특성

1) 대상지 여건과 사업계획서, 설계도면 비교·검토

① 목적 파악 : 사업계획서를 검토하여 수환경의 조성 목적을 파악하고,

설계도면이 사업목적에 부합하게 작성되었는지 검토

② 수환경 구성요소 파악

㉠ 수환경 구조 : 침전지, 얕은습지, 깊은습지, 저류부, 하중도 등

㉡ 지형 : 규모 및 형태, 경사, 호안재료

㉢ 토양환경 : 식생기반, 방수

㉣ 수리·수문 : 수원 확보, 유입·유출, 수심과 수위변동, 유속

㉤ 식물상 및 식생, 개방수면 확보 등

2) 적합성 검토

① 수환경의 입지 적정성 검토

㉠ 유입수가 생물의 서식에 적합한 수질 및 수량이 충분한 곳으로 선정

㉡ 급·배수 등 습지 유지에 필요한 관리를 위해 지하수위를 측정하고, 가급적 높은 곳으로 선정

㉢ 주변 생물 서식처로부터 생물종의 유입 및 접근이 용이한 곳 선정

㉣ 자동차·자전거, 보행 등의 동선으로부터 이격거리 확보 및 분리

㉤ 공사과정에서 야생동물에 미치는 영향을 최소화할 수 있는 곳 선정

㉥ 습지의 관찰자나 관리자의 안전성이 확보될 수 있는 곳 선정

㉦ 수생식물을 고려하여 지나치게 그늘지지 않는 곳 선정

❖ 수환경의 입지 선정

① 종의 복원이나 법정 보호종을 보호하기 위해 조성되는 수환경에서는 조성 후 소음 및 유해생물의 침입 등 외부환경으로부터 보호할 수 있는 지역인지 여부와 추후 수원 확보 여부 및 수리권에 대한 조사를 선행한다.

② 환경생태학습장으로 활용할 목적으로 조성되는 수환경은 도심지의 일반 시민들이 쉽게 접근할 수 있도록 한다.

② 수환경의 구조 검토

㉠ 침전지 : 유입되는 물의 운동 에너지를 소산시키고, 유량 조절, 물과 함께 유입되는 토사 제거 기능 수행

㉡ 깊은 습지·얕은 습지 : 식생 성장, 오염물질 처리, 건전한 수생태계 환경의 조성에 필요한 구성 요소

㉢ 저류부 : 출구에 조성되는 저류부는 습지에서 한 지점으로 물을 모으는 기능과 유출구의 폐쇄 및 퇴적물의 재부상 방지, 습지 유출수의 수온을 조절하는 기능 수행

㉣ 하중도 : 습지 내부에 중도를 설치하면 습지 내부에서 균일한 유량 배분을 유도하고, 생물의 안전한 서식처 기능 수행

③ 수환경의 규모 검토

㉠ 확보할 수 있는 수원의 양을 파악하여 설계도서의 규모가 적정한지 파악

㉡ 최소한 200㎡ 이상 확보, 특정종의 서식을 위한 습지일 경우에는 해

**◘ 수원의 확보**

수환경 조성 시 물의 공급원 확보는 가장 우선적으로 해결해야 할 요소이다. 특히 기존 수환경의 복원이 아닌 새로운 수환경을 조성할 경우 필요한 물을 어디서 어떻게 확보할 것인지를 우선적으로 해결해야 한다. 여러 공급 요소 중 단독 수원을 확보하기보다는 다양한 수원을 확보하도록 한다.

**◘ 체류시간**

하천수나 비교적 넓은 유역의 유출수를 대상으로 하는 등 처리해야 할 물량이 많은 경우 체류 시간을 짧게 하여 높은 수리 부하율로 운영하는 것이 유리하다. 체류 시간은 48시간이 효과적이며, 갈수기에는 유량 공급이 제한되어 3~5일 이상으로 연장한다.

당 생물종의 행동권을 고려해 크기 결정

㉢ 민감한 서식지를 보호하는 경우에는 하나의 큰 습지보다는 여러 개의 습지로 분리하는 것이 유리하므로 설계도면과 주변 현황을 검토하여 결정

㉣ 오염물질 정화를 위한 습지는 주변 환경으로부터 유입될 수 있는 오염물질에 관한 정보 등 다양한 자료를 확보한 후 분석하여 결정

④ 수환경의 형태 및 구조 검토

㉠ 습지의 형태를 결정할 때 물의 흐름방향을 고려하여 유입수가 습지 전체에 균등하게 흐르도록 계획

- 습지의 형태 및 세부형태 결정
- 적용 식물에 따른 종류 결정 : 정수, 부유, 부엽, 침수
- 수리학적 조건 결정 : 수심, 체류시간, 종횡비
- 최종 습지형태 결정

㉡ 습지의 형상은 불규칙하게 조성하고 길이 대 너비의 비는 2:1～4:1 정도 확보

- 유입구와 유출구 사이의 거리는 최대한 길게 하며 단회로(short circuiting: 흐름의 지름길)의 발생 최소화
- 적정 비율 확보 방법 : 수심이 얕은 지역, 중도(island), 침투둑, 돌망태(berm, gabion) 이용

⑤ 수환경의 경사 및 호안재료 검토

㉠ 수환경을 조성하고자 하는 지역에서 유입 하천의 하상 경사는 15% 이하

㉡ 1:20 이하의 완경사 제방에서는 주변 식생이 넓게 확장하지만, 1:3 이상의 급경사 제방에서는 식생 발달 지연

㉢ 보통 습지도 1:7～1:20의 경사가 생물다양성에 유리

㉣ 특정 생물종을 목표종으로 하는 경우 절벽에 가까운 호안구조 적합

㉤ 버드나무류로 그늘을 조성해 수온상승을 막을 수 있고, 물고기의 서식처로서의 기능도 가능

㉥ 호안의 재료는 수초나 관목 덤불림, 습생 교목림 이외에도 모래, 자갈, 작은 바위 등 다양한 재료 이용

㉦ 식물에 의한 오염 물질의 흡수·분해 기능의 추가적 확보 가능

⑥ 토양환경 검토

㉠ 토양기질 파악

- 식물 성장에 저해를 주는 혼합물과 돌이 없고 5cm보다 큰 나무 찌꺼기 같은 잔재물, 유해한 잡초 여부
- 유기물과 진흙의 함량이 적은 토양 사용
- 완전 방수의 경우 물 용적의 10% 이상 충분한 양 확보
- 흙으로 마감할 경우 식물의 생육 토심 확보와 아래층의 방수층 보호를

**◘ 습지의 형상**

길이 대 너비의 비는 수심이 얕은 지역, 중도(island), 침투둑 또는 돌망태(berm, gabion)를 이용하여 크게 할 수 있는데 이러한 구조는 유입되는 물을 습지 앞과 뒷면으로 구부러지게 흐르게 하여 수리학적 효율을 향상시키는 데 목적이 있다. 또한 지나치게 길이 대 너비의 비가 크거나 의도적으로 이를 증가시키기 위해 습지를 여러 개의 셀(cell)로 분할할 경우에는 마찰 에너지 손실이 커져 흐름이 원활하지 않아 침수의 원인이 될 수 있고 전체적인 공사비 증가의 원인이 될 수 도 있다.

**◘ 습지의 호안**

습지 바닥면은 지면보다 낮으므로 일정한 높이의 비탈면이 만들어지는데, 이 비탈면은 물리적으로는 토압과 수압에 견딜 수 있어야 하고, 생태적으로는 수중 생태계와 육상 생태계의 전이 지대 기능을 하며, 토양 침식에 의한 토사 유출이 발생하지 않도록 한다.

**◘ 토양기질 파악**

토양은 식물의 성장에 문제가 없도록 수분을 충분히 보유할 수 있거나 어느 정도 침투가 일어날 수 있는 성질인지 파악한다. 또 수질 오염물질 정화, 지하수 보호 등과 연관되므로 사업 시행 시 중요하게 고려한다.

위해 15cm 이상 피복

㉡ 토양이 식물의 성장에 문제가 있다고 파악한 경우 객토 검토

㉢ 투수성이 너무 커 습지 유지가 어려운 경우 방수 처리 검토

⑦ 수리·수문 검토

㉠ 수리·수문

·수환경과 지하수위까지의 이격 거리에 관한 규정은 따로 없으나, 불투수층의 존재는 조성된 수환경 고유의 상태를 유지하는 데 일조

·수환경이 위치할 지역에 보호를 요하는 대수층(인근 주민의 식수원)이 있으면 차수막 설치, 또는 수환경으로부터 최소한 0.6~1.2m 이상 이격

·침수·범람의 위험이 적은 지역을 선정해야 하나 불가피하게 천변에 설치할 경우에는 하천의 과거 수위 자료를 바탕으로 침수 확률 및 빈도를 분석해서 침수 시간 및 예상되는 피해 등을 사전에 분석

㉡ 수심

·습지에서의 다양한 수심은 수생식물의 성장 및 개방 수면을 확보하기 위해 최대 2.0m 이내로 조성

·주기적으로 침수가 반복되는 구간은 0~0.3m로 조성하여, 다양한 수심에 적응 가능한 습지식물 조성

·0.3~1.0m 구간에는 정수식물, 부유식물 등 다양한 식물군 조성

·깊은 곳의 수심은 1.0~2.0m로 하며, 침수식물과 부유식물 도입

㉢ 유입구 및 유출구

·유입구는 비상 여수로를 갖추고 있는 홍수 제어 목적의 습지를 제외하고는 호우 시 습지 시설을 보호하기 위하여 유입부에 우회 수로(바이패스 수로) 설치

·유입구와 유출부는 토사(sediment)의 퇴적 등으로 막힐 수 있으므로 청소 등 유지관리의 용이성을 위하여 개수로(open channel) 형태로 조성

·유입부와 유출부는 빠른 유속으로 침식되기 쉬우므로 모르타르나 콘크리트, 또는 석축, 돌망태 등으로 보강 –토공 조성 회피

·스크린은 단면적을 늘릴 수 있도록 설치

⑧ 기타 여건 검토

㉠ 수환경으로 인한 주변 구조물 침하 등 제반 문제 발생 여부 검토

㉡ 자재의 생산 및 수급 상황 확인과 제품 단종 시 대체 시설 검토

㉢ 대형목 식재 부위의 생육 공간(토심, 면적 등)이 적정한지 현장 확인

㉣ 민원 발생이 예상되는 사항에 대하여는 사전 검토

**◘ 수심**

일반적으로 얕은 습지는 대기로부터의 산소 재포기와 식물에 의한 용존산소(DO) 공급이 용이하여 질산화가 발생하며, 깊은 습지는 용존산소의 저하로 탈질산화 반응이 발생하므로 수환경 조성 시 질산화와 탈질산화를 통한 질소 제거를 위하여 다양한 수심의 습지를 조성한다.

**◘ 유입구 및 유출구**

습지 내 유입 하천과 방류 하천의 수위와 상관없이 습지 내로 적정 수량을 공급하기 위해서는 유입구와 습지, 유출구와 방류 하천과는 충분한 수두차를 확보한다.

### (8) 수환경 조성

#### 1) 수량·유속·방수·배수처리 시설

① 수환경의 형태

㉠ 부정형이면서 다양한 굴곡이 나타나나는 형태
㉡ 물의 유입구와 유출구, 계획 수심과 호안 경사 및 형상 고려
㉢ 호안의 경사는 완만하게 조성하되, 급경사도 일부 조성
② 터파기
㉠ 가급적 비가 적은 시기 선택
㉡ 지반의 침하가 우려되는 곳에서는 보강용 부직포를 방수층 아래에 포설하여 방수층에서 부등침하가 일어나지 않도록 조치
㉢ 방수층을 조성할 바닥 및 경사면을 설계도서에 따라 면 고르기 작업을 실시하고, 돌출물 및 자갈 등의 이물질 제거
③ 바닥 처리
㉠ 건조한 상태에서 방수층 조성
㉡ 식생기반 조성

❖ 식생기반

양토를 이용하여 식생기반을 조성하고, 표토를 집토하여 보관하였다가 활용할 수 있으며 수생식물의 생육과 수질정화 등을 고려하여 친환경적인 토양 보조 재료를 필요에 따라 사용할 수 있다. 수질 오염이 우려될 경우에는 자갈, 모래 등을 일부 도입한다. 토양기질은 습지 조성 초기에는 토양의 흡착 작용과 식물의 생육 때문에 인의 제거 효율이 높게 나타날 수 있으나 시간이 경과되면서 평형 상태가 된다.

④ 유입부와 유출부 조성
㉠ 되도록 길게 하고, 유량을 고려하여 단면과 재질 및 경사 결정
㉡ 표면이 거칠고 다공성인 재료를 사용하고, 단차를 많이 두어 물이 공기에 많이 접촉하도록 조성
㉢ 겨울철에 동파되지 않는 재료를 사용하여 유입로 조성
㉣ 지표수를 이용하는 경우 수위 유지를 위한 보조 물탱크 설치
㉤ 수질은 pH6.0~8.5 사이로 중성을 유지할 수 있도록 조성
⑤ 호안 조성
㉠ 경계부, 경사, 바닥의 형태 및 깊이, 재료 등을 다양하게 조성
㉡ 호안 경사는 1:10 보다 완만하게 조성하되 다양하게 조성
㉢ 비점오염원이 습지 내로 직접적으로 유입되지 않도록 조치
㉣ 물로 인한 축조면 약화 방지를 위해 지반 다짐 및 구조체 보완
㉤ 자연석 쌓기 시구조적 안전성 확보 이외의 경우에는 지나치게 큰 자연석 이용 회피

### 2) 유입수 처리 방법

① 설계 수량 검토
㉠ 설계도서에 명시된 수원 확보 방안과 현장 여건을 검토하여 최소·최

**◘ 방수층**

진흙이나 논흙을 최우선으로 선택하고, 진흙 방수의 적용이 어려울 경우 진흙과 벤토나이트(bentonite), 부직포를 혼용하고, 방수 시트는 인공 지반과 같은 불가피한 지역을 제외하고 가급적 지양한다.

**◘ 성토호안**

성토에 의하여 조성되는 호안부는 물속에서 연약해지기 쉬우므로 진흙 성분이 많을 경우에는 경사를 완만히 하여 식물 군락이 정착한 후 침수되도록 한다. 경사를 완만히 하기 어려운 경우에는 모래나 자갈이 많이 포함된 토양을 사용하거나, 통나무 등으로 호안을 처리한다.

대 유지 용수량 산정
㉡ 강우 및 강설 등 외부 유입수에 따라 평시 수량보다 초과되는 수량을 산정하여 처리계획 수립
② 최대 용수량에 따라 배수·분산·저류 등 처리
㉠ 자연배수 및 토양침투
㉡ 하나의 큰 습지보다는 여러 개의 습지로 분리하여 담수할 공간 분산
㉢ 유출부 주변에 저류 습지를 조성하여 홍수 시 저류 공간을 확보하고 유출 속도를 지연시켜 홍수부담 감소
㉣ 분산 및 저류되지 못한 유량은 월류부를 통해 배수되도록 하고, 월류부는 우수관과 연결하여 신속히 배수

## 2 서식지 복원

### 1. 생물환경요인

(1) 서식처

1) 서식처(habitat)
① 생물이 살기위한 에너지를 얻거나, 번식·월동 등의 생활하는 장소
② 독일어의 비오톱(Biotop)과 흡사한 의미
③ 복수의 서식처를 계절이나 생육단계에 따라 이용하는 생물도 존재

**❖ 비오톱(biotope, 소생태계)**

비오톱은 '생명'을 나타내는 bio와 '장소'를 나타내는 top의 합성어로 어떤 일정한 야생 동·식물의 서식공간이나 중요한 일시적 서식공간을 의미한다. 종다양성과 안정된 생태계를 갖는 서식환경의 기본단위로 야생동물이 이동하고 서식하는 데 도움이 되는 소면적의 공간단위를 말하며, 생물상의 보전과 복원·창조에 관한 모든 것을 포함한다.

2) 에코톱(ecotope, R.T.T Forman)
① 지도에 표시될 수 있는 균질한 성질(동질성)을 가진 최소의 단위
② 일반적 입지조건, 잠재자연식생이나 잠재적 생태계 기능이 균질한 곳
③ 다른 천이 단계나 토지이용의 패치를 포함하는 경우도 있음

3) 에코톤(ecotone, 추이대)
① 두 개의 이질적인 환경의 변이대
② 짧은 거리에서 환경이 갑자기 바뀌기 때문에 일반적으로 생물의 종류 풍부
③ 종다양성이 높아 생태적으로 중요하며, 여러 개의 유사한 군집 형성

**◘ 서식처(habitat)**
식물은 이동이 불가능하여 위치를 고정적으로 나타낼 수 있으나 동물은 이동하기에 고정적으로 나타내기 어려워 휴식처, 먹이터, 번식처 등으로 이루어진 생활권을 핵으로 하는 행동권으로 표시한다.

**◘ 에코톱(ecotope)**
경관모자이크를 구성하는 하나의 단위로 지질이나 지형, 토양이나 지하수의 흐름 등의 비생물적인 입지조건이 비교적 질적으로 균질한 공간인 비생물적 공간(physiotope)과 생물(주로 식생)에 의해 만들어진 질적으로 균일한 공간인 비오톱(biotpoe)을 중첩시킨 것이다.

**◘ 에코톤(ecotone)**
육역과 수역, 수림과 초원 등 서로 다른 종류의 경관요소가 접하는 곳에 생기는 지역을 말하며, 각각의 서식환경을 필요로 하는 생물뿐만 아니라, 양쪽의 환경을 모두 필요로 하는 생물들도 많아서 생물다양성 보전에 중요한 장소라 할 수 있다.

#### 4) 생물의 이동

① 생물의 이동에 의한 유전적 교류는 근교약세 및 존속에 반드시 필요것
② 생물 이동기회 보장은 개체군이나 종의 멸종을 막기 위해 중요

### (2) 식생복원

#### 1) 생태적 식재

① 대상지 주위의 환경에 적합한 자생식물을 사용하되 생태계 천이 계열 등 생태학적 원리를 응용한 배식
② 수관의 층위가 4개 이상으로 나타나는 형태와 층위를 형성하는 수종의 나이도 다르게 식재

생태적 복원공법

| 구분 | 개념 및 특징 |
|---|---|
| 자연화 기법 (naturalization) | 자연적 천이를 존중하여 여러 종을 혼식하여 환경에 적합한 식물종들이 스스로 성장해 나갈 수 있도록 해 주는 방법 |
| 개척화 기법 (colonization) | 식물종을 직접 이용하지 않고 식생이 정착할 수 있는 환경만 제공하는 기법으로 가장 소극적인 기법 |
| 자연재생기법 (종자 이용 복원, natural regeneration) | 산림의 종자원(seed source)이 가능한 곳에서 교란을 중지시켜 자연적으로 식생이 발달해 갈 수 있도록 유도하는 것으로 기존에 산림이 있는 곳에서 가장 경제적이고 효율적인 방법 |
| 핵화기법 (nucleation) | 식물을 패치 형태로 식재하는 기법으로 핵심종이 자리 잡고 난 후 자연적 재생을 가속화 하는 방법 |
| 관리된 천이 기법 (managed succession) | 선구수종과 속성수, 보호목(어린 수종을 보호하기 위한 것) 등을 혼식하여 식재한 후 인위적 관리를 통하여 자연적 천이를 유도하는 방법 |
| 원형을 활용한 생태적 식재 | 참조 서식지를 활용한 방법 |
| 복사이식 | 관목·교목뿐만 아니라 표토를 포함한 토양과 낙엽까지 이식 |
| 군집식재 (모델식재) | 복사이식이나 원형을 이용한 것과 달리 자연성이 우수한 지역을 대상으로 조사·분석 후 새로운 군집 도면을 만들어 내는 것 |

식물종의 조달방법

| 구분 | 내용 |
|---|---|
| **표토채취** | 매토종자를 포함한 표토를 채취하여 녹화할 장소에 뿌리는 방법으로 주로 습지, 2차림 등의 복원에 이용 |
| **매트이식** | 매토종자나 근경을 포함한 표토를 매트 모양으로 벗기고 녹화할 장소에 붙이는 방법으로 원래의 장소와 비슷한 식생을 복원할 수 있으며, 주로 초원 복원에 이용 |

**◘ 식생복원의 목적**

생태적 기반환경에 적합한 다양한 자생초본류 및 목본류를 이용하여 식물들이 지속적으로 건강하게 생육하게 함으로써 천이과정을 통하여 생물다양성이 높고 자연친화적인 다층구조의 식물군락을 조성하는 데 있다.

**◘ 식생복원의 기본적 접근방법**

① 생태적 기반환경에 적합한 수종 이용
② 자생종 이용
③ 다층구조 및 군집형 식재
④ 생태적 천이 이용

**◘ 다층구조 형성 식재수종**

① 교목층 : 신갈나무, 산벚나무 등
② 아교목층 : 당단풍나무, 때죽나무, 쪽동백나무 등
③ 관목층 : 생강나무, 철쭉, 진달래, 덜꿩나무, 국수나무, 병꽃나무, 조록싸리 등
④ 지피층 : 육상초화류

**◘ 식재수종의 생육보조 기법**

바람막이 설치, 90㎝ 이상 깊은 경운, 토양피복(멀칭), 주변지역의 생태교란식물 및 외래종 관리 및 유입 차단 등을 시행한다.

**◘ 멀칭(mulching)의 효과**

① 잡초 발생 제어
② 건조 시 수분증발 억제
③ 답압에 의한 토양 고결화 방지
④ 미적, 경관적 도움
⑤ 멀칭재의 부식질 환원
⑥ 생물의 다양화 촉진

| | |
|---|---|
| 종자파종 | 대량의 종자를 채취하여 녹화할 장소에 파종 또는 분사방법으로 주로 비탈면 녹화에 이용 |
| 묘목재배 | 목본종자를 채취하여 대량으로 묘목을 육성해 이를 녹화장소에 이식하는 방법으로 주로 공장 외주부, 도로 식수대 등 대상의 녹지대 조성에 이용 |
| 근주이식 | 수목을 근원 가까이에서 벌채하여 그 근주를 이식하는 방법으로 맹아성이 있는 수목을 이식할 때 주로 이용 |
| 소스이식 | 종자가 붙은 식물 개체를 녹화할 장소에 이식하여 자연스럽게 종자를 파종하여 주위에 그 종의 개체를 늘리는 방법으로 주로 군락 내에서 개체수가 적은 수종의 이식에 이용 |

식재용 종자의 구분

| 구분 | 내용 |
|---|---|
| 주구성종 | 종자파종에 의한 식생복원에서 목표로 하는 식생 종을 말하며, 복원된 식생에서 가장 중요한 위치를 차지하는 식물종이다. |
| 보전종 | 주구성종의 성장을 도와 토양 및 주변 식물을 보전하기 위하여 혼파 또는 혼식하는 식물을 총칭하며, 보통 비료목초와 선구식물을 사용한다. |
| 재래식물 | 외래식물에 반대되는 개념으로, 어느 지역에 자생하는 식물로서 외래종과 귀화종을 제외한다. |
| 향토식물 | 오랜 기간 지방의 기후와 입지환경에 잘 적응해서, 자연 상태로 널리 분포하고 있는 식물을 그 지역의 향토식물이라 한다. |
| 도입식물 | 자연 혹은 인위적으로 이루어진 훼손지나 나지에 식생을 개선할 목적으로 파종, 식재 등 여러 가지 방법으로 들여온 식물을 말한다. 외래식물, 향토식물의 초본, 목본, 덩굴식물 등 여러 가지가 포함된다. |
| 외래식물 | 외국으로부터 도래된 식물의 총칭으로 귀화식물도 포함된다. 그리고 귀화식물은 인위적으로 자생지에서 다른 지역으로 이동된 식물이 그 토지에서 왕성하게 적응하여 야생화된 식물이다. |

### 2) 식물의 유전자 이동

① 꽃가루에 의한 유전자 이동 : 화분의 매개에 따라 풍매화, 충매화, 조매화, 수매화 등으로 분류

② 종자에 의한 유전자 이동 : 종자의 산포방식에 따라 분류

종자의 산포방식

| 구분 | 내용 |
|---|---|
| 중력산포 | 중력에 의해 모체에서 바닥으로 떨어져 산포하는 방식 |
| 풍산포 | 바람에 의해 모체에서 멀리 떨어진 장소로 운반되는 방식으로 종자는 가볍고 긴 털이나 날개 등 바람을 타기 쉬운 구조로 도시화 지역과 같이 단편화된 육상 지역에서 유리 |
| 수산포 | 종자를 물에 띄워 하천의 유수나 해류를 타고 종자를 산포시키는 것으로 수변을 서식장소로 하는 종의 방식 |

**◘ 매토종자**

야외에서 성숙하여 산포된 종자 중에는, 발아하지 않고 그대로 토양에 묻혀 토양 속에서 휴면하면서 보존된 종자를 '매토종자'라 한다. 계절적 매토종자와 영속적 매토종자로 구분할 수 있다. 매토종자의 수명은 식물의 생활형에 따라 결정되며, 지표에 가까울수록 개체수가 많게 된다. 토지를 개변할 때 매토종자를 포함한 표토를 채취하여, 개변된 토지에 산포함으로써 원래의 식생을 복원시키는 방법도 있으나 종에 따른 환경조건이 다르기에 어렵지만, 복원지역에서 식물군집의 성립가능성을 알기 위해서는 중요하다.

| | | |
|---|---|---|
| 기계형산포 | 자동산포라고도 하며 모체 자신이 종자를 흩어지게 하는 기구를 지니고 있으나 흩어 뿌린다고 해도 그 거리는 고작 수 m나 수십 m에 지나지 않음 | |
| 동물산포 | 부착형 산포 | 동물의 몸에 종자를 부착시켜 운반하게 하는 방법으로 종자가 동물 몸에 붙기 쉽게 갈고리 형태를 한 외피를 발달시킨 것이 다수 |
| | 피식형 산포 | 과실이 일단 동물의 먹이로 동물체내에 들어간 후 종자가 분으로 배출됨으로써 산포되는 방식으로, 주로 포유류나 조류가 산포를 담당. 특히 조류는 멀리까지 운반이 가능하여 산포가 우수하며 '조산포'라고도 함 |
| | 저식형 산포 | 종자를 저장하는 동물이 종자를 모체로부터 멀리 떨어진 장소로 운반하여 땅속에 저장함으로써 다른 장소에서 생육이 가능하게 하는 방식으로, 종자를 저장하는 주된 동물은 포유류인 다람쥐류, 조류인 어치새 등이 있음 |

3) 식물(다년생)의 생활사

① 종자기 : 부모 개체로부터 산포된 종자로서의 시기
② 실생기 : 종자가 막 발아한 시기로 환경의 변화에 약한 시기
③ 생육기 : 실생에서 더욱 성장한 단계이나, 아직 개화하거나 결실할 수 없는 시기
④ 성숙기 : 개화와 종자 생산이 가능하여 차세대를 생산하는 시기
⑤ 휴면기 : 건조, 한냉, 고온 등 생육 부적기에 성장을 일시적으로 정지하는 시기
⑥ 과숙기 : 종자생산이 불가능해진 시기부터 고사할 때까지의 기간

◘ 식물 생활사
① 종자기
② 실생기
③ 생육기
④ 성숙기
⑤ 휴면기
⑥ 과숙기

(3) 야생동물의 서식환경

1) 패치(Patch)

① 동물의 적정수용력을 파악하여 먹이처, 은신처로 이용되는 식생군집의 적절한 규모와 형태를 결정하는 기본단위
② 개별개체가 아닌 개체군 수준으로 다룰 것
③ 동일한 면적을 하나의 패치로 나누어 구성하는 것이 유리
④ 지나치게 작은 규모의 패치는 은신처 기능 상실
⑤ 조류의 먹이원인 곤충들의 재공급이 가능한 녹지 간 한계거리는 약 1km

◘ 야생동물의 서식 구성요소
먹이, 물, 은신처(cover), 공간(세력권 및 행동권)의 요소를 확보하여야 살아갈 수 있다.

2) 이동로(Corridor)

① 평면적 연결성 유지, 안전이동, 자원제공의 기능의 선형적 통로
② 폭의 변화에 따라 선형, 대상(띠), 하천

◘ 동물의 이동목적
① 부적합한 환경의 장소 회피
② 번식
③ 개체군의 분산

3) 서식처의 다양성

① 서식처 환경조성의 가장 기본이 되는 이론
② 생태계 개념의 근간(기초)

4) 서식처의 연속성

① 다양성과 더불어 야생동물의 밀도와 분포를 결정짓는 기본요소

② 야생조수의 서식환경이 될 수 있는 소생물권과 패치의 연속성 중요

③ 각 공간 간에 연결되는 고리와 축 필요

5) 주연부(전이지대, 추이대, edge, ecotone)

① 높은 식생다양성, 풍부한 먹이자원, 다양한 은신처 존재

② 길이가 길고 폭이 클수록 넓은 전이지대 형성으로 다양한 서식처 조성

③ 주거단지 내부와 선형 공간에서 길이를 늘일 수 있도록 비정형적 또는 불규칙적 형태로 조성

④ 주변 산림과의 연결성 위해서 초본, 관목, 교목의 순으로 주연부 처리

⑤ 주거단지 내부와 선형 공간에서 길이를 늘일 수 있도록 비정형적 또는 불규칙적 형태로 조성

6) 완충지

① 생태적으로 민감한 지역의 훼손 및 간섭을 줄이기 위한 것

② 개발지역과 인접한 하천·야생동식물 서식처·자연식생군락의 주변에 조성

## 2. 목표종 서식지 복원

### (1) 생태네트워크 계획 수립

① 상위 생태네트워크를 검토하기 위한 자료수집

㉠ 고지도, 지형도, 도시계획도, 항공사진 등 문헌과 지자체·국토지리정보원에서 검색하여 자료를 수집하고, 도상에 대상지의 위치를 적색 이점쇄선으로 표기

㉡ 국토 중장기 계획, 도시계획, 공원녹지 계획도 등 상위 관련 계획을 지자체 문헌 및 홈페이지에서 검색하여 수집하고, 도상에 대상지의 위치를 적색 이점쇄선으로 표기

② 상위 생태네트워크를 검토하고, 생태네트워크의 연계성 계획

㉠ 대상지를 중심으로 상위계획 및 관련 자료를 정리 후 도면 표기

㉡ 생태네트워크 구축을 위한 연결 및 생태축 설정

·도면의 중첩 등 분석을 통하여 생태축 설정

·주풍향, 녹지의 연결성, 거리 등을 고려하여 생태축 설정

### (2) 목표종에 따라 서식지복원 계획 수립

① 목표종 선정

㉠ 대상지 특성 및 사업의 성격, 규모 등을 고려하여 목표종의 필요 여부 판단

㉡ 목표종이 필요한 경우 생태기반환경 및 생태계 등의 조사·결과를 분

**◘ 목표종 선정**

목표종은 대상지역에 분포하는 생물종 중 법정보호종인 천연기념물과 멸종위기 야생생물 등 보전 가치가 있는 종을 우선적으로 설정하며, 목표종이 명확하지 않거나 목표종 설정이 불필요한 경우 일반종의 종다양성 증진을 목표로 한다.

석하여 목표종 설정

② 목표종 서식 환경 요소를 고려하여 서식환경계획 및 설계

㉠ 야생 동물의 서식지 구성 요소인 먹이, 은신처(cover), 물, 공간 확보

㉡ 목표종의 생활사를 고려하여 복원계획

㉢ 분류군별 서식지 및 대체서식지 조성계획 및 설계

### (3) 서식지의 크기, 형태, 위치 결정

① 일반적으로 목표종의 산란·번식·은신을 위한 핵심 지역은 대상지 크기의 60% 내외로 설계

② 서식지의 형태는 사각형보다는 원형으로 하며 가장자리가 밋밋한 것보다는 굴곡진 형태로 설계

**◘ 서식처의 크기**

① 야생동물의 수를 결정하는 생태적 수용력의 지표

② 서식처의 크기는 획일적이지 않도록 조성

③ 서식처의 크기는 가능한 크게 조성

④ 정착해 사는 종과 이동하는 종의 서식처 크기의 차이 고려

### (4) 보호종 이주 및 이식계획 및 설계

① 보호종 반입에 따른 공급 계획 및 인허가, 도입 개체수 산정과 서식지 규모와 위치에 대한 계획 수립

② 보호종의 공급 및 도입 방식 결정

③ 보호종 이주 설계

④ 수목과 대단위 식생군락 조성 등의 이식계획

⑤ 안정된 생태계 구축을 위한 종별 서식지 간 연계방안 및 생태네트워크 계획

### (5) 이주 또는 정착방안 수립

① 순응적 관리 및 침입종 관리 계획 수립

② 복원 과정을 관찰하고 복원 효과를 검증하기 위해 단기·중기·장기적으로 모니터링 방법, 기간, 횟수 등을 명시한 계획 수립

③ 해당 지역 행정기구, 전문가 집단, 지역 환경단체, 지역 주민 등을 활용한 종 증진 프로그램 계획

④ 외래 침입종의 관리계획 수립

### (6) 적합성 검토

① 대상지 내 생물종과 목표종의 생활사 특성 파악

② 대상지 내 생물종과 목표종의 서식지 특성과 현장상황의 적합성 검토

**◘ 적합성 검토**

대상지 내 서식하고 있는 중요 생물종과 목표종의 생활사 특성에 따른 산란처, 은신처, 먹이터 등의 서식지 특성을 파악하고, 대상지 내 생물종과 목표종의 서식조건에 맞는 공간이 대상지 내 존재하는지를 조사하여 적합성을 검토한다.

### (7) 서식지 복원 시기 설정

① 목표종과 보호종의 생활사 특성에 맞게 복원시기 설정

② 번식·산란시기를 파악하여 가급적 그 시기를 피하여 복원 시행

### (8) 복원 공법 선정

① 주변 생태계에 미치는 영향을 최소화하기 위한 시공범위 설정
㉠ 시공범위나 장소를 최소화하여 범위설정
㉡ 시공 중 피난처 확보

② 설계도서를 검토하여 서식지 복원공법 선정
㉠ 목표종 분류군별 복원공법 선정
㉡ 생태계 유형별 복원공법 선정

### (9) 보호종 이식 또는 이주 시행

① 보호종 이식 또는 이주 관련 법령파악 및 의견수렴
② 대상지 내 보호종 서식실태 파악
③ 이주 예정지역을 조사하여 서식 적합성을 판단하여 대체서식지 선정
④ 관할기관에 허가신청
㉠ 이주지역 선정
㉡ 보호종 포획 및 방사 허가신청
⑤ 동물 보호종 이주 시행
㉠ 보호종 포획
㉡ 이주지역에 방사
⑥ 식물보호종 이식
㉠ 이식지 기반조성
㉡ 식물보호종 채취
㉢ 토양운반
㉣ 대체서식지에 이식
⑦ 이주지역에 대한 모니터링과 유지관리 시행
㉠ 이주지역(대체서식지)에 대하여 이주종의 생태적 특성에 따라 지속적인 모니터링 실시
㉡ 모니터링 결과에 따라 유지관리방안 제시

◘ 보호종 이식절차
① 관계법령 파악
② 대상지 내 보호종 서식 실태파악
③ 이주 예정지역 분석 및 선정
④ 보호종 포획 및 방사 허가신청
⑤ 보호종 포획 및 이주·방사
⑥ 결과보고
⑦ 모니터링 및 유지관리

## 3. 곤충류 유인 및 서식처 복원

### (1) 곤충 서식처의 입지 조건

① 산림이나 숲 가장자리 추이대 지역의 햇빛이 잘 드는 곳(최적의 입지)
② 적당한 크기의 습지와 상당히 넓은 면적의 초지, 덤불이나 조그만 숲을 조성할 수 있는 충분한 공간 확보(약 10,000㎡ 이상)
③ 관목과 교목 식재가 가능하고, 적당한 마운딩 가능 장소
④ 습지의 크기는 50㎡ 이상이고 가까운 곳에 다른 습지나 수변공간이 위치하면 유리

### (2) 곤충 서식처의 주변지역 환경조건

① 종공급원 기능 및 다양한 곤충류 유인이 가능한 산림이나 대규모 녹지 공간

② 잠자리의 비상거리인 1km 이내에 다른 연못이 있어 다양한 잠자리 서식 유도

③ 큰 도로변은 소음과 대기오염이 심해 곤충류의 서식을 저해하는 요인으로 작용

### (3) 곤충 서식처 조성원칙 및 고려사항

| 구분 | | 조성원칙 및 고려사항 |
|---|---|---|
| 전체시스템<br>(생물서식공간) | | ·나비원 –나비류의 먹이식물과 수액식물<br>·잠자리연못<br>·다공질 공간과 식생 –딱정벌레류의 서식 유도 |
| 서식환경 | 토양 | ·재래종 곤충류 먹이식물이 번성한 지역의 토양을 대상지에 복토하여 자연식생으로의 회복 유도<br>·성토된 일부 지역에 부식층과 낙엽층을 형성하여 산란장소와 월동장소를 제공<br>·모래나 자갈로 구성된 장소 제공 |
| | 공간구성 | ·완만하게 성토된 양지바른 지역에 나비류 먹이식물을 중심으로 한 초지조성<br>·주변 녹지공간이나 산림과 가까운 지역에 나비와 딱정벌레의 먹이식물이나 수액식물, 산란장소 등으로 기능하는 교목림 조성 |
| | 식생 | ·나비 유충의 먹이식물, 성충의 흡밀식물 및 먹이식물, 나비와 일부 딱정벌레의 수액식물 등을 잘 조화시켜 식재<br>·나비의 산란과 우화, 월동 등에 이용되는 관목과 교목을 적절히 성토된 지역에 식재<br>·다공질 공간과 관목으로 구성된 덤불 조성<br>·도입하는 식물은 주변의 자생지로부터 이식<br>·연못의 수생식물은 잠자리의 산란장소, 유충의 생활 및 우화장소로 매우 중요<br>·연못에 햇볕이 충분히 들도록 호안에 교목식재는 가급적 회피<br>·연못·호안에는 수생식물과 다층림을 조성 |
| 수환경 | 수질 | ·잠자리 유충의 생육을 위해 생물화학적산소요구량(BOD) 10ppm 이하 유지 |
| | 수심 | ·완만한 경사를 유지하고 수심은 30㎝ 이상이면 가능, 곤충의 유충생활에 수심 50㎝ 이상 적합<br>·깊은 곳은 수심 1m 정도, 얕은 곳은 10~30㎝로 조성<br>·수초를 도입하여 잠자리의 산란장소 제공 |
| | 연못모양 | ·타원형이나 표주박 모양 등 변화있는 형태<br>·호안 구성은 주변경사와 호안처리 재료의 다양화<br>·연못 수면적의 60% 이상을 개방수면으로 조성하여 잠자리 유인 |

| | | |
|---|---|---|
| | 공급용수 | ·지하수가 나오는 장소가 연못조성의 최적지<br>·수원을 우수나 강물을 이용, 갈수기 대비한 보조수원(수돗물, 지하수)준비<br>·수질확보를 위한 수질정화효과를 위한 다양한 요소(낙수, 수로, 갈대 등) 도입 |
| 수변환경 | 호안주변 | ·연못 내부와 호안 주변에 말뚝과 통나무를 배치하여 잠자리와 나비의 휴식장소 제공<br>·상부가 평평한 바위(거석)를 배치하여 잠자리 우화장소로 활용 |

(4) 곤충 서식처 조성기법

1) 생태연못

① 생물서식처 및 수질정화기능을 목표로 인공적으로 조성한 못으로서 넓은 의미의 습지로 구분

② 생물서식공간에 물의 도입은 생물다양성 증진에 효과적 기법

③ 수생·습지식물의 서식처, 곤충·어류·양서류의 서식처 및 조류의 휴식처

④ 수질정화 및 생태교육의 장

2) 식재기법

① 생태연못 식재계획

㉠ 물에 알을 낳는 곤충, 물을 먹어야 하는 곤충에게 중요 요소

㉡ 비행성 곤충이 물을 쉽게 파악할 수 있도록 50~60% 개방수면 유지

㉢ 대형정수식물은 생장이 빨라 급속히 확장하므로 개방수면을 덮지 않도록 경계말뚝이나 포트를 이용한 식재 필요

㉣ 수심이 얕은 지역에 키 작은 정수식물을 식재하여 잠자리의 산란지 제공

❖ 수생식물 도입

① 정수식물(추수식물)

·수심 20㎝ 이상 : 갈대, 애기부들, 고랭이, 창포, 줄 등

·수심 20㎝ 미만 : 택사, 물옥잠, 미나리 등

② 부엽식물 : 마름, 자라풀, 어리연꽃, 수련, 가래 등

③ 부유식물 : 개구리밥, 생이가래 등

④ 침수식물 : 검정말, 말즘, 물수세미 등

② 야생화초지 식재계획

㉠ 꿀을 필요로 하는 벌과 나비를 위한 서식처 조성

㉡ 조성면적은 가급적 100m×100m 이상

㉢ 다양한 곤충류 서식을 유도하기 위하여 먹이식물 중심의 초지 조성

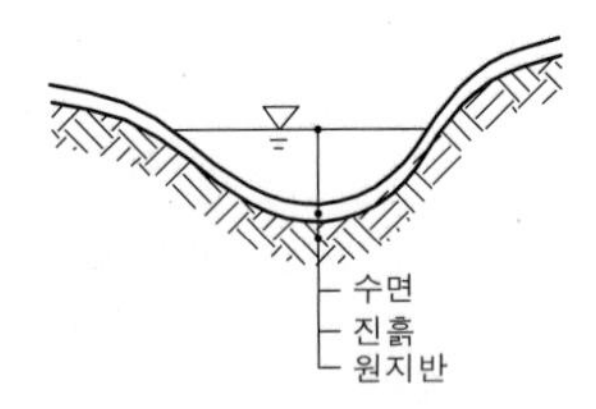


방수할 필요가 없을 경우에는 점착성이 강한 진흙이나 논흙 등을 이용하여 습지를 조성한다.

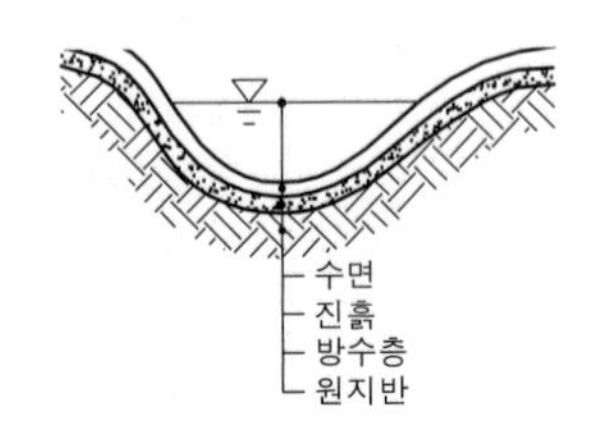


방수시트, 벤토나이트 등을 이용할 경우에도 기초방수는 방수재료를 이용하지만 그 위에 피복토층으로 진흙이나 논흙 등을 이용하면 생태적인 측면에서 바람직하다.

[ 연못의 방수기법 ]

㉣ 봄에서 가을까지 곤충이 유인될 수 있도록 개화시기와 화색 고려
㉤ 연못주변에서 덤불·숲까지 지형, 토성, 향, 그늘 정도, 낙엽이 쌓이는 정도 등을 고려하여 식재
㉥ 초지 군데군데 수관이 넓지 않은 교·관목 식재로 잠자리나 나비의 휴식처 제공

③ 교·관목 식재계획
㉠ 나무나 고목을 이용하는 곤충을 위한 식재
㉡ 조성면적은 가급적 100m×100m 이상
㉢ 호랑나비과(제비나비, 호랑나비)의 대표적 먹이식물 : 황벽나무, 산초나무, 탱자나무, 머귀나무, 누리장나무, 초피나무, 황경피나무, 운향과 식물
㉣ 일부 나비류와 딱정벌레류 먹이(수액식물) : 상수리 나무를 비롯한 참나무류, 버드나무류
㉤ 대기오염이나 소음이 심한 경우 상록활엽수를 이용한 차폐식재 도입

### 3) 호안처리

① 전반적인 호안 경사는 완경사로 하는 것이 바람직함
② 사람이 접근하지 못하도록 수변식재 고려
③ 사람이 접근 가능할 경우 통나무나 돌을 이용하여 무너짐 방지
④ 일부 호안은 나비가 앉아서 물을 먹도록 식재하지 않고 모래나 자갈 등으로 구성된 호안 조성

### 4) 다공질 공간

소동물이나 곤충을 위한 공간으로 생물다양성에 기여

다공질 공간 분류

| 구분 | 내용 |
|---|---|
| 돌무더기 놓기 | 서식처 근처에 배치, 곤충의 산란·월동장소 |
| 통나무 쌓기 | 활엽수가 적당하며 통나무는 길이와 직경이 일정하지 않은 것으로 조성하는 것이 좋음. 곤충의 서식처, 피난처, 월동장소 |
| 고목배치 | 통나무 쌓기와 비슷한 것으로 썩은 공간을 선호하는 곤충에게 유용하며 습하거나 그늘진 곳에 배치하여 조기 부식과 이끼류 피복을 유도함. 참나무류 고목은 딱정벌레 유충의 먹이가 됨 |
| 나뭇가지더미 놓기 | 곤충의 먹이식물 주변에 배치하며, 산란·월동장소 제공 |
| 낙엽층 및 부엽토 쌓기 | 산란·월동장소 제공 |

## (5) 잠자리 생태연못

### 1) 조성기법

**◘ 곤충의 유인**

곤충은 식물의 색과 향기에 의해 유인되는데, 그 모양이 크고 뚜렷한 색깔과 향기가 진한 식물을 선호한다.

**◘ 나비 먹이식물(야생화)**

얼레지, 민들레, 제비꽃, 기린초, 엉겅퀴, 까치수영, 쑥부쟁이, 구절초, 족도리풀, 현호색, 쥐방울덩굴, 토끼풀, 자운영, 나리, 낭아초, 오이풀, 제비쑥 등을 개화시기와 화색을 고려하여 가급적 20포기 이상씩 식재한다.

**◘ 나비 먹이식물(목본류)**

진달래, 수수꽃다리, 신나무, 얇은잎고광나무, 고추나무, 백일홍, 자귀나무, 주홍나무, 싸리나무, 참나무류, 팽나무, 풍게나무, 버드나무류, 청가시덩굴, 청미래덩굴 등을 개화시기와 화색을 고려하여 가급적 10그루 이상씩 식재한다.

① 잠자리 유충은 수중 또는 습한 펄, 식생의 조직 내에서 생활하므로 연못을 개수할 때 유치할 종의 성장단계별 생태적 특성에 따른 환경조건 정비
② 부유식물, 부엽성 식물 식재와 50~60% 이상의 개방수면 확보
③ 연못의 수심은 최대 50㎝ 정도와 수심 10㎝ 정도의 습지대도 조성
④ 다른 시설과의 경관상 조화 및 자연스러운 형태와 디자인 배려
⑤ 애벌레의 우화 및 산란을 위해 수직적 장소가 필요 –정수식물, 오르기용 나뭇가지, 말뚝, 통나무 등 사용
⑥ 상부가 평평한 바위(거석)를 배치하여 우화장소 제공
⑦ 잠자리는 보통 야간이나 새벽에 우화하므로 수면 주위나 바로 위에 야간조명 금지

**2) 관리기법**

① 연못 바닥의 모래펄, 낙엽 및 낙지는 유충의 거처나 먹이의 발생원이기 때문에 가능한 한 남김
② 배수량의 조절은 한 번에 물을 빼는 것을 피하고, 1/3 정도로 나누어 교체
③ 간이 잠자리 유치 수조 등에 물을 보급할 때에는 1/3~1/4 정도면 수돗물을 사용해도 지장은 없음

**◘ 잠자리 대상종 환경선택**
실잠자리과는 접수면의 부엽식물을 선택하고, 잠자리과는 부유식물의 중간 줄기와 말뚝 위, 산잠자리과나 왕잠자리과의 잠자리는 수면 위 1~2m의 공간 등을 선택한다.

### (6) 반딧불이 서식처 조성기법

① 다슬기, 달팽이 등 패류의 서식여부가 반딧불이의 서식에 매우 중요
② 다슬기과의 서식환경
㉠ 하천의 상류와 산간계곡의 소하천에서 주로 서식
㉡ 하상이 굵은 모래나 자갈이 주를 이룬 곳에서는 돌에 붙어 생활
㉢ 물의 낙차가 있고 수류가 빠르며 용존산소량이 충분한 곳 선호
③ 달팽이과의 서식환경
㉠ 논이나 농수로, 수심 20㎝ 이하로 유속이 느린 곳에 서식
㉡ 청정한 수환경보다는 물의 흐름이 거의 없으며 유기물이 많은 논 선호
㉢ 수분과 부식질은 달팽이류의 서식조건 중 가장 중요한 요인

**◘ 애반딧불이**
1년 동안 '알→유충→번데기→성충'의 성장단계를 거치는 완전변태 곤충이며, 달팽이의 서식환경 조성에는 반딧불이 종류별 생활사의 이해가 가장 중요하다.

반딧불이 서식조건 및 공간모형

| 장소구분 | 내용 |
|---|---|
| 산란장소 | ·유충의 생활장소 가까이에 부드러운 이끼, 풀, 흙으로 구성된 곳 |
| 유충의 생활장소 | ·사행하천으로 하폭 1~5m, 수심 10~30㎝, 유속 10~30㎝/sec 소하천<br>·논은 애반딧불이 유충의 서식에 최적의 환경 제공 –논우렁이<br>·농수로는 유속이 느리고 수심 20㎝ 정도로 깊지 않으며 자연스런 형태<br>·호소환경기준 2~3급수 정도에 서식 |

| | |
|---|---|
| 용화장소 | ·물이 약간 고여있는 지표, 풀뿌리 등의 1~2cm 정도의 얕은 곳에 번데기 방 조성<br>·하천, 논, 농수로 제방은 폭 3m, 높이 1~1.5m로 조성 |
| 휴식 및 비상공간, 교미장소 | ·벼의 잎 뒷면, 수로 주변 나뭇잎 뒷면, 풀숲 속, 바위의 이끼 속에서 휴식<br>·하천을 중심으로 한쪽은 위요된 산림, 다른 한쪽은 개방된 논이나 습지 확보<br>·수로변의 풀, 수목의 잎에서 주로 교미, 주변 지역으로부터 조명·소음 등 부정적인 영향이 안 미치는 곳 |

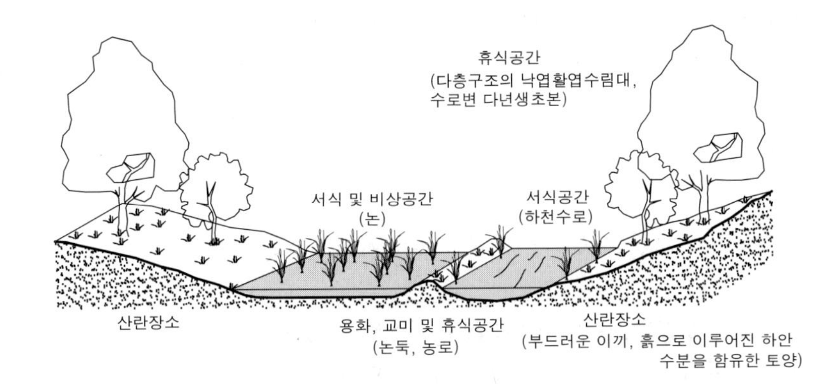


[ 반디불이 서식공간 모형 ]

(7) 어류 서식처 조성

① 어류 서식에 지장을 주지 않도록 수질관리가 가능한 형태로 조성
② 휴식 및 은신처로 웅덩이나 연안의 가장자리 부근에 수초나 돌틈 조성
③ 여름철 수온상승과 겨울철 동결심도를 고려하여 1m 내외 수심 조성
④ 모래, 자갈, 진흙 등의 다양한 재료를 이용하여 다양한 저서환경 제공
⑤ 어종과 산란지와의 관계를 파악하여 필요로 하는 공간 제공
⑥ 조성대상지역의 인근 유역에서 채집한 자생어종 도입
⑦ 서식처 조성 후 수환경이 어느 정도 안정 되었을 때 어류 도입

산란장소별 어종

| 산란장소 | 어종 |
|---|---|
| 모래자갈 | 피라미, 갈겨니, 버들치 |
| 물풀부착 | 붕어, 미꾸라지, 송사리 |
| 돌밑부착 | 붕어, 밀어 |

(8) 양서류 서식처 조성

1) 양서류의 특징

① 비교적 넓은 수환경과 그 주변에 습초지 등이 형성된 습지에 서식

② 파충류나 대형 조류(백로, 왜가리, 황조롱이)의 먹이원
③ 개구리류의 개체수 증가나 서식처 복원은 먹이사슬의 다양화에 기여
④ 핵심지역과 완충지역에 서식공간 필요
⑤ 봄에는 산란을 위해 수역으로, 여름에는 먹이처 및 은신처로 가을에 동면을 위해 동면장소로 이동

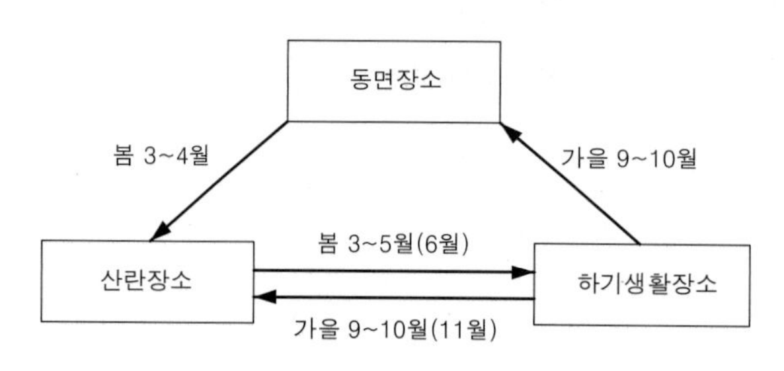


[ 양서류의 연간 생활사에 따른 장소 구분 ]

2) 양서류 서식처로서의 저습지 조성
① 저습지는 2개의 생태연못으로 구성
② 하천의 만곡부에 조성하여 물의 유입과 유출을 자연스럽게 유도
③ 저습지 규모는 30~50㎡ 정도
④ 저습지 중간에 낮에 휴식을 취할 수 있는 구릉을 초지와 함께 조성
⑤ 연못의 깊은 수심은 100~150㎝, 가장자리 수심은 0~30㎝
⑥ 저습지 주변의 초지일대는 경사각 10°의 낮은 경사 처리
⑦ 저습지 가장자리 둘레 면적은 최소 2.0m 유지하여 은신처 제공
⑧ 수변부에 다양한 수생식물을 식재하여 산란처 제공
⑨ 수질 pH4.0 이하로 산성화되면 산란에 장애
⑩ 소생물권 요소들을 다양하게 조성하여 연쇄적인 먹이사슬 구조 형성
⑪ 목본·초본식물을 도입하여 생물의 수직적 서식공간 및 먹이 제공

3) 식생도입
① 식생도입은 생물의 서식처인 동시에 먹이자원 역할
② 자생식물인 갈대, 부들, 매자기 등 습지성 식물 활용
③ 수생식물과 습지성 식물의 유형을 구분하여 배치
④ 습지성 초본식물은 아름다우며, 곤충을 유인할 수 있는 종 도입
⑤ 검정말, 나사말 등 침수식물은 물속의 용존산소량을 증가시켜 수서곤충이 다양화되어 먹이자원이 풍부해지는 구조 형성
⑥ 양서류의 활동범위를 고려한 서식환경 제공

(9) 조류 유인 및 서식처 조성

1) 조류의 생태적 특성

① 포유류와 함께 고차원 소비자로서 서식처에 있어서 중요한 역할
② 조류의 먹이 : 물, 유실수목, 곤충, 어류, 양서류
③ 조류가 다양하게 서식하면 안정된 먹이사슬이 형성 –생태적으로 양호한 서식지
④ 인간의 간섭에 매우 민감하고 비교적 넓은 서식처 요구
⑤ 넓은 서식처를 확보하지 못하면 주변의 양호한 서식처 활용
⑥ 조류는 일주행동을 보이며 주행성과 야행성으로 구분
⑦ 대개 조류는 주행성 이며, 일출과 동시에 행동하며 야간에는 수면

2) 서식처 조성기법

① 수심은 2m 이하로 다양하게 조성
② 대부분의 조류는 완경사면 호안을 선호
③ 조류가 공중에서 인식할 수 있는 서식환경 조성
④ 다층구조의 식생구조 형성
⑤ 나무구멍을 둥지로 이용하는 조류를 위한 인공새집 가설
⑥ 중도 조성 : 휴식처 및 서식처
㉠ 중도의 길이와 폭의 비율은 5:1~10:1 적절
㉡ 생태연못 면적의 1~5%의 면적으로 조성
㉢ 중도의 호안도 생태연못의 모양처럼 불규칙한 곡선 이용
㉣ 중도 내의 경사는 10% 내외로 조성

환경조건별 서식조류

| 구분 | 내용 |
|---|---|
| 조류와 수심 | · 깊은 곳 : 수면에서 생활하는 조류 –쇠물닭 등<br>· 얕은 곳 : 물가에서 생활하는 조류 –덤불해오라기, 황로 등 |
| 조류와 물바닥 | · 돌틈, 바위 : 꼬마물떼새, 노랑할미새 등<br>· 모래, 자갈땅 : 쇠제비갈매기, 흰물떼새 등<br>· 점질토 토양 : 큰뒷부리도요, 물떼새류 등 |
| 조류와 식생 | · 갈대밭, 억새, 줄 등 정수식물대 : 개개비, 물닭, 청둥오리 등<br>· 풀밭 : 덤불해오라기, 쇠오리, 흰뺨검둥오리, 알락도요, 고방오리 등<br>· 관목, 덤불류 : 고방오리 등<br>· 교목 : 황로, 왜가리, 검은댕기해오라기, 백로류 등<br>· 고목 : 호반새 |
| 조류와 물가장자리 | · 약간 가파른 경사지 : 물총새류, 갈색제비 등<br>· 완만한 경사지 : 청호반새 등 |

3) 식이식물의 식재

① 식생은 조류의 은신처나 피난처 및 먹이원 역할
② 교목과 관목을 적절히 심어 서식공간 조성 및 다양한 종자식물 식재

**◘ 조류의 유인**
연못 주위에 물새류를 유인하기 위해서는 수변부에 몸을 숨길 수 있는 갈대와 습지, 수목의 숲을 조성하고, 물새들이 먹을 수 있는 각종 수생동물과 곤충류의 서식밀도를 높이도록 수변부를 다양하게 조성한다.

**◘ 조류의 번식단계**
결혼기→영소기→산란기→포란기→육추기→가족기

**◘ 조류의 채이**
조류의 먹이는 종류에 따라 차이가 있다. 대부분의 소조류는 번식기에 곤충, 거미, 지렁이 등을 채이하는 비율이 높고, 월동기에도 식물의 열매 등을 채이하는 경우가 많다. 조류의 종류에 따라 어류, 수생식물, 수생곤충, 갑각류 등의 소동물을 다양하게 채이한다.

**◘ 조류의 식이식물**
팽나무, 산뽕나무, 벚나무, 아그배나무, 황벽나무, 감나무, 딱총나무, 섬딱총나무, 두릅나무, 쥐똥나무, 쉬나무, 개오동, 개머루나무, 노박덩굴, 멀구슬나무, 팥배나무, 고염나무, 청미래덩굴, 찔레나무, 조팝나무, 갈풀, 억새, 매자기, 마름, 가래, 좀개구리밥, 나도겨이삭, 큰고랭이, 여뀌, 버들여뀌, 메밀, 벼, 보리, 옥수수, 콩, 조, 수수, 시금치, 배추 등

4) 조류의 휴식처 조성기법

① 앉아서 쉬는 공간 조성 －고목, 횃대(통나무 박기)

② 식물섬(부도) : 수질정화뿐만 아니라 조류의 휴식처 및 서식처

5) 조류관찰을 위한 이용자 통제 및 관찰시설 조성

① 조류의 서식을 위해 외부의 간섭을 최대한 억제

② 생물을 위한 공간으로 사람들의 출입 제한

③ 관찰행위로 인한 간섭을 최소화 하기 위한 관찰로 조성 －은신형 유리

[ 횃대 설치 ]

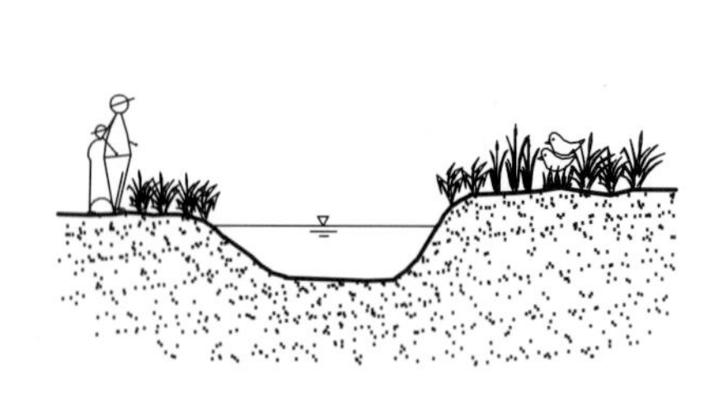

서식처에 진입할 수 없도록 수로 조성

조류의 서식처에 사람의 간섭을 피하는 식재

[ 조류 서식처조성 ]

[ 식물섬(부도) 조성 ]

## 4. 숲 복원

### (1) 다층구조의 숲복원 계획 수립

① 기본 방향 설정

㉠ 식물이 지속적으로 건강하게 생육하도록 환경복원 계획

㉡ 천이과정을 통하여 자연친화적인 다층구조의 식물군락 조성

② 잠재자연식생을 고려해 향후 대상지 식생 변화상을 예측한 계획

㉠ 주변 식생 및 매토종자 등에 의한 유전자원 검토

㉡ 천이에 따른 변화 예측

③ 동물 유인을 위한 식이·흡밀식생대 조성계획 수립

④ 산림의 내부 및 주연부 식생계획과 생태적 식생복원계획 수립

⑤ 참조구 설정을 통한 식생복원목표 수립

⑥ 수직·수평적 다층구조를 반영한 식생계획 수립

### (2) 식생현황도 작성 및 기존수목 활용도면 작성

① 수목현황 파악을 위한 현장조사 및 수목현황도 작성

② 기존 수목의 수종, 생물서식과 관련된 활용성, 생육상태, 수형, 수령 등을 감안하여 활용 여부 판단

③ 가식장과 반출 수목에 관한 사항 작성

◘ 숲복원 기본방향

목표종 서식에 필요한 핵심 구성요소를 파악하여 숲복원의 기본 방향을 설정하며, 생태적 기반환경에 적합한 다양한 자생 초본류 및 목본류를 도입한다.

◘ 도시림의 유형

① 생활환경

② 경관형

③ 휴양형

④ 생태계 보전형

⑤ 교육형

⑥ 방재형

### (3) 식물종 선정

① 수생식물, 습생식물, 육상식물 등 식물의 수환경 적응도에 따른 생태적 특성을 충분히 이해한 후 선정
② 식물상 및 식생도입 목적에 적합한 종 선정
③ 기후변화 대응방안을 고려하여 탄소의 흡수능력이 높은 식물종 도입
④ 훼손지 및 척박한 지역에서는 질소고정식물을 함께 식재하는 것 고려
⑤ 대상지 외에서 도입하는 경우 유전적 교란을 억제하기 위한 대안 필요

**식물종 선정**
대상지의 생태기반환경, 목표종 먹이원 등을 반영한 식물종을 선정하며, 지역 고유 생태계의 보전, 생물학적 침입의 제어 등을 위하여 자생종 사용을 원칙으로 한다.

### (4) 도면작성 및 재료조달 계획 수립

① 선정된 식생모델에 따라 수종, 규격, 식재 밀도를 결정하여 도면화
　㉠ 참조 생태계를 파악하여 식재모델 선정
　㉡ 수종, 규격, 식재 밀도에 따라 단위당 모델을 작성 후 도면화
② 재료조달 기본계획 수립
　㉠ 식물종 선정은 시장 조사를 통해 유통 가능한 식물종 중심으로 선정
　㉡ 시중에 거래되지 않은 종 중 특별히 필요한 종은 직접 채취계획 수립
　㉢ 복원지역에 자생하는 식물종의 줄기나 종자를 채집하여 인근 지역에서 생산 또는 이식
③ 대상지 식생현황과 참조 생태계를 파악하여 잠재자연식생도 작성

### (5) 복원식생·외래종·이입종의 유지관리계획 수립

① 복원식생의 생장에 따른 변화 등 생육형을 검토하여 연차별, 중장기별 관리계획 수립
② 식물종별 생육특성을 고려한 관리계획 수립
③ 밀도조절, 잡초제거 등 구체적인 작업 종과 작업시기·횟수 등 기준 설정
④ 외래종과 이입종을 구분하여 제거대상 식물종의 참고사진 등을 첨부한 식생 유지관리계획 수립
⑤ 연간유지관리 계획표 작성

물리적 방법에 의한 외래종 제어 방법

| 처리방법 | 내용 |
|---|---|
| 수작업에 의한 제거 | ·과도 성장한 식물을 직접 뽑아냄. 시간 소모가 많다는 단점이 있지만 습지생태계에 주는 충격 최소화 가능 |
| 기계 작업에 의한 제거 | 수작업에 의한 제거로 잡초를 제거하기 힘든 지역에 적용 |
| 서식처 환경 변화 | ·영양물질, 물의 순환체계를 변화시킴<br>·수위조절은 습지의 서식환경을 조절하는 데 가장 중요한 요소<br>·퇴적물 제거<br>·수위조절과 준설작업을 시행할 때는 습지생태계에 대한 이해와 주의를 필요 |

### (6) 적합성 분석

① 설계도서 검토

㉠ 생태계 천이를 고려하며, 조성계획 수립 시 입지여건, 지형적 특성, 기존식생의 활용 등 숙지

㉡ 조성목표에 따라 목표수종, 속성수종, 보호수종, 시비 수종, 경계부 수종 등으로 구분하고, 수종구성과 군식의 성격 이해

㉢ 숲 조성 시 식물생육을 위한 최소유효표토층 깊이 60cm 이상 확보

㉣ 현지 내 보전을 위한 방안으로 자생종의 훼손을 지양하고 원상태 유지·보완 여부 이해

② 현장상황과 설계도서와의 일치여부 검토

㉠ 현장조사를 통해 사업대상지와 주변 식생현황 파악

㉡ 현장상황과 설계도서상 계획의 일치여부 파악

### (7) 식물재료 수급

① 숲복원에 필요한 식물종 파악

② 숲복원에 도입되는 식물종의 수급가능여부 검토

㉠ 설계내역서에 반영된 식물종의 조달방법을 고려하여 수급방법 결정

㉡ 숲복원 사업기간은 단년보다는 장기간일 경우가 많으므로 복원사업 적용시점 1~2년 전에 미리 수급계획 수립

㉢ 내역단가와 공급단가를 비교하여 실행단가 산출

❖ 식물종 수급

① 종자를 채취하여 묘목을 육성하거나 묘목을 구입하여 성목으로 육성해서 활용할 경우, 묘목재배로 적합한 수종을 선정하고 종자채취, 묘목구매, 양묘장 위치, 양묘장 조성 후 유지관리에 대한 계획을 수립한다.

② 바로 수급을 해서 숲 복원에 적용해야 할 수종은 시장공급이 가능한 종류인지 파악하고 수급이 어려운 수종은 공사감독자와 협의하여 기능이 유사한 다른 수종으로 대체를 검토한다.

③ 수환경의 구조 검토

④ 숲 복원 식물재료 수급계획 작성

⑤ 숲 복원 식물재료 수급

㉠ 식물재료 반입 전에 식재공간이 확보되는지 반드시 확인

㉡ 당일 식재함을 원칙으로 하나, 부득이하게 당일 식재하지 못하는 경우 현장 내 가식장 확보

### (8) 시공계획서 작성

① 식물종 반입시기에 따라 인력투입계획 작성

◘ 식물재료 수급계획

사업대상지 내 서식하는 생물종과 목표종을 고려하여 수립한 숲 복원 공정계획에 따라 식물재료 수급 및 현장 반입계획을 작성한다. 당년에 구입해서 바로 활용할 식물재료와 재배·육성하고 성장시기에 따라 1~2년 후에 적용할 재료 등을 구분하여 반입계획을 수립한다.

② 식물종 반입시기에 따라 장비투입계획 작성
③ 식물종 반입시기에 따라 식재를 위한 부자재투입계획 작성

### (9) 숲복원시행

① 식물의 식재
㉠ 지형조건 파악
㉡ 표토 및 식생기반 조성
·유기물층 30cm 이상 확보, 뿌리분 신장을 위한 60cm 이상의 토심 확보
·통기성과 투수성이 양호하고 양분과 수분이 적당한 토양 확보
㉢ 식재 시행
② 종자파종
㉠ 시공계획서를 토대로 한 시험시공 수행
·시험시공의 수행
·시험시공 검측
·생육정도를 판정
㉡ 비탈면 안식각, 토질특성에 적합한 식재
③ 식재관리 : 숲의 안정적 활착을 위해 관수, 시비, 전정, 양생, 월동작업 등의 방법 시행

**❖ 식물종 복원 및 관리기법**

① 자연식생녹지는 자생수종의 생태적 특성을 토대로 훼손지 복구 및 복원을 검토한다.
② 자연식생은 외래종 식재나 인위적인 녹지관리를 지양하고, 천이가 진행될 수 있도록 유도한다.
③ 인공조림녹지는 도시성화하여 자생종의 종자전파가 어려우므로 천이계열상 발전기에 속하는 종을 도입한다.

**◘ 식생복원 절차**

① 현장준비
② 표토 및 식생기반 조성
③ 식재구덩이 굴착
④ 식재
⑤ 활착을 위한 보호조치
⑥ 모니터링 및 유지관리

**◘ 식재순서**

① 식재구덩이 파기
② 수목 앉히기
③ 토사채움 후 바닥고르기
④ 관수 후 물조임
⑤ 물받이 후 주변정리
⑥ 지주목 세우기

**◘ 경사도 파악**

경사도 5~15%의 완경사지가 가장 적합하며 30% 이상의 경우 토심과 토질을 고려하여 수종을 선정하거나 경사지 식생 공법을 적용한다.

## 5. 초지복원

### (1) 초지복원의 목표설정에 따른 계획

① 목표종 서식에 필요한 핵심구성요소를 파악하여 초지복원 계획
② 생태적 기반환경에 적합한 다양한 자생 초본류 도입
③ 초지군락이 형성될 입지(토양조건, 배수조건 등) 및 주변 식생의 구조를 고려하여 선정
④ 대상지의 환경조건을 반영한 목표 결정
㉠ 곤충류를 목표종으로 초지복원
㉡ 주변 식생복원지 또는 산림과 연결
㉢ 참조구 선정을 통한 초지복원 목표를 구체적으로 수립

**◘ 초지복원 기본방향**

천이계열의 초기단계로서의 천이과정을 통하여 식물종간 경쟁을 고려하여 계획하며, 식물이 지속적으로 건강하게 생육하도록 환경복원계획을 한다. 수목을 위주로 하지 않고 잔디류나 초화류를 이용한 야생화 경관 조성을 목표로 한다.

(2) 서식지에 적합한 초지복원 설계

① 보호종 및 목표종을 고려한 초지복원 설계
㉠ 식물들 간에 타감작용이 있거나 경쟁이 심한 종 배제
㉡ 다른 생물종의 서식이나 유인에 도움이 되는 식물 선정
㉢ 복원지역 면적에 따른 군집의 크기를 고려하여 설정

② 저습지와 습초지 설계
㉠ 저습지 : 양서류 산란처, 소곤충의 서식지, 조류 먹이터, 목욕터
㉡ 습초지 : 곤충류의 유인, 양서류 은신처, 휴식처
㉢ 건생초지 : 파충류 휴식처, 은신처, 곤충 먹이터

③ 동물 유인을 위한 식이·흡밀식생대 설계
㉠ 애벌레의 먹이가 될 수 있는 잎·줄기를 제공하는 식물 선정
㉡ 벌·나비를 유인하는 흡밀식물의 개화시기 고려 및 관찰계획 수립

서식처별 생물종을 고려한 곤충서식처 식물선정의 예

| 처리방법 | 서식처 요구조건 | 서식 예상종 | 식재종 |
|---|---|---|---|
| 잠자리 서식처 | 먹이식물의 식재 | 물잠자리, 검은물잠자리, 실잠자리 등 | 원추리<br>비비추<br>작약<br>다래<br>바위취<br>더덕<br>도라지<br>능소화<br>인동덩굴 |
| 나비 서식처 | ·나비유충의 먹이인 식초식재<br>·나비의 수분섭취를 위한 가는 모래·흙, 모래·자갈이 혼합된 공간을 만들어 무기물질을 섭취할 수 있는 환경조성<br>·나비가 모이도록 잡목 군락지 조성 | 호랑나비, 노랑나비, 제비나비, 네발나비, 배추흰나비, 흰나비 등 | |
| 기타 곤충 서식처 | ·다공질 공간, 산란·월동 장소 조성<br>·연못은 타원형이나 표주박 모양으로 변화가 있는 형태로 조성<br>·말뚝이나 통나무를 배치하여 휴식장소 제공 | 소금쟁이, 장구애비, 물장군, 물자라, 물방개, 하루살이, 바수염날도래 등 | |

④ 표토를 이용한 초지복원 설계
㉠ 표토의 활용 방안과 채취시기, 보관기간 및 활용 장소 등 고려
㉡ 채취 전 식생조사 결과와 비교하여 상관관계를 분석하여 사용
㉢ 향후 관목류와 교목류의 이입과 천이를 목표로 할 경우 충분한 토심 확보

⑤ 야생화초지 설계요소
㉠ 색깔(color) : 비슷한 계열의 시각적 조화와 보색을 사용한 완벽한 대비 구성
㉡ 질감(texture) : 식물의 형태와 질감으로 초지조성 시 입체감 제공
㉢ 식물의 형태 : 상록성 식물(지속적), 낙엽수·구근류·다년생 식물(계절적)
㉣ 층(layer) : 야생화, 단식림, 다층림 등으로 시선 조화

**◘ 표토의 이용**

표토를 이용한 식생복원 방법은 표토 내 매토종자에 의해 원활한 자연복원력을 가지고 있고, 주변 지역과 유사성을 지니고 있기 때문에 생태계 교란을 방지할 수 있으며, 다양한 종 특성을 가지고 있어 풍부한 식생군락 조성이 가능하다.

**◘ 층(layer)**

야생화초지의 층은 시선과 관련이 있는 데, 기존의 주변 식생과 조화를 이루는 자연스러운 다층구조의 식재가 바람직하다.

### (3) 식물의 도입

① 식물상 및 식생도입 목적에 적합한 종 선정

② 선정된 초본류는 건습도, 음양성, 토양비옥도 등의 생육조건을 고려하여 위치 선정

③ 종자파종을 이용한 적정공법 결정

㉠ 완성되는 시기를 고려하여 파종시기와 초종 선정

㉡ 비탈면에 적용 시 침식 가능성이 높은 구간에 조기녹화를 위해 불가피하게 외래종을 사용해야 하는 경우 신중한 설계 필요

④ 뗏장을 이용한 복원계획

㉠ 한국잔디의 뗏장 식재적기는 4~6월, 한지형잔디의 뗏장 식재적기는 9~10월과 3~4월

㉡ 뗏장의 폭과 시공간격에 따라 평떼붙이기와 줄떼붙이기로 구분하고, 완성 후의 품질, 경제성 등을 고려하여 선정

㉢ 평떼붙이기는 잔디피복률 100%로 계획, 뗏장이 서로 어긋나도록 배치

㉣ 줄떼붙이기는 시공성과 경제성 및 가시적 품질 등을 고려하여 떼의 폭과 식재간격 설정

⑤ 초화류를 이용한 복원계획

㉠ 일년초와 다년초를 용도에 맞게 선택

㉡ 야생초화류는 비탈면이나 녹지대, 훼손지 등의 교목하부 등에 적용

⑥ 개화시기, 형태, 내음성, 토양조건, 배수조건 등을 고려하여 초종과 식재간격 결정

**▫ 초본식물종 선정**

지역 고유 생태계의 보전, 생물학적 침입의 제어 등을 위하여 자생종을 선정하고 주변 경관과 조화되는 다년생 향토 초본류 사용을 우선으로 하며, 복원할 지역의 환경조건을 충분히 고려한다.

**▫ 야생초화류**

야생초화류는 우리나라의 산야에 자생하는 초화류로써 지피성과 경관성이 우수하며 번식력이 강한 것 중에서 주변 경관과 잘 조화되는 다년생 향토 초본류를 선정한다.

식물종별 식재 밀도(간격)

| 구분 | 15cm (49본/㎡당) | 16.5cm (36본/㎡당) | 20cm (25본/㎡당) | 25cm (16본/㎡당) |
|---|---|---|---|---|
| 식물종 | 개맥문동 맥문동 | 까치수영, 개미취, 구절초, 곰취, 금낭화, 금불초, 기린초, 땅나리, 노루오줌, 돌단풍, 동자꽃, 둥굴레, 마타리, 무릇, 물레나물, 배초향, 벌개미취, 복수초, 산괴불주머니, 산국, 쑥부쟁이, 애기나리, 좀비비추, 앵초, 원추리, 은방울꽃 | 관중, 도라지, 대사초, 범부채, 붓꽃, 비비추, 옥잠화, 용담, 작약, 참나리, 참취, 초롱꽃, 층꽃, 터리풀, 패랭이, 하늘매발톱 | 기타 관목 |

**▫ 협력지역의 식재 밀도**

통행량이 빈번하거나 이용자가 많은 협력지역의 초지는 번성할 경우에는 보행자, 이용자의 관점에 따라 시각차폐에 의한 범죄우려나 보행불편을 초래할 수 있으므로 동선에서 이격하거나 밀도를 조정하도록 하며, 키가 낮은 초종을 위주로 계획 한다.

### (4) 초지복원시행 준비

#### 1) 식재시기 검토

① 설계도서 검토

② 현장상황과 설계도서와의 일치여부 검토

㉠ 현장조사를 통해 사업대상지와 주변 식생현황 파악

㉡ 현장 상황과 설계도서상 계획일치여부 파악

③ 초지복원에 필요한 식물종 파악
④ 초지복원에 도입되는 식물종의 수급가능여부 검토
⑤ 초지복원 공정계획에 따라 식물재료 수급 및 현장반입계획 작성
⑥ 초지복원 식물재료 수급

2) 시공계획서 작성

① 식물종 반입시기에 따라 인력투입계획 작성
② 식물종 반입시기에 따라 장비투입계획 작성
③ 식물종 반입시기에 따라 식재를 위한 부자재투입계획 작성

#### (5) 초지복원시행

① 초지조성

㉠ 복원대상 초지별 특성 파악

- 건초지의 복원 : 토양의 성분이 점질을 띠지 않고 사질이거나 침수 일수가 연간 60일 미만인 환경으로서 내건성이 있는 초본류로 조성
- 습초지의 복원 : 호습성 초본류를 위주로 한 초지 형태로서 대개 습한 상태를 지속적으로 유지할 수 없을 경우가 빈번히 발생되므로 내건성과 내습성이 동시에 우수한 식생 선정
- 기수역 습초지의 경우 염분정도에 따라 염생식물 고려
- 수생식물 군락 : 수심이나 수위변동에 민감하며, 수심 2m 내외에 생육 가능, 유속이 빠른 곳보다는 느린 곳에서 서식 유리

㉡ 지형 조건 파악

㉢ 표토 및 기반 환경 조성

- 초지의 생산성을 감안하여 양분이 풍부한 토양 사용
- 어느 정도의 지형 변화를 통해 초지의 단조로움 완화
- 초본류는 10~30cm 정도 토심에도 생육과 번식 가능
- 향후 관목·교목류가 이입되는 천이를 고려하여 충분한 토심 확보

② 초본류 식재 및 파종
③ 초지의 활착을 위해 활착제 살포, 관수, 시비 등의 방법 시행

**□ 규격묘**

규격묘 사용으로 공사의 질을 균일하게 조절할 수 있다. 모든 규격묘는 1년 이상 파종상이나 번식장에서 재배된 충실한 묘를 사용하고, 관상기간을 고려하여 준비된 묘를 식재하는 것이 원칙이다.

**□ 야생화초지의 물리적 요소**

야생화초지는 여러 가지 환경요소 중에서 특히 토양·광·수분·천이 등의 영향을 많이 받게 된다.

## 3 하천(수변) 및 습지 생태계 복원

### 1. 하천의 복원

#### (1) 하천복원의 개념 및 기본방향

① 생물들이 건전하고 생명력 있게 살아갈 수 있는 터전을 만들며 생태적 지속가능성을 높이는 중요한 과정

**□ 하천복원**

훼손된 하천의 물리적 형태 및 생태적 기능을 회복시키는 과정으로 자정기능, 경관, 생물 다양성 등 하천의 기본적 기능을 복원하고, 수로와 수변 공간을 가능한 원래의 자연하천 형태로 물리적 복원을 하는 것이다.

② 생물서식지, 자정작용, 경관과 친수성 등 하천이 지닌 성질을 되살리기 위한 과정
③ 어떠한 형태로든 훼손된 하천의 구조와 자연적 기능을 회복하는 것
④ 하천의 구조와 기능을 고려한 종적 및 횡적구조 복원
⑤ 서식처를 연결하는 생태공학적 복원
⑥ 자연친화적인 공법으로 하천 복원
⑦ 하천에 교란을 주는 원인을 제거하거나 감소시키는 소극적인 활동으로부터 교란으로 훼손된 하천을 적극적으로 복원하는 활동을 모두 포함

**◘ 자연친화적 하천 정비 방향**
① 자연 하천 고유의 매력 유지
② 자연과 조화를 이룬 정비
③ 다양한 자연재료의 사용 및 적절한 정비기법 도입
④ 다양한 수변공간의 창출
⑤ 본류와 지천, 하천 상·하류와의 연속성을 고려

**❖ 사행하천(곡류하천)**

대부분의 자연하천의 형태로, 경사가 완만한 하천의 중·하류에서는 주로 옆으로의 침식 작용이 일어나 곡류가 발달하게 된다. 곡류에서 침식 에너지가 큰 쪽은 하천의 벽을 침식하고, 에너지가 작은 쪽은 운반되어 오는 물질을 퇴적시켜 S자를 연결해 놓은 듯한 사행하천을 형성하게 된다. 일반적으로 만곡도(S)를 이용하여 하도의 길이가 하곡의 길이보다 1.5배 이상일 때의 하천을 사행하천이라 한다.

$$S = \frac{\text{수로(유심선)거리}}{\text{계곡거리}}, \quad S > 1.5\text{인 경우 사행하천 판정}$$

### (2) 수변완충녹지대

#### 1) 수변완충녹지대의 필요성
① 비점오염원 관리에 상당히 긍정적
② 도시 및 농촌의 유출수나 폐수 등에 효율적 여과 및 수질관리
③ 야생동물의 서식처 창출 및 어류 증가효과 등 다양한 역할
④ 선형적 특성을 가지고 있어 야생동물의 이동통로로서도 중요
⑤ 강둑의 안정화와 토사유출 및 홍수의 위험 감소
⑥ 수변코리더의 시각적 질과 쾌적성 증진

#### 2) 수변완충녹지대 폭
① 수계 내로 유입되는 오염원의 여과효율의 정도에 따라 결정
② 폭은 질소와 인, 침전물의 여과 정도에 따라 정해지는데, 토지이용, 식생과 피복 상태, 경사, 토양 등 고려
③ 질소의 제거는 산림의 10~30m에서 발생하고, 물의 저장과 식물흡수, 탈질화 등이 적절한 곳에서는 10m 정도로도 가능
④ 인의 제거는 넓은 완충녹지대폭이 필요하나 50m를 초과하면 폭에 비례해 효과가 나타나지 않음
⑤ 인과 질소의 제거를 위해서는 30m 정도의 폭이 적당

수변완충녹지대(Buffer strips) 유형

| 분류 | 내용 |
|---|---|
| Riparian buffer strips | ·농지로부터 떨어져서 관리되는 수로를 따라 폭 5~50m의 식생녹지대로 조성<br>·일반적으로 영구적인 것이지만 윤작의 한 부분으로 일시적일 수도 있음 |
| Vegetated filter strips | ·식재된 지역이나 자생식물이 있는 녹지대<br>·정화녹지대는 수로 옆에 위치할 수도 있지만 농장에서 유출된 유출수를 처리하기 위해 농장 건물 근처에 종종 사용<br>·풀로 덮인 수로가 유출수를 모으는 재배지역에 사용<br>·화녹지대와 풀로 덮인 수로는 유출수의 속력을 감소시켜 침전물을 가두는 역할 |
| Riparian zone | ·서식처로 사용되는 지역으로 반자연 식생과 관련됨<br>·야생동물 및 수생서식처 보호 |
| Conservation headlands | ·넓은 잎의 잡초밀도를 높이고, 병아리의 먹이가 되는 곤충을 증대하여 산란 증대<br>·선택된 화학혼합물이 유해한 잡초제거조절에 사용됨 |
| Field margin | ·필드 가장자리는 경작지 가장자리, 초지와 불모지의 경계지, 울타리, 둑, 배수구 같은 것의 경계지의 세 지역으로 구분 |

**□ 수변완충녹지대의 유형**
수환경에 미치는 비점오염원의 영향을 저감하는 기능을 하는 수변완충녹지대는 교목, 관목, 초본, 수생식물 등의 식생으로 이루어진 습지, 초지, 산림 등 다양한 형태로 나타나고 조성될 수 있다.

**□ 하천수질정화 방법**
스크린법, 도수, 보전수로, 대류언·박충류·하상구조물, 역간접촉법, 폭기, 산화지, 수생식물에 의한 수질정화법 등이 있다.

## 2. 생태하천 복원

### (1) 생태하천의 개념

#### 1) 생태적 하천의 형성

① 자연하천은 주기적인 퇴적과 침식을 반복하면서 그 구간에 맞는 하상과 하도 형성
② 여울은 유속이 빠르고 폭기작용을 통해 용존산소량이 증가하며, 어류의 산란 및 서식공간 제공
③ 소는 유속이 느리고 각종 영양물질과 부착조류가 풍부하여 어류 및 수생생물의 서식처 및 피난처 제공
④ 인공하천의 여울과 소는 자연하천의 구조를 그대로 흉내내는 것

#### 2) 여울과 소

① 여울과 소를 조성하기 위하여 200~300㎜의 자갈을 하상바닥에 깔고 직경 120㎜의 나무말뚝 고정
② 거석을 이용할 경우 돌은 수면 아래에 배치하고, 여울의 상류는 작은 자갈을, 하류는 거석을 사용하여 홍수류 대처
③ 여울의 길이는 하폭의 4~6배 정도, 사행 파장은 8~12배 정도가 적당
④ 여울 및 웅덩이는 하폭의 1~3배 정도의 간격 유지
⑤ 여울의 형상은 V자로 설계하여 여울 주변부 호안의 세굴 감소와 여울

**□ 생태하천**
하천이 곡류하게 되면 수충부 밑은 깊은 소(pool)가 형성되고, 상류 곡류하도의 수충부에서 하류 곡류하도의 수충부로 넘어가는 중간부분은 하천운반물질이 퇴적되어 수심이 얕고 물살이 센 여울이 나타난다. 여울과 소는 치수적인 측면과 생태적인 측면에서 하천에 중요한 역할을 하게 된다.

[사행하천에서의 소-여울 구조 ]

위·아래 하도의 양안에 와류를 형성케 하여 물고기의 피난처 제공

3) 저수로 및 저수호안

① 불투수층인 토양을 기반으로 연중 내내 얕은 물에 덮여 있는 육지와 개방수역 사이의 전이지대

② 저수호안(물가) 수충부 기울기는 급하게, 비수충부는 완경사로 조성하고, 비대칭 횡단지형 구조를 통한 자연발생적인 정수식물 형성 유도

③ 저수호안은 생태적 추이대(ecotone) 기능을 회복케 하여 어류, 수서곤충류 등의 다양한 생물의 서식기반 제공

④ 저수호안에 식생여과대를 확보하여 수질정화 기능 부여

⑤ 치수적 안정성 확보가 가능한 생물서식처 복원공법 도입

⑥ 생태계 복원을 목적으로 하되 부분적으로 친수 및 주민휴식공간 조성

■ 호안보호 공법

① 수충부 호안 : 돌망태 공법, 사석돌망태 공법, 사석버드나무섶단 공법, 사석징검다리 공법

② 비수충부 호안 : 욋가지덮기 공법, 돌심기 공법

③ 만곡부 호안 : 녹색마대 공법

(2) 생태하천복원 설계

1) 생태하천복원 계획 수립

① '수생태계 건강성' 회복에 초점을 두고 사업계획 수립

② 하천의 생태계를 구성하고 있는 물리적·화학적·생물학적 요소들의 안정화를 위한 모니터링 결과를 바탕으로 복원계획 수립

③ 과거와 현재 상태를 조사하여 생태계의 훼손현황과 원인을 정확히 이해하고 그 원인을 해결하는 데 초점을 맞춘 복원대책 수립

④ 수질개선시설, 오염퇴적물 준설, 오·우수 분리, 하상여과시설 설치, 수질정화습지 조성, 비점오염저감시설 설치, 정화식물 도입, 오염물질의 침전·여과·분해·토양흡착 등의 원리를 이용한 수질정화시설 설치 계획

⑤ 수생태계 복원시설인 여울, 소, 수제 조성, 어도 조성, 보·낙차공 철거 및 개량, 둔치부 식생복원 및 비오톱 조성, 생태저류지 및 수생생물 서식지 조성, 수변생태환경 및 생태벨트 조성, 강, 도랑 및 둠벙 조성 등 수생태계 복원을 위한 시설 계획

⑥ 건천화된 하천의 수질개선 및 수생태계 복원을 위해 필요한 환경생태유량을 공급하기 위한 시설 계획

2) 생태하천복원 적용 공법 선정

① 하천이 지닌 본래의 자연성과 생태적 기능이 최대화될 수 있도록 조성

② 하천 내외의 인공적인 생태계 교란요인 제거

③ 자연에 가깝게 복원하고 건강한 생태계가 유지될 수 있도록 설계

④ 관련 환경신기술 및 특허 등 검토

3) 생태하천 복원 시 검토사항

① 주요 야생동물의 서식여부를 검토하여 이에 대한 서식지 배치와 복원규모 등 검토

② 수변녹지대 복원과 다양한 형태의 녹지대와 비점오염원 저감 등의 기능

■ 생태하천 복원

하천은 하천이 지닌 본래의 자연성과 생태적 기능이 최대화될 수 있도록 조성된 하천을 말하며 생태하천 복원은 하천 내외의 인공적인 생태계 교란요인을 제거하여 자연에 가깝게 복원하고 건강한 생태계가 유지될 수 있도록 하는 것을 말한다.

을 위한 충분한 폭에 대한 검토
③ 하천수질을 위해 다양한 개선방안 검토
④ 실질적인 복원사업의 성공을 위해 유지용수 공급방안, 토지매입, 지역 주민을 위한 공간조성 등에 대한 검토

### (3) 생태하천복원 시행

① 생태하천 복원을 위하여 설계도서와 현장상황의 적합성 검토
㉠ 설계도서 검토
㉡ 현장상황과 설계도서와의 일치여부 검토
② 생태하천복원에 필요한 재료의 수급가능여부 검토
③ 시공계획서 작성
④ 생태하천복원 시행
㉠ 생태하천 복원공법을 적용하고 복원 시행
㉡ 훼손상태 및 유형파악이 중요하며 복원 우선순위 판단

생태하천 복원의 우선순위

| 순번 | 우선순위 기준 | 내용 |
|---|---|---|
| 1 | 유역단위의 복원이 가능한 하천 | 분수령을 기점으로 본류에 영향을 미칠 수 있는 유역에 대한 통합적인 복원사업이 가능한 하천 |
| 2 | 자연하천의 형태를 나타내는 하천(훼손되었을 경우) | 사행성 하천, 자연식생제방, 하천 내 둔치 및 홍수터 등 자연하천의 구조를 보유하고 있는 하천 |
| 3 | 하천자연도 및 건강성 평가에 따른 등급이 낮은 하천 | 하천자연도 평가(1~5등급), 건강성 평가(A~D등급)를 기준으로 등급이 낮은 하천 |

## 3. 습지복원

### (1) 습지의 개념

#### 1) 습지의 유형

① 해안형 습지 : 갯벌, 해안 사구 등 바닷가에 형성된 습지
② 하구형 습지 : 강이나 하천이 바다와 만나는 지역에 형성된 습지
③ 하천형 습지 : 강, 하천, 실개울 등 흐르는 물을 가진 습지
④ 인공형 습지 : 저수지, 염전, 논 등 인위적 간섭에 의해 형성된 습지
⑤ 호수형 습지 : 수면이 비교적 넓은 습지로 일반적으로 8ha가 넘는 곳
⑥ 소택형 습지 : 담수 습지로 정지된 물의 특성 및 8ha를 넘지 않는 곳

#### 2) 습지생태계 복원을 위한 일반적 원리

① 식물, 동물, 미생물, 토양, 물 등이 스스로 분포하고 유지관리를 최소화

**◘ 습지**
영구적 또는 일시적으로 물을 담고 있는 땅으로 물이 고이는 과정을 통해 다양한 생명체들을 키움으로써 생산과 소비의 균형을 갖춘 하나의 생태계로 일반적으로 단위면적당 가장 많은 생물다양성을 보유할 수 있는 생태계로 평가된다.

**◘ 습지복원 시 고려 요소**
① 구성(composition)
② 기능(function)
③ 역동성과 회복력(dynamics and resilience)

할 수 있는 생태계를 계획
② 조석차, 지하수 등 자연의 에너지에 의하여 유지될 수 있도록 설계
③ 수문학적 특성, 경관, 기후 등을 고려하여 범람, 가뭄, 폭풍 등 예견된 교란으로부터 빨리 회복할 수 있도록 설계
④ 주목표와 부목표 등을 설정하고 다양한 목표를 달성할 수 있도록 설계
⑤ 습지 주변의 완충지대역할을 하는 전이대를 포함하도록 설계
⑥ 단기간에 완전한 습지의 복원을 기대하지 말 것
⑦ 구조(의도한 형태)가 아니라 기능을 위한 습지 설계
⑧ 정사각형, 수직벽, 규칙적인 형태 등 과잉된 형태로 만들지 말고, 자연 형태를 모방하여 생물학적 특성을 도입할 수 있는 습지 설계

**◘ 습지의 규모**
일반적으로 습지를 복원하여 야생동물 서식을 유도하려 하는 경우에는 최소면적 200㎡, 개수부(open water) 50% 정도가 바람직하다.

### (2) 해안사구 복원

#### 1) 해안사구의 횡단구조

① 모래해빈(사빈) : 모래가 쌓여 형성된 모래사장으로 사구와 모래를 주고 받음
② 해안사구 : 바닷가에 있던 모래가 바람에 날려 사빈(모래사장) 뒤에 쌓여 만들어진 모래 언덕
③ 전사구 : 바다로부터 가장 가까운 해안선을 따라 형성된 사구
④ 사구저지(사구습지) : 사구와 사구사이의 움푹 패인 공간(습지)
⑤ 후사구(이차사구) : 퇴적된 모래가 다시 침식·운반·퇴적되어 전사구 뒤편에 형성된 사구

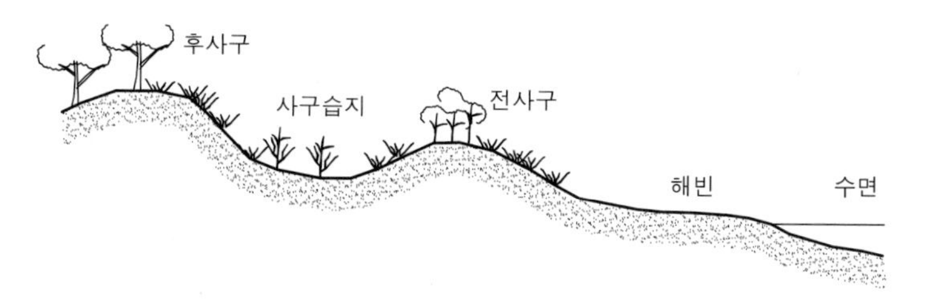


[ 해안사구 횡단구조 ]

**◘ 해안사구의 기능**
폭풍이나 해일로부터 해안선과 주택, 농지 등을 보호하고, 해안가 식수원인 지하수를 저장하는 기능도 한다. 또한 육상생태계와 해양생태계의 점이지대로서 다양한 생물종이 서식한다.

**◘ 해안단구(海岸段丘)**
해수변의 변동이나 지반운동으로 과거의 파식대가 융기하여, 해안지역에 계단 모양으로 형성된 지형을 말한다.

#### 2) 사구의 유형

① 자연사구 : 인위적인 수단에 의한 것이 아니고 장기간에 걸쳐 해풍 등에 의해 형성된 사구
② 인공사구 : 퇴사울타리공법을 반복적으로 시공하여 조성한 사구
③ 인공성토 : 기계토공에 의해 인공적으로 조성한 성토

#### 3) 모래집적울타리의 설치 방법

① 훼손된 사구의 복원을 위한 대표적인 방법
② 바람에 의한 모래 이동이 주로 일어나는 지역에 대나무, 그물 등으로

**◘ 해안사구 조성의 목적**
지형을 정리하여 바람의 힘을 균일화, 감쇄하여 비사를 방지하고, 모래땅을 고정하며, 식재목을 정상적으로 생육하게 하는 것으로 사구전체가 자연현상에 대해 저항력이 강한 천연사구의 형태를 이루도록 할 필요가 있다.

모래집적울타리 설치
③ 대상지역의 지형요소, 풍향, 풍속 등 충분히 고려
④ 울타리의 종류, 크기, 유형별 형태 비교·검토 후 설치

#### 4) 사초심기

① 내풍성, 내염성이 강한 식물을 도입하여 사구 고정
② 다발심기 : 사초를 4~8포기씩 모아 30~50㎝ 간격으로 식재
③ 줄심기 : 1~2주씩 1열로, 나무 거리 4~5㎝, 열간거리 30~40㎝로 식재
④ 망심기 : 사초를 바둑판의 눈금같이 2m×2m로 구획하여 종횡으로 줄심기하고, 때로는 망심기 내부에도 사초 식재

### (3) 습지복원 설계

#### 1)기본 방향 설정

① 습지주변에 다양한 식생 및 산림 등을 조성하여 수자원을 모을 수 있도록 계획
② 최소면적 이상으로 단위생태공간을 조성하여 종다양성 확보
③ 자연형성 과정에 바탕을 둔 생태적 배식기법으로 설계하고, 선형공간은 협력공간으로서 기능을 발휘할 수 있도록 설계
④ 이용활동을 위한 시설을 도입할 경우 서식지 훼손 혹은 인위적 행동으로 인한 간섭이 발생하지 않도록 고려
⑤ 생물서식공간은 식생의 천이과정을 고려하여 설계

#### 2) 세부계획 수립

① 주변 수체계 등을 고려하여 수원확보 계획
② 수량을 유지 할 수 있는 입·출수구 계획
③ 수환경 유지 및 생물서식공간이 될 수 있는 습지 바닥면 계획
④ 다양한 수심이 유지되도록 계획
⑤ 생물서식을 고려한 다공질의 가장자리 및 호안 계획

#### 3) 식생설계와 완충식생대 조성계획 및 설계

① 습지식생 선정
㉠ 복원하고자 하는 서식처별로 서식가능한 생물종을 고려하여 도입
㉡ 수생동물의 먹이자원·은신처와 산란처 기능과 함께 수질정화 기능을 갖고 있는 수종 선정
② 자연경관과 조화되고, 척박한 환경에 잘 적응하며, 식생복원 목표에 적합한 식생 설계
㉠ 수환경 적응도가 높은 식물로서 지역 내에 자생하는 식물
㉡ 대상지 내 식물 개체를 활용하거나 종자를 채취하여 번식, 재배한 식물
㉢ 부득이하게 외래종의 도입이 필요한 경우 교란이 없는 종 선정

**□ 습지식생 선정**
생태적 환경여건에 부합하고 식물상 및 식생도입 목표에 부합하는 식물종을 선정하고, 복원 이후의 습지생태계의 기능, 이용강도 등을 고려한다. 또한 개방수면의 축소 및 특정종의 우세방지를 위한 설계를 한다.

㉣ 온도의 변화와 과습 및 건조에 잘 견딜 수 있는 식물
㉤ 수위의 변동에 따른 노출과 침수에 대해 동시에 견딜 수 있는 식물
㉥ 관상가치가 높고 수질정화 및 야생동물의 은신처 역할을 하는 식물
③ 다양한 먹이를 제공하기 위한 식생설계

4) 습지 방수계획 수립

① 확보 가능한 물의 양과 지하수층 위치 등에 대한 조사·분석 결과를 토대로 실시
② 진흙 다짐 방수를 최우선적으로 고려하고 불가피한 경우에는 벤토나이트 계열 방수 사용

**◘ 일반식생 선정**

자생수목 및 자생초화류와 지역의 향토적 특성을 나타내는 자연재료를 사용하며, 번식이 용이하고 유묘의 대량생산이 가능하며, 미적효과가 높고 생태적 특성에 대한 교육적 가치가 높은 식물을 우선 선정한다.

### (4) 습지복원시행

1) 적합성 검토

① 설계도서 검토
② 현장 상황과 설계도서와의 일치여부 검토
㉠ 현장조사를 통해 사업대상지와 주변 식생현황 파악
㉡ 현장상황과 설계도서상 계획일치여부 파악
③ 습지식물 수급
㉠ 종자 : 초기비용은 저렴하나 높은 피도형성 시까지 다소 시간 소요
㉡ 유식물(어린 식물) : 종자 파종법보다 이식 생존율이 높고 단기간에 높은 피도형성
㉢ 지하경 이식 : 비용이 많이 소요되나 지하부 저장 물질로 인해 유식물 이식보다 빨리 정착
㉣ 화분에 식재한 유식물 : 뿌리가 잘 발달된 상태로 이식되므로 경쟁에 이기고 빨리 자라지만 많은 비용 소요
④ 식물종의 수급 가능 여부 검토

**◘ 복원식물종의 선정**

복원대상습지 고유의 식물군락 유형을 고려하고, 자생종을 선정하는 것을 원칙으로 하며, 지역 고유생태계의 보전, 생물학적 침입의 제어 등을 위해서도 필요하다. 또한 외래종은 타감작용으로 자생종 생육을 저해하거나 기존 식생을 교란하는 등 위해성이 있으므로 주의한다.

2) 시공계획서 작성

① 생물생활사를 고려한 식재시기 결정
② 식물종 반입시기에 따라 인력투입계획 작성
③ 식물종 반입시기에 따라 장비투입계획 작성
④ 식물종 반입시기에 따라 식재를 위한 부자재투입계획 작성

3) 습지복원 시행

① 습지식물의 종류별 특징을 파악하여 식재시기 결정 후 식재
② 식생 도입
㉠ 생물 서식공간 제공 : 습지에 서식하는 생물의 서식지 제공 등의 기능을 고려
㉡ 식생정화대 조성 : 수환경 오염을 방지하기 위하여 정화효과가 탁월한 수생식물 선정

**◘ 식생 도입**

식재식물은 수질정화 효능이 있는 수생식물을 선정하며, 식물의 공급, 관리의 용이성, 지역자생 여부 등을 고려하여 식재한다.

㉢ 식물 간격 및 밀도
·이입종의 침입과 초기의 안정적인 정착을 고려하여 일정 비율로 도입
·일정구간을 구획하여 시험식재하여 수생식물의 초기 정착도, 수질정화능력 등을 검토하여 식재밀도 조정
·습지의 통수 이후에도 수질오염 농도 및 수리·수문학적 요소 등을 감안하여 식재밀도 조정
㉣ 순차적 시공
㉤ 현지 유량의 계절적 특성이나 생태적 특성을 고려하고 호안 등과의 관계를 고려하여 식재
③ 습지환경 조성
④ 습지식생의 활착을 위해 활착제 살포, 관수, 시비 등의 방법 시행

**◘ 순차적 시공**
습지 전체를 한꺼번에 식재하지 않고, 계절과 기후조건을 고려하여 침전지, 얕은 습지, 깊은 습지, 저류부 등 각 구간별로 나누어 기간을 두고 식재할 수 있다. 또한 현장 상황에 따라 습지 기반 조성 후 일정기간이 경과하여 습지의 수위가 잘 유지되고 기반이 안정화될 때까지 기다렸다가 식재하는 것을 고려한다.

## 4 산림생태계 복원

### 1. 산림 및 비탈면 복원

(1) 산림복원 개요

1) 산림의 구조
① 수평적 구조
㉠ 산림을 상공에서 바라본 식생의 분포
㉡ 북사면과 남사면, 사면과 계곡 등의 환경적 조건에 따른 식생분포
② 수직적 구조(층화)
㉠ 지표면에서 최상층부까지 식물들이 한 개 이상의 층을 이룬 상태
㉢ 대교목, 아교목, 어린 교목·관목, 초본류 등으로 구성
㉣ 다층림 : 수직적 구조가 복잡하고 4개층 이상의 임관층을 가진 것
㉤ 단층림 : 한 개의 층으로 구성된 구조

2) 생태복구의 목표
① 주변 식물이 침입할 수 있는 여건 조성 : 식물생존이 가능한 상태로 훼손산지를 정비하고 식생 도입 고려
② 척박지에 잘 견디는 식물 도입
㉠ 척박지에서 견디고, 조기 녹화를 이룰 수 있는 것
㉡ 기초식재용, 비료용, 장기녹화용 등으로 용도가 명확할 것
㉢ 가급적 향토종을 사용하여 주변경관과의 조화를 쉽게 이룰 것
㉣ 식물의 침입이나 정착이 어려운 곳은 적극적으로 파종
㉤ 종자에서 성장한 식물은 현지에 적응하여 잘 생육므로 환경에 어울리는 식생으로 유도하고, 보전측면에서 유효한 식생이 조성되기 쉬움

**◘ 수평적 분포양상**
토양의 성질, 배수 정도, 지형적 위치 등의 조건과 식물의 종 구성과의 관계종자의 산포방법과 범위, 식물개체 간 또는 종간 경쟁 및 상호관계에 따라 나타난다.

**◘ 산림의 종조성**
산림의 생태계가 어떤 구조와 형태로 나타나고 있는지를 알려주기 위하여 수평적 구조 및 수직적 구조의 제시와 함께 밀도·빈도·피도·중요도 등의 종조성을 제시하는 것도 중요하다.

**◘ 식물의 도입여건**
식생천이는 자연적으로 진행되기 때문에 그 자연 회복력에 대한 도움을 주는 것이 생태복구기술이다. 표토가 사라진 훼손산지의 비탈면을 방치하면 식물 침입과 정착이 거의 진행되지 않는다. 먼저 토양을 고정해야 주변 식물 침입이 가능하다.

③ 다양한 식물 이용 : 가급적 많은 식물 종자를 도입하여 잘 적응하는 식물로 복구되도록 유도

3) 생태복구의 효과

① 토양 보전 : 식물이 존재함으로써 비, 바람, 기타 원인으로 발생하는 토양 유실이 방지 및 식물 뿌리에 의해 토양이 고정되어 붕괴 방지

② 자연환경 개선 : 식생은 시간 경과나 환경 변화와 함께 변화하고 결국 주변 환경과 조화된 식생의 조성과 소음감소, 기상의 완화, 대기정화 등의 효과

③ 경관 보전 : 식물 식생이 조성된 경관이나 풍경은 심리적인 안정과 진정, 미적 감동, 쾌적성 등의 효과

④ 생물서식공간 제공 : 종다양성이 높은 다양한 동식물의 서식공간을 제공과 자생식물이나 야생화에 의한 다양하고 풍부한 향토경관 제공

**□ 산림의 안정상태**

우리나라는 온대활엽수림대에 위치하고 있어, 우리나라 중부지방의 건성천이에서 최종적으로 이루어지는 극성상 수종으로는 졸참나무, 상수리나무, 서어나무, 너도밤나무 등이다.

## (2) 산비탈 침식·붕괴 방지

1) 산비탈 침식방지

① 토양의 침식은 우수의 침식성(유량)과 토양의 수식성(경사도 및 경사길이)의 완화기법 강구

② 비탈면 경사 완화 및 우수의 분산 –수평계단 설치

③ 지표면의 피복 –가장 직접적이고 효과적

**□ 황폐산지 진행순서**

황폐의 진행상태와 정도에 따라 그 초기 단계로부터 척악임지, 임간나지, 초기황폐지, 황폐이행지, 민둥산 등으로 구분할 수 있다.

2) 산비탈의 붕괴확대방지

① 산비탈의 붕괴는 주로 과도한 호우에 기붕괴가 멈추었더라도 추가 붕괴위험이 발생할 수 있으므로 붕괴확대 방지대책 강구

② 붕괴지를 그대로 고정하기 어려우므로 위험성이 있는 부분은 깎아내어 경사 완화

③ 흙막이벽 설치나 침투수의 배수시설 설치

④ 단끊기 연장 : 일반적으로 상부에서 하부방향으로 진행하며, 소단의 너비는 0.5~0.7m 정도로 시공하나 급한 비탈면에서는 좁게 시공

$$L = \frac{H}{h} \times \text{대상지 가로길이} = \text{단끊기 수} \times \text{대상지 가로길이}$$

여기서, $L$ : 단끊기 계단연장

$H$ : 단끊기할 대상지의 경사도에 따른 직고

$h$ : 단끊기할 단의 직고

**□ 단끊기**

단끊기는 비탈다듬기를 실시한 비탈면에 식생을 도입할 목적으로 목·초본류를 파식하기 위해 수평계단을 만드는 것이다. 단끊기는 비탈면의 길이를 줄일 수 있고, 유수를 분산시키며, 토사유출을 방지하고, 식생도입에 필요한 기반을 조성할 수 있다. 통상 단끊기를 실시한 후에는 선떼붙이기나 조공, 흙막이 및 파식공사를 병행한다.

3) 식생과 비탈면 붕괴의 관계

① 식물의 뿌리는 강한 힘으로 토양강도 보강

② 근계말단 흙의 미세한 입자가 서로 결합되어 토양의 역학적 강도 증가

③ 뿌리의 점착력 증가로 토양의 강도 증가

④ 초본류의 뿌리는 토양이 물로 불포화되었을 경우 목본류의 뿌리와 거의 비슷한 효과를 발휘하나 포화상태에는 강도보강효과가 극도로 저하

4) 야계사방공사(산지 소하천 정비공사, 둑쌓기공사)

① 둑마루선이란 둑의 바깥 비탈면 머리를 연결하는 종방향의 선형 지칭

② 제방의 여유높이는 계획홍수량이 200㎥/sec 미만인 지역에서는 0.6m 이상, 200~500㎥/sec 인 지역은 0.8m 이상, 500~2,000㎥/sec 지역에서는 1.0m 이상으로 설치

③ 제방의 둑마루너비는 계획홍수량이 2,000㎥/sec 이상이면 5m 이상으로 한다.

④ 하천제방의 높이가 6m 이상일 경우 하천의 안쪽 중간에 너비 0.3m 정도의 소단 설치

### (3) 산림 및 비탈면 복원

1) 산림복원 계획 수립 및 목표설정

① 식생기반 안정 및 복원, 산림기능 회복, 시공 및 관리

② 초화류 도입과 주변 산림생물 서식처 복원 및 조림계획 수립

③ 식생목표별 복원방법 설계

㉠ 초본형 : 초본식물로 피복을 조기에 형성하여 외부로부터의 종자침입을 방지하며, 시간이 문제가 되지 않는 경우와 부근에 종자 공급원이 존재하는 경우에 적용

㉡ 관목우점형 : 선구수종 및 관목류 수종을 위주로 종자와 묘목을 도입하여 조기에 덤불 및 관목림 상태의 저목림을 형성함으로써 외부로부터 교목류의 도입을 유도할 때 적용

㉢ 교목우점형 : 중·고목류 수종의 종자나 묘목을 도입하여 관목우점형보다 더욱 빠르게 수림을 형성하기 위해 선구수종 외에 천이후기 수종도 추가하여 적용

④ 표토이용 설계 : 매토종자 활용

⑤ 도입식물의 종류 선정

㉠ 종자파종에 의한 식재 시 자생식물 또는 재래식물, 향토식물, 도입식물 등 우선적 검토

㉡ 종자는 복원대상지나 인근에서 채종한 것

㉢ 종자는 종자의 특성, 원산지, 수급 용이성, 발아율 및 순도 등을 미리 파악한 후 설계에 적용

㉣ 현장 인근에서 직접 채취하며 채취가 곤란할 경우 적용대상 환경과 유사한 조건에서 채종한 종자 사용

㉤ 종자로 복원하고자 하는 식물은 생육이 왕성하면서 뿌리가 깊게 발달되고 토양과의 고착성이 좋고 내건성, 내한성, 내염성, 내침식성 등이

**◘ 산림 및 비탈면 복원**
산지개발, 임도개설, 산불 등의 재해로부터 훼손된 산림 및 비탈면의 복원을 의미한다. 비탈면 복원은 절토 및 성토로 인해 토양이나 암반이 노출된 지역에 거적덮기, 잔디파종, 녹화공법 등을 하여 토양 비탈면을 피복하여 경관을 자연식생으로 복원시키는 공법이다.

강한 종자 사용

ⓗ 초기식재용, 비료용, 장기식재용 등 사용 특성 명확화

ⓢ 종자는 필요량을 산출하여 적기공급 가능여부, 보관의 용이성 등을 고려하여 선정

### 2) 산림복원 준비

① 적합성 검토

㉠ 설계도서 검토

㉡ 현장상황과 설계도서와의 일치여부 검토

② 산림 및 비탈면 복원에 필요한 재료의 수급가능여부 검토

㉠ 복원에 필요한 재료 파악

㉡ 복원에 도입되는 재료의 수급가 여부 검토

㉢ 복원재료 수급계획 작성

㉣ 복원재료 수급

③ 시공계획서 작성

㉠ 인력투입계획 작성

㉡ 장비투입계획 작성

㉢ 자재반입계획 작성

④ 산림복원 시행

㉠ 복원공법을 적용하고 복원 시행

㉡ 훼손상태 및 유형파악이 중요하며 복원 우선순위 판단

### 3) 산림복원 시 검토사항

① 복원대상지의 고도와 고도에 따른 생육특성

② 지형복원의 의사결정 시, 자료와 기회비용에 대한 신중한 검토

③ 야생생물의 이동을 고려한 생태통로조성 등 적절한 대안 검토

④ 복원대상지 및 대상지 주변에 서식하는 야생동물이 생태적 특성 고려

⑤ 복원사업 자체로 인한 훼손을 최소화하기 위한 교란저감대책 검토

⑥ 복원지역의 문화 및 등산인구, 특성 등 이용객에 의한 영향 고려

산림복원의 우선순위

| 순번 | 우선순위 기준 | 내용 |
|---|---|---|
| 1 | 산사태 등 잠재적인 위협이 예상되는 지역(근거자료 필요) | 채굴 및 채광 또는 벌목 등으로 인해 지형과 토양이 불안정하여 자연재해의 위험이 예측되는 지역 |
| 2 | 백두대간 생태축에 포함되었거나 극상림을 나타내는 지역(훼손되었을 경우) | 산림 생태축의 기능과 연결성을 회복시키거나 강화할 수 있는 지역이거나 식생천이가 발달된 지역 |

**비탈면 복원 시공절차**

① 시험시공 계획서 작성
② 시험시공 결과 분석
③ 비탈면 복원공법 선정
④ 비탈면 복원 실시
⑤ 유지관리

**공법 선정**

비탈면이 안정된 상태에서 현지 비탈면의 암질(토질) 조건, 경사도, 토양 경도 등과 용수·집수의 상황, 기상 조건, 비탈면의 규모나 공사비, 시공 조건 및 환경 보전 등을 종합적으로 고려하여 녹화 공법을 선정하여야 한다.

| | | |
|---|---|---|
| 3 | 군사시설 철거지 및 산림 재해지역 | 기존 존치 시설의 이전으로 나대지화되었거나 각종 산림재해로 인해 산림식생이 훼손된 지역 |
| 4 | 복원 사업으로 인한 훼손가능성이 낮은 지역 | 복원 사업 수행에 있어서 발생하는 필연적인 훼손량이 적거나 그 영향이 미비한 지역 |

4) 비탈면 복원 시 고려사항

① 시험시공 실시
② 시험시공 결과에 따른 적정공법 선정
㉠ 토질, 경사각에 따라 공법 결정
㉡ 종자의 배합과 파종량 결정
㉢ 천이를 유도할 수 있는 식물종자 배합
㉣ 비탈면 복원을 위한 다양한 재료 적용
③ 선정된 공법에 따라 비탈면 복원 실시
④ 시공 후 관리

**◘ 시공 후 관리**

비탈면 복원은 식물천이를 유도하여 자연 상태의 환경으로 조성하는 것으로, 점검과 유지관리 등의 과정이 적절하게 수행되어야 한다. 시공 후에도 준공할 때까지 지속적인 점검과 멀칭, 관수, 생태계교란종 제거 등의 관리를 시행하고, 미래에 식생천이가 정상적으로 진행되어 복원 목표를 달성할 수 있도록 관리한다.

### (4) 산불피해 및 자연복원력

① 산불피해는 소나무림이 활엽수림보다 크고, 자연복원력은 활엽수림이 소나무림보다 우수
② 소나무림이 산불에 취약한 것은 얇은 수피로 생장점이 쉽게 손상되고, 낙엽이 봄에도 많이 축적되어 있으며 4월에도 잎이 달려있기 때문
③ 활엽수림의 우수한 자연복원력은 산불에 대한 저항력이 강하고 산불 이후에 움싹(맹아) 등에 의한 재생능력이 높기 때문
④ 산불로 인한 생물다양성의 변화
㉠ 산불로 인하여 식물종의 구성에는 큰 변화가 일어나지 않았으나 우점 양상에는 변화
㉡ 소나무림의 경우에는 인공조림을 하지 않을 경우 활엽수림으로 전환됨

## 2. 폐광산 및 채석장 복원

### (1) 폐광산 및 채석장 복원개념

1) 채광지역의 훼손 유형

① 채광과정에서 사용된 화학물질 및 폭약물질의 배출
② 산림 및 토양의 훼손된 지형 : 노출된 지형, 지반침하 등
③ 광미(tailing, 鑛尾)와 분진 등의 영향 : 폐기물 및 토사 유출, 중금속 및 유해성 침출수 배출

2) 복원공법 분류

**◘ Yellow boys 현상**

휴·폐광산 일대에서 중금속 유출수에 의해 철수산화물 침전으로 강바닥이나 주변 암석이 적갈색을 띠는 현상이다. 폐광산에서 발생하는 산성광산배출수에 다량 함유된 철과 황산염이온에 의해 하천 등에 발생한다. 소택지를 이용한 자연정화 공법을 통해 일정 수질을 확보하는 방법과 화학적 처리방법 등을 이용

① 생태적 복원공법 : 자연화기법, 개척화기법, 자연재생기법, 핵화기법, 관리된 천이기법, 복사이식 등

② 바이오솔리드(biosolids)를 이용한 공법

㉠ 바이오솔리드는 광산지역의 처리와 개선을 위해 이용되는 토양

㉡ 오염물질의 보유 및 흡착력이 식생의 피복에 의한 것보다 강하여 토양 안정화에 기여

③ 녹화공법 : 원생식물의 이식 및 자생식물종자의 파종에 의한 식생복원

④ 산림표층토 공법

㉠ 산림표층토에는 많은 매토종자군과 시드뱅크(seed bank)가 포함되어 있어 매토종자군을 이용한 녹화 가능

㉡ 시공장소에 현존하는 식물을 사용한 녹화 가능

㉢ 지역 고유의 유전자를 가지고 있는 목본군락의 형성 기대 가능

㉣ 매토종자의 파악이 불가능하여 종조성 및 밀도 등의 예측이 곤란

㉤ 적절한 토양채취에 많은 노력 및 군락형성까지 비교적 긴 시간 소요

하여 처리한다.

■ 바이오솔리드

바이오솔리드는 상수 또는 공업용수의 처리, 산업폐수 및 하수처리, 그리고 폐수의 리사이클 공정 등의 과정에서 부수적으로 생성되는 미생물의 집합체인 오니 또는 슬러지 말한다.

### 3) 채석적지(採石跡地) 잔벽처리

① 잔벽은 생태적 연결고리가 단절되고 경관적 문제 발생 –경관개선 곤란

② 잔벽면의 형상은 사면경사 60°, 사면길이 10m, 계단폭 3m가 적당

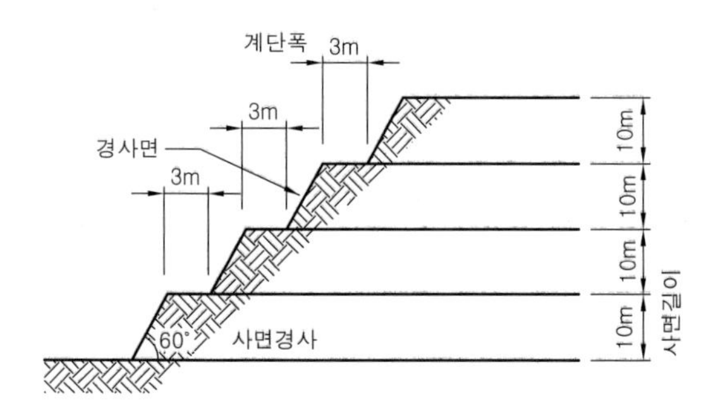


[ 채석적지 등에서 바람직한 잔벽면 형상 ]

## (2) 폐광산 및 채석장 복원 설계

### 1) 폐광산 및 채석장 복원계획 수립

① 생태계 원기능 회복 및 수목의 원활한 생장이 이루어질 수 있도록 적정 환경구축계획 수립

② 광산현황, 지형 및 지리정보, 훼손지 및 주변지역 식생상태를 조사한 후 종합분석하여 현장여건에 맞는 맞춤형 토목공법 및 식물수종 도입계획 수립

③ 복원 전 산림환경과 가장 유사한 환경을 구성하기 위하여 산림조사를 통해 주된 수목을 파악하여 계획에 반영

④ 폐석의 유실로 인해 광해가 지속적으로 발생되는 것을 방지하고 훼손된

임야를 주변 수종을 고려한 산림복구로 주변 식생환경과 조화가 될 수 있는 녹화공법 적용

2) 도입수종 선정

도입 식물 종류 결정 시 토양오염을 저감할 수 있는 수종 선정

(3) 폐광산 및 채석장 복원 시행

지형복원은 가급적 개발 이전의 산림지형과 유사하게 복원하도록 목표 설정

1) 식생기반

① 표토층 : 자연산림에서 표토층은 유기물이 풍부하고 토양생물의 활동이 활발한 층으로 수목식재를 목표로 하는 면적에는 약 30cm의 표토층 형성

② 하부 토양층 : 식물뿌리의 지지기반이 되는 층으로 표토층 하부에 약 70~100cm 정도의 두께로 조성

③ 기반층 : 하부토양층 밑에 있는 층으로 자연적으로는 연암이나 경암으로 형성되어 있는 지역으로 안정화 위주로 조성

2) 식생복원

① 식생은 주변의 자연산림과 유사한 상태로 재현하는 것을 원칙으로 하며 식물종은 지역 자생종을 기준으로 선발

② 식생 복원은 단계별로 진행하며, 초기의 지피피복 단계에서 성장기·성숙기의 단계를 거치도록 시행

③ 식생의 도입은 천이관계를 고려하여 식재와 파종의 방법 적용

④ 식생복원 시 대상지역의 고유 유전자원을 활용하기 위하여, 주요종을 확보하여 증식하고 식생복원에 활용

⑤ 기후변화를 고려하여 종다양성이 높은 다층구조의 숲복원

## 5 인공훼손지 생태계 복원

### 1. 도로비탈면 복원

(1) 도로비탈면 복원계획 수립

1) 도로비탈면의 복원계획 수립

① 녹화대상 비탈면이 인위적인지 자연적인지 파악

② 비탈면 특성을 파악하여 안전한 공법 선택

③ 녹화 목적에 맞는 녹화보호공법 선택 -1단계 초본류, 2단계 목본류 식재 등 단계별 시행

④ 토양경도, 절·성토면, 암반노출 등의 특성에 맞는 식재 및 파종 녹화공법 선택 및 적용

### 2) 도로비탈면 복원기법

① 성토면의 경사

㉠ 일반적으로 성토면의 경사는 보통토양일 경우 1:1.5~1.8의 경사 사용

㉡ 식재할 경우 주변의 지형, 토양의 성질, 식물의 도입조건, 성토고, 시공 후의 관리방법 등을 고려하여 1:2 이하의 경사가 적당

㉢ 일반적으로 비탈면 높이 5~6m마다 소단설치

② 절토면의 경사

㉠ 일반적으로 지질을 구성하고 있는 지질의 상태나 절토고에 따라 경사는 1:0.3~1.5의 값 사용

㉡ 식물의 도입을 전제로 할 경우나 경관을 중시할 경우에는 가능한 완만하게 하는 것이 적당

### 3) 녹화(revegetation)의 의의

① 파괴된 자연을 인위적으로 녹지재생하는 행위

② 식물생육이 불가능한 환경조건을 개선하는 행위

③ 사막화된 지역에서 녹지를 재생하는 행위

④ 환경조건을 인위적·적극적으로 완화·개량하여 녹지를 창출하는 행위

⑤ 인간공학적 방법을 도입한, 보다 가치있는 행위

## (2) 녹화용 도입식물

### 1) 녹화용 식물

① 비탈면의 토질과 환경조건에 적응하여 생존할 수 있는 식물

② 주변 식생과 생태적·경관적으로 조화될 수 있을 것

③ 초기에 정착시킨 식물이 비탈면의 자연식생 천이를 방해하지 않고 촉진시킬 수 있을 것

④ 조기녹화용, 경관녹화용, 조기수림화용, 생태복원용과 같이 사용 목적이 뚜렷할 것

⑤ 우수한 종자발아율과 폭넓은 생육 적응성을 갖출 것

⑥ 재래초본류는 내건성이 강하고, 뿌리발달이 좋으며, 지표면을 빠르게 덮는 것으로서 종자발아력이 우수한 것을 선정

⑦ 외래도입 초본류는 발아율, 초기생육이 우수하고 초장이 짧으며, 국내 환경에 적응성이 높은 것을 선정하되 도입비율을 최소화할 것

⑧ 목본류는 내건성, 내열성, 내척박성, 내한성을 고루 갖춘 것이어야 하며, 종자파종 또는 묘목에 의한 조성이 쉽고, 가급적 빠른 생장률로 조기수림화가 가능한 것

⑨ 생태복원용 목본류는 지역 고유수종을 사용해야 하고, 종자파종 혹은

**◘ 도로 절토비탈면의 토양 설계기준**

| 항목 | 개량목표치 |
|---|---|
| 토양경도 | 산중식 경도 23 mm 이하 |
| 투수계수 | $10^{-4}$cm/sec 이상 |
| 유효수분 | 80L/m³ 이상 |
| pH($H_2O$) | 5.0~7.5 |
| 전질소 | 0.06% 이상 |
| 유효인산 | 10mg/100g 이상 |
| 염기치환용량 | 6me/100g 이상 |
| 치환성 석회 | 2.5me/100g 이상 |
| 염소이온 | 0.2% 이하 |
| 전기전도도 | 1.0mS/cm 미만 |
| 유기물함량 | 3.0% 이상 |

**◘ 생태복원 녹화기술의 기본방향**

① 자연 스스로의 회복을 도와준다.

② 자연에 가까운 방법으로 군락을 재생한다.

③ 가급적 다양하고 풍부한 종을 사용한다.

④ 종자로부터 자연의 군락을 재생·창조한다.

**◘ 비탈면의 목본류 도입 개념**

① 침식방지 등의 사면안정

② 영구적 자연경관의 제공

③ 생물서식처 제공으로 주위 산림 생태계의 보호

묘목식재에 의한 조성이 가능한 것
⑩ 발아·생육이 왕성하고 척박지에서도 근계발달이 좋고 지하경의 번식이 잘 되며, 다년생으로 동계의 보전효과가 높은 종 선택
⑪ 황폐지 토양개량에 유효한 비료목이나 선구수종 또는 토양보전에 유효한 초본 식물을 주체로 선택하며 종자의 확보가 용이한 종 선택
⑫ 멀칭재로는 부식이 되는 식물원료로 가공한 섬유류의 네트류, 매트류, 부직포, PVC 망과 같은 재료 사용
⑬ 멀칭재 선정 시 경제성과 보온성, 흡수성, 침식방지 효과 등을 고려하고, 종자 발아에 도움을 줄 수 있는지를 먼저 검토

**◘ 자생종과 외래종 도입**

황폐지나 훼손지에 식생을 도입할 때에는 반드시 국내 재래종을 우선적으로 사용하는 것을 검토하고, 부득이하게 외래초종을 사용할 때에는 재래초종에 비해 발아가 빠르고 우점하므로 포함 비율을 적절히 조절해야 한다. 재래초종은 우리나라의 정서를 잘 반영해 주고 우리의 기후풍토에 적응되어 환경적응성이 높아 관리가 용이하나 외래종에 비해 상대적으로 초기 발아가 다소 늦은 경우가 많지만 일단 성립되면 장기간의 생육이 가능하고 안정적 식생군락이 조성될 수 있다.

**◘ 멀칭에 의한 사면보호 효과**

복원사면의 침식방지 및 반입토양의 안정화를 위해 활엽수의 낙엽, 나무껍질, 볏짚 등의 사면보호재료를 이용한다.
① 사면토양의 보온·보습 효과
② 잡초의 발아 억제 효과
③ 지속적 영양분 공급 효과
④ 토양미생물 발달 촉진 효과
⑤ 강우에 의한 토양침식 방지 효과

### 2) 파종량 산정

$$W = \frac{A}{B \times C \times D} \times E \times F \times G$$

여기서, $W$ : 사용식물별 종자파종량($g/m^2$)
$A$ : 발생기대본수(본 / $m^2$)
$B$ : 사용종자의 발아율
$C$ : 사용종자의 순도
$D$ : 사용종자의 1g당 단위립수(립 / g)
$E$ : 식생기반재 뿜어붙이기 두께에 따른 공법별 보정계수
$F$ : 비탈 입지조건에 따른 공법별 보정계수
$G$ : 시공시기의 보정률

**◘ 식물의 품질기준(설계기준)**

① 재래초종 종자는 발아율 30% 이상, 순량률 50% 이상이어야 한다.
② 외래도입초종은 최소 2년 이내에 채취된 종자로서 발아율 70% 이상, 순량률 95% 이상이어야 하며 되도록 사용을 억제해야 한다.
③ 목본류 종자는 발아율 20% 이상, 순량률 50% 이상이어야 한다.

**❖ 잔디 및 초화류 파종**

① 난지형 잔디 : 5~6월 초
② 한지형 잔디 : 최적기 9~10월 초, 2차 적기 3~6월
③ 춘파용 초화류 파종은 3~5월에, 정식은 여름 이후에 한다.
④ 추파용 초화류 파종은 8~10월에, 화단의 정식은 봄에 한다.
⑤ 루피너스·꽃양귀비 등과 같이 직근성인 것, 루드베키아·코스모스·코레옵시스·분꽃 등 발아가 쉬운 것, 대립종자인 것 또는 일부 야생화류는 직파할 수 있다.

비탈면 녹화식물

| 구분 | 내용 |
|---|---|
| 목본류 | 개쉬땅나무, 낭아초, 병꽃나무, 붉나무, 싸리류, 산초나무, 소나무, 곰솔, 자귀나무, 참나무류, 호랑버들 |
| 초본류 | 비수리, 쑥, 새(안고초), 억새 등 새류, 달맞이꽃 |
| 야생화류 | 구절초, 끈끈이대나물, 도라지, 벌노랑이, 산국, 수레국화, 쑥부쟁이, 자주개자리(알팔파), 춘차국(기생초), 큰금계국 |
| 외래초종 (잔디류) | 톨페스큐(tallfescue), 켄터키블루그래스(kentuckey bluegrass), 페레니얼라이그래스(perennial ryegrass), 크리핑레드페스큐(creeping red fecue) |

### 3) 시공 시기

① 녹화식물의 발아와 생육에 가장 적합한 시기 선택

② 목본류의 시공 적기는 3~5월을 기준으로 사용 종자의 휴면기작을 면밀하게 고려

③ 자생초본류의 파종 적기는 4~6월, 한지형 외래도입초종의 파종 최적기는 9~10월 초, 2차 적기는 3~6월

### 4) 비탈면 녹화설계

① 키가 큰 수목림 조성

㉠ 주구성목 : 산오리나무, 소나무, 곰솔, 자귀나무 등 1~2종

㉡ 키 낮은 수목 : 참싸리, 족제비싸리, 붉나무, 쉬나무 등

㉢ 초본류 : 톨페스큐, 페레니얼라이그래스, 크리핑레드페스큐, 위핑러브그래스, 비수리, 낭아초, 새(안고초), 개솔새, 쑥 등 2~3종

② 키 낮은 수목림 조성

㉠ 참싸리, 족제비싸리, 붉나무, 쉬나무 등 이용(참싸리, 족제비싸리 등은 초본류와 같이 파종)

㉡ 온난지에서는 참싸리, 족제비싸리 대신 광나무, 다정큼나무 파종

③ 초지형 조성 : 톨페스큐, 페레니얼라이그래스, 크리핑레드페스큐, 위핑러브그래스, 비수리, 낭아초, 안고초, 개솔새, 쑥 등 2~3종을 배합하고, 경우에 따라 재래초종인 억새, 호장근 등 1~2종 배합

**◘ 식생유도공법**

식생유도공법은 자연공원 내에서와 같이 보존수준이 높은 지역에 있어서 보다 자연에 근접한 군락을 복원하고자 할 경우에 적용되며 파종과 식재로서 복원되지 않는 향토식물을 복원할 수 있는 가능성을 가지고 있다.

### 5) 절토비탈면의 녹화모형

① 절토부 하단 : 도로에 면한 비탈면은 암질(경암·리핑암)인 경우가 많으므로 식생기반재와 초본류, 덩굴류 위주의 식생조성 필요

② 중간부분 : 초본류와 관목류 위주로 조성

③ 상단부분 : 주변 산림과 인접되는 부분이므로 산림과의 연계성을 고려하여 초본류, 관목류, 목본류로 자연식생과 유사하게 조성

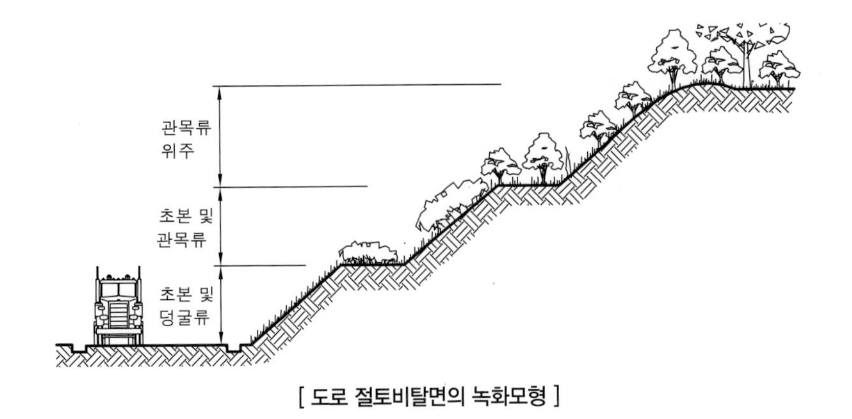


[ 도로 절토비탈면의 녹화모형 ]

비탈면 파종공법

| 구분 | | | 특징 |
|---|---|---|---|
| 전면파종 | 인력시공법 | 볏짚거적덮기공 | 종자를 분사파종 후 볏짚으로 된 거적을 덮어 시공하는 것으로, 보습 및 발아 시 차광효과로 인해 단순종자 분사파종 공법에 비해 시공효과 양호(성토지역에 많이 적용) |
| | | 종자부착볏짚덮기공 | 별도의 종자파종공정이 필요 없이 식생용지(종이+식물종자)가 부착된 볏짚거적을 비탈면에 고정시킨 후 복토하여 시공(절·성토지역 적용) |
| | | 식생매트공 | 특정식물을 매트(mat)형태로 재배하여 비탈면에 부착하여 시공(절·성토지역 적용) |
| | 기계시공법 | 종자뿜어붙이기공(seed spray) | 종자살포기로 종자, 비료, 화이버(fiver), 침식방지제 등을 물과 교반하여 펌프로 살포하는 공법(주로 토사가 있는 성토지역에 적용) |
| | | 개량 시드스프레이(seed spray)공법 | 토사, 경질토사, 리핑 풍화암 등에 얇은 층의 식생기반재를 부착시켜 식생의 활착을 도와주는 공법 |
| | | 지하경뿜어붙이기공(sprig spray) | 식물의 지상경이나 지하경 등의 영양체를 발근촉진, 병충해 저항처리 등 특수처리를 한 후 종자대신 투입하여 분사하는 공법으로, 일반적으로 지하경이 발달한 잔디류 식물에 많이 사용(종자분사파종공과 비슷한 적용) |
| | | 네트(net)+종자분사파종공 | 종자분사파종공과 코이어 네트(코코넛 섬유), 주트 네트(황마섬유)를 결합하여 비탈면보호, 침식방지, 발아촉진, 활착을 도모하는 공법(토사지역에 효과 양호) –인력시공과 병행 분사하는 공법(주로 암반 비탈면 등 극히 불량한 지역에 적용) –네트, 망 등과 함께 사용하면 양호한 녹화기대 |
| | | 식생기반재뿜어붙이기공(종비토뿜어붙이기공) | 물, 종자, 비료, 토양재료 등을 혼합하여 식생녹화 기반재를 만들어 비탈면에 분사하는 공법(주로 암반비탈면 등 극히 불량한 지역적용) –네트, 망 등과 함께 사용하면 양호한 녹화기대 |

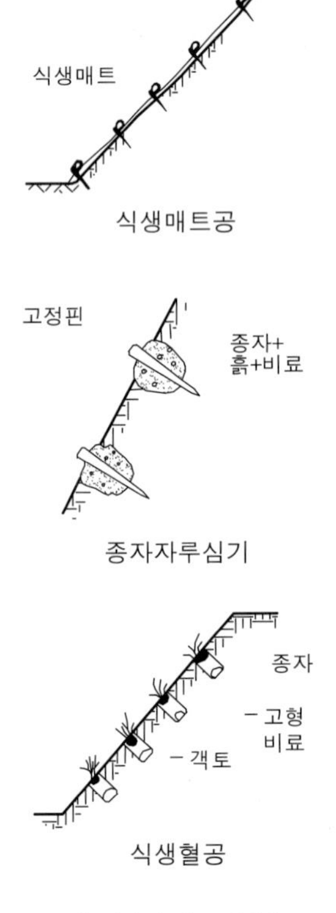


[ 비탈면 파종공법 ]

| | | | |
|---|---|---|---|
| 부분파종 | 인력시공법 | 식생반공 | 비료, 흙, 토양안정제 등의 재료를 쟁반처럼 성형하여 그 표면에 종자를 붙여 비탈면에 파놓은 수평골에 대상이나 점상으로 붙이는 공법 |
| | | 종자자루심기공 | 종자, 비료, 흙 등을 혼합해서 자루에 채운 후 비탈면에 쌓는 공법(소규모 토양, 유실지, 비탈면 보호블록, 배수로에 사용) |
| | 기계시공법 | 식생혈공 | 비탈면에 드릴로 지름 5~8cm, 깊이 10~15cm의 구멍을 파고 고형비료 등을 넣고 종자분사파종이나 구멍에 종자부착지를 넣고 양생하는 것으로, 암반과 같은 토양경도가 높거나 생육환경이 나쁜 곳에 뿌리생육의 영역을 확보하는 공법 |

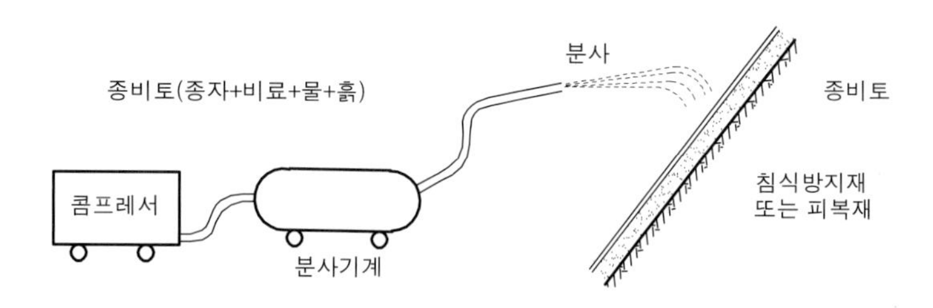


[ 종자뿜어붙이기 ]

비탈면 식재공법

| 구분 | 특징 |
|---|---|
| 편책공<br>(바자얽기) | 비탈면의 토사 안정과 붕괴방지 및 식생조성을 목적으로 비탈면 또는 계단상에 바자(편책)를 설치하고 뒤쪽에 흙을 채워 식생을 조성하는 구조물 |
| 선떼붙이기<br>(줄떼공) | 비탈면다듬기에서 생산된 뜬흙을 고정하고, 파식상(播植床)을 설치하는데 필요한 기초 구조물로서 비탈면에 계단을 끊고 계단 전면에 떼를 쌓거나 붙인 후 뒤에 흙을 채우고 식물을 파식한다 |
| 잔디떼심기공 | 재배된 뗏장 잔디를 줄떼 또는 평떼의 형태로 잘라서 대상비탈면에 면고르기 실시 후 식재하는 것으로 경사 길이가 짧고, 토질이 비옥한 45° 이하의 완경사 성토비탈면에 적용 |
| 묘식재공<br>(포트공) | 재배된 일반묘나 포트(pot)에서 재배된 묘를 식재하는 것으로, 급경사, 경구조물이나 특수조건이 수반된 공간, 비탈소단 평지부, 비탈하단부 등의 부분녹화에 주로 적용하는 것으로, 토사 절·성토부의 억새류 또는 어린 묘목식재, 경암지역은 덩굴식물·하단식재 등으로 시행 |
| 차폐수벽공 | 훼손지의 경관이 보이지 않게 비탈하단부 앞쪽에 나무를 2~3열로 식재하여 수벽을 조성하는 공법으로 다른 공법과 병행하는 부분녹화 방법으로, 식재 시 수목식재를 위한 객토 실시 후 교목성 수종 식재 |
| 소단상객토<br>식수공 | 암석을 깎아낸 대규모 암반비탈면의 소단 위에 객토와 시비를 한 후, 묘목을 수평선상으로 식재하는 공법으로, 소단의 넓이는 1.0m 이상, 객토 깊이는 30cm 이상으로 하여 생육공간을 확보하며, 객토는 시공현장 부근에서 채취한 표토가 적합 |

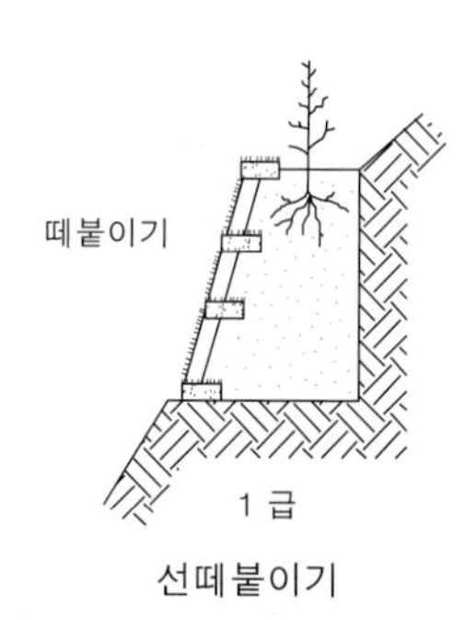


선떼붙이기

잔디떼심기공

[ 비탈면 식재공법 ]

6) 비탈면 녹화 관리
① 절·성토 등의 유실지 보수, 잔디 보식, 풀베기, 잡초·잡목제거
② 건설 당시 잘못된 비탈면 개량, 낙석방지를 위한 암털이, 시비
③ 덩굴식물의 유인, 용수지역 조치, 관수, 병충해 방제 등 실시

## 2. 매립지 복원공법

1) 성토법
① 임해매립지의 식재지반 조성 등에 많이 사용되는 공법
② 외부에서 반입한 산흙을 수목생육 적정 깊이에 따라 성토
③ 빠른 시간에 식재지 조성 가능
④ 흙의 운반에 경비가 많이 소요되거나 흙에 점질토가 많으면 염분의 모세관 상승 초래

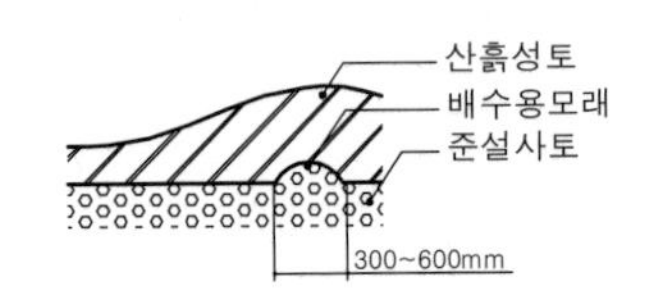

[ 성토법 ]

□ 염분의 제거
임해매립지에 식재지를 조성하는 경우 염분에 대한 고려가 우선적으로 시행되어야 한다. 제염방법으로는 물 관리에 의한 수세법, 침출법, 담수법, 경운담수법 등이 있다.

2) 치환객토법
① 원지반이나 하부매립 재료를 파내고 외부에서 반입한 산흙으로 교체하는 방법
② 필요부분만 산흙으로 치환하므로 성토공법보다 산흙 절약 가능
③ 객토 시 충분한 폭과 토심을 가져야 과습과 과건, 염분의 상승 등에 대처 가능
④ 전면객토법 : 식재지 전체를 산흙으로 객토하는 방법
⑤ 대상객토법 : 대상지역이 띠같이 긴 경우 적용하는 방법
⑥ 단목객토법 : 가로수나 독립수 식재같이 1그루마다 객토하는 방법

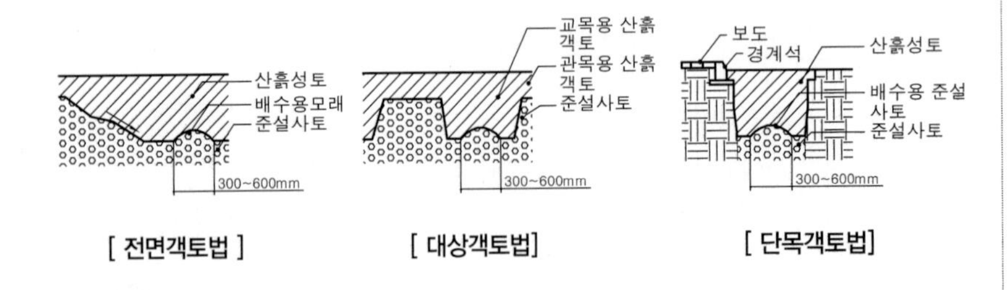

[ 전면객토법 ] [ 대상객토법] [ 단목객토법]

❖ 단목객토의 방법
① 식재구덩이의 바닥에는 준설매립토의 단립화를 촉진하고 Na이온의 해를 완화시켜줄 Ca화합물을 시용한다.
② 식재구덩이의 바닥에는 체수에 의한 피해를 경감시키고 하층의 준설매립토로부터 염분이 상승하는 것을 방지하기 위한 자갈층을 10~15cm 정도 포설한다.
③ 자갈층 위에는 부직포를 깐다.
④ 식재구덩이의 깊이는 교목식재지 1.5m 이상, 관목식재지 1.0m 이상, 초본류 및 잔디식재지에서는 0.6m 이상으로 한다.

### 3) 성토 및 치환객토법

① 성토법의 산흙 요구량이 많은 단점과 치환객토의 지하수위에 따른 제한을 보완해주는 공법

② 성토법과 치환객토법의 장점과 단점 모두 보유

[ 성토 및 치환객토법 ]

### 4) 비사방지용 산흙 피복법

양질 또는 점질 양토의 산흙을 피복해주고 지피식물로 피복하여 비사에 의한 침식을 방지하는 방법

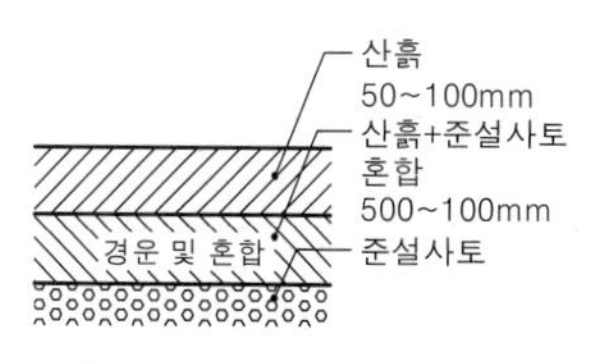


[ 비사방지용 산흙 피복법 ]

### 5) 사주법(sand pile 공법)

① 하부의 세립미사질 불투수층에 파일을 박아 하단부 투수층까지 연결한 파이프 안에 모래, 사질양토, 자갈 등을 넣어 배수를 원활히 하는 방법

② 적정한 수량의 사주를 설치했을 경우 염분제거 및 배수에 효과가 크나 소요경비 증대

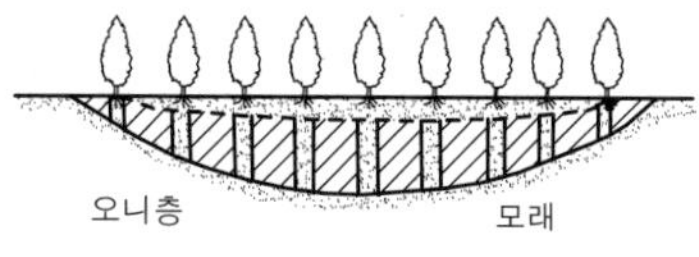


[ 사주법 ]

### 6) 사구법

① 세립미사질토가 많은 중심부에서 외곽부로 모래 배수구를 만들어 준 후 그 위에 산흙을 넣어 수목을 식재하는 방법

② 사주법은 소요경비가 많이 들고 대규모 지역에 사용되나 사구법은 소규모일 경우 효과적

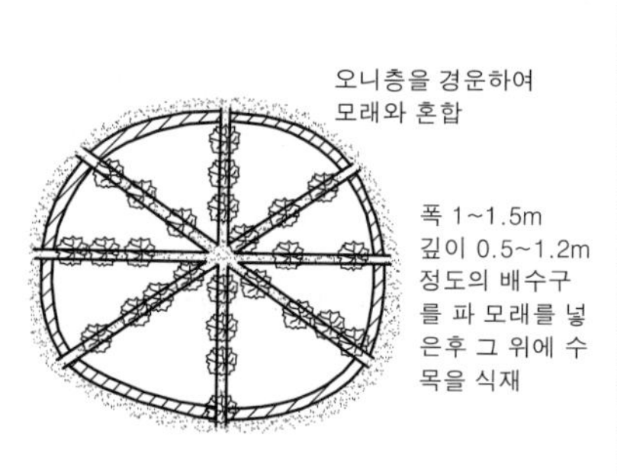


[ 사구법 ]

## 3. 폐도로·폐철도 복원

### 1) 폐도로·폐철도 복원의 방향

① 자연의 형성 과정과 지역 문화를 고려한 자연친화적 접근

② 주변 생태환경과의 연계성 및 생물자원을 고려한 접근

③ 생물다양성 증진과 복원된 자원의 현명한 활용을 목적으로 추진

### 2) 복원목표 설정

① 가급적 구체적이고 정량화시키되 1종으로만 국한시키지 말고 다양한 종이 목표종이 될 수 있도록 설정

② 복원 후 천이에 따른 시기별 목표종 설정

### 3) 목표 서식처 선정

① 모범형 접근방법

㉠ 서식처 원형(prototype)과 같은 방법(공간적 접근방법)

㉡ 인근에 자연환경이 잘 보존된 곳을 모범(참조)으로 선정하는 방법

② 잠재형 접근방법

㉠ 환경 잠재성평가에 기초하여 성립 가능한 목표를 선택하는 방법
㉡ 인근에 참조 생태계가 없거나 새롭게 생태계를 창출할 경우에 적용

**4) 계획 및 설계**

① 동선
㉠ 토지이용계획과 함께 수립하며 유출입이 자연스럽게 이루어지는 곳에 진입부 계획
㉡ 과도한 답압을 줄이고, 동·식물의 서식처 및 개체의 보호 고려
㉢ 부가적인 포장재료의 사용을 줄이고 기존 기반 자체 활용

② 지형복원
㉠ 지형조성 시 기존 포장면 제거가 원칙 –필요 시 활용 가능
㉡ 토량의 이입·반출을 최소화하여 개발 전의 형태로 최대한 복원

③ 식물상 및 식생 복원
㉠ 다양한 자생식물과 주변 식물상을 최대한 고려
㉡ 자생수종으로 주변 산림지역에 서식하는 종들의 우선적 고려
㉢ 식물재료의 도입은 파종을 우선적으로 고려
㉣ 수목 도입 시 성목보다는 성장 중인 작은 수목 활용
㉤ 식생층의 구조는 다층구조로 설계 –초본류는 최소한 도입
㉥ 교목류를 도입할 경우 군집식재를 위한 설계
㉦ 다양한 곤충류 서식이 목표인 경우 자생초본류 도입
㉧ 습지 도입 시 물가 주변은 완경사로 하고, 수생식물의 과도한 번식 방지 및 개방수면 확보
㉨ 매토종자 파종을 이용한 방법의 활용과 생태적 식재설계 방법(개척화·핵화 공법 등) 활용
㉩ 조경색이 강한 수종(반송, 조형 소나무 등) 최대한 배제
㉪ 식물생장 및 식생 도입 계획·설계는 다양한 기법을 활용하여 가급적 자연에 맡기는 설계방식 채택

# ⑥ 도시생태계 복원

## 1. 도시생태계의 특성

### (1) 도시생태계 구성 종

1) 생태적 특징

① 자연생태계의 종이나 고차 소비자의 부재 –생물다양성 저하
② 인공적인 먹이에 의존하는 종의 번식
③ 이입종의 정착, 귀화식물, 귀화동물 등의 종들 증가

□ 도시생태계의 특징

도시생태계는 물질순환, 에너지 대사, 서식지의 배치 등이 다른 생태계와 비교하여 극히 왜곡된 생태계를 이룬다.

④ 내오염종이나 난지성종 증가

2) **침입종의 생태적 메커니즘**

① 침입종은 재래종의 강력한 천적이 되어, 재래종의 먹이나 서식장소를 빼앗아 생태적 지위 획득

② 재래종과의 사이에 중간적인 종을 만들어 유전적 교란을 야기시켜 재래종을 멸종으로 몰아감

③ 생물학적 침입의 방지 대책

㉠ 이입의 기회를 줄이는 것

㉡ 이입종이 정착하기 쉬운 환경을 만들지 않도록 하는 것

㉢ 이미 생물학적 침입이 일어나고 있을 경우에는 침입종을 효과적으로 제거하는 것

3) **귀화율과 도시화지수**

① 어떤 장소에서 귀화종이 전체 종에서 차지하는 비율 –생태계 왜곡지표

② 일반적으로 귀화율은 교란받은 지역에서 높이 나타남 –토지교란지표

③ 개발지, 도시지역은 귀화식물종의 다양성과 출현빈도 높음

$$\cdot\ \text{귀화율} = \frac{\text{귀화식물종수}}{\text{총 출현식물종수}} \times 100(\%)$$

$$\cdot\ \text{도시화지수} = \frac{\text{귀화식물종수}}{\text{남한지역 귀화식물종수}} \times 100(\%)$$

4) **체감도시화지수**

① 해당 지역의 귀화식물상을 이용한 도시화 정도에 대해 비교 가능한 상대적 양을 계량적으로 나타낸 지수

② 귀화율은 귀화식물종의 수로만 산정한 반면, 체감도시화지수는 해당 지역의 면적과 식생을 고려하여 공급원의 크기를 고려한 방법

③ 체감도시화지수는 서식처에 대한 인간 간섭의 정도와 강도를 간접적으로 파악할 수 있는 척도

④ 산출값이 낮을수록 인위적인 간섭에 따른 서식처의 안정성이 높다는 것을 의미

$$AUI_i = \frac{S_i}{E_i} \times \frac{E_i}{E_t} \times \frac{1}{A_i} = \frac{(E_i)^2}{S_i \times E_t} \times \frac{1}{A_i}$$

여기서, $S_i$ : $i$지역의 출현식물종의 수

$E_i$ : $i$지역의 귀화식물종의 수

$E_t$ : $i$지역을 포함한 비교 전체지역의 출현 귀화식물종의 총수

$A_i$ : 전체 지역 내에서 $i$지역의 면적비 또는 면적

(2) 도시생태계 복원을 위한 기본적인 원칙

① 대상지의 훼손정도에 따라 다르게 설정
② 훼손정도가 약한 지역에 있어서는 자연의 회복력에 의한 재생 유도
③ 자연적인 복원이 어려운 지역에 대해서는 최소한의 에너지 투입으로 자연계의 회복력을 촉진시키는 복원 방법을 선택
④ 방치하면 확산이 우려되는 지역은 기반안정, 생물종 도입 등 적극적인 복원방법 필요

(3) 서식처 창출(조성) 방법

① 자연적 형성(natural colonization) : 대상지역에서 서식처가 발달하는 자연적인 과정을 유도해 주는 방법
② 서식처 구조 형성(framework habitats) : 자연적인 형성과 같이 서식처 구조를 형성해 주기 위해서 지형이나 토양, 배수체계 등을 형성해 주는 공학적 복원 –특별한 서식처 필요 시 최선의 방법
③ 설계자로서의 서식처(designer habitats) : 미리 결정된 설계에 온전한 경관을 포함하는 것으로 나무를 식재하고 관목숲 등을 형성하는 방법 –모사 서식처(facsimile habitats)
④ 정치적 서식처(political habitats) : 도시지역에 화려하고, 흥미로우며 매력적인 서식처를 만들어 주는 것 –교육적인 역할과 선전적인 역할에 초점을 둔 것

■ 도시생태계 복원절차
① 대상지역의 여건분석
② 부지현황조사 및 평가
③ 복원목적의 설정
④ 세부 복원계획의 작성
⑤ 시행, 관리, 모니터링 실시

■ 도시생태계 복원 대책
① 물순환의 개선
② 물질순환의 개선
③ 에너지 사용량의 억제
④ 녹지의 질적 개선

## 2. 벽면 및 옥상 등 인공지반 녹화

옥상녹화의 기능별 효과

| 구분 | 내용 |
|---|---|
| 도시계획상의 기능 | ·도시경관 향상 –건물외관 향상 및 차폐, 가로경관의 향상<br>·푸르름이 있는 새로운 공간 창출 –공간의 입체적 효율적 활용, 휴식·휴양공간의 창출 |
| 생태적 기능 및 효과 | ·도시 외부공간의 생태적 복원 –파괴된 생태계 복원<br>·생물서식공간의 조성 –조류나 곤충의 체류 및 서식처 제공<br>·공기정화 –이산화탄소 등의 유해가스 및 중금속 흡수, 산소방출<br>·도시열섬현상의 완화 –일사의 반사 및 증발산 작용, 미기후 조절<br>·소음저감효과 –식물의 효과 및 심리적 효과<br>·우수의 유출억제로 도시홍수 예방 –유출수 지연효과, 첨두수량 감소, 수자원 저장<br>·초기 강수에 포함된 오염물질 여과로 하천수질 개선 |
| 경제적 효과 | ·건물의 내구성 향상 –표면노화방지, 방수층 보호 및 화재예방<br>·냉·난방 에너지 절약효과 –건물의 보온 및 단열<br>·선전, 집객, 이미지업 효과 |

옥상녹화의 분류

| 구분 | 내용 |
|---|---|
| 저관리·경량형 녹화시스템 | ·식생토심이 20㎝ 이하이며 주로 인공경량토 사용<br>·관수, 예초, 시비 등 녹화시스템의 유지관리 최소화<br>·사람의 접근이 어렵거나 녹화공간의 이용을 전제로 하지 않음<br>·일반적으로 지피식물 위주의 식재에 적합<br>·건축물의 구조적 제약이 있는 기존 건축물에 적용이 가능 |
| 관리·중량형 녹화시스템 | ·식생토심 20㎝ 이상으로 주로 60~90㎝ 정도로 유지<br>·녹화시스템의 유지관리가 집약적<br>·사람의 접근이 용이하고, 공간의 이용을 전제로 하는 경우에 적합<br>·지피식물·관목·교목 등으로 다층식재가 가능<br>·건축물의 구조적 제약이 없는 곳에 적용 |
| 혼합형 녹화시스템 | ·식생토심 30㎝ 내외로 저관리를 지향<br>·지피식물과 키작은 관목 위주로 식재 |

[ 저관리·경량형 옥상녹화시스템 ]

[ 관리·중량형 옥상녹화시스템 ]

옥상녹화 시스템의 구성요소

| 구분 | 내용 |
|---|---|
| 방수층 | ·옥상녹화시스템의 수분이 건물로 전파되는 것 차단<br>·옥상녹화시스템 내구성에 가장 중요<br>·미생물이나 화학물질에 영향을 받지 않는 안정한 소재 및 공법 요구 |
| 방근층 | ·식물 뿌리로부터 방수층과 건물 보호<br>·방수층이 시공 시의 기계·물리적 충격으로 손상되는 것 예방 |
| 배수층 | ·배수는 식물의 생장과 구조물의 안전에 직결<br>·옥상녹화시스템의 침수로 인한 식물의 뿌리의 익사 예방<br>·기존 옥상녹화 현장에서 발생하는 하자의 대부분이 배수불량으로 인한 문제 |
| 토양여과층 | ·세립토양이 빗물에 씻겨 시스템 하부로 유출되지 않도록 여과<br>·세립토양의 여과와 투수기능 동시 만족 |
| 육성토양층 | ·식물의 지속적 생장을 좌우하는 가장 중요한 하부시스템<br>·토양의 종류와 토심은 식재플랜 및 건물 허용적재하중과의 함수관계를 고려하여 결정<br>·옥상녹화시스템의 총 중량을 좌우하는 부분으로 경량화가 요구되는 경우 일정한 토심의 확보를 위해 경량토양의 사용 고려<br>·일반적으로 토심이 작은 경우는 인공경량토양, 반대인 경우는 자연토양을 중심으로 육성토양 조제 |
| 식생층 | ·옥상녹화시스템의 최상부로 녹화시스템을 피복하는 기능<br>·유지관리프로그램, 토양층의 두께, 토양특성을 종합적으로 고려하여 식재소재 선택<br>·지역의 기후특성은 물론 강한 일사, 바람 등 극단적인 조건에서 생육가능한 식물소재의 선택<br>·식재플랜의 구성에는 생태적 지속가능성 반드시 고려 |

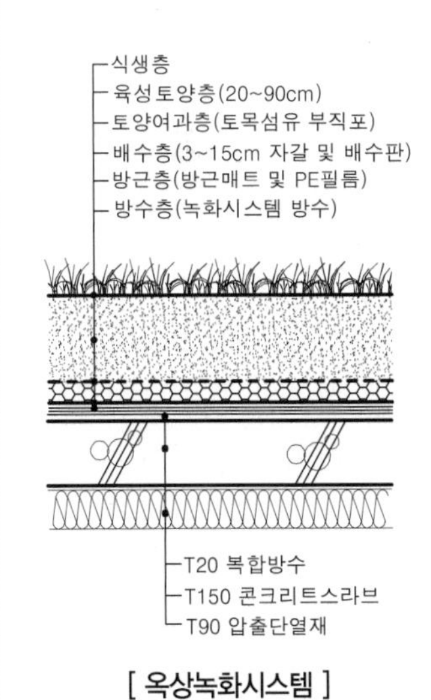


[ 옥상녹화시스템 ]

### (1) 옥상녹화 기반조성 시 고려사항

① 토양, 물, 나무 등 건물의 하중에 대한 안전성 확보
② 하중의 증가, 뿌리의 익사 등 배수에 대한 안전성 확보
③ 지주목, 와이어, 철망, 방풍그물 등을 이용하여 바람의 저감방안 및 대책 마련
④ 생물다양성 증진을 위하여 식재층의 토양은 자연토양 이용

옥상조경 및 인공지반의 토심(조경기준)

| 성상 | 토심 | 인공토양 사용시 토심 |
|---|---|---|
| 초화류 및 지피식물 | 15cm 이상 | 10cm 이상 |
| 소관목 | 30cm 이상 | 20cm 이상 |
| 대관목 | 45cm 이상 | 30cm 이상 |
| 교목 | 70cm 이상 | 60cm 이상 |

### (2) 생물다양성 증진을 위한 조성기법

#### 1) 옥상공간 조성생

① 물의 도입 : 생물다양성 증진을 위한 가장 효과적 기법 -우수나 중수 활용
② 식물의 도입
㉠ 내건성이 있고 척박한 토양에서도 잘 서식하는 자생종 중심으로 도입
㉡ 가능한 키가 작고, 조밀한 피복이 가능한 천근성 식물 도입
㉢ 곤충류 및 조류의 먹이자원과 서식처 역할을 할 수 있는 자생종 도입
③ 식재 시 유의사항
㉠ 식재한 식물의 뿌리 부근에 수피, 자갈 또는 멀칭 자재 등을 활용하여 건조방지, 지온상승 방지, 잡초발생 억제
㉡ 식재 시 토양상태 및 식물종류에 따라 식재간격 달리하여 식재
㉢ 하나의 종류만 식재하면 병충해가 생기기 쉬우므루 여러 종류를 혼합하여 식재
④ 동물서식처 조성
㉠ 고목쌓기, 돌무더기, 그루터기 등 곤충서식처를 위한 다공성 공간 제공
㉡ 조류서식처를 위한 관목덤불숲, 유실수 군락, 인공새집 등 고려

#### 2) 옥상 생물서식공간 유지 및 관리 방안

① 지속적으로 하중이나 누수 등과 관련된 구조적인 측면 점검
② 건축물의 안전성이 확보된 가운데에서 도입된 동·식물 관리
③ 도입된 수목이 지나치게 성장할 경우 전정 실시
④ 토양이 건조해질 경우 관수 실시
⑤ 습지가 도입된 경우 수질, 수온, 동결 등에 대한 모니터링과 조치

◘ 옥상녹화에 적합한 수종
① 초화류 : 바위연꽃, 난장이붓꽃, 한라구절초, 애기원추리, 애기기린초, 두메부추, 벌개미취, 맥문동, 비비추, 금꿩의다리, 쑥부쟁이, 돌마타리, 종지나물, 돌나물, 맥문동, 붓꽃
② 관목류 : 철쭉류, 회양목, 진달래, 사철나무, 무궁화, 정향나무, 조팝나무, 개나리, 수수꽃다리, 말발도리, 화살나무, 좀작살나무, 산수국, 호랑가시나무, 산초나무, 싸리나무
③ 교목류 : 단풍나무, 향나무, 섬잣나무, 비자나무, 주목, 아왜나무, 동백나무, 목련, 팥배나무

㉠ 주기적으로 물을 급·배수시켜서 물순환에 의한 수질 유지
㉡ 그늘의 제공이나 덮개시설 이용으로 동결 및 급격한 수온변화 완화

### (3) 벽면 생물서식공간 조성(벽면녹화)

#### 1) 벽면녹화의 효과

① 소동물, 곤충의 서식처 제공
② 대기오염의 감소, 소음감소, 벽면의 반사광 방지, 지구온난화 방지
③ 경관향상, 에너지 절감, 벽면의 차폐효과
④ 건물의 내구성 향상, 건축물의 강도 증가, 돌담 등 구조물 보강 및 도괴 방지
⑤ 도시민에게 정서적, 심리적 안정감 부여

#### 2) 벽면녹화의 목적

① 도시내의 수직적 공간을 생물서식처로 조성
② 수직적으로 위와 아래에 조성된 생물서식처의 연결
③ 기존의 벽면녹화에서 나타난 생물서식처로서의 한계성 극복
④ 수분의 증발에 의한 건축물의 냉각효과 및 도시 내 녹지율 증가

벽면녹화 형태의 구분

| 구분 | 내용 |
|---|---|
| 흡착등반형<br>(등반부착형) | ·녹화대상물 벽의 표면에 흡착형 덩굴식물을 이용하여 흡착등반 시키는 방법<br>·콘크리트·콘크리트블럭·벽돌 등 표면이 거친 다공질이나 요철이 많은 재료에 적합<br>·고속도로의 방음벽 등에도 사용 |
| 권만등반형<br>(등반감기형) | ·녹화대상물 벽면에 네트나 울타리, 격자 등을 설치하고 덩굴을 감아 올리는 방법<br>·등반보조재를 사용하여 입면의 구조 및 재질에 관계없이 녹화 가능<br>·흡착형 식물과 감기형 식물을 혼용할 경우 등반보조재 시공량 경감 가능 |
| 하직형<br>(하수형) | ·녹화대상물의 벽면옥상부 또는 베란다에 식재할 공간을 만들어 덩굴식물을 심고, 생장에 따라 덩굴을 밑으로 늘어뜨려 벽면을 녹화하는 방법<br>·늘어지는 덩굴을 그대로 두거나 보조재로 부착 가능 |
| 면적형 녹화 | ·녹화대상물의 입면요소에 덩굴식물을 식재하여 사방으로 부착시켜 녹화하는 방법<br>·입면 면적이 넓고 식재공간 설치가 가능한 경우 이용<br>·식재시기와 무관하게 설치가능하나 완성형 녹화 불가능 |
| 벽전식재<br>(에스펠리어) | ·벽면 앞에 나무를 식재하여 나무의 줄기나 덩굴을 여러 형태로 유인하여 얇게 벽면에 붙여 녹화하는 방법<br>·벽면에 유인장치(격자망, 울타리)를 설치하고 나뭇가지를 붙잡아 매거나 덩굴이 감기도록 유인<br>·경관적 요구가 큰 곳에 적합하나 지속적인 유지관리 필요 |

◘ 벽면녹화 식물
① 흡착형 식물 : 담쟁이덩굴, 송악, 모람, 마삭줄, 능소화, 줄사철나무 등
② 감기형 식물 : 노박덩굴, 등나무, 으름덩굴, 개머루, 으아리, 인동덩굴, 멀꿀, 머루, 다래, 칡 등
③ 하수형에는 흡착형이나 감기형 모두 사용가능

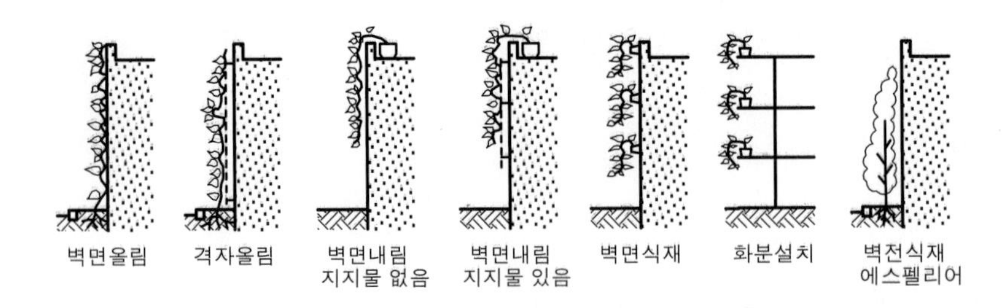


[ 벽면녹화방법 ]

4) 식재공간

① 벽면 앞에 폭 30㎝, 깊이 30~50㎝ 정도 확보

② 벽면에서 15㎝ 정도 간격을 띄어 식재

벽면 식물소재 조건

| 복원기술 | 특징 |
|---|---|
| 목적의 부합성 | ·식물의 특성을 고려하여 녹화의 목적(차폐, 경관향상, 대기오염정화, 에너지 절감 등)에 부합되는 식물 선정 |
| 관리성 | ·목본으로서 항구적 녹화가 가능하며 생육 왕성, 피복이 빠른 식물, 병충해 및 건조에 강한 식물 |
| 시장성 및 경제성 | ·묘목 또는 종자의 대량 구입이 가능한지, 비용이 저렴한지 점검 |
| 경관성 | ·주변 환경과 연계하여 가능한 조화 및 경관성 고려 |
| 환경내성 | ·내음성 : 약한 광조건에 견디어 생육하는 능력, 보통 상록활엽수림이 내음성이 강함<br>·내건성 : 적은 수분환경에 견디어 생육하는 능력, 수분 부족의 환경에서 발휘되는 능력이므로 내건성 식물을 유용하게 하기 위해서는 항시 건조한 환경에서 생육시킬 필요<br>·내한성 : 식물 생육에 부적합한 저온조건에 대한 내성, 자생지의 최저온도와 거의 일치 |
| 생육성 | ·녹화대상면을 몇 년 정도에 피복할지를 예측하고, 식물의 연간 신장량을 고려하여 식물 선정 |

③ 벽면녹화 유지 및 관리

㉠ 전정 및 제초 : 식재 후 수년이 경과하여 지엽이 중복되어 번성하게 되면 지엽 내부에 무름이 발생하여 생리장해, 병충해 발생이 원인이 되므로 적절히 전정

㉡ 시비 : 잎이 소형화되거나 잎의 색이 짙어지며 줄기의 신장량이 현저히 저하되는 등 비료 부족 증상을 나타날 때 시비

㉢ 관수 : 갈수기가 계속되는 경우 적절한 관수

## 3. 우수저류 및 침투연못

### (1) 도시의 물순환 특성

① 불투수성 표면 증가와 지표면 치밀화로 빠른 유출 –물 부족현상 심화
② 빠른 유출에 의한 물 이용의 차질, 수변 생태계의 파괴
③ 첨두유량 증가에 따른 저지대의 침수 빈발 –도시형 홍수
④ 녹지면적 및 투수성 표면 감소로 인한 증·발산량 감소
⑤ 증발산량 감소로 인한 습도 저하, 쾌적한 미기후 형성 저해, 온도 상승
⑥ 자연상태의 투수성 감소로 인한 지하침투 감소
⑦ 지하침투 감소로 인한 지하수위 저하 –토양환경의 사막화
⑧ 빗물의 신속한 배수로 하천의 평수위 저하 –도시하천의 수질악화

### (2) 생태적 빗물관리

① 시스템의 순서 : 집수(우수)→전처리(정화)→저류연못(저류)→침투연못(침투)→저장(2차 저류)→재활용(배수)
② 집수시설 : 기존의 빗물받이 홈통에 집수관 연결
③ 전처리(쇄석여과층) : 대기 중이나 불투수면의 각종 오염물질로 인하여 수질이 나빠진 초기 빗물을 효과적으로 정화할 수 있고 시공 간단
④ 저류연못 : 저류효과가 높아 일차적으로 유출을 억제하고, 주변환경과 조화를 이루어 다양한 생물서식 환경 제공
⑤ 침투연못 : 일정량 저류가 가능하고 정수효과가 높을 뿐만 아니라 주변 환경과 연계되어 생물서식공간으로의 기능
⑥ 2차 저류시설 : 빗물재활용과 유출저감을 목적으로 쇄석공극 저류나 2차 저류조를 지하에 조성하여 빗물을 저장고, 화장실, 정원에의 관수, 세차, 연못 등에 효과적으로 이용

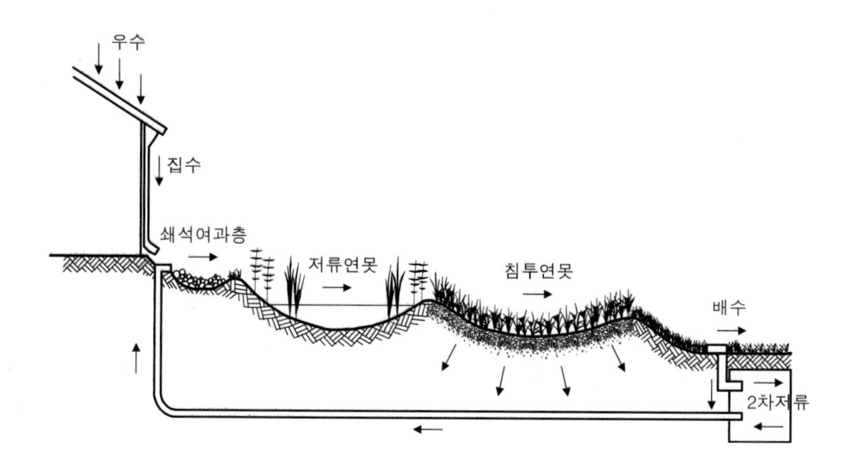


[ 우수저류 및 침투연못 개념도 ]

### (3) 수질정화를 위한 습지 조성

#### 1) 습지의 유형

① 인공습지(식생정화형 습지) : 수질을 정화하기 위한 인위적 습지

㉠ 자유흐름형 : 유입수의 저류공간과 침출을 막기 위한 제방으로 이루어지며, 정수식물이 자라는 수심 0.2~0.6m 정도의 식재구간과 수심이 다소 깊어 정수식물이 자라지 않는 1.0~1.2m 구간으로 설계

㉡ 지하흐름형 : 땅속에 도랑이나 침투가 용이한 자갈이나 굵은 모래 속으로 유입수가 침투되어 정화되며, 표토에 습지식물 식재

㉢ 상하흐름형(지하침투형) : 유입수가 자연정화능력이 있는 토양, 식물 또는 미생물층을 상하흐름식으로 통과하여 오수나 비점오염원 처리

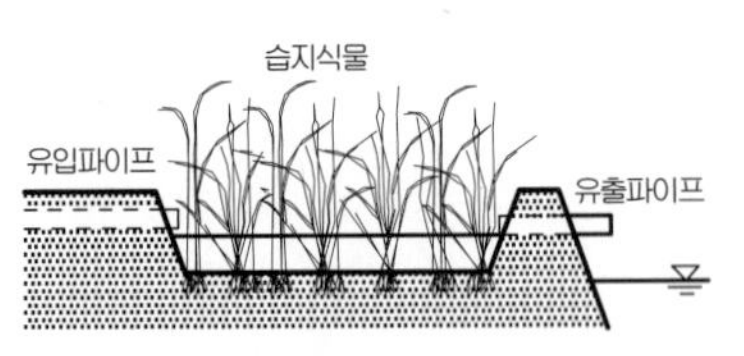

지표흐름형(자유수면) 습지 모식도

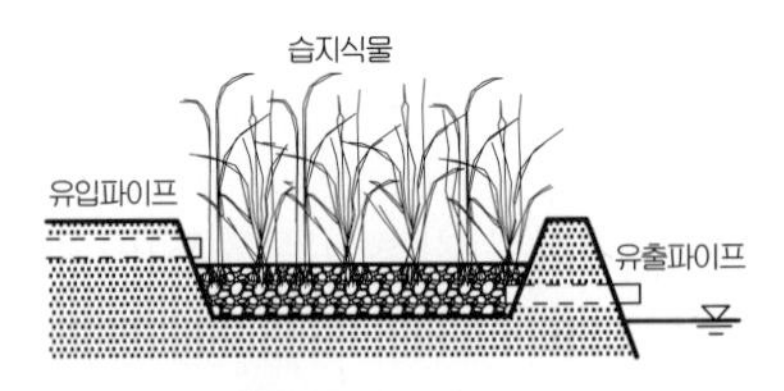

지하흐름형(여과) 습지 모식도

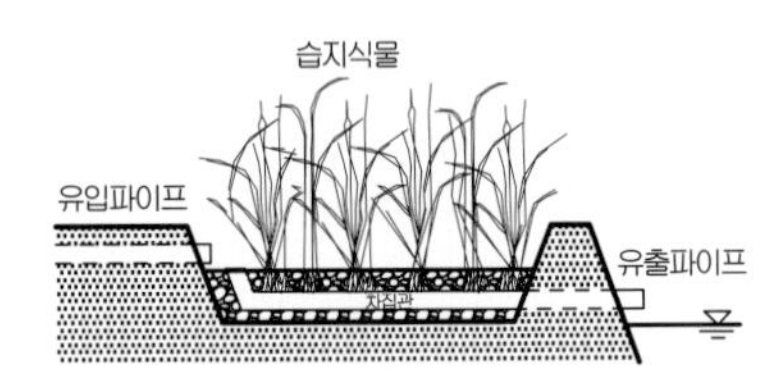

지하침투형 습지 모식도

[ 인공습지의 유형 ]

② 저류형 습지

㉠ 홍수터 부지를 홍수조절 및 저류공간으로 확보하여 평상시에는 생태서식지로 활용

㉡ 홍수 시에는 홍수터로 재해 예방 가능(천변저류지)

#### 2) 수질정화를 위한 습지 조성의 개요

① 식물과 자연소재를 이용하여 오염된 물질의 정화를 목적으로 조성되는 습지

② 갈대와 같은 수질정화력이 높은 식물들을 이용하여 질소, 인 등의 부영양화 요인 제거

③ 생물다양성 증진을 위한 습지와는 다소 차이가 있으나 생물종의 서식처 기능도 보유

④ 제방 안쪽의 고수부지에 조성되기도 하며, 제방 밖에 습지 조성(배후습지)

**배후습지**
자연제방 뒤쪽에 형성된 연못 형태의 수역으로 수질오염이나 홍수 시 어류의 피난장소로 활용될 수 있는 공간이다.

### 3) 수질정화습지의 기능

① 홍수 시 초기유량 감소와 수질개선, 토양유실 억제, 유사량 감소, 주변 지역의 하천범람 방지
② 어류 및 야생생물을 위한 서식처 및 피난처 확보
③ 환경생태공원 및 생태학습장을 조성 및 레크리에이션 장소 기능
④ 유지·관리가 다른 수질개선 방법에 비해 쉽고 비용 저렴
⑤ 부지면적이 많이 소요되고, 축적된 영양물질이나 유기물질이 용출될 가능성 있음(단점)

### 4) 수질정화습지 조성 시 고려사항

① 수질정화를 극대화 할 수 있는 충분한 습지 확보
② 저습지대의 식생은 수질정화가 왕성하게 일어나는 정수식물로 구성
③ 간단한 취수시설로 하천·호소의 물을 도입하는데 유리한 곳
④ 정화기능 극대화를 위하여 조성 후 1년에 1회 이상 절취
⑤ 인의 제거에 적당한 고부하 유입수 필요
⑥ 오니의 퇴적이 큰 경우에는 오니의 제거 필요

### 5) 조성기법

습지의 시스템은 3단계 시스템으로 구성

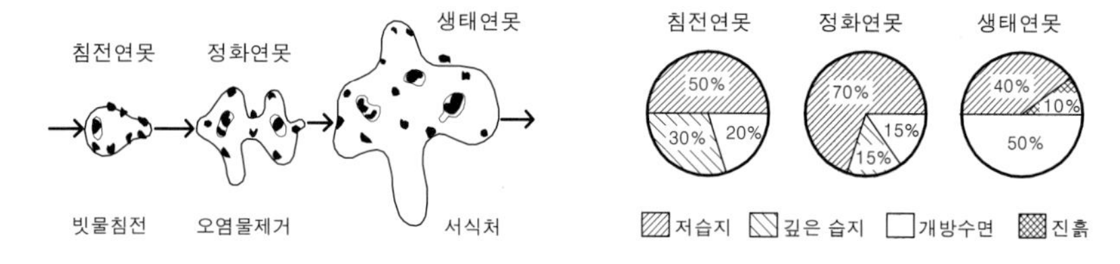


**[ 인공습지의 유형 ]**

① 1단계 습지(침전연못)
㉠ 오염된 물이 처음 유입된 곳으로 오염물질을 침전시키는 습지 조성
㉡ 저습지 50%, 깊은 물 습지 30%, 개방수면 20%

② 2단계 습지(정화연못)
㉠ 수질정화의 기능이 일어나는 오염물질 정화 습지 조성
㉡ 저습지 70%, 깊은 물 습지 15%, 개방수면 15%
㉢ 수생식물에 의한 정화효과를 높이기 위하여 최대한 정수식물 식생대 확보

③ 3단계 습지(생태연못)
㉠ 정화된 물을 흘려보내기 이전에 생물다양성을 위한 습지 조성
㉡ 저습지 40%, 모래나 진흙이 노출된 곳 10%, 개방수면 50%

④ 수질의 정화효과를 극대화하기 위해서는 정화기능을 하는 습지를 다단계로 조성

⑤ 습지는 물의 체류시간, 수심, 유하거리, 식물의 생육밀도, 수면적 등을 고려하여 조성

## 4. LID(Low Impact Development, 저영향개발기법)

① 불투수면 감소를 통한 빗물의 표면유출감소와 토양침투증가로 물순환 개선 및 오염저감
② 도시 내의 자연시설과 수문학적 기능을 도시화 이전의 수문특성과 유사하게 보존하는 계획 및 설계기법

LID와 전통적 빗물관리 비교

| 구분 | 전통적 빗물관리 | 새로운 빗물관리(LID) |
|---|---|---|
| 명칭 | 중앙집중식 빗물관리 | 분산형 빗물관리 |
| 기본방향 | 빗물을 빠르게 집수하고 배제 | 빗물을 발생원에서 머금고 가두기 |
| 계획목표 | 개발 후 첨두유출량 증가의 감소 | 개발 후 총 유출량 증가의 감소 |
| 주요시설 | 빗물펌프장, 저류지 | 소규모 침투 및 저류시설 |
| 한계 | 물순환 장애 및 건천화 | 집중 호우시 효과의 한계 |

LID개발 기술요소(비점오염원 저감을 위한 시설의 유형)

| 구분 | | 내용 |
|---|---|---|
| 저류지 | | 강우유출수의 집수, 저류 및 배수를 조절하는 저류시설 강우유출수를 저류시킨 후 중력침전 및 생물학적 과정으로 오염물질을 저감하는 시설 |
| 인공습지 | | 침전, 여과, 흡착, 미생물 분해, 식생 식물에 의한 정화 등 자연상태의 습지가 보유하고 있는 정화능력을 인위적으로 향상시켜 비점오염물질을 저감시키는 시설 |
| 침투형시설 | 투수성 포장 | 강우유출수 내 오염물질을 직접 포장체를 통해 하부 지층으로 침투시켜 제거하는 시설로, 침투수의 일시저류기능을 하는 자갈층과 토양층 및 섬유여과층으로 구성 |
| | 투수블록 | 하중이 크지 않은 도로에 불투수성 포장 대신 빗물이 땅으로 침투될 수 있도록 투수성 블록을 설치하여 자연의 물순환 기능을 회복할 수 있도록 하는 공법 |
| | 침투도랑 | 자갈 등으로 채워진 도랑형태의 처리시설로 강우유출수가 도랑을 통해 유하하는 동안 침투에 의해 오염물질을 처리하는 시설 |
| | 침투통 | 투수성을 가지는 통 본체와 주변을 쇄석으로 충전하여 집수한 빗물을 측면 및 바닥에서 땅속으로 침투시키는 시설 |

**저영향개발(LID)**
개발로 인해 변화하는 물순환 상태를 자연친화적인 기법을 활용해 최대한 개발 이전에 가깝게 유지하도록 하는 것으로, 자연의 물순환에 미치는 영향을 최소로 하여 개발하는 것을 의미한다.

**저영향개발 기술요소**
자연 상태와 유사한 수문특성이 구현될 수 있도록 저류, 침투, 여과, 증발산 등의 기능을 통해 강우유출량을 관리하는 시설 및 설계방법을 말한다. 기술요소는 각각의 대표적인 기능을 중심으로 명명되었으나, 실제 적용 시에는 각 기술요소들이 한가지의 기능만을 하는 것이 아니라 복합적으로 기능하게 된다.

| | | |
|---|---|---|
| | 침투트렌치·침투관 | 굴착한 도랑에 쇄석을 충전하고 그 중심에 침투통과 연결되는 유공관을 설치하여 빗물을 통하게 하며, 쇄석의 측면 및 저면으로부터 땅속으로 침투시키는 시설 |
| | 침투측구 | 침투측구는 측구 주변을 쇄석으로 충전하고 빗물을 측면 및 바닥을 통하여 땅 속으로 침투시키는 시설 |
| | 침투저류지 | 투수성 토양으로 시공된 우수 저장시설로 강우유출수를 얕은 수심의 저류지에 차집하여 임시저장 및 침투를 통해 오염물질을 제거하도록 설계된 시설 |
| 식생형시설 | 수목여과박스(침투화분) | 식물이 식재된 토양층과 그 하부를 자갈로 충전하여 채운 구조로, 강우유출수를 식재토양층과 지하로 침투시키는 시설 |
| | 식생수로 | 식생으로 덮힌 개수로를 통해 강우유출수를 이송시키는 시설로 식생에 의한 여과, 토양으로의 침투 등의 기작으로 강우유출수 내 오염물질을 제거하는 시설 |
| | 식생여과대 | 강우유출수가 조밀한 식생으로 조성된 여과대면을 균등하게 흐르며 유출속도가 감소되고, 식생에 의한 여과 및 토양으로의 침투 기작으로 강우유출수 내 오염물질을 제거하는 시설로서 완충지대라고도 함 |
| | 기타 | 식생체류지, 옥상녹화, 나무여과상자, 식물재배화분, 식생수로, 식생여과대, 침투도랑, 침투통, 투수성 포장, 모래여과장치, 빗물통 등 |

## 5. 생태공원 조성

① 생물의 생활과 그 환경을 소중히 여기는 공원이나 생물이 있는 공원
② 인간과 자연의 공존·공진화가 가능한 공원
③ 생물과 자연을 접하기 위한 목적을 가지고 찾아갈 수 있는 공원
④ 자연생태계의 자율성·다양성·순환성·안정성에 가까운 구조를 가진 공원
⑤ 도시생물다양성 보전 및 증진에 기여하는 공원
⑥ 유지관리가 별로 필요하지 않은 공원

생태공원의 계획 과정 및 방법

| 계획과정 | 계획항목 및 내용 |
|---|---|
| 목적 및 목표 설정 | ·생태공원의 목적 및 목표 설정<br>·목표종 및 서식처 특성 설정 |
| 현황 조사 및 분석 | ·현황조사 : 생태적·자연적·사회적·역사적·경관적 요소 등<br>·이해당사자 의견조사<br>·조사결과의 도면화 : 비오톱 도면화, 서식처 도면화<br>·현황분석 : 물리·생태적 분석, 사회·행태적 분석, 시각·미학적 분석, 영향평가분석, 적지분석, 타당성 분석 등 |

| 종합 | ·기회성 및 제한성 부여 |
|---|---|
| 기본구상 | ·프로그램 구상, 공간구상, 시설구상, 프로그램의 기능적 연결<br>·종합기본구상 및 이미지맵 작성 |
| 기본계획 및 부문별 계획 | ·서식처 계획, 토지이용계획, 동선 및 교통계획, 시설배치계획, 자원활용계획, 지형계획, 식재계획, 하부구조계획, 환경교육계획, 지역경제활성화 계획, 환경오염방지계획, 사후모니터링계획, 유지 및 관리계획 등 |

## 7 대체자연의 조성

### 1. 대체자연의 개념

(1) 법률적 개념

① 자연환경보전법 : 각종 개발사업에 의해서 불가피하게 훼손되거나 영향받는 생태계를 다른지역에 조성해 주는 것으로 규정

② 습지보전법 : 인공적인 습지의 조성과 훼손된 습지 주변에 자연적으로 조성되는 습지를 가능한 한 유지 또는 보전하기 위한 것으로 규정

대체서식지의 개념 및 범주

| 구분 | 내용 |
|---|---|
| 창출(creation) | 개발사업과 관련하여 새로운 서식지를 조성하는 활동 |
| 향상(enhancement) | 개발사업과 관련하여 기존 서식지를 개선하는 활동 |
| 복원(restoration) | 개발사업과 관련하여 이미 훼손된 서식지를 회복하는 활동 |

대체서식지 조성 및 관리의 기본원칙

| 원칙 | 내용 | 적용단계 |
|---|---|---|
| 훼손자 부담의 원칙 | 개발사업으로 서식지를 훼손한 사업자는 훼손으로 발생한 생물다양성 손실을 보상하여야 하며, 보상에 따른 비용 및 사업을 담당하여야 한다 | 조성·유지관리 |
| 참여와 협력의 원칙 | 대체서식지 조성 및 유지관리에 있어 공학자, 생태학자, 지역주민 등 다양한 사람들의 의견을 수렴하여야 한다 | 조성·유지관리 |
| 과학적인 접근의 원칙 | 대체서식지 조성을 위한 생물종 서식환경 조성기술 및 생태계 조사방법에 있어 과학적인 접근방법에 입각하여 진행되어야 한다 | 조성·유지관리 |

■ 대체자연(대체생태계)

각종 개발사업으로 인하여 훼손되거나 영향을 받을 것으로 예상되는 동·식물의 서식지를 보상하기 위하여 사업의 대상지역 또는 주변지역에 원래의 서식지와 동일하거나 유사한 서식지를 창출, 향상, 복원 활동이 시행되는 지역을 말한다.

| 순응적 관리의 원칙 | 대체서식지 관리에 있어 성공 사례를 창출할 수 있도록 점진적으로 접근하고, 사후 모니터링을 통한 평가 및 유지관리 방안이 제시되어야 한다 | 유지관리 |
|---|---|---|
| 생태복원의 적용 원칙 | 대체서식지 조성 및 유지관리에 있어 훼손된 서식지의 회복을 위해 해당지역 및 주변 지역의 생태계 구조와 기능을 토대로 이루어져야 한다 | 조성·유지관리 |

### (2) 미티게이션(mitigation)

① 앞으로 일어날 개발행위로 인한 불가피한 훼손에 대하여 보상하는 것
② 개발로 인한 환경영향을 회피·저감·대상하는 환경보전조치

### (3) 미티게이션의 유형

#### 1) 회피

① 서식처를 보전하는데 있어 가장 바람직한 방법
② 개발로 인한 습지 및 서식처가 훼손되지 않도록 계획을 변경하는 것
③ 동·식물의 중요 서식환경을 노선 등으로부터 떨어뜨려 계획하는 방법

#### 2) 저감(최소화)

① 계획의 변경이 불가능하여 불가피하나 서식처나 서식환경에 환경영향을 최소화하기 위한 방법
② 야생동물의 이동통로 제공 등이 대표적 조치

#### 3) 대상(대체)

① 저감방안마저도 현지에 적용할 수 없는 경우 적용
② 보전해야할 서식처를 다른 곳에 새롭게 조성해 주는 것

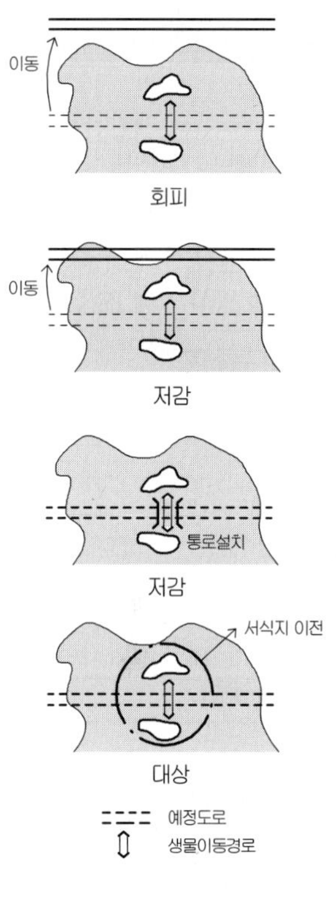

[ 미티게이션의 유형 ]

### (4) 미티게이션의 검토

① 회피·저감·대상의 순서로 우선순위의 명확화 필요
② 대상은 회피와 저감의 방법으로도 할 수 없을 때 이용

## 2. 대체습지의 접근방법

### (1) 대상지 내(on-site)와 대상지 외(off-site) 방법

① 유역 내에서 개발사업이 이루어질 때마다 훼손되는 습지의 면적 이상만큼 조성
② 작은 습지가 여기저기에 흩어져 조성됨

**◘ 대체습지**
개발로 인한 습지의 불가피한 훼손을 다른 곳에 새롭게 조성해 주는 것이다. 대체는 훼손되는 습지의 총량을 유지시켜 주고, 훼손되는 습지가 가지고 있던 기능을 그대로 유지시켜 주기 위한 방법이다.

### (2) 미티게이션 뱅킹(mitigation banking)

① 유역 내에서 개발사업이 이루어지기 전에 일정 면적의 대체습지를 조성

해 놓고 그에 합당한 훼손할 수 있는 분량 확보
② 개발사업이 시행될 때 확보된 분량만큼 습지를 훼손 가능
③ 확보된 분량이 습지훼손 면적을 충족시키지 못할 경우 다른 사업자로부터 훼손할 수 있는 분량을 구입하여 훼손시킴
④ 조성되는 습지의 면적은 개별적 대체습지보다 수 배 이상 넓게 조성
⑤ 작은 파편화된 습지를 하나의 통합된 습지로 관리

대체습지 접근방법 비교

| 원칙 | on/off-site mitigation | mitigation banking |
|---|---|---|
| 개발사업의 수 | 1개의 개발사업이 이루어 질 경우 | 유역 내에서 다양한 개발이 이루어질 경우 |
| 접근방법 | 개발사업에 의해서 훼손되는 습지를 다른 곳에 조성하여 직접 보상 | 향후 개발로 습지를 훼손시킬 경우를 대비하여 미리 습지를 조성해 놓고 보상케 하는 것 |
| 습지의 조성 단계 및 방식 | 개발 중이거나 개발 후에 on-site에 조성 | 개발사업 전에 동일한 유역 내로 하며, on-site와 off-site를 병행 |
| 습지의 훼손에 대한 보상 방법 | 대체습지를 조성하여 보상 | 크레디트(credit)를 확보하여 전체 훼손면적을 보상 |
| 사업승인 기간 | 장시간의 승인기간 | 허가기간이 짧음 |
| 운영주체 | 개발자 | 개발자, 허가부서 |
| 관리방식 | 개별 관리 | 통합적 관리 |
| 조성 후 문제점 및 효과 | 개발지로부터 오염이 있을 수 있음 | 개발지역이나 외부 영향이 적음 |

## 3. 대체습지의 유형

### (1) 조성되는 위치에 따른 구분

① on-site : 개발사업의 범위 내에 대체습지를 조성하는 방법
② off-site : 개발사업의 범위 밖에 대체습지를 조성하는 방법, 개발사업의 범위에서 벗어나지만 통상적으로 유역(wetland)범위 안에 조성

### (2) 조성 전·후의 서식처 유형에 따른 분류

① in-kind : 손실되는 습지와 똑같은 기능과 가치를 대체할 수 있는 습지를 조성하거나 복구하여 습지의 손실을 저감하는 것
② out-kind : 손실되는 습지와 다른 기능과 가치를 가진 습지로 대체함으로써 습지의 손실을 저감하는 것 -때로는 습지가 아닌 다른 서식처로 조성하는 경우도 포함 가능

**습지은행(mitigation banking)**
보상의 한 방법으로 개발로 인한 훼손에 대응하여 개발지역을 포함하고 있는 유역 내에 대체 서식지를 조성하거나 복원·향상시키는 것을 말한다.

**습지총량제(no net loss of wetland)**
개발로 인하여 습지가 훼손될 경우 개발면적 이상의 습지를 다른 지역에 대체조성하여 습지의 총량을 유지시키기 위한 제도이다.

## 4. 대체자연의 설계 및 시공

### 1) 대체서식지 조성 여부 결정

① 개발 영향이 예상되는 주요종 서식지 대상

② 개발로 인해 미치는 영향권 내에 서식지 존재 유무와 보전가치의 판단

### 2) 대상지 현황 조사·분석

① 생태계 구조·기능 파악과 개발사업으로 인한 영향 파악

② 대체서식지 필요 여건 조사·분석

### 3) 대체서식지 조성 목표·목적, 실행기준 설정

① 대체서식지의 조성유형(방향) 설정 –향상, 복원, 창출 등

② 대체서식지의 기능이나 서식처 제공 등의 기능 복원

③ 실행기준 및 조성전략 수립

④ 목표종의 선정

㉠ 대체서식지의 목표종은 단일 생물종 선정이 원칙

㉡ 훼손되는 서식지가 단일 생물종보다는 생태계 및 생물다양성에 더 큰 영향을 미치는 경우 대체서식지 조성 목표를 생태계 복원으로 설정

대체서식지 유형별 대조생태계 및 대조생태계 조사방법

| 유형분류 | 대조생태계 | 대조생태계 조사방법 |
|---|---|---|
| 창출<br>(creation) | 주변지역의 생물서식지 구조와 기능 | 현지 정밀조사를 통한 개발사업 주변지역 생태환경 파악 |
| 향상<br>(enhancement) | 훼손 이전의 생물서식지 구조와 기능 | 훼손되기 이전의 고지도, 과거자료, 위성영상, 청문 등을 통한 자료 확보 |
| 복원<br>(restoration) | 전문가 의견수렴 및 서식지 모형 | 관련 전문가의 의견수렴 및 훼손지 유형에 따른 목표 생태계 도출 |

### 4) 대체서식지 입지 평가 및 선정

① 원서식지를 고려한 입지선정 기준 도출

② 항공사진, 도면 등의 자료를 활용한 입지 평가 –1차 평가 및 2차 평가

③ 입지 대안 도출 및 최종입지 선정

④ 입지기준에 따른 위치선정

㉠ 개발사업으로 훼손된 서식지와 동일한 유역이나 행정구역 범위 내에서 대체서식지 조성 후보지 선정

㉡ 목표 생물종을 중심으로 한 대상지역 현지 조사 및 서식환경평가 결과를 토대로 대체서식지 후보 지역 선정

㉢ 개발계획이나 토지이용 등 주변여건을 감안하여 현재 및 향후 개발압력에서 자유로운 곳 선정

㉣ 대체서식지 조성 후보지에 대한 대안별 장·단점의 비교·검토를 통해 적정한 입지 결정

**◘ 대체서식지 조성 및 유지관리 절차**

① 사전검토
② 입지선정
③ 계획 및 시공
④ 유지 및 모니터링

**◘ 목표종의 선정**

목표종은 개발로 인해 훼손되는 서식지를 대상으로 문헌 및 현장조사, 지역주민·전문가 의견수렴을 통하여 선정한다. 또한, 사회·경제적 중요도, 개발사업 취약성, 생물·생태학적 보전가치, 생태적 특성, 생태현황에 대한 조사 및 지역 특성, 서식지 조성 사례 등을 고려하여 선정한다.

**◘ 대조(참조) 생태계(reference ecosystem)**

생태복원의 목적이나 계획을 수립하는 데 있어 훼손되지 않은 생태계를 모델로 할 때의 생태계를 말한다. 대조생태계를 '동일한 장소와 동일한 시간', '동일한 장소와 다른 시간', '다른 장소와 동일한 시간', '다른 장소와 다른 시간'의 유형으로 구분한다.

5) 대체서식지 기본구상 및 계획·설계

① 대체서식지 조성 기본구상 및 계획

② 부분별 기법 제시 및 서식지 설계

생물분류군별 대체서식지 핵심 구성요소

| 생물분류군 | 대체서식지 핵심 구성요소 |
|---|---|
| 포유류 | 동면지, 보금자리, 먹이자원, 활동권 |
| 조류 | 번식지, 채식지, 월동지, 커버자원(잠자리, 휴식처 등) |
| 양서·파충류 | 집단 산란지, 활동지, 동면지, 이동경로 |
| 어류 | 번식장소, 먹이자원, 회유성 어류의 이동경로 |

대체습지조성에 도입할 수 있는 습지유형별 식물종

| 구분 | 환경적 기반 | 도입식물 | 발생예상식물 |
|---|---|---|---|
| 개방수면 | 최대수심 : 180cm<br>최소수심 : 100cm | 부들, 애기부들, 갈대, 줄 | 보풀, 벗풀, 올미, 개구리밥류 |
| | 생태적 기능 | 개방수면 확보로 어류의 서식처 및 양서류 휴식공간 | |
| 소택형 습지 | 최대수심 : 100cm<br>최소수심 : 50cm | 갈대, 줄 | 물옥잠, 골풀, 미나리, 생이가래, 개구리자리 |
| | 생태적 기능 | 수서곤충 및 양서류 서식처 | |
| 하천형 습지 | 최대수심 : 100cm<br>최소수심 : 50cm | 고랭이, 줄, 갈대 | 애기부들, 큰고랭이 |
| | 생태적 기능 | 수생생물의 이동통로, 어류·양서류 산란장소 | |

□ 대체서식지 조성 시 도입요소

대체서식지를 조성할 때에는 조성위치, 규모, 형태, 구성 비율, 공간배치로 이루어지며, 목표생물종이 안정적인 개체군을 유지할 수 있도록 충분한 크기로 조성해야 한다. 면적을 결정한 다음 목표종의 생태적 특성을 토대로 핵심적인 서식요소를 도출한다.

# 8 생태통로의 조성

## 1. 생태통로의 개념

### (1) 생태적 네트워크 구성

① 주요 서식처 보전을 확보하기 위한 핵심지역

② 개별적 종의 핵심지역간 확산(disperse) 및 이주(migrate)를 위한 회랑(corridor) 또는 디딤돌(stepping stone)

③ 서식처의 적절한 다양성 제공과 최적크기로의 네트워크의 확산을 가능하게 하는 복원(restoration) 또는 자연개발지역

④ 오염 또는 배수 등 외부로부터의 잠재적 위협으로부터 네트워크를 보호하기 위한 완충지역

□ 생태통로의 정의(자연환경보전법)

생태통로라 함은 도로·댐·수중보(水中洑)·하구언(河口堰) 등으로 인하여 야생동·식물의 서식지가 단절되거나 훼손 또는 파괴되는 것을 방지하고 야생동·식물의 이동 등 생태계의 연속성 유지를 위하여 설치하는 인공 구조물·식생 등의 생태적 공간을 말한다.

### (2) 생태통로의 기능

① 생태계의 비오톱 시스템에서의 요소로서 서식처의 연결로 생태계의 연속성 유지
② 이동경로의 보전 및 서식처 범위의 보전
③ 충돌에 의한 위험성의 경감 및 천적이나 교란으로부터의 피난처 역할
④ 가장자리의 파괴된 서식처의 대체로서의 서식처 제공
⑤ 기온변화에 대한 저감 효과
⑥ 개발억제 효과 및 교육적, 위락적, 심미적 가치 제고

### (3) 야생동물 이동통로의 유형구분

#### 1) Forman(1995)의 분류

① 양서류 터널(amphibian tunnel)
② 암거 및 생태관(culvert and ecopipe)
③ 지하통로(underpass)
④ 다리(overbridge)
⑤ 경관 커넥터(landscape connector)

#### 2) 우리나라의 분류

| 종류 | 내용 | 예 |
|---|---|---|
| 육교형(상부통로형) | 횡단부위가 넓은 곳, 절토지역 혹은 장애물 등으로 동물을 위한 통로 설치가 어려운 곳에 만들어지는 통로 -도로 위를 횡단하는 육교 형태로 설치 | Ecoduct<br>Overbridge |
| 터널형(하부통로형, 암거형) | 인간의 영향이 빈번한 지역이며, 육상 통로를 설치하기 위한 연결지역이 지상에 없는 경우, 또는 지하에 중소하천이 있는 경우 만들어지는 통로 -도로 하부를 관통하는 터널의 형태로 설치(박스형 암거, 파이프형 암거, 수로형 암거, 양서·파충류형 암거, 교량 하부형) | Culvert<br>Box<br>Pipe |
| 선 형 | 도로, 철도 혹은 하천변 등을 따라 길게 설치된 통로 -식생이나 돌담 등을 이용하여 설치(생울타리, 방풍림, 조류를 위한 횡단유도식재) | Hedgerow<br>Fencerow<br>Shelterbelt |

## 2. 생태통로의 조성계획

### (1) 조성방안의 결정

① 도로 및 철도개설 등에 따른 대상지역의 환경변화의 폭을 감안하여 그에 따른 수행계획 및 계획안 도출
② 환경적 측면에서의 접근

조성계획 수립을 위한 판단기준

| 구분 | 판단기준 | 추진계획 |
|---|---|---|
| 이전 상태 그대로 복원(original condition) | 원래 상태의 훼손 경미, 이전 상태의 자료 충실히 존재 | 기존의 야생동물 이동경로를 그대로 복원 |
| 이전 상태와 유사 상태로 복원(similar condition) | 상당부분 훼손되었지만 이전 상태 자료 등의 존재로 복원가능 | 기존의 야생동물의 이동경로와 최대한 유사하도록 복원 |
| 새로운 조건을 형성하여 복원(alternative condition) | 높은 강도의 개발로 원형을 발견하기가 거의 어려우며 이전 상황에 대한 자료가 거의 없음 | 공사 후 형성된 조건에 적합한 이동경로를 새로이 선정하여 통로 설치, 원래보다 더 많은 생물다양성 증진기회 제공 |

◘ 생태네트워크 계획의 과정

'조사→분석·평가→계획→실행'의 과정으로 진행되며, 보전, 복원, 창출해야 할 서식지 및 분단장소의 설정은 분석·평가 과정에서 이루어진다.

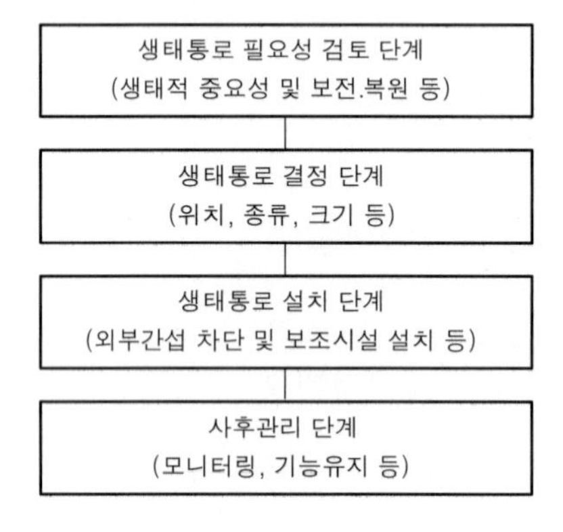


[ 생태통로의 설치 단계 ]

◘ 생태통로 설치 절차

① 필요성 검토
② 내용 결정 및 설계
③ 구조물 시공
④ 유지·관리

(2) 야생동물의 이동과 주변환경과의 상호관계 파악

① 신설도로로 인한 영향을 정확히 예측·평가하는 과정
② 해당지역에 서식하는 야생동물의 종구성 분포, 계절적 변화, 산란장소, 서식처, 일상의 행동권, 식생, 주변 수환경 요인 등 전반적인 생태조사 수행
③ 도로·철도 등의 개설 이전의 주변 생물상을 조사하여 생물종, 서식공간의 위치와 이동경로 등을 우회하여 도로 개설 유도
④ 도로 개설에 대한 영향평가는 경관단위로 판단
⑤ 도로가 야생동물의 이동에 미치는 경관생태적 영향 고려
⑥ 계획단계의 조사는 종합적인 환경을 우선적으로 고려하여 피해의 최소화

## 3. 생태통로계획·설계과정에서의 고려사항

### (1) 생태통로 위치 선정(위치 결정)

1) 위치 선정 방법

① 서식처를 잇는 최단거리 –보편적 개념
② 시뮬레이션을 통한 통로의 위치선정
③ 인공위성을 이용한 이동패턴 조사
④ 도로에 남겨진 사체의 빈도조사
⑤ 지형도로부터 단절된 서식처를 찾는 방법

2) 보다 정확한 경로 설정

① 소생물권도의 지역특성에 따른 분류
② 연결통로간의 기회요소나 제약요소의 유무에 따른 이동통로의 등급 조정
③ 이동통로간 종의 풍부도에 따른 등급기준설정
④ 표고나 경사 등의 지형적인 조건배려

◘ 생태통로 위치 선정
생태통로 위치선정 시 우선적 고려 사항은 일반야생동물을 위한 범용성있는 생태통로인지 또는 한 종을 위주로한 생태통로 인지를 우선적으로 결정해야 하며, 특정한 종을 위주로 한 경우 그 지역 내에서 핵심종 또는 희귀종으로서 가치가 있는지를 사전에 판단할 수 있어야 한다.

생태통로 조성을 위한 지역별 평가항목

| 분류 | 평가항목 |
|---|---|
| 물리적 요소 | 표고, 경사, 지형, 지질, 토양, 소음 |
| 생물적 요소 | 식생 동물상, 이동경로, 서식처와의 거리 |
| 실제 시공과정 | 조성 편의성, 소요비용 |
| 조성 후 평가 | 유지관리 편의성, 홍보 및 교육효과 |

### (2) 생태통로 유형의 선정(종류 결정)

① 위치 선정 후 가능한 대안 비교 후 실제 적용가능한 유형 선정
② 한 가지 유형의 최종 선정 방법
③ 여러 가지 방안을 복합적으로 도입 검토 후 상호보완하여 이동통로의 효율성 제고

### (3) 제원(규모와 구조)의 확정(크기 결정)

1) 규모와 구조

① 연결 대상 서식지간 거리는 가능한 한 짧고, 직선 유지
② 주요 대상 동물종의 먹이종의 서식이 가능하도록 조성
③ 통로 안에 서식하는 특성을 보인 종의 경우 이들의 서식이 가능한 크기 확보
④ 통로의 길이가 길수록 폭은 넓게 조성
⑤ 통로 주변부에 동물들이 자연스럽게 접근하도록 유도로 조성과 식재를

할 수 있는 공간 확보

⑥ 장마, 홍수, 토사유출과 같은 요인들을 고려하고, 외래종의 이입을 피할 수 있도록 조성

⑦ 소음, 빛, 사람의 활동과 같은 외부로부터의 영향을 최소화할 수 있는 규모와 구조를 설정

⑧ 배수로 내에 저류 홈을 만들어 탈출구를 찾지 못한 양서·파충류가 한여름 온도가 올라가도 견딜 수 있고, 잠시 휴식할 수 있는 공간 제공

⑨ 배수로 내에 지면과 연결되는 경사형 탈출로 설치

⑩ 생태 배수로 상부에 소동물이 이동할 수 있는 생태통로를 설치와 시설물 주변에 식물을 심어 동물로 하여금 시설물에 대한 거부감 완화

2) 폭의 결정

① 일반적으로 폭이 넓을수록 유리 –지형적 조건 및 경제적 비용 고려

② 최대한 많은 동물종의 이동 지원 방안과 특정종을 지원하는 방안 선택

3) 길이의 결정

① 양쪽으로 훼손된 서식지를 연결하는 길이면 1차적으로 충분

② 양쪽지역의 서식처를 직접 연결하도록 연장하는 것이 우수한 결과 도출

### (4) 충돌방지 및 유도방안

1) 충돌 원인

① 번식기에 산란장소와 먹이 섭취장소로의 이동

② 일정기간 성장 후 분산

③ 번식기에 짝을 찾기 위한 이동

④ 동물 특유의 본능

⑤ 충돌한 사체를 먹기 위한 접근

2) 생태통로를 통하여 보호받을 수 있는 종

① 차량과의 충돌로 높은 사망률을 보이는 종

② 강한 이동행태를 보이는 종

③ 개체수준 또는 군집수준에 있어 넓은 공간을 필요로 하는 종

④ 도로 등에 의하여 확산이 제한받는 종

3) 충돌방지 기법

① 울타리의 효과적인 배치로 도로횡단 억제, 생태통로로의 유도

② 울타리는 대형 포유류 및 양서류에 바람직한 효과 기대

③ 불빛, 소음 등의 예방도 생태교량 조성 시 고려 –고속도로 표지판, 음향벽, 거울 등으로 일정수준 이상의 효과 기대

④ 야생동물이 울타리를 넘지 못하도록 상부 약 30㎝를 도로 바깥쪽으로 굽힘

**◘ 충돌방지 울타리 높이(Friedman)**

① 붉은사슴 : 2.0m
② 수사슴 : 1.6m
③ 멧돼지 : 1.2m
④ 작은 포유류 : 1.0m
⑤ 양서류 : 0.5m

### (5) 생태통로의 설치에 대한 종합

① 대상 동물 및 기능에 따라 적절한 유형의 선택 요구
② 설치 지역 및 지역적 특징에 맞는 시행 가능성 파악
③ 적정 규모 및 사용 재질을 파악하여 완성도 제고
④ 생태통로 조성 시 대상동물의 이동을 촉진하기 위한 고려
⑤ 기존의 시설물의 이용 가능성 및 방법 고려

선형 생태통로 유형

| 구분 | 내용 |
|---|---|
| 생울타리 (Fencerow, Hedgerow) | ·현재 울타리가 있거나 과거에 울타리가 있었던 곳에 설치<br>·단일 식물종의 초본이나 관목을 주로 이용하나 넓은 곳은 교목도 이용<br>·자투리 산림 간의 연결 혹은 별도의 선형 식재를 통해 연결<br>·조류와 곤충류와 같은 소형동물 번식지, 조류의 둥지로 활용 가능 |
| 방풍림 (Shelterbelt) | ·자연식생을 모방하여 주로 교목성 식물을 여러 줄로 심는 것이 일반적 –관목도 사용<br>·방풍·방설과 같은 역할을 통해 소형 포유류에게 서식지 제공 |
| 조류를 위한 횡단 유도 식재 | ·도로를 횡단하여 비행하는 조류가 차량에 충돌하지 않을 정도의 고도 유지 –키가 큰 교목 식재<br>·조류가 주로 횡단하는 지역, 수풀이 우거진 지역이나 차량과의 충돌이 자주 일어나는 지역을 파악하여 설치<br>·현지에 자생하는 식물종을 이용하고, 식재 밀도를 높게 유지 |

◘ 선형 생태통로 설치 위치
도로나 철로, 하천과 같이 선형으로 이어진 단절지를 연속적으로 연결해야 하는 지역에 주로 하천, 수로 주변에 조성하며 자연식생을 이용하여 설치하고, 불빛·소음과 같은 특정 간섭요인으로부터 서식지를 보호하기 위해 장벽 역할이 필요한 지점, 서로 떨어진 또는 환경이 서로 다른 서식지를 간단하게 연결하여 이동성을 증진시켜야 할 필요성이 있는 지점 또는 인공 시설물 설치로 인해 생태계의 파괴가 심각하게 우려되는 곳에 설치한다.

터널형 생태통로

| 구분 | 내용 |
|---|---|
| 박스형 암거 | ·농촌의 농로 또는 수로의 역할을 겸할 수 있는 폭 3~4m 내외의 사각형 구조물로 조성<br>·일반적으로 파이프형 암거에 비하여 대형 동물이 이용할 수 있도록 설계 |
| 파이프형 암거 | ·지름 1m 내외의 콘크리트 또는 철재 원형관으로 조성<br>·일반적으로 박스형 암거에 비하여 주로 소형의 동물이 이용하도록 설계 |
| 수로형 암거 | 콘크리트 배수로를 보완한 지름 1~2m의 사각 구조물 –벽에 선반 설치 |
| 양서·파충류용 암거 | 0.5~1m 폭으로 조성하며, 배수구조물과 함께 조성, 소형동물의 이동을 겸한 터널인 경우에는 1~2m 크기로 설치 |
| 교량 하부형 | 개울이나 동물의 이동이 많은 곳에 도로를 교량으로 시공하는 것으로서 교량 하부의 지형과 식생이 주변과 자연스럽게 연결되도록 설치, 교량의 길이는 10m 이상, 대형동물을 포함한 모든 동물의 이용 가능 |

◘ 터널형 개방도
터널형의 경우 개방도가 0.7 이상이 되도록 조성한다.

$$개방도 = \frac{A}{L} > 0.7$$

여기서, $A$ : 통로 단면적
$L$ : 통로 길이

육교형 생태통로

| 구분 | 내용 |
|---|---|
| 설치 시 고려사항 | ·중앙보다 양끝을 넓게 하여 자연스러운 접근 유도<br>·통로 양측에 벽면을 설치하여 빛, 소음, 천적 등으로부터의 영향 차단<br>·입·출구 및 통로전체는 주변 식생과 조화를 이루도록 조성<br>·필요 시 통로 내부에 양서류를 위한 계류 혹은 습지 설치<br>·통로로 유도하기 위해 입·출구의 좌·우측을 따라 방책 설치<br>·가능한 인간통행 억제 |
| 대상동물 | ·대형·중형·소형 포유류, 조류, 양서·파충류와 같은 대부분의 동물이 이용 가능<br>·일반적으로 터널형 통로보다 다양한 동물이 이용<br>·보호해야 할 특정 중·대형 동물의 이동을 보장해야 할 경우에 가장 적절 |
| 규모, 재질 및 기법 | ·생태통로의 통로 중앙부의 폭은 30 m 이상, 생태적 효과와 공사비용 및  가격대비 성능을 고려하여 적정규모 결정<br>·생태통로의 길이는 도로의 폭에 따라 설계하며, 길이가 길어질수록 폭이 넓어지도록 설계<br>·생태통로 양쪽 펜스나 방음벽의 높이는 1~1.5m 정도로 조성하며, 목재와 같이 불빛의 반사가 적고 주변 환경에 친화적인 소재 사용<br>·통로 내 식재지에서의 토심은 아교목과 관목의 안정적인 성장을 고려하여 70㎝ 이상 확보<br>·내부에는 그루터기·돌무더기와 같이 소생물이 서식하거나 휴식할 수 있는 시설 배치<br>·주변이 트이고 전망이 좋은 지역을 선택하여 동물이 불안감을 느끼지 않고 건널 수 있도록 조성<br>·생태통로 입구와 출구에는 유도 및 은폐를 할 수 있는 식생을 조성<br>·통로 내부에 물웅덩이나 배수로와 같은 시설을 설치하여 습지를 선호하는 동물이나 양서류의 이동이 가능하도록 유도 |

생태통로 조성 시 종별 이동촉진을 위한 고려사항

| 동물종 | 고려사항 |
|---|---|
| 곤충 | ·먹이식물, 밀원식물 등의 적극적 도입을 통한 서식 유도<br>·나비·잠자리류의 월동과 산란을 위한 습지환경의 형성 및 다공질 공간 조성 |
| 양서·파충류 | ·생울타리를 통한 이동로 조성<br>·서식 및 이동을 위한 수변환경 조성<br>·측구 등에 대한 이동용 보조통로 설치<br>·바위와 자연석 쌓기, 통나무 더미 형성 등을 통한 파충류 서식환경 조성 |
| 조류 | ·일반적으로 서식처로부터 1~2㎞의 영역 확보<br>·식이식물의 식재를 통한 서식유도<br>·침엽·활엽수, 관목이 다층구조로 형성된 최대폭 50m, 높이 10m의 녹지축 조성 |
| 포유류 | ·소형 포유류의 경우 2~3m의 통로 폭 필요<br>·다층구조 형성을 통한 이동경로 재현<br>·돌담, 통나무, 바위, 고사목 등의 배치 |

**◘ 육교형 생태통로 설치 위치**

도로에 의해 녹지 또는 지형의 연속성이 단절된 구간에 설치하며, 도로 조성에 의해서 양쪽 모두가 절토된 지역이 적합하다. 특히 절단된 절개지가 깊을 경우 혹은 산등성이나 고산지대가 단절되어 동물이 이동하기가 어려운 곳, 도로 양쪽의 높이가 도로보다 높아 하부 통로의 설치가 불가능한 지점, 도로 양쪽의 고도차가 심하게 나거나 경사도가 급한 경우에 설치한다. 공사비가 높기 때문에 넓은 면적의 보호구역이 단절되거나 생태적 가치가 우수하여 설치의 필요성이 높은 지역에 주로 적용한다.

**◘ 인간의 생태통로 이용**

보행자가 생태통로를 이용할 수 있도록 조성하는 경우에는 보행자 동선을 폭 3m 이내의 흙길로 조성하고, 생태통로의 중앙부 폭은 30m 이상의 대형으로 조성한다.

기존 유사 구조물을 이동통로로 활용하기 위한 방법

| 유사 구조물명 | 통로로의 재이용 방법 |
|---|---|
| 통로박스, 통로암거 | 주변부에 유도식재, 혹은 울타리 설치 |
| 수로파이프, 횡배수관<br>수로박스, 수로암거 등 | 동물이 이동할 수 있는 선반이나 턱 구조물을 설치 |
| 교량 | 다리 주변에 경관을 조성하거나 다리 밑에 비포장의 통로를 형성 |

### 4. 조성 후 유지관리 시 고려사항

#### (1) 충돌억제 관리

① 충돌기록을 종류별, 월별, 시간대별, 충돌장소 등으로 상세히 기록하는 기록관리체계의 수립
② 연속적인 충돌을 막기 위한 사체수거 시스템의 도입
③ 기록을 토대로 생태통로의 문제점 파악 및 개선·추가 등 지속적 보완

#### (2) 모니터링 계획

① 정확한 효과 분석을 위한 모니터링 실시
㉠ 생태통로 내부에 폭 3m 정도의 모래지대 설치, 카메라 설치, 적외선 탐지기 설치 등 다양한 방법 사용
㉡ 생태통로를 이용하는 동물의 종류 및 개체수, 분포 등의 확인이 가능토록 조치
㉢ 특히, 발자국이 소실되기 쉬운 시기인 건기에는 주 2~3회의 반복 조사 실시
② 야생동물의 이동 정도의 확인 필요
③ '포획-방사의 방법'을 사용하여 이동여부 확인 등의 활동 병행

◘ 시공 중 모니터링
사전에 환경보전조치를 검토했더라도 자연환경에 대한 영향은 불확실성이 따르므로 예측하지 못한 사태에 대응할 수 있도록 공사시간 중에도 필요에 따라 모니터링을 실시해 영향이 예측된 경우에는 공법 등의 변경이나 개선 동의 탄력적으로 대응하여야 한다.

#### (3) 소규모 서식처 조성 및 관리방안 고려

① 생태통로의 상단, 내부, 인근에 생태통로 이용동물을 위해 조성
② 뱀을 위한 돌쌓기와 덤불 조성 등 세부적 고려

## 9 생태시설물

### 1. 생태시설물 설치

#### (1) 시설물 설치 과정

① 설계도서 및 현장여건 검토

㉠ 설계도서와 현장여건을 검토하여 도면의 현장적용성 파악
㉡ 관련공종의 선후작업을 파악하여 간섭이 발생하지 않도록 조치
② 도면확정 및 공정계획 수립
㉠ 검토한 내용에 따라 시설물의 디자인 및 자재 확정
㉡ 시설물에 따라 자재반입, 인력수급, 장비사용 등 공정계획 수립
③ 현황측량 실시
㉠ 설계도서에 따라 생태시설물 설치위치 확정
㉡ 최종 마감선과 평행하게 측량하고, 직각기준선을 기준으로 측량
㉢ 마감 시의 물구배를 고려하여 기준측량 실시
④ 자재반입
㉠ 반입계획에 따라 결정된 자재는 현장 또는 산지에서 자재검수 후 반입
㉡ 적재장소를 확보하고 설치 전까지 철저히 관리
⑤ 지반 및 기층을 조성하고 기초 설치
㉠ 기초구간에 토공실시 후 침하를 방지하기 위해 철저히 다짐
㉡ 다짐한 지반 위에 골재포설 후 기초구체 설치
⑥ 시설물의 특성에 따라 현장조립 또는 기성품에 맞게 시설 설치

### (2) 시설물 설치 적합성 검토

#### 1) 설계도서와 대상지 조건 조사

① 위치파악 : 각종 시설이 유기적으로 관련을 가지도록 배치
㉠ 자연조건(지형, 지질, 야생생물, 기상 등)
㉡ 이용자의 동선, 이용자의 편의성
㉢ 다른 시설과의 상호위치관계
㉣ 시설의 환경영향
㉤ 주변의 경관, 주변으로부터의 조망
㉥ 시설의 안전성, 설비조건, 관리운영 방법 등
② 규모 파악 : 목적과 기능에 적절한 규모 결정
㉠ 시설의 수용력, 이용자수, 시설의 필요용량, 정비용량
㉡ 다른 시설이나 주변 환경과의 조화, 시설의 환경영향
㉢ 사업비, 사업계획상의 정비수준
㉣ 관계 법규에 의한 시설규모의 제한(자연공원법, 건축 기준법 등)
㉤ 이용자의 편의성, 쾌적성
㉥ 관리운영 방법
③ 시설의 특성파악 : 시설의 형태, 구조, 색채, 재료, 공법 등 검토
㉠ 기능상의 효율성, 시설규모와의 관련성
㉡ 시설의 환경정비, 환경공생기능
㉢ 지역 특유의 재료, 디자인

㉣ 이용자의 편의성, 쾌적성
㉤ 사업비, 사업계획상의 정비수준
㉥ 관련 법규에 의한 시설규모의 제한(자연공원법, 건축 기준법)
㉦형태, 구조, 재료 등의 안정성, 관리운영 방법

#### 2) 시설 배치의 적합성 검토

① 생물서식지 관련 시설
㉠ UNESCO MAB의 용도 구획 상 핵심지역을 중심으로 설치되는 시설
㉡ 복원대상지 주변의 생물서식처로부터 생물종의 이입 검토
㉢ 인위적 간섭을 최소화할 수 있도록 진출입 및 관찰 동선과의 완충공간 검토

② 생물인공증식 관련 시설
㉠ 전문가와 인공증식 대상이 되는 생물종의 생활사를 충분히 협의
㉡ 설치위치, 규모, 서식환경 등의 적합성 검토

③ 보호 관련 시설
㉠ 복원대상지내에 서식하는 생물종을 인위적 간섭에서 보호하는 시설
㉡ 핵심지역 주변의 공간을 이용하는 방문자들의 안전을 확보하는 시설

#### 3) 자재검토

① 석재검토 : 가능한 한 대상사업지에서 발생하는 석재 재활용
② 목재검토 : 방부목재는 최소한으로 사용
③ 부대재료검토 : 천연소재로 제작된 끈이나 거적 등 사용

### (2) 시설물 설치

#### 1) 시공계획 및 자재검수

① 시설설치를 위한 시공계획과 공정표 작성
② 상세도면 검토 후 자재구입 및 검수

#### 2) 시설물 설치

① 준비작업 : 지형조성 및 배수시설 설치, 가급적 자연재료 활용
② 현황측량 : 마감 시의 물구배를 고려하여 기준측량 실시
③ 시설물 설치
㉠ 인력설치를 해야 할 공종 검토 –기계사용 최소화
㉡ 인력설치는 지역주민·학생·자원봉사자의 참여 유도

## 2. 보전시설

### (1) 수용능력을 고려한 시설물계획 수립

① 프로젝트의 핵심개념 혹은 주요공간부터 우선 배치
② 세부적인 자연환경보전·이용시설 배치

**◘ 보전시설 계획**

수용능력을 고려하여 자연생태계가 자기회복능력이나 자기정화능력의 한계 내에서 인간의 활동을 흡수하고 지탱해 낼 수 있는 동시최대이용자수의 산정을 통해 공간의 배치를 구체화한다. 그 이후에 동선을 연결하고 이를 통해 각 공간과 각 시설을 유기적으로 시스템화한다.

③ 동선체계는 위계적 질서를 갖도록 형태를 분명히 다르게 계획

### (2) UNESCO MAB에 의한 배치계획

① 공간구분과 동선계획, 자재 적정성 및 유지관리에 따라 시설 배치
㉠ 친환경적인 소재, 자연환경의 조사·분석을 통한 시설 도입
㉡ 다양한 생물을 유입하기 위한 자연환경 시설 및 인공 시설 도입
㉢ 시설물 자체에 서식지로서의 기능 부여
② 시설물은 주변 경관 및 환경특성에 조화되도록 설계
㉠ 생태계 요소로서의 장소성, 주변 환경과의 조화 추구
㉡ 시설물 설치로 인한 대상지 내 절성토 발생량 최소화 고려
㉢ 필수적 시설물의 제한적 도입
③ UNESCO MAB에 의한 핵심공간, 완충공간, 협력공간의 구분에 따라 시설 배치

**□ 보전시설의 배치**

복원·보전의 목적에 부합하는 보전시설을 핵심, 완충, 협력공간에 맞도록 선정하여 배치하되 공간별 환경을 조사·분석한 결과를 바탕으로 환경영향을 고려하여 계획하고, 생태환경과 조화되는 지속가능한 친환경 재료를 사용한다.

보전시설의 유형 및 목적

| 유형 | 목적 | 구분 | 내용 |
|---|---|---|---|
| 보전형 | 복원 보전 | 자연 보전 | 생태연못, 습지, 전통마을숲, 야생화 동산, 잠자리·나비 등 인공서식처, 식물원, 동물원, 반딧불이원 등 인공증식장, 온실, 횃대, 부도, 보호펜스, 생태어도, 산울타리, 야생동물 이동통로, 인공둥지 등 |

### (3) 보전시설 설치

#### 1) 울타리 조성

① 울타리 설치 시 재료 반입, 설치, 잔토의 야적, 반출 등은 울타리의 뒤쪽에서 시행
② 울타리 등의 재료는 벌채목이나 벌채목의 가지 등 사용
③ 울타리 주변의 수목을 벌채하여 사용하지 않도록 주의
④ 발판을 사용하는 등 설치 작업 중 표토가 딱딱해지지 않도록 주의
⑤ 덩굴 식물이 번성하게 되어 곤충류 유인할 수 있는 효과 기대
⑥ 통나무를 놓아둠으로써 견고하고 자연스러운 경계를 표시할 수 있으며, 이용자 시선유도, 간단한 토사유출 방지효과 기대

#### 2) 다공질 공간 조성 : 은신처, 산란 장소 등으로 활용

① 풀베기 부산물인 잔가지 등을 한 장소에 모아 세워 두어, 도피 장소나 월동 장소로 이용
② 돌더미를 조성하는 경우 어느 정도의 공극을 주며 쌓도록 하고, 돌망틀을 이용할 경우에는 채움석의 크기를 크게 하여 공극 확보
③ 석재의 표면에 이끼나 양치식물이 있거나 녹화 블록이나 화산암으로 제

작한 제품 등 혼합 사용

④ 알맞은 재료의 입수가 곤란하면 사업 대상지에 폐기된 콘크리트 조각이나 U형 측구를 사용하고, 새 콘크리트 구조물 신설 억제

## 3 관찰시설

### (1) 관찰시설 계획 및 배치

① 사용자재 적정성 검토 및 유지관리를 고려하여 관찰시설 계획

② UNESCO MAB에 의한 공간구획을 고려한 배치계획을 종합적으로 수립

순수관찰시설의 유형 및 목적

| 유형 | 목적 | 구분 | 내용 |
|---|---|---|---|
| 절충형 | 복원<br>보전<br>이용 | 순수 관찰 | 관찰센터, 탐조대, 자연관찰로, 생태탐방 데크, 관찰원, 전망대, 관찰 오두막, 관찰벽, 생태관광 코스 등 |

**관찰시설 계획**

관찰시설은 자연환경을 이용하거나 관찰하기 위한 목적으로 설치하며 유인되는 동식물상을 관찰 · 학습할 수 있도록 관찰대상과 형태에 따라 적정한 조망점 및 관찰위치를 고려한다. 계획자나 설계자는 관찰대상 생물이 가지고 있는 도피거리에서 비간섭거리의 권역구조와 인간이 가지고 있는 명료지각의 권역과의 관계를 충분히 이해한 후에 관찰시설을 계획하여야 한다.

### (2) 관찰시설 설계

① 교육시설, 관찰시설, 안내시설, 휴식 및 편익시설을 대상지 내에 배치

② 반복적인 배열이 요구되는 휴식시설이나 편익시설의 경우 시설물의 배치간격을 전체적으로 고려

③ 주요시설과 모듈화된 시설물은 형태와 기능을 연계하여 배치

### (3) 관찰시설 설치

① 도피거리, 비간섭거리의 권역과 인간의 명료지각 권역을 충분히 고려

② 생물종의 인위적 간섭을 최소화하는 범위 내에서 이용자가 관찰 대상종을 자세히 관찰할 수 있는 지역에 배치

③ 관찰오두막이나 관찰벽은 관찰대상종의 도피거리 이내로 최대한 접근이 가능하도록 시각적·물리적 차폐 등 확보

④ 관찰목적 및 대상, 태양의 방향, 주요 동선으로부터 관찰시설까지의 동선 등 이용의 편의성 고려

⑤ 정보안내판 및 동선방향 안내판 등의 인지도와 식별성 확보

## 4. 기타시설

### (1) 체험시설

① 방문객의 활동 및 이용의 효과를 극대화하는 시설의 특성상 핵심지역 내의 설치 지양

② 안전한 학습 및 이용이 가능하도록 충분한 공간 확보

**체험시설 계획**

체험시설은 최소한의 설치로 최대한의 효과를 얻을 수 있도록 대상지의 진입부와 이용자의 동선을 고려하여 집합과 분산이 이루어지는 장소에 설치한다. 여러 개의 표지가 필요한 경우에는 다수의 독립된 표지보다는 종합 안내판을 설치하고 이용자의 흥미를 유도할 수 있도록 한다.

③ 생태환경과 조화되는 지속 가능한 친환경 재료 사용

체험시설의 유형 및 목적

| 유형 | 목적 | 구분 | 내용 |
|---|---|---|---|
| 절충형 | 복원<br>보전<br>이용 | 체험<br>학습 | 생태교육센터, 생태학습원, 자연교육장, 야생조수 관찰원, 생태학교, 자연환경보전·보호 교육장, 자연환경보전 교육관, 토양·미생물 자연관찰학습장 등 |

④ 체험시설 설치
㉠ 최소한의 설치로 최대한의 체험 효과 기대
㉡ 이용자와 비이용자의 동선이 서로 영향을 받지 않는 범위 내에서 집합과 분산이 이루어지는 장소에 배치

(2) 전시·연구시설

① 핵심지역 내의 설치는 지양하고 안전한 관람 및 이용이 가능하도록 충분한 공간을 확보 할 수 있도록 계획
② 전시·연구시설은 원할한 교육활동을 지원할 수 있도록 다양한 계층의 자연자원이 분포하고 있는 지역에 배치
㉠ 선정된 전시 · 연구 시설 중 우선순위를 선정하여 배치
·주요한 시설물이나 규모가 비교적 큰 시설 우선 배치
·나머지 시설물은 보행 및 이용동선, 수용력을 고려하여 순차적으로 배치
㉡ 시설물 간 연계성 검토
㉢ 이용동선 및 주변동선에 의한 시설 이용성을 고려하여 배치

전시·연구시설의 유형 및 목적

| 유형 | 목적 | 구분 | 내용 |
|---|---|---|---|
| 절충형 | 복원<br>보전<br>이용 | 전시<br>연구 | 전시관, 촉각전시관(장애인 배려), 박물관, 자연사 박물관, 박제품·밀렵도구 전시시설, 연구소, 회의실 등 |

③ 전시·연구시설 배치
㉠ 다양한 계층의 자연자원이 분포하고 있는 장소에 배치
㉡ 전시내용과 연계성이 있는 시설들을 근거리에 배치하여 관람 및 학습효과 극대화

(3) 편의시설

① 이용자들의 잦은 이용빈도를 고려해 볼 때, 부패, 부식, 마모 등 내구성이 강한 자재 사용

◘ 전시·연구시설 계획
교육활동을 지원할 수 있도록 자연자원의 분포, 사용 자재 적정성 검토 및 이용을 고려하여 전시·연구시설을 배치하며, UNESCO MAB에 의한 공간구획을 고려한 배치계획을 종합적으로 수립한다.

② 야외의자와 같은 이용자의 접촉이 많은 재료는 열흡수율이 낮고 내수성이 높은 재료 사용
③ 이용·편의시설 위주로 휴식을 위한 곳에 집중적으로 설치
④ 다른 목적의 장소에는 가급적 설치 제한
⑤ 친환경적인 재료를 사용하고 조형적으로 계획
⑥ 이용자의 편리를 위해 알기 쉽고 자동차의 출입이 용이한 곳에 배치하며 보행 동선을 고려하여 배치

이용편의시설의 유형 및 목적

| 유형 | 목적 | 구분 | 내용 |
|---|---|---|---|
| 이용형 | 이용 | 이용 편의 | 방문객 센터, 유모차 및 휠체어 전용보도, 휴게소, 어린이 놀이터, 파고라, 식당, 커피숍, 선물숍, 예술·공예 갤러리 등 |

### (4) 관리시설

① 선정된 관리시설 중 우선 순위 및 시설물 간 연계성 검토
② 이용동선 및 주변동선에 의한 시설 이용성을 고려하여 배치
㉠ 환경기반시설 : 이용자의 편의와 안전 고려
㉡ 보안 및 안전시설 : 운영 단계에서 관리가 용이하고, 식별이 가능한 곳
㉢ 포장 : 동선계획과 이용 목적에 따라 적절한 배치와 재료 사용

**◘ 편의시설 계획**

이용·편의시설은 최소한의 설치로 최대한의 효과를 얻을 수 있도록 대상지의 진입부와 이용자의 동선을 고려하여 집합과 분산이 이루어지는 장소에 배치하되, UNESCO MAB의 공간구분에 의한 용도지역 중 핵심지역과 완충지역에는 배치를 지양하고 협력지역을 중심으로 배치계획을 한다.

# 핵심문제 해설



**01** 폐도로 복원을 위한 지형 복원방법으로 잘못된 것은? 기-16-1

① 주변 생태계와 자연스럽게 연결되도록 한다.
② 훼손되기 이전의 원지형에 대한 자료를 분석한다.
③ 복원할 식생과의 관련성을 고려하여 지형을 조작한다.
④ 도로 개발 시 도입한 인공 포장체 위에 복토하여 지형을 조작한다.

**02** 생태기반을 위한 경사면 식재층 조성을 위한 방법에 대한 설명으로 가장 거리가 먼 것은? 기-19-2

① 0~3%의 경사지는 표면배수에 문제가 있으며, 식재할 때 큰 규모의 식재군을 형성해주거나 마운딩 처리
② 3~8%의 경사지는 완만한 구릉지로 정지 작업량이 증가하기 때문에 식재지로는 부적당
③ 8~15%의 경사지는 구릉지이거나 암반노출지로 토양층이 깊게 발달되지 않아서 관상수목의 집중 식재가 불가능
④ 15~25%의 경사지는 일반적인 식재기술로는 식재가 거의 불가능

해 ③ 식재지로 가장 적당하다.

**03** 생태복원용 교목 및 아교목의 식재가 가능한 사면의 경사는? 기-16-1

① 25% 이하 ② 45% 이하
③ 66% 이하 ④ 75% 이하

**04** 지각을 구성하고 있는 8대 주요원소가 아닌 것은? 기-14-3

① 산소 ② 규소
③ 황 ④ 알루미늄

해 지각을 구성하고 있는 8대 주요원소에는 산소, 규소, 알루미늄, 철, 칼슘, 나트륨, 칼륨, 마그네슘이 있다.

**05** 토양의 형성에는 기후인자가 영향을 주는데, 이중 기후인자와 토양과의 설명으로 틀린 것은? 기-14-2

① 강우량이 많을수록 토양 중 염기의 용탈이 심하게 일어나 알칼리토양으로 발달된다.
② 토양생성에서 가장 중요한 것은 토양 중 물의 이동방향과 물의 양이다.
③ 습윤지대에서는 식생이 왕성하여 토양의 유기물함량이 많고 화학적 반응이 쉽게 일어난다.
④ 강우량이 적은 건조지대에서는 물이 주로 상향이동하기 때문에 토양교질물의 하향이동이 거의 일어나지 않는다.

해 ① 강우량이 많을수록 토양 중 염기의 용탈이 심하게 일어나 산성토양으로 발달된다.

**06** 토양에 유기물 함량을 높이는 방법으로 틀린 것은? 기-16-2

① 모든 식물의 유체(遺體)는 토양으로 되돌려 주어야 한다.
② 유기물이 토양으로부터 유실되는 토양 침식을 막아야 한다.
③ 되도록이면 땅을 자주 갈아 주어 미생물에 의한 토양 분해를 촉진 시켜 준다.
④ 토양 중 유기물의 함량을 쉽게 증가시키려면 신선 퇴비보다는 완숙 퇴비가 효과적이다.

해 ③ 땅을 너무 갈아주면 수분의 감소, 유기물의 이온화를 위한 토양미생물의 활동이 감소하여 토양환경이 열악해진다.

**07** 생태복원을 위한 식물생육과 토양조건의 설명으로 옳지 않은 것은? 기-15-1

① 토양의 3상 분포은 고상, 액상, 기상이 차지하는 비율을 말한다.



정답 01. ④ 02. ② 03. ① 04. ③ 05. ① 06. ③ 07. ③

② 토양의 투수성 지표로서 토양공극이 모두 물로 가득 찬 상태의 투수속도를 포화투수계수라 한다.
③ 지표면에는 무기질 토양입자를 포함하지 않은 유기물만의 층이 있는데, 이것을 C층이라고 한다.
④ 복원지역에서 녹지공사 준공 후 많은 이용자들의 답압에 의한 표토경화가 문제될 수 있다.

해 ③ C층(모재층)은 외계로부터 토양생성작용을 받지 못하고 단지 광물질만이 풍화된 층을 말한다.

**08** 인간에 의해서 교란되지 않은 자연림과 초원의 토양 단면 중 유기물층에 대한 설명으로 가장 적당한 것은? 기-18-1

① 유기물층의 바로 아래에는 집적층이 있다.
② 유기물층은 유기물의 분해 정도에 따라 L층(낙엽층), F층(부후층), H층(부식층)으로 구분된다.
③ 유기물층은 점토, 철, 알루미늄 등의 물질이 집적되는 곳이다.
④ 토양화 진전이 없고, 암석의 풍화가 적은 파쇄 물질의 층이다.

해 ① 유기물층의 아래에는 용탈층이 있다.
③④ 유기물층은 낙엽과 그 분해물질 등 대부분이 유기물로 되어 있는 층이다.

**09** 토양의 층에 따른 토양의 유형 설명으로 옳은 것은? 기-17-2

① A층 : 유기물질의 함량이 높으며, 생물체들의 활동이 가장 활발한 층이다.
② B층 : $CaCO_3$와 $CaSO_4$가 축적된 층이다.
③ C층 : 미세한 토양입자들로 잘 다져진 층으로서 밝은 갈색을 띠고 있다.
④ 전이층 : 낙엽, 떨어진 나뭇가지 등이 쌓여 생긴 층으로서 썩지 않은 낙엽 및 가지 등이 원상태로 있는 층이다.

**10** 토양환경분석을 위해 일반적으로 사용하는 정밀 토양도의 축척은? 기-19-3

① 1/10000　② 1/25000
③ 1/50000　④ 1/70000

**11** 토양조사 항목에서 토양의 화학성을 나타내는 것은? 기-19-1

① 전기전도도　② 토성
③ 토양수분함량　④ 경도

해 ·화학적 특성 평가항목 : 토양산도(pH), 전기전도도, 염기성치환용량, 전질소량, 유효태인산함유량, 치환성칼륨, 치환성칼슘, 치환성마그네슘, 염분농도, 유기물 함량 등
·물리적 특성 평가항목 : 토성, 토양3상, 입도분석, 투수성, 공극률, 유효수분량, 토양경도, 토양밀도, 토양온도 등

**12** 식생기반재(토양) 분석의 기초이론 중 물리성을 평가하는 항목이 아닌 것은? 기-16-3, 기-19-3

① 토성
② 토양 온도
③ 토양의 밀도
④ 토양의 염기치환용량

해 ④ 염기성치환용량은 화학적 특성에 속한다.

**13** 다음 중 토양에 대한 설명으로 틀린 것은? 기-15-3

① 토양구조의 크기, 형상, 치밀도 등에 근거하여 구분된다.
② 토양공극은 토양의 투수성, 뿌리의 신장 등과 관계가 있다.
③ 토성이란 직경 0.2㎜이하인 토양입자의 입경조성을 말하는 것이다.
④ 토양색은 빛의 강도·수분함량·유기물함량과 토양에 존재하는 철(Fe)과 망간이온의 산화환원상태 등에 의해 결정된다.

해 토성이란 토양무기질 입자의 입경에 의한 분류로 모래, 미사, 점토의 함유비율로 토성을 결정하며, 토양에 흡수된 양분의 양과 직접적인 관계를 가진다.

정답 08. ② 09. ① 10. ② 11. ① 12. ④ 13. ③

**14** 토양의 입단화에 대한 설명이 아닌 것은? 기-17-2

① 점토는 수화반경이 작아 입자들의 엉킴현상을 증진시킨다.
② 유기물이 부식되어 감에 따라 점토의 입단화를 돕는다.
③ 식물의 가능 뿌리와 토양 생물의 활동, 사상균과 방선균의 활동은 토양 입단화를 촉진한다.
④ 단립구조의 토양 입자들은 토양을 입단화하는 접착제 역할을 한다.

**15** 다음 중 토양 구조(soil structure)별 설명이 틀린 것은? 기-15-2

① 단립구조: 일반적으로 해안의 사질양토에서 발견되며, 거친 모래입자가 단일 상태로 접합되어 있고 특정구조를 나타내지 않는다.
② 니상구조: 부식 함량이 적은 미사질 토양에서 때때로 발견되며, 이 구조는 소공극은 많지만 대공극이 없으므로 통기성 및 투수성이 나쁘다.
③ 구상구조: 유기물이나 석회가 많은 표층에서 많이 발달되며 특히 표토에서 잘 발달하나 토양공극이 큰 편이라 우수의 흡수도 및 토양침식에 대한 저항성이 나쁘다.
④ 괴상구조: 면이나 모서리가 잘 발달하여 다면체를 이루는 구조이다.

**16** 토양수분의 유형 중 식물이 이용 가능한 유효수분은? 기-16-3, 기-19-2

① 화합수 ② 흡습수
③ 모관수 ④ 중력수

**17** 다음의 토양수분상태 중에서 수분장력이 가장 높은 것은? 기-17-1

① 중력수 ② 모세관수
③ 흡습수 ④ 포장용수량

해 결합수(pF7.0 이상)→흡습수(pF4.5~7)→모관수(pF 2.54~4.5)→중력수(pF2.54 이하)

**18** 토양 수분의 분류 설명으로 틀린 것은? 기-16-2, 기-17-3

① 모세관수는 토양 공극 즉 모세관에 채워지는 물이다.
② 토양입자와 결합 강도의 크기에 따라 결합수, 흡습수, 모세관수, 중력수로 구분된다.
③ 결합수는 토양 수분의 한 성분으로서 식물에게 흡수되어 토양 화합물의 성질에 영향을 주지 않는다.
④ 중력수는 중력에 의해 아래로 흘러내리는 물로서 토양 입자 사이를 자유롭게 이동하는 물이다.

해 ③ 결합수는 화학적으로 결합되어 있는 물로서 가열해도 제거되지 않고 식물이 직접적으로 이용할 수 없는 물이다.

**19** 토양 내 수분포텐셜에 대한 설명으로 틀린 것은? 기-16-3

① 수분포텐셜은 물이 가지는 단위용적당 에너지를 나타내는 것으로서, 단위는 $J/m^3$로 나타낸다.
② 토양수분의 수분포텐셜보다 식물체내(뿌리부분)의 수분포텐셜이 낮으면 토양수분이 식물뿌리에 흡수되기 어렵다.
③ 식물의 뿌리부분보다 잎의 수분포텐셜이 낮으면 수분은 뿌리부위에서 잎으로 이동하게 된다.
④ 대기의 수분포텐셜이 잎의 수분포텐셜보다 낮으면 잎에서 대기중으로 수분이 이동하게 된다.

**20** 다음 중 토양의 불량요인에 따른 보완대책에 대한 설명으로 틀린 것은? 기-15-3, 기-19-2

① 고결 : 경운이나 객토에 의한 개량 등
② 배수불량 : 배수, 경운, 개량재 혼합, 개량재 층상 부설 등
③ 통기.투수불량 : 개량재, 유효토심을 두껍게 하고, 멀칭실시



정답 14. ④ 15. ③ 16. ③ 17. ③ 18. ③ 19. ② 20. ③

④ pH의 부적합 : 객토, 중화, 개량재 혼합 등

해 ③ 토양의 불량요인에 따른 보완대책으로 통기, 투수불량일 경우 배수, 개량재 혼합, 경운 등이 있다. 개량재, 유효토심을 두껍게 하고, 멀칭을 실시하는 경우는 토양의 유효수분이 부족할 경우의 대책이다.

**21** 다음 유효수분량에 대한 설명 중 틀린 것은? 기-14-1

① 유효수분량은 식물이 이용할 수 있는 토양속의 수분량을 가리키는 것이다.
② 일반적으로 pF1.8(포장용수량)과 pF5.0(영구위조점)의 수분량의 차를 이효성(易效性) 유효수분이라고 한다.
③ 일반적으로 이효성 유효수분량의 수치를 L/㎥단위로 표시하여 토양의 보수력을 평가한다.
④ 유효수분량은 일반적으로 80L/㎥ 이상이 바람직하다.

해 ② 일반적으로 pF2.54(포장용수량)과 pF4.2(영구위조점)의 수분량의 차를 유효수분이라고 한다.

**22** 토양수분의 보존 방법으로 옳지 않은 것은? 기-17-3

① 피복법으로서 톱밥, 볏짚, 낙엽 등의 재료로 토양을 덮어주거나, 가장 많이 쓰이는 것은 비닐멀칭과 페이퍼멀칭이다.
② 바람이 심한 건조기에 하는 방법으로 지표면을 얕게 호미질하거나 얕게 갈아서 하층과의 모세관의 연결을 끊어주고 그 위에 흙으로 피복하여 수분증발을 억제한다.
③ 바람이 부는 방향과 직각으로 방풍 울타리나 방풍 식재를 한다.
④ 나지의 경우 식물 식재 전에 콩과식물 등을 미리 심으면 질소 고정작용에 의한 토양개선 효과가 있고 수분을 유지시켜 준다.

**23** 키가 큰 수목 위주의 식물군락 복원과 주위 재래종의 침입이 가능하며, 식물 생육이 양호하고, 피복이 완성되면 표면침식은 거의 없는 비탈면의 기울기는? 기-17-3

① 60도 이상　　② 45~60도
③ 35~40도　　④ 30도 이하

**24** 비탈면의 식물생육적합도 판정기준 중 아래의 설명에 해당하는 비탈면의 토양경도는 얼마 이상인가? (단, 토양경도는 산중식(山中式)토양경도계로 측정한 경우) 기-15-3

| 뿌리신장이 곤란하여 인위적 생육기반 조성이 필요하다. |
|---|

① 약 5㎜　　② 약 10㎜
③ 약 20㎜　　④ 약 30㎜

**25** 토양 산성화의 원인에 대한 설명으로 틀린 것은? 기-16-2

① 산성토양은 황의 함량이 많기 때문에 산성황화토양이라고도 한다.
② 강우량이 증발량보다 적은 곳에서는 수용성 염기물질(K, Na, Ca, Mg 등)이 용탈되어 토양이 산성화 된다.
③ 질소 비료는 질산화 작용에 의해 $NO^-$ 이온이 생성되는 과정에서 $H^+$가 증가되어 토양을 산성화시킨다.
④ 무기질 토양이 산성으로 될 때 점토 광물의 경우 표면에 흡착된 활성 수소이온이 해리되어 산성을 나타낸다.

해 ② 토양 산성화의 원인은 증발량보다 강우량이 더 많은 기후적 요인에 의한 규산염의 분해 및 용탈이다.

**26** 목본식물 중 질소 고정식물이 아닌 것은? 기-18-3

① 자귀나무　　② 오리나무
③ 소귀나무　　④ 때죽나무

해 콩과실물로는 아까시나무, 다릅나무, 족제비싸리, 싸리류, 자귀나무, 토끼풀, 자주개자리, 벌노랑이 등이 있으며 비 콩과식물로는 자작나무과의 오리나무류, 보리수나무과의 보리수나무, 보리장나무, 소귀나무과의 소귀나무 등이 있다.

**27** 물에 의한 토양침식의 형태 및 유형 중 빗물침식과

정답 21. ② 22. ② 23. ④ 24. ④ 25. ② 26. ④ 27. ①

관계가 가장 먼 것은? 기-14-1, 기-18-2

① 복류수침식 ② 빗방울침식
③ 면상침식 ④ 누구침식

해 ① 복류수침식은 지중침식에 속한다.

**28** 강우에 의한 훼손지의 침식현상 중 비탈면 상하방향의 물길, 또는 자연적인 비탈면 요부에 표면유거수가 집수되어 유하세력이 점차 증대됨에 따라 하나의 분명한 작은 물길 이 형성되는 침식은 무엇인가? 기-14-3

① 누구침식(rill erosion)
② 구곡침식(gully erosion)
③ 면상침식(surface erosion)
④ 야계침식(torrent erosion)

**29** 수변에서 식생의 기능으로 가장 거리가 먼 것은? 기-17-1

① 뿌리의 물 저장과 질소, 인 제거효과
② 다양한 미기후 형성으로 물고기의 산란처
③ 수생생물에 알맞은 생육조건 제공
④ 홍수시 제방의 훼손으로 재해의 원인

**30** 최대 침투능이 100㎜/hr인 지역에 강우강도 90㎜/hr로 비가 왔을 때, 지표유출량이 30㎜/hr이었다면 투수능(㎜/hr)은? 기-17-3

① 70 ② 60
③ 30 ④ 10

해 투수능(침투량) 90−30=60(㎜/hr)

**31** 황폐한 산간계곡의 유역면적 10㏊인 곳에서 강우강도가 100㎜/hr일 때, 최대유량(㎥/s)은? (단, 유역의 유출계수=0.8) 기-18-2

① 0.1 ② 0.2
③ 2.2 ④ 4.4

해 유출량 $Q=\frac{1}{360}C \cdot I \cdot A$

$\rightarrow \frac{1}{360} \times 0.8 \times 100 \times 10 = 2.2(m^3/sec)$

**32** 콘크리트관을 이용하여 측구를 설치할 때 우수가 충만하여 흐를 경우의 유량(㎥/s)은? (단, 평균 유속=2m/s, 콘크리트관의 규격=0.4×0.6m) 기-18-3

① 2.16 ② 1.24
③ 0.96 ④ 0.48

해 Q=A×v=0.4×0.6×2=0.48(㎥/sec)

**33** 유속(m/sec)을 나타낸 관계식으로 맞는 것은? (단, Q:유량, A:유적, P:윤변, R:경심) 기-16-1

① V = Q/P ② V = Q/R
③ V = Q/A ④ V = Q·A

**34** 비오톱을 구분하기 위해서는 다양한 요소들이 고려될 수 있다. 비오톱을 구분하는 항목과 거리가 먼 요소가 포함된 것은? 기-17-2

① 식생, 비생물 자연환경 조건, 면적
② 주변 서식지와의 연결성, 주변효과
③ 인위적 영향, 서식지에서의 종간관계
④ 서식지내 개체군의 크기, 외래종의 서식현황

**35** 기 조성된 도시 생태계에서 자연보호와 종보호를 위한 지침으로 올바른 것은? 기-17-3

① 지역의 특징적인 경관은 무시될 수 있다.
② 도시전체의 자연개발은 도시의 발전방향과는 무관하게 계획되어야 한다.
③ 도시개발에서 기존의 오픈스페이스와 생태계 연결성을 고려하지 않는다.
④ 도시전체에서 비오톱 연결망을 구축하고 그 안에서 기존 오픈스페이스가 연결되도록 한다.

**36** 육역과 수역, 수림과 초원 등 서로 다른 경관요소가 접하는 장소에 생기는 지역은? 기-17-2

① 패치(patch) ② 코리더(corridor)



정답 28. ① 29. ④ 30. ② 31. ③ 32. ④ 33. ③ 34. ④ 35. ④ 36. ④

③ 매트릭스(matrix)　　④ 에코톤(ecotone)

해 ④ 에코톤(ectone)은 두 개의 이질적인 환경의 변이대로 짧은 거리에서 환경이 갑자기 바뀌기 때문에 일반적으로 생물의 종류가 풍부하다.

**37** 추이대(ecotone)에 대한 설명으로 잘못된 것은? 기-16-3

① 종다양성이 높다.
② 생태적으로 중요하다.
③ 여러 개의 유사한 군집들로 이루어져 있다.
④ 고지대 산림이 가장 대표적인 추이대 이다.

해 ④ 추이대란 육역과 수역, 수림과 초원 등 서로 다른 종류의 경관요소가 접하는 곳에 생기는 것을 말한다.

**38** 야생동물의 이동 목적에 대한 설명으로 틀린 것은? 기-19-2

① 종족의 번식을 위해
② 개체군의 분산을 위해
③ 부모의 궤적을 따르기 위해
④ 부적합한 환경으로부터 벗어나기 위해

**39** 도시생태계 내 도시림의 식생복원 방법으로 적합하지 않은 것은? 기-14-3

① 자연식생녹지는 자생수종의 생태적 특성을 토대로 훼손지 복구 및 복원을 중점적으로 검토해야 한다.
② 자연식생은 외래종 식재나 인위적인 녹지관리를 지양하고, 천이가 진행될 수 있도록 유도한다.
③ 인공림에서 자연식생으로 천이가 진행되는 녹지는 외래종을 제거하고, 자생종만을 남긴다.
④ 인공조림녹지는 도시성화하여 자생종의 종자전파가 어려우므로 천이계열상 발전기에 속하는 종을 도입한다.

**40** 생태적 복원 공법 중 다음 설명에 해당하는 공법은? 기-17-1

> –수종을 패취 형태로 하여 식재하는 방법임
> –광범위한 지역에서 저렴한 비용으로 복원이 가능함
> –산림의 다양성이 적은 지역에서 바람직한 생물종이 서식하게 하는 데 있어 유용한 방법임

① Naturalization
② Natural Regeneration
③ Nucleation
④ Managed Succession

해 ① 자연천이공법, ② 자연재생공법, ③ 핵화공법, ④ 관리된 천이기법

**41** 생태복원 시 식물종 선정 방법으로 옳지 않은 것은? 기-17-2

① 자생식물종을 선정한다.
② 목표종이 필요로 하는 식물종을 선정한다.
③ 단층구조 형성에 유리한 식물종을 선정한다.
④ 복원할 지역의 환경 조건에 적합한 식물종을 선정한다.

해 ③ 생물다양성이 높고 자연친화적인 다층구조의 식물군락을 조성한다.

**42** 광산의 복원기법 중에서 자연화 방법과 콜로니화 방법은 무슨 공법에 해당하는가? 기-17-1

① 녹화공법
② 생태적 공법
③ 결합 Hybrid공법
④ 산림표토층 이용공법

해 생태적 복원공법에는 자연화기법(naturalization), 개척화기법(colonization), 자연재생기법(natural regeneration), 핵화기법(nucleation), 관리된 천이기법(managed succession), 복사이식 등이 있다.

**43** 생태적 복원공법유형의 기본개념이 올바르게 짝지어진 것은? 기-14-2, 기-18-1

① Naturalization – 인위적인 관리를 통한 자연적인 천이를 유도함

정답 37. ④ 38. ③ 39. ③ 40. ③ 41. ③ 42. ② 43. ④

② Colonization – 산림의 종자원(seed source)이 가능한 곳에서 가지치기, 솎아주기, 기타 교란 등을 중지하는 방법
③ Natural Regeneration – 나지 형태로 조성한 후 향후 식물이 자연스럽게 이입하여 극상림으로 발달해 갈 수 있도록 유도함
④ Nucleation – 수종을 패치 형태로 식재하는 방법으로 핵심종이 자리잡고, natural regeneration이 가속화되게 하는 방법

해 ① Naturalization(자연화 기법) – 식재 후 자연적인 경쟁 및 천이 등에 의해서 극상림으로 발달할 수 있도록 유도한다.
② Colonization(개척화 기법) – 식생이 정착할 수 있는 환경만 제공한다.
③ Natural Regeneration(자연재생 기법) – 산림의 종자원(seed source)이 가능한 곳에서 가지치기·솎아주기 등이나 다른 교란을 중지하는 방법이다.
④ Nucleation(핵화기법)

**44** 광산지역의 생태적 복원공법 중 식생이 정착할 수 있는 환경만을 제공하는 공법은? 기–14–1

① Managed Succession
② Colonization
③ Naturalization
④ Nucleation

해 ① 관리된 천이기법 : 인위적인 관리로 자연천이를 유도한다.
② 개척화 기법
③ 자연화 기법 : 식재 후 자연적인 경쟁 및 천이 등에 의해서 극상림으로 발달할 수 있도록 유도한다.
④ 핵화기법 : 수종을 패치형태로 식재한다.

**45** 종자가 붙은 식물 개체를 녹화할 장소에 이식하여 그곳으로부터 종자를 자연스럽게 파종하는 것으로서 주위에 개체수를 늘리는 식물종 조달 방법은? 기–16–1

① 소스이식 ② 표토채취
③ 매트이식 ④ 근주이식

**46** 매토종자에 대한 설명으로 가장 거리가 먼 것은? 기–16–1

① 매토종자란 토양속에서 휴면상태로 생존하는 종자를 말한다.
② 복원지역에서 식물군집의 성립가능성을 알기 위해 중요하다.
③ 매토종자 집단의 조성은 1차 천이의 초기상에 성립하는 식생을 크게 좌우한다.
④ 수명이 1년 미만인 계절적 매토종자와 1년 이상인 영속적 매토종자로 구분할 수 있다.

해 ③ 토양이 속에 남은 뿌리나 매토종자에 의해 빠른 속도로 식물을 재생으로 2차 천이가 진행된다.

**47** 식물의 생활사 중 개화와 종자생산에 의한 번식, 구근에 의한 영양번식을 함으로써 차세대를 생산하는 시기는? 기–17–1

① 실생기 ② 생육기
③ 성숙기 ④ 과숙기

**48** 다음 중 도시화 지역과 같이 서식처가 단편화된 육상 지역의 식물 번식 방법으로 가장 유리한 방법은? 기–17–2

① 풍산포 ② 수산포
③ 기계산포 ④ 저식형산포

**49** 식물종자에 의한 유전자 이동의 방법 중 동물에 의한 산포방법이 아닌 것은? 기–14–3, 기–17–1, 기–17–3

① 기계형산포 ② 부착형산포
③ 피식형산포 ④ 저식형산포

해 ① 기계형산포는 자동산포라고도 하며 모체 자신이 종자를 흩어지게 하는 기구를 가지고 있다.

**50** 생태숲 조성 시 고려사항으로 가장 적합하지 않은 것은? 기–19–1

① 서로 다른 유형의 숲을 조성할 경우는 가급적 직선형의 숲으로 경계부를 조성
② 여러 층위로 구성된 숲 조성
③ 교목을 식재하는 지역에는 부분적인 마운딩을 조성


정답 44. ② 45. ① 46. ③ 47. ③ 48. ① 49. ① 50. ①

④ 토양의 지하수위, 양분조건, 미기후 등을 고려한 식재

해 ① 서로 다른 숲을 연결할 경우 자연에서 볼 수 있는 곡선형(부정형)으로 조성하는 것이 바람직하다.

**51** 곤충의 서식지를 조성하는 원칙에 대한 설명으로 부적합한 것은? 기-19-2

① 잠자리유충의 생육을 위해서는 BOD(생물화학적 산소 요구량)가 10ppm 이하의 수질이 유지되어야 한다.
② 수환경의 조성 시 연못의 형태는 원형을 이루어야 생태적으로 안정되고 생물의 다양성에도 기여할 수 있다.
③ 모래나 자갈로 구성된 장소를 일부분에 마련하면 그곳에 적합한 곤충들의 생육에 도움이 된다.
④ 연못의 수심은 30㎝ 이상이면 가능하고 완만한 경사를 이루는 것이 수생물의 생육에 도움이 되어 곤충의 서식처를 제공할 수 있다.

해 ② 수환경의 조성 시 연못의 형태는 타원형이나 표주박 모양 등 변화있는 형태로 조성한다.

**52** 식물과 곤충과의 관련성을 고려한 분류 체계에서 식물의 잎을 섭식하는 곤충은? 기-18-3

① 화분매개충 ② 흡즙곤충
③ 식엽곤충 ④ 위생곤충

**53** 대체서식지를 조성하기 위한 생태연못의 잠자리 서식 공간화에 있어 도입요소 및 세부조성기법의 설명으로 잘못된 것은? 기-17-1

① 갈대, 골풀 등 우화를 위한 수초 군락을 수변에 식재
② 충분한 일조량을 확보하고 주변 산림이 인접하도록 하여 서식처 간 상호 연계망을 확보
③ 다양한 굴곡과 50% 이상의 개방수면을 가진 50㎡ 이상 면적과 70㎝ 이상의 안정적인 수심, 완만하게 비탈진 호안
④ 연못 방수의 경우 점착력이 강한 진흙, 논흙 등을 이용하는 것이 생태적으로 건전하여 유지용수 관리에 가장 유리

해 ④ 방수가 필요하지 않은 경우 진흙이나 논흙을 사용한다.

**54** 도시지역에서 잠자리의 서식환경을 위하여 연못을 만들려고 한다. 관리할 때 유의사항으로 틀린 것은? 기-16-2

① 배수량의 조절은 한 번에 물을 빼는 것을 피하고, 1/3 정도로 나누어 교체한다.
② 연못 바닥의 모래뻘, 낙엽 및 낙지는 유충의 거처나 먹이의 발생원이기 때문에 가능한 한 남기도록 한다.
③ 인공연못이나 간이 잠자리 유치 수조에서는 물 바꾸기의 횟수를 최대한 늘린다.
④ 간이 잠자리 유치 수조 등에 물을 보급할 때에는 1/3~1/4 정도면 수돗물을 사용해도 지장은 없다.

**55** 반딧불이 서식을 유도하는 자연형 하천복원은 어떤 수생생물종의 서식을 필요로 하는가? 기-14-2, 기-18-3, 기-19-3

① 왕잠자리 ② 소금쟁이
③ 깔다구 ④ 다슬기

해 ④ 먹이원인 다슬기(하천)와 달팽이(논) 등 패류의 서식여부가 반딧불이의 서식에 매우 중요하다.

**56** 반딧불이 서식환경조성의 주안점으로 가장 우선시 되는 것은? 기-15-3

① 반딧불이 서식지의 이해
② 조성 대상지 환경의 이해
③ 반딧불이 종류별 생활사의 이해
④ 반딧불이 관련한 먹이사슬의 이해

**57** 다음 중 조류의 식이식물로 도입하기 가장 부적합한

정답 51. ② 52. ③ 53. ④ 54. ③ 55. ④ 56. ③ 57. ①

수종은? 기-15-3

① 느티나무(Zelkoua serrata)
② 팽나무(Celtis sinensis)
③ 쉬나무(Euodia daniellii)
④ 멀구슬나무(Melia azedarach)

해 조류의 식이식물에는 팽나무, 산뽕나무, 감나무, 딱총나무, 쉬나무, 멀구슬나무, 팥배나무, 쥐똥나무, 노박덩굴, 찔레나무, 조팝나무 등이 있다.

**58** 조(鳥)류 서식지의 복원 시 종별 선호하는 서식처를 잘못 연결한 것은? 기-14-1

① 꼬마물떼새, 노랑할미새 – 돌틈, 바위
② 쇠제비갈매기, 흰물떼새 – 모래, 자갈땅
③ 덤불해오라기, 황로 – 수심이 깊은 곳
④ 개개비, 물닭 – 갈대밭, 억새밭 등 정수식물대

해 ③ 덤불해오라기, 황로가 선호하는 서식처는 수심이 얕은 물가에서 생활한다.

**59** 도시생태계의 특징에 해당하지 않는 것은? 기-17-2

① 이입종의 정착
② 양치식물의 증가
③ 고차소비자의 부재
④ 난지성종의 증가

**60** 이입종이 자생생태계 내에 침입·정착하는 생물학적 침입에 대한 저감 대책이 아닌 것은? 기-16-3

① 이입의 기회를 줄인다.
② 이입종이 정착하기 쉬운 환경을 만들지 않도록 한다.
③ 이미 생물학적 침입이 일어난 곳은 이입종을 물리적으로 제거한다.
④ 생태적 지위에서 빈틈을 많이 만들어 준다.

**61** 산림 및 도시생태계 복원을 위한 기본적인 원칙으로 바람직하지 않는 것은? 기-14-2, 기-17-1

① 대상지의 훼손정도에 따라 다르게 설정하는 것이 필요하다.
② 훼손정도가 약한 지역에 있어서는 긴급한 복원을 통해 확산을 방지한다.
③ 자연적인 복원이 어려운 지역에 대해서는 최소한의 에너지 투입으로 자연계의 회복력을 촉진시키는 복원방법을 선택한다.
④ 방치하며 확산이 우려되는 지역은 기반안정, 생물종도입 등 적극적인 복원방법이 필요하다.

해 ② 훼손정도가 약한 지역에 있어서는 소극적 방법으로 자연의 재생에 맡긴다.

**62** 도시생태계 복원대책으로 틀린 것은? 기-14-3

① 물순환 환경의 개선
② 물질순환의 개선
③ 열섬현상 증가
④ 에너지 사용억제

**63** 서식처의 창출과 같이 새롭게 서식처를 조성해 주는 방법으로 틀린 것은? 기-18-1

① 자연적 형성
② 서식처 구조 형성
③ 설계자로서의 서식처
④ 경제적 서식처

해 ④ 정치적 서식처

**64** 옥상녹화의 효과 및 장점 중 생태학적 장점으로서 가장 큰 것은? 기-18-2

① 대기정화 기능, 냉난방비 절감
② 도시 열섬현상 감소
③ 단열 효과, 옥상파손 방지
④ 녹음 제공, 부동산 가치 상승

해 생태적 장점으로는 도시열섬현상 감소, 생태계 복원, 공기정화, 소음저감, 하천수질 개선 등이 있다.

**65** 옥상녹화시스템의 구성요소 중 배수층의 기능 및 시공 시 주의사항과 가장 거리가 먼 것은? 기-15-2

① 배수는 식물의 생장과 구조물의 안전에 직결



정답 58. ③ 59. ② 60. ④ 61. ② 62. ③ 63. ④ 64. ② 65. ②

된다.

② 식물의 뿌리로부터 방수층과 건물을 보호하는 기능을 한다.

③ 옥상녹화시스템의 침수로 인해 식물의 뿌리가 익사하는 것을 예방한다.

④ 기존 옥상녹화 현장에서 발생하는 하자의 대부분이 배수불량으로 인한 것이다.

해 ② 식물의 뿌리로부터 방수층과 건물을 보호하는 기능을 하는 층은 방근층이다.

**66** 옥상녹화시스템의 구성요소 중 다음과 같은 특성을 갖는 것은? 기-16-3

> -식물의 지속적 생장을 좌우하는 가장 중요한 하부시스템 중의 하나임.
> -토양의 종류와 토심은 식재플랜 및 건물허용적재 하중과의 함수관계를 고려하여 결정해야 함.
> -옥상녹화시스템 총중량을 좌우하는 부분으로 경량화가 요구되는 경우 일정한 토심의 확보를 위해 경량토양의 사용을 고려해야 함.
> -일반적으로 토심이 불충분한 경우는 인공경량토양, 반대일 경우는 자연토양을 중심으로 계획해야 함.

① 배수층 ② 토양여과층
③ 육성토양층 ④ 식생층

**67** 옥상녹화시스템의 구성요소 중 육성토양층의 기능 및 시공 시 주의사항과 가장 거리가 먼 것은? 기-16-3

① 식물의 지속적 생장을 좌우하는 가장 중요한 하부시스템 중의 하나이다.

② 토양의 종류와 토심은 식재플랜 및 건물허용 적재하중과의 함수관계를 고려하여 결정한다.

③ 옥상녹화시스템의 최상부로 녹화시스템을 피복하는 기능을 한다.

④ 옥상녹화시스템의 총중량을 좌우하는 부분으로 경량화가 요구되는 경우 일정한 토심의 확보를 위해 경량토양의 사용을 고려한다.

해 ③ 옥상녹화시스템의 최상부는 식생층으로 피복기능을 한다.

**68** 건축물이나 옹벽 등 인공벽면의 녹화 효과에 해당되지 않는 것은? 기-19-1

① 벽면의 차폐 효과
② 풍속의 약화 효과
③ 돌담의 보강 및 도괴 방지 효과
④ 건축물 표면의 균열방지 및 보호 효과

**69** 도시지역에서의 복원공법 중 벽면녹화의 목적이 아닌 것은? 기-16-2

① 도시 내의 녹지율 증가
② 수분증발에 의한 건축물의 냉각효과
③ 도시 내의 수직적인 공간을 생물서식처로 조성
④ 수직적인 공간의 위와 아래에 조성된 생물서식처를 단절

해 ④ 벽면녹화는 소규모 식재공간이나 수직적인 생태통로로서의 역할로 서식처를 연결한다.

**70** 녹화 식물의 종류를 흡착형 식물과 감기형 식물로 나눌 때 흡착형 식물로만 이루어진 것은? 기-19-3

① 칡, 멀꿀, 으름덩굴
② 개머루, 으아리, 인동
③ 담쟁이덩굴, 송악, 모람
④ 마삭줄, 줄사철나무, 노박덩굴

해 ·흡착형 식물 : 담쟁이덩굴, 송악, 모람, 마삭줄, 능소화, 줄사철 등
·감기형 식물 : 인동덩굴, 등나무, 으름덩굴, 노박덩굴, 으아리, 멀꿀, 다래, 칡 등

**71** 벽면녹화를 위한 등반유형 중 「등반감기형」에 알맞은 식물로만 짝지어진 것은? 기-14-2

① 담쟁이덩굴, 송악 ② 머루, 모람
③ 등나무, 으름덩굴 ④ 노박덩굴, 능소화

해 ③ 권만등반형(등반감기형) 녹화는 녹화대상물 벽면에 네트나 울타리, 격자 등을 설치하고 덩굴을 감아올리는 방법으로 인동덩굴, 등나무, 으름덩굴, 노박덩굴, 으아리, 멀꿀,

정답 66. ③ 67. ③ 68. ② 69. ④ 70. ③ 71. ③

다래 등을 이용한다.

**72** 물 순환체계의 특징을 설명한 것 중 옳지 않은 것은? 기-17-1

① 도심지역은 불투수성 표면의 증가로 물 부족현상이 심화되고 있다.
② 수목이 증가하면 증산작용으로 미세기후가 변하며, 미세 온도, 습도 등에 영향을 주는 효과가 있다.
③ 지표수의 빠른 유출은 물이용에 차질을 가져오며, 수변생태계를 파괴할 가능성이 높다.
④ 빗물의 신속한 배수는 하천의 오염물질을 일시에 제거하여 도심의 하천 수질향상에 도움이 된다.

해 ④ 빗물의 신속한 배수는 물의 지하침투에 의한 저장의 개념에 배치된다.

**73** 다음 [보기]의 빗물을 활용한 생태연못의 조성 과정 중 ( )안에 적합한 것은? 기-15-1

우수집수→( )→저류연못→침투연못→지하저장시설→배수로

① 빗물의 전처리 시설
② 빗물의 침투 관거
③ 빗물의 침투 측구
④ 유공관

**74** 생태공원의 계획 과정과 그 내용이 잘못 연결된 것은? 기-19-2

① 목적 및 목표 설정 - 목표종 및 서식처 특성 설정
② 현황 조사 및 분석 - 유지 및 관리계획
③ 기본구상 - 프로그램의 기능적 연결
④ 기본계획 및 부문별 계획 - 서식처 계획, 토지이용계획

**75** 다음 표는 산지 1ha당 경사도별 단끊기 시공 연장표이다. ( )에 알맞은 계단 연장은? (단, 표의 면적은 1ha(가로 100m, 세로 100m)를 기준으로 산출) 기-17-3

| 경사도 | 30° |
|---|---|
| 직고(m) / 단끊기직고(m) | 80m |
| 2.0m | ( )m |

① 2000 ② 3000
③ 4000 ④ 16000

해 계단연장 $L = \frac{\text{단끊기할 대상지의 직고}}{\text{단끊기할 단의 직고}} \times \text{가로길이}$

$\rightarrow \frac{80}{2.0} \times 100 = 4{,}000(\text{m})$

**76** 일반적으로 황폐지 또는 황폐산지는 황폐의 정도와 특성에 따라서 다양하게 구분하는데, 가장 초기 단계를 무엇이라 하는가? 기-19-3

① 민둥산 ② 척악임지
③ 황폐이행지 ④ 초기황폐지

해 ② 황폐의 진행상태와 정도에 따라 그 초기 단계로부터 척악임지, 임간나지, 초기황폐지, 황폐이행지, 민둥산 등으로 구분할 수 있다. 척악임지는 산지 비탈면이 여러 해 동안 표면침식과 토양유실로 인하여 산림토양이 척박한 지역을 말한다.

**77** 산림식생복원 시 복원사면의 토양침식을 방지하고 반입토양의 안정화를 위해서 활엽수의 낙엽이나 나무껍질 등의 사면보호재료를 이용하는데, 이들 재료의 효과가 아닌 것은? 기-19-1

① 영양분 공급 효과
② 토양 미생물의 생육 억제 효과
③ 사면토양의 보습, 보온 효과
④ 외부잡초의 침입 견제 효과

**78** 야계사방공사(산지 소하천 정비공사)에서 둑쌓기공사의 설계요인에 대한 설명으로 틀린 것은? 기-19-1

① 둑마루선이란 둑의 바깥비탈면 머리를 연결하는 종방향의 선형을 말한다.



정답 72. ④ 73. ① 74. ② 75. ③ 76. ② 77. ② 78. ③

② 제방의 둑마루 너비는 계획홍수량이 2000㎥/s 이상이면 5m 이상으로 한다.
③ 제방의 여유높이는 계획홍수량에 따라 상이하나 계획홍수량이 200~500㎥/s에서는 0.3m 이상으로 한다.
④ 하천제방의 높이가 6m 이상일 경우 하천의 안쪽 중간에 너비 0.3m 정도의 소단을 둔다.

**해** ③ 제방의 여유높이는 계획홍수량에 따라 상이하나 계획홍수량이 200~500㎥/s에서는 0.8m 이상으로 한다.

**79** 산림생태계의 산불피해지역에서 그루터기 움싹재생(stump sprouting)을 하지 않는 수종은? 기-15-1, 기-18-3

① 소나무 ② 신갈나무
③ 물푸레나무 ④ 참싸리

**해** ① 소나무가 산불에 취약한 것은 얇은 수피로 생장점이 쉽게 손상되고, 활엽수는 산불에 대한 저항력이 강하고 산불 이후에 움싹(맹아) 등에 의한 재생능력이 높기 때문이다.

**80** 생태복원의 측면에서 도시림에 대한 설명 중 가장 적합하지 않은 것은? 기-19-3

① 가로수, 주거지의 나무, 공원수, 그린벨트의 식생 등을 포함한다.
② 큰 나무 밑의 작은 나무와 풀을 제거하여 경관적인 측면을 고려한 관리가 되어야 한다.
③ 조성 목적과 기능 발휘의 측면에서 생활환경형, 경관형, 휴양형, 생태계보전형, 교육형, 방재형 등으로 구분한다.
④ 최근에는 지구온난화와 생물다양성 등의 지구환경문제와 관련하여 환경보존의 기능과 생태적 기능이 강조된다.

**81** 도시림의 공익적 기능에 해당하지 않는 것은? 기-17-2

① 목재생산 기능 ② 토사유출방지 기능
③ 레크레이션 기능 ④ 자연학습장소 기능

**82** 광산지역의 복원계획 수립 시 우선적으로 고려해야 할 사항으로 가장 거리가 먼 것은? 기-14-2, 기-17-3

① 대규모 자연림 조성계획
② 서식처의 복원계획
③ 채광 계획
④ 지형복구 및 표토 활용 계획

**83** 광산을 복원하기 위해 산림 표층토를 이용하려고 한다. 산림 표층토의 특징 설명으로 틀린 것은? 기-14-1

① 산림표토를 이용하면 표토안의 매토종자의 종조성, 밀도, 성립하는 군락상 등의 예측이 곤란하다.
② 산림표토를 이용하면 시공장소에 현존하는 식물을 사용한 녹화가 가능하다.
③ 산림표토를 이용하면 빠른 시간에 군락형성이 가능하다.
④ 산림표토를 이용하면 지역고유의 유전자를 갖고 있는 목본군락의 형성이 기대된다.

**해** ③ 산림표토를 이용하면 군락형성까지 비교적 오랜 시간이 걸린다.

**84** 다음 중 폐광에서 생겨나는 훼손의 유형이 아닌 것은? 기-14-3

① 노출된 지형 ② 광미(tailing, 鑛尾)
③ 지반침하 ④ 여울(riffle)

**해** ④ 여울(riffle)은 하도의 종방향으로 소(沼)를 지나 수심이 점차 작아지면서 물의 흐름이 빠르고 난류인 하천을 말한다.

**85** 수목을 식재하기 전에 주는 슬러지는 질소질 비료의 공급원으로서의 역할도 한다. 수분함유비율이 40%이고, 슬러지 건조물 중의 질소의 비가 5%, 질소 유효율이 40%인 슬러지를 사용함으로써 3kg/10ha의 질소시비효과를 기대할 경우, 사용하여야 할 슬러지의 양(kg/10ha)은? 기-19-1

① 250 ② 500
③ 750 ④ 1000

**해** 슬러지 사용량 $= \dfrac{A}{\dfrac{100-a}{100} \times \dfrac{b}{100} \times \dfrac{c}{100}}$

**정답** 79. ① 80. ② 81. ① 82. ① 83. ③ 84. ④ 85. ①

$$\rightarrow \frac{3}{\frac{100-40}{100} \times \frac{5}{100} \times \frac{40}{100}} = 250(\text{kg}/10\text{ha})$$

**86** 관수저항 일수가 가장 긴 녹화용 식물은? 기-17-3

① 갈대 ② 큰부들
③ 속새 ④ 송악

해 관수저항성은 물에 잠긴 상태에서 작물이 피해를 입지 않는 성질을 말하는데 속새는 물 빠짐이 좋지 않은 습지의 햇볕이 잘 들어오지 않는 생육환경에서도 잘 자란다.

**87** 하천의 보전 및 복원 방향에 대한 설명으로 틀린 것은? 기-18-1

① 호안을 고정시키는 개수공사가 되어 치수의 안정성을 확보해야 한다.
② 하천의 구조와 기능을 고려한 종적 및 횡적구조가 복원되어야 한다.
③ 서식처를 연결하는 생태공학적인 복원이 되어야 한다.
④ 자연친화적인 공법으로 하천이 복원되어야 한다.

**88** 어떤 하천의 수로(유심선)거리가 3㎞이며, 계곡거리가 1.3㎞일 경우 만곡도 지수(sinuosity index)와 하천의 종류가 맞게 짝지어진 것은? 기-19-2

① 0.43, 직류하천 ② 0.43, 사행하천
③ 2.31, 직류하천 ④ 2.31, 사행하천

해 만곡도 지수(S) : 곡류하천의 평면형태를 측정하는 것으로 1.5 이상이면 사행하천으로 판정한다.

$$S = \frac{\text{수로(유심선) 거리}}{\text{계곡거리}}, \quad S > 1.5 \text{ 사행하천}$$

$$\rightarrow \frac{3}{1.3} = 2.31 > 1.5 \text{ 사행하천}$$

**89** 하천정비사업 시 생태하천으로 조성하려 할 때 저탄소녹색공법 적용이 가장 적절한 것은? 기-14-2

① 자생식물만으로 활용하여 조성하였다.
② 현장에 있던 제거대상 버드나무군락을 활용 적절한 장소에 그루터기공법 및 생가지공법을 적용하였다.
③ 매트종자를 활용한 식생복원공법을 적용하였다.
④ Hydrogun으로 Hydroseeding공법을 적용 대규모 면적을 조기녹화했다.

해 저탄소녹색공법은 사회·경제 활동의 전 과정에 걸쳐 에너지와 자원을 절약하고 효율적으로 사용하여 온실가스 및 오염물질의 배출을 최소화하는 기술을 적용한 공법을 말한다.

**90** 자연형 하천복원 시 적용할 수 있는 다음의 저수로 호안공법 중 수충부에 적합한 것은? 기-16-3

① 돌심기 공법
② 녹색마대 공법
③ 욋가지덮기 공법
④ 사석버드나무섶단 공법

해 ·수충부 호안 : 돌망태 공법, 사석돌망태 공법, 사석버드나무섶단 공법, 사석징검다리 공법
·비수충부 호안 : 욋가지덮기 공법, 돌심기 공법
·만곡부 호안 : 녹색마대 공법

**91** 일반적으로 생태계 중 단위 면적당 가장 많은 생물다양성을 보유할 수 있는 것은? 기-15-1, 기-17-3

① 삼림 ② 사막
③ 초지 ④ 습지

해 ④ 습지는 육상생태계와 수중생태계가 균형을 이루는 전이지대로 다양한 서식지가 조성되어 생물다양성이 높고 환경의 보전에 있어서도 중요한 지역이다.

**92** 습지를 복원하고자 할 때 고려사항으로 맞는 것은? 기-14-3

① 습지의 형태는 단순할수록 좋다.
② 호안의 경사는 급할수록 식물 성장에 좋다.
③ 수심과 수위변동은 습지식물 분포와 무관하다.
④ 습지의 규모는 목표종의 생태적 특성과 개체수를 고려하여 접근한다.

해 ④ 목표생물종이 안정적인 개체군을 유지할 수 있도록 충


정답 86. ③ 87. ① 88. ④ 89. ② 90. ④ 91. ④ 92. ④

분한 크기로 면적을 결정한 다음 목표종의 생태적 특성을 토대로 핵심적인 서식 요소를 도출한다.

**93** 하천생태계의 복원에 있어서 다음이 설명하는 지역은? 기-16-3

| -자연제방 뒤쪽에 형성된 연못 형태의 수역<br>-수질오염이나 홍수 시 어류의 피난장소로 활용되는 공간 |
|---|

① 소 ② 여울
③ 하상 ④ 배후습지

**94** 수질정화 습지의 조성을 위한 고려사항이 아닌 것은? 기-16-1

① 인의 제거에 적당한 고부하 유입수가 있어야 한다.
② 수질정화를 극대화할 수 있는 충분한 습지가 확보되어야 한다.
③ 수질정화가 왕성하게 일어나는 저습지대의 식생은 주로 부수식물로 구성되어야 한다.
④ 조성 후에는 식생관리가 필요하며, 정화기능을 극대화시키기 위하여 1년 1회 이상 절취하는 작업을 해 주면 좋다.

해 ③ 저습지대의 식생은 수질정화가 왕성하게 일어나는 정수식물로 구성한다.

**95** 수질정화를 위한 습지의 조성은 3단계 시스템으로 가는 것이 바람직하다. 오염물질의 유입 이후 3단계 시스템을 잘 나타낸 것은? 기-19-2

① 생물다양성 향상 습지→침전습지→오염물질 정화 습지
② 침전습지→생물다양성 향상 습지→오염물질 정화 습지
③ 오염물질 정화 습지→침전습지→생물다양성 향상 습지
④ 침전습지→오염물질 정화 습지→생물다양성 향상 습지

**96** 생물다양성 증진을 위한 습지를 조성하고자 할 경우 개방수면(open water)의 적정 비율은? 기-17-1

① 15% ② 20%
③ 50% ④ 100%

해 ③ 생물다양성 습지는 개방수면 50%, 정수식물 등 습지식물 40%, 모래나 진흙 등이 노출된 지역 10% 정도로 확보한다.

**97** 식재기반의 토양에 대한 설명 중 틀린 것은? 기-15-3

① 전기전도도는 토양에 포함된 염류농도의 지표로 농도장해의 유무판정에 쓰인다.
② 전기전도도는 심토에서는 낮은 수치가 보통이고, 측정치가 1.0mS/㎝ 이하가 되면 농도장해를 일으킬 위험성이 높다.
③ 토양내 전질소란 토양속의 유기질 질소와 무기질 질소의 총량으로서 전질소정량법 또는 CN코다로 측정되며 0.06% 이상이 바람직하다.
④ 전(全)탄소량을 튜링(Tyurin)법 또는 CN코다 등으로 측정하여 계수 1.724를 곱한 수치를 부식함량이라고 하며 부식함량은 3% 이상이 것이 바람직하다.

해 ② 전기전도도는 심토에서는 낮은 수치가 보통이고, 측정치가 1.0mS/㎝ 이상이 되면 농도장해를 일으킬 위험성이 높다.

**98** 채석지 등과 같은 사면복원 및 녹화를 위한 잔벽처리로 바람직하지 않은 것은? 기-18-1

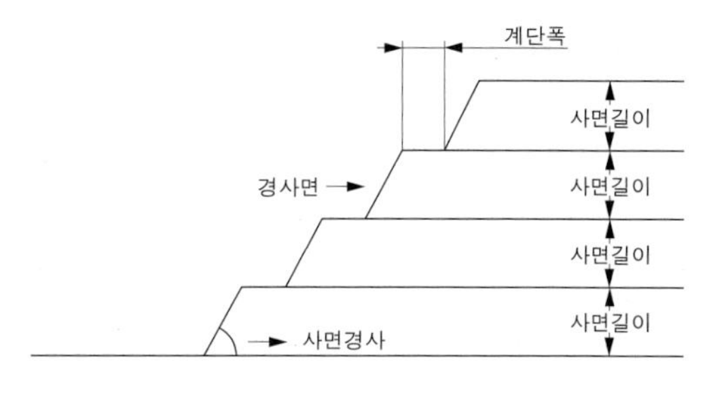


① 사면 경사는 60°를 넘지 않도록 한다.
② 사면 길이는 10m 이상으로 한다.
③ 계단폭은 2m 이상으로 한다.

정답 93. ④ 94. ③ 95. ④ 96. ③ 97. ② 98. ②

④ 채석장은 채석이 종료된 직후에 복구녹화 공사가 곧바로 착공되어야 한다.

해 ② 사면 길이는 10m 이하로 한다.

**99** 녹화(revegetation)를 설명하는 것 중 옳지 않은 것은? 기-17-1

① 경관이 우수한 지역의 녹지를 개발하는 행위
② 훼손지 또는 민둥산 표면을 식물에 의해서 식재 피복하는 행위
③ 식물의 생육이 불가능한 환경조건을 개선하는 행위
④ 사막화 되어버린 지역에서 녹지를 재생하는 행위

**100** 비탈면녹화를 위한 식생군락의 조성 시 고려해야 할 내용으로 가장 거리가 먼 것은? 기-16-1

① 주변 식생과 동화
② 식생의 안정 및 천이
③ 비탈면 주변의 생태계를 고려
④ 급속 녹화를 위한 단순식생의 군락 조성

해 ④ 비탈면 녹화의 목표는 경관과 조화되는 군집을 형성할 수 있도록 하는 것이다.

**101** 비탈면 녹화에 있어서 재료의 선정기준 및 품질 설명으로 옳지 않은 것은? 기-15-1

① 재래초본류는 내건성이 강하고 뿌리발달이 좋으며, 지표면을 빠르게 피복하는 것으로서 종자발아력이 우수해야 한다.
② 생태복원용 목본류는 키가 큰 교목류의 사용이 일반적이며 종자파종 혹은 묘목식재에 의한 조성이 가능해야 한다.
③ 외래도입초종은 최소 2년 이내에 채취된 종자로써 발아율 70% 이상, 순량률 95% 이상이어야 하며 되도록 사용을 억제해야 한다.
④ 자생초본류의 파종적기는 4~6월을 기준으로 하며, 목본류의 시공적기는 5~6월을 기준으로 한다.

해 ② 생태복원용 목본류는 지역 고유수종을 사용해야 하고, 종자파종 혹은 묘목식재에 의한 조성이 가능해야 한다.

**102** 훼손지녹화용 수목의 선택기준으로 옳지 않은 것은? 기-16-2

① 종자의 확보가 용이하여야 한다.
② 건조에 견디는 힘이 강해야 한다.
③ 번식력과 생장력이 왕성해야 한다.
④ 세근보다 직근의 발달이 우세하여야 한다.

해 ④ 세근이 발달하지 않으면 식물의 생육에 지장이 생긴다.

**103** 발아력이 뛰어나고 초기성장이 왕성하며 균질한 종자를 대량 입수할 수 있어 절개사면의 녹화용으로 사용할 수 있는 식물만으로 구성된 것은? 기-16-3

① 톨훼스큐, 위핑러브그래스, 원추리
② 쑥, 억새, 비수리
③ 호장근, 사초과 식물, 갈대
④ 억새, 곰취, 쇠별꽃

**104** 비탈(면)식생재녹화공법 중 식물의 자연침입을 촉진하는 식생공법을 총칭하는 것은? 기-19-2

① 지오웨브공법 ② 식생유도공법
③ 식생대녹화공법 ④ 식생반녹화공법

해 ② 식생유도공법은 자연공원 내에서와 같이 보존수준이 높은 지역에 있어서 보다 자연에 근접한 군락을 복원하고자 할 경우에 적용되며, 파종과 식재로서 복원되지 않는 향토식물을 복원할 수 있는 가능성을 가지고 있다.

**105** 식물과 침식과의 관계에 대한 설명으로 틀린 것은? 기-16-3

① 초본류의 뿌리는 토양표층에 고밀도로 분포하여 지표면에서의 빗물의 흐름에 의한 토양입자의 이탈이나 유실을 방지한다.
② 목본류의 뿌리는 훼손지에 깊게 침투하고, 근계를 형성하여 비탈면의 안정에 효과적이다.
③ 비탈면에서 초본류의 피복률과 침식량은 정비례한다.
④ 초본류의 잎이나 줄기는 빗물의 충격력을 감



정답 99. ① 100. ④ 101. ② 102. ④ 103. ② 104. ② 105. ③

소시켜 빗물에 의한 침식작용을 감소시킨다.

**해** ③ 비탈면에서 초본류의 피복률과 침식량은 반비례한다.

**106** 훼손지 비탈면에 사용되는 식물 중 형태적으로 근계(根系)신장이 좋은 식물이 아닌 것은? 기-19-2

① 억새 ② 비수리
③ 까치수영 ④ 크리핑레드훼스큐

**해** 비탈면 녹화식물로는 ①②④ 외에 쑥, 새(안고초), 톨페스큐 등이 있다.

**107** 어떤 목본류를 훼손지에 3g/㎡으로 파종하였다. 이때 이종자의 발아율 40%, 순도 90%, 보정율 0.5이고 평균립수 100립/g이라면 발생기대본수(본/㎡)는 약 얼마인가? 기-19-3

① 27 ② 54
③ 108 ④ 216

**해** 파종량 $W = \dfrac{B}{A \times \dfrac{C}{100} \times \dfrac{D}{100} \times S}$

A:평균립수(립/g), B:발생기대본수(본/㎡), C:발아율(%), D:순도(%), S:보정율

$B = (A \times \dfrac{C}{100} \times \dfrac{D}{100} \times S) \times W$

$= (100 \times \dfrac{40}{100} \times \dfrac{90}{100} \times 0.5) \times 3 = 54(본/m^2)$

**108** 다음 특성 설명은 어떤 비탈면 녹화용 식물인가? 기-15-1

| |
|---|
| -조경적 가치는 월등<br>-초기 생장이 느림<br>-자연암반 절개지에서 출현하는 빈도가 가장 높음<br>-녹화시공 시 천연하종갱신이 잘 일어나며, 순림지역이 아니면 인위적인 파종요구 |

① 두릅나무 ② 소나무
③ 참나무류 ④ 붉나무

**109** 비탈다듬기 공사를 하고 뜬 흙을 정리 후 흩어뿌리기를 할 때 참억새와 혼파조합으로 양호한 것은? 기-16-1

① 참싸리 ② 비수리
③ 매듭풀 ④ 차풀

**해** ① 혼파 시 참억새는 참싸리, 아까시나무와 양호한 상태를 보이며, 참싸리는 척박지에서 생육이 가능하고 암이 많은 지역에서도 생육이 가능하며, 초본과 혼용하여 자연상태의 경관으로 조기에 회복시키는데 이용된다.

**110** 종자파종의 방법으로 조성이 용이한 녹화용 식물로 볼 수 없는 것은? 기-15-1

① 호장근 ② 김의털
③ 비수리 ④ 원추리

**해** ④ 원추리는 관상적 가치가 우수하여 단조로운 비탈면에 강한 시각적 효과를 연출해 줄 수 있으나 아직은 ①②③과 같이 많이 쓰이지 않는다.

**111** 절리가 있는 연암 및 경암의 절토 비탈면을 구하기 위한 녹화공법으로써 가장 적합한 것은? 기-14-1

① 종자뿜어붙이기
② 식생매트공법
③ 식생구멍심기
④ 식생기반재 뿜어붙이기

**112** 농장에서 식물 종자를 파종하여 뗏장으로 키운 후 현지로 운반하여 포설만 하면 시공이 완료되는 공법은? 기-18-1

① 식생매트공법
② 식생자루공법
③ 식생구멍심기공법
④ 식생기반재 뿜어붙이기공법

**113** 분사식 씨뿌리기 공법 중에서 건식 종자뿜어붙이기의 특징으로 가장 거리가 먼 것은? 기-16-2

① 혼합한 물량이 적으므로 뿜기작업할 때에 뿜기재료의 유실이 적다.
② 습식 종자뿜어붙이기에 비하여 도달거리가 길어 시공성이 좋다.

정답 106. ③ 107. ② 108. ② 109. ① 110. ④ 111. ④ 112. ① 113. ②

③ 시멘트 등 강력한 침식방지제를 사용하면 두껍게 뿜어 붙일 수 있다.
④ 뿜기기재의 밀도가 비교적 높지 않으므로 보수성이 높다.

**114** 분사식 씨뿌리기 공법 중에서 습식 종자뿜어붙이기의 특징으로 가장 거리가 먼 것은? 기-17-3

① 두껍게 뿜어 붙이기를 할 수 없는 단점이 있다.
② 혼합한 물량에 의하여 뿜어 붙일 때의 토양이 유실되기 쉽다.
③ 건식종자뿜어붙이기공법에 비하여 뿜기 도달거리가 길어 시공성이 좋다.
④ 건식종자뿜어붙이기공법에 비하여 뿜기 압력이 높고, 혼합한 물량이 많으므로 뿜기작업할 때에 뿜기 재료의 유실이 적다.

**115** 매립지 복원기술과 가장 거리가 먼 것은? 기-19-3

① 성토법
② 사주법
③ Biosolids를 이용한 공법
④ 비사방지용 산흙 피복법

해 ③ Biosolids는 광산지역의 처리와 개선을 위해 이용되는 토양으로 오염물질의 보유·흡착력이 식생의 피복에 의한 것보다 강하여 토양을 안정화시키는 데 많이 이용되고 있다.

**116** 가로나 주차장 및 광장 등의 식수대 안에 식재할 때 사용되는 방법으로 현지 토양을 굴삭하여 객토로 바꿔 넣는 공법은? 기-16-2

① 경운공 ② 객토치환공
③ 객토성토공 ④ 경운객토성토공

**117** 매립지 복원공법 중 산흙 식재지반 조성 시 하부층이 사질토인 경우에 적용하는 기법으로 가장 거리가 먼 것은? 기-19-2

① 사주법
② 성토법
③ 치환객토법
④ 비사방지용 산흙 피복법

해 ① 사주법은 하부의 세립미사질 불투수층에 파일을 박아 하단부 투수층까지 연결한 파이프 안에 모래, 사질양토, 자갈 등을 넣어 배수를 원활히 하는 방법이다.

**118** 다음 단면도는 산흙 식재기반 조성의 하부층이 사질토인 경우이다. 공법명칭과 설명이 맞는 것은? 기-14-1

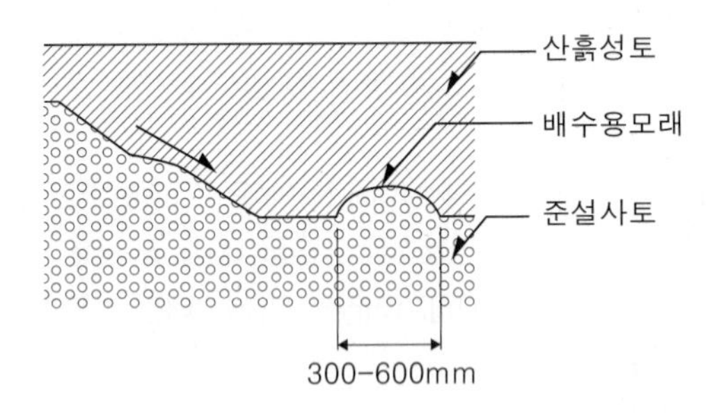


① 전면객토법 : 치환객토법의 하나로 식재지 전체를 산흙으로 객토
② 성토법 : 외부에서 반입한 산흙을 성토해주는 공법
③ 대상객토법 : 산흙을 절약하는 공법
④ 단목객토법 : 가로수나 독립수를 식재할 때 활용하는 공법

**119** 간척지의 토양개선 방법과 관련된 설명이 맞게 연결된 것은? 기-09-4

① 수세법(水洗法) – 침출법에 비하여 제염용수량이 적게 소요되며 투수성이 높은 토양에서는 심토층까지 제염이 가능한 방법
② 침출법(浸出法) – 토양에 물을 공급한 후 경운 및 써레질을 하여 염분의 용해를 촉진시킨 다음 지표배수에 의해 용탈수를 배출시키는 방법
③ 담수법(湛水法) – 표층을 경운하지 않은 상태에서 지면에 물을 공급하고 일정기간 모아두어 표토층의 염분을 용탈시키는 방법
④ 수세침출법(水洗浸出法) – 표토층을 경운한 후에 일정기간 담수시켜 염분을 용탈시키는 방법


정답 114. ④ 115. ③ 116. ② 117. ① 118. ① 119. ③

해 ① 침출법, ② 수세법, ④ 경운담수법
· 수세침출법 : 수세법과 침출법의 장단점과 토양의 투수성, 제염용수량, 제염기간 및 경제성 등을 고려하여 두 가지 방법을 적절하게 조합시켜 병행하는 방법

**120** 내염성이 약한 수종으로만 알맞게 짝지어진 것은? 기-16-2

① 삼나무, 왜금송　② 주목, 편백
③ 녹나무, 꽝꽝나무　④ 돈나무, 금목서

해 ②③④ 수종 모두 내조성과 내염성이 높은 수종에 속한다.

**121** 다음 중 훼손된 해안사구의 복원에 이용되는 대표적인 기법은? 기-12-2

① 모래집적울타리 설치
② 수제의 조성
③ 생태적 암거 설치
④ 횃대의 조성

해 해안사구 복원 기법에는 모래집적울타리 설치, 모래덮기, 파도막이 설치, 사초심기 등이 있다.

**122** 해안 사방 망심기의 망 구획 크기로 가장 적합한 것은? 기-18-2

① 50×50cm　② 100×100cm
③ 150×150cm　④ 200×200cm

**123** 야생화 초지의 복원기법에 대한 설명으로 적합하지 않은 것은? 기-14-3, 기-17-3

① 야생화 초지의 설계 요소로는 색깔, 질감, 식물의 형태, 층위 등이 있다.
② 야생화 초지에 영향을 미치는 주요 요소는 토양, 광량, 천이 등이 있다.
③ 파종은 춘파는 10~11월에 파종하고, 추파는 3~4월이 적합하다.
④ 야생초화류 식재시공 시 이용할 식물재료는 규격묘를 사용해야 한다.

해 ③ 파종은 춘파는 3~4월에 파종하고, 추파는 10~11월이 적합하다.

**124** 미티게이션에서 식물종을 보호, 보전하는 방법으로서 귀중종을 이식할 때 발생하는 문제점으로 가장 거리가 먼 것은? 기-18-3

① 생활사, 생활환경에 대한 정보 부족
② 이식지 선정, 서식환경 정비 정보 부족
③ 귀중종과 일반종의 동시 이식
④ 부족한 경험에도 불구하고 이식실패가 허용되지 않음

**125** 생태적으로 바람직한 대체습지 조성 시 고려해야 할 것이 아닌 것은? 기-10-3, 기-18-3

① 면적이 동일해야 한다.
② 동일 유역권내에 있어야 한다.
③ 기능이 동일해야 한다.
④ 가급적 가까운 거리(on-site)에 있어야 한다.

해 ① 조성되는 습지의 면적은 개별적 대체습지보다 넓게 조성한다.

**126** 조성되는 위치에 따른 대체습지의 구분에 대한 설명으로 틀린 것은? 기-18-1

① On-Site 방식은 개발사업의 범위 내에 대체습지를 조성하는 방법이다.
② On-Site 방식은 접근지역에 습지를 조성 시 유출수나 지하수의 수질저하를 가져오지 않는다는 장점이 있다.
③ Off-Site 방식은 유역관리에 있어서 구체적인 계획과 조성이 이루어질 수 있다는 장점이다.
④ Off-Site 방식은 개발사업의 범위에서 벗어나지만 통상적으로 유역범위 밖에 조성하도록 하고 있다.

해 ④ Off-Site 방식은 개발사업의 범위에서 벗어나지만 통상적으로 유역범위 안에 조성하도록 하고 있다.

**127** 훼손될 습지와 대체하려는 습지의 유형이 같은 것을 무엇이라고 하는가? 기-17-1

정답 120. ① 121. ① 122. ④ 123. ③ 124. ③ 125. ① 126. ④ 127. ①

① in kind wetland
② out of kind wetland
③ off site wetland
④ on site wetland

해 ① 동일한 기능, ② 다른 기능, ③ 사업범위 외, ④ 사업범위 내

**128** 개발사업이 이루어지기 이전에 훼손될 습지의 영향을 고려해서 미리 습지를 만들고, 향후에 개발사업이 이루어질 때 미리 만들어진 습지만큼을 훼손할 수 있도록 하는 방법은? 기-12-3

① On-site방법에 의한 대체습지조성
② Off-site방법에 의한 대체습지조성
③ On-site/Off-site방법에 의한 대체습지조성
④ Mitigation banking에 의한 대체습지조성

**129** 생태통로에 대한 설명 중 옳은 것은? 기-19-2

① 최초의 생태통로는 독일에서 시작되었다.
② 생태통로의 역할은 사람들의 이동에만 활용되어야 한다.
③ 생태통로는 야생동물의 서식처를 연결하며 자연적으로 형성되었다.
④ 초기에 건설된 생태통로는 대체로 작고, 폭이 좁은 관계로 대부분 비효율적인 것으로 평가되었다.

해 ① 최초의 생태통로는 프랑스에서 시작되었다.
② 생태통로의 역할은 야생동·식물의 이동에 활용된다.
③ 생태통로는 야생동물의 서식처를 연결하며 인공구조물·식생 등의 생태적 공간을 말한다.

**130** 야생동물 이동통로는 생태적 네트워크가 필수적으로 갖추어져 있어야 한다. 이와 같은 지역에 해당되지 않는 것은? 기-18-3

① 주요 서식처 유형의 보전을 확보하기 위한 핵심지역(core area)
② 개별적 종의 핵심지역간 확산 및 이주를 위한 회랑 또는 디딤돌
③ 서식처의 다양성을 제한하고 최대크기로의 네트워크의 확산을 위한 자연지역
④ 오염 또는 배수 등 외부로부터의 잠재적위험으로부터 네트워크를 보호하기 위한 완충지역

**131** 야생동물 이동을 위한 생태통로의 기능으로 가장 거리가 먼 것은? 기-18-3

① 천적 및 대형 교란으로부터 피난처 역할
② 단편화된 생태계의 연결로 생태계의 연속성 유지
③ 야생동물의 이동로 제공
④ 종의 개체수 감소

**132** 야생동물 이동통로의 기능에 대한 설명으로 틀린 것은? 기-18-2

① 천적 및 대형 교란으로부터 피난처 역할
② 교육적, 위락적 및 심미적 가치 제고
③ 단편화된 생태계의 파편 유지
④ 야생동물의 이동 및 서식처로 이용

**133** 생태통로의 기능과 조성에 대한 설명 중 틀린 것은? 기-19-1

① 생태통로는 단편화된 생태계의 연결로 생태계의 연속성 유지에 도움을 준다.
② 생태통로는 대형 교란으로부터 피난처 역할도 한다.
③ 인공적으로 조성된 구조물은 생태통로라고 볼 수 없다.
④ 하천, 댐, 도로 등에 의해 생태계가 단절되는 경우 생태통로를 조성한다.

해 ③ 생태통로는 도로·댐·수중보(水中洑)·하구언(河口堰) 등으로 인하여 야생동·식물의 서식지가 단절되거나 훼손 또는 파괴되는 것을 방지하고, 야생동·식물의 이동 등 생태계의 연속성 유지를 위하여 설치하는 인공 구조물·식생 등의 생태적 공간을 말한다.

**134** 생태적 회랑(생태통로)의 부정적 효과가 아닌 것은? 기-17-1


정답 128. ④ 129. ④ 130. ③ 131. ④ 132. ③ 133. ③ 134. ②

① 포식기회의 증대
② 동물의 안전한 이동
③ 동물의 접촉 감염 등에 의한 질병의 전염
④ 본래 일어나지 않을 유전적 교류의 조장

해 ② 긍정적 효과에 해당한다.

**135** 야생동물 이동로의 계획 및 설계 시, 필요한 생태계 악영향에 대한 경감방법을 계획할 때 적용하는 원리에 해당하지 않는 것은? 기-17-1

① 규모는 클수록 좋다.
② 기존연결로를 최대한 활용한다.
③ 가능한 많은 생물종을 대상으로 한다.
④ 다양한 형태보다는 대표적 형태의 연결로를 제공한다.

**136** 양서·파충류의 이동통로 설계 시 고려해야 할 사항으로 틀린 것은? 기-17-3

① 채식지, 휴식지, 동면지의 훼손이 발생했을 경우 인위적인 복원이 필요하다.
② 집수정 주변에 철망이나 턱을 설치하여 침입을 방지하고 탈출을 용이하게 해준다.
③ 도로의 경우 차량의 높이보다 높은 교목을 설치한다.
④ 횡단배수관의 경사를 완만하게 한다.

해 ③ 조류를 위한 횡단유도식재 방법이다.

**137** 생태통로를 조성할 때 횡단부위가 넓고, 절토지역 또는 장애물 등에 동물을 위한 통로조성이 어려운 곳에 설치하는 통로는 무엇인가? 기-14-2

① 선형 통로 ② 지하형 통로
③ 육교형 통로 ④ 터널형 통로

해 ③ 횡단부위가 넓은 곳, 절토지역 혹은 장애물 등으로 동물을 위한 통로 설치가 어려운 곳에 만들어지는 통로 등은 도로 위를 횡단하는 육교 형태로 설치한다.

**138** 야생동물 이동 통로의 형태 중 훼손 횡단부위가 넓고, 절토 지역 또는 장애물 등으로 동물을 위한 통로 설치가 어려운 지역에 만들어지는 통로는? 기-16-1, 기-18-2

① Culvert ② Shelterbelt
③ Box ④ Overbridge

해 ① Culvert(소형 암거), ② Shelterbelt(방풍림), ③ Box(박스형 암거), ④ Overbridge(육교형 통로)

**139** 도로가 개설되면서 산림생태계가 단절된 구간에 육교형 생태통로를 설치하려고 한다. 다음 중 고려되어야 할 사항과 거리가 먼 것은? 기-15-2, 기-19-3

① 중앙보다 양끝을 넓게 하여 자연스러운 접근을 유도
② 통로의 가장자리를 따라서 선반을 설치
③ 통로 양측에 벽면을 설치하여 주변으로부터 빛, 소음, 천적 등으로 부터의 영향을 차단
④ 필요시 통로 내부에 양서류를 위한 계류 혹은 습지를 설치

해 ② 일반적으로 턱이나 선반 등은 암거수로나 수로관, 수로박스 등에 설치하는 보완시설에 해당한다.

**140** 생태통로 구조물 중 육교형과 터널형의 설명으로 틀린 것은? 기-17-2

① 주변 지형상 육교형은 절토부, 터널형은 성토부에 적합하다.
② 긴 거리를 이동하는 경우 터널형이 적합하다.
③ 육교형은 도로상부에 설치되므로 조망 및 빛과 공기 흐름이 양호하다
④ 터널형의 경우 특정종이 이용하는 반면 육교형의 경우 비교적 많은 종의 이용이 가능하다.

해 ② 긴 거리를 이동하는 경우 터널형은 개방도를 높이는 데 여러 한계가 있으므로 육교형이 적합하다.

**141** 주야로 차량통행이 많은 산림 계곡부를 지나는 도로상에 야생동물 이동통로를 조성하는 경우, 이동통로 유형의 적합성에 대한 설명이 맞는 것은? 기-18-3

① 육교형이 터널형보다 더 적합하다.

정답 135. ④ 136. ③ 137. ③ 138. ④ 139. ② 140. ② 141. ②

② 터널형이 육교형보다 더 적합하다.
③ 육교형이나 터널형 모두 비슷하다.
④ 육교형이나 터널형 모두 부적합하다.

**142** 생태공학적 측면에서 녹색방음벽에 대한 설명으로 틀린 것은? 기-15-1, 기-18-1

① 버드나무 등을 활용하여 방음벽을 녹화한다.
② 태양전지판 등을 설치하여 자연에너지를 설치할 수 있는 발전시설을 겸하는 방음벽을 말한다.
③ 식물이 서식 가능한 화분으로 녹화한 방음벽이다.
④ 녹색투시형 담장이나 기존방음벽에 녹색으로 도색한 방음벽을 말한다.

해 ④ 녹색방음벽이란 저탄소녹색기술을 적용한 방음벽의 의미다.

**143** 도로 아래에 이미 설치된 수로박스와 수로관 등의 암거수로를 이용하여 생태통로를 만들 때 어떤 보완시설의 설치가 필요한가? 기-19-2

① 기둥 ② 비포장 통로
③ 울타리 설치 ④ 선반이나 턱 구조물

**144** 생태네트워크 계획의 과정에서 보전, 복원, 창출해야 할 서식지 및 분단장소를 설정하는 과정은? 기-18-1

① 조사 ② 분석·평가
③ 실행 ④ 계획

해 조사→분석·평가→계획→실행

**145** 생태통로 조성절차에서 계획 및 설계 단계의 내용이 아닌 것은? 기-19-1

① 위치의 선정
② 유형의 선정
③ 제원의 설정
④ 유지관리방안 작성

해 ④ 유지관리방안 작성은 유지관리 시 고려사항이다.

**146** 생태통로 조성 시 서식 공간 보호를 위한 조치로 바람직하지 않은 것은? 기-17-2

① 도로의 위 또는 아래를 지나는 인공적 생태통로를 건설하여 생태계를 연결한다.
② 도로 등의 건설로 생물서식공간이 단절되는 경우 서식공간으로부터 분리하여 밖으로 우회 시킨다.
③ 육교형 통로는 주변이 트이고 전망이 좋은 지역을 선택하여 동물이 불안감을 느끼지 않고 건널 수 있도록 조성한다.
④ 파이프형 암거는 일반적으로 박스형에 비하여 대형동물이 이용 가능하도록 설계한다.

해 ④ 파이프형 암거는 일반적으로 박스형 암거에 비하여 주로 소형의 동물이 이용하도록 설계한다.

**147** 행동권(home range) 분석을 위한 GPS시스템의 특징으로 옳지 않은 것은? 기-18-1

① 데이터의 신뢰성이 높다.
② 장비의 가격이 중·고가이다.
③ 24시간 추적이 불가능하다.
④ 배터리의 크기 및 성능에 따라 장기간 사용할 수 있다.

**148** 생태통로의 사후관리 단계에서 필요한 고려사항이 아닌 것은? 기-18-2

① 서식지의 안정성 보장
② 외부간섭 차단
③ 통로기능과 효율성 평가
④ 개선정보 제공

해 ② 외부간섭 차단은 생태통로 설치단계의 고려사항이다.

**149** 생태통로 조성 시 야생동물의 유인 및 이동을 촉진시키기 위한 방법으로 틀린 것은? 기-14-1, 기-19-2

① 조류의 유인을 위해 식이식물을 식재한다.
② 포유류의 이동을 위해 단층구조의 수림대를 조성한다.
③ 양서류의 이동을 위해 측구 등에 의한 이동용


정답 142. ④ 143. ④ 144. ② 145. ④ 146. ④ 147. ③ 148. ② 149. ②

보조통로를 설치한다.

④ 곤충의 유인 및 이동을 위해 먹이식물이나 밀원식물을 적극 도입한다.

해 ② 소형 포유류의 경우 2~3m의 통로 폭이 필요하고, 다층구조 형성을 통한 이동경로 재현과 돌담, 통나무, 바위, 고사목 등을 배치한다.

**150** 자연환경보전시설 중 모니터링용 관찰데크 설치에 관한 내용으로 옳지 않은 것은? 기-22-2

① 모니터링을 위한 시설이므로 유지보수의 용이성은 고려하지 않아도 무관하다.

② 습지 및 식생의 관찰을 위해 조성하며, 자연환경 관찰에 있어 국부적으로 적용한다.

③ 물과 접촉하거나, 수생동물을 가까이 관찰하기 위해 수면과의 거리를 30cm 이하로 한다.

④ 목재기초부는 물과 공기를 접하는 가장 부패되기 쉬운 부분이므로 부패방지처리(증기 건조 등)를 해야 한다.

**151** 하천공간 내 관찰시설 설치에 관한 설명으로 옳지 않은 것은? 기-22-2

① 관찰데크와 같은 시설의 안전을 위한 난간 높이는 120cm 이상으로 한다.

② 관찰시설은 서식처 보호, 훼손확산 방지를 위한 이용객 동선 유도와 같은 장소에 설치한다.

③ 야생동물이 자주 출현하는 곳에는 야생동물 보호를 위해 관찰시설을 설치하지 않도록 한다.

④ 식물을 주체로 한 관찰 공간의 경우 식물의 길이를 고려하여 데크의 높이를 100cm 미만으로 한다.

**152** 자연환경보전시설 중 모니터링용 관찰데크 설치에 관한 내용으로 옳지 않은 것은? 기-22-2

① 모니터링을 위한 시설이므로 유지보수의 용이성은 고려하지 않아도 무관하다.

② 습지 및 식생의 관찰을 위해 조성하며, 자연환경 관찰에 있어 국부적으로 적용한다.

③ 물과 접촉하거나, 수생동물을 가까이 관찰하기 위해 수면과의 거리를 30cm 이하로 한다.

④ 목재기초부는 물과 공기를 접하는 가장 부패되기 쉬운 부분이므로 부패방지처리(증기 건조 등)를 해야 한다.

**153** 다음에서 설명하는 생태복원을 위한 식물재료의 조달방법은? 기-22-2

| 수목을 근원 가까이에서 벌채하여 뿌리를 포함한 수목 및 둥치를 이식하는 방법으로 맹아성이 있는 수목을 이식할 때 주로 사용된다. |
|---|

① 근주이식 매트이식

③ 소스이식 ④ 표토채취

정답 150. ① 151. ③ 152. ① 153. ①

MEMO

PART

자·연·생·태·복·원·필·기·정·복

# 5

# 생태복원관리

# Chapter 1 모니터링 계획

## 1 모니터링의 개념과 대상

### 1. 모니터링 이해

#### (1) 모니터링의 목적

① 복원 후 생태기반환경의 안정화 과정 검토
② 식생활착, 동·식물상의 변화 등 생태환경 변화 파악
③ 성공적 복원사업의 기초자료로 활용, 유지·관리방안 제시
④ 복원 전·중·후 모니터링을 통한 사업의 효과 확인
⑤ 계절·시간에 따른 생태계의 변화에 따라 친환경적인 방식이 유지·관리에 기여
⑥ 환경 변화에 지속적으로 대응할 수 있는 시스템 구성
⑦ 기존 생태계 및 자생종에 대한 보전·보호, 침입 외래종에 대한 생태계 피해 최소화 도모 및 효율적 관리
⑧ 추후 다른 복원사업에 경험과 교훈 제공 등 중요한 기초자료 제공
㉠ 복원효과 평가자료 구축
㉡ 서식생물종 DB 및 향후 복원사업을 위한 피드백(feedback)자료 축적
㉢ 시사점 도출 후, 멸종위기종 서식지 복원공간에 대한 지속가능한 유지관리방안 제시

#### (2) 모니터링의 유형 및 활용

① 기준·상태·추세 유형 : 모니터링과 평가프로그램을 개발하는 데 활용
② 실행유형 : 사업목표에 따라 사업이 진행되고 있는지를 점검하는 것
③ 효과 및 검증 유형 : 사업 전 실시한 사전조사 결과와 모니터링 결과의 정량적 비교를 통해 평가하는 유형으로서 사업이 미치는 생태적 영향과 물리적·생물학적 반응의 관계 등을 평가하는 데 활용

#### (3) 모니터링의 원칙

① 복원사업의 목표, 목적에 대한 명확한 인식을 통해 모니터링의 항목과 조사 방법 선택
② 대상지역 내 특정 환경 변화 전후로 측정하는 반복된 기록의 연속성
③ 사전 조사와 현지 조사 병행, 복원 전·중·후 모니터링 이후 식생 안정화 단계까지(최소 2년) 모니터링 지속 시행

**◘ 모니터링의 개념**

생태복원사업 후 생태기반환경과 생물종 현황에 대한 주기적 관찰을 통해 지속 가능하고 순응적인 관리방안을 마련하여 사업의 목표를 달성하기 위한 과학적이고 체계적인 수단이 될 수 있다.

**◘ 모니터링 필요성**

생태계는 끊임없이 변화하고 주위의 환경과 연결되어 개방되는 특성이 있기 때문에 예측이 어려우나 모니터링을 통해서 생태복원 실시 후 향후 방향 제시가 가능하다. 생태복원사업 후 생물이 안정적으로 서식해 가는 기간 내 집중적인 관찰이 필요하고, 또한 모니터링을 통해 사후관리를 실시할 때 유연성 있는 관리가 가능하게 된다.

**◘ 모니터링의 일반적인 유형**

① 기준(baseline)
② 상태(status)
③ 추세(trend)
④ 실행(implementation)
⑤ 효과(effectiveness)
⑥ 검증(validation)

**◘ 모니터링의 원칙**

모니터링은 지속 가능한 복원사업을 위해 생태관리 방안을 계획하는 중요한 기초자료 수집과정으로 사업이 시작됨과 동시에 실시되어야 하고 원칙을 수립한 이후 체계적으로 계획되어야 한다.

### (4) 모니터링 수행 시 고려사항

① 실효성 확보를 위한 장기간 지속적인 모니터링 시행
② 반복된 기록의 연속성 및 조사구의 위치 표식, 조사지 관리를 위한 고정시설 필요
③ 정기적으로 확인·관리되는 모니터링 대상지 및 위치설정 필요
④ 향후 자료의 가치와 활용성 확대를 위하여 다양한 범위에서의 모니터링 내용 기록
⑤ 체계적이고 간략한 현황 서술·기록
⑥ 자료수집 방법개선과 목적의 평가를 위한 정기적인 분석 및 보고서 준비
⑦ 주민과 단체 등 참여형 거버넌스를 활용한 사후 모니터링계획 및 실행

**◘ 모니터링 주기**
모니터링의 주기는 사업의 세부 항목, 규모 및 주변 여건 등에 따라 되도록 연 2회 이상 실시함을 원칙으로 하며 장마철 등의 특정 시점을 전후로 추가적으로 관찰 및 측정을 실시한다.

## 2. 모니터링 대상과 영역

### (1) 모니터링의 영역

① 생태중심형 모니터링
㉠ 생태기반환경(기상환경·지형·토양환경·수환경 등)과 생물상 조사
㉡ 조사를 통한 대상지의 생태적 구조와 기능 분석
② 이용중심형 모니터링
㉠ 이용에 관련된 요소인 포장 및 시설을 중점적으로 조사
㉡ 기후의 영향 혹은 이용객의 이용으로 인한 훼손 등을 중심으로 변화상 조사

### (2) 모니터링 대상

모니터링 및 유지관리 대상사업(자연환경보전법)

| 구분 | 내용 |
|---|---|
| 생태계 보전협력금 반환사업 | ·개발사업자가 납부한 생태계보전협력금을 소생태계 조성, 생태통로 설치, 대체자연 조성, 훼손지 복원 등 자연환경보전을 위해 다시 사용하고자 하는 경우, 개발사업자 또는 납부자를 대행하는 자연환경 보전사업 대행자가 신청할 수 있고 이를 환경부장관이 승인하여 진행하는 사업 |
| 자연마당 조성사업 (국고보조) | ·도시생활권의 훼손되고 방치된 공간을 복원하여 습지, 개울, 초지, 숲 등 다양한 유형의 생물서식처를 조성하여 도시 내 생물다양성을 증진하고, 시민들에게 쾌적한 휴식공간을 제공<br>·국고보조사업으로써 지자체와 환경부가 공동으로 추진하는 사업 |
| 소생태계 | ·생물다양성을 높이고 야생동·식물의 서식지간의 이동가능성 등 생태계의 연속성을 높이거나 특정한 생물종의 서식조건을 개선하기 위하여 조성하는 생물서식공간 |

**◘ 모니터링 대상**
현재 국내의 생태복원사업 중 생태계보전협력금 반환사업과 자연마당 조성사업 등을 대상으로 모니터링을 실시하고 있으며 기타 생태계 복원, 대체자연의 조성 등 자연환경보전법에 근거하는 생태하천복원사업 등 유사사업의 경우에도 모니터링을 실시 할 수 있다.

| | |
|---|---|
| 생태통로 | ·도로·댐·수중보·하구언 등으로 인하여 야생동·식물의 서식지가 단절되거나 훼손 또는 파괴되는 것을 방지하고 야생동·식물의 이동 등 생태계의 연속성 유지를 위하여 설치하는 인공 구조물·식생 등의 생태적 공간 |
| 대체자연 | ·기존의 자연환경과 유사한 기능을 수행하거나 보완적 기능을 수행하도록 하기 위하여 조성하는 것 |
| 자연환경 보전·이용 시설 | ·자연환경을 보전하거나 훼손을 방지하기 위한 시설<br>·훼손된 자연환경을 복원 또는 복구하기 위한 시설<br>·자연환경을 이용하거나 관찰하기 위한 시설<br>·자연환경을 보전·이용하기 위한 교육·홍보시설 또는 관리시설<br>·그 밖의 자연자산을 보호하기 위한 시설 |

### (3) 모니터링 및 유지관리의 범위

① 사업 중 모니터링 : 생태복원사업 진행 중 실시하는 전·중·후 현황
② 사업완료 후 모니터링 : 생태복원사업 완료 후 2년간 실시하는 사업 후 모니터링
③ 모니터링 결과를 반영하여 유지관리 실시

모니터링 및 유지관리의 범위

| 구분 | 사업진행(전·중·후) 현황 | 사업 후 모니터링 | 유지관리 |
|---|---|---|---|
| 개념 | 생태복원사업 공정율에 따라 복원사업 내 생태계의 전·중·후 변화를 비교 | 사업 완료 후 사업목표 달성 여부를 판단하기 위해 2년간 실시 | 모니터링 결과를 기반으로 사업 효과, 목표 달성 등을 위하여 수행 |
| 시간적 범위 | 사업 기간 내 3회 실시<br>·착공 전<br>·사업 중(공정율 70%)<br>·사업 완료 직후 | 사업 완료 후 2년간 연 2~4회 실시 | 사업 완료 후 지속적으로 수행 |
| 공간적 범위 | 생태복원사업을 수행한 지역 및 외부 환경 요인을 모니터링 할 수 있는 주변지역 포함(대상지에 직접적으로 영향을 줄 수 있는 주변지역) | | |
| 내용적 범위 | ·사업 전의 생태기반환경 및 생물상 현황<br>·사업 시행 중 발생되는 교란요인, 생태복원 과정<br>·사업 후 모니터링과 연계성을 고려하여 주요 공간(서식처)별 모니터링 시행 | 사업효과 및 지속성 등을 검증하고 확인하기 위해 복원 목표의 달성 여부, 목표종 서식 여부, 식생의 생육상태, 이용에 의한 영향, 시설물의 상태 등을 모니터링 | ·사업의 목표에 맞는 모니터링 결과를 유지관리 계획에 반영<br>·생물 서식에 적합한 환경을 조성하여 탐방객 등 이용자들에게 생태계서비스 제공 |

*현재 국내에서 실시되는 생태복원 관련 사업 중 사후 모니터링에 관해 시기와 횟수를 정해놓은 사업은 환경부의 '생태계보전협력금 반환사업'이 있음

**◘ 모니터링 실시 횟수**

사업 후 모니터링은 사업을 추진한 주체가 최소 2년 이상 실시하는 것이 일반적이며, 1차 연도는 연 2회 이상 심층 모니터링을 수행하고, 2차 연도 이후에는 목표종의 활동 시기에 따라 연 2회 이상 수행한다.

### (4) 모니터링 및 유지관리의 절차

① 사업완료 후 유지관리는 해당 관리주체(지자체, 토지소유자 등)로 이관
② 관리주체는 사업 완료지역에 대하여 지속적인 유지관리

③ 사업자는 사업완료 후 사업진행 중 실시한 전·중·후 현황을 포함한 모니터링 계획서와 관련서류를 해당 관리주체에 제출
④ 사업자는 사업완료 후 하자보수 및 모니터링을 실시하며 매년 모니터링 결과보고서를 작성하여 해당 환경청과 지자체에 제출
⑤ 모니터링 보고서에는 모니터링 결과에 따른 종합분석을 통하여 관리방안이 유지관리에 연계되도록 조치

환경부 생태계보전협력금 반환 사업의 모니터링 항목 및 방법

| 조사 항목 | 조사 내용 |
|---|---|
| 생태기반환경 | ·지형, 수리·수문(수질 포함), 토양 등 |
| 생물종 | ·대상지 목표종을 중심으로 조사하되, 식생은 기본적으로 조사<br>·동물상은 모든 분류군에 대한 조사를 원칙으로 하나, 대상지 현황에 따라 중점 동물, 분류 동물 분류군 선정 가능 |
| 서식처 | ·서식처 유형, 안정성, 훼손 여부 등을 조사 |
| 복원 및 이용 시설물 | ·복원을 위해 도입된 시설물의 주기적인 점검<br>·특히, 복원 지역의 식생환경은 주기적으로 변화할 수 있으므로, 도입시 설치하였던 식물 표지판 등은 주기적으로 확인 교체 |

## 2 모니터링 계획

### 1. 대상지 사업계획 검토

#### (1) 대상지 사전조사 결과 파악

① 사업계획서를 검토하여 대상지의 사전조사 결과 파악
② 보호 또는 복원 등 보전사업을 실시하게 된 배경과 필요성 등 이해
③ 인문환경과 자연환경에 대해 각각 조사·분석 자료를 검토하여 모니터링을 실시하기 위한 정보구축
④ 대상지의 지역적 입지에 따른 생태네트워크, 인문환경 및 자연환경요소와의 영향관계 파악
⑤ 대상지를 방문하는 이용객의 연령대 및 구성원, 인원 등 예측가능
⑥ 기상환경, 지형, 토양환경, 수환경 등의 생태기반환경과 동식물상과 같은 생물종 현황 등 파악

#### (2) 사업목표 및 전략

① 대상지의 사업목표 및 전략을 파악하여 사업유형과 기본방향 이해
② 일반적으로 대상지의 사업목표는 복원사업의 여러 유형, 즉, 복원, 복구, 개선, 창출 등과 같은 목적 보유

**모니터링 계획**

모니터링 계획의 목적과 대상, 항목 등을 설정하고 모니터링을 위한 예산을 수립한다. 모니터링은 원칙적으로 사전조사와 같은 항목과 빈도를 따르되 사업유지관리 목적과 지역적 특성을 고려하여 세부항목을 결정할 수 있으며, 지역 여건에 따라 평가항목을 조정할 수 있다.

**모니터링 계획 수립과정 순서**

① 대상지 사업계획 검토
② 모니터링 목표 수립
③ 모니터링 방법
④ 모니터링 예산 수립

**대상지 사업계획 검토 내용**

① 대상지 사전조사 결과파악
② 사업목표 및 전략 이해
③ 대상지 공간계획 파악
④ 목표종 이해 및 생활사 분석
⑤ 사업 후 내용 검토

③ 사업의 목적을 달성할 수 있도록 단계별 또는 분야별 전략을 구상하여 추진
④ 목적 달성을 위한 전략은 대상지의 생태기반환경을 복원하고 생물종 서식을 유도하는 등 세부적으로 분야를 나누어 추진
⑤ 모니터링계획을 위해 사업별 추진전략 이해

사전 조사와 모니터링의 차이점

| 구분 | 사전조사 | 모니터링 |
|---|---|---|
| 목적 | ·대상지의 이해 및 현황 파악<br>·복원목표 설정<br>·복원 방향 설정 : 복원 유형, 보존구간, 복원구간, 적용기술 등 | ·복원사업의 평가<br>·예상되는 복원 이후의 변화 파악<br>·적응관리를 통한 과정적 복원의 기초 자료 제공<br>·타 사업 시행 시 참고자료로 활용 |
| 결과의 활용 | ·물리적 복원의 기초 자료<br>·평가 및 진단을 통한 현실적인 복원목표 설정<br>·복원계획 및 설계를 위한 구간별 복원 요구도 평가<br>·사업구간, 보존구간 등의 공간 구획<br>·복원강도 결정<br>·DB 구축 및 맵핑 | ·사업에 대한 생태적 복원의 기초 자료 제공<br>·적응관리 방안 도출<br>·관리실행 대안 제시<br>·DB 구축 및 맵핑 |

(3) 대상지 공간 계획 파악

① 대상지의 기본구상안을 통해 공간별 복원 방향을 파악하여 공간별 성격에 부합하는 모니터링방향 설정
② 대상지의 마스터플랜(기본계획안)을 통해 대상지 전체와 공간별 계획을 파악하고, 세부적으로 분야별 계획 파악
③ UNESCO MAB에 의한 핵심·완충·전이 공간별 구획설정 파악

(4) 목표종 이해 및 생활사 분석

① 사업계획 시 수립한 목표종 선정기준과 선정과정에 대한 자료를 수집·이해하여 목표종 파악
② 목표종과 관련된 종에 대한 먹이사슬관계 등 분석
③ 목표종을 고려하여 작성된 시공관련 수량 및 공정표 등 사업 중 공정관리와 관련된 자료 검토

(5) 사업 완료 후 내용 검토

① 대상지의 준공도면을 검토하여 대상지의 현황, 목적 및 전략, 자재의 종류와 수량, 기반환경 조성현황 및 특성, 식재현황 및 특성, 시설물·포

장현황 및 특성 등 파악
② 사업진행 전·중·후 현황사진자료를 검토하고 모니터링 시 동일한 위치에서의 현황 기록

## 2. 모니터링 목표 수립

### (1) 기본 방향

① 생태복원사업 모니터링은 복원된 생태계의 상황을 파악하기 위한 수단으로 생태기반환경과 생물상에 대한 조사를 기본적으로 실시
② 대상지가 지니고 있는 생태계의 구조와 기능적 특성을 조사·분석하기 위하여 서식하고 있는 생물상을 채집·분류·분석하는 과정 포함
③ 모니터링에서 수집된 자료를 토대로 문제점을 파악하고, 이를 해결·개선할 수 있는 방안을 제시하여 유지관리와 연계
④ 모니터링 항목 및 방법은 사업계획을 수립하기 위해 작성한 대상지의 현황조사 및 분석방법과 동일한 방법으로 설정

**◘ 생태복원사업 모니터링**
복원된 생태계의 상황을 파악하기 위한 수단으로 생태기반환경과 생물상에 대한 조사를 기본적으로 실시한다. 대상지가 지니고 있는 생태계의 구조와 기능적 특성을 조사, 분석하기 위하여 서식하고 있는 생물상을 채집하고 분류하여 분석하는 과정을 포함한다.

### (2) 모니터링의 원칙

① 실효성 확보를 위한 장기적·주기적인 모니터링
② 관찰의 연속성을 확보할 수 있도록 대상지내 공간별 동일지점 설정
③ 자료의 활용가치 확대를 위하여 모니터링 내용 기록
④ 자료수집 방법개선과 사업목적의 달성여부 평가를 위한 정기적인 분석
⑤ 주민과 단체 등 지역 거버넌스가 모니터링 계획·실행에 참여

### (3) 모니터링의 목표 수립

① 생태복원사업의 목표달성 및 효과를 확인하고 평가
② 모니터링 결과를 바탕으로 유지관리 방안 도출
③ 환경변화에 지속적인 대응방안을 구축하여 사업의 지속가능성 확보
④ 유사사업에 기초자료로 활용가능하도록 모니터링 결과 데이터를 DB화

## 3. 모니터링 방법

### (1) 모니터링의 범위와 항목 설정

#### 1) 공간적 범위 설정

① 대상지 내 구역별로 모니터링의 공간적 범위 설정
㉠ 핵심지역을 중점 모니터링 지역으로, 핵심지역을 둘러싸고 있거나 완충지역 및 협력지역을 일반 모니터링 지역으로 범위 설정
㉡ 식생집중분포 지역과 연계하여 분류군별로 종다양성이 높을 것으로 예상되는 지역도 중점 모니터링 지역으로 선정하여 조사 실시

**◘ 모니터링의 공간적 범위**
모니터링의 공간적 범위는 대상지 외부 환경요인에 의해 발생되는 교란 요인을 파악하고, 복원사업의 변화 및 개선방안 도출을 위해서 설정한다. 모니터링 대상 분류군의 분포 정도와 서식 · 생육환경을 파악할 수 있도록 대상지와 주변지역을 포함하고, 공간구역별 또는 서식처별로 대상지의 사업 목표와 특성을 고려하여 범위를 설정한다.

② 대상지 내 서식처별로 모니터링의 공간적 범위 설정
㉠ 대상지가 외부 환경요인에 의해 발생되는 교란요인을 파악하고 복원사업의 변화 및 개선방안 도출을 위해 복원지역 및 주변부를 모니터링 범위로 설정
㉡ 모니터링 계획에서 제시한 항목을 기반으로 각 공간별 모니터링을 실시하고 공간의 특성에 따라 중점적으로 항목을 선정하여 조사

### 2) 내용적 범위 및 모니터링 항목 설정

① 내용적 범위
㉠ 대상지의 일반적 사항, 지형 및 토양, 수리·수문 등의 생태기반환경
㉡ 식물상 및 식생, 동물상, 목표종 등 생물상, 생태시설물, 주민만족도 등
㉢ 필수조사 항목은 직관적이거나 간단하게 현장에서 측정 가능하고 사업목표 달성 판단을 위해 기본적으로 모니터링을 해야 하는 항목
·지형변화, 지형 안전성, 토양상태
·수계, 유입 및 유출부, 하안 및 하상
·특별종 출현 여부, 식생 생육상태, 고사율, 목표종 종수 또는 개체수
·이용시설 안전성 및 관리상태
㉣ 선택조사 항목은 필수조사 시 목표종이 특별종인 경우, 또는 멸종위기종이나 보호종 등이 나타난 경우, 생태계의 구조와 기능에 변화가 생긴 경우 등 정밀조사가 필요하다고 판단되는 경우에 시행
·토양입도 및 토성, 화학성, 토양동물
·수질
·식생구조, 전 식생 출현 종수
·특별종 종수 또는 개체수
② 모니터링 항목 설정
㉠ 생태기반환경과 시설물 : 대기, 지형 및 토양 환경, 수환경 등 생태기반환경과 생태시설물의 각 요소별로 모니터링 항목을 설정
㉡ 생물상 : 식물상 및 식생, 동물상, 목표종으로 구분

**◘ 모니터링의 내용적 범위**
사업 목표, 목표종의 특성을 고려하고 생태복원 사업으로 인한 대상지역의 환경변화 및 천이과정을 모니터링하기 위해 모니터링의 내용적 범위와 항목을 설정하여야 한다. 모니터링의 내용적 범위는 어떠한 사항을 모니터링 할 것인지 항목을 선정하는 것을 의미한다. 또한 모니터링 항목별로 필요에 따라 필수조사와 선택조사로 구분하여 모니터링 시 모니터링의 내용적 범위를 조정한다.

**◘ 모니터링 항목**
① 일반사항
② 생태기반환경
③ 생물상
④ 복원시설물
⑤ 주민만족도

생태기반환경 모니터링 항목 및 방법

| 구분 | | 모니터링 항목 | 모니터링 방법 |
|---|---|---|---|
| 기상환경 | | ·강수량<br>·풍향, 풍속<br>·온도, 습도 | ·강수량 측정계 사용<br>·디지털 풍속풍향계<br>·디지털 온 · 습도계<br>·현장 측정 여건에 따라 날씨누리홈페이지를 활용하여 관련데이터 수집 |
| 지형 및 | 지형 | ·토양 침식, 유실 | ·토양 침식 및 유실 상태 파악(비탈면 포함) |
| | 토양 물리성 | ·토성 등 | ·육안 측정, 현장 측정기기 활용, 샘플 채취 후 전문기관 의뢰 |

| 토양<br>환경 | 토양<br>화학성 | ·pH 등 | ·현장 측정기기 활용, 샘플 채취 후 전문기관 의뢰 |
|---|---|---|---|
| 수환경 | 수리<br>·<br>수문 | ·수계<br>·유입, 유출부<br>·수위, 수량<br>·호안, 하안, 하상 | ·대상지내와 주변의 수계 유지 상태 파악<br>·유입 및 유출구와 평균 수심 파악(육안 및 눈금자 활용)<br>·유량계, 수위계 등으로 수위 및 수량 측정<br>·호안 유지 여부, 수계 하안 및 하상 유지 여부 파악 |
| | 수질 | ·SS, BOD, COD 등 | ·샘플 채취 후 전문기관 의뢰 |

식물상 및 식생 모니터링 항목 및 방법

| 구분 | 모니터링 항목 | 모니터링 방법 |
|---|---|---|
| 공통사항 | ·도보로 이동하면서 관찰된 식물 기록<br>·육안 확인, 사진 촬영도면 비교 및 mapping, 채취 및 채집, 관련 참고자료를 통한 확인 · 조사<br>·조사 중 동정이 미흡한 식물은 사진 촬영 후 관련문헌과 참고자료를 통하여 실내 동정 | |
| 식물상<br>(기존지역,<br>복원지역) | 출현 종수 | ·기존지역과 복원지역으로 구분하고 출현 종수를 파악하여 작성함(사업계획서, 준공내역서 참조)<br>·이입 식물종 목록을 바탕으로 귀화식물의 종수를 파악하여 귀화식물 비율 산출(필요 시)<br>·목표종 출현 여부 파악 |
| 특별종<br>(멸종위기종,<br>교란생물 등) | 출현 여부 | ·특별종 출현 여부 파악<br>·멸종위기종, 생태계교란종은 집중적 관리가 필요하므로 존재 유무를 파악하고 목록 작성 |
| 교목·관목·초화류 | 생육 이상 여부<br>(병충해 등) | ·초본 및 수목의 싹, 맹아(움), 꽃, 잎의 상태 등 성장 상태, 활착 정도<br>·고사 여부 판정 기준에 따라 고사목을 판단하고 리스트를 작성하여 고사율을 기록함.<br>·생육이상 여부 및 고사율 표시는 출현 종수 작성 내역에 추가로 작성할 수 있음. |
| | 고사율 | |

동물상 모니터링 항목 및 방법

| 구분 | 모니터링 항목 | 모니터링 방법 |
|---|---|---|
| 포유류 | 출현여부 | ·대상지의 다양한 물리적 환경 즉, 산림, 습지, 경작지 등을 고려하여 도보로 이동<br>·성체 목측 및 청음 또는 배설물, 족흔, 굴 흔적, 먹이 흔적 등의 관찰 실시 |
| 조류 | 출현여부 | ·선조사법(Line census)을 사용하여 이동로를 따라 목견되는 개체와 울음소리 청음을 통해 조사 실시 |

| | | |
|---|---|---|
| 양서·파충류 | 출현여부 | 직접 확인 방법 : 양서류, 장지뱀(도마뱀)류, 뱀류, 거북류 등으로 구분하여 조사<br>·양서류 : 뜰채를 사용하여 습지에서 채집하고 습지주변 돌 밑에서 은신하고 있는 개체 파악<br>·장지뱀(도마뱀)류는 도로변과 초지 위, 옆의 돌을 들추어 확인<br>·뱀류, 거북류는 등은 습지 및 주변 하천 조사 |
| 어류 | 출현여부 | ·육안으로 판별하여 서식여부를 확인하는 간이 조사법 및 족대(반두)를 이용하거나 삼각망(망 길이 50cm, 망목 10 x 10cm)을 설치하여 채집<br>·채집된 어종은 사진촬영, 체장(몸길이), 채집지점 등 사진 설명을 기재하며 관련 도감의 검색표를 참고하여 동정하고 목록 정리 |
| 곤충 | 출현여부 | ·임의채집법, 채어잡기, 쓸어잡기, 함정채집, 말레이즈트랩 등<br>·임의채집법 : 관찰채집, 목견법, 돌 들기 채집법 등 도구를 이용하거나 손으로 직접 채집하는 방식 |
| 무척추동물 | 출현여부 | 무척추동물<br>·서식환경의 변화가 적은 봄과 여름 현장조사<br>·뜰채, 채집망 등을 이용하여 채집<br>·현지에서 직접 동정하여 기재함을 원칙으로 하나 확인이 어려운 종은 사진 촬영 후 실내 동정 |
| 목표종 | 출현여부·종수 또는 개체수 | ·해당 분류군에 따른 조사방법 참조 |
| 생태계 교란생물 | | ·환경부 지정 생태계교란생물 목록 참조하여 조사 |

생태시설물 모니터링 항목 및 방법

| 구분 | 모니터링 항목 | 모니터링 방법 |
|---|---|---|
| 보전시설 | 이동통로 | ·훼손 여부, 생물이동 흔적, 퇴적물, 물고임 등 파악 |
| | 다공질 공간 | ·생물이용, 위치 적합성, 형태의 유지 등 파악 |
| 관찰시설 | 탐방로 | ·안전유지, 이용강도, 내구성(부패, 칠 벗겨짐 등), 이용자 동선 확인<br>·토사 유입, 식생 침입<br>·포장인 경우 –침하 여부, 균열, 배수, 토사 유입, 파손 등 |
| | 탐방시설 | ·위치 적합성, 내구성 등 파악 |
| 체험시설 | 학습장<br>학습안내판 | ·이용강도, 관리강도, 내구성<br>·위치 적합성, 주변 정리 현황 등 파악 |
| | 생태놀이시설<br>모래밭 | ·놀이시설별 안전성, 훼손 여부, 접합부 안전성, 조임쇠 이탈 여부 등<br>·모래 유실 정도 파악, 이물질 혼입 여부 등 |

| 편의시설 | 휴게시설<br>편익시설 | ·훼손 여부, 접합부 안전성, 형태 유지, 위치 적합성 등 |
|---|---|---|
| 기타 | 울타리 | ·훼손 여부, 안전 유지, 생물이동 방해 여부 등 |
| | 전시·연구시설<br>관리시설 | ·건축물 별도 관리 |

③ 주민만족도

㉠ 목적 : 사업 효과를 파악하고 향후 사업 추진에 활용하기 위하여 수행

㉡ 사업 완료 후 1차년도 모니터링 기간 내에 시행

㉢ 조사자(사업자)는 본래의 사업 취지와 목적을 주민들에게 충분히 설명한 후 실시

㉣ 주민만족도 조사표에 따라 해당 사업지별로 설문조사 실시

㉤ 사업별 해당 지역주민 20~30인 이상을 대상으로 조사

㉥ 전체 응답자 중 "만족"한 사람의 비율로 만족도(%) 평가

㉦ 조사자(사업자)는 만족도 조사결과를 모니터링 보고서에 수록하여 해당 지자체·환경청에 보고

㉧ 조사자(사업자)는 (사)한국환경계획조성협회에 사업지별 만족도 조사결과를 제출하고 협회는 이의 취합·결과를 집계하여 환경부에 보고

3) 시간적 범위

① 일반적으로 현재 우리나라에서 시행하는 보전 혹은 복원사업은 사업시행 이후 사업자가 2년간 모니터링 실시

② 장기적으로는 5년에서 10년 정도 모니터링하여 생태계의 구조와 기능의 변화에 대해 당초 사업목표 방향과의 달성여부, 효과평가, 사업의 지속성 등 판단

◘ 모니터링의 시간적 범위

현재 모니터링을 의무화하는 생태계보전협력금 반환사업 등의 경우 원칙적으로 사업 완료 후 2년간 실시하고 있으나 복원 목표 달성 여부를 파악하기 위해서는 장기적이고 주기적인 모니터링이 바람직하다.

### (2) 모니터링의 시기와 주기 설정

① 목표종 활동시기를 고려하여 연 2회 이상 수행

② 분류군별 생태적 특성을 고려하여 활동기, 번식기에 실시

③ 비활동기 및 비번식기 조사 시에는 생태적 특성을 고려하여 서식이 예상되는 곳으로 이동하며 조사

④ 철새 등 특정 기간에 출현하는 생물종 등은 출현시기를 고려하여 설정

### (3) 모니터링 경로 선정

① 복원 전·중·후 모니터링 조사 경로 : 대상지역의 생물종이 가장 잘 파악될 수 있고 법정보호종의 출현이 예상되는 장소를 고려하여 경로선정

② 사후 모니터링 조사 경로

㉠ 상세한 조사 경로 선정 : 핵심지역 및 서식처별로 선정

㉡ 일반적인 조사 경로 선정 : 완충 및 전이지역

◘ 모니터링 경로 선정

사전 조사 시 계획한 경로, 목표종 및 모니터링 대상의 이동 특성, 서식 현황, 법정 보호종 서식 유무, 접근성, 문헌, 지리적 상황, 자연성, 다양한 지형적 요소, 다양한 서식지 등 여러 가지 요소를 고려하여 모니터링의 경로를 선정한다.

분류군별 조사시기

| 구분 | | 시기 | 비고 |
|---|---|---|---|
| 식물상 및 식생 | | ·가급적 계절별로 실시하는 것을 원칙으로 함 | 연 2회 이상 |
| 동물상 | 포유류 | ·포유류의 활동이 활발한 2~10월 말까지 실시 | 연중 수시 |
| | 조류 | ·연 2회 이상 실시, 각기 다른 계절에 수행 원칙<br>·텃새, 여름철새, 겨울철새, 통과 철새들이 많이 관찰되는 3계절 이상의 조사기간 설정 | 연 2회 이상 |
| | 양서·파충류 | ·현지조사는 2~10월 내 실시<br>·춘기 양서류의 산란이 시작되는 시기부터 대부분의 양서·파충류가 동면에 들어가는 시기까지 조사 시행<br>·조사대상 분류군의 생태를 반영하여 조사기간을 설정 | 연 2회 |
| | 육상곤충 | ·곤충의 활동이 이루어지는 4~10월 내 실시 | 연 2회 |
| | 어류 | ·현지조사는 2~10월 내 실시<br>·겨울을 제외하고 산란철인 봄과 하천이 안정화를 이루는 가을에 실시 | 연 2회 |
| | 저서성 무척추동물 | ·현지조사는 3~10월 내 실시<br>·겨울 및 여름을 제외하고 서식환경의 변화가 적은 봄·가을에 실시<br>·강우 시 조사 중단, 약 2주(14일) 정도 경과 후 실시 | 연 2회 |

### (4) 모니터링 수행인력 구성

① 필수조사와 선택조사 항목에 따라 필수조사는 대상지와 사업의 특성을 가장 잘 이해하고 있는 사업자가 수행

② 목표종이 특수하거나 예측하지 아니한 생물종 출현 등 선택조사를 실시해야 하는 경우 해당 전문가 또는 전문기관에 의뢰하여 실시

③ 모니터링의 항목 및 범위 설정, 보고서 검토 등에 대하여 전문가 자문을 연차별로 2회씩 2년간 총 4회 실시 –모니터링 보고회 참석 포함

④ 연차별 2회 자문은 모니터링 계획 수립 후 모니터링 시행 중(현장자문) 1회, 모니터링 시행 후 보고서 제출 전(기술자문) 1회 실시

모니터링 수행 주체별 역할

| 조사 항목 | 조사 내용 |
|---|---|
| 사업주체 | ·모니터링 계획 수립(모니터링 기본방향 설정, 모니터링 항목 및 범위 설정, 방법 선정 등)<br>·모니터링 필수조사 항목 시행 및 결과 분석<br>·모니터링 결과 보고서 작성 |
| 전문가 또는 전문기관 | ·사업주체로부터 의뢰받은 선택조사 항목의 모니터링 시행<br>·해당 분야의 모니터링 결과 보고서 작성 |
| 모니터링 자문단 | ·모니터링 시행 중 자문(현장자문): 모니터링 시행에 따른 모니터링 항목 및 범위 설정<br>·모니터링 보고서 제출 전 자문(기술자문): 모니터링 결과 검토 |

## 4. 모니터링 예산 수립

### (1) 예산 수립 기준 설정

① 사업완료 후 모니터링은 2년간 실시를 기준으로 총 사업비의 4% 이내로 산정

② 사업의 목표, 특성을 고려하여 조사자 투입 인원, 횟수 등을 예산 내에서 조정

### (2) 항목별 비용 산정

① 인건비, 자문비, 경비, 인쇄비, 공과잡비 등으로 구분하여 산출

② 항목별 특성에 따라 소요 인력 품을 가감하여 조정

③ 비용은 연 2회(필요 시 추가)를 기준으로 작성하여 모니터링 보고서 수록

④ 모니터링 자문 예산 : 모니터링 자문 횟수를 고려하여 예산 산출

⑤ 연차별로 현장자문과 기술자문을 각각 1회씩 총 2회 실시

⑥ 모니터링을 수행하는 2년 동안 모니터링 자문은 총 4회 실시

⑦ 경비는 현장 출장비로써 사업자가 인건비의 20% 이내에서 책정

⑧ 인쇄비는 실경비로써 내지인쇄, 표지, 제본 등의 실제 비용 산출

⑨ 공과잡비는 모니터링 수행 시 발생되는 부대비용으로써 총원가의 5% 이내에서 책정

# 핵심문제 해설

Chapter 1. 모니터링 계획

**01** 다음에 제시된 것 중 모니터링의 목적에 어긋나는 것은?

① 복원 후 생태기반환경의 안정화 과정을 검토한다.
② 식생활착, 동·식물상의 변화 등 생태환경 변화를 파악한다.
③ 성공적 복원사업의 기초 자료로 활용하고, 유지·관리 방안을 제시한다.
④ 복원 전·중·후 모니터링을 통한 사업의 효과는 나타나지 않는다

해 ④ 복원 전·중·후 모니터링을 통한 사업의 효과를 확인할 수 있다.

**02** 다음에 제시된 것 중 모니터링의 목적에 어긋나는 것은?

① 계절, 시간에 따른 생태계의 변화에 따라 친환경적인 방식의 유지·관리에 기여한다.
② 환경 변화에 지속적으로 대응할 수 있는 시스템을 구성한다.
③ 기존 생태계 및 자생종과 외래종에 대한 보전·보호, 침입 외래종에 대한 생태계 피해를 최소화하여 효율적 관리가 가능하다.
④ 추후 다른 복원사업에 경험과 교훈 제공 등 중요한 기초자료를 제공한다.

해 ③ 기존 생태계 및 자생종에 대한 보전·보호, 침입 외래종에 대한 생태계 피해를 최소화하여 효율적 관리가 가능하다.

**03** 모니터링의 효과 중 추후 다른 복원사업에 경험과 교훈 제공 등 중요한 기초자료 제공 효과와 관련이 없는 것은?

① 복원효과에 대한 평가자료를 구축하여 제공한다.
② 서식 생물종 DB 및 향후 복원사업을 위한 피드백(feedback) 자료를 축적할 수 있다.
③ 복원 전과 후의 경제적 여건을 판단하는 자료가 된다
④ 시사점을 도출한 후, 멸종위기종 서식지복원공간에 대한 지속 가능한 유지관리방안을 제시한다.

해 ③ 복원 전과 후의 경제적 여건과는 상관이 없다.

**04** 다음 중 모니터링의 일반적인 유형에 해당하지 않는 것은?

① 기준(baseline) ② 확장(extension)
③ 상태(status) ④ 추세(trend)

해 기준·상태·추세 유형 : 모니터링과 평가프로그램을 개발하는 데 활용한다.

**05** 모니터링 수행 시 사전조사와 현 조사 병행, 복원 전·중·후 모니터링 이후 식생 안정화 단계까지 최소 몇 년을 지속해서 시행하는가?

① 1년 ② 2년
③ 3년 ④ 4년

**06** 다음 중 모니터링 수행 시 고려사항과 거리가 먼 것을 고르시오.

① 실효성 확보를 위한 단기간 지속적인 모니터링을 시행한다.
② 반복된 기록의 연속성 및 조사구의 위치 표식, 조사지 관리를 위한 고정시설이 필요하다.
③ 정기적으로 확인·관리되는 모니터링 대상지 및 위치 설정이 필요하다.
④ 향후 자료의 가치와 활용성 확대를 위하여 다양한 범위에서의 모니터링 내용을 기록한다.

해 ① 실효성 확보를 위한 장기간 지속적·주기적인 모니터링을 시행한다.



정답 01. ④ 02. ③ 03. ③ 04. ② 05. ② 06. ①

**07** 생태복원 사업 후 모니터링과 유지관리의 범위에 관한 설명으로 옳지 않은 것은? 기-22-1

① 유지관리는 사업 완료 후 지속적으로 수행되어야 한다.
② 사업 후 모니터링은 사업 완료 후 사업목표 달성 여부를 판단하기 위해 4년간 실시한다.
③ 유지관리는 모니터링 결과를 반영하여 사업의 효과, 목표 달성 등 사업의 지속가능성 확보를 위하여 수행된다.
④ 사업 후 모니터링은 복원 목표의 달성 여부, 목표종 서식 여부, 식생의 생육상태, 이용에 의한 영향 등을 모니터링한다.

해 ② 사업 후 모니터링은 사업 완료 후 사업목표 달성 여부를 판단하기 위해 2년간 실시한다

**08** 다음의 내용 중 이용 중심형 모니터링 영역에 해당하지 않는 것은?

① 포장 및 시설을 중점적으로 조사한다.
② 기후의 영향에 따른 변화상을 조사한다.
③ 기상 환경과 생물상을 조사한다.
④ 이용객의 이용으로 인한 훼손 등을 조사한다.

해 ③ 생태기반환경(기상환경, 지형, 토양환경, 수환경 등)과 생물상 조사는 생태 중심형 모니터링 영역에 속한다.

**09** 생태복원사업의 모니터링 계획 수립 과정을 순서대로 배열한 것은?

> ㉠ 모니터링 예산 수립
> ㉡ 모니터링 방법
> ㉢ 모니터링 목표 수립
> ㉣ 대상지 사업계획 검토

① ㉠ → ㉡ → ㉢ → ㉣
② ㉠ → ㉢ → ㉣ → ㉡
③ ㉣ → ㉠ → ㉢ → ㉡
④ ㉣ → ㉢ → ㉡ → ㉠

**10** UNESCO MAB의 생물권 보전지역에 의한 기준에서 다음 설명에 해당되는 지역은?

> 희귀종, 고유종, 멸종위기종이 다수 분포하고 있으며 생물다양성이 높고 학술적 연구가치가 큰 지역으로서 전문가에 의한 모니터링 정도의 행위만 허용된다

① 핵심지역(Core)
② 완충지역(Buffer)
③ 전이지역(Transition)
④ 보전지역(Conservation)

해 · 완충지역(Buffer) : 핵심지역을 보호할 수 있도록 제반 활동 및 이용이 통제되는 지역
· 전이지역(Transition) : 자연보존과 지속가능한 방식의 산림업, 방목, 농경 및 여가활동이 함께 이루어지는 지역으로 일정한 개발이 허용되는 지역

**11** 생태복원사업의 모니터링 계획의 방향에 해당되지 않는 것을 고르시오.

① 생태복원사업 모니터링은 복원된 생태계의 상황을 파악하기 위한 수단으로 생태기반환경과 생물상에 대한 조사를 기본적으로 실시한다.
② 대상지가 지니고 있는 생태계의 구조와 기능적 특성을 조사·분석하기 위하여 서식하고 있는 생물상을 채집·분류·분석하는 과정은 포함된다.
③ 모니터링에서 수집된 자료를 토대로 문제점을 파악하고, 이를 해결, 개선할 수 있는 방안을 제시하여 유지관리와 연계될 수 있어야 한다.
④ 모니터링 항목 및 방법은 사업계획을 수립하기 위해 작성한 대상지의 현황조사 및 분석방법과 다른 방법으로 설정하는 것을 원칙으로 한다.

해 ④ 모니터링 항목 및 방법은 사업계획을 수립하기 위해 작성한 대상지의 현황조사 및 분석방법과 동일한 방법으로 설정하는 것을 원칙으로 한다.

정답 07. ② 08. ③ 09. ④ 10. ① 11. ④

**12** 다음은 환경부의 '생태계보전협력금 반환사업'의 사후 모니터링에 관한 내용이다. 보기의 (　) 안에 알맞은 내용으로 짝지어진 것을 고르시오.

| 모니터링 실시 횟수 |
|---|
| 사업 후 모니터링은 사업을 추진한 주체가 최소 ( ㉠ ) 이상 실시하는 것이 일반적이며, 1차 연도는 연 2회 이상 심층 모니터링을 수행하고, 2차 연도 이후에는 목표종의 활동 시기에 따라 ( ㉡ ) 이상 수행한다. |

① ㉠ 1년, ㉡ 연 2회
② ㉠ 2년, ㉡ 연 2회
③ ㉠ 3년, ㉡ 연 1회
④ ㉠ 4년, ㉡ 연 1회

**13** 모니터링 계획을 수립함에 있어 대상지 사업계획을 검토한다. 검토내용에 해당하지 않는 것을 고르시오.

① 대상지 사전조사 결과파악
② 사업목표 및 전략 이해
③ 사업 후 내용 검토
④ 대상지 식재계획 파악

**14** 다음 보기에 제시된 내용 중 사전조사의 목적에 해당되지 않는 것을 고르시오.

① 대상지의 이해 및 현황 파악
② 복원사업의 평가
③ 복원목표 설정
④ 복원방향 설정

해 ② 복원사업의 평가는 복원 이후의 변화를 파악하는 모니터링에 속한다.

**15** 모니터링의 목표 수립에 있어 관련사항이 아닌 것을 고르시오.

① 생태복원사업의 목표달성 및 효과를 확인하고 평가한다.
② 모니터링 결과를 바탕으로 유지관리 방안을 도출한다.
③ 환경 변화에 지속적인 대응 방안을 구축하여 사업의 지속가능성을 확보한다.
④ 다른 사업에는 활용할 수 없으므로 모니터링 방법을 DB화한다.

해 ④ 유사사업에 기초자료로 활용가능하도록 모니터링 결과 데이터를 DB화한다.

**16** 모니터링 계획 수립 시, 대상지 사업계획에 대한 전반적인 검토를 위한 사업목표와 전략에 관한 설명으로 옳지 않은 것은? 기-22-2

① 일반적으로 대상지의 사업목표는 복원사업의 다양한 유형인 복원, 복구, 개선, 창출 등과 같이 목적을 갖게 된다.
② 대상지의 마스터플랜(기본계획안)을 통해 대상지 내 분야별 계획을 파악한 후 전체와 공간별 계획을 파악한다.
③ 목적 달성을 위한 전략은 대상지의 생태기반환경을 복원하고, 생물종 서식을 유도하는 등 세부적으로 분야를 나누어 추진하여야 한다.
④ 대상지의 사업목표와 전략을 파악하여 사업유형과 기본방향을 이해하고, 목적을 달성할 수 있도록 단계별 또는 분야별 전략을 구상해야 한다.

해 ② 대상지의 기본계획안을 통해 대상지 전체와 공간별 계획을 파악하고, 세부적으로 분야별 계획을 파악한다.

**17** 다음 중 모니터링 항목에 포함되지 않는 것을 고르시오.

① 인접지역 인구수
② 생태기반환경과 생태복원시설물
③ 생물상
⑤ 주민만족도

**18** 생태기반환경 모니터링 시 수환경의 수질조사 항목으로 옳지 않은 것은?

① SS　　② pH



정답 12. ② 13. ④ 14. ② 15. ④ 16. ② 17. ① 18. ②

③ BOD ④ COD

해 ② pH(산도)는 토양환경 조사항목에 속한다.
① 부유물질, ③ 생물학적 산소요구량
④ 화학적 산소요구량

**19** 생태복원사업 모니터링 시 주민만족도 조사 시기는?
기-22-2

① 계획 수립 전 1년 내
② 공사 시행 전 1년 내
③ 사업 완료 후 1년 내
④ 모니터링 완료 후 1년 내

**20** 동물상 모니터링 시 포유류의 출현여부를 조사하는 방법으로 옳지 않은 것을 고르시오.

① 성체 목측 및 청음
② 선조사법(Line census)
③ 배설물 및 족흔
④ 굴 흔적 및 먹이 흔적

해 ② 선조사법(Line census)은 조류의 출현여부 조사에 이용된다.

**21** 동물상 모니터링 시 곤충의 출현여부를 조사하는 방법으로 옳지 않은 것을 고르시오.

① 채어잡기 ② 쓸어잡기
③ 함정채집 ④ 뜰채채집

해 ④ 뜰채나 채집망을 이용하여 채집하는 방법은 저서성 무척추동물의 출현여부 조사에 이용된다.

**22** 모니터링 방법에 있어 옳지 않은 것을 고르시오.

① 필수조사와 선택조사 항목에 따라 필수조사는 대상지와 사업의 특성을 가장 잘 이해하고 있는 관계기관에서 수행하는 것이 원칙이다.
② 일반적으로 현재 우리나라에서 시행하는 보전 혹은 복원 사업은 사업 시행 이후 사업자가 2년간 모니터링을 실시하는 것이 보편적이다.
③ 주민만족도 조사는 사업 완료 후 1차년도 모니터링 기간 내에 시행한다.
④ 식물상 및 식생 조사에 있어 가급적 계절별로 실시하는 것을 원칙으로 한다.

해 ① 필수조사와 선택조사 항목에 따라 필수조사는 대상지와 사업의 특성을 가장 잘 이해하고 있는 사업자가 수행하는 것이 원칙이다.

**23** 모니터링 수행 시 사업주체의 역할이 아닌 것을 고르시오.

① 모니터링 계획 수립
② 모니터링 보고서 제출 전 모니터링 결과 검토
③ 모니터링 필수조사 항목 시행 및 결과 분석
④ 모니터링 결과 보고서 작성

해 ② 모니터링 보고서 제출 전 모니터링 결과 검토는 모니터링 자문단의 역할이다.

**24** 모니터링 예산 수립에 관한 내용 중 옳지 않은 것을 고르시오.

① 사업완료 후 모니터링은 2년간 실시를 기준으로 총 사업비의 4% 이내로 산정한다.
② 사업의 목표, 특성을 고려하여 조사자 투입 인원, 횟수 등을 예산 내에서 조정한다.
③ 경비는 현장 출장비로써 사업자가 인건비의 30% 이내에서 책정한다.
④ 모니터링을 수행하는 2년 동안 모니터링 자문은 총 4회를 실시한다.

해 ③ 경비는 현장 출장비로써 사업자가 인건비의 20% 이내에서 책정한다.

정답 19. ③ 20. ② 21. ④ 22. ① 23. ② 24. ③

# Chapter 2 생태복원 관리계획

## 1 복원 후 관리계획

### 1. 모니터링 시행

#### (1) 모니터링 시행 절차

① 모니터링은 사전 조사 항목과 주기를 따르는 것이 원칙

② 사업자는 사업의 준공 후 2년간 모니터링을 실시하여 결과를 제출하도록 하며, 환경청 감독 하에 모니터링 계획단계에서 수립한 사업목표 달성여부 평가

③ 목표 달성여부는 환경청, 전문가, 지역 관계자 등의 협의에 의해 결정되며, 미달성 시 목표 재설정 또는 추가 보완계획 수립

**◘ 모니터링 시행 절차**

① 모니터링 계획 검토
② 모니터링 방향 및 방법 설정
③ 모니터링 시행
④ 종합분석 및 평가 및 유지관리 방향 제시

#### (2) 모니터링 공간범위 및 시행 방법

① 대상지별 공간별 조사범위 설정

㉠ 중점조사지역 : 핵심지역(서식지 복원지역), 완충지역(환경교육·생태관광)

㉡ 일반조사지역 : 전이지역(생태학습 및 체험, 홍보)

② 모니터링 항목 선정 및 조사기준 선정

③ 생태기반환경, 생물상, 시설물, 주민만족도 시행방법 선정

### 2. 모니터링 결과분석 및 평가

#### (1) 모니터링 결과 정리 및 분석

모니터링 종합분석 내용

| 구분 | | 결과정리 내용 | |
|---|---|---|---|
| 일반 | 위치 및 규모<br>조성 현황<br>시기<br>사업 목표 | ·대상지 사업계획서 및 준공도서 검토<br>·사전 조사 결과, 사업목표 및 전략, 대상지 공간계획 파악<br>·목표종 이해 및 생활사 분석<br>·복원 전후 대상지 생태기반환경 변화 파악 | |
| 생태기반환경 | 대기환경, 지형 및 토양환경<br>수환경, 서식지 | ·대상지 및 주변 지역 생태기반환경 여건<br>·안정성, 훼손 여부 등 조사 | |
| 생물상 | 동물상 | ·포유류<br>·조류<br>·양서·파충류 | ·육상곤충<br>·어류<br>·저서성대형무척추동물 |

| | |
|---|---|
| 식물상 및 식생 | ·식물상 ·식생 |
| 복원시설물 | ·안전성과 관리 및 활용 상태 등<br>·이용시설물은 이용에 의한 훼손이나 활용 빈도 등 |
| 주민만족도 | ·이용자들이나 방문자들의 대상지 이용 만족에 대한 정량적 수치 도출 |
| 종합분석 및 평가 | ·종합분석 : 항목별 결과 종합 정리<br>·평가 : 목표달성 지표별 결과 산출 |
| 유지관리 방향 | ·대상지 방향성 : 사업목표 달성을 위한 대상지 현재 수준 제시<br>·유지관리 방안 : 모니터링 항목별 주요 유지관리 방안 제시 |

### (2) 종합분석 및 평가

① 종합분석

㉠ 모니터링 결과 정리 내용을 바탕으로 항목별 개선점, 보완할 사항 등을 종합분석하여 지속가능한 유지를 위한 후속적 보완 및 유지관리 방안 도출

㉡ 분석 결과는 향후 타 사업시행 시 참고자료로 활용

② 모니터링 평가항목 및 지표

㉠ 평가항목 선정 시 복원계획의 수립부터 사업 완료 후 유지관리에 이르기까지 해당사업의 특성 및 실현가능한 사업의 목표 반영

㉡ 사업의 목표, 목표종 특성, 대상지역의 특성 등을 고려하여 모니터링 평가항목을 필수항목과 선택항목으로 구분

모니터링 필수 평가항목

| 구분 | 평가항목 | 내용 |
|---|---|---|
| 생물종 다양성 | 멸종위기종 종수 변화 | 사업 대상지에 서식이 확인되는 멸종위기종의 종 수 |
| 자연성 (교란 정도) | 생태계 교란생물 종수 변화 | 사업 대상지에 서식이 확인되는 생태계 교란생물의 종 수 |
| 생태기반환경 | 탄소 저감량 (or 탄소 저장량) | 사업 대상지 내 수림대 조성에 따른 탄소 저감량(탄소 저장량) |
| 이용만족도 | 주민만족도 결과 | 주민만족도 설문조사표를 활용하여 전체 응답자의 점수를 산술평균하여 만족도(점) 산정 |

모니터링 선택 평가항목

| 구분 | 평가항목 | 내용 |
|---|---|---|
| 생물종 다양성 | 동·식물 종수 변화 | 사업 대상지에 서식이 확인되는 동물, 식물의 종 수 (경관 향상을 목적으로 인위적으로 식재 및 관리되고 있는 지역의 식물상은 제외) |

**◘ 모니터링 평가 목적**

모니터링 결과를 통해 복원 후 현 시점의 상태를 정확히 파악하고, 사업목표 달성 여부를 검토하여 사업의 효과를 평가한다. 생태계 건강성 유지 및 향상을 위한 유지관리 방안 도출과 타 사업의 기초자료로 참고하기 위한 목적으로 모니터링 결과 평가를 실시한다.

| | | |
|---|---|---|
| 자연성<br>(교란 정도) | 귀화율(%) | 이입된 식물종 목록을 바탕으로 귀화식물의 종과 수를 파악하여 귀화식물 비율 산출<br>· 귀화식물 비율 $= \frac{\text{귀화식물 종수}}{\text{이입식물 종수}} \times 100(\%)$ |
| 생태기반환경 | 수질 | 사업 대상지 내 주요 수계의 수질 |
| | 유량 | 사업 대상지 내 주요 수계의 유량, 저수량 |
| 생태환경 | 녹지율(%) | 사업 대상지 중 복원된 녹지 비율 변화 산출(경작지는 녹지에 포함하지 않으며, 복원된 녹지는 생물 서식을 목적으로 조성된 초지부터 적용함)<br>· 녹지면적 비율 $= \frac{\text{복원된 녹지면적}}{\text{전체사업지 면적}} \times 100(\%)$ |

③ 모니터링 평가 결과

㉠ 정량적 평가방법 : 사업 전·후, 사업 대상지 내·외부, 사업 완료 후부터 모니터링 완료시점 등 비교

㉡ 정성적 평가방법 : 정량적으로 도출하지 못한 문제점, 개선사항, 만족도 등 의견을 도출하는 방법으로 종합적인 복원효과 평가

㉢ 정량적 또는 정성적 평가방법으로 모니터링 평가 후 복원 목표에 도달 정도를 측정하고, 달성이 불확실할 경우 후속적 보완이나 목표 수정

모니터링 평가결과

| 구분 | 평가결과 | 비고 |
|---|---|---|
| 정량적<br>평가방법 | ·사업대상지의 사전조사 결과와 모니터링 결과의 비교를 통해 사업 전 대비 복원 정도 및 평가항목별 시간적 변화 양상을 파악해 상태의 개선 여부를 확인할 수 있음<br>·정량적 평가방법은 사업 전 조사값과 사업 후 모니터링 결과값의 차이를 평가하는 방법에 따름 | $\frac{A-B}{B} \times 100(\%)$<br>여기서,<br>A : 사업 후 모니터링 결과값<br>B : 사업 전 조사값 |
| 정성적<br>평가방법 | ·지역의 특성을 잘 이해할 수 있는 거버넌스 체계 및 전문가 집단 등의 평가 주체를 통함<br>·정량적으로 도출하지 못한 문제점, 개선사항, 만족도 등의 의견을 도출하는 방법 | |

## 2 관리목표 및 방법

### 1. 복원 후 관리목표 설정

(1) 유지관리 절차

① 유지관리 방향을 설정하고 담당자를 선정하는 등 관리계획 수립
② 모니터링 결과를 참조하여 항목별로 유지관리 시행
③ 시행한 결과를 토대로 평가하고 평가결과를 DB화하여 차후 모니터링 에 반영하거나 유사사업 시행 시 기초자료 등으로 활용

**❖ 유지관리 필요성**

생태복원지역은 지속적인 관리가 이루어지지 않을 경우 외래종 침입, 이용자의 훼손 등으로 인해 복원 목적과 다른 방향으로 변하면서 복원에 실패하게 될 가능성이 있으므로, 인위적 노력을 통해 조성된 생태복원지역이 스스로 기능을 회복할 수 있을 때까지는 시간이 필요하며, 그 기간에 발생하는 여러 가지 교란 요인의 제거, 조성된 시설물·식생에 대한 유지관리가 필요하다.

**◘ 유지관리 범위**

생태복원사업의 대상지 및 대상지에 직접적으로 영향을 줄 수 있는 주변지역도 포함하고 생태적, 경관성, 공간적 이용 등 복원사업을 통해 나타나는 생태계 서비스 기능을 포함한다.

### (2) 대상지 관리목표 설정

① 관리계획의 기본방향 수립
㉠ 관리계획은 생태복원사업 후의 사업지의 생태적 기능과 건전성을 회복한다는 기본방향을 고려하여 수립
㉡ 당초 수립한 사업목표와 통일성을 유지해야하며 모니터링 평가 항목과 연계하여 사업목표 달성을 위해 수립
② 관리방향 도출
㉠ 대안 1. 유지 : 원래의 복원 목표를 달성하기 위해 지속적인 관리를 요하는 경우
㉡ 대안 2. 보완 : 복원 전에 예상치 못한 현상 발생하여 후속적 보완을 요하는 경우
㉢ 대안 3. 수정 : 원래 의도한 목적대로 복원이 진행되지 않는 것으로 판단되는 경우
③ 관리방향의 프로세스 수립
㉠ 대상지의 사업 목표 달성에 주안점을 두고 생태기반환경, 생물종, 이용객 현황, 관리비용의 경제성 및 유지관리의 용이성 등을 종합적으로 감안
㉡ 지속적인 관리를 위해서는 대상지에 대해 주기적인 모니터링을 반드시 병행
㉢ 모니터링 결과에 대한 평가 및 분석을 관리계획에 반영

**◘ 관리방안**

사업의 성공도 향상 및 효과유지 등 사업의 지속가능성 확보를 위하여 필요한 과정으로 사업 완료 후 모니터링 결과를 기초로 전반적인 후속적 관리방안을 도출해야 한다.

**❖ 사후관리 방향 프로세스**

관리방향을 설정하기 위해서는 모니터링을 시작하여 관리 결과 평가 → 조정 및 관리 계획 수정 → 모니터링 시행 → 모니터링 결과의 평가 → 관리 계획 수립 → 관리 계획 실행 → 관리 결과 평가 등의 단계를 반복적으로 거치는 것을 원칙으로 한다.

④ 대상지를 종합적으로 분석
㉠ 대상지에 대한 문헌 조사, 현장 조사(모니터링) 등 실시
㉡ 공간의 문제점 및 위협 요인을 포함한 다양한 요소를 분석하여 관리 프로세스 마련
㉢ 관리계획 수립 시 필요한 보전, 제거, 필요요소 도출

## 2. 관리계획 및 방법

### (1) 세부관리계획 수립

① 대상지의 주요 공간과 공간별 특성 파악
② 대상지의 동·식물종의 서식 환경과 생활사 파악
③ 파악한 결과를 바탕으로 세부관리계획 수립
㉠ 중점관리 지역 설정
㉡ 유지관리 주기 설정
㉢ 유지관리 항목별로 계획 수립

공간별 관리지역 구분

| 구분 | 내용 | |
|---|---|---|
| 핵심지역<br>(중점<br>관리지역) | 서식지<br>복원지역 | ·목표종의 서석처 조성 가능이 높고 보전 가치가 높거나 보존이 필요한 지역<br>·생물다양성의 보전과 간섭을 최소화한 지역<br>·생태계 모니터링과 파괴적이지 않는 조사·연구 등이 가능한 지역 |
| 완충지역<br>(일반<br>관리지역) | 환경교육<br>및<br>생태관광 | ·핵심을 둘러싸고 있거나 이에 인접한 지역으로 외부 영향을 완충<br>·환경교육, 레크레이션, 생태관광 등 건전한 생태적 활동 지역<br>·방해 요소가 발생 될 수 있는 동선과 근접한 지역 |
| 전이지역<br>(일반<br>관리지역) | 생태학습<br>및<br>체험·홍보 | ·지역의 자원을 관리 · 이용하기 위해 이해당사자들이 함께 활용하는 지역<br>·생태학습 및 체험 등이 이루어지는 친환경 공간<br>·생태교육과 복원에 대한 인식 증진을 기대 할 수 있는 홍보 공간 |

④ 주민 참여계획 수립
㉠ 주민참여의 원칙과 방향 수립
㉡ 대상지 관리를 위한 관계자 협의체 구성
㉢ 지역주민의 특성 파악
㉣ 분야별 주민참여계획 수립
㉤ 주민참여계획 시행 후 지속적인 참여가 가능하도록 추진

유지관리 주기 및 방법

| 단계 | 방법 |
|---|---|
| 정기적 유지관리 | ·토양환경, 수환경 등의 기반환경 안정성, 서식지 관리, 교란 식물종 제거, 시설물 재료 교체 등 점검<br>·시설물을 육안으로 확인, 협잡물 제거, 식생관리 등은 수시로 점검 |
| 비정기적 유지관리 | ·장마, 홍수, 가뭄, 태풍 등이 발생한 경우 시설물의 훼손상태 확인 등 전반적인 점검<br>·침식 또는 퇴적으로 인한 치수상의 문제 및 시설물 파괴 또는 훼손, 보식 및 재파종 등 관리 |

⑤ 관리예산 수립

㉠ 관리에 필요한 인건비, 경비, 시설물 처리비, 기타 공공요금 등을 고려하여 유지관리 비용산정 및 예산확보 방안 제시

㉡ 교육·홍보 프로그램 운영, 생태정보 제공 등에 필요한 인건비, 제반경비 등을 고려하여 거버넌스 구축 및 운용비용 산정

(2) 관리방법

1) 일반사항

① 생태복원사업의 유지관리는 동식물의 서식처를 조성하고 생물다양성 증진 및 생태경관 향상을 목적으로 시행

② 유지관리는 교목, 초화류, 잔디 등의 식생 조성, 서식지 조성, 복원시설물 설치 등 별도의 독립된 공종으로 시행되는 유지관리에 관한 일련의 모든 작업공정에 적용

③ 작업공정은 제초, 잔디깎기, 잔디시비, 수목시비, 병충해 방제, 덩굴식물제거, 관수 및 배수, 지주목 재결속, 월동작업 및 기반시설물, 편익 및 유희시설물, 설비시설 관리 등으로 구분

④ 유지관리 작업 전후의 작업상황이 명료하게 나타나도록 사진을 촬영하고 점검일지를 작성하여 보관

⑤ 생물서식공간은 가능한 본래 자연형상에 가깝도록 조성하여야 하고 기존의 향토식생이나 토석 등을 적극 활용하는 복원방식을 채택하는 등 현장여건에 적합한 생태복원 방안을 채택하여 획일적인 경관이 되지 않도록 관리

2) 생태기반환경 관리

① 재해 등으로 원지형이 크게 변형이 되거나 훼손이 되어 사업목표를 달성하기 어려운 경우 변형되거나 훼손된 지형을 복원시키는 관리 수행

② 토양층이나 표토가 교란되어 식생 활착에 문제가 있거나 서식지 기반토

양이 훼손되거나 오염되었을 경우 필요 시 토양층 복원, 객토, 토양개량제 처리, 배수시설, 마운딩 처리 등 조치

③ 조성된 습지의 생태환경과 생물종의 변화추이를 관찰·기록하여 자연천이의 과정을 살피고 생태적으로 바람직한 관리방향 제시

④ 수생식물, 수서곤충, 어류 등의 서식처는 갈수기에 최소한의 환경생태유량이 유지되도록 하고 부족 시 지하수 및 중수 등을 보충하여 유량 확보

### 3) 식물상 및 식생 관리

① 적용된 식물이 대상지에 자연적으로 적응하고, 바람직한 방향으로 천이가 진행되도록 유도

㉠ 최소한으로 관리를 하는 것이 원칙

㉡ 원하지 않는 방향으로 변화되거나 천이가 지연되는 등 특수한 경우에 한하여 부분적으로 식물관리 시행

② 복원목표 달성 및 식물의 건강한 생육을 위해 토양상태와 식물의 생육상황 등 고려

③ 우점종이 출현하여 식생이 단순화될 우려가 있을 때에는 우점종의 수를 조절하고, 우점종 확산을 방지할 대책 수립

④ 수변생물 서식처에서 수서생물, 곤충, 어류 등의 먹이원과 서식공간, 은신처 등의 역할이 가능한 하층식생 형성 및 유지

⑤ 생태계 교란 식물종 제거 방법

㉠ 종별 집중제거 기간에 제거작업을 시행하고 지속적으로 동일지역에 대한 추가 제거작업 실시

㉡ 물리적 방법과 생물학적 방법을 위주로 실시하되 필요 시 화학적 방제 등 고려

㉢ 필요 시 전문가, 관련 시민단체 등의 자문을 받아 시행

㉣ 시민참여 방안을 강구하고 홍보하며, 자원봉사자, 일반 시민 등을 모집해 활용

㉤ 생태계 교란종 관리의 중요성에 대한 주민홍보 실시

### 4) 서식지 관리

① 복원사업에 의하여 서식지를 조성하거나, 목표종의 생육을 조장하기 위한 사업을 실시한 경우, 복원목표 달성 여부를 고려하여 동물상 분류군별 생태적 특성을 고려한 서식지관리 실시

② 사업대상지 주변 지역주민들이 외래종(어류, 파충류 등)을 서식지에 인공방사하지 못 하도록 사전에 관리

### 5) 복원시설물 관리

① 복원시설물은 부분적으로 보수를 반복하거나 내구연한에 도달했을 경우에는 전면적으로 교체 또는 개조

② 휴게 및 편익시설은 교체·개조와 함께 이용 상황에 따라 보충이나 이전설치 또는 파손에 의한 교체작업 시행

③ 시설물의 손상은 이용자의 안전여부와 직결되기 때문에 건물관리와 동일한 계획적 수법을 도입하여 노화 손상을 방지하는 예방보전과 손상에 대한 보수·교환을 행하여 안전성이나 기능성 유지

④ 시설물 보수 시 사업대상지의 여건에 맞는 자연재료 사용

⑤ 점검 및 청소

㉠ 점검은 일상점검과 정기점검으로 구분하여 시행

㉡ 청소는 일상청소(대상지 일반청소를 포함하여 배수시설, 편의시설 등 이용시설의 청소)와 정기청소(습지 물빼기 청소, 안내판, 포장면의 오물 청소 등), 특별청소(집중 호우 등 천재지변 시 청소 등)로 구분하여 시행

㉢ 작업계획을 수립하여 점검방법, 체크리스트, 이상 발견시의 대응, 처리방법을 포함한 점검요령을 작성하여 실시

㉣ 체크리스트외에 안전성을 중시하는 시설물에 대해서는 별도의 점검표 작성

### 6) 이용자 관리

① 공간별 이용자 관리

㉠ 이용자의 과도한 이용행위는 복원지역에 대한 직접적인 훼손 가능성이 가장 큰 요인으로 시설물이나 수목의 훼손, 답압, 각종 쓰레기 발생 등과 함께 서식환경을 위협하고, 산란시기의 변화나 종의 이동 유발

㉡ 복원 공간의 생태수용력과 생태계 지속성, 이용자의 이용행태 유도 등을 고려하여 공간별 특성에 맞는 유지관리 계획 수립

② 이용자 교육 및 모니터링 연계방안

㉠ 환경용량을 고려하여 자연생태계가 자기정화능력의 한계 내에서 인간의 활동을 흡수하고 지탱해 낼 수 있는 적정 탐방인원 관리

㉡ 자연해설(체험) 활동 프로그램의 운영방법 등의 계획 및 시행

**◘ 환경용량**
자연 환경이 스스로 정화하여 생활 환경의 질적 수준을 일정하게 유지하고 자원을 재생산할 수 있는 능력을 말한다.

### 7) 지역 거버넌스 참여

① 거버넌스 구축

㉠ 민관 파트너십에 의한 협의체를 구성하여 모니터링과 유지관리 수행

㉡ 협의체는 지역 주민의 의견수렴을 위하여 주민, 시민단체, 전문성 확보를 위한 산학연 전문가 등의 다양한 의견 수렴

㉢ 협의체의 효율적인 운영을 위해 구성원별로 역할 분담 및 수행
㉣ 대상지의 활용에 대한 생태프로그램을 개발·운영하고 얻은 결과는 향후 홍보 및 교육에 활용

② 주민참여 유도
㉠ 각 지자체 및 환경청 등은 주민들이 적극적으로 모니터링 및 유지관리 활동에 참여하도록 유도
㉡ 참여결과에 대한 홍보를 실시하여 다시 참여를 유도하는 등 순환구조의 형태로 주민참여 활동 실시

### (3) 유지관리 시행

① 모니터링 보고서, 준공도서(도면, 내역서) 등의 내용을 참고하고 체크리스트를 이용하여 주기적으로 점검
② 결과에 따른 개선사항을 도출하여 유지관리 실시

# 핵심문제 해설



**01** 다음에 제시된 내용은 모니터링 시행절차를 나타낸 것이다. 순서에 맞는 것을 고르시오.

> ㉠ 모니터링 계획 검토
> ㉡ 종합분석 및 평가 및 유지관리 방향 제시
> ㉢ 모니터링 시행
> ㉣ 모니터링 방향 및 방법 설정

① ㉠ → ㉣ → ㉢ → ㉡
② ㉢ → ㉣ → ㉡ → ㉠
③ ㉡ → ㉠ → ㉢ → ㉣
④ ㉣ → ㉠ → ㉡ → ㉢

**02** 모니터링 시행절차에 있어 관계가 먼 것을 고르시오.

① 모니터링은 사전 조사 항목과 주기를 따르는 것이 원칙이다.
② 사업자는 사업의 준공 후 2년간 모니터링을 실시하여 결과를 제출하도록 한다.
③ 환경청 감독 하에 사업완료 단계에서 수립한 사업목표의 달성여부를 평가한다.
④ 목표 달성여부는 환경청, 전문가, 지역 관계자 등의 협의에 의해 결정되며, 미달성 시 목표 의 재설정 또는 추가 보완계획을 수립한다.

**해** ③ 환경청 감독 하에 모니터링 계획단계에서 수립한 사업목표의 달성여부를 평가한다.

**03** 다음 중 복원 후 관리 시 모니터링 종합분석 내용과 거리가 먼 것을 고르시오.

① 대상지 및 주변 지역 생태기반환경 여건
② 이용시설물의 이용에 의한 훼손이나 활용 빈도 등
③ 이용자들이나 방문자들의 대상지 이용만족에 대한 정성적 수치 도출
④ 복원 전후 대상지 생태기반환경 변화 파악

**해** ③ 이용자들이나 방문자들의 대상지 이용만족에 대한 정량적 수치 도출

**04.** 다음 중 종합분석 및 평가 시 모니터링 필수 평가항목에 속하지 않는 것을 고르시오.

① 생물종 다양성을 나타내는 멸종위기종 종 수 변화
② 자연성 교란정도를 나타내는 귀화율
③ 생태기반환경의 탄소 저감량 또는 탄소 저장량
④ 이용만족도를 주민만족도로 평가

**해** ② 귀화율은 모니터링 선택 평가항목에 속한다.

**05** 다음에서 설명하는 생태복원 사업의 시공 후 관리방법은? 기-22-1

> 실험적 관리라고도 부르며, 생태복원 후 계속해서 변하는 생태계에 대한 불확실성을 감소시키기 위해 생태계 형성 과정에 대한 모니터링을 지속적으로 시행해 그 결과에 따라 관리방법을 최적화하는 방식으로, 인위적인 교란을 원천적으로 방지한다.

① 순응관리 ② 운영관리
③ 적용관리 ④ 하자관리

**06** 다음 중 복원 후 유지관리 필요성과 거리가 먼 것을 고르시오.

① 생태복원지역은 지속적인 관리가 이루어지지 않을 경우 의도한 방향과 다르게 진행될 수 있으나 다양성 차원에서 좋은 기회가 된다.
② 외래종 침입, 이용자의 훼손 등으로 인해 복원 목적과 다른 방향으로 변하면서 복원에 실패하게 될 가능성이 있다.
③ 인위적 노력을 통해 조성된 생태복원지역이 스스로 기능을 회복할 수 있을 때까지는 시간이 필요하다.
④ 복원 후 회복기간에 발생하는 여러 가지

**정답** 01. ① 02. ③ 03. ③ 04. ② 05. ① 06. ①

교란요인의 제거, 조성된 시설물, 식생에 대한 유지관리가 필요하다.

해 ① 생태복원지역은 지속적인 관리가 이루어지지 않을 경우 의도한 방향과 다르게 진행될 수 있으므로 지속적인 관리가 요구된다.

**07** 다음 중 정기적 유지관리 방법과 거리가 먼 것을 고르시오.

① 토양환경, 수환경 등의 기반환경 안정성 점검
② 서식지 관리, 교란 식물종 제거
③ 시설물 재료 교체 등 점검
④ 침식 또는 퇴적으로 인한 치수상의 문제

**08.** 관리방향을 설정하기 위해서는 사후관리 방향 프로세스를 정하여야 한다. 다음 중 알맞은 순서를 고르시오.

| 관리방향을 설정하기 위해서는 모니터링을 시작하여 관리결과 평가 → 조정 및 관리계획 수정 → 모니터링 시행 → 모니터링 결과의 평가 → ( ㉠ ) → ( ㉡ ) → ( ㉢ ) 등의 단계를 반복적으로 거치는 것을 원칙으로 한다. |
|---|

① ㉠ 관리계획 수립, ㉡ 관리계획 실행, ㉢ 관리결과 평가
② ㉠ 관리계획 수립, ㉢ 관리결과 평가, ㉡ 관리계획 실행
③ ㉡ 관리계획 실행, ㉠ 관리계획 수립, ㉢ 관리결과 평가
④ ㉡ 관리계획 실행, ㉢ 관리결과 평가, ㉠ 관리계획 수립

**09** 다음 중 유지관리 방법과 거리가 먼 것을 고르시오.

① 생태복원사업의 유지관리는 동식물의 서식처를 조성하고 생물다양성 증진 및 생태경관 향상을 목적으로 시행한다.
② 유지관리는 식생 조성, 서식지 조성, 복원시설물 설치 등 별도의 독립된 공종으로 시행되는 유지관리에 관한 일련의 모든 작업공정에 적용한다.
③ 작업공정은 식물 및 기반시설물, 편익 및 유희시설물, 설비시설 관리 등으로 구분한다.
④ 유지관리 작업 후의 작업 상황이 명료하게 나타나도록 사진을 촬영하고 점검일지를 작성하여 보관한다.

해 ④ 유지관리 작업 전후의 작업 상황이 명료하게 나타나도록 사진을 촬영하고 점검일지를 작성하여 보관한다.

**10** 생태복원 사업의 유지관리 항목 중 정기적 유지관리 항목이 아닌 것은? 기-22-1

① 서식지 및 시설물 관리
② 교목 · 관목 · 초화류 생육 상태 확인
③ 토양환경, 수환경 등의 안정성 확인
④ 장마, 홍수, 가뭄, 태풍 등이 발생한 경우 시설물의 훼손 상태

**11** 생태계 복원을 위한 시행절차 중 가장 마지막 단계에서 수행되어야 하는 것은? 산기-18-3

① 시행, 관리, 모니터링의 실시
② 복원계획의 작성
③ 복원목적의 설정
④ 대상지역의 여건 분석

해 ① 대상지역 여건분석→부지현황조사 및 평가→복원목적의 설정→복원계획의 작성→시행,관리,모니터링의 실시

**12** 다음 중 식물상 및 식생관리에 있어 거리가 먼 것을 고르시오.

① 복원목표 달성 및 식물의 건강한 생육을 위해 토양상태와 식물의 생육상황 등을 고려
② 우점종이 출현하여 식생이 단순화될 우려가 있을 때에는 우점종의 수를 조절하고, 우점종 확산을 방지할 대책 수립
③ 적용된 식물이 대상지에 자연적으로 적응하고 바람직한 방향으로의 천이를 위하여 최대한으로 관리를 하는 것이


정답 07. ④ 08. ① 09. ④ 10. ④ 11. ① 12. ③

원칙이다.

④ 수변생물 서식처에서 수서생물, 곤충, 어류 등의 먹이원과 서식 공간, 은신처 등의 역할을 하기 위해 다양한 하층 식생 형성 및 유지

해 ③ 적용된 식물이 대상지에 자연적으로 적응하고 바람직한 방향으로의 천이를 위하여 최소한으로 관리를 하는 것이 원칙이다.

**13.** 다음의 생태기반환경 관리에 있어 거리가 먼 것을 고르시오.

① 재해 등으로 원지형이 크게 변형이 되거나 훼손이 되어 사업목표를 달성하기 어려운 경우 변형되거나 훼손된 지형을 복원시키는 관리를 수행한다.

② 수생식물, 수서곤충, 어류 등의 서식처는 갈수기에 최소한의 환경생태 유량이 유지되도록 하고 부족 시 수돗물을 보충하여 유량을 확보한다.

③ 식생 활착에 문제가 있거나 서식지 기반토양이 훼손되거나 오염되었을 경우 필요 시 토양층 복원, 객토, 토양개량제 처리, 배수시설, 마운딩 처리 등의 조치를 한다.

④ 조성된 습지의 생태환경과 생물종의 변화추이를 관찰, 기록하여 자연천이의 과정을 살피고 생태적으로 바람직한 관리방향을 제시한다.

해 ② 수생식물, 수서곤충, 어류 등의 서식처는 갈수기에 최소한의 환경생태 유량이 유지되도록 하고 부족 시 지하수 및 중수 등을 보충하여 유량을 확보한다.

**14** 다음 중 생태계 교란식물종 제거방법으로 거리가 먼 것을 고르시오.

① 종별 집중제거 기간에 제거작업을 시행하고 지속적으로 동일지역에 대한 추가 제거작업을 실시한다.

② 물리적 방법과 생물학적 방법을 위주로 실시하되 화학적 방제는 고려하지 않는다.

③ 필요 시 전문가, 관련 시민단체 등의 자문을 받아 시행한다.

④ 시민참여 방안을 강구하고 홍보하며, 자원봉사자, 일반시민 등을 모집해 활용한다.

⑤ 생태계 교란종 관리의 중요성에 대한 주민홍보를 실시한다.

해 ② 물리적 방법과 생물학적 방법을 위주로 실시하되 필요 시 화학적 방제 등도 고려한다.

**15** 다음 중 이용자 관리에 있어 거리가 먼 것을 고르시오.

① 이용자의 과도한 이용행위는 복원지역에 대한 직접적인 훼손 가능성이 가장 큰 요인으로 시설물이나 수목의 훼손, 서식환경의 악화를 들 수 있다.

② 복원 공간의 생태수용력과 생태계 지속성, 이용자의 이용행태 유도 등을 고려하여 통합된 유지관리 계획을 수립한다.

③ 환경용량을 고려하여 자연생태계가 자기정화능력의 한계 내에서 인간의 활동을 흡수하고 지탱해 낼 수 있는 적정 탐방인원으로 관리한다.

④ 자연해설(체험) 활동 프로그램의 운영방법 등을 계획하여 시행한다.

해 ② 복원 공간의 생태수용력과 생태계 지속성, 이용자의 이용행태 유도 등을 고려하여 공간별 특성에 맞는 유지관리 계획을 수립한다.

**16** 다음 중 지역 거버넌스 구축 및 참여방안으로 적절하지 않은 것을 고르시오.

① 민관 파트너십에 의한 협의체를 구성하여 모니터링과 유지관리를 행한다.

② 협의체는 지역주민의 의견수렴을 위하여 주민, 시민단체, 전문성 확보를 위한 산학연 전문가 등의 다양한 의견을 수렴한다.

③ 각 지자체 및 환경청 등은 주민들이 적극적으로 모니터링 및 유지관리 활동에 참여하도록 유도한다.

정답 13. ④ 14. ② 15. ② 16. ④

④ 참여 결과에 대한 홍보를 실시하여 새로운 참여를 유도하는 등의 형태로 주민참여 활동을 시행한다.

해 ④ 참여 결과에 대한 홍보를 실시하여 다시 참여를 유도하는 등 순환구조의 형태로 주민참여 활동을 시행한다.

**17** 다음 중 생태계 교란식물종 제거방법으로 거리가 먼 것을 고르시오.

① 종별 집중제거 기간에 제거작업을 시행하고 지속적으로 동일지역에 대한 추가 제거작업을 실시한다.
② 필요 시 전문가, 관련 시민단체 등의 자문을 받아 시행한다.
③ 시민참여를 가급적 억제하여 관리효과를 증진시키며, 자원봉사자, 일반시민 등을 모집해 활용한다.
④ 생태계 교란종 관리의 중요성에 대한 주민홍보를 실시한다.

해 ③ 시민참여 방안을 강구하고 홍보하며, 자원봉사자, 일반시민 등을 모집해 활용한다.

**18** 생태계 복원의 성공여부를 확인하기 위한 과정인 모니터링에 대한 설명으로 옳지 않은 것은? 기-20-4

① 모니터링은 복원목적에 따라 달라지나 모니터링 항목은 동일하게 적용하는 것이 일반적이다.
② 모니터링은 지표종을 활용하기도 하며 이때에는 환경변화에 매우 민감한 종을 대상으로 한다.
③ 생물의 모니터링은 활동 및 생활사가 계절에 따라 달라지므로 계절에 따른 조사가 중요하다.
④ 모니터링은 기초조사, 선택된 항목의 주기적인 모니터링, 그리고 복원 주체와 학문 연구기관과의 유기적인 협조관계가 포함되어야 한다.

해 ① 모니터링 항목은 생태적 목표별로 대상생물의 출현종수와 군집특성, 그리고 수리, 수문, 토양, 토질 등 환경적 특성에 따라 달리 설정하여야 한다.

**19** 생태계 복원 절차 중 가장 먼저 수행해야 하는 것은?

① 복원계획의 작성
② 복원목적의 설정
③ 대상 지역의 여건 분석
④ 시행, 관리, 모니터링의 실시

해 복원과정의 순서 : 대상지역의 여건분석→부지 현황조사 및 평가→복원목적의 설정→세부 복원계획의 작성→시행·관리·모니터링 실시

**20** Ewel(1987)은 생태복원 후 생태적 측면에서 복원의 성공이나 실패를 측정할 수 있는 5가지 기준을 제시하였는데 평가요소와 설명이 잘못된 것은? 기-22-2

① 영양물질 보유 : 영양물질을 얼마나 많이 보유할 수 있는가?
② 침입가능성 : 새로운 군락 구조는 다른 종의 침입에 저항하거나 견딜 수 있는가?
③ 생산성 : 원래의 시스템처럼 새롭게 조성된 것도 같은 생산성을 가질 수 있는가?
④ 지속가능성 : 새롭게 조성된 시스템은 스스로 자기 조절을 할 수 있거나 자신의 체계를 유지하는데 도움을 줄 수 있는가?

해 ① 영양물질 보유 : 영양물질의 순환에 얼마나 효과적인가?
추가) 생물학적상호작용 : 중요한 동식물 종이 출현하는가?

# Chapter 3 생태계관리 및 평가

## 1 생태계 보전지역 관리계획

### 1. 생태계 보전지역 현황조사

#### (1) 대상지의 서식지 유형(비오톱 유형) 분류

① 비오톱지도가 구축된 지역은 비오톱 유형도를 활용하여 서식지 유형(비오톱 유형) 분류

② 비오톱지도가 구축되지 않은 지역은 토지이용현황도, 토지피복현황도, 지형주제도, 식생도, 동·식물상주제도 등을 활용하여 비오톱 유형도를 작성하여 비토톱 유형 분류

#### (2) 대상지의 인문환경 요소조사

① 인구 현황 조사

㉠ 대상지 및 대상지를 포함한 행정구역의 연도별 인구현황 및 인구 추이 조사

㉡ 대상지의 탐방객 현황 및 추이를 조사하고 향후 이용수요 추정에 활용

② 토지이용 현황 조사

㉠ 대상지 및 주변 지역의 지목, 토지피복 현황, 용도지역·지구·구역, 도시·군계획시설 현황, 토지소유 현황, 기타 토지이용 규제사항 등 조사

㉡ 대상지 및 주변의 오염원 분포 및 유입현황 파악

③ 역사 및 문화환경 조사

㉠ 대상지 및 주변의 지역명, 신화·설화 등 조사

㉡ 대상지 주변에 존재하는 문화재 분포현황, 문화재 보호구역 지정현황

㉢ 역사 및 문화자원과 대상지와의 연계방안 도출

④ 대상지로의 접근을 위한 교통현황 및 대상지 내부의 주요 동선현황 조사

⑤ 생태계 보전지역 내부 및 주변의 시설물 현황 파악

#### (3) 대상지의 생물학적 요소 조사 및 분석

① 기상환경, 지형환경, 토양환경, 수환경 등의 생태기반환경 조사

② 대상지의 동식물상 현황 조사

③ 조사결과를 바탕으로 현재 상태를 진단하고 그 결과를 토대로 생태계 보전지역의 보전·복원·이용 등 관리계획에 대한 주요 시사점 및 관리 방향 도출

**◘ 생태계 보전지역**

생태계 보전지역이란 생태적으로 중요하여 보전가치가 높은 지역을 보호하기 위해 법률로 지정한 보호지역 및 이에 준하는 지역을 말한다.

**◘ 보호지역에 대한 국제적 정의**

법률 또는 기타 효과적인 수단을 통해 생태계서비스와 문화적 가치를 포함한 자연의 장기적 보전을 위해 지정, 인지, 관리되는 지리적으로 한정된 공간(IUCN 정의)

**◘ 인문환경 조사**

인문환경은 크게 인구, 토지이용, 역사 및 문화, 교통, 시설물 현황 등으로 구분하여 조사한다. 조사 시 문헌조사와 현장조사 방법을 병행하여 진행한다. 공공기관, 정보도서관, 마을회관 등을 방문하여 대상지와 관련된 다양한 환경 데이터를 수집하고 필요시 설문 및 청문 조사 등을 실시한다.

## 2. 생태계 보전지역 가치평가

### (1) 평가 항목 및 기준 설정

① 대상지의 규모 및 특성 등을 고려하여 평가 항목 및 평가기준 도출

② 대상지의 특성에 따라 특정 목표종의 서식 요구 조건을 중심으로 보전가치 평가의 평가항목 및 평가기준 설정

### (2) 대상지의 보전가치 평가

① 설정된 평가항목 및 평가기준을 중심으로 관련자료를 수집 및 분석하여 평가 항목별 평가도 작성

② 작성된 평가항목별 평가도를 대상으로 중첩법(overlay method)을 적용하여 보전가치 평가결과 도면화

### (3) 보전 등급 설정

① 보전가치 평가결과를 바탕으로 대상지의 특성, 보전가치 평가의 목적 등을 고려하여 보전등급 설정

② 보전등급 유형으로는 유네스코(UNESCO) MAB 공간 구획에 따라 핵심지역, 완충지역, 협력(전이)지역으로 구분

③ 대상지의 관리방향을 고려하여 보전지역, 복원지역, 이용지역 등으로도 구분

## 3. 생태계보전지역 관리목표 설정

### (1) 상위계획 및 정책 분석

① 생태계 보전지역의 관련 및 해당되는 보호지역에 대하여 국내 상위계획 및 정책 등 검토

② 생태계 보전지역의 관련 및 해당되는 보호지역에 대하여 국내 상위계획 및 정책 등 종합분석

③ 외국의 생태계 보전지역 관련 상위 계획 및 정책 등을 분석하여 보전계획에 적용 가능한 시사점과 계획요소 등 도출

④ 지역과 관련된 계획을 검토하여 생태계 보전지역 관리계획의 관리목표, 관리기본방향, 추진전략 등과 관련된 주요 시사점 및 적용 가능한 계획요소 등 도출

### (2) 관리목표·관리기본방향·추진전략 수립

① 보전가치 평가, 국내·외 상위계획 및 정책, 해당 지역 관련계획 등의 분석을 바탕으로 관리목표 수립

② 수립한 관리목표를 바탕으로 관리기본방향 수립

③ 수립한 관리목표 및 관리기본방향을 바탕으로 추진전략 수립

## 4. 생태계보전지역관리 세부계획 수립

### (1) 보전관리 세부계획 수립

① 보전가치 평가결과를 바탕으로 생태계 보전지역의 관리구역 설정
② 생태계 보전지역의 멸종위기종을 비롯한 주요종에 대한 보전관리방안 수립
③ 생태계 보전지역의 생태계교란 생물 및 위해종에 대한 제거 및 관리방안 수립
④ 생태계 보전지역 내부 및 주변의 오염원을 저감하는 방안 수립
⑤ 생태계 보전지역 내부의 사유지 관리 및 매입방안 수립
⑥ 생태계 보전지역의 모니터링 방안 수립
⑦ 생태계 보전지역의 보호방안 수립

**◘ 보전관리 세부계획**

보전관리 세부계획으로는 관리구역 설정 및 관리구역별 보전관리 방향 설정, 멸종위기종을 비롯한 주요종에 대한 보전관리 방안 수립, 생태계교란 생물 및 위해종 제거 및 관리방안 수립, 오염원 저감 방안 수립, 사유지 관리 및 매입 방안 수립, 모니터링 방안 수립, 보호 방안 수립 등이 있다.

### (2) 복원사업 세부계획 수립

① 지형, 토양, 수리·수문(수환경) 등 생태기반환경을 복원하는 세부계획 수립
② 목표종이 서식 가능한 서식처 복원 세부계획 수립
㉠ 생태계 보전지역에 지속적으로 서식이 가능한 목표종 선정
㉡ 목표종을 도입한 적지 선정
㉢ 목표종 서식처 복원계획 수립

**◘ 목표종 선정**

목표종은 생태계 보전지역에서 서식하기를 기대하는 생물종으로 보전 및 복원하고자 하는 생태계에 어떠한 생물종이 서식하게 할 것인지를 정하여 그에 적합한 환경을 조성하기 때문에 생태계 보전 및 복원의 목표를 달성시키기 위한 중요한 수단이다.

### (3) 이용관리 세부계획 수립

① 환경수용력을 고려한 탐방객 관리방안 수립
② 생태관광 및 탐방 관련 시설물 설치방안 등 수립
③ 지역협의체 등 파트너쉽 구축방안 마련
④ 생태계 보전지역을 대상으로 생태관광 프로그램, 탐방 코스 등 생태관광 운영방안 수립
⑤ 생태계 보전지역 및 주변 지역을 대상으로 지속가능한 소득원 창출방안 수립

### (4) 세부계획별 사업기간 및 소요 예산 수립

보전관리, 복원사업, 이용관리의 세부 사업을 바탕으로 사업별로 사업 기간 및 연도별 소요예산, 시행주체 등 제시

# 2 생태계 관리평가

## 1. 생태기반환경 변화 분석

### (1) 평가의 목적

① 사업과 관련된 의사 결정 과정에 필요한 정보 제공
② 사업 결과에 대한 책무성(accountability)의 요구 충족
③ 기존 이론의 타당성을 검증하거나 새로운 이론 개발

### (2) 목표식별

① 생태기반환경 효과 평가의 목적, 평가주체, 평가대상 이행단계, 효과 유형, 평가항목,평가지표 등에 대한 다양한 가능성을 살펴보고 대안을 마련한 후 비교를 거쳐 최종 평가범위 결정
② 결정된 평가범위를 토대로 하여 평가수량 및 평가수준을 결정하고 최종적으로 평가 요청자의 동의 획득

### (3) 평가방법 결정

① 전반적인 방법론을 선택하여 개발
② 평가수행방법 결정
③ 평가과정 분석 및 실행으로 최종 평가목표 개발

### (4) 자료수집·분석·해석

① 자료수집 : 기후, 식생 구조, 지형, 토양, 물 등
② 자료분석 : 수집된 문헌자료 또는 측정자료로부터 각 평가항목의 평가지표값 산출
③ 자료해석 : 평가방법에 따라 평가를 실시하고 결과해석

### (5) 의사소통 후 보고서 제출

① 평가결과를 분석하고 권고
② 생태기반환경 효과의 성공과 실패의 원인을 검토하고 향후 시사점 제시
③ 향상된 관리방안 권고
④ 보고서를 작성하여 제출

## 2. 이용자 만족도 분석

### (1) 대상지 환경 특성 조사

① 생태계 보전 및 생태복원 사업이 이루어진 지역의 환경특성 조사
② 생태환경 효과평가가 이루어진 경우 대상자료 활용

**◘ 생태계관리**
생태계의 보전 또는 복원한 대상지를 대상으로 생태계의 구조와 기능이 지속가능하도록 생태기반환경 변화 분석, 생물다양성 변화 분석, 이용자 분석을 실시하고 이를 종합·평가하여 향후 관리방향을 설정하는 것을 말한다.

**◘ 평가과정 4단계**
① 목표의 식별 단계
② 평가 방법의 결정 단계
③ 자료 수집, 분석, 해석 단계
④ 의사소통과 보고서 제출 단계

**◘ 책무성**
책무성이란 사업 혹은 조직이 주어진 자원을 가지고 어떤 구체적인 목적을 얼마나 효과적으로 또는 효율적으로 달성하는지를 객관적으로 나타내는 것을 말한다. 책무성은 효과 또는 결과에 대한 책임 소재를 밝혀내려는 것보다는 오히려 그렇게 된 이유를 밝히고 설명하려는 데 역점을 둔다.

### (2) 설문지 작성

① 문제의 성격이 명확해야 하며 취급 개념 및 내용 명확화
② 치밀한 사전 설문지 작성이 필요하고 표준화된 설문지 작성

### (3) 설문조사 실시

① 본조사에 앞서 사전검사를 실시
② 본조사 실시

### (4) 통계 분석 실시

① 빈도 분석 실시 : 개인 특성, 이용행태, 인지여부, 시민참여 등에
② 신뢰도 분석 실시 : 중요도와 만족도 측정 항목별 응답 범위가 일관성이 있는지를 판단
③ 타당성 분석 실시 : 중요도와 만족도 간의 평균 비교
④ 중요도-만족도 분석 수행

### (5) 결과 해석

① 환경특성을 해석하고 서술
② 이용특성을 해석하고 서술
③ 중요도 우선순위 결과를 해석하고 서술
④ 중요도-만족도 분석(ISA) 결과를 해석하고 서술

## 3. 관리방향 설정

### (1) 평가를 통해 관리방향 결정

① 효과의 유무, 규모, 의미 분석
㉠ 의도했던 효과는 나타났는가?
㉡ 나타난 효과는 평가 대상이 되고 있는 특정 사업에 기인한 것인가?
㉢ 나타난 효과의 크기는 어느 정도인가?
㉣ 통계적으로 유의미한 변화인가?
② 효과의 성공과 실패의 원인을 검토하고 향후 시사점 제시
㉠ 성공과 실패 판별
㉡ 성공과 실패의 원인 검토
㉢ 교훈 정리
③ 향상된 관리방안 도출
㉠ 평가 대상 사업지 관리방안 도출
㉡ 향후 관리 이슈 도출
㉢ 보고서를 작성하여 제출

④ 관리의 유형
㉠ 유지관리 : 완성된 후 바람직한 상태를 유지하는 관리
㉡ 유도관리 : 계획·설계 단계에서 목표로 하는 생태계가 구성되도록 동식물을 관리하고 유도해 가는 단계의 관리
㉢ 적응관리(순응적 관리) : 행동에서 얻은 배움을 근거로 하여 관리

### (2) 중요도-만족도 분석 결과를 이용한 관리방향 설정

① 1사분면에 위치한 요소들은 관리방향을 지속적으로 유지
② 2사분면에 위치한 요소들은 관리방향을 우선 시정필요로 설정
③ 3사분면에 위치한 요소들은 관리방향을 낮은 우선순위로 설정
④ 4사분면에 위치한 요소들은 관리방향을 과잉적 노력회피로 설정

### (3) 적응관리(순응적 관리) 실시

① 이해관계자 참여
② 관리목표 설정
③ 관리대안 마련
④ 예측모형 설정 : 자원에 대한 우리 이해의 표현
⑤ 모니터링 지표 설정
⑥ 관리의사 결정 수행
⑦ 사후 모니터링 실시
⑧ 평가 실시
⑨ 평가결과를 통해 학습 및 결과 환류
⑩ 조직학습 사항 정리

**◘ 적응관리(순응적 관리)**
자연 자원분야에서 적응관리는 행동에서 배움을, 그리고 배움에 근거한 적응을 의미한다. 적응 관리는 자원체계들이 단지 일부분만 이해되고 있으며 자원 조건을 예의주시하는 것과 자원을 관리하는 동안에 배운 것을 활용하는 것이 가치가 있다는 인식에 근거한다. 적응 관리는 관리 성과로부터 배움으로써 자원 관리를 개선하고자 하는 체계적 접근 방법이다.

**◘ 학습조직**
학습조직은 적응관리에 필수적이다. 적응적 의사 결정을 위해 많은 조직들은 전통적인 하향식 조직구조를 더욱 포괄적이고 협동적이며 위험에 견딜 수 있고 유연한 구조로 바꿔야만 한다.

## 3 생태관리

### 1. 일반적 생태관리 순서

### (1) 대상지 모니터링 결과 파악

① 모니터링의 결과보고서 사례의 개요 이해
② 모니터링 수행방법과 결과분석
③ 모니터링 결과보고 사례의 종합분석 결과 검토

### (2) 모니터링 결과를 바탕으로 적합한 관리방안 선정

① 모니터링 결과를 확인하여 관리대상의 특성 파악
② 관리대상의 공간적 범위 파악

③ 관리대상의 내용적 범위 파악
④ 관리대상의 시간적 범위 파악
⑤ 관리방안 설정

### (3) 선정된 관리방안을 바탕으로 관리 실시

① 유지관리계획 수립
② 관리 실시 : 재료·공법·성능 평가

### (4) 관리 실시결과 기록

① 유지관리 일지 작성
② 사후관리 보고서 작성 및 수행결과 환류

## 2. 생태기반환경관리

### (1) 토양환경 관리

① 조성지 토양환경의 모니터링 결과 분석
㉠ 토양 물리성 및 화학성
㉡ 토양오염
② 조성지 동식물상의 모니터링 결과 분석 및 피해상황 파악과 저감대책 마련
③ 조성지 토양환경 모니터링 결과를 바탕으로 사전예방조치가 필요한 경우와 개량·개선이 필요한 경우로 구분하여 적합한 관리방안 선정
④ 토양환경 관리 실시
㉠ 관리방법별 재료·공법 선정
㉡ 선정된 공법으로 시공
㉢ 적용공법에 대한 성능 평가
㉣ 성능관리 시행

### (2) 수환경관리

① 조성지 수환경 모니터링 결과 분석
② 조성지 수환경의 모니터링 수행 방법
㉠ 필수조사 : 수계 유지, 유입 및 유출부, 수위 및 수량, 호안, 하안 및 하상 유지, 녹조, 오염(부유물) 등
㉡ 선택조사 : 수질
③ 관리방안 : 수환경이 훼손·오염될 가능성이 있는 경우 혹은 수환경이 이미 훼손·오염된 경우 사전예방조치계획 혹은 개선계획 제시

조성지 수환경의 조사 방법

| 구분 | 조사항목 | 조사방법 |
|---|---|---|
| 수리·수문 | 수계 | 대상지 내와 주변의 수계 유지 상태 파악 |
| | 유입 및 유출부 | 유입 및 유출구와 평균 수심 파악(육안 및 눈금자 활용 |
| | 수위 및 수량 | 적정 수량 유지 여부 파악 |
| | 호안, 하안 및 하상 | 호안 유지 여부, 수계 하안 및 하상 유지 여부 파악 |
| 수질 | 녹조, 오염(부유물) | 육안 확인 후, 문제 발생 때 전문 기관에 의뢰 |

(3) 기타 환경관리

① 인공조명에 의한 빛 환경의 경우 현장에서 직접 휘도 측정

㉠ 대면휘도계, 동영상 휘도계측시스템, DSLR 카메라 등 활용

㉡ 빛공해는 빛 방사 허용기준을 토대로 생태복원사업 조성지 빛 환경 모니터링 결과 분석

② 소음환경의 경우 현장에서 직접 소음측정기 등을 활용하여 소음도 측정

㉠ 소음측정기, 소음측정 어플리케이션 등 활용

㉡ 서식지 소음은 소음 기준을 토대로 생태복원사업 조성지 소음 환경 모니터링 결과 분석

③ 조성지 동식물상의 모니터링 결과 분석

④ 기타환경 관리 실시

㉠ 최적 저감 방안 선정

㉡ 선정된 저감 방안 시공

㉢ 적용 저감 방안에 대해 평가

㉣ 성능 관리 시행

## 3. 생태시설물관리

(1) 생태시설별 유형 및 특성 파악

① 준공도서를 바탕으로 생태시설의 현황 파악 후 유형 분류

② 생태시설 현황

㉠ 자연환경을 보전하거나 훼손을 방지하기 위한 시설 현황

㉡ 훼손된 자연환경을 복원 또는 복구하기 위한 시설 현황

㉢ 자연환경을 이용하거나 관찰하기 위한 시설 현황

㉣ 자연환경을 보전 이용하기 위한 교육 홍보 시설 또는 관리 시설 현황

㉤ 그 밖의 자연 자산을 보호하기 위한 시설 현황

③ 시설 목적에 부합하는 종류·위치·규모 설정 현황 파악

④ 이해 당사자의 참여 여부

**◘ 이해 당사자의 참여 여부**

지역 주민, 토지 소유자, 환경 교육 전문가, 생태학자, 관리자 등 관련 이해 당사자의 의견이 입지 선정, 계획·설계, 시공, 유지관리 단계에서 반영될 수 있는 참여 체계를 갖추고 있는지를 검토한다.

### (2) 생태시설의 유형 구분

1) 보전형

① 주요 동식물의 보전 및 생물다양성을 우선 배려하는 시설 유형

② 생태적 보전가치가 높은 자연경관지역에 조성

③ 허용가능한 시설이나 활동프로그램에도 제약을 가할 수 있으나, 생태자원을 해하지 않는 범위 내에서의 관찰활동 등 허용 가능

2) 이용형

① 비교적 다양한 목적의 시설 설치가 가능하여 관찰, 학습·교육뿐만 아니라 연구나 전시, 자급형 정주 또는 기타 이용자의 편의를 고려한 다양한 시도 가능

② 다른 유형에 비하여 보다 적극적이고 활동적인 프로그램을 운영하기에 적절

③ 비교적 규모가 넓은 입지여건을 갖춘 지역에 해당하는 경우가 많음

3) 절충형

① 보전형과 이용형의 중간 유형으로, 동식물의 관찰뿐만 아니라 자연체험 및 학습, 환경교육 등을 목적으로 한 다양한 시설 설치 가능

② 소규모의 활동프로그램의 개발 및 운영이 허용될 수 있으나, 이용자와 관찰·학습자원 모두에 대한 세심한 배려 요구

**생태시설**

보전시설, 관찰시설, 체험시설, 전시·연구시설, 편의시설, 관리시설 등 다양한 설치 목적을 위해 조성될 수 있으며, 교목·관목, 구릉지 등의 산지나 초원·농지 등의 초지, 강변·해안·호수·저수지·늪지 등의 습지, 그리고 기개발지, 매립지, 도심복원지역과 같은 육지 등 어떠한 환경에서도 설치가 가능하다.

### (3) 생태시설의 관리내용 및 관리목표

① 생태시설의 관리내용 및 관리목표

㉠ 생태시설의 관리는 시설관리와 이용관리로 구분

㉡ 관리 내용도 시설관리와 이용관리로 각각 구분하여 확인하고 그에 따른 관리목표 검토

② 생태시설별 관리계획과 관리동선계획 수립

㉠ 관리효율성과 최단거리 감안

㉡ 조성지의 현장 접근성, 이용객 안내, 이용객 관리 및 시설별 유지관리 등을 종합적으로 고려하여 관리동선계획 수립

③ 각 시설별로 시설관리를 시행하여 점검일지 작성

㉠ 관리 및 점검 때 경미한 사항은 현장조치

㉡ 이상 및 결함 발견지역을 집계하여 종합점검계획 수립

④ 수립된 보수·보강계획 시행

## 4. 서식지관리

### (1) 숲·초지관리

① 공간적 범위와 내용적 범위 파악

관리 시 항목 및 방법

| 단계 | 방법 | |
|---|---|---|
| 시비 | ·식물의 성장 촉진, 쇠약한 식물에 활력을 주기 위하여 필요 시 퇴비 등 유기질비료와 화학비료를 투입할 수 있음<br>·시비 시 토양을 경운하여 비료와 토양을 혼합시켜야 함<br>·가급적 화학비료보다는 유기질비료를 시비하고 화학비료 시용 시 과잉공급으로 인한 염류장해 주의 | |
| 병해충 | ·각종 병해충에 의해서 복원목표 달성에 영향을 주는 경우 병해충 방제 실시<br>·발생 원인을 정확히 규명하여 실시하며, 방제보다는 예방을 우선하여 적기에 실시<br>·탐방객 및 인근 지역 주민들에게 불쾌감을 주어 정신적 피해가 예상되는 경우에 실시<br>·인접지 식물 등에 병해충 피해를 유발시킬 우려가 있는 경우 실시<br>·방제 시에는 화학적 방제보다는 생태적인 방제방법을 우선 고려하여 시행 | |
| 수분 | ·식생기반 내 유효수분 상황 점검을 통해 적정 수분함량 유지, 필요 시 관수 실시 | |
| 월동 | ·이식수목 및 초화류가 겨울철 환경에 적응할 수 있도록 잠복소 설치, 녹화마대 감싸기 등 실시 | |
| 생태계 교란종 | ·숲과 초지의 식생대를 유지하기 위해 미국자리공, 망초류, 환삼덩굴 등 교란종은 지속적으로 제거해야 함<br>·환경부 지정 생태계교란 생물 목록 및 사진을 참조하고 식별이 어려울 시 전문가에게 의뢰 | |
| 식물교체 이식 | 대상기준 | ·수목, 다년생 초화류 등 식재된 상태로 고사한 경우에 한함<br>·수관부 가지의 약 2/3 이상이 고사하는 경우 |
| | 규격 | ·원 설계 규격을 준수, 사업목표 달성 여부를 고려하여 필요 시 수목 및 규격 변경 가능 |

② 일, 주, 월, 계절, 년 단위 등 숲 관리의 항목 및 방법을 실시할 시간적 단위 설정
㉠ 정기적 유지관리 : 숲의 토양환경 관리를 중심으로 교란종 제거와 식물 생육상태 점검 등
㉡ 비정기적 유지관리 : 예상하지 못한 문제로 인해 발생하는 경우, 훼손에 대한 보수, 병충해 발생, 식물의 이식, 보식 및 재파종 등을 위주로 실시

③ 관리종과 관련하여 종 서식환경 조건 분석
㉠ 영양단계별 연계 먹이사슬을 파악하여 도입하고자 하는 목표종의 개체수 증진
㉡ 교란종의 제거를 위한 교란종 서식환경요소 도출

④ 종 정보를 모은 후 관리의 효율이 높은 시기를 고려하여 관리계획 수립
㉠ 다양한 동식물 서식처를 복합적으로 고려하여 분석한 서식환경 요소로부터 목표종과 위해종 등의 종관리요소 도출

ⓛ 관리요소는 생태복원사업의 대상지 특성에 따라 다르므로 성격이 유사한 사업 참조

서식환경 조건 분석

| 구분 | 서식처 | 서식처 조건 | 색재수종 | 목표종 |
|---|---|---|---|---|
| 산림 생태계 | 조류 | ·식이 식물, 몸을 숨길 수 있는 은신처 제공<br>·다층구조의 식생구조 | 상수리나무, 신갈나무, 산딸나무, 때죽나무, 팥배나무 | 소쩍새, 오목눈이, 큰오색딱따구리, 청딱따구리 등 |
| 초지 | 곤충 | ·식이 및 흡밀식물, 무기물질 섭취 환경 조성<br>·다층구조 군락지 조성 | 산초나무, 누리장나무, 백일홍, 수수꽃다리, 진달래, 쉬땅나무 등 | 호랑나비, 산호랑나비, 붉은주홍부전나비, 왕잠자리 등 |
| 생태계 | 양서류 | ·산란 장소 제공<br>·다양한 수심 유지<br>·동면장소 제공 | 갈대, 애기부들, 줄, 물질경이 등 | 청개구리, 줄장지뱀 |
| 습지 생태계 | 저서생물 | ·모래 자갈 진흙 등 다양한 재료의 저서환경 조성<br>·다공질 공간 조성 | 좀개구리밥, 수련꽃 등 | 소금쟁이, 장구애비, 물자라 등 |

관리요소별 관리 방향

| 관리요소 | 관리방향 |
|---|---|
| 밀도 낮은 나뭇더미 | ·나뭇더미 안에 잔가지를 채우거나 발생 부산물 채워 넣기 |
| 경사가 급하고 정형적인 서식처 역할 곤란한 돌무더기 | ·비정형적으로 낮게 쌓아 곤충이나 파충류의 이용을 유도 |
| 외부 이입종 출현 | ·제초 후 멀칭 재료를 이용하여 토양 표면을 덮어 줌.<br>·삭초 후 발생하는 부산물 혹은 도입 수목으로부터 떨어진 낙엽을 이용하여 주기적으로 멀칭 재료를 바꿔가며 잡초 관리를 해주도록 하고 토양 비료를 공급해야 하는 구간에는 부식되어 유기물이 토양으로 환원될 때까지 놓아두도록 함. |
| 원활하지 않은 수원의 유입 | ·유입구의 수생식물 등 보완 정비 |
| 소생물 서식 습지 | ·목표종 출현 시기 전에 정비 |
| 집중호우에 습지 사면 유실 | ·유입된 토사 활용하여 사면 재조성 |
| 보전이 필요한 종의 출현 또는 목표종의 서식 확인 | ·집중 보호 구역 설정으로 이용자 관리 |
| 왕성한 생육의 갈대 등 | ·제초보다는 삭초 작업이 효율적<br>·성장이 왕성한 6~7월과 영양분이 뿌리로 내려오는 9월삭초 |
| 봄 이입종 | ·제초를 시행하는 것이 추후 관리에 효과적임 |
| 늦가을 정수식물 사체 | ·생태계 2차 오염 방지 위해 삭초 |
| 녹조 발생 | ·수위를 높여 물의 유동 유도<br>·수변부 정수식물 및 식재로 영양 염류 흡수•제거 |

| 수초의 확산 | ·확산 방지 말뚝 설치 |
| --- | --- |
| 수목의 도복으로 고사 | ·보완식재 시행 |
| 외부 이입종(외래종)에 관리종 피압 및 잠식 위험 | ·고사 군락은 보완식재<br>·이입종 제거 |
| 식재 군락의 형성 여부 | ·규모가 축소된 것은 이입종 및 덩굴 식물과의 경쟁에서 밀려 생육에 방해가 된 것이 원인<br>·개체수 조절을 위해 필요시 보완식재 |

(2) 습지관리

① 습지의 경계 파악

㉠ 습지 수문, 습지토양, 습지식생을 고려하여 결정

㉡ 습지에 분포되어 있는 수목이나 수생식물을 이용하여 계절적으로 물이 차는 범위를 확인하거나 범람 등의 영향을 받은 구역 확인

② 습지의 훼손 요인과 유형 파악

㉠ 자연요인에 의한 훼손

·생태계 훼손 : 식생 및 종의 손실, 훼손, 귀화식물의 침입

·침식 : 사면침식, 해안침식

·자연재해 : 태풍, 홍수, 해일

·해수 : 해류 방향의 변화, 해수면 상승

㉡ 인위적 요인에 의한 훼손

·인간의 행위 : 오염원의 방출, 독성물질 폐기 및 방출, 여가 용도로의 이용

·건설행위 : 매립, 굴착, 댐 건설, 구조물 건설, 수문, 운하. 비행장 건설 등

·습지의 용도변경 염전, 양어장, 연밭 등으로의 활용

·주변 토지이용 : 논밭 등의 경작지, 목축 용지

㉢ 오염원으로 인한 훼손

·점오염원 : 산업 및 상업지역, 도시지역, 하수처리장, 쓰레기 매립지, 골프용지, 경작지 등

·비점오염원 : 경작지, 목축지, 광업 지역, 건설현장, 잔디 및 골프장 등

③ 습지관리를 위한 기본 원칙

㉠ 습지의 훼손 및 소실 원인에 대한 저감 방안과 제어방안 제시

㉡ 습지의 관리목적을 명확하게 수립하고, 이에 따른 관리 방향 제시

㉢ 습지의 다양한 기능(생물다양성 유지 및 수질 정화 등)이 온전하게 유지될 수 있도록 관리

㉣ 습지관리목적을 바람직하게 설정하기 위해서는 습지의 현황에 대한 충분한 사전조사 필요

ⓜ 습지관리는 습지의 주요 구성요소인 습지 식생, 습지 수문, 습지 토양을 모두 고려하여 시행
ⓑ 습지관리에는 정부와 함께 관련 분야의 전문가, 토지소유자, NGO, 자원봉사자, 이해당사자들이 함께 참여하는 것이 바람직함
④ 하천형, 호수형, 소택형 등과 같은 습지의 유형별 관리 방안과 식물, 곤충, 어류 등과 같은 생물분류군별 관리방안 설정
㉠ 하천형 습지의 관리방안 : 수질정화습지 및 수변완충 녹지대 관리
㉡ 호수형 습지의 관리방안 : 물순환형 체계, 안정적인 수위, 부영양화 현상의 관리
㉢ 소택형 습지의 관리방안 : 다른 유형의 습지를 관리하는 방안 적용
⑤ 생물분류군별로 관리방안을 적용하여 관리 실시
㉠ 습지식물의 관리방안 : 관리 범위 파악 및 교란종 관리
㉡ 습지동물의 관리방안 : 조류의 접근방법 및 어류의 이동로, 교란종 등 관리
⑥ 물 순환형 체계 유지방법, 수질개선 및 수위, 부영양화 등 수환경 관리 방안 강구

(3) 종관리와 기타 서식지관리

① 법정보호종 및 목표종, 위해종, 경쟁종의 현황 파악
② 위해종의 출현 현황, 확장 범위, 목표종이나 보호종의 피압 정도 파악
③ 목표종과 위해종을 구분하여 관리기준 작성
㉠ 목표종
·복원사업 계획서의 유지관리 계획과 연계하여 종의 생활사 등 생태적 특성을 고려한 목표종의 관리기준 작성
·동물종은 공간, 은신처, 먹이, 물 등의 항목으로 크게 구분하여 관리
㉡ 위해종
·위해종의 관리원칙은 초기 제거가 기본
·위해종은 모니터링 결과 보고서에 나타난 출현종을 조사하고 종 관리 계획 수립
·퇴치 후 재침입을 예방할 수 있는 관리계획 수립
④ 관리점검이 필요한 사항을 사전관리와 사후관리로 나누어 파악
㉠ 일상점검 항목
·전반의 낙석 혹은 토사유출 흔적
·안정성(침하 및 침식현상, 유실)
·안정성(쇠퇴, 고사, 우점 등)
㉡ 특별 점검 항목
·용수 위치 및 양과 수질

◘ 부영양화 제어 방법

① 하수의 고차 처리
② 하수의 유입 지점 변경
③ 희석과 세척
④ 인의 불활성화
⑤ 저니층의 산화
⑥ 준설
⑦ 저층수의 제거
⑧ 저층수의 폭기
⑨ 습지의 인공 순환
⑩ 수위 감소법
⑪ 수초 제거
⑫ 생물 제어
⑬ 저니층 격리법

◘ 목표 개체 수

목표 개체 수는 복원사업 성공의 지표이므로 목표 개체 수 이상에 이르도록 개체 수 관리를 유도해야 한다. 일정한 관리 시점에 이르러서도 목표 개체 수에 이르지 못했거나 개체 수가 감소하고 있을 경우 종의 도입 방안을 재수립해야 한다.

·유실발생 위치, 규모, 상태 및 확대 예측 범위
·발생상황 및 예측 범위
·교란생물의 발생과 피해 상황
·기상에 의한 식생기반의 물리적 변화상태나 식생쇠퇴 상황

㉢ 조류 관리
·조류상의 관리는 서식환경을 대표하는 조류, 즉 특정한 종을 목표로 하여 관리하는 것이 일반적이고 합리적
·조류 중요 관리요소 : 공간·은신처·먹이·물·번식지 등과 조류별 비간섭 거리 유지, 조류별 세력권 등

㉣ 양서·파충류 관리
·조류의 먹이이자 곤충류의 개체 수를 조절하는 생태계의 중간 고리 역할과 생태계의 먹이사슬을 더욱 다양하고 복잡하게 만들어 생태계의 건강성 유지
·양서류의 생활사와 행동권, 양서류 개체 수 감소원인 등 파악
·양서류 감소 : 서식지 파괴, 산성비, 농약의 사용, 오존층 감소, 강우패턴 변화 등

⑤ 작성된 관리기준을 이용하여 목표종 및 교란종의 관리계획 수립
⑥ 관리비를 산출하고 군집 내 상호작용을 이용한 균형 있는 군집관리 실시

# 핵심문제 해설



**01** 다음 중 인문환경 조사에 해당되지 않는 것을 고르시오.

① 인구현황 조사, 토지이용현황 조사
② 대상지의 동식물상 현황 조사
③ 역사 및 문화환경 조사
④ 외부로부터 접근을 위한 교통현황 및 대상지 내부의 주요 동선현황 조사

**해** ② 대상지의 동식물상 현황 조사는 생물학적 요소에 속한다.

**02** 다음 중 생태계 보전지역 가치평가 시 순서가 맞는 것은?

| ㉠ 보전등급 설정<br>㉡ 대상지의 보전가치 평가<br>㉢ 평가항목 및 기준 설정 |
|---|

① ㉠ → ㉡ → ㉢
② ㉢ → ㉡ → ㉠
③ ㉡ → ㉠ → ㉢
④ ㉢ → ㉠ → ㉡

**03** 생태계보전지역 관리목표 설정 중 상위계획 및 정책분석과 거리가 먼 것을 고르시오.

① 생태계 보전지역의 관련 및 해당되는 보호지역에 대하여 국내 상위계획 및 정책 등을 종합분석한다.
② 외국의 생태계 보전지역 관련 상위 계획 및 정책 등을 분석하여 보전계획에 적용 가능한 시사점과 계획요소 등을 도출한다.
③ 대상지의 관리방향을 고려하여 보전지역, 복원지역, 이용지역 등으로 구분한다.
④ 지역과 관련된 계획을 검토하여 생태계 보전지역 관리계획의 관리목표, 관리기본방향, 추진전략 등과 관련된 주요 시사점 및 적용 가능한 계획요소 등을 도출한다.

**해** ③의 내용은 생태계 보전지역 가치평가 시 보전등급 설정에 대한 내용이다.

**04** 생태계보전지역 관리세부계획에 해당되지 않는 것은?

① 보전가치 평가 결과를 바탕으로 생태계 보전지역의 관리구역 설정
② 멸종위기종을 비롯한 주요종에 대한 보전관리 방안 수립
③ 생태계 보전지역의 모니터링 방안 수립, 보호방안 수립
④ 생태계 보전지역 내부의 공유지 관리 및 매입 방안 수립

**해** ④ 생태계 보전지역 내부의 사유지 관리 및 매입 방안 수립

**05** 목표종이 서식 가능한 서식처 복원 세부계획에 포함되지 않는 것은?

① 환경수용력을 고려한 탐방객 관리방안 수립
② 생태계 보전지역에 지속적으로 서식이 가능한 목표종 선정
③ 목표종을 도입한 적지 선정
④ 목표종 서식처 복원 계획 수립

**해** ①은 이용관리 세부계획에 속한다.

**06** 다음의 생태계 관리평가과정 단계의 순서에 맞는 것은?

| ㉠ 자료수집·분석·해석 단계<br>㉡ 평가방법의 결정 단계<br>㉢ 의사소통과 보고서 제출 단계<br>㉣ 목표의 식별 단계 |
|---|

① ㉠ → ㉣ → ㉢ → ㉡
② ㉢ → ㉣ → ㉡ → ㉠
③ ㉡ → ㉠ → ㉢ → ㉣
④ ㉣ → ㉡ → ㉠ → ㉢

**정답** 01. ② 02. ② 03. ③ 04. ④ 05. ① 06. ④

**07** 다음 중 이용관리 세부계획에 속하지 않는 것은?

① 생태관광 및 탐방 관련 시설물 설치 방안 등 수립
② 지역협의체 등 파트너십 구축 방안 마련
③ 생태계 보전지역 및 주변지역을 대상으로 생태관광 프로그램, 탐방 코스 등 생태관광 운영 방안 수립
④ 생태계 보전지역 및 주변지역을 대상으로 지속가능한 소득원 창출 방안 수립

해 ③ 생태계 보전지역을 대상으로 생태관광 프로그램, 탐방 코스 등 생태관광 운영 방안 수립

**08** 다음의 생태계 관리평가 목적에 해당되지 것은?

① 사업과 관련된 의사결정 과정에 필요한 정보제공
② 사업결과에 대한 책무성(accountability)의 요구충족
③ 개발사업의 정당성 및 홍보전략 확보
④ 기존이론의 타당성을 검증하거나 새로운 이론개발

**09** 이용자 만족도 분석에 포함되지 않는 것은?

① 설문지 작성 시 비전문가의 설문이 자연스러워 정확한 조사가 가능하다.
② 치밀한 사전 설문지 작성이 필요하고 표준화된 설문지를 작성한다.
③ 본조사에 앞서 사전조사(검사)를 실시한다.
④ 중요도-만족도 분석을 수행한다.

**10** 다음 보기의 내용이 설명하는 관리방법은 무엇인가?

| 이 관리방법은 자원체계들이 단지 일부분만 이해되고 있으며 자원조건을 예의주시하는 것과 자원을 관리하는 동안에 배운 것을 활용하는 것이 가치가 있다는 인식에 근거한다. 이 관리는 관리성과로부터 배움으로써 자원관리를 개선하고자 하는 체계적 접근방법이다. |
|---|

① 표본관리 ② 적응관리
③ 사후관리 ④ 사전관리

**11** 다음의 생태관리 순서에 맞는 것은?

| ㉠ 관리 실시결과 기록<br>㉡ 모니터링 결과를 바탕으로 적합한 관리방안 선정<br>㉢ 대상지 모니터링 결과 파악<br>㉣ 선정된 관리방안을 바탕으로 관리 실시 |
|---|

① ㉠ → ㉢ → ㉣ → ㉡
② ㉢ → ㉡ → ㉣ → ㉠
③ ㉡ → ㉣ → ㉢ → ㉠
④ ㉣ → ㉢ → ㉠ → ㉡

**12** 다음 중 토양환경 관리를 실시함에 있어 관계가 먼 것은?

① 적합한 관리방안 선정
② 관리 방법별 재료 · 공법 선정
③ 적용공법에 대한 성능평가
④ 성능관리 시행

해 ①은 관리를 실시하기 전 단계에 속한다.

**13** 다음 중 수환경 관리 시 모니터링을 함에 있어 필수 조사항목에 해당되지 않는 것은?

① 유입 및 유출부
② 수위 및 수량
③ 호안, 하안 및 하상
④ 녹조, 오염(부유물)

해 ④ 녹조, 오염(부유물) 항목은 선택조사에 해당된다.

**14** 다음 중 생태시설의 유형을 구분함에 있어 다른 하나를 고르시오.

① 주요 동식물의 보전 및 생물다양성을 우선 배려하는 시설의 유형이다.
② 생태적 보전가치가 높은 자연경관지역에 조성하다.
③ 허용가능한 시설이나 활동프로그램에도 제약을 가할 수 있으나, 생태자원을 해하지


정답 07. ③ 08. ③ 09. ① 10. ② 11. ② 12. ① 13. ④ 14. ④

않는 범위 내에서의 관찰활동 등에 허용이 가능하다.

④ 다른 유형에 비하여 보다 적극적이고 활동적인 프로그램을 운영하기에 적절하다.

해 ①②③ 보전형, ④ 이용형

**15** 다음 중 생태시설물 관리에 있어 부적합한 것은?

① 생태시설의 관리는 시설관리와 이용관리로 구분한다.

② 조성지의 현장 접근성, 이용객 안내, 이용객 관리 및 시설별 유지관리 등을 종합적으로 고려하여 관리동선 계획을 수립한다.

③ 이상 및 결함발견 지역을 집계하여 개별적 점검계획을 수립한다.

④ 관리 및 점검 때 경미한 사항은 현장에서 조치한다.

해 ③ 이상 및 결함발견 지역을 집계하여 종합적 점검계획을 수립한다.

**16** 다음 중 숲·초지를 관리함에 있어 예상하지 못한 문제로 인해 발생하는 경우에 대한 비정기적 유지관리에 포함되지 않는 것은?

① 훼손에 대한 보수

② 식물 생육상태 점검

③ 병충해 발생

④ 식물의 이식·보식 및 재파종 등

해 ② 식물 생육상태 점검은 교란종 제거와 함께 정기적 관리에 속한다.

**17** 다음 중 습지관리를 위한 기본원칙과 거리가 먼 것은?

① 습지의 훼손 및 소실원인에 대한 저감방안과 제어방안을 제시한다.

② 습지의 관리목적을 명확하게 수립하고, 이에 따른 관리방향을 제시한다.

③ 습지의 다양한 기능(생물다양성 유지 및 수질정화 등)이 온전하게 유지될 수 있도록 관리한다.

④ 습지관리는 습지의 주요 구성요소인 수리·수문만 집중 고려하여 시행한다.

해 ④ 습지관리는 습지의 주요 구성요소인 습지식생, 습지 수리·수문, 습지토양을 모두 고려하여 시행한다.

**18** 다음 중 부영양화 제어방법으로 부적합한 것은?

① 저니층의 산화 및 격리

② 인의 활성화 및 수초 증식

③ 하수의 고차처리 및 유입지점 변경

④ 저층수의 폭기 및 제거

해 ② 인의 불활성화 및 수초 제거

**19** 다음 중 종관리 기준을 정함에 있어 거리가 먼 것은?

① 위해종의 퇴치는 출현현황, 확장범위, 목표종이나 보호종의 피압 정도를 파악하여 후기에 제거하는 것이 기본이다.

② 위해종은 퇴치 후 재침입을 예방할 수 있는 관리계획을 수립한다.

③ 목표종은 복원사업 계획서의 유지관리 계획과 연계하여 종의 생활사 등 생태적 특성을 고려한 목표종의 관리기준을 작성한다.

④ 목표종이 동물일 경우 먹이, 물, 은신처, 공간 등의 항목으로 크게 구분하여 관리한다.

해 ① 위해종은 초기 제거가 기본이다.

정답 15. ③ 16. ② 17. ④ 18. ② 19. ①

MEMO

PART

# 6



# 자연환경관계법규

본문의 내용은 법률적 내용을 그대로 전달하기 위하여 법률의 내용을 편집하지 않고, 법제처에서 제공한 법문 중 필요한 사항을 발췌하여 그대로 게재한 것입니다. 필요한 것을 발췌한 내용이므로 일련번호, 띄어쓰기 등이 맞지 않을 수 있으나 법률적 내용과 다르지 않으며, 필요시 본문에 없는 내용은 법제처 홈페이지에서 확인하시기 바랍니다. 또한 본문의 내용은 2024년 1월경의 법률을 기준으로 하고 있으나 법률의 개정에 따라 달라질 수 있으니 본문의 내용을 기준으로 현재의 법률과 비교해 가면서 공부하시면 더욱 효과가 좋으리라 생각됩니다.

# Chapter 1 자연보전 등에 관한 법령

## 1 환경정책기본법 [소관부처 : 환경부]

**제1조(목적)** 이 법은 환경보전에 관한 국민의 권리·의무와 국가의 책무를 명확히 하고 환경정책의 기본 사항을 정하여 환경오염과 환경훼손을 예방하고 환경을 적정하고 지속가능하게 관리·보전함으로써 모든 국민이 건강하고 쾌적한 삶을 누릴 수 있도록 함을 목적으로 한다.

**제3조(정의)**

| 용 어 | 정의 |
|---|---|
| 환경 | 자연환경과 생활환경을 말한다. |
| 자연환경 | 지하·지표(해양을 포함한다) 및 지상의 모든 생물과 이들을 둘러싸고 있는 비생물적인 것을 포함한 자연의 상태(생태계 및 자연경관을 포함한다)를 말한다. |
| 생활환경 | 대기, 물, 토양, 폐기물, 소음·진동, 악취, 일조(日照), 인공조명, 화학물질 등 사람의 일상생활과 관계되는 환경을 말한다. |
| 환경오염 | 사업활동 및 그 밖의 사람의 활동에 의하여 발생하는 대기오염, 수질오염, 토양오염, 해양오염, 방사능오염, 소음·진동, 악취, 일조 방해, 인공조명에 의한 빛공해 등으로서 사람의 건강이나 환경에 피해를 주는 상태를 말한다. |
| 환경훼손 | 야생동식물의 남획(濫獲) 및 그 서식지의 파괴, 생태계질서의 교란, 자연경관의 훼손, 표토(表土)의 유실 등으로 자연환경의 본래적 기능에 중대한 손상을 주는 상태를 말한다. |
| 환경보전 | 환경오염 및 환경훼손으로부터 환경을 보호하고 오염되거나 훼손된 환경을 개선함과 동시에 쾌적한 환경 상태를 유지·조성하기 위한 행위를 말한다. |
| 환경용량 | 일정한 지역에서 환경오염 또는 환경훼손에 대하여 환경이 스스로 수용, 정화 및 복원하여 환경의 질을 유지할 수 있는 한계를 말한다. |
| 환경기준 | 국민의 건강을 보호하고 쾌적한 환경을 조성하기 위하여 국가가 달성하고 유지하는 것이 바람직한 환경상의 조건 또는 질적인 수준을 말한다. |

**제7조(오염원인자 책임원칙)** 자기의 행위 또는 사업활동으로 환경오염 또는 환경훼손의 원인을 발생시킨 자는 그 오염·훼손을 방지하고 오염·훼손된 환경을 회복·복원할 책임을 지며, 환경오염 또는 환경훼손으로 인한 피해의 구제에 드는 비용을 부담함을 원칙으로 한다.

**제7조의2(수익자 부담원칙)** 국가 및 지방자치단체는 국가 또는 지방자치단체 이외의 자가 환경보전을 위한 사업으로 현저한 이익을 얻는 경우 이익을 얻는 자에게 그 이익의 범위에서 해당 환경보전을 위한 사업 비용의 전부 또는 일부를 부담하게 할 수 있다.

**제11조(보고)** ① 정부는 매년 주요 환경보전시책의 추진상황에 관한 보고서를 국회에 제출하여야 한다.

② 제1항의 보고서에는 다음 각 호의 사항이 포함되어야 한다.
1. 환경오염·환경훼손 현황
2. 국내외 환경 동향
3. 환경보전시책의 추진상황

**제12조(환경기준의 설정)**

① 국가는 생태계 또는 인간의 건강에 미치는 영향 등을 고려하여 환경기준을 설정하여야 하며, 환경 여건의 변화에 따라 그 적정성이 유지되도록 하여야 한다.

② 환경기준은 대통령령으로 정한다.

③ 특별시·광역시·특별자치시·도·특별자치도(이하 "시·도"라 한다)는 해당 지역의 환경적 특수성을 고려하여 필요하다고 인정할 때에는 해당 시·도의 조례로 제1항에 따른 환경기준보다 확대·강화된 별도의 환경기준(지역환경기준)을 설정 또는 변경할 수 있다.

④ 특별시장·광역시장·특별자치시장·도지사·특별자치도지사(시·도지사)는 지역환경기준을 설정하거나 변경한 경우에는 이를 지체 없이 환경부장관에게 통보하여야 한다.

령 **제2조(환경기준) [별표1]**

③ 특별시·광역시·도·특별자치도(이하 "시·도"라 한다)는 해당 지역의 환경적 특수성을 고려하여 필요하다고 인정할 때에는 해당 시·도의 조례로 제1항에 따른 환경기준보다 확대·강화된 별도의 환경기준(지역환경기준)을 설정 또는 변경할 수 있다.

④ 특별시장·광역시장·도지사·특별자치도지사(시·도지사)는 지역환경기준을 설정하거나 변경한 경우에는 이를 지체 없이 환경부장관에게 보고하여야 한다.

1. 대기

| 항목 | 기준 |
| --- | --- |
| 아황산가스 ($SO_2$) | 연간 평균치 0.02ppm 이하<br>24시간 평균치 0.05ppm 이하<br>1시간 평균치 0.15ppm 이하 |
| 일산화탄소 (CO) | 8시간 평균치 9ppm 이하<br>1시간 평균치 25ppm 이하 |
| 이산화질소 ($NO_2$) | 연간 평균치 0.03ppm 이하<br>24시간 평균치 0.06ppm 이하<br>1시간 평균치 0.10ppm 이하 |
| 미세먼지 (PM-10) | 연간 평균치 50㎍/㎥ 이하<br>24시간 평균치 100㎍/㎥ 이하 |
| 초미세먼지 (PM-2.5) | 연간 평균치 15㎍/㎥ 이하<br>24시간 평균치 35㎍/㎥ 이하 |
| 오 존 ($O_3$) | 8시간 평균치 0.06ppm 이하<br>1시간 평균치 0.1ppm 이하 |
| 납(Pb) | 연간 평균치 0.5㎍/㎥ 이하 |
| 벤젠 | 연간 평균치 5㎍/㎥ 이하 |

비고) ① 1시간 평균치는 999천분위수(千分位數)의 값이 그 기준을 초과해서는 안 되고, 8시간 및 24시간 평균치는 99백분위수의 값이 그 기준을 초과해서는 안 된다.
② 미세먼지(PM-10)는 입자의 크기가 10㎛ 이하인 먼지를 말한다.
③ 초미세먼지(PM-2.5)는 입자의 크기가 2.5㎛ 이하인 먼지를 말한다.

2. 소음

일반지역 (단위: Leq dB(A))

| 적용대상지역 | 기준 | |
|---|---|---|
| | 낮(06:00 ~ 22:00) | 밤(22:00 ~ 06:00) |
| 녹지지역, 보전관리지역, 농림지역, 자연환경보전지역, 전용주거지역, 종합병원·초중고교·공공도서관의 부지경계로부터 50미터 이내의 지역 | 50 | 40 |
| 생산관리지역, 일반주거지역 , 준주거지역 | 55 | 45 |
| 상업지역, 계획관리지역, 준공업지역 | 65 | 55 |
| 전용공업지역, 일반공업지역 | 70 | 65 |

도로변지역 (단위: Leq dB(A))

| 적용대상지역 | 기준 | |
|---|---|---|
| | 낮(06:00 ~ 22:00) | 밤(22:00 ~ 06:00) |
| 녹지지역, 보전관리지역, 농림지역, 자연환경보전지역, 전용주거지역, 종합병원·초중고교·공공도서관의 부지경계로부터 50미터 이내의 지역<br>생산관리지역, 일반주거지역 , 준주거지역 | 65 | 55 |
| 상업지역, 계획관리지역, 준공업지역 | 70 | 60 |
| 전용공업지역, 일반공업지역 | 75 | 70 |

3. 수질 및 수생태계
가. 하천
1) 사람의 건강보호 기준

| 항목 | 기준값(mg/L) |
|---|---|
| 카드뮴(Cd) | 0.005 이하 |
| 비소(As) | 0.05 이하 |
| 시안(CN) | 검출되어서는 안 됨(검출한계 0.01) |
| 수은(Hg) | 검출되어서는 안 됨(검출한계 0.001) |
| 유기인 | 검출되어서는 안 됨(검출한계 0.0005) |
| 폴리클로리네이티드비페닐(PCB) | 검출되어서는 안 됨(검출한계 0.0005) |
| 납(Pb) | 0.05 이하 |

| | |
|---|---|
| 6가 크롬($Cr^{6+}$) | 0.05 이하 |
| 음이온 계면활성제(ABS) | 0.5 이하 |
| 사염화탄소 | 0.004 이하 |
| 1,2-디클로로에탄 | 0.03 이하 |
| 테트라클로로에틸렌(PCE) | 0.04 이하 |
| 디클로로메탄 | 0.02 이하 |
| 벤젠 | 0.01 이하 |
| 클로로포름 | 0.08 이하 |
| 디에틸헥실프탈레이트(DEHP) | 0.008 이하 |
| 안티몬 | 0.02 이하 |
| 1,4-다이옥세인 | 0.05 이하 |
| 포름알데히드 | 0.5 이하 |
| 헥사클로로벤젠 | 0.00004 이하 |

2) 생활환경 기준

| 등급 | | 상태(캐릭터) | 기준 | | | | | | | | |
|---|---|---|---|---|---|---|---|---|---|---|---|
| | | | 수소이온농도(pH) | 생물화학적산소요구량(BOD)(mg/L) | 화학적산소요구량(COD)(mg/L) | 총유기탄소량(TOC)(mg/L) | 부유물질량(SS)(mg/L) | 용존산소량(DO)(mg/L) | 총인(total phosphorus)(mg/L) | 대장균군(군수/100mL) | |
| | | | | | | | | | | 총대장균군 | 분원성대장균군 |
| 매우 좋음 | Ia | | 6.5~8.5 | 1 이하 | 2 이하 | 2 이하 | 25 이하 | 7.5 이상 | 0.02 이하 | 50 이하 | 10 이하 |
| 좋음 | Ib | | 6.5~8.5 | 2 이하 | 4 이하 | 3 이하 | 25 이하 | 5.0 이상 | 0.04 이하 | 500 이하 | 100 이하 |
| 약간 좋음 | II | | 6.5~8.5 | 3 이하 | 5 이하 | 4 이하 | 25 이하 | 5.0 이상 | 0.1 이하 | 1,000 이하 | 200 이하 |
| 보통 | III | | 6.5~8.5 | 5 이하 | 7 이하 | 5 이하 | 25 이하 | 5.0 이상 | 0.2 이하 | 5,000 이하 | 1,000 이하 |
| 약간 나쁨 | IV | | 6.0~8.5 | 8 이하 | 9 이하 | 6 이하 | 100 이하 | 2.0 이상 | 0.3 이하 | | |
| 나쁨 | V | | 6.0~8.5 | 10 이하 | 11 이하 | 8 이하 | 쓰레기 등이 떠 있지 않을 것 | 2.0 이상 | 0.5 이하 | | |
| 매우 나쁨 | VI | | | 10 초과 | 11 초과 | 8 초과 | | 2.0 미만 | 0.5 초과 | | |

비고) 1. 등급별 수질 및 수생태계 상태

가. 매우 좋음: 용존산소(溶存酸素)가 풍부하고 오염물질이 없는 청정상태의 생태계로 여과·살균 등 간단한 정수처리 후 생활용수로 사용할 수 있음.

나. 좋음: 용존산소가 많은 편이고 오염물질이 거의 없는 청정상태에 근접한 생태계로 여과·침전·살균 등 일반적인 정수처리 후 생활용수로 사용할 수 있음.

다. 약간 좋음: 약간의 오염물질은 있으나 용존산소가 많은 상태의 다소 좋은 생태계로 여과·침전·살균 등 일반적인 정수처리 후 생활용수 또는 수영용수로 사용할 수 있음.

라. 보통: 보통의 오염물질로 인하여 용존산소가 소모되는 일반 생태계로 여과, 침전, 활성탄 투입, 살균 등 고도의 정수처리 후 생활용수로 이용하거나 일반적 정수처리 후 공업용수로 사용할 수 있음.

마. 약간 나쁨: 상당량의 오염물질로 인하여 용존산소가 소모되는 생태계로 농업용수로 사용하거나 여과, 침전, 활성탄 투입, 살균 등 고도의 정수처리 후 공업용수로 사용할 수 있음.

바. 나쁨: 다량의 오염물질로 인하여 용존산소가 소모되는 생태계로 산책 등 국민의 일상생활에 불쾌감을 주지 않으며, 활성탄 투입, 역삼투압 공법 등 특수한 정수처리 후 공업용수로 사용할 수 있음.

사. 매우 나쁨: 용존산소가 거의 없는 오염된 물로 물고기가 살기 어려움.

아. 용수는 해당 등급보다 낮은 등급의 용도로 사용할 수 있음.

자. 수소이온농도(pH) 등 각 기준항목에 대한 오염도 현황, 용수처리방법 등을 종합적으로 검토하여 그에 맞는 처리방법에 따라 용수를 처리하는 경우에는 해당 등급보다 높은 등급의 용도로도 사용할 수 있음.

3. 수질 및 수생태계 상태별 생물학적 특성 이해표

| 생물 등급 | 생물 지표종 | | 서식지 및 생물 특성 |
|---|---|---|---|
| | 저서생물(底棲生物) | 어류 | |
| 매우 좋음 ~ 좋음 | 옆새우, 가재, 뿔하루살이, 민하루살이, 강도래, 물날도래, 광택날도래, 띠무늬우묵날도래, 바수염날도래 | 산천어, 금강모치, 열목어, 버들치 등 서식 | –물이 매우 맑으며, 유속은 빠른 편임.<br>–바닥은 주로 바위와 자갈로 구성됨.<br>–부착 조류(藻類)가 매우 적음. |
| 좋음 ~ 보통 | 다슬기, 넓적거머리, 강하루살이, 동양하루살이, 등줄하루살이, 등딱지하루살이, 물삿갓벌레, 큰줄날도래 | 쉬리, 갈겨니, 은어, 쏘가리 등 서식 | –물이 맑으며, 유속은 약간 빠르거나 보통임.<br>–바닥은 주로 자갈과 모래로 구성됨.<br>–부착 조류가 약간 있음. |
| 보통 ~ 약간 나쁨 | 물달팽이, 턱거머리, 물벌레, 밀잠자리 | 피라미, 끄리, 모래무지, 참붕어 등 서식 | –물이 약간 혼탁하며, 유속은 약간 느린 편임.<br>–바닥은 주로 잔자갈과 모래로 구성됨.<br>–부착 조류가 녹색을 띠며 많음. |
| 약간 나쁨 ~ 매우 나쁨 | 왼돌이물달팽이, 실지렁이, 붉은깔따구, 나방파리, 꽃등에 | 붕어, 잉어, 미꾸라지, 메기 등 서식 | –물이 매우 혼탁하며, 유속은 느린 편임.<br>–바닥은 주로 모래와 실트로 구성되며, 대체로 검은색을 띰.<br>–부착 조류가 갈색 혹은 회색을 띠며 매우 많음. |

라. 해역

1) 생활환경

| 항 목 | 수소이온농도 (pH) | 총대장균군 (총대장균군수/100mL) | 용매 추출유분 (㎎/L) |
| --- | --- | --- | --- |
| 기 준 | 6.5 ~ 8.5 | 1,000 이하 | 0.01 이하 |

2) 생태기반 해수수질 기준

| 등 급 | 수질평가 지수값(Water Quality Index) |
| --- | --- |
| Ⅰ(매우 좋음) | 23 이하 |
| Ⅱ(좋음) | 24 ~ 33 |
| Ⅲ(보통) | 34 ~ 46 |
| Ⅳ(나쁨) | 47 ~ 59 |
| Ⅴ(아주 나쁨) | 60 이상 |

**제13조(환경기준의 유지)** 국가 및 지방자치단체는 환경에 관계되는 법령을 제정 또는 개정하거나 행정계획의 수립 또는 사업의 집행을 할 때에는 환경기준이 적절히 유지되도록 다음 사항을 고려하여야 한다.

1. 환경 악화의 예방 및 그 요인의 제거
2. 환경오염지역의 원상회복
3. 새로운 과학기술의 사용으로 인한 환경오염 및 환경훼손의 예방
4. 환경오염방지를 위한 재원(財源)의 적정 배분

**제14조(국가환경종합계획의 수립 등)**

① 환경부장관은 관계 중앙행정기관의 장과 협의하여 국가 차원의 환경보전을 위한 종합계획(국가환경종합계획)을 20년마다 수립하여야 한다.

② 환경부장관은 국가환경종합계획을 수립하거나 변경하려면 그 초안을 마련하여 공청회 등을 열어 국민, 관계 전문가 등의 의견을 수렴한 후 국무회의의 심의를 거쳐 확정한다.

③ 국가환경종합계획 중 대통령령으로 정하는 경미한 사항을 변경하려는 경우에는 제2항에 따른 절차를 생략할 수 있다.

령 **제3조(국가환경종합계획의 경미한 변경)** 법 제14조제3항에서 "대통령령으로 정하는 경미한 사항을 변경하려는 경우"란 다음 각 호의 경우를 말한다.

1. 국가환경종합계획에 따른 사업에 드는 비용을 100분의 30 이내의 범위에서 변경하려는 경우
2. 다른 법령 또는 그 법령에 따른 계획의 변경에 따라 국가환경종합계획을 변경하려는 경우로서 국가환경종합계획의 기본 목표 및 추진 방향에 영향을 미치지 아니하는 사항을 변경하려는 경우
3. 계산착오, 오기(誤記), 누락 또는 이에 준하는 명백한 오류를 수정하려는 경우

**15조(국가환경종합계획의 내용)** 국가환경종합계획에는 다음 각 호의 사항이 포함되어야 한다.

1. 인구·산업·경제·토지 및 해양의 이용 등 환경변화 여건에 관한 사항

2. 환경오염원·환경오염도 및 오염물질 배출량의 예측과 환경오염 및 환경훼손으로 인한 환경의 질(質)의 변화 전망
3. 환경의 현황 및 전망
4. 환경정의 실현을 위한 목표 설정과 이의 달성을 위한 대책
5. 환경보전 목표의 설정과 이의 달성을 위한 다음 각 목의 사항에 관한 단계별 대책 및 사업계획
   가. 생물다양성·생태계·경관 등 자연환경의 보전에 관한 사항
   나. 토양환경 및 지하수 수질의 보전에 관한 사항
   다. 해양환경의 보전에 관한 사항
   라. 국토환경의 보전에 관한 사항
   마. 대기환경의 보전에 관한 사항
   바. 물환경의 보전에 관한 사항
   사. 수자원의 효율적인 이용 및 관리에 관한 사항
   아. 상하수도의 보급에 관한 사항
   자. 폐기물의 관리 및 재활용에 관한 사항
   차. 화학물질의 관리에 관한 사항
   카. 방사능오염물질의 관리에 관한 사항
   타. 기후변화에 관한 사항
   파. 그 밖에 환경의 관리에 관한 사항
6. 사업의 시행에 드는 비용의 산정 및 재원 조달 방법
7. 직전 종합계획에 대한 평가
8. 제1호부터 제6호까지의 사항에 부대되는 사항

**제16조의2(국가환경종합계획의 정비)** ① 환경부장관은 환경적·사회적 여건 변화 등을 고려하여 5년마다 국가환경종합계획의 타당성을 재검토하고 필요한 경우 이를 정비하여야 한다.

② 환경부장관은 제1항에 따라 국가환경종합계획을 정비하려면 그 초안을 마련하여 공청회 등을 열어 국민, 관계 전문가 등의 의견을 수렴한 후 관계 중앙행정기관의 장과의 협의를 거쳐 확정한다.

③ 환경부장관은 제1항 및 제2항에 따라 정비한 국가환경종합계획을 관계 중앙행정기관의 장, 시·도지사 및 시장·군수·구청장(자치구의 구청장을 말한다. 이하 같다)에게 통보하여야 한다.

**제18조(시·도의 환경보전계획의 수립 등)** ① 시·도지사는 제18조에 따라 시·도 환경계획을 수립하거나 변경하려는 경우 환경부장관의 승인을 받아야 한다. 다만, 대통령령으로 정하는 경미한 사항을 변경하려는 경우에는 그러하지 아니하다.

② 환경부장관은 제1항에 따라 시·도 환경계획을 승인하려면 미리 관계 중앙행정기관의 장과 협의하여야 한다.

③ 시·도지사는 제1항에 따른 승인을 받으면 지체 없이 그 주요 내용을 공고하고 시장·군수·구청장에게 통보하여야 한다.

**제19조(시·군·구의 환경계획의 수립 등)**

① 시장·군수·구청장은 국가환경종합계획, 중기계획 및 시·도 환경계획에 따라 관할 구역의 지역적 특성을 고려하여 해당 시·군·구의 환경계획(이하 "시·군·구 환경계획"이라 한다)을 수립·시행하여야 한다.

**제22조(환경상태의 조사·평가 등)**

① 국가 및 지방자치단체는 다음 각 호의 사항을 상시 조사·평가하여야 한다.

1. 자연환경 및 생활환경 현황
2. 환경오염 및 환경훼손 실태
3. 환경오염원 및 환경훼손 요인
4. 기후변화 등 환경의 질 변화
5. 그 밖에 국가환경종합계획등의 수립·시행에 필요한 사항

② 국가 및 지방자치단체는 조사·평가를 적정하게 시행하기 위한 연구·감시·측정·시험 및 분석체제를 유지하여야 한다.

**제23조(환경친화적 계획기법등의 작성·보급)**

① 정부는 환경에 영향을 미치는 행정계획 및 개발사업이 환경적으로 건전하고 지속가능하게 계획되어 수립·시행될 수 있도록 환경친화적인 계획기법 및 토지이용·개발기준(환경친화적 계획기법등)을 작성·보급할 수 있다.

② 환경부장관은 국토환경을 효율적으로 보전하고 국토를 환경친화적으로 이용하기 위하여 국토에 대한 환경적 가치를 평가하여 등급으로 표시한 환경성 평가지도를 작성·보급할 수 있다.

③ 환경친화적 계획기법등과 환경성 평가지도의 작성 방법 및 내용 등 필요한 사항은 대통령령으로 정한다.

령 **제11조(환경친화적 계획기법등의 작성방법 및 내용)** 법 제23조제1항에 따른 환경친화적 계획기법등(이하 "환경친화적 계획기법등"이라 한다)은 행정계획 및 개발사업의 유형과 입지별 특성 등을 고려하여 해당 행정계획 및 개발사업에 관한 법령을 주관하는 중앙행정기관의 장이 작성하되, 다음 각 호의 사항이 포함되어야 한다.

1. 환경친화성 지표에 관한 사항
2. 환경친화적 계획 기준 및 기법에 관한 사항
3. 환경친화적인 토지의 이용·관리 기준에 관한 사항
4. 그 밖에 행정계획 및 개발사업이 지속가능하게 계획되어 수립·시행될 수 있게 하기 위하여 필요한 사항

**제11조의2(환경성 평가지도의 작성)**

① 법 제23조제2항에 따른 환경성 평가지도(환경성 평가지도)에는 다음 각 호의 환경정보가 포함되어야 한다.

1. 관련 법령에서 환경 보전 목적으로 지정된 지역·지구·구역 등에 관한 환경정보
2. 희귀성·종다양성 등 생태계보전 및 생물다양성 유지와 관련된 환경정보

3. 그 밖에 수질·대기 등 행정계획 및 개발사업을 수립·시행할 때 고려하여야 하는 환경정보

② 환경부장관은 환경성 평가지도를 다음 각 호의 방법에 따라 작성하여야 한다.

1. 환경정보를 수집·평가하여 「국가공간정보 기본법」에 따른 공간정보로 제시할 것
2. 전국을 대상으로 축척 5천분의 1 이상의 지도로 작성할 것. 다만, 수집·평가한 환경정보가 부족한 지역의 경우에는 2만5천분의 1 이상의 지도로 작성할 수 있다.
3. 환경정보를 종합하여 환경적 가치에 따라 해당 지역을 10등급 내외로 평가하여 제시할 것

**제24조(환경정보의 보급 등)**

① 환경부장관은 모든 국민에게 환경보전에 관한 지식·정보를 보급하고, 국민이 환경에 관한 정보에 쉽게 접근할 수 있도록 노력하여야 한다.

② 환경부장관은 환경보전에 관한 지식·정보의 원활한 생산·보급 등을 위하여 환경정보망을 구축하여 운영할 수 있다.

령 **제12조(환경정보망의 구축·운영 등)**

① 법 제24조제2항에 따른 환경정보망의 구축·운영 대상이 되는 환경정보는 다음 각 호와 같다.

1. 환경상태의 조사·평가 결과
2. 전문기관의 환경현황 조사 결과
3. 환경정책의 수립 및 집행에 필요한 환경정보
4. 자연환경 및 생태계의 현황을 표시한 지도 등 환경지리정보
5. 일반국민에게 유용한 환경정보
6. 「기후위기 대응을 위한 탄소중립 · 녹색성장 기본법」에 따른 녹색경영에 필요한 환경정보
7. 그 밖에 환경보전 및 환경관리를 위하여 필요한 환경정보

② 환경부장관이 법 제24조제4항에 따라 환경현황 조사를 의뢰하거나 환경정보망의 구축·운영을 위탁할 수 있는 전문기관은 다음 각 호와 같다.

1. 국립환경과학원
2. 「보건환경연구원법」에 따른 시·도의 보건환경연구원
3. 「정부출연연구기관 등의 설립·운영 및 육성에 관한 법률」 또는 「과학기술분야 정부출연연구기관 등의 설립·운영 및 육성에 관한 법률」에 따른 정부출연연구기관
4. 「한국환경공단법」에 따른 한국환경공단
5. 「한국수자원공사법」에 따른 한국수자원공사
6. 「특정연구기관 육성법」에 따른 특정연구기관
7. 「한국환경산업기술원법」에 따른 한국환경산업기술원
8. 「국립생태원의 설립 및 운영에 관한 법률」에 따른 국립생태원
9. 그 밖에 환경부장관이 지정·고시하는 기관 및 단체

**제33조(화학물질의 관리)** 정부는 화학물질에 의한 환경오염과 건강상의 위해를 예방하기 위하여 화학물질을 적정하게 관리하기 위한 시책을 마련하여야 한다.

**제34조(방사성 물질에 의한 환경오염의 방지 등)**

① 정부는 방사성 물질에 의한 환경오염 및 그 방지 등을 위하여 적절한 조치를 하여야 한다.

② 제1항에 따른 조치는 「원자력안전법」과 그 밖의 관계 법률에서 정하는 바에 따른다.

**제35조(과학기술의 위해성 평가 등)** 정부는 과학기술의 발달로 인하여 생태계 또는 인간의 건강에 미치는 해로운 영향을 예방하기 위하여 필요하다고 인정하는 경우 그 영향에 대한 분석이나 위해성 평가 등 적절한 조치를 마련하여야 한다.

**제36조(환경성 질환에 대한 대책)** 국가 및 지방자치단체는 환경오염으로 인한 국민의 건강상의 피해를 규명하고 환경오염으로 인한 질환에 대한 대책을 마련하여야 한다.

**제38조(특별종합대책의 수립)**

① 환경부장관은 환경오염·환경훼손 또는 자연생태계의 변화가 현저하거나 현저하게 될 우려가 있는 지역과 환경기준을 자주 초과하는 지역을 관계 중앙행정기관의 장 및 시·도지사와 협의하여 환경보전을 위한 특별대책지역으로 지정·고시하고, 해당 지역의 환경보전을 위한 특별종합대책을 수립하여 관할 시·도지사에게 이를 시행하게 할 수 있다.

② 환경부장관은 특별대책지역의 환경개선을 위하여 특히 필요한 경우에는 대통령령으로 정하는 바에 따라 그 지역에서 토지 이용과 시설 설치를 제한할 수 있다.

> 령 **제13조(특별대책지역 내의 토지 이용 등의 제한)**
>
> ① 환경부장관은 법 제38조제2항에 따라 다음 각 호의 어느 하나에 해당하는 경우에는 특별대책지역 내의 토지 이용과 시설 설치를 제한할 수 있다.
>
> 1. 환경기준을 초과하여 주민의 건강·재산이나 생물의 생육에 중대한 위해(危害)를 가져올 우려가 있다고 인정되는 경우
> 2. 자연생태계가 심하게 파괴될 우려가 있다고 인정되는 경우
> 3. 토양이나 수역(水域)이 특정유해물질에 의하여 심하게 오염된 경우

**제39조(영향권별 환경관리)**

① 환경부장관은 환경오염의 상황을 파악하고 그 방지대책을 마련하기 위하여 대기오염의 영향권별 지역, 수질오염의 수계별 지역 및 생태계 권역 등에 대한 환경의 영향권별 관리를 하여야 한다.

② 지방자치단체의 장은 관할 구역의 대기오염, 수질오염 또는 생태계를 효과적으로 관리하기 위하여 지역의 실정에 따라 환경의 영향권별 관리를 할 수 있다.

> 령 **제14조(영향권별 환경관리지역의 지정)** 환경부장관은 법 제39조에 따라 환경의 영향권별 관리를 위하여 필요한 경우에는 대기오염의 영향권, 수질오염의 수계 및 생태계 권역 등에 따라 각각 영향권별 환경관리지역(관리지역)을 지정할 수 있다. 이 경우 관리지역은 중권역(中圈域) 및 대권역(大圈域)으로 구분하여 지정할 수 있다.

령 **제15조(영향권별 환경관리계획 및 대책의 수립)**

① 유역환경청장 또는 지방환경청장은 제14조에 따라 중권역의 관리지역이 지정되었을 때에는 유역환경청장 또는 지방환경청장이 관할하는 중권역의 특성에 맞는 환경관리계획 및 대책(이하 "중권역관리계획"이라 한다)을 수립하여 제17조에 따른 중권역환경관리위원회의 심의·조정을 거치고 환경부장관의 승인을 받아 확정한다.

② 환경부장관은 제14조에 따라 대권역의 관리지역이 지정되었을 때에는 제1항에 따라 승인 요청된 중권역관리계획을 기초로 하여 대권역의 환경관리계획 및 대책(이하 "대권역관리계획"이라 한다)을 수립하여야 한다.

③ 환경부장관, 유역환경청장 또는 지방환경청장은 중권역관리계획 또는 대권역관리계획을 수립할 때에는 미리 각각 관계 기관 및 단체의 장과 협의하여야 한다.

④ 환경부장관, 유역환경청장 또는 지방환경청장은 중권역관리계획이 확정되거나 대권역관리계획이 수립되었을 때에는 관계 기관 및 단체의 장에게 이를 통보하여야 하며, 통보를 받은 관계 기관 및 단체의 장은 필요한 조치 또는 협조를 하여야 한다.

**제17조(중권역환경관리위원회의 구성)**

① 중권역관리계획을 심의·조정하기 위하여 유역환경청 또는 지방환경청에 중권역환경관리위원회(중권역위원회)를 둔다.

② 중권역위원회는 위원장 1명을 포함한 30명 이내의 위원으로 구성하고, 중권역위원회의 위원장은 유역환경청장 또는 지방환경청장이 된다.

③ 중권역위원회의 위원은 유역환경청장 또는 지방환경청장이 다음 각 호의 사람 중에서 위촉하거나 임명한다.

1. 관계 행정기관의 공무원
2. 지방의회의원
3. 수자원 관계 기관의 임직원
4. 상공(商工)단체 등 관계 경제단체·사회단체의 대표자
5. 그 밖에 환경보전 또는 국토계획·도시계획에 관한 학식과 경험이 풍부한 사람
6. 시민단체(「비영리민간단체 지원법」에 따른 비영리민간단체를 말한다)에서 추천한 사람

**제58조(환경정책위원회)**

① 환경부장관은 다음 각 호의 사항에 대한 심의·자문을 수행하는 중앙환경정책위원회를 둘 수 있다.

1. 국가환경종합계획의 수립·변경에 관한 사항

1의2. 국가환경종합계획의 정비에 관한 사항

2. 환경기준·오염물질배출허용기준 및 방류수수질기준 등에 관한 사항

3. 특별대책지역의 지정 및 특별종합대책의 수립에 관한 사항

② 지역의 환경정책에 관한 심의·자문을 위하여 시·도지사 소속으로 시·도환경정책위원회를 두며, 시장·군수·구청장 소속으로 시·군·구환경정책위원회를 둘 수 있다.

③ 중앙환경정책위원회는 위원장과 10명 이내의 분과위원장을 포함한 200명 이내의 위원으로 구성한다.

④ 위원장은 환경부장관과 환경부장관이 위촉하는 민간위원 중에서 호선으로 선정된 사람이 공동으로 하고, 분과위원장은 환경정책·자연환경·기후대기·물·상하수도·자원순환 등 환경관리 부문별로 환경부장관이 지명한 사람이 된다.

⑤ 중앙환경정책위원회의 구성·운영에 관하여 그 밖에 필요한 사항은 대통령령으로 정하며, 시·도환경정책위원회 및 시·군·구환경정책위원회의 구성 및 운영 등 필요한 사항은 해당 시·도 및 시·군·구의 조례로 정한다.

령 **제19조(중앙환경정책위원회의 구성)**

① 법 제58조제1항에 따른 중앙환경정책위원회(중앙정책위원회)의 위원은 다음 각 호의 어느 하나에 해당하는 사람 중에서 환경부장관이 위촉하거나 임명한다.

1. 환경정책에 관한 학식과 경험이 풍부한 사람
2. 관계 중앙행정기관의 공무원
3. 시민단체(「비영리민간단체 지원법」에 따른 비영리민간단체를 말한다)에서 추천한 사람

② 위원의 임기는 2년으로 한다.

**제21조(중앙정책위원회의 회의)**

① 중앙정책위원회의 회의는 위원장이 필요하다고 인정할 때에 위원장이 소집하되, 회의는 위원장과 위원장이 회의마다 지명하는 5명 이상의 위원으로 구성하며, 위원장이 그 의장이 된다.

② 중앙정책위원회의 회의는 구성위원 과반수의 출석으로 개의(開議)하고, 출석위원 과반수의 찬성으로 의결한다.

**제22조(분과위원회의 설치·구성)**

① 중앙정책위원회의 원활한 운영을 위하여 환경정책·자연환경·기후대기·물·상하수도·자원순환 등 환경관리 부문별로 분과위원회를 둔다.

② 분과위원회는 분과위원장 1명을 포함한 25명 이내의 위원으로 구성한다.

**제59조(환경보전협회)**

① 환경보전에 관한 조사연구, 기술개발 및 교육·홍보, 생태복원 등을 위하여 환경보전협회(협회)를 설립한다.

② 협회는 법인으로 한다.

③ 협회의 회원이 될 수 있는 자는 환경오염물질을 배출하는 시설의 설치허가를 받은 자 및 대통령령으로 정하는 자로 한다.

④ 협회의 사업에 드는 경비는 회비·사업수입금 등으로 충당하며, 국가 및 지방자치단체는 경비의 일부를 예산의 범위에서 지원할 수 있다.

# 핵심문제 해설



**01** 다음은 환경정책기본법상 용어의 정의이다. (　)안에 가장 적합한 것은? 기-19-1

> (　)이란 지하·지표(해양을 포함한다) 및 지상의 모든 생물과 이들을 둘러싸고 있는 비생물적인 것을 포함한 자연의 상태(생태계 및 자연경관을 포함한다)를 말한다.

① 생활환경　② 생태환경
③ 자연환경　④ 일반환경

**02** 환경정책기본법상 이 법에서 사용하는 용어의 뜻으로 옳지 않은 것은? 기-12-1, 기-17-1

① "환경복원"이란 환경오염 및 환경훼손으로부터 환경을 보호하고 오염되거나 훼손된 환경을 개선함과 동시에 쾌적한 환경의 상태를 유지·조성하기 위한 행위를 말한다.
② "환경용량"이란 일정한 지역에서 환경오염 또는 환경훼손에 대하여 환경이 스스로 수용, 정화 및 복원하여 환경의 질을 유지할 수 있는 한계를 말한다.
③ "생활환경"이란 대기, 물, 토양, 폐기물, 소음·진동, 악취, 일조(日照), 인공조명 등 사람의 일상생활과 관계되는 환경을 말한다.
④ "환경훼손"이란 야생동식물의 남획 및 그 서식지의 파괴, 생태계질서의 교란, 자연경관의 훼손, 표토의 유실 등으로 자연환경의 본래적 기능에 중대한 손상을 주는 상태를 말한다.

**해** ① "환경보전"에 대한 설명이다.

**03** 환경정책기본법령상 아황산가스($SO_2$)의 대기환경기준으로 옳은 것은? (단, 1시간 평균치) 기-15-1, 기-18-3

① 0.02ppm 이하　② 0.06ppm 이하
③ 0.10ppm 이하　④ 0.15ppm 이하

**해** 아황산가스($SO_2$)의 대기환경기준
- 연간 평균치 0.02ppm 이하
- 24시간 평균치 0.05ppm 이하
- 1시간 평균치 0.15ppm 이하

**04** 환경정책기본법상 보기가 설명하고 있는 원칙은? 기-19-3

> 자기의 행위 또는 사업활동으로 인하여 환경오염 또는 환경훼손의 원인을 야기한 자는 그 오염·훼손의 방지와 오염·훼손된 환경을 회복·복원할 책임을 지며, 환경오염 또는 환경훼손으로 인한 피해의 구제에 소요되는 비용을 부담함을 원칙으로 한다.

① 자연복원 책임원칙
② 원상회복 책임원칙
③ 생태복원 책임원칙
④ 오염원인자 책임원칙

**05** 환경정책기본법령상 이산화질소의 대기환경 기준(ppm)은? (단, 24시간 평균치) 기-12-2, 기-14-2, 기-19-2

① 0.03 이하　② 0.05 이하
③ 0.06 이하　④ 0.10 이하

**해** 이산화질소($NO_2$)의 대기환경기준
- 연간 평균치 0.03ppm 이하
- 24시간 평균치 0.06ppm 이하
- 1시간 평균치 0.10ppm 이하

**06** 환경정책기본법령상 오존($O_3$)의 대기환경기준(ppm)으로 옳은 것은? (단, 8시간 평균치이다.) 기-14-1, 기-14-3, 기-17-3, 기-18-2

① 0.02 이하　② 0.03 이하
③ 0.05 이하　④ 0.06 이하

**해** 오존($O_3$) 대기환경기준
- 8시간 평균치 : 0.06ppm 이하
- 1시간 평균치 : 0.1ppm 이하



정답 01. ③ 02. ① 03. ④ 04. ④ 05. ③ 06. ④

**07** 환경정책기본법령상 다음 오염물질의 대기환경기준으로 옳지 않은 것은? 기-05-4, 기-16-1, 기-19-3

① 오존 – 1시간 평균치 0.1ppm 이하
② 일산화탄소 – 1시간 평균치 0.15ppm 이하
③ 아황산가스 – 24시간 평균치 0.05ppm 이하
④ 이산화질소 – 24시간 평균치 0.06ppm 이하

해 ② 일산화탄소 – 1시간 평균치 25ppm 이하

**08** 환경정책기본법령상 국토의 계획 및 이용에 관한 법률에 따른 주거지역 중 전용주거지역의 밤(22:00~06:00)시간대 소음환경기준은? (단, 일반지역이며, 단위는 Leq dB(A)) 기-18-3, 기-15-2

① 40 ② 45
③ 50 ④ 55

해 소음환경기준(일반지역)

일반지역 (단위: Leq dB(A))

| 적용대상지역 | 기준 | |
|---|---|---|
| | 낮(06:00 ~ 22:00) | 밤(22:00 ~ 06:00) |
| 녹지지역, 보전관리지역, 농림지역, 자연환경보전지역, 전용주거지역, 종합병원·초중고교·공공도서관의 부지경계로부터 50미터 이내의 지역 | 50 | 40 |
| 생산관리지역, 일반주거지역, 준주거지역 | 55 | 45 |
| 상업지역, 계획관리지역, 준공업지역 | 65 | 55 |
| 전용공업지역, 일반공업지역 | 70 | 65 |

**09** 환경정책기본법령상 각 항목별 대기환경기준으로 옳지 않은 것은? 기-12-3, 기-17-1

① 아황산가스($SO_2$)의 1시간평균치는 0.15ppm 이하이다.
② 이산화질소($NO_2$)의 연간평균치는 0.03ppm 이하이다.
③ 오존($O_3$)의 1시간평균치는 0.1ppm 이하이다.
④ 벤젠의 연간평균치는 0.5$\mu\ell/m^3$ 이하이다.

해 ④ 벤젠의 연간평균치는 5$\mu g/m^3$ 이하이다.

**10** 환경정책기본법령에 따른 환경기준에서 일반지역에 위치한 녹지지역 및 보전관리 지역의 소음기준으로 적당한 것은? 기-19-2

① 낮 40dB, 밤 30dB
② 낮 50dB, 밤 40dB
③ 낮 65dB, 밤 55dB
④ 낮 75dB, 밤 70dB

**11** 환경정책기본법령상 납(Pb)의 수질 및 수생태계 기준(mg/L)은? (단, 하천에서의 사람의 건강보호 기준) 기-19-1

① 0.001 이하 ② 0.005 이하
③ 0.01 이하 ④ 0.05 이하

**12** 환경정책기본법령상 하천의 수질 및 수생태계 기준 중 "음이온 계면활성제(ABS)" 기준값(mg/L)으로 옳은 것은? (단, 사람의 건강보호기준) 기-09-2, 기-14-2

① 검출되어서는 안 됨(검출한계 0.001)
② 검출되어서는 안 됨(검출한계 0.01)
③ 0.05 이하
④ 0.5 이하

**13** 환경정책기본법령상 하천에서의 "디클로로메탄"의 수질 및 수생태계 기준(mg/L)으로 옳은 것은? (단, 사람의 건강보호 기준) 기-11-1, 기-15-1

① 0.008 이하 ② 0.01 이하
③ 0.02 이하 ④ 0.05 이하

**14** 환경정책기본법령상 하천의 수질 및 수생태계환경기준으로 옳은 것은? (단, 사람의 건강보호 기준, 대상항목은 안티몬( ㉠ ), 디에틸헥실프탈레이트( ㉡ ) 이며, 단위는 mg/L 이다.) 기-09-4, 기-13-3

① ㉠ 0.5 이하, ㉡ 0.04 이하

정답 07. ② 08. ① 09. ④ 10. ② 11. ④ 12. ④ 13. ③ 14. ④

② ㉠ 0.04 이하, ㉡ 0.5 이하
③ ㉠ 0.008 이하, ㉡ 0.02 이하
④ ㉠ 0.02 이하, ㉡ 0.008 이하

**15** 환경정책기본법령상 하천의 수질 및 수생태계 환경기준으로 옳지 않은 것은? (단, 사람의 건강보호 기준) 기-07-4, 기-18-3

| 구분 | 항 목 | 기준값 (mg/L) |
|---|---|---|
| ㉠ | 카드뮴 | 0.005 이하 |
| ㉡ | 비소 | 0.05 이하 |
| ㉢ | 사염화탄소 | 0.01 이하 |
| ㉣ | 음이온계면활성제 | 0.5 이하 |

① ㉠ ② ㉡
③ ㉢ ④ ㉣

해 ③ 사염화탄소 : 0.004 이하

**16** 다음은 환경정책기본법령상 수질 및 수생태계 상태별 생물학적 특성 이해표이다. 이에 가장 적합한 생물등급은? 기-18-1

| 생물 지표종 | | 서식지 및 생물 특성 |
|---|---|---|
| 저서생물 | 어류 | |
| 물달팽이<br>턱거머리<br>물벌레<br>밀잠자리 | 피라미<br>끄리<br>모래무지<br>참붕어<br>등이 서식 | 유속은 약간 느린편이고, 바닥은 주로 잔자갈과 모래로 구성.<br>부착 조류가 녹색을 띠며 많음. |

① 매우 좋음 ~ 좋음
② 좋음 ~ 보통
③ 보통 ~ 약간 나쁨
④ 약간 나쁨 ~ 매우 나쁨

**17** 환경정책기본법령상 수질 및 수생태계 하천에 대한 사람의 건강보호 기준으로 옳은 것은? 기-08-2, 기-16-2

① 6가 크롬($Cr^{6+}$) : 0.1 mg/L 이하
② 테트라클로로에틸렌(PCE) : 0.05 mg/L 이하
③ 벤젠 : 0.01 mg/L 이하
④ 1,2-디클로로에탄 : 0.05 mg/L 이하

해 ① 6가 크롬($Cr^{6+}$) : 0.05 mg/L 이하
② 테트라클로로에틸렌(PCE) : 0.04 mg/L 이하
④ 1,2-디클로로에탄 : 0.03 mg/L 이하

**18** 환경정책기본법령상 수질 및 수생태계 상태별 생물학적 특성 중 생물등급에 따른 생물지표종(저서생물)이 다른 하나는? 기-16-2

① 옆새우 ② 가재
③ 꽃등에 ④ 민하루살이

**19** 환경정책기본법령상 해역의 생태기반 해수수질 기준에서 II등급(좋음)의 수질평가 지수값(Water Quality Index)은? 기-14-3, 기-17-3

① 10~13 ② 15~23
③ 24~33 ④ 34~46

해 생태기반 해수수질 기준

| 등급 | 수질평가 지수값 |
|---|---|
| I(매우 좋음) | 23 이하 |
| II(좋음) | 24~33 |
| III(보통) | 34~46 |
| IV(나쁨) | 47~59 |
| V(아주 나쁨) | 60 이상 |

**20** 환경정책기본법상 국가 및 지방자치단체가 환경기준의 유지를 위해 환경에 관계되는 법령을 제정 또는 개정하거나 행정계획의 수립 또는 사업 집행 시 고려해야 할 사항으로 가장 거리가 먼 것은? 기-19-3, 기-17-1, 기-16-1

① 환경오염지역의 원상회복
② 환경 악화의 예방 및 그 요인의 제거
③ 인구·산업·경제·토지 및 해양의 이용 등 환경변화 여건에 관한 사항
④ 새로운 과학기술의 사용으로 인한 환경오염 및 환경훼손의 예방

해 ①②④ 외에 환경오염방지를 위한 재원(財源)의 적정 배분이 있다.



정답 15. ③ 16. ③ 17. ③ 18. ③ 19. ③ 20. ③

**21** 다음은 환경정책기본법상 국가환경종합계획의 수립에 관한 내용이다. ( )안에 알맞은 것은? 기-17-3

> 환경부장관은 관계 중앙행정기관의 장과 협의하여 국가 차원의 환경보전을 위한 종합계획을 ( ) 마다 수립하여야 한다.

① 1년 ② 5년
③ 10년 ④ 20년

**22** 다음은 환경정책기본법령상 환경보전계획을 수립하거나 변경하고자 할 때, 대통령령으로 정하는 경미한 사항의 경우에는 지방환경관서의 장과의 협의를 생략할 수 있는 기준이다. ( )안에 알맞은 것은? 기-14-2

> 해당 시·군·구의 환경보전계획에 따른 사업 시행에 드는 비용을 ( )에서 변경하려는 경우

① 100분의 10 이내의 범위
② 100분의 20 이내의 범위
③ 100분의 30 이내의 범위
④ 100분의 50 이내의 범위

**23** 환경정책기본법상 국가환경종합계획에 포함되어야 하는 사항과 가장 거리가 먼 것은? 기-18-2

① 인구·산업·경제·토지 및 해양의 이용 등 환경변화여건에 관한 사항
② 환경의 현황 및 전망
③ 방사능오염물질의 관리에 관한 단계적 대책 및 사업계획
④ 자연환경 훼손지의 복원·복구 및 책임소재 파악

**해** ①② 외에 환경오염원·환경오염도 및 오염물질 배출량의 예측과 환경오염 및 환경훼손으로 인한 환경의 질(質)의 변화 전망, 환경정의 실현을 위한 목표 설정과 이의 달성을 위한 대책, 환경보전 목표의 설정과 이의 달성을 위한 단계별 대책 및 사업계획, 사업의 시행에 드는 비용의 산정 및 재원 조달 방법, 직전 종합계획에 대한 평가 등이 있다.

**24** 환경정책기본법상 국가 및 지방자치단체가 상시해야 하는 환경상태의 조사·평가항목으로 가장 거리가 먼 것은? (단, 그 밖의 사항 등은 고려하지 않음) 기-14-1

① 환경의 질의 변화
② 환경오염 및 환경훼손실태
③ 글로벌환경친화 전문인력 양성현황
④ 환경오염원 및 환경훼손요인

**해** 환경상태의 조사·평가항목
1. 자연환경 및 생활환경 현황
2. 환경오염 및 환경훼손 실태
3. 환경오염원 및 환경훼손 요인
4. 환경의 질의 변화

**25** 환경정책기본법령상 환경부장관이 환경현황 조사를 의뢰하거나 환경정보망의 구축·운영을 위탁할 수 있는 전문기관과 거리가 먼 것은? 기-19-1

① 한국개발공사
② 보건환경연구원
③ 국립환경과학원
④ 한국수자원공사

**해** 환경현황 조사를 의뢰하거나 환경정보망의 구축·운영을 위탁할 수 있는 전문기관 : 국립환경과학원, 보건환경연구원, 정부출연연구기관, 한국환경공단(구 한국환경자원공사), 특정연구기관, 한국환경산업기술원, 그 밖에 환경부장관이 지정·고시하는 기관 및 단체

**26** 환경정책기본법령상 각 위원회에 관한 설명으로 옳지 않은 것은? 기-18-1

① 중앙환경정책위원회의 위원은 환경부장관이 위촉하거나 임명한다.
② 중앙정책위원회의 회의는 위원장이 필요하다고 인정할 때에 위원장이 소집하되, 회의는 위원장과 위원장이 회의마다 지명하는 3명 이상의 위원으로 구성하며, 위원장이 그 의장이 된다.
③ 중권역환경관리위원회는 위원장 1명을 포함한 30명 이내의 위원으로 구성하고, 중권역위원회의 위원장은 유역환경청장 또는 지방환경청장이 된다.

**정답** 21. ④ 22. ③ 23. ④ 24. ③ 25. ① 26. ②

④ 중앙정책위원회의 원활한 운영을 위하여 환경정책·자연환경·기후·대기·물 등 환경관리 부문별로 분과위원회를 두며, 분과위원회는 분과위원장 1명을 포함한 25명 이내의 위원으로 구성한다.

해 ② 중앙정책위원회의 회의는 위원장이 필요하다고 인정할 때에 위원장이 소집하되, 회의는 위원장과 위원장이 회의마다 지명하는 5명 이상의 위원으로 구성하며, 위원장이 그 의장이 된다.

**27** 다음은 환경정책기본법상 중권역환경관리위원회에 관한 사항이다. ( )안에 알맞은 것은? 기-17-2

> 중권역관리계획을 심의·조정하기 위하여 중권역환경관리위원회를 두며, 이 위원회는 위원장 1명을 포함한 ( ㉠ )의 위원으로 구성하고, 위원장은 ( ㉡ )이 된다.

① ㉠ 15명 이내, ㉡ 환경부차관
② ㉠ 15명 이내, ㉡ 유역환경청장 또는 지방환경청장
③ ㉠ 30명 이내, ㉡ 환경부차관
④ ㉠ 30명 이내, ㉡ 유역환경청장 또는 지방환경청장

**28** 환경정책기본법령상 중앙정책위원회의 원활한 운영을 위하여 환경정책 · 자연환경 · 기후대기 · 물 · 상하수도 · 자원순환 등 환경관리 부문별로 분과위원회를 둘 수 있는데, 그 분과위원회의 구성으로 옳은 것은? 기-13-2

① 분과위원장을 1명을 포함한 10명 이내의 위원으로 구성한다.
② 분과위원장을 1명을 포함한 15명 이내의 위원으로 구성한다.
③ 분과위원장을 1명을 포함한 20명 이내의 위원으로 구성한다.
④ 분과위원장을 1명을 포함한 25명 이내의 위원으로 구성한다.


정답 27. ④ 28. ④

## 2 자연환경보전법 [소관부처 : 환경부]

**제1조(목적)** 이 법은 자연환경을 인위적 훼손으로부터 보호하고, 생태계와 자연경관을 보전하는 등 자연환경을 체계적으로 보전·관리함으로써 자연환경의 지속가능한 이용을 도모하고, 국민이 쾌적한 자연환경에서 여유있고 건강한 생활을 할 수 있도록 함을 목적으로 한다.

**제2조(정의)**

| 용 어 | 정 의 |
|---|---|
| 자연환경 | 지하·지표(해양을 제외한다) 및 지상의 모든 생물과 이들을 둘러싸고 있는 비생물적인 것을 포함한 자연의 상태(생태계 및 자연경관을 포함한다)를 말한다. |
| 자연환경보전 | 자연환경을 체계적으로 보존·보호 또는 복원하고 생물다양성을 높이기 위하여 자연을 조성하고 관리하는 것을 말한다. |
| 자연환경의 지속가능한 이용 | 현재와 장래의 세대가 동등한 기회를 가지고 자연환경을 이용하거나 혜택을 누릴 수 있도록 하는 것을 말한다. |
| 자연생태 | 자연의 상태에서 이루어진 지리적 또는 지질적 환경과 그 조건 아래에서 생물이 생활하고 있는 모든 현상을 말한다. |
| 생태계 | 식물·동물 및 미생물 군집(群集)들과 무생물 환경이 기능적인 단위로 상호작용하는 역동적인 복합체를 말한다. |
| 소(小)생태계 | 생물다양성을 높이고 야생동·식물의 서식지간의 이동가능성 등 생태계의 연속성을 높이거나 특정한 생물종의 서식조건을 개선하기 위하여 조성하는 생물서식공간을 말한다. |
| 생물다양성 | 육상생태계 및 수생생태계(해양생태계를 제외한다)와 이들의 복합생태계를 포함하는 모든 원천에서 발생한 생물체의 다양성을 말하며, 종내(種內)·종간(種間) 및 생태계의 다양성을 포함한다. |
| 생태축 | 전국 또는 지역 단위에서 생물다양성을 증진시키고 생태계 기능의 연속성을 위하여 생태적으로 중요한 지역 또는 생태적 기능의 유지가 필요한 지역을 연결하는 생태적서식공간을 말한다. |
| 생태통로 | 도로·댐·수중보(水中洑)·하굿둑 등으로 인하여 야생동·식물의 서식지가 단절되거나 훼손 또는 파괴되는 것을 방지하고 야생동·식물의 이동 등 생태계의 연속성 유지를 위하여 설치하는 인공 구조물·식생 등의 생태적 공간을 말한다. |
| 자연경관 | 자연환경적 측면에서 시각적·심미적인 가치를 가지는 지역·지형 및 이에 부속된 자연요소 또는 사물이 복합적으로 어우러진 자연의 경치를 말한다. |
| 대체자연 | 기존의 자연환경과 유사한 기능을 수행하거나 보완적 기능을 수행하도록 하기 위하여 조성하는 것을 말한다. |
| 생태·경관보전지역 | 생물다양성이 풍부하여 생태적으로 중요하거나 자연경관이 수려하여 특별히 보전할 가치가 큰 지역으로서 환경부장관이 지정·고시하는 지역을 말한다. |
| 자연유보지역 | 사람의 접근이 사실상 불가능하여 생태계의 훼손이 방지되고 있는 지역중 군사목적을 위하여 이용되는 외에는 특별한 용도로 사용되지 아니하는 무인도로서 대통령령이 정하는 지역과 관할권이 대한민국에 속하는 날부터 2년간의 비무장지대를 말한다. |
| 생태·자연도 | 산·하천·내륙습지·호소(湖沼)·농지·도시 등에 대하여 자연환경을 생태적 가치, 자연성, 경관적 가치 등에 따라 등급화하여 작성된 지도를 말한다. |

|  |  |
|---|---|
| 자연자산 | 인간의 생활이나 경제활동에 이용될 수 있는 유형·무형의 가치를 가진 자연상태의 생물과 비생물적인 것의 총체를 말한다. |
| 생물자원 | 「생물다양성 보전 및 이용에 관한 법률」에 따른 생물자원을 말한다. |
| 생태마을 | 생태적 기능과 수려한 자연경관을 보유하고 이를 지속가능하게 보전·이용할 수 있는 역량을 가진 마을로서 환경부장관 또는 지방자치단체의 장이 지정한 마을을 말한다. |
| 생태관광 | 생태계가 특히 우수하거나 자연경관이 수려한 지역에서 자연자산의 보전 및 현명한 이용을 통하여 환경의 중요성을 체험할 수 있는 자연친화적인 관광을 말한다. |
| 자연환경복원사업 | 훼손된 자연환경의 구조와 기능을 회복시키는 사업으로서 다음 각 호에 해당하는 사업을 말한다. 다만, 다른 관계 중앙행정기관의 장이 소관 법률에 따라 시행하는 사업은 제외한다.<br>가. 생태·경관보전지역에서의 자연생태 · 자연경관과 생물다양성 보전 · 관리를 위한 사업<br>나. 도시지역 생태계의 연속성 유지 또는 생태계 기능의 향상을 위한 사업<br>다. 단절된 생태계의 연결 및 야생동물의 이동을 위하여 생태통로 등을 설치하는 사업<br>라. 「습지보전법」의 습지보호지역등(내륙습지로 한정한다)에서의 훼손된 습지를 복원하는 사업<br>마. 그 밖에 훼손된 자연환경 및 생태계를 복원하기 위한 사업으로서 대통령령으로 정하는 사업 |

령 **제2조(자연환경복원사업의 대상)** 「자연환경보전법」의 자연환경복원사업 마목에서 “대통령령으로 정하는 사업”이란 다음 각 호의 사업을 말한다.

1. 「야생생물 보호 및 관리에 관한 법률」에 따른 멸종위기 야생생물의 서식지를 복원하기 위한 사업
2. 「습지보전법」에 따른 협약등록습지를 복원하기 위한 사업
3. 「하천법」에 따른 보전지구와 복원지구 안에서 하천을 복원하기 위한 사업
4. 자연환경·생태계 복원의 필요성과 복원효과 등을 고려하여 자연환경복원사업을 실시할 필요가 있다고 환경부장관이 정하여 고시하는 사업

**제3조(자연환경보전의 기본원칙)** 자연환경은 다음의 기본원칙에 따라 보전되어야 한다.

1. 자연환경은 모든 국민의 자산으로서 공익에 적합하게 보전되고 현재와 장래의 세대를 위하여 지속가능하게 이용되어야 한다.
2. 자연환경보전은 국토의 이용과 조화·균형을 이루어야 한다.
3. 자연생태와 자연경관은 인간활동과 자연의 기능 및 생태적 순환이 촉진되도록 보전·관리되어야 한다.
4. 모든 국민이 자연환경보전에 참여하고 자연환경을 건전하게 이용할 수 있는 기회가 증진되어야 한다.
5. 자연환경을 이용하거나 개발하는 때에는 생태적 균형이 파괴되거나 그 가치가 낮아지지 아니하도록 하여야 한다. 다만, 자연생태와 자연경관이 파괴·훼손되거나 침해되는 때에는 최대한 복원·복구되도록 노력하여야 한다.
6. 자연환경보전에 따르는 부담은 공평하게 분담되어야 하며, 자연환경으로부터 얻어지는 혜택은 지역주민과 이해관계인이 우선하여 누릴 수 있도록 하여야 한다.
7. 자연환경보전과 자연환경의 지속가능한 이용을 위한 국제협력은 증진되어야 한다.

**제6조(자연환경보전기본방침)**

① 환경부장관은 제1조에 따른 목적 및 자연환경보전의 기본원칙을 실현하기 위하여 관계중앙행정기관의 장 및 특별시장·광역시장·특별자치시장·도지사·특별자치도지사(시·도지사)의 의견을 듣고 「환경정책기본법」

에 따른 환경정책위원회(중앙환경정책위원회) 및 국무회의의 심의를 거쳐 자연환경보전을 위한 기본방침(자연환경보전기본방침)을 수립하여야 한다.

② 자연환경보전기본방침에는 다음의 사항이 포함되어야 한다.

1. 자연환경의 체계적 보전·관리, 자연환경의 지속가능한 이용
2. 중요하게 보전하여야 할 생태계의 선정, 멸종위기에 처하여 있거나 생태적으로 중요한 생물종 및 생물자원의 보호
3. 자연환경 훼손지의 복원·복구
4. 생태·경관보전지역의 관리 및 해당 지역주민의 삶의 질 향상
5. 산·하천·내륙습지·농지·섬 등에 있어서 생태적 건전성의 향상 및 생태통로·소생태계·대체자연의 조성 등을 통한 생물다양성의 보전
6. 생태축의 보전 및 훼손된 생태축의 복원
7. 자연환경에 관한 국민교육과 민간활동의 활성화
8. 자연환경보전에 관한 국제협력
9. 그 밖에 자연환경보전에 관하여 대통령령으로 정하는 사항

령 **제2조의2(자연환경보전기본방침에 포함되어야 할 사항)** 법 제6조제2항제9호에서 "대통령령이 정하는 사항" 이라 함은 다음 각 호의 사항을 말한다.

1. 자연환경보전을 위한 전문인력의 육성 및 연구·조사기관의 확충
2. 자연환경보전을 위한 사업추진 및 비용조달

**제7조(주요시책의 협의 등)**

① 중앙행정기관의 장은 자연환경보전과 직접적인 관계가 있는 주요시책 또는 계획을 수립·시행하고자 하는 때에는 미리 환경부장관과 협의하여야 한다. 다만, 다른 법률에 따라 환경부장관과 협의한 경우에는 그러하지 아니하다.

③ 협의의 대상이 되는 주요시책 또는 계획의 종류 그 밖에 필요한 사항은 대통령령으로 정한다.

령 **제3조(주요시책의 협의)** 법 제7조제3항의 규정에 따라 중앙행정기관의 장이 환경부장관과 협의하여야 할 자연환경보전과 직접적인 관계가 있는 주요시책 또는 계획은 다음 각 호와 같다.

1. 「산업집적 활성화 및 공장설립에 관한 법률의 규정에 따른 유치지역의 지정계획
2. 「자유무역지역의 지정 등에 관한 법률」의 규정에 따른 자유무역지역의 지정
3. 「광업법」에 따른 광업개발계획 및 연차실행계획
4. 「산림문화·휴양에 관한 법률」의 규정에 따른 자연휴양림의 지정
5. 「문화재보호법」에 따른 천연기념물의 지정 및 보호구역의 지정

**제8조(자연환경보전기본계획의 수립)**

① 환경부장관은 전국의 자연환경보전을 위한 기본계획(자연환경보전기본계획)을 10년마다 수립하여야 한다.

② 자연환경보전기본계획은 중앙환경정책위원회의 심의를 거쳐 확정한다.

③ 환경부장관은 자연환경보전기본계획을 수립할 때 미리 관계중앙행정기관의 장과 협의를 거쳐야 한다. 이 경우 자연환경보전기본방침과 제6조제4항에 따라 관계중앙행정기관의 장 및 시·도지사가 통보하는 추진방침 또는 실천계획을 고려하여야 한다.

**제9조(자연환경보전기본계획의 내용)** 자연환경보전기본계획에는 다음의 내용이 포함되어야 한다.

1. 자연환경·생태계서비스의 현황, 전망 및 유지·증진에 관한 사항
2. 자연환경보전에 관한 기본방향 및 보전목표설정에 관한 사항
3. 자연환경보전을 위한 주요 추진과제 및 사업에 관한 사항
4. 지방자치단체별로 추진할 주요 자연보전시책에 관한 사항
5. 자연경관의 보전·관리에 관한 사항
6. 생태축의 구축·추진에 관한 사항
7. 생태통로 설치, 훼손지 복원 등 생태계 복원을 위한 주요사업에 관한 사항
8. 자연환경종합지리정보시스템의 구축·운영에 관한 사항
9. 사업시행에 소요되는 경비의 산정 및 재원조달 방안에 관한 사항
10. 그 밖에 자연환경보전에 관하여 대통령령으로 정하는 사항

> 령 **제5조(자연환경보전기본계획에 포함되어야 할 사항)** 법 제9조제10호에서 "대통령령이 정하는 사항"이라 함은 다음 각 호의 사항을 말한다.
> 1. 자연보호운동의 활성화에 관한 사항
> 2. 자연환경보전 국제협력에 관한 사항

**제10조(자연환경보전기본계획의 시행)**

① 환경부장관은 자연환경보전기본계획을 확정한 때에는 이를 지체없이 관계중앙행정기관의 장 및 시·도지사에게 통보하여야 한다.

③ 환경부장관은 자연환경보전기본계획의 시행성과를 2년마다 정기적으로 분석·평가하고 그 결과를 자연환경보전정책에 반영하여야 한다.

**제12조(생태·경관보전지역)**

① 환경부장관은 다음 각호의 어느 하나에 해당하는 지역으로서 자연생태·자연경관을 특별히 보전할 필요가 있는 지역을 생태·경관보전지역으로 지정할 수 있다.

1. 자연상태가 원시성을 유지하고 있거나 생물다양성이 풍부하여 보전 및 학술적연구가치가 큰 지역
2. 지형 또는 지질이 특이하여 학술적 연구 또는 자연경관의 유지를 위하여 보전이 필요한 지역
3. 다양한 생태계를 대표할 수 있는 지역 또는 생태계의 표본지역
4. 그 밖에 하천·산간계곡 등 자연경관이 수려하여 특별히 보전할 필요가 있는 지역으로서 대통령령으로 정하는 지역

② 환경부장관은 생태·경관보전지역의 지속가능한 보전·관리를 위하여 생태적 특성, 자연경관 및 지형여건 등을 고려하여 생태·경관보전지역을 다음과 같이 구분하여 지정·관리할 수 있다.

1. 생태·경관핵심보전구역(핵심구역) : 생태계의 구조와 기능의 훼손방지를 위하여 특별한 보호가 필요하거나 자연경관이 수려하여 특별히 보호하고자 하는 지역
2. 생태·경관완충보전구역(완충구역) : 핵심구역의 연접지역으로서 핵심구역의 보호를 위하여 필요한 지역
3. 생태·경관전이(轉移)보전구역(전이구역) : 핵심구역 또는 완충구역에 둘러싸인 취락지역으로서 지속가능한 보전과 이용을 위하여 필요한 지역

③ 환경부장관은 생태·경관보전지역이 군사목적 또는 천재·지변 그 밖의 사유로 인하여 생태·경관보전지역으로서의 가치를 상실하거나 보전할 필요가 없게 된 경우에는 그 지역을 해제·변경할 수 있다.

**제13조(생태·경관보전지역의 지정·변경절차)**

① 환경부장관은 생태·경관보전지역을 지정하거나 변경하고자 하는 때에는 다음의 내용을 포함한 지정계획서에 대통령령으로 정하는 지형도를 첨부하여 해당 지역주민과 이해관계인 및 지방자치단체의 장의 의견을 수렴한 후 관계중앙행정기관의 장과의 협의 및 중앙환경정책위원회의 심의를 거쳐야 한다. 다만, 대통령령으로 정하는 경미한 사항의 변경은 중앙환경정책위원회의 심의를 생략할 수 있다.

1. 지정사유 및 목적
2. 지정면적 및 범위
3. 자연생태·자연경관의 현황 및 특징
4. 토지이용현황
5. 핵심구역·완충구역 및 전이구역의 구분개요 및 해당 구역별 관리방안

령 **제8조(생태·경관보전지역의 지정에 사용하는 지형도)** 법 제13조제1항 본문 및 법 제24조제1항 본문에서 "대통령령이 정하는 지형도"라 함은 당해 생태·경관보전지역의 구역별 범위 및 면적을 표시한 축척 5천분의 1이상의 지형도로서 지적도가 함께 표시되거나 덧씌워진 것을 말한다.

**제9조(생태·경관보전지역의 경미한 변경)** 법 제13조제1항 단서에서 "대통령령이 정하는 경미한 사항"이라 함은 다음 각 호의 경우를 제외한 사항을 말한다.

1. 생태·경관보전지역의 전체면적을 확대 또는 축소하는 경우
2. 생태·경관전이보전구역(전이구역)을 생태·경관핵심보전구역(핵심구역) 또는 생태·경관완충보전구역(완충구역)으로 조정하는 경우
3. 완충구역을 핵심구역으로 조정하는 경우
4. 핵심구역·완충구역 또는 전이구역 간의 면적조정이 전체면적의 100분의 10이상인 경우(제2호 또는 제3호에 해당하는 경우를 제외한다)

**제15조(생태·경관보전지역에서의 행위제한 등)**

① 누구든지 생태·경관보전지역안에서는 다음 각호의 어느 하나에 해당하는 자연생태 또는 자연경관의 훼손행위를 하여서는 아니된다. 다만, 생태·경관보전지역안에 자연공원법에 따라 지정된 공원구역, 「자연유산의 보존 및 활용에 관한 법률」에 따른 자연유산(보호구역을 포함한다) 또는 「문화유산의 보존 및 활용에 관

한 법률」에 따른 문화유산(보호구역을 포함한다)이 포함된 경우에는 「자연공원법」, 「자연유산의 보존 및 활용에 관한 법률」 또는 「문화유산의 보존 및 활용에 관한 법률」에서 정하는 바에 따른다..

1. 핵심구역안에서 야생동·식물을 포획·채취·이식(移植)·훼손하거나 고사(枯死)시키는 행위 또는 포획하거나 고사시키기 위하여 화약류·덫·올무·그물·함정 등을 설치하거나 유독물·농약 등을 살포·주입(注入)하는 행위
2. 건축물 그 밖의 공작물(건축물등)의 신축·증축(생태·경관보전지역 지정 당시의 건축연면적의 2배 이상 증축하는 경우에 한정한다) 및 토지의 형질변경
3. 하천·호소 등의 구조를 변경하거나 수위 또는 수량에 증감을 가져오는 행위
4. 토석의 채취
5. 그 밖에 자연환경보전에 유해하다고 인정되는 행위로서 대통령령으로 정하는 행위

령 **제11조(자연환경보전에 유해한 행위)** 법 제15조제1항제5호에서 "대통령령이 정하는 행위"라 함은 다음 각 호의 어느 하나의 행위를 말한다.

1. 수면의 매립·간척
2. 불을 놓는 행위

② 다음 각 호의 어느 하나에 해당하는 경우에는 제1항의 규정을 적용하지 아니한다.

1. 군사목적을 위하여 필요한 경우
2. 천재·지변 또는 이에 준하는 대통령령으로 정하는 재해가 발생하여 긴급한 조치가 필요한 경우
3. 생태·경관보전지역안에 거주하는 주민의 생활양식의 유지 또는 생활향상을 위하여 필요하거나 생태·경관보전지역 지정 당시에 실시하던 영농행위를 지속하기 위하여 필요한 행위 등 대통령령으로 정하는 행위를 하는 경우
4. 환경부장관이 해당 지역의 보전에 지장이 없다고 인정하여 환경부령으로 정하는 바에 따라 허가하는 경우
5. 「농어촌정비법」 에 따른 농업생산기반정비사업으로서 생태·경관보전지역관리기본계획에 포함된 사항을 시행하는 경우
6. 「산림자원의 조성 및 관리에 관한 법률」에 따른 산림경영계획 및 산림보호와 「산림보호법」에 따른 산림유전자원보호구역의 보전을 위하여 시행하는 사업으로서 나무를 베어내거나 토지의 형질변경을 수반하지 아니하는 경우

③ 제1항에도 불구하고 완충구역안에서는 다음의 행위를 할 수 있다.

1. 「공간정보의 구축 및 관리 등에 관한 법률」에 따른 지목이 대지(생태·경관보전지역 지정 이전의 지목이 대지인 경우에 한정한다)인 토지에서 주거·생계 등을 위한 건축물등으로서 대통령령으로 정하는 건축물등의 설치
2. 생태탐방·생태학습 등을 위하여 대통령령으로 정하는 시설의 설치
3. 「산림자원의 조성 및 관리에 관한 법률」에 따른 산림경영계획과 산림보호 및 「산림보호법」에 따른 산림유전자원보호구역 등의 보전·관리를 위하여 시행하는 산림사업
4. 하천유량 및 지하수 관측시설, 배수로의 설치 또는 이와 유사한 농·임·수산업에 부수되는 건축물등의

설치
5. 「장사등에관한법률」 에 따른 개인묘지의 설치

**령 제14조(완충구역 안에서 허용되는 행위)**
① 법 제15조제3항제1호에서 "대통령령이 정하는 건축물등"이라 함은 다음 각 호의 시설(부대시설 및 부설주차장을 포함한다)로서 환경부령이 정하는 규모 이하의 것을 말한다.
1. 「건축법 시행령」에서 정한 다음 각 목의 어느 하나에 해당되는 것
가. 단독주택
나. 일용품 등을 판매하는 소매점
다. 휴게음식점
2. 농산물·임산물·수산물의 보관·저장시설 또는 판매시설
② 법 제15조제3항제2호에서 "대통령령이 정하는 시설"이라 함은 관리기본계획에 반영된 시설 중 다음 각 호의 어느 하나에 해당하는 것을 말한다.
1. 자연학습장, 생태 또는 산림박물관, 수목원, 식물원, 생태숲, 생태체험장, 생태연구소 등 자연환경의 교육·홍보 또는 연구를 위한 시설
2. 「청소년활동 진흥법」에 따른 청소년수련원 또는 청소년야영장

**칙 제5조(완충구역에서 허용되는 주거용 건축물등의 범위)** 영 제14조제1항 각 호 외의 부분에서 "환경부령이 정하는 규모 이하"라 함은 다음 각 호의 어느 하나에 해당하는 경우를 말한다.
1. 신축시에는 지상층의 건축연면적이 130제곱미터 이하이고 높이가 2층 이하이며 지하층의 건축연면적이 130제곱미터 이하인 경우
2. 증·개축시에는 기존 건축연면적의 2배 이하이고 높이가 2층 이하인 경우. 다만, 기존 건축물의 연면적이 50제곱미터 미만인 때에는 증·개축의 연면적이 130제곱미터 이하이고, 기존 건축물의 층수가 3층 이상인 때에는 증·개축의 층수가 동일 층수 이하인 경우를 말한다.

④ 제1항에도 불구하고 전이구역안에서는 다음의 행위를 할 수 있다.
1. 완충구역안에서 할 수 있는 행위
2. 전이구역안에 거주하는 주민의 생활양식의 유지 또는 생활향상 등을 위한 대통령령으로 정하는 건축물등의 설치
3. 생태·경관보전지역을 방문하는 사람을 위한 대통령령으로 정하는 음식·숙박·판매시설의 설치
4. 도로, 상·하수도 시설 등 지역주민 및 탐방객의 생활편의 등을 위하여 대통령령으로 정하는 공공용시설 및 생활편의시설의 설치
⑤ 환경부장관은 취약한 자연생태·자연경관의 보전을 위하여 특히 필요한 경우에는 대통령령으로 정하는 개발사업을 제한하거나 제2항제3호에도 불구하고 영농행위를 제한할 수 있다.

령 **제16조(개발사업 등의 제한)** 법 제15조제5항에서 "대통령령이 정하는 개발사업"이라 함은 다음 각 호의 어느 하나에 해당하는 사업을 말한다.

1. 「산림자원의 조성 및 관리에 관한 법률」에 따른 임도의 시설, 입목벌채등의 허가·신고대상 사업
2. 「공유수면 관리 및 매립에 관한 법률」에 따른 매립사업
3. 「농지법」에 따른 농지의 전용허가·협의대상 사업
4. 「초지법」에 따른 초지의 전용허가·협의대상 사업
5. 「하천법」점용허가에 해당하는 행위를 수반하는 사업
6. 「골재채취법」에 따른 골재채취의 허가대상 사업

**제16조(생태·경관보전지역에서의 금지행위)** 누구든지 생태·경관보전지역안에서 다음 각호의 어느 하나에 해당하는 행위를 하여서는 아니된다. 다만, 군사목적을 위하여 필요한 경우, 천재·지변 또는 이에 준하는 대통령령으로 정하는 재해가 발생하여 긴급한 조치가 필요한 경우에는 그러하지 아니하다.

1. 「물환경보전법」에 따른 특정수질유해물질, 「폐기물관리법」에 따른 폐기물 또는 「화학물질관리법」에 따른 유독물질을 버리는 행위
2. 환경부령으로 정하는 인화물질을 소지하거나 환경부장관이 지정하는 장소외에서 취사 또는 야영을 하는 행위(핵심구역 및 완충구역에 한정한다)
3. 자연환경보전에 관한 안내판 그 밖의 표지물을 오손 또는 훼손하거나 이전하는 행위
4. 그 밖에 생태·경관보전지역의 보전을 위하여 금지하여야 할 행위로서 풀·나무의 채취 및 벌채 등 대통령령으로 정하는 행위

령 **제17조(금지행위)** 법 제16조제4호에서 "대통령령이 정하는 행위"라 함은 다음 각 호의 어느 하나에 해당하는 행위를 말한다.

1. 소리·빛·연기·악취 등을 내어 야생동물을 쫓는 행위
2. 야생동·식물의 둥지·서식지를 훼손하는 행위
3. 완충구역 또는 전이구역 안에서 풀·입목·죽을 채취·벌채하거나 고사시키는 행위 또는 고사시키기 위하여 유독물·농약 등을 살포·주입하는 행위. 다만, 「문화재보호법」에 따른 문화재 및 그 보호구역에서는 「문화재보호법」이 정하는 바에 따르며, 다음 각 목의 어느 하나에 해당하여 법 제15조의 규정에 따른 행위제한의 대상에 해당되지 아니하는 경우를 제외한다.
   가. 법 제15조제2항제3호 내지 제8호에 해당하는 경우
   나. 법 제15조제3항제1호 내지 제5호의 규정에 해당하는 경우
4. 가축의 방목
5. 완충구역 또는 전이구역 안에서 동물을 포획하거나 알을 채취하는 행위 또는 화약류·덫·올무·그물·함정 등을 설치하는 행위. 다만, 「문화재보호법」에 따른 문화재 및 그 보호구역에서는 「문화재보호법」이 정하는 바에 따른다.
6. 동물의 방사. 다만, 조난된 동물을 구조·치료하여 동일지역에 방사하거나 관계행정기관의 장이 야생동·식물의 복원을 위하여 환경부장관과 협의하여 동물을 방사하는 경우에는 그러하지 아니하다.

칙 **제7조(소지금지 인화물질)** 법 제16조제2호에서 "환경부령이 정하는 인화물질"이라 함은 다음 각 호의 어느 하나에 해당하는 것을 말한다.

1. 휘발유·등유 등 인화점이 섭씨 70도 미만인 액체
2. 자연발화성 물질
3. 기체 연료

**제17조(중지명령 등)** 환경부장관은 생태·경관보전지역안에서 제15조제1항에 위반되는 행위를 한 사람에 대하여 그 행위의 중지를 명하거나 상당한 기간을 정하여 원상회복을 명할 수 있다. 다만, 원상회복이 곤란한 경우에는 대체자연의 조성 등 이에 상응하는 조치를 하도록 명할 수 있다.

**제28조(자연경관영향의 협의 등)**

① 관계행정기관의 장 및 지방자치단체의 장은 다음 각호의 어느 하나에 해당하는 개발사업등으로서 「환경영향평가법」에 따른 전략환경영향평가 대상계획, 환경영향평가 대상사업 또는 소규모 환경영향평가 대상사업에 해당하는 개발사업등에 대한 인·허가등을 하고자 하는 때에는 해당 개발사업등이 자연경관에 미치는 영향 및 보전방안 등을 전략환경영향평가 협의, 환경영향평가 협의 또는 소규모 환경영향평가 협의 내용에 포함하여 환경부장관 또는 지방환경관서의 장과 협의를 하여야 한다.

1. 다음 각목의 어느 하나에 해당하는 지역으로부터 대통령령이 정하는 거리 이내의 지역에서의 개발사업등
   가. 「자연공원법」에 따른 자연공원
   나. 「습지보전법」에 따라 지정된 습지보호지역
   다. 생태·경관보전지역

② 환경부장관 또는 지방환경관서의 장은 제1항에 따라 협의를 요청받은 경우에는 해당 개발사업등이 자연경관에 미치는 영향 및 보전방안 등에 대하여 환경부장관은 중앙환경정책위원회의 심의를, 지방환경관서의 장은 제29조에 따른 자연경관심의위원회의 심의를 거쳐야 한다.

령 **제20조(자연경관영향의 협의 또는 검토대상 등)** 법 제28조제1항제1호에서 "대통령령이 정하는 거리"라 함은 별표 1과 같다.

[별표 1] 자연경관영향의 협의대상이 되는 거리

1. 일반기준

| 구분 | | 경계로부터의 거리 |
|---|---|---|
| 자연공원 | 최고봉 1200m 이상 | 2,000m |
| | 최고봉 700m 이상 | 1,500m |
| | 최고봉 700m 미만 또는 해상형 | 1,000m |
| 습지보호지역 | | 300m |
| 생태·경관보전지역 | 최고봉 700m 이상 | 1,000m |
| | 최고봉 700m 이하 또는 해상형 | 500m |

비고) 생태·경관보전지역이 습지보호지역과 중복되는 경우에는 습지보호지역의 거리기준을 우선 적용한다.

2. 도시지역 및 관리지역(계획관리지역에 한한다)의 거리기준
제1호의 일반기준에 불구하고 자연공원, 습지보호지역 및 생태·경관보전지역이 「국토의 계획 및 이용에 관한 법률」에 따른 도시지역 및 관리지역(계획관리지역에 한한다)에 위치한 경우에는 경계로부터의 거리를 300미터로 한다.

**제30조(자연환경조사)**

① 환경부장관은 관계중앙행정기관의 장과 협조하여 5년마다 전국의 자연환경을 조사하여야 한다.

② 환경부장관은 관계중앙행정기관의 장과 협조하여 생태·자연도에서 1등급 권역으로 분류된 지역과 자연상태의 변화를 특별히 파악할 필요가 있다고 인정되는 지역에 대하여 2년마다 자연환경을 조사할 수 있다.

③ 지방자치단체의 장은 해당 지방자치단체의 조례로 정하는 바에 따라 관할구역의 자연환경을 조사할 수 있다.

④ 지방자치단체의 장은 자연환경을 조사하는 경우에는 조사계획 및 조사결과를 환경부장관에게 보고하여야 한다.

⑤ 조사의 내용·방법 그 밖에 필요한 사항은 대통령령으로 정한다.

령 **제23조**(자연환경조사의 내용 및 방법 등)

① 법 제30조제5항의 규정에 따른 자연환경조사의 내용은 다음 각 호와 같다.

1. 산·하천·도서 등의 생물다양성 구성요소의 현황 및 분포
2. 지형·지질 및 자연경관의 특수성
3. 야생동·식물의 다양성 및 분포상황
4. 환경부장관이 정하는 조사방법 및 등급분류기준에 따른 녹지등급
5. 식생현황
6. 멸종위기 야생동·식물 및 국내 고유생물종의 서식현황
7. 경제적 또는 의학적으로 유용한 생물종의 서식현황
8. 농작물·가축 등과 유전적으로 가까운 야생종의 서식현황
9. 토양의 특성
10. 그 밖에 자연환경의 보전을 위하여 특히 조사할 필요가 있다고 환경부장관이 인정하는 사항

② 자연환경조사의 방법은 법 자연환경조사원이 직접 현지를 조사하는 방법을 원칙으로 하되, 항공기·인공위성 등을 통한 원격탐사 또는 청문·자료·문헌 등을 통한 간접 조사의 방법에 의할 수 있다.

**제31조(정밀조사와 생태계의 변화관찰 등)**

① 환경부장관은 조사결과 새롭게 파악된 생태계로서 특별히 조사하여 관리할 필요가 있다고 판단되는 경우에는 그 생태계에 대한 정밀조사계획을 수립·시행하여야 한다.

② 환경부장관은 조사를 실시한 지역중에서 자연적 또는 인위적 요인으로 인한 생태계의 변화가 뚜렷하다고 인정되는 지역에 대하여는 보완조사를 실시할 수 있다.

③ 환경부장관은 자연적 또는 인위적 요인으로 인한 생태계의 변화내용을 지속적으로 관찰하여야 한다.

④ 지방자치단체의 장은 해당 지방자치단체의 조례로 정하는 바에 따라 관할구역에 대한 조사 및 관찰을 실시할 수 있다.
⑤ 조사 및 관찰에 필요한 사항은 환경부령으로 정한다.

칙 **제12조(생태계의 변화관찰)** 법 제31조제3항의 규정에 따른 생태계의 변화 관찰은 다음 각 호의 지역을 대상으로 한다.
1. 생물다양성이 풍부한 지역
2. 멸종위기 야생생물의 서식지·도래지
3. 그 밖에 자연환경의 보전가치가 높은 지역

**제32조(자연환경조사원)**
① 환경부장관 또는 지방자치단체의 장은 자연환경조사 또는 정밀·보완조사와 그 밖의 자연환경에 대한 조사를 실시하기 위하여 필요한 경우에는 조사기간중 자연환경조사원(조사원)을 둘 수 있다.
② 조사원의 자격·위촉절차 그 밖에 필요한 사항은 환경부령 또는 당해 지방자치단체의 조례로 정한다.

칙 **제13조(자연환경조사원)** 환경부장관은 법 제32조제1항의 규정에 따라 관계 공무원 또는 지역전문가나 지형·지질학, 생물분류학, 생태학, 토양학 등 자연환경조사 관련분야의 지식과 경험이 풍부한 자 중에서 자연환경조사원을 임명 또는 위촉한다.

**제34조(생태·자연도의 작성·활용)**
① 환경부장관은 토지이용 및 개발계획의 수립이나 시행에 활용할 수 있도록 하기 위하여 조사결과를 기초로 하여 전국의 자연환경을 다음의 구분에 따라 생태·자연도를 작성하여야 한다.
1. 1등급 권역 : 다음에 해당하는 지역
가. 「야생생물 보호 및 관리에 관한 법률」에 따른 멸종위기 야생생물(멸종위기야생생물)의 주된 서식지·도래지 및 주요 생태축 또는 주요 생태통로가 되는 지역
나. 생태계가 특히 우수하거나 경관이 특히 수려한 지역
다. 생물의 지리적 분포한계에 위치하는 생태계 지역 또는 주요 식생의 유형을 대표하는 지역
라. 생물다양성이 특히 풍부하고 보전가치가 큰 생물자원이 존재·분포하고 있는 지역
마. 그 밖에 가목부터 라목까지의 지역에 준하는 생태적 가치가 있는 지역으로서 대통령령으로 정하는 기준에 해당하는 지역
2. 2등급 권역 : 제1호 각목에 준하는 지역으로서 장차 보전의 가치가 있는 지역 또는 1등급 권역의 외부지역으로서 1등급 권역의 보호를 위하여 필요한 지역
3. 3등급 권역 : 1등급 권역, 2등급 권역 및 별도관리지역으로 분류된 지역외의 지역으로서 개발 또는 이용의 대상이 되는 지역
4. 별도관리지역 : 다른 법률에 따라 보전되는 지역중 역사적·문화적·경관적 가치가 있는 지역이거나 도시의 녹지보전 등을 위하여 관리되고 있는 지역으로서 대통령령으로 정하는 지역

령 **제24조(생태·자연도 1등급 권역에 포함되는 지역)** 법 제34조제1항제1호 마목에서 "대통령령이 정하는 기준에 해당하는 지역"이라 함은 다음 각 호의 어느 하나에 해당하는 지역을 말한다.

1. 자연원시림이나 이에 가까운 산림 또는 고산초원
2. 자연상태나 이에 가까운 하천·호소 또는 강하구

**제25조(별도관리지역)** 법 제34조제1항제4호에서 "대통령령이 정하는 지역"이라 함은 다음 각 호의 어느 하나에 해당하는 지역을 말한다.

1. 「산림보호법」에 따른 산림보호구역
2. 「자연공원법」에 따른 자연공원
3. 「문화재보호법」에 따라 천연기념물로 지정된 구역(그 보호구역을 포함한다)
4. 「야생생물 보호 및 관리에 관한 법률」에 따른 야생생물 특별보호구역 또는 야생생물 보호구역
5. 「국토의 계획 및 이용에 관한 법률」에 따른 수산자원보호구역(해양에 포함되는 지역은 제외한다)
6. 「습지보전법」에 따른 습지보호지역(연안습지보호지역을 제외한다)
7. 「백두대간보호에 관한 법률」에 따른 백두대간보호지역
8. 생태·경관보전지역
9. 시·도 생태·경관보전지역

② 환경부장관은 생태·자연도를 효율적으로 활용하기 위하여 각 등급 권역을 환경부령이 정하는 바에 따라 세부등급을 정하여 작성할 수 있다.

③ 환경부장관은 생태·자연도를 작성할 때 관계중앙행정기관의 장 또는 지방자치단체의 장에게 필요한 자료 또는 전문인력의 협조를 요청할 수 있다. 이 경우 군사목적을 위하여 불가피한 경우를 제외하고는 관계중앙행정기관의 장 및 지방자치단체의 장은 대통령령으로 정하는 바에 따라 자료의 요청에 협조하여야 한다.

④ 생태·자연도는 2만5천분의 1 이상의 지도에 실선으로 표시하여야 한다. 그 밖에 생태·자연도의 작성기준 및 작성방법 등 작성에 필요한 사항과 생태·자연도의 활용대상 및 활용방법에 관하여 필요한 사항은 대통령령으로 정한다.

⑤ 환경부장관은 생태·자연도를 작성하는 때에는 14일 이상 국민의 열람을 거쳐 작성하여야 하며, 작성된 생태·자연도는 관계중앙행정기관의 장 및 해당 지방자치단체의 장에게 이를 통보하고 고시하여야 한다.

**제34조의2(도시생태현황지도의 작성·활용)**

① 특별시장·광역시장·특별자치시장·특별자치도지사 또는 시장은 환경부장관이 작성한 생태·자연도를 기초로 관할 도시지역의 상세한 생태·자연도(도시생태현황지도)를 작성하고, 도시환경의 변화를 반영하여 5년마다 다시 작성하여야 한다. 이 경우 도시생태현황지도는 5천분의 1 이상의 지도에 표시하여야 한다.

⑥ 도시생태현황지도의 작성·활용에 필요한 사항은 환경부령으로 정한다.

칙 **제17조(도시생태현황지도의 작성방법)** 법 제34조의2제1항에 따른 관할 도시지역의 상세한 생태·자연도(도시생태현황지도)는 다음 각 호의 방법에 따라 작성되어야 한다.

1. 토지이용 현황, 토지피복(土地被覆) 현황, 지형, 식생 현황, 동식물상(動植物相)에 따른 주제도(기본 주제도)를 작성하고, 필요한 경우 해당 지역의 특성에 따른 주제도를 추가하여 작성할 것
2. 기본 주제도를 통해 분석한 생물서식공간(Biotope)의 구조·생태적 특성을 체계적으로 분류한 유형도를 작성할 것
3. 유형도에 따라 구분된 생물서식공간의 생태적 가치를 등급화하여 평가도를 작성할 것

**제38조(자연환경보전·이용시설의 설치·운영)** ① 관계중앙행정기관의 장 및 지방자치단체의 장은 자연환경보전 및 자연환경의 건전한 이용을 위하여 다음의 시설을 설치할 수 있다.

1. 자연환경을 보전하거나 훼손을 방지하기 위한 시설
2. 훼손된 자연환경을 복원 또는 복구하기 위한 시설
3. 자연환경보전에 관한 안내시설, 생태관찰을 위한 나무다리 등 자연환경을 이용하거나 관찰하기 위한 시설
4. 자연보전관·자연학습원 등 자연환경을 보전·이용하기 위한 교육·홍보시설 또는 관리시설
5. 그 밖의 자연자산을 보호하기 위한 시설

**제42조(생태마을의 지정 등)** ① 환경부장관 또는 지방자치단체의 장은 다음 각호의 어느 하나에 해당하는 마을을 생태마을로 지정할 수 있다.

1. 생태·경관보전지역안의 마을
2. 생태·경관보전지역밖의 지역으로서 생태적 기능과 수려한 자연경관을 보유하고 있는 마을. 다만, 산림기본법에 의하여 지정된 산촌진흥지역의 마을을 제외한다.

**제44조(우선보호대상 생태계의 복원 등)** 환경부장관은 다음 각호의 어느 하나에 해당하는 경우 관계중앙행정기관의 장 및 시·도지사와 협조하여 해당 생태계의 보호·복원대책을 마련하여 추진할 수 있다.

1. 멸종위기야생생물의 주된 서식지 또는 도래지로서 파괴·훼손 또는 단절 등으로 인하여 종의 존속이 위협을 받고 있는 경우
2. 자연성이 특히 높거나 취약한 생태계로서 그 일부가 파괴·훼손되거나 교란되어 있는 경우
3. 생물다양성이 특히 높거나 특이한 자연환경으로서 훼손되어 있는 경우

**제45조(생태통로의 설치 등)**

① 국가 또는 지방자치단체는 개발사업등을 시행하거나 인·허가등을 할 때 야생생물의 이동 및 생태적 연속성이 단절되지 아니하도록 생태통로 설치 등의 필요한 조치를 하거나 하게 하여야 한다.

칙 **제28조(생태통로의 설치대상지역 및 설치기준) )**

① 법 제45조제1항에 따른 생태통로 설치대상지역은 다음 각 호의 어느 하나에 해당하는 지역으로 한다.

1. 「백두대간보호에 관한 법률」에 따른 백두대간보호지역
2. 비무장지대
3. 생태·경관보전지역 중 핵심구역 또는 완충구역, 시·도생태·경관보전지역
4. 생태자연도 1등급 권역
5. 「자연공원법」에 따른 자연공원
6. 「야생생물 보호 및 관리에 관한 법률」에 따른 야생생물 특별보호구역 및 야생생물 보호구역
7. 야생동물이 차량에 치어 죽는 사고가 자주 발생하는 지역 등 생태통로의 설치가 필요하다고 인정되어 환경부장관이 고시하는 지역

② 법 제45조제1항에 따른 생태통로의 설치기준은 별표 2와 같다.

[별표 2] 생태통로의 설치기준

1. 설치지점은 현지조사를 실시하여 설치대상지역 중 야생동물의 이동이 빈번한 지역을 선정하되, 야생동물의 이동특성을 고려하여 설치지점을 적절하게 배분한다.
2. 생태통로를 이용하는 동물들이 통로에 접근할 때 불안감을 느끼지 아니하도록 생태통로 입구와 출구에는 원칙적으로 현지에 자생하는 종을 식수하며, 토양 역시 가능한 한 공사 중 발생한 절토를 사용한다.
3. 생태통로 입구는 지형·지물이나 경관과 조화되게 설치하여 동물의 이동에 지장이 없도록 상부에 식생을 조성한다. 바닥은 자연상태와 유사하게 유지하도록 흙이나 자갈·낙엽 등을 덮는다.
4. 생태통로의 길이가 길수록 폭을 넓게 설치한다.
5. 장차 아교목층 및 교목층의 성장가능성을 고려하여 충분히 피복될 수 있도록 부엽토를 포함한 복토를 충분히 한다.
6. 생태통로 내부에는 다양한 수직적 구조를 가진 아교목·관목·초목 등으로 조성한다.
7. 이동 중 안전을 위하여 생태통로 내부에는 작은 동물이 쉽게 숨거나 그 내부에서 이동하기에 유리하도록 돌무더기나 고사목·그루터기·장작더미 등의 다양한 서식환경과 피난처를 설치한다.
8. 주변의 소음·불빛·오염물질 등 인위적 영향을 최소화하기 위하여 생태통로 양쪽에 차단벽을 설치하되, 목재와 같이 불빛의 반사가 적고 주변환경에 친화적인 소재를 사용한다.
9. 동물이 많이 횡단하는 지점에 동물들이 많이 출현하는 곳임을 알려 속도를 줄이거나 주의하도록 그 지역의 대표적인 동물 모습이 담겨 있는 동물출현표지판을 설치한다.
10. 생태통로 중 수계에 설치된 박스형 암거는 물을 싫어하는 동물도 이동할 수 있도록 양쪽에 선반형 또는 계단형의 구조물을 설치하며, 작은 배수로나 도랑을 설치한다.
11. 배수구 일부 지점에 경사가 완만한 탈출구를 설치하여 작은 동물의 이동이 용이하도록 하고, 미끄럽지 아니한 재질을 사용한다.

12. 야생동물을 생태통로로 유도하여 도로로 침입하는 것을 방지하기 위하여 충분한 길이의 울타리를 도로 양쪽에 설치한다.

② 국가 또는 지방자치단체는 야생생물의 이동 및 생태적 연속성이 단절된 지역을 조사·연구하여 생태통로가 필요한 지역에 대하여 생태통로 설치계획을 수립·시행하여야 한다. 이 경우 생태통로가 필요한 지역에 위치한 도로 및 철도 등의 관리주체에게 생태통로 설치를 요청할 수 있으며 요청을 받은 자는 특별한 사유가 없으면 생태통로를 설치하여야 한다.
③ 생태통로를 설치하려는 자는 다음 각 호의 조사를 실시하여야 한다.
1. 야생생물 서식 종 현황
2. 개발사업 등의 시행으로 서식지가 단절될 우려가 있는 야생생물 종 현황
3. 차량사고 등 사고발생 우려가 높은 야생생물 종 현황
4. 그 밖에 「백두대간 보호에 관한 법률」에 따른 백두대간 등 주요 생태축과의 연결성에 관한 조사
④ 생태통로의 설치대상지역, 야생생물의 특성에 따른 생태통로 등의 설치기준, 그 밖에 필요한 사항은 환경부령으로 정한다.

**제46조(생태계보전부담금)**
① 환경부장관은 생태적 가치가 낮은 지역으로 개발을 유도하고 자연환경 또는 생태계의 훼손을 최소화할 수 있도록 자연환경 또는 생태계에 미치는 영향이 현저하거나 생물다양성의 감소를 초래하는 사업을 하는 사업자에 대하여 생태계보전부담금을 부과·징수한다.
② 제1항에 따른 생태계보전부담금의 부과대상이 되는 사업은 다음 각 호와 같다. 다만, 자연환경보전사업 및 「해양생태계의 보전 및 관리에 관한 법률」에 따른 해양생태계보전부담금의 부과대상이 되는 사업은 제외한다.
1. 「환경영향평가법」에 따른 전략환경영향평가 대상계획 중 개발면적 3만제곱미터 이상인 개발사업으로서 대통령령으로 정하는 사업
2. 「환경영향평가법」에 따른 환경영향평가대상사업
3. 「광업법」에 따른 광업중 대통령령이 정하는 규모 이상의 노천탐사·채굴사업
4. 「환경영향평가법」에 따른 소규모 환경영향평가 대상 개발사업으로 개발면적이 3만제곱미터 이상인 사업
5. 그 밖에 생태계에 미치는 영향이 현저하거나 자연자산을 이용하는 사업중 대통령령이 정하는 사업
③ 제1항에 따른 생태계보전부담금은 생태계의 훼손면적에 단위면적당 부과금액과 지역계수를 곱하여 산정·부과한다. 다만, 생태계의 보전·복원 목적의 사업 또는 국방 목적의 사업으로서 대통령령으로 정하는 사업에 대하여는 생태계보전부담금을 감면할 수 있다.

령 **제36조(생태계보전부담금금의 부과대상사업)** ① 법 제46조제2항제1호에서 "대통령령으로 정하는 사업"이란 「환경영향평가법」에 따른 전략환경영향평가 대상계획 중 개발기본계획에 포함된 사업으로서 해당 계획의 수립·확정 이후 환경영향평가에 관한 법령이나 그 밖의 개별 법령에 따라 환경영향평가가 생략되거나 제외되는 등 환경영향평가 또는 소규모 환경영향평가에 대한 협의절차 없이 시행되는 사업을 말한다.

② 법 제46조제2항제3호에서 "대통령령으로 정하는 규모 이상의 노천탐사·채굴사업"이란 「광업법」에 따른 채굴계획 인가면적이 10만 제곱미터 이상인 사업으로서 허가등을 받은 것으로 보는 면적(채굴계획을 인가받은 후 허가등을 받는 경우에는 그 면적을 합한 것을 말한다)이 5천 제곱미터 이상인 노천탐사·채굴사업을 말한다.

**제37조(생태계 훼손면적의 산정)**

① 법 제46조제3항 본문의 규정에 따른 생태계의 훼손면적은 다음 각 호의 어느 하나에 해당하는 훼손행위가 발생하는 지역의 면적으로 한다.

1. 토양의 표토층을 제거·굴착 또는 성토하여 토지 형질변경이 이루어지는 행위
2. 식물이 군락을 이루며 서식하는 지역을 제거하거나 파괴하는 행위
3. 습지 등 생물다양성이 풍부한 지역을 개간·준설 · 매립 또는 간척하는 행위

② 제1항의 규정에 불구하고 다음 각 호의 어느 하나에 해당하는 면적은 생태계의 훼손면적에서 제외한다.

1. 「공간정보의 구축 및 관리 등에 관한 법률」에 따른 지목이 대 · 공장용지·학교용지·도로·철도용지·체육용지 및 유원지인 토지의 면적
2. 제1호 외의 토지 중에서 시설물이 설치된 토지의 면적

**제38조(생태계보전부담금의 부과·징수)**

① 법 제46조제1항에 따른 생태계보전부담금을 부과하는 경우 같은 조 제3항 본문에 따른 생태계보전부담금의 단위면적당 부과금액은 제곱미터당 300원으로 한다..

② 법 제46조제3항 본문에 따른 지역계수는 별표 2의4와 같다.

**[별표 2의4] 생태계보전부담금의 지역계수**

1. 「국토의 계획 및 이용에 관한 법률」 제36조제1항에 따른 용도지역별 지역계수
   가. 주거지역·상업지역·공업지역 및 계획관리지역
      1) 「공간정보의 구축 및 관리 등에 관한 법률」 제67조에 따른 지목이 전·답·임야·염전·하천·유지·공원에 해당하는 경우: 1
      2) 1) 외의 지목인 경우: 0
   나. 녹지지역: 2
   다. 생산관리지역: 2.5
   라. 농림지역: 3
   마. 보전관리지역: 3.5
   바. 자연환경보전지역: 4
2. 법 제34조제1항에 따른 생태·자연도의 권역·지역별 지역계수
   가. 법 제34조제1항제1호의 1등급 권역: 4
   나. 법 제34조제1항제2호의 2등급 권역: 3
   다. 법 제34조제1항제3호의 3등급 권역: 2

라. 법 제34조제1항제4호의 별도관리지역: 5

③ 환경부장관은 생태계보전부담금을 부과하려는 경우에는 1개월간의 납부기간을 정하여 납부개시 5일 전까지 서면으로 통지해야 한다.

④ 환경부장관은 생태계보전부담금의 부과금액이 1천만원을 초과하여 납부의무자가 다음 각 호의 어느 하나에 해당하는 사유로 생태계보전부담금을 일시에 납부하기 어렵다고 인정되는 경우에는 3년 이내의 기간을 정하여 분할납부하게 할 수 있다. 다만, 그 분할납부 기간은 사업기간을 초과할 수 없다.

1. 재해 또는 도난 등으로 재산에 뚜렷한 손실을 입은 경우
2. 사업여건이 악화되어 사업이 중대한 위기에 처한 경우
3. 납부의무자 또는 그 동거가족의 질병이나 중상해로 자금사정에 뚜렷한 어려움이 발생한 경우
4. 제1호부터 제3호까지의 규정에 준하는 사정이 있는 경우

⑤ 분할납부의 횟수·납부기한 및 절차 등에 관하여 필요한 사항은 환경부령으로 정한다.

칙 **제30조(생태계보전부담금의 분할납부)** ① 영 제38조제4항에 따른 부과금액별 분할납부 횟수는 다음 각 호와 같다. 다만, 국가·지방자치단체 및 「공공기관의 운영에 관한 법률」에 따른 공공기관의 분할납부의 횟수는 2회 이하로 한다.

1. 1억원 이하 : 2회 이하

1의2. 1억원 초과 2억원 이하: 3회 이하

2. 2억원 초과 : 4회 이하

**제49조(생태계보전협력금의 용도)** 생태계보전협력금 및 제46조제5항의 규정에 의하여 교부된 금액은 다음 각 호의 용도에 사용하여야 한다. 다만, 「광업법」 제3조제2호에 따른 광업으로서 산림 및 산지를 대상으로 하는 사업에서 조성된 생태계보전협력금은 이를 산림 및 산지 훼손지의 생태계복원사업을 위하여 사용하여야 한다.

1. 생태계·생물종의 보전·복원사업
2. 「야생생물 보호 및 관리에 관한 법률」 제7조제2항에 따른 서식지외보전기관의 지원
3. 제14조의 규정에 의한 생태·경관보전지역관리기본계획의 시행
4. 제18조의 규정에 의한 생태계 보전을 위한 토지등의 확보
5. 제19조의 규정에 의한 생태·경관보전지역 등의 토지등의 매수
6. 제20조제1항의 규정에 의한 오수처리시설 등의 설치 지원
7. 제22조의 규정에 의한 자연유보지역의 생태계 보전
8. 「생물다양성 보전 및 이용에 관한 법률」 제16조에 따른 생물다양성관리계약의 이행
9. 제38조의 규정에 의한 자연환경보전·이용시설의 설치·운영
10. 제44조의 규정에 의한 우선보호대상 생태계의 보호·복원
11. 제45조의 규정에 의한 생태통로 설치사업
12. 제50조제1항 본문에 따라 생태계보전협력금을 돌려받은 사업의 조사·유지·관리
13. 유네스코가 선정한 생물권보전지역의 보전 및 관리

14. 그 밖에 자연환경보전 등을 위하여 필요한 사업으로서 대통령령이 정하는 사업

령 **제45조(생태계보전협력금의 그 밖의 용도)** 법 제49조제14호에서 "대통령령이 정하는 사업"이란 다음 각 호의 어느 하나에 해당하는 사업을 말한다.

2. 특정도서의 자연자산 조사 또는 보전사업
3. 훼손·단절된 생태축의 복원사업
4. 법 제34조의2제1항 전단에 따른 도시생태현황지도를 작성하기 위한 사업

**제50조(생태계보전부담금의 반환·지원)**

① 환경부장관은 생태계보전부담금을 납부한 자 또는 생태계보전부담금을 납부한 자로부터 자연환경보전사업의 시행 및 생태계보전부담금의 반환에 관한 동의를 받은 자(이하 "자연환경보전사업 대행자"라 한다)가 환경부장관의 승인을 받아 대체자연의 조성, 생태계의 복원 등 대통령령으로 정하는 자연환경보전사업을 시행하는 경우에는 납부한 생태계보전부담금 중 대통령령으로 정하는 금액을 돌려줄 수 있다. 다만, 산림 또는 산지에서 시행하는 제46조제2항제3호에 따른 사업으로 인하여 부과된 생태계보전부담금에 대하여는 반환금 또는 반환예정금액의 범위에서 다른 법률에 따라 시행하는 산림 또는 산지를 대상으로 하는 훼손지 복원사업에 지원할 수 있다.

령 **제46조(자연환경보전사업의 범위 및 생태계보전부담금의 반환 등)** ① 법 제50조제1항 본문에서 "대통령령이 정하는 자연환경보전사업"이라 함은 다음 각 호의 어느 하나에 해당하는 사업을 말한다. 다만, 법 제46조제2항의 규정에 따른 생태계보전부담금의 부과대상 사업의 일부로서 추진되는 사업을 제외한다.

1. 법 제2조제6호의 규정에 따른 소생태계 조성사업
2. 법 제2조제9호의 규정에 따른 생태통로 조성사업
3. 법 제2조제11호의 규정에 따른 대체자연 조성사업
4. 법 제38조의 규정에 따른 자연환경보전·이용시설의 설치사업
5. 그 밖에 훼손된 생태계의 복원을 위한 사업

④ 환경부장관은 제2항의 규정에 따른 승인신청이 있는 때에는 30일 이내에 승인여부를 결정하여 신청인에게 통지하여야 한다.

⑧ 제4항에 따라 승인을 받은 사업자 또는 자연환경보전사업 대행자에게 돌려 줄 수 있는 생태계보전부담금의 금액은 다음 각 호의 구분에 따른다. 다만, 법 제46조제3항에 따라 납부된 생태계보전부담금의 100분의 50을 초과해서는 아니 된다.

1. 승인받은 사업의 완료 전 : 승인받은 사업비의 100분의 50 이내의 범위에서 제6항에 따라 반환을 신청한 금액
2. 승인받은 사업의 완료 후 : 승인받은 사업에 투자된 금액(해당 사업에 대하여 제1호에 따라 반환한 생태계보전협력금이 있는 경우에는 그 금액은 제외한다)

**제55조(한국자연환경보전협회)**

① 자연환경보전을 위한 다음의 사업을 하기 위하여 한국자연환경보전협회를 둔다.
1. 자연환경의 실태 및 보전방안에 관한 조사·연구
2. 훼손된 생태계나 종의 복원, 소생태계의 조성 등 생물다양성의 보전
3. 자연환경보전에 관한 영상물의 제작 및 출판 등 자연교육과 홍보

**제55조의2(생태관광협회)**

① 생태관광 사업자, 생태관광 관련 단체 및 그 밖에 생태관광 관련 업무에 종사하는 자는 생태관광의 육성에 필요한 다음 각 호의 사업을 수행하기 위하여 환경부장관의 허가를 받아 생태관광협회를 설립할 수 있다.
1. 생태관광에 적합한 지역 및 탐방프로그램의 조사·연구
2. 생태관광 관련 국제협력업무
3. 그 밖에 생태관광 육성을 위하여 필요한 사업

**제59조(자연환경해설사)**

① 환경부장관 또는 지방자치단체의 장은 자연환경해설사 양성기관에서 환경부령으로 정하는 교육과정을 이수한 사람을 자연환경해설사로 채용하여 활용하거나 활용하게 할 수 있다.
② 자연환경해설사는 생태·경관보전지역, 「습지보전법」에 따른 습지보호지역 및 「자연공원법」에 따른 자연공원 등을 이용하는 사람에게 자연환경보전의 인식증진 등을 위하여 자연환경해설·홍보·교육·생태탐방안내 등을 전문적으로 수행한다.
③ 채용된 자연환경해설사는 자연환경해설사 양성기관에서 보수(補修)교육을 받아야 한다.

**제60조(자연환경학습원)**

① 시·도지사는 자연보호운동 활성화 및 국민들에 대한 자연환경보전 중요성의 인식증진 등을 위하여 시·도지사 소속하에 자연환경교육·연수·홍보 등의 기능을 수행하는 자연환경학습원을 둘 수 있다.

**제61조(권한의 위임 및 위탁)**

① 환경부장관은 이 법에 의한 권한의 일부를 대통령령이 정하는 바에 의하여 그 소속 기관의 장 또는 시·도지사에게 위임할 수 있다.
② 환경부장관은 이 법에 의한 업무의 일부를 대통령령이 정하는 바에 의하여 관계전문기관에 위탁할 수 있다.

령 **제53조(보고)** 시·도지사 또는 지방환경관서의 장은 제52조에 따라 위임받은 사무를 처리하였을 때에는 환경부령으로 정하는 바에 따라 그 내용을 환경부장관에게 보고해야 한다.

칙 **제42조(위임사항의 보고)**

① 영 제53조의 규정에 따라 시·도지사 또는 지방환경관서의 장이 환경부장관에게 보고하여야 할 사항은 별표 3과 같다.

[별표 3] 위임 업무 보고사항

| 업무내용 | 보고 횟수 | 보고기일 |
|---|---|---|
| 1. 생태·경관보전지역 안에서의 행위중지·원상회복 또는 대체자연의 조성 등의 명령 실적(법 제17조) | 수시 | 사유발생시 |
| 2. 생태·경관보전지역 등의 토지매수실적(법 제19조) | 연 1회 | 매년 종료 후 15일 이내 |
| 3. 과태료의 부과·징수 실적(법 제66조제2항제1호 및 제2호) | 연 2회 | 매반기 종료 후 15일 이내 |
| 4. 생태계보전협력금의 부과·징수 실적 및 체납처분 현황(법 제46조 및 제48조) | 연 2회 | 매반기 종료 후 15일 이내 |
| 5. 생태마을의 지정 및 해제 실적(법제42조) | 지정 : 연 1회<br>해제 : 수시 | 매년 종료 후 15일 이내<br>해제 : 사유발생시 |

## 제63, 64조(벌칙)

| 벌칙 | 위반행위 |
|---|---|
| 3년 이하의 징역 또는 3천만원 이하의 벌금 | 1. 핵심구역안에서 자연생태·자연경관의 훼손행위를 한 사람<br>2. 완충구역안에서 자연생태·자연경관의 훼손행위를 한 사람<br>3. 중지·원상회복 또는 조치명령을 위반한 사람 |
| 2년 이하의 징역 또는 2천만원 이하의 벌금 | 1. 전이구역에서 자연생태·자연경관을 훼손시킨 자<br>2. 특정수질유해물질, 폐기물, 유독물질을 버리는 행위 등의 금지행위를 한 자 |

## 제66조(과태료)

| 벌칙 | 위반행위 |
|---|---|
| 1천만원 이하의 과태료 | 시·도 생태·경관보전지역의 행위제한 등의 규정에 의한 시·도지사의 조치를 위반한 사람은 에 처한다. |
| 200만원 이하의 과태료 | 1. 생태·경관보전지역에서의 금지행위를 한 사람<br>2. 출입이 제한 또는 금지된 생태·경관보전지역을 출입한 사람<br>3. 정당한 사유없이 조사행위를 거부·방해 또는 기피한 사람<br>4. 입목의 벌채, 토지의 형질변경, 출입·취사·야영행위의 제한을 위반한 사람 |

# 핵심문제 해설



**01** 다음은 자연환경보전법상 사용되는 용어의 정의이다. (   )안에 알맞은 것은? 기-05-4, 기-13-3, 기-19-3

> (   )라 함은 생물다양성을 높이고 야생동물·식물의 서식지간의 이동가능성 등 생태계의 연속성을 높이거나 특정한 생물종의 서식조건을 개선하기 위하여 조성하는 생물서식공간

① 자연생태계　　② 복원생태계
③ 창조생태계　　④ 소(小)생태계

**02** 자연환경보전법상 용어의 정의 중 틀린 것은? 기-19-2

① "자연생태"라 함은 자연의 상태에서 이루어진 지리적 또는 지질적 환경과 그 조건 아래에서 생물이 생활하고 있는 일체의 현상을 말한다.
② "생태계'란 식물·동물 및 미생물 군집(群集)들과 무생물 환경이 기능적인 단위로 상호작용하는 역동적인 복합체를 말한다.
③ "소(小)생태계"라 함은 생물다양성을 증진시키고 생태계 기능의 연속성을 위하여 생태적으로 중요한 지역 또는 생태적 기능의 유지가 필요한 지역을 연결하는 생태적 서식공간을 말한다.
④ "생물다양성"이라 함은 육상생태계 및 수생생태계(해양생태계를 제외한다)와 이들의 복합생태계를 포함하는 모든 원천에서 발생한 생물체의 다양성을 말하여, 종내(種內)·종간(種間) 및 생태계의 다양성을 포함한다.

**해** ③ "소(小)생태계"라 함은 생물다양성을 높이고 야생동·식물의 서식지간의 이동가능성 등 생태계의 연속성을 높이거나 특정한 생물종의 서식조건을 개선하기 위하여 조성하는 생물서식공간을 말한다.

**03** 다음은 자연환경보전법상 용어의 정의이다. (   )안에 알맞은 것은? 기-12-1, 기-17-2

> "자연유보지역"이라 함은 사람의 접근이 사실상 불가능하여 생태계의 훼손이 방치되고 있는 지역 중 군사상의 목적으로 이용되는 외에는 특별한 용도로 사용되지 아니하는 무인도로서 대통령령이 정하는 지역과 관할권이 대한민국에 속하는 날부터 (   )의 비무장지대를 말한다.

① 1년간　　② 2년간
③ 3년간　　④ 5년간

**04** 자연환경보전법상 환경부장관이 수립해야 하는 '자연환경보전을 위한 기본방침'에 포함되어야 할 사항과 거리가 먼 것은? 기-18-3

① 중요하게 보전하여야 할 생태계의 선정, 멸종 위기에 처하여 있거나 생태적으로 중요한 생물종 및 생물자원의 보호
② 생태·경관보전지역의 관리 및 해당 지역주민의 삶의 질 향상
③ 산·하천·내륙습지·농지·섬 등에 있어서 생태적건전성의 향상 및 생태통로·소생태계·대체자연의 조성 등을 통한 생물다양성의 보전
④ 자연환경개발에 관한 교육과 국가 주도 개발활동의 활성화

**05** 자연환경보전법령상 중앙행정기관의 장이 환경부장관과 협의하여야 할 자연환경보전과 직접적인 관계가 있는 주요 시책 또는 계획으로 가장 거리가 먼 것은? 기-17-3

① 「산림문화·휴양에 관한 법률」규정에 따른 자연휴양림의 지정
② 「해양개발기본계획법」규정에 따른 해양수산자원개발·보급계획
③ 「광업법」규정에 따른 광업개발계획
④ 「문화재보호법」규정에 따른 천연기념물의 지정

정답 01. ④ 02. ③ 03. ② 04. ④ 05. ②

해 ①③④ 외에 「산업집적 활성화 및 공장설립에 관한 법률」에 따른 유치지역의 지정계획, 「자유무역지역의 지정 등에 관한 법률」에 따른 자유무역지역의 지정 등이 있다.

**06** 자연환경보전법상 자연환경보전기본계획에 포함되어야 할 사항으로 가장 적합한 것은? (단, 그 밖에 자연환경보전에 관하여 대통령령이 정하는 사항은 제외한다.) 기-08-2, 기-16-1, 기-18-2

① 야생동·식물의 서식실태조사에 관한 사항
② 생태계교란야생동·식물의 관리에 관한 사항
③ 생태축의 구축·추진에 관한 사항
④ 수렵의 관리에 관한 사항

해 자연환경보전기본계획의 내용

1. 자연환경의 현황 및 전망에 관한 사항
2. 자연환경보전에 관한 기본방향 및 보전목표설정에 관한 사항
3. 자연환경보전을 위한 주요 추진과제에 관한 사항
4. 지방자치단체별로 추진할 주요 자연보전시책에 관한 사항
5. 자연경관의 보전·관리에 관한 사항
6. 생태축의 구축·추진에 관한 사항
7. 생태통로 설치, 훼손지 복원 등 생태계 복원을 위한 주요사업에 관한 사항
8. 자연환경종합지리정보시스템의 구축·운영에 관한 사항
9. 사업시행에 소요되는 경비의 산정 및 재원조달 방안에 관한 사항
10. 그 밖에 자연환경보전에 관하여 대통령령이 정하는 자연보호운동의 활성화에 관한 사항, 자연환경보전 국제협력에 관한 사항

**07** 자연환경보전법상 생태·경관보전지역의 지속가능한 보전·관리를 위하여 생태·경관보전지역을 구분하여 지정·관리하고자 할 때, 그 구분지역으로 옳지 않은 것은? 기-14-2

① 생태·경관핵심보전구역
② 생태·경관완충보전구역
③ 생태·경관전이보전구역
④ 생태·경관관리보전구역

**08** 자연환경보전법령상 생태·경관보전지역 지정에 사용하는 지형도에 대한 설명 중 ( )에 알맞은 것은? 기-12-2, 기-16-1

| 생태·경관보전지역 지정계획서에 첨부하는 대통령령이 정하는 지형도라 함은 당해 생태·경관보전지역의 구역별 범위 및 면적을 표시한 ( ) 이상의 지형도로서 지적도가 함께 표시되거나 덧씌워진 것을 말한다. |
|---|

① 축척 5천분의 1
② 축척 2만5천분의 1
③ 축척 5만분의 1
④ 축척 10만분의 1

**09** 자연환경보전법상 생태·경관보전지역에서의 행위제한에 해당되지 않는 경우는? 기-06-4, 기-15-3, 기-19-1

① 토석의 채취
② 하천·호소 등의 구조를 변경하거나 수위 또는 수량에 증감을 가져오는 행위
③ 핵심구역안에서 야생동·식물을 포획·채취·이식(移植)·훼손하거나 고사(枯死)시키는 행위
④ 생태·경관보전지역 안에 거주하는 주민의 생활양식의 유지 또는 생활향상을 위하여 필요한 영농행위 등 대통령령이 정하는 행위

해 ④의 행위는 행위제한의 규정을 적용하지 않는다.

**10** 자연환경보전법령상 멸종위기 야생동·식물, 또는 보호야생동·식물의 보호를 위하여 사업개발을 제한할 수 있는 사업은? 기-05-4, 기-16-1

① 폐광지역 개발에 관한 특별법 규정에 의한 폐광지역 개발사업
② 공유수면 매립법에 의한 매립사업
③ 광산법 규정에 의한 전용허가 대상사업
④ 하천법 규정에 의한 골재채취 허가대상사업

해 개발사업 등의 제한

1. 「산림자원의 조성 및 관리에 관한 법률」에 따른 임도의 시설, 입목벌채 등의 허가·신고대상 사업



정답 06. ③ 07. ④ 08. ① 09. ④ 10. ②

2. 「공유수면 관리 및 매립에 관한 법률」에 따른 매립사업
3. 「농지법」에 따른 농지의 전용허가·협의대상 사업
4. 「초지법」에 따른 초지의 전용허가·협의대상 사업
5. 「하천법」점용허가에 해당하는 행위를 수반하는 사업
6. 「골재채취법」에 따른 골재채취의 허가대상 사업

**11** 자연환경보전법 시행령상 자연경관영향의 협의 대상이 되는 경계로부터의 거리에 대한 설명으로 옳은 것은? (단, 일반기준임) 기-15-3, 기-19-2

① 습지보호지역 : 500m
② 자연공원(최고봉 700m 미만 또는 해상형) : 700m
③ 생태·경관보전지역(최고봉 700m 이상) : 1000m
④ 자연공원(최고봉 1200m 이상) : 1500m

해 ① 습지보호지역 : 300m
② 자연공원(최고봉 700m 미만 또는 해상형) : 1,000m
④ 자연공원(최고봉 1200m 이상) : 2,000m

**12** 자연환경보전법상 생물다양성 보전을 위한 자연환경 조사 관련 내용으로 옳은 것은? 기-18-3

① 환경부장관은 관계중앙행정기관의 장과 협조하여 10년마다 전국의 자연환경을 조사하여야 한다.
② 환경부장관은 관계중앙행정기관의 장과 협조하여 매 5년마다 생태·자연도에서 1등급 권역으로 분류된 지역의 자연환경을 조사하여야 한다.
③ 환경부장관 등이 자연환경조사를 위하여 조사원으로 하여금 타인의 토지에 출입하고자 하는 경우, 그 조사원은 출입할 날의 3일 전까지 그 토지의 소유자·점유자 또는 관리인에게 그 뜻을 통지하여야 한다.
④ 규정에 의한 조사 및 관찰에 필요한 사항은 국무총리령으로 정한다.

해 ① 환경부장관은 관계중앙행정기관의 장과 협조하여 5년마다 전국의 자연환경을 조사하여야 한다.
② 환경부장관은 관계중앙행정기관의 장과 협조하여 매 2년마다 생태·자연도에서 1등급 권역으로 분류된 지역의 자연환경을 조사하여야 한다.
④ 규정에 의한 조사 및 관찰에 필요한 사항은 대통령령으로 정한다.

**13** 자연환경보전법상 토지이용 및 개발계획의 수립이나 시행에 활용할 수 있도록 하기 위하여 자연환경 조사결과 등을 기초로 하여 전국의 자연환경을 1등급, 2등급, 3등급 권역 및 별도관리 지역으로 구분하여 작성한 것은? 기-14-1, 기-17-2

① 생태·보전도 ② 환경·생태도
③ 자연·생태도 ④ 생태·자연도

**14** 자연환경보전법상 생태·자연도를 작성하기 위한 지역 구분에서 1등급 권역에 해당되는 사항이 아닌 것은? 기-19-2

① 생태계가 특히 우수하거나 경관이 특히 수려한 지역
② 생물다양성이 특히 풍부하고 보전가치가 큰 생물자원이 존재·분포하고 있는 지역
③ 멸종위기 야생생물의 주된 서식지·도래지 및 주요 생태축 또는 주요 생태통로가 되는 지역
④ 역사적·문화적·경관적 가치가 있는 지역이거나 도시의 녹지보전 등을 위하여 관리되고 있는 지역

해 ①②③과 생물의 지리적 분포한계에 위치하는 생태계 지역 또는 주요 식생의 유형을 대표하는 지역이 포함된다.

**15** 자연환경보전법상에 명시된 사항으로 옳지 않은 것은? 기-17-1

① 환경부장관은 전국의 자연환경보전을 위한 기본계획을 10년마다 수립하여야 한다.
② 자연환경보전기본계획은 중앙환경정책위원회의 심의를 거쳐 확정한다.
③ 시·도지사는 관계중앙행정기관의 장과 협조하여 생태·자연도에서 1등급 권역으로 분류된 지역과 자연상태의 변화를 특별히 파악할 필요가 있다고 인정되는 지역에

정답 11. ③ 12. ③ 13. ④ 14. ④ 15. ③

대하여 매년 자연환경을 조사해야 한다.

④ 자연환경조사의 내용·방법 그 밖에 필요한 사항은 대통령령으로 정한다.

해 ③ 환경부장관은 관계중앙행정기관의 장과 협조하여 생태·자연도에서 1등급 권역으로 분류된 지역과 자연상태의 변화를 특별히 파악할 필요가 있다고 인정되는 지역에 대하여 2년마다 자연환경을 조사할 수 있다.

**16** 다음은 자연환경보전법상 생태·자연도에 관한 설명이다. ( )안에 알맞은 것은? 기-09-2, 기-14-3, 기-17-2

> 생태·자연도는 ( ㉠ )의 지도에 실선으로 표시하여야 하며, 환경부장관은 생태·자연도를 작성하는 때에는 ( ㉡ ) 국민의 열람을 거쳐 작성하여야 한다.

① ㉠ 5만분의 1 이상, ㉡ 7일 이상
② ㉠ 5만분의 1 이상, ㉡ 14일 이상
③ ㉠ 2만5천분의 1 이상, ㉡ 7일 이상
④ ㉠ 2만5천분의 1 이상, ㉡ 14일 이상

**17** 자연환경보전법상 환경부장관이 관계중앙행정기관의 장 및 시·도지사와 협조하여 해당 생태계의 보호·복원대책을 마련하여 추진할 수 있는 경우와 가장 거리가 먼 것은? 기-19-1

① UNEP(유엔환경계획)의 생태계 복원계획이 예상되는 경우
② 생물다양성이 특히 높거나 특이한 자연환경으로서 훼손되어 있는 경우
③ 자연성이 특히 높거나 취약한 생태계로서 그 일부가 파괴·훼손되거나 교란되어 있는 경우
④ 멸종위기 야생생물의 주된 서식지 또는 도래지로서 파괴·훼손 또는 단절 등으로 인하여 종의 존속이 위협을 받고 있는 경우

해 ②③④ "우선보호대상 생태계의 복원 등"의 내용이다.

**18** 자연환경보전법규상 생태통로의 설치기준으로 옳지 않은 것은? 기-14-3, 기-16-3, 기-18-3

① 생태통로의 길이가 길수록 폭을 좁게 설치한다.
② 주변의 소음·불빛·오염물질 등 인위적 영향을 최소화하기 위하여 생태통로 양쪽에 차단벽을 설치하되, 목재와 같이 불빛의 반사가 적고 주변환경에 친화적인 소재를 사용한다.
③ 배수구 일부 지점에 경사가 완만한 탈출구를 설치하여 작은 동물의 이동이 용이하도록 하고, 미끄럽지 아니한 재질을 사용한다.
④ 생태통로 중 수계에 설치된 박스형 암거는 물을 싫어하는 동물도 이동할 수 있도록 양쪽에 선반형 또는 계단형의 구조물을 설치하며, 작은 배수로나 도랑을 설치한다.

해 ① 생태통로의 길이가 길수록 폭을 넓게 설치한다.

**19** 자연환경보전법 시행규칙상 생태통로의 설치대상지역이 아닌 것은? 기-16-2

① 비무장지대
② 자연공원법에 따른 자연공원
③ 생태·경관보전지역 중 전이보전구역
④ 백두대간보호에 관한 법률에 따른 백두대간 보호지역

해 ①②④ 외에 생태자연도 1등급 권역, 생태·경관보전지역 중 핵심구역 또는 완충구역, 시·도생태·경관보전지역 등이 있다.

**20** 자연환경보전법령상 생태계보전협력금의 단위면적당 부과금액은 제곱미터당 얼마로 하는가? 기-08-4, 기-17-1

① 100원 ② 300원
③ 1000원 ④ 3000원

**21** 자연환경보전법령상 생태계보전협력금의 부과 지역계수가 틀린 것은? 기-09-4, 기-18-1

① 생산관리지역 : 2.5
② 보전관리지역 : 3
③ 녹지지역 : 2



정답 16. ④ 17. ① 18. ① 19. ③ 20. ② 21. ②

④ 자연환경보전지역 : 4

해 생태계보전협력금의 부과·징수

1. 주거지역·상업지역·공업지역 및 계획관리지역 : 지목이 전·답·임야·염전·하천·유지 또는 공원에 해당하는 경우에는 1, 그 밖의 지목인 경우에는 0
2. 녹지지역 : 2
3. 생산관리지역 : 2.5
4. 농림지역 : 3
5. 보전관리지역 : 3.5
6. 자연환경보전지역 : 4

**22** 자연환경보전법규상 시·도지사 또는 지방환경관서의 장이 환경부장관에게 보고해야 할 위임 업무 보고사항 중 "생태마을의 지정 실적" 보고 횟수 기준은? 기-10-2, 기-13-1, 기-14-3, 기-15-2, 기-19-1

① 연 1회 ② 연 2회
③ 연 4회 ④ 수시

**23** 자연환경보전법규상 위임 업무 보고횟수 기준으로 옳지 않은 것은? 기-08-2, 기-18-2

| | 업무내용 | 보고 횟수 |
|---|---|---|
| ㉠ | 생태마을의 해제 실적 | 연 1회 |
| ㉡ | 생태·경관보전지역 등의 토지매수 실적 | 연 1회 |
| ㉢ | 생태·경관보전지역 안에서의 행위중지·원상회복 또는 대체자연의 조성 등의 명령 실적 | 수시 |
| ㉣ | 생태계보전협력금의 부과·징수실적 및 체납처분 현황 | 연 2회 |

① ㉠ ② ㉡
③ ㉢ ④ ㉣

해 ① 생태마을의 지정 : 연 1회, 생태마을의 해제 : 수시

**24** 자연환경보전법상 전이구역안에서 토지의 형질변경을 행하여 자연생태·자연경관을 훼손시킨 자에 대한 벌칙기준으로 옳은 것은? 기-17-3

① 5년 이하의 징역 또는 5천만원 이하의 벌금에 처한다.
② 3년 이하의 징역 또는 3천만원 이하의 벌금에 처한다.
③ 2년 이하의 징역 또는 2천만원 이하의 벌금에 처한다.
④ 1년 이하의 징역 또는 1천만원 이하의 벌금에 처한다.

정답 22. ① 23. ① 24. ③

## ③ 야생생물 보호 및 관리에 관한 법률 (약칭: 야생생물법) [소관부처 : 환경부]

**제1조(목적)** 이 법은 야생생물과 그 서식환경을 체계적으로 보호·관리함으로써 야생생물의 멸종을 예방하고, 생물의 다양성을 증진시켜 생태계의 균형을 유지함과 아울러 사람과 야생생물이 공존하는 건전한 자연환경을 확보함을 목적으로 한다.

**제2조(정의)**

| 용 어 | 정 의 |
|---|---|
| 야생생물 | 산·들 또는 강 등 자연상태에서 서식하거나 자생(自生)하는 동물, 식물, 균류·지의류(地衣類), 원생생물 및 원핵생물의 종(種)을 말한다. |
| 멸종위기 야생생물 | 다음 각 목의 어느 하나에 해당하는 생물의 종으로서 관계 중앙행정기관의 장과 협의하여 환경부령으로 정하는 종을 말한다.<br>가. 멸종위기 야생생물 Ⅰ급: 자연적 또는 인위적 위협요인으로 개체수가 크게 줄어들어 멸종위기에 처한 야생생물로서 대통령령으로 정하는 기준에 해당하는 종<br>나. 멸종위기 야생생물 Ⅱ급: 자연적 또는 인위적 위협요인으로 개체수가 크게 줄어들고 있어 현재의 위협요인이 제거되거나 완화되지 아니할 경우 가까운 장래에 멸종위기에 처할 우려가 있는 야생생물로서 대통령령으로 정하는 기준에 해당하는 종 |
| 국제적 멸종위기종 | 「멸종위기에 처한 야생동식물종의 국제거래에 관한 협약」(멸종위기종국제거래협약)에 따라 국제거래가 규제되는 생물로서 환경부장관이 고시하는 종을 말한다. |
| 유해야생동물 | 사람의 생명이나 재산에 피해를 주는 야생동물로서 환경부령으로 정하는 종을 말한다. |
| 인공증식 | 야생생물을 일정한 장소 또는 시설에서 사육·양식 또는 증식하는 것을 말한다. |
| 생물자원 | 「생물다양성 보전 및 이용에 관한 법률」 제2조제3호에 따른 생물자원을 말한다. |
| 야생동물 질병 | 야생동물이 병원체에 감염되거나 그 밖의 원인으로 이상이 발생한 상태로서 환경부령으로 정하는 질병을 말한다. |
| 질병진단 | 죽은 야생동물 또는 질병에 걸린 것으로 확인되거나 걸릴 우려가 있는 야생동물에 대하여 부검, 임상검사, 혈청검사, 그 밖의 실험 등을 통하여 야생동물 질병의 감염 여부를 확인하는 것을 말한다. |

칙 **제2조(멸종위기 야생생물)**

**[별표 1]**

1. 공통 적용기준

가. 멸종위기 야생생물을 가공·유통·보관·수출·수입·반출 및 반입하는 경우에는 죽은 것을 포함한다.

나. 포유류, 조류, 양서류·파충류, 어류, 곤충류, 무척추동물: 살아 있는 생물체와 그 알 및 표본을 포함한다.

다. 육상식물: 살아 있는 생물체와 그 부속체(종자, 구근, 인경, 주아, 덩이줄기, 뿌리) 및 표본을 포함한다.

라. 해조류, 고등균류, 지의류: 살아 있는 생물체와 그 포자 및 표본을 포함한다.

## 2. 포유류

| 멸종위기 야생생물 Ⅰ급 (12종) | | | |
|---|---|---|---|
| 늑대 | 대륙사슴 | 반달가슴곰 | 붉은박쥐 |
| 사향노루 | 산양 | 수달 | 스라소니 |
| 여우 | 작은관코박쥐 | 표범 | 호랑이 |
| **멸종위기 야생생물 Ⅱ급 (8종)** | | | |
| 담비 | 무산쇠족제비 | 물개 | 물범 |
| 삵 | 큰바다사자 | 토끼박쥐 | 하늘다람쥐 |

## 3. 조류

| 멸종위기 야생생물 Ⅰ급 (14종) | | | |
|---|---|---|---|
| 검독수리 | 넓적부리도요 | 노랑부리백로 | 두루미 |
| 매 | 먹황새 | 저어새 | 참수리 |
| 청다리도요사촌 | 크낙새 | 호사비오리 | 혹고니 |
| 황새 | 흰꼬리수리 | | |
| **멸종위기 야생생물 Ⅱ급 (49종)** | | | |
| 개리 | 검은머리갈매기 | 검은머리물떼새 | 검은머리촉새 |
| 검은목두루미 | 고니 | 고대갈매기 | 긴꼬리딱새 |
| 긴점박이올빼미 | 까막딱다구리 | 노랑부리저어새 | 느시 |
| 독수리 | 따오기 | 뜸부기 | 무당새 |
| 물수리 | 벌매 | 붉은배새매 | 붉은어깨도요 |
| 붉은해오라기 | 뿔쇠오리 | 뿔종다리 | 새매 |
| 새호리기 | 섬개개비 | 솔개 | 쇠검은머리쑥새 |
| 수리부엉이 | 알락개구리매 | 알락꼬리마도요 | 양비둘기 |
| 올빼미 | 재두루미 | 잿빛개구리매 | 조롱이 |
| 참매 | 큰고니 | 큰기러기 | 큰덤불해오라기 |
| 큰말똥가리 | 팔색조 | 항라머리검독수리 | 흑기러기 |
| 흑두루미 | 흑비둘기 | 흰목물떼새 | 흰이마기러기 |
| 흰죽지수리 | | | |

## 4. 양서류·파충류

| 멸종위기 야생생물 Ⅰ급 (2종) | | | |
|---|---|---|---|
| 비바리뱀 | 수원청개구리 | | |
| **멸종위기 야생생물 Ⅱ급 (6종)** | | | |
| 고리도롱뇽 | 구렁이 | 금개구리 | 남생이 |
| 맹꽁이 | 표범장지뱀 | | |

5. 어류

| 멸종위기 야생생물 Ⅰ급 (11종) | | | |
|---|---|---|---|
| 감돌고기 | 꼬치동자개 | 남방동사리 | 모래주사 |
| 미호종개 | 얼룩새코미꾸리 | 여울마자 | 임실납자루 |
| 좀수수치 | 퉁사리 | 흰수마자 | |
| **멸종위기 야생생물 Ⅱ급 (16종)** | | | |
| 가는돌고기 | 가시고기 | 꺽저기 | 꾸구리 |
| 다묵장어 | 돌상어 | 묵납자루 | 백조어 |
| 버들가지 | 부안종개 | 연준모치 | 열목어 |
| 칠성장어 | 큰줄납자루 | 한강납줄개 | 한둑중개 |

6. 곤충류

| 멸종위기 야생생물 Ⅰ급 (6종) | | | |
|---|---|---|---|
| 붉은점모시나비 | 비단벌레 | 산굴뚝나비 | 상제나비 |
| 수염풍뎅이 | 장수하늘소 | | |
| **멸종위기 야생생물 Ⅱ급 (20종)** | | | |
| 깊은산부전나비 | 꼬마잠자리 | 노란잔산잠자리 | 닻무늬길앞잡이 |
| 대모잠자리 | 두점박이사슴벌레 | 뚱보주름메뚜기 | 멋조롱박딱정벌레 |
| 물방개 | 물장군 | 소똥구리 | 쌍꼬리부전나비 |
| 애기뿔소똥구리 | 여름어리표범나비 | 왕은점표범나비 | 은줄팔랑나비 |
| 참호박뒤영벌 | 창언조롱박딱정벌레 | 큰자색호랑꽃무지 | 큰홍띠점박이푸른부전나비 |

7. 무척추동물

| 멸종위기 야생생물 Ⅰ급 (4종) | | | |
|---|---|---|---|
| 귀이빨대칭이 | 나팔고둥 | 남방방게 | 두드럭조개 |
| **멸종위기 야생생물 Ⅱ급 (28종)** | | | |
| 갯게 | 거제외줄달팽이 | 검붉은수지맨드라미 | 금빛나팔돌산호 |
| 기수갈고둥 | 깃산호 | 대추귀고둥 | 둔한진총산호 |
| 망상맵시산호 | 물거미 | 밤수지맨드라미 | 별혹산호 |
| 붉은발말똥게 | 선침거미불가사리 | 연수지맨드라미 | 염주알다슬기 |
| 울릉도달팽이 | 유착나무돌산호 | 의염통성게 | 자색수지맨드라미 |
| 잔가지나무돌산호 | 착생깃산호 | 참달팽이 | 측맵시산호 |
| 칼세오리옆새우 | 해송 | 흰발농게 | 흰수지맨드라미 |

## 8. 육상식물

| 멸종위기 야생생물 Ⅰ급 (11종) | | | |
|---|---|---|---|
| 광릉요강꽃 | 금자란 | 나도풍란 | 만년콩 |
| 비자란 | 암매 | 죽백란 | 털복주머니란 |
| 풍란 | 한라솜다리 | 한란 | |

| 멸종위기 야생생물 Ⅱ급 (77종) | | | |
|---|---|---|---|
| 가는동자꽃 | 가시연 | 가시오갈피나무 | 각시수련 |
| 개가시나무 | 개병풍 | 갯봄맞이꽃 | 검은별고사리 |
| 구름병아리난초 | 기생꽃 | 끈끈이귀개 | 나도승마 |
| 날개하늘나리 | 넓은잎제비꽃 | 노랑만병초 | 노랑붓꽃 |
| 단양쑥부쟁이 | 닻꽃 | 대성쓴풀 | 대청부채 |
| 대흥란 | 독미나리 | 두잎약난초 | 매화마름 |
| 무주나무 | 물고사리 | 방울난초 | 백부자 |
| 백양더부살이 | 백운란 | 복주머니란 | 분홍장구채 |
| 산분꽃나무 | 산작약 | 삼백초 | 새깃아재비 |
| 서울개발나물 | 석곡 | 선제비꽃 | 섬개야광나무 |
| 섬개현삼 | 섬시호 | 세뿔투구꽃 | 손바닥난초 |
| 솔붓꽃 | 솔잎난 | 순채 | 신안새우난초 |
| 애기송이풀 | 연잎꿩의다리 | 왕제비꽃 | 으름난초 |
| 자주땅귀개 | 전주물꼬리풀 | 정향풀 | 제비동자꽃 |
| 제비붓꽃 | 제주고사리삼 | 조름나물 | 죽절초 |
| 지네발란 | 진노랑상사화 | 차걸이란 | 참물부추 |
| 초령목 | 칠보치마 | 콩짜개란 | 큰바늘꽃 |
| 탐라란 | 파초일엽 | 피뿌리풀 | 한라송이풀 |
| 한라옥잠난초 | 해오라비난초 | 혹난초 | 홍월귤 |
| 황근 | | | |

## 9. 해조류

| 멸종위기 야생생물 Ⅱ급 (2종) | | | |
|---|---|---|---|
| 그물공말 | 삼나무말 | | |

## 10. 고등균류

| 멸종위기 야생생물 Ⅱ급 (1종) | | | |
|---|---|---|---|
| 화경버섯 | | | |

**제4조(유해야생동물) [별표 3]**

1. 장기간에 걸쳐 무리를 지어 농작물 또는 과수에 피해를 주는 참새, 까치, 어치, 직박구리, 까마귀, 갈까마귀, 떼까마귀
2. 일부 지역에 서식밀도가 너무 높아 농·림·수산업에 피해를 주는 꿩, 멧비둘기, 고라니, 멧돼지, 청설모, 두더지, 쥐류 및 오리류(오리류 중 원앙이, 원앙사촌, 황오리, 알락쇠오리, 호사비오리, 뿔쇠오리, 붉은가슴흰죽지는 제외한다)
3. 비행장 주변에 출현하여 항공기 또는 특수건조물에 피해를 주거나, 군 작전에 지장을 주는 조수류(멸종위기 야생동물은 제외한다)
4. 인가 주변에 출현하여 인명·가축에 위해를 주거나 위해 발생의 우려가 있는 멧돼지 및 맹수류(멸종위기 야생동물은 제외한다)
5. 분묘를 훼손하는 멧돼지
6. 전주 등 전력시설에 피해를 주는 까치
7. 일부 지역에 서식밀도가 너무 높아 분변(糞便) 및 털 날림 등으로 문화재 훼손이나 건물 부식 등의 재산상 피해를 주거나 생활에 피해를 주는 집비둘기

**제5조(야생생물 보호 기본계획의 수립 등)**

① 환경부장관은 야생생물 보호와 그 서식환경 보전을 위하여 5년마다 멸종위기 야생생물 등에 대한 야생생물 보호 기본계획을 수립하여야 한다.

② 환경부장관은 기본계획을 수립하거나 변경할 때에는 관계 중앙행정기관의 장과 미리 협의하여야 하고, 수립되거나 변경된 기본계획을 관계 중앙행정기관의 장과 특별시장·광역시장·특별자치시장·도지사·특별자치도지사(시·도지사)에게 통보하여야 한다.

⑥ 기본계획과 세부계획에 포함되어야 할 내용과 그 밖에 필요한 사항은 대통령령으로 정한다.

령 **제2조(야생생물 보호 기본계획)** 법 제5조제1항에 따른 야생생물 보호 기본계획에는 다음 각 호의 사항이 포함되어야 한다.

1. 야생생물의 현황 및 전망, 조사·연구에 관한 사항
2. 법 제6조에 따른 야생생물 등의 서식실태조사에 관한 사항
3. 야생동물의 질병연구 및 질병관리대책에 관한 사항
4. 멸종위기 야생생물 등에 대한 보호의 기본방향 및 보호목표의 설정에 관한 사항
5. 멸종위기 야생생물 등의 보호에 관한 주요 추진과제 및 시책에 관한 사항
6. 멸종위기 야생생물의 보전·복원 및 증식에 관한 사항
7. 멸종위기 야생생물 등 보호사업의 시행에 필요한 경비의 산정 및 재원(財源) 조달방안에 관한 사항
8. 국제적 멸종위기종의 보호 및 철새 보호 등 국제협력에 관한 사항
9. 야생동물의 불법 포획의 방지 및 구조·치료와 유해야생동물의 지정·관리 등 야생동물의 보호·관리에 관한 사항
10. 생태계교란 야생생물의 관리에 관한 사항

11. 법 제27조에 따른 야생생물 특별보호구역의 지정 및 관리에 관한 사항
12. 수렵의 관리에 관한 사항
13. 특별시·광역시·특별자치시·도 및 특별자치도(이하 "시·도"라 한다)에서 추진할 주요 보호시책에 관한 사항
14. 그 밖에 환경부장관이 멸종위기 야생생물 등의 보호를 위하여 필요하다고 인정하는 사항

**제3조(야생생물 보호 세부계획)** ① 법 제5조제4항에 따른 야생생물 보호를 위한 세부계획은 기본계획의 범위에서 수립하되, 다음 각 호의 사항이 포함되어야 한다.

1. 관할구역의 야생생물 현황 및 전망에 관한 사항
2. 야생동물의 질병연구 및 질병관리대책에 관한 사항
3. 관할구역의 멸종위기 야생생물 등의 보호에 관한 사항
4. 멸종위기 야생생물 등 보호사업의 시행에 필요한 경비의 산정 및 재원 조달방안에 관한 사항
5. 야생동물의 불법 포획 방지 및 구조·치료 등 야생동물의 보호 및 관리에 관한 사항
6. 유해야생동물 포획허가제도의 운영에 관한 사항
7. 시·도보호 야생생물의 지정 및 보호에 관한 사항
8. 따른 관할구역의 야생생물 보호구역 지정 및 관리에 관한 사항
9. 수렵장의 설정 및 운영에 관한 사항
10. 관할구역의 주민에 대한 야생생물 보호 관련 교육 및 홍보에 관한 사항
11. 그 밖에 특별시장·광역시장·특별자치시장·도지사 및 특별자치도지사(시·도지사)가 멸종위기 야생생물 등의 보호를 위하여 필요하다고 인정하는 사항

**제13조(멸종위기 야생생물에 대한 보전대책의 수립 등)**

① 환경부장관은 대통령령으로 정하는 바에 따라 멸종위기 야생생물에 대한 중장기 보전대책을 5년마다 수립·시행하여야 한다.

② 환경부장관은 멸종위기 야생생물의 서식지 등에 대한 보호조치를 마련하여야 하며, 자연상태에서 현재의 개체군으로는 지속적인 생존이 어렵다고 판단되는 종을 증식·복원하는 등 필요한 조치를 하여야 한다.

**제13조의2(멸종위기 야생생물의 지정 주기)** ① 환경부장관은 야생생물의 보호와 멸종 방지를 위하여 5년마다 멸종위기 야생생물을 다시 정하여야 한다. 다만, 특별히 필요하다고 인정할 때에는 수시로 다시 정할 수 있다.

**제14조(멸종위기 야생생물의 포획·채취등의 금지)**

① 누구든지 멸종위기 야생생물을 포획·채취·방사(放飼)·이식(移植)·가공·유통·보관·수출·수입·반출·반입(가공·유통·보관·수출·수입·반출·반입하는 경우에는 죽은 것을 포함한다)·죽이거나 훼손(포획·채취등)해서는 아니 된다. 다만, 다음 각 호의 어느 하나에 해당하는 경우로서 환경부장관의 허가를 받은 경우에는 그러하지 아니하다.

1. 학술 연구 또는 멸종위기 야생생물의 보호·증식 및 복원의 목적으로 사용하려는 경우

2. 생물자원 보전시설이나 생물자원관에서 전시용으로 사용하려는 경우
3. 「공익사업을 위한 토지 등의 취득 및 보상에 관한 법률」에 따른 공익사업의 시행 또는 다른 법령에 따른 인가·허가 등을 받은 사업의 시행을 위하여 멸종위기 야생생물을 이동시키거나 이식하여 보호하는 것이 불가피한 경우
4. 사람이나 동물의 질병 진단·치료 또는 예방을 위하여 관계 중앙행정기관의 장이 환경부장관에게 요청하는 경우
5. 대통령령으로 정하는 바에 따라 인공증식한 것을 수출·수입·반출 또는 반입하는 경우
6. 그 밖에 멸종위기 야생생물의 보호에 지장을 주지 아니하는 범위에서 환경부령으로 정하는 경우

령 **제11조(인공증식한 멸종위기 야생생물의 범위 등)** ① 법 제14조제1항제5호 및 같은 조 제3항제6호에서 "대통령령으로 정하는 바에 따라 인공증식한 것"이란 다음 각 호의 어느 하나에 해당하는 것을 말한다.

1. 법 제14조제1항제1호에 따라 포획·채취등의 허가를 받아 수출·반출·가공·유통 또는 보관하기 위하여 증식한 것으로서 환경부령으로 정하는 바에 따라 인공증식증명서를 발급받은 것
2. 수입·반입한 원산지에서 증식한 것으로서 그 원산지에서 인공증식하였음을 증명하는 서류를 발급받은 것

② 누구든지 멸종위기 야생생물의 포획·채취등을 위하여 다음 각 호의 어느 하나에 해당하는 행위를 하여서는 아니 된다. 다만, 제1항 각 호에 해당하는 경우로서 포획·채취등의 방법을 정하여 환경부장관의 허가를 받은 경우 등 환경부령으로 정하는 경우에는 그러하지 아니하다.

1. 폭발물, 덫, 창애, 올무, 함정, 전류 및 그물의 설치 또는 사용
2. 유독물, 농약 및 이와 유사한 물질의 살포 또는 주입

**제17조(국제적 멸종위기종의 수출·수입 허가의 취소 등)**

① 환경부장관은 국제적 멸종위기종 및 그 가공품의 수출·수입·반출 또는 반입 허가를 받은 자가 다음 각 호의 어느 하나에 해당하는 경우에는 그 허가를 취소할 수 있다. 다만, 제1호에 해당하는 경우에는 그 허가를 취소하여야 한다.

1. 거짓이나 그 밖의 부정한 방법으로 허가를 받은 경우
2. 국제적 멸종위기종 및 그 가공품을 수출·수입·반출 또는 반입할 때 허가조건을 위반한 경우
3. 수입 또는 반입 목적 외의 용도로 사용한 경우

② 환경부장관이나 관계 행정기관의 장은 다음 각 호의 어느 하나에 해당하는 국제적 멸종위기종 중 살아 있는 생물의 생존을 위하여 긴급한 경우에는 즉시 필요한 보호조치를 할 수 있다.

1. 수입 또는 반입 목적 외의 용도로 사용되고 있는 것
2. 포획·채취·구입, 양도·양수, 양도·양수의 알선·중개, 소유, 점유하거나 진열되고 있는 것

③ 환경부장관이나 관계 행정기관의 장은 보호조치되거나 이 법을 위반하여 몰수된 국제적 멸종위기종을 수출국 또는 원산지국과 협의하여 반송하거나 보호시설 또는 그 밖의 적절한 시설로 이송할 수 있다.

령 **제14조(보호시설 등)** 법 제17조제3항에서 "보호시설 또는 그 밖의 적절한 시설"이란 다음 각 호의 어느 하나에 해당하는 시설을 말한다.

1. 생물자원관

1의2. 「국립생태원의 설립 및 운영에 관한 법률」에 따른 국립생태원

2. 「수목원·정원의 조성 및 진흥에 관한 법률」에 따른 수목원[수목(樹木)만 해당한다]

3. 농촌진흥청 국립농업과학원(곤충류만 해당한다)

4. 국립수산과학원(해양생물 및 수산생물만 해당한다)

5. 서식지외보전기관

6. 생물자원 보전시설

7. 그 밖에 환경부장관이 멸종위기종국제거래협약의 목적 등을 고려하여 적합하다고 인정하여 고시하는 기관

**제19조(야생생물의 포획·채취 금지 등)** ① 누구든지 멸종위기 야생생물에 해당하지 아니하는 야생생물 중 환경부령으로 정하는 종(해양만을 서식지로 하는 해양생물은 제외하고, 식물은 멸종위기 야생생물에서 해제된 종에 한정한다)을 포획·채취하거나 죽여서는 아니 된다. 다만, 다음 각 호의 어느 하나에 해당하는 경우로서 특별자치시장·특별자치도지사·시장·군수·구청장(자치구의 구청장)의 허가를 받은 경우에는 그러하지 아니하다.

1~4. 제14조(멸종위기 야생생물의 포획·채취등의 금지)제1항 참고

5. 환경부령으로 정하는 야생생물을 환경부령으로 정하는 기준 및 방법 등에 따라 상업적 목적으로 인공증식하거나 재배하는 경우

칙 **제26조(인공증식 등을 위한 포획·채취 등의 허가대상 야생생물 등)** ① 법 제19조제1항제5호에서 "환경부령으로 정하는 야생생물"이란 별표 7에 따른 야생생물을 말한다.

[별표 7] 인공증식 등을 위한 포획·채취 등의 허가대상 야생생물 등

| 구 분 | 종 명 |
|---|---|
| 포유류 | 다람쥐 |
| 조류 | 물닭, 쇠물닭, 청둥오리, 흰뺨검둥오리 |
| 양서류 | 계곡산개구리, 북방산개구리, 한국산개구리 |
| 파충류 | 까치살모사, 능구렁이, 살모사, 쇠살모사 |

비고 : 살아 있는 생물체와 그 알을 포함한다.

**제27조(야생생물 특별보호구역의 지정)** ① 환경부장관은 멸종위기 야생생물의 보호 및 번식을 위하여 특별히 보전할 필요가 있는 지역을 토지소유자 등 이해관계인과 지방자치단체의 장의 의견을 듣고 관계 중앙행정기관의 장과 협의하여 야생생물 특별보호구역으로 지정할 수 있다.

칙 **제34조(특별보호구역의 지정기준 및 절차)** ① 법 제27조제1항에 따른 야생생물 특별보호구역은 다음 각 호의 지역을 대상으로 지정한다.

1. 멸종위기 야생생물의 집단서식지·번식지로서 특별한 보호가 필요한 지역
2. 멸종위기 야생동물의 집단도래지로서 학술적 연구 및 보전 가치가 커서 특별한 보호가 필요한 지역
3. 멸종위기 야생생물이 서식·분포하고 있는 곳으로서 서식지·번식지의 훼손 또는 해당 종의 멸종 우려로 인하여 특별한 보호가 필요한 지역

**제28조(특별보호구역에서의 행위 제한)** ① 누구든지 특별보호구역에서는 다음 각 호의 어느 하나에 해당하는 훼손행위를 하여서는 아니 된다. 다만, 「문화재보호법」에 따른 문화재(보호구역을 포함한다)와 「자연유산의 보존 및 활용에 관한 법률」에 따른 천연기념물·명승 및 시·도자연유산(보호구역을 포함한다)에 대하여는 그 법에서 정하는 바에 따른다.

1. 건축물 또는 그 밖의 공작물의 신축·증축(기존 건축 연면적을 2배 이상 증축하는 경우만 해당한다) 및 토지의 형질변경
2. 하천, 호소 등의 구조를 변경하거나 수위 또는 수량에 변동을 가져오는 행위
3. 토석의 채취
4. 그 밖에 야생생물 보호에 유해하다고 인정되는 훼손행위로서 대통령령으로 정하는 행위

령 **제15조(특별보호구역에서 금지되는 훼손행위)** 법 제28조제1항제4호에서 "대통령령으로 정하는 행위"란 다음 각 호의 어느 하나에 해당하는 행위를 말한다.

1. 수면(水面)의 매립·간척
2. 불을 놓는 행위

② 다음 각 호의 어느 하나에 해당하는 경우에는 제1항을 적용하지 아니한다.

1. 군사 목적을 위하여 필요한 경우
2. 천재지변 또는 이에 준하는 대통령령으로 정하는 재해가 발생하여 긴급한 조치가 필요한 경우
3. 특별보호구역에서 기존에 하던 영농행위를 지속하기 위하여 필요한 행위 등 대통령령으로 정하는 행위를 하는 경우
4. 그 밖에 환경부장관이 야생생물의 보호에 지장이 없다고 인정하여 고시하는 행위를 하는 경우

③ 누구든지 특별보호구역에서 다음 각 호의 어느 하나에 해당하는 행위를 하여서는 아니 된다. 다만, 제2항 제1호 및 제2호에 해당하는 경우에는 그러하지 아니하다.

1. 「물환경보전법」에 따른 특정수질유해물질, 「폐기물관리법」에 따른 폐기물 또는 「화학물질관리법」에 따른 유독물질을 버리는 행위
2. 환경부령으로 정하는 인화물질을 소지하거나 취사 또는 야영을 하는 행위
3. 야생생물의 보호에 관한 안내판 또는 그 밖의 표지물을 더럽히거나 훼손하거나 함부로 이전하는 행위
4. 그 밖에 야생생물의 보호를 위하여 금지하여야 할 행위로서 대통령령으로 정하는 행위

칙 **제36조(소지 금지 인화물질)** 법 제28조제3항제2호에서 "환경부령으로 정하는 인화물질"이란 다음 각 호의 어느 하나에 해당하는 것을 말한다.

1. 휘발유·등유 등 인화점이 섭씨 70도 미만인 액체
2. 자연발화성 물질
3. 기체연료

**제34조의10(예방접종·격리·출입제한·살처분 및 사체의 처분 제한 등)**

① 환경부장관과 시·도지사는 야생동물 질병이 확산되는 것을 방지하기 위하여 필요하다고 인정되는 경우에는 환경부령으로 정하는 바에 따라 야생동물 치료기관 등 야생동물을 보호·관리하는 기관 또는 단체에 다음 각 호의 일부 또는 전부의 조치를 명하여야 한다.

1. 야생동물에 대한 예방접종, 격리 또는 이동제한
2. 관람객 등 외부인의 출입제한
3. 야생동물의 살처분

② 환경부장관과 시·도지사는 다음 각 호의 어느 하나에 해당하는 경우에는 환경부령으로 정하는 관계 공무원으로 하여금 지체 없이 해당 야생동물을 살처분하게 하여야 한다.

1. 야생동물 치료기관 등 야생동물을 보호·관리하는 기관 또는 단체가 살처분 명령을 이행하지 아니하는 경우
2. 야생동물 질병이 확산되는 것을 방지하기 위하여 긴급히 살처분하여야 하는 경우로서 환경부령으로 정하는 경우

칙 **제44조의9(사체 등의 소각·매몰기준)** 법 제34조의10제3항에 따라 살처분한 야생동물 사체의 소각 및 매몰기준은 별표 8의4와 같다.

**[별표 8의4] 소각 및 매몰기준**

1. 소각기준
   가. 소각시설을 갖춘 장소에서 그 장치의 사용법에 따라 야생동물의 사체를 소각하여야 한다.
   나. 사체를 태운 후 남은 뼈와 재는 「폐기물관리법」에 따라 처리하여야 한다.
2. 매몰기준-매몰장소 기준
   가. 하천, 수원지, 도로와 30m 이상 떨어진 곳
   나. 매몰지 굴착과정에서 지하수가 나타나지 않는 곳(매몰지는 지하수위에서 1m 이상 높은 곳에 있어야 한다)
   다. 음용 지하수 관정(管井)과 75m 이상 떨어진 곳
   라. 주민이 집단적으로 거주하는 지역에 인접하지 않은 곳으로 사람이나 동물의 접근을 제한할 수 있는 곳
   마. 유실, 붕괴 등의 우려가 없는 평탄한 곳
   바. 침수의 우려가 없는 곳

**제34조의11(발굴의 금지)** ① 야생동물의 사체를 매몰한 토지는 3년 이내에 발굴하여서는 아니 된다. 다만, 환

경부장관 또는 관할 시·도지사의 허가를 받은 경우에는 그러하지 아니하다.

**제35조(생물자원 보전시설의 등록)** ① 생물자원 보전시설을 설치·운영하려는 자는 환경부령으로 정하는 바에 따라 시설과 요건을 갖추어 환경부장관이나 시·도지사에게 등록할 수 있다. 다만, 「수목원 조성 및 진흥에 관한 법률」에 따라 등록한 수목원은 이 법에 따라 생물자원 보전시설로 등록한 것으로 본다.

칙 **제45조(생물자원 보전시설의 등록)** ① 법 제35조제1항 본문에 따라 생물자원 보전시설을 등록하려는 자는 다음 각 호의 요건을 갖추어 생물자원 보전시설 등록신청서를 환경부장관이나 시·도지사에게 제출하여야 한다.

1. 시설요건
   가. 표본보전시설: 66제곱미터 이상의 수장(收藏)시설
   나. 살아 있는 생물자원 보전시설: 해당 야생생물의 서식에 필요한 일정규모 이상의 시설
2. 인력요건: 다음 각 목의 어느 하나에 해당하는 1명 이상의 인력을 갖출 것
   가. 「국가기술자격법」에 따른 생물분류기사
   나. 생물자원과 관련된 분야의 석사 이상의 학위 소지자로서 해당 분야에서 1년 이상 종사한 사람
   다. 생물자원과 관련된 분야의 학사 이상 학위의 소지자로서 해당 분야에서 3년 이상 종사한 사람

**제46조의2(생물자원 보전시설의 기능)** 생물자원 보전시설의 기능은 다음과 같다.

1. 생물자원의 수집·보존·관리·연구 및 전시
2. 생물자원 및 생물다양성 교육프로그램의 개설·운영
3. 생물자원에 관한 간행물의 제작·배포, 국내외 다른 기관과 정보교환 및 공동연구 등의 협력

**제36조(등록취소)**

① 환경부장관이나 시·도지사는 생물자원 보전시설을 등록한 자가 다음 각 호의 어느 하나에 해당하는 경우에는 그 등록을 취소할 수 있다. 다만, 제1호에 해당하는 경우에는 그 등록을 취소하여야 한다.
  1. 거짓이나 그 밖의 부정한 방법으로 등록한 경우
  2. 환경부령으로 정하는 시설과 요건을 갖추지 못한 경우

② 등록이 취소된 자는 취소된 날부터 7일 이내에 등록증을 환경부장관이나 시·도지사에게 반납하여야 한다.

**제38조(생물자원 보전시설 간 정보교환체계)** 환경부장관은 생물자원에 관한 정보의 효율적인 관리 및 이용과 생물자원 보전시설 간의 협력을 도모하기 위하여 다음 각 호의 기능을 내용으로 하는 정보교환체계를 구축하여야 한다.

1. 전산정보체계를 통한 정보 및 자료의 유통
2. 보유하는 생물자원에 대한 정보 교환
3. 생물자원 보전시설의 과학적인 관리
4. 그 밖에 생물자원 보전시설 간 협력에 관한 사항

**제40조(박제업자의 등록 등)**

① 야생동물 박제품의 제조 또는 판매를 업(業)으로 하려는 자는 시장·군수·구청장에게 등록하여야 한다. 등록한 사항 중 환경부령으로 정하는 사항을 변경할 때에도 또한 같다.

② 등록을 한 자(박제업자)는 박제품(박제용 야생동물을 포함한다)의 출처, 종류, 수량 및 거래상대방 등 환경부령으로 정하는 사항을 적은 장부를 갖추어 두어야 한다.

③ 시장·군수·구청장은 박제업자에게 야생동물의 보호·번식을 위하여 박제품의 신고 등 필요한 명령을 할 수 있다.

④ 등록 및 등록증의 발급에 필요한 사항은 환경부령으로 정한다.

⑤ 시장·군수·구청장은 박제업자가 규정 또는 명령을 위반하였을 때에는 6개월 이내의 범위에서 영업을 정지하거나 등록을 취소할 수 있다.

⑥ 등록이 취소된 자는 취소된 날부터 7일 이내에 등록증을 시장·군수·구청장에게 반납하여야 한다.

칙 **박제업자 행정처분(법 제40조 제5항 관련)**

| 위 반 내 용 | 1차 | 2차 | 3차 | 4차 |
|---|---|---|---|---|
| 변경등록을 하지 않은 경우 | 경고 | 영업정지 1개월 | 영업정지 3개월 | 등록취소 |
| 장부를 갖추어 두지 않은 경우 | | | | |
| 신고 등 필요한 명령을 위반한 경우 | | | | |

**제43조(수렵동물의 지정 등)**

① 환경부장관은 수렵장에서 수렵할 수 있는 야생동물(수렵동물)의 종류를 지정·고시하여야 한다.

② 환경부장관이나 지방자치단체의 장은 수렵장에서 수렵동물의 보호·번식을 위하여 수렵을 제한하려면 수렵동물을 포획할 수 있는 기간(수렵기간)과 그 수렵장의 수렵동물 종류·수량, 수렵 도구, 수렵 방법 및 수렵인의 수 등을 정하여 고시하여야 한다.

③ 환경부장관은 수렵동물의 지정 등을 위하여 야생동물의 종류 및 서식밀도 등에 대한 조사를 주기적으로 실시하여야 한다.

령 **제29조(야생동물의 서식밀도 조사 등)** ① 환경부장관은 법 제43조제3항에 따른 야생동물의 종류 및 서식밀도 등에 대한 조사를 최소한 2년마다 실시하고, 그 결과를 해당 시·도에 알려야 한다.

**제44조(수렵면허)**

① 수렵장에서 수렵동물을 수렵하려는 사람은 대통령령으로 정하는 바에 따라 그 주소지를 관할하는 시장·군수·구청장으로부터 수렵면허를 받아야 한다.

② 수렵면허의 종류는 다음 각 호와 같다.

1. 제1종 수렵면허: 총기를 사용하는 수렵
2. 제2종 수렵면허: 총기 외의 수렵 도구를 사용하는 수렵

③ 수렵면허를 받은 사람은 환경부령으로 정하는 바에 따라 5년마다 수렵면허를 갱신하여야 한다.

④ 수렵면허를 받거나 수렵면허를 갱신하려는 사람 또는 수렵면허를 재발급받으려는 사람은 환경부령으로 정

하는 바에 따라 수수료를 내야 한다.

**제45조(수렵면허시험 등)**
① 수렵면허를 받으려는 사람은 수렵면허의 종류별로 수렵에 관한 법령 등 환경부령으로 정하는 사항에 대하여 시·도지사가 실시하는 수렵면허시험에 합격하여야 한다.
② 수렵면허시험의 실시방법, 절차, 그 밖에 필요한 사항은 대통령령으로 정한다.
③ 수렵면허시험에 응시하려는 사람은 환경부령으로 정하는 바에 따라 수수료를 내야 한다.

칙 **제54조(수렵면허시험 대상)** 법 제45조제1항에서 "환경부령으로 정하는 사항"이란 다음 각 호의 사항을 말한다.
1. 수렵에 관한 법령 및 수렵의 절차
2. 야생동물의 보호·관리에 관한 사항
3. 수렵도구의 사용방법
4. 안전사고의 예방 및 응급조치에 관한 사항

**제55조(수렵면허시험의 공고 등)**
① 영 제32조제1항에 따른 응시원서는 별지 제51호서식의 수렵면허시험 응시원서에 따른다.
② 시·도지사는 수렵면허시험의 필기시험일 30일 전에 수렵면허시험 실시 공고서에 따라 수렵면허시험의 공고를 하여야 한다.
④ 시·도지사는 매년 2회 이상 수렵면허시험을 실시하여야 한다.

**제56조(수렵면허시험 응시원서의 접수 등)** ② 수렵면허시험에 응시하려는 자가 내야 하는 수수료는 1만원으로 한다.

**제57조(수렵면허시험 합격자 발표 등)** ① 시·도지사는 특별한 사정이 있는 경우를 제외하고는 시험 실시 후 10일 이내에 면허시험의 합격자를 발표하여야 한다.

**제46조(결격사유)** 다음 각 호의 어느 하나에 해당하는 사람은 수렵면허를 받을 수 없다.
1. 미성년자
2. 심신상실자
3. 「정신건강증진 및 정신질환자 복지서비스 지원에 관한 법률」에 따른 정신질환자
4. 「마약류 관리에 관한 법률」에 따른 마약류중독자
5. 이 법을 위반하여 금고 이상의 실형을 선고받고 그 집행이 끝나거나(집행이 끝난 것으로 보는 경우를 포함한다) 집행이 면제된 날부터 2년이 지나지 아니한 사람
6. 이 법을 위반하여 금고 이상의 형의 집행유예를 선고받고 그 유예기간 중에 있는 사람
7. 수렵면허가 취소된 날부터 1년이 지나지 아니한 사람

**제47조(수렵 강습)**

① 수렵면허를 받으려는 사람은 수렵면허시험에 합격한 후 환경부령으로 정하는 바에 따라 환경부장관이 지정하는 전문기관(수렵강습기관)에서 수렵의 역사·문화, 수렵 시 지켜야 할 안전수칙 등에 관한 강습을 받아야 한다.

② 수렵면허를 갱신하려는 사람은 환경부령으로 정하는 바에 따라 수렵강습기관에서 수렵 시 지켜야 할 안전수칙과 수렵에 관한 법령 및 수렵의 절차 등에 관한 강습을 받아야 한다.

**제48조(수렵면허증의 발급 등)**

① 시장·군수·구청장은 수렵면허시험에 합격하고, 강습이수증을 발급받은 사람에게 환경부령으로 정하는 바에 따라 수렵면허증을 발급하여야 한다.

② 수렵면허의 효력은 수렵면허증을 본인이나 대리인에게 발급한 때부터 발생하고, 발급받은 수렵면허증은 다른 사람에게 대여하지 못한다.

**제49조(수렵면허의 취소·정지)**

① 시장·군수·구청장은 수렵면허를 받은 사람이 다음 각 호의 어느 하나에 해당하는 경우에는 수렵면허를 취소하거나 1년 이내의 범위에서 기간을 정하여 그 수렵면허의 효력을 정지할 수 있다. 다만, 제1호와 제2호에 해당하는 경우에는 그 수렵면허를 취소하여야 한다.

1. 거짓이나 그 밖의 부정한 방법으로 수렵면허를 받은 경우
2. 수렵면허를 받은 사람이 수렵면허 결격사유 어느 하나에 해당하는 경우
3. 수렵 또는 유해야생동물 포획 중 고의 또는 과실로 다른 사람의 생명·신체 또는 재산에 피해를 준 경우
4. 수렵 도구를 이용하여 범죄행위를 한 경우
5. 멸종위기 야생동물을 포획한 경우
6. 야생동물을 포획한 경우
7. 유해야생동물을 포획한 경우
8. 수렵면허를 갱신하지 아니한 경우
9. 수렵을 한 경우
10. 수렵제한 어느 하나에 해당하는 장소 또는 시간에 수렵을 한 경우

② 수렵면허의 취소 또는 정지 처분을 받은 사람은 취소 또는 정지 처분을 받은 날부터 7일 이내에 수렵면허증을 시장·군수·구청장에게 반납하여야 한다.

**제52조(수렵면허증 휴대의무)** 수렵장에서 수렵동물을 수렵하려는 사람은 수렵면허증을 지니고 있어야 한다.

**제55조(수렵 제한)** 수렵장에서도 다음 각 호의 어느 하나에 해당하는 장소 또는 시간에는 수렵을 하여서는 아니 된다.

1. 시가지, 인가(人家) 부근 또는 그 밖에 여러 사람이 다니거나 모이는 장소로서 환경부령으로 정하는 장소
2. 해가 진 후부터 해뜨기 전까지
3. 운행 중인 차량, 선박 및 항공기

4. 「도로법」에 따른 도로로부터 100미터 이내의 장소. 다만, 도로 쪽을 향하여 수렵을 하는 경우에는 도로로부터 600미터 이내의 장소를 포함한다.
5. 「문화재보호법」에 따른 문화재가 있는 장소 및 보호구역으로부터 1킬로미터 이내의 장소
5의2. 「자연유산의 보존 및 활용에 관한 법률」에 따른 천연기념물·명승 및 시·도자연유산이 있는 장소 및 지정된 보호구역으로부터 1킬로미터 이내의 장소
6. 울타리가 설치되어 있거나 농작물이 있는 다른 사람의 토지. 다만, 점유자의 승인을 받은 경우는 제외한다.
7. 그 밖에 인명, 가축, 문화재, 건축물, 차량, 철도차량, 선박 또는 항공기에 피해를 줄 우려가 있어 환경부령으로 정하는 장소 및 시간

칙 **제70조(수렵 제한지역 등)**

① 법 제55조제1호에서 "환경부령으로 정하는 장소"란 여러 사람이 모이는 행사·집회 장소 또는 광장을 말한다.

② 법 제55조제7호에서 "환경부령으로 정하는 장소"란 다음 각 호의 어느 하나에 해당하는 장소를 말한다.

1. 해안선으로부터 100미터 이내의 장소(해안 쪽을 향하여 수렵을 하는 경우에는 해안선으로부터 600미터 이내의 장소를 포함한다)
2. 수렵장설정자가 야생동물 보호 또는 인명·재산·가축·철도차량 및 항공기 등에 대한 피해 발생의 방지를 위하여 필요하다고 인정하는 지역

**제58조의2(야생생물관리협회)**

① 야생생물의 보호·관리를 위한 다음 각 호의 사업을 하기 위하여 야생생물관리협회를 설립할 수 있다.
1. 야생동물, 멸종위기식물의 밀렵·밀거래 단속 등 보호업무 지원
2. 유해야생동물 및 「생물다양성 보전 및 이용에 관한 법률」에 따른 생태계교란 생물의 관리업무 지원
3. 수렵장 운영 지원 등 수렵 관리
4. 수렵 강습 등 야생생물 보호·관리에 관한 교육과 홍보

② 협회는 법인으로 한다.

③ 협회의 회원이 될 수 있는 자는 수렵면허를 받은 사람과 야생생물의 보호·관리에 적극 참여하려는 자로 한다.

④ 협회의 사업에 필요한 경비는 회비, 사업수입금 등으로 충당한다.

⑤ 국가나 지방자치단체는 예산의 범위에서 협회에 필요한 경비의 일부를 지원할 수 있다.

**제59조(야생생물 보호원)** ① 환경부장관이나 지방자치단체의 장은 멸종위기 야생생물, 「생물다양성 보전 및 이용에 관한 법률」에 따른 생태계교란 생물, 유해야생동물 등의 보호·관리 및 수렵에 관한 업무를 담당하는 공무원을 보조하는 야생생물 보호원을 둘 수 있다.

**제63조(행정처분의 기준)** 행정처분의 기준은 환경부령으로 정한다

칙 **제78조(행정처분의 기준)** 법 제63조에 따른 행정처분의 기준은 별표 12와 같다.

[별표 12] 행정처분의 기준(제78조 관련)

1. 일반기준

가. 위반행위의 횟수에 따른 행정처분의 기준은 최근 1년간 같은 위반행위로 행정처분을 받은 경우에 적용한다.

나. 위반행위가 둘 이상인 경우로서 그에 해당하는 각각의 처분기준이 다른 경우에는 그 중 무거운 처분기준에 따른다.

2. 개별기준(생략)

**제67~70조(벌칙)**

| 벌 칙 | 위 반 행 위 | |
|---|---|---|
| 5년 이하의 징역 또는 500만원 이상 5천만원 이하의 벌금 | 멸종위기 야생생물 Ⅰ급을 포획·채취·훼손하거나 죽인 자 | |
| | 상습적으로 제1항의 죄를 지은 사람 | 7년 이하의 징역에 처한다. 이 경우 7천만원 이하의 벌금을 병과 |
| 3년 이하의 징역 또는 300만원 이상 3천만원 이하의 벌금 | 1. 야생동물을 죽음에 이르게 하는 학대행위를 한 자<br>2. 멸종위기 야생생물 Ⅱ급을 포획·채취·훼손하거나 죽인 자<br>3. 멸종위기 야생생물 Ⅰ급을 가공·유통·보관·수출·수입·반출 또는 반입한 자<br>4. 멸종위기 야생생물의 포획·채취등을 위하여 폭발물, 덫, 창애, 올무, 함정, 전류 및 그물을 설치 또는 사용하거나 유독물, 농약 및 이와 유사한 물질을 살포 또는 주입한 자<br>5. 허가 없이 국제적 멸종위기종 및 그 가공품을 수출·수입·반출 또는 반입한 자<br>5의2. 인공증식 허가를 받지 아니하고 국제적 멸종위기종을 증식한 자<br>6. 특별보호구역에서 훼손행위를 한 자<br>7. 사육시설의 등록을 하지 아니하거나 거짓으로 등록을 한 자<br>8. 야생동물 또는 물건을 수입한 자<br>9. 지정검역물등에 대한 반송 또는 소각·매몰등의 명령을 이행하지 아니한 자<br>10. 야생동물검역관의 지시를 받지 아니하고 지정검역물을 다른 장소로 이동시킨 자<br>11. 검역증명서를 첨부하지 아니하고 지정검역물을 수입한 자<br>12. 수입검역을 받지 아니하거나 거짓 또는 부정한 방법으로 수입검역을 받은 자<br>13. 지정검역물을 수입한 자<br>14. 지정검역물등에 대한 반송 또는 소각·매몰등의 명령을 이행하지 아니한 자 | |
| | 상습적으로 제1항제1호, 제2호, 제4호 또는 제5호의2의 죄를 지은 사람은 5년 이하의 징역에 처한다. 이 경우 5천만원 이하의 벌금을 병과할 수 있다. | 5년 이하의 징역 |
| 2년 이하의 징역 또는 2천만원 이하의 벌금 | 1.00 야생동물에게 고통을 주거나 상해를 입히는 학대행위를 한 자<br>2. 멸종위기 야생생물 Ⅱ급을 가공·유통·보관·수출·수입·반출 또는 반입한 자<br>3. 멸종위기 야생생물을 방사하거나 이식한 자<br>4. 국제적 멸종위기종 및 그 가공품을 수입 또는 반입 목적 외의 용도로 사용한 자<br>5. 국제적 멸종위기종 및 그 가공품을 포획·채취·구입하거나 양도·양수, 양도·양수의 알선·중개, 소유, 점유 또는 진열한 자<br>6. 야생생물을 포획·채취하거나 죽인 자<br>7. 야생생물을 포획·채취하거나 죽이기 위하여 폭발물, 덫, 창애, 올무, 함정, 전류 및 그물을 설치 또는 사용하거나 유독물, 농약 및 이와 유사한 물질을 살포하거나 주입한 자 | |

| | | |
|---|---|---|
| | 8. 허가 없이 야생동물 관련 영업을 한 자<br>10. 중지명령 등의 명령을 위반한 자<br>12. 수렵장 외의 장소에서 수렵한 사람<br>13. 수렵동물 외의 동물을 수렵하거나 수렵기간이 아닌 때에 수렵한 사람<br>14. 수렵면허를 받지 아니하고 수렵한 사람<br>15. 수렵장설정자로부터 수렵승인을 받지 아니하고 수렵한 사람<br>16. 사육시설의 변경등록을 하지 아니하거나 거짓으로 변경등록을 한 자<br>17. 야생동물 전시행위를 한 자 | |
| | 상습적으로 제1항제1호, 제6호 또는 제7호의 죄를 지은 사람 | 3년 이하의 징역에 처한다. 이 경우 3천만원 이하의 벌금을 병과 |
| 1년 이하의 징역 또는 1천만원 이하의 벌금 | 2. 포획·수입 또는 반입한 야생동물, 이를 사용하여 만든 음식물 또는 가공품을 그 사실을 알면서 취득(음식물 또는 추출가공식품을 먹는 행위를 포함한다)·양도·양수·운반·보관하거나 그러한 행위를 알선한 자<br>3. 덫, 창애, 올무 또는 그 밖에 야생동물을 포획하는 도구를 제작·판매·소지 또는 보관한 자<br>4. 거짓이나 그 밖의 부정한 방법으로 포획·채취등의 허가를 받은 자<br>5. 거짓이나 그 밖의 부정한 방법으로 수출·수입·반출 또는 반입 허가를 받은 자<br>5의3. 정기 또는 수시 검사를 받지 아니한 자<br>5의4. 개선명령을 이행하지 아니한 자<br>6. 멸종위기 야생생물 및 국제적 멸종위기종의 멸종 또는 감소를 촉진시키거나 학대를 유발할 수 있는 광고를 한 자<br>7. 거짓이나 그 밖의 부정한 방법으로 포획·채취 또는 죽이는 허가를 받은 자<br>8. 허가 없이 야생생물을 수출·수입·반출 또는 반입한 자<br>8의2. 지정관리 야생동물을 수입·반입한 자<br>8의3. 지정관리 야생동물을 양도·양수·보관한 자<br>8의4. 거짓이나 그 밖의 부정한 방법으로 유해야생동물 포획허가를 받은 자<br>9. 예방접종·격리·이동제한·출입제한 또는 살처분 명령에 따르지 아니한 자<br>10. 살처분한 야생동물의 사체를 소각하거나 매몰하지 아니한 자<br>10의2. 거짓이나 그 밖의 부정한 방법으로 지정검역시행장의 지정을 받은 자<br>10의3. 거짓이나 그 밖의 부정한 방법으로 보관관리인의 지정을 받은 자<br>11. 등록을 하지 아니하고 야생동물의 박제품을 제조하거나 판매한 자<br>12. 수렵장에서 수렵을 제한하기 위하여 정하여 고시한 사항(수렵기간은 제외한다)을 위반한 사람<br>13. 거짓이나 그 밖의 부정한 방법으로 수렵면허를 받은 사람<br>14. 수렵면허증을 대여한 사람<br>15. 수렵 제한사항을 지키지 아니한 사람<br>16. 야생동물을 포획할 목적으로 총기와 실탄을 같이 지니고 돌아다니는 사람 | |

**제71조(몰수)** ① 다음 각 호의 어느 하나에 해당하는 국제적 멸종위기종 및 그 가공품은 몰수한다.

1. 허가 없이 수입 또는 반입되거나 그 수입 또는 반입 목적 외의 용도로 사용되는 국제적 멸종위기종 및 그 가공품
2. 허가 또는 승인 등을 받지 아니하고 포획·채취·구입되거나 양도·양수, 양도·양수의 알선·중개, 소유·점유 또는 진열되고 있는 국제적 멸종위기종 및 그 가공품
3. 인공증식 허가를 받지 아니하고 증식되거나 인공증식에 사용된 국제적 멸종위기종

② 허가받지 아니한 자가 수입·생산하거나 판매하려고 보관 중인 야생동물은 몰수할 수 있다.

### 제73조(과태료)

| 과태료 | 위반행위 |
|---|---|
| 1천만원 이하 | 1. 시·도지사의 조치를 위반한 자<br>2. 시·도지사 또는 시장·군수·구청장의 조치를 위반한 자 |
| 200만원 이하 | 1. 멸종위기 야생생물의 포획·채취등의 결과를 신고하지 아니한 자<br>2. 멸종위기 야생생물 보관 사실을 신고하지 아니한 자<br>2의2. 유해야생동물의 포획 결과를 신고하지 아니한 자<br>3. 출입 제한 또는 금지 규정을 위반한 자<br>4. 역학조사를 정당한 사유 없이 거부 또는 방해하거나 회피한 자<br>5. 주변 환경의 오염방지를 위하여 필요한 조치를 이행하지 아니한 자<br>6. 야생동물의 사체를 매몰한 토지를 3년 이내에 발굴한 자<br>7. 공무원의 출입·검사·질문을 거부·방해 또는 기피한 자 |
| 100만원 이하 | 1. 지정서를 반납하지 아니한 자<br>3. 허가증을 지니지 아니한 자<br>4. 허가증을 반납하지 아니한 자<br>5. 수입하거나 반입한 국제적 멸종위기종의 양도·양수 또는 질병·폐사 등을 신고하지 아니한 자<br>5의2. 국제적 멸종위기종 인공증식증명서를 발급받지 아니한 자<br>5의3. 국제적 멸종위기종 및 그 가공품의 입수경위를 증명하는 서류를 보관하지 아니한 자<br>5의4. 사육시설의 변경신고를 하지 아니하거나 거짓으로 변경신고를 한 자<br>5의5. 사육시설의 폐쇄 또는 운영 중지 신고를 하지 아니한 자<br>5의6. 승계신고를 하지 아니한 자<br>6. 야생생물을 포획·채취하거나 죽인 결과를 신고하지 아니한 자<br>7. 허가증을 반납하지 아니한 자<br>7의8. 정당한 사유 없이 공무원의 출입·검사·질문을 거부·방해 또는 기피한 자<br>8. 안전수칙을 지키지 아니한 자<br>8의2. 유해야생동물 처리 방법을 지키지 아니한 자<br>9. 허가증을 반납하지 아니한 자<br>11. 금지행위를 한 자<br>12. 행위제한을 위반한 자<br>13. 야생동물의 번식기에 신고하지 아니하고 보호구역에 들어간 자<br>13의2. 지정서를 반납하지 아니한 자<br>13의3. 야생동물 질병이 확인된 사실을 알면서도 국립야생동물질병관리기관장과 관할 지방자치단체의 장에게 알리지 아니한 자<br>14. 등록증을 반납하지 아니한 자<br>15. 장부를 갖추어 두지 아니하거나 거짓으로 적은 자<br>16. 시장·군수·구청장의 명령을 준수하지 아니한 자<br>17. 등록증을 반납하지 아니한 자<br>19. 위반하여 지정서를 반납하지 아니한 자<br>20. 수렵면허증을 반납하지 아니한 사람<br>21. 수렵동물임을 확인할 수 있는 표지를 붙이지 아니한 사람<br>22. 수렵면허증을 지니지 아니하고 수렵한 사람<br>23. 수렵장 운영실적을 보고하지 아니한 자<br>24. 보고 또는 자료 제출을 하지 아니하거나 거짓으로 한 자 |

# 핵심문제 해설



**01** 야생생물 보호 및 관리에 관한 법률 시행규칙상 멸종위기 야생생물 Ⅰ급에 해당하는 것은? 기–16–2

① 수달 ② 담비
③ 하늘다람쥐 ④ 큰바다사자

해 ②③④ 멸종위기 야생생물 Ⅱ급
멸종위기 야생생물 Ⅰ급에는 수달, 늑대, 대륙사슴, 반달가슴곰, 붉은박쥐, 사향노루, 산양, 스라소니, 여우, 작은관코박쥐, 표범, 호랑이가 있다.

**02** 야생생물보호 및 관리에 관한 법률 시행규칙상 멸종위기 야생생물 Ⅰ급에 해당하지 않는 것은? 기–14–2, 기–16–3

① 표범 ② 따오기
③ 흰꼬리수리 ④ 죽백란

해 ② 멸종위기 야생생물 Ⅱ급

**03** 야생생물 보호 및 관리에 관한 법률 시행규칙상 멸종위기 야생생물 Ⅰ급(조류)에 해당하지 않는 것은? 기–15–2, 기–18–2

① 흰꼬리수리(Haliaeetus albicilla)
② 황새(Ciconia boyciana)
③ 검은머리갈매기(Larus saundersi)
④ 매(Falco peregrinus)

해 ③ 멸종위기 야생생물 Ⅱ급(조류)

**04** 야생생물 보호 및 관리에 관한 법률 시행규칙상 지정된 멸종위기 야생생물 Ⅱ급에 해당되는 생물은? 기–18–2

① 수달(Lutra lutra)
② 두루미(Grus japonensis)
③ 수원청개구리(Hyla suweonensis)
④ 노랑부리저어새(Platalea leucorodia)

해 ①②③ 멸종위기 야생생물 Ⅰ급

**05** 야생생물 보호 및 관리에 관한 법률 시행규칙상 멸종위기 야생생물 Ⅰ급의 곤충류에 해당되지 않는 것은? 기–16–1, 기–18–3

① 산굴뚝나비 (Hipparchia autonoe)
② 상제나비 (Aporia crataegi)
③ 수염풍뎅이 (Polyphylla laticollis manchurica)
④ 애기뿔소똥구리 (Copris tripartitus)

해 ④ 멸종위기 야생생물 Ⅱ급(곤충류)
멸종위기 야생생물 Ⅰ급의 곤충류에는 ①②③ 외에 장수하늘소, 붉은점모시나비, 비단벌레가 있다.

**06** 야생생물 보호 및 관리에 관한 법률 시행규칙상 멸종위기 야생생물 Ⅱ급(해조류)에 해당하는 것은? 기–13–2, 기–17–3

① 만년콩 Euchresta japonica
② 삼나무말 Coccophora langsdorfii
③ 한란 Cymbidium kanran
④ 암매 Diapensia lapponica var. obovata

해 ①③④ 멸종위기 야생생물 Ⅰ급(육상식물)

**07** 야생생물 보호 및 관리에 관한 법률 시행규칙상 멸종위기 야생생물 Ⅱ급(육상식물)에 해당하는 것은? 기–19–1

① 만년콩 ② 한라솜다리
③ 단양쑥부쟁이 ④ 털복주머니란

해 ①②④ 멸종위기 야생생물 Ⅰ급(육상식물)

**08** 야생생물 보호 및 관리에 관한 법률 시행규칙상 멸종위기 야생생물 Ⅱ급 에 해당하는 것으로만 구성되어 있는 것은? 기–09–2, 기–17–1

① 삵, 두루미, 긴꼬리투구새우, 제주고사리삼
② 가창오리, 암매, 산굴뚝나비, 노랑붓꽃
③ 호사비오리, 모래주사, 물장군, 독미나리



정답 01. ① 02. ② 03. ③ 04. ④ 05. ④ 06. ② 07. ③ 08. ③

④ 개구리매, 비단벌레, 저어새, 개병풍

**09** 야생동식물보호법령상 국제적멸종위기종 중 살아있는 동식물의 생존을 위해 긴급히 보호조치를 취하거나 이 법을 위반하여 몰수된 국제적멸종위기종을 원산국 등과 협의하여 반송 또는 "보호시설 그 밖의 적정한 시설"로 이송할 수 있는데, 다음 중 위 밑줄 친 시설에 해당하는 것으로 가장 거리가 먼 것은? (단, 그 밖의 사항 등은 고려하지 않음.) 기-12-1

① 농촌진흥청 국립농업과학원(곤충류에 한한다.)
② 서식지외 보전기관
③ 환경관리청 해양보전과학원(해저생물에 한한다.)
④ 국립수산과학원(해양생물 및 수산생물에 한한다.)

**해** ①②④ 외 생물자원관, 수목원, 생물자원보전기관이 있다.

**10** 야생생물 보호 및 관리에 관한 법률 시행규칙상 살처분한 야생동물 사체의 소각 및 매몰기준 중 매몰장소의 위치와 거리가 먼 것은? 기-18-3

① 하천, 수원지, 도로와 30m 이상 떨어진 곳
② 매몰지 굴착과정에서 지하수가 나타나지 않는 곳(매몰지는 지하수위에서 1m 이상 높은 곳에 있어야 한다)
③ 음용 지하수 관정(管井)과 50m 이상 떨어진 곳
④ 주민이 집단적으로 거주하는 지역에 인접하지 않은 곳으로 사람이나 동물의 접근을 제한할 수 있는 곳

**해** ③ 음용 지하수 관정(管井)과 75m 이상 떨어진 곳

**11** 야생생물 보호 및 관리에 관한 법률 시행규칙상 생물자원보전시설을 설치·운영하고자 하는 자가 그 시설을 등록하고자 할 때 갖추어야 할 각 요건(기준)으로 옳은 것은? 기-17-2

① 인력요건 : 생물자원과 관련된 분야의 석사 이상 학위 소지자로서 해당 분야에서 1년이상 종사한 자
② 인력요건 : 생물자원과 관련된 분야의 학사 이상 학위 소지자로서 해당 분야에서 2년 이상 종사한 자
③ 표본보전시설 : 60제곱미터 이상의 수장시설
④ 열풍건조시설 : 10마력 이상의 건조스팀발생 시설

**해** ② 인력요건 : 생물자원과 관련된 분야의 학사 이상 학위 소지자로서 해당 분야에서 3년 이상 종사한 자
③ 표본보전시설: 66제곱미터 이상의 수장시설

**12** 야생생물보호 및 관리에 관한 법률상 생물자원 보전시설을 등록한 자가 시설 및 요건을 갖추지 못하여 등록이 취소된 경우, 취소된 날부터 며칠 이내에 그 등록증을 환경부장관 등에게 반납하여야 하는가? 기-11-3, 기-14-2, 기-16-3

① 3일 이내에 ② 5일 이내에
③ 7일 이내에 ④ 15일 이내에

**13** 야생생물보호 및 관리에 관한 법률 시행령상 생물자원의 분류.보전 등에 관한 관련 전문가에 해당하는 사람으로 거리가 먼 것은? 기-07-4, 기-08-2, 기-10-2, 기-11-3, 기-14-3, 기-16-3, 기-17-3, 기-19-3

① 「국가기술자격법」에 의한 생물분류기사
② 「국가기술자격법」에 의한 자연환경기사
③ 생물자원 관련 분야의 석사학위 이상 소지자로서 해당 분야에서 1년 이상 종사한 사람
④ 생물자원 관련 분야의 학사학위 이상 소지자로서 해당 분야에서 3년 이상 종사한 사람

**14** 야생생물 보호 및 관리에 관한 법률 시행규칙상 시장·군수·구청장은 박제업자에게 야생동물의 보호·번식을 위하여 박제품의 신고 등 필요한 명령을 할 수 있는데 박제업자가 이에 따른 신고 등 명령을 위반한 경우 각 위반차수별 (개별)행정처분기준으로 가장 적합한 것은? 기-09-4, 기-14-1

**정답** 09. ③ 10. ③ 11. ① 12. ③ 13. ② 14. ③

① 1차 : 경고, 2차 : 경고,
3차 : 영업정지 3월, 4차 : 등록취소
② 1차 : 영업정지 1월, 2차 : 영업정지 3월,
3차 : 영업정지 6월, 4차 : 사업장이전
③ 1차 : 경고, 2차 : 영업정지 1월,
3차 : 영업정지 3월, 4차 : 등록취소
④ 1차 : 영업정지 1월, 2차 : 영업정지 3월,
3차 : 영업정지 6월, 4차 : 등록취소

**15** 야생생물 보호 및 관리에 관한 법률 시행령상 환경부장관은 수렵동물의 지정 등을 위하여 야생동물의 종류 및 서식밀도 등에 대한 조사를 주기적으로 실시하여야 하는데, 그 최소한의 주기로 옳은 것은?
기-16-2, 기-17-2

① 1년마다 ② 2년마다
③ 3년마다 ④ 4년마다

**16** 야생생물 보호 및 관리에 관한 법률 시행규칙상 수렵면허시험에 관한 사항으로 옳지 않은 것은?
기-14-1, 기-19-2

① 시·도지사는 매년 1회 이상 수렵면허 시험을 실시하여야 한다.
② "수렵에 관한 법령 및 수렵의 절차"는 수렵면허 시험대상이 되는 환경부령으로 정하는 사항에 포함된다.
③ "안전사고의 예방 및 응급조치에 관한 사항"은 수렵면허 시험대상이 되는 환경부령으로 정하는 사항에 포함된다.
④ 시·도지사는 수렵면허시험의 필기시험일 30일 전에 수렵면허시험 실시공고서에 따라 수렵면허시험의 공고를 하여야 한다.

해 ① 시·도지사는 매년 2회 이상 수렵면허 시험을 실시하여야 한다.

**17** 야생동·식물보호법상 수렵면허에 관한 사항으로 옳지 않은 것은?
기-09-2, 기-11-3

① 수렵면허는 그 주소지를 관할하는 시장·군수·구청장으로부터 받는다.
② 제1종 수렵면허는 총기를 사용하는 수렵과 관련한 면허이다.
③ 규정에 의해 수렵면허를 받는 자는 환경부령이 정하는 바에 따라 5년마다 수렵면허를 갱신하여야 한다.
④ 제2종 수렵면허는 수렵도구를 사용하지 않는 수렵활동과 관련한 면허이다.

해 ④ 제2종 수렵면허는 총기 외의 수렵 도구를 사용하는 수렵활동과 관련한 면허이다.

**18** 야생생물 보호 및 관리에 관한 법률상 수렵면허의 취소 또는 정지처분을 받은 자는 언제까지 수렵면허증을 시장·군수·구청장에게 반납하여야 하는가?
기-12-3, 기-18-1

① 취소 또는 정지처분을 받은 당일 날
② 취소 또는 정지처분을 받은 날부터 1일 이내
③ 취소 또는 정지처분을 받은 날부터 3일 이내
④ 취소 또는 정지처분을 받은 날부터 7일 이내

**19** 야생생물 보호 및 관리에 관한 법률상 수렵장에서도 수렵이 제한되는 시간 및 장소로 옳지 않은 것은?
기-19-2

① 시가지, 인가 부근
② 도로로부터 100m 이내의 장소
③ 운행 중인 차량, 선박 및 항공기
④ 해가 뜬 후부터 해가 지기 전까지

해 ④ 해가 진 후부터 해뜨기 전까지

**20** 야생생물 보호 및 관리에 관한 법률 시행규칙상 행정처분기준으로 틀린 것은? 기-12-2, 기-13-3, 기-19-1

① 일반기준으로 위반행위가 둘 이상인 경우로서 그에 해당하는 각각의 처분기준이 다른 경우에는 그 중 무거운 처분기준에 따른다.
② 일반기준으로 위반행위의 횟수에 따른 행정처분의 기준은 최근 2년간 같은 위반행위로 행


정답 15. ② 16. ① 17. ④ 18. ④ 19. ④ 20. ②

정처분을 받은 경우에 적용한다.

③ 개별기준으로 야생동물치료기관으로 지정을 받은 자가 특별한 사유 없이 조난 또는 부상당한 야생동물의 구조·치료를 3회 이상 거부한 경우 1차 위반 시 행정처분기준은 경고이다.

④ 개별기준으로 야생동물치료기관으로 지정을 받은 자가 특별한 사유 없이 조난 또는 부상당한 야생동물의 구조·치료를 3회 이상 거부한 경우 2차 위반 시 행정처분기준은 지정취소이다.

해 ② 일반기준으로 위반행위의 횟수에 따른 행정처분의 기준은 최근 1년간 같은 위반행위로 행정처분을 받은 경우에 적용한다.

**21** 야생생물 보호 및 관리에 관한 법률상 멸종위기 야생생물 Ⅱ급을 포획·채취·훼손하거나 고사시킨 자에 대한 벌칙기준으로 옳은 것은? 기-17-1, 기-19-2

① 7천만원 이하의 벌금
② 3년 이하의 징역 또는 300만원 이상 3천만원 이하의 벌금
③ 5년 이하의 징역 또는 500만원 이상 5천만원 이하의 벌금
④ 2년 이하의 징역 또는 2천만원 이하의 벌금

**22** 야생생물 보호 및 관리에 관한 법률상 덫·창애·올무 또는 그 밖에 야생동물을 포획하는 도구를 제작·판매·소지 또는 보관한 자에 대한 벌칙기준으로 옳은 것은? (단, 학술 연구, 관람·전시, 유해야생동물의 포획 등 환경부령이 정하는 경우는 제외) 기-19-1

① 500만원 이하의 벌금
② 6개월 이하의 징역 또는 5백만원 이하의 벌금
③ 1년 이하의 징역 또는 1천만원 이하의 벌금
④ 2년 이하의 징역 또는 2천만원 이하의 벌금

**23** 야생생물 보호 및 관리에 관한 법률 시행규칙상 수렵면허 취소 또는 정지 등과 관련한 행정처분의 개별기준 중 수렵 중에 고의 또는 과실로 다른 사람의 재산에 피해를 준 경우 위반 차수별 행정처분기준으로 옳은 것은? 기-12-3, 기-18-1

| | 1차 | 2차 | 3차 |
|---|---|---|---|
| ㉠ | 면허정지 3개월 | 면허정지 6개월 | 면허취소 |
| ㉡ | 경고 | 면허정지 1개월 | 면허정지 3개월 |
| ㉢ | 경고 | 면허정지 3개월 | 면허취소 |
| ㉣ | 면허정지 1개월 | 면허정지 3개월 | 면허정지 6개월 |

① ㉠ ② ㉡
③ ㉢ ④ ㉣

정답 21. ② 22. ③ 23. ①

## 4 백두대간 보호에 관한 법률 (약칭: 백두대간법) [소관부처 : 산림청, 환경부]

**제1조(목적)** 이 법은 백두대간의 보호에 필요한 사항을 규정하여 무분별한 개발행위로 인한 훼손을 방지함으로써 국토를 건전하게 보전하고 쾌적한 자연환경을 조성함을 목적으로 한다.

**제2조(정의)**

| 용 어 | 정 의 |
|---|---|
| 백두대간 | 백두산에서 시작하여 금강산, 설악산, 태백산, 소백산을 거쳐 지리산으로 이어지는 큰 산줄기를 말한다. |
| 백두대간보호지역 | 백두대간 중 특별히 보호할 필요가 있다고 인정되어 제6조에 따라 산림청장이 지정·고시하는 지역을 말한다. |
| 정맥 | 백두대간에서 분기하여 주요하천의 분수계(分水界)를 이루는 대통령령으로 정하는 산줄기를 말한다. |

**제3조(다른 법률과의 관계)** 이 법은 백두대간의 보호에 관하여 다른 법률에 우선하며 그 기본이 된다.

**제3조의2(백두대간 보호 · 관리의 기본원칙)** 국가와 지방자치단체는 백두대간 보호·관리를 위하여 다음 각 호의 기본원칙에 따라야 한다.

1. 백두대간은 모든 국민의 자산으로 현재와 미래세대를 위하여 지속가능하게 보전·관리되어야 한다.
2. 백두대간은 자연의 기능 및 생태계 순환이 유지·증진되고 인간의 이용으로 인한 영향과 자연재해가 최소화되도록 보전·관리되어야 한다.
3. 불가피하게 백두대간을 이용하여 훼손이 발생한 경우 최대한 복구·복원되도록 노력하여야 한다.
4. 백두대간은 정맥 등 다른 산줄기와의 연결성이 유지 · 증진될 수 있게 보전·관리되어야 한다.
5. 백두대간의 지속가능성 유지를 위하여 지역주민과 지역공동체는 보호되어야 한다.

**제4조(백두대간보호 기본계획의 수립)**

① 환경부장관은 산림청장과 협의하여 백두대간보호 기본계획(기본계획)의 수립에 관한 원칙과 기준을 정한다. 다만, 사회적·경제적·지역적 여건의 변화로 원칙과 기준의 변경이 불가피하다고 인정하는 경우에는 산림청장과 협의하여 변경할 수 있다.

② 산림청장은 백두대간을 효율적으로 보호하기 위하여 제1항에 따라 마련된 원칙과 기준에 따라 기본계획을 환경부장관과 협의하여 10년마다 수립하여야 한다.

③ 산림청장은 기본계획을 수립하거나 변경할 때에는 미리 관계 중앙행정기관의 장 및 기본계획과 관련이 있는 도지사와 협의하여야 한다.

④ 기본계획에는 다음 각 호의 사항이 포함되어야 한다.

1. 백두대간의 현황 및 여건 변화 전망에 관한 사항
2. 백두대간의 보호에 관한 기본 방향
3. 백두대간의 자연환경 및 산림자원 등의 조사와 보호를 위한 사업에 관한 사항
4. 백두대간보호지역의 지정, 지정해제 또는 구역변경에 관한 사항

5. 백두대간의 생태계 및 훼손지 복원·복구에 관한 사항
6. 백두대간보호지역의 토지와 입목(立木), 건축물 등 그 토지에 정착된 물건(토지등)의 매수에 관한 사항
7. 백두대간보호지역에 거주하는 주민 또는 백두대간보호지역에 토지를 소유하고 있는 자에 대한 지원에 관한 사항
8. 백두대간의 보호와 관련된 남북협력에 관한 사항
9. 그 밖에 백두대간의 보호를 위하여 필요하다고 인정되는 사항

**제6조(백두대간보호지역의 지정)**

① 환경부장관은 산림청장과 협의하여 백두대간보호지역(보호지역)의 지정에 관한 원칙과 기준을 정한다. 다만, 사회적·경제적·지역적 여건의 변화로 원칙과 기준의 변경이 불가피하다고 인정하는 경우에는 산림청장과 협의하여 변경할 수 있다.

② 산림청장은 백두대간 중 생태계, 자연경관 또는 산림 등에 대하여 특별한 보호가 필요하다고 인정하는 지역을 원칙과 기준에 따라 환경부장관과 협의하여 보호지역으로 지정할 수 있다. 이 경우 보호지역은 다음 각 호와 같다.

1. 핵심구역: 백두대간의 능선을 중심으로 특별히 보호하려는 지역
2. 완충구역: 핵심구역과 맞닿은 지역으로서 핵심구역 보호를 위하여 필요한 지역

령 **제7조(백두대간보호지역의 지정·지정해제 및 구역변경에 관한 고시 등)**

① 산림청장은 법 제6조제2항 및 제9조제1항에 따라 백두대간보호지역(보호지역)을 지정·지정해제하거나 핵심구역과 완충구역간 구역을 변경한 때에는 다음 각 호의 사항을 관보에 고시하여야 한다.

1. 지정·지정해제 또는 구역변경의 목적
2. 지정·지정해제 또는 구역변경의 연월일
3. 지정·지정해제 또는 구역변경을 하려는 지번·지목 및 지적

3의2. 「토지이용규제 기본법」에 따라 지형도면 또는 지적도 등에 보호지역 및 구역을 명시한 도면

4. 그 밖에 산림청장이 특별히 필요하다고 인정하는 사항

② 도지사 또는 시장·군수는 고시된 사항을 20일 이상 일반인이 공람할 수 있게 하여야 한다.

**제7조(보호지역에서의 행위 제한)**

① 누구든지 보호지역 중 핵심구역에서는 다음 각 호의 어느 하나에 해당하는 경우를 제외하고는 건축물의 건축, 인공구조물이나 그 밖의 시설물의 설치, 토지의 형질변경, 토석(土石)의 채취 또는 이와 유사한 행위를 하여서는 아니 된다.

1. 국방·군사시설의 설치

1의2. 「6·25 전사자유해의 발굴 등에 관한 법률」에 따른 전사자유해의 조사·발굴

2. 도로·철도·하천 등 반드시 필요한 공용·공공용 시설로서 대통령령으로 정하는 시설의 설치
3. 생태통로, 자연환경 보전·이용 시설, 생태 복원시설 등 자연환경 보전을 위한 시설의 설치
4. 산림보호, 산림자원의 보전 및 증식, 임업 시험연구를 위한 시설로서 대통령령으로 정하는 시설의 설치

4의2. 등산로 또는 탐방로의 설치·정비

5. 「국가유산기본법」에 따른 국가유산 및 전통사찰의 복원·보수·이전 및 그 보존관리를 위한 시설과 국가유산 및 전통사찰과 관련된 비석, 기념탑, 그 밖에 이와 유사한 시설의 설치
6. 「신에너지 및 재생에너지 개발·이용·보급 촉진법」에 따른 신·재생에너지의 이용·보급을 위한 시설의 설치
7. 광산의 시설기준, 개발면적의 제한, 훼손지의 복구 등 대통령령으로 정하는 일정 조건하에서의 광산개발
8. 농가주택, 농림축산시설 등 지역주민의 생활과 관계되는 시설로서 대통령령으로 정하는 시설의 설치

8의2. 「전파법」에 따른 무선국 중 기지국의 설치. 다만, 산불·조난 신고 등의 무선통신을 위하여 해당 지역에 기지국의 설치가 부득이한 경우로 한정한다.

9. 제1호부터 제8호의2의 시설을 유지·관리하는 데 필요한 전기시설, 상하수도시설 등 대통령령으로 정하는 부대시설의 설치
10. 제1호부터 제9호의 시설을 설치하기 위한 진입로, 현장사무소, 작업장 등 대통령령으로 정하는 임시시설의 설치

② 누구든지 보호지역 중 완충구역에서는 다음 각 호의 어느 하나에 해당하는 경우를 제외하고는 건축물의 건축, 인공구조물이나 그 밖의 시설물의 설치, 토지의 형질변경, 토석의 채취 또는 이와 유사한 행위를 하여서는 아니 된다.

1. 제1항제1호부터 제8호의2의 시설의 설치 등
2. 「수목원 조성 및 진흥에 관한 법률」에 따른 수목원, 「산림문화·휴양에 관한 법률」에 따른 자연휴양림과 치유의 숲, 그 밖에 대통령령으로 정하는 산림공익시설의 설치
3. 임도(林道), 산림경영관리사(山林經營管理舍) 등 산림경영과 관련된 시설로서 대통령령으로 정하는 시설의 설치
4. 교육, 연구 및 기술개발과 관련된 시설 중 대통령령으로 정하는 시설의 설치
5. 대통령령으로 정하는 규모 이하의 농림어업인의 주택 및 종교시설의 증축 또는 개축
6. 전력·석유 또는 가스의 공급시설 등 대통령령으로 정하는 시설의 설치
7. 관계 법령에 따른 인가·허가 등을 받은 도별 개발면적 안에서 대통령령으로 정하는 석회석의 노천 채광(採鑛)
8. 백두대간의 보호를 위하여 대통령령으로 정하는 홍보·교육 시설의 설치
9. 「장사 등에 관한 법률」에 따른 신고를 한 개인묘지, 개인 또는 가족 봉안묘의 설치. 다만, 「산지관리법」에 따른 산지 외의 토지로 한정한다.

9의2. 2004년 12월 31일 이전에 「초지법」에 따른 초지조성허가를 받아 조성된 초지에서 대통령령으로 정하는 축산업 관련 체험시설을 위한 시설의 설치

10. 제1호부터 제9호의2의 시설을 유지·관리하는 데 필요한 전기시설, 상하수도시설 등 대통령령으로 정하는 부대시설의 설치
11. 제1호부터 제10호의 시설(제1항제8호의2의 시설 및 해당 시설을 유지·관리하는 데 필요한 부대시설은 제외한다)을 설치하기 위한 진입로, 현장사무소, 작업장 등 대통령령으로 정하는 임시시설의 설치

**제8조(사전협의)**

① 관계 행정기관의 장이나 지방자치단체의 장은 개발행위를 하기 위하여 관계 법률에 따른 승인·인가·허가 등의 행정처분을 하려는 경우에는 산림청장과 미리 협의하여야 하며, 산림청장은 협의 과정에서 환경부장관의 의견을 들어야 한다.
② 산림청장은 협의를 할 때 백두대간 보호를 위하여 필요하다고 인정하면 개발행위의 규모를 축소·조정하거나 위치를 변경할 것을 요구할 수 있다.
③ 협의의 범위·기준 및 절차 등에 필요한 사항은 대통령령으로 정한다.

령 **제10조(개발행위에 대한 사전협의의 범위·기준 및 절차 등)**
① 법 제7조제1항 및 제2항 각호의 규정에 의한 개발행위를 함에 있어서 다음의 행위에 대하여는 법 제8조제1항의 규정에 의한 산림청장과의 협의를 하지 아니할 수 있다.
1. 국방·군사시설중 국방부장관이 군사상 고도의 기밀보호가 요구된다고 인정하거나 군사작전의 수행을 위하여 긴급을 요한다고 인정하여 산림청장과 미리 협의한 시설의 설치. 이 경우 산림청장은 사전협의과정에서 환경부장관의 의견을 들어야 한다.
2. 문화재 및 전통사찰의 복원·보수
3. 환경부장관 또는 산림청장이 실행하는 환경보전사업 또는 산림사업
② 법 제8조제1항의 규정에 의한 (산림청장과의)협의시 고려하여야 할 사항은 다음과 같다.
1. 백두대간이 단절되지 아니할 것
2. 산림·경관 및 야생동·식물 등의 보호에 지장을 초래하지 아니할 것
3. 지형 및 식생의 분포 등의 특성으로 인하여 특별히 보호할 가치가 있다고 인정되는 지역에 해당하지 아니할 것
4. 다른 법률에 의하여 지정된 지역·지구 또는 구역에 포함되는 경우 그 법률에 의하여 제한되는 행위에 해당하지 아니할 것

### 제9조(보호지역의 지정해제 등)

① 산림청장은 보호지역을 지정한 목적이 상실되었거나 자연적·사회적·경제적·지역적 여건의 변화 등으로 보호지역으로 계속 지정·관리할 필요가 없거나 핵심구역과 완충구역 간 구역변경이 필요하다고 인정하는 경우에는 환경부장관과 협의하여 보호지역의 지정을 해제하거나 구역을 변경할 수 있다.

### 제10조(토지등의 매수)

① 국가나 지방자치단체는 보호지역을 지정한 목적을 달성하기 위하여 필요하면 토지등의 소유자와 협의하여 보호지역의 토지등을 매수할 수 있다. 다만, 장차 보호지역으로 지정할 필요가 있거나 보호지역의 효율적 보호·관리를 위하여 필요하다고 인정하면 대통령령으로 정하는 보호지역 밖의 토지등을 매수할 수 있다.
② 토지등의 매수 절차나 그 밖에 필요한 사항에 관하여는 「국유재산법」또는 「공유재산 및 물품 관리법」을 준용한다.
③ 토지등을 매수하는 경우 그 매수가격은 「공익사업을 위한 토지 등의 취득 및 보상에 관한 법률」에 따라 산정된 가격으로 한다.

### 제10조의2(토지등의 매수청구)

① 보호지역이 지정·고시되었을 때에는 같은 지역의 토지등의 소유자로서 다음 각 호의 어느 하나에 해당하는 자는 산림청장에게 해당 토지등의 매수를 청구할 수 있다.
  1. 보호지역 지정 당시부터 해당 토지등을 계속 소유한 자
  2. 제1호의 자로부터 해당 토지등을 상속받아 계속 소유한 자

② 산림청장은 토지등의 매수청구를 받았을 때에는 예산의 범위에서 그 토지등을 매수하여야 한다.

> **령 제10조의3(토지등의 매수청구 절차 등)**
>
> ① 법 제10조의2제1항에 따라 토지등의 매수를 청구하려는 자는 토지등 매수청구서에 입목등기부 등본(등기된 입목의 소유자만 해당한다)을 첨부하여 산림청장에게 제출하여야 한다. 이 경우 산림청장은 「전자정부법」에 따른 행정정보의 공동이용을 통하여 다음 각 호의 서류를 확인하여야 한다.
>   1. 토지이용계획확인서
>   2. 토지대장(임야인 경우에는 임야대장을 말한다)과 토지 등기사항증명서(토지의 소유자만 해당한다)
>   3. 건축물대장과 건물 등기사항증명서(건축물의 소유자만 해당한다)
>
> ② 산림청장은 매수청구가 있는 때에는 청구가 있은 날부터 60일 이내에 매수대상 여부 등을 매수를 청구한 자에게 알려야 하며, 매수대상인 경우에는 매수를 알린 날부터 3년 이내에 매수청구를 받은 토지등을 매수하여야 한다.

### 제11조의2(주민지원사업)

① 산림청장과 지방자치단체의 장은 보호지역(보호지역에 일부가 포함되는 읍·면·동의 행정구역을 포함한다)에 거주하는 주민 또는 보호지역에 토지를 소유하고 있는 자에 대한 지원사업(주민지원사업)에 관한 계획을 수립·시행하여야 한다.

② 주민지원사업의 종류는 다음 각 호와 같다.
  1. 농림축산업 관련 시설 설치 및 유기영농 지원 등 소득증대사업
  2. 수도시설의 설치 지원 등 복지 증진사업
  3. 자연환경 보전·이용 시설의 설치사업
  4. 백두대간의 복원·복구 사업 또는 백두대간 보호를 위한 시설의 설치 지원
  5. 백두대간의 생태계·자연경관의 보전 또는 산림의 보호·육성을 위하여 벌채(伐採)를 하지 아니하는 자 등 대통령령으로 정하는 요건에 해당하는 자의 소득감소분 지원
  6. 그 밖에 주민의 생활 편익, 소득 증대 또는 복지 증진을 위하여 대통령령으로 정하는 지원사업

### 제15조(벌칙)

| 벌 칙 | 위 반 행 위 |
|---|---|
| 7년 이하의 징역 또는 7천만원 이하의 벌금 | 핵심구역에서 허용되지 아니하는 행위를 한 자 |
| 5년 이하의 징역 또는 5천만원 이하의 벌금 | 완충구역에서 허용되지 아니하는 행위를 한 자 |

# 핵심문제 해설



**01** 백두대간보호에 관한 법률에 관한 설명으로 틀린 것은? 기-07-2

① 이 법은 백두대간의 보호에 필요한 사항을 규정하여 무분별한 개발행위로 인한 훼손을 방지함으로써 국토를 건전하게 보전하고 쾌적한 자연환경을 조성함을 목적으로 한다.
② "백두대간"이라 함은 백두산에서 시작하여 금강산·설악산·태백산·소백산을 거쳐 지리산으로 이어지는 큰 산줄기를 말한다.
③ "백두대간보호지역"이라 함은 백두대간 중 특별히 보호할 필요가 있다고 인정되어 관련 규정에 의하여 대통령이 지정·고시하는 지역을 말한다.
④ 산림청장은 백두대간을 효율적으로 보호하기 위한 백두대간보호기본계획을 환경부장관과 협의하여 매 10년마다 수립하여야 한다.

해 ③ "백두대간보호지역"이란 백두대간 중 특별히 보호할 필요가 있다고 인정되어 법에 따라 산림청장이 지정·고시하는 지역을 말한다.

**02** 백두대간 보호에 관한법률상 백두대간 보호지역을 지정·고시하는 행정기관장은? 기-07-4, 기-13-2, 기-16-1, 기-19-3

① 국토교통부장관
② 환경부장관
③ 산림청장
④ 국립공원관리공단 이사장

**03** 다음은 백두대간 보호에 관한 법률상 용어의 뜻이다. ( )안에 가장 적합한 것은? 기-14-3

> "백두대간"이란 백두산에서 시작하여 금강산, 설악산, 태백산, 소백산을 거쳐 ( ㉠ )으로 이어지는 큰 산줄기를 말하며, "백두대간보호지역"이란 백두대간 중 특별히 보호할 필요가 있다고 인정되어 법에 따라 ( ㉡ )이 지정·고시하는 지역을 말한다.

① ㉠ 지리산, ㉡ 환경부장관
② ㉠ 지리산, ㉡ 산림청장
③ ㉠ 한라산, ㉡ 환경부장관
④ ㉠ 한라산, ㉡ 산림청장

**04** 백두대간 보호에 관한 법률상 산림청장은 백두대간 보호 기본계획을 몇 년마다 수립하여야 하는가? 기-11-3, 기-14-2, 기-18-1, 기-19-3

① 1년 ② 3년
③ 5년 ④ 10년

**05** 백두대간 보호에 관한 법률상 백두대간 보호 기본계획의 수립에 대한 내용으로 옳지 않은 것은? 기-11-1

① 사회적·경제적·지역적 여건변화로 원칙과 기준의 변경이 불가피하다고 인정하는 경우에는 산림청장과 협의하여 백두대간 보호 기본계획을 변경할 수 있다.
② 환경부장관은 백두대간 보호 기본계획을 매 5년마다 수립한다.
③ 백두대간 보호지역의 지정·지정해제 또는 구역변경에 관한 사항을 포함한다.
④ 백두대간의 보호와 관련된 남북협력에 관한 사항을 포함하여야 한다.

해 ② 산림청장은 백두대간을 효율적으로 보호하기 위하여 원칙과 기준에 따라 기본계획을 환경부장관과 협의하여 10년마다 수립하여야 한다.

**06** 백두대간보호지역 중 백두대간의 능선을 중심으로 특별히 보호하려는 지역은? 기-16-2, 기-16-3

① 완충구역 ② 중권역
③ 핵심구역 ④ 대권역

**07** 백두대간 보호에 관한 법률 시행령상 보호지역중 완충구역에서의 허용행위에 관한 기준이다. ( )안에 알맞은 것은? 기-09-4, 기-15-2, 기-18-2

정답 01. ③ 02. ③ 03. ② 04. ④ 05. ② 06. ③ 07. ③

> 완충구역안에서 대통령령이 정하는 규모 이하의 농림어업인의 주택 및 종교시설의 증축 또는 개축은 허용되는데, 여기서 "대통령령으로 정하는 규모이하"는
> 1. 증축의 경우 : 종전 것을 포함하여 종전규모(연면적을 기준으로 한다.)의 ( ㉠ )
> 2. 개축의 경우 : 종전 것을 포함하여 종전규모(연면적을 기준으로 한다.)의 ( ㉡ )

① ㉠ 100분의 150, ㉡ 100분의 100
② ㉠ 100분의 100, ㉡ 100분의 150
③ ㉠ 100분의 130, ㉡ 100분의 100
④ ㉠ 100분의 100, ㉡ 100분의 130

**08** 다음은 백두대간 보호에 관한 법률 시행령상 토지 등의 매수청구 절차에 관한 사항이다. ( )안에 가장 적합한 것은? 기-14-3, 기-17-1

> 산림청장은 토지 등의 매수청구가 있는 때에는 청구가 있은 날부터 ( ㉠ ) 매수대상 여부 등을 매수를 청구한 자에게 알려야 하며, 매수대상인 경우에는 매수를 알린 날부터
> ( ㉡ ) 매수청구를 받은 토지 등을 매수하여야 한다.

① ㉠ 15일 이내에, ㉡ 30일 이내에
② ㉠ 30일 이내에, ㉡ 1년 이내에
③ ㉠ 60일 이내에, ㉡ 1년 이내에
④ ㉠ 60일 이내에, ㉡ 3년 이내에

**09.** 백두대간 보호에 관한 법률에서 산림청장과 지방자치단체의 장은 보호지역에 거주하는 주민 또는 보호지역에 토지를 소유하고 있는 자에 대한 주민지원사업을 수립 시행하는데, 이에 해당되지 않는 사업은? 기-16-1

① 야생동물의 인공증식시설의 설치사업
② 자연환경 보전·이용 시설의 설치사업
③ 수도시설의 설치 지원 등 복지 증진사업
④ 농림축산업 관련 시설 설치 및 유기영농 지원 등 소득증대사업

해 ②③④ 이외에 백두대간의 복원·복구 사업 또는 백두대간 보호를 위한 시설의 설치 지원, 백두대간의 생태계·자연경관의 보전 또는 산림의 보호·육성을 위하여 벌채를 하지 아니하는 자 등 대통령령으로 정하는 요건에 해당하는 자의 소득감소분 지원, 그 밖에 주민의 생활 편익·소득 증대 또는 복지 증진을 위하여 대통령령으로 정하는 지원사업 등이 있다.

**10** 백두대간 보호에 관한 법률상 다음의 행위를 한 자에 대한 각각의 벌칙기준으로 옳은 것은? 기-18-3

> ㉠ 완충구역에서 허용되지 않는 행위를 한 자
> ㉡ 핵심구역에서 허용되지 않는 행위를 한 자

① ㉠ 7년 이하의 징역 또는 7천만원 이하의 벌금, ㉡ 5년 이하의 징역 또는 5천만원 이하의 벌금
② ㉠ 5년 이하의 징역 또는 5천만원 이하의 벌금, ㉡ 7년 이하의 징역 또는 7천만원 이하의 벌금
③ ㉠ 5년 이하의 징역 또는 5천만원 이하의 벌금, ㉡ 3년 이하의 징역 또는 3천만원 이하의 벌금
④ ㉠ 3년 이하의 징역 또는 3천만원 이하의 벌금, ㉡ 5년 이하의 징역 또는 5천만원 이하



정답 08. ④ 09. ① 10. ②

## 5 자연공원법 [소관부처 : 환경부]

**제1조(목적)** 이 법은 자연공원의 지정·보전 및 관리에 관한 사항을 규정함으로써 자연생태계와 자연 및 문화경관 등을 보전하고 지속 가능한 이용을 도모함을 목적으로 한다.

**제2조(정의)**

| 용 어 | 정 의 |
|---|---|
| 자연공원 | 국립공원·도립공원·군립공원(郡立公園) 및 지질공원을 말한다. |
| 국립공원 | 우리나라의 자연생태계나 자연 및 문화경관(경관)을 대표할 만한 지역으로서 제4조 및 제4조의2에 따라 지정된 공원을 말한다. |
| 도립공원 | 도 및 특별자치도(도)의 자연생태계나 경관을 대표할 만한 지역으로서 제4조 및 제4조의3에 따라 지정된 공원을 말한다. |
| 광역시립공원 | 특별시·광역시·특별자치시(광역시)의 자연생태계나 경관을 대표할 만한 지역으로서 제4조 및 제4조의3에 따라 지정된 공원을 말한다. |
| 군립공원 | 군의 자연생태계나 경관을 대표할 만한 지역으로서 제4조 및 제4조의4에 따라 지정된 공원을 말한다. |
| 시립공원 | 시의 자연생태계나 경관을 대표할 만한 지역으로서 제4조 및 제4조의4에 따라 지정된 공원을 말한다. |
| 구립공원 | 자치구의 자연생태계나 경관을 대표할 만한 지역으로서 제4조 및 제4조의4에 따라 지정된 공원을 말한다. |
| 지질공원 | 지구과학적으로 중요하고 경관이 우수한 지역으로서 이를 보전하고 교육·관광 사업 등에 활용하기 위하여 제36조의3에 따라 환경부장관이 인증한 공원을 말한다. |
| 공원구역 | 자연공원으로 지정된 구역을 말한다. |
| 공원기본계획 | 자연공원을 보전·이용·관리하기 위하여 장기적인 발전방향을 제시하는 종합계획으로서 공원계획과 공원별 보전·관리계획의 지침이 되는 계획을 말한다. |
| 공원계획 | 자연공원을 보전·관리하고 알맞게 이용하도록 하기 위한 용도지구의 결정, 공원시설의 설치, 건축물의 철거·이전, 그 밖의 행위 제한 및 토지 이용 등에 관한 계획을 말한다. |
| 공원별 보전·관리계획 | 동식물 보호, 훼손지 복원, 탐방객 안전관리 및 환경오염 예방 등 공원계획 외의 자연공원을 보전·관리하기 위한 계획을 말한다. |
| 공원사업 | 공원계획과 공원별 보전·관리계획에 따라 시행하는 사업을 말한다. |
| 공원시설 | 자연공원을 보전·관리 또는 이용하기 위하여 공원계획에 따라 자연공원에 설치하는 시설(공원계획에 따라 자연공원 밖에 설치하는 진입도로, 주차시설 또는 공원사무소를 포함한다)로서 대통령령으로 정하는 시설을 말한다. |

**제4조(자연공원의 지정 등)**

① 국립공원은 환경부장관이 지정·관리하고, 도립공원은 도지사 또는 특별자치도지사가, 광역시립공원은 특별시장·광역시장·특별자치시장이 각각 지정·관리하며, 군립공원은 군수가, 시립공원은 시장이, 구립공원은 자치구의 구청장이 각각 지정·관리한다.

② 자연공원을 지정·관리하는 환경부장관, 특별시장·광역시장·특별자치시장·도지사 또는 특별자치도지사 및

시장·군수 또는 자치구의 구청장(공원관리청)은 자연공원을 지정하려는 경우에는 지정대상 지역의 자연생태계, 생물자원, 경관의 현황·특성, 지형, 토지 이용 상황 등 그 지정에 필요한 사항을 조사하여야 한다.

③ 공원관리청은 과학적이고 전문적인 조사를 하기 위하여 조사를 관계 전문기관에 의뢰할 수 있다.

**제6조(자연공원 지정의 고시)** 공원관리청은 자연공원을 지정한 때에는 환경부령으로 정하는 바에 따라 자연공원의 명칭, 종류, 구역, 면적, 지정 연월일 및 공원관리청과 그 밖에 필요한 사항을 고시하여야 한다. 이 경우 지형도면 및 지적도를 고시하는 경우 그 작성방법 및 절차 등에 관하여는 「토지이용규제 기본법」을 준용한다.

「토지이용규제 기본법」에 따른 "지형도의 작성 및 고시"에 대한 내용은 「국토의 계획 및 이용에 관한 법률」 제31조 부분(p.749)을 참고할 것.

**제7조(자연공원의 지정기준)** 자연공원의 지정기준은 자연생태계, 경관 등을 고려하여 대통령령으로 정한다.

령 **제3조(지정기준)** 법 제7조의 규정에 의한 자연공원의 지정기준은 별표 1과 같다.

[별표 1] 자연공원의 지정기준

| 구 분 | 기 준 |
|---|---|
| 자연생태계 | 자연생태계의 보전상태가 양호하거나 멸종위기야생동식물·천연기념물·보호야생동식물등이 서식할 것 |
| 자연경관 | 자연경관의 보전상태가 양호하여 훼손 또는 오염이 적으며 경관이 수려할 것 |
| 문화경관 | 문화재 또는 역사적 유물이 있으며, 자연경관과 조화되어 보전의 가치가 있을 것 |
| 지형보존 | 각종 산업개발로 경관이 파괴될 우려가 없을 것 |
| 위치 및 이용편의 | 국토의 보전·이용·관리측면에서 균형적인 자연공원의 배치가 될 수 있을 것 |

**제9조(공원위원회의 설치 및 구성 등)**

① 제10조에 따른 사항을 심의하기 위하여 환경부에 국립공원위원회를 두고, 도에 도립공원위원회를, 광역시에 광역시립공원위원회를 각각 두며, 군에 군립공원위원회를, 시에 시립공원위원회를, 자치구에 구립공원위원회를 각각 둔다.

② 제1항에 따른 각 공원위원회의 구성·운영과 그 밖에 필요한 사항은 국립공원위원회의 경우 대통령령으로 정하고, 도립공원위원회 또는 광역시립공원위원회(도립공원위원회) 및 군립공원위원회·시립공원위원회 또는 구립공원위원회(군립공원위원회)의 경우 대통령령으로 정하는 기준에 따라 그 지방자치단체의 조례로 정한다. 이 경우 각 공원위원회 위원의 과반수는 공무원이 아닌 위원으로 위촉하여야 한다..

령 **제5조(국립공원위원회의 구성)**

① 법 제9조제1항에 따른 국립공원위원회는 위원장 및 부위원장 각 1명을 포함한 25명 이내의 위원과 특별위원으로 성별을 고려하여 구성한다.

② 위원장은 환경부차관이 되고, 부위원장은 위원중에서 호선한다.
③ 위원은 다음 각 호의 사람이 된다.
1. 기획재정부·국방부·행정안전부·문화체육관광부·농림축산식품부·환경부·국토교통부·해양수산부 및 산림청의 고위공무원단에 속하는 공무원 중에서 해당 기관의 장이 지명하는 사람
2. 국립공원공단 상임이사 중 이사장이 지명하는 사람
3. 대한불교조계종 사회부장
4. 국립공원 안에 거주하는 주민·사업자 등 이해관계인 중 환경부장관이 위촉하는 사람
5. 다음 각 목의 사람 중에서 환경부장관이 위촉하는 사람
가. 「고등교육법」에 따른 학교에서 환경·생태·경관·산림·해양·문화·휴양·안전과 관련된 학과의 부교수 이상으로 재직 중인 사람
나. 환경·생태·경관·산림·해양·문화·휴양·안전 분야의 박사 학위를 취득한 후 해당 분야에서 5년 이상 근무한 경험이 있는 사람
다. 그 밖에 환경보전, 지속가능한 이용 또는 공원정책 등에 관한 전문적인 지식과 경험이 풍부한 사람
④ 특별위원은 다음 각 호의 사람이 된다.
1. 해당 공원구역을 관할하는 특별시·광역시·특별자치시·도 또는 특별자치도(시·도)의 행정부시장 또는 행정부지사(부지사)
2. 그 공원구역면적의 1천분의 1 이상의 토지를 기증한 사람으로서 환경부장관이 위촉하는 사람
⑤ 특별위원은 그 자연공원에 관한 안건을 심의할 경우에 한하여 위원이 된다. 이 경우 특별위원은 그 의결에 참여하지 못한다.
⑥ 특별위원의 임기는 2년으로 하며, 1회에 한하여 연임할 수 있다.
⑦ 위원장은 국립공원위원회의 업무를 총괄하며, 국립공원위원회의 의장이 된다.
⑧ 부위원장은 위원장을 보좌하며, 위원장이 부득이한 사유로 직무를 수행할 수 없는 때에는 그 직무를 대행한다.
⑨ 국립공원위원회의 서무를 처리하게 하기 위하여 간사 1명을 두되, 간사는 환경부의 4급 이상 공무원 또는 고위공무원단에 속하는 일반직공무원 중에서 환경부장관이 지명하는 사람이 된다.

**제10조(공원위원회의 심의 사항)** 각 공원위원회는 다음 각 호의 사항을 심의한다.
1. 자연공원의 지정·해제 및 구역 변경에 관한 사항
2. 공원기본계획의 수립에 관한 사항(국립공원위원회만 해당한다)
3. 공원계획의 결정·변경에 관한 사항
4. 자연공원의 환경에 중대한 영향을 미치는 사업에 관한 사항
5. 그 밖에 자연공원의 관리에 관한 중요 사항

**제10조의2(전문위원)** 국립공원위원회의 심의대상 사업에 관한 중요 사항의 조사·연구 및 전문적인 자문을 위하여 대통령령으로 정하는 바에 따라 국립공원위원회에 전문위원을 둘 수 있다.

**제11조(공원기본계획의 수립 등)** ① 환경부장관은 10년마다 국립공원위원회의 심의를 거쳐 공원기본계획을 수립하여야 한다.

**제12조(국립공원계획의 결정)**
① 국립공원에 관한 공원계획은 환경부장관이 결정한다.
② 환경부장관은 제1항에 따라 공원계획을 결정할 때에는 다음 각 호의 절차를 차례대로 거쳐야 한다.
1. 관할 시·도지사의 의견 청취
2. 관계 중앙행정기관의 장과의 협의
3. 국립공원위원회의 심의

**제13조(도립공원계획의 결정)** ① 도립공원에 관한 공원계획은 시·도지사가 결정한다.

**제14조(군립공원계획의 결정)** ① 군립공원에 관한 공원계획은 군수가 결정한다.

**제15조(공원계획의 변경 등)**
① 공원계획의 변경에 관하여는 제12조부터 제14조까지의 규정을 준용한다. 다만, 대통령령으로 정하는 경미한 사항을 변경하는 경우에는 제12조제2항, 제13조제2항 또는 제14조제2항에 따른 절차를 생략할 수 있다.

> 령 **제11조(공원계획의 경미한 변경)** ① 법 제15조제1항 단서에 따라 공원위원회의 심의를 생략할 수 있는 경미한 사항의 변경은 다음 각 호의 어느 하나에 해당하는 경우를 말한다.
> 4. 공원마을지구를 공원자연보존지구 또는 공원자연환경지구로 변경하는 경우
> 6. 공원시설의 부지면적을 5천제곱미터(공원자연보존지구는 2천제곱미터) 범위에서 변경하는 경우
> 7. 이미 결정·고시된 공원시설계획을 축소 또는 폐지하거나 그 계획에 의한 공원시설의 부지면적을 100분의 20 이하로 확대하는 경우
> 8. 동일한 부지에서 건축물을 증축하거나 위치를 변경하는 경우

② 공원관리청은 10년마다 지역주민, 전문가, 그 밖의 이해관계자의 의견을 수렴하여 공원계획의 타당성(공원구역의 타당성을 포함한다)을 검토하고 그 결과를 공원계획의 변경에 반영하여야 한다. 다만, 도립·군립공원에 대하여는 시·도지사 또는 군수가 필요하다고 인정하는 경우 5년마다 공원계획의 타당성 유무를 검토할 수 있다.

**제17조(공원계획의 내용 등)**
① 공원계획에는 공원용도지구계획과 공원시설계획이 포함되어야 한다.
② 공원관리청은 공원계획을 결정하거나 공원계획 중 환경부령으로 정하는 중요 사항을 변경하는 경우에는 대통령령으로 정하는 바에 따라 그 계획이 자연환경에 미치는 영향을 미리 평가하여 이를 반영하여야 한다.

칙 **제5조(공원계획변경시의 자연환경영향평가 대상)** 법 제17조제2항에서 "환경부령으로 정하는 중요사항을 변경하는 경우"란 다음 각 호와 같다.

1. 부지면적 7천5백제곱미터(법 제18조제1항제1호에 따른 공원자연보존지구는 5천제곱미터) 이상의 공원시설을 신설·확대 또는 위치변경 하는 경우
2. 공원시설중 도로·궤도 등 교통·운수시설을 1킬로미터 이상 신설·확장 또는 연장하는 경우

**제17조의3(공원별 보전·관리계획의 수립 등)** ① 공원관리청은 결정된 공원계획에 연계하여 10년마다 공원별 보전·관리계획을 수립하여야 한다. 다만, 자연환경보전 여건 변화 등으로 인하여 계획을 변경할 필요가 있다고 인정되는 경우에는 그 계획을 5년마다 변경할 수 있다.

**제18조(용도지구)**

① 공원관리청은 자연공원을 효과적으로 보전하고 이용할 수 있도록 하기 위하여 다음 각 호의 용도지구를 공원계획으로 결정한다.

1. 공원자연보존지구: 다음 각 목의 어느 하나에 해당하는 곳으로서 특별히 보호할 필요가 있는 지역
   가. 생물다양성이 특히 풍부한 곳
   나. 자연생태계가 원시성을 지니고 있는 곳
   다. 특별히 보호할 가치가 높은 야생 동식물이 살고 있는 곳
   라. 경관이 특히 아름다운 곳
2. 공원자연환경지구: 공원자연보존지구의 완충공간(緩衝空間)으로 보전할 필요가 있는 지역
3. 공원마을지구: 마을이 형성된 지역으로서 주민생활을 유지하는 데에 필요한 지역
6. 공원문화유산지구: 「문화유산의 보존 및 활용에 관한 법률」에 따른 지정문화유산 및 「자연유산의 보존 및 활용에 관한 법률」에 따른 천연기념물등을 보유한 사찰(寺刹)과 전통사찰보존지 중 문화유산 및 자연유산의 보전에 필요하거나 불사(佛事)에 필요한 시설을 설치하고자 하는 지역

② 용도지구에서 허용되는 행위의 기준은 다음 각 호와 같다. 다만, 대통령령으로 정하는 해안 및 섬지역에서 허용되는 행위의 기준은 다음 각 호의 행위기준 범위에서 대통령령으로 다르게 정할 수 있다.

1. 공원자연보존지구
   가. 학술연구, 자연보호 또는 문화유산 및 자연유산의 보존·관리를 위하여 필요하다고 인정되는 최소한의 행위
   나. 대통령령으로 정하는 기준에 따른 최소한의 공원시설의 설치 및 공원사업
   다. 해당 지역이 아니면 설치할 수 없다고 인정되는 군사시설·통신시설·항로표지시설·수원(水源)보호시설·산불방지시설 등으로서 대통령령으로 정하는 기준에 따른 최소한의 시설의 설치
   라. 대통령령으로 정하는 고증 절차를 거친 사찰의 복원과 전통사찰보존지에서의 불사(佛事)를 위한 시설 및 그 부대시설의 설치. 다만, 부대시설 중 찻집·매점 등 영업시설의 설치는 사찰 소유의 건조물이 정착되어 있는 토지 및 이에 연결되어 있는 그 부속 토지로 한정한다.
   마. 문화체육관광부장관이 종교법인으로 허가한 종교단체의 시설물 중 자연공원으로 지정되기 전의 기존 건축물에 대한 개축·재축(再築), 대통령령으로 정하는 고증 절차를 거친 시설물의 복원 및 대통령령으로 정하는 규모 이하의 부대시설의 설치

바. 「사방사업법」에 따른 사방사업으로서 자연 상태로 그냥 두면 자연이 심각하게 훼손될 우려가 있는 경우에 이를 막기 위하여 실시되는 최소한의 사업
사. 공원자연환경지구에서 공원자연보존지구로 변경된 지역 중 대통령령으로 정하는 대상 지역 및 허용기준에 따라 공원관리청과 주민(공원구역에 거주하는 사람으로서 주민등록이 되어 있는 사람을 말한다) 간에 자발적 협약을 체결하여 하는 임산물의 채취행위

2. 공원자연환경지구
가. 공원자연보존지구에서 허용되는 행위
나. 대통령령으로 정하는 기준에 따른 공원시설의 설치 및 공원사업
다. 대통령령으로 정하는 허용기준 범위에서의 농지 또는 초지(草地) 조성행위 및 그 부대시설의 설치
라. 농업·축산업 등 1차산업행위 및 대통령령으로 정하는 기준에 따른 국민경제상 필요한 시설의 설치
마. 임도(林道)의 설치(산불 진화 등 불가피한 경우로 한정한다), 조림(造林), 육림(育林), 벌채, 생태계 복원 및 「사방사업법」에 따른 사방사업
바. 자연공원으로 지정되기 전의 기존 건축물에 대하여 주위 경관과 조화를 이루도록 하는 범위에서 대통령령으로 정하는 규모 이하의 증축·개축·재축 및 그 부대시설의 설치와 천재지변이나 공원사업으로 이전이 불가피한 건축물의 이축(移築)
사. 자연공원을 보호하고 자연공원에 들어가는 자의 안전을 지키기 위한 사방(砂防)·호안(護岸)·방화(防火)·방책(防柵) 및 보호시설 등의 설치
아. 군사훈련 및 농로·제방의 설치 등 대통령령으로 정하는 기준에 따른 국방 또는 공익을 위하여 필요한 최소한의 행위 또는 시설의 설치
자. 「장사 등에 관한 법률」에 따른 개인묘지의 설치(대통령령으로 정하는 섬지역에 거주하는 주민이 사망한 경우만 해당한다)
차. 제20조 또는 제23조에 따라 허가받은 사업을 시행하기 위하여 대통령령으로 정하는 기간의 범위에서 사업부지 외의 지역에 물건을 쌓아두거나 가설건축물을 설치하는 행위
카. 해안 및 섬지역에서 탐방객에게 편의를 제공하기 위하여 대통령령으로 정하는 기간의 범위에서 관리사무소, 진료시설, 탈의시설 등 그 밖의 대통령령으로 정하는 시설을 설치하는 행위

3. 공원마을지구
가. 공원자연환경지구에서 허용되는 행위
나. 대통령령으로 정하는 규모 이하의 주거용 건축물의 설치 및 생활환경 기반시설의 설치
다. 공원마을지구의 자체 기능을 위하여 필요한 시설로서 대통령령으로 정하는 시설의 설치
라. 공원마을지구의 자체 기능을 위하여 필요한 행위로서 대통령령으로 정하는 행위
마. 환경오염을 일으키지 아니하는 가내공업(家內工業)

6. 공원문화유산지구
가. 공원자연환경지구에서 허용되는 행위
나. 불교의 의식(儀式), 승려의 수행 및 생활과 신도의 교화를 위하여 설치하는 시설 및 그 부대시설의 신축·증축·개축·재축 및 이축 행위
다. 그 밖의 행위로서 사찰의 보전·관리를 위하여 대통령령으로 정하는 행위

**제23조(행위허가)**

① 공원구역에서 공원사업 외에 다음 각 호의 어느 하나에 해당하는 행위를 하려는 자는 대통령령으로 정하는 바에 따라 공원관리청의 허가를 받아야 한다. 다만, 대통령령으로 정하는 경미한 행위는 대통령령으로 정하는 바에 따라 공원관리청에 신고하고 하거나 허가 또는 신고 없이 할 수 있다.

1. 건축물이나 그 밖의 공작물을 신축·증축·개축·재축 또는 이축하는 행위
2. 광물을 채굴하거나 흙·돌·모래·자갈을 채취하는 행위
3. 개간이나 그 밖의 토지의 형질 변경(지하 굴착 및 해저의 형질 변경을 포함한다)을 하는 행위
4. 수면을 매립하거나 간척하는 행위
5. 하천 또는 호소(湖沼)의 물높이나 수량(水量)을 늘거나 줄게 하는 행위
6. 야생동물[해중동물(海中動物)을 포함한다. 이하 같다]을 잡는 행위
7. 나무를 베거나 야생식물(해중식물을 포함한다. 이하 같다)을 채취하는 행위
8. 가축을 놓아먹이는 행위
9. 물건을 쌓아 두거나 묶어 두는 행위
10. 경관을 해치거나 자연공원의 보전·관리에 지장을 줄 우려가 있는 건축물의 용도 변경과 그 밖의 행위로서 대통령령으로 정하는 행위

② 공원관리청은 다음 각 호의 기준에 맞는 경우에만 제1항에 따른 허가를 할 수 있다.

1. 용도지구에서 허용되는 행위의 기준에 맞을 것
2. 공원사업의 시행에 지장을 주지 아니할 것
3. 보전이 필요한 자연 상태에 영향을 미치지 아니할 것
4. 일반인의 이용에 현저한 지장을 주지 아니할 것

령 **제18조(신고사항)** 법 제23조제1항 각 호 외의 부분 단서에 따라 공원관리청에 신고를 하고 할 수 있는 행위는 다음과 같다.

1. 공원마을지구에서 주거용·농림수산업용 건축물을 기존 연면적을 포함하여 200제곱미터 미만으로 증축하는 행위. 다만, 도로경계선으로부터 10미터 이내에 설치하는 경우에는 허가를 받아야 한다.
2. 「산림자원의 조성 및 관리에 관한 법률」에 따른 산림경영계획 및 「국유림의 경영 및 관리에 관한 법률」에 따른 국유림경영계획 수립시 공원관리청과 협의된 벌채·육림·조림행위
3. 공원자연환경지구에서 벌채목적이 아니면서 1헥타르당 50본 미만으로 자생종 나무를 심거나 1헥타르당 100제곱미터 미만의 면적에 풀을 심는 행위
4. 공원마을지구에서 상업시설 또는 숙박시설을 주택으로 용도변경하는 행위
5. 섬지역에 거주하는 주민이 사망하여 그 섬지역의 공원구역에 「장사 등에 관한 법률」에 따른 개인묘지를 설치하는 행위
6. 「어촌、어항법 시행령」 제10조제3호에 따른 시설의 보수、개량사업을 하는 행위(시설이 증축되거나 부지면적이 증가되는 경우는 제외한다)

령 **제21조(허가에 관한 관계행정기관과의 협의 등)** ② 법 제23조제3항 후단에 따라 공원관리청이 행위허가를 함에 있어서 공원위원회의 심의를 거쳐야 하는 경우는 다음과 같다.

1. 부지면적이 5천제곱미터(공원자연보존지구는 2천제곱미터) 이상인 시설을 설치하는 경우(군사시설의 경우에는 부대의 증설·창설 또는 이전을 위하여 시설을 설치하는 경우에 한한다)
2. 도로·철도·궤도 등의 교통·운수시설을 1킬로미터 이상 신설하거나 1킬로미터 이상 확장 또는 연장하는 경우
3. 광물을 채굴(해저광물채굴을 포함한다)하는 경우 또는 채취면적이 1천제곱미터 이상이거나 채취량이 1만톤 이상인 흙·돌·모래 등을 채취하는 경우
4. 5천제곱미터 이상의 개간·매립·간척 그 밖의 토지형질변경을 하는 경우(군사시설의 경우에는 부대의 증설·창설 또는 이전을 위하여 시설을 설치하는 경우에 한한다)
5. 만수면적이 10만제곱미터 이상이거나 총저수용량이 100만세제곱미터 이상이 되는 댐·하굿둑·저수지·보 등 수자원개발사업을 하는 경우

**제23조의2(생태축 우선의 원칙)** 도로·철도·궤도·전기통신설비 및 에너지 공급설비 등 대통령령으로 정하는 시설 또는 구조물은 자연공원 안의 생태축 및 생태통로를 단절하여 통과하지 못한다. 다만, 해당 행정기관의 장이 지역 여건상 설치가 불가피하다고 인정하는 최소한의 시설 또는 구조물에 관하여 그 불가피한 사유 및 증명자료를 공원관리청에 제출한 경우에는 그 생태축 및 생태통로를 단절하여 통과할 수 있다.

**제27조(금지행위)** ① 누구든지 자연공원에서 다음 각 호의 어느 하나에 해당하는 행위를 하여서는 아니 된다.

1. 자연공원의 형상을 해치거나 공원시설을 훼손하는 행위
2. 나무를 말라죽게 하는 행위
3. 야생동물을 잡기 위하여 화약류·덫·올무 또는 함정을 설치하거나 유독물·농약을 뿌리는 행위
4. 야생동물의 포획허가를 받지 아니하고 총 또는 석궁을 휴대하거나 그물을 설치하는 행위
5. 지정된 장소 밖에서의 상행위
6. 지정된 장소 밖에서의 야영행위
7. 지정된 장소 밖에서의 주차행위
8. 지정된 장소 밖에서의 취사행위
9. 지정된 장소 밖에서 흡연행위
10. 대피소 등 대통령령으로 정하는 장소·시설에서 음주행위
11. 오물이나 폐기물을 함부로 버리거나 심한 악취가 나게 하는 등 다른 사람에게 혐오감을 일으키게 하는 행위
12. 그 밖에 일반인의 자연공원 이용이나 자연공원의 보전에 현저하게 지장을 주는 행위로서 대통령령으로 정하는 행위

**제36조(자연자원의 조사)**

① 공원관리청은 자연공원의 자연자원을 5년마다 조사하여야 한다.

② 조사 결과 특별한 조사 또는 관찰이 필요하다고 판단되는 경우에는 정밀조사를 할 수 있다.

③ 공원관리청은 자연적 또는 인위적 요인에 따른 자연공원의 자연자원 변화 내용을 지속적으로 관찰하여야 한다.
④ 조사 또는 관찰의 내용·방법과 그 밖에 필요한 사항은 대통령령으로 정한다.

령 **제27조(자연자원의 조사)** ① 법 제36조에 따른 자연자원의 조사 또는 관찰의 내용은 다음 각 호와 같다.
1. 자연공원의 생태계 현황 및 야생생물의 분포·서식 현황
2. 토양, 지형지질 및 경관자원 현황
3. 그 밖에 자연공원의 보전을 위하여 조사할 필요가 있다고 공원관리청이 인정하는 사항

**제38조(점용료 등의 징수)**
① 공원관리청은 허가를 받아 공원시설을 관리하는 자와 허가를 받아 자연공원을 점용하거나 사용하는 자로부터 점용료 또는 사용료를 징수할 수 있다. 다만, 점용대상 또는 사용대상인 재산에 관한 권리가 공원관리청에 속하지 아니하는 경우에는 그러하지 아니하다.
② 점용료 또는 사용료의 기준과 징수에 필요한 사항은 국립공원의 경우 환경부령으로 정하고, 도립공원 및 군립공원의 경우 그 공원관리청이 소속된 지방자치단체의 조례로 정한다.
③ 허가를 받지 아니하고 자연공원을 점용하거나 사용한 자에게는 점용료 및 사용료에 해당하는 금액을 부당이득금으로 징수할 수 있다. 다만, 점용대상 또는 사용대상인 재산에 관한 권리가 공원관리청에 속하지 아니하는 경우에는 그러하지 아니하다.

칙 **제26조(공원점용료 등의 징수)** 공원관리청이 법 제38조의 규정에 의하여 징수하는 점용료 등의 기준요율은 다른 법령에 특별히 정한 기준이 있는 경우를 제외하고는 별표 3에 의한다.

[별표 3] 점용료 또는 사용료 요율기준

| 점용 또는 사용의 종류 | 기 준 요 율 |
|---|---|
| 1. 건축물 기타 공작물의 신축·증축·이축이나 물건의 야적 및 계류 | 인근 토지 임대료 추정액의 100분의 50 이상 |
| 2. 토지의 개간 | 수확예상액의 100분의 25 이상 |
| 3. 허가를 받아 공원시설을 관리하는 경우 | 예상징수금액의 100분의 10 이상 |

**제77조(토지매수의 청구)** ① 자연공원의 지정으로 인하여 자연공원에 있는 토지를 종전의 용도로 사용할 수 없어 그 효용이 현저히 감소된 토지 또는 해당 토지의 사용·수익이 사실상 불가능한 토지의 소유자로서 다음 각 호의 어느 하나에 해당하는 자는 공원관리청에 그 토지의 매수를 청구할 수 있다.
1. 자연공원의 지정 당시부터 그 토지를 계속 소유한 자
2. 토지의 사용·수익이 사실상 불가능하게 되기 전에 해당 토지를 취득하여 계속 소유한 자
3. 제1호 또는 제2호에 해당하는 자로부터 그 토지를 상속받아 계속 소유한 자

**제78조(매수청구의 절차 등)**

① 공원관리청은 토지의 매수를 청구받은 날부터 3개월 이내에 매수대상 여부 및 매수 예상가격 등을 매수 청구인에게 통보하여야 한다.
② 공원관리청은 제1항에 따라 매수대상임을 통보한 경우에는 5년 내에 매수계획을 수립하여 그 매수대상토지를 매수하여야 한다.
③ 매수대상토지를 매수하는 경우 가격 산정의 시기·방법 및 기준 등에 관하여는 「공익사업을 위한 토지 등의 취득 및 보상에 관한 법률」을 준용한다.
④ 제1항 및 제2항에 따라 토지를 매수하는 경우의 매수 절차와 그 밖에 필요한 사항은 대통령령으로 정한다.

### 제82조(벌칙)

| 벌 칙 | 위 반 행 위 |
|---|---|
| 3년 이하의 징역 또는 3천만원 이하의 벌금 | 1. 공원관리청의 허가를 받지 아니하고 공원사업을 시행한 자<br>2. 공원관리청의 허가를 받지 아니하고 허가대상 행위를 한 자<br>3. 자연공원의 형상을 해치거나 공원시설을 훼손한 자 |
| 2년 이하의 징역 또는 2천만원 이하의 벌금 | 1. 공원관리청의 허가를 받지 아니하고 허가대상 행위를 한 자<br>2. 사업의 정지처분 또는 변경처분을 받고 이를 이행하지 아니한 자<br>3. 속임수나 그 밖의 부정한 방법으로 이 법에 따른 허가를 받은 자 |
| 1년 이하의 징역 또는 1천만원 이하의 벌금 | 1. 신고를 하지 아니하고 신고대상 행위를 한 자<br>2. 나무를 말라죽게 한 자<br>3. 야생동물을 잡기 위하여 화약류·덫·올무 또는 함정을 설치하거나 유독물·농약을 뿌린 자<br>4. 공원관리청의 허가를 받지 아니하고 사용료를 징수한 자 |

### 제86조(과태료)

| 과 태 료 | 위 반 행위 |
|---|---|
| 200만원 이하 | 1. 출입 및 조사를 정당한 사유 없이 방해하거나 거부한 자<br>2. 퇴거 등 조치명령에 따르지 아니한 자<br>3. 총 또는 석궁을 휴대하거나 그물을 설치한 자<br>4. 지정된 장소 밖에서 상행위를 한 자<br>5. 지정된 장소 밖에서 흡연행위를 한 사람<br>6. 제한 또는 금지된 영업이나 그 밖의 행위를 한 자<br>6의2. 지질공원의 시설을 훼손하는 행위를 한 자 |
| 50만원 이하 | 1. 지정된 장소 밖에서 야영행위를 한 자<br>2. 제한되거나 금지된 지역에 출입하거나 차량 통행을 한 자<br>3. 정당한 사유 없이 출입 또는 사용 등을 거부·방해 또는 기피한 자 |
| 20만원 이하 | 주차, 취사, 음주 등 금지된 행위를 한 자 |
| 10만원 이하 | 입장료 또는 사용료를 내지 아니하고 자연공원에 입장하거나 공원시설을 이용한 자 |

# 핵심문제 해설



**01** 자연공원법상 용어의 뜻 중 '자연공원'에 속하지 않는 것은? 기-05-2, 기-06-2, 기-06-4, 기-13-2, 기-15-1, 기-15-2, 기-17-3, 기-18-1

① 국립공원 ② 도립공원
③ 시립공원 ④ 지질공원

해 자연공원법상 "자연공원"이란 국립공원·도립공원·군립공원 및 지질공원을 말한다.

**02** 다음은 자연공원법상 용어의 뜻이다. ( )안에 적합한 것은? 기-13-1, 기-13-2, 기-17-1, 기-19-2

( )이란 지구과학적으로 중요하고 경관이 우수한 지역으로서 이를 보전하고 교육·관광 사업 등에 활용하기 위하여 환경부장관이 인증한 공원을 말한다.

① 지질공원 ② 역사공원
③ 자연휴양림공원 ④ 테마공원

**03** 자연공원법에서 사용하는 용어의 뜻 중 "지구과학적으로 중요하고 경관이 우수한 지역으로서 이를 보전하고 교육·관광 사업 등에 활용하기 위하여 환경부장관이 인증한 공원을 말한다."에 해당하는 것은? 기-18-2

① 지구과학공원 ② 지구문화공원
③ 과학보전공원 ④ 지질공원

**04** 자연공원법상 용어 정의 중 "자연공원을 보전·이용·관리하기 위하여 장기적인 발전방향을 제시하는 종합계획으로서 공원계획과 공원별 보전·관리계획의 지침이 되는 계획을 말한다."에 해당하는 것은? 기-12-2, 기-19-1

① 공원기본계획 ② 공원보전계획
③ 공원분류계획 ④ 공원별 관리계획

**05** 자연공원법상 자연공원 지정고시 및 지정기준에 관한 사항이다. ( )안에 알맞은 것은? 기-08-2, 기-13-3

–( ㉠ )은 자연공원을 지정한 때에는 환경부령으로 정하는 바에 따라 자연공원의 명칭, 종류, 구역, 면적, 지정연월일 및 공원관리청과 그 밖에 필요한 사항을 고시하여야 한다.
–자연공원의 지정기준은 자연생태계, 경관 등을 고려하여 ( ㉡ )으로 정한다.

① ㉠ 국토관리청, ㉡ 환경부령
② ㉠ 공원관리청, ㉡ 환경부령
③ ㉠ 공원관리청, ㉡ 대통령령
④ ㉠ 국토관리청, ㉡ 대통령령

**06** 자연공원법령상 자연공원의 지정기준과 거리가 먼 것은? 기-18-3

① 자연생태계의 보전상태가 양호할 것
② 훼손 또는 오염이 적으며 경관이 수려할 것
③ 문화재 또는 역사적 유물이 있으며, 자연경관과 조화되어 보전의 가치가 있을 것
④ 산업개발로 경관이 파괴될 우려가 있는 곳

**07** 자연공원법령상 국립공원위원회의 위원장은 누구인가? 기-06-2, 기-08-4, 기-16-2

① 환경부차관
② 환경부장관
③ 환경부 자연보전국장
④ 국립공원관리공단 이사장

**08** 자연공원법령상 국립공원위원회의 "특별위원"에 해당하는 자는? (단, 나머지는 위원) 기-11-3, 기-17-3

① 그 공원구역면적의 1천분의 1 이상의 토지를 기증한 자로서 환경부장관이 위촉하는 자
② 자연공원에 관한 학식과 경험이 풍부한 자로서 환경부장관이 위촉하는 자

정답 01. ③ 02. ① 03. ④ 04. ① 05. ③ 06. ④ 07. ① 08. ①

③ 국립공원관리공단 상임이사 중 이사장이 지명하는 자
④ 대한불교조계종 사회부장

해 특별위원에는 ①과 해당 공원구역을 관할하는 특별시·광역시·특별자치시·도 또는 특별자치도(시·도)의 행정부시장 또는 행정부지사(부지사)가 해당된다.

**09** 자연공원법상 용도지구 중 공원자연보호지구에 해당하지 않는 곳은? 기-19-3

① 경관이 특히 아름다운 곳
② 생물다양성이 특히 풍부한 곳
③ 자연생태계가 원시성을 지니고 있는 곳
④ 마을이 형성된 지역으로서 주민생활을 유지하는 데에 필요한 곳

해 ④ 공원마을지구

**10.** 자연공원법상 공원관리청이 자연공원을 효과적으로 보전하고 이용할 수 있도록 구분한 용도지구에 포함되지 않는 것은? 기-17-2

① 공원자연환경지구 ② 공원마을지구
③ 공원자연보존지구 ④ 공원자연생태지구

해 자연공원의 용도지구는 공원자연보존지구, 공원자연환경지구, 공원마을지구, 공원문화유산지구로 구분된다.

**11** 자연공원법상 용도지구 중 공원자연보존지구의 완충공간(緩衝空間)으로 보전할 필요가 있는 지역은? 기-12-3, 기-15-3

① 공원자연완충지구 ② 공원자연환경지구
③ 공원완충보전지구 ④ 공원완충시설지구

**12** 자연공원법령상 공원관리청이 공원구역에서 행위허가를 함에 있어 공원심의위원회의 심의를 거쳐야 하는 경우(기준)에 해당하지 않는 것은? 기-12-1

① 부지면적이 1천제곱미터 이상인 시설을 설치하는 경우
② 도로, 철도, 궤도 등의 교통, 운수시설을 1킬로미터 이상 신설하거나 1킬로미터 이상 확장 또는 연장하는 경우
③ 만수면적이 10만제곱미터 이상이거나 총저수용량이 100만 이상이 되는 댐, 하구언, 저수지, 보 등 수자원개발사업을 하는 경우
④ 5천제곱미터 이상의 개간, 매립, 간척 그 밖의 토지형질변경을 하는 경우

해 ① 부지면적이 5천제곱미터(공원자연보존지구는 2천제곱미터) 이상인 시설을 설치하는 경우(군사시설의 경우에는 부대의 증설·창설 또는 이전을 위하여 시설을 설치하는 경우에 한한다)

**13** 자연공원법규상 공원자연보존지구안에서 허용되는 최소한의 공원시설 및 규모기준으로 틀린 것은? (단, 휴양 및 편익시설 기준) 기-08-2

| 구분 | 시설 | 규모 |
|---|---|---|
| ㉠ | 야영장 | 부지면적 8천제곱미터 이하 |
| ㉡ | 휴게소 | 부지면적 1천제곱미터 이하 |
| ㉢ | 전망대 | 부지면적 2백제곱미터 이하 |
| ㉣ | 공중화장실 | 부지면적 5백제곱미터 이하 |

① ㉠ ② ㉡
③ ㉢ ④ ㉣

해 ① 야영장 : 부지면적 6,000제곱미터 이하

**14** 다음은 자연공원법규상 점용료 또는 사용료 요율기준이다. ( )안에 알맞은 것은? 기-11-1, 기-17-1

> -건축물 기타 공작물의 신축·증축·이축 이나 물건의 야적 및 계류 : 인근 토지 임대료 추정액의 ( ㉠ ) 이상
> -토지의 개간 : 수확예상액의 ( ㉡ ) 이상

① ㉠ 100분의 20, ㉡ 100분의 25
② ㉠ 100분의 20, ㉡ 100분의 50
③ ㉠ 100분의 50, ㉡ 100분의 25
④ ㉠ 100분의 50, ㉡ 100분의 50

**15** 다음은 자연공원법규상 공원계획변경시의 자연환경영향평가 대상에 관한 사항이다. ( )안에 알맞은 것은? 기-15-1



정답 09. ④ 10. ④ 11. ② 12. ① 13. ① 14. ③ 15. ④

공원관리청은 공원관리계획을 결정하거나 공원계획 중 환경부령으로 정하는 중요사항을 변경하는 경우에는 대통령령으로 정하는 바에 따라 그 계획이 자연환경에 미치는 영향을 미리 평가하여 이를 반영해야 하는 데, 여기서 "환경부령으로 정하는 중요사항을 변경하는 경우"란 다음의 경우이다.

1. 부지면적 ( ㉠ ) 이상(공원자연보존지구는 5천제곱미터 이상)의 공원시설을 신설·확대 또는 위치변경하는 경우
2. 공원시설 중 도로·궤도 등 교통·운수시설을 ( ㉡ ) 이상 신설·확장 또는 연장하는 경우

① ㉠ 5천5백제곱미터 ㉡ 5백미터
② ㉠ 7천5백제곱미터 ㉡ 5백미터
③ ㉠ 5천5백제곱미터 ㉡ 1킬로미터
④ ㉠ 7천5백제곱미터 ㉡ 1킬로미터

**16** 다음은 자연공원법상 매수청구의 절차 등에 관한 사항이다. ( )안에 알맞은 것은? 기-10-3, 기-15-1

공원관리청은 토지의 매수를 청구받은 날부터 ( ㉠ ) 매수대상 여부 및 매수예상가격 등을 매수청구인에게 통보하여야 하고, 공원관리청은 이에 따라 매수대상임을 통보한 경우에는 ( ㉡ ) 매수계획을 수립하여 그 매수대상토지를 매수하여야 한다.

① ㉠ 2개월 이내에, ㉡ 3년 내에
② ㉠ 2개월 이내에, ㉡ 5년 내에
③ ㉠ 3개월 이내에, ㉡ 3년 내에
④ ㉠ 3개월 이내에, ㉡ 5년 내에

**17** 자연공원법상 자연공원의 형상을 해치거나 공원시설을 훼손한 자에 대한 벌칙기준은? 기-10-3, 기-18-1

① 1년 이하의 징역 또는 1천만원 이하의 벌금
② 2년 이하의 징역 또는 2천만원 이하의 벌금
③ 3년 이하의 징역 또는 3천만원 이하의 벌금
④ 5년 이하의 징역 또는 5천만원 이하의 벌금

**18** 자연공원법상 공원관리청의 허가를 받지 아니하고 사용료를 징수한 자에 대한 벌칙기준으로 옳은 것은? 기-14-2

① 3년 이하의 징역 또는 3천만원 이하의 벌금에 처한다.
② 2년 이하의 징역 또는 2천만원 이하의 벌금에 처한다.
③ 1년 이하의 징역 또는 1천만원 이하의 벌금에 처한다.
④ 200만원 이하의 벌금에 처한다.

**19** 자연공원법상 공원관리청이 설치한 공원시설 사용에 대한 사용료를 내지 아니하고 공원시설을 이용한 자에 대한 과태료 부과기준으로 옳은 것은? 기-18-2

① 500만원 이하의 과태료를 부과한다.
② 100만원 이하의 과태료를 부과한다.
③ 50만원 이하의 과태료를 부과한다.
④ 10만원 이하의 과태료를 부과한다.

정답 16. ④ 17. ③ 18. ③ 19. ④

## ⑥ 습지보전법 [소관부처 : 환경부, 해양수산부]

**제1조(목적)** 이 법은 습지의 효율적 보전·관리에 필요한 사항을 정하여 습지와 습지의 생물다양성을 보전하고, 습지에 관한 국제협약의 취지를 반영함으로써 국제협력의 증진에 이바지함을 목적으로 한다.

**제2조(정의)**

| 용 어 | 정 의 |
|---|---|
| 습지 | 담수(淡水: 민물), 기수(汽水: 바닷물과 민물이 섞여 염분이 적은 물) 또는 염수(鹽水: 바닷물)가 영구적 또는 일시적으로 그 표면을 덮고 있는 지역으로서 내륙습지 및 연안습지를 말한다. |
| 내륙습지 | 육지 또는 섬에 있는 호수, 못, 늪, 하천 또는 하구(河口) 등의 지역을 말한다. |
| 연안습지 | 만조(滿潮) 때 수위선(水位線)과 지면의 경계선으로부터 간조(干潮) 때 수위선과 지면의 경계선까지의 지역을 말한다. |
| 습지의 훼손 | 배수(排水), 매립 또는 준설 등의 방법으로 습지 원래의 형질을 변경하거나 습지에 시설이나 구조물을 설치하는 등의 방법으로 습지를 보전 목적 외의 용도로 사용하는 것을 말한다. |

**제4조(습지조사)**

① 환경부장관, 해양수산부장관 또는 시·도지사는 5년마다 습지의 생태계 현황 및 오염 현황과 습지에 영향을 미치는 주변지역의 토지 이용 실태 등 습지의 사회적·경제적 현황에 관한 기초조사를 하여야 한다.

② 환경부장관, 해양수산부장관 또는 시·도지사는 습지의 보전·개선이나 「물새서식처로서 국제적으로 중요한 습지에 관한 협약」의 이행에 필요하다고 인정하는 경우 해당 습지에 대하여 기초조사 외에 정밀조사를 별도로 할 수 있다.

③ 환경부장관, 해양수산부장관 또는 시·도지사는 습지의 상태에 뚜렷한 변화가 있다고 인정하는 경우 해당 습지에 대하여 기초조사에 대한 보완조사를 할 수 있다.

**제5조(습지보전기본계획의 수립)**

① 환경부장관과 해양수산부장관은 습지조사의 결과를 토대로 5년마다 습지보전기초계획(기초계획)을 각각 수립하여야 하며, 환경부장관은 해양수산부장관과 협의하여 기초계획을 토대로 습지보전기본계획(기본계획)을 수립하여야 한다. 이 경우 다른 법률에 따라 수립된 습지보전에 관련된 계획을 최대한 존중하여야 한다.

② 기본계획에는 다음 각 호의 사항이 포함되어야 한다.

1. 습지보전에 관한 시책 방향
2. 습지조사에 관한 사항
3. 습지의 분포 및 면적과 생물다양성의 현황에 관한 사항
4. 습지와 관련된 다른 국가기본계획과의 조정에 관한 사항
5. 습지보전을 위한 국제협력에 관한 사항
6. 그 밖에 습지보전에 필요한 사항으로서 대통령령으로 정하는 사항

령 **제2조(습지보전기본계획에 포함되어야 할 사항)** 「습지보전법」제5조제2항제6호에서 "대통령령이 정하는 사항"이라 함은 다음 각호의 사항을 말한다.
1. 습지의 훼손원인 분석 및 훼손된 습지의 복원
2. 습지보전에 관한 관계중앙행정기관 및 지방자치단체의 협조사항
3. 습지보전을 위한 전문인력 및 전문기관의 육성
4. 습지보전을 위한 교육·홍보
5. 법 제5조의 규정에 의한 습지보전기본계획의 시행을 위한 소요재원 및 재원의 조달방안

③ 환경부장관과 해양수산부장관은 기초계획이나 기본계획을 수립할 때에는 관계 중앙행정기관의 장과 협의하여야 하며, 필요한 경우에는 관계 중앙행정기관의 장 및 시·도지사에게 관련 자료 제출을 요구할 수 있다. 기초계획이나 기본계획을 변경할 때에도 또한 같다.
④ 환경부장관은 기본계획을 수립하였을 때에는 그 내용을 관계 중앙행정기관의 장과 시·도지사에게 통보하여야 한다. 기본계획을 변경하였을 때에도 또한 같다.
⑤ 환경부장관과 해양수산부장관은 기본계획을 시행하기 위하여 필요한 경우에는 관계 중앙행정기관의 장 및 시·도지사에게 필요한 조치를 하여 줄 것을 요청할 수 있다. 이 경우 관계 중앙행정기관의 장과 시·도지사는 특별한 사유가 없으면 요청에 따라야 한다.

령 **제3조(습지보전기본계획의 시행에 필요한 조치)** 법 제5조제5항에 따라 환경부장관 또는 해양수산부장관으로부터 기본계획의 시행을 위하여 필요한 조치를 하여 줄 것을 요청받은 관계중앙행정기관의 장 및 특별시장·광역시장·도지사 또는 특별자치도지사(시·도지사)는 조치결과를 요청받은 날부터 6월이내에 환경부장관 또는 해양수산부장관에게 제출하여야 한다.

**제5조의2(국가습지심의위원회의 설치 등)**
① 습지보전에 관한 다음 각 호의 사항을 심의하기 위하여 환경부장관 소속으로 국가습지심의위원회를 둔다.
1. 기본계획의 수립 및 변경
2. 협약 당사국 총회에서 결정된 결의문과 권고사항의 실행
3. 그 밖에 중요한 습지보전정책에 관한 사항으로서 환경부장관이나 해양수산부장관이 심의에 부치는 사항
② 위원회는 위원장 1명과 부위원장 2명을 포함한 30명 이내의 위원으로 구성한다.
③ 위원회의 위원장은 환경부차관이 되고, 부위원장은 환경부의 습지정책 총괄업무를 담당하는 고위공무원단에 속하는 공무원과 해양수산부의 연안습지정책 총괄업무를 담당하는 고위공무원단에 속하는 공무원이 된다.
④ 위원은 다음 각 호의 어느 하나에 해당하는 사람 중에서 환경부장관이 임명하거나 위촉한다. 이 경우 국방부, 문화체육관광부, 농림축산식품부, 환경부, 해양수산부, 산림청의 장이 지명하는 공무원은 당연직 위원으로 한다.
1. 관계 중앙행정기관의 장이 지명하는 고위공무원단에 속하는 공무원
2. 습지를 관할하는 시·도지사가 지명하는 2·3급 공무원 또는 이에 상당하는 공무원
3. 습지에 관한 학식과 경험이 풍부한 사람으로서 환경부장관이나 해양수산부장관이 추천하는 사람
⑤ 위원회의 구성, 운영, 그 밖에 필요한 사항은 대통령령으로 정한다.

령 **제3조의2(국가습지심의위원회의 구성·운영 등)**

① 법 제5조의2제1항에 따른 국가습지심의위원회의 위원장은 위원회를 대표하고, 위원회의 업무를 총괄한다.

② 위원장이 부득이한 사유로 직무를 수행할 수 없는 경우에는 위원회의 부위원장 중 환경부의 습지정책 총괄업무를 담당하는 고위공무원단에 속하는 공무원, 해양수산부의 연안습지정책 총괄업무를 담당하는 고위공무원단에 속하는 공무원의 순으로 그 직무를 대행한다.

③ 위원회의 위원 중 위촉위원의 임기는 3년으로 하되, 연임할 수 있고, 보궐위원의 임기는 전임자의 잔임기간으로 한다.

④ 위원회의 사무를 처리하기 위하여 위원회에 간사 1인과 서기 1인을 둔다.

⑤ 간사는 환경부의 습지보전사무를 담당하는 과장이 되고, 서기는 환경부의 습지보전사무를 담당하는 사무관 중에서 위원장이 임명한다.

**제3조의3(위원회의 회의)**

① 위원장은 위원 5인 이상의 요구가 있는 경우 또는 위원장이 필요하다고 인정하는 경우 회의를 소집하고 그 의장이 된다.

② 위원장이 회의를 소집하려는 때에는 회의 개최 7일 전까지 회의의 일시 및 심의안건을 위원회의 위원에게 통보하여야 한다. 다만, 긴급을 요하는 경우에는 회의개최 3일 전까지 이를 통보할 수 있다.

③ 회의는 재적위원 과반수의 출석으로 개의하고, 출석위원 과반수의 찬성으로 의결한다.

④ 위원장은 업무수행을 위하여 필요하다고 인정하는 경우에는 관계전문가를 위원회에 출석하여 발언하게 하거나 관계기관·단체의 장에게 자료의 제출을 요구할 수 있다.

⑤ 위원회의 간사는 회의록을 작성하여 다음 회의에 보고하여야 한다.

**제8조(습지지역의 지정 등)**

① 환경부장관, 해양수산부장관 또는 시·도지사는 습지 중 다음 각 호의 어느 하나에 해당하는 지역으로서 특별히 보전할 가치가 있는 지역을 습지보호지역으로 지정하고, 그 주변지역을 습지주변관리지역으로 지정할 수 있다.

1. 자연 상태가 원시성을 유지하고 있거나 생물다양성이 풍부한 지역
2. 희귀하거나 멸종위기에 처한 야생 동식물이 서식하거나 나타나는 지역
3. 특이한 경관적, 지형적 또는 지질학적 가치를 지닌 지역

② 환경부장관, 해양수산부장관 또는 시·도지사는 습지 중 다음 각 호의 어느 하나에 해당하는 지역을 습지개선지역으로 지정할 수 있다.

1. 습지보호지역 중 습지가 심하게 훼손되었거나 훼손이 심화될 우려가 있는 지역
2. 습지생태계의 보전 상태가 불량한 지역 중 인위적인 관리 등을 통하여 개선할 가치가 있는 지역

③ 환경부장관이나 해양수산부장관은 습지보호지역등을 지정할 때에는 시·도지사 및 지역주민의 의견을 들은 후 관계 중앙행정기관의 장과 협의하여야 한다.

④ 시·도지사는 습지보호지역등을 지정할 때에는 시장·군수·구청장(자치구의 구청장을 말한다) 및 지역주민의 의견을 들은 후 관계 행정기관의 장과 협의하여야 한다.

**제11조(보전계획의 수립·시행)**

① 환경부장관, 해양수산부장관 또는 시·도지사는 관계 행정기관의 장과 협의하여 습지보호지역등에 대한 보전계획(보전계획)을 수립·시행하여야 한다.

② 보전계획에는 다음 각 호의 사항이 포함되어야 한다. 다만, 제4호 및 제5호는 하천구역 내 습지보호지역등에 관한 보전계획을 수립·시행할 때 적용하고, 이 경우 해당 하천관리청과 협의하여야 한다.

1. 습지의 보전에 관한 기본적인 사항
2. 습지보전·이용시설의 설치에 관한 사항
3. 습지의 보전과 이용·관리에 관한 사항
4. 「하천법」에 따라 수립된 하천기본계획에서 계획하는 유수 소통능력의 확보와 유지에 관한 사항
5. 육역화(陸域化) 방지 및 하천 수생태계(水生態界) 보전에 관한 사항

령 **제8조(보전계획에 포함되어야 할 사항)** 법 제11조제2항제3호의 규정에 의한 습지의 보전과 이용·관리에 관한 사항에는 다음 각호에 관한 사항이 포함되어야 한다.

1. 당해지역주민의 삶의 질 향상을 위한 사업
2. 생물다양성의 유지
3. 습지복원사업 기타 습지보전을 위한 사업

**제12조(습지보전·이용시설)**

① 환경부장관, 해양수산부장관, 관계 중앙행정기관의 장 또는 지방자치단체의 장은 습지의 보전·이용을 위하여 다음 각 호의 시설(습지보전·이용시설)을 설치·운영할 수 있다.

1. 습지를 보호하기 위한 시설
2. 습지를 연구하기 위한 시설
3. 나무로 만든 다리, 교육·홍보 시설 및 안내·관리 시설 등으로서 습지보전에 지장을 주지 아니하는 시설
4. 그 밖에 습지보전을 위한 시설로서 대통령령으로 정하는 시설

령 **제9조(습지보전·이용시설)** 법 제12조제1항제4호에서 "기타 습지보전을 위한 시설로서 대통령령이 정하는 시설"이라 함은 다음 각 호의 어느 하나에 해당하는 시설을 말한다.

1. 습지오염을 방지하기 위한 시설
2. 습지생태를 관찰하기 위한 시설

**제13조(행위 제한)**

① 누구든지 습지보호지역에서 다음 각 호의 어느 하나에 해당하는 행위를 해서는 아니 된다. 다만, 「농어촌정비법」에 따른 농업생산기반시설을 유지·관리하기 위하여 필요한 경우와 그 시설을 농업 목적으로 사용하기 위하여 제1호부터 제3호까지의 어느 하나에 해당하는 행위를 하는 경우, 「하천법」에 따라 홍수예방을 위하여 필요한 하천공사와 유지·보수 사업을 시행하는 경우, 「재난 및 안전관리 기본법」의 응급조치를 위하여 제2호 또는 제3호에 해당하는 행위를 하는 경우, 「하천법」에 따라 홍수예방을 위하여 필요한 하천공

사와 유지·보수 사업을 시행하는 경우, 군 병력 투입 및 작전활동 등 군사 목적을 위하여 필요한 최소한의 범위에서 대통령령으로 정하는 경우에는 그러하지 아니하다.

1. 건축물이나 그 밖의 인공구조물의 신축 또는 증축(증축으로 인하여 해당 건축물이나 그 밖의 인공구조물의 연면적이 기존 연면적의 두 배 이상이 되는 경우만 해당한다) 및 토지의 형질변경
2. 습지의 수위 또는 수량이 증가하거나 감소하게 되는 행위
3. 흙·모래·자갈 또는 돌 등을 채취하는 행위
4. 광물을 채굴하는 행위
5. 동식물을 인위적으로 들여오거나 경작·포획 또는 채취하는 행위(해당 지역주민이 공동부령으로 정하는 기간 이상 생계수단 또는 여가활동 등의 목적으로 계속하여 경작·포획하거나 채취한 경우는 제외한다)

령 **제10조의2(행위제한의 예외)** 법 제13조제1항 단서에서 "군사목적을 위하여 필요한 최소한의 범위 안에서 대통령령이 정하는 경우"란 다음 각 호의 어느 하나에 해당하는 경우를 말한다.

1. 작전활동을 하거나 수색정찰을 하는 경우(매복활동을 포함한다)
2. 수색로를 개설하는 경우
3. 관측 및 시계확보를 위하여 갈대를 제거하는 경우

② 누구든지 습지주변관리지역이나 습지개선지역에서 「생물다양성 보전 및 이용에 관한 법률」에 따른 생태계교란 생물 또는 「해양생태계의 보전 및 관리에 관한 법률」에 따른 해양생태계교란생물을 풀어 놓거나 심고 재배하는 행위를 해서는 아니 된다.

③ 습지주변관리지역에서 일정 규모 이상의 간척사업, 공유수면매립사업, 그 밖에 습지보호에 위해를 줄 수 있는 행위를 하려는 사람은 환경부장관, 해양수산부장관 또는 시·도지사의 승인을 받아야 하며, 관계 중앙행정기관의 장이 그러한 행위를 하려는 경우에는 환경부장관, 해양수산부장관 또는 시·도지사와 협의하여야 한다.

령 **제11조(승인 또는 협의의 대상행위등)**

① 법 제13조제3항의 규정에 의한 승인 또는 협의의 대상행위는 다음 각 호의 어느 하나에 해당하는 행위를 말한다.

1. 「공유수면 관리 및 매립에 관한 법률」에 의한 공유수면매립
2. 「공유수면 관리 및 매립에 관한 법률」에 의한 점용·사용허가 대상 행위
3. 「농지법」에 의한 농지의 전용 허가 및 협의 대상 행위
4. 「하천법」에 따른 허가대상 점용
5. 「골재채취법」에 의한 골재채취의 허가대상 행위
6. 「초지법」에 의한 초지의 전용 허가·신고 및 협의 대상 전용
7. 「산림자원의 조성 및 관리에 관한 법률」에 따른 임도의 설치, 입목벌채등의 허가 및 신고 대상 행위

⑤ 다음 각 호의 어느 하나에 해당하는 경우로서 환경부장관, 해양수산부장관 또는 시·도지사의 승인을 받은

경우(관계 중앙행정기관의 장의 경우에는 환경부장관, 해양수산부장관 또는 시·도지사와 협의한 경우를 말한다)에는 제1항과 제2항을 적용하지 아니한다.

1. 「자연재해대책법」에 따른 자연재해의 예방 및 복구를 위한 활동 및 구호 등에 필요한 경우
2. 습지보호지역등의 보전을 위하여 필요하거나 습지보호지역등에서 농림수산업을 영위하기 위하여 필요한 경우
3. 그 밖에 공익상 부득이한 경우로서 대통령령으로 정하는 경우

⑥ 승인 또는 협의의 절차 및 요건에 관하여 필요한 사항은 대통령령으로 정한다.

**제17조(훼손된 습지의 관리)**

① 정부는 국가·지방자치단체 또는 사업자가 습지보호지역 또는 습지개선지역 중 대통령령으로 정하는 비율(4분의 1) 이상에 해당하는 면적의 습지를 훼손하게 되는 경우에는 그 습지보호지역 또는 습지개선지역 중 공동부령으로 정하는 비율(2분의 1 이상)에 해당하는 면적의 습지가 보존되도록 하여야 한다.

② 정부는 보존된 습지의 생태계 변화 상황을 공동부령으로 정하는 기간 동안 관찰한 후 그 결과를 훼손지역 주변의 생태계 보전에 활용할 수 있도록 하여야 한다.

령 **제14조(습지존치를 위한 사업규모)** 법 제17조제1항에서 "대통령령이 정하는 비율"이라 함은 4분의 1을 말한다.

칙 **제10조(존치하여야 하는 습지의 면적 등)**

① 법 제17조제1항에서 "공동부령이 정하는 비율"이라 함은 지정 당시의 습지보호지역 또는 습지개선지역 면적의 2분의 1 이상을 말한다.

② 법 제17조제2항에서 "공동부령이 정하는 기간"이라 함은 5년을 말한다.

**제19조(포상금)** 환경부장관, 시·도지사 또는 시장·군수·구청장(해양수산부장관 또는 시·도지사가 제8조에 따라 지정한 지역에 한정한다)은 제13조제1항 또는 제2항을 위반한 사람을 관계 행정관청이나 수사기관에 신고하거나 고발한 사람에게 대통령령으로 정하는 바에 따라 포상금을 지급할 수 있다.

령 **제15조(포상금)**

① 법 제19조의 규정에 의하여 규정에 위반한 행위의 신고 또는 고발을 받은 관계행정관청 또는 수사기관은 그 사건의 개요를 환경부장관·해양수산부장관 또는 시·도지사에게 통지하여야 한다.

② 통지를 받은 환경부장관·해양수산부장관 또는 시·도지사는 그 사건에 관한 확정판결이 있은 날부터 2월이내에 예산의 범위 안에서 포상금을 지급할 수 있다.

③ 포상금은 당해사건으로 인하여 선고된 벌금액(징역형의 선고를 받은 경우에는 해당적용벌칙의 벌금 상한액을 말한다)의 100분의 10이내로 한다.

**제20조의2(토지등의 매수)**

① 환경부장관이나 해양수산부장관은 습지보호지역등의 생태계를 보전하기 위하여 필요한 지역 등에서 토지, 건축물, 그 밖의 물건 및 광업권·어업권 등의 권리(토지등)를 소유한 사람이 토지등을 매도(賣渡)하려는 경

우에는 토지등을 매수(買收)할 수 있다.

② 환경부장관이나 해양수산부장관은 광업권의 매수를 위하여 특히 필요하다고 인정되는 경우에는 「광업법」에도 불구하고 산업통상자원부장관과 협의하여 광업권을 분할하여 매수할 수 있다.

③ 환경부장관이나 해양수산부장관이 토지등을 매수하는 경우의 매수가격은 「공익사업을 위한 토지 등의 취득 및 보상에 관한 법률」에 따라 산정된 가격에 따른다.

④ 토지등의 매수 절차 등에 관하여 필요한 사항은 대통령령으로 정한다.

**제22조의3(명예습지생태안내인)** ① 환경부장관, 해양수산부장관 또는 지방자치단체의 장은 습지의 보호활동 등을 위하여 필요하다고 인정하는 경우에는 명예습지생태안내인을 위촉할 수 있다.

령 **제19조의2(명예습지생태안내인의 위촉)**

① 환경부장관, 해양수산부장관 또는 지방자치단체의 장은 명예습지생태안내인을 위촉하고자 할 때에는 다음 각호의 1에 해당하는 신청자중 환경부장관 또는 해양수산부장관이 인정하는 소정의 교육을 이수한 사람을 명예습지생태안내인으로 위촉한다.

1. 습지보전 관련 연구 또는 행정경력이 있거나 습지보전 관련 단체에서 2년 이상 종사한 경력이 있는 자
2. 습지 또는 자연환경분야에 관한 학식과 경험이 풍부한 자

② 명예습지생태안내인의 위촉기간은 2년으로 한다.

③ 명예습지생태안내인의 활동범위는 다음 각 호와 같다.

1. 습지보전을 위한 홍보 및 계도
2. 습지의 훼손행위에 대한 지도 및 관계기관에의 통보
3. 습지보호지역 등의 보전 및 습지보전·이용시설의 운영에 대한 건의
4. 습지보호지역 등에서의 생태관광안내

**제23, 24조(벌칙)**

| 벌 칙 | 위 반 행 위 |
|---|---|
| 3년 이하의 징역 또는 3천만원 이하의 벌금 | 습지보호지역으로 지정·고시된 습지를 「공유수면 관리 및 매립에 관한 법률」에 따른 면허 없이 매립한 사람 |
| 2년 이하의 징역 또는 2천만원 이하의 벌금 | 1. 습지지역 행위제한을 위반한 사람<br>2. 습지지역 행위제한에 따른 승인을 받지 아니하고 간척사업, 공유수면매립사업 또는 위해행위를 한 사람<br>3. 중지명령, 원상회복명령 또는 조치명령을 위반한 사람 |

**제27조(과태료)**

| 과 태 료 | 위 반 행 위 |
|---|---|
| 200만원 이하 | 1. 정당한 사유 없이 조사행위를 거부, 방해 또는 기피한 사람<br>2. 출입이 제한되거나 금지된 지역을 출입한 사람<br>3. 보고를 거짓으로 하거나 거짓 자료를 제출한 사람 |

# 핵심문제 해설



**01** 습지보전법 제정의 목적으로 옳지 않은 것은? 기-12-2, 기-18-3, 기-19-2

① 습지와 그 생물다양성의 보전을 도모함
② 습지의 조사를 위한 분류방법 등을 규정함
③ 습지의 효율적 보전·관리에 필요한 사항을 규정함
④ 습지에 관한 국제협약의 취지를 반영함으로써 국제협력의 증진에 이바지함

해 습지보전법의 목적 : 습지의 효율적 보전·관리에 필요한 사항을 정하여 습지와 습지의 생물다양성을 보전하고, 습지에 관한 국제협약의 취지를 반영함으로써 국제협력의 증진에 이바지함을 목적으로 한다.

**02** 습지보전법상 용어의 정의 중 (　)안에 알맞은 것은? 기-09-4, 기-16-2, 기-18-2, 기-19-3

| (　)란 만조(滿潮) 때 수위선(水位線)과 지면의 경계선으로부터 간조(干潮) 때 수위선과 지면의 경계선까지의 지역을 말한다. |
|---|

① 내륙습지 ② 만조습지
③ 간조습지 ④ 연안습지

**03** 습지보전법상 용어의 정의로 옳지 않은 것은? 기-10-3, 기-16-1, 기-18-3

① "습지"란 담수·기수 또는 염수가 영구적 또는 일시적으로 그 표면을 덮고 있는 지역으로서 내륙습지 및 연안습지를 말한다.
② "내륙습지"란 육지 또는 섬에 있는 호수, 못, 늪 또는 하구(河口) 등의 지역을 말한다.
③ "연안습지"란 만조 시에 수위선과 지면이 접하는 경계선 지역을 말한다.
④ "습지의 훼손"이란 배수(排水), 매립 또는 준설 등의 방법으로 습지 원래의 형질을 변경하거나 습지에 시설이나 구조물을 설치하는 등의 방법으로 습지를 보전 목적 외의 용도로 사용하는 것을 말한다.

해 ③ "연안습지"란 만조 때 수위선과 지면의 경계선으로부터 간조 때 수위선과 지면의 경계선까지의 지역을 말한다.

**04** 습지보전법상 환경부장관과 해양수산부장관은 습지조사의 결과를 토대로 몇 년마다 습지보전기초계획을 각각 수립하여야 하는가? 기-18-1

① 3년 ② 5년
③ 10년 ④ 20년

**05** 습지보전법상 습지보전기본계획에 포함되어야 할 사항이 아닌 것은? (단, 기타사항 등은 제외) 기-04-5, 기-06-2, 기-13-2

① 습지보호지역 지정에 관한 계획
② 습지조사에 관한 사항
③ 습지보전을 위한 국제협력에 관한 사항
④ 습지의 분포 및 면적과 생물다양성의 현황에 관한 사항

**06** 다음은 습지보전법령상 습지보전기본계획의 시행에 필요한 조치이다. (　)안에 알맞은 것은? 기-10-2, 기-15-1

| 환경부장관 또는 해양수산부장관으로부터 습지보전기본계획의 시행을 위하여 필요한 조치를 하여 줄 것을 요청받은 관계중앙행정기관의 장 및 시·도지사는 조치결과를 요청받은 날부터 (　)에 환경부장관 또는 해양수산부장관에게 제출하여야 한다. |
|---|

① 1월 이내 ② 3월 이내
③ 6월 이내 ④ 12월 이내

**07** 습지보전법상 습지보전을 위한 사항 중 옳지 않은 것은? 기-09-4, -16-3

① 습지보전기초계획 및 기본계획의 수립에 관하여 필요한 사항은 대통령령으로 정한다.
② 해양수산부장관은 연안습지와 관련된

정답 01. ② 02. ④ 03. ③ 04. ② 05. ① 06. ③ 07. ④

습지보호지역 등의 지정 및 보전에 관한 시책을 수립·시행한다.

③ 환경부장관·해양수산부장관 또는 시·도지사는 5년마다 습지의 생태계현황 및 오염현황과 습지주변영향지역의 토지이용실태 등 습지의 사회·경제적 현황에 관한 기초조사를 실시하여야 한다.

④ 습지보전에 관한 사항을 심의하기 위하여 환경부장관 소속하에 국가습지심의위원회를 두며, 위원장은 환경부장관이 되고, 위원회는 위원장 1인과 부위원장 1인을 포함한 20인 이내의 위원으로 구성한다.

해 ④ 습지보전에 관한 사항을 심의하기 위하여 환경부장관 소속하에 국가습지심의위원회를 두며, 위원장은 환경부장관이 되고, 위원회는 위원장 1인과 부위원장 2인을 포함한 30인 이내의 위원으로 구성한다.

**08** 다음은 습지보전법령상 국가습지심의위원회의 구성 및 운영 등에 관한 사항이다. ( )안에 가장 적합한 것은? 기-11-3, 기-15-2

> 국가습지심의위원회의 위원 중 위촉위원의 임기는 ( ㉠ )으로 하고, 위원장이 회의를 소집하려는 때에는 회의 개최 ( ㉡ )까지 회의의 일시 및 심의 안건을 위원회의 위원에게 통보하여야 한다.

① ㉠ 2년, ㉡ 7일전
② ㉠ 3년, ㉡ 7일전
③ ㉠ 2년, ㉡ 14일전
④ ㉠ 3년, ㉡ 14일전

**09** 습지보전법상 습지보전을 위해 설치할 수 있는 시설 중 가장 거리가 먼 것은? 기-07-2, 기-14-2, 기-17-2

① 습지연구시설 ② 습지준설복원시설
③ 습지오염방지시설 ④ 습지생태관찰시설

해 습지보전·이용시설
1. 습지를 보호하기 위한 시설
2. 습지를 연구하기 위한 시설
3. 나무로 만든 다리, 교육·홍보 시설 및 안내·관리 시설 등으로서 습지보전에 지장을 주지 아니하는 시설
4. 그 밖에 습지보전을 위한 시설로서 대통령령으로 정하는 시설

**10** 다음은 습지보전법상 습지지역의 지정 등에 관한 사항이다. ( )안에 가장 적합한 것은? 기-17-1

> 환경부장관, 해양수산부장관 또는 시·도지사는 습지 중 자연 상태가 원시성을 유지하고 있거나 생물다양성이 풍부한 지역 등으로서 특별히 보전할 가치가 있는 지역을 습지보호 지역으로 지정하고, 그 주변지역을 ( )으로 지정할 수 있다.

① 습지보호완충지역 ② 습지주변관리지역
③ 습지개선관리지역 ④ 습지주변완충지역

**11** 습지보전법령상 습지주변관리지역에서 규정에 의한 습지보호에 위해를 줄 수 있는 행위를 하고자 하는 자가 환경부장관 등에게 승인 또는 협의를 얻어야 하는 대상 행위로 거리가 먼 것은? 기-08-4, 기-16-3

① 공유수면 관리 및 매립에 관한 법률 규정에 의한 매립
② 공유수면 관리 및 매립에 관한 법률 규정에 의한 점용·사용허가 대상 행위
③ 농지법 규정에 의한 농지의 전용 허가 대상 행위
④ 해양수산자원관리법에 의한 시설설치 허가 대상 행위

해 ①②③ 외에 「골재채취법」에 의한 골재채취의 허가대상 행위, 「초지법」에 의한 초지의 전용 허가·신고 및 협의 대상 전용, 「산림자원의 조성 및 관리에 관한 법률」에 따른 임도의 설치, 입목벌채 등의 허가 및 신고 대상 행위 등이 있다.

**12** 습지보전법규상 습지보호지역 중 4분의 1 이상에 해당하는 면적의 습지를 불가피하게 훼손하게 되는 경우 당해 습지보호지역 중 존치해야 하는 비율은?
기-05-2, 기-09-2, -12-3, 기-16-1, 기-18-3

① 지정 당시의 습지보호지역 면적의 2분의 1 이상
② 지정 당시의 습지보호지역 면적의 3분의 1


정답 08. ② 09. ② 10. ② 11. ④ 12. ①

이상

③ 지정 당시의 습지보호지역 면적의 4분의 1 이상

④ 지정 당시의 습지보호지역 면적의 10분의 1 이상

**13** 다음은 습지보전법령상 포상금 관련기준이다. ( )안에 가장 적합한 것은? 기-18-1

> 습지보호지역에서 위반한 행위의 신고 또는 고발을 받은 관계행정관청 또는 수사기관은 그 사건의 개요를 환경부장관·해양수산부장관 또는 시·도지사에게 통지하여야 한다. 통지를 받은 환경부장관 등은 그 사건에 관한 확정판결이 있은 날부터 ( ㉠ )에 예산의 범위 안에서 포상금을 지급할 수 있고, 그 포상금은 당해사건으로 인하여 선고된 벌금액(징역형의 선고를 받은 경우에는 해당적용벌칙의 벌금 상한액을 말한다)의 ( ㉡ )로 한다.

① ㉠ 3월 이내, ㉡ 100분의 30 이내
② ㉠ 3월 이내, ㉡ 100분의 10 이내
③ ㉠ 2월 이내, ㉡ 100분의 30 이내
④ ㉠ 2월 이내, ㉡ 100분의 10 이내

**14** 습지보전법령상 명예습지생태안내인의 위촉기간은? 기-15-3, 기-19-2

① 1년 ② 2년
③ 3년 ④ 5년

**15** 습지보전법상 습지보호지역으로 지정·고시된 습지를 공유수면 관리 및 매립에 관한 법률에 따른 면허없이 매립한 자에 대한 벌칙기준으로 옳은 것은? 기-18-2

① 5년 이하의 징역 또는 5천만원 이하의 벌금
② 3년 이하의 징역 또는 3천만원 이하의 벌금
③ 2년 이하의 징역 또는 2천만원 이하의 벌금
④ 1천만원 이하의 벌금

**16** 습지보전법상 습지보호지역에서 정당한 사유 없이 흙·모래 ·자갈 또는 돌 등을 채취하는 행위로 받은 중지명령, 원상회복명령 또는 조치명령을 위반한 자에 대한 벌칙기준으로 옳은 것은? 기-19-1

① 500만원 이하의 과태료에 처한다.
② 1년 이하의 징역 또는 1천만원 이하의 벌금에 처한다.
③ 2년 이하의 징역 또는 2천만원 이하의 벌금에 처한다.
④ 3년 이하의 징역 또는 3천만원 이하의 벌금에 처한다.

**17** 습지보전법상 규정에 의한 승인을 받지 아니하고 습지주변관리지역에서 간척사업, 공유수면매립사업 또는 위해행위를 한 자에 대한 벌칙기준으로 옳은 것은? 기-19-3

① 1년 이하의 징역 또는 5백만원 이하의 벌금에 처한다.
② 2년 이하의 징역 또는 2천만원 이하의 벌금에 처한다.
③ 3년 이하의 징역 또는 5천만원 이하의 벌금에 처한다.
④ 5년 이하의 징역 또는 7천만원 이하의 벌금에 처한다.

정답 13. ④ 14. ② 15. ② 16. ③ 17. ②

# 7 독도 등 도서지역의 생태계 보전에 관한 특별법 (약칭: 도서생태계법)

[소관부처 : 환경부]

**제1조(목적)** 이 법은 특정도서(特定島嶼)의 다양한 자연생태계, 지형 또는 지질 등을 비롯한 자연환경의 보전에 관한 기본적인 사항을 정함으로써 현재와 미래의 국민 모두가 깨끗한 자연환경 속에서 건강하고 쾌적한 생활을 할 수 있도록 함을 목적으로 한다.

**제2조(정의)**

| 용 어 | 정 의 |
|---|---|
| 특정도서 | 사람이 거주하지 아니하거나 극히 제한된 지역에만 거주하는 섬[무인도서(無人島嶼)등]으로서 자연생태계·지형·지질·자연환경(자연생태계등)이 우수한 독도 등 환경부장관이 지정하여 고시하는 도서(島嶼)를 말한다. |
| 자연생태계 | 일정한 지역의 생물공동체와 이를 유지하고 있는 무기적(無機的) 환경이 결합된 물질계 또는 기능계를 말하며, 화석·종유석(鐘乳石) 등과 같이 퇴적작용, 풍화작용, 용해작용 또는 화산활동 등에 의하여 자연적으로 생성된 물질을 포함한다. |

**제4조(특정도서의 지정 등)**

① 환경부장관은 다음 각 호의 어느 하나에 해당하는 도서를 특정도서로 지정할 수 있다.

1. 화산, 기생화산(寄生火山), 계곡, 하천, 호소, 폭포, 해안, 연안, 용암동굴 등 자연경관이 뛰어난 도서
2. 수자원(水資源), 화석, 희귀 동식물, 멸종위기 동식물, 그 밖에 우리나라 고유 생물종의 보존을 위하여 필요한 도서
3. 야생동물의 서식지 또는 도래지로서 보전할 가치가 있다고 인정되는 도서
4. 자연림(自然林) 지역으로서 생태학적으로 중요한 도서
5. 지형 또는 지질이 특이하여 학술적 연구 또는 보전이 필요한 도서
6. 그 밖에 자연생태계등의 보전을 위하여 광역시장, 도지사 또는 특별자치도지사(시·도지사)가 추천하는 도서와 환경부장관이 필요하다고 인정하는 도서

② 환경부장관은 특정도서를 지정하려면 관계 중앙행정기관의 장과 협의하고 관할 시·도지사의 의견을 들어야 한다. 특정도서의 지정을 해제하거나 변경할 때에도 또한 같다.

> 칙 **제2조(특정도서 지정등의 고시)** 법 제4조제2항에 따라 특정도서를 지정하거나 해제·변경한 경우에는 지정일 또는 해제·변경일부터 30일이내에 관보에 이를 고시하여야 한다.

③ 환경부장관은 특정도서를 지정하거나 해제·변경한 경우에는 환경부령으로 정하는 바에 따라 그 도서의 명칭, 구역, 면적, 지정연월일 및 그 밖에 필요한 사항을 정하여 지체 없이 고시하여야 한다.

④ 다음 각 호의 어느 하나에 해당하는 경우가 아니면 특정도서의 지정을 해제하거나 축소·변경할 수 없다.

1. 군사목적 또는 공익을 위하여 불가피한 경우와 천재지변 또는 그 밖의 사유로 특정도서로 존치(存置)할 수 없게 된 경우

2. 지정 목적에 현저히 맞지 아니하여 존치시킬 필요가 없다고 인정되는 경우

**제5조(특정도서보전 기본계획)**

① 환경부장관은 특정도서의 자연생태계등을 보전하기 위하여 10년마다 특정도서보전 기본계획을 수립하고 관계 중앙행정기관의 장과 협의한 후 이를 확정한다.

② 기본계획에는 다음 각 호의 사항이 포함되어야 한다.

1. 자연생태계등의 보전에 관한 기본방향
2. 자연생태계등의 보전에 관한 사항
3. 그 밖에 대통령령으로 정하는 사항

령 **제2조(특정도서보전기본계획에 포함되어야 할 사항)** 법 제5조제2항제3호에서 "대통령령으로 정하는 사항"이라 함은 다음 각 호의 사항을 말한다.

1. 특정도서의 현황 및 그 이용상황
2. 훼손된 자연생태계·지형·지질·자연환경(자연생태계등)의 복원에 관한 사항
3. 자연생태계등의 보전에 필요한 관계중앙행정기관 및 지방자치단체의 협조사항

**제6조(기초조사 등)**

① 환경부장관은 특정도서를 지정하거나 기본계획을 수립하기 위하여 필요한 경우에는 무인도서등의 자연생태계등에 대한 기초조사를 하여야 한다.

② 환경부장관은 환경변화가 뚜렷하다고 인정하는 특정도서에 대하여는 정밀조사를 할 수 있다.

③ 환경부장관은 필요하다고 인정하는 경우에는 관계 중앙행정기관, 지방자치단체 또는 자연환경 보전을 목적으로 하는 민간단체 등과 합동으로 기초조사 또는 정밀조사를 할 수 있다.

④ 조사의 내용, 조사 방법 및 그 밖에 필요한 사항은 대통령령으로 정한다.

령 **제4조(무인도서등의 자연생태계등 조사)**

① 법 제6조의 규정에 의한 무인도서등의 자연생태계등에 대한 조사의 내용은 다음 각호와 같다.

1. 동·식물의 분포 및 현황
2. 식생현황
3. 특이한 지형·지질 및 자연환경의 현황
4. 해안의 상태 및 건축물 기타 공작물의 현황
5. 기타 자연생태계등의 보전을 위하여 특히 조사할 필요가 있다고 환경부장관이 인정하는 사항

② 조사는 도서조사원(조사원)이 현지조사를 하여야 한다. 다만, 법 제6조제3항에 따른 조사의 경우에는 조사원이 아닌 자가 현지조사를 할 수 있다.

③ 제2항에도 불구하고 천재지변, 그 밖의 부득이한 사유로 현지조사가 불가능한 경우에는 항공기 또는 인공위성 등을 통한 원격탐사방법이나 탐문·자료·문헌 등을 통한 간접조사에 의할 수 있다.

④ 환경부장관은 조사원이 조사를 원활히 수행할 수 있도록 하기 위하여 관계중앙행정기관의 장 및 시·도지사에게 다음 각 호의 사항을 요청할 수 있으며, 요청을 받은 관계중앙행정기관의 장 및

시·도지사는 특별한 사유가 없는 한 이에 협조하여야 한다.
1. 관할 출입제한구역안의 출입
2. 조사관련자료의 열람 또는 대출
3. 조사에 필요한 선박 등 장비 및 인력의 지원

⑤ 환경부장관은 조사개시일 10일전까지 환경부령이 정하는 사항이 포함된 조사계획을 수립하여 관계행정기관의 장 및 시·도지사에게 통보하여야 한다.

### 제6조의2(도서조사원)

① 환경부장관은 조사를 하기 위하여 필요하면 도서조사원을 위촉할 수 있다.
② 도서조사원의 자격, 위촉절차 등에 관한 사항은 환경부령으로 정한다.

**칙 제3조의2(도서조사원)**

① 환경부장관은 법 제6조의2의 규정에 의하여 생물분류학, 생태학, 지형·지질학, 토양학 등 자연생태계·지형·지질·자연환경 조사 관련분야의 지식과 경험이 풍부한 자 중에서 도서조사원(조사원)을 위촉할 수 있다.
② 환경부장관은 예산의 범위안에서 조사원에게 그 조사수행에 필요한 수당·여비 그밖에 필요한 실비를 지급하여야 한다.

### 제6조의3(특정도서 명예감시원)

① 환경부장관은 특정도서의 효율적인 보전을 위하여 특정도서의 보전과 관련된 법인·단체의 구성원, 주변지역의 주민 등을 특정도서 명예감시원으로 위촉할 수 있다.
② 특정도서 명예감시원의 자격, 위촉방법, 활동범위 등에 관한 사항은 환경부령으로 정한다.

### 제8조(행위제한)

① 누구든지 특정도서에서 다음 각 호의 어느 하나에 해당하는 행위를 하거나 이를 허가하여서는 아니 된다.
1. 건축물 또는 공작물(工作物)의 신축·증축
2. 개간(開墾), 매립, 준설(浚渫) 또는 간척
3. 택지의 조성, 토지의 형질변경, 토지의 분할
4. 공유수면(公有水面)의 매립
5. 입목·대나무의 벌채(伐採) 또는 훼손
6. 흙·모래·자갈·돌의 채취(採取), 광물의 채굴(採掘) 또는 지하수의 개발
7. 가축의 방목, 야생동물의 포획·살생 또는 그 알의 채취 또는 야생식물의 채취
8. 도로의 신설
9. 특정도서에 서식하거나 도래하는 야생동식물 또는 특정도서에 존재하는 자연적 생성물을 그 섬 밖으로 반출(搬出)하는 행위
10. 특정도서로 「생물다양성 보전 및 이용에 관한 법률」 제2조제8호에 따른 생태계교란 생물을 반입(搬入)하는 행위

11. 폐기물을 매립하거나 버리는 행위
12. 인화물질을 이용하여 음식물을 조리하거나 야영을 하는 행위
13. 지질, 지형 또는 자연적 생성물의 형상을 훼손하는 행위 또는 그 밖에 이와 유사한 행위

② 제1항에도 불구하고 다음 각 호의 어느 하나에 해당하는 경우에는 제1항을 적용하지 아니한다.
1. 군사·항해·조난구호(遭難救護) 행위
2. 천재지변 등 재해의 발생 방지 및 대응을 위하여 필요한 행위
3. 국가가 시행하는 해양자원개발 행위
4. 「도서개발 촉진법」의 사업계획에 따른 개발 행위
5. 「문화재보호법」 또는 「자연유산의 보존 및 활용에 관한 법률」에 따라 문화재청장 또는 시·도지사가 필요하다고 인정하는 행위

③ 제2항에 따른 행위를 한 자는 그 행위의 내용과 결과를 대통령령으로 정하는 바에 따라 환경부장관에게(행위종료 후 30일 이내에) 신고하거나 통보하여야 한다. 다만, 환경부장관의 허가를 받은 경우에는 그러하지 아니하다.

**제9조(허가)**

① 환경부장관은 특정도서의 지정 목적에 지장이 없다고 인정하는 경우에는 다음 각 호의 어느 하나에 해당하는 행위를 허가할 수 있다. 다만, 「문화재보호법」에 따라 문화재 또는 「자연유산의 보존 및 활용에 관한 법률」에 따라 천연기념물·명승 및 시·도자연유산으로로 지정된 도서에 대하여는 미리 문화재청장 또는 시·도지사와 협의하여야 한다.
1. 국가나 지방자치단체가 등산로, 산책로, 도로, 공중화장실, 정자 등을 설치하는 행위
2. 자연생태계등의 연구·조사를 목적으로 하는 행위
3. 기존의 건축물·공작물의 보수·개축(改築)
4. 그 밖에 자연생태계등의 원형을 훼손하거나 변형시키지 아니하는 범위에서 환경부장관이 필요하다고 인정하는 행위

② 환경부장관은 허가를 할 때 필요한 조건이나 기한을 붙일 수 있다.

칙 **제5조(특정도서에서의 행위허가신청)** 법 제9조제1항에 따라 행위허가를 받으려는 자는 별지 서식의 허가신청서에 다음 각 호의 서류를 첨부하여 지방환경관서의 장에게 제출하여야 한다.
1. 당해지역의 토지 또는 해역이용계획등을 기재한 서류
2. 당해행위로 인하여 자연환경에 미치는 영향예측 및 방지대책을 기재한 서류
3. 행위 대상지역의 범위 및 면적을 표시한 축척 2만5천분의 1이상의 도면

**제10조(출입금지 등)**

① 환경부장관은 특정도서의 보호·육성 또는 훼손된 자연생태계등의 회복을 위하여 필요하다고 인정하는 경우에는 특정도서의 전부 또는 일부 지역을 지정하여 일정한 기간 동안 그 지역에의 출입을 제한하거나 금지할 수 있다. 다만, 다음 각 호의 어느 하나에 해당하는 경우에는 그러하지 아니하다.
1. 도서의 주민이 생업을 위하여 출입하는 경우

2. 군사·항해·조난구호의 목적으로 출입하는 경우
3. 천재지변 등 재해의 발생 방지 및 대응 조치를 위하여 출입하는 경우
4. 자연생태계등의 조사를 위하여 환경부장관의 출입허가를 받은 경우
5. 「문화재보호법」 및 「자연유산의 보존 및 활용에 관한 법률」에 따라 문화재청장 또는 시·도지사가 필요하다고 인정하는 경우

#### 제12조의2(토지등의 매수)

① 환경부장관은 특정도서의 자연생태계등을 보전하기 위하여 필요하다고 인정하는 경우에는 토지, 건축물 또는 그 밖의 물건(토지등)의 소유자와 협의하여 토지등을 매수할 수 있다.
② 환경부장관이 토지등을 매수하는 경우의 매수가격은 「공익사업을 위한 토지 등의 취득 및 보상에 관한 법률」에 따라 산정(算定)한 가격에 따른다.
③ 토지등의 매수절차와 그 밖에 필요한 사항은 대통령령으로 정한다.

#### 제14조(벌칙)

| 벌 칙 | 위 반 행 위 |
|---|---|
| 5년 이하의 징역 또는 5천만원 이하의 벌금 | 1. 건축물 또는 공작물(工作物)의 신축·증축<br>2. 개간(開墾), 매립, 준설(浚渫) 또는 간척<br>3. 택지의 조성, 토지의 형질변경, 토지의 분할<br>4. 공유수면(公有水面)의 매립<br>5. 입목·대나무의 벌채(伐採) 또는 훼손<br>6. 흙·모래·자갈·돌의 채취(採取), 광물의 채굴(採掘) 또는 지하수의 개발<br>7. 가축의 방목, 야생동물의 포획·살생 또는 그 알의 채취 또는 야생식물의 채취<br>8. 도로의 신설<br>9. 특정도서에 서식하거나 도래하는 야생동식물 또는 특정도서에 존재하는 자연적 생성물을 그 섬 밖으로 반출(搬出)하는 행위<br>10. 특정도서로 「생물다양성 보전 및 이용에 관한 법률」 제2조제8호에 따른 생태계교란 생물을 반입(搬入)하는 행위<br>11. 폐기물을 매립하거나 버리는 행위<br>13. 지질, 지형 또는 자연적 생성물의 형상을 훼손하는 행위 또는 그 밖에 이와 유사한 행위 |

#### 제16조(과태료)

| 과 태 료 | 위 반 행 위 |
|---|---|
| 300만원 이하 | 1. 조사행위를 거부, 방해 또는 기피한 자<br>2. 특정도서에서 인화물질을 이용하여 음식물을 조리하거나 야영을 한 자<br>3. 행우제한의 예외행위 후 그 행위의 내용과 결과를 신고하거나 통보하지 아니한 자<br>4. 출입제한 또는 금지를 위반하여 특정도서에 출입한 자<br>5. 원상회복 명령을 따르지 아니한 자 |

# 핵심문제 해설

**01** 독도 등 도서지역의 생태계 보전에 관한 특별법상 특정도서로 지정될 수 있는 도서와 가장 거리가 먼 것은? (단, 그 밖에 자연생태계 등의 보전을 위하여 환경부장관 등이 필요하다고 인정한 도서는 제외)

기-17-3

① 역사적으로 유래가 깊고 유적과 유물이 많은 도서
② 화산, 기생화산, 용암동굴 등 자연경관이 뛰어난 도서
③ 희귀동·식물, 멸종위기동·식물, 그 밖에 우리나라 고유 생물종의 보존을 위하여 필요한 도서
④ 지형 또는 지질이 특이하여 학술적 연구 또는 보전이 필요한 도서

해 특정도서의 지정

1. 화산, 기생화산(寄生火山), 계곡, 하천, 호소, 폭포, 해안, 연안, 용암동굴 등 자연경관이 뛰어난 도서
2. 수자원(水資源), 화석, 희귀 동식물, 멸종위기 동식물, 그 밖에 우리나라 고유 생물종의 보존을 위하여 필요한 도서
3. 야생동물의 서식지 또는 도래지로서 보전할 가치가 있다고 인정되는 도서
4. 자연림(自然林) 지역으로서 생태학적으로 중요한 도서
5. 지형 또는 지질이 특이하여 학술적 연구 또는 보전이 필요한 도서
6. 그 밖에 자연생태계등의 보전을 위하여 광역시장, 도지사 또는 특별자치도지사(시·도지사)가 추천하는 도서와 환경부장관이 필요하다고 인정하는 도서

**02** 독도 등 도서지역의 생태계 보전에 관한 특별법상 특정도서 지정대상으로 가장 거리가 먼 것은? (단, 광역시장, 도지사 또는 특별자치도서지사가 추천하는 도서는 제외) 기-07-4, 기-12-3, 기-19-3

① 해안, 연안, 용암동굴 등 자연경관이 뛰어난 도서
② 문화재보호법 규정에 의거 무형 문화재적 보전가치가 높은 도서
③ 야생동물의 서식지 또는 도래지로서 보전할 가치가 있다고 인정되는 도서
④ 수자원(水資源), 화석, 희귀 동식물, 멸종위기 동식물, 그 밖에 우리나라 고유 생물종의 보존을 위하여 필요한 도서

**03** 독도 등 도서지역의 생태계 보전에 관한 특별법 시행령상 특정도서 안에서 천재지변으로 인한 재해방재를 위해 건축물 증축 등 필요한 행위를 한 자는 행위 종료 후 며칠 이내에 행위의 목적 또는 사유 등을 기재한 제한행위를 환경부장관에게 신고 또는 통보하여야 하는가? 기-10-3, 기-19-2

① 10일 이내 ② 30일 이내
③ 60일 이내 ④ 90일 이내

**04** 독도 등 도서지역의 생태계 보전에 관한 특별법 시행규칙상 환경부장관이 이 법에 따라 특정도서를 지정하거나 해제·변경한 경우에는 지정일 또는 해제·변경일부터 얼마이내(기준)에 관보에 이를 고시하여야 하는가? 기-08-4, 기-15-2, 기-16-3, 기-18-2

① 5일 ② 10일
③ 15일 ④ 30일

**05** 독도 등 도서지역의 생태계 보전에 관한 특별법상 환경부장관은 특정도서의 자연생태계 등을 보전하기 위하여 몇 년마다 특정도서보전 기본계획을 수립하는가? 기-06-2, 기-16-2, 기-17-1, 기-17-2

① 5년 ② 10년
③ 15년 ④ 20년

**06** 독도 등 도서지역의 생태계 보전에 관한 특별법 시행령상 환경부장관이 조사원으로 하여금 무인도서 등의 자연생태계 등에 대한 원활한 조사를 하도록 하기 위해 관계중앙행정기관의 장 및 시·도지사에게 협조를 요청할 수 있는 사항으로 가장 거리가 먼

정답 01. ① 02. ② 03. ② 04. ④ 05. ② 06. ②

것은? 기-14-1, 기-15-1

① 관할 출입제한구역안의 출입
② 도서조사원증의 발급 및 조사권 부여
③ 조사에 필요한 선박 등 장비 및 인력의 지원
④ 조사관련자료의 열람 또는 대출

해 ② 환경부장관은 생물분류학, 생태학, 지형·지질학, 토양학 등 자연생태계·지형·지질·자연환경 조사 관련분야의 지식과 경험이 풍부한 자 중에서 도서조사원을 위촉할수 있고 위촉한 때에는 도서조사원증을 발급하여야 한다.

**07** 독도 등 도서지역의 생태계 보전에 관한 특별법상 특정도서에서 행위제한 요소로 옳은 것은?

기-15-3, 기-19-1

① 군사·항해·조난구호 행위
② 개간, 매립, 준설 또는 간척 행위
③ 국가가 시행하는 해양자원개발 행위
④ 천재지변 등 재해의 발생 방지 및 대응을 위하여 필요한 행위

해 행위제한

1. 건축물 또는 공작물(工作物)의 신축·증축
2. 개간(開墾), 매립, 준설(浚渫) 또는 간척
3. 택지의 조성, 토지의 형질변경, 토지의 분할
4. 공유수면(公有水面)의 매립
5. 입목·대나무의 벌채(伐採) 또는 훼손
6. 흙·모래·자갈·돌의 채취(採取), 광물의 채굴(採掘) 또는 지하수의 개발
7. 가축의 방목, 야생동물의 포획·살생 또는 그 알의 채취 또는 야생식물의 채취
8. 도로의 신설

**08** 독도 등 도서지역의 생태계 보전에 관한 특별법 시행규칙상 특정도서에서의 행위허가 신청서 작성 시 첨부서류 목록으로 가장 거리가 먼 것은?

기-12-2, 기-16-2

① 행위 대상지역의 범위 및 면적을 표시한 축척 2만 5천분의 1 이상의 도면
② 당해 지역의 주민 의견을 수렴한 동의서
③ 당해 지역의 토지 또는 해역이용계획 등을 기재한 서류
④ 당해 행위로 인하여 자연환경에 미치는 영향예측 및 방지대책을 기재한 서류

**09** 독도 등 도서지역의 생태계 보전에 관한 특별법상 특정도서에서 입목·대나무의 벌채 또는 훼손한 자에 대한 벌칙기준으로 옳은 것은? (단, 군사·항해·조난구조행위 등 필요하다고 인정하는 행위 등은 제외)

기-15-3, 기-18-3

① 6개월 이하의 징역 또는 5백만원 이하의 벌금
② 1년 이하의 징역 또는 1천만원 이하의 벌금
③ 3년 이하의 징역 또는 3천만원 이하의 벌금
④ 5년 이하의 징역 또는 5천만원 이하의 벌금

**10** 독도 등 도서지역의 생태계 보전에 관한 특별법상 특정도서에서 인화물질을 이용하여 음식물을 조리하거나 야영을 한 자에 대한 과태료 부과기준은?

기-10-2, 기-13-3, 기-15-2

① 1000만원 이하의 과태료를 부과한다.
② 500만원 이하의 과태료를 부과한다.
③ 300만원 이하의 과태료를 부과한다.
④ 100만원 이하의 과태료를 부과한다.



정답 07. ② 08. ② 09. ④ 10. ③

## 8 생물다양성 보전 및 이용에 관한 법률 (약칭: 생물다양성법) [소관부처 : 환경부]

**제1조(목적)** 이 법은 생물다양성의 종합적·체계적인 보전과 생물자원의 지속가능한 이용을 도모하고 「생물다양성협약」의 이행에 관한 사항을 정함으로써 국민생활을 향상시키고 국제협력을 증진함을 목적으로 한다.

**제2조(정의)**

| 용 어 | 정 의 |
|---|---|
| 생물다양성 | 육상생태계 및 수생생태계와 이들의 복합생태계를 포함하는 모든 원천에서 발생한 생물체의 다양성을 말하며, 종내(種內)·종간(種間) 및 생태계의 다양성을 포함한다. |
| 생태계 | 식물·동물 및 미생물 군집(群集)들과 무생물 환경이 기능적인 단위로 상호작용하는 역동적인 복합체를 말한다. |
| 생물자원 | 사람을 위하여 가치가 있거나 실제적 또는 잠재적 용도가 있는 유전자원, 생물체, 생물체의 부분, 개체군 또는 생물의 구성요소를 말한다. |
| 유전자원 | 유전(遺傳)의 기능적 단위를 포함하는 식물·동물·미생물 또는 그 밖에 유전적 기원이 되는 유전물질 중 실질적 또는 잠재적 가치를 지닌 물질을 말한다. |
| 지속가능한 이용 | 현재 세대와 미래 세대가 동등한 기회를 가지고 생물자원을 이용하여 그 혜택을 누릴 수 있도록 생물다양성의 감소를 유발하지 아니하는 방식과 속도로 생물다양성의 구성요소를 이용하는 것을 말한다. |
| 전통지식 | 생물다양성의 보전 및 생물자원의 지속가능한 이용에 적합한 전통적 생활양식을 유지하여 온 개인 또는 지역사회의 지식, 기술 및 관행(慣行) 등을 말한다. |
| 유입주의 생물 | 국내에 유입(流入)될 경우 생태계에 위해(危害)를 미칠 우려가 있는 생물로서 환경부장관이 지정·고시하는 것을 말한다. |
| 외래생물 | 외국으로부터 인위적 또는 자연적으로 유입되어 그 본래의 원산지 또는 서식지를 벗어나 존재하게 된 생물을 말한다. |
| 생태계교란 생물 | 다음 각 목의 어느 하나에 해당하는 생물로서 위해성평가 결과 생태계 등에 미치는 위해가 큰 것으로 판단되어 환경부장관이 지정·고시하는 것을 말한다.<br>가. 유입주의 생물 및 외래생물 중 생태계의 균형을 교란하거나 교란할 우려가 있는 생물<br>나. 유입주의 생물이나 외래생물에 해당하지 아니하는 생물 중 특정 지역에서 생태계의 균형을 교란하거나 교란할 우려가 있는 생물 |
| 생태계위해우려 생물 | 다음 각 목의 어느 하나에 해당하는 생물로서 위해성평가 결과 생태계 등에 유출될 경우 위해를 미칠 우려가 있어 관리가 필요하다고 판단되어 환경부장관이 지정·고시하는 것을 말한다.<br>가. 「야생생물 보호 및 관리에 관한 법률」에 따른 멸종위기 야생생물 등 특정 생물의 생존이나 「자연환경보전법」에 따른 생태·경관보전지역 등 특정 지역의 생태계에 부정적 영향을 주거나 줄 우려가 있는 생물<br>나. 생태계교란 생물 중 산업용으로 사용 중인 생물로서 다른 생물 등으로 대체가 곤란한 생물 |
| 외국인 | 가. 대한민국 국적을 가지지 아니한 사람<br>나. 외국의 법률에 따라 설립된 법인(외국에 본점 또는 주된 사무소를 가진 법인으로서 대한민국의 법률에 따라 설립된 법인을 포함한다) |

**제3조(기본원칙)** 생물다양성 보전 및 생물자원의 지속가능한 이용을 위하여 다음 각 호의 기본원칙이 준수되

어야 한다.

1. 생물다양성은 모든 국민의 자산으로서 현재 세대와 미래 세대를 위하여 보전되어야 한다.
2. 생물자원은 지속가능한 이용을 위하여 체계적으로 보호되고 관리되어야 한다.
3. 국토의 개발과 이용은 생물다양성의 보전 및 생물자원의 지속가능한 이용과 조화를 이루어야 한다.
4. 산·하천·호소(湖沼)·연안·해양으로 이어지는 생태계의 연계성과 균형은 체계적으로 보전되어야 한다.

**제7조(국가생물다양성전략의 수립)**

① 정부는 국가의 생물다양성 보전과 그 구성요소의 지속가능한 이용을 위한 전략(국가생물다양성전략)을 5년마다 수립하여야 한다.

령 **제2조(국가생물다양성위원회의 설치)**

① 생물다양성의 보전 및 생물자원의 지속가능한 이용에 관한 주요 사항을 자문하기 위하여 환경부에 국가생물다양성위원회를 둔다.

② 위원회는 다음 각 호의 사항을 자문한다.

1. 「생물다양성 보전 및 이용에 관한 법률」에 따른 국가생물다양성전략의 수립 및 변경에 관한 사항
2. 국가생물다양성전략 시행계획의 수립 및 시행에 관한 사항
3. 국가 생물종 목록의 구축에 관한 사항
4. 「생물다양성 협약」의 이행에 관한 주요 사항
5. 생물다양성 및 생물자원의 지속가능한 이용에 관한 연구, 기술개발 및 국제 협력 등에 관한 사항
6. 그 밖에 생물다양성 및 생물자원의 지속가능한 이용에 관한 사항으로서 위원회의 위원장이 회의에 부치는 사항

**제3조(위원회의 구성 및 운영)**

① 위원회는 위원장 1명을 포함한 20명 이내의 위원으로 구성한다.

② 위원장은 환경부차관이 되고, 위원은 다음 각 호의 어느 하나에 해당하는 사람으로 하되, 제2호의 경우에는 성별을 고려하여야 한다.

1. 기획재정부, 과학기술정보통신부, 외교부, 문화체육관광부, 농림축산식품부, 산업통상자원부, 보건복지부, 해양수산부 등 관계 중앙행정기관의 고위공무원단에 속하는 공무원 중에서 관계 중앙행정기관의 장이 지명하는 각 1명
2. 그 밖에 생물다양성의 보전 및 지속가능한 이용 등에 관한 지식과 경험이 풍부한 사람 중에서 환경부장관이 위촉하는 사람

③ 위원장은 필요하다고 인정할 때에는 관계 중앙행정기관의 차관을 소관 분야의 안건과 관련하여 위원회에 참석하여 의견을 제시하게 하거나, 관계 전문가를 참석하게 하여 의견을 들을 수 있다.

④ 위원회의 사무를 처리하기 위하여 위원회에 간사 1명을 두며, 간사는 환경부 소속 공무원 중에서 위원장이 지명한다.

⑤ 위원회의 심의 사항과 위원회에서 위임된 사항의 실무적 검토를 위하여 위원회에 실무위원회를 둘 수 있다.

⑥ 위원회 및 실무위원회의 구성 및 운영 등에 관한 세부 사항은 환경부령으로 정한다.

② 국가생물다양성전략에는 다음 각 호의 사항이 포함되어야 한다.
1. 생물다양성의 현황·목표 및 기본방향
2. 생물다양성 및 그 구성요소의 보호 및 관리
3. 생물다양성 구성요소의 지속가능한 이용
4. 생물다양성에 대한 위협의 대처
5. 생물다양성에 영향을 주는 유입주의 생물 및 외래생물의 관리
6. 생물다양성 관련 연구·기술개발, 교육·홍보 및 국제협력
7. 그 밖에 생물다양성의 보전 및 이용에 필요한 사항

**제8조(국가생물다양성전략 시행계획의 수립·시행)**

① 관계 중앙행정기관의 장은 국가생물다양성전략에 따라 매년 소관 분야의 국가생물다양성전략 시행계획(시행계획)을 수립·시행하여야 한다.

② 관계 중앙행정기관의 장은 전년도 시행계획의 추진실적 및 해당 연도의 시행계획을 대통령령으로 정하는 바에 따라 환경부장관에게 통보하여야 한다.

령 **제6조(국가생물다양성전략 시행계획의 수립·시행)**

① 관계 중앙행정기관의 장은 소관 분야의 국가생물다양성전략 시행계획을 수립·시행하고, 전년도 시행계획의 추진실적과 해당 연도의 시행계획을 매년 1월 31일까지 환경부장관에게 제출하여야 한다.

② 환경부장관은 제출된 전년도 시행계획의 추진실적과 해당 연도 시행계획을 종합·검토하여 그 결과를 매년 3월 31일까지 관계 중앙행정기관의 장에게 통보하여야 한다.

③ 환경부장관은 추진실적을 종합·검토하기 위하여 확인이 필요한 사항이 있을 때에는 관계 중앙행정기관의 장에게 필요한 자료의 제출을 요청할 수 있다. 이 경우 관계 중앙행정기관의 장은 특별한 사유가 없으면 요청받은 자료를 제출하여야 한다.

③ 시행계획의 수립 및 추진 등에 필요한 사항은 대통령령으로 정한다.

**제9조(생물다양성 조사 등)**

① 정부는 생물다양성의 보전과 생물자원의 지속가능한 이용을 위하여 생물다양성 현황을 조사할 수 있다.

② 정부는 한반도와 그 부속도서의 생물다양성을 보전하기 위하여 군사분계선 이북지역의 주민과 공동으로 생물다양성 관련 연구나 생물종 및 자연자산에 대한 조사를 실시하고, 생태계서비스를 평가하는 등 한반도와 그 부속도서의 생태계와 고유 생물종을 보호하기 위한 정책을 추진할 수 있다.

**제10조(국가 생물종 목록의 구축)**

① 환경부장관은 국내에 서식하는 생물종의 학명(學名), 국내 분포 현황 등을 포함하는 국가 생물종 목록을 구축하여야 한다.

② 환경부장관은 관계 중앙행정기관의 장에게 국가 생물종 목록의 구축에 필요한 자료의 제출을 요청할 수 있다. 이 경우 관계 중앙행정기관의 장은 특별한 사유가 없으면 요청받은 자료를 제출하여야 한다.
③ 국가 생물종 목록의 구축 대상·항목 및 방법 등에 관한 사항은 대통령령으로 정한다.

> 령 **제7조(국가 생물종 목록의 구축 대상·항목 및 방법 등)**
> ① 환경부장관은 국내에 서식하는 모든 생물종에 대하여 국가 생물종 목록을 구축하여야 한다.
> ② 환경부장관은 구축한 국가 생물종 목록을 공고하여야 한다.
> ③ 국가 생물종 목록의 구축에 필요한 자료는 다음 각 호와 같다.
> 1. 생물종의 국명(國名) 및 학명
> 2. 종별 생태적·분류학적 특징
> 3. 종별 주요 서식지 및 국내 분포 현황
> 4. 조사자, 조사기간 및 조사방법
> 5. 그 밖에 「야생생물 보호 및 관리에 관한 법률」에 따른 멸종위기 야생생물, 국제적 멸종위기종에 해당된다는 정보 등 종별 특이 정보
>
> ④ 자료 제출을 요청받은 관계 중앙행정기관의 장은 특별한 사유가 없으면 요청받은 날부터 30일 이내에 해당 자료를 제출하여야 한다.
> ⑤ 환경부장관은 국가 생물종 목록의 구축과 관련된 지침을 마련하는 경우에는 관계 중앙행정기관의 장과 협의하여야 한다.

**제11조(생물자원의 국외반출)**

① 환경부장관은 생물다양성의 보전을 위하여 보호할 가치가 높은 생물자원으로서 대통령령으로 정하는 기준에 해당하는 생물자원을 관계 중앙행정기관의 장과 협의하여 국외반출승인대상 생물자원으로 지정·고시할 수 있다.

> 령 **제8조(국외반출 승인대상 지정기준 등)** ① 법 제11조제1항에서 "대통령령으로 정하는 기준"이란 다음 각 호의 어느 하나를 말한다.
> 1. 개체군이 희소하거나 감소될 가능성이 클 것
> 2. 개체군이 서식하고 있는 환경이 독특할 것
> 3. 산업용이나 연구용으로 이용되는 등 생물자원으로서의 경제적 가치 또는 사회·문화적 가치가 클 것

② 누구든지 지정·고시된 생물자원(반출승인대상 생물자원)을 국외로 반출하려면 환경부령으로 정하는 바에 따라 환경부장관의 승인을 받아야 한다. 다만, 「농업생명자원의 보존·관리 및 이용에 관한 법률」 또는 「해양수산생명자원의 확보·관리 및 이용 등에 관한 법률」에 따른 국외반출승인을 받은 경우에는 그러하지 아니하다.
③ 환경부장관은 반출승인대상 생물자원이 다음 각 호의 어느 하나에 해당하는 경우에는 국외반출을 승인하지 아니할 수 있다.

1. 극히 제한적으로 서식하는 경우
2. 국외로 반출될 경우 국가 이익에 큰 손해를 입힐 것으로 우려되는 경우
3. 경제적 가치가 높은 형태적·유전적 특징을 가지는 경우
4. 국외에 반출될 경우 그 종의 생존에 위협을 줄 우려가 있는 경우

**제16조(생태계서비스지불제계약)**

① 정부는 다음 각 호의 지역이 보유한 생태계서비스의 체계적인 보전 및 증진을 위하여 토지의 소유자·점유자 또는 관리인과 자연경관(「자연환경보전법」 제2조제10호에 따른 자연경관을 말한다) 및 자연자산의 유지·관리, 경작방식의 변경, 화학물질의 사용 감소, 습지의 조성, 그 밖에 토지의 관리방법 등을 내용으로 하는 계약을 체결하거나 지방자치단체의 장에게 생태계서비스지불제계약의 체결을 권고할 수 있다.

1. 「자연환경보전법」에 따른 생태·경관보전지역
2. 「습지보전법」에 따른 습지보호지역
3. 「자연공원법」에 따른 자연공원
4. 「야생생물 보호 및 관리에 관한 법률」에 따른 야생생물 특별보호구역
5. 「야생생물 보호 및 관리에 관한 법률」에 따른 야생생물 보호구역
6. 멸종위기 야생생물 보호 및 생물다양성의 증진이 필요한 다음 각 목의 지역
   가. 멸종위기 야생생물의 보호를 위하여 필요한 지역
   나. 생물다양성의 증진 또는 생태계서비스의 회복이 필요한 지역
   다. 생물다양성이 독특하거나 우수한 지역
7. 그 밖에 대통령령으로 정하는 지역

② 정부 또는 지방자치단체의 장이 생태계서비스지불제계약을 체결하는 경우에는 대통령령으로 정하는 기준에 따라 그 계약의 이행 상대자에게 정당한 보상을 하여야 한다.

령 **제10조(생태계서비스지불제계약에 따른 정당한 보상)**

① 법 제16조제2항에서 "대통령령으로 정하는 기준"이란 별표 1에 따른 기준을 말한다.

**[별표 1] 생태계서비스지불제계약에 따른 정당한 보상의 기준**

생태계서비스지불제계약을 이행하기 위하여 생태계서비스의 체계적인 보전 및 증진 활동을 한 경우 정당한 보상은 다음 각 호의 구분에 따른 금액을 기준으로 한다.

1. 환경조절서비스의 보전 및 증진 활동: 다음 각 목의 활동에 필요한 금액
   가. 식생 군락 조성·관리 등 온실가스의 저감
   나. 하천 정화 및 식생대의 조성·관리 등 수질의 개선
   다. 저류지의 조성·관리 등 자연재해의 저감
2. 문화서비스의 보전 및 증진 활동: 다음 각 목의 활동에 필요한 금액
   가. 경관숲·산책로의 조성·관리 및 식물식재 등 자연경관의 유지·개선
   나. 자연경관의 주요 조망점·조망축의 조성·관리
   다. 자연자산의 유지·관리

3. 법 제2조제10호라목에 따른 지지서비스의 보전 및 증진 활동: 다음 각 목의 구분에 따른 금액
   가. 휴경(休耕)하여 농작물을 수확할 수 없게 된 경우: 농작물을 수확할 수 없게 된 면적에 단위면적당 손실액을 곱하여 산정한 금액
   나. 친환경적으로 경작방식 또는 재배작물을 변경한 경우: 수확량이 감소된 면적에 단위면적당 손실액을 곱하여 산정한 금액과 경작방식 또는 재배작물의 변경에 필요한 금액
   다. 야생동물의 먹이 제공 등을 위하여 농작물을 수확하지 않는 경우: 농작물을 수확하지 않는 면적에 단위면적당 손실액을 곱하여 산정한 금액
   라. 습지 및 생태웅덩이 등을 조성·관리하는 경우: 습지 및 생태웅덩이 등의 조성으로 인한 손실액과 그 조성·관리에 필요한 금액
   마. 야생생물 서식지를 조성·관리하는 경우: 야생생물 서식지의 조성·관리에 필요한 금액
4. 그 밖에 환경부장관, 관계 중앙행정기관의 장 및 지방자치단체의 장이 인정하는 생태계서비스의 보전 및 증진 활동: 해당 활동으로 인한 손실액 및 해당 활동에 필요한 금액

② 정당한 보상의 세부 기준, 단위면적당 보상액 및 지급방법 등에 필요한 사항은 환경부장관 및 관계 중앙행정기관의 장이 정하여 고시한다.

**제17조(국가생물다양성센터의 운영 등)**

① 관계 중앙행정기관의 장은 소관 분야의 생물다양성 및 생물자원에 대한 다음 각 호의 업무를 수행하는 생물다양성센터를 운영할 수 있다.
1. 생물다양성 및 생물자원에 대한 정보의 수집·관리
2. 생물자원의 기탁, 등록, 평가, 분양 등 활용에 관한 현황 관리
3. 생물자원의 목록 구축
4. 외래생물종의 수출입 현황 관리
5. 생물자원의 수출입 및 반출·반입 현황 관리
6. 생물자원 관련 기관과의 협력체계 구축
7. 그 밖에 생물다양성 보전 등을 위하여 필요한 사항으로 대통령령으로 정하는 것

**제23조(생태계교란 생물 등의 지정해제 등)**

① 환경부장관은 서식환경의 변화, 생태계 적응, 효과적인 방제수단의 개발 등으로 생태계교란 생물 또는 생태계위해우려 생물이 생태계 등에 미치는 위해가 감소되었다고 인정되는 경우에는 위해성평가 및 관계 중앙행정기관의 장과 협의를 거쳐 그 지정을 해제하거나 변경하여 고시할 수 있다.

**제24조(생태계교란 생물의 관리)**

① 누구든지 생태계교란 생물을 수입·반입·사육·재배·양도·양수·보관·운반 또는 유통(수입등)하여서는 아니 된다. 다만, 다음 각 호의 어느 하나에 해당하여 환경부장관의 허가를 받거나 승인을 받은 경우에는 그 허가 또는 승인을 받은 범위에서 수입등을 할 수 있다.
1. 학술연구 목적인 경우
2. 그 밖에 교육용, 전시용, 식용 등 환경부령으로 정하는 경우

② 환경부장관은 허가신청을 받았을 때에는 살아 있는 생물로서 자연환경에 노출될 우려가 없다고 인정하는 경우에만 환경부령으로 정하는 바에 따라 수입등을 허가할 수 있다.

고시 **생태계교란 생물 지정고시**

**[별표] 생태계교란생물**

1. 공통 적용기준

가. 포유류, 양서류 · 파충류, 어류, 곤충류: 살아 있는 생물체와 그 알을 포함한다.

나. 식물: 살아 있는 생물체와 그 부속체(종자, 구근, 인경, 주아, 덩이줄기, 뿌리) 및 표본을 포함한다.

2. 생태계교란 생물

| 구 분 | 종 명 |
|---|---|
| 포유류 (1종) | 뉴트리아 |
| 양서류·파충류 (7종) | 황소개구리, 붉은귀거북속 전종, 리버쿠터, 중국줄무늬목거북, 악어거북, 플로리다붉은배거북, 늑대거북 |
| 어류 (3종) | 파랑볼우럭(블루길), 큰입배스, 브라운송어 |
| 갑각류 (1종) | 미국가재 |
| 곤충류 (8종) | 꽃매미, 붉은불개미, 등검은말벌, 갈색날개매미충, 미국선녀벌레, 아르헨티나개미, 긴다리비틀개미, 빗살무늬미주메뚜기 |
| 식물 (17종) | 돼지풀, 단풍잎돼지풀, 서양등골나물, 털물참새피, 물참새피, 도깨비가지, 애기수영, 가시박, 서양금혼초, 미국쑥부쟁이, 양미역취, 가시상추, 갯줄풀, 영국갯끈풀, 환삼덩굴, 마늘냉이, 돼지풀아재비 |

**제24조의2(생태계위해우려 생물의 관리)**

① 생태계위해우려 생물을 상업적인 판매의 목적으로 수입등을 하려는 자는 환경부장관의 허가를 받아야 한다.

② 생태계위해우려 생물을 상업적인 판매 외의 목적으로 수입등을 하려는 자는 환경부장관에게 신고를 하여야 한다.

③ 승인을 받거나 「해양생태계의 보전 및 관리에 관한 법률」에 따른 허가를 받은 경우에는 허가를 받지 아니하거나 신고를 하지 아니하고 생태계위해우려 생물을 수입 또는 반입할 수 있다.

④ 허가를 받거나 신고를 한 자 또는 승인을 받은 자가 환경부령으로 정하는 사항을 변경하려면 환경부장관에게 변경신고를 하여야 한다.

⑤ 환경부장관은 신고 또는 변경신고를 받은 경우 그 내용을 검토하여 이 법에 적합하면 신고를 수리하여야 한다.

**제25조(승인·허가의 취소 등)**

① 환경부장관은 승인이나 허가를 받은 자가 다음 각 호의 어느 하나에 해당하는 경우에는 환경부령으로 정하는 바에 따라 그 승인 또는 허가를 취소할 수 있다. 다만, 제1호에 해당하는 경우에는 그 승인 또는 허가를 취소하여야 한다.

1. 거짓이나 그 밖의 부정한 방법으로 승인 또는 허가를 받은 경우

2. 학술연구 목적 외의 사유로 생태계교란 생물 또는 생태계위해우려 생물의 방출등을 한 경우
3. 허가조건을 위반한 경우

② 환경부장관은 승인 또는 허가가 취소된 생태계교란 생물 또는 생태계위해우려 생물이 이미 자연환경에 노출된 경우에는 그 승인 또는 허가가 취소된 자에게 해당 생물의 포획·채취를 명령하는 등 필요한 조치를 할 수 있다.

③ 환경부장관은 생태계교란 생물 또는 생태계위해우려 생물의 포획·채취 명령 등을 받은 자가 그 명령 등을 이행하지 아니할 때에는 「행정대집행법」에서 정하는 바에 따라 대집행할 수 있다.

**제35(벌칙), 36(몰수), 38조(과태료)**

| 구분 | | 위 반 행 위 |
|---|---|---|
| 벌칙 | 2년 이하의 징역 또는 2천만원 이하의 벌금 | 1. 승인을 받지 아니하고 반출승인대상 생물자원을 반출한 자<br>2. 승인을 받지 아니하고 유입주의 생물을 수입 또는 반입한 자<br>3. 생태계교란 생물의 수입등을 한 자<br>4. 허가를 받지 아니하고 생태계위해우려 생물의 수입등을 한 자<br>5. 생태계교란 생물 및 생태계위해우려 생물의 방출등을 한 자<br>6. 준수사항을 이행하지 아니하거나 허가를 받지 아니하고 생태계교란 생물을 사육 또는 재배한 자 |
| 몰수 | 해당 생물종 몰수 | 1. 승인을 받지 아니하고 수입·반입된 유입주의 생물<br>2. 수입등이 된 생태계교란 생물<br>3. 수입등이 된 생태계위해우려 생물<br>4. 준수사항을 이행하지 아니하거나 허가를 받지 아니하고 사육 또는 재배한 생태계교란 생물<br>5. 승인 또는 허가가 취소된 생태계교란 생물 또는 생태계위해우려 생물(방출등이 된 경우는 제외한다) |
| 과태료 | 200만원 이하 | 1. 외국인등의 생물자원 획득 신고를 하지 아니한 자<br>2. 신고를 하지 아니하고 생태계위해우려 생물의 수입등을 한 자<br>3. 생태계위해우려 생물을 수입 또는 반입 승인을 받은 자가 변경신고를 하지 아니하고 변경한 자<br>4. 관계 공무원의 출입·검사·질문을 거부·방해 또는 기피한 자 |

# 핵심문제 해설



**01** 생물다양성 보전 및 이용에 관한 법률상 용어의 뜻으로 옳지 않은 것은? 기-14-2, 기-18-2

① "생물다양성"이란 육상생태계 및 수생생태계와 이들의 복합생태계를 포함하는 모든 원천에서 발생한 생물체의 다양성을 말하며, 종내·종간 및 생태계의 다양성을 포함한다.
② "생물자원"이란 사람을 위하여 가치가 있거나 실제적 또는 잠재적 용도가 있는 유전자원, 생물체, 생물체의 부분, 개체군 또는 생물의 구성요소를 말한다.
③ "유전자원"이란 유전(遺傳)의 기능적 단위를 포함하는 식물·동물·미생물 또는 그 밖에 유전적 기원이 되는 유전물질 중 실질적 또는 잠재적 가치를 지닌 물질을 말한다.
④ "생태계 교란생물"이란 외국으로부터 인위적 또는 자연적으로 유입되어 그 본래의 원산지 또는 서식지를 벗어나 존재하게 된 생물을 말한다.

**해** ④ "생태계교란 생물"이란 다음 각 목의 어느 하나에 해당하는 생물로서 위해성평가 결과 생태계 등에 미치는 위해가 큰 것으로 판단되어 환경부장관이 지정·고시하는 것을 말한다.

가. 유입주의 생물 및 외래생물 중 생태계의 균형을 교란하거나 교란할 우려가 있는 생물
나. 유입주의 생물이나 외래생물에 해당하지 아니하는 생물 중 특정 지역에서 생태계의 균형을 교란하거나 교란할 우려가 있는 생물

**02** 생물다양성 보전 및 이용에 관한 법률 시행령상 환경부장관은 국내에 서식하는 모든 생물종에 대하여 국가 생물종 목록을 구축하도록 되어 있는데, 이 국가 생물종 목록 구축에 필요한 자료와 가장 거리가 먼 것은? 기-17-1, 기-19-2

① 종별 생태적·분류학적 특징
② 조사자, 조사기간 및 조사방법
③ 생물종의 영명(英名) 및 근연종명
④ 종별 주요 서식지 및 국내 분포 현황

**해** 국가 생물종 목록의 구축에 필요한 자료에는 ①②④ 외에 생물종의 국명(國名) 및 학명, 멸종위기 야생생물, 국제적 멸종위기종에 해당된다는 정보 등 종별 특이 정보가 포함된다.

**03** 다음은 생물다양성 보전 및 이용에 관한 법률 시행령상 국가생물다양성전략 시행계획의 수립·시행에 관한 사항이다. ( )안에 알맞은 것은? 기-18-1

> 관계 중앙행정기관의 장은 소관 분야의 국가생물다양성전략 시행계획을 수립·시행하고, 전년도 시행계획의 추진실적과 해당 연도의 시행계획을 ( ㉠ ) 환경부장관에게 제출하여야 한다.
>
> 환경부장관은 그에 따라 제출된 전년도 시행계획의 추진실적과 해당 연도 시행계획을 종합·검토하여 그 결과를 ( ㉡ ) 관계 중앙행정기관의 장에게 통보하여야 한다.

① ㉠ 매년 12월 31일까지, ㉡ 매년 1월 31일까지
② ㉠ 매년 12월 31일까지, ㉡ 매년 2월 28일까지
③ ㉠ 매년 1월 31일까지, ㉡ 매년 2월 28일까지
④ ㉠ 매년 1월 31일까지, ㉡ 매년 3월 31일까지

**04** 생물다양성 보전 및 이용에 관한 법령상 생물다양성 관리 계약에 따라 실비보상하는 경우가 아닌 것은? 기-15-3, 기-19-3

① 습지 등을 조성하는 경우
② 휴경 등으로 수확이 불가능 하게 된 경우
③ 경작방식의 변경 등으로 수확량이 감소하게 된 경우
④ 장마, 냉해 등 자연재해에 의한 농작물 수확량 감소하게 된 경우

**해** 생물다양성관리계약에 따라 휴경(休耕) 등으로 수확이 불가능하게 된 경우, 경작방식의 변경 등으로 수확량이 감소하게 된 경우, 야생동물의 먹이 제공 등을 위하여 농작물을 수확하지 아니하는 경우, 토지를 임대하는 경우, 습지 등을 조성하는 경우, 그 밖에 계약의 이행에 따른 손실이

정답 01. ④ 02. ③ 03. ④ 04. ④

발생하는 경우 실비 보상

**05** 생물다양성 보전 및 이용에 관한 법률상 국가생물다양성 센터의 운영업무로 옳지 않은 것은? 기-19-2

① 생물자원의 목록 구축
② 외래생물종의 국내 유통 및 현황 관리
③ 생물자원 관련 기관과의 협력체계 구축
④ 생물자원의 기탁, 등록, 평가, 분양 등 활용에 관한 현황 관리

해 국가생물다양성 센터의 운영업무

1. 생물다양성 및 생물자원에 대한 정보의 수집·관리
2. 생물자원의 기탁, 등록, 평가, 분양 등 활용에 관한 현황 관리
3. 생물자원의 목록 구축
4. 외래생물종의 수출입 현황 관리
5. 생물자원의 수출입 및 반출·반입 현황 관리
6. 생물자원 관련 기관과의 협력체계 구축
7. 그 밖에 생물다양성 보전 등을 위하여 필요한 사항으로 대통령령으로 정하는 것

**06** 생물다양성 보전 및 이용에 관한 법률 규정에 따른 생태계교란 생물(지정고시)이 아닌 것은? 기-17-3

① 뉴트리아
② 파랑볼우럭(블루길)
③ 붉은귀거북속 전종
④ 비바리뱀

해 생태계교란 생물에는 ①②③ 외에 황소개구리, 큰입배스, 꽃매미, 붉은불개미, 돼지풀, 단풍잎돼지풀, 서양등골나물, 털물참새피, 물참새피, 도깨비가지, 애기수영, 가시박, 서양금혼초, 미국쑥부쟁이, 양미역취, 가시상추, 갯줄풀, 영국갯끈풀 등이 있다.

④ 멸종위기 야생생물 Ⅰ급(양서류·파충류)

**07** 생물다양성 보전 및 이용에 관한 법률상 국가는 아래 항목의 사업을 시행하는 지방자치단체 또는 관련 단체에 그 비용의 전부 또는 일부를 국고로 보조할 수 있는데, 그 해당사업으로 거리가 먼 것은? (단, 그 밖의 사항 등은 고려하지 않는다.) 기-17-2

① 생물다양성관리계약의 이행
② 생태계교란 생물 관리에 관한 사업
③ 유해야생동물의 포획 장려사업
④ 전문인력의 양성사업 및 교육·홍보 사업

해 ①②④ 외에 생물다양성과 생물자원 관련 연구사업, 기술개발 촉진 및 공동연구 지원사업, 그 밖에 생물다양성 보전을 위한 사업이 있다.

**08** 생물다양성 보전 및 이용에 관한 법률상 승인을 받지 아니하고 반출승인대상 생물자원을 반출한 자에 대한 벌칙기준은? 기-14-3, 기-19-1

① 1년 이하의 징역 또는 1천만원 이하의 벌금
② 2년 이하의 징역 또는 2천만원 이하의 벌금
③ 3년 이하의 징역 또는 3천만원 이하의 벌금
④ 5년 이하의 징역 또는 5천만원 이하의 벌금



정답 05. ② 06. ④ 07. ③ 08. ②

## 9 물환경보전법 [소관부처 : 환경부]

**제1조(목적)** 이 법은 수질오염으로 인한 국민건강 및 환경상의 위해(危害)를 예방하고 하천·호소(湖沼) 등 공공수역의 물환경을 적정하게 관리·보전함으로써 국민이 그 혜택을 널리 누릴 수 있도록 함과 동시에 미래의 세대에게 물려줄 수 있도록 함을 목적으로 한다..

**제2조(정의)**

| 용 어 | 정 의 |
|---|---|
| 물환경 | 사람의 생활과 생물의 생육에 관계되는 물의 질(수질) 및 공공수역의 모든 생물과 이들을 둘러싸고 있는 비생물적인 것을 포함한 수생태계를 총칭하여 말한다. |
| 점오염원 | 폐수배출시설, 하수발생시설, 축사 등으로서 관로·수로 등을 통하여 일정한 지점으로 수질오염물질을 배출하는 배출원을 말한다. |
| 비점오염원 | 도시, 도로, 농지, 산지, 공사장 등으로서 불특정 장소에서 불특정하게 수질오염물질을 배출하는 배출원을 말한다. |
| 기타수질오염원 | 점오염원 및 비점오염원으로 관리되지 아니하는 수질오염물질을 배출하는 시설 또는 장소로서 환경부령으로 정하는 것을 말한다. |
| 폐수 | 물에 액체성 또는 고체성의 수질오염물질이 섞여 있어 그대로는 사용할 수 없는 물을 말한다. |
| 폐수관로 | 폐수를 사업장에서 공공폐수처리시설로 유입시키기 위하여 공공폐수처리시설을 설치·운영하는 자가 설치·관리하는 관로와 그 부속시설을 말한다. |
| 강우유출수 | 비점오염원의 수질오염물질이 섞여 유출되는 빗물 또는 눈 녹은 물 등을 말한다. |
| 불투수면 | 빗물 또는 눈 녹은 물 등이 지하로 스며들 수 없게 하는 아스팔트·콘크리트 등으로 포장된 도로, 주차장, 보도 등을 말한다. |
| 수질오염물질 | 수질오염의 요인이 되는 물질로서 환경부령으로 정하는 것을 말한다. |
| 특정수질유해물질 | 사람의 건강, 재산이나 동식물의 생육(生育)에 직접 또는 간접으로 위해를 줄 우려가 있는 수질오염물질로서 환경부령으로 정하는 것을 말한다. |
| 공공수역 | 하천, 호소, 항만, 연안해역, 그 밖에 공공용으로 사용되는 수역과 이에 접속하여 공공용으로 사용되는 환경부령으로 정하는 수로를 말한다. |
| 폐수배출시설 | 수질오염물질을 배출하는 시설물, 기계, 기구, 그 밖의 물체로서 환경부령으로 정하는 것을 말한다. 다만, 「해양환경관리법」에 따른 선박 및 해양시설은 제외한다. |
| 폐수무방류배출시설 | 폐수배출시설에서 발생하는 폐수를 해당 사업장에서 수질오염방지시설을 이용하여 처리하거나 동일 폐수배출시설에 재이용하는 등 공공수역으로 배출하지 아니하는 폐수배출시설을 말한다. |
| 수질오염방지시설 | 점오염원, 비점오염원 및 기타수질오염원으로부터 배출되는 수질오염물질을 제거하거나 감소하게 하는 시설로서 환경부령으로 정하는 것을 말한다. |
| 비점오염저감시설 | 수질오염방지시설 중 비점오염원으로부터 배출되는 수질오염물질을 제거하거나 감소하게 하는 시설로서 환경부령으로 정하는 것을 말한다. |
| 호소 | 다음 각 목의 어느 하나에 해당하는 지역으로서 만수위(滿水位)[댐의 경우에는 계획홍수위(計劃洪水位)를 말한다] 구역 안의 물과 토지를 말한다.<br>가. 댐·보(洑) 또는 둑(「사방사업법」에 따른 사방시설은 제외한다) 등을 쌓아 하천 또는 계곡에 흐르는 |

| | |
|---|---|
| | 물을 가두어 놓은 곳<br>나. 하천에 흐르는 물이 자연적으로 가두어진 곳<br>다. 화산활동 등으로 인하여 함몰된 지역에 물이 가두어진 곳 |
| 수면관리자 | 다른 법령에 따라 호소를 관리하는 자를 말한다. 이 경우 동일한 호소를 관리하는 자가 둘 이상인 경우에는 「하천법」에 따른 하천관리청 외의 자가 수면관리자가 된다. |
| 수생태계 건강성 | 수생태계를 구성하고 있는 요소 중 환경부령으로 정하는 물리적·화학적·생물적 요소들이 훼손되지 아니하고 각각 온전한 기능을 발휘할 수 있는 상태를 말한다. |
| 상수원호소 | 「수도법」에 따라 지정된 상수원보호구역 및 「환경정책기본법」에 따라 지정된 수질보전을 위한 특별대책지역 밖에 있는 호소 중 호소의 내부 또는 외부에 「수도법」에 따른 취수시설을 설치하여 그 호소의 물을 먹는 물로 사용하는 호소로서 환경부장관이 정하여 고시한 것을 말한다. |
| 공공폐수처리시설 | 공공폐수처리구역의 폐수를 처리하여 공공수역에 배출하기 위한 처리시설과 이를 보완하는 시설을 말한다. |
| 공공폐수처리구역 | 폐수를 공공폐수처리시설에 유입하여 처리할 수 있는 지역으로서 환경부장관이 지정한 구역을 말한다. |
| 물놀이형 수경시설 | 수돗물, 지하수 등을 인위적으로 저장 및 순환하여 이용하는 분수, 연못, 폭포, 실개천 등의 인공시설물 중 일반인에게 개방되어 이용자의 신체와 직접 접촉하여 물놀이를 하도록 설치하는 시설을 말한다. 다만, 다음 각 목의 시설은 제외한다.<br>가. 「관광진흥법」에 따라 유원시설업의 허가를 받거나 신고를 한 자가 설치한 물놀이형 유기시설(遊技施設) 또는 유기기구(遊技機具)<br>나. 「체육시설의 설치·이용에 관한 법률」에 따른 체육시설 중 수영장<br>다. 환경부령으로 정하는 바에 따라 물놀이 시설이 아니라는 것을 알리는 표지판과 울타리를 설치하거나 물놀이를 할 수 없도록 관리인을 두는 경우 |

칙 **제5조(공공수역)** 법 제2조제9호에서 "환경부령으로 정하는 수로"란 다음 각 호의 수로를 말한다.

1. 지하수로
2. 농업용 수로
3. 하수관로
4. 운하

**제4조의3(오염총량관리기본계획의 수립 등)**

① 오염총량관리지역을 관할하는 시·도지사는 오염총량관리기본방침에 따라 다음 각 호의 사항을 포함하는 기본계획(오염총량관리기본계획)을 수립하여 환경부령으로 정하는 바에 따라 환경부장관의 승인을 받아야 한다. 오염총량관리기본계획 중 대통령령으로 정하는 중요한 사항을 변경하는 경우에도 또한 같다.

1. 해당 지역 개발계획의 내용
2. 지방자치단체별·수계구간별 오염부하량(汚染負荷量)의 할당
3. 관할 지역에서 배출되는 오염부하량의 총량 및 저감계획
4. 해당 지역 개발계획으로 인하여 추가로 배출되는 오염부하량 및 그 저감계획

**제4조의4(오염총량관리시행계획의 수립·시행 등)**

① 오염총량관리지역 중 오염총량목표수질이 환경부령으로 정하는 바에 따라 달성·유지되지 아니하는 지역

을 관할하는 특별시장·광역시장·특별자치시장·특별자치도지사·시장·군수(광역시의 군수는 제외한다.)는 오염총량관리기본계획에 따라 시행계획(오염총량관리시행계획)을 수립하여 대통령령으로 정하는 바에 따라 환경부장관 또는 시·도지사의 승인을 받은 후 이를 시행하여야 한다. 오염총량관리시행계획 중 대통령령으로 정하는 중요한 사항을 변경하는 경우에도 또한 같다.

② 오염총량관리시행계획을 시행하는 특별시장·광역시장·특별자치시장·특별자치도지사·시장·군수(오염총량관리시행 지방자치단체장)는 환경부령으로 정하는 바에 따라 오염총량관리시행계획에 대한 전년도의 이행사항을 평가하는 보고서를 작성하여 지방환경관서의 장에게 제출하여야 한다. 이 경우 시장·군수는 관할 도지사를 거쳐 제출하여야 한다.

③ 지방환경관서의 장은 받은 보고서를 검토한 후 오염총량관리시행계획의 원활한 이행을 위하여 필요하다고 인정되는 경우에는 오염총량관리시행 지방자치단체장에게 필요한 조치나 대책을 수립·시행하도록 요구할 수 있다. 이 경우 그 오염총량관리시행 지방자치단체장은 특별한 사유가 없으면 이에 따라야 한다.

**제4조의9(오염총량관리를 위한 기관 간 협조 및 조사·연구반의 운영 등)**

① 환경부장관은 오염총량관리의 시행에 필요한 자료를 효율적으로 활용하기 위한 정보체계를 구축하기 위하여 관계 중앙행정기관, 지방자치단체, 「공공기관의 운영에 관한 법률」에 따른 공공기관 등 관계 기관의 장에게 필요한 자료를 제출하도록 요청할 수 있다. 이 경우 관계 기관의 장은 특별한 사유가 없으면 이에 따라야 한다.

② 환경부장관은 오염총량관리 대상 오염물질 및 수계구간별 오염총량목표수질의 조정, 오염총량관리의 시행 등에 관한 검토·조사 및 연구를 위하여 환경부령으로 정하는 바에 따라 관계 전문가 등으로 조사·연구반을 구성·운영할 수 있다.

**제5조(물환경종합정보망의 구축·운영 등)**

① 환경부장관은 수질의 상시측정(常時測定) 결과, 수생태계 현황 조사 및 수생태계 건강성 평가 결과, 오염원 조사 결과, 폐수배출시설에서 발생하는 폐수의 오염도 및 배출량, 그 밖에 환경부령으로 정하는 정보에 국민이 쉽게 접근할 수 있도록 국가 물환경종합정보망을 구축·운영하여야 한다.

② 환경부장관은 관계 행정기관 및 「공공기관의 운영에 관한 법률」에 따른 공공기관 등에 대하여 제1항에 따른 전산망의 구축·운영에 필요한 자료의 제공을 요청할 수 있다. 이 경우 요청을 받은 기관의 장은 특별한 사유가 없으면 그 요청에 따라야 한다.

③ 시·도지사는 관할구역의 물환경 정보에 대하여 지역 물환경종합정보망을 구축·운영할 수 있다. 이 경우 시·도지사는 환경부장관과 협의하여 지역 물환경종합정보망을 국가 물환경종합정보망과 연계할 수 있다.

**제9조(수질의 상시측정 등)**

① 환경부장관은 하천·호소, 그 밖에 환경부령으로 정하는 공공수역(하천·호소등)의 전국적인 수질 현황을 파악하기 위하여 측정망(測定網)을 설치하여 수질오염도(水質汚染度)를 상시측정하여야 하며, 수질오염물질의 지정 및 수질의 관리 등을 위한 조사를 전국적으로 하여야 한다.

③ 시·도지사, 「지방자치법」에 따른 인구 50만 이상 대도시의 장 또는 수면관리자는 관할구역의 수질 현황을 파악하기 위하여 측정망을 설치하여 수질오염도를 상시측정하거나, 수질의 관리를 위한 조사를 할 수 있

다. 이 경우 그 상시측정 또는 조사 결과를 환경부장관에게 보고하여야 한다.

**제9조의3(수생태계 현황 조사 및 건강성 평가)**

① 환경부장관은 수생태계 보전을 위한 계획 수립, 개발사업으로 인한 수생태계의 변화 예측 등을 위하여 수생태계의 현황을 전국적으로 조사하여야 한다.

② 시·도지사 또는 대도시의 장은 수생태계 실태 파악 등을 위하여 필요한 경우 관할구역의 수생태계 현황을 조사할 수 있다. 이 경우 시·도지사 또는 대도시의 장은 조사 결과를 환경부장관에게 보고하여야 한다.

칙 **제24조의2(수생태계 현황 조사)**

① 법 제9조의3제1항·제2항에 따른 수생태계 현황 조사의 방법은 현지조사를 원칙으로 하며, 통계자료나 문헌 등을 통한 간접조사를 병행할 수 있다.

② 시·도지사 또는 대도시의 장은 법 제9조의3제2항 전단에 따라 수생태계 현황을 조사한 경우에는 조사 종료일부터 3개월 이내에 해당 수생태계에 서식하는 생물종 및 개체수 등이 포함된 조사 결과를 환경부장관에게 보고하여야 한다.

**제21조의2(오염된 공공수역에서의 행위제한)**

① 환경부장관은 하천·호소등이 오염되어 수산물의 채취·포획이나 물놀이, 그 밖에 대통령령으로 정하는 행위를 할 경우 사람의 건강이나 생활에 미치는 피해가 크다고 인정할 때에는 해당 하천·호소등에서 그 행위를 금지·제한하거나 자제하도록 안내하는 등 환경부령으로 정하는 조치를 할 것을 시·도지사에게 권고할 수 있다.

령 **제29조(오염된 공공수역에서의 행위제한)** ① 법 제21조의2제1항에서 "대통령령으로 정하는 행위"란 다음 각 호의 어느 하나에 해당하는 행위를 말한다.

1. 해당 하천·호소등의 물을 마시거나 취사용으로 사용하는 행위
2. 해당 하천·호소등의 어패류 등 수생물을 잡아 먹는 행위
3. 해당 하천·호소등의 물을 농업용으로 대는 행위

**제21조의4(완충저류시설의 설치·관리)** ① 「국토의 계획 및 이용에 관한 법률」에 따른 공업지역 중 환경부령으로 정하는 지역 또는 「산업입지 및 개발에 관한 법률」에 따른 산업단지 중 환경부령으로 정하는 단지의 소재지를 관할하는 특별시장·광역시장·특별자치시장·특별자치도지사·시장·군수(광역시의 군수는 제외한다)는 그 공업지역 또는 산업단지에서 배출되는 오수·폐수 등을 일시적으로 담아둘 수 있는 완충저류시설(緩衝貯留施設)을 설치·운영하여야 한다.

**제22조(국가 및 수계영향권별 물환경 관리)**

① 환경부장관 또는 지방자치단체의 장은 국가 물환경관리기본계획 및 수계영향권별 물환경관리계획에 따라 물환경 현황 및 수생태계 건강성을 파악하고 적절한 관리대책을 마련하여야 한다.

② 환경부장관은 면적·지형 등 하천유역의 특성을 고려하여 환경부령으로 정하는 기준에 따라 수계영향권을

대권역, 중권역, 소권역으로 구분하여 고시하여야 한다.

칙 **제31조(수계영향권 구분기준)** 법 제22조제2항에 따른 "환경부령으로 정하는 기준"이란 다음 각 호의 기준을 말한다.

1. 대권역은 한강, 낙동강, 금강, 영산강·섬진강을 기준으로 수계영향권별 관리의 효율성을 고려하여 구분한다.
2. 중권역은 규모가 큰 자연하천이 공공수역으로 합류하는 지점의 상류 집수구역을 기준으로 환경자료의 수집 및 관리, 유역의 수질오염물질 총량관리, 이수(利水) 및 치수의 측면을 고려하여 구분한다.
3. 소권역은 개별 하천의 오염에 영향을 미칠 수 있는 상류 집수구역을 기준으로 환경자료의 수집 및 수질관리 측면을 고려하여 리·동 등 행정구역의 경계에 따라 구분한다.

**제22조의2(수생태계 연속성 조사 등)**

① 환경부장관은 공공수역의 상류와 하류 간 또는 공공수역과 수변지역 간에 물, 토양 등 물질의 순환이 원활하고 생물의 이동이 자연스러운 상태(수생태계 연속성)의 단절·훼손 여부 등을 파악하기 위하여 수생태계 연속성 조사를 실시할 수 있다.

③ 수생태계 연속성 조사의 방법·절차, 수생태계 연속성 단절·훼손의 기준, 수생태계 연속성 확보의 우선순위 결정 절차, 수생태계 연속성의 확보에 필요한 조치 및 협조 요청 등에 관한 사항은 환경부령으로 정한다.

칙 **제31조의2(수생태계 연속성 조사 방법 등)**

① 「국립생태원의 설립 및 운영에 관한 법률」에 따른 국립생태원의 장은 수생태계 연속성 조사를 실시할 때에는 다음 각 호의 사항을 고려해야 한다.

1. 댐, 보(洑), 저수지 등이 공공수역의 상류와 하류 간 수생태계 연속성에 미치는 영향
2. 하도(河道), 하안(河岸), 홍수터(홍수 때 저수로를 넘쳐 흐르는 부분을 말한다. 이하 같다) 및 제방 등이 공공수역과 수변지역 간 수생태계 연속성에 미치는 영향

② 수생태계 연속성 조사 방법은 현지조사를 원칙으로 하되, 필요한 경우에는 통계자료나 문헌 등을 통한 간접조사를 병행할 수 있다.

③ 제1항 및 제2항에서 규정한 사항 외에 수생태계 연속성 조사의 방법 및 절차에 관하여 필요한 사항은 국립환경과학원장이 정한다.

**제23조의2(국가 물환경관리기본계획의 수립)**

① 환경부장관은 공공수역의 물환경을 관리·보전하기 위하여 대통령령으로 정하는 바에 따라 국가 물환경관리기본계획을 10년마다 수립하여야 한다.

② 국가 물환경관리기본계획에는 다음 각 호의 사항이 포함되어야 한다.

1. 물환경의 변화 추이 및 물환경목표기준
2. 전국적인 물환경 오염원의 변화 및 장기 전망
3. 물환경 관리·보전에 관한 정책방향

4. 「기후위기 대응을 위한 탄소중립 · 녹색성장 기본법」 제2조제1호의 기후변화에 대한 물환경 관리대책
5. 그 밖에 환경부령으로 정하는 사항

칙 **제32조의2(국가 물환경관리기본계획의 포함 사항)** 법 제23조의2제2항제5호에서 "환경부령으로 정하는 사항"이란 다음 각 호의 사항을 말한다.
1. 직전에 수립한 국가 물환경관리기본계획의 추진실적 및 평가
2. 물환경 관리 관련 경제·사회·기술 변화 및 전망
3. 국가 물환경 관리 연구 및 기술개발계획
4. 물환경 관리·보전을 위한 투자계획

③ 환경부장관은 국가 물환경관리기본계획이 수립된 날부터 5년이 지나거나 국가 물환경관리기본계획의 변경이 필요하다고 인정하는 경우에는 그 타당성을 검토하여 국가 물환경관리기본계획을 변경할 수 있다.

**제24조(대권역 물환경관리계획의 수립)**
① 유역환경청장은 국가 물환경관리기본계획에 따라 대권역별로 대권역 물환경관리계획(대권역계획)을 10년마다 수립하여야 한다.
② 대권역계획에는 다음 각 호의 사항이 포함되어야 한다.
1. 물환경의 변화 추이 및 물환경목표기준
2. 상수원 및 물 이용현황
3. 점오염원, 비점오염원 및 기타수질오염원의 분포현황
4. 점오염원, 비점오염원 및 기타수질오염원에서 배출되는 수질오염물질의 양
5. 수질오염 예방 및 저감 대책
6. 물환경 보전조치의 추진방향
7. 「기후위기 대응을 위한 탄소중립 · 녹색성장 기본법」에 따른 기후변화에 대한 적응대책
8. 그 밖에 환경부령으로 정하는 사항

**제27조의2(수생태계 복원계획의 수립 등)** ① 환경부장관, 시·도지사 또는 시장·군수·구청장은 측정·조사 결과 수질 개선이 필요한 지역 또는 수생태계 훼손 정도가 상당하여 수생태계의 복원이 필요한 지역을 대상으로 수생태계 복원계획을 수립하여 시행할 수 있다.

**제28조(정기적 조사·측정 및 분석)** ① 환경부장관 및 시·도지사는 호소의 물환경 보전을 위하여 대통령령으로 정하는 호소와 그 호소에 유입하는 물의 이용상황, 물환경 현황 및 수생태계 건강성, 수질오염원의 분포상황 및 수질오염물질 발생량 등을 대통령령으로 정하는 바에 따라 정기적으로 조사·측정 및 분석하여야 한다.

령 **제30조(호소수 이용 상황 등의 조사·측정 및 분석 등)**
① 환경부장관은 법 제28조에 따라 다음 각 호의 어느 하나에 해당하는 호소로서 물환경을 보전할 필

요가 있는 호소를 지정·고시하고, 그 호소의 물환경을 정기적으로 조사·측정 및 분석하여야 한다.

1. 1일 30만 톤 이상의 원수(原水)를 취수하는 호소
2. 동식물의 서식지·도래지이거나 생물다양성이 풍부하여 특별히 보전할 필요가 있다고 인정되는 호소
3. 수질오염이 심하여 특별한 관리가 필요하다고 인정되는 호소

② 시·도지사는 제1항에 따라 환경부장관이 지정·고시하는 호소 외의 호소로서 만수위(滿水位)일 때의 면적이 50만 제곱미터 이상인 호소의 물환경 등을 정기적으로 조사·측정 및 분석하여야 한다.

③ 제1항과 제2항에 따라 조사·측정 및 분석하여야 하는 내용은 다음 각 호와 같다.

1. 호소의 생성·조성 연도, 유역면적, 저수량 등 호소를 관리하는 데에 필요한 기초자료
2. 호소수의 이용 목적, 취수장의 위치, 취수량 등 호소수의 이용 상황
3. 수질오염도, 오염원의 분포 현황, 수질오염물질의 발생·처리 및 유입 현황
4. 호소의 생물다양성 및 생태계 등 수생태계 현황

④ 환경부장관 또는 시·도지사는 제3항 각 호의 사항을 다음 각 호의 구분에 따라 조사·측정 및 분석해야 한다. 다만, 호소의 물환경 보전을 위하여 필요한 경우에는 매년 조사·측정 및 분석할 수 있다.

1. 제3항제1호 및 제2호의 사항: 3년마다 1회
2. 제3항제3호의 사항: 5년마다 1회
3. 제3항제4호의 사항
   가. 제1항에 따라 환경부장관이 조사·측정 및 분석하는 경우: 3년마다 1회
   나. 제2항에 따라 시·도지사가 조사·측정 및 분석하는 경우: 5년마다 1회

⑤ 시·도지사는 제2항에 따른 조사·측정 및 분석 결과를 다음 해 2월 말까지 환경부장관에게 제출해야 한다.

# 핵심문제 해설



**01** 하천유역의 면적·지형 등 하천유역의 특성에 따라 수계영향권을 구분하며, 이에 따라 구분된 대권역별 수질 및 수생태계 보전을 위한 기본계획은 몇 년 마다 수립되어야하는가? 기-15-1, 기-17-2

① 3년
② 5년
③ 10년
④ 20년

**해** 법이 개정되어 대권역 물환경관리계획(대권역계획)이라 한다.(물환경보전법)



정답 01. ③

## ⑩ 산지관리법 [소관부처 : 산림청, 농림축산식품부]

**제1조(목적)** 이 법은 산지(山地)를 합리적으로 보전하고 이용하여 임업의 발전과 산림의 다양한 공익기능의 증진을 도모함으로써 국민경제의 건전한 발전과 국토환경의 보전에 이바지함을 목적으로 한다.

**제2조(정의)**

| 용 어 | 정 의 |
|---|---|
| 산지 | 다음 각 목의 어느 하나에 해당하는 토지를 말한다. 다만, 주택지[주택지조성사업이 완료되어 지목이 대(垈)로 변경된 토지를 말한다] 및 대통령령으로 정하는 농지, 초지(草地), 도로, 그 밖의 토지는 제외한다.<br>가. 「공간정보의 구축 및 관리 등에 관한 법률」에 따른 지목이 임야인 토지<br>나. 입목(立木)·죽(竹)이 집단적으로 생육(生育)하고 있는 토지<br>다. 집단적으로 생육한 입목·죽이 일시 상실된 토지<br>라. 입목·죽의 집단적 생육에 사용하게 된 토지<br>마. 임도(林道), 작업로 등 산길<br>바. 나목부터 라목까지의 토지에 있는 암석지(巖石地) 및 소택지(沼澤地) |
| 산지전용(山地轉用) | 산지를 다음 각 목의 어느 하나에 해당하는 용도 외로 사용하거나 이를 위하여 산지의 형질을 변경하는 것을 말한다.<br>가. 조림(造林), 숲 가꾸기, 입목의 벌채·굴취<br>나. 토석 등 임산물의 채취<br>다. 대통령령으로 정하는 임산물의 재배[성토(盛土) 또는 절토(切土) 등을 통하여 지표면으로부터 높이 또는 깊이 50센티미터 이상 형질변경을 수반하는 경우와 시설물의 설치를 수반하는 경우는 제외한다]<br>라. 산지일시사용 |
| 산지일시사용 | 가. 산지로 복구할 것을 조건으로 산지를 제2호가목부터 다목까지의 어느 하나에 해당하는 용도 외의 용도로 일정 기간 동안 사용하거나 이를 위하여 산지의 형질을 변경하는 것<br>나. 산지를 임도, 작업로, 임산물 운반로, 등산로·탐방로 등 숲길, 그 밖에 이와 유사한 산길로 사용하기 위하여 산지의 형질을 변경하는 것 |
| **석재** | 산지의 토석 중 건축용, 공예용, 조경용, 쇄골재용(碎骨材用) 및 토목용으로 사용하기 위한 암석을 말한다. |
| **토사** | 산지의 토석 중 석재를 제외한 것을 말한다. |
| 산지경관 | 산세 및 산줄기 등의 지형적 특징과 산지에 부속된 자연 및 인공 요소가 어우러져 심미적·생태적 가치를 지니며, 자연과 인공의 조화를 통하여 형성되는 경치를 말한다. |

**제4조(산지의 구분)**

① 산지를 합리적으로 보전하고 이용하기 위하여 전국의 산지를 다음 각 호와 같이 구분한다.

1. 보전산지(保全山地)
   가. 임업용산지(林業用山地): 산림자원의 조성과 임업경영기반의 구축 등 임업생산 기능의 증진을 위하여 필요한 산지로서 다음의 산지를 대상으로 산림청장이 지정하는 산지
   1) 「산림자원의 조성 및 관리에 관한 법률」에 따른 채종림(採種林) 및 시험림의 산지
   2) 「국유림의 경영 및 관리에 관한 법률」에 따른 보전국유림의 산지
   3) 「임업 및 산촌 진흥촉진에 관한 법률」에 따른 임업진흥권역의 산지

4) 그 밖에 임업생산 기능의 증진을 위하여 필요한 산지로서 대통령령으로 정하는 산지
나. 공익용산지: 임업생산과 함께 재해 방지, 수원 보호, 자연생태계 보전, 산지경관 보전, 국민보건휴양 증진 등의 공익 기능을 위하여 필요한 산지로서 다음의 산지를 대상으로 산림청장이 지정하는 산지
1) 「산림문화·휴양에 관한 법률」에 따른 자연휴양림의 산지
2) 사찰림(寺刹林)의 산지
3) 제9조에 따른 산지전용·일시사용제한지역
4) 「야생생물 보호 및 관리에 관한 법률」 에 따른 야생생물 특별보호구역 및 야생생물 보호구역의 산지
5) 「자연공원법」에 따른 공원구역의 산지
6) 「문화유산의 보존 및 활용에 관한 법률」에 따른 문화유산보호구역의 산지 또는 「자연유산의 보존 및 활용에 관한 법률」에 따른 자연유산보호구역의 산지
7) 「수도법」에 따른 상수원보호구역의 산지
8) 「개발제한구역의 지정 및 관리에 관한 특별조치법」에 따른 개발제한구역의 산지
9) 「국토의 계획 및 이용에 관한 법률」에 따른 녹지지역 중 대통령령으로 정하는 녹지지역의 산지
10) 「자연환경보전법」에 따른 생태·경관보전지역의 산지
11) 「습지보전법」에 따른 습지보호지역의 산지
12) 「독도 등 도서지역의 생태계보전에 관한 특별법」에 따른 특정도서의 산지
13) 「백두대간 보호에 관한 법률」에 따른 백두대간보호지역의 산지
14) 「산림보호법」에 따른 산림보호구역의 산지
15) 그 밖에 공익 기능을 증진하기 위하여 필요한 산지로서 대통령령으로 정하는 산지
2. 준보전산지: 보전산지 외의 산지
② 산림청장은 제1항에 따른 산지의 구분에 따라 전국의 산지에 대하여 지형도면에 그 구분을 명시한 도면(이하 "산지구분도"라 한다)을 작성하여야 한다.
③ 산지구분도의 작성방법 및 절차 등에 관한 사항은 농림축산식품부령으로 정한다.

**제5조(보전산지의 지정절차)**

① 산림청장은 보전산지를 지정하려면 그 산지가 표시된 산지구분도를 작성하여 농림축산식품부령으로 정하는 바에 따라 산지소유자의 의견을 듣고, 관계 행정기관의 장과 협의한 후 중앙산지관리위원회의 심의를 거쳐야 한다. 다만, 다른 법률에 따라 관계 행정기관의 장 간에 협의를 거쳐 산지가 보전산지의 지정대상으로 된 경우에는 중앙산지관리위원회의 심의를 거치지 아니한다.
② 산림청장은 보전산지를 지정한 경우에는 대통령령으로 정하는 바에 따라 그 지정사실을 고시하고 관계 행정기관의 장에게 통보하여야 하며, 그 지정에 관한 관계 서류를 일반에게 공람하여야 한다.

**제9조(산지전용·일시사용제한지역의 지정)**

① 산림청장은 다음 각 호의 어느 하나에 해당하는 산지로서 공공의 이익증진을 위하여 보전이 특히 필요하다고 인정되는 산지를 산지전용 또는 산지일시사용이 제한되는 지역(산지전용·일시사용제한지역)으로 지정할 수 있다.
1. 대통령령으로 정하는 주요 산줄기의 능선부로서 산지경관 및 산림생태계의 보전을 위하여 필요하다고

인정되는 산지
2. 명승지, 유적지, 그 밖에 역사적·문화적으로 보전할 가치가 있다고 인정되는 산지로서 대통령령으로 정하는 산지
3. 산사태 등 재해 발생이 특히 우려되는 산지로서 대통령령으로 정하는 산지

**제10조(산지전용·일시사용제한지역에서의 행위제한)** 산지전용·일시사용제한지역에서는 다음 각 호의 어느 하나에 해당하는 행위를 하기 위하여 산지전용 또는 산지일시사용을 하는 경우를 제외하고는 산지전용 또는 산지일시사용을 할 수 없다.
1. 국방·군사시설의 설치
2. 사방시설, 하천, 제방, 저수지, 그 밖에 이에 준하는 국토보전시설의 설치
3. 도로, 철도, 석유 및 가스의 공급시설, 그 밖에 대통령령으로 정하는 공용·공공용 시설의 설치
4. 산림보호, 산림자원의 보전 및 증식을 위한 시설로서 대통령령으로 정하는 시설의 설치
5. 임업시험연구를 위한 시설로서 대통령령으로 정하는 시설의 설치
6. 매장유산의 발굴(지표조사를 포함한다), 「국가유산기본법」 제3조에 따른 국가유산과 전통사찰의 복원·보수·이전 및 그 보존관리를 위한 시설의 설치, 「국가유산기본법」 제3조에 따른 국가유산·전통사찰과 관련된 비석, 기념탑, 그 밖에 이와 유사한 시설의 설치
7. 다음 각 목의 어느 하나에 해당하는 시설 중 대통령령으로 정하는 시설의 설치
   가. 발전·송전시설 등 전력시설
   나. 「신에너지 및 재생에너지 개발·이용·보급 촉진법」에 따른 신·재생에너지 설비. 다만, 태양에너지 설비는 제외한다.
8. 「광업법」에 따른 광물의 탐사·시추시설의 설치 및 대통령령으로 정하는 갱내채굴
9. 「광산피해의 방지 및 복구에 관한 법률」에 따른 광해방지시설의 설치

9의2. 공공의 안전을 방해하는 위험시설이나 물건의 제거

9의3. 「6·25 전사자유해의 발굴 등에 관한 법률」에 따른 전사자의 유해 등 대통령령으로 정하는 유해의 조사·발굴

10. 제1호부터 제9호까지, 제9호의2 및 제9호의3에 따른 행위를 하기 위하여 대통령령으로 정하는 기간 동안 임시로 설치하는 다음 각 목의 어느 하나에 해당하는 부대시설의 설치
    가. 진입로
    나. 현장사무소
    다. 지질·토양의 조사·탐사시설
    라. 그 밖에 주차장 등 농림축산식품부령으로 정하는 부대시설
11. 제1호부터 제9호까지, 제9호의2 및 제9호의3에 따라 설치되는 시설 중 「건축법」에 따른 건축물과 도로(「건축법」 제2조제1항제11호의 도로를 말한다)를 연결하기 위한 대통령령으로 정하는 규모 이하의 진입로의 설치

**제12조(보전산지에서의 행위제한)** ① 임업용산지에서는 다음 각 호의 어느 하나에 해당하는 행위를 하기 위하여 산지전용 또는 산지일시사용을 하는 경우를 제외하고는 산지전용 또는 산지일시사용을 할 수 없다.

1. 제10조제1호부터 제9호까지, 제9호의2 및 제9호의3에 따른 시설의 설치 등
2. 임도·산림경영관리사(山林經營管理舍) 등 산림경영과 관련된 시설 및 산촌산업개발시설 등 산촌개발사업과 관련된 시설로서 대통령령으로 정하는 시설의 설치
3. 수목원, 산림생태원, 자연휴양림, 수목장림(樹木葬林), 국가정원, 지방정원, 그 밖에 대통령령으로 정하는 산림공익시설의 설치
4. 농림어업인의 주택 및 그 부대시설로서 대통령령으로 정하는 주택 및 시설의 설치
5. 농림어업용 생산·이용·가공시설 및 농어촌휴양시설로서 대통령령으로 정하는 시설의 설치
6. 광물, 지하수, 그 밖에 대통령령으로 정하는 지하자원 또는 석재의 탐사·시추 및 개발과 이를 위한 시설의 설치
7. 산사태 예방을 위한 지질·토양의 조사와 이에 따른 시설의 설치
8. 석유비축 및 저장시설·방송통신설비, 그 밖에 대통령령으로 정하는 공용·공공용 시설의 설치
9. 「국립묘지의 설치 및 운영에 관한 법률」에 따른 국립묘지시설 및 「장사 등에 관한 법률」에 따라 허가를 받거나 신고를 한 묘지·화장시설·봉안시설·자연장지 시설의 설치
10. 대통령령으로 정하는 종교시설의 설치
11. 병원, 사회복지시설, 청소년수련시설, 근로자복지시설, 공공직업훈련시설 등 공익시설로서 대통령령으로 정하는 시설의 설치
12. 교육·연구 및 기술개발과 관련된 시설로서 대통령령으로 정하는 시설의 설치
13. 제1호부터 제12호까지의 시설을 제외한 시설로서 대통령령으로 정하는 지역사회개발 및 산업발전에 필요한 시설의 설치
14. 제1호부터 제13호까지의 규정에 따른 시설을 설치하기 위하여 대통령령으로 정하는 기간 동안 임시로 설치하는 다음 각 목의 어느 하나에 해당하는 부대시설의 설치
   가. 진입로
   나. 현장사무소
   다. 지질·토양의 조사·탐사시설
   라. 그 밖에 주차장 등 농림축산식품부령으로 정하는 부대시설
15. 제1호부터 제13호까지의 시설 중 「건축법」에 따른 건축물과 도로(「건축법」의 도로를 말한다)를 연결하기 위한 대통령령으로 정하는 규모 이하의 진입로의 설치
16. 그 밖에 가축의 방목, 산나물·야생화·관상수의 재배(성토 또는 절토 등을 통하여 지표면으로부터 높이 또는 깊이 50센티미터 이상 형질변경을 수반하는 경우에 한정한다), 물건의 적치(積置), 농도(農道)의 설치 등 임업용산지의 목적 달성에 지장을 주지 아니하는 범위에서 대통령령으로 정하는 행위

② 공익용산지(산지전용·일시사용제한지역은 제외한다)에서는 다음 각 호의 어느 하나에 해당하는 행위를 하기 위하여 산지전용 또는 산지일시사용을 하는 경우를 제외하고는 산지전용 또는 산지일시사용을 할 수 없다.
1. 제10조제1호부터 제9호까지, 제9호의2 및 제9호의3에 따른 시설의 설치 등
2. 제1항제2호, 제3호, 제6호 및 제7호의 시설의 설치
3. 제1항제12호의 시설 중 대통령령으로 정하는 시설의 설치
4. 대통령령으로 정하는 규모 미만으로서 다음 각 목의 어느 하나에 해당하는 행위
   가. 농림어업인 주택의 신축, 증축 또는 개축. 다만, 신축의 경우에는 대통령령으로 정하는 주택 및 시

설에 한정한다.

나. 종교시설의 증축 또는 개축

다. 제4조제1항제1호나목2)에 해당하는 사유로 공익용산지로 지정된 사찰림의 산지에서의 사찰 신축, 제1항제9호의 시설 중 봉안시설 설치 또는 제1항제11호에 따른 시설 중 병원, 사회복지시설, 청소년 수련시설의 설치

5. 제1호부터 제4호까지의 시설을 제외한 시설로서 대통령령으로 정하는 공용·공공용 사업을 위하여 필요한 시설의 설치

6. 제1호부터 제5호까지에 따른 시설을 설치하기 위하여 대통령령으로 정하는 기간 동안 임시로 설치하는 다음 각 목의 어느 하나에 해당하는 부대시설의 설치

가. 진입로

나. 현장사무소

다. 지질·토양의 조사·탐사시설

라. 그 밖에 주차장 등 농림축산식품부령으로 정하는 부대시설

7. 제1호부터 제5호까지의 시설 중 「건축법」에 따른 건축물과 도로(「건축법」의 도로를 말한다)를 연결하기 위한 대통령령으로 정하는 규모 이하의 진입로의 설치

8. 그 밖에 산나물·야생화·관상수의 재배(성토 또는 절토 등을 통하여 지표면으로부터 높이 또는 깊이 50센티미터 이상 형질변경을 수반하는 경우에 한정한다), 농도의 설치 등 공익용산지의 목적 달성에 지장을 주지 아니하는 범위에서 대통령령으로 정하는 행위

**제13조(산지전용·일시사용제한지역의 산지매수)**

① 국가나 지방자치단체는 산지전용·일시사용제한지역의 지정목적을 달성하기 위하여 필요하면 산지소유자와 협의하여 산지전용·일시사용제한지역의 산지를 매수할 수 있다.

② 산지의 매수가격은 「부동산 가격공시에 관한 법률」에 따른 공시지가(해당 토지의 공시지가가 없는 경우에는 같은 법에 따라 산정한 개별토지가격을 말한다)를 기준으로 결정한다. 이 경우 인근지역의 실제 거래가격이 공시지가보다 낮을 때에는 실제 거래가격을 기준으로 매수할 수 있다.

③ 산지매수의 절차와 그 밖에 필요한 사항은 「국유재산법」 또는 「공유재산 및 물품 관리법」을 준용한다.

령 **제14조(매수대상산지의 범위 등)**

① 법 제13조제1항의 규정에 의한 매수의 대상이 되는 산지는 관계 행정기관의 장이 다른 법률(「산림자원의 조성 및 관리에 관한 법률」 및 「산림문화·휴양에 관한 법률」을 제외한다)에 따라 특정 용도로 이용하기 위하여 지역등으로 지정 또는 결정한 산지를 제외한 산지로 한다.

② 산지전용·일시사용제한지역의 산지를 매수하는 경우의 가격산정시기·방법 및 기준에 관하여는 「공익사업을 위한 토지 등의 취득 및 보상에 관한 법률」의 규정을 준용한다.

**제18조(산지전용허가기준 등)**

① 산지전용허가 신청을 받은 산림청장등은 그 신청내용이 다음 각 호의 기준에 맞는 경우에만 산지전용허가를 하여야 한다.

1. 행위제한사항에 해당하지 아니할 것
2. 인근 산림의 경영·관리에 큰 지장을 주지 아니할 것
3. 집단적인 조림 성공지 등 우량한 산림이 많이 포함되지 아니할 것
4. 희귀 야생 동·식물의 보전 등 산림의 자연생태적 기능유지에 현저한 장애가 발생하지 아니할 것
5. 토사의 유출·붕괴 등 재해가 발생할 우려가 없을 것
6. 산림의 수원 함양 및 수질보전 기능을 크게 해치지 아니할 것
7. 산지의 형태 및 임목(林木)의 구성 등의 특성으로 인하여 보호할 가치가 있는 산림에 해당되지 아니할 것
8. 사업계획 및 산지전용면적이 적정하고 산지전용방법이 산지경관 및 산림 훼손을 최소화하며 산지전용 후의 복구에 지장을 줄 우려가 없을 것

② 제1항에도 불구하고 준보전산지의 경우 또는 다음 각 호의 요건을 모두 충족하는 경우에는 제1항제1호부터 제4호까지의 기준을 적용하지 아니한다.

1. 전용하려는 산지 중 임업용산지의 비율이 100분의 20 미만으로서 대통령령으로 정하는 비율 이내일 것
2. 전용하려는 산지에 대통령령으로 정하는 집단화된 임업용산지가 포함되지 아니할 것
3. 전용하려는 산지 중 제1호의 임업용산지를 제외한 나머지가 준보전산지일 것

**제38조(복구비의 예치 등)** ① 허가 등의 처분을 받거나 신고 등을 하려는 자는 농림축산식품부령으로 정하는 바에 따라 미리 토사유출의 방지조치, 산사태 또는 인근 지역의 피해 등 재해의 방지나 산지경관 유지에 필요한 조치 또는 복구에 필요한 비용(복구비)을 산림청장등에게 예치하여야 한다. 다만, 산지전용을 하려는 면적이 660제곱미터 미만인 경우 등 대통령령으로 정하는 경우에는 그러하지 아니하다.

령 **제46조(복구비의 예치 등)**

① 법 제38조제1항 단서에서 "산지전용을 하려는 면적이 660제곱미터 미만인 경우 등 대통령령으로 정하는 경우"란 다음 각 호의 어느 하나에 해당하는 경우를 말한다.

1. 산지전용·산지일시사용을 하려는 면적이 660제곱미터 미만인 경우
2. 국가, 지방자치단체, 공기업·준정부기관, 지방공사 또는 지방공단이 시행하는 다음 각 목의 어느 하나에 해당하는 시설 또는 산업단지의 설치사업인 경우–국방·군사시설, 사방시설, 하천, 제방, 저수지, 그 밖에 이에 준하는 국토보전시설, 석유비축 및 저장시설·방송통신설비, 대통령령으로 정하는 공용·공공용 사업을 위하여 필요한 시설, 송전시설(진입로를 포함), 「국토의 계획 및 이용에 관한 법률」에 따른 공공시설

4. 임도, 작업로, 임산물 운반로, 산책로·탐방로·등산로 등 숲길, 방화선(防火線) 또는 산림보호시설을 설치하기 위하여 산지일시사용신고를 하는 경우
5. 산지의 형질변경, 입목의 벌채 또는 굴취를 수반하지 아니하는 다음 각 목의 용도로 산지를 일시사용하려는 경우– 가축의 방목, 매장문화재 지표조사, 임산물 소득원의 지원 대상 품목의 재배, 물건의 적치

5의2. 입목의 벌채를 수반하는 경우로서 임산물 소득원의 지원 대상 품목 중 수실류(樹實類) 또는 약용류의 재배(밤·감·잣 등 교목류(큰키나무류)의 재배에 한정한다)

6. 토석채취허가를 받으려는 경우

### 제140~142조(벌칙)

<table>
<tr><th>벌 칙</th><th>위 반 행 위</th></tr>
<tr><td>5년 이하의 징역 또는<br>5천만원 이하의 벌금<br>(보전산지)</td><td rowspan="2">징역형과 벌금형을 병과(倂科)할 수 있다.<br>1. 산지전용허가를 받지 아니하고 산지전용·산지일시사용을 하거나 거짓이나 그 밖의 부정한 방법으로 허가를 받아 산지전용·산지일시사용을 한 자<br>3. 토석채취허가를 받지 아니하고 토석채취를 하거나 거짓이나 그 밖의 부정한 방법으로 토석채취허가를 받아 토석채취를 한 자<br>4. 자연석을 채취한 자<br>5. 매입하거나 무상양여받지 아니하고 국유림의 산지에서 토석채취를 한 자</td></tr>
<tr><td>3년 이하의 징역 또는<br>3천만원 이하의 벌금<br>(보전산지 외)</td></tr>
<tr><td>3년 이하의 징역 또는<br>3천만원 이하의 벌금<br>(보전산지)</td><td rowspan="2">1. 변경허가를 받지 아니하고 산지전용을 하거나 거짓이나 그 밖의 부정한 방법으로 변경허가를 받아 산지전용을 한 자<br>2. 변경허가를 받지 아니하고 산지일시사용을 하거나 거짓이나 그 밖의 부정한 방법으로 변경허가를 받아 산지일시사용을 한 자<br>3. 대체산림자원조성비를 내지 아니하고 산지전용을 하거나 산지일시사용을 한 자<br>3의2. 산지전용 또는 산지일시사용 중지명령을 위반한 자<br>4. 변경허가를 받지 아니하고 토석채취를 하거나 거짓이나 그 밖의 부정한 방법으로 변경허가를 받아 토석채취를 한 자<br>5. 토석채취 또는 채석의 중지명령을 위반한 자</td></tr>
<tr><td>2년 이하의 징역 또는<br>2천만원 이하의 벌금<br>(보전산지 외)</td></tr>
<tr><td>2년 이하의 징역 또는<br>2천만원 이하의 벌금<br>(보전산지)</td><td rowspan="2">1. 산지전용신고를 하지 아니하고 산지전용을 하거나 거짓이나 그 밖의 부정한 방법으로 산지전용신고를 하고 산지전용한 자<br>2. 산지일시사용신고를 하지 아니하고 산지일시사용을 하거나 거짓이나 그 밖의 부정한 방법으로 산지일시사용신고를 하고 산지일시사용을 한 자<br>3. 거짓이나 그 밖의 부정한 방법으로 산지전용타당성조사를 한 자 또는 그 조사결과를 허위로 통보하거나 변조하여 제출한 자<br>4. 승인을 받지 아니하고 산지전용된 토지를 다른 용도로 사용한 자<br>5. 토사채취신고를 하지 아니하고 토사를 채취하거나 거짓이나 그 밖의 부정한 방법으로 토사채취신고를 하고 토사채취를 한 자<br>6. 채석신고를 하지 아니하고 채석단지에서 채석을 하거나 거짓이나 그 밖의 부정한 방법으로 채석신고를 하고 채석단지 안에서 채석을 한 자<br>7. 조치명령을 위반한 자<br>8. 폐기물이 포함된 토석 또는 폐기물로 산지를 복구한 자<br>9. 감리를 받지 아니하거나 거짓으로 감리한 자<br>10. 시설물의 철거명령이나 형질변경한 산지의 복구명령을 위반한 자</td></tr>
<tr><td>1년 이하의 징역 또는<br>1천만원 이하의 벌금<br>(보전산지 외)</td></tr>
</table>

### 제144조(과태료)

| 과 태 료 | 위 반 행 위 |
|---|---|
| 1천만원 이하 | 1. 변경신고를 하지 아니한 자<br>2. 기간 이내에 복구설계서를 산림청장등에게 제출하지 아니한 자<br>3. 시정통지의 내용을 보고하지 아니한 자<br>4. 업무보고 및 자료제출이나 현지조사를 거부·방해 또는 기피한 자<br>5. 연대서명부를 거짓으로 작성하여 이의신청을 한 자 |
| 500만원 이하 | 1. 현장관리업무담당자를 산림청장등에게 신고하지 않은 자<br>2. 현장관리업무담당자가 대통령령으로 정하는 기관에서 업무 수행에 필요한 교육을 받지 아니한 자 |

# 핵심문제 해설



**01** 산지관리법상의 "산지"가 아닌 것은?

기-04-5, 기-06-4, 기-12-3

① 입목·죽이 집단적으로 생육하고 있는 토지
② 집단적으로 생육한 입목·죽이 일시 상실된 토지
③ 입목·죽의 집단적 생육에 사용하게 된 토지
④ 입목·죽이 생육하고 있는 건물 담장 안의 토지

**02** 산지관리법령상 산지에 해당하지 않는 토지는?

기-21-3

① 임도(林道), 작업로 등 산길
② 지목이 임야가 아닌 논두렁·밭두렁
③ 입목·대나무가 집단적으로 생육하고 있는 토지
④ 집단적으로 생육한 입목·대나무가 일시 상실된 토지

**03** 산지관리법에 따른 산지 구분에 해당하지 않는 것은?

기-21-2, 기-21-2

❶ 생산용 산지 ② 공익용 산지
③ 임업용 산지 ④ 준보전 산지

해 산지는 보전산지와 준보전산지로 구분하며, 보전산지는 공익용산지와 임업용산지로 나누어진다.

**04** 산지관리법에서 정한 산지의 구분 중 보전산지에 해당하며, 임업생산과 함께 재해방지, 수원보호, 자연생태계 보전, 자연경관보전, 국민보건휴양증진 등을 위해 필요한 산지에 해당 하는 것은? 기-11-1, 기-13-4

① 보호용산지 ② 임업용산지
③ 공익용산지 ④ 휴양용산지

**05** 산지관리법상 산지의 구분 중 보전산지 중 공익용산지에 포함되지 않는 산지는? 기-15-2, 기-16-3

① 산림문화휴양에 관한 법률에 따른 자연휴양림의 산지
② 자연공원법에 따른 공원구역의 산지
③ 수도법에 따른 상수원보호구역의 산지
④ 산림자원의 조성 및 관리에 관한 법률에 따른 채종림 및 시험림의 산지

해 ④ 임업용산지 : 산림자원의 조성과 임업경영기반의 구축 등 임업생산 기능의 증진을 위하여 필요한 산지로서 채종림(採種林) 및 시험림의 산지, 보전국유림의 산지, 임업진흥권역의 산지, 그 밖에 임업생산 기능의 증진을 위하여 필요한 산지로서 대통령령으로 정하는 산지를 대상으로 산림청장이 지정하는 산지를 말한다.

**06** 산지관리법에 관한 사항으로 옳지 않은 것은?

기-05-4, 기-14-1

① 산림청장은 보전산지를 지정하려면 그 산지가 표시된 산지구분도를 작성하여 관계 행정기관의 장과 협의한 후 중앙산지관리위원회의 심의를 거쳐야 한다.
② 산지전용·일시사용제한지역에서 사방시설의 설치로 산지를 일시 사용하는 행위는 허용된다.
③ 산림청장은 산사태 등 재해발생이 특히 우려되는 대통령령으로 정하는 산지로서 공공의 이익증진을 위하여 보전이 특히 필요하다고 인정되는 산지를 산지전용·일시사용제한지역으로 지정할 수 있다.
④ 지방자치단체가 산지전용·일시사용제한지역의 지정목적을 달성하기 위해서는 산지소유자와 협의하여 산지전용제한지역안의 산지를 산림청장이 정한 감정평가가격 기준으로 매수한다.

해 ④ 산지전용·일시사용제한지역의 산지매수 시 산지의 매수가격은 「부동산 가격공시 및 감정평가에 관한 법률」에 따른 공시지가를 기준으로 결정한다. 이 경우 인근지역의 실제 거래가격이 공시지가보다 낮을 때에는 실제 거래가



정답 01. ④ 02. ② 03. ① 04. ③ 05. ④ 06. ④

격을 기준으로 매수할 수 있다.

**07** 산지관리법상 산림청장이 지정·육성할 수 있는 산지복구전문기관의 업무와 가장 거리가 먼 것은?

기-06-2, 기-10-2, 기-15-3

① 형질변경된 산지의 복구
② 산림자원 육성을 위한 정책·제도의 조사·연구
③ 형질변경된 산지의 복구 설계·감리
④ 형질변경된 산지의 자연친화적인 복구 방법의 조사·연구 및 개발

해 산지복구전문기관의 업무
1. 형질변경된 산지의 복구 설계·감리
2. 형질변경된 산지의 자연생태계 복원 및 자연친화적인 복구 방법의 조사·연구 및 개발
3. 형질변경된 산지의 복구
4. 그 밖에 형질변경된 산지의 복구에 관하여 산림청장이 정하는 업무우

**08** 산지관리법상 산지전용·일시사용제한지역으로 지정할 수 있는 산지로 가장 거리가 먼 것은?

기-09-2, 기-12-1, 기-14-3, 기-15-2, 기-16-3

① 대통령령으로 정하는 주요 산줄기의 능선부로서 자연경관 및 산림생태계의 보전을 위하여 필요하다고 인정되는 산지
② 송이버섯과 같은 중요한 임산물 생산을 위해 보전이 필요한 산지로서 산림청장이 정하는 산지
③ 산사태 등 재해발생이 특히 우려되는 산지로서 대통령령으로 정하는 산지
④ 명승지, 유적지, 그 밖에 역사적·문화적으로 보전할 가치가 있다고 인정되는 산지로서 대통령령으로 정하는 산지

**09** 산지관리법규상 산지전용제한지역지정을 해제할 수 있는 경우가 아닌 것은?

기-22-2

① 국립묘지를 설치하는 경우
② 산촌개발사업을 위하여 필요한 경우로서 사업계획부지에 편입되는 면적이 100분의 30 미만인 경우
③ 지역 발전을 위한 교통시설·물류시설의 설치 등 토지이용의 합리화를 위하여 필요한 경우
④ 도로·철도 등 공공시설의 설치로 인하여 산지전용제한지역이 5천제곱미터 미만으로 단절되는 경우

해 ④ 도로·철도 등 공공시설의 설치로 인하여 산지전용제한지역이 3천제곱미터 미만으로 단절되는 경우

**10** 산림 지역내 채석허가를 규정하고 있는 법규는?

기-06-2

① 산림법 ② 산림기본법
③ 산지관리법 ④ 광업법

**11** 산지관리법령상 대통령령이 정하는 토석채취허가기준 중 산지의 경사도에 관한 기준이다. ( )안에 알맞은 것은?

기-08-4

> 채취지역의 평균 경사도는 ( ㉠ ) 이하이어야 하고, 채취등을 완료한 후 절개사면의 기울기(비탈면의 높이에 대한 수평거리의 비율을 말한다.)는 건축용 석재인 경우에는 ( ㉡ )기중에 적합할 것. 다만, 채취등을 함으로써 절개사면 없이 평탄지로 될 수 있는 경우에는 그러하지 아니한다.

① ㉠ 45도, ㉡ 1 : 0.5 이하
② ㉠ 45도, ㉡ 1 : 0.4 이하
③ ㉠ 35도, ㉡ 1 : 0.5 이하
④ ㉠ 35도, ㉡ 1 : 0.4 이하

**12** 산지관리법규상 산사태위험판정기준표 중 조사자의 점수보정 인자로 틀린 것은? 기-07-4, 기-11-3, 기-16-2

① 조사자 또는 마을사람들이 산사태발생 위험지역이라고 생각함 : +20
② 조사자 또는 마을사람들이 산사태발생 위험성이 전혀 없다고 생각함 : −10
③ 인위적 산림훼손지로 방치하거나 불완전한 방재 시설지 : +20
④ 과수원 및 초지단지, 유실수조림지 등 지피식생이 불완전한 산지 : +20

정답 07. ② 08. ② 09. ④ 10. ③ 11. ④ 12. ①

해 ① 조사자 또는 마을사람들이 산사태발생 위험지역이라고 생각함 : +10

**13** 산지관리법령상 산사태위험판정기준표에 사용되는 용어의 정의 및 적용기준과 관련하여, ㉠과 ㉡에 들어갈 내용이 모두 옳은 것은? 기–15–3, 기–21–2

> • "혼효림"이란 해당 산지에 침엽수 또는 활엽수가 각각 ( ㉠ )으로 생육하고 있는 산림을 말한다.
> • "치수림(稚樹林)"이란 가슴높이지름 ( ㉡ ) 미만의 입목이 50% 이상 생육하고 있는 산림을 말한다.

① ㉠ 25% 초과 75% 미만, ㉡ 6cm
② ㉠ 25% 초과 75% 미만, ㉡ 10cm
③ ㉠ 50% 초과 75% 미만, ㉡ 6cm
④ ㉠ 50% 초과 75% 미만, ㉡ 10cm

**14** 산지관리법규상 산사태위험판정기준표의 위험요인에 해당되는 점수합계가 "120점 이상 180점 미만인 경우"는? 기–07–2

① 산사태발생가능성이 대단히 높은 지역
② 산사태발생가능성이 높은 지역
③ 산사태가 발생할 가능성이 낮은 지역
④ 산사태가 발생할 가능성이 없는 지역

해 산사태위험도
① 180점 이상인 경우 : 산사태 발생 가능성이 대단히 높은 지역
② 120점 이상 180점 미만인 경우 : 산사태 발생 가능성이 높은 지역
③ 61점 이상 120점 미만인 경우 : 산사태 발생 가능성이 낮은 지역
④ 60점 미만인 경우 : 산사태 발생 가능성이 없는 지역

**15** 산지관리법령상 중앙산지관리위원회의 위원 자격요건으로 가장 거리가 먼 것은? (단, 그 밖의 경우 등은 제외) 기–09–2

① 대학에서 조교수인 자
② 박사학위 취득 후 연구경험이 3년 있는 자
③ 석사학위 취득 후 연구경험이 6년 있는 자
④ 국가기술자격법에 따른 기술사 자격 취득 후 3년 실무경험이 있는 자

**16** 산지관리법상 산림청장등은 산지전용허가·산지일시사용허가 등을 받은 자에게 업무에 관한 사항을 보고하게하거나 관련 자료의 제출 및 현지조사를 요구할 수 있는데, 이를 위반하여 업무보고 및 자료제출이나 현지조사를 거부·방해 또는 기피한 자에 대한 과태료 부과기준으로 옳은 것은? 기–13–2

① 2천만원 이하의 과태료를 부과한다.
② 1천만원 이하의 과태료를 부과한다.
③ 5백만원 이하의 과태료를 부과한다.
④ 2백만원 이하의 과태료를 부과한다.

**17** 산지관리법규상 산지전용제한지역지정을 해제할 수 있는 경우가 아닌 것은? 기–22–2

① 국립묘지를 설치하는 경우
② 산촌개발사업을 위하여 필요한 경우로서 사업계획부지에 편입되는 면적이 100분의 30 미만인 경우
③ 지역 발전을 위한 교통시설 · 물류시설의 설치 등 토지이용의 합리화를 위하여 필요한 경우
④ 도로·철도 등 공공시설의 설치로 인하여 산지전용제한지역이 5천제곱미터 미만으로 단절되는 경우

해 ④ 도로·철도 등 공공시설의 설치로 인하여 산지전용제한지역이 3천제곱미터 미만으로 단절되는 경우


정답 13. ① 14. ② 15. ③ 16. ② 17. ④

# Chapter 2 토지이용 등에 관한 법령

## 1 국토기본법 [소관부처 : 국토교통부]

**제1조(목적)** 이 법은 국토에 관한 계획 및 정책의 수립·시행에 관한 기본적인 사항을 정함으로써 국토의 건전한 발전과 국민의 복리향상에 이바지함을 목적으로 한다.

**제2조(국토관리의 기본 이념)** 국토는 모든 국민의 삶의 터전이며 후세에 물려줄 민족의 자산이므로, 국토에 관한 계획 및 정책은 개발과 환경의 조화를 바탕으로 국토를 균형 있게 발전시키고 국가의 경쟁력을 높이며 국민의 삶의 질을 개선함으로써 국토의 지속가능한 발전을 도모할 수 있도록 수립·집행하여야 한다.

**제5조(환경친화적 국토관리)**

① 국가와 지방자치단체는 국토에 관한 계획 또는 사업을 수립·집행할 때에는 「환경정책기본법」에 따른 환경계획의 내용을 고려하여 자연환경과 생활환경에 미치는 영향을 사전에 검토함으로써 환경에 미치는 부정적인 영향이 최소화될 수 있도록 하여야 한다.

② 국가와 지방자치단체는 국토의 무질서한 개발을 방지하고 국민생활에 필요한 토지를 원활하게 공급하기 위하여 토지이용에 관한 종합적인 계획을 수립하고 이에 따라 국토 공간을 체계적으로 관리하여야 한다.

③ 국가와 지방자치단체는 산, 하천, 호수, 늪, 연안, 해양으로 이어지는 자연생태계를 통합적으로 관리·보전하고 훼손된 자연생태계를 복원하기 위한 종합적인 시책을 추진함으로써 인간이 자연과 더불어 살 수 있는 쾌적한 국토 환경을 조성하여야 한다.

④ 국토교통부장관은 제1항에 따른 국토에 관한 계획과 「환경정책기본법」에 따른 환경계획의 연계를 위하여 필요한 경우에는 적용범위, 연계 방법 및 절차 등을 환경부장관과 공동으로 정할 수 있다.

**제6조(국토계획의 정의 및 구분)**

① 이 법에서 "국토계획"이란 국토를 이용·개발 및 보전할 때 미래의 경제적·사회적 변동에 대응하여 국토가 지향하여야 할 발전 방향을 설정하고 이를 달성하기 위한 계획을 말한다.

② 국토계획은 다음으로 구분한다.

| 국토계획 | 내 용 |
|---|---|
| 국토종합계획 | 국토 전역을 대상으로 하여 국토의 장기적인 발전 방향을 제시하는 종합계획 |

| | |
|---|---|
| 초광역권계획 | 지역의 경제 및 생활권역의 발전에 필요한 연계·협력사업 추진을 위하여 2개 이상의 지방자치단체가 상호 협의하여 설정하거나 「지방자치법」 제199조의 특별지방자치단체가 설정한 권역으로, 특별시·광역시 · 특별자치시 및 도·특별자치도의 행정구역을 넘어서는 권역(초광역권)을 대상으로 하여 해당 지역의 장기적인 발전 방향을 제시하는 계획 |
| 도종합계획 | 도 또는 특별자치도의 관할구역을 대상으로 하여 해당 지역의 장기적인 발전 방향을 제시하는 종합계획 |
| 시·군종합계획 | 특별시·광역시·특별자치시·시 또는 군(광역시의 군은 제외한다)의 관할구역을 대상으로 하여 해당 지역의 기본적인 공간구조와 장기 발전 방향을 제시하고, 토지이용, 교통, 환경, 안전, 산업, 정보통신, 보건, 후생, 문화 등에 관하여 수립하는 계획으로서 「국토의 계획 및 이용에 관한 법률」에 따라 수립되는 도시·군계획 |
| 지역계획 | 특정 지역을 대상으로 특별한 정책목적을 달성하기 위하여 수립하는 계획 |
| 부문별계획 | 국토 전역을 대상으로 하여 특정 부문에 대한 장기적인 발전 방향을 제시하는 계획 |

**제7조(국토계획의 상호 관계 등)**

① 국토종합계획은 초광역권계획, 도종합계획 및 시·군종합계획의 기본이 되며, 부문별계획과 지역계획은 국토종합계획과 조화를 이루어야 한다.

② 도종합계획은 해당 도의 관할구역에서 수립되는 시·군종합계획의 기본이 된다.

③ 국토종합계획은 20년을 단위로 하여 수립하며, 초광역권계획, 도종합계획, 시·군종합계획, 지역계획 및 부문별계획의 수립권자는 국토종합계획의 수립 주기를 고려하여 그 수립 주기를 정하여야 한다.

④ 국토계획의 계획기간이 만료되었음에도 불구하고 차기 계획이 수립되지 아니한 경우에는 해당 계획의 기본이 되는 계획과 저촉되지 아니하는 범위에서 종전의 계획을 따를 수 있다.

**제8조(다른 법령에 따른 계획과의 관계)** 이 법에 따른 국토종합계획은 다른 법령에 따라 수립되는 국토에 관한 계획에 우선하며 그 기본이 된다. 다만, 군사에 관한 계획에 대하여는 그러하지 아니하다.

**제9조(국토종합계획의 수립)**

① 국토교통부장관은 국토종합계획을 수립하여야 한다.

② 국토교통부장관은 국토종합계획을 수립하려는 경우에는 중앙행정기관의 장 및 특별시장·광역시장·특별자치시장·도지사 또는 특별자치도지사(시·도지사)에게 대통령령으로 정하는 바에 따라 국토종합계획에 반영되어야 할 정책 및 사업에 관한 소관별 계획안의 제출을 요청할 수 있다. 이 경우 중앙행정기관의 장 및 시·도지사는 특별한 사유가 없으면 요청에 따라야 한다.

**제10조(국토종합계획의 내용)** 국토종합계획에는 다음 각 호의 사항에 대한 기본적이고 장기적인 정책방향이 포함되어야 한다.

1. 국토의 현황 및 여건 변화 전망에 관한 사항
2. 국토발전의 기본 이념 및 바람직한 국토 미래상의 정립에 관한 사항

2의2. 교통, 물류, 공간정보 등에 관한 신기술의 개발과 활용을 통한 국토의 효율적인 발전 방향과 혁신 기반 조성에 관한 사항

3. 국토의 공간구조의 정비 및 지역별 기능 분담 방향에 관한 사항
4. 국토의 균형발전을 위한 시책 및 지역산업 육성에 관한 사항
5. 국가경쟁력 향상 및 국민생활의 기반이 되는 국토 기간 시설의 확충에 관한 사항
6. 토지, 수자원, 산림자원, 해양수산자원 등 국토자원의 효율적 이용 및 관리에 관한 사항
7. 주택, 상하수도 등 생활 여건의 조성 및 삶의 질 개선에 관한 사항
8. 수해, 풍해(風害), 그 밖의 재해의 방제(防除)에 관한 사항
9. 지하 공간의 합리적 이용 및 관리에 관한 사항
10. 지속가능한 국토 발전을 위한 국토 환경의 보전 및 개선에 관한 사항
11. 그 밖에 제1호부터 제10호까지에 부수(附隨)되는 사항

**제11조(공청회의 개최)**

① 국토교통부장관은 국토종합계획안을 작성하였을 때에는 공청회를 열어 일반 국민과 관계 전문가 등으로부터 의견을 들어야 하며, 공청회에서 제시된 의견이 타당하다고 인정하면 국토종합계획에 반영하여야 한다. 다만, 국방상 기밀을 유지하여야 하는 사항으로서 국방부장관이 요청한 사항은 그러하지 아니하다.

② 공청회의 개최에 필요한 사항은 대통령령으로 정한다.

령 **제4조(공청회)**

① 국토교통부장관은 공청회를 개최하려면 공청회 개최 14일 전까지 다음 각 호의 사항을 일간신문, 관보, 인터넷 홈페이지 또는 방송 등의 방법으로 1회 이상 공고해야 한다..

1. 공청회의 개최 목적
2. 공청회의 개최 예정일시 및 장소
3. 국토종합계획안의 개요
4. 의견발표에 관한 사항
5. 그밖에 공청회 개최에 필요한 사항

② 국토종합계획안의 내용에 대하여 의견이 있는 국민 또는 관계 전문가 등은 공청회에 참석하여 직접 의견을 진술하거나 국토교통부장관에게 서면 또는 컴퓨터통신으로 의견의 요지를 제출할 수 있다.

**제12조(국토종합계획의 승인)**

① 국토교통부장관은 국토종합계획을 수립하거나 확정된 계획을 변경하려면 미리 국토정책위원회와 국무회의의 심의를 거친 후 대통령의 승인을 받아야 한다.

② 국토교통부장관은 제1항에 따라 국토정책위원회의 심의를 받으려는 경우에는 미리 심의안에 대하여 관계 중앙행정기관의 장과 협의하여야 하며 시·도지사의 의견을 들어야 한다.

③ 심의안을 받은 관계 중앙행정기관의 장 및 시·도지사는 특별한 사유가 없으면 심의안을 받은 날부터 30일 이내에 국토교통부장관에게 의견을 제시하여야 한다.

④ 국토교통부장관은 국토종합계획을 승인받았을 때에는 지체 없이 그 주요 내용을 관보에 공고하고, 관계 중앙행정기관의 장, 시·도지사, 시장 및 군수(광역시의 군수 제외)에게 국토종합계획을 보내야 한다.

### 제12조의2(초광역권계획의 수립)

① 초광역권을 구성하고자 하는 시·도지사 또는 특별지방자치단체의 장(이하 "초광역권계획 수립주체"라 한다)은 초광역권의 발전을 위하여 필요한 경우에는 구성 지방자치단체의 장과 협의하여 다음 각 호의 사항에 관한 초광역권계획을 수립(확정된 계획을 변경하는 경우를 포함한다)할 수 있다.

1. 초광역권의 범위 및 발전목표
2. 초광역권의 현황 및 여건변화 전망
3. 초광역권 발전전략에 관한 사항
4. 초광역권의 공간구조 정비 및 기능분담에 관한 사항
5. 초광역권의 교통, 물류, 정보통신망 등 기반시설의 구축에 관한 사항
6. 초광역권의 산업 발전 및 육성에 관한 사항
7. 초광역권 문화·관광 기반의 조성에 관한 사항
8. 재원조달방안 등 계획의 집행 및 관리에 관한 사항
9. 그 밖에 초광역권의 상호 기능연계 및 발전을 위하여 필요한 사항으로서 대통령령으로 정하는 사항

> 령 **제4조의2(초광역권계획의 수립기준)** ① 국토교통부장관은 초광역권계획이 국토종합계획에 부합하고 지역의 경제와 생활권 발전에 관한 장단기 정책방향을 제시할 수 있도록 다음 각 호의 사항이 포함된 초광역권계획 수립지침을 작성해야 한다.
> 1. 국토종합계획 및 도종합계획과 초광역권계획의 관계
> 2. 초광역권계획의 기본사항과 수립절차
> 3. 초광역권계획 수립 시의 고려사항과 주요 항목
> 4. 「지방자치분권 및 지역균형발전에 관한 특별법」에 따른 초광역협력사업의 추진에 관한 사항
> 5. 그 밖에 초광역권계획의 수립과 관련하여 필요한 사항

### 제13조(도종합계획의 수립)

① 도지사(특별자치도의 경우에는 특별자치도지사를 말한다)는 다음 각 호의 사항에 대한 도종합계획을 수립하여야 한다. 다만, 다른 법률에 따라 따로 계획이 수립된 도로서 대통령령으로 정하는 도(경기도, 제주특별자치도)는 도종합계획을 수립하지 아니할 수 있다.

1. 지역 현황·특성의 분석 및 대내외적 여건 변화의 전망에 관한 사항
2. 지역발전의 목표와 전략에 관한 사항
3. 지역 공간구조의 정비 및 지역 내 기능 분담 방향에 관한 사항
4. 교통, 물류, 정보통신망 등 기반시설의 구축에 관한 사항
5. 지역의 자원 및 환경 개발과 보전·관리에 관한 사항
6. 토지의 용도별 이용 및 계획적 관리에 관한 사항
7. 그 밖에 도의 지속가능한 발전에 필요한 사항으로서 대통령령으로 정하는 사항

> 령 **제5조(도종합계획의 수립 등)** ② 법 제13조제1항제7호에서 "대통령령으로 정하는 사항"이란 다음 각 호의 사항을 말한다.

령
1. 주택·상하수도·공원·노약자 편의시설 등 생활환경 개선에 관한 사항
2. 문화·관광기반의 조성에 관한 사항
3. 재해의 방지와 시설물의 안전관리에 관한 사항
3의2. 범죄예방에 관한 사항
4. 지역산업의 발전 및 육성에 관한 사항
5. 재원조달방안 등 계획의 집행 및 관리에 관한 사항

**제16조(지역계획의 수립)** ① 중앙행정기관의 장 또는 지방자치단체의 장은 지역 특성에 맞는 정비나 개발을 위하여 필요하다고 인정하면 관계 중앙행정기관의 장과 협의하여 관계 법률에서 정하는 바에 따라 지역계획을 수립할 수 있다.

| 지역계획 | 내 용 |
|---|---|
| 수도권 발전계획 | 수도권에 과도하게 집중된 인구와 산업의 분산 및 적정배치를 유도하기 위하여 수립하는 계획 |
| 지역개발계획 | 성장 잠재력을 보유한 낙후지역 또는 거점지역 등과 그 인근지역을 종합적·체계적으로 발전시키기 위하여 수립하는 계획 |
| 기타 | 다른 법률에 따라 수립하는 지역계획 |

**제17조(부문별계획의 수립)**
① 중앙행정기관의 장은 국토 전역을 대상으로 하여 소관 업무에 관한 부문별계획을 수립할 수 있다.
② 중앙행정기관의 장은 부문별계획을 수립할 때에는 국토종합계획의 내용을 반영하여야 하며, 이와 상충(相衝)되지 아니하도록 하여야 한다.
③ 중앙행정기관의 장은 부문별계획을 수립하거나 변경한 때에는 지체 없이 국토교통부장관에게 알려야 한다.

**제18조(실천계획의 수립 및 평가)**
① 중앙행정기관의 장 및 시·도지사는 국토종합계획의 내용을 소관 업무와 관련된 정책 및 계획에 반영하여야 하며, 대통령령으로 정하는 바에 따라 국토종합계획을 실행하기 위한 소관별 실천계획을 수립하여 국토교통부장관에게 제출하여야 한다.

령 **제7조(소관별 실천계획의 내용 등)** ① 법 제18조제1항의 규정에 의하여 수립하는 소관별 실천계획은 5년 단위로 작성하고, 다음 각호의 사항을 포함하여야 한다.
1. 현황 및 문제점
2. 목표 및 추진전략
3. 실천과제 및 세부추진계획
4. 추진기간 및 투자계획
5. 그밖에 계획의 효율적인 집행을 위하여 필요한 사항

**제19조(국토종합계획의 정비)** 국토교통부장관은 제18조제3항에 따른 평가 결과와 사회적·경제적 여건 변화를 고려하여 5년마다 국토종합계획을 전반적으로 재검토하고 필요하면 정비하여야 한다.

**제19조의3(국토계획평가의 절차)**

① 국토계획평가 대상이 되는 국토계획의 수립권자는 해당 국토계획을 수립하거나 변경하기 전에 대통령령으로 정하는 바에 따라 국토계획평가 요청서를 작성하여 국토교통부장관에게 제출하여야 한다.

> 령 **제8조의4(국토계획평가의 절차)**
>
> ① 국토교통부장관은 국토계획평가 요청서를 제출받은 날부터 30일 이내에 국토계획평가를 실시하고 그 결과에 대하여 국토정책위원회에 심의를 요청하여야 한다. 다만, 부득이한 사유가 있는 경우에는 그 기간을 10일의 범위에서 연장할 수 있다.
>
> ② 국토계획평가 요청서를 제출받은 국토교통부장관은 지체 없이 환경친화적인 국토관리에 관한 사항에 대한 의견을 환경부장관에게 요청하여야 한다. 이 경우 환경부장관은 요청을 받은 날부터 14일 이내에 의견서를 제출하여야 한다.

**제25조(국토 조사)**

① 국토교통부장관은 국토에 관한 계획 또는 정책의 수립, 「국가공간정보 기본법」에 따른 공간정보의 제작, 연차보고서의 작성 등을 위하여 필요할 때에는 미리 인구, 경제, 사회, 문화, 교통, 환경, 토지이용, 그 밖에 대통령령으로 정하는 사항에 대하여 조사할 수 있다.

> 령 **제10조(국토조사의 실시)**
>
> ① 법 제25조제1항에서 "대통령령으로 정하는 사항"이란 다음 각 호의 사항을 말한다.
>
> 1. 지형·지물 등 지리정보에 관한 사항
> 2. 농림·해양·수산에 관한 사항
> 3. 방재 및 안전에 관한 사항
> 4. 정주지(定住地: 도시 등 사람이 거주하고 있는 일정한 지역) 온실가스 통계에 관한 사항
> 5. 그밖에 국토교통부장관이 필요하다고 인정하는 사항
>
> ② 국토조사는 다음 각호의 구분에 따라 실시하며, 국토교통부장관은 국토조사를 효율적으로 실시하기 위하여 국토조사 항목 및 조사주체 등 필요한 사항에 대하여 관계 중앙행정기관의 장 및 시·도지사와 사전협의를 거쳐 국토조사계획을 수립할 수 있다.
>
> | 구분 | 내용 |
> | --- | --- |
> | 정기조사 | 국토에 관한 계획 및 정책의 수립, 집행, 성과진단 및 평가, 국토현황의 시계열적·부문별 변화상 측정 및 비교 등에 활용하기 위하여 매년 실시하는 조사 |
> | 수시조사 | 국토교통부장관이 필요하다고 인정하는 경우 특정지역 또는 부문 등을 대상으로 실시하는 조사 |

**제26조(국토정책위원회)**

① 국토계획 및 정책에 관한 중요 사항을 심의하기 위하여 국무총리 소속으로 국토정책위원회를 둔다.

② 국토정책위원회는 다음 각 호의 사항을 심의한다. 다만, 제3호와 제4호의 경우 다른 법률에서 다른 위원회의 심의를 거치도록 한 경우에는 국토정책위원회의 심의를 거치지 아니한다.

1. 국토종합계획에 관한 사항
2. 도종합계획에 관한 사항

3. 지역계획에 관한 사항
4. 부문별계획에 관한 사항
5. 국토계획평가에 관한 사항
6. 국토계획 및 국토계획에 관한 처분 등의 조정에 관한 사항
7. 이 법 또는 다른 법률에서 국토정책위원회의 심의를 거치도록 한 사항
8. 그 밖에 국토정책위원회 위원장 또는 분과위원회 위원장이 회의에 부치는 사항

**제27조(구성 등)**

① 국토정책위원회는 위원장 1명, 부위원장 2명을 포함한 42명 이내의 위원으로 구성하고, 위원은 당연직위원과 위촉위원으로 구성한다. 다만, 지역계획에 관한 사항을 심의하는 경우에는 해당 시·도지사는 위원 정수에도 불구하고 해당 사항에 한정하여 위원이 된다.
② 위원장은 국무총리가 되고, 부위원장은 국토교통부장관과 위촉위원 중에서 호선으로 선정된 위원으로 한다.
③ 위원은 다음 각 호의 사람으로 한다.
  1. 당연직위원: 대통령령으로 정하는 중앙행정기관의 장과 국무조정실장, 「국가균형발전 특별법」에 따른 국가균형발전위원회 위원장
  2. 위촉위원: 국토계획 및 정책에 관하여 학식과 경험이 풍부한 사람으로서 국무총리가 위촉한 사람
④ 위촉위원의 임기는 2년으로 하되, 사임 등으로 인하여 새로 위촉된 위원의 임기는 전임위원 임기의 남은 기간으로 한다.

**제28조(분과위원회 및 전문위원 등)**

① 국토정책위원회의 업무를 효율적으로 수행하기 위하여 대통령령으로 정하는 바에 따라 분야별로 분과위원회를 둔다.
② 분과위원회의 심의는 국토정책위원회의 심의로 본다.
③ 국토정책위원회와 분과위원회의 주요 심의사항에 관하여 자문하기 위하여 국토정책위원회의 위원장은 국토계획 및 정책에 관한 전문지식 및 경험이 있는 사람 중에서 전문위원을 위촉할 수 있다.
④ 전문위원은 국토정책위원회와 분과위원회에 출석하여 발언할 수 있으며, 필요한 경우 위원회에 서면으로 의견을 제출할 수 있다.
⑤ 분과위원회의 구성·운영 및 전문위원의 임기 등에 필요한 사항은 대통령령으로 정한다.

령 **제14조(전문위원의 자격 등)**

① 법 제28조제3항에 따라 위원회에 두는 전문위원의 수는 3명 이내로 한다.
② 전문위원의 임기는 3년으로 한다.
③ 전문위원의 자격 및 업무 등에 관한 사항은 위원회의 의결을 거쳐 위원장이 정한다.

# 핵심문제 해설



**01** 국토기본법상 국토계획에 해당하지 않는 것은?
기-04-5, 기-07-4, 기-09-4, 기-15-3, 기-17-3, 기-18-1, 기-18-2, 기-18-3

① 국토종합계획
② 도종합계획
③ 지역계획
④ 지구단위계획

해 국토계획은 국토종합계획, 도종합계획, 시·군 종합계획, 지역계획 및 부문별계획으로 구분한다.

**02** 국토기본법상 국토계획의 정의 및 구분기준에서 "국토 전역을 대상으로 하여 특정 부문에 대한 장기적인 발전 방향을 제시하는 계획"이 의미하는 것은?
기-13-2, 기-19-1

① 지역계획 ② 부문별계획
③ 도종합계획 ④ 국토종합계획

**03** 국토기본법상 특정 지역을 대상으로 특별한 정책목적을 달성하기 위하여 수립하는 계획으로 옳은 것은?
기-18-3

① 국토종합계획 ② 부문별 계획
③ 시·군종합계획 ④ 지역계획

**04** 국토기본법상 국토계획에 관한 설명 중 옳지 않은 것은?
기-06-2, 기-17-1

① 국토종합계획 : 국토전역을 대상으로 하여 국토의 장기적인 발전방향을 제시하는 종합계획
② 도종합계획 : 도의 관할구역을 대상으로 하여 당해 지역의 장기적인 발전방향을 제시하는 종합계획
③ 부문별계획 : 국토전역을 대상으로 하여 특정부분에 대한 장기적인 발전방향을 제시하는 계획
④ 지역계획 : 국토전역을 대상으로 특별한 정책목적을 달성하기 위하여 수립하는 계획

해 ④ 지역계획 : 특정 지역을 대상으로 특별한 정책목적을 달성하기 위하여 수립하는 계획

**05** 국토기본법상 국토종합계획은 몇 년을 단위로 하여 수립하는가?
기-06-4, 기-10-3, 기-13-3, 기-14-2, 기-16-3, 기-19-1

① 3년 ② 5년
③ 10년 ④ 20년

**06** 국토기본법에 명시된 국토종합계획에 관한 설명으로 옳지 않은 것은? 기-14-1, 기-17-2

① 국토교통부장관은 국토종합계획안을 작성하였을 때에는 공청회를 열어 일반국민과 관계 전문가 등으로부터 의견을 들어야하며, 공청회를 개최하고자 하는 때에는 공청회 개최 7일 전까지 개최에 필요한 사항을 일간신문에 공고하여야 한다.
② 국토교통부장관은 국토종합계획을 수립하거나 확정된 계획을 변경하고자 할 때에는 국토정책위원회와 국무회의의 심의를 거친 후 대통령의 승인을 받아야 한다.
③ 국토교통부장관은 국토종합계획의 성과를 정기적으로 평가하고, 사회적, 경제적 여건변화를 고려하여 5년마다 국토종합계획을 전반적으로 재검토하고 필요하면 정비하여야 한다.
④ 심의안을 받은 관계중앙행정기관의 장 및 시·도지사는 특별한 사유가 없으면 심의안을 받은 날부터 30일 이내에 국토교통부장관에게 의견을 제시하여야 한다.

해 ① 국토교통부장관은 국토종합계획안을 작성하였을 때에는 공청회를 열어 일반국민과 관계 전문가 등으로부터 의


정답 01. ④ 02. ② 03. ④ 04. ④ 05. ④ 06. ①

견을 들어야하며, 공청회를 개최하고자 하는 때에는 공청회 개최 14일 전까지 개최에 필요한 사항을 일간신문에 공고하여야 한다.

**07** 국토기본법에 명시된 국토종합계획에 관한 설명으로 틀린 것은? 기-09-2

① 국토해양부장관은 국토종합계획안을 작성한 때에는 공청회를 열어 국민 및 관계 전문가 의견을 청취하여야 하며 공청회를 개최하고자 할 경우 개최 14일전까지 개최에 필요한 사항 등을 공고하여야 한다.

② 국토해양부장관은 국토종합계획을 수립하거나 확정된 계획을 변경하고자 할 때에는 국무회의의 심의를 거친 후 대통령의 승인을 얻어야 한다.

③ 국토해양부장관은 국토종합계획의 평가결과와 사회적, 경제적 여건변화를 고려하여 5년마다 국토종합계획을 전반적으로 재검토하고 필요시 정비하여야 한다.

④ 국무회의 심의안을 송부받은 관계중앙행정기관의 장은 특별한 사유가 없는 한 송부받은 날부터 60일 이내에 국토해양부장관에게 의견을 제시하여야 한다.

해 ④ 국무회의 심의안을 송부받은 관계중앙행정기관의 장은 특별한 사유가 없는 한 송부받은 날부터 30일 이내에 국토해양부장관에게 의견을 제시하여야 한다.

**08** 국토기본법상 국토종합계획에 관한 내용으로 옳은 것은? 기-12-1, 기-16-1

① 국토교통부장관은 사회적·경제적 여건변화를 고려하여 5년마다 국토종합계획을 전반적으로 재검토하고 필요하면 정비하여야 한다.

② 시·도지사 등은 국토종합계획의 내용을 소관 업무와 관련된 정책 및 계획에 반영하여야 하며, 국토해양부령으로 정하는 바에 따라 국토종합계획을 실행하기 위한 소관별 실천계획을 구청장이 수립하도록 하여야 한다.

③ 국토교통부장관으로부터 국토종합계획을 조정할 것을 요청받은 지방자치단체의 장이 특별한 사유없이 이를 반영하지 아니하는 경우에는 국토균형개발심의위원회에서 시민공청회를 실시하여 조정해야 한다.

④ 국토교통부장관은 지방자치단체의 장이 행하는 국토계획 시행사업이 서로 상충되어 국토계획의 원활한 실시에 지장을 초래할 우려가 있다고 인정되어도 당해 계획을 조정할 것을 요청할 수 있는 권한은 없다.

해 ② 국토교통부장관은 국토종합계획을 수립하려는 경우에는 중앙행정기관의 장 및 특별시장·광역시장·도지사 또는 특별자치도지사(시·도지사)에게 대통령령으로 정하는 바에 따라 국토종합계획에 반영되어야할 정책 및 사업에 관한 소관별 계획안의 제출을 요청할 수 있다.

③ 계획을 조정할 것을 요청받은 중앙행정기관의 장 또는 지방자치단체의 장이 특별한 사유 없이 이를 반영하지 아니하는 경우에는 국토교통부장관이 국토정책위원회의 심의를 거쳐 이를 조정할 수 있다.

④ 국토교통부장관은 서로 상충되거나 국토종합계획에 부합하지 아니한다고 판단되는 경우에 중앙행정기관의 장 또는 지방자치단체의 장에게 해당 계획을 조정할 것을 요청할 수 있다.

**09** 다음은 국토기본법상 국토종합계획의 승인사항에 관한 내용이다. (　)안에 가장 적합한 것은? 기-19-1

> 국토교통부장관은 국토종합계획을 수립하거나 확정된 계획을 변경하려면 미리 국토정책위원회와 ( ㉠ )의 심의를 거친 후 대통령의 승인을 받아야 하고, 심의안을 받은 관계 중앙행정기관의 장 및 시·도지사는 특별한 사유가 없으면 심의안을 받은 날부터 ( ㉡ )에 국토교통부장관에게 의견을 제시하여야 한다.

① ㉠ 국무회의, ㉡ 30일 이내
② ㉠ 국무회의, ㉡ 60일 이내
③ ㉠ 국토정책홍보위원회, ㉡ 30일 이내
④ ㉠ 국토정책홍보위원회, ㉡ 60일 이내

정답 07. ④ 08. ① 09. ①

**10** 국토기본법령상 중앙행정기관의 장 및 시·도지사가 수립하는 국토종합계획 실행을 위한 소관별 실천계획은 몇 년 단위로 작성하는가?

기-12-2, 기-15-1, 기-17-2

① 1년 ② 3년
③ 5년 ④ 10년

**11** 다음은 국토기본법령상 국토계획평가의 절차이다. ( )안에 알맞은 것은? 기-13-1

| 국토해양부장관은 국토계획평가 요청서를 제출받은 날부터 ( ㉠ )에 국토계획평가를 실시하고 그 결과에 대하여 법에 따른 국토정책위원회에 심-의를 요청하여야 한다. 다만, 부득이한 사유가 있는 경우에는 그 기간을 ( ㉡ )에서 연장할 수 있다. |
|---|

① ㉠ 15일 이내, ㉡ 10일 범위
② ㉠ 15일 이내, ㉡ 15일 범위
③ ㉠ 30일 이내, ㉡ 10일 범위
④ ㉠ 30일 이내, ㉡ 15일 범위

**12** 다음은 국토기본법령상 국토조사에 관한 사항이다. 밑줄 친 "대통령령으로 정하는 사항"에 해당하지 않는 것은? 기-11-1, 기-18-1

| 국토교통부장관은 국토에 관한 계획 또는 정책의 수립, 공간정보의 제작, 연차보고서의 작성 등을 위하여 필요한 때에는 "대통령령으로 정하는 사항"에 대하여 조사할 수 있다. |
|---|

① 지형·지물 등 지리정보에 관한 사항
② 농림·해양·수산에 관한 사항
③ 국제협력·대내 홍보에 관한 사항
④ 방재 및 안전에 관한 사항

해 ①②④ 외에 그 밖에 국토교통부장관이 필요하다고 인정하는 사항 등이 있다.

**13** 국토기본법령상 국토교통부장관이 국토에 관한 계획 또는 정책수립 등을 위해 행하는 국토조사 사항 중 "대통령령으로 정하는 사항"에 해당하지 않는 것은? (단, 그 밖에 국토해양부장관이 필요하다고 인정하는 사항 등은 제외)

기-04-5, 기-05-2, 기-08-4, 기-12-1, 기-15-1, 기-19-3

① 자연생태에 관한 사항
② 방재 및 안전에 관한 사항
③ 농림·해양·수산에 관한 사항
④ 지형·지물 등 지리정보에 관한 사항

**14** 국토기본법령상 국토정책위원회와 분과위원회에 두는 전문위원의 위원수와 임기기준으로 옳은 것은?

기-12-3

① 전문위원의 수는 3명 이내로 하며, 임기는 2년으로 한다.
② 전문위원의 수는 3명 이내로 하며, 임기는 3년으로 한다.
③ 전문위원의 수는 10명 이내로 하며, 임기는 2년으로 한다.
④ 전문위원의 수는 10명 이내로 하며, 임기는 3년으로 한다.


정답 10. ③ 11. ③ 12. ③ 13. ① 14. ②

## 2 국토의 계획 및 이용에 관한 법률 (약칭: 국토계획법) [소관부처 : 국토교통부]

**제1조(목적)** 국토의 이용·개발과 보전을 위한 계획의 수립 및 집행 등에 필요한 사항을 정하여 공공복리를 증진시키고 국민의 삶의 질을 향상시키는 것을 목적으로 한다.

**제2조(정의)**

<table>
<tr><td>광역도시계획</td><td colspan="2">광역계획권의 장기발전방향을 제시하는 계획을 말한다.</td></tr>
<tr><td rowspan="3">도시·군계획</td><td colspan="2">특별시·광역시·특별자치시·특별자치도·시 또는 군(광역시의 관할 구역에 있는 군은 제외한다. 이하 같다)의 관할 구역에 대하여 수립하는 공간구조와 발전방향에 대한 계획으로서 도시·군기본계획과 도시·군관리계획으로 구분한다.</td></tr>
<tr><td>도시·군기본계획</td><td>특별시·광역시·특별자치시·특별자치도·시 또는 군의 관할 구역에 대하여 기본적인 공간구조와 장기발전방향을 제시하는 종합계획으로서 도시·군관리계획 수립의 지침이 되는 계획을 말한다.</td></tr>
<tr><td>도시·군관리계획</td><td>특별시·광역시·특별자치시·특별자치도·시 또는 군의 개발·정비 및 보전을 위하여 수립하는 토지 이용, 교통, 환경, 경관, 안전, 산업, 정보통신, 보건, 복지, 안보, 문화 등에 관한 다음 각 목의 계획을 말한다.<br>가. 용도지역·용도지구의 지정 또는 변경에 관한 계획<br>나. 개발제한구역, 도시자연공원구역, 시가화조정구역(市街化調整區域), 수산자원보호구역의 지정 또는 변경에 관한 계획<br>다. 기반시설의 설치·정비 또는 개량에 관한 계획<br>라. 도시개발사업이나 정비사업에 관한 계획<br>마. 지구단위계획구역의 지정 또는 변경에 관한 계획과 지구단위계획<br>바. 입지규제최소구역의 지정 또는 변경에 관한 계획과 입지규제최소구역계획</td></tr>
<tr><td>지구단위계획</td><td colspan="2">도시·군계획 수립 대상지역의 일부에 대하여 토지 이용을 합리화하고 그 기능을 증진시키며 미관을 개선하고 양호한 환경을 확보하며, 그 지역을 체계적·계획적으로 관리하기 위하여 수립하는 도시·군관리계획을 말한다.</td></tr>
<tr><td>입지규제최소구역계획</td><td colspan="2">입지규제최소구역에서의 토지의 이용 및 건축물의 용도·건폐율·용적률·높이 등의 제한에 관한 사항 등 입지규제최소구역의 관리에 필요한 사항을 정하기 위하여 수립하는 도시·군관리계획을 말한다.</td></tr>
<tr><td>성장관리계획</td><td colspan="2">성장관리계획구역에서의 난개발을 방지하고 계획적인 개발을 유도하기 위하여 수립하는 계획을 말한다.</td></tr>
<tr><td rowspan="5">기반시설<br>(당해 시설 그 자체의 기능발휘와 이용을 위하여 필요한 부대시설 및 편익시설</td><td rowspan="3">교통시설</td><td>도로·철도·항만·공항·주차장·자동차정류장·궤도·자동차 및 건설기계검사시설</td></tr>
<tr><td>도로 세분 : 일반도로, 자동차전용도로, 보행자전용도로, 보행자우선도로, 자전거전용도로, 고가도로, 지하도로</td></tr>
<tr><td>자동차정류장 세분 : 가. 여객자동차터미널, 화물터미널, 공영차고지, 공동차고지, 화물자동차 휴게소, 복합환승센터</td></tr>
<tr><td>공간시설</td><td>광장·공원·녹지·유원지·공공공지<br>광장 세분 : 교통광장, 일반광장, 경관광장, 지하광장, 건축물부설광장</td></tr>
<tr><td>유통·공급시설</td><td>유통업무설비, 수도·전기·가스·열공급설비, 방송·통신시설, 공동구·시장, 유류저장 및 송유설비</td></tr>
</table>

<table>
<tr><td rowspan="4">을 포함한다.)<br>[시행령 포함]</td><td>공공·문화체육시설</td><td>학교·공공청사·문화시설·공공필요성이 인정되는 체육시설·연구시설·사회복지시설·공공직업훈련시설·청소년수련시설</td></tr>
<tr><td>방재시설</td><td>하천·유수지·저수지·방화설비·방풍설비·방수설비·사방설비·방조설비</td></tr>
<tr><td>보건위생시설</td><td>장사시설·도축장·종합의료시설</td></tr>
<tr><td>환경기초시설</td><td>하수도·폐기물처리 및 재활용시설·빗물저장 및 이용시설·수질오염방지시설·폐차장</td></tr>
<tr><td>도시·군계획시설</td><td colspan="2">기반시설 중 도시·군관리계획으로 결정된 시설을 말한다.</td></tr>
<tr><td>광역시설</td><td colspan="2">기반시설 중 광역적인 정비체계가 필요한 다음 각 목의 시설로서 대통령령으로 정하는 시설을 말한다.<br>가. 둘 이상의 특별시·광역시·특별자치시·특별자치도·시 또는 군의 관할 구역에 걸쳐 있는 시설<br>나. 둘 이상의 특별시·광역시·특별자치시·특별자치도·시 또는 군이 공동으로 이용하는 시설</td></tr>
<tr><td>공동구</td><td colspan="2">전기·가스·수도 등의 공급설비, 통신시설, 하수도시설 등 지하매설물을 공동 수용함으로써 미관의 개선, 도로구조의 보전 및 교통의 원활한 소통을 위하여 지하에 설치하는 시설물을 말한다.</td></tr>
<tr><td>도시·군계획시설사업</td><td colspan="2">도시·군계획시설을 설치·정비 또는 개량하는 사업을 말한다.</td></tr>
<tr><td>도시·군계획사업</td><td colspan="2">도시·군관리계획을 시행하기 위한 다음 각 목의 사업을 말한다.<br>가. 도시·군계획시설사업<br>나. 「도시개발법」에 따른 도시개발사업<br>다. 「도시 및 주거환경정비법」에 따른 정비사업</td></tr>
<tr><td>도시·군계획사업 시행자</td><td colspan="2">법률에 따라 도시·군계획사업을 하는 자를 말한다.</td></tr>
<tr><td>공공시설<br>(시행령)</td><td colspan="2">1. 도로·공원·철도·수도, 항만·공항·광장·녹지·공공공지·공동구·하천·유수지·방화설비·방풍설비·방수설비·사방설비·방조설비·하수도·구거<br>2. 행정청이 설치하는 시설로서 주차장, 저수지 및 그 밖에 국토교통부령으로 정하는 시설<br>3. 「스마트도시 조성 및 산업진흥 등에 관한 법률」 제2조제3호다목에 따른 시설</td></tr>
<tr><td>국가계획</td><td colspan="2">중앙행정기관이 법률에 따라 수립하거나 국가의 정책적인 목적을 이루기 위하여 수립하는 계획 중 이 법에 규정된 사항이나 도시·군관리계획으로 결정하여야 할 사항이 포함된 계획을 말한다.</td></tr>
<tr><td>용도지역</td><td colspan="2">토지의 이용 및 건축물의 용도, 건폐율(「건축법」의 건폐율), 용적률(「건축법」의 용적률), 높이 등을 제한함으로써 토지를 경제적·효율적으로 이용하고 공공복리의 증진을 도모하기 위하여 서로 중복되지 아니하게 도시·군관리계획으로 결정하는 지역을 말한다.</td></tr>
<tr><td>용도지구</td><td colspan="2">토지의 이용 및 건축물의 용도·건폐율·용적률·높이 등에 대한 용도지역의 제한을 강화하거나 완화하여 적용함으로써 용도지역의 기능을 증진시키고 경관·안전 등을 도모하기 위하여 도시·군관리계획으로 결정하는 지역을 말한다.</td></tr>
<tr><td>용도구역</td><td colspan="2">토지의 이용 및 건축물의 용도·건폐율·용적률·높이 등에 대한 용도지역 및 용도지구의 제한을 강화하거나 완화하여 따로 정함으로써 시가지의 무질서한 확산방지, 계획적이고 단계적인 토지이용의 도모, 토지이용의 종합적 조정·관리 등을 위하여 도시·군관리계획으로 결정하는 지역을 말한다.</td></tr>
</table>

| 개발밀도관리구역 | 개발로 인하여 기반시설이 부족할 것으로 예상되나 기반시설을 설치하기 곤란한 지역을 대상으로 건폐율이나 용적률을 강화하여 적용하기 위하여 지정하는 구역을 말한다. |
|---|---|
| 기반시설부담구역 | 개발밀도관리구역 외의 지역으로서 개발로 인하여 도로, 공원, 녹지 등 대통령령으로 정하는 기반시설의 설치가 필요한 지역을 대상으로 기반시설을 설치하거나 그에 필요한 용지를 확보하게 하기 위하여 지정·고시하는 구역을 말한다. |
| 기반시설설치비용 | 단독주택 및 숙박시설 등 대통령령으로 정하는 시설의 신·증축 행위로 인하여 유발되는 기반시설을 설치하거나 그에 필요한 용지를 확보하기 위하여 부과·징수하는 금액을 말한다. |

**제3조(국토 이용 및 관리의 기본원칙)** 국토는 자연환경의 보전과 자원의 효율적 활용을 통하여 환경적으로 건전하고 지속가능한 발전을 이루기 위하여 다음 각 호의 목적을 이룰 수 있도록 이용되고 관리되어야 한다.

1. 국민생활과 경제활동에 필요한 토지 및 각종 시설물의 효율적 이용과 원활한 공급
2. 자연환경 및 경관의 보전과 훼손된 자연환경 및 경관의 개선 및 복원
3. 교통·수자원·에너지 등 국민생활에 필요한 각종 기초 서비스 제공
4. 주거 등 생활환경 개선을 통한 국민의 삶의 질 향상
5. 지역의 정체성과 문화유산의 보전
6. 지역 간 협력 및 균형발전을 통한 공동번영의 추구
7. 지역경제의 발전과 지역 및 지역 내 적절한 기능 배분을 통한 사회적 비용의 최소화
8. 기후변화에 대한 대응 및 풍수해 저감을 통한 국민의 생명과 재산의 보호

**제4조(국가계획, 광역도시계획 및 도시·군계획의 관계 등)**

① 도시·군계획은 특별시·광역시·특별자치시·특별자치도·시 또는 군의 관할 구역에서 수립되는 다른 법률에 따른 토지의 이용·개발 및 보전에 관한 계획의 기본이 된다.

② 광역도시계획 및 도시·군계획은 국가계획에 부합되어야 하며, 광역도시계획 또는 도시·군계획의 내용이 국가계획의 내용과 다를 때에는 국가계획의 내용이 우선한다. 이 경우 국가계획을 수립하려는 중앙행정기관의 장은 미리 지방자치단체의 장의 의견을 듣고 충분히 협의하여야 한다.

③ 광역도시계획이 수립되어 있는 지역에 대하여 수립하는 도시·군기본계획은 그 광역도시계획에 부합되어야 하며, 도시·군기본계획의 내용이 광역도시계획의 내용과 다를 때에는 광역도시계획의 내용이 우선한다.

④ 특별시장·광역시장·특별자치시장·특별자치도지사·시장 또는 군수가 관할 구역에 대하여 다른 법률에 따른 환경·교통·수도·하수도·주택 등에 관한 부문별 계획을 수립할 때에는 도시·군기본계획의 내용에 부합되게 하여야 한다.

**제6조(국토의 용도 구분)** 국토는 토지의 이용실태 및 특성, 장래의 토지 이용 방향, 지역 간 균형발전 등을 고려하여 다음과 같은 용도지역으로 구분한다.

| 도시지역 | 인구와 산업이 밀집되어 있거나 밀집이 예상되어 그 지역에 대하여 체계적인 개발·정비·관리·보전 등이 필요한 지역 |
|---|---|
| 관리지역 | 도시지역의 인구와 산업을 수용하기 위하여 도시지역에 준하여 체계적으로 관리하거나 농림업의 진흥, 자연환경 또는 산림의 보전을 위하여 농림지역 또는 자연환경보전지역에 준하여 관리할 필요가 있는 지역 |

| 농림지역 | 도시지역에 속하지 아니하는 「농지법」에 따른 농업진흥지역 또는 「산지관리법」에 따른 보전산지 등으로서 농림업을 진흥시키고 산림을 보전하기 위하여 필요한 지역 |
|---|---|
| 자연환경보전지역 | 자연환경·수자원·해안·생태계·상수원 및 「국가유산기본법」에 따른 국가유산의 보전과 수산자원의 보호·육성 등을 위하여 필요한 지역역 |

**제7조(용도지역별 관리 의무)** 국가나 지방자치단체는 용도지역의 효율적인 이용 및 관리를 위하여 다음 각 호에서 정하는 바에 따라 그 용도지역에 관한 개발·정비 및 보전에 필요한 조치를 마련하여야 한다.

| 도시지역 | 그 지역이 체계적이고 효율적으로 개발·정비·보전될 수 있도록 미리 계획을 수립하고 그 계획을 시행하여야 한다. |
|---|---|
| 관리지역 | 필요한 보전조치를 취하고 개발이 필요한 지역에 대하여는 계획적인 이용과 개발을 도모하여야 한다. |
| 농림지역 | 농림업의 진흥과 산림의 보전·육성에 필요한 조사와 대책을 마련하여야 한다. |
| 자연환경보전지역 | 환경오염 방지, 자연환경·수질·수자원·해안·생태계 및 문화재의 보전과 수산자원의 보호·육성을 위하여 필요한 조사와 대책을 마련하여야 한다. |

**제10조(광역계획권의 지정)** ① 국토교통부장관 또는 도지사는 둘 이상의 특별시·광역시·특별자치시·특별자치도·시 또는 군의 공간구조 및 기능을 상호 연계시키고 환경을 보전하며 광역시설을 체계적으로 정비하기 위하여 필요한 경우에는 다음 각 호의 구분에 따라 인접한 둘 이상의 특별시·광역시·특별자치시·특별자치도·시 또는 군의 관할 구역 전부 또는 일부를 대통령령으로 정하는 바에 따라 광역계획권으로 지정할 수 있다.

| 구 분 | 지정권자 |
|---|---|
| 광역계획권이 둘 이상의 특별시·광역시·특별자치시·도 또는 특별자치도의 관할 구역에 걸쳐 있는 경우 | 국토교통부장관이 지정 |
| 광역계획권이 도의 관할 구역에 속하여 있는 경우 | 도지사가 지정 |

**제11조(광역도시계획의 수립권자)** ① 국토교통부장관, 시·도지사, 시장 또는 군수는 다음 각 호의 구분에 따라 광역도시계획을 수립하여야 한다.

| 구 분 | 수립권자 |
|---|---|
| 광역계획권이 같은 도의 관할 구역에 속하여 있는 경우 | 관할 시장 또는 군수가 공동으로 수립 |
| 광역계획권이 둘 이상의 시·도의 관할 구역에 걸쳐 있는 경우 | 관할 시·도지사가 공동으로 수립 |
| 광역계획권을 지정한 날부터 3년이 지날 때까지 관할 시장 또는 군수로부터 광역도시계획의 승인 신청이 없는 경우 | 관할 도지사가 수립 |
| 국가계획과 관련된 광역도시계획의 수립이 필요한 경우나 광역계획권을 지정한 날부터 3년이 지날 때까지 관할 시·도지사로부터 광역도시계획의 승인 신청이 없는 경우 | 국토교통부장관이 수립 |

**제12조(광역도시계획의 내용)**

① 광역도시계획에는 다음 각 호의 사항 중 그 광역계획권의 지정목적을 이루는 데 필요한 사항에 대한 정책

방향이 포함되어야 한다.
1. 광역계획권의 공간 구조와 기능 분담에 관한 사항
2. 광역계획권의 녹지관리체계와 환경 보전에 관한 사항
3. 광역시설의 배치·규모·설치에 관한 사항
4. 경관계획에 관한 사항
5. 그 밖에 광역계획권에 속하는 특별시·광역시·특별자치시·특별자치도·시 또는 군 상호 간의 기능 연계에 관한 사항으로서 대통령령으로 정하는 사항

령 **제9조(광역도시계획의 내용)** 법 제12조제1항제5호에서 "대통령령으로 정하는 사항"이란 다음 각 호의 사항을 말한다.
1. 광역계획권의 교통 및 물류유통체계에 관한 사항
2. 광역계획권의 문화·여가공간 및 방재에 관한 사항

**제13조(광역도시계획의 수립을 위한 기초조사)** ① 국토교통부장관, 시·도지사, 시장 또는 군수는 광역도시계획을 수립하거나 변경하려면 미리 인구, 경제, 사회, 문화, 토지 이용, 환경, 교통, 주택, 그 밖에 대통령령으로 정하는 사항 중 그 광역도시계획의 수립 또는 변경에 필요한 사항을 대통령령으로 정하는 바에 따라 조사하거나 측량(기초조사)하여야 한다.

령 **제11조(광역도시계획의 수립을 위한 기초조사)** ①법 제13조제1항에서 "대통령령으로 정하는 사항"이란 다음 각 호의 사항을 말한다.
1. 기후·지형·자원·생태 등 자연적 여건
2. 기반시설 및 주거수준의 현황과 전망
3. 풍수해·지진 그 밖의 재해의 발생현황 및 추이
4. 광역도시계획과 관련된 다른 계획 및 사업의 내용
5. 그 밖에 광역도시계획의 수립에 필요한 사항

**제18조(도시·군기본계획의 수립권자와 대상지역)** ① 특별시장·광역시장·특별자치시장·특별자치도지사·시장 또는 군수는 관할 구역에 대하여 도시·군기본계획을 수립하여야 한다. 다만, 시 또는 군의 위치, 인구의 규모, 인구감소율 등을 고려하여 대통령령으로 정하는 시 또는 군은 도시·군기본계획을 수립하지 아니할 수 있다.

령 **제14조(도시·군기본계획을 수립하지 아니할 수 있는 지역)** 법 제18조제1항 단서에서 "대통령령으로 정하는 시 또는 군"이란 다음 각 호의 어느 하나에 해당하는 시 또는 군을 말한다.
1. 「수도권정비계획법」에 의한 수도권에 속하지 아니하고 광역시와 경계를 같이하지 아니한 시 또는 군으로서 인구 10만명 이하인 시 또는 군
2. 관할구역 전부에 대하여 광역도시계획이 수립되어 있는 시 또는 군으로서 당해 광역도시계획에 포함되어 있는 시 또는 군

**제19조(도시·군기본계획의 내용)**

① 도시·군기본계획에는 다음 각 호의 사항에 대한 정책 방향이 포함되어야 한다.
1. 지역적 특성 및 계획의 방향·목표에 관한 사항
2. 공간구조, 생활권의 설정 및 인구의 배분에 관한 사항
3. 토지의 이용 및 개발에 관한 사항
4. 토지의 용도별 수요 및 공급에 관한 사항
5. 환경의 보전 및 관리에 관한 사항
6. 기반시설에 관한 사항
7. 공원·녹지에 관한 사항
8. 경관에 관한 사항
8의2. 기후변화 대응 및 에너지절약에 관한 사항
8의3. 방재·방범 등 안전에 관한 사항
9. 위에 규정된 사항의 단계별 추진에 관한 사항
10. 그 밖에 대통령령으로 정하는 사항

령 **제15조(도시·군기본계획의 내용)** 법 제19조제1항제10호에서 "그 밖에 대통령령으로 정하는 사항"이란 다음 각 호의 사항으로서 도시·군기본계획의 방향 및 목표 달성과 관련된 사항을 말한다.
1. 도심 및 주거환경의 정비·보전에 관한 사항
2. 다른 법률에 따라 도시·군기본계획에 반영되어야 하는 사항
3. 도시·군기본계획의 시행을 위하여 필요한 재원조달에 관한 사항
4. 그 밖에 도시·군기본계획 승인권자가 필요하다고 인정하는 사항

② 도시·군기본계획의 수립기준 등은 대통령령으로 정하는 바에 따라 국토교통부장관이 정한다.

**제22조(특별시·광역시·특별자치시·특별자치도의 도시·군기본계획의 확정)**
① 특별시장·광역시장·특별자치시장 또는 특별자치도지사는 도시·군기본계획을 수립하거나 변경하려면 관계 행정기관의 장(국토교통부장관을 포함한다)과 협의한 후 지방도시계획위원회의 심의를 거쳐야 한다.
② 협의 요청을 받은 관계 행정기관의 장은 특별한 사유가 없으면 그 요청을 받은 날부터 30일 이내에 특별시장·광역시장·특별자치시장 또는 특별자치도지사에게 의견을 제시하여야 한다.

**제23조(도시·군기본계획의 정비)**
① 특별시장·광역시장·특별자치시장·특별자치도지사·시장 또는 군수는 5년마다 관할 구역의 도시·군기본계획에 대하여 그 타당성을 전반적으로 재검토하여 정비하여야 한다.
② 특별시장·광역시장·특별자치시장·특별자치도지사·시장 또는 군수는 도시·군기본계획의 내용에 우선하는 광역도시계획의 내용 및 도시·군기본계획에 우선하는 국가계획의 내용을 도시·군기본계획에 반영하여야 한다.

**제25조(도시·군관리계획의 입안)**

① 도시·군관리계획은 광역도시계획과 도시·군기본계획에 부합되어야 한다.
② 국토교통부장관, 시·도지사, 시장 또는 군수는 도시·군관리계획을 입안할 때에는 대통령령으로 정하는 바에 따라 도시·군관리계획도서(계획도와 계획조서)와 이를 보조하는 계획설명서(기초조사결과·재원조달방안 및 경관계획 등을 포함한다)를 작성하여야 한다.
③ 도시·군관리계획은 계획의 상세 정도, 도시·군관리계획으로 결정하여야 하는 기반시설의 종류 등에 대하여 도시 및 농·산·어촌 지역의 인구밀도, 토지 이용의 특성 및 주변 환경 등을 종합적으로 고려하여 차등을 두어 입안하여야 한다.
④ 도시·군관리계획의 수립기준, 도시·군관리계획도서 및 계획설명서의 작성기준·작성방법 등은 대통령령으로 정하는 바에 따라 국토교통부장관이 정한다.

**제27조(도시·군관리계획의 입안을 위한 기초조사 등)**
① 도시·군관리계획을 입안하는 경우에는 광역도시계획의 수립을 위한 기초조사를 준용한다. 다만, 대통령령으로 정하는 경미한 사항을 입안하는 경우에는 그러하지 아니하다.
② 국토교통부장관, 시·도지사, 시장 또는 군수는 기초조사의 내용에 도시·군관리계획이 환경에 미치는 영향 등에 대한 환경성 검토를 포함하여야 한다.
③ 국토교통부장관, 시·도지사, 시장 또는 군수는 기초조사의 내용에 토지적성평가와 재해취약성분석을 포함하여야 한다.
④ 도시·군관리계획으로 입안하려는 지역이 도심지에 위치하거나 개발이 끝나 나대지가 없는 등 대통령령으로 정하는 요건에 해당하면 기초조사, 환경성 검토, 토지적성평가 또는 재해취약성분석을 하지 아니할 수 있다.

**제31조(도시·군관리계획 결정의 효력)**
① 도시·군관리계획 결정의 효력은 지형도면을 고시한 날부터 발생한다.

**제32조(도시·군관리계획에 관한 지형도면의 고시 등)**
① 특별시장·광역시장·특별자치시장·특별자치도지사·시장 또는 군수는 도시·군관리계획 결정이 고시되면 지적(地籍)이 표시된 지형도에 도시·군관리계획에 관한 사항을 자세히 밝힌 도면을 작성하여야 한다.
② 시장(대도시 시장은 제외한다)이나 군수는 지형도에 도시·군관리계획(지구단위계획구역의 지정·변경과 지구단위계획의 수립·변경에 관한 도시·군관리계획은 제외한다)에 관한 사항을 자세히 밝힌 도면(지형도면)을 작성하면 도지사의 승인을 받아야 한다. 이 경우 지형도면의 승인 신청을 받은 도지사는 그 지형도면과 결정·고시된 도시·군관리계획을 대조하여 착오가 없다고 인정되면 대통령령으로 정하는 기간(30일 이내)에 그 지형도면을 승인하여야 한다.

**제32조(도시·군관리계획에 관한 지형도면의 고시 등)**
① 특별시장·광역시장·특별자치시장·특별자치도지사·시장 또는 군수는 도시·군관리계획 결정이 고시되면 지적(地籍)이 표시된 지형도에 도시·군관리계획에 관한 사항을 자세히 밝힌 도면을 작성하여야 한다.
② 시장(대도시 시장은 제외한다)이나 군수는 지형도에 도시·군관리계획(지구단위계획구역의 지정·변경과 지

구단위계획의 수립·변경에 관한 도시·군관리계획은 제외한다)에 관한 사항을 자세히 밝힌 도면(지형도면)을 작성하면 도지사의 승인을 받아야 한다. 이 경우 지형도면의 승인 신청을 받은 도지사는 그 지형도면과 결정·고시된 도시·군관리계획을 대조하여 착오가 없다고 인정되면 대통령령으로 정하는 기간(30일 이내)에 그 지형도면을 승인하여야 한다.

참고 **「토지이용규제 기본법」 제8조(지역·지구등의 지정 등)**

② 중앙행정기관의 장이 지역·지구등을 지정하는 경우에는 지적(地籍)이 표시된 지형도에 지역·지구등을 명시한 도면(이지형도면)을 작성하여 관보에 고시하고, 지방자치단체의 장이 지역·지구등을 지정하는 경우에는 지형도면을 작성하여 그 지방자치단체의 공보에 고시하여야 한다. 다만, 대통령령으로 정하는 경우에는 지형도면을 작성·고시하지 아니하거나 지적도 등에 지역·지구등을 명시한 도면을 작성하여 고시할 수 있다.

령 **제7조(지형도면등의 작성·고시방법)**

① 지적이 표시된 지형도에 지역·지구등을 명시한 도면(지형도면)을 작성할 때에는 축척 500분의 1 이상 1천500분의 1 이하(녹지지역의 임야, 관리지역, 농림지역 및 자연환경보전지역은 축척 3천분의 1 이상 6천분의 1 이하로 할 수 있다)로 작성하여야 한다.

③ 지형도면 또는 지적도 등에 지역·지구등을 명시한 도면(지형도면등)을 고시하여야 하는 지역·지구등의 지정의 효력은 지형도면등의 고시를 함으로써 발생한다. 다만, 지역·지구등을 지정할 때에 지형도면등의 고시가 곤란한 경우로서 대통령령으로 정하는 경우에는 그러하지 아니하다.

④ 제3항 단서에 해당되는 경우에는 지역·지구등의 지정일부터 2년이 되는 날까지 지형도면등을 고시하여야 하며, 지형도면등의 고시가 없는 경우에는 그 2년이 되는 날의 다음 날부터 그 지정의 효력을 잃는다.

⑤ 지역·지구등의 지정이 효력을 잃은 때에는 그 지역·지구등의 지정권자는 대통령령으로 정하는 바에 따라 지체 없이 그 사실을 관보 또는 공보에 고시하고, 이를 관계 특별자치도지사·시장·군수 또는 구청장에게 통보하여야 한다. 이 경우 시장·군수 또는 구청장은 그 내용을 국토이용정보체계에 등재(登載)하여 일반 국민이 볼 수 있도록 하여야 한다.

**제34조(도시·군관리계획의 정비)**

① 특별시장·광역시장·특별자치시장·특별자치도지사·시장 또는 군수는 5년마다 관할 구역의 도시·군관리계획에 대하여 대통령령으로 정하는 바에 따라 그 타당성 여부를 전반적으로 재검토하여 정비하여야 한다.

② 특별시장·광역시장·특별자치시장·특별자치도지사·시장 또는 군수는 도시·군계획시설결정의 실효에 대비하여 설치 불가능한 도시·군계획시설결정을 해제하는 등 관할 구역의 도시·군관리계획을 대통령령으로 정하는 바에 따라 전반적으로 재검토하여 정비하여야 한다.

**제36조(용도지역의 지정)**

① 국토교통부장관, 시·도지사 또는 대도시 시장은 다음 각 호의 어느 하나에 해당하는 용도지역의 지정 또는

변경을 도시·군관리계획으로 결정한다.

| | | |
|---|---|---|
| 도시지역 | 주거지역 | 거주의 안녕과 건전한 생활환경의 보호를 위하여 필요한 지역 |
| | 상업지역 | 상업이나 그 밖의 업무의 편익을 증진하기 위하여 필요한 지역 |
| | 공업지역 | 공업의 편익을 증진하기 위하여 필요한 지역 |
| | 녹지지역 | 자연환경·농지 및 산림의 보호, 보건위생, 보안과 도시의 무질서한 확산을 방지하기 위하여 녹지의 보전이 필요한 지역 |
| 관리지역 | 보전관리지역 | 자연환경 보호, 산림 보호, 수질오염 방지, 녹지공간 확보 및 생태계 보전 등을 위하여 보전이 필요하나, 주변 용도지역과의 관계 등을 고려할 때 자연환경보전지역으로 지정하여 관리하기가 곤란한 지역 |
| | 생산관리지역 | 농업·임업·어업 생산 등을 위하여 관리가 필요하나, 주변 용도지역과의 관계 등을 고려할 때 농림지역으로 지정하여 관리하기가 곤란한 지역 |
| | 계획관리지역 | 도시지역으로의 편입이 예상되는 지역이나 자연환경을 고려하여 제한적인 이용·개발을 하려는 지역으로서 계획적·체계적인 관리가 필요한 지역 |
| 농림지역 | – | |
| 자연환경보전지역 | – | |

② 국토교통부장관, 시·도지사 또는 대도시 시장은 대통령령으로 정하는 바에 따라 제1항 각 호 및 같은 항 각 호 각 목의 용도지역을 도시·군관리계획결정으로 다시 세분하여 지정하거나 변경할 수 있다.

| | | | |
|---|---|---|---|
| 주거지역 | 전용주거지역 | 양호한 주거환경을 보호하기 위하여 필요한 지역 | |
| | | 제1종전용주거지역 | 단독주택 중심의 양호한 주거환경을 보호하기 위하여 필요한 지역 |
| | | 제2종전용주거지역 | 공동주택 중심의 양호한 주거환경을 보호하기 위하여 필요한 지역 |
| | 일반주거지역 | 편리한 주거환경을 조성하기 위하여 필요한 지역 | |
| | | 제1종일반주거지역 | 저층주택을 중심으로 편리한 주거환경을 조성하기 위하여 필요한 지역 |
| | | 제2종일반주거지역 | 중층주택을 중심으로 편리한 주거환경을 조성하기 위하여 필요한 지역 |
| | | 제3종일반주거지역 | 중고층주택을 중심으로 편리한 주거환경을 조성하기 위하여 필요한 지역 |
| | 준주거지역 | 주거기능을 위주로 이를 지원하는 일부 상업기능 및 업무기능을 보완하기 위하여 필요한 지역 | |
| 상업지역 | 중심상업지역 | 도심·부도심의 상업기능 및 업무기능의 확충을 위하여 필요한 지역 | |
| | 일반상업지역 | 일반적인 상업기능 및 업무기능을 담당하게 하기 위하여 필요한 지역 | |
| | 근린상업지역 | 근린지역에서의 일용품 및 서비스의 공급을 위하여 필요한 지역 | |
| | 유통상업지역 | 도시내 및 지역간 유통기능의 증진을 위하여 필요한 지역 | |

| | | |
|---|---|---|
| 공업지역 | 전용공업지역 | 주로 중화학공업, 공해성 공업 등을 수용하기 위하여 필요한 지역 |
| | 일반공업지역 | 환경을 저해하지 아니하는 공업의 배치를 위하여 필요한 지역 |
| | 준공업지역 | 경공업 그 밖의 공업을 수용하되, 주거기능·상업기능 및 업무기능의 보완이 필요한 지역 |
| 녹지지역 | 보전녹지지역 | 도시의 자연환경·경관·산림 및 녹지공간을 보전할 필요가 있는 지역 |
| | 생산녹지지역 | 주로 농업적 생산을 위하여 개발을 유보할 필요가 있는 지역 |
| | 자연녹지지역 | 도시의 녹지공간의 확보, 도시확산의 방지, 장래 도시용지의 공급 등을 위하여 보전할 필요가 있는 지역으로서 불가피한 경우에 한하여 제한적인 개발이 허용되는 지역 |

**제37조(용도지구의 지정)** ① 국토교통부장관, 시·도지사 또는 대도시 시장은 다음의 어느 하나에 해당하는 용도지구의 지정 또는 변경을 도시·군관리계획으로 결정한다.

| | | |
|---|---|---|
| 경관지구 | 경관의 보전·관리 및 형성을 위하여 필요한 지구 | |
| | 자연경관지구 | 산지·구릉지 등 자연경관을 보호하거나 유지하기 위하여 필요한 지구 |
| | 시가지경관지구 | 지역 내 주거지, 중심지 등 시가지의 경관을 보호 또는 유지하거나 형성하기 위하여 필요한 지구 |
| | 특화경관지구 | 지역 내 주요 수계의 수변 또는 문화적 보존가치가 큰 건축물 주변의 경관 등 특별한 경관을 보호 또는 유지하거나 형성하기 위하여 필요한 지구 |
| 고도지구 | 쾌적한 환경 조성 및 토지의 효율적 이용을 위하여 건축물 높이의 최고한도를 규제할 필요가 있는 지구 | |
| 방화지구 | 화재의 위험을 예방하기 위하여 필요한 지구 | |
| 방재지구 | 풍수해, 산사태, 지반의 붕괴, 그 밖의 재해를 예방하기 위하여 필요한 지구 | |
| | 시가지방재지구 | 건축물·인구가 밀집되어 있는 지역으로서 시설 개선 등을 통하여 재해 예방이 필요한 지구 |
| | 자연방재지구 | 토지의 이용도가 낮은 해안변, 하천변, 급경사지 주변 등의 지역으로서 건축 제한 등을 통하여 재해 예방이 필요한 지구 |
| 보호지구 | 「국가유산기본법」에 따른 국가유산, 중요 시설물(항만, 공항 등 대통령령으로 정하는 시설물을 말한다) 및 문화적·생태적으로 보존가치가 큰 지역의 보호와 보존을 위하여 필요한 지구<br>영) 항만, 공항, 공용시설(공공업무시설, 공공필요성이 인정되는 문화시설·집회시설·운동시설 및 그 밖에 이와 유사한 시설로서 도시·군계획조례로 정하는 시설을 말한다), 교정시설·군사시설을 말한다. | |
| | 역사문화환경보호지구 | 문화재·전통사찰 등 역사·문화적으로 보존가치가 큰 시설 및 지역의 보호와 보존을 위하여 필요한 지구 |
| | 중요시설물보호지구 | 중요시설물의 보호와 기능의 유지 및 증진 등을 위하여 필요한 지구로 중요시설물이란 항만, 공항, 공용시설(공공업무시설, 공공필요성이 인정되는 문화시설·집회시설·운동시설 및 그 밖에 이와 유사한 시설로서 도시·군계획조례로 정하는 시설을 말한다), 교정시설·군사시설을 말한다. |
| | 생태계보호지구 | 야생동식물서식처 등 생태적으로 보존가치가 큰 지역의 보호와 보존을 위하여 필요한 지구 |

<table>
<tr><td rowspan="3">취락지구</td><td colspan="2">녹지지역·관리지역·농림지역·자연환경보전지역·개발제한구역 또는 도시자연공원구역의 취락을 정비하기 위한 지구</td></tr>
<tr><td>자연취락지구</td><td>녹지지역·관리지역·농림지역 또는 자연환경보전지역안의 취락을 정비하기 위하여 필요한 지구</td></tr>
<tr><td>집단취락지구</td><td>개발제한구역안의 취락을 정비하기 위하여 필요한 지구</td></tr>
<tr><td rowspan="6">개발진흥지구</td><td colspan="2">주거기능·상업기능·공업기능·유통물류기능·관광기능·휴양기능 등을 집중적으로 개발·정비할 필요가 있는 지구</td></tr>
<tr><td>주거개발진흥지구</td><td>주거기능을 중심으로 개발·정비할 필요가 있는 지구</td></tr>
<tr><td>산업·유통개발진흥지구</td><td>공업기능 및 유통·물류기능을 중심으로 개발·정비할 필요가 있는 지구</td></tr>
<tr><td>관광·휴양개발진흥지구</td><td>관광·휴양기능을 중심으로 개발·정비할 필요가 있는 지구</td></tr>
<tr><td>복합개발진흥지구</td><td>주거기능, 공업기능, 유통·물류기능 및 관광·휴양기능중 2 이상의 기능을 중심으로 개발·정비할 필요가 있는 지구</td></tr>
<tr><td>특정개발진흥지구</td><td>주거기능, 공업기능, 유통·물류기능 및 관광·휴양기능 외의 기능을 중심으로 특정한 목적을 위하여 개발·정비할 필요가 있는 지구</td></tr>
<tr><td>특정용도제한지구</td><td colspan="2">주거 및 교육 환경 보호나 청소년 보호 등의 목적으로 오염물질 배출시설, 청소년 유해시설 등 특정시설의 입지를 제한할 필요가 있는 지구</td></tr>
<tr><td>복합용도지구</td><td colspan="2">지역의 토지이용 상황, 개발 수요 및 주변 여건 등을 고려하여 효율적이고 복합적인 토지이용을 도모하기 위하여 특정시설의 입지를 완화할 필요가 있는 지구</td></tr>
</table>

## 제38~40조(용도구역의 지정)

<table>
<tr><td>개발제한구역</td><td>국토교통부장관은 도시의 무질서한 확산을 방지하고 도시주변의 자연환경을 보전하여 도시민의 건전한 생활환경을 확보하기 위하여 도시의 개발을 제한할 필요가 있거나 국방부장관의 요청이 있어 보안상 도시의 개발을 제한할 필요가 있다고 인정되면 개발제한구역의 지정 또는 변경을 도시·군관리계획으로 결정할 수 있다.</td></tr>
<tr><td>도시자연공원구역</td><td>시·도지사 또는 대도시 시장은 도시의 자연환경 및 경관을 보호하고 도시민에게 건전한 여가·휴식공간을 제공하기 위하여 도시지역 안에서 식생(植生)이 양호한 산지(山地)의 개발을 제한할 필요가 있다고 인정하면 도시자연공원구역의 지정 또는 변경을 도시·군관리계획으로 결정할 수 있다.</td></tr>
<tr><td>시가화조정구역</td><td>시·도지사는 직접 또는 관계 행정기관의 장의 요청을 받아 도시지역과 그 주변지역의 무질서한 시가화를 방지하고 계획적·단계적인 개발을 도모하기 위하여 대통령령으로 정하는 기간(5년 이상 20년 이내) 동안 시가화를 유보할 필요가 있다고 인정되면 시가화조정구역의 지정 또는 변경을 도시 · 군관리계획으로 결정할 수 있다. 다만, 국가계획과 연계하여 시가화조정구역의 지정 또는 변경이 필요한 경우에는 국토교통부장관이 직접 시가화조정구역의 지정 또는 변경을 도시 · 군관리계획으로 결정할 수 있다.</td></tr>
<tr><td>수산자원보호구역</td><td>해양수산부장관은 직접 또는 관계 행정기관의 장의 요청을 받아 수산자원을 보호·육성하기 위하여 필요한 공유수면이나 그에 인접한 토지에 대한 수산자원보호구역의 지정 또는 변경을 도시·군관리계획으로 결정할 수 있다.</td></tr>
<tr><td>입지규제최소구역</td><td>도시·군관리계획의 결정권자는 도시지역에서 복합적인 토지이용을 증진시켜 도시 정비를 촉진하고 지역 거점을 육성할 필요가 있다고 인정되면 해당하는 지역과 그 주변지역의 전부 또는 일부를 입지규제최소구역으로 지정할 수 있다.</td></tr>
</table>

**제48조(도시·군계획시설결정의 실효 등)** ① 도시·군계획시설결정이 고시된 도시·군계획시설에 대하여 그 고시일부터 20년이 지날 때까지 그 시설의 설치에 관한 도시·군계획시설사업이 시행되지 아니하는 경우 그 도시·군계획시설결정은 그 고시일부터 20년이 되는 날의 다음날에 그 효력을 잃는다.

**제49조(지구단위계획의 수립)**

① 지구단위계획은 다음 각 호의 사항을 고려하여 수립한다.

1. 도시의 정비·관리·보전·개발 등 지구단위계획구역의 지정 목적
2. 주거·산업·유통·관광휴양·복합 등 지구단위계획구역의 중심기능
3. 해당 용도지역의 특성
4. 그 밖에 대통령령으로 정하는 사항

> 령 **제42조의3(지구단위계획의 수립)** ① 법 제49조제1항제4호에서 "대통령령으로 정하는 사항"이란 다음 각 호의 사항을 말한다.
>
> 1. 지역 공동체의 활성화
> 2. 안전하고 지속가능한 생활권의 조성
> 3. 해당 지역 및 인근 지역의 토지 이용을 고려한 토지이용계획과 건축계획의 조화

② 지구단위계획의 수립기준 등은 대통령령으로 정하는 바에 따라 국토교통부장관이 정한다.

**제50조(지구단위계획구역 및 지구단위계획의 결정)** 지구단위계획구역 및 지구단위계획은 도시·군관리계획으로 결정한다.

**제52조(지구단위계획의 내용)** ① 지구단위계획구역의 지정목적을 이루기 위하여 지구단위계획에는 다음 각 호의 사항 중 제2호와 제4호의 사항을 포함한 둘 이상의 사항이 포함되어야 한다. 다만, 제1호의2를 내용으로 하는 지구단위계획의 경우에는 그러하지 아니하다.

1. 용도지역이나 용도지구를 대통령령으로 정하는 범위에서 세분하거나 변경하는 사항

1의2. 기존의 용도지구를 폐지하고 그 용도지구에서의 건축물이나 그 밖의 시설의 용도·종류 및 규모 등의 제한을 대체하는 사항

2. 기반시설의 배치와 규모
3. 도로로 둘러싸인 일단의 지역 또는 계획적인 개발·정비를 위하여 구획된 일단의 토지의 규모와 조성계획
4. 건축물의 용도제한, 건축물의 건폐율 또는 용적률, 건축물 높이의 최고한도 또는 최저한도
5. 건축물의 배치·형태·색채 또는 건축선에 관한 계획
6. 환경관리계획 또는 경관계획
7. 교통처리계획
8. 그 밖에 토지 이용의 합리화, 도시나 농·산·어촌의 기능 증진 등에 필요한 사항으로서 대통령령으로 정하는 사항

**제53조(지구단위계획구역의 지정 및 지구단위계획에 관한 도시·군관리계획결정의 실효 등)**

① 지구단위계획구역의 지정에 관한 도시·군관리계획결정의 고시일부터 3년 이내에 그 지구단위계획구역에 관한 지구단위계획이 결정·고시되지 아니하면 그 3년이 되는 날의 다음날에 그 지구단위계획구역의 지정에 관한 도시·군관리계획결정은 효력을 잃는다. 다만, 다른 법률에서 지구단위계획의 결정(결정된 것으로 보는 경우를 포함한다)에 관하여 따로 정한 경우에는 그 법률에 따라 지구단위계획을 결정할 때까지 지구단위계획구역의 지정은 그 효력을 유지한다.

② 지구단위계획(주민이 입안을 제안한 것에 한정한다)에 관한 도시·군관리계획결정의 고시일부터 5년 이내에 이 법 또는 다른 법률에 따라 허가·인가·승인 등을 받아 사업이나 공사에 착수하지 아니하면 그 5년이 된 날의 다음날에 그 지구단위계획에 관한 도시·군관리계획결정은 효력을 잃는다. 이 경우 지구단위계획과 관련한 도시·군관리계획결정에 관한 사항은 해당 지구단위계획구역 지정 당시의 도시·군관리계획으로 환원된 것으로 본다.

**제56조(개발행위의 허가)**

① 다음 각 호의 어느 하나에 해당하는 행위로서 대통령령으로 정하는 행위(개발행위)를 하려는 자는 특별시장·광역시장·특별자치시장·특별자치도지사·시장 또는 군수의 허가(개발행위허가)를 받아야 한다. 다만, 도시·군계획사업(다른 법률에 따라 도시·군계획사업을 의제한 사업을 포함한다)에 의한 행위는 그러하지 아니하다.

1. 건축물의 건축 또는 공작물의 설치
2. 토지의 형질 변경(경작을 위한 경우로서 대통령령으로 정하는 토지의 형질 변경은 제외한다)
3. 토석의 채취
4. 토지 분할(건축물이 있는 대지의 분할은 제외한다)
5. 녹지지역·관리지역 또는 자연환경보전지역에 물건을 1개월 이상 쌓아놓는 행위

② 개발행위허가를 받은 사항을 변경하는 경우에는 제1항을 준용한다. 다만, 대통령령으로 정하는 경미한 사항을 변경하는 경우에는 그러하지 아니하다.

**제57조(개발행위허가의 절차)**

① 개발행위를 하려는 자는 그 개발행위에 따른 기반시설의 설치나 그에 필요한 용지의 확보, 위해(危害) 방지, 환경오염 방지, 경관, 조경 등에 관한 계획서를 첨부한 신청서를 개발행위허가권자에게 제출하여야 한다. 이 경우 개발밀도관리구역 안에서는 기반시설의 설치나 그에 필요한 용지의 확보에 관한 계획서를 제출하지 아니한다. 다만, 「건축법」의 적용을 받는 건축물의 건축 또는 공작물의 설치를 하려는 자는 「건축법」에서 정하는 절차에 따라 신청서류를 제출하여야 한다.

② 특별시장·광역시장·특별자치시장·특별자치도지사·시장 또는 군수는 제1항에 따른 개발행위허가의 신청에 대하여 특별한 사유가 없으면 대통령령으로 정하는 기간(15일. 단, 도시계획위원회의 심의를 거쳐야 하거나 관계 행정기관의 장과 협의를 하여야 하는 경우에는 심의 또는 협의기간을 제외한다) 이내에 허가 또는 불허가의 처분을 하여야 한다.

**제59조(개발행위에 대한 도시계획위원회의 심의)** ① 관계 행정기관의 장은 건축물의 건축 또는 공작물의 설치,

토지의 형질 변경, 토석의 채취 행위 중 어느 하나에 해당하는 행위로서 대통령령으로 정하는 행위를 이 법에 따라 허가 또는 변경허가를 하거나 다른 법률에 따라 인가·허가·승인 또는 협의를 하려면 대통령령으로 정하는 바에 따라 중앙도시계획위원회나 지방도시계획위원회의 심의를 거쳐야 한다.

**제63조(개발행위허가의 제한)** ① 국토교통부장관, 시·도지사, 시장 또는 군수는 다음 각 호의 어느 하나에 해당되는 지역으로서 도시·군관리계획상 특히 필요하다고 인정되는 지역에 대해서는 대통령령으로 정하는 바에 따라 중앙도시계획위원회나 지방도시계획위원회의 심의를 거쳐 한 차례만 3년 이내의 기간 동안 개발행위허가를 제한할 수 있다. 다만, 제3호부터 제5호까지에 해당하는 지역에 대해서는 중앙도시계획위원회나 지방도시계획위원회의 심의를 거치지 아니하고 한 차례만 2년 이내의 기간 동안 개발행위허가의 제한을 연장할 수 있다.

1. 녹지지역이나 계획관리지역으로서 수목이 집단적으로 자라고 있거나 조수류 등이 집단적으로 서식하고 있는 지역 또는 우량 농지 등으로 보전할 필요가 있는 지역
2. 개발행위로 인하여 주변의 환경·경관·미관 및 「국가유산기본법」에 따른 국가유산 등이 크게 오염되거나 손상될 우려가 있는 지역
3. 도시·군기본계획이나 도시·군관리계획을 수립하고 있는 지역으로서 그 도시·군기본계획이나 도시·군관리계획이 결정될 경우 용도지역·용도지구 또는 용도구역의 변경이 예상되고 그에 따라 개발행위허가의 기준이 크게 달라질 것으로 예상되는 지역
4. 지구단위계획구역으로 지정된 지역
5. 기반시설부담구역으로 지정된 지역

**제75조의2(성장관리계획구역의 지정 등)** ① 특별시장·광역시장·특별자치시장·특별자치도지사·시장 또는 군수는 녹지지역, 관리지역, 농림지역 및 자연환경보전지역 중 다음 각 호의 어느 하나에 해당하는 지역의 전부 또는 일부에 대하여 성장관리계획구역을 지정할 수 있다.

1. 개발수요가 많아 무질서한 개발이 진행되고 있거나 진행될 것으로 예상되는 지역
2. 주변의 토지이용이나 교통여건 변화 등으로 향후 시가화가 예상되는 지역
3. 주변지역과 연계하여 체계적인 관리가 필요한 지역
4. 「토지이용규제 기본법」에 따른 지역·지구등의 변경으로 토지이용에 대한 행위제한이 완화되는 지역
5. 그 밖에 난개발의 방지와 체계적인 관리가 필요한 지역으로서 대통령령으로 정하는 지역

**제77조(용도지역의 건폐율)**

① 용도지역에서 건폐율의 최대한도는 관할 구역의 면적과 인구 규모, 용도지역의 특성 등을 고려하여 다음 각 호의 범위에서 대통령령으로 정하는 기준에 따라 특별시·광역시·특별자치시·특별자치도·시 또는 군의 조례로 정한다.(건폐율 및 용적률 최대한도–표 참조)

② 세분된 용도지역에서의 건폐율에 관한 기준은 제1항 각 호의 범위에서 대통령령으로 따로 정한다.(세분화된 건폐율 및 용적률–표 참조)

③ 다음 표의 어느 하나에 해당하는 지역에서의 건폐율에 관한 기준은 제1항과 제2항에도 불구하고 80퍼센트 이하의 범위에서 대통령령으로 정하는 기준에 따라 특별시·광역시·특별자치시·특별자치도·시 또는 군의

조례로 따로 정한다.

| 각 호 | 영 |
|---|---|
| 취락지구 | 60퍼센트 이하<br>(집단취락지구에 대하여는 개발제한구역의지정및관리에관한특별조치법령이 정하는 바에 의한다) |
| 개발진흥지구 | 가. 도시지역 외의 지역에 지정된 경우: 40퍼센트<br>나. 자연녹지지역에 지정된 경우: 30퍼센트 |
| 수산자원보호구역 | 40퍼센트 이하 |
| 「자연공원법」에 따른 자연공원 | 60퍼센트 이하 |
| 「산업입지 및 개발에 관한 법률」에 따른 농공단지 | 70퍼센트 이하 |
| 공업지역에 있는 「산업입지 및 개발에 관한 법률」에 따른 국가산업단지, 일반산업단지 및 도시첨단산업단지와 준산업단지 | 80퍼센트 이하 |

**제78조(용도지역에서의 용적률)**

① 용도지역에서 용적률의 최대한도는 관할 구역의 면적과 인구 규모, 용도지역의 특성 등을 고려하여 다음 각 호의 범위에서 대통령령으로 정하는 기준에 따라 특별시·광역시·특별자치시·특별자치도·시 또는 군의 조례로 정한다.(건폐율 및 용적률 최대한도-표 참조)

② 세분된 용도지역에서의 용적률에 관한 기준은 제1항 각 호의 범위에서 대통령령으로 따로 정한다.(세분화된 건폐율 및 용적률-표 참조)

지역의 건폐율 및 용적률 최대한도(다음의 범위에서 조례로 정함)

| 지역구분 | | 건폐율 | 용적률 |
|---|---|---|---|
| 도시지역 | 주거지역 | 70% 이하 | 500% 이하 |
| | 상업지역 | 90% 이하 | 1,500% 이하 |
| | 공업지역 | 70% 이하 | 400% 이하 |
| | 녹지지역 | 20% 이하 | 100% 이하 |
| 관리지역 | 보전관리지역 | 20% 이하 | 80% 이하 |
| | 생산관리지역 | 20% 이하 | 80% 이하 |
| | 계획관리지역 | 40% 이하 | 100% 이하 |
| 농림지역 | | 20% 이하 | 80% 이하 |
| 자연환경보전지역 | | 20% 이하 | 80% 이하 |

**령 세분화된 건폐율 및 용적률(다음의 범위에서 조례로 정함)**

| 지역구분 | | 건폐율 | 용적률 |
|---|---|---|---|
| 주거지역 | 제1종전용주거지역 | 50% 이하 | 50% 이상 100% 이하 |
| | 제2종전용주거지역 | 50% 이하 | 50% 이상 150% 이하 |
| | 제1종일반주거지역 | 60% 이하 | 100% 이상 200% 이하 |
| | 제2종일반주거지역 | 60% 이하 | 100% 이상 250% 이하 |
| | 제3종일반주거지역 | 50% 이하 | 100% 이상 300% 이하 |
| | 준주거지역 | 70% 이하 | 200% 이상 500% 이하 |
| 상업지역 | 중심상업지역 | 90% 이하 | 200% 이상 1천500% 이하 |
| | 일반상업지역 | 80% 이하 | 200% 이상 1천300% 이하 |
| | 근린상업지역 | 70% 이하 | 200% 이상 900% 이하 |
| | 유통상업지역 | 80% 이하 | 200% 이상 1천100% 이하 |
| 공업지역 | 전용공업지역 | 70% 이하 | 150% 이상 300% 이하 |
| | 일반공업지역 | 70% 이하 | 150% 이상 350% 이하 |
| | 준공업지역 | 70% 이하 | 150% 이상 400% 이하 |
| 녹지지역 | 보전녹지지역 | 20% 이하 | 50% 이상 80% 이하 |
| | 생산녹지지역 | 20% 이하 | 50% 이상 100% 이하 |
| | 자연녹지지역 | 20% 이하 | 50% 이상 100% 이하 |
| 보전관리지역 | | 20% 이하 | 50% 이상 80% 이하 |
| 생산관리지역 | | 20% 이하 | 50% 이상 80% 이하 |
| 계획관리지역 | | 40% 이하 | 50% 이상 100% 이하 |
| 농림지역 | | 20% 이하 | 50% 이상 80% 이하 |
| 자연환경보전지역 | | 20% 이하 | 50% 이상 80% 이하 |

**제79조(용도지역 미지정 또는 미세분 지역에서의 행위 제한 등)**

① 도시지역, 관리지역, 농림지역 또는 자연환경보전지역으로 용도가 지정되지 아니한 지역에 대하여는 제76조부터 제78조까지의 규정을 적용할 때에 자연환경보전지역에 관한 규정을 적용한다.

② 제36조에 따른 도시지역 또는 관리지역이 같은 조 제1항 각 호 각 목의 세부 용도지역으로 지정되지 아니한 경우에는 제76조부터 제78조까지의 규정을 적용할 때에 해당 용도지역이 도시지역인 경우에는 녹지지역 중 대통령령으로 정하는 지역에 관한 규정을 적용하고, 관리지역인 경우에는 보전관리지역에 관한 규정을 적용한다.

**제106조(중앙도시계획위원회)**

다음 각 호의 업무를 수행하기 위하여 국토교통부에 중앙도시계획위원회를 둔다.

1. 광역도시계획·도시·군계획·토지거래계약허가구역 등 국토교통부장관의 권한에 속하는 사항의 심의
2. 이 법 또는 다른 법률에서 중앙도시계획위원회의 심의를 거치도록 한 사항의 심의

3. 도시·군계획에 관한 조사·연구

### 제107조(조직)

① 중앙도시계획위원회는 위원장·부위원장 각 1명을 포함한 25명 이상 30명 이하의 위원으로 구성한다.
② 중앙도시계획위원회의 위원장과 부위원장은 위원 중에서 국토교통부장관이 임명하거나 위촉한다.
③ 위원은 관계 중앙행정기관의 공무원과 토지 이용, 건축, 주택, 교통, 공간정보, 환경, 법률, 복지, 방재, 문화, 농림 등 도시·군계획과 관련된 분야에 관한 학식과 경험이 풍부한 자 중에서 국토교통부장관이 임명하거나 위촉한다.
④ 공무원이 아닌 위원의 수는 10명 이상으로 하고, 그 임기는 2년으로 한다.
⑤ 보궐위원의 임기는 전임자 임기의 남은 기간으로 한다.

### 제140~142조(벌칙)

| 벌 칙 | 위 반 행 위 |
|---|---|
| 3년 이하의 징역 또는 3천만원 이하의 벌금 | 1. 허가 또는 변경허가를 받지 아니하거나, 속임수나 그 밖의 부정한 방법으로 허가 또는 변경허가를 받아 개발행위를 한 자<br>2. 시가화조정구역에서 허가를 받지 아니하고 제81조제2항 각 호의 어느 하나에 해당하는 행위를 한 자 |
| 3년 이하의 징역 또는 면탈·경감하였거나 면탈·경감하고자 한 기반시설설치비용의 3배 이하에 상당하는 벌금 | 기반시설설치비용을 면탈·경감할 목적 또는 면탈·경감하게 할 목적으로 거짓 계약을 체결하거나 거짓 자료를 제출한 자 |
| 2년 이하의 징역 또는 2천만원 | 1. 도시·군관리계획의 결정이 없이 기반시설을 설치한 자<br>2. 공동구에 수용하여야 하는 시설을 공동구에 수용하지 아니한 자<br>3. 지구단위계획에 맞지 아니하게 건축물을 건축하거나 용도를 변경한 자<br>4. 용도지역 또는 용도지구에서의 건축물이나 그 밖의 시설의 용도·종류 및 규모 등의 제한을 위반하여 건축물이나 그 밖의 시설을 건축 또는 설치하거나 그 용도를 변경한 자 |
| 1년 이하의 징역 또는 1천만원 이하의 벌금 | 허가·인가 등의 취소, 공사의 중지, 공작물 등의 개축 또는 이전 등의 처분 또는 조치명령을 위반한 자 |

### 제144조(과태료)

| 과 태 료 | 위 반 행 위 |
|---|---|
| 1천만원 이하 | 1. 공동구 설치비용을 부담하지 아니한 자가 허가를 받지 아니하고 공동구를 점용하거나 사용한 자<br>2. 정당한 사유 없이 기초조사·측량 등에 따른 행위를 방해하거나 거부한 자<br>3. 기초조사·측량 등에 허가 또는 동의를 받지 아니하고 행위를 한 자<br>4. 개발행위에 관한 업무 상황 검사를 거부·방해하거나 기피한 자 |
| 500만원 이하 | 1. 재해복구나 재난수습을 위한 응급조치 신고를 하지 아니한 자<br>2. 개발행위에 관한 업무 상황 보고 또는 자료 제출을 하지 아니하거나, 거짓된 보고 또는 자료 제출을 한 자 |

# 핵심문제 해설



**01** 국토의 계획 및 이용에 관한 법률에 관한 설명 중 옳지 않은 것은? 기-04-5, 기-16-1, 기-19-2

① 도시·군기본계획의 내용이 광역도시계획의 내용과 다를 때에는 광역도시계획의 내용이 우선한다.
② 도시·군기본계획은 광역도시계획에 부합되어야 하나 도시·군관리계획은 반드시 광역도시계획에 부합하여야 하는 것은 아니다.
③ 도시·군기본계획이란 특별시·광역시·특별자치시·특별자치도·시 또는 군의 관할구역에 대하여 기본적인 공간구조와 장기발전방향을 제시하는 종합계획으로서 도시·군관리계획수립의 지침이 되는 계획이다.
④ 도시·군계획은 특별시·광역시·특별자치시·특별자치도·시 또는 군의 관할구역에서 수립되는 다른 법률에 따른 토지의 이용·개발 및 보전에 관한 계획의 기본이 된다.

해 ② 도시·군기본계획은 ③의 내용과 같이 도시·군관리계획 수립의 지침이 되는 계획을 말하므로 도시·군관리계획도 광역도시계획에 부합하여야 한다.

**02** 국토의 계획 및 이용에 관한 법률 시행령상 기반시설 중 세분화한 도로에 해당하지 않는 것은? 기-09-2, 기-13-1, 기-16-1, 기-18-2

① 지하도로 ② 보차혼용도로
③ 자전거전용도로 ④ 보행자전용도로

해 도로는 일반도로, 자동차전용도로, 보행자전용도로, 보행자우선도로, 자전거전용도로, 고가도로, 지하도로로 세분화 된다.

**03** 국토의 계획 및 이용에 관한 법률 시행령상 기반시설 중 광장의 구분기준에 해당하지 않는 것은? 기-10-2, 기-11-1, 기-13-2, 기-15-3

① 교통광장 ② 일반광장
③ 특수광장 ④ 건축물부설광장

해 광장의 세분 : 교통광장, 일반광장, 경관광장, 지하광장, 건축물부설광장

**04** 국토의 계획 및 이용에 관한 법률 시행령상 기반시설의 분류 중 "방재시설"에 해당하는 것은? 기-12-3, 기-15-1, 기-18-3

① 공동구·시장
② 유류저장 및 송유설비
③ 하수도
④ 유수지

해 방재시설 : 하천, 유수지, 저수지, 방화설비, 방풍설비, 방수설비, 사방설비, 방조설비

**05** 다음은 국토의 계획 및 이용에 관한 법률상 용어의 뜻이다. ( )안에 알맞은 것은? 기-08-2, 기-18-2

| ( )란 전기·가스·수도 등의 공급설비, 통신시설, 하수도시설 등 지하매설물을 공동 수용함으로써 미관의 개선, 도로구조의 보전 및 교통의 원활한 소통을 위하여 지하에 설치하는 시설물을 말한다. |
|---|

① 공동구 ② 공용구
③ 공동수용구 ④ 수용구

**06** 국토의 계획 및 이용에 관한 법률 시행령상 기반시설의 분류 중 "보건위생시설"에 해당하는 것은? 기-14-1, 기-19-1

① 폐차장 ② 도축장
③ 공공공지 ④ 수질오염방지시설

해 보건위생시설에는 장사시설·도축장·종합의료시설이 해당된다.
①④ 환경기초시설, ③ 공간시설

**07** 국토의 계획 및 이용에 관한 법률상 토지의 이용실



정답 01. ② 02. ② 03. ③ 04. ④ 05. ① 06. ② 07. ②

태 및 특성, 장래의 토지이용 방향, 지역간 균형발전 등을 고려하여 구분한 4가지 국토의 용도지역에 해당하지 않는 것은? 기-06-2, 기-11-1, 기-13-2, 기-13-3, 기-14-1, 기-17-1, 기-17-2, 기-18-3

① 도시지역　　② 공업지역
③ 관리지역　　④ 자연환경보전지역

해 용도지역 구분 : 도시지역, 관리지역, 농림지역, 자연환경보전지역

**08** 국토의 계획 및 이용에 관한 법률상 토지의 이용실태 및 특성, 장래의 토지 이용 방향 등을 고려한 용도지역 구분에 관한 설명으로 옳지 않은 것은?

기-09-4, 기-12-3, 기-18-1

① 관리지역 : 도시지역의 인구와 산업을 수용하기 위하여 도시지역에 준하여 체계적으로 관리하거나 농림업의 진흥, 자연환경 또는 산림의 보전을 위하여 농림지역 또는 자연환경보전지역에 준하여 관리할 필요가 있는 지역
② 농림지역 : 도시지역에 속하지 아니하는 「농지법」에 따른 농업진흥지역 또는 「산지관리법」에 따른 보전산지 등으로서 농림업을 진흥시키고 산림을 보전하기 위하여 필요한 지역
③ 산업단지개발지역 : 인구와 산업이 밀집되어 있거나 밀집이 예상되어 그 지역에 대하여 체계적인 개발·정비·관리·보전 등이 필요한 지역
④ 자연환경보전지역 : 자연환경 ·수자원·해안·생태계·상수원 및 문화재의 보전과 수산자원의 보호·육성 등을 위하여 필요한 지역

해 ③ 도시지역에 대한 설명이다.

**9** 국토의 계획 및 이용에 관한 법률상 도시·군관리계획에 관한 설명으로 옳지 않은 것은?

기-12-2, 기-16-2

① 도시·군관리계획을 입안하는 경우 입안을 위한 기초조사의 내용에 도시·군관리계획이 환경에 미치는 영향 등에 대한 환경성검토를 포함하여야 한다.
② 도시·군관리계획의 수립기준, 도시·군관리계획도서 및 계획설명서의 작성기준·작성방법 등은 대통령령으로 정하는 바에 따라 국토교통부장관이 정한다.
③ 도시·군관리계획 결정의 효력은 지형도면을 고시한 날부터 10일 후에 그 효력이 발생한다.
④ 특별시장·광역시장 등은 5년마다 관할구역의 도시·군관리계획에 대하여 타당성 여부를 재검토하여 정비하여야 한다.

해 ③ 도시·군관리계획 결정의 효력은 지형도면을 고시한 날부터 발생한다.

**10** 다음은 국토의 계획 및 이용에 관한 법률 시행규칙상 계획관리지역에서 휴게음식점 등을 설치할 수 없는 지역기준이다. ( )안에 옳은 것은? 기-19-1

-상수원보호구역으로 유입되는 하천의 유입지점으로부터 수계상 상류방향으로 유하거리가 10킬로미터 이내인 하천의 양안 중 해당 하천의 경계로부터 ( ㉠ ) 이내인 집수구역
-유효저수량이 30만세제곱미터 이상인 농업용저수지의 계획홍수위선의 경계로부터 ( ㉡ ) 이내인 집수구역

① ㉠ 500미터, ㉡ 200미터
② ㉠ 500미터, ㉡ 500미터
③ ㉠ 1킬로미터, ㉡ 200미터
④ ㉠ 1킬로미터, ㉡ 500미터

**11** 다음은 국토의 계획 및 이용에 관한 법률 시행령에서 용도지역 중 주거지역의 세분 사항이다. ( )안에 알맞은 것은? 기-12-2, 기-15-2, 기-19-3

중층주택을 중심으로 편리한 주거환경을 조성하기 위하여 필요한 지역을 ( ㉠ )이라 하고, 공동주택 중심의 양호한 주거환경을 보호하기 위하여 필요한 지역을 ( ㉡ )으로 세분한다.

① ㉠ 제2종전용주거지역, ㉡ 제3종일반주거지역

정답 08. ③ 09. ③ 10. ① 11. ④

② ㉠ 제3종일반주거지역, ㉡ 제2종전용주거지역
③ ㉠ 제3종전용주거지역, ㉡ 제2종일반주거지역
④ ㉠ 제2종일반주거지역, ㉡ 제2종전용주거지역

**12** 국토의 계획 및 이용에 관한 법률상 용도지구에 관한 설명 중 틀린 것을 모두 열거한 것은? 기-19-2

> ㉠ 경관지구 : 미관을 유지하기 위하여 필요한 지구
> ㉡ 고도지구 : 쾌적한 환경 조성 및 토지의 효율적 이용을 위하여 건축물 높이의 최고한도를 규제할 필요가 있는 지구
> ㉢ 방재지구 : 화재의 위험을 예방하기 위하여 필요한 지구
> ㉣ 보호지구 : 문화재, 중요 시설물 및 문화적·생태적으로 보존가치가 큰 지역의 보호와 보존을 위하여 필요한 지구

① ㉠, ㉡ ② ㉠, ㉢
③ ㉡, ㉢ ④ ㉢, ㉣

해 ㉠ 경관지구 : 경관의 보전·관리 및 형성을 위하여 필요한 지구
㉢ 방재지구 : 풍수해, 산사태, 지반의 붕괴, 그 밖의 재해를 예방하기 위하여 필요한 지구

**13** 국토의 계획 및 이용에 관한 법령상 보호지구를 세분한 것에 해당되지 않는 것은? 기-19-3

① 생태계보호지구
② 항만시설보호지구
③ 중요시설물보호지구
④ 역사문화환경보호지구

**14** 국토의 계획 및 이용에 관한 법률 시행령상 용어에 대한 정의이다. ( )안에 들어갈 세분한 용도지구로서 가장 적합한 것은? 기-19-2

> -( ㉠ )는 문화재·전통사찰 등 역사·문화적으로 보존가치가 큰 시설 및 지역의 보호와 보존을 위하여 필요한 지구-( ㉡ )는 항만, 공항, 공용시설, 교정시설 등의 보호화 기능의 유지 및 증진 등을 위하여 필요한 지구

① ㉠ 문화자원보호지구, ㉡ 안보시설물보호지구
② ㉠ 문화자원보호지구, ㉡ 중요시설물보호지구
③ ㉠ 역사문화환경보호지구, ㉡ 안보시설물보호지구
④ ㉠ 역사문화환경보호지구, ㉡ 중요시설물보호지구

**15** 국토의 계획 및 이용에 관한 법률상 개발행위허가 신청 시 첨부하여야 할 계획서의 내용과 거리가 먼 것은? 기-06-4, 기-13-2, 기-15-3, 기-18-1

① 경관, 조경에 관한 계획
② 개발 이익 환원에 관한 계획
③ 위해방지, 환경오염 방지계획
④ 기반시설의 설치나 그에 필요한 용지의 확보 계획

해 개발행위를 하려는 자는 그 개발행위에 따른 기반시설의 설치나 그에 필요한 용지의 확보, 위해(危害) 방지, 환경오염 방지, 경관, 조경 등에 관한 계획서를 첨부한 신청서를 개발행위허가권자에게 제출하여야 한다.

**16** 국토의 계획 및 이용에 관한 법률상 "자연환경보전지역"의 건폐율 최대한도 기준으로 옳은 것은? 기-12-1, 기-17-3

① 90% 이하 ② 70% 이하
③ 40% 이하 ④ 20% 이하

**17** 국토의 계획 및 이용에 관한 법률상 용도지역 안에서 건폐율의 최대한도 기준으로 옳지 않은 것은? 기-07-4, 기-11-3, 기-16-1

① 농림지역 : 20퍼센트 이하
② 자연환경보전지역 : 20퍼센트 이하
③ 도시지역 중 녹지지역 : 20퍼센트 이하
④ 관리지역 중 계획관리지역 : 20퍼센트 이하

해 ④ 관리지역 중 계획관리지역 : 40퍼센트 이하

**18** 국토의 계획 및 이용에 관한 법률상 각 용도지역별 용적률의 최대한도 기준으로 옳은 것은? 기-19-2

① 농림지역 : 80퍼센트 이하


정답 12. ② 13. ② 14. ④ 15. ② 16. ④ 17. ④ 18. ①

② 자연환경보전지역 : 100퍼센트 이하
③ 도시지역 중 녹지지역 : 500퍼센트 이하
④ 관리지역 중 생산관리지역 : 100퍼센트 이하

해 ② 자연환경보전지역 : 80퍼센트 이하
③ 도시지역 중 녹지지역 : 100퍼센트 이하
④ 관리지역 중 생산관리지역 : 80퍼센트 이하

**19** 국토의 계획 및 이용에 관한 법률상 각 용도지역별 용적률의 최대한도 기준으로 옳은 것은?

기-09-4, 기-14-2

① 도시지역 중 녹지지역 : 500퍼센트 이하
② 관리지역 중 생산관리지역 : 100퍼센트 이하
③ 농림지역 : 80퍼센트 이하
④ 자연환경보전지역 : 100퍼센트 이하

해 ① 도시지역 중 녹지지역 : 100퍼센트 이하
② 관리지역 중 생산관리지역 : 80퍼센트 이하
④ 자연환경보전지역 : 80퍼센트 이하

**20** 국토의 계획 및 이용에 관한 법률에 따른 용도 지역 안에서 건폐율과 용적률의 최대한도에 대한 조합으로 옳은 것은? (단, 지역–건폐율–용적률 순이다.)

기-06-4, 기-18-2

① 주거지역 – 60% 이하 – 500% 이하
② 상업지역 – 80% 이하 – 1,500% 이하
③ 공업지역 – 70% 이하 – 400% 이하
④ 녹지지역 – 20% 이하 – 80% 이하

해 ① 주거지역 – 70% 이하 – 500% 이하
② 상업지역 – 90% 이하 – 1,500% 이하
④ 녹지지역 – 20% 이하 – 100% 이하

**21** 다음은 국토의 계획 및 이용에 관한 법률에 따른 벌칙기준이다. (  )안에 알맞은 것은?

기-11-3, 기-16-3, 기-19-3

| 기반시설 설치비용을 면탈·경감할 목적 또는 면탈·경감하게 할 목적으로 거짓계약을 체결하거나 거짓 자료를 제출한 자는 ( ㉠ ) 또는 면탈·경감하였거나 면탈·경감하고자 한 기반시설 설치비용의 ( ㉡ )에 상응하는 벌금에 처한다. |
|---|

① ㉠ 1년 이하의 징역, ㉡ 3배 이하
② ㉠ 1년 이하의 징역, ㉡ 10배 이하
③ ㉠ 3년 이하의 징역, ㉡ 3배 이하
④ ㉠ 3년 이하의 징역, ㉡ 10배 이하

정답 19. ③ 20. ③ 21. ③

MEMO

PART

# 7

자·연·생·태·복·원·필·기·정·복

# 최근 기출문제

## 자연생태복원기사

※ 2022년 3회부터 당일에 합격 여부를 알 수 있는 컴퓨터 시험(CBT)으로 시험방법이 바뀌어 문제가 공개되지 않습니다. 이 책 안의 것으로도 충분히 합격하실 수 있으니 염려하지 마시고 공부하시기 바랍니다.

# ❖ 2017년 자연생태복원기사 제 1 회

2017년 3월 5일 시행

## 제1과목 환경생태학개론

**01.** 다음 [보기]의 ㉠, ㉡에 해당되는 것은?

> 일반적으로 ( ㉠ )자형 생장형을 보이는 개체군의 종은 r-선택을, ( ㉡ )자형 생장형을 보이는 개체군의 생물체는 K-선택을 받는다.

① ㉠ K, ㉡ S ② ㉠ J, ㉡ K
③ ㉠ J, ㉡ S ④ ㉠ S, ㉡ J

**02.** 탄소순환을 바르게 설명한 것은?

① 대기권에서 탄소는 주로 $CO_2$, CO의 형태로 존재한다.
② 생물체가 죽으면 미생물에 의하여 분해되어 유기태탄소로 돌아간다.
③ 지구에서 탄소를 가장 많이 보유하고 있는 부분은 산림이다.
④ 녹색식물에 의하여 유기태탄소가 무기태탄소로 전환된다.

해 ② 죽은 동식물의 유해 속에 들어 있는 탄소는 분해자인 박테리아에 의해 대기중으로 되돌아간다.
③ 탄소를 가장 많이 보유하고 있는 부분은 지각으로서 석탄·석유·석회석·퇴적토 등이 전체 탄소의 99% 이상을 차지하고 있다.
④ 녹색식물에 의하여 무기태탄소가 유기태탄소로 전환된다.

**03.** 어느 개체 또는 집단이 생존하고 증식하는 것이 여러 환경조건들이 조합되어 나타나는 결과라는 결합법칙을 주장한 사람은?

① Liebig ② Odum
③ Shelford ④ F. Muller

**04.** 개체군 집합의 정도에 있어 과소는 과밀과 마찬가지로 생존에 대한 제한 요인이 된다는 것은 어떤 원리인가?

① Allee의 원리 ② Bergmann의 원리
③ Gause의 원리 ④ Liebig의 원리

**05.** 2차 천이에 관한 설명으로 옳은 것은?

① 콘크리트 옥상에서 식물의 정착
② 노출된 암석에 지의류가 부착하기 시작하는 천이단계
③ 이전 군집이 파괴된 곳에 새롭게 형성되는 군집의 정착
④ 생물이 살지 않은 환경에 개척자 생물부터 시작하는 천이단계

해 ③ 2차 천이는 어떠한 천이과정이 진행되고 있던 상태에 큰 교란이 발생한 후 진행되는 천이로 아무것도 없는 상태에서 진행되는 1차 천이에 비해 진행속도가 빠르다.

**06.** 조간대 패각류의 공기 중 노출에 관한 설명으로 옳지 않은 것은?

① 조개의 경우 좌우 패각을 닫으며, 따개비들은 자신들의 배판이나 순판을 닫아버린다.
② 복족류의 경우, 썰물 시 자신의 몸을 패각안으로 끌어 들이고 입구를 뚜껑으로 닫아버린다.
③ 많은 패각류가 두꺼운 표피나 패각을 이용해 수분 손실이나 과도한 열 흡입을 방지하고 있다.
④ 일반적으로 상부조간대에 분포하는 종들이 하부조간대에 분포하는 종들에 비해 온도와 건조에 대한 내성이 약하다.

해 ④ 일반적으로 상부조간대에 분포하는 종들이 하부조간대에 분포하는 종들에 비해 외기에 노출되는 시간이 길므로 온도와 건조에 대한 내성이 강하다.

**07.** 생태계에 있어 중추종(Keystone Species)에 대한 설명으로 옳은 것은?

① 생물군집에 있어 생물 간 상호작용의 필요가 있고, 그 종이 사라지면 생태계가 변질된다고 생각되는 종
② 유사한 서식지나 환경조건에 발생하는 군락을 대표하는 종
③ 아름다움이나 매력에 의해 일반사람들에게 서식지 보호를 호소하는 데 효과적인 종
④ 서식지의 축소, 남획 등으로 절멸이 우려되는 종

해 ② 생태적 지표종, ③ 상징종, ④ 희소종



정답 → 01. ③ 02. ① 03. ② 04. ① 05. ③ 06. ④ 07. ①

08. 해양생태계에서 조류(Algae)에 의해 분해 생성되며 분해 시 부산물과 함께 미생물의 주요 탄소원 및 성장원이 되는 유기 황 화합물은?

① Carbon disulfide
② Hydrogen sulfide
③ Methane sulfonic acid
④ Dimethyl sulfide

09. 육수생태계의 영양상태를 파악하기 위해 영양상태지표(Trophic Status Index : TSI,1971, Carlson이 제안)는 생태계에 영향을 주는 3가지 요인들의 상관관계를 분석하여 0~100의 범위내로 구분하고 있다. 이러한 영양상태지표 3가지 요인에 포함되지 않는 것은?

① 인　② 클로로필
③ 투명도　④ 질소

10. 기수호를 메우고 염습지나 조간대 지역을 개간하며 전체 해안을 직선적으로 획일화하거나 경성화 하는 연안개발에 대한 설명으로 옳지 않은 것은?

① 해안의 개발은 갯벌과 수로 역할을 하는 상부의 도랑들과 작은 규모의 염습지 등을 감소시키는 경향이 있으며, 각종 구조물들은 해안 상부의 모래언덕과 바다 사이에서 일어나는 여러 물질의 상호교환을 저해한다.
② 파랑이나 해일로부터 육상시설을 보호하기 위해서 건설되는 일부 건조물들은 해안선의 이질성과 서식지의 다양성을 감소시킨다.
③ 해안 중간부분과 윗 부분의 경사가 급해지고 침식이 가중됨에 따라 구성입자의 크기가 점차 작아져 대체 갯벌이 생성되기도 하지만, 이러한 현상은 퇴적물의 안정화를 이루어 무척추동물의 생산성을 감소시키게 된다.
④ 많은 어류와 바다새류의 수를 감소시켜 갯벌이 가지는 생물학적 가치를 떨어뜨리게 할 뿐만 아니라 도요물떼새류와 같은 이동철새들의 중간 기착지로서의 역할을 할 수 없게 한다.

11. 다음 중 온도 조건과 관련된 생물체에 대한 설명 중 올바른 것은?

① 중온성(25℃−40℃) 미생물은 세포막에 포화지방산의 함량 증가 및 열에 내성을 갖는 효소를 합성함으로써 적응한다.
② 온도는 육상생태계와 수계생태계의 환경을 특징화하는 대상구조(zonation) 및 층상구조(stratification)를 구분하게 한다.
③ 온도의 변화에 대한 적응도는 수서생물이 육상생물보다 뛰어나다.
④ 저온성(5℃−15℃) 미생물은 내성의 한계를 벗어난 낮은 온도에서는 단백질의 합성을 중지시킴으로서 내성한계를 벗어난 낮은 온도에 적응해간다.

12. 원자력 발전소 주변에서 일어날 수 있는 생태환경의 변화가 아닌 것은?

① 열오염　② 반무현상
③ 생물학적 농축　④ 수중생물의 질식

13. 토양, 퇴적물 등의 물질로부터 미량성분을 추출하는데 다양한 방법들을 사용한다. 추출방법 중 $HNO_3$, HCl 및 $HClO_4$ 등을 혼합해서 사용하거나 단일시약으로 100℃ 또는 그 이상에서 1~2시간 동안 시료를 처리하는 방법은?

① 휘발법　② 용융법
③ 약산추출법　④ 강산추출법

14. 포유류 조사 중 족적, 배설물, 식흔 등에 의한 종 확인 방법에 해당되는 것은?

① Field sign　② Sand track
③ Snap trap　④ Point census

해 ② 모래판을 설치하여 이동하는 포유류의 족적을 조사하여 대상포유류의 종류 및 상대밀도를 파악하기 위하여 적용하는 방법이다.
③ 쥐덫을 이용한 포획조사 방법이다.
④ 일정한 장소에서 관찰한 야생동물의 종류와 개체수를 기록하고, 야생동물이 살고 있는 상태나 환경을 조사하는 직접관찰법이다.

15. 아래 그림은 온대지방에서 수심이 깊은 호수의 환경요인 프로파일이다. 그래프 상의 실선과 점선이 나타내

정답 → 08. ④　09. ④　10. ③　11. ②　12. ②　13. ④　14. ①　15. ③

는 요인은?

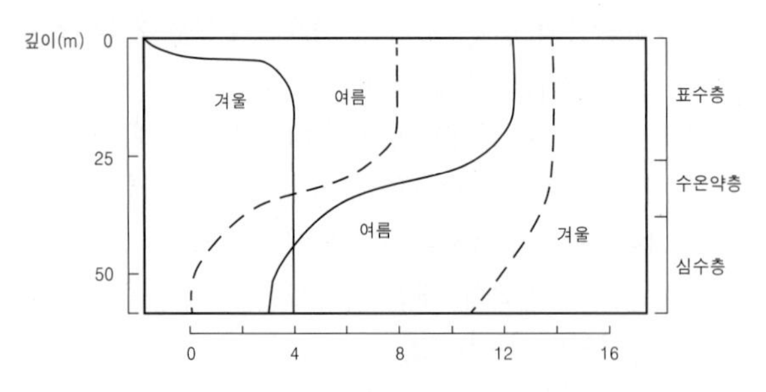


① BOD, COD ② 총질소, 총인
③ 온도, 산소농도 ④ 압력, 수소이온농도

16. 밀도가 다른 두 수층의 경계면에 파랑이 생기는데 이를 내부파(internal wave) 라고 한다. 이 내부파의 영향이 아닌 것은?

① 두 수층의 수직혼합을 일으킴
② 저층의 영양염을 상층에 공급
③ 표층의 식물 플랑크톤 생산을 증가시킴
④ 용승류가 일어남

해 내부파는 진폭이 매우 크며, 약층부근에서는 약 100m에 가까운 해수의 상하운동이 일어난다. 내부파의 속도와 파장은 표면파(surface wave)보다 작지만 진폭은 훨씬 크다. 내부파는 해류나 밀도의 수직구조에서 규칙적인 변이(variation)에 의해 스스로 나타난다. 이러한 운동은 수온의 수직분포에서 등온선의 주기적인 승강운동으로 알 수 있다.

17. 국제 사회는 생물종의 감소에 대처하기 위하여 생물다양성을 보전할 수 있는 방안을 모색하였고, 그 결과 생물다양성 협약을 1992년 5월 나이로비에서 채택하였다. 우리나라가 이 협약에 가입한 연도는?

① 1992년 ② 1994년
③ 1998년 ④ 2000년

18. 생태계 계층구조를 작은 단위에서 큰 단위로 바르게 나열한 것은?

① 개체-군집-생물군계-생물권
② 군집-개체군-생태계-생물권
③ 경관-개체군-생물지리적지역-생물권
④ 생물권-개체-개체군-지구환경

해 개체→개체군→군집→생태계→경관→생물군계(지역)→생물계(생물권, 생태권)

19. 개체군간의 상호작용 결과 형태로 서로 이익을 주고받는 작용은?

① 포식(Predation)
② 기생(parasitism)
③ 상리공생(Mutualism)
④ 편리공생(commensalism)

해 ① 한 종이 다른 종을 먹이로 삼는 것을 말한다.
② 한 쪽의 희생관계로서 기생자(이익을 얻는 생물)는 숙주(피해를 입는 생물)로부터 영양분을 얻으며 숙주는 피해를 입고 약하게 되지만 죽음에 이르는 경우는 거의 없다.
④ 생물 군집에서 두 종의 공존 시 한 종이 더욱 높은 생장을 나타내는 경우로 한 종의 생장이 다른 종에 의해 촉진되는 생물종간의 상호관계이다. 한 개체군은 이익을 받으나 다른 한쪽은 아무런 영향을 받지 않는다.

20. 다음 중 해안사구의 보전을 위한 복원 및 훼손방지 방법으로 사용하고 있지 않은 것은?

① 해안 사구식물의 식재 방법
② 사구 높이를 인위적으로 높여주는 방법
③ Sand-trap fence에 의한 모래 집적 방법
④ 해변모래 공급을 위한 해구지형의 준설 방법

## 제2과목 환경계획학

21. 도시지역 비오톱의 생태적 기능에 해당되지 않는 것은?

① 자연학습교육 및 체험장
② 도시민의 여가 및 휴식공간
③ 환경오염에 대한 생태적 지표
④ 난개발 방지를 위한 개발유보지

해 ①②③ 외 비오톱의 기능
·도시생물종의 은신처 및 이동통로
·환경교육 및 생태연구를 위한 실험지역
·도시환경 개선 및 쾌적성 향상

22. 녹지자연도의 등급별 토지이용 현황에 대한 연결로 틀린 것은?

① 1등급(시가지) : 녹지식생이 거의 존재하지 않는 지구
② 3등급(과수원) : 경작지이나 과수원, 묘포지 등과 같이 비교적 녹지식생의 분량이 우세한지구



정답 ➔ 16. ① 17. ② 18. ① 19. ③ 20. ④ 21. ④ 22. ③

③ 6등급(2차림) : 1차적으로 2차림이라 불리는 대생식생지구
④ 9등급(자연림) : 다층의 식물사회를 형성하는 천이의 마지막에 나타나는 극상림지구

해 ③ 6등급(조림지) : 각종 활엽수 또는 침엽수의 식림지

23. 다음 용도지역 중 최대 건폐율 한도가 다른 지역은?

① 녹지지역 ② 계획관리지역
③ 보전관리지역 ④ 자연환경보전지역

해 계획관리지역의 건폐율은 40% 이하고, 나머지는 20% 이하다.

24. 과거 준도시지역과 준농림지역을 합한 지역으로 도시 주변에서 장래의 개발을 수용하기 위해 설정된 지역은?

① 녹지지역 ② 계획지역
③ 보전지역 ④ 관리지역

해 관리지역 : 도시지역의 인구와 산업을 수용하기 위하여 도시지역에 준하여 체계적으로 관리하거나 농림업의 진흥, 자연환경 또는 산림의 보전을 위하여 농림지역 또는 자연환경보전지역에 준하여 관리할 필요가 있는 지역(국토의 계획 및 이용에 관한 법률)

25. 도시를 하나의 유기적 복합체로 보아 다양한 도시활동과 공간구조가 생태계의 속성인 다양성, 자립성, 순환성, 안정성 등을 포함하는 인간과 자연이 공존할 수 있는 환경 친화적인 도시는?

① 메가도시(Mega city)
② 생태도시(Eco city)
③ 압축도시(Compact city)
④ 스마트시티(Smart city)

26. 6대 한반도 생태공동축 구축으로 기대되는 효과로 틀린 것은?

① 난개발, 환경오염 등으로 훼손된 지역과 생태계 복원 기능
② 야생 동·식물의 서식환경으로 적합하여 고차종 야생동물의 유일한 서식지
③ 생태축을 기준으로 침엽수림, 낙엽활엽수림대 등 뚜렷한 종 조성군 유지
④ 북방계와 남방계의 식물대가 교차하는 서식환경 등에 대한 지표활용

27. 생태네트워크 계획 시 고려할 주요 내용의 설명으로 틀린 것은?

① 인간성 회복의 장이 되는 녹지 확보
② 생물의 생식·생육공간이 되는 녹지의 확보
③ 국토종합계획상의 개발 방향에 따른 녹지 확보
④ 생물의 생식·생육공간이 되는 녹지의 생태적 기능 향상

해 ①②④ 외에 환경학습의 장으로서 녹지의 활용을 고려한다.

28. 하천의 주요기능으로 가장 거리가 먼 것은?

① 이수기능 ② 위락기능
③ 치수기능 ④ 환경기능

29. 국토환경보전계획의 3대 목표 중 하나인 개발과 조화된 국토환경보전체계 구축을 위한 주요 추진전략 및 과제가 아닌 것은?

① 국토 환경 정보망 구축, 운영
② 국토환경지표개발
③ 지역 특성을 고려한 국토 환경보전 방안 마련
④ 국토환경성평가 및 평가지도 작성

해 ① 국토 환경 정보망 구축, 운영은 국토환경보전정책의 추진기반 강화에 대한 추진전략이다.

30. 환경가치를 추정하는 데 가장 널리 이용되는 방법으로, 사람들이 환경에 부여하는 가치 혹은 환경개선에 대한 지불용의액을 사람들에게 직접 물어보는 방법은?

① 조건부가치추정방법 ② 여행비용방법
③ 속성가격기법 ④ 대체비용법

해 ② 여행비용방법 : 사람들의 행태(사람들이 자연환경을 찾아가는데 실제로 지불하는 비용)를 환경의 가치에 대한 추정치로 삼는 것을 말한다.
③ 속성가격기법 : 실제로 시장에서 유통되는 가격으로부터 환경의 가치를 추정하는 방법이다.

정답 ➔ 23. ② 24. ④ 25. ② 26. ① 27. ③ 28. ② 29. ① 30. ①

31. 국토의 계획 및 이용에 관한 법률에 근거하여 도시지역 내 주거지역에서 100평의 땅을 가지고 있는 사람이 필로티가 없는 건축물을 신축한다면 법상의 한도 내에서 가능한 건축물은?

① 바닥면적 60평의 10층 건축물
② 바닥면적 60평의 9층 건축물
③ 바닥면적 70평의 10층 건축물
④ 바닥면적 70평의 7층 건축물

해 주거지역의 건폐율 70% 이하, 용적률 500% 이하
·바닥면적 100×0.7=70(평)
·층수 100×5/70=7.1 → 7층

32. 다음 중 토지이용계획의 역할이 아닌 것은?

① 도시의 무계획적인 확산
② 정주환경의 현재와 장래의 공간구성
③ 세부공간 환경설계에 대한 지침 제시
④ 사회의 지속가능성을 위한 토지의 보전

해 ① 난개발 방지

33. 다음 설명 중( )에 알맞은 값은?

| 도시·군계획시설결정이 고시된 도시·군계획시설에 대하여 그 고시일부터 ( )년이 지날 때까지 그 시설의 설치에 관한 도시·군계획시설이 시행되지 아니하는 경우 그 도시·군계획시설결정은 그 고시일로부터 ( )년이 되는 날의 다음날에 그 효력을 잃는다. |
|---|

① 5 ② 10
③ 20 ④ 30

34. 국토환경성평가도를 평가하기 위해서는 각각의 평가항목을 등가중치법에 의해 평가항목별 가중치를 고려하지 않고, 최소지표법을 이용하여 종합화한다. 최소지표법의 장점이 아닌 것은?

① 보전가치에 최고 가중치 부여
② 보전가치판단에 대한 자의성 방지
③ 가치에 따른 점수화로 용도 간 경쟁 시 유리
④ 토지가 가진 환경가치를 최우선적으로 반영

35. 생태주거단지의 단지배치를 위한 계획요소와 그 세부계획으로 적합하지 않은 것은?

① 적정밀도: 생태적 수용능력 배제
② 자연지형 활용: 지형변화 최소화/미기후 활용
③ 주차장: 단지 내 진입 배제/주차장 집중 설치
④ 주동배치: 수동적 에너지 활용/일조, 통풍, 조망 고려/내부 공간과의 연계

해 ① 적정밀도 : 생태적 수용능력 고려

36. 자연환경보전법의 규정에 따라 산·하천·습지·호소·농지·도시·해양 등에 대하여 자연환경을 생태적 가치, 자연성, 경관적 가치 등으로 등급화하여 작성된 지도는?

① 생태·자연도 ② 녹지자연도
③ 국토생태현황도 ④ 자연환경현황도

37. 환경문제의 원인이라고 볼 수 없는 것은?

① 대기오염과 산성비 ② 수질오염
③ 생태계 파괴 ④ 인구의 감소

38. 우리나라 난개발의 주요원인에 대한 설명이 잘못된 것은?

① 사전협의나 사전환경성 평가체계의 구축
② 환경친화적 계획 및 개발기법의 취약
③ 지역별 개발용량을 고려하지 않음
④ 녹지에 대한 계획기준이 없음

39. 환경 특성을 짝지은 것으로 틀린 것은?

① 상호관련성, 광역성
② 광역성, 시차성
③ 탄력성, 비가역성
④ 엔트로피 감소, 지역성

해 환경문제의 특성으로는 상호관련성, 광역성, 시차성, 탄력성과 비가역성, 엔트로피 증가 등이 있다.

40. 생태공원을 계획·설계할 때 고려해야 할 조건이 아닌 것은?

① 인간과 생물 간의 거리는 가능한 가깝게 하는 것이 좋다.
② 생물종의 생활사 및 생육·서식공간의 특성을 충분히 이해해야 한다.
③ 생물종이 사람의 관찰대상인가 아닌가에 따라


정답 ➔ 31. ④ 32. ① 33. ③ 34. ③ 35. ① 36. ① 37. ④ 38. ① 39. ④ 40. ①

접촉 공간 설치 유무를 결정한다.
④ 목표종의 서식환경을 조성하기 위해서는 서식 공간의 최소면적에 관련된 전문가의 도움을 얻는다.

해 ① 인간과 생물간 적절한 이격거리(도피거리, 비간섭거리 등)를 확보하여 간섭을 최소화 한다.

## 제3과목 **생태복원공학**

**41.** 환경포텐셜 유형 중에서 기후, 지형, 수환경, 토양 등의 토지적 조건이 특정 생태계의 성립에 영향을 미칠 가능성이 있는 것은?

① 종의 공급 포텐셜 ② 종간 관계 포텐셜
③ 입지 포텐셜 ④ 천이 포텐셜

**42.** 다음 중 천이의 최상위에 해당하는 것은?

① 나대지 ② 내음성 교목림
③ 관목림 ④ 다년생 수목

해 천이의 과정 : 나지 → 1년생 풀(초본) → 다년생 풀 → 관목 → 양수림 → 혼합림 → 음수림

**43.** 대체서식지를 조성하기 위한 생태연못의 잠자리 서식 공간화에 있어 도입요소 및 세부조성기법의 설명으로 잘못된 것은?

① 갈대, 골풀 등 우화를 위한 수초 군락을 수변에 식재
② 충분한 일조량을 확보하고 주변 산림이 인접하도록 하여 서식처 간 상호 연계망을 확보
③ 다양한 굴곡과 50% 이상의 개방수면을 가진 50㎡ 이상 면적과 70㎝ 이상의 안정적인 수심, 완만하게 비탈진 호안
④ 연못 방수의 경우 점착력이 강한 진흙, 논흙 등을 이용하는 것이 생태적으로 건전하여 유지용수 관리에 가장 유리

해 ④ 방수가 필요하지 않은 경우 진흙이나 논흙을 사용한다.

**44.** 물 순환체계의 특징을 설명한 것 중 옳지 않은 것은?

① 도심지역은 불투수성 표면의 증가로 물 부족현상이 심화되고 있다.
② 수목이 증가하면 증산작용으로 미세기후가 변하며, 미세 온도, 습도 등에 영향을 주는 효과가 있다.
③ 지표수의 빠른 유출은 물이용에 차질을 가져오며, 수변생태계를 파괴할 가능성이 높다.
④ 빗물의 신속한 배수는 하천의 오염물질을 일시에 제거하여 도심의 하천 수질향상에 도움이 된다.

해 ④ 빗물의 신속한 배수는 물의 지하침투에 의한 저장의 개념에 배치된다.

**45.** 다음 중 동물산포에 해당하지 않는 것은?

① 부착형산포 ② 피식형산포
③ 기계산포 ④ 저식형산포

해 ③ 기계산포는 자동 산포라고도 하며 모체 자신이 종자를 흩어지게 하는 기구를 가지고 있다.

**46.** 광산의 복원기법 중에서 자연화 방법과 콜로니화 방법은 무슨 공법에 해당하는가?

① 녹화공법 ② 생태적 공법
③ 결합 Hybrid공법 ④ 산림표토층 이용공법

해 생태적 복원공법에는 자연화기법(naturalization), 개척화기법(colonization), 자연재생기법(natural regeneration), 핵화기법(nucleation), 관리된 천이기법(managed succession), 복사이식 등이 있다.

**47.** 생태적 회랑(생태통로)의 부정적 효과가 아닌 것은?

① 포식기회의 증대
② 동물의 안전한 이동
③ 동물의 접촉 감염 등에 의한 질병의 전염
④ 본래 일어나지 않을 유전적 교류의 조장

해 ② 긍정적 효과에 해당한다.

**48.** 수고 7~12m 정도의 교목을 식재하고자 할 때 자연토의 적합한 유효 토심의 깊이는?

① 상층 60㎝, 하층 90㎝
② 상층 60㎝, 하층 20㎝
③ 상층 30㎝, 하층 20㎝
④ 상층 20㎝, 하층 20㎝

정답 → 41. ③ 42. ② 43. ④ 44. ④ 45. ③ 46. ② 47. ② 48. ②

49. 수변에서 식생의 기능으로 가장 거리가 먼 것은?

① 뿌리의 물 저장과 질소, 인 제거효과
② 다양한 미기후 형성으로 물고기의 산란처
③ 수생생물에 알맞은 생육조건 제공
④ 홍수시 제방의 훼손으로 재해의 원인

50. 생태복원의 각 단계를 설명한 것으로 틀린 것은?

① 목표설정이란 생태계와 인공계의 관계를 조정할 때 구체적인 수준을 정하는 것이다.
② 시공은 목표종의 서식에 적합한 공간을 만드는 것으로 종의 생활사를 고려하여야 한다.
③ 조사 및 분석에서 생태계는 지역마다 그 특징이 유사하므로 대표적인 지역에 대한 조사만 수행해도 된다.
④ 계획은 생태계와 인공계의 관계를 공간적인 배치에 의해 조정함과 동시에 생태계의 질, 크기, 배치 등을 결정하는 것이다.

해 ③ 조사 및 분석에서는 위치, 주위환경과 특석, 조례 및 법률, 비형, 수문, 토양, 식생, 기후 등 설계에 영향을 미칠 수 있는 부지현황들을 조사·분석하여야 한다.

51. 녹화(revegetation)를 설명하는 것 중 옳지 않은 것은?

① 경관이 우수한 지역의 녹지를 개발하는 행위
② 훼손지 또는 민둥산 표면을 식물에 의해서 식재 피복하는 행위
③ 식물의 생육이 불가능한 환경조건을 개선하는 행위
④ 사막화 되어버린 지역에서 녹지를 재생하는 행위

52. 산림 및 도시생태계 복원을 위한 기본적인 원칙으로 바람직하지 않은 것은?

① 대상지의 훼손정도에 따라 다르게 설정하는 것이 필요하다.
② 훼손정도가 약한 지역에 있어서는 긴급한 복원을 통해 확산을 방지한다.
③ 자연적인 복원이 어려운 지역에 대해서는 최소한의 에너지 투입으로 자연계의 회복력을 촉진시키는 복원 방법을 선택한다.
④ 방치하면 확산이 우려되는 지역은 기반안정, 생물종 도입 등 적극적인 복원방법이 필요하다.

해 ② 훼손정도가 약한 지역에 있어서는 소극적 방법으로 자연의 재생에 맡긴다.

53. 복원하고자 하는 대상지역에 대해 훼손되기 이전의 상태와 훼손되는 원인과 과정을 거치면서 어떻게 변화했는지를 조사하는 방법은?

① 지역적 맥락의 조사
② 역사적 맥락의 조사
③ 생태기반환경의 조사
④ 생태환경의 조사

54. 야생동물 이동로의 계획 및 설계 시, 필요한 생태계 악영향에 대한 경감방법을 계획할 때 적용하는 원리에 해당하지 않는 것은?

① 규모는 클수록 좋다.
② 기존연결로를 최대한 활용한다.
③ 가능한 많은 생물종을 대상으로 한다.
④ 다양한 형태보다는 대표적 형태의 연결로를 제공한다.

55. 생물다양성 증진을 위한 습지를 조성하고자 할 경우 개방수면(open water)의 적정 비율은?

① 15% ② 20%
③ 50% ④ 100%

해 ③ 생물다양성 습지는 개방수면 50%, 정수식물 등 습지식물 40%, 모래나 진흙 등이 노출된 지역 10% 정도로 확보한다.

56. 생태적 복원 공법 중 다음 설명에 해당하는 공법은?

| –수종을 패취 형태로 하여 식재하는 방법임<br>–광범위한 지역에서 저렴한 비용으로 복원이 가능함<br>–산림의 다양성이 적은 지역에서 바람직한 생물종이 서식하게 하는 데 있어 유용한 방법임 |
|---|

① Naturalization
② Natural Regeneration
③ Nucleation
④ Managed Succession


정답 ➔ 49. ④ 50. ③ 51. ① 52. ② 53. ② 54. ④ 55. ③ 56. ③

해 ① 자연천이공법, ② 자연재생공법, ③ 핵화공법, ④ 관리된 천이기법

57. 다음의 토양수분상태 중에서 수분장력이 가장 높은 것은?

① 중력수 ② 모세관수
③ 흡습수 ④ 포장용수량

해 결합수(pF7.0 이상)〉흡습수(pF4.5~7)〉모관수(pF2.54~4.5)〉포장용수량(pF2.54~4.5)〉중력수(pF2.54 이하)

58. 수신기와 야기안테나를 이용하여 2~3곳에서 동시에 발신기로부터의 방위각을 측정한 후, 삼각측량의 원리를 이용하여 추적 동물의 위치를 파악하는 방법은?

① VHF 방식
② GSM 방식
③ CDMA 방식
④ Stored on board 방식

59. 식물의 생활사 중 개화와 종자생산에 의한 번식, 구근에 의한 영양번식을 함으로써 차세대를 생산하는 시기는?

① 실생기 ② 생육기
③ 성숙기 ④ 과숙기

60. 훼손될 습지와 대체하려는 습지의 유형이 같은 것을 무엇이라고 하는가?

① in kind wetland ② out of kind wetland
③ off site wetland ④ on site wetland

해 ① 동일한 기능, ② 다른 기능, ③ 사업범위 외, ④ 사업범위 내

## 제4과목 경관생태학

61. 비오톱 타입에 따른 재생능력이 잘못 설명된 것은?

① 부영양수역 식생의 경우 재생에는 8~15년이 필요하다.
② 1년생 초본군락이 재생하는데 필요한 시간은 1~4년이 필요하다.
③ 식재에 의해 조성된 울타리의 경우 재생에는 50~100년이 필요하다.
④ 채석장, 동굴에만 서식하는 종은 이입하는 데 100~200년이 필요하다.

해 ③ 식재에 의해 조성된 울타리의 경우 재생에는 10~15년이 필요하다.

62. 해안경관의 대표적 유형으로 볼 수 없는 것은?

① 호수 ② 갯벌
③ 사구 ④ 식생해안

해 해안경관의 유형으로는 암반해안(암석해안), 자갈해안, 사빈해안, 간석지(갯벌)해안, 식생해안 등이 있다.

63. 등질지역과 결절지역의 관계는 토지이용 측면에서 중요한 의미를 갖는다. 다음 중 토지이용측면에서 같은 수준의 공간단위를 바르게 묶은 것은?

| 1. 농업지역 2. 농지 3. 산림 4. 광역권 5. 촌락<br>6. 공업지역 7. 상업지역 |
|---|

① 1, 3, 4 ② 1, 2, 4
③ 1, 5, 6 ④ 2, 3, 5

해 등질지역과 결절지역의 구분
· 자연지역 : 등질(언덕정상사면, 언덕배사면, 골짜기의 저지)→결절(소유역)→등질(구릉, 산지, 대지, 저지)→결절(대하천 유역)→등질(평야)
· 토지이용측면 : 등질(촌락, 농지, 산림)→결절(농촌취락)→등질(농업지역, 공업지역)→결절(시군권역)→등질(농업지대)→결절(광역권)

64. 생태축의 역할로 틀린 것은?

① 도시생태계의 다양성 확보
② 개체군 간의 유전적 다양성 증대
③ 생물의 근친교배에 따른 우성형질 발현
④ 소규모 서식처의 연결로 생물 이동성 보장

해 ③ 생태축의 장점으로 근교약세 예방과 유전적 다양성 유지 등이 있다.

65. 경관생태계학에 대한 개념 설명과 가장 거리가 먼 것은?

① 조경과 토지관리 및 계획 그리고 인문지리와 생태학분야의 총체적 접근을 시도
② 여러 가지 다른 요소로 이루어져 있는 총체적

정답 → 57. ③ 58. ① 59. ③ 60. ① 61. ③ 62. ① 63. ④ 64. ③ 65. ④

인 실체로서 토지를 고려하는 지리학적 접근을 시도
③ 공간적인 이질성의 발달, 역동성, 시공간적 상호작용과 교환원리를 고려
④ 개체, 가족, 사회 및 군집의 발달원리를 연구하는 학문 분야

해 ④ 다양한 군집 또는 생태계의 집합인 경관(서식처)복원을 통한 종다양성 추구

66. 야생동물 측면에서의 코리더 역할을 서술한 것으로 가장 거리가 먼 것은?

① 메타개체군 형성에 기여한다.
② 계절적으로 또는 일상적으로 야생동물의 이동이 가능하도록 해준다.
③ 동물의 유전자 이동을 도와 개체군간 유전자의 흐름으로 유전적 다양성을 유지시켜 준다.
④ 내부 서식처를 제공하여 동물들이 풍부하게 서식하고 자연적 간섭의 피해를 최소화할 수 있다.

해 ④ 조각(patch)에 대한 설명이다.

67. 보전 및 복원해야 할 대상인 자연보호구의 가치가 아닌 것은?

① 유전자원의 제공
② 환경교육의 장소제공
③ 자연 및 생물다양성의 보전
④ 다른 지역으로의 생물이동 방해

해 자연보호구의 복원가치는 ①②③ 외에 생물에 대한 과학적 연구의 장소 제공, 더 엄격하게 보존된 지역의 완충작용, 구조물과 토지이용 행위 등 인간의 역사 보전, 생활의 전통적 방법 유지, 인간에게 레크레이션과 자연의 영감 제공, 자연과의 조화 속에서 지속적인 이용체계의 제시 등이 있다.

68. 자연보호구에서 야생동물 개체군의 보전을 위해 가장 시급한 것은?

① 충분한 면적을 확보
② 기후변화에 따른 파급효과 고려
③ 보전프로그램 및 모니터링 기법
④ 전통적 토지이용과 자원채취 허용

69. 임상도에서 얻을 수 있는 정보가 아닌 것은?

① 경급　　② 영급
③ 종다양성　　④ 주요 수종

해 임상도는 우리나라 국토의 산림이 어떻게 분포하고 있는가를 보여주는 대표적인 산림지도로 임종·임상·수종·경급·영급·수관밀도·주요 수종 등 다양한 속성정보를 포함하고 있으며 지형도, 토양도, 지질도 등과 더불어 국가기관에서 전국적 규모로 제작하는 주요 주제도 중 하나이다.

70. 하천코리더의 설계기준과 관련된 설명으로 옳은 것은?

① 하천코리더는 낮은 하천차수의 지류를 제외하고 노선을 선정한다.
② 2개 이상의 하천이 만나는 지역은 생태적으로 불안전하므로 인공적인 보강시설을 도입한다.
③ 최소한 포함되어야 할 지역은 하천 충적지와 하천변 식생, 습지, 하천의 지하수 체계이다.
④ 침전물의 유입이 많고 여과를 위한 폭이 불충분할 때는 저밀도 식생에 의한 제방을 도입한다.

71. 자연경관의 유형에 속하지 않는 것은?

① 산림　　② 해안 및 도서
③ 호수 및 습지　　④ 대규모 아파트 단지

해 자연경관이라 함은 자연환경적 측면에서 시각적·심미적인 가치를 가지는 지역·지형 및 이에 부속된 자연요소 또는 사물이 복합적으로 어우러진 자연의 경치를 말한다.

72. 도서생물지리학 이론 중 틀린 것은?

① 섬의 크기가 클수록 멸종률은 낮다.
② 섬과 육지의 거리가 멀수록 이입률은 낮다.
③ 섬의 크기와 거리는 섬에 출현하는 생물종 수를 결정한다.
④ 섬의 저지대 생물종은 고지대 생물종에 비해 출현종 수가 적다.

73. 국내의 산림녹지 관련 도면이 아닌 것은?

① 임상도　　② 녹지자연도
③ 현존식생도　　④ 지적도

해 ④ 지적도는 토지 관련 도면



정답 ➔ 66. ④ 67. ④ 68. ① 69. ③ 70. ③ 71. ④ 72. ④ 73. ④

74. 댐의 기능적인 구분이 잘못 연결된 것은?

① 저수댐 – 물을 저장하여 부족한 시기에 공급
② 확수댐 – 유수를 장시간 저류하여 모래층에 침투하도록 함
③ 취수댐 – 물을 필요한 곳으로 보내기 위한 용도로 건설된 댐
④ 지체댐 – 상류의 범람을 막기 위하여 일시적으로 하류로 방류하는 댐

해 ④ 지체댐(detention dam)은 홍수유출을 지체시킴으로써 갑작스런 홍수로 인한 피해를 경감시키기 위한 홍수조절댐(flood control dam)으로, 유수를 일시 저류하여 하류부의 하도통수능을 초과하지 않도록 자연방류 또는 수문조절에 의해 방류하는 댐이다.

75. 비오톱에 대한 설명으로 거리가 먼 것은?

① 특정한 식물이나 생물군집이 생존할 수 있는 환경조건을 갖춘 토지이다.
② 개체 혹은 개채군의 생활환경으로서 장소가 아니라 물리적 위치로 파악된다.
③ 다양한 야생동·식물과 미생물이 서식하고 자연의 생태계가 기능하는 공간을 의미한다.
④ 순수한 자연생태계의 보전복원을 위해 사람이 들어가지 못 하는 핵심지역을 설정한다.

76. 해류의 종류 중 하나로 압력경도력(pressure gradient)과 전향력(coriolis force)의 두 힘이 평형을 이루면서 일어나는 해수의 운동은?

① 취송류　② 지형류
③ 경사류　④ 밀도류

해 ① 해수면에 부는 바람에 의해 생기는 흐름을 말한다.
③ 해수면의 경사에 의한 흐름을 말한다.
④ 해수의 온도나 염분의 분포에 의해 발생하는 해류를 말한다.

77. GIS의 구성요소를 가장 올바르게 나열하고 있는 것은?

① 셀, 레스터, 소프트웨어
② 이용자, 방법, 레스터
③ 하드웨어, 소프트웨어, 벡터
④ 자료, 소프트웨어, 이용자

해 GIS는 자료, 소프트웨어, 하드웨어, 이용자, 방법론의 5가지 구성요소가 유기적으로 연계되어야 적합한 결과를 얻을 수 있다.

78. UNESCO에서 제안한 보전지역관리를 위한 용도지역 구분이 아닌 것은?

① 핵심지역　② 완충지역
③ 수변지역　④ 전이지역

79. 도시가 기후에 미치는 영향으로 틀린 것은?

① 도시의 구조물들은 농촌에 비해 표면적이 좁다.
② 도시대기 중의 부유입자가 태양빛과 열을 반사시킨다.
③ 도시의 농촌의 기후차이는 구성재료의 차이에 기인한다.
④ 도시의 냉·난방장치의 사용이 열섬효과를 가져온 원인 중 하나이다.

해 ① 도시의 구조물은 농촌에 비해 밀폐도가 높고, 크기가 커서 표면적이 넓다.

80. GIS 기능적 요소의 처리순서로 맞는 것은?

① 자료획득→자료전처리→자료관리→조정과 분석→결과출력
② 자료전처리→자료관리→조정과 분석→결과출력→자료획득
③ 조정과 분석→결과출력→자료획득→자료관리→자료전처리
④ 조정과 분석→자료획득→자료전처리→자료관리→자료출력

## 제5과목 자연환경관계법규

81. 야생생물 보호 및 관리에 관한 법률 시행규칙상 멸종위기 야생생물 II급 에 해당하는 것으로만 구성되어 있는 것은?

① 삵, 두루미, 긴꼬리투구새우, 제주고사리삼
② 가창오리, 암매, 산굴뚝나비, 노랑붓꽃
③ 호사비오리, 모래주사, 물장군, 독미나리
④ 개구리매, 비단벌레, 저어새, 개병풍

정답 ➜ 74. ④ 75. ② 76. ② 77. ④ 78. ③ 79. ① 80. ① 81. ③

82. 다음은 백두대간 보호에 관한 법률 시행령상 토지 등의 매수청구 절차에 관한 사항이다. ( )안에 가장 적합한 것은?

| 산림청장은 토지 등의 매수청구가 있는 때에는 청구가 있은 날부터 ( ㉠ ) 이내에 매수대상 여부 등을 매수를 청구한 자에게 알려야 하며, 매수대상인 경우에는 매수를 알린 날부터 ( ㉡ ) 이내에 매수청구를 받은 토지 등을 매수하여야 한다. |
|---|

① ㉠ 15일, ㉡ 30일  ② ㉠ 30일, ㉡ 1년
③ ㉠ 60일, ㉡ 1년  ④ ㉠ 60일, ㉡ 3년

83. 국토의 계획 및 이용에 관한 법률상 다음 용도지역 안에서 건폐율의 최대한도 기준으로 옳은 것은?

① 농림지역 : 20% 이하
② 보전관리지역 : 40% 이하
③ 녹지지역 : 70% 이하
④ 자연환경보전지역 : 40% 이하

해 ②③④ 20% 이하

84. 국토의 계획 및 이용에 관한 법률에 의한 국토의 용도 구분에 해당 되지 않은 지역은?

① 도시지역  ② 농업진흥지역
③ 관리지역  ④ 자연환경보전지역

해 ② 농업진흥지역은 농지법에 따라 「국토의 계획 및 이용에 관한 법률」에 따른 녹지지역·관리지역·농림지역 및 자연환경보전지역을 대상으로 농지가 집단화되어 농업 목적으로 이용할 필요가 있는 지역에 지정된다.

85. 자연환경보전법상 생태·경관보전지역 지정기준과 거리가 먼 것은? (단, 그 밖에 사항 등은 제외)

① 생태계의 표본지역
② 생태계가 최근에 형성된 지역
③ 다양한 생태계를 대표할 수 있는 지역
④ 지형 또는 지질이 특이하여 학술적 연구를 위하여 보전이 필요한 지역

86. 독도 등 도서지역의 생태계 보전에 관한 특별법상 환경부장관이 특정도서의 자연생태 등을 보전하기 위한 특정도서보전 기본계획을 몇 년마다 수립하여야 하는가?

① 2년마다  ② 3년마다
③ 5년마다  ④ 10년마다

87. 국토기본법상 국토계획에 관한 설명 중 옳지 않은 것은?

① 국토종합계획 : 국토전역을 대상으로 하여 국토의 장기적인 발전방향을 제시하는 종합계획
② 도종합계획 : 도 또는 특별자치도의 관할구역을 대상으로 하여 해당 지역의 장기적인 발전방향을 제시하는 종합계획
③ 부문별계획 : 국토 전역을 대상으로 하여 특정부문에 대한 장기적인 발전방향을 제시하는 계획
④ 지역계획 : 국토전역을 대상으로 하여 특정부문에 대한 장기적인 발전방향을 제시하는 계획

해 ④ 지역계획은 특정 지역을 대상으로 특별한 정책 목적을 달성하기 위하여 수립하는 계획이다.

88. 생물다양성 보전 및 이용에 관한 법률 시행령상 환경부장관은 국내에 서식하는 모든 생물종에 대하여 국가생물종 목록을 구축하도록 되어 있는데, 이 국가 생물종 목록 구축에 필요한 자료와 가장 거리가 먼 것은?

① 생물종의 영명(英名) 및 근연종명
② 종별 생태적·분류학적 특징
③ 종별 주요 서식지 및 국내 분포 현황
④ 조사자, 조사기간 및 조사방법

해 ① 생물종의 국명(國名) 및 학명

89. 환경정책기본법상 이 법에서 사용하는 용어의 뜻으로 옳지 않은 것은?

① "환경복원"이란 환경오염 및 환경훼손으로부터 환경을 보호하고 오염되거나 훼손된 환경을 개선함과 동시에 쾌적한 환경의 상태를 유지·조성하기 위한 행위를 말한다.
② "환경용량"이란 일정한 지역에서 환경오염 또는 환경훼손에 대하여 환경이 스스로 수용, 정화 및 복원하여 환경의 질을 유지할 수 있는 한계를 말한다.
③ "생활환경"이란 대기, 물, 토양, 폐기물, 소음·


정답 → 82. ④ 83. ① 84. ② 85. ② 86. ④ 87. ④ 88. ① 89. ①

진동, 악취, 일조(日照), 인공조명 등 사람의 일상생활과 관계되는 환경을 말한다.

④ "환경훼손"이란 야생동식물의 남획 및 그 서식지의 파괴, 생태계질서의 교란, 자연경관의 훼손, 표토의 유실 등으로 자연환경의 본래적 기능에 중대한 손상을 주는 상태를 말한다.

해 ① "환경보전"에 대한 설명이다.

**90.** 다음은 국토의 계획 및 이용에 관한 법률상 이 법에서 사용하는 용어의 뜻에 관한 사항이다. (  )안에 알맞은 것은?

> (  )이란 도시·군계획 수립 대상지역의 일부에 대하여 토지 이용을 합리화하고 그 기능을 증진시키며 미관을 개선하고 양호한 환경을 확보하며, 그 지역을 체계적·계획적으로 관리하기 위하여 수립하는 도시·군관리계획을 말한다.

① 개발단위계획 ② 개발실시계획
③ 지구단위계획 ④ 도시기반계획

**91.** 다음은 자연공원법상 용어의 뜻이다. (  )안에 적합한 것은?

> (  )이란 지구과학적으로 중요하고 경관이 우수한 지역으로서 이를 보전하고 교육·관광 사업 등에 활용하기 위하여 환경부장관이 인증한 공원을 말한다.

① 지질공원 ② 역사공원
③ 자연휴양림공원 ④ 테마공원

**92.** 다음은 백두대간 보호에 관한 법률 시행령상 백두대간보호지역의 지정·지정해제 및 구역변경에 관한 고시 등에 관한 사항이다. (  )안에 가장 적합한 것은?

> 도지사 또는 시장·군수는 백두대간 보호지역의 고시된 사항과 보호지역의 지번·지목 및 지적 등이 표시된 토지내역서, 축척 ( ㉠ )의 지형도 등을 ( ㉡ ) 이상 일반인이 공람할 수 있게 하여야 한다.

① ㉠ 5천분의 1 이상, ㉡ 10일
② ㉠ 5천분의 1 이상, ㉡ 20일
③ ㉠ 2만5천분의 1 이상, ㉡ 10일
④ ㉠ 2만5천분의 1 이상, ㉡ 20일

해 법이 개정되어 지형도는 "「토지이용규제 기본법」에 따라 지형도면 또는 지적도 등에 보호지역 및 구역을 명시한 도면"으로 작성할 때에는 축척 500분의 1 이상 1천500분의 1 이하(녹지지역의 임야, 관리지역, 농림지역 및 자연환경보전지역은 축척 3천분의 1 이상 6천분의 1 이하로 할 수 있다)로 작성하여야 한다.

**93.** 야생동물 보호 및 관리에 관한 법률 시행규칙상 시·도지사가 행하는 수렵면허시험의 합격자 발표일 기준으로 옳은 것은?

① 시험실시 후 10일 이내에
② 시험실시 후 15일 이내에
③ 시험실시 후 30일 이내에
④ 시험실시 후 45일 이내에

**94.** 환경정책기본법령상 각 항목별 대기환경기준으로 옳지 않은 것은?

① 아황산가스($SO_2$)의 1시간평균치는 0.15ppm 이하이다.
② 이산화질소($NO_2$)의 연간평균치는 0.03ppm 이하이다.
③ 오존($O_3$)의 1시간평균치는 0.1ppm 이하이다.
④ 벤젠의 연간평균치는 0.5㎍/㎥ 이하이다.

해 ④ 벤젠의 연간평균치는 5㎍/㎥ 이하이다.

**95.** 자연환경보전법상에 명시된 사항으로 옳지 않은 것은?

① 환경부장관은 전국의 자연환경보전을 위한 기본계획을 10년마다 수립하여야 한다.
② 자연환경보전기본계획은 중앙환경정책위원회의 심의를 거쳐 확정한다.
③ 시·도지사는 관계중앙행정기관의 장과 협조하여 생태·자연도에서 1등급 권역으로 분류된 지역과 자연상태의 변화를 특별히 파악할 필요가 있다고 인정되는 지역에 대하여 매년 자연환경을 조사해야 한다.
④ 자연환경조사의 내용·방법 그 밖에 필요한 사항은 대통령령으로 정한다.

해 ③ 환경부장관은 관계중앙행정기관의 장과 협조하여 생태·자연도에서 1등급 권역으로 분류된 지역과 자연상태의

정답 ➜ 90. ③ 91. ① 92. ④ 93. ① 94. ④ 95. ③

변화를 특별히 파악할 필요가 있다고 인정되는 지역에 대하여 2년마다 자연환경을 조사할 수 있다.

96. 야생생물보호 및 관리에 관한 법률상 멸종위기 야생생물 II급을 포획·채취·훼손하거나 고사시킨 자에 대한 벌칙기준으로 옳은 것은?

① 7천만원 이하의 벌금
② 5년 이하의 징역 또는 500만원 이상 5천만원 이하의 벌금
③ 3년 이하의 징역 또는 300만원 이상 3천만원 이하의 벌금
④ 2년 이하의 징역 또는 2천만원 이하의 벌금

97. 자연환경보전법령상 생태계보전협력금의 단위면적당 부과금액은 제곱미터당 얼마로 하는가?

① 100원 ② 300원
③ 1000원 ④ 3000원

98. 환경정책기본법상 국가 및 지방자치단체가 환경기준이 유지되도록 환경 관련 법령 제정과 행정계획의 수립, 사업 등을 집행 할 경우 고려사항으로 가장 거리가 먼 것은?

① 환경 악화의 예방 및 그 요인의 제거
② 환경오염지역의 원상회복
③ 새로운 과학기술의 사용으로 인한 환경오염의 예방
④ 산업경기 활성화 촉진 및 설비투자 장려를 위한 첨단기술 개발

해 ①②③ 외에 "환경오염방지를 위한 재원(財源)의 적정 배분"도 포함된다.

99. 다음은 자연공원법규상 점용료 또는 사용료 요율기준이다. ( )안에 알맞은 것은?

> –건축물 기타 공작물의 신축·증축·이축 이나 물건의 야적 및 계류 : 인근 토지 임대료 추정액의 ( ㉠ ) 이상
> –토지의 개간 : 수확예상액의 ( ㉡ ) 이상

① ㉠ 100분의 20, ㉡ 100분의 25
② ㉠ 100분의 20, ㉡ 100분의 50
③ ㉠ 100분의 50, ㉡ 100분의 25
④ ㉠ 100분의 50, ㉡ 100분의 50

100. 다음은 습지보전법상 습지지역의 지정 등에 관한 사항이다. ( )안에 가장 적합한 것은?

> 환경부장관, 해양수산부장관 또는 시·도지사는 습지 중 자연 상태가 원시성을 유지하고 있거나 생물다양성이 풍부한 지역 등으로서 특별히 보전할 가치가 있는 지역을 습지보호 지역으로 지정하고, 그 주변지역을 ( )으로 지정할 수 있다.

① 습지보호완충지역 ② 습지주변관리지역
③ 습지개선관리지역 ④ 습지주변완충지역



정답 ➔ 96. ③ 97. ② 98. ④ 99. ③ 100. ②

# ❖ 2017년 자연생태복원기사 제 2 회

2017년 5월 7일 시행

제1과목 **환경생태학개론**

01. 생태조사의 기본목적과 거리가 먼 것은?

① 생태계의 보전 ② 생태계의 보존
③ 생태계의 복원 ④ 생태계의 대체

02. 다음에서 한 종이 다른 종을 먹이로 이용하는 영양상의 상호작용이 아닌 것은?

① 중립 ② 초식
③ 기생 ④ 포식

해 ① 중립은 개체군의 상호관계에서 영향을 받지 않는 관계이다.

03. UNESCO의 MAB(Man and Biosphere Reserve)의 평가기준에서 "희귀종, 고유종, 멸종위기종이 많은 곳"으로 구분한 이 지역은?

① 완충지역(Buffer Area)
② 전이지역(Transition Area)
③ 가치지역(Value Area)
④ 핵심지역(Core Area)

04. 질소고정이 가능한 생물이 아닌 것은?

① *Anabaena* ② *Nostoc*
③ *Rhizobium* ④ *Chlorella*

해 질소고정 세균
·공생박테리아 : *Rhizobim*(뿌리혹박테리아), *Frankia*
·비공생박테리아 : *Azotobacter*(호기성), *Clostridium*(혐기성), *Rhodospirillum*(혐기성), *Desulfovibrio*(혐기성)
·남조류(공생) : Anabaena(cyanobacteria), *Nostoc*(염주말속)

05. 하천은 발원지 상류에서부터 하류인 하구에 이르기까지 생물상이 단계적으로 변하는데, 이때 종의 수평구조가 나타난다. 또한 시간이 경과함에 따라 서식지나 생물상이 변하게 된다. 이와 같은 현상은?

① 천이계열 ② 지리적 천이
③ 지사적 천이 ④ 타발 천이

06. 적도를 중심으로 남위와 북위 각각 10° 이내의 지역으로 남미의 아마존, 서부아프리카와 인도네시아 등의 지역에 나타나는 식생대는?

① 사막식생 ② 툰드라
③ 온대 초원 ④ 열대우림

07. 생태계의 제한 요인에서 식물의 생산성은 가장 많이 결핍된 단일원소의 양에 의해 결정된다는 법칙은?

① Shelford의 제한법칙
② Bergmann의 최소량의 법칙
③ Liebig의 최소량의 법칙
④ Gause의 제한법칙

08. 생물종다양성이 감소하는 원인에 해당하지 않는 것은?

① 인구의 증가, 오염, 외래종의 유입
② 남용, 오염, 서식지의 물리적 변화
③ 서식지의 파괴, 습지의 보전, 토종의 유지
④ 인구의 증가, 외래종의 유입, 서식지의 외형적 변화

09. 호소의 산성화와 어류의 개체수 감소를 초래하는 것은?

① 산성비 ② 지구온난화
③ 온실효과 ④ 방사능 동위원소

10. 유기물이 분해되는 퇴비화 과정에 주로 관여하는 생물체는?

① 호기성미생물 ② 혐기성미생물
③ 정수성식물 ④ 원생조류

11. 우리나라에서 부영양화를 판정하는 기준으로 사용하는 불렌바이더의 영양상태 분류방법 중 극빈영양상태를 나타내는 총인(mg/L)의 기준은?

① 〈 0.20 mg/L ② 〈 0.005 mg/L
③ 0.005~0.01 mg/L ④ 〉 0.10 mg/L

해 우리나라의 기준은 R.V. Vollenweider의 총인과 총질소를

정답 ➔ 01. ④ 02. ① 03. ④ 04. ④ 05. ② 06. ④ 07. ③ 08. ③ 09. ① 10. ① 11. ②

기준으로 하는 영양상태 분류방법에 따르고 있으나, 엽록소-a와 투명도의 기준은 OECD와 미국 EPA에서 제시된 기준을 따른다.

12. 흰개미 내장의 미생물(Trychonympha 속)과 흰개미와의 관계는?

① 경쟁 ② 상리공생
③ 기생 ④ 포식

해 ② 상리공생이란 두 종 모두 이익을 얻으며 상호작용을 하지 않으면 생존할 수 없는 것을 말하며 흰개미와 장내편모충 외에 꽃과 벌, 개미와 진딧물, 오리나무와 뿌리혹박테리아, 리기다소나무와 균근 등이 있다.

13. 해양오염의 가장 큰 원인은?

① 해상교통
② 육지로부터의 오염원 유입
③ 직접적인 해상 투기
④ 심해개발

14. 생태계 군집구조를 측정하는 생물지수가 아닌 것은?

① 균등도 ② 종풍부도
③ 종다양도 ④ 종포화도

15. 다음 설명의 ( )에 들어갈 용어는?

| 해양의 먹이사슬은 광합성 산물로 시작되기 때문에 식물에 있어 광합성은 무척 중요하다. 엽록소는 초록색을 띠며 청색광(400~450nm)과 적색광(650~680nm)을 받아들일 수 있다. 고등식물이 공통으로 가지는 ( )는 모든 해양식물이 가지고 있다. |
|---|

① 엽록소 a ② 엽록소 b
③ 엽록소 c ④ 엽록소 e

16. 먹이그물의 상위단계에 있는 생물이 높은 독성물질을 체내에 축적하기 쉽다. 먹이연쇄단계를 거치면서 확산 희석되지 않고 오히려 농축되는 현상은?

① 영양단계농축 ② 생물농축
③ 물질농축 ④ 독성농축

17. 식물의 개화강도가 일장시간에 둔감하여 광주기와 상관없이 꽃을 피우는 식물은?

① 단일식물 ② 중일식물
③ 장일식물 ④ 고온식물

해 ① 단일식물 : 밤의 길이가 일정시간 이상 길어지면 개화하는 식물
③ 장일식물 : 밤의 길이가 일정시간 이상 짧아지면 개화하는 식물
④ 고온식물 : 습기와 열을 필요로 하는 열대식물

18. C. Darwin이 주장한 개체군의 크기를 제한할 수 있는 방법이 아닌 것은?

① 타 생물의 피식 ② 기생충과 질병
③ 물리적 제한요인 ④ 타 생물과의 공생

19. 더 나은 생존을 위해 특정한 두 종이 서로를 필요로 하는 생물종 간의 상호관계를 무엇이라 하는가?

① 편리공생 ② 상존공생
③ 상리공생 ④ 영양공생

20. 중금속에 오염된 토양을 완전히 원래의 상태로 되돌리는 방법으로 택할 수 있는 것은?

① 흡착 또는 특이식물 재배
② 흙갈이 객토
③ 갈아엎기
④ 혼층갈이

## 제2과목 환경계획학

21. 자연경관 우수지역의 지속가능한 개발과 보전을 위한 원칙에 해당되지 않는 것은?

① 자연경관자원의 가치와 특성에 따른 차별성을 확보하여야 한다.
② 자연경관보호 관련 행정에 해당 지역주민이 적극적으로 참여할 수 있도록 해야 한다.
③ 주민의 경제적 활동에 지장을 초래하는 규제행위를 무조건 보상할 수 있도록 해야 한다.
④ 근원적으로 개발행위가 발생하지 않도록 토지의 형질 변경 등을 사전에 규제할 필요가 있다.

22. 생태·자연도 2등급 권역으로 평가되는 기준은?



정답 ➔ 12. ② 13. ② 14. ④ 15. ① 16. ② 17. ② 18. ④ 19. ③ 20. ② 21. ③ 22. ③

① 식생보전등급 Ⅱ등급에 해당하는 지역
② 멸종위기 야생생물 Ⅱ급 종이 식생보전등급 Ⅰ등급에서 Ⅲ등급 또는 임상도 3영급 이상 지역에 서식하는 경우
③ 멸종위기 야생동식물이 2~5종 서식하고 있는 습지
④ 철새 한 종의 개체수의 1%이상이 도래하는 철새도래지

**23. 환경용량의 개념을 생태학적 관점에서 세 가지 측면으로 살펴볼 수 있다. 다음 중 세 가지 측면에 해당되지 않는 것은?**

① 환경의 자정능력 ② 지역의 수용용량
③ 자원의 지속가능성 ④ 생태적 안정성

해 환경용량이란 일정한 지역 안에서 환경의 질을 유지하고, 환경훼손에 대하여 자연환경이 스스로 수용 · 정화 및 복원할 수 있는 한계를 말하며, 생태학적 의미에서는 환경의 자정능력, 지역의 수용용량, 자원의 지속가능성으로 볼 수 있다.

**24. 1809년 스웨덴이 최초로 창설한 것으로서 다음 설명에 해당하는 것은?**

| 초기에는 의회의 대리인으로서 행정을 감시하는 역할을 하였으나, 다른 국가로 전파되며 국민의 대리인 성격을 강하게 띠게 되었으며, 현재는 국민의 대리자로서 국민과 행정의 중개자로서 양자간에 발생하는 문제를 형식에 머물지 않고 해결하는 등 다양한 파수꾼 역할을 수행한다. |
|---|

① 옴부즈만 제도 ② 시민참여 제도
③ 주민정보공개 제도 ④ 권한위임 제도

**25. 생태공원은 자연생태계의 기본적인 이념을 기본으로 하여 조성되었다. 조성이론 중 틀린 것은?**

① 지속가능성은 생물자원을 지속적으로 보전, 재생하여 생태적으로 영속성을 유지한다.
② 생물적 다양성은 유전자, 종, 소생물권 등의 다양성을 의미하여 생물학적 다양성과 생태적 안정성은 반비례한다.
③ 생태적 건전성은 생태계 내 자체생산성을 유지함으로써 건전성이 확보되며 지속적으로 생물자원 이용이 가능하다.
④ 최소한의 에너지 투입은 자연순환계를 형성하여 에너지, 자원, 인력 투입을 절감하고, 경제적 효율을 극대화할 수 있도록 계획한다.

해 ② 생물적 다양성은 유전자, 종, 소생물권 등의 다양성을 의미하여 생물학적 다양성과 생태적 안정성은 비례한다.

**26. 생태도시계획 시 고려해야 될 생태적 원리에 해당되지 않는 것은?**

① 다양성 ② 위계성
③ 순환성 ④ 자립성

해 생태도시의 궁극적인 목표는 자연생태계가 가지는 특성인 다양성, 자립성, 순환성, 안정성을 가지도록 계획하여 지속가능한 발전이 이루어지도록 하는 것이다.

**27. 생물다양성의 유지·복원을 위한 환경계획으로 틀린 것은?**

① 자연지역과 인위지역 사이에 완충지역을 배치한다.
② 인간의 이용을 중심으로 하는 구역과 자연지역을 별도 구분 없이 계획해야 한다.
③ 자연지역을 가능한 크게 만들고 통로를 설치하여 생물적 네트워크를 확보하는 것이 중요하다.
④ 생물 다양성의 유지·복원을 위해 일정 수준 이상의 공간이 확보되어야 한다.

**28. 환경계획 관련 국제협력 프로그램 중 람사르협약에 대한 설명으로 옳은 것은?**

① 1997년 이산화탄소를 비롯한 온실가스 방출을 제한하고자 하는 지구 온난화 방지를 위한 국제협약은 기후변화에 관한 유엔 기본협약이다.
② 오존층 파괴물질의 규제에 관한 국제협약으로서 1989년 1월부터 발효되었으며, 정식명칭은 오존층을 파괴시키는 물질에 대한 몬트리올 의정서이다.
③ 생물종의 멸종위기를 극복하기 위해서 체결된 국제협약으로, 유엔환경계획기구가 생물 다양성 문제에 대한 국제적 행동계획 수립을 결정하여 체결한 협약이 생물다양성 협약이다.
④ 습지파괴를 저지하기 위해 1971년 물새 서식 습

정답 → 23. ④ 24. ① 25. ② 26. ② 27. ② 28. ④

지대를 국제적으로 보호하기 위한 국제협력 프로그램은 물새 서식지로서 특히 국제적으로 중요한 습지에 관한 협약으로 「자연자원의 보전과 현명한 이용」에 관해 맺어진 최초의 정부 간 협약이다.

해 습지의 파괴를 저지하기 위해 1971년 이란의 람사에서 협약이 조인되었다. 정식명칭은 '물새 서식지로서 특히 국제적으로 중요한 습지에 관한 협약'으로 협약의 목적은 습지는 경제적·문화적·과학적 및 여가적으로 큰 가치를 가진 자원이며, 이의 손실은 회복될 수 없다는 인식하에 현재와 미래에 있어서 습지의 점진적 침식과 손실을 막는 것이다.

29. 1992년 브라질 리우 지구정상회의에서 채택된 생물다양성협약의 주요 목적에 해당하지 않는 것은?

① 생물다양성의 보존
② 다양한 생물다양성의 지속가능한 이용
③ 유전자원의 이용에 의해 발생되는 이익의 공정한 배분
④ 멸종위기에 처한 야생생물에 대한 상업적 국제거래 규제

해 ④ 멸종위기 야생동식물종의 국제거래에 관한 협약(CITES) 내용이다.

30. 생태공원 내에서 이루어지는 환경교육 내용으로 적절하지 않은 것은?

① 환경교육을 위한 프로그램은 모든 이용자들에게 공통적이고 일반적인 내용으로 작성되는 것이 바람직하다.
② 자연현상, 환경·문화적 지식 등을 전달하기 위한 환경교육 전개수법으로서 해설 및 해설자의 역할이 중요하다.
③ 해설자가 직접 수행하지 않는 팜플렛, 안내판, 전시물 등의 시설물도 간접적인 해설 서비스로 볼 수 있다.
④ 체험학습은 가설적 사고를 실제 행동으로 실행함으로써 이해의 과정을 구조화하는데 바람직하다.

해 ① 환경교육을 위한 프로그램은 이용자 수준과 환경적 특성을 내용으로 작성되는 것이 바람직하다.

31. 교토의정서에 규정된 온실가스의 짝으로 틀린 것은?

① 이산화탄소($CO_2$), 메탄($CH_4$)
② 아산화질소($N_2O$), 수소불화탄소(HFCs)
③ 과불화탄소(PFCs), 육불화황($SF_6$)
④ 일산화탄소(CO), 이산화황($SO_2$)

해 교토의정서에서는 기후변화에 막대한 영향을 미치는 6개 온실 가스를 별도로 구분하고 있다. 이산화탄소($CO_2$), 메탄($CH_4$), 아산화질소($N_2O$), 수소불화탄소(HFCs), 과불화탄소(PFCs), 육불화황($SF_6$)이다.

32. 하천유역의 면적·지형 등 하천유역의 특성에 따라 수계영향권을 구분하며, 이에 따라 구분된 대권역별 수질 및 수생태계 보전을 위한 기본계획은 몇 년 마다 수립되어야 하는가?

① 3년　　② 5년
③ 10년　　④ 20년

해 법이 개정되어 대권역 물환경관리계획(대권역계획)이라 한다.(물환경보전법)

33. 생태네트워크 유형분류 중 공간특성에 따른 분류가 아닌 것은?

① 지역적 차원　　② 사회적 차원
③ 국가적 차원　　④ 국제적 차원

34. 높이 10m 이상 되는 벽면의 녹화에서 식물의 신장량을 고려할 때 적용하기 가장 적합한 것은?

① 개다래　　② 등수국
③ 으아리　　④ 으름덩굴

해 등수국은 길이가 20m에 달하고 수간이나 바위에 붙어서 자란다.

35. 생태·자연도에 대한 설명으로 잘못된 것은?

① 생태·자연도는 항공사진과 인공위성자료를 참고하여 자연생태계를 식생, 야생동식물, 하천습지, 지형경관의 4가지 부문으로 구분한 것이다.
② 생태·자연도 등급을 평가하기 위한 기본축척은 1:50,000이며, 최소면적은 62,500㎡이다.
③ 별도관리지역은 보전되는 지역 중 역사적, 문화적, 경관적 가치가 있는 지역이거나 도시의 녹



정답 ➔ 29. ④ 30. ① 31. ④ 32. ③ 33. ② 34. ② 35. ②

지보전 등을 위하여 관리되고 있는 지역으로서 대통령령이 정하는 지역이다.

④ 식생보전 3등급에 해당하는 지역과 임상도 2영급 이상에 해당하는 지역은 생태·자연도 2등급에 속한다.

해 ② 생태·자연도 등급을 평가하기 위한 기본축척은 1:25,000이며, 최소면적은 2,500㎡이다.

36. 현존 식생 조사결과가 논 10ha, 과수원 10ha, 잣나무 조림지 10ha, 20년 미만의 신갈나무 군집 20ha로 조사되었다. 이 조사결과에서 녹지자연도 3등급에 해당하는 지역의 면적 비율(%)은?

① 10%　② 20%
③ 30%　④ 40%

해 논 2등급, 과수원 3등급, 잣나무 조림지 6등급, 20년 미만 조림지 6등급 이므로 과수원만 3등급에 해당된다.

$$\rightarrow \frac{10}{10+10+10+20} \times 100 = 20(\%)$$

37. 국토환경보전계획의 계획기조와 내용을 연결한 것 중 옳지 않은 것은?

① 인간과 자연의 공생 – 자연은 인간에게 생명과 삶의 터전을 제공
② 개발과 보전의 조화 – 환경의 건전성을 바탕으로 하는 상호보완적인 관계
③ 환경보전과 경제성장의 조화 – 환경보전과 경제성장은 상반관계
④ 현 세대와 미래 세대의 형평 – 미래 세대의 환경자원을 현 세대가 빌려 사용

해 ③ 종래에는 환경보전과 경제성장은 상반관계라는 인식이 지배했으나 지속가능한 발전을 위해서는 상호보완적 관계로 인식하여야 한다. 지속가능한 발전을 위한 '번영의 원칙'에 합당한 내용이다.

38. 생태건축계획에서 수동적 에너지 손실 방지 및 보존을 고려하기 위한 내용으로 거리가 먼 것은?

① 지형을 고려한 입지 선정
② 건물의 형태와 연결성
③ 건물의 방향
④ 건물 사용자

39. 생태·자연도 등급 변경을 신청할 때 구비해야 하는 첨부서류의 내용으로 틀린 것은?

① 해당 지역의 개요
② 생태·자연도 등급의 수정·보완 목적 및 사유
③ 당해 및 주변지역(반경 5km 이내)의 도시환경 현황 및 토지활용 상황
④ 기타 생태·자연도 등급변경에 필요한 입증자료

해 ③ 신청대상지를 포함한 주변지역(경계로부터 250m 이내)의 당해 또는 전년도의 자연환경 조사결과(동 · 식물상, 식생보전등급, 지형보전등급 등)

40. 다음 중 생태관광의 기본원칙으로 가장 거리가 먼 것은?

① 자연환경의 보전
② 관광객 편의성의 증진
③ 관광객의 환경인식 제고
④ 지역주민의 경제적, 사회적, 환경적 편익의 보장 및 증대

해 생태관광의 기본원칙 : 자연의 지속적인 보전에 기여하고, 환경교육 및 해설의 기회를 제공하며, 지역사회에 실질적으로 지속적인 혜택을 제공할 수 있어야 한다.

## 제3과목 생태복원공학

41. 비오톱을 구분하기 위해서는 다양한 요소들이 고려될 수 있다. 비오톱을 구분하는 항목과 거리가 먼 요소가 포함된 것은?

① 식생, 비생물 자연환경 조건, 면적
② 주변 서식지와의 연결성, 주변효과
③ 인위적 영향, 서식지에서의 종간관계
④ 서식지내 개체군의 크기, 외래종의 서식현황

42. 다음 중 도시화 지역과 같이 서식처가 단편화된 육상지역의 식물 번식 방법으로 가장 유리한 방법은?

① 풍산포　② 수산포
③ 기계산포　④ 저식형산포

43. 옥상녹화 유지보수 확보방안으로 저탄소녹색 기술을 가장 유용하게 적용한 것은?

① 저배수관 활용으로 우수저장

정답 → 36. ② 37. ③ 38. ④ 39. ③ 40. ② 41. ④ 42. ① 43. ④

② 기후에 적응하는 식물종 식재
③ 중수를 이용한 점적관수시스템
④ 태양발전시스템을 이용한 우수재활용시스템

해 저탄소녹색기술은 사회·경제 활동의 전 과정에 걸쳐 에너지와 자원을 절약하고 효율적으로 사용하여 온실가스 및 오염물질의 배출을 최소화하는 기술을 말한다.

44. 포유류의 멸종위기종 증식 및 복원을 위한 기술 중에서 사육시설 개발, 인공 증식 시스템 확립, 병리학적 위기 관리 체계 등이 속하는 분야는?

① 인공 증식 연구 ② 개체군 변동 연구
③ 서식지 특성 연구 ④ 자연으로의 복원 연구

45. 자연환경복원계획을 수립하기 위한 여러 요소의 설명으로 가장 거리가 먼 것은?

① 지형의 조사, 분석에서는 대상지의 경사, 고도, 방향 등을 위주로 하여야 한다.
② 토양은 자연적 식생 천이에 그리 중요한 요소는 아니나 초기 복원에 중요한 요소이다.
③ 수리, 수문, 수질의 조사와 분석은 습지, 하천, 넓은 유역의 계획에 중요한 요소이다.
④ 기후는 동식물분포, 식물의 발달, 천이에 영향을 끼칠 뿐만 아니라 인간의 형태에도 중요한 인자이다.

46. 도시림의 공익적 기능에 해당하지 않는 것은?

① 목재생산 기능 ② 토사유출방지 기능
③ 레크레이션 기능 ④ 자연학습장소 기능

47. 토양수분을 보존하는 방법 중 증산억제책에 해당하는 것은?

① 객토
② 토양개량제 사용
③ 인공피복자재 사용
④ C/N율이 높은 유기물 사용

48. 한 종의 개체군이 공간적으로 불연속적인 아개체군들로 구성될 때, 아개체군들의 집합 즉, 개체군의 최상위 집단으로서 개체군의 유형은?

① 메타개체군 ② 서브개체군
③ 지역개체군 ④ 국지개체군

49. 도시생태계의 특징에 해당하지 않는 것은?

① 이입종의 정착 ② 양치식물의 증가
③ 고차소비자의 부재 ④ 난지성종의 증가

50. 토양의 층에 따른 토양의 유형 설명으로 옳은 것은?

① A층 : 유기물질의 함량이 높으며, 생물체들의 활동이 가장 활발한 층이다.
② B층 : $CaCO_3$와 $CaSO_4$가 축적된 층이다.
③ C층 : 미세한 토양입자들로 잘 다져진 층으로서 밝은 갈색을 띠고 있다.
④ 전이층 : 낙엽, 떨어진 나뭇가지 등이 쌓여 생긴 층으로서 썩지 않은 낙엽 및 가지 등이 원상태로 있는 층이다.

51. 자기설계적 복원에 대한 설명이 아닌 것은?

① 수동적 복원이라고도 한다.
② 공학적인 식재 전략을 선호한다.
③ 시간의 흐름을 존중하는 접근이다.
④ 생태계의 능력과 잠재력을 강조하는 접근이다.

해 ② 공학적인 식재 전략을 선호하는 것은 설계적 복원 내용이다.

52. 육역과 수역, 수림과 초원 등 서로 다른 경관요소가 접하는 장소에 생기는 지역은?

① 패치(patch) ② 코리더(corridor)
③ 매트릭스(matrix) ④ 에코톤(ecotone)

해 ④ 에코톤(ectone)은 두 개의 이질적인 환경의 변이대로 짧은 거리에서 환경이 갑자기 바뀌기 때문에 일반적으로 생물의 종류가 풍부하다.

53. 훼손지환경녹화 공사용 재료인 석재로서 형상은 재두각추체에 가깝고, 전면은 거의 평면을 이루며 대략 정사각형으로서 뒷길이, 접폭면의 폭, 뒷면 등이 규격화된 쌓기용 석재는?

① 마름돌 ② 각석
③ 견치돌 ④ 야면석



정답 ➔ 44. ① 45. ② 46. ① 47. ③ 48. ① 49. ② 50. ① 51. ② 52. ④ 53. ③

54. 중력수에 대한 설명으로 틀린 것은?

① 토양 대공극에 있는 물은 투양에 보유되는 힘이 약하며 중력에 의해 쉽게 흘러내린다.
② 중력수의 이동이 거의 정지한 시점에 있어서 토양수 분량을 포장용수량이 한다.
③ 중력수에 의해 차지하는 공극 즉, 포장용수량에 있어서 기상이 되는 공극을 중력 공극이라 한다.
④ 중력수는 식물에 의해 대부분 불필요하게 과잉된 상태의 수분으로 적절한 배수에 의거 제거될 수 있다.

55. 생태연못 조성 위치상 잘못 된 곳은?

① 가급적 지하수위가 높은 곳
② 야생동물들의 접근이 용이한 곳
③ 건물이나 기존 수목 등에 의해 그늘이 많은 곳
④ 인근 생물 서식처로부터 생물종 유입이 용이한 곳

56. 생태복원 시 식물종 선정 방법으로 옳지 않은 것은?

① 자생식물종을 선정한다.
② 목표종이 필요로 하는 식물종을 선정한다.
③ 단층구조 형성에 유리한 식물종을 선정한다.
④ 복원할 지역의 환경 조건에 적합한 식물종을 선정한다.

해 ③ 생물다양성이 높고 자연친화적인 다층구조의 식물군락을 조성한다.

57. 생태통로 조성 시 서식 공간 보호를 위한 조치로 바람직하지 않은 것은?

① 도로의 위 또는 아래를 지나는 인공적 생태통로를 건설하여 생태계를 연결한다.
② 도로 등의 건설로 생물서식공간이 단절되는 경우 서식공간으로부터 분리하여 밖으로 우회 시킨다.
③ 육교형 통로는 주변이 트이고 전망이 좋은 지역을 선택하여 동물이 불안감을 느끼지 않고 건널 수 있도록 조성한다.
④ 파이프형 암거는 일반적으로 박스형에 비하여 대형동물이 이용 가능하도록 설계한다.

해 ④ 파이프형 암거는 일반적으로 박스형 암거에 비하여 주로 소형의 동물이 이용하도록 설계한다.

58. 토양의 입단화에 대한 설명이 아닌 것은?

① 점토는 수화반경이 작아 입자들의 엉킴현상을 증진시킨다.
② 유기물이 부식되어 감에 따라 점토의 입단화를 돕는다.
③ 식물의 가능 뿌리와 토양 생물의 활동, 사상균과 방선균의 활동은 토양 입단화를 촉진한다.
④ 단립구조의 토양 입자들은 토양을 입단화하는 접착제 역할을 한다.

59. 우리나라의 석재 중에서 가장 많은 것은?

① 현무암 ② 안산암
③ 화강암 ④ 응회암

60. 생태통로 구조물 중 육교형과 터널형의 설명으로 틀린 것은?

① 주변 지형상 육교형은 절토부, 터널형은 성토부에 적합하다.
② 긴거리를 이동하는 경우 터널형이 적합하다.
③ 육교형은 도로상부에 설치되므로 조망 및 빛과 공기 흐름이 양호하다
④ 터널형의 경우 특정종이 이용하는 반면 육교형의 경우 비교적 많은 종의 이용이 가능하다.

해 ② 긴거리를 이동하는 경우 터널형은 개방도를 높이는 데 여러 한계가 있으므로 육교형이 적합하다.

## 제4과목 **경관생태학**

61. 커다란 서식처가 두 개 이상의 작은 서식처로 나뉘는 파편화의 영향으로 알맞지 않은 것은?

① 침투효과 ② 장벽과 격리화
③ 혼잡효과 ④ 국지적 멸종

해 서식지 분단화(파편화)의 영향으로는 초기배제효과, 장벽효과(격리화), 혼잡효과, 국지적 멸종이 있다.

62. 지구의 생물상은 기후의 대규모 변화에 반응하게 된다. 반응방식은 장기간에 걸쳐 일어나 생물의 분포 변

정답 ➔ 54. ③ 55. ③ 56. ③ 57. ④ 58. ④ 59. ③ 60. ② 61. ① 62. ④

화에 영향을 주는데 이와 거리가 먼 것은?

① 생물은 진화하고 종분화를 일으킨다.
② 멀리 떨어진 곳으로 이주한다.
③ 이주거리는 각 종의 내성한계와 이동능력에 따라 달라진다.
④ 두 종이 합쳐져 더 강한 종이 되어 살아남는다.

63. 벡터 데이터의 구성요소 중 점, 선, 면에 따라 정보 차원이 달리 구성되어 저장되는 것은?

① 위상구조　② 메타데이터
③ 기하학 정보　④ 래스터 데이터

해 ① 위상구조 : 점, 선, 면 등의 공간형상들 간의 공간관계 정보를 제공한다.
② 메타데이터 : 데이터는 아니나 데이터에 대한 유용한 정보를 목록화한 것이다.
④ 래스터 데이터 : 실세계 공간현상을 일련의 셀(cell)들의 집합으로 표현한다.

64. 인공구조물에 의해 연안경관의 변화를 창출하는 방법이 아닌 것은?

① 돌제　② 인공식재
③ 이안제(離岸堤)　④ 부유식 방파제

해 인공구조물에 의한 연안경관의 변화를 창출하는 방법에는 돌제, 이안제, 방파제, 양빈 등이 있다.

65. 경관을 구성하는 지형, 토질, 식생 등의 경관 단위가 자연적 조건과 인위적 조건의 영향을 받아 수평적으로 또는 규모적으로 배치된 형태를 일컫는 경관생태학 용어는?

① 경관모자이크(Landscape Mosaic)
② 경관패치(Landscape Patch)
③ 경관코리더(Landscape Corridor)
④ 경관단위(Landscape Unit)

66. 보전생물학과 복원생태학을 비교한 설명이 틀린 것은?

① 보전생물학은 개별 종 또는 개체군의 복원에, 복원생태학은 장기적인 생태계의 기능회복에 관심을 갖는다.
② 보전생물학은 유전자 또는 개체군이, 복원생태학은 군집 또는 생태계가 연구대상이다.
③ 보전생물학은 서술적, 이론적인, 복원생태학은 실험적 접근방법을 이용한다.
④ 복원을 위한 주요 개념으로 보전생물학은 극상을, 복원생태학은 천이를 사용한다.

해 ④ 복원을 위한 주요 개념으로 보전생물학은 메타개체군, 존속최소개체군을, 복원생태학은 천이를 사용한다.

67. 산림생태계의 생태적 천이 중 특성이 다른 것은?

① 습성 천이　② 자발적 천이
③ 2차 천이　④ 건성 천이

해 ①②④ 1차천이
2차천이 : 인위적·자연적 교란에 의한 천이, 타발적 천이

68. 비오톱 타입의 재생기간이 짧은 것부터 차례로 나열한 것은?

| ㉠ 부영양수역의 식생 |
|---|
| ㉡ 채석장, 동굴에만 서식하는 종 |
| ㉢ 1년생 초본군락 |
| ㉣ 빈영양수역의 식물 |

① ㉢ → ㉠ → ㉣ → ㉡
② ㉠ → ㉢ → ㉣ → ㉡
③ ㉢ → ㉡ → ㉠ → ㉣
④ ㉢ → ㉠ → ㉡ → ㉣

해 ㉠ 8~15년, ㉡ 100~200년, ㉢ 1~4년, ㉣ 20~30년

69. 우리나라의 온대림을 대표하는 수종이 아닌 것은?

① 밤나무　② 단풍나무
③ 물푸레나무　④ 후박나무

해 ④ 후박나무는 난대림 수종이다.

70. 야생동물의 이동유형에 대한 설명으로 가장 옳은 것은?

① 분산 – 야생동물이 주기적으로 이동하는 것
② 계절적 이동 – 야생동물의 일시적인 이동이 아니라 태어난 지역을 떠나 영구히 이동하는 것
③ 세력권 – 둥지를 중심으로 다른 개체들과 공동


정답 ➜ 63. ③ 64. ② 65. ① 66. ④ 67. ③ 68. ① 69. ④ 70. ③

으로 사용하지 않고 자신만이 배타적으로 사용하는 고유영역

④ 서식지 분할 – 야생동물이 먹이를 구하기 위해 혹은 천적으로부터 자신을 방어하기 위해 매일 혹은 주기적으로 이동하면서 서식지를 바꾸는 것

해 ① 분산은 개체들이 생존과 번식을 위해 그들이 태어나거나 부화한 곳 또는 그들 종자의 생산지로부터 멀리 새로운 서식지나 지역으로 이동하는 것을 말한다.
② 계절적 이동은 야생동물의 일시적으로 이동하는 것을 말한다.

71. 경관의 변화에 따른 수문학적 현상의 해석으로 가장 거리가 먼 것은?

① 지피상태를 바꾸는 토지이용과 도시화는 지하로 침투되는 빗물의 양을 감소시킨다.
② 벌목에 의한 임상의 변화는 증발산의 양을 감소시킨다.
③ 삼림이 경작지로 바뀌는 경우 지하수가 상승하여 토양에 염분을 집적시킬 수 있다.
④ 지피상태를 바꾸는 도시화는 증발산량과 지하로 침투되는 빗물의 양을 감소시키고, 지표를 통해 하천으로 흐르는 물의 양도 감소시킨다.

해 ④ 지표를 통해 하천으로 흐르는 물의 양은 증가한다.

72. 지리정보체계(GIS)의 기능적 요소가 아닌 것은?

① 자료 전처리 ② 자료관리
③ 조정 및 분석 ④ 플로트

해 지리정보체계(GIS)의 기능적 요소들은 5가지로서 자료획득, 자료의 전처리, 자료관리, 조정과 분석, 결과출력이 있다.

73. 척도를 뛰어넘는 경관 패턴의 외삽을 가능하게 하고 미세 규모의 측정값으로 광역화 패턴을 예측하게 해주는 경관생태학의 새 이론은?

① 프랙털 이론(fractal theory)
② 중립 이론(neutral theory)
③ 침투 이론(percolation theory)
④ 자기조직임계(self-organized criticality)

74. 종 또는 개체군의 복원을 위한 방법이라고 보기 어려운 것은?

① 포획번식 ② 유전자 전이
③ 방사 ④ 이주

해 ①③④ 메타개체군을 이용한 복원방법

75. GIS 데이터(data)의 구성요소 중 위계가 잘 연계된 것은?

① 공간데이터, 속성데이터, 메타데이터
② 속성데이터, 벡터 데이터, 데이터베이스
③ 속성데이터, 래스터 데이터, 인공위성데이터
④ 공간데이터, 벡터 데이터, CAD데이터

76. 지수성장(Sigmoid curve)의 설명으로 틀린 것은?

① 수용능력이 존재한다.
② 환경저항으로 불리는 인자가 존재한다.
③ 개체군이 적을 경우 성장이 빠르게 나타난다.
④ 공간과 먹이자원이 무한히 공급되어 성장이 지속적이다.

해 지수성장의 특징은 개체군의 밀도가 높아지면 필연적으로 생활공간의 감소, 먹이부족, 질병증가, 천적증가 등 환경저항을 받게 되어 생장이 방해받기 때문에 S자형태로 타나나며 평행상태에서 일정하게 유지되는 경향이 있다.

77. 광산·채석장의 유형 구분 및 계획 시 고려할 사항이 아닌 것은?

① 복구목표
② 채광·채석 종료 시 형상
③ 훼손지의 규모
④ 서식처의 파편화

78. 남한 생태지역의 구분으로 여름에 가장 서늘하고 겨울에도 춥지 않고 해안을 따라 산지경사가 급하고 연어의 회귀로 유명한 남대천과 금강송이 있는 지역은?

① 울영해안지역 ② 강원해안지역
③ 남해동부지역 ④ 남해서부지역

79. 산림의 자연성을 파악하는 도면으로 자연생태 및 환경적 가치를 판단할 수 있는 지표로서 식생과 토지이

정답 ➔ 71. ④ 72. ④ 73. ① 74. ② 75. ④ 76. ④ 77. ④ 78. ② 79. ①

용현황에 따라 산림공간의 상태를 등급화한 도면은?

① 녹지자연도　　② 임상도
③ 현존식생도　　④ 산지이용구분도

해 녹지자연도는 인간에 의한 간섭의 정도에 따라 식물군락이 가지는 자연성의 정도를 수역(0등급)과 육역(10등급)을 포함하여 11등급으로 나눈 지도를 말한다.

80. 최근 경관생태학에 대한 관심이 높아지면서 도시림을 비롯한 농·산촌지역의 2차 식생의 중요성으로 가장 옳은 것은?

① 생물종다양성의 보호, 환경보호림, 쾌적한 전원공간
② 목재생산, 자연휴양림, 생물서식공간
③ 자연공원, 생물서식공간, 임산자원
④ 퇴비생산, 버섯재배, 목재생산

## 제5과목 자연환경관계법규

81. 생물다양성 보전 및 이용에 관한 법률상 환경부장관은 해양생태계의 보전 및 관리에 관한 법률에 따른 해양생물로서 해양에만 서식하는 해양생물을 제외한 외래생물 관리를 위한 기본계획을 수립하여야 하는데, 이에 관한 사항으로 옳지 않은 것은? ①

① 환경부장관은 외래생물 관리를 위한 기본계획을 10년마다 수립하여야 한다.
② 환경부장관은 외래생물관리계획을 수립할 때에는 관계 중앙행정기관의 장과 미리 협의하여야 한다.
③ 환경부장관은 외래생물관리계획의 수립 또는 변경을 위하여 관계 중앙행정기관의 장 및 시·도지사에게 필요한 자료의 제출을 요청할 수 있다.
④ 시·도지사는 외래생물관리계획에 따라 외래생물 관리를 위한 시행계획을 매년 수립·시행하여야 한다.

해 ① 환경부장관은 외래생물 관리를 위한 기본계획을 5년마다 수립하여야 한다.
·법이 개정되어 외래생물관리계획에 대한 부분은 삭제되었다.

82. 생물다양성 보전 및 이용에 관한 법률상 국가는 아래 항목의 사업을 시행하는 지방자치단체 또는 관련 단체에 그 비용의 전부 또는 일부를 국고로 보조할 수 있는데, 그 해당사업으로 거리가 먼 것은? (단, 그 밖의 사항 등은 고려하지 않는다.)

① 생물다양성관리계약의 이행
② 생태계교란 생물 관리에 관한 사업
③ 유해야생동물의 포획 장려사업
④ 전문인력의 양성사업 및 교육·홍보 사업

해 ①②④ 외에 생물다양성과 생물자원 관련 연구사업, 기술개발 촉진 및 공동연구 지원사업, 그 밖에 생물다양성 보전을 위한 사업이 있다.

83. 야생생물 보호 및 관리에 관한 법률상 이 법을 위반하여 야생동물을 포획할 목적으로 총기와 실탄을 같이 지니고 돌아다니는 자에 대한 벌칙 기준은?

① 3년 이하의 징역 또는 3천만원 이하의 벌금
② 2년 이하의 징역 또는 2천만원 이하의 벌금
③ 1년 이하의 징역 또는 1천만원 이하의 벌금
④ 5백만원 이하의 과태료

84. 국토기본법에 명시된 국토종합계획에 관한 설명으로 옳지 않은 것은?

① 국토교통부장관은 국토종합계획안을 작성하였을 때에는 공청회를 열어 일반국민과 관계 전문가 등으로부터 의견을 들어야하며, 공청회를 개최하고자 하는 때에는 공청회 개최 7일 전까지 개최에 필요한 사항을 일간신문에 공고하여야 한다.
② 국토교통부장관은 국토종합계획을 수립하거나 확정된 계획을 변경하고자 할 때에는 국토정책위원회와 국무회의의 심의를 거친 후 대통령의 승인을 받아야 한다.
③ 국토교통부장관은 국토종합계획의 성과를 정기적으로 평가하고, 사회적, 경제적 여건변화를 고려하여 5년마다 국토종합계획을 전반적으로 재검토하고 필요하면 정비하여야 한다.
④ 심의안을 받은 관계중앙행정기관의 장 및 시·도지사는 특별한 사유가 없으면 심의안을 받은 날부터 30일 이내에 국토교통부장관에게 의견을 제시하여야 한다.


정답 → 80. ① 81. ① 82. ③ 83. ③ 84. ①

해 ① 국토교통부장관은 국토종합계획안을 작성하였을 때에는 공청회를 열어 일반국민과 관계 전문가 등으로부터 의견을 들어야하며, 공청회를 개최하고자 하는 때에는 공청회 개최 14일 전까지 개최에 필요한 사항을 일간신문에 공고하여야 한다.

85. 국토기본법령상 중앙행정기관의 장 및 시·도지사가 수립하는 국토종합계획 실행을 위한 소관별 실천계획은 몇 년 단위로 작성하는가?

① 1년　② 3년
③ 5년　④ 10년

86. 국토의 계획 및 이용에 관한 법률상 토지의 이용실태 및 특성, 장래의 토지이용 방향 등을 고려하여 구분한 용도지역으로 옳지 않은 것은?

① 도시지역　② 생산지역
③ 관리지역　④ 자연환경보전지역

해 국토의 용도 구분에는 도시지역, 관리지역, 농림지역, 자연환경보전지역이 있다.

87. 독도 등 도서지역의 생태계 보전에 관한 특별법상 환경부장관은 특정도서의 자연생태계 등을 보전하기 위하여 몇 년마다 특정도서보전 기본계획을 수립하는가?

① 5년　② 10년
③ 15년　④ 20년

88. 다음은 환경정책기본법상 중권역환경관리위원회에 관한 사항이다. (　)안에 알맞은 것은?

| 중권역관리계획을 심의·조정하기 위하여 중권역환경관리위원회를 두며, 이 위원회는 위원장 1명을 포함한 ( ㉠ )의 위원으로 구성하고, 위원장은 ( ㉡ )이 된다. |
|---|

① ㉠ 15명 이내, ㉡ 환경부차관
② ㉠ 15명 이내, ㉡ 유역환경청장 또는 지방환경청장
③ ㉠ 30명 이내, ㉡ 환경부차관
④ ㉠ 30명 이내, ㉡ 유역환경청장 또는 지방환경청장

89. 독도 등 도서지역의 생태계 보전에 관환 특별법상 특정도서 안에서 가축의 방목 등의 제한된 행위를 한 자에 대한 벌칙기준으로 옳은 것은? (단, 군사·항해·조난구호 행위 등 필요하다고 인정하는 행위 등은 제외)

① 7년 이하의 징역 또는 7천만원 이하의 벌금
② 5년 이하의 징역 또는 5천만원 이하의 벌금
③ 3년 이하의 징역 또는 3천만원 이하의 벌금
④ 1년 이하의 징역 또는 1천만원 이하의 벌금

90. 백두대간 보호에 관한 법률상 보호지역 중 완충구역에서 허용되지 아니하는 행위를 한 자에 대한 벌칙기준으로 옳은 것은?

① 10년 이하의 징역 또는 1억원 이하의 벌금에 처한다.
② 7년 이하의 징역 또는 5천만원 이하의 벌금에 처한다.
③ 5년 이하의 징역 또는 3천만원 이하의 벌금에 처한다.
④ 3년 이하의 징역 또는 2천만원 이하의 벌금에 처한다.

해 법이 개정되어 5년 이하의 징역 또는 5천만원 이하의 벌금

91. 습지보전법상 습지보전을 위해 설치할 수 있는 시설 중 가장 거리가 먼 것은?

① 습지연구시설　② 습지준설복원시설
③ 습지오염방지시설　④ 습지생태관찰시설

92. 환경정책기본법령상 하천의 수질 및 수생태계 기준 중 "1,2 디클로로에탄"의 기준값(mg/L)으로 옳은 것은? (단, 사람의 건강보호 기준)

① 0.01 이하　② 0.02 이하
③ 0.03 이하　④ 0.05 이하

93. 자연환경보전법상 토지이용 및 개발계획의 수립이나 시행에 활용할 수 있도록 하기 위하여 자연환경 조사 결과 등을 기초로 하여 전국의 자연환경을 1등급, 2등급, 3등급 권역 및 별도관리 지역으로 구분하여 작성한 것은?

① 생태·보전도　② 환경·생태도
③ 자연·생태도　④ 생태·자연도

정답 → 85. ③ 86. ② 87. ② 88. ④ 89. ② 90. ③ 91. ② 92. ③ 93. ④

94. 자연공원법상 공원관리청이 자연공원을 효과적으로 보전하고 이용할 수 있도록 구분한 용도지구에 포함되지 않는 것은?

① 공원자연환경지구 ② 공원마을지구
③ 공원자연보존지구 ④ 공원자연생태지구

해 자연공원의 용도지구는 공원자연보존지구, 공원자연환경지구, 공원마을지구, 공원문화유산지구로 구분된다.

95. 다음은 자연환경보전법상 용어의 정의이다. (   )안에 알맞은 것은?

> "자연유보지역"이라 함은 사람의 접근이 사실상 불가능하여 생태계의 훼손이 방지되고 있는 지역중 군사상의 목적으로 이용되는 외에는 특별한 용도로 사용되지 아니하는 무인도로서 대통령령이 정하는 지역과 관할권이 대한민국에 속하는 날부터 (   )의 비무장지대를 말한다

① 1년간 ② 2년간
③ 3년간 ④ 5년간

96. 야생생물 보호 및 관리에 관한 법률 시행령상 환경부장관은 수렵동물의 지정 등을 위하여 야생동물의 종류 및 서식밀도 등에 대한 조사를 주기적으로 실시하여야 하는데, 그 최소한의 주기로 옳은 것은?

① 1년마다 ② 2년마다
③ 3년마다 ④ 4년마다

97. 환경정책기본법령상 "CO"의 대기환경기준 항목 측정을 위한 측정방법으로 가장 적합한 것은?

① 자외선형광법 ② 화학발광법
③ 비분산적외선분석법 ④ 자외선광도법

해 법이 개정되어 측정방법은 삭제되었다.

98. 야생생물 보호 및 관리에 관한 법률 시행규칙상 생물자원보전시설을 설치 · 운영하고자 하는 자가 그 시설을 등록하고자 할 때 갖추어야 할 각 요건(기준)으로 옳은 것은?

① 인력요건 : 생물자원과 관련된 분야의 석사 이상 학위 소지자로서 해당 분야에서 1년이상 종사한 자
② 인력요건 : 생물자원과 관련된 분야의 학사 이상 학위 소지자로서 해당 분야에서 2년 이상 종사한 자
③ 표본보전시설 : 60제곱미터 이상의 수장시설
④ 열풍건조시설 : 10마력 이상의 건조스팀발생시설

해 ② 인력요건 : 생물자원과 관련된 분야의 학사 이상 학위 소지자로서 해당 분야에서 3년 이상 종사한 자
③ 표본보전시설 : 66제곱미터 이상의 수장시설

99. 다음은 자연환경보전법상 생태 · 자연도에 관한 설명이다. (   )안에 알맞은 것은?

> 생태·자연도는 ( ㉠ )의 지도에 실선으로 표시하여야 하며, 환경부장관은 생태·자연도를 작성하는 때에는 ( ㉡ ) 국민의 열람을 거쳐 작성하여야 한다.

① ㉠ 5만분의 1 이상, ㉡ 7일 이상
② ㉠ 5만분의 1 이상, ㉡ 14일 이상
③ ㉠ 2만5천분의 1 이상, ㉡ 7일 이상
④ ㉠ 2만5천분의 1 이상, ㉡ 14일 이상

100. 습지보전법상 환경부장관 등이 습지보호지역 안에서 규정에 위반한 행위를 하여 원상회복을 명하였으나 이를 위반한 자에 관한 벌칙기준으로 옳은 것은?

① 5년 이하의 징역 또는 5천만원 이하의 벌금에 처한다.
② 3년 이하의 징역 또는 3천만원 이하의 벌금에 처한다.
③ 2년 이하의 징역 또는 2천만원 이하의 벌금에 처한다.
④ 1년 이하의 징역 또는 1천만원 이하의 벌금에 처한다.


정답 → 94. ④ 95. ② 96. ② 97. ③ 98. ① 99. ④ 100. ③

# ❖ 2017년 자연생태복원기사 제 3 회

2017년 8월 26일 시행

## 제1과목 환경생태학개론

**01. 생물군집에서 여러 다른 종들 사이에 일어날 수 있는 상호관계가 아닌 것은?**

① 공생　　② 기생
③ 호흡　　④ 경쟁

**02. 극상군집과 관련된 설명이 아닌 것은?**

① 방해극상　　② 다극상설
③ 개척군집　　④ 단극상설

해 ③ 개척군집은 천이계열과 관련된 것이다.

**03. 남아메리카의 팜파스(pampas), 아프리카의 벨트(veldt)와 사바나(savanna)로 대표되는 육상 생태계의 종류는?**

① 초원　　② 사막
③ 열대 우림　　④ 온대 낙엽수림

**04. 생태계는 영양적(Trophic)인 입장에서 두 개의 구성요소를 갖는다. 이중 무기물을 사용하여, 복잡한 유기물질의 합성을 주로 하는 것은?**

① 독립영양부분(autotrophic component)
② 종속영양부분(heterotrophic component)
③ 대형소비자(macroconsumers)
④ 섭식영양자(phagotrophs)

해 ②③④ 모두 무기물을 유기물로 합성하지 못한다.

**05. 수소 순환에서 수소 소비에 관여하는 미생물은?**

① Oxygenic photosynthetic bacteria
② Budding bacteria
③ Nitrifying bacteria
④ Homoacetogenic bacteria

해 ① 산소성광합성박테리아, ② 출아세균
③ 질화세균, ④ 수소이용세균

**06. 지표종(indicator species)에 대한 설명으로 틀린 것은?**

① 내성범위가 좁은 종은 넓은 종보다 더 확실한 지표가 된다.
② 희소종일수록 좋은 지표종이다.
③ 환경조건이 극단적으로 악화되어도 생존이 가능한 종은 그런 환경조건에 대한 좋은 지표종이다.
④ 보통 몸이 작은 종은 큰 종보다 더 좋은 지표종이 된다.

**07. 농약을 사용하지 않는 해충구제 방법에 해당되지 않는 것은?**

① 생물학적 조절
② 유전적 조절
③ 호르몬과 페로몬 이용법
④ 유기인제의 살포

**08. 토양침식의 주된 원인이 아닌 것은?**

① 과도한 목축　　② 과도한 경작
③ 간벌　　④ 산림제거

해 ③ 간벌은 나무의 발육을 돕기 위해 불필요한 나무를 솎아 베어 내는 것으로 하층식생 제거로 인한 경쟁해소와 밀도 감소의 효과가 있다.

**09. 공진화(coevolution)에 대한 설명으로 옳지 않은 것은?**

① 둘 이상의 종이 상호작용하여 일어나는 진화이다.
② 두 종 모두에서 일어나는 변화이다.
③ 많은 군집들이 수 세대 동안 진화를 반복하면서 발전되어 왔다.
④ 상리공생하는 군총에서는 공진화가 필요 없다.

해 공진화란 서로 다른 개체군이 오랜 시간에 걸쳐서 상호작용하게 되면 한 종의 유전자풀(pool)이 다른 종의 유전자풀의 변화를 유도하게 되는 것으로, 상호작용하는 두 종이 상호의존하며 진화하는 것을 말한다.

**10. 생물상이 다양하며 담수생물과 육상생물의 서식처로서의 양면성을 가지는 생태계는?**

정답 ➜ 01. ③　02. ③　03. ①　04. ①　05. ④　06. ④　07. ④　08. ③　09. ④　10. ②

① 연안 ② 습지
③ 육수 ④ 정수

11. 해양에서 오염의 정도를 지시해주는 오염지표종에 대한 설명으로 옳지 않은 것은?

① 오염이 극심해지는 최후까지 견딜 수 있다.
② 환경이 회복됨에 따라 점차로 서식밀도가 감소한다.
③ 대부분 생활사가 길고, 몸이 크며, 연중산란이 가능한 기회종으로 구성되어 있다.
④ 오염의 진행에 따라 다른 종들은 개체수가 감소하고, 지표종은 더 많은 개체수를 보인다.

해 ③ 기회종(opportunistic species)은 종에 대한 예측이 불가능하고 급변하는 환경에서 급격하게 성장하거나 번식하는 경향이 있는 종이므로 지표종으로 부적합하다.

12. 생태계의 에너지 흐름 과정의 순서가 옳은 것은?

① 열에너지 → 화학에너지 → 빛에너지
② 빛에너지 → 화학에너지 → 열에너지
③ 빛에너지 → 열에너지 → 화학에너지
④ 화학에너지 → 열에너지 → 빛에너지

13. 다음의 설명에 해당되는 것은?

| 유기체와 환경사이를 왔다갔다 하는 화학원소들의 순환 경로 |
|---|

① 물질 순환 ② 에너지 순환
③ 생지화학적 순환 ④ 생물종 순환

14. 생물학적 체제에서 가장 상위계급은?

① 분자 ② 조직
③ 군집 ④ 개체

해 ③ 군집이란 같은 장소에서 같은 시간에 생활하고 있는 개체군들의 집합체이다.

15. 여름에 온대지방의 호수들은 깊이에 따라 표수층, 중수층(수온약층), 심수층으로 나누어지는 데, 이들의 설명으로 틀린 것은?

① 수중 용존산소량은 표수층이 가장 높고, 심수층이 적다.
② 수심에 따른 밀도는 표수층에서는 낮게 유지되고, 심수층에서는 높게 유지된다.
③ 표수층은 심수층에 비해 산소와 영양염이 충분한 층이다.
④ 수온약층은 온도가 급격히 변하는 변수층이다.

해 ③ 표수층은 심수층에 비해 산소의 농도는 높으나 영양염은 낮다.

16. 온대지역의 조간대 가장자리에 한시적으로 높은 밀도의 해조류 군집이 우점하는 계절은? ④

① 봄철 ② 여름철
③ 가을철 ④ 겨울철

해 ④ 겨울철에 엽록소 함량이 증가하여 부족한 빛을 보상하기에 광합성효율이 좋아지게 되기 때문이다.

17. 생물 개체군은 어떤 특정 공간을 점유하는 동일한 종으로 구성된 집합체로서 통계적인 몇 가지 특성을 가지고 있다. 이에 해당되지 않는 것은?

① 밀도 및 분산 ② 출생율과 사망율
③ 연령분포 ④ 생활형

해 ①②③ 이외에 생물번식능력, 생장형 등이 있다.

18. 개체군의 구조 유형 중에서 자연환경조건이 균일하지만 서로 모이기를 싫어하는 개체군들에서 나타나는 분포형은?

① 규칙분포(uniform distribution)
② 임의분포(random distribution)
③ 집중분포(clumped distribution)
④ 고립분포(isolated distribution)

19. 생물이 살아가는 환경에 있어 내성범위에 관한 설명으로 옳지 않은 것은?

① 생물은 내성범위의 중앙에서 가장 잘 자라는 최적범위를 갖는다.
② 금붕어가 살 수 있는 수온의 내성범위는 6~36.6℃ 이다.
③ 생물이 자라는 정도와 환경요인과의 관계에 있어 S자 모양의 곡선을 나타낸다.


정답 ➔ 11. ③ 12. ② 13. ③ 14. ③ 15. ③ 16. ④ 17. ④ 18. ② 19. ③

④ 콩의 광합성은 30℃ 정도에서 가장 빠르다.

해 ③ 개체군의 생장정도와 환경요인과의 관계에 있어 S자 모양의 곡선을 나타낸다.

20. 수생생태계 서식 생물그룹을 보편적인 3그룹으로 구분하면?

① 조류(Algae), 원생동물(Protozoa), 후생동물(Metazoa)
② 플랑크톤(Plankton), 유영생물(Nekton), 저서생물(Benthos)
③ 박테리아(Bacteria), 생산자(Producer), 어류(Fish)
④ 부착미소조류(Periphyton), 절지동물(Arthropod),척추동물(Vertebrate Animals)

## 제2과목 환경계획학

21. 어메니티 플랜의 기본방침으로 가장 거리가 먼 것은?

① 지역의 특성을 감안하여 시민의 의향을 충분히 반영한 개성적인 계획이어야 한다.
② 계획의 내용은 실현가능성이 있어야 한다.
③ 민·관의 역할 구분 없이 지역경제의 활성화에 우선적으로 기여할 수 있어야 한다.
④ 종래 행해져 왔던 개별 시책, 신규 시책과 유기적인 연계관계를 가져야 한다.

해 ③ 민 · 관의 역할분담을 명확히 하여 시민, 기업, 각종 단체 등의 민간활력을 적극적으로 활용한다.

22. 환경친화적인 하천정비계획의 기본방향이라고 볼 수 없는 것은?

① 하천의 제반기능이 조화된 체계적인 하천관리
② 수환경 및 하천공간과의 일체화된 정비
③ 친수성회복과 지역사회에 부응하는 하천정비
④ 특정 구간의 친수성 회복을 위해 단기적으로 집중정비

해 ①②③ 외에 하천생태계의 보전과 복원, 거시적인 안목과 지속적인 유지관리 등이 있다.

23. 경관 조각 모양의 특성을 설명하는 주요 속성이 아닌 것은?

① 굴곡　　② 신장
③ 연결성　　④ 둘레

해 경관조각의 4가지 속성은 신장, 굴곡, 내부, 둘레이다.

24. 생물종의 감소를 방지하고 생물자원의 합리적 이용을 위해 1992년 6월 리우데자네이루에서 채택된 협약은?

① 람사협약　　② 생물다양성협약
③ 사막화방지협약　　④ 기후변화협약

25. 환경의 자정능력에 대한 설명으로 틀린 것은?

① 변화에 적응하고 균형을 유지한다.
② 수질, 대기, 토양분야에 주로 적용된다.
③ 생태계의 자정능력에는 일정한 한계가 있다.
④ 오염물질의 배출 초과와는 관련이 없다.

해 ④ 환경이 갖는 자체 정화능력으로 인하여 어느 정도 원상회복이 가능하나(탄력성) 일정 이상의 손상에는 복원력(자정능력)이 떨어져 회복하지 못하게 된다.

26. 도시지역에서 비오톱의 기능에 해당하지 않는 것은?

① 도시민의 휴식 공간
② 환경교육을 위한 실험지역
③ 난개발방지를 위한 개발 유보지
④ 도시생물종의 은신처 및 이동통로

해 ①②④ 외에 자연과의 친근감 조성과 이해, 지구적 환경보전 의식의 양성, 생물다양성 유지, 완전한 에코사이클 실현, 지구규모 수준으로 연계 · 발전 등이 있다.

27. 생물다양성의 유지·복원을 위한 환경계획으로 틀린 것은?

① 인간의 이용을 중심으로 하는 구역과 자연지역을 구분 없이 계획해야 한다.
② 생물 다양성의 유지·복원을 위해 일정 수준 이상의 수평공간이 확보되어야 한다.
③ 자연지역을 가능한 한 크게 만들고 통로를 설치하여 생물적 네트워크를 확보하는 것이 중요하다.
④ 자연지역과 인위지역 사이에 완충지역을 배치한다.

정답 → 20. ② 21. ③ 22. ④ 23. ③ 24. ② 25. ④ 26. ③ 27. ①

28. OECD에서 채택한 환경지표 설정을 위한 요소로 인간과 환경의 대응 관계에 대한 3가지 구조요소에 해당하지 않는 것은?

① 계획(plan)
② 환경상태(state)
③ 대책(response)
④ 환경에의 부하(pressure)

29. 토지관련 주제도 중 전 국토를 대상지역으로 하지 아니하고 주로 도시화지역을 대상으로 구축하는 주제도는?

① 토지특성도　② 토지이용현황도
③ 생태·자연도　④ 토지피복지도

30. 생태환경 복원 및 녹화의 목적을 달성하기 위한 추진 방향으로 옳지 않는 것은?

① 자연회복을 도와주도록 하여야 한다.
② 자연의 군락을 재생·창조 하여야 한다.
③ 자연흐름과 물리적으로 구분되는 방법으로 군락을 재생하여야 한다.
④ 자연에 가까운 방법으로 군락을 재생하여야 한다.

해 ③ 식물천이 촉진을 도모한다는 관점으로 자연흐름을 존중하여야 한다.

31. 환경계획의 접근방법에 가장 부합하는 것은?

① 개발가능지 확보를 위한 계획적 접근시도
② 경사, 표고, 경관, 수문분석 등 주로 물리적환경 위주의 대상지 분석
③ 해당지역과 주변지역을 포함한 유역권 전체에 대한 조사 및 분석
④ 개발의 결과로 제기되는 환경오염의 사후처리에 대한 내용에 비중

32. 생태네트워크를 구성하는 요소가 아닌 것은?

① 핵심지역　② 개발지역
③ 완충지역　④ 생태적 코리더

33. 수질정화를 위한 습지 조성 시 습지의 기능이 아닌 것은?

① 홍수 시 초기 유량을 담수시켜 수질을 개선한다.
② 어류 및 야생생물을 위한 서식처를 확보한다.
③ 환경생태공원 및 생태학습장을 조성할 수 있다.
④ 유지, 관리가 다른 수질개선방법에 비해 쉬우나 비용이 많이 든다.

해 ④ 유지·관리가 다른 수질개선방법에 비해 쉽고 비용이 적게 든다.

34. 환경계획의 입지선정 요소 중 중요하게 활용되고 있는 경사도 100%의 도수로 적당한 것은?

① 45도　② 30도
③ 15도　④ 10도

35. 환경문제의 특성에 해당되지 않는 사항은?

① 엔트로피 감소　② 상호관련성
③ 광역성　④ 시차성

해 환경문제의 특성으로는 상호관련성, 광역성, 시차성, 탄력성과 비가역성, 엔트로피 증가 등이 있다.

36. 지속가능한 발전(ESSD)의 개념 중 맞지 않는 것은?

① 1987년 브룬트란트(Brundtland) 보고서에서 최초로 언급되었다.
② 경제와 환경을 동시에 고려하기는 어렵다.
③ 생태적 회복성, 경제성장, 형평성의 내용을 담고 있다.
④ 미래세대의 후생을 저해하지 않는 범위 내에서 현재의 필요를 충족시킨다.

해 ② 지속가능한 발전이란 지속가능성에 기초하여 경제의 성장, 사회의 안정과 통합, 환경의 보전이 균형을 이루는 발전을 말한다.

37. 가렛 하딘(garrett hardin)의 「공유지의 비극」에 해당하지 않는 것은?

① 개인의 이익을 극대화하려고 한다.
② 각각의 목장주에게 할당된 가축이 있다.
③ 공공재의 중요성에 대해 기술하고 있다.
④ 자연자원은 무한하므로 관리가 필요하지 않다.

해 공유지의 비극이란 미국의 생물학과 교수인 개럿 하딘에



정답 → 28. ① 29. ① 30. ③ 31. ③ 32. ② 33. ④ 34. ① 35. ① 36. ② 37. ④

의해 만들어진 개념으로 지하자원, 초원, 공기, 호수에 있는 고기와 같이 공동체 모두가 사용해야 할 자원을 사적 이익을 주장하는 시장의 기능에 맡겨 두면 자원이 고갈될 위험에 처하는 것에 대하여 일정한 초지와 목장주의 예를 들어 설명하였다. 개인들의 이익 추구에 의해 전체의 이익이 파괴되어 공멸을 자초한다는 개념이다.

**38.** 어떤 일정한 생명집단 및 사회 속에서 3차원적이고 지역적으로 다른 것들과 구분되는 생명 공간 단위에 해당하는 것은?

① 비오톱(biotope) ② 식생(vegetation)
③ 종(species) ④ 개체군(population)

**39.** 훼손된 자연을 회복시키고자 하는 세 가지 단계에 해당되지 않는 것은?

① 복구 ② 복원
③ 보호 ④ 재배치

**40.** 환경부에서 추구하고 있는 자연환경보전계획의 실천 목표들로 가장 바람직한 것은?

① 자연환경 관리기반 구축, 친환경적 국토관리, 생물 다양성 보전 및 관리 강화
② 지구온난화 예방 및 $CO_2$ 감축 방안, 자연자산의 지속 가능한 이용, 친환경적 국토 관리
③ 생물다양성 보전 및 관리강화, 자연공원조성 확대, 자연보호 교육·홍보 강화
④ 남·북한 및 국제협력 강화, 자연환경 관리기반 구축, 친환경농업 홍보 강화

해 ① 외에 자연자산의 지속가능한 이용, 자연보호 교육·홍보 강화, 남·북한 및 국제협력 강화 등이 있다.

## 제3과목 생태복원공학

**41.** 일반적으로 생태계 중 단위 면적당 가장 많은 생물다양성을 보유할 수 있는 것은?

① 삼림 ② 사막
③ 초지 ④ 습지

**42.** 생태복원 대상지역에 영향을 미치는 주변 지역을 조사하여, 복원 예정 지역에 미치는 영향을 파악하는 것은?

① 지역적 맥락(regional context)의 조사
② 역사적 자료의 조사
③ 원형(prototype)의 조사
④ 생태적 기반 조사

**43.** 최대 침투능이 100㎜/hr인 지역에 강우강도 90㎜/hr로 비가 왔을 때, 지표유출량이 30㎜/hr이었다면 투수능(㎜/hr)은?

① 70 ② 60
③ 30 ④ 10

해 침투량 90−30=60(㎜/hr)

**44.** 부레옥잠, 개구리밥과 같이 물속으로 뻗는 뿌리줄기가 항상 수면을 떠다니는 식물은?

① 정수식물 ② 부엽식물
③ 침수식물 ④ 부유식물

해 부유식물의 종류에는 부레옥잠, 개구리밥, 생이가래 등이 있다.

**45.** 다음 표는 산지 1㏊당 경사도별 단끊기 시공 연장표이다. ( )에 알맞은 계단 연장은? (단, 표의 면적은 1㏊(가로 100m, 세로 100m)를 기준으로 산출)

| 경사도 | 30° |
|---|---|
| 직고(m) / 단끊기직고(m) | 80m |
| 2.0m | ( )m |

① 2000 ② 3000
③ 4000 ④ 16000

해 계단연장 $L = \frac{\text{단끊기할 대상지의 직고}}{\text{단끊기할 단의 직고}} \times \text{가로길이}$

$\rightarrow \frac{80}{2.0} \times 100 = 4,000(m)$

**46.** 산림은 자연에 적응하면서 거기에 적합한 형태의 산림으로 구성된 후 안정된다. 이 때 안정 상태로의 진입형태로 볼 수 있는 산림형태는?

① 아까시나무림 ② 참나무림
③ 잣나무림 ④ 전나무림

해 ② 참나무림은 천이과정 중 후기에 속한다.

정답 ➧ 38. ① 39. ③ 40. ① 41. ④ 42. ① 43. ② 44. ④ 45. ③ 46. ②

47. 비탈다듬기 공사에 사용되는 토사량 산출식은? [단, V:토사량(㎥), A:A의 단면적, $A_1$:$A_1$의 단면적, L:A와 $A_1$의 거리(m)이다.]

① $V = (A + A_1) / 2L$
② $V = 2L / (A + A_1)$
③ $V = 2(A + A_1) / L$
④ $V = (A + A_1)L / 2$

48. 광산지역의 복원계획 수립 시 우선적으로 고려해야 할 사항으로 가장 거리가 먼 것은?

① 대규모 자연림 조성 계획
② 서식처의 복원 계획
③ 채광 계획
④ 지형복구 및 표토 활용 계획

49. 키가 큰 수목 위주의 식물군락 복원과 주위 재래종의 침입이 가능하며, 식물 생육이 양호하고, 피복이 완성되면 표면침식은 거의 없는 비탈면의 기울기는?

① 60도 이상　② 45~60도
③ 35~40도　④ 30도 이하

50. 기 조성된 도시 생태계에서 자연보호와 종보호를 위한 지침으로 올바른 것은?

① 지역의 특징적인 경관은 무시될 수 있다.
② 도시전체의 자연개발은 도시의 발전방향과는 무관하게 계획되어야 한다.
③ 도시개발에서 기존의 오픈스페이스와 생태계 연결성을 고려하지 않는다.
④ 도시전체에서 비오톱 연결망을 구축하고 그 안에서 기존 오픈스페이스가 연결되도록 한다.

51. 토양의 물리성에 대한 설명 중 틀린 것은?

① 토양을 구성하는 삼상은 고상, 액상, 기상으로 구성되어 있다.
② 토양 삼상 분포는 고체입자의 충진 정도나 건습상태를 나타내는 지표이다.
③ 토양 삼상은 식물의 뿌리생장과 밀접한 관계가 있다.
④ 토양경도는 토양 내 고상의 함량을 나타내는 지표이다.

해 ④ 토양경도는 토양의 단단한 정도를 나타낸 지표이다.

52. 일반적인 식생천이의 단계로 맞는 것은?

① 나지→1,2년생초본→다년생초본→관목→음지성교목→내음성교목→극상
② 나지→다년생초본→관목→내음성교목→호양성교목→극상
③ 나지→1,2년생초본→다년생초본→관목→호양성교목→내음성교목→극상
④ 나지→1,2년생초본→관목군락→호양성교목→호습성교목→내음성교목→극상

53. 야생화 초지의 복원기법에 대한 설명으로 적합하지 않은 것은?

① 야생화 초지의 설계 요소로는 색깔, 질감, 식물의 형태, 층위 등이 있다.
② 야생화 초지에 영향을 미치는 주요 요소는 토양, 광량, 천이 등이 있다.
③ 파종은 춘파는 10~11월에 파종하고, 추파는 3~4월이 적합하다.
④ 야생초화류 식재시공 시 이용할 식물재료는 규격묘를 사용해야 한다.

해 ③ 파종은 춘파는 3~4월에 파종하고, 추파는 10~11월이 적합하다.

54. 양서·파충류의 이동통로 설계 시 고려해야 할 사항으로 틀린 것은?

① 채식지, 휴식지, 동면지의 훼손이 발생했을 경우 인위적인 복원이 필요하다.
② 집수정 주변에 철망이나 턱을 설치하여 침입을 방지하고 탈출을 용이하게 해준다.
③ 도로의 경우 차량의 높이보다 높은 교목을 설치한다.
④ 횡단배수관의 경사를 완만하게 한다.

55. 토양수분의 분류 중 틀린 것은?

① 토양입자와 결합 강도의 크기에 따라 결합수, 흡습수, 모세관수, 중력수로 구분된다.


정답 ➔ 47. ④ 48. ① 49. ④ 50. ④ 51. ④ 52. ③ 53. ③ 54. ③ 55. ②

② 결합수는 토양 수분의 한 성분으로서 식물에게 흡수되어 토양 화합물의 성질에 영향을 주지 않는다.
③ 모세관수는 토양공극 중 모세관에 채워지는 물이다.
④ 중력수는 중력에 의해 아래로 흘러내리는 물로서 토양 입자 사이를 자유롭게 이동하는 물이다.

해 ② 결합수란 화학적으로 결합되어 있는 물로서 가열해도 제거되지 않고 식물이 직접적으로 이용할 수 없는 물이다.

56. 관수저항 일수가 가장 긴 녹화용 식물은?

① 갈대 ② 큰부들
③ 속새 ④ 송악

해 관수저항성은 물에 잠긴 상태에서 작물이 피해를 입지 않는 성질을 말하는데 속새는 물 빠짐이 좋지 않은 습지의 햇볕이 잘 들어오지 않는 생육환경에서도 잘 자란다.

57. 분사식 씨뿌리기 공법 중에서 습식종자뿜어붙이기의 특징으로 가장 거리가 먼 것은?

① 두껍게 뿜어 붙이기를 할 수 없는 단점이 있다.
② 혼합한 물량에 의하여 뿜어 붙일 때의 토양이 유실되기 쉽다.
③ 건식종자뿜어붙이기공법에 비하여 뿜기 도달거리가 길어 시공성이 좋다.
④ 건식종자뿜어붙이기공법에 비하여 뿜기 압력이 높고, 혼합한 물량이 많으므로 뿜기작업할 때에 뿜기 재료의 유실이 적다.

58. 토양수분의 보존 방법으로 옳지 않은 것은?

① 피복법으로서 톱밥, 볏짚, 낙엽 등의 재료로 토양을 덮어주거나, 가장 많이 쓰이는 것은 비닐멀칭과 페이퍼멀칭이다.
② 바람이 심한 건조기에 하는 방법으로 지표면을 얕게 호미질하거나 얕게 갈아서 하층과의 모세관의 연결을 끊어주고 그 위에 흙으로 피복하여 수분증발을 억제한다.
③ 바람이 부는 방향과 직각으로 방풍 울타리나 방풍 식재를 한다.
④ 나지의 경우 식물 식재 전에 콩과식물 등을 미리 심으면 질소 고정작용에 의한 토양개선 효과가 있고 수분을 유지시켜 준다.

59. 식물종자에 의한 유전자 이동의 방법 중 동물에 의한 산포방법이 아닌 것은?

① 기계형산포 ② 부착형산포
③ 피식형산포 ④ 저식형산포

해 ① 기계형산포는 자동산포라고도 하며 모체 자신이 종자를 흩어지게 하는 기구를 가지고 있다.

60. 매립지 복원공법의 하나로 하부층(세립 미사질 토층)에 파일을 박아 하단부 투수층까지 연결한 후 파일 파이프 안에 모래, 사질양토, 자갈 등을 넣어 배수를 원활히 하는 방법은?

① 사주법 ② 사구법
③ 전면객토법 ④ 대상객토법

## 제4과목 경관생태학

61. Landsat TM 위성자료의 활용에 대한 설명으로 옳은 것은?

① 밴드1은 엽록소 흡수 및 식물의 종분화 등을 알 수 있다.
② 밴드4는 활력도 및 생물량 추정에 용이하다.
③ 밴드6은 육역과 수역의 분리에 용이하다.
④ 밴드7은 식생의 구분에 적합하다.

해 ① 밴드1은 물의 투과에 의한 연안역 조사, 토양 · 식생의 판별, 산림의 유형조사 인공물의 식별 등을 알 수 있다.
③ 밴드6은 식생 stress 분석, 토양수분 판별, 온도분포 측정에 용이하다.
④ 밴드7은 광물 및 암석유형 판별, 식생의 수분 정도를 구별할 수 있다.

62. 옥상녹화의 필요성으로 알맞지 않은 것은?

① 대기 정화
② 매트릭스 코리더 형성
③ 도시 홍수 지연
④ 건축물의 냉난방 에너지 절약효과

해 옥상녹화의 효과로는 ①③④ 외에 수질정화, 소음경감, 도시열섬화 완화, 생태계 복원, 점적 코리더, 도시경관 향상 등이 있다.

정답 ➔ 56. ③ 57. ④ 58. ② 59. ① 60. ① 61. ② 62. ②

63. 비오톱 조성계획에서 고려해야 할 경관생태학적 요소가 아닌 것은?

① 서식지의 면적과 수
② 코리도(Corridor)와 완충대
③ 주변경관의 특성
④ 교통에 의한 접근성

64. 결절지역에 대한 설명으로 가장 적절한 것은?

① 이질적인 성격을 갖는 등질지역의 집합
② 동질적인 성격을 갖는 공간적 확대
③ 동일조건하에 놓인 지역 전체
④ 목적으로서 계획의 영역

해 ②③④ 등질지역

65. 우리나라의 산림경관 중 건조하기 쉬운 산능선이나 암반 노출지역에 나타나는 산림식생은?

① 굴참나무림 ② 서어나무림
③ 잣나무림 ④ 소나무림

66. 다음 학문 중 연구대상의 크기 순으로 바르게 나열한 것은?

① 복원생태학 〉 경관생태학 〉 보전생물학
② 복원생태학 〉 보전생물학 〉 경관생태학
③ 경관생태학 〉 복원생태학 〉 보전생태학
④ 경관생태학 〉 보전생태학 〉 복원생태학

해 보전생물학은 개체수준의 복원, 복원생태학은 군집수준의 복원, 경관생태학은 다양한 군집 또는 생태계의 집합인 경관복원에 치중한다.

67. 에코톱의 개념에 대한 설명으로 가장 적합한 것은?

① 공간적 상호관련성을 갖는 최소한의 토지속성
② 하나의 지리적 단위에서 land system의 조합
③ 주변 경관에 영향을 미치며 인간생활에 변화를 유도하는 토지이용체계
④ 지권의 토지속성 중 최소한 하나에서 동질성을 갖는 가장 작은 총체적인 토지단위

68. 섬생물지리학 이론 중 옳지 않은 것은?

① 큰 섬에는 작은 섬보다 더 많은 종이 분포한다.
② 종 소멸은 작은 섬보다 큰 섬에서 더 잘 일어난다.
③ 육지에서 가까운 섬의 정착(=이입)율은 멀리 떨어진 섬보다 높다.
④ 대륙에서 가까운 섬에는 멀리 떨어진 섬보다 더 많은 종이 분포한다.

해 ② 종 소멸은 큰 섬보다 작은 섬에서 더 잘 일어난다.

69. 다음 설명 중 ( )에 해당하지 않는 것은?

| 천이과정을 완전하게 이해하기 위해서는 교란의 ( ), ( ), ( ) 요인을 이해해야 한다. |
|---|

① 강도 ② 크기
③ 계절 ④ 빈도

70. 도로 건설, 도시 개발, 댐 건설 등 인간의 개발활동에 의하여 발생하는 파편화의 정도를 측정하는데 사용되는 항목이 아닌 것은?

① 파편화된 패치의 배열
② 패치의 형태
③ 파편화된 패치의 수와 면적
④ 주변 식물상구조의 변화

해 ①②③ 외 패치 간의 이격거리도 고려한다.

71. 가장자리(edge) 특성의 설명 중 틀린 것은?

① 가장자리는 생물학적 풍요의 상징이다.
② 가장자리에서는 높은 종 풍부도와 밀도를 나타난다.
③ 대체적으로 굴곡과 변화가 많아 구조가 복잡한 가장자리에서 종다양성과 생태적 잠재력이 높다.
④ 경관조각(patch)의 크기가 클수록 가장자리 종의 수는 감소한다.

72. 광산·채석장과 같은 대단위 훼손지역에서 자연경관의 보전 및 관리를 위해 반드시 고려해야 할 사항으로 가장 거리가 먼 것은?

① 경관이 어떻게 기능하는가?
② 무엇이 경관을 훼손하는가?
③ 경관의 보전은 어느 부서에서 하는가?



정답 → 63. ④ 64. ① 65. ④ 66. ③ 67. ④ 68. ② 69. ③ 70. ④ 71. ④ 72. ③

④ 우리가 경관을 되살릴 수 있는가?

73. 도시농업과 관련된 설명 중 틀린 것은?

① 화석연료는 농업의 생산성과 경작규모를 증대시켰다.
② 전통적 농업체계의 에너지 투입은 사람과 가축에 의해 이루어져 왔다.
③ 재활용을 통해 새로운 에너지 생성이 가능하다.
④ 한 생태계의 유지를 위하여 다른 생태계로부터 에너지가 투입되는 것이 에너지 보조이다.

74. 천이에 대한 설명으로 가장 적합하지 않은 것은?

① 생태계 외부의 힘으로 진행되는 2차천이를 타발적 천이라 한다.
② 종이 다양해지고 현존 생태량이 증가하게 되면 진행적 천이라 한다.
③ 극상군집상태에서 다시 어린 수목이 자라는 현상을 퇴행적 천이라 한다.
④ 1차천이 중 암석지나 사구 등에서 시작되는 것은 건성 천이라 한다.

해 ③ 극상군집상태에서 외부적 환경에 의해 극상식생이 수명을 다해서 다시 어린 수목이나 그 조건이 맞는 다른 식생형이 자라게 되는 것을 순환적 천이라 하며, 퇴행적 천이란 정상적인 천이를 방해하는 어떤 것의 영향으로 천이계열이 역행하는 구조로 진행되어 생체량의 감소 및 단순하고 빈약한 종들로 구성되는 과정의 천이를 말한다.

75. 매립지의 식생복원 시 복토하는 토양에 주변의 산림토양과 유사한 토양조건을 만들어주고 미래의 식생을 예측하여 식생복원을 유도하는 방법은?

① 천이촉진 ② 천이억제
③ 천이순응 ④ 군락조성

76. 지리정보시스템(GIS)의 구성요소가 아닌 것은?

① 자료(data)
② 소프트웨어와 하드웨어
③ 이용자
④ 인공지능

해 지리정보시스템(GIS)란 자료(data)와 소프트웨어, 하드웨어, 분석기법, 사람의 5대 요소를 가지고 자료를 입력, 설계, 저장, 분석, 출력 등 일련의 과정을 총괄하는 것을 말한다.

77. 잘 형성된 가장자리 군락의 순서가 맞는 것은?

① 소매군락 → 망토군락 → 삼림군락
② 망토군락 → 삼림군락 → 소매군락
③ 망토군락 → 소매군락 → 삼림군락
④ 삼림군락 → 망토군락 → 소매군락

78. 토지이용과 경관변화를 살펴보기 위하여 과거와 현재의 인공위성영상을 분석한 주제도는?

① 토지이용도 ② 토지피복분류도
③ 생태자연도 ④ 녹지자연도

79. 패치(patch)의 크기에 대한 설명 중 옳은 것은?

① 큰 패치가 작은 두개의 패치로 나뉘어지면, 내부종의 개체군의 크기와 수를 증가시킨다.
② 큰 패치가 두개의 패치로 나뉘어지면, 주연부 서식처는 줄어들고 종의 개체군은 커진다.
③ 종이 국지적으로 멸종할 가능성은 패치 크기가 작고 서식처 질이 낮아질수록 높아진다.
④ 큰 패치는 더 많은 서식처를 가지게 되고, 작은 패치보다 더 적은 종을 포함하게 된다.

해 ① 큰 패치가 작은 두 개의 패치로 나누어지면, 내부 서식처 감소로 내부종의 개체군 크기와 개체 수가 감소한다.
② 큰 패치가 두 개의 패치로 나누어지면, 주연부 서식처는 증가하고 주연부종의 개체수는 약간 증가한다.
④ 큰 패치는 더 많은 서식처를 가지게되어 더 많은 종을 포함하게 된다.

80. 비오톱의 보호 및 조성의 원칙에 해당하지 않는 것은?

① 비오톱 조성 시 동일한 기본면적단위를 우선적으로 적용한다.
② 조성 대상지 본래의 자연환경을 복원하고 보전한다.
③ 비오톱 조성의 설계 시 이용소재는 그 지역 본래의 것으로 한다.
④ 회복, 보전할 생물의 계속적 생존을 위하여 이에 상응하는 수질의 용수를 확보하도록 한다.

정답 → 73. ③ 74. ③ 75. ① 76. ④ 77. ① 78. ② 79. ③ 80. ①

해 ① 비오톱 조성 시 형태와 면적이 다양하도록 조성하며, 비오톱 타입에 필요한 최소면적을 확보한다.

## 제5과목 자연환경관계법규

**81. 생물다양성 보전 및 이용에 관한 법률 규정에 따른 생태계교란 생물(지정고시)이 아닌 것은?**

① 뉴트리아 ② 파랑볼우럭(블루길)
③ 붉은귀거북속 전종 ④ 비바리뱀

해 생태계교란 생물에는 ①②③ 외에 황소개구리, 큰입배스, 꽃매미, 붉은불개미, 돼지풀, 단풍잎돼지풀, 서양등골나물, 털물참새피, 물참새피, 도깨비가지, 애기수영, 가시박, 서양금혼초, 미국쑥부쟁이, 양미역취, 가시상추, 갯줄풀, 영국갯끈풀 등이 있다.
④ 멸종위기 야생생물 Ⅰ급(양서류 · 파충류)

**82. 야생생물 보호 및 관리에 관한 법률 시행령상 생물자원의 분류·보전 등에 관한 관련 전문가와 가장 거리가 먼 것은?**

① 생물자원 관련 분야의 학사학위 이상 소지자로서 해당 분야에서 3년 이상 종사한 사람
② 생물자원 관련 분야의 석사학위 이상 소지자로서 해당 분야에서 1년 이상 종사한 사람
③ 「국가기술자격법」에 따른 자연환경기사
④ 「국가기술자격법」에 따른 생물분류기사

**83. 다음은 환경정책기본법상 국가환경종합계획의 수립에 관한 내용이다. ( )안에 알맞은 것은?**

> 환경부장관은 관계 중앙행정기관의 장과 협의하여 국가 차원의 환경보전을 위한 종합계획을 ( )마다 수립하여야 한다.

① 1년 ② 5년
③ 10년 ④ 20년

**84. 자연공원법령상 국립공원위원회의 "특별위원"에 해당하는 자는? (단, 나머지는 위원)**

① 그 공원구역면적의 1천분의 1 이상의 토지를 기증한 자로서 환경부장관이 위촉하는 자
② 자연공원에 관한 학식과 경험이 풍부한 자로서 환경부장관이 위촉하는 자
③ 국립공원관리공단 상임이사 중 이사장이 지명하는 자
④ 대한불교조계종 사회부장

해 특별위원에는 ①과 해당 공원구역을 관할하는 특별시·광역시·특별자치시·도 또는 특별자치도(시·도)의 행정부시장 또는 행정부지사(부지사)가 해당된다.

**85. 습지보전법상 습지보호지역으로 지정·고시된 습지를 공유수면 관리 및 매립에 관한 법률에 따른 면허없이 매립한 자에 대한 벌칙기준으로 옳은 것은?**

① 5년 이하의 징역 또는 5천만원 이하의 벌금에 처한다.
② 3년 이하의 징역 또는 3천만원 이하의 벌금에 처한다.
③ 2년 이하의 징역 또는 2천만원 이하의 벌금에 처한다.
④ 1년 이하의 징역 또는 1천만원 이하의 벌금에 처한다.

**86. 야생생물 보호 및 관리에 관한 법률 시행규칙상 멸종위기 야생생물 Ⅱ급(해조류)에 해당하는 것은?**

① 만년콩 Euchresta japonica
② 삼나무말 Coccophora langsdorfii
③ 한란 Cymbidium kanran
④ 암매 Diapensia lapponica var. obovata

해 ①③④ 멸종위기 야생생물 Ⅰ급(육상식물)

**87. 백두대간 보호에 관한 법률상 보호지역 중 완충구역에서 허용되지 아니하는 행위를 한 자에 대한 벌칙기준은?**

① 7년 이하의 징역 또는 5천만원 이하의 벌금
② 5년 이하의 징역 또는 3천만원 이하의 벌금
③ 3년 이하의 징역 또는 2천만원 이하의 벌금
④ 2년 이하의 징역 또는 1천만원 이하의 벌금

해 법이 개정되어 5년 이하의 징역 또는 5천만원 이하의 벌금

**88. 국토의 계획 및 이용에 관한 법률 시행령상 국토교통부장관, 시·도지사 또는 대도시 시장이 용도지구를 규정에 의하여 도시·군관리계획결정으로 세분하여 지정**



정답 ➜ 81. ④ 82. ③ 83. ④ 84. ① 85. ② 86. ② 87. ② 88. ④

할 수 있는 지구와 거리가 먼 것은?

① 복합개발진흥지구
② 역사문화환경보존지구
③ 자연취락지구
④ 시가지미관지구

해 엄밀히 적용하면, "② 역사문화환경보존지구"가 아닌 "역사문화환경보호지구"이다.

89. 자연환경보전법상 전이구역안에서 토지의 형질변경을 행하여 자연생태·자연경관을 훼손시킨 자에 대한 벌칙기준으로 옳은 것은?

① 5년 이하의 징역 또는 5천만원 이하의 벌금에 처한다.
② 3년 이하의 징역 또는 3천만원 이하의 벌금에 처한다.
③ 2년 이하의 징역 또는 2천만원 이하의 벌금에 처한다.
④ 1년 이하의 징역 또는 1천만원 이하의 벌금에 처한다.

90. 국토기본법상 국토계획의 구분에 해당되지 않는 것은?

① 광역종합계획 ② 부문별계획
③ 시·군종합계획 ④ 지역계획

해 국토계획은 국토종합계획, 도종합계획, 시·군 종합계획, 지역계획 및 부문별계획으로 구분한다.

91. 독도 등 도서지역의 생태계 보전에 관한 특별법상 특정도서로 지정될 수 있는 도서와 가장 거리가 먼 것은? (단, 그 밖에 자연생태계 등의 보전을 위하여 환경부장관 등이 필요하다고 인정한 도서는 제외)

① 역사적으로 유래가 깊고 유적과 유물이 많은 도서
② 화산, 기생화산, 용암동굴 등 자연경관이 뛰어난 도서
③ 희귀동·식물, 멸종위기동·식물, 그 밖에 우리나라 고유 생물종의 보존을 위하여 필요한 도서
④ 지형 또는 지질이 특이하여 학술적 연구 또는 보전이 필요한 도서

해 특정도서의 지정

1. 화산, 기생화산(寄生火山), 계곡, 하천, 호소, 폭포, 해안, 연안, 용암동굴 등 자연경관이 뛰어난 도서
2. 수자원(水資源), 화석, 희귀 동식물, 멸종위기 동식물, 그 밖에 우리나라 고유 생물종의 보존을 위하여 필요한 도서
3. 야생동물의 서식지 또는 도래지로서 보전할 가치가 있다고 인정되는 도서
4. 자연림(自然林) 지역으로서 생태학적으로 중요한 도서
5. 지형 또는 지질이 특이하여 학술적 연구 또는 보전이 필요한 도서
6. 그 밖에 자연생태계등의 보전을 위하여 광역시장, 도지사 또는 특별자치도지사(시·도지사)가 추천하는 도서와 환경부장관이 필요하다고 인정하는 도서

92. 독도 등 도서지역의 생태계 보전에 관한 특별법상 특정도서 안에서 제한되는 행위와 거리가 먼 것은?

① 도로의 신설 ② 택지의 조성
③ 가축의 방목 ④ 조난구호의 행위

93. 국토의 계획 및 이용에 관한 법률상 "자연환경보전지역"의 건폐율 최대한도 기준으로 옳은 것은?

① 90퍼센트 이하 ② 70퍼센트 이하
③ 40퍼센트 이하 ④ 20퍼센트 이하

94. 자연공원법규상 공원관리청이 규정에 의해 징수하는 점용료 또는 사용료 요율기준 중 "토지의 개간"의 기준요율은?

① 수확예상액의 100분의 5 이상
② 수확예상액의 100분의 15 이상
③ 수확예상액의 100분의 25 이상
④ 수확예상액의 100분의 50 이상

95. 자연공원법상 자연공원에 해당하지 않는 공원은?

① 국립공원 ② 도립공원
③ 사설공원 ④ 군립공원

해 자연공원이란 국립공원·도립공원·군립공원 및 지질공원을 말한다.

96. 야생생물 보호 및 관리에 관한 법률 시행령상 국제적 멸종위기종의 수출·수입 허가의 취소 등과 관련하여 살아 있는 국제적 멸종위기종의 생존을 위하여 긴급

정답 ➜ 89. ③ 90. ① 91. ① 92. ④ 93. ④ 94. ③ 95. ③ 96. ④

한 경우에는 즉시 필요한 보호조치를 할 수 있는데 이 때 이송할 수 있는 보호시설 또는 그 밖의 적절한 시설과 가장 거리가 먼 것은? (단, 그 밖의 고시기관 등은 인정하지 않는다.)

① 국가와 지방자치단체가 운영하는 생물자원관
② 국립수산과학원(해양생물 및 수산생물만 해당)
③ 서식지외보전기관
④ 농촌진흥청 국립농업과학배양원(식물만 해당)

해 ④ 농촌진흥청 국립농업과학원(곤충류만 해당)

97. 자연환경보전법상 이 법에서 사용하는 용어 정의로 옳지 않은 것은?

① "생물다양성"이라 함은 육상생태계 및 수생생태계(해양생태계를 제외한다)와 이들의 복합생태계를 포함하는 모든 원천에서 발생한 생물체의 다양성을 말하며, 종내·종간 및 생태계의 다양성을 포함한다.
② "소(小)생태계"라 함은 생물다양성을 높이고 야생동·식물의 서식지간의 이동가능성 등 생태계의 연속성을 높이거나 특정한 생물종의 서식조건을 개선하기 위하여 조성하는 생물서식공간을 말한다.
③ "자연유보지역"이라 함은 멸종위기종 야생동·식물의 서식처로서 중요하거나 생물다양성이 풍부하여 특별히 보전할 가치가 큰 지역을 말한다.
④ "생태·자연도"라 함은 산·하천·내륙습지·호소(湖沼)·농지·도시 등에 대하여 자연환경을 생태적 가치, 자연성, 경관적 가치 등에 따라 등급화하여 법규정에 의하여 작성된 지도를 말한다.

해 ③ "자연유보지역"이라 함은 사람의 접근이 사실상 불가능하여 생태계의 훼손이 방지되고 있는 지역중 군사상의 목적으로 이용되는 외에는 특별한 용도로 사용되지 아니하는 무인도로서 대통령령이 정하는 지역과 관할권이 대한민국에 속하는 날부터 2년간의 비무장지대를 말한다.

98. 환경정책기본법령상 해역의 생태기반 해수수질 기준에서 II등급(좋음)의 수질평가 지수값(Water Quality Index)은?

① 10~13　② 15~23
③ 24~33　④ 34~46

해 생태기반 해수수질 기준

| 등급 | 수질평가 지수값 |
|---|---|
| I(매우 좋음) | 23 이하 |
| II(좋음) | 24~33 |
| III(보통) | 34~46 |
| IV(나쁨) | 47~59 |
| V(아주 나쁨) | 60 이상 |

99. 자연환경보전법령상 중앙행정기관의 장이 환경부장관과 협의하여야 할 자연환경보전과 직접적인 관계가 있는 주요 시책 또는 계획으로 가장 거리가 먼 것은?

① 「산림문화·휴양에 관한 법률」규정에 따른 자연휴양림의 지정
② 「해양개발기본계획법」규정에 따른 해양수산자원개발·보급계획
③ 「광업법」규정에 따른 광업개발계획
④ 「문화재보호법」규정에 따른 천연기념물의 지정

해 ①③④ 외에 「산업집적 활성화 및 공장설립에 관한 법률」에 따른 유치지역의 지정계획, 「자유무역지역의 지정 등에 관한 법률」에 따른 자유무역지역의 지정 등이 있다.

100. 환경정책기본법령상 오존($O_3$)의 대기환경기준으로 옳은 것은? (단, 8시간 평균치)

① 0.02ppm 이하　② 0.05ppm 이하
③ 0.06ppm 이하　④ 0.10ppm 이하


정답 → 97. ③ 98. ③ 99. ② 100. ③

# ❖ 2018년 자연생태복원기사 제 1 회

2018년 3월 4일 시행

## 제1과목 환경생태학개론

**01. 툰드라(Tundra)의 설명으로 틀린 것은?**

① 북쪽의 극지에 해당한다.
② 교란발생 시 회복에 오랜 기간이 걸린다.
③ 봄과 여름이 오면 토양의 아래층은 그대로 영구동토로 남아 있으나 표층은 해동된다.
④ 건생식물이 우점한다.

해 ④ 툰드라 지역은 강수량은 적으나 증발량도 적어 습윤한 환경을 유지하고 있으며, 주로 지의류, 선태류, 벼과, 사초과 등이 우점한다.

**02. 생물학적 영향을 미치는 금속류에 대한 설명 중 맞지 않는 것은?**

① 경금속(light metals) – 나트륨, 칼륨, 칼슘 등 양이온으로 수중에 분포
② 전이금속(transitional metals) – 나트륨, 칼륨, 칼슘 등 양이온으로 수중에 분포
③ 전이금속(transitional metals) – 철, 구리, 코발트, 망간 등 미량원소이나 고농도에서는 유독함
④ 중금속(heavy metals or metalloids) – 수은, 납, 주석, 셀레늄, 비소 등 저농도에서도 유해함

**03. 빨판상어와 상어의 관계와 같이 다른 한 쪽은 전혀 영향을 받지 않는 경우를 가르키는 것은?**

① 종간경쟁　② 편해공생
③ 편리공생　④ 상리공생

해 ③ 고래의 피부에 붙어사는 따개비, 제비깃털에 묻어 운반되는 조류, 왜가리 다리에 붙어 운반되는 수생식물 종자 등도 편리공생에 속한다.

**04. 대기오염물질의 중요한 제한요인 중 육상생태계의 교란을 일으키는 원인이 아닌 것은?**

① 빛의 조사량과 광도
② 생물들의 내성한계
③ 온도상승에 따른 기후변화
④ 기후변화에 따른 강우량의 변동

해 ①③④의 영향에 따라 원생태계의 변화가 일어난다.

**05. 수은(Hg)을 함유하는 폐수가 방류되어 오염된 바다에서 잡은 어패류를 섭취함으로서 발생하는 병은?**

① 이따이이따이병　② 미나마타병
③ 피부흑색병　④ 골연화증

해 ② 미나마타병은 수은중독으로 인한 질환이다.

**06. 생물이 생태계에서 차지하는 위치와 신분으로서 생태계 기능상의 위치를 의미하는 것은?**

① niche　② biotop
③ habitat　④ ecosystem

해 ① 지위, ② 소생태계, ③ 서식처, ④ 생태계

**07. 다음 중 추이대에 적합하지 않은 항목은?**

① 구조가 다른 두 군집 사이의 전이지대이다.
② 어떠한 특성 공간을 점유하는 같은 종의 생물 집단이다.
③ 산림과 초원의 군집, 연질과 경질의 해저 군집 등의 이행부에서 볼 수 있다.
④ 접합지대 또는 긴장지대로서 상당한 넓이를 가지는 경우가 있다.

**08. 환경 중 암석에 저장소를 가지며 생명의 DNA와 RNA에 주요 구성물질을 이루고 있는 것은?**

① 인　② 황
③ 철　④ 질소

**09. [보기]의 (　)에 들어갈 적합한 용어는?**

> 우리나라 3면의 바다 중 남해는 연중 계속해서 (　)의 영향을 받으며 서쪽의 중국 대륙으로부터 유입되는 담수의 영향도 예상되는 해역이다.

① 연안류　② 대마난류
③ 동한난류　④ 북한한류

**10. 두 개체군 상호간에 불이익을 초래하는 관계는?**

정답 ➔ 01. ④ 02. ② 03. ③ 04. ② 05. ② 06. ① 07. ② 08. ① 09. ② 10. ④

① 기생 ② 포식
③ 편리공생 ④ 경쟁

11. 호소 내 수생식물의 구성종으로 적합하지 않는 것은?

① 침수식물 : 검정말, 붕어마름
② 정수식물 : 부들, 골풀
③ 소택관목식물 : 버드나무, 굴참나무
④ 부유식물 : 개구리밥, 생이가래

해 ③ 버드나무와 굴참나무는 교목이다. 소택관목으로는 갯버들, 눈갯버들 등이 적합하다.

12. 실내 오염물 중 유해한 물질 중의 하나이며, 자연적으로 존재하는 방사성 가스로서 가공 석재물이 많은 지하철에서 많이 검출되는 것은?

① 황화수소 ② 네온
③ 아르곤 ④ 라돈

해 라돈은 강한 방사선을 내는 무색·무취의 비활성 기체 원소로 토양이나 암석, 물속에서 라듐이 핵분열할 때 발생하게 된다.

13. 갈매기가 비행할 때 기류의 에너지를 이용하는 경우처럼 생물이 외부환경에너지를 이용하는 것은?

① 에너지 생산 ② 에너지 보조
③ 에너지 흐름 ④ 에너지 배출

14. 가이아 가설(Gaia hypothesis)에 관한 설명 중 틀린 것은?

① 생물권은 화학적, 물리적 환경을 능동적으로 조절한다.
② 화산 폭발, 혜성의 충돌 또한 범지구적 항상성 범주에 든다.
③ 원시대기에서 이차대기(현재 대기)로의 변화는 생물적 산물이다.
④ 생물권은 자동조절적(cybernetic) 또는 제어적인 계이다.

해 ① 지구를 환경과 생물로 구성된 하나의 유기체, 즉 스스로 조절되는 하나의 생명체로 소개한 이론이다.

15. 어떤 특정 시간에 특정 공간을 차지하는 같은 종류의 생물집단은?

① 생태군 ② 개체군
③ 우점군 ④ 분류군

16. 개체군의 상호관계에 있어 상리공생이 아닌 것은?

① 게 – 강장동물
② 흰 개미 – 편모충
③ 식물뿌리 – 균근
④ 질소고정박테리아 – 콩과식물

해 ① 원시협동

17. 연안지역을 육지화 시키는 간척(reclamation)에 의해 나타나는 현상이 아닌 것은?

① 지역 활성화
② 농경지 또는 산업용지 확보
③ 도로와 연안 교통망 개설 등 교통개선
④ 간척지 개발에 의한 해양오염 감소

해 ④ 간척지 개발에 의한 해양오염 증가

18. 열역학 제2법칙에 대한 설명으로 틀린 것은?

① 엔트로피의 법칙이라고도 한다.
② 물질과 에너지는 하나의 방향으로만 변화한다.
③ 질서 있는 것에서 무질서한 것으로 변화한다.
④ 엔트로피가 증대한다는 것은 사용 가능한 에너지가 증가한다는 것을 뜻한다.

해 ④ 엔트로피란 다시 가용할 수 있는 상태로 환원시킬 수 없는, 무용의 상태로 전환된 질량(에너지)의 총량을 말한다.

19. 리우환경선언과 관련하여 채택된 것이 아닌 것은?

① 기후변화 협약 ② 세계자연헌장
③ 생물다양성 협약 ④ 의제21(Agenda21)

20. 생태계의 생물군집은 주위의 무기적인 환경과 끊임없이 물질의 순환이 일어나고 있다. 대표적인 물질순환이 아닌 것은?

① 물순환 ② 공기순환
③ 탄소순환 ④ 질소순환

 정답 ➔ 11. ③ 12. ④ 13. ② 14. ② 15. ② 16. ① 17. ④ 18. ④ 19. ② 20. ②

## 제2과목 환경계획학

21. 환경의 특성을 바르게 설명한 것은?

① 상호관련성 : 환경문제는 상호 작용하는 여러 변수들에 의해 발생하므로 상호간에 인과관계가 성립되기 때문에 단편적이고 부분적인 방법으로 해결해야 한다.
② 시차성 : 일본의 공해병으로 잘 알려진 이타이이타이병과 미나마타병은 짧은 기간 동안 배출된 오염물질의 영향이 뒤늦게 표출된 것이다.
③ 광역성 : 고비사막에서 발원한 황사는 황하를 타고 중국 동남 연해까지 내려와 황해를 건너 한반도에 영향을 미친 뒤, 태평양 넘어 미국까지도 이동하게 된다.
④ 탄력성과 비가역성 : 자연자원은 풍부할수록 회복탄력성이 낮고, 파괴될수록 복원력(자정능력)도 떨어지게 된다.

해 환경문제의 발생특성
① 상호관련성 : 여러 변수들에 의해 발생하므로 상호간에 인과관계가 성립되어 문제해결을 어렵게 한다.
② 광역성 : 개방적인 환경체계의 특성에 따라 공간적으로 광범위한 영향권을 형성하여, 어느 한 지역, 한 국가만의 문제가 아닌 지구적 문제로 나타난다.
③ 시차성 : 문제의 발생시기와 이로 인한 영향이 현실적으로 나타나는 시점 사이에 상당한 시간차가 존재하는 경우가 많다.
④ 탄력성과 비가역성 : 환경이 갖는 자체 정화능력으로 인하여 어느 정도 원상회복이 가능하나(탄력성) 일정 이상의 손상에는 복원력(자정능력)이 떨어져 회복하지 못하게 된다.(비가역성)
⑤ 엔트로피 증가 : 엔트로피란 사용 가능한 에너지에서 사용 불가능한 에너지(쓰레기)로 변화하는 현상으로, 자원의 사용에 따라 자원의 감소, 환경오염의 증가, 쓰레기의 발생이 필연적으로 발생하므로 엔트로피는 증가하게 된다.

22. 국토의 난개발을 방지하고 개발과 보전의 조화를 유도하기 위하여 토지의 토양·입지·활용가능성 등에 따라 토지의 보전 및 이용가능성에 대한 등급을 분류하여 토지용도 구분의 기초를 제공하는 제도는?

① 토지적성평가　② 토지환경성평가
③ 토지이용계획　④ 용도지역지구제

23. 자연형 하천조성을 위한 공간계획을 하려고 할 때 틀린 것은?

① 식생이 훼손되지 않는 범위 내에서 기존의 동선을 최대한 활용한다.
② 이용정도에 따라 보존구역, 친수구역, 전이구역으로 공간을 구획한다.
③ 시설물은 대상구역 내 다양성과 변화감이 조율될 수 있도록 선정한다.
④ 하천식생은 묘목을 제외한 모든 수목은 사전에 뿌리돌림을 실시하도록 한다.

해 ③ 시설물은 대상구역 내 정보전달시설이나 보호시설 등으로 제한하며 주변과 조화로운 시설물을 설치한다.

24. 생태네트워크계획에서 고려할 사항으로 우선순위가 가장 낮은 것은?

① 재해방지 및 미기상조절을 위한 녹지의 확보
② 생물의 생식·생육공간이 되는 녹지의 생태적 기능 향상
③ 인간성 회복의 장이 되는 녹지 확보
④ 환경학습의 장으로서 녹지 활용

해 ②③④ 외에 생물의 생식·생육공간이 되는 녹지 확보를 고려한다.

25. 환경계획이나 설계의 패러다임 중 자연과 인간의 조화, 유기적이고 체계적 접근, 상호의존성, 직관적 통찰력 등을 특징으로 하는 패러다임은?

① 데카르트적 패러다임
② 전체론적 패러다임
③ 직관적 패러다임
④ 뉴어버니즘 패러다임

26. OECD의 환경지표 설정을 위한 PSR구조에서 대응(response)에 해당되는 것은?

① 에너지, 운송, 제조업, 농업
② 행정, 기업, 국제사회
③ 대기, 토양, 자연자원
④ 학교, 민간단체, 군대

27. 도로, 댐, 수중보, 하구언 등으로 인하여 야생생물의 서식지가 단절되거나 훼손 또는 파괴 되는 것을 방지

정답 ➔ 21. ③ 22. ① 23. ③ 24. ① 25. ② 26. ② 27. ②

하고 야생생물의 이동을 돕기 위하여 설치하는 인공 구조물, 식생 등의 생태적 공간을 가리키는 것은?

① 대체자연 ② 생태통로
③ 자연유보지역 ④ 완충지역

28. 생태도시를 조성하기 위해서는 도시의 비오톱이 중요한 요소가 된다. 도시의 비오톱을 활용해 생태적인 도시계획을 실행하기 위한 지침으로 옳지 않은 것은?

① 동일한 토지이용이 오랫동안 지속되어진 공간은 우선적으로 보호한다.
② 서식지의 다양성을 유지한다.
③ 자연보호에 있어서 도시 전체의 동질성을 확보한다.
④ 토지이용에 대한 밀도를 다양하게 한다.

해 ③ 자연보호에 있어서 도시 전체의 다양성을 확보한다.

29. 계획은 사회의 보편적 가치를 토대로 한 집합적 의사결정 시스템으로 존재하는 동시에 현실의 문제를 해결하는 기술적 해결책의 역할을 하기도 한다. 이에 기초해 논의되는 토지이용계획의 역할로 틀린 것은?

① 난개발의 방지
② 시회의 지속가능성을 위한 토지의 보전 기능
③ 세부 공간 환경설계에 대한 지침 제시
④ 토지이용현황의 적합성 판단과 규제 수단 제시

해 ④ 토지이용현황의 적합성 판단보다는 합리적인 이용 방향을 유도하고자 하는 수단이다.

30. 도시생태계를 설명한 것으로 적합하지 않은 것은?

① 도시생태계는 주로 자연시스템으로부터 인위적 시스템으로의 에너지 이전에 의해서 기능이 유지된다.
② 도시생태계는 사회-경제-자연의 결합으로 성립되는 복합 생태계이다.
③ 대도시들은 물질순환관계의 불균형으로 많은 문제점을 안고 있다.
④ 대도시에서는 자연시스템을 구성하고 있는 대기, 토양, 공기, 물, 녹지 등이 오염되어 자정능력을 상실하고 있다.

해 ① 도시생태계는 자연시스템과 인위적 시스템 상호간의 에너지 및 물질교환에 의해 그 기능이 유지된다.

31. 훼손된 자연을 회복시키고자 하는 세 가지 단계에 해당되지 않는 것은?

① 복원(restoration)
② 복구(rehabilitation)
③ 대치(replacement)
④ 개발(development)

32. 환경수용능력의 산정기준이 아닌 것은?

① 환경자본 ② 환경 이슈와 지표
③ 환경용량 기준 ④ 환경적 개발방식

33. GIS로 파악이 가능한 자연환경정보의 내용이 아닌 것은?

① 대상지 규모 ② 오염물질 종류
③ 산림 및 산지 ④ 토지 피복/이용

해 GIS를 활용하여 심층적 정보인 물질의 종류까지 알 수는 없다.

34. 환경문제의 원인으로 가장 거리가 먼 것은?

① 도시화 ② 산업화
③ 인구증가 ④ 주민참여 증대

35. 환경부에서 제작한 생태·자연도의 특징에 해당되지 않은 것은?

① 자연환경보전법에 의한 전국 자연환경조사 결과에 기초하여 매 10년마다 작성한다.
② 도면의 축척은 1/50000 이다.
③ 생태·자연도 등급 변경신청을 받은 때에 변경신청에 정당한 사유가 있다고 인정되는 때에는 신청을 받은 날로부터 90일 이내에 정밀조사를 실시한다.
④ 평가항목의 경계는 실선과 격자를 병행하여 표시한다.

해 ① 법이 개정되어 5년마다 작성한다.
② 도면의 축척은 1/25,000 이다.

36. 옴부즈만 기능에 대한 설명으로 틀린 것은?



정답 ➔ 28. ③ 29. ④ 30. ① 31. ④ 32. ④ 33. ② 34. ④ 35. ② 36. ②

① 행정기관의 부작위, 불합리 제도에 의한 국민 권리를 구제한다.
② 행정기관의 부당한 처분은 업무의 효율을 위해 보안을 유지하는 등 비민주적으로 행정을 통제한다.
③ 공개 운영 및 조사 등의 과정에서 행정 정보를 적극적으로 공개한다.
④ 다른 기관에서 처리하여야 하는 민원 안내 및 고질적이고 반복적인 민원을 종결할 수 있다.

해 옴부즈만 제도는 1809년 스웨덴에서 최초로 창설되었으며, 시민의 입장에 서서 행정권의 남용을 막아주고, 폐쇄적인 관료주의 관행을 타파하고, 개혁추진과 민주적·정치적인 대변기능을 효과적으로 수행할 수 있는 행정통제 메커니즘이다.

37. 야생동물 이동통로 설계 시 중요하게 고려할 사항으로 가장 거리가 먼 것은?
① 야생동물 이동능력
② 주변의 기후·기상
③ 이동통로에서 인간에 의한 간섭 여부
④ 연결되어야 할 보호지역 사이의 거리

38. 리모트 센싱(Remote sensing)을 이용한 경관특성 분석의 장점을 기술한 것과 가장 거리가 먼 것은?
① 일정지역의 서로 다른 경관유형의 파악이 가능하다.
② 산림경관에서 수목의 활력도, 수관 및 잎의 변화 등을 파악하는데 용이하다.
③ 분광특성을 통해 경관 구조를 정량적으로 파악하는 데 용이하다.
④ 지하수위의 변화에 대한 정보를 구체적으로 제시해 줄 수 있다.

해 ④ 리모트 센싱은 표면, 표층의 정보 수집만 가능한 것이 단점이다.

39. 생물지역계획의 실행 방향에 있어 분절된 토지를 연계해 에너지 흐름과 동·식물의 이동 흐름을 원활하게 하는 계획은?
① 건축계획적 기법 ② 경관생태학적 방법
③ 경관미학적 계획 ④ 도시설계적 기법

40. 도시 및 단지 차원의 환경계획이 아닌 것은?
① 생태네트워크 계획 ② 생태마을과 퍼머컬처
③ 생태건축 ④ 지속가능도시

해 도시 및 단지 차원의 환경계획에는 지속가능도시, 생태도시, 생태네트워크 계획, 생태마을과 퍼머컬쳐 등이 있으며, 생태건축은 생태공원, 지역사회 숲, 비오톱 등과 함께 개별 공간 차원의 환경계획에 속한다.

## 제3과목 생태복원공학

41. 서식처의 창출과 같이 새롭게 서식처를 조성해 주는 방법으로 틀린 것은?
① 자연적 형성
② 서식처 구조 형성
③ 설계자로서의 서식처
④ 경제적 서식처

해 ④ 정치적 서식처

42. 하천의 보전 및 복원 방향에 대한 설명으로 틀린 것은?
① 호안을 고정시키는 개수공사가 되어 치수의 안정성을 확보해야 한다.
② 하천의 구조와 기능을 고려한 종적 및 횡적구조가 복원되어야 한다.
③ 서식처를 연결하는 생태공학적인 복원이 되어야 한다.
④ 자연친화적인 공법으로 하천이 복원되어야 한다.

43. 물질 및 에너지 순환계통으로 옳은 것은?
① 무기물→생산자→유기물→소비자→유기물→분해자
② 유기물→생산자→무기물→소비자→유기물→분해자
③ 무기물→생산자→무기물→소비자→유기물→분해자
④ 유기물→생산자→유기물→소비자→무기물→분해자

44. 생태복원 목표종 선정 시 영양단계의 최상위에 속하는 대형 포유류 및 맹금류와 같이 넓은 서식면적을 필

정답 → 37. ② 38. ④ 39. ② 40. ③ 41. ④ 42. ① 43. ① 44. ③

요로 하지만, 지키면 많은 종의 생존이 확보된다고 생각되는 종은?

① 희소종 ② 중추종
③ 우산종 ④ 깃대종

해 ③ 우산종은 영양단위의 최상위에 위치하는 대형 포유류나 맹금류 등 서식에 넓은 면적을 필요로 하며, 지키면 많은 종의 생존이 확보된다고 생각되는 종을 말한다.

45. 일반적으로 인산이 토양 중에 과다하게 있을 경우 식물에 결핍되기 쉬운 성분은?

① 철 ② 마그네슘
③ 아연 ④ 칼륨

해 인산은 아연과 길항작용을 하고 나머지 철,마그네슘, 칼륨과는 상승작용을 한다.

46. 인간에 의해서 교란되지 않은 자연림과 초원의 토양단면 중 유기물층에 대한 설명으로 가장 적당한 것은?

① 유기물층의 바로 아래에는 집적층이 있다.
② 유기물층은 유기물의 분해 정도에 따라 L층(낙엽층), F층(부휴층), H층(부식층)으로 구분된다.
③ 유기물층은 점토, 철, 알루미늄 등의 물질이 집적되는 곳이다.
④ 토양화 진전이 없고, 암석의 풍화가 적은 파쇄물질의 층이다.

해 ① 유기물층의 아래에는 용탈층이 있다.
③④ 유기물층은 낙엽과 그 분해물질 등 대부분이 유기물로 되어 있는 층이다.

47. 채석지 등과 같은 사면복원 및 녹화를 위한 잔벽처리로 바람직하지 않은 것은?

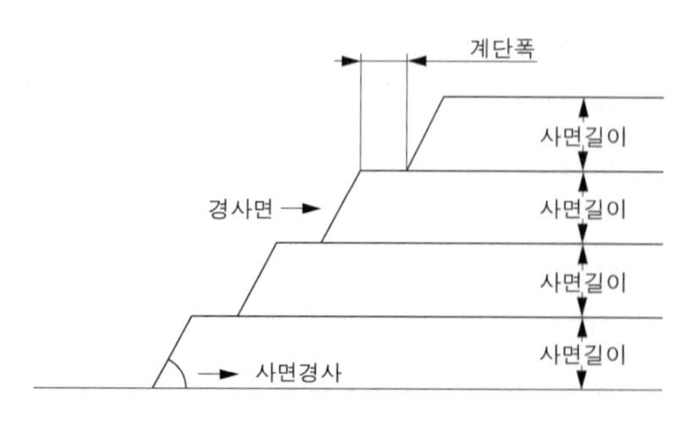


① 사면 경사는 60°를 넘지 않도록 한다.
② 사면 길이는 10m 이상으로 한다.
③ 계단폭은 2m 이상으로 한다.
④ 채석장은 채석이 종료된 직후에 복구녹화 공사가 곧바로 착공되어야 한다.

해 ② 사면 길이는 10m 이하로 한다.

48. 조성되는 위치에 따른 대체습지의 구분에 대한 설명으로 틀린 것은?

① On-Site 방식은 개발사업의 범위 내에 대체습지를 조성하는 방법이다.
② On-Site 방식은 접근지역에 습지를 조성 시 유출수나 지하수의 수질저하를 가져오지 않는다는 장점이 있다.
③ Off-Site 방식은 유역관리에 있어서 구체적인 계획과 조성이 이루어질 수 있다는 장점이다.
④ Off-Site 방식은 개발사업의 범위에서 벗어나지만 통상적으로 유역범위 밖에 조성하도록 하고 있다.

해 ④ Off-Site 방식은 개발사업의 범위에서 벗어나지만 통상적으로 유역범위 안에 조성하도록 하고 있다.

49. 생태네트워크 계획의 과정에서 보전, 복원, 창출해야 할 서식지 및 분단장소를 설정하는 과정은?

① 조사 ② 분석·평가
③ 실행 ④ 계획

해 조사→분석·평가→계획→실행

50. 다음 설명에 해당하는 분석 방법은?

| 생물의 종, 식생, 생태계 등의 실제 분포와 그것이 보호되고 있는 상황과의 괴리를 도출하여 보호계획에 도입하기 위한 방법 |
|---|

① GAP 분석 ② 시나리오 분석
③ 서식처 적합성 분석 ④ 영역성 분석

51. 행동권(home range) 분석을 위한 GPS시스템의 특징으로 옳지 않은 것은?

① 데이터의 신뢰성이 높다.
② 장비의 가격이 중·고가 이다.



정답 ➔ 45. ③ 46. ② 47. ② 48. ④ 49. ② 50. ① 51. ③

③ 24시간 추적이 불가능하다.

④ 배터리의 크기 및 성능에 따라 장기간 사용할 수 있다.

52. 생태복원용 돌 재료에 대한 설명으로 맞는 것은?

① 조약돌은 가공하지 않은 자연석으로서 지름 10~20 ㎝ 정도의 계란형 돌이다.

② 호박돌은 하천에서 채집되어 지름 50~70 ㎝로 가공한 호박형 돌이다.

③ 야면석은 표면을 가공한 천연석으로서 운반이 가능한 비교적 큰 석괴이다.

④ 견치석은 전면, 접촉면, 후면 등을 구형에 가깝게 규격화 한 돌이다.

해 ② 호박돌은 호박형의 천연석으로 가공하지 않은 지름 18 ㎝ 이상 크기의 돌이다

③ 야면석은 표면을 가공하지 않은 천연석으로 운반이 가능한 비교적 큰 석괴이다.

④ 견치석은 전면, 접촉면, 후면 등을 사각뿔형(재두각추체)에 가깝게 규격화 한 돌이다.

53. 생태적 복원공법유형의 기본개념이 올바르게 짝지어진 것은?

① Naturalization – 인위적인 관리를 통한 자연적인 천이를 유도함

② Colonization – 산림의 종자원(seed source)이 가능한 곳에서 가지치기, 솎아주기, 기타 교란 등을 중지하는 방법

③ Natural Regeneration – 나지 형태로 조성한 후 향후 식물이 자연스럽게 이입하여 극상림으로 발달해 갈 수 있도록 유도함

④ Nucleation – 수종을 패치 형태로 식재하는 방법으로 핵심종이 자리잡고, natural regeneration이 가속화되게 하는 방법

해 ① Naturalization(자연화 기법) – 식재 후 자연적인 경쟁 및 천이 등에 의해서 극상림으로 발달할 수 있도록 유도한다.

② Colonization(개척화 기법) – 식생이 정착할 수 있는 환경만 제공한다.

③ Natural Regeneration(자연재생 기법) – 산림의 종자원(seed source)이 가능한 곳에서 가지치기·솎아주기 등이나 다른 교란을 중지하는 방법이다.

④ Nucleation(핵화기법)

54. 다음의 골재에 관한 설명 중 옳은 것은?

① 천연 경량골재에는 팽창성 혈암, 팽창성 점토, 플라이애시 등을 주원료로 한다.

② 잔 골재의 절건비중은 2.7 미만이다.

③ 골재의 표면 및 내부에 있는 물의 전체 질량과 절건 상태의 골재 질량에 대한 백분율을 골재의 표면수율이라 한다.

④ 굵은 골재의 최대치수는 질량으로 90% 이상을 통과시키는데 체 중에서 최소 치수의 체 눈을 체의 호칭치수로 나타낸 굵은 골재의 치수이다.

해 ① 플라이애시는 골재가 아닌 혼화재에 속한다.

② 잔골재는 비중이 아닌 크기로 구분한다.

③ 골재의 표면 및 내부에 있는 물의 전체 질량의 절건상태의 골재 질량에 대한 백분율을 골재의 함수율이라 한다.

55. 환경포텐셜에 대한 설명으로 틀린 것은?

① 복원잠재력을 의미한다.

② 환경의 생태수용력을 의미한다.

③ 시간이 지나면서 천이가 진행될 가능성을 의미하기도 한다.

④ 특정 장소에서 종의 서식이나 생태계 성립의 잠재적 가능성을 나타내는 개념이다.

56. 소하천에서 어류의 자유로운 계류 통행을 위해서 피해야 하는 것은?

① 잡초가 많다.

② 바닥에 크고 작은 돌이 있다.

③ 계류에 낙차를 크게 둔다.

④ 나무로 그늘지게 한다.

해 ③ 계류의 낙차를 크게 두면 어류의 이동이 제한되어 생태적 다양성이 감소한다.

57. 생태공학적 측면에서 녹색방음벽에 대한 설명으로 틀린 것은?

① 버드나무 등을 활용하여 방음벽을 녹화한다.

② 태양전지판 등을 설치하여 자연에너지를 설치할 수 있는 발전시설을 겸하는 방음벽을 말한다.

③ 식물이 서식 가능한 화분으로 녹화한 방음벽이다.

④ 녹색투시형 담장이나 기존방음벽에 녹색으로 도색한 방음벽을 말한다.

정답 ➔ 52. ① 53. ④ 54. ④ 55. ② 56. ③ 57. ④

해 ④ 녹색방음벽이란 저탄소녹색기술을 적용한 방음벽의 의미다.

58. 농장에서 식물 종자를 파종하여 뗏장으로 키운 후 현지로 운반하여 포설만 하면 시공이 완료되는 공법은?

① 식생매트공법
② 식생자루공법
③ 식생구멍심기공법
④ 식생기반재 뿜어붙이기공법

59. 식재기반에 요구되는 조건이 아닌 것은?

① 식물의 뿌리가 충분히 뻗을 수 있는 넓이가 있어야 한다.
② 식물의 뿌리가 충분히 생장할 수 있는 토층이 있어야 한다.
③ 물이 하부로 빨리 빠져나가지 않도록 하층과의 경계에 불투수층이 있어야 한다.
④ 어느 정도의 양분을 포함하고 있어야 한다.

60. 면적 300㎡인 하천 호안에 규격이 30×30㎝인 갈대뗏장(sod)을 입히는 데 필요한 매수는?

① 약 333매　② 약 3030매
③ 약 3334매　④ 약 3950매

해 ③ $\frac{300}{0.3 \times 0.3} = 3,333.3 \rightarrow 3,334$매

제4과목 **경관생태학**

61. 사전환경성검토 시 입자의 적절성을 판단하기 위한 현황 파악 지표가 아닌 것은?

① 주요 생물 서식공간의 분포 현황
② 환경 관련 보전지역의 지정 현황
③ 개발 사업의 유형
④ 개발 대상지역의 지가

해 사전환경성검토는 폐기되었으며, 현재의 전략환경영향평가와 같은 성격이다.

62. 지구관측위성 Landsat TM의 근적외선 영역(파장 : 0.76~0.90㎛)을 이용한 응용분야는?

① 식생유형, 활력도, 생체량 측정, 수역, 토양수분 판별
② 물의 투과에 의한 연안역 조사, 토양과 식생의 판별, 산림유형 및 인공물 식별
③ 광물과 암석의 분리
④ 식생의 스트레스(stress) 분석, 열추정

해 ① 밴드4, ② 밴드1, ③ 밴드7, ④ 밴드6

63. 습지의 기능을 평가하는 방법 중 아래의 설명에 해당하는 것은?

| |
|---|
| –11개의 범주로 습지기능과 가치를 평가한다.<br>–물리적, 화학적, 생물학적 평가변수를 평가기법에 이용한다.<br>–습지유역, 지형, 식생 등을 고려하며 어류, 야생동물, 물새 등에 대한 서식지 적합도, 사회적 중요성, 효과, 기회성을 평가한다. |

① RAM(rapid assessment method)
② WET Ⅱ(wetland evaluation technique Ⅱ)
③ HGM(the hydrogeomorphic)
④ EMAP(environmental monitoring assessment program)

64. 콘크리트나 아스팔트로 포장된 도로로 인하여 주변생태계에 미치는 영향으로 가장 거리가 먼 것은?

① 도로 횡단 동물의 압사
② 교량으로 인한 어도 차단
③ 소음에 의한 교란
④ 도로 자체와 가장자리의 미기후 변화

65. 도시생태계 평가에 사용될 수 있는 방안 중 가장 거리가 먼 것은?

① 환경영향평가제도　② 사전환경성검토
③ 산지특성평가　④ 비오톱 평가

66. GIS에서 커버리지 또는 레이어(coverage or layer)에 대한 설명으로 옳지 않은 것은?

① 단일주제와 관련된 데이터 세트를 의미한다.
② 공간자료와 속성자료를 갖고 있는 수치지도를 의미한다.


정답 ➔ 58. ① 59. ③ 60. ③ 61. ④ 62. ① 63. ② 64. ② 65. ③ 66. ③

③ 균등한 특성을 갖는 래스터정보의 기본요소를 의미한다.
④ 하나의 인공위성 영상에 포함되는 지상의 면적을 의미하기도 한다.

**67. 패치와 패치가 만나 형성되는 경계에 관한 설명으로 틀린 것은?**

① 자연경관에서 패치와 패치가 만나는 경계부는 곡선이며 복잡하고 부드럽다.
② 인위적으로 만들어진 경계부는 직선적이다.
③ 곡선적 경계는 경계를 따라 이동하는 종에게 유리하고, 직선적 경계는 경계를 가로질러 이동하는 종에게 유리하다.
④ 작은 패치를 가진 곡선적 경계가 토양침식을 막고 야생동물이 이동할 때 유리하다.

해 ③ 직선적 경계는 경계를 따라 이동하는 종에게 유리하고, 곡선적 경계는 경계를 가로질러 이동하는 종에게 유리하다.

**68. 생태통로의 기능 중 순기능에 해당하는 것은?**

① 장벽기능 ② 복원기능
③ 흐름 또는 이동기능 ④ 침몰기능

**69. 경관생태학에서의 공간요소를 나타내는 그림이다. 그림에 대한 설명으로 부적합한 것은?**

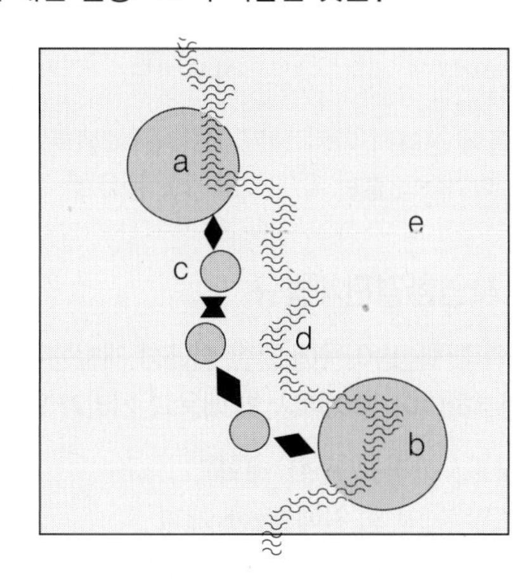


① a, b는 생물서식공간이며 종 공급지로서 중요한 역할을 한다.
② c는 보조 패치로서 종 이동의 단절을 막을 수 있다.
③ d는 하천으로 생물서식처로만 기능을 한다.
④ e는 패치와는 이질적인 요소이며, 전체 토지면적의 반 이상을 덮고 있다.

해 ③ d는 코리더 역할로서 서식처뿐만 아니라 이동통로의 기능을 한다.

**70. 경관생태학이라는 용어를 최초로 사용한 사람은?**

① Troll ② Forman
③ Zonneveld ④ Harber

해 트롤(Carl Troll)은 독일의 지리학자로 1939년 초에 동부아프리카에서 토지이용과 개발의 문제점을 연구하면서, 경관에 대한 항공사진 분석의 무한한 잠재력을 인식하고 '경관생태학'이라는 용어를 만들었다.

**71. 경관 구성요소를 가장 바르게 나열한 것은?**

① 패치 – 산림 – 농경지
② 패치 – 코리더 – 매트릭스
③ 코리더 – 매트릭스 – 수목
④ 패치 – 코리더 – 건축물

**72. 지난 반세기 동안 네덜란드 북해 연안과 더불어 우리나라의 서해안에서 가장 활발하게 일어났던 훼손으로 인위적으로 해안경관을 변화시켜 친환경적이지 못하며 자연적인 해안경관을 해치게 된 것은?**

① 쓰레기 투기
② 해상 유류 유출 사고
③ 간척 및 매립
④ 연안의 수많은 양식시설

**73. 생태천이로 인해 산림생태계는 산림군집의 기능적, 구조적 변화를 가져오게 된다. 이에 대한 설명으로 알맞지 않은 것은?**

① 천이 후기단계로 갈수록 종다양성이 높고 생태적 안정성이 높아진다.
② 생태계의 기본전략은 K 전략에서 r 전략으로 변화한다.
③ 생태천이 초기에는 광합성량과 생체량의 비(P/B)가 높다.
④ 생태천이 후기에는 호흡량이 높아져 순군집 생산량은 초기 단계보다 오히려 낮아진다.

정답 ➔ 67. ③ 68. ③ 69. ③ 70. ① 71. ② 72. ③ 73. ②

해 ② 생태계의 기본전략은 r 전략에서 K 전략으로 변화한다.

74. 비오톱(Biotop)의 개념을 가장 바르게 설명한 것은?

① 지생태적 요소 중심의 동질성을 나타내는 공간 단위
② 인문적 요소들의 상호작용을 통해 나타나는 동질적 공간단위
③ 생물생태, 지생태, 인문적 요소들의 상호복합 작용을 통해 동질성을 나타내는 공간단위
④ 어떤 일정한 야생 동·식물의 서식공간이나 중요한 일시적 서식 공간단위

75. 다음 중 생태복원과 관련이 없는 것은?

① 생물이동통로를 설치하여 동물의 이동을 돕는다.
② 화전민 거주지였던 곳에 주변의 임상과 유사하게 군락식재를 적용한다.
③ 비버(beaver 혹은 Castor species)가 하천에 만든 댐을 허물어 물의 흐름을 원활하게 한다.
④ 하천의 호안블럭을 걷어내고 소와 여울을 만든다.

76. 습지를 현명하게 이용할 수 있는 방법은?

① 습지 기능과 가치를 보전하기 위해 개발 사업에 의한 훼손을 최소화
② 농지로 전환하여 농작물의 수확량 증가
③ 매립하여 경제적인 효과를 극대화
④ 놀이기구 등을 도입하여 수변레크레이션 공간을 창출

해 습지의 현명한 이용은 인류의 이익을 위해 습지를 자연 요소로서 관리하고 지속적으로 이용하는 것이라 할 수 있다. 습지의 현명한 이용의 전제는 습지 기능과 가치를 보전하기 위해 개발사업에 의한 습지의 훼손이 불가피한 경우 총체적인 사업의 효과가 습지보전에 순이익이 될 수 있도록 대체 조치가 필요하다.

77. 비오톱 유형분류에 필요한 기초 자료의 종류를 가장 바르게 나열한 것은?

① 토지이용형태도면, 수질도면, 토양도면
② 식생도면, 항공사진, 교통지도
③ 지형도면, 항공사진, 식생도면
④ 항공사진, 지적도, 인구분포도면

해 비오톱 유형화를 위해 문헌 및 보고서, 역사지도 및 현재 지도, 항공사진, 지역전문가, 토지이용현황 등의 조사 및 주제도(토지이용현황도, 토지피복현황도, 지형주제도, 식생도, 동 · 식물상 주제도)를 활용한다.

78. 경관 패턴 분석을 위한 자료에서 잠재적인 오차의 원천이 아닌 것은?

① 자료의 연령 ② 위치의 정확도
③ 자료의 분량 ④ 내용의 정확도

79. 울릉도가 독도보다 더 많은 생물종을 갖고 있다면 이를 설명하는 이론에 가장 가까운 것은?

① 메타개체군 이론
② 동태적 보전이론
③ 도서생물지리학이론
④ 경쟁적 배제의 원리이론

해 ③ 도서생물지리학 이론은 큰 섬은 작은 섬보다 더 많은 종을 보유하고 있고, 대륙에 가까운 섬은 멀리 떨어져 있는 섬보다 더 많은 종을 보유하고 있다는 내용이다.

80. 보전 공간설정을 위한 비오톱 평가 지표들을 가장 바르게 나열한 것은?

① 접근성, 포장율, 층위구조
② 복원능력, 종다양도, 멸종위기종의 출현
③ 주거지와의 거리, 멸종위기종의 출현, 복원능력
④ 층위구조, 종다양도, 이용빈도

해 비오톱의 생태적 가치 평가지표로는 재생복원능력, 종다양도, 희귀종의 출현 유무, 이용강도 등을 들 수 있다.

## 제5과목 자연환경관계법규

81. 국토의 계획 및 이용에 관한 법률상 개발행위허가 신청 시 첨부하여야 할 계획서의 내용과 거리가 먼 것은?

① 경관, 조경에 관한 계획
② 개발 이익 환원에 관한 계획
③ 위해방지, 환경오염 방지계획
④ 기반시설의 설치나 그에 필요한 용지의 확보 계획

해 개발행위를 하려는 자는 그 개발행위에 따른 기반시설의 설치나 그에 필요한 용지의 확보, 위해(危害) 방지, 환경오염 방지, 경관, 조경 등에 관한 계획서를 첨부한 신청서를 개발행위허가권자에게 제출하여야 한다.



정답 → 74. ④ 75. ③ 76. ① 77. ③ 78. ③ 79. ③ 80. ② 81. ②

82. 다음은 환경정책기본법령상 수질 및 수생태계 상태별 생물학적 특성 이해표이다. 이에 가장 적합한 생물등급은?

| 생물 지표종 | | 서식지 및 생물 특성 |
|---|---|---|
| 저서생물 | 어류 | |
| 물달팽이<br>털거머리<br>물벌레<br>밀잠자리 | 피라미<br>끄리<br>모래무지<br>참붕어<br>등이 서식 | 유속은 약간 느린편이고, 바닥은 주로 잔자갈과 모래로 구성.<br>부착 조류가 녹색을 띠며 많음. |

① 매우 좋음 ~ 좋음
② 좋음 ~ 보통
③ 보통 ~ 약간 나쁨
④ 약간 나쁨 ~ 매우 나쁨

83. 국토의 계획 및 이용에 관한 법률상 토지의 이용실태 및 특성, 장래의 토지 이용 방향 등을 고려한 용도지역 구분에 관한 설명으로 옳지 않은 것은?

① 관리지역 : 도시지역의 인구와 산업을 수용하기 위하여 도시지역에 준하여 체계적으로 관리하거나 농림업의 진흥, 자연환경 또는 산림의 보전을 위하여 농림지역 또는 자연환경보전지역에 준하여 관리할 필요가 있는 지역
② 농림지역 : 도시지역에 속하지 아니하는「농지법」에 따른 농업진흥지역 또는 「산지관리법」에 따른 보전산지 등으로서 농림업을 진흥시키고 산림을 보전하기 위하여 필요한 지역
③ 산업단지개발지역 : 인구와 산업이 밀집되어 있거나 밀집이 예상되어 그 지역에 대하여 체계적인 개발·정비·관리·보전 등이 필요한 지역
④ 자연환경보전지역 : 자연환경·수자원·해안·생태계·상수원 및 문화재의 보전과 수산자원의 보호·육성 등을 위하여 필요한 지역

해 ③ 도시지역에 대한 설명이다.

84. 국토기본법상 "국토계획"에 포함되지 않는 계획은?

① 국토종합계획　② 도서종합계획
③ 부문별계획　④ 시·군종합계획

해 국토계획은 국토종합계획, 도종합계획, 시·군 종합계획, 지역계획 및 부문별계획으로 구분한다.

85. 야생생물 보호 및 관리에 관한 법률 시행규칙상 멸종위기 야생생물 I 급(조류)이 아닌 것은?

① 참수리(*Haliaeetus pelagicus*)
② 호사비오리(*Mergus squamatus*)
③ 검독수리(*Aquila chrysaetos*)
④ 검은목두루미(*Grus grus*)

해 ④ 멸종위기 야생생물 II 급(조류)

86. 다음은 국토기본법령상 국토조사에 관한 사항이다. 밑줄 친 "대통령령으로 정하는 사항"에 해당하지 않는 것은?

> 국토교통부장관은 국토에 관한 계획 또는 정책의 수립, 공간정보의 제작, 연차보고서의 작성 등을 위하여 필요한 때에는 "대통령령으로 정하는 사항"에 대하여 조사할 수 있다.

① 지형·지물 등 지리정보에 관한 사항
② 농림·해양·수산에 관한 사항
③ 국제협력·대내 홍보에 관한 사항
④ 방재 및 안전에 관한 사항

해 ①②④ 외에 그 밖에 국토교통부장관이 필요하다고 인정하는 사항 등이 있다.

87. 다음은 습지보전법령상 포상금 관련기준이다. (　)안에 가장 적합한 것은?

> 습지보호지역에서 위반한 행위의 신고 또는 고발을 받은 관계행정관청 또는 수사기관은 그 사건의 개요를 환경부장관·해양수산부장관 또는 시·도지사에게 통지하여야 한다. 통지를 받은 환경부장관 등은 그 사건에 관한 확정판결이 있은 날부터 ( ㉠ )에 예산의 범위 안에서 포상금을 지급할 수 있고, 그 포상금은 당해사건으로 인하여 선고된 벌금액(징역형의 선고를 받은 경우에는 해당적용벌칙의 벌금 상한액을 말한다)의 ( ㉡ )로 한다.

① ㉠ 3월 이내, ㉡ 100분의 30 이내
② ㉠ 3월 이내, ㉡ 100분의 10 이내
③ ㉠ 2월 이내, ㉡ 100분의 30 이내
④ ㉠ 2월 이내, ㉡ 100분의 10 이내

정답 ➔ 82. ③　83. ③　84. ②　85. ④　86. ③　87. ④

88. 자연공원법상 용어의 뜻 중 "자연공원"에 속하지 않는 것은?

① 국립공원 ② 도립공원
③ 시립공원 ④ 지질공원

해 자연공원법상 "자연공원"이란 국립공원·도립공원·군립공원 및 지질공원을 말한다.

89. 환경정책기본법령상 도로변지역의 낮(06:00~22:00) 시간의 소음환경기준으로 옳은 것은? (단, 적용대상지역은 공업지역 중 준공업지역, 단위는 Leq dB(A))

① 60 ② 65
③ 70 ④ 75

90. 야생생물 보호 및 관리에 관한 법률상 수렵면허의 취소 또는 정지처분을 받은 자는 언제까지 수렵면허증을 시장·군수·구청장에게 반납하여야 하는가?

① 취소 또는 정지처분을 받은 당일 날
② 취소 또는 정지처분을 받은 날부터 1일 이내
③ 취소 또는 정지처분을 받은 날부터 3일 이내
④ 취소 또는 정지처분을 받은 날부터 7일 이내

91. 다음은 생물다양성 보전 및 이용에 관한 법률 시행령상 국가생물다양성전략 시행계획의 수립 · 시행에 관한 사항이다. ( )안에 알맞은 것은?

> 관계 중앙행정기관의 장은 소관 분야의 국가생물다양성전략 시행계획을 수립·시행하고, 전년도 시행계획의 추진실적과 해당 연도의 시행계획을 ( ㉠ ) 환경부장관에게 제출하여야 한다.
>
> 환경부장관은 그에 따라 제출된 전년도 시행계획의 추진실적과 해당 연도 시행계획을 종합·검토하여 그 결과를 ( ㉡ ) 관계 중앙행정기관의 장에게 통보하여야 한다.

① ㉠ 매년 12월 31일까지, ㉡ 매년 1월 31일까지
② ㉠ 매년 12월 31일까지, ㉡ 매년 2월 28일까지
③ ㉠ 매년 1월 31일까지, ㉡ 매년 2월 28일까지
④ ㉠ 매년 1월 31일까지, ㉡ 매년 3월 31일까지

92. 자연환경보전법령상 생태계보전협력금의 부과 지역계수가 틀린 것은?

① 생산관리지역 : 2.5
② 보전관리지역 : 3
③ 녹지지역 : 2
④ 자연환경보전지역 : 4

해 ② 보전관리지역 : 3.5

93. 다음은 국토의 계획 및 이용에 관한 법률상 용어의 뜻이다. ( )안에 가장 적합한 것은?

> ( )(이)란 토지의 이용 및 건축물의 용도, 건폐율, 용적률, 높이 등을 제한함으로써 토지를 경제적·효율적으로 이용하고 공공복리의 증진을 도모하기 위하여 서로 중복되지 아니하게 도시·군관리계획으로 결정하는 지역을 말한다.

① 용도지역 ② 용도지구
③ 용도구역 ④ 개발밀도관리구역

94. 자연공원법상 자연공원의 형상을 해치거나 공원시설을 훼손한 자에 대한 벌칙기준은?

① 1년 이하의 징역 또는 1천만원 이하의 벌금
② 2년 이하의 징역 또는 2천만원 이하의 벌금
③ 3년 이하의 징역 또는 3천만원 이하의 벌금
④ 5년 이하의 징역 또는 5천만원 이하의 벌금

95. 야생생물 보호 및 관리에 관한 법률 시행규칙상 수렵면허 취소 또는 정지 등과 관련한 행정처분의 개별기준 중 수렵 중에 고의 또는 과실로 다른 사람의 재산에 피해를 준 경우 위반 차수별 행정처분기준으로 옳은 것은?

| | 1차 | 2차 | 3차 |
|---|---|---|---|
| ㉠ | 면허정지 3개월 | 면허정지 6개월 | 면허취소 |
| ㉡ | 경고 | 면허정지 1개월 | 면허정지 3개월 |
| ㉢ | 경고 | 면허정지 3개월 | 면허취소 |
| ㉣ | 면허정지 1개월 | 면허정지 3개월 | 면허정지 6개월 |

96. 습지보전법상 환경부장관과 해양수산부장관은 습지조사의 결과를 토대로 몇 년마다 습지보전기초계획을



정답 ➜ 88. ③ 89. ③ 90. ④ 91. ④ 92. ② 93. ① 94. ③ 95. ① 96. ②

각각 수립하여야 하는가?

① 3년 ② 5년
③ 10년 ④ 20년

97. 환경정책기본법령상 각 위원회에 관한 설명으로 옳지 않은 것은?

① 중앙환경정책위원회의 위원은 환경부장관이 위촉하거나 임명한다.
② 중앙정책위원회의 회의는 위원장이 필요하다고 인정할 때에 위원장이 소집하되, 회의는 위원장과 위원장이 회의마다 지명하는 3명 이상의 위원으로 구성하며, 위원장이 그 의장이 된다.
③ 중권역환경관리위원회는 위원장 1명을 포함한 30명 이내의 위원으로 구성하고, 중권역위원회의 위원장은 유역환경청장 또는 지방환경청장이 된다.
④ 중앙정책위원회의 원활한 운영을 위하여 환경정책·자연환경·기후대기·물 등 환경관리 부문별로 분과위원회를 두며, 분과위원회는 분과위원장 1명을 포함한 25명 이내의 위원으로 구성한다.

해 ② 중앙정책위원회의 회의는 위원장이 필요하다고 인정할 때에 위원장이 소집하되, 회의는 위원장과 위원장이 회의마다 지명하는 5명 이상의 위원으로 구성하며, 위원장이 그 의장이 된다.

98. 독도 등 도서지역의 생태계 보전에 관한 특별법상 환경부장관이 특정도서의 자연생태계 보전을 위하여 토지 등을 매수하는 경우 토지매수가격은 어느 법에 의해 산정하는가?

① 공유토지 분할에 관한 특례법
② 공익사업을 위한 토지 등의 취득 및 보상에 관한 법률
③ 국토의 계획 및 이용에 관한 법률
④ 지가공시 및 토지 등의 평가에 관한 법률

99. 백두대간 보호에 관한 법률상 산림청장은 백두대간의 효율적 보호를 위해 마련된 원칙과 기준에 따라 기본계획을 몇 년마다 수립하여야 하는가?

① 3년 ② 5년
③ 10년 ④ 20년

100. 자연환경보전법규상 위임 업무 보고사항 중 "생태마을의 지정 및 해제 실적" 보고 횟수의 기준으로 각각 옳은 것은?

① 지정 : 연 4회, 해제 : 연 2회
② 지정 : 연 4회, 해제 : 수시
③ 지정 : 연 1회, 해제 : 연 2회
④ 지정 : 연 1회, 해제 : 수시

정답 ➔ 97. ② 98. ② 99. ③ 100. ④

# ❖ 2018년 자연생태복원기사 제 2 회

2018년 4월 28일 시행

## 제1과목 환경생태학개론

01. 생물체를 구성하는 가장 기본적인 원소로서 지구상의 모든 생물들은 이것을 기본으로 유기체를 구성하고 있으며 주로 녹색식물에 의해 유기물로 합성되는 원소는?

① 산소 ② 수소
③ 황 ④ 탄소

02. 황산암모늄, 황산칼륨, 염화칼륨 등의 비료 성분이 가져올 수 있는 토양환경의 변화는?

① 토양 부영양화 ② 토양 산성화
③ 토양 건조화 ④ 토양 사막화

해 ② 황산암모늄, 황산칼륨, 염화칼륨은 산성비료이며, 이러한 화학비료의 사용으로 인해 황산이온, 염소이온 등의 산성염류가 축적되어 토양산성화의 원인이 된다.

03. 농약이 환경에 미치는 영향이 아닌 것은?

① 생물 체내 농약 잔류
② 천적의 증가
③ 해충의 살충제에 대한 저항성 증가
④ 토양 및 수질오염

04. 조간대 지역은 조석의 주기에 따라 대기에 노출되고, 환경변화에 따라 서식 생물의 종류가 다르게 나타나게 된다. 해수면의 수평 높이에 따라 달라지는 조간대 생물의 분포를 나타내는 용어는?

① 대상분포 ② 임계분포
③ 평형분포 ④ 규칙분포

05. 황(S)순환의 설명으로 옳지 않은 것은?

① 동식물 시체 속의 유기태황을 분해하여 $SO_4^{2-}$으로 전환시키는 미생물은 Aspergillus이다.
② 호수의 진흙 속이나 심해의 바닥에 가라 앉은 $SO_4^{2-}$은 혐기성 상태에서Desulfovibrio에 의하여 기체형태의 $H_2S$로 환원된다.
③ 산성비란 산도(pH)가 6.5 이하인 강우를 말하며, 대기 중의 $NO_X$와 아황산가스($SO_2$)가 녹아서 약한 산성을 나타낸다.
④ 지각에 존재하는 황은 화산활동과 화석연료의 연소를 통하여 대기권으로 유입된다.

해 ③ 눈 또는 빗물의 산도(pH)가 5.6 이하인 경우를 산성비라고 말한다.

06. 광합성 과정 중 산화 · 환원반응에 적합하게 구성된 과정은?

① $CO_2 + H_2O +$ 태양에너지 $=$ glucose $+ O_2$
② $CO_2 + 2H_2A \rightarrow (CH_2O) + H_2O + 2A$
③ $2H_2A \rightarrow 4H + 2A$
④ $4H + CO_2 \rightarrow (CH_2O) + H_2O$

07. 자연 생태계 보전에 관한 대표적인 국제기관은?

① IUCN ② UNESCO
③ OECD ④ FAO

해 ① 국제자연보호연맹

08. 다음 그래프로 설명할 수 있는 군집의 상호작용은?

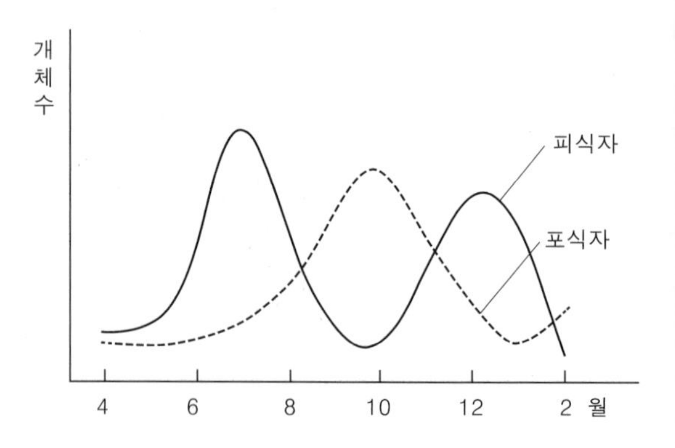


① 중립(Neutralism) ② 편리(Commensalism)
③ 포식(Predation) ④ 상리(Mutualism)

해 ③ 포식에 있어서 피식자에 의해 포식자의 개체수가 조절되는 관계를 나타낸 그래프이다.

09. 대기권 중에서 오존층이 위치한 곳은?



정답 ➔ 01. ④ 02. ② 03. ② 04. ① 05. ③ 06. ② 07. ① 08. ③ 09. ②

① 대류권 ② 성층권
③ 전리권 ④ 외기권

해 ② 성층권(지상12~50㎞)에는 전체 오존량의 90% 이상이 존재하며 위도나 계절에 따라 차이가 있으나 특히 지상 20~25㎞의 고도에 가장 높은 농도로 밀집되어 있어 이 층을 '오존층'이라고 한다.

**10. 오존의 환경오염에 관한 설명으로 가장 거리가 먼 것은?**

① 자동차배출가스가 오존오염의 주원인 중 하나이다.
② 오존은 주로 이산화질소와 탄화수소가 태양광선과 반응하여 생성된다.
③ 오존층은 지구 상층부에서 적외선을 막아주기 때문에 생물이 살아갈 수 있는 환경을 만들어 준다.
④ 일사량이 많고 고온인 여름철에 주로 오존농도가 높다.

해 ③ 오존층은 지구 상층부에서 자외선을 막아주기 때문에 생물이 살아갈 수 있는 환경을 만들어 준다.

**11. 군집의 우점도-다양성(Dominance-diversity) 곡선 중 A, B, C 곡선에 대한 설명으로 옳지 않은 것은?**

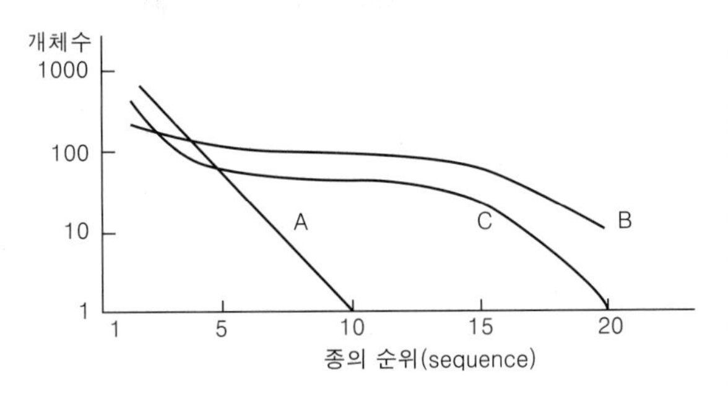


① A곡선은 생태학적 niche의 선점을 수반하는 분포형으로 가장 개체수가 많은 종은 다음 개체수가 많은 종의 2배이다.
② B곡선은 대부분의 자연적인 군집내에서 나타나는 우점도와 종다양성의 특성을 보여준다.
③ C곡선은 생태학적 niche가 불규칙하게 분포하면서 서로 인접하지만 중복되지 않는 경우로 우점도와 종다양성간의 극단적인 형태이다.
④ 거친 환경 속에서 끊임없이 niche의 선점을 위해 경쟁할 경우에는 C곡선의 형태로, 중복되지 않은 영토확보를 위한 경쟁이 발생한 경우에는 점차 A곡선의 형태를 보인다.

**12. 북반구의 육상생태계 중 짧은 여름기간 동안 증가하는 생물량에 의해 이동성 물새의 번식이 주로 이뤄지는 지역은?**

① 팜파스 ② 툰드라
③ 차파렐 ④ 열대우림

**13. 식물이 이용할 수 있는 질소 형태부터 질소의 순환을 올바른 순서로 설명하고 있는 것은?**

① 유기질소→아질산염→암모니아→질산염
② 질산염→원형질→암모니아→아질산염
③ 아미노산→원형질→질산염→아질산염
④ 아질산염→아미노산→암모니아→원형질

해 ② 식물이 질산염을 흡수하여 동화작용에 의해 단백질이나 핵산 등의 원형질이 만들어지며, 식물의 고사나 소비자의 사체나 배설물이 분해되어 암모니아가 되고, 그것이 아질산염을 거쳐 질산염이 만들어지는 과정을 순환한다.

**14. 생물다양성의 범주에 포함되는 개념이 아닌 것은?**

① 종다양성
② 유전적 다양성
③ 군집 및 생태계 다양성
④ 환경 다양성

해 생물다양성은 종내 '유전자의 다양성', 생태계에서의 '종다양성', 경관(지역)에 있어서의 '생태계의 다양성', 국토에 있어서의 '경관의 다양성'이라는 계층성을 가지고 있다.

**15. 생태계를 구성하고 있는 생물종간의 상호작용의 형태가 아닌 것은?**

① 경쟁 ② 기생
③ 포획 ④ 공생

**16. 연안생태계 지역을 잘못 설명한 것은?**

① 바닷가 부근의 해양생태계와 육상생태계 간의 경계지역을 조간대라고 한다.
② 썰물 때의 곳에서부터 대륙붕 가장자리까지의

정답 → 10. ③ 11. ④ 12. ② 13. ② 14. ④ 15. ③ 16. ③

지역이다.

③ 대륙붕 가장자리에서부터 바다 쪽 전체를 포함한다.

④ 수심 0~200m까지의 지역으로 빛이 투과하는 지역을 투광대라고 한다.

17. 생물의 생태적 지위를 제한하는 제한요인(Limiting factor)에 대한 설명으로 틀린 것은?

① 환경 인자 중에서 부족하거나 조건이 나빠서 생태적 지위를 제한하는 요소를 말한다.

② 생물체가 정상적으로 성장하기 위해서는 특정 영양물질의 최소량이 필요하다는 최소의 법칙이 적용되기도 한다.

③ 그 동안 조사된 제한요인은 대개 토양의 광물질 함유량, 최고 최저 기온, 강수량과 같은 복잡한 요소들이다.

④ 제한요인은 대개 생물의 생명 주기 전반에 걸쳐 영향을 미친다.

해 ① 생물을 유지하는 여러 환경인자 중 부족하거나 조건이 나빠서 효율적이고 생산적인 성장을 방해하는 요소를 말한다.

18. '엔트로피의 증가'가 의미하는 것으로 가장 적절한 것은?

① 유기에너지의 상태로 바뀌는 현상

② 잠재적 에너지의 상태로 바뀌는 현상

③ 오염된 에너지의 상태로 바뀌는 현상

④ 사용 불가능한 에너지의 상태로 바뀌는 현상

해 엔트로피란 에너지의 형태가 사용할 수 있는 형태에서 사용할 수 없는 형태로 바뀐 에너지량을 말한다. 또한 엔트로피는 생태계 내 무질서의 척도로 사용된다.

19. 호소의 유역으로부터 유입되는 인의 배출원으로 가장 거리가 먼 것은?

① 비료　　② 가축분뇨

③ 하수 처리장　　④ 생활하수

20. 대기 중의 질소를 고정할 수 있는 생물이 아닌 것은?

① 자유생활을 하는 *Azotobacter*

② 콩과식물에 공생하는 뿌리혹박테리아

③ 일부 남조류

④ 수중의 원생동물

해 질소고정 세균

·공생박테리아 : *Rhizobim*(뿌리혹박테리아), *Frankia*

·비공생박테리아 : *Azotobacter*(호기성), *Clostridium*(혐기성), *Rhodospirillum*(혐기성), *Desulfovibrio*(혐기성)

·남조류(공생) : *Anabaena*(cyanobacteria), *Nostoc*(염주말속)

## 제2과목 환경계획학

21. 환경용량을 평가할 때 사용되는 지표 중의 하나로 재화와 용역의 생산에 필요한 에너지 측면의 가치를 과학적으로 측정한 것은?

① 생태적 발자국　　② 에머지

③ 에너지 지수　　④ 에너지환경지표

해 에머지는 평가하고자 하는 서비스나 생산물의 가치를 에너지의 관점에서 평가하면서, 현재 남아 있는 에너지량을 이용하는 것이 아니라 이들이 만들어지기까지 투입되었던 모든 에너지를 고려하여 가치를 평가하고자 하는 개념이다.

22. 내륙형 습지 중 소택형 습지에 대한 설명으로 옳지 않은 것은?

① 면적 8ha 이하, 저수위시 유역의 가장 깊은 곳이 2m 이하이며, 염분농도가 0.5% 이하인 습지

② 지형학적으로 침하되었거나 댐이 건설된 강 수로에 위치한 습지

③ 왕성한 파도의 작용 혹은 하상이 바위로 된 해안선의 특징이 빈약한 습지

④ 교목, 관목, 수생식물, 이끼류, 지의류에 의해 우접되는 습지와 염도가 0.5% 이하인 조수영향 지역에서 나타나는 모든 습지

23. 하천 및 호수 환경의 친환경적인 관리지침에 대한 제안으로 부적합한 것은?

① 하안선, 호안선 관련 개발금지구역의 설정 및 관리

② 주요 조망점으로부터 시각회랑 확보

③ 건축물 허가 기준의 완화

④ 환경오염 규제 기준의 강화



정답 ▸ 17. ① 18. ④ 19. ③ 20. ④ 21. ② 22. ② 23. ③

해 ③ 건축물 허가 기준의 완화는 오염물질의 증가를 가져와 환경적 영향을 증가시키게 된다.

**24. 현존식생조사를 실시한 결과 밭 1㎢, 논 1㎢, 일본잎갈나무 조림지 1㎢, 20년 미만 상수리나무림 1㎢, 20년 이상 신갈나무림 1㎢으로 조사되었다. 환경영향평가 협의 결과 녹지자연도 7등급 이상은 보전하고 나머지는 개발 가능한 것으로 협의되었다. 이 대상지에서 개발 가능한 가용지 면적(㎢)은?**

① 2 ② 3
③ 4 ④ 5

해 논과 밭은 2등급, 조림지는 6등급, 상수리나무림은 7등급, 신갈나무림은 8등급에 해당된다.
→ 밭+논+조림지= 1+1+1=3(㎢)

**25. 야생동물 이동통로 설계 시 중요하게 고려하지 않아도 되는 항목은?**

① 야생동물 이동능력
② 조성비용의 타당성
③ 인간에 의한 간섭 여부
④ 연결되어야 할 보호지역 사이의 거리

**26. 생태건축계획에서 기본적으로 고려되어야 할 내용으로 맞지 않는 것은?**

① 기후에 적합한 건축
② 에너지 손실 방지 및 보존을 고려
③ 물질 순환 체제 고려
④ 토지자원 외 절약

해 ①②③ 외에 적절한 건축재료 선정 등이 있다.

**27. 우리나라에서 환경보전을 목적으로 활용되는 토지이용 규제에 해당이 되지 않는 것은?**

① 토지관련 법령에 의한 토지의 기능과 적성을 고려
② 일정한 지역을 환경보전에 필요한 지역으로 지정하여 규제
③ 지역, 지구를 지정하여 환경보전 목적에 배치되는 일정한 행위를 제한
④ 자연환경보전법에 의한 특별대책지역으로 지정

**28. 생태계에서 먹이 피라미드의 내용에 해당되지 않는 것은?**

① 열역학 제 1,2법칙이 적용된다.
② 고차소비자가 많은 에너지를 소비한다.
③ 생산자–소비자–분해자로 구성되어 있다.
④ 태양광선을 이용해 에너지를 생산하는 것은 초식동물이다.

해 ④ 태양광선을 이용해 에너지를 생산하는 것은 생산자인 식물이다.

**29. 유네스코 MAB(man and the biosphere programme)에 대한 설명으로 옳지 않은 것은?**

① 핵심지역, 완충지역, 전이지역의 3가지 기본요소로 구분한다.
② 생물권에 인간이 어떻게 영향을 미치는지를 연구하고 생물권의 파괴를 막기 위하여 출범하였다.
③ 지속적인 위협을 받고 있는 보호지역의 한계를 극복하기 위해 생물권 보전지역을 지정하였다.
④ 동·식물 개체군이 일정한 서식환경에서 증가할 때 환경의 저항을 받아 일정한 상한에 도달해 평형상태를 지속한다는 개체군 성장한계이론을 기본으로 한다.

해 MAB란 유네스코에서 1971년 생물권 보호지구의 국제망을 형성한 계획으로 생물권보호지구는 지방주민의 이익을 보장하기 위하여 지속적인 발전·보전 노력이 양립할 수 있는 가능성을 모색한 모형설정이 기획되었던 계획을 말한다.

**30. 다음 용도지구에 대한 설명 중 틀린 것은?**

① 토지이용을 고도화하고 경관을 보호하기 위하여 건축물 높이의 최저한도를 정할 필요가 있는 지구를 최저고도지구라 한다.
② 학교시설·공용시설·항만 또는 공항의 보호, 업무기능의 효율화, 항공기의 안전운항 등을 위하여 지정하는 것은 개발진흥지구이다.
③ 문화재와 문화적으로 보존가치가 큰 건축물 등의 미관을 유지·관리하기 위하여 필요한 것은 역사문화미관지구이다.
④ 녹지지역·관리지역·농림지역 또는 자연환경보전지역 안의 취락을 정비하기 위하여 필요한 지구는 자연취락지구이다.

정답 → 24. ② 25. ② 26. ④ 27. ④ 28. ④ 29. ④ 30. ②

해 법이 개정되어 ④만 맞는다.

31. 생물지리지역 접근에서 생물지리지역의 구분에 대한 설명으로 잘못된 것은?

① 생물지역은 생물지리학적 접근단위의 최대단위이다.
② 하부생물지역은 지역에서의 독특한 기후, 지형, 식생, 유역, 토지이용유형에 의해 구분한다.
③ 경관지역은 유역과 산맥에 의해 구분되며 관찰자가 인식할 수 있는 범위이다.
④ 장소단위는 독특한 시각적 특징을 지닌 지역으로 위요된 공간(enclosed space)이다.

해 ② 하부생물지역은 생물지역 내에서 자원, 문화 등에 있어 독특한 특징을 가진 경우에 해당된다.

32. 사전환경성 검토에 대한 설명으로 틀린 것은?

① 각종 개발계획이나 개발사업을 수립시행 함에 있어 타당성 조사 등 계획 초기 단계에서 입지의 타당성, 주변환경과의 조화 등 환경에 미치는 영향을 고려토록 하는 것이다.
② 계획을 수립·확정하거나 사업을 인가허가승인 지정하는 관계행정기관의 장은 환경부장관 또는 지방환경관서의 장(협의 기관의 장)과 미리 협의하여야 한다.
③ 입지의 타당성, 토지이용계획의 적정성 등을 미리 스크린함으로써 환경영향평가를 보완할 수 있다.
④ 보존용도지역에서의 개발사업은 규모에 관계없이 사전환경성검토를 받아야 한다.

해 사전환경성검토는 폐기되었으며, 현재의 전략환경영향평가와 같은 성격이다.

33. 지구온난화 영향에 관한 설명으로 옳지 않은 것은?

① 해수면의 상승
② 세계적인 기상이변의 빈도가 증가
③ 동식물 종의 다양성 증대
④ 개발도상국의 농업생산력 저하

해 ③ 동·식물의 구성종이나 서식처의 이동 등 생태계 전반에 영향을 미쳐 종의 절멸을 야기할 수도 있다.

34. 1971년 2월 이란에서 채택된 정부간 협약으로 자연자원의 유용과 보존에 관한 내용을 담은 국제 정부 간 협의는?

① 람사협약　② 생물다양성협약
③ 사막화방지협약　④ 기후변화협약

35. 자연적 또는 인위적 위협요인으로 개체수가 현저하게 감소되고 있어 위협요인이 제거 되거나 완화되지 아니할 경우 가까운 장래에 멸종위기에 처할 우려가 있는 야생동·식물로서 관계 중앙행정기관의 장과 협의하여 환경부령이 정하는 종은?

① 멸종위기 야생동·식물Ⅰ급
② 멸종위기 야생동·식물Ⅱ급
③ 멸종위기 야생동·식물Ⅲ급
④ 국제적멸종위기종

36. 전원도시의 개념이 미국에서 최초로 실현되었다는 래드번(Radburn) 계획의 설명 중 틀린 것은?

① 래드번의 개념은 12~20㏊의 대가구(Super Block)를 형성하는 것이었고, 그 가운데로는 통과교통이 지나지 않도록 했다.
② 거실과 현관, 침실이 주거의 앞쪽 정원을 보게 함으로써 개방감을 주었다.
③ 녹지내부의 도로는 보행자전용의 도로이며, 자동차도로와 교차하는 곳에서는 육교나 지하도로 처리되어 있다.
④ 단지 내 통과교통을 차단하고 보차도를 분리하며, 교통사고 위험을 줄이는 쿨데삭(Cul-de-sac) 개념을 채택하였다.

해 ② 주택의 후면에 정원 및 녹지대, 보도를 배치하여 차량으로부터 분리된 안전한 녹지를 확보하고, 주택의 거실은 후면의 정원을 향하도록 배치하였다.

37. 도시관리계획의 경관지구를 세분한 것이 아닌 것은?

① 자연경관지구　② 수변경관지구
③ 해안경관지구　④ 시가지 경관지구

해 법이 개정되어 경관지구는 자연경관지구, 시가지경관지구, 특화경관지구로 세분되어 있다.



정답 → 31. ② 32. ④ 33. ③ 34. ① 35. ② 36. ② 37. ③

38. GIS를 활용한 자연환경정보의 내용이 아닌 것은?

① 대상지 규모 ② 토지 피복/이용
③ 산림 및 산지 ④ 오염물질 종류

해 GIS를 활용하여 심층적 정보인 물질의 종류까지 알 수는 없다.

39. IUCN 적색목록의 멸종위기등급에 대한 설명으로 옳지 않은 것은?

① 위급(CR : Critically Endangered) : 긴박한 미래의 야생에서 극도로 높은 절멸 위험에 직면해 있는 분류군
② 취약(VU : Vulnerable) : 위급이나 위기는 아니지만 멀지않은 미래에 야생에서 절멸위기에 처해있는 분류군
③ 절멸(EX : Extinct) : 사육이나 생포된 상태 또는 과거의 분포범위 밖에서 순화된 개체군으로만 생존이 알려진 분류군
④ 최소관심(LC : Least Concern) : 위협범주 평가기준으로 평가하였으나 위협 또는 준위협 범주에 부적합한 분류군

해 ③ 절멸(EX : Extinct) : 지구상에 개체가 하나도 남아 있지 않은 종

40. 녹지자연도에 대한 설명으로 틀린 것은?

① 녹지자연도는 자연환경의 생태적 가치, 자연성, 경관적 가치 등에 따라 등급화한 지도이다.
② 녹지자연도는 식생과 토지이용현황을 기초로 하여 작성한다.
③ 녹지자연도 8등급 이상의 경우, 실제적인 개발행위가 불가하다.
④ 유사식물군집으로 그룹화하여 자연성 정도를 등급화하기 때문에 녹지자연도는 인위적이고 주관적인 명목 지표라는 한계가 지적되고 있다.

해 녹지자연도는 일정 토지의 자연성을 나타내는 지표로서 식생과 토지의 이용현황에 따라 녹지공간의 상태를 등급화한 것이다.

## 제3과목 생태복원공학

41. 물에 의한 토양침식의 형태 및 유형 중 빗물침식과 관계가 가장 먼 것은?

① 복류수침식 ② 빗방울침식
③ 면상침식 ④ 누구침식

해 ① 복류수침식은 지중침식에 속한다.

42. 도시의 생물다양성 보전을 위해 고려해야 할 사항으로 부적합한 것은?

① 생물 개개의 서식처 보전만으로 다양성을 유지할 수 없으므로 서식공간의 네트워크가 필요하다.
② 개개의 생물종 보전대책이 종의 장기적인 생존을 위해 최우선적으로 고려되어야 한다.
③ 미래의 생물서식환경과 종의 생존을 위해 넓은 범위에서의 대책이 시급하다.
④ 서식지 규모의 단편화, 축소화, 질적 악화를 방지하기 위해서는 서식환경 전체를 대상으로 하는 대책이 필요하다.

43. 황폐한 산간계곡의 유역면적 10㏊인 곳에서 강우강도가 100㎜/hr일 때, 최대유량(㎥/s)은? (단, 유역의 유출계수=0.8)

① 0.1 ② 0.2
③ 2.2 ④ 4.4

해 유출량 $Q=\frac{1}{360}C\cdot I\cdot A$

$\rightarrow \frac{1}{360}\times 0.8\times 100\times 10 = 2.2(m^3/sec)$

44. 복원 계획을 위한 분석 기법 중 계획의 장래 효과를 예측하여 복수의 대안을 비교하는 분석 방법은?

① GAP 분석 ② 시나리오 분석
③ 행동권 분석 ④ 중첩분석

45. 생태통로의 사후관리 단계에서 필요한 고려사항이 아닌 것은?

① 서식지의 안정성 보장
② 외부간섭 차단
③ 통로기능과 효율성 평가
④ 개선정보 제공

해 ② 외부간섭 차단은 생태통로 설치단계의 고려사항이다.

정답 → 38. ④ 39. ③ 40. ① 41. ① 42. ② 43. ③ 44. ② 45. ②

46. 도시생태계 복원을 위한 절차 중 가장 선행되어야 하는 것은?

① 시행, 관리, 모니터링의 실시
② 복원계획의 작성
③ 복원목적의 설정
④ 대상지역의 여건분석

해 복원과정의 순서는 대상지역의 여건분석→부지 현황조사 및 평가→복원목적의 설정→세부 복원계획의 작성→시행·관리·모니터링 실시 순이다.

47. 자연환경보전지역의 산림에서 5천제곱미터의 채굴사업 훼손면적이 발생했을 경우 납부해야 할 생태계보전협력금은?

① 6백만원 ② 1천5백만원
③ 2천5백만원 ④ 3천만원

해 금액 300원/㎡, 자연환경보전지역 계수 4
→ 5,000×300×4=6,000,000원

48. 버드나무류 꺾꽂이 재료를 이용한 자연형 하천복원 공사에 대한 설명 중 맞는 것은?

① 꺾꽂이용 주가지의 직경은 1㎝ 미만인 것을 선발한다.
② 가지의 증산을 방지하기 위해 잎을 모두 제거한다.
③ 채취 후 12시간 이내에 꺾꽂이가 가능하도록 해야 한다.
④ 시공은 생장이 정지한 11~12월 중순경에 한다.

해 ① 꺾꽂이용 가지는 주가지가 1~2cm의 직경이어야 한다.
② 신아와 나뭇잎을 가지당 2~3개 정도 유지하도록 해야 한다.
④ 시공 시기는 새눈이 나오는 4~5월 중순경(부득이한 경우 10월~11월 중순경)까지 한다.

49. 수관저류는 수관표면이 포화되는데 필요한 최소의 강우량이다. 수관저류 능력에 가장 큰 영향을 미치는 요인으로만 짝지어진 것은?

① 엽면적지수, 강우강도, 수종
② 엽면적지수, 강우량, 수종
③ 낙엽지량, 엽면적지수, 강우강도
④ 낙엽지량, 강우량, 수종

해 물 순환과정 중의 차단손실 (canopy interception loss)은 비가 나무의 잎이나 가지 또는 낙엽·낙지에 일시적으로 저류되었다가 토양속으로 흡수되지 못하고 대기중으로 증발되는 과정을 말한다. 식생에 의해 차단된 물은 대부분 표면에서 증발하며 아주 드물게 차단된 물의 일부가 식물 조직에 흡수되기도 한다. 차단과정을 구성하는 요인은 수관저류(樹冠貯留, canopy storage), 수관통과우(樹冠通過雨, throughfall of rainfall), 수간류(樹幹流, stemflow) 및 임상차단(林床追斷litterfall interception)이다. 수관저류능(樹冠野留能, canopy storage capacity)은 수관표면이 포화하는데 필요한 최소의 강우량이다. 수관저류능은 차단과정에서 가장 중요한 요인이며 엽면적지수(葉面積脂數, leaf area index), 강우강도(降雨强度, rainfall intensity), 엽표면의 성질과 밀접한 관계가 있으며, 또한 수종에 따라 다르다.

50. 복원의 유형 중에서 대체에 대한 설명에 해당하지 않는 것은?

① 훼손된 지역의 입지에 동일하게 만들어 주는 것
② 다른 생태계로 원래 생태계를 대신하는 것
③ 구조에 있어서는 간단할 수 있지만, 보다 생산적일 수 있음
④ 초지를 농업적 목초지로 전환하여 높은 생산성을 보유하게 함

해 ① 복구

51. 야생동물 이동 통로의 형태 중 훼손 횡단부위가 넓고, 절토 지역 또는 장애물 등으로 동물을 위한 통로설치가 어려운 지역에 만들어지는 통로는?

① Culvert ② Shelterbelt
③ Box ④ Overbridge

해 ① Culvert(소형 암거), ② Shelterbelt(방풍림), ③ Box(박스형 암거), ④ Overbridge(육교형 통로)

52. 식생조사 방법 중 하나인 Braun-Blanquet 방법에 대한 설명으로 옳지 않은 것은?

① 주목적은 조사구의 범위에 나타나는 식물의 양적평가를 수반하여 완전한 목록을 작성하는데 있다.
② 기본적인 조사도구는 조사용지, 화판, 필기구, 줄자, 접자, 지형도, 카메라, 경사계, 식물채집



정답 ➧ 46. ④ 47. ① 48. ③ 49. ① 50. ① 51. ④ 52. ③

용구 등이다.

③ 특징 중 하나는 상관적, 구조적으로 균질하지 않는 식생의 집합체에 조사구를 설정한다.

④ 조사구 내에 출현한 식물을 계층별로 기록하여 식생조사표에 기입한다.

53. 옥상녹화의 효과 및 장점 중 생태학적 장점으로서 가장 큰 것은?

① 대기정화 기능, 냉난방비 절감
② 도시 열섬현상 감소
③ 단열 효과, 옥상파손 방지
④ 녹음 제공, 부동산 가치 상승

해 생태적 장점으로는 도시열섬현상 감소, 생태계 복원, 공기정화, 소음저감, 하천수질 개선 등이 있다.

54. 대규모 건설사업이 생태환경에 미치는 영향과 가장 거리가 먼 것은?

① 생물 서식지의 훼손 및 손실
② 생물 서식지의 단절 및 분절
③ 생물종 다양성의 지속적 유지
④ 생태계 기능의 변화

55. 야생동물 이동통로의 기능에 대한 설명으로 틀린 것은?

① 천적 및 대형 교란으로부터 피난처 역할
② 교육적, 위락적 및 심미적 가치 제고
③ 단편화된 생태계의 파편 유지
④ 야생동물의 이동 및 서식처로 이용

56. 유효수분량에 대한 설명 중 틀린 것은?

① 유효수분량은 식물이 이용할 수 있는 토양속의 수분량을 가리키는 것이다.
② 일반적으로 pF1.8(포장용수량)과 pF5.0(영구위조점)의 수분량의 차를 이효성 유효수분이라고 한다.
③ 일반적으로 이효성유효수분량의 수치를 $L/m^3$ 단위로 표시하여 토양의 보수력을 평가한다.
④ 유효수분량은 일반적으로 $80L/m^3$ 이상이 바람직하다.

해 ② 일반적으로 pF2.54(포장용수량)과 pF4.2(영구위조점)의 수분량의 차를 이효성 유효수분이라고 한다.

57. 해안 사방 망심기의 망 구획 크기로 가장 적합한 것은?

① 50×50㎝ ② 100×100㎝
③ 150×150㎝ ④ 200×200㎝

58. 침식방지제 중 화학적 자재에 해당하는 것은?

① 양생제류 ② 시트류
③ 망상류 ④ 화이버류

59. 반개방적 수림의 특성이 아닌 것은?

① 일정부분 강도 있는 벌채를 시행함
② 되도록이면 자연림에 가까운 수림을 유지, 형성하는 것을 목적으로 함
③ 조릿대나 억새류 등의 지피식물은 잘 자라고, 오랜 세월이 경과하면 풍부한 임상을 기대할 수 있음
④ 수목구성은 낙엽수가 대부분이며, 상록수는 종(從)의 관계가 되는 것이 보통임

해 ② 자연림에 가까운 수림은 폐쇄적인 구조를 갖는다.

60. 녹화용 자생식물 중 그 특성(꽃, 형태, 관상 및 생태 등)이 바르게 연결된 것은?

① 구상나무 - 4월 갈색 개화 - 낙엽침엽성 - 열매의 관상가치
② 쪽동백나무 - 5월 붉은색 개화 - 상록활엽성 - 꽃과 열매의 관상가치
③ 층층나무 - 5월 붉은색 개화 - 낙엽활엽성 - 어릴 때 생장속도 느림
④ 노각나무 - 6월 흰색 개화 - 낙엽활엽성 - 꽃과 줄기의 관상가치

## 제4과목 경관생태학

61. Diamond가 제시한 보호구 설계를 위한 기준으로 옳지 않은 것은?

① 보호구의 면적이 클수록 바람직하다.
② 같은 면적일 경우 여러 개로 나뉘어있는 것보다

정답 ➔ 53. ② 54. ③ 55. ③ 56. ② 57. ④ 58. ① 59. ② 60. ④ 61. ④

하나로 있는 것이 바람직하다.
③ 패치간의 거리가 가까운 것이 바람직하다.
④ 같은 면적일 경우 주연부 길이가 큰 것이 유리하다.

해 ④ 면적과 둘레길이의 비가 더 높을수록 외부 영향들을 완화하고 동물의 이동을 촉진한다.

62. 틈 분석(Gap analysis) 내용으로 가장 거리가 먼 것은?
① 야생동물의 적절한 또는 최소한의 보전장소를 지정하기 위해 활용한다.
② 지리정보체계를 이용하여 종 분포에 대한 정보를 파악한다.
③ 생태계 다양성을 포함하는 공원계획에 활용 가능하다.
④ 비생물적인 요소는 고려할 필요가 없다.

해 ④ GAP 분석 : 생물의 종, 식생, 생태계 등의 실제 분포와 그것이 보호되고 있는 상황과의 괴리를 도출하여 보호계획에 도입하기 위한 방법이다.

63. 비오톱을 보전 및 조성할 때 고려해야 할 원칙으로 부적합한 것은?
① 조성 대상지 본래의 자연환경을 복원하고 보전하며, 이를 위해 자연환경은 필수적으로 파악한다.
② 생물과 비생물을 모두 포함하는 이용소재는 외부에서 도입하여 본래의 취약점을 보완하도록 한다.
③ 회복, 보전할 생물의 계속적 생존을 위하여 이에 상응하는 용수를 확보하도록 한다.
④ 비오톱 네트워크 시스템 구축을 위해 해당 비오톱 조성 후 모니터링을 충분히 실시한다.

해 ② 생물과 비생물의 이용소재는 그 지역 본래의 것을 사용한다.

64. 생물보전지구의 크기와 수를 결정할 때 고려되어야 할 사항은?
① 여러 개의 작은 패치보다는 적은 수의 큰 패치가 개체군을 유지하는데 유리하다.
② 적은 수의 큰 패치보다는 여러 개의 작은 패치가 개체군을 유지하는데 유리하다.
③ 생물의 서식처로서 숲 패치는 항상 동질적인 비역동성을 유지하는 동일한 면적이어야 한다.
④ 최소존속개체군이 유지되기 위해서는 경관패치의 크기 보다는 패치들 간의 연결성이 더 중요하다.

65. 인위적 교란을 지속적으로 받고 있는 농촌 경관의 경관생태학적인 복원 및 보전을 위해 반드시 고려되고 반영되어야 할 요소가 아닌 것은?
① 경작지 ② 묘지
③ 2차 식생 ④ 주택

66. 옥상녹화의 생태적 효과와 가장 거리가 먼 것은?
① 녹시율의 증대 ② 도시 미관 증진
③ 도시 열섬 완화 ④ 소생물 서식공간 증대

해 녹시율이란 특정 지점에서 녹지 공간이 차지하는 비율로 실제 사람의 눈으로 파악되는 녹지의 양에 대한 지표이다.

67. 경관을 이루는 기본적인 단위인 경관요소를 크게 3가지로 나눌 때 포함되지 않는 것은?
① 공간(space) ② 조각(patch)
③ 바탕(matrix) ④ 통로(corridor)

68. 자연경관 관리계획의 목표와 거리가 먼 것은?
① 자연의 생태적 안전성 확보
② 자연 순응적 이용 및 개발
③ 건축물 상호간의 스카이라인 조절
④ 자연보전적인 개발유도를 통한 생태적 지속성 유지

69. 사업시행으로 인한 영향예측 시 집중적으로 검토되어야 할 사항으로 가장 거리가 먼 것은?
① 자연생태계의 단절 여부
② 종다양성의 변화 정도
③ 일반적인 저감대책의 수립
④ 경관의 변화 정도

해 ①②④ 외 생물서식공간의 파괴, 훼손, 축소의 정도와 현실적인 보전대책 및 저감대책의 수립가능성을 검토한다.



정답 → 62. ④ 63. ② 64. ① 65. ④ 66. ① 67. ① 68. ③ 69. ③

70. 토지의 변화과정 중 경관변화에 영향을 미치는 요인이 아닌 것은?

① 조각의 크기 ② 기온
③ 연결성 ④ 둘레길이

71. 교란으로 나타나는 서식처 파편화에 대한 설명 중 틀린 것은?

① 자연식생지역의 파편화는 지표 교란에 의해 바람, 일조, 건조 등의 물리적 구조 변화를 초래한다.
② 파편화는 공간적으로 내부/가장자리의 비율을 증가시킨다.
③ 파편화는 연결성과 전체 내부면적을 감소시킨다.
④ 초원의 파편화는 자연발화에 의한 조각생성을 저해하고 그에 따라 종 손실을 일으키는 경우도 있다.

해 ② 파편화는 패치의 면적을 기준으로 가장자리 비율이 늘어난다.

72. 모형(model)은 경관생태학에서 중요한 연구도구이며 미래에도 중요한 도구이다. 모형의 현명한 적용을 위해 필요한 주의사항 중 관계가 먼 것은?

① 모델의 수행 결과는 모형이 수립된 가설이나 가정의 결과이다.
② 계수값을 계산하는데 있어 오차에 대한 모형의 민감도를 이해하는 것이 중요하다.
③ 모형은 현실의 단순화이다.
④ 최첨단 기술 적용은 좋은 모형 수립의 신뢰성을 보장한다.

73. 한반도 해안경관의 설명으로 옳지 않은 것은?

① 동해안은 융기해안으로서 해안선이 단조롭다.
② 동해안은 주로 조석(tide)이 모래를 옮겨와 사빈해안을 만들었다.
③ 서해안은 갯벌이 매우 잘 발달되어 있다.
④ 서해안에 발달한 사구는 강한 서풍에 의해 형성된 것이다.

해 ② 사빈을 구성하는 모래는 바다로 유입하는 하천에 의하여 육지로부터 공급되고, 이들 모래가 파랑의 작용으로 해안으로 밀어 올려져서 형성된다.

74. 인간에 의해 간섭을 받고 있는 농·산촌경관에 대하여 틀린 것은?

① 2차 식생 농·산촌경관의 주요 요소는 2차 식생과 경작지이다.
② 농·산촌경관의 계획 시 물리적 환경과 주변요소 간의 상호 관계를 고려한다.
③ 토양 및 지형 유형과 경관구조의 변화는 관계가 없다.
④ 농·산촌경관의 복원·보전 및 설계 시 서식지와 생물상, 생태계 규모를 조사한다.

75. 비오톱의 생태적 가치평가지표로 가장 타당한 것은?

① 이용강도 – 희귀종의 출현 유·무 – 재생복원능력
② 이용강도 – 접근성 – 포장률
③ 포장률 – 종 다양성 – 소득수준
④ 종 다양성 – 재생복원능력 – 인구밀도

해 비오톱의 생태적 가치평가지표로는 재생복원능력, 종다양도, 희귀종의 출현 유무, 이용강도 등을 들 수 있다.

76. 자연의 복원과 관련된 용어의 설명 중 가장 올바른 것은?

① 복원 : 훼손된 자연의 기능만 새롭게 조성하는 것
② 복구 : 훼손된 자연을 자연상태와 유사한 상태에 도달하도록 회복시키는 것
③ 재배치 : 훼손되기 이전의 자연구조를 원래 있는 상태로 완전히 회복시키는 것
④ 대체 : 훼손된 지역을 자연의 회복력에 의하여 완전히 재생되도록 하는 것

77. 경관의 공간배열 중 하천통로, 생울타리, 송전선로를 설명하는 공간요소의 명칭은?

① 거미형 ② 그래프형
③ 촛대형 ④ 목걸이형

78. GIS(지리정보체계) 자료의 구축 및 활용 절차를 바르게 순서대로 나열한 것은?

정답 ➔ 70. ② 71. ② 72. ④ 73. ② 74. ③ 75. ① 76. ② 77. ④ 78. ③

① 자료획득→모의실험→전처리→모델→결과출력
② 현장조사→실험실 분석→자료획득→결과도출→자료해석
③ 자료획득→전처리→자료관리→조정과 분석→결과출력
④ 현장조사→자료획득→자료해석→전처리→결과출력

79. 해안식생에 대한 설명으로 옳지 않은 것은?

① 하구역의 후미처럼 담수유입의 영향을 받는 곳에 발달된 소택지에는 해안습지가 존재하며, 염생식물이 발달한다.
② 해수의 영향을 받는 하구역의 물가에서는 부들이나 줄이 순군락을 형성하며, 갯는쟁이, 해홍나물, 퉁퉁마디, 칠면초 등의 염생식물 군락이 바다쪽으로 나타난다.
③ 거머리말은 연안역의 기초 생산력을 증대시키며, 질소와 인 등의 영양염류를 흡수하고 생리활성 물질의 공급원이다.
④ 거머리말의 생육장소는 조간대와 조하대의 경계지역에서 나타나며 조하대에서도 넓은 초지를 형성한다.

해 ② 해수의 영향을 받는 하안은 갈대가 순군락을 이루며 이어서 갯는쟁이, 해홍나물, 퉁퉁마디, 칠면초 등이 바다를 향하여 서식한다. 줄이나 부들은 내염성이 강하지 않다.

80. 도시 비오톱 지도의 활용 가치에 대한 설명으로 옳지 않은 것은?

① 경관녹지계획 수립의 핵심적 기초 자료를 제공한다.
② 자연보호지역, 경관보호지역 및 주요 생물서식공간 조성의 토대를 제공한다.
③ 생태 도시건설을 위한 기초 자료로는 큰 의미가 없다.
④ 토양 및 자연체험공간 조성의 타당성 검토를 위한 기초 자료를 제공한다.

해 ③ 도시 비오톱 지도는 생태 도시건설을 위한 기초 자료로 이용할 수 있다.

제5과목 **자연환경관계법규**

81. 환경정책기본법령상 환경부장관이 환경현황조사를 의뢰하거나 환경정보망의 구축·운영을 위탁할 수 있는 전문기관으로 거리가 먼 것은? (단, 그 밖에 환경부장관이 지정하여 고시하는 기관 및 단체는 제외한다.)

① 국립환경과학원
② 한국환경기술진흥공사
③ 한국환경산업기술원
④ 한국수자원공사

해 환경현황 조사를 의뢰하거나 환경정보망의 구축·운영을 위탁할 수 있는 전문기관 : 국립환경과학원, 보건환경연구원, 정부출연연구기관, 한국환경공단(구 한국환경자원공사), 특정연구기관, 한국환경산업기술원, 그 밖에 환경부장관이 지정·고시하는 기관 및 단체

82. 다음은 국토의 계획 및 이용에 관한 법률상 용어의 뜻이다. (  )안에 알맞은 것은?

> (  )란 전기·가스·수도 등의 공급설비, 통신시설, 하수도시설 등 지하매설물을 공동 수용함으로써 미관의 개선, 도로구조의 보전 및 교통의 원활한 소통을 위하여 지하에 설치하는 시설물을 말한다.

① 공동구　　② 공용구
③ 공동수용구　　④ 수용구

83. 생물다양성 보전 및 이용에 관한 법률상 용어의 뜻으로 옳지 않은 것은?

① "생물다양성"이란 육상생태계 및 수생생태계와 이들의 복합생태계를 포함하는 모든 원천에서 발생한 생물체의 다양성을 말하며, 종내·종간 및 생태계의 다양성을 포함한다.
② "생물자원"이란 사람을 위하여 가치가 있거나 실제적 또는 잠재적 용도가 있는 유전자원, 생물체, 생물체의 부분, 개체군 또는 생물의 구성요소를 말한다.
③ "유전자원"이란 유전(遺傳)의 기능적 단위를 포함하는 식물·동물·미생물 또는 그 밖에 유전적 기원이 되는 유전물질 중 실질적 또는 잠재적 가치를 지닌 물질을 말한다.
④ "생태계 교란생물"이란 외국으로부터 인위적 또

 정답 → 79. ② 80. ③ 81. ② 82. ① 83. ④

는 자연적으로 유입되어 그 본래의 원산지 또는 서식지를 벗어나 존재하게 된 생물을 말한다.

해 ④ "생태계교란 생물"이란 다음 각 목의 어느 하나에 해당하는 생물로서 위해성평가 결과 생태계 등에 미치는 위해가 큰 것으로 판단되어 환경부장관이 지정·고시하는 것을 말한다.
가. 유입주의 생물 및 외래생물 중 생태계의 균형을 교란하거나 교란할 우려가 있는 생물
나. 유입주의 생물이나 외래생물에 해당하지 아니하는 생물 중 특정 지역에서 생태계의 균형을 교란하거나 교란할 우려가 있는 생물

84. 국토의 계획 및 이용에 관한 법률 시행령상 기반시설 중 세분화한 도로에 해당하지 않는 것은?

① 지하도로 ② 보차혼용도로
③ 자전거전용도로 ④ 보행자전용도로

해 도로는 일반도로, 자동차전용도로, 보행자전용도로, 보행자우선도로, 자전거전용도로, 고가도로, 지하도로로 세분화 된다.

85. 국토기본법상 구분된 국토계획에 해당하지 않는 것은?

① 지역계획 ② 부문별 계획
③ 통합계획 ④ 도종합계획

해 국토계획은 국토종합계획, 도종합계획, 시·군 종합계획, 지역계획 및 부문별계획으로 구분한다.

86. 야생생물 보호 및 관리에 관한 법률 시행규칙상 멸종위기 야생생물 Ⅰ급(조류)에 해당하지 않는 것은?

① 흰꼬리수리(Haliaeetus albicilla)
② 황새(Ciconia boyciana)
③ 검은머리갈매기(Larus saundersi)
④ 매(Falco peregrinus)

해 ③ 멸종위기 야생생물 Ⅱ급(조류)

87. 독도 등 도서지역의 생태계 보전에 관한 특별법 시행규칙상 환경부장관이 이 법에 따라 특정도서를 지정하거나 해제·변경한 경우에는 지정일 또는 해제·변경일부터 얼마이내(기준)에 관보에 이를 고시하여야 하는가?

① 5일 ② 10일
③ 15일 ④ 30일

88. 습지보전법상 습지보호지역으로 지정·고시된 습지를 공유수면 관리 및 매립에 관한 법률에 따른 면허 없이 매립한 자에 대한 벌칙기준으로 옳은 것은?

① 5년 이하의 징역 또는 5천만원 이하의 벌금
② 3년 이하의 징역 또는 3천만원 이하의 벌금
③ 2년 이하의 징역 또는 2천만원 이하의 벌금
④ 1천만원 이하의 벌금

89. 야생생물 보호 및 관리에 관한 법률 시행규칙상 지정된 멸종위기 야생생물 Ⅱ급에 해당되는 생물은?

① 수달(Lutra lutra)
② 두루미(Grus japonensis)
③ 수원청개구리(Hyla suweonensis)
④ 노랑부리저어새(Platalea leucorodia)

해 ①②③ 멸종위기 야생생물 Ⅰ급

90. 자연공원법에서 사용하는 용어의 뜻 중 "지구과학적으로 중요하고 경관이 우수한 지역으로서 이를 보전하고 교육·관광 사업 등에 활용하기 위하여 환경부장관이 인증한 공원을 말한다."에 해당하는 것은?

① 지구과학공원 ② 지구문화공원
③ 과학보전공원 ④ 지질공원

91. 환경정책기본법령상 오존($O_3$)의 대기환경기준(ppm)으로 옳은 것은? (단, 8시간 평균치이다.)

① 0.02 이하 ② 0.03 이하
③ 0.05 이하 ④ 0.06 이하

92. 자연환경보전법상 자연환경보전기본계획에 포함되어야 할 사항으로 가장 적합한 것은? (단, 그 밖에 자연환경보전에 관하여 대통령령이 정하는 사항은 제외한다.)

① 야생동·식물의 서식실태조사에 관한 사항
② 생태계교란야생동·식물의 관리에 관한 사항
③ 생태축의 구축·추진에 관한 사항
④ 수렵의 관리에 관한 사항

정답 ➜ 84. ② 85. ③ 86. ③ 87. ④ 88. ② 89. ④ 90. ④ 91. ④ 92. ③

93. 환경정책기본법 조항에서 언급하고 있는 사항과 거리가 먼 것은?

① 방사성 물질에 의한 환경오염의 방지를 위하여 적절한 조치를 취할 것
② 과학기술의 발달로 인하여 생태계 또는 인간의 건강에 미치는 해로운 영향을 예방하기 위하여 필요하다고 인정하는 경우 그 영향에 대한 분석이나 위해성 평가 등 적절한 조치를 마련할 것
③ 전자파의 위해성 관리 및 치료를 위해 관련기관의 신속한 공조를 유지할 것
④ 환경오염으로 인한 국민의 건강상의 피해를 규명하고 환경오염으로 인한 질환에 대한 대책을 마련할 것

94. 생물다양성 보전 및 이용에 관한 법률상 외래생물 및 생태계교란 생물 관리 등에 규정된 사항으로 거리가 먼 것은?

① 환경부장관은 외래생물관리를 위한 기본계획을 5년마다 수립하여야 한다.
② 시·도지사는 외래생물관리계획에 따라 외래생물 관리를 위한 시행계획을 3년마다 수립·시행하여야 한다.
③ 외래생물관리계획에는 외래생물 관리를 위한 인력 수급 및 육성 계획이 포함되어야 한다.
④ 환경부장관은 위해우려종을 수입·반입 승인할 때 생태계위해성심사 결과와 해당 위해우려종이 생태계 등에 미치는 피해의 정도를 고려하여 승인여부를 결정하여야 한다.

해 ② 시·도지사는 외래생물관리계획에 따라 외래생물 관리를 위한 시행계획을 매년 수립·시행하여야 한다. 참고) 법이 개정되어 외래생물관리계획에 대한 부분은 삭제되었다.

95. 습지보전법상 용어의 정의 중 (　)안에 알맞은 것은?

> (　)란 만조(滿潮) 때 수위선(水位線)과 지면의 경계선으로부터 간조(干潮) 때 수위선과 지면의 경계선까지의 지역을 말한다.

① 내륙습지　　② 만조습지
③ 간조습지　　④ 연안습지

96. 백두대간 보호에 관한 법률 시행령상 보호 지역 중 완충구역에서의 허용행위에 관한 기준이다. (　)안에 알맞은 것은?

> 완충구역안에서 대통령령이 정하는 규모 이하의 농림어업인의 주택 및 종교시설의 증축 또는 개축은 허용되는데, 여기서 "대통령령으로 정하는 규모이하"는
> 1. 증축의 경우 : 종전 것을 포함하여 종전 규모(연면적을 기준으로 한다)의 ( ㉠ )
> 2. 개축의 경우 : 종전 것을 포함하여 종전 규모(연면적을 기준으로 한다)의 ( ㉡ ) 이하를 말한다.

① ㉠ 100분의 150, ㉡ 100분의 100
② ㉠ 100분의 100, ㉡ 100분의 150
③ ㉠ 100분의 130, ㉡ 100분의 100
④ ㉠ 100분의 100, ㉡ 100분의 130

97. 자연환경보전법규상 위임 업무 보고횟수 기준으로 옳지 않은 것은?

| | 업무내용 | 보고횟수 |
|---|---|---|
| ㉠ | 생태마을의 해체 실적 | 연 1회 |
| ㉡ | 생태·경관보전지역 등의 토지매수 실적 | 연 1회 |
| ㉢ | 생태·경관보전지역 안에서의 행위중지·원상회복 또는 대체자연의 조성 등의 명령 실적 | 수시 |
| ㉣ | 생태계보전협력금의 부과·징수실적 및 체납처분 현황 | 연 2회 |

① ㉠　　② ㉡
③ ㉢　　④ ㉣

해 ① 생태마을의 지정 : 연 1회, 생태마을의 해제 : 수시

98. 국토의 계획 및 이용에 관한 법률에 따른 용도 지역 안에서 건폐율과 용적률의 최대한도에 대한 조합으로 옳은 것은? (단, 지역–건폐율–용적률 순이다.)

① 주거지역 – 60% 이하 – 500% 이하
② 상업지역 – 80% 이하 – 1,500% 이하
③ 공업지역 – 70% 이하 – 400% 이하
④ 녹지지역 – 20% 이하 – 80% 이하



정답 ➔ 93. ③ 94. ② 95. ④ 96. ③ 97. ① 98. ③

99. 자연공원법상 공원관리청이 설치한 공원시설 사용에 대한 사용료를 내지 아니하고 공원시설을 이용한 자에 대한 과태료 부과기준으로 옳은 것은?

① 500만원 이하의 과태료를 부과한다.
② 100만원 이하의 과태료를 부과한다.
③ 50만원 이하의 과태료를 부과한다.
④ 10만원 이하의 과태료를 부과한다.

100. 환경정책기본법상 국가환경종합계획에 포함되어야 하는 사항과 가장 거리가 먼 것은?

① 인구·산업·경제·토지 및 해양의 이용 등 환경변화여건에 관한 사항
② 환경의 현황 및 전망
③ 방사능오염물질의 관리에 관한 단계적 대책 및 사업계획
④ 자연환경 훼손지의 복원·복구 및 책임소재 파악

해 ①②③ 외에 환경오염원·환경오염도 및 오염물질 배출량의 예측과 환경오염 및 환경훼손으로 인한 환경의 질(質)의 변화 전망, 환경정의 실현을 위한 목표 설정과 이의 달성을 위한 대책, 환경보전 목표의 설정과 이의 달성을 위한 단계별 대책 및 사업계획, 사업의 시행에 드는 비용의 산정 및 재원 조달 방법, 직전 종합계획에 대한 평가 등이 있다.

정답 ➔ 99. ④ 100. ④

# ❖ 2018년 자연생태복원기사 제 3 회

2018년 8월 19일 시행

## 제1과목 환경생태학개론

01. E.P. Odum의 결합법칙에 해당하는 것은?

① 열역학 제1법칙 + 열역학 제2법칙
② 독립의 법칙 + 분배의 법칙
③ 최소량의 법칙 + 내성의 법칙
④ 우열의 법칙 + 일정성분비의 법칙

해 오덤(E.P. Odum)은 리비히의 '최소량의 법칙'과 쉘포드의 '내성의 법칙'을 결합하여 생물의 생존은 최소 요구의 대상이 되는 물질이나 한계적인 물리적 여러 조건의 양 및 불안정성에 의거한 '결합의 법칙'을 제안하였다.

02. 두 생물 간에 상리공생(mutualism) 관계에 해당하는 것은?

① 관속 식물과 뿌리에 붙어 있는 균근균
② 호도나무와 일반 잡초
③ 인삼 또는 가지과 작물의 연작
④ 복숭아 과수원의 고사목 식재지에 보식한 복숭아 묘목

해 상리공생(mutualism)은 두 종간의 상호작용이 두 종 모두에게 긍정적인 효과로 식물은 무기 화합물과 미량 원소를 균근균에서 받는 한편, 균근균은 식물에서 광합성 산물을 받는다.

03. '개체군내에는 최적의 생장과 생존을 보장하는 밀도가 있다. 과소 및 과밀은 제한요인으로 작용한다.'가 설명하고 있는 원리는?

① Allee의 원리
② Gause의 원리
③ 적자생존의 원리
④ 항상성의 원리

해 ① 앨리의 효과(allee effect)란 생물이 집단을 형성하여 개체군의 유전적 다양성, 천적으로부터 위험 감소, 개체군에 필요한 개체수 확보 등 환경적응도를 향상시킨다는 이론으로, 개체군은 과밀(過密)도 해롭지만 과소(過小)도 해롭게 작용하므로 개체군의 크기가 일정 이상 유지되어야 종 사이에 협동이 이루어지고 최적생장과 생존을 유지할 수 있다는 원리를 말한다.

04. 생물다양성 유지를 위한 보호지구 설정을 위해 흔히 이용하는 도서생물지리 모형의 내용과 가장 거리가 먼 것은?

① 보호지구는 여러 개로 분산시킨다.
② 보호지구는 넓게 조성한다.
③ 보호지구는 최대한 서로 가깝게 붙도록 조성한다.
④ 보호지구의 형태는 원형이 유리하며, 지구간에 생태통로를 조성한다.

해 도서생물지리이론에 따르면 서식지는 큰 면적 하나가 작은 면적 여러 개보다 종의 보존에 더 효과적이라고 본다.

05. 지구자전, 해류의 흐름, 지형 등의 요인으로 저층의 수괴가 상층으로 유입되어 형성되며 생산력이 높은 어장이 발생하는 특징을 가지고 있는 것은?

① 저탁류(turbidity current)
② 원심력(centrifugal force)
③ 용승류(upwelling)
④ 적도해류(Equatorial current)

06. 식물에서는 종자의 전파양식이나 무성번식에 의해 일어나며 동물은 사회적 행동에 의해 서로 비슷한 종끼리 유대관계를 형성하기 때문에 나타나는 개체군의 공간분포양식은?

① 규칙분포(uniform distribution)
② 집중분포(clumped distribution)
③ 기회분포(random distribution)
④ 공간분포(space distribution)

07. 생태적 지위(ecological niche)에 대한 설명으로 틀린 것은?

① 한 종이 생물 군집 내에서 어떠한 위치에 있는지를 나타내는 개념이다.
② 전혀 다른 식물이 동일한 생태계지위를 가지는 경우는 없다.
③ 생물이 점유하는 물리적인 공간에서의 지위를 서식장소 지위라고 한다.
④ 온도, 먹이의 종류 등 환경 요인의 조합에서 나



정답 ➔ 01. ③ 02. ① 03. ① 04. ① 05. ③ 06. ② 07. ②

타나는 지위를 다차원적 지위라 한다.

해 ② '생태적 지위'란 생물 공동체나 군집에 있어서 생물종이 해야 하는 기능상의 역할을 말하는 것이다.

08. 생태적 천이에 나타나는 특성으로 옳지 않은 것은?

① 성숙단계로 갈수록 순군집생산량이 낮다.
② 성숙단계로 갈수록 생물체의 크기가 크다.
③ 성숙단계로 갈수록 생활사이클이 길고 복잡하다.
④ 성숙단계로 갈수록 생태적 지위의 특수화가 넓다.

해 ④ 생태천이에서 성숙단계에 도달할수록 생태적 다양성이 높아지므로 생태적 지위의 특수화가 좁아진다.

09. 생태계의 발전과정에 대하여 서술한 것으로 잘못된 것은?

① 생태계의 발전과정을 생태적 천이(Ecological succession)라고 한다.
② 생태계는 일정한 생장단계를 거쳐 성숙 또는 안정되며 최후의 단계를 극상(climax)이라 한다.
③ 초기 천이단계에서는 생산량보다 호흡량이 많으며 따라서 순생산량도 적다.
④ 성숙한 단계에서는 생산량과 호흡량이 거의 같아지므로 순생산량은 적어진다.

해 ③ 천이 초기단계에는 광합성량이 호흡량을 초과하여 순생산량이 증가한다.

10. 1980년대 들어서 일반의 관심을 끌게 된 것으로 트리클로로에틸렌, 사염화탄소, 벤젠 등의 매립에 의해 발생한 오염은?

① 호수오염 ② 해저오염
③ 지하수오염 ④ 대기오염

11. 영양구조 및 기능을 함께 볼 수 있는 것으로 생태적 피라미드의 모형을 이용하는데, 다음 중 개체의 크기에 따라 역피라미드의 구조 등 변수가 많기 때문에 바람직하지 않은 생태적 피라미드는?

① 개체수 피라미드(pyramid of numbers)
② 생체량 피라미드(biomass pyramid)
③ 에너지 피라미드(pyramid of energy)
④ 생산력 피라미드(pyramid of productivity)

12. 산성비를 잘못 설명한 것은?

① 산성비의 원인은 황산이온, 질산이온, 염소이온 등이다.
② pH6.0 보다 높은 pH를 나타내는 강우를 말한다.
③ 공장이나 자동차에서 방출되는 황산화물이나 질소산화물이 빗물에 섞여 지상으로 낙하해 온 것이다.
④ 흙 속의 미네랄과 영양염을 녹여 내어 용출하기 때문에 비옥한 토양이 황폐화 된다.

해 ② 산성비란 빗물의 산성도가 pH5.6 미만인 경우로 정의한다.

13. 생태계에서 무기물과 에너지의 흐름에 관한 설명으로 옳은 것은?

① 무기물과 에너지는 모두 순환한다.
② 무기물과 에너지는 모두 소모된다.
③ 무기물은 순환하지만 에너지는 소모된다.
④ 에너지는 순환하지만 무기물은 소모된다.

14. 호수에서 수온구배에 따른 성층을 나타내는 용어가 아닌 것은?

① 중수층(Metalimnion)
② 표수층(Epilimnion)
③ 저수층(Bottom)
④ 심수층(Hypolimnion)

15. 몬트리올 의정서는 어떤 물질의 사용을 금지하기 위한 것인가?

① 이산화탄소 ② 메탄
③ 질소산화물 ④ 프레온가스

해 ④ 몬트리올 의정서는 오존층 파괴물질의 규제에 관한 국제 협약으로 1986년 몬트리올에서 정식으로 체결되었고 1989년 1월부터 발효되었다. 오존층 파괴물질인 염화불화탄소 또는 프레온가스(CFCs), 할론(halon) 등의 생산과 소비를 점진적으로 감축하고 궁극적으로 완전히 제거하려는 목표를 설정하고 있다.

16. 개체군의 크기를 측정하는 방법 중 개체수 밀도를 측정하는 방법이 아닌 것은?

정답 → 08. ④ 09. ③ 10. ③ 11. ① 12. ② 13. ③ 14.③ 15. ④ 16. ④

① 선차단법 ② 측구법
③ 대상법 ④ 표비교법

17. 질소순환 과정을 바르게 설명한 것은?

① 낙엽 등에 존재하는 유기태질소는 질산화작용에 의하여 $NH_4^+$ 형태의 무기태질소를 만든다.
② $NH_4^+$가 토양미생물에 의하여 $NO_3^-$로 산화되는 과정을 암모늄화작용이라고 한다.
③ 수목의 뿌리는 이온 형태로 된 유기태질소의 형태로 흡수한다.
④ 질산태질소($NO_3^-$)는 산소공급이 부족하여 혐기성 상태가 되면, 질소가스로 환원되어 대기권으로 되돌아 간다.

해 ① 낙엽 등에 존재하는 유기태질소는 암모늄화작용에 의하여 $NH_4^+$ 형태의 무기태질소를 만든다.
② $NH_4^+$가 토양미생물에 의하여 $NO_3^-$로 산화되는 과정을 질화작용이라고 한다.
③ 수목의 뿌리는 이온 형태로 된 무기태질소의 형태로 흡수한다.

18. 경쟁종의 공존에 대한 설명으로 틀린 것은?

① 종내경쟁이 종간경쟁 보다 더 치열한 곳에서는 두 종이 공존한다.
② 두 개체군 사이에 생태적 지위는 중복될 수 없다.
③ 공존은 이용하는 자원의 차이에서 비롯된다.
④ 경쟁배타의 원리에 의해 공존한다.

해 ④ 경쟁배타의 원리는 생태적 지위가 동일한 개체군은 공존할 수 없다는 이론에 근거를 두고 있는 것으로 생태적 지위가 동일한 개체군 사이에는 필연적으로 경쟁을 하게 되고, 경쟁의 결과로 한 개체군이 군집 내에서 사라지게 된다.

19. 생물다양성 협약의 내용으로 거리가 먼 것은?

① 유전자원 및 자연서식지 보호를 위한 전략
② 생물다양성 보전과 서식지 개발을 위한 정책
③ 생물자원의 접근 및 이익공유에 관한 사항
④ 생태계 내에서 생물종다양성의 역할과 보존에 관한 기술 개발

해 ② 서식지 개발에 대한 내용은 없다.

20. 총 단위 공간당의 개체수로 정의되는 것은?

① 조밀도 ② 고유밀도
③ 생태밀도 ④ 분산밀도

## 제2과목 **환경계획학**

21. 지속가능발전과 관련하여 국토 및 지역차원에서의 환경계획 수립 시 고려해야 하는 사항이 아닌 것은?

① 인간의 활동은 환경적 고려사항에 의해서 궁극적으로 제한받아야 한다.
② 환경에 대한 우리의 부주의의 대가를 차세대가 치르도록 해서는 안된다.
③ 재생이나 순환가능한 물질을 사용하고 폐기물을 최소화함으로써 자원을 보전한다.
④ 프로그램 및 정책에 대한 이행 및 관리책임을 가장 낮은 수준의 민간에서 맡도록 해야 한다.

해 ④ 프로그램 및 정책에 대한 이행 및 관리책임을 가장 낮은 수준의 정부가 맡도록 해야 한다.

22. 지방의제21(Local Agenda 21)의 설명 중 옳지 않은 것은?

① 1992년 브라질의 리우에서 개최된 유엔환경계획(UNEP)에서는 21세기 지구환경보전을 위한 행동강령으로서 의제21을 채택하였다.
② 의제21의 28장에서는 지구환경보전을 위한 지방정부의 역할을 강조하면서 각국의 지방 정부가 지역주민과 협의하여 지방의제21을 추진하도록 권고하였다.
③ 1997년 4월에는 우리나라 환경부에서 지방의제21 작성지침을 보급하고 순회 설명회를 개최하면서 지방의제21의 추진이 전국적으로 확산되었다.
④ 1999년 9월 제1회 지방의제21 전국대회(제주) 이후 수차례의 토론과 협의를 거쳐 2000년 6월 지방의제21 전국협의회가 창립되었다.

해 ① 1992년 브라질의 리우에서 개최되어 지방의제21를 채택한 회의는 유엔환경개발회의(UNCED)이다.

23. 일반적으로 논의되는 토지이용계획의 역할로서 가장 거리가 먼 것은?

 정답 ➔ 17. ④ 18. ④ 19. ② 20. ① 21. ④ 22. ① 23. ④

① 난개발의 방지 기능이다.
② 토지이용의 규제와 실행수단의 제시 기능이다.
③ 정주환경의 현재와 장래의 공간구성 기능이다.
④ 사회의 지속가능성을 위한 토지의 사유재산 보장 기능이다.

해 ④ 사회의 지속가능성을 위한 토지의 보전 기능이다.

24. 식생군락을 측정한 결과, 빈도(F)가 20, 밀도(D)가 10이었을 때 수도(abundance) 값은?

① 10　　② 25
③ 50　　④ 200

해 $수도(N_i) = \frac{밀도(D_i)}{빈도(F_i)} \times 100 = \frac{10}{20} \times 100 = 50$

25. 일정 토지의 자연성을 나타내는 지표로서 식생과 토지의 이용현황에 따라 녹지공간의 상태를 등급화한 것은?

① 생태·자연도　　② 녹지자연도
③ 국토환경성평가도　　④ 수관밀도

26. 생태건축 계획의 요소와 가장 거리가 먼 것은?

① 중앙난방 계획
② 기후에 적합한 계획
③ 적절한 건축재료 선정
④ 에너지 손실 방지 및 보존 고려

해 ②③④ 외 물질순환체제 고려

27. 녹지 네트워크(green network)의 설명으로 가장 거리가 먼 것은?

① 자연의 천이와 인간과의 관계 형성을 지양한다.
② 공원 및 식생현황 등의 녹지 서식처를 유기적으로 연결한다.
③ 생태네트워크와 유사하나, 네트워크를 위한 연결대상이 주로 식생, 공원, 녹지, 산림으로 제한된다.
④ 녹지공간은 도시생태계의 건전성을 증진하기 위한 생태네트워크의 핵심이다.

해 ① 자연의 천이를 고려한다.

28. 도시열섬의 해결책으로 적당하지 않는 것은?

① 지붕과 도로에 밝은 색을 사용하는 등 포장 재료를 열반사율이 높은 것으로 교체한다.
② 수목식재를 통한 도시의 기온을 낮추고 대기 중의 이산화탄소를 줄이도록 한다.
③ 비용이 적게 들고 내구성이 강한 아스팔트 포장을 권장한다.
④ 수목식재를 통해 나무는 땅속의 지하수를 흡수하고 나뭇잎의 증산작용을 통해 직접적으로 주변공기를 시원하게 한다.

해 도심의 열섬현상은 콘크리트 빌딩의 밀집과 아스팔트 도로 포장 등 열용량이 큰 재료를 사용한 도시구조에서 비롯되므로 열용량이 작은 자연적·생태적 재료를 사용한다.

29. 환경피해에 대한 다툼과 환경시설의 설치 또는 관리와 관련된 다툼인 환경분쟁을 조정하는 방법이 아닌 것은?

① 협상　　② 조정
③ 재정　　④ 알선

해 분쟁조정의 종류
·알선 : 비교적 간단한 사건으로 당사자간 화해를 유도하여 해결 도모–처리기간 3개월
·조정 : 알선으로 해결이 곤란한 경우 조정위원회가 사실조사 후 조정안을 작성하여 양측에 일정기간을 정하여 수락 권고–처리기간 9개월
·재정 : 알선·조정으로 해결이 곤란한 손해배상 사건 등에 재정위원회가 인과관계 유무 및 피해액을 판단하여 결정하는 재판에 준하는 절차로 중앙환경분쟁조정위원회에서만 취급–처리기간 9개월

30. 생태공원 조성의 기본 이념이 아닌 것은?

① 지속 가능성
② 생태적 건전성
③ 생물적 단일성
④ 인위적 에너지 투입 최소화

해 생태공원 조성 기본 원칙
·생물학적 다양성 : 유전자, 종, 소생물권 등의 다양성을 의미하며 생물학적 다양성과 생태적 안정성은 비례한다.
·생태적 건전성 : 생태계 내 자체 생산성을 유지함으로써 건전성이 확보되며, 지속적으로 생물자원 이용이 가능하다.
·지속가능성 : 생물자원을 지속적으로 보전, 재생하여 생

정답 → 24.③ 25.② 26.① 27.① 28.③ 29.① 30.③

태적으로 영속적을 유지한다.
·최소의 에너지 투입 : 자연 순환계를 형성하여 에너지 자원 인력을 절감하고 경제성 효율을 극대화할 수 있도록 계획하여 인위적인 에너지 투입을 최소화한다.

31. 자연생태복원에 관한 설명으로 옳지 않은 것은?

① 국토의 보전을 기본 입장으로 하고 있다.
② 재해의 원인이 되는 비탈면 침식의 방지, 토사 유출의 방지, 수질정화, 수자원 보전을 포함하고 있다.
③ 자연생태복원이 어려운 장소를 확실하게 복원하기 위해 식물이 발아·생육하기 적합한 생육환경을 조성하는 것이다.
④ 식재종은 훼손지역에 새로운 식물사회를 조성하는 방향으로 선정되어야 한다.

해 ④ 식재종은 훼손 이전과 가장 유사한 상태로 되돌리는 것이 바람직하다.

32. OECD에서 채택한 환경지표 구조는 압력(Pressure)–상태(Status)–대응(Response)구조였다. 다음 환경문제를 해석하는 환경지표 중 PSR구조가 아닌 것은?

① 기후변화 : 압력(온실가스 배출) – 상태(농도) – 대응(CFC 회수)
② 부영향화 : 압력(질소, 인 배출) – 상태(농도) – 대응(처리관련 투자)
③ 도시환경질 : 압력(VOCs, $NO_X$, $SO_X$ 배출) – 상태(농도) – 대응(운송정책)
④ 생물다양성 : 압력(개발사업) – 상태(생물종수) – 대응(보호지역 지정)

해 ① 기후변화 : 압력(온실가스 배출) – 상태(농도) – 대응(온실가스 방출 제한)

33. 생태네트워크의 특징이 아닌 것은?

① 생물다양성의 시점이다.
② 광역네트워크의 시점이다.
③ 환경복원·창조의 시점이다.
④ 토지경제성의 시점이다.

34. 생태환경 복원·녹화의 목적을 달성하기 위하여 식물군락이 갖는 환경 개선력을 살린 기술의 활용 방향으로 올바른 것은?

① 식물군락의 재생은 자연 그 자체의 힘으로는 회복이 어려우므로, 인위적으로 자연 진행에 도움을 주어 회복력을 갖도록 유도한다.
② 식물의 침입이나 정착이 용이하지 않은 장소는 최소한의 복원·녹화를 추진할 필요가 없다.
③ 군락을 재생할 때, 자연에 가까운 형상을 조성하기 위하여 극상군락의 식생 및 신기술을 적용하여 조성하여야 한다.
④ 식물천이 촉진을 도모한다는 관점으로 자연흐름을 존중하여야 한다.

해 생태환경 복원·녹화 방법
·자연회복을 도와주도록 한다.
·자연군락을 재생·창조하여야 한다
·자연에 가까운 방법으로 군락을 재생하여야 한다.

35. 현대적 환경관 중 자원개발을 통한 경제성장을 추구, 인간의 효용증진을 위한 양적 성장을 추구하는 환경관에 해당하는 경우는?

① 낙관론자 ② 조화론자
③ 환경보호론자 ④ 절대환경론자

36. 자정능력의 한계를 초과하는 과다한 오염 물질이 유입되면 환경은 자정작용을 상실하여 훼손되기 이전의 본래 상태로 돌아가기 어렵게 되는데 이와 같은 환경의 특성은?

① 상호관련성 ② 광역성
③ 시차성 ④ 비가역성

37. 참여형 환경계획에 대한 설명으로 옳은 것은?

① 시민참여는 시대·국가는 달라도 참여형태는 동일하다.
② 시민참여는 1920년대 활발히 논의되어 1980년 이후 참여형 민주주의 발전, 시민의식의 성숙과 더불어 보급된 개념이다.
③ 시민참여는 환경계획에 직·간접으로 이해관계가 있는 시민들만이 참여하는 방법이다.
④ 환경정책 수립이나 계획과정이 정부 주도의 하향식, 밀실구조에서 탈피하여 이해당사자가 공동이익을 추구함으로써 환경의 질을 높이기 위


정답 → 31. ④ 32. ① 33. ④ 34.④ 35. ① 36. ④ 37. ④

한 과정이다.

해 시민참여형 환경계획 : 환경정책 수립이나 계획과정이 정부주도의 하향식 및 밀실구조에서 탈피하여 이해당사자가 공동의 이익을 추구함으로써 환경의 질을 높이기 위한 과정으로 본다. 직·간접적으로 이해관계가 있는 시민들이 환경계획과정에서 주체적으로 참여하는 일체의 행위를 말하며, 모든 시민에게 계획이나 의사결정과정에 참여의 기회를 넓힘으로써 시민이 원하는 바가 계획에 반영되게 하는 방법을 말한다.

38. 옴부즈만(Ombudsman) 제도에 관한 설명으로 틀린 것은?

① 1809년 독일에서 최초로 창설되었다.
② 조선시대의 신문고 제도 및 암행어사 제도와 유사한 제도이다.
③ 다른 기관에서 처리해야 할 성격의 민원에 대해서 친절히 안내하는 기능을 한다.
④ 행정기관의 위법-부당한 처분 등을 시정하고 국민에게 공개하는 등의 민주적인 통제기능을 한다.

해 옴부즈만 제도는 1809년 스웨덴에서 최초로 창설되었으며, 시민의 입장에 서서 행정권의 남용을 막아주고, 폐쇄적인 관료주의 관행을 타파하고, 개혁추진과 민주적·정치적인 대변기능을 효과적으로 수행할 수 있는 행정통제 메커니즘이다.

39. 비정부기구로 생물다양성과 환경위협에 관심을 가지며 기후변화 방지, 원시림 보존, 해양보존, 유전공학연구의 제한, 핵확산 금지 등을 위해 활동하는 국제민간협력기구의 명칭은?

① 그린피스(Greenpeace)
② 세계자연보호기금(WWF)
③ 세계자연보전연맹(IUCN)
④ 지구의 친구(Friends of the Earth)

40. 환경부장관이 국가차원의 환경보전을 위해 수립하는 '국가환경종합계획'의 수립 주기는?

① 5년　② 10년
③ 20년　④ 30년

제3과목 **생태복원공학**

41. 야생동물 이동을 위한 생태통로의 기능으로 가장 거리가 먼 것은?

① 천적 및 대형 교란으로부터 피난처 역할
② 단편화된 생태계의 연결로 생태계의 연속성 유지
③ 야생동물의 이동로 제공
④ 종의 개체수 감소

42. 반딧불이 서식을 유도하는 자연형 하천복원은 어떤 수생생물종의 서식을 필요로 하는가?

① 왕잠자리　② 소금쟁이
③ 깔다구　④ 다슬기

해 ④ 먹이원인 다슬기(하천)와 달팽이(논) 등 패류의 서식여부가 반딧불이의 서식에 매우 중요하다.

43. 서식처 적합성(habitat suitability) 분석을 가장 적절하게 설명한 것은?

① 희귀종이나 복원의 목표 종을 최우선적으로 고려할 경우 무관한 다른 환경요인들을 배제시키는 기법
② 생태조사 결과를 토대로 보전할 것인지, 복원할 것인지를 결정하는 기법
③ 제안된 개발사업이 생태계 혹은 생태계의 구성요소에 미치는 잠재적 영향을 파악하고, 계량화하여 평가하는 방법
④ 생물종별로 요구되는 서식처 조건을 지수화하고, 그 지수를 토대로 가장 적합한 생물종 서식처를 도출하는 기법

44. 콘크리트관을 이용하여 측구를 설치할 때 우수가 충만하여 흐를 경우의 유량(㎥/s)은? (단, 평균 유속 =2m/s, 콘크리트관의 규격=0.4×0.6m)

① 2.16　② 1.24
③ 0.96　④ 0.48

해 $Q=A\times v=0.4\times0.6\times2=0.48$(㎥/s)

45. 야생동물 이동통로는 생태적 네트워크가 필수적으로 갖추어져 있어야 한다. 이와 같은 지역에 해당되지 않는 것은?

① 주요 서식처 유형의 보전을 확보하기 위한 핵심

정답 ➔ 38. ① 39. ① 40. ③ 41. ④ 42. ④ 43. ④ 44.④ 45. ③

지역(core area)
② 개별적 종의 핵심지역간 확산 및 이주를 위한 회랑 또는 디딤돌
③ 서식처의 다양성을 제한하고 최대크기로의 네트워크의 확산을 위한 자연지역
④ 오염 또는 배수 등 외부로부터의 잠재적위험으로부터 네트워크를 보호하기 위한 완충지역

**46.** 미티게이션에서 식물종을 보호, 보전하는 방법으로서 귀중종을 이식할 때 발생하는 문제점으로 가장 거리가 먼 것은?

① 생활사, 생활환경에 대한 정보 부족
② 이식지 선정, 서식환경 정비 정보 부족
③ 귀중종과 일반종의 동시 이식
④ 부족한 경험에도 불구하고 이식실패가 허용되지 않음

**47.** 토양표본을 칭량병에 넣고 덮개를 덮은 채 신선토양의 무게(Sf)를 달고, 105℃ 에서 무게가 변하지 않을 때까지 건조시킨 후 토양의 무게(Sd)를 달았다. 그 결과 신선토양의 무게(Sf)는 278g, 말린 토양의 무게(Sd)는 194g이었다. 이 토양의 함수량(%)은? (단, 측정한 무게는 칭량병의 무게를 제외한 토양만의 무게이다.)

① 27.5　　② 29.3
③ 35.2　　④ 43.3

해 함수량 $= \dfrac{\text{신선토 무게} - \text{건조토 무게}}{\text{건조토 무게}} \times 100(\%)$

$\rightarrow \dfrac{278-194}{194} \times 100 = 43.3(\%)$

**48.** 자연형 하천복원에 활용하는 야자섬유 재료의 규격 및 설치기준으로서 틀린 것은?

① 야자섬유 두루마리의 규격은 길이 4m×지름 0.3m 크기의 실린더형을 표준으로 한다.
② 야자섬유망의 규격은 폭 1m×길이 10m를 표준으로 한다.
③ 야자섬유로프는 100% 야자섬유의 불순물을 제거한 후 두께 5~6㎜로 꼬아 만든다.
④ 야자섬유망은 사면에 철근 착지핀을 1개/㎡ 이상 박아 견고히 설치한다.

해 ② 야자섬유망의 규격은 폭 2m×길이 20m를 표준으로 한다.

**49.** 환경포텐셜에 관한 설명 중 옳은 것은?

① 입지포텐셜은 기후, 지형, 토양 등의 토지적인 조건이 어떤 생태계의 성립에 적당한가를 나타내는 것이다.
② 종의 공급포텐셜은 먹고 먹히는 포식의 관계나 자원을 둘러싼 경쟁관계 등 생물간의 상호작용을 나타내는 것이다.
③ 천이의 포텐셜은 생태계에서 종자나 개체가 다른 곳으로부터 공급의 가능성을 나타내는 것이다.
④ 종간관계의 포텐셜은 시간의 변화가 어떤 과정과 어떤 속도로 진행되며 최종적으로 어떤 모습을 나타내는가를 보여주는 가능성을 나타내는 것이다.

**50.** 대기에 포함된 함량은 0.03%에 지나지 않으며, 물 속 생명체의 운동 및 호흡에 영향을 미치는 환경요인은?

① 이산화탄소　　② 산소
③ 질소　　④ 일광

**51.** 생태계의 복원원칙에 대한 설명으로 옳은 것은?

① 도입되는 식생은 생명력이 강한 외래수종을 우선적으로 사용한다.
② 각 입지별로 통일된 생태계로 조성할 수 있도록 복원계획을 수립한다.
③ 적용하는 복원효과를 잘 검증할 수 있는 우선순위 지역을 선정하여 복원계획을 시행한다.
④ 개별적인 생물 구성요소의 회복에 중점을 두도록 한다.

**52.** 식물과 곤충과의 관련성을 고려한 분류 체계에서 식물의 잎을 섭식하는 곤충은?

① 화분매개충　　② 흡즙곤충
③ 식엽곤충　　④ 위생곤충

**53.** 목본식물 중 질소 고정식물이 아닌 것은?

① 자귀나무　　② 오리나무
③ 소귀나무　　④ 때죽나무

해 콩과실물로는 아까시나무, 다릅나무, 족제비싸리, 싸리류, 자귀나무, 토끼풀, 자주개자리, 벌노랑이 등이 있으며 비 콩과식물로는 자작나무과의 오리나무류, 보리수나무과의 보리수나무, 보리장나무, 소귀나무과의 소귀나무 등이 있다.

54. 식물군락의 순1차생산력은 생태계의 형태에 따라 매우 다양하다. 우리나라와 일본의 순1차생산력의 범위(t/ha/년)는?

① 1~5 ② 10~15
③ 20~25 ④ 25~30

55. 산림생태계의 산불피해지역에서 그루터기 움싹재생(stump sprouting)을 하지 않는 수종은?

① 소나무 ② 신갈나무
③ 물푸레나무 ④ 참싸리

해 ① 소나무가 산불에 취약한 것은 얇은 수피로 생장점이 쉽게 손상되고, 활엽수는 산불에 대한 저항력이 강하고 산불 이후에 움싹(맹아) 등에 의한 재생능력이 높기 때문이다.

56. 생태적으로 바람직한 대체습지 조성 시 고려해야 할 것이 아닌 것은?

① 면적이 동일해야 한다.
② 동일 유역권내에 있어야 한다.
③ 기능이 동일해야 한다.
④ 가급적 가까운 거리(on-site)에 있어야 한다.

해 ① 조성되는 습지의 면적은 개별적 대체습지보다 넓게 조성한다.

57. 자연환경복원을 위한 생태계의 복원과정에서 (  )에 적합한 것은?

| 대상지역의 여건 분석→부지현황조사 및 평가→(  )→복원계획의 작성→시행, 관리, 모니터링의 실시 |
|---|

① 적용기술 선정 ② 공청회 개최
③ 예산 확인 ④ 복원목적의 설정

58. 담수역에 있어서 관수저항이 강한 식물(생존기간 85일간 이하)에 해당하는 것은?

① 잔디, 골풀, 갈대, 회양목
② Kentucky bluegrass, 줄, 줄사철나무
③ tall fescue, orchard grass, 돈나무
④ perennial ryegrass, 영산홍, 송악

해 관수저항성은 물에 잠긴 상태에서 작물이 피해를 입지 않는 성질을 말한다.

59. 주야로 차량통행이 많은 산림 계곡부를 지나는 도로상에 야생동물 이동통로를 조성하는 경우, 이동통로 유형의 적합성에 대한 설명이 맞는 것은?

① 육교형이 터널형보다 더 적합하다.
② 터널형이 육교형보다 더 적합하다.
③ 육교형이나 터널형 모두 비슷하다.
④ 육교형이나 터널형 모두 부적합하다.

60. 파종중량(W)의 산출식으로 옳은 것은? [단, G:발생기대본수(본/㎡), S:평균입수(입/g, P:순량률(%), B:발아율(%)]

① $\frac{G}{S \times P \times B}$ ② $\frac{S}{G \times P \times B}$
③ $\frac{S \times P \times B}{G}$ ④ $\frac{G \times P \times B}{S}$

## 제4과목 경관생태학

61. 인위적인 자연적 방해작용으로 군집의 속성이 보다 단순하고 획일화되는 천이는?

① 퇴행적 천이 ② 건성 천이
③ 중성 천이 ④ 진행적 천이

해 ① 퇴행적 천이란 정상적인 천이를 방해하는 어떤 것의 영향으로 천이계열이 역행하는 구조로 진행되어 생체량의 감소 및 단순하고 빈약한 종들로 구성되는 과정의 천이를 말한다.

62. 비오톱(Biotope)의 의미로 가장 적당한 것은?

① 다양한 생물종이 함께 어울려 하나의 생물사회를 이루고 있는 공간으로서 다양한 생태계를 포함하는 지역이다.
② 유기적으로 결합된 생물군 즉, 생물사회의 서식공간으로 최소한의 면적을 가지며 주변 공간과 명확히 구별할 수 있도록 균질한 상태의 곳으로 볼 수 있다.

정답 ➔ 54. ② 55. ① 56. ① 57. ④ 58. ① 59. ② 60. ① 61. ① 62. ②

③ 농경지, 산림, 호수, 하천 등의 다양한 생태계가 서로 인접한 지역으로서 이들 생태계 사이의 기능적인 관계가 잘 연계된 곳이다.
④ 어떤 생물이라도 그 종족을 유지하기 위한 유전자 풀(pool)의 다양성이 유지될 수 있는 습지 공간을 말한다.

63. 원격탐사자료(satellite remote sensing data)의 유리한 특징만을 모아놓은 것은?

① 광역성, 동시성, 단발성
② 동시성, 주기성, 표현성
③ 주기성, 개방성, 표현성
④ 동시성, 광역성, 주기성

해 원격탐사(RS)의 장점
·광역성 : 한 번에 넓은 지역의 자료를 취득할 수 있다.
·동시성 : 넓은 지역의 자료를 동시에 얻을 수 있다.
·주기성 : 회전주기에 따라 동일한 지역의 주기적인 관측이 가능하다.
·접근성 : 지리적·물리적 접근이 어려운 지역의 관측이 가능하다.
·전자파 이용성 : 전자파를 이용하여 여러 가지 정보취득이 가능하다.
·기능성 : 물리적 정보만이 아닌 질적인 변화도 관측이 가능하다.

64. 환경영향평가를 위하여 시행하는 영향예측에 필요한 판단 기준으로 부적합한 것은?

① 경관의 변화 정도
② 자연 생태계의 단절 여부
③ 종다양성의 변화 정도
④ 조경 수목의 형태별 특성

65. 야생동물 복원에서 야생동물 종의 움직임에 대한 고려는 매우 중요하다. 다음 설명에 해당하는 움직임은?

| 먹이를 얻기 위해 하루(또는 일주일, 한달)정도의 기간 내에 상당히 한정되고 알려진 공간에서 움직이는 것 |
|---|

① 이동(dispersal)
② 이주(migration)
③ 돌발적 이동(eruption movement)
④ 행동권 이동(home range movement)

해 ① 새로운 서식처로 움직이는 것
② 철새같이 계절적으로 움직이는 것
③ 갑작스런 기후 또는 환경변화로 움직이는 것

66. 도시경관생태의 특징은 도시기후가 교외나 그 주변지역과 비교하여 다른 성질을 나타낸다는 것인데, 이러한 현상 중 가장 뚜렷한 것이 도심을 중심으로 기온이 상승하는 현상이다. 이러한 도시의 비정상적인 기온 분포는?

① 미기후 ② 온실효과
③ 이질효과 ④ 열섬효과

67. 비오톱 지도화 방법 중 유형분류는 전체적으로 수행하고, 조사 및 평가는 동일 유형(군)내 대표성이 있는 유형을 선택하여 추진하는 것은?

① 선택적 지도화 ② 배타적 지도화
③ 대표적 지도화 ④ 포괄적 지도화

해 비오톱 지도화 방법에는 선택적 지도화, 포괄적 지도화, 대표적 지도화(절충형)가 있다. 선택적 지도화는 보호할 가치가 높은 특별지역에 한해서 조사하는 방법이고, 포괄적 지도화는 전체 조사지역에 대한 자세한 비오톱의 생물학적·생태학적 특성을 조사하는 방법이다.

68. 특정 목적을 가지고 실세계로부터 공간자료를 저장하고 추출하며 이를 변환하여 보여주거나 분석하는 강력한 도구는?

① 원격탐사
② 범지구측위시스템(GPS)
③ 항공사진판독
④ 지리정보시스템

69. GIS로 파악이 가능한 자연환경정보의 내용으로 볼 수 없는 것은?

① 토지 피복 ② 지표면의 온도
③ 식물군락유형구분 ④ 대기오염물질의 종류

70. 비오톱 지도화에는 선택적 지도화, 포괄적 지도화, 대표적 지도화로 구분되어 사용된다. 포괄적 지도화의 설명에 해당하는 것은?

① 보호할 가치가 높은 특별지역에 한해서 조사하


정답 ➔ 63. ④ 64. ④ 65. ④ 66. ④ 67. ③ 68. ④ 69. ④ 70. ②

는 방법
② 도시 및 지역단위의 생태계 보전 등을 위한 자료로 활용 가능
③ 대표성이 있는 비오톱을 조사하여 유사한 비오톱 유형에 적용하는 방법
④ 비오톱에 대한 많은 자료가 구축된 상태에서 적용이 용이

해 ① 선택적 지도화, ③④ 대표적 지도화

71. 인간과 물이 만나는 수변공간의 특성에 해당되지 않는 것은?
① 사람의 오감을 통해 전달되는 풍요로움과 편안함을 주는 정서적 효과
② 수면 상에 있는 물건을 실제보다 가깝게 보이게 하는 효과
③ 도시공간을 일체적이고 안정된 분위기로 만드는 효과
④ 도시의 소음을 정화시켜 주는 효과

해 ② 수면 상에 있는 물건을 실제보다 더 떨어져 보이게 하는 효과

72. 메타개체군 개념을 적용한 종 또는 개체군의 복원방법이 아닌 것은?
① 포획번식 ② 방사
③ 돌발적 이동 ④ 이주

73. 경관생태학에서 경관을 구성하는 요소가 아닌 것은?
① 조각(patch) ② 바탕(matrix)
③ 통로(corridor) ④ 비오톱(biotope)

74. 종–면적 관계식($S=cA^z$)에 대한 설명으로 맞는 것은?
① A는 종다양성을 나타낸다.
② 면적과 종수의 관계 그래프는 직선으로 나타난다.
③ 다양한 군집안에서 채집된 표본수와 종의 수를 이용하였다.
④ c값은 연구지의 특성에 따라 다르다.

해 ① A는 면적을 나타낸다.
② 면적과 종수의 관계 그래프는 곡선으로 나타난다.
③ 일정의 군집안에서 채집된 종의 수를 이용하였다.

75. 생태학적 원리를 자연관리에 응용하는 생태기술의 기반으로 틀린 것은?
① 자연 자원의 흐름 경로
② 물질의 이동 형태
③ 유전 구조
④ 물질의 이동 원리

76. 우리나라의 광역적 그린네트워크를 형성할 때, 생태적 거점핵심지역(main core area)으로 작용하기 어려운 곳은?
① 자연공원 ② 생태·경관보전지역
③ 천연보호구역 ④ 도시근린공원

해 생태적 거점핵심지역으로 작용하도록 하는 핵심지역은 대규모의 자연녹지가 보전되어 있는 자연공원, 생태계보전지역, 천연보호구역 등을 말한다.

77. 경관조각의 생성요인에 따른 분류가 아닌 것은?
① 회복조각 ② 도입조각
③ 환경조각 ④ 재생조각

해 식생패치의 유형으로는 잔여패치, 도입패치, 간섭패치, 환경자원패치, 재생패치가 있다.

78. 인위적 사구 육성방법이 아닌 것은?
① 사구보강 ② 대체습지육성
③ 해변육성 ④ 수면 밑 해안육성

79. MAB(Man and Biosphere)의 이론에 근거한 지역구분을 올바르게 나열한 것은?
① 보존지역 – 유보지역 – 잠재적 개발지역
② 핵심지역 – 완충지역 – 전이지역
③ 핵심지역 – 완충지역 – 유보지역
④ 전이지역 – 유보지역 – 보존지역

80. 도시생태계가 갖는 독특한 특성이 아닌 것은?
① 태양에너지 이외에 화석과 원자력에너지를 도입하여야 하는 종속영양계이다.
② 외부로부터 다량의 물질과 에너지를 도입하여 생산품과 폐기물을 생산하는 인공생태계이다.
③ 도시개발에 의한 단절로 인하여 생물다양성의 저

정답 ➔ 71. ② 72. ③ 73. ④ 74. ④ 75. ③ 76. ④ 77. ① 78. ② 79. ② 80. ④

하가 초래되어 생태계 구성요소가 적은 편이다.

④ 모든 구성원 사이의 자연스러운 상호관계가 일어난다.

해 ④ 도시는 왜곡된 생태계로서 구성원 사이의 자연스러운 상호관계가 일어나기 어려운 구조다.

## 제5과목 자연환경관계법규

**81. 국토기본법상 국토계획에 해당하지 않는 것은?**

① 국토종합계획　② 도종합계획
③ 지역계획　④ 지구단위계획

해 국토계획은 국토종합계획, 도종합계획, 시·군 종합계획, 지역계획 및 부문별계획으로 구분한다.

**82. 환경정책기본법령상 국토의 계획 및 이용에 관한 법률에 따른 주거지역 중 전용주거지역의 밤(22:00~06:00)시간대 소음환경기준은? (단, 일반지역이며, 단위는 Leq dB(A))**

① 40　② 45
③ 50　④ 55

**83. 환경정책기본법령상 아황산가스($SO_2$)의 대기환경기준으로 옳은 것은? (단, 1시간 평균치)**

① 0.02ppm 이하　② 0.06ppm 이하
③ 0.10ppm 이하　④ 0.15ppm 이하

**84. 습지보전법상 용어의 정의로 옳지 않은 것은?**

① "습지"란 담수·기수 또는 염수가 영구적 또는 일시적으로 그 표면을 덮고 있는 지역으로서 내륙습지 및 연안습지를 말한다.
② "내륙습지"란 육지 또는 섬에 있는 호수, 못, 늪 또는 하구(河口) 등의 지역을 말한다.
③ "연안습지"란 만조 시에 수위선과 지면이 접하는 경계선 지역을 말한다.
④ "습지의 훼손"이란 배수(排水), 매립 또는 준설 등의 방법으로 습지 원래의 형질을 변경하거나 습지에 시설이나 구조물을 설치하는 등의 방법으로 습지를 보전 목적 외의 용도로 사용하는 것을 말한다.

해 ③ "연안습지"란 만조 때 수위선과 지면의 경계선으로부터 간조 때 수위선과 지면의 경계선까지의 지역을 말한다.

**85. 습지보전법규상 습지보호지역 중 4분의 1 이상에 해당하는 면적의 습지를 불가피하게 훼손하게 되는 경우 당해 습지보호지역 중 존치해야 하는 비율은?**

① 지정 당시의 습지보호지역 면적의 2분의 1 이상
② 지정 당시의 습지보호지역 면적의 3분의 1 이상
③ 지정 당시의 습지보호지역 면적의 4분의 1 이상
④ 지정 당시의 습지보호지역 면적의 10분의 1 이상

**86. 환경정책기본법령상 하천의 수질 및 수생태계 환경기준으로 옳지 않은 것은? (단, 사람의 건강보호 기준)**

| 구분 | 항 목 | 기준값 (mg/L) |
|---|---|---|
| ㉠ | 카드뮴 | 0.005 이하 |
| ㉡ | 비소 | 0.05 이하 |
| ㉢ | 사염화탄소 | 0.01 이하 |
| ㉣ | 음이온계면활성제 | 0.5 이하 |

① ㉠　② ㉡
③ ㉢　④ ㉣

해 ③ 사염화탄소 : 0.004 이하

**87. 자연환경보전법상 생물다양성 보전을 위한 자연환경조사 관련 내용으로 옳은 것은?**

① 환경부장관은 관계중앙행정기관의 장과 협조하여 10년마다 전국의 자연환경을 조사하여야 한다.
② 환경부장관은 관계중앙행정기관의 장과 협조하여 매 5년마다 생태·자연도에서 1등급 권역으로 분류된 지역의 자연환경을 조사하여야 한다.
③ 환경부장관 등이 자연환경조사를 위하여 조사원으로 하여금 타인의 토지에 출입하고자 하는 경우, 그 조사원은 출입할 날의 3일 전까지 그 토지의 소유자·점유자 또는 관리인에게 그 뜻을 통지하여야 한다.
④ 규정에 의한 조사 및 관찰에 필요한 사항은 국무총리령으로 정한다.

해 ① 환경부장관은 관계중앙행정기관의 장과 협조하여 5년마다 전국의 자연환경을 조사하여야 한다.
② 환경부장관은 관계중앙행정기관의 장과 협조하여 매 2년마다 생태·자연도에서 1등급 권역으로 분류된 지역의

자연환경을 조사하여야 한다.
④ 규정에 의한 조사 및 관찰에 필요한 사항은 대통령령으로 정한다.

88. 야생생물 보호 및 관리에 관한 법률 시행규칙상 살처분한 야생동물 사체의 소각 및 매몰기준 중 매몰 장소의 위치와 거리가 먼 것은?

① 하천, 수원지, 도로와 30m 이상 떨어진 곳
② 매몰지 굴착과정에서 지하수가 나타나지 않는 곳(매몰지는 지하수위에서 1m 이상 높은 곳에 있어야 한다)
③ 음용 지하수 관정(管井)과 50m 이상 떨어진 곳
④ 주민이 집단적으로 거주하는 지역에 인접하지 않은 곳으로 사람이나 동물의 접근을 제한할 수 있는 곳

해 ③ 음용 지하수 관정(管井)과 75m 이상 떨어진 곳

89. 백두대간 보호에 관한 법률상 다음의 행위를 한 자에 대한 각각의 벌칙기준으로 옳은 것은?

| ㉠ 완충구역에서 허용되지 않는 행위를 한 자<br>㉡ 핵심구역에서 허용되지 않는 행위를 한 자 |
|---|

① ㉠ 7년 이하의 징역 또는 7천만원 이하의 벌금, ㉡ 5년 이하의 징역 또는 5천만원 이하의 벌금
② ㉠ 5년 이하의 징역 또는 5천만원 이하의 벌금, ㉡ 7년 이하의 징역 또는 7천만원 이하의 벌금
③ ㉠ 5년 이하의 징역 또는 5천만원 이하의 벌금, ㉡ 3년 이하의 징역 또는 3천만원 이하의 벌금
④ ㉠ 3년 이하의 징역 또는 3천만원 이하의 벌금, ㉡ 5년 이하의 징역 또는 5천만원 이하의 벌금

90. 독도 등 도서지역의 생태계 보전에 관한 특별법상 특정도서에서 입목·대나무의 벌채 또는 훼손한 자에 대한 벌칙기준으로 옳은 것은? (단, 군사·항해·조난구조 행위 등 필요하다고 인정하는 행위 등은 제외)

① 6개월 이하의 징역 또는 5백만원 이하의 벌금
② 1년 이하의 징역 또는 1천만원 이하의 벌금
③ 3년 이하의 징역 또는 3천만원 이하의 벌금
④ 5년 이하의 징역 또는 5천만원 이하의 벌금

91. 자연공원법령상 자연공원의 지정기준과 거리가 먼 것은?

① 자연생태계의 보전상태가 양호할 것
② 훼손 또는 오염이 적으며 경관이 수려할 것
③ 문화재 또는 역사적 유물이 있으며, 자연경관과 조화되어 보전의 가치가 있을 것
④ 산업개발로 경관이 파괴될 우려가 있는 곳

92. 다음 중 습지보전법의 목적으로 가장 거리가 먼 것은?

① 습지의 효율적 보전·관리에 필요한 사항을 정한다.
② 습지오염에 따른 국민건강의 위해를 예방하고, 습지개발을 통하여 국민으로 하여금 그 혜택을 널리 향유할 수 있도록 한다.
③ 습지에 관한 국제협약의 취지를 반영함으로써 국제협력의 증진에 이바지 한다.
④ 습지와 습지의 생물다양성의 보전을 도모한다.

해 습지보전법의 목적 : 습지의 효율적 보전·관리에 필요한 사항을 정하여 습지와 습지의 생물다양성을 보전하고, 습지에 관한 국제협약의 취지를 반영함으로써 국제협력의 증진에 이바지함을 목적으로 한다.

93. 야생생물 보호 및 관리에 관한 법률 시행규칙상 멸종위기 야생생물 Ⅰ급의 곤충류에 해당되지 않는 것은?

① 산굴뚝나비 (*Hipparchia autonoe*)
② 상제나비 (*Aporia crataegi*)
③ 수염풍뎅이 (*Polyphylla laticollis manchurica*)
④ 애기뿔소똥구리 (*Copris tripartitus*)

해 ④ 멸종위기 야생생물 Ⅱ급(곤충류)

94. 자연환경보전법규상 생태통로의 설치기준으로 옳지 않은 것은?

① 생태통로의 길이가 길수록 폭을 좁게 설치한다.
② 주변의 소음·불빛·오염물질 등 인위적 영향을 최소화하기 위하여 생태통로 양쪽에 차단벽을 설치하되, 목재와 같이 불빛의 반사가 적고 주변환경에 친화적인 소재를 사용한다.

정답 ➜ 88. ③ 89. ② 90. ④ 91. ④ 92. ② 93. ④ 94. ①

③ 배수구 일부 지점에 경사가 완만한 탈출구를 설치하여 작은 동물의 이동이 용이하도록 하고, 미끄럽지 아니한 재질을 사용한다.
④ 생태통로 중 수계에 설치된 박스형 암거는 물을 싫어하는 동물도 이동할 수 있도록 양쪽에 선반형 또는 계단형의 구조물을 설치하며, 작은 배수로나 도랑을 설치한다.

해 ① 생태통로의 길이가 길수록 폭을 넓게 설치한다.

95. 자연환경보전법상 환경부장관이 수립해야 하는 '자연환경보전을 위한 기본방침'에 포함되어야 할 사항과 거리가 먼 것은?

① 중요하게 보전하여야 할 생태계의 선정, 멸종위기에 처하여 있거나 생태적으로 중요한 생물종 및 생물자원의 보호
② 생태·경관보전지역의 관리 및 해당 지역주민의 삶의 질 향상
③ 산·하천·내륙습지·농지·섬 등에 있어서 생태적 건전성의 향상 및 생태통로·소생태계·대체자연의 조성 등을 통한 생물다양성의 보전
④ 자연환경개발에 관한 교육과 국가 주도 개발활동의 활성화

96. 야생생물 보호 및 관리에 관한 법률 시행령상 "야생생물 보호 기본계획"에 포함되어야 할 사항과 거리가 먼 것은? (단, 야생생물 보호 세부계획과 비교)

① 야생생물의 현황 및 전망, 조사·연구에 관한 사항
② 관할구역의 주민에 대한 야생생물 보호 관련 교육 및 홍보에 관한 사항
③ 국제적 멸종위기종의 보호 및 철새 보호 등 국제협력에 관한 사항
④ 수렵의 관리에 관한 사항

97. 국토의 계획 및 이용에 관한 법률 시행령상 기반시설의 분류 중 "방재시설"에 해당하는 것은?

① 공동구·시장
② 유류저장 및 송유설비
③ 하수도
④ 유수지

해 방재시설 : 하천, 유수지, 저수지, 방화설비, 방풍설비, 방수설비, 사방설비, 방조설비

98. 국토의 계획 및 이용에 관한 법률상 국토의 용도구분에 해당되지 않는 지역은?

① 도시지역 ② 준도시지역
③ 관리지역 ④ 자연환경보전지역

해 국토의 용도는 도시지역, 관리지역, 농림지역, 자연환경보전지역으로 구분된다.

99. 국토기본법상 특정 지역을 대상으로 특별한 정책목적을 달성하기 위하여 수립하는 계획으로 옳은 것은?

① 국토종합계획 ② 부문별 계획
③ 시·군종합계획 ④ 지역계획

100. 생물다양성 보전 및 이용에 관한 법률상 생물다양성 및 생물자원의 보전에 관한 사항으로 옳지 않은 것은?

① 환경부장관은 국내에 서식하는 생물종의 학명(學名), 국내 분포 현황 등을 포함하는 국가 생물종 목록을 구축하여야 한다.
② 국가 생물종 목록의 구축 대상·항목 및 방법 등에 관한 사항은 환경부령으로 정한다.
③ 환경부장관은 생물다양성의 보전을 위하여 보호할 가치가 높은 생물자원으로서 대통령령으로 정하는 기준에 해당하는 생물자원을 관계 중앙행정기관의 장과 협의하여 국외반출승인대상 생물자원으로 지정·고시할 수 있다.
④ 환경부장관은 반출승인대상 생물자원의 국외반출 승인을 받은 자가 거짓이나 그 밖의 부정한 방법으로 승인을 받은 경우에는 그 승인을 취소하여야 한다.

해 ② 국가 생물종 목록의 구축 대상·항목 및 방법 등에 관한 사항은 대통령령으로 정한다.



정답 ➔ 95. ④ 96. ② 97. ④ 98. ② 99. ④ 100. ②

# ❖ 2019년 자연생태복원기사 제 1 회

2019년 3월 3일 시행

## 제1과목 환경생태학개론

**01.** 개체군의 특성에 관한 설명 중 틀린 것은?

① 일시적이며 기하급수적이고 무제한으로 성장하는 것을 지수함수형(J형)이라 한다.
② 밀도의 증가에 따라 제한요인의 작용으로 성장률이 감소하는 경우 시그모이드형(S형)이라 한다.
③ 일시적이며 불안정하고 변동하기 쉬운 서식지에서는 r−선택이 이루어지며 개체군 내부 밀도의 영향을 받는다.
④ K−선택은 환경수용능력에 가깝게 성장하는 안정한 서식지의 개체군에서 이루어지며, 극상림과 같은 안정된 상태에서 나타난다.

해 ③ 일시적이며 불안정하고 변동하기 쉬운 서식지에서는 r−선택이 이루어지며 개체군 내부 밀도의 영향을 받지 않는다. 개체군의 밀도가 사회압을 받을 수 있는 환경에 놓여 있지 않는 곳에서 서식하는 밀도 독립적인 기회적 개체군이 많기 때문이다.

**02.** 식물에 의해 단위시간, 단위면적당 만들어지는 생체량은? (단, 단위로는 에너지단위($cal \cdot m^{-2} \cdot day^{-1}$)나 무게($gC \cdot m^{-2} \cdot day^{-1}$)를 사용한다.)

① 1차 생산력(Primary productivity)
② 2차 생산력(Secondary productivity)
③ 영양단계(Trophic level)
④ 현존량(Standing crop)

**03.** 생태계의 먹이연쇄에 관한 설명으로 틀린 것은?

① 영양단계의 분류는 종의 분류로 이루어진다.
② 천이 초기의 먹이연쇄는 단순하고 직선적인 경향이 있다.
③ 먹이연쇄에 있어서 각 이동단계마다 일정부분의 잠재에너지가 열로 사라진다.
④ 먹이연쇄에서 상부 영양단계로 이동할 때마다 약 90%의 에너지가 소실된다.

해 ① 영양단계의 구분은 종의 분류가 아닌 기능의 분류로 이루어진다.

**04.** 습지보전 대책으로서 국제적으로 중요한 습지, 특히 물새 서식지에 관한 국제적인 협약으로서 이란에서 채택되어 발효된 협약은?

① 람사 협약　　② 헬싱키 협약
③ 몬트리올 협약　　④ 나이로비 협약

**05.** 수계생태계를 이루고 있는 생물적 부분을 생활형에 따라 구분한 것으로 해당하지 않는 것은?

① 플랑크톤　　② 척추동물
③ 유영동물　　④ 저서동물

해 수생태계는 저서생물, 부착생물, 부유생물, 유영동물, 수표생물로 분류할 수 있다. 척추동물은 동물분류학상의 구분이다.

**06.** 환경오염문제를 발생시키는 인간의 활동에 대한 설명 중 틀린 것은?

① 환경문제 저감기술 개발보다는 산업생산기술 개발에 더 관심을 가져야 한다.
② 과학기술은 산업과 생산성 향상에 엄청난 효과를 가지고 왔지만, 환경오염의 가속화와 질적 악화를 동시에 가져왔다.
③ 산업화에 따른 환경오염으로 인해 온실효과를 일으키는 이산화탄소량의 증가, 오존층의 파괴, 열대수림의 파괴, 생물 멸종 등 자연 환경의 파괴가 진전되고 있다.
④ 산업화 이전에는 환경 자정능력으로 정화되었지만, 산업혁명 이후 고도의 경제성장은 자정능력을 넘는 대기오염물질과 폐수 및 폐기물을 배출하여 오염을 가속화 시키고 있다.

**07.** CFCs(염화불화탄소)에 대한 설명으로 틀린 것은?

① 불연성이다.
② 독성과 자극이 없다.
③ 불안정한 화합물이다.
④ 염소, 불소, 탄소를 함유한 합성화합물질이다.

**08.** 뿌리를 토양에 내리고 잎을 수면에 띄우는 수생식물

정답 ➔ 01. ③　02. ①　03. ①　04. ①　05. ②　06. ①　07. ③　08. ③

에 해당하는 습지식물은?

① 갈대　② 검정말
③ 어리연꽃　④ 개구리밥

해 ① 정수식물, ② 침수식물, ③ 부엽식물, ④ 부유식물

09. 호수에서 생산자 역할을 하는 것끼리 바르게 나열된 것은?

① 남조류, 녹조류, 어류
② 수초, 녹조류, 파충류
③ 규조류, 녹조류, 양서류
④ 대형수초, 규조류, 녹조류

10. 녹색식물 광합성 작용의 생화학적 공식은?

① $H_2O + CO_2 +$ 일광에너지 $\rightarrow (CH_3O)_n + O_2$
② $H_2O + CO_2 +$ 일광에너지 $\rightarrow (CH_3O)_n + O_2$
③ $H_2O + CO_2 +$ 일광에너지 $\rightarrow (CH_2O)_n + O_2$
④ $H_2O + CO_2 +$ 일광에너지 $\rightarrow (CH_2O)_n + O_2$

11. 동일한 시기에 식재하여 조성된 인공림의 생태적 특성에 관한 설명 중 틀린 것은?

① 임관이 폐쇄단계에 이르러 햇빛 환경이 악화되면 하층식생인 초본층이 발달하게 되어 수목공간 및 계층구조가 복잡해진다.
② 같은 나이의 일체림이기 때문에 천연림과 같이 대형의 고립목이나 넘어진 나무가 거의 존재하지 않아 천연림이 가지는 생태적 기능을 잃어버리게 된다.
③ 인공림의 생태계는 빈약한 임상식생을 이루게 되므로 강우 시 토양유기물의 흐름을 쉽게 하여 임지의 지력 저하로 이어진다.
④ 인공림 내에서 낙엽이나 죽은 가지도 임상의 광·온도 환경에 영향을 받아 토양동물, 균류의 조성을 단순화시켜 유기물의 분해가 늦어지는 현상이 나타난다.

해 ① 임관이 폐쇄단계에 이르러 햇빛 환경이 악화되면 하층식생인 초본층이 발달하지 못하며, 빈약하고 단순한 구조를 갖는다.

12. 생태학적 피라미드의 종류가 아닌 것은?

① 개체수 피라미드　② 생체량 피라미드
③ 에너지 피라미드　④ 환경요인 피라미드

13. 생태계 내 종 및 개체군 사이의 상호작용이 바르게 연결된 것은?

① 편해공생 – 상호관계는 서로에게 해를 끼침
② 편리공생 – 상호관계는 서로에게 균등하게 유익함
③ 기생 – 어느 한 쪽에게는 유익하며 다른 한 쪽에게는 해를 끼침
④ 경쟁 – 각각의 종과 종 사이에 직접적 또는 간접적으로 영향이 없음

해 ① 편해공생 – 어느 한 쪽에게는 영향이 없으나 다른 한 쪽에게는 해를 끼침
② 편리공생 – 어느 한 쪽만 유익함
④ 경쟁 – 상호관계는 서로에게 해를 끼침

14. 시간이 경과함에 따라 생물군집이 연속적으로 변화하는 과정을 거친 후 도달하는 안정된 시기는?

① 극상　② 포식
③ 경쟁　④ 기생

15. 수질오염과 관련된 주요 폐수로 가장 거리가 먼 것은?

① 생활하수　② 계곡수
③ 광산폐수　④ 방사성 폐수

16. 부영양화의 피해에 관한 설명으로 가장 거리가 먼 것은?

① 악취 발생
② 어패류 폐사
③ 수중생태계 파괴
④ 조류의 이상번식에 의한 투명도 증가

해 조류의 양에 따라 투명도가 달라지며, 이를 기준으로 부영양화지수를 산정한다.

17. 미생물 또는 화산활동 및 번개의 방전 등에 의해 생태계에 유입되는 물질을 생성하는 생물지화학적 순환(biogeochemical cycle)은?

① 산소순환　② 질소순환


정답 ➜ 09. ④ 10. ① 11. ① 12. ④ 13. ③ 14. ① 15. ② 16. ④ 17. ②

③ 인순환 ④ 황순환

18. 주요 대기 오염물질 중 2차 오염물질로 볼 수 있는 것들로만 나열된 것은?

① 오존, 과산화수소, PANs, $SO_3$
② 석면, 이산화질소, 오존, 사염화탄소
③ 오존, 아황산가스, 메탄가스, PANs
④ 일산화탄소, 수산화라디칼, 메탄가스, VOC

19. 생태적 동등종(ecological equivalent)의 설명으로 옳은 것은?

① 유전학적으로 비슷하지만 서식지가 다른 종들
② 유전학적으로 다르지만 서식지가 동일한 종들
③ 유전학적으로 비슷하지만 다른 생태학 지위를 차지하는 종들
④ 유전학적으로 다르지만 비슷한 역할이나 생태학 지위를 차지하는 종들

20. 생태계의 생물적 구성요소에 해당하지 않는 것은?

① 대기(atmosphere)
② 생산자(producer)
③ 분해자(decomposer)
④ 거대소비자(macroconsumer)

## 제2과목 환경계획학

21. 자연입지적 토지이용 유형과 기본 방향의 연결이 틀린 것은?

① 산림·계곡환경 – 보전중심의 경관 관리
② 하천·호수환경 – 수변경관 중심의 대규모 관광 및 상업지역 조성
③ 역사·문화환경 – 역사·문화 경관자원과 조화된 경관 형성
④ 해안환경 – 자연환경오염의 최소화 및 공공기반 시설의 확충

해 ② 하천·호수환경 – 하안선 및 호안선 보전 및 수변과 조화된 친환경적 경관 조성

22. 경관생태(Landscape Ecology)라는 용어를 가장 먼저 사용한 사람은?

① C. Troll ② L. Finke
③ E. Haeckel ④ I. S. Zonneveld

해 트롤(Carl Troll)이 항공사진 판독을 최초의 기술적 수단으로 사용하면서 등장한 개념으로, 과학적 연구가 분석적 방향으로 치우쳐 지역, 지역 환경, 인간과 환경의 관계 규명이 어렵다고 판단하여 경관생태학 분야를 제창하였다.

23. 전체1㎢의 개발대상지를 조사한 결과 논이 0.5㎢, 20년 이상 된 2차림이 0.1㎢, 과수원이 0.2㎢, 잣나무 조림지가 0.2㎢로 조사되었다. 이를 바탕으로 녹지자연도를 작성하였을 때 5등급 이상에 해당하는 면적의 비율(%)은?

① 10 ② 20
③ 30 ④ 40

해 논(2등급) 0.5㎢, 20년 이상된 2차림(8등급) 0.1㎢, 과수원(3등급) 0.2㎢, 잣나무 조림지(6등급) 0.2㎢

$$\rightarrow \frac{0.1+0.2}{0.5+0.1+0.2+0.2}\times 100 = 30(\%)$$

24. 생태도시건설을 위한 핵심 계획요소가 아닌 것은?

① 보행자 공간 네트워크화
② LPG, LNG 사용의 최소화 방안
③ 오픈스페이스 확보를 위한 건물배치
④ 주민참여에 의한 지역사회 활동 및 도시 관리 유지방안

해 ② LPG, LNG 사용의 확대

25. 도시가 외곽지역보다 기온이 1~4℃ 더 높고 도시기온의 등온선을 표시하면 도심부를 중심으로 섬의 등고선과 비슷한 형태를 나타내는 현상은?

① 바람통로 ② 열대야현상
③ 지구온난화 ④ 도시열섬현상

26. S.R. Arnstein은 시민의 영향력을 기준으로 참여수준을 3분류 8단계로 구분하였다. 다음 중 가장 효율적인 단계의 시민참여는?

① 치료 ② 회유, 상담
③ 시민통제·자치 ④ 정보제공, 교육

해 가장 효율적 단계의 시민참여는 위의 세 단계(시민권력)에

정답 ➔ 18. ① 19. ④ 20. ① 21. ② 22. ① 23. ③ 24. ② 25. ④ 26. ③

서 발생한다.

·시민의 영향력을 기준으로 한 참여수준

| 분류 | 단계 |
|---|---|
| 시민의 권력 단계<br>(상위단계) | 시민통제, 자치 |
| | 권한위임 |
| | 제휴, 협력, 공동의사결정 |
| 명목적 참여 단계<br>(중간단계) | 회유 |
| | 상담, 자문, 협의 |
| | 정보제공, 교육 |
| 비참여 단계<br>(하위단계) | 치료 |
| | 조종, 조작 |

27. 다음의 생물지역주의와 산업·과학주의 패러다임 비교해서 그 연결이 맞지 않는 것은?

| 구분 | 생물지역주의 | 산업·과학주의 |
|---|---|---|
| 규모 | 공동체 | 국가/세계 |
| 경제 | 자급 | 세계경제 |
| 정체 | 다양성 | 획일성 |
| 사회 | 협력 | 상생 |

① 규모 ② 경제
③ 정체 ④ 사회

해 생물지역주의와 산업·과학주의 패러다임 비교

| 구분 | 생물지역주의 | 산업·과학주의 |
|---|---|---|
| 규모 | 지역, 공동체 | 주(州), 국가·세계 |
| 경제 | 보전, 안정, 자급, 협력 | 착취, 변화·진보, 세계경제, 경쟁 |
| 정체 | 분권화, 상보성, 다양성 | 집권화, 위계, 획일성 |
| 사회 | 공생, 진화, 분리 | 양극화, 성장·폭력, 단일재배 |

28. 우리나라의 용도지역체계에 대한 설명으로 틀린 것은?

① 우리나라의 4대 용도지역은 도시지역, 관리지역, 농림지역, 자연환경보전지역으로 나눠어진다.
② 도시지역은 인구와 산업이 밀집되어 있거나 밀집이 예상되는 지역에 체계적인 개발·정비·관리·보전 등이 필요한 지역이다.
③ 농림지역은 도시지역에 속하지 아니하는 농지법에 의한 농업진흥지역 또는 산림법에 의한 보전임지 등으로서 농림업의 진흥과 산림의 보전을 위하여 필요한 지역이다.
④ 우리나라의 용도지역체계는 환경정책기본법에 의해 지정되는 40개의 용도지역으로 나누어진다.

해 ④ 우리나라의 용도지역체계는 국토계획 및 이용에 관한 법률에 의해 나누어진다.

29. 지속가능성의 단계 중 환경교육 프로그램을 체계화하고, 지역발전을 위한 지방정부의 주도적 역할을 강조하는 단계에 해당되는 것은?

① 아주 약한 지속가능성
② 약한 지속가능성
③ 보통의 지속가능성
④ 강한 지속가능성

해 ① 아주 약한 지속가능성 : 미진한 의식 수준과 언론의 저조한 관심
② 약한 지속가능성 : 미래 비전에 입각한 공공환경교육 도입

30. 정부와 시민사회가 협력하여 환경문제 등의 사회문제를 해결하는 것을 의미하는 활동은?

① 환경 거버넌스(governance)
② 환경 비정부기구(NGO)
③ 환경 옴부즈만(ombudsman)
④ 환경 비이익단체(NPO)

해 거버넌스(governance)는 정부·준정부를 비롯하여 반관반민(半官半民)·비영리·자원봉사 등의 조직이 수행하는 공공활동, 즉 공공서비스의 공급체계를 구성하는 다원적 조직체계 내지 조직 네트워크의 상호작용 패턴으로서 인간의 집단적 활동으로 파악할 수 있다.

31. 옴부즈만(ombudsman) 제도의 기능과 거리가 먼 것은?

① 갈등해결 기능
② 국가재정확보 기능
③ 국민의 권리구제 기능
④ 사회적 이슈의 제기 및 행정정보 공개 기능

해 옴부즈만의 기능으로는 국민의 권리구제, 민주적 행정통제, 사회적 이슈의 제거 및 행정정보 공개, 갈등해결, 민원



정답 ➔ 27. ④ 28. ④ 29. ④ 30. ① 31. ②

안내 및 민원종결 기능 등이 있다.

32. 맹꽁이의 서식처 특성 및 조건을 이용하여 대체습지를 조성할 때의 원칙으로 적절하지 않은 것은?

① 대체습지 가장자리의 수심을 0~30㎝ 정도로 조성한다.
② 대체습지의 규모는 크게는 50㎡에서 작게는 30㎡정도로 한다.
③ 대체습지의 가장 깊은 수심은 200~250㎝ 정도로 만들어 준다.
④ 대체습지의 중간에는 양서류가 휴식을 취할 수 있는 구릉을 초지와 함께 조성한다.

해 ③ 습지의 가장 깊은 수심은 100~150㎝ 정도로 만들어 준다.

33. 환경지표의 개념에 대한 설명으로 틀린 것은?

① 환경에 관한 어떤 상태를 가능한 정량적으로 평가하는 것
② 정책 목표를 개략적으로 제시하고 정책 효과를 평가하는 기초가 되는 것
③ 환경의 상태나 환경정책의 추진 상황을 측정하는 것
④ 환경 자료를 필요에 따라 가공하여 환경 현황이나 환경정책을 평가하는 재료로서 사용하는 것

해 ② 정책목표는 구체적, 정책효과는 정량적으로 평가한다.

34. 옥상녹화 및 벽면녹화로 인한 기대효과로 가장 거리가 먼 것은?

① 에너지 절약
② 도시환경 개선
③ 소동물들의 서식처 제공
④ 도시의 부족한 농업생산 공간 확보

35. 환경부장관은 자연환경보전기본계획의 시행성과를 몇 년마다 정기적으로 분석·평가하고 그 결과를 자연환경보전 정책에 반영하여야 하는가?

① 2년　② 3년
③ 5년　④ 10년

36. 생태네트워크의 개념으로 가장 적당한 것은?

① 개별적인 서식처와 생물종을 목적으로 하지 않고, 지역적인 맥락에서 모든 서식처와 생물종의 보전을 목적으로 하는 공간상의 계획이다.
② 지역적인 서식처와 개별적인 생물종을 목적으로 코리더에 의하여 핵심지역과 완충지역을 서로 연결하는 공간상의 계획이다.
③ 개별적인 서식처와 생물종을 목적으로 하지 않고, 지역적인 맥락에서 특정 서식처와 생물종의 보전을 목적으로 하는 공간상의 계획이다.
④ 지역적인 서식처와 생물종 보다는 개별적인 서식처와 생물종을 목적으로 코리더에 의하여 핵심지역과 완충지역을 서로 연결하는 공간상의 계획이다.

37. 사전환경성검토보다는 환경영향평가에서 주로 다루는 내용에 해당되는 것은?

① 입지의 타당성에 대한 평가
② 환경적 영향예측 및 저감방안 수립
③ 부문별 계획 전반에 대한 정책영향평가
④ 제안된 행정계획 등에 대하여 환경정책과의 조화성 분석

해 사전환경성검토는 폐기되었으며, 현재의 전략환경영향평가와 같은 성격이다.

38. 토지의 일반적인 환경성평가 과정으로 옳은 것은?

① 환경적합성 분석→환경 기초조사 자료→환경성평가도 작성→보전적지 등급 분류
② 환경적합성 분석→환경 기초조사 자료→보전적지 등급 분류→환경성평가도 작성
③ 환경 기초조사 자료→환경적합성 분석→환경성평가도 작성→보전적지 등급 분류
④ 환경 기초조사 자료→환경적합성 분석→보전적지 등급 분류→환경성평가도 작성

39. 국가환경종합계획은 몇 년마다 수립해야 하는가?

① 5년　② 10년
③ 15년　④ 20년

해 환경정책기본법

정답 ➔ 32. ③ 33. ② 34. ④ 35. ① 36. ① 37. ② 38. ④ 39. ④

**40.** 유엔환경계획의 환경범주는 대범주로서 자연환경과 인간환경으로 나누고 있다. 다음 중 자연환경의 하위 범주에 속하는 것은?

① 인구 ② 주거
③ 수권 ④ 에너지

해 유엔환경계획의 대범주
·자연환경 : 대기권, 수권, 지권, 생물적 환경(생산자, 소비자, 분해자)
·인간환경 : 인구, 주거, 건강, 생물생산체계, 산업, 에너지, 운송, 관광, 환경교육과 공공인식, 평화안전 및 환경

## 제3과목 생태복원공학

**41.** 잠재자연식생에 대한 설명으로 틀린 것은?

① 극상이 되기 이전단계의 식생구조를 의미한다.
② 대상식생과 자연식생의 종조성 등의 비교에 의해 추정한다.
③ 현 시점에서의 토지에 대한 잠재적인 능력을 추정한다.
④ 현존식생에 가해지는 인위성을 제거했을 경우 예상되는 자연식생의 모습이다.

**42.** 복원생태학에 대한 설명 중 틀린 것은?

① 복원생태학은 융복합 학문이다.
② 복원생태학은 문화적 복원을 포함하지 않는다.
③ 보전생물학과 경관생태학은 복원생태학의 발전에 기여했다.
④ 생태적 복원은 생태계를 복원하고 관리하는 실제 행위를 말한다.

**43.** 생태네트워크의 목적으로 가장 적합하지 않은 것은?

① 도시 내에 잠재하는 자연과 녹지를 연결하는 시스템
② 생물다양성을 유지하기 위한 계획
③ 지역 전체의 생태적 환경 재생을 목표로 하는 계획
④ 도시 내에 있는 비오톱을 개별적으로 관리함으로써 생물 서식환경을 보전·재생·창출하는 것

**44.** 기후 인자에 대한 설명으로 틀린 것은?

① 해안은 내륙지방보다 더 습한 기후가 된다.
② 해안선에 가까울수록 온도의 계절적 변화는 크다.
③ 육지가 흡수한 열은 낮 동안 지표면에 머물다 밤에 방출된다.
④ 육지가 방출하는 열은 육지에서는 해양에 멀어질수록 변화가 커지고 가까울수록 변화가 작아진다.

**45.** 생태통로 조성절차에서 계획 및 설계 단계의 내용이 아닌 것은?

① 위치의 선정 ② 유형의 선정
③ 제원의 설정 ④ 유지관리방안 작성

해 ④ 유지관리방안 작성은 유지관리 시 고려사항이다.

**46.** 하천둑을 밑폭 5m, 위폭 2m, 높이 2m의 50m 연장 둑을 조성하였을 때 취토 토사량(㎥)은?

① 250 ② 300
③ 350 ④ 400

해 토량 = 단면적 × 길이 = $(\frac{5+2}{2} \times 2) \times 50 = 350(m^3)$

**47.** 수로단면적이 12㎡이고, 윤주가 8m인 수로의 평균 깊이(m)는?

① 1.5 ② 2
③ 2.5 ④ 3

해 R=A/P=12/8=1.5(m)

**48.** 생태숲 조성 시 고려사항으로 가장 적합하지 않은 것은?

① 서로 다른 유형의 숲을 조성할 경우는 가급적 직선형의 숲으로 경계부를 조성
② 여러 층위로 구성된 숲 조성
③ 교목을 식재하는 지역에는 부분적인 마운딩을 조성
④ 토양의 지하수위, 양분조건, 미기후 등을 고려한 식재

해 ① 서로 다른 숲을 연결할 경우 자연에서 볼 수 있는 곡선형(부정형)으로 조성하는 것이 바람직하다.


정답 → 40. ③ 41. ① 42. ② 43. ④ 44. ② 45. ④ 46. ③ 47. ① 48. ①

49. 벽면녹화를 한 후 유지 및 관리를 하는데 있어서 고려할 사항으로 가장 거리가 먼 것은?

① 비료주기 ② 물주기
③ 부유물질 제거 ④ 전정

50. 건축물이나 옹벽 등 인공벽면의 녹화 효과에 해당되지 않는 것은?

① 벽면의 차폐 효과
② 풍속의 약화 효과
③ 돌담의 보강 및 도괴 방지 효과
④ 건축물 표면의 균열방지 및 보호 효과

51. 생물종이 지리적으로 분산하는 세 가지 방식에 포함되지 않는 것은?

① 확산 ② 도약분산
③ 단절 ④ 영속이주

52. 생태계 내에 있는 모든 생물체는 서로 상호작용을 하고 있다. 서로 다른 두 개체군이 서로에게 이익이 되는 관계를 말한 것은?

① 기생 ② 착생
③ 공생 ④ 경쟁

53. 훼손지 복원 시 공중질소를 고정하는 근균과 공생하는 콩과식물을 도입함으로 토양환경의 개선을 도모할 수 있다. 훼손된 비탈면에 도입할 수 있는 콩과식물에 해당되지 않는 것은?

① 싸리나무 ② 알팔파
③ 오리나무 ④ 낭아초

해 ③ 자작나무과

54. 토양조사 항목에서 토양의 화학성을 나타내는 것은?

① 전기전도도 ② 토성
③ 토양수분함량 ④ 경도

해 ·화학적 특성 평가항목 : 토양산도(pH), 전기전도도, 염기성치환용량, 전질소량, 유효태인산함유량, 치환성칼륨, 치환성칼슘, 치환성마그네슘, 염분농도, 유기물 함량
·물리적 특성 평가항목 : 입도분석, 투수성, 공극률, 유효수분량, 토양경도

55. 생태통로의 기능과 조성에 대한 설명 중 틀린 것은?

① 생태통로는 단편화된 생태계의 연결로 생태계의 연속성 유지에 도움을 준다.
② 생태통로는 대형 교란으로부터 피난처 역할도 한다.
③ 인공적으로 조성된 구조물은 생태통로라고 볼 수 없다.
④ 하천, 댐, 도로 등에 의해 생태계가 단절되는 경우 생태통로를 조성한다.

해 ③ 생태통로는 도로·댐·수중보(水中洑)·하구언(河口堰) 등으로 인하여 야생동·식물의 서식지가 단절되거나 훼손 또는 파괴되는 것을 방지하고, 야생동·식물의 이동 등 생태계의 연속성 유지를 위하여 설치하는 인공 구조물·식생 등의 생태적 공간을 말한다.

56. 생태복원 성공여부의 평가기준과 가장 거리가 먼 것은?

① 지속가능성 ② 생산성
③ 귀화식물 우점도 ④ 생물학적 상호작용

57. 수목을 식재하기 전에 주는 슬러지는 질소질 비료의 공급원으로서의 역할도 한다. 수분함유비율이 40%이고, 슬러지 건조물 중의 질소의 비가 5%, 질소 유효율이 40%인 슬러지를 사용함으로써 3㎏/10㏊의 질소 시비효과를 기대할 경우, 사용하여야 할 슬러지의 양(㎏/10㏊)은?

① 250 ② 500
③ 750 ④ 1000

해 $$\text{슬러지 사용량} = \frac{A}{\frac{100-a}{100} \times \frac{b}{100} \times \frac{c}{100}}$$

$$\rightarrow \frac{3}{\frac{100-40}{100} \times \frac{5}{100} \times \frac{40}{100}} = 250(\text{kg}/10\text{ha})$$

58. 야계사방공사(산지 소하천 정비공사)에서 둑쌓기공사의 설계요인에 대한 설명으로 틀린 것은?

① 둑마루선이란 둑의 바깥비탈면 머리를 연결하는 종방향의 선형을 말한다.
② 제방의 둑마루 너비는 계획홍수량이 2000㎥/s

정답 ➔ 49. ③ 50. ② 51. ③ 52. ③ 53. ③ 54. ① 55. ③ 56. ③ 57. ① 58. ③

이상이면 5m 이상으로 한다.

③ 제방의 여유높이는 계획홍수량에 따라 상이하나 계획홍수량이 200~500㎥/s에서는 0.3m 이상으로 한다.

④ 하천제방의 높이가 6m 이상일 경우 하천의 안쪽 중간에 너비 0.3m 정도의 소단을 둔다.

해 ③ 제방의 여유높이는 계획홍수량에 따라 상이하나 계획홍수량이 200~500㎥/s에서는 0.8m 이상으로 한다.

59. 산림식생복원 시 복원사면의 토양침식을 방지하고 반입토양의 안정화를 위해서 활엽수의 낙엽이나 나무껍질 등의 사면보호재료를 이용하는데, 이들 재료의 효과가 아닌 것은?

① 영양분 공급 효과
② 토양 미생물의 생육 억제 효과
③ 사면토양의 보습, 보온 효과
④ 외부잡초의 침입 견제 효과

60. 다음 식물 중 내건성이 가장 우수한 녹화용 식물은?

① *Zoysia* spp. ② *Festuca* spp.
③ *Sedum* spp. ④ *Poa* spp.

해 ① *Zoysia* spp. : 잔디속(한국잔디류)
② *Festuca* spp. : 김의털속(페스큐류)
③ *Sedum* spp. : 돌나물속(세덤류)
④ *Poa* spp. : 포아풀속(블루그라스류)

## 제4과목 경관생태학

61. 도시개발에서 자연보호와 종보호를 위한 지침에 관한 설명으로 적절하지 않은 것은?

① 오랫동안 동일한 환경 속에서 유지되었던 생태계는 우선적으로 보호되어야 한다.
② 도시개발에서 기존의 오픈스페이스와 생태계는 우선적으로 보호되어야 한다.
③ 도시개발에서 기존의 비오톱을 보호하는 것보다는 새로운 비오톱의 조성이 더욱 중요하다.
④ 도시 전체에서 비오톱 연결망을 구축하여 그 안에서 기존의 오픈스페이스가 연결되도록 한다.

해 비오톱은 기존의 것을 보호하는 것이 새로이 조성하는 것보다 더욱 중요하다.

62. 댐의 기능상 홍수 유출을 일시적으로 지체하여 갑작스런 홍수로 인한 피해를 막기 위한 댐으로 가장 적당한 것은?

① 지체댐 ② 저수댐
③ 취수댐 ④ 다목적댐

해 ② 저수댐 : 물이 풍부한 시기에 저류하여다가 물이 부족할 때 공급한다.
③ 취수댐 : 물이 필요한 곳으로 보내기 위한 송수시설에 물을 제공한다.
④ 다목적댐 : 두 가지 이상의 목적을 갖는 댐이다.

63. 경관생태학 연구의 특징이 아닌 것은?

① 단일생태계를 조사 대상으로 한다.
② 생태단위조각(patch)을 이용하여 정량적인 방법으로 표현한다.
③ 인간의 역사 혹은 동물의 생활사 등을 생태학적으로 연구한다.
④ 지역 경관의 이론 또는 방법론의 실제적 적용 가능성을 강조한다.

64. 등질지역과 결절지역에 대한 설명으로 틀린 것은?

① 등질지역은 동질적인(homogeneous) 성격을 갖는 공간을 의미한다.
② 결절지역은 이질적인(heterogeneous) 성격을 갖는 등질지역의 집합체이다.
③ 일반적으로 지역은 공간범위를 바꾸면서 등질공간, 결절공간을 되풀이 한다.
④ 수단으로서의 계획에서는 등질지역의 인식이 중시되는 한편, 목적으로서의 계획에서는 결절지역의 인식이 중요하다.

해 ④ 수단으로서의 계획에서는 결절지역의 인식이 중시되는 한편, 목적으로서의 계획에서는 등질지역의 인식이 중요하다.

65. 원격탐사와 GIS를 경관생태학과 접목하여 가장 적절하게 활용할 수 있는 사례는?

① 생태이동통로의 적지 선정
② 환경영향평가에서의 경관 평가
③ 해안갯벌의 서식처 보호구역 설정
④ 쓰레기매립지의 생태공간계획 및 평가



정답 ➔ 59. ② 60. ③ 61. ③ 62. ① 63. ① 64. ④ 65. ①

66. 갯벌에 대한 간척 및 매립이 오래 전부터 시행되어 왔는데, 이로 인하여 발생된 문제점으로 볼 수 없는 것은?

① 농경지의 부족
② 수산자원의 감소
③ 오염물 자정작용의 감소
④ 수질악화로 인한 오염 발생

67. 환경영향평가의 현황조사는 생물서식공간을 중심으로 이루어지는 것이 바람직한데, 경관생태학적인 측면의 이유로 적당한 것은?

① 현황조사 시 조사자들의 편의를 도모할 수 있기 때문이다.
② 모든 주요 생물종은 특정한 생물서식공간에 서식하기 때문이다.
③ 모든 생물서식공간은 습지를 중심으로 발달하므로 습지보전을 위해서 필요하기 때문이다.
④ 저감대책 수립은 생물서식공간의 보전 우선순위나 그 배열상태를 고려해야하기 때문이다.

해 현황조사를 생물서식공간 중심으로 하는 이유는 구체적인 사업계획 및 저감대책은 생물서식공간(혹은 경관요소)의 배열상태와 이들 서식공간의 보전우선순위, 연결성 확보 방안에 따라 이루어지므로, 생물종도 결국은 서식지 중심으로 보전대책이 수립되어야 하기 때문이다.

68. 자연경관에서 특별히 보호되어야 할 지역으로 가장 거리가 먼 것은?

① 자연보호지역
② 경관보호지역
③ 대규모 리조트 개발지역
④ 잔존 경관요소 및 주요 생물 서식 지역

69. 서식지 파편화에 의한 멸종가능성이 높은 종이라고 할 수 있는 것은?

① 몸체가 작은 종
② 종의 확산이 쉬운 종
③ 유전적 변이가 낮은 종
④ 좁은 행동권을 요구하는 종

해 파편화에 의하여 멸종가능성이 높은 종에는 희귀종, 영양단계가 높은 종, 산포가 제한된 종, 지리적 분포범위가 좁은 종, 행동반경이 큰 종, 이동성이 낮은 종, 개체군의 크기가 작은 종, 특이한 서식처를 요구하는 종, 잠재적 생산능력이 낮은 종, 유전적 변이가 낮은 종 등이 있다.

70. 경관을 이루는 요소 중 패치에 관한 설명으로 틀린 것은?

① 식생패치의 기원에 따라 잔여, 도입, 간섭(교란), 환경자원패치 등으로 나눌 수 있다.
② 큰 패치가 작은 패치로 나누어지면 내부종은 줄어들고 주연부종은 늘어난다.
③ 주연부 면적이 넓어지면 내부종 다양성과 풍부도가 증가하여 보전가치가 높아진다.
④ 자연식생을 가지는 큰 패치는 하천 네트워크를 보호하고 중심서식처를 제공하며 자연적 간섭의 피해를 최소화 한다.

해 ③ 주연부 면적이 넓어지면 흔한 주연부종의 다양성과 풍부도는 증가시키나 보전할 가치가 있는 내부종의 다양성과 풍부도는 감소할 수 있어 바람직하지 않다.

71. 유네스코에서 지정하고 있는 생물권보전지역 중 핵심지역의 허용행위로 가장 적절한 것은?

① 교육
② 관광 및 휴식
③ 생물종의 보전과 관련된 연구
④ 연구소 설치와 실험연구를 위한 시설 설치

해 생물권 보전지역의 허용행위
·핵심지역(core area) : 모니터링, 파괴적이지 않은 조사·연구·교육
·완충지역(buffer zone) : 연구소와 실험연구, 교육 및 레크리에이션, 관광 및 휴식
·전이지역(transition area) : 인간거주지역, 관광 및 휴식

72. 경관생태학의 관점에서 볼 때 큰 조각(large patch)과 작은 조각(small patch)의 생태적 가치에 대한 설명으로 틀린 것은?

① 큰 조각은 대수층과 호수의 수질보호에 유리하다.
② 작은 조각은 환경 변화에 따라 흔히 일어나기 쉬운 종의 사멸을 완충해 준다.
③ 큰 조각은 주변의 바탕이나 작은 조각으로 전파될 종의 공급원이 되어 메타개체군 유지에 공헌한다.

정답 ➜ 66. ① 67. ④ 68. ③ 69. ③ 70. ③ 71. ③ 72. ②

④ 작은 조각은 바탕의 이질성을 증대시켜 토양침식을 감소시키고, 피식자가 포식자로부터 피할 수 있는 공간을 제공한다.

해 ② 큰 조각은 환경 변화에 따라 흔히 일어나기 쉬운 종의 사멸을 완충해 준다.

73. 다음에 해당되는 특징을 가진 해안경관은?

| –저질의 공극률이 매우 높다.<br>–큰 에너지의 파랑작용이 우세하다.<br>–매우 한정된 종들이 낮은 서식밀도로 서식한다. |
|---|

① 사빈 ② 모래갯벌
③ 자갈해안 ④ 암반해안

74. 유류 유출 사고 시, 피해가 가시적으로 나타나며 일시적으로 가장 많은 개체수가 큰 피해를 입게 되는 생물의 종류는?

① 어류 ② 저서생물
③ 염습지 식물 ④ 바다조류(鳥類)

75. 비오톱 유형분류의 결정요인과 가장 거리가 먼 것은?

① 지형적 조건 ② 식생형태
③ 토지이용 패턴 ④ 대기의 질

76. 지리정보체계(GIS)에 대한 설명으로 틀린 것은?

① 지리정보체계가 포함해야만 하는 기능적 요소들은 자료획득, 자료의 전처리, 자료관리, 조정과 분석, 결과출력이 해당된다.
② 지도자료, 속성데이터, 소프트웨어, 하드웨어, 사람의 5대 요소를 가지고 자료를 입력, 설계, 저장, 분석, 출력하는 일련의 작업을 총괄하는 개념이다.
③ 1966년 미국의 North Carolina 주립대학에서 개발이 시작되었으며, 통계적인 분석과 자료관리, 그래프 작성, 프로그래밍 등 다양한 기능을 갖춘 종합정보 관리시스템이다.
④ 지표면과 지하 및 지상공간에 존재하고 있는 각종 자연물(산, 강, 토지 등)과 인공구조물(건물, 철도, 도로 등)에 대한 위치정보와 속성정보를 컴퓨터에 입력하여 데이터베이스화 또는 해석·처리하는 시스템이다.

해 ③ 1963년에는 톰린슨의 주도로 세계 최초로 캐나다 지리정보시스템이 구축되었고, 캐나다 전역의 토지측정자료를 수집하고, 토양의 질을 1에서 7등급으로 나눈 지도였다.

77. 경관생태학적 지역구분의 주요 환경요소가 아닌 것은?

① 지형 ② 토양
③ 식생 ④ 대기

78. 우리나라의 난대림 수종에 해당되지 않는 것은?

① 녹나무 ② 신갈나무
③ 돈나무 ④ 감탕나무

해 ② 신갈나무는 온대림 수종이다.

79. 경관생태학에서 많이 이용하는 RS에 관한 설명으로 가장 거리가 먼 것은?

① Landsat TM 같은 경우 50m의 해상도 영상을 획득하여 우리나라에서 자주 사용되고 있다.
② IKONOS 영상의 경우 첩보급 상용위성으로서 1m, 4m의 해상도를 획득하여 그 활용성이 우수하다.
③ 전자파정보는 물체에 반사되어 센서로 되돌아오는 과정에서 수증, 대기 및 이온층의 영향을 받아 noise가 첨가되기 때문에 고려할 사항이 많다.
④ 비접촉 센서시스템을 이용하여 기록, 측정, 화상해석, 에너지 패턴의 디지털표시 등을 함으로써 관심의 대상이 되는 물체와 환경의 물리적 특징에 관한 신뢰성 높은 정보를 얻는 과학 및 기술이라고 정의된다.

해 ① Landsat TM 같은 경우 30m의 해상도 영상을 획득하여 우리나라에서 자주 사용되고 있다.

80. 경관생태학에서 경관의 전체상을 이해하는데 필요한 자료가 아닌 것은?

① 항공사진 ② 지형도
③ 인공위성 영상 ④ 지질단면도



정답 ➔ 73. ③ 74. ④ 75. ④ 76. ③ 77. ④ 78. ② 79. ① 80. ④

해 경관생태학은 표면적 정보를 가지고 경관을 파악한다.

## 제5과목 자연환경관계법규

81. 백두대간 보호에 관한 법률상 보호지역 중 완충구역에서 허용되지 않는 행위를 한 자에 대한 벌칙기준으로 옳은 것은?

① 7년 이하의 징역 또는 7천만원 이하의 벌금에 처한다.
② 5년 이하의 징역 또는 5천만원 이하의 벌금에 처한다.
③ 3년 이하의 징역 또는 3천만원 이하의 벌금에 처한다.
④ 1년 이하의 징역 또는 1천만원 이하의 벌금에 처한다.

82. 다음은 환경정책기본법상 용어의 정의이다. (　)안에 가장 적합한 것은?

| (　)이란 지하·지표(해양을 포함한다) 및 지상의 모든 생물과 이들을 둘러싸고 있는 비생물적인 것을 포함한 자연의 상태(생태계 및 자연경관을 포함한다)를 말한다. |
|---|

① 생활환경　　② 생태환경
③ 자연환경　　④ 일반환경

83. 야생생물 보호 및 관리에 관한 법률상 덫·창애·올무 또는 그 밖에 야생동물을 포획하는 도구를 제작·판매·소지 또는 보관한 자에 대한 벌칙기준으로 옳은 것은? (단, 학술 연구, 관람·전시, 유해야생동물의 포획 등 환경부령이 정하는 경우는 제외)

① 500만원 이하의 벌금
② 6개월 이하의 징역 또는 5백만원 이하의 벌금
③ 1년 이하의 징역 또는 1천만원 이하의 벌금
④ 2년 이하의 징역 또는 2천만원 이하의 벌금

84. 자연공원법상 용어 정의 중 "자연공원을 보전·이용·관리하기 위하여 장기적인 발전방향을 제시하는 종합계획으로서 공원계획과 공원별 보전·관리계획의 지침이 되는 계획을 말한다."에 해당하는 것은?

① 공원기본계획　　② 공원보전계획
③ 공원분류계획　　④ 공원별 관리계획

85. 습지보전법상 습지보호지역에서 정당한 사유 없이 흙·모래·자갈 또는 돌 등을 채취하는 행위로 받은 중지명령, 원상회복명령 또는 조치명령을 위반한 자에 대한 벌칙기준으로 옳은 것은?

① 500만원 이하의 과태료에 처한다.
② 1년 이하의 징역 또는 1천만원 이하의 벌금에 처한다.
③ 2년 이하의 징역 또는 2천만원 이하의 벌금에 처한다.
④ 3년 이하의 징역 또는 3천만원 이하의 벌금에 처한다.

86. 야생생물 보호 및 관리에 관한 법률 시행규칙상 행정처분기준으로 틀린 것은?

① 일반기준으로 위반행위가 둘 이상인 경우로서 그에 해당하는 각각의 처분기준이 다른 경우에는 그 중 무거운 처분기준에 따른다.
② 일반기준으로 위반행위의 횟수에 따른 행정처분의 기준은 최근 2년간 같은 위반행위로 행정처분을 받은 경우에 적용한다.
③ 개별기준으로 야생동물치료기관으로 지정을 받은 자가 특별한 사유 없이 조난 또는 부상당한 야생동물의 구조·치료를 3회 이상 거부한 경우 1차 위반 시 행정처분기준은 경고이다.
④ 개별기준으로 야생동물치료기관으로 지정을 받은 자가 특별한 사유 없이 조난 또는 부상당한 야생동물의 구조·치료를 3회 이상 거부한 경우 2차 위반 시 행정처분기준은 지정취소이다.

해 ② 일반기준으로 위반행위의 횟수에 따른 행정처분의 기준은 최근 1년간 같은 위반행위로 행정처분을 받은 경우에 적용한다.

87. 자연환경보전법규상 시·도지사 또는 지방환경관서의 장이 환경부장관에게 보고해야 할 위임 업무 보고사항 중 "생태마을의 지정 실적" 보고 횟수 기준은?

① 연 1회　　② 연 2회
③ 연 4회　　④ 수시

정답 ➔ 81. ② 82. ③ 83. ③ 84. ① 85. ③ 86. ② 87. ①

88. 생물다양성 보전 및 이용에 관한 법률상 승인을 받지 아니하고 반출승인대상 생물자원을 반출한 자에 대한 벌칙기준은?

① 1년 이하의 징역 또는 1천만원 이하의 벌금
② 2년 이하의 징역 또는 2천만원 이하의 벌금
③ 3년 이하의 징역 또는 3천만원 이하의 벌금
④ 5년 이하의 징역 또는 5천만원 이하의 벌금

89. 환경정책기본법령상 환경부장관이 환경현황 조사를 의뢰하거나 환경정보망의 구축·운영을 위탁할 수 있는 전문기관과 거리가 먼 것은?

① 한국개발공사 ② 보건환경연구원
③ 국립환경과학원 ④ 한국수자원공사

해 환경현황 조사를 의뢰하거나 환경정보망의 구축·운영을 위탁할 수 있는 전문기관 : 국립환경과학원, 보건환경연구원, 정부출연연구기관, 한국환경공단(구 한국환경자원공사), 특정연구기관, 한국환경산업기술원, 그 밖에 환경부장관이 지정·고시하는 기관 및 단체

90. 야생생물 보호 및 관리에 관한 법률 시행규칙상 멸종위기 야생생물 II급(육상식물)에 해당하는 것은?

① 만년콩 ② 한라솜다리
③ 단양쑥부쟁이 ④ 털복주머니란

해 ①②④ 멸종위기 야생생물 I급(육상식물)

91. 독도 등 도서지역의 생태계 보전에 관한 특별법상 특정도서에서 행위제한 요소로 옳은 것은?

① 군사·항해·조난구호 행위
② 개간, 매립, 준설 또는 간척 행위
③ 국가가 시행하는 해양자원개발 행위
④ 천재지변 등 재해의 발생 방지 및 대응을 위하여 필요한 행위

92. 자연환경보전법상 환경부장관이 관계중앙행정기관의 장 및 시·도지사와 협조하여 해당 생태계의 보호·복원대책을 마련하여 추진할 수 있는 경우와 가장 거리가 먼 것은?

① UNEP(유엔환경계획)의 생태계 복원계획이 예상되는 경우
② 생물다양성이 특히 높거나 특이한 자연환경으로서 훼손되어 있는 경우
③ 자연성이 특히 높거나 취약한 생태계로서 그 일부가 파괴·훼손되거나 교란되어 있는 경우
④ 멸종위기 야생생물의 주된 서식지 또는 도래지로서 파괴·훼손 또는 단절 등으로 인하여 종의 존속이 위협을 받고 있는 경우

해 ②③④ "우선보호대상 생태계의 복원 등"의 내용이다.

93. 다음은 야생생물 보호 및 관리에 관한 법률상 살처분 및 사체의 처분 제한 등에 관한 내용이다. (  )안에 가장 적합한 것은?

> 살처분한 야생동물의 사체는 환경부령으로 정하는 바에 따라 지체 없이 소각하거나 매몰하여야 하며, 야생동물의 사체를 매몰한 토지는 (  )에 발굴하여서는 아니 된다. 단, 환경부장관 또는 관할 시·도지사의 허가를 받은 경우에는 그러하지 아니하다.

① 3년 이내 ② 5년 이내
③ 7년 이내 ④ 10년 이내

94. 다음은 국토기본법상 국토종합계획의 승인사항에 관한 내용이다. (  )안에 가장 적합한 것은 ?

> 국토교통부장관은 국토종합계획을 수립하거나 확정된 계획을 변경하려면 미리 국토정책위원회와 ( ㉠ )의 심의를 거친 후 대통령의 승인을 받아야 하고, 심의안을 받은 관계 중앙행정기관의 장 및 시·도지사는 특별한 사유가 없으면 심의안을 받은 날부터 ( ㉡ )에 국토교통부장관에게 의견을 제시하여야 한다.

① ㉠ 국무회의, ㉡ 30일 이내
② ㉠ 국무회의, ㉡ 60일 이내
③ ㉠ 국토정책홍보위원회, ㉡ 30일 이내
④ ㉠ 국토정책홍보위원회, ㉡ 60일 이내

95. 국토의 계획 및 이용에 관한 법률 시행령상 기반시설의 분류 중 "보건위생시설"에 해당하는 것은?

① 폐차장 ② 도축장
③ 공공공지 ④ 수질오염방지시설

해 보건위생시설에는 장사시설·도축장·종합의료시설이 해당된다.



정답 ➜ 88. ② 89. ① 90. ③ 91. ② 92. ① 93. ① 94. ① 95. ②

①④ 환경기초시설, ③ 공간시설

96. 다음은 국토의 계획 및 이용에 관한 법률 시행규칙상 계획관리지역에서 휴게음식점 등을 설치할 수 없는 지역기준이다. ( )안에 옳은 것은?

> –상수원보호구역으로 유입되는 하천의 유입지점으로부터 수계상 상류방향으로 유하거리가 10킬로미터 이내인 하천의 양안 중 해당 하천의 경계로부터 ( ㉠ ) 이내인 집수구역
> –유효저수량이 30만세제곱미터 이상인 농업용저수지의 계획홍수위선의 경계로부터 ( ㉡ ) 이내인 집수구역

① ㉠ 500미터, ㉡ 200미터
② ㉠ 500미터, ㉡ 500미터
③ ㉠ 1킬로미터, ㉡ 200미터
④ ㉠ 1킬로미터, ㉡ 500미터

97. 자연환경보전법상 생태·경관보전지역에서의 행위제한에 해당되지 않는 경우는?

① 토석의 채취
② 하천·호소 등의 구조를 변경하거나 수위 또는 수량에 증감을 가져오는 행위
③ 핵심구역안에서 야생동·식물을 포획·채취·이식(移植)·훼손하거나 고사(枯死)시키는 행위
④ 생태·경관보전지역 안에 거주하는 주민의 생활양식의 유지 또는 생활향상을 위하여 필요한 영농행위 등 대통령령이 정하는 행위

해 ④의 행위는 행위제한의 규정을 적용하지 않는다.

98. 국토기본법상 국토종합계획은 몇 년을 단위로 하여 수립하는가?

① 3년 ② 5년
③ 10년 ④ 20년

99. 국토기본법상 국토계획의 정의 및 구분기준에서 "국토 전역을 대상으로 하여 특정 부문에 대한 장기적인 발전 방향을 제시하는 계획"이 의미하는 것은?

① 지역계획 ② 부문별계획
③ 도종합계획 ④ 국토종합계획

100. 환경정책기본법령상 납(Pb)의 수질 및 수생태계 기준(mg/L)은? (단, 하천에서의 사람의 건강보호 기준)

① 0.001 이하 ② 0.005 이하
③ 0.01 이하 ④ 0.05 이하

정답 ➧ 96. ① 97. ④ 98. ④ 99. ② 100. ④

# ❖ 2019년 자연생태복원기사 제 2 회

2019년 4월 27일 시행

## 제1과목 환경생태학개론

01. 군집 수준의 생물종다양성을 결정짓는 두 가지 요소는?

① 균등도(evenness), 변이도(variety)
② 생물량(biomass), 유사도(similarity)
③ 우점도(dominance), 중요치(importance value)
④ 종풍부도(species richness), 균등도(evenness)

해 ④ 군집을 비교할 때에는 풍부도와 균등도의 조화가 필요하며 그것을 종다양성이라고 한다.

02. 물이 깨끗하고 적은 개체수의 수서생물이 살고 있는 호수에 인근지역의 가축분뇨와 생활하수 등이 유입되면서 호수생태계가 변화하기 시작하였다. 이때 호수 영양상태의 경과된 변화는?

① 부영양화 → 소택지
② 소택지 → 빈영양화
③ 빈영양화 → 부영양화
④ 부영양화 → 빈영양화

03. 연안대에 서식하는 식물의 종류를 잘못 설명한 것은?

① 부유(floating)식물 – 몸체가 전부 물에 잠긴 상태로 떠 있는 수초
② 부엽(floating leaved)식물 – 물속의 토양에 뿌리를 내리며, 잎이 물 위에 떠 있는 식물
③ 정수(emergent)식물 – 물속의 토양에 뿌리를 내리며, 몸체는 물에 잠겨 있고, 잎은 물 위로 성장하는 식물
④ 침수(submerged)식물 – 물속의 토양에 뿌리를 내리며, 몸체가 모두 물에 잠겨 있는 수초

해 ① 부유(floating)식물 – 물에 뿌리가 떠 있고 몸체가 물에 떠 있는 수초

04. 환경변화에 대한 생물체의 반응(response)이 아닌 것은?

① 압박(stress)　　② 치사(lethal)
③ 차폐(masking)　　④ 조절(controlling)

해 압박은 반응을 일으키는 원인이다.

05. 생물군집의 특성이 아닌 것은?

① 비중　　② 우점도
③ 종의 다양성　　④ 개체군의 밀도

06. 부분순환호(meromictic lake)에 대한 설명으로 가장 거리가 먼 것은?

① 하층은 무산소 상태이다.
② 상하층이 동질적인 환경이다.
③ 하층이 상층보다 밀도가 높다.
④ 상하층의 물이 섞이지 않아 층형성이 계속 유지된다.

해 부분순환호(meromictic lake)란 연간을 통해 호소 전층이 순환하는 일이 없고 순환이 표면에서 어떤 심도까지 한정되어 있는 호소를 말한다. 이 경우 상층의 순환하는 층을 혼합층이라 하고, 하층의 순환하지 않는 층을 정체층이라 한다.

07. 두 가지 다른 생물의 관계에서 편리공생의 예로 가장 적합한 것은?

① 개미와 아카시아
② 열대우림과 난초류
③ 리기테다소나무와 균근
④ 콩과식물과 뿌리혹박테리아

해 ①③④ 상리공생

08. 다음이 설명하는 법칙은?

| 식물체의 생산성은 요구 정도에 비해 가장 적은 양으로 존재하는 영양물질에 의해 결정된다. |
|---|

① shelford의 내성법칙
② Liebig의 최소량의 법칙
③ Shannon의 다양성 법칙
④ hardin의 경쟁적 배제의 법칙



정답 ➔ 01. ④ 02. ③ 03. ① 04. ① 05. ① 06. ② 07. ② 08. ②

09. 다음 그림에서 편리공생의 위치를 나타내는 것은?

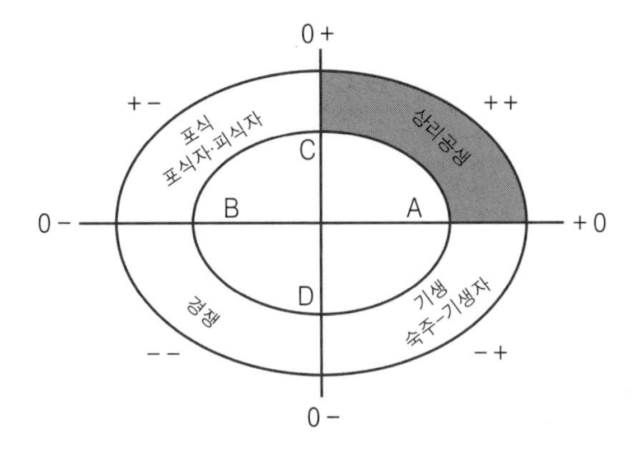


① A　　② B
③ C　　④ D

10. 수질의 부영양화 현상과 가장 거리가 먼 것은?

① 생물농축　　② 적조현상
③ 용존산소의 고갈　　④ N, P의 과량 유입

해 ① 생물농축은 먹이연쇄에 의해 영향을 받는 일부 몇 가지 물질은 먹이연쇄의 단계를 거치면서 분산되지 않고 체내에 축적되는 현상을 말한다.

11. 산림쇠퇴의 특징으로 가장 거리가 먼 것은?

① 생체량의 순생산량은 증가한다.
② 성숙, 노화 개체들에서 선택적으로 발생하여 확산된다.
③ 악천후, 영양결핍, 토양내 독성물질, 대기오염 등이 원인이다.
④ 광범위한 지역의 식생이 동시에 고사하는 결과를 초래할 수 있다.

12. 밀도가 높은 수림대의 특성으로 옳은 것은?

① 광선은 비교적 잘 투과되지만 잔디 등 하층의 식생은 곤란하다.
② 독립수나 몇 개의 수목군이 산재하는 수림으로서 수관이 불연속적이다.
③ 수목구성은 낙엽수가 대부분이며, 상록수는 종(從)의 관계가 되는 것이 보통이다.
④ 고목층과 아고목층의 수관이 중복되어 있고, 거의 완전하게 하늘을 덮기 때문에 극히 폐쇄적인 수림이다.

13. 물질의 순환 중 질소순환에 대한 설명으로 틀린 것은?

① 질소는 대기 중 다량으로 존재하며 식물체에 직접 이용된다.
② 질소고정생물은 대기 중의 분자상 질소를 암모니아로 전환시킨다.
③ 대부분의 식물은 암모니아나 질산염의 형태로 질소를 흡수한다.
④ 식물은 단백질과 기타 많은 화합물을 합성하는 데 질소를 사용한다.

14. 생태계의 포식상호작용에서 피식자가 포식자로부터 피식되는 위험을 최소화하기 위한 장치로 볼 수 없는 것은?

① 의태(mimicry)　　② 방위(defense)
③ 위장(camouflage)　　④ 상리공생(mutualism)

15. 질소고정 방법으로 가장 적합하지 않은 것은?

① 산업적 질소고정
② 번개에 의한 질소고정
③ 미생물에 의한 질소고정
④ 생태계 천이에 의한 질소고정

16. 시간에 따른 군집의 변화를 무엇이라 하는가?

① 항상성　　② 다양성
③ 생태적 천이　　④ 생명부양시스템

17. 생태계 내의 질소순환(Nitrogen Cycle)에서 생산자들이 질소를 이용할 때의 형태는?

① $NO_3^-$　　② $N_2O$
③ $N_2$　　④ $NH_4^+$

해 ① 질산염, ② 아산화질소, ③ 질소, ④ 암모늄염
·식물(생산자)은 암모늄염($NH_4^+$), 질산염($NO_3^-$)을 뿌리로 흡수하는데 질산염의 형태로 가장 많이 이용한다.

18. 생물의 사체나 배설물로부터 에너지 흐름이 시작되는 먹이사슬은?

정답 → 09. ① 10. ① 11. ① 12. ④ 13. ① 14. ④ 15. ④ 16. ③ 17. ① 18. ②

① 방목 먹이사슬 ② 부니 먹이사슬
③ 육상 먹이사슬 ④ 해양 먹이사슬

19. 생태계의 생물적 구성요소 중의 하나인 생산자(producer)에 해당하지 않는 것은?

① 남조류 ② 속씨식물
③ 광합성 세균 ④ 종속영양성 식물

20. 생태계에서 순환하는 물질로서 가장 거리가 먼 것은?

① 인 ② 탄소
③ 질소 ④ 우라늄

## 제2과목 환경계획학

21. 환경계획 및 설계 시 고려되어야 할 내용으로 가장 거리가 먼 것은?

① 환경위기의식이 기본바탕이 되어야 한다.
② 계획·설계의 주제와 공간의 주체가 생물종이 되어야 한다.
③ 에너지 절약적이고 물질순환적인 공간설계가 이루어져야 한다.
④ 자본 창출을 위한 생산성을 높일 수 있어야 한다.

해 ①②③ 외에 인간과 생태계를 고려한 접근과 지속가능한 설계·계획, 시공과정과 장기적인 관리 등을 들 수 있다.

22. 경관을 이루는 기본단위인 경관요소와 가장 거리가 먼 것은?

① Patch ② Corridor
③ Matrix ④ View point

23. 일정한 지역에서 환경의 질을 유지하고 환경오염 또는 환경훼손에 대하여 환경이 스스로 수용·정화 및 복원 할 수 있는 한계를 말하는 것은?

① 환경용량 ② 환경훼손
③ 환경오염 ④ 환경파괴

24. 백두대간 보호에 관한 법률상 백두대간보호 지역 중 핵심구역에서 할 수 있는 행위가 아닌 것은?

① 교육, 연구 및 기술개발과 관련된 시설 중 대통령령으로 정하는 시설의 설치
② 도로·철도·하천 등 반드시 필요한 공용·공공용 시설로서 대통령령으로 정하는 시설의 설치
③ 농가주택, 농림축산시설 등 지역주민의 생활과 관계되는 시설로서 대통령령으로 정하는 시설의 설치
④ 광산의 시설기준, 개발면적의 제한, 훼손지의 복구 등 대통령령으로 정하는 일정 조건하에서의 광산개발

25. 녹지자연도의 등급별 토지이용 현황에 대한 연결로 틀린 것은?

① 1등급(시가지) : 녹지식생이 거의 존재하지 않는 지구
② 3등급(과수원) : 경작지나 과수원, 묘포지 등과 같이 비교적 녹지식생의 분량이 우세한 지구
③ 6등급(2차림) : 1차적으로 2차림이라 불리는 대상 식생지구
④ 9등급(자연림) : 다층의 식물사회를 형성하는 천이의 마지막에 나타나는 극상림지구

해 ③ 6등급(조림지) : 각종 활엽수 또는 침엽수의 식림지

26. 환경계획의 주요 개념과 이론이 아닌 것은?

① 환경경제이론 ② 환경용량개념
③ 환경공간이론 ④ 환경사회시스템론

해 ④ 환경생태이론

27. 토지이용계획의 역할과 거리가 먼 것은?

① 토지이용의 규제와 실행수단의 제시 기능
② 세부 공간 환경설계에 대한 지침제시의 역할
③ 사회의 지속가능성을 위한 토지의 보전 기능
④ 토지의 개발이 소유자에 의해 자의적으로 이루어지게 하는 기능

해 ④ 토지 소유자에 의한 자의적인 난개발 방지 기능

28. SCOPE의 환경 지표세트 체계를 순자원역경지표, 종합오염지표, 생태계위험지표, 인간생활에의 영향지표로 구분할 때 다음 중 생태계위험지표에 해당되는 것은? (단, SCOPE는 환경문제과학위원회(Scientific



정답 ➔ 19. ④ 20. ④ 21. ④ 22. ④ 23. ① 24. ① 25. ③ 26. ④ 27. ④ 28. ①

Committee on Problem of the Environment)이다.)

① 인구 분포
② 대기오염의 영향
③ 산성화를 유발하는 물질
④ 어업자원과 어장환경의 소모

29. 성공적인 자연환경복원이 이루어지기 위한 생태계복원 원칙이 아닌 것은?

① 대상지역의 생태적 특성을 존중하여 복원계획을 수립, 시행한다.
② 각 입지별 유일한 생태적 특성을 인식하여 복원계획을 수립, 반영한다.
③ 다른 지역과 차별화 되는 자연적 특성을 우선적으로 고려한다.
④ 도입되는 식생은 가능한 조기녹화를 고려한 외래수종을 우선적으로 하고 추가로 자생종을 사용한다.

해 ④ 도입되는 식생은 가능한 고유식생을 우선적으로 사용한다.

30. 1971년 유네스코가 설립한 MAB(Man and the Biosphere Programme)에서 지정한 생물권보전지역을 구분하는 세 가지 기본요소가 아닌 것은?

① 완충지역　② 핵심지역
③ 전이지역　④ 관리지역

31. 생태도시 계획에 있어서 생태적 원칙에 적합하지 않은 것은?

① 순환성　② 다양성
③ 개별성　④ 안정성

해 생태도시란 도시를 하나의 유기적 복합체로 보아 다양한 도시 활동과 공간구조가 생태계의 속성인 다양성, 자립성, 순환성, 안정성 등을 포함하는 인간과 자연이 공존할 수 있는 환경친화적인 도시를 말한다.

32. 생태공원 조성을 위한 기본 원칙에 해당하지 않는 것은?

① 지속가능성 확보
② 생물적 다양성 확보
③ 생태적 건전성 확보
④ 관리인력 수요 창출

해 생태공원 조성 기본 원칙
·생물학적 다양성 : 유전자, 종, 소생물권 등의 다양성을 의미하며 생물학적 다양성과 생태적 안정성은 비례한다.
·생태적 건전성 : 생태계 내 자체 생산성을 유지함으로써 건전성이 확보되며, 지속적으로 생물자원 이용이 가능하다.
·지속가능성 : 생물자원을 지속적으로 보전, 재생하여 생태적으로 영속적을 유지한다.
·최소의 에너지 투입 : 자연 순환계를 형성하여 에너지 자원 인력을 절감하고 경제성 효율을 극대화할 수 있도록 계획하여 인위적인 에너지 투입을 최소화한다.

33. 지역 환경 생태계획의 생태적 단위를 큰 것부터 작은 순서대로 나열한 것은?

① Landscape District→Ecoregion→Bioregion→Sub-bioregion→Place unit
② Bioregion→Sub-bioregion→Ecoregion→Place unit→Landscape District
③ Place unit→Bioregion→Sub-bioregion→Ecoregion→Landscape District
④ Ecoregion→Bioregion→Sub-bioregion→Landscape District→Place unit

해 ④ Ecoregion(생태지역)→Bioregion(생물지역)→Sub-bioregion하부생물지역)→Landscape District(경관지구)→Place unit(장소단위)

34. 생태도시에 적용할 수 있는 계획요소로서 관련이 가장 적은 것은?

① 관광 분야　② 물·바람 분야
③ 에너지 분야　④ 생태 및 녹지 분야

해 ②③④ 외에 토지이용 및 교통 · 정보통신 분야가 있다.

35. 자연환경조사에 관한 설명의 A, B에 적합한 조사주기를 순서대로 작성한 것은?

| |
|---|
| –환경부장관은 관계중앙행정기관의 장과 협조하여 ( A )마다 전국의 자연 환경을 조사하여야 한다.<br>–환경부장관은 관계중앙행정기관의 장과 협조하여 생태·자연도에서 1등급 권역으로 분류된 지역과 자연상태의 변화를 특별히 파악할 필요가 있다고 인정되는 지역에 대하여 ( B )마다 자연환경을 조사할 수 있다. |

정답 ➔ 29. ④　30. ④　31. ③　32. ④　33. ④　34. ①　35. ②

① 5년, 1년　　② 5년, 2년
③ 10년, 1년　　④ 10년, 2년

해 자연환경보전법

36. 다음은 토양 분류에 따른 토지능력에 대한 특징이다. 몇 급지에 해당하는 토지인가?

> –농업지역으로 보전이 바람직한 토지
> –교통이 편리하고 인구가 집중되어있는 지역으로 집약적 토지이용이 이뤄지는 지역
> –도시근교에서는 과수, 채소 및 꽃 재배, 농촌지역에서는 답작이 중심이 되며, 전작지는 경제성 작물 재배 등 절대 농업지대

① 1급지　　② 2급지
③ 3급지　　④ 5급지

37. 녹지네트워크의 구성요소를 점요소, 선요소, 면적요소로 구분할 때 면적요소에 해당하는 것은?

① 화분　　② 가로수
③ 생태통로　　④ 서울의 남산

38. 환경친화적인 토지이용계획으로 옳지 않은 것은?

① 선진도시와 같이 도시 구조를 명확히 한 후 환경 보전형 도시로 도모할 필요가 있다.
② 도시지역 전체의 토지이용에 대한 상세한 규제와 통제가 필요하다.
③ 도시의 분절화를 위해서는 도시 전체를 한꺼번에 계획해서 사업해 나가야 한다.
④ 도시 시가지를 분절화 시켜 여러 가지 영향에 대해서 완화할 필요가 있다.

해 ③ 개발을 최소화하고 개발의 우선순위를 정하여 특성에 맞는 계획으로 분절화 한다.

39. 국토의 계획 및 이용에 관한 법률상 특별시·광역시의 도시·군기본계획의 확정에 대한 설명 중 틀린 것은?

① 특별시장, 광역시장은 도시·군기본계획을 수립 또는 변경하고자 하는 때에는 별도의 지방도시계획위원회의 심의를 거치지 않고 관계 행정기관의 장과 협의한다.
② 특별시장은 도시·군기본계획을 수립하거나 변경한 경우에는 관계 행정기관의 장에게 관계 서류를 송부하여야 한다.
③ 협의 요청을 받은 관계 행정기관의 장은 특별한 사유가 없으면 그 요청을 받은 날로부터 30일 이내에 특별시장 광역시장에게 의견을 제시하여야 한다.
④ 특별시장은 도시·군기본계획을 수립, 변경한 경우에는 대통령령으로 정하는 바에 따라 그 계획을 공고하고 일반인이 열람할 수 있도록 하여야 한다.

해 ① 특별시장·광역시장·특별자치시장 또는 특별자치도지사는 도시·군기본계획을 수립하거나 변경하려면 관계 행정기관의 장(국토교통부장관을 포함한다)과 협의한 후 지방도시계획위원회의 심의를 거쳐야 한다.

40. 국토의 계획 및 이용에 관한 법률상 용도지역에서 건폐율의 최대한도 기준으로 옳지 않은 것은?

① 녹지지역 : 20퍼센트 이하
② 농림지역 : 40퍼센트 이하
③ 생산관리지역 : 20퍼센트 이하
④ 계획관리지역 : 40퍼센트 이하

해 ② 농림지역 : 20퍼센트 이하

## 제3과목 생태복원공학

41. 어떤 하천의 수로(유심선)거리가 3㎞이며, 계곡거리가 1.3㎞일 경우 만곡도 지수(sinuosity index)와 하천의 종류가 맞게 짝지어진 것은?

① 0.43, 직류하천　　② 0.43, 사행하천
③ 2.31, 직류하천　　④ 2.31, 사행하천

해 만곡도 지수(S) : 곡류하천의 평면형태를 측정하는 것으로 1.5 이상이면 사행하천으로 판정한다.

$$S = \frac{\text{수로(유심선) 거리}}{\text{계곡거리}}, \quad S > 1.5 \text{ 사행하천}$$

$$\rightarrow \frac{3}{1.3} = 2.31 > 1.5 \text{ 사행하천}$$

42. 수질정화를 위한 습지의 조성은 3단계 시스템으로 가는 것이 바람직하다. 오염물질의 유입 이후 3단계 시스템을 잘 나타낸 것은?



정답 → 36. ② 37. ④ 38. ③ 39. ① 40. ② 41. ④ 42. ④

① 생물다양성 향상 습지→침전습지→오염물질 정화 습지
② 침전습지→생물다양성 향상 습지→오염물질 정화 습지
③ 오염물질 정화 습지→침전습지→생물다양성 향상 습지
④ 침전습지→오염물질 정화 습지→생물다양성 향상 습지

43. 생태복원을 위해 다져진 토량 18000㎥를 성토할 때 운반토량(㎥)은 얼마인가? (단, 토량변화율 L은 1.25, C는 0.90이다.)

① 20000 ② 20250
③ 22500 ④ 25000

해 운반토량 $V = 18,000 \times \frac{1.25}{0.9} = 25,000(m^3)$

44. 녹화공사용 시공자재로서의 목재의 성질을 잘못 설명한 것은?

① 가공의 횟수가 적어 부패의 위험성이 적다.
② 리기다소나무, 밤나무, 참나무류 등은 기초말뚝으로도 사용된다.
③ 통나무는 거친 질감을 갖고 있지만, 원목이라는 점에서 자연스러움의 표현이 가능하다.
④ 침엽수의 간벌재는 임도개설 시에 절·성토비탈면의 비탈 침식 방지 공사용으로 사용할 수 있다.

해 ① 목재는 가공횟수와 상관없이 충해 및 풍화로 부패하기 쉬운 단점이 있다.

45. 비탈(면)식생재녹화공법 중 식물의 자연침입을 촉진하는 식생공법을 총칭하는 것은?

① 지오웨브공법 ② 식생유도공법
③ 식생대녹화공법 ④ 식생반녹화공법

해 ② 식생유도공법은 자연공원 내에서와 같이 보존수준이 높은 지역에 있어서 보다 자연에 근접한 군락을 복원하고자 할 경우에 적용되며, 파종과 식재로서 복원되지 않는 향토식물을 복원할 수 있는 가능성을 가지고 있다.

46. 매립지 복원공법 중 산흙 식재지반 조성 시 하부층이 사질토인 경우에 적용하는 기법으로 가장 거리가 먼 것은?

① 사주법
② 성토법
③ 치환객토법
④ 비사방지용 산흙 피복법

해 ① 사주법은 하부의 세립미사질 불투수층에 파일을 박아 하단부 투수층까지 연결한 파이프 안에 모래, 사질양토, 자갈 등을 넣어 배수를 원활히 하는 방법이다.

47. 양단면적이 각각 60㎡, 50㎡이고, 두 단면간의 길이가 20m일 때의 평균단면적법에 의한 토사량(㎥)은 얼마인가?

① 750 ② 900
③ 1100 ④ 1500

해 $V = \frac{A_1 + A_2}{2} \times L = \frac{60+50}{2} \times 20 = 1100(m^3)$

48. 곤충의 서식지를 조성하는 원칙에 대한 설명으로 부적합한 것은?

① 잠자리유충의 생육을 위해서는 BOD(생물화학적 산소 요구량)가 10ppm 이하의 수질이 유지되어야 한다.
② 수환경의 조성 시 연못의 형태는 원형을 이루어야 생태적으로 안정되고 생물의 다양성에도 기여할 수 있다.
③ 모래나 자갈로 구성된 장소를 일부분에 마련하면 그곳에 적합한 곤충들의 생육에 도움이 된다.
④ 연못의 수심은 30㎝ 이상이면 가능하고 완만한 경사를 이루는 것이 수생물의 생육에 도움이 되어 곤충의 서식처를 제공할 수 있다.

해 ② 수환경의 조성 시 연못의 형태는 타원형이나 표주박 모양 등 변화있는 형태로 조성한다.

49. 생태기반을 위한 경사면 식재층 조성을 위한 방법에 대한 설명으로 가장 거리가 먼 것은?

① 0~3%의 경사지는 표면배수에 문제가 있으며, 식재할 때 큰 규모의 식재군을 형성해주거나 마운딩 처리

정답 → 43. ④ 44. ① 45. ② 46. ① 47. ③ 48. ② 49. ②

② 3~8%의 경사지는 완만한 구릉지로 정지 작업량이 증가하기 때문에 식재지로는 부적당
③ 8~15%의 경사지는 구릉지이거나 암반노출지로 토양층이 깊게 발달되지 않아서 관상수목의 집중 식재가 불가능
④ 15~25%의 경사지는 일반적인 식재기술로는 식재가 거의 불가능

해 ② 식재지로 가장 적당하다.

50. 훼손지 비탈면에 사용되는 식물 중 형태적으로 근계(根系)신장이 좋은 식물이 아닌 것은?

① 억새　② 비수리
③ 까치수영　④ 크리핑레드훼스큐

해 비탈면 녹화식물로는 ①②④ 외에 쑥, 새(안고초), 톨페스큐 등이 있다.

51. 다음의 특성을 가진 잔디는?

> 주로 대전 이남에서 자생하고 있으며, 일본에서는 중잔디, 고려잔디, 혹은 조선잔디라 한다. 잎 너비는 1~4㎜, 초장은 4~12㎝정도로 매우 고운 잔디로 경기도 이남지역에서 월동 가능하다. 주로 서울 이남지역에서 정원, 경기장, 골프장, 공원용 등으로 적당하다.

① *Zoysia sinca*(갯잔디)
② *Zoysia japonica*(들잔디)
③ *Zoysia matrella*(금잔디)
④ *Zoysia tenuifolia*(비로드잔디)

52. 토양수분의 유형 중 식물이 주로 사용하는 수분은?

① 화합수　② 흡습수
③ 모관수　④ 중력수

53. 야생동물의 이동 목적에 대한 설명으로 틀린 것은?

① 종족의 번식을 위해
② 개체군의 분산을 위해
③ 부모의 궤적을 따르기 위해
④ 부적합한 환경으로부터 벗어나기 위해

54. 도로 아래에 이미 설치된 수로박스와 수로관 등의 암거수로를 이용하여 생태통로를 만들 때 어떤 보완시설의 설치가 필요한가?

① 기둥　② 비포장 통로
③ 울타리 설치　④ 선반이나 턱 구조물

55. 조류와 인간의 거리 중에서 사람이 접근하면 수십㎝에서 수m를 걸어 다니면서 사람과의 일정한 거리를 유지하려고 하는 거리는?

① 경계거리　② 회피거리
③ 도피거리　④ 비간섭거리

56. 생태통로 조성 시 야생동물의 유인 및 이동을 촉진시키기 위한 방법으로 틀린 것은?

① 조류의 유인을 위해 식이식물을 식재한다.
② 포유류의 이동을 위해 단층구조의 수림대를 조성한다.
③ 양서류의 이동을 위해 측구 등에 의한 이동용 보조통로를 설치한다.
④ 곤충의 유인 및 이동을 위해 먹이식물이나 밀원식물을 적극 도입한다.

해 ② 소형 포유류의 경우 2~3m의 통로 폭이 필요하고, 다층구조 형성을 통한 이동경로 재현과 돌담, 통나무, 바위, 고사목 등을 배치한다.

57. 생태공원의 계획 과정과 그 내용이 잘못 연결된 것은?

① 목적 및 목표 설정 – 목표종 및 서식처 특성 설정
② 현황 조사 및 분석 – 유지 및 관리계획
③ 기본구상 – 프로그램의 기능적 연결
④ 기본계획 및 부문별 계획 – 서식처 계획, 토지이용계획

58. 생태통로에 대한 설명 중 옳은 것은?

① 최초의 생태통로는 독일에서 시작되었다.
② 생태통로의 역할은 사람들의 이동에만 활용되어야 한다.
③ 생태통로는 야생동물의 서식처를 연결하며 자연적으로 형성되었다.
④ 초기에 건설된 생태통로는 대체로 작고, 폭이



정답 ➔ 50. ③ 51. ③ 52. ③ 53. ③ 54. ④ 55. ② 56. ② 57. ② 58. ④

좁은 관계로 대부분 비효율적인 것으로 평가되었다.

해 ① 최초의 생태통로는 프랑스에서 시작되었다.
② 생태통로의 역할은 야생동·식물의 이동에 활용된다.
③ 생태통로는 야생동물의 서식처를 연결하며 인공구조물·식생 등의 생태적 공간을 말한다.

59. 토양의 불량요인에 따른 보완대책에 대한 설명 중 틀린 것은?

① 토성불량 : 객토 및 개량재 혼합 실시
② pH의 부적합 : 객토, 중화, 개량재 혼합 등
③ 배수불량 : 배수, 경운, 개량재 혼합, 개량재 층상 부설 등
④ 통기·투수불량 : 개량재, 유효토심을 두껍게 하고, 멀칭을 실시

60. 영양단위의 최상위에 위치하는 대형표유류나 맹금류 등 서식에 넓은 면적을 필요로 하고, 이 종을 지키면 많은 종의 생존이 확보된다고 생각되며 생태계 보전 및 복원의 목표가 되는 종군을 무엇이라 하는가?

① 지표종　② 핵심종
③ 상징종　④ 우산종

제4과목 **경관생태학**

61. 토지(경관) 모자이크의 특성에 대한 설명 중 옳지 않은 것은?

① 경관모자이크는 이질적인 공간의 집합으로 이루어진다.
② 모자이크 내의 다양한 서식지들은 많은 종 집합의 근원이 된다.
③ 모자이크 내 종의 근원은 한 방향으로 작용하며 확산되어 간다.
④ 모자이크는 매우 불균일하며, 그 형태와 적합성이 광범위한 서식지를 포함한다.

62. 지역환경시스템의 경관계획에 있어서 그림에서 보여주는 바와 같이 가장 우선되는 생태학적 필수 요소들이 4가지 있다. 이들 필수 요소에 대한 설명이 잘못된 것은?

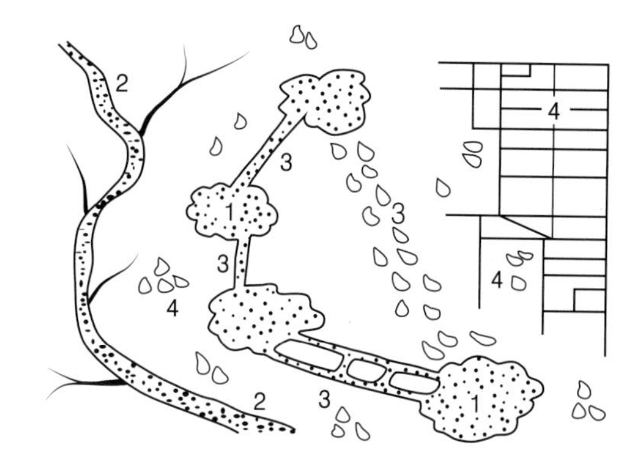


① 1 : 몇 개의 큰 농경지 바탕
② 2 : 주요 지류 또는 하천통로
③ 3 : 큰 조각 사이의 통로와 징검다리의 연결성
④ 4 : 기질을 따라 나타나는 자연의 불균일성 흔적

해 1은 패치(Patch)이며 1,2,3,4를 둘러싸고 있는 것이 매트릭스(matrix)이다.

63. 가장자리 효과의 설명으로 가장 적합하지 않은 것은?

① 토양의 상태를 조절한다.
② 태양복사에너지를 조절한다.
③ 인간은 가장자리를 유지하는데 주도적인 역할을 한다.
④ 사냥감이 되는 초식동물의 밀도는 내부지역보다 더 낮다.

해 ④ 주연부를 선호하는 종은 간섭에 대한 적응성이 높고 두 가지 환경 모두 선호하는 종으로 대부분 일반적인 경관에서 쉽게 볼 수 있는 종이므로 다양성 및 밀도가 높게 나타난다.

64. 경관생태학에서 자연환경요소가 유기적인 수직관계를 가진 독특한 경관단위를 구성하고 자연 및 인공조건의 상호작용을 통해 경계를 형성하는 지역으로 정의하는 용어는?

① 생물권　② 결절지역
③ 경관모자이크　④ 도시생태계

65. 다음 습지생태계의 평가를 위한 모델 중 설명이 틀린 것은?

정답 ➔ 59. ④　60. ④　61. ③　62. ①　63. ④　64. ③　65. ①

① EMAP : 캐나다 정부에서 주관하는 환경평가 기법으로 생물상의 평가에 탁월하다.
② HEP : 어류 및 야생동물서식지를 평가하기 위한 모델로 지표종을 선정하여 평가한다.
③ RAM : 숙련된 연구자들이 짧은 기간의 현장조사를 통하여 얻은 자료를 이용한다.
④ IBI : 특정 습지의 구조와 기능을 자연상태의 습지와 비교하여 평가한다.

해 ① EMAP : 습지가 얼마나 기능을 잘 수행하는지에 대하여 평가한다.

66. 원격탐사(Remote Sensing)를 환경문제에 응용할 때의 유리한 특징으로 볼 수 없는 것은?

① 일시성 ② 주기성
③ 광역성 ④ 동시성

해 원격탐사(RS)의 장점
·광역성 : 한 번에 넓은 지역의 자료를 취득할 수 있다.
·동시성 : 넓은 지역의 자료를 동시에 얻을 수 있다.
·주기성 : 회전주기에 따라 동일한 지역의 주기적인 관측이 가능하다.
·접근성 : 지리적·물리적 접근이 어려운 지역의 관측이 가능하다.
·전자파 이용성 : 전자파를 이용하여 여러 가지 정보취득이 가능하다.
·기능성 : 물리적 정보만이 아닌 질적인 변화도 관측이 가능하다.

67. 인공경관 생태의 유형으로 볼 수 없는 것은?

① 농촌 ② 도시
③ 도서(섬) ④ 도로 및 건축 구조물

68. 트롤(Troll, C.)에 의한 최소의 경관개체에 대한 설명이 아닌 것은?

① 최소의 경관개체를 에코톱이라 한다.
② 동질의 잠재자연식생이 분포하는 영역이다.
③ 기후와 토양, 식생 간의 상호작용이 두드러진다.
④ 경관개체의 내부에는 여러 가지 요소 간의 긴밀한 상호작용이 인정된다.

해 ② 동질의 환경적 속성을 가진 영역이다.

69. 토지 변형에 따른 특성 변화와 관계가 먼 것은?

① 연결성 ② 조각의 크기
③ 둘레의 길이 ④ 전자파의 이용

70. 등질지역과 결절지역을 개념적으로 구별하는 것은 매우 중요하다. 하지만 이것은 등질지역이라 봐야하는지 결절지역이라 봐야하는지에 관해서는 종종 혼란이 있다. 이러한 혼란을 줄이기 위한 방법으로 지역구분의 기준이 될 수 있는 것은?

① 방향 ② 연결
③ 종류 ④ 공간범위

해 일반적으로 지역은 공간범위를 바꾸면서 등질공간과 결절공간을 되풀이 한다.

71. 높은 하천차수를 갖는 하천의 특징과 거리가 먼 것은?

① 짧은 길이 ② 완만한 경사
③ 넓은 유역면적 ④ 넓고 깊은 하천 단면

해 하천차수는 하류로 갈수록 높아지므로 하천차수가 높을수록 긴 길이를 가진다.

72. 산림녹지의 주요 기능이 아닌 것은?

① 수자원보호 ② 자연 및 경관보호
③ 휴양기능보호 ④ 생활주거지 확보

73. 경관의 안정성에 대한 설명으로 틀린 것은?

① 안정성은 경관의 간섭에 대해 저항하는 정도와 간섭으로부터의 회복력을 말한다.
② 경관의 전체 안정성은 현존하는 경관요소의 각 형태의 비율을 반영한다.
③ 생체량이 높은 경우 체계는 보통 간섭에 저항력이 높으며 간섭으로부터의 회복 또한 빠르다.
④ 경관 모자이크의 안정성은 물리적 체계의 안정성, 간섭으로부터의 빠른 회복, 간섭에 대한 강한 저항성 등 세 가지 방식으로 증가한다.

해 경관의 안정성 원리는 경관의 간섭에 대한 저항하는 정도와 회복력을 말하는 것으로, 각 경관요소는 자신의 안정성 정도를 가지고 있으며, 경관 전체의 안정성은 현존하는 경관요소의 각 형태의 비율을 반영한다. 물리적 체계의 안정성, 간섭으로부터의 빠른 회복(낮은 생체량이 존재 할 때),

 정답 ➜ 66. ① 67. ③ 68. ② 69. ④ 70. ④ 71. ① 72. ④ 73. ③

간섭에 대한 강한 저항성(높은 생체량이 존재할 때)으로 안정성을 확보한다.

74. 생태적 도시림의 설명으로 옳지 않은 것은?

① 생태적 관리기술이 도시에서도 적용될 수 있다.
② 도시림은 자기유지적인 경관을 창출해야 한다.
③ 도시림의 유지비용을 충분히 확보할 필요가 없다.
④ 조성 시 식재 초기에는 빨리 자라고 햇빛을 많이 요구하는 식물을 식재한다.

해 ③ 생태적 도시림의 유지는 잠재자연식생으로의 방향이 적합하므로 많은 비용이 들지 않는다.

75. 인공갯벌의 조성목적이라고 볼 수 없는 것은?

① 연안개발 적합지로 공간의 활용
② 상실된 갯벌을 대체할 수 있는 갯벌의 조성
③ 연안환경 인프라로서 새로운 갯벌의 창출
④ 상실 위험이 있는 기존 갯벌의 보호 및 기능 유지

76. 숲에 임도와 등산로가 많아지면 생태계의 종다양성 측면에서 바람직하지 못하다. 그 이유로 가장 적합한 것은?

① 내부종이 늘어나고 가장자리 종인 덩굴식물이 줄어든다.
② 내부종이 줄어들고 가장자리 종인 덩굴식물이 줄어든다.
③ 내부종이 늘어나고 가장자리 종인 덩굴식물이 늘어난다.
④ 내부종이 줄어들고 가장자리 종인 덩굴식물이 늘어난다.

해 임도와 등산로 등은 서식지의 파편화를 가져오므로 가장자리가 늘어나 내부종이 감소하고 가장자리종이 증가한다.

77. 식생에 의한 비탈면 보호공법으로 가장 거리가 먼 것은?

① 잔디파종공법 ② 식생혈공법
③ 콘크리트 붙임공법 ④ 식생매트공법

해 콘크리트 붙임공법은 구조적 공법에 속한다.

78. 야생조류를 보호하기 위한 자연보호지구(National Nature Reserves)에 관한 설명으로 틀린 것은?

① 자원의 보전 및 관리를 목적으로 한다.
② 조사, 연구, 실험, 교육 등을 위한 공간을 제공한다.
③ 지속적으로 자연환경의 변화를 모니터링할 수 있는 장소가 되어야 한다.
④ 야생동물을 보호하기 위해서는 실용적 관점보다 이론적 관점에 치중해야 한다.

79. 댐이 환경에 미치는 영향으로 거리가 먼 것은?

① 어류 등의 이동 저해
② 소하천의 감소, 수질의 변화
③ 식생 및 동물 서식지역의 감소와 분리
④ 하류하천의 하상 재료 변화 및 하상의 상승

해 ④ 하류하천의 하상 재료 변화 및 하상의 저하

80. 생태통로를 설치하기 위한 적지 선정에 활용하는 GIS나 RS기법에 대한 설명으로 틀린 것은?

① 다양한 조건을 이용하여 모의실험이 가능하다.
② 생태통로를 이용하는 모든 동물종을 예측할 수 있다.
③ 객관적이고 합리적인 입지선정 대안을 제시할 수 있다.
④ 대상지역에 대한 상세한 정보와 대용량의 자료를 용이하게 처리할 수 있다.

## 제5과목 자연환경관계법규

81. 국토의 계획 및 이용에 관한 법률 시행령상 용어에 대한 정의이다. ( )안에 들어갈 세분한 용도지구로서 가장 적합한 것은?

-( ㉠ )는 문화재·전통사찰 등 역사·문화적으로 보존가치가 큰 시설 및 지역의 보호와 보존을 위하여 필요한 지구
-( ㉡ )는 항만, 공항, 공용시설, 교정시설 등의 보호화 기능의 유지 및 증진 등을 위하여 필요한 지구

① ㉠ 문화자원보호지구, ㉡ 안보시설물보호지구
② ㉠ 문화자원보호지구, ㉡ 중요시설물보호지구
③ ㉠ 역사문화환경보호지구, ㉡ 안보시설물보호

정답 ➔ 74. ③ 75. ① 76. ④ 77. ③ 78. ④ 79. ④ 80. ② 81. ④

지구
④ ㉠ 역사문화환경보호지구, ㉡ 중요시설물보호지구

82. 야생생물 보호 및 관리에 관한 법률상 멸종위기 야생생물 II급을 포획·채취·훼손하거나 고사시킨 자에 대한 벌칙기준으로 옳은 것은?

① 7천만원 이하의 벌금
② 3년 이하의 징역 또는 300만원 이상 3천만원 이하의 벌금
③ 5년 이하의 징역 또는 500만원 이상 5천만원 이하의 벌금
④ 2년 이하의 징역 또는 2천만원 이하의 벌금

83. 국토의 계획 및 이용에 관한 법률에 관한 설명 중 옳지 않은 것은?

① 도시·군기본계획의 내용이 광역도시계획의 내용과 다를 때에는 광역도시계획의 내용이 우선한다.
② 도시·군기본계획은 광역도시계획에 부합되어야 하나 도시·군관리계획은 반드시 광역도시계획에 부합하여야 하는 것은 아니다.
③ 도시·군기본계획이란 특별시·광역시·특별자치시·특별자치도·시 또는 군의 관할구역에 대하여 기본적인 공간구조와 장기발전 방향을 제시하는 종합계획으로서 도시·군관리계획수립의 지침이 되는 계획이다.
④ 도시·군계획은 특별시·광역시·특별자치시·특별자치도·시 또는 군의 관할구역에서 수립되는 다른 법률에 따른 토지의 이용·개발 및 보전에 관한 계획의 기본이 된다.

해 ② 도시·군기본계획은 ③의 내용과 같이 도시·군관리계획 수립의 지침이 되는 계획을 말하므로 도시·군관리계획도 광역도시계획에 부합하여야 한다.

84. 환경정책기본법령상 이산화질소의 대기환경 기준(ppm)은? (단, 24시간 평균치)

① 0.03 이하 ② 0.05 이하
③ 0.06 이하 ④ 0.10 이하

85. 생물다양성 보전 및 이용에 관한 법률 시행령상 환경부장관은 국내에 서식하는 모든 생물종에 대하여 국가 생물종 목록을 구축하도록 되어 있는데, 이 국가 생물종 목록 구축에 필요한 자료와 가장 거리가 먼 것은?

① 종별 생태적·분류학적 특징
② 조사자, 조사기간 및 조사방법
③ 생물종의 영명(英名) 및 근연종명
④ 종별 주요 서식지 및 국내 분포 현황

해 국가 생물종 목록의 구축에 필요한 자료에는 ①②④ 외에 생물종의 국명(國名) 및 학명, 멸종위기 야생생물, 국제적 멸종위기종에 해당된다는 정보 등 종별 특이 정보가 포함된다.

86. 환경정책기본법령에 따른 환경기준에서 일반지역에 위치한 녹지지역 및 보전관리 지역의 소음기준으로 적당한 것은?

① 낮 40dB, 밤 30dB ② 낮 50dB, 밤 40dB
③ 낮 65dB, 밤 55dB ④ 낮 75dB, 밤 70dB

87. 야생생물 보호 및 관리에 관한 법률 시행규칙상 수렵면허시험에 관한 사항으로 옳지 않은 것은?

① 시·도지사는 매년 1회 이상 수렵면허 시험을 실시하여야 한다.
② "수렵에 관한 법령 및 수렵의 절차"는 수렵면허 시험대상이 되는 환경부령으로 정하는 사항에 포함된다.
③ "안전사고의 예방 및 응급조치에 관한 사항"은 수렵면허 시험대상이 되는 환경부령으로 정하는 사항에 포함된다.
④ 시·도지사는 수렵면허시험의 필기시험일 30일 전에 수렵면허시험 실시공고서에 따라 수렵면허 시험의 공고를 하여야 한다.

해 ① 시·도지사는 매년 2회 이상 수렵면허 시험을 실시하여야 한다.

88. 자연환경보전법상 생태·자연도를 작성하기 위한 지역 구분에서 1등급 권역에 해당되는 사항이 아닌 것은?


정답 ➔ 82. ② 83. ② 84. ③ 85. ③ 86. ② 87. ① 88. ④

① 생태계가 특히 우수하거나 경관이 특히 수려한 지역
② 생물다양성이 특히 풍부하고 보전가치가 큰 생물자원이 존재·분포하고 있는 지역
③ 멸종위기 야생생물의 주된 서식지·도래지 및 주요 생태축 또는 주요 생태통로가 되는 지역
④ 역사적·문화적·경관적 가치가 있는 지역이거나 도시의 녹지보전 등을 위하여 관리되고 있는 지역

해 ①②③과 생물의 지리적 분포한계에 위치하는 생태계 지역 또는 주요 식생의 유형을 대표하는 지역이 포함된다.

**89.** 다음은 자연공원법상 용어의 뜻이다. (  )안에 적합한 것은?

| (  )이란 지구과학적으로 중요하고 경관이 우수한 지역으로서 이를 보전하고 교육·관광 사업 등에 활용하기 위하여 환경부장관이 인증한 공원을 말한다. |
|---|

① 지질공원 ② 역사공원
③ 테마공원 ④ 자연휴양림공원

**90.** 국토의 계획 및 이용에 관한 법률상 각 용도지역별 용적률의 최대한도 기준으로 옳은 것은?

① 농림지역 : 80퍼센트 이하
② 자연환경보전지역 : 100퍼센트 이하
③ 도시지역 중 녹지지역 : 500퍼센트 이하
④ 관리지역 중 생산관리지역 : 100퍼센트 이하

해 ② 자연환경보전지역 : 80퍼센트 이하
③ 도시지역 중 녹지지역 : 100퍼센트 이하
④ 관리지역 중 생산관리지역 : 80퍼센트 이하

**91.** 습지보전법령상 명예습지생태안내인의 위촉기간은?

① 1년 ② 2년
③ 3년 ④ 5년

**92.** 환경정책기본법령상 수질 및 수생태계 기준 중 하천에서 사람의 건강보호 기준으로 옳지 않은 것은? (단, 단위는 mg/L 이다.)

① 납(Pb) : 0.02 이하
② 사염화탄소 : 0.004 이하
③ 음이온계면활성제(ABS) : 0.5 이하
④ 테트라클로로에틸렌(PCE) : 0.04 이하

해 ① 납(Pb) : 0.05 이하

**93.** 독도 등 도서지역의 생태계 보전에 관한 특별법 시행령상 특정도서 안에서 천재지변으로 인한 재해방재를 위해 건축물 증축 등 필요한 행위를 한 자는 행위종료 후 며칠 이내에 행위의 목적 또는 사유 등을 기재한 제한 행위를 환경부장관에게 신고 또는 통보하여야 하는가?

① 10일 이내 ② 30일 이내
③ 60일 이내 ④ 90일 이내

**94.** 자연환경보전법상 용어의 정의 중 틀린 것은?

① "자연생태"라 함은 자연의 상태에서 이루어진 지리적 또는 지질적 환경과 그 조건 아래에서 생물이 생활하고 있는 일체의 현상을 말한다.
② "생태계'란 식물·동물 및 미생물 군집(群集)들과 무생물 환경이 기능적인 단위로 상호작용하는 역동적인 복합체를 말한다.
③ "소(小)생태계"라 함은 생물다양성을 증진시키고 생태계 기능의 연속성을 위하여 생태적으로 중요한 지역 또는 생태적 기능의 유지가 필요한 지역을 연결하는 생태적 서식공간을 말한다.
④ "생물다양성"이라 함은 육상생태계 및 수생생태계(해양생태계를 제외한다)와 이들의 복합생태계를 포함하는 모든 원천에서 발생한 생물체의 다양성을 말하여, 종내(種內)·종간(種間) 및 생태계의 다양성을 포함한다.

해 ③ "소(小)생태계"라 함은 생물다양성을 높이고 야생동·식물의 서식지간의 이동가능성 등 생태계의 연속성을 높이거나 특정한 생물종의 서식조건을 개선하기 위하여 조성하는 생물서식공간을 말한다.

**95.** 자연공원법상 공원자연보존지구 지정에 해당하는 곳과 가장 거리가 먼 것은?

① 생물다양성이 특히 풍부한 곳
② 자연생태계가 원시성을 지니고 있는 곳
③ 특별히 보호할 가치가 높은 야생 동식물이 살고 있는 곳

정답 → 89. ① 90. ① 91. ② 92. ① 93. ② 94. ③ 95. ④

④ 마을이 형성된 지역으로서 주민생활을 유지하는 데에 필요한 지역

해 ①②③과 경관이 특히 아름다운 곳이 포함된다.

96. 국토의 계획 및 이용에 관한 법률상 용도지구에 관한 설명 중 틀린 것을 모두 열거한 것은?

> ㉠ 경관지구 : 미관을 유지하기 위하여 필요한 지구
> ㉡ 고도지구 : 쾌적한 환경 조성 및 토지의 효율적 이용을 위하여 건축물 높이의 최고한도를 규제할 필요가 있는 지구
> ㉢ 방재지구 : 화재의 위험을 예방하기 위하여 필요한 지구
> ㉣ 보호지구 : 문화재, 중요 시설물 및 문화적·생태적으로 보존가치가 큰 지역의 보호와 보존을 위하여 필요한 지구

① ㉠, ㉡　② ㉠, ㉢
③ ㉡, ㉢　④ ㉢, ㉣

해 ㉠ 경관지구 : 경관의 보전·관리 및 형성을 위하여 필요한 지구
㉢ 방재지구 : 풍수해, 산사태, 지반의 붕괴, 그 밖의 재해를 예방하기 위하여 필요한 지구

97. 생물다양성 보전 및 이용에 관한 법률상 국가생물다양성 센터의 운영업무로 옳지 않은 것은?

① 생물자원의 목록 구축
② 외래생물종의 국내 유통 및 현황 관리
③ 생물자원 관련 기관과의 협력체계 구축
④ 생물자원의 기탁, 등록, 평가, 분양 등 활용에 관한 현황 관리

해 국가생물다양성 센터의 운영업무
1. 생물다양성 및 생물자원에 대한 정보의 수집·관리
2. 생물자원의 기탁, 등록, 평가, 분양 등 활용에 관한 현황 관리
3. 생물자원의 목록 구축
4. 외래생물종의 수출입 현황 관리
5. 생물자원의 수출입 및 반출·반입 현황 관리
6. 생물자원 관련 기관과의 협력체계 구축
7. 그 밖에 생물다양성 보전 등을 위하여 필요한 사항으로 대통령령으로 정하는 것

98. 야생생물 보호 및 관리에 관한 법률상 수렵장에서도 수렵이 제한되는 시간 및 장소로 옳지 않은 것은?

① 시가지, 인가 부근
② 도로로부터 100m 이내의 장소
③ 운행 중인 차량, 선박 및 항공기
④ 해가 뜬 후부터 해가 지기 전까지

해 ④ 해가 진 후부터 해뜨기 전까지

99. 자연환경보전법 시행령상 자연경관영향의 협의 대상이 되는 경계로부터의 거리에 대한 설명으로 옳은 것은? (단, 일반기준임)

① 습지보호지역 : 500m
② 자연공원(최고봉 700m 미만 또는 해상형) : 700m
③ 생태·경관보전지역(최고봉 700m 이상) : 1000m
④ 자연공원(최고봉 1200m 이상) : 1500m

해 ① 습지보호지역 : 300m
② 자연공원(최고봉 700m 미만 또는 해상형) : 1,000m
④ 자연공원(최고봉 1200m 이상) : 2,000m

100. 습지보전법 제정의 목적으로 옳지 않은 것은?

① 습지와 그 생물다양성의 보전을 도모함
② 습지의 조사를 위한 분류방법 등을 규정함
③ 습지의 효율적 보전·관리에 필요한 사항을 규정함
④ 습지에 관한 국제협약의 취지를 반영함으로써 국제협력의 증진에 이바지함

해 습지보전법의 목적 : 습지의 효율적 보전·관리에 필요한 사항을 정하여 습지와 습지의 생물다양성을 보전하고, 습지에 관한 국제협약의 취지를 반영함으로써 국제협력의 증진에 이바지함을 목적으로 한다.



정답 ➔ 96. ② 97. ② 98. ④ 99. ③ 100. ②

# ❖ 2019년 자연생태복원기사 제 3 회

2019년 8월 4일 시행

## 제1과목 환경생태학개론

**01.** 생물 개체군 성장곡선에 대한 설명으로 틀린 것은?

① J자형, S자형 성장곡선이 나타난다.
② J자형 성장곡선은 외부 환경요인에 의해 조절된다.
③ S자형 성장곡선은 불안정한 하등생물상에서 보여 진다.
④ 수용한계(수용능력 K)는 생물적 요인과 비생물적 요인에 의해 영향을 받아 시간에 따라 급격히 변화할 수 있다.

**02.** 천이(succession)는 시간에 따라 어떤 지역에 있는 종들의 방향적이고 계속적인 변화를 의미한다. 수십 년이나 수백 년이 지난 다음에 종조성에서의 중요한 변화가 발생하지 않는 안정된 군집은?

① 극상군집 ② 수관교체
③ 사구천이 ④ 개척군집

**03.** 개체군의 공간분포에 관한 설명으로 틀린 것은?

① 자연에서 흔히 있는 분포형은 집중분포이다
② 새의 세력권제는 새를 불규칙적으로 분포하게 한다.
③ 규칙분포는 바둑판처럼 심은 과수원 나무의 분포에서 볼 수 있다.
④ 개체군의 집중분포는 습도, 먹이, 그늘과 같은 환경요인 때문이다.

해 ② 새의 세력권은 일정한 간격을 두고 형성되므로 규칙적으로 분포되게 한다.

**04.** 개체군 생태학에서 사망률(mortality)에 대한 설명으로 가장 적절한 것은?

① 단위 공간당 개체군의 크기를 말한다.
② 단위 시간당 죽음에 의해서 개체들이 사라지는 숫자를 말한다.
③ 단위 시간당 생식 활동에 의해서 새로운 개체들이 더해지는 숫자를 말한다.
④ 개체들이 공간에 분포되는 방법으로서 임의분포, 균일분포, 집중분포 등으로 구분한다.

**05.** 질소를 고정할 수 있는 생물이 아닌 것은?

① Nostoc과 같은 남조류
② Nitrobacter와 같은 질산화 세균
③ Rhodospirillum과 같은 광영양 혐기세균
④ Desulfovibrio와 같은 편성 혐기성 세균

해 질소고정 세균
·공생박테리아 : *Rhizobim*(뿌리혹박테리아), *Frankia*
·비공생박테리아 : *Azotobacter*(호기성), *Clostridium*(혐기성), *Rhodospirillum*(혐기성), *Desulfovibrio*(혐기성)
·남조류(공생) : *Anabaena*(cyanobacteria), *Nostoc*(염주말속)

**06.** 인의 순환에 대한 설명으로 틀린 것은?

① 척추동물의 뼈를 구성하는 성분이다.
② 호소의 퇴적물에 축적되는 경향이 있다.
③ 해양에서 육지로 회수되는 인에는 기체상 인화합물이 가장 많다.
④ 토양 속의 인은 불용성으로 흔히 식물생장의 제한요인으로 작용한다.

해 ③ 인은 기체상태의 화합물을 형성하지 않으며, 육상에서 바다로 흘러간 인이 되돌아오는 방법은 어류를 잡아먹는 바닷새를 통한 방법이 유일하다.

**07.** 중금속에 오염된 어느 늪지에 다음의 생물이 살고 있다. 생물농축이 일어날 경우 생체 내 중금속 농도가 가장 높은 생물은?

① 배스 ② 피라미
③ 하루살이 ④ 식물성 조류

해 ① 생물농축은 먹이연쇄에 의해 영향을 받는 일부 몇 가지 물질은 먹이연쇄의 단계를 거치면서 분산되지 않고 체내에 축적되는 현상을 말하는데 영양단계의 증가에 따라 농축되므로 최상위 단계의 포식자에게 더 큰 영향을 미치게 된다.

**08.** 지구온난화를 유발하는 이산화탄소의 양을 감축하여 온실가스에 대한 대비책 마련을 위해 채택된 것으로

정답 ➔ 01. ③ 02. ① 03. ② 04. ② 05. ② 06. ③ 07. ① 08. ①

기후변화 협약과 관련 된 것은?

① 교토 의정서 ② 워싱턴 의정서
③ 제네바 의정서 ④ 몬트리올 의정서

해 ① 교토의정서는 기후변화 협약에 따른 온실가스 감축목표에 관한 의정서로 지구온난화 규제 및 방지를 위한 국제 협약인 기후변화 협약의 구체적 이행 방안이며, 선진국의 온실가스 감축 목표치를 규정하였다.

09. 생태계의 구조에 대한 설명으로 틀린 것은?

① 생태계는 크게 비생물적 구성요소와 생물적 구성요소로 나눌 수 있다.
② 거대소비자는 다른 생물이나 유기물을 섭취하는 동물 등의 종속영양생물을 말한다.
③ 생산자는 간단한 무기물로부터 먹이를 만들 수 있는 녹색 식물과 물질순환에 관여하는 무기물 등을 말한다.
④ 분해자는 미세소비자로서, 사체를 분해시키거나 다른 생물로부터 유기물을 취하여 에너지를 얻는 세균, 곰팡이 등의 종속영양생물 등을 들 수 있다.

해 ③ 생산자는 태양에너지를 받아 무기물로부터 영양물질(유기물)을 만드는 녹색식물을 말한다.

10. 식물과 곤충간의 관련성으로 고려한 분류체계에서 화분 매개충이 아닌 것은?

① 나비 ② 매미
③ 꿀벌 ④ 꽃등에

해 화분 매개충은 화분을 매개하여 수분시키는 곤충으로 꿀벌, 뒤영벌, 뿔가위벌류, 나비류, 꽃등에 등이 있다.

11. 한 종이 점유지역이 아닌 곳으로 분포범위를 넓히는 영역확장(range expansion)의 경우가 아닌 것은?

① 그 종이 양육과 훈련행동을 하는 경우
② 그 종의 산포를 저해하던 요인이 제거 된 경우
③ 이전에는 부적당하던 지역이 적당한 지역으로 변화된 경우
④ 종이 진화되어 부적당지역이 적당지역으로 이용할 수 있게 된 경우

12. 지구 온난화의 생태학적 영향에 대한 설명으로 틀린 것은?

① 지구 온난화로 인해 해수면이 낮아 질 것이다.
② 생물학자들은 지구 온난화가 서식지를 이동할 수 없는 식물에서 특히 커다란 영향을 미치게 될 것으로 믿고 있다.
③ 지구 온난화로 인해 잡초, 곤충, 다양한 환경에서 살아가는 질병매개 생물체는 개체수가 크게 증가하게 된다.
④ 지구 온난화는 여러 지역에서 강우 패턴을 변화시켜 더욱 빈번하게 가뭄이 일어나게 한다.

13. 호수의 층상구조 설명으로 옳지 않은 것은?

① 표수층은 산소와 영양분이 풍부한 층이다.
② 수온약층은 온도와 산소가 급격히 변하는 층이다.
③ 심수층은 산소는 부족하나 영양분이 풍부한 층이다.
④ 호수는 일반적으로 표수층, 수온약층, 심수층으로 나눌 수 있다.

해 ① 표수층에는 산소, 심수층에는 영양분이 풍부하다.

14. 다음 보기가 설명하는 것은?

| 화학적으로 분해 가능한 유기물을 산화시키기 위해 필요한 산소의 양 |
|---|

① DO ② SS
③ COD ④ BOD

해 ① 용존산소, ② 부유고형물, ③ 화학적 산소요구량, ④ 생물화학적 산소요구량

15. 부영양화 현상에 관한 설명 중 틀린 것은?

① 부영양화 현상이 있으면 용존산소량이 풍부해진다.
② 부영양화된 호수는 식물성 플랑크톤이 대량 발생되기 쉽다.
③ 부영양화 현상은 물이 정체되기 쉬운 호수에서 잘 발생한다.
④ 부영양화된 호수는 식물성 조류에 의하여 물의 투명도가 저하 된다.



정답 → 09. ③ 10. ② 11. ① 12. ① 13. ① 14. ③ 15. ①

해 ① 부영양화 현상이 있으면 미생물에 의한 분해작용에 산소가 많이 소비되므로 용존산소량이 감소한다.

16. 군집의 구조적 측면에서 같은 표징종을 포함하는 식물의 군집은?

① 군락 ② 우점종
③ 부수종 ④ 지표종

17. "지구 생물다양성 전략"의 목적을 달성하기 위해서 국제적으로 권장되고 있는 내용과 가장 거리가 먼 것은?

① 생물다양성협상을 이행한다.
② 국제적 실행기구를 만든다.
③ 생물다양성의 중요성을 국가계획 수립 시 고려한다.
④ 지구자원에 대한 전략적이고 활발한 개발을 보장한다.

18. 적조발생의 원인으로 틀린 것은?

① 질소, 인과 같은 영양물질이 유입될 때
② 바닷물의 염분농도가 높아졌을 때
③ 바닷물 온도가 섭씨 25℃ 이상일 때
④ 철, 코발트 등 미량금속류가 첨가되었을 때

해 적조는 육지로부터 다량의 영양염(N.P) 또는 생활하수가 다량 유입되거나 부패성 유기오염 물질과 미량금속(Ca, Mg, Fe, Co, Ni, Mn) 및 증식 촉진물질 (비타민 등)이 풍부하게 용존되어 있고, 일사량이 풍부하며, 수온이 높고, 염분이 낮은 환경조건에서 발생된다.

19. 한 종개체군과 다른 종개체군 사이에서 두 개체군이 모두 이익을 얻으며 서로 상호작용을 하지 않으면 생존하지 못하는 관계는?

① 상리공생 ② 상조공생
③ 편리공생 ④ 내부공생

20. 종개체군 사이의 상호작용 중 서로 피해를 주는 관계로 옳은 것은?

① 중립 ② 경쟁
③ 공생 ④ 공존

## 제2과목 환경계획학

21. 생태공원조성 이론의 설명으로 틀린 것은?

① 지속가능성은 인간의 활동을 중심으로 공간을 창출하여 삶의 질을 높인다.
② 생물다양성은 유전자, 종, 소생물권 등의 다양성을 의미하며 생물학적 다양성과 생태적 안정성은 비례한다.
③ 생태적 건전성은 생태계 내 자체 생산성을 유지함으로써 건전성이 확보되며, 지속적으로 생물자원 이용이 가능하다.
④ 최소의 에너지 투입은 자연 순환계를 형성하여 에너지 자원 인력을 절감하고 경제성 효율을 극대화할 수 있도록 계획하여 인위적인 에너지 투입을 최소화하도록 한다.

해 ① 지속가능성은 생물자원을 지속적으로 보전 · 재생하여 생태적으로 영속성을 유지한다.

22. 일정 토지의 자연성을 나타내는 지표로서 식생과 토지의 이용현황에 따라 녹지공간의 상태를 등급화한 녹지자연도의 등급 기준으로 틀린 것은?

① 3등급 – 과수원 – 경작지나 과수원, 묘포지 등과 같이 비교적 녹지식생의 분량이 우세한 지구
② 4등급 – 2차초원 – 갈대, 조릿대군락 등과 같이 비교적 식생의 키가 높은 2차 초원지구
③ 6등급 – 조림지 – 각종 활엽수 또는 침엽수의 식생지구
④ 7등급 – 2차림 – 1차적으로 2차림으로 불리는 대생식생지구

해 ② 4등급 – 2차초원 – 잔디군락이나 인공초원(목장) 등과 같이 비교적 식생의 키가 낮은 이차림으로 형성된 초원지

23. 생태계의 생물다양성과 관련이 없는 것은?

① 유전적 다양성 ② 종 다양성
③ 생태계 다양성 ④ 작물의 다양성

해 생물다양성이란 생물종의 다양성, 생물이 지닌 유전자의 다양성, 생물이 서식하는 생태계의 다양성을 총체적으로 지칭하는 말이다.

24. 도시지역의 녹지지역 세분화에 해당하지 않는 지역은?

정답 ➔ 16. ① 17. ④ 18. ② 19. ① 20. ② 21. ① 22. ② 23. ④ 24. ①

① 전용녹지지역 ② 보전녹지지역
③ 생산녹지지역 ④ 자연녹지지역

해 국토의 계획 및 이용에 관한 법률

25. 도시 및 지역차원의 환경계획으로 생태네트워크의 개념이 아닌 것은?

① 공간계획이나 물리적 계획을 위한 모델링 도구이다.
② 기본적으로 개별적인 서식처와 생물종을 목표로 한다.
③ 지역적 맥락에서 보전가치가 있는 서식처와 생물종의 보전을 목적으로 한다.
④ 전체적인 맥락이나 구조측면에서 어떻게 생물종과 서식처를 보전 할 것인가에 중점을 둔다.

해 ② 기본적으로 개별적인 서식처와 생물종을 목표로 하지 않고 지역적인 맥락에서 모든 서식처와 생물종의 보전을 목적으로 하는 공간상의 계획이다.

26. 기후 변화 협약의 내용이 아닌 것은?

① 몬트리올 의정서에서 규제 대상물질을 규정하고 있다.
② 규제대상물질은 탄산, 메탄가스, 프레온 가스 등이 대표적인 예이다.
③ 협약의 목적은 이산화탄소를 비롯한 온실가스의 방출을 제한하여 지구온난화를 방지하고자 하는 것이다.
④ 협약내용은 기본원칙, 온실가스 규제문제, 재정지원 및 기술이전문제, 특수상황에 처한 국가에 대한 고려로 구성되어 있다.

해 몬트리올 의정서는 오존층 파괴물질의 생산 및 사용의 규제를 목적으로 한 협약이다.

27. 생태적 복원의 유형에 대한 설명으로 틀린 것은?

① 복구(rehabilitation) – 완벽한 복원으로 단순한 구조의 생태계 창출
② 복원(restoration) – 교란 이전의 상태로 정확하게 돌아가기 위한 시도
③ 복원(restoration) – 시간과 많은 비용이 소요되기 때문에 쉽지 않음
④ 대체(replacement) – 현재 상태를 개선하기 위하여 다른 생태계로 원래의 생태계를 대체하는 것

해 복구는 완벽한 복원보다는 못하지만 원래의 자연상태와 유사한 것을 목적으로 하는 것이다.

28. 도시지역과 그 주변 지역의 무질서한 시가화를 방지하고 계획적·단계적인 개발을 도모하기 위하여 대통령령이 정하는 일정기간동안 시가화를 유보할 필요가 있다고 인정하여 지정하는 구역은?

① 시가화관리구역 ② 시가화조정구역
③ 시가화유보구역 ④ 시가화예정구역

해 국토의 계획 및 이용에 관한 법률

29. 사회기반형성 차원에서의 환경계획의 내용과 거리가 먼 것은?

① 소음방지
② 에너지계획
③ 환경교육 및 환경감시
④ 시민참여의 제도적 장치

해 ① 소음방지는 부문별 환경계획 차원에서의 환경계획에 속한다.

30. 자연입지적 토지이용유형에서 자연자원 유형이 아닌 것은?

① 역사·문화환경 ② 해안환경
③ 하천·호수환경 ④ 산림·계곡환경

31. 생태네트워크를 구성하는 원리 중 형태에 따른 분류가 아닌 것은?

① 점(Point)형
② 선(Line)형
③ 면(Area)형
④ 징검다리(Stepping stone)형

32. 환경계획을 위해 요구되는 생태학적 지식으로 볼 수 없는 것은?

① 자연계를 설명하는 이론으로서의 순수생태학적 지식



정답 → 25. ② 26. ① 27. ① 28. ② 29. ① 30. ① 31. ④ 32. ③

② 훼손된 환경의 복원과 새로운 환경건설에 관련된 지식
③ 토지이용계획 수립에 필요한 지역의 개발계획에 관련된 정보
④ 인간의 환경에 있어서 급속히 파괴되는 자연조건과 불균형에 대처하기 위한 지식

33. 백두대간의 무분별한 개발행위로 인한 훼손을 방지함으로써 국토를 건전하게 보호하고, 쾌적한 자연환경을 조성하기 위하여 백두대간 보호지역을 지정 구분한 것은?

① 핵심구역, 전이구역
② 핵심구역, 완충구역
③ 완충구역, 전이구역
④ 핵심구역, 완충구역, 전이구역

34. 한반도의 생태축에 속하지 않는 것은?

① 백두대간 생태축
② 남해안 도서보전축
③ 남북접경지역 생태보전축
④ 수도권 개발제한구역 환상녹지축

해 제4차 국가환경종합계획(2016~2035)의 국가핵심 생태축에는 DMZ, 백두대간, 도서연안, 5대강 수생태축을 선정하였다.

35. 자연환경보전기본계획의 내용으로 적절하지 않는 것은?

① 자연경관의 보전·관리에 관한 사항
② 지방자치단체별로 추진할 주요 자연보전시책에 관한 사항
③ 사업시행에 소요되는 경비의 산정 및 재원조달 방안에 관한 사항
④ 행정계획과 개발 사업에 대한 환경친화적 계획기법 개발에 관한 사항

36. 환경의 특성에 대한 설명으로 틀린 것은?

① 자연자원은 풍부할수록 회복탄력성이 높지만, 파괴될수록 복원력이 떨어진다.
② 환경문제는 어느 한 지역, 한 국가만의 문제가 아니라, 범지구적, 국제간의 문제이다.
③ 환경문제는 문제발생시기와 이로 인한 영향이 현실적으로 나타나는 시점 사이에 차이가 존재하지 않는다.
④ 환경문제는 상호 작용하는 여러 변수들에 의해 발생하므로 상호간에 인과관계가 성립되어 문제해결을 어렵게 한다.

해 ③ 환경문제는 문제발생시기와 이로 인한 영향이 현실적으로 나타나는 시점 사이에 차이가 존재한다.(시차성)
① 탄력성과 비가역성, ② 광역성, ④ 상호관련성

37. 환경용량 개념에 대한 생태학적 측면과 관계없는 것은?

① 지역의 수용용량
② 생태계 자정능력
③ 지역의 경제적 개발수용력
④ 자연 자원의 지속가능한 생산

38. 환경친화적인 자연 입지적 토지이용을 위한 세부적인 규제 지침의 유형의 설명으로 옳은 것은?

① 경관 : 돌출적이고 위압적인 인공경관으로 지역적인 특색을 부각시킨다.
② 환경 : 주변 하천 및 실개천에 수중보를 설치하여 시민들을 위한 친수공간을 극대화 한다.
③ 입지규제 : 자연적·농업적 토지이용에서 도시적 토지이용으로의 토지전용을 가능하게 해야 한다.
④ 건축물 : 지역별 특징을 따라서 건축물의 형태, 재료, 색채 등 외관에 관한 별도의 기준을 마련해야 한다.

39. 환경친화적 단지조성계획의 기본목표에 대한 설명으로 틀린 것은?

① 기존의 식생·자연지형·수로 등의 변경을 최대화함으로써 환경부하를 줄일 수 있도록 유도하고 녹지공간을 체계화한다.
② 수자원 순환의 유지 및 쓰레기의 재활용 건축재료의 이용 등 자연환경의 순환체계를 보존하여 자연계의 물질 순환이 활성화 될 수 있도록 유도한다.

정답 ➔ 33. ② 34. ④ 35. ④ 36. ③ 37. ③ 38. ④ 39. ①

③ 자연생태계가 유지될 수 있도록 일정 규모의 소생물권을 조성하여 훼손되어 가고 있는 소생물권을 유지·복원할 수 있도록 계획한다.
④ 에너지 소비를 줄일 수 있는 재료의 사용 및 자연에너지를 최대한 줄일 수 있는 계획을 함으로써 환경오염물질의 배출을 줄일 수 있도록 유도한다.

40. 생태도시의 설계지표 설정 시 고려해야할 사항이 아닌 것은?

① 정보수집이 용이해야 한다.
② 단기간에 걸친 경향을 보여주어야 한다.
③ 개별적, 종합적으로 의미가 있어야 한다.
④ 정책, 서비스, 생활양식 등의 변화를 유발해야 한다.

## 제3과목 **생태복원공학**

41. 어떤 목본류를 훼손지에 3g/㎡으로 파종하였다. 이때 이종자의 발아율 40%, 순도 90%, 보정율 0.5이고 평균립수 100립/g이라면 발생기대본수(본/㎡)는 약 얼마인가?

① 27　　② 54
③ 108　　④ 216

해 파종량 $W = \dfrac{B}{A \times \dfrac{C}{100} \times \dfrac{D}{100} \times S}$

A:평균립수(립/g), B:발생기대본수(본/㎡), C:발아율(%), D:순도(%), S:보정율

$B = (A \times \dfrac{C}{100} \times \dfrac{D}{100} \times S) \times W$

$= (100 \times \dfrac{40}{100} \times \dfrac{90}{100} \times 0.5) \times 3 = 54(본/m^2)$

42. 생태계의 원서식지 면적이 감소되어 원식생을 유지하기 어려울 때의 복구 조치에 해당하지 않는 것은?

① 비포장화
② 가드레일 설치
③ 공사위치 변경 또는 우회
④ 기존 서식지의 면적 확대

43. 토양환경분석을 위해 일반적으로 사용하는 정밀 토양도의 축척은?

① 1/10000　　② 1/25000
③ 1/50000　　④ 1/70000

44. 고체상태 또는 액체상태의 대기오염물질이 식물체의 표면에 부착되는 현상을 무엇이라 하는가?

① 흡수　　② 확산
③ 희석　　④ 흡착

45. 식재용토 토성의 측정, 처리 및 적용기준에서 볼 때 수분함량은 건토중의 몇 %가 존재하는 것이 가장 적정한가?

① 10 ~ 20%　　② 20 ~ 40%
③ 40 ~ 80%　　④ 80% 이상

46. 자연형 하천복구를 통해 애반딧불이의 서식을 유도할 때 그 유충의 먹이원으로 필요한 수생물종은?

① 다슬기　　② 깔따구
③ 소금쟁이　　④ 왕잠자리

해 ① 먹이원인 다슬기(하천)와 달팽이(논) 등 패류의 서식여부가 반딧불이의 서식에 매우 중요하다.

47. 생물 다양성의 보존에 대한 설명으로 틀린 것은?

① 생물 다양성은 종내, 종간, 생태계의 다양성을 포함 한다.
② 생물 다양성은 생물종은 물론 유전자, 서식처의 다양성을 포함한다.
③ 생물 다양성은 자연환경복원의 가장 중심적인 과제이다.
④ 생물 다양성은 서식처 복원보다는 생물종의 복원에 더욱 관심을 가져야 한다.

해 ④ 기존에는 생물종의 복원에 관심을 많이 가졌으나, 최근에는 서식지 복원이 주요 대상이 된다.

48. 생태복원을 위한 공간구획 및 동선 계획 단계의 내용과 가장 거리가 먼 것은?

① 동선은 최대한으로 조성하는 것이 바람직하다.
② 공간 구획은 핵심지역, 완충지역, 전이지역으로


정답 → 40. ② 41. ② 42. ② 43. ② 44. ④ 45. ③ 46. ① 47. ④ 48. ①

구분한다.

③ 목표종이 서식해야 하는 지역은 핵심지역으로 설정한다.

④ 자연적인 공간과 인공적인 공간은 격리형 혹은 융합형으로 조정한다.

해 ① 동선은 생물서식에 방해를 가져옴으로 최대한으로 억제하는 것이 바람직하다.

49. 생태복원의 측면에서 도시림에 대한 설명 중 가장 적합하지 않은 것은?

① 가로수, 주거지의 나무, 공원수, 그린벨트의 식생 등을 포함한다.
② 큰 나무 밑의 작은 나무와 풀을 제거하여 경관적인 측면을 고려한 관리가 되어야 한다.
③ 조성 목적과 기능 발휘의 측면에서 생활환경형, 경관형, 휴양형, 생태계보전형, 교육형, 방재형, 등으로 구분한다.
④ 최근에는 지구온난화와 생물다양성 등의 지구 환경문제와 관련하여 환경보존의 기능과 생태적 기능이 강조된다.

50. 자생적 독립영양 천이유형에서 종 다양성의 천이과정으로 가장 적합한 것은?

① 지속적으로 증가한다.
② 처음에는 감소하나 개체의 수가 증가함에 따라 성숙된 단계에서는 증가한다.
③ 처음에는 감소하나 개체의 수가 증가함에 따라 성숙된 단계에서는 안정된다.
④ 처음에는 증가하나 개체의 크기가 증가함에 따라 성숙된 단계에서는 안정되거나 감소한다.

51. 수질정화 식물과 가장 거리가 먼 것은?

① 부들, 갈대　② 택사, 돌피
③ 부레옥잠, 부들　④ 개구리밥, 창포

52. 녹화 식물의 종류를 흡착형 식물과 감기형 식물로 나눌 때 흡착형 식물로만 이루어진 것은?

① 칡, 멀꿀, 으름덩굴
② 개머루, 으아리, 인동
③ 담쟁이덩굴, 송악, 모람
④ 마삭줄, 줄사철나무, 노박덩굴

해 ·흡착형 식물 : 담쟁이덩굴, 송악, 모람, 마삭줄, 능소화, 줄사철 등
·감기형 식물 : 인동덩굴, 등나무, 으름덩굴, 노박덩굴, 으아리, 멀꿀, 다래, 칡 등

53. 비탈 다듬기공사에서 단면적 $A_1$, $A_2$는 각각 2.1㎡, 0.7㎡ 이며, $A_1$과 $A_2$의 거리가 6m 일때 토사량(㎥)은? (단, 평균단면적법을 이용한다.)

① 2.4　② 8.4
③ 8.8　④ 16.8

해 평균단면적법 $V = \frac{A_1 + A_2}{2} \times L$

$\rightarrow \frac{2.1 + 0.7}{2} \times 6 = 8.4(m^3)$

54. 비탈면 녹화를 위한 식생군락 조성 시 고려해야 할 내용으로 가장 거리가 먼 것은?

① 주변 식생과 동화
② 식생의 안정 및 천이
③ 비탈면 주변의 생태계를 고려
④ 급속 녹화를 위한 단순식생의 군락 조성

55. 식생기반재(토양) 분석의 기초이론 중 물리성을 평가하는 항목이 아닌 것은?

① 토성　② 토양 온도
③ 토양의 밀도　④ 토양의 염기치환용량

해 ④ 염기성치환용량은 화학적 특성에 속한다.

56. 일반적으로 황폐지 또는 황폐산지는 황폐의 정도와 특성에 따라서 다양하게 구분하는데, 가장 초기 단계를 무엇이라 하는가?

① 민둥산　② 척악임지
③ 황폐이행지　④ 초기황폐지

해 ② 황폐의 진행상태와 정도에 따라 그 초기 단계로부터 척악임지, 임간나지, 초기황폐지, 황폐이행지, 민둥산 등으로 구분할 수 있다. 척악임지는 산지 비탈면이 여러 해 동안 표면침식과 토양유실로 인하여 산림토양이 척박한 지역을 말한다.

정답 ➜ 49. ② 50. ④ 51. ② 52. ③ 53. ② 54. ④ 55. ④ 56. ②

**57.** 토양개량재인 피트모스에 대한 설명으로 틀린 것은?

① 일반적으로 pH7~8 정도의 알칼리성을 나타내므로 산성토양의 치환에 적합하다.
② 섬유가 서로 얽혀서 대공극을 형성하는 것과 함께 섬유자체가 다공질이고 친수성이 있다는 특징이 있다.
③ 보수성, 보비력이 약한 사질토, 또는 통기성, 투수성이 불량한 점성토에서의 사용이 효과적이다.
④ 양이온교환용량(CEC)이 130㎎/100g 정도로 퇴비에 비해 높아서 보비력의 향상에 효과적이다.

해 ① 피트모스는 일반적으로 산성도(pH)가 3.5~5.0 정도로 낮기 때문에 산성토양에는 적합하지 않다.

**58.** 대지면적이 100㎡이며, 건축물 면적은 50㎡, 자연지반녹지가 30㎡, 부분포장 면적이 20㎡인 경우 생태면적률(%)은? (단, 자연지반녹지의 가중치는 1.0, 부분포장면의 가중치는 0.5로 한다.)

① 20　② 30
③ 40　④ 50

해 $\text{생태면적률} = \frac{30\times1+20\times0.5}{100}\times100 = 40(\%)$

**59.** 도로가 개설되면서 산림생태계가 단절된 구간에 육교형 생태통로를 설치할 때 고려되어야 할 사항과 가장 거리가 먼 것은?

① 통로의 가장자리를 따라서 선반을 설치한다.
② 중앙보다 양끝을 넓게 하여 자연스러운 접근을 유도한다.
③ 필요시 통로 내부에 양서류를 위한 계류 혹은 습지를 설치한다.
④ 통로 양측에 벽면을 설치하여 주변으로부터 빛, 소음, 천적 등으로부터의 영향을 차단한다.

해 ① 일반적으로 턱이나 선반 등은 암거수로나 수로관, 수로박스 등에 설치하는 보완시설에 해당한다.

**60.** 매립지 복원기술과 가장 거리가 먼 것은?

① 성토법
② 사주법
③ Biosolids를 이용한 공법
④ 비사방지용 산흙 피복법

해 ③ Biosolids는 광산지역의 처리와 개선을 위해 이용되는 토양으로 오염물질의 보유 · 흡착력이 식생의 피복에 의한 것보다 강하여 토양을 안정화시키는 데에 많이 이용되고 있다.

## 제4과목 경관생태학

**61.** 종 또는 개체군의 복원에 대한 보기의 설명에서 각각의 ( )에 들어갈 용어를 순서대로 나열한 것은?

| 종 또는 개체군의 복원을 위항 프로그램을 적용하기 위해서는 ( ㉠ )의 개념이 적용될 수 있다. 이를 통한 종 또는 개체군의 복원방법에는 크게 3가지가 있는데, ( ㉡ )이/가 대표적인 방법이다. |
|---|

① ㉠ 메타개체군, ㉡ 이주(Translocation)
② ㉠ SLOSS, ㉡ 방사 (Reintroduction)
③ ㉠ 비오톱(Biotope), ㉡ 포획번식 (Captive Breeding)
④ ㉠ 포획번식(Captive Breeding), ㉡ 방사 (Reintroduction)

**62.** 코리더의 기능으로 틀린 것은?

① 공급원　② 서식처
③ 여과장치　④ 오염 발생원

해 코리더는 서식처, 이동통로, 여과, 장벽, 종의 공급 및 수요처, 소멸지 등의 기능을 갖는다.

**63.** 지역생태학에서 지역(region)에 대한 설명으로 틀린 것은?

① 다양한 지형, 자연교란 및 인간 활동들이 풍부한 다양성을 가진 생태학적 조건들을 제공한다.
② 교통, 통신, 및 문화에 의해 서로 연결되어 있는 인간 활동과 관심 역시 인간 활동의 범위를 제한한다.
③ 국지생태계의 집합이 몇 ㎢ 넓이의 공간에 걸쳐 같은 형태로 반복되어 나타나는 토지모자이크이다.
④ 광범위한 지리학적 공간으로서 공통적으로 나

타나는 대기후 및 공통적인 인간 활동과 관심이 포함된다.

해 ③ 경관에 대한 설명이다.

64. 경관의 구조, 기능, 변화의 원리와 관계가 없는 것은?

① 경관 안정성의 원리
② 에너지 흐름의 원리
③ 천이의 불균일성 원리
④ 생물적 다양성의 원리

65. 환경영향평가 기법에서 중점평가인자선정기법과 관계가 없는 것은?

① 네트워크법 ② 격자분석법
③ 지도중첩법 ④ 체크리스트법

해 중점평가인자선정기법에는 체크리스트법(Checklist Method), 매트릭스 분석방법(Matrix Method), 네트워크법(network method), 지도중첩법 등이 있다.

66. 지리정보체계(GIS)를 활용하여 분석 가능한 경관 생태 항목들 중 틀린 것은?

① 논농사 지역의 잡초분포 파악
② 산림군락지 내 병해충의 종류 및 원인 파악
③ 토양도 작성을 통한 토양형성 과정의 이해
④ 배수구역 내의 물수지 평형과 하천 오염원 계산

67. 고도 832㎞에서 지구의 폭 117㎞를 일시에 관측하며, 26일 마다 동일 위치로 돌아오는 태양동기 준회귀궤도를 가지고 있는 위성으로서 HRV/XS의 해상력이 약 20㎡인 위성은?

① SPOT ② MOS-1
③ Landsat TM ④ Landsat MSS

68. 도시 비오톱의 기능 및 역할과 가장 거리가 먼 것은?

① 생물종 서식의 중심지 역할을 수행한다.
② 기후, 토양, 수질 보전의 기능을 가지고 있다.
③ 건축물의 스카이라인 조절 기능을 가지고 있다.
④ 도시민들에게 휴양 및 자연체험의 장을 제공해 준다.

69. 다음의 비오톱 타입 중 훼손 후 재생에 가장 오랜 시간이 소요되는 것은?

① 빈영양단경초지
② 빈영양수역의 식물
③ 부영양수역의 식생
④ 동굴에만 서식하는 생물종

해 ① 10년, ② 20~30년, ③ 8~15년, ④ 100~200년

70. 도로 비탈면의 구조에 포함되지 않는 것은?

① 소단 ② 절개비탈면
③ 성토비탈면 ④ 자연비탈면

해 도로 비탈면 구조에 포함되는 것은 인공적인 행위에 의한 것이다.

71. 최근 농촌경관 변화의 경향과 관계가 없는 것은?

① 고립된 마을의 증가
② 농지전환을 통한 토지모자이크의 변화
③ 농촌 마을 숲 관리 및 연료목 사용 증가
④ 농촌 노동 인구의 감소로 인한 휴경지 증가

72. 경관요소 간의 연결성을 확대하는 방법으로 가장 거리가 먼 것은?

① 코리더의 설치
② 징검다리식 녹지보전
③ 기존 녹지의 면적확대
④ 동물이동로 주변의 포장도로 증설

73. 경관조각(patch) 모양을 결정짓는 요인 중 가장 거리가 먼 것은?

① 생물다양성
② 역동적인 교란
③ 침식과 퇴적, 빙하 등의 지형학적 요소
④ 인공적인 조각에서 많이 볼 수 있는 철도, 도로 등과 같은 그물형태

해 ② 조각의 생성기작에는 역동적 교란, 지정학적 요소, 인공적 요소, 혼합작용 등이 영향을 미친다.

74. 해안 사구에 대한 설명으로 틀린 것은?

정답 ➔ 64. ③ 65. ② 66. ② 67. ① 68. ③ 69. ④ 70. ④ 71. ③ 72. ④ 73. ① 74. ④

① 해안 고유식물과 동물의 서식지 기능을 한다.
② 해안사구는 육지와 바다 사이의 퇴적물의 양을 조절한다.
③ 해안사구 형성에 영향을 주는 요인으로 모래 공급량, 풍속 및 풍향이 있다.
④ 해안사구는 1차 사구와 2차 사구로 구분하고, 바다 쪽 사구를 2차 사구라고 한다.

해 ④ 바다로부터 가장 가까운 해안선을 따라 형성된 사구를 전사구(1차 사구)라 하고, 퇴적된 모래가 다시 침식·운반·퇴적되어 전사구 뒤편에 형성된 사구를 후사구(2차 사구)라 한다.

**75.** UNESCO MAB의 생물권보전지역에 의한 기준에서 다음 설명에 해당되는 지역은?

| 희귀종, 고유종, 멸종위기종이 다수 분포하고 있으며 생물다양성이 높고 학술적 연구가치가 큰 지역으로서 전문가에게 의한 모니터링 정도의 행위만 허용된다. |
|---|

① 핵심지역(Core Area)
② 완충지역(Buffer Zone)
③ 전이지역(Transition Are
④ 보전지역(Conservaion Area)

해 ② 완충지역 : 핵심지역을 보호할 수 있도록 제반 활동 및 이용이 통제되는 지역
③ 전이지역 : 자연보존과 지속가능한 방식의 산림업, 방목, 농경 및 여가활동이 함께 이루어지는 지역으로 일정한 개발이 허용되는 지역

**76.** 염분이 높은 해안습지에 서식하기 위한 염생식물의 대응 기작에 대한 설명으로 틀린 것은?

① 염분을 흡수하여 체내에서 분해하여 영양물질로 이용하는 기작
② 염분 자체의 흡수 억제 기작 및 액포를 사용하여 염분을 저장하는 기작
③ 뿌리에 흡수된 염분이 잎까지 이동되었다가 다시 뿌리를 통하여 토양으로 이동되는 기작
④ 표피의 염선(salt gland)에 염분을 축적하였다가 세포가 파괴되면서 체외로 배출하는 기작

**77.** 개체군 크기를 늘리고 최소존속개체군 이상이 되도록 하는 보전생물학적인 방법으로 적당하지 않은 것은?

① 서식처의 확대
② 생태통로의 설치
③ 멸종위기 동·식물의 수집
④ 패치연결 징검다리 녹지의 조성

**78.** 원격탐사(RS)기법의 특징에 대한 설명으로 틀린 것은?

① 컴퓨터를 이용하여 손쉽게 분석할 수 있다.
② 광범위한 지역의 공간정보를 획득하기에 용이하다.
③ 정밀한 땅속 지하 암반의 형태를 쉽게 추출할 수 있다.
④ 시각적 정보를 지도의 형태로 제공함으로써 누구나 이해하기 용이 하다.

해 ③ 원격탐사의 경우 심층부 정보는 간접적으로만 수집이 가능한 단점이 있다.

**79.** 도시경관생태의 보전과 관리를 위한 생태적인 도시계획을 위한 적절한 지침이 아닌 것은?

① 도심에 적응하는 생물상을 고려한다.
② 토지 이용에 대한 밀도를 다양하게 한다.
③ 생물다양성을 높이기 위해 특정 외래수종을 도입한다.
④ 도시 내의 큰 숲을 가능하면 보전하여 보호구역을 만든다.

**80.** 해양의 유형별 경관생태에 대한 설명 중 틀린 것은?

① 갯벌의 유형에는 모래 갯벌, 펄 갯벌, 혼합 갯벌 등이 있다.
② 암반해안은 해파에 의한 침식해안으로 파도의 침식 작용의 결과로 형성된다.
③ 해안 사구는 육지와 바다 사이의 퇴적물양을 조절하여 해안을 보호하는 기능을 가지고 있다.
④ 사빈은 해류, 하안류에 의하여 운반된 모래가 파랑에 의하여 밀려 올려지고 탁월풍의 작용을 받아 모래가 낮은 구릉 모양으로 쌓인 지형을 말한다.

해 ④ 사구는 해류, 하안류에 의하여 사빈으로 운반된 모래가 파랑에 의하여 밀려 올려지고 탁월풍의 작용을 받아 모래가 낮은 구릉 모양으로 쌓인 지형을 말한다.


정답 → 75. ① 76. ① 77. ③ 78. ③ 79. ③ 80. ④

제5과목 **자연환경관계법규**

81. 백두대간 보호에 관한 법률상 백두대간 보호지역을 지정. 고시하는 행정기관장은?

① 산림청장 ② 환경부장관
③ 국토교통부장관 ④ 국립공원공단 이사장

82. 습지보전법상 규정에 의한 승인을 받지 아니하고 습지주변관리지역에서 간척사업, 공유수면매립사업 또는 위해행위를 한 자에 대한 벌칙기준으로 옳은 것은?

① 1년 이하의 징역 또는 5백만원 이하의 벌금에 처한다.
② 2년 이하의 징역 또는 2천만원 이하의 벌금에 처한다.
③ 3년 이하의 징역 또는 5천만원 이하의 벌금에 처한다.
④ 5년 이하의 징역 또는 7천만원 이하의 벌금에 처한다.

83. 백두대간 보호에 관한 법률상 백두대간 보호 기본계획은 몇 년 마다 수립하는가?

① 3년 ② 5년
③ 10년 ④ 15년

84. 독도 등 도서지역의 생태계 보전에 관한 특별법상 특정도서 지정대상으로 가장 거리가 먼 것은? (단, 광역시장, 도지사 또는 특별자치도서지사가 추천하는 도서는 제외)

① 해안, 연안, 용암동굴 등 자연경관이 뛰어난 도서
② 문화재보호법 규정에 의거 무형 문화재적 보전가치가 높은 도서
③ 야생동물의 서식지 또는 도래지로서 보전할 가치가 있다고 인정되는 도서
④ 수자원(水資源), 화석, 희귀 동식물, 멸종위기 동식물, 그 밖에 우리나라 고유 생물종의 보존을 위하여 필요한 도서

85. 다음은 자연환경보전법상 사용되는 용어의 정의이다. ( )안에 알맞은 것은?

> ( )라 함은 생물다양성을 높이고 야생동물·식물의 서식지간의 이동가능성 등 생태계의 연속성을 높이거나 특정한 생물종의 서식조건을 개선하기 위하여 조성하는 생물서식공간

① 자연생태계 ② 복원생태계
③ 창조생태계 ④ 소(小)생태계

86. 다음은 국토의 계획 및 이용에 관한 법류에 따른 벌칙기준이다. ( )안에 알맞은 것은?

> 기반시설 설치비용을 면탈·경감할 목적 또는 면탈·경감하게 할 목적으로 거짓계약을 체결하거나 거짓자료를 제출한 자는 ( ㉠ ) 또는 면탈·경감하였거나 면탈·경감하고자 한 기반시설 설치비용의 ( ㉡ )에 상응하는 벌금에 처한다.

① ㉠ 1년 이하의 징역, ㉡ 3배 이하
② ㉠ 1년 이하의 징역, ㉡ 10배 이하
③ ㉠ 3년 이하의 징역, ㉡ 3배 이하
④ ㉠ 3년 이하의 징역, ㉡ 10배 이하

87. 습지보전법상 다음 ( ) 안에 알맞은 용어는?

> ( )란 만조 때 수위선과 지면의 경계선으로부터 간조 때 수위선과 지면의 경계선까지의 지역을 말한다.

① 경계습지 ② 연안습지
③ 조석습지 ④ 하천습지

88. 자연환경보전법상 생태·경관 보전 지역에서 허용 가능한 행위는?

① 토석의 채취
② 토지의 형질 변경
③ 하천·호소등의 구조 변경
④ 기존 거주민의 영농 행위

89. 환경정책기본법상 보기가 설명하고 있는 원칙은?

> 자기의 행위 또는 사업활동으로 인하여 환경오염 또는 환경훼손의 원인을 야기한 자는 그 오염·훼손의 방지와 오염·훼손된 환경을 회복·복원할 책임을 지며, 환경오염 또는 환경훼손으로 인한 피해의 구제에 소요되는 비용을 부담함을 원칙으로 한다.

정답 ➔ 81. ① 82. ② 83. ③ 84. ② 85. ④ 86. ③ 87. ② 88. ④ 89. ④

① 자연복원 책임원칙
② 원상회복 책임원칙
③ 생태복원 책임원칙
④ 오염원인자 책임원칙

90. 국토의 계획 및 이용에 관한 법령상 보호지구를 세분한 것에 해당되지 않는 것은?

① 생태계보호지구
② 항만시설보호지구
③ 중요시설물보호지구
④ 역사문화환경보호지구

91. 생물다양성 보전 및 이용에 관한 법령상 생물다양성관리 계약에 따라 실비보상하는 경우가 아닌 것은?

① 습지 등을 조성하는 경우
② 휴경 등으로 수확이 불가능 하게 된 경우
③ 경작방식의 변경 등으로 수확량이 감소하게 된 경우
④ 장마, 냉해 등 자연재해에 의한 농작물 수확량 감소하게 된 경우

92. 자연환경보전법규상 생태통로의 설치 기준으로 틀린 것은?

① 생태통로의 길이가 길수록 폭을 좁게 설치하여 생태통로를 이용하는 동물들이 순식간에 빠른 속력으로 이동하는 것을 방지한다.
② 생태통로를 이용하는 동물들이 통로에 접근할 때 불안감을 느끼지 아니하도록 생태통로 입구와 출구에는 원칙적으로 현지에 자생하는 종을 식수하며, 토양 역시 가능한 한 공사 중 발생한 절토를 사용한다.
③ 동물이 많이 횡단하는 지점에 동물들이 많이 출현하는 곳임을 알려 속도를 줄이거나 주의하도록 그 지역의 대표적인 동물 모습이 담겨 있는 동물출현표지판을 설치한다.
④ 생태통로 중 수계의 설치된 박스형 암거는 물을 싫어하는 동물도 이동할 수 있도록 양쪽에 선반형 또는 계단형의 구조물을 설치하며, 작은 배수로나 도량을 설치한다.

해 ① 생태통로의 길이가 길수록 폭을 넓게 설치한다.

93. 환경정책기본법령상 다음 오염물질의 대기환경기준으로 옳지 않은 것은?

① 오존 – 1시간 평균치 0.1ppm 이하
② 일산화탄소 – 1시간 평균치 0.15ppm 이하
③ 아황산가스 – 24시간 평균치 0.05ppm 이하
④ 이산화질소 – 24시간 평균치 0.06ppm 이하

해 ② 일산화탄소 – 1시간 평균치 25ppm 이하

94. 국토기본법령상 국토교통부장관이 국토에 관한 계획 또는 정책수립 등을 위해 행하는 국토조사 사항 중 "대통령령으로 정하는 사항"에 해당하지 않는 것은? (단, 그 밖에 국토해양부장관이 필요하다고 인정하는 사항 등은 제외)

① 자연생태에 관한 사항
② 방재 및 안전에 관한 사항
③ 농림·해양·수산에 관한 사항
④ 지형·지물 등 지리정보에 관한 사항

95. 환경정책기본법상 국가 및 지방자치단체가 환경기준의 유지를 위해 환경에 관계되는 법령을 제정 또는 개정하거나 행정계획의 수립 또는 사업 집행 시 고려해야 할 사항으로 가장 거리가 먼 것은?

① 환경오염지역의 원상회복
② 환경 악화의 예방 및 그 요인의 제거
③ 인구·산업·경제·토지 및 해양의 이용 등 환경변화 여건에 관한 사항
④ 새로운 과학기술의 사용으로 인한 환경오염 및 환경훼손의 예방

해 ①②④ 외에 환경오염방지를 위한 재원(財源)의 적정 배분이 있다.

96. 야생생물 보호 및 관리에 관한 법률규상 멸종위기 야생생물 Ⅰ급(포유류)에 해당하는 것은?

① 물범(Phoca largha)
② 스라소니(Lynx lynx)
③ 담비(Martes flavigula)
④ 큰바다사자(Eumetopias jubatus)


정답 ➜ 90. ② 91. ④ 92. ① 93. ② 94. ① 95. ③ 96. ②

해 ①③④ 멸종위기 야생생물 II급(포유류)

97. 야생생물보호 및 관리에 관한 법률 시행령상 생물자원의 분류·보전 등에 관한 관련 전문가에 해당하는 사람으로 거리가 먼 것은?

① 「국가기술자격법」에 의한 생물분류기사
② 「국가기술자격법」에 의한 자연환경기사
③ 생물자원 관련 분야의 석사학위 이상 소지자로서 해당 분야에서 1년 이상 종사한 사람
④ 생물자원 관련 분야의 학사학위 이상 소지자로서 해당 분야에서 3년 이상 종사한 사람

98. 다음은 국토의 계획 및 이용에 관한 법률 시행령에서 용도지역 중 주거지역의 세분 사항이다. ( )안에 알맞은 것은?

| 중층주택을 중심으로 편리한 주거환경을 조성하기 위하여 필요한 지역을 ( ㉠ )이라 하고, 공동주택 중심의 양호한 주거환경을 보호하기 위하여 필요한 지역을 ( ㉡ )으로 세분한다. |
|---|

① ㉠ 제2종전용주거지역, ㉡ 제3종일반주거지역
② ㉠ 제3종일반주거지역, ㉡ 제2종전용주거지역
③ ㉠ 제3종전용주거지역, ㉡ 제2종일반주거지역
④ ㉠ 제2종일반주거지역, ㉡ 제2종전용주거지역

99. 야생생물 보호 및 관리에 관한 법률상 환경부장관은 야생생물의 보호와 멸종 방지를 위하여 몇 년마다 멸종위기 야생생물을 정하는가? (단, 특별히 필요하다고 인정할 때에는 제외)

① 1년 ② 2년
③ 3년 ④ 5년

100. 자연공원법상 용도지구 중 공원자연보호지구에 해당하지 않는 곳은?

① 경관이 특히 아름다운 곳
② 생물다양성이 특히 풍부한 곳
③ 자연생태계가 원시성을 지니고 있는 곳
④ 마을이 형성된 지역으로서 주민생활을 유지하는 데에 필요한 곳

해 ④ 공원마을지구

정답 → 97. ② 98. ④ 99. ④ 100. ④

# ❖ 2020년 자연생태복원기사 제 1·2 회

2020년 5월 6일 시행

## 제1과목 환경생태학개론

**01.** 환경호르몬에 대한 설명으로 옳지 않은 것은?

① 생체 호르몬처럼 쉽게 분해된다.
② 돌연변이, 암 등을 유발하곤 한다.
③ 생물체의 지방 및 조직에 농축된다.
④ 생체 내에 잔존하며 수년간 지속될 수 있다.

해 환경호르몬은 환경 중 배출된 화학물질이 체내에 유입되어 마치 호르몬 처럼 작용하여 생태계 내의 생물 등에 여러 부작용을 나타내는 물질이다. 일반적으로 잘 분해되지 않고, 지방세포 등에 오랫동안 저장되어 생식기능 저하, 기형, 성장장애, 암 등을 유발하며, 생물농축에 의하여 고차소비자에게 더욱 큰 영향을 미치기도 한다.

**02.** 군집 내에서 에너지의 안정상태에 대한 설명으로 옳지 않은 것은?

① 안정생태의 군집은 총광합성량과 총호흡량의 비율이 1이다.
② 군집의 호흡량을 초과하여 축적되는 생산량을 군집순생산량이라 한다.
③ 소나무 조림지는 생산된 에너지양보다 호흡으로 소실된 양이 더 많다.
④ 열대우림은 호흡으로 소실된 에너지양과 광합성으로 고정된 에너지양이 같다.

해 조림지의 경우 안정된 숲과는 다르게 생산량이 더 많다.

**03.** 육상 산림생태계의 천이과정을 옳게 나열한 것은?

① 나지 → 음수 → 양수 → 1년생 초본 → 다년생 초본 → 극상림
② 나지 → 음수1년생 → 초본 → 다년생 초본 → 양수 → 극상림
③ 나지 → 1년생 초본 → 다년생 초본 → 음수 → 양수 → 극상림
④ 나지 → 1년생 초본 → 다년생 초본 → 양수 → 음수 → 극상림

**04.** 에너지가 무기 환경에서 생물계로 들어오는 최초 과정에 해당되는 것은?

① 생산자의 광합성
② 분해자에 의한 생물 사체의 분해
③ 생산자의 1차 소비자에 의한 소비
④ 1차 소비자의 2차 소비자에 의한 소비

**05.** 생물이 살아가는 데 관여하는 많은 조건 중에서 생물은 공급이 가장 부족한 단일 혹은 소수조건에 의해 지배되는데 이러한 특수요인을 무엇이라고 하는가?

① 극상　　② 기대치
③ 내성요인　　④ 제한요인

**06.** 대표적인 토양환경의 변화인 토양침식(erosion)에 대한 설명으로 옳지 않은 것은?

① 지나친 경작이나 방목 등이 원인이다.
② 토양침식에 의해 경작이 불가능한 지역이 감소하게 된다.
③ 침식이 일어나면 작물재배에 적합한 흙이 가장 먼저 씻겨나간다.
④ 강우량이 적은 지역에서의 토양침식은 사막화를 초래할 수 있다.

해 토양침식은 주로 농경지의 표토(表土)가 물·바람 등의 힘으로 이동하여 상실되는 현상으로, 지나친 경작이나 방목 등이 원인이 되기도 한다. 침식이 일어나면 식물이나 작물재배에 적합한 흙이 먼저 씻겨나가서 경작이 불가능한 지역이 증가하게 되고, 강우량이 적은 지역에서는 사막화를 초래할 수도 있다.

**07.** 생물군집에서 여러 다른 종들 사이에 일어날 수 있는 상호작용이 아닌 것은?

① 공생　　② 기생
③ 호흡　　④ 경쟁

해 ③ 호흡은 동·식물의 생체유지 및 성장에 필요한 에너지를 사용하는 것이다.

**08.** 다음 [보기] 중 하구역 환경의 특성에 속하는 것을 모두 고른 것은?


정답 ➔ 01. ① 02. ③ 03. ④ 04. ① 05. ④ 06. ② 07. ③ 08. ④

가. 하천의 담수와 해수가 혼합되는 수역으로, 조류 및 어류를 포함한 많은 생물의 서식지이며 상업적으로 가치있는 어류의 산란·양육지이다.
나. 매우 생산성이 높은 환경의 하나이며, 육상기인 퇴적물 및 오염물질을 처리하는 자연정화지의 역할을 하기도 한다.
다. 자연재해의 방지나 공간이용의 측면에서 홍수피해를 저감하고, 해일과 같은 자연재해로부터 육상생물 및 국민재산을 보호하는 기능을 가진다.
라. 만입(灣入)된 지역은 항구의 최적지로 해상운송 및 산업을 활성화시킬 수 있다는 점에서 사회·경제적으로 매우 중요한 역할을 한다.

① 가, 다 ② 가, 라
③ 가, 나, 다 ④ 가, 나, 다, 라

09. 생물이 생태계에서 차지하는 구조적, 기능적 역할을 종합적으로 나타내는 개념은?

① 길드 ② 주행성
③ 지위유사종 ④ 생태적 지위

해 ④ 생태적 지위란 생물 공동체나 군집에 있어서 생물종이 차지하는 물리적 공간이나, 군집 내에서 해야 하는 기능상의 역할, 환경구배(온도·습도·토양 등)에 있어 그 생물의 위치를 말한다.

10. 생물이 일주율로 시간을 감지하는 현상을 무엇이라 하는가?

일주율 : 활동만이 24시간 주기가 아니고 세포분열이나 효소 분비와 같은 생리적 활성도 일주기를 나타낸다. 이러한 현상은 명암의 교대가 없고 온도나 습도가 일정하게 유지된 환경에서도 일정하게 나타나는데 이러한 주기성을 말한다.

① 생물학적 시계 ② 생물학적 주기성
③ 생물학적 주행성 ④ 생물학적 야행성

11. 다음 중 ( )안에 들어갈 용어를 옳게 나열한 것은?

지구와 태양과 달이 일직선에 놓이는 보름과 그믐 직후에는 조석 차이가 큰 ( ㉠ )가 나타나고, 반대로 태양과 달이 지구에 대해 직각으로 놓이는 반월 직후에는 조석 차이가 적은 ( ㉡ )이(가) 나타난다.

① ㉠ 고조, ㉡ 저조
② ㉠ 사리, ㉡ 조금
③ ㉠ 창조, ㉡ 낙조
④ ㉠ 만조, ㉡ 간조

12. 다음 [보기]가 설명하는 용어로 옳은 것은?

같은 생태적 지위를 가진 두 종은 같은 지역 내에서 공존할 수 없다.

① 순위 ② 자연선택
③ 형질대치 ④ 경쟁배타의 원리

13. 다음 중 생태계 구성요소와 그 역할에 대한 설명으로 옳지 않은 것은?

① 무기환경 – 빛, 공기, 물 등을 말한다.
② 소비자 – 종속영양생물로 육식동물을 말한다.
③ 생산자 – 녹색식물을 먹는 초식동물을 말한다.
④ 분해자 – 낙엽, 동물사체 등을 분해하는 생물을 말한다.

14. 흰개미와 흰개미의 내장에 서식하는 미생물(*Trichonympha* 속)과의 관계를 설명하는 상호작용으로 옳은 것은?

① 경쟁 ② 기생
③ 포식 ④ 상리공생

해 ④ 상리공생은 두 종간의 상호작용이 두 종 모두에게 긍정적인 효과를 나타내는 것으로, 두 종이 서로를 반드시 필요로 하는 관계를 말한다. 지의류, 콩과식물과 뿌리혹박테리아, 개미와 진딧물 등의 관계에 해당한다.

15. 담수의 수질평가 시 생물지수를 이용한 측정방법에 대한 설명으로 옳지 않은 것은?

① 종 또는 분류군에 따라 다른 가중치를 준다.
② 군집변화의 수를 이용한 지수로 계량화하여 분석하는 방법을 말한다.
③ 생물이 지닌 내성의 한계나 환경에 따른 반응성을 고려한 방법이다.
④ 생물의 여러 가지 고유성을 감안하여 제작된 객관적인 지수이다.

해 ④ 생물지수는 조사한 정량적 결과만으로 산출하는 지수

정답 → 09. ④ 10. ① 11. ② 12. ④ 13. ③ 14. ④ 15. ④

로, 각 지표생물군의 오탁계급치와 지표가중치, 개체수밀도로 산출된다.

16. 개체군의 분산형태 중 균일형(uniform distribution)에 대한 설명으로 옳은 것은?

① 자연상태에서 많이 나타나는 현상
② 환경이 고르지 못하고 생식이나 먹이를 구하는 개체군
③ 생존경쟁이 치열하지 않고 환경조건이 균일하지 않은 곳에서 관찰 가능
④ 전 지역을 통하여 환경조건이 균일하고 개체간에 치열한 경쟁이 일어나는 개체군

17. 엘니뇨현상에 대한 설명으로 옳지 않은 것은?

① 이상기후를 일으킨다.
② 엘니뇨현상은 무역풍이 강해지면 발생한다.
③ 정반대되는 변화를 일으키는 것은 라니냐현상이다.
④ 해수의 온도가 증가하여 주변지역과 멀리 떨어진 지역에 폭풍, 홍수 등 각종 재난을 일으키는 기후 현상이다.

해 ② 엘리뇨는 무역풍이 약해지면서 적도반류의 따뜻한 물이 들어와 발생한다.

18. 공진화(coevolution)에 대한 설명으로 옳지 않은 것은?

① 두 종 모두에서 일어나는 변화이다.
② 상리공생하는 군충에서는 공진화가 필요 없다.
③ 둘 이상의 종이 상호작용하여 일어나는 진화이다.
④ 많은 군집들이 수 세대 동안 진화를 반복하면서 발전되어 왔다.

해 ② 공진화는 상호작용하는 모든 생물에게서 나타나는 현상이다.

19. 수생태계에 미치는 영향 중 부영양화의 직접적인 원인이 아닌 것은?

① 생활하수 ② 집중호우
③ 가축분뇨 ④ 농경지 유출수

해 ② 부영양화는 생활하수, 가축분뇨, 농경지 유출수 등을 통하여 유입된 유기물이나 무기염류의 증가로 생기는 것이며, 집중호우는 그것들을 일시적으로 모아 놓는 간접적인 원인이 될 수는 있다.

20. 일반적으로 우점도를 비교할 때 사용되는 지수는?

① 브라운 지수 ② 마이애미 지수
③ Shannon index ④ Simpson index

해 ④ Simpson index는 2개 이상의 개체가 같은 종에 속할 확률을 산출하여 우점도를 측정하고, 그로부터 다양도 지수를 도출한다.

## 제2과목 환경계획학

21. 생태공원 조성 이론에 대한 설명으로 옳지 않은 것은?

① 지속가능성은 생물자원을 지속적으로 보전, 재생하여 생태적으로 영속성을 유지한다.
② 생물적 다양성은 유전자, 종, 소생물권 등의 다양성을 의미하여 생물적 다양성과 생태적 안정성은 반비례한다.
③ 생태적 건전성은 생태계 내 자체 생산성을 유지함으로써 건전성이 확보되며 지속적으로 생물자원 이용이 가능하다.
④ 최소의 에너지 투입은 자연 순환계를 형성하여 에너지, 자원, 인력 투입을 절감하고, 경제적 효율을 극대화할 수 있도록 계획한다.

해 ② 생물적 다양성과 생태적 안정성은 비례한다.

22. 자연환경보전법상 다음 [보기]가 설명하는 용어로 옳은 것은?

| 사람의 접근이 사실상 불가능하여 생태계의 훼손이 방지되고 있는 지역 중 군사상의 목적으로 이용되는 외에는 특별한 용도로 사용되지 아니하는 무인도로서 대통령령이 정하는 지역과 관할권이 대한민국에 속하는 날부터 2년간의 비무장지대 |
|---|

① 자연유보지역
② 생물권보전지역
③ 생태·경관보전지역
④ 시·도 생태·경관보전지역

23. 람사르협약에 대한 설명으로 옳은 것은?

① 오존층 파괴물질의 규제에 관한 국제협약이다.
② 생물종의 멸종위기를 극복하기 위해서 체결된 국제협약이다.
③ 1997년 이산화탄소를 비롯한 온실가스 방출을 제한하고자 하는 지구온난화방지를 위한 국제협약이다.
④ 습지 보전의 필요성에 대한 인식으로 시작되었으며 물새 서식처로서 국제적으로 중요한 습지에 관한 협약이다.

24. 국토의 계획 및 이용에 관한 법률상 용도지역 중 관리지역에 해당하지 않는 것은?

① 계획관리지역 ② 개발관리지역
③ 생산관리지역 ④ 보전관리지역

25. 지속가능한 지표의 기본골격을 제시하고 있는 OECD는 1991년 OECD환경장관회의에서 인간활동과 환경의 관계를 다루는 공통의 접근구조를 채택하였다. 이에 해당하지 않는 것은?

① 부하(Pressure)
② 환경상태(State)
③ 대책(Response)
④ 구동력(Driving Force)

해 OECD의 환경지표 설정을 위한 PSR구조를 말한다.

26. 환경지표는 정보전달의 제1종 지표와 가치평가의 제2종 지표로 구분할 수 있다. 이때 제2종 지표의 사례만 나열한 것은?

① 물가지수, 수질종합지표
② 물가지수, 대기질 종합지표
③ 오염피해 지표, 대기질 종합지표
④ 오염피해 지표, 도시쾌적성만족도 지표

해 제1종 지표 : 물가지수, 대기질 종합지표, 수질종합지표

27. 국토의 계획 및 이용에 관한 법률상 도시지역 내 준주거지역에서 100㎡의 땅을 가지고 있는 사람이 필로티가 없는 건축물을 신축한다면 법상의 한도 내에서 가능한 건축물은?

① 바닥면적 60㎡의 9층 건축물
② 바닥면적 60㎡의 10층 건축물
③ 바닥면적 70㎡의 7층 건축물
④ 바닥면적 70㎡의 10층 건축물

해 주거지역의 건폐율 70% 이하, 용적률 500% 이하
·바닥면적 100×0.7=70(평)
·층수 100×5/70=7.1 → 7층

28. 도시 생태·녹지 네트워크 계획 수립의 흐름으로 가장 적합한 것은?

① 과제정리 – 평가 – 해석 – 조사 – 계획
② 과제정리 – 조사 – 평가 – 해석 – 계획
③ 조사 – 해석 – 평가 – 과제정리 – 계획
④ 조사 – 평가 – 과제정리 – 해석 – 계획

29. 다음 [보기]가 설명하는 용어로 옳은 것은?

> 환경에 영향을 미치는 계획을 수립할 때에 환경보전계획과의 부합 여부 확인 및 대안의 설정·분석 등을 통하여 환경적 측면에서 해당 계획의 적정성 및 입지의 타당성 등을 검토하여 국토의 지속가능한 발전을 도모하는 것

① 환경영향평가
② 전략환경영양평가
③ 소규모 환경영향평가
④ 소규모 전략환경영향평가

30. 다음 [보기]가 설명하는 국제협력기구는?

> –비정부기구로서 1971년 미국 알래스카에서 실시된 지하핵실험 반대를 위해 보트를 타고 항해하면서 시작되었으며, 정부나 기업의 기부를 받지 않고 회원의 회비나 기부 등에 의해 유지된다.
> –생물다양성과 환경위협에 관심을 갖는다.

① 그린피스(Greenpeace)
② 지구의 친구(Friends of the Earth)
③ 세계야생생물기금(World Wildlife Fund)
④ 지구환경기금(the Global Environment Facility)

31. 생물다양성 보전 및 이용에 관한 법률상 외국으로부터 인위적 또는 자연적으로 유입되어 그 본래의 원산

정답 ➜ 24. ② 25. ④ 26. ④ 27. ③ 28. ③ 29. ② 30. ① 31. ①

지 또는 서식지를 벗어나 존재하게 된 생물로 정의되는 용어는?

① 외래생물
② 유해야생 생물
③ 생태계교란 생물
④ 귀화·유전자 변형 생물

32. 환경정책기본법상 환경기준의 설정에 대한 설명으로 가장 거리가 먼 것은?

① 환경기준은 대통령령으로 정한다.
② 오염물질 배출에 대한 개략적인 기준을 설정한다.
③ 환경 여건의 변화에 따른 적정성이 유지되도록 한다.
④ 생태계 또는 인간의 건강에 미치는 영향 등을 고려하여 환경기준을 설정하여야 한다.

해 ② 오염물질 배출에 대한 기준이 대통령령에 의하여 수치적으로 명확히 설정되어 있다.

33. 관리, 조방적 옥상녹화에 대한 설명으로 옳지 않은 것은?

① 건조 비오톱을 창출할 수 있다.
② 열악한 옥상환경조건에 잘 견디는 식물을 이용한다.
③ 인간의 이용을 위해 휴식적, 미적, 감상적 측면에 역점을 둔다.
④ 인위적 관리를 최소로하여 자연상태에 맡겨두는 녹화방법이다.

해 ③ 관리집약적 옥상녹화에 대한 내용이다.

34. 국가환경종합계획에 대한 설명으로 옳지 않은 것은?

① 국가환경종합계획에는 환경의 현황 및 전망에 관한 사항이 포함된다.
② 수립된 국가환경종합계획은 국무회의의 심의를 거쳐 확정된다.
③ 환경부장관은 관련 규정에 의하여 확정된 국가환경종합계획의 종합적체계적 추진을 위하여 3년마다 환경보전중기종합계획을 수립하여야 한다.
④ 환경부장관은 관계 중앙행정기관의 장과 협의하여 국가 차원의 환경보전을 위한 종합계획을 20년마다 수립하여야 한다.

해 ③ 환경부장관은 확정된 국가환경종합계획의 종합적·체계적 추진을 위하여 5년마다 환경보전중기종합계획을 수립하여야 한다.

35. 도시 우수처리시스템에 대한 설명으로 옳은 것은?

① 우수처리 단계는 사전처리 – 이용 – 저류 – 침투 – 배수 이다.
② 저류 단계에서는 사전 정수 처리를 위하여 저류옥상을 사용한다.
③ 이용 단계의 과정은 오염물질이 지하수로 유입되는 것을 막는 과정이다.
④ 침투 단계에서 정수 및 저류 기능을 위하여 침투구덩이와 침투조를 사용한다.

해 우수처리단계는 사전처리–이용–침투–이용–배수의 단계를 거치며, 저류옥상의 경우 사전정수처리를 위한 것이 아니다.

36. 생태 네트워크 계획 시 고려해야 할 주요 내용과 가장 거리가 먼 것은?

① 사회적 편익을 위한 녹지의 확보
② 인간성 회복의 장이 되는 녹지의 확보
③ 생물의 생식·생육공간이 되는 녹지의 확보
④ 생물의 생식·생육공간이 되는 녹지의 생태적 기능의 향상

해 ②③④ 외 환경학습의 장으로서 녹지의 활용을 들 수 있다.

37. 다음 [보기]에 제시된 현대적 환경관의 특성 및 이념을 가진 유형으로 옳은 것은?

–개발을 위한 자연환경 파괴 경계
–인간의 능력 및 과학기술의 역할에 회의적 시각
–자연의 자기정화능력을 고려한 소규모 집단의 개발 주장
–환경문제에 대한 적극적 대중 참여 지지

① 낙관론자 ② 조화론자
③ 환경보호론자 ④ 절대환경론자


정답 ➔ 32. ② 33. ③ 34. ③ 35. ④ 36. ① 37. ③

38. 환경계획의 영역적 분류 중 내셔널 트러스트 운동과 가장 깊은 관련을 가진 분야는?

① 오염관리계획 ② 환경시설계획
③ 생태건축계획 ④ 환경자원관리계획

39. 환경가치 추정하는 방법으로 옳지 않은 것은?

① 여행비용에 의한 추정 방법
② 속성가격에 의한 추정 방법
③ 지불용의액에 의한 추정 방법
④ 환경수용력에 의한 추정 방법

40. 식물군락이 갖는 환경 개선력을 살린 기술을 기본으로 하여 생태환경 복원·녹화의 목적을 달성하기 위한 추진 방향과 가장 거리가 먼 것은?

① 자연회복을 도와주도록 하여야 한다.
② 자연의 군락을 재생·창조하여야 한다.
③ 자연에 가까운 방법으로 군락을 재생하여야 한다.
④ 식물을 식재하여 천이가 이루어지게 하여야 한다.

## 제3과목 **생태복원공학**

41. 폐도로 복원을 위한 지형 복원방법 중 옳지 않은 것은?

① 주변 생태계와 자연스럽게 연결되도록 한다.
② 훼손되기 이전의 원 지형에 대한 자료를 분석한다.
③ 복원할 식생과의 관련성을 고려하여 지형을 조작한다.
④ 도로 개발 시 도입한 인공 포장체 위에 복토하여 지형을 조작한다.

해 폐도복원에 있어 지형조성 시 기존 포장면 제거가 원칙이며 필요 시 활용할 수 있다. 또한 토량의 이입·반출을 최소화하여 개발 전의 형태로 최대한 복원한다.

42. 야생동물 생태통로 조성 시 각 종별 이동 촉진을 위한 방법으로 가장 적합한 것은?

① 곤충류의 경우 1~2km 정도의 넓은 서식처 조성
② 양서파충류의 경우 서식 및 이동을 위한 수변 환경을 조성
③ 조류의 경우 다층구조가 형성된 1~2m 정도의 좁은 녹지축 조성
④ 포유류의 경우 이동통로의 신속성을 위해 단층 구조 형성과 돌담, 바위 등의 지장물을 제거

해 ① 곤충류의 경우 먹이식물, 밀원식물 등의 적극적 도입을 통하여 서식을 유도한다.
③ 조류의 경우 서식처로부터 1~2㎞의 영역을 확보하고, 다층구조로 형성된 최대 폭 50m, 높이 10m의 녹지축을 조성한다.
④ 소형 포유류의 경우 2~3m의 통로 폭이 필요하며, 다층구조로 형성된 이동경로를 재현하고, 돌담, 통나무, 바위, 고사목 등을 배치한다.

43. 수서곤충의 유충이 생활하기에 적합한 수심으로 옳은 것은?

① 10cm 이상 ② 20cm 이상
③ 35cm 이상 ④ 50cm 이상

44. 채석장에서 돌을 뜰 때 앞면, 길이(뒷길이), 뒷면, 접촉면, 허리치기의 치수를 특별한 규격에 맞도록 지정하여 만든 쌓기용 석재는?

① 마름돌 ② 견치돌
③ 사고석 ④ 각석 및 판석

45. 산림식물군집 구조의 특성 중 환경림의 조성관리와 가장 거리가 먼 것은?

① 평면구조의 변화
② 수종조성의 다양화
③ 개체구조의 다양화
④ 수직구조의 계층화

46. 생태계 복원에 대한 개념 설명 중 옳지 않은 것은?

① 종수와 다양성이 증가할수록 총생체량은 증가하고 영양물질은 감소한다.
② 생태계는 시간이 경과함에 따라 구조와 기능이 발달하면서 방향성을 갖는다.
③ 원래의 생태계 또는 극상 단계의 생태계로 복원하는 것을 이상적인 복원이라 할 수 있다.
④ 자연계의 천이에서 극상 단계까지는 일반적으로 생태계가 안정, 발달할수록 종수와 다양성이 증가한다.

해 ① 생체량이 증가할수록 영양물질도 증가한다.

정답 ➔ 38. ④ 39. ④ 40. ④ 41. ④ 42. ② 43. ④ 44. ② 45. ③ 46. ①

47. 생태통로의 부정적 효과가 아닌 것은?

① 포식기회의 증대
② 동물의 안전한 이동
③ 동물의 접촉 감염 등에 의한 질병의 전염
④ 본래 일어나지 않을 유전적 교류의 조장

48. 곤충 서식처의 조성 원칙 및 고려사항 중 식생과 관련된 설명으로 옳지 않은 것은?

① 연못·호안에는 가급적 건생식물과 단층림을 조성
② 도입하는 식물들은 주변의 자생지로부터 이식
③ 관목과 교목들을 적절히 성토된 지역에 식재하고 다공질 공간과 관목으로 구성된 덤불도 식재
④ 나비 유충의 먹이식물과 성충의 흡밀식물 및 먹이식물, 나비와 일부 딱정벌레의 수액식물 등을 적절히 조화시켜 식재

해 ① 연못·호안에는 수생식물과 다층림을 조성한다.

49. 유효토심에 대한 설명으로 옳지 않은 것은?

① 교목의 유효토심은 관목의 유효토심보다 두텁고 넓다.
② 유효토심에서는 뿌리가 호흡하며, 생육할 수 있도록 적당한 공기와 수분이 필요하다.
③ 얕은 부분은 수분, 공기, 양분을 보유할 수 있는 부드러운 성질의 토층이 요구된다.
④ 근계 가운데 수분이나 양분을 흡수하는 세근의 생육범위는 유효토심의 깊은 부분이다.

해 ④ 세근은 통기성과 수분의 이용이 원활한 표토 부근에 많이 발달한다.

50. 식물군락을 녹화용 식물의 종자 파종으로 조성하고자 할 때 파종량을 구하는 식으로 옳은 것은? (단, [보기]의 항목을 이용하여 식을 구하시오.)

W : 종자 파종량(g/㎡)
A : 발생기대본수(본/㎡)
B : 사용종자의 발아율
C : 사용종자의 순도
D : 사용종자의 1g당 단위립수(립수/g)
E : 식생기반재 뿜어붙이기 두께에 따른 공법별 보정계수
F : 비탈입지조건에 따른 공법별 보정계수
G : 시공시기의 보정률

① $W = \dfrac{(A \times B \times C)}{(D \times E \times F \times G)}$
② $W = \dfrac{(A \times E \times F \times G)}{(B \times C \times D)}$
③ $W = \dfrac{(A \times B \times G)}{(C \times D \times E \times F)}$
④ $W = \dfrac{A}{(B \times C \times D \times E \times F \times G)}$

51. 생물다양성 협약에서 제시한 생물다양성 유형이 아닌 것은?

① 유역 다양성 ② 유전자 다양성
③ 생물종 다양성 ④ 서식처 다양성

해 생물다양성협약 제2조에는 "생물다양성이란 육상, 해상 및 그밖의 수생생태계 및 생태학적 복합체(Ecological Complexes)를 포함하는 모든 자원으로부터의 생물간의 변이성을 말하며, 종들간 또는 종과 그 생태계 사이의 다양성을 포함한다."고 정의하고 있다. 다시 말하면 생물다양성이란 지구상의 생물종(Species)의 다양성, 생물이 서식하는 생태계(Ecosystem)의 다양성, 생물이 지닌 유전자(Gene)의 다양성을 총체적으로 지칭하는 말이다.

52. 훼손지 비탈녹화공법에 대한 설명으로 옳은 것은?

① 볏짚거적덮기 - 종자, 비료, 흙을 볏집에 부착시켜 비탈면에 덮어놓은 후 핀으로 고정시키는 공법
② 녹화용식생자루공법 - 종자와 띠를 부착한 비료대를 비탈면에 수평상으로 일정하게 깔고, 흙으로 덮는 공법
③ 종자부착네트피복공법 - 코이어네트를 원료로 만든 매트에 식생기반을 충진시켜 비탈면침식방지를 하는 공법
④ 개량 시드스프레이(seed spray)공법 - 토사, 경질토사, 리핑풍화암 등에 얇은 층의 식생기반재를 부착시켜 식생의 활착을 도와주는 공법

 정답 → 47. ② 48. ① 49. ④ 50. ② 51. ① 52. ④

해 ① 볏짚거적덮기–종자를 분사파종 후 볏짚으로 된 거적을 덮어 시공하는 것
② 식생자루공법–종자, 비료, 흙 등을 혼합해서 자루에 채운 후 비탈에 판 수평구 속에 넣어 붙이는 것
③ 종자부착네트피복공법–물에 금방 녹는 식생용지에 종자와 비료를 부착시키고 한 면에 볏짚거적이나 비닐망으로 피복시킨 롤 형태의 피복재를 비탈에 고정시키고 고운 흙을 얇게 덮어주는 공법

53. 최대 침투능이 100㎜/hr인 지역에 강우강도 90㎜/hr로 비가 왔을 때, 지표유출량이 30㎜/hr이었다면 투수능(㎜/hr)은?

① 10 ② 30
③ 60 ④ 70

해 투수능(침투량) 90–30=60(㎜/hr)

54. 식재기반의 토양의 분석에 대한 설명으로 옳지 않은 것은?

① 전기전도도는 토양에 포함된 염류농도의 지표로 농도장해의 유무판정에 쓰인다.
② 전기전도도는 심토에서는 낮은 수치가 보통이고, 측정치가 1.0mS/㎝ 이하가 되면 농도장해를 일으킬 위험성이 높다.
③ 토양내 전질소란 토양속의 유기질 질소와 무기질 질소의 총량으로서 전질소정량법 또는 CN 코다로 측정된다.
④ 전(全)탄소량을 튜링(Tyurin)법 또는 CN 코다 등으로 측정하여 계수 1.724를 곱한 수치를 부식함량이라고 한다.

해 ② 전기전도도는 심토에서는 낮은 수치가 보통이고, 측정치가 1.0mS/㎝ 이상이 되면 농도장해를 일으킬 위험성이 높다.

55. 수목의 근계(뿌리)에 대한 설명으로 옳지 않은 것은?

① 근계는 암반의 균열을 크게 하는 물리적인 역할을 수행한다.
② 근계는 토양을 산화시키는 등의 화학적 작용과는 관계가 없다.
③ 수목을 지지하고 있는 뿌리는 유관속에 형성층이 있어서 분열하면서 비대하여 간다.
④ 수목의 근계는 지상부를 지지하고 토양으로부터 수분과 영양염류를 식물체 내로 흡수하는 역할을 하는 기관이다.

해 ② 식물의 뿌리는 화학적 풍화를 일으키는 작용을 한다.

56. 훼손지 유형 중 연암 및 풍화암반에 적용할 녹화공법으로 적절하지 않은 것은?

① 식구공법 ② 주입객토공법
③ 지오웨브공법 ④ 구절객토공법

해 ① 수평으로 도랑을 판 후 종자나 묘목을 식재하는 방법
② 토양과 식생기재(종자, 비료, 토양개량제 등)의 죽모양 혼합물을 펌프로 압송하여, 연속적 자루모양으로 암괴의 틈에 주입하는 식생공법
③ 뒤채움 흙과 토목섬유(보강재)를 사용하여 쌓아가는 방법으로 토사층에 적합한 공법
④ 경질 기반에 대하여 구를 수평 골 모양으로 파고, 구 안에 새흙(객토)을 채워서 생육기반의 개선을 도모하는 녹화기초공법

57. 천이의 유형 중 수분조건과 관련하여 빙하토와 같이 적습한 토양에서 시작하는 천이는?

① 수생천이 ② 건생천이
③ 중성천이 ④ 퇴행천이

58. 자연환경복원계획을 수립하기 위한 여러 요소의 설명으로 가장 거리가 먼 것은?

① 지형의 조사, 분석에서는 대상지의 경사, 고도, 방향 등을 위주로 하여야 한다.
② 수리, 수문, 수질의 조사와 분석은 습지, 하천, 넓은 유역의 계획에 중요한 요소이다.
③ 토양은 자연적 식생 천이에 그리 중요한 요소는 아니나 초기 복원에 중요한 요소이다.
④ 기후는 동식물분포, 식물의 발달, 천이에 영향을 끼칠 뿐만 아니라 인간의 행태에도 중요한 인자이다.

해 ③ 식생천이에 있어 토지는 큰 영향을 미치며, 토양의 능력에 따라 변화한다.

59. 다음 습지 식물 중 침수식물은?

① 마름 ② 부들
③ 개구리밥 ④ 이삭물수세미

정답 ➔ 53. ③ 54. ② 55. ② 56. ③ 57. ③ 58. ③ 59. ④

해 ① 마름(부엽식물), ② 부들(정수식물), ③ 개구리밥(부유식물)

60. 다음 (   )안에 적합한 용어가 순서대로 짝지어진 것은?

| ( ㉠ )의 포텐셜은 ( ㉡ ), ( ㉢ ), ( ㉣ )의 3가지 포텐셜에 의해 결정된다. |
|---|

① ㉠천이, ㉡입지, ㉢종의 공급, ㉣종의 관계
② ㉠입지, ㉡종의 공급, ㉢종의 관계, ㉣천이
③ ㉠종의 공급, ㉡천이, ㉢입지, ㉣종의 관계
④ ㉠종의 관계, ㉡천이, ㉢입지, ㉣종의 공급

## 제4과목 경관생태학

61. 추이대(ecotone)와 가장자리(edge)의 설명으로 틀린 것은?

① 연안 경관은 추이대와 가장자리의 좋은 예이다.
② 고산지대의 추이대는 기후 요소에 따라 계절군락을 잘 형성한다.
③ 추이대는 생물군에서부터 개별 패치에 이르기까지 다양한 규모로 파악이 가능하다.
④ 경관의 물질 흐름은 다른 패치 사이의 가장자리를 통해 진행되므로 중요하다.

해 ② 고산지대의 추이대는 고도에 따라 달리 형성되어 있다.

62. 원격탐사(Remote sensing)를 이용한 경관특성 분석에 대한 설명 중 옳지 않은 것은?

① 일정지역의 구조적인 경관 유형의 파악이 가능하다.
② 지하수위의 변화에 대한 정보를 구체적으로 제시해 줄 수 있다.
③ 분광 특성을 통해 경관 구조를 정량적으로 파악하는 데 용이하다.
④ 삼림 경관에서 수목의 활력도, 수관 및 잎의 변화 등을 파악하는 데 용이하다.

해 ② 원격탐사는 표면적 정보를 취하므로 지하수위에 대한 정보는 알기 어렵다.

63. 도시생태계에 대한 설명으로 가장 거리가 먼 것은?

① 외부로부터 물질과 에너지를 공급받는 생태계
② 태양에너지와 화석에너지에 의존하는 종속 영향계
③ 특정 환경에 적응한 종이 우세하게 나타나는 생태계
④ 생물군집과 비생물환경 사이에 물질순환이 이루어지는 생태계

64. 사전환경성검토는 현황조사, 영향예측, 저감대책으로 구성된다. 다음 중 현황조사 내용에 포함되지 않는 것은?

① 개발사업의 유형
② 환경관련 보전지역의 지정현황
③ 생물서식공간의 파괴, 훼손, 축소의 정도
④ 개발대상지역 내 동·식물상, 주요종(법적보호종, 희귀종 등) 분포현황

65. 비오톱에 대한 설명으로 옳지 않은 것은?

① "Bio"는 생활, 생명을 의미하고, "top"은 장소, 공간을 의미한다.
② 다양한 야생 동·식물과 미생물이 서식하고 자연의 생태계가 기능하는 공간을 의미한다.
③ 비오톱이란 공간적 경계가 없는 특정생물군집의 서식지를 의미한다.
④ 비오톱을 새롭게 조성하는 경우에는 경관이 갖는 자연공간 형태의 특징이 보전·유지되어야 한다.

해 비오톱이란 '생물공동체의 서식처', '어떤 일정한 생명집단 및 사회 속에서 3차원적이고 지역적으로 다른 것들과 구별할 수 있는 생명공간 단위'를 말한다.

66. 다음 중 모래갯벌(sand flat)에 대한 설명으로 옳지 않은 것은?

① 다른 말로 사질갯벌이라고도 하며, 바닥이 주로 모래질로 형성되어 있다.
② 저질의 모래 알갱이의 평균 크기가 0.2~0.7mm 정도이고, 이질(泥質) 함량비가 대체로 4%를 넘지 않는다.
③ 약간의 펄이 섞인 우리나라 서해안의 모래갯벌에는 갑각류나 조개류보다는 퇴적물식을 하는 갯지렁이류가 우점한다.



정답 ➔ 60. ① 61. ② 62. ② 63. ④ 64. ③ 65. ③ 66. ③

④ 해수의 흐름이 빠른 수로주변이나 바람이 강한 지역의 해변에 나타나는데, 해안경사가 급하고 갯벌의 폭이 좁아 보통 1km 정도이다.

해 ③ 서해안은 세계 5대 갯벌지대의 하나로 펄이 많이 섞인 갯벌이다.

67. 다음 [보기]가 설명하는 천이의 유형은?

| 천이의 극상군집상태에서 외부적 환경에 의해 극상 식생이 수명을 다해서 다시 어린 수목이나 그 조건이 맞는 다른 식생형이 자라게 되는 것 |
|---|

① 진행적 천이 ② 퇴행적 천이
③ 순환적 천이 ④ 자발적 천이

68. 비오톱을 보전하거나 복원하기 위한 고려사항으로 옳지 않은 것은?

① 일정한 공간에 일정한 간격으로 기능적인 배치를 한다.
② 자연환경을 파악하여 조성 대상지 본래의 자연환경을 복원하고 보전한다.
③ 비오톱 조성 설계 시 이용소재(생물과 비생물 모두 포함)는 그 지역 본래의 것으로 한다.
④ 순수한 자연생태계의 보전, 복원을 위해 사람이 들어가지 않는 핵심지역을 설정한다.

69. 도시녹지의 양을 증대하기 위한 방법과 관계가 없는 것은?

① 녹지의 농도 증가 ② 녹지의 규모 확대
③ 녹지의 종류 증가 ④ 녹지의 거리 축소

70. 경관생태학의 연구 특성에 관한 설명으로 옳지 않은 것은?

① 토지시스템(Landsystem)조사를 이용할 수 있다.
② 경관의 전체상을 파악하기 위하여 원격탐사(RS)나 항공사진 등을 이용한다.
③ 인간과 지역환경의 관계를 생태학적 시점에서 분석·종합·평가하여 바람직한 지역환경의 보전·창출을 연구하는 학문이다.
④ 대상을 보다 작은 요소로 분해하여 요소마다의 특성을 분석함으로써 큰 전체구조를 이해하는 방법으로 연구를 진행한다.

해 ④ 대상을 작은 요소가 아닌 거시적 관점에서 전체구조를 이해하는 방법으로 연구를 진행한다.

71. 댐 건설이 토지이용과 경관자원에 미치는 간접적 영향으로 옳지 않은 것은?

① 수몰지역 주변의 광범위한 토지이용의 변화
② 댐 건설로 인한 진입도로 및 통과도로의 신축
③ 담수호의 부유물질 증가로 인한 시각적 불쾌감
④ 홍보관, 전망대, 광장 등의 부대시설로 인한 경관의 변화

72. 자연보호구 설계를 위한 개념으로 옳지 않은 것은?

① 자연은 복합적이고 동적이다.
② 자연보호구의 생태적 과정을 보전한다.
③ 학제간 교류와 다양한 협업을 통해 설계한다.
④ 자연은 항상 불변이며 자기유지적이며, 균형을 향해 간다.

해 ④ 자연도 시간에 따라 변해간다.

73. 경관생태학에서 패치에 대한 설명으로 옳지 않은 것은?

① 경관모자이크의 구성요소이다.
② 주변과 구별되는 상대적으로 균일한 넓은 지역이다.
③ 패치지역 전체에 걸쳐 내부의 미세한 불균일성은 반복적이고 유사한 형태로 나타난다.
④ 패치의 형태가 굴곡이 심할수록 패치와 주변 매트릭스간에 존재하는 상호작용이 적어진다.

해 ④ 패치의 굴곡이 심해지면 가장자리의 길이가 길어져 상호작용이 증가한다.

74. 원격탐사(RS)에 대한 설명으로 옳지 않은 것은?

① 원격탐사시스템은 태양에너지를 에너지원으로 활용한다.
② 전자파 스펙트럼은 모든 물체에서 동일한 특성을 가지고 있다.
③ 비접촉 센서를 이용하여 관심의 대상이 되는 물체나 현상에 대한 정보를 얻는 기술이다.

정답 → 67. ③ 68. ① 69. ③ 70. ④ 71. ④ 72. ④ 73. ④ 74. ②

④ 물체에서 방출되거나 반사되는 전자파의 양을 측정하여 판독하거나 필요한 정보를 얻는다.

해 ② 원격탐사는 어떠한 물체든 자신만의 독특한 전자파를 방출, 반사, 흡수, 통과하는 특성을 가지고 있으므로 이를 이용하여 방출되거나 반사되어 온 전자파의 양을 측정하여 판독하거나 필요한 값을 얻는다.

75. 적정 패치의 수를 결정할 때 고려할 요인으로 가장 거리가 먼 것은?

① 종집합
② 종풍부도
③ 바람이동
④ 종의 행동반경

76. 작은 패치와 비교할 때 큰 패치가 갖는 생태학적 장점이 아닌 것은?

① 종의 공급원 역할을 수행한다.
② 내부종의 개체군 유지에 적합하다.
③ 환경변화로 인한 종소멸을 막는 완충지 역할을 수행한다.
④ 종 분산 및 재정착이 이루어지는 징검다리 역할을 수행한다.

해 ④ 징검다리 역할은 작은 패치가 가질 수 있는 특성이다.

77. 지리정보시스템(GIS)에서 기본도를 그림과 같이 A와 B의 2가지의 자료 유형으로 재구성하였다. A와 B유형의 형식을 옳게 나타낸 것은?

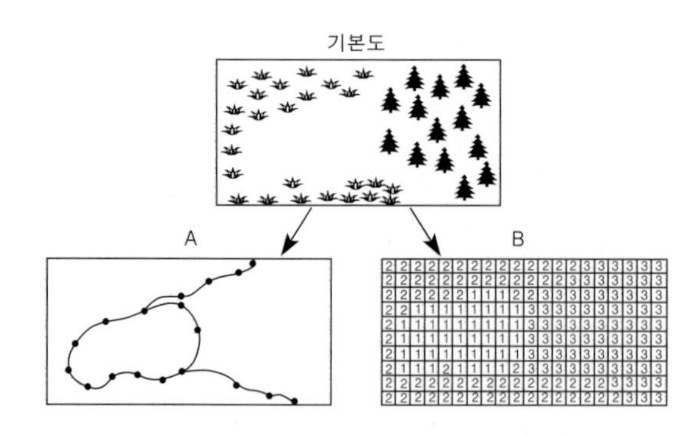


① A: 벡터(vector), B: 래스터(raster)
② A: 페리메터(perimeter), B: 셀(cell)
③ A: 아노말리(anomaly), B: 그리드(grid)
④ A: 커브(curve), B: 모자이크(mosaics)

78. 경관의 이질성에 대한 설명으로 옳지 않은 것은?

① 간섭이 증가하면 이질성은 항상 감소한다.
② 이질성이 중간 정도일 때 종다양성이 가장 높다.
③ 이질성이 미시적 이질성과 거시적 이질성이 있다.
④ 아프리카 사바나 지역은 미시적 이질성이 높은 지역이다.

해 ② 간섭의 정도에 따라 이질성이 증가하거나 감소할 수도 있다.

79. 식생의 생태학적 관리방식은 목표로 하는 자연과 그 복원에 중요한 정보를 준다. 천이의 순응을 이용한 관리방식에 해당하지 않는 것은?

① 가벼운 교란이 발생한 지역에 적합한 방식이다.
② 천이에 따라 발생하는 생물군집과 생태계 스스로 변화를 존중한다.
③ 목표로 하는 생물군집의 생식, 생육을 위한 조건을 인위적으로 지원한다.
④ 자연의 변화를 자연 천이와 재생에 맡기고 그 이상의 특별한 간섭은 행하지 않는다.

80. 제주특별자치도 한라산의 수직적 산림대 중 온대림과 한대림을 구분하는 해발 표고기준으로 옳은 것은?

① 500m
② 1500m
③ 2000m
④ 2500m

해 우리나라 산림의 온대림과 한대림의 수직적 경계 : 한라산 1500m, 지리산 1300m, 설악산 1000m, 백두산 700m 정도

## 제5과목 자연환경관계법규

81. 다음은 국토의 계획 및 이용에 관한 법률상 용어의 뜻이다. (  )안에 알맞은 것은?

> (  )란 전기·가스·수도 등의 공급설비, 통신시설, 하수도시설 등 지하매설물을 공동 수용함으로써 미관의 개선, 도로구조의 보전 및 교통의 원활한 소통을 위하여 지하에 설치하는 시설물을 말한다.

① 공동구
② 공용구
③ 수용구
④ 공동수용구

82. 자연환경보전법규상 시·도지사는 위임업무에 대한 환



정답 ➔ 75. ③ 76. ④ 77. ① 78. ① 79. ③ 80. ② 81. ① 82. ①

경부장관 보고사항 중 생태·경관보전지역 안에서의 행위중지·원상회복 또는 대체자연의 조성 등의 명령 실적의 보고 횟수 기준으로 옳은 것은?

① 수시 ② 연 1회
③ 연 2회 ④ 연 4회

**83.** 야생생물 보호 및 관리에 관한 법률상 수렵면허에 대한 사항으로 옳지 않은 것은?

① 제1종 수렵면허는 총기를 사용하는 수렵과 관련한 면허이다.
② 제2종 수렵면허는 수렵 도구를 사용하지 않는 수렵활동과 관련한 면허이다.
③ 수렵면허는 그 주소지를 관할하는 시장·군수·구청장으로부터 받는다.
④ 수렵면허를 받은 자는 환경부령이 정하는 바에 따라 5년마다 수렵면허를 갱신하여야 한다.

해 ② 제2종 수렵면허는 총기 외의 수렵 도구를 사용하는 수렵에 해당한다.

**84.** 환경정책기본법상 정부가 매년 환경보전시책의 추진상황에 관한 보고서를 국회에 제출할 때 포함되는 주요 사항이 아닌 것은?(단, 그 밖에 환경보전에 관한 주요사항은 제외한다.)

① 국내외 환경 동향
② 무기 수출입 동향
③ 환경오염·환경훼손 현황
④ 환경보전시책의 추진상황

**85.** 독도 등 도서지역의 생태계 보전에 관한 특별법상 특정도서에서 인화물질을 이용하여 음식물을 조리하거나 야영을 한 자에 대한 과태료 부과기준은?

① 100만원 이하의 과태료를 부과한다.
② 300만원 이하의 과태료를 부과한다.
③ 500만원 이하의 과태료를 부과한다.
④ 1000만원 이하의 과태료를 부과한다.

**86.** 자연환경보전법령상 자연환경보전지역에 대한 생태계보전협력금의 산정·부과 시 사용되는 지역계수로 옳은 것은?

① 2 ② 3
③ 4 ④ 5

해 지역계수
1. 주거지역·상업지역·공업지역 및 계획관리지역 : 「공간정보의 구축 및 관리 등에 관한 법률」에 따른 지목이 전·답·임야·염전·하천·유지 또는 공원에 해당하는 경우에는 1, 그 밖의 지목인 경우에는 0
2. 녹지지역 : 2
3. 생산관리지역 : 2.5
4. 농림지역 : 3
5. 보전관리지역 : 3.5
6. 자연환경보전지역 : 4

**87.** 환경정책기본법령상 하천의 수질 및 수생태계 기준 중 "음이온 계면활성제(ABS)" 기준값(mg/L)으로 옳은 것은? (단, 사람의 건강보호기준으로 한다.)

① 검출되어서는 안 됨(검출한계 0.001)
② 검출되어서는 안 됨(검출한계 0.01)
③ 0.05 이하
④ 0.5 이하

**88.** 독도 등 도서지역의 생태계 보전에 관한 특별법상 환경부장관은 특정도서보전기본계획을 몇 년마다 수립하는가?

① 1년 ② 5년
③ 10년 ④ 15년

**89.** 다음은 자연공원법규상 공원점용료 등의 징수를 위한 점용료 또는 사용료 요율기준이다. ( )안에 알맞은 것은?

> 건축물 기타 공작물의 신축·증축·이축이나 물건의 야적 및 계류의 경우 기준요율은 인근 토지 임대료 추정액의 ( )이다.

① 100분의 20 이상 ② 100분의 30 이상
③ 100분의 40 이상 ④ 100분의 50 이상

해 그 외, 토지의 개간인 경우 수확예상액의 100분의 25 이상, 허가를 받아 공원시설을 관리하는 경우에는 예상징수금액의 100분의 10 이상으로 한다.

**90.** 국토기본법령상 국토정책위원회와 분과위원회에 두

정답 → 83. ② 84. ② 85. ② 86. ③ 87. ④ 88. ③ 89. ④ 90. ②

는 전문위원의 수와 임기로 옳은 것은?

① 전문위원의 수는 3명 이내로 하며, 임기는 2년으로 한다.
② 전문위원의 수는 3명 이내로 하며, 임기는 3년으로 한다.
③ 전문위원의 수는 10명 이내로 하며, 임기는 2년으로 한다.
④ 전문위원의 수는 10명 이내로 하며, 임기는 3년으로 한다.

91. 백두대간 보호에 관한 법률상 규정을 위반하여 핵심구역에서 허용되지 않는 행위를 한 자에 대한 벌칙기준으로 옳은 것은?

① 1년 이하의 징역 또는 1천만원 이하의 벌금
② 3년 이하의 징역 또는 3천만원 이하의 벌금
③ 5년 이하의 징역 또는 5천만원 이하의 벌금
④ 7년 이하의 징역 또는 7천만원 이하의 벌금

92. 야생생물 보호 및 관리에 관한 법률상 특별보호구역에서 행위제한에 해당하지 않는 것은? (단, 다른 법이 정하는 기준 및 멸종위기 야생생물의 보호를 위하여 불가피한 경우는 제외한다.)

① 토석의 채취
② 토지의 형질변경
③ 기존에 하던 영농행위를 지속하기 위하여 필요한 행위
④ 하천, 호소 등의 구조를 변경하거나 수위 또는 수량에 변동을 가져오는 행위

해 ③ 외 행위 제한에 해당하지 않는 경우
1. 군사 목적상 필요한 경우
2. 천재지변 또는 이에 준하는 대통령령으로 정하는 재해가 발생하여 긴급한 조치가 필요한 경우
3. 특별보호구역에서 기존에 하던 영농행위를 지속하기 위하여 필요한 행위 등 대통령령으로 정하는 행위를 하는 경우
4. 그 밖에 환경부장관이 야생생물의 보호에 지장이 없다고 인정하여 고시하는 행위를 하는 경우

93. 백두대간보호에 관한 법률상 백두대간보호기본계획의 수립에 관한 내용으로 옳지 않은 것은?

① 환경부장관은 산림청장과 협의하여 백두대간 보호 기본계획의 수립에 관한 원칙과 기준을 정한다.
② 산림청장은 기본계획을 수립하였을 때에는 관계 중앙행정기관의 장 및 도지사에게 통보하여야 한다.
③ 산림청장은 백두대간을 효율적으로 보호하기 위하여 기본계획을 환경부장관과 협의하여 5년마다 수립하여야 한다.
④ 산림청장은 기본계획을 수립하거나 변경할 때에는 미리 관계 중앙행정기관의 장 및 기본계획과 관련이 있는 도지사와 협의하여야 한다.

해 ③ 산림청장은 백두대간을 효율적으로 보호하기 위하여 원칙과 기준에 따라 기본계획을 환경부장관과 협의하여 10년마다 수립하여야 한다.

94. 국토의 계획 및 이용에 관한 법률상 도시·국관리계획의 입안을 위한 기초조사 등에 대한 내용으로 옳지 않은 것은?

① 도시·군관리계획 입안을 위한 기초조사의 내용에 환경성 검토를 포함하여야 한다.
② 기초조사의 내용에 토지의 토양, 입지, 활용가능성 등 토지적성평가를 포함하여야 한다.
③ 지구단위계획구역 안의 나대지면적이 구역면적의 2퍼센트에 미달하는 경우 기초조사를 실시하지 않을 수 있다.
④ 지구단위계획을 입안하는 구역이 도심지에 위치하는 경우 규정에 따른 기초조사, 토지의 적성에 대한 평가를 반드시 실시하여야 한다.

해 기초조사를 실시하지 아니할 수 있는 요건
가. 해당 지구단위계획구역이 도심지(상업지역과 상업지역에 연접한 지역을 말한다)에 위치하는 경우
나. 해당 지구단위계획구역 안의 나대지면적이 구역면적의 2퍼센트에 미달하는 경우
다. 해당 지구단위계획구역 또는 도시·군계획시설부지가 다른 법률에 따라 지역·지구 등으로 지정되거나 개발계획이 수립된 경우
라. 해당 지구단위계획구역의 지정목적이 해당 구역을 정비 또는 관리하고자 하는 경우로서 지구단위계획의 내용에 너비 12미터 이상 도로의 설치계획이 없는 경우
마. 기존의 용도지구를 폐지하고 지구단위계획을 수립 또는 변경하여 그 용도지구에 따른 건축물이나 그 밖의 시설의 용도·종류 및 규모 등의 제한을 그대로 대체하려는 경우


정답 ➔ 91. ④ 92. ③ 93. ③ 94. ④

바. 해당 도시·군계획시설의 결정을 해제하려는 경우

95. 환경정책기본법령상 환경부장관이 특별대책지역내의 환경개선을 위해 토지이용과 시설설치를 제한할 수 있는 경우와 가장 거리가 먼 것은?

① 식생의 발육을 일정기간 제한할 필요가 있는 경우
② 수역이 특정유해물질에 의하여 심하게 오염된 경우
③ 자연생태계가 심하게 파괴될 우려가 있다고 인정되는 경우
④ 환경기준을 초과하여 생물의 생육에 중대한 위해를 가져올 우려가 있다고 인정되는 경우

96. 야생생물 보호 및 관리에 관한 법규상 양서류·파충류의 멸종위기 야생생물 Ⅰ급에 해당하는 것은?

① 맹꽁이(Kaloula borealis)
② 표범장지뱀(Eremias argus)
③ 금개구리(Pelophylax chosenicus)
④ 수원청개구리(Hyla suweonensis)

해 ①②③ 멸종위기 야생생물 Ⅱ급

97. 국토의 계획 및 이용에 관한 법령상 도시·군관리계획 결정으로 용도지구를 세분할 때 경관지구에 해당하지 않는 것은?

① 자연경관지구　② 일반경관지구
③ 특화경관지구　④ 시가지경관지구

98. 환경정책기본법상 다음 [보기]의 (　)안에 적합한 용어로 옳은 것은?

> 환경부장관은 환경오염·환경훼손 또는 자연생태계의 변화가 현저하거나 현저하게 될 우려가 있는 지역과 환경기준을 자주 초과하는 지역을 관계 중앙행정기관의 장 및 시·도지사와 협의하여 환경보전을 위한 (　)으로 지정·고시할 수 있다.

① 특별대책지역　② 특별환경지역
③ 특별재난지역　④ 특별관심지역

99. 습지보전법상 습지의 보전 및 관리를 위해 환경부장관, 해양수산부장관 또는 시·도지사가 지정·고시 할 수 있는 지역으로 옳지 않은 것은?

① 습지보호지역　② 습지개선지역
③ 습지복원지역　④ 습지주변관리지역

100. 백두대간 보호에 관한 법률상 다음 [보기]가 설명하는 지역은?

> –백두대간 중 생태계, 자연경관 또는 산림 등에 대하여 특별한 보호가 필요하다고 인정하는 지역
> –백두대간의 능선을 중심으로 특별히 보호하려는 지역

① 중권역　② 대권역
③ 완충구역　④ 핵심구역

정답 ➔ 95. ① 96. ④ 97. ② 98. ① 99. ③ 100. ④

# ❖ 2020년 자연생태복원기사 제 3 회

2020년 8월 22일 시행

제1과목 **환경생태학개론**

01. 다음 [보기]의 ㉠, ㉡에 해당되는 것은?

> 일반적으로 ( ㉠ )자형 생장형을 보이는 개체군의 종은 r-선택을, ( ㉡ )자형 생장형을 보이는 개체군의 생물체는 K-선택을 받는다.

① ㉠ K, ㉡ S　② ㉠ J, ㉡ K
③ ㉠ J, ㉡ S　④ ㉠ S, ㉡ J

해 · r-선택종 : 내적 증가율(r)을 크게 하려고 하는 종으로 소형으로 다산하며 조기에 성숙한다.-국화과, 벼과의 초본류, 곤충
· K-선택종 : 환경수용능력(K)에 가까이 하려고 하는 종으로 대형으로 소산하며 천천히 성숙한다.-목본류, 포유류

02. 동물 한 개체가 일정한 공간을 점유하고 그 내부에 다른 개체가 침입하는 것을 허락하지 않는 것을 무엇이라고 하나?

① 경쟁　② 격리
③ 순위　④ 세력권

03. 현재까지 알려져서 과학적으로 명명되어 있는 생물 가운데 가장 많은 종이 속해 있는 생물군은?

① 식물류　② 곤충류
③ 척추동물류　④ 연체동물류

04. 다음 중 포장용수량에 대한 설명으로 가장 적합한 것은?

① 식물이 이용하는 작은 공극에 있는 물의 양
② 토양입자의 표면에 흡착되어 있는 수분의 양
③ 강우에 의해 토양의 큰 공극을 채우고 있는 수분의 양
④ 토양이 물에 완전히 젖은 후 중력수가 제거되고 남은 물의 양

05. 생태계 구성요소에 관한 설명으로 틀린 것은?

① 미량원소에는 몰리브덴, 망간, 철 등이 있다.
② 생물계 안에는 탄소, 질소, 아연, 코발트와 같은 다량원소가 있다.
③ 유기부니질은 토성 및 물과 무기염류들의 보유력을 증진시킨다.
④ 다량원소들은 주로 유기체들이 직접 이용할 수 있는 이산화탄소, 물과 같은 간단한 화합물로 존재한다.

해 ② 무생물계 안에는 탄소, 질소, 아연, 철과 같은 다량원소가 있다.

06. 수은(Hg)을 함유하는 폐수가 방류되어 오염된 바다에서 잡은 어패류를 섭취함으로서 발생하는 병은?

① 골연화증　② 미나마타병
③ 피부흑색병　④ 이따이이따이병

07. 다음 중 질소고정이 가능한 생물이 아닌 것은?

① Nostoc　② Chlorella
③ Anabaena　④ Rhizobium

해 ② Chlorella는 민물에 자라는 녹조류에 속하는 단세포 생물로서 플랑크톤의 일종으로 엽록소로 동화 작용을 하여 스스로 살아간다.
· 질소고정이 가능한 생물에는 ①②③ 외에 시아노박테리아, 아조터박터, 클로스트리움 등이 있다.

08. 생태계의 구성 요소들 사이의 생물지구화학적 순환(biogeochemical cycle)에서 기체형(gaseous type) 순환이 아닌 것은?

① 물의 순환　② 인의 순환
③ 산소의 순환　④ 질소의 순환

09. 지표면으로부터 10~45km의 성층권에 존재하며, 태양으로부터 오는 자외선의 99% 이상을 차단하여 피부암과 백내장 등의 발생을 막아주는 역할을 하는 물질은?

① 오존　② 이산화탄소
③ 프레온가스　④ 양성자 α선



정답 ➔ 01. ③ 02. ④ 03. ② 04. ④ 05. ② 06. ② 07. ② 08. ② 09. ①

10. 갯벌이 가지는 자연환경자원으로서의 기능으로 가장 거리가 먼 것은?

① 해수의 정화기능
② 산성 강하물을 제거하는 기능
③ 자연친화적인 정서함양의 기능
④ 바다새의 도래 등 생물서식 기능

11. 호수의 물리적 특징과 생물의 분포에 따라 수역을 구분할 때 다음 설명 중 틀린 것은?

① 연안대(littoral zone)는 빛이 호수 바닥까지 미치는 인접한 수역을 포함한다.
② 연안대(littoral zone)의 소비자는 원생동물, 달팽이, 수생곤충 등이 속한다.
③ 준조광대(limnetic zone)는 빛이 효과적으로 투과되는 깊이(광보상 깊이)까지 이르는 수역으로 정의된다.
④ 심연대(profundal zone)는 빛이 효과적으로 투과되며, 광합성이 호흡을 초과하는 수역을 말한다.

해 ④ 심연대는 빛이 효과적으로 투과할 수 없는 곳으로 광합성이 불가능하며, 산소가 부족하여 혐기성 세균의 분해가 이루어지는 곳으로 무기물은 풍부하다.

12. 다음 그래프로 설명할 수 있는 군집의 상호작용은?

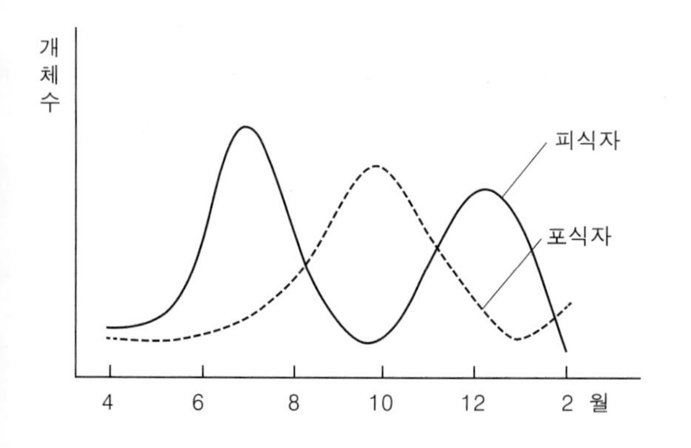


① 포식(Predation) ② 중립(Neutralism)
③ 상리(Mutualism) ④ 편리(Commensalism)

해 ① 포식에 있어서 피식자에 의해 포식자의 개체수가 조절되는 관계를 나타낸 그래프이다.

13. 다음 중 개체군 변동의 유형이 아닌 것은?

① 주기형 ② 생활형
③ 평편형 ④ 급변형

해 개체군의 변동유형

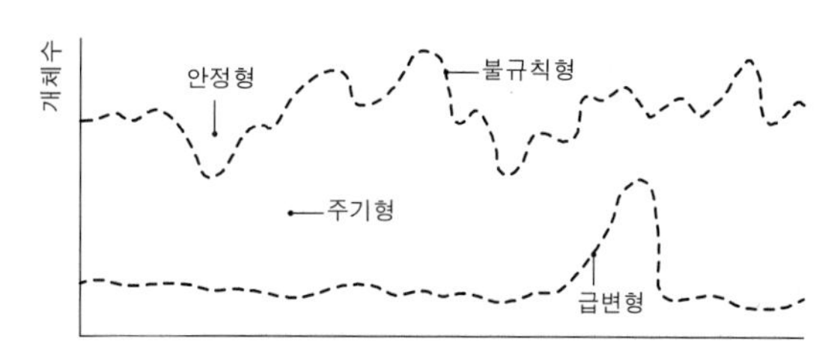


14. 다음 두 종개체군 사이의 상호작용 유형 중 비영양상의 상호작용에 해당하는 것은?

① 중립 ② 부생
③ 포식 ④ 기생과 질병

15. 습지를 인식 혹은 판별하고 유형 분류 등을 위한 습지의 중요한 3가지 구성요소가 아닌 것은?

① 습지 수문 ② 습지 동물
③ 습지 식생 ④ 습윤 토양

16. 생태계에서 에너지가 흐르는 방향으로 옳지 않은 것은?

① 생산자 → 소비자
② 생산자 → 초식동물
③ 초식동물 → 육식동물
④ 종속영양자 → 독립영양자

17. 콩과식물과 뿌리혹박테리아와 같이 두 종의 생물이 서로 상호작용하며 이익을 주고받는 관계를 의미하는 용어는?

① 편리공생 ② 상리공생
③ 편해공생 ④ 자원이용

18. 다음 중 생태계 내의 에너지에 대한 설명으로 가장 거리가 먼 것은?

① 일정한 생태계 내에서 에너지는 물질과 함께 순환하여 소멸되지 않는다.

정답 → 10. ② 11. ④ 12. ① 13. ② 14. ① 15. ② 16. ④ 17. ② 18. ①

② 고사한 식물체나 초식동물이 소화할 수 없는 배설물의 에너지는 분해자가 이용한다.
③ 광합성으로 유기물에 저장된 에너지의 일부는 녹색식물의 생장과 유지를 위한 호흡으로 이용된다.
④ 생물은 성장과 생식을 위해 에너지를 필요로 하며 원형질 형성, 조직 갱신과 기초대사 등에 이용된다.

해 생태계를 흐르는 에너지는 일회적이며 재순환되지 않고 열로 전환되어 궁극적으로 시스템 밖으로 소실된다. 새로운 태양에너지의 지속적인 유입만이 생태계의 지속적인 작동을 가능하게 한다.

19. 다음 인위적 활동 중 생물종의 멸종 또는 멸종위기에 처하게 하는 원인으로 가장 거리가 먼 것은?

① 서식지 파괴
② 생태관광 활동
③ 도입된 포식자
④ 과도한 포획 및 이용

20. 탄소순환에 관한 설명으로 옳은 것은?

① 대기권에서 탄소는 주로 $CO_2$, CO의 형태로 존재한다.
② 생물체가 죽으면 미생물에 의하여 분해되어 유기태탄소로 돌아간다.
③ 지구에서 탄소를 가장 많이 보유하고 있는 부분은 산림이다.
④ 녹색식물에 의하여 유기태탄소가 무기태탄소로 전환된다.

해 ② 죽은 동식물의 유해 속에 들어 있는 탄소는 분해자인 박테리아에 의해 대기중으로 되돌아간다.
③ 탄소를 가장 많이 보유하고 있는 부분은 지각으로서 석탄·석유·석회석·퇴적토 등이 전체 탄소의 99% 이상을 차지하고 있다.
④ 녹색식물에 의하여 무기태탄소가 유기태탄소로 전환된다.

## 제2과목 환경계획학

21. 자연환경보전법상 환경부장관은 생태·경관보전지역을 구분하여 지정·관리 할 수 있는데 이에 해당하지 않는 구역은?

① 생태·경관핵심보전구역
② 생태·경관주변보전구역
③ 생태·경관완충보전구역
④ 생태·경관전이보전구역

22. 자연환경보전법상 환경부장관이 생태·경관보전지역 안에서 토석의 채취를 한 사람에 대하여 조치할 수 있는 행위가 아닌 것은? (단, 다른 법 적용은 제외한다.)

① 원상회복
② 행위의 중지
③ 대체자연의 조성
④ 고발 및 동일 면적의 토지 납부

23. 국토의 계획 및 이용에 관한 법률상 용도지역을 옳게 나열한 것은?

① 도시지역, 관리지역, 농림지역, 자연환경보전지역
② 도시지역, 관리지역, 산림지역, 자연환경보전지역
③ 농림지역, 개발지역, 산림지역, 자연환경보전지역
④ 농림지역, 개발지역, 관리지역, 자연환경보전지역

24. 습지보전법상 습지보전기본계획에 포함되는 사항으로 가장 거리가 먼 것은? (단, 그 밖에 습지보전에 필요한 사항으로서 대통령령으로 정하는 사항 등은 제외한다.)

① 습지조사에 관한 사항
② 습지보호지역 지정에 관한 사항
③ 습지보전을 위한 국제협력에 관한 사항
④ 습지의 분포 및 면적과 생물다양성의 현황에 관한 사항

25. 환경정책기본법령상 국가환경종합계획의 수립시 포함해야 할 사항으로 가장 거리가 먼 것은?

① 환경의 현황 및 전망
② 인구·산업·경제·토지 및 해양의 이용 등 환경변화 여건에 관한 사항
③ 국토종합계획상의 개발방향에 따른 환경오염과 환경 훼손의 정도에 관한 사항
④ 환경오염원·환경오염도 및 오염물질 배출량의 예측과 환경오염 및 환경훼손으로 인한 환경의 질 변화 전망


정답 ➔ 19. ② 20. ① 21. ② 22. ④ 23. ① 24. ② 25. ③

26. 생태 네트워크 계획에서 고려할 주요 사항과 가장 거리가 먼 것은?

① 환경학습의 장으로서 녹지 활용
② 경제효과를 기대할 수 있는 녹지 공간 구상
③ 생물의 생식·생육공간이 되는 녹지의 확보
④ 생물의 생식·생육공간이 되는 녹지의 생태적 기능의 향상

27. 일반적인 도시생태계에 대한 설명으로 옳지 않은 것은?

① 에너지의 원활한 순환이 가능한 체계
② 인공적이고 불균형한 물질순환 체계
③ 사회-경제-자연의 결합으로 성립되는 복합생태계
④ 자연시스템과 인위적시스템 상호간의 에너지 및 물질교환에 의해 기능이 유지

28. 자연환경보전법령상 제시된 생태 · 자연도의 작성방법으로 올바른 것은?

① 1천분의 1이상의 지도에 점선으로 표시
② 5천분의 1이상의 지도에 점선으로 표시
③ 2만5천분의 1이상의 지도에 실선으로 표시
④ 5만분의 1이상의 지도에 실선으로 표시

29. 생태 네트워크를 구성하는 권역 구분에 해당하지 않는 지역은?

① 생태축지역　② 핵심생태지역
③ 생태복원지역　④ 생태통로지역

30. 국토의 계획 및 이용에 관한 법률상 다음 [보기]가 설명하는 계획은?

> • 특별시·광역시·특별자치시·특별자치도·시 또는 군의 관할 구역에 대하여 기본적인 공간구조와 장기발전방향을 제시하는 종합계획
> • 5년마다 관할 구역의 이 계획에 대하여 타당성을 전반적으로 재검토하여 정비하여야 한 다.

① 지구단위계획　② 광역도시계획
③ 도시·군기본계획　④ 도시·군관리계획

31. 다음 [보기]가 설명하는 것은?

> 환경과 인간활동의 지속성을 유지하기 위해서 공간이나 시간적으로 경계를 설정하고 비용 또는 노력을 먼 곳이나 장래로 미루지 않는 자세로 도시나 사회 경제구조를 유지해가고자 하는 것.

① 환경용량이론　② 환경가치이론
③ 무한성의 인식　④ 환경윤리와 도덕

32. 지속 가능한 발전이라는 기본원칙 하에 자연환경의 토지이용 기본 관리방향을 옳게 나열한 것은?

① 국민소득의 증대, 무분별한 난개발 방지, 부동산 투기의 억제
② 생태·자연관리형 보전, 국가경제와 부합하는 개발 유도, 무분별한 난개발 방지
③ 생태·자원관리형 보전, 무분별한 난개발 방지, 경관자원과 조화된 개발 유도
④ 생태·자원관리형 보전, 무분별한 난개발 방지, 생태계보전협력금 제도의 활성화

33. 국제협력기구 중 그린피스(greenpeace)에 관한 설명으로 가장 적절한 것은?

① 세계야생생물기금에서 출발한 비정부기구
② 기후변화, 국제하천, 오존층 보호 등의 분야를 대상으로 활동
③ 더 평등하고 지속가능한 미래를 이끌 사람들에게 권한을 주고 지원하는데 목적
④ 미국 알래스카에서 실시된 지하핵실험 반대를 위해 보트를 타고 항해를 하면서 시작되었으며 생물다양성과 환경위협에 관심

34. 하천이 갖는 기능들이 충분히 조화된 체계적인 하천 정비를 위한 관리개념과 가장 거리가 먼 것은?

① 이수관리
② 치수관리
③ 환경관리
④ 미시적인 안목을 통한 유지관리

35. 다음 [보기]의 설명에 해당하는 계획은?

정답 → 26. ② 27. ① 28. ③ 29. ① 30. ③ 31. ① 32. ③ 33. ④ 34. ④ 35. ①

- 지역의 생태계를 보존하면서 인간의 주거나 활동 장소를 선택해 가기 위한 계획
- I. McHarg가 시도한 바와 같이 지도를 중첩하여 보다 효율적으로 토지이용의 적정성을 평가하여 개발지구에 대한 대안을 선정하는 기법

① 생태환경계획 ② 환경시설계획
③ 심미적 환경계획 ④ 환경자원관리계획

36. 어메니티(amenity)의 일반적 개념으로 가장 거리가 먼 것은?

① 경제적 가치를 지니는 개념이다.
② 어메니티는 총체적인 환경의 질이다.
③ 시간과 공간에 구애받지 않는 절대적 개념이다.
④ 인간이 기분 좋다고 느끼는 물리적 환경의 상태이다.

37. 다음 [보기]의 설명과 관련된 협약은?

- 습지보호를 위한 국제 협약
- 물새 서식지로서 특히 국제적으로 중요한 습지에 관한 협약

① 바젤 협약 ② 리우 협약
③ 람사르 협약 ④ 몬트리올 협약

38. 하천의 기능 중 치수기능에 대한 설명으로 옳은 것은?

① 수질의 자정기능
② 생물의 서식처 기능
③ 홍수방지를 목적으로 지역의 안전을 위한 기능
④ 상업, 농업, 공업용수 등과 같은 물을 이용하는 기능

해 하천의 기능(관리개념) : 이수기능, 치수기능, 환경기능

39. 자연환경보전법령상 환경부장관이 수립하는 자연환경보전기본계획을 2010년에 수립하였다면 그 다음 계획이 수립되는 시기는 언제인가?

① 2015년 ② 2020년
③ 2025년 ④ 2030년

해 자연환경보전기본계획의 계획기간은 10년이며, 시행성과를 2년마다 정기적으로 분석 · 평가하고 그 결과를 자연환경보전정책에 반영한다.

40. 유엔환경계획의 환경범주 중 인간환경 범주에 포함되지 않는 것은?

① 생물생산체계
② 평화안전 및 환경
③ 환경교육과 공공인식
④ 생물적 환경(생산자, 소비자, 분해자)

제3과목 생태복원공학

41. 생물 종 다양성의 증감에 관여하는 요소에 대한 설명 중 틀린 것은?

① 서식지가 격리되면 종 다양성은 감소한다.
② 종 다양성은 서식지의 연륜이 많을수록 감소한다.
③ 종 다양성은 서식지 면적이 클수록 증가한다.
④ 서식지 훼손 또는 간섭은 종 다양성을 감소시키거나 증가시킬 수 있다.

해 ② 서식지의 연륜에 따라 서식기회가 늘어나므로 종다양성은 증가한다.

42. 생태적 복원 공법 중 다음 설명에 해당하는 공법은?

- 수종을 패취 형태로 하여 식재하는 방법임
- 광범위한 지역에서 저렴한 비용으로 복원이 가능함
- 산림의 다양성이 적은 지역에서 바람직한 생물종이 서식하게 하는 데 있어 유용한 방법임

① Nucleation
② Naturalization
③ Managed Succession
④ Natural Regeneration

해 ① 핵화기법
② 자연화 기법 : 식재 후 자연적인 경쟁 및 천이 등에 의해서 극상림으로 발달할 수 있도록 유도한다.
③ 관리된 천이기법 : 인위적인 관리로 자연천이를 유도한다.
④ 자연재생 : 산림의 종자원(seed source)이 가능한 곳에서 가지치기 · 솎아주기 등이나 다른 교란을 중지하는 방법이다.



정답 ➔ 36. ③ 37. ③ 38. ③ 39. ② 40. ④ 41. ② 42. ①

43. 다음 중 도시지역에서의 복원공법 중 벽면녹화의 목적이 아닌 것은?

① 도시 내의 녹지율 증가
② 수분증발에 의한 건축물의 냉각효과
③ 도시 내의 수직적인 공간을 생물서식처로 조성
④ 수직적인 공간의 위와 아래에 조성된 생물서식처를 단절

해 ④ 벽면녹화는 소규모 식재공간이나 수직적인 생태통로로서의 역할로 서식처를 연결한다.

44. 다음 중 생태계의 생태적 원리로 가장 거리가 먼 것은?

① 순환성 ② 주관성
③ 다양성 ④ 안정성

45. 녹화식생공법에서 파종량을 구하는 식은? (단, W : 도입종의 파종량(g), G : 발생기대본수(본/$m^2$), S : 평균립수(립/g), P : 순도(%), B : 발아율(%), K : 보정율)

① $W=\dfrac{G}{S\times\dfrac{P}{100}\times\dfrac{B}{100}\times K}$

② $W=\dfrac{K}{S\times\dfrac{P}{100}\times\dfrac{B}{100}\times G}$

③ $W=\dfrac{G}{S\times\dfrac{P}{200}\times\dfrac{B}{100}\times K}$

④ $W=\dfrac{K}{S\times\dfrac{P}{200}\times\dfrac{B}{100}\times G}$

46. 생태이동통로의 기능에 대한 설명으로 틀린 것은?

① 단편화된 생태계의 파편 유지
② 야생동물의 이동 및 서식처로 이용
③ 교육적, 위락적 및 심미적 가치 제고
④ 천적 및 대형 교란으로부터 피난처 역할

47. 다음 중 부유(浮遊)식물에 해당하는 식물은?

① 검정말 ② 애기부들
③ 생이가래 ④ 물수세미

해 ①④ 침수식물, ② 정수식물

48. 훼손지환경녹화 공사용 재료인 석재로서 형상은 재두각추제에 가깝고, 전면은 거의 평면을 이루며 대략 정사각형으로서 뒷길이, 접폭면의 폭, 뒷면 등이 규격화된 쌓기용 석재는?

① 각석 ② 마름돌
③ 견치돌 ④ 야면석

49. 용도별 자생식물 구분 중 "암석원"에 식재하기 가장 적합한 식물은?

① 미나리 ② 벌개미취
③ 순비기나무 ④ 둥근잎꿩의비름

해 ①②③ 습지나 물가에서 생육
④ 절벽의 바위 위에 붙어 생육하거나 전석지의 돌틈에서 자생한다

50. 토양의 삼상분포 중의 하나인 고상율이 어느 정도 이상일 때 생육불량현상이 현저히 나타난다고 볼 수 있는가? (단, 기상율은 10% 이하 이다.)

① 30% ② 40%
③ 50% ④ 60%

해 적정한 흙의 삼상 : 고상 50%, 액상 25%, 기상 25%

51. 다음 중 훼손된 해안사구의 복원에 이용되는 대표적인 기법은?

① 수제의 조성
② 횃대의 조성
③ 생태적 암거 설치
④ 모래집적울타리 설치

52. 도로 등의 개발에 따른 서식처의 분단화는 생물의 서식 및 이동에 지장을 주는데, 다음 [보기]가 설명하는 효과는 무엇인가?

| 서식처의 면적이 클수록 종수나 개체수가 많아지는 것을 말한다. |
|---|

정답 ➔ 43. ④ 44. ② 45. ① 46. ① 47. ③ 48. ③ 49. ④ 50. ④ 51. ④ 52. ②

① 거리효과　　② 면적효과
③ 장벽효과　　④ 가장자리효과

53. 생태이동통로의 설치에 있어 가장 핵심이 되는 요소로 옳은 것은?

① 위치의 선정　　② 유형의 결정
③ 식생의 복원　　④ 제원의 확정

54. 생태복원계획 및 설계과정이 옳게 나열된 것은?

① 조사→분석→계획→평가→목표설정→설계→시공→관리
② 조사→분석→평가→목표설정→계획→설계→시공→관리
③ 목표설정→조사→분석→계획→관리→설계→시공→평가
④ 목표설정→조사→분석→계획→평가→설계→시공→관리

해 ② 목표를 먼저 설정하는 일반적인 계획과 달리 생태복원은 주변의 여건의 분석과 평가가 선행된 후 목표를 설정한다.

55. 우수저류 및 침투연못의 조성을 통한 우리나라의 우수처리 시스템 모형의 물 순환 순서로 옳은 것은?

① 쇄석 여과층→침투 연못→저류 연못→2차 저류시설
② 쇄석 여과층→저류 연못→침투 연못→2차 저류시설
③ 저류 연못→쇄석 여과층→2차 저류시설→침투 연못
④ 저류 연못→쇄석 여과층→침투 연못→2차 저류시설

56. 동물의 입장에서 가장 좋은 고속도로 주변 생태통로의 형태는?

① 깊은 U형 도로위에 생태다리 조성

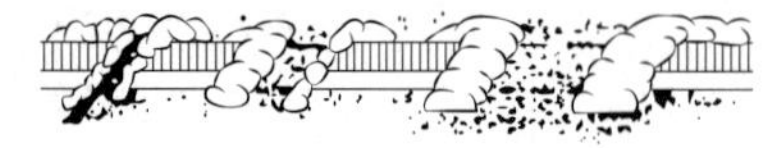

② 높은 파일이나 컬럼 위에 건설된 도로 하부를 생태이동통로로 이용

③ 둑이나 제방 위에 건설된 도로 하부에 생태이동통로로 조성

④ 지표면에 건설된 도로 지하부에 생태이동통로 조성

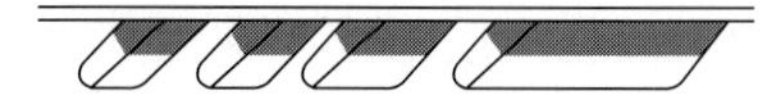

57. 산불은 안정된 산림생태계를 교란시켜 식생천이의 방향을 바꾸어 놓는 기능 이외에도 생태학적으로 여러 가지 중요한 역할을 담당한다. 다음 중 그 설명으로 틀린 것은?

① 심한 산불은 기존의 수목을 대부분 죽이며, 활엽수의 경우에는 맹아(萌芽, sprouting)로 갱신하게 된다.
② 산불은 유기물의 분해가 잘 되는 남반구의 활엽수림에 큰 도움이 되며, 산불발생 후에는 생물학적인 질소고정이 감소된다.
③ 심한 산불은 임목의 밀도를 감소시켜 간벌효과를 나타내며, 가벼운 지표화는 하층식생을 제거함으로써 상층 임목의 생장을 촉진시킨다.
④ 산불은 자발적으로 진행되는 산림천이의 방향을 바꾸어 놓는데, 산불의 빈도와 강도에 따라 산불에 잘 견디고 갱신이 촉진되는 수종으로 산림이 대체된다.

해 ② 유기물 분해가 잘 되는 곳에서는 산불이 도움이 되지 않으며, 산불발생 후에는 질소고정이 증가된다.

58. 육역과 수역, 수림과 초원 등 서로 다른 경관요소가 접하는 장소에 생기는 지역은?

① 패치(patch)　　② 코리더(corridor)
③ 매트릭스(matrix)　　④ 에코톤(ecotone)

59. 분사식 씨뿌리기 공법 중에서 건식종자뿜어붙이기의 특징으로 옳지 않은 것은?

① 침식방지제를 사용하면 두껍게 뿜어 붙일 수


정답 ➜ 53. ① 54. ② 55. ② 56. ② 57. ② 58. ④ 59. ③

있다.
② 뿜기재의 밀도가 비교적 높지 않으므로 보수성이 높다.
③ 습식종자뿜어붙이기에 비하여 도달거리가 길어 시공성이 좋다.
④ 혼합한 물량이 적으므로 뿜기작업할 때에 뿜기재료의 유실이 적다.

60. 다음 중 침식방지용 자재 중 황마를 주재료로 만든 것은?

① 수지시트
② 수지네트
③ 코이어네트(coir net)
④ 쥬트네트(jute net)

## 제4과목 경관생태학

61. 생태축의 기능에 대한 설명으로 틀린 것은?

① 종의 고립 증대
② 도시 미기후의 조절
③ 유전자 풀(pool)의 유지와 근교약세의 방지
④ 생태계의 연결을 통해 생물 이동의 증진

62. 도로조경을 통한 경관 계획 시 경관향상을 위해 고려되어야 할 사항으로 가장 거리가 먼 것은?

① 편의성 ② 공해완화
③ 환경보전 기능 ④ 운전자의 쾌적성

63. 경관을 구성하는 지형, 토질, 식생 등의 경관단위가 자연적 조건과 인위적 조건의 영향을 받아 수평적으로 또는 규모적으로 배치된 형태를 일컫는 경관생태학 용어는?

① 경관패치(Landscape Patch)
② 경관기능(Landscape Function)
③ 경관코리더(Landscape Corridor)
④ 경관모자이크(Landscape Mosaic)

64. 다음 [보기]의 설명 중 ( )안에 들어갈 용어를 순서대로 나열한 것으로 옳은 것은?

> 지구에 대한 태양과 달의 인력으로 발생하는 해면의 규칙적인 승강 운동을 조석이라고 하는데 조수 간만의 정도는 위도와 바다의 수심, 해안선의 윤곽 등에 의해 차이가 생긴다. 지구와 태양과 달이 일직선에 놓이는 보름과 그믐 직후에는 조석 차이가 큰 ( ) 가 나타나고, 반대로 태양과 달이 지구에 대해 직각으로 놓이는 반월 직후에는 조석 차이가 적은 ( ) 이(가) 나타난다.

① 고조, 저조 ② 사리, 조금
③ 창조, 낙조 ④ 만조, 간조

65. 경관 자료에는 3가지 중요한 형태가 있다. 이 3가지에 속하지 않는 형태는?

① 항공사진
② 모델링 자료
③ 문헌자료와 센서스
④ 디지털 원격탐사 자료

66. 해안 연안에 무절석회조류의 이상증식으로 인하여 발생하는 것으로, 어류자원 및 해조자원에 심각한 피해가 발생한다. 우리나라는 주로 동해안에 많이 발생하여 연안자원에 피해를 입히고 있는데 이 현상은?

① 적조현상 ② 녹조현상
③ 백화현상 ④ 청수현상

67. 다음 중 인공지반에 해당하지 않는 것은?

① 도로개설로 인한 절개지역
② 건축물의 표층을 토지로서 이용하는 지역
③ 고가광장과 같이 인공지반이 독립해서 존재하는 지역
④ 대규모 개발과 해상 등 수면위의 이용에 사용되는 지역

68. 생태적 천이과정 유형 중 인위적이거나 자연적 교란에 의해서 기존의 식물군집이 손상되면서부터 진행되는 천이의 유형은?

① 2차천이 ② 3차천이
③ 중성천이 ④ 순환천이

정답 ➔ 60. ④ 61. ① 62. ① 63. ④ 64. ② 65. ② 66. ③ 67. ① 68. ①

69. 인공지반의 녹화, 특히 옥상녹화와 관련한 설명 중 옳지 않은 것은?

① 식물의 증발산 작용에 의해 도시열섬화를 완화할 수 있다.
② 소리파장을 흡수하여 분쇄하므로 소음을 경감시킬 수 있다.
③ 토양과 식물은 지붕에 비해 열전도율이 낮아 냉·난방에너지를 절약할 수 있다.
④ 토양수분과 뿌리성장으로 인해 건물의 단열성이 약화될 가능성이 크다.

해 ④ 토양 수분과 뿌리 성장으로 인해 하중의 증가가 나타날 수 있다.

70. 비오톱과 그 곳에 서식하는 생물 사이의 결합은 절대적인 것이 아니라 지역에 따라 변화하는 상대적인 것이다. 이러한 관점에서 비오톱의 보호 및 조성 원칙을 설명한 것 중 옳지 않은 것은?

① 조성 대상지 본래의 자연환경을 복원하기 위해 현재 자연환경의 파악은 필수적이다.
② 비오톱 조성은 행정 계획만으로 진행시키지 말고 어떤 형식으로든 시민참가를 도모한다.
③ 비오톱 조성의 설계 시 모든 이용소재(생물과 비생물 모두를 포함함)는 그 지역외의 것으로 해야 한다.
④ 설계도면에서의 비오톱은 완성의 과정일 뿐이며 자연이 복원되어 완성상태가 되기 위한 계획 및 설계기술이 필요하다.

해 ③ 비오톱 조성의 설계 시 모든 이용소재는 당해 지역의 것으로 하는 것이 바람직하다.

71. 개발사업 시 동 · 식물상 분야에 대한 환경영향평가의 가장 근본적인 목적은?

① 미적 경관 향상
② 생물 다양성 보전
③ 특정 개체수의 증가
④ 서식처의 연결성 증가

72. 다음 중 GIS의 구성요소를 옳게 나열한 것은?

① 이용자, 방법, 래스터
② 셀, 래스터, 소프트웨어
③ 자료, 소프트웨어, 이용자
④ 하드웨어, 소프트웨어, 벡터

해 GIS의 구성요소 : GIS업무를 효과적으로 수행하기 위해 필요한 요소들로서, 하드웨어(컴퓨터)와 소프트웨어(프로그램), 자료(데이터), 방법(분석기법), 이용자(사람)를 들 수 있다.

73. 다음 중 비오톱 조성의 역할로 옳지 않은 것은?

① 생활환경의 개선
② 자연생태계의 복원
③ 환경교육의 장소 제공
④ 주민 소득 증대에 기여

74. 다음 중 해안경관의 유형으로 볼 수 없는 것은?

① 호수　　② 갯벌
③ 사구　　④ 식생해안

75. 도서생물지리학을 응용한 서식처의 조성의 원칙 중 Good(좋음)과 Bad(나쁨)의 연결이 옳지 않은 것은?

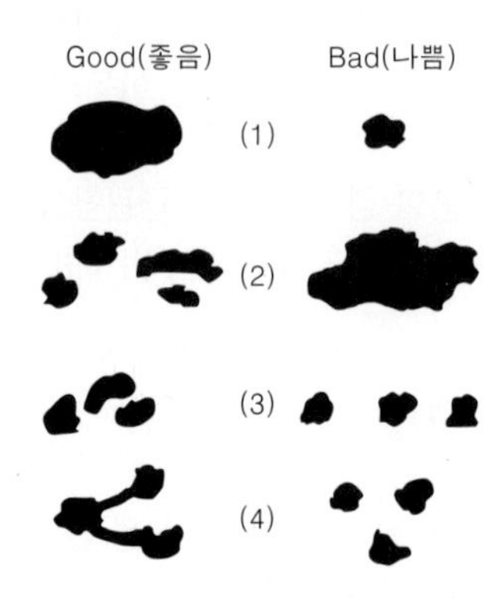


① (1)　　② (2)
③ (3)　　④ (4)

해 ② 큰 면적 하나가 작은 면적 여러 개보다 종의 보존에 더 효과적이다.

76. 경관에 대한 저항(resistance)과 이질성(heterogeneity)에 대한 설명 중 틀린 것은?

① 경관 저항은 생물이나 에너지 또는 물질 등의 이동이나 흐름을 방해하는 경관의 구조적 특징



정답 → 69. ④ 70. ③ 71. ② 72. ③ 73. ④ 74. ① 75. ② 76. ③

의 영향을 나타낸다.

② 경관 저항은 단위 루트 당 경계의 수로 표시하는 경계 교차빈도(boundary-crossing frequency)로 표시하기도 한다.

③ 산림조류의 경우 건물이 들어선 지역과 도로 등에서는 이질성으로 느껴 경관저항이 줄어든다.

④ 동물들은 이동할 때 가능한 한 경관의 경계수가 적은 긴 루트를 택하려는 경향을 보인다.

해 ③ 산림과 도시의 경관특성이 크게 다르므로 경관저항이 커진다.

77. 경관과 관련된 공간규모의 순서를 큰 것에서 작은 것 순으로 옳게 나열한 것은?

① 지구 → 광역 → 권역 → 경관 → 생태소공간
② 지구 → 권역 → 광역 → 경관 → 생태소공간
③ 지구 → 권역 → 광역 → 생태소공간 → 경관
④ 지구 → 광역 → 권역 → 생태소공간 → 경관

78. 다음 [보기]의 ( )안에 적합한 용어는?

> 경관 연구자들은 조작하고 보여주기 쉽다는 이유로 경관자료를 ( )형태로 저장한다다.

① GIS　② GRID
③ GRAIN　④ PATCH

79. 훼손된 자연의 복원단계 중 복구(rehabilitation)에 대한 설명으로 옳은 것은?

① 자연의 회복 능력에 전적으로 맡기는 것
② 훼손된 자연의 구조와 기능을 교란되기 전의 상태로 회복시키는 것
③ 훼손된 자연에 인위적으로 선발된 생물종이나 에너지, 물, 비료 등을 보충하는 것
④ 훼손된 자연을 회복의 중간단계까지만 회복시키며 원래의 자연상태와 유사한 것을 목적으로 하는 것

80. 다음 중 경관생태학의 범주에 속하지 않는 것은?

① 공간적인 이질성의 발달과 역동성
② 이질적인 경관 사이의 상호작용과 교환
③ 개체의 유전자원을 유지하기 위한 유전자 복제
④ 생물적·비생물적 과정에 대한 공간 이질성의 영향

## 제5과목 자연환경관계법규

81. 자연환경보전법령상 생태계보전협력금은 50억원 범위에서 생태계의 훼손면적에 단위면적당 부과금액과 지역계수를 곱하여 산정 · 부과한다. 이때 단위 면적당 부과금액으로 옳은 것은?

① 제곱미터당 300원　② 제곱미터당 500원
③ 제곱미터당 750원　④ 제곱미터당 1,000원

82. 국토기본법상 국토정책위원회에 대한 설명으로 옳지 않은 것은?

① 국토계획 및 정책에 관한 중요 사항을 심의하기 위한 대통령 직속의 위원회이다.
② 국토정책위원회는 위원장 1명, 부위원장 2명을 포함한 42명 이내의 위원으로 구성한다.
③ 국토정책위원회 위촉위원은 국토계획 및 정책에 관하여 학식과 경험이 풍부한 사람으로서 국무총리가 위촉한 사람이다.
④ 국토정책위원회의 업무를 효율적으로 수행하기 위하여 대통령령으로 정하는 바에 따라 분야별로 분과위원회를 둔다.

해 ① 국토계획 및 정책에 관한 중요 사항을 심의하기 위하여 국무총리 소속으로 국토정책위원회를 둔다

83. 자연공원법상 자연공원을 효과적으로 보전하고 이용할 수 있도록 하기 위한 용도지구 중 공원자연보존지구에 해당하지 않는 곳은? (단, 특별히 보호할 필요가 있는 지역은 제외한다.)

① 경관이 특히 아름다운곳
② 야생동식물의 수가 많은 곳
③ 생물다양성이 특히 풍부한 곳
④ 자연생태계가 원시성을 지니고 있는 곳

84. 자연공원법상 자연공원에 해당하지 않는 것은?

정답 ➔ 77. ② 78. ① 79. ④ 80. ③ 81. ① 82. ① 83. ② 84. ③

① 도립공원 ② 군립공원
③ 도시공원 ④ 국립공원

85. 야생생물 보호 및 관리에 관한법령상 환경부령으로 정하는 먹는 것이 금지되는 야생동물 중 멸종위기 야생동물 II급에 해당하는 것은?

① 산양 ② 쇠오리
③ 사향노루 ④ 흑기러기

해 ①③ 멸종위기 야생생물 1급

86. 습지보전법상 환경부장관과 해양수산부장관은 습지조사의 결과를 토대로 몇 년마다 습지보전기초계획을 각각 수립하여야 하는가?

① 3년 ② 5년
③ 10년 ④ 20년

87. 국토의 계획 및 이용에 관한 법률상 도시지역 내 각 지역별 용적률의 최대한도 기준으로 옳은 것은?

① 주거지역 : 200퍼센트 이하
② 상업지역 : 1천퍼센트 이하
③ 공업지역 : 250퍼센트 이하
④ 녹지지역 : 100퍼센트 이하

해 ① 500% 이하, ② 1,500% 이하, ③ 400% 이하

88. 야생생물 보호 및 관리에 관한 법령상 멸종위기 야생생물 1급에 해당되는 포유류 중 올바르지 않은 것은?

① 늑대(Canis lupus coreanus)
② 삵(Prionailurus bengalensis)
③ 사향노루(Moschus moschiferus)
④ 호랑이(Panthera tigris altaica)

해 ② 멸종위기 야생생물 2급

89. 다음은 습지보전법령상 국가습지심의위원회의 구성 및 운영 등에 관한 사항이다. ( ) 안에 가장 적합한 것은?

> 국가습지심의위원회의 위원 중 위촉위원회의 임기는 ( ㉠ )으로 하고, 위원장은 회의를 소집하려는 때에는 회의 개최 ( ㉡ )까지 회의의 일시 및 심의안건을 위원회의 위원에게 통보하여야 한다.

① ㉠ 2년, ㉡ 7일 전 ② ㉠ 3년, ㉡ 7일 전
③ ㉠ 2년, ㉡ 14일 전 ④ ㉠ 3년, ㉡ 14일 전

90. 국토의 계획 및 이용에 관한 법령상 광역도시계획 수립을 위해 그 밖에 대통령령이 정하는 기초조사 사항으로 가장 거리가 먼 것은?

① 국제적 협력강화를 위한 부대시설의 설치
② 기반시설 및 주거수준의 현황과 전망
③ 기후·지형·자원 및 생태 등 자연적 여건
④ 풍수해·지진 그 밖의 재해의 발생현황 및 추이

91. 자연환경보전법령상 위임업무 보고사항 중 생태마을의 해제 실적 보고 횟수 기준은?

① 수시 ② 연 1회
③ 연 2회 ④ 분기 1회

92. 환경정책기본법령상 이산화질소(NO2)의 대기환경기준으로 옳은 것은? (단, 24시간 평균치이다.)

① 0.02ppm 이하 ② 0.03ppm 이하
③ 0.05ppm 이하 ④ 0.06ppm 이하

93. 야생생물 보호 및 관리에 관한 법령상 멸종위기 야생생물의 지정 주기는? (단, 특별히 필요하다고 인정할 때는 제외한다.)

① 3년 ② 5년
③ 10년 ④ 15년

94. 다음은 환경정책기본법령상 중앙정책위원회에 관한 사항이다. ( ) 안에 가장 적합한 인원수는?

> 중앙정책위원회의 회의는 위원장이 필요하다고 인정할 때에 위원장이 소집하되, 회의는 위원장과 위원장이 회의마다 지명하는 ( ㉠ )의 위원으로 구성하며, 위원장이 그 의장이 된다. 또한 중앙정책위원회의 원활한 운영을 위하여 환경정책 · 자연환경 · 기후대기 · 물 · 상하수도, 자원순환 등 환경관리 부문별로 분과위원회를 두며, 분과위원회는 분과위원장 1명을 포함한 ( ㉡ )의 위원으로 구성한다.

① ㉠ 5명 이상, ㉡ 25명 이내
② ㉠ 25명 이상, ㉡ 25명 이내



정답 → 85. ④ 86. ② 87. ④ 88. ② 89. ② 90. ① 91. ① 92. ④ 93. ② 94. ①

③ ㉠ 5명 이상, ㉡ 50명 이내
④ ㉠ 25명 이상, ㉡ 50명 이내

**95.** 자연환경보전법령상 생태통로 설치기준에 관한 설명으로 옳지 않은 것은?

① 생태통로의 길이가 길수록 폭을 좁게 설치한다.
② 생태통로 내부에는 다양한 수식적 구조를 가진 아교목·관목·초목 등으로 조성한다.
③ 생태통로 내부에는 돌무더기나 고사목·그루터기·장작더미 등의 다양한 서식환경과 피난처를 설치한다.
④ 생태통로 입구와 출구에는 원칙적으로 현지에 자생하는 종을 식수하며, 토양 역시 가능한 한 공사 중 발생한 절토를 사용한다.

해 ① 생태통로의 길이가 길수록 개방도를 위해 폭을 넓게 설치한다.

**96.** 백두대간 보호에 관한 법령상 산림청장은 백두대간의 효율적 보호를 위해 마련된 원칙과 기준에 따라 기본계획을 몇 년마다 수립하여야 하는가?

① 3년 ② 5년
③ 10년 ④ 20년

**97.** 다음 중 생물다양성 보전 및 이용에 관한 법령상 국가가 예산의 범위에서 지방자치단체 또는 관련 단체에 사업 시행 시 그 비용의 전부 또는 일부를 보조할 수 있는 사업으로 옳지 않은 것은? (단, 그 밖에 생물다양성 보전을 위한 사업은 제외한다.)

① 생태계서비스지불제계약의 이행
② 생태계서비스 홍보에 관한 사업
③ 전문인력의 양성사업 및 교육·홍보 사업
④ 생물다양성과 생물자원 관련 연구사업, 기술개발 촉진 및 공동연구 지원사업

**98.** 다음 중 독도 등 도서지역의 생태계 보전에 관한 특별법의 적용범위로 옳은 것은?

① 독도 및 울릉도의 자연생태계등의 보호에 관한 사항
② 독도 및 부속도서의 자연생태계등의 보호에 관한 사항
③ 독도 및 울릉도의 부속도서를 포함하는 자연생태계등의 보호에 관한 사항
④ 독도 등 대한민국의 주권이 미치는 특정도서의 자연생태계등의 보호에 관한 사항

**99.** 국토의 계획 및 이용에 관한 법령상 (   )안에 들어갈 지구로서 가장 적합한 것은?

> ( ㉠ )는 녹지지역 · 관리지역 · 농림지역 또는 자연환경보전지역안의 취락을 정비하기 위하여 필요한 지구이며, ( ㉡ )는 개발제한구역 안의 취락을 정비하기 위하여 필요한 지구이다..

① ㉠ 보전취락지구, ㉡ 집단취락지구
② ㉠ 보전취락지구, ㉡ 개발취락지구
③ ㉠ 자연취락지구, ㉡ 개발취락지구
④ ㉠ 자연취락지구, ㉡ 집단취락지구

**100.** 환경정책기본법상 환경기준의 설정에 관한 내용으로 옳지 않은 것은?

① 환경기준은 환경부령으로 정한다.
② 국가는 생태계 또는 인간의 건강에 미치는 영향 등을 고려하여 환경기준을 설정하여야 하며, 환경 여건의 변화에 따라 그 적정성이 유지되도록 하여야 한다.
③ 시·도지사는 지역환경기준을 설정하거나 변경한 경우에는 이를 지체 없이 환경부장관에게 보고하여야 한다.
④ 시·도는 해당 지역의 환경적 특수성을 고려하여 필요하다고 인정할 때에는 해당 시·도의 조례로 환경기준보다 확대·강화된 별도의 지역환경기준을 설정 또는 변경할 수 있다.

해 ① 환경기준은 대통령령으로 정한다.

정답 ➔ 95. ① 96. ③ 97. ② 98. ④ 99. ④ 100. ①

## ∻ 2020년 자연생태복원기사 제 4 회

2020년 9월 26일 시행

### 제1과목 환경생태학 개론

01. 섬생물지리 이론에 관한 설명으로 옳지 않은 것은?

① 하나의 섬에서 종의 수와 조성은 역동적이다.
② 경관계획과 자연보전지구 지정에 유용한 이론이다.
③ 섬이 클수록, 육지와 멀리 떨어질수록 종수는 적다.
④ 어떤 섬에서 생물종수는 이주와 사멸의 균형에 의해 결정된다.

해 ③ 큰 섬은 작은 섬보다 더 많은 종 보유할 수 있으며, 대륙에 가까운 섬은 멀리 떨어져 있는 섬보다 더 많은 종을 보유한다.

02. 생물학적 오염(biological pollution)의 예로 옳은 것은?

① 질병에 감염된 생명체를 자연계로 방사한다.
② 생물의 사체에 의해 부영양화가 발생한다.
③ 어획량을 늘리기 위해 팔당호에 베스를 방사했다.
④ 먹이 사슬에 의해 수은이나 납 같은 중금속이 자연계 내 생물들의 체내에 축적된다.

03. 생태적 피라미드(ecological pyramid) 중 군집의 기능적 성질의 가장 좋은 전체도(全體圖)를 나타내며, 피라미드가 항상 정점이 위를 향한 똑바른 형태로서 생태학적으로 가장 큰 의의를 가진 것은?

① 개체수 피라미드 ② 에너지 피라미드
③ 개체군 피라미드 ④ 생체량 피라미드

04. 벌채, 산불 등으로 파괴된 산림과 같이 인위적인 교란에 의하여 파괴된 장소나 휴경지에서 시작되는 천이로 옳은 것은?

① 1차천이 ② 2차천이
③ 건성천이 ④ 습성천이

05. 질소고정 박테리아는 질소의 순환과정에 깊이 관여하고 있다. 다음 중 질소고정 박테리아로 널리 알려져 있는 것은?

① Rhizobium ② Nitrobacter
③ Nitrosomonas ④ Micrococcus

해 ②③ 질화세균, ④ 탈질세균

06. 생물이 필요로 하는 원소가 생물권 내에서 환경 → 생물 또는 생물 → 환경으로 일정한 경로를 거쳐 순환되는 과정을 무엇이라고 하는가?

① 천이
② 온실효과
③ 먹이연쇄순환
④ 생물지구화학적 순환

07. 다음의 설명에 해당되는 것은?

> [보기]
> 유기체와 환경사이를 왔다갔다 하는 화학원소들의 순환 경로

① 물질 순환 ② 에너지 순환
③ 생물종 순환 ④ 생물지화학적 순환

08. 생태계의 구성요소에서 생산자에 해당하지 않는 것은?

① 산림식물 ② 초원식물
③ 식물플랑크톤 ④ 유기영양 미생물

09. 다음 중 담수에서 생태적으로 중요한 환경요인이 아닌 것은?

① 빛 ② 온도
③ 산소 ④ 염분농도

10. 국제자연보존연맹(IUCN)의 평가기준에서 보호대책이 없으면 가까운 장래에 멸종할 것으로 생각되는 것은?

① 절멸종 ② 위기종
③ 취약종 ④ 희귀종



정답 → 01. ③ 02. ③ 03. ② 04. ② 05. ① 06. ④ 07. ④ 08. ④ 09. ④ 10. ②

11. 다음 [보기]가 설명하는 것은?

> [보기]
> 야생동물 행동반경의 모든 것이나 또는 부분을 말하는 것으로서 다른 동물들의 침입에 대해서 방어하는 기능을 가지는 것

① 세력권 ② 산란처
③ 은신처 ④ 생태적 지위

12. 멸종위기에 처한 야생동식물을 보호하기 위한 국제협약은?

① CITES 협약 ② 람사르 협약
③ 생물종다양성 협약 ④ CISG 협약

해 ① CITES란 멸종위기에 처한 야생 동 · 식물종의 국제거래에 관한 협약이다.

13. 어떤 식물이 충분한 빛이 쪼이는 곳에서 생육할 때보다 그늘에서 생육하는 경우에 토양 속의 아연 요구량이 적게 필요하다고 가정한다면, 이 내용에 적합한 법칙으로 옳은 것은?

① Allen의 법칙
② Bergmann의 법칙
③ Liebig의 최소량 법칙
④ Gause의 경쟁 배타 법칙

14. 생물종간의 상호관계 중 한 종이 다른 종에 도움을 주지만 도움을 받는 종은 상대편에 아무런 작용도 하지 않는 관계를 의미하는 용어로 옳은 것은?

① 종간경쟁 ② 편해공생
③ 편리공생 ④ 상리공생

15. 내성(tolerance) 범위에 대한 설명으로 가장 거리가 먼 것은?

① 모든 요인에 대하여 넓은 내성범위를 갖는 생물은 분포구역이 좁다.
② 일반적으로 각 생물의 발생 초기에는 각 요인에 대한 내성범위가 좁다.
③ 대부분의 생물이 자연계에서 최적 범위내의 생태적 요인 하에서 살고 있는 것은 아니다.
④ 어떤 환경요인이 최적 범위에 있지 않을 때에는 다른 요인에 대해서도 내성이 약화된다.

해 ① 모든 요인에 대하여 넓은 내성범위를 갖는다는 것은 환경적 범위가 넓다는 의미로 분포구역이 넓다.

16. 다음 [보기]가 설명하는 용어로 옳은 것은?

> [보기]
> 서로 다른 개체군이 오랜 시간에 걸쳐서 상호작용하게 되면 한 종의 유전자풀이 다른 종의 유전자풀의 변화를 유도하게 된다.

① 적응 ② 공진화
③ 생태적지위 ④ 제한요인

17. 다음 중 빈영양 호수에 비해 부영양 호수에서 나타나는 현상의 설명으로 옳지 않은 것은?

① 동물 생산량이 높다.
② 심수층의 산소는 풍부하다.
③ 조류(Algae)가 고밀도로 성장한다.
④ 수심이 얕고 투명도 깊이 또한 얕다.

해 ② 부영양호의 물속에는 유기물이 풍부하여 이를 분해시키기 위한 산소가 소비되므로 여름철에는 밑층의 물에 산소가 결핍되거나 때로는 소실되기도 한다.

18. 생물군집에서 생물종간의 상호관계 중 상리공생(mutualism)과 상조공생(synergism)의 차이점을 옳게 설명한 것은?

① 상리공생은 상조공생보다 진화된 공생의 형태이다.
② 상리공생, 상조공생 모두 편해작용에 상반되는 현상이다.
③ 상조공생은 개체수가 증가할수록 높은 에너지 효율을 보인다.
④ 상리공생은 두 집단 간에 의무적 관계가 성립하는 반면, 상조공생은 반드시 필요한 의무적인 관계는 아니다.

19. 환경요인에 대해서 특정 생물종의 생존가능 범위를 무엇이라고 하는가?

정답 ➜ 11. ① 12. ① 13. ③ 14. ③ 15. ① 16. ② 17. ② 18. ④ 19. ②

① 생물범위 ② 내성범위
③ 서식범위 ④ 비생물범위

20. 도시림의 기능이나 효용에 관한 설명으로 가장 거리가 먼 것은?

① 방충적 효용 ② 방음적 효용
③ 방화적 효용 ④ 심리적 효용

## 제2과목 환경계획학

21. 국토의 계획 및 이용에 관한 법률상 지구단위계획에 포함되지 않는 내용은?

① 환경관리계획 또는 경관계획
② 토지의 용도별 수요 및 공급에 관한 사항
③ 건축물의 배치·형태·색체 또는 건축선에 관한 계획
④ 용도지역이나 용도지구를 대통령령으로 정하는 범위에서 세분하거나 변경하는 사항

22. 환경계획의 영역적 분류에 해당하지 않는 것은?

① 오염관리계획 ② 환경시설계획
③ 환경개발계획 ④ 환경자원관리계획

23. 생태 네트워크의 필요성에 관한 설명으로 옳지 않은 것은?

① 생물다양성을 증진하기 위해서이다.
② 생물서식공간을 각각의 독립적인 공간으로 조성하기 위해서이다.
③ 불필요한 생물서식공간의 조성으로 인한 경제적 손실비용을 최소화하기 위해서이다.
④ 무절제한 개발로 인한 훼손된 환경을 개발과 보전이 조화를 이루면서 자연지역을 보전하기 위해서이다.

24. 오늘날 야기되는 대표적인 환경문제가 아닌 것은?

① 대기오염 ② 자원고갈
③ 지구온난화 ④ 이산화탄소 감소

25. 환경 친화적 택지개발에 관한 설명으로 옳지 않은 것은?

① 지구환경의 보전
② 인간과 자연 상호에게 유익함 제공
③ 토지자원절약을 통한 효율성 제고
④ 단지 개발 시 자연보존문제를 동시적으로 고려

26. 여러 가지 평가항목을 평가함에 있어 일정 특성의 크고 작음을 비교하여 크기의 순서에 따라 숫자를 부여한 척도는?

① 순서척(順序尺) ② 명목척(名目尺)
③ 등간척(等間尺) ④ 비례척(比例尺)

27. 국토의 계획 및 이용에 관한 법률상 도시지역내 공업지역의 건폐율과 용적률의 최대한도기준으로 옳게 나열한 것은?

① 건폐율 60% 이하 – 용적률 400% 이하
② 건폐율 70% 이하 – 용적률 400% 이하
③ 건폐율 80% 이하 – 용적률 500% 이하
④ 건폐율 90% 이하 – 용적률 500% 이하

28. 다음 중 하천의 주요기능으로 가장 거리가 먼 것은?

① 이수기능 ② 위락기능
③ 치수기능 ④ 환경기능

29. 다음 난개발과 지속가능개발의 특성에 관한 비교 중 평가기준의 내용이 옳지 않은 것은?

| 평가기준 | 난개발 | 지속가능개발 |
|---|---|---|
| 이론 | 갈등이론 | 협력이론 |
| 접근방법 | 통합적 접근 | 분야별 접근 |
| 환경정의 | 환경의무 이행의 획일화 | 환경의무 이행의 차등화 |
| 사회적 형평성 | 계층간의 갈등 | 미래세대와 현세대 간의 형평성 추구 |

① 이론 ② 접근방법
③ 환경정의 ④ 사회적 형평성

30. 도시지역 기온의 상승결과로 나타나는 열섬(heat island)현상의 원인으로 볼 수 없는 것은?

① 각종 산업시설, 자동차 등에 의한 대기오염



정답 → 20. ① 21. ② 22. ③ 23. ② 24. ④ 25. ③ 26. ① 27. ② 28. ② 29. ② 30. ④

② 교통량 증가, 냉난방, 조명 등에 의한 인공열
③ 지표면의 인공포장으로 인한 녹지면적의 부족
④ 넓은 도로 또는 오픈스페이스에 의한 원활하지 못한 통풍

31. 환경가치추정은 여러 가지 방법에 의해 계산되고 있다. 예를 들어 공기 좋은 곳의 부동산 값이 공기가 나쁜 곳의 부동산 값에 비해서 비싸다면 그에 대한 환경가치를 추정할 수 있는 가장 적절한 방법은?

① 여행비용에 의한 추정
② 속성가격에 의한 추정
③ 경제시스템에 의한 추정
④ 부동산 공시지가에 의한 추정

32. 다음 중 환경정책기본법상 환경친화적인 계획기법 등을 작성할 경우 포함되어야 할 사항 중 틀린 것은? (단, 그 밖에 행정계획 및 개발사업이 지속가능하게 계획되어 수립 · 시행될 수 있게 하기 위하여 필요한 사항은 제외한다.)

① 환경친화성 지표에 관한 사항
② 환경친화적 계획 기준 및 기법에 관한 사항
③ 국가환경 기준 및 외국의 환경기준에 관한 사항
④ 환경친화적인 토지의 이용·관리 기준에 관한 사항

33. 다음 중 생태네트워크의 구성요소가 아닌 것은?

① 핵심지역 ② 완충지역
③ 경계지역 ④ 생태적 코리더

34. 생물 공동체의 서식처, 어떤 일정한 생물집단 및 입체적으로 다른 것들과 구분될 수 있는 생물집단의 공간영역으로 정의될 수 있는 환경계획의 공간 차원은?

① 산림 ② 비오톱
③ 생태공원 ④ 지역사회

35. 농업적으로 생산적인 생태계의 의도적인 설계와 유지관리를 위해 퍼머컬쳐(Perma-culture)가 가져야 하는 특성으로 옳지 않은 것은?

① 자연 생태계의 다양성
② 자연 생태계의 안정성
③ 자연 생태계의 순환성
④ 자연 생태계의 고립성

해 퍼머컬쳐란 인간에게 지속가능한 방법으로 식물, 에너지, 쉘터 등 물질 · 비물질적인 요구를 충족시켜주는 랜드스케이프와 인간의 조화로운 통합이 목적이며, 자연생태계의 다양성, 연결성, 안정성, 순환성, 자립성 등을 채용한다.

36. 생물다양성보전 및 이용에 관한 법률상 생태계서비스 지불계약을 체결한 당사자가 그 계약 내용을 이행하지 아니하거나 계약을 해지하고자 하는 경우에 상대방에게 언제까지 이를 통보하여야 하는가?

① 1개월 이전 ② 3개월 이전
③ 6개월 이전 ④ 12개월 이전

37. 국토의 계획 및 이용에 관한 법률상 용어의 정의가 옳지 않은 것은?

① 공동구 : 지하매설물을 공동 수용함으로써 미관의 개선, 도로구조의 보전 및 교통의 원활한 소통을 위하여 지하에 설치하는 시설물
② 용도구역 : 개발로 인하여 기반시설이 부족할 것으로 예상되나 기반시설의 설치가 곤란한 지역을 대상으로 건폐율이나 용적률을 강화하여 적용하기 위하여 지정하는 구역
③ 용도지구 : 토지의 이용 및 건축물의 용도·건폐율·용적률·높이 등에 대한 용도지역의 제한을 강화하거나 완화하여 적용함으로써 용도지역의 기능을 증진시키고 경관·안전 등을 도모하기 위하여 도시·군관리계획으로 결정하는 지역
④ 기반시설부담구역 : 개발밀도관리구역 외의 지역으로서 개발로 인하여 기반시설의 설치가 필요한 지역을 대상으로 기반시설을 설치하거나 그에 필요한 용지를 확보하게 하기 위하여 관련 규정에 의해 지정·고시하는 구역

해 ③ 용도구역 : 토지의이용 및건축물의 용도·건폐율·용적률·높이 등에 대한 용도지역 및 용도지구의 제한을 강화하거나 완화하여 따로 정함으로써 시가지의 무질서한 확산 방지, 계획적이고 단계적인 토지이용의 도모, 토지이용의 종합적 조정·관리 등을 위하여 도시·군관리계획으로 결정하는 지역을 말한다.

정답 → 31. ② 32. ③ 33. ③ 34. ② 35. ④ 36. ② 37. ②

38. 생태적 복원의 유형 중 복원(restoration)에 관한 설명으로 옳은 것은?

① 교란 이전의 상태로 정확하게 돌아가기 위한 시도이다.
② 구조에 있어 간단할 수 있지만 보다 생산적일 수 있다.
③ 현재의 상태를 개선하기 위해 다른 생태계로 대체하는 것이다.
④ 이전 생태계와 유사한 기능을 지니면서도 다양한 구조의 생태계를 창출할 수 있다.

해 ②③④ 대체(replacement)

39. 백두대간 보호에 관한 법률상 지정 · 관리되는 백두대간보호지역의 구분으로 옳은 것은?

① 핵심구역
② 핵심구역, 전이구역
③ 핵심구역, 완충구역
④ 핵심구역, 완충구역, 전이구역

해 ·핵심구역 : 백두대간의 능선을 중심으로 특별히 보호하려는 지역
·완충구역 : 핵심구역과 맞닿은 지역으로서 핵심구역 보호를 위하여 필요한 지역

40. 자연환경보전법상 다음 [보기]가 정의하는 용어로 옳은 것은?

> [보기]
> 생물다양성을 높이고 야생동·식물의 서식지간의 이동가능성 등 생태계의 연속성을 높이거나 특정한 생물종의 서식조건을 개선하기 위하여 조성하는 생물서식공간을 말한다.

① 생태축 ② 소생태계
③ 소생물권 ④ 생태연결통로

제3과목 **생태복원공학**

41. 생태복원의 각 단계를 설명한 것으로 옳지 않은 것은?

① 목적설정이란 생태계와 인공계의 관계를 조정할 때 구체적인 수준을 정하는 것이다.
② 시공은 목표종의 서식에 적합한 공간을 만드는 것으로 종의 생활사를 고려하여야 한다.
③ 조사 및 분석에서 생태계는 지역마다 그 특징이 유사하므로 대표적인 지역에 대한 조사만 수행해도 된다.
④ 계획은 생태계와 인공계의 관계를 공간적인 배치에 의해 조정함과 동시에 생태계의 질, 크기, 배치 등을 결정하는 것이다.

42. 수질정화 습지의 조성을 위한 고려사항으로 옳지 않은 것은?

① 수질정화를 극대화할 수 있는 충분한 습지가 확보되어야 한다.
② 수질정화가 왕성하게 일어나는 저습지대의 식생은 주로 부수식물로 구성되어야 한다.
③ 간단한 취수시설로서 하천·호소의 물을 도입하는데 지리적으로 유리한 곳이어야 한다.
④ 조성 후에는 식생관리가 필요하며, 정화기능을 극대화시키기 위하여 1년에 1회 이상 절취하는 작업을 해 주면 좋다.

해 ② 저습지대의 식생은 다양한 수생식물로 구성되어야 한다.

43. 생태복원과 관련된 공사에서 순공사원가 계산에 포함되는 3가지 비목은 무엇인가?

① 재료비, 노무비, 이윤
② 재료비, 노무비, 경비
③ 재료비, 일반관리비, 이윤
④ 재료비, 일반관리비, 경비

44. 다음 [보기]와 같은 조건에서 관거 출구에서의 첨두 유출량($m^3/s$)은 약 얼마인가? (단, 합리식을 이용한다.)

> • 유역면적 : 2.5ha • 유출계수 : 0.4
> • 유입시간: 5min • 관거길이 : 180m
> • 관거 내의 유속 : 1m/s • 강우강도 : mm/h
> (단, T = 유달시간(min))

① 0.30 ② 0.35
③ 0.40 ④ 0.45

해 · 유달시간 T = 유입시간 + 유하시간

$$= 5 + (\frac{180}{1} \div 60) = 8(min)$$

· 유출량 $Q = \frac{1}{360} \times C \times I \times A$

$$= \frac{1}{360} \times 0.4 \times \frac{7500}{(52+8)} \times 2.5 = 0.35(m^3/s)$$

45. 산림식생복원을 위한 질소고정식물들로만 바르게 짝지어진 것은?

① 소나무, 싸리나무, 떡갈나무
② 소나무, 물오리나무, 서어나무
③ 아까시나무, 작살나무, 떡갈나무
④ 아까시나무, 자귀나무, 사방오리나무

해 질소고정식물 : 콩과(다릅나무, 자귀나무, 아까시나무, 주엽나무, 싸리, 족제비싸리, 골담초, 낭아초, 칡, 알팔파, 클로버, 비수리), 오리나무류, 보리수나무, 소귀나무

46. 생태 네트워크의 시행방안에 대한 설명으로 옳지 않은 것은?

① 기존 수자원, 즉 호소, 하천, 실개천 등을 적극적으로 보전하고 최대한 계획에 활용한다.
② 공원 및 옥외공간의 녹화는 경관향상을 위한 녹화를 하며 평면구조의 생태적인 기법으로 녹화한다.
③ 녹지체계는 생태통로, 녹도, 보행자 전용도로 등 선형의 생물이동통로를 조성하여 그린네트워크를 형성한다.
④ 생물이 이동할 수 있도록 중앙의 핵심녹지를 중심으로 거점녹지(면녹지), 점녹지를 체계적으로 연결한다.

해 ② 공원 등의 녹지는 생태도시의 한 요소로서 서식처 등 생태적인 기법으로 녹화하여 녹지체계의 한 부분이 되도록 한다.

47. 토양 화학성을 나타내는 지표에 대한 설명으로 옳지 않은 것은?

① 양이온교환용량은 보비력 혹은 완충능력의 지표가 된다.
② 산림토양의 양이온교환용량은 일반적으로 경작토양보다 낮다.
③ 토양입자의 표면은 음전하(−)로 되어있고, 양이온을 흡착하고 있다.
④ 양이온교환용량이 큰 토양일수록 토양 pH 변동을 작게 하는 완충능력이 작다.

48. 비료의 성분 중 칼륨(K)의 특징으로 옳은 것은?

① 식물 세포핵의 구성요소로 되어 있고, 이것이 부족하면 뿌리의 발육이 나빠지며 지상부의 생장도 나빠지게 된다.
② 식물섬유의 주성분으로 줄기와 잎의 생육에 큰 효과가 있으며, 이것의 양이 부족할 경우 지엽의 생육이 빈약해지고, 잎의 색깔이 담황색을 나타나게 된다.
③ 탄수화물의 합성과 동화생산물의 이동에 관여하여 동화작용을 촉진하고, 줄기와 잎을 강하게 하며, 병충해에 대한 저항성을 크게 한다.
④ 식물의 직접적인 영양소로서 중요할 뿐만 아니라 산성의 중화, 토양구조의 개선, 토양유기물의 분해와 비효의 증진 등과 같은 간접적인 효과도 크다.

해 ① 인(P), ② 질소(N), ④ 칼슘(Ca)

49. 점차 자연성을 잃어가고 황폐화되어 가는 도시지역에서 비오톱이 갖는 기능으로 볼 수 없는 것은?

① 어린이를 위한 공식적 놀이 공간
② 도시의 환경변화 및 오염의 지표
③ 도시 생물종의 은신처, 분산 및 이동통로
④ 도시민의 휴식 및 레크리에이션을 위한 공간

50. 축척1/5000인 지도상에 표시된 상하 등고선의 수직거리가 100m, 그 구간의 측정된 수평거리가 10cm인 부분의 경사도(%)는?

① 10 ② 20
③ 30 ④ 40

해 $경사도(\%) = \frac{수직거리}{수평거리} \times 100$

$$= \frac{100}{0.1 \times 5,000} \times 100 = 20(\%)$$

정답 → 45. ④ 46. ② 47. ④ 48. ③ 49. ① 50. ②

51. 습지 복원 시 고려되어야 할 요소와 가장 거리가 먼 것은?

① 기능(function)
② 구성(composition)
③ 균질성(homogeneity)
④ 역동성과 회복력(dynamics and resilience)

52. 녹음만족도가 80%일 때 종다양도는? (단, P = 0.18 + 0.46H′, r = 0.942, $p < 0.05$ 이다.)

① 0.50 ② 0.55
③ 1.30 ④ 1.35

53. 토양생성인자들에 대한 설명으로 옳지 않은 것은?

① 습윤지대에서는 토층분화가 쉽게 일어나고 산성토양이 발달되기 쉽다.
② 침엽수는 염기함량이 낮기 때문에 침엽수림하에서 생성된 토양은 활엽수림에 비하여 알칼리성으로 된다.
③ 식생의 종류에 따라 토양에 공급되는 유기물의 양이 다르며, 토양의 침식 방지에 기여하는 정도가 다르다.
④ 토양의 단면특성을 결정하는 기본적인 인자인 동시에 토양생성에 대한 기후인자의 특성을 촉진시키거나 지연시키는 역할을 하는 것은 모재인자라고 한다.

54. 비오톱 보호 및 조성을 위한 원칙으로 옳지 않은 것은?

① 보전할 생물의 계속적 생존을 위하여 이에 상응하는 수질의 용수를 확보하도록 한다.
② 조성대상지 본래의 자연환경을 복원하고 보전하기 위하여 자연환경의 파악은 필수 조건이다.
③ 비오톱 조성의 설계 시 이용되는 비생물적인 소재는 생태계 보호를 위해 외부에서 도입하도록 한다.
④ 설계도면에 따라 조성한 비오톱은 완성과정에 있으므로 완성상태가 되기 위한 계획이 설계에 포함되어야 한다.

해 ③ 비오톱 조성의 설계 시 모든 이용소재(생물과 비생물 모두를 포함)는 당해 지역의 것으로 하는 것이 바람직하다.

55. 대체습지의 접근 방법 중 미티게이션 뱅킹(Mitigation Banking)의 특징에 대한 설명으로 옳지 않은 것은?

① 작은 파편화된 습지를 하나의 통합된 습지로 관리할 수 있다.
② 다른 유형의 보상습지의 조성은 훼손될 습지와 동일한 면적이어야 한다.
③ 규제 부서의 허가를 위한 검토와 모니터링 결과에 대한 노력 비용을 절감시킬 수 있다.
④ 개발사업이 이루어지기 이전에 훼손될 습지에 대한 영향을 고려하여 미리 습지를 만들고, 향후에 개발사업이 진행될 때 미리 만들어진 습지만큼을 훼손할 수 있도록 하는 정책을 말한다.

해 ② 조성되는 습지의 면적은 개별적 대체습지보다 수 배 이상 넓게 조성한다.

56. 생태축의 역할 및 기능 중 생태적 기능에 해당하지 않는 것은?

① 생물 이동성 증진
② 도시 내 생태계의 균형유지
③ 대기오염 및 소음 저감 기능
④ 생물의 다양성 유지 및 증대

57. 횡단부위가 넓고, 절토지역 또는 장애물 등에 의해 동물을 위한 통로조성이 어려운 곳에 설치하는 생태통로는?

① 선형 통로 ② 지하형 통로
③ 육교형 통로 ④ 터널형 통로

58. 서식지의 분절화에 대한 설명으로 옳지 않은 것은?

① 면적효과란 서식지의 면적이 클수록 종수나 개체수가 적어지는 것을 말한다.
② 장벽효과의 정도는 동물의 이동공간과 이동능력에 따라 달라진다.
③ 가장자리효과란 안정된 내부환경을 좋아하는 종이 서식하기 어려워지는 현상을 말한다.
④ 거리효과란 서식지 상호 간의 거리가 작을수록 생물의 왕래가 용이하게 되는 것을 말한다.


정답 ➔ 51. ③ 52. ④ 53. ② 54. ③ 55. ② 56. ③ 57. ③ 58. ①

59. 비탈면 녹화에 적합한 식물의 특성으로 옳지 않은 것은?

① 일년생 식물
② 지하부가 잘 발달하는 식물
③ 발아가 빠르고 생육이 왕성하며 강건한 식물
④ 건조에 강하고 척박지에서도 잘 자라는 식물

60. 생태계 복원의 성공여부를 확인하기 위한 과정인 모니터링에 대한 설명으로 옳지 않은 것은?

① 모니터링은 복원목적에 따라 달라지나 모니터링 항목은 동일하게 적용하는 것이 일반적이다.
② 모니터링은 지표종을 활용하기도 하며 이때에는 환경변화에 매우 민감한 종을 대상으로 한다.
③ 생물의 모니터링은 활동 및 생활사가 계절에 따라 달라지므로 계절에 따른 조사가 중요하다.
④ 모니터링은 기초조사, 선택된 항목의 주기적인 모니터링, 그리고 복원 주체와 학문 연구기관과의 유기적인 협조관계가 포함되어야 한다.

해 ① 모니터링 항목은 생태적 목표별로 대상생물의 출현종수와 군집특성, 그리고 수리, 수문, 토양, 토질 등 환경적 특성에 따라 달리 설정하여야 한다.

## 제4과목 경관생태학

61. 일반적으로 지형이 생태계의 패턴과 과정에 미치는 영향에 대한 설명 중 옳지 않은 것은?

① 지형은 산불, 바람 같은 자연교란의 빈도와 공간적 분포에 영향을 미친다.
② 지형은 경관 내의 많은 생물, 번식, 각종 물질양의 흐름에 영향을 미친다.
③ 경관을 이루는 부분들은 산사태나 하천수로 변화에 영향을 받는 정도가 같다.
④ 지형에서 해발고도, 비탈면 방향, 모암, 경사도 등은 한 경관 내 여러 물질 분포의 양에 영향을 미친다.

해 ③ 경관을 이루는 부분들은 자연적으로 특성을 가지므로 외부영향에 대한 수용도가 같아질 수 없다.

62. 다음 중 옥상녹화 조성의 효과와 가장 거리가 먼 것은?

① 녹음효과　② 건강증진
③ 환경교육의 장　④ 동식물의 서식지 제공

63. 비오톱의 개념은 시대에 따라서 조금씩 변화해 가는 추세에 있다. 다음 중 비오톱의 개념을 결정하는 특성이 아닌 것은?

① 서식환경의 질적 특성
② 서식환경의 입지적 특성
③ 생물서식지의 분포지로서 위치적 특성
④ 유사 학문적 관점에 착안하여 사용하는 특성

64. 해양의 유형에 따른 경관생태에 대한 설명으로 옳은 것은?

① 암반해안은 해수면의 온도에 따라 대상분포를 나타낸다.
② 펄갯벌은 모래질이 20% 이하에 불과하며 갑각류나 조개류가 많이 서식한다.
③ 모래갯벌은 해수의 흐름이 빠른 수로주변이나 바람이 강한 지역의 해변에 나타나는데 보통 폭이 넓은 편이다.
④ 자갈해안은 갯벌해안이나 모래사장에 서식하는 생물에 비해 매우 한정된 종들이 낮은 밀도로 서식한다.

해 ① 암반해안은 해수면의 수평높이에 따라 대상분포를 나타낸다.
② 펄갯벌은 모래질이 10% 이하에 불과하며 갑각류나 조개류가 많이 서식한다.
③ 모래갯벌은 해수의 흐름이 빠른 수로주변이나 바람이 강한 지역의 해변에 나타나는데 보통 폭이 좁은 편이다.

65. 도시경관생태의 특성에 대한 설명으로 옳지 않은 것은?

① 도시의 특징 중 하나는 도시 열섬현상이다.
② 도시화로 인한 토지이용 변화에 의해 도시지역은 교외 지역에 비해 뚜렷한 기온의 차를 나타낸다.
③ 목본에서 성장하는 지의류와 선태류가 줄어드는 것은 대기오염 외에도 도시가 도시 외곽에 비해 습도가 낮기 때문이다.
④ 다양한 도시구조와 토지이용패턴에 의한 도시 서식공간의 이질성은 특별한 생태적 지위를 창

정답 → 59. ① 60. ① 61. ③ 62. ② 63. ④ 64. ④ 65. ④

출하기 때문에 도시에서 생물종의 수가 극도로 제한된다.

해 ④ 도시구조와 토지이용패턴에 의한 서식공간의 이질성은 특별한 생태적 지위 창출하여 새로운 귀화종이 확산될 수 있는 장소이며, 도시의 급격한 변화는 개척자종의 확산이 촉진되나 대부분이 귀화종이다.

66. 경관생태학의 개념에 대한 설명으로 옳지 않은 것은?

① 지역 내 공간 요소들이 경관이다.
② 지역을 다루는 생태학을 지역생태학이라 한다.
③ 생태학은 경관과 지역의 상호작용을 연구하는 학문이다.
④ 경관생태학이란 인접한 생태계의 상호작용을 연구하는 학문이다.

67. 다음 [보기]의 설명 중 이것에 해당하는 것은?

[보기]
우리가 인간으로서 경관패턴이라고 인식하는 것은 실제 이것을 가르킬 때가 많다. 삼림·초원·사막 등이 그 예이다.

① 자연적 교란 양상
② 우점식생의 공간적 분포
③ 생물의 상호작용의 결과
④ 비생물적 환경의 변화 양상

68. 하천코리더(riparian corridor)의 상류와 하류에 대한 설명으로 가장 거리가 먼 것은?

① 상류의 수온은 높고 하류는 낮다.
② 상류는 급한 경사와 빠른 유속을 갖는다.
③ 상류에는 높은 용존산소를 요구하는 어류가 서식한다.
④ 하류로 갈수록 하천의 폭이 넓어지고 용존산소가 낮아진다.

69. 산림의 생태천이에 대한 설명으로 옳지 않은 것은?

① 1차천이는 습성천이, 건성천이, 중성천이 등으로 구분되며 자발적 천이의 성격을 가진다.
② 생태천이 후기에는 개체수를 늘리는 r전략보다는 개체수를 제한하는 K전략을 갖는다.
③ 일반적으로 산림의 극상과 다르게 특정한 환경조건에서는 양수 또는 중간내음성 수종에 의해 산림경관이 유지된다.
④ 생태천이 진행 초기에는 광합성량/생체량의 비율이 낮지만 후기에는 안정화되면서 광합성량/생체량 비율이 높아진다.

70. 비오톱 지도화의 방법에 대한 설명으로 옳은 것은?

① 선택적 지도화는 보호할 가치가 높은 특별지역에 한해서 조사하는 방법이다.
② 대표적 지도화는 전체 조사지역에 대한 생태학적 특성을 조사하는 방법이다.
③ 포괄적 지도화는 대표성 있는 비오톱 유형을 조사하여 유사 비오톱 유형에 적용하는 방법이다.
④ 포괄적-대표적 지도화는 블록 단위별로 특징이 있는 비오톱 유형을 중심으로 조사하는 방법이다.

해 포괄적 지도화는 전체 조사지역에 대한 자세한 비오톱의 생물학적·생태학적 특성을 조사하는 방법이며, 대표적 지도화는 선택적 지도화와 포괄적 지도화의 절충형으로, 대표성이 있는 비오톱 유형을 조사하여 이를 동일하거나 유사한 비오톱 유형에 적용하는 방법이다.

71. 다음 [보기]가 설명하는 것은?

[보기]
자연적인 상태에서의 1차나 2차 천이의 경우는 세월이 흐르면서 이주정착하는 종이 다양해지고 수직적 층화가 생기며 현존 생태량이 증가하면서 산림생태계가 안정된 구조를 보이게 된다.

① 천이계열
② 진행적 천이
③ 퇴행적 천이
④ 생태적 수렴

72. 원격탐사의 특징으로 옳지 않은 것은?

① 광역성
② 전자파 이용
③ 주기적 정보획득
④ 자료의 저장과 분석의 어려움



정답 ➔ 66. ③ 67. ② 68. ① 69. ④ 70. ① 71. ② 72. ④ 73. ④

73. 다음 중 알베도(Albedo)의 정의로 옳은 것은?

① 생태계를 통해 손실되는 에너지의 양
② 토양을 통해 유입되는 에너지의 총량
③ 생산성에서 소비되는 양을 제한 순 에너지
④ 경관요소로 들어오는 태양에너지에 대해 반사되는 에너지의 비

74. 환경부 생태자연도 조사 지침에 따른 습지평가항목에 포함되지 않는 것은?

① 수질정화 ② 국가적 대표성
③ 특정식물서식지 ④ 보호야생동물 번식지

75. 다음 중 도로 건설로 발생할 수 있는 문제점으로 옳지 않은 것은?

① 접근성 증대 ② 녹지의 파편화
③ 비탈면 대형화 ④ 서식처의 파편화

76. 토지개발에 따른 경관변화 형태와 관계가 먼 것은?

① 마멸 ② 확대
③ 분할 ④ 천공화

해 분단화 과정 : 천공→절단→단편화→축소→마멸

77. 경관조각의 형태적 특성을 결정짓는 요소로 볼 수 없는 것은?

① 신장성 ② 굴곡성
③ 내부면적 ④ 개체군의 크기

해 경관조각의 4가지 속성 : 신장, 굴곡, 내부 면적, 둘레 길이

78. 파편화에 의한 멸종 가능성이 높은 종으로 옳지 않은 것은?

① 개체군의 크기가 큰 종
② 개체군의 밀도가 낮은 종
③ 넓은 행동권을 요구하는 종
④ 특이한 생태적 지위를 요구하는 종

79. 생태통로의 설치에 관한 설명으로 옳은 것은?

① 해안 구조물에서 빈번하게 설치
② 서식지 면적의 확대가 가능한 곳에 설치
③ 서식지 사이의 연결성을 높이기 위해 설치
④ 생물다양성을 높이고 번식률을 낮추기 위해 설치

80. 다음 중 코리더(corridor)의 기능이 아닌 것은?

① 여과 기능
② 서식처 기능
③ 종수요처 기능
④ 종의 유전자 공급 기능

해 코리더는 서식처로서의 기능, 이동통로로서의 기능, 여과기능, 장벽의 기능, 종의 공급원 및 수요처 기능 등 생태적으로 매우 유용한 요소이다.

## 제5과목 자연환경관계법규

81. 백두대간 보호에 관한 법률상 산림청장은 백두대간보호 기본계획을 몇 년 마다 수립하여야 하는가?

① 1년 ② 3년
③ 5년 ④ 10년

82. 독도 등 도서지역의 생태계보전에 관한 특별법규상 특정도서에서의 행위허가 신청서 작성 시 첨부서류 목록으로 옳지 않은 것은?

① 당해 지역의 주민 의견을 수렴한 동의서
② 당해지역의 토지 또는 해역이용계획 등을 기재한 서류
③ 행위 대상지역의 범위 및 면적을 표시한 축척 2만 5천분의 1 이상의 도면
④ 당해행위로 인하여 자연환경에 미치는 영향예측 및 방지대책을 기재한 서류

83. 자연환경보전법상 사용되는 용어와 그 정의의 연결이 옳지 않은 것은?

① 자연환경 – 지하·지표(해양을 제외한다) 및 지상의 모든 생물과 이들을 둘러싸고 있는 비생물적인 것을 포함한 자연의 상태(생태계 및 자연경관을 포함한다)를 말한다.
② 자연환경의 지속가능한 이용 – 자연환경을 체계적으로 보존·보호 또는 복원하고 생물다양

정답 ➔ 74. ① 75. ① 76. ② 77. ④ 78. ① 79. ③ 80. ④ 81. ④ 82. ① 83. ②

성을 높이기 위하여 자연을 조성하고 관리하는 것을 말한다.
③ 자연생태 – 자연의 상태에서 이루어진 지리적 또는 지질적 환경과 그 조건 아래에서 생물이 생활하고 있는 모든 현상을 말한다.
④ 생물다양성 – 육상생태계 및 수생생태계(해양생태계를 제외한다)와 이들의 복합생태계를 포함하는 모든 원천에서 발생한 생물체의 다양성을 말하며, 종내·종간 및 생태계의 다양성을 포함한다.

해 ② 현재와 장래의 세대가 동등한 기회를 가지고 자연환경을 이용하거나 혜택을 누릴 수 있도록 하는 것을 말한다.

84. 국토의 계획 및 이용에 관한 법률상 중앙 및 지방도시계획위원회의 심의를 거치지 않고 1회에 한하여 2년 이내의 기간 동안 개발행위허가의 제한을 연장할 수 있는 지역은?

① 지구단위계획구역으로 지정된 지역
② 녹지지역으로 수목이 집단적으로 자라고 있는 지역
③ 계획관리지역으로 조수류 등이 집단적으로 서식하고 있는 지역
④ 개발행위로 인하여 주변의 환경, 경관, 미관 등이 오염되거나 손상될 우려가 있는 지역

85. 야생동물 보호 및 관리에 관한 법규상 유해야생동물과 가장 거리가 먼 것은?

① 분묘를 훼손하는 멧돼지
② 전주 등 전력시설에 피해를 주는 까치
③ 장기간에 걸쳐 무리를 지어 농작물 또는 과수에 피해를 주는 참새, 어치 등
④ 비행장 주변에 출현하여 항공기 또는 특수건조물에 피해를 주는 조수류(멸종위기 야생동물 포함)

86. 환경정책기본법령상 아황산가스($SO_2$)의 대기환경기준으로 옳은 것은? (단, 24시간 평균치이다.)

① 0.02ppm 이하　② 0.03ppm 이하
③ 0.05ppm 이하　④ 0.06ppm 이하

87. 생물다양성 보전 및 이용에 관한 법률상 생태계교란 생물이 아닌 것은?

① 떡붕어　② 황소개구리
③ 단풍잎돼지풀　④ 서양등골나물

88. 습지보전법상 "연안습지" 용어의 정의로 옳은 것은?

① 습지수면으로부터 수심 10m까지의 지역을 말한다.
② 광합성이 가능한 수심(조류의 번식에 한한다.)까지의 지역을 말한다.
③ 만조 때 수위선과 지면의 경계선으로부터 간조 때 수위선과 지면의 경계선까지의 지역을 말한다.
④ 지하수위가 높고 다습한 곳으로서 간조 시에 수위선과 지면이 접하는 경계면 내에서 광합성이 가능한 수심지역까지를 말한다.

89. 국토의 계획 및 이용에 관한 법령상 용도지구 중 보호지구를 세분한 것에 해당하지 않는 것은?

① 생태계보호지구
② 주거시설보호지구
③ 중요시설물보호지구
④ 역사문화환경보호지구

90. 국토의 계획 및 이용에 관한 법령상 기반시설 중 광장에 해당하지 않는 것은?

① 교통광장
② 일반광장
③ 특수광장
④ 건축물부설광장

해 ①②④ 외 경관광장, 지하광장도 해당된다.

91. 자연공원법상 공원구역에서 공원사업 외에 공원관리청의 허가를 받아야 하는 경우와 가장 거리가 먼 것은? (단, 대통령령으로 정하는 경미한 행위는 제외한다.)

① 자갈을 채취하는 행위
② 물건을 쌓아 두거나 묶어 두는 행위
③ 100명의 사람이 단체로 등산하는 행위


정답 ➔ 84. ① 85. ④ 86. ③ 87. ④ 88. ③ 89. ② 90. ③ 91. ③

④ 나무를 베거나 야생식물을 채취하는 행위

92. 자연환경보전법상 생태·자연도의 작성·활용기준 중 ( ) 안에 알맞은 것은?

> 생태·자연도는 ( ㉠ ) 이상의 지도에 ( ㉡ )으로 표시하여야 한다.

① ㉠ 2만5천분의 1, ㉡ 점선
② ㉠ 2만5천분의 1, ㉡ 실선
③ ㉠ 5만분의 1, ㉡ 점선
④ ㉠ 5만분의 1, ㉡ 실선

93. 환경정책기본법령상 수질 및 수생태계 상태별 생물학적 특성 중 생물지표종(저서생물)의 생물등급이 다른 하나는?

① 가재
② 옆새우
③ 꽃등에
④ 민하루살이

해 ①②④ 매우 좋음~좋음, ③ 약간 나쁨~매우 나쁨

94. 생물다양성 보전 및 이용에 관한 법률상 환경부장관이 반출승인대상 생물자원에 대하여 국외반출을 승인하지 않을 수 있는 경우로 틀린 것은?

① 극히 제한적으로 서식하는 경우
② 경제적 가치가 낮은 형태적·유전적 특징을 가지는 경우
③ 국외에 반출될 경우 그 종의 생존에 위협을 줄 우려가 있는 경우
④ 국외로 반출될 경우 국가 이익에 큰 손해를 입힐 것으로 우려되는 경우

95. 자연공원법규상 공원관리청이 규정에 의해 징수하는 점용료 등의 기준요율에 관한 사항 중 ( ) 안에 알맞은 것은? (단, 다른 법령에 특별히 정한 기준은 제외한다.)

> 점용 또는 사용의 종류가 건축물 기타 공작물의 신축·증축·이축이나 물건 쌓기 및 계류인 경우 기준요율은 ( ㉠ ) 이상으로 하며, 토지의 개간인 경우 ( ㉡ ) 이상으로 한다.

① ㉠ 인근 토지 임대료 추정액의 100분의 25
㉡ 수확예상액의 100분의 10
② ㉠ 인근 토지 임대료 추정액의 100분의 25
㉡ 수확예상액의 100분의 25
③ ㉠ 인근 토지 임대료 추정액의 100분의 50
㉡ 수확예상액의 100분의 10
④ ㉠ 인근 토지 임대료 추정액의 100분의 50
㉡ 수확예상액의 100분의 25

96. 야생생물 보호 및 관리에 관한 법규상 시장·군수·구청장은 박제업자에게 야생동물의 보호·번식을 위하여 박제품의 신고 등 필요한 명령을 할 수 있는데, 박제업자가 이에 따른 신고 등 필요한 명령을 위반한 경우 각 위반차수별 (개별)행정처분기준으로 가장 적합한 것은?

① 1차 : 경고, 2차 : 경고,
3차 : 영업정지 3개월, 4차 : 등록취소
② 1차 : 경고, 2차 : 영업정지 1개월,
3차 : 영업정지 3개월, 4차 : 등록취소
③ 1차 : 영업정지 1개월, 2차 : 영업정지 3개월,
3차 : 영업정지 6개월, 4차 : 사업장 이전
④ 1차 : 영업정지 1개월, 2차 : 영업정지 3개월,
3차 : 영업정지 6개월, 4차 : 등록취소

97. 환경정책기본법령상 하천에서의 디클로로메탄의 수질 및 수생태계 기준(mg/L)으로 옳은 것은? (단, 사람의 건강보호 기준으로 한다.)

① 0.008 이하 ② 0.01 이하
③ 0.02 이하 ④ 0.05 이하

98. 습지보전법상 습지보전을 위해 설치할 수 있는 시설과 가장 거리가 먼 것은?

① 습지를 연구하기 위한 시설
② 습지를 준설 및 복원하기 위한 시설
③ 습지오염을 방지하기 위한 시설
④ 습지상태를 관찰하기 위한 시설

99. 다음은 국토기본법령상 국토계획평가의 절차이다. ( ) 안에 알맞은 것은?

정답 ➧ 92. ② 93. ③ 94. ② 95. ④ 96. ② 97. ③ 98. ② 99. ③

| 국토교통부장관은 국토계획평가 요청서를 제출받는 날부터 ( ㉠ ) 이내에 국토계획평가를 실시하고 그 결과에 대하여 법에 따른 국토정책위원회에 심의를 요청하여야 한다. 다만, 부득이한 사유가 있는 경우에는 그 기간을 ( ㉡ )의 범위에서 연장할 수 있다. |
|---|

① ㉠ 15일, ㉡ 10일
② ㉠ 15일, ㉡ 15일
③ ㉠ 30일, ㉡ 10일
④ ㉠ 30일, ㉡ 15일

100. 다음 중 자연환경보전법상 다음 [보기]가 설명하는 지역으로 옳은 것은?

| [보기]<br>생물다양성이 풍부하여 생태적으로 중요하거나 자연경관이 수려하여 특별히 보전할 가치가 큰 지역으로서 규정에 의하여 환경부장관이 지정 · 고시하는 지역 |
|---|

① 자연유보지역
② 자연경관보호지역
③ 생태·경관보전지역
④ 생태계변화관찰지역



정답 ➔ 100. ③

# ❖ 2021년 자연생태복원기사 제 1 회

2021년 3월 7일 시행

## 제1과목 환경생태학개론

**01.** 1865년 독일의 물리학자 클라우지우스(Rudolf Clausius)에 의해 최초로 창안된 엔트로피는 어떠한 상태의 에너지를 말하는가?

① 사용 불가능한 에너지
② 잠재적 에너지
③ 오염된 에너지
④ 유기 에너지

**02.** 두 생물종의 상호작용 중에서 하나는 이익이 되고 또 다른 하나는 불이익이 되는 것만으로 나열한 것은?

① 포식, 기생　② 경쟁, 포식
③ 기생, 편리공생　④ 편리공생, 상리공생

해 · 경쟁 : 서로에게 부정적 영향을 미치는 관계
· 편리공생 : 한 종만이 이익을 얻는 상호관계
· 상리공생 : 서로에게 긍정적인 영향을 미치는 관계

**03.** 열대우림의 특징에 대한 설명으로 옳지 않은 것은?

① 종 다양성이 높다.
② 착생식물이 많다.
③ 지표에서 가장 변동이 적은 환경이다.
④ 토양은 염기성이며 층위구조가 잘 발달되어 있다.

**04.** 1971년 유네스코에서 지방주민의 이익을 보장하기 위해 지속적인 발전 · 보전 노력이 양립할 수 있는 가능성을 모색한 모형설정으로 기획되었던 생물권보전지역의 국제망 형성 계획은?

① World Heritage Site program
② Conservation Block program
③ Conservation Corridor program
④ Man and the Biosphere programme

**05.** 개체군 밀도에 대한 설명 중 옳지 않은 것은?

① 개체군 밀도는 출생률과 사망률로 정해진다.
② 개체군 밀도는 조밀도, 고유밀도, 상대밀도의 지표를 사용할 수 있다.
③ 밀도가 높아지면 개체군내에서 경쟁이 심해져 사망률이 낮아진다.
④ 개체군 밀도는 단위 면적당 개체수 혹은 생물 체량으로 표시된다.

**06.** 습원의 생육지 환경에 대한 설명으로 틀린 것은?

① 습원환경은 이탄층의 단열작용으로 온도변화가 빠르다.
② 습원의 식충식물로는 끈끈이주걱, 벌레잡이통발 등이 있다.
③ 습원의 물은 중성이지만, 물이끼 등의 식물생육이 많아짐에 따라 산성화된다.
④ 습원의 토양은 항상 물로 채워져 있지만 가끔 수위가 낮아져 마르기도 하는데, 이때 식물의 지하부는 모관수를 이용한다.

해 ① 습원환경은 이탄층의 단열작용으로 온도변화가 느리다.

**07.** 다음 중 생물농축을 일으키는 오염물질로 거리가 가장 먼 것은?

① 탄소　② 수은
③ DDT　④ 카드뮴

**08.** 초기 부영양화 단계에서 시안세균이 우점하게 되는 이유로 옳지 않은 것은?

① 질소 고정능력이 있기 때문이다.
② 낮은 온도에서도 잘 자라기 때문이다.
③ 낮은 광농도에서도 잘 자라기 때문이다.
④ N:P 비율이 낮아도 잘 자라기 때문이다.

**09.** 다음 설명의 (　)에 알맞은 용어는?

[보기]
시간의 경과에 따라 생태계 내 종의 구조 및 군집 과정이 변화하는 것을 천이(succession)라고 부르며, 이들의 마지막 단계를 (　)군집이라 부른다.

정답 ➔ 01. ① 02. ① 03. ④ 04. ④ 05. ③ 06. ① 07. ① 08. ② 09. ②

① 최종(final) ② 극상(climax)
③ 극단(extreme) ④ 극대(maximum)

10. 수중 용존산소량에 대한 설명으로 옳지 않은 것은?

① 수온약층에서 급격히 증가한다.
② 심수층에서는 소량만 존재한다.
③ 공기와 직접 접하고 광합성이 활발한 표수층에서 가장 높다.
④ 물 속에 용해되어 있는 산소량이며 단위는 주로 ppm으로 나타낸다.

해 이 문제의 경우 '하계 정체기'를 기준으로 한 것으로 '동계 정체기'에는 맞지 않는다.

11. 생물체에서 합성된 화학물질이 외부로 배출되어 다른 종의 생물에게 영향을 주는 작용을 타감작용(allelopathy)이라 한다. 타감작용과 관련이 없는 것은?

① 기피제 ② 탈출제
③ 페로몬 ④ 생육억제제

해 페로몬 : 같은 종의 다른 개체의 호감적 행동을 유발시킬 수 있는 분비물질을 페로몬이라고 한다.

12. 도시생태계에서 옥상녹화의 기능과 거리가 가장 먼 것은?

① 생물서식처 기능
❷ 수환경 단절 기능
③ 건축물 심미강화 기능
④ 미기후 및 중기후적 완충기능

13. 생태계내의 에너지에 대한 설명 중 옳은 것은?

① 에너지는 생물군을 통해 순환한다.
② 에너지는 단일 방향으로 흐르고 열로 배출되며 순환되지 않는다.
③ 에너지는 환경조건에 따라 흘러가기도 하고 순환하기도 한다.
④ 에너지는 생산자, 소비자, 분해자 순으로 또는 그 역순으로 흘러간다.

14. 생물다양성에 영향을 미치는 요인 중 자원의 다양성에 대한 설명으로 옳지 않은 것은?

① 교란이 심하면 많은 종이 공존한다.
② 층상구조를 갖는 삼림에서 새의 종류가 많다.
③ 자원이 다양해지면 그 곳에 사는 생물도 다양해진다.
④ 물리적 환경조건이 다양한 지역이 균일한 지역보다 식물종 수가 많다.

15. 개체군(population)에 대한 설명으로 옳지 않은 것은?

① 개체군들의 집단을 군집이라고 한다.
② 특정한 공간을 차지하고 있는 특정종의 개체들의 집단을 의미한다.
③ 개체군의 생태적 출생률은 실제 특정한 조건하에서의 개체군 증가율을 나타낸다.
④ 군집의 성질을 결정하는데 가장 크게 기여하는 개체군을 최소종이라고 한다.

16. 영양단계에 대한 설명으로 옳지 않은 것은?

① 식물은 1차 영양단계에 해당한다.
② 초식동물은 2차 영양단계에 해당한다.
③ 3차 소비자는 4차 영양단계에 해당한다.
④ 고사된 식물에서 자라는 버섯은 3차 영양단계에 해당한다.

해 ④ 버섯은 분해자에 해당되는 것으로 영양단계에 포함시키지 않는다.

17. 식생의 동심원적 구조는 깊이에 따라 형성되는데, 호수의 중심부로부터 육상까지 일정한 경사를 가진 경우 호수의 중심부에 형성되는 식생은?

① 개구리밥, 연꽃 등의 부유식생
② 붕어마름, 검정말 등의 침수식생
③ 애기부들, 갈대 등의 정수식생
④ 버드나무 등의 소택관목식생

18. 생태적 지위가 동일한 짚신벌레속(Paramecium)의 두 종은 각각의 공간에서는 잘 자라지만 동일한 공간에서는 경쟁에 의해 타종을 배제한다는 사실에서 알 수 있는 것은?

① 중간교란설 ② Allee의 법칙


정답 → 10. ① 11. ③ 12. ② 13. ② 14. ① 15. ④ 16. ④ 17. ② 18. ③

③ 경쟁배타의 원리　　④ Liebig의 최소량 법칙

19. 육상과 비교하여 해양에서 특히 생태학적으로 중요한 환경 요인으로 가장 적합한 것은?

① 빛　　② 물
③ 온도　　④ 염분농도

20. 생태계의 보존 및 자원관리에 대한 설명 중 옳지 않은 것은?

① 야생동물의 관리는 종 자체의 관리 뿐 아니라 이들의 서식지도 회복시켜 주어야 한다.
② 토지자원은 적절하게 관리되어야 하며 토지의 적합성과 능력에 따라 사용하여야 한다.
③ 인간과 야생동물의 생존을 위해서 산림의 필요성에 대하여 대중에게 경각심을 고취시켜 밀렵을 대중화시켜야 한다.
④ 최근의 산림벌채는 심각한 토양침식을 초래하였으며 토양의 부적절한 이용 및 화학물질의 대량 사용은 토양의 비옥도를 떨어지게 하였다.

## 제2과목 환경계획학

21. 산림자원의 조성 및 관리에 관한 법령에 따라 도시에서 국민 보건 휴양 · 정서함양 및 체험활동 등을 위하여 조성 · 관리하는 산림 및 수목으로 정의되는 것은?

① 생활림　　② 가로수
③ 임산물　　④ 도시림

22. 생태건축계획의 요소와 거리가 가장 먼 것은?

① 중앙 난방 위주 계획
② 기후에 적합한 계획
③ 적절한 건축재료 선정
④ 에너지 손실 방지 및 보존 고려

23. 자연생태복원에 관한 설명 중 틀린 것은?

① 국토의 보전을 기본 입장으로 하고 있다.
② 재해의 원인이 되는 비탈면 침식 방지, 토사 유출 방지, 수질 정화, 수자원 보전을 포함하고 있다.
③ 자연생태복원이 어려운 장소를 확실하게 복원하기 위해 식물이 발아·생육하기 적합한 생육환경을 조성하는 것이다.
④ 식재종은 훼손 지역에 새로운 식물사회를 조성하는 방향으로 선정되어야 한다.

24. 공공에 의한 토지이용계획의 역할로 볼 수 없는 것은?

① 정주환경의 현재와 장래의 공간구성 기능
② 토지이용의 규제와 실행수단의 제시 기능
③ 세부 공간환경설계에 대한 지침 제시 기능
④ 인간중심의 지속적 개발계획 제시 기능

25. 식생군락을 측정한 결과, 빈도(F)가 20, 밀도(D)가 10이었을 때 수도(abundance) 값은?

① 10　　② 25
③ 50　　④ 200

**해** 수도 A = $\frac{\text{밀도}}{\text{빈도}} \times 100 = \frac{10}{20} \times 100 = 50$

26. 도시 · 군관리계획결정으로 지정하는 경관지구의 세분에 해당하지 않는 것은?

① 수변경관지구　　② 자연경관지구
③ 특화경관지구　　④ 시가지경관지구

27. 국토의 계획 및 이용에 관한 법령에 따라, 아래와 같은 목적으로 실시하는 기초조사는?

> 환경친화적이고 지속가능한 개발을 보장하고 개발과 보전이 조화되는 선계획 · 후개발의 국토관리체계를 구축하기 위하여 토지의 환경생태적 · 물리적 · 공간적 특성을 종합적으로 고려하여 개별토지가 갖는 환경적 · 사회적 가치를 과학적으로 평가함으로써 도시 · 군기본계획을 수립 · 변경하거나 도시 · 군관리계획을 입안하는 경우 정량적 · 체계적인 판단 근거를 제공하기 위하여 실시한다.

① 환경영향평가　　② 토지적성평가
③ 전략영향평가　　④ 토지환경성평가

28. 토지피복지도에 관한 설명 중 틀린 것은?

① 지구표면 지형지물의 형태를 과학적 기준에 따

정답 ➔ 19. ④ 20. ③ 21. ④ 22. ① 23. ④ 24. ④ 25. ③ 26. ① 27. ② 28. ②

라 분류하고 동질의 특성을 지닌 구역을 지도의 형태로 표현한 환경주제도를 말한다.
② 해상도에 따라 대분류(해상도 100m급), 중분류(해상도 50m급), 소분류(해상도 20m급), 세분류(해상도 5m급)의 4가지 위계를 가진다.
③ 지표면의 투수율에 의한 비점오염원 부하량 산정, 비오톱 지도 작성에 의한 도시계획 등에 폭넓게 활용한다.
④ 우리나라 실정에 맞는 분류기준을 확정하여 1998년 환경부에서 최초로 남한지역에 대한 대분류 토지피복지도를 구축하였다.

해 ② 토지피복지도는 해상도에 따라 대분류(해상도30M급), 중분류(해상도5M급), 세분류(해상도1M급) 토지피복지도가 있다.

29. 공원관리청이 자연공원을 효과적으로 보전하고 이용할 수 있도록 하기 위하여 공원계획으로 결정하는 공원자연보존지구에 해당되지 않는 대상지는?

① 자연생태계가 원시성을 지니고 있는 곳
② 생물 다양성이 특히 풍부한 곳
③ 경관이 특히 아름다운 곳
④ 등산객의 접근이 곤란한 곳

30. 생태 · 자연도를 작성하는 권역 구분에 해당하지 않는 것은?

① 1등급 권역 ② 2등급 권역
③ 3등급 권역 ④ 4등급 권역

해 생태·자연도란 「자연환경보전법」에 따라 환경부장관이 산·하천·내륙습지·호·농지 · 도시 등에 대하여 자연환경을 생태적 가치, 자연성, 경관적 가치 등에 따라 등급화하여 작성한 지도를 말한다. 1, 2, 3등급 권역과 별도관리지역으로 구분하며, 1:25,000 이상의 지도에 실선으로 표시한다.

31. 도시 생태계의 회복과 보존방안으로 거리가 가장 먼 것은?

① 비오톱의 보전과 창출
② 생물서식환경의 개선
③ 생물서식공간의 연결
④ 점적인 녹지공간확보

32. 람사협약에 대한 설명 중 틀린 것은?

① 현재와 미래에 있어서 습지의 점진적 침식과 손실을 막기 위함이다.
② 멸종위기에 처한 야생 동·식물종의 불법거래를 방지하기 위함이다.
③ 1971년 이란의 람사(Ramsar)에서 협약이 조인되었다.
④ 람사협약이 규정하는 습지는 자연적 또는 인공적, 담수나 염수에 관계없이 소택지, 습원 등을 말하며 간조 시에 수심이 6m를 넘지않는 해역을 포함한다.

해 ② CITES(멸종위기에 처한 야생 동·식물종의 국제거래에 관한 협약)에 대한 내용이다.

33. 생태도시에 대한 설명 중 틀린 것은?

① 도시의 환경문제를 해결하고 환경보전과 개발을 조화시키기 위한 방안의 하나로 제시된 개념이다.
② 동·식물학, 생태학, 지질학 분야에서 새롭게 대두되어 도시개발, 도시계획, 환경계획으로 확산된 영역이다.
③ 동·식물을 비롯한 녹지 보전, 에너지와 자원의 절약, 환경부하의 감소, 물과 자원의 절약, 재활용 및 순환 등이 중요하다.
④ 도시를 하나의 유기적 복합체로 보고 다양한 도시 활동과 공간 구조가 생태계의 속성인 다양성, 자립성, 순환성, 안정성 등을 포함하는 인간과 자연이 공존될 수 있는 환경 친화적인 도시라고 할 수 있다.

34. 오염원인자 책임원칙 및 환경오염 등의 사전예방에 관한 설명으로 틀린 것은?

① 환경정책기본법에 명시
② 규제 해제 지향적인 수단
③ 환경훼손으로 인한 피해의 구제에 드는 비용을 원칙적으로 부담
④ 사업자 스스로 환경오염을 예방하기 위하여 스스로 노력하도록 촉진하기 위한 시책 마련



정답 → 29. ④ 30. ④ 31. ④ 32. ② 33. ② 34. ②

35. IUCN 적색목록의 멸종위기등급에 대한 설명 중 틀린 것은?

① 위급(CR: Critically Endangered) : 긴박한 미래의 야생에서 극도로 높은 절멸 위험에 직면해 있는 분류군
② 취약(VU: Vulnerable) : 위급이나 위기는 아니지만 멀지않은 미래에 야생에서 절멸위기에 처해 있는 분류군
③ 절멸(EX: Extinct) : 사육이나 생포된 상태 또는 과거의 분포 범위 밖에서 순화된 개체군으로만 생존이 알려진 분류군
④ 최소관심(LC: Least Concern): 위협범주 평가기준으로 평가하였으나 위협 또는 준위협 범주에 부적합한 분류군

해 ③ 절멸(EX: Extinct) : 생존하는 개체가 단 하나도 없음

36. 생물지리지역의 구분 및 특징에 대한 설명 중 틀린 것은?

① 생물지역(bioregion) – 생물지리학적 접근단위의 최대단위
② 하부생물지역(subregion) – 생물지역의 바로 아래 단계이며, 경관지구의 상위 단계
③ 경관지구(landscape district) – 유역과 산맥에 의해 구분되며 관찰자가 인식할 수 있는 범위
④ 장소단위(place unit) – 지형, 동·식물 서식현황, 유역, 토지이용패턴을 중심으로 일차적으로 구분하며, 현지답사를 통하여 문화 및 생활양식을 추가로 고려하여 구분

37. 환경부장관은 관계중앙행정기관의 장 및 시·도지사와 협조하여 해당 생태계의 보호·복원대책(우선 보호대상 생태계의 복원)을 마련하여 추진할 수 있는 바, 다음 중 그 대상이 아닌 것은?

① 생물다양성이 특히 높거나 특이한 자연환경으로서 훼손되어 있는 경우
② 자연성이 특히 높거나 취약한 생태계로서 그 일부 또는 전부가 향후 5년 이내 훼손될 가능성이 있는 경우
③ 자연성이 특히 높거나 취약한 생태계로서 그 일부가 파괴·훼손되거나 교란되어 있는 경우
④ 멸종위기야생생물의 주된 서식지 또는 도래지로서 파괴·훼손 또는 단절 등으로 인하여 종의 존속이 위협을 받고 있는 경우

38. 아래의 설명에 해당하는 환경가치추정방법은?

> • 사람들의 행태를 직접 관찰함으로써 환경가치를 추정하는 방법이다.
> • 자연환경을 찾아가 즐기는 데에 사람들이 실제로 지불하는 비용을 환경의 가치에 대한 추정치로 삼는 것을 예로 들 수 있다.
> • 사람들의 실제 행태에 근거하고 있지만, 공공재로서의 환경가치를 충분히 반영하지 못하여 환경의 가치가 과소평가될 우려가 있기도 하다.

① 여행비용에 의한 추정
② 속성가격에 의한 추정
③ 환경용량에 의한 추정
④ 지불용의액에 의한 추정

39. 유네스코의 인간과 생물권(MAB) 계획에 의한 보호지역의 구분에 해당하지 않는 것은?

① 핵심지역(core area)
② 전이지역(transition area)
③ 거점지역(lodgement area)
④ 완충지대(buffer zone)

40. 다음의 내용이 설명하는 것은?

> 정부와 시민사회가 협력하여 환경문제 등의 사회문제를 해결하는 것을 의미한다. 이것의 가장 중요한 특징은 중앙정부, 지방정부, 정치적·사회적 단체, NGO, 민간기구 등의 다양한 구성원들로 이루어진 네트워크를 강조한다는 점이다.

① 환경레짐　② 환경가버넌스
③ 억제모델　④ 몬트리올의정서

## 제3과목 생태복원공학

41. 해안 사방 망심기의 망 구획 크기로 가장 적합한 것은?

정답 ➔ 35. ③ 36. ④ 37. ② 38. ① 39. ③ 40. ③ 41. ④

① 50×50cm ② 100×100cm
③ 150×150cm ④ 200×200cm

42. 다음 중 동물산포에 해당하지 않는 것은?

① 부착형 산포 ② 피식형 산포
③ 기계 산포 ④ 저식형 산포

43. 생태복원 계획의 수립을 위한 조사 및 분석을 지역적 맥락, 역사적 맥락적 및 생태기반환경으로 구분할 때, 다음 중 역사적 기록의 조사 및 분석 대상과 거리가 가장 먼 것은?

① 고지도 ② 화분
③ 인공위성 영상 ④ 수질

44. 양서·파충류의 이동통로 설계 시 고려해야 할 사항으로 틀린 것은?

① 채식지, 휴식지, 동면지의 훼손이 발생했을 경우 인위적인 복원이 필요하다.
② 집수정 주변에 철망이나 턱을 설치하여 침입을 방지하고 탈출을 용이하게 해준다.
③ 도로의 경우 차량의 높이보다 높은 교목을 설치한다.
④ 횡단배수관의 경사를 완만하게 한다.

45. 생태복원을 위한 식물재료의 조달방법 중 아래 설명에 해당하는 것은?

| 수목을 근원 가까이에서 벌채하여 뿌리를 포함한 수목 및 둥치를 이식하는 방법으로 맹아성이 있는 수목 이식 시 주로 사용된다. |
|---|

① 표토채취 ② 매트이식
③ 근주이식 ④ 소스이식

46. 토양에 서식하는 생물 중 토양생성에 중요한 역할을 하는 생물은?

① 거미 ② 지렁이
③ 메뚜기 ④ 벌

해 지렁이 : 지렁이의 배설물에는 질소 및 영양염류가 풍부하여 토양을 비옥하게 하며, 토양의 통기성과 보수성을 증가시키는 유용한 동물로서 '자연의 쟁기'라고도 불려진다.

47. 다음 중 일반적인 산림토양의 단면을 가장 바르게 표현한 것은? (단, A: 용탈층, B: 집적층, C:모재층, F: 발효층, H:부식층, L: 낙엽층)

① L→H→F→A→B→C→모암
② L→F→H→A→B→C→모암
③ L→H→F→B→A→C→모암
④ L→F→H→B→A→C→모암

48. 다음 중 생물다양성의 감소 원인과 거리가 가장 먼 것은?

① 산성비 ② 수질오염
③ 유기농산물 ④ 외래종의 도입

49. 자연생태복원 공사 시행 시 시공관리의 3대 목표가 아닌 것은?

① 노무관리 ② 품질관리
③ 공정관리 ④ 원가관리

50. 복원의 유형 중에서 대체에 대한 설명에 해당하지 않는 것은?

① 훼손된 지역에 훼손 이전의 상태와 동일하게 만들어 주는 것을 말한다.
② 다른 생태계로 원래 생태계를 대신하는 것을 말한다.
③ 생태계 구조에 있어서는 간단할 수 있지만, 생태적 기능은 보다 생산적일 수 있다.
④ 도심지역의 옥상 생물 서식공간이 대표 사례이다.

해 ① 복원

51. 생태통로의 기능으로 거리가 가장 먼 것은?

① 천적 및 대형 교란으로부터 피난처 역할
② 단편화된 생태계의 연결로 생태계의 연속성 유지
③ 야생동물의 이동로 제공
④ 종의 개체수 감소 효과

52. 비탈면 녹화에 이용되는 식물 중 콩과식물이 아닌 것은?



정답 → 42. ③ 43. ④ 44. ③ 45. ③ 46. ① 47. ② 48. ③ 49. ① 50. ① 51. ④ 52. ④

① 비수리 ② 참싸리
③ 자귀나무 ④ 붉나무

해 ④ 붉나무는 옻나무과에 속한다.

53. 해안 간척지 암거 배수관의 종류 중 천공기로 땅 속에 둥근 구멍을 뚫는 것으로 초기 배수효과는 좋으나, 일반적인으로 수명은 짧지만 공사비가 관 암거보다 매우 저렴하여 배수가 불량한 점토질 지역에서 적용하는 것은?

① 대나무와 폐목 ② 자갈과 분쇄 암석
③ 유공관 ④ 두더지 암거

54. 생태복원에 있어 생물종의 실제 분포와 보호 상황과의 괴리를 도출하여 보호 계획을 도입하는 방법은?

① GAP 분석법 ② 시나리오분석법
③ 장래분석법 ④ 비용편익분석법

55. 토양수분의 분류 중 틀린 것은?

① 토양입자와 결합 강도의 크기에 따라 결합수, 흡습수, 모세관수, 중력수로 구분된다.
② 결합수는 토양 수분의 한 성분으로서 식물에게 흡수되어 토양 화합물의 성질에 영향을 주지 않는다.
③ 모세관수는 토양 공극 중 모세관에 채워지는 물이다.
④ 중력수는 중력에 의해 아래로 흘러내리는 물로서 토양 입자 사이를 자유롭게 이동하는 물이다.

해 ② 결합수는 식물이 이용하지 못한다.

56. 도시지역 내에 생태공원을 조성하면서 생물종을 유치하고자 할 때, 서식가능성이 가장 낮은 생물종은?

① 잠자리 ② 산개구리
③ 맹꽁이 ④ 산양

해 ④ 산양은 생활특성 및 번식특성에 산지 등이 발달된 곳에 서식하므로 도시지역에는 맞지 않는다.

57. 버드나무류 꺾꽂이 재료를 이용한 자연형 하천복원 공사에 대한 설명으로 옳은 것은?

① 꺾꽂이용 주가지의 직경은 1cm 미만인 것을 선발한다.
② 가지의 증산을 방지하기 위해 잎을 모두 제거한다.
③ 채취 후 12시간 이내에 꺾꽂이가 가능하도록 해야 한다.
④ 시공은 생장이 정지한 11~12월 중순경에 한다.

해 ① 꺾꽂이용 주가지의 직경은 1~2cm인 것을 선발한다.
② 각 가지마다 2~3 개의 잎이나 눈이 달려 있도록 채취한다.
④ 시공 시기는 새눈이 나오는 4~5월 중순경(부득이한 경우 10월~11월 중순경)까지 한다.

58. 식물의 생활사 중 개화와 종자생산에 의한 번식, 구근에 의한 영양번식을 함으로써 차세대를 생산하는 시기는?

① 실생기 ② 생육기
③ 성숙기 ④ 과숙기

59. 아래 설명에서 A, B에 들어갈 용어가 모두 옳은 것은?

> 토양단면에 층위가 생기기 전, 즉 부드러운 물질이 생성될 때까지의 작용을 ( A )작용이라 하고, 그 후 토양단면이 형성되는 작용을 ( B )작용이라 한다.

① A: 토양화학, B: 토양생성
② A: 토양생성, B: 토양화학
③ A: 풍화, B: 토양생성
④ A: 토양생성, B: 풍화

60. 다음 중 숲의 천이 단계에서 최상위에 해당하는 것은?

① 나대지 ② 내음성 교목림
③ 관목림 ④ 다년생 수목

## 제4과목 경관생태학

61. 다음 중 파편화가 생물다양성을 감소시키는 주요 메커니즘으로 거리가 가장 먼 것은?

① 초기배제 효과 ② 종-면적 효과

정답 ➔ 53. ④ 54. ① 55. ② 56. ④ 57. ③ 58. ③ 59. ③ 60. ② 61. ④

③ 가장자리 효과 ④ 경관저항 효과

62. 복원생태학과 경관생태학의 차이를 가장 잘 표현하는 개념은?

① 생물다양성의 증진 여부
② 서식지의 복원 및 확충
③ 생태복원 대상의 규모
④ 인간의 간섭과의 연관 정도

63. 아래 설명 중 ( )에 들어갈 용어로 가장 적합한 것은?

> 경관생태학은 생태계의 ( ) 배열이 생태적 현상에 미치는 영향을 연구하는 분야이다.

① 군집적 ② 공간적
③ 수자원적 ④ 에너지적

64. 옥상녹화의 필요성으로 거리가 가장 먼 것은?

① 토질 개선
② 경관질의 향상
③ 도시 열섬화 완화
④ 건축물 냉난방 에너지 절감

65. 조류의 메타개체군(metapopulation)에 대한 설명 중 틀린 것은?

① 삼림의 크기가 클수록 종 풍요도(species richness)가 높다.
② 비슷한 크기의 삼림에서는 삼림이 울창할수록 종 풍요도(species richness)가 높다.
③ 비슷한 크기의 삼림에서는 가장자리 밀도가 낮을수록 종 풍요도(species richness)가 높다.
④ 이웃 삼림과의 거리가 가까울수록 종 풍요도(species richness)가 높다.

66. 인위적 교란을 지속적으로 받고 있는 농촌경관의 경관생태학적인 복원 및 보전을 위해 반드시 고려되고 반영되어야 할 요소가 아닌 것은?

① 경작지 ② 묘지
③ 2차 식생 ④ 주택

67. 파편화에 민감하여 멸종 가능성이 높은 종이 아닌 것은?

① 지리적인 분포범위가 넓은 종
② 개체군의 크기가 작은 종
③ 넓은 행동권을 요구하는 종
④ 이동능력이 낮은 종

68. 등질지역과 결절지역에 관한 설명 중 틀린 것은?

① 등질지역인 경우 지역 전체를 동일 조건으로 본다.
② 결절지역인 경우 개개의 지역 성격이 다르기 때문에 지역 전체를 동일 조건으로 간주할 수 없다.
③ 일반적으로 지역은 등질지역과 결절지역을 되풀이한다.
④ 언덕 정상사면, 언덕 배사면, 골짜기의 저지와 같은 작은 결절지역이 모여 소유역이라는 등질지역을 이루고 구릉지라는 결절지역을 형성한다.

해 ④ 언덕 정상사면, 언덕 배사면, 골짜기의 저지와 같은 작은 등질지역이 모여 소유역이라는 결절지역을 이루고 구릉지라는 등질지역을 형성한다.

69. 경관의 변화에 따른 수문학적 현상에 대한 설명으로 거리가 가장 먼 것은?

① 지피상태를 바꾸는 토지이용과 도시화는 지하로 침투되는 빗물의 양을 감소시킨다.
② 벌목에 의한 임상의 변화는 증발산의 양을 감소시킨다.
③ 삼림이 경작지로 바뀌는 경우 지하수가 상승하여 토양에 염분을 집적시킬 수 있다.
④ 지피상태를 바꾸는 도시화는 지표를 통해 하천으로 바로 흘러드는 물의 양을 감소시킨다.

70. 우리나라에서 광역적 그린네트워크를 형성할 때, 생태적 거점핵심지역(main core area)으로 작용하기 어려운 곳은?

① 자연공원 ② 생태·경관보전지역
③ 천연보호구역 ④ 도시근린공원

71. 다음 중 경관식생도에 해당하는 자료 내용이 아닌 것은?

① 지형정보 ② 식생정보



정답 ➔ 62. ③ 63. ② 64. ① 65. ③ 66. ④ 67. ① 68. ④ 69. ④ 70. ④ 71. ③

③ 서식처 정보　　　　④ 토지이용정보

72. 독일의 생물지리학자로, 경관생태학을 살아있는 식물 군락과 경관의 어느 특정 구역을 지배하는 환경 조건 사이에서 나타나는 복잡한 인과관계의 네트워크를 연구하는 학문이라 정의한 사람은?

① Tilman　　　　② Naveh
③ Humboldt　　　④ Troll

73. 환경영향평가에서 경관생태학적 개념을 도입할 때 주요 생물종에 대한 구체적인 보전대책 및 경관생태 네트워크 계획 등은 어느 단계에서 수행되는 것이 바람직한가?

① 현황조사 단계　　　② 조사결과분석 단계
③ 영향예측 단계　　　④ 저감방안수립 단계

74. Odum에 의해 시도된 육상생물군계와 생태계의 분류에서 우리나라가 속하는 것은?

① 툰드라　　　　② 온대초원
③ 한대침엽수림　　④ 온대활엽수림

75. 메타개체군의 개념을 적용한 종 또는 개체군 복원 방법이라고 보기 어려운 것은?

① 포획번식　　　② 유전자 전이
③ 방사　　　　　④ 이주

76. Landsat TM 위성자료의 활용에 대한 설명으로 옳은 것은?

① 밴드 1은 엽록소 흡수 및 식물의 종 분화 등을 알 수 있다.
② 밴드 4는 활력도 및 생물량 추정에 용이하다.
③ 밴드 6은 육역과 수역의 분리에 용이하다.
④ 밴드 7은 식생의 구분에 적합하다.

해 ① 밴드 1은 연안역 조사, 토양·식생의 판별, 산림의 유형 조사, 인공물의 식별에 용이하다.
③ 밴드 6은 식생 stress 분석, 토양수분 판별, 온도분포 측정에 용이하다.
④ 밴드 7은 광물 및 암석유형 판별, 식생의 수분 정도 구분에 적합하다.

77. 원격탐사(remote sensing)의 특징에 대한 설명 중 틀린 것은?

① 지상이나 항공기 등에서 관측하는 것과는 달리 위성의 종류에 따라서 수백 $km^2$에서 수천 $km^2$에 이르기까지 넓은 지역에 대한 데이터를 얻을 수 있다.
② 가시광선 및 근적외선 센서, 열적외선 센서 등 복수의 전자파를 이용하여 정보를 얻을 수 있다.
③ 동일 센서와 동일 해상력으로 항공사진 크기의 넓은 면적의 데이터를 얻기 위해 수 개월에 걸쳐 여러 번 촬영하여야 한다.
④ 위성의 회귀일수별로 주기적인 데이터를 얻을 수 있다.

해 ③ 다양한 센서와 해상력으로 넓은 면적을 짧은 시간에 데이터를 얻을 수 있다.

78. 우리나라의 습지보전법에 따른 '연안습지'의 개념 정의로 옳은 것은?

① 물이 퇴적물을 덮고 있거나 퇴적물이 식물의 뿌리가 있는 곳에 침투되어 있어 침수에 견디는 식물들이 존재하는 지역을 말한다.
② 만조 때 수위선과 지면의 경계선으로부터 간조 때 수위선과 지면의 경계선까지의 지역을 말한다.
③ 조수간만의 차에 의해 주기적으로 드러나는 수위선과 지면의 경계선 이후부터의 습한 지역을 말한다.
④ 바닷가와 만조 때 수위선부터 영해의 외측 한계까지의 습한 지역을 말한다.

79. 비오톱(Biotope)에 대한 설명으로 거리가 가장 먼 것은?

① 어떤 일정한 야생 동·식물의 서식공간이나 중요한 일시적 서식공간이라는 의미로 사용한다.
② 비오톱의 보전과 관련하여, 인위적인 영향에 의해 만들어진 회귀한 비오톱에서의 자연적 천이는 적절한 간섭에 의해 바람직한 단계로 안정되는데, 일반적인 보전조치를 할 경우 에너지의 투입과 인위적 간섭의 회수를 최소한도로 하는

정답 ➔ 72. ④ 73. ④ 74. ④ 75. ② 76. ② 77. ③ 78. ② 79. ③

것이 중요하다.
③ 여러 가지 토지의 식생이 같은 천이 단계에 있도록 하여, 토지에 전형적이고 바람직한 종 다양성을 실현시킬 수 있다.
④ 개별적인 비오톱은 항상 복합적인 전체의 일부분으로 인지되어야 한다.

80. 벡터자료와 래스터자료의 차이점으로 틀린 것은?

① 벡터자료는 공간적 정확성이 높은 장점이 있다.
② 벡터자료는 복잡한 데이터 구조를 갖는 단점이 있다.
③ 래스터자료는 원격탐사 영상자료와 연계가 용이한 장점이 있다.
④ 래스터자료는 다양한 모델링을 할 수 없는 단점이 있다.

## 제5과목 자연환경관계법규

81. 다음은 자연환경보전법상 생태·자연도에 관한 설명이다. ( )에 알맞은 것은?

> 생태·자연도는 ( ㉠ )의 지도에 표시하여야 하며, 환경부장관은 생태·자연도를 작성하는 때에는 ( ㉡ ) 국민의 열람을 거쳐 작성하여야 한다.

① ㉠: 3만분의 1 이상, ㉡: 7일 이상
② ㉠: 3만분의 1 이상, ㉡: 14일 이상
③ ㉠: 2만5천분의 1 이상, ㉡: 7일 이상
④ ㉠: 2만5천분의 1 이상, ㉡: 14일 이상

82. 자연공원법상 다음 [보기]가 설명하는 용도지구로 옳은 것은?

> [보기]
> 문화재보호법에 따른 지정문화재를 보유한 사찰(寺刹)과 전통사찰보존지 중 문화재의 보전에 필요하거나 불사(佛事)에 필요한 시설을 설치하고자 하는 지역

① 공원문화환경지구 ② 공원문화보존지구
③ 공원문화자원지구 ❹ 공원문화유산지구

83. 환경정책기본법령상 이산화질소($NO_2$)의 대기환경기준으로 옳은 것은? (단, 1시간 평균치 기준으로 한다.)

① 0.01ppm 이하 ② 0.05ppm 이하
③ 0.10ppm 이하 ④ 0.15ppm 이하

84. 백두대간 보호에 관한 법률상 다음 ( )에 가장 적합한 용어는?

> "백두대간"이란 백두산에서 시작하여 금강산, 설악산, 태백산, 소백산을 거쳐 ( ㉠ )으로 이어지는 큰 산줄기를 말하며, "백두대간보호지역"이란 백두대간 중 특별히 보호할 필요가 있다고 인정되어 법에 따라 ( ㉡ )이 지정 · 고시하는 지역을 말한다.

① ㉠: 지리산, ㉡: 환경부장관
② ㉠: 지리산, ㉡: 산림청장
③ ㉠: 한라산, ㉡: 환경부장관
④ ㉠: 한라산, ㉡: 산림청장

85. 자연환경보전법상 위임업무 보고사항 중 "생태 · 경관보전지역 등의 토지매수실적"의 보고 횟수 기준은?

① 수시 ② 연 1회
③ 연 2회 ④ 연 4회

86. 국토기본법상 국토계획의 구분에 해당하지 않는 것은?

① 부문별계획 ② 도종합계획
③ 시·군종합계획 ④ 읍·면종합계획

87. 자연환경보전법상 용어의 정의가 옳지 않은 것은?

① "자연생태"라 함은 자연환경적 측면에서 시각적·심미적인 가치를 가지는 지역·지형 및 이에 부속된 자연요소 또는 사물이 복합적으로 어우러진 자연의 경치를 말한다.
② "생물다양성"이라 함은 육상생태계 및 수생생태계(해양생태계를 제외한다)와 이들의 복합생태계를 포함하는 모든 원천에서 발생한 생물체의 다양성을 말하며, 종내(種內)·종간(種間) 및 생태계의 다양성을 포함한다.
③ "생태축"이라 함은 생물다양성을 증진시키고 생태계 기능의 연속성을 위하여 생태적으로 중요한 지역 또는 생태적 기능의 유지가 필요한 지역을 연결하는 생태적서식공간을 말한다.
④ "대체자연"이라 함은 기존의 자연환경과 유사한


정답 ➔ 80. ④ 81. ④ 82. ④ 83. ③ 84. ② 85. ② 86. ④ 87. ①

기능을 수행하거나 보완적 기능을 수행하도록 하기 위하여 조성하는 것을 말한다.

해 ① "자연생태"라 함은 자연의 상태에서 이루어진 지리적 또는 지질적 환경과 그 조건 아래에서 생물이 생활하고 있는 일체의 현상을 말한다.

88. 다음 중 생물다양성 보전 및 이용에 관한 법령상 생태계 교란 생물이 아닌 것은?

① 뉴트리아(*Myocastor coypus*)
② 황소개구리(*Rana catesbeiana*)
③ 비바리뱀(*Sibynohis chinensis*)
④ 파랑볼우럭(블루길)(*Lepomis macrochirus*)

해 ② 멸종위기 야생생물 Ⅰ급(양서류·파충류)

89. 습지보전법상 습지보호지역으로 지정·고시된 습지를 「공유수면 관리 및 매립에 관한 법률」에 따른 면허 없이 매립한 자에 대한 벌칙기준은?

① 5년 이하의 징역 또는 5천만원 이하의 벌금
② 3년 이하의 징역 또는 3천만원 이하의 벌금
③ 2년 이하의 징역 또는 2천만원 이하의 벌금
④ 1년 이하의 징역 또는 1천만원 이하의 벌금

90. 야생생물 보호 및 관리에 관한 법령상 환경부장관은 수렵동물의 지정 등을 위하여 야생동물의 종류 및 서식밀도 등에 대한 조사의 최소한의 실시 주기로 옳은 것은?

① 1년마다　② 2년마다
③ 3년마다　④ 4년마다

91. 국토기본법에 명시된 "환경친화적 국토관리"를 위하여 국가 및 지방자치단체가 해야 할 일로 거리가 가장 먼 것은?

① 국토에 관한 계획 또는 사업을 수립·집행할 때에는 자연환경과 생활환경에 미치는 영향을 사전에 고려하여야 하며, 환경에 미치는 부정적인 영향이 최소화될 수 있도록 하여야 한다.
② 국토의 무질서한 개발을 방지하고 국민생활에 필요한 토지를 원활하게 공급하기 위하여 토지이용에 관한 종합적인 계획을 수립하고 이에 따라 국토공간을 체계적으로 관리하여야 한다.
③ 산, 하천, 호수, 늪, 연안, 해양으로 이어지는 자연생태계를 통합적으로 관리·보전하고 훼손된 자연생태계를 복원하기 위한 종합적인 시책을 추진한다.
④ 국제교류가 활발히 이루어질 수 있는 국토여건을 조성함으로써 대륙과 해양을 잇는 국토의 지리적 특성을 최대한 살리도록 하여야 한다.

92. 야생생물 보호 및 관리에 관한 법령상 멸종위기 야생생물 Ⅰ급 무척추동물로 옳지 않은 것은?

① 귀이빨대칭이(*Cristaria plicata*)
② 참달팽이(*Koreanohodra koreana*)
③ 나팔고둥(*Charonia lampas sauliae*)
④ 남방방게(*Pseudohelice subquadrata*)

해 ② 멸종위기 야생생물 Ⅱ급

93. 다음은 습지보전법령상 습지보전기본계획의 시행에 필요한 조치이다. ( )에 알맞은 것은?

| 환경부장관 또는 해양수산부장관으로부터 습지보전기본계획의 시행을 위하여 필요한 조치를 하여 줄 것을 요청받은 관계중앙행정기관의 장 및 시·도지사는 조치결과를 요청받은 날부터 ( )에 환경부장관 또는 해양수산부장관에게 제출하여야 한다. |
|---|

① 1월이내　② 3월 이내
③ 6월이내　④ 12월이내

94. 국토의 계획 및 이용에 관한 법률상에서 정하고 있는 용도구역으로 옳지 않은 것은?

① 수도계획구역
② 개발제한구역
③ 시가화조정구역
④ 수산자원보호구역

95. 국토의 계획 및 이용에 관한 법률상 토지의 이용실태 및 특성, 장래의 토지이용방향 등을 고려하여 구분한 국토의 용도지역으로 옳지 않은 것은?

① 개발지역　② 관리지역

정답 → 88. ③　89. ②　90. ②　91. ④　92. ②　93. ③　94. ①　95. ①

③ 도시지역　　④ 자연환경보전지역

96. 야생생물 보호 및 관리에 관한 법률상 야생생물의 보호·관리를 위해 설립할 수 있는 단체로 옳은 것은?

① 야생생물관리협회
② 전국자연보호중앙회
③ 한국자연환경보전협회
④ 한국야생동물보호협회

97. 독도 등 도서지역의 생태계 보전에 관한 특별법상 용어의 정의이다. (　)에 알맞은 것은?

> (　)란 사람이 거주하지 아니하거나 극히 제한된 지역에만 거주하는 섬으로서 자연생태계·지형·지질·자연환경이 우수한 독도 등 환경부장관이 지정하여 고시하는 도서(島嶼)를 말한다.

① 특정도서　　② 특별보호도서
③ 생태보호도서　　④ 생태경관보호도서

98. 자연공원법상 공원구역에서 공원관리청의 허가를 받아야 하는 행위허가사항으로 옳지 않은 것은?

① 가축을 놓아먹이는 행위
② 야생동물을 잡는 행위
③ 건축물이나 그 밖의 공작물을 신축·증축·개축·재축 또는 이축하는 행위
④ 야생동물을 잡기 위하여 화약류·덫·올무 또는 함정을 설치하거나 유독물·농약을 뿌리는 행위

99. 환경정책기본법령상 해역의 생태기반 해수수질기준 중 Ⅲ(보통) 등급의 수질평가 지수값은?

① 34~46　　② 47~59
③ 60~72　　④ 73~85

해 생태기반 해수수질 기준

| 등급 | 수질평가 지수값 |
|---|---|
| Ⅰ(매우 좋음) | 23 이하 |
| Ⅱ(좋음) | 24~33 |
| Ⅲ(보통) | 34~46 |
| Ⅳ(나쁨) | 47~59 |
| Ⅴ(아주 나쁨) | 60 이상 |

100. 자연환경보전법상 생태계보전협력금의 부과 및 납부에 관한 사항으로 옳지 않은 것은?

① 생태계보전협력금의 부과통지는 「국고금관리법 시행규칙」의 서식에 따른다.
② 생태계보전협력금의 부과금액별 분할납부 횟수는 2억원 초과의 경우는 6회 이하로 한다.
③ 생태계보전협력금의 분할납부 신청을 받은 시·도지사는 분할납부의 사유 등을 검토하여 신청을 받은 날부터 10일 이내에 그 처리결과를 신청인에게 알려야 한다.
④ 국가·지방자치단체 및 「공공기관의 운영에 관한 법률」에 따른 공공기관의 분할납부의 횟수는 2회 이하로 한다.

해 ② 생태계보전협력금의 부과금액별 분할납부 횟수는 2억원 초과의 경우는 4회 이하로 한다.


정답 ➔ 96. ① 97. ① 98. ④ 99. ① 100. ②

# ❖ 2021년 자연생태복원기사 제 2 회

2021년 5월 15일 시행

## 제1과목 환경생태학개론

01. 라운키에르(Raunkiaer) 생활형 구분에 따른 지중식물에 해당하지 않는 것은?

① 진달래 ② 튤립
③ 감자 ④ 갈대

해 ① 지상식물

2. 종에 대한 예측이 불가능하고, 급변하는 환경에서 서식하는 경향이 있는 종을 무엇이라고 하는가?

① 깃대종(flagship species)
② 개척종(pioneer species)
③ 핵심종(keystone species)
④ 기회종(opportunistic species)

3. 해안군집의 유형에 속하지 않는 것은?

① 갯벌 ② 하구
③ 암반해안 ④ 건초지

4. 생태계에서 외부의 변화에도 불구하고 생태계 전체에서의 변동을 억제하는 능력이나 평형상태를 유지하려는 능력을 무엇이라고 하는가?

① 항상성(homeostasis)
② 천이(succession)
③ 포식(predation)
④ 경쟁(competition)

5. 부영양화 상태인 호수의 특징으로 옳은 것은?

① 얕은 호수에서는 수초가 많이 자란다.
② 녹조류의 성장으로 용존산소가 늘어난다.
③ 질소, 인의 농도와는 무관한 현상이다.
④ 호수의 유기물이 줄어든다.

해 부영양호 : 수심이 비교적 얕고, 일반적으로 평지에 고이는 얕은 호수가 이에 속하며, 물속에는 유기물이 풍부하여 이를 분해시키기 위한 산소가 소비되므로 여름철에는 밑층의 물에 산소가 결핍되거나 때로는 소실되기도 한다.

6. 물질의 순환 중 질소순환에 대한 설명으로 틀린 것은?

① 질소는 대기 중 다량으로 존재하며 식물체에 직접 이용된다.
② 질소고정생물은 대기 중의 분자상 질소를 암모니아로 전환시킨다.
③ 대부분의 식물은 암모니아나 질산염의 형태로 질소를 흡수한다.
④ 식물은 단백질과 기타 많은 화합물을 합성하는 데 질소를 사용한다.

해 ① 질소는 대기 중 다량으로 존재하며 식물체에 직접 이용되지 못한다.

7. 열역학 제2법칙에 대한 설명으로 틀린 것은?

① 엔트로피의 법칙이라고도 한다.
② 물질과 에너지는 하나의 방향으로만 변화한다.
③ 질서 있는 것에서 무질서한 것으로 변화한다.
④ 엔트로피가 증대한다는 것은 사용 가능한 에너지가 증가한다는 것을 뜻한다.

해 ④ 엔트로피가 증대한다는 것은 사용 가능한 에너지가 감소한다는 것을 뜻한다.

8. 환경변화에 대한 생물체의 반응(response)이 아닌 것은?

① 압박(stress) ② 치사(lethal)
③ 차폐(masking) ④ 조절(controlling)

9. 자연 생태계 보전에 관한 대표적인 국제기관은?

① IUCN ② UNESCO
③ OECD ④ FAO

해 ① 국제자연보전연맹

10. 생태계의 생물적 구성요소에 해당하지 않는 것은?

① 대기(atmosphere)
② 생산자(producer)
③ 분해자(decomposer)
④ 거대소비자(macroconsumer)

정답 ➔ 01. ① 02. ④ 03. ④ 04. ① 05. ① 06. ① 07. ④ 08. ① 09. ① 10. ①

11. 식물정화법(phytoremediation)의 처리원리 중 '식물에 의한 추출'에 의하여 중금속류를 처리할 수 있는 가장 대표적인 식물 종은?

① 해바라기 ② 버드나무
③ 포플러나무 ④ 수생 서양 가새풀

12. 기온 변화에 따른 대기권(Atmosphere)의 구분에 해당하지 않는 것은?

① 대류권(troposphere)
② 성운권(crowdonosphere)
③ 중간권(mesosphere)
④ 열권(thermosphere)

해 기권은 높이에 따른 기온 변화를 기준으로 대류권, 성층권, 중간권, 열권으로 구분한다.

13. 개체군 밀도와 관련하여, 총 단위 공간당의 개체수로 정의되는 것은?

① 조밀도 ② 고유밀도
③ 생태밀도 ④ 분산밀도

해 ②③ 실제 서식지 면적당 개체수로 나타낸 밀도

14. 열대지방 해안의 맹그로브 숲에 대한 설명이 틀린 것은?

① 조간대의 갯벌해안에 잘 발달된다.
② 뿌리로부터 들어오는 염을 제한하지 못한다.
③ 광엽상록교목 혹은 관목인 염생식물이다.
④ 산소와 이산화탄소를 교환하는 기근이 발달한다.

15. 생태계의 포식상호작용에서 피식자가 포식자로부터 피식되는 위험을 최소화하기 위한 장치로 볼 수 없는 것은?

① 의태(mimicry) ② 방위(defense)
③ 위장(camouflage) ④ 상리공생(mutualism)

16. 두 생물 간에 상리공생(mutualism) 관계에 해당하는 것은?

① 호도나무와 일반 잡초
② 인삼 또는 가지과 작물의 연작
③ 관속 식물과 뿌리에 붙어 있는 균근균
④ 복숭아 과수원의 고사목 식재지에 보식한 복숭아 묘목

17. 오존층 보호를 주요 목적으로 체결된 국제 협약이 아닌 것은?

① 비엔나 협약(Vienna Convention, 1985년)
② 몬트리올 의정서(Montreal Protocol, 1987년)
③ 미나마타협약(The Minamata Convention, 2013년)
④ 런던회의(London Revision to the Montreal Protocol, 1992년)

해 ③ 수은에 관한 미나마타협약 : 미나마타협약은 수은 및 수은화합물의 노출로부터 인간 건강과 환경 보호를 위해 유엔환경계획에서 2013년 채택한 국제조약으로 2017년 8월 발효되었다

18. 조간대 생물이 고온에 견디기 위해 주위로부터 흡수되는 열을 줄이거나 흡수된 열을 몸에서 방출하는 방법으로 거리가 먼 것은?

① 표면적을 최소화하여 열의 흡수를 적게 한다.
② 어두운 색의 패각을 가져 열의 흡수를 적게 한다.
③ 패각에 굴곡을 많이 가져 열을 방출한다.
④ 증발을 통해 열을 방출한다.

19. 생태계의 천이(succession)를 크게 3종류로 구분할 때, 환경조건과 자원을 변형시키는 자체의 생물학적 작용의 결과로 일련의 변화가 일어나는 경우에 해당하는 것은?

① 자생천이(autogenic succession)
② 타생천이(allogenic succession)
③ 퇴화적 천이(degradative succession)
④ 종속영양적 천이(heterotrophic succession)

20. 다음 생태계 구성요소 중 생산자에 해당하는 것은?

① 버섯 ② 녹조류
③ 벌 ④ 개미

제2과목 환경계획학

21. 지속가능한 발전과 관련하여 국토 및 지역차원에서의


정답 ➔ 11. ① 12. ② 13. ① 14. ② 15. ④ 16. ③ 17. ③ 18. ② 19. ① 20. ② 21. ④

환경계획 수립 시 고려해야 하는 사항이 아닌 것은?

① 인간의 활동은 환경적 고려사항에 의해서 궁극적으로 제한받아야 한다.
② 환경에 대한 우리의 부주의의 대가를 다음 세대가 치르도록 해서는 안 된다.
③ 재생이나 순환 가능한 물질을 사용하고 폐기물을 최소화함으로써 자원을 보존한다.
④ 프로그램과 정책의 이행 및 관리 책임을 가장 낮은 수준의 민간에서 전담해야 한다.

22. 국토환경성평가도 3등급 지역의 관리원칙에 해당하는 것은?

① 이미 개발이 진행되었거나 진행 중인 지역으로 개발을 허용하지만 보전의 필요성이 있으면 부분적으로 보전 지역으로 지정하여 관리
② 개발을 허용하는 지역으로 체계적이고 종합적으로 환경을 충분히 배려하면서 개발을 수용
③ 보전지역으로서 개발을 불허하는 것을 원칙으로 하지만 예외적인 경우에 소규모의 개발을 부분 허용
④ 보전에 중점을 두는 지역이지만 개발의 행위, 규모, 내용 등을 환경성평가를 통하여 조건부 개발을 허용

23. 백두대간 보호에 관한 법률상 백두대간보호 지역 중 핵심구역에서 할 수 없는 행위는?

① 광산의 시설기준, 개발면적의 제한, 훼손지의 복구 등 대통령령으로 정하는 일정 조건 하에서의 광산개발
② 도로·철도·하천 등 반드시 필요한 공용·공공용 시설로서의 대통령령으로 정하는 시설의 설치
③ 교육, 연구 및 기술개발과 관련된 시설 중 대통령령으로 정하는 시설의 설치
④ 농가주택, 농림축산시설 등 지역주민의 생활과 관계되는 시설로서 대통령령으로 정하는 시설의 설치

**해** ③ 완충구역에서 가능한 행위

24. 지역 환경 생태계획의 생태적 단위를 큰 것부터 작은 순서대로 옳게 나열한 것은?

① Landscape District→Ecoregion→Bioregion →Sub-bioregion→Place unit
② Bioregion →Sub-bioregion→Ecoregion →Place unit→Landscape District
③ Place unit→Bioregion→Sub-bioregion →Ecoregion→Landscape District
④ Ecoregion→Bioregion→Sub-bioregion →Landscape District→Place unit

25. 환경부장관, 해양수산부장관 또는 시·도지사가 습지 중 아래의 어느 하나에 해당하는 지역에 대하여 지정할 수 있는 것은?

- 습지보호지역 중 습지가 심하게 훼손되었거나 훼손이 심화될 우려가 있는 지역
- 습지생태계의 보전 상태가 불량한 지역 중 인위적인 관리 등을 통하여 개선할 가치가 있는 지역

① 습지개선지역 ② 습지복원지역
③ 습지관리지역 ④ 습지복구지역

26. 국토공간계획과 관련한 국토기본법에 따른 지역계획의 구분에 해당하는 것은? (단, 그 밖에 다른 법률에 따라 수립하는 지역계획의 경우는 고려하지 않는다.)

① 수도권발전계획 ② 광역권개발계획
③ 도시기본계획 ④ 개발촉진지구계획

27. 생태네트워크 계획에 있어서 비오톱의 조성에 관한 일반원칙이 아닌 것은?

① 가능한 넓은 것이 좋다.
② 같은 면적이면 하나인 상태보다 분할된 상태가 좋다.
③ 형태는 가능한 선형보다는 원형이 좋다.
④ 불연속적인 비오톱은 생태적 통로로 연결시키는 것이 좋다.

28. 국토의 계획 및 이용에 관한 법률에서 정하고 있는 용도지역에 대한 설명으로 옳은 것은?

① 자연환경보전지역 – 자원환경·수자원·해안·

**정답** ➔ 22. ④ 23. ③ 24. ④ 25. ① 26. ① 27. ② 28. ①

생태계·상수원 및 문화재의 보전과 수산 자원의 보호·육성 등을 위하여 필요한 지역
② 보호지역 – 농림업을 진흥시키고 산림을 보전하기 위하여 필요한 지역
③ 도시지역 – 과거 준농림지역과 준도시지역을 합친 지역
④ 농림지역 – 도시지역의 밀집이 예상되어 향후 개발을 위해 체계적인 개발·정비·관리·보전 등이 필요한 지역

29. 토지적성평가와 국토환경성평가를 비교하여 설명한 내용이 틀린 것은?

| | 토지적성평가 | 국토환경성평가 |
|---|---|---|
| ㉠ 법적 근거 | 국토의 계획 및 이용에 관한 법률 | 환경정책기본법 |
| ㉡ 대상 지역 | 전 국토 | 전 국토 |
| ㉢ 평가 지표 | 표고 등 물리적 특성, 토지이용 특성, 공간적 입지성 | 생태계보전지역 등 법제적 지표와 자연성 정도 등 환경, 생태적 지표 |
| ㉣ 평가 단위 | 토지필지단위(미시적) | 지역적 단위(거시적) |

① ㉠　② ㉡
③ ㉢　④ ㉣

해 ② 토지적성평가 대상지역은 '관리지역 및 도시관리계획 입안지역'이다.

30. 일반적인 환경문제의 발생 특성에 해당하지 않는 것은?

① 상호단절성　② 광역성
③ 시차성　④ 탄력성과 비가역성

해 환경문제의 특성으로는 상호관련성, 광역성, 시차성, 탄력성과 비가역성, 엔트로피 증가 등이 있다.

31. 환경 친화적 택지개발계획 수립을 위한 기본원칙으로서 자연자원보전 및 복원부분에 관한 내용으로 틀린 것은?

① 물순환을 고려하여 보도 등은 불투수성 재료로 포장하여 우수담수를 위한 오픈 공간을 조성한다.
② 건물옥상 및 인공지반을 이용하여 옥상녹화, 인공지반녹화, 벽면녹화 등으로 녹지면적을 최대한 확대한다.
③ 보전가치가 있는 지형·지질의 존재 유무와 보전대책 및 임상이 양호한 임야지역의 보전대책을 마련한다.
④ 단지 내 단위 거점 소생물권인 연못, 채원, 자연학습원, 약초원, 유실수원 등을 균등하게 배치하고 이들의 그린네트워크를 구축한다.

32. 아래의 설명에 해당하는 국제협력기구는?

> 1972년 유엔총회의 결의에 의해 설립된 기구로서 케냐의 나이로비에 본부를 두고 있으며, 종합적인 국제환경규제, 환경법과 정책의 개발 등에서 매우 중요한 기능을 하고 있다. 1987년 몬트리올 의정서 체결, 1989년 바젤협약 등을 주도하였다.

① 유엔개발계획(UNDP)
② 지구위원회(Earth Council)
③ 유엔환경계획(UNEP)
④ 지속발전위원회(the Commission on Sustainable Development)

33. 자연환경보전계획 상 훼손지 복원의 추진방향에 대한 설명으로 거리가 가장 먼 것은?

① 자연회복을 도와주도록 하여야 한다.
② 자연의 군락을 재생·창조하여야 한다.
③ 자연에 가까운 방법으로 군락을 재생하여야 한다.
④ 자연 훼손지를 극상군락으로 복원하여야 한다.

34. 도심이 외곽지역보다 기온이 1~4℃ 더 높고 기온의 등온선을 표시하면 도심부를 중심으로 섬의 등고선과 비슷한 형태를 나타내는 현상은?

① 바람통로　② 열대야현상
③ 지구온난화　④ 도시열섬현상

35. UNESCO에 의한 인간과 생물권 계획에 의한 보호지



정답 ➔ 29. ② 30. ① 31. ① 32. ③ 33. ④ 34. ④ 35. ①

역 중 생태계의 훼손이 원칙적으로 허용되지 않는 지역은?

① 핵심지역 ② 완충지대
③ 전이지역 ④ 생태보전지역

36. 다음 중 생태·자연도 1등급 권역에 해당하는 것은?

① 멸종위기 야생생물 5종이 살고 있는 습지
② 외래 어류를 포함하여 어류 15종이 서식하는 자연호소
③ 멸종위기 야생생물 중 동물이 2종 이상 번식하거나 생육장으로 중요한 자연 습지
④ 최근 5년간 철새가 1만 마리 이상 도래하면서 멸종위기 야생생물 조류가 평균 3종 이상 도래하는 습지

해 ① 멸종위기 야생생물 6종 이상 서식하고 있는 습지
② 어류가 20종 이상 서식하는 자연호소(단, 외래 및 도입 어류는 제외)
④ 최근 5년간 철새가 2만 마리 이상 도래하면서 멸종위기 야생생물 조류가 평균 4종 이상 도래하는 철새도래지 내 습지

37. 국토의 계획 및 이용에 관한 법령에 따른 도시지역의 용도지역 세분에 해당하지 않는 것은?

① 유통상업지역 ② 준주거지역
③ 경공업지역 ④ 보전녹지지역

38. 환경문제의 발생 원인으로 거리가 가장 먼 것은?

① 농경지 훼손 ② 기름 유출
③ 생물 서식지 파괴 ④ 인구의 감소

39. 생태발자국(ecological footprint)에 관한 설명으로 옳은 것은?

① 일반적으로 글로벌 헥타르(gha) 단위로 표시한다.
② 생태발자국의 주요 지표로 산소발자국(Oxygen Footprint)이 있다.
③ 우리나라는 관리지역의 환경성 평가를 위해 생태발자국 개념을 도입하였다.
④ 생태발자국이 높을수록 생태용량이 증가한다.

해 ② 생태발자국의 주요 지표로 탄소발자국이 있다.
③ 우리나라는 관리지역의 토지적성평가를 위해 생태발자국 개념을 도입하였다.
④ 생태발자국이 높을수록 생태용량이 감소한다.

40. 지속가능성의 단계 중 환경교육 프로그램을 체계화하고, 지역발전을 위한 지방정부의 주도적 역할을 강조하는 단계에 해당하는 것은?

① 아주 약한 지속가능성
② 약한 지속가능성
③ 보통의 지속가능성
④ 강한 지속가능성

## 제3과목 생태복원공학

41. 하안 및 제방을 복원하는 방법에 관한 설명으로 옳지 않은 것은?

① 수변구역에 가축이나 사람이 들어가는 것을 제한하여 식생을 회복시키는 법은 가장 간단하며 성공률이 높다. 그러나 생물의 다양성은 매우 더디게 증가한다.
② 홍수의 위험이 있거나 유속이 빠른 강의 하안에는 버드나무 말뚝을 설치하면 침식 등을 막을 수 있다. 이 때 가능한 수종은 냇버들, 흰버드나무 등을 사용한다.
③ 하안의 자연형 복원을 위하여 강의 수로, 둑의 경사, 유지관리 등을 고려하여 하안을 처리 하여야 홍수 등에 대비한 복원이 가능하다.
④ 하안에 버드나무를 식재하여 하안을 복원하였을 시는 5, 10, 15년 주기로 정기적으로 버드나무를 교체하여 주는 것이 좋다.

해 ① 수변구역에 가축이나 사람이 들어가는 것을 제한하여 식생을 회복시키는 법은 가장 간단하며 성공률이 높고 경관 및 다양성도 가장 빨리 증대시킬 수 있다.

42. 황폐한 산간계곡의 유역면적 10ha인 곳에서 강우강도가 100mm/hr일 때, 최대유량($m^3/s$)은? (단, 유역의 유출계수 = 0.8, 감수계수가 고려된 합리식을 사용한다.)

① 0.1 ② 0.2
③ 2.2 ④ 4.4

정답 ➔ 36. ③ 37. ③ 38. ④ 39. ① 40. ④ 41. ① 42. ③

해 유출량 $Q = \frac{1}{360} C \cdot I \cdot A$

$\rightarrow \frac{1}{360} \times 0.8 \times 100 \times 10 = 2.2(m^3/sec)$

43. 생태네트워크 계획의 과정이 순서대로 옳게 나열한 것은?

① 분석·평가 → 조사 → 계획
② 분석·평가 → 계획 → 조사
③ 조사 → 분석·평가 → 계획
④ 조사 → 분석 → 계획 → 평가

44. 수목의 뿌리에 담자균류가 침입하여 가는 뿌리 주위에 균사가 이루어진 두꺼운 층이 발달하고, 뿌리 밖으로 균사다발이 신장하는 것은?

① VA균근 ② 외생균근
③ 내생균근 ④ 내외생균근

45. 생태 이동통로의 형태 중 훼손 횡단부위가 넓고, 절토지역 또는 장애물 등으로 동물을 위한 통로설치가 어려운 지역에 만들어지는 통로는?

① Box ② Culvert
③ Shelterbelt ④ Overbridge

해 ①② 터널형, ③ 선형, ④ 육교형

46. 새롭게 서식처를 조성해 주는 방법들 중 미리 결정된 설계에 온전한 경관을 포함하는 것으로서 나무를 식재하고, 관목 숲을 형성하는 등의 방법으로 가장 접합한 것은?

① 자연적 형성(Natural colonization)
② 정치적 서식처(Political habitats)
③ 서식처 구조 형성(Framework habitats)
④ 설계자로서의 서식처(Designer habitats)

해 ① 자연적 형성 : 대상지역에서 서식처가 발달하는 자연적인 과정을 유도해 주는 방법
② 정치적 서식처 : 도시지역에 화려하고, 흥미로우며 매력적인 서식처를 만들어 주는 것-교육적인 역할과 선전적인 역할에 초점을 둔 것
③ 서식처 구조 형성 : 자연적인 형성과 같이 서식처 구조를 형성해 주기 위해서 지형이나 토양, 배수체계 등을 형성해주는 공학적 복원

47. 자연환경복원을 위한 기초 조사 및 분석 항목 중 그 내용이 틀린 것은?

① 인문사회 환경의 조사 및 분석 대상은 토지이용, 인간의 비간섭, 서식처이다.
② 역사적 기록의 조사 및 분석 대상은 고지도, 항공사진, 인공위성 영상이다.
③ 기반환경의 조사 및 분석 대상은 지형, 기후, 수리, 토양이다.
④ 생물종의 조사 및 분석 대상은 식생, 곤충, 어류, 포유류 등이다.

해 ① 인문사회 환경의 조사 및 분석 대상은 토지이용, 인간의 접근과 영향, 접근도로, 인공구조물과 인간 이용이다.

48. 훼손지 비탈면 녹화용 식물선택의 기본적 요건에 해당되지 않는 것은?

① 건조에 견디는 힘이 커야 한다.
② 번식력과 생장력이 왕성해야 한다.
③ 다년생으로 동계의 보전효과가 높은 식물이어야 한다.
④ 근계의 발달이 지나치게 좋으면 비탈면의 붕괴를 가져오므로 초본류의 식물로만 선택한다.

해 ④ 근계의 발달이 좋은 식물을 사용하며, 토양적 조건에 따라 목본류를 도입한다.

49. 식재기반공 중 가로나 주차장 및 광장 등의 식수대 안에 식재할 때 사용되는 방법으로 현지 토양을 굴삭하여 객토로 바꿔 넣는 공법은?

① 경운공 ② 객토치환공
③ 객토성토공 ④ 경운객토성토공

50. 곤충류의 서식처 조성 기법 중 다공질 공간 제공 기법으로 옳지 않은 것은?

① 고목 배치 ② 통나무 쌓기
③ 돌무더기 놓기 ④ 다공질 콘크리트 쌓기

해 ④ 서식처 조성 시 가능한 자연재료를 이용하며 인공재료는 가급적 지양한다.



정답 → 43. ③ 44. ② 45. ④ 46. ④ 47. ① 48. ④ 49. ② 50. ④

51. 다음 [보기]가 설명하는 인간과 생물종간의 거리로 옳은 것은?

> [보기]
> 조류가 인간의 모습을 알아차리면서도 달아나거나 경계의 자세를 취하지 않고 먹이를 계속 먹거나 휴식을 계속할 수 있는 거리

① 경계거리 ② 회피거리
③ 도피거리 ④ 비간섭거리

해 ① 경계거리 : 이제까지의 행동을 중지하고 인간 쪽을 바라보거나 경계 음을 내거나 또는 꽁지와 깃을 흔드는 행동을 취하는 거리로, 경계는 취하나 이동하는 행동은 취하지 않는 상태의 거리
② 회피거리 : 인간이 접근하면 수㎝에서 수십㎝를 걸어 다니거나 또는 가볍게 뛰기도 하면서 물러나 인간과의 일정한 거리를 유지하려고 하는 거리
③ 도피거리 : 인간이 접근함에 때라 단숨에 장거리를 날아가면서 도피를 시작하는 거리

52. 생태공학적 측면에서 녹색방음벽에 대한 설명으로 틀린 것은?

① 버드나무 등을 활용하여 방음벽을 녹화한다.
② 식물이 서식 가능한 화분으로 녹화한 방음벽이다.
③ 녹색투시형 담장이나 기존방음벽에 녹색으로 도색한 방음벽을 말한다.
④ 태양전지판 등을 설치하여 자연에너지를 설치할 수 있는 발전시설을 겸하는 방음벽을 말한다.

해 ④ 녹색방음벽이란 저탄소녹색기술을 적용한 방음벽을 의미한다.

53. 식물 생활사의 수명에 따른 분류와 해당 식물의 연결이 옳지 않은 것은?

① 2년생 식물: 붓꽃
② 다년생 식물: 참억새
③ 여름형 1년생식물: 벼
④ 겨울형 1년생식물: 보리

해 ① 붓꽃은 여러해살이 식물이다.

54. 2000$m^2$의 면적에 발생기대본수 2000(본/$m^2$)을 파종하고자 할 때 파종량(kg)은? (단, 발아율 50%, 평균입수 2000/g, 순량률 80%로 한다.)

① 2.5 ② 5
③ 2500 ④ 5000

해 파종량 $W = \frac{G}{S \times P \times B}$

$$\rightarrow \frac{2000}{2000 \times 0.8 \times 0.5} \times 2000 \div 1000 = 5(kg)$$

55. 생물다양성 증진을 위한 습지를 조성하고자 할 경우, 개방수면(open water)의 적정 비율(%)은?

① 15 ② 20
③ 50 ④ 100

56. 매립지 복원 공법 중 하부층인 세립 미사질 토층에 파일을 박아 하단부 투수층까지 연결한 후 파일 파이프 안에 모래, 사질양토, 자갈 등을 넣어 배수를 원활히 하는 공법은?

① 사구법 ② 사주법
③ 치환법 ④ 객토법

57. 비오톱의 하나인 생태연못의 조성에 관한 설명으로 옳지 않은 것은?

① 호안처리는 안정을 고려하여 콘크리트를 이용하여 균일한 호안으로 조성한다.
② 종다양성을 높이기 위해 관목숲, 다공질 공간 등 다른 생물 서식공간과 연계되도록 한다.
③ 자연석 등 자연재료를 도입하며, 주변에 향토수종을 식재하여 자연스런 경관을 형성한다.
④ 기복이 심한 지형, 일조조건, 수심, 식생 등을 폭넓게 고려하여 안정적인 서식지를 조성한다.

해 ① 호안처리는 통나무나 돌, 모래나 자갈 등 다양한 자연재료를 이용하여 자연형 호안으로 조성한다.

58. 다음 중 "생태적 복원"에 대한 개념을 가장 잘 설명한 것은?

① 생태계의 복구를 통해 원래의 생태적 환경을

정답 ➔ 51. ④ 52. ③ 53. ① 54. ② 55. ③ 56. ② 57. ① 58. ②

유사하게 재연하는 과정
② 인간에 의해 손상된 고유생태계의 다양성과 역동성을 고치려는 과정
③ 원래의 생태적 조건과는 관계없이 보다 나은 생물서식공간을 창출하는 과정
④ 생태계를 지속적으로 유지하지 못했던 지역에 지속성이 높은 생태계를 새롭게 만들어내는 과정

59. 식물종자에 의한 유전자 이동의 방법 중 동물에 의한 산포방법이 아닌 것은?

① 기계형산포　② 부착형산포
③ 피식형산포　④ 저식형산포

60. 다음 중 연못을 포함한 습지의 가장자리에 생육하는 정수 식물이 아닌 것은?

① 줄　② 갈대
③ 부들　④ 개구리밥

해 ④ 부유식물

제4과목 경관생태학

61. 다음 중 경관생태학 발달에 최초의 공헌을 한 학문 분야는?

① 수학　② 물리학
③ 지리학　④ 동물분류학

62. 생태적 동태(ecological dynamics)를 고려한 생태 계획의 유형을 지칭하는 것은?

① 경관 계획　② 적응적 계획
③ 지구단위 계획　④ 공원녹지 계획

63. 생성요인에 따른 경관조각의 특성에 관한 설명이 틀린 것은?

① 잔류조각(remnant patch)은 교란이 주위를 둘러싸고 일어나 원래의 서식지가 작아진 경우에 나타난다.
② 재생조각(regenerated patch)은 교란된 지역의 일부가 회복되면서 주변과 차별성을 가지는 경우에 생긴다.
③ 도입조각(introduced patch)은 암석, 토양 형태와 같이 주위를 둘러싸고 있는 지역과 물리적 자원이 다른 조각에 의해서 생긴다.
④ 교란조각(disturbance patch)은 벌목, 폭풍이나 화재와 같이 경관바탕에서 국지적으로 일어난 교란에 의해서 생긴다.

해 ③ 도입조각은 농경지에 새로운 교외지역의 개발 또는 산림 내 소규모 초지의 등장으로 새로 도입된 종이 우점하게 되는 경우에 나타난다.

64. 경계에 대한 설명이 틀린 것은?

① 인간의 간섭이 많은 지역에서는 상대적으로 곡선형 경계가 우세하다.
② 경계를 따라 또는 가로질러 야생동물이 이동한다.
③ 경계의 길이와 내부서식지 비율은 생물 다양성에 매우 중요하다.
④ 경계부에서 일반적으로 생물 다양성이 높고, 이러한 곳을 주연부 효과라고 한다.

해 ① 인간의 간섭이 많은 지역에서는 상대적으로 직선적 경계가 우세하다.

65. 산림생태계에서 생태천이로 인해 나타나는 산림군집의 기능적·구조적 변화에 대한 설명이 틀린 것은?

① 천이 후기단계로 갈수록 종다양성이 높고 생태적 안정성이 높아진다.
② 생태계의 기본 생육전략은 K 전략에서 r전략으로 변화한다.
③ 생태천이 초기에는 광합성량과 생체량의 비(P/B)가 높다.
④ 생태천이 후기에는 호흡량이 높아져 순군집 생산량은 초기 단계보다 오히려 낮아진다.

해 ② 천이 초기종은 r 전략, 후기종은 K 전략으로 변화한다.

66. 사전환경성검토 시 입지의 적절성을 판단하기 위한 현황 파악 지표가 아닌 것은?

① 주요 생물 서식공간의 분포 현황
② 환경 관련 보전지역의 지정 현황
③ 개발 사업의 유형
④ 개발 대상지역의 지가


정답 ➜ 59. ① 60. ④ 61. ③ 62. ② 63. ③ 64. ① 65. ② 66. ④

해 '사전환경성검토' 제도가 폐지된 지 10여 년이 지났는데도 아직도 시험에 나오는 것이 말이 되는가?

67. 댐 건설로 인한 경관적 영향으로 거리가 가장 먼 것은?

① 유속 증가
② 식생 유실
③ 시각적 질의 변화
④ 대규모 절성토 비탈면 형성

68. 광산·채석장의 유형에 따른 복구 공법 수립 시 고려할 사항으로 거리가 가장 먼 것은?

① 복구목표
② 훼손지의 규모
③ 서식처의 파편화
④ 채광·채석 종료 시 형상

69. 야생동물 복원에서 야생동물 종의 움직임에 대한 고려는 매우 중요하다. 다음 설명에 해당하는 움직임은?

| 먹이를 얻기 위해 하루(또는 일주일, 한 달) 정도의 기간 내에 상당히 한정되고 알려진 공간에서 움직이는 것 |
|---|

① 이동(dispersal)
② 이주(migration)
③ 돌발적 이동(eruption movement)
④ 행동권 이동(home range movement)

70. 지구관측위성 Landsat TM의 근적외선 영역 (파장: 0.76~0.90μm)을 이용한 응용분야는?

① 식생유형, 활력도, 생체량 측정, 수역, 토양 수분 판별
② 물의 투과에 의한 연안역 조사, 토양과 식생의 판별, 산림유형 및 인공물 식별
③ 식생의 스트레스(stress) 분석, 열 추정
④ 광물과 암석의 분리

해 ② Band 1 Blue (0.45–0.52μm)
③ Band 6 Thermal (10.40–12.50μm)
④ Band 7 Mid-Infrared (2.08–2.35μm)

71. 경관 척도에서 서식지 보호를 위한 생물학적 원리로 틀린 것은?

① 가능한 가장자리를 많이 만들어 새로운 서식지를 제공함으로써 생식을 돕는다.
② 개발로 인한 패치의 파편화를 예방함으로써 손상되지 않은 패치들을 유지한다.
③ 종 보호를 위해 우선순위를 정하고, 종들의 분포도와 풍부도를 발생시키는 서식지를 보호한다.
④ 야생동물의 이동을 위한 통로를 정하고 보호함으로써 서식지들 간의 연결성을 유지한다.

해 ① 가장자리는 일반종의 서식을 늘리게 되므로 바람직하지 않으며, 또한 새로운 서식지보다는 기존의 서식지를 보호하는 방향이 적합하다.

72. 다음 보기 중 산림경관의 시·공간적 척도 변이 진행 과정을 가장 올바르게 나열한 것은?

① 유목성장 – 수목대체 – 2차 천이 – 종 이동 – 종 소멸
② 유목성장 – 2차 천이 – 수목대체 – 종 소멸
③ 유목성장 – 종 이동 – 수목대체 – 2차 천이
④ 종 소멸 – 수목대체 – 2차 천이 – 유목성장 – 종 이동

73. 코리더의 기능에 대한 설명이 틀린 것은?

① 서식처로 기능하며 주연부 종과 일반종(generalist species)이 우세하다.
② 코리더를 통한 야생동물의 이동은 유전자의 이동을 도와 개체군의 근친교배에 의한 유전적 침체를 막아준다.
③ 오염물질을 통과시키는 여과기능을 한다.
④ 이동통로로서 서식처 간 연결성을 높이며 야생동물의 행동권을 갈라놓는 장벽의 기능은 없다.

해 ④ 이동통로로서 서식처 간 연결성을 높이며 야생동물의 행동권을 갈라놓는 장벽의 기능을 한다.

74. 생태축을 구성하는 4가지 핵심요소를 모두 옳게 나열한 것은?

① 징검다리녹지, 기후대, 식생, 완충녹지
② 핵심지역, 완충지역, 기후대, 생태통로
③ 완충지역, 징검다리녹지, 핵심지역, 가장자리

정답 ➔ 67. ① 68. ③ 69. ④ 70. ① 71. ① 72. ① 73. ④ 74. ④

④ 핵심지역, 완충지역, 징검다리녹지, 생태통로

75. 파편화와 관련하여, 토착 식생으로 이루어진 큰 조각의 특성에 대한 설명으로 틀린 것은?

① 내부종과 행동권이 작은 생물종에게만 서식처를 제공한다.
② 많은 생물의 번식처가 되어 주변 서식처에 생물종을 공급한다.
③ 낮은 차수의 하천들의 연결성을 확보한다.
④ 대수층과 호수의 수량과 수질 조절에 유익한 기능을 갖는다.

해 ① 내부종과 행동권이 큰 생물종에게도 서식처를 제공한다.

76. 아래 설명과 같은 특징을 갖는 해양 식물군락은?

- 해수에서 수중 생활을 하면서 성장하여, 꽃이 피고 수정이 일어나는 해양 현화 식물
- 부착생물들에게 착생기반을 제공하며, 어류의 산란과 유어(幼漁)의 보육, 생육 장소 및 피난처를 형성하여 준다.

① 갈대 군락　② 거머리말(해초) 군락
③ 칠면초 군락　④ 해조류 군락

77. 경관을 구성하는 지형·토질 등의 요소가 수직적으로 경관 단위를 구성하고, 또한 다른 경관단위는 자연적 조건과 인위적 조건의 영향을 받아 수평적으로 배치되는 것을 무엇이라 하는가?

① 경관모자이크　② 자연지역
③ 이질적인 공간　④ 결절지역

78. 해류, 하안류에 의하여 운반된 모래가 파랑에 의하여 밀려 올려지고, 그 곳에서 탁월풍의 작용을 받아 모래가 낮은 구릉 모양으로 쌓여서 형성된 지형은?

① 해안사빈　② 해안사구
③ 펄　④ 파식대지

79. 징검다리 또는 디딤돌(stepping stone) 비오톱에 대한 설명으로 틀린 것은?

① 생물서식공간이 단절되어 분리된 공간에서 야기된 고립화의 영향을 저하시킨다.
② 지역의 고유한 개체군이 장기간에 걸쳐 생존하기에 충분한 생태공간이다.
③ 많은 종들에게 서식의 핵이 되는 지역 사이를 이동 가능하게 한다.
④ 낙차공과 방죽에 설치된 장해물 철거도 디딤돌 비오톱을 새롭게 마련하는 기능과 동일하다.

해 ② 동물의 이동을 돕고 자원이나 피난처를 제공한다.

80. 현재 사용 중인 주요 원격탐사 위성자료 중 정지궤도에 있으며, 해상력이 가장 낮은 것은?

① SPOT HRV　② IKONOS
③ QuickBird　④ NOAA GOES

제5과목 자연환경관계법규

81. 자연공원법상 자연공원의 효과적인 보전과 이용을 위해 공원관리청이 공원계획으로 결정하는 용도지구의 구분에 해당하지 않는 것은?

① 공원마을지구　② 공원자연보존지구
③ 공원문화유산지구　④ 공원생태환경지구

해 ④ 공원자연환경지구

82. 농지법상 농업진흥구역에서 허용되지 않는 토지이용 행위는?

① 농수산물의 가공·처리 시설의 설치
② 어린이놀이터의 설치
③ 국방·군사 시설의 설치
④ 대기오염배출시설의 설치

83. 자연환경보전법령상 생태·자연도를 작성할 때 구분하는 지역 중 별도관리지역에 해당하지 않는 것은?

① 수도법에 따른 상수원보호구역
② 산림보호법에 따른 산림보호구역
③ 문화재보호법에 따라 천연기념물로 지정된 구역
④ 자연환경보전법에 따른 시·도 생태·경관보전지역

84. 산지관리법령상 산사태위험판정기준표에 사용되는 용어의 정의 및 적용기준과 관련하여, ㉠과 ㉡에 들어


정답 ➔ 75. ① 76. ② 77. ① 78. ② 79. ② 80. ④ 81. ④ 82. ④ 83. ① 84. ①

갈 내용이 모두 옳은 것은?

> • "혼효림"이란 해당 산지에 침엽수 또는 활엽수가 각각 ( ㉠ )으로 생육하고 있는 산림을 말한다.
> • "치수림(稚樹林)"이란 가슴높이지름 ( ㉡ ) 미만의 입목이 50% 이상 생육하고 있는 산림을 말한다.

① ㉠ 25% 초과 75% 미만, ㉡ 6cm
② ㉠ 25% 초과 75% 미만, ㉡ 10cm
③ ㉠ 50% 초과 75% 미만, ㉡ 6cm
④ ㉠ 50% 초과 75% 미만, ㉡ 10cm

85. 국토의 계획 및 이용에 관한 법령상 용어의 정의가 틀린 것은?

① "용도구역"이란 토지의 이용 및 건축물의 용도·건폐율·용적률·높이 등에 대한 용도지역 및 용도지구의 제한을 강화하거나 완화하여 따로 정함으로써 시가지의 무질서한 확산방지, 계획적이고 단계적인 토지이용의 도모, 토지이용의 종합적 조정·관리 등을 위하여 도시·군관리계획으로 결정하는 지역을 말한다.
② "기반시설부담구역"이란 개발밀도관리구역 내의 지역으로서 개발로 인하여 도로, 공원, 녹지 등 대통령령으로 정하는 기반시설의 설치가 필요한 지역을 대상으로 기반시설을 설치하거나 그에 필요한 용지를 확보하게 하기 위하여 지정·고시하는 구역을 말한다.
③ "지구단위계획"이란 도시·군계획 수립 대상지역의 일부에 대하여 토지 이용을 합리화하고 그 기능을 증진시키며 미관을 개선하고 양호한 환경을 확보하며, 그 지역을 체계적·계획적으로 관리하기 위하여 수립하는 도시·군관리계획을 말한다.
④ "공동구"란 전기·가스·수도 등의 공급설비, 통신시설, 하수도시설 등 지하매설물을 공동 수용함으로써 미관의 개선, 도로구조의 보전 및 교통의 원활한 소통을 위하여 지하에 설치하는 시설물을 말한다.

해 ② "기반시설부담구역"이란 개발밀도관리구역 외의 지역으로서 개발로 인하여 도로, 공원, 녹지 등 대통령령으로 정하는 기반시설의 설치가 필요한 지역을 대상으로 기반시설을 설치하거나 그에 필요한 용지를 확보하게 하기 위하여 지정·고시하는 구역을 말한다.
• "개발밀도관리구역"이란 개발로 인하여 기반시설이 부족할 것으로 예상되나 기반시설을 설치하기 곤란한 지역을 대상으로 건폐율이나 용적률을 강화하여 적용하기 위하여 지정하는 구역을 말한다.

86. 산지관리법에 따른 산지 구분에 해당하지 않는 것은?

① 생산용 산지 ② 공익용 산지
③ 임업용 산지 ④ 준보전 산지

해 산지는 보전산지와 준보전산지로 구분하며, 보전산지는 공익용산지와 임업용산지로 나누어진다.

87. 정부는 국가의 생물다양성 보전과 그 구성요소의 지속가능한 이용을 위한 전략을 몇 년마다 수립하여야 하는가?

① 1년 ② 3년
③ 5년 ④ 7년

88. 다음은 환경정책기본법령상 용어의 정의이다. (   )안에 들어갈 내용으로 옳은 것은?

> (   )이란 사업활동 및 그 밖의 사람의 활동에 의하여 발생하는 대기오염, 수질오염, 토양오염, 해양오염, 방사능오염, 소음·진동, 악취, 일조 방해, 인공조명에 의한 빛공해 등으로서 사람의 건강이나 환경에 피해를 주는 상태를 말한다.

① 환경오염 ② 환경훼손
③ 환경용량 ④ 환경기준

89. 독도 등 도서지역의 생태계 보전에 관한 특별법상 특정도서에서의 행위제한 대상으로 옳은 것은?

① 군사·항해·조난구조 행위
② 개간, 매립, 준설 또는 간척 행위
③ 국가가 시행하는 해양자원개발 행위
④ 천재지변 등 재해의 발생 방지 및 대응을 위하여 필요한 행위

90. 야생생물 보호 및 관리에 관한 법령상 환경부장관이 멸종위기 야생동물을 지정하는 주기 기준은?

정답 ➔ 85. ② 86. ① 87. ③ 88. ① 89. ② 90. ③

① 1년 ② 3년
③ 5년 ④ 10년

91. 환경정책기본법령상의 환경기준에 따른 대기의 항목별 기준이 틀린 것은?

① 일산화탄소(CO) : 1시간 평균치 25ppm 이하
② 이산화질소($NO_2$) : 24시간 평균치 0.06ppm 이하
③ 오존($O_3$) : 1시간 평균치 0.1ppm 이하
④ 벤젠 : 연간 평균치 0.5μg/m3 이하

92. 다음 중 국토기본법에 정의된 내용이 옳은 것만으로 나열된 것은?

| ㉠ 국토계획은 국토종합계획, 도종합계획, 시·군종합계획, 지역계획 및 부문별계획으로 구분한다.<br>㉡ 국토기본법에 따른 국토종합계획은 군사에 관한 계획을 포함하여 다른 법령에 따라 수립되는 국토에 관한 계획에 우선하며 그 기본이 된다.<br>㉢ 국토종합계획은 10년 단위로 수립한다.<br>㉣ 국토교통부장관은 국토종합계획안을 작성하였을 때에는 공청회를 열어 일반 국민과 관계 전문가 등으로부터 의견을 들어야 한다. |
|---|

① ㉠, ㉡ ② ㉡, ㉢
③ ㉢, ㉣ ④ ㉠, ㉣

해 ㉡ 국토종합계획은 다른 법령에 따라 수립되는 국토에 관한 계획에 우선하며 그 기본이 된다. 다만, 군사에 관한 계획에 대하여는 그러하지 아니하다.
㉢ 국토종합계획은 20년 단위로 수립한다.

93. 자연환경보전법령상 생물다양성 보전을 위한 자연환경조사 관련 내용으로 옳은 것은?

① 환경부장관은 관계중앙행정기관의 장과 협조하여 10년마다 전국의 자연환경을 조사하여야 한다.
② 환경부장관은 관계중앙행정기관의 장과 협조하여 5년마다 생태·자연도에서 1등급 권역으로 분류된 지역의 자연환경을 조사하여야 한다.
③ 환경부장관 또는 지방자치단체의 장이 자연환경조사를 하여금 타인의 토지에 출입하고자 하는 경우, 소속 공무원 또는 조사원은 출입할 날의 3일 전까지 그 토지의 소유자·점유자 또는 관리인에게 그 뜻을 통지하여야 한다.
④ 정밀조사와 생태계의 변화관찰 등을 관련하여 조사 및 관찰에 필요한 사항은 국무총리령으로 정한다.

해 ① 5년, ② 2년, ④ 환경부령

94. 환경정책기본법령상 환경부장관이 환경현황조사를 의뢰하거나 환경정보망의 구축·운영을 위탁할 수 있는 전문기관에 해당하지 않는 것은? (단, 그 밖에 환경부장관이 지정·고시하는 기관 및 단체의 경우는 고려하지 않는다.)

① 한국개발공사 ② 보건환경연구원
③ 국립환경과학원 ④ 한국수자원공사

95. 국토의 계획 및 이용에 관한 법령상 개발행위허가의 제한과 관련한 아래 내용에서 ( )에 들어갈 내용으로 옳은 것은? (단, 기타의 경우는 고려하지 않는다.)

| 국토교통부장관, 시·도지사, 시장 또는 군수는 다음 각 호의 어느 하나에 해당되는 지역으로서 도시·군관리계획상 특히 필요하다고 인정되는 지역에 대해서는 대통령령으로 정하는 바에 따라 중앙도시계획위원회나 지방도시계획위원회의 심의를 거쳐 한 차례만 ( )이내의 기간 동안 개발행위허가를 제한할 수 있다. |
|---|

① 1년 ② 2년
③ 3년 ④ 4년

96. 야생동물 보호 및 관리에 관한 법령상 멸종위기 야생생물 II급에 해당하는 것은?

① 표범 ② 산양
③ 붉은박쥐 ④ 하늘다람쥐

해 ①②③ 멸종위기 야생생물 I급

97. 국토의 계획 및 이용에 관한 법령상 도시·군관리계획 결정의 효력 발생에 관한 아래 설명에서 ( )에 들어갈 내용으로 옳은 것은?


정답 ➔ 91. ④ 92. ④ 93. ③ 94. ① 95. ③ 96. ④ 97. ①

| 도시·군관리계획 결정의 효력은 국토교통부장관, 시·도지사, 시장 또는 군수가 직접 지형도면을 작성하거나 지형도면을 승인한 경우에는 ( )로부터 발생한다. |
|---|

① 지형도면을 고시한 날
② 지형도면을 고시한 날로 7일 후
③ 지형도면을 고시한 날로 15일 후
④ 지형도면을 고시한 날로 30일 후

98. 야생동물 보호 및 관리에 관한 법령상 살처분한 야생동물 사체의 소각 및 매몰기준 중 매몰 장소의 위치 기준이 틀린 것은?

① 한천, 수원지, 도로와 30m 이상 떨어진 곳
② 매몰지 굴착과정에서 지하수가 나타나지 않는 곳 (매몰지는 지하수위에서 1m 이상 높은 곳에 있어야 한다.)
③ 음용 지하수 관정(管井)과 50m 이상 떨어진 곳
④ 주민이 집단적으로 거주하는 지역에 인접하지 않은 곳으로 사람이나 동물의 접근을 제한할 수 있는 곳

**해** ③ 음용 지하수 관정(管井)과 75m 이상 떨어진 곳

99. 자연환경보전법령상 생태·경관보전지역 지정에 사용하는 지형도에 관한 설명이다. ( )에 들어갈 내용으로 옳은 것은?

| 생태·경관보전지역 지정계획서에 첨부하는 대통령령이 정하는 지형도라 함은 당해 생태·경관보전지역의 구역별 범위 및 면적을 표시한 ( ) 이상의 지형도로서 지적도가 함께 표시 되거나 덧씌워진 것을 말한다. |
|---|

① 축척 5천분의 1 ② 축척 2만 5천분의 1
③ 축척 5만분의 1 ④ 축척 10만분의 1

100. 습지보전법규상 훼손된 습지의 관리에 관한 아래 설명 중 밑줄 친 부분에 해당하는 내용으로 옳은 것은?

| 정부는 국가·지방자치단체 또는 사업자가 습지보호지역 또는 습지개선지역 중 대통령령으로 정하는 비율 이상에 해당하는 면적의 습지를 훼손하게 되는 경우에는 그 습지보호지역 또는 습지개선지역 중 <u>공동부령으로 정하는 비율</u>에 해당하는 면적의 습지가 보존되도록 하여야 한다. |
|---|

① 지정 당시의 습지보호지역 또는 습지개선지역 면적의 2분의 1 이상
② 지정 당시의 습지보호지역 또는 습지개선지역 면적의 3분의 1 이상
③ 지정 당시의 습지보호지역 또는 습지개선지역 면적의 4분의 1 이상
④ 지정 당시의 습지보호지역 또는 습지개선지역 면적의 10분의 1 이상

정답 → 98. ③ 99. ① 100. ①

# ❖ 2021년 자연생태복원기사 제 3 회

2021년 8월 14일 시행

## 제1과목 환경생태학개론

**01.** 아래의 설명에 해당하는 분야는?

> 다수의 종 사이의 다양한 관계를 포착하고 이러한 관계들이 시스템 전체의 행동에 어떻게 반영되는지를 관찰한다.

① 개체군생태학　② 군집생태학
③ 행동생태학　④ 생태계생태학

**02.** 생물의 특성 중 외부 환경이 달라져도 생물체 내부의 환경은 일정하게 유지되는 경향을 무엇이라고 하는가?

① 천이(succession)
② 간섭(interference)
③ 항상성(homeostasis)
④ 부영양화(eutrophication)

**03.** 다음 중 일반적으로 에너지 효율이 가장 높은 단계에 속하는 종은?

① 토끼풀　② 뱀
③ 개구리　④ 메뚜기

해 영양단계의 상위로 갈수록 에너지 효율이 높아진다.

**04.** 식물에서는 종자의 전파양식이나 무성번식에 의해 일어나며 동물은 사회적 행동에 의해 동일 종의 개체끼리 유대관계를 형성하기 때문에 나타나는 개체군의 공간분포양식은?

① 규칙분포(uniform distribution)
② 집중분포(clumped distribution)
③ 기회분포(random distribution)
④ 균일형분포(regular distribution)

**05.** 생산자의 광합성 및 화학합성에 의해 방사에너지가 먹이로 이용될 수 있는 유기물의 형태로 고정되는 속도를 무엇이라 하는가?

① 생산고(standing yield)
② 현존생체량(standing biomass)
③ 일차생산력(primary productivity)
④ 이차생산력(secondary productivity)

**06.** 계절 변화에 대한 과학적 연구인 화력학(phenology)에 대한 설명으로 틀린 것은?

① 화력학은 생물기후학이라고 한다.
② 종의 분포를 결정하는 기능적 제한요인이다.
③ 봄꽃식물은 남사면 같은 미소서식지에서 먼저 개화한다.
④ Hopkins에 의하면 북반구에서 봄은 하루에 약 27km씩 북상한다.

**07.** 연안지역을 육지화 시키는 간척(reclamation)에 의해 나타나는 효과로 거리가 가장 먼 것은?

① 농경지 또는 산업용지 확보
② 어류, 야생조류 등 서식처 감소
③ 간척지 개발에 의한 해양오염 감소
④ 도로와 연안 교통망 개설 등 교통개선

해 ③ 자연적인 정화기능 감소로 인한 해양오염의 증가

**08.** 조간대 패각류의 공기 중 노출에 관한 설명으로 틀린 것은?

① 조개의 경우 좌우 패각을, 따개비들은 자신들의 배판이나 순판을 닫아버린다.
② 복족류는 썰물 시 자신의 몸을 패각 안으로 끌어 들이고 입구를 뚜껑으로 닫아버린다.
③ 많은 패각류가 두꺼운 표피나 패각을 이용해 수분 손실이나 과도한 열 흡입을 방지하고 있다.
④ 일반적으로 상부조간대에 분포하는 종들이 하부조간대에 분포하는 종들에 비해 온도와 건조에 대한 내성이 약하다.

해 ④ 일반적으로 상부조간대에 분포하는 종들이 하부조간대에 분포하는 종들에 비해 온도와 건조에 대한 내성이 약하다.

**09.** 생태계에서 한 생물이 차지하는 공간적 위치와 기능적 역할 또는 생태계에서 한 종과 다른 종의 상대적 위치로 설명되는 용어는?



정답 ➜ 01. ③ 02. ④ 03. ② 04. ② 05. ③ 06. ② 07. ③ 08. ④ 09. ②

① 먹이망(food web)
② 생태적 지위(ecological niche)
③ 동화효율(assimilation efficiency)
④ 순 일차생산력(net primary productivity)

10. 생물종 다양성이 감소하는 원인으로 거리가 가장 먼 것은?

① 인구 증가
② 서식지 파괴
③ 습지 보전
④ 외래종 유입

11. 생태계의 먹이연쇄에 관한 설명으로 틀린 것은?

① 영양단계의 분류는 종의 분류로 이루어진다.
② 천이 초기의 먹이연쇄는 단순하고 직선적인 경향이 있다.
③ 먹이연쇄에 있어서 각 이동 단계마다 일정부분의 잠재 에너지가 열로 사라진다.
④ 먹이연쇄가 짧을수록 이용할 수 있는 에너지의 양이 많아진다.

12. 생물종간 상호작용 중 A가 B로부터 일방적으로 이익을 얻으며 B에게 피해를 주는 관계는?

① 중립(neutralism)
② 기생(parasitism)
③ 상리공생(mutualism)
④ 편리공생(commensalism)

13. 미생물 또는 화산활동 및 번개의 방전 등에 의해 생태계에 유입되는 물질을 생성하는 생물지화학적 순환(biogeochemical cycle)은?

① 산소순환
② 질소순환
③ 인순환
④ 황순환

14. 생태계 유형에 따른 현존식생도의 범례 중 '자연식생'에 해당되지 않는 것은?

① 산지산림식생
② 자연초원식생
③ 계곡림식생
④ 농경작지식생

15. 습지생태계에 대한 설명으로 거리가 가장 먼 것은?

① 육상생태계와 수생태계 사이의 전이지대이다.
② 다른 유형의 생태계에 비해 종다양도가 높은 생태계이다.
③ 수문, 토양, 식생이 습지를 판별하고 분류하는 주요 지표이다.
④ 계절적 수위변동 구간 및 일시적으로 담수가 표면을 덮고 있는 내륙의 습지는 습지로 구분하지 않는다.

해 ④ 계절적 수위변동 구간 및 일시적으로 담수가 표면을 덮고 있는 내륙의 습지도 습지로 구분한다.

16. 해양으로 영양 염류가 과다하게 유입되었을 때 일어나는 생물학적 변화와 거리가 가장 먼 것은?

① 물의 투명도 저하
② 용존산소량의 증가
③ 어족자원의 감소
④ 특수종의 이상 증식

해 일반적으로 영양염류가 늘어나면 유기물량이 증가하며 산소량은 감소한다.

17. 열대산림에서 물질순환을 돕는 생물적 작용에 대한 설명이 틀린 것은?

① 뿌리 얽힘은 떨어진 잎의 영양소가 용탈되기 전에 잎에서 재빨리 영양소를 되찾아오는 역할을 한다.
② 균근 곰팡이는 생물체 내의 영양소 회수와 보유를 크게 촉진시킴으로써 영양소를 포획하는 함정과 같은 역할을 한다.
③ 뿌리 얽힘은 탈질화를 일으키는 세균들의 활동을 촉진하여 공기 중으로 질소가 손실되는 것을 막는다.
④ 조류(algae)와 지의류(lichen)는 나뭇잎들의 표면을 덮고 있으며, 빗물로부터 영양소를 모으고 공기로부터 질소를 고정하는 역할을 한다.

해 ③ 뿌리 얽힘은 탈질화를 일으키는 세균들의 활동을 억제하여 공기 중으로 질소가 손실되는 것을 막는다.

18. 경제 활동의 부작용으로 초래되는 비정상적인 군집의 형성 사례가 아닌 것은?

① 농생태계의 단순화

정답 ➜ 10. ③ 11. ① 12. ② 13. ② 14. ④ 15. ④ 16. ② 17. ③ 18. ④

② 해충, 병, 잡초의 유입
③ 인간에 의한 작물과 가축의 육종
④ 변화된 생태계에 적응하는 자생종 유입

19. 생태계 손상, 경관 저해, 관광수입 감소 등의 막대한 피해를 일으킨 유류 유출 사고에 해당하지 않는 것은?

① 씨프린스호 사고
② 엑손 발데즈호 사고
③ 딥워터 호라이즌호 사고
④ 쓰리 마일 아일랜드 사고

해 ④ 원자력 발전소 사고

20. 다음 중 생물다양성 및 환경보호와 관련된 국제기구가 아닌 것은?

① IDA ② IUCN
③ UNEP ④ WWF

해 ① IDA(국제개발협회) ② IUCN(국제자연보전연맹)
③ UNEP(유엔환경계획) ④ WWF(세계자연기금)

제2과목 **환경계획학**

21. 생태네트워크의 유형 분류 중 대상으로 하는 공간 특성에 따른 분류에 해당하지 않는 것은?

① 지역적 차원 ② 사회적 차원
③ 국가적 차원 ④ 국제적 차원

22. 도시·군관리계획결정으로 지정하는 취락지구의 세분 중, 개발제한구역안의 취락을 정비하기 위하여 필요한 지구는?

① 자연취락지구 ② 집단취락지구
③ 시설취락지구 ④ 농촌취락지구

23. 유네스코의 인간과 생물권(Man and Biosphere) 계획에서 설정한 생물권 보전지역의 구분에 해당하지 않는 것은?

① 핵심지역(core area)
② 전이지역(transition area)
③ 완충지역(buffer area)
④ 보전지역(preservation area)

24. 경제협력개발기구(OECD)는 지속가능한 지표를 개발하기 위한 공통의 접근방법으로 압력(P)–상태(S)–대응(R) 평가체제를 도입하였다. 도시 내 생물다양성 증진을 위한 환경계획 수립에서 압력–상태–대응 평가체계의 적용사례를 옳게 연결한 것은?

| | 압력(P) | 상태(S) | 대응(R) |
|---|---|---|---|
| ㉠ | 생물종 감소 | 습지네트워크 현황조사 | 환경교육 강화 |
| ㉡ | 도로건설 | 서식지 단편화 | 생태통로 설치 |
| ㉢ | 하수처리장 건설 | 깃대종 지정 | 하천생태공원 조성 |
| ㉣ | 서식지 단절 | 멸종위기종 지정 | 대체 서식지 조성 |

① ㉠ ② ㉡
③ ㉢ ④ ㉣

25. 도시·군계획 수립 대상지역의 일부에 대하여 토지 이용을 합리화하고 그 기능을 증진시키며 미관을 개선하고 양호한 환경을 확보하며, 그 지역을 체계적·계획적으로 관리하기 위하여 수립하는 도시·군관리계획을 무엇이라고 하는가?

① 국토종합계획 ② 도시·군기본계획
③ 부문별계획 ④ 지구단위계획

26. 정부와 시민사회가 협력하여 환경문제 등의 사회문제를 해결하는 것으로, 공유된 목적에 의해 일어나는 활동을 의미하는 것은?

① 환경 거버넌스(governance)
② 환경 비정부기구(NGO)
③ 환경 옴부즈만(ombudsman)
④ 환경 비이익단체(NPO)

27. 생태·자연도 작성 시 권역 구분이 옳은 것은? (단, 각 등급 명칭에서 '권역' 표시는 생략한다.)

① 1등급, 2등급, 3등급, 4등급
② 0등급, 1등급, 2등급, 3등급
③ 1등급, 2등급, 3등급, 절대보전지역
④ 1등급, 2등급, 3등급, 별도관리지역


정답 ➔ 19. ④ 20. ① 21. ② 22. ② 23. ④ 24. ② 25. ④ 26. ① 27. ④

28. 복원(restoration), 복구(rehabilitation), 대체(replacement)에 대한 설명이 틀린 것은?

① 대체는 많은 시간과 비용이 소모되기 때문에 쉽지 않다.
② 복구는 원래의 자연 상태와 유사한 것을 목적으로 한다.
③ 복원은 교란 이전의 상태로 정확하게 돌아가기 위한 시도이다.
④ 대체는 유사한 기능을 지니면서도 다양한 구조의 생태계 창출하는 것이다.

29. 다음 중 벽면녹화용 식물의 권장 수종으로 거리가 가장 먼 것은?

① 모람(Ficus nipponica)
② 으름덩굴(Akebia quinata)
③ 멀꿀(Stauntonia hexaphylla)
④ 유카(Yucca elephantipes)

해 ①②③ 덩굴류, ④ 관목

30. 도시를 하나의 유기적 복합체로 보아 다양한 도시 활동과 공간 구조가 생태계의 속성인 다양성, 자립성, 순환성, 안정성 등을 포함하는 인간과 자연이 공존할 수 있는 환경 친화적인 도시를 뜻하며, 핀란드 헬싱키의 비키(Viikki)가 대표적인 사례 지역인 것은?

① 생태도시(Eco city)
② 메가도시(Mega city)
③ 압축도시(Compact city)
④ 스마트도시(Smart city)

31. 열역학 제2법칙과 관련한 엔트로피에 대한 설명이 틀린 것은?

① 우주의 전체 에너지의 양은 일정하지 않다.
② 우주의 전체 엔트로피는 항상 증가한다.
③ 엔트로피는 사용 가능한 에너지가 사용 불가능한 상태로 변화하는 것이다.
④ 엔트로피의 증가는 자원의 감소를 의미한다.

32. 토지의 적성평가에 대한 설명이 틀린 것은?

① 도시·군관리계획을 입안하고자 하는 경우에는 토지적성평가 결과에 따라 가등급·나등급·다등급·라등급 및 마등급의 5개 등급으로 구분하여 도시·군관리계획 입안 구역의 적성등급을 부여한다.
② 토지적성평가의 시행주체는 특별시장, 광역시장, 특별자치시장, 특별자치도지사, 시장 또는 군수이다.
③ 격자단위로 시행함을 원칙으로 한다.
④ 도시·군기본계획 입안일부터 5년 이내에 토지적성평가를 실시한 경우, 토지적성평가를 실시하지 아니하고 도시·군기본계획을 수립·변경할 수 있다.

해 ③ 토지적성평가는 필지단위로 시행함을 원칙으로 한다. 다만, 산악형 도시 등 지역여건에 따라 필요한 경우에는 격자단위로 시행할 수 있다.

33. 생태공원 조성의 기본 이념이 아닌 것은?

① 지속 가능성
② 생태적 건전성
③ 생물적 단일성
④ 인위적 에너지 투입 최소화

34. 생태발자국(Ecological Footprint)에 대한 설명이 틀린 것은?

① 리즈(Rees) 등에 의해서 1990년대에 창안된 개념이다.
② 생태발자국의 수치는 글로벌 헥타르(gha)로 표시한다.
③ 지구의 수용 능력을 익난이 현재 초과하고 있음을 경고하는 지표이다.
④ 재화와 용역을 만들기 위해 직·간접적으로 과거에 사용된 에너지를 태양에너지로 변환한 것이다.

해 ④ 재화와 용역을 만들기 위해 직 · 간접적으로 과거에 사용된 자원의 생산과 폐기에 드는 비용을 토지로 환산한 지수를 말한다.

35. 환경과 인간의 상호관계에 대한 설명이 틀린 것은?

정답 ➔ 28. ① 29. ④ 30. ① 31. ① 32. ③ 33. ③ 34. ④ 35. ③

① 환경변화는 일반적으로 크게 자연적 변화와 인위적 변화로 나눌 수 있다.
② 자연적 변화는 주기적 또는 일시적으로 일어나는 현상으로 대부분의 변화는 상당히 오랜 시간에 걸쳐 발생한다.
③ 모든 생명체는 자연적 변화에 적응해 나갈 시간이 부족하기 때문에, 자연적 변화로 인한 영향을 더 많이 받는다.
④ 자연의 변화는 인간의 힘이 작용할 때 매우 급속하고 예측 불가능한 변화를 일으킨다.

해 ③ 모든 생명체는 자연적 변화에 적응해 나갈 시간이 충분하기 때문에, 자연적 변화로 인한 영향을 덜 받는다.

36. 자연환경보전법에 따른 자연환경조사와 관련하여, 아래의 빈 칸에 들어갈 내용이 모두 옳은 것은?

> • 환경부장관은 관계중앙행정기관의 장과 협조하여 ( ㉠ )마다 전국의 자연 환경을 조사하여야 한다.
> • 환경부장관은 관계 중앙행정기관의 장과 협조하여 생태·자연도에서 1등급 권역으로 분류된 지역과 자연상태의 변화를 특별히 파악할 필요가 있다고 인정되는 지역에 대하여 ( ㉡ )마다 자연환경을 조사할 수 있다.

① ㉠ 5년, ㉡ 1년　② ㉠ 5년, ㉡ 2년
③ ㉠ 10년, ㉡ 1년　④ ㉠ 10년, ㉡ 2년

37. 자연환경보전법상 정의에 따라 아래의 설명에 해당하는 것은?

> 사람의 접근이 사실상 불가능하며 생태계의 훼손이 방지되고 있는 지역 중 군사목적을 위하여 이용되는 외에는 특별한 용도로 사용되지 아니하는 무인도로서 대통령령으로 정하는 지역과 관할권이 대한민국에 속하는 날부터 2년간의 비무장지대

① 자연특정지역　② 자연유보지역
③ 자연특별보전지역　④ 자연격리지역

38. 도시 생태계의 일반적인 특징이 아닌 것은?

① 넓은 서식 공간을 필요로 하는 포유류나 맹금류 등 고차원적인 포식자가 서식하기 어렵다.
② 귀화 동·식물 등 도시 환경에 적응할 수 있는 특유한 종이 출현한다.
③ 특정한 생물 즉 까마귀, 비둘기 등 도시화 동물의 개체수가 증가한다.
④ 생물의 다양성이 높아져 생태계의 구조는 복잡해진다.

해 ④ 도시 특화된 생물로 이루어진 생태계로 단순한 구조를 갖는다.

39. 국토의 계획 및 이용에 관한 법령상 도시·군 기본계획에 대하여 타당성을 전반적으로 재검토하여 정비하여야 하는 기간 기준은?

① 2년마다　② 3년마다
③ 5년마다　④ 10년마다

40. 환경계획 및 설계 시 고려되어야 할 사항으로 거리가 가장 먼 것은?

① 환경 위기의식이 기본 바탕이 되어야 한다.
② 계획·설계의 주제와 공간의 주체는 생물종이 되어야 한다.
③ 에너지 절약적이고 물질순환적인 공간설계가 이루어져야 한다.
④ 자본 창출을 위해 생산성을 높일 수 있어야 한다.

## 제3과목 생태복원공학

41. 생태통로 조성 시 서식 공간 보호를 위한 조치로 바람직하지 않은 것은?

① 도로의 위 또는 아래를 지나는 인공적 생태통로를 건설하여 생태계를 연결한다.
② 도로 등의 건설로 생물서식공간이 단절되는 경우 서식공간으로부터 분리하여 밖으로 우회시킨다.
③ 육교형 통로는 주변이 트이고 전망이 좋은 지역을 선택하여 동물이 불안감을 느끼지 않고 건널 수 있도록 조성한다.
④ 파이프형 암거는 일반적으로 박스형에 비하여 대형동물이 이용 가능하도록 설계한다.

42. 야생조류의 서식처 복원에 있어 인간과의 거리관계에


정답 ➔ 36. ② 37. ② 38. ④ 39. ③ 40. ④ 41. ④ 42. ④

대한 설명이 옳은 것은?

① 비간섭거리 : 이제까지 계속하고 있던 행동을 중지하고 인간 쪽을 바라보거나 경계음을 내거나 또는 새의 꽁지와 깃을 흔드는 등의 행동을 취하는 거리
② 경계거리 : 인간이 접근하면 수십 cm에서 수 cm를 걸어다니거나 또는 가볍게 뛰기도 하면서 물러서서 인간과의 일정한 거리를 유지하려고 하는 거리
③ 회피거리 : 조류가 인간의 모습을 알아차리면서도 달아나거나 경계의 자세를 취하는 일없이 모이를 계속 먹거나 휴식을 계속할 수 있는 거리
④ 도피거리 : 인간이 접근함에 따라 단숨에 장거리를 날아가면서 도피를 시작하는 거리

해 ① 경계거리, ② 회피거리, ③ 비간섭거리

**43.** 포유류의 멸종위기종 증식 및 복원을 위한 기술 중에서 사육 시설 개발, 인공 증식 시스템 확립, 병리학적 위기관리 체계 등이 속하는 분야는?

① 인공 증식 연구
② 개체군 변동 연구
③ 서식지 특성 연구
④ 자연으로의 복원 연구

**44.** 환경포텐셜에 관한 설명 중 옳은 것은?

① 입지포텐셜은 기후, 지형, 토양 등의 토지적인 조건이 어떤 생태계의 성립에 적당한가를 나타내는 것이다.
② 종의 공급포텐셜은 먹고 먹히는 포식의 관계나 자원을 둘러싼 경쟁관계 등 생물간의 상호작용을 나타내는 것이다.
③ 천이의 포텐셜은 생태계에서 종자나 개체가 다른 곳으로부터 공급의 가능성을 나타내는 것이다.
④ 종간관계의 포텐셜은 시간의 변화가 어떤 과정과 어떤 속도로 진행되며 최종적으로 어떤 모습을 나타내는가를 보여주는 가능성을 나타내는 것이다.

해 ② 종간관계포텐셜, ③ 종의 공급포텐셜, ④ 천이의 포텐셜

**45.** 기후인자가 토양 생성에 미치는 영향에 대한 설명으로 틀린 것은?

① 강우량이 많을수록 토양 중 염기의 용탈이 심하게 일어나 알칼리토양으로 발달된다.
② 토양생성에서 가장 중요한 것은 토양 중 물의 이동방향과 물의 양이다.
③ 습윤지대에서는 식생이 왕성하여 토양의 유기물 함량이 많고 화학적 반응이 쉽게 일어난다.
④ 강우량이 적은 건조지대에서는 물이 주로 상향 이동하기 때문에 토양교질물의 하향 이동이 거의 일어나지 않는다.

해 ① 강우량이 많을수록 토양 중 염기의 용탈이 심하게 일어나 산성토양으로 발달된다.

**46.** 매립지 복원공법 중, 하부층(세립 미사질 토층)에 파일을 박아 하단부 투수층까지 연결한 후 파일 파이프 안에 모래, 사질양토, 자갈 등을 넣어 배수를 원활히 하는 방법은?

① 사주법　② 사구법
③ 전면객토법　④ 대상객토법

**47.** 생태통로 구조물의 형태 중 육교형과 터널형에 대한 설명으로 틀린 것은?

① 주변 지형 상 육교형은 절토부, 터널형은 성토부에 적합하다.
② 긴 거리를 이동하는 경우 육교형보다는 터널형이 더욱 적합하다.
③ 육교형은 도로 상부에 설치되므로 조망 및 빛과 공기 흐름이 양호하다.
④ 터널형의 경우 특정종이 이용하는 반면 육교형의 경우 비교적 많은 종의 이용이 가능하다.

해 ② 긴 거리를 이동하는 경우 터널형은 개방도에 대한 고려가 필요하므로 육교형이 더욱 적합하다.

**48.** 생태적 발자국(ecological footprint)의 분석을 위해 사용하는 토지분류의 카테고리가 아닌 것은?

① 경작지(cropland)　② 산림(forest)
③ 어장(fisheries)　④ 공원(park)

정답 → 43. ① 44. ① 45. ① 46. ① 47. ② 48. ④

해 생태적 발자국 토지분류 : 농경지, 목초지, 산림, 어장, 시가지

49. 야생동물의 주요 이동 목적으로 거리가 가장 먼 것은?

① 종족의 번식을 위해
② 개체군의 분산을 위해
③ 부모의 궤적을 따르기 위해
④ 부적합한 환경으로부터 벗어나기 위해

50. 생태계의 복원원칙에 대한 설명으로 옳은 것은?

① 도입되는 식생은 생명력이 강한 외래수종을 우선적으로 사용한다.
② 각 입지별로 통일된 생태계로 조성할 수 있도록 복원계획을 수립한다.
③ 적용하는 복원효과를 잘 검증할 수 있는 우선순위 지역을 선정하여 복원계획을 시행한다.
④ 개별적인 생물 구성요소인 회복에 중점을 두도록 한다.

해 ①의 '외래수종', ②의 '통일된', ④의 '개별적인' 등의 용어들은 생태계의 고유성과 다양성 등에 어울리지 않는 용어이다.

51. 다음 설명에 해당하는 분석 방법은?

> 생물의 종, 식생, 생태계 등의 실제 분포와 그것이 보호되고 있는 상황과의 괴리를 도출하여 보호계획에 도입하기 위한 방법

① GAP 분석　② 영역성 분석
③ 시나리오 분석　④ 서식처 적합성 분석

52. 하천둑을 밑폭 5m, 위폭 2m, 높이 2m의 50m 연장 둑을 조성하였을 때 취토 토사량($m^3$)은?

① 250　② 300
③ 350　④ 400

해 $V = \frac{5+2}{2} \times 2 \times 50 = 350(m^3)$

53. 토양개량에 쓰이는 자재 중 피트모스에 대한 설명으로 틀린 것은?

① 토양에 사용하면 대공극의 형성에 의한 팽창, 통기성의 확보, 보수기능의 향상이라는 물리적 개선효과를 기대할 수 있다.
② 양이온교환용량(CEC)이 퇴비에 비해 높다.
③ 유기질자재이므로 쉽게 분해되기 어려운 성질을 가지기 때문에 지속성이 있다.
④ 일반적으로 pH7 이상의 알칼리성을 나타내므로 중화처리를 하지 않아도 된다.

해 ④ 일반적으로 pH3.5~5 정도로 낮기 때문에 중화처리를 하여 사용한다.

54. 다음 지역에 대해 구형분할(矩形分割)법을 이용하여 구한 체적($m^3$)은? (단, 정사각형의 한 변의 길이는 10m이다.)

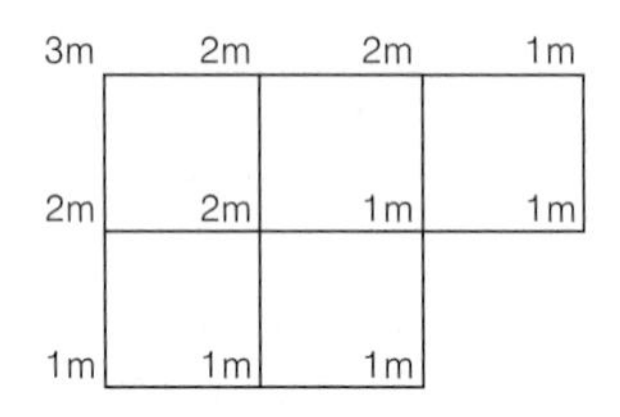


① 400　② 500
③ 600　④ 800

해 $\Sigma h1 = 3+1+1+1+1 = 7(m)$
$\Sigma h2 = 2+2+2+1 = 7(m)$
$\Sigma h3 = 1m$
$\Sigma h3 = 2m$
$V = \frac{10 \times 10}{4} \times (7 + 2 \times 7 + 3 \times 1 + 4 \times 2) = 800(m^3)$

55. 자연형 하천 조성을 위한 기본방향과 가장 거리가 먼 것은?

① 자연하천 고유의 매력을 유지할 수 있도록 한다.
② 주변 자연과 생태적으로 조화되도록 정비한다.
③ 물 흐름을 최대한 빠르게 하기 위해 직선으로 조성한다.
④ 지천 및 상·하류의 연속성을 고려하여 계획한다.

해 ③ 대부분의 자연하천은 경사가 완만한 하천의 중·하류에서는 주로 옆으로의 침식작용이 일어나 곡류가 발달하게 된다. 곡류에서 침식 에너지가 큰 쪽은 하천의 벽을 침식하고, 에너지가 작은 쪽은 운반되어 오는 물질을 퇴적시켜 S자를 연결해 놓은 듯한 사행하천(곡류하천)을 형성하게 된다.


정답 ➔ 49. ③ 50. ③ 51. ① 52. ③ 53. ④ 54. ④ 55. ③

56. 토양의 용탈층에 대한 설명 중 틀린 것은?

① 토양 내 가용성 성분의 용탈이 일어나는 층이다.
② 외부에서 가해진 유기물이 점차 분해를 받게 된다.
③ 분해가 더욱 진전된 유기물이 무기입자와 잘 섞이게 되므로 유기물 함량이 비교적 높다.
④ 표층으로부터 용탈된 성분이 집적되는 층이다.

해 ①②③ 용탈층(A층), ④ 집적층(B층)

57. 강산성 토양에서 과잉되기 쉬운 성분으로, 이 성분의 과잉으로 인해 P 결핍 및 Mn 과잉, K 결핍 등에 의해 영양장해가 발생함으로써 식물에 막대한 피해를 주는 것은?

① 칼슘　② 마그네슘
③ 아연　④ 알루미늄

58. 수로단면적이 $12m^2$이고, 윤주가 8m인 수로의 평균 깊이(m)는?

① 1.5　② 2
③ 2.5　④ 3

해 R=A/P=12/8=1.5(m)

59. 생태통로에 의하여 보호받을 수 있는 종과 거리가 먼 것은?

① 강한 이동행태를 보이는 종
② 다른 동물의 사체를 먹이로 하는 종
③ 도로 등에 의하여 확산을 제약 받는 종
④ 차량과의 충돌로 높은 사망률을 보이는 종

60. 다음 중 식충식물이 아닌 것은?

① 통발　② 칠면초
③ 파리지옥　④ 끈끈이주걱

## 제4과목 경관생태학

61. 다음 중 세계 5대 갯벌지역에 해당하지 않는 것은?

① 캐나다 동부 해안
② 네덜란드, 독일, 덴마크 및 영국을 포함하는 북해연안
③ 미국 동부 조지아 해안 및 남아메리카의 아마존 강 하구
④ 일본 홋카이도 해안 및 시코쿠 주변 해안

해 ③ 세계 5대 갯벌지대 : 서해안 갯벌, 네덜란드, 독일, 덴마크 및 영국을 포함하는 북해 연안, 캐나다 동부해안, 미국 동부 조지아 해안, 남아메리카 아마존 하구

62. 서식지 파편화(habitat fragmentation)로 인해 생물다양성을 감소시키는 주요 원인이 아닌 것은?

① 분산(dispersal)
② 초기 배제(Initial exclusion)
③ 가장자리효과(Edge effects)
④ 종-면적효과(Species-area effects)

63. 환경영양평가의 현황조사는 생물서식공간을 중심으로 이루어지는 것이 바람직한데, 경관생태학적 측면의 이유로 가장 적합한 것은?

① 현황조사 시 조사자들의 편의를 도모할 수 있기 때문이다.
② 모든 주요 생물종은 특정한 생물서식공간에 서식하기 때문이다.
③ 모든 생물서식공간은 습지를 중심으로 발달하므로 습지보전을 위해 필요하기 때문이다.
④ 저감대책 수립은 생물서식공간의 보전 우선 순위나 그 배열상태를 고려해야하기 때문이다.

64. 다음 중 서식처 가장자리의 모양에 따른 가장자리 효과를 나타낸 그림으로 거리가 가장 먼 것은?

① 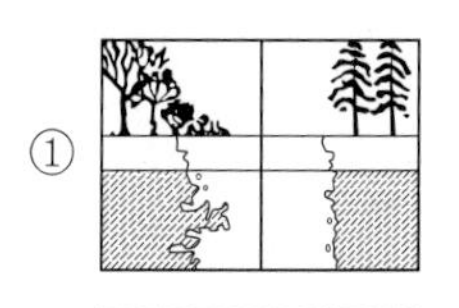
②  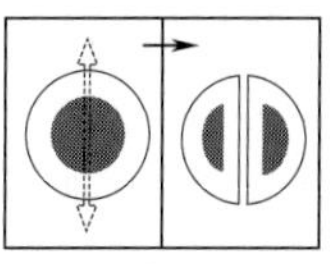
③ 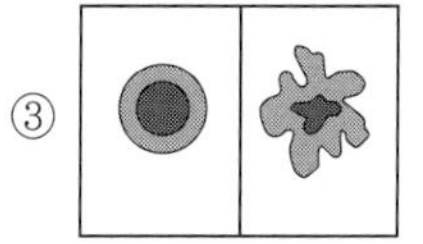
④ 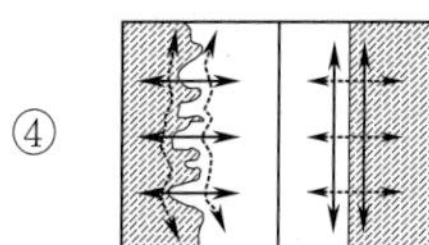

해 ④도 가장자리효과에 대한 설명이 될 수 있다. "큰 패치가 나누어지면 내부종의 절멸확률이 높아지고 가장자리에 적응된 종(일반종)이 늘어난다."를 설명할 수 있다.

정답 ➔ 56. ④ 57. ④ 58. ① 59. ② 60. ② 61. ④ 62. ① 63. ④ 64. ④

65. 갯벌에 대한 설명으로 가장 옳은 것은?

① 갯벌은 모래갯벌, 펄갯벌, 사빈으로 구분한다.
② 펄갯벌에서는 갯지렁이류가 우점한다.
③ 모래갯벌은 해수의 흐름이 느린 곳에 형성된다.
④ 펄갯벌은 펄 함량이 50% 이상인 갯벌을 말한다.

해 ① 갯벌은 모래갯벌, 펄갯벌, 혼합갯벌로 구분한다.
③ 모래갯벌은 해수의 흐름이 빠른 수로 주변이나 바람이 강한 지역의 해변에 형성된다.
④ 펄갯벌은 펄 함량이 90% 이상인 갯벌을 말한다.

66. 도시생태계의 특성으로 거리가 가장 먼 것은?

① 태양에너지 이외에 화석연료 에너지를 도입하여야 하는 종속영양계이다.
② 외부로부터 다량의 물질과 에너지를 도입하여 생산품과 폐기물을 생산하는 인공생태계이다.
③ 도시개발에 의한 단절로 인하여 생물다양성의 저하가 초래되어 생태계 구성요소가 적은 편이다.
④ 모든 구성원 사이에 자연스러운 상호관계가 일어난다.

67. 숲에 임도와 등산로가 많아지는 것이 생태계의 종 다양성 측면에서 바람직하지 않은 이유로 가장 적합한 것은?

① 내부종이 늘어나고 가장자리 종인 덩굴식물이 줄어든다.
② 내부종이 줄어들고 가장자리 종인 덩굴식물도 줄어든다.
③ 내부종이 늘어나고 가장자리 종인 덩굴식물도 늘어난다.
④ 내부종이 줄어들고 가장자리 종인 덩굴식물이 늘어난다.

68. 항공 탑재체에 의한 원격탐사 종류가 아닌 것은?

① 항공기 ② 열기구
③ 위성 ④ 육안관찰

69. 비오톱 지도화의 전 단계인 기초조사에서 파악되어야 할 사항이 아닌 것은?

① 토지이용유형도 ② 불투수토양도
③ 현존식생유형도 ④ 도시생태현황도

70. 대체습지의 의무 면적(Credit) 산정 시 반드시 고려해야 할 사항이 아닌 것은?

① 영향을 받는 습지의 면적
② 영향을 받는 습지의 기능
③ 영향을 받는 습지의 보전 가치
④ 영향을 받는 습지의 주변 토지 이용 형태

71. 다음 중 경관 전체로서의 기능 즉, 생물의 이동이나 경관요소 간의 관련성을 설명하는 것은?

① 천이 ② 군집
③ 유전학 ④ 메타개체군이론

72. 파편화된 패치를 연결하는 방법으로 가장 부적합한 것은?

① 생태통로 설치 ② 서식처의 확대
③ 패치 수의 증가 ④ 징검다리녹지 설치

73. 가장자리효과(edge effect)에 대한 설명이 틀린 것은?

① 가장자리효과란 군집의 가장자리가 종밀도와 종다양성이 높은 것을 말한다.
② 숲의 가장자리에 키 작은 나무(관목)가 빽빽하게 자란다.
③ 추이대(ecotone)에서도 가장자리효과가 나타난다.
④ 가장자리효과는 패치의 중심부까지 깊게 나타난다.

74. 댐건설이 환경에 미치는 영향이 아닌 것은?

① 유수량 및 하폭 등 경관변화가 일어난다.
② 호수 내에 식생 유입이 원활하다.
③ 식생 유실, 동물 서식지역 감소 및 분리현상이 나타난다.
④ 미기상의 변화 및 수면을 이용하는 생물이 증가한다.

75. 지리정보시스템(GIS)의 구성요소가 아닌 것은?

① 이용자 ② 인공지능
③ 자료(data) ④ 소프트웨어와 하드웨어

해 GIS 5대 요소 : 자료(data), 하드웨어, 소프트웨어, 분석기법, 사람(이용자)



정답 → 65. ② 66. ④ 67. ④ 68. ④ 69. ④ 70. ④ 71. ④ 72. ③ 73. ④ 74. ② 75. ②

76. 경관을 이루는 기본 단위인 경관요소를 크게 3가지로 나눌 때 포함되지 않는 것은?

① 공간(space) ② 조각(patch)
③ 바탕(matrix) ④ 통로(corridor)

77. 비오톱의 지도화를 선택적 지도화, 포괄적 지도화, 대표적 지도화로 구분할 때, 다음 중 포괄적 지도화의 설명에 해당하는 것은?

① 보호할 가치가 높은 특별 지역에 한해서 실시하는 방법이다.
② 도지 전체에 대한 종하적인 지도작성을 통해 상세한 비오톱 정보를 얻을 수는 있으나, 많은 인력과 시간, 돈이 소요된다.
③ 대표성이 있는 비오톱을 조사하여 유사한 비오톱 유형에 적용하는 방법이다.
④ 비오톱에 대한 많은 자료가 구축된 상태에서 적용이 용이하다.

해 ① 선택적 지도화, ③④ 대표적 지도화

78. 도로 건설, 도시 개발, 댐 건설 등 인간의 개발활동에 의하여 발생하는 파편화의 정도를 측정하는 항목이 아닌 것은?

① 패치의 면적
② 파편화된 패치의 배열
③ 파편화된 패치의 갯수
④ 주변 식물상 구조의 변화

79. 원격탐사자료의 분광 반사율(spectral reflectance)과 관련하여, 다음 중 일반적으로 가시광선과 적외선 부근에서 가장 높은 반사율을 나타내는 것은?

① 물 ② 식생
③ 토양 ④ 암석

80. 임상도에서 얻을 수 있는 정보가 아닌 것은?

① 경급 ② 영급
③ 종 다양성 ④ 주요 수종

해 임상도란 산림의 공간분포를 나타낸 주제도로 항공사진을 판독하여 임상, 주요수종, 경급, 영급, 소밀도 등 임황자료를 지형도(1:5,000)에 도화해서 작성한 도면을 말한다.

## 제5과목 자연환경관계법규

81. 습지보전법상 국가습지심의위원회 심의 사항으로 거리가 가장 먼 것은?

① 습지보전기본계획의 수립
② 습지보전기본계획의 변경
③ 습지 주변 지역에서의 골재 채취
④ 협약 당사국 총회에서 결정된 결의문과 권고사항의 실행

82. 다음은 환경정책기본법령상 수질 및 수생태계 상태별 생물학적 특성 이해표이다. 이에 가장 적합한 생물등급은?

| 생물 지표종 | | 서식지 및 생물 특성 |
|---|---|---|
| 저서생물 | 어류 | |
| 물달팽이<br>턱거머리<br>물벌레<br>밀잠자리 | 피라미<br>끄리<br>모래무지<br>참붕어<br>등이 서식 | •물이 약간 혼탁하며, 유속은 약간 느린 편임<br>•바닥은 주로 잔자갈과 모래로 구성됨<br>•부착 조류가 녹색을 띠며 많음 |

① 매우 좋음 ~ 좋음 ② 좋음 ~ 보통
③ 보통 ~ 약간 나쁨 ④ 약간 나쁨 ~ 매우 나쁨

83. 백두대간 보호에 관한 법률상 백두대간의 정의와 관련한 아래 내용에서, ( )에 들어갈 수 없는 것은? (단, 기타 대통령령으로 정하는 산줄기는 고려하지 않는다.)

> "백두대간"이란 백두산에서 시작하여 ( ), ( ), ( ), ( )을 거쳐 ( )으로 이어지는 큰 산줄기를 말한다.

① 금강산 ② 지리산
③ 소백산 ④ 대둔산

해 백두산에서 시작하여 금강산, 설악산, 태백산, 소백산을 거쳐 지리산으로 이어지는 큰 산줄기를 말한다.

84. 야생생물 보호 및 관리에 관한 법령상 멸종위기 야생생물 I 급(조류)에 해당하는 것은?

정답 ▸ 76. ① 77. ② 78. ④ 79. ② 80. ③ 81. ③ 82. ③ 83. ④ 84. ②

① 고니(Cygnus columbianus)
② 혹고니(Cygnus olor)
③ 검은머리갈매기(Larus saundersi)
④ 독수리(Aegypius monachus)

해 ①③④ 멸종위기 야생생물 II급

85. 국토의 계획 및 이용에 관한 법률상 용도지역에서의 용적률 최대한도 기준이 틀린 것은? (단, 조례로 정하는 내용은 고려하지 않는다.)

① 도시지역 중 주거지역 : 800퍼센트 이하
② 도시지역 중 녹지지역 : 100퍼센트 이하
③ 관리지역 중 계획관리지역 : 100퍼센트 이하
④ 관리지역 중 보전관리지역 : 80퍼센트 이하

해 ①도시지역 중 주거지역 : 500퍼센트 이하

86. 야생생물 보호 및 관리에 관한 법령상 생물자원 보전시설을 설치 · 운영하고자 하는 자가 그 시설을 등록하고자 할 때 갖추어야 할 요건(기준)이 옳은 것은?

① 인력요건 : 생물자원과 관련된 분야의 석사 이상 학위 소지자로서 해당 분야에서 1년 이상 종사한 자
② 인력요건 : 생물자원과 관련된 분야의 학사 이상 소지자로서 해당 분야에서 2년 이상 종사한 자
③ 표본보전시설 : 60제곱미터 이상의 수장시설
④ 열풍건조시설 : 10마력 이상의 건조스팀발생 시설

해 ② 인력요건 : 생물자원과 관련된 분야의 학사 이상 소지자로서 해당 분유에서 3년 이상 종사한 자
③ 표본보전시설 : 66제곱미터 이상의 수장시설

87. 생물다양성 보전 및 이용에 관한 법령상 정의에 따라, 환경부장관이 지정 · 고시한 생태계교란생물에 해당되지 않는 것은?

① 단풍잎돼지풀 ② 감돌고기
③ 도깨비가지 ④ 붉은귀거북속 전종

해 ② 멸종위기 야생생물 I급

88. 국토의 계획 및 이용에 관한 법률상 개발행위로 인하여 주변의 환경·경관·미관·문화재 등이 크게 오염되거나 손상될 우려가 있는 지역으로, 도시·군관리계획상 특히 필요하다고 인정되어 중앙도시계획위원회나 지방도시계획위원회의 심의를 거쳐 개발행위허가를 제한할 수 있는 기간 기준은? (단, 기타의 경우는 고려하지 않는다.)

① 1회에 한하여 2년 이내의 기간
② 1회에 한하여 3년 이내의 기간
③ 2회에 한하여 2년 이내의 기간
④ 2회에 한하여 3년 이내의 기간

89. 국토기본법상 국토종합계획의 수립 주기는?

① 5년 ② 10년
③ 15년 ④ 20년

90. 자연환경보존법상 생태·자연도 작성을 위한 지역 구분에서 1등급 권역에 해당되지 않는 것은?

① 생태계가 특히 우수하거나 경관이 특히 수려한 지역
② 생물다양성이 특히 풍부하고 보전가치가 큰 생물자원이 존재·분포하고 있는 지역
③ 멸종위기 야생생물의 주된 서식지·도래지 및 주요 생태축 또는 주요 생태통로가 되는 지역
④ 역사적·문화적·경관적 가치가 있는 지역이거나 도시의 녹지보전 등을 위하여 관리되고 있는 지역

91. 산지관리법령상 산지에 해당하지 않는 토지는?

① 임도(林道), 작업로 등 산길
② 지목이 임야가 아닌 논두렁·밭두렁
③ 입목·대나무가 집단적으로 생육하고 있는 토지
④ 집단적으로 생육한 입목·대나무가 일시 상실된 토지

92. 자연공원법상 용어의 정의와 관련하여, ( )에 들어갈 내용에 해당하지 않는 것은?

| "자연공원"이란 ( )을 말한다. |
|---|

① 공립공원 ② 도립공원
③ 군립공원 ④ 지질공원

93. 자연환경보전법규상 생태계의 변화 관찰 대상 지역으


정답 → 85. ① 86. ① 87. ② 88. ② 89. ④ 90. ④ 91. ② 92. ① 93. ④

로 거리가 가장 먼 것은?

① 생물다양성이 풍부한 지역
② 자연환경의 보전가치가 높은 지역
③ 멸종위기 야생생물의 서식지·도래지
④ 외래종의 유입이 빈번하여 잦은 방재가 필요한 지역

94. 독도 등 도서지역의 생태계 보전에 관한 특별법상 특정도서로 지정할 수 있는 기준이 아닌 것은?

① 수자원 이용·개발을 위해 기초단체장이 추천하는 도서
② 지형 또는 지질이 특이하여 학술적 연구 또는 보전이 필요한 도서
③ 화산, 기생화산(寄生火山)의 자연경관이 뛰어난 도서
④ 희귀 동식물, 멸종위기 동식물, 그 밖에 우리나라 고유 생물종의 보존을 위하여 필요한 도서

95. 환경정책기본법령상 환경부장관이 환경현황조사를 의뢰하거나 환경정보망의 구축 · 운영을 위탁할 수 있는 전문기관이 아닌 것은? (단, 그 밖에 환경부장관이 지정 · 고시하는 기관 및 단체는 제외한다.)

① 한국환경기술진흥공사
② 한국환경산업기술원
③ 한국수자원공사
④ 국립환경과학원

96. 자연환경보전법상 환경부장관이 수립해야 하는 자연환경보전 기본방침에 포함되어야 할 사항과 거리가 먼 것은?

① 중요하기 보전하여야 할 생태계의 선정 및 생물자원의 보호
② 생태·경관보전지역의 관리 및 해당 지역 주민의 삶의 질 향상
③ 생태통로·소생태계·대체자연의 조성 등을 통한 생물다양성의 보전
④ 자연환경개발에 관한 교육과 국가 주도 개발활동의 활성화

97. 독도 등 도서지역의 생태계 보전에 관한 특별법상 원칙적으로 특정도서 안에서 제한되는 행위가 아닌 것은? (단, 기타의 경우는 고려하지 않는다.)

① 도로의 신설　② 택지의 조성
③ 가축의 방목　④ 조난구호 행위

98. 농지법규상 실습지 등으로 농지를 소유할 수 있는 공공단체 등의 범위 기준에 해당하지 않는 것은?

① 「한국농어촌공사 및 농지관리기금법」에 따른 한국농어촌공사
② 「전통음식보존법」에 따라 지정·등록된 한국전통음식연구원
③ 「한국농수산식품유통공사법」에 따른 한국농수산식품유통공사
④ 「문화재보호법」에 따라 중요무형문화재로 지정된 농요의 보존을 위한 비영리단체

99. 환경정책기본법령상 오존($O_3$)의 대기환경 기준으로 옳은 것은? (단, 8시간 평균치)

① 0.02ppm 이하　② 0.05ppm 이하
③ 0.06ppm 이하　④ 0.10ppm 이하

100. 생물다양성 보전 및 이용에 관한 법률 시행령상 국가생물다양성전략 시행계획의 수립·시행에 관한 사항이다. ( ) 안에 들어갈 내용이 모두 옳은 것은?

> 관계 중앙행정기관의 장은 소관 분야의 국가생물다양성전략 시행계획을 수립 · 시행하고, 전년도 시행계획의 추진실적과 해당 연도의 시행계획을 ( ㉠ ) 환경부장관에게 제출하여야 한다.
>
> 환경부장관은 그에 따라 제출된 전년도 시행계획의 추진실적과 해당 연도 시행계획을 종합 · 검토하여 그 결과를 ( ㉡ ) 관계 중앙행정기관의 장에게 통보하여야 한다.

① ㉠ 매년 12월 31일까지, ㉡ 매년 1월 31일까지
② ㉠ 매년 12월 31일까지, ㉡ 매년 2월 28일까지
③ ㉠ 매년 1월 31일까지, ㉡ 매년 2월 28일까지
④ ㉠ 매년 1월 31일까지, ㉡ 매년 3월 31일까지

정답 ➔ 94. ① 95. ① 96. ④ 97. ④ 98. ② 99. ③ 100. ④

# ❖ 2022년 자연생태복원기사 제 1 회

2022년 3월 5일 시행

## 제1과목 생태환경조사분석

01. 생태계의 탄소 순환에 관한 내용으로 옳지 않은 것은?

① 수중생태계로 유입된 탄소는 중탄산, 탄산 등의 형태로 존재할 수 있다.
② 먹이연쇄의 각 영양수준에서 탄소는 호흡의 결과로 대기 또는 물로 되돌아간다.
③ 탄소는 먹이망의 구조에 영향을 미치며, 먹이망 속의 에너지 흐름에는 영향을 미치지 않는다.
④ 독립영양생물은 이산화탄소를 받아들여 그것을 탄수화물, 단백질, 지방, 기타 유기물로 환원시킨다.

해 ③ 탄소는 먹이연쇄를 통하여 동물로 이동되므로 먹이망의 구조에 영향을 미치며, 먹이망 속의 에너지 흐름에 영향을 미친다.

02. 비오톱을 구분하는 항목끼리 묶은 것이 아닌 것은?

① 식생, 비생물 자연환경 조건
② 주변 서식지와의 연결성, 주변효과
③ 인위적 영향, 서식지에서의 종 간 관계
④ 서식지 내 개체군의 크기, 외래종의 서식현황

03. 도시 비오톱 지도화의 방법이 아닌 것은?

① 선택적 지도화 방법
② 포괄적 지도화 방법
③ 객관적 지도화 방법
④ 대표적 지도화 방법

04. 수중 용존산소량에 관한 설명으로 옳지 않은 것은?

① 수온약층에서 급격히 증가한다.
② 심수층에서는 소량만 존재한다.
③ 공기와 직접 접하고 광합성이 활발한 표수층에서 가장 높다.
④ 물 속에 용해되어 있는 산소량이며 단위는 주로 ppm으로 나타낸다.

해 이 문제의 경우 '하계 정체기'를 기준으로 한 것으로 '동계 정체기'에는 맞지 않는다.

05. 경관생태학의 특징으로 옳지 않은 것은?

① 단일 생태계 연구에 초점
② 대규모 지역에 대한 연구
③ 스케일을 중요시하는 연구
④ 경관요소 간의 상호작용 연구

06. GIS 기능적 요소의 처리순서는?

| ㉠ 자료 전처리 ㉡ 자료 획득 ㉢ 결과 출력 ㉣ 조정과 분석 ㉤ 자료 관리 |
|---|

① ㉠ → ㉤ → ㉣ → ㉢ → ㉡
② ㉡ → ㉠ → ㉤ → ㉣ → ㉢
③ ㉣ → ㉡ → ㉠ → ㉤ → ㉢
④ ㉣ → ㉢ → ㉡ → ㉤ → ㉠

07. 기수(brackish water) 지역에 서식하는 규조류의 특징을 바르게 설명한 것은?

① 생물 크기가 대체로 크고 서식종의 종 수가 많다.
② 생물 크기가 대체로 크고 서식종의 종 수가 적다.
③ 생물 크기가 대체로 작고 서식종의 종 수가 많다.
④ 생물 크기가 대체로 작고 서식종의 종 수가 적다.

해 기수역(하구)는 밀도가 다른 해수와 담수가 만나 특이한 수질과 수온이 분포하므로 염분 · 습도 · 온도 등 극심하고 다양한 서식환경에 적응하는 생물이 많은 곳이다.

08. 단위면적당 총 건조중량을 피라미드로 표현한 것은?

① 개체수 피라미드
② 생체량 피라미드
③ 에너지 피라미드
④ 생산력 피라미드

해 생체량 피라미드는 각 영양단계를 차지하는 생물의 총 건조량, 칼로리 또는 살아있는 물질의 총량으로 나타낸다.

09. 다음 연령곡선 그래프에서 인간의 생존곡선과 가장 가까운 것은?



정답 ➔ 01. ③ 02. ④ 03. ③ 04. ① 05. ① 06. ② 07. ④ 08. ② 09. ①

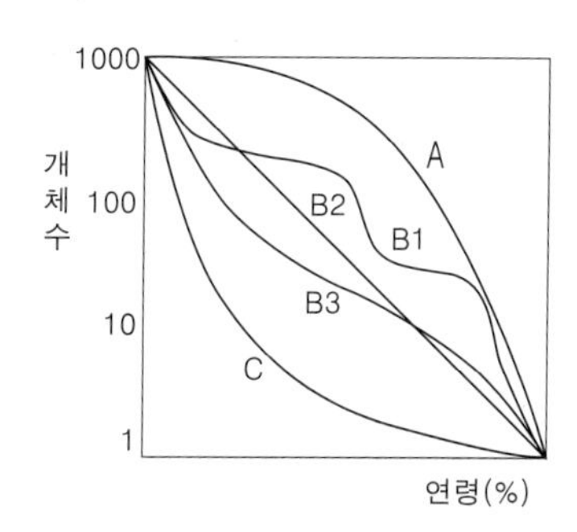


① A ② B2
③ B3 ④ C

10. 개체군 간의 상호작용 중 편리공생 관계인 것은?

① 집게와 말미잘
② 개미와 진딧물
③ 참나무류와 겨우살이
④ 콩과식물과 뿌리혹박테리아

해 ②④ 상리공생, ③ 기생

11. 조각의 모양을 측정할 때, 둘레와 면적의 비가 크기에 따라 변하는 점을 보완하는 변형지수 에 대한 설명으로 옳은 것은? (단, L은 둘레, S는 면적이다.)

① 원에 대해서는 0이며, 불규칙한 모양에 대해서는 1에 가깝다.
② 원에 대해서는 0이며, 불규칙한 모양에 대해서는 무한대로 커진다.
③ 원에 대해서는 1이며, 불규칙한 모양에 대해서는 무한대로 커진다.
④ 원에 대해서는 무한대로 커지며, 불규칙한 모양에 대해서는 0에 가깝다.

12. 파편화 초기에 큰 면적이 필요한 종이나 간섭에 민감한 종이 다른 서식처로 이동하거나 사라지는 것을 무엇이라고 하는가?

① 혼잡효과 ② 국지적 멸종
③ 초기배제효과 ④ 장벽과 격리화

13. 밀도가 다른 두 수층의 경계면에 생기는 내부파(internal wave)의 영향이 아닌 것은?

① 용승류가 일어남
② 두 수층의 수직혼합을 일으킴
③ 저층의 영양염을 상층에 공급
④ 표층의 식물 플랑크톤 생산을 증가시킴

14. 생물체에 있어 원상으로 다시 완전하게 돌아갈 수 있는 긴장을 탄성긴장이라 한다. 몸체의 탄성도(elasticity, M)를 구하는 식은?

① M = 저항/긴장 ② M = 긴장/저항
③ M = 스트레스/긴장 ④ M = 긴장/스트레스

15. 2개의 개체군이 서로의 성장과 생존에 이익을 주고 있으나 절대적인 의무관계가 아닌 것은?

① 상리공생(mutualism)
② 편해공생(amensalism)
③ 편리공생(commensalism)
④ 원시협동(protocooperation)

16. 종 다양성과 이질성의 관계를 나타내는 그래프로 옳은 것은?

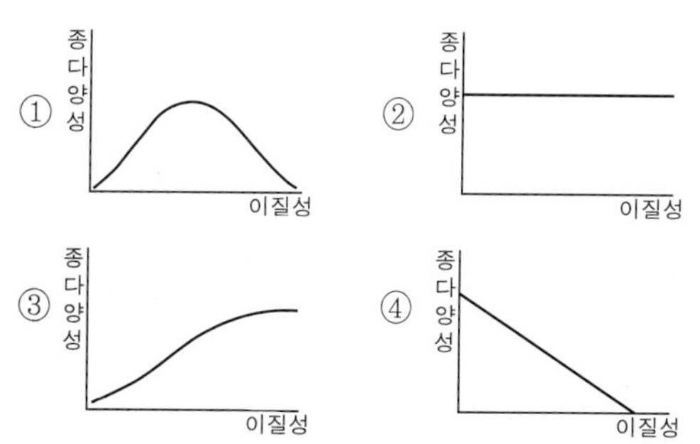


해 ① 이질성의 정도가 중간 정도일 때 종다양성이 가장 높음

17. 부영양화의 피해에 관한 설명으로 옳지 않은 것은?

① 악취 발생
② 수중생태계 파괴
③ 용존산소량 고갈에 따른 어패류 폐사
④ 조류(algae)의 이상번식에 의한 투명도 증가

18. 토지 이용에 따른 경관특성 변화를 표현하는 요소가 아닌 것은?

① 연결성 ② 둘레길이
③ 인공구조물 ④ 조각의 크기

정답 → 10. ① 11. ③ 12. ③ 13. ① 14. ③ 15. ④ 16. ④ 17. ④ 18. ③

19. 비오톱 유형 분류의 결정요인이 아닌 것은?

① 식생형태　② 대기의 질
③ 지형적 조건　④ 토지이용 패턴

20. 하천 코리더의 기능으로 옳지 않은 것은?

① 수온의 조절
② 부영양화 증대
③ 수문학적 조절
④ 침전물과 영양물질의 여과

해 하천코리더 기능 : 수질결정 요인, 수문학적 조절, 침전물과 영양물질 여과, 침식과 침전물 조절, 영양물질 제거, 수온조절 등의 기능을 한다.

제2과목 **생태복원계획**

21. 생태계 복원 절차 중 가장 먼저 수행해야 하는 것은?

① 복원계획의 작성
② 복원목적의 설정
③ 대상 지역의 여건 분석
④ 시행, 관리, 모니터링의 실시

해 복원과정의 순서 : 대상지역의 여건분석→부지 현황조사 및 평가→복원목적의 설정→세부 복원계획의 작성→시행 · 관리·모니터링 실시

22. 저감대책 수립에 관한 내용으로 옳지 않은 것은?

① 둘레/면적이 최소인 패치는 에너지, 물질, 생명체 등의 자원을 보호하는데 효과적이다.
② 둘레/면적이 최대인 패치는 외부와 에너지, 물질, 생명체의 상호작용을 증가시키는데 효과적이다.
③ 패치가 작아질 것으로 예측될 경우 큰 패치를 선호하는 종의 서식여부를 반드시 확인해야 한다.
④ 패치가 작아질 경우 작은 패치를 선호하는 생물종이 증가하므로, 환경영향의 저감측면에서 유리하다.

해 ④ 패치가 작아질 경우 가장자리의 비율이 증가하여 내부종(희귀종)은 감소하고 일반종이 증가하므로 바람직하지 않다.

23. 도시생태공원 계획 시 고려할 사항으로 옳지 않은 것은?

① 기존의 수림지나 초지, 수변공간 등과 인접한 장소를 선정한다.
② 식재수종 선정 시 자생종보다 외래종을 우선 고려한다.
③ 구역의 보호와 육성을 위해 이용제한구역 등을 필요에 따라 마련한다.
④ 세부적인 환경을 고려하여 야생동물을 위한 환경을 조성한다.

24. 다음 설명과 같이 생태계에 대한 개발사업의 영향을 평가하는 것은?

| 행정계획이나 개발사업을 수립 · 시행할 때 계획수립 또는 타당성 조사 등 초기 단계부터 환경에 미치는 영향을 충분히 고려하도록 함으로써 환경친화적인 개발을 도모하려는 제도 |
|---|

① 비오톱 평가　② 환경영향평가
③ 개발행위허가　④ 사전환경성 검토

해 ④ 사전환경성검토 제도는 10여 년 전인 2012년에 폐지된 제도인데 2021년에도 나왔었고, 2022년에도 시험에 나온다는 것은 단순한 실수가 아니며 출제위원의 수준이 어느 정도인지 짐작케 하는 부분이다. 이 문제는 2007년에 나온 문제로 이번에 아무런 검토도 없이 나온 것이며, 이번에 출제한 사람이 이런 정도도 모르는 아주 저급한 수준이라는 것이다. 시험제도가 CBT(컴퓨터기반시험)로 바뀌어 이러한 문제점이 드러나지 않아 '한국산업인력공단'은 편하겠지만 문제를 비공개함으로써 나타나는 이러한 잘못된 것을 거를 수 있는 장치가 필요하다고 생각한다. 관계자들은 '국가시험'이라는 것에 책임을 느끼기 바란다.

25. 개별 공간 차원의 환경계획으로 옳은 것은?

① 생태도시　② 생태공원
③ 지속가능도시　④ 생태 네트워크 계획

해 ①③④ 도시 및 단지차원의 환경계획

26. 어메니티 플랜의 기본방향이 아닌 것은?

① 지역이 보유하고 있는 유형 및 무형의 문화자원을 발굴하고, 보호·육성한다.
② 행정기관이 주도로 지침을 만들고 주민들은 이


정답 ➔ 19. ② 20. ② 21. ③ 22. ④ 23. ② 24. ④ 25. ② 26. ②

지침에 일사분란하게 따르도록 한다.

③ 지역의 자연환경 및 인공환경의 상태를 청결하게 하여 지역을 깨끗하고 조용하게 유지한다.

④ 주민들이 환경을 만들어가고, 일상에서 많이 접하도록 하여 친근함을 느낄 수 있는 분위기를 조성한다.

해 ② 민·관의 역할분담을 명확히 하여 민간의 활력을 적극적으로 활용한다.

27. 토지의 적성평가와 국토환경성평가에 관한 설명으로 옳지 않은 것은?

① 토지의 적성평가와 국토환경성평가 모두 전 국토를 대상으로 한다.

② 토지의 적성평가는 국토의 계획 및 이용에 관한 법률, 국토환경성평가는 환경정책기본법에 근거한다.

③ 평가단위로서는 토지의 적성평가는 토지의 필지단위(미시적)로, 국토환경성평가는 토지의 필지가 아닌 지역적 단위(거시적)로 한다.

④ 토지의 적성평가는 표고 등 물리적 특성, 토지이용특성, 공간적 입지성을 기준으로, 국토환경성평가는 생태계보전지역 등 법제적 지표, 자연성 정도 등 환경적 지표를 기준으로 한다.

해 ① 토지의 적성평가는 관리지역 및 도시관리계획 입안지역, 국토환경성평가는 전 국토를 대상으로 한다.

28. 생태자연도 등급 구분상 별도관리지역은?

① 생태계가 특히 우수하거나 경관이 특히 수려한 지역

② 다른 법률에 의하여 보전되는 지역 중 역사적·문화적·경관적 가치가 있는 지역

③ 생물의 지리적 분포한계에 위치하는 생태계 또는 주요 식생의 유형을 대표하는 지역

④ 멸종위기 야생생물의 주된 서식지·도래지 및 주요 생태축 또는 주요 생태통로가 되는 지역

29. 초지복원 시 사용하는 식물종자에 관한 내용으로 옳지 않은 것은?

① 재래식물은 외래식물에 반대되는 개념으로 어느 지역에 자생하는 식물로서 외래종과 귀화종을 제외한다.

② 오랜 기간 지방의 기후와 입지환경에 잘 적응해서 자연 상태로 널리 분포하고 있는 식물을 그 지역의 주구성종이라 한다.

③ 보전종은 주구성종의 성장을 도와 토양 및 주변 식물을 보전하기 위하여 혼파 또는 혼식하는 식물을 총칭하며, 보통 비료목초와 선구식물을 사용한다.

④ 도입식물이란 자연 혹은 인위적으로 이루어진 훼손지나 나지에 식생을 개선할 목적으로 파종, 식재 등 여러 가지 방법으로 들여온 식물을 말한다.

해 ② 향토식물에 대한 설명이다.
·주구성종 : 종자파종에 의한 식생복원에서 목표로 하는 식생 종을 말하며, 복원된 식생에서 가장 중요한 위치를 차지하는 식물종이다.

30. 정수(挺水)식물에 속하는 식물종은?

① 매자기 ② 붕어마름
③ 부레옥잠 ④ 물수세미

해 ②④ 침수식물, ③ 부유식물

31. 비탈면 기울기에 따른 식물 생육 특성으로 옳지 않은 것은?

① 30° 이하 : 식물 생육이 양호하고, 피복이 완성되면 표면 침식이 거의 없다.

② 30~35° : 그대로 방치하는 경우 주변의 자연침입으로 식물 군락이 성립되는 한계 기울기이며, 식물의 생육은 왕성하다.

③ 35~40° : 식물의 생육은 양호한 편이지만, 키가 낮거나 중간 정도인 수목이 많다.

④ 45~60° : 생육이 현저하게 불량하고 수목의 키가 낮게 성장하며, 초본류의 쇠퇴가 빨리 일어난다.

해 ④ 40~60° : 식물의 생육은 다소 불량하고 침입종이 감소하고, 키가 작은 수목이나 초본류로 형성되는 키 작은 식물군락 조성이 바람직하다.
·60° 이상 : 생육이 현저하게 불량하고 수목의 키가 낮게 성장하며, 초본류의 쇠퇴가 빨리 일어난다.

정답 → 27. ① 28. ② 29. ② 30. ① 31. ④

32. 부엽식물이 아닌 것은?

① 마름 ② 자라풀
③ 개구리밥 ④ 노랑어리연꽃

해 ③ 부유식물

33. 지리정보체계(GIS)의 기능적 요소가 아닌 것은?

① 결과 출력 ② 조정과 분석
③ 레이어 전환 ④ 자료의 전처리

해 GIS의 기능적 요소 5단계 : 자료획득→자료의 전처리→자료관리→조정과 분석→결과출력

34. 자연환경복원계획 수립 시의 원칙으로 옳지 않은 것은?

① 대상 지역의 생태적 특성을 존중하여 복원계획을 수립한다.
② 다른 지역과 차별화되는 자연적 특성을 우선적으로 고려한다.
③ 유지비용이 적으며 생태적으로 지속가능한 복원방안을 모색한다.
④ 도입되는 식생은 조기녹화가 가능한 식생을 위주로 선정한다.

해 ④ 도입되는 식생은 자생종을 위주로 선정한다.

35. 자연환경 보전대책 중 미티게이션에 대한 설명으로 옳은 것은?

① 회피란 중요한 생육·서식 환경이 사라지게 될 경우 다른 장소에 기존 환경과 유사한 환경을 창출하는 방법이다.
② 대체란 중요한 생육·서식환경에 직접적인 영향을 피할 수 없는 경우 그 영향을 최소한으로 그치게 하는 방법이다.
③ 일반도로 계획에서는 기본적으로 회피, 저감의 방법을 이용하고, 그 방법으로 충분하게 대응할 수 없는 경우 대상의 방법을 검토한다.
④ 저감이란 중요한 생육·서식환경을 노선에서 떨어뜨려서 계획하거나, 터널이나 교량구조를 채용하는 등 직접적인 영향을 자연환경에 미치지 않게 하는 방법이다.

해 ① 대체, ② 저감, ④ 회피

36. 다음에서 설명하는 토지의 토양분류 등급은?

- 농업지역으로 보전이 바람직한 토지
- 교통이 편리하고 인구가 집중된 지역으로 집약적인 토지 이용이 이뤄지는 지역
- 도시근교에서는 과수, 채소 및 꽃 재배, 농촌지역에서는 답작이 중심이 되며, 전작지는 경제성 작물 재배 등 절대 농업지대

① 1급지 ② 2급지
③ 3급지 ④ 5급지

해 20여 년 전(2002년)에 폐기된 법률에 있는 내용을 기반으로 한 문제이므로 전혀 교육적 가치가 없다. 토지능력도를 1~8급지 8개 등급으로 구분하였으나 지금은 사용되지 않으며, 지금은 토지의 적성평가로 가~마등급까지 5개 등급으로 구분한다.

37. 도로 비탈면의 구조에 포함되지 않는 것은?

① 노상 ② 소단
③ 비탈어깨 ④ 성토비탈면

38. 자연환경보전 · 이용시설 설치의 기본 방향이 아닌 것은?

① 친자연성 ② 지속가능성
③ 안전성 확보 ④ 시설의 가변성

39. 생태복원의 유형 중에서 대체에 대한 설명으로 옳지 않은 것은?

① 다른 생태계로 원래 생태계를 대신하는 것
② 훼손된 지역의 입지에 동일한 생태계를 만들어주는 것
③ 구조에 있어서는 간단하고 보다 생산적일 수 있음
④ 초지를 농업적 목초지로 전환하여 높은 생산성을 보유하게 함

해 ② 복원

40. 훼손된 생태계의 복원에 관한 설명으로 옳지 않은 것은?

① 녹지복원 시 훼손지에 대한 침식방지 및 식물의 조기 정착을 목적으로 짧은 시간 내에 도입초종에 의하여 녹화해야 한다.
② 생태계의 복원은 서식처 속 생물종의 복원과


정답 ➔ 32. ③ 33. ③ 34. ④ 35. ③ 36. ② 37. ① 38. ④ 39. ② 40. ①

생물종의 삶터로써 온전한 기능과 구조를 갖춘 서식처의 복원으로 구성된다.

③ 훼손된 서식처로 인해 멸종 위기에 처한 생물종을 포함한 일련의 목표종과 그 목표종이 서식 가능한 서식처를 복원하는 것이 일차적 목표이다.

④ 식생 복원 시 해당 토지영역 내에서 복원되는 구성종의 온전한 생애주기(life cycle)와 태양에너지의 이용패턴을 고려하여 계획해야 한다.

**해** ①은 생태계의 복원이 아닌 침식방지를 위한 내용이다.

## 제3과목 생태복원설계·시공

**41.** 빈 칸에 들어갈 내용으로 옳은 것은?

> 생태적 빗물관리시스템은 집수 → 쇄석여과층 → 저류연못 → (　　) → 배수 → 2차 저류시설의 순서로 진행된다.

① 물넘이　　　　저류조
③ 침투연못　　　④ 잔디형 수로

**42.** 수고가 7~12m 정도인 교목을 식재할 때, 자연토에 적합한 유효 토심의 깊이는?

① 상층 20cm, 하층 20cm
② 상층 30cm, 하층 90cm
③ 상층 60cm, 하층 20cm
④ 상층 60cm, 하층 90cm

**43.** 자연환경보전·이용시설의 설계단계 고려사항에 관한 설명으로 옳지 않은 것은?

① 기반조성 설계 시 생물이 생육·서식할 수 있도록 충분히 고려한다.
② 관찰공간 설계 시에는 관찰 목적 및 대상, 태양의 방향, 주요 동선 및 관찰대상공간의 시각적·물리적 차폐 등을 충분히 고려한다.
③ 시설 설계에 있어 진입부와 데크의 완만한 경사 처리, 점자 안내판 등 사회적 약자의 편의를 최대한 반영한다.
④ 재료와 소재 선정 시 여러 지역의 목재 및 석재 등 자연재료의 혼용을 우선적으로 고려하여 이용자의 만족을 추구한다.

**해** ④ 재료와 소재 선정 시 해당 지역의 목재 및 석재 등 자연재료를 우선적으로 고려하여 이용자의 만족을 추구한다.

**44.** 토양 유기물 함량을 높이는 방법으로 옳지 않은 것은?

① 식물의 유체(遺體)는 토양으로 되돌린다.
② 땅을 빈번히 갈아서 미생물에 의한 토양 분해를 촉진한다.
③ 유기물이 토양으로부터 유실되는 현상인 토양 침식을 막는다.
④ 토양 중 유기물의 함량을 높이려면 신선퇴비보다는 완숙퇴비가 더 효과적이다.

**해** ② 땅을 빈번히 갈아엎는 것은 토양미생물에 있어 바람직한 환경이 아니다.

**45.** 평균단면적법을 이용해 비탈다듬기공사에 사용할 토사량을 구할 때, 양 단의 단면적이 각각 $2.1m^2$, $0.7m^2$이고, 그 사이의 거리가 6m인 경우의 토사량($m^3$)은?

① 2.4　　　② 8.4
③ 8.8　　　④ 16.8

**해** 평균단면적법 $V = \frac{A_1 + A_2}{2} \times L$

$\rightarrow \frac{2.1+0.7}{2} \times 6 = 8.4m^3$

**46.** 표토에 관한 설명으로 옳지 않은 것은?

① 경운에 의해 이동되는 부위이다.
② 토양의 표면에 위치한 A층을 말한다.
③ 산림에서는 B층까지를 포함하여 말한다.
④ 양분과 수분의 저장처로 생산성과는 관련이 없다.

**해** ④ 표토는 식물에 있어 중요한 층으로 보비성과 보수성에 따라 생산성이 달라진다.

**47.** 단면적이 $12m^2$이고, 윤주가 8m인 수로의 평균 깊이(m)는?

① 1.5　　　② 2

정답 ➔ 41. ③　42. ③　43. ④　44. ②　45. ②　46. ④　47. ①

③ 2.5　　④ 3

해 R=A/P=12/8=1.5(m)

48. 자연생태복원공사 시행 시 시공관리 3대 목표가 아닌 것은?

① 공정관리　　② 노무관리
③ 원가관리　　④ 품질관리

49. 방문객센터를 절충형으로 조성할 때의 고려사항에 관한 설명으로 옳지 않은 것은?

① 주변 자연·역사·문화관찰로와 연계되지 않도록 독립적으로 조성한다.
② 센터의 규모는 최소 약 $400m^2$, 평균 $600m^2$, 최대 $800m^2$로 조성하는 것이 적정하다.
③ 공원 탐방객의 편의와 자연 및 역사에 대한 이해를 돕기 위해 주요 탐방거점 공간에 설치한다.
④ 관찰지점 안내, 이용 상황, 당일 기상정보 등 실시간에 가까운 각종 정보를 제공해 이용자의 이용을 돕는다.

50. 토양 중의 질소공급원으로 슬러지를 사용할 경우, 슬러지 사용량(kg/10ha)을 계산하는 식으로 옳은 것은? (단, A : 질소 시비량, a : 수분함유비율(%), b : 슬러지 건조물 중의 질소 비(%), c : 질소 유효율이다.)

① $\dfrac{a}{\dfrac{100-A}{100}\times\dfrac{b}{100}\times\dfrac{c}{100}}$

② $\dfrac{b}{\dfrac{100-A}{100}\times\dfrac{a}{100}\times\dfrac{c}{100}}$

③ $\dfrac{c}{\dfrac{A}{100}\times\dfrac{100-a}{100}\times\dfrac{b}{100}}$

④ $\dfrac{A}{\dfrac{100-a}{100}\times\dfrac{b}{100}\times\dfrac{c}{100}}$

51. 생태·자연도 1등급 권역에 관한 설명으로 옳지 않은 것은?

① 생물다양성이 풍부하고 보전가치가 큰 생물자원이 분포하는 지역
② 생태계가 특히 우수하거나 경관이 수려한 지역
③ 생물의 지리적 분포한계에 위치하는 생태계 지역
④ 각 시·도에서 생태·경관보전지역으로 지정한 지역

52. 도시생태계를 구성하는 생물종의 특징이 아닌 것은?

① 이입종의 정착
② 고차 소비자의 부재
③ 초식성 동물의 증가
④ 난지성종(따뜻한 곳에 사는 종)의 증가

해 도시생태계의 특징에는 자연생태계의 종이나 고차 소비자의 부재, 이입종의 정착, 내오염종이나 난지성종 증가, 인공적인 먹이에 의존하는 종의 번식 등이 있다.

53. 안전사고의 발생원인 중 물적 원인이 아닌 것은?

① 복장 불량　　② 예산 부족
③ 급속한 시공　　④ 협소한 작업장

54. 다음에서 설명하는 배수로의 배치 유형은?

• 주관을 중앙에 경사지게 설치하고, 주관에 비스듬히 지관을 설치한다.
• 놀이터, 골프장 그린, 소규모 운동장 등과 같이 소규모 지역의 배수에 적합하다.

① 선형　　② 어골형
③ 차단형　　④ 평행형

55. 식재할 수목을 가식할 때의 유의사항으로 옳지 않은 것은?

① 토양의 배수가 불량할 때에는 배수시설을 설치한다.
② 원활한 통풍을 위해 수목 간 식재 간격을 충분히 둔다.
③ 수목의 뿌리 부분은 공기에 잘 노출되도록 배분하여 가식한다.
④ 가식할 장소에는 가식기간 중의 관리를 위한 작업통로를 설치한다.

56. 다음의 기준에 따라 수관층위별 식재밀도를 정하여 다층위 구조의 환경보전림을 조성할 때, 빈 칸에 각각 들어갈 내용으로 옳은 것은?


정답 ➔ 48. ② 49. ① 50. ④ 51. ④ 52. ③ 53. ① 54. ② 55. ③ 56. ④

- 수고 1m의 유묘(幼苗) : ( A ) 주/ha
- 수고 2~3m의 대묘(大苗) : ( B ) 주/ha

① A : 2000, B : 800
② A : 2000, B : 8000
③ A : 20000, B : 800
④ A : 20000, B : 8000

57. 호수나 연못에서 흔하게 관찰되는 부유식물로, 부영양화 물질을 제거하는 수질정화식물은?

① 부들 ② 나사말
③ 개구리밥 ④ 물질경이

해 ① 정수식물, ②④ 침수식물

58. 비탈면 녹화에 이용하는 식물 중 콩과 식물이 아닌 것은?

① 붉나무 ② 비수리
③ 참싸리 ④ 자귀나무

해 ① 옻나무과

59. 생태관광지역 내에 탐방시설을 계획할 때 고려할 사항으로 옳지 않은 것은?

① 자연환경 보호를 위해 과도하지 않은 규모의 시설이 되도록 한다.
② 탐방로의 기·종점이나 휴게지점에서의 보행시간을 고려하여 휴게공간을 적절히 배치한다.
③ 생태관광지역 내 주요 생물상 서식지역을 포함하여 자연의 동·식물을 관찰할 수 있도록 한다.
④ 탐방시설 중 다리를 설치할 때는 안전성, 편리성과 동시에 자연환경의 손상을 최소화한다.

60. 서식처 복원 시 목표종과 함께 도입할 종을 연결한 것으로 옳지 않은 것은?

① 도롱뇽 - 수련 ② 반딧불이 - 다슬기
③ 잠자리 - 애기부들 ④ 피라미 - 초피나무

## 제4과목 생태복원 사후관리·평가

61. 생물다양성 보전 및 이용에 관한 법규상 생태계 교란 생물이 아닌 것은?

① 뉴트리아(*Myocastor coypus*)
② 비바리뱀(*Sibynophis chinensis*)
③ 황소개구리(*Lithobates catesbeianus*)
④ 파랑볼우럭(블루길)(*Lepomis macrochirus*)

해 ② 멸종위기 야생생물 Ⅰ급
·생태계교란 생물에는 ①③④ 외에 큰입배스, 꽃매미, 돼지풀, 서양등골나물, 도깨비가지, 애기수영, 가시박 등이 있다.

62. 자연환경보전법상 생태·자연도의 등급 구분 중 별도관리지역에 대한 설명으로 옳은 것은?

① 생물의 지리적 분포한계에 위치하는 생태계 지역 또는 주요 식생의 유형을 대표하는 지역
② 장차 보전의 가치가 있는 지역 또는 1등급 권역의 외부지역으로서 1등급 권역의 보호를 위하여 필요한 지역
③ 「야생생물 보호 및 관리에 관한 법률」에 따른 멸종위기 야생생물의 주된 서식지·도래지 및 주요 생태축 또는 주요 생태통로가 되는 지역
④ 다른 법률의 규정에 의하여 보전되는 지역 중 역사적·문화적·경관적 가치가 있는 지역이거나 도시의 녹지보전 등을 위하여 관리되고 있는 지역으로서 대통령령으로 정하는 지역

63. 국토의 계획 및 이용에 관한 법률상 특별시·광역시·특별자치시·특별자치도의 도시 · 군기본계획의 확정에 관한 설명 중 옳지 않은 것은?

① 특별시장·광역시장·특별자치시장 또는 특별자치도지사는 도시·군기본계획을 수립하거나 변경한 경우에는 관계 행정기관의 장에게 관계 서류를 송부하여야 한다.
② 협의 요청을 받은 관계 행정기관의 장은 특별한 사유가 없으면 그 요청을 받은 날로부터 30일 이내에 특별시장·광역시장·특별자치시장 또는 특별자치도지사에게 의견을 제시하여야 한다.
③ 특별시장·광역시장·특별자치시장 또는 특별자치도지사는 도시·군기본계획을 수립·변경한 경우에는 대통령령으로 정하는 바에 따라 그 계획을 공고하고 일반인이 열람할 수 있도록 하여야 한다.

정답 ➜ 57. ③ 58. ① 59. ③ 60. ④ 61. ② 62. ④ 63. ④

④ 특별시장·광역시장·특별자치시장 또는 특별자치도지사는 도시·군기본계획을 수립 또는 변경하고자 하는 때에는 관계 행정기관의 장과 협의한다면 별도의 지방도시계획위원회의 심의를 생략할 수 있다.

해 ④ 특별시장 · 광역시장 · 특별자치시장 또는 특별자치도지사는 도시 · 군기본계획을 수립하거나 변경하려면 관계 행정기관의 장(국토교통부장관을 포함한다)과 협의한 후 지방도시계획위원회의 심의를 거쳐야 한다.

64. 다음에서 설명하는 생태복원 사업의 시공 후 관리방법은?

| 실험적 관리라고도 부르며, 생태복원 후 계속해서 변하는 생태계에 대한 불확실성을 감소시키기 위해 생태계 형성 과정에 대한 모니터링을 지속적으로 시행해 그 결과에 따라 관리방법을 최적화하는 방식으로, 인위적인 교란을 원천적으로 방지한다. |
|---|

① 순응관리 ② 운영관리
③ 적용관리 ④ 하자관리

65. 국토의 계획 및 이용에 관한 법률상 다음과 같은 사항을 내용으로 하여 수립하는 계획은?

- 대통령령으로 정하는 기반시설의 배치와 규모
- 건축물의 용도제한·건축물의 건폐율 또는 용적률·건축물의 높이의 최고한도 또는 최저한도
- 도로로 둘러싸인 일단의 지역 또는 계획적인 개발·정비를 위하여 구획된 일단의 토지의 규모와 조성계획
- 건축물의 배치·형태·색채 또는 건축선에 관한 계획

① 개발기본계획 ② 광역도시계획
③ 성장관리계획 ④ 지구단위계획

66. 자연환경보전법규상 환경부장관의 승인을 받아 생태계보전부담금의 반환을 받을 수 있는 사업으로 옳지 않은 것은? (단, 생태계보전부담금의 부과대상 사업의 일부로서 추진되는 사업이 아니다.)

① 소생태계 조성사업
② 생태통로 조성사업
③ 생태학습 전문학원 조성사업
④ 자연환경보전·이용시설의 설치사업

67. 자연공원법규상 자연공원의 구분에 해당하지 않은 것은?

① 국립공원 ② 군립공원
③ 도립공원 ④ 도시자연공원

해 ④ 도시자연공원구역 : 도시의 자연환경 및 경관을 보호하고 도시민에게 건전한 여가 · 휴식공간을 제공하기 위하여 도시지역 안에서 식생이 양호한 산지의 개발을 제한할 필요가 있다고 인정되는 구역

68. 자연환경보전법규상 용어의 정의로 옳지 않은 것은?

① "자연유보지역"이라 함은 멸종위기 야생동·식물의 서식처로서 중요하거나 생물다양성이 풍부하여 특별히 보전할 가치가 큰 지역을 말한다.
② "소(小)생태계"라 함은 생물다양성을 높이고 야생동·식물의 서식지간의 이동가능성 등 생태계의 연속성을 높이거나 특정한 생물종의 서식조건을 개선하기 위하여 조성하는 생물서식공간을 말한다.
③ "생물다양성"이라 함은 육상생태계 및 수생생태계(해양생태계를 제외한다)와 이들의 복합생태계를 포함하는 모든 원천에서 발생한 생물체의 다양성을 말하며, 종내·종간 및 생태계의 다양성을 포함한다.
④ "생태·자연도"라 함은 산·하천·내륙습지·호소(湖沼)·농지·도시 등에 대하여 자연환경을 생태적 가치, 자연성, 경관적 가치 등에 따라 등급화하여 법규정에 의하여 작성된 지도를 말한다.

해 ① "자연유보지역"이라 함은 사람의 접근이 사실상 불가능하여 생태계의 훼손이 방지되고 있는 지역 중 군사상의 목적으로 이용되는 외에는 특별한 용도로 사용되지 아니하는 무인도로서 대통령령이 정하는 지역과 관할권이 대한민국에 속하는 날부터 2년간의 비무장지대를 말한다.

69. 도로 비탈면의 식생복원 효과가 아닌 것은?

① 표토의 침식방지 ② 사면붕괴 위험 증진
③ 유전적 격리의 해소 ④ 서식권의 연속성 확보



정답 ➔ 64. ① 65. ④ 66. ③ 67. ④ 68. ① 69. ②

70. 야생생물 보호 및 관리에 관한 법규상 멸종위기 야생생물 II급에 해당하는 것은?

① 만년콩 ② 한라솜다리
③ 단양쑥부쟁이 ④ 털복주머니란

해 ①②④ 멸종위기 야생생물 I급

71. 생태복원사업의 모니터링 계획 수립 과정을 순서대로 배열한 것은?

| ㉠ 모니터링 예산 수립 | ㉡ 모니터링 방법 |
|---|---|
| ㉢ 모니터링 목표 수립 | ㉣ 대상지 사업계획 검토 |

① ㉠→㉡→㉢→㉣
② ㉠→㉢→㉣→㉡
③ ㉣→㉠→㉢→㉡
④ ㉣→㉢→㉡→㉠

72. 국토환경성평가지도의 법제적 평가 항목 중 자연환경 부문에 해당하는 것은?

① 상수원보호구역
② 생태경관보전지역
③ 자연환경보전지역
④ 산림유전자원보호구역

해 ① 물환경부문, ③④ 기타환경부문

73. 독도 등 도서지역의 생태계 보전에 관한 특별법규상 특정도서로 지정할 수 없는 것은?

① 자연생태계 등의 보전을 위하여 해양수산부장관이 추천하는 도서
② 지형 또는 지질이 특이하여 학술적 연구 또는 보전이 필요한 도서
③ 화산, 기생화산(寄生火山), 계곡, 하천, 호소, 폭포, 해안, 연안, 용암동굴 등 자연경관이 뛰어난 도서
④ 수자원(水資源), 화석, 희귀 동식물, 멸종위기 동식물, 그 밖에 우리나라 고유 생물종의 보존을 위하여 필요한 도서

74. 생태복원 사업의 유지관리 항목 중 정기적 유지관리 항목이 아닌 것은?

① 서식지 및 시설물 관리
② 교목·관목·초화류 생육 상태 확인
③ 토양환경, 수환경 등의 안정성 확인
④ 장마, 홍수, 가뭄, 태풍 등이 발생한 경우 시설물의 훼손 상태

75. 모니터링 계획 수립 시, 대상지 사업계획에 대한 전반적인 검토를 위한 사업목표와 전략에 관한 설명으로 옳지 않은 것은?

① 일반적으로 대상지의 사업목표는 복원사업의 다양한 유형인 복원, 복구, 개선, 창출 등과 같이 목적을 갖게 된다.
② 대상지의 마스터플랜(기본계획안)을 통해 대상지 내 분야별 계획을 파악한 후 전체와 공간별 계획을 파악한다.
③ 목적 달성을 위한 전략은 대상지의 생태기반환경을 복원하고, 생물종 서식을 유도하는 등 세부적으로 분야를 나누어 추진하여야 한다.
④ 대상지의 사업목표와 전략을 파악하여 사업유형과 기본방향을 이해하고, 목적을 달성할 수 있도록 단계별 또는 분야별 전략을 구상해야 한다.

해 ② 대상지의 기본계획도를 통해 대상지 전체의 계획을 이해하고, 세부적으로 분야별 계획을 파악한다.

76. 자연환경보전법상 생태 · 경관보전지역의 구분에 속하지 않는 것은?

① 생태·경관관리보전지역
② 생태·경관완충보전지역
③ 생태·경관전이보전지역
④ 생태·경관핵심보전지역

77. 도시지역에서 잠자리의 서식환경을 위하여 연못을 만들어 관리할 때의 유의사항으로 옳지 않은 것은?

① 배수량의 조절은 한 번에 물을 빼는 것을 피하고, 1/3 정도로 나누어 교체한다.
② 간이 잠자리 유치 수조 등에 물을 보급할 때에는 1/4~1/3 정도의 수돗물을 사용해도 된다.
③ 인공연못이나 간이 잠자리 유치 수조에서는 안

정적인 물의 공급을 위해 물 교체 횟수를 최대한으로 늘린다.

④ 연못 바닥의 모래뻘, 낙엽 등은 유충의 거처나 먹이의 발생원이기 때문에 가능한 한 남기도록 한다.

해 ③ 인공연못이나 간이 잠자리 유치 수조에서는 물 교체 횟수를 늘리는 것은 유충의 유실 등이 생기므로 바람직하지 않다.

**78. 국토의 계획 및 이용에 관한 법률상 용도지구의 지정에 관한 설명으로 옳지 않은 것은?**

① 경관제한지구 : 풍수해, 산사태, 지반의 붕괴, 그 밖의 재해를 예방하고 시설경관을 보호, 형성하기 위하여 필요한 지구

② 취락지구 : 녹지지역·관리지역·농림지역·자연환경보전지역·개발제한구역 또는 도시자연공원구역의 취락을 정비하기 위한 지구

③ 보호지구 : 문화재, 중요 시설물(항만, 공항 등 대통령령으로 정하는 시설물을 말한다) 및 문화적·생태적으로 보존가치가 큰 지역의 보호와 보존을 위하여 필요한 지구

④ 특정용도제한지구 : 주거 및 교육 환경 보호나 청소년 보호 등의 목적으로 오염물질 배출시설, 청소년 유해시설 등 특정시설의 입지를 제한할 필요가 있는 지구

해 ① 방재지구 : 풍수해, 산사태, 지반의 붕괴, 그 밖의 재해를 예방하기 위하여 필요한 지구

**79. 수질개선 및 생태복원을 위한 생태하천 복원사업의 추진방향으로 옳지 않은 것은?**

① 수생태계 조사·평가를 바탕으로 하천특성에 맞는 복원 목표를 설정하여야 한다.

② 어류 등 생물의 서식기능을 높이기 위해 하천의 저수로를 고착화하기 위한 방안을 마련해야 한다.

③ 수질오염원인을 제거하고 풍부한 물 공급을 위해 하상여과, 식생수료 등 건전한 물순환 체계를 구축하여야 한다.

④ 하천 주변의 자연환경까지 연계한 횡적네트워크와 발원지에서 하구까지 연계한 종적 네트워크를 연결하기 위한 방향으로 추진한다.

**80. 환경정책기본법규상 수질 및 수생태계 기준 중 하천에서 사람의 건강보호 기준으로 옳지 않은 것은? (단, 단위는 mg/L 이다.)**

① 납(Pb) : 0.02 이하

② 사염화탄소 : 0.004 이하

③ 음이온 계면활성제(ABS) : 0.5 이하

④ 테트라클로로에틸렌(PCE) : 0.04 이하

해 ① 납(Pb) : 0.05 이하



정답 → 78. ① 79. ② 80. ①

# ❖ 2022년 자연생태복원기사 제 2 회

2022년 4월 24일 시행

## 제1과목 생태환경조사분석

01. 생태적 피라미드 중 역피라미드 구조의 형태가 생기지 않는 것은?

① 개체수 피라미드 ② 생체량 피라미드
③ 에너지 피라미드 ④ 생산력 피라미드

해 ③ 에너지는 상위단계로 올라가면서 손실이 일어나기 때문에 역피라미드가 생기지 않는다.

02. 오덤(Odum)의 표에 따라 개척단계에서 성숙단계로 천이가 진행될 때, 식생의 특성변화에 대한 설명으로 옳지 않은 것은?

① 종의 다양성이 낮아진다.
② 유기물의 양이 많아진다.
③ 생물체의 크기가 상대적으로 커진다.
④ 생활사(life cycle)가 길고 복잡해진다.

03. 개체군의 상호작용과 경쟁적 배제의 원리에 관한 설명으로 옳지 않은 것은?

① 가우스(Gause)의 원리라고도 한다.
② 두 개체군 사이에 생태적 지위가 중복될 수 없다는 원리를 말한다.
③ 양족 개체군에 이익을 주지만 그 관계에는 구속성이 없다는 원리를 말한다.
④ 결과적으로 격렬한 경쟁은 생태적 지위가 어느 정도 중복되었을 때 발생한다.

해 ③ 상호작용 중 원시협동에 대한 내용이다. ㄷ3

04. 식생패치의 일반적인 기원 또는 원인이 아닌 것은?

① 간섭패치 ② 도입패치
③ 서식패치 ④ 잔여패치

해 식생패치의 유형 : 잔여패치, 도입패치, 간섭(교란)패치, 환경자원패치, 재생패치

05. 도시의 생물다양성 보전을 위해 고려해야 할 사항으로 옳지 않은 것은?

① 미래의 생물 서식환경과 종의 생존을 위해 넓은 범위의 대책이 필요하다.
② 종의 분산이나 이동을 유지하기 위해 상호연결된 서식공간의 네트워크가 필요하다.
③ 종의 장기적인 생존을 위해 개개의 생물종 보전대책을 최우선적으로 고려해야 한다.
④ 서식지 규모의 축소와 단편화를 방지하기 위해 서식환경 전체를 양호하게 유지해야 한다.

06. 리비히의 최소량의 법칙에 관한 설명으로 옳지 않은 것은?

① 제한요인이란 필요원소 또는 양분 중에서 가장 다량으로 존재하는 요소를 말한다.
② 원소 또는 양분 중에서 가장 소량으로 존재하는 것이 식물의 생육을 지배한다.
③ 식물에는 필요원소 또는 양분 각각에 대해 그 생육에 필요한 최소한의 양이 있다.
④ 만일 어떤 원소가 최소량 이하이면 다른 원소가 아무리 많아도 생육에 지장이 있다.

07. 생태적 천이에 나타나는 특성으로 옳지 않은 것은?

① 성숙단계로 갈수록 순군집생산량이 낮다.
② 성숙단계로 갈수록 생물체의 크기가 크다.
③ 성숙단계로 갈수록 생활사이클이 길고 복잡하다.
④ 성숙단계로 갈수록 생태적 지위의 특수화가 넓다.

해 ④ 성숙단계로 갈수록 군집구조가 복잡해지므로 생태적 지위의 범위가 좁아진다.

08. 산림성 조류의 길드에 관한 설명으로 옳지 않은 것은?

① 수관층 영소 길드 : 수관층을 둥지로 이용하는 종류
② 수동 영속 길드 : 나무 구멍을 둥지로 이용하는 종류
③ 관목층 영소 길드 : 지면, 덩굴수목 등에 둥지를 짓는 종류
④ 임연부 영소 길드 : 숲의 내부 공간을 둥지나 자원으로 이용하는 종류

정답 ➜ 01. ③ 02. ① 03. ③ 04. ③ 05. ③ 06. ① 07. ④ 08. ④

해 ④ 임연부란 숲의 가장자리를 말한다.

09. 고립된 섬의 생물종에 관한 설명으로 옳지 않은 것은?

① 섬의 크기가 클수록 생물종의 멸종률은 낮다.
② 섬과 육지의 거리가 멀수록 생물종의 이입률은 낮다.
③ 섬의 크기와 육지와의 거리는 섬에 출현하는 생물종 수를 결정한다.
④ 섬의 저지대 생물종은 고지대 생물종에 비해 출현종 수가 적다.

10. 오염물질의 단위에 관한 설명으로 옳은 것은?

① ppm : 십만분의 1에 해당되는 농도, $mg \cdot \ell^{-1}$, $mg \cdot kg^{-1}$, $mg \cdot g^{-1}$과 동일
② ppb : 십억분의 1에 해당되는 농도, $ng \cdot g^{-1}$, $\mu g \cdot kg^{-1}$, $\mu g \cdot \ell^{-1}$, $mg \cdot m^{-3}$과 동일
③ ppt : 십억분의 1에 해당되는 농도, $pg \cdot g^{-1}$, $ng \cdot kg^{-1}$, $ng \cdot \ell^{-1}$, $\mu g \cdot m^{-3}$과 동일
④ ppt : 1조분의 1에 해당되는 농도, $ng \cdot g^{-1}$, $\mu g \cdot kg^{-1}$, $\mu g \cdot \ell^{-1}$, $mg \cdot m^{-3}$과 동일

11. 인간의 간섭정도에 따라 생태계를 구분할 때, 종류가 다른 하나는?

① 삼림생태계 ② 하천생태계
③ 호소생태계 ④ 경작지생태계

12. 비오톱의 개념에 관한 설명으로 옳지 않은 것은?

① 비오톱은 보존가치가 높고 보해해야 하는 서식공간에 제한적으로 사용되는 용어이다.
② 비오톱의 어원은 독일어의 biotop으로, 생명을 뜻하는 bio와 장소를 뜻하는 top이 합쳐진 것에서 유래된 것이다.
③ 비오톱은 경관생태학적으로 주변 공간과 분명한 경계를 가지고 구분할 수 있으며, 그 구분에 재현성이 있도록 한 토지의 구획이다.
④ 비오톱 중 면(面)적인 넓이를 가지며 정도의 차는 있더라도 균일성이 높은 대면적을 가지는 것에는 초원, 삼림, 경작지, 넓은 수면 등이 있다.

13. 서식처에 관한 설명으로 옳지 않은 것은?

① 서식처의 중요 구성요소에는 먹이, 은신처, 물, 공간 등이 있다.
② James H. Shaw는 은신처를 서식처의 가장 분명한 구성요소로 보았다.
③ 서식처 예비판정은 현지에 나가기 전에 실내에서 지형도 등을 이용하여 서식처의 유형을 판정하는 것이다.
④ 서식처 조사의 일반적인 과정은 대상지역선정, 서식처 유형 분류, 서식처 유형별 조사, 서식처 유형 도면화의 순서로 이루어진다.

14. 생태계의 구성요소 중 생물적 요소가 아닌 것은?

① 분해자 ② 생산자
③ 소비자 ④ 영양적 지위

15. 생태 기능의 원리에 관한 설명으로 옳은 것은?

① 에너지는 전이과정에서 유용한 형태로만 변형된다.
② 물질은 순환하지만, 에너지는 한 방향으로 흐른다.
③ 야생생물 중 동물종은 한 서식처에서 다른 서식처로 이동하지만, 식물은 이동하지 않는다.
④ 물질은 전이과정에서 다른 형태로 변형될 뿐 생성되거나 소멸되지 않지만, 에너지는 전이과정에서 생성과 소멸을 반복한다.

16. 경관의 구조에 관한 설명으로 옳은 것은?

① 자연적으로 만들어진 주연부는 대부분 곡선이며, 복잡하고 부드럽다.
② 패치가 작고 격리도가 증가할수록 인간의 간섭이 적은 생태계이다.
③ 일반적으로 패치 크기가 작을수록 다양한 비오톱을 갖고, 종 다양성이 높아진다.
④ 주연부에서의 변화 정도가 클수록 두 생태계 사이를 이동하는 에너지와 물질이 많아진다.

17. 식물종자에 의한 유전자 이동의 방법 중 동물에 의한 산포방법이 아닌 것은?



정답 ➔ 09. ④ 10. ② 11. ④ 12. ① 13. ② 14. ④ 15. ② 16. ① 17. ①

① 기계형 산포　　② 부착형 산포
③ 피식형 산포　　④ 저식형 산포

18. 생물다양성 협약의 목적으로 가장 적절하지 않은 것은?

① 유전자원 및 자연서식처 보호를 위한 전략
② 생물다양성 보전과 지속적 이용을 위한 정책
③ 생태계 내에서 생물종 다양성의 역할과 보존에 관한 기술 개발
④ 생물공학에 의해 변형된 생명체의 안전한 개발을 위한 지속적 지원

해 생물다양성협약(CBD)은 생물다양성의 보전, 생물자원의 지속가능한 이용, 생물자원을 이용하여 얻어지는 이익을 공정하고 공평하게 분배할 것을 목적으로 한다.

19. 하천의 차수를 나타낸 다음 그림에서 ㄱ, ㄴ, ㄷ으로 표시된 하천의 차수를 순서대로 나열한 것은?

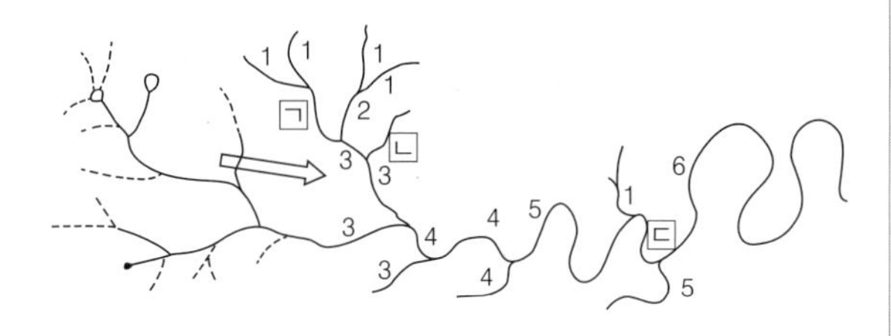


① ㄱ: 1, ㄴ: 1, ㄷ: 6
② ㄱ: 2, ㄴ: 1, ㄷ: 5
③ ㄱ: 2, ㄴ: 3, ㄷ: 5
④ ㄱ: 2, ㄴ: 3, ㄷ: 6

20. 다음 ( ) 에 들어갈 용어는?

( )은(는) 적도 인근의 고온다습한 기후에 발달한 식생대를 일컫는 말이다.

① 툰드라　　② 열대우림
③ 온대 낙엽수림　　④ 북방 침엽수림

해 열대우림(tropical rain forest)은 적도 부근 남북위 각각 5~6° 또는 10°에 가까운 지역으로 연평균기온은 17℃ 이상의 고온다습한 기후대를 형성하는 지역을 말한다.

## 제2과목 생태복원계획

21. 다음에서 설명하는 토양오염 복원 공법은?

포화 토양층(대수층)에 산소 및 영양분을 공급하여 토착미생물의 활성도를 증가시켜 오염물질을 생분해하는 원위치 정화기술

① 토양경작법(landfarming)
② 바이오스파징(bio-sparging)
③ 식물정화공법(phytoremediation)
④ 자연저감법(natural attenuation)

22. 야생 조류(bird)의 생태적 특징으로 옳지 않은 것은?

① 조류는 대체로 주행성과 야행성으로 나눠진다.
② 조류가 다양하게 서식하면 안정적인 먹이사슬이 형성된다.
③ 조류는 행동권이 연중 일정한 종도 있고, 계절에 따라 바뀌는 종도 있다.
④ 조류는 인간의 간섭에 민감하지 않으며, 비교적 넓은 서식처를 요구한다.

23. 환경포텐셜에 대한 설명으로 옳지 않은 것은?

① 복원잠재력을 의미한다.
② 환경의 생태수용력을 의미한다.
③ 시간이 지나면서 천이의 진행에 영향을 주기도 한다.
④ 특정 장소에서 종의 서식이나 생태계 성립의 잠재적 가능성을 나타내는 개념이다.

24. 다음 비탈면의 백분율법에 의한 경사도는?

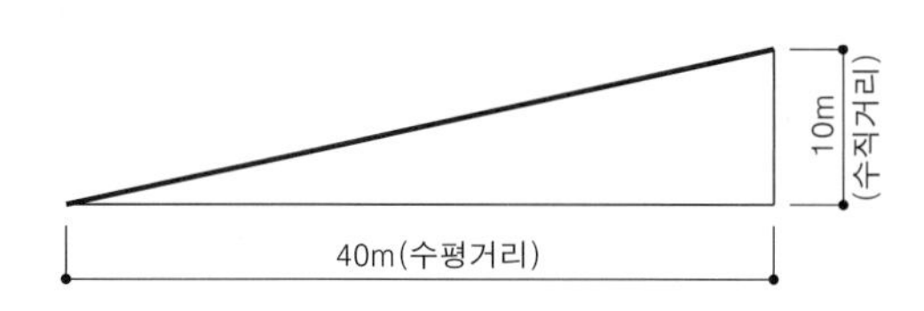


① 10%　　② 20%
③ 25%　　④ 40%

해 $경사도(\%) = \frac{수직거리}{수평거리} \times 100 = \frac{10}{40} \times 100 = 20(\%)$

25. 동물의 이동에 대한 예측과 저감대책 수립 시 도움이 되는 경관생태학적 요소는?

정답 → 18. ④　19. ②　20. ②　21. ②　22. ④　23. ②　24. ③　25. ④

① 바탕 ② 변화
③ 패치 ④ 통로

26. 제5차 국가환경종합계획상 국토환경관리의 기본원칙으로 옳은 것은?

① 기후변화 촉진의 원칙
② 그린인프라 감소의 원칙
③ 오염배출원 증가의 원칙
④ 국토생태축의 보전적 관리 원칙

27. 하천유역의 면적 · 지형 등 하천유역의 특성에 따라 수계영향권을 구분할 때, 대권역별 수질 및 수생태계 보전을 위한 기본계획은 몇 년마다 수립되어야 하는가?

① 3년 ② 5년
③ 10년 ④ 20년

28. 환경해설 방식 중 안내자 방식의 장점이 아닌 것은?

① 대상자와 직접 대화 및 토론이 가능
② 일정 프로그램의 도입 및 변경이 용이
③ 특별한 해설 인력 및 조직 없이 시행이 용이
④ 대상자의 연령, 학력 등 특성별 해설 수준 선택이 용이

29. 환경영향평가 등의 기본원칙에 대한 설명으로 옳지 않은 것은?

① 계획 또는 사업이 특정 지역에 편중되는 누적영향을 고려하지 않는다.
② 보전과 개발이 조화와 균형을 이루는 지속가능한 발전이 되도록 하여야 한다.
③ 결과는 지역주민 및 의사결정권자가 이해할 수 있도록 간결하고 평이하게 작성되어야 한다.
④ 대상이 되는 계획 또는 사업에 대하여 충분한 정보 제공 등을 함으로써 환경영향평가 등의 과정에 주민 등이 원활하게 참여할 수 있도록 노력하여야 한다.

30. 자연환경보전기본계획에 대한 설명으로 옳지 않은 것은?

① 환경부장관이 10년마다 시·도지사와 협의하여 계획을 수립한다.
② 자연환경보전계획은 국가환경종합계획의 자연환경보전분야 상위계획이다.
③ 시·도지사는 자연환경보전기본방침에 따른 추진방침 또는 실천계획을 수립하여야 한다.
④ 자연환경보전기본원칙 및 자연환경보전기본방침의 달성을 위한 실천계획이다.

해 ② 자연환경보전계획은 국가환경종합계획 중 자연환경보전분야의 하위계획이며, 우리나라 자연환경분야 최상위 종합계획이다.

31. 지구온난화의 영향에 관한 설명으로 옳지 않은 것은?

① 해수면의 상승
② 동식물 종의 다양성 증대
③ 개발도상국의 농업생산력 저하
④ 세계적인 기상이변의 빈도 증가

32. 생태복원을 위한 공간구획 및 동선 계획 시 고려할 사항으로 옳지 않은 것은?

① 동선은 최대한으로 조성하는 것이 바람직하다.
② 공간구획은 핵심지역, 완충지역, 전이지역으로 구분한다.
③ 목표종이 서식해야 하는 지역은 핵심지역으로 설정한다.
④ 자연적인 공간과 인공적인 공간은 격리형 혹은 융합형으로 조정한다.

해 ① 동선은 서식지를 단절시킬 수 있으므로 최소한으로 조성하는 것이 바람직하다.

33. 내륙형 습지 중 소택형 습지에 대한 설명으로 옳지 않은 것은?

① 지형학적으로 침하되었거나 댐이 건설된 강수로에 위치한 습지
② 왕성한 파도의 작용 혹은 하상이 바위로 된 해안선의 특징이 빈약한 습지
③ 면적 8ha 이하, 저수위 시 유역의 가장 깊은 곳이 2m 이하이며, 염분 농도가 0.5% 이하인 습지
④ 교목, 관목, 수생식물, 이끼류, 지의류에 의해 우점되는 습지와 염도가 0.5% 이하인 조수영향 지역에서 나타나는 모든 습지


정답 ➔ 26. ④ 27. ③ 28. ③ 29. ① 30. ② 31. ② 32. ① 33. ①

34. 생태통로에 대한 설명으로 옳지 않은 것은?

① 종 풍부도와 다양성을 증가시킨다.
② 큰 교란에 대한 피신처를 제공한다.
③ 서식처 파편화를 완화하여 다양한 서식처의 접근성을 증가시킨다.
④ 야생생물의 안전을 위해 진입부와 내부가 시각적으로 완전히 채워지도록 식재한다.

35. 대상지 내(on-site) 방법을 통한 대체습지 조성에 관한 설명으로 옳지 않은 것은?

① 훼손되는 습지가 가진 기능을 유지하기 위한 방법이다.
② 동일 유역(watershed) 내에 대체습지를 조성하는 방법이다.
③ 대체습지의 면적은 기존 습지 면적의 70% 이상 확보하는 것이 적절하다.
④ 대상지 외(off-site) 방법에 비해 상실한 습지 기능의 회복이 더 용이하다.

해 ③ 대체습지의 면적은 기존 습지 면적 이상만큼 확보하는 것이 적절하다.

36. 제5차 국가환경종합계획의 환경관리 7대 핵심전략이 아닌 것은?

① 미세먼지 등 환경위해로부터 국민건강 보호
② 지역별 특성을 고려한 고품질 환경서비스 제공
③ 기후환경 위기에 대비된 저탄소 안심사회 조성
④ 생태계 지속 가능성과 삶의 질 제고를 위한 생태용량 확대

해 ①③④ 외의 내용
- 사람과 자연의 지속가능한 공존을 위한 물 통합관리
- 모두를 포용하는 환경정책으로 환경정의 실현
- 산업의 녹색화와 혁신적 R&D를 통해 녹색순환경제 실현
- 지구환경보전을 선도하는 한반도 환경공동체 구현

37. 환경파괴에 의한 피해나 환경보전에 의한 편익의 경제적인 가치를 평가하는 방법이 아닌 것은?

① 속성가격에 의한 추정
② 여행비용에 의한 추정
③ 지불용의액에 의한 추정
④ 환경용량가치에 의한 추정

38. 습지의 구조적 유형 중 생물다양성이 높고, 갈대나 부들과 같은 정수식물이 우점인 것은?

① 늪(marsh)
② 산성 습원(bog)
③ 알칼리성 습원(fen)
④ 수변습지(riparian wetland)

해 늪(Marshe) : 호소의 주변이나 하천의 범람으로 인해 발생하며 영양물질의 유입으로 이탄의 발달이 억제되고 갈대, 부들 등의 벼과 식물과 사초과 식물이 우점한다.

39. UNESCO MAB의 핵심지역에 도입할 수 있는 자연환경보전 · 이용시설은?

① 전시관　② 관찰로
③ 생태학교　④ 생태놀이터

40. 한랭한 고산지역에서 긴 시간 동안 식물의 생육, 고사, 퇴적이 반복되면서 토양이 지면보다 높아지는 현상을 무엇이라 하는가?

① 이탄지화(raised bog)
② 건조화(dried wetland)
③ 육화(landed wetland)
④ 천이(ecological succession)

## 제3과목 생태복원설계 · 시공

41. 퇴비의 특성을 나타내는 설명 중 옳지 않은 것은?

① 자연토양에서는 C/N(탄소/질소)비가 10을 전후로 하여 타나난다.
② C/N(탄소/질소)비가 20 이상인 퇴비는 일반적으로 숙성이 잘된 것으로 본다.
③ 퇴비의 숙성도는 C/N(탄소/질소)비 외에도 양이온교환용량으로 나타낼 수 있다.
④ 미숙한 퇴비는 무기태질소가 유기태질소화 되기 때문에 식물의 질소흡수가 저해된다.

42. 원가관리의 저해요인이 아닌 것은?

① 선급금의 미지급

정답 ➔ 34. ④ 35. ③ 36. ② 37. ④ 38. ① 39. ② 40. ① 41. ② 42. ①

② 작업대기시간의 과다
③ 물가 등 시장정보 부족
④ 부실시공에 따른 재시공작업 발생

43. 녹화(revegetation)를 설명하는 것 중 옳지 않은 것은?

① 사막화된 지역에서 녹지를 재생하는 행위
② 식물의 생육이 불가능한 환경조건을 개선하는 행위
③ 경관이 우수한 지역의 녹지를 개발하는 행위
④ 훼손지 또는 민둥산 표면을 식물에 의해서 식재 피복하는 행위

44. 양서류의 대체 서식처를 계획할 때, 다음 중 생활권이 가장 작은 것은?

① 두꺼비　　② 맹꽁이
③ 산개구리　　④ 아무루산 개구리

45. 식물의 생활사 중 개화와 종자생산에 의한 번식, 구근에 의한 영양번식을 함으로써 차세대를 생산하는 시기는?

① 과숙기　　② 생육기
③ 성숙기　　④ 실생기

46. 구형분할법을 이용하여 계산한 다음 지역의 체적($m^3$)은? (단, 정사각형의 한 변의 길이는 1m이다.)

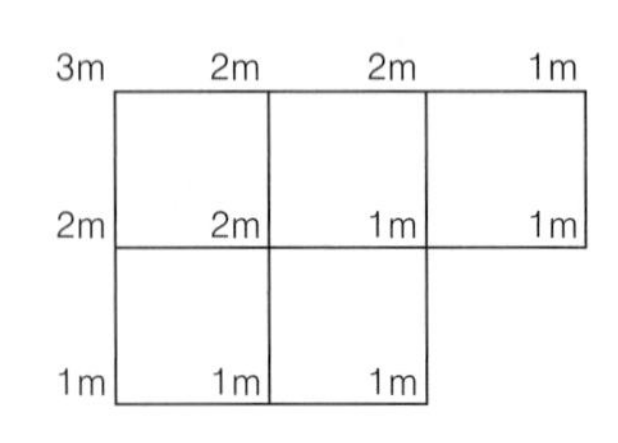


① $4m^3$　　② $5m^3$
③ $6m^3$　　④ $8m^3$

해 $\Sigma h1=3+1+1+1+1=7(m)$
$\Sigma h2=2+2+2+1=7(m)$
$\Sigma h3=1m$
$\Sigma h3=2m$
$V=\frac{1}{4}\times(7+2\times7+3\times1+4\times2)=8(m^3)$

47. 수생식물의 분류와 해당하는 생물종으로 옳지 않은 것은?

① 정수식물 : 갈대, 부들
② 침수식물 : 말즘, 검정말
③ 부엽식물 : 물수세미, 어리연꽃
④ 부유식물 : 개구리밥, 생이가래

해 ③ 물수세미는 침수식물이다.

48. 토양층위에 대한 설명으로 옳지 않은 것은?

① A층 : 부식이 풍부하고 입상구조가 발달된 검은색의 층이다.
② B층 : 암석이 어느 정도 풍화된 상태로, 각력(각진자갈)질의 층이다.
③ O층 : 낙엽, 낙지 또는 초본식물의 유체의 퇴적 부식층이다.
④ R층 : 잔적토의 모암층이며, 미풍화된 경질의 연속적 기반암층이다.

49. 비탈면에 목본류를 도입하는 이유가 아닌 것은?

① 비탈면을 안정화한다.
② 초기 피복률을 높여준다.
③ 영구적 자연 조경미를 제공한다.
④ 생태계로 복구하는데 걸리는 시간을 최대한 줄인다.

해 ② 비탈면에 목본류를 도입하는 것은 초기에는 사용이 어려우나 사면안정, 영구적 자연조경미의 제공, 주위 산림생태계의 보호를 위해 도입한다.

50. 생태계 교란종에 해당하는 생물의 예시로 옳지 않은 것은?

① 식물 : 단풍잎돼지풀(Ambrosia trifida)
② 어류 : 큰입배스(Micropterus salmoides)
③ 포유류 : 황소개구리(Rana catebeiana)
④ 곤충류 : 미국선녀벌레(Metcalfa pruinosa)

해 ③ 양서류 : 황소개구리(Rana catebeiana)

51. 야생생물과 인간의 거리에 관한 설명으로 옳지 않은 것은?

① 도피거리 : 사람이 접근함에 따라 도피를 시작


정답 → 43. ③ 44. ② 45. ③ 46. ④ 47. ③ 48. ② 49. ② 50. ③ 51. ④

하는 거리
② 임계거리 : 도주거리와 공격거리 간의 임계반응을 나타내는 거리
③ 회피거리 : 접근하면 수십 cm에서 수 m 정도 걷거나 물러서면서 사람과의 일정한 거리를 유지하는 거리
④ 비간섭거리 : 도주거리를 확보하지 못한 채 대상이 보호거리 안에 들어왔을 때 공격의 성향을 띠는 거리

해 ④ 비간섭거리 : 조류가 인간의 모습을 알아차리면서도 달아나거나 경계의 자세를 취하지 않고 먹이를 계속 먹거나 휴식하는 거리

52. 다음 중 식물의 존재에 가장 큰 영향을 끼치는 인자는?

① 고도와 방위　② 일사와 바람
③ 경사와 적설량　④ 기온과 강수량

53. 분쇄화한 식물발생재의 활용에 대한 설명으로 옳지 않은 것은?

① 식재지에 균일하게 펴서 건조방지, 답압완화, 잡초억제 등의 효과를 얻을 수 있으나 3~5년이 경과되면 토양에 환원된다.
② 분쇄화하여 식재 기반의 토양개량재로 사용할 수 있지만, 양질의 토양개량재가 되기 위해서는 퇴비화하여 사용해야 한다.
③ 공원의 산책로 등의 포장재로 사용하면 경관향상과 보행자의 쾌적성 증대 효과를 기대할 수 있다. 이 경우 분쇄목은 30mm 이하가 적합하다.
④ 분쇄목 자체에 쿠션성이 있기 때문에 놀이기구 주변에 깔아준다. 이 경우 분쇄목은 입경이 100mm 이상인 것이 적합하다.

54. 서식처 도면화(habitat mapping)에 관한 설명으로 옳은 것은?

① 녹지의 등급을 나타낸 도면을 만드는 것
② 동물상의 분포를 나타낸 도면을 만드는 것
③ 자연생태의 등급을 나타낸 도면을 만드는 것
④ 초지, 관목, 덤불림, 교목림, 습지 등 서식처의 유형을 나타낸 도면을 만드는 것

55. 생태환경복원에 관한 설명으로 옳지 않은 것은?

① 훼손되기 이전의 상태로 복원하는 것을 주된 목적으로 한다.
② 조기녹화용 도입종자 위주로 시행하는 것이 가장 바람직하다.
③ 절토비탈면에서 메마른 심토가 노출되는 경우가 많으므로, 산림표토를 모아두었다가 사용하면 효과적이다.
④ 훼손된 식물군락의 복원은 자연 스스로의 회복력을 지니고 있기 때문에 자연의 힘을 도와주는 방향으로 이루어져야 한다.

56. 환경공학적 복원기술과 비교한 생태공학적 복원기술의 특징으로 옳지 않은 것은?

① 태양에너지 등 자연적인 자원을 활용한다.
② begin-of-pipe 식 접근을 통해 문제를 해결한다.
③ 시공간적으로 물체의 변화를 늘려 복원기술 다양성을 증진시킨다.
④ 다른 과정으로 폐기물의 흐름을 유도하기 위해 순환시스템을 이용한다.

57. 습지를 이용한 하수정화처리시스템 중 다음 그림은 어느 종류의 습지인가?

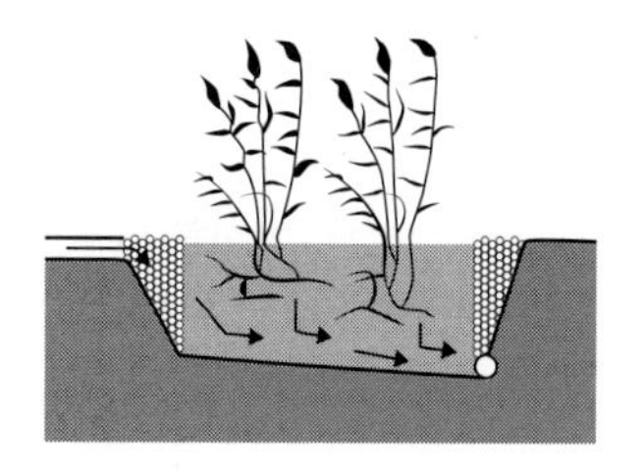

① 수직적 흐름을 이용하는 습지
② 수평적 흐름을 이용하는 습지
③ 지표면에서 수평적 흐름을 이용하는 습지
④ 뿌리 부분에서 수평적 흐름을 만들어 배수를 하는 습지

58. 하천공간 내 관찰시설 설치에 관한 설명으로 옳지 않은 것은?

① 관찰데크와 같은 시설의 안전을 위한 난간 높

정답 ➔ 52. ④　53. ④　54. ④　55. ②　56. ③　57. ①　58. ③

이는 120cm 이상으로 한다.
② 관찰시설은 서식처 보호, 훼손확산 방지를 위한 이용객 동선 유도와 같은 장소에 설치한다.
③ 야생동물이 자주 출현하는 곳에는 야생동물 보호를 위해 관찰시설을 설치하지 않도록 한다.
④ 식물을 주체로 한 관찰 공간의 경우 식물의 길이를 고려하여 데크의 높이를 100cm 미만으로 한다.

59. 다음에서 설명하는 생태복원을 위한 식물재료의 조달 방법은?

| 수목을 근원 가까이에서 벌채하여 뿌리를 포함한 수목 및 둥치를 이식하는 방법으로 맹아성이 있는 수목을 이식할 때 주로 사용된다. |
|---|

① 근주이식　　② 매트이식
③ 소스이식　　④ 표토채취

60. 자연환경보전시설 중 모니터링용 관찰데크 설치에 관한 내용으로 옳지 않은 것은?

① 모니터링을 위한 시설이므로 유지보수의 용이성은 고려하지 않아도 무관하다.
② 습지 및 식생의 관찰을 위해 조성하며, 자연환경 관찰에 있어 국부적으로 적용한다.
③ 물과 접촉하거나, 수생동물을 가까이 관찰하기 위해 수면과의 거리를 30cm 이하로 한다.
④ 목재기초부는 물과 공기를 접하는 가장 부패되기 쉬운 부분이므로 부패방지처리(증기 건조 등)를 해야 한다.

제4과목 **생태복원 사후관리·평가**

61. Ewel(1987)은 생태복원 후 생태적 측면에서 복원의 성공이나 실패를 측정할 수 있는 5가지 기준을 제시하였는데 평가요소와 설명이 잘못된 것은?

① 영양물질 보유 : 영양물질을 얼마나 많이 보유할 수 있는가?
② 침입가능성 : 새로운 군락 구조는 다른 종의 침입에 저항하거나 견딜 수 있는가?
③ 생산성 : 원래의 시스템처럼 새롭게 조성된 것도 같은 생산성을 가질 수 있는가?
④ 지속가능성 : 새롭게 조성된 시스템은 스스로 자기 조절을 할 수 있거나 자신의 체계를 유지하는데 도움을 줄 수 있는가?

해 ① 영양물질 보유 : 영양물질의 순환에 얼마나 효과적인가?
추가) 생물학적상호작용 : 중요한 동식물 종이 출현하는가?

62. 생태계보전지역 지정 지역과 그 특성을 올바르게 연결한 것은?

① 지리산 – 극상 원시림
② 소황사구 – 철새도래지
③ 동강유역 – 붉은박쥐 서식지
④ 무제치늪 – 우리나라 유일의 고층습원

해 ② 소황사구 – 해안사구, 희귀 야생동식물 서식
③ 동강유역 – 지형 · 경관 우수, 희귀 야생동식물 서식
④ 무제치늪 – 산지습지, 희귀야생동식물 서식

63. 도시림에 관한 설명으로 옳지 않은 것은?

① 가로수, 주거지의 나무, 공원수, 그린벨트의 식생 등을 포함한다.
② 큰 나무 밑의 작은 나무와 풀을 제거하여 경관적인 측면을 고려한 관리가 되어야 한다.
③ 조성 목적과 기능 발휘의 측면에서 생활환경형, 경관형, 휴양형, 생태계보전형, 교육형, 방재형 등으로 구분한다.
④ 최근에는 지구온난화와 생물다양성 등의 지구환경문제와 관련하여 환경보존의 기능과 생태적 기능이 강조된다.

해 ② 도시림은 도시지역에서 육상 및 산림생태계로서의 역할을 하는 지역으로 외래종 식재나 인위적인 녹지관리를 지양하고, 천이가 진행될 수 있도록 유도한다.

64. 야생생물의 이동을 고려한 서식지 복원과 관리에 관한 설명으로 옳지 않은 것은?

① 전체적으로 요구되는 자원과 서식처를 파악
② 계절에 필요한 자원과 서식처가 충분한지 고려
③ 단기적이고 단순 이동을 고려한 서식처 보전이 중요
④ 다양한 형태의 이동통로를 파악하고 이동통로


정답 ➔ 59. ① 60. ① 61. ① 62. ① 63. ② 64. ③

가 단절되거나 훼손되지 않도록 관리

65. 개발제한구역의 지정 및 관리에 관한 특별조치법규상 경계표석의 색상은?

① 흰색　② 녹색
③ 회색　④ 검은색

66. 자연환경보전법규상 생태통로의 설치대상지역이 아닌 것은?

① 비무장지대
② 자연공원법에 따른 자연공원
③ 생태·경관보전지역 중 전이보전구역
④ 백두대간보호에 관한 법률에 따른 백두대간보호지역

해 ①②④ 외
- 생태·경관보전지역 중 핵심구역 또는 완충구역, 시·도생태·경관보전지역
- 생태자연도 1등급 권역
- 「야생생물 보호 및 관리에 관한 법률」에 따른 야생생물 특별보호구역 및 야생생물 보호구역

67. 국토기본법상 국토계획에 해당하지 않는 것은?

① 지역계획　② 도종합계획
③ 국토종합계획　④ 지구단위계획

해 ④ 국토의 계획 및 이용에 관한 법률상 도시·군관리계획

68. 자연환경보전법규상 생태계보전부담금의 단위면적당 부과금액 기준은? (단, 지역계수는 1이고, 감면액은 고려하지 않는다.)

① 100원　② 200원
③ 300원　④ 400원

69. 생태복원사업 모니터링 항목 중 필수조사 항목으로만 구성되지 않은 것은?

① 지형변화, 특별종 출현 여부
② 식생구조, 전 식생 출현 종 수
③ 유입 및 유출부, 하안 및 하상
④ 식생 생육생태, 이용시설 안전성 및 관리상태

70. 독도 등 도서지역에 생태계 보전에 관한 특별법상 특정도서에서 입목·대나무의 벌채 또는 훼손한 자에 대한 벌칙기준으로 옳은 것은? (단, 군사·항해·조난구호 행위 등 행위제한 제외사항이 아닐 경우)

① 6개월 이하의 징역 또는 5백만원 이하의 벌금
② 1년 이하의 징역 또는 1천만원 이하의 벌금
③ 3년 이하의 징역 또는 3천만원 이하의 벌금
④ 5년 이하의 징역 또는 5천만원 이하의 벌금

71. 생태복원 사업 후 모니터링과 유지관리의 범위에 관한 설명으로 옳지 않은 것은?

① 유지관리는 사업 완료 후 지속적으로 수행되어야 한다.
② 사업 후 모니터링은 사업 완료 후 사업목표 달성 여부를 판단하기 위해 4년간 실시한다.
③ 유지관리는 모니터링 결과를 반영하여 사업의 효과, 목표 달성 등 사업의 지속가능성 확보를 위하여 수행된다.
④ 사업 후 모니터링은 복원 목표의 달성 여부, 목표종 서식 여부, 식생의 생육상태, 이용에 의한 영향 등을 모니터링한다.

72. 백두대간 보호에 관한 법률상 백두대간 보호지역을 구분한 내용으로만 올바르게 나열된 것은?

① 핵심구역, 완충구역
② 핵심구역, 전이구역
③ 핵심구역, 완충구역, 전이구역
④ 핵심구역, 완충구역, 전이구역, 관찰구역

73. 자연환경보전법규상 위임 업무 보고사항 중 생태마을의 지정 및 해제 실적의 보고 횟수 기준은?

① 지정 : 연 1회, 해제 : 수시
② 지정 : 연 1회, 해제 : 연 2회
③ 지정 : 연 4회, 해제 : 수시
④ 지정 : 연 4회, 해제 : 연 2회

74. 야생생물 보호 및 관리에 관한 법상 덫, 창애, 올무 또는 그 밖에 야생동물을 포획하는 도구를 제작·판매·소지한 자에 대한 벌칙기준으로 옳은 것은? (단, 환경

정답 ➜ 65. ② 66. ③ 67. ④ 68. ③ 69. ② 70. ④ 71. ② 72. ① 73. ① 74. ①

부령으로 정하는 경우는 제외한다.)

① 1년 이하의 징역 또는 1천만원 이하의 벌금
② 2년 이하의 징역 또는 2천만원 이하의 벌금
③ 3년 이하의 징역 또는 3천만원 이하의 벌금
④ 5년 이하의 징역 또는 5천만원 이하의 벌금

75. 산지관리법규상 산지전용제한지역지정을 해제할 수 있는 경우가 아닌 것은?

① 국립묘지를 설치하는 경우
② 산촌개발사업을 위하여 필요한 경우로서 사업계획부지에 편입되는 면적이 100분의 30 미만인 경우
③ 지역 발전을 위한 교통시설·물류시설의 설치 등 토지이용의 합리화를 위하여 필요한 경우
④ 도로·철도 등 공공시설의 설치로 인하여 산지전용제한지역이 5천제곱미터 미만으로 단절되는 경우

해 ④ 도로·철도 등 공공시설의 설치로 인하여 산지전용제한지역이 3천제곱미터 미만으로 단절되는 경우

76. 자연공원법규상 공원관리청에서 실시하는 자연공원의 자연자원 조사 주기는?

① 2년　② 3년
③ 5년　④ 10년

77. 습지보전법규상 습지보전기본계획의 시행에 관한 다음 설명의 ( )에 들어갈 내용으로 옳은 것은?

| 환경부장관 또는 해양수산부장관으로부터 습지보전기본계획의 시행을 위하여 필요한 조치를 하여 줄 것을 요청받은 관계중앙행정기관의 장 및 시·도지사는 조치결과를 요청받은 날부터 ( )에 환경부장관 또는 해양수산부장관에게 제출하여야 한다. |
|---|

① 1월 이내　② 3월 이내
③ 6월 이내　④ 12월 이내

78. 생태복원사업 모니터링 시 주민만족도 조사 시기는?

① 계획 수립 전 1년 내
② 공사 시행 전 1년 내
③ 사업 완료 후 1년 내
④ 모니터링 완료 후 1년 내

79. 생태학적 원리를 자연관리에 응용하는 생태기술의 기반이 아닌 것은?

① 유전 구조
② 물질의 이동 원리
③ 물질의 이동 형태
④ 자연 자원의 흐름 경로

80. 독도 등 도서지역의 생태계 보전에 관한 특별법상 환경부장관이 특정도서의 자연생태계 보전을 위하여 토지 등을 매수하는 경우, 토지매수가격을 규정하는 법은?

① 공유토지 분할에 관한 특례법
② 국토의 계획 및 이용에 관한 법률
③ 지가공시 및 토지 등의 평가에 관한 법률
④ 공익사업을 위한 토지 등의 취득 및 보상에 관한 법률


정답 ➜ 75. ④ 76. ③ 77. ③ 78. ③ 79. ① 80. ④

PART

# 8

자·연·생·태·복·원·필·기·정·복

# 최근 기출문제

## 자연생태복원산업기사

※ 2021년 3회부터 당일에 합격 여부를 알 수 있는 컴퓨터 시험(CBT)으로 시험방법이 바뀌어 문제가 공개되지 않습니다. 이 책 안의 것으로도 충분히 합격하실 수 있으니 염려하지 마시고 공부하시기 바랍니다.

# ❖ 2015년 자연생태복원산업기사 제 1 회

2015년 3월 8일 시행

## 제1과목 환경생태학개론

**01. 대기가스에 관한 설명으로 틀린 것은?**

① 이산화탄소와 산소의 농도는 고등식물의 양을 제한할 수 있다.
② 산소는 호기성 생물을 촉진하고, 이산화탄소는 토양 내의 분해속도를 가속화시킨다.
③ 이산화탄소의 증가는 부영양화를 촉진시킨다.
④ 수소이온농도는 이산화탄소화합물과 밀접한 관계가 있다.

해 토양 내의 분해는 토양미생물에 의해 이루어지므로 산소의 영향을 많이 받는다.

**02. 다음 중 세계 5대 갯벌 지역에 들어가지 않는 곳은?**

① 캐나다의 동부해안
② 일본 세토나이해(海) 및 사가미만
③ 남아메리카의 아마존 하구
④ 네덜란드, 독일, 덴마크 및 영국을 포함하는 북해 연안

해 ①③④ 외 대한민국 서해안 연안, 미국 동부 조지아 연안이 있다.

**03. 다음 중 군집의 기능적 특성이 아닌 것은?**

① 먹이망　　② 에너지 흐름
③ 우점종　　④ 영양구조

해 군집은 서식지 내에서 에너지 자급자족이 가능한 최소한의 단위로 영양구조에 따른 에너지 흐름의 유기성을 갖는다.

**04. 습지의 유형을 구조적 특징에 따라서 분류할 때 각 유형별 일반적 특징의 설명으로 옳지 않은 것은?**

① 이탄습지(Bogs) – 배수가 불량하고 무기물과 영양물질이 빈약한 빗물이나 지하수를 포함하는 습지
② 습초지(Wet meadows) – 습한 토양에 발생되는 초지
③ 수변습지(Riparian wetlands) – 정체수에 의한 습지로서 숲이나 관목덤불 등으로 덮인 습지
④ 늪(Marsh) – 무기질 토양으로서 육지보다 빠른 속도로 유기물이 축적되며, 지표수에 의해 주기적으로 범람하는 습지

해 수변습지는 호수나 하천에 의해 발생되는 습지이며, 정체수에 의한 습지로서 숲이나 관목덤불 등으로 덮인 습지는 소택지(swamp)를 말한다.

**05. 다음 천이에 대한 설명으로 옳지 않은 것은?**

① 천이계열의 마지막 단계를 극상상태라고 한다.
② 산림생태계 초기 선구수종은 내음성이 강한 음수이다.
③ 주어진 기후지역에서는 동일한 종구성과 구조의 식물군집을 갖는다는 것을 단극상설이라 한다.
④ 2차 천이는 인위적이나 자연 교란에 의해 식물군집이 손상되면서 발생되는 천이유형을 말한다.

해 ② 내음성이 강한 음수는 후기 극상림에서 나타난다.

**06. 다음 중 연간강우량이 10인치(24㎝) 이하인 지역을 무엇이라 하는가?**

① 툰트라　　② 타이거
③ 사막　　④ 채퍼렐

**07. 호수 내 영양물질의 농도조절 방법과 설명이 옳지 않은 것은?**

① 호수세척과 상층수 월류 : 비교적 깨끗한 수자원으로 호수를 희석하고 여름철 성층이 형성되면 상승층의 물을 배출한다.
② 저질토의 제거 : 호수로서 공공의 가치가 매우 크고 저질토로부터 인의 용출이 심하여 다른 방법들을 실패되었을 때 마지막으로 쓰는 방법이다.
③ 바닥 봉쇄에 의한 영양물질 불활성화 : 철, 알루미늄 등을 사용하여 영양물질을 침전시킨다.
④ 생물량 제거 : 생물체내에 축적된 인과 함께 생물체를 제거하는 방법으로 수생식물에 많이 적용된다.

해 ① 심층수의 월류 및 폭기를 시행한다.



정답 ➔ 01. ② 02. ② 03. ③ 04. ③ 05. ② 06. ③ 07. ①

08. 열대와 아열대지역의 해안 점이대에 형성되는 군집으로 올바른 것은?

① 툰트라, 타이거
② 맹그로브, 산호초
③ 에스추어리, 채퍼랠
④ 범람원, 해저열수층

09. 유수 생태계를 설명한 것 중 옳지 않은 것은?

① 강 상류에서는 대체적으로 침식작용이 일어난다.
② 못(poll zone)은 수심이 깊고 유속이 느려지는 지역으로 부드러운 바닥층에 굴을 파거나 헤엄치는 동물, 근식물이 서식할 수 있는 환경을 제공한다.
③ 여울지역은 물의 흐름이 빠르고 부착성 생물이 자리 잡고 있다.
④ 강 하류는 퇴적작용이 일어나며, 수심이 얕고, 낮은 수온과 녹아있는 산소의 양이 많다.

해 ④ 하류지역에서는 퇴적작용이 일어나며, 수온이 높고 부유물질이 많으며, 산소요구도가 덜한 잉어, 메기, 농어 등이 서식한다.

10. 광주기에 의한 식물의 변화로 낮의 길이가 임계시간보다 짧아질 때 개화하는 식물은?

① 장일식물 ② 중일식물
③ 단일식물 ④ 전일식물

11. 호수에 대한 설명으로 올바르지 않은 것은?

① 많은 대형호수는 빙하기가 물러가며 생성됐다.
② 북반구의 고위도와 고산지대에 많이 분포한다.
③ 깊이가 한정되어 생물이 살아가기에 불리한 서식지다.
④ 세계적으로 역사가 오래된 대표적 호수는 바이칼호다.

해 호수는 연못보다 더 크며 구조에 따라 다양하고 복잡한 생물군집을 형성한다.

12. 추이대(ecotone)와 주연부효과(edge effect)를 잘못 설명 한 것은?

① 두 개 또는 그 이상의 이질적인 군집이 만나는 장소이다.
② 연질과 경질의 해저군집 등의 사이에서 볼수 있는 이행부를 말한다.
③ 추이대에는 중첩되는 군집의 각각에 사는 생물의 다수를 포용하고 있다.
④ 추이대는 긴장지대로서 인접하는 군집보다 넓다.

13. 엽면적지수(葉面積指數)에 관한 설명으로 틀린 것은?

① 엽면적지수는 생장초기에 최대치를 갖는다.
② 단위 토지면적상에 있는 식물군락의 전체 엽면적의 비를 의미한다.
③ 엽면적 크기에 관여하는 요인으로 잎의 크기와 수명, 잎의 신생과 고생의 속도 등이 작용한다.
④ 벼과의 초원이 광엽초원이나 낙엽수림보다 엽면적지수가 약간 큰 경향이 있다.

해 ① 엽면적지수는 식물군락의 엽면적을 그 군락이 차지하는 지표면적으로 나눈 값으로 어릴 때는 지수가 높을 수 없다.

14. 1993년 우리나라가 가입한 국제협약으로 멸종 위기종의 국제거래 규제 혹은 금지의 내용을 담고 있는 것은?

① CITES 협약 ② Agenda 21
③ 생물다양성협약 ④ 비엔나협약

해 CITES는 멸종위기에 처한 야생동 · 식물종의 국제거래에 관한 협약(Convention on International Trade in Endangered Species of Wild Flora and Fauna)을 말한다.

15. 베토벤의 머리카락에서 검출, 그의 죽음에 원인으로 밝혀지기도 했으며, 신장, 혈액 및 신경계가 인체 주요 표적장기이며, 거의 90%가 뼈에 남아 있게 되는 중금속은?

① 수은 ② 납
③ 카드뮴 ④ 아연

16. 습지(wetland)에 대한 설명 중 바르지 못한 것은?

① 내륙습지라 함은 육지 또는 섬 안에 있는 호(湖) 또는 소(沼)와 하구 등의 지역을 말한다.
② 연안습지라 함은 간조 시에 수위선과 지면이 접

정답 ➔ 08. ② 09. ④ 10. ③ 11. ③ 12. ④ 13. ① 14. ① 15. ② 16. ②

하는 경계선 주변의 지역을 말한다.

③ 우리나라 습지보전법의 습지 정의는 "담수·기수 또는 염수가 영구적 또는 일시적으로 그 표면을 덮고 있는 지역으로서 내륙습지 및 연안습지를 말한다" 이다.

④ 습지는 습한 조건에서 적응한 식생을 지지하므로, 침수에 견디지 못하는 식물이 존재하는 경우 습지가 아니라고 할 수 있다.

해 ② 연안습지라 함은 만조 때 수위선과 지면의 경계선으로부터 간조 때 수위선과 지면의 경계선까지의 지역을 말한다.

17. 박테리아, 균류 등과 같은 분해자들이 생태계 내에서 나타내는 반응 중 올바른 것은?

① 유기물 → 무기물
② 무기화합물 → 유기화합물
③ 아미노산 → 단백질
④ 원자 → 분자

18. 생물권의 평균 광합성 효율은?

① 8%　② 20%
③ 45%　④ 60%

19. 다음 중 지구상에 생존하는 모든 생물체의 궁극적 에너지원은 무엇인가?

① 식물　② 가시광선
③ 곤충　④ 토양

20. 우리나에서 일반적으로 서식하고 있는 담수 무척추동물군을 이용하여 수질을 평가하는 방법인 한국의 생물지수에 관한 설명으로 옳은 것은?

① 담수 무척추동물군의 내성치와 출현 풍부도를 일반적인 기준에 의해 동등하게 부여하였다.
② 수질을 고도의 청정수, 청정수, 다소의 오염수, 오염수, 고도의 오염수인 5단계로 나누어 평가하고 있다.
③ 다양한 생물군이 각 수질의 단계에서 출현하는 정도를 5단계(아주 높음, 높음, 낮음, 아주 낮음)로 구분하여 평가된 기본 자료를 활용하는 방법이다.
④ 정수지역과 유수지역에 대해 차별적은 채집 및 조사를 통해 이들 각각의 결과로부터 수질을 판정하고자 하였다.

## 제2과목 환경학개론

21. 그린벨트와 같은 개발제한구역의 기능으로 가장 거리가 먼 것은?

① 자연생태계의 보전 기능
② 교통소통 증대 기능
③ 지가상승 억제 기능
④ 도시확장 저지 기능

22. 환경용량 개념의 정의가 아닌 것은?

① 오염정화능력
② 생태계 영향의 한계
③ 허용배출총량
④ 토지규제

해 환경용량이란 일정한 지역 안에서 환경의 질을 유지하고 환경오염 또는 환경훼손에 대하여 환경 스스로 수용·정화 및 복원할 수 있는 한계를 말한다. 즉 자연정화능력의 한계 및 자연의 환원·동화능력 또는 지속가능한 발전에 필요한 환경측의 조건을 말한다. 생태학적으로 환경의 자정능력, 지역의 수용용량, 자원의 지속가능성이라고 할 수 있다.

23. 인간에 의해서 발생하는 해상 석유오염의 직접적 원인으로 볼 수 없는 것은?

① 석유 시추시 폭발이나 유조선 사고
② 유조선의 석유 선적 및 하역 시에 발생하는 석유 배출
③ 유조선을 세척하거나 석유로 오염된 균형수(ballast water)의 방류
④ 주유소에서 주유 중 휘발하거나 기름이 포함된 유출수의 지표유출

24. 다음 설명에 해당되는 것은?

> "시민의 입장에 서서 행정권의 남용을 막아주고, 폐쇄적인 관료주의 관행을 타파하며, 개혁추진과 민주적-정치적인 대변기능을 효과적으로 수행할 수 있는 행정 통제메커니즘"



정답 ➔ 17. ① 18. ② 19. ② 20. ② 21. ② 22. ④ 23. ④ 24. ②

① NGO ② Ombudsman
③ EIA ④ Partnership

25. 다음 중 녹지자연도 산정기준의 등급별 명칭으로 틀린 것은?

① 0등급: 수역 ② 3등급: 경작지
③ 6등급: 조림지 ④ 9등급: 자연림

해 ② 3등급 : 과수원

26. 폐수의 고도처리 중 $A^2/O$공법은 주로 어떤 물질을 제거하기 위한 것인가?

① 수은과 같은 중금속
② 인과 질소 같은 영양물질
③ 제초제, 농약 같은 독성물질
④ 2차 처리에서 처리하지 못한 유기성 오염물질

27. 고산지대의 산림한계선(timber line)을 나타내는 Parker(1963)의 요인으로 가장 거리가 먼 것은?

① 장마
② 토양의 부족
③ 짧은 성장기간
④ 여름까지 지속되는 과도한 눈(雪)

28. 다음 중 생태주거단지의 계획과 거리가 먼 것은?

① 지형을 적극적으로 변화하여 생태공간 조성
② 재활용을 위한 분리수거공간과 퇴비장 계획
③ 포장면적을 최소화하여 우수침투 가능성 고려
④ 우수저류연못, 우수침투, 우수유도도랑 등을 도입

해 생태주거단지는 최적의 상태를 유지하기 위해 자연자원을 가장 효율적으로 사용하고, 환경파괴를 최소화함으로써 자연자원을 생태적으로 지속가능하게 사용할 수 있는 단지를 말한다.

29. 사업자는 해당 사업을 착공한 후에 그 사업이 주변 환경에 미치는 영향을 조사(이하 사후환경영향조사)하고, 그 결과를 승인기관의 장과 누구에게 통보하여야 하는가?

① 환경부장관 ② 환경부차관
③ 협의기관의 장 ④ 유역환경청장

30. 다음은 환경정책기본법령상 환경보전계획을 수립하거나 변경하고자 할 때, 대통령령으로 정하는 경미한 사항의 경우에는 지방환경관서의 장과 협의를 생략할 수 있는 기준이다. ( )안에 알맞은 것은?

| 해당 시·군·구의 환경보전계획에 따른 사업 시행에 드는 비용을 ( )에서 변경하려는 경우 |
|---|

① 100분의 10 이내의 범위
② 100분의 20 이내의 범위
③ 100분의 30 이내의 범위
④ 100분의 50 이내의 범위

31. 다음 중 자연환경보전계획상 많은 실천목표 중 "생물다양성 보전 및 관리강화"에 따른 중점 추진과제의 내용이 아닌 것은?

① 민간단체와의 파트너십 연계 강화
② 생태우수지역 관리 강화
③ 생물자원 관리체계 개선
④ 전국 자연환경에 대한 체계적인 조사 실시

32. 인구가 밀집되어 있는 도시지역에서 녹지공간을 확보하는 방법으로 적합하지 못한 것은?

① 생태공원 건설
② 벽면녹화 사업
③ 도로의 확대
④ 하천변의 자연복원

33. 개체군의 크기는 밀도의존적인 요인과 밀도독립적인 요인에 의해 조절된다. 밀도의존적인 요인에 해당되지 않는 것은?

① 산불 ② 포식
③ 경쟁 ④ 질병

해 밀도의존적인 요인으로는 포식, 기생, 질병 등과 같은 외적인 요인들과 종내경쟁, 이입과 이출, 생리적 혹은 행동적인 변화 등과 같은 내적인 요인이 있다.

34. 환경친화적 하천정비계획을 위한 기본방향과 관련 없는 것은?

① 세심하고 미시적 안목
② 하천생태계의 보전과 복원

정답 ➔ 25. ② 26. ② 27. ① 28. ① 29. ① 30. ③ 31. ① 32. ③ 33. ① 34. ①

③ 하천의 제반기능이 조화된 체계적인 하천관리
④ 친수성 회복과 지역사회에 부응하는 하천 정비

해 ① 거시적인 안목과 지속적인 유지관리

35. 생태적 천이의 성숙단계에서 기대되는 특성 중 옳은 것은?

① 먹이연쇄는 직선적이다.
② 식물의 종 다양성은 낮다.
③ 영양염류의 순환은 폐쇄적이다.
④ 생태적 지위가 특정적이기 보다는 범위가 넓다.

해 생태적 천이의 성숙단계의 특성으로는 먹이연쇄는 망상형이고, 종다양성이 높으며 생태적 지위 범위가 좁다.

36. 다음 중 환경계획의 중요성이 가장 강조되는 환경기술의 발전단계는 무엇인가?

① 사후처리 기술 ② 저오염청정 기술
③ 환경복원재생 기술 ④ 생산성 증대 기술

37. 기존의 도시개발의 문제점이 아닌 것은?

① 도시계획에 있어서 적정인구 및 주택규모를 설정하여 계획하는 경우
② 토지이용, 환경, 에너지 등을 별개의 계획요소로 인식하고 관리하는 경우
③ 도시성장의 개념을 주로 인구증가와 도시확장이라는 측면에서 인식하여 시설공급에 치중한 경우
④ 도시를 하나의 폐쇄계로 인식하여 계획한 경우

38. 20세기 들어오면서 환경문제가 대두하게 된 이유로서 거리가 먼 것은?

① 급속한 인구증가
② 고등교육의 확대
③ 성장주의의 가치관 확산
④ 경제성장에 의해 소비되는 자원의 증가

39. 환경부장관은 관계중앙행정기관의 장과 협의하여 몇 년마다 전국의 자연환경 조사해야 하는가?

① 3년 ② 5년
③ 10년 ④ 20년

40. 다음 중( )안에 들어갈 적합한 용어는?

> 패치는 서로 단절이 되면 서식지로서 기능을 할 수 없기 때문에 서로 가깝게 연결되어야 한다. 이 연결을 시켜주는 구조를 통로(corridor)라 하며 안전한 서식공간을 확보하기 위해서는 통로 주변에 있는 ( )가(이) 가능하면 친화적이어야 한다.

① 집수역(watershed) ② 입도(grain)
③ 범위(extent) ④ 바탕(matrix)

## 제3과목 생태복원공학

41. 다음 중 인공지반으로 볼 수 없는 지역은?

① 옥상 ② 육교
③ 짜투리땅 ④ 지하주차장 상부

해 인공지반은 오수정화시설이나 지하주차장 또는 옥상 등 각종 구조물 위에 흙을 얹어 인위적으로 조성해 놓은 지반을 말한다.

42. 다음 도시 내의 생태네트워크 시행에 관한 설명 중 잘못된 것은?

① 단지내의 생물이 이동할 수 있도록 핵에 해당하는 점녹지를 중심으로 거점녹지(면녹지)를 체계적으로 연결한다.
② 에코브릿지, 지하생물이동통로는 생물이동통로에 해당한다.
③ 옥상녹화, 벽면녹화를 통하여 녹지의 면적을 최대한 확보한다.
④ 도시의 기존 녹지를 최대한 보존하고, 기존 자생수목을 최대한 활용한다.

해 ① 거점녹지를 중심으로 네트워크를 형성한다.

43. 「생물다양성 습지」를 목적으로 하는 경우, 습지 개방수면의 평균 비율은 얼마로 조성해야 하는가?

① 15% ② 20%
③ 50% ④ 80%

44. 다음 중 비료의 3요소가 아닌 것은?

① N ② P
③ Ca ④ K


정답 → 35. ③ 36. ③ 37. ① 38. ② 39. ② 40. ④ 41. ③ 42. ① 43. ③ 44. ③

해 비료의 3요소는 질소(N), 인(P), 칼륨(K)이다.

45. 식생 생육환경과의 감시와 적절한 관리는 필수적인데, 그 필요성 내용으로 틀린 것은?

① 생육단계에 따른 경쟁관계가 아닌 생육속도를 파악한다.
② 식생상태에 따라 적절한 관리를 해야 하고, 식생상태를 파악한다.
③ 식생이 설정된 목표를 향하고 있는가에 대해 파악한다.
④ 생육상황에 관한 정보를 수집한다.

46. 식물줄기 밑 부분은 수면 아래쪽에 있고, 줄기 위쪽은 대기 중에 나와 있는 수생식물(갈대, 부들, 줄 등)로 일반적으로 수심이 낮은 수변부의 가장자리에 서식하는 것은?

① 정수식물 ② 부엽식물
③ 침수식물 ④ 부유식물

해 정수식물은 뿌리를 토양에 내리고 줄기, 잎의 일부 또는 모두를 물 위로 내놓아 대기 중에 잎을 펼치는 식물로 갈대, 부들, 애기부들, 줄, 고랭이, 큰 고랭이, 창포, 보풀, 벗풀, 골풀, 갈풀, 물억새, 물봉선, 물옥잠, 미나리, 택사 등이 있다.

47. 지형은 생태복원계획에서 중요한 비중을 가지고 있다. 다음 중 지형 보전과 토양활용에 맞지 않은 방법은?

① 건축물의 배치에 있어서도 비탈을 이용한 테라스하우스 등으로 조성해 지형에 순응하는 방법을 모색한다.
② 표토는 훼손될 위험이 높으므로 가능한 한 더 좋은 다른 토양과 치환한다.
③ 기존의 지리적 형태와 특징이 보전되도록 하며, 인접지형의 처리 방법도 함께 고려한다.
④ 최소한의 지형 변형을 유도하며 기존 서식처가 최대한 보전되도록 해야 한다.

해 ② 개발 시 나오는 표토는 최대한 보전하고, 공사 후 재사용한다.

48. 훼손지 비탈면 녹화공사의 공종 및 공법으로 바르지 못한 것은?

① 비탈안정용 – 힘줄박기
② 비탈안정용 – 격자틀블록붙이기
③ 낙석방지용 – 고결공법
④ 낙석방지용 – 격자틀블록붙이기

49. 다음 중 생태계 평가와 관련한 설명으로 옳지 않은 것은?

① 자연성은 극상에 가까울수록 높게 평가 된다.
② 전형성은 종조성이 충분히 발달하여 그 군락의 전형적인 상태를 나타낸 것일수록 높게 평가된다.
③ 고유성은 지역성이 높고 분포가 국한되어 있을수록 높게 평가된다.
④ 분포한계성은 중심부에 위치한 것일수록 높게 평가된다.

50. 파종량을 계산하는 식으로 알맞은 것은?(단, A:평균립수(립/g), B:발생기대본수(본/㎡), C:발아율(%), D:순도(%), S:보정율)

① $\dfrac{A}{B \times \dfrac{C}{100} \times \dfrac{D}{100} \times S}$

② $\dfrac{\dfrac{C}{100}}{A \times B \times \dfrac{D}{100} \times S}$

③ $\dfrac{\dfrac{D}{100} \times S}{A \times B \times \dfrac{C}{100}}$

④ $\dfrac{B}{A \times \dfrac{C}{100} \times \dfrac{D}{100} \times S}$

51. 산중식(Yamanaka) 경도계로 측정시 식물의 생육에 곤란한 토양경도는?

① 15㎜이상 ② 10㎜이상
③ 20㎜이상 ④ 30㎜이상

52. 산림의 기능에 따른 수종별 관리 방안 설명 중 틀린 것은?

정답 ➔ 45. ① 46. ① 47. ② 48. ④ 49. ④ 50. ④ 51. ④ 52. ②

① 풍치 경관림을 조성할 때 활엽수림은 가지치기 등의 작업으로 수형을 조절해 준다.
② 보호림을 조성할 때에 침엽수림은 적당한 간벌을 통하여 수목의 활착을 증진시킨다.
③ 생태환경림에서 활엽수림은 적극보호하고 희귀수종이 있는 지역은 경쟁목을 제거하여 준다.
④ 수자원함양림에서 침엽수림은 강도의 간벌에 의하여 수원함양 기능을 증대시킨다.

해 ② 보호림을 조성할 때에 침엽수림은 솎아베기를 통해 다층혼효림으로 전환을 유도한다.

53. 참조 생태계(reference ecosystem)에 대한 설명이 잘못된 것은?

① 대조 생태계라고도 한다.
② 동일한 장소와 동일한 시간과 관련된 참조 생태계는 자기 참조생태계라고 한다.
③ 복원목적이나 계획수립 시 참고하지 않는다.
④ 복원 후 복원사업의 성패를 평가할 때 사용한다.

54. 생물다양성의 증진을 위한 습지 복원 계획에 대한 다음 설명 중 가장 바람직하지 않은 것은?

① 호안의 가장자리는 단순할수록 좋다.
② 저습지의 한 개보다는 2개나 3개로 조성해 주는 것이 좋다.
③ 습지내 섬을 조성해 주면 조류의 유인 및 서식에 효과적이다.
④ 습지식생은 수위변동 및 수심을 고려하여 배치한다.

해 호안의 굴곡과 깊이를 다양화 하고 정체와 흐름을 반복하게 하여 자정효과를 높인다.

55. 다음 복원과 관련된 용어 설명으로 옳은 것은?

① 복원(restoration): 생태계가 훼손되기 이전의 상태로 되돌리는 것을 말한다.
② 복구(rehabilitation): 생태계의 어떤 부위의 부작용을 줄이는 것을 말한다.
③ 향상(enhancement): 경작하기에 적절한 토지로 만드는 것을 말한다.
④ 녹화(revegetation): 지속성이 높은 생태계로 새롭게 만드는 것을 말한다.

해 복원과 관련된 개념
·복구(rehabilitation) : 원래의 상태로 되돌리기 어려운 경우 원래의 자연상태와 유사한 것을 목적으로 하는 것이다.
·향상(enhancement) : 질이나 중요도, 매력적인 측면을 증진시키는 것이다.
·녹화(revegetation) : 식물을 이용하여 생태계의 기능과 구조의 한 부분이나 토지이용으로 복원하려는 시도를 말한다.

56. 생물의 서식공간 중 양서류 및 파충류 서식처의 공간을 조성할 때 고려할 사항이 아닌 것은?

① 저습지의 수심이 최고 1m에서 수변부위는 35cm 내외로 만들어 준다.
② 중앙부분에는 턱을 만들어 가끔 양서류가 휴식할 곳을 조성한다.
③ 겨울에는 연못의 물을 빼어 건조하게 만들어 준다.
④ 수제부도 완만해야 하며 주변에 초지나 수림지가 필요하다.

57. 다음 중 비탈면의 침식방지가 주요 기능인 녹화시트류 재료로 가장 적합한 것은?

① 볏짚거적 ② 피트모스
③ 유기질비료 ④ 철망

58. 벽면녹화용 식물소재 중 아래로 늘어뜨려지는 하수형 소재로 가장 적합한 것은?

① 담쟁이 ② 칡
③ 줄사철 ④ 능소화

59. 람사협약 제1조 1항(Article 1.1)에서 정의하고 있는 습지의 종류가 아닌 곳은?

① 인공적인 늪지대
② 간조시 수심 6m를 넘는 해수지역
③ 일시적으로 물에 잠겨 있는 이탄지
④ 영구적으로 염수가 모여 있는 저지대

해 람사협약의 습지 정의 : 자연적이거나 인공적이거나, 영구적이거나 일시적이거나 또는 물이 체류하고 있거나 흐르고 있거나, 담수이거나, 기수이거나, 염수이거나 관계없이


정답 ➔ 53. ③ 54. ① 55. ① 56. ③ 57. ① 58. ② 59. ②

소택지, 늪지대, 이탄지역 또는 수역을 말하고 이에는 간조시에 수심 6m를 넘지 않는 해역을 포함한다.

60. 비오톱(Biotope)의 보호계획 작성을 위한 원칙 중 틀린 것은?

① 비오톱(Biotope)을 보호하기 위해서는 보호를 위한 전이대(ECOTONE)를 설치하여야 한다.
② 섬의 면적이 클수록 그곳에 사는 보호하고자 하는 종의 소멸이 증가할 것이다.
③ 비오톱(Biotope)의 수가 많을수록 보호하고자 하는 개체가 소멸이 될 가능성이 줄어든다.
④ 비오톱(Biotope)이 공간적으로 충분히 결합되지 않을 때는 코리더(Corridor)나 징검다리(STEPPING STONE) 연결을 추구하여야 보호가 잘 이루어진다.

해 비오톱의 면적은 가능한 클수록 좋으며, 형태는 가능한 원형으로 중심부를 형성하고, 불연속적인 비오톱은 생태통로를 이용하여 연결하는 것이 좋다.

## 제4과목 생태조사방법론

61. 다음 중 어느 것의 결과로 부식토(humus)가 형성되는가?

① 모래와 점토가 혼합되어
② 동물에 의한 굴 파기에 의해
③ 토양 이산화탄소의 농도 증가에 의해
④ 죽은 생물에서 박테리아와 균(fungi)의 활동에 의해

해 부식토는 토양유기물이 박테리아와 균 등의 미생물 작용에 의하여 원조직이 변질되거나 합성된 갈색 또는 흑갈색의 유기성분이 많고 비옥한 토양을 말한다.

62. 해양서식지 중 하나로 바다와 육지가 겹치는 곳으로 조수(밀물, 썰물)의 영향을 받는 곳은?

① 조간대(intertidal zone)
② 연안대(littoral zone)
③ 무광대(aphotic zone)
④ 대양구(oceanic province)

63. 다음 기후도에서 사선(▨, diagonal line)으로 표시하는 것은?

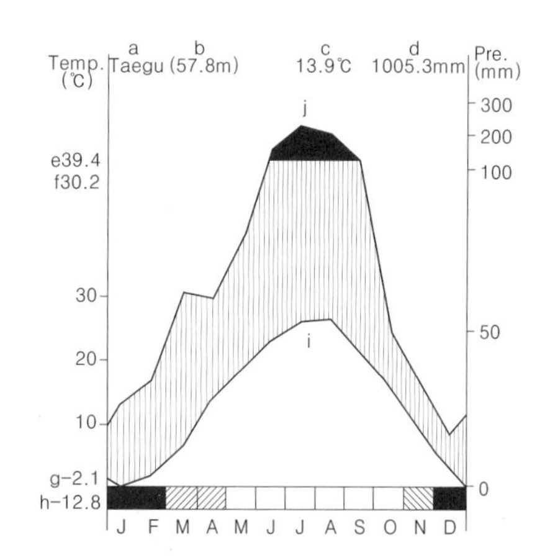


① 절대 연 최저기온
② 최한월의 일평균 최고기온
③ 절대 최저기온이 0℃ 이하의 날이 있는 달
④ 평균일 최저기온이 0℃ 이하의 날이 있는 달

해 ① h, ② g, ④ 검은 막대

64. 다음 중 무척추동물의 채집조사 방법으로 딱정벌레나 먼지벌레와 같은 지면 배회성 곤충들이 지나가다 빠지면 포획하는 방법은?

① 포충망법 ② 등화채집법
③ 털어잡기망법 ④ 함정법(pitfall trap)

65. 육상생태계의 생태조사 시 우선 조사항목에 해당되지 않는 것은?

① 양서류의 조사 분석
② 수생식물의 조사 분석
③ 조류(새)의 조사 분석
④ 식물상 및 식생의 조사 분석

해 수생생물의 조사 분석은 육수생태계의 생태조사 시 우선 조사항목에 속한다.

66. 식물성 플랑크톤의 채집에 대한 설명 중 옳지 않은 것은?

① 그물의 망목(mesh)이 작은 것을 사용하면 여러 종류를 한 번에 채집할 수 있어 편리하다.
② 수직형의 채수기는 채수 간격을 넓게, 수평형의 채수기는 간격을 좁게 하여 채수하는 것이 좋다.
③ 루골용액으로 고정한 표본은 표본병이 햇빛에

정답 ➔ 60. ② 61. ④ 62. ① 63. ③ 64. ④ 65. ② 66. ①

노출되지 않도록 어두운 곳에 두거나 은박지로 싸서 보관하여야 한다.

④ 개체수를 측정하기 위한 도구로는 Sedwick-Ratter 플랑크톤 계실, Palmer-Maloney 플랑크톤 계실, Hemacytometer 등 이 있다.

67. Braun-Blanquet의 피도 계급은 총 몇 단계인가?

① 4　② 5
③ 6　④ 7

68. 조사구의 최소면적이 가장 큰 식생은?

① 부유식생　② 초원식생
③ 관목식생　④ 산림식생

해 조사구의 크기는 식생의 몸집 크기에 비례한다.

69. 식생조사의 방형구법에서 A종의 빈도란 무엇을 의미하는가?

① 총 조사한 방형구 수에 대한 A종이 출현한 방형구 수의 %
② 총 조사한 방형구 면적에 대한 A종이 차지하는 면적의 %
③ 전체 방형구에 포함된 개체수에 대한 A종 개체수의 %
④ 조사지 전체 면적에 대한 A종이 포함된 방형구 면적의 %

70. 주어진 수심에서 광량(Iz)을 옳게 표시한 계산식은? (단, I:수면의 에너지량, k:수질의 고유한 소멸계수, z:수심이다.)

① $Iz=Io\times e^{-kz}$　② $Iz=e^{-Iokz}$
③ $Iz=z\times Io\times e^{-k}$　④ $Iz=k\times Io\times e^{-z}$

71. 주요 지형을 나타내는 용어가 올바른 것은?

① 산-화구　② 수체-계곡
③ 해안-돌서렁　④ 하구-협만

해 ① 화구 : 화산의 분출구 주변에 분출물이 모여서 된 언덕
② 수체 : 물
③ 돌서렁 : 돌이 많이 흩어져 있는 비탈(=너덜겅)
④ 협만 : 빙하의 침식으로 만들어진 골짜기에 빙하가 없어진 후 바닷물이 들어와서 생긴 좁고 긴 만(=피오르)

72. 식물의 뿌리가 흡수할 수 있는 최소한의 토양 함수량의 경계는?

① 야외용수량　② 위조계수
③ 유효수　④ 결합수

해 수분함량이 감소하여 위조가 심해지면 습기로 포화된 공기 중에서도 시들었던 잎의 팽압이 회복되지 않게 되는데, 이 상태를 영구위조라 하고, 이때의 토양수분함량을 위조계수라 한다.

73. 생지화학적 순환의 요소에 관한 설명이 아닌 것은?

① 구아노는 질소순환의 한 단계이다.
② 담수에서 인은 조류(algae)의 제한요인 중 하나이다.
③ 합성세제의 주원료 중 하나인 인은 인위적인 요인에 의해 환경에 과잉 공급되고 있다.
④ 환경에 있던 영양염류가 생산자를 통해 소비자 분해자를 거쳐 다시 환경으로 돌아가는 것을 뜻한다.

해 구아노는 건조한 해안지방에서 바다새의 배설물이 응고·퇴적된 것으로 인순환의 한 단계이다.

74. 다음 중 토양환경 조사의 주의사항이 아닌 것은?

① 토양표본은 분석에 따라 말릴 수도 있다.
② 아주 연한 저질토의 채니기는 다른 토양과 달리 무거운 추가 필요하지 않다.
③ 토양함수량은 서식지 조사를 위해 필요하다.
④ 토양의 함수량에 따라 건조토양, 연하고 습한 젖은 토양, 손가락 사이로 흘러내리는 습한 토양으로 나눈다.

75. 다음 중 생태계의 영양단계 중에서 소비자에 대한 설명이 아닌 것은?

① 우제류는 1차 소비자에 해당한다.
② 다른 생물을 먹이로 취하는 종속영양생물이다.
③ 모든 소비자는 섭식방식에서 몇 개의 영양단계를 생략하지 못한다.
④ 동물 및 몇몇 균류(버섯을 포함한 곰팡이류), 여러 원생동물을 포함한다.


정답 → 67. ④ 68. ④ 69. ① 70. ① 71. ① 72. ② 73. ① 74. ② 75. ③

해 실제 생태계의 소비자 에너지의 흐름은 단선적이고 점진적이라기보다는 그물 개념으로 매우 복잡하므로 몇 개의 영양 단계를 생략하기도 한다.

76. 수중 서식지 조사표 작성에 기록할 물 시료와 연관한 기입 항목으로 가장 거리가 먼 것은?

① 수심(m) ② 기슭까지의 거리(m)
③ 전기전도도 ④ 비중

해 수중서식지 조사표 작성 시 물시료 기입항목으로는 수심, 기슭까지의 거리, 전기전도도, 수온, 탁도 등이 있다.

77. 채토법에서 일반적으로 표토를 나타내는 깊이는?

① 0~10㎝ ② 0~20㎝
③ 10~20㎝ ④ 20~40㎝

78. 생물체 건조중량의 40~50%를 차지하고 있으며, 생물지구 화학적 순환에서 가장 중요한 원소는?

① C ② O
③ H ④ N

79. 다음 중 생태자료 조사에 대한 설명으로 맞지 않는 것은?

① 통계처리-문제의 제기
② 통계적 모집단-전체자료
③ 통계적 표본-실제 측정한 일부분의 자료
④ 표본추출-생물이나 환경의 정보를 수집하는 작업

80. 두 개채군 사이의 관계 중 한 종은 이익을 얻고 다른 종은 손해를 보는 관계가 아닌 것은?

① 기생 ② 포식
③ 초식 ④ 편해공생

해 편해공생은 한 종에게는 부정적이나 다른 종에게는 아무런 영향이 없는 관계이다.

정답 → 76. ④ 77. ① 78. ① 79. ① 80. ④

# ❖ 2015년 자연생태복원산업기사 제 3 회

2015년 8월 16일 시행

제1과목 **환경생태학개론**

**01. 부식물(humus)에 대한 일반적인 특징이 아닌 것은?**

① 수소이온농도는 일반적으로 산성이다.
② 콜로이드 상으로서 무기 영양물질과 옥신을 포함하고 있다.
③ 단단하며 공극이 적고 토양 속으로 공기의 유통을 억제한다.
④ 토양과 섞인 비율에 따라 탄소 대 질소의 비율이 상이하며, 이탄(peat)이나 소택지의 토양 부식물의 함량은 매우 높아 때로는 100%가 되기도 한다.

해 ③ 토양 속에서 분해나 변질이 진행된 유기질로서 부드러우며, 토양 내의 공극형성으로 공기와 보수력, 보비력이 증가하며, 토양의 입단화(단립화 團粒化)로 물리적 성질을 개선하여 작물의 생육을 돕는다.

**02. 우점종에 대해 바르게 설명한 것은?**

① 우점종 이외의 다른 종들을 흔히 아우점종이라 한다.
② 환경오염이 심한 곳에서는 우점종이 모호하다.
③ 생존조건이 좋은 곳에서는 우점종이 뚜렷하다.
④ 군집내 중요한 역할을 하며 다른 종에게 큰 영향을 미치는 종이다.

**03. 선형의 생태공간으로서 면적공간을 물리적, 생태적으로 연결하며 통로로서의 기능을 포함하는 것은?**

① 섬(island) ② 에지(edge)
③ 패치(patch) ④ 코리도(corridor)

해 이동로(Corridor)는 평면적 연결성 유지, 안전이동, 자원제공의 기능을 수행하는 선형적 공간이다.

**04. 하천은 발원지 1상류에서부터 하류인 하구에 이르기까지 생물상이 단계적으로 변하는데, 이 때 종의 수평구조가 나타난다. 이와 같은 현상을 무엇이라 하는가?**

① 천이 계열 ② 지리적 천이
③ 지사적 천이 ④ 타발 천이

해 하천은 발원지 상류에서부터 하류인 하구에 이르기까지 생물상이 단계적으로 변하는데 이때 종의 수평구조가 나타나며, 시간이 경과함에 따라 서식지나 생물상이 변하게 된다. 이러한 현상을 '지리적 천이'라 한다.

**05. 방사능 폐기물을 처리하기 위한 방법으로 옳지 않은 것은?**

① 희석분산 ② 자연붕괴
③ 생물저장 ④ 농축저장

**06. 다음 중 생태계의 기능에 관한 설명으로 옳은 것은?**

① 생태계 내에서 원형질의 모든 원소를 포함한 화학적 원소는 일방적으로 흘러간다.
② 생태계는 생물적·비생물적 구성요소의 상호작용에 의해 보다 안정되고 균형 잡힌 상태 로 발달·진화한다.
③ 생태계는 스스로 자신의 체계를 제어할 수 있는 능력을 가지고 있지 못하다.
④ 생태계에서 에너지의 흐름은 환경에서 생물로, 다시 생물에서 환경으로 순환한다.

**07. 부영화된 호수에 대한 설명으로 가장 적당한 것은?**

① 특정 조류(algae)의 성장이 높아진다.
② 평균수심이 15m 이상으로 깊다.
③ 생산력이 낮으므로 유기물이 분해되는 과정에서 호수하층의 용존산소가 다량으로 소비되지 않는다.
④ 농어, 창꼬치 등 따뜻한 물을 선호하는 물고기를 많이 볼 수 없다.

**08. 도시 생물지리학의 이론 설명으로 옳지 않은 것은?**

① 어떤 섬에서 생물종의 수는 생물의 이주와 사멸의 균형관계에 의해서 결정된다는 이론이 다.
② 섬의 크기와 생물종 근거지와의 거리가 중요한 변수로 작용한다.
③ 섬이 작을수록 해변에서 가까울수록 종의 수는 적고 조성은 불안정하다.
④ 자연지역이 순화된 또는 도시화된 경관에서 종



정답 ➔ 01. ③ 02. ④ 03. ④ 04. ② 05. ③ 06. ② 07. ① 08. ③

종 생태적 섬이 나타나며, 보전지구가 클수록 생물다양성도 크다.

해 큰 면적 하나가 작은 면적 여러 개보다 종의 보존에 더 효과적이며 인접한 구역이 가까울수록 서식처 선택의 폭이 넓어져 이주 속도 및 위험 시 도피에도 용이하다.

09. 다음 중 생물이 부족한 조건하에서 조정반응을 통하여 살아가는 법칙은?

① 제한요인의 결합의 법칙
② Bancroft의 법칙
③ Liebig의 최소량의 법칙
④ Shelford의 내성의 법칙

10. 뚜렷한 지역구분(Zonation)과 성층현상(stratification)의 특징을 지닌 호수와 큰 연못의 수직적 구분이 아닌 것은?

① 연안대(littoral zone)
② 조광대(limnetic zone)
③ 삼저대(prorundal zone)
④ 투광대(euphotic zone)

11. 수중 용존산소량(dissolved oxygen)에 관한 설명으로 옳지 않은 것은?

① 수온약층에서 급격히 증가한다.
② 심수층에서는 소량만 존재한다.
③ 공기와 직접 접하고 광합성이 활발한 표수층에서 제일 높다.
④ 물속에 용해되어 있는 산소량이며 단위는 주로 ppm으로 나타낸다.

12. 다음 중 사계절이 뚜렷한 육상생태계는?

① 타이가와 침엽수림 ② 지중해성 관목지대
③ 온대 낙엽수림 ④ 툰드라 지대

해 온대낙엽수림(temperate forests)은 계절의 변화가 뚜렷한 더운 여름과 추운 겨울이 구분되며, 비교적 긴 여름이 있는 지역으로 북미와 북중부유럽, 우리나라와 일본, 중국 동부에서 나타난다.

13. 생물학적 오염(biological pollution)이란 무엇인가?

① 질병에 감염된 생명체를 자연계로 방사하는 것을 의미한다.
② 수은이나 납 같은 중금속이 자연계 내 생물들의 체내에 축적되는 것을 의미한다.
③ 생물 종간의 관계에 영향을 줌으로써 나타나는 생태계 교란을 의미한다.
④ 생물의 사체에 의한 부영양화를 의미한다.

14. 군집의 정의에 해당되지 않는 것은?

① 생태계의 기능적 단위
② 동일한 지역에 서식하는 모든 개체군
③ 생물과 무기환경을 포함하는 계
④ 에너지의 자급자족이 가능한 최소 단위

15. 자연수역에서 조류(algae)의 급격한 이상 증식(blooming)을 유발하는 미생물군과 이 증식에 직접적으로 작용하는 원인 물질이 옳은 것은?

① green algae, $SO_4^{-2}$
② fungi, $N_2$
③ protozoa, $NH_3$
④ blue green algae, $PO_4^{-2}$

해 $SO_4^{-2}$(황산이온), $N_2$(질소), $NH_3$(암모니아), $PO_4^{-2}$(인산이온)

16. 낙엽층(Litter층)에 관한 설명으로 옳지 않은 것은?

① 위도가 높아질수록 유기물 공급량은 감소한다.
② 참억새 초원에서는 지표로의 낙엽층 공급량은 6 정도가 된다.
③ 낙엽층의 집적량은 열대에서 아한대로 갈수록 현저하게 증가한다.
④ 표고가 낮을수록, 습한 조건하에 분해율은 저하된다.

해 ④ 표고가 낮을수록 온도가 증가하므로 분해율은 증가한다.

17. 다음 [보기]의 설명은 해안가의 암반에 있어서의 몇 차 천이에 해당되는가?

| 바위 표면의 얇은 조각화, 담수에 의한 침수, 바다 속에 만들어진 인공구조물, 화산폭발과 같은 격렬한 지각 운동과 같은 물리적 요인들에 의해서 형성되는 나지로 생물이 이주해 들어 와서 형성되는 초기 기반의 군락화를 말한다. |
|---|

정답 → 09. ② 10. ④ 11. ① 12. ③ 13. ③ 14. ③ 15. ④ 16. ④ 17. ①

① 1차 천이 ② 2차 천이
③ 3차 천이 ④ 4차 천이

18. 얕은 바다에는 녹조류가 비교적 많고, 깊은 바다에는 홍조류가 많이 분포하는데, 이러한 수직분포의 원인이 되는 요인은?

① 염분 농도
② 산소 용존량
③ 물 깊이에 따른 온도 차
④ 빛의 파장

19. 열대우림 지역의 경계에 존재하는 독특한 초원지대로 중간 중간에 산림이 존재하며 건조기가 긴 생물군계는?

① 차파렐(Chaparral) ② 팜파스
③ 스텝 ④ 열대사바나

20. 개체군의 특징과 가장 거리가 먼 것은?

① 출생률 ② 밀도
③ 연령분포 ④ 층위형성

해 한 개체군과 다른 개체군과의 구별되는 특성으로는 밀도, 출생률, 사망률, 연령분포, 생물번식능력, 분산, 생장형 등이 있다.

## 제2과목 환경학개론

21. 국토기본법상 사회적·경제적 여건을 고려한 국토종합계획의 재검토·정비 주기는?

① 5년 ② 10년
③ 15년 ④ 20년

22. 어메니티 계획이 기존 계획과 다른 차이점을 설명한 것으로 틀린 것은?

① 환경문제 해결에 있어 물리적 계획, 프로그램 계획을 통합한 계획이다.
② 주민참여방법은 공청회나 공람 등 소극적 참여를 통해 이루어진다.
③ 자연환경 문제에 있어 생태계와 관련된 구체적인 분야에 초점을 맞춘다.
④ 도시 내 지역별 아름다움, 역사성 및 문화성등의 질적 향상을 도모한다.

23. 다음 중 생태·녹지네트워크의 목표 중 가장 거리가 먼 것은?

① 레크레이션 공간의 확보
② 생물다양성의 유지·증대
③ 비오톱의 확보
④ 비오톱의 생태적 기능 향상

해 생태·녹지네트워크는 생물다양성을 유지·증대시키기 위해 자연환경의 보전, 재생, 창출을 권하고 도시 및 그 주변에 녹지를 적절히 배치하여 비오톱을 확보하면서 상호 네트워크(연결망)를 꾀하며, 훼손된 도시생태계의 회복을 꾀하는 계획기법이다.

24. 최근 들어 재생에너지에 대한 관심이 높아지고 있는데, 재생에너지에 포함되지 않는 것은?

① 태양에너지 ② 풍력에너지
③ 조력에너지 ④ 화석에너지

해 재생에너지는 자연 상태에서 만들어진 에너지를 일컫는 말이다. 대표적인 것이 태양 에너지이고, 그 밖에도 풍력, 수력, 생물 자원(바이오매스), 지열, 조력, 파도 에너지 등이 있다.

25. 환경영향평가 등의 분야는 전략환경영향평가, 환경영향평가, 소규모 환경영향평가로 구분할 수 있다. 다음 중 환경영향평가의 세부 평가항목에 해당되지 않는 것은?

① 지형·지질 ② 녹지 면적
③ 소음·진동 ④ 자연환경자산

26. 매 20분마다 이분법에 의해 증식하는 남세균의 경우, 현장의 초기농도가 1개체/18개체/mL의 농도에서 시작한다면 3시간 후에는 남세균 개체군은 모두 얼마인가?(단, 현장에서 광합성세균 개체군의 한계수용력은 약 18개체/mL이라고 알려져 있다.)

① 18 개체/mL ② 440 개체/mL
③ 512 개체/mL ④ 1,024 개체/mL

해 한계수용력이 18개체/mL이므로 이 이상의 증가는 생기지 않는다.

27. 자연환경복원을 위한 계획 수립 단계에서 기본적인 고려사항으로 옳지 않은 것은?


정답 ▶ 18. ④ 19. ④ 20. ④ 21. ① 22. ② 23. ① 24. ④ 25. ② 26. ① 27. ④

① 외래종은 도입하지 않도록 한다.
② 대상지역에 대한 목표종을 신중히 선택한다.
③ 복원계획의 목표와 방법을 명확히 규정한다.
④ 재료나 구성, 생물종은 원거리에서 도입한다.

해 ④ 재료나 도입생물은 그 지역 내의 산물을 사용한다.

28. 하천·호수환경 친환경적인 세부 규제지침의 설명으로 옳지 않은 것은?

① 건축물의 용도별 또는 지역단위별 최대층수를 설정
② 소지역단위의 쓰레기 적환장, 분리수거시설 설치
③ 생태적 가치가 있는 하천, 호수 경작지(농경지, 과수원 등) 보전
④ 소지역 단위별 오수처리장의 건설비와 처리비용은 수익자 부담

해 소지역 단위별 오수처리장의 건설비는 지자체, 처리비용은 수익자가 부담한다.

29. 환경호르몬이 포함된 것으로 추정되는 물질이 아닌 것은?

① 유리 및 사기용기　② 폐건전지
③ 중금속　④ 식품첨가물

30. 해양생태계에 기름유출로 인한 영향으로 가장 거리가 먼 것은?

① 자체 독성에 의한 생물 폐사
② 기름 막에 의한 산소전달 방해
③ 조류 이동에 따른 광범위한 피해지역 발생
④ 일시에 많은 양의 탄소원이 바다에 공급되므로 세균의 급격한 증가

31. 해안매립지를 활용한 공단조성의 녹화 계획시 고려해야 할 사항과 가장 거리가 먼 것은?

① 방풍림의 조성
② 제염을 위한 식재기반 조성
③ 인공경량토를 활용한 식재기반 조성
④ 인근 해안 및 도서지방의 자생수종 도입

32. 양서·파충류 조사방법 중 간접확인 방법에 해당하지 않는 것은?

① 울음소리　② 포충망 이용
③ 허물 흔적　④ 청문 조사

해 양서·파충류 조사방법
· 직접확인 방법: 포충말, 뜰채, pitfall trap 이용
· 간접확인 방법: 울음소리, 허물 흔적, 청문조사

33. 세계의 허파 역할을 하고 있는 열대림이 점차 사라지고 있는 이유에 해당되지 않는 것은?

① 국립공원의 확대
② 상업적 벌채
③ 방목과 수출 농업
④ 화전에 의한 자급농업

해 열대림의 감소와 악화의 원인은 열대 지역의 인구 증가, 과다한 화전이동경작, 과도한 방목, 화재, 선진국에 의한 상업용 벌채 등의 요인이 있다.

34. 각종 개발계획이나 개발 사업을 수립·시행함에 있어서 타당성 조사 등 계획 초기단계에서 입지의 타당성, 주변 환경과의 조화 등 환경에 미치는 영향을 고려토록 함으로써 개발과 보전의 조화를 도모하고자 도입된 제도는 무엇인가?

① 환경영향평가제도
② 사전환경성검토제도
③ 토지환경성평가제도
④ 종점평가제도

35. 다음 중 난개발과 지속가능한 개발과의 비교 설명이 잘못된 것은?

| | 난개발 | 지속가능개발 |
|---|---|---|
| ㉠ 수용인구 | 물리적 수용능력 범위내에서 산정 | 환경용량범위 내에서 수용능력 판단 |
| ㉡ 이론 | 갈등이론 | 협력이론 |
| ㉢ 접근법 | 통합적 접근 | 분야별 접근 |
| ㉣ 개발방법 | 피해받기 쉬운 개발 | 피해받지 않는 개발 |

① ㉠　② ㉡
③ ㉢　④ ㉣

해 지속가능개발은 난개발의 분야별 접근법에 비해 전 부문의 통합적 접근에 기반한다.

정답 ➔ 28. ④　29. ①　30. ④　31. ③　32. ②　33. ①　34. ②　35. ③

36. 현행 우리나라 환경정책의 기본적인 계획체계를 바르게 나열한 것은?

① 국가환경종합계획 – 시·군·구 환경보전계획 – 시·도 환경보전계획
② 국가환경종합계획 – 자연환경보전계획 – 시·도 환경보전계획
③ 국토종합계획 – 환경보존장기종합계획 – 시·도 환경보전계획
④ 국가환경종합계획 – 시·도 환경보전계획 – 시·군·구 환경보전계획

37. 다음 중 지속가능성 이념과 공간계획 개념과의 연결이 옳지 않은 것은?

① 친환경 – 환경창조
② 자연의 이용성 – 보전적 개발
③ 사회적 형평성 – 환경정의 실현
④ 경제적 효율성 – 생태적 효율성

38. 종 다양성에 대한 설명 중 옳지 않은 것은?

① 군집 내 한 종이 우세한 경우 종 다양성은 감소한다.
② 종 다양성은 환경스트레스와 역의 관계가 있다.
③ 종 다양성은 군집의 내부보다 인접한 군집과의 경계부에서 더 높다.
④ 고립된 섬의 군집은 유사한 환경의 대륙의 것보다 종 다양성이 높다.

해 지리적으로 고립된 섬이나 산꼭대기는 종 다양성이 낮다.

39. 도시의 대기정화를 고려한 녹화수종의 선정 시 고려해야할 사항이 아닌 것은?

① 이식을 비롯한 제반 유지관리가 용이 할 것
② 대기 오염물질의 흡수 또는 흡착능력이 뛰어날 것
③ 번식이 용이하고 시장성이 높아 구입 및 조달이 용이할 것
④ 식물체의 생리적인 변화에 따라 오염물질제거 능력이 민감하게 차이날 것

40. 다음 중 환경의 일반적인 특성과 거리가 먼 것은?

① 환경문제는 넓은 지역에서 일어나는 광역성을 가지고 있다.
② 환경문제는 여러 변수에 의해 일어남으로 상호 관련성이 높다.
③ 환경문제는 사용 가능한 에너지를 줄이므로 엔트로피를 감소시킨다.
④ 환경문제는 일정 정도까지는 회복이 가능한 탄력성을 가질 수 있다.

해 엔트로피란 사용 가능한 에너지에서 사용 불가능한 에너지(쓰레기)로 변화하는 현상을 말하는데, 자원의 사용에 따라 자원의 감소, 환경오염의 증가, 쓰레기의 발생이 필연적으로 따른다. 따라서 엔트로피는 증가하게 된다.

## 제3과목 생태복원공학

41. 수질정화를 위한 인공습지의 분류 중에서 습지의 원지반을 굴착하고 여기에 입자가 큰 토양 또는 자갈 등의 여재를 채운 습지의 형태를 무엇이라고 하는가?

① 지하 흐름형 습지
② 지표 흐름형 습지
③ 지하 침투형 습지
④ 비점오염원 처리 습지

42. 멀칭은 어떤 특정한 재료를 사용하여 토양을 피복하거나 보호하여서 식물의 생육을 도와주는 역할을 한다. 멀칭(mulching)의 효과로 틀린 것은?

① 토양의 침식을 방지한다.
② 토양의 수분이 유지된다.
③ 잡초의 발생이 억제된다.
④ 멀칭은 태양열의 복사와 반사를 증가시킨다.

43. 옥상녹화의 장점 중 생태학적 장점이 아닌 것은?

① 수자원 보호
② 대기 정화기능
③ 도시 열섬현상 감소
④ 야생동식물 서식처 제공으로 생태네크워크의 점적 역할

44. 생태적 빗물관리 시스템의 전처리시설 유형 중 다음의 특징을 나타내는 것은?

 정답 ➔ 36. ④ 37. ② 38. ④ 39. ④ 40. ③ 41. ① 42. ④ 43. ② 44. ③

-주변경관과의 조화
-생물서식공간으로 기능
-유기물 함량이 높고 수량이 많은 곳에 적합
-지속적으로 수량이 유입되어야 최대 정수 효과

① 침전정 ② 침전연못
③ 수질정화 식생대 ④ 오니제거 침투정

45. 산림식생을 조사하는데 있어서 총 20개의 표본구를 설치하였는데, 이 중에서 갈참나무가 한 그루 이상 출현한 표본구의 수가 5개이었다. 이 지역에서의 갈참나무 빈도는 얼마인가 ?

① 0.2 ② 0.25
③ 0.3 ④ 0.35

해 $\frac{\text{출현 표본구}}{\text{총 표본구}} = \frac{5}{20} = 0.25$

46. 수질오염을 유발하는 오염원으로 크게 점오염원과 비점오염원으로 구분할 수 있는데, 다음 중 점오염원인 것은?

① 도로 노면의 퇴적물
② 가정에서 발생하는 하수
③ 초지에 방목된 가축의 배설물
④ 농작물에 흡수되지 않는 비료와 농약

해 점오염원은 특정지역에 집중되어 대량으로 배출되는 배출원으로 배출구 및 배출단위의 파악이 가능한 오염원을 말하며 가정하수, 산업폐수, 축산폐수 등이 있다.

47. 벽면 생물서식공간을 조성하기 위한 덩굴식물 가운데 감기형식물을 이용하고자 한다. 다음 중 감기형식물에 해당하는 것은?

① 담쟁이덩굴 ② 송악
③ 인동덩굴 ④ 모람

해 감기형식물에는 인동덩굴, 등나무, 으름덩굴, 노박덩굴, 으아리, 멀꿀, 다래 등이 있다.

48. 암반녹화공법 중 암반녹화식생으로 이용되지 않는 것은?

① 담쟁이 ② 환삼덩굴
③ 줄사철 ④ 등나무

해 환삼덩굴은 한해살이풀이므로 지속성이 없어 이용되지 않는다.

49. 복원할 지역에서 식물상 조사를 한 결과 조사지역의 전체 식물종 수는 50종이었고, 이 중에서 귀화식물종의 수는 20종이었다. 이 지역의 귀화율은 얼마인가?

① 30% ② 40%
③ 50% ④ 250%

해 $\text{귀화율} = \frac{\text{귀화식물종수}}{\text{총 출현식물종수}} \times 100(\%)$

$\rightarrow \frac{20}{50} \times 100 = 40(\%)$

50. 생태계 보전 및 복원을 위한 목표종 중 우산종(umbrella species)에 대한 설명으로 맞는 것은?

① 군집에 중요한 역할을 수행하는 종
② 유사한 서식지나 환경조건에 발생하는 군락을 대표하는 종
③ 서식지의 축소, 생물학적 침입, 남획 등으로 절멸의 우려가 있는 종
④ 영양단위의 최상위에 위치하는 대형 포유류나 맹금류 등 서식에 넓은 면적을 필요한 종

해 우산종은 영양단위의 최상위에 위치하는 대형 포유류나 맹금류 등 서식에 넓은 면적을 필요로 하며, 지키면 많은 종의 생존이 확보된다고 생각되는 종을 말한다.

51. 도로비탈면의 토양에 대한 설계표준치로 옳지 않는 것은?

① 토양경도 : 지표경도 23㎜이하
② 투수계수 : 이상
③ 유효수분 : 이상
④ pH : 7.7 ~ 8.5

해 ④ pH : 5.0 ~ 7.5

52. 다음 중 야생동물의 이동통로 조성기법으로 볼 수 없는 것은?

① 지형복원 ② 식생복원
③ 농경지 복원 ④ 생물서식기반 복원

정답 ➔ 45. ② 46. ② 47. ③ 48. ② 49. ② 50. ④ 51. ④ 52. ③

53. 자연공원의 용도지구 중 공원자연보존지구에 대한 설명 중 틀린 것은?

① 경관이 특히 아름다운 곳
② 생물다양성이 특히 풍부한 곳
③ 완충공간으로 보전할 필요가 있는 곳
④ 자연생태계가 원시성을 지니고 있는 곳

해 공원자연보존지구는 생물다양성이 특히 풍부한 곳, 자연생태계가 원시성을 지니고 있는 곳, 특별히 보호할 가치가 높은 야생 동식물이 살고 있는 곳, 경관이 특히 아름다운 곳을 말한다.

54. 수목의 식재기반 재료로 유기질 토양개량자재들을 쓰고 있다. 다음 중 유기질 토양개량자재로 맞지 않는 것은?

① 왕겨　② 수피
③ 제올라이트　④ 소, 돼지, 닭, 분뇨

해 무기질토양개량자재는 암석, 광물계통의 재료로 펄라이트, 버미큘라이트, 제올라이트, 벤토나이트, 세라소일 등이 있다.

55. 다음 습지에 대한 설명 중 옳지 않는 것은?

① 영양물질이 높고 생산성이 높은 생태계임
② 육상생태계와 수생생태계가 만나는 일종의 전이지대
③ 습윤지대로서 일반적으로 종다양성이 낮은 곳을 말함
④ 영구적 또는 일시적으로 습윤상태를 유지하면서 특별히 그 상태에 적응된 식생이 서식하고 있는 곳

해 습지는 육상생태계와 수중생태계가 균형을 이루는 전이지대로 다양한 서식지가 조성되어 생물다양성이 높고 환경의 보전에 있어서도 중요한 지역을 말한다.

56. 다음 중 국소적인 산림생태계 복원사업의 유형으로 볼 수 없는 것은?

① 한라산 정상 복원
② 지리산 등산로 복원
③ 자병산 훼손지 복원
④ 설악산 대청봉 훼손지 복원

57. 토양 생성인자의 작용에 의하여 분화·발달한 층위 중 [보기]는 어떤 층에 대한 설명인가?

| –고사목, 나뭇가지, 낙엽 및 기타 동식물의 유체 등으로 구성된 층<br>–식생이 풍부한 중위도 지대나 분해가 느린 고위도 습윤 냉대에서 여러 가지 형태의 층을 볼 수 있음 |
|---|

① A층　② O층
③ B층　④ C층

58. 다음 중 토양의 토성에 관한 설명으로 옳지 않은 것은?

① 사질토는 토성이 거칠고 모래의 성분이 많은 토양이다.
② 토양의 물리적 성질 등 중에서 가장 기본이 되는 성질이다.
③ 식질토양은 토성이 아주 고운데 양토, 식양토, 식토 등으로 분류할 수 있다.
④ 점토는 수분이 많은 조건에서는 가소성과 응집성을 가지며 건조해지면 단단한 덩어리로 된다.

해 ③ 양토는 식질토양에 속하지 않는다.

59. 해안생태계 복원에 있어서 조류와 인간의 거리에 대한 배려가 필요하다. 다음 중 비간섭거리를 설명하는 것은?

① 사람이 접근할 때 단숨에 장거리를 날아가면서 도피를 시작하는 거리
② 사람의 모습을 알아차리면서도 달아나거나 경계의 자세를 취하지 않는 거리
③ 사람이 접근하면 수십 cm에서 수 m를 걸어 다니거나 또는 가볍게 뛰기고 하면서 사람과 일정한 거리를 유지하려고 하는 거리
④ 이제까지 계속하고 있던 행동을 중지하고 사람쪽을 바라보거나 경계음을 내거나 또는 새의 꽁지와 깃을 흔드는 행위를 하는 거리

해 ① 도피거리, ③ 회피거리, ④ 경계거리

60. 생울타리 조성시 사용되는 수종으로 갖추어야 될 조건으로 적당하지 않은 것은?



정답 ➔ 53. ③ 54. ③ 55. ③ 56. ③ 57. ② 58. ③ 59. ② 60. ③

① 그늘에서도 잘 자라고 아래가지가 고사하지 않아야 한다.
② 재생력이 강하여 전정을 하여도 가지에서 눈이 잘 나는 것이어야 한다.
③ 겨울철 외내부의 관찰을 고려하여 낙엽수종으로 가지가 치밀한 것이 좋다.
④ 공해에 강하고 잎의 외관이 아름답고 조밀한 것이 좋다.

해 생울타리 기능을 계속 유지할 수 있도록 상록수종을 사용하는 것이 좋다.

## 제4과목 **생태조사방법론**

61. 다음 중 생태계에서 생산력에 관한 설명으로 옳지 않은 것은?

① 1차 총생산력 : 측정기간 동안 호흡으로 사용되는 유기물을 포함한 광합성의 총량
② 1차 순생산력 : 측정기간 동안 호흡에 사용되는 유기물을 뺀 식물 조직 내에 축적되는 유기물의 양
③ 군집 순생산력 : 일정한 기간(보통 발육기간) 또는 1년 동안 종속영양생물에게 이용되지 않는 유기물 축적량
④ 2차 생산력 : 먹이를 섭취한 종속영양생물이 호흡에 사용되는 에너지를 포함한 모든 에너지의 양

해 2차 생산력이란 소비자 단계에서 다른 생물체(식물 또는 동물)를 먹고 사는 생물체가 생산한 새로운 동화량으로서 유기물이 전환되어 축적된 에너지의 양을 말한다.

62. 포장용수량(field capacity)의 설명으로 옳은 것은?

① 식물의 생육에 가장 적합한 수분조건
② 모세관수가 제거된 상태의 토양수분함량
③ 포장용수량에 해당하는 수분함량은 사질함량이 많은 토양일수록 많아진다.
④ 포장용수량에 위조점 수분함량을 더하면 유효수분의 함량이 된다.

해 포장용수량이란 토양의 비모세관 공극을 채우고 있던 중력수가 빠져나가고 모세관 공극을 채운 물만 남아 있는 상태로 유효수분의 상한을 말한다.–흡착력 1/3bar(pF 2.54)

63. 연못에서 어류의 밀도를 표지법으로 측정할 때 만족하여야 할 조건은?

① 표지된 개체가 연못에 고르게 퍼져야 한다.
② 포획 될 확률이 개체 크기에 비례하여야 한다.
③ 표지된 개체가 포식자에게 쉽게 노출되어야 한다.
④ 표지 안 된 개체가 죽더라도 표지된 개체는 죽어서는 안된다.

해 표지법의 가정
·모든 개체는 포획될 확률이 같으며, 고르게 퍼져 있어야 한다.
·모든 개체는 출생, 사망, 이출·입의 기회가 같다.
·표지된 개체가 포식자에게 쉽게 포식되거나 표지방법이 개체의 사망률을 증대시킬 경우 이 방법을 적용시킬 수 없다.

64. 다음 중 측구법에 대한 설명으로 옳지 않은 것은?

① 방형구의 크기는 최소역을 기준으로 한다.
② 방형구의 모양은 반드시 정사각형이 되어야 한다.
③ 군집의 종류와 조사목적에 따라 측구의 넓이, 모양, 설치 횟수, 설치하는 위치를 적절히 선정한다.
④ 정확성을 높이기 위해서는 반드시 무작위추출을 해야 한다.

해 방형구의 모양은 정방형이나 장방형일 수도 있으며 경우에 따라 원형도 가능하다.

65. 종 다양도지수에 대한 설명으로 옳은 것은?

① 종 다양도지수는 종 균등도에 영향을 받지 않는다.
② 종 수가 적은 군집의 종 다양도지수가 종 수가 많은 군집보다 클 수 있다.
③ 종 다양도지수는 같은 생물군집에서는 조사면적에 관계없이 같게 나타난다.
④ 샤논–워너(Shannon–Wiener) 종 다양도지수는 0부터 1까지의 범위를 가지며 값이 클수록 다양성이 높다.

66. 생태조사 절차 중 일반적으로 가장 최종적으로 수행하게 되는 절차는?

① 자료 수집

정답 → 61. ④ 62. ① 63. ① 64. ② 65. ② 66. ③

② 조사목적의 인지
③ 문제점 및 대안제시
④ 조사대상 우선순위 결정

67. 식물군집의 개념에 대한 불연속설(유기체설)에 따라 군집을 분류하는 방법에 대하여 바르게 설명한 것은 [보기]에서 모두 고른 것은?

> ㉠ 군집을 분류하기 전에 먼저 넓은 지역을 두루 답사하여 군집의 유형을 구별한다.
> ㉡ 서식지의 환경구배에 따라 식생을 배열하는 서열법만을 이용하여 군집을 조사한다.
> ㉢ 비슷한 생육지와 상관이 되풀이하여 나타나는 균질한 식분 중에서 그 지역을 대표하는 것을 주관적으로 선정한다.

① ㉠, ㉡　② ㉠, ㉢
③ ㉡, ㉢　④ ㉠, ㉡, ㉢

68. 선차단법(line intercept)에 의한 군집조사를 나타낸 그림의 방법을 바르게 설명한 것은?

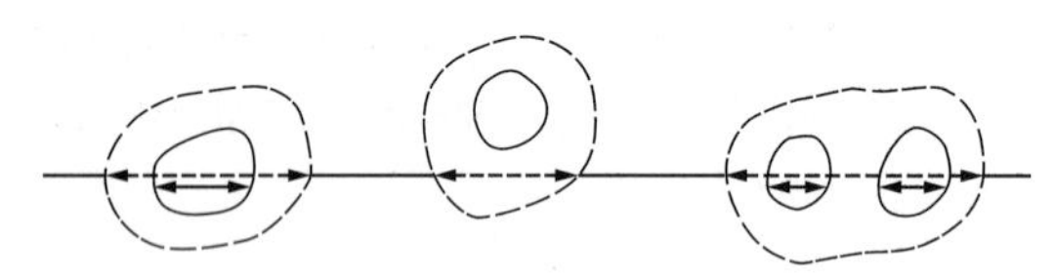


① 일반적으로 방형구법보다 시간과 노력이 많이 필요하다.
② 층구조가 복잡한 식물군집에서는 각 층을 구분하여 조사한다.
③ 이 방법으로 측정한 피도는 방형구법으로 측정한 결과와 같다.
④ 식물 개체 사이의 구분이 곤란한 초지군집에서는 이용할 수 없다.

69. 식물사회학적 명명규약에 따른 식생단위의 어미 중 군집에 해당하는 것은?

① −etea　② −ion
③ −etum　④ −osum

해 식생단위의 어미
① 군집(association):−etum
② 군단(alliance):−ion, 아군단(suballiance):−enion
③ 군목(order):−etalia, 아군목(suborder):−enalia
④ 군강(class):−etea, 아군강(subclass):−enea

70. 생태적 지위(niche)를 구분할 때 속하지 않는 것은?

① 공간적 지위　② 영양적 지위
③ 시간적 지위　④ 다차원적 지위

71. 분석을 위하여 토양 시료를 준비할 때 사용하는 일반적인 체눈의 크기는 얼마인가?

① 1㎜　② 2㎜
③ 3㎜　④ 4㎜

72. 중요치(importance value)의 설명으로 가장 거리가 먼 것은?

① 어느 종의 상대밀도, 상대빈도, 상대피도를 합한 값이다.
② 중요치가 가장 큰 종이 그 군집의 우점종이다.
③ 군집에서 어느 한 종의 중요도는 0~3.0의 범위에 속한다.
④ 중요치가 큰 종은 생물량도 크다.

73. 다음 중 1차천이(primary succession)에 해당되는 것은?

① 휴경지에서 시작되는 천이
② 사구에서 시작되는 천이
③ 산화지에서 시작되는 천이
④ 기존 식생이 교란된 지역에서 시작되는 천이

해 1차 천이 : 화산 분지와 같이 토양층이 없고 식생도 존재하지 않는 상태에서 시작하는 천이로 암반, 삼각주, 사구, 화산섬, 용암류 등이 있다.

74. Braun−Blanquet법으로 온대지방에서 식물군락의 계층구조를 조사할 때 최소 조사면적이 가장 큰 대상은?

① 초지　② 관목림
③ 교목림　④ 선태류


정답 ➔ 67. ② 68. ② 69. ③ 70. ③ 71. ② 72. ④ 73. ② 74. ③

해 식물군집의 최소면적(온대림)
- ·교목림 : 200~500㎡
- ·관목림 : 50~200㎡
- ·건생초지 : 50~100㎡
- ·습생초지 : 5~10㎡
- ·선태류, 지의류 : 0.1~4㎡

**75. 다음 중 종 다양성에 대한 설명으로 옳은 것은?**

① 군집 내 서식하는 모든 종의 개체수 총합
② 군집 내 서식하고 있는 종의 풍부도와 균등도의 조합
③ 군집 내 일정지역에 서식하는 1차 생산자의 개체수
④ 한 표현형의 개체군에 대한 상대적 평균 기여도로 측정되는 개체 간 인구통계적 차이의 정도

**76. 다음 중 하위 표본추출에 해당하는 것은?**

① 야외에서 얻은 생태학적 표본
② 야외에서 얻은 표본 중에서 무작위로 선택한 표본
③ 야외에서 얻은 표본 중에서 주관적으로 선택한 표본
④ 기존의 참고자료에서 주관적으로 선택한 표본

해 하위표본추출은 전체 모집단에서 표본을 추출하는 것이 아니라 모집단을 동질적인 하위집단으로 나누고 이러한 하위집단으로부터 무작위 추출하여 표본을 추출하는 조사방법을 말한다.

**77. 대기환경요인(기후)에 대한 설명 중 옳지 않은 것은?**

① 월터(Walter, 1975)가 제안한 기후도(Climate-diagram)는 대상지역의 월평균기온과 월평균 강수량을 선으로 연결한 것이다.
② 기라(Kira, 1949)가 제안한 온량지수(warmth index)와 한랭지수(coldness index)는 식물의 수평분포를 해석하는 지표로 이용되고 있다.
③ 대기후(macroclimate)는 기상대의 관측자료를 이용하여 분석하지만 미기후(microclimate)는 연구자가 직접 측정하여 분석한다.
④ 손수웨이트(Thornthwaite, 1931)가 제안한 강수량-잠재증발산량 그래프는 그 지역의 수분상태를 한 눈에 알아 볼 수 있는 특징이 있다.

해 ① 월터(Walter, 1975)가 제안한 기후도(Climate-diagram)는 대상지역의 기후요인과 식물의 성장을 한눈에 알 수 있게 그림으로 표현한 것이다.

**78. 다음 중 토양의 밀도에 가장 적게 영향을 미치는 요인은?**

① 식물의 뿌리　　② 유기물의 양
③ 토양의 치밀성　　④ 토양의 온도

**79. 작열감량(Loss-on-ignition)법에 대한 설명으로 옳지 않은 것은?**

① 유기물을 작열하기 전에 토양수분함량을 측정한다.
② 수분을 제거하기 위해 도가니에 넣은 생토를 50℃에서 2시간 가열한다.
③ 유기물을 연소시키기 위해 550℃의 용광로에서 4시간 정도 가열한다.
④ 용광로에서 꺼낸 든 시료 도가니는 데시게이터에서 식힌다.

해 작열감량법은 토양시료를 오븐에서 105℃로 가열하여 토양내의 토양수분을 제거한다.

**80. 곤충채집 방법으로 적당하지 않은 것은?**

① 끈끈이 채집법(sticky trap)
② beating법
③ 포충망법(sweeping)
④ Field-sign

해 곤충채집방법으로는 포충망법(sweeping), 털어잡기망법(beating), 먹이를 이용하는 방법, 끈끈이 채집(sticky trap), 등화채집법(light trap) 등이 있다.

정답 ➔ 75. ② 76. ② 77. ① 78. ④ 79. ② 80. ④

# ∻ 2016년 자연생태복원산업기사 제 1 회

2016년 3월 6일 시행

## 제1과목 환경생태학개론

01. 녹색식물의 일차생산력 효율에 미치는 중요한 요인이라고 할 수 없는 것은?

① 식물의 잎 면적 지수
② 잎의 중량과 수관의 높이
③ 태양에너지의 강도
④ 종속영양체의 섭식과 배출

02. 안정된 pH의 호수 물에서 무기탄산화합물의 가장 보편적 형태는?

① $CO_2$　② $H_2CO_3$
③ $HCO_3$　④ $CO_3^{2-}$

해 $CO_2$(이산화탄소), $H_2CO_3$(탄산), $HCO_3$(중탄산이온), $CO_3^{2-}$(탄산이온)

03. 제주도와 관계가 먼 생태계는?

① 초원　② 온대 낙엽수림
③ 열대우림　④ 아고산 활엽수림

해 ③ 열대우림은 북미의 북서부, 남미의 아마존, 서부아프리카, 인도네시아 등 고온다습한 기후대를 형성하는 지역에서 나타난다.

04. 빈영양(oligotrophic)과 부영양(eutrophic) 호수의 일반적인 특성으로 가장 거리가 먼 것은?

① 생산력은 빈부영양호보다 부영양호에서 높게 나타난다.
② 부영양호에서는 빈영양호보다 조류의 대발생 빈도가 높다.
③ 대부분의 부영양호보다 빈영양호의 수심이 얕다.
④ 질소, 인 등의 영양물질 농도는 부영양호에서 높은 수준을 보인다.

해 ③ 일반적으로 부영양호는 수심이 비교적 얕다.

05. 오직 하나뿐인 지구(the only one earth)라는 표어 하에 환경보전을 위한 UN인간환경회의(UN Conference on the Human and Environment)가 열린 시기(년도)와 개최지는?

① 1970, 런던　② 1972, 스톡홀름
③ 1973, 파리　④ 1975, 동경

06. 밀도측정법이 아닌 것은?

① 전수조사　② 구획법
③ 재포획법　④ 방형구법

해 밀도측정법에는 ①③④ 외에 제거법, 거리법 등이 있다.

07. 생태계에서 영양물질 중 기체형(gaseous)순환을 하는 물질은?

① 칼슘　② 황
③ 인　④ 마그네슘

08. 생물종다양성지수에 대한 설명으로 가장 거리가 먼 것은?

① 종풍부도와 상대밀도에 의해 결정된다.
② 우점도지수가 클수록 다양성지수도 증가한다.
③ 보통 Shannon Index로 나타내곤 한다.
④ 군집외부의 작은 교란은 다양성을 증가시킨다.

해 우점도가 높다는 것은 한 종의 비중이 크다는 것이므로 종다양성은 낮아진다.

09. 육상생물의 중요한 환경요인으로만 구성된 것은?

① 광선, 온도, 물
② 광선, 온도, 염분
③ 광선, 온도, 산소
④ 광선, 온도, 이산화탄소

10. 호소에서 정수식물이 자라는 가장자리의 얕은 지역은?

① 조광대(limnetic zone)
② 심저대(profundal zone)
③ 연안대(littoral zone)
④ 심해대(abyssal zone)

해 ③ 연안대는 호안의 가장자리 지역으로 빛이 바닥까지 도달하는 수심이 얕은 지역을 말한다.



정답 ➔ 01. ④ 02. ③ 03. ③ 04. ③ 05. ② 06. ② 07. ② 08. ② 09. ① 10. ③

11. 어떤 종의 총 개체수가 45이고, 총 출현종의 총 개체수가 400일 때, 이 종의 상대밀도는 ?

① 8.25% ② 9.25%
③ 10.25% ④ 11.25%

해 상대밀도 = $\frac{\text{한 종의 개체수}}{\text{전체 종의 개체수}} \times 100(\%)$

→ $\frac{45}{400} \times 100 = 11.25(\%)$

12. 부영양화의 정도 및 증상 감소를 위한 가장 효과적인 방법은?

① 화학적 처리 ② 강제순환
③ 영양물질 차단 ④ 저질토 도포

13. 여울(riffle)과 소(pool)가 있으며 생물 서식장소의 연속성을 고려해야 하는 생태계는?

① 연안 ② 습지
③ 유수 ④ 정수

14. DDT에 관한 설명으로 가장 거리가 먼 것은?

① 살충제로 사용되기도 하였다.
② 지방과 결합하는 특성이 있어서 체내에 오래 잔류할 수 있다.
③ 1962년 카슨(R.L.Carson)의 '침묵의 봄'을 통해 생물종의 멸종 우려가 소개되기도 하였다.
④ 유지방에는 용해되지 않으므로 오염된 모체로 인한 자손에 미치는 영향은 없다.

해 ④ DDT의 영향에는 오랜 잔류성, 생체내의 축적, 생물학적 농축 등이 있다.

15. 생물다양성 유지를 위한 보호지구 설정을 위해 흔히 이용하는 도서생물 지리 모형(island biogeographical model)의 내용과 가장 거리가 먼 것은?

① 보호지구는 여러 개로 분산시킨다.
② 보호지구는 넓게 조성한다.
③ 보호지구는 서로 연결시킨다.
④ 보호지구의 형태는 원형에 가까운 것이 유리하다.

해 ① 큰 면적 하나가 작은 면적 여러 개보다 종의 보존에 더 효과적이다.

16. 난대지역 육상생태계의 일반적인 천이계열은?

① 호소 → 소택지 → 초원 → 상록활엽수림
② 황원 → 초원 → 관목림 → 상록활엽수림
③ 황원 → 소택지 → 관목림 → 상록활엽수림
④ 상록활엽수림 → 관목림 → 초원 → 황원

17. 생태계 피라미드에 대한 설명으로 가장 거리가 먼 것은?

① 영양단계에 따라 생산자, 1차 소비자, 2차 소비자, 분해자 등의 구조를 이룬다.
② 생산자는 독립영양자로 식물과 같이 광합성을 통해 영양물질을 공급한다.
③ 1차 소비자는 독립영양자로 초식동물이 해당된다.
④ 2차 소비자는 종속영양자로 육식동물이 해당된다.

해 ③ 소비자에는 독립영양자가 없다.

18. 효소 중 molybdoferredoxin이나 azoferredoxin 등에 의해 관여되는 반응은?

① 암모니아화 ② 탈질산화
③ 질소고정 ④ 질산화

19. 일반적으로 밝혀진 환경호르몬에 대한 설명으로 가장 거리가 먼 것은?

① 생체 내 호르몬과 달리 쉽게 분해되지 않는다.
② 생태계 또는 생체 내에 수년간 잔류한다.
③ 친수성의 물질로 생체 내 단백질 및 조직에 농축된다.
④ 환경호르몬의 작용은 호르몬 수용체와의 결합 과정에서 나타난다.

20. 담수습원의 특징으로 옳은 것은?

① 고등식물과 동물의 다양성이 염습원보다 적다.
② 담수습원에서는 발효 미생물과 메탄형성 미생물이 우세하다.
③ 섬유질이 포함된 습원초본류가 우점하여 일년 내내 비슷한 임상을 형성한다.
④ 1차 생산은 어류, 새우, 조개류에 축적된다.

정답 ➔ 11. ④ 12. ③ 13. ③ 14. ④ 15. ① 16. ② 17. ③ 18. ③ 19. ③ 20. ②

제2과목 **환경학개론**

21. 토지환경성평가와 관련된 설명으로 가장 거리가 먼 것은?
   ① 관리지역 세분을 위한 평가와 기타 도시관리계획 입안을 위한 평가로 구분
   ② 환경자원의 지속 가능한 보전을 통한 토지의 생태적 건강성, 환경정의(세대간 형평성), 어메니티를 도모하기 위해 시행
   ③ 환경적합성 분석(Environmental Suitability Analysis) 과정을 거침
   ④ 환경적으로 민감한 지역이나 장래 개발압력에 대응한 보전 필요 지역을 선정하기 위해 시행

해 토지환경성평가란 인근 개발입지로 인한 특정 토지의 환경적 영향의 정도를 평가하는 환경계획 및 환경영향평가의 한 과정이라고 할 수 있다.

22. 환경정책기본법에 나타난 '국가환경종합계획'에 대한 설명으로 틀린 것은?
   ① 환경부장관이 20년마다 수립
   ② 국무회의 심의를 거쳐 확정
   ③ 환경변화여건, 환경현황 및 전망 등을 포함
   ④ 국가환경종합계획을 수립 변경한 경우 6개월 이내 관계 중앙행정기관의 장에게 통보

해 ④ 환경부장관은 제14조에 따라 수립 또는 변경된 국가환경종합계획을 지체 없이 관계 중앙행정기관의 장에게 통보하여야 한다.

23. 기존 산업단지가 안고 있는 환경문제를 해소하기 위해 생산 공정에서 배출되는 부산물 · 폐기물 · 폐에너지 등을 상호 이용할 수 있도록 기업과 기업을 생태학적으로 연결하는 생태산업단지의 계획에 있어 우선적으로 고려되어야 할 사항이 아닌 것은?
   ① 산업단지의 전체적 물질흐름과 폐기물 관리를 위한 부산물 상호 교환 인프라의 조성
   ② 공장간 에너지 흐름의 효율성 제고 및 재생가능 에너지의 활용
   ③ 기업간 생산공정을 고려한 업종과 업체의 선정
   ④ 환경영향을 고려한 수종 및 조경설계

24. 국토의 계획 및 이용에 관한 법률에서 분류하는 용도지역의 관리지역에 해당하지 않는 곳은?
   ① 준농림관리지역 ② 계획관리지역
   ③ 생산관리지역 ④ 보전관리지역

25. 개체군의 생활사에 따른 분류 중 K-선택 생물에 대한 설명으로 옳은 것은?
   ① 어릴 때 사망률이 높다.
   ② 크기가 작은 다수의 자손을 생산한다.
   ③ 경쟁력이 낮다.
   ④ 생활사가 길다.

26. 생물다양성 감소에 대한 대책으로 부적절한 것은?
   ① 보전생물학의 연구 지원
   ② 대중인식 증대
   ③ 열대지역 나라에게 경제적 유인책 제공
   ④ 다양한 외래종의 도입 및 성공적인 정착

27. 다음 설명에 해당되는 용어는?

| 자원의 이용가능성은 무한한 것이 아니므로 시설용량의 측면에서 토지이용의 밀도나 개발용량에 한계가 있다. |
|---|

   ① 환경수용력 ② 상호작용
   ③ 지속가능성 ④ 생태복원

28. 지속가능한 개발의 원칙에 맞지 않은 것은?
   ① 자급경제의 원칙
   ② 시민참여 및 사회형평의 원칙
   ③ 미래세대에 대한 배려의 원칙
   ④ 환경 수용능력 확대의 원칙

해 지속가능한 개발의 원칙에는 ①②③ 외에 공생의 원칙, 조화의 원칙, 번영의 원칙, 자연보호의 원칙, 오염자부담의 원칙, 예방적 조치의 원칙, 생태적 원리의 반영원칙, 정보공개 및 참여의 원칙 등이 있다.

29. 습지보전법상 습지보전계획수립에 관한 규정 중 ( )에 알맞은 내용이 바르게 나열된 것은?



정답 → 21. ① 22. ④ 23. ④ 24. ① 25. ④ 26. ④ 27. ① 28. ④ 29. ②

환경부장관은 습지조사의 결과를 토대로 ( ㉠ ) 마다 ( ㉡ )을 각각 수립하여야 하며, 환경부장관은 해양수산부장관과 협의하여 그 계획을 토대로 ( ㉢ )을 수립하여야 한다.

① ㉠5년, ㉡습지보전기본계획, ㉢습지보전실시계획
② ㉠5년, ㉡습지보전기초계획, ㉢습지보전기본계획
③ ㉠10년, ㉡습지보전기본계획, ㉢습지보전사업계획
④ ㉠10년, ㉡습지보전기초계획, ㉢습지보전실시계획

30. 자연형 하천계획에 있어서 생물서식처의 설계지침 중 잘못된 것은 ?

① 수로와 하천의 단면에서 그 폭과 깊이를 다양하게 한다.
② 퇴적물의 다양화(자갈, 모래사주)를 유도한다.
③ 낮은 조도값의 하상 및 하안재료를 선택한다.
④ 수달서식처를 조성하기 위해서는 최소 2~3킬로미터의 호소하안과 5킬로미터의 하천하안이 요구된다.

31. 자연환경보호지역 중 자연환경보전법에 근거하여 환경부장관이 지정 · 관리할 수 있는 지역은?

① 천연보호구역
② 수산생물보호수면
③ 생태 · 경관보전지역
④ 도시공원

32. 일반적인 식물원 및 수목원의 기능이 아닌 것은?

① 관광과 식물 판매
② 식물의 현지 외 보전지역
③ 휴식 및 레크레이션 공간의 제공
④ 식물의 학술적인 연구와 새로운 식물 육종

33. 서식 조건의 악화로 인하여 최근 합천호에 서식하는 잉어의 수가 감소하고 있다. 잉어의 개체군을 표지법(Capture-recapture method)의 방법으로 조사하기로 하고, 5월1일에 그물로 놓아 60마리를 잡아서 모두 등지느러미에 표지를 달아 방류하였다. 5월15일에 다시 그물로 놓아 80마리를 잡았는데, 이 때 등지느러미에 표지를 가진 잉어는 총 4마리였다. 추정되는 합천호 잉어의 총 개체수는?

① 600마리　　② 800마리
③ 1200마리　　④ 1600마리

해 총 개체군 크기 $N = \frac{n}{r} \times M$

M : 제1표본 표지된 개체수, n : 제2표본 개체수
r : 제2표본 중 표지된 개체수

$\rightarrow \frac{80}{4} \times 60 = 1200$(마리)

34. 생태환경적 요소에 대한 다음의 설명으로 가장 거리가 먼 것은?

① 주거단지계획에서 인동간격을 두는 가장 큰 이유는 일조권을 확보하기 위해서이다.
② 일반적으로 삼림식생은 일사량의 약 50%정도를 흡수한다.
③ 수직벽면에 덩굴성 식물을 이용할 경우 여름철에는 가로의 온도를 약 2~5℃정도 감소시키는 효과가 있다.
④ 보통 대화의 소음의 세기는 약 60dB 정도가 된다.

해 태양에서 지구에 이르는 일사에너지는 지표에 도달하면 그 일부는 반사된다. 이 반사율을 알베도(albedo)라고 하고, 산림에서의 알베도는 약 0.1이며, 일사에너지의 90% 정도는 산림에 흡수되고 있다.

35. 환경학에 관한 설명으로 가장 거리가 먼 것은?

① 환경학이란 인간의 활동과 환경과의 상호관계를 연구하는 학문이다.
② 환경에는 생태계 외 물, 공기, 토양 등은 포함되지 않는다.
③ 환경학은 다른 학문과는 달리 생존의 위협 속에서 그것을 극복하기 위해 태동하였다.
④ 인간의 활동은 의식주 외 사회, 경제활동 및 문화, 군사활동 등을 위해서 벌이는 활동이며 인간의 활동은 직·간접적으로 환경과 밀접한 연관이 있다.

36. 치수를 위해 원형을 훼손시킨 하천을 자연형으로 복

정답 ➔ 30. ③ 31. ③ 32. ① 33. ③ 34. ② 35. ② 36. ③

원하고 동시에 친수공간화 하기 위한 계획목표와 방법이 적절하게 연결되지 않은 것은?

① 생태계의 다양성 창출 – 다양한 식생대 창출
② 다이나믹한 하천의 속성 구현 – 자연하천의 사행 특성 활용
③ 호감가는 경관연출과 적절한 이용체계 – 하안으로의 접근성을 최대화 하기 위한 시설도입
④ 물과 녹음의 네트워크 형성 – 수계와 수림의 연계

37. 비탈면을 생태적으로 복원하기 위한 계획을 수립하려 한다. 다음 중 비탈면 환경복원녹화의 목적에서 가장 거리가 먼 것은?

① 아름다운 인조경관 조성
② 야생동물의 서식공간 조성
③ 단절된 자연환경과 생태계 회복
④ 안전하게 녹화하여 침식 붕괴 방지

38. 토지피복지도와 토지이용현황도의 설명이 각각 바르게 짝지어진 것은?

| | 토지피복지도 | 토지이용현황도 |
|---|---|---|
| ㉠ | 국토계획 및 관리를 위해 구축 | 환경계획 및 관리를 위해 구축 |
| ㉡ | 항공사진을 원시자료로 활용하여 1단계, 2단계, 3단계로 구분 | 위성영상자료를 원시자료로 활용하여 대분류, 중분류, 세분류로 구분 |
| ㉢ | 필지단위로 평가 | 지형을 기반으로 평가 |
| ㉣ | 토지표면의 현황을 표현 | 토지이용현황 및 미래를 표시 |

① ㉠　② ㉡
③ ㉢　④ ㉣

39. 환경친화적 주거단지계획의 기본목표에 맞지 않는 것은?

① 자연생태적 오픈스페이스 창출
② 쾌적한 단지분위기 연출
③ 주민공동시설의 확충
④ 적정한 물순환의 유지

40. 다음의 설명에 해당하는 것은?

> 광역 생태네트워크 계획의 핵심으로서 보전되는 “생물자연지구”에 서식하는 동식물종 중에서 대상 광역권의 네트워크 조성의 목적이 되는 종군

① 중심종군　② 목표종군
③ 대표종군　④ 가이드종군

## 제3과목 생태복원공학

41. 생태숲을 조성하기 위한 모델의 선정에 있어서 고려해야 할 사항이 아닌 것은?

① 수목위주가 아니라 식생군락을 모델로 제시한다.
② 관상의 가치가 있는 식생군락을 선정하는 것이 좋다.
③ 생태계의 질서가 유지될 수 있는 식생을 선정한다.
④ 식생모델 선정은 자생성이 높고 단층구조를 이루고 있는 군집을 선정한다.

해 ④ 생태숲 조성 시 총 수관면적 중 30% 이상은 복층림으로 조성한다.

42. 공간적 특성에 따른 야생화 초지의 유형 설명으로 가장 거리가 먼 것은?

① 자연지역의 초지는 광범위한 면적으로 다양한 수종으로 구성되어 있는 경우가 많다.
② 주거지내의 초지는 주요공간마다 도입하며, 때에 따라서는 옥상녹화의 형태로도 많이 활용한다.
③ 학교 내의 초지는 학습의 장으로도 이용되며 학생들이 직접 가꾸는 경우가 많다.
④ 도로변 식재 초지는 차량에서부터 나오는 오염에 강해야 하며, 야생동물의 이동통로로도 중요한 역할을 수행한다.

해 ① 자연지역의 초지는 광범위한 면적으로 다양하지 않은 수종으로 구성되어 있는 경우가 많다.

43. 어떤 한 종이 얼마나 넓은 지역에 걸쳐 출현하는가 하는 생육의 분포정도를 측정하는 기준은?

① 빈도　② 피도
③ 밀도　④ 수도



정답 → 37. ① 38. ④ 39. ③ 40. ② 41. ④ 42. ① 43. ①

44. 개체군의 생활사 전략 중에서 r- 선택 생물에 대한 일반적인 설명이 아닌 것은 ?

① 늦게 성숙　② 짧은 생활사
③ 1년생이 많음　④ 천이의 초기종에 해당

해 ① r-선택 생물은 발달과 생식이 빠르고 번식력이 높다.

45. 옥상 녹화에 있어서 건축물에 부담을 주는 하중에 대한 안정성이 확보된 경우, 생물서식 공간의 조성에 가장 알맞은 토양은?

① 인공토양
② 자연토양
③ 부엽토양
④ 인공토양이 섞인 자연토양

46. 녹지·수림의 환경보전기능이 아닌 것은?

① 대기정화 기능　② 침식완화 기능
③ 소음 방지 기능　④ 건강증진 기능

47. 식물 종간 또는 개체간 경쟁(경합)의 원인과 결과에 대한 설명으로 맞는 것은?

① 서로에게 피해를 준다.
② 한 측은 유리하나 다른 측에 피해를 준다.
③ 자원의 공급이 풍부하나 공통의 자원을 이용할 때 발생한다.
④ 자원의 공급이 부족하나 서로 다른 자원을 요구할 때 발생한다.

해 ① 생물들이 이들 자원을 취하는 과정에서 서로 해를 끼칠 때 경쟁이 발생한다.

48. 관목 덤불림의 식재 방법 중 매토종자에 의한 식재기법의 설명으로 가장 거리가 먼 것은?

① 인근지역의 토양을 도입하여 토양에 포함된 종자의 싹을 틔우도록 하는 방법을 매토종자에 의한 파종법이라 한다.
② 매토종자에 의한 방법은 발아하는 식물을 정확히 파악할 수 있는 장점이 있다.
③ 매토종자에 의한 방법을 택하면 식물의 발아가 자연상태에 적당한 수종이 발아 된다는 장점이 있다.
④ 매토종자에 의한 번식에서는 종자가 빗물에 씻겨 내려가지 않도록 유의해야 하며, 흙이 마르지 않도록 주의해야 한다.

해 ② 매토종자는 파악이 불가능하여 종조성 및 밀도 등의 예측이 곤란하다.

49. 에코톤(ecotone)에 대한 설명으로 틀린 것은?

① 에코톤은 2개 이상의 이질적인 식물군집 사이의 접합 지대이다.
② 에코톤에서는 인접한 식물군집보다 단위면적당 서식종수가 풍부하다.
③ 직선형의 에코톤이 불규칙형보다 서식종 다양성의 증진에 더 바람직하다.
④ 에코톤에서는 인접한 식물군집보다 단위면적당 서식종의 개체밀도가 높다.

해 ③ 불규칙한 형태와 다양한 층위구조, 넓은 폭을 가진 주연부가 주연부 자체의 종 다양성도 높고, 내부 서식처도 잘 보호된다.

50. 산성토양의 토양용액 반응은 수소이온농도(pH)가 얼마보다 낮은 것을 말하는가?

① pH 5.6　② pH 6.0
③ pH 7.0　④ pH 8.5

51. 도시지역의 소생태계를 복원할 때 도입할 수 있는 다공질 공간이 아닌 것은?

① 통나무 쌓기　② 고목 배치
③ 돌무더기 쌓기　④ 여울

해 ④ 여울지역은 물의 흐름이 빠르고 얕아 용존산소량이 많고 부착성 생물이 서식한다.

52. 생물에 대한 설명으로 적당하지 않은 것은?

① 증식이란 생물의 개체가 성장하여 커지는 것을 의미한다.
② 생물 개개의 모든 종은 무한으로 증식하며 개체를 성장시키게 된다.
③ 생물의 생식방법에는 유성생식과 무성생식이 있다.
④ 유성생식은 부모세대로부터 물려받은 유전자

정답 ➔ 44. ① 45. ② 46. ② 47. ① 48. ② 49. ③ 50. ③ 51. ④ 52. ②

를 교배하여 자식에게 물려주는 것을 말한다.

53. 도시림의 복원에 있어 반개방형 수림으로 조성할 때의 특징으로 적합하지 않은 것은?

① 수림내의 조망은 비교적 좋고 겨울철에도 밝은 편이다.
② 수림밀도와 수종의 배열에 따라 수림내의 이용형태가 매우 다양해진다.
③ 산책, 자연탐구 등 정적인 레크레이션 활동에 가장 적합한 공간이다.
④ 답압에 의한 영향이 크고, 낙엽에 의한 유기물의 토양환원이 어렵다.

해 ④ 개방적 수림의 특징이다.

54. 불가피하게 습지를 훼손하게 되는 경우, 보상하는 방법으로 널리 사용되는 개념은?

① 개발습지 ② 대체습지
③ 보전습지 ④ 생태습지

55. 화학적 토양침식 방지재 중에서 종비토 위에 살포하여 피막 형성 또는 고결에 의해서 침식방지를 도모하는 것은?

① 시트류 ② 점착제
③ 망상류 ④ 양생제

56. 내수성 식물 중 습생식물에 해당하는 것은?

① 갈대 ② 수련
③ 버드나무류 ④ 검정말

해 ①②④ 수생식물

57. 생물 간의 거리관계에 관한 설명으로 가장 거리가 먼 것은?

① 동물은 포식자와 만났을 때 일정한 거리에 도달하면 도망친다. 이것을 도주거리(flight distance)라 한다.
② 일반적으로 도주거리와 임계반응을 나타내는 거리의 폭은 매우 좁은데 이 거리를 임계거리(critical distance)라 한다.
③ 도주 거리를 침범당하여 막다른 골목으로 몰아쳐졌을 때 여러 가지 반응을 보이는데 이 거리를 공격거리(attack distance)라고 한다.
④ 생물들이 각자의 영역을 유지하며 한가로이 자신의 영역을 지키고 있을 때 그 거리를 방어거리(defence distance)라고 한다.

58. 벽면녹화식물 중 등반부착형에 해당되는 식물로만 짝지어진 것은?

① 머루류, 등나무 ② 담쟁이덩굴, 으아리
③ 인동덩굴, 노박덩굴 ④ 모람, 송악

해 등반부착형 식물에는 모람, 송악, 담쟁이덩굴, 아이비, 마삭줄, 능소화, 줄사철나무 등이 있다.

59. 야생동물 이동통로의 위치 선정을 위하여 동물군집을 조사하고자 한다. 다음 중 야생동물 군집조사 방법이 아닌 것은?

① 포획조사 방법 ② 방형구조사 방법
③ 흔적조사 방법 ④ 청문조사 방법

해 야생동물 군집조사 방법에는 ①③④ 외에 직접관찰, 문헌조사 등이 있다.

60. 도시 환경의 복원을 위한 친환경적 주거단지의 도입요소로 생태복원과 가장 거리가 먼 것은?

① 생태공원 조성 ② 생태적 정원 도입
③ 산책로 조성 ④ 옥상녹화

## 제4과목 생태조사방법론

61. Walter(1975)가 제안한 클라이메이트(Climate) 다이어그램에서 얻을 수 없는 정보는?

① 춘계에 영하 이하인 최종 날짜
② 강수량과 기온에 대한 각각의 자료수합 연수
③ 열대지방의 식물이 다른 지역으로 이주하여 귀화종으로 전환이 가능한지의 판별
④ 건조기, 우기 및 습윤한 시기, 기록적인 최저온도, 토양이 결빙되어 있는 시기, 해발고도를 포함한 백엽상의 높이

62. 식물의 호흡량과 순 1차 생산량(net primary production)을 합친 것은?

 정답 ➜ 53. ④ 54. ② 55. ④ 56. ③ 57. ④ 58. ④ 59. ② 60. ③ 61. ① 62. ③

① 현존 생물량(standing biomass)
② 군집 생산량(community production)
③ 1차 총생산량(gross primary production)
④ 순 생태계 생산량(net ecosystem production)

63. 미국농무성(USDA)기준으로 토성을 확인하기 위하여 모래, 실트, 점토의 비율을 조사하였다. 이때 구멍의 지름 0.05㎜의 체로 토양을 거른 결과 구멍 지름 2㎜ 체로 거른 토양의 90%가 체 위에 남았다. 이 후 비중계법을 이용하여 점토와 실트의 비율을 조사한 결과 4:6으로 나타났다. 이 토양의 모래:실트:점토의 비율은?

① 4 : 6 : 90　　② 6 : 4 : 90
③ 90 : 6 : 4　　④ 90 : 4 : 6

64. 다음 목본식물의 표집방법 중 확률적으로 두 지점 간(개체–개체 혹은 조사지점–개체) 거리가 가장 먼 것은?

① 사분각법　　② 최단거리법
③ 인접개체법　　④ 제외각법

해 제외각법>사분각법>인접개체법>최단거리법

65. 생태학 연구 단계 중 통계적 방법을 구사하는 단계와 가장 거리가 먼 것은?

① 연구 범위의 확정 단계
② 조사계획의 수립 단계
③ 표본의 수집 단계
④ 결론의 도출 단계

해 ① 연구대상의 범위 확정 단계

66. 해양에서 동·식물성 플랑크톤의 채집방법에 대한 설명으로 가장 거리가 먼 것은?

① 동물성 플랑크톤의 정량채집에는 유량계가 필요하다.
② 조사해역에 서식하는 플랑크톤의 종류는 정성채집법으로 파악한다.
③ 난센채수기와 반돈채수기는 주로 동물성 플랑크톤의 채집에 이용된다.
④ 식물성 플랑크톤은 중성포르말린으로 최종농도가 0.4%가 되게 고정한다.

67. 생태조사의 기본 목적과 거리가 가장 먼 것은?

① 생태계의 보존　　② 생태계의 개발
③ 생태계의 보전　　④ 생태계의 복원

68. 수(水)환경 중 수소이온농도(pH)의 측정방법에 관한 설명으로 정확하게 기술한 것은?

① 물 시료가 혼탁하면 측정할 수 없다.
② 물 시료는 반드시 실험실로 운반한 후 측정한다.
③ 물 시료를 측정하고 표준 완충용액으로 전극을 씻은 후 다음 시료를 측정한다.
④ 표준 완충용액을 이용하여 물 시료와 동일한 온도에서 pH 미터의 영점을 조정한다.

해 pH는 채취한 표본을 야외 현장이나 실험실에서 측정하며, 채수한 물이 혼탁하면 여과하여 사용하고, 표본 측정 후에는 반드시 증류수로 전극을 씻어준다.

69. 다음 그림은 질소의 순환에 대한 것이다. A, B, C 생물에 대한 설명으로 가장 거리가 먼 것은?

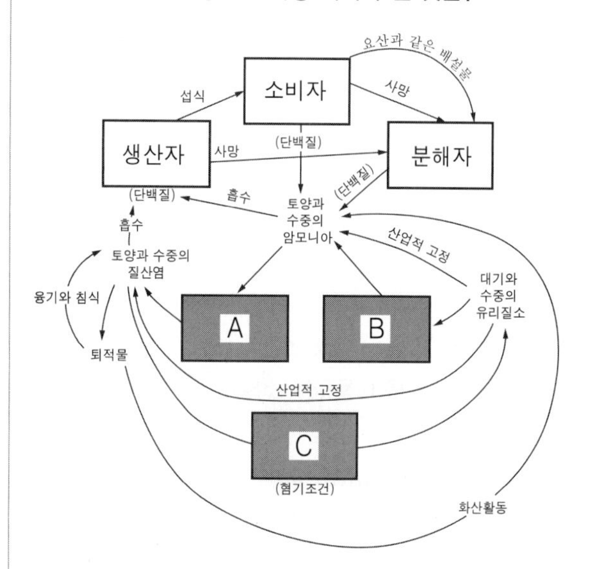


① A, B, C 모두 원핵세포생물이다.
② A의 대표적인 생물은 아질산박테리아와 질산박테리아이다.
③ B생물 중 자작나무과(科)와 공생하는 균성(fungus) 원핵세포생물은 열대가 원산이다.
④ B의 생물 중 자유생활을 하는 종류에는 혐기성박테리아, 호기성박테리아, 남조류 등이 있다.

정답 ➔ 63. ③　64. ④　65. ①　66. ③　67. ②　68. ④　69. ③

해 A : 아질산화세균, 질화세균
B : 질소고정세균
C : 탈질화세균

70. 우리나라에서 식생조사를 하며 태양을 보니 조사 장소의 낮은 쪽 정면에 위치하고 있었다. 이때의 시간은 정각 1시를 나타내고 있었다. 식생조사 장소의 경사면을 나타낸 것은?

① E ② N
③ S ④ N90E

71. 식물의 군집조사방법으로 적절하지 않은 것은?

① 방형구법 ② 재포획법
③ 대상법 ④ 선차단법

해 재포획법은 식물군집에 이용하지 않으며, 포유동물, 곤충, 물고기, 새 등과 같이 이동성이 큰 동물개체군 조사에 이용한다.

72. 1988년 부산 금정산에서 발생하였고, 1997년 이후로 급격하게 소나무 피해가 발생되고 있다. 이 피해로부터 소나무를 보호하기 위한 방법과 관계가 가장 먼 것은?

① 피해목 제거
② 솔잎혹파리의 박멸
③ 솔수염하늘소의 박멸
④ 소나무재선충 확산 방지

73. 군집 유사도 지수 중에서 두 군집에서 종의 존재여부를 기록한 자료를 이용하는 것은?

① 백분율 유사도 지수
② 자카드(Jacchard) 유사도 지수
③ 모리시타(Morisita) 유사도 지수
④ 샤논–워너(Shannon–Wiener) 유사도 지수

74. 자연생태계 영양단계에서의 에너지 효율 중 실질적으로 생물체 내에 흡수된 에너지의 백분율을 나타내는 용어는?

① 영양효율 ② 동화효율
③ 성장효율 ④ 생산효율

75. 토양의 가비중(bulk density)측정 결과 다음과 같은 수치를 얻었을 때 가비중(g/㎤)은?

–core의 용적=100㎤
–core의 무게=10g
–core와 토양의 건조 전 중량=59g
–건조 후 core와 토양 중량=38g

① 0.11 ② 0.28
③ 0.38 ④ 0.49

해 가밀도 $dP(g/cm^3) = \frac{St}{V} \times \frac{Sd}{Sw}$

$\rightarrow \frac{59-10}{100} \times \frac{38-10}{(38-10)+(49-28)} = 0.28(g/cm^3)$

76. 경쟁과 공생에 대한 설명으로 가장 거리가 먼 것은?

① 종내경쟁은 종의 다양화를 유도한다.
② 두 가지 모두 생태적 지위가 겹칠 때 잘 나타난다.
③ 두 집단 간 일부 경쟁이 일어나면 두 집단 모두 개체수의 증가는 둔화되고 최대개체수도 감소할 수 있다.
④ 두 종간 경쟁배타가 일어나면 경쟁에서 유리한 종에 대한 환경의 수용능력(carrying capacity)은 경쟁이 전혀 없을 때와 같아진다.

해 생태적 지위가 같으면 공생은 일어나지 않는다.

77. 식생을 조사하기 위한 조사구(방형구, quadrat)면적의 결정 방법은?

① 최소면적은 그 군집 구성종이 약 90%가 포함되는 넓이로 결정한다.
② 교목림의 최소면적은 50~200㎡로 조사구의 모양은 정사각형으로 설치한다.
③ 최소면적은 둥지방형구(nested quadrat)를 이용하여 면적을 확대하면서 조사한 종–면적곡선으로 결정한다.
④ 최소면적은 종–면적곡선을 그린 후 종수가 안정화되는 (종수의 변화가 없는) 완전한 수평선이 되는 점으로 결정한다.


정답 → 70. ③ 71. ② 72. ② 73. ② 74. ② 75. ② 76. ② 77. ③

78. 이타이이타이병으로 추정되는 환자들이 발견되었다. 어떤 물질을 집중적으로 조사하여야 하는가?

① Hg ② Cd
③ DDT ④ Cr

해 이타이이타이병은 일본 도야마현의 진즈강 하류에서 발생한 카드뮴에 의한 공해병을 일컫는다.

79. 먹이그물에서 하위계층을 이루는 것은?

① 소비자단계 ② 분해자단계
③ 생산자단계 ④ 고차소비자단계

해 먹이그물은 생산자-소비자-분해자 순으로 계층이 구성되어있다.

80. 생물군집의 정량적 분석에서 조사되는 항목이 아닌 것은?

① 밀도 ② 피도
③ 빈도 ④ 습윤중량

정답 → 78. ② 79. ③ 80. ④

# ❖ 2016년 자연생태복원산업기사 제 3 회

2016년 8월 21일 시행

## 제1과목 환경생태학개론

01. 생장과 증식에 있어서 무성생식의 증식법이 아닌 것은?

① 양성생식　② 출아법
③ 이분법　④ 영양번식

02. 외래종이 수입될 경우 국내의 생태계에 심각한 교란을 가져온다. 다음 중 어떤 항목에 문제가 발생했기 때문인가?

① 종의 분포　② 먹이공급
③ 먹이사슬　④ 먹이종류

03. 세계적으로 중요한 습지의 상실을 억제하고, 물새의 서식지인 습지를 국제적으로 보호하려는 협약은?

① 비엔나협약　② 바르셀로나협약
③ 람사협약　④ 한중환경협력협정

04. 도시 기후조절에 큰 역할을 하는 영향인자의 설명으로 가장 부적합한 것은?

① 언덕과 계곡, 강과 시냇물, 호수 등 지형의 형태는 미기후를 결정하는 요소이다.
② 도시 속의 거대한 옥상경관도 건물지역의 열흡수와 저장에 효과적인 중요 인자이다.
③ 식생과 물 요소에 있어서 덩굴성 식물을 이용한 벽면녹화 및 군식 위주의 식재구조, 인공적 호수 조성 등은 기후조절 효과에 미비하다.
④ 극단적인 기후조건을 갖는 환경에서의 가장 성공적인 기후조절의 예는 소규모 공간과 저층 건물들로 구성된 도시형태에서 가장 잘 이루어지고 있다.

해 ③ 인공적 시설이나 식재 등도 미기후에 영향을 미친다.

05. 생태계에서 개체군(population)의 속성이라고 볼 수 없는 것은?

① 빈도(frequency)
② 사망률(mortality)
③ 연령 분포(age distribution)
④ 생물 번식 능력(biotic potential)

06. 녹색식물과 같이 태양에너지와 무기화합물을 이용하여 생활하는 생물은?

① 종속영양생물　② 공생생물
③ 독립영양생물　④ 편해생물

07. 생태적 지위(Ecological niche)의 구성 요소가 아닌 것은?

① 시간적 지위　② 공간적 지위
③ 영양적 지위　④ 다차원적 지위

08. 인위적 활동 중 생물종의 멸종 또는 멸종위기에 처하게 하는 원인으로 가장 거리가 먼 것은?

① 서식지 파괴　② 생태관광 활동
③ 도입된 포식자　④ 과도한 포획 및 이용

09. 독특한 환경 조건에서만 살 수 있는 생물을 지표생물이라고 하는데, 깨끗한 물인 1급수에서만 발견할 수 있는 생물은?

① 금강모치　② 거머리
③ 붕어　④ 미꾸라지

10. 경쟁(competiton)에 대한 설명으로 가장 거리가 먼 것은?

① 서로 다른 종의 생물 사이에서 일어나는 경쟁을 종내경쟁이라 한다.
② 여러 종의 식물이 햇빛, 물 등을 서로 차지하려는 것을 종간경쟁이라 한다.
③ 한 자원을 동시에 차지하려는 두 생물의 상호작용으로 종간경쟁과 종내경쟁으로 구분한다.
④ 한 자원에 대해 종간 경쟁이 심하면 한 종만 살아남고 다른 종은 멸종하게 되는데 이것을 경쟁배타의 원리라 한다.

해 ① 동일종의 개체들 사이에서 일어나는 경쟁을 종내경쟁이라 하며, 이종개체 사이의 경쟁을 종간경쟁이라 한다.

11. 생태계의 기본구성 요소로만 짝지어진 것은?



정답 ➔ 01. ① 02. ③ 03. ③ 04. ③ 05. ① 06. ③ 07. ① 08. ② 09. ① 10. ① 11. ②

① 무기물, 생산자, 공생자, 소비자
② 무기물, 생산자, 소비자, 분해자
③ 생산자, 소비자, 분해자, 공생자
④ 무기물, 생산자, 소비자, 기생자

12. 개체군의 시그모이드 생장곡선(Sigmoid growth curve)에 대한 설명으로 틀린 것은?

① 생장곡선에 적합한 대수방정식이다.
② 개체수는 항상 지수적으로 증가한다.
③ 환경저항은 개체군의 크기가 환경수용능력에 가까워짐에 따라 커진다.
④ 시간경과에 따른 개체수의 증가를 그림으로 그리면 S자형 곡선이 된다.

해 ② S자형 곡선은 급속히 증가하다 환경수용력에 가까워짐에 따라 일정해진다.

13. 생물다양성이 보호되어야 하는 이유에 대한 설명으로 가장 거리가 먼 것은?

① 인간들에게 아름다움, 경이로움, 기쁨 및 오락적인 즐거움을 제공해 준다.
② 고무, 기름, 섬유, 종이 등과 같은 유용한 생산물을 인류에게 공급해 주고 있다.
③ 모든 의약품, 약제와 조제약의 40% 정도가 대부분의 야생식물의 유전자자원으로부터 만들어진다.
④ 코끼리 상아, 코뿔소 뿔, 표범가죽, 애완동물로 사용되는 앵무새 등과 같이 상업적인 가치가 매우 크다.

14. 1992년 브라질 리우에서 있었던 지구정상회의와 관련이 없는 것은?

① 리우선언 ② 공동이행계획
③ 기후변화협약 ④ 생물다양성협약

15. 극상을 이루었던 삼림이 화재로 인하여 파괴된다면 가장 먼저 자라는 식물은?

① 상록수 ② 침엽수
③ 활엽수 ④ 지의류 또는 초본류

16. 인은 자연계에서의 부존량이 낮을 뿐더러 순환율도 매우 낮은 원소이다. 다음의 생물체 구성물질 중 인이 함유되어 있지 않은 물질은?

① ATP
② 시스테인(cystein)
③ 핵산(nucleic acids)
④ 세포막(cell membrane)

해 ② 시스테인은 단백질에 널리 분포하는데 특히 케라틴에 많다.

17. 하수가 처리되지 않은 상태로 바다에 직접 유출됨으로 인해 발생되는 문제점으로 가장 거리가 먼 것은?

① 엄청난 고형쓰레기들이 바다의 바닥에 퇴적되거나 유출되어 해수의 탁도를 증가시킬 수 있으며, 쓰레기 속의 높은 영양염들은 결과적으로 생물학적 산소요구량의 심각한 증가를 가져올 수 있다.
② 생활하수 속의 유기물과 무기영양염들은 보통 해조류의 1차 생산을 증가시켜 이들을 먹이로 하는 복족류, 단각류, 갯지렁이류가 우점하는 동물상으로 전환될 수 있다.
③ 생활하수에 의한 영양염의 증가는 파래류나 대마디말류와 같은 기회주의적 저서성 생물의 번성을 일으키며, 적당한 정도로 생장하면 또 하나의 추가적인 서식 공간과 먹이 자원으로 활용되어진다.
④ 저서해조류의 극단적인 번성은 퇴적물의 탈산소화를 일으켜 저서무척추동물들에게 부정적 영향을 끼쳐 결국 모래 갯벌과 펄갯벌을 이용하는 각종 바다새류의 수적감소를 가져올 수 있다.

18. 생물다양성 보호를 위한 국제기구가 아닌 것은?

① IDA
② UNEP
③ World Resources Institute
④ World Conservation Union

19. 한 종의 개채군은 이익을 얻지만 다른 종의 개체군은 이해관계가 전혀 없는 공생관계는?

정답 → 12. ② 13. ④ 14. ② 15. ④ 16. ② 17. ② 18. ① 19. ④

① 내부공생 ② 상리공생
③ 상조공생 ④ 편리공생

20. 탈질작용(Denitrification)에 관여하는 미생물속으로만 구성된 것은?

① E.coli, Pseudomonas
② Nitrosomonas, Nitrobacter
③ Achromobacter, Bacillus
④ Micrococcus, Clostridium

## 제2과목 환경학개론

21. 환경문제의 특성에 대하여 잘못 설명한 것은?

① 상호 관련성 ② 오염요인의 명확성
③ 인과관계의 시차성 ④ 악성화 및 광역성

22. 도로나 철도 등에 의해서 하나였던 서식처가 두 개 이상의 서식처로 나누어지는 것은?

① 공진화 ② 파편화
③ 연담화 ④ 집약화

23. BOD에 대한 설명으로 가장 거리가 먼 것은?

① 유기물오염의 지표로 중요하다.
② 제1단계로서 산화되기 쉬운 탄소화합물에 의해 산소가 소비된다.
③ 제2단계는 질소화합물이 산화되는 데 산소가 소비된다.
④ 일반적으로 실험실에서 30℃에서 7일간 시료를 배양하였을 때 소모된 산소량을 표준으로 한다.

해 BOD는 biochemical oxygen demand(생물화학적 산소요구량)의 약자로 물속의 호기성 미생물이 유기물을 분해할 때 사용하는 용존산소의 양을 나타낸다.

24. 자연환경보전법 및 시행령상 생태 · 자연도를 작성할 때 구분하는 지역 중 별도관리지역으로 가장 거리가 먼 것은?

① 습지보전법에 따른 연안습지보호지역
② 산림보호법에 따른 산림보호구역
③ 문화재보호법에 따라 천연기념물로 지정된 구역
④ 자연환경보전법에 따른 시·도 생태·경관보전지역

해 ① 습지보전법 제8조제1항의 규정에 따른 습지보호지역(연안습지보호지역을 제외한다.)

25. 자연림으로서 다층의 식물사회를 형성하는 천이의 마지막에 이르는 극상림 지구의 녹지자연도 등급은?

① 10등급 ② 9등급
③ 8등급 ④ 7등급

26. 환경의 특성에 해당하지 않는 것은?

① 비가역성 ② 광역성
③ 엔트로피 감소 ④ 상호간의 인과관계

해 환경의 특성에는 상호관련성, 광역성, 시차성, 탄력성과 비가역성, 엔트로피 증가 등이 있다.

27. 주거단지 계획의 접근방법 중 지형이나 풍토, 녹지 등 계획과정에서 흔히 간과하기 쉬운 것으로 자연환경을 최대한 보전하고자 하는 방법은?

① 환경계획적 접근방법
② 시설계획적 접근방법
③ 위락계획적 접근방법
④ 커뮤니티 계획적 접근방법

28. 체감도시화지수(actual urbanized index)의 설명으로 틀린 것은?

① 동일한 면적에 대해서는 귀화종수가 많으면 체감귀화식물지수가 높다.
② 동일한 귀화식물종수에서는 면적이 좁은 곳에 체감귀화식물지수는 높다.
③ 토지의 인간간섭 정도에 대한 정성적 비교가 가능할 뿐 실질적인 비교는 불가능하다.
④ 해당 지역의 귀화식물상을 이용한 도시화 정도에 대한 비교 가능한 상대적 양을 계량적으로 나타낸 지수이다.

29. 한반도 생태축과 관련된 설명으로 가장 거리가 먼 것은?

① 습지생태보전축이 있다.
② 한려수도를 중심으로 한 도서보전축이 있다.
③ 田자형 생명축에 중국, 러시아 접경지대는 제외

 정답 → 20. ③ 21. ② 22. ② 23. ④ 24. ① 25. ② 26. ③ 27. ① 28. ③ 29. ③

된다.

④ 남북접경지역 생태보전축은 생태네트워크의 핵심지역이다.

해 한반도 생태축에는 백두대간 생태축, 중국 · 러시아 접경지대 생태보전축, 남북접경지내 생태보전축, 도서보전축, 습지생태보전축, 경관보전축 등이 있다.

30. 우리나라 공간계획체계와 자연환경보전계획의 문제점에 대하여 가장 적합하게 설명한 것은?

① 국토 건설 종합계획법 등에 따른 공간계획과 자연환경 보전계획과의 관계가 상호보완적이다.
② 전국 단위의 자연환경보전계획 및 지자체 단위의 실천 계획 수립 시기, 절차, 방법 등이 불분명하다.
③ 자연환경보전계획이 도시계획이나 지구단위계획 차원의 공간계획에 구체적으로 반영될 수 있는 체계가 있다.
④ 자연환경보전계획이 멸종위기동식물의 보전 계획과 같이 전국단위의 계획으로 실행되고 있다.

31. 오염총량초과부과금 산정에 활용되지 않는 것은? (단, 수질 및 수생태계 보전에 관한 법률 시행령을 적용한다.)

① 초과배출이익
② 할당오염부하량
③ 지역별 부과계수
④ 감액 대상 배출부과금 및 과징금

해 오염총량초과부과금=초과배출이익×초과율별 부과계수×지역별 부과계수×위반횟수별 부과계수-감액 대상 배출부과금 및 과징금

32. 하반역(riparian zone)에 관한 설명으로 틀린 것은?

① 하도는 연속적인 범람지로 개방수역이다.
② 자연제방은 계절적, 임시적 범람지로 습성초지 관목림이다.
③ 배후습지는 계절적, 임시적 범람지로 하반림이다.
④ 산림은 거의 범람이 없으며 산림식생을 이룬다.

해 ③ 배후습지는 목본류가 주를 이루는 하반림과는 구별된다.

33. 일정한 지역에서 일정수준의 환경의 질이 더 이상 저하되지 않고 그대로 유지되며 그 상태에서 동식물의 생육 및 서식이 적절하게 유지되는 것을 뜻하는 것으로 야외휴양지 개발시 고려해야 할 환경용량의 개념 중 하나인 이것은?

① 물리적 수용력 ② 경제적 수용력
③ 사회적 수용력 ④ 생태적 수용력

34. 살충제는 화학구조에 따라 크게 3가지로 나눈다. 그 중 자연계 내에서 잘 분해되지 않으며 자연계 내의 잔류성이 높아 1960년대 이후 사용이 금지되거나 크게 제한된 것은?

① 유기인제
② 유기염소제
③ 카바릴(carbaryl)
④ 카바메이트(carbamates)

35. 인간에 의해 훼손된 산림생태계가 생태적으로 훌륭한 기능을 갖추고 스스로 생태적 과정에 의하여 그 지역의 원래 형태에 가까운 식생으로 돌아가는데, 그 원래 식생은?

① 잠재자연식생 ② 이차식생
③ 개척천이식생 ④ 극상식생

36. 옥상조경 및 인공지반 조경과 관련된 설명으로 가장 거리가 먼 것은?

① 옥상조경은 지표면에서 2미터 이상의 건축물이나 구조물의 벽면을 식물로 피복한 경우 피복면적의 2분의 1에 행하는 면적으로 산정한다.
② 벽면녹화는 건축물이나 구조물의 벽면에 식물을 이용해 전면 혹은 부분적으로 피복 녹화하는 것이다.
③ 건축물이나 구조물의 옥상에 교목이 식재된 경우에는 식재된 교목 수량의 2배를 식재한 것으로 산정한다.
④ 기존 건축물에 옥상조경 또는 인공지반조경을 하는 경우 건축사로부터 건축물 또는 구조물이 안전한지 여부를 확인받아야 한다.

37. 우리나라의 생태권역 가운데 남동 산야권역의 특징에

정답 ➔ 30. ② 31. ② 32. ③ 33. ④ 34. ② 35. ① 36. ③ 37. ①

해당하는 설명은?

① 소백산맥에 둘러싸인 권역으로 지질은 경상계 퇴적암지대이다.
② 우리나라의 중심지대로 변성암과 화강암으로 경기지괴를 형성한다.
③ 우리나라의 대표적인 곡창지대이고 경사가 급하지 않은 구릉성 산지가 많다.
④ 태백산과 소백산맥이 형성하는 남한에서 비교적 표고가 높은 지역이며 지대가 높고 변성암 복합체 지역이다.

38. 국토환경성 평가 결과 1등급으로 나타났다. 이에 대한 옳은 해석이 아닌 것은?

① 보전가치가 매우 높은 지역이다.
② 원칙적으로 일체의 개발을 불허한다.
③ 보전핵심이며 녹지거점지역으로 볼 수 있다.
④ 개발계획지구에 포함 시에는 보전용도지역으로 우선 지정하거나 원형 녹지로 존치한다.

해 ④ 2등급에 대한 내용이다. 1등급은 환경생태적인 보전핵심이며 녹지거점지역으로 환경을 영속적으로 보전해야 할 지역이다.

39. 다음 설명에 해당하는 생태계 구성 요소는?

| -독립영양생물이다.<br>-태양에너지를 화학에너지로 변환시킨다. |
|---|

① 생산자　　② 분해자
③ 소비자　　④ 종속영양생물

40. 도시생태계 개선대책으로 적절하지 않은 것은?

① 외래종 이입
② 물 순환의 개선
③ 녹지면적의 확대
④ 에너지사용량 억제

해 외래종이입으로 인해 생태계 교란과 기존의 생물학적 군집의 상호작용 변화가 초래된다.

## 제3과목 생태복원공학

41. 비탈면 녹화용 잔디로 적합하지 않는 것은?

① 톨훼스큐　　② 크리핑 벤트그래스
③ 켄터키 블루그래스　　④ 페레니얼 라이그래스

해 ② 크리핑 벤트그래스는 골프장 그린용으로 많이 쓰인다.

42. 조류나 곤충 등의 생물다양성 증진을 위해서 습지의 개방수면을 어느 정도 확보해 주는 것이 바람직한가?

① 30% 내외　　② 50% 내외
③ 70% 내외　　④ 90% 내외

43. 환경영향평가의 흐름을 순서대로 나타낸 것은?

① 현황조사→저감방안→영향예측→조사결과분석
② 영향예측→조사결과분석→현황조사→저감방안
③ 현황조사→조사결과분석→저감방안→영향예측
④ 현황조사→조사결과분석→영향예측→저감방안

44. 습지의 창출 및 건설을 위한 일반 원칙에 대한 설명으로 틀린 것은?

① 습지의 창출 및 건설을 위한 설계는 최소한의 관리를 필요로 하도록 한다.
② 습지는 가급적 신속히 조성하도록 하며, 그 기능이 초기부터 발휘되도록 한다.
③ 조성되는 습지는 다양한 기능을 할 수 있는 시스템이 되도록 한다.
④ 가급적 사각형이나 직선적인 구조가 아닌 자연적인 모습에서 나타나는 형태를 가지도록 한다.

해 ② 단기간에 완전한 습지의 복원을 기대하지 말도록 한다.

45. 식물의 생육을 제한하는 토양요인에 대한 설명으로 틀린 것은?

① 토양의 투수성이 불량하게 되면 식물생육에 지장을 초래하게 된다.
② 토양층의 두께 즉, 토심이 낮을 경우 식물생육에 지장을 초래하게 된다.
③ 토양의 용적이 낮을 경우 식물생육을 저해하는 원인이 된다.
④ 토양 내 무기영양의 결핍은 식물생육을 저해하는 직접적 원인으로 작용한다.

46. 토양의 물리적 성질에 대한 설명으로 틀린 것은?



정답 ➔ 38. ④ 39. ① 40. ① 41. ② 42. ② 43. ④ 44. ② 45. ④ 46. ④

① 토양은 기상, 액상, 고상을 포함하고 있는 3상계이고 이를 토양 3상이라 한다.
② 액상과 기상은 토양의 건습 및 공극구조와 밀접한 관계가 있다.
③ 사질토양은 고상률과 기상률이 높고, 액상률이 낮다.
④ 고상률 60% 이상, 기상률 10% 이하이면 식물의 근계 발달이 양호하다.

해 ④ 고상률 60% 이상, 기상률 10% 이하일 때는 식물근계 발달에 현저한 영향을 미친다.

47. 두 생태계가 인접하여 서로 다른 두 가지의 생태계가 공존하는 곳은?

① 중규모 교란설 ② 점이대
③ 공진화 ④ 다양성

48. 야생초지의 식생 관리에서 깎기와 함께 불을 통해 초지를 일부 태우는 것은 식물종의 증진에 기여할 수 있다. 다음 중 이러한 이점이 아닌 것은?

① 귀화식물을 제어할 수 있다.
② 유기물의 지나친 축적을 막을 수 있다.
③ 저습지의 천이를 빠르게 이루어지게 한다.
④ 개방수면의 확보에 도움을 준다.

49. 침식성이 강한 황폐개천으로 발달하며, 침식이 상당히 발전된 상태로 이미 협소한 소규모의 유로나 하천의 성격을 가지게 된 침식유형은?

① 면상침식 ② 누구침식
③ 구곡침식 ④ 야계침식

50. 애반딧불이 서식처를 조성하고자 할 때 유충의 주요 먹이로서 함께 도입해야 하는 생물종에 속하지 않는 것은?

① 물달팽이 ② 다슬기
③ 논우렁이 ④ 참게

51. 조사구의 설명으로 틀린 것은?

① 방형구법은 면에 의한 조사방법이다.
② 벨트 트랜섹트법(belt transect method)은 띠형태의 조사방법으로 식생변화조사에 적합하다.
③ 방형구법은 군집의 분류 및 군집조사에 적합하다.
④ 관목림의 조사구 크기는 대체로 100~300㎡ 정도로 한다.

해 ④ 관목림의 조사구 크기는 대체로 50~100㎡ 정도로 한다.

52. 식물의 토양보전 효과를 달성하기 위한 식물선택의 요인이 아닌 것은?

① 일년생일 것 ② 번식력이 강할 것
③ 내건성이 강할 것 ④ 척박지에 잘 견딜 것

53. 식물의 성장에 따른 적합한 토양에 대한 설명으로 틀린 것은?

① 부식질이 많고, 부드러울 것
② 질소, 인산, 칼리 등 필요 성분이 많을 것
③ 토양의 pH가 가능한 한 알칼리성일 것
④ 투수, 통기, 배수성이 좋을 것

해 ③ 토양의 pH는 약산성에서 중성이 좋다.

54. 슬러지의 수분함유비율이 50%, 슬러지 건조물 중 질소의 비가 2%이며 질소의 유효율이 40%인 슬러지 500kg/10ha를 사용할 경우, 질소의 시비량(kg/ha)은?

(단, $X = \dfrac{A}{\dfrac{100-a}{100} \times \dfrac{b}{100} \times \dfrac{c}{100}}$ )

X : 슬러지 사용량(kg/10ha)
A : 질소 시비량, a : 수분함유율(%)
b : 슬러지 건조물 중의 질소비(%)
c : 질소 유효율

① 0.2 ② 2
③ 20 ④ 200

해 $A = ((\frac{100-50}{100} \times \frac{2}{100} \times \frac{40}{100}) \times 500) \div 10 = 0.2$

55. 산성 토양으로 가장 적합한 것은?

① pH 6.0이상인 토양
② pH 6.5이하인 토양
③ pH 7.0이상인 토양
④ pH 10.0이하인 토양

정답 ➔ 47. ② 48. ③ 49. ④ 50. ④ 51. ④ 52. ① 53. ③ 54. ① 55. ②

56. 천이의 일반적인 이론으로 틀린 것은?

① 산림생태계의 복원이나 도시근린공원의 식재에서는 천이이론을 감안하지 않는다.
② 천이는 시간의 흐름에 따른 식물군집의 변화를 나타내며 크게 1차 천이와 2차 천이로 나눠진다.
③ 천이에 대한 식물생태학적 지식은 생태적 복원을 위한 식재설계기법에 중요하다.
④ 천이가 진행됨에 따라 종구성과 군집구조도 변화하게 된다.

57. 환경교육 및 체험 등의 계획을 수립할 때에는 공간의 성격을 규정하고, 이후에 다양한 이용자층을 고려하여 운영 프로그램을 세부화하여 개발한다. 활용프로그램의 수립 시 고려해야할 사항이 아닌 것은?

① 실체험 목적의 교육프로그램은 실내에서 수행
② 프로그램 길이는 프로그램 특성 및 이용자 연령에 따라 달리 함
③ 운영 프로그램 개별 개발자 확보
④ 프로그램 종류에 따라 참여할 수 있는 인원 및 그룹을 제한

58. 10ha의 산림을 조사하였는데, 전체 조사지역에서 신갈나무가 1000그루 있고, 나머지 9종의 수종들이 총 1000그루가 있다. 신갈나무의 상대밀도는?

① 200 ② 150
③ 1 ④ 0.5

해 상대밀도란 식물의 총 밀도에 대한 한 종의 밀도를 나타낸 것으로 그 값은 총 개체수에 대한 종의 개체수의 비율과 같다.

$\rightarrow \frac{1000}{2000} = 0.5$

59. 비탈덮기의 목적 및 방법이 아닌 것은?

① 표토의 침식과 붕락 방지
② 파종 식물의 발아 및 생육환경 개선
③ 거적덮기, 짚덮기, 망덮기 등 실시
④ 성토지역에만 시행

60. 현재의 생태계와는 상관없이 새로운 생태계를 창출하는 것은?

① 복원 ② 복구
③ 대체 ④ 무시

## 제4과목 생태조사방법론

61. 생태계 내에서 생태적지위가 비슷한 종 사이에 일어날 수 있는 상호작용은?

① 공생 ② 경쟁
③ 기생 ④ 협동

62. 조사계획의 단계 중 가장 먼저 실시해야 하는 것은?

① 야외조사
② 문헌조사
③ 결과 검정
④ 정보에 대한 요약과 분석

63. 네 가지 거리법(distance method)에 의해 조사한 결과 평균치가 2m이었다. 각 방법에 따른 ㏊당 밀도의 추정치가 틀린 것은?

① 제외각법(random pair method) : 3125
② 사분각법(point centered method) : 2500
③ 인접개체법(nearest neighbor method) : 1497
④ 최단거리법(nearest individual method) : 2000

해 ① $\frac{10,000}{0.8A} = \frac{10,000}{0.8 \times (2 \times 2)} = 3,125$

② $\frac{10,000}{A} = \frac{10,000}{2 \times 2} = 2,500$

③ $\frac{10,000}{1.67A} = \frac{10,000}{1.67 \times (2 \times 2)} = 1,497$

④ $\frac{10,000}{2A} = \frac{10,000}{2 \times (2 \times 2)} = 1,250$

64. 다음은 두 가지의 개체군 증가식이다. 아래 공식 및 해당 생물군과 관련하여 해석한 것 중 잘못된 것은?

| ㉠ dN/dt=rN |
|---|
| ㉡ dN/dt=rN((K−N)/K) |

① ㉠식은 개체군 증가 형태가 J자형을, ㉡식은 S

 정답 ➔ 56. ① 57. ③ 58. ④ 59. ④ 60. ③ 61. ② 62. ② 63. ④ 64. ④

자형을 나타낸다.

② ㉠식은 환경의존적, ㉡식은 밀도의존적인 특성을 보이는 개체군에서 각각 나타난다.

③ ㉡식에서 K는 먹이, 공간, 노폐물 등에 의해 결정된다.

④ ㉡식에서 K=N 이면 우변이 '0'이 되며 그 지역에 해당하는 개체군이 없다는 것을 의미한다.

해 ④ 생장률 '0'이 되는 상태가 환경과 개체군 사이에 평형이 성립된 상태이다.

65. Braun-Blanquet 방법으로 조사할 때 피도가 조사 면적의 5~25% 이면 피도계급은?

① 1　② 2
③ 3　④ 4

해 ① 조사 면적의 5% 이하, ③ 조사 면적의 25~50%, ④ 조사 면적의 50~75%

66. 서식지의 공간적 특성을 조사하는데 필요한 사항이 아닌 것은?

① 조사지의 경사　② 지형의 고도
③ 기후대　④ 분포유형

67. 종풍부도와 종다양도를 나타내는 지수가 아닌 것은?

① Margalef지수　② Simpson지수
③ Shannon지수　④ Jaccard지수

해 ④ Jaccard지수는 군집유사도를 나타내는 값이다.

68. 군집유사도의 측정값으로 사용되지 않는 것은?

① Morisita지수　② Horn지수
③ Hurlbert지수　④ 군집계수

해 ③ Hurlbert지수는 지위중복을 측정하는 값이다.

69. 종다양도에 관한 설명이 아닌 것은?

① Simpson 다양도 지수(Ds)는 1-Simpson 우점도 지수이다.

② 종다양도 측정에 종수와 각 종에 속하는 개체수의 균등도는 별다른 영향이 없다.

③ Shannon-Wiener 다양도지수는 계급적 다양도의 척도에 따라 계산한다.

④ Whittaker에 의한 종풍부도 조사방법에서 첫 번째는 그 식물군집을 대표하는 균질한 장소에 방형구를 설치하는 일이다.

해 ② 종다양도 지수는 군집구조의 복잡한 정도를 의미하는 것으로 종풍부도와 각 종의 개체수 분포를 나타내는 균등도의 조합으로 나타낼 수 있다.

70. 동·식물 분류군과 조사 시기(우리나라의 중부지방에 해당)를 연결한 것이다. 꼭 필요하지 않은 계절이 포함된 것은?

① 식물상-봄, 여름, 가을, 겨울
② 조류(새)-봄, 여름, 가을, 겨울
③ 양서류-봄, 여름, 가을
④ 어류-봄, 여름, 가을, 겨울

71. 용존산소(DO)의 농도에 영향을 미치는 요인으로 가장 거리가 먼 것은?

① 수온　② 광합성
③ 호흡　④ 증발량

해 용존산소(dissolved oxygen ; DO)란 물속에 용해되어 있는 산소량이다. 물이 깨끗한 경우에는 그 온도에서의 포화량 가까이 함유된다. 공기와 직접 접하고 광합성이 활발한 표수층에서 가장 높고 심수층에서는 소량만 존재한다. 용존산소의 농도(ppm, ㎎/L)는 호기성 미생물의 호흡대사를 제한하는 인자이다.

72. 토양의 유기물 함량을 구하기 위하여 실험을 수행한 결과이다. 이 토양의 유기물 함량은?

| |
|---|
| -생토양의 토양 무게 : 50g |
| -105℃에서 건조 후 토양 무게 : 40g |
| -550℃에서 태운 후 토양 무게 : 39g |

① 2%　② 2.5%
③ 20%　④ 78%

해 유기물함량(작열감량) $= \frac{40-39}{40} \times 100 = 2.5(\%)$

73. 상재도표에서 고상재도종과 저상재도종을 제외하고 중상재도종만을 대상으로 유사한 종조성을 갖는 식분

과 대립되는 종을 갖는 식분을 찾아내어 구분한 표는?

① 부분표 ② 원자료표
③ 상재도표 ④ 식별표

74. 상대생장식을 이용하여 큰 나무의 생산량을 측정할 수 있다. 상대생장식을 유도할 때 조사할 필요가 없는 항목은?

① 흉고직경 ② 수고
③ 줄기 건중량 ④ 뿌리 건중량

75. 식물군락의 조사에서는 보통 표본을 추출하여 조사하는 표본조사법을 사용한다. 조사대상지를 선정할 때 고려사항이 아닌 것은?

① 균질한 식물집단(stand)을 피해야 한다.
② 같은 식물집단(stand)을 선정하기에 앞서 식생을 개관한다.
③ 항공사진을 사용하여 조사지역의 상관적 구분을 한다.
④ 상관적 구분에서는 우점종의 높이, 수형, 생육형 등의 상관요소를 목표로 한다.

76. 상수리나무의 생물량 또는 생산량을 측정하는데 적절한 방법은?

① 상대생장법 ② 수확법
③ 명병-암병법 ④ 방사성 동위원소법

해 ① 상대생장법은 주로 삼림의 생산량 조사에 많이 쓰인다.
② 수확법은 주로 초본식물에 적용한다.
③ 명병-암병법은 주로 수중에서 식물플랑크톤의 생산량·호흡량을 측정하는 방법이다.
④ 방사성 동위원소법은 원양과 같이 생산성이 낮은 곳에서 생산량은 측정하는데 유용한 방법이다.

77. 식물의 군집 분석방법이 아닌 것은?

① 재배법 ② 표조작법
③ 서열법 ④ 유사도분석

78. 물 10L를 채취하여 동물성 플랑크톤의 수를 헤아린 결과, 개체수가 100개체로 밝혀졌다. 이 플랑크톤의 밀도는?

① 1개체/L ② 10개체/L
③ 100개체/L ④ 1,000개체/L

해 100/10=10(개체/L)

79. 암모니아 정량방법이 아닌 것은?

① 적정법 ② 인도페놀법
③ 이온전극법 ④ 원자흡광광도법

80. 다음 중 상극(타감, allelopathy)작용을 하는 식물이 아닌 것은?

① 소나무 ② 호두나무
③ 쑥 ④ 배추

해 타감작용이란 식물체에 의한 '항생작용'으로 한 종이 화학물질을 환경으로 분비하여 다른 종의 생장을 방해하는 작용이다.


정답 ➔ 74. ④ 75. ① 76. ① 77. ① 78. ② 79. ④ 80. ④

# ❖ 2017년 자연생태복원산업기사 제 1 회

2017년 3월 5일 시행

## 제1과목 환경생태학개론

01. 생태계에서 녹색식물의 물질 생산 순1차생산력(net primary productivity : NP)을 바르게 설명한 것은?

① 녹색식물이 단위 공간당 유기물질에 저장하는 에너지의 총 저장률
② 일정기간에 종속영양자에게 이용되지 않는 유기물의 축적량
③ 총1차 생산량에서 호흡량을 뺀 값
④ 녹색식물이 광합성 작용을 통하여 생산한 유기물의 총량

해 1차 순생산력은 1차 총 생산력에서 호흡량은 뺀 것으로 종속영양생물이 소비할 수 있는 생물량이다. '표면광합성' 또는 '순동화량'이라고도 한다.

02. 식물체 내에서 생성된 물질이 다른 식물의 발아와 생육에 영향을 미치는 것은?

① 길드 ② 페로몬
③ 타감작용 ④ 영양염류 순환

해 ① 길드란 동물 군집 내에서의 지위 유사종을 말하는데 동일한 환경자원을 이용하는 무리 즉, 먹이가 비슷한 무리를 말한다.
② 페로몬이란 화합물이 같은 종에 영향을 주어 짝짓기나 세력권의 표시에 이용되는 것을 말한다.
④ 영양염류 순환이란 생태계 내의 원형질의 모든 원소는 환경에서 생물로 다시 환경으로 순환하는 것을 말한다.

03. 발전소에서 연안으로 배출하는 냉각수의 주요 오염원인은?

① 석유류 ② 유기화합물질
③ 중금속 ④ 열

04. 다음 중 산불에 대한 설명으로 틀린 것은?

① 지표화(surface fire)는 불길의 강도가 낮고 비교적 빠른 속도로 진전되기 때문에 수목에는 피해가 적다.
② 지표화는 그 지역의 식물을 대부분 죽게한다.
③ 가벼운 지표화는 하층식생을 제거함으로써 상층 임목의 생장을 촉진시킨다.
④ 수관화(crown fire)는 지표화가 강한 불꽃을 만들 때 시작되며 활엽수림보다 침엽수림에서 주로 일어난다.

해 ② 지표화는 불길의 강도가 낮고 빠르게 진행되어 수목에 주는 피해가 적다.

05. 영양구조와 영양기능을 나타내는 생태적 피라미드(ecological pyramid)의 3가지 유형에 속하지 않는 것은?

① 생체량 pyramid ② 개체수 pyramid
③ 에너지 pyramid ④ 개체군 pyramid

06. 지구 생태계 및 환경보전을 위한 노력으로서 인류역사상 최초의 국제적 수준의 환경문제를 다룬 회의는?

① 1972년 스웨덴 스톡홀름의 국제연합 인간환경회의
② 1991년 오스트리아 비엔나의 세계인권회의
③ 1992년 브라질 리우의 지구정상회의
④ 2002년 남아프리카공화국 요하네스버그의 지구정상회의

해 ② 여성인권에 대한 국제적 캠페인과 여성연합의 중요성 및 참여를 강조한 회의이다.
③ 세계 185개국 대표단과 114개국 정상 및 정부 수반들이 참석하여 환경문제에 대해 논의한 회의이다.
④ 1992년 리우회의에서 채택된 리우선언과 의제 21(Agenda 21)의 성과를 평가하고 미래의 이행전략을 마련하기 위한 회의이다.

07. 생태계 보전의 관점에서 도로 등의 건설에 있어서 생태계를 보호하는 수법으로 가장 거리가 먼 것은?

① 서식환경으로부터 노선을 우회하도록 한다.
② 관목식재를 통하여 조류의 비행고도를 확보한다.
③ 도로에 의하여 이동루트가 분단된 양서류 등은 이동이 가능하도록 대안을 확보해 준다.
④ 대형동물의 보호수법으로서 도로의 상부나 하부에 이동루트를 확보한다.

해 ② 조류나 곤충류를 보호하기 위하여 도로변에 키가 큰 교목을 심어 통과하는 비행고도를 확보하는데 도움을 준다.

정답 ➔ 01. ③ 02. ③ 03. ④ 04. ② 05. ④ 06. ① 07. ②

08. 다음의 ( )에 해당되지 않는 것은?

> 에너지 측면에서 볼 때 생태계에서 일어나는 생명현상은 식물에 고정된 태양에너지가 계 내에서 여러 생물체를 순환하며 열로 흩어지는 과정이라 할 수 있다. 에너지는 유기물속에 화학에너지 형태로 저장되며, 흐름은 물질을 통해 일어난다. 태양에너지는 끊임없이 공급되지만 지구상의 물질은 유한하기 때문에 순환하지 않으면 안 되는데, 이러한 물질순환에 있어 중요한 요소는 기본요소인 ( ), ( ), ( ) 등이다.

① 탄소 ② 질소
③ 수소 ④ 인

09. 두 개체군이 모두 이익을 얻으며 서로 상호작용을 하지 않으면 생존하지 못하는 상호작용은?

① 중립 ② 경쟁
③ 편리공생 ④ 상리공생

해 ① 중립은 개체군의 상호관계에서 영향을 받지 않는 관계를 말한다.
② 경쟁은 한 군집 내에 같이 살고 있는 다른 종 또는 같은 종 사이에서 제한된 자원 등을 놓고 경쟁하며 각 개체에 부영향을 미치게 되는 것을 말한다.
③ 편리공생은 생물 군집에서 두 종의 공존 시 한 종이 더욱 높은 생장을 나타내는 경우로 한 종의 생장이 다른 종에 의해 촉진되는 생물종간의 상호관계를 말한다.

10. 인위적 환경에 포함되지 않은 것은?

① 물리적 환경 - 건축물, 도로
② 사회적 환경 - 조직 및 체계
③ 비생물적 환경 - 기류, 토양
④ 심리적 환경 - 환경관, 종교관

11. 일반적인 산림생태계의 천이과정이 바르게 나열된 것은?

① 나지→1년생 초본→다년생 초본→음수→양수→극상림
② 나지→1년생 초본→다년생 초본→양수→음수→극상림
③ 극상림→음수→양수→다년생 초본→1년생 초본→나지
④ 극상림→1년생 초본→음수→다년생 초본→양수→나지

12. 육상생태계에 있어서 생산성 측정방법이 아닌 것은?

① 수확법 ② pH 이용법
③ $O_2$ 생산측정법 ④ $CO_2$ 소모량측정법

13. 공기 중의 오염물질인 황산화물과 질소화합물이 눈 또는 빗물과 결합하여 발생하는 산성비의 pH기준은?

① 12.6 미만 ② 10.6 미만
③ 8.6 미만 ④ 5.6 미만

14. 생태계의 물질 순환에 대한 설명이 적합하지 않은 것은?

① 탄소는 식물의 잎에서 광합성작용에 의해 이산화탄소를 동화하고 흡수하여 영양물질이 된다.
② 물은 주로 강우의 형태로 공급되며 지표유출, 지하침투 등의 방법으로 대기 중으로 되돌아간다.
③ 질소는 대기 중의 80%이지만 직접 이용할 수 없으므로 자연적, 인위적인 질소고정을 통해 체내에 흡수된다.
④ 물질 순환은 범지구적으로 발생하기 때문에 어느 한 곳에서 순환에 영향을 끼치는 경우 멀리 떨어진 다른 곳에서도 영향을 받을 수 있다.

15. 인공적으로 설치한 연안 구조물에 의한, 해빈의 일반적인 변화 양상에 대한 설명으로 옳지 않은 것은?

① 해빈이 끝나는 지점의 하천 도류제 주변의 퇴적현상
② 방파제 등으로 인해 파랑의 전파가 차단된 정온수역에 토사가 침전, 퇴적되는 현상
③ 이안제의 정온역을 벗어난 양쪽에서 침식이 일어나는 현상
④ 방파제 두부에서 항 입구방향으로 토사가 침식되어 사주가 형성되는 현상

16. 저서성 무척추동물군의 군집변화를 계량화하여 분석하는 정량적인 생물학적 지수 중 군집지수의 특성으로 적합하지 않은 것은?

① 객관적 ② 가중치 없음
③ 유연성 없음 ④ 현대적 방법

17. 생태계 훼손에 따른 대체 방안으로서 야생동물 이동통


정답 → 08. ③ 09. ④ 10. ③ 11. ② 12. ② 13. ④ 14. ② 15. ④ 16. ④ 17. ②

로에 대한 계획이 이루어지고 있다. 다음 중 고려사항으로 가장 거리가 먼 것은?

① 야생동물 이동통로의 설치에 있어서 가장 핵심이 되는 요소는 위치 선정이다.
② 이동통로는 서식처간을 연결하는 최단거리이며, 폭은 좁을수록 유리한 것으로 알려져 있다.
③ 특정한 종을 보호하는 것인지 일반종을 포함하는 것 인지에 대한 결정이 이루어져야 한다.
④ 서식처 사이의 거리선정은 인공위성을 이용한 이동패턴조사, 도로에 남겨진 사체의 빈도조사 등을 이용한다.

해 ② 이동통로는 연결 대상 서식지간 거리는 가능한 짧고, 길이가 길수록 폭을 넓게 조성해야 한다.

18. 생태계의 구성에 대한 설명으로 거리가 먼 것은?

① 생산자, 소비자, 분해자로 구성된다.
② 영양단계가 높아질수록 생태계 개체수는 증가한다.
③ 초식동물의 생물량은 육식동물의 생물량보다 크다.
④ 영양단계를 거치면서 유용한 에너지는 점차 감소한다.

해 ② 영양단계가 높아질수록 생태계 개체수는 감소한다.

19. 생태학자 Christen Raunkiaer에 의한 고등식물의 생활형 분류 방법의 기준은? (단, 지상식물, 지중식물, 반지중식물 등)

① 겨울눈(bud)의 위치 ② 뿌리의 깊이
③ 줄기의 굵기 ④ 꽃피는 시기

20. 삼림을 제거함으로써 나타나는 환경 변화가 아닌 것은?

① 종 다양성의 감소
② 토양의 비옥도 증가
③ 토양침식의 증가
④ 탄소동화작용의 감소

해 ② 토양의 비옥도가 감소하게 된다.

## 제2과목 환경학개론

21. 국제자연보호연합(IUCN)이 제창한 경관요소의 공간적 배열원칙 중 옳은 것은?

① 같은 면적일 경우, 분할된 상태가 양호함
② 등 간격으로 모아진 상태보다 직선상으로 나열되는 상태가 양호함
③ 분할된 경우, 공간이 분산된 것이 양호함
④ 가능하면 원형의 특성을 가지는 것이 양호함

22. 천이(succession)에 대한 설명으로 틀린 것은?

① 2차 천이는 버려진 농경지에서부터 시작할 수 있다.
② 1차 천이에서는 주로 지의류가 선구군집으로 들어온다.
③ 2차 천이는 1차 천이에 비해 회복에 많은 시간을 필요로 한다.
④ 천이 과정을 거쳐 숲과 같은 안정 상태를 유지하는 극상군집에 다다른다.

해 ③ 1차 천이가 2차 천이에 비해 회복에 많은 시간을 필요로 한다.

23. 유네스코 인간과 생물권 프로그램을 실행하는 방안으로 생물다양성 보전과 생물자원의 지속가능한 이용을 위하여 지정된 지역은?

① 도시다양성보전지역
② 생물권보전지역
③ 해양다양성보전지역
④ 육지다양성보전지역

24. 다음 용어가 설명하는 것은?

| 인간에게 지속가능한 방법으로 식물, 에너지, 쉘터 그리고 기타 물질적 · 비물질적인 요구를 충족시켜주는 경관과 인간의 조화로운 통합을 목적으로 하며, 농업적으로 생산적인 생태계를 설계, 유지 · 관리하고자 한다. |
|---|

① 퍼머컬쳐(Permaculture)
② 비오톱(Biotop)
③ 생태네트워크(Ecological Network)
④ 생태도시(EcoCity)

정답 ➔ 18. ② 19. ① 20. ② 21. ④ 22. ③ 23. ② 24. ①

해 ② 비오톱이란 생물군집이 서식하고 이동하는데 도움이 되는 소면적의 단위공간 또는 특정 생물군집의 서식지를 말한다.
③ 생태네트워크란 사람이 자연을 이용하는데 있어 공간계획이나 물리적 계획을 위한 모델링 도구를 말한다.
④ 생태도시란 사람과 자연 혹은 환경이 조화되며 공생할 수 있는 도시의 체계를 갖춘 도시를 말한다.

25. 대도시의 인구 과밀화로 발생하는 여러 가지 문제 들을 해소하기 위해 계획·건설되는 신도시의 모델로 이용되고 있는 도농통합형의 저밀도 경관도시인 전원도시를 최초로 제안한 사람은?

① Kevin Lynch ② I. McHarg
③ A. Rapoport ④ Ebenezer Howard

26. 생태환경 조성을 위한 계획으로 가장 적합한 것은?

① 댐저수지 수위변동구간 : 침식방지, 내침수성 및 내건조성 식생 도입
② 자연형 하천 : 자연수로 조성, 경관을 고려한 직선형 호안 조성, 보 및 낙차공 조성
③ 생태통로 : 생태적 연속성 고려, 자유로운 출입, 장기적인 서식지 안정성 확보
④ 인공지반 : 하중에 대한 고려, 방수 및 관배수, 충분한 유기질 토양 도입 및 토양심도 확보

27. 국토기본법상 국토계획에 대한 설명으로 옳은 것은?

① 국토종합계획 : 전 국토를 대상으로 수립하며, 구체적인 실천계획을 포함한 공간종합계획
② 도종합계획 : 경기도, 제주도 등 도 관할 구역 안에서 장기발전방향을 제시하는 종합계획
③ 시·군종합계획 : 시 또는 군의 기본적인 공간구조와 장기 발전 방향을 제시하는 종합계획
④ 지역계획 : 전 국토를 대상으로 특정 부문에 대한 장기적인 방향을 제시하는 종합계획

해 ② 도종합계획은 도 또는 특별자치도의 관할구역을 대상으로 하여 해당 지역의 장기적인 발전 방향을 제시하는 종합계획이다.
③ 시·군종합계획은 특별시·광역시·시 또는 군(광역시의 군은 제외)의 관할구역을 대상으로 하여 해당 지역의 기본적인 공간구조와 장기 발전 방향을 제시하는 종합계획이다.
④ 지역계획은 특정 지역을 대상으로 특별한 정책목적을 달성하기 위하여 수립하는 계획이다.

28. 생태네트워크를 구성하는 요소에 해당되지 않는 것은?

① 핵심지역 ② 복원지역
③ 패치지역 ④ 완충지역

해 생태네트워크의 공간구성 요소는 핵심지역, 완충지역, 복원지역과 코리더 등으로 구분할 수 있다.

29. 생태계 복원의 유형의 종류가 다른 것은?

① 구조에 있어서 간단 할 수 있지만 보다 생산적일 수 있음
② 교란 이전의 상태로 돌아가기 위한 시도
③ 유사한 기능을 지니지만 다양한 구조의 생태계 창출
④ 현재 상태를 개선하기 위해 다른 생태계로 원래의 생태계를 대체

해 ②에 해당하는 유형은 '복원'이고 나머지는 '대체'를 뜻한다.

30. 온실가스 감축 목표 달성을 위하여 산업계에 발생하는 부정적인 영향을 완화하기 위한 제도는?

① 배출권거래제 ② 배출권공론제
③ 배출권방임제 ④ 배출권허용제

31. 환경계획에 대한 설명으로 옳지 않은 것은?

① 국가환경종합계획은 환경부장관이 매 20년마다 수립한다.
② 국가환경종합계획은 국무회의의 심의를 거쳐 확정한다.
③ 국가환경종합계획의 체계적 추진을 위해 5년마다 환경보전중기종합계획을 수립한다.
④ 전국자연환경보전계획과 야생동식물보호 기본계획은 5년마다 수립한다.

해 ④ 전국자연환경보전계획은 10년마다 수립한다.

32. 환경계획에서 요구되는 생태학적 지식과 관련 없는 것은?

① 순수 생태학적 지식
② 인간의 환경에 있어서 급속히 파괴되는 자연조


정답 → 25. ④ 26. ① 27. ③ 28. ③ 29. ② 30. ① 31. ④ 32. ④

건과 불균형에 대처하기 위한 지식
③ 훼손된 환경의 복원과 새로운 환경 건설에 관련한 지식
④ 경제발전계획 수립

33. 환경개발계획에 있어서 환경적 고려에 포함되어야 할 내용이 아닌 것은?

① 자연환경　　② 인류
③ 경제성　　④ 인공개발물

34. 생태환경 자원의 가치가 실제 시장에서 유통되는 상품의 가격에 포함되어 있다는 전제에 의해 환경가치를 추정하는 방법은?

① 속성가격에 의한 추정
② 여행비용에 의한 추정
③ 수요곡선에 의한 추정
④ 지불용의액에 의한 추정

해 ② 여행비용에 의한 추정은 사람들의 행태를 직접 관찰함으로써 환경가치를 추정하는 방법이다.
④ 지불용의액에 의한 추정은 환경의 가치를 추정하는 가장 기본적이면서도 보편적인 방법으로 환경개선에 대한 사람들의 지불의사를 확인하는 방법이다.

35. 생태계 네트워크 형성을 위한 서식처 창출방법에 해당되지 않는 것은?

① 코리더 연결
② 새로운 숲 조성
③ 코리더 제거
④ 코리더를 포함한 숲 면적 확장

36. 산업화로 인하여 도시에서 생태계가 중요시되는데, 도시생태계의 문제점이 아닌 것은?

① 생태계의 하위에 위치하는 고차포식자의 멸종
② 자연환경 변화에 약한 종 감소
③ 도시환경에 특유한 귀화 생물종의 출현
④ 도시환경에 적응한 생물종의 증가

37. 환경지표의 용도가 아닌 것은?

① 환경계획의 추진
② 환경을 배려한 정책·사업 추진
③ 심리적 안정
④ 커뮤니케이션 추진

38. 습지의 기능평가 방법 설명으로 옳은 것은?

① HGM: 습지 유형 및 생태권역을 단일조건으로 설정하여 표준화된 방법에 의해 습지 기능 평가
② HEP: 습지의 생명부양 및 유지능력 등 습지구조와 기능을 자연 상태의 습지와 비교하여 생물학적으로 평가
③ WET: 야생동물의 서식처의 양과 질의 정도를 각 종별로 별도의 서식적합지수(HSI)로 평가
④ RAM: 1~2회 정도의 현지답사 및 문헌자료 등을 통해 일반적 수준의 습지 기능을 평가

해 ① HGM은 WET II와 EMAP모델을 종합하여 구축된 지표로 습지와 관련된 개발행위에 따른 행위제한, 영향의 최소화, 불가피한 영향의 평가, 저감방안의 제시, 사후평가 등을 결정하기위한 접근방법이다.
② HEP는 어류 및 야생동물의 서식처를 평가하기 위한 모델로 널리 이용되고 있다.
③ WET는 개별 습지의 기능과 가치를 종합적으로 평가하는 모델로서 전반적인 습지의 기능평가에 유용한 방법이다.

39. 야생조류의 먹이가 되는 열매가 달리는 식물들과 결실시기가 옳은 것은?

① 녹나무, 후박나무, 감나무, 꽝꽝나무 : 10~11월
② 주목, 작살나무, 쥐똥나무, 독일가문비 : 5~6월
③ 팽나무, 목련, 플라타너스, 붉나무 : 7~9월
④ 단풍나무, 때죽나무, 회화나무, 수수꽃다리 : 5~7월

해 ② 주목 : 9~10월, 작살나무 : 10~11월, 쥐똥나무 : 10월, 독일가문비 : 10월
③ 팽나무 : 9~10월, 목련 : 9~10월, 플라타너스 : 9~10월, 붉나무 : 10월
④ 단풍나무 : 9~10월, 때죽나무 : 9월, 회화나무 : 9~10월, 수수꽃다리 : 9~10월

40. 생태마을은 지구, 물, 불, 대기와 같은 요소들의 순환체계를 강조하고 있는데, 다음 중 각 요소들이 맞게 연결된 것은?

정답 → 33. ③ 34. ① 35. ③ 36. ① 37. ③ 38. ④ 39. ① 40. ②

① 물리적 구조 – 물
② 사회구조 – 불
③ 하부기반시설 – 지구
④ 교통 – 대기

해 생태마을 요소와 순환체계 : 물리적 구조(지구), 하부기반시설(물), 사회구조(불), 문화(대기)

## 제3과목 생태복원공학

41. 식재 후 토양을 우드칩, 볏짚 등의 멀칭재로 피복하는 목적과 무관한 것은?

① 잡초 방지 ② 유기물 공급
③ 토양 습도 유지 ④ 유효 토심 확보

42. 오염된 물을 처리하기 위한 방법 중 물리적 처리가 아닌 것은?

① 스크린 ② 여과
③ 흡착 ④ 살균

43. 수변복원용 소재로 사용 가능한 수생식물 중 정수식물로만 구성된 것은?

① 갈대, 줄, 수련
② 부레옥잠, 고랭이, 부처꽃
③ 가래, 자라풀, 골풀
④ 애기부들, 붓꽃, 창포

해 ·정수식물 : 갈대, 부들, 줄, 고랭이, 창포, 보풀, 벗풀, 골풀, 갈풀, 물억새, 물봉선, 물옥잠, 미나리, 택사 등
·부엽식물 : 마름, 자라풀, 어리연꽃, 수련, 가래 등
·침수식물 : 붕어마름, 말즘, 새우가래, 검정말, 물질경이 등
·부유식물 : 개구리밥, 생이가래 등

44. 비탈면녹화에 적합한 초화류는?

① 아이리스 ② 한련화
③ 옥잠화 ④ 쑥부쟁이

해 비탈면 녹화에 사용되는 초화류나 야생화로는 비수리, 쑥, 새(안고초), 억새 등 새류, 달맞이꽃, 구절초, 끈끈이대나물, 도라지, 벌노랑이, 산국, 수레국화, 쑥부쟁이, 자주개자리(알팔파), 춘차국(기생초), 큰금계국 등이 있다.

45. 서울특별시를 대상으로 한 생태네트워크를 구축하려고 할 때, 점적 요소에 해당하는 것은?

① 건축물의 옥상 녹화 지역
② 가로수 녹화 지역
③ 생태공원 지역
④ 하천 복원 지역

46. 토양환경을 설명한 것으로 가장 거리가 먼 것은?

① 토양 속에서 미생물의 상대 경쟁자가 상대의 생장을 억제하는 것을 길항작용이라고 한다.
② 알칼리성 토양에서는 질소의 무기화작용 중에 생성된 암모니아가 아조토박터의 생장을 저해하여 다른 미생물에도 영향을 미쳐 토양에 독성이 축적되기도 한다.
③ 지의류가 주목의 대상이 되는 것은 환경문제가 대두되면서 환경지표 생물로 중요한 위치를 차지하고 있기 때문이다.
④ 토양 속에 식물체가 사라지면 병원체의 번식이 극성해 지는데, 이것은 토양의 조건이 극도로 나빠졌다는 증거이다.

47. 생물종 복원 방법 중에서 멸절되었거나 멸종된 종을 그 종의 역사적인 서식 범위 내에서 다시 정착시키려는 시도는?

① 이입 ② 재도입
③ 재강화 ④ 보전적 도입

48. 토양미생물 중 식물의 뿌리를 보호해 주고, 양분의 흡수능력을 향상시켜 주며, 건조 및 병원균에 대한 저항력을 높여주는 것은?

① 세균 ② 방선균
③ 사상균 ④ 외생균근

49. 곤충의 서식을 위한 다공질 공간 제공기법에 해당하지 않는 것은?

① 돌무더기 놓기 ② 고목 배치
③ 통나무 쌓기 ④ 횃대 놓기

해 ④ 횃대는 조류의 휴식처를 제공하는 것이다.

50. 자연환경복원의 국제적인 동향으로 리우선언의 주요

 정답 → 41. ④ 42. ④ 43. ④ 44. ④ 45. ① 46. ④ 47. ② 48. ④ 49. ④ 50. ④

개념인 ESSD의 정의로 가장 적당한 것은?

① 생태복원으로 자연생태계 회복
② 의제21 이행계획 선언
③ 세계적으로 건강한 환경 유지
④ 환경적으로 건전하고 지속가능한 발전

해 ESSD(environmentally Sound and Sustainable Development)는 환경에 미치는 영향을 최소화하자는 개념으로 '환경적으로 건정하고 지속가능한 개발'을 지향하는 것이다.

51. 성토비탈면에서의 일반적인 소단 설치기준으로 적합한 것은?

① 비탈면 높이 2~3m 마다 소단설치
② 비탈면 높이 5~6m 마다 소단설치
③ 비탈면 높이 8~9m 마다 소단설치
④ 비탈면 높이 11~12m 마다 소단설치

52. 초본으로 훼손지를 복원하려고 하는데 이 때 종자의 순도가 100%, 발아율이 90%, 보정율이 1, 평균립수가 500 립/g이며 발생기대본수가 540 본/㎡이라면 파종량(g/㎡)은?

① 0.9　② 1.2
③ 1.5　④ 1.8

해 파종량 $W = \dfrac{B}{A \times \dfrac{C}{100} \times \dfrac{D}{100} \times S}$

A : 평균립수(립 / g), B : 발생기대본수(본 / $m^2$)
C : 발아율(%), D : 순도(%), S : 보정율

$\rightarrow \dfrac{540}{500 \times \dfrac{90}{100} \times \dfrac{100}{100} \times 1} = 1.2(g/m^2)$

53. 온실효과를 일으키는 물질이 아닌 것은?

① $CH_4$　② $CO_2$
③ $SO_2$　④ $N_2O$

해 ③ $SO_2$(아황산가스)
온실효과를 일으키는 온실기체에는 메테인(메탄,$CH_4$), 이산화탄소($CO_2$), 이산화질소($N_2O$), 오존($O_3$), 염화불화탄소(CFCs) 등이 있다.

54. 습지식물의 생활 특성이 다른 것은?

① 줄　② 애기부들
③ 세모고랭이　④ 노랑어리연꽃

해 ①②③ 정수식물, ④ 부엽식물

55. 저수로 호안을 복원하기 위한 자연재료로 볼 수 없는 것은?

① 콘크리트 호안블럭　② 자연석
③ 야자섬유　④ 나무말뚝

56. 동물에서 지위 유사종을 길드(guild)라고 하는데, 같은 방법으로 환경자원을 이용하는 무리라고 할 수 있다. 산림성 조류의 길드에서 나무 구멍을 둥지로 이용하는 종류의 길드는?

① 수관층 영소길드　② 관목층 영소길드
③ 수동 영소길드　④ 외부 채이길드

57. 비점오염원의 특징으로 가장 거리가 먼 것은?

① 배출 지점이 불특정·불명확
② 강우 등 자연적인 요인에 따른 배출량의 변화가 심하여 예측이 곤란함
③ 관거를 통해 한 지점으로 집중적 배출
④ 인위적 및 자연적 요인

해 비점오염원이란 광역적으로 분산되어 배출되는 오염원으로 배출지점을 알 수 없는 오염원을 말한다. 비점오염물질은 주로 비가 올 때 지표면 유출수와 함께 유출되는 오염물질로서 농지에 살포된 비료나 농약, 토양침식물, 축사유출물, 교통오염물질, 도시지역의 먼지와 쓰레기, 자연동 · 식물의 잔여물, 지표면에 떨어진 대기오염물질 등을 말한다.

58. 표토의 붕괴나 낙석을 방지하는데 가장 큰 효과를 발휘할 수 있는 식물은?

① 목본식물　② 초본식물
③ 덩굴식물　④ 야생식물

59. 초화류 중 지피효과가 뛰어나고 꽃이 오랫동안 피어 화단의 가장자리나 암석정원에 적합하며, 병충해가 거의 없는 것은?

① 플록스　② 아이리스
③ 프리뮬러　④ 국화

정답 ➔ 51. ② 52. ② 53. ③ 54. ④ 55. ① 56. ③ 57. ③ 58. ① 59. ①

60. 생태연못 조성 시 친자연적인 방수방법은?

① 방수지 방수 ② 방수시멘트 방수
③ 논흙 방수 ④ 구조물을 이용한 방수

## 제4과목 생태조사방법론

61. 물질분해와 관련된 미생물활성 조사와 관련이 가장 적은 것은?

① 산소 소비률 ② 미생물 우점도
③ 분해산물 생성률 ④ 분해효소 활성도

62. 환경영향 평가 시 포함되어야 할 내용 중 지형 · 지질에 관한 내용이 아닌 것은?

① 지형상을 조사한다.
② 토지의 안정성에 대한 조사를 한다.
③ 대기혼합고, 대기안정도를 조사한다.
④ 사업대상지역과 주변지역의 지진발생빈도, 지진강도를 조사한다.

63. 팔당호 수심의 50㎝ 깊이에서 명병-암병법으로 1시간 동안 용존산소량의 변화를 측정한 결과를 이용하여 순광합성량(mg $O_2 \cdot L^{-1} \cdot hr^{-1}$), 호흡량(mg $O_2 \cdot L^{-1} \cdot hr^{-1}$) 및 총광합성량(mg $O_2 \cdot L^{-1} \cdot hr^{-1}$)은?

| |
|---|
| -시발병(initial bottle) : 8.10mg $O_2 \cdot L^{-1} \cdot hr^{-1}$ |
| -명병(light bottle) : 8.50mg $O_2 \cdot L^{-1} \cdot hr^{-1}$ |
| -암병(dark bottle) : 8.05mg $O_2 \cdot L^{-1} \cdot hr^{-1}$ |

① 0.40, 0.05, 0.45 ② 0.45, 0.05, 0.40
③ 0.05, 0.45, 0.40 ④ 0.45, 0.40, 0.05

해 ·순광합성량=명병-시발병=8.5-8.1=0.40
·호흡량=시발병-암병=8.1-8.05=0.05
·총광합성량=명병-암병=8.50-8.05=0.45

64. 수환경의 오염정도를 부패도지수로 조사할 때 고려되지 않는 것은?

① 특정 오염정도에 존재하는 생물종
② 지표생물종의 빈도
③ 지표생물종의 크기
④ 지표생물종의 개체수

65. 습도에 대한 설명으로 옳지 않은 것은?

① 상대습도 : 동일한 온도와 압력에서 공기가 수증기로 포화되었을 때의 습도에 대한 실제 습도의 백분율
② 절대습도 : 일정 부피의 공기에 들어 있는 수분의 양
③ 이슬점온도 : 수증기량을 변화시키지 않고 공기의 온도를 높일 때 수증기가 포화에 도달하는 온도
④ 포차(saturation deficit) : 포화수증기압에서 현재 수증기압을 뺀 값

해 ③ 이슬점온도란 일정한 기압 이하에서 수분의 증감 없이 공기가 냉각되어 포화상태가 되면서 응결이 일어날 때의 대기 온도를 말한다.

66. 육상 무척추동물의 종류에 따른 채집방법으로 옳은 것은?

① 지면을 기어 다니는 절지동물은 바닥에 흰색천을 놓고 채집한다.
② 토양이나 식물체 내에 사는 선충류는 함정(pit trap, pitfall trap)을 파서 채집한다.
③ 풀밭의 무척추동물은 튼튼한 포충망으로 풀밭을 휩쓰는 스위핑(sweeping)법으로 채집한다.
④ 나무의 위쪽에 붙어사는 무척추동물은 베어만 깔대기(Baermann funnel)를 이용하여 채집한다.

해 ① 절지동물은 입구가 지면과 같은 높이로 묻어 함정(pitfall)을 만든다.
② 베어만(baermann) 깔때기를 이용하여 추출한다.
④ 털어잡기망(beating)을 이용하여 채집한다.

67. 방형구의 모양을 결정짓는 가장 큰 요소는?

① 면적 ② 물리적 환경
③ 포함된 종의 수 ④ 제작의 용이성

68. 식물에서 초식동물로 에너지 전이율이 10%, 초식동물에서 육식동물로 에너지 전이율이 20%라고 가정할 때 육식만 하는 인간은 초식만 하는 인간의 몇 배의 식량을 소비하는가?

① 2배 ② 4배

 정답 → 60. ③ 61. ② 62. ③ 63. ① 64. ③ 65. ③ 66. ③ 67. ② 68. ③

③ 5배　　④ 10배

해 $10 \div (10 \times 0.2) = 5$

69. 식물생태학에서 사용되는 선차단법에 대한 설명으로 옳은 것은?

① 방형구법에 비해 시간과 노력이 많이 요구된다.
② 이 방법은 피도만 얻을 수 있다.
③ 선형밀도지수=줄의 총 길이 / 종의 총 개체수
④ 선형피도지수=종이 차단한 길이의 합 / 줄의 총 길이

해 ① 방형구법에 비하여 시간과 노력이 절감된다.
② 선의 길이를 단위로 하여 피도, 밀도, 빈도, 중요도 등을 얻을 수 있다.
③ 선형밀도지수=종의 총 개체수/줄의 총 길이

70. 호수의 수층에서 가장 많이 산소를 소모하는 화학작용은?

① 질산화　　② 암모니아 동화
③ 황산염 환원　　④ 탈질화

71. 토양단면 기호와 구분이 틀린 것은?

① O층 : 유기물층　　② A층 : 암석층
③ B층 : 집적층　　④ C층 : 모암층

해 ② A층 : 용탈층

72. 낙엽분해에 미치는 미생물 활성 조사에 MUF(methlum belliferyl)기를 가진 기질을 이용하는 방법에 대한 설명으로 틀린 것은?

① 효소 활성도가 낮을 때 사용하는 방법이다.
② 형광을 측정하여 MUF의 농도를 알면 효소 활성도를 계산할 수 있다.
③ MUF기를 가진 기질은 형광을 내지만 외분비 효소에 의해 분해되어 유리된 MUF는 형광을 내지 않는다.
④ 측정하려는 시료를 MUF-기질과 함께 항온진탕기에서 일정 시간 진탕한 후 원심분리하여 추출한 상등액에서 형광을 측정한다.

해 ③ MUF기를 가진 기질은 형광을 내지 않으나 외분비 효소에 의해 분해되어 유리된 MUF는 형광을 내게 된다.

73. 생태계의 물질순환을 설명하는 방법 중에 생지화학적 순환이 있다. 생지화학적 순환에 관한 설명으로 옳지 않은 것은?

① 생지화학적 순환은 기체형 순환과 퇴적형 순환이 있다.
② 생지화학적 순환이란 물질이 생물과 비생물적 환경 사이를 순환하는 것을 말한다.
③ 생지화학적 순환에서 중요하게 다루어지는 원소로 탄소, 질소, 인이 있는데, 이는 생물체를 구성하는 중요원소이기 때문이다.
④ 탄소의 생지화학적 순환을 이해하기 위해서는 광합성량과 호흡량만을 조사하면 된다.

해 ④ 산업혁명 이후의 인간에 의한 화석연료의 연소와 토지이용형태의 변화는 지구수준의 탄소순환에 큰 영향을 주고 있다.

74. 야생동물생태조사에 있어서 중요한 포획-재포획에 관한 정보가 주어졌을 때, 총 개체군의 크기는? (단, 110개체의 야생동물이 표지되어 방출하고, 며칠 후 잡힌 100개체 중 20개체가 표지된 것으로 확인되었다.)

① 500개체　　② 550개체
③ 5000개체　　④ 5500개체

해 총 개체군 크기 $N = \frac{n}{r} \times M$
M : 제1표본 표지된 개체수, n : 제2표본 개체수
r : 제2표본 중 표지된 개체수
$\rightarrow \frac{100}{20} \times 110 = 550$(개체)

75. A와 B 지역을 조사한 결과 두 지역에 공통적으로 나타난 종이 10종, A 지역에 출현하나 B 지역에는 출현하지 않는 종이 8종, B 지역에 출현하나 A 지역에는 출현하지 않은 종이 7종인 경우 Jaccard coefficient를 이용하여 구한 두 지역의 community 유사도는?

① 5/2　　② 2/5
③ 3/2　　④ 2/3

해 자카드 계수 $C_J = \frac{W}{A+B-W}$
A : 군집 A의 종수, B : 군집 B의 종수
W : 두 군집에서 공통되는 종수
$\rightarrow \frac{10}{18+17-10} = \frac{2}{5}$

정답 ➔ 69. ④ 70. ① 71. ② 72. ③ 73. ④ 74. ② 75. ②

76. 표토를 분석하기 위해 시료를 채집하는 과정에 관한 설명으로 가장 거리가 먼 것은?

① 토양은 보통 0.5~1.0kg 을 채집한다.
② 표면으로부터 0~10㎝ 전후의 토양을 채집한다.
③ 한 지점과 이 지점을 중심으로 5m 거리에 있는 동서남북 4지점에서 채토하여 혼합한다.
④ 채취한 시료는 채집장소가 적힌 종이봉투에 담아 분석실로 보낸다.

해 ④ 채취한 시료는 채집장소가 적힌 튼튼한 플라스틱 봉투에 담아 분석실로 보낸다.

77. 식생조사 시 입지 지형 조건을 측정하는 기구만으로 구성된 것은?

① 줄자, DBH meter, 경사계, 고도계
② 조도계, 카메라, 건습도계, 쌍안경
③ 고도계, 경사계, 조도계, 건습도계
④ 뿌리삽, 전정가위, 견출지, 조사용지

78. Simpson 다양도 지수를 Shannon-Wiener 지수와 비교하였을 때 Simpson 다양도 지수의 특징으로 옳은 것은?

① 풍부성을 지닌 종을 희소성을 지닌 종보다 중요하게 인식한다.
② 종다양성을 알아볼 수 있다.
③ 종수가 같아야만 다양성을 비교할 수 있다.
④ 희소성을 지닌 종을 풍부성을 지닌 종보다 중요하게 인식한다.

79. 지리·지형·경관적 특성에 대하여 바르게 설명한 것을 [보기]에서 모두 고른 것은?

| |
|---|
| ㉠ 지리적 정보에는 위도, 경도, 행정구역 등이 포함된다.<br>㉡ 지질학적 기질의 특성, 기원 및 침식은 지형에 영향을 주지 않는다.<br>㉢ 경사와 방위는 서식지의 일조시간, 풍향, 기온 및 토양함수량에 영향을 미친다.<br>㉣ 보전이 필요한 지형경관을 선정할 경우 지형의 희귀성, 관광적 가치, 학문적 가치 등은 고려하지 않는다. |

① ㉠, ㉢  ② ㉠, ㉣
③ ㉡, ㉢  ④ ㉡, ㉣

80. 무작위 표본추출과 관련하여 설명한 내용 중 옳지 않은 것은?

① 난수표를 이용하는 경우가 많다.
② 종-면적곡선을 이용하여 표본수를 결정한다.
③ 모집단 내의 각 원소가 표집 될 기회가 균등하다.
④ 난수표는 무작위 지도좌표나 번호가 매겨진 표본 추출지도를 선정하는데도 이용된다.

해 ② 종-면적곡선을 이용하는 방법은 반복표본추출이다.

 정답 ➔ 76. ④ 77. ③ 78. ① 79. ① 80. ②

# 2017년 자연생태복원산업기사 제 3회

2017년 8월 26일 시행

## 제1과목 환경생태학개론

**01.** 1차 천이에 관한 설명으로 옳은 것은?

① 생물이 살지 않은 환경에 개척자 생물부터 시작하는 천이단계
② 이전 군집이 파괴된 곳에 새롭게 형성되는 군집의 정착
③ 방목 등으로 단순, 빈약한 종으로 퇴행하는 천이단계
④ 연못이 습지로 변하는 천이단계

**02.** 수질오염에 대한 설명으로 가장 거리가 먼 것은 ?

① 수질오염은 침전물질, 공업폐수, 유기물질, 열 등에 의한 오염의 형태로 나눌 수 있다.
② 카드뮴 중독증으로 일본에서 발생한 미나마타병이 있다.
③ 미국 Tule호 및 Lower Klamath 보호구에서 발생한 생물군집의 DDT농축은 먹이연쇄 단계가 높아질수록 생물학적 농축이 높아짐을 잘 보여주는 사례이다.
④ 수중에 존재하는 유기물질을 산화시키는데 필요한 산소요구량을 생물학적 산소요구량(BOD)이라고 한다.

해 ② 카드뮴 중독에 의한병은 이따이이따이병이고, 미나마타병은 수은(Hg) 중독으로 나타난다.

**03.** 해양 생태계의 해안 군집인 하구(estuary) 환경에 대한 설명으로 틀린 것은?

① 해양 환경에서 생산력이 가장 높은 지역이다.
② 강이 바다와 만나는 곳으로 해수에 존재하는 먹이 사슬이 시작되는 지역이다.
③ 생물의 서식 밀도가 높고, 많은 해양 생물들이 이곳에서 산란을 한다.
④ 어둡고 압력이 높은 지역으로 주로 저생 부식 생물들이 많이 존재한다.

해 ④ 하천의 담수가 해수와 혼합되는 수역으로 조류 및 어류를 포함한 많은 생물의 서식지이다.

**04.** 생물다양성 유지를 위해 노력하는 직접적인 이유로 가장 큰 것은?

① 천재지변을 막을 수 있다.
② 기후변화를 막을 수 있다.
③ 생태계의 안정성에 기여한다.
④ 인간의 먹이자원을 확보할 수 있다.

**05.** 대기의 질소를 고정하는 능력이 있는 미생물 중 콩과 식물과 공생하는 박테리아는?

① Azotobacter ② Clostridium
③ Nostoc ④ Rhizobium

**06.** 섬모충류인 짚신벌레의 세포안에 단세포의 조류가 들어 있는 것 같이 서로 다른 생물들끼리 이익을 주고받는 관계는?

① 외부공생 ② 적응공생
③ 편리공생 ④ 상리공생

**07.** 생태계의 구성요소 중 생물군집 부분이 아닌 것은?

① 구매자 ② 생산자
③ 소비자 ④ 분해자

**08.** 다음이 설명하는 개념의 ( )에 적합한 용어는?

> 둘 또는 그 이상의 유기체 군들이 밀접한 생태적 관계를 가지고 있으나 유전정보 교환 없이 서로 주고받는 자연선택을 하는 경우를 ( )(이)라 한다.

① 공생 ② 공존
③ 공진화 ④ 파편화

**09.** 수계의 자정작용(self-purification)에 있어서 가장 필수적인 요소는?

① 이산화탄소 ② 산소
③ 아황산가스 ④ 황화수소

해 하천의 자정작용이란 하천에 어느 정도의 유기물이 유입되더라도 물리 · 화학 · 생물학적 작용에 의하여 어느 정도 깨끗해지는 현상을 말한다.

정답 ➔ 01. ① 02. ② 03. ④ 04. ③ 05. ④ 06. ④ 07. ① 08. ③ 09. ②

**10.** 토양에 대한 설명으로 틀린 것은?

① 토양 층위에 있어 A층은 표층토양으로 잘게 부서진 동·식물체로 구성된다.
② 숲 토양은 광물질화가 빠르므로 초원토양보다 토양색이 검다.
③ 운반된 토양에 있어 강 하구의 삼각주는 비옥한 사례 중의 하나이다.
④ 토양구조와 다공성은 식물과 토양 동물의 영양분 이용도를 좌우한다.

**11.** 토양 입자 사이의 작은 공극에 채워지는 물로서 표면장력에 의해 흡수 유지되며, 식물이 흡수 가능한 가장 유용한 토양수분은?

① 결합수 ② 흡습수
③ 모세관수 ④ 중력수

**12.** 종의 상대빈도(RF, relative frequency)를 구하는 공식은?

① $\frac{\text{어떤 한 종의 개체수}}{\text{출현한 모든 종의 개체수}} \times 100$
② $\frac{\text{어떤 한 종의 출현수}}{\text{출현한 한 종의 개체수}} \times 100$
③ $\frac{\text{어떤 한 종의 개체수}}{\text{출현한 모든 종의 개체수}} \times 100$
④ $\frac{\text{어떤 한 종의 출현수}}{\text{출현한 모든 종의 수}} \times 100$

**13.** 생태계 내에서의 에너지 이동에 관한 설명 중 틀린 것은?

① 생태계 기능을 유지시키는데 필요한 에너지의 근원은 태양에너지이다.
② 에너지는 생태계 내·외로의 유입과 유출이 자유롭다.
③ 생태계 내로 유입된 에너지는 궁극적으로 생태계 밖으로 유출된다.
④ 태양에너지는 대기권을 통과하는 과정에서 약 60%가 손실된다.

**14.** 해양생태계에 대한 설명으로 틀린 것은?

① 바다는 지구 표면의 70%를 점유한다.
② 조간대의 생물은 조석의 주기성에 따라서 활동한다.
③ 해수는 산성이며 완충작용이 크다.
④ 북극해와 남극해는 중위도의 해역보다 생산성이 높다.

해 ③ 해수는 알칼리성이며 완충작용이 크다.

**15.** 담수생태계 유형과 적합한 예들로만 옳게 짝지어진 것은?

① 정수(lentic ecosystem)생태계 – 호수, 연못
② 유수(lotic ecosystem)생태계 – 늪, 샘, 강
③ 기수역(estuary) – 소택지, 이탄 이끼 습지
④ 담수습지(freshwater wetlands): 강어귀, 연안의 만

**16.** 생태계에서 녹색식물의 역할은?

① 유기물을 분해하는 분해자의 역할과 에너지 순환역할을 담당한다.
② 빛에너지를 화학에너지로 전환하여 유기물 속에 고정하는 역할을 한다.
③ 화학에너지를 빛에너지로 전환하여 유기물 속에 고정하는 역할을 한다.
④ 종속영양생물로서 무기영양분을 유기영양분으로 전환하는 역할을 담당한다.

**17.** 생물다양성 감소와 멸종의 근본적인 원인이 아닌 것은?

① 실험과 연구를 위한 포획
② 인구의 증가
③ 환경의 가치와 생태적 혜택을 무시하는 경제체제와 정책들에 의해 환경의 지속가능성을 저하시키는 개발 조장
④ 경제성장과 생활수준의 향상에 따른 1인당 자원 사용량의 증가로 인한 생물 서식처 파괴

**18.** 생태계에서 독립영양생물에 의해 생산된 총에너지는?

① 총에너지 섭취량 ② 2차생산량
③ 생산성 ④ 1차총생산량

**19.** 지구온난화의 영향으로 가장 거리가 먼 것은?

① 토양 산성화 ② 강수형태의 변화


정답 → 10. ② 11. ③ 12. ④ 13. ④ 14. ③ 15. ① 16. ② 17. ① 18. ④ 19. ①

③ 해수면 상승 ④ 생태계의 변화

20. 반달곰 복원사업은 기대가 큰 반면에 몇 가지 문제점이 지적된 야생동물 복원사업이다. 이에 대한 설명으로 옳지 않은 것은?

① 야생동물의 복원사업은 멸종 위기종의 자연생태계 복원을 위한 목적이 있다.
② 처음 도입했을 때 반달곰의 자연 생태계 적응의 실패는 반달곰과 인간과의 과도한 접촉이 원인이었다.
③ 복원과정에서 발생하는 주민 피해와 민원의 문제는 한 번 훼손된 생태계 복원의 난점을 보여준다.
④ 야생생물의 생태계 적응을 위해서는 인간과의 친밀도가 중요한 성공 요인이다.

## 제2과목 환경학개론

21. 생태 네트워크 조성기법으로 틀린 것은?

① 산림지역은 다양한 생물의 서식공간이 되는 이차림을 유지하도록 한다.
② 수변지역은 하안을 단순하게 만들어 수심이나 유속이 일정하게 유지하도록 한다.
③ 소규모 공원은 수림화하여 다양한 생물이 서식할 수 있도록 한다.
④ 건축물은 옥상, 벽면 등을 녹화하여 생물의 서식공간의 기능을 높이도록 한다.

해 ② 수변지역의 환경정비 시 수변의 경계선에 변화를 주어 다양한 생물상을 유도한다.

22. 산림식생대 구분에 많이 이용되는 것으로 온량지수와 한랭지수가 있다. 어떤 도시의 월 평균기온이 5℃ 미만인 달은 4달 이었고, 해당 달의 평균기온이 각각 −3℃, −1℃, 2℃, 4℃일 때 한랭지수 (℃)는?

① −15 ② −18
③ −22 ④ −24

해 한랭지수 $CI = -\sum^{12-n} (5-t)$

t : 각 달의 평균기온(°C), n : 1년 중 5°C 이상인 달의 합

→ −((5−(−3))+(5−(−1))+(5−2)+(5−4))=−18

23. 우수저류 및 침투연못 조성에 관한 설명 중 잘못된 것은?

① 우수의 쇄석 여과층은 자갈, 모래, 진흙으로 이루어진다.
② 저류된 빗물은 지하저류조에 담아 두었다가 재활용할 수 있다.
③ 침투연못은 지하수로 유입시키는 단계로서 하류하천의 홍수부하량과 급격한 오염을 방지할 수 있다.
④ 저류연못은 우수를 땅으로 침투시키지 않고 저류하는 곳으로서 최대 저류용량을 설정하여 자연형 연못으로 계획설계한다.

해 ① 쇄석 여과층에는 진흙 등 투수계수가 낮은 재료는 사용하지 않는다.

24. 토지이용계획과정을 바르게 설명한 항목은?

① 제1단계 : 기본지표설정, 제2단계 : 토지이용별 소요면적 추정, 제3단계 : 입지배분
② 제1단계 : 기본지표설정, 제2단계 : 입지배분, 제3단계 : 토지이용별 소요면적 추정
③ 제1단계 : 입지배분, 제2단계 : 기본지표설정, 제3단계 : 토지이용별 소요면적 추정
④ 제1단계 : 토지이용별 소요면적 추정, 제2단계 : 입지배분, 제3단계 : 기본지표설정

25. 생태도시 계획을 수립하기 위한 방안으로 적합하지 않은 것은?

① 물질의 순환 이용
② 도시녹지의 생태적 기능 강화
③ 포장률 제고에 따른 유출률 증가
④ 에너지 절약형 건물 장려 및 도시기온 완화

26. 생태주거단지의 단지계획과 거리가 먼 것은?

① 지형을 적극적으로 변화시켜 생태공간 조성
② 재활용을 위한 분리수거공간과 퇴비장 계획
③ 포장면적을 최소화하여 우수침투 가능성 고려
④ 우수저류연못, 우수침투, 우수유도도랑 등을 도입

해 생태주거단지란 최적의 상태를 유지하기 위해 자연자원을

정답 → 20. ④ 21. ② 22. ② 23. ① 24. ① 25. ③ 26. ①

가장 효율적으로 사용하고, 환경파괴를 최소화함으로써 자연자원을 생태적으로 지속가능하게 사용할 수 있는 단지를 의미한다.

27. 오존층 파괴물질의 규제에 관한 것으로 1989년 1월부터 발효된 국제협약은?

① 람사협약 ② CITES
③ 몬트리올의정서 ④ 교토의정서

28. 오존층에 관한 설명으로 맞지 않는 것은?

① 오존층은 서응권내 고도 25~30㎞에 위치한다.
② 오존층에서의 오존 최고 농도는 약 10ppm 정도로 대류권내의 오존농도 보다 훨씬 높다.
③ 태양에서 발생된 자외선 중 인간에게 가장 해로운 파장 200~320㎚는 거의 전량 오존층의 오존에 의하여 흡수되며, 비교적 덜 해로운 파장 280~320㎚는 모두 대류권으로 전달된다.
④ 오존층의 오존은 대기 및 지표면의 온도조절 기능을 하는 가스로 생물체의 생존에 결정적인 역할을 한다.

29. 지구상에 존재하는 물에 대한 설명으로 가장 거리가 먼 것은?

① 지구가 가진 물의 97.3% 정도는 바닷물로 존재한다.
② 호수나 강 등 육지에서 보는 물은 전체의 0.03% 정도이다.
③ 비나 눈 등의 기상 현상을 일으키는 대기 중의 물은 0.001% 정도이다.
④ 담수의 대부분은 땅 속 지하수로 존재한다.

해 ④ 담수란 강이나 하천으로부터 흘러나오는 물을 말한다.

30. 화석연료의 연소, 광물제련과정 중에 배출되는 물질로 미국 도노라, 영국 런던 등에서 발생한 스모그의 주된 가스상 오염물질은?

① $NO_2$ ② $SO_2$
③ $CO_2$ ④ CO

31. 생물권보전지역(Biosphere Reserve)을 지정하기 위해 생태적으로 보전 가치가 높은 지역을 핵심지역(Core)으로 설정하고, 완충지역(Buffer) 및 전이지역(Transition) 등으로 구분 설정하는 것과 관련된 제도 또는 이론은?

① 생물지역계획
② 유네스코 맵(MAB) 이론
③ 비오톱(Biotop) 계획
④ 생태경관(Ecological Landscape) 이론

32. 토지적성평가에 대한 설명으로 부적당한 항목은?

① 국토의 난개발을 방지하여 개발과 보전의 조화를 유도한다.
② 토지의 보전 및 이용 가능성에 대한 등급 분류 방법이다.
③ 토지의 용도구분을 위한 기초자료로 활용한다.
④ 산림의 조림수종선정을 위해 필요한 평가이다.

해 토지적성평가는 도시관리지역 세분을 위한 평가, 기타 도시계획 입안을 위한 평가이다.

33. 인구가 밀집되어 있는 도시지역에서 녹지공간을 확보하는 방법으로 적합하지 못한 것은?

① 생태공원 건설 ② 벽면녹화 사업
③ 도로의 확대 ④ 하천변의 자연복원

34. 다음 중 도시 생태계의 재생에 있어서 생물 다양성 저하의 원인이 아닌 것은?

① 특정 종의 과잉 포획 · 채취
② 생물 서식공간의 분단화와 고립화
③ 개발행위에 의한 생태계, 자연환경의 증가
④ 인간활동에 의한 생태계, 자연환경의 질적 열악화

35. MacArthur와 Wilson의 도서생물지리학 이론에 따라 도시 내에 생태공원을 조성하는 경우 바람직한 것은?

① 동일한 면적을 조건으로 큰 공원 하나 보다는 작은 공원을 여러 군데 조성한다.
② 작은 공원들은 서로 적당한 간격으로 떨어져 입지하는 것이 바람직하다.
③ 주변길이에 대한 면적의 비가 최대인 원형의 공원이 기다란 모양의 공원보다 좋다.


정답 → 27. ③ 28. ③ 29. ④ 30. ② 31. ② 32. ④ 33. ③ 34. ③ 35. ③

④ 공원은 면적, 거리, 모양에 관계 없다.

36. 생태계에서 에너지와 물질이 생물계로 들어가는 첫 번째 경로는?

① 생산자　② 미세소비자
③ 대형소비자　④ 분해자

37. 생태계 보전을 위한 적극적 유인제도로 가장 적합한 것은?

① 개발권거래제도　② 벌금부과제도
③ 공공토지매입제도　④ 환경마크제도

38. 국토전역을 대상으로 국토의 장기적인 발전방향을 제시하며, 공간계획을 포함한 토지 이용 관련 모든 계획의 최상위 계획은?

① 국토종합계획　② 도종합계획
③ 지역계획　④ 도시기본계획

39. 생태네트워크 구축 시 고려해야 될 사항이 아닌 것은?

① 피해가 심한 서식지는 제외한다.
② 현존서식지를 보호한다.
③ 서식지 연결을 위해 회랑을 설치한다.
④ 과거의 서식지를 동등하게 복원한다.

40. 극상 군집의 종류는 지역에 따라 크게 달라진다. 주로 해당 지역에서 가장 큰 영향을 끼치는 것은?

① 모암 성분　② 토양 생물
③ 기후　④ 토양 성분

## 제3과목 생태복원공학

41. 하천을 자연형 하천으로 복원하고자 할 때 수충부 및 수변에 식재하기에 적절하지 못한 식물은?

① 왕버들　② 왕벚나무
③ 신나무　④ 낙우송

42. 도시화에 의한 도시미기후의 특징에 해당하지 않는 것은?

① 습기 증가　② 고온화
③ 대기오염　④ 안개 발생

43. 물이 많게 되면 모세관을 채우고 남은 물은 큰 공극으로 옮겨져서 중력에 의하여 흘러내리게 되는데 이러한 토양수는?

① 중력수　② 모관수
③ 흡습수　④ 화합수

44. 수질오염을 유발하는 오염원으로 크게 점오염원과 비점오염원으로 구분할 수 있는데, 다음 중 점오염원인 것은?

① 도로 노면의 퇴적물
② 가정에서 발생하는 하수
③ 초지에 방목된 가축의 배설물
④ 농작물에 흡수되지 않은 비료와 농약

해 · 점오염원 : 특정 장소에서 배출되는 오염원을 말한다.
· 비점오염원 : 비점오염원은 건기 시 토지표면에 축적된 다양한 오염물질(유기물, 영양염류, 중금속, 입자상 물질, 각종 유해 화학물질 등)이 강우유출수와 함께 유출되어 수질 및 토양오염을 일으키는 배출원을 말하는 것으로 특정할 수 없는 오염원이다.

45. 다음 중 난지형잔디에 속하는 것은?

① 버뮤다그래스　② 크리핑 벤트그래스
③ 퍼레니얼 라이그래스　④ 켄터키 블루그래스

46. 잎 표면에 도드라진 줄이 있고 엽폭이 5~10㎜로 한지형 잔디 중 질감이 가장 거칠고, 주형(bunch type)의 생육 특성을 지닌 잔디는?

① 톨 훼스큐
② 켄터키 블루그래스
③ 퍼레니얼 라이그래스
④ 크리핑 벤트그래스

47. 종의 복원방법에 대한 설명으로 잘못된 것은?

① 포획번식 : 야생에서 복원할 종을 포획하여 번식과정을 거쳐 방사하는 것을 말한다.
② 방사(reintroduction) : 개체를 번식시키고 개체수를 늘리는 것을 말한다.

정답 ➜ 36. ① 37. ③ 38. ① 39. ① 40. ③ 41. ② 42. ① 43. ① 44. ② 45. ① 46. ① 47. ②

③ 이주(translocation) : 인간의 힘으로 복원할 대상을 이동시키는 것을 말한다.
④ 수용능력(capacity) : 개체수가 이상적으로 유전자 구조와 다양성을 가질 수 있도록 서식할 수 있는 능력을 말한다.

해 ② 방사란 이전에 서식했던 장소에 야생동물을 풀어주는 것을 말한다.

48. 녹화용 식물의 종자 파종 시 종자 파종량을 구하는 공식으로 옳은 것은? (단, W= 파종량(g/㎡), G=발생기대본수(본/㎡), S=평균립수(입/g), P= 순량율(%), B=발아율(%))

① $W = \dfrac{S}{G \times P \times B}$
② $W = \dfrac{G \times P \times B}{S}$
③ $W = \dfrac{G}{S \times P \times B}$
④ $W = \dfrac{S \times P \times B}{G}$

49. 비탈면의 토질과 식물의 생육에 대한 설명 중 잘못된 것은?

① 사질토 지역은 보수성이 낮아서 지표면의 건조로 인한 생육불량이 되기 쉽다.
② 마사토 지역은 보비성이 낮아서 도입식물의 쇠퇴가 조기에 나타나기 쉽다.
③ 연암지역은 수분과 양분의 보유력이 높아서 식물의 생육이 양호하다.
④ 경암지역은 근계의 침입이 곤란하여 식물의 생육도 불량하다.

50. 옥상녹화를 위한 식재설계에서 유효토층의 두께로 적당하지 않은 것은?

① 잔디는 토심 5㎝ 두께가 생존의 한계이다.
② 소관목에서는 45cm 이상의 토심이 있어야 생육에 적합하다.
③ 대관목 및 중관목에서는 60㎝ 이상의 토심이 있어야 생육에 적합하다.
④ 천근성 교목에서는 90㎝ 이상의 토심이 있어야 생육에 적합하다.

해 ① 잔디의 유효토심은 15㎝이며, 인공토 사용 시 10㎝로 정해져 있다.

51. 생태적 코리더(corridor)는 연결되는 형태에 따라 선 코리더 (linear corridor), 디딤돌 코리더(stepping stone corridor), 그리고 경관 코리더(landscape corridor) 등으로 구분할 수 있다. 다음 중 선 코리더에 속하지 않는 것은?

① 하천　　② 가로수
③ 옥상녹지　　④ 철로변 녹지

해 ③ 옥상녹지는 디딤돌(점적) 코리더에 속한다.

52. 식물줄기 밑 부분은 수면 아래쪽에 있고, 줄기 위쪽은 대기 중에 나와 있는 수생식물(갈대, 부들, 줄 등)로 일반적으로 수심이 낮은 수변부의 가장자리에 서식하는 것은?

① 정수식물　　② 부엽식물
③ 침수식물　　④ 부유식물

53. 생물종 복원 방법 중 재도입에 대한 설명은?

① 멸절되었거나 멸종된 종을 그 종의 역사적인 서식 범위 내에서 다시 정착시키려는 시도
② 야생 개체나 개체군을 그 서식 범위 내에서 한 부분에서 다른 부분으로 의도적이고 인위적으로 이동시키려는 시도
③ 기존의 동종 개체군의 개체수를 보완하려는 시도
④ 특정 종의 기록된 분포 지역은 아니지만 서식지와 생태지리적 조건을 갖춘 지역내에 그종을 정착시키려는 노력

54. 종간관계의 설명 중 틀린 것은?

① 경쟁(competition) : 각각의 생물이 다른 종에 의해 직접 억제되거나 요구물질에 대한 경쟁에서 서로 불리하게 영향을 받는다.
② 편리공생(commensalism) : 한쪽의 생물은 불리한 영향을 받으나 다른 쪽에는 영향이 없다.
③ 원시협동(protocooperation) : 양쪽 생물이 공


정답 ➔ 48. ③ 49. ③ 50. ① 51. ③ 52. ① 53. ① 54. ②

생하는 것은 유리하지만 공존이 절대적으로 필요한 것은 아니다.

④ 중립(neutralism) : 두 종이 함께 존재하여도 두 종의 증식에는 전혀 영향이 없다. 따라서 단독으로 존재할 때와 같은 모양으로 증식한다.

해 ② 편리공생이란 한쪽의 생물에만 이익을 얻고 다른 쪽에는 영향이 없는 상호관계이다.

55. 환경포텐셜의 4가지 구성 중 다음 설명에 해당하는 것은?

| 토지의 환경조건에 관한 환경포텐셜이다. 기후는 생물의 존재를 좌우하는 기본적인 인자로서 그 중에서도 기온과 강수량이 가장 큰 영향을 미친다. |
|---|

① 종의 공급포텐셜 ② 입지포텐셜
③ 천이의 포텐셜 ④ 종간관계의 포텐셜

56. 벽면녹화를 위한 등반유형에는 등반부착형, 등반감기형, 하수형, 면적형, 에스펠리어 등이 있는데 그 중 등반부착형에 해당되는 식물만으로 구성된 것은?

① 담쟁이덩굴, 송악 ② 머루, 인동덩굴
③ 등나무, 으름덩굴 ④ 노박덩굴, 멀꿀

57. 댐건설 시 발생하는 문제점을 해결하기 위한 방안으로 잘못된 것은?

① 생태적으로 다양한 목적을 수행할 수 있는 구조, 방류 시스템 등을 고려하여야 한다.
② 경관영향평가를 실시하여 대체 환경을 조성하고, 생태계 단절 등을 높여야 한다.
③ 최대한 지역의 특성을 살려 상징성이 높은 공간으로 조성해야 한다.
④ 댐건설 과정에서 발생하는 절개지 채석장은 최대한 원상태로 복구해야 한다.

58. 생태복원에서 서식처의 원형을 파악하는 것은 매우 중요한데, 이에 관한 설명 중 옳은 것은?

① 서식처의 원형은 존재하지 않는다. 그러므로 현재 가지고 있는 지식과 과학적인 능력으로 복원하는 것이 최선의 방법이다.
② 조성 대상지 인접한 곳에서 원형을 찾기 힘들면 지리적으로 먼 곳을 참조하는 것이 바람직하다.
③ 그 지역의 자연성, 다층적 식생구조, 토양환경, 식물의 개체수, 밀도 등을 조사 분석하는 것이 중요하다.
④ 원래의 생태적인 분포보다는 복원하고자 하는 목표에 맞는 수종을 선택해야 한다.

59. 50㎡의 단면적을 갖는 유로에 평균 1.5m/s 속도로 물이 흐르고 있을 때 최대유량값(㎥/s)은?

① 44 ② 75
③ 114 ④ 135

해 $Q=A\times v=50\times 1.5=75$(㎥/s)

60. 우리나라 환경부에서 지정한 3대 핵심 생태축이 아닌 것은?

① 백두대간축 ② 비무장지대축
③ 한강축 ④ 도서 및 연안지역축

## 제4과목 생태조사방법론

61. 군집의 물질생산 측정을 위해 수확법을 사용하기에 가장 적절한 군집은?

① 초본군집 ② 관목군집
③ 교목군집 ④ 식물성플랑크톤군집

해 초본식물에 주로 적용하는 방법으로, 초지와 관목지대에서의 지상부 생물량 추정에 가장 보편적이고 간단한 방법이다.

62. 기후도(climate-diagram)에 포함되지 않는 요소는?

① 해발고도 ② 일최대강수량
③ 월평균기온 ④ 월평균강수량

해 Climate-diagram : 기후요인과 식물의 성장을 표시한 것으로, 관측지점, 해발고도, 연평균 기온, 연평균강수량, 절대최고기온, 월평균기온, 월평균강수량 등을 알 수 있다.

63. 군집A가 18종, 군집B가 22종으로 구성되고 두 군집에 공통으로 12종이 출현할 때 군집의 유사도를 Sørensen계수(Cs)로 구하면?

① 0.2 ② 0.4

정답 ➔ 55. ② 56. ① 57. ② 58. ③ 59. ② 60. ③ 61. ① 62. ② 63. ③

③ 0.6　　④ 0.8

해 소렌슨 계수 $C_S = \frac{2W}{A+B}$

A : 군집 A의 종수, B : 군집 B의 종수

W : 두 군집에서 공통되는 종수

→ $\frac{2 \times 12}{18+22} = 0.6$

64. 원소 분석기를 이용하여 질소의 농도를 측정한 결과 질소가 0.25%로 나타났다. 사용한 시료의 수분함량이 10%일 때 시료 중의 질소 농도(%)는? (단, 건량 기준)

① 0.23　　② 0.25
③ 0.28　　④ 0.30

해 $\frac{0.25}{1-0.1} = 0.28$

65. 2012년 소흑산도 면적 50ha에 살고 있는 동물수를 조사한 결과 다람쥐 150마리, 노루 50마리, 갈매기 200마리, 올빼미 150마리, 산양 50마리 등으로 조사되었다. 1년 후 갈매기 100마리와 올빼미 100마리가 대흑산도로 이주 하였을 때 소흑산도의 갈매기의 상대밀도(%)는?

① 2.5　　② 5
③ 15　　④ 25

해 상대밀도 = $\frac{\text{한 종의 개체수}}{\text{전체 종의 개체수}} \times 100(\%)$

→ $\frac{100}{150+50+100+50+50} \times 100 = 25(\%)$

66. 자연생태계의 평형을 유지하는데 가장 밀접한 관계가 있는 것은?

① 천이　　② 공생
③ 극상　　④ 먹이연쇄

67. 일반적인 곤충채집 방법이 아닌 것은?

① 포충망법(Sweeping법)
② 털어잡기망법(Beating법)
③ 등화채집법(Light trap법)
④ 끌그물법(Trawe법)

68. 광합성량을 방사성 동위원소법으로 측정할 때와 관련하여 설명한 내용 중 옳지 않은 것은?

① 식물 플랑크톤에만 적용이 가능하다.
② 배양액에 오랫동안 배양할수록 광합성량이 많아 오차가 감소한다.
③ 생산량이 많은 수체보다 원양(遠洋)처럼 생산량이 적은 수체에 유용하게 이용된다.
④ 광합성에 이용되지 않은 $CO_2$를 제거하기 위해 인산이나 염산 용액을 사용한다.

해 배양기간은 실험결과에 큰 영향을 미치므로 보통 2~4시간으로 한다.

69. 식물성플랑크톤 시료를 고정하기 위한 루골(Lugol)보존제를 조제하는 방법으로 옳은 것은?

① 100mℓ증류수+Potassium iodide 5g+iodine 5g+빙초산 5mℓ
② 100mℓ증류수+Potassium iodide 15g+iodine 15g+빙초산 15mℓ
③ 100mℓ증류수+Potassium iodide 10g+iodine 10g+빙초산 10mℓ
④ 100mℓ증류수+Potassium iodide 10g+iodine 5g+빙초산 10mℓ

70. 육상곤충의 채집방법 중 곤충이 장애물을 만나면 위로 올라가는 특성을 이용한 채집법으로 특정장소에 고정하여 설치하면 비행성 곤충의 채집에 효과적인 채집법은?

① 황색수반 채집(yellow-pan trap)
② 함정 채집(pit-fall trap)
③ 말레이즈망실 채집(malaise trap)
④ 끈끈이 채집(sticky trap)

71. 열개의 방형구에서 식물을 조사한 결과 A, B, C, D 각 종의 평균피도가 80%, 50%, 40%, 30%로 나타났다. 종 A의 상대피도(%)는?

① 80　　② 50
③ 40　　④ 30

해 상대피도 = $\frac{\text{한 종의 피도}}{\text{전체 종의 피도 합}} \times 100(\%)$

→ $\frac{80}{80+50+40+30} \times 100 = 40(\%)$

72. 공생은 함께 살고 있다는 것을 의미하며, 이는 종간 상호작용에 따라 여러 가지로 세분될 수 있다. 함께 사는 한 종은 이익을 보는 반면 다른 종은 해를 보는 경우는?

① 원시협동　② 상리공생
③ 기생　④ 편해공생

73. 토양의 밀도에 가장 적게 영향을 미치는 요인은?

① 식물의 뿌리　② 유기물의 양
③ 토양의 치밀성　④ 토양의 온도

74. 4곳의 서로 다른 장소에서 발견한 여러 동물들을 채집하여 개체수를 파악하고 종을 동정하였다. 그 결과가 다음 표와 같을 때 채집 장소 A에서 채집된 동물 중 노래기의 비율(%)은?

| 채집장소 | 개미 | 거미 | 딱정벌레 | 지네 | 노래기 | 달팽이 | 지렁이 |
|---|---|---|---|---|---|---|---|
| A | 2 | 1 | 7 | 3 | 2 | 5 | 5 |
| B | 4 | 4 | 0 | 4 | 2 | 0 | 0 |
| C | 16 | 2 | 1 | 0 | 0 | 0 | 0 |
| D | 5 | 1 | 0 | 0 | 0 | 0 | 0 |

※ A는 나무의 기부에 있는 토양과 식생, B는 나무의 수간에 있는 구멍, C는 나무의 껍질 표면, D는 나무의 잎 표면임

① 8%　② 12%
③ 24%　④ 50%

해 $\frac{2}{2+1+7+3+2+5+5} \times 100 = 8(\%)$

75. 조사지역의 우선순위를 선정할 때 [보기]에 제시된 지역을 바르게 나타낸 것은?

> ㉠ 자연성이 뛰어난 지역
> ㉡ 희귀 동식물종 서식 지역
> ㉢ 국립공원 및 도립공원 지역
> ㉣ 자연생태계 보호지역

① 생태계 연결지역
② 취약생태계 지역
③ 우수 및 보존대상 지역
④ 장기생태연구 조사 지역

76. 토양의 유기물 함량을 계산하기 위하여 음건시킨 토양을 105℃에서 24시간 건조시킨 후 550℃에서 4시간 작열시켜 다음과 같은 결과를 얻었다. 유기물 함량(%)은? (단, 도가니의 무게:15g, 음건된 시료의 무게:12g, 105℃에서 24시간 건조시킨 후 도가니+시료의 무게:25g, 이를 용광로에 넣고 작열시킨 후 도가니+시료의 무게:22g)

① 10　② 20
③ 30　④ 40

해 ·105℃에서 건조된 시료 무게 : 25−15=10g
·용광로에서 작열된 시료 무게 : 22−15=7g
→ $\frac{10-7}{10} \times 100 = 30(\%)$

77. 다음 중 방형구법에 대한 설명으로 틀린 것은?

① 조사의 정확성을 높이기 위해서는 반드시 유의추출을 해야 한다.
② 개체군이나 군집의 종조성과 구조를 정량적으로 조사하는 표본추출법이다.
③ 측구(plot)의 형태는 대개 정방형이거나 장방형이지만 편의에 따라 원형이나 다른 모양으로 변형할 수도 있다.
④ 표본추출은 개체군이나 군집의 정확한 정보를 얻기 위해서는 여러 개의 방형구를 조사하여야 한다.

해 ① 조사의 정확성을 높이기 위해서는 반드시 임의추출(랜덤추출)을 해야 한다.

78. 다음 조사 항목 중 현장에서 측정하기 어려운 것은?

① 기온　② 토양 함수량
③ 수소이온 농도　④ 용존산소

79. Margalef 지수를 통하여 종 풍부도를 구하는 공식은? (단, S:종의 수, N:전체 개체수, ni:i종의 개체수)

① (S−1)/log N

② (N log N−ni log ni)/N
③ log S
④ {N (N−1)}/{ni(ni−1)}

80. 개체군의 분포는 임의분포, 집중분포, 규칙분포로 구분할 수 있는데, 이 중 평균 및 분산을 계산하여 임의분포를 나타내고자 할 때 그 관계로 옳은 것은?

① 평균=분산　② 평균〉분산
③ 평균〈분산　④ 평균≠분산

해 ② 규칙분포, ③ 집중분포


정답 → 80. ①

# ❖ 2018년 자연생태복원산업기사 제 3 회

2018년 8월 19일 시행

## 제1과목 환경생태학개론

**01. 다음에서 호소의 생성원인으로 맞지 않는 것은?**

① 케틀호(kettle lake)는 후퇴하는 빙하에 의해 생성된다.
② 우각호(oxbow lake)는 사행천이 반듯하게 되면서 과거의 강이 호소로 된다.
③ 칼데라호(caldera lake)는 화산의 분화구에 생성된다.
④ 카르스트호(karst lake)는 화강암지역에서 생성된다.

해 ④ 카르스트 지역에 발달한 호수로 수위가 계절적으로 변동한다. 카르스트(karst) 지형은 석회암이 녹아서 형성되며 산간지방에서 주로 볼 수 있다.

**02. 조간대 생물상 및 생태계에 대한 설명 중 옳지 않은 것은?**

① 조간대에서 점차 육지 쪽으로 올라가면서 해양생물들에게는 보다 긴 시간을 공기중에서 지내야 하는 간출(emersion)이라는 스트레스가 증가하게 된다.
② 따개비류나 담치류 등은 조간대에서 육지 쪽으로 올라갈수록 호흡과 섭식을 할 수 있는 시간이 증가한다.
③ 조석 간만의 차이가 매우 큰 우리나라의 서해안 지역은 바다쪽으로 가면서 빛의 이용이 제한되는 스트레스가 증가된다.
④ 조간대에 서식하고 있는 종들은 그들이 마주치게 되는 물리적 환경에 대처할 수 있는 내성과 생물적 과정에 대한 반응의 차이 등에 따라 각자의 서식범위를 질서있게 가지게 된다.

**03. 람사협약에 대한 설명으로 옳은 것은?**

① 국제적으로 중요한 습지에 대한 협약이다.
② 우리나라는 아직 람사협약에 가입되어 있지 않다.
③ 이란 및 중동지역의 습지를 보호하고 이용하기 위한 국제회의이다.
④ 각 나라마다 대표적인 습지는 람사습지로 등록하여 국가차원에서 개발 계획을 수립하고 있다.

해 ① 람사협약은 물새서식지로서 중요한 습지보호에 관한 협약으로, 1971년 이란의 람사르에서 채택되어 1975년에 발효된 람사르협약은 국경을 초월해 이동하는 물새를 국제자원으로 규정하여 가입국의 습지를 보전하는 정책을 이행할 것을 의무화하고 있다. 우리나라는 1997년 7월 28일 국내에서 람사르협약이 발효되면서 세계에서 101번째로 람사르협약에 가입하였다.

**04. 생물학적 오염(biological pollution)은?**

① 질병에 감염된 생명체를 자연계로 방사하는 것을 의미한다.
② 수은이나 납 같은 중금속이 자연계 내 생물들의 체내에 축적되는 것을 의미한다.
③ 생물 종간의 관계에 영향을 줌으로써 나타나는 생태계 교란을 의미한다.
④ 생물의 사체로 인한 부영양화를 의미한다.

**05. 군집유형별 총 광합성량(P)과 총 호흡량(R)의 관계에 대한 설명으로 틀린 것은?**

① 안정상태의 군집은 P/R =1
② 독립영양군집은 P/R 〉 1
③ 종속영양군집은 P/R 〈 1
④ 소나무 조림지는 P/R 〈 1

**06. 다음 중 온실효과의 주요 원인물질은?**

① $CO_2$　② $SO_2$
③ $NO_2$　④ $PO_4$

해 대표적인 온실가스의 기여도 순
이산화탄소($CO_2$)〉〉메탄($CH_2$)〉〉염화불화탄소(CFC 프레온가스)〉〉이산화질소($NO_2$)

**07. 해안지역을 육지화시키는 간척(reclamation)에 의하여 나타나는 현상으로 가장 거리가 먼 것은?**

① 홍수조절 및 염해방지
② 도로와 연안 교통망 개설 등 교통개선
③ 농경지 또는 산업용지 확보
④ 간석지 개발에 의한 해양오염 감소

정답 ➔ 01. ④ 02. ② 03. ① 04. ③ 05. ④ 06. ① 07. ④

해 간척에 의해 나타나는 현상으로 갯벌면적 감소, 물질순환 및 생태환경 변화로 갯벌기능 상실, 수질악화, 오염물질의 자정작용 감소, 수질악화로 인한 오염 등이 있다.

08. 습지에 대한 설명으로 가장 거리가 먼 것은?

① 내륙습지라 함은 육지 또는 섬 안에 있는 호(湖) 또는 소(沼)와 하구 등의 지역을 말한다.
② 연안습지라 함은 간조 시에 수위선과 지면이 접하는 경계선 주변의 지역을 말한다.
③ 우리나라 습지보전법의 습지 정의는 담수·기수 또는 염수가 영구적 또는 일시적으로 그 표면을 덮고 있는 지역으로서 내륙습지 및 연안습지를 말한다.
④ 습지는 습한 조건에 적응한 식생을 지지하므로, 침수에 견디지 못하는 식물이 존재하는 경우 습지가 아니라고 할 수 있다.

해 ② 연안습지라 함은 만조 때 수위선과 지면의 경계선으로부터 간조 때 수위선과 지면의 경계선까지의 지역을 말한다.

09. 해양오염의 가장 큰 원인은?

① 해상교통 ② 육지로부터의 유입
③ 직접적인 해상투기 ④ 심해개발

10. 종을 절멸 또는 위태롭게 하는 인위적 영향이 아닌 것은?

① 질병
② 도입된 포식자 혹은 경쟁자
③ 개발에 의한 서식지 파괴
④ 식물원 및 동물원 운영

11. 생물의 개체군이란?

① 동일 생물종의 무리 ② 동일 군집
③ 동일한 서식지 ④ 생물권의 통합

12. 생물권의 3영역이 아닌 것은?

① 지권(Lithosphere) ② 미소권(Microsphere)
③ 수권(Hydrosphere) ④ 기권(Atmosphere)

13. 군집에서 상이한 개체군의 밀도를 산출하는 방법 중 상대밀도(%)를 산출하는 공식은?

① $\frac{\text{모든 방형구 내의 어떤 종의 총 개체수}}{\text{모든 방형구 내의 총 출현종의 총 개체수}} \times 100$
② $\frac{\text{모든 방형구 내의 어떤 종의 총 출현수}}{\text{모든 방형구 내의 총 출현종의 총 개체수}} \times 100$
③ $\frac{\text{모든 방형구 내의 어떤 종의 총 개체수}}{\text{모든 방형구 내의 총 출현종의 평균 개체수}} \times 100$
④ $\frac{\text{모든 방형구 내의 어떤 종의 평균 개체수}}{\text{모든 방형구 내의 총 출현종의 총 개체수}} \times 100$

14. 생태계의 생물적 구성요소에 해당하지 않는 것은?

① 생산자(producer)
② 거대소비자(macroconsumer)
③ 대기(atmosphere)
④ 분해자(decomposer)

15. 생물 간에 상리공생 관계가 성립하는 것은?

① 관속식물과 뿌리에 붙어 있는 균근균(mycorr hizal fungi)
② 호두나무와 일반 잡초
③ 인삼의 연작
④ 복숭아 과수원의 고사목 식재지에 보식한 복숭아 묘목

해 다른 종의 생물끼리 도움을 주고받는 관계를 상리공생이라 한다.

16. 생물종다양성의 요인 중에서 자원의 다양성에 대한 설명이 아닌 것은?

① 자원이 다양해지면 그 곳에 사는 생물도 다양해진다.
② 물리적 환경이 다양한 지역이 평원보다 식물 종수가 많다.
③ 기후가 안정된 지역이 그렇지 못한 지역보다 적은 종이 공존한다.
④ 두 생태계가 인접한 추이대(ecotone)에는 종이 다양하다.

17. 생물권에서 일부 특수한 물질(흔히 오염물질)이 먹이 연쇄 단계를 거치면서 체내에 축적되는 현상은?


정답 ➜ 08. ② 09. ② 10. ④ 11. ① 12. ② 13. ① 14. ③ 15. ① 16. ③ 17. ④

① 1차 생산 ② 생태피라미드
③ 생태적 천이 ④ 생물학적 농축

해 생물학적 농축을 먹이연쇄 농축이라고도 한다.

18. 군집에 관한 설명으로 옳지 않은 것은?

① 특정한 지역에서 생활하고 있는 개체군의 집합체이다.
② 극상림은 비교적 짧은 시간에 구성될 수 있는 군집의 형태이다.
③ 일년생 초본은 개척 개체군의 대표적인 사례이다.
④ 2차 천이는 1차 천이에 비해 진행 속도가 빠르다.

해 극상림이란 오랜 시간에 걸쳐 서서히 변화해가는 천이과정을 거치는데, 이 과정을 거쳐 기후조건에 맞게 숲의 모습이 변하지 않고 안정된 마지막 단계를 말한다.

19. 외부의 변화에도 불구하고 생태계 전체에서의 변동을 억제하는 능력이나 평형상태를 유지하려는 능력은?

① 천이(succession) ② 항상성(homeostasis)
③ 포식(predation) ④ 경쟁(competition)

20. 부영양화를 측정하는 방법으로 틀린 것은?

① 볼렌바이더 방법 ② 클로로필-a 방법
③ 지수분석법 ④ 영양상태지표(TSI)

## 제2과목 환경학개론

21. 다음의 경우 1차 순생산량(NNP, kcal)은? (단, 1차 총생산량은 20000kcal이고, 식물의 호흡량은 10000kcal이다.

① 2 ② 10000
③ 30000 ④ 200000000

해 순생산량(NNP)=총생산량(GPP)−호흡량
→ 20000−10000=10000(kcal)

22. 지구환경문제의 국제적 동향에 대한 설명으로 틀린 것은?

① Basel 협약이란 유해폐기물의 국가간 이동과 처리의 규제에 관한 협약이다.
② 의제 21이란 21세기 지구환경보전을 위한 행동계획이다.
③ 오존층을 보호하기 위한 국제협약에는 비엔나협약과 헬싱키의정서가 있다.
④ 리우선언은 환경적으로 건전하고 지속가능한 개발을 지향하는 선언적 규범이다.

해 ③ 의제 21은 리우선언을 실천하기 위한 행동계획을 명시하여 생태계 파괴, 빈곤퇴치, 폐기물 문제 등의 문제와 이를 해결하기 위한 각국 정부 및 민간단체의 역할, 법과 제도의 정비, 기술 이전 및 재정지원 등을 다루고 있다.

23. 도시 생태계에서 녹지 네트워크를 구성할 때 적절하지 못한 방법은?

① 대상 생물종의 생태적인 특성을 고려한다.
② 녹지의 연결성 보다는 절대 면적의 확보에 주력한다.
③ 주변 거주자들과의 의사소통 통로를 확보한다.
④ 지역적 특성을 고려하여 구성한다.

해 생물다양성 증진 및 생태계를 회복시키기 위해 각각의 공간들이 서로 유기적으로 연계될 수 있도록 만드는 것이 중요하다.

24. 다음 중 생태자연도 평가항목이 아닌 것은?

① 식생 ② 습지
③ 지형 ④ 생태계교란야생생물

해 생태자연도는 산, 하천, 내륙습지, 호소, 농지, 도시 등에 대하여 자연환경을 생태적 가치, 자연성, 경관적 가치 등에 따라 등급화하여 자연환경보전법에 의하여 작성된 지도를 말한다.

25. 지속가능한 개발에서 말하는 환경용량의 정의로 가장 적당한 것은?

① 법률에서 정하는 용적률에 근거한 개발
② 환경이 지탱할 수 있는 범위 내에서의 개발
③ 환경보전만을 위주로 한 개발
④ 인간의 편의만을 위주로 한 개발

26. 생태문화에 대한 설명으로 틀린 것은?

① 자연중심 사고에서 나온 문화가 아닌 인간중심

정답 → 18. ② 19. ② 20. ③ 21. ② 22. ③ 23. ② 24. ④ 25. ② 26. ①

의 인조환경 문화

② 솟대, 마을숲, 당간지주 등은 신과 인간을 연결하여 교감하는 통로로 인식

③ 자연과의 교감을 가능하게 하여 자연의 소리를 읽어내지 못하는 사람들에게 생태학적 상상력 제공

④ 생태적 형성과정(ecological process) 및 생태원리를 통해 문화적 현상을 해석하거나, 문화적 형성과정(cultural process)에 의해 생태계의 구조와 기능을 해석

27. 오존층에 대한 설명으로 틀린 것은?

① 지구를 둘러싸고 있는 오존층은 유해한 자외선을 차단하여 지구상의 생물체를 보호한다.
② 오존층이 없다면 지구상의 생물은 발암, 돌연변이 등에 의해 죽게 될 것이다.
③ 극지방에서 성층권의 오존농도가 적도지방 성층권의 농도보다 높다.
④ 발생기 산소와 분자상의 산소가 오존을 형성할 때 에너지가 흡수된다.

28. 도시공원을 조성할 때 생태적 고려사항으로 가장 적합한 것은?

① 광장은 원칙적으로 불투수성 포장재로 포장한다.
② 곤충, 조류 등은 공원관리상 배제하는 것이 좋다.
③ 소생태계를 이전 복원할 때는 규격이 큰 수목을 주로 이식한다.
④ 수변부는 수질정화기능과 서식처, 특징있는 경관을 함께 고려한다.

29. 환경친화적 국토관리를 위한 방안으로 부적합한 것은?

① 자연환경과 생활환경에 미치는 영향을 사전에 고려하여 토지이용에 관한 종합적인 계획을 수립하고 이에 따라 국토공간을 체계적으로 관리한다.
② 경제적인 측면에서 국토공간을 가장 효율적으로 이용할 수 있도록 국토계획이나 사업을 사전에 수립하여 집행한다.
③ 산·하천·호수·연안·해양으로 이어지는 자연생태계를 통합적으로 관리·보전한다.
④ 국토의 무질서한 개발을 방지하기 위해 사전에 환경계획을 수립하고 이를 토대로 국토계획을 수립한다.

해 국토계획이란 국토를 이용·개발 및 보전함에 있어서 미래의 경제적·사회적 변동에 대응하여 국토가 지향하여야 할 발전방향을 제시하는 계획을 말한다.

30. 환경친화형 주거단지계획에서 가장 기초가 되는 방법으로 자연이 지니고 있는 본래의 가치 및 체계를 밝혀 인간의 사회적 가치 및 체계와 조화를 이루는 데 필요한 단지계획 접근방법은?

① 사회적 접근 ② 형태·심리적 접근
③ 생태적 접근 ④ 시각·미학적 접근

31. 용도지역 구분에 있어 틀린 것은?

① 도시지역 ② 개발제한구역
③ 관리지역 ④ 자연환경보전지역

해 용도지역은 도시지역, 관리지역, 농림지역, 자연환경보전지역으로 구분한다. ②항은 용도 구역에 해당한다.

32. 환경호르몬의 설명으로 틀린 것은?

① 먹이사슬을 통해 농축되기 쉽다.
② 생체내에서 쉽게 분해되며 불안정하다.
③ 성호르몬의 기능에 영향을 많이 준다.
④ 기존독성물질보다 저농도에서 영향을 미친다.

해 ② 환경호르몬은 생체 외의 물질로 분해하기 어려운 안정된 물질로 되어 있다.

33. 환경친화적 도시조성을 위한 도시계획수립에 있어 고려해야 할 도시생태계의 특성이 아닌 것은?

① 생물서식공간의 보전과 창출
② 생육환경의 개선
③ 서식공간의 연결
④ 개체수의 증대

34. 환경정책기본법에 나타난 '국가환경종합계획'에 대한 설명으로 틀린 것은?

① 환경부장관이 20년마다 수립
② 국무회의 심의를 거쳐 확정


정답 ➔ 27. ④ 28. ④ 29. ② 30. ③ 31. ② 32. ② 33. ④ 34. ④

③ 환경변화여건, 환경현황 및 전망 등을 포함
④ 국가환경종합계획을 수립 변경한 경우 6개월 이내 관계 중앙행정기관의 장에게 통보

해 ④ 변경된 국가환경종합계획을 지체 없이 관계 중앙행정기관의 장에게 통보하여야 한다.

35. 도시·군관리계획의 내용에 포함되지 않는 것은?

① 용도지역·용도지구의 지정 또는 변경에 관한 계획
② 기반시설의 설치·정비 또는 개량에 관한 계획
③ 개발제한구역의 지정 또는 변경에 관한 계획
④ 도시 내 문화재 관리에 관한 계획

해 ①②③ 외에 도시개발사업이나 정비사업에 관한 계획, 지구단위계획구역의 지정 또는 변경에 관한 계획과 지구단위계획, 입지규제최소구역의 지정 또는 변경에 관한 계획과 입지규제최소구역계획 등이 있다.

36. 도시의 생물종다양성 보전을 위해 고려해야 할 사항으로 적합하지 않은 내용은?

① 생물 개개의 서식처 보전만으로 다양성을 유지할 수 없으므로 서식공간의 네트워크가 필요하다.
② 개개의 생물종 보전대책이 종의 장기적인 생존에 중요하다.
③ 미래의 생물서식환경과 종의 생존을 위해 넓은 범위에서의 대책이 시급하다.
④ 서식지 규모의 단편화, 축소화, 질적 악화를 방지하기 위해서는 서식환경 전체를 대상으로 하는 대책이 필요하다.

37. IUCN의 보호지역 분류상 카테고리 II에 속하며 과학적, 교육적 그리고 휴양을 위한 이용을 위해 국가적 또는 국제적으로 의미있고 주목할 만한 자연지역 및 경관지역을 보호하기 위한 곳으로 우리나라에는 20개가 지정되어 있으며, 용도지역상 자연환경보전지역에 속하는 것은?

① 생태계보전지역　② 천연보호구역
③ 국립공원　④ 습지보전지역

38. 공원녹지 등의 오픈스페이스 배치기법 중 띠의 형태를 가진 것들이 핵을 둘러싸도록 하는 배치 유형은?

① 결절형　② 위요형
③ 중첩형　④ 관통형

해 ① 결절형 : 방향성이 서로 다른 오픈스페이스 요소들을 서로 만나게 하여 결절점을 형성하도록 하는 유형
③ 중첩형 : 정연한 인공환경의 질서 위에 자유롭고 가변성이 큰 오픈스페이스체계를 중첩시키는 유형
④ 관통형 : 보다 더 강력한 대상의 오픈스페이스 요소가 인공환경 속을 뚫고 지나감으로써 중첩의 효과를 더 강하게 얻고자 하는 유형

39. 해역의 환경기준에서 BOD를 사용하지 않고, COD를 사용하는 이유는?

① 해수의 pH가 8.2로 높기 때문에
② 염분농도가 높아 BOD를 정상적으로 측정할 수가 없기 때문에
③ 염분농도가 높아 미생물이 성장할 수 없기 때문에
④ 염분농도가 높아 담수보다 2배 이상의 분석시간이 요구되기 때문에

40. 다음 설명은 환경계획의 영역 중에서 어느 분야에 해당하는가?

> -지역의 생태계를 보전하면서 인간의 거주나 활동장소를 선택해 가기 위한 계획이며, 일반적으로 환경조건을 토지에 투영시켜서 토지이용방법의 적부를 평가하고 바람직한 이용으로 유도하기 위한 계획이다.
>
> -I. McHarg(맥하그)의 시도가 대표적이다.

① 오염관리계획　② 환경시설계획
③ 심미적 환경계획　④ 생태환경계획

## 제3과목 생태복원공학

41. 점토의 일종으로 팽윤성이 있기 때문에 사질토의 개량에 효과가 있는 토양 개량제는?

① 펄라이트　② 버미큘라이트
③ 제오라이트　④ 벤토나이트

42. K의 과도한 시비로 유발될 수 있는 결핍증상은?

① Fe 결핍증　② Na 결핍증
③ Ca 결핍증　④ Mg 결핍증

정답 ➔ 35. ④ 36. ② 37. ③ 38. ② 39. ② 40. ④ 41. ④ 42. ④

해 칼륨(K)과 마그네슘(Mg)은 서로 길항작용(방해작용)을 한다.

43. 재래 목본 · 초본종으로만 짝지어진 것은?

① 참싸리, 사방오리나무, 지팽이풀
② 억새, 다년생호밀풀, 병꽃나무
③ 조록싸리, 참싸리, 호장근
④ 오리새, 개솔새, 비수리

44. 저류연못을 조성하기 위해 본바닥 토량 880㎥의 바닥파기를 하여 사토장까지 운반하고자 한다. 5㎥를 적재할 수 있는 덤프트럭을 사용하면 운반 소요대수(대)는? (단, 토량변화율은 L = 1.25, C = 0.880|다.)

① 154 ② 176
③ 220 ④ 250

해 운반토량은 흐트러진 상태이므로 L을 고려한다.

$\rightarrow \frac{880 \times 1.25}{5} = 220(대)$

45. 도로 · 철도 건설로 인한 주요 생물서식처의 훼손을 최소화하고 보완하는 방법으로 가장 거리가 먼 것은?

① 대체서식지 조성 ② 외래종 식재
③ 동물이동통로 조성 ④ 주요서식지 우회

46. 복원생태학의 이론 중 다음의 설명에 해당하는 이론은?

> 지구의 생태적 다양성과 인간적 다양성을 설명하는 특별구역을 생물권보전지역으로 제시하고 보전과 발전, 논리적 지지와 같은 기능을 수행하게 되며 이를 위해서 핵심지역, 완충지역, 전이지역으로 구분한다. 생태적 핵심지역은 절대보전, 완충지역은 핵심지역을 보전하기 위한 환경교육과 모니터링 등이 가능하고 전이지역은 활발한 생태관광과 교육, 시설입지로 활용 가능한 지역으로 구분한다.

① UNESCO MAB 이론
② 침입이론
③ 산림지리생태이론
④ 천이이론

47. 비탈면 복원구역 중 수평거리 20m인 곳에서 경사도가 6%일 때 수직거리(m)는?

① 1.2 ② 2.4
③ 12 ④ 24

해 경사도 $G = \frac{수직거리}{수평거리} \times 100(\%)$

$\rightarrow$ 수직거리 = 수평거리 × G = 20 × 0.06 = 1.2(m)

48. 다음 토적계산표에서 BP에서 No2까지의 토적(㎥)은? (단, 양단면적평균법을 사용한다.)

| 측정 | 거리(m) | 절토단면적(㎡) |
|---|---|---|
| BP | | 0.5 |
| No1 | 10 | 3.5 |
| No2 | 30 | 4.5 |

① 60 ② 80
③ 100 ④ 120

해 양단면평균법 $V = \frac{A_1 + A_2}{2} \times L$

$A_1, A_2$ : 각 측량점 단면적 , L : 단면적 사이의 거리

$\rightarrow V = \frac{0.5 + 4.5}{2} \times 40 = 100(m^3)$

49. 해안 사방조림에서 앞 모래 언덕의 축조를 위해서 짚, 갈대, 억새, 수숫대, 판자, 플라스틱재, 발 등을 설치하는 시설은?

① 사구대 ② 퇴사울타리
③ 돌제 ④ 소파제

50. 폐광지 복원 기법으로서 복사이식(copy transplanting)을 가장 적절하게 설명하고 있는 것은?

① 대상지 인근 주변 지역에 있는 건강한 식생지역의 일정 면적을 토양(표토)부터 식생까지 그대로 옮겨주는 기법
② 식재 후 자연적인 경쟁 및 천이 등에 의해서 극상림으로 발달할 수 있도록 유도하는 기법
③ 식생이 정착할 수 있는 환경만 제공하는 기법
④ 산림의 종자원이 가능한 곳에서 가지치기나 다른 교란을 중지하는 기법

51. 생태적 기반환경의 복원 요소 중 어떤 경사지 조건을 설명한 것인가?



정답 ➔ 43. ③ 44. ③ 45. ② 46. ① 47. ① 48. ③ 49. ② 50. ① 51. ②

| 완만한 구릉지역으로 흥미로운 시각 경험을 제공하며, 동선이나 구조물 설치를 위한 정지 작업량은 점차 증가하나 식재지로서는 가장 적당하다. |
|---|

① 0~3% 경사지 ② 4~8% 경사지
③ 9~15% 경사지 ④ 16~25% 경사지

52. 환경녹화공사 시공에 있어 각 항목별로 주의할 사항이 틀린 것은?

① 철재 - 가스, 불활성 가스, 아크용접, 아르곤 가스용접 등의 방식을 원칙으로 한다.
② 철재 - 부재의 안전성과 시공성, 교환성 등을 고려하여 볼트 등의 연결재를 사용하여 접합한다.
③ 금속재 - 내부 구조용보다 미장용으로 많이 사용한다.
④ 금속재 - 부식되지 않는 금속을 사용한다.

53. 종자에서 막 발아한 시기로 한냉 · 건조 등의 환경변화에 가장 약한 시기는?

① 생육기 ② 실생기
③ 성숙기 ④ 휴면기

54. 개방수면에 도입하는 인공부도(식생섬)의 3가지 주요 구성요소가 아닌 것은?

① 식생포트 ② 식물지지체
③ 토양안정제 ④ 물에 띄울 부체

55. 다음 중 설명이 잘못된 것은?

① 로지스틱곡선은 입지에 침입하는 초기의 개체군이 기하급수적으로 증가하며 환경수용능력에 접근하면 그 증가 속도가 크게 저하하는 것을 보여주는 곡선이다.
② 메타개체군을 형성하는 상호국지개체군에서도 유전구조는 동일하지 않고 상이하거나 일부는 대립하는 유전자를 보이기도 한다.
③ Allee효과란 과밀과 과소는 개체군에 해로우므로 일정이상을 유지해야 최적의 생장과 생존을 유지한다는 것이다.
④ 단위면적당 개체수를 개체크기(population size)라 하며 그 밀도의 고저가 생육에 미치는 영향을 밀도효과라 한다.

해 ④ 개체군을 형성하는 개체수를 개체군의 크기로 지칭하며, 보통 단위 면적당 또는 체적당의 개체수와 생체량으로 분석한다.

56. 도시생태계를 평가하는 방법으로 쓰이지 않는 것은?

① 사전환경성검토 ② 토지이용계획서
③ 생태자연도 ④ 개발행위허가기준

57. 다음 중 설명이 바르게 된 것은?

① 생물체가 살아가면서 유기, 무기 환경과 상호작용으로 인해 물질이 순환되는 과정을 겪게 되는데 영양 단계가 높아질수록 대부분의 에너지가 열로 방출된다.
② 먹이연쇄란 1차생산자가 2차소비자를 통하여 광합성을 하여 생명체를 유지하는 것이다.
③ 영양단계가 높아 질수록 에너지의 대부분은 보전된다.
④ 영양단계를 생물량으로 쌓아 올리면 대개는 역피라미드 형태를 나타낸다.

58. 공극률(porosity)이 0.3인 토양의 공극비는?

① 0.34 ② 0.43
③ 0.52 ④ 0.61

해 공극률 $n = \frac{\text{공극의 체적}}{\text{흙의 전체적}}$

공극비 $e = \frac{n}{1-n} = \frac{0.3}{1-0.3} = 0.43$

59. 야생동물 이동통로 조성기법의 계획 · 설계단계에서 고려할 사항만으로 짝지어진 것은?

① 위치의 선정, 모니터링 계획수립
② 제원설정, 유지관리 방안작성
③ 조성방안의 결정, 야생동물이동과 주변환경과의 상호관계 파악
④ 유형의 선정, 충돌 방지 및 유도방안 마련

60. 다음 중 인공지반으로 볼 수 없는 지역은?

① 옥상 ② 육교

정답 → 52. ③ 53. ② 54. ③ 55. ④ 56. ② 57. ① 58. ② 59. ④ 60. ③

③ 짜투리 녹지 ④ 지하주차장 상부

해 인공지반이란 지하주차장 또는 옥상 등 각종 구조물 위에 흙을 얹어 인위적으로 조성해 놓은 지반을 말한다.

## 제4과목 생태조사방법론

61. 방형구법으로 식물 군락을 조사할 때 적정한 방형구 수를 결정하는 방법은?
① 조사 장소 1ha에 1개의 방형구
② 조사 면적의 5%에 해당하는 방형구 수
③ 한 군락에서 1개 이상의 방형구
④ 방형구 수를 늘려가며 출현종의 누적 평균 피도를 구했을 때 변화가 5% 이하일 때의 방형구 수

62. 생태조사 시 표본추출에 관한 내용으로 틀린 것은?
① 표본은 자연상태의 실체가 아니어도 상관없다.
② 표본의 추출은 통계적 개체군으로부터 무작위 추출한다.
③ 생물학적 개체군은 일정한 면적에서 서식하는 단일종의 생물체들의 집합이다.
④ 통계적 표본은 데이터보다 큰 집합의 일부를 측정하여 분석하는 데 적용한다.

해 ① 표본은 조사지역의 실체와 같으며, 대표성을 확보하여야 한다.

63. 천이가 일어남에 따라 군집에 일어나는 현상이 아닌 것은?
① 군집의 종조성 변화
② 생물량의 감소
③ 군집구조의 복잡
④ 군집의 생활형 변화

해 ② 생물량은 증가한다.

64. 호수에 있는 물의 총량이 1000L, 물의 유입 또는 유출량이 10L/일 이라고 가정할 때 물이 호수에서 체류하는 이론상의 체류시간(일)은?
① 10 ② 100
③ 150 ④ 0.1

해 1000/10=100

65. 군집 A에 출현하는 종이 20종, 군집 B에 출현하는 종이 15종, 두 군집에 공통으로 출현하는 종이 10종이라고 할 때 Jaccard 군집 유사 계수를 구하면?
① 0.29 ② 0.40
③ 0.57 ④ 0.70

해 Jaccard 계수 $C_J = \frac{W}{A+B-W}$
A : 군집 A의 종수, B : 군집 B의 종수
W : 두 군집에서 공통되는 종수
$\rightarrow \frac{10}{20+15-10} = 0.40$

66. 수환경의 탁도조사 시 오차가 가장 큰 방법은?
① 비색계 ② 분광광도계
③ 비탁계 ④ 세키판

67. 산림지역에서 소형포유류의 개체군 동태를 파악하기 위해 고정 조사구를 설치하여 지속적으로 생체포획(live trapping)을 하는 경우 1ha의 고정 조사구 내에 설치하기에 바람직한 덫의 설치 개수는?
① 5×5 ② 10×10
③ 15×15 ④ 20×20

68. 산불 후 복원되고 있는 산림에서 인(P)의 생지화학적 순환을 조사하고자 한다. 측정항목으로 적합하지 않은 것은?
① 강수 중 인의 농도
② 계곡수 중 인의 농도
③ 토양으로부터 인의 기화량
④ 낙엽에서 인의 무기화량

해 인(P)은 주로 고체의 형태를 띠고 있기 때문에, 탄소나 질소의 물질 순환과 달리 대기를 통하지 않고 순환하는 특징이 있다.

69. 생물량을 조사한 결과를 바탕으로 작성한 먹이피라미드가 그림과 같이 나타났을 때 해당하는 생태계는?

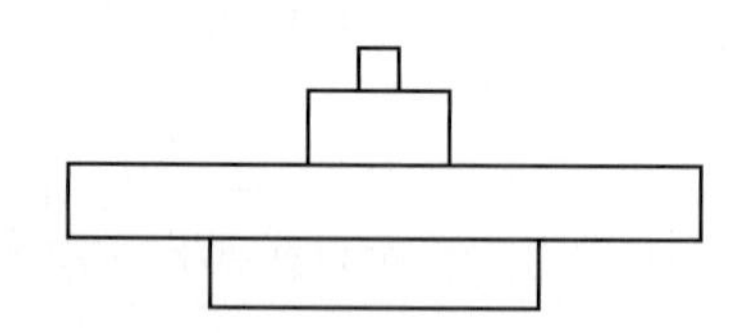

① 초원　② 침엽수림
③ 활엽수림　④ 해양

해 역피라미드는 개체수 및 생물량 피리미드가 생산자의 개체수나 생물량이 적게 나타나는 경우로 해양생태계에서 나타나는 특징적인 경우이다.

70. 습도에 대한 설명으로 옳지 않은 것은?

① 상대습도는 공기가 어떤 온도에서 갖는 포화수증기압에 대한 실제 수증기압 백분율이다.
② 이슬점온도란 수증기를 포함한 대기의 기압과 수증기량을 변화시키지 않고 기온을 저하시킬 경우 수증기가 포화에 도달할 때의 온도를 말한다.
③ 절대습도는 일정부피의 공기에 들어 있는 수분의 양으로, 공기 1㎥에 포함된 수증기량을 g단위로 나타낸다.
④ 포차(saturation deficit)란 현재 기온이 갖는 상대습도에서 절대습도를 뺀 값이다.

해 포차란 같은 온도에 있어서의 포화증기압과 실제의 증기압과의 차를 말한다.

71. 수질오염원 중 점오염원에 대한 설명이 아닌 것은?

① 합류식 관도의 우수 월류수
② 하수도가 보급되지 않는 소도시지역의 우수 유출수
③ 대단위 가축 사육장에서의 침출수 및 우수 유출수
④ 운영중인 광산의 우수 유출수 및 배출수

해 점오염원은 오염 배출을 명확히 확인할 수 있는 점으로부터 하수구나 도랑 등의 형태로 배출되는 오염원이고, 비점오염원은 넓은 지역으로부터 빗물 등에 의해 씻겨지면서 배출되어 정확히 어디가 배출원인지 알기 어려운 산재된 오염원으로부터 배출되는 것을 의미한다.

72. 중요치 또는 중요도(Importance value)의 설명으로 가장 거리가 먼 것은?

① 중요치가 큰 종이 반드시 생물량도 큰 것은 아니다.
② 중요치가 가장 큰 종이 그 군집의 우점종이다.
③ 어느 종의 상대밀도, 상대빈도, 상대피도를 합한 값이다.
④ 두 가지 이상의 측정 자료를 사용하였을 경우 군집에서 어느 종의 중요치 범위는 0~100%이다.

해 ④ 군집 내의 어떤 종의 중요도는 세 가지 자료를 사용하며 0~300% 사이의 값을 갖는다.

73. 플랑크톤의 크기에 따른 분류를 나타낸 것으로 바르지 않은 것은?

① 초미소플랑크톤:〈2㎛, 박테리아, 초미소 조류, 초미소 편모충류
② 미소플랑크톤:2~20㎛, 소형식물플랑크톤, 소형편모충류
③ 소형플랑크톤:20~200㎛, 대형식물플랑크톤, 섬모충류, 윤충류
④ 소형넥톤:2~20㎛, 새우류

해 ④ 소형넥톤 : 20~200㎜, 새우류

74. 토양단면에서 토양층의 설명으로 틀린 것은?

① O층은 유기물질의 층으로 L층, F층, H층으로 구분된다.
② A층은 퇴적층으로, 보통 밝은색을 띤 작은 조각의 모양을 한 유기물질의 토양층이다.
③ B층은 A층에서 걸러진 물질로 이루어졌고 보통 원주 모양을 하고 있다.
④ C층은 모암층으로 암석을 이루는데 풍화된 모암 물질을 갖고 있다.

해 ② A층은 표층 또는 용탈층으로 불리며 광물토양의 최상층으로 외계와 접촉되어 직접적인 영향을 받는 층이다.

75. 초식에 대한 식물의 방어 기제에 대한 설명 중 적절하지 않은 것은?

① 참취는 성숙할수록 잎이 질겨진다.
② 식물의 개엽시기는 곤충의 최대발생시기를 피한다.
③ 식물은 역겹거나 독성이 있는 알칼로이드, 글리코시드 등과 같은 화학물질을 생성한다.
④ 풍년이 든 해는 동시결실을 하고, 흉년이 든 해에는 동시결실을 하지 않는다.

정답 ➔ 70. ④ 71. ② 72. ④ 73. ④ 74. ② 75. ④

76. 점토의 크기(미국 농무성 기준)는?

① 0.0002㎜ 미만 ② 0.002㎜ 미만
③ 0.02㎜ 미만 ④ 0.03㎜ 미만

77. 초지와 관목지대에서 지상부 생물량을 측정하는 데 가장 빈번하게 사용되는 방법은?

① 리터 트랩법 ② 이중표집기법
③ 선상법 ④ 수확법

해 수확법(harvest method) : 일정 면적 내의 식물을 채취하여 생산량을 측정하는 방법으로 주로 초본식물에 적용한다. 조사구 내 지상 3㎝ 높이를 기준으로 경엽부를 베어내고 뿌리부도 채취한 후 건조중량을 측정하여 생산량을 측정한다.

78. 방형구를 통하여 식물 군락을 조사한 결과 종 A와 종 B 2종이 모두 존재하는 방형구는 15개였으며, 종 A만 존재하는 방형구는 18개, 종 B만 존재하는 방형구는 48개, 두 종이 모두 없는 방형구는 9개였을 때 분석 결과가 나타내는 관계는?

① 종간 상호작용
② 종내 경쟁의 유무
③ 피식-포식의 관계
④ 상리 공생관계

해 두 종이 각각 따로 있는 곳이 많고, 두 종이 함께 있는 것이 적은 것으로 보아 두 종은 부정적인 상호작용을 하는 것으로 볼 수 있다.

79. 군집A와 군집B를 조사한 결과가 표와 같을 때 백분율 유사도(Sp)는?

| 종명 | 군집 A(개체) | 군집 B(개체) |
|---|---|---|
| n1 | 50 | 60 |
| n2 | 25 | 15 |
| n3 | 14 | 10 |
| n4 | 8 | 9 |
| n5 | 3 | 6 |
| 총계 | 100 | 100 |

① 1 ② 72
③ 86 ④ 100

해 백분율 유사도(Sp)

$S_p = \Sigma|p_i$와 $q_i$ 중에서 낮은 값$|$

또는 $S_p = 1 - \frac{\Sigma|p_i - q_i|}{2}$

$p_i = \frac{x_A}{N_A} \times 100(\%)$, $q_i = \frac{x_B}{N_B} \times 100(\%)$

$p_i$ : 군집 A에 출현한 i종의 백분율
$q_i$ : 군집 B에 출현한 i종의 백분율
$x_A$ : 군집 A에 출현한 i종의 개체수
$x_B$ : 군집 B에 출현한 i종의 백분율
$N_A$ : 군집 A에 출현한 총 개체수
$N_B$ : 군집 B에 출현한 총 개체수

→ 각 종의 $p_i$, $q_i$

| 종명 | 군집 A(개체) | 군집 B(개체) |
|---|---|---|
| n1 | 50 | 60 |
| n2 | 25 | 15 |
| n3 | 14 | 10 |
| n4 | 8 | 9 |
| n5 | 3 | 6 |

∴ $S_p$=50+15+10+8+3=86

80. 낙엽의 분해율을 측정하기 위하여 mesh size 1㎜인 낙엽주머니에 낙엽을 넣고 임상에 1년간 놓아 둔 후 회수하여 건량 감소를 측정하였다. 1년 동안 건량기준 50%가 사라진 경우 분해 상수 k는? (단, 분해상수 k는 Xt/Xo=e−kt 식을 통해 구하며, ln0.5=−0.693, ln1=0, ln2=0.693, ln50=3.912이다.)

① 3.912 ② 1.386
③ 0.693 ④ −0.693

해 $0.5 = e^{-kt}$ → ln0.5=−k

 정답 ➜ 76. ② 77. ④ 78. ① 79. ③ 80. ③

# ❖ 2019년 자연생태복원산업기사 제 3 회

2019년 8월 4일 시행

## 제1과목 환경생태학개론

**01.** 다음 [보기]에 해당하는 생물군계는?

> 적도 인근의 고온다습한 기후에 발달한 생물군계로 연평균 강수량이 2500㎜ 이상인 지역에서 형성되며, 종 다양성 면에서 가장 우수한 생물군계이다.

① 툰드라 ② 열대우림
③ 온대낙엽수림 ④ 북방침엽수림

**02.** 종 다양성에 대한 설명으로 가장 적절한 것은?

① 종 다양성을 표현하는 방법에 있어서 우점도 및 피도를 이용한다.
② 군집 내에서 적당하고 주기적인 교란은 종다양성을 감소시킨다.
③ 종 풍부도와 개체수의 상대적 균형성을 뜻하는 것으로 군집의 복잡성을 나타낸다.
④ 낮은 우점도와 많은 수의 생물종을 가지는 고산림은 높은 우점도와 적은 생물종을 가지는 열대우림과 대조된다.

**03.** 오염물질의 농도가 먹이사슬 단계에 따라 높아지는 현상은?

① 먹이연쇄 ② 생물농축
③ 먹이그물 ④ 물질순환

해 생물농축을 먹이연쇄 농축이라고도 한다.

**04.** 탈질작용(Denitrification)에 관여하는 미생물속으로만 구성된 것은?

① *E.coli*, Pseudomonas
② *Achromobacter*, *Bacillus*
③ *Micrococcus*, *Clostridium*
④ *Nitrosomonas*, *Nitrobacter*

**05.** [보기]에서 설명하는 습지 식물은?

> 뿌리를 토양에 내리고 줄기를 물 위로 내놓아 대기 중에 잎을 펼치는 식물

① 갈대 ② 수련
③ 검정말 ④ 개구리밥

해 보기의 내용은 정수식물을 설명한 것으로 정수식물에는 갈대, 부들, 큰고랭이, 달뿌리풀, 물억새, 석창포, 줄, 택사, 미나리, 연, 고마리 등이 있다. ② 부엽식물, ③ 침수식물, ④ 부유식물

**06.** 오염된 토양을 개선하는 방안으로 틀린 것은?

① 용도 전환 ② 흙갈이 객토
③ 영양염류 살포 ④ 정화식물의 식재

**07.** 생태계에서 생산자인 녹색식물의 역할에 대한 설명으로 가장 적절한 것은?

① 유기물을 무기물로 분해한다.
② 화학결합에너지를 빛에너지로 전환한다.
③ 호흡활동에 의해 열에너지를 방출한다.
④ 태양에너지를 이용하여 유기물을 합성한다.

**08.** 식물이 경쟁상대에 대하여 유해한 화학물질을 분비하여 주변에 경쟁 식물이 자라는 것을 억제하는 것을 무엇이라 하는가?

① 항상성 ② 도태
③ 타감작용 ④ 편리작용

**09.** 개체군 A에는 이익을 주고 개체군 B에는 불이익을 주는 상호작용은?

① 포식(Predation)
② 경쟁(Competition)
③ 편리공생(Commensalism)
④ 중립관계(Neutralism)

**10.** 미나마타병에 대한 설명으로 가장 거리가 먼 것은?

① 수은 중독 현상이 발생하였다.
② 가정 하수의 중금속 오염 현상으로 설명된다.
③ 일본의 작은 어촌 미나마타에서 발생하였다.
④ 인체의 신경 조직과 뇌에 손상을 일으킨 것으로 보고되었다.

정답 ➔ 01. ② 02. ③ 03. ② 04. ② 05. ① 06. ③ 07. ④ 08. ③ 09.①② 10. ②

해 ② 화학 공장에서 바다에 방류한 것이 어패류를 통하여 인간에게 중독현상이 발생되었다.

11. 오염토양의 정화방법과 가장 거리가 먼 것은? (단, 토양환경보전법령을 적용한다.)

① 오염물질의 소각 ② 오염물질의 차단
③ 오염물질의 매립 ④ 오염물질의 분리추출

12. 산성강하물과 가장 거리가 먼 것은?

① 산성눈 ② 산성비
③ 산성안개 ④ 산성토양

해 산성강하물은 화력발전, 제련소, 공업단지, 자동차배기가스 등에 의해 산성 물질이 대기 중으로 날아가 비나 구름, 안개, 눈, 분진, 등과 같이 습성강하물, 건성강하물 등의 형태로 땅에 내리는 것을 의미한다.

13. [보기]가 설명하는 습지는?

| 보호되어야할 야생동·식물이 다양하게 서식하고 있어서 1997년 우리나라 최초의 람사 습지로 등록되었다. 고산지대에 위치한 고층습원이다. |
|---|

① 우포늪 ② 두웅습지
③ 대암산 용늪 ④ 신성리 갈대 습지

14. 군집에 대한 설명으로 가장 적합한 것은?

① 생물군계 내에서 상호작용하며 생활하는 개체군의 집합체
② 생물군계 내에서 상호작용하며 생활하는 개체의 집합체
③ 서로 다른 서식지에서 상호작용하며 생활하는 개체군의 집합체
④ 서로 다른 서식지에서 상호작용하며 생활하는 개체의 집합체

15. 수중 용존산소량(dissolved oxygen)에 관한 설명으로 옳지 않은 것은?

① 수온약층에서 급격히 증가한다.
② 심수층에는 소량만 존재한다.
③ 공기와 직접 접하고 광합성이 활발한 표수층에서 제일 높다.
④ 물속에 용해되어 있는 산소량이며 단위는 주로 ppm으로 나타낸다.

16. [보기]에 해당하는 오염물질은?

| 대기오염 물질 중 적갈색의 자극성 기체로서 깨끗한 대기 중에는 수 ppb의 농도로 존재하지만 오염된 지역에서는 약 0.2ppm 정도의 수준으로 발견되는 경우도 있는 질소산화물 가스 |
|---|

① $N_2$ ② NO
③ $NO_2$ ④ $N_2O$

해 $N_2$(질소), NO(산화질소), $NO_2$(이산화질소), $N_2O$(아산화질소)

17. 모든 생물체에 필수적 영양소인 단백질의 구성 성분은 무엇인가?

① 질소 ② 인
③ 탄소 ④ 마그네슘

18. 생태계에서 생물과 환경 사이에 물질 순환 하는 것으로 짝지어진 것은?

① 탄소, 질소, 인
② 태양의 방사에너지
③ 단백질, 탄수화물, 지방
④ 공기, 온도, 습도, 기후

19. 호수와 연못에 대한 설명으로 틀린 것은?

① 대개 얕은 호수는 깊은 호수보다 비옥하다.
② 호수와 연못에서는 뚜렷한 지역구분(zonation)과 성층현상이 나타난다.
③ 온대지역에서 호수는 여름의 가열과 겨울의 냉각으로 수온에 의한 층이 구분된다.
④ 호수의 심수층에서는 영양물질공급이, 표수층에서는 산소공급이 부족하다.

해 ④ 호수의 심수층에서는 영양물질이 침전되어 풍부하고, 표수층에서는 외기에 접하고 있어 산소공급이 풍부하다.

20. 일정한 지역의 군집 내에서 중요한 역할을 수행하고, 다른 종에 영향을 크게 미치는 종을 무엇이라 하는가?



정답 ➔ 11. ③ 12. ④ 13. ③ 14. ① 15. ① 16. ③ 17. ① 18. ① 19. ④ 20. ②

① 희귀종 ② 우점종
③ 지위유사종 ④ 천연기념물

## 제2과목 환경학개론

21. 담수생태계에 해당되지 않는 것은?

① 연안역(estuary)
② 습지(swamp)
③ 정수(standing water) 생태계
④ 유수(running water) 생태계

22. 다음 [보기]의 ( )에 알맞은 용어는?

> 자연환경보전법상 ( )(이)라 함은 산·하천·내륙습지·호소(湖沼)·농지·도시 등에 대하여 자연환경을 생태적 가치, 자연성, 경관적 가치 등에 따라 등급화하여 규정에 의하여 작성된 지도를 말한다.

① 녹지·자연도 ② 생태·자연도
③ 경관·분석도 ④ 토지·적성도

23. 생태숲 조성 시 고려사항으로 틀린 것은?

① 총 수관면적 중 50% 이상은 복층림으로 조성한다.
② 교목의 구성은 낙엽성과 상록성이 각각 70% 이하로 한다.
③ 주연부위에 초지, 관목숲, 교목 등을 조성하도록 한다.
④ 수관면적률은 숲면적 조성 시 최소 50% 이상, 성목이 되었을 때 70% 이상 되도록 한다.

24. 다음 설명 중 ( )에 들어갈 적합한 용어는?

> 패치는 서로 단절이 되면 서식지로서 기능을 할 수 없기 때문에 서로 가깝게 연결되어야 한다. 이를 연결하는 구조를 통로(corridor)라 하며 안전한 서식공간을 확보하기 위해서는 통로 주변에 있는 ( )가(이) 가능하면 친화적이어야 한다.

① 입도(grain) ② 범위(extent)
③ 기질(matrix) ④ 집수역(watershed)

25. OECD에서 제시하고 있는 환경지표 중 부영양화와 관련된 상태지표에 해당하는 것은?

① 오존($O_3$)
② BOD 농도
③ 중금속 배출
④ 수질 처리 관련 투자 및 비용

26. 국토의 계획 및 이용에 관한 법률상 도시·군기본계획에 포함된 정책방향과 가장 거리가 먼 것은?

① 경관에 관한 사항
② 환경의 보전 및 관리에 관한 사항
③ 광역시설 설치의 방향에 대한 사항
④ 지역적 특성 및 계획의 방향·목표에 관한 사항

27. 도시지역의 광화학스모그를 유발시키는 대기오염물질로 가장 적합한 것은?

① $CO_2$ ② $NO_X$
③ 산성비 ④ 비산먼지

해 $CO_2$(이산화탄소), $NO_X$(질소산화물)

28. 환경문제에 대한 환경계획의 대응으로 가장 거리가 먼 것은?

① 환경평가에 기반을 둔 계획
② 토지적성평가에 의한 계획
③ 수요예측에 기반을 둔 계획
④ 자연의 수용능력에 기초한 계획

29. 국토종합계획에 대한 설명으로 틀린 것은?

① 토지이용에 관한 법적 구속력을 가진다.
② 국토 전역을 대상으로 하여 국토의 장기적인 발전 방향을 제시한다.
③ 국토의 이용, 개발, 보전에 관한 장기구상이다.
④ 국토의 현황 및 여건 변화 전망에 관한 사항에 대한 기본적이고 장기적인 정책방향이 포함되어야 한다.

30. 다음 [보기]가 설명하고 있는 것으로 옳은 것은?

> 환경에 관한 어떤 상태를 가능한 정량적으로 평가하는 것

정답 ➔ 21. ① 22. ② 23. ① 24. ③ 25. ② 26. ③ 27. ② 28. ③ 29. ① 30. ①

① 환경지표 ② 환경기준
③ 환경평가 ④ 환경적합치

31. 지속가능발전(ESSD) 개념으로 가장 거리가 먼 것은?

① 세대간의 형평성
② 현재 세대의 필요 우선충족
③ 사회 정의적 관점에서의 개발
④ 생태적 수용력 한계 내에서의 개발

해 지속가능발전(ESSD)이란 용어는 '세계환경개발위원회'(WCED)가 1987년에 브룬트란트(Brundtland) 보고서에서 최초로 언급하였으며, "미래 세대의 욕구를 충족시킬 수 있는 능력을 저해하지 않으면서 현재 세대의 욕구를 충족시키는 발전"이라고 정의하면서 본격적으로 사용하기 시작하였다. 생태적 회복성, 경제성장, 형평성의 내용을 담고 있다.

32. 환경수용능력(carrying capacity)에 대한 설명으로 가장 적합한 것은?

① 두 개체군 사이의 생태적 지위가 중복될 수 없음
② 일정 서식처가 부양할 수 있는 생물체의 수와 생태량의 최대 밀도
③ 어떤 생물이 어떤 형태로든 점유지역의 안 또는 밖으로 이동하는 것
④ 척추동물이나 고등무척추동물에서의 각 개체 암·수 1쌍 또는 가족집단의 활동범위

33. 생태네트워크에 대한 설명으로 가장 거리가 먼 것은?

① 개별적인 서식처들이나 생물종을 중심으로 연결
② 전체적인 맥락이나 구조 측면에서 어떻게 생물종과 서식처를 보전할 것인가에 대한 사고의 출발점에서 나타난 것
③ 교외의 농촌에서 중심지까지, 또는 하천, 습지 및 초원 등 핵, 선, 거점, 점과 생태통로 등으로 연결 하는 것
④ 모든 서식처나 생물종의 보전을 목적으로 하는 공간 계획이나 물리적 계획을 위한 모델링 도구

34. 재생 가능한 에너지 자원을 이용한 것으로 틀린 것은?

① 수력발전 ② 조력발전
③ 풍력발전 ④ 원자력발전

35. 물의 연수화(Water Softening)방법으로 가장 거리가 먼 것은?

① 자비법(끓임) ② 석회소다법
③ 이온교환법 ④ 활성탄흡착법

36. 지속적인 오존층 파괴에 의한 영향으로 옳지 않은 것은?

① 광화학 스모그 증가
② 백내장 및 피부암 발병 증가
③ 곡물 생장이나 광합성 활성에 따른 농업 생산량 증가
④ 식물플랑크톤의 일차적 피해로 인한 해양생태계 영향

37. 친환경적인 도시로서의 생태도시 건설을 위한 계획원리로 가장 거리가 먼 것은?

① 청정환경을 위한 적극적인 폐기물 관리
② 쾌적한 생활을 위한 화석에너지의 적극적인 이용
③ 자연과 공생할 수 있는 생태 및 녹지환경을 풍부하게 조성
④ 쾌적한 환경을 위한 물순환체계 및 바람의 흐름이 양호하게 조성

해 ② 화석에너지는 친환경에너지가 아니다.

38. 삼림에서 버섯이 영양을 섭취하는 방식은?

① 육식(肉食) ② 초식(草食)
③ 부생(腐生) ④ 잡식(雜食)

39. 건물녹화로 인한 기대효과 중 틀린 것은?

① 도시온도 상승 ② 도시환경 개선
③ 에너지 절약 ④ 도시미관 개선

40. 개체군의 크기의 조절에 미치는 영향 중 내적요인인 것은?

① 포식 ② 질병
③ 기생 ④ 종내경쟁


정답 ➜ 31. ② 32. ② 33. ① 34. ④ 35. ④ 36. ③ 37. ② 38. ③ 39. ① 40. ④

## 제3과목 생태복원공학

41. 생태복원지에 12000㎥의 성토량이 필요할 때, 자연상태의 굴착할 토량은 얼마인가? (단, L은 1.2 이고, C는 0.8 이다. 표준품셈의 토량환산계수표를 따른다.)

① 9600㎥ ② 10000㎥
③ 15000㎥ ④ 17500㎥

해 성토량은 다져진 상태이므로 C를 고려한다.

$\rightarrow 12000 \times \frac{1}{0.8} = 15000(m^3)$

42. 비탈면 녹화공법 중 면적(面的) 녹화방식에 해당하는 것은?

① 줄떼다지기 공법 ② 식생대심기 공법
③ 식생구멍심기 공법 ④ 종자뿜어붙이기 공법

43. 하천이나 강변을 따라 조성하는 수변완충녹지대의 기능으로 틀린 것은?

① 오염물질의 정화 기능
② 생물종의 서식처 기능
③ 야생동물의 이동통로 기능
④ 생태네트워크에서의 점적 기능

해 ④ 수변완충녹지대는 생태네트워크에서의 선적 기능을 한다.

44. 토양생성을 촉진하는 풍화작용과 가장 거리가 먼 것은?

① 수화작용 ② 산화작용
③ 정화작용 ④ 가수분해작용

45. 식생녹화용 기반재료로 사용되는 토양개량재 및 보수재의 설명으로 틀린 것은?

① 고분자화합물계 토양개량재(합성수지계)는 토양을 단립화(團粒化)하는 것이 많다.
② 토양개량재는 2~3종류 혼합하여 사용하는 것보다 단일 종류로 사용하는 것이 더 효과적이다.
③ 유기질계 토양개량재는 왕겨, 이탄, 바크(bark) 등으로 토양을 팽윤시켜 보수성 및 배수성 회복에 도움을 준다.
④ 무기질계 토양개량재는 주로 암석·광물계통으로 토양 산성의 완화, 보비력의 증가, 보수력의 개선에 사용된다.

46. 생태적 복원에 관한 용어 설명 중 틀린 것은?

① 개선(Reclamation) : 원래 경관이 파괴된 지역에서 동일한 밀도로 이전에 존재하던 유기체들이 서식할 수 있게 대지의 상태를 향상시키는 것을 의미한다.
② 저감(Mitigation) : 어떤 행위의 부작용을 줄이는 것을 의미한다. 이것은 복원을 생각할 때 고려될 수 있는 또 다른 용어로써 볼 수 있을 뿐, 복원과 직접적인 연계성은 없다.
③ 향상(Enhancement) : 훼손 등의 여부와는 상관없이 생태계를 지속적으로 유지하지 못했던 지역에 지속성이 높은 생태계를 새롭게 만들어 내는 것을 말한다.
④ 복원(Restoration) : 이전의 상태나 위치로 되돌리는 것 혹은 훼손되지 않거나 완전한 상태로 되돌리는 것을 말한다.

해 ③ 향상은 개발사업과 관련하여 기존 서식지를 개선하는 활동으로 질이나 중요도, 매력적인 측면을 증진시키는 것이다.

47. 산림토양 내 유기물은 토양의 물리적 및 화학적 성질을 개량해주는데, 다음 중 그 내용으로 옳지 않은 것은?

① 토양의 알칼리성화
② 토양 공극과 통기성 증가
③ 토양 온도의 변화를 완화
④ 무기영양소에 대한 흡착능력 증가

48. 야생동물의 서식지를 조사하기 위한 야생동물 군집 조사 방법으로 틀린 것은?

① 포획조사 방법 ② 흔적조사 방법
③ 청문조사 방법 ④ 방형구조사 방법

해 ④ 방형구법은 일반적으로 육상식물조사에 많이 쓰인다.

49. 다음 [보기]가 설명하는 매립지 복원 공법은?

| 세립 미사질토가 가장 많은 중심부에서 외곽부로 모래 배수구를 만들어 준 후 그 위에 산흙을 넣어 수목을 식재하는 방법 |
|---|

① 성토법 ② 사구법
③ 사주법 ④ 치환객토법

정답 ➔ 41. ③ 42. ④ 43. ④ 44. ③ 45. ② 46. ③ 47. ① 48. ④ 49. ②

50. 다음 [보기]의 토양을 입자크기가 큰 것부터 순서대로 나열한 것은? (단, 국제토양학회 기준)

| ㉠ 실트, ㉡ 거친 모래, ㉢ 점토, ㉣ 가는 모래 |
|---|

① ㉡-㉠-㉣-㉢　② ㉡-㉣-㉠-㉢
③ ㉡-㉣-㉢-㉠　④ ㉡-㉠-㉢-㉣

51. 해안식재 용도에 적합한 식물로 구성된 것은?

① 한라구절초, 용담, 곰취
② 우산나물, 창포, 돌마타리
③ 산국, 땅채송화, 순비기나무
④ 담쟁이, 애기기린초, 노루귀

52. 야생조류와 인간의 거리관계를 나타내는 용어가 아닌 것은?

① 경계거리　② 공격거리
③ 회피거리　④ 비간섭거리

53. 습지 복원 시 고려되어야 할 요소 중 가장 거리가 먼 것은?

① 구성(composition)
② 기능(function)
③ 균질성(homogeneity)
④ 역동성과 회복력(dynamics and resilience)

해 ③ 생태복원에 있어 균질성은 다양성을 저하시키는 요소이다.

54. 퇴적물의 성분에 따라 갯벌을 구분할 때 이에 해당하지 않는 것은?

① 펄갯벌　② 모래갯벌
③ 해안갯벌　④ 혼합갯벌

55. 식재설계 이전에 대상지역에서 조사, 분석해야 할 항목 중 자연적 관계 조사항목이 아닌 것은?

① 수리　② 수문
③ 식생　④ 토지이용

56. 초본으로 훼손지를 복원하려고 하는데 이때 종자의 순도가 100%, 발아율이 90%, 보정률이 1, 평균립수가 500립/g이며 발생기대본수가 540본/㎡이라면 파종량(g/㎡)은?

① 0.9　② 1.2
③ 1.5　④ 1.8

해 파종량 $W = \dfrac{B}{A \times \dfrac{C}{100} \times \dfrac{D}{100} \times S}$

A : 평균립수(립/g), B : 발생기대본수(본/$m^2$)
C : 발아율(%), D : 순도(%), S : 보정율

$\rightarrow \dfrac{540}{500 \times \dfrac{90}{100} \times \dfrac{100}{100} \times 1} = 1.2(g/m^2)$

57. 다음 중 무기질 토량개량제(soil conditioner)가 아닌 것은?

① 이탄　② 제올라이트
③ 벤토나이트　④ 규조토 소성립

해 ① 이탄은 식물체가 퇴적된 것으로 유기질 개량제에 속한다.

58. 생울타리 및 경계구분 식재기법에 대한 설명으로 틀린 것은?

① 꽃 울타리는 꽃으로 된 울타리로 회양목, 눈주목, 쥐똥나무 등이 쓰인다.
② 경계용 울타리는 높이는 30~100㎝ 내외이고, 폭은 30~50㎝ 정도가 적당하며, 피라칸사, 회양목, 명자나무 등이 쓰인다.
③ 높은 울타리는 방풍, 방진용으로 쓰이며 높이는 3~5m 정도이고, 측백나무, 아왜나무 등이 쓰인다.
④ 바깥 울타리는 이웃집과 경계용으로 쓰이며, 노간주나무, 스트로부잣나무, 홍가시나무, 주목 등이 쓰인다.

해 ① 회양목, 눈주목, 쥐똥나무 등은 꽃을 감상하는 식물에 속하지 않는다.

59. 생물의 천이와 극상에 대한 설명으로 옳은 것은?

① 우리나라의 경우 자연 상태에서 최종적으로 나타나는 극상은 소나무와 잣나무이다.
② 식생천이 초기단계에는 내음성이 높은 종 등에서 경쟁력이 우수하게 나타난다.


정답 → 50. ② 51. ③ 52. ② 53. ③ 54. ③ 55. ④ 56. ② 57. ① 58. ① 59. ④

③ 생물 공동체가 시간의 경과에 따라 종조성이나 구조를 변화시켜 가는 과정을 식생의 극상이라고 한다.
④ 식생천이는 나지→1,2년생 초본기→다년생 초본기→관목림기→호양성 교목림기→내음성 교목림기로 진행된다.

60. 공간상에서 생태네트워크를 실현하는 방법으로 틀린 것은?

① 생태통로의 조성
② 기존서식처의 분산
③ 훼손된 서식처의 복원
④ 기능이 저하된 서식처의 향상

## 제4과목 **생태조사방법론**

61. 조류군집조사를 위해 선 조사법을 수행할 때 이동속도(㎞/h)로서 가장 적절한 것은?

① 1~2　② 3~4
③ 5~6　④ 7~8

62. 생태계의 물질순환에서 질소순환에 대한 설명으로 옳은 것은?

① 번개에 의해 질소가 고정될 수 있다.
② 탈질과정은 호기성 상태에서 이루어진다.
③ 지구상의 질소는 대부분 식물에 있다.
④ 대부분의 생물체가 기체상의 질소를 이용한다.

63. 산림에서 잎의 생산량 측정과 관계있는 것은?

① 그물
② 흉고직경 측정
③ 가지의 건중량 측정
④ 리터 트랩(litter trap) 설치

64. 식물군집의 조사에서 이용하는 선차단법과 관련한 설명으로 옳은 것은?

① 밀도는 개체수로부터 산출한다.
② 두 개의 평행한 선(Line)을 설치한다.
③ 선차단법은 초지군집조사에 널리 이용된다.
④ 동물의 선조사법(strip census)과 표본의 추출 방법이 같다.

65. 식생조사표 작성 시 포함되는 항목으로 가장 거리가 먼 것은?

① 지형　② 기후
③ 표고　④ 조사구 면적

66. 다음 [보기]가 설명하는 기구는?

| 50×100㎝ 크기의 철제 프레임에 망을 붙여 늘어뜨린 형태로서 배의 뒷전에 내리고 약 20분간 바닥을 끌면서 조하대 저서동물을 채집할 수 있다. |
|---|

① 그랩(grab)
② 코아러(corer)
③ 드렛지(dredge)
④ 채니기(grab sampler)

67. 토양의 함수량을 측정할 때 토양을 건조시키는 온도(℃)는?

① 80　② 90
③ 100　④ 105

68. 종-면적 곡선(species-area curve)으로 평가할 수 있는 것은?

① 종간 경쟁　② 종 풍부도
③ 개체군 분포　④ 개체군 증식

69. 이상적이고 훌륭한 서식지 분석을 위한 연구방법으로 틀린 것은?

① 지도, 항공사진, 해당 장소와 지역에 관한 적절한 서지와 문헌을 검토한다.
② 연구목적에 부합되는 결론 도출을 위하여 현지자료의 분석과 요약을 한다.
③ 현지에서 예비 조사와 본 조사를 실시하여 적절한 자료를 수집한다.
④ 한두 번의 단기간 조사를 통해 서식지를 자세히 분석한다.

70. 생태조사 절차 중 일반적으로 가장 최종적으로 수행

정답 ➔ 60. ② 61. ① 62. ① 63. ④ 64. ③ 65. ② 66. ③ 67. ④ 68. ② 69. ④ 70. ③

하게 되는 절차는?

① 자료 수집
② 조사목적의 인지
③ 문제점 및 대안제시
④ 조사대상 우선순의 결정

71. 개체군의 동태 파악을 위한 정적 생명표(static life table)를 작성하는데 적당치 않은 개체군은?

① 쥐 ② 곤충
③ 참새 ④ 목본식물

해 생명표는 동시출생집단 생명표(일년생 식물이나 곤충 등 단명한 개체군에 작성)와 정적 생명표(목본식물, 새, 쥐 등 수명이 긴 개체군에 작성)로 구분된다.

72. Braun-Blanquet 방법으로 조사할 때 피도가 조사 면적의 5~25%일 때 피도계급은?

① 1 ② 2
③ 3 ④ 4

73. 토양시료 채취 시 토양의 단면 중 어느 층을 채취하는가?

① A층 ② B층
③ C층 ④ D층

74. 미사(Silt) 입자의 직경으로 올바른 것은? (단, 미국농무성(USDA)체계에 따름)

① 0.002mm 이하 ② 0.002~0.05mm
③ 0.05~0.10mm ④ 0.1~0.25mm

75. 표본추출방법의 설명 중 틀린 것은?

① 하위표본추출은 표본추출과 다른 방법으로 선별하는 것이 좋다.
② 성취도 곡선으로 반복 표본 수가 적절한지를 살핀다.
③ 반복 표본추출은 측정값의 불명확성을 반복 측정을 통해 극복하려는 방법이다.
④ 랜덤 표본추출은 먼저 추출하려는 생태적 실체의 범위를 확정한 다음 표본 추출의 방법을 선정하고, 마지막으로 표본추출에 착수한다.

해 하위표본추출도 표본추출과 똑같이 표본에서 무작위 추출한다. 전체 모집단에서 표본을 추출하는 것이 아니라 모집단을 동질적인 하위집단으로 나누고 이러한 하위집단으로부터 무작위 추출하여 표본을 추출하는 조사방법을 말한다.

76. 다음 조건에서 두 군집의 유사도(Sørensen계수)는?

| –군집 A의 종 수 : 40종<br>–군집 B의 종 수 : 36종<br>–공통된 종: 24종 |
|---|

① 0.24 ② 0.32
③ 0.63 ④ 1

해 소렌슨 계수 $C_S = \frac{2W}{A+B}$

A : 군집 A의 종수, B : 군집 B의 종수
W : 두 군집에서 공통되는 종수

→ $\frac{2 \times 24}{40+36} = 0.63$

77. 다음 [보기]에서 설명하는 표본추출법은?

| 개체군이나 군집의 종 조성과 구조를 정량적으로 조사한다. 육상식물의 표본추출에 가장 많이 이용되며 보통 정방형의 방형구가 이용된다. |
|---|

① 측구법 ② 대상법
③ 선상법 ④ 접점법

78. 밀도지수(index of density, ID)에 해당되지 않는 것은?

① 100m² 당 소나무 개체수
② 잎 당의 딱정벌레 개체수
③ 숙주생물당 기생충 개체수
④ 걸어온 거리 km 당 발견되는 까치의 개체수

해 ① 절대밀도
· 밀도지수(ID)는 단위면적이나 단위체적당 개체수인 절대밀도와 달리 '서식지당 개체수'나 '채집활동 행위당 개체수' 곧 개체군의 강도(population intensity)로 나타낸다.

79. 측정기구와 항목이 옳게 짝지은 것은?

① 열전대–기압
② 일사계–풍속


정답 ➔ 71. ② 72. ② 73. ① 74. ② 75. ① 76. ③ 77. ① 78. ① 79. ④

③ 노점계-광도
④ 건습구온도계-상대습도

해 ① 열전대-기온, ② 일사계-일사량, ③ 노점계-습도

80. 무척추동물의 채집조사 방법으로 딱정벌레나 먼지벌레와 같은 지면 배회성 곤충들이 지나가다 빠지면 포획하는 방법은?

① 함정법(pitfall trap)
② 포충망법(sweeping)
③ 등화채집법(light trap)
④ 털어잡기망법(beating)

정답 → 80. ①

# ❖ 2020년 자연생태복원산업기사 제 3 회 2020년 8월 22일 시행

제1과목 **환경생태학개론**

01. 다음 [보기]에 해당하는 생물로 가장 적절한 것은?

> [보기]
> 담수생태계에서 영양단계의 저차소비자의 역할을 하며 환경요인과 서식처에 따라 다양하게 적응하여 살아가면서 수질환경에 대하여 민감하게 반응하는 종이 많아 순수 생태학적 연구뿐만 아니라, 지표종으로 이용되는 생물

① 어류 ② 녹조류
③ 수서곤충 ④ 동물플랑크톤

02. 먹이사슬 (food chain)에 대한 설명 중 옳은 것은?

① 한 단계의 사슬을 거칠 때마다 약 80%의 에너지가 획득되어진다.
② 먹이사슬이 지속될수록 엔트로피가 증가되면서 이용 가능한 에너지가 점점 늘어난다.
③ 먹이사슬은 독립적이며 DDT와 같은 독성물질은 영양단계가 높아짐에 따라 감소하는 경향이 있다.
④ 생물 간의 먹고 먹히는 관계를 표현한 것으로, 실제로는 복잡한 망상구조를 나타내어 먹이망이라고도 한다.

해 ① 한 단계의 사슬을 거칠 때마다 약 80%의 에너지가 소실된다.
② 먹이사슬이 지속될수록 엔트로피가 증가되면서 이용 가능한 에너지가 점점 감소한다.
③ 먹이사슬은 독립적이며 DDT와 같은 독성물질은 영양단계가 높아짐에 따라 증가하는 경향이 있다.

03. 가정하수 또는 폐수가 호수에 유입되었을 때 발생하는 현상으로 가장 적절한 것은?

① 호기성 미생물의 번식에 의하여 산소량이 감소되고, 그 뒤에 혐기성 미생물이 번식하기 시작한다.
② 혐기성 미생물이 번식하다가 호기성 미생물이 번식하여 수질을 개선하므로 생물의 생육에는 좋을 수 있다.
③ 혐기성 미생물의 영향으로 수생식물의 생육이 촉진되므로 식물의 이용도를 높일 수 있다.
④ 미생물과 상관없이 수질이 악화되는 현상을 보이지만, 식물 또는 어패류의 번식에는 아무런 관계가 없다.

해 호수의 부영양화의 마지막 단계는 호기성 세균의 절멸과 혐기성 세균의 증가로 호수의 부패가 진행된다.

04. 생물종의 멸종을 방지하고 종 보전을 위해서 취하는 접근 방법이 아닌 것은?

① 정부의 종 보전에 관한 적극적인 지원정책이 필요하다.
② 연구 및 교육기관에서의 지속적인 연구와 전문인력의 양성이 요구되어 진다.
③ 토착 자생종의 보전 및 방제를 위해 화학물질이 아닌 외부의 생물을 도입한다.
④ 일반 국민들에 의한 지역적, 국가적 그리고 세계적인 수준에서의 멸종위기종과 희귀종 보전에 대한 적극적인 활동이 필요하다.

해 ③ 외부생물의 도입은 생태계에 교란을 일으키므로 적절하지 않다.

05. 생태계에서는 공간, 먹이, 증식 등에 대하여 서식 생물들 간에 종간경쟁과 종내경쟁이 일어난다. 그 결과로 나타나는 특정 개체군의 2가지 기본형 생장곡선은 무엇인가?

① J자형, S자형 ② S자형, I자형
③ J자형, L자형 ④ S자형, L자형

06. 생태계 복원의 궁극적인 목적으로 가장 적절한 것은?

① 경관 개선
② 지반 안정
③ 수질 정화
④ 생물 종 다양성 확대

07. 다음 [보기]의 분류군 중 오염물질에 대한 농축정도가 가장 높은 분류군은?


정답 ➔ 01. ③ 02. ④ 03. ① 04. ③ 05. ① 06. ④ 07. ④

[보기]
㉠ 플랑크톤　　㉡ 연체동물
㉢ 저서무척추동물　　㉣ 어류

① ㉠　　② ㉡
③ ㉢　　④ ㉣

해 오염물질의 농축정도는 먹이사슬의 상위로 갈수록 높아진다.

08. 생물들의 상호작용에서 두 종간에 서로 도움을 주면서 살아가는 방식은?

① 기생　　② 경쟁
③ 상리공생　　④ 편리공생

09. 생태계가 항상성을 유지하는데 중요한 요소는?

① 교란력, 회복력　　② 생산력, 저항력
③ 회복력, 저항력　　④ 활동력, 회복력

10. 빈영양호와 부영양호에 대한 설명으로 가장 거리가 먼 것은?

① 부영양호에는 유기물의 양이 많다.
② 부영양호에는 빈영양호보다 생물의 개체수가 많지 않다.
③ 빈영양호에는 저서생물의 종류가 부영양호보다 다양하다.
④ 여름에 호소를 연녹색으로 물들이는 남조류는 부영양화의 지표종이다.

해 ② 부영양호 물속에 영양물질(N, P 등)이 많아 생물이 잘 자라므로 생물의 개체수가 많다.

11. [보기]의 생태적 계층구조 중 상대적으로 가장 큰 단위는?

[보기]
㉠ 개체군　　㉡ 생물군집
㉢ 생물군계　　㉣ 생물개체

① ㉠　　② ㉡
③ ㉢　　④ ㉣

해 생물개체→개체군→생물군집→생물군계

12. 생물의 밀도 측정법이 아닌 것은?

① 방형구법
② 비구획법
③ 전수조사법
④ 방사선동위원소이용법

해 ④ 수중생태계의 생산량 측정법

13. 다음 중 식물의 군집이 어떤 환경에서 방향성을 가지고 순차적으로 변화하는 것을 의미하는 용어는?

① 개체군 분산　　② 개체군 변이
③ 생태학적 천이　　④ 생물 번식 잠재력

14. 열대와 아열대지역의 해안 점이대에 형성되는 군집으로 옳게 짝지어진 것은?

① 툰드라, 타이거　　② 맹그로브, 산호초
③ 에스추어리, 채퍼렐　　④ 범람원, 해저 열수층

15. 토성 및 입자의 지름 범위가 옳게 짝지어진 것은? (단, 미국농무성(USDA) 기준에 따른다.)

① 자갈 : 0.0001~0.001mm
② 점토 : 0.001~0.02mm
③ 미사 : 0.02~0.05mm
④ 모래 : 0.05~2mm

해 ① 자갈 : 2mm 이상
② 점토 : 0.002mm 이하
③ 미사 : 0.002~0.05mm

16. 생태계 구성요소 중 나머지와 다른 하나는?

① 생산자　　② 소비자
③ 분해자　　④ 유기화합물

해 ①②③ 생물적 요소, ④ 비생물적 요소

17. 생태계 군집이 갖는 속성으로 틀린 것은?

① 생활형　　② 층위구조
③ 먹이사슬　　④ 종조성 및 다양성

18. 해안가의 수계로서 해수와 담수가 합쳐지는 부분은?

① 사구　　② 하구

정답 ➜ 08. ③ 09. ③ 10. ② 11. ③ 12. ④ 13. ③ 14. ② 15. ④ 16. ④ 17. ① 18. ②

③ 대륙붕 ④ 갯벌해안

19. 살충제가 생태계에 미치는 영향에 대한 설명으로 가장 거리가 먼 것은?

① 지속성 살충제는 물과 공기를 통해 멀리 확산된다.
② 대부분의 살충제는 원하는 해충만 죽여야되나 여러 종류의 동물도 죽인다.
③ DDT, 알드린, 린덴, 마라치온 같은 일부 살충제는 인체 내에 축적되어 있다.
④ 해충은 진화가 잘 일어나지 않아서 살충제에 대한 저항성이 잘 생기기 않는다.

20. 생태계의 기능에 대한 설명으로 옳은 것은?

① 생태계 내에서 원형질의 모든 원소를 포함한 화학적 원소는 일방적으로 흘러간다.
② 생태계의 에너지 회로는 살아있는 식물을 직접 소비하는 초식회로만 존재한다.
③ 생태계는 스스로 자신의 체계를 제어할 수 있는 능력을 가지고 있지 못하다.
④ 생태계는 생물적·비생물적 구성요소의 상호작용에 의해 물질순환과 에너지 흐름이 일어난다.

## 제2과목 환경학개론

21. 각 영양단계마다 에너지 효율이 8%라고 가정했을 때 풀 1000kg으로 2차 소비자(예:개구리) 몇 kg을 부양할 수 있는가?

① 6.4 ② 8.2
③ 12.4 ④ 32.0

해 $1{,}000 \times 0.08^2 = 6.4$(kg)

22. 각종 개발사업 시 습지관리에 대한 정책 과정에서 가장 우선해야 하는 것은?

① 습지의 훼손을 피하도록 한다.
② 습지의 훼손을 최소화한다.
③ 습지의 훼손을 보상해 준다.
④ 습지의 훼손을 대체시켜준다.

23. 다음 [보기]의 설명에 적합한 생물 군계는?

> [보기]
> 북반구에만 존재하며 토양은 산성을 띠고 지표 부근엔 덜 분해된 소나무나 가문비나무 잎이 층을 이룬다. 침엽수림이 우세하다.

① 툰드라
② 타이가
③ 온대우림
④ 온대활엽수림

24. 도시생태계의 생태환경적 일반특성이 나타나게 된 요인에 대한 설명으로 가장 거리가 먼 것은?

① 도시 내 녹지 네트워크가 매우 불량하다.
② 대기오염물질 및 쓰레기 등에 의한 서식처의 질적 쇠퇴가 일어난다.
③ 도심의 녹지공간은 접근성 문제로 외래식물의 출현율이 매우 낮다.
④ 지표면이 토양이나 수면과 같이 자연상태로 노출된 공간의 수와 면적이 크게 부족하다.

25. 도시 생태·복지 네트워크의 계획과정의 설명으로 가장 거리가 먼 것은?

① 비오톱은 도시 생태계획에서는 무의미하다.
② 최종적으로 도시생태 네트워크 계획도를 작성한다.
③ 자연환경과 사회환경의 평가가 모두 시행되어야 한다.
④ 조사→해석→평가→과제정리→계획의 순서로 진행 된다.

26. 생물 종과 군집 보호를 위한 우선순위 설정의 기준으로 가장 거리가 먼 것은?

① 유용성(utility)
② 회전율(turnover rate)
③ 차별성(distinctiveness)
④ 위험성(endangerment)

27. 다음 [보기]가 설명하는 지역으로 가장 적합한 것은?


정답 ➔ 19. ④ 20. ④ 21. ① 22. ① 23. ② 24. ③ 25. ① 26. ② 27. ④

[보기]
국토의 계획 및 이용에 관한 법률 상 국토교통부장관, 시·도지사 또는 대도시 시장이 지정하는 용도지역이며 도시지역으로의 편입이 예상되는 지역이나 자연환경을 고려하여 제한적인 이용·개발을 하려는 지역으로서 계획적·체계적인 관리가 필요한 지역

① 시설보호지역　② 생산관리지역
③ 보전관리지역　④ 계획관리지역

28. 지속 가능한 발전 개념을 바탕으로 한 생태계의 보전 목적으로 가장 거리가 먼 것은?

① 야생생물 군집과 자연적 지형의 특징을 유지한다.
② 자연환경 보전을 위한 책무와 국제적인 책임을 충족한다.
③ 새롭게 변화되고 있는 환경에 맞게 야생생물 개체군을 유지한다.
④ 희귀 및 멸종위기 생물종의 개체군이 존속할 수 있도록 유지한다.

29. 습지보전법상 습지에 대한 습지보호지역 및 습지주변관리지역 지정에 해당하지 않는 지역은?

① 특이한 경관적, 지형적 또는 지질학적 가치를 지닌 지역
② 희귀하거나 멸종위기에 처한 야생 동식물이 서식하거나 나타나는 지역
③ 자연 상태가 원시성을 유지하고 있거나 생물다양성이 풍부한 지역
④ 문화재 또는 역사적 유물이 있으며, 자연경관과 조화되어 보존의 가치가 있는 지역

30. 해안매립지를 활용한 공단조성의 녹화 계획 시 고려해야 할 사항과 가장 거리가 먼 것은?

① 방풍림의 조성
② 염분제거를 위한 식재기반 조성
③ 인공경량토를 활용한 식재기반 조성
④ 인근 해안 및 도서지방의 자생수종 도입

31. 지속가능도시의 바탕이 되는 생태도시의 모든 측면에 적용되는 생태적 원칙에 해당하지 않는 것은?

① 다양성　② 자립성
③ 순환성　④ 위계성

해 생태도시란 도시를 하나의 유기적 복합체로 보아 다양한 도시 활동과 공간구조가 생태계의 속성인 다양성, 자립성, 순환성, 안정성 등을 포함하는 인간과 자연이 공존할 수 있는 환경친화적인 도시를 말한다.

32. 환경을 구성하는 식생형을 결정하는 가장 중요한 요인으로 옳은 것은?

① 지형　② 기후
③ 모암　④ 위도

33. 도시환경적 측면에서의 비오톱의 가치에 대한 설명으로 가장 거리가 먼 것은?

① 도시 내 식물은 지구적 차원에서 '지구온난화'를 억제하는데 기여 한다.
② 도시 내 녹지공간은 매력적인 도시경관을 제공하는데 중요한 역할을 한다.
③ 도시지역은 많은 외부도입종이 서식하는 종다양성을 가지고 있어서 연구의 대상이 된다.
④ 도시 내 비오톱과 같은 녹지공간은 오염과 먼지 등의 감소 효과를 가져와 지역 환경을 개선할 수 있다.

34. 다음 [보기]가 설명하는 것은?

[보기]
하천이나 호소에 유기물이나 질소, 인 등 영양염류가 적당히 존재하면 자연정화되지만 과잉 공급되면 식물성 플랑크톤이나 조류의 이상번식을 촉진하여 수질이 악화된다. 녹갈색 물꽃(water bloom)현상이 발생하는 경우가 있다.

① 자정작용　② 먹이연쇄
③ 부영양화 현상　④ 생물학적 농축 현상

35. 일차천이(primary succession)에 관한 설명 중 옳은 것은?

① 최초의 군집은 선구군집이라 한다.
② 1~2년 정도 소요된다.
③ 토양이 존재한 상태에서의 천이과정이다.

정답 → 28. ③ 29. ④ 30. ③ 31. ④ 32. ② 33. ③ 34. ③ 35. ①

④ 생물 종이 이미 형성된 곳에서의 종의 구성변화이다.

해 일차천이는 화산 분지와 같이 토양층이나 식생도 존재하지 않는 상태에서 시작하는 천이로 극성상에 이르기까지 대략 1000년 정도의 시일이 필요하다.

36. 주요 육상 생태계 중 평균 1차 순생산(Net Primary Productivity)이 가장 높은 지역은?

① 툰드라 ② 사바나
③ 열대우림 ④ 온대 초지

37. 이타이이타이병을 일으키는 금속물질로 옳은 것은?

① 수은 ② 니켈
③ 칼슘 ④ 카드뮴

38. 다음 중 야생동물 보호 및 관리에 관한 법률상 야생생물 특별보호구역에 대한 설명으로 옳지 않은 것은?

① 토석의 부분적 채취는 가능하다.
② 건축물 그 밖의 공작물의 신축·증축은 허용되지 않는다.
③ 멸종위기 야생생물의 보호 및 번식을 위하여 특별히 보전할 필요가 있는 지역에 대하여 지정한다.
④ 하천, 호소 등의 구조를 변경하거나 수위 또는 수량에 변동을 가져오는 행위는 허용되지 않는다.

39. 자연환경복원을 위한 계획 수립 단계에서 기본적인 고려사항으로 옳지 않은 것은?

① 외래종과 바람직하지 않은 종을 조절한다.
② 대상지역에 대한 목표종을 신중히 선택한다.
③ 복원계획의 목표와 방법을 명확히 규정한다.
④ 재료나 구성, 생물종은 원거리에서 도입한다.

해 ④ 재료나 구성, 생물종은 해당 지역에서 도입한다.

40. 환경정책기본법상 환경보전 목표의 설정과 이의 달성을 위한 국가환경종합계획에 포함되지 않는 내용은?

① 지역 주민참여에 관한 사항
② 국토환경의 보전에 관한 사항
③ 방사능오염물질의 관리에 관한 사항
④ 생물다양성·생태계·경관 등 자연환경의 보전에 관한 사항

## 제3과목 생태복원공학

41. 다음 [보기]에서 설명하는 환경 포텐셜의 유형은?

> [보기]
> 기후, 지형, 토양, 수환경 등의 토지적 조건이 특정 생태계의 성립에 적당한가 아닌가를 나타낸다.

① 종의 공급 포텐셜 ② 입지 포텐셜
③ 종간관계 포텐셜 ④ 천이 포텐셜

42. 잠재자연식생의 설명으로 가장 적당한 것은?

① 잠재자연식생은 훼손되기 이전의 원래의 식생을 말한다.
② 잠재자연식생은 생태적인 입지환경이 크게 변하여도 추정하는데 어려움이 없다.
③ 잠재자연식생은 녹화공사 시 고려대상이 될 수 없다.
④ 잠재자연식생은 어떤 녹화공사 대상지에 가해진 인공적인 요인을 제거하였을 때 그 장소에서 확보되는 자연식생을 말한다.

43. 생태계 복원을 위한 시행절차 중 가장 마지막 단계에서 수행되어야 하는 것은?

① 복원계획의 작성
② 복원목적의 설정
③ 대상지역의 여건분석
④ 시행, 관리, 모니터링의 실시

해 복원과정의 순서는 '대상지역의 여건분석→부지 현황조사 및 평가→복원목적의 설정→세부 복원계획의 작성→시행 · 관리 · 모니터링 실시' 순이다.

44. 식물의 종자번식과 영양번식의 설명으로 옳은 것은?

① 영양번식은 유전적 다양성을 가지게 하고자 할 때 유용하다.
② 종자번식 개체는 종자로부터 증식하기 때문에 영양번식 개체에 비해 성장이 느리다.
③ 영양번식은 부모개체의 일부에서 자식개체가


정답 ➔ 36. ③ 37. ④ 38. ① 39. ④ 40. ① 41. ② 42. ④ 43. ④ 44. ②

생기는 유성생식이며 유전적 조직 구성이 부모와 다르다.

④ 종자번식은 모체인 부모로부터 영양분을 흡수할 수 있어 영양번식보다 다음 세대에 살아남을 확률이 크다.

해 · 종자번식 : 유성생식에 의해 유전적 다양성이 높아지나 부모 개체가 되기까지 많은 시간이 소요된다.
· 영양번식 : 무성생식에 의해 모체와 같은 조직구성을 가지기에 유전적 다양성은 불가능하고, 모체로부터 영양분을 흡수하기에 성장이 신속하고 생존확률도 높다.

**45.** 다음 중 자연생태복원의 대상인 생물다양성의 유형과 가장 거리가 먼 것은?

① 유전자의 다양성 ② 생물종의 다양성
③ 생태계의 다양성 ④ 암석의 다양성

**46.** 어떤 한 종이 얼마나 넓은 지역에 걸쳐 출현하는가 하는 생육의 분포정도를 측정하는 기준은?

① 빈도 ② 피도
③ 밀도 ④ 수도

**47.** 다음 표는 산지 1ha당 경사도별 단끊기 시공 연장표이다. ( )안에 알맞은 계단 연장(m)은? (단, 1ha는 가로 100m, 세로 100m이다.)

| 경사도 | 45° |
|---|---|
| 직고(m) / 단끊기 직고(m) | 80m |
| 1.6m | ( A ) m |
| 2.0m | ( B ) m |

① A: 5000, B: 4000 ② A: 4000, B: 5000
③ A: 4000, B: 2000 ④ A: 2000, B: 4000

해 계단연장 $L = \frac{\text{단끊기할 대상지의 직고}}{\text{단끊기할 단의 직고}} \times \text{가로길이}$

A : $\frac{80}{1.6} \times 100 = 5,000(m)$

B : $\frac{80}{2.0} \times 100 = 4,000(m)$

**48.** 다음 토양의 종류 중 양이온 치환용량이 가장 큰 것은?

① 기브사이트(Gibbsite)
② 카올리나이트(Kaolinite)
③ 버미큘라이트(Vermiculite)
④ 메타하로이사이트(Meta–halloysite)

**49.** 다음 생태 숲 조성 과정 중 가장 우선적으로 고려되어야 할 내용으로 옳은 것은?

① 종 다양성 분석
② 천이진행단계 조사
③ 식생군락 모델 선정
④ 주변지역의 식생구조 특성 파악

**50.** 다음 중 일반적인 천이이론에 대한 설명으로 옳지 않은 것은?

① 천이란 시간의 흐름에 따라 식물군집의 변화를 나타낸다.
② 천이가 진행되어감에 따라 종구성과 군집구조도 변화하게 된다.
③ 생태적 복원에 있어 중요한 이론이며, 복원을 위한 식재설계기법에 유용하다.
④ 복원 후에 천이가 자연스럽게 일어나므로 바람직한 관리방향을 제시하는 데에는 관계가 없다.

해 ④ 복원 후 관리방향을 제시하는 데에도 천이이론이 적용된다.

**51.** 다음 중 유기질 토양개량재의 설명으로 옳지 않은 것은?

① 퇴비계의 자재가 대부분을 차지한다.
② 동·식물의 잔해나 가축분 등이 원자재가 된다.
③ 부식산질 자재, 조개껍질 등이 여기에 속한다.
④ 암석이나 점토 등의 소성가공품과 광석분쇄석의 2종류가 있다.

해 ④ 무기질 재료

**52.** 야생동물을 관찰하는 공간 계획 시 고려해야할 동물과 인간과의 거리에 대한 설명으로 옳지 않은 것은?

① 도피거리란 인간이 접근함에 따라 단숨에 장거리를 날아가면서 도피를 시작하는 거리
② 임계거리란 인간이 접근함에 따라 인간과의 일정한 거리를 유지하려고 하는 거리를 말한다.

정답 ➔ 45. ④ 46. ① 47. ① 48. ③ 49. ④ 50. ④ 51. ④ 52. ②

③ 경계거리란 인간의 존재에 대하여 경계를 취하나 그 장소로부터 이동하는 행동은 취하고 있지 않는 상태이다.
④ 비간섭 거리란 조류가 인간의 모습을 알아차리면서 달아나거나 경계의 자세를 취하는 일없이 모이를 계속해 먹거나 휴식을 계속할 수 있는 거리를 말한다.

해 ② 임계거리란 도주거리와 공격거리간의 임계반응을 나타내는 부분의 거리를 말한다.

53. 다음 [보기]가 설명하는 생태적 복원공법으로 옳은 것은?

[보기]
• 식생이 정착할 수 있는 환경만 제공한다.
• 나지 형태로 조성한 후 향후 식물이 자연스럽게 이입하여 극상림으로 발달해 갈 수 있도록 유도한다.

① Nucleation
② Colonization
③ Naturalization
④ Natural Regeneration

해 ① 핵화기법 : 식물을 패치 형태로 식재하는 기법으로 핵심종이 자리 잡고 난 후 자연적 재생을 가속화 하는 방법
③ 자연화 기법 : 자연적 천이를 존중하여 여러 종을 혼식하여 환경에 적합한 식물종들이 스스로 성장해 나갈 수 있도록 해 주는 방법
④ 자연재생기법 : 산림의 종자원(seed source)이 가능한 곳에서 교란을 중지시켜 자연적으로 식생이 발달해 갈 수 있도록 유도하는 것

54. 다음 중 생태통로의 유형에 해당되지 않는 것은?

① 터널형 통로
② 육교형 통로
③ 교차형 통로
④ 파이프형 통로(양서파충류 통로)

55. 생물학적 표본추출법에 의한 생태측정값이 아닌 것은?

① 우점도 ② 균등도
③ 종다양도 ④ 녹지자연도

해 ④ 녹지자연도 : 현재 자연성이 어느 정도 남아있는가와 동시에 자연파괴가 어느 정도 진행되고 있는가를 나타내는 녹지공간의 자연성 지표

56. 다음 중 식재지반이 갖추어야 할 물리적 요건으로 옳지 않은 것은?

① 유효수분 ② 유효토층
③ 토양경도 ④ 토양산도

해 ④ 화학적 요건

57. 토양에서 부식질의 역할에 대한 설명으로 옳지 않은 것은?

① 부신질은 토양의 단립화를 저해한다.
② 각종 토양반응에 대한 완충능력을 좋게 한다.
③ 유익한 토양 동물을 비롯하여 미생물 활동을 활발하게 한다.
④ 부식질은 분해되어 질소 또는 그 밖의 양분원소를 다량 방출한다.

해 ① 부식질은 토양의 단립화(=입단화)에 좋은 역할을 한다.

58. 다음 중 곤충류 서식처 조성을 위한 다공질 공간 조성 기법이 아닌 것은?

① 통나무 쌓기 ② 돌무더기 놓기
③ 나뭇가지 더미 놓기 ④ 생울타리 조성하기

59. 다음 토성구분 3각도에서 모래함량 30%, 점토함량 40%, 실트함량 30%에 해당하는 토성은?

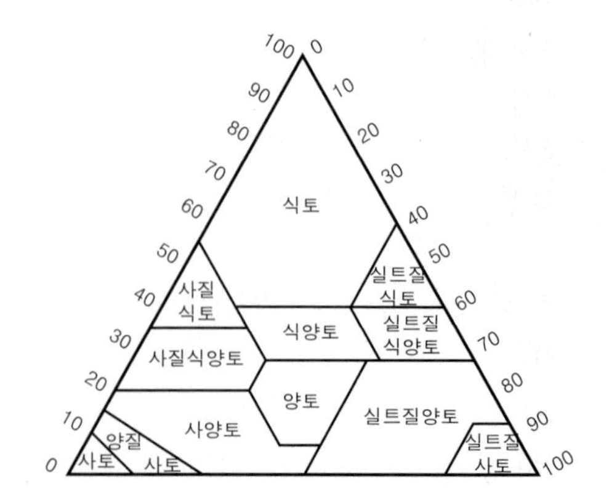


① 식토 ② 식양토
③ 사질식양토 ④ 실트질양토

 정답 ➔ 53. ② 54. ③ 55. ④ 56. ④ 57. ① 58. ④ 59. ②

60. 배수로를 통과하는 유량이 $20m^3/s$이고, 배수로를 흐르는 물의 평균유속이 5m/s일 때 유로 단면적($m^2$)은?

① 0.4　　② 2.5
③ 4　　④ 25

해 유량 Q=A(단면적)×v(유속) → A=Q/v=20/5=4($m^2$)

## 제4과목 생태조사방법론

61. 채집된 식물플랑크톤의 표본을 현미경으로 관찰하기 위해 임시로(수일~수개월) 보관할 때 사용할 수 있는 용액으로 가장 적절한 것은?

① 70% ethanol　　② 70% FAA 용액
③ 0.3% Lugol 용액　　④ 100% Formalin 용액

62. 생태계의 대기환경 요인조사에 대한 설명으로 옳지 않은 것은?

① 기온은 흔히 봉상온도계로 측정한다.
② 눈에 의한 강수량 측정은 중량측정형 우량계로 할 수 있다.
③ 풍량풍속계는 평탄한 곳에 지상 10m 높이에 설치하여 측정한다.
④ 지표면에 도달하는 햇빛은 직달일사계를 이용하여 직반사 및 산란광을 측정한다.

63. 생태조사는 조사의 목적과 대상에 따라 조사하는 빈도를 달리할 수 있다. 생물상 조사 빈도의 고려사항으로 가장 중요한 사항은?

① 조사지역의 크기
② 조사 방법의 다양성
③ 조사에 쓸 수 있는 예산
④ 조사 생물종의 출현 시기

64. 식물의 광합성에 이용되는 가시광선의 파장범위로 가장 적합한 것은?

① 1~110nm　　② 120~380nm
③ 390~710nm　　④ 720~1000nm

65. 피식자가 피식되는 위험을 최소화하기 위한 방법이 아닌 것은?

① 회피반응　　② 집단행동
③ 방위(防衛)　　④ 공격형 의태

해 피식자가 피식을 피하는 방법 : 의태(mimicry, 몸의 형태·색의 변화), 위장(camouflage, 보호색), 방위(defense, 특수물질 방출), 집단행동, 회피반응(화학물질 등을 이용해 위험 알림) 등의 방법을 이용한다.

66. Braun-Blanquet의 우점도 계급에서 판정기준이 "표본구 면적의 1/2~3/4을 덮고, 개체수는 임의인 경우"에 해당하는 우점도 계급은?

① 2　　② 3
③ 4　　④ 5

67. 종간 상호작용 중 편리공생(commensalism)에 해당하는 경우는?

① 벌과 꽃
② 진딧물과 개미
③ 제비깃털과 조류(algae)
④ 흰개미 내장의 원생생물

해 ①②④ 상리공생

68. 생태 자료수집에 앞서서 세우는 실험계획에 포함되는 사항이 아닌 것은?

① 표본추출의 조작
② 보고서 작성방법
③ 연구조사 자료의 분석
④ 연구하려는 변수의 선발

69. 생태학적 피라미드는 생태계에서 영양단계를 통한 에너지의 흐름을 관찰하는데 도움이 된다. 생태학적 피라미드에 해당되지 않는 것은?

① 개체수　　② 생물량
③ 에너지　　④ 영양물질

70. 서식지의 요소 중 층구조나 대상구조와 함께 장소, 지형과 같은 지리적 요인을 합친 것은?

① 공간적 요소　　② 시간적 요소
③ 생물적 요소　　④ 물리화학적 요소

정답 → 60. ③ 61. ③ 62. ④ 63. ④ 64. ③ 65. ④ 66. ③ 67. ③ 68. ② 69. ④ 70. ①

71. 개체군의 분포는 임의분포, 집중분포, 규칙분포로 구분할 수 있는데, 이 중 평균 및 분산을 계산하여 임의분포를 나타내고자 할 때 그 관계로 옳은 것은?

① 평균 = 분산　② 평균 > 분산
③ 평균 < 분산　④ 평균 ≠ 분산

해 ② 규칙분포, ③ 집중분포

72. 식물의 광합성량에서 자체 호흡량을 뺀 것을 의미하는 것은?

① 총일차생산　② 순일차생산
③ 이차생산　④ 생태계생산

73. 군집 A가 25종, 군집 B가 20종이고, 두 군집에 10종이 공통으로 출현하는 종이 있을 때 군집의 유사도 분석에 관한 설명으로 틀린 것은?

① 군집계수에는 Jaccard 계수와 Sørensen 계수가 있다.
② Jaccard 계수와 Sørensen 계수는 출현종의 유·무만으로 계산한다.
③ Jaccard의 유사도 지수(CJ)에서 공통종이 일정할 때 각 군집의 종수가 많으면 유사도 지수는 늘어난다.
④ Morisita 유사도 지수는 두 군집에서 랜덤하게 추출한 개체들의 동일한 종일 확률을 뜻한다.

해 ③ Jaccard의 유사도 지수(CJ)에서 공통종이 일정할 때 각 군집의 종수가 많으면 유사도 지수는 줄어든다.

74. 식물군집의 표본 추출 시 경우에 따라 사용하는 방형구가 다를 수 있는 데, 이에 관한 설명으로 옳지 않은 것은?

① 초원 조사 시 방형구의 넓이는 $1m \times 1m = 1m^2$를 사용한다.
② 식물의 키가 3m인 덤불숲 조사 시 방형구의 넓이는 $1m \times 1m = 1m^2$를 사용한다.
③ 식물의 키가 3~4m인 관목림 조사 시 방형구의 넓이는 $3m \times 3m = 9m^2$ 혹은 $4m \times 4m = 16m^2$를 사용한다.
④ 키가 30~40m 이상의 삼림조사 시 방형구의 넓이는 $10m \times 10m = 100m^2$를 사용한다.

75. 야생동물을 대상으로 하는 군집조사에서 일반적인 조사 항목에 포함되지 않는 것은?

① 서식 밀도
② 서식 범위
③ 개체들이 덮고 있는 면적
④ 조사지에서의 총 서식 개체수

해 ③ 식물조사에 해당한다.

76. 토양환경 조사를 위하여 채토(採土)하는 방법으로 적합한 것은?

① 토양시료는 토양오거를 지면의 수평방향으로 박아서 채취한다.
② 저질토의 pH는 반드시 실험실로 운반하여 측정하도록 한다.
③ 물밑의 연한 저질토를 채취할 때는 채니기를 사용한다.
④ 표토만을 채집할 경우는 납작한 삽으로 단면을 만들어 채토한다.

해 ① 토양시료는 토양오거를 지면의 수직으로 박아서 채취한다.
② 저질토의 pH는 가능한 현장에서 측정하도록 한다.
④ 표토만을 채집할 경우는 날카롭게 갈은 슬리브(sleeve)를 지표면에 수직으로 박아 채토한다.

77. 다음 중 하천 및 호수의 수질환경을 판별하기 위한 측정 항목 중 측정 시 그 값이 클수록 수질이 좋은 것은?

① SS(Suspended Solids)
② DO(Dissolved Oxygen)
③ COD(Chemical Oxygen Demand)
④ BOD(Biochemical Oxygen Demand)

해 ① 부유고형물, ② 용존산소량
③ 화학적 산소요구량, ④ 생물학적 산소요구량

78. 종의 상호작용에 대한 설명으로 가장 거리가 먼 것은?

① 편해공생 : 서로의 관계에 의해 한 종이 모든 이득을 얻는 것을 의미한다.
② 포식 : 한 종은 이득을 얻고 다른 종은 손실된다.
③ 쟁탈경쟁 : 자원이 제한되었을 때 경쟁이 심해짐에 따라 개체군 내 개체들의 생장과 생식이


정답 → 71. ① 72. ② 73. ③ 74. ② 75. ③ 76. ③ 77. ② 78. ①

똑같이 억제될 때 일어난다.

④ 시합경쟁 : 자원이 제한되었을 때 일부 개체들은 충분한 자원을 확보하나 다른 개체들과 공유하지 않을 때 일어난다.

해 ① 편해공생 : 한 종은 부정적 영향을 받으나 다른 한 종은 영향을 받지 않는 비대칭적 경쟁을 의미한다.

79. 다음 [보기]가 설명하는 초본식물의 생산성 측정 방법은?

[보기]
- 나일정 면적 내의 식물을 전부 채취하여 생산량을 측정하는 방법
- 나보통 초본식물의 생산량을 측정하는데 경엽부(shoot)를 벤 다음 건조시킨 건중량으로 나타낸다.

① 수확법 ② 상대생장법
③ 동화챔버법 ④ 영구방형구법

80. 다음 중 생태조사 시 우선조사 항목과 가장 거리가 먼 것은?

① 보편종 ② 천연기념물
③ 멸종위기종 ④ 환경부 지정 희귀종

MEMO

MEMO

MEMO